K_m	Michaelis constant	ミカエリス定数
kb	kilobase	キロベース
LDL	low-density lipoprotein	低密度リポタンパク質
LHC	light harvesting complex	集光性複合体
Man	mannose	マンノース
NAA	nonessential amino acid	非必須アミノ酸
NAD^+	nicotinamide adenine dinucleotide (oxidized form)	ニコチンアミドアデニンジヌクレオチド(酸化型)
NADH	nicotinamide adenine dinucleotide (reduced form)	ニコチンアミドアデニンジヌクレオチド(還元型)
$NADP^+$	nicotinamide adenine dinucleotide phosphate (oxidized form)	ニコチンアミドアデニンジヌクレオチドリン酸(酸化型)
NADPH	nicotinamide adenine dinucleotide phosphate (reduced form)	ニコチンアミドアデニンジヌクレオチドリン酸(還元型)
ncRNA	noncoding RNA	ノンコーディング RNA
NDP	nucleoside-5′-diphosphate	ヌクレオシド 5′-二リン酸
NMR	nuclear magnetic resonance	核磁気共鳴
NO	nitric oxide	一酸化窒素
nt	nucleotide	ヌクレオチド
NTP	nucleoside-5′-triphosphate	ヌクレオシド 5′-三リン酸
P_i	inorganic phosphate (orthophosphate)	無機リン酸(正リン酸)
PAPS	3′-phosphoadenosine-5′-phosphosulfate	3′-ホスホアデノシン 5′-ホスホ硫酸
PC	plastocyanin	プラストシアニン
PDGF	platelet-derived growth factor	血小板由来増殖因子
PEP	phosphoenolpyruvate	ホスホエノールピルビン酸
PFK	phosphofructokinase	ホスホフルクトキナーゼ
PIP_2	phosphatidylinositol-4,5-bisphosphate	ホスファチジルイノシトール 4,5-ビスリン酸
PP_i	pyrophosphate	ピロリン酸
PQ(Q)	plastoquinone (oxidized)	プラストキノン(酸化型)
$PQH_2(QH_2)$	plastoquinone (reduced)	プラストキノン(還元型)
PRPP	phosphoribosylpyrophosphate	ホスホリボシルピロリン酸
PS	photosystem	光化学系
rER	rough endoplasmic reticulum	粗面小胞体
RF	releasing factor	終結因子
RFLP	restriction-fragment length polymorphism	制限断片長多型
RNA	ribonucleic acid	リボ核酸
dsRNA	double-stranded RNA	二本鎖 RNA
mRNA	messenger RNA	メッセンジャー RNA
rRNA	ribosomal RNA	リボソーム RNA
siRNA	small interfering RNA	低分子干渉 RNA
snRNA	small nuclear RNA	核内低分子 RNA
ssRNA	single-stranded RNA	一本鎖 RNA
tRNA	transfer RNA	トランスファー RNA
RNase	ribonuclease	リボヌクレアーゼ
S	Svedberg unit	スベドベリ単位
SAH	*S*-adenosylhomocysteine	*S*-アデノシルホモシステイン
SAM	*S*-adenosylmethionine	*S*-アデノシルメチオニン
SDS	sodium dodecyl sulfate	ドデシル硫酸ナトリウム
sER	smooth endoplasmic reticulum	滑面小胞体
snRNP	small nuclear ribonucleoprotein	低分子リボヌクレオタンパク質
SRP	signal recognition particle	シグナル認識粒子
T	thymine	チミン
THF	tetrahydrofolate	テトラヒドロ葉酸
TPP	thiamine pyrophosphate	チアミンピロリン酸
U	uracil	ウラシル
UDP	uridine-5′-diphosphate	ウリジン 5′-二リン酸
UMP	uridine-5′-monophosphate	ウリジン 5′-一リン酸
UQ	ubiquinone (coenzyme Q) (oxidized form)	ユビキノン(補酵素 Q)(酸化型)
UQH_2	ubiquinone (reduced form)	ユビキノン(還元型)
UTP	uridine-5′-triphosphate	ウリジン 5′-三リン酸
VLDL	very low density lipoprotein	超低密度リポタンパク質
XMP	xanthosine-5′-monophospate	キサントシン 5′-一リン酸

マッキー生化学

分子から解き明かす生命　［第6版］

Trudy McKee　James R. McKee 著
市川 厚 監修　福岡伸一 監訳

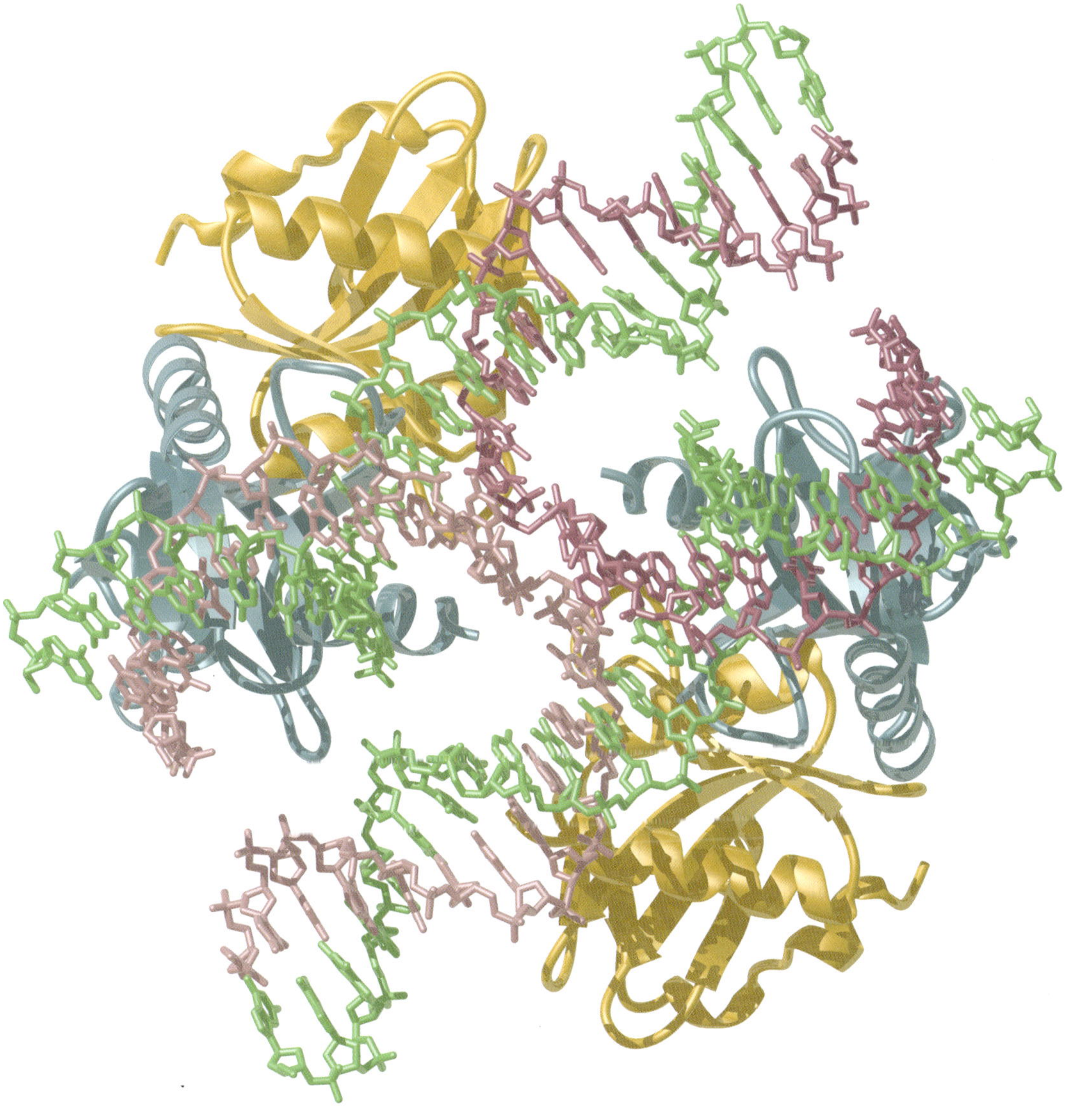

化学同人

BIOCHEMISTRY

The Molecular Basis of Life

International Sixth Edition

Trudy McKee

Biochemist, taught Biochemistry at Thomas Jefferson University,
Rosemont College, Immaculata College, and University of the Sciences

James R. McKee

Professor of Chemistry at University of the Sciences

教育を受けた者だけが自由である.

エピクテトス(古代ギリシアの哲学者，55〜135年)

真の自由には教育が必要である．それは読み書きから始まり，

全人類への共感と自然界への敬意へと続く.

本書を，子どもたちの教育に奮闘している世界中の人々へ捧げる.

序　文

ようこそ『マッキー生化学――分子から解き明かす生命(第6版)』へ！　生化学における最新の研究を反映するため，本書は改訂を重ねてきたが，私たちの当初の使命は変わらない．生命科学の教育にとって肝要なのは，生化学の基本原理を統一的に理解させることだと信じている．生化学の諸概念を身につければ，学生諸君は，専攻した科学分野で出合う複雑な問題に挑むことができるだろう．こうした目的のために，私たちは，生化学のシステム・構造・反応を広範囲に，ただし生体の文脈でカバーすることに努めてきた．つまり化学，生物学，それらを医療やヒトの健康へ適用することを，バランスよく扱っている．

構成とアプローチ

化学と生物学の基礎を学ぶ　これまでの版と同じく，第6版も，生命科学または化学を専攻する学生諸君のために執筆されている．生化学の原理・構造・反応が，徹底的に広範囲で，ただしその関連を重視した生物の文脈で解説されている．

基本原理の復習　前提にされている化学と生物学の予備知識は，それほど多くはない．すべての学生諸君が生化学を十分に理解できるよう，4章までは，有機官能基，非共有結合，熱力学，細胞構造などの基礎を復習する．これらの章は，講義で教えても，自習にしてもよい．

これら最初の章で紹介されたいくつかの話題は，章が進むにつれて議論が深められる．たとえば，膜をはさんだ浸透圧バランスを変える代謝過程により引き起こされる細胞容積の変化，生体高分子(タンパク質など)の自己集合による超分子構造の形成，分子機械の特性と機能などである．第6版の新しいテーマはプロテオスタシスで，これは細胞が自身のタンパク質を防御する機構である．別の重要な概念である生体分子の構造と機能の関連，動的で絶え間ない自己調節的な生命過程の特性も取り上げる．生命科学者が分子レベルで生命を探求するときに用いる物理および化学的技術も，おもなものを紹介する．

他分野とのかかわり　生化学概論の講義は，さまざまな背景と異なる目標をもつ学生諸君が受講している．そこで第6版では一貫して，生化学の原理と，医療，栄養，農業，バイオエンジニアリング，裁判といった分野との興味深いかかわりを示すことにする．学生諸君は，「生化学の広がり」などのコラムや本文中の多くの実例を見ることで，生化学と自分たちの専攻分野との関連を理解しやすくなるだろう．

充実した練習問題　分析的思考は，科学研究の核心である．生化学の原理を身につけるには，さまざまな問題に一貫して持続的に取り組む必要がある．第6版でも，学生諸君には充実した練習問題が用意されている．たとえば，本文中の「例題」は定量的問題の解き方を示し，同じく本文中の「問題」では，新しく学んだ概念や興味深いトピックをすぐに活用することができる．各章末には，その章の理解度を確かめる「復習問題」と「応用問題」が用意されている．

明快で鮮やかな図　生化学の概念を伝えるには，高度な視覚化を必要とすることが多い．本書ではフルカラーの図を数多く用意して，生命の複雑な過程を表している．三次元の鮮やかな表現と，統一した大きさと色で示される化学構造が，より充実した．

最新の内容　第6版でも，生化学概論の礎石である生化学の全体像を示すことに重点をおいている．一方で，この分野の最近の進歩を反映するため，全章にわたり改訂を行っている．この変更では，化学を生物の文脈で，広範囲にバランスよく取り上げるという目標も，改めて考慮されている．詳しい改訂点を次に示す．

第6版の改訂点

生命科学で次つぎになされる発見と，学生諸君に質の高い学習内容を提供するため，第6版では次のような改訂を行った．

一般化学と有機化学の復習　第6版では，一般化学と有機化学の基本的なトピックを復習する章が追加された．これにより学生諸君は，自らの知識を新たにし，生化学の分野に適用できるようになるだろう．

追加または更新された話題　第6版の「生化学のつながり」には，新たに「人工葉：生物を模倣した光合成」が追加された．学生諸君の関心をつかむだろう．さらにいくつかのエッセイで，最近の研究成果を反映させて内容が更新された．「心筋梗塞：虚血と再灌流」，「アテローム性動脈硬化症」，「糖尿病」，「HIV感染」などである．

練習問題の追加　第6版の章末には新たな問題が追加された．基礎的な練習問題からチャレンジングで総合的な応用問題まで，さまざまな難易度の問題が用意されている．

新しい図 第6版では，豊富に収録された鮮やかな図により，生化学過程を視覚的にしっかりと把握できるだろう．多くの図が，統一した色と三次元の表現により，さらに鮮やかで明快になった．

重要なテーマ 第4版から加わった高分子クラウディングとシステム生物学を充実させ，新テーマのプロテオスタシスを追加した．

数多くのタンパク質などの分子が細胞内で密に詰め込まれる高分子クラウディングは，さまざまな生命過程に深い影響を与えている．高分子クラウディングという概念は，細胞の構造と機能について，より現実的な像を提供する．

比較的新しい分野のシステム生物学は，工学原理に基づいて生化学過程にアプローチする．今や生命科学者が利用できる情報量は圧倒的になり，それを活用するために，システム生物学はコンピュータを援用して，生体分子間の複雑な相互作用を研究する．本書では，システム生物学の原理がわかりやすく紹介されており，学生諸君は，生体分子過程の基本的なパターンについて，新たに改訂され，拡張された視点を得られるだろう．

新たにプロテオスタシスが紹介される．さまざまな機構からなるプロテオスタシスでは，細胞がプロテオームの折りたたみを制御する．プロテオームの折りたたみは，遺伝子発現やシグナル伝達経路などの細胞過程に決定的な影響力をもつ．

反応機構への注目 触媒機構を見ることにより，生化学反応がどのように進むのか，学生諸君はしっかりと理解できるだろう．その例にはルビスコやプロリン残基のヒドロキシ化機構が含まれる．第6版でも，酵素の触媒機構におけるアミノ酸側鎖の役割，核酸ポリメラーゼやリボソーム触媒性ペプチド結合形成の機構を解説する．ここでも，本書の特徴である化学と生物学のバランスを心掛けている．

最新のトピックス 以降では，第6版で改訂された内容について，すべてではないが，いくつかの例を紹介する．

1章では，システム生物学の節が改訂されている．ネットワーク，モジュール，モチーフといった用語が解説され，学生諸君が生化学の原理を理解する助けになるだろう．

2章では，基本テーマの項が拡張されている．シグナル伝達の項では，シグナル伝達におけるカルシウムイオンの役割，シグナル伝達と代謝と遺伝子発現の関連について概観されている．新しい基本テーマであるプロテオスタシスの項では，タンパク質の統合性を維持するために細胞が用いる戦略について紹介されている．新たに改訂された真核生物のエンドメンブレンシステムの議論では，細胞構造と，シグナル伝達やタンパク質プロセシングや遺伝子発現などの生化学機能との関連への洞察が与えられる．ミトコンドリアに関する項も改訂され，細胞シグナル伝達とリン脂質合成に対する，小胞体とミトコンドリアの相互作用の影響が記述されている．一次繊毛に関する「生化学の広がり」の内容が更新されている．「ラボの生化学」には生細胞イメージングの簡潔な解説が追加されている．

5章では，非構造化タンパク質の項が拡張され，構造化されていないドメインをもつ腫瘍抑制タンパク質のp53が加えられている．プロテオスタシスで中心的な役割を果たすタンパク質である分子シャペロンの議論が，拡張され，更新されている．ヘモグロビンのアロステリーについての記述は改訂され，より明確になった．タンパク質工学に関する「ラボの生化学」も拡張され，遺伝子組換えタンパク質の精製におけるアフィニティークロマトグラフィーの利用，タンパク質の構造解析におけるトップダウン質量分析法やNMR分光法の利用が追加されている．

6章では，遷移状態の安定化についての議論が改訂され，トリオースリン酸イソメラーゼが一例として用いられている．

8章では，解糖制御の項が拡張され，グルコースが誘導する遺伝子発現についての議論が加えられている．

10章では，「生化学の広がり」が改訂・更新され，血塊が誘導する血流不足により損傷を受けた心臓細胞への酸素の再灌流について記述されている．

11章では，細胞膜タンパク質CFTRに関する議論が更新され，嚢胞性繊維症患者がもつ受容体の折りたたみや機能を改善する分子の臨床利用について，簡潔な概要が加えられている．

12章では，脂肪細胞における脂肪分解の項が改訂され，ペリリピンAやいくつかの酵素の役割に関する最近の発見が反映されている．アテローム性動脈硬化症に関する「生化学の広がり」では，内皮細胞におけるAGE形成の影響についての記述が加えられている．

13章では，人工葉についての「生化学の広がり」が新たに加えられている．自然の光合成を模倣し，燃料を合成しようとする研究者の試みを紹介する．

14章では，窒素固定についての議論が改訂され，最近の発見が反映されている．アミノ基転移反応機構の図が修正され，より明確になった．

15章では，ユビキチンプロテアソーム系の項が改訂され，より明確になった．

16章では，細胞表面受容体の機能についての項が改訂・更新されている．糖尿病に関する「生化学の広がり」も内容が更新されている．

17章では，ヒストンおよびクロマチン構造の項が改訂され明確さを増し，拡張され最近の研究が加えられている．ヒトゲノムにおけるノンコーディングDNAについての記述が更新されている．核酸研究の手法についての「ラボの生化学」に，イルミナおよびイオントレントというDNA配列決定法が追加されている．ノンコーディングRNAについての記述が改訂されている．HIV感染に関する「生化学の広がり」の内容が更新されている．

18章では，ゲノム解析法に関する「ラボの生化学」の，ゲノム計画について記述が更新され，ENCODE (Encyclopedia of DNA Elements) が紹介されている．真核生物のRNAポリメラーゼⅡについての議論に，核内の転写ファクトリーに関する簡潔な記述が加えられている．真核生物の転写と転写後過程についての項が，最近の発見を反映し，改訂・拡張されている．

19章では，プロテオスタシスネットワークについての新しい節が加えられている．プロテオスタシスは，タンパク質が合成・折りたたみ・輸送・分解を通して損傷を受けたり退化したりしたときにも，その統合性を維持する機構である．この解説には，熱ショック応答や，いくつかのヒトの疾患におけるプロテオスタシスネットワークの役割についての記述が含まれる．

補助教材（日本語版用）

本書には，いくつかの補助教材が用意されている．学生諸君にとっては生化学を習得する助けになるだろうし，彼らを教える先生方にとっても有効な手立てとなるだろう．その教材は以下の通り．

1. 『マッキー生化学 問題の解き方（第6版）』 72頁，本体2000円＋税，化学同人刊．本書巻末に未掲載の問題の解答が収められている．
2. 教師用CD（英語） 図表，レクチャーノート，テストバンクを収録．
3. 講義用CD（日本語） 図表を収録．

＊2と3は，教科書採用いただいた先生に進呈．お問合せは化学同人営業部まで（eigyou@kagakudojin.co.jp）．

謝 辞

第6版の本書および補助教材の制作にあたって，詳細な内容をご提供くださり，綿密に原稿をご査読くださった献身的な方がたのご尽力に，感謝の意を表したい．

Erika L. Abel (Baylor University)
Josephine Arogyasami (Southern Virginia University)
Curt Ashendel (Purdue University)
Sandra L. Barnes (Alcorn State University)
Ruth Birch (Saint Louis University)
Karl Bishop (Husson University)
Albert Bobst (University of Cincinnati)
Michael G. Borland (University of Cincinnati)
John Brewer (University of Georgia)
Weiguo Cao (Clemson University)
Srikripa Chandrasekaran (Clemson University)
Sulekha R. Coticone (Florida Gulf Coast University)
Matthew R. Dintzner (Western New England University)
Eric R. Gauthier〔Laurentian University (Canada)〕
Joseph Hajdu (California State University, Northridge)
Marlin Halim (California State University, East Bay)
Angela Hoffman (University of Portland)
Jeffrey Hoyt (Paradise Valley Community College)
Christine A. Hrycyna (Purdue University)
Holly Huffman (Arizona State University)
Sajith Jayasinghe (California State University, San Marcos)
Christa R. Koval (Colorado Christian University)
Allison Lamanna (Boston University)
Kristi L. McQuade (Bradley University)
Kyle Murphy (Rutgers University)
Michael Nosek (Fitchburg State University)
Peter Oelkers (University of Michigan-Dearborn)
Peter M. Palenchar (Villanova University)
Dominic F. Qualley (Berry College)
Niina J. Ronkainen (Benedictine University)
Abbey Rosen (University of Minnesota, Morris)
Vijay Singh (University of North Texas)
Madhavan Soundararajan (University of Nebraska)
Blair R. Szymczyna (Western Michigan University)
Timothy Vail (Northern Arizona University)
Terry Watt (Xavier University of Louisiana)
Rosemary Whelan (University of New Haven)
Ryan D. Wynne (St. Thomas Aquinas College)

本書の以前の版をご査読いただいた方がたにも感謝したい．

Gul Afshan (Milwaukee School of Engineering)
Kevin Ahern (Oregon State University)
Mark Annstron (Blackburn College)
Donald R. Babin (Creighton University)
Stephanie Baker (Erksine College)
Bruce Banks (University of North Carolina at Greensboro)
Thurston Banks (Tennessee Technological University)
Ronald Bartzatt (University of Nebraska, Omaha)
Deborah Bebout (The College of William and Mary)
Werner Bergen (Auburn University)
Steven Berry (University of Minnesota, Duluth)
Allan Bieber (Arizona State University)
Ruth E. Birch (Saint Louis University)
Brenda Braaten (Framingham State College)
John Brewer (University of Georgia)
Martin Brock (Eastern Kentucky University)
David W. Brown (Florida Gulf Coast University)
Edward J. Carroll Jr. (California State University, Northridge)
Jiann-Shin Chen (Virginia Tech)
Alice Cheung (University of Massachusetts, Amherst)
Oscar P. Chilson (Washington University)
Randolph A. Coleman (The College of William and Mary)
Sean Coleman (University of the Ozarks)

Kim K. Colvert (Ferris State University)
Sulekha Coticone (Florida Gulf Coast University)
Elizabeth Critser (Columbia College)
Michael Cusanovich (University of Arizona)
Anjuli Datta (Pennsylvania State University)
Bansidhar Datta (Kent State University)
Danny J. Davis (University of Arkansas)
Patricia DePra (Carlow University)
Siegfried Detke (University of North Dakota)
William Deutschman (State University of New York, Plattsburgh)
Robert P. Dixon (Southern Illinois University-Edwardsville)
Patricia Draves (University of Central Arkansas)
Lawrence K. Duffy (University of Alaska, Fairbanks)
Charles Englund (Bethany College)
Paula L. Fischhaber (California State University, Northridge)
Nick Flynn (Angelo State University)
Clarence Fouche (Virginia Intermont College)
Thomas Frielle (Shippensberg University)
Matthew Gage (Northern Arizona University)
Paul J. Gasser (Marquette University)
Eric R. Gauthier (Laurentian College)
Frederick S. Gimble (Purdue University)
Mark Gomelsky (University of Wyoming)
George R. Green (Mercer University)
Gregory Grove (Pennsylvania State University)
James Hawker (Florida State University)
Terry Helser (State University of New York, Oneonta)
Kristin Hendrickson (Arizona State University)
Tamara Hendrickson (Wayne State University)
Pui Shing Ho (Oregon State University)
Charles Hosler (University of Wisconsin)
Andrew J. Howard (Illinois Institute of Technology)
Christine A. Hrycyna (Purdue University)
Holly Huffman (Arizona State University)
Larry L. Jackson (Montana State University)
John R. Jefferson (Luther College)
Craig R. Johnson (Carlow University)
Gail Jones (Texas Christian University)
Ivan Kaiser (University of Wyoming)
Michael Kalafatis (Cleveland State University)
Peter Kennelly (Virginia Tech University)
Barry Kitto (University of Texas, Austin)
Paul Kline (Middle Tennessee State University)
James Knopp (North Carolina State University)
Vijaya L. Korlipara (Saint John's University)
Hugh Lawford (University of Toronto)
C. Martin Lawrence (Montana State University)
Carol Leslie (Union University)
Duane LeTourneau (University of Idaho)
Robley J. Light (Florida State University)
Rich Lomneth (University of Nebraska at Omaha)
Maria O. Longas (Purdue University, Calumet)
Cran Lucas (Louisiana State University-Shreveport)
Jerome Maas (Oakton Community College)
Arnulfo Mar (University of Texas-Brownsville)
Larry D. Martin (Morningside College)
Carrie May (University of New Hampshire)
Dougals D. McAbee (California State University, Long Beach)
Martha McBride (Norwich University)
Gary Means (Ohio State University)
Alexander Melkozernov (Arizona State University)
Joyce Miller (University of Wisconsin-Platteville)
Robin Miskimins (University of South Dakota)
David Moffet (Loyola Marymount University)
Rakesh Mogul (California Polytechnic State University)
Joyce Mohberg (Governors State University)
Jamil Momand (California State University, Los Angeles)
Bruce Morimoto (Purdue University)
Alan Myers (Iowa State University)
George Nemecz (Campbell University)
Harvey Nikkei (Grand Valley State University)
Treva Palmer (Jersey City State College)
Ann Paterson (Williams Baptist College)
Scott Pattison (Ball State University)
Allen T. Phillips (Pennsylvania State University)
Jerry L. Phillips (University of Colorado at Colorado Springs)
Jennifer Powers (Kennesaw State University)
Ramin Radfar (Wofford College)
Rachel Roberts (Texas State University-San Marcos)
Gordon Rule (Carnegie Mellon University)
Tom Rutledge (Ursinus College)
Ben Sandler (Ashford University)
Richard Saylor (Shelton State Community College)
Michael G. Sehorn (Clemson University)
Steve Seibold (Michigan State University)
Edward Senkbeil (Salisbury State University)
Ralph Shaw (Southeastern Louisiana University)
Andrew Shiemke (West Virginia University)
Aaron Sholders (Colorado State University)
Kevin R. Siebenlist (Marquette University)
Ram P. Singhal (Wichita State University)
Deana J. Small (University of New England)

Maxim Sokolov (West Virginia University)
Madhavan Soundararajan (University of Nebraska at Lincoln)
Salvatore Sparace (Clemson University)
David Speckhard (Loras College)
Narasimha Sreerama (Colorado State University)
Ralph Stephani (St. John's University)
Dan M. Sullivan (University of Nebraska, Omaha)
William Sweeney (Hunter College)
Christine Tachibana (Pennsylvania State University)
John M. Tomich (Kansas State University)
Anthony Toste (Southwest Missouri State University)
Toni Trumbo-Bell (Bloomsburg University of Pennsylvania)
Craig Tuerk (Morehead State University)
Sandra L. Turchi-Dooley (Millersville University)
Shashi Unnithan (Front Range Community College)
Harry van Keulan (Cleveland State University)
Ales Vancura (Saint John's University)
William Voige (James Madison University)
Alexandre G. Volkov (Oakwood College)
Justine Walhout (Rockford College)
Linette M. Watkins (Southwest Texas State University)
Athena Webster (California State University, East Bay)
Lisa Wen (Western Illinois University)
Kenneth O. Willeford (Mississippi State University)
Alfred Winer (University of Kentucky)
Beulah Woodfin (University of New Mexico)
Kenneth Wunch (Tulane University)
Les Wynston (California State University, Long Beach)
Wu Xu (University of Louisiana at Lafayette)
Laura S. Zapanta (University of Pittsburgh)

上級編集者の Jason Noe，執筆編集者の Lauren Mine，編集助手の Andrew Heaton，マーケティングマネージャーの David Jurman，マーケティングディレクターの Frank Mortimer，編集ディレクターの Patrick Lynch，副社長であり発行者の John Challice に謝意を表したい．Oxford University Press の制作チームの素晴らしい働きに感謝する．とくに上級制作編集者の David Bradley，制作部長の Lisa Grzan，アートディレクターの Michele Laseau の尽力に感謝したい．Susan Brown には特別の感謝を捧げたい．このプロジェクトへの一貫したご尽力のおかげで，内容の正確さが保証されている．

私たちを励まし続け，このプロジェクトを実現させてくれた Ira and Jean Cantor，Joseph Rabinowitz にも深謝したい．最後に，わが息子 James Adrian McKee は，辛抱強く励ましてくれた．ありがとう！

Trudy McKee
James R. McKee

訳者序文

生化学はきわめて開かれた科学である．生化学を定義づけるとすれば，生命現象を化学の言葉から理解しようとする学問である，ということ以外に限定条件は何もない．今日，分子生物学，細胞生物学，構造生物学，システム生物学といった名称で生物学は専門化・細分化されているが，生化学はどのような生物学研究においても，生命の理解において最も中心となる汎用的な基礎言語といえる．

生化学はダイナミックな変化を遂げてきた．そして生化学がもたらした新しい知見が，私たちの生命観に大きな変革をもたらしてきた．20 世紀初頭，まだ理論上の微粒子としてのみ想定されていた遺伝子の化学的実体が，1940 年代にはデオキシリボ核酸（DNA）であることが明らかになった．ついで 1950 年代には，DNA が二重らせん構造をとっていることが突き止められた．さらには遺伝暗号，つまり DNA とアミノ酸の化学的対応関係が解読された．これらの知見が，遺伝子のレベルで生命を解析する分子生物学のパラダイムを切り開いた．この上に立って，バイオエンジニアリングが構築され，遺伝子の単離，切り貼り，増幅の新技術が次々と開発された．最近，にわかに注目を集めているゲノム編集技術もこの潮流の上にある．すべてが生命を化学の言葉で語ることによって成立している．

生化学がきわめて開かれた科学である，と最初に述べたのは，このように生化学が新しい方法論の革命と軌を一にして自在に進展してきた，という意味である．生化学の中心的方法は，生物体から特定の分子を抽出し，その構造と機能を明らかにすることにある．アミノ酸，ビタミン，ホルモン，酵素，サイトカイン，レセプター……どのような分子でも，それが明らかになるプロセスには，何人もの研究者たちの，血のにじむような努力が潜んでいる．

これらは端的にいえば，還元主義的な方法論である．興味深い生命現象があり，そのメカニズムを想定する．メカニズムを担う分子機構を仮定する．実際に，その分子を特定するための方法論を考え，実行する．そのためにより高い解像度をもった方法が必要となる生命現象の仕組みに階層構造を措定して，順にそのレベルを下げていき，最終的に，現象を分子とその相互作用に還元して理解する．

生化学を学ぶうえで最も困難なことは，初学者にとってこの探求のプロセスが時間的にも構造的にも十分に説明されないままに，いきなり還元された結果として生体の分子が次々と登場することである．いわば，まだ文法も構文もよく理解していないうちに，未知の単語を次々と与えられ，それを丸暗記しなければならない．このような語学の習得法がなかなか実を結ばないのは当然である．

ある分子について学ぶとき，その単語の「意味」は一つとは限らず，また単語が関連する「文脈」は膨大なものになる．分子の構造はどのようなものであり，そこにいかなる機能がどんなかたちで内包されているのか．これら一連の流れを，統合的に捉えなければならない．これは初学者でなくともかなり難しい作業である．実は，プロの生化学者にとっても，自分の専門分野の生化学は詳しくとも，生命現象全体の統合的な理解はおぼつかない場合がある．

生命現象にかかわるすべての遺伝子がゲノムプロジェクトによって記載され，生体分子の構造と機能との連関の全体像が明らかになってくるにつれ，生命現象の文法と構文にあたるものが何であるかがわかってきた．そのキーワードは「情報」という概念である．分子の構造に担われているのは特異的な情報であり，分子の機能とは，その情報の発信や受容である．分子と分子の相互作用とは，その情報の流れのことを意味する．

ならば，「情報」という視点から生化学を概観し，教科書を編纂すれば，初学者にとってはもちろん経験を積んだ研究者にとっても，きわめて斬新で，わかりやすい生命観を提示することができるのではないだろうか．分子の構造を論じた後，すぐに，その構造からいかにして情報が代謝経路に受け渡されていくのかを論じ，その情報が細胞にとってどのような意味をもつのかを論じる．そのためには分子が細胞のどこに位置している必要があるか．局在性を決める位置情報は分子のどこに存在するのか．それを特定する方法論としてどのような実験が行われたのか．このように生化学を論じれば，分子の相互作用がいかにして生命現象を構造化しているのかが把握できる．生化学を学ぶというのは物質名を暗記することではなく，実にこのような情報の流れの仕組みを理解するということである．

本書『マッキー生化学——分子から解き明かす生命』は，すべての生体分子の立体構造に組み込まれている情報の重要性を速やかに理解できるようにとのコンセプトから編集されたまったく新しいタイプの生化学テキストである．このようなスタンスに立って生化学全体が解説されたことは，これまでになかったことであるといってよい．

この度，日米でロングセラーを続けるこの教科書が 8 年ぶりの改訂されることになった．今回の改訂（第 6 版）で新しくなったのは次のようなポイントである．より詳細には，原著者の序文も参照されたい．

- 新たに「一般化学と有機化学の復習」の章が追加された．化学の知識を再確認し，生化学の学習に活かしていくことができる．
- 「生化学の広がり」に「人工葉：生物を模倣した光合成」などの

コラムが新たに追加された．既存のコラムも，最新の研究成果を反映させて内容が更新された．
- 章末問題には，基本的な理解を確認する練習問題から，チャレンジングで総合的な応用問題まで，幅広い難易度の問題が用意された．
- 明快で鮮やかなフルカラーの図が，さらに改良された．生物の複雑な過程を視覚的に理解することができる．
- 重要なテーマとして，高分子クラウディングとシステム生物学が充実し，プロテオスタシスが新たに追加された．
- 反応機構に，さらに重点を置いた．触媒機構に注目することで，生化学反応がどのように進むのか理解できる．

本書の翻訳は，別掲のような，当該分野に造詣が深く，第一線で活躍する研究者諸氏にお願いし，多忙な日々のなかで貴重な時間を割いて分担にあたっていただいた．それを監修者と監訳者がとりまとめたうえで，内容を確認して，用語や文章の統一を図った．細心の注意を払ったつもりだが，誤りにお気づきの場合はぜひご指摘いただくようお願いしたい．

また第3版以来，編集にあたっては，(株)化学同人編集部の平林 央，山田宏二，加藤貴広，岩井香容，後藤 南の各氏に大変お世話になった．本書はこのように多くの方々のご協力とチームワークのうえに成り立っている．ここに記して深謝する次第である．

最後に，本書によって一人でも多くの読者が生化学の面白さに喚起されることを祈ります．

2018年2月

福岡　伸一

監修者

市川　厚　京都大学 名誉教授，武庫川女子大学 名誉教授

監訳者

福岡伸一　青山学院大学総合文化政策学部 教授，米国ロックフェラー大学 客員教授

訳者一覧(執筆順)

有井康博　武庫川女子大学食物栄養科学部 教授 （復習：一般化学）
小林謙一　ノートルダム清心女子大学人間生活学部 教授 （復習：有機化学）
福岡伸一　青山学院大学総合文化政策学部 教授，米国ロックフェラー大学 客員教授 （1章）
川島　麗　北里大学大学院医療系研究科 准教授 （1章）
永尾雅哉　京都大学大学院生命科学研究科 教授 （2章）
入江一浩　京都大学大学院農学研究科 教授 （3章）
松本友治　名古屋大学大学院理学研究科 研究員 （4章）
谷　史人　京都大学大学院農学研究科 教授 （5章）
井上國世　京都大学 名誉教授 （6章）
榊　利之　富山県立大学工学部 名誉教授 （6章）
早川享志　名古屋女子大学短期大学部 特任教授，岐阜大学 名誉教授 （7章）
吉田宗弘　関西大学化学生命工学部 教授 （8章）
新谷隆史　ファーメランタ株式会社 主任研究員，サイバー大学IT総合学部 客員教授 （9章）
井上善晴　京都大学大学院農学研究科 教授 （10章）
佐藤隆一郎　東京大学大学院農学生命科学研究科 特任教授 （11章）
佐伯　茂　大阪公立大学大学院生活科学研究科 教授 （12章）
河内孝之　京都大学大学院生命科学研究科 教授 （13章）
柴田克己　滋賀県立大学 名誉教授，藤田医科大学 客員教授 （14章）
福渡　努　滋賀県立大学人間文化学部 教授 （14章）
加藤久典　東京大学大学院農学生命科学研究科 特任教授 （15章）
河田照雄　京都大学大学院農学研究科 教授 （16章）
高橋信之　東京農業大学応用生物科学部 准教授 （16章）
阪井康能　京都大学大学院農学研究科 教授 （17章）
住本英樹　九州大学大学院医学研究院 教授 （18章）
武谷　立　宮崎大学医学部 教授 （18章）
和田郁夫　福島県立医科大学医学部附属生体情報伝達研究所 教授 （19章）

主要目次

目　次

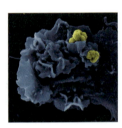

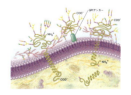

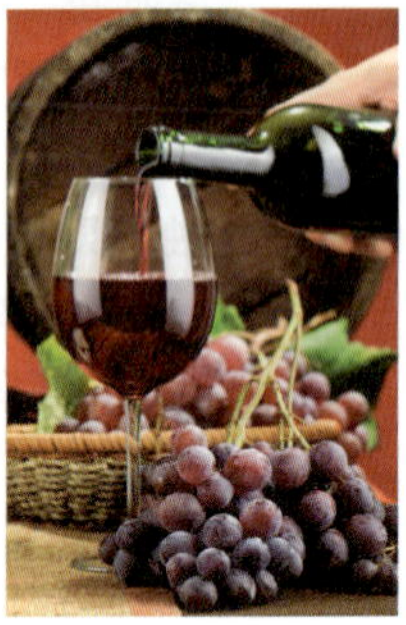

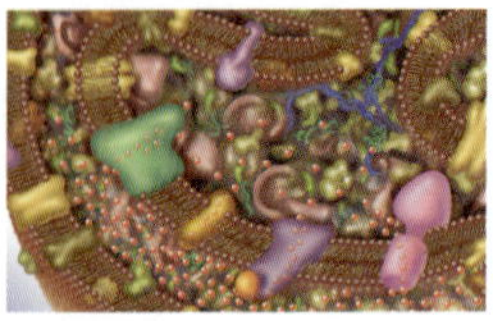

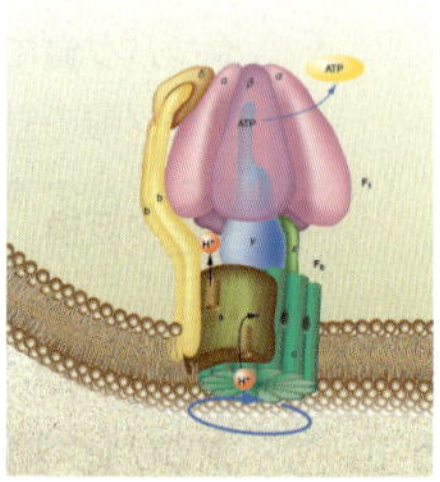

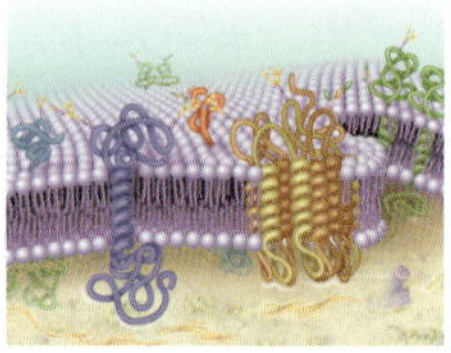

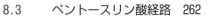

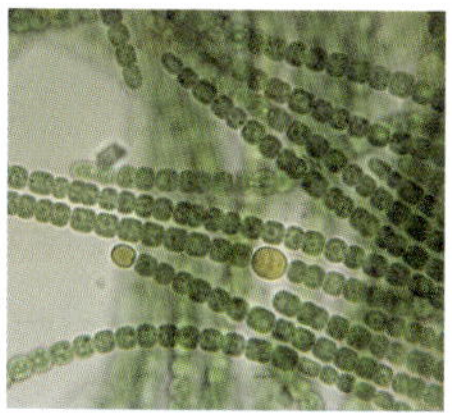

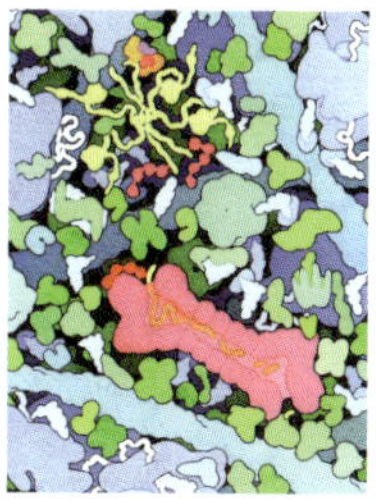

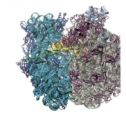

一般化学と有機化学の復習

アウトライン

生化学の講義はいつも進度が速く，難しい．そこでこの講義での成功は，学生の一般化学と有機化学の基礎知識に大いにかかっている．この二つは必須科目であるが，生体での化学反応過程を理解するための詳しい化学知識を思いだすのに，学生は苦労することが多い．ここでの復習は一般化学と有機化学に分かれている．一般化学ではおもに，原子構造，化学結合，酸と塩基，生物で見られる主要成分の化学的特性を学び直す．有機化学では，炭素を含む化合物の構造と化学特性，求核剤と求電子剤，官能基の構造と化学的挙動，有機化学反応の分類を学び直す．生化学に直接関連する内容(生体分子の分類，pH，緩衝液，速度論，熱力学など)は1章以降で述べられる．

一般化学

化学は，物質および物質が受ける変化を研究する．物質，すなわち空間を占め，質量をもつ物理的実体は，化学元素のさまざまな組合せからなる．それぞれの化学元素は1種類の原子からなる純物質である．知られている118種類の元素のうち，98種類が地球上に存在し，より少ない種類の元素が生物のなかに生まれつき存在する．これらの元素は，金属(高い電気および熱伝導性，金属光沢，展性をもつナトリウムやマグネシウムのような物質)，非金属(金属特性を示さないグループとして定義される窒素，酸素，硫黄のような元素)，半金属(金属と非金属の中間的特性をもつケイ素やホウ素のような元素)の三つに分類される．

この一般化学の節では，原子構造の概要，原子内の電子配置，周期表，化学結合，原子価結合法，化学反応の種類，反応速度論，平衡定数を復習する．

原子構造：その基礎

原子は，その元素の特性を保つ最小単位である．原子構造は，正電荷を帯びた中心核と，それを囲む負電荷を帯びた一つ以上の電子からなる．水素元素(H)を除いて，高密度で正電荷を帯びた核は，正電荷を帯びた陽子と帯電していない中性子を含む(水素の核は一つの陽子からなる)．陽子と電子の数が等しいので，原子は電気的に中性である．原子が一つ以上の電子を得るか失うかしたとき，イオンと呼ばれる帯電した粒子となる．原子が電子を失って形成されるイオンは陽イオン(カチオン)と呼ばれ，陽子よりも電子の数が少ないために正に帯電する．たとえば，ナトリウム原子(Na)は電子を一つ失い，正に帯電したイオンであるNa^+になる．電子を得ることで形成されるイオンは陰イオン(アニオン)と呼ばれ，負に帯電する．塩素(Cl)は電子を一つ得て，塩素イオンCl^-となる．

原子番号と質量数　元素は原子番号と質量数で区別される．ある元素の原子番号はその核の陽子数と等しい．原子番号は一つの元素を指定する．炭素(C)は核に6個の陽子をもつから，原子番号は6である．核に陽子を16個もつ原子は，かならず硫黄原子(S)である．

原子質量単位で定められた元素の質量数は，陽子と中性子の合計数に等しい．ただし，陽子の数は等しいが中性子の数が異なる元素の原子である同位体の存在によって，元素の質量数の計算は複雑になる．

自然界にある多くの元素は，同位体の混合として存在する．たとえば炭素には，自然界に，炭素12，炭素13，炭素14と呼ばれる，それぞれ中性子を6，7，8個含む3種類の同位体がある．最も豊富に存在する炭素同位体である炭素12は，原子質量測定の標準として用いられる．原子質量単位(μ)あるいは化学者のJohn Daltonにちなんで名づけられたドルトン(Da)は，炭素12原子の質量の1/12として定義された．ある元素の同位体は同じ割合では存在しないから，平均原子質量単位(自然界に存在する同位体の原子質量の加重平均)が用いられる．たとえば水素には，それぞれ中性子を0，1，2個含む，水素1，水素2(重水素)，水素3(三重水素)という3種類の同位体がある．このことから，水素の平均原子質量は1.0078 μとなる．水素1が99.98%以上を占めるために，この数は1.0に非常に近くなる．

放射能　放射能をもつ同位体もある（そのような同位体は，エネルギー放出によって原子核が変化する自発的過程である放射性崩壊を起こす）．たとえば，相対的に不安定な炭素14は，β崩壊という放射性崩壊を起こす．β崩壊では，原子核中の中性子1個が陽子と電子に変換される．新しく陽子が生じることで，炭素14原子は安定な窒素14原子に変換される．新しく生じた電子はβ粒子として放出される．水素3（三重水素）もβ粒子の放出によって崩壊し，より安定なヘリウム3（中性子を2個ではなく1個だけもつまれなヘリウム）となる．とくに，陽子1個と中性子2個を含む不安定な三重水素の核は，崩壊してヘリウム3（陽子2個と中性子1個）となる．

原子論　ボーアの原子モデルによると，電子は核から特定の距離にある一定のエネルギー準位をもつ円状の軌道上に存在する．原子がエネルギーを吸収するとき，電子はその〝基底状態〟からより高いエネルギー準位に移動する．原子が吸収エネルギーを放出すると，その電子は基底状態にもどる．量子論が20世紀初期に物理学に革命をもたらしたとき，ボーアのモデルでは説明できなかった多くの原子の特性について，量子論で説明できることが明らかになった．

量子論は，物質とエネルギーがいずれも粒子と波の特性をもつという原理に基づいている．物理学者や化学者は量子論を用いて，存在確率を示す雲のような複雑な軌道に電子が存在すると予測した原子モデルを記述した．軌道は確率分布である（軌道の雲の密度の変化量は，電子を発見する可能性と相関する）．軌道の雲の異なる形や大きさは，雲内部における電子のエネルギー準位に依存する．加えて，次の四つの量子数が原子中の電子と軌道の配置を表す．

主量子数nは，核からの軌道の平均距離を$n = 1$，2，3…と表現する．いいかえると，量子数nは主殻を指定している．より高いn値は，電子が核からより遠いことを意味する．

角運動量量子数lは，軌道の形を決める．l値の0，1，2，3，4は副殻のs，p，d，fにあたる．nの値は主殻内部の副殻の総数を示すことに注意しよう．$n = 3$ならば，その原子の主殻はl値が0，1，2にあたる副殻をもつ．そのような原子では，主殻はs，p，d軌道を含む．各副殻も特有の形をもつ．s軌道は核を中心に球状をとる．p軌道はそれぞれがダンベル状で，d軌道はそれぞれが二重のダンベル状である．軌道の形は非常に複雑であるが，これ以上は説明しない．

磁気量子数mは，空間における軌道の配向を表す．mの値は-1から$+1$の範囲にある．s軌道は$l = 0$なので，mの値は0である．p軌道の場合はlの値が1なので，mは-1，0，$+1$に等しい（つまり，p_x，p_y，p_zと名づけられた三つ軌道がある．図1）．d軌道の場合は$l = 2$なので，-2，-1，0，$+1$，$+2$の五つの配向をとりうる．

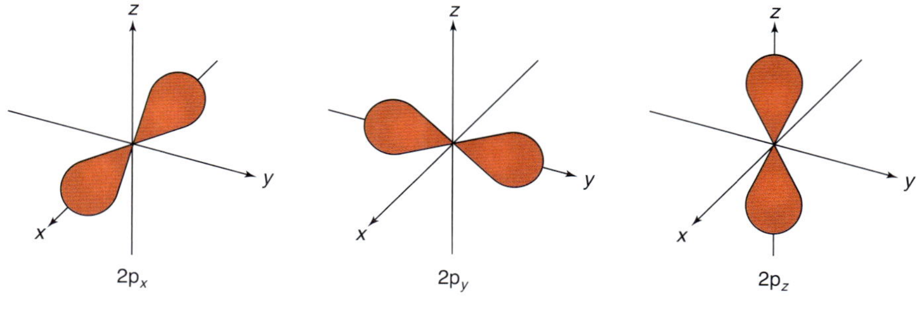

図1　2p軌道
三つの2p軌道が互いに直角に配向する．

四つめの量子数は，電子の回転方向，つまり時計回りか反時計回りかを示すスピン量子数m_sである．m_sの値は$+1/2$と$-1/2$のどちらかである．原子内の各電子が固有に一連の四つの量子数をもつとするパウリの排他原理に基づいて，2個の電子が同じ軌道にあるときは，それらの電子は反対方向のスピンをもつことになる．そのようなスピンは〝対〟といわれる．電子の回転は磁場をつくりだす．窒素のような反磁性の原子は電子対をもつ（すなわち電子対の磁場は相殺される）ので，磁石に引きつけられない．不対電子をもつ原子（酸素など）は，磁石に引きつけられることから常磁性と呼ばれる．

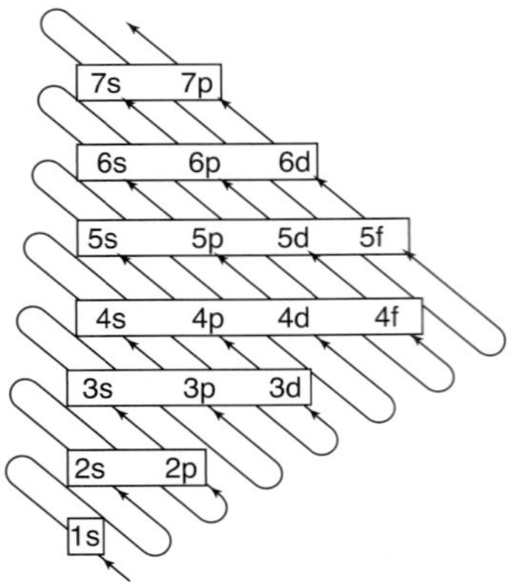

図 2　副殻が満たされる順
任意の値 n の副殻が同じ水平線上にある．充填順は，左下を出発点とする矢印を追うことで決められる．

原子内の電子配置　化学結合の形成のしかたを理解するために，原子内で電子がどのように分布するかを知ることは必要不可欠である．電子分布には，いくつかの法則がある．最も基本的な法則は構成原理であり，エネルギーの低い順に電子が同時に二つずつ軌道に配置される（つまり，エネルギーが高い外側の軌道よりも先に内側の軌道が満たされる）ことを規定する．化学者は略記法を用いて，基底状態の原子の核の周りに電子が配置される様子を表す．生物に関連する元素に有用な電子配置パターンは，$1s^2 2s^2 2p^6 3s^2 3p^6 4s^2 3d^{10} 4p^6 5s^2 4d^{10} 5p^6 6s^2$ である．

電子配置パターンにおける上付き数字は，各副殻における最大電子数を示す．充填が進むにつれて，軌道の重なりが原因で軌道が満たされる順番がより複雑になることに注意しよう．図 2 は，副殻が満たされる順番を記憶する手助けになる．

元素の電子配置を決めるには，電子数とも等しい原子番号（陽子数）を知っていることが必要である．電子配置パターンに基づき，最低エネルギー準位を初めとして，順に軌道を満たしていくように元素の電子は配置される．たとえば，水素（電子 1 個）とヘリウム（電子 2 個）の電子配置は，それぞれ $1s^1$ と $1s^2$ である．同様に炭素（電子 6 個）と塩素（電子 17 個）の電子配置は，それぞれ $1s^2 2s^2 2p^2$ と $1s^2 2s^2 2p^6 3s^2 3p^5$ である．フントの規則によると，あるエネルギーの副殻が二つ以上の軌道（たとえば p 軌道と d 軌道）をもつとき，すべての軌道が 1 個の電子をもつまで，各軌道には 1 個の電子のみが存在することになる．そのような電子は同方向の回転をもつ．さらに電子が軌道に入ると，入る以前は不対電子であった電子と対になって回転する．次の窒素と酸素の軌道を表す図は，この法則を説明する．

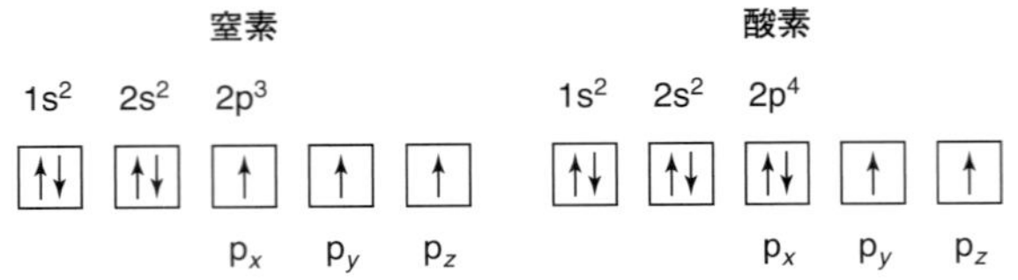

多くの元素の場合，電子配置は価電子数も示す．最外部のエネルギー準位にある s 軌道や p 軌道の電子である価電子は，元素の化学的性質（他の元素と反応するしかた）を決める．たとえば，$1s^2 2s^2 2p^4$ の電子配置をとる酸素原子は，6 個の価電子（2s 軌道と 2p 軌道にある合計 6 個の電子）をもつ．塩素は 3s 軌道と 3p 軌道に電子が 7 個あるから，価電子を 7 個もつことになる．多くの元素の場合，原子は最外部のエネルギー準位あるいは原子価殻が満たされるように，反応する．その状態が原子のとりうる最も安定な配置である．ほとんどの元素の原子が原子価殻に 8 個の電子を含むように反応することから，オクテット則がこの現象を説明するのに用いられる．水素とリチウムは二つの明らかな例外である．水素原子は 1s 軌道に電子を 1 個のみもつため，水素同士が反応して $1s^2$ 軌道を形成すると，互いに電子を 1 個得ることができ，あるいは水素が電子を 1 個放つとプロトン（H^+）が形成される．3 個の電子をもつリチウム（Li）は $1s^2 2s^1$ 配置をとる．その 1 個の価電子を失うことで，リチウム原子は満たされた 1s 殻（電子 2 個）をもつことになり，安定性を増す．塩化リチウム（LiCl）を形成するリチウムと塩素の反応において，リチウムは 1 個の電子を放ち，リチウムイオン（Li^+）になる．リチウムの価電子は塩素に渡され，塩素イオン（Cl^-）が形成される．したがって塩素は，その原子価殻の電子を 7 個から 8 個に増やす．次に説明する元素周期表をよく知ることで，元素の電子配置，原子価，その他の特性の重要性を理解できる．電子を得るか失うかした原子に関して，酸化状態という用語がしばしば使われることに注意しよう．たとえば，リチウムイオンは +1 の酸化状態，塩素イオンは −1 の酸化状態である．

周期表　現代の周期表（図 3）は，元素の電子配置が原子番号に従って周期的に変化することを述べる周期律を元にまとめられている．そのため，周期表の並びのなかで原子番号が増えるに伴って，電子配列に依存する元素の特性も変化する．周期表は，族と呼ばれる縦列と周期と呼ばれる横列からなる．元素のある特徴が，縦列あるいは横列に沿って増減する．その特性とは原子半径，イオン化エネルギー，電子親和性，電気陰性度であり，化学反応性に影響する．

元素の周期表

周期	1	2	3	4	5	6	7	8	9	10	11	12	13	14	15	16	17	18	
慣習的な族（アメリカ）	IA	IIA	IIIB	IVB	VB	VIB	VIIB	VIIIB	VIIIB	VIIIB	IB	IIB	IIIA	IVA	VA	VIA	VIIA	0	
1	1 **H** 1.008																	2 **He** 4.003	1
2	3 **Li** 6.941	4 **Be** 9.012											5 **B** 10.81	6 **C** 12.01	7 **N** 14.01	8 **O** 16.00	9 **F** 19.00	10 **Ne** 20.18	2
3	11 **Na** 22.99	12 **Mg** 24.30											13 **Al** 26.98	14 **Si** 28.09	15 **P** 30.97	16 **S** 32.07	17 **Cl** 35.45	18 **Ar** 39.95	3
4	19 **K** 39.10	20 **Ca** 40.08	21 **Sc** 44.96	22 **Ti** 47.88	23 **V** 50.94	24 **Cr** 52.00	25 **Mn** 54.94	26 **Fe** 55.85	27 **Co** 58.93	28 **Ni** 58.69	29 **Cu** 63.55	30 **Zn** 65.39	31 **Ga** 69.72	32 **Ge** 72.61	33 **As** 74.92	34 **Se** 78.96	35 **Br** 79.90	36 **Kr** 83.80	4
5	37 **Rb** 85.47	38 **Sr** 87.62	39 **Y** 88.91	40 **Zr** 91.22	41 **Nb** 92.91	42 **Mo** 95.94	43 **Tc** [98.91]	44 **Ru** 101.1	45 **Rh** 102.9	46 **Pd** 106.4	47 **Ag** 107.9	48 **Cd** 112.4	49 **In** 114.8	50 **Sn** 118.7	51 **Sb** 121.8	52 **Te** 127.6	53 **I** 126.9	54 **Xe** 131.3	5
6	55 **Cs** 132.9	56 **Ba** 137.3	71 **Lu** 175.0	72 **Hf** 178.5	73 **Ta** 180.9	74 **W** 183.8	75 **Re** 186.2	76 **Os** 190.1	77 **Ir** 192.2	78 **Pt** 195.1	79 **Au** 197.0	80 **Hg** 200.6	81 **Tl** 204.4	82 **Pb** 207.7	83 **Bi** 209.0	84 **Po** [209]	85 **At** [210.0]	86 **Rn** [222.0]	6
7	87 **Fr** [223.0]	88 **Ra** [226.0]	103 **Lr** [260.1]	104 **Rf** [261.1]	105 **Db** [262.1]	106 **Sg** [263.1]	107 **Bh** [262.1]	108 **Hs** [265.1]	109 **Mt** [266.1]	110 **Ds** (281)	111 **Rg** (280)	112 **Cn** (285)	113 **Nh** (278)	114 **Fl** (289)	115 **Mc** (289)	116 **Lv** (293)	117 **Ts** (293)	118 **Og** (294)	7

6	57 **La** 138.9	58 **Ce** 140.1	59 **Pr** 140.9	60 **Nd** 144.2	61 **Pm** [144.9]	62 **Sm** 150.4	63 **Eu** 152.0	64 **Gd** 157.2	65 **Tb** 158.9	66 **Dy** 162.5	67 **Ho** 164.9	68 **Er** 167.3	69 **Tm** 168.9	70 **Yb** 173.0
7	89 **Ac** 227.0	90 **Th** 232.0	91 **Pa** 231.0	92 **U** 238.0	93 **Np** [237.0]	94 **Pu** [244.1]	95 **Am** [243.1]	96 **Cm** [247.1]	97 **Bk** [247.1]	98 **Cf** [251.1]	99 **Es** [252.1]	100 **Fm** [257.1]	101 **Md** [258.1]	102 **No** [259.1]

例

原子番号	27
元素記号	**Co**
原子量	58.98

[ ] 内の数値は最も安定な同位体の原子量.
( ) 内の数値は放射性同位体の質量数の一例.

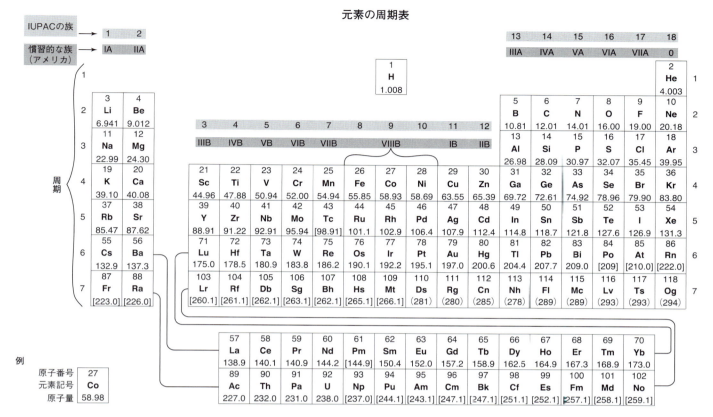

図 3　周期表
現代の周期表における元素は，それらの原子数，電子配置および化学特性の繰返しに基づいて体系化されている．ランタノイド元素(57～70)とアクチノイド元素(89～102)は生化学と関連性がないので，議論されていない．

中性原子の原子半径は，核から最外電子軌道までの距離である．イオン化エネルギーは，気体状態にある原子群中の 1 mol の原子から最も高いエネルギーの電子を取り除くのに必要なエネルギー量(つまり，原子がその電子をどのくらい強くつかんでいるか)として定義される．電子親和性は，電子が原子に加えられるときに放出されるエネルギーである．電気陰性度は，原子が電子を引きつける傾向である．

周期と呼ばれる周期表の横並びの 7 列は，その新しい殻に一つ目の電子をもつ元素から始まる．たとえばリチウム(Li)，ナトリウム(Na)，カリウム(K)は，それぞれ 2s，3s，4s 副殻に電子が 1 個存在する．第 1 族，第 2 族および第 13 族から第 18 族の元素の電子半径は左から右に小さくなる．原子の中心にある正に帯電した陽子の数が増えるにつれ，負に帯電した電子がより強く引きつけられる(電子は核のより近くに描かれる)．同じ傾向は第 3 族から第 12 族の元素の原子半径には見られない．4s と 3d の軌道電子間の斥力により，これら元素の原子の大きさはほとんど小さくならない．

原子数が増えるに伴って，ある周期におけるイオン化エネルギーは一般的に増加する．原子半径が周期を横切って小さくなる(すなわち，原子核とより外側の電子との間の距離が近くなる)と，より外側の電子を取り除くためにはより多くのエネルギーが必要になる．たとえば，窒素(N，原子番号 7)からよりもリチウム(原子番号 3)からのほうが電子を取り除きやすい．

電気的に中性の原子が電子を得る可能性を考えるのに役立つ電子親和性は，周期表を横切って左から右へ増加する．ナトリウム($1s^2 2s^2 2p^6 3s^1$)のような金属は，価電子を失ったときにより安定になることから，非常に低い電子親和性をもつことになる．周期表の右側の元素は，原子価殻が空いているために高い電子親和性をもつ．塩素($1s^2 2s^2 2p^6 3s^2 3p^5$)は，電子を 1 個得て原子価殻が満たされると，塩素イオンとしてより安定になるために大量のエネルギーを放出するから，非常に高い電子親和性をもつ．第 18 族の希ガス〔たとえばヘリウム(He)，ネオン(Ne)，アルゴン(Ar)〕は原子価殻が満たされているので，この傾向を示さず，そのため化学的に反応性が低い．

化学結合における電子に対する原子の親和性の度合である電気陰性度は，原子半径が減少するにつれて周期表を横切って増加する．たとえば，水分子 (H_2O) において，より大きい酸素の核が電子を強く引きつけるから，酸素は水素原子よりも高い電気陰性度になる．したがって，水分子における二つの水素原子それぞれと酸素原子間の結合に存在する電子は不均等に共有される．

周期表の縦の 18 列は，同じような化学的および物理的特性をもつ元素からなる．第 1 族元素すべてが最外殻に 1 個の電子をもつ．水素を除いたすべての第 1 族の元素〔リチウム (Li)，ナトリウム (Na)，カリウム (K)，ルビジウム (Rb)，セシウム (Cs)，存在量が少ない放射性のフランシウム (Fr)〕は，激しく水と反応して水酸化物（たとえば NaOH）を形成することから，アルカリ金属と呼ばれる．アルカリ金属はただ一つの価電子を簡単に失い，＋1 価の陽イオンを形成することで，そのように反応する．たとえば，ナトリウム $(1s^2 2s^2 2p^6 3s^1)$ は水と反応し，水酸化ナトリウム (NaOH) と水素ガス (H_2) を生成する．それから NaOH は解離して，Na^+ と OH^- を生成する．アルカリ金属は価電子を非常に簡単に与えることから，とくに強い還元剤（還元剤は化学反応において電子を与える元素あるいは化合物）とみなされている．全アルカリ金属のうち，ナトリウムとカリウムのみが生物内で通常の機能をもつ．たとえば，神経細胞の原形質膜を介したナトリウムイオンとカリウムイオンの平衡は，神経インパルスの伝達に重要な役割を担う．

第 2 族アルカリ土類金属〔ベリリウム (Be)，マグネシウム (Mg)，カルシウム (Ca)，ストロンチウム (Sr)，バリウム (Ba)，ラジウム (Ra)〕は最外殻に 2 個の電子をもつ．生物学的に重要な第 2 族元素であるマグネシウム（DNA 構造や酵素機能）とカルシウム（骨構造や筋収縮）の電子配置は，それぞれ $1s^2 2s^2 2p^6 3s^2$ と $1s^2 2s^2 2p^6 3s^2 3p^6 4s^2$ である．ベリリウムを除いて，アルカリ土類金属は価電子を 2 個失い，＋2 価のイオンを形成する〔たとえば，アルカリ土類金属は水と反応して $Ca(OH)_2$ のような金属水酸化物を生成する〕．アルカリ土類金属は左隣のアルカリ金属よりもいくぶん低い反応性ではあるが，第 1 族金属と同様に強い還元剤である．

第 3 族から第 12 族では d 軌道が順に満たされていくことから，d ブロック元素と呼ばれる．d ブロック元素のほとんどは，d 軌道が不完全に満たされている遷移元素である．亜鉛 (Zn，原子番号 30) はその 3d 副殻に電子を 10 個もつことから，遷移金属とみなされない．原子数が多い元素の電子配置は扱いにくいので，化学者はその元素の直前に位置する希ガスの電子配置の略号を用いて，その元素の電子配置に簡略化している．たとえば，亜鉛の電子配置は $[Ar]3d^{10}4s^2$ のように表現する．

遷移元素は特有の性質をもつ金属である．これらのなかには二つ以上の酸化状態をとったり有色化合物を形成したりする性質を示すものがある．鉄はすべての生物で多くのタンパク質に見いだされる遷移元素である．なかでも注目すべきことは，血の赤色を生みだす酸素運搬タンパク質であるヘモグロビンで起こっている．鉄原子 $([Ar]3d^6 4s^2)$ は -2 から $+6$ まで幅広い酸化状態を形成するが，最も頻度の高い酸化状態は $+2$ と $+3$ である．4s 軌道と 3d 軌道がきわめて似たエネルギー状態をもつことから，電気的に中性な鉄原子は +2 価のイオンを形成できるので，二つの電子を取り除いて $Fe^{2+}([Ar]3d^6)$ を形成するためには，ほとんどエネルギーを必要としない．付加電子を失って $Fe^{3+}([Ar]3d^5)$ を形成するには，より多くのエネルギーを必要とする．

鉄に加えて，他のいくつかの d ブロック元素も生物にとって重要である．マンガン (Mn) はすべての生物中の多くの酵素に見いだされる．コバルト (Co) はビタミン B_{12} の重要な構成要素である．ニッケル (Ni) は微生物や植物のいくつかの酵素に存在する．銅 (Cu) はいくつかのエネルギー生成タンパク質に見いだされる．亜鉛 (Zn) は 100 を超える酵素に存在しており，多くのタンパク質において構造的役割をもつ．モリブデン (Mo) は窒素固定できわめて重要な役割を担う．

標準的な周期表における残りの元素，つまり第 13 族から第 18 族の元素は p ブロックに属すが，電子が p 軌道を順に埋めていくことから，そう呼ばれる．生物で見いだされる p ブロック元素（炭素，窒素，リン，硫黄，塩素，ヨウ素）は非金属である．第14族に属する炭素（$1s^2 2s^2 2p^2$）は電子を4個もち，他の炭素原子やさまざまな元素（なかでも水素，酸素，窒素，硫黄）いずれとも安定な結合を形成するのに役立っている．そこで炭素は，ほとんど無限の化合物を生成できる．水やアンモニアのような分子と電解質（Na^+，K^+，Mg^{2+} など）を除いて，炭素はほとんどの生体分子においてきわめて重要な元素である（電解質とは，電荷の分布や膜を介した水の流れに影響を与えるイオン種である）．窒素（$1s^2 2s^2 2p^3$）は最外殻に電子を5個もつことから，その価数は -3 となる．生体分子中の窒素はアミン（$R-NH_2$，R は炭素を含む基）やアミド（タンパク質中のアミノ酸間の結合など）に見いだされる．窒素ファミリーに属するリン（$1s^2 2s^2 2p^6 3s^2 3p^3$）は，通常はリン酸（PO_4^{3-}）として生物中に存在する（たとえば，核酸DNAやRNA中，骨や歯の構成成分など）．生物中で -2 の酸化状態である酸素（$1s^2 2s^2 2p^4$）は，水分子中に最も豊富に見いだされる．酸素原子はすべての主要な生体分子（タンパク質，炭水化物，脂質，核酸）にも見いだされる．酸素ファミリーの2番目の元素である硫黄（$[Ne]3s^2 3p^6$）は，タンパク質およびビタミンのチアミンのような小さな分子に見いだされる．しばしばチオール（R—SH）やジスルフィド（R—S—S—R）のかたちで生体分子中に存在する．ハロゲン族（第17族）の全元素中，塩素（$[Ne]3s^2 3p^5$）とヨウ素（$[Kr]5s^2 4d^{10} 5p^5$）だけが常に生物中に存在する．塩素イオン状の塩素の機能は，動物の胃におけるタンパク質の消化〔塩酸（HCl）〕や電解質としての機能と関連がある．ヨウ素は，動物の体内で多様な代謝過程を調節する甲状腺ホルモンの構成物である．リン，硫黄および塩素は通常はそれぞれ -3，-2 および -1 の価数となることに注意しよう．しかしながら，それらが空の d 軌道をもつことから，原子価殻を拡大し，異なる酸化状態を生じる．たとえば，リンはリン酸（H_3PO_4）中で $+5$ の価数を，硫黄は硫酸イオン（SO_4^{2-}）中で $+6$ の価数を，塩素は次亜塩素酸イオン（ClO^-）中で $+1$ の価数をもつ．

例題 1

カリウム元素（原子番号19）について考えよ．その電子配置はどのような配置か．その原子価殻には電子がいくつあるか．カリウム元素は常磁性体か，反磁性体か．

解答

カリウム原子中の電子数はその原子番号に等しく，19である．構成原理，パウリの排他原理およびフントの規則を用いると，電子配置は $1s^2 2s^2 2p^6 3s^2 3p^6 4s^1$ となる．カリウムは，その最外部のエネルギー準位（4s）が1個の電子をもつことから，1個の価電子をもつ．カリウム元素は価電子殻に1個の不対電子をもつので，常磁性体である．■

化学結合

化学結合は化合物中の原子間に働く強い引力である．化学結合は，より外側の電子の転位を伴う原子間の相互作用によって生じる．オクテット則によると，原子は希ガスの外殻の電子配置になるように反応する．完全に満たされた外側の原子価殻は，蓄えられたポテンシャルエネルギーの減少により安定化するから，そのようになる．

おもな二つの化学結合はイオン結合と共有結合である．この二つは結合した原子間での価電子を共有するしかたが異なる．電子を放出する傾向をもつ原子（アルカリ金属，アルカリ土類金属など）から電子を獲得する傾向をもつ電気陰性原子に電子が移動すると，イオン結合が形成される．その移動過程は，イオンと呼ばれる逆帯電した原子の形成を引き起こす．正に帯電したイオンは陽イオン（カチオン），負に帯電したイオンは陰イオン（アニオン）と呼ばれる．たとえば，ナトリウムの電子1個が塩素（原子価7）へ移動すると，陽イオン Na^+ と陰イオン Cl^- が生じる．NaCl のイオン結合は，正イオンと負イオンとの間の静電引力である．

共有結合では，同じような電気陰性度をもつ原子間で，電子が共有される．一つの共有結合は2個の共有電子からなる．たとえば，水素分子（H_2）には一つの共有結合が存在する．その二つの水素原子は，それぞれ1個の電子をもち，互いの電子を共有することで原子価殻を満たす．

炭素，窒素，酸素のような元素は多様な共有結合を形成する．たとえば，炭素は二重結合や三重結合を形成する．エチレン分子において，炭素間の二重結合は2組の価電子の共有を伴う．窒素分子(N_2)中の三重結合は3組の価電子を共有する一例である．

原子間で電気陰性度の中程度の差を示す共有結合は極性共有結合と呼ばれる．そのような結合では，電子密度がより大きな電気陰性度をもつ原子へ偏り，電子は不均等な状態で共有される．そのような結合における電気的非対称性は，分子の一端でわずかに負電荷をもち，他端でわずかな正電荷をもつ状態を生みだす．これらの部分的変化はギリシャ文字の小文字のδ(デルタ，δ^+やδ^-)で示される．たとえば水分子H_2O中の酸素原子は，水素原子よりも顕著に大きな電気陰性度をもつ．その結果，酸素原子と各水素原子との間の電子対が酸素原子に近いほうに描かれる．各水素原子は部分的に正電荷(δ^+)をもち，酸素原子は部分的に負電荷(δ^-)をもつ．

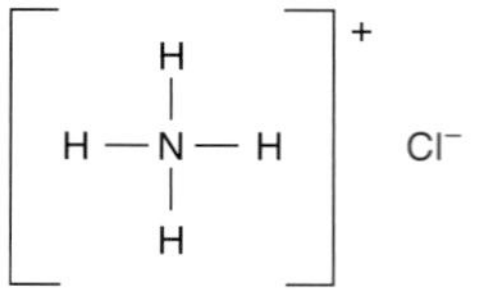

配位共有結合の共有電子対は一つの原子に由来する．アンモニア(NH_3)とHClの反応がわかりやすい．孤立電子対をもつ窒素とHClから解離したプロトンの間で共有結合が形成されると，塩化アンモニウム(NH_4Cl)が生成する．

ルイスの点電子表記法　化学者はルイスの点電子構造を用いて化学結合を表現することが多い．化学者のG. N. Lewisによって提案されたルイスの点電子構造は，さまざまな化合物中の原子の価電子がどのように結びついて共有結合を形成するかを説明する略記法である．水素分子(H_2)がわかりやすい例である．各水素原子は電子を1個もつから，水素原子のルイス点電子構造はH·である．H_2のエネルギー殻は最大2個の電子をもち，H_2の生成は次のように表現される．

$$\mathrm{H\cdot + H\cdot \longrightarrow H{:}H}$$

次の規則が，より複雑な分子のルイス構造を描く際に手助けとなる．

1. **分子内の各原子の価電子数を決める．** たとえば，二酸化炭素(CO_2)は価電子を4個もつ炭素原子と価電子を6個もつ酸素原子二つからなる．
2. **ルイス構造における中心原子を決める．** 中心となる原子は最も低い電気陰性度をもつ原子であることが多い．電気陰性度は周期表の右から左，上から下にかけて減少することを思いだそう．CO_2の場合，炭素は酸素より低い電気陰性度であるため，炭素が中心原子となる．
3. **各原子ともう一つの原子との間の単結合に電子を1個提供するように電子を並べ換え，それから各原子の周りの電子を数える．** オクテット則は満たされているだろうか．CO_2の場合，まずは次のルイス点電子構造が生じる．

しかしながら，この構造では炭素だけが電子を6個もち，各酸素原子は電子を7個もつことに注意しよう．オクテット則は不完全で，より多くの電子が共有されなければならず，分子内に二重結合あるいは三重結合が存在することが示される．CO_2の場合，電子を再配置することで，二重結合を二つもち，三つすべての原子が電子の満たされたオクテット則に従う，次のようなルイス点電子構造になる．

アンモニア(NH_3)のような分子において，窒素原子は水素原子よりも電気陰性度が高いけれども，その分子のなかで複数の結合を形成できる唯一の原子であることは明らかである．したがって窒素原子はアンモニア分子の中心原子となる．ルイス点電子構造は次の通りである．

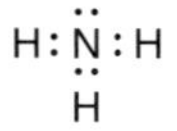

多くの分子の場合，妥当なルイス点電子構造が二つ以上ある．硝酸イオン（NO_3^-）は典型例である．窒素が価電子を5個もち，各酸素原子が価電子を6個もつと考えると，オクテット則を満たす硝酸イオンのルイス点電子構造は次のようになる．

しかしながら，この構造において二重結合がその位置に現れるべきという理由はない．窒素原子周辺の他の二つの配置のどちらでも，二重結合は容易に現れる．したがって，硝酸イオンには妥当なルイス点電子構造が三つある．

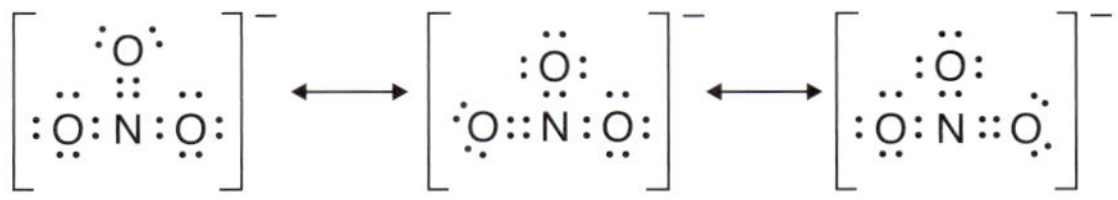

この状態が起こるとき，イオンあるいは分子は共鳴混成であるといわれる（両矢印は共鳴構造を描くときに用いられる）．硝酸イオンの場合，これら三つの状態の平均の構造をもつと考えられる．

分子構造　分子は原子の三次元的配置である．構造から分子の物理的および化学的特性について洞察を得ることができるので，分子形状とも称される分子構造を理解することは重要である．分子形状によって影響を及ぼされる物理的特性には沸点，融点および水溶性が含まれる．分子形状は化学反応性にも大きな影響を与える．

原子価殻電子対反発（VSEPR）理論によると，原子価殻結合電子と非結合電子（孤立電子対）との間の反発力が分子構造（分子形状）を決める．いいかえると，分子における中心原子上の価電子対は，反発が最小になるようなスペースをとって，それ自身を配向させる（すなわち，その全エネルギーが最小化される）．電子の孤立電子対は結合対よりも大きい反発効果をもつ（孤立電子対は，結合に関連していない中心原子上の価電子対である）．電子基という表現がVSEPR理論の議論に用いられる．電子基は，他の価電子に反発を与える中心原子周辺の領域にある一組の価電子として定義される．電子基には，結合および非結合電子対，あるいは二重結合や三重結合における電子対が含まれる．

例題2

ホルムアルデヒド（$H_2C{=}O$）のルイス点電子式を示せ．

解答

水素，炭素および酸素の価電子は，それぞれ2個（各水素原子に1個ずつ），4個および6個の合計12個である．元素間の単結合が6個の電子から構成され，残り6個の電子は単結合を形成しない．合計8個の電子（結合および非結合）が届くまで，最も電気陰性度が大きい原子（酸素）の周りに，残り6個の電子を一まとめにする．これら電子のうち一対を炭素と酸素との間の二重結合を形成するのに用いると，炭素のオクテット則が完成する．最終のルイス構造は次のようになる．

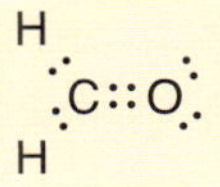

■

分子の三次元形状を解明するには，正しいルイス点電子構造を描くことから始める．そのとき，分子構造は中心原子上の結合および非結合電子の数に基づいて決められる（図4）．二つの電子対があるなら，その分子は直線状になる．たとえば二酸化炭素（CO_2）は，二つの電子基を

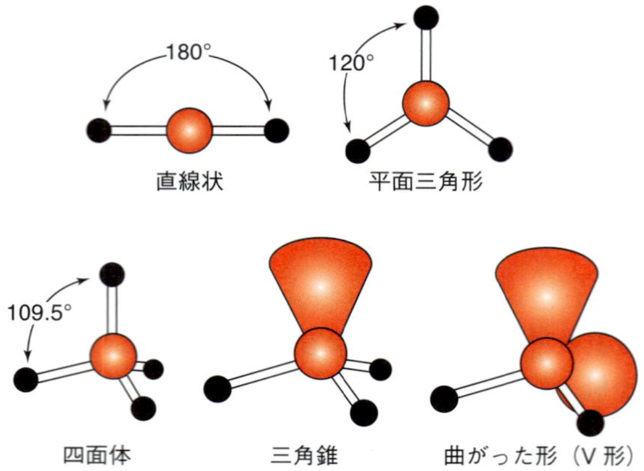

図 4　一般的な分子構造
これらの構造は電子基の空間的配向を示している．不対電子が，拡大された軌道の描写で示されていることに注意しよう．

もつ直線状の分子である．その結合角度は 180° である．三つの電子基をもつホルムアルデヒド（$H_2C{=}O$）は，120° の結合角をもつ平面三角形構造となる．四つの電子対がある中心原子をもつ分子は四面体形となる．四つの炭素-水素結合をもつメタン（CH_4）は 109.5° の結合角をもつ．四面体において四つの電子基の一つが孤立電子対ならば，分子形状は三角錐になる．孤立電子対の反発が強いために，結合角は 109.5° より小さくなる．たとえば NH_3 における孤立電子対は，NH 結合電子対を 107.3° の結合角に合わせて近づける．

三次元形状は分子極性にも影響する．原子は異なる電気陰性度をもつから，極性共有結合において電子の不均等な共有が存在する．この電荷の分離は双極子と呼ばれる．極性分子は常に極性結合を含むが，極性結合をもつ非極性な分子もある．分子極性は極性結合の非対称な分布を必要とする．たとえば，CO_2 は二つの C—O 双極子結合を含む．二酸化炭素は直線状の形状だから非極性分子である（その結合双極子は対称で，互いを打ち消し合う）．二つの極性結合（二つの O—H 結合）をもつ水は，その形状から極性分子である．水は四つの電子基，すなわち二つの結合対と二つの孤立電子対を含んでおり，四面体である．しかしながら，酸素にある孤立電子対からのより大きな反発の結果として，水分子の結合角は 104.5° になる．水の〝曲がった〟構造（図 4 参照）は水を非対称の分子にさせて，そのため極性を示す．

例題 3

ジメチルエーテルは化学式 $CH_3{—}O{—}CH_3$ で表される．ジメチルエーテルはどのような形状か．この分子は双極子モーメントをもつか．

解答

ジメチルエーテル中の酸素は，二つの孤立電子対を含む四つの電子対をもつ．結果として酸素は，ジメチルエーテルが全体的に曲がった形状になる，四面体形をとる．ジメチルエーテルは曲がった形をとり，電子分布が均等ではないから，双極子モーメントをもつ．■

原子価結合理論と軌道の混成　VSEPR 理論は分子の形状を説明するが，それぞれの原子の軌道がどのように相互作用して，分子内で共有結合を形成するのかについては説明しない．量子力学的計算の結果である軌道混成の概念は，分子内に見いだされる，より安定な混成軌道の形成を原子軌道の混合がどのようにもたらすのかを説明する．各種の混成軌道は，VSEPR 理論によって予測された電子基配置の種類にあたる．生体分子で観察される，よく目にする三つの混成軌道は sp^3，sp^2，sp である．

炭素は $1s^2 2s^2 2p^2$ の電子配置をもち，次のようにも表される．

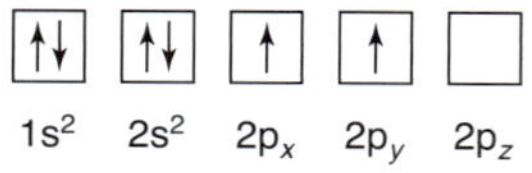

この図から明らかなように，炭素のみでは結合電子を二つもつ．しかしながら，メタンのような分子において炭素原子は，四面体の配列で四つの水素原子と結合する．炭素の低エネルギー価電子がそれぞれの水素原子核（すなわちプロトン）に誘引された結果，メタン形成の間に 2 個の 2s 電子が 2p 軌道に移動する．

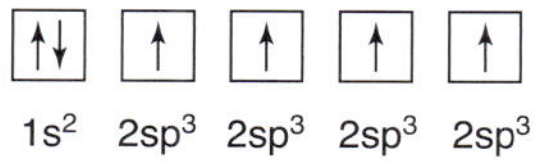

上述の軌道がそうなったように，軌道は混合してまったく同じ sp^3 軌道を四つ形成する（図 5）．

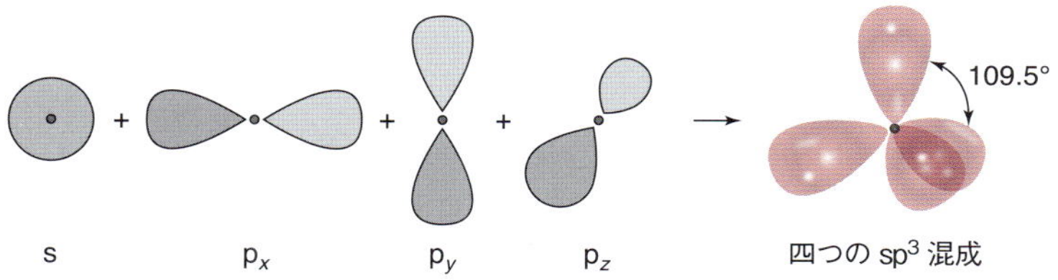

図 5　sp^3 軌道
一つの s 軌道と三つすべての p 軌道の混成が四つの等価な sp^3 軌道を生みだす．

メタン分子（図 6）において，四つの sp^3 混成軌道がそれぞれに水素の 1s 軌道と重なり，シグマ結合を形成する．二つの原子の最外殻軌道が重なることで形成されるシグマ結合（σ）は，共有結合の最も強い型である．

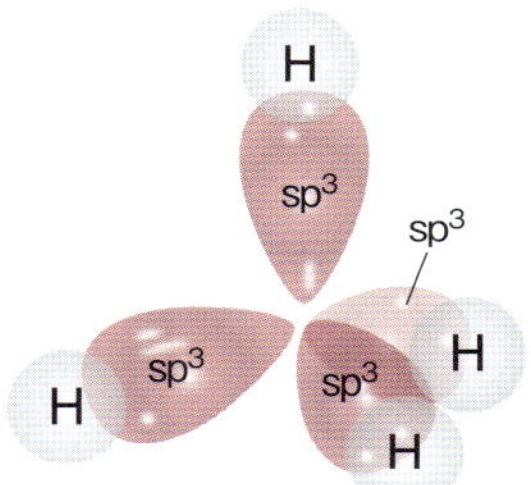

図 6　メタンの構造
メタン（CH_4）は，炭素の四つの sp^3 軌道と水素の四つの 1s 軌道が重なって形成される，四つの σ 結合をもつ四面体構造をとる．

エテン分子（$H_2C{=}CH_2$）内の二つの炭素原子がそれぞれ，平面三角形構造にある三つの原子に結合する．炭素の 2s 軌道は三つの空の 2s 軌道のうちの二つと混合し，sp^2 軌道を三つ形成する．

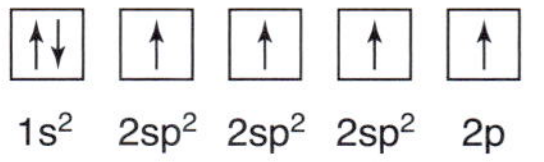

各炭素原子の三つの sp^2 軌道のうち二つが水素原子の軌道と重なり，合計四つの σ 結合を形成する．二つの炭素原子の 3 番目の sp^2 軌道が重なり，炭素間 σ 結合を形成する．各炭素の p 軌道が重なってパイ（π）結合を形成する（図 7）．エテンのような分子にある二重結合は，σ 結合と π 結合からなる．

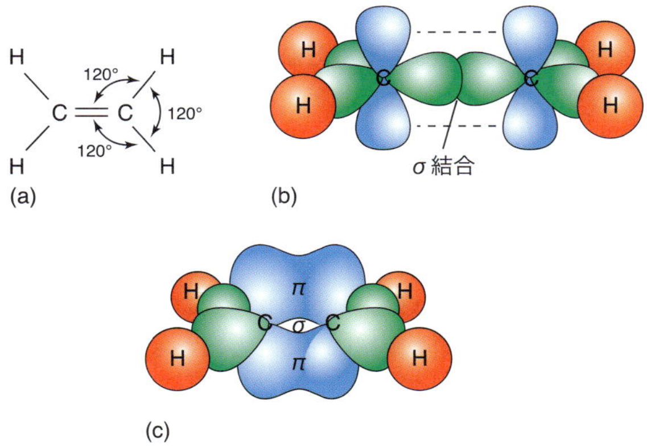

図 7　エテンの構造
（a）エテン（エチレンとしても知られる）の各炭素原子は，120° の結合角で sp^2 軌道を三つもち，平面三角形構造をとっている．（b）各炭素（緑）の二つの sp^2 軌道は水素の s 軌道（赤）と重なり，合計四つの σ 結合を形成している．各炭素で一つずつ残った二つの sp^2 軌道は，重なって炭素間 σ 結合を形成する．（c）各炭素原子から一つずつ，計二つの p 軌道（青）が重なって π 結合を形成する．

アセチレン(C_2H_2)は，他の二つの原子と直線的に結合した各炭素が，三重結合をとる分子である．炭素の 2s 軌道は

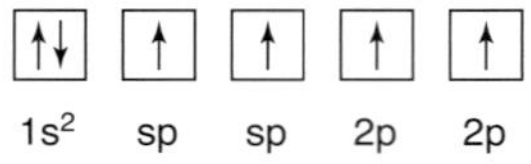

2p 軌道と混合し，2sp 混成軌道を形成する．各炭素とも非混成 2p 軌道を二つ所有する．アセチレンは一つの σ 結合と二つの π 結合からなる三重結合をもつ．炭素間 σ 結合は，各炭素原子由来の sp 混成軌道の重なりによって形成される．各 π 結合は二つの炭素の 2p 軌道の重なりによって形成される．二つの炭素–水素間 σ 結合は，各水素の 1s 軌道と炭素の他の sp 軌道との重なりによって形成される．

化学反応

化学反応では化学物質中の原子は再配置され，化学結合が壊れたり形成されたりしながら新しい物質が生成する．衝突理論によると二分子反応における反応速度は，化学物質同士がうまく衝突する頻度に依存する．衝突の瞬間に十分なエネルギー(活性化エネルギーと呼ばれる)があると衝突がうまく起こり，衝突した際に，原子と電子の再配列に有利に働くほうへ，衝突した化学物質が配向される．触媒は，反応によって影響されることなく，反応速度を上げる物質である．触媒は反応に迂回経路を提供して，反応の活性化エネルギーを下げ，反応速度を上げる．たとえば，窒素ガスと水素ガスをアンモニア(NH_3)に変換する工業的方法のハーバー法では，金属イオンが触媒として用いられる．N_2 分子と H_2 分子が金属表面に吸着されるにつれて，互いにうまく衝突する好ましい配向になり，両分子の結合が弱められる．形成された時点で，アンモニア分子は触媒から脱離される．

化学反応は化学式で表される．反応する物質は反応物と呼ばれ，式の左側に，反応の生成物は右側に表される．反応物と生成物の間の矢印は，反応の結果として起こる化学変化を記号で表している．たとえば，分子 A が分子 B と反応して分子 C と分子 D が生成する反応の化学式は

$$A + B \longrightarrow C + D$$

である．

化学式に登場する他の記号は，反応物と生成物の物理的状態あるいは必要とされるエネルギー源についての情報を提供する．たとえば，炭酸カルシウムの分解式は

$$CaCO_3(s) \xrightarrow{\Delta} CaO(s) + CO_2(g)$$

である．この式において，文字 s は反応物 $CaCO_3$ と生成物 CaO (酸化カルシウム) が固体であることを示す．文字 g は CO_2 が気体であることを示す．矢印の上にあるギリシャ文字の大文字の Δ(デルタ)は，反応が熱のかたちでのエネルギーの投入を必要とすることを示す．熱のかたちでのエネルギーの投入を必要とする反応は吸熱反応といわれる．もし光エネルギーが反応に関係するなら，$h\nu$(ν はギリシャ文字の小文字のニュー)が矢印の上におかれる．

化学反応中に質量は生みだされも損なわれもしないと述べる質量保存の法則に，すべての化学式は従わなければならない．つまり，反応物と生成物の質量は等しくなければならない．たとえば，メタン(CH_4)が分子状酸素(O_2)と反応して二酸化炭素(CO_2)と水を形成するという反応式では，矢印の両側にある各種の元素数が等しくなければならない．

$$CH_4 + 2O_2 \longrightarrow CO_2 + 2H_2O$$

この均衡が保たれた式において，分子状酸素と水の化学式の前に数字の 2 がおかれているから，同じ数の炭素，水素，酸素原子が矢印の両側にあることになる．

例題 4

次の式について考えよ．

$$KClO + H_2S \longrightarrow KCl + H_2SO_4$$

式を釣り合わせ，反応によって酸化，還元あるいは変化しない元素を特定せよ．水素および第 1 族金属の酸化状態が +1，酸素の酸化状態が −2 であるという一般論を用いよ．

解答

化学反応式の均衡を保つことは，原子の数と種類が同じであることを必要とする．この要求を満たすために，数字の 4 が反応物 KClO と生成物 KCl の前に置かれる．反応式は

$$4KClO + H_2S \longrightarrow 4KCl + H_2SO_4$$

となる．上で与えられた酸化状態の情報を用いると，酸化数は次のように元素ごとに割り当てられる．

$$K(+1)Cl(+1)O(-2) + H_2(+1)S(-2)$$
$$\longrightarrow K(+1)Cl(-1) + H_2(+1)S(+6)O_4(-2)$$

硫黄は酸化される元素である（酸化数は −2 から +6 まで増加する）．塩素は酸化数が +1 から −1 まで減少するので，還元されたことになる．酸化数が変化しないままの元素は水素，カリウム，酸素である． ■

反応速度論　化学反応式は有益であるが，その反応の重要な特性のいくつか，つまり① 反応が起こる速度，② 反応終止時の反応物と生成物の割合，③ 反応でのエネルギーの出入りについては何も表していない．反応速度論の科学は，化学反応速度に関する上述あるいは他の特性（すなわち，反応が進行するときの生成物と反応物の数的変化）を示そうとする．

反応速度は単位時間あたりの反応物あるいは生成物の濃度変化として定義される．一般的な反応の場合，

$$aA + bB \longrightarrow cC + dD$$

その速度は $k[A]^m[B]^n$ と表され，式中の k は反応定数，[A] および [B] は各反応物 A と B の濃度である．指数 m と n は，化学反応が起こる速度と反応物の濃度を関連づける数である反応次数を決めるために用いられる．たとえば m が 1 ならば，反応物 A の濃度が 2 倍になると，反応速度は 2 倍になる．m が 2 ならば，反応物 A の濃度が 2 倍になると，反応速度は 4 倍になる（より詳しくは p. 174〜175 の反応次数に関する記述を参照）．ある反応の速度定数と反応次数は実験によってのみ決定される．過去 1 世紀にわたって行われてきた実験は，以下の要素が反応速度に影響を与えることを明らかにしている．

1. **反応物の構造**　化学結合の特性と強さが反応速度に影響する．たとえば塩の生成やイオン交換は，共有結合の切断や形成と比較すると，すばやい反応過程である．
2. **反応物の濃度**　単位体積あたりの物質分子の数が衝突の頻度に影響する．反応速度は反応物分子が込み合うほど上がる．
3. **物理的状態**　反応物は互いに接触しなければならないので，反応物が同じ相（固体，液体，気体）にあるかどうかが反応速度に影響する．たとえば反応物が水相にあるとき，熱運動が反応物の接触をもたらす．反応物が異なる相にあるとき，接触は相の接触部でのみ起こる．そのような状況において接触部の表面積を増やすことは，反応速度を上げる．たとえば反応物が固相と液相に分かれているとき，固体を小片にすりつぶすことで，液相と接触している表面積を増加させる．

4．**温度**　より高い温度で分子はより多くの熱エネルギーをもち，そのため互いの衝突の可能性も増える．
5．**触媒**　反応速度を促進するが，反応後に変化しない物質．触媒は反応に対して異なる経路を提供し，それによって活性化エネルギーを下げる．

化学反応と平衡定数　多くの化学反応が可逆的である（つまり正逆両方向で起こる）．可逆反応は両方向の矢印をもつ反応式で表される．可逆反応が始まるときに（つまり反応物が一緒に混ぜられたときに），反応物は生成物に変換され始める．反応によって異なるある時点で，生成物分子が反応物分子に再変換されるものもある．最終的に，正逆両反応は起こっているが，反応物と生成物分子の割合に正味の変化がないという動的平衡状態に反応が達する．特定の温度や圧力条件下における，反応物と生成物の濃度を反映する平衡定数（K_{eq}）によって，反応が生成物のほうへ進む度合が測られる．次の式で表される反応の場合，

$$a\mathrm{A} + b\mathrm{B} \rightleftharpoons c\mathrm{C} + d\mathrm{D}$$

K_{eq} は，各生成物と反応物のモル濃度がその係数乗され，それらの割合として計算される．

$$K_{eq} = [\mathrm{C}]^c[\mathrm{D}]^d/[\mathrm{A}]^a[\mathrm{B}]^b$$

K_{eq} が，その反応の正逆反応の速度の比である k_f/k_r にも等しいことに注意しよう．高い K_{eq} 値（1より顕著に大きい）は，反応が平衡に達したときに反応物の濃度が低い（反応が生成物の生成を好む）ことを示している．もし K_{eq} 値が1より低いならば，平衡に達したときに生成物の濃度は反応物の濃度よりも低い．K_{eq} 値が1000より大きいとき，反応は完了している（ほとんどすべての反応物が生成物に変換されている）．

1885年にフランスの化学者 Henri Louis Le Chatelier は，平衡状態にある系の注目すべき特徴を発見し報告した．平衡状態にある化学反応の場合，反応条件（温度，圧力，あるいは化学成分の濃度など）における変化が平衡状態におけるシフトを引き起こし，その反応を弱める．化学者や化学技術者たちはルシャトリエの原理を用い，化学反応を操作して生成物合成を最適化する．N_2 と H_2 からアンモニア（NH_3）をつくるハーバー・ボッシュ法は代表的な例である．

すべての生物が，窒素を含む利用可能な分子の供給源を必要としている．N_2 の安定な三重結合を切断することが非常に難しいために，窒素固定（N_2 から NH_3 への変換．アミノ酸のような有機分子へ同化できる分子になる）は，おもに選ばれた微生物のみに制限される．アンモニアの合成は発熱反応（すなわち熱エネルギーを放出する）であることに注意しよう．

$$N_2(g) + 3H_2(g) \longrightarrow 2NH_3(g) + 98\ \mathrm{kJ}$$

式中のJ（ジュール）はエネルギーの単位で，kJは1000Jである．

アンモニアを合成するハーバー・ボッシュ法は，いくつかの手段で反応収率を最大化している．

1．平衡状態に達する速度を上げる鉄系触媒（他の金属酸化物を少量含む酸化鉄）は，遅い反応を商業的に見合う十分に速い反応に変換する．
2．反応生成物であるアンモニアは，反応槽から取り除かれる．結果として，その系はさらに多くの NH_3 を生成し，再び平衡に達する．
3．容量を減らすことで得られた反応槽の内部圧力の増加（200 atmに達する）は，アンモニア合成を増加させる．この反応において4 molの反応物分子が2 molの生成物に変換されることに注意しよう．気体分子がより少なくなるから，この平衡はアンモニア合成のほうへ傾く．
4．反応の温度を下げることによって（つまり発熱反応から熱を取り除くことによって），平衡はアンモニア合成のほうへ傾く．しかしながら，触媒が効率よく機能するためには熱を必要とするから，下げることができる温度には制限がある．結果として反応槽は，触

媒にとっては十分に高いが，工業的過程にとっては相対的に低い温度の 400 ℃で操作される．

酸塩基平衡と pH　酸と塩基が水に溶けると，それらは解離してイオンを形成する．塩酸と酢酸（CH_3COOH）は二つのよく知られた酸である．HCl は水中で解離して塩素イオンと水素イオンを，酢酸は酢酸イオン（CH_3COO^-）と水素イオンを生じる．水酸化ナトリウム（NaOH）とメチルアミン（CH_3NH_2）は塩基の例である．水中で NaOH は解離してナトリウムイオンと水酸化物イオンを生じ，メチルアミンはメチルアンモニウムイオン（$CH_3NH_3^+$）と水酸化物イオン（OH^-）を形成する．酸あるいは塩基の強度は，解離する度合によって決定される．HCl は解離が完全である（すなわち，100％の HCl 分子が塩素イオンと水素イオンに解離する）ため，HCl は強酸である．弱酸と弱塩基は制限された範囲でのみ解離され，それらのイオンによる動的平衡を成立させる．弱酸の解離に関する一般式は

$$HA \rightleftharpoons A^- + H^+$$

で，HA は解離していない酸，A^- は酸の共役塩基である．弱酸が解離する度合は，イオン A^- および H^+ と解離していない酸（HA）との平衡濃度の割合である解離定数 K_a で表現される．

$$K_a = [A^-][H^+]/[HA]$$

弱酸および弱塩基の解離定数は一般に平衡定数の負の対数（$-\log K_a$ あるいは $-\log K_b$）として表現され，$-\log$ 項は文字 p に置き換えられる．弱酸が解離する程度は pK_a 値と呼ばれる．たとえば 25 ℃における酢酸の解離定数と pK_a は，それぞれ 1.8×10^{-5} と 4.76 である．多くの生体分子が水素イオンを授受できるカルボキシ基，アミノ基，および他の官能基をもっているから，弱酸および弱塩基の挙動は生化学においてとくに重要である．たとえば，p. 117～119 のタンパク質を構成する分子であるアミノ酸への水素イオン濃度の影響の記載を参照せよ．

水もイオンに解離するほんのわずかな能力をもつ．

$$H_2O + H_2O \rightleftharpoons OH^- + H_3O^+$$

25 ℃における純水の水素イオン濃度は 1.0×10^{-7} M である．一つの水酸化物イオンが各水素イオンをつくりだすから，水酸化物イオンも 1.0×10^{-7} M である．これら二つの値の積（$[H^+][OH^-]$）は水のイオン積と呼ばれ，1.0×10^{-14} である．水素イオンと水酸化物イオンの濃度は，水に溶けている物質に依存して変化するが，その積はいつも 1.0×10^{-14} である．

弱酸および弱塩基の場合，水溶液中の水素イオン濃度は 1 M から 1.0×10^{-14} M まで変化する．便利がよいので，水素イオン濃度はたいてい pH 値に変換される．pH という表現は単純に，溶液中の水素イオンの濃度が負の対数値に変換されていることを意味する（$pH = -\log[H^+]$）．物質の酸性度や塩基性度を表現するのに便利な手段である pH や pH スケールのより詳しい記述については p. 77～85 を参照せよ．

例題 5

酢酸の K_a は 1.8×10^{-5} である．0.1 M の酢酸水溶液の水素イオン濃度を求めよ．この溶液の pH はいくらか．

解答

酢酸の解離の式は

$$K_a = [\text{酢酸イオン}][H^+]/[\text{酢酸}]$$

である．酢酸は弱酸であるから，酢酸の解離は酢酸濃度には実質的影響をもたないと想定される．酢酸イオンと水素イオンの濃度の値は等しく x とおくことができる．0.1 M 溶液

における水素イオン濃度を決定する式は

$$1.8 \times 10^{-5} = x^2/0.1,\ \text{したがって}$$
$$1.8 \times 10^{-6} = x^2$$

である．x を解くと 1.35×10^{-3} となり，酢酸溶液中の水素イオン濃度がわかる．
0.1 M の酢酸溶液の pH は次のように計算される．

$$\begin{aligned} pH &= -\log[H^+] \\ &= -\log(1.35 \times 10^{-3}) \\ &= 3 - 0.13 = 2.87 \end{aligned}$$

■

反応の種類　化学反応の基本的な種類には，合成反応，分解反応，置換反応，二重置換反応，酸塩基反応，およびレドックス反応がある．それぞれを簡潔に説明する．

合成反応（組合せ反応とも呼ばれる）は，互いに組み合わさって一つの新しい物質を形成する二つ以上の物質を必要とする．たとえば，水と三酸化硫黄（SO_3）の反応は硫酸（H_2SO_4）を生じる．

$$SO_3 + H_2O \longrightarrow H_2SO_4$$

分解反応において，反応物が一つ以上の結合を分解されるのに十分なエネルギーを吸収すると，化合物は分解され，より単純な生成物を形成する．たとえば，硫酸アンモニウム〔$(NH_4)_2SO_4$〕は加熱によって分解され，アンモニア（NH_3）と H_2SO_4 を生じる．

$$(NH_4)_2SO_4 \xrightarrow{\Delta} 2NH_3 + H_2SO_4$$

置換反応において，より反応性の高い元素が活性の低い元素と置き換わる．たとえば，鉄くぎが硫酸銅(II)（+2 酸化状態をもつ銅）水溶液中におかれると，鉄が硫酸銅の銅と置換されて硫酸鉄を生じ，溶液の色は青から緑に変化する．

$$Fe + CuSO_4 \xrightarrow{\Delta} FeSO_4 + Cu$$

金属性の銅の沈着によって，鉄くぎの表面はえび茶色に変わる．特定の金属が他と置き換わるかどうかは，（一般化学の教科書に見られる）金属の反応性の強さについて最も高いものから最も低いものを並べた金属の一覧表である，金属の活性化系列を参照することで推測できる．

二重置換反応においては，二つの化合物がそれらのイオンを交換し，新しい化合物を二つ形成する．たとえば，水溶液中で硝酸銀は臭化カリウムと反応し，臭化銀と硝酸カリウムを生じる．

$$AgNO_3 + KBr \longrightarrow AgBr + KNO_3$$

臭化銀生成物は水に不溶で，溶液から抜けだして沈殿する．

酸塩基反応は二重置換反応の一つである．ブレンステッド・ローリー理論は，酸と塩基をそれぞれプロトン供与体とプロトン受容体と定義している．たとえば，塩酸は水と反応してヒドロニウムイオン H_3O^+ と塩素イオンを生じる．

$$HCl + H_2O \longrightarrow H_3O^+ + Cl^-$$

この反応において，塩酸はプロトン（H^+）を H_2O に与え（水はプロトンを受けとるから塩基としてふるまう），H_3O^+ と塩素イオンを生成する．この反応で Cl^- は酸 HCl の共役塩基である．これら二つはまとめて共役酸塩基対を構成する．同様に H_3O^+ は H_2O の共役酸である．それらも共役酸塩基対を形成する．

酸塩基反応を説明するもう一つの方法はルイスの酸塩基理論と呼ばれ，酸と塩基が原子構造や結合の観点から定義される．ルイス酸は，電子対を受けとる空の低エネルギー軌道をもつ化学種である．ルイス酸の例として，Cu^{2+} や Fe^{2+} のような陽イオン，および多重結合と異なる電気陰性度をもつ原子からなる，一酸化炭素(CO)のような分子があげられる．ルイス塩基は，電子対を与える孤立電子対をもつ化学種として定義される．例として NH_3，OH^-，シアン化物イオン(CN^-)があげられる．ルイス酸塩基反応の生成物は新しい共有結合を含む．

HCl とアンモニアの反応において，HCl はわずかに正電荷の水素とわずかに負電荷の塩素に分極される．

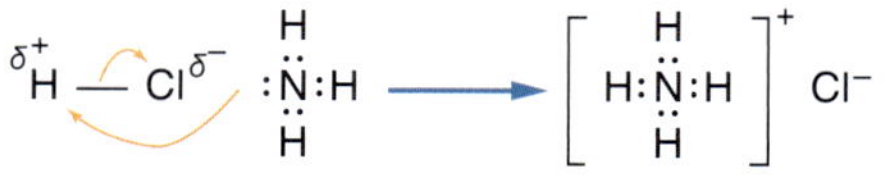

ルイス塩基としてふるまうアンモニア(:NH_3)は水素原子に引き寄せられる．窒素上の孤立電子対が HCl に近づくと，後者はより分極し(つまり水素がより正に帯電し)，水素–塩素結合が切断されて，最終的に窒素と水素の間で配位共有結合が生じる．

酸化還元反応とも呼ばれるレドックス反応は化学種間の電子の交換を伴う．たとえば，酸化亜鉛を形成する分子状酸素と金属性の亜鉛との反応では，亜鉛原子が酸化され(つまり電子を失い)，酸素原子は還元される(電子を獲得する)．

$$2Zn(s) + O_2(g) \longrightarrow 2ZnO(s)$$

酸化と還元は同時に起こるが，一方は酸化と関連し，他方は還元と関連する便宜上二つの別々の半反応と考える．酸化半反応は

$$2Zn \longrightarrow 2Zn^{2+} + 4e^-$$

であり，二つの亜鉛原子はそれぞれ 2 個の電子を失う．還元半反応においては

$$O_2 + 4e^- \longrightarrow 2O^{2-}$$

二つの酸素原子は合計 4 個の電子を獲得する．レドックス反応では，電子を差しだすあるいは〝寄与する〟種が還元剤と呼ばれる．電子を受けとる種は酸化剤と呼ばれる．分子状酸素と亜鉛の反応では，亜鉛は還元剤であり，分子状酸素は酸化剤として機能する．反応物の酸化状態が変化する反応は，どの種類の反応もレドックス反応として分類できることに注意しよう．たとえば，分子状窒素が分子状水素と反応してアンモニアを生成するハーバー反応では

$$N_2(g) + H_2(g) \longrightarrow 2NH_3(g)$$

窒素原子の酸化数が 0 から −3 に変化し，水素原子の酸化数が 0 から +1 に変化する．p. R16 に述べた鉄が硫酸銅(II)の銅イオンと置き換わる置換反応も，鉄の酸化状態が 0 から +2 に変化し，銅の酸化状態は +2 から 0 に変化するから，レドックス反応である．

燃焼反応は，燃料分子が酸化剤と反応して，たいていは熱や光のかたちで大量のエネルギーを放出するレドックス反応の一つである．エネルギーを放出する反応は発熱反応といわれる．炭化水素メタン(天然ガス)の燃焼は代表的な燃焼反応である．

$$CH_4(g) + O_2(g) \longrightarrow CO_2(g) + 2H_2O(g)$$

酸化半反応は

$$CH_4 + O_2 \longrightarrow CO_2 + 8e^- + 4H^+$$

である．還元半反応は

$$O_2 + 4H^+ + 8e^- \longrightarrow 2H_2O$$

である．メタンの燃焼では分子状酸素は酸化剤である．メタンから取り除かれた8個の電子が還元剤となり，四つのプロトンと相まって酸素原子を還元し，二つの水分子が生成される．細胞の呼吸，好気性（酸素を利用する）生細胞が糖類のグルコースのような燃料分子からエネルギーを引きだす生化学的機構は，ある種のゆるやかな燃焼反応であることに注意しよう．

化学反応の測定　化学者は化学反応における反応物と生成物の量を決める手段としてモルの概念を用いる．モルは12 g の炭素12中に存在する原子と同じ数の粒子（たとえば原子，分子，イオン）を含む物質の量として定義される．この数 6.022×10^{23} はアボガドロ数と呼ばれる．そこで1 mol の水のなかには 6.022×10^{23} 個の水分子が存在し，1 mol の NaCl のなかには 6.022×10^{23} 個のナトリウムイオンが存在する．

物質のモル質量（粒子1 mol あたりの質量）は，ある反応における反応物と生成物の量を決めるのに用いられる．たとえば，二酸化炭素と水を生じるメタン（CH_4）と O_2 の反応で，8 g のメタンの燃焼からどのくらいの水が産生されるだろうか．この問題を解くには，まず平衡式を考える．

$$CH_4 + 2O_2 \longrightarrow CO_2 + 2H_2O$$

この反応式によると，メタンの燃焼はメタン1 mol あたり2 mol の水を生じる．メタンのモル数はメタンの質量（8 g）をメタンの分子量16（炭素原子は12 g の質量をもち，四つの水素は各1 g）で割ることで算出される（原子質量数は周期表を参照）．この計算によると，8 g のメタンの反応では0.5 mol のメタンがあることになる．メタンと水の割合は1:2だから，0.5 mol のメタンは2を掛けられて1 mol の水を生じる．水の分子量は18だから，8 g の CH_4 の燃焼は18 g の水を産生する．

モルは溶液中の物質濃度を表現する際にも用いられる．モル濃度は溶液1リットル（L）中のモル数として定義される．たとえば，2 L の NaCl 溶液中に5 g の NaCl が溶けている溶液のモル濃度はいくらだろうか．まず，NaCl の質量（5 g）を NaCl の式量（58.5 g．すなわちナトリウム23 g と塩素35.5 g）で割ることによって，NaCl のモル数が決定される．この計算（5/58.5）から，2 L の溶液中には0.085 mol の NaCl が含まれることがわかる．溶液のモル濃度はモル数をリットル数で割ることで求められる．この問題の溶液のモル濃度は0.085 mol/2 L で，0.0425 M（モルパーリットルあるいはモーラー）に等しい．この数は有効数字の規則から0.043 M に四捨五入される．詳しい有効数字については一般科学の教科書を参照してほしい．

例題6

糖類であるグルコースの化学式は $C_6H_{12}O_6$ である．(a) 270 g のグルコースは何モルか．(b) 2.01 L のグルコース溶液中に324 g のグルコースが含まれる場合，そのグルコース溶液のモル濃度を計算せよ．

解答

a. グルコースのモル数を求めるには，グルコースの質量をモル質量で割る．まずグルコースの分子量が，グルコース中の各原子の質量の合計を足すことで求められる．

炭素：12 g × 6 原子 = 72 g
水素：1 g × 12 原子 = 12 g
酸素：16 g × 6 原子 = 96 g

これらの数を足すことで，グルコースの分子量（m）が180 g と求められる．270 g のグルコースのモル数は，グルコースの質量（270 g）を分子量（180 g）で割ることによって計算される．

モル＝270 g/180 g＝1.5

270 g 中に 1.5 mol のグルコースがあることがわかる．

b.　グルコース溶液のモル濃度は，まずグルコース 324 g のモル数を求めることで計算される．

モル＝324/180＝1.8 mol

それからグルコース溶液のモル濃度は，モル数をリットル数で割ることで計算される．

mol/L＝1.8/2＝0.9 M

グルコース溶液のモル濃度は 0.9 M である．■

有機化学

有機化学は，炭素を含む化合物に関する学問である．この分野のすべてを炭素を含む分子にあてるのは，その驚くほど多様な能力のためである．有機化合物は，炭素が他の炭素と安定な共有結合で結びつくことで，長鎖，分枝鎖，そして環状の分子を形づくることができるのに加え，さまざまな他の元素(たとえば水素，酸素，窒素，硫黄)とも安定的な共有結合を形成することができる．また，炭素は炭素同士で二重結合や三重結合をとることもできる．これらの性質の結果，炭素や他の元素との配置が異なる分子をもつ可能性が，無限に存在するといってよい．生化学の学習を始める学生にとって，有機化学の原理を徹底的に理解することは必須である．それは以前にも述べたように，水分子，酸素分子，アンモニア，二酸化炭素，七つのミネラル(無機質．たとえば Na^+，Ca^{2+}，Fe^{2+})のような無機分子を除くと，生体分子が有機分子だからである．学生は，炭素が基礎にある分子がどのようにふるまうのかを理解できて初めて，タンパク質，核酸(DNA や RNA)，脂質，糖のもつ構造的・機能的性質がわかる．この節は，主要な有機化合物の構造や化学的性質に焦点をあてる．とくに，炭化水素(炭素と水素のみからなる分子)や置換炭化水素(炭化水素分子のなかの一つ以上の水素が他の元素や原子団に置換されたもの)について述べていく．

炭化水素

炭化水素には炭素と水素しか含まれていないので，無極性である．炭化水素はヘキサンやクロロホルムといった無極性の溶液に溶け，水には溶けない．そのような分子を疎水性という．炭化水素は次の四つのグループに分類される．すなわち① 飽和炭化水素(単結合しか含まない分子)，② 不飽和炭化水素(炭素同士の二重結合もしくは三重結合を一つ以上含む分子)，③ 環状炭化水素(炭素環を一つ以上含む分子)，④ 芳香族炭化水素(単結合と二重結合が交互になった環状分子である芳香環を一つ以上含む分子)である．

飽和炭化水素はアルカンと呼ばれ，直鎖状または分枝状の分子である．これらの分子が〝飽和している〟というのは，これ以上水素と反応しないためである．直鎖のアルカンには，その分子に含まれている炭素原子の数が異なる同族列の化合物が存在している．化学式は C_nH_{2n+2} である．直鎖アルカンの炭素数が 1 から 6 までの分子は，メタン(CH_4)，エタン(C_2H_4)，プロパン(C_3H_8)，ブタン(C_4H_{10})，ペンタン(C_5H_{12})，そしてヘキサン(C_6H_{14})という．ここで，これらの名前のそれぞれの接頭辞が示しているのは炭素原子の数(たとえば meth- は一つの炭素原子を表す)，接尾辞の -ane が示しているのは飽和分子であることに注意してほしい．炭化水素基はアルカンに由来するので，アルキル基と呼ばれる．たとえばメチル基は，メタン分子から水素原子が一つ取り除かれたものである．

その名前が指し示すように，分枝鎖炭化水素は枝分かれした構造をとる炭素鎖である．ヘキサンの 2 位の炭素から水素原子が一つ取り除かれ，メチル基が結合した分枝状の生成物を 2-

メチルヘキサンという．

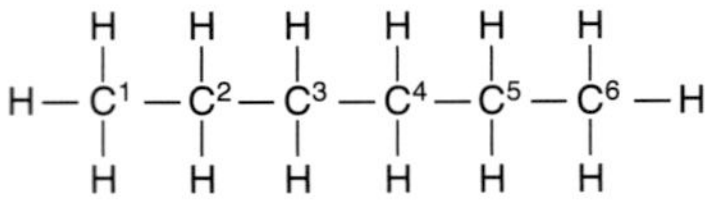

ヘキサン

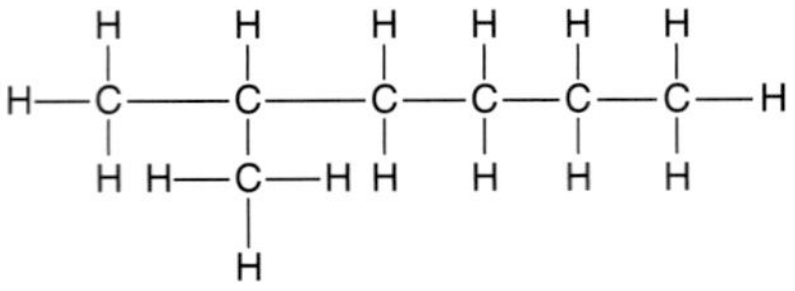

2-メチルヘキサン

分枝鎖分子の命名法として，まずは最も長く，側鎖に結合している炭素の数が最も少ない炭素鎖を見つける．

炭化水素の最も注目すべき性質の一つは，異性体を形成しうることである．異性体とは，原子の種類と数は同じであるが，配置のしかたが異なる分子である．たとえば C_5H_{12} という分子には，それぞれ性質の異なる三つの異性体が存在する．ペンタン，2-メチルブタン，2,2-ジメチルプロパンである．

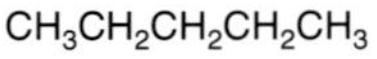

ペンタン

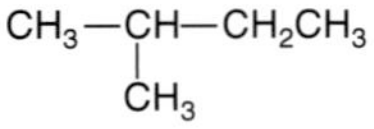

2-メチルブタン

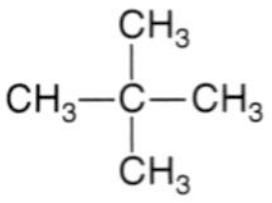

2,2-ジメチルプロパン

アルカンは，燃焼（p. R17）とハロゲン化反応を除いて反応性がない．ハロゲン化反応では，アルカンは高温状態または光存在下で反応し，フリーラジカル（不対電子を一つもつ原子や分子）を形成する．たとえばメタンは，塩素ガス（Cl_2）と反応すると分解されて，塩素ラジカルが二つつくりだされる．その後，メタン分子の連鎖反応が始まり，いくつかの塩素付加産物がつくりだされる．つまり CH_3Cl（塩化メチル），CH_2Cl_2（塩化メチレン），$CHCl_3$（クロロホルム），そして CCl_4（四塩化炭素）である．

不飽和炭化水素には 2 種類がある．一つはアルケンで，一つ以上の二重結合をもつ炭化水素であり，もう一つはアルキンで，一つ以上の三重結合をもつ炭化水素である．アルケンの二重結合は，二つの炭素原子の sp^2 軌道の重なり（α 結合）と二つの非混成の p 軌道の重なり（それぞれの炭素から一つ）からなり，π 結合を形成する．アルケン（化学式は C_6H_{2n}）の同族分子の命名法は，炭素数が同じアルカンの名前で，接尾語のアン（-ane）をエン（-ene）に変える．エテン（$H_2C{=}CH_2$）はアルケンのなかで一番最初の分子であるが，以前からの名前であるエチレンがよく知られている．炭素数が 3 以上のアルケンの場合，二重結合に関する炭素の位置番号を可能な限り小さくする．たとえば $CH_2{=}CH{-}CH_2{-}CH_2{-}CH_2{-}CH_3$ は，5-ヘキセンではなく 1-ヘキセンと名づけられる．炭素数が 4 以上のアルケンには構造異性体があり，それは炭素間二重結合の位置が異なっている．たとえば 1-ブテンと 2-ブテンは位置異性体と呼ばれる．炭素間二重結合はしっかりと固定されているので回転できない．そこで，もう一つの異性体が生じる．それが幾何異性体である．この異性体が生じるのは，二重結合をする炭素のそれぞれが，二つの異なる基をもつ場合である．たとえば，2-ブテンには二つの幾何異性体，つまり *cis*-ブテンと *trans*-ブテンが存在する．*cis*-ブテンではメチル基が二重結合の同じ側にあり，*trans*-ブテンでは反対側にある．

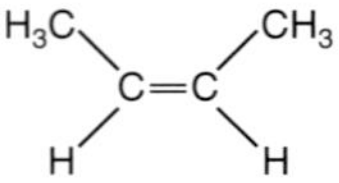

cis-2-ブテン

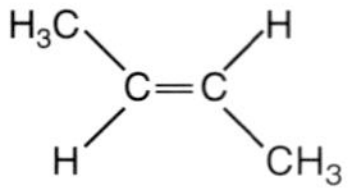

trans-2-ブテン

注意してほしいのは，1-ブテンには幾何異性体が存在しないことである．それは，二重結合をしている炭素の一つが異なる二つの基をもたないからである．

エチン（またはアセチレン）のようなアルキンには，

$$H-C\equiv C-H$$

アセチレン

一つのσ結合と二つのπ結合からなる三重結合がある．この炭素間三重結合は生体分子ではまれであるので，これ以上は取り扱わない．

アルケンのおもな反応は求電子付加反応である．この反応では，一つの求電子剤（電子不足の化学種）が求核剤（電子が豊富な化学種）から電子対を一つ受け入れることによって，結合を一つ形成する．

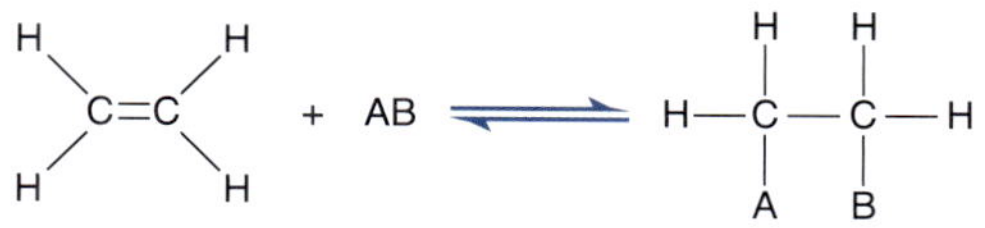

求電子剤は正電荷をもっているか，不完全なオクテットをとっているかもしれない．例としてH^+やCH_3^+，そして HCl のような極性をもつ中性分子があげられる．それに対して求核剤は負電荷をもっており（たとえばOH^-），孤立電子対をもつ原子を含んでいるか（たとえばH_2OやNH_3），π結合を含んでいるかする．

水素化と水和は二つの付加反応であり，生体内でしばしば起こる．実験室の，または工業的な水素化反応では，アルケンに水素を付加してアルカンを生成するためには金属触媒（たとえばニッケルや白金）が必要である．

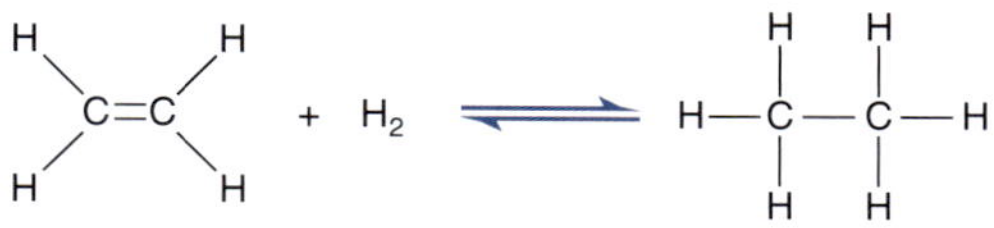

アルケンの水和反応は求電子付加反応であり，それによってアルコールが生じる．この反応（図８）には硫酸（H_2SO_4）のような強酸が少量必要である．水はあまりにも弱い酸なので，アルケンをプロトン化できないからである．硫酸存在下で，π電子雲にある電子対がヒドロニウムイオン（H_3O^+）に分極し，新しい炭素-水素イオンを形成する．新しく形成されたカルボカチオン（正電荷をもつ炭素原子を含む分子）が求核性の水分子によって攻撃を受け，オキソニウムイオンが生成する．アルコールが生じるのは，オキソニウムイオンによって水素イオンが一つ水分子へ移行することによる．プロペンやそれより大きなアルケンの水和反応では，最も多く置換されているカルボカチオンがつくられることになる（マルコフニコフ則）．たとえばプロペンの水和反応のおもな産物は，1-プロパノールではなく 2-プロパノールである．

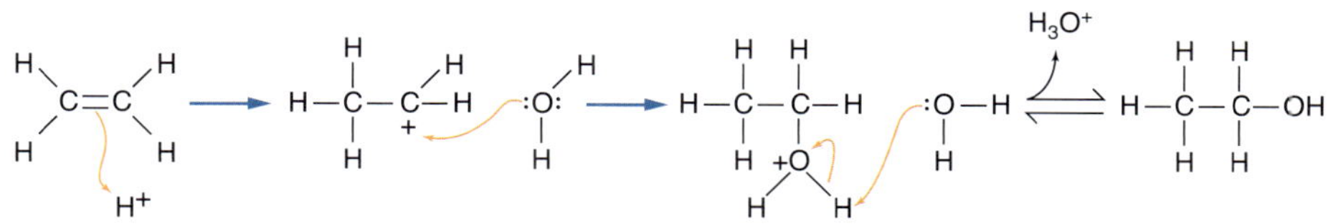

図８　アルケンの酸触媒水和反応
最初のステップで，アルケンの二重結合がプロトン化されると，カルボカチオンがつくられる．水によって求核攻撃が起こると，プロトン化されたアルコールが生じる．そして水分子による脱プロトン化によってアルコールが生じる．この反応や他の反応機構において，矢印は電子の動きを示していることに注意してほしい．

環状炭化水素　この名前が指し示すように，環状炭化水素はアルカンとアルケンの環状の対応物である．環状アルカン（シクロアルカン）の一般式はC_nH_{2n}であり，アルカンの一般式C_nH_{2n+2}より水素が二つ少ない．アルカンと同様に，シクロアルカンは燃焼とハロゲン化反応を起こす．

環ひずみは三つまたは四つの炭素をもつシクロアルカンの環構造で見られるが，それを引き起こす原因は，四面体をとった炭素がひずみを生じ，結合角が異常になるためである．その結果，この分子中にある炭素-炭素結合は弱く，そして反応性をもつ．五つから七つの炭素をもつシクロアルカンの環構造では，環ひずみは最小もしくは起こらない．シクロヘキサンに環ひずみがないのは，この分子がひだ状で，結合角が四面体の角度に近いからである．最も安定な立体構造はいす型である．

環ひずみが大きくなる理由は，シクロプロペンやシクロブテンの安定性がシクロプロパンやシクロブタンより低いからである．

芳香族炭化水素　芳香族炭化水素は，単結合と二重結合を交互にもつ平面状の（平らな）炭化水素環である．複素環の芳香族化合物は，環のなかに二つ以上の異なる元素をもっている．最も単純な芳香族炭化水素はベンゼンである．シトシンは DNA や RNA に見られるピリミジン塩基であるが，複素環芳香族分子の一例である．

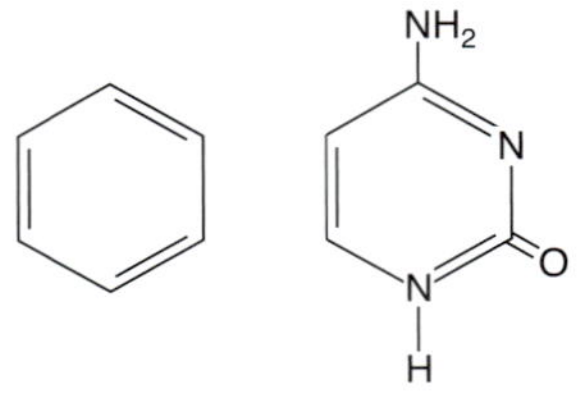

ベンゼン　　シトシン

二重結合があるにもかかわらず，ベンゼンやその他の芳香族分子はアルケンに典型的な反応を起こさない．実際，芳香族化合物は著しく安定している．この安定性の原因は，芳香環がとる特有の結合配置のためである．それぞれの炭素には三つの sp^2 軌道があり，他の二つの炭素と一つの水素との間に σ 結合を三つ形成する．六つの炭素原子のそれぞれがもつ 2p 軌道が，その環平面の上下で隣同士が重なり，途切れない円形の π 結合配置を形成する．ベンゼンの二つの代替構造の代わりに，

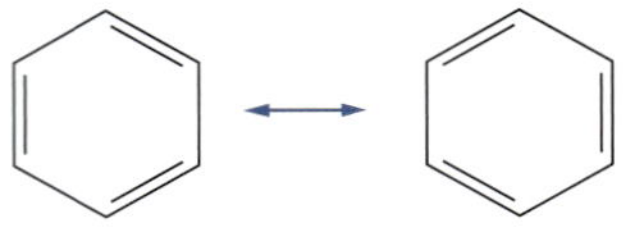

ベンゼンの代替構造

ベンゼンを共鳴混成体として示す．これはベンゼンの炭素−炭素結合のすべてが同じ長さであるという事実による（アルケンの場合，炭素間二重結合は単結合より短い）．それぞれの炭素原子を隣の炭素原子と 1.5 重結合で連結する．芳香族がアルケンに見られるような付加反応を起こさない理由を，この共鳴で説明できる．つまり，芳香環の周りに存在する π 電子の非局在化が，この分子にかなりの安定性を与えている．

二重結合を含むすべての環状化合物が芳香族分子であるとは限らない．ヒュッケル則によれば，芳香族であるためには環状分子は平面であり，かつ π 電子雲に電子を $4n+2$ 個もっていなければならない（n は正の整数）．ベンゼンは π 電子を 6 個もつので，n は 1 である〔$4(1)+2=6$〕．加えて芳香環の各原子は，一つの p 軌道か一つの非共有電子対のどちらかをもっている．たとえばシトシンが芳香族であるのは，カルボニル基に隣接している NH が，その孤立電子対を環の π 電子雲に供与しているからである．

芳香環炭化水素が付加反応しづらいからといって，芳香族化合物が不活性というわけではない．それらは置換反応を起こすことができる．芳香族求電子置換反応において，求電子剤が芳香環と反応し，その水素の一つと置換する．たとえば，ベンゼンは H_2SO_4 の存在下で HNO_3 と反応し，ニトロベンゼンと水をつくりだす（図 9）．この反応のステップ 1 で，強い求電子剤が生成される．この場合，硫酸が硝酸の OH 基をプロトン化すると，ニトロニウムイオン（$^+NO_2$）がつくりだされる．ステップ 2 では，ベンゼン中の一対の π 電子が求電子剤を攻撃し，その結果として共鳴安定カルボカチオン中間体が形成される．最終ステップでは，水分子が求電子剤に結合した炭素原子からプロトンを除去すると，芳香環が再生される．

置換炭化水素

置換炭化水素は，炭化水素分子中の一つ以上の水素が官能基と置き換わることにより生成する．官能基は特定の原子の集まりであり，分子の化学反応性の原因となっている．また官能基

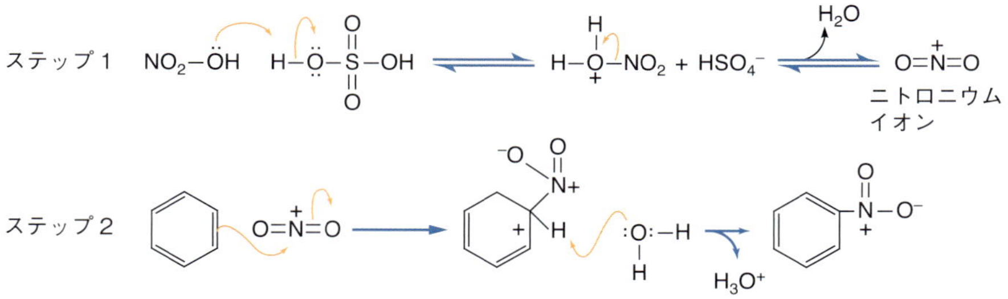

図 9　ベンゼンのニトロ化
ニトロニウムイオンは強力な求電子剤であり，HNO_3 が H_2SO_4 によってプロトン化されて生成する．この生成物が水分子を失うと，$O{=}\overset{+}{N}{=}O$（ニトロニウムイオン）が残る．ステップ 2 では，ニトロニウムイオンが求核剤のベンゼンと反応する．ニトロベンゼンの芳香族性が回復するのは，水分子によってプロトンがなくなったときである．

は，置換炭化水素を族に分ける．たとえばメタノール（CH_3—OH）は有機分子のアルコール族の一つであり，官能基の—OH がメタン分子の水素原子と置き換わって生成する．生体分子にとって重要な官能基には三つのグループがある．そのグループとは，酸素を含む分子，窒素を含む分子，そして硫黄を含む分子である．それぞれの構造的・化学的特徴については，後ほど簡単に説明する．また，p. 5 の**表 1.1** に官能基に関する簡単な概説があるので参照してほしい．有機分子には六つの主要な族がある．一つは酸素を含むものであり，アルコール，アルデヒド，ケトン，カルボン酸，エステル，そしてエーテルである．アミンとアミドは，窒素を含む官能基である．また，硫黄を含む官能基のおもなものはチオール基であり，チオールで見られる．

アルコール　アルコールは，ヒドロキシ基（—OH）が sp^3 混成炭素に結合したものである．極性のある OH 基が存在することでアルコール分子は極性をもち，他の極性分子と水素結合を形成することができる．水素結合は，ある分子中の負電荷をもった原子（たとえば酸素や窒素）に引きつけられた水素原子と，異なる分子に存在する負電荷をもった原子との間に生じた引力である．炭素数が 4 までのアルコール（メタノール，エタノール，プロパノール，ブタノール）は，極性のある OH 基によって水に溶ける．それはアルコールの OH 基の水素原子と水分子の酸素原子との間で水素結合が生じるからである．そのような分子は親水性と呼ばれる．炭素数が 5 以上のアルコールは水に溶けない．それは，これらの分子を構成している炭化水素の疎水性が支配的になっているからである．アルコールは，OH 基のすぐそばの炭素に結合しているアルキル基（R 基と表される）の数によって分類される．エタノール（CH_3CH_2—OH）は第一級アルコールである．2-プロパノールのような第二級アルコール（RR′CH—OH）では，OH 基に結合した炭素原子は二つのアルキル基とも結合している．2-メチル-2-プロパノールのような第三級アルコール（RR′R″C—OH）では，OH 基に結合している炭素原子に三つのアルキル基が結びついている．アルコールは弱酸である〔すなわち，強塩基がアルコールのヒドロキシ基からプロトンを取り除き，アルコキシドイオン（R—O^-）を形成する〕．第三級アルコールは第一級アルコールより酸性度が弱い．アルキル基がアルコキシドイオンの溶媒和を阻害するからである．これらの分子中の酸素原子の電子密度が高くなることによって，プロトンの除去も低下する．

アルコールは，カルボン酸と反応してエステルを形成する．また，アルコールが酸化するとカルボニル基を含むアルデヒド，ケトン，もしくはカルボン酸となる．カルボニル基（C═O）では炭素原子と酸素原子が二重結合をしており，これがアルデヒド，ケトン，カルボン酸，エステルの構造的特徴である（アミドは窒素原子とカルボニル基をもっている．それについては p. R26 で述べる）．カルボニル基には，酸素と炭素との間で電気陰性度が異なるので極性がある．わずかに正電荷の炭素は，求電子性であるので，求核剤と反応することができる．

アルデヒド　アルデヒドの官能基は，水素原子に結合したカルボニル基である〔—(C═O)—H〕．最も単純な構造のアルデヒドはホルムアルデヒド（別名メタナール）であり，そのアルデヒド基は水素原子と結合している．他のすべてのアルデヒドでは，アルデヒド基がアルキル基と結合している．アルデヒドの一般式は R—CHO と表される．アセトアルデヒド（CH_3CHO）はエタノールの酸化物である．アルデヒドとアルコールが反応するとヘミアセタールが生成される（図 10）．

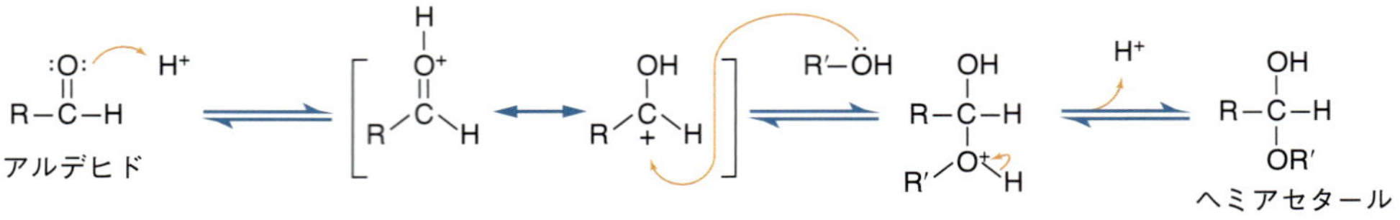

図 10　ヘミアセタールの形成
この反応は，カルボニル基をプロトン化する酸触媒から始まる．アルコールが求核剤として作用し，共鳴安定化したカルボカチオンを攻撃する．正電荷をもった中間体からプロトンが一つ放出され，ヘミアセタールができる．

ヘミアセタールは不安定であり，その反応は可逆的であることに注意してほしい．分子内に OH 基をもつアルドース糖のアルデヒド基の反応によって，より安定な環状ヘミアセタールが形成されるが(p. 212 参照)，この反応は炭水化物の重要な化学的性質の一つである(7 章).

ケトン　ケトンは，分子中のカルボニル基が二つの R 基と隣接している〔R—(C═O)—R′〕．ケトン類の命名法は，終わりに -オン(-one)をつける．たとえばジメチルケトンは，元々の名前であるアセトンで呼ばれることがふつうである．エチルメチルケトンも 2-ブタノンと呼ばれる．

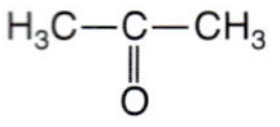

アセトン

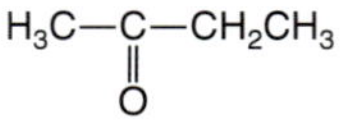

エチルメチルケトン

ケトン基がついた糖であるケトース(最も代表的なものはフルクトース)は，カルボニル基が糖分子の OH 基と反応して環状ヘミケタールをつくる．

カルボン酸　カルボン酸(RCOOH)は，カルボニルに OH 基が結合したカルボキシ基をもっている．これらの分子は弱酸(いいかえるとプロトン供与体)である．それは，カルボン酸の共役塩基であるカルボキシレート基(COO^-)が共鳴安定化しているからである．カルボン酸は塩基と反応してカルボン酸塩を形成する．たとえば，酢酸は水酸化ナトリウムと反応すると，酢酸ナトリウムと水になる．

酢酸　　水酸化ナトリウム　　酢酸ナトリウム

最も単純な構造をしたカルボン酸は，ギ酸(HCOOH)である．ギ酸はアリやハチの針に含まれている物質である．二つ以上の炭素をもったカルボン酸炭化水素は，その前駆体の名前の後に -oic acid をつけて呼ばれることがよくある．たとえば，炭素数が 4 のブタンに由来するカルボン酸はブタン酸(butanoic acid)と呼ばれる．生体では長鎖のカルボン酸は脂肪酸と呼ばれ，生体膜や主要なエネルギー貯蔵分子であるトリアシルグリセロールの重要な構成要素となる．

エステル　自然界に広く見られるエステル〔R(C═O)—OR′〕は，さまざまな果物の香りのもとである．あるエステルは，カルボン酸とアルコールとの求核アシル置換反応による生成物である．たとえば，イソブタノールと酢酸が反応すると，サクランボやラズベリー，イチゴに含まれる酢酸イソブチルが生成する．

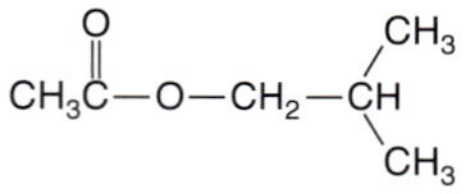

酢酸イソブチル

酢酸とメタノールから酢酸メチルというエステルが生成される反応機構を図 11 に示す．

脂肪や植物油はトリアシルグリセロールとも呼ばれる(p. 359 参照)．トリアシルグリセロールは，3 価アルコール分子であるグリセロールと三つの脂肪酸からできた 3 価のエステルである．

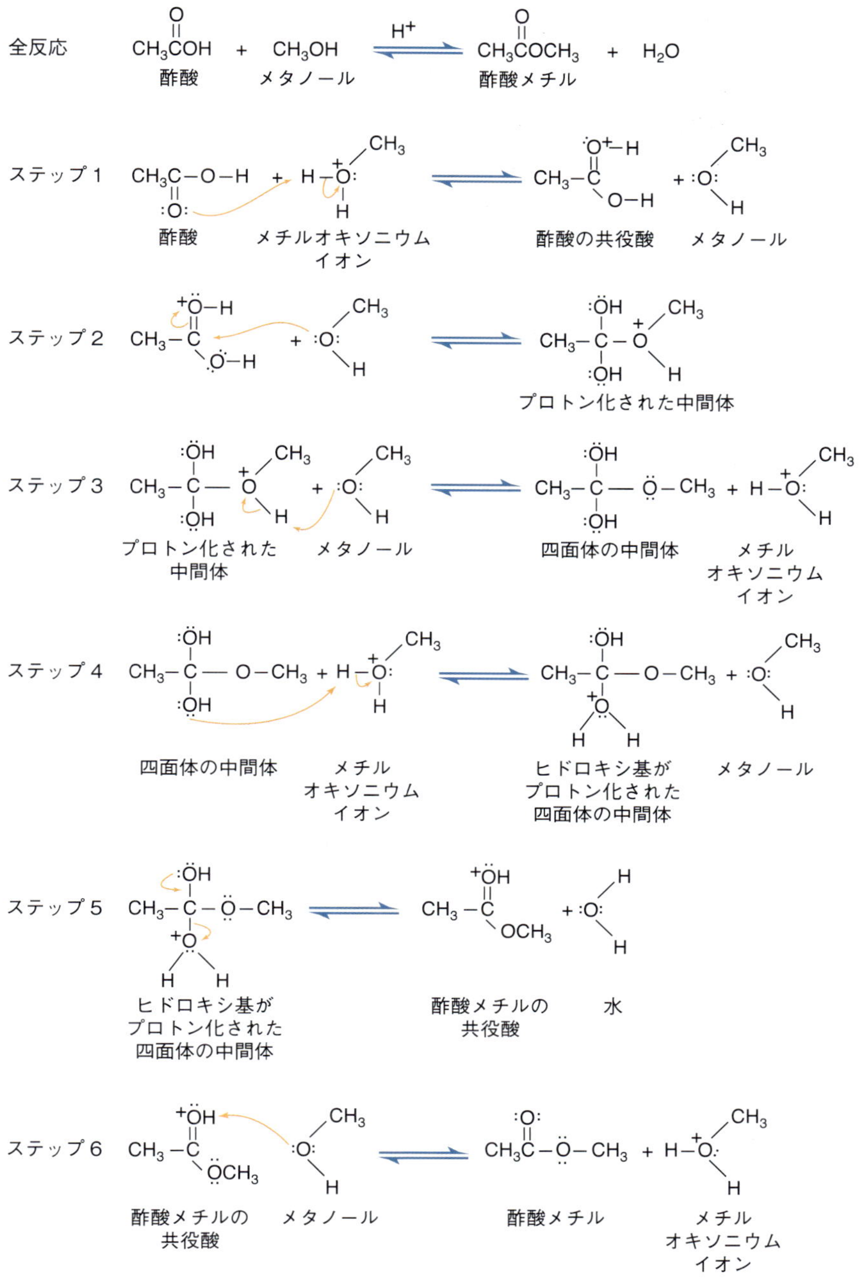

図 11　酢酸メチルの形成
ステップ1 酢酸がそのカルボニル酸素でプロトン化され，酢酸の共役酸がつくられる．**ステップ2** 1分子のメタノールが求核剤として作用し，プロトン化された酢酸の求電子性の炭素を攻撃する．**ステップ3** オキソニウムイオン（ステップ2で形成されたプロトン化中間体）がプロトンを一つ失うと，中性で四面体の中間体がつくられる．**ステップ4** この四面体の中間体が，そのヒドロキシ基の酸素の一つでプロトン化される．**ステップ5** ステップ4で生成した，ヒドロキシ基がプロトン化された中間体が，水を1分子失うと，プロトン化されたエステルがつくられる．**ステップ6** ステップ5でプロトン化された生成物（酢酸メチルの共役酸）からプロトンが取り除かれると，酢酸メチルができる．

エーテル　エーテルの一般式は R—O—R′ である．ジエチルエーテル（CH_3CH_2—O—CH_2CH_3）はよく知られたエーテルであるが，それは最初の外科用麻酔薬であり（19 世紀後期），現在でも溶媒として用いられる．相対的にエーテルは化学的に不活性であるが，空気にさらされると徐々に爆発性の過酸化物に変わる（たとえばジエチルエーテルヒドロペルオキシド）．

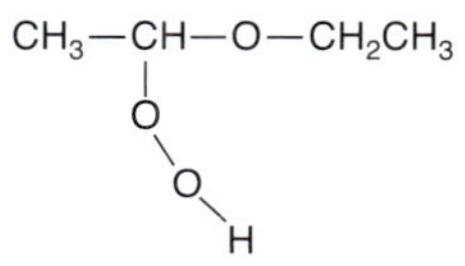

ジエチルエーテルヒドロペルオキシド

生体でのエーテル結合は，炭化水素のような生体分子中で起こる．

アミン　アミンは，アンモニア（NH_3）の誘導体とみなされる有機分子である．第一級アミン（R—NH_2）とは，アンモニアの水素原子が一つだけ有機基（たとえばアルキル基，芳香族基）に置き換わった分子である．メチルアミン（CH_3NH_2）は第一級アミンの一例である．第二級アミンとは，ジメチルアミン（CH_3—NH—CH_3）のように，アンモニア分子の二つの水素原子が有機基に置き換わったものである．第三級アミンとは，トリエチルアミン〔$(CH_3CH_2)_3N$〕のように，アンモニアのすべての水素原子が有機基に置き換わった分子である．低分子の有機基を含むアミンは水溶性であるが，第三級アミンでは電気的に陰性な窒素原子に水素原子が結合していないので，溶解性は限られる．アンモニアのようにアミンは弱塩基である．それは窒素原子上に孤立電子対があり，プロトンを受け入れることができるためである．窒素のプロトン化によってアミンは陽イオンとなる．

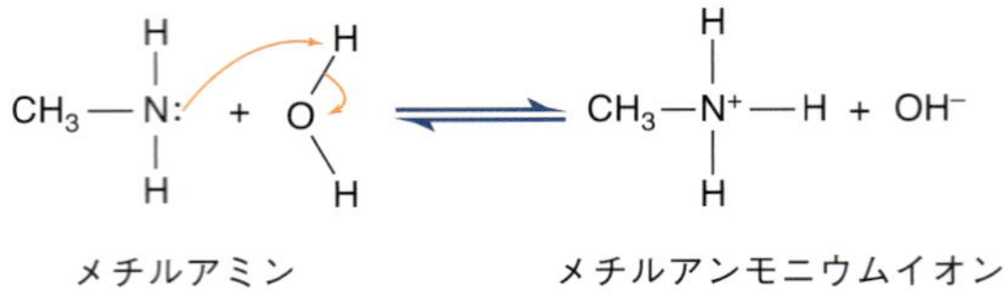

膨大な数の生体分子にアミン窒素が含まれている．例として，アミノ酸（タンパク質の構成成分），核酸の窒素塩基，アルカロイド（カフェイン，モルヒネ，ニコチンのようなヒトに大きな生理的影響をもたらす複合分子）があげられる．

アミド　アミドはカルボン酸のアミン誘導体である．一般式は R(C═O)—NR_2 であり，窒素に結合した R 基は水素か炭化水素基である．アミンとは対照的に，アミドは中性分子である．C—N 結合は，その窒素の孤立電子対がカルボニル基によって引き寄せられるので，共鳴混成体になる．結果としてアミドは弱塩基にならない（いいかえると，プロトンを受け入れる能力が低い）．

この共鳴混成体が，アミド官能基が窒素の sp^2 軌道とカルボニル基の炭素原子との平面状の π 結合を形成する理由である．生体でのアミド官能基は結合をつくり，ペプチド結合と呼ばれている．これはポリペプチドにおけるアミノ酸同士の結合である．アミドは，その窒素原子に結合している炭素原子の数によって分類される．分子式 R(C═O)—NH_2 をもつアミドは第一級アミドである．また，窒素に結合している水素のうちの一つがアルキル基と置換されると第二級アミド〔R(C═O)—NHR′〕になる．窒素原子にアルキル基が二つ引きつけられたアミドは第三級アミド〔R(C═O)—NR_2〕である．

チオール　チオールは，sp^3 炭素にチオール基（—SH）が結合した分子である．チオールはアルコールの含硫類縁体とみなされているが，SH 結合の低い極性が水素結合を形成しにくくする．結果としてチオールは，そのアルコール対応物ほど水溶性ではない．しかしながらチオールは，弱い S—H 結合が理由の一つで，そのアルコール相当物よりも強酸である．同じ理由で，チオールの共役塩基であるチオレート（R—S^-）はアルコキシド（R—O^-）より弱塩基である．チオレートが優れた求核剤であるのは，硫黄の 3p 電子が容易に分極するからである．チオールのチオール基は容易に酸化されてジスルフィド（RS—SR）を形成する．たとえば，アミノ酸であるシステイン 2 分子が反応するとシスチンとなる．この分子にはジスルフィド結合が含まれる．

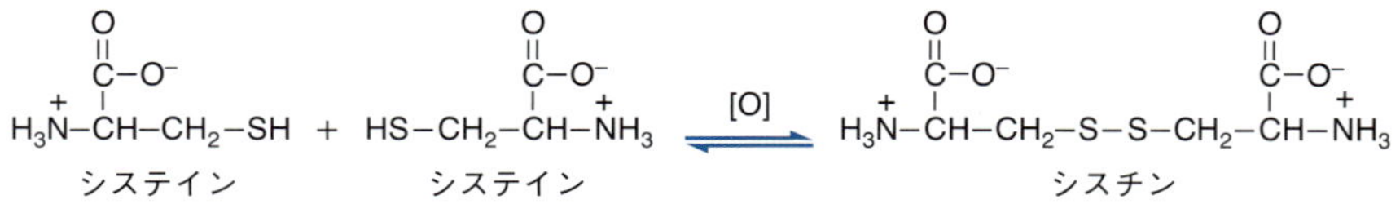

この反応は，システインを含むさまざまなタンパク質でとくに重要である．システイン残基がつながってできるジスルフィド結合は，タンパク質の構造の安定化に重要である．

例題 7

セファロスポリン C は抗生物質の一種であり，セファロスポリンとして知られている．この物質は，細菌の細胞壁の主要な構成要素であるペプチドグリカンの架橋形成を阻害することで，細菌を殺す作用がある．その構造を下に示す．A から E の官能基の名前を答えよ．

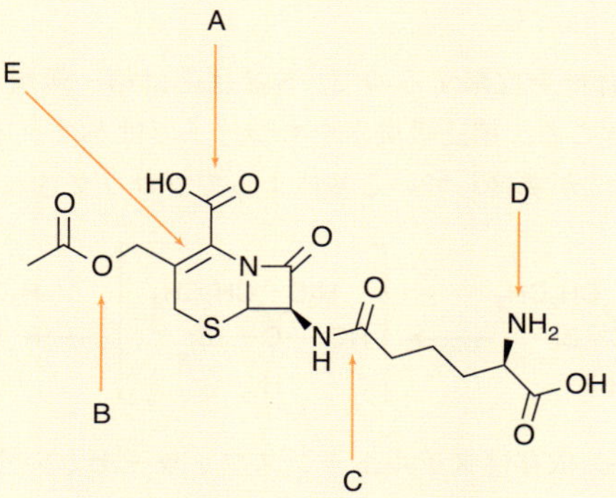

解答

A：カルボキシ基　　B：エステル基　　C：アミド基　　D：アミノ基
E：アルケン基 ■

有機反応：置換と脱離

有機反応には，とても多くの種類がある．求電子付加反応 (p. R21)，芳香族求電子置換反応 (p. R22)，求核アシル置換反応 (p. R24) については，すでに説明した．ここでは二つの付加反応，脂肪族置換および脱離反応を取り上げる．これらは学生が知っておくべき反応である (脂肪族という用語は，非芳香族炭化水素の化合物を指す)．

置換反応　四面体の炭素がかかわっている脂肪族置換反応は，S_N1 もしくは S_N2 反応と呼ばれる．S_N1 (一分子求核置換) 反応は，第二級や第三級のハロゲン化アルキル (塩化物のようなハロゲン原子がアルカンの水素原子と置き換わった分子) やアルコールがかかわることが多いが，その反応は二つのステップで進む．S_N1 反応の最初のステップは，脱離基 (安定なイオンや中性分子) が追いやられて，平面状のカルボカチオンが生じる．S_N1 反応は一分子反応とみなされる．それは，反応速度がカルボカチオン形成のみに依存しているからである．第二のステップでは，求核剤が求電子性のカルボカチオンを攻撃して，生成物ができる．S_N1 反応に適した反応物は，脱離基が外れると安定なカルボカチオンを形成できる第三級炭素をもった分子である．S_N1 反応における求核剤の例として，アルコールや水がある．カルボカチオンは sp^2 混成で，p 軌道が空であるので，求核剤がイオンのどちらの方向からも攻撃できる．その結果，二つの異性体が生成する．S_N1 反応の典型的な例は，t-臭化ブチルとメタノールの反応である (図 12)．

S_N2 (二分子求核置換反応) が S_N1 反応と異なるのは，カルボカチオンのような中間体がなく，反応速度を決めるのが求核性の反応物と求電子性の反応物の両濃度という点である．S_N2 反応は 1 段階で進む．具体的には，求核剤がルイス塩基 (電子対供与体) として作用し，その電子対を，電気的に陰性の原子によって分極された求電子性の炭素に供与する．その結果として脱離基が離れる．もし求電子性の炭素が非対称である (いいかえると，四つの異なる基が結合している) なら，炭素の周りで反転した立体配置をもつ生成物が得られるだろう．なぜなら，求核

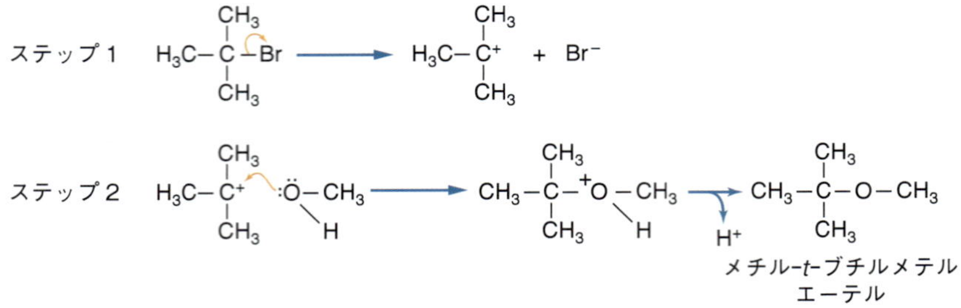

図 12　S_N1 反応の一例
反応速度が最も遅いステップ1で，ハロゲン化アルキルである *t*-臭化ブチルから，脱離基である臭化物が解離し，*t*-ブチルカチオンが形成される．ステップ2で，このカルボカチオンを，メタノール中の求核性の酸素が攻撃する．オキソニウムイオンから溶媒へプロトンを放出すると，生成物であるメチル *tert*-ブチルエーテルができる．

剤が求電子性の反応物の背後を攻撃するので，S_N2 反応は第一級炭素原子で最も速く起こり，続いて第二級炭素原子で起こる．第三級炭素をもつ分子では S_N2 反応は起こらない．それは立体障害(ある分子の反応部位が隣接している基によってブロックされること)が理由である．

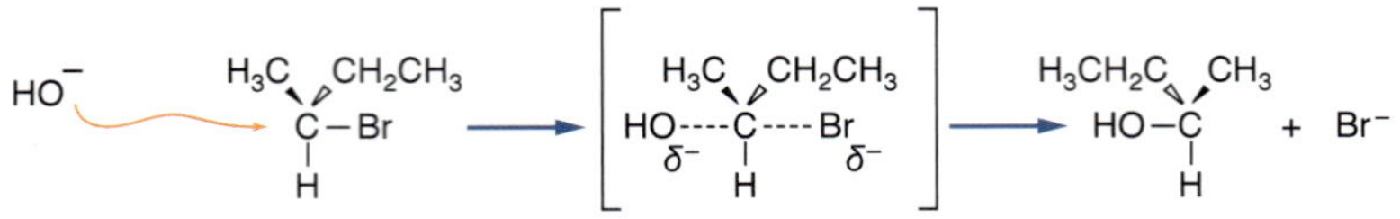

S-アデノシルメチオニン依存性メチルトランスフェラーゼという酵素は，生化学でよく知られたいくつかの S_N2 反応を触媒している．*S*-アデノシルメチオニン(SAM)は，メチル基供与体としてメチル化反応に広く用いられている．SAM のメチル基は容易に供与される．それは電子吸引性の硫黄原子に引きつけられるからである．神経伝達物質であるエピネフリン(アドレナリン)が，カテコール-*O*-メチルトランスフェラーゼ(COMT)に触媒されて不活化されることを示したのが図 13 である．

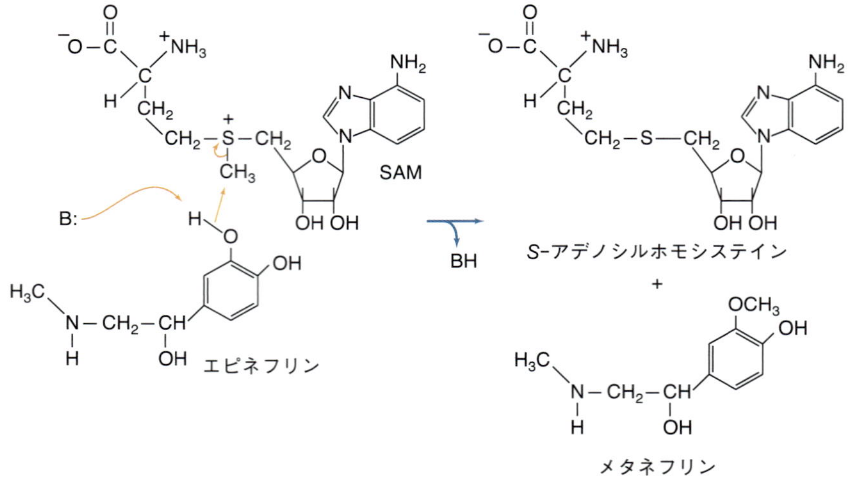

図 13　COMT によって触媒されるエピネフリンのメチル化反応：S_N1 機構の一例
エピネフリンが酵素の活性部位に入ると，塩基性アミノ酸の R 基がエピネフリンのヒドロキシ基の一つを脱プロトン化し，求核性のアルコキシ基を形成する．その後，アルコキシドは SAM のメチル基の炭素を攻撃する．この炭素は求電子性である．それはこの炭素が，電子吸引性で正の電荷をもった硫黄原子と結合しているからである．アルコキシドが攻撃するので硫黄-炭素間の結合は壊れ，より安定な硫化物の脱離基となる．この反応の生成物は *S*-アデノシルホモシステインとエピネフリンの不活性なメチル化誘導体であるメタネフリンである．

脱離反応　その名前が示すように，脱離反応には，一つの分子から二つの原子または基がなくなることが関係している．この脱離は通常，π 結合の形成に伴って起こる．脱離反応には，E1，E2，E1cB という 3 種類がある．

E1(一分子脱離)反応での最初のステップで，最も反応速度の遅い反応がカルボカチオンの形成である．そのため E1 反応は S_N1 反応と似ている．両者の反応速度は，カルボカチオンの前駆体である一分子に依存しているからである．2 番目のステップは，反応速度がより速い反応で，弱塩基(しばしば溶媒分子)によってカルボカチオンに隣接する炭素原子からプロトンが除かれ，炭素間二重結合が形成される．

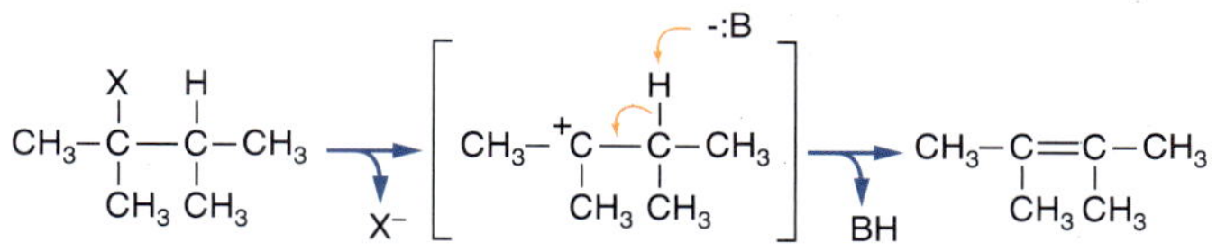

上の反応式の反応物にある“X”と結合している炭素が sp^3 混成であるのに対し，その生成物の同じ炭素が sp^2 混成であることに注意してほしい．第三級炭素をもつ分子は，E1 反応のよい基質になる．それは反応速度がカルボカチオンの安定性に依存するからである．

E2（二分子脱離）反応とは，強塩基によって β-プロトンが取り除かれるのと同時に脱離基が解離する反応である（β-プロトンは，脱離基についている炭素の隣の炭素と結合している）．第３級炭素をもつ分子は，決まって E2 反応を起こす．

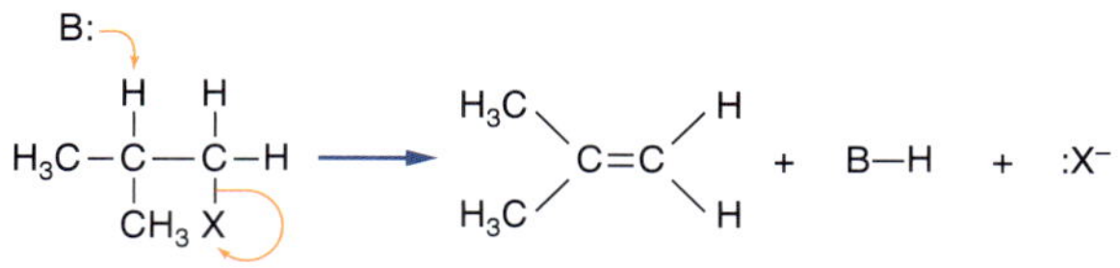

E2 反応の考えられる機構では，β-水素と脱離基がアンチコプラナーになっている（アンチコプラナーとは，β-水素と脱離基が互いに隣接する炭素上で 180° の幾何学的配置にあることをいう）．

三つの脱離反応すべてが生体内で起こっているが，E1cB がより共通して見られる．E1cB（共役塩基一分子脱離反応）ではカルボアニオン（負に帯電した炭素をもつ有機イオン）が形成される．カルボアニオンは求核剤であり，隣接している電気的に陰性の原子と共鳴効果によって安定化される．E1cB 機構では反応物からプロトンが一つ取り除かれて，カルボアニオンが形成され，その後ゆっくりと脱離基が解離する．

脱離基がなくなる第二段階が，E1cB 反応の律速段階である．電子吸引性の原子や基の存在（上の反応式中の X）が C—H を酸性にしている．反応物のカルボアニオン型が，E1cB と呼ばれる共役塩基であることを注意してほしい．解糖系の中間体である 2-ホスホグリセリン酸はホスホエノールピルビン酸に変換されるが，その反応は E1cB 機構の一つの例である（図 14）．この反応を触媒しているのがエノラーゼという酵素である．

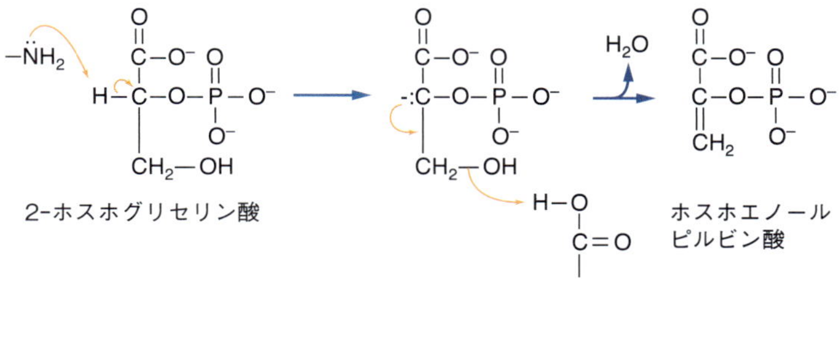

図 14　エノラーゼによって触媒される 2-ホスホグリセリン酸の脱水反応：E1cB 機構の一例
エノラーゼ酵素の活性部位で，側鎖が正確に配向しているアミノ酸の窒素が塩基として作用することで，２位の炭素に結合している酸性水素が除去され，カルボアニオンが生成する．そのカルボアニオンの電子が３位の炭素からヒドロキシ基（—OH）を移動させることで，炭素間の π 結合が形成される．実際の脱離基は H_2O であり，ヒドロキシ基は近くのカルボキシ基（—COOH）によってプロトン化されている．

CHAPTER

1 序　論

実験中の生命科学者　生命科学者にとって，生化学の知識は重要である．

アウトライン

概　要

19 世紀末に慎ましやかに登場した生化学は，それ以降，生命現象を調べるための知的かつ実験的な道具にたえず磨きをかけつつ，それらを世に送りだしてきた．そして 21 世紀に入った今，私たちは以前には想像もしなかったバイオテクノロジー革命のさなかにいる．医学，農学，法医学など多方面の生命科学において，膨大な情報が生みだされている．この発展の意味を理解し評価するためには，まず生化学の原理をしっかりと把握しなくてはならない．本章ではこうした原理について概説する．その後の各章では，とくに重要な生体分子の構造と機能，そして，生きている状態を支えるおもな生化学過程を見ていく．

本書では，生化学の基本原理を紹介する．本章では，生物のおもな成分と，生きている状態を支える過程について概要を示していく．まず，生きている状態についてその性質を簡単に説明し，主要な生体分子の構造と機能を紹介する．次に，生化学的な過程において，とりわけ重要なものについて論じる．そして最後に，現代の実験生化学における考え方を手短に論じ，さらにシステム生物学について述べる．システム生物学とは，生物をばらばらの成分や化学反応の集まりとしてではなく，統合されたシステムとして理解しようとする研究手法である．

1.1　生命とは何か

生命とは何か？　一見，単純なこの問いに答えることは思いのほか難しく，数世紀にわたる生命科学の研究をもってしても明確な解答は得られていない．生物の性質を正確に描きだすことが難しいのは，生物界における驚異的な多様性のためである．また，生物と無生物がいくつかの属性を共有しているように見えるためでもある．そうした困難さのために，これまで生命は漠然とした属性であるとみなされてきた．そのため，生命について記述する際には，便宜的な用語が使われることが多い．たとえば，運動，増殖，適応，外界の刺激に対する反応性といったものである．生化学の実験的アプローチが可能にした生命科学の研究によって，生物は万物をつかさどる化学的および物理的法則に例外なく従っているという事実が明らかになった．

1．**生命は複雑で動的である．**すべての生物は等しく化学元素から構成されており，それは主として炭素，窒素，酸素，水素，硫黄，リンである．生物が合成する**生体分子**（biomolecule）は有機分子である（炭素を基礎としている）．増殖や分化といった生命活動の過程には何千種もの化学反応が関与しており，この化学反応の際に膨大な量のさまざまな分子が振動と回転を続けながら相互に作用し，衝突し，新たな分子へと再構成される．
2．**生命は組織化されており，自律的である．**生物は階層的に組織化されたシステムである．すなわち，最小（原子）から最大（生物）に至るさまざまなレベルの組織化から成り立っている（図 1.1）．生物のシステムにおいては，組織化された各レベルの機能は一段下のレベルの構造的・化学的性質に由来する．生体分子は原子からなり，その原子は素粒子から構成されている．そして，生体分子は他の生体分子と結びついて**高分子**（macromolecule）と呼ばれる重合体になる．高分子の例としては，ヌクレオチドによってつくられる核酸，アミノ酸によってつくられるタンパク質，糖によってつくられる多糖などがある．細胞は多様な生体分子や高分子から成り立つが，それら分子はより複雑な超分子構造を形づくっている．分子レベルでは，生存を維持するための数百もの生化学的反応がある．**酵素**（enzyme）と呼ばれる生体分子がこれらの反応を触媒し，生化学的経路をつくりだしている（生化学的経路とは，ある特定分子が最終生成物に変換される一連の反応である）．そうした生体内における生化学反応の全体をまとめて**代謝**（metabolism）と呼ぶ．生物が内部や外部の環境の変化にもかかわらず安定した代謝活動を行う能力は，**ホメオスタシス**（homeostasis，**恒常性**）と呼ばれている．多細胞生物では，組織や器官，

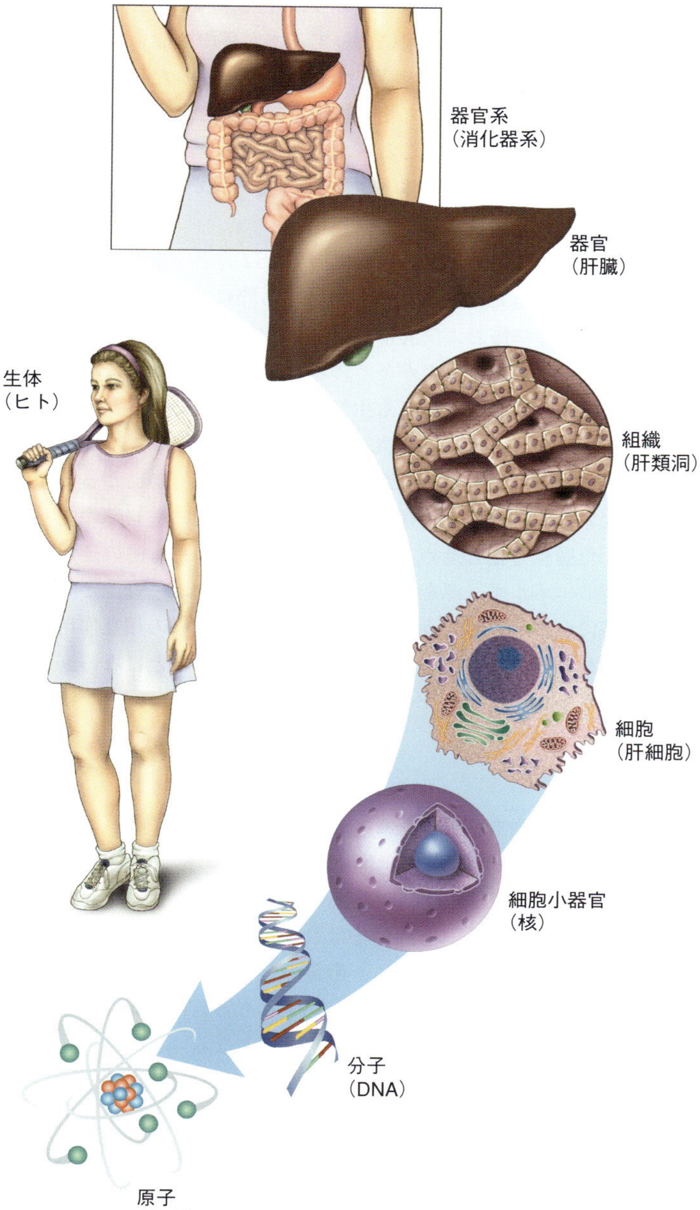

図 1.1　多細胞生物における階層的な組織化：ヒトの場合
多細胞生物の体は，器官系，器官，組織，細胞，細胞小器官，分子，原子といった複数のレベルで組織化されている．ここでは，消化器系とそこに含まれる一つの器官（肝臓）を示した．肝臓は多くの機能をもつ器官であり，消化において複数の機能を果たす．たとえば，脂肪の消化を助ける胆汁をつくりだしたり，小腸で吸収された食物分子を処理して体内に分配したりする．細胞に含まれる DNA という分子が，細胞の機能をつかさどる遺伝情報をもっている．

器官系といったレベルまで組織化される．

3．**生命の基本は細胞である．** 生物の基本単位である細胞の構造や機能は実にさまざまである．しかしどんな細胞であれ，かならず 1 枚の膜に包まれている．この膜は細胞への物質の出入りを調節する．また，細胞外環境に対する細胞の反応にも関与している．細胞が個々の要素に分解されてしまえば，生命を維持する働きは停止する．細胞は，すでに存在する細胞の分裂によってのみ生じる．

4．**生命は情報の上に成り立っている．** 組織化には情報が必要である．生体とは情報処理過程をもつ系であるといっても過言ではない．なぜなら，生体の構造を保持したり代謝活動を行ったりするためには，細胞内外における膨大な数の分子の相互作用が必要となるからである．生体の情報はコード化されたメッセージというかたちで表され，独特の立体構造をもつ生体分子のなかに先天的に用意されている．これが遺伝情報である．遺伝情報は，**遺伝子**（gene），すなわちデオキシリボ核酸（DNA）に含まれるヌクレオチドの配列のなかに格納されている．遺伝子は，タンパク質に含まれるアミノ酸の配列を決定したり，それらのタンパク質がいつどのように合成されるかを指示したりする．そしてタンパク質は他の分子との相互作用によってみずからの機能を果たす．それぞれのタンパク質は独特の立体構造のおかげで特定の型の分子とぴったり補完し合うので，みずからに合った分子と容易に結びついて相互作用を起こすことになる．タンパク質と分子が結びつく際にも，情報の伝達が起こる．たとえば，インスリンというタンパク質が特定の細胞表面にあるインスリン受容体と結びつくと，それを合図として栄養分子であるグルコースの取り込みが開始される．

5．**生命は適応し，進化する．**地球上のすべての生命は共通の祖先をもち，そこから新たな形態が次つぎと生じてきた．生物個体が繁殖する際に，DNA 分子を複製する時点でストレスによる DNA の修飾および異常が発生し，その結果として**突然変異**（mutation）や配列変化が起こることがある．だが多くの場合，突然変異は表に現れてこない．修復されたり，あるいは突然変異があっても生物の機能に何の影響も及ぼさないことが多いからである．しかし，場合によっては突然変異が有害に作用し，子孫の繁栄を妨げたりもする．そしてまれなケースではあるが，突然変異がその生物にとってプラスに働くこともある．突然変異のおかげで，生存や新たな環境への適応や繁殖の能力が高められるのである．こうした過程を推し進める鍵の一つが，エネルギー源の運用能力である．生息地における特定のエネルギー源をうまく利用できる生物は，資源が減少したときに他の生物よりも有利になる．そのような環境変化と遺伝的変異の相互作用が多くの世代にわたって繰り返されると，生存に有利な形質が集積されることになる．そしてまた，生命の形態のさらなる多様化にもつながっていく．

キーコンセプト

- 生物はすべて化学的および物理的法則に従っている．
- 生命は複雑で，動的で，組織化されており，自律的である．
- 生命の基本は細胞であり，生命は情報の上に成り立っている．
- 生命は適応し，進化する．

1.2　生体分子

生物は数千種類の無機分子や有機分子からできている．無機分子の一つである水は，細胞重量の 50～95％を占める．また，ナトリウム（Na^{+}），カリウム（K^{+}），マグネシウム（Mg^{2+}），カルシウム（Ca^{2+}）などのイオンが，細胞重量の 1％を占めている．生体に含まれるそれ以外の分子は，ほぼすべてが有機分子である．有機分子はおもに炭素，水素，酸素，窒素，リン，硫黄の六つの元素で構成されている．そのほかに，微量の金属元素や非金属元素も有機分子のなかに含まれている．生体に含まれる主要な原子は，いずれも容易に安定な共有結合を形成し，これによってタンパク質のような重要な分子の形成が可能となる．

有機分子がきわめて複雑で多様な構造をもつことができるのは炭素原子のおかげである．炭素原子は，他の炭素原子あるいは炭素以外の原子と，単結合による強力な四つの共有結合を形成する．そのため炭素原子を多く含む有機分子は，長い直線状の構造や分枝鎖あるいは環状化合物といった複雑な形態をとることが可能となる．

生体有機分子の官能基

生体分子の多くは**炭化水素**（hydrocarbon）というきわめて単純な有機分子から誘導されると考えてよい．炭化水素（**図 1.2**）は，炭素と水素からなる**疎水性**（hydrophobic）の（つまり水に溶けない）分子である．炭化水素以外の有機分子はすべて，炭化水素の炭素骨格に他の原子あるいは原子団が付加した形になっている．そうした誘導体分子の化学的性質を決めるのは，**官能基**（functional group）と呼ばれる特定の原子配列である（**表 1.1**）．たとえばアルコールは，水素原子がヒドロキシ基（—OH）で置換されたときに生じる．そのようにして，天然ガスに含まれるメタン（CH_4）を，溶剤として産業に使われるメタノール（CH_3OH）という有毒な液体へと転換することができる．

ほとんどの生体分子は複数の官能基をもっている．たとえば単糖分子の多くには，いくつかのヒドロキシ基と一つのアルデヒド基が含まれている．また，タンパク質分子の構成要素であるアミノ酸は，アミノ基とカルボキシ基を含む．それぞれの官能基がもつ化学的特性は，それが構成している分子の性質に影響を与えている．

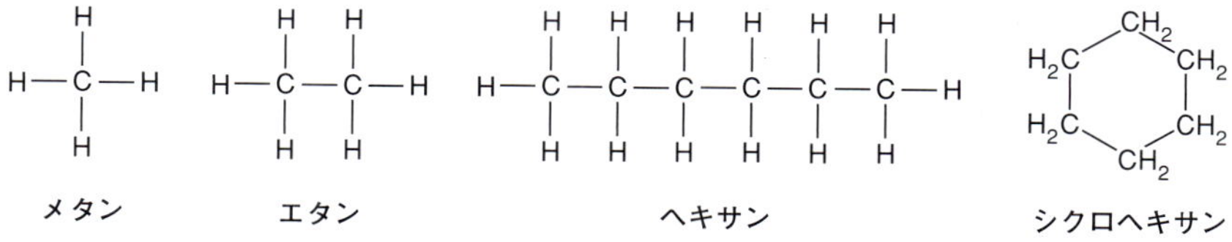

図 1.2　炭化水素の構造式の例

表 1.1　生体分子中の重要な官能基

分子の総称	官能基の構造	官能基名	特徴
アルコール	R—OH	ヒドロキシ	極性(すなわち水溶性)，水素結合を形成
アルデヒド	R—C(=O)—H	カルボニル	極性，糖に含まれる
ケトン	R—C(=O)—R′	カルボニル	極性，糖に含まれる
酸	R—C(=O)—OH	カルボキシ	弱酸性，プロトンを供与して負の電荷を帯びる
アミン	R—NH_2	アミノ	弱塩基性，プロトンを受けとり正の電荷を帯びる
アミド	R—C(=O)—NH_2	アミド	極性をもつが電荷はない
チオール	R—SH	チオール	酸化されやすく—S—S—(ジスルフィド)結合を形成する
エステル	R—C(=O)—O—R′	エステル	脂質分子に含まれる
アルケン	RCH═CHR′	二重結合	脂質分子など，多くの生体分子中の重要な構造となる

生体分子のおもな種類

細胞に含まれる有機化合物は比較的小さく，分子量 1000 以下のものが多い(1 原子質量単位は 1 個の ^{12}C 原子の質量の 1/12)．細胞はアミノ酸，糖，脂肪酸，ヌクレオチドという四つのグループの小分子を含んでいる(表 1.2)．各グループに含まれる分子にはいくつかの役割がある．第一の役割は，より大きな分子(その多くは重合体)の合成である．たとえば，タンパク質はアミノ酸から，糖質は糖から，核酸はヌクレオチドからなる重合体である．また，脂肪酸はいくつかの種類の脂質(非水溶性)分子の構成要素となる．

第二の役割として，特別な生物学的機能をもつ分子もある．たとえばアデノシン三リン酸(ATP)は化学エネルギーを細胞に貯蔵する役目を担っている．そして第三に，多くの有機小分子は複雑な反応経路に組み込まれている．次に，各グループの分子について具体的に説明していこう．

表 1.2　主要な生体分子

基本分子	高分子(ポリマー)	主要な機能
アミノ酸	タンパク質	触媒，構造の一部
糖	糖質	エネルギー源，構造の一部
脂肪酸	(名称なし)	エネルギー源，複合脂質の一部
ヌクレオチド	DNA	遺伝情報
	RNA	タンパク質合成

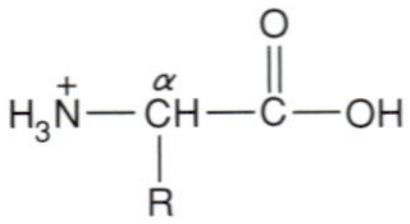

図 1.3　α-アミノ酸の基本構造
20 種の標準アミノ酸のうち 19 種は，α 炭素に水素原子，カルボキシ基，アミノ基および R 基が結合する．

アミノ酸とタンパク質　天然の**アミノ酸**(amino acid)は数百種類存在し，それぞれがアミノ基とカルボキシ基を含んでいる．アミノ酸は，カルボキシ基を基準としたアミノ基の位置によって α，β，γ の三つに分類される．最もよく知られている α-アミノ酸の場合，アミノ基はカルボキシ基のすぐ隣にある炭素原子(α-炭素)に結合している(図 1.3)．β-アミノ酸の場合はカルボキシ基から数えて二つ目，γ-アミノ酸の場合は三つ目の炭素原子にそれぞれアミノ基がついている．α-炭素に結合しているのはアミノ基だけではなく，側鎖あるいは R 基と呼ばれる基も結合している．タンパク質に組み込まれた各アミノ酸の化学的性質を決定するのは，主としてこの側鎖である．たとえば，側鎖のなかには疎水性(水に溶けにくい)を示すものがあり，それ以外のものは**親水性**(hydrophilic，水に溶けやすい)である．数例の α-アミノ酸を図 1.4 に示す．

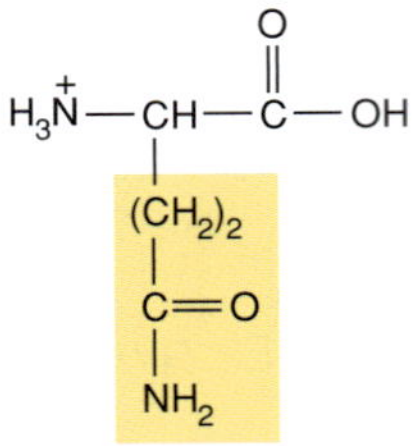

グルタミン

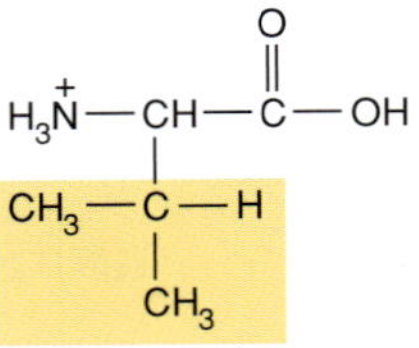

バリン

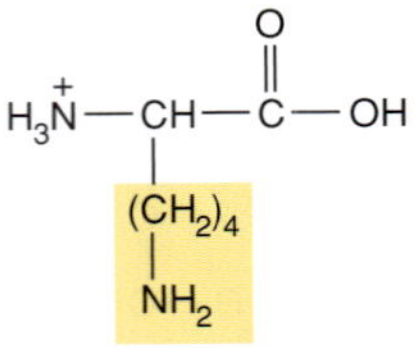

リシン

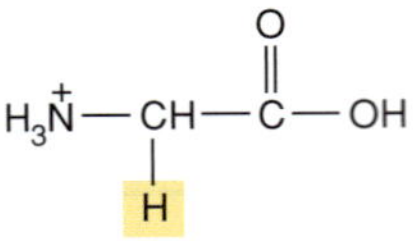

グリシン

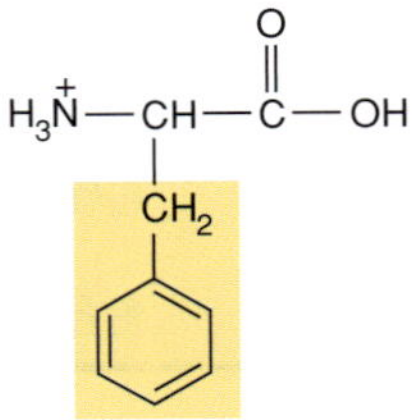

フェニルアラニン

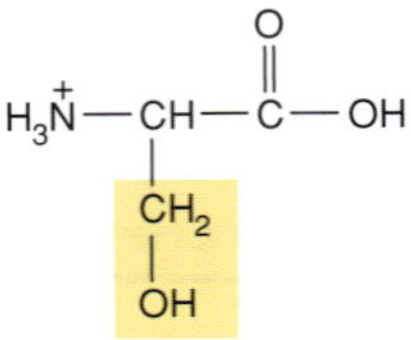

セリン

図 1.4　α-アミノ酸の構造式の例
アミノ酸の R 基(黄色の部分)は水素原子(たとえばグリシン)，炭化水素基(たとえばバリンのイソプロピル基)，炭化水素誘導体(たとえばセリンのヒドロキシメチル基)のいずれかである．

タンパク質に含まれる標準アミノ酸は 20 種類存在し，そのなかには生体において独自の機能を果たしているものもある．たとえばグリシンとグルタミン酸は，動物の神経細胞からシグナルとして放出される分子，すなわち**神経伝達物質**(neurotransmitter)として働く．標準アミノ酸のほかに，その一部が修飾された非標準アミノ酸もタンパク質には含まれている．タンパク質分子の構造と機能は，リン酸化やヒドロキシ化などの化学修飾を通してアミノ酸残基が誘導体に転換して変化することが多い(“残基”とは，高分子に組み込まれた小さな分子を指す．例としてタンパク質中のアミノ酸残基)．たとえば，プロリン残基の多くはヒドロキシ化されて結合組織タンパク質であるコラーゲンになる．天然アミノ酸には α-アミノ酸以外のものが多い．代表的な例としては，パントテン酸というビタミンの前駆物質である β-アラニンや，脳において神経伝達物質として働く γ-アミノ酪酸(GABA)がある(図 1.5)．

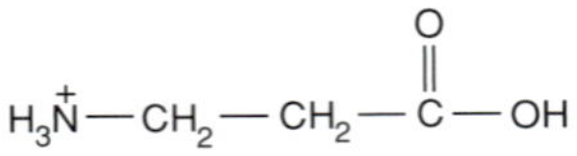

β-アラニン

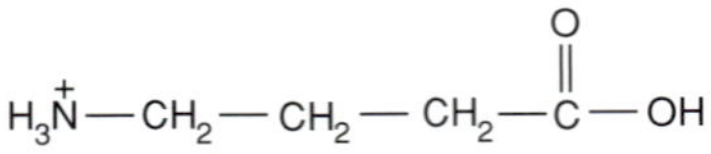

GABA

図 1.5　α-アミノ酸ではない天然アミノ酸の例．β-アラニンと γ-アミノ酪酸(GABA)

アミノ酸分子のおもな用途は，**ポリペプチド**(polypeptide)として知られる長く複雑な重合体を合成することである．アミノ酸が 50 個以下であれば，これらの分子は**ペプチド**(peptide)と呼ばれる．**タンパク質**(protein)は一つ以上のポリペプチドからなる．ポリペプチドは生体のなかで多様な役割を果たしている．例として，輸送タンパク質や構造タンパク質，それに酵素(触媒タンパク質)などがある．

個々のアミノ酸は**ペプチド結合**(peptide bond)によって結びつき，ペプチド(図 1.6)やポリペプチドを形成する．ペプチド結合は求核置換反応(p. 12)の一種によって形成されるアミド結合であり，その際，一つのアミノ酸に含まれるアミノ基の窒素が別のアミノ酸に含まれるカルボキシ基のカルボニル炭素を攻撃する．最終的なポリペプチドの立体構造，そしてそれによって決定される生物学的機能は，おもに R 基同士の相互作用によって生じる(図 1.7)．

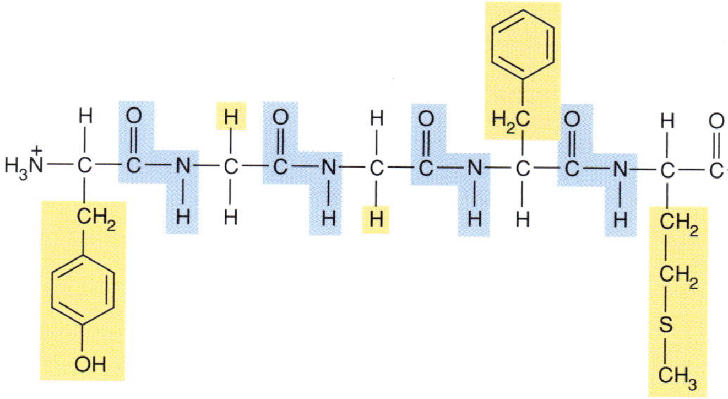

図 1.6 ペンタペプチドの一つであるメトエンケファリンの構造
メトエンケファリンはアヘンに似た作用をもつ分子の一つであり，脳内で痛みの知覚を妨げる働きをする（青色の部分がペプチド結合，黄色の部分がR基）．

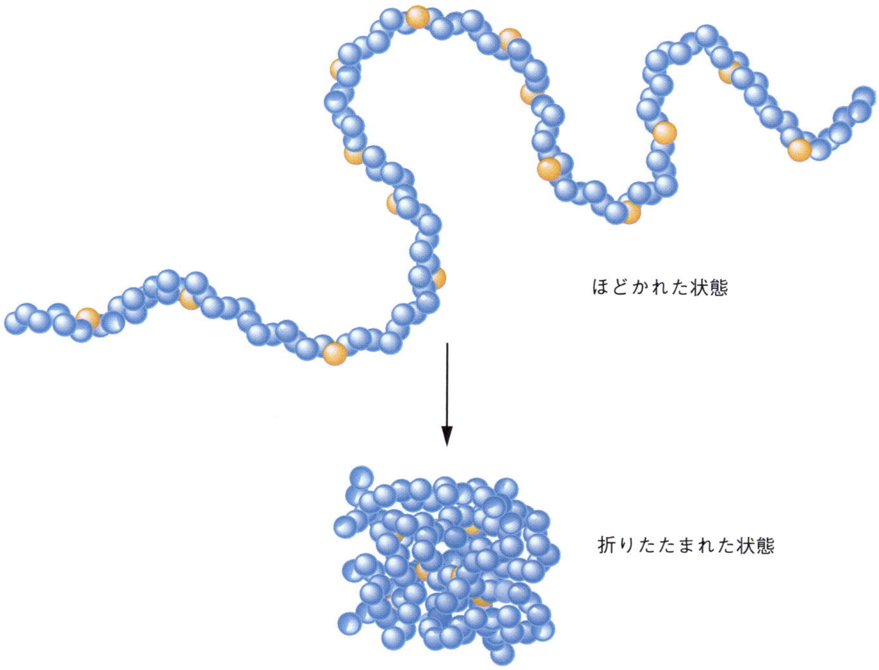

図 1.7 ポリペプチドの構造
ポリペプチドが折りたたまれて特有の立体構造になる際，疎水性のR基（黄色の球）のうち少なくとも50%が内側に隠れる形になり，親水性の基が表面に見られるのがふつうである．

例題 1.1

生物は，異なる配列の単量体を結合することで，膨大な数の生体高分子を生成する．三つのアミノ酸残基を含むトリペプチドは，AおよびBの2種類のアミノ酸のみで構成されるとした場合，トリペプチドとして可能な組合せをすべてあげよ．

解答

可能なトリペプチドの数は X^n の式で表され，X は構成アミノ酸残基の種類であり，n はペプチドの長さである．

数式にこれらの値を代入すると，$2^3 = 8$ となる．8種類のトリペプチドは以下の通りである．AAA，AAB，ABA，BAA，ABB，BAB，BBA，BBB．■

糖と炭水化物　最も小さい炭水化物である**糖**（sugar）はアルコール基とカルボニル基の両方を含んでいる．糖について記述する際には，① 炭素数，② 含まれるカルボニル基の種類，という二つの観点がある．②についていえば，アルデヒド基をもつ糖はアルドースと呼ばれ，ケトン基をもつ糖はケトースと呼ばれる．たとえば，炭素数6の糖であるグルコース（ほとんどの生物にとって重要なエネルギー源の一つ）はアルドヘキソースであり，フルクトース（果糖）はケ

図 1.8　生物学的に重要な単糖類の例
グルコース（ブドウ糖）とフルクトース（果糖）は動植物にとって重要なエネルギー源であり，リボースとデオキシリボースは核酸の成分である．これらの単糖類は天然の状態では環状構造をとっている．

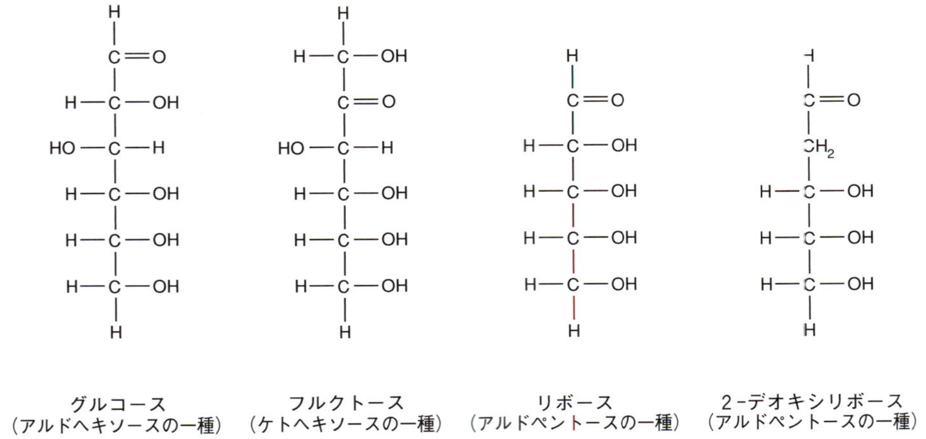

トヘキソースである（図 1.8）．

自然界に最も多く見られる有機分子である糖質は，糖を基本単位として形成される．糖質の種類は，グルコースやフルクトースのような単一の糖すなわち**単糖**（monosaccharide）から，数千の糖を含む重合体である**多糖**（polysaccharide）まで多岐にわたっている．多糖の例としては，植物に含まれるセルロースやデンプン，動物に含まれるグリコーゲンなどがある．糖質は生体のなかでさまざまな役割を果たしている．たとえば，糖質のなかには重要なエネルギー源となるものがあり，とくにグルコースは動植物にとって主要な糖質エネルギー源である．スクロースはエネルギーを組織全体へ効率的に輸送する手段として多くの植物に利用されている．また，生物の体を構成する材料として使われる糖質もある．セルロースは木やいくつかの植物繊維を形づくる重要な要素であるし，キチンという多糖は昆虫や甲殻類の体を保護する覆いのなかに含まれている．

生体分子のいくつかは糖質を含んでいる．核酸の構成分子であるヌクレオチドにはリボースかデオキシリボースのいずれかの五炭糖が含まれている．タンパク質や脂質のなかにも糖質を含むものがある．糖タンパク質と糖脂質は多細胞生物の細胞膜の外表面に存在し，細胞間の相互作用に欠かすことのできない役割を果たしている．

脂肪酸　**脂肪酸**（fatty acid）はモノカルボン酸（一つのカルボキシ基をもつ酸）であり，ふつう偶数個の炭素原子を含んでいる．脂肪酸の化学式は R—COOH であり，R で表されるアルキル基は炭素原子と水素原子を含んでいる．脂肪酸には**飽和**（saturated）**脂肪酸**と**不飽和**（unsaturated）**脂肪酸**の 2 種類がある．飽和脂肪酸は炭素原子間に二重結合を含まず，不飽和脂肪酸は二重結合を一つ以上含む（図 1.9）．生体内において，脂肪酸のカルボキシ基は $R—COO^-$ というイオン化された状態で存在する．たとえば，炭素数 16 の飽和脂肪酸であるパルミチン酸は，$CH_3(CH_2)_{14}COO^-$ で表されるパルミチン酸イオンとして存在している．電荷を帯びたカルボキシ基は水に対して親和性をもっているが，非極性の長い炭化水素鎖があるために，ほとんどの脂肪酸は非水溶性である．

生体内において脂肪酸が単独で（遊離して）存在することはまれである．多くの場合，脂肪酸

図 1.9　脂肪酸の構造
(a) 飽和脂肪酸，(b) 不飽和脂肪酸．

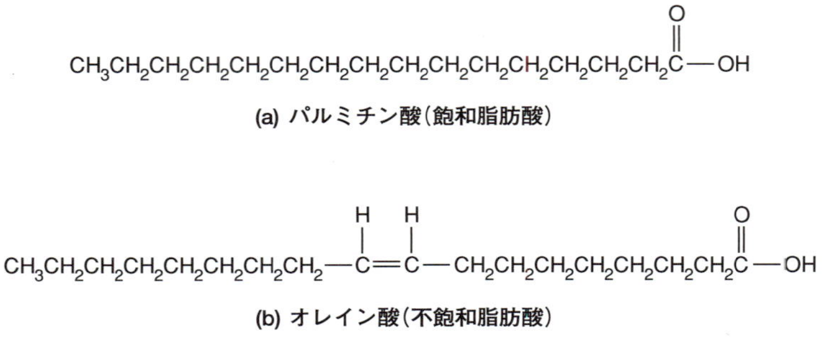

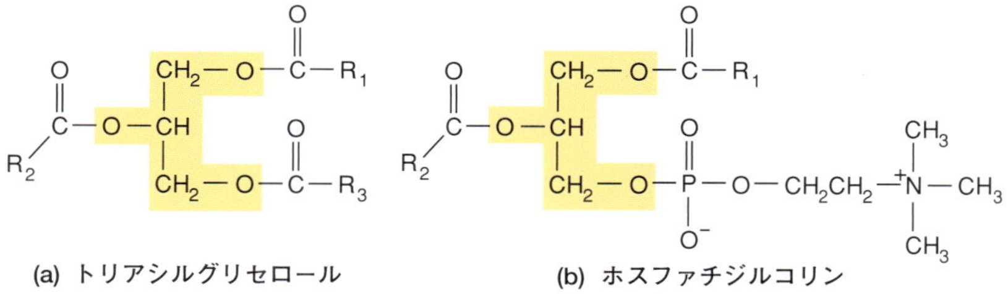

図 1.10　脂肪酸を含む脂質分子
(a) トリアシルグリセロール，(b) ホスファチジルコリン（ホスホグリセリドの一種）．

はいくつかの種類の**脂質**（lipid）分子の成分となっている（図 1.10）．脂質はさまざまな物質の集合体であり，それらはクロロホルムやアセトンといった有機溶媒には溶けるが水には溶けないという性質をもっている．たとえばある種の生物のエネルギー源であるトリアシルグリセロール（油脂）は，三つの脂肪酸とグリセロール（三つのヒドロキシ基をもつ炭素数 3 のアルコール）を含むエステルである．トリアシルグリセロールに似た脂質分子であるホスホグリセリドは二つの脂肪酸を含んでいる．これらの分子においては，グリセロールの三つ目のヒドロキシ基と対をなすのはリン酸であり，そのリン酸はコリンなどの小さな極性化合物に結びついている．ホスホグリセリドは細胞膜を形づくる重要な材料である．

ヌクレオチドと核酸　**ヌクレオチド**（nucleotide）は三つの要素で構成されている．すなわち，① 五炭糖（リボースまたはデオキシリボース），② 窒素塩基，③ 一つ以上のリン酸基，の三つである（図 1.11）．ヌクレオチドに含まれる塩基は，さまざまな置換基をもつヘテロ環式芳香環である．塩基には二環式のプリンと単環式のピリミジンの 2 種類がある（図 1.12）．

ヌクレオチドは多様な生合成反応やエネルギー生成反応に関与している．たとえば，食物分子から得られたエネルギーの多くは ATP の高エネルギーリン酸結合の形成に用いられている．リン酸化合物が加水分解されたときにエネルギーが放出される．またヌクレオチドには，**核酸**（nucleic acid）の構成要素になるという重要な役割もある．核酸には数百から数百万個のヌクレオチドが含まれ，ホスホジエステル結合によって長いポリヌクレオチド鎖を形成している．鎖はストランドとも呼ばれる．核酸には DNA と RNA という二つの種類がある．

DNA　DNA は遺伝情報の貯蔵庫である．DNA を構成するのは二つの逆平行のポリヌクレオチド鎖であり，二つは互いに巻きつくようにねじれて右巻きの二重らせんを形づくっている（図 1.13）．DNA はペントース糖のデオキシリボースとリン酸のほかに 4 種類の塩基をもっている．それが，**プリン**（purine）系のアデニンとグアニン，それに**ピリミジン**（pyrimidine）系のチミンとシトシンであり，アデニンはチミンと，グアニンはシトシンとそれぞれ対になる．二重らせんの形になっているのは，水素結合によって塩基が相補的な対を形成しているためである．水素結合とは，ある分子基の分極した水素原子と，近傍に位置する他の分子基の電気的に陰性な酸素原子や窒素原子との間に働く引力のことである．

生物の全塩基配列はゲノムと呼ばれる．DNA はコード配列と非コード配列からなる．コード配列は遺伝子と呼ばれ，ポリペプチドや RNA 分子などの機能的な遺伝子産物を特定する．

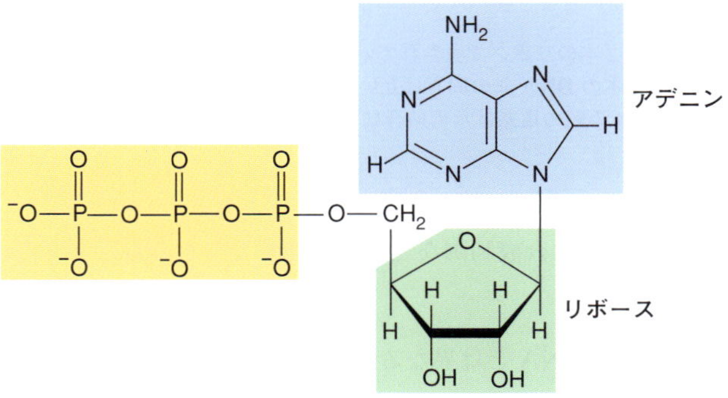

図 1.11　ヌクレオチドの構造
ヌクレオチドには，一つの窒素塩基（この場合はアデニン），一つのペントース（この場合はリボース），および一つ以上のリン酸が含まれる．図のヌクレオチドはアデノシン三リン酸（ATP）．

図 1.12　窒素塩基
(a) プリン，(b) ピリミジン．

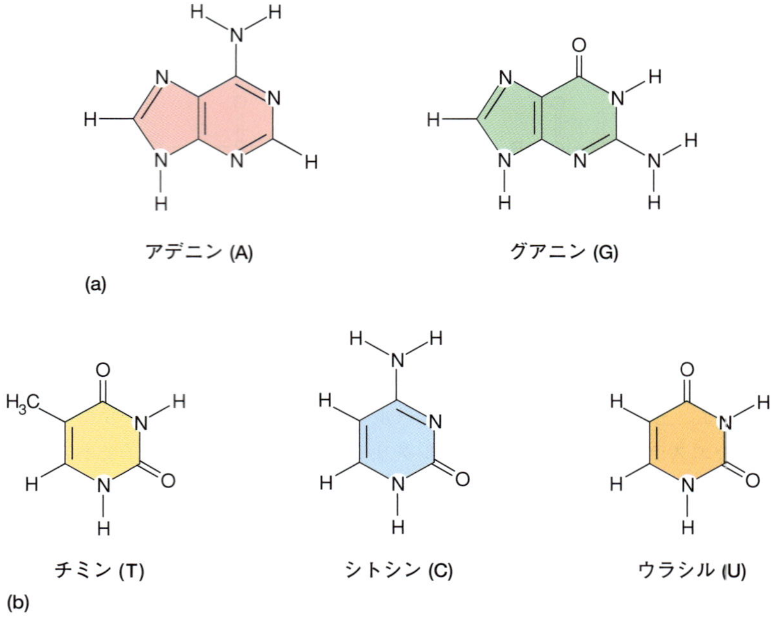

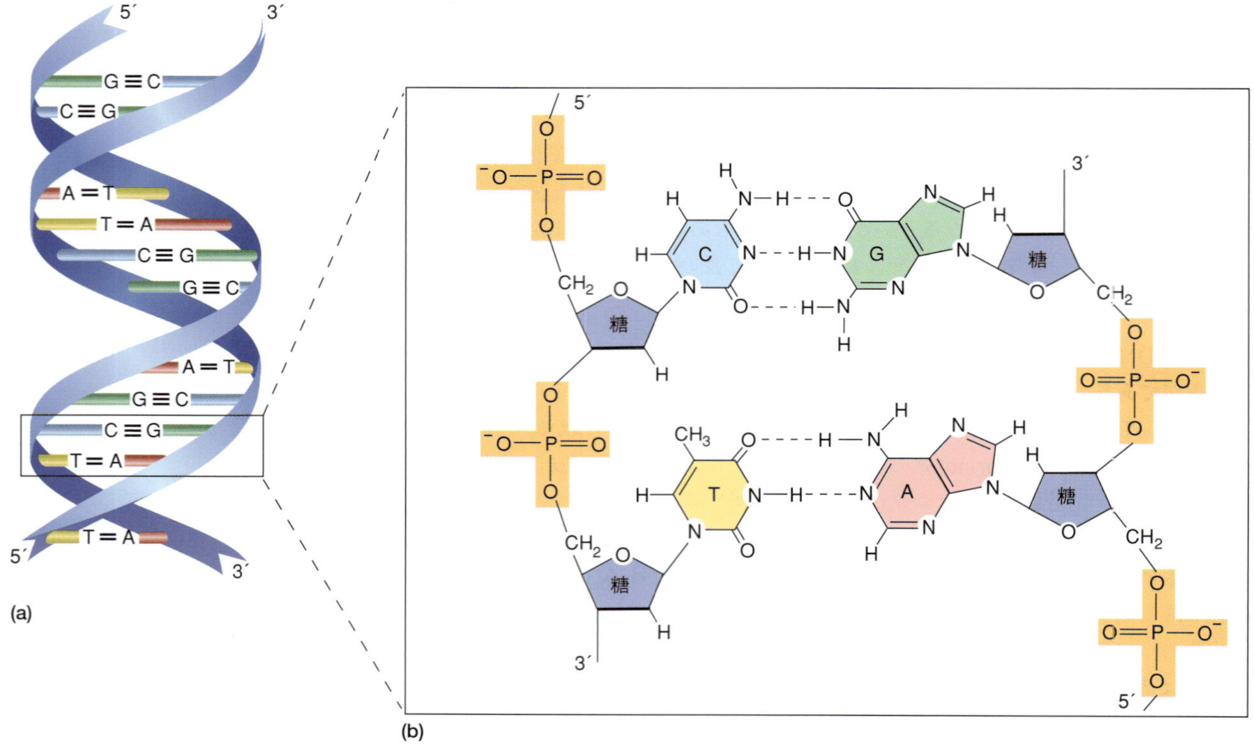

図 1.13　DNA
(a) DNA の概念図．糖-リン酸結合からなる二重らせんが青色の 2 本のリボンで表されている．二重らせんの内側にあるのが糖（デオキシリボース）に結合している塩基である．(b) 二つの塩基対を拡大した図．2 本の DNA 鎖の向きは互いに反対であることに注意してほしい．鎖の向きは末端のデオキシリボースの遊離基（5′ または 3′）で決定される．それぞれの鎖の塩基は水素結合によって対を形成する．シトシンと対になるのは決まってグアニンであり，チミンと対になるのはアデニンである．

非コード配列は，タンパク質の合成制御など調節機能をもつものも存在するが，機能の多くがいまだ解明されていない．

RNA　リボ核酸（RNA）は DNA とは異なるポリヌクレオチドであるが，その違いは① RNA

に含まれる糖はデオキシリボースではなくリボースである，② RNA に含まれる塩基はチミンではなくウラシルである，という 2 点にある．DNA の場合と同様に，RNA においてもヌクレオチドはホスホジエステル結合によって結びついている．しかし二重らせんの DNA とは違い，RNA は一本鎖である．RNA 分子は相補的な塩基対の位置によって，それぞれ複雑に折り重なった立体構造をとっている．DNA らせんが解けると，その 1 本が鋳型となる．**転写**(transcription)と呼ばれる過程のなかで，RNA 分子が合成される．塩基は相補的な対を形成するので，RNA 分子のヌクレオチド塩基配列が決まる．RNA の主要なものは 3 種類で，メッセンジャー RNA(mRNA)，リボソーム RNA(rRNA)，それにトランスファー RNA(tRNA)である．mRNA のそれぞれ独特な塩基配列や分子には，ある特定のポリペプチドにおけるアミノ酸配列を直接コードする情報が含まれている．そして mRNA の塩基配列は，リボソーム(rRNA とタンパク質分子からなる大きくて複雑な超分子構造体)によってポリペプチドのアミノ酸配列に変換される．tRNA 分子はタンパク質合成の際にアミノ酸をリボソームへ運搬する．

近年，タンパク質合成に直接かかわらない RNA 分子が多数発見されている．これらの分子はノンコーディング RNA(noncoding RNA, ncRNA)と呼ばれ，さまざまな細胞過程において役割を果たしている．ncRNA には，低分子干渉 RNA(siRNA)，マイクロ RNA(miRNA)，核内低分子 RNA(snRNA)，核小体内低分子 RNA(snoRNA)などがある．このうち siRNA は，ウイルスに対する防御機構である RNA 干渉の重要な成分である．miRNA は mRNA 合成のタイミングを調節し，snRNA は mRNA 前駆体分子が機能性 mRNA に変わる過程を促進する．snoRNA は，リボソーム形成の際にリボソーム RNA の成熟を助ける．

遺伝子発現　**遺伝子発現**(gene expression)は，遺伝子に暗号化されている情報を呼びだすタイミングを制御する．この過程は，DNA 断片の塩基配列を元に遺伝子産物が合成されることから始まる．これを転写という．**転写因子**(transcription factor)と呼ばれるタンパク質の一群が，**応答エレメント**(response element)という特定の DNA 調節配列に結合することで，タンパク質コード遺伝子の発現を調節する．転写因子は，あるシグナル分子(たとえば，代謝調節を行うインスリン)や光などの非生物的因子をきっかけに開始される情報処理機構に応答して，合成または調節される．

キーコンセプト

- 生体中のほとんどの分子は有機分子である．有機分子の化学的性質は，官能基と呼ばれる特定の原子配列によって決まる．
- 細胞には，アミノ酸，糖，脂肪酸，ヌクレオチドという 4 種類の小分子が含まれている．
- タンパク質はアミノ酸から，多糖類は糖から，核酸はヌクレオチドからなる生体高分子である．

1.3　生細胞は化学工場か

最も単純な細胞であっても，驚くべきものがあるため，細胞はしばしば化学工場にたとえられてきた．確かに工場と同じで，生物も環境から原料やエネルギー，情報を得る．部品(成分)がつくられ，廃棄物(老廃物)と熱が環境にもどされる．しかし，この類比が真に成り立つためには，つまり工場が細胞と等価であるためには，構造的・機能的部品のすべてを製造・修理するだけではたりない．部品をつくるすべての機械をつくり，みずからのクローンをつくる，すなわち新たな工場をつくらなければならない．こうした生物の驚くべき性質を表すために考えだされたのが**オートポイエーシス**(autopoiesis)という用語である．この見解によれば，個々の生物はオートポイエーシス的システム，つまりみずからを律し，組織し，維持する実体ということになる．生命は，何千という生化学反応が織りなす自己調節的なネットワークから立ち現れるのである．

生体内ではたえずエネルギーと栄養が流れており，酵素と呼ばれる何千もの触媒が機能しているおかげで，代謝過程が可能となる．代謝のおもな働きは次の四つ，① エネルギーの獲得と利用，② 細胞の構築や機能に必要な分子(タンパク質，糖質，脂質，核酸など)の合成，③ 増殖と分化，④ 老廃物の除去である．代謝過程にはかなりの量のエネルギーを必要とする．この節では，まずおもな化学反応，および生物がエネルギーを産生する方法について要点を述べ，そのうえで，代謝過程，および生物が秩序あるシステムを保っている手段について概説する．

生化学反応

細胞内で起こる数千の化学反応は，驚くほど複雑であるように見える．しかし，代謝のいくつかの特徴を知っておけば，事態は単純に見えてくる．

1. 化学反応の数は非常に多いが，反応の種類はそれほど多くない．
2. 生化学反応は単純な反応機構で成り立っている．
3. 生化学において中心的な意義をもつような反応(たとえばエネルギー産生や，細胞の主要な成分の合成と分解にかかわる反応)は比較的少ない．

生化学過程において最も多く見られる反応は，求核置換，脱離，付加，異性化，酸化還元である．

求核置換反応　**求核置換**(nucleophilic substitution)**反応**においては，名称が示すように，ある原子または基が他のものに置換される．

例示したような一般的な反応の場合，攻撃する種(A)は**求核剤**(nucleophile，核が好きなもの)と呼ばれる．求核剤はアニオン(負電荷を帯びた原子や基)か，あるいは非結合電子対をもつ中性種である．**求電子剤**(electrophile，電子が好きなもの)は電子密度が低いため，求核剤に攻撃されやすい．求核剤が攻撃を起こすとAとBの間に新たな結合ができて，BとXの間にあった結合は切断される．出ていくほうの求核剤(この場合はX)は**脱離基**(leaving group)と呼ばれ，電子対とともに離れる．生体内で生じる求核置換反応にはいくつかのタイプがある．たとえばS_N2反応(エピネフリンのメチル化など)，アシル基転移，リン酸基転移などがそうである．

アシル基転移のような求核置換反応では，求核剤がカルボン酸誘導体のカルボニル炭素を攻撃し，四面体型中間体を形成する．その後，四面体型中間体の崩壊によってカルボニル基が再生し，脱離基が外れる．生物学的に重要なカルボン酸誘導体の例として，カルボン酸塩(カルボン酸陰イオン)，エステル，アミド，チオエステルおよびアシルリン酸があげられる．これらの誘導体は求核剤との反応性が異なり，アシルリン酸の反応性が最も大きく，続いてチオエステル，エステル，アミド，カルボン酸塩の順となる．

脂肪酸の生物学的活性型は，補酵素A(p. 286)のチオエステルである．カルボニル炭素には十分な求電子性がないため，カルボン酸塩は求核置換反応の基質としては適さない．結果として，脂肪酸(中～長鎖)は，まず初めにATPの結合エネルギーを使って，アシルアデノシル一リン酸誘導体を形成することで活性化される(**図1.14**)．活性化した脂肪酸アシル-AMPが形成されると，そのカルボニル炭素は補酵素Aのチオール硫黄によって容易に攻撃され，脂肪酸アシル-SCoAを生成する．

加水分解(hydrolysis)**反応**も求核アシル基置換反応であり，水分子の酸素が求核剤となる．求電子剤は，通常，エステルやアミドや**無水物**(anhydride，酸素原子1個を通して結びついた二つのカルボニル基を含む分子)に含まれるカルボニル炭素である．

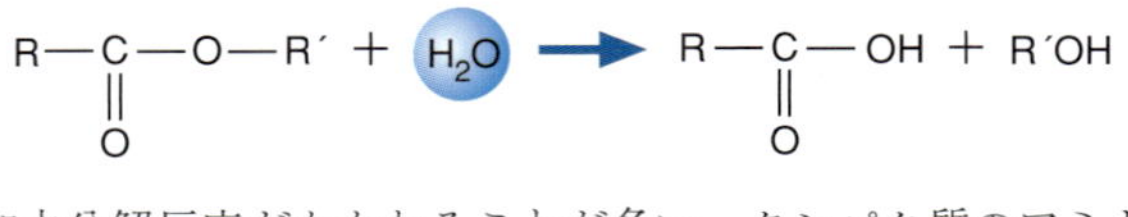

食物の消化には加水分解反応がかかわることが多い．タンパク質のアミド結合は，胃のなかでは酸触媒反応によって加水分解を受け，アミノ酸を生成する．

ATPの加水分解によるADPと無機リン酸(P_i)の生成，およびATPとグルコースとの反応は，リン酸基転移を含む求核置換反応の反応例である．ATPの末端に位置するリン酸が水のOHに攻撃されると，無水リン酸結合が壊され，多くの細胞内プロセスを駆動させるためのエネルギー源となる(**図1.15**)．

ATPとグルコースとの反応が起こると，グルコース6-リン酸とADPが生じる．これがグ

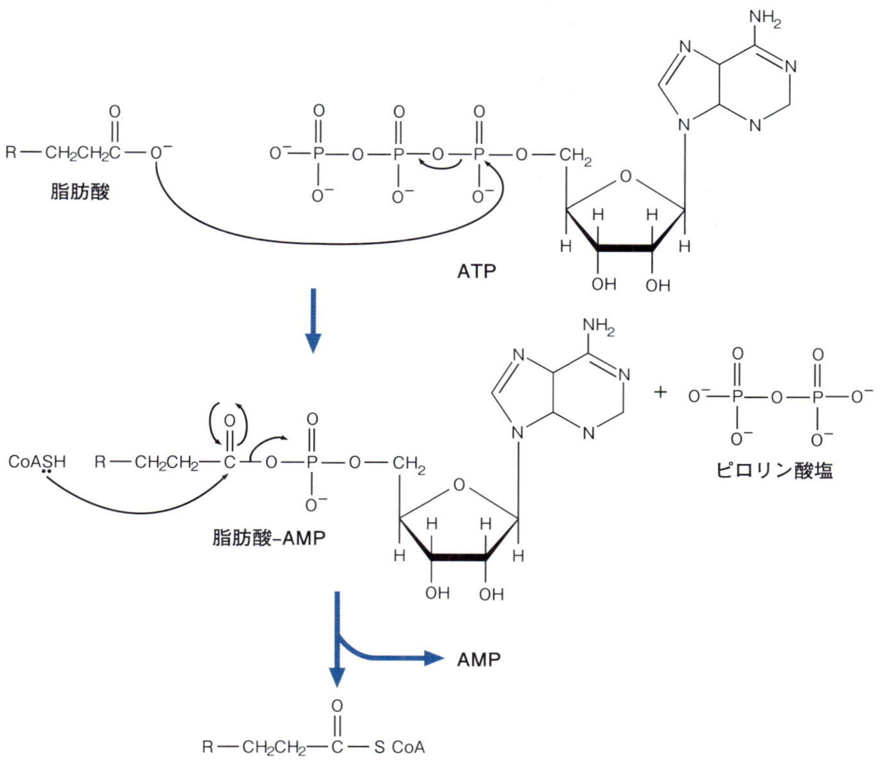

図 1.14　脂肪酸の活性化
脂肪酸がエネルギー源となるために分解されたり，トリアシルグリセロールの材料として利用されたりするには，まず初めに活性化されなくてはならない．第一段階ではカルボン酸イオンが ATP のリン酸エステルを攻撃し，脂肪酸アシル-AMP 中間体およびピロリン酸（PP_i）を形成する．第二段階で脂肪酸アシル-AMP が補酵素 A のチオール基（CoASH）に攻撃され，チオエステル化脂肪酸アシル-SCoA と AMP を生成する．PP_i が急速に加水分解され，二つのリン酸塩（P_i）が生成されることで，反応がより促進する．

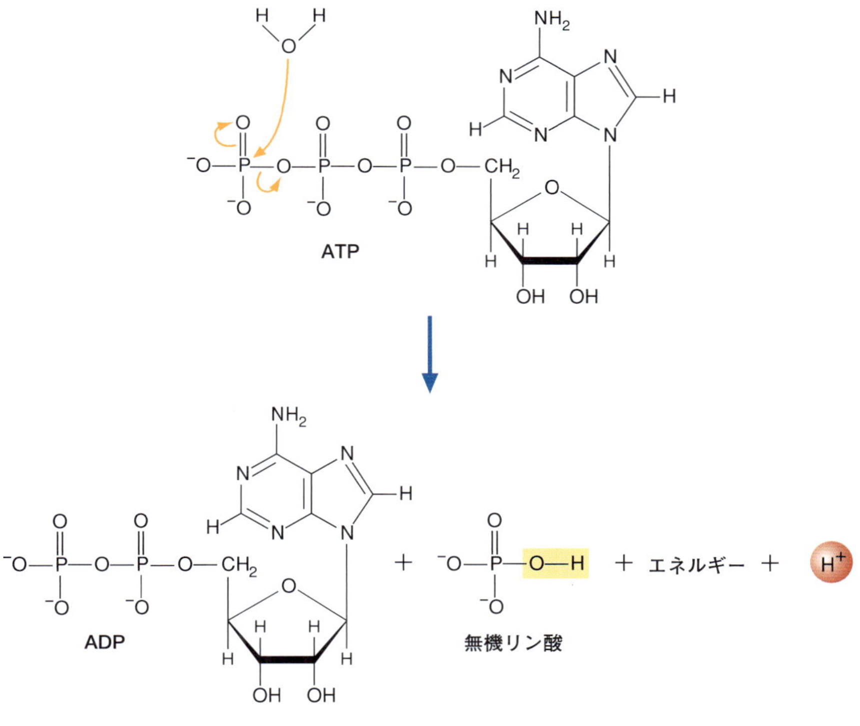

図 1.15　加水分解反応
リン酸基転移を伴う求核置換反応である ATP の加水分解によって得られたエネルギーは，実に多様な生化学反応に利用される．

ルコースによるエネルギー産生の最初のステップとなる（図 1.16）．糖分子の 6 位の炭素に結合するヒドロキシ酸素が求核剤であり，リン酸が求電子剤である．アデノシン二リン酸は脱離基である．

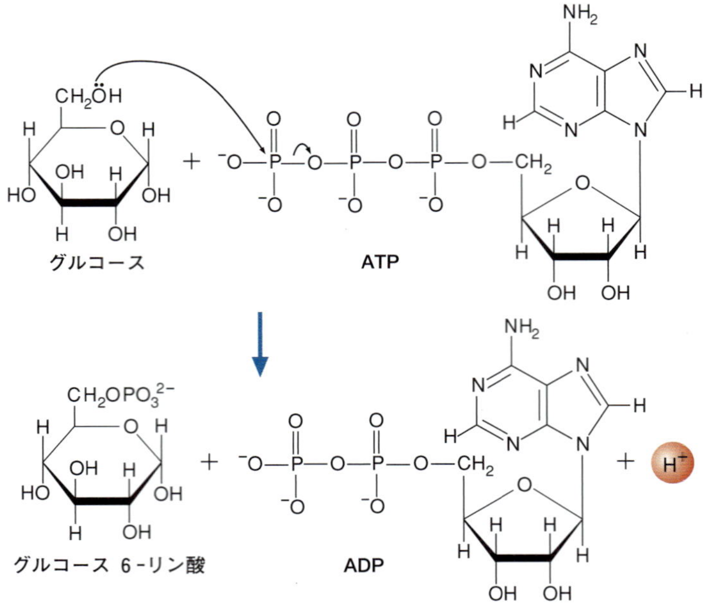

図 1.16　求核置換反応の例
グルコースと ATP の反応においては，グルコースのヒドロキシ酸素が求核剤となる．リン原子（求電子剤）は酸素と結びつくことによって極性を与えられ，部分的に正電荷を帯びている．この反応の際には，糖の CH_2OH 上の非共有電子対がリンを攻撃し，その結果，ADP が脱離基となって離れる．

脱離反応　脱離（elimination）反応においては，分子に含まれる原子が取り除かれて二重結合が形成される．

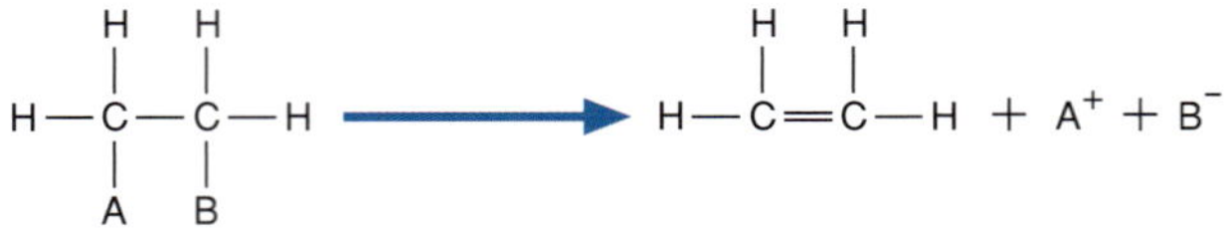

アルコール官能基を含む生体分子から H_2O を取り除く反応は，さまざまな場合に行われている．とくに注目すべき例としては，糖代謝の重要な段階である 2-ホスホグリセリン酸の脱水があげられる．これは糖代謝の生化学的経路である解糖系反応であり，E1cB 反応を介して行われる（図 1.17）．そのほかにアンモニア（NH_3），アミン（RNH_2），アルコール（ROH）が脱離反応によってつくられる．

付加反応　付加（addition）反応においては，二つの分子が結びついて一つの生成物になる．

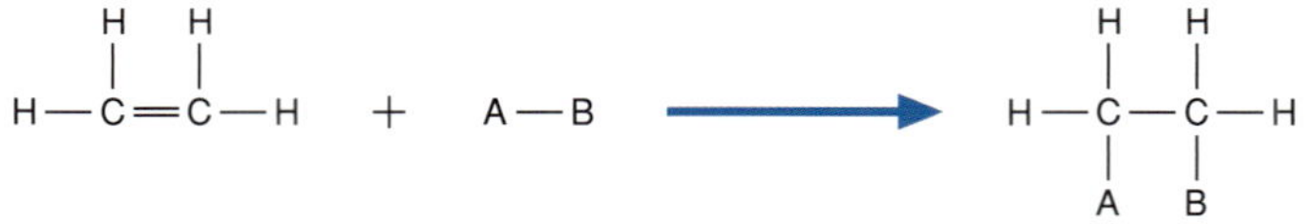

水和（hydration）反応は付加反応の代表的なものである．アルケンに水が加わるとアルコールが生じる．代謝中間体のフマル酸が水和されてリンゴ酸になる反応も典型的な例である（図 1.18）．

異性化反応　異性化（isomerization）反応においては，分子内の原子や基が入れ替わる．生化学的な異性化の最も一般的な例としては，糖のアルドースとケトースの間の相互変換がある

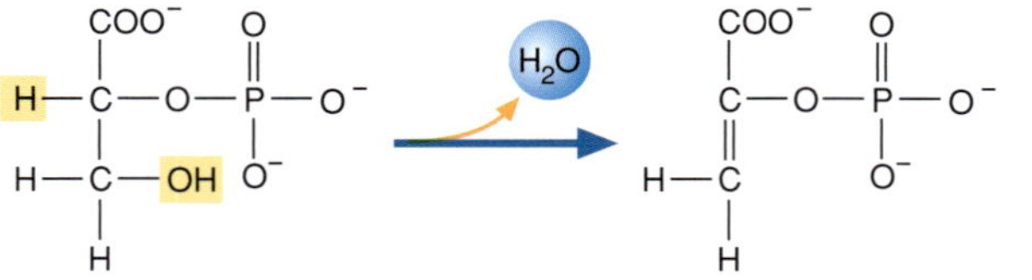

2-ホスホグリセリン酸　　ホスホエノールピルビン酸

図 1.17　脱離反応
2-ホスホグリセリン酸が脱水されると，二重結合が形成される．この反応は E1cB 反応である．

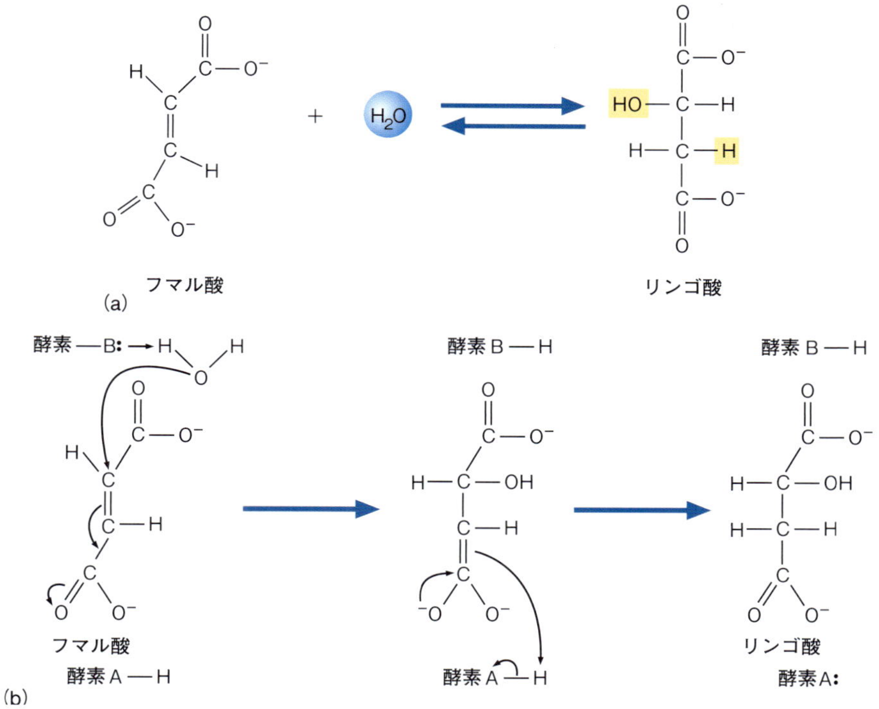

図 1.18　付加反応
(a) フマル酸などの二重結合を含む分子に水が付加されると，アルコールができる．(b) フマラーゼの触媒作用によるフマル酸の水和は，水分子からプロトンが除去され，アミノ酸側鎖の主軸に反応することから始まる．得られた求核剤は，炭素間の二重結合を攻撃する．共鳴安定化により得られたイオンは，酵素の酸性側鎖からプロトンを受けとり，リンゴ酸が生成する．

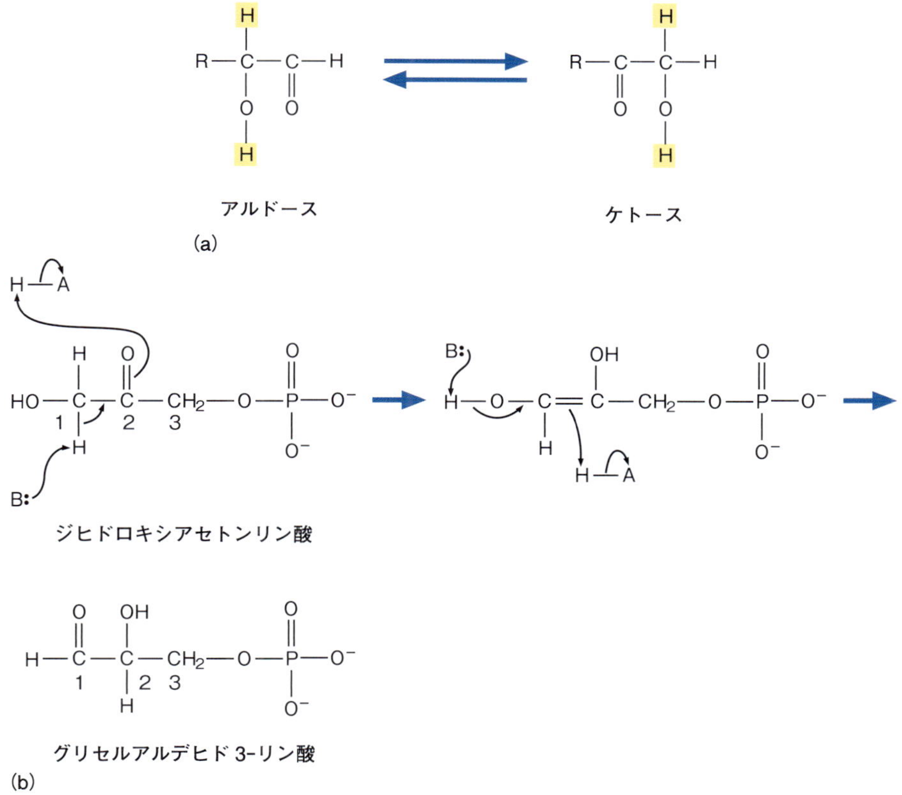

図 1.19　異性化反応
(a) アルドースとケトースの異性体の間で起こる可逆的な相互変換は，生化学反応でよく見られる．(b) ジヒドロキシアセトンリン酸からグリセルアルデヒド 3-リン酸への異性化は，トリオースリン酸イソメラーゼという酵素により塩基性側鎖の C1 からプロトンが除去され，酸性側鎖がカルボニル酸素にプロトンを与えることで開始される．中間生成物はエンジオール（二重結合部位の炭素原子それぞれにヒドロキシ基が結合した分子）である．第二段階ではエンジオールの塩基性側鎖からプロトンが外され，酸性側鎖の C2 にプロトンが付加されることでグリセルアルデヒド 3-リン酸が生成する．

（図 1.19）．ジヒドロキシアセトンリン酸からグリセルアルデヒド 3-リン酸への異性化（図 1.19b）は，解糖系での反応である．

キーコンセプト

生化学過程において最も多く見られる反応は次のようなものである．① 求核置換，② 脱離，③ 付加，④ 異性化，⑤ 酸化還元．

酸化還元反応　**酸化還元**（レドックス）**反応**（oxidation-reduction reaction，redox reaction）は，電子供与体（**還元剤**，reducing agent）から電子受容体（**酸化剤**，oxidizing agent）へ電子が移動するときに起こる．還元剤はみずからの電子を与えて，**酸化**（oxidize）される．酸化剤のほうは電子を受けとり，**還元**（reduce）される．この二つの過程はかならず同時に起こる．

二つの生体分子のうちのどちらが電子を得て，どちらが失ったのかを特定するのが難しい場合もある．しかし，二つの簡単な法則を知っておけば，どちらの分子の炭素原子が酸化されてどちらが還元されたのか，知ることができる．

1．酸化が起こった場合，その炭素原子は酸素を得るか，あるいは水素を失っている．

エタノール　　**酢酸**

2．還元が起こった場合，その炭素原子は酸素を失うか，あるいは水素を得ている．

酢酸　　**エタノール**

生体内の酸化還元反応の場合，電子は NAD^+/NADH（ニコチンアミドアデニンジヌクレオチドの酸化型あるいは還元型）などのヌクレオチド電子受容体に移動する．

エネルギー

エネルギー（energy）の定義は，仕事ができる，すなわち物を動かす能力があるということである．人間のつくった機械がエネルギーを生みだしたり利用したりする場合は，高温や高圧，高電流といった過酷な状況下で行われる．しかし，生物の体はそれほど頑丈ではないので，より繊細な機構で行わなければならない．細胞におけるエネルギー産生のほとんどは酸化還元反応による．酸化還元反応では酸化される分子から電子の不足した分子へと電子が移動するが，このとき移動する電子は水素原子（H·）やヒドリドイオン（$H:^-$）のかたちであることが多い．還元の度合いが高い分子，すなわち多くの水素原子をもつ分子は，それだけ大きなエネルギーをもっている．たとえば，脂肪酸は糖に比べて水素原子を多く含んでおり，そのため酸化にあたってより多くのエネルギーを生みだす．脂肪酸が酸化される際には，FAD（フラビンアデニンジヌクレオチド）という酸化還元補酵素が水素原子を取り除く．糖の場合の酸化還元補酵素は NAD^+ である（補酵素は酵素とともに働く小さな分子であり，小さな分子基や電子を運ぶ役目をする）．この過程で還元された生成物（脂肪酸なら $FADH_2$，糖なら NADH）は他の電子受容体へと電子を受け渡すことになる．

電子が移動するところには，かならずエネルギーの喪失がある．細胞はそこで放出されたエネルギーを複雑な機構によって獲得し，細胞の仕事に利用している．細胞におけるエネルギー産生の目立った特徴は，電子の輸送経路である．細胞膜には一連の電子輸送分子が埋め込まれている．統制された過程のなかで一つの電子輸送分子から次の電子輸送分子へと電子が運ばれ，その際にエネルギーが放出される．こうした酸化還元反応を通じて生みだされた豊富なエネルギーを用いて，ATP という電子輸送分子が合成される．ATP はそのエネルギーを，高度に組織化された細胞の構造や機能を維持するために，直接に供給している．

生物は互いに似た点も多くもっているが，周囲の環境からエネルギーを獲得するための戦略という点では互いに異なっている．**独立栄養生物**（autotroph）は太陽（**光合成**，photosynthesis）またはさまざまな化学物質（**化学合成**，chemosynthesis）のエネルギーを化学結合のエネルギーに変える生物であり，前者は**光合成独立栄養生物**（photoautotroph），後者は**化学合成独立栄養生物**（chemoautotroph）と呼ばれる．**従属栄養生物**（heterotroph）は他の生物を食べて，あらかじめ形成されている食物分子を分解することによりエネルギーを獲得する．**化学合成従属栄養**

生物(chemoheterotroph)は唯一のエネルギー源として，あらかじめ形成された食物分子のみを利用する．一部の原核生物や少数の植物(たとえば嚢(のう)状葉植物は虫を捕らえて消化する)は**光合成従属栄養生物**(photoheterotroph)と呼ばれ，光と生体分子の両方をエネルギー源としている．

地球上のほとんどの生物が利用しているエネルギー源は，つきつめれば太陽である．光合成生物(植物や一部の原核生物や藻類)は光エネルギーを取り入れ，それを利用して二酸化炭素(CO_2)を糖などの生体分子に変える．化学合成生物は，硫化水素(H_2S)や亜硝酸イオン(NO_2^-)や水素ガス(H_2)といった無機物を酸化することによって，CO_2 を生体分子に組み込むためのエネルギーを獲得している．光合成や化学合成によって生みだされた生物資源は，やがて従属栄養生物の食物となり，エネルギー源や体をつくる成分として利用される．どちらの段階においても分子結合が再編成され，一部のエネルギーはとらえられて，生物の複雑な構造や活動を維持するために用いられる．最終的にエネルギーは分散し，熱として放出される．生物がエネルギーを産生したり利用したりする代謝経路については，次の「代謝の概要」で簡単に説明しよう．続いて，細胞を維持するための基本的な機構について述べる．

キーコンセプト

生体内において，エネルギー(物を動かすことのできる力)はふつう酸化還元反応によって生みだされる．

代謝の概要

生体内の酵素触媒反応をまとめて代謝と呼ぶ．独立して起こるいずれの反応も，生化学経路の一部に組み込まれている(図 1.20)．そこでは，もともとの反応分子が段階的に連続して修飾されていき，その最終生成物を細胞が特定の目的に使う．たとえば，六炭糖のグルコースを分解するエネルギー生成経路である解糖は，10 の反応からなる．個々の生物の代謝過程はすべて，膨大な，くもの巣状のパターンをもつ，相関する生化学反応から成り立っている．これらの反応は供給源が保たれ，エネルギー利用が最適化されるように調整されている．生化学経路には代謝，エネルギー移動，シグナル伝達の 3 種類がある．

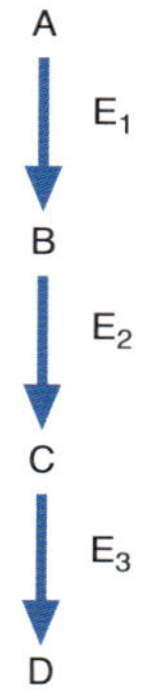

図 1.20　生化学経路
この 3 段階式の生化学経路においては，生体分子 A が三つの連続反応を経て生体分子 D に変わる．触媒となる酵素(E)は反応ごとに異なる．

代謝経路　代謝経路には同化経路と異化経路の二つの種類がある．**同化経路**(anabolic pathway，生合成経路)においては，小さな前駆物質から大きくて複雑な分子が合成される．みずから産生したり食物から取り入れたりした材料分子(アミノ酸や糖，脂肪酸など)を，より大きくて複雑な分子のなかに組み入れるのである．生合成は秩序と複雑さを増大させるので，同化経路にはエネルギーの投入が必要となる．同化経路の例としては，糖から多糖を合成するものや，アミノ酸からタンパク質を合成するものがあげられる．一方の**異化経路**(catabolic pathway)においては，大きくて複雑な分子から小さくて単純な分子がつくられる．いくつかの異化経路ではエネルギーの放出が起こる．そうしたエネルギーの一部は再びとらえられ，同化反応を起こすエネルギーとして利用される．

図 1.21 に同化と異化の間の関係を示す．栄養分子が分解される際，エネルギーと還元力(高

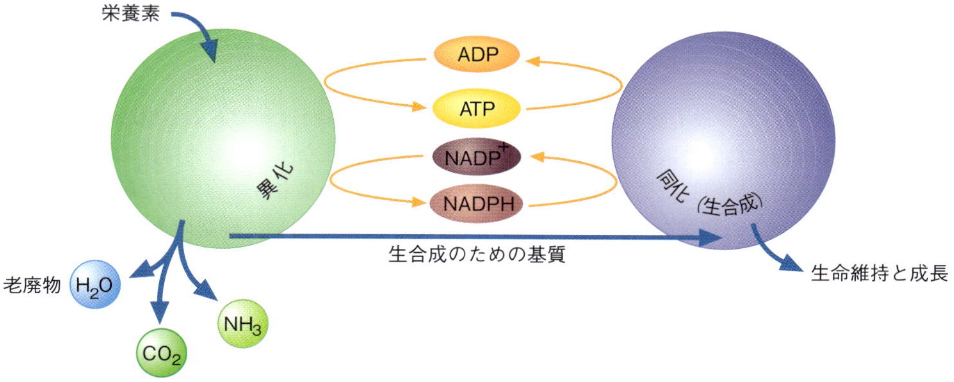

図 1.21　同化と異化
酸素を使ってエネルギーを生みだす生物の場合，栄養分は異化経路によって小分子の出発物質に変えられる．異化過程で栄養分が二酸化炭素，アンモニア，水などの老廃物に変えられる際，生合成過程を推し進めるエネルギー(ATP)と還元力(NADPH)が生みだされる．

エネルギー電子）はそれぞれ ATP 分子と NADPH 分子に蓄えられる．異化作用の生成物である ATP や NADPH（還元型ニコチンアミドアデニンジヌクレオチドリン酸，還元力の源）は，生合成過程のなかで複雑な構造や機能を生みだすために用いられている．

エネルギー移動経路　エネルギー移動経路は，エネルギーをとらえてその形態を変え，生物がそれを使って生体分子過程を進められるようにする．よい例が，葉緑素分子による光エネルギーの吸収，そしてそれを糖分子中の化学結合エネルギーに変換するのに必要な酸化還元反応である．この酸化還元反応はエネルギーを放出する．

キーコンセプト

- 生体内の酵素触媒反応をまとめて代謝と呼ぶ．
- 生化学経路には，代謝（同化と異化），エネルギー移動，シグナル伝達の 3 種類がある．

シグナル伝達　シグナル伝達（signal transduction）**経路**は，細胞が周囲の環境からシグナルを受容し，応答するのを可能にする．最初の受容段階においては，ホルモンや栄養素などのシグナル分子が受容体タンパク質と結合する．この結びつきによって，伝達段階，すなわち細胞内反応のカスケードが始まり，これが引き金となって，もともとのシグナルに対する細胞の応答が起こる．たとえば，グルコースが膵臓のインスリン分泌細胞上の受容体と結びつくと，インスリンが血液中に放出される．そのような反応は，すでに存在している酵素の活動の増減や，新たな酵素分子の合成というかたちをとることが多い．

生物学的秩序

生物は一貫性のある個体として存在しているが，そのためには膨大な数の分子の働きをまとめなければならない．すなわち，生命の特徴とは高度に組織化された複雑さにあるといえる．生体の秩序をつくりあげて維持するための過程は実に多様であるが，そのうちのほとんどは以下の項目に分類される．① 生体分子を合成したり分解したりする，② 細胞膜の内外へイオンや分子を輸送する，③ 力や動きを生みだす，④ 代謝で生じた老廃物や有害物質を取り除く．

生体分子の合成　細胞の成分は一連の膨大な化学反応によって合成される．それらの化学反応の多くがエネルギーを必要とし，ATP 分子によって直接あるいは間接的に供給される．生合成反応でつくられた分子は生体のために機能する．それらの分子は超分子構造（たとえば細胞膜を構成するタンパク質や脂質）の一部になったり，情報分子（たとえば DNA や RNA）の役目を果たしたり，あるいは化学反応を触媒したりする（たとえば酵素）．

イオンや分子の輸送　イオンや分子は細胞膜を横切って自由に行き来できるわけではない．個々の仕切りを横切る移動は細胞膜によって制御されている．たとえば形質膜（動物細胞の外側の膜）は選択的な透過性をもつ壁である．形質膜の制御のもとに，栄養素などの物質は比較的混乱した外部環境から秩序だった細胞内へと輸送される．同様にイオンや分子も生化学過程の間に細胞小器官の内外へと輸送される．たとえば脂肪酸は，ミトコンドリアと呼ばれる細胞小器官の内部に運ばれて，エネルギーを生みだすために分解される．

細胞運動　生物のもつ最も顕著な特徴の一つは，組織化された運動である．生命を維持するための複雑で調和した活動には，細胞の各成分の動きが必要となる．たとえば，細胞分裂や細胞小器官の運動が真核細胞に見られるよい例である．どちらの場合も細胞骨格と呼ばれるタンパク質フィラメントの複雑なネットワークがなければ成り立たない．細胞の運動のしかたは，その生物の成長や繁殖や限られた資源を獲得する能力に深くかかわっている．たとえば，原生生物が池のなかで食物を探す動きや，ヒトの白血球が感染を起こす外来細胞を捜索する動きを考えてみるとよい．もっと微小な例をあげると，細胞分裂に先立つ染色体複製にあたって DNA 分子とともに働く特定の酵素の動きや，膵臓の細胞によるインスリンの分泌などもある．

老廃物の除去　生物の細胞はかならず老廃物を生みだす．たとえば動物の細胞は，糖やアミノ酸といった食物分子を最終的に CO_2 と H_2O と NH_3 に変えるが，これらの分子は適切に処分されなければ生物に害を及ぼす．そうした物質のなかには，容易に除去されるものもある．たとえば動物の場合，CO_2 は細胞の外へ発散され，（赤血球による重炭酸イオンへの可逆的かつ短時間の変換を受けた後に）呼吸器系を通じて速やかに吐きだされる．また過剰な量の H_2O は腎臓を通って排泄される．しかし，分子のなかにはかなり強力な毒性をもつものもあり，それらを排出するために，動物は特定のプロセスをつくりあげている．尿素回路（15 章で説明）は，遊離アンモニアと過剰な量のアミノ窒素を比較的安全な尿素に変える機構である．尿素分子はその後，腎臓を通じ，尿のおもな成分として体内から除去される．

生物の細胞は，ほかにも多くの潜在的に有害な分子を排出しなければならない．植物はその解決策として，有害な分子を液胞のなかに運び，そこで分解または貯蔵している．しかし動物の場合は，水溶性の性質を利用した処理系（たとえば腎臓における尿の産生）に頼らざるをえない．ステロイドホルモンのようにそれ以上分解できない疎水性の物質は，一連の反応を経て水溶性の誘導体へと変えられる．この機構は薬物や環境汚染物質のような有機分子を水溶性の物質に変えるときにも用いられている．

キーコンセプト

生物においては，たえずエネルギーが投入されることで，高度に秩序だった複雑な過程が支えられている．

1.4 システム生物学

前節までの，生化学過程の概説における情報は，還元主義（reductionism）に基づく調査手法があってこそ得られたものである．これは強力かつ機械論的な方法で，複雑な生ける〝全体〟をその成分に〝還元〟して研究する．個々の成分は，分子の化学的・物理的性質や分子同士の関係が確認できるよう，さらに細分化される．近代の生命科学が生んだ業績のほとんどは，この還元主義という哲学なしには成し遂げられなかったであろう．しかし，還元主義にも限界がある．成分のもつ全性質を詳しく知れば，いずれおのずと全体の機能を完全に理解できるはずだという考え方のためである．懸命な研究努力が続いているが，動的な生命の過程については今なお理路整然とした理解は得られていない．

ここ数十年間，システム生物学という新たなアプローチを利用して，生物をより深く理解しようという試みがなされてきた．**システム生物学**（systems biology）とは，もともとジェット機製造のために開発された工学原理に基づくもので，生物を統合されたシステムとみなしている．そうしたシステムの各レベルにおいては，なんらかの機能が果たされている．動物の例でいえば，消化系という一群の器官は食物を分解して分子にし，体の細胞が吸収できるようにしている．

人工のシステムと生命のシステムには，よく似ている点もある反面，かなり異なる点もある．最も重要な違いはデザインに関するものである．技術者が複雑な機械システムや電気システムをつくろうとするとき，各部品は明確な機能を満たすようにデザインされ，ネットワークの部品同士に不要または偶然の相互作用は存在しない．たとえば，飛行機を制御するケーブル内の個々の電線は，ショート事故による被害を防ぐために絶縁してある．対して，生物のシステムは何十億年も試行錯誤を繰り返すことで進化してきた．進化，すなわち自然淘汰の圧力に対して生物が行う適応は，遺伝的多様性を生みだす能力によって可能になる．この多様性は，さまざまなかたちの突然変異や遺伝子複製，他の生物からの新たな遺伝子の獲得などを通してもたらされる．生物の成分は，技術者がデザインする部品と違って機能が固定していないし，機能が重複しても構わない．生命のシステムはますます複雑になってきたが，これは，確立されたシステムの成分と役に立つかもしれない新成分（遺伝子複製の際の突然変異から発生するものなど）との相互作用が避けられないせいでもある．

生体内で同時に起こる何百もの生化学反応は，人間の頭脳では分析しきれないので，システムとしてのアプローチがとくに有効となる．この問題に取り組むため，システム生物学は数学的モデルやコンピュータモデルをつくりだした．そして，長期にわたってさまざまに変化する状況下でこうした過程がどう働くのか，生化学反応経路の面から理解しようとしてきた．こうしたモデルの成功は，膨大なデータの存在如何にかかっている．その情報も，生体分子の細胞内濃度や生きて機能している細胞内で起こる生化学反応の速度などに関する正確なものでなければならない．データはいまだ不完全ながら，この分析手法はいくつかの注目すべき成功を収めてきた．あらゆる種類の生体分子を見きわめ計量するのに必要な技術は，依然として磨かれ続けている．システム生物学では，本書で取り上げる複雑かつ多様な生化学経路を支える二大原理が突きとめられた．それが創発とロバストネスである．そしてシステム生物学者は，システム，ネットワーク，モジュールおよびモチーフなどの概念で細胞の膨大な複雑性を整理し，あたかも単純なものであるかのように表現している．

創 発

すでに明らかなように，複雑系のふるまいは，かならずしもその成分の性質を知ることで理解できるわけではない．システムの各レベルの組織において，成分同士の相互作用から予期せぬ性質が新たに現れてくる．たとえば，ヘモグロビン（血液中で酸素を運ぶタンパク質）は第一鉄イオン（Fe^{2+}）の働きを必要とする．鉄は無生物界では酸化しやすいが，ヘモグロビン中の鉄は輸送過程で酸素と直接に結合しているにもかかわらず，ふつうは酸化しない．これは，結合部が並んでいるアミノ酸残基が Fe^{2+} の酸化を防いでいるからである．ヘモグロビン中の第一鉄イオンの保護は**創発特性**（emergent property），つまりシステムの複雑さとダイナミクスがもたらした性質である．

ロバストネス

さまざまな摂動にもかかわらず安定を保っているシステムは，ロバスト（robust，頑強）であると表現される．たとえば飛行機の自動操縦システムは，風速や機械類の機能といった条件がある程度変動するにもかかわらず，指定航路を維持する．障害を防ぐには統合された自動安全装置一式が必要なので，ロバストなシステムはみな必然的に複雑となる．人工の機械システムは，冗長性すなわち複製部品（飛行機の緊急用発電機など）を用意することで，ロバストな（フェイルセーフ ＝ 不具合に強い）性質を得ている．生物のデザインにも冗長性のある成分が一部含まれるものの，生命のシステムがもつロバストネスは，そのほとんどが**縮重**（degeneracy）によるものである．縮重とは，異なる構造をした成分が同じまたは似た働きをする能力のことで，わかりやすい一例が遺伝暗号である．3 塩基配列（コドン）の組合せとして考えられる mRNA 分子上の 64 の塩基トリプレットのうち，61 がタンパク質合成時に 20 種のアミノ酸に対応する．つまり，ほとんどのアミノ酸が複数のコドンをもっており，こうした遺伝暗号の縮重が塩基置換変異に対する保護手段となっている．

システム生物学の概念

単純化モデルの開発をもたらしたシステム生物学者の研究成果は，生命科学研究者だけでなく学生の見識を深め，それが生物の膨大な複雑さの理解を助けている．システム生物学で使用される用語には，システム，ネットワーク，モジュールおよびモチーフなどがある．

システム　システムとは，生体分子が相互に連携し影響を及ぼし合う集合体と定義される．検討するシステムとして，生物，器官，細胞，そして細胞小器官を考えることができる．ここで細胞小器官としてミトコンドリア（動植物の細胞内区画の一種）を例にあげる．ミトコンドリアは，食物分子のエネルギーを化学エネルギーに変換する構造的特徴および生化学的経路を有しており，それが細胞プロセスの駆動や膨大な生体分子合成などに使われる．

ネットワーク　システムとは，一つ以上の機能をもった分子群それぞれがダイナミックに相互作用するネットワークと考えることができる．生物においても，代謝，シグナル伝達および調節にかかわるネットワークがある．代謝ネットワークは生体分子の合成と分解が連携する生化学的反応経路からなり，反応物および生成物それぞれの分子が互いの経路を連結し合っている．解糖系生成物であるピルビン酸からミトコンドリアのエネルギー産生経路につながる解糖系（グルコースを分解する経路）が，その一例である．解糖系で得られたピルビン酸はミトコンドリア内へ輸送され，そこで水素原子のエネルギーを得るための生化学的反応経路が開始される．また解糖系は，その中間代謝物が前駆体として用いられるアミノ酸の生合成経路ともつながっている．

生物は内外の環境を感じとり，正確に応答しなくてはならない．細胞は，巨大かつ複雑なシグナルネットワークを介して情報を取得し，それを処理している．つまり，受容体タンパク質が情報を受けとり，シグナル伝達経路を介して情報処理が行われる．たとえば，エピネフリン（p. 273）が筋肉や肝細胞に発現する受容体に結合すると，グリコーゲンを分解する酵素が活性化するシグナル伝達経路が始まる．

生物は，代謝経路をしっかりと制御する精巧でロバスト（頑強）なメカニズムをもっている．代謝経路の制御は，酵素や他のすべての生体分子の合成をコードする遺伝子のオンオフを切り換える調節ネットワークがあるおかげともいえる．たとえば，標的細胞の受容体にインスリンホルモンが結合すると，シグナル伝達が行われ，グリコーゲンやトリアシルグリセロールの合成酵素など多くの遺伝子が発現する．ただし，生物における遺伝子調節ネットワークは，それだけでは終わらず，他のネットワークと切っても切れない関係にある．インスリンの例でいうと，受容体への結合が他の酵素の活性化を抑制しつつ，特定の酵素の活性化を刺激する．それが引き金となってシグナル伝達が起こり，いくつかの生化学的経路がすばやく活性化される．

モジュール　複雑系は，モジュール（module），すなわち特定の働きをする成分またはサブシステムから成り立っている．生物がモジュールを利用するのは，組み立てや再構成や修復が容易であり，同様に，必要に応じて削除できるからである．モジュール（たとえば実験用の細胞から抽出される酵素）は，その機能的性質のいくつか，またはほとんどをもったまま分離できる場合が多いが，それらの機能はより大きなシステムの流れのなかでしか意味をなさない．生物においてはシステムのあらゆるレベルでモジュール化が起こる．細胞内の例としては，アミノ酸，タンパク質，生化学経路などがあげられる．モジュラリティがとりわけ重要なのは，成分の除去や交換が簡単に行えるため，障害を軽減できるからである．たとえば，解糖系はモジュールと考えることができる．システム内のモジュール同士の機能的関係はプロトコルによって管理されている．プロトコルとはモジュール同士の相互作用の有無や方法を定めるルール一式のことで，ミトコンドリアへのピルビン酸輸送機構がその一例である．

モチーフ　ネットワークモチーフとは，多種多様な使い道をもった繰返し調節回路と解される．生物において最も一般的なのが，**フィードバック制御**（feedback control）という自己調節機構である（図 1.22）．これは，プロセスの生成物がプロセスそのものを負または正の方向へ修正するように働くという機構である．このうち，よく見られるほうの負のフィードバックでは，生成物が蓄積されると生成速度が落ちていく．多くの生化学経路が負のフィードバックによって調節されており，経路の生成物が経路の入口近傍で働く酵素の活動を止めることが，その典

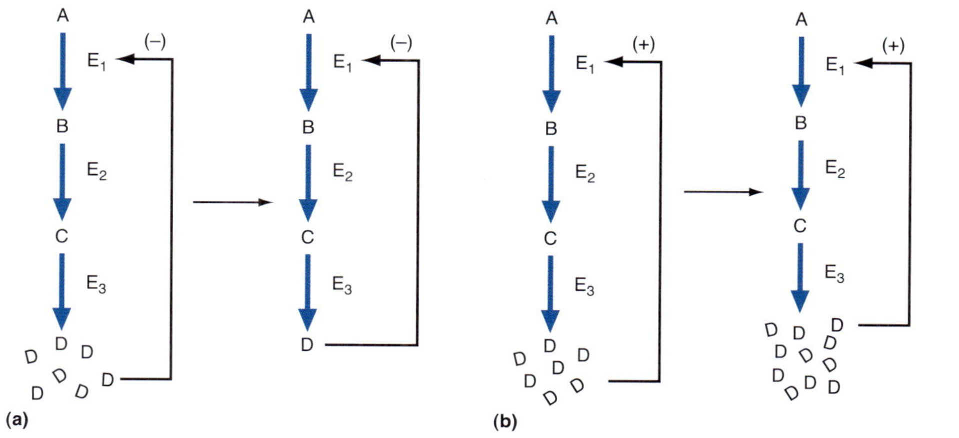

図 1.22　フィードバック機構
（a）負のフィードバック．生成された分子が蓄積すると，互いに結合して経路における酵素の活動を抑え，結果として生成物が減少する．（b）正のフィードバック．生成された分子が蓄積すると，経路における酵素の活性化が促され，生成物の合成速度が高まる．

ラボの生化学

はじめに

生化学の実験技術には，生体分子の化学的・物理的性質，すなわち化学反応性，大きさ，可溶性，実効電荷，電場での運動，電磁放射線の吸収などといった性質が利用されている．生命科学の研究が洗練されるにつれ，生きている状態とは何かについて，科学者たちの見解はますます一貫性を帯びるようになった．この過程において，まさに画期的だったのがヒトゲノム計画である．1980 年代末に開始されたこの国際的研究プロジェクトは，ヒト DNA のヌクレオチド塩基配列の解析を目標としていた．続く DNA 自動解析技術の開発により，生命科学の研究に革命が起こる．なぜなら，ゲノムの情報内容を調べる〝ハイスループットな〟（迅速かつ大量で比較的安価な）手段が得られたからである．この分野は現在，**ゲノミクス**（genomics）と呼ばれている．

ゲノミクスはとくに医療分野の研究に役立っている．数多くのヒトの病気に関して，一つまたは複数の遺伝子配列のエラー，あるいは遺伝子発現調節の誤りとの関連が指摘された．嚢胞性繊維症や乳がん，いくつかの肝臓病の疾病素因について迅速かつ正確に診断できるテストの開発といった成果が，早い段階で上がっている．また，最近開発された技術によって，病気の分子的基盤を研究しやすくなった．たとえば DNA マイクロチップ（何千もの DNA 分子を固形基盤上に並べたもの）は，今や細胞の**遺伝子発現**（gene expression）モニターの定番となっている．タンパク質分析も，ゲル電気泳動と質量分析を組み合わせればすばやく行える．ハイスループット法によって生まれた新分野には，**機能ゲノミクス**（functional genomics，遺伝子発現パターンの研究），**プロテオミクス**（proteomics，タンパク質合成パターンとタンパク質間の相互作用の研究）などがある．**バイオインフォマティクス**（bioinformatics）は，タンパク質や核酸の配列に関して現在得られつつある大量のデータを，コンピュータでスムーズに分析するという研究分野である．システム生物学者は，代謝プロセス制御，遺伝子調節およびシグナル伝達（情報処理）機構などの生物学的ネットワークを解読するために，これらの方法を活用する．

これまで，生化学とその他の科学は，しばしば互いの仕事から恩恵を受けてきた．たとえば X 線回折，電子顕微鏡，放射性同位元素標識といった物理学の技術によって，生体分子構造の研究が可能になった．近年では，コンピュータ科学や数学，工学といった分野も生命科学に便宜をもたらしている．生物学的知識の基礎が広がり続けるなか，生命科学や医学分野の今後の発展のためには，学際的なチームで研究にあたらなければならないことが，より明白になっている．

型である．対して正のフィードバックでは，生成物が蓄積すると生成がさらに促進されるが，こうした機構は安定を乱す恐れがあるため，生物ではそれほど見られない．慎重に制御されなければ，フィードバックループの増幅効果でシステムが崩壊しかねない．たとえば血液凝固の例では，血管の傷をふさぐ血小板血栓が拡大し続けることはない．これは，近傍の健康な血管細胞が抑制物質を出すためである．

血液凝固

生物とロバスト（頑強）

人工のシステムでも生物でも，フェイルセーフの制御機構は高くつく．エネルギー入手面などの制約があるので，資源の割り当てには優先順位をつけざるをえない．その結果，システムは総じてありふれた環境変化からは守られるが，まれな事故に対しては脆弱である．フラジリティと呼ばれるこうした脆弱さは，ロバストなシステムがもつ避けられない特徴である．細胞周期調節を乱す病であるがんは，〝ロバストだがフラジャイル〟（頑強だが脆弱）という性質を示す一例といえる．動物の体内では細胞分裂が精巧に制御されているが，調節タンパク質がコードするほんのわずかな遺伝子が突然変異を起こしただけで，がん化した細胞の増加に歯止めがきかなくなってしまう．

キーコンセプト

- システム生物学では，入手可能なデータから相互作用の数学的モデルをつくりだすことで，生物の機能的性質を明らかにしようとする．
- システムとしてのアプローチによって，創発特性，ロバストネス，モジュラリティに関する知見が得られた．

本章のまとめ

1. 生化学は生命の分子的基盤を研究する学問であると定義できる．生化学によって以下のような洞察がもたらされた．① 生命は複雑で動的である．② 生命は組織化されており，自律的である．③ 生命の基本は細胞である．④ 生命は情報の上に成り立っている．⑤ 生命は適応し，進化する．
2. 動植物の細胞には数千種類の分子が含まれている．水は細胞重量の 50〜90% を占める．また Na^+，K^+，Ca^{2+} などのイオンが細胞重量の 1% を占める．生体に含まれるそれ以外の分子は，ほぼすべてが有機分子である．
3. 細胞に含まれる有機化合物は比較的小さく，分子量 1000 以下のものが多い．細胞はアミノ酸，糖，脂肪酸，ヌクレオチドという四つの種類の小分子を含む．
4. 逆平行の 2 本のポリヌクレオチド鎖からなる DNA は，生物における遺伝情報を貯蔵する．DNA は遺伝子と呼ばれるコード配列といくつかの調節機能をもち合わせた非コード領域からなる．RNA は DNA とは異なり一本鎖ポリヌクレオチドであり，その構成成分はデオキシリボースの代わりにリボース，チミンの代わりにウラシルを含有する．RNA はタンパク質合成や転写調節など多数の機能をもつ．遺伝子発現は遺伝子が転写される過程を制御するが，その際，転写因子が応答エレメントと呼ばれる特定の DNA 調節配列に結合する．
5. 生命の過程はすべて，酵素によって触媒される化学反応からなる．生化学過程において最も多く見られる反応は，求核置換，脱離，付加，異性化，酸化還元である．
6. 生体が崩壊しないためには，たえずエネルギーが流れていなければならない．細胞がエネルギーを獲得するおもな手段は，生体分子やミネラルの酸化である．
7. 生体内の反応をまとめて代謝と呼ぶ．代謝経路には同化経路と異化経路という二つの種類がある．エネルギー移動経路は，エネルギーをとらえてその形態を変え，生物がそれを使って生体分子過程を進められるようにする．シグナル伝達経路は，細胞が環境からシグナルを受容し，応答を可能にするもので，受容，伝達，応答の 3 段階からなる．
8. 細胞は複雑な構造をしているため，内部の秩序が高度に保たれていなければならない．これを可能にしているのは，生体分子を合成する，細胞膜の内外へイオンや分子を輸送する，力や動きを生みだす，代謝で生じた老廃物や有害物質を取り除く，といった四つの基本的手段である．
9. システム生物学とは，蓄積された生物学的データに数学的モデリング法を適用することで，生物の機能的性質を理解しようとする新たな学問分野である．創発，ロバストネス，モジュラリティなどにかかわる知見がすでに得られている．

キーワード

復習問題

以下の問いは，次章へ進む前に，本章で論じた重要な概念について理解度を確認するためのものである．解答は巻末および『問題の解き方』を参照のこと．

1. 次の用語の定義を述べよ．
   a. 生体分子　b. 高分子　c. 酵素
   d. 代謝　e. ホメオスタシス
2. 次の用語の定義を述べよ．
   a. 官能基　b. R 基　c. カルボキシ基
   d. アミノ基　e. ヒドロキシ基
3. 次の用語の定義を述べよ．
   a. ポリペプチド　b. ペプチド　c. タンパク質
   d. ペプチド結合　e. 標準アミノ酸
4. 次の用語の定義を述べよ．
   a. 脂肪酸　b. 飽和脂肪酸　c. 不飽和脂肪酸
   d. トリアシルグリセロール　e. ホスホグリセリド
5. 次の用語の定義を述べよ．
   a. ヌクレオチド　b. プリン　c. ピリミジン
   d. 核酸　e. リボース
6. 次の用語の定義を述べよ．
   a. DNA　b. RNA　c. 二重らせん
   d. ゲノム　e. 転写
7. 次の用語の定義を述べよ．
   a. mRNA　b. tRNA　c. rRNA　d. siRNA
   e. miRNA
8. 次の用語の定義を述べよ．
   a. 転写因子　b. 応答エレメント　c. シグナル分子
   d. RNA 干渉　e. リボソーム
9. 次の用語の定義を述べよ．
   a. 脱離反応　b. 加水分解　c. 付加反応
   d. 脱水反応　e. 水和反応
10. 次の用語の定義を述べよ．
    a. 酸化還元反応　b. 酸化剤　c. 還元剤
    d. NADH　e. 酸化分子
11. 次の用語の定義を述べよ．
    a. 独立栄養生物　b. 化学合成独立栄養生物
    c. 光合成独立栄養生物　d. 化学合成従属栄養生物
    e. 光合成従属栄養生物
12. 次の用語の定義を述べよ．
    a. 代謝経路　b. 同化経路　c. 異化経路
    d. 解糖系　e. シグナル伝達経路
13. 生化学原理を十分に理解するために必要な生命科学分野を三つあげよ．
14. 生体内に存在する 6 大要素は何か．
15. 次に示した分子の官能基はどれか．

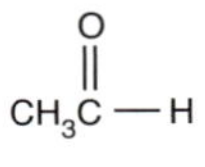
(a)

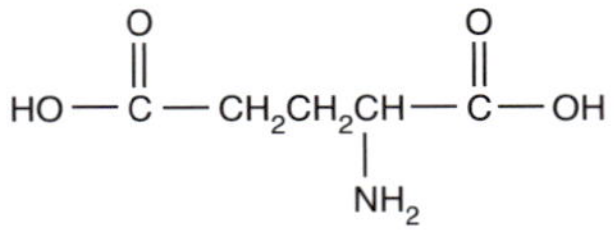
(b)

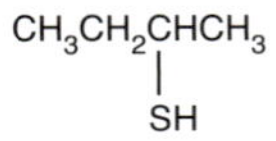
(c)

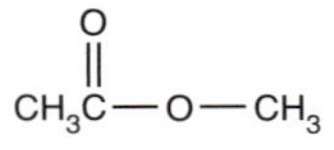
(d)

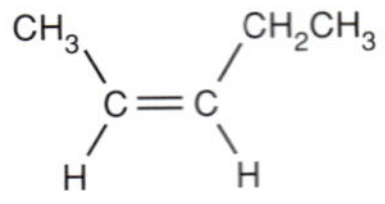
(e)

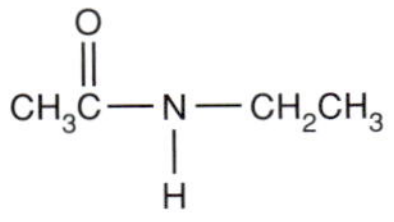
(f)

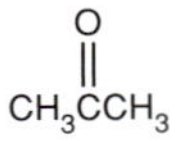
(g)

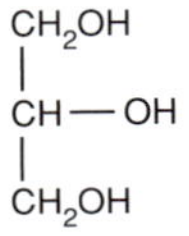
(h)

16. 小分子の四つの種類を答えよ．また，それらが含まれる大きな生体分子は何であるか．それぞれ答えよ．
17. DNA と RNA の役割は何か．
18. 細胞はどのようにして化学結合からエネルギーを得ているか．
19. 次の反応は何反応か．

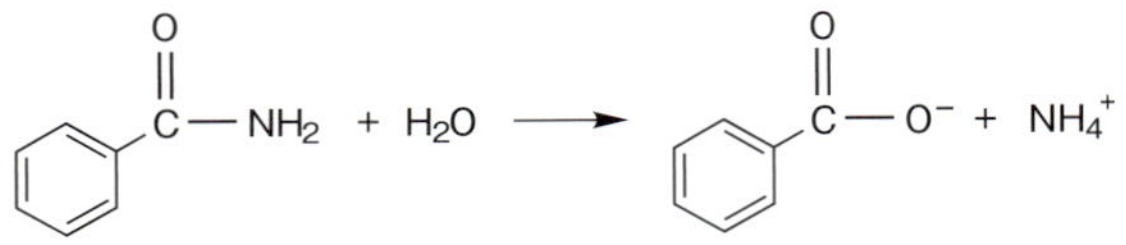

20. 同化異化経路のおもな特徴を述べよ．
21. 次の反応は同化反応か異化反応か．
    a. グルコース ⟶ セルロース
    b. グルコース＋ ADP ＋ $P_i \xrightarrow{O_2} CO_2$ ＋ ATP ＋ NADH
22. アシル基転移求核置換を伴う生化学反応を三つあげよ．
23. エネルギー源としてグルコースが利用されるには，どのような反応から始まるか．
24. 植物はどのようにして老廃物を処理するか．
25. 次の化合物（a ～ d）を生体分子の大きな分類にあてはめよ．

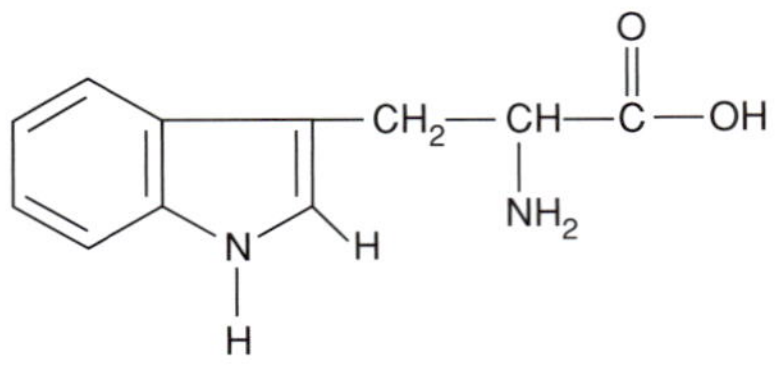
(a)

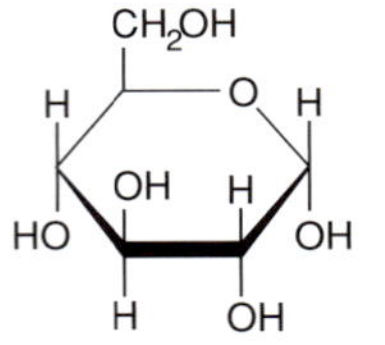
(b)

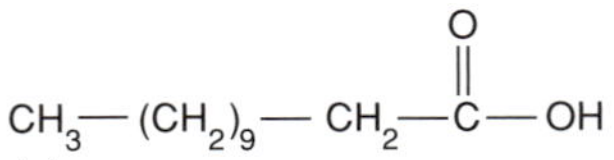
(c)

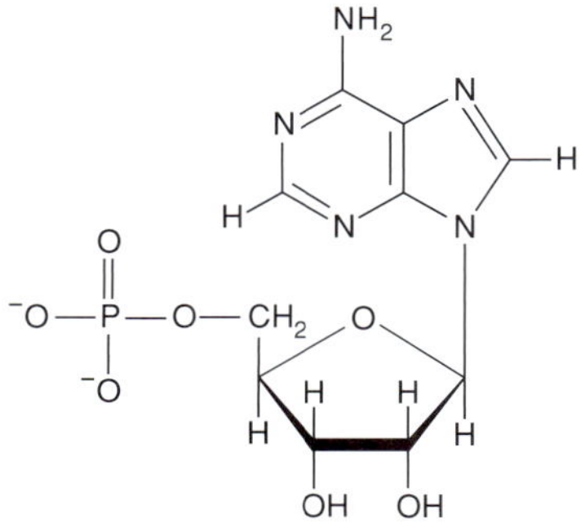

(d)

26. 代謝のおもな機能は何か.
27. 生体内にある重要なイオンをいくつかあげよ.
28. 飛行機の自動操縦システムと生命のシステムの特徴を比較対照せよ.
29. ポリペプチドの働きをいくつか述べよ.
30. 生体分子のなかで最も大きいものは何か．また，それらは生体のなかでどのような役割を果たしているか.
31. ヌクレオチドは DNA と RNA の成分となる以外にも役割をもっている．その例を一つあげよ.
32. 動物の細胞でつくられる老廃物をいくつかあげよ.
33. mRNA, rRNA, tRNA のタンパク質合成における働きを比較せよ.
34. 〝ロバストだがフラジャイル〞(頑強だが脆弱)の意味するところを述べよ.
35. 人間がデザインした複雑系と生命のシステムの一般的な特徴を比較対照せよ.

応用問題

以下の問いは，本書でこれまで論じてきた重要な概念について理解を深めるためのものである．正解は一つとは限らない．解答例は巻末および『問題の解き方』を参照のこと.

36. 求核アシル基置換反応を受けたカルボン酸の多くは，最初にチオエステルに変換される．たとえば酢酸は，チオール基をもつ補酵素 A と呼ばれる分子を含むチオエステルを形成する.

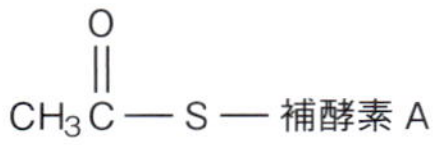

これらの反応における脱離基は何か.
37. 体内における長期貯蔵エネルギーの主要なものは，なぜ脂肪酸なのか.
38. 求核置換反応における反応性の順序は，リン酸＞チオール＞エステル＞アミドとなる．pK_a 値〔リン酸 (1×10^{-3})，硫化水素 (1×10^{-7})，アルコール類 (1×10^{-16}) およびアンモニア (1×10^{-36})〕を元に，順序を説明せよ (pK_a は酸解離定数といい，溶液中の酸の強さを定量的に表すための指標の一つで，すなわちプロトンをどれだけ失うかの尺度である).
39. 炭素，水素および酸素のような生体内元素は，安定的な共有結合を形成する．もしこれらの原子間の結合が，自然に起こりうる結合より若干不安定か，より安定である場合，どういう結果を生むか.
40. テイ・サックス病は，特定の脂質分子を分解する酵素の不足によって起こる恐ろしい遺伝性神経疾患である．この脂質分子が脳細胞内に蓄積すると，健康だったはずの子供に生後数カ月で運動・精神面の能力低下が起こり，3 歳までには死亡してしまう．一般的にいって，システム生物学ではこの現象をどう見るか.
41. 「全体は，その部分の算術的総和以上のものである」という概念は，生物においてはどのようなことを意味するか．例をあげよ.
42. 腫瘍内のがん細胞の増殖は歯止めがきかないので，治療ではそれらを殺そうとして，しばしば毒性の高い薬品を用いる．しかし，初めは効果があるものの(腫瘍の縮小など)，その後薬品への耐性が生じて，がんが再発することが少なくない．生化学によって，こうした現象の三因の一つが突きとめられた．それが多剤耐性である．腫瘍内の一つまたは複数の細胞が，薬品を細胞外に押しだす細胞膜輸送タンパク質，すなわち P 糖タンパク質の遺伝子を発現していたのである．毒性の高い薬品の分子が存在しなくなれば，こうした細胞の増殖に歯止めがかからず，やがては腫瘍内を支配するに至る．この過程は生物のどんな特徴を表しているか.
43. 生体内では何十万というタンパク質が発見されている．驚くべき多様性だが，それでも，これらの分子は可能性としてありうるもののごく一部でしかない．20 種の標準アミノ酸から合成可能なデカペプチド (10 個のアミノ酸残基がペプチド結合によって結びついた分子) の総数を計算せよ．合成可能なデカペプチドそれぞれについて，その分子構造を 5 分間で書きだすとしたら，作業全体にどれくらいの時間がかかるか.

CHAPTER

2 細　胞

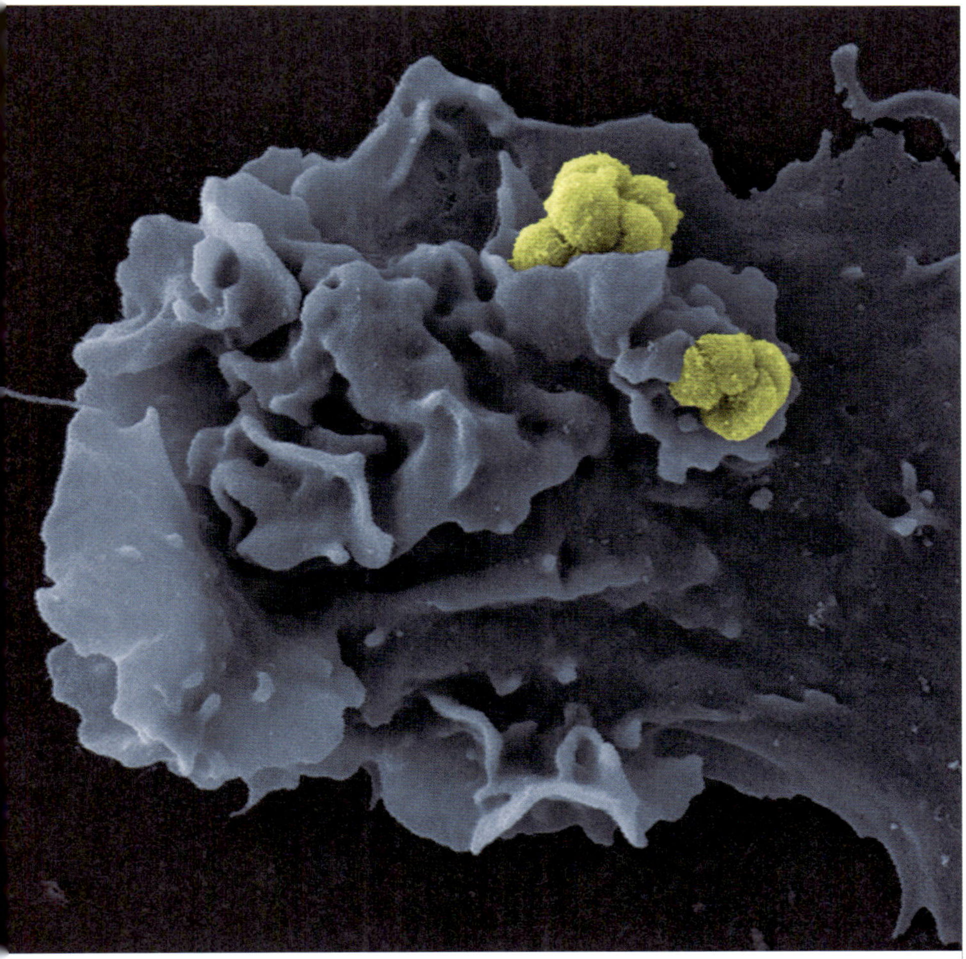

細菌細胞を飲み込むスカベンジャー（清掃）細胞　この擬似カラーの走査電子顕微鏡写真では，好中球（青）が細菌細胞（黄）を飲み込んでいる最中である．好中球は，哺乳類で最も多く存在する白血球の一種で，微生物を消化することができる貪食細胞である．

アウトライン

概　要

細胞はすべての生物の構造単位である．細胞の顕著な特徴の一つは，その多様性である．たとえば，ヒトの体には約 200 種類の細胞が存在する．このように多様性に富んでいるおかげで，細胞はさまざまな機能を果たすことができる．しかし，どんな形，大きさ，種類であろうと，細胞は一方では驚くほど似通っている．すべての細胞は，取り巻く環境からみずからを隔離するための膜をもっている．細胞は同じ種類の分子から構成されている．

地球上の生命には，生物圏から生体分子に至るまで構造的な階層が存在している．それぞれの階層は，その上や下の階層と密接にかかわっている．しかし，細胞は生命の基本的な単位と考えられる．というのは，細胞は実際に生きているといえる最も小さい構造物だからである．細胞は複雑に入り組んだ分子機械であり，周りの環境を知覚して反応し，物質やエネルギーを変換して，みずからを再生産できる．

細胞は原核細胞と真核細胞に分類される．原核生物（prokaryote，*pro* ＝以前の，*karyon* ＝核または仁）は，核がない単細胞の生物である．その RNA を解析すると，2 種類の原核生物が存在することがわかる．すなわち細菌と古細菌である．いくつかの細菌（たとえばコレラ菌，結核菌，梅毒菌，破傷風菌）は病気を引き起こすが，その他の細菌〔たとえば，ヨーグルト，チーズ，サワードウ（発酵が活発な少量の生地のスターター）によるパンなどの食品をつくる際に使われる細菌〕はヒトに実用的な利益をもたらす．古細菌の際だった特徴は，非常に厳しい条件の生息地でも，その場を占有し繁殖する卓越した能力である．真核生物（eukaryote, *eu* ＝真の）は，その細胞の DNA を含む核と，膜に囲まれた区画をもつ，比較的大きな細胞から構成される．真核生物の例としては，動物，植物，真菌，単細胞の原生生物などがあげられる．真核生物は，その大きさと複雑さにおいても原核生物との違いが見られる．典型的な真核細胞，たとえば肝実質細胞（肝細胞）の体積は 6000〜10,000 μm^3 もある．細菌である大腸菌はかなり小さく，2〜4 μm^3 しかない．原核生物もかなり複雑な構造はしているが，真核生物の構造は桁違いに複雑で，それは主として**細胞小器官**（organelle）と呼ばれる細胞内の区画が存在することによる．それぞれの細胞小器官は特別な任務を遂行するように専門化している．細胞小器官により生じる区画化は，生化学的反応過程を効率的に制御できる微小環境をつくりだす．多細胞の真核細胞では，細胞の専門化と細胞間のコミュニケーション機構があることで，複雑さが増している．

大きさ，形，機能が限りなく多様であるにもかかわらず，細胞はまた驚くほど共通性をもっている．事実，現存するすべての細胞は 30 億年以上前の原始の細胞から進化してきたものであると考えられている．原核細胞と真核細胞の共通の特徴としては，似通った化学組成をもっていること，遺伝物質として DNA を普遍的に使っていることがあげられる．この章では細胞構造の全体像を概観する．一つの細胞をバラバラにしてしまうと，生化学反応は起こりえないので，このように概観をとらえることは非常に重要である．生体反応を理解するには，細胞の中身をまず知らなければならない．細胞の構造と機能について，いくつかの基本概念に簡単に触れた後，原核細胞と真核細胞の本質的な構造の特徴について，その生化学的役割と関連づけながら述べていく．

2.1　基本概念

それぞれの細胞には，驚くほどの速さで何千もの仕事をする，何百万個もの生体分子が密に詰め込まれており，これらが集まって生命をつくりあげている．生化学的手法を用いて生体反応の研究を行うと，生体分子がその機能的特徴を発揮するために独特の化学的および構造的特徴をもっていることがよくわかる．生化学的反応過程の生物学的な状況については，次の鍵となる概念，すなわち水，生体膜，自己会合，分子機械，高分子クラウディング，プロテオスタ

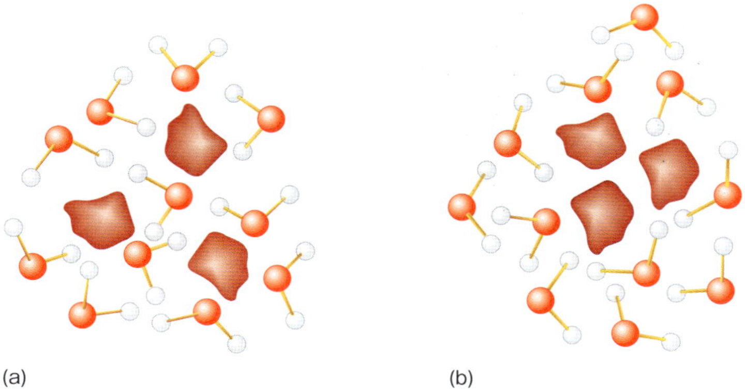

図 2.1 水と非極性物質との間の疎水性相互作用
(a) 非極性物質(たとえば炭化水素)を水と混ぜると，(b) すぐに集合して小滴をつくる．非極性分子間の疎水性相互作用は，水と他の極性分子がくっつき，非極性分子同士または非極性部分同士が互いに近づくことによって生じる．

シス(タンパク質恒常性)，シグナル伝達を考慮することで，よりはっきりと理解することができる．

水

水は生体反応を支配している．水の化学的および物理的性質(3 章で述べる)は，その独特な極性構造と高い集合性をもつことに由来し，それらの性質によって水が生物にとってなくてはならない成分になっている．水の最も大切な性質は，いろいろな物質と相互作用する能力をもっていることである．事実，生体中の他のすべての分子の挙動は，水とどのように相互作用するかで決まってくる．**親水性**(hydrophilic)**分子**，すなわち正や負の電荷を帯びていたり，電気的に陰性な酸素原子や窒素原子を比較的多く含んでいたりする分子は，容易に水と相互作用する．簡単な親水性分子の例は，塩化ナトリウムのような塩やグルコースのような糖である．これに対し，炭化水素のような**疎水性**(hydrophobic)**分子**は電気的に陰性な原子をほとんど，あるいはまったくもたず，水とは相互作用しない．その代わりに，疎水性分子を水と一緒に混ぜると，炭化水素鎖と水分子の間の接触が最小になるように自発的に集合体をつくる(図 2.1)．この炭化水素と水を両極端にして，この間にはそれぞれ固有の親水性官能基と疎水性官能基をもった大小さまざまな生体分子が数多く存在する．生物はこれらの生体分子の性質に合わせて，それぞれ特徴的な分子構造を形づくっている．

キーコンセプト

- 水は，その化学的および物理的性質により，生物にとってなくてはならないものになっている．
- 親水性分子は水と相互作用する．疎水性分子は水と相互作用しない．

生 体 膜

生体膜は，薄く，柔軟で，比較的安定なシート状の構造をしており，すべての細胞および細胞小器官を取り囲んでいる．これらの膜は，化学的に反応性をもつ表面を備えた非共有結合性の二次元超分子複合体と考えられ(すなわち，これらの膜は，非共有結合的な力で一つにまとまっている分子群からできている．p. 65～67 参照)，細胞外と細胞内の分画の間の特有な輸送機能をもっている．生体膜はすべての生体反応に複雑に関与しており，融通性があって，動的な細胞構成成分である．膜に与えられた多くの重要な機能のなかで最も基本となるのは，選択的な物理的障壁として機能することである．膜は分子やイオンが無差別に細胞や細胞小器官から周囲に漏れ出ていくのを阻止し，時宜を見計らって栄養素を吸収し，老廃物を排出することを可能にする．さらに，膜は情報伝達やエネルギー産生においても重要な機能を果たしている．

ほとんどの生体膜は，リン脂質と他の脂質分子からなる脂質二重層という同じ基本構造をとっており，そのなかにさまざまなタンパク質分子が埋め込まれたり，間接的に結合したりしている(図 2.2)．リン脂質は，その構造上の役割にぴったり合うように設計された二つの特性をもっている．その一つが親水性の電荷をもった基，または非電荷の極性基(〝頭部基〟と呼ばれる)であり，もう一つは 2 本の脂肪酸側鎖からなる疎水性基(よく炭化水素〝尾部〟と呼ばれ

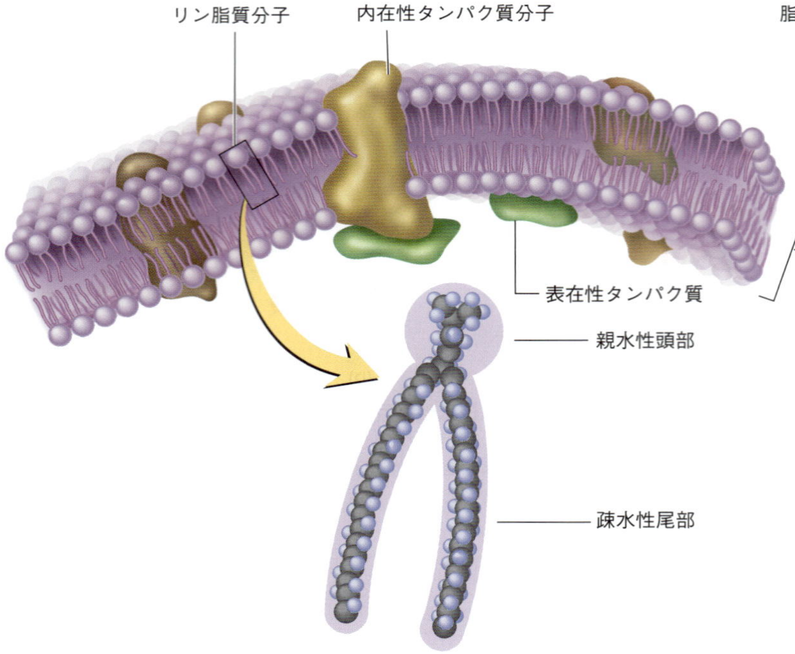

図 2.2　膜の構造
生体膜はリン脂質分子の二重層からなり，そのなかにたくさんのタンパク質が留まっている．いくつかのタンパク質は完全に膜を通過する形で存在している．リン脂質の空間充填モデルも示されている．

る）である．

膜タンパク質には二つの種類がある．すなわち，内在型と表在型である．**膜内在性タンパク質**（membrane intrinsic protein）は，膜貫通部分のアミノ酸残基が疎水性であるため，膜のなかに埋もれている．**膜表在性タンパク質**（membrane extrinsic protein）は膜のなかに埋まっていない．むしろ脂質分子との共有結合や，膜タンパク質，膜脂質との非共有結合的な相互作用によって膜に会合している．膜タンパク質はさまざまな機能を果たす．**チャネルタンパク質**（channel protein）や**担体タンパク質**（carrier protein）は，それぞれ特異的なイオンや分子を輸送する．**受容体**（receptor）は，細胞外のリガンド（シグナル分子）の結合部位となるタンパク質である．リガンドとその受容体が結合することで，細胞応答が引き起こされる．

キーコンセプト

- すべての生物の膜は脂質二重層からなり，これにタンパク質が挿入されているか間接的に結合しているかする．
- 生体膜はすべての生命過程にとって不可欠である．

自己集合

生物の多くの機能部位は超分子構造をしている．顕著な例としては，リボソーム（タンパク質合成ユニットで，いくつかの異なる種類のタンパク質と RNA からなる），および筋肉細胞のサルコメア*やプロテアソーム（ある種のタンパク質を分解する）のような大きなタンパク質複合体があげられる．自己集合の原理に従うと，安定で機能的な超分子複合体を形成するために相互作用するほとんどの分子は，立体構造に関する必要な情報を自分自身でもっているので，自発的にその構造をとっていく．それらの分子は，多数の比較的弱い非共有結合ができるように，相補的な構造や電荷分布，そして疎水性領域をつくることによって，複雑な形をした表面構造をもっているか，もっていると予測される（図 2.3）．そのような分子の自己集合は，親水基が水と相互作用しようとする傾向と，水が疎水基から排除される傾向のバランスの上に成り立つ．ある場合には，自己集合過程に介助が必要になる．たとえば，あるタンパク質の折りたたみには分子シャペロンの助けが必要である．分子シャペロンとは，他の機能にも増して，折りたたみ過程で間違った相互作用をしないようにするタンパク質分子である．ある種の超分子構造（たとえば染色体や膜）の集合には，すでに存在する構造情報が必要である．すなわち，すでに存在する構造の鋳型の上に新しい構造が形成される．

＊訳者注：筋節．横紋筋の筋原繊維の繰返し単位．

キーコンセプト

- 生体中では超分子構造をとる分子が自発的に集合する．
- 生体分子はそれ自身がもつ立体構造に関する情報によって自ら集合する．

分子機械

現在では，多数のサブユニットからなる複合体の多くが細胞の諸過程に関与し，それらは分子機械（動く部分をもち，力に距離をかけた値の「仕事」をする物理的実体）として働くことが，

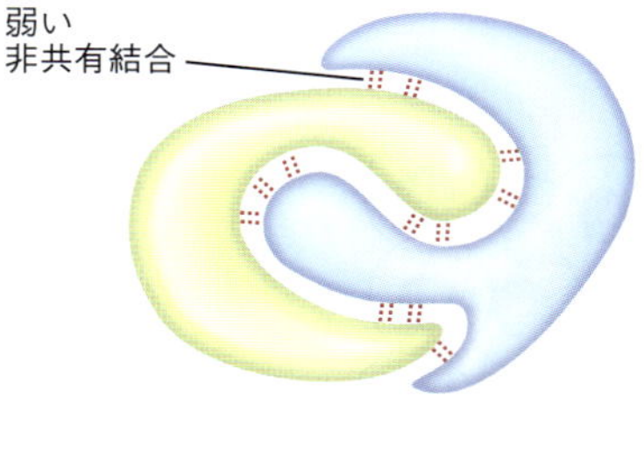

図 2.3 自己集合
生体分子が自己集合するための情報は，相互作用する分子の相補的な構造および電荷と疎水性基の分布から成り立っている．超分子構造が形成されるためには，多数の弱い相互作用が必要である．この模式図は，相補的な構造をもった二つの分子の集合が，いくつかの弱い非共有結合で安定化されることを示している．

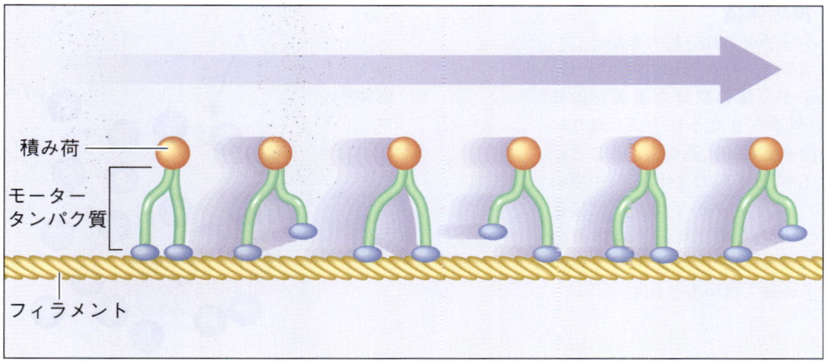

図 2.4 生物機械
モータータンパク質サブユニットが，結合しているATPなどのヌクレオチドを加水分解すると，その生物機械は働く．モータータンパク質サブユニットの一つがエネルギーによってその構造を変えられると，隣接するサブユニットの決まった構造変化が引き起こされる．この模式図では，モータータンパク質複合体が，細胞骨格フィラメントの上を〝歩く〞ように，結合している積み荷分子(たとえば小胞)を運ぶ．

研究者により認識されている．人が使っている機械的な装置と同様に，分子機械でも，かけた力の分に応じた，特定の仕事を成し遂げるのに必要な，正確な動きの量と方向が約束されている．そして機械は，しばしばそれなしにはできないような仕事を成し遂げる．

生物機械は比較的壊れやすい分子(第一にタンパク質)からできており，人のつくった機械がおかれるような物理的条件(たとえば熱や摩擦)には耐えられない．しかし，どちらの装置にも共通する重要な特徴がある．それは，どちらも動く部分以外に，エネルギーを伝達する部分をもつことである．すなわち，両者ともエネルギーを方向性のある動きに変える．生物機械によってなされる仕事は非常に多様であるが，すべての生物機械には鍵となる一つの特徴がある．それはタンパク質の三次元構造がエネルギーに依存して変化することである．生物機械の一つあるいは複数の構成分子はATPやGTP(グアノシン三リン酸)といったヌクレオチド分子と結合している．ヌクレオチド分子がこれらのタンパク質サブユニットに結合したものは**モータータンパク質**(motor protein)と呼ばれ，ヌクレオチドが加水分解されるときに生じるエネルギーを放出することで，サブユニット構造の変化が正確に起こる(**図 2.4**)．この変化の波が一連のドミノ倒しに似た様式で，すぐそばのサブユニットに伝達される．ヌクレオチドの加水分解は実質的に非可逆であるため，生物機械は比較的効率がよい．そのため，それぞれの機械で起こる機能的な変化は一方向にのみ進行する．

キーコンセプト
生体中の多くの分子複合体は分子機械として機能する．すなわち，仕事を行う動く部品をもった機械的仕組みである．

高分子クラウディング

細胞のなかの空間は密で，込み合っている．細胞内の主要な種類の高分子であれば，そのタンパク質濃度は200〜400 mg/mLにもなる．〝濃い〞ではなく〝込み合っている〞という表現を使うのは，高分子にはさまざまな種類が存在するが，通常それぞれの分子数は少ないためである．排除体積と呼ばれる高分子に占有されている体積を見積もると，細胞の種類によって変わるが，20〜40%になる．**図 2.5** に示すように高分子が押し合っている条件下では，非特異的な立体反発によって，さらに高分子が入ることは妨げられる．対して，残りの約70%の部分には小さな分子が入ることができる．生細胞で，高分子が詰め込まれた状態になっている影響は大きい．それは生化学反応の速度，タンパク質の折りたたみ，タンパク質-タンパク質結合，染色体構造，遺伝子発現，そしてシグナル伝達において重要な要因になる．

キーコンセプト
細胞は，さまざまな種類の高分子で密に込み合っている．高分子クラウディングは，多様な生体反応が起こるための重要な要因である．

プロテオスタシス

個々の生物種は，**プロテオーム**(proteome)と呼ばれる独自の特徴を有するタンパク質のセットをもっており，それが環境条件に応答して常に変化している．哺乳類の細胞は平均して10,000種類のタンパク質をもっていて，ほとんどの場合，それぞれ多分子が存在し，全体では1細胞あたり10億個と見積もられている．大腸菌のような細菌の細胞では約2000種類，1細

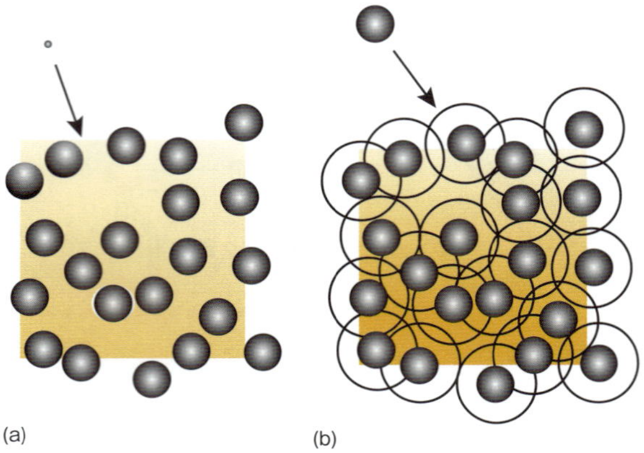

図 2.5　排除体積
高分子と小分子をそれぞれ大きな球，小さな球で示した．それぞれの四角のなかは，高分子が全体の空間の 30%を占有する．(a) 外からきた小分子は，残りの 70%の空間を実質的に通り抜けることができる．(b) 高分子間の立体反発（中空の円）により，これらの分子は互いに接近できない．そのため，高分子は体積の 30%しか占めないにもかかわらず，外からの高分子の進入は阻害される．

胞あたり計 400 万分子のタンパク質が存在する．リボソームで合成された莫大な数のタンパク質は，機能的な形に折りたたまれ，適切な目的地に運ばれるが，その後，もし傷ついたり不要になったりした場合は，速やかに分解されなければならない．このような複雑さに加えて，細胞はタンパク質毒性ストレスからみずからを守る必要がある．これは遺伝的な変化，ならびに酸化ストレス（p. 320～323），温度上昇，毒への曝露のような環境からの傷害によって生じた，折りたたみ損ねのタンパク質が蓄積する，致死的になってもおかしくない状況である．そのため，すべての生物がタンパク質を厳密に質的制御する経路をもち，タンパク質の折りたたみ損ねや凝集（通常，折りたたみ損ねたタンパク質による毒性をもった塊）を防いだり修正したり，または必要であれば傷害を受けたタンパク質，ときには細胞自身も壊す仕組みを進化させてきたのは驚くべきことではない．

タンパク質の質的制御が高い細胞は，タンパク質が恒常性の状態，または**プロテオスタシス**（proteostasis）にあるという．タンパク質の恒常性を監視したり回復したりする過程を**プロテオスタシスネットワーク**（proteostasis network, PN）と呼ぶ．哺乳類の細胞の PN は，少なくとも 2000 個のタンパク質からできている．PN には，分子シャペロン（タンパク質の折りたたみやその解除を助けるタンパク質，p. 144～145），単純なタンパク質分解酵素，選択されたタンパク質や細胞小器官のみを分解する複雑な経路などがある．分解経路の例としては，小胞体ストレス応答（正常に折りたたまれていないタンパク質を分解する応答，p. 41），ユビキチンプロテアソーム系（ユビキチンと共有結合したタンパク質を，多種類のタンパク質の複合体であるプロテアソームで分解する系，p. 485），リソソームによる分解（p. 44），オートファジー（不必要な，または機能を失った細胞の成分を分解するメカニズム，p. 487）がある．数々のシグナル伝達系が，折りたたまれていないタンパク質や，プロテオスタシスを脅かすストレスのある状況を感知する．プロテオスタシスに関しては非常に多くの研究がなされてきた．なぜならば PN が失われることは，数多くのヒトの疾患の重要な特徴だからである．2 型糖尿病（p. 524），心疾患，リソソーム病（リソソーム蓄積病，分解酵素の欠落による．p. 345）やアルツハイマー病，パーキンソン病，ハンチントン病などの神経変性疾患などが，それらの例としてあげられる．

シグナル伝達

エネルギーが生化学過程を動かす力とするならば，情報は何がなされるかを決める力である．自分で体の組織をつくる生物は非常に複雑で，各種の生体分子をつくるために正確な構造上の設計図をもつ必要があるだけでなく，各種の生体分子を，いつ，どこで，どうやって合成し，利用し，分解するかに関する設計図も必要になってくる．いいかえれば，生物は秩序をつくるためにエネルギーと情報のどちらも必要なのである．生物は生き残るために，環境から情報を取り込まなければならない．たとえば，細菌は食物分子を見つけてとらえ，植物は光量の変化に適応し，動物は捕食者から逃げようとする．情報もしくはシグナルは，分子（たとえば栄養素）のかたち，または物理的刺激（たとえば光）のかたちでやってくる．生物はシグナルを浴び続けているが，それぞれの種類のメッセージを認識し，解釈し，応答できる場合にのみ，生物は変わりゆく環境条件に適応していける．生物が情報を受けて解釈する方法は**シグナル伝達**(signal transduction)と呼ばれる．原核生物も真核生物も環境情報を取り込むが，たいていは真核生物のシグナル伝達に研究の関心が向けられている．したがって以下の議論では，真核生物の情報処理に焦点を絞る．真核生物のシグナル分子の例には，**神経伝達物質**(neurotransmitter，ニューロンの産物)，**ホルモン**(hormone，腺細胞の産物)，サイトカイン(白血球などの産物)があげられる．すべての情報処理機構は次の4相に分けることができる．

1．**受容**　シグナル分子〔**リガンド**(ligand)と呼ばれる〕は，受容体に結合してそれを活性化する．
2．**伝達**　リガンドが結合することで，受容体の三次元構造に変化が引き起こされ，一次メッセージ，または二次メッセージへのシグナルは，しばしば膜のバリアを通過する．
3．**応答**　内部シグナルはいったん発生すると**シグナルカスケード**(一連の反応)を生じるが，それには細胞内タンパク質の共有結合的なプロセシング(たとえばリン酸化)も含まれる．この情報処理反応の結果として，酵素活性の変化，遺伝子の発現，細胞骨格の再編成，細胞の運動，細胞周期の進行(たとえば細胞の増殖や分裂)が生じる．
4．**終結**　シグナル機構の効率化と効果性のためには，シグナル機構が適切なタイミングで終わる必要がある．生物は多様なシグナル終結方法をもっている．たとえば，シグナル分子(たとえばアセチルコリンやセロトニンのような神経伝達物質)が壊されたり取り除かれたり，共有結合的な修飾(たとえばリン酸基の除去)によって活性タンパク質が不活性化したり，非タンパク質性のシグナルが酵素によって分解したりする．

タンパク質ホルモンのインスリンはシグナル分子である．インスリンは高血糖(血中グルコース値が高い状態)に応答して膵臓から放出され，標的細胞上の受容体に結合する．インスリン受容体はチロシンキナーゼ受容体と呼ばれるクラスに分類される．なぜそう呼ばれるかというと，それらの受容体は活性化し，特定の標的タンパク質のチロシン残基(OH基をもつアミノ酸残基)にリン酸基を付加することを触媒して，細胞内の反応を始めるからである．インスリンが受容体に結合して引き起こされる細胞応答には，細胞へのグルコースの取り込みや，脂肪やグリコーゲンの合成の増加などがあげられる．

キーコンセプト

- 生物はシグナル伝達経路を介して，外部環境の情報を受容し，解釈し，応答する．
- シグナル伝達は，受容，伝達，応答，終結の四つの段階に分けられる．

カルシウムイオン(Ca^{2+})：一般的なシグナル装置　細胞は外部刺激に対して，通常低く抑えられている細胞質内のカルシウムイオン濃度(約100 nM，$1\ nM = 1 \times 10^{-9}\ M$)を上げることで応答するが，それは細胞膜や，真核生物では小胞体(p. 40)のような細胞小器官の膜にあるATP駆動性のポンプ複合体によって行う．カルシウムシグナルの解読は，細胞質内のカルシウムイオン濃度$[Ca^{2+}]_{cyt}$の小さな変化に依存する．刺激のタイプによって，一連のカルシウム応答性タンパク質からなる特異的なシグナルカスケードが動きだすが，カルシウム応答性タンパク質はCa^{2+}に結合した際に形が変わったり機能的な性質が変わったりする．カルシウム依存的な経路が非特異的に活性化しないよう，Ca^{2+}の厳密な局所的放出や，細胞質からのCa^{2+}の速やかな除去が行われたりする．

動物では，神経細胞からの神経伝達物質の放出，ホルモン分泌，タンパク質の折りたたみ(カルシウム依存的な分子シャペロンに支えられている)，すべての筋肉の収縮など，驚くほど多岐にわたるシグナル経路にカルシウムイオンはかかわっている．たとえばインスリン分泌については，膵臓のβ細胞からの分泌はカルシウムイオンによって引き起こされる．血糖値が高いことを検知して，β細胞の細胞膜近くのCa^{2+}濃度を高くするような細胞内シグナル伝達系が動くようになる．カルシウム感受性の膜タンパク質にCa^{2+}が結合し，エキソサイトーシス(p. 42)として知られるインスリンを含む分泌顆粒の膜の細胞膜への融合が促進されることで，インスリン分泌は引き起こされる．

シグナル伝達と代謝　生物にとってシグナル伝達機構は，きわめて重要である．なぜならその機能は，豊富な刺激がある細胞のおかれている環境中から関連する情報を検出し，その情報を統合し，適切な応答を行うことによって対応していくからである．そのような応答は，遺伝子発現の適切な変化と生化学経路の代謝物の流れを伴う．ここ数十年の研究の成果によって，シグナル伝達経路には階層があって，非常に複雑であることがわかってきた．この教科書では，ほとんどの基本的なシグナル伝達機構を網羅しているが，それだけでも複雑に見えるかもしれない．シグナル伝達系の最も本質的な特徴と，その代謝制御への効果（生化学反応に対するホルモンと転写因子の効果）は8章（糖質の代謝）で述べられている．その後の章では，シグナル伝達や代謝制御の他の切り口である代謝ネットワーク（たとえば脂質，エネルギー代謝）を紹介し，細胞や器官のより総合的な理解を可能にしてある．最後に16章では，複雑な代謝過程（ヒトの消化や摂食-飢餓サイクル）の外観を紹介する．

2.2　原核細胞の構造

原核生物は非常に大きく多種多様な集団であるが，ほとんどの原核生物は外観が似通っている．すなわち，円筒状もしくは桿状（桿菌），球状（球菌），あるいはらせん状（らせん菌）の外観をしている．原核生物は，比較的サイズが小さい（典型的な桿状細菌の細胞の直径は1 μmで，長さが2 μm），移動できる（すなわち，動きまわるための鞭状の付属器である鞭毛をもつ），そして特異的な染色液で染められるなどの特徴をもっている．ほとんどのものは，栄養要求性，エネルギー源，化学組成，そして生化学的な能力をもとにして同定できる．多様性がある一方で，ほとんどの原核生物は次のような共通の特徴をもっている．すなわち，細胞壁，細胞膜，環状DNA分子をもっており，内部膜構造で閉じられた細胞小器官をもっていない点である．典型的な細菌の解剖学的特徴を図2.6に示す．

細 胞 壁

原核細胞の細胞壁は複雑な半剛体構造をもっており，細胞壁は細胞の形を維持し，細胞を機械的傷害から守る役割を担っている．細胞壁の強さをおもに生じさせるのは，ペプチドグリカ

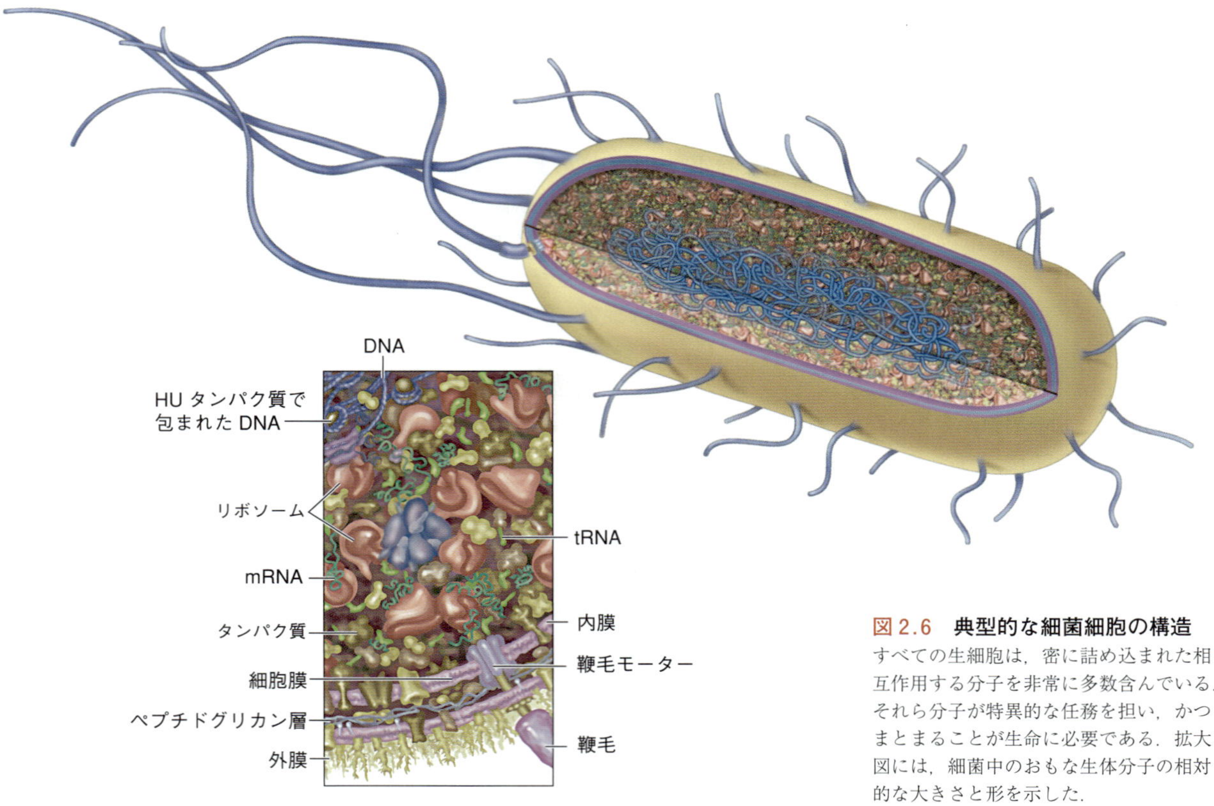

図2.6　典型的な細菌細胞の構造
すべての生細胞は，密に詰め込まれた相互作用する分子を非常に多数含んでいる．それら分子が特異的な任務を担い，かつまとまることが生命に必要である．拡大図には，細菌中のおもな生体分子の相対的な大きさと形を示した．

ンからできた高分子網目構造である．ペプチドグリカンは長い糖鎖と短いペプチド鎖が共有結合した複合体である．細胞壁とそれに近接する構造物の厚さと化学組成によって，細胞壁が特異的な色素をどれだけよく取り込むか，もしくは保持するかが決まる．

ほとんどの細胞は，グラム染色の過程でクリスタルバイオレット染色されるかどうかをもとにして分類される．色素を取り込みやすいものはグラム陽性菌と呼ばれ，取り込まないものはグラム陰性菌と呼ばれる．グラム陽性菌の細胞壁は細胞膜の外側に存在し，比較的厚い一重のペプチドグリカン層からできている．

グラム陰性菌の細胞壁（図2.6）は，グラム陽性菌と比べると，より複雑にできている．外膜と内膜の間には細胞周辺腔があり，そこに薄いペプチドグリカン層が存在する．外膜の脂質組成はリン脂質ではなく，リポ多糖である．リポ多糖は多糖と結合した膜結合性の脂質（リピドA）からなり，内毒素として作用する．細胞が崩壊した際に放出されるのでそのように呼ばれるが，内毒素は，グラム陰性菌に感染した動物が熱をだしたりショックを起こしたりする症状の原因となる．外膜は比較的透過性が高く，チャネルを形成しているポーリンと呼ばれる膜貫通タンパク質複合体を通じて，小分子を通過させることができる．細胞周辺腔は外膜と細胞膜の間の領域であり，ペプチドグリカン以外にもさまざまなタンパク質を含んだゼラチン状の液体で満たされている．これらのタンパク質の多くは，栄養素の分解，輸送，走化性に関与している．

ある細菌は，ひとまとめに糖衣として知られる多糖類やタンパク質といった物質を分泌する．細胞の外側に蓄積するこの物質の構造や組成の違いによって，糖衣は莢（きょう）膜や粘着層とも呼ばれる．莢膜は高度に組織化されていて，細胞壁に強く結合している．病原性がある（病気の原因になる）細菌種は，莢膜をもち，宿主の免疫系に認識されて傷害を受けることから逃れ，宿主の細胞に接着してコロニーを形成することが可能である．多糖類が無秩序に蓄積したバイオフィルムとも呼ばれる粘着層は，微生物が表面にくっついて増殖するときに形成される．そのとき，より多くの細胞や分泌物が蓄積するほど，バイオフィルムは厚くなる．バイオフィルムは微生物の防御バリアとなるので，さまざまな医学的症状（たとえば虫歯，嚢胞性繊維症，結核）にとって重要な特徴である．バイオフィルム中の細菌は，免疫系による攻撃や抗生物質治療にも強い耐性を示す．

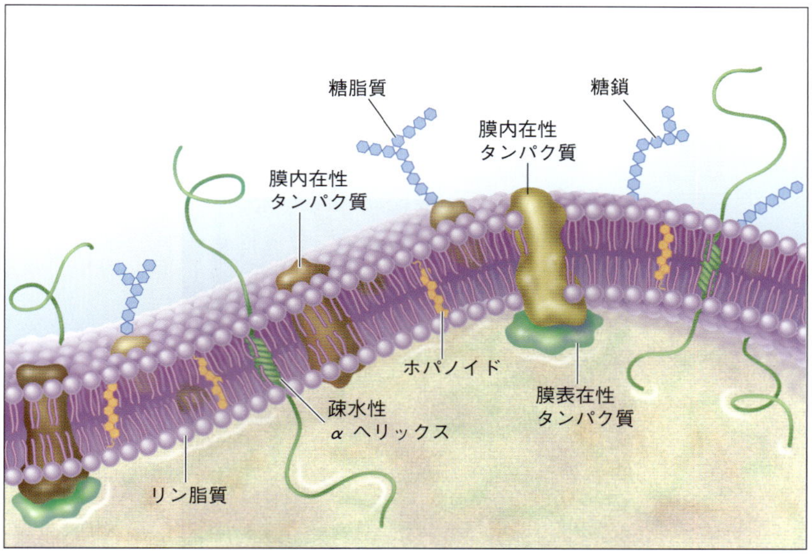

図2.7 **細菌の細胞膜**

細胞膜を簡略化したこの図には，何種類かのタンパク質と脂質が示してある．これらのタンパク質の多くやある種の脂質には糖鎖分子が共有結合している（糖鎖をもつ脂質を糖脂質という）．ホパノイドは細菌の膜を安定化する複雑な脂質分子である．

細 胞 膜

細菌の細胞壁のすぐ内側には，原形質膜とも呼ばれる**細胞膜**(plasma membrane)が存在する(図 2.7)．細胞膜はリン脂質二重層であり，ホパノイドにより補強されている．ホパノイドは真核生物の膜を補強しているステロール(たとえばコレステロール)に似ており，比較的硬い一連の分子である．細胞膜では，さまざまな種類のタンパク質がその脂質二重層に埋まっている．

細菌の細胞膜は，選択的透過障壁として機能するだけではなく，周りの環境に存在する栄養素や毒素を認識する受容体タンパク質をもっている．栄養素の取り込みや老廃物の廃棄に関与する数多くの種類の輸送タンパク質もここで働いている．生物種によっては，たとえば**光合成**(photosynthesis，光エネルギーを化学エネルギーに変換する)や**呼吸**(respiration，燃料分子の酸化によりエネルギーを得る)のようなエネルギー変換過程にかかわるタンパク質も存在する．

細 胞 質

細胞膜の内側に膜構造をもたないにもかかわらず，原核細胞は機能的な分画構造をとっているように見える(図 2.8a)．それらのなかで最もはっきりしているのが**核様体**(nucleoid)で，かさ高く不定形で中心に位置する領域に，長くて環状をした**染色体**(chromosome)と呼ばれる DNA 分子を含んでいる(図 2.8b)．細菌の染色体は，典型的には，高度にコイル状にねじれた構造，あるいはほどけた構造の領域が数多く存在する．DNA 合成や遺伝子発現の制御にかかわるタンパク質複合体も核様体のなかに見られる．多くの細菌は，核様体の外に**プラスミド**

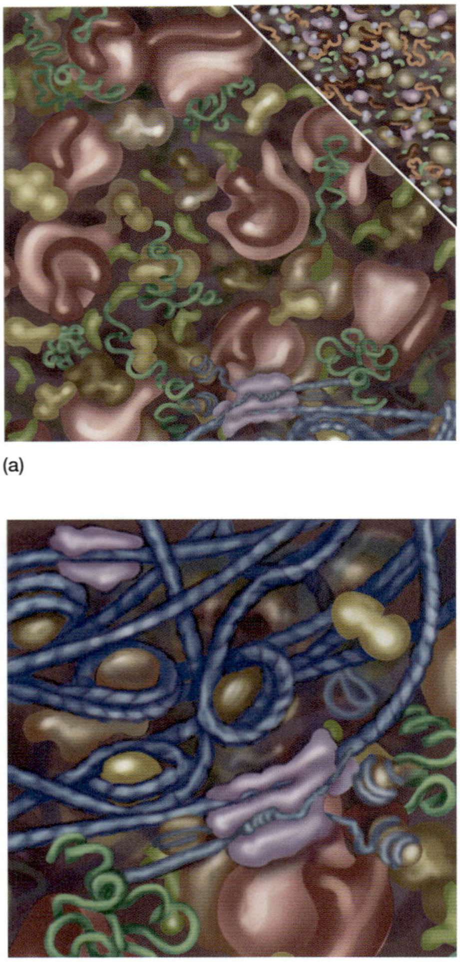

(a)

(b)

図 2.8　細菌の細胞質
(a) 細胞質は，タンパク質，核酸，多種類のイオンおよび小分子からなる複雑な混合物である．わかりやすいように，小分子は右上角のみに描いてある．(b) 核様体の拡大図．DNA がタンパク質分子(茶色)の周りに，コイル状に折りたたまれていることに注目．

(plasmid) と呼ばれる別の小さな環状 DNA をもっていて，染色体を独立して複製することができる．プラスミドは細胞の成長や分裂に必要ではないが，通常，プラスミドをもたない細胞に比べて生化学的に有利な点をその細胞に与えている．たとえば，抗生物質耐性をコードする DNA 断片が，しばしばプラスミドに含まれている．抗生物質存在下では，耐性菌は，細胞が傷害を受ける前に抗生物質を不活性化するタンパク質を合成する．その結果，感受性細胞は死滅してしまうが，耐性細胞は成長し増殖できる．

低倍率で見ると，有機物質や無機物質を含む大きな顆粒である封入体を除けば，原核生物の細胞質は均質で顆粒状に見える．ある種の原核生物は，炭素を貯蔵する重合体としてグリコーゲンやポリ-*β*-ヒドロキシ酪酸を用いている．ポリリン酸封入体は核酸やリン脂質合成の供給源となる．還元硫黄化合物を酸化してエネルギーを得ている原核生物は，硫黄顆粒をつくる．磁鉄鉱 (Fe_3O_4) はマグネトソームと呼ばれる封入体を形成し，ある種の水生の嫌気性原核生物を地球の磁場の方向に整列させる．細胞質の残りの空間は，**リボソーム** (ribosome，ポリペプチドを合成する RNA とタンパク質からなる分子機械) や多数の高分子や小さな代謝物で満たされている．

キーコンセプト

- 原核細胞は小さくて構造的に単純である．原核細胞は細胞壁と細胞膜で包まれている．原核細胞には核やその他の細胞小器官はない．
- 原核細胞の DNA 分子は環状で，核様体と呼ばれる不規則な形をした領域に存在する．
- 低倍率では，細胞質にはリボソームやいくつかの形の封入体のほかには，特徴的な構造は何も見えない．

線毛と鞭毛

多くの細菌細胞は外部付属器をもっている．線毛は細かい毛のような構造をしており，細胞を食料や宿主にくっつける働きをしている．いくつかの細菌は，供与細胞から受容細胞へ遺伝情報を伝達する接合と呼ばれる過程で性線毛を使っている．細菌には鞭毛があり，それは移動に使われる柔軟性のあるコルク抜きに似たタンパク質繊維である．鞭毛が反時計まわりに回転すると細胞は前進し，逆に時計まわりに回転すると止まったり後退したりして，細胞は方向を変えて進むことができる．鞭毛の繊維は，タンパク質複合体によって細胞中に固定されている (図 2.6)．この複合体のモータータンパク質は，化学エネルギーを回転運動に変換する．

問題 2.1

おおよそ回転楕円状の典型的な肝実質細胞 (肝細胞) は，広く研究されている真核細胞であり，約 20 μm の直径をもっている．原核細胞と真核細胞の体積を計算せよ．さらに大きさの違いの程度を理解するために，肝細胞のなかに細菌の細胞がいくつ入るか計算せよ (ヒント：円柱の体積は $V = \pi r^2 h$ で，球の体積は $V = 4\pi r^3/3$ で表されることを用いよ)．

2.3 真核細胞の構造

真核生物は構造を複雑にすることで，原核生物が可能であった以上の洗練された生体反応の制御をできるようになった．真核生物の最も顕著な特徴は，原核生物と比較してサイズが大きいことである (直径 10～100 μm)．さらに重要なことは，膜に囲まれた細胞小器官の存在により，膜の表面積が大きく広がったことである．細胞内のそれぞれの細胞小器官は一連の特徴的な生体分子をもち，特異的な機能を発揮するように特殊化している．細胞小器官の生化学過程は効率よく進む．というのは酵素濃度が局所的に高くなったり，それぞれ別々に制御されたりするからである．

エンドメンブレンシステム (endomembrane system) は，多くの細胞小器官から構成されている．細胞内に広がる互いにつながった一連の内在的な膜が，細胞を機能的な区画に分けている．エンドメンブレンシステムは，細胞膜，小胞体，ゴルジ装置，リソソーム，核から構成される．エンドメンブレンシステムでは，区画間の直接の物理的接触や輸送小胞によって，細胞の外から内へ，または内から外へだけでなく，細胞間でも莫大な分子が輸送される．**小胞** (vesicle) は，その供与体となる膜から生じた膜性の囊(のう) (ふくろ) であり，別の細胞小器官の膜に融合する．いったんできあがると，それぞれの小胞は，その輸送を助け，その標的の場所へ導いてくれる特異的なタンパク質の"殻"を得る．その他の膜に囲まれた細胞小器官としては，ミトコンドリア，ペルオキシソーム，植物細胞の葉緑体がある．

膜性の細胞小器官に加えて，真核生物には膜のないいくつかの構成物がある．この仲間に入るのがリボソームと呼ばれるタンパク質を合成する分子機械や細胞骨格である．細胞骨格は複

図 2.9　動物細胞の構造

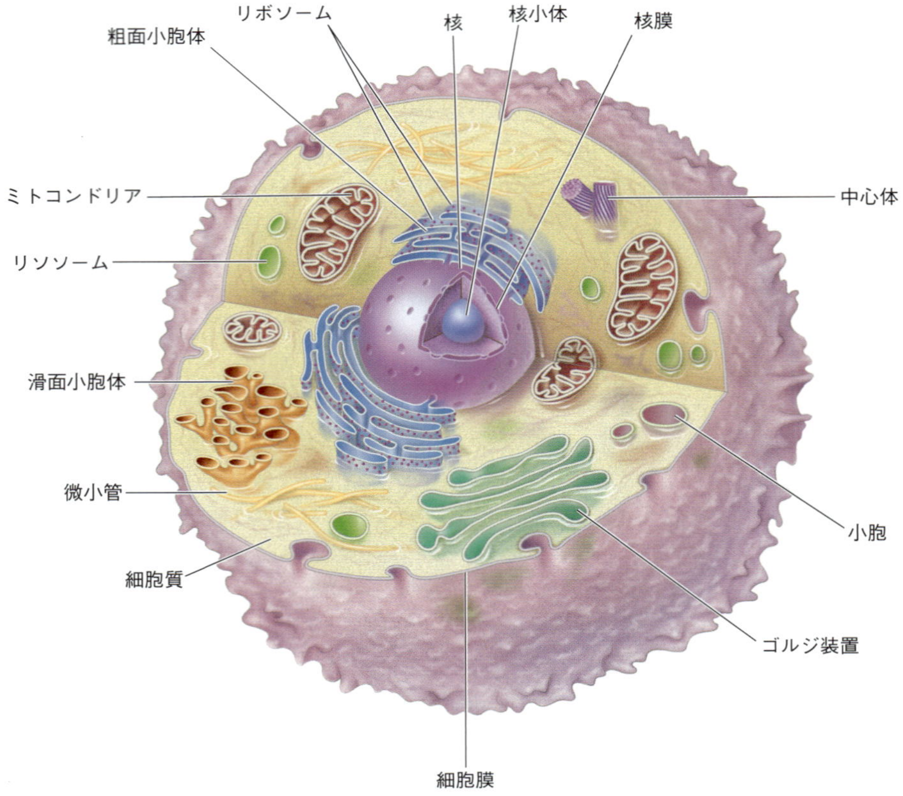

図 2.10　植物細胞の構造

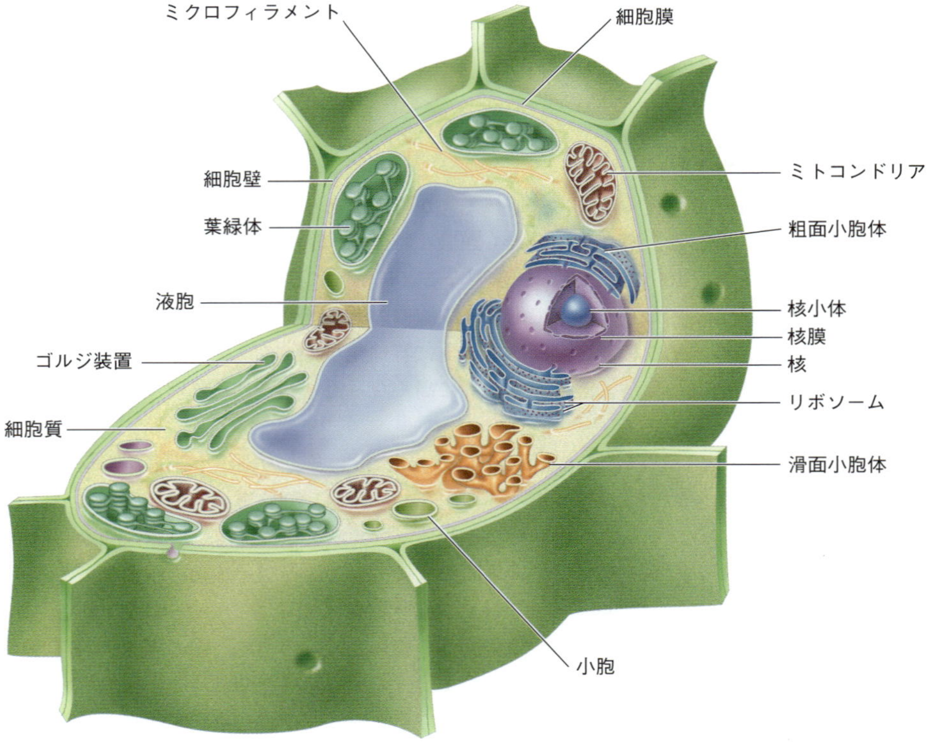

雑かつ動的な，力を生む繊維状のネットワークであり，真核生物の形をつくり，構造を支え，分子や細胞小器官の動きを決める．

たいていの真核細胞は似たような構造的特徴をもっているが，〝典型的な〟真核細胞というものはない．それぞれの細胞はそれ自身の構造的，機能的な特性をもっている．しかし，かなり似ているところもあり，基本的構成要素について議論することは有益である．多細胞真核生物の主要な形態である，動物と植物の一般化した細胞の構造を図2.9と図2.10に示す．

細胞膜

細胞膜は外界から細胞を分離する．細胞膜は，脂質二重層と，莫大な数および種類の膜内在性または膜表在性タンパク質からなる（図2.11）．細胞膜中のチャネルや担体が，さまざまなイオンや分子の細胞内外への輸送を制御する．莫大な数の受容体がシグナル伝達に重要な役割を果たしている．真核細胞の細胞外表面は糖鎖で非常に〝飾られて〟いる．すなわち，多くのタンパク質や脂質には糖鎖が共有結合している．この糖鎖の〝殻〟は**糖衣**（glycocalyx）と呼ばれる．この糖鎖は，細胞-細胞認識や接着，受容体の特異性や自己認識（免疫系で必要）において重要な役割を果たす．基本的な血液型抗原は，この自己認識機能の一例である．

多くの真核生物の細胞膜は細胞内外の構造物で守られている（図2.11参照）．動物組織では，繊維芽細胞と呼ばれる特殊化した細胞が構造タンパク質や複雑な糖鎖を合成・分泌し，それらが細胞を互いにくっつけるゼラチン状の物質の**細胞外マトリックス**（extracellular matrix, ECM）を形成する．細胞外マトリックスは，構造維持や防御機能を果たすだけでなく，さまざ

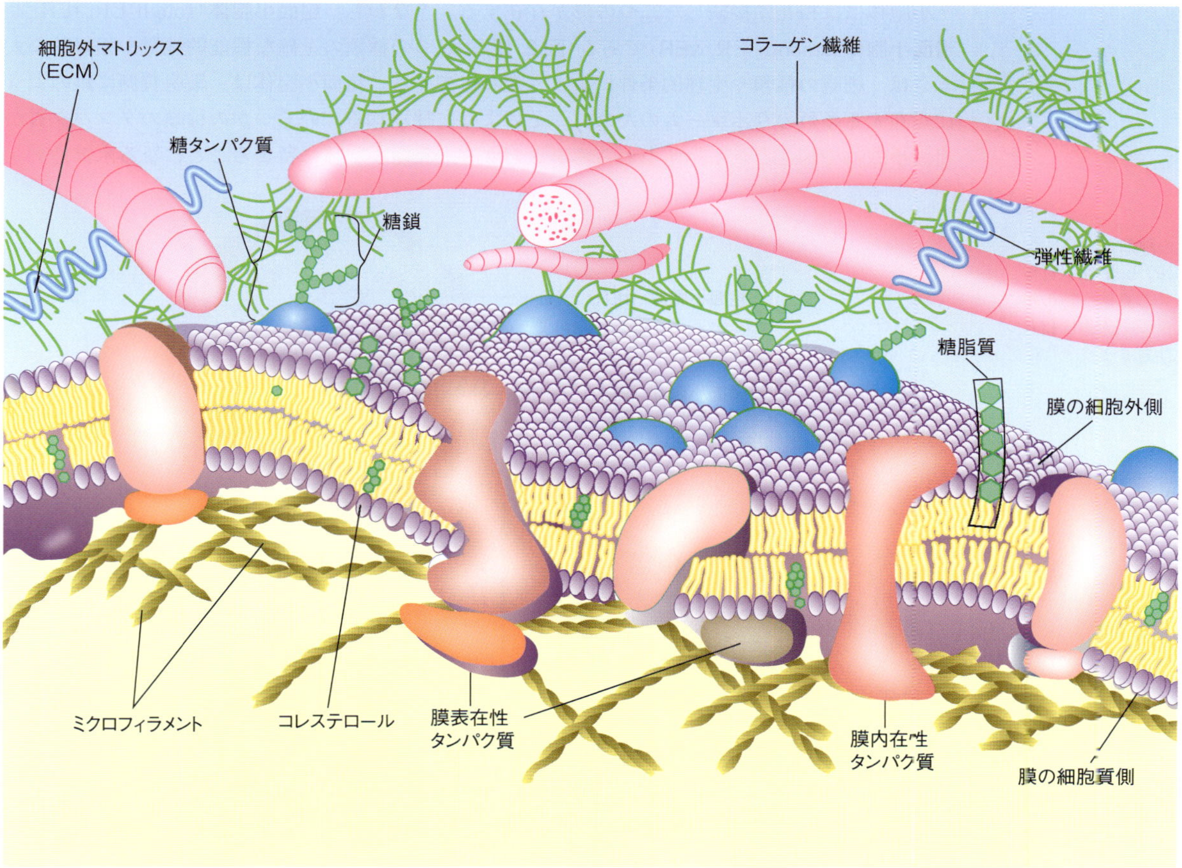

図2.11 **動物細胞の細胞膜**
細胞膜は，多くの種類の膜内在性タンパク質が埋め込まれた脂質二重層からできている．多くの膜内在性タンパク質と脂質分子には，糖鎖が共有結合している点に注意せよ．細胞膜の細胞質側には非共有結合的に膜表在性タンパク質が会合している．繊維芽細胞と呼ばれる，高等動物の結合組織の特殊化した細胞は，細胞外マトリックス（ECM）になる糖タンパク質を合成して分泌する．細胞膜の細胞質側の面は，細胞骨格と結合するアクチンミクロフィラメントやその他のタンパク質からなる，網状構造の膜骨格によって補強されている．

まな細胞の化学的，物理的シグナル伝達にかかわる特異的な膜受容体に（細胞外マトリックスの）ある種の構成成分を結合させることで，細胞行動の制御に重要な役割を果たしている．真核生物の細胞膜の内側表面は，**膜骨格**（membrane skeleton）と呼ばれる三次元網目構造のタンパク質により補強されている．細胞皮質は，周辺のタンパク質と広範囲に非共有結合的に結びつき，膜に会合している．動物細胞では，アクチン（p. 53），いくつかの種類のアクチン結合タンパク質，スペクトリン（p. 355）からなる，このタンパク質ネットワークによって細胞膜は機械的に強化され，細胞の形が決められている．膜骨格構成因子，細胞膜貫通タンパク質，脂質分子の間の直接的または間接的な相互作用によって，膜は断続的に区画化されている．膜貫通タンパク質や膜のミクロドメイン（部分区画）が一時的に囲い込まれることで，結果的にシグナル伝達の過程を促進すると考えられている．

キーコンセプト

- 細胞膜は，細胞の機械的強度や形を与えること以外に，細胞に取り込む，または排出する分子を選択することにも積極的にかかわっている．
- 細胞膜表面の受容体によって，細胞は外部刺激に対応できる．

小胞体

小胞体（endoplasmic reticulum，**ER**）は，内部がつながった膜状の管，小胞，および大きく平らな嚢からなる器官である．小胞体の細胞機能における重要性は，小胞体が細胞の膜全体の半分以上を占めていることからも理解できる．繰り返し折りたたまれて連続したシート状をしている小胞体膜は，小胞体内腔（ER ルーメン）と呼ばれる内部空間を形成している．この区画は小胞体膜によって細胞質から完全に分離されており，しばしば嚢内領域（クリステ）と呼ばれる．小胞体は，きわめて重要なさまざまな過程にかかわっている．それらのなかには，いくつかの種類のタンパク質合成，さまざまな膜脂質やステロイド分子の合成，カルシウムイオンの蓄積がある．

小胞体には相互に接続した二つの形が存在する．すなわち，**粗面小胞体**（rough ER，**rER**）と**滑面小胞体**（smooth ER，**sER**）である（図 2.12）．二つの種類の正確な機能的性質や相対的な大きさは，細胞の種類や生理的条件によって変わってくる．粗面小胞体は，細胞質側に鋲（びょう）のように点在する多数のリボソームのために，そのように呼ばれる．いくつかの種類のタンパク質が粗面小胞体で加工される．すなわち膜タンパク質，粗面小胞体に留まることになる水溶性タン

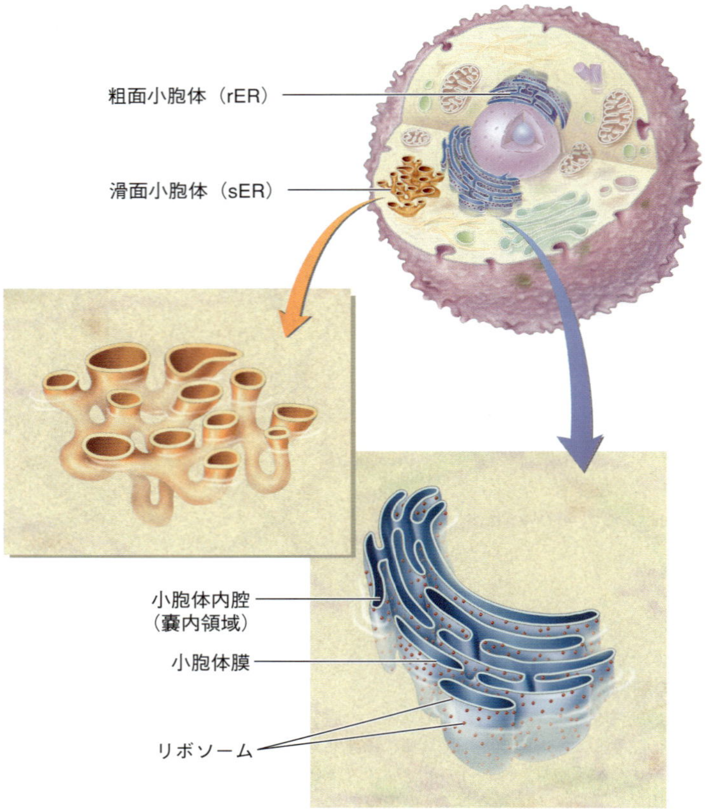

図 2.12　小胞体
小胞体（ER）には二つの種類がある．すなわち粗面小胞体（rER）と滑面小胞体（sER）である．生きている真核生物の細胞では，粗面小胞体と滑面小胞体は相互に接続していることに注意せよ．

パク質，他の細胞小器官や細胞外に輸送される水溶性タンパク質である．これらのタンパク質になるポリペプチドは，合成の途中で粗面小胞体に入るが，このとき膜を縫うように通過し，場所を移動する．

膜貫通ポリペプチド(一つもしくはそれ以上の疎水性配列の部分をもつ)は，疎水性部分が膜に入ったときに輸送過程が止まるため，膜に埋もれた状態になる．水溶性ポリペプチドが小胞体の内腔に出ると，プロセシング酵素や分子シャペロン(タンパク質の折りたたみを促進するタンパク質)によって可能になる折りたたみ過程が始まる．特定のアミノ酸残基に糖鎖を付加する糖鎖形成反応は，小胞体でのプロセシング反応の最も顕著な例である．部分的に折りたたまれたポリペプチドの短い疎水性部分に分子シャペロンが結合することで，効率よく折りたたみが起こり，凝集が防止される．小胞体のなかでポリペプチドが折りたたみに失敗すると，折りたたみに失敗した分子が蓄積する結果となり，全体的な細胞の機能が阻害される恐れがあるため，細胞自身の生存を脅かしかねない．この現象は**小胞体ストレス**(ER stress)と呼ばれ，遺伝的要因のみならず，代謝ストレス(傷害，疾患や感染によって引き起こされる代謝の変化)，酸化ストレス(酸素ラジカルによる)や活性化した炎症シグナル過程などの環境要因によって生じる．**小胞体関連タンパク質分解**(ER-associated protein degradation)という細胞機構があり，これにより折りたたみ損ねたポリペプチドは標的とされ，それらは細胞質に輸送されて，そこでプロテアソーム(p. 485)により分解される．ストレスが厳しい場合は，小胞体はプロテオスタシスを回復しようとして**小胞体ストレス応答**(unfolded protein response)を開始する．核に送られたシグナルは，分子シャペロンの合成は例外として，すべてのタンパク質合成を阻害する．加えて小胞体膜は，膜脂質の合成が増加するため，体積が増す．プロテアソームによるタンパク質分解に加えて，オートファジー(損傷を受けたり不要になったりした細胞小器官やその他の細胞構成因子を制御下で分解する仕組み，p. 487 参照)が細胞死を招かないように利用される．もしプロテオスタシスがある一定期間働かないと，プログラム化された細胞死の過程の引き金がひかれる．

滑面小胞体は付着するリボソームをもたず，その膜は粗面小胞体とつながっている．滑面小胞体の大きさや機能的特徴は，細胞の種類により，少量か多量かを含めてかなり異なる．多くの細胞では，滑面小胞体は脂質分子の合成にかかわっている．滑面小胞体は肝細胞や横紋筋で顕著である．肝細胞の滑面小胞体は広くさまざまな機能を果たしており，生体内変換を行ったり超低密度リポタンパク質(脂質を組織に運ぶ水に可溶な脂質輸送複合体)の脂質成分を合成したりする．**生体内変換反応**(biotransformation reaction)は，莫大な種類の不溶性代謝物や生体異物(外来の潜在的に毒性をもつ分子)を，より水溶性に富んだ産物に変換し，その後に排泄できるようにする．横紋筋の滑面小胞体は，構造的にも機能的にも高度に特殊化しており，筋小胞体(SR)という別名でも呼ばれている．筋小胞体の膜は筋細胞全体に広がっており，収縮タンパク質の列を組織し，すべての筋原繊維と密に近接している．滑面小胞体は，筋肉収縮のシグナルを引き起こすカルシウムイオンの貯蔵庫として機能する．

新たに合成されたタンパク質や脂質分子は，移行型小胞体(tER)と呼ばれる小胞体のサブドメインの出口部分から出芽するようなかたちで，被覆小胞に含まれて出ていく．小胞を被覆するCOPII(被覆タンパク質複合体II)とそのアダプタータンパク質があることで，小胞は正しい標的の膜へ向かう．移行型小胞体を出た後，小胞は小胞体-ゴルジ中間区画(ERGIC)へ移動する．ERGICは膜状の管と小胞からなる構造体で，小胞体タンパク質から積み荷分子を選別するのを助ける．新しくつくられたCOPII被覆小胞は，積み荷分子をさらに加工するためにゴルジ複合体へ運ぶ．小胞体タンパク質は，その構造中にある回収シグナルによって同定され，COPI(被覆タンパク質複合体I)に被覆された小胞を介して，小胞体にへもどされて再利用される．

キーコンセプト

- 粗面小胞体は主としてタンパク質合成に関与する．粗面小胞体の外側表面には リボソームが鋲状に散在している
- 滑面小胞体にはリボソームが結合しておらず，脂質合成，生体内変換，Ca^{2+} の貯蔵に関与する．

ゴルジ装置

ゴルジ装置〔Goldi apparatus，**ゴルジ複合体**(Goldi complex)としても知られている〕は，比較的大きく，平らで，袋に似た膜状の小胞からできており，板が重なったような形をしている．

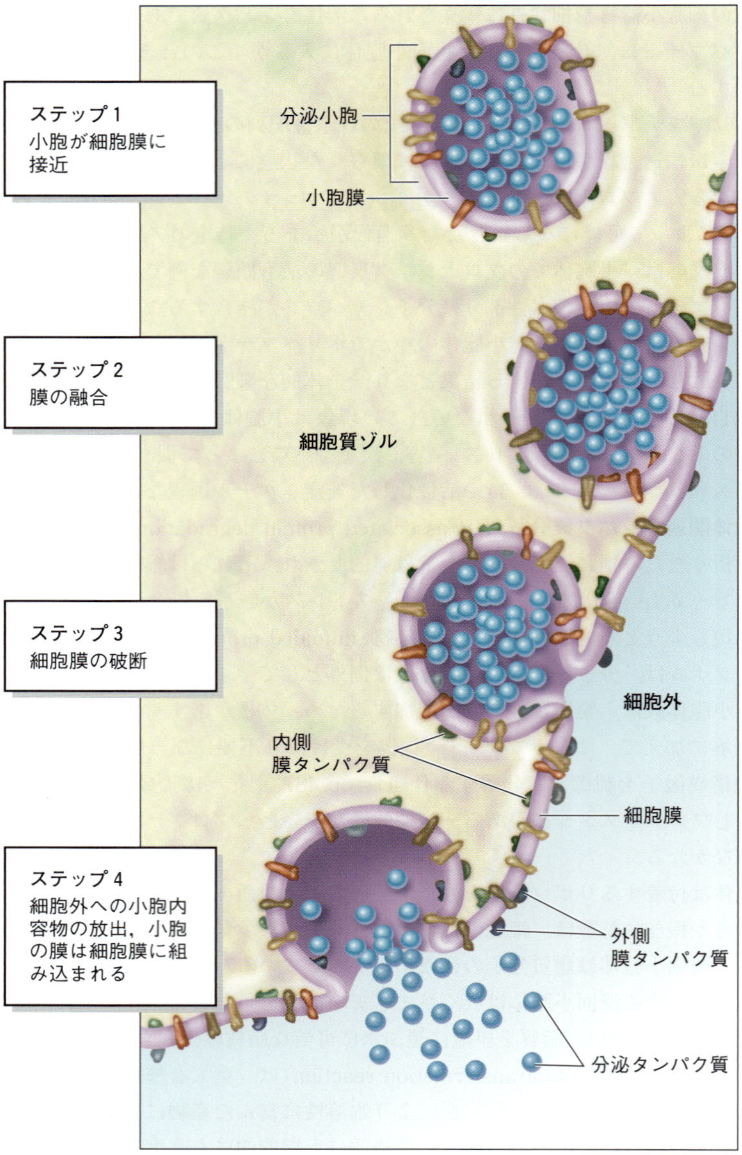

図 2.13　エキソサイトーシス
細胞から分泌されることになるタンパク質は，小胞体でつくられ，ゴルジ装置で加工され，そこで小胞に閉じ込められ，細胞膜に移行して融合する．

ゴルジ装置は，細胞の生産物(たとえば糖タンパク質)を加工し，包み込んで，内側や外側の区画に分配する(図 2.13)．ゴルジ装置には二つの面がある．小胞体に最も近い板状組織(あるいはシステルナ)は形成(シス)面にあり，もう一方の成熟(トランス)面は細胞膜の分泌にかかわる部分に近接している．新しく合成されたタンパク質や脂質を含む小さな膜状の小胞は，小胞体から出芽してゴルジ膜のシス側に融合する．ゴルジ装置に入り，トランス面へ運ばれる間に，小胞の分子は化学的に修飾を受ける(たとえば糖分子や硫酸基，リン酸基の付加など)．トランスゴルジ膜と小胞の複雑なネットワークはトランスゴルジネットワーク(TGN)と呼ばれ，加工された分子を選別し，クラスリン(p. 45)と呼ばれるタンパク質で被覆された小胞のなかに詰め込む．クラスリンアダプタータンパク質はクラスリンを膜に結合した受容体と結びつけ，クラスリンに被覆された小胞をエンドソーム(p. 45)，リソソーム，そして分泌過程の場合は細胞膜といった目的地へ運ぶ．クラスリン被覆小胞は，細胞膜からエンドソームや TGN のような目的地へ小胞を輸送する際にも使われる．

分泌過程では，たとえば消化酵素，ホルモンや神経伝達物質のような分子を含む分泌小胞は，細胞膜に運ばれ，そこで積み荷分子は細胞から放出される．しばしば**エキソサイトーシス**(exocytosis)と呼ばれ(図 2.14)，この過程では小胞の膜と細胞膜との融合が見られる．恒常的

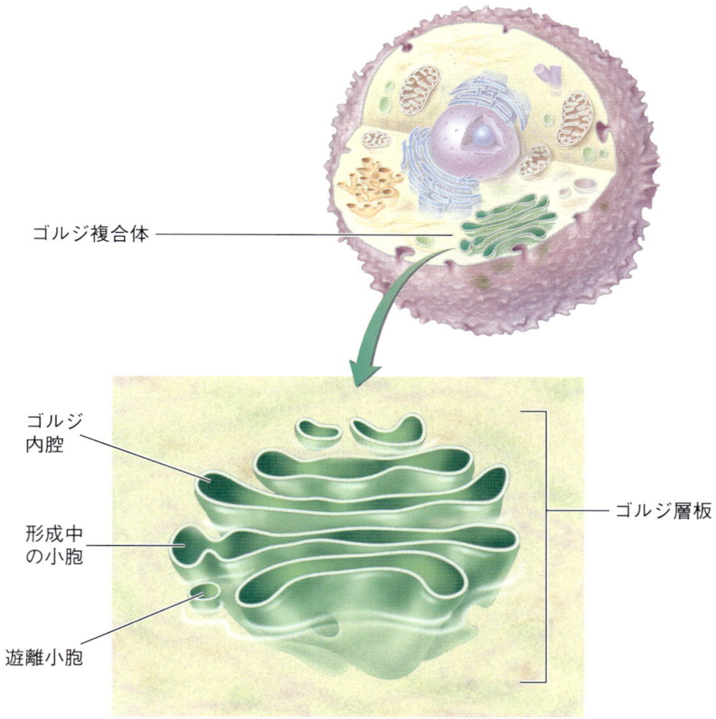

図 2.14 ゴルジ装置
ゴルジ装置は本質的に，さまざまなグループのタンパク質や脂質を合成したり加工したりする工場である．これらの生体分子は次に，最終目的地へ運ばれるために分類される．

なエキソサイトーシス(制御の効かない分泌)は，あらゆる細胞で絶えず起こっている．例として，繊維芽細胞による構造タンパク質のコラーゲンの分泌や，肝細胞による血清アルブミンの分泌があげられる．制御されたエキソサイトーシスでは，外部シグナルがきたときのみに起こるカルシウムイオンが引き金となる過程により，分泌が起こる．たとえば，活動電位が運動神経の前シナプス終末へ到達したときに，カルシウムチャネルは開く．カルシウムイオンは次に神経伝達物質の小胞を神経細胞の膜に融合させ，小胞の内容物(神経伝達物質)を神経・筋肉結合部位に放出させる．十分量のアセチルコリン分子が後シナプスの筋肉細胞のアセチルコリン受容体に結合することで，神経の収縮が起こる．

最近まで，ゴルジ嚢は比較的安定で，タンパク質と脂質を含む小胞は一つのゴルジ嚢から次の嚢へ積み荷を運搬する機能を担っていると考えられてきた．この考え方では，積み荷分子はゴルジ装置を進んでいくうちに，ゴルジ酵素によりさらに加工される．現在では，ゴルジ嚢は積み荷を輸送すると同時に加工しながら，シス面からトランス面へ物理的に動いていくと考えられている．輸送小胞はゴルジ膜と酵素を再利用し，シスゴルジ嚢を新しくつくる．順向性輸送という用語は，新しく合成された分子が小胞体からゴルジ装置へ輸送されてから，他の細胞中の目的地，または分泌のために細胞膜へいくことを表すのに使われる．COP IIで被覆された小胞は，新しく合成された分子を小胞体から小胞体-ゴルジ中間区画へ，そしてゴルジ装置のシス面へ輸送する．逆行性輸送と呼ばれる逆方向の輸送は，脂質やタンパク質分子の再利用に使われる機構である．漏れ出た小胞体タンパク質をゴルジ装置から元の場所へ回収してもどすのに，COP Iに被覆された小胞が使われる．

キーコンセプト
ゴルジ装置は，比較的大きく，平らな嚢様の膜状の小胞からできており，細胞産生物を包み込んで分泌する機能を果たしている．

小胞性細胞小器官とリソソーム：エンドサイトーシス経路

エンドサイトーシス(endocytosis，図 2.15)とは，細胞膜のタンパク質受容体や脂質，ならびに外因性物質が細胞内に取り込まれる細胞過程であり，とくに注目すべきは，細胞膜の一部分をくびり切る点である．新しくつくられた小胞はエンドサイトーシス経路に入る．その際，小胞は初期エンドソームと呼ばれる膜に会合した細胞小器官に融合する．通常，初期エンドソームは細胞の辺縁部に存在して，エンドサイトーシス経路の結合点または焦点として働く．というのも，細胞内に取り込まれた分子の運命が決められるのが，この点だからである．制御タンパク質を含む複雑な機構が存在することで，細胞内に取り込まれた分子が適切に細胞膜へ再利用のためにもどったり，細胞全体へ行き渡らすためのトランスゴルジネットワークに運ばれたり，リソソームと呼ばれる細胞小器官のなかで分解されたりすることが可能になる．**リソソーム**(lysosome)は，<u>酸加水分解酵素</u>と呼ばれる，酸性条件下でエステル結合やアミド結合を

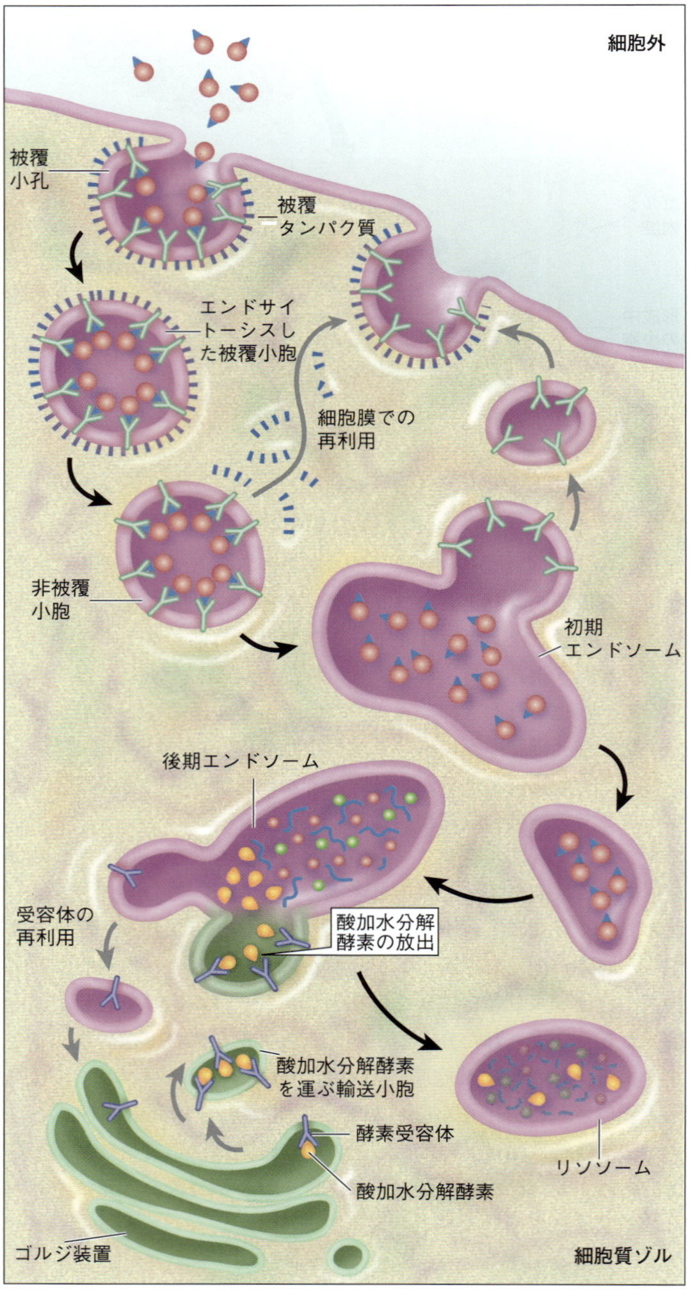

図 2.15　受容体依存性エンドサイトーシス
細胞外物質はエンドサイトーシスを介して細胞内に入ることがある．エンドサイトーシスの過程では，細胞膜中の受容体がリガンドと呼ばれる特定の分子もしくは分子複合体に結合する．細胞膜の被覆小孔と呼ばれる特殊な領域(図には示されていないが，クラスリン・トリスケリオンからなる)が段階を経て陥入し，閉じた小胞を形成する．被覆タンパク質が取り除かれた後，小胞はリソソームの前駆体である初期エンドソームと融合する．被覆タンパク質は細胞膜にもどって再利用される．エンドソームの成熟の間にプロトン(水素イオン)濃度が上昇することで，リガンドが受容体から離れ，受容体もこの後，細胞膜にもどって再利用される．エンドソームの成熟がさらに進むと，酸加水分解酵素がゴルジ装置から運ばれてくる．リソソーム形成は後期エンドソームにすべての酸加水分解酵素が移ってくることで完成し，ゴルジ膜はゴルジ装置にもどって再利用される．

水分子で攻撃する反応を触媒する消化酵素からなる顆粒を含む小胞である．さらにエンドサイトーシス以外の役割として，細胞内の破片のオートファジーによる分解にもかかわる(p. 487)．

初期エンドソームは管状-小胞状のネットワークで，成熟すると後期エンドソームを形成する．それは多数のぎゅうぎゅうに詰め込まれた小胞を含むため，多胞体とも呼ばれている．成熟の過程は部分的には，V-ATPアーゼ(ATP依存性プロトンポンプ)の働きや，リソソームの酸加水分解酵素や膜タンパク質を含むトランスゴルジネットワークを介した小胞の到着により，水素イオン濃度が上昇すること(つまり内部pHの低下)で成し遂げられる．pHが5以下になって，酸加水分解酵素が活性化された環境になると，後期エンドソームは完全に機能的なリソソームへ変換される．または後期エンドソームは，そこに存在するリソソームと融合することもある．

エンドサイトーシスにはいくつかの型がある．最もよく研究されている例は，クラスリン依存性エンドサイトーシスと，クラスリン非依存性カベオラエンドサイトーシスである．

クラスリン依存性エンドサイトーシス(clathrin-dependent endocytosis)は受容体依存性エンドサイトーシスとも呼ばれ，多岐にわたり用いられる機構であり，膜受容体に結合した積み荷を含むクラスリン被覆小胞が，この機構によって細胞に取り込まれる．クラスリン依存性エンドサイトーシスを介する例として，栄養素〔たとえば低密度リポタンパク質(LDL)，コレステロール(p. 348)のような脂質源や鉄結合タンパク質のトランスフェリン〕の取り込みや，細胞間シグナル伝達や膜の再利用があげられる．この過程は，ある特異的なリガンドが細胞膜の外側表面にある関連の受容体に結合することで開始される．その後アダプタータンパク質が受容体-リガンド複合体の細胞質側に結合し，クラスリンがリクルートされる．**クラスリン**(clathrin)は，その形からトリスケリオン(3本の重鎖と3本の軽鎖からなる)と呼ばれる可溶性のタンパク質複合体である(**図2.16**)．クラスリンのトリスケリオンはアダプタータンパク質と結合するため，バスケットのような格子状構造になり，膜を芽のような形に変える．次にクラスリン被覆小胞は，ダイナミンによって細胞膜から切りだされる．ダイナミンはグアノシン三リン酸

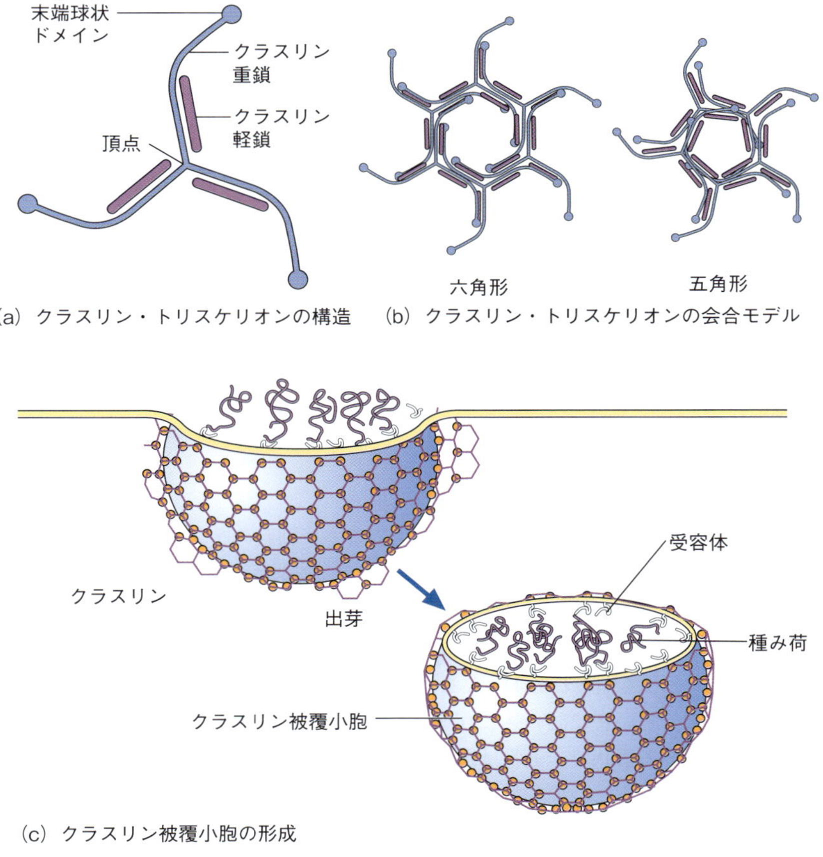

図2.16 クラスリン依存性エンドサイトーシス
(a) それぞれのクラスリン・トリスケリオンは3本の重鎖と3本の軽鎖からなっている．(b) トリスケリオンは合わさって六角形または五角形を形成する．これにクラスリン被覆小胞の格子に観察される．(c) クラスリン被覆小胞の形成は，クラスリンの結合部分を提供するアダプタータンパク質をリクルートするGTP結合タンパク質(図には示されていない)の結合により開始される．

(GTP)要求性タンパク質で，完全な被覆小胞が細胞膜から放出されるまで，小胞の首を取り囲んで締めつける．初期エンドソームとの小胞の融合に先だって，クラスリンの被覆が除去される．たとえば，LDL を含むような小胞は初期エンドソームと融合し，pH が低下すると積み荷を受容体から開放する．LDL 受容体は再利用のために細胞膜へもどり，LDL 分子(脂質とタンパク質)はリソソームのなかで分解される．

いくつかの形式のエンドサイトーシスはクラスリン非依存性である．最もよく知られているのは**カベオラエンドサイトーシス**(caveolar endocytosis)である．**カベオラ**(caveolae，〝小さな洞穴〞)は比較的小さな陥入で，ある特殊化したタイプの細胞膜のミクロドメインによって形成され，そのミクロドメインはコレステロール，いくつかの種類の膜脂質，シグナル分子やイオンチャネル制御タンパク質からなる．カベオラの形成には，多くの細胞で細胞膜の内葉に存在する内在性膜タンパク質のカベオリン(p. 356)が必要であるが，カベオラ形成は，ほとんどの内皮細胞(血管やリンパ管の内側に並ぶ細胞)や脂肪細胞(脂肪組織の主要な細胞)で顕著に見られる．カベオラ小胞膜の陥入は，カベオリン分子が会合してオリゴマー(非共有結合で形成されるタンパク質複合体)を形成することによって生じる．カビンと呼ばれる細胞質タンパク質の一群が，カベオラ形成を支えている．脂肪細胞でのインスリン受容体による細胞内への取り込みは，カベオラエンドサイトーシスの一例である．

いったんはエンドサイトーシスは単純な過程と信じられていたが，現在では細胞のシグナル伝達や制御に多岐にわたりかかわると認識されている．エンドサイトーシスはエキソサイトーシス(p. 42)と合わさって**エンドサイトーシスサイクル**(endocytic cycle)と呼ばれており，細胞情報の加工に中心的な役割を果たしている．最近までエンドサイトーシスサイクルは，細胞膜中の関連受容体の数を制御することによって，シグナル分子に対する細胞応答を制御する方法と考えられてきた．この見方からするとエンドサイトーシスは受容体数を減らす機構であり，それによってシグナル分子に対する感度を低下させる．最近，エンドサイトーシス経路がシグナル伝達において違ったかたちで貢献していることが示された．たとえば，インスリン受容体や甲状腺刺激ホルモン受容体のような，いくつかの受容体からのシグナルは，エンドソームに入ってからも継続されることが示された．さらに，エンドソームはシグナルのプラットフォームとして機能しているかもしれない．なぜなら，エンドソームは細胞膜にないタンパク質や脂質分子を含み，エンドソーム経路はシグナルの多様性を生む機会を提供するからである．

問題 2.2

リソソーム蓄積病

多くの遺伝的疾患のなかに，特定の分子を分解するのに必要なリソソーム酵素の欠失や欠損が知られている．これらの疾患はリソソーム蓄積病と呼ばれており，そのなかにテイ・サックス病がある．この病気で苦しむ患者は，両親のそれぞれから，複合脂質分子を分解する酵素が欠損した遺伝子を受け継いでいる．症状としてひどい精神遅滞が見られ，5 歳になるまでに死亡する．患者の細胞を破壊する過程の本質は何か(ヒント：脂質分子の合成は正常の速さで起こる)．

核

核(nucleus)は真核細胞で最も特徴的な細胞小器官で，細胞のゲノム情報の大部分が含まれている．低解像度の顕微鏡で観察すると，核の構造は，無定型の核質が核膜で包まれているように見える．**核質**(nucleoplasm)には**クロマチン繊維**(chromatin fiber)が存在し，細胞周期の分裂期に凝集して，娘細胞に分配される染色体を形成する．クロマチンは高次構造をとり，DNA と，ヒストンとして知られる DNA を巻きつけるタンパク質からできている．クロマチンは伝統的に，どのくらい密に詰め込まれているかに従って分類されてきた．ユークロマチンは軽く詰め込まれている形状で，通常は遺伝子が多く，転写因子や転写酵素複合体が容易に結合できる部分である．もう一つの形状はヘテロクロマチンと呼ばれ，密に詰め込まれていて転写因子が容易には接近できない．構成的ヘテロクロマチンにはセントロメアやテロメアといっ

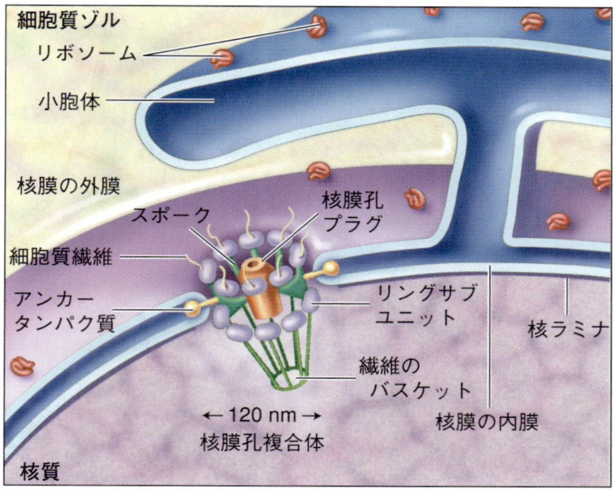

図 2.17 核膜孔複合体
NPC の基本構造は，バスケット様の構造の上にドーナツ型の足場が乗り，中央が孔状に開いている．真ん中にやってきた構造化されていないポリペプチド（図には示されていない）は，核輸送タンパク質に結合した積み荷分子の選択的輸送に組み入れられる．

た染色体構造の配列や，古いウイルスの残滓が含まれ，高度に凝縮され，常に不活性である．条件的ヘテロクロマチンは，特定のシグナル過程に応答して，凝縮した不活性な状態から活発に転写を行うユークロマチンに変化することができる．分化した細胞はそれぞれ，独自の一連の条件的ヘテロクロマチンをもっている．核のなかのクロマチン分布はランダムではない．染色体には染色体テリトリーと呼ばれる不連続な部位が点在する．通常，ヘテロクロマチンを含む染色体の部分は，典型的には核の辺縁部に存在する．活発に転写され，遺伝子密度が高いユークロマチンは，核の中心により近いところに存在する．

核膜（nuclear envelop, NE）は，核と細胞質の間で，分子が自由に移動するのを阻害する障壁として働く．結果として DNA の複製や転写は，よりやさしく制御することができる．核膜は中心を同じくする 2 枚の膜からできている．**核外膜**（outer nuclear membrane，ONM）は，リボソームが細胞質側に結合している粗面小胞体とつながっている．核外膜の細胞質側にある数多くの小胞体タンパク質のうち，いくつかのもの（たとえばネスプリン）は細胞骨格の繊維に付着している．外側の膜と違って**核内膜**（inner nuclear membrane，INM）には，核に特有の内在性タンパク質がある．これらのタンパク質は，核膜の構造を安定化するだけでなく，クロマチンに結合したり，クロマチン再構成タンパク質をリクルートしたり，さまざまな酵素活性をもっていたりする．2 枚の膜の間の空間，**核周囲腔**（perinuclear space）は幅が 20～50 nm で，粗面小胞体の内腔とつながっている．内膜と外膜は，核膜孔と呼ばれる構造で融合しており，それは細胞質と核の間の分子移動を制御する精巧な巨大分子構造である．核膜孔は**核膜孔複合体**（nuclear pore complex，NPC）と呼ばれ（図 2.17），脊椎動物で核あたりの数にはばらつきがあり，2000 個から 4000 個存在する．それぞれの核膜孔複合体は分子量 1 億 2000 万（直径 120 nm）の構造で，ヌクレオポリンと呼ばれる 30 個の異なるタンパク質からできている．核膜孔複合体の機能はかつて，核と細胞質間の輸送に限定されると考えられていた．しかし最近の研究によって，ヌクレオポリンはクロマチンの組織化や DNA 複製，修復においても役割を果たしていることが明らかになってきた．

膜に埋もれた環状の核膜孔複合体の中心は，バスケット様の構造体と結合している．核膜孔複合体の細胞質側および核質側から伸びている繊維は，大きな分子との結合部分として機能し，大きな分子は引き続いて孔を通って輸送される．中心孔に並んだ柔軟性のあるヌクレオポリンから形成された編み目構造は，シャペロンタンパク質を出し入れする巨大分子（たとえば RNA や大きなタンパク質）のみに，核膜孔複合体を介した輸送を制限する．小さな物質，たとえばイオンや小さなタンパク質（分子量 40,000 またはそれ以下）は，機能直径が約 9 nm である核膜孔複合体を通して拡散する．核膜孔複合体を介した輸送は，ヌクレオチドであるグアノシン三リン酸（GTP）の加水分解の力を借りて，活発かつ効率的に行われている．

核に入るタンパク質は，核移行シグナルのアミノ酸配列をもっていることが必要で，核移行シグナルは，インポーチンと呼ばれる積み荷を運ぶタンパク質によって認識される．GTP の

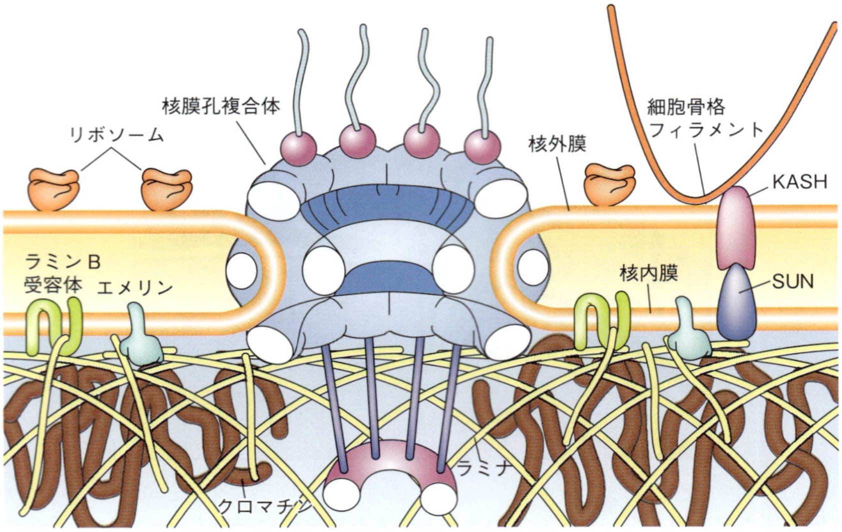

図 2.18　核ラミナ
ラミンフィラメントの厚く密集したネットワークは核内膜と結合しており，その結合はエメリン，ラミンB受容体（LBR），SUNドメインタンパク質のようなラミン結合タンパク質による．注目すべきは，エメリンとLBRはクロマチンとも結合していることである．ただしエメリンは，DNA架橋タンパク質（BAF，図には示されていない）を介した間接的な結合である．内在性核内膜タンパク質であるSUNドメインタンパク質は，核外膜中のネスプリンのKASHドメインと結合し，LINC複合体を形成する．したがってLINC複合体は核ラミナと細胞骨格を連結している．

加水分解で放出されるエネルギーにより駆動される過程で，タンパク質-インポーチン複合体は核膜孔を通って核内に運ばれる．核外への輸送過程も同様にGTPの加水分解により駆動されており，核内への輸送過程と似ている．核を離れる積み荷は，多くの場合RNA分子だが，核外搬出シグナル配列をもつタンパク質に結合する．新しく形成されたRNA-タンパク質複合体は次に，核膜孔複合体を通して細胞質への積み荷運搬を請け負う，核外輸送タンパク質エクスポーチンに結合する．1秒間に約1000個の巨大分子が各核膜孔複合体を通過している．

核ラミナ（nuclear lamina，図2.18）は薄く密集したタンパク質の編み目構造で，核内膜の内側に接着している．かつては，核膜の形を整えたり機械的に安定化したりするだけのものと考えられていたが，今では，DNA複製，転写やクロマチン形成を含めた多くの核内の反応過程にかかわっていると考えられるようになった．核ラミナは主としてラミンフィラメントとラミン結合タンパク質からできている．ラミンフィラメント，ラミン結合タンパク質と細胞骨格（p. 52〜55）の結合の結果，細胞骨格をゆがめるのに十分な機械的な力がかかったときのみ，核膜の形が変わり，核内のクロマチン構造が変化する可能性がある．

ラミンは中間径フィラメントタンパク質（p. 54参照）で，A型（ラミンAとC）とB型（ラミンB1とB2）に分類される．A型，B型ラミンはそれぞれ，重合して別の型の繊維をつくる．ラミン結合タンパク質の例としては，内在性核内膜タンパク質のエメリン，ラミンB受容体（LBR），SUNドメインタンパク質などがある．エメリンはラミンAフィラメントおよびDNA架橋タンパク質のBAFと直接に結合し，BAF（barrier-to-autointegration factor）はクロマチン形成や遺伝子発現で役割を担っている．LBRはラミンBフィラメントとヘテロクロマチンの両方に結合する．注目すべきは，核ラミナとその結合するヘテロクロマチンが核膜孔複合体までは広がっていないことである．核内膜SUNドメインタンパク質は，核外膜中の一つ以上のネスプリンと結合して，LINC（核骨格と細胞骨格のリンカー）複合体を形成する．ネスプリンは直接または間接的に細胞骨格フィラメントに結合しているため，LINCは核質と細胞骨格を連結する．

核内構造体と呼ばれる核の領域には，ある種のクロマチン配列と核タンパク質が含まれることが確認されてきた．たとえば核小体，核スペックル，カハール体などである．**核小体**（nucleolus）は核内構造体のなかで最も大きい．その最もよく知られている機能はrRNA遺伝子の転写，rRNAのプロセシング反応，リボソームサブユニットの合成である．リボソームのサブユニットは，細胞質へ運ばれた後にmRNAと結合して，タンパク質を合成する巨大分子複合体であるリボソームを形成する．最も顕著な核小体の特徴は核小体形成域であり，それぞれ多コピーのrRNA遺伝子をもったいくつかの染色体断片が結合して形成されている．核質内には転写ファクトリーと呼ばれる不連続な部位もあり，そこで多コピーの転写酵素複合体によって，活性化されている遺伝子が集められて転写され，ポリペプチドまたは小型RNAへと変換されている．1細胞あたり50個程度あるスペックルは転写装置の貯蔵部位である．カハール体〔スペインの組織学者Ramon y Cajal（1852～1934）の名にちなむ〕は，ヒストンmRNAやいくつかのノンコーディングRNAのプロセシング反応を行う部位である．

核マトリックス（nuclear matrix，核骨格）は核質の足場となる構造で，多数のタンパク質からできており，そこにクロマチンのループが組織されている．それは細胞の細胞骨格に類似すると考えられている．なぜなら，多様な型の細胞骨格タンパク質（たとえばアクチン，アクチン結合タンパク質，ミオシン．p.54参照）が核質中に局在するからである．核内の多くの過程は特定の核骨格タンパク質を必要とすると示されてきたが，その構造的な特性はまだ解明されていない．

キーコンセプト

- 核は，細胞の遺伝情報と，その情報をタンパク質合成のためのコードに変換する装置をもっている．
- 核小体は，リボソームRNA合成において重要な働きをする．

ミトコンドリア

ミトコンドリア（mitochondrion，複数形がmitochondria）は**好気的代謝**（aerobic metabolism）を行う場となる細胞小器官であると長い間考えられてきた．好気的代謝とは，食物分子の化学結合エネルギーを捕まえて，細胞のエネルギー貯蔵分子であるアデノシン三リン酸（ATP）の酸素依存的合成を進めるのに使われる機構である．ミトコンドリアは，エネルギーを多く要求する部位の近くにしばしば観察される．たとえば横紋筋細胞のミトコンドリアのほとんどは，筋繊維の全体にわたって存在する．ミトコンドリアは他の代謝過程においても重要な役割を果たす．顕著な例としては，アミノ酸と脂質の代謝，酸化還元反応で使われる鉄-硫黄クラスター（p.305）の合成，そしてカルシウム濃度の維持があげられる．最近では，ミトコンドリアは**内因性アポトーシス**（intrinsic apoptosis）の重要な制御装置として認識されている．内因性アポトーシスとは，細胞ストレス（たとえばDNA損傷，低酸素，栄養欠乏）により引き起こされる，細胞を死に向かわせる遺伝的にプログラムされた一連の出来事の一形態である（図2.19）．ミトコンドリアは1～10 μmの長さをもつソーセージ様の構造物のように伝統的に描かれる．この見方は，ミトコンドリアに固定的な大きさはないことを研究者が発見したことで，今では大きく変えられている．ミトコンドリアは，まったく一からは合成できない．つまり新しいミトコンドリアは，すでに存在するミトコンドリアが成長して分裂する反復発生の結果として生じる．ミトコンドリアはたえず分割（分裂）し，枝分かれし，合体（融合）して網目状のネットワークを広げる，動的な細胞小器官である．

健全な細胞中ではミトコンドリアネットワークの連続的な再構築が行われており，とくに有名なのは分裂と融合の連続的なサイクルである．**ミトコンドリアの分裂**（mitochondrial fission，図2.20）は，細胞のエネルギー要求性が高い，または，傷害を受けたり不活発な部分が壊れたりする前に分離された際，反復発生を起こす．**ミトコンドリアの融合**（mitochondrial fusion）はミトコンドリアネットワークを広げることになり，小さな損傷を受けたミトコンドリアを，その内容物を健全なミトコンドリアの内容物と混ぜることで，助けることができる．ミトファ

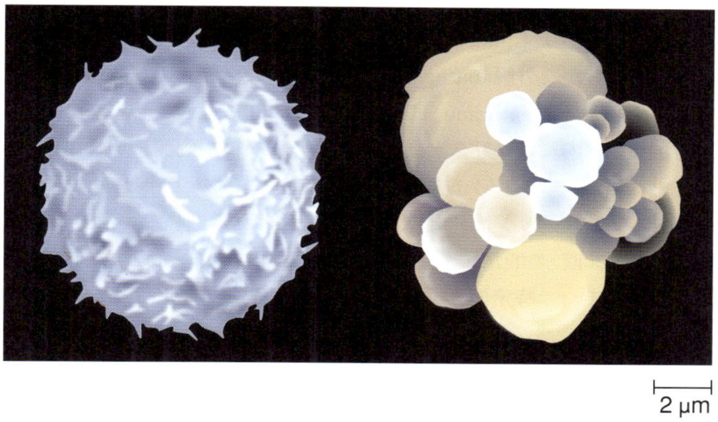

図2.19 アポトーシス
アポトーシスの前（左）と途中（右）の白血球．細胞ストレスに応答して，ミトコンドリアはシトクロムcというタンパク質を細胞質へ放出する．これにより，細胞構成物を分解するのに先立つ酵素の活性化が引き起こされる．図に示されたアポトーシスを起こしている細胞は泡状突起を形成し，ついには断片化してアポトーシス体となる．最終的にアポトーシス体は食細胞（細胞の残骸を消化する免疫系細胞）によって飲み込まれる．

図 2.20　ミトコンドリアの分裂と融合
(a) 分裂も融合も，細胞が代謝ストレス，酸化ストレス，他のストレスを受けた際に，ミトコンドリアを機能的な状態に保つのを助ける．分裂は新しいミトコンドリアをつくり，傷害を受けたミトコンドリアを除去する機構として働く．分裂の産物である傷害を受けたミトコンドリアは，ミトファジーで分解される．軽く傷害を受けたミトコンドリアは，健全なミトコンドリアに融合することで（たとえば健全なミトコンドリアの構成物が傷害を受けたミトコンドリアの修復に使われるなどして）救済される．(b) 酵母細胞ではミトコンドリアの分裂は小胞体管との相互作用を伴い，その過程は，ERMES（小胞体-ミトコンドリア接触構造）と呼ばれるタンパク質の相互作用により，部分的に仲介される．(c) 続いて分裂は，GTP 分解酵素のダイナミン 1（Dnm1，哺乳類では Drp1）によって進められ，次に二つのミトコンドリア間の膜の締めつけと切断を行う．

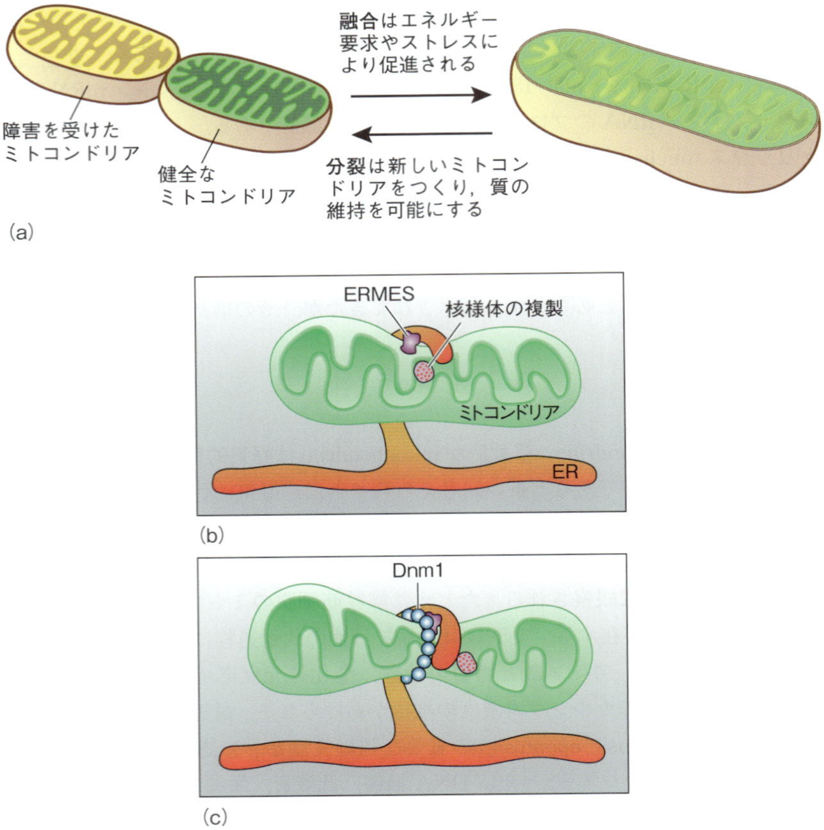

図 2.21　ミトコンドリア
膜とクリステ．この図に描かれた内部構造は，クリステが蛇腹のような形をしており，バッフルモデル（バッフルは隔壁の意）と呼ばれる．電子トモグラフィー研究（電子線を使って標本を三次元的に再構成する顕微鏡技術）から複雑な解剖学的構造がわかってきた．いくつかの組織のミトコンドリアでは，融合または分離した内膜管が複雑に並んでいることが観察された．これら構造的特徴の機能的な意義については，よくわかっていない．

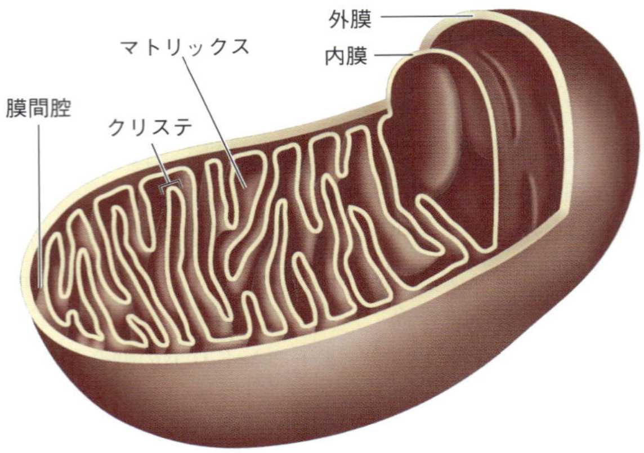

ジーと呼ばれるオートファジーの過程により，強く傷害を受けたミトコンドリアは除去される．

一つ一つの**ミトコンドリア**（mitochondrion）は二つの膜によって仕切られている（**図 2.21**）．比較的透過性をもつ滑らかな**外膜**（outer membrane）は，分子量 10,000 以下のほとんどの分子を通過させる．**内膜**（inner membrane）は O_2，CO_2，H_2O は通過させるが，イオンやさまざまな有機分子は通さない．内膜はクリステと呼ばれる襞（ひだ）になって内側に突き出している．この膜に埋め込まれているのは，タンパク質複合体と，ミトコンドリア呼吸鎖（MRC）を形成するそれ以外の分子である．酸化的リン酸化（OXPHOS）と呼ばれる過程で，栄養分子（たとえばグルコース，脂肪酸，アミノ酸）の酸化によって放出されるエネルギーは，ATP の化学結合エネルギーへと変換される．また，特定の分子やイオンを輸送するのに必要な一連のタンパク質も存在する．

内膜と外膜によって，二つの分離した区画が形成される．① 膜間腔と ② マトリックスである．膜間腔はヌクレオチドの代謝に関与するいくつかの酵素が含まれている部分で，これに対してゲル状のマトリックスは高濃度の酵素，イオン，および多数の小さな有機分子から構成されている．マトリックスには2～10個の環状DNAが存在している．

ミトコンドリアDNA（mtDNA）は細菌のDNAと似ており，どちらの分子も〝裸〟（ヒストンで包まれていない）で，核様体のなかにある．ミトコンドリアのゲノムには，2個のrRNA，22個のtRNAと13個の呼吸鎖複合体の構成タンパク質がコードされている．ミトコンドリアタンパク質をコードする遺伝子の約95%は，核の染色体に存在する．

細胞あたりのミトコンドリアの数は，細胞のエネルギー要求性や生理的な状態によって決まる．その数は細胞種によってかなり違う．たとえばヒトの卵母細胞や肝実質細胞は，それぞれ200,000個，2000個のミトコンドリアをもつ．たいていの細胞には数百個のミトコンドリアがある．赤血球にはミトコンドリアがない．注目すべきことに，ミトコンドリアの形状は細胞の生理的条件によって変化する．たとえば，肝臓のミトコンドリアの内部構造は活発な呼吸によって劇的に変化することが観察されている．

ミトコンドリアは，ミトコンドリア接触部位（MAM）＊と呼ばれる小胞体の領域との安定な接触部位を形成する．この接触は，接近して並んだタンパク質でつながれた膜部分からできており，ミトコンドリアの動的な過程を共同して制御するいくつかの機能をもっている．

＊訳者注：MAMは，いくつかの脂質生合成酵素活性に富み，可送的にミトコンドリアとつながる小胞体の領域である．一方，図2.20のERMESは，小胞体とミトコンドリアをつなぐタンパク質複合体で，四つのタンパク質からなる．

1. **カルシウムシグナリング**　ホルモン，成長因子や他の種類の刺激によって引き起こされるカルシウム依存性のシグナルカスケードは，MAMを介したミトコンドリアへの素早いカルシウム移行を常に伴っている．ATP合成のすべての局面においてCa^{2+}応答性タンパク質が引き続いて活性化することで，十分なエネルギーが利用可能になり，シグナル伝達現象により開始され，小胞体や細胞膜のATPポンプ複合体によりカルシウムシグナルが収束する過程が進行する．ミトコンドリアは低親和性のカルシウムチャネルをもっていて，これもカルシウムシグナルの収束にかかわっている．
2. **脂質の交換**　細胞のリン脂質の生合成はもっぱら小胞体で起こるが，いくつかの反応はミトコンドリアの酵素が必要である．そのため，MAMを介したミトコンドリアと小胞体間の双方向の脂質輸送は，ミトコンドリアの内膜および外膜の特徴的な脂質組成を維持するために必要である．
3. **ミトコンドリア分裂制御**　ミトコンドリアの周囲の小胞体管の包み込み（図2.20c参照）は，分裂過程の初期の段階で見られる．MAMにあるタンパク質がミトコンドリアの分裂点の目印となり，くびれと分離を引き起こす分裂タンパク質を連れてくる．

キーコンセプト

- 好気的呼吸は，真核生物で必要とされるエネルギーのほとんどを産生する過程であり，ミトコンドリアで行われる．
- ATP産生が行われる呼吸鎖系は，ミトコンドリアの内膜に埋め込まれている．

問題2.3

ヒトの体のなかでミトコンドリアは約10%の体積を占めると推定される．平均的な大人で，ミトコンドリアの数は1×10^{16}（1京）個と推定される．ヒトの平均体重が70 kgとして，ミトコンドリアの平均的な質量を大まかに推定せよ．

ペルオキシソーム

ペルオキシソーム（peroxisome）は小さな球状の細胞小器官で，酵素に富むマトリックスを囲む一重の膜からできている．赤血球以外のすべてのヒトの細胞に見られ，肝臓や腎臓で最も顕著に数多く観察される．ペルオキシソームの酵素はさまざまな異化および同化経路にかかわり，そのなかには，ある種の脂質膜，プリンおよびピリミジン塩基（p. 470～477），胆汁酸（p. 401）の合成が含まれる．ペルオキシソームは長鎖脂肪酸やプリン塩基の分解にも関与している．それらの名前が示すように，ペルオキシソームは過酸化物（ペルオキシド）として知られる毒性分子の産生と分解に関与することが，最も特徴的である．過酸化水素（H_2O_2）は，分子状の酸素（O_2）が特殊な有機分子から水素原子を引き抜くのに使われたときに発生する．

$$RH_2 + O_2 \longrightarrow H_2O_2$$

たとえばキサンチンオキシダーゼという酵素は，プリン塩基を窒素排泄分子である尿酸に変換する経路中の二つの反応を触媒する際に H_2O_2 を産生する．ペルオキシソームは H_2O_2 を使って，ホルムアルデヒドやアルコールのような毒性分子を酸化する．そのような反応に使われない場合，この反応性の高い H_2O_2 分子はカタラーゼという酵素で解毒される．

$$H_2O_2 \longrightarrow 2H_2O + O_2$$

ペルオキシソームの生合成は二つの異なる経路で行われる．*de novo* 経路では，ペルオキシソーム小胞が小胞体の特定の領域から出芽する．これらの小胞は次に融合して，成熟ペルオキシソームを形成する．ペルオキシソームへの融合に必要な，32 個ものペルオキシンというタンパク質が見つかっている．すでに存在していたペルオキシソームは，小胞体から膜輸送されるにつれて大きく成長し，新しいペルオキシソームをつくるために分裂する．

葉 緑 体

葉緑体(chloroplast)は，光エネルギーを化学エネルギーに変換するために特殊化したクロモプラストの一種である(葉緑体は植物に見られる細胞小器官で，葉，花弁や果実の色を決める色素を蓄積する)．13 章で述べる**光合成**(photosynthesis)と呼ばれるこの変換過程では，光エネルギーは二酸化炭素(CO_2)から糖質を合成するために使われる．葉緑体の構造(**図 2.22**)はいくつかの点でミトコンドリアの構造に似ている．たとえば，外膜は非常に透過性が高く，一方で比較的透過性の低い内膜には，葉緑体に出入りする分子の行き来を制御する特別な担体タンパク質が存在する．さらに，葉緑体は分裂する．

複雑に折りたたまれた内膜系は**チラコイド膜**(thylakoid membrane)と呼ばれており，葉緑体の代謝機能に重要な役割を果たしている．たとえば，光合成において光エネルギーを捕捉するクロロフィル分子は，チラコイド膜のタンパク質に結合している．チラコイド膜のある部分は，**グラナ**(granum，複数形が grana)と呼ばれる非常に密に列をなした構造をとっている．一方で，全体の膜はチラコイド内腔と呼ばれる区画を包み込んでいる．ミトコンドリアのマトリックスに類似した，密に酵素が詰まった物質が**ストロマ**(stroma)で，チラコイド膜を囲んでいる．ストロマには，酵素のほかに DNA，RNA およびリボソームが存在する．隣り合ったグラナをつなぐ膜区分はストロマラメラと呼ばれる．

細胞骨格

細胞骨格(cytoskeleton)は，細胞の支えとなる複雑な繊維，フィラメント，そしてこれらに会合するタンパク質からなるネットワークである．その構成物としては，**微小管**(microtubule)，**ミクロフィラメント**(microfilament)，**中間径フィラメント**(intermediate filament, IF)がある．

微小管は細胞骨格のなかで最も太い構造体(外径 25 nm，内径 12 nm)で，プロトフィラメント(フィラメントの元)からなる梁(はり)のような中空の筒である．それぞれのプロトフィラメントは可逆的に重合するチューブリンタンパク質からできている．チューブリンは，α チューブリンと β チューブリンという GTP 結合性の二つのポリペプチドからなる二量体である．微小管には極性があり，両端の構造が異なる．プラス(+)端では重合が速やかに起こる．マイナス(−)

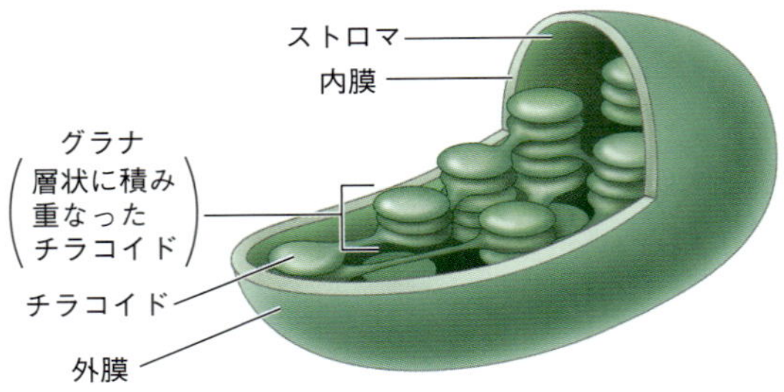

図 2.22　葉緑体
葉緑体は光エネルギーを有機生体分子の化学結合エネルギーに変換する．

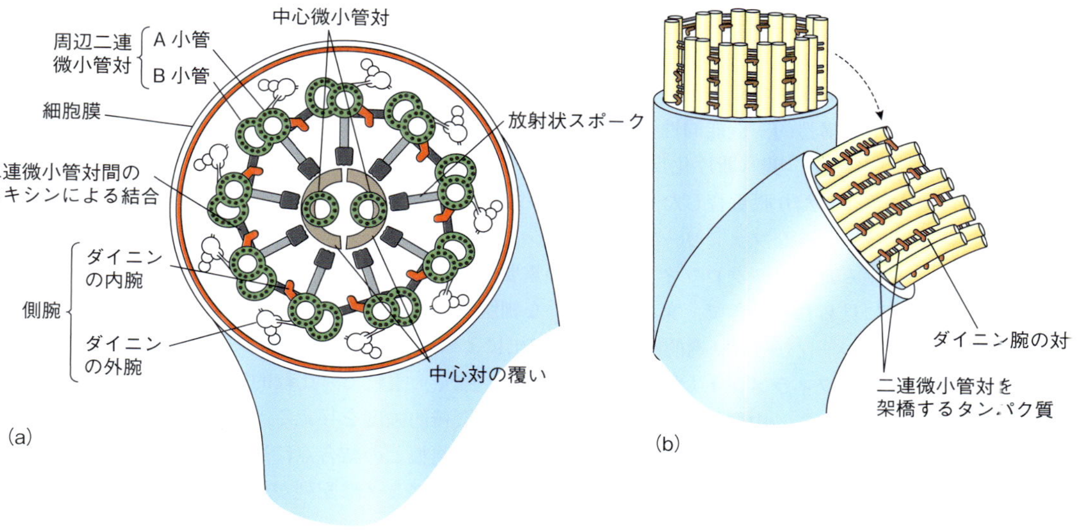

図 2.23 真核生物の繊毛や鞭毛のアクソネーム
アクソネームは微小管を基本とした細胞骨格構造である．鞭のような可動性の繊毛や鞭毛では，アクソネームは典型的な 9 × 2 + 2 の微小管パターン〔外側の九つの対(二連微小管対)と内側の一対の微小管〕をもっている．(a) このアクソネームの断面図は典型的なアクソネームの構造を示している．ダイニンの腕は ATP 加水分解型のモータータンパク質で，微小管上を〝歩く〟ことでアクソネームの屈曲をつくりだす．ネキシンによってつながることで，周辺二連微小管対は連結される．放射状スポークはアクソネームの動きを制御すると考えられている．(b) この図は，周辺二連微小管対が互いに関連して滑り運動を行う結果生じる，アクソネームの屈曲を表している．

端はゆっくりとしか伸長しない．つまり，微小管はプラス端で伸長するため，細胞の周縁部に向けて伸びる．微小管の動力学(動的不安定性)は，重合過程を促進したり阻害したりして微小管の安定性を制御する一連の分子である微小管結合タンパク質(MAP)によって制御される．MAP の別の機能としては，細胞内の特定の場所へ微小管を導くこと，微小管束を形成する架橋を行うことがあげられる．ATP 依存性モータータンパク質のキネシンとダイニンが微小管に沿って動く．一般に，小胞や細胞小器官のような積み荷をキネシンがプラス端方向に，ダイニンがマイナス端方向に動かす．微小管は細胞の多くの部位に見られるが，支えを必要とする長くて薄い構造(たとえば伸びた神経細胞の軸索や樹状突起)に最も顕著に見られる．微小管は紡錘体(細胞分裂の際に見られる構造で，染色体の娘細胞への均等分配に重要である)中や，繊毛や鞭毛として知られる細くて毛のような，移動のための細胞小器官にも存在する(図 2.23)．

細胞膜に差し込まれている，鞭(むち)のような付属器官である繊毛や鞭毛は，推進力を与える役割のために高度に特殊化している．最も顕著な例として，破片を含んだ粘液を肺から排出する気管の細胞表面の運動毛や，卵を探す精子の鞭毛があげられる．鞭毛や繊毛の内部の中心にある微小管はアクソネームと呼ばれ，融合して対になった 9 本が環状構造体を形成し，中心の融合していない 2 本を囲んだ構造体である（9 ＋ 2 構造)．繊毛や鞭毛の波打つ動きは，外側の微小管が互いに関連して滑り運動を行うことによって生じる．屈曲は，ダイニン分子(〝腕〟と呼ばれる)が隣接する微小管にくっついたり離れたりして，その上を〝歩く〟という ATP に依存した構造変化で起こる．また微小管は，繊毛や鞭毛のなかで積み荷(たとえば，新たに合成したアクネソームタンパク質)を運ぶ．鞭毛内輸送(IFT)と呼ばれる過程において，キネシンは，細胞の周辺方向に向けて，外側の微小管対に沿って，繊毛や鞭毛の会合や維持に必要な分子を含んだ粒子を運ぶ．ダイニンは，たとえば積み荷の外れたキネシンなどの分子を逆方向に運ぶ．一次繊毛(不動性繊毛)と呼ばれる運動能力のない繊毛は，ほとんどの脊椎動物の細胞で重要な，特徴的な構造物である．そのヒトの健康への影響については，p. 56 の生化学の広がり「一次繊毛とヒトの疾患」に書かれている．

ミクロフィラメントは細い繊維で(直径 5～7 nm)，球状アクチン(G アクチン)が重合してできている．繊維状の多量体型のアクチン(F アクチン)は，2 本のアクチン重合物のらせんとして存在し，プラス端とマイナス端をもっている．重合は ATP 加水分解のエネルギーを使って進められるが，プラス端でより速く進行する．一本一本の繊維には非常に融通性があり，通常，さまざまな太さの束へと架橋される．多くの種類のアクチン結合タンパク質が，ミクロフィラメントの構造的，機能的性質を制御する．アクチン結合タンパク質はミクロフィラメントを架橋，安定化，切断(断片化)したり，キャップ(重合を阻害)したりする．ミクロフィラメントは，単に重合したり脱重合したりすることで力を生みだすことができる．ATP 依存性モータータンパク質の大きなファミリーであるミオシンとともに，ミクロフィラメントは張力をつくる収縮力を生みだす．ミクロフィラメントの重要な役割として，細胞質(原形質)流動(主として植物細胞に見られる動きで，葉緑体のような細胞小器官を細胞質の流れによってすばやく入れ替える)，アメーバ運動(一過的な細胞質の突出によってつくられる一種の運動)や筋肉の収縮がある．

中間径フィラメント(直径 8 ～12 nm)は，強く，柔軟で，比較的安定な重合体が多数集まったものである．中間径フィラメントは細胞に機械的強度を与える．中間径フィラメントのネットワークは，核の周りの環状の網から伸び，細胞膜との結合点に達する．中間径フィラメントタンパク質には六つのクラスがあり，それぞれはアミノ酸配列が異なる．よく知られている例は，皮膚や毛髪に見られるケラチンや核膜を補強するラミンである．このような違いはあっても，それぞれの中間径フィラメントの形は，いずれも球状の頭と尾にはさまれた桿状ドメインからできている．中間径フィラメントのポリペプチドは，集合して二量体(2 本のポリペプチド)，四量体(4 本のポリペプチド)，さらに高次の構造をとる．中間径フィラメントは，とくに機械的ストレスを受ける細胞に多く見られる．

細胞骨格は動的な機械系で，ほとんどの細胞活動に不可欠なものである．細胞骨格の特徴的な機能特性は，微小管にかかる圧迫と，収縮ミクロフィラメントによって生じる張力の間のバランスをとることで成立している．中間径フィラメントは，微小管とミクロフィラメント，そして核と細胞膜をつなぐ．この機能的な〝細胞構築〟の結果，相反する力は，すべての細胞骨格因子を通じて，たえず平衡が保たれる(**図 2.24**)．したがって生細胞は，常に動的不安定性をもつ状態にある．さまざまな化学的，物理的シグナルによって引き起こされる細胞骨格の再構成は，ほとんどの細胞過程とって主要な特徴である．

細胞骨格の特性によって可能となる最も重要な機能には，次のようなものがある．

1. **細胞の形**　真核細胞は，染み状のアメーバ，円柱状の上皮細胞，複雑な枝分かれ構造をもつニューロンなど，さまざまな構造をとっている．細胞の形の変化は，外部シグナルへの応答の結果で決まる．たとえばアメーバは，栄養分子の源に近づけるようにすばやく形を変える．
2. **大規模または小規模な細胞の運動**　細胞の大きな運動は，細胞の即時の要求に応じて，すみやかにその構造要素を会合(重合)，解離(脱重合)する動的な細胞骨格によって可能となる．細胞小器官は細胞骨格構造にくっつくことで細胞内を動き回ることができる．たとえば細胞分裂の後，新しくつくられた核膜から細胞の周縁部に向けて小胞体膜が伸長し，ゴルジ複合体が再構成されるのは，微小管にくっつくことで達成される．微小管や膜の積み荷を結合した特異的なモータータンパク質が，ATP の加水分解により構造を変化させることで動きが生じる．
3. **固相の生化学**　以前は細胞質の液相中で起こると考えられていた多くの生化学反応が，実はかなりの割合で細胞骨格上で起こっている．生化学反応系は，酵素が固相の上に複合体として結合することで，より容易に，より効率的に制御できる．顕著な例は，炭水化物を代謝することで ATP を生成する解糖反応である．解糖系酵素が細胞骨格フィラメントに結合することで，反応速度が大きく上昇することが観察された．細胞骨格構造を阻害する薬剤は，解糖系酵素を解離させ，細胞質での ATP 産生を急激に減少させる．
4. **シグナル伝達**　細胞は情報を加工していく系であり，外部の幅広い化学的，物理的刺激に応答する．例としては，ホルモンや成長因子の対応する細胞表面の受容体への結合や，神経または筋肉細胞の膜の活動電位，張力や静水圧のような機械的な力があげられる．

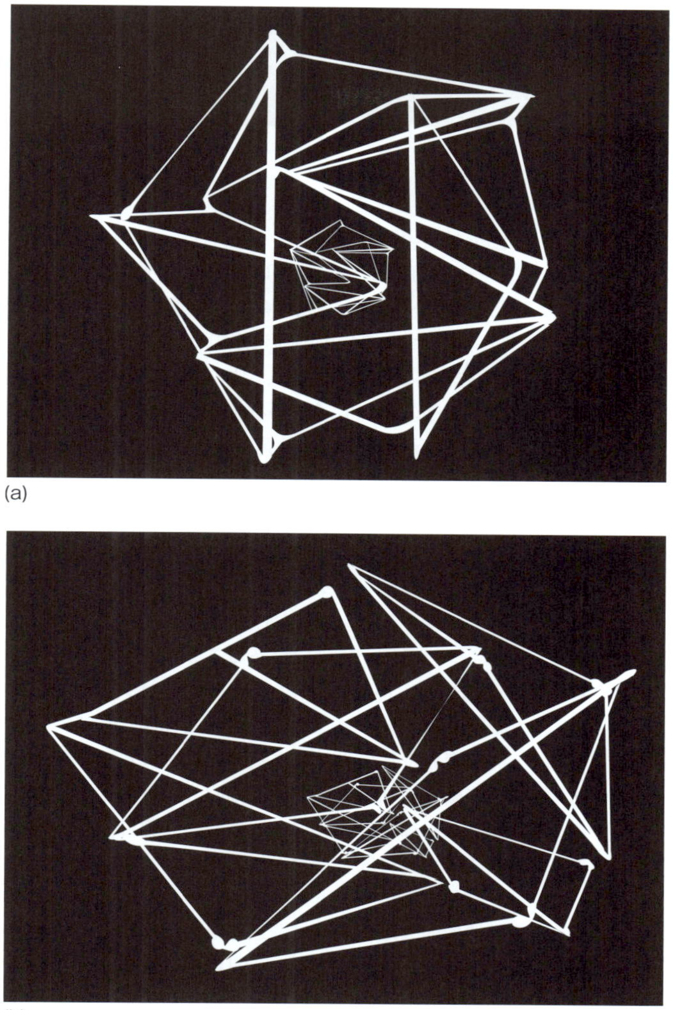

図 2.24 細胞骨格の再構成モデル
(a)も(b)も安定な構造で，機械的ストレス，つまりぴんと張ったひもと硬い支柱のバランスがとれて保たれている．ここでの"細胞"は，アルミニウムの支柱と細い伸縮性のひもからできている．測地線(2点を結ぶ最短曲線)で描かれた"核"は，木製の棒と白い伸縮性の糸からできている．構造(a)に外的な力が加わると，細胞は構造(b)に変形する．

細胞はシグナル伝達機構の一群(電位または圧力感受性イオンチャネル，シグナル複合体，生化学経路，遺伝子発現装置)をもっており，コンピュータの集積回路(マイクロチップ．トランジスタとコンデンサからなる情報処理装置．ワイヤでつながれ，電気で作動する)に似ている．シグナル伝達過程を容易にして支えているのは，細胞骨格や核骨格のフィラメントである．

キーコンセプト

細胞骨格は，高度な構造をとったタンパク質からできている繊維のネットワークであり，細胞の形の維持，大規模および小規模な細胞の運動，固相の生化学やシグナル伝達にかかわっている．

問題 2.4

がんは，細胞分裂が制御できなくなることを特徴とする一連の病気である．卵巣がんの治療に使われる薬剤のタキソールは，微小管に結合して安定化させる．タキソールの抗がん活性の基盤になるものを簡単に述べよ．

生化学の広がり

一次繊毛とヒトの疾患

不動性の繊毛はヒトの健康にどのような影響を及ぼすか？

ほとんどの分化した脊椎動物の細胞は，**一次繊毛**(primary cilium)と呼ばれる1本の動かない繊毛をもっている．動く繊毛とは対照的に，一次繊毛はアクソネームの中心微小管対を欠いており(9＋0構造)，運動に必要なダイニン腕も放射状スポークもない．一次繊毛は感覚細胞小器官として機能する．すなわち，細胞のアンテナとして働く．繊毛の膜に埋め込まれている数多くの受容体分子やその他のタンパク質は，機械的圧力，シグナル分子，光のような環境からの合図を敏感に感じることを容易にする．たとえば，腎臓の尿細管細胞の一次繊毛は管内へ飛び出していて，そこで尿の流れを感知している．尿の流れによる繊毛の機械的屈曲は，Ca^{2+} の内部へ流れを生む．内部へカルシウムの流れの結果の一つとして，細胞分裂が抑制される．一次繊毛の機能の他の例としては，創傷治癒〔一次繊毛の細胞膜の受容体が血小板由来成長因子(PDGF)に結合すると繊維芽細胞が傷口に遊走する〕，嗅覚(嗅覚感覚ニューロンの一次繊毛は匂い分子を感知する)，視覚(網膜中の桿状細胞の外側の部分は，本質的に，視覚色素が詰まって大きくなったチップをもつ，高度に改良された一次繊毛である)などがあげられる．

一次繊毛内の限られた空間は，いくつかのシグナル伝達系を強く統合することを可能にする．たとえば，動物の分化において重要な役割を果たすヘッジホッグとWntのシグナル経路がある．繊毛成分および繊毛と細胞質の間を行ったり来たりする中間シグナル分子の鞭毛内輸送(IFT)による効率のよい輸送も，シグナル伝達を促進する．IFTにより運ばれるシグナル分子は，最終的には核内での遺伝子の発現につながる．繊毛関連疾患と呼ばれる多くのヒトの疾患は，一次繊毛の欠陥に原因がある．

ヒト繊毛関連疾患

一次繊毛がヒトの体のほぼすべての細胞に存在することを考えると，一次繊毛関連の疾患が広範囲に及ぶことは驚きではない．いくつかの繊毛関連疾患では一つまたは限られた数の細胞種や器官に影響が出るが，他のものは多くの体の組織に影響が出て，その症状も多種多様である．網膜色素変性(RP)は，失明につながる30以上の異なる進行性遺伝的眼性疾患の総称である．網膜色素変性の一つの型は，桿状細胞の外側部位の微小管結合タンパク質(MAP)をコードするRP1という遺伝子が機能不全型であることに起因する．多発性嚢胞腎疾患では，腎臓やその他のいくつかの臓器での機能不全が，一次繊毛タンパク質のポリシスチン1(PC1)とポリシスチン2(PC2)をコードする二つの遺伝子に欠陥があることに関連した嚢胞形成に起因する．PC1とPC2(陽イオンチャネル)は共同して，腎臓の尿細管細胞での流量を感知する機械的受容体として働く．もしこの機能が変異や他のタンパク質で阻害されると，部分的には一次繊毛の機能で制御されている細胞分裂は促進される．結果として増加した細胞分裂により，多数の嚢胞(液で満たされた嚢)が形成され，最終的に腎臓疾患につながる．

バルデー・ビードル症候群(BBS)は，多面発現性疾患(一つの遺伝的欠陥が，一見関連しないと思われる多数の症状につながる状態)の一例である．BBSは12の遺伝子のいずれかの変異により引き起こされるが，網膜の変性と腎臓，肝臓の嚢腫に加え，以下のいくつかの症状を含めた一連の臨床症状が付随して見られる．すなわち，肥満，難聴，嗅覚異常，糖尿病，知能障害，多指症(余分な指やかかとが片方または両方の手や足にある)や，内臓逆位(内臓の配置が左右反対)などが付随して起こる．BBSに関連する遺伝子の産物はBBSomeといい，一次繊毛の鞭毛内輸送(IFT)で重要な役割を果たすタンパク質複合体である．

まとめ　不動性の一次繊毛は，脊椎動物細胞の健康を保つうえで，きわめて重要な役割をもつ．一次繊毛の欠陥は数多くのヒトの疾患を引き起こす．

ラボの生化学

細胞工学

この 50 年間に，生物の機能についての理解は革命的に進んだ．生化学過程に関する最近の知識は，その多くが技術的革新の直接的成果である．そのうち，生化学研究で用いられる最も大切な三つの細胞学的手法について簡単に述べる．それは，細胞分画，電子顕微鏡，そしてオートラジオグラフィーである．

細胞分画

細胞分画(cell fractionation)**法**(図 2A)によって，細胞外でも比較的無傷の状態で細胞小器官を研究できるようになった．たとえば，機能している状態でミトコンドリアを細胞のエネルギー産生の研究に使うことができる．この方法では，細胞を穏和な条件で破砕し，細胞小器官を含むいくつかの画分に分ける．細胞はいくつかの方法で破砕できるが，ホモジネート法が最も一般的なものである．ホモジナイズ(破砕)の過程では，ぴったり合うように設計されたガラス棒が入るガラス管か電気攪拌機のなかに細胞懸濁液を入れる．得られたホモジネート(破砕液)を**分画遠心分離**(differential centrifugation)**法**で，いくつかの画分に分ける．ここで使われる超遠心機と呼ばれる冷却器のついた機器は，ものすごい遠心力を生じさせることができ，細胞の構成成分を大きさ，表面積，および相対密度に従って分画できる(重力の 500,000 倍，つまり 500,000 ×g の遠心力を，超遠心機のローター中におかれた壊れない管にかけることができる)．ホモジネートを最初に低速(700〜1000 ×g)で 10 分から 20 分ほど遠心する．核のような重めの粒子は沈降もしくは沈殿する．軽めのミトコンドリアやリソソームといった粒子は，沈殿の上の液体である上清に懸濁している．次に，上清を他の管に入れて高めの速度(15,000〜20,000 ×g)で 10 分から 20 分ほど遠心する．得られた沈殿には，ミトコンドリア，リソソーム，およびペルオキシソームが含まれている．上清には**ミクロソーム**(microsome，懸濁中に小胞体から生じた小さな閉じた粒子)が含まれているが，これを別の管に入れて 100,000 ×g で 1 時間から 2 時間ほど遠心する．ミクロソームは沈殿に回収され，上清にはリボソーム，膜の小さな断片，および糖の多量体であるグリコーゲンなどの顆粒が含まれている．この最後の上清をさらに 200,000 ×g で 2 時間から 3 時間ほど遠心すると，リボソームや高分子が沈殿として回収される．

この方法で得られた細胞小器官の画分は，研究目的には十分に純度の高いものではないことがしばしばある．さらに細胞分画をするために，しばしば**密度勾配遠心分離**(density-gradient centrifugation)**法**(図 2B)が用いられる．この方法では，ショ糖のような密度の高い物質からなる溶液の上に，注目している分画を重層する(この溶液を含む遠心管では，ショ糖の濃度は上から下にかけて濃くなっている)．高速で数時間遠心しているうちに，粒子はそれ自身の密度と同じレベルに達するまで濃度勾配のなかを下がっていく．遠心後，プラスチックの遠心管の底に穴をあけて，細胞内容物を底から一滴一滴回収する．個々の画分の純度は視覚的に見る機器(電子顕微鏡)を用いて評価できる．しかし，もっと一般的に行われる方法は**指標酵素**(mark-

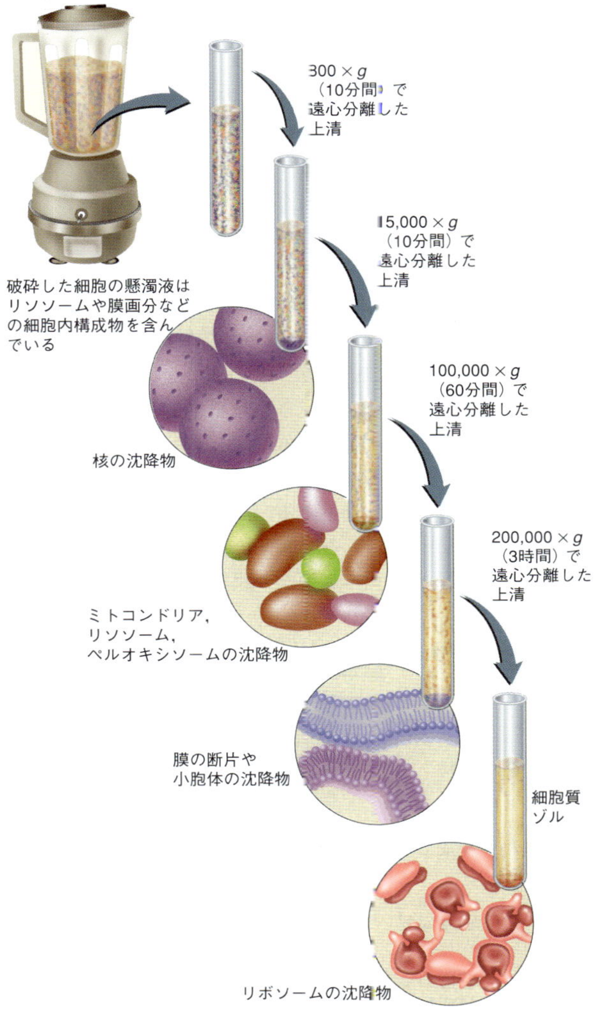

図 2 A　細胞分画法
攪拌機で細胞を破砕した後，速度を上げていく一連の段階的遠心によって細胞構成成分を分離する．それぞれの遠心の後，上清を回収して新しい管に入れ，さらに大きな遠心力をかける．回収した沈殿を再度溶液に分散させて，顕微鏡や生化学テストで確認する．

▶

er enzyme，特定の細胞小器官にとくに高濃度に存在することが知られている）の測定である．たとえば，グルコース-6-ホスファターゼは肝臓においてグルコース 6-リン酸をグルコースに変換する酵素であるが，肝臓のミクロソームの指標になる．同様に，DNA ポリメラーゼは DNA 合成にかかわる酵素であるが，核の指標になる．

電子顕微鏡

電子顕微鏡（EM）を用いれば，一般によく使われる光学顕微鏡では見ることのできない細胞の超微細構造も見ることができる．電子顕微鏡により 100 万倍ぐらいの拡大像が得られている．今後は 1000 万倍まで拡大できるだろう．これに対して，光学顕微鏡では 1000 倍ぐらいしか拡大できない．電子顕微鏡の解像度（0.5 nm）が光学顕微鏡の解像度（0.2 μm）に比べて高いのは，照明光源の波長サイズが違うためである．電子顕微鏡は，可視光よりずっと短い波長の電子線を使っている．結果として，より詳細な画像を得ることができる．通常，より短い波長になれば，より高い解像度を得られる．

電子顕微鏡には 2 種類がある．透過型電子顕微鏡（TEM）では，電子線は薄い標本を通過する．標本による電子線の吸収の違いにより，像がつくられる．走査型電子顕微鏡（SEM）は，重金属の薄層で覆われた標本表面から放出される電子を検出することで，三次元画像がつくられる．表面の構造しか見ることができないにもかかわらず，走査型電子顕微鏡は細胞の構造と機能に関する非常に有益な情報をもたらしてくれる．

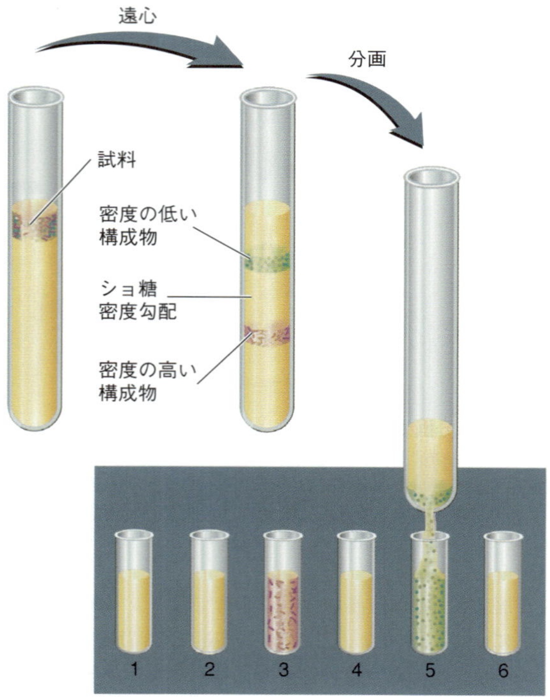

図 2B　密度勾配遠心分離法
ショ糖のような不活性な物質であらかじめつくった密度勾配の上に試料をそっと重層する．遠心力が加わると，試料中の粒子はそれぞれの密度に応じて，異なる密度のバンドのなかを移動する．遠心後，管の底に穴を開けて，個別のバンドを別べつの管に回収する．

オートラジオグラフィー

オートラジオグラフィーは，細胞構成成分の位置や動きを研究するのに用いられている．オートラジオグラフィーは生化学において非常に貴重な手段である．放射能で標識された分子は，核酸やタンパク質の合成，遺伝子発現，シグナル伝達や，代謝経路を研究するのに使われている．放射線同位元素の ^{3}H（トリチウム），^{32}P，^{35}S が最も一般的に用いられる．たとえば，トリチウム標識された核酸のチミジンが DNA 合成の研究に用いられている．というのは，チミジンは DNA 分子にしか取り込まれないからである．細胞を放射性の前駆体にさらした後，光学顕微鏡または電子顕微鏡用の処理をする．処理したスライドグラスを写真乳剤に浸す．暗所に保存した後，通常の写真と同様の方法で感光乳剤を現像する．放射能によって標識された分子が，銀粒子の現像パターンによって現れる．

生細胞イメージング

生細胞の動的活動は，光学顕微鏡を用いた生細胞イメージングにより最もよく観察できる．二つの例として，位相差顕微鏡と蛍光顕微鏡があげられる．

位相差顕微鏡は，異なった密度の物質を光が通過するときに，光の反射に違いが出ることを利用している．位相差顕微鏡は環状開口（入射光線の角度を制限する）と位相板（光の波長 λ を水平軸に沿って変える）を備えている．生細胞は半透明であるが，背景光から位相を 90° ずらすことにより十分なコントラストができるため，細胞構造の観察が可能になる．位相差顕微鏡は，低解像度でもよい場合は，走化性のような実験に使われる（走化性とは，アメーバのような生物が化学的刺激に対して誘引されたり忌避したりする動きのことである）．

細胞生物学者や生化学者は，蛍光色素分子（光子を吸収して，その後低いエネルギーの光子を再放出する分子）を使って細胞の機能を調べるために蛍光顕微鏡を用いる．蛍光色素分子は DAPI，TRITC や FITC のような小さな分子，もしくは緑色蛍光タンパク質（GFP）のような蛍光タンパク質であり，調べたいタンパク質に結合させる．蛍光色素分子は，シグナル伝達機構を含めた多岐にわたる細胞機能を低速度撮影で研究する際に使われる．いくつかの蛍光色素分子を同時に使うこともある．

蛍光顕微鏡には，光源，励起フィルター（特定の蛍光色素分子を励起する波長だけを通過させる），ダイクロイックミラー（励起光を反射して放出蛍光を透過させる被覆ガラスからなるビームスプリッター），放出フィルター（ピークの放出光波を通過させる）とカメラが備えられている．

生細胞に蛍光顕微鏡を使う際は，蛍光染色に毒性があるため，短時間の観察に限られることに注意する．

本章のまとめ

1. 細胞はすべての生物の構造単位である．生きているそれぞれの細胞のなかには，数億もの密に詰め込まれた生体分子が存在している．水の独特な化学的および物理的性質は，他のすべての生体分子のふるまいを規定している．生体膜は薄く，柔軟性があり，細胞や細胞小器官を包み込む比較的安定なシート状の構造をしている．生体膜はリン脂質やタンパク質といった生体分子からできていて，透過選択性をもった物理的障壁を形成している．
2. 生細胞では，生体分子に内在する立体構造に関する情報によって，相補的な表面間に多くの弱い非共有結合ができ，超分子構造の自己集合が起こる．細胞の反応過程に関与する，多数のサブユニットからなる複合体は，分子機械として機能することが知られている．すなわち，それらの複合体はエネルギーを方向性のある運動に変えるような可動部分からなる機械的装置である．細胞中でタンパク質が込み合ってできる高分子クラウディングは，多くのさまざまな細胞現象にとり重要な因子である．シグナル伝達機構により，細胞は内的，外的な情報を処理できる．プロテオスタシス（タンパク質恒常性）は，タンパク質の合成と折りたたみと分解の間の動的平衡の結果として，細胞中に存在する．
3. 現存するすべての生物は，原核生物か真核生物である．原核生物は真核生物より構造的に単純である．原核生物は種の壁を越えて広範な生化学的多様性をもっている．このため，ほとんどどんな有機分子も，それを食料資源として利用するなんらかの原核生物が存在する．原核生物と違って，真核生物では代謝機能が細胞小器官と呼ばれる膜で仕切られた区画で行われる．
4. 原核細胞の DNA は核様体と呼ばれる不定形の領域に存在する．多くの細菌はさらにプラスミドと呼ばれる小さな環状 DNA 分子をもっている．プラスミドには，細胞を守ったり，代謝の特異性を付与したり，生殖を有利に導いたりする遺伝子が含まれている．
5. 原核生物と真核生物のいずれの細胞膜も生命維持に必要ないくつかの機能を果たしている．それらのなかで最も重要なのは分子の輸送の制御であり，輸送体やチャネルタンパク質がそれを助けている．
6. 小胞体（ER）は真核細胞に見られ，膜でできた管，小胞，そして大きく平らな嚢胞が互いにつながった系である．小胞体には二つの種類がある．粗面小胞体は主としてタンパク質合成にかかわっており，細胞質側にバラバラと無数に付着したリボソームがあるために，このように呼ばれている．もう一つの種類は，リボソームがくっついていないので滑面小胞体と呼ばれている．滑面小胞体の機能には脂質の合成と生体内変換がある．
7. ゴルジ装置は，比較的大きく平らで袋のような膜状の小胞からなり，板が重なったように見える．ゴルジ装置は，細胞の産生物を加工し，包み込み，小胞区画に放出して，細胞中の目的の場所まで運ぶことにかかわっている．
8. 細胞の周り，内側，あるいは外側での内因性および外因性物質の加工にかかわり，特殊な生化学機能を果たす小胞性細胞小器官が細胞にはある．
9. すべての真核生物の核は，細胞の遺伝情報である DNA をもっている．リボソーム RNA は核小体で合成され，核中に見られる．DNA 複製および転写の過程を細胞質から隔てるのは核膜である．核膜は，核膜孔と呼ばれる構造で融合した２枚の膜からできている．
10. 好気的呼吸はミトコンドリア中で行われる．好気的呼吸は細胞が分子状酸素（O_2）を用いてエネルギーを獲得する過程である．ミトコンドリアはそれぞれ二つの膜で囲まれている．滑らかな外膜は分子量 10,000 以下の大きさのほとんどの分子を通過させる．内膜はイオンやさまざまな有機物質を通過させず，クリステと呼ばれる内側へ突き出したひだ状のくびれを形成している．この膜に埋もれて，ATP 合成にかかわる構造物である呼吸鎖が存在する．
11. ペルオキシソームは小さな球状の膜からできた細胞小器官で，さまざまな酸化酵素を含んでいる．ペルオキシソームについて特筆すべき点は，過酸化物の生成や分解に関与することである．
12. 葉緑体は，葉，花弁，および実の色を決める色素を蓄えている．葉緑体は光エネルギーを化学エネルギーに変換する一種の有色体である．
13. 細胞骨格は繊維とフィラメントからできた裏打ち網状組織であり，細胞の形の維持や，大・小スケールの細胞運動や，固相の生化学反応やシグナル伝達に関与する．

キーワード

アポトーシス（apoptosis）　49
一次繊毛（primary cilium）　56
エキソサイトーシス（exocytosis）　42
エンドサイトーシス（endocytosis）　43
エンドサイトーシスサイクル（endocytic cycle）　46
エンドメンブレンシステム（endomembrane system）　37
核（nucleus）　46
核外膜（outer nuclear membrane）　47
核質（nucleoplasm）　46
核周囲腔（perinuclear space）　47
核小体（nucleolus）　48
核内膜（inner nuclear membrane）　47
核膜（nuclear envelope）　47
核膜孔複合体（nuclear pore complex）　47
核マトリックス（nuclear matrix）　49
核様体（nucleoid）　36
核ラミナ（nuclear lamina）　48
滑面小胞体（smooth ER, sER）　40
カベオラ（caveolae）　46
カベオラエンドサイトーシス（caveolar endocytosis）　46
クラスリン（clathrin）　45
クラスリン依存性エンドサイトーシス（clathrin-dependent endocytosis）　45
グラナ（granum）　52
クロマチン繊維（chromatin fibre）　46
好気的代謝（aerobic metabolism）　49
光合成（photosynthesis）　36

復習問題

以下の問いは，次章へ進む前に，本章で論じた重要な概念について理解度を確認するためのものである．解答は巻末および『問題の解き方』を参照のこと．

1. 次の用語の定義を述べよ．
   a. 原核生物　b. 真核生物　c. 細胞小器官　d. 親水性　e. 疎水性
2. 次の用語の定義を述べよ．
   a. 脂質二重層　b. 極性頭部基　c. 炭化水素尾部　d. 膜内在性タンパク質　e. 膜表在性タンパク質
3. 次の用語の定義を述べよ．
   a. 超分子複合体　b. リボソーム　c. チャネルタンパク質　d. 担体タンパク質　e. 受容体
4. 次の用語の定義を述べよ．
   a. シグナル伝達　b. 神経伝達物質　c. ホルモン　d. サイトカイン　e. リポ多糖
5. 次の用語の定義を述べよ．
   a. 内毒素　b. 細胞膜周辺腔　c. バイオフィルム　d. 粘液層　e. 細菌莢膜
6. 次の用語の定義を述べよ．
   a. 細胞膜　b. 光合成　c. 呼吸　d. 核様体　e. 染色体
7. 次の用語の定義を述べよ．
   a. 糖衣　b. 細胞外マトリックス　c. 細胞皮質　d. 小胞体　e. 小胞体内腔
8. 次の用語の定義を述べよ．
   a. 粗面小胞体　b. 滑面小胞体　c. クラスリン　d. 小胞体ストレス応答　e. カベオラ
9. 次の用語の定義を述べよ．
   a. 核質　b. クロマチン繊維　c. 核マトリックス　d. 核小体　e. 核膜
10. 次の用語の定義を述べよ．
    a. 核膜孔複合体　b. エンドサイトーシス　c. プロテオーム　d. エンドサイトーシスサイクル　e. リソソーム
11. 次の用語の定義を述べよ．
    a. 酸加水分解酵素　b. オートファジー　c. クラスリン依存性エンドサイトーシス　d. カベオラエンドサイトーシス　e. プロテオスタシス
12. 次の用語の定義を述べよ．
    a. ミトコンドリア　b. 好気的呼吸　c. アポトーシス　d. ミトコンドリア外膜　e. ミトコンドリア内膜
13. 次の用語の定義を述べよ．
    a. 核外膜　b. 核内膜　c. 葉緑体　d. 光合成　e. チラコイド膜
14. 次の用語の定義を述べよ．
    a. 細胞骨格　b. 微小管　c. MAP　d. IFT　e. 一次繊毛
15. 次の用語の定義を述べよ．
    a. ミクロフィラメント　b. F アクチン　c. G アクチン　d. アメーバ運動　e. 中間径フィラメント　f. ケラチン
16. 微生物が行うヒトの健康に必要な四つの生理学的機能をあげよ．
17. およそ70%の免疫系細胞は下部消化管(腸)の壁に存在する．この現象が見られる理由を推測せよ．
18. なぜ抗生物質治療をした後に有用な腸内菌叢を再構築するのは難しいのか．
19. どういった因子が細胞内タンパク質の間違った折りたたみを促進するか．
20. 次の構造物は原核細胞にあるか，それとも真核細胞にあるか．
    a. 核　b. 細胞膜　c. 小胞体

d. ミトコンドリア　e. 核様体　f. 細胞骨格

21. 生細胞のなかに密に詰められた分子を表現する際，〝濃い〞ではなく〝込み合った〞という言葉が使われるのはなぜか．
22. 核ラミナの機能は何か．
23. エンドメンブレンシステムの構成物は何か．それらの構成物は機能上どのようにつながっているか．
24. 細胞内のシグナル伝達における細胞骨格の役割を概説せよ．
25. ミトコンドリアの融合と分裂は，どのような目的に役立つか．
26. 生細胞において細胞骨格はどのような機能を果たしているか．
27. 核がもつ二つの必須機能とは何か．
28. 細胞において膜タンパク質は，おもにどのような役割を果たしているか．
29. ゴルジ装置の機能について説明せよ．
30. 小胞体ストレス，小胞体ストレス応答，小胞体関連タンパク質分解という用語を区別して述べよ．
31. 核膜孔複合体の構造的，機能的特性について述べよ．
32. 鞭毛内輸送の機能について述べよ．
33. ペルオキシソームは，その専門的な機能と，特徴的な発生の仕方のために，小胞性細胞小器官の仲間には含まれない．ペルオキシソームの機能と，どのように形成されるかを述べよ．
34. 細胞内の被覆タンパク質複合体Ⅱの機能は何か．
35. 肝実質細胞と筋細胞の滑面小胞体の機能について説明せよ．
36. 核膜の構造と機能について説明せよ．
37. プロテオスタシスとは何か．細胞の生存にとってどのように重要か．

応用問題

以下の問いは，本書でこれまで論じてきた重要な概念について理解を深めるためのものである．正解は一つとは限らない．解答例は巻末および『問題の解き方』を参照のこと．

38. 嚢胞の形成は，多発性嚢胞腎における深刻な機能喪失の原因である．遺伝学的な研究からこの疾患は，一次繊毛のタンパク質をコードする遺伝子の欠陥によるとされる．一般的な用語を用いて，なぜ一次繊毛の機能不全が腎臓の嚢胞形成の原因になるか説明せよ．
39. 一次繊毛は脊椎動物細胞の最初の感覚細胞小器官として進化してきた．どのような構造的特徴が，一次繊毛をこの目的にとって理想的なものにしているか．
40. 細胞骨格は，細胞の構造を支えているのに加えて，酵素や細胞小器官を細胞質に固定化している．細胞内容物をこのように固定化して，自由に細胞質内を拡散させない利点は何か．
41. 家族性高コレステロール血症（FH）は遺伝性で，高レベルの血中コレステロール，黄色腫（腱の近くの皮膚の下に発達する脂肪をため込んだ結節），早期発症型のアテローム性動脈硬化症（動脈中に黄色っぽいプラークを形成）を特徴とする．この病気の軽い症例では，患者は，細胞が低密度リポタンパク質（LDL）と結合してそれを取り込むための細胞膜上のLDL受容体が半分しかない（LDLとはコレステロールや他の脂質を組織に運ぶための血漿リポタンパク質粒子）．これらの患者は，成人の早い時期に最初の心臓発作を起こす．FHの重度の症例では，患者は機能するLDL受容体をまったくもたず，8歳ぐらいから心臓発作を起こし，その数年後には死に至る．この章で学んだことを踏まえ，FH患者の欠損した細胞過程について簡単に説明せよ．
42. マイコプラズマは細胞壁をもたない珍しい細菌である．直径が0.3 μmで，独立に生きている既知の生物のなかでは最も小さい．ある種のものはヒトに対して病原性がある．たとえば，*Mycoplasma pneumoniae*は重篤な肺炎を引き起こす．マイコプラズマは球状で，細胞の体積を計算できるとする．マイコプラズマと大腸菌の体積を比較せよ．
43. 原核細胞のリボソームの大きさは約14 nm × 20 nmである．もし，リボソームが細胞の体積の20%を占めたとしたら，大腸菌のような典型的な細胞のなかには何分子のリボソームが存在するか．ただし，リボソームの形はほぼ円柱とする．

CHAPTER

3 水：生命の媒体

水の惑星　太陽系のなかで海洋をもつ惑星は地球だけである．地球上に生命が存在できるのは水の特性による．

アウトライン

概　要

地球は，第一に広大な海があるという点で，太陽系の惑星のなかでは特異な存在である．何十億年もの時を経て，大気中の炭化水素とマントル中のケイ酸塩および酸化鉄との間の高温下における反応によって，水は生成した．水分は火山爆発により蒸気として放出され，地表にいきわたった．海洋は，蒸気が凝縮し，雨として地上に降ったときにできあがった．

長きにわたって，水は私たちの惑星に多大な影響を与えてきた．雨として降り，あるいは川として流れることにより，水はきわめて硬い岩を侵食し，山や陸地を形成してきた．生命は土と水からなる原始的な集塊のなかで生まれたものと，今日，多くの科学者が考えている．浅瀬の粘土の水たまりは，高分子の合成を促し，生命の構成要素を蓄積できる．一方で生命は，無機成分を多く含む熱水が湧き出る海底の開口部である熱水噴出孔の近傍で生まれたという，もう一つの説もある．しかしその起源が何であっても，生命が水とのかかわりによって生まれたことは偶然ではない．なぜなら，水は生命の媒体となるのに適した特性をもっているからである．その水の特性としては，熱特性と際だった溶媒特性がある．水の特性は，直接その分子構造に関係している．

水はなぜ，それほど生命の維持に必要なのだろうか．水の化学的安定性，際だった溶媒特性，生化学反応体としての役割が，長い間その理由として考えられてきた．一方で広く認識されていなかったことは，水和（水分子と溶質との非共有結合的な相互作用）が，タンパク質や核酸のような高分子の構築，安定性，および機能を発揮する原動力において決定的な役割を果たしていることである．水は，多彩な生物的な過程，たとえばタンパク質の折りたたみやシグナル伝達機構における生体分子認識，リボソームのような超分子構造の自己集合，遺伝子発現にとって必要不可欠な成分であることが，今や周知の事実となっている．生命現象においてどれほど水が不可欠であるかを理解するためには，水の分子構造とその構造に起因する物理的および化学的特性を詳しく調べる必要がある．

3.1　水の分子構造

水分子（H_2O）は水素原子2個と酸素原子1個からなる．水は，その酸素原子が sp^3 混成軌道を形成しているため，正四面体構造をとっている．そして，その正四面体の中心には酸素原子がある．二つの頂点は水素原子で占められていて，それぞれが単結合で中心の酸素原子に結合している（図3.1）．この配置により，水分子は全体として曲がった形状をとる．残りの二つの頂点は，酸素の非共有電子対によって占められている．酸素は水素よりも電気陰性度が大きい（すなわち，酸素は水素と結合したとき，電子を引きつける力が水素よりもかなり大きい）．その結果，大きな酸素原子が部分的に負電荷（δ^-）を帯び，二つの水素原子は部分的に正電荷（δ^+）を帯びている（図3.2）．酸素-水素結合における電子分布は酸素のほうに偏っているので，その結合は**極性**（polarity）をもっている．もし水分子が二酸化炭素分子（O═C═O）のように直線であったとしたら，結合の極性が互いに釣り合うため，水は極性をもたないであろう．しかしながら実際は，水分子は曲がっている（その結合角は104.5°である．これは対称な正四面体の結合角109°よりもやや小さい）．その理由は，非共有電子対はO—H結合の共有電子対よりも大きい空間を占めるからである（図3.3）．

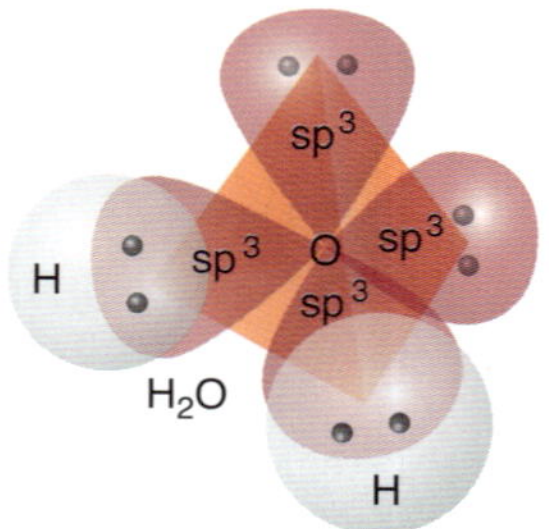

図3.1　水の四面体構造
水においては，酸素の四つの sp^3 混成軌道のうちの二つが，2組の非共有電子対によって占められている．残りの二つの不対電子が入った sp^3 混成軌道のそれぞれは，水素からの電子の供与によって満たされる．

水のように電荷が分離している分子は**双極子**（dipole）と呼ばれる．双極子は電場におかれると，電場とは反対の方向を向く（図3.4）．

水素と酸素の電気陰性度には大きな違いがあるため，水分子中で電子不足になった水素は，別の水分子の非共有電子対に引きつけられる（窒素およびフッ素に結合している水素も同様である）．**水素結合**（hydrogen bond）と呼ばれるこの相互作用では，水素原子は2個の電気的に陰性な原子により非等価に共有されている（図3.5）．すなわち，一対の水分子の場合は，2個の酸素原子によって共有されている．水素結合は，静電的な（イオンの）性質と共有結合的な性質

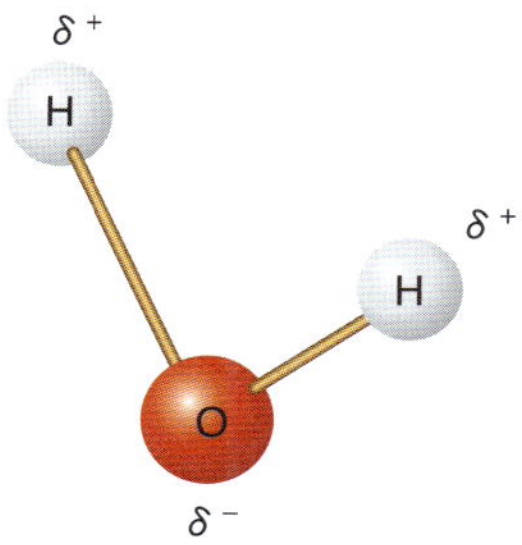

図 3.2 **水分子上の電荷**
水分子の 2 個の水素原子は，部分的に正電荷を帯びている．酸素原子は部分的に負電荷を帯びている．

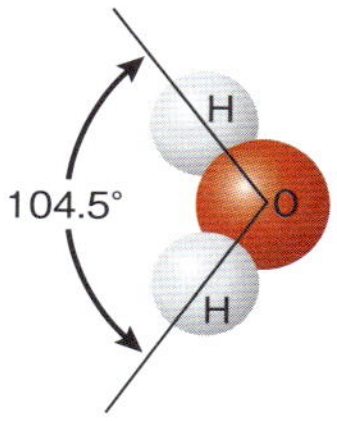

図 3.3 **水分子の空間充填モデル**
水分子は曲がった構造をしているので，分子内の電荷分布は非対称である．そのために水は極性をもっている．

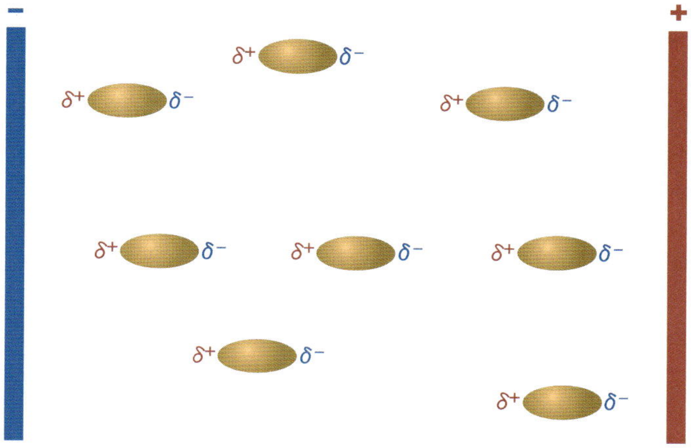

図 3.4 **電場における双極子分子**
極性分子が荷電したプレート間におかれると，電場とは反対方向を向いて並ぶ．

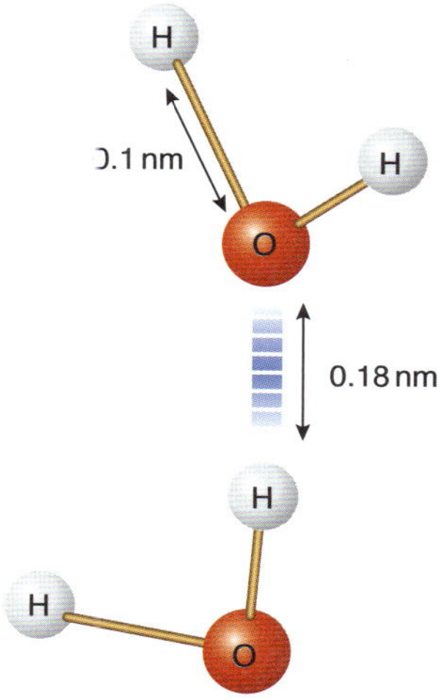

図 3.5 **水素結合**
水素結合は，二つの水分子中の電気的に陰性な酸素原子が，同一の電子不足の水素を求め合うときに形成される．水素結合は，弱い共有結合性と結合の方向性を示す青い破線によって表示されている．

の両方をもっている．**静電的相互作用**(electrostatic interaction)は，2 個の反対の部分電荷間(極性分子間)あるいは電荷間(イオンあるいは電荷をもつ分子間)に生じる．一方，**共有結合**(covalent bond)は，原子軌道の重なりや混成によって電子を共有するものである．共有結合性は，イオン周囲の一様な球状の力場とは異なり，結合や相互作用に方向性を付与している．

3.2 非共有結合

非共有結合的な相互作用は，通常，静電的なものであり，ある原子の正電荷を帯びた核と，近くにある別の原子の負電荷を帯びた電子雲との間に生じる．強力な共有結合とは異なり，個々の非共有結合的相互作用は比較的弱いので，容易に切断される(**表 3.1**)．しかしながら，弱い相互作用が多数集まったときの効果はかなり大きいので，非共有結合的相互作用は，水の物理的および化学的性質，そして生体分子の構造と機能を決定するうえできわめて重要な役割を果たしている．多くの非共有結合的相互作用は，高分子や超分子構造を安定化する．一方で，これらの結合がすばやく形成および切断される性質が，動的な生命現象に見られる迅速なシグナル伝達にとって必要な柔軟性を生体分子に与えている．生物において最も重要な非共有結合的相互作用は，イオン相互作用，水素結合およびファンデルワールス力である．

イオン相互作用

荷電した原子あるいは官能基の間で生じるイオン相互作用には，方向性がない(すなわち，中心電荷の周りの空間に均等に感知される)．ナトリウムイオン(Na^+)と塩化物イオン(Cl^-)のように反対に荷電したイオンは互いに引き合う．一方，同様の電荷をもつ Na^+ と K^+(カリウ

表 3.1　生物において一般に認められる結合の結合強度*

結合の種類	結合強度 kcal/mol	結合強度 kJ/mol†
共有	>50	>210
非共有		
イオン相互作用	1〜20	4〜80
ファンデルワールス力	<1〜2.7	4〜11.3
共有・非共有混合：水素結合	3〜7	12〜29

*相互作用する原子団の種類によって，実際の強度はかなり変動する．
† 1 cal = 4.184 J.

ムイオン）は互いに反発する．タンパク質中には，側鎖にイオン化しうる官能基をもつアミノ酸残基がいくつかある．たとえばグルタミン酸の側鎖は，生理的な pH では$—CH_2CH_2COO^-$としてイオン化する．また，リシンの側鎖（$—CH_2CH_2CH_2CH_2NH_2$）は，生理的な pH では$—CH_2CH_2CH_2CH_2NH_3^+$としてイオン化する．正および負に荷電したアミノ酸側鎖間の引力は，**塩橋**（salt bridge，$—COO^-H_3N^+—$）を形成する．一方，同じ電荷をもつ側鎖が近づくときに生じる反発力は，タンパク質の折りたたみ，酵素の触媒反応，および分子認識などの多くの生物学的な過程における重要な特性である．安定な塩橋は，水の存在下では，生体分子間でほとんど形成されないことに注目すべきである．その理由は，イオンの水和が優先し，生体分子間の引力が顕著に低下するからである．生体分子における大部分の塩橋は，比較的水の制限されたくぼみ，あるいは水の排除された生体分子の境界面において形成される．

水素結合

水素と酸素間あるいは窒素間の共有結合は十分な極性をもっているので，水素の原子核は，隣接する分子の酸素あるいは窒素の非共有電子対に弱く引き寄せられる．水分子中の酸素の非共有電子対のそれぞれは，相互作用する水素原子と弱い静電引力を発生する．これは水素結合と呼ばれる（図 3.6）．この相互作用は部分的に共有結合性をもつので，その引力には方向性がある．水素結合している水分子の二つの O—H 結合が直線上にあるとき，その引力は最大となる．その結果生じる分子間の〝結合〟は，水分子間の架橋として機能する．いかなる水素結合（約 20 kJ/mol）も，共有結合（たとえば N—H 結合では 393 kJ/mol，O—H 結合では 460 kJ/mol）と比べると，それほど強いものではない．しかし，多くの分子間水素結合が形成できれば（たとえば液体および固体状態の水のように），それらの分子は，効率よく，巨大かつ動的な三次元凝集体となる．水の場合，この凝集体を壊すのに必要なエネルギーは大きく，このことが水の高い沸点と融点，気化熱，および熱容量の原因となっている．表面張力や粘度などの水の他の特性も，このような多くの水素結合を形成する能力によるところが大きい．

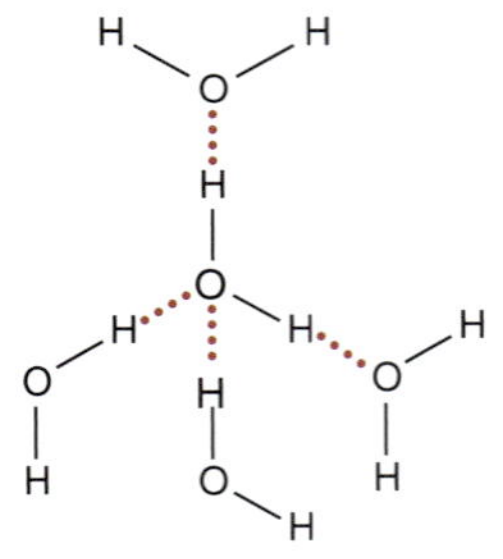

図 3.6　水分子の正四面体的集合体
それぞれの水分子は他の四つの水分子と水素結合を形成できる．

ファンデルワールス力

ファンデルワールス力（van der Waals force）は，相対的に弱い静電的相互作用である．それらは，中性の永久双極子を含む生体分子どうしが近づいたとき，あるいはπ電子雲のような誘起双極子の近傍で生じる．極性と直線性が高い分子ほど，ファンデルワールス力は強くなる．純粋な炭化水素（タンパク質や脂質の炭化水素鎖の疎水性領域に見られるような非極性結合からなる）においてさえ，互いに近づくことにより，凝集にいたる電荷の非局在化（電子が移動することにより電荷が広がること）を誘起する．分子間引力は，ファンデルワールス半径と呼ばれる距離において最大となる．もし分子がそれより近づくと，斥力が生じてくる．生体系では，斥力と引力の総和によって，生体高分子ならびにその複合体の安定な機能性構造がつくりだされている．

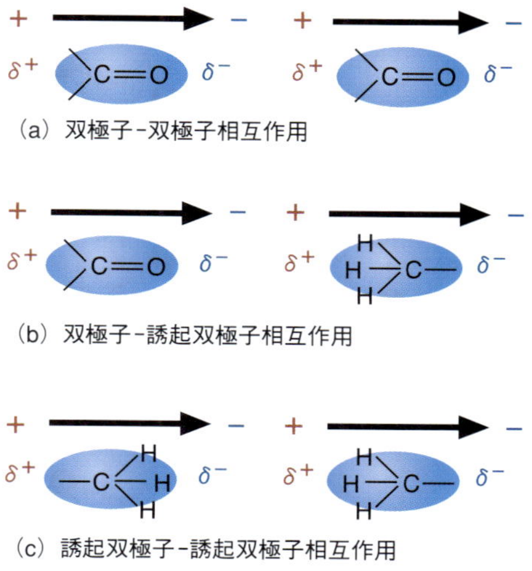

図 3.7　双極子相互作用
双極子が関与する静電的相互作用には三つの種類がある．(a) 双極子-双極子相互作用，(b) 双極子-誘起双極子相互作用，(c) 誘起双極子-誘起双極子相互作用．電場に対する電子の相対的な反応のしやすさがファンデルワールス力の大きさを決定する．双極子-双極子相互作用が最も強く，誘起双極子-誘起双極子相互作用が最も弱い．

ファンデルワールス力には三つの種類がある．

1．**双極子-双極子相互作用**　電気的に陰性な原子を含む分子間に生じるこれらの力は，一方の分子の正に荷電した先端が他方の分子の負に荷電した先端に向くように，分子を配向させる（図 3.7a）．水素結合は，とくに強い種類の双極子-双極子相互作用である．
2．**双極子-誘起双極子相互作用**　永久双極子は，その近傍の分子の電子分布を変化させることにより一過性の双極子を誘起する（図 3.7b）．たとえば，カルボニル基を含む分子は，カルボニル基の永久双極子が芳香環の π 電子を非局在化（移動）できるため，ベンゼン環に弱いながらも引き寄せられる．双極子-誘起双極子相互作用は，双極子-双極子相互作用よりも弱い．
3．**誘起双極子-誘起双極子相互作用**　近傍の非極性分子における電子の動きが，隣接する分子において一過性の電荷の不均衡を引き起こす（図 3.7c）．ある分子における一過性の双極子は，近接する分子中の電子を分極させる．しばしば**ロンドンの分散力**（London dispersion force）と呼ばれるこの種の引力は，きわめて弱い．この種類の相互作用の典型的な一例である DNA 分子における塩基環のスタッキングは，弱く保持されている π 電子が，上下に近接する平行な環に対して不均等に分散することにより引き起こされる．これらの相互作用の一つ一つは弱いが，DNA 分子の全長に及ぶと，大きな安定性をもたらす．

キーコンセプト
- 非共有結合（すなわちイオン相互作用とファンデルワールス力）は，生体系の物理的および化学的な特性を決定するうえで重要な役割を果たしている．
- 双極子-双極子相互作用および共有結合の性質を両方もつ水素結合は，細胞の構造および機能にかかわる水の特性において重要な役割を果たしている．

3.3　水の熱特性

水の最も奇妙な特性は，水が室温で液体であることかもしれない．水を同様な分子式をもつ同族分子と比較すると，水の融点と沸点は異常に高い（**表 3.2**）．もし硫化水素のような化合物のパターンに従うとすれば，水は −100 ℃で融解し，−91 ℃で沸騰するであろう．このような条件のもとでは，大部分の地球上の水は気化し，生命の誕生はありえない．しかしながら実際

表 3.2　水と他の 16 族元素 3 種の水素化合物の融点と沸点

化合物名	分子式	分子量	融点（℃）	沸点（℃）
水	H_2O	18	0	100
硫化水素	H_2S	34	−85.5	−60.7
セレン化水素	H_2Se	81	−50.4	−41.5
テルル化水素	H_2Te	129.6	−49	−2

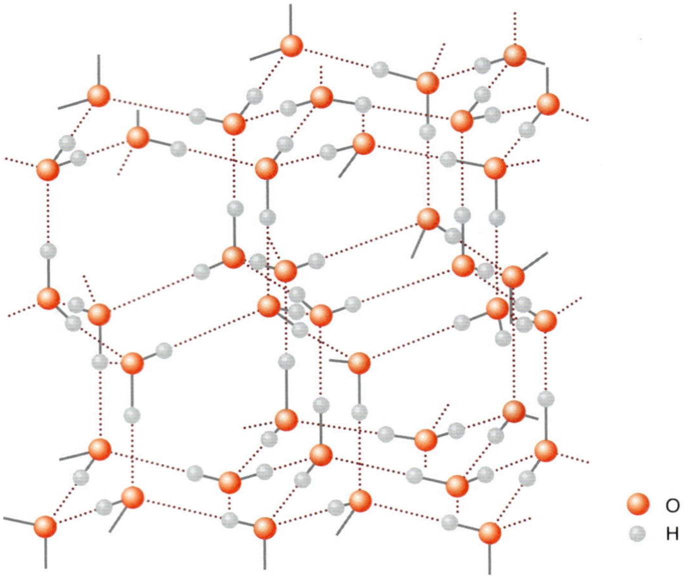

図 3.8　氷中における水分子間の水素結合
氷のなかの水素結合は，非常に空間の多い構造をつくりだす．氷は液体状態の水よりも密度が小さい．

表 3.3　水と他の 16 族元素 2 種の水素化合物の融解熱

化合物名	分子式	分子量	融解熱*	
			cal/g	J/g
水	H_2O	18	80	335
硫化水素	H_2S	34	16.7	69.9
セレン化水素	H_2Se	81	7.4	31

*融解熱とは，1 g の固体をその融点において液体に変化させるのに必要な熱量である．1 cal = 4.184 J.

には，水は 0 ℃で融解し，100 ℃で沸騰する．したがって，地表で通常認められるほとんどの温度範囲において，水は液体として存在する．水素結合は，水のこの異例ともいえる挙動の原因となっている．

それぞれの水分子は，他の四つの水分子と水素結合を形成することができる．同様に，その四つの水分子も，それぞれ他の水分子と水素結合できる．水が凝固して氷になったとき，形成される水素結合の数は最も多くなる（図 3.8）．これらの結合を切断するにはエネルギーが必要である．氷が融点まで温められると，およそ 15％の水素結合が切断される．氷を溶かすのに必要なエネルギー（融解熱）は，予想されるよりもはるかに大きい（表 3.3）．液体の水は氷と類似した分子の塊からなり，そこでは水素結合が連続して切断されたり形成されたりしている．温度が上昇するにつれて水分子の動きと振動は加速し，水素結合のさらなる切断が起こる．沸点では，水分子は互いに自由になって気化する．

水は，大きな蒸発熱（液体 1 mol が 1 atm で気化するのに必要なエネルギー）と大きな比熱（温度を 1 ℃変化させるために，加えるかもしくは除去しなければならないエネルギー）をもつため，環境温度の効果的な調節剤として働いている．水はまた，生物の熱調節において重要な役割を果たしている．水の大きな熱容量は，多くの生物の水分含量が大きいこと（種によって 50％から 95％の間）と相まって，生物の内部温度を維持するのに役立っている．水の蒸発は大量の熱を奪うので，冷却機構として役立っている．成人 1 人あたりでは毎日 1200 g ほどの水を，呼気，汗および尿として排出している．これらに関係して失われる熱は，代謝過程で生じた熱全体のおよそ 20％にのぼる．

キーコンセプト

- 水素結合は，水の異常に高い融点や沸点の原因になっている．
- 水は大きな熱容量をもっているので，熱をゆっくりと吸収したり放出したりすることができる．水は生物の体温調節において重要な役割を果たしている．

問題 3.1

水(H_2O)，アンモニア(NH_3)，メタン(CH_4)は，ほぼ同じ分子量をもっている(それぞれ 18, 17, 16)．これらの分子はすべて正四面体構造をとっているが，物理化学的性質は大きく異なっている．たとえば，融解熱は水(6.01 kJ/mol)とアンモニア(5.66 kJ/mol)ではややアンモニアが低く，メタン(0.94 kJ/mol)では水と比べて顕著に低下する．これらの分子構造を書き，固体状態で形成される水素結合に基づいて，これらの性質の違いを説明せよ．もし実際に NH_3 の氷(融点 −97.8 ℃)がつくれるとしたら，それは液体アンモニアと比べて密度が高いか，それとも低いと予想されるか．

例題 3.1

最小限の温度上昇によって大量のエネルギーを吸収する水の能力(熱容量)は，地球上で生命が育まれた重要な要因の一つである．熱容量(物質の温度変化に伴って吸収あるいは放出されるエネルギー)は $q = g \cdot C \cdot \Delta T$ で与えられる．ただし，q：ジュール単位のエネルギー，g：グラム単位の質量，C：比熱，ΔT：温度変化である．10 g の水の温度を 10 ℃上げるのに必要なエネルギーを，$C_{H_2O} = 4.178$ J/g·℃として計算せよ．次に，10 g の砂(SiO_2)の温度を 10 ℃上げるのに必要なエネルギーを，$C_{sand} = 0.74$ J/g·℃として計算せよ．

解答

10 g の水に吸収されるエネルギーは，次式に水の比熱を代入することによって求められる．

$$q = (10\ \text{g})(4.178\ \text{J/g·℃})(10\text{℃}) = 418\ \text{J}$$

10 g の砂に吸収されるエネルギーも同様に求められる．

$$q = (10\ \text{g})(0.74\ \text{J/g·℃})(10\text{℃}) = 74\ \text{J}$$

■

3.4 水の溶媒特性

水は生物にとって理想的な溶媒である．水は生物の広範な種類の構成成分を容易に溶かすからである．例をあげると，イオン(たとえば Na^+，K^+，Cl^-)，糖，多くのアミノ酸である．一方，水は脂質やある種のアミノ酸のような物質を溶かすことができないので，超分子構造(たとえば膜)や数多くの生化学的な過程(たとえばタンパク質の折りたたみ)が可能になっている．この節では，親水性物質および疎水性物質の水中における挙動について述べる．それに続いて，水の束一的性質の一つである浸透圧について短く概観する．束一的性質とは，溶解している物質の構造によってではなく，その数によって影響を受ける物理的な特性のことである．

親水性分子，細胞水の構造化およびゾル-ゲル遷移

水は，その双極構造(電荷分離構造)と電気的に陰性な原子との水素結合形成能により，イオン物質と極性物質の両方を溶解することができる．水溶液中のあらゆるイオン相互作用における重要な一面は，イオンの水和である．水は極性をもつので，Na^+ や Cl^- のような電荷をもったイオンに引き寄せられる．塩化ナトリウム(NaCl)などの塩は，イオン的な力によって結合している．**水和圏**(solvation sphere)と呼ばれる水分子の殻が，陽イオン，陰イオンを問わずその周りに密集する(図 3.9)．水和圏の大きさは，イオンの電荷密度(すなわち単位体積あたりの電荷の大きさ)に依存する．イオンが水和されるにつれてイオン間の引力が減少し，荷電したイオン種は水に溶解する．イオン化可能な官能基をもつ有機分子や極性官能基をもつ多くの中性有機分子も水に溶解するが，それは主として水の水素結合形成能力によるものである．このような会合は，アルデヒドやケトンのカルボニル基およびアルコールのヒドロキシ基と水との間で生じる．電荷間の静電的引力を減少させる溶媒の能力は誘電率で示される．多種類のイオ

図 3.9　Na^+と Cl^-の周りの水和圏
NaCl などのイオン化合物が水に溶解すると，そのイオン同士が引き合うよりも，水分子がそのイオンを強く引きつけるため，イオンは分離する．実際には，Na^+ のより高い電荷密度（より小さい体積に同量の電荷が分布している）のため，Na^+ の水和圏は Cl^- の 4 倍の体積をもつ．

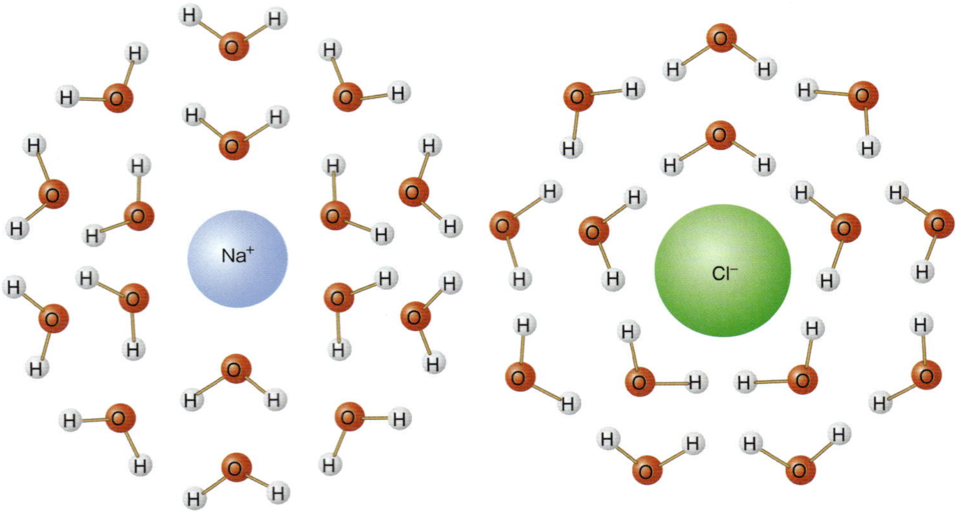

ン物質と極性物質を溶解できるため，ときに万能な溶媒といわれることもある水は，非常に大きい誘電率をもつ．

構造化した水　生体中の水分子の配向には際だった特徴がある．生体内の水は液体であるが，多くの水分子は，単なる〝水の塊〟ではない（すなわち自由に流れない）．いかなるときにも，細胞内の無数の水分子の多くは，高分子や膜の表面と，その密に充填された構造を通して，非共有結合的に相互作用している．たとえばタンパク質の表面には，正負の電荷や極性官能基が点在している．双極性の水分子は，容易にそのような分子種と水素結合を形成する（図 3.10）．水分子は正四面体構造をとり，それぞれが他の四つの水分子と水素結合できることを思いだしてほしい．このため，一つの水分子の層はさらに別の水分子を引き寄せ，その結果，水分子の広範な三次元ネットワークが形成される．さまざまな分子で込み合っている細胞内では，多数の水分子の層が，近接する高分子間の空間を架橋している．さらに，構造化した水と呼ばれるこれらの層に存在する水は，たえず動いており，常に再配列している．これらの水は，フェムト秒（10^{-15} s）からピコ秒（10^{-12} s）の間のタイムスケールで，タンパク質の表面からはるかに離れたところにある大量の水分子と交換している．個々の水分子の交換速度は，その運動の制限さ

図 3.10　構造化した水の概略図
高分子の極性表面が水分子を引きつけている．(a) 高分子の極性表面の小断片に結合した一つの分子の層が，(b) さらに別の水分子を引き寄せて広範囲にわたる水のネットワークを形成する．

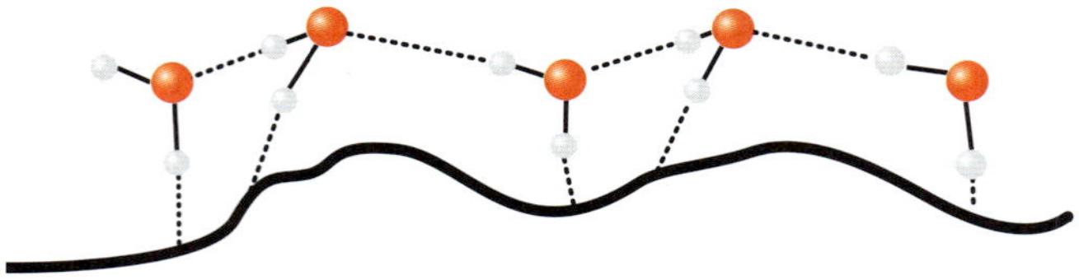

(a)

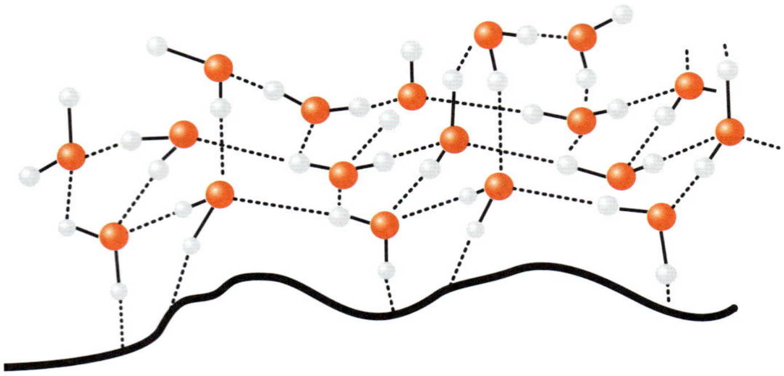

(b)

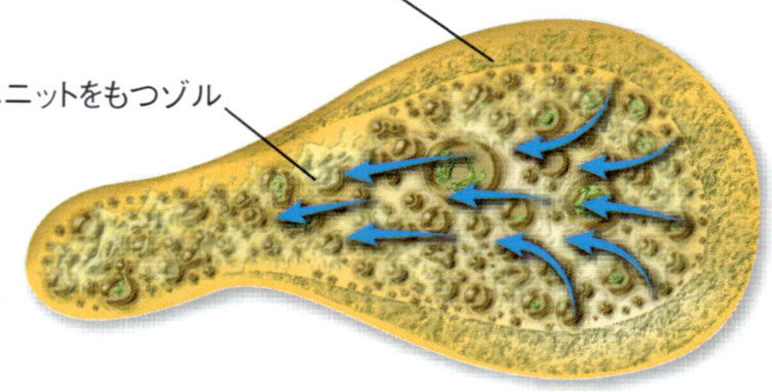

図 3.11 アメーバ様の運動とゾル-ゲル遷移
細胞皮質（外質）および細胞内部の細胞質（内質）におけるゾル-ゲル遷移の共同作用によって，細胞は前に移動する．細胞の後方における収縮力が，液状の内質を前に絞りだす．

れる度合いに依存している．いいかえれば，水分子が極性表面に近いほど，その運動は遅くなる．構造化した水の動力学は，タンパク質のような高分子の構造安定性に寄与する一方で，機能発現に必要な柔軟性も付与している．

ゾル-ゲル遷移　細胞質は，重合体を含む水ベースの素材のように，ゲルの特性をもっている．ゲルとはコロイドの混合物であり，微粒子が他の物質中に均一に分布している混合物の一つの形態である．細胞におけるゼラチン状の細胞質は，吸着された水と会合する極性表面をもつ生体重合体からなる半固体である．ゼラチンのデザートは，よく知られたゲルの一例である．ゼラチンのゲル中では，繊維状タンパク質であるコラーゲンが大量の水のなかに分散して水和されている．タンパク質基質上で高度に構造化された水和層は，ゼリーを連想する粘弾性を生じさせる．ゲルの安定性は，重合体の鎖長と架橋の程度および吸着された水の連続性に依存している．この網目構造あるいはゲルマトリックス内で動く溶質の自由度は，タンパク質重合体の繊維配列によって変化する（スポンジに似ている）．固まったゼラチンで満たされたシャーレのなかに穴を開け，そこに無機イオン溶液を注ぐと，イオンはその大きさと水和の程度に応じた速度でゲル中に移動していく．このふるい効果は，わずか数分以内に観測できる．また，ゼラチン（コラーゲン重合体）表面を水和する水は，事実上その場所に固定されている．すなわち，拡散が制限されている状態である．

温度（つまり分子運動），ゲルマトリックスの構成および含有する溶質の変化によって，ゲルは〝ゾル〟あるいは液体状態に遷移しうる．タンパク質は高度に構造化された水和表面をもつので，細胞もそのようにふるまう．ゲルからゾルへの遷移（硬い固体から軟らかい固体への遷移）は，多くの細胞機能に寄与している．そのなかで最も注目すべきは細胞運動である．これらの遷移は，G アクチンから F アクチンへの可逆的な重合とそれに引き続くアクチンフィラメントの架橋により引き起こされている．これらは，アクチン結合タンパク質（p. 54）と呼ばれる一群のタンパク質の濃度と機能に影響を及ぼすシグナル伝達機構によって，厳密に制御されている．さまざまなアクチン結合タンパク質は，アクチンフィラメントの重合を阻害するか，もしくはアクチンフィラメントを架橋するか，あるいは切断することができる．

アメーバ様の運動は，高度に制御された細胞内ゾル-ゲル遷移を示す一例であり，そのような遷移によって引き起こされている．アメーバ運動のおもだった特徴は，仮足と呼ばれる細胞伸長により生じた突起物である（図 3.11）．細胞の中心から離れた皮質（外質）中で重合したアクチンフィラメントが，さらに架橋すると（ゾル-ゲル遷移），仮足は前に移動する．そうなると，細胞内部（内質）のアクチンフィラメントは，脱重合してゲル-ゾル遷移をもたらす．同時に，アクチンフィラメントのミオシン（モータータンパク質）への結合により細胞の後端において収縮力が生じる．この力が自由に流動している内質を絞りだすことにより，仮足に向かって前方に内質が流動する．

問題 3.2

タンパク質はアミノ酸の重合体である．非共有結合はタンパク質の三次元構造を決定するうえで重要な役割を果たしている．影をつけた領域で以下に示した非共有結合的相互作用は，アミノ酸側鎖間で生じる結合の典型的なものである．

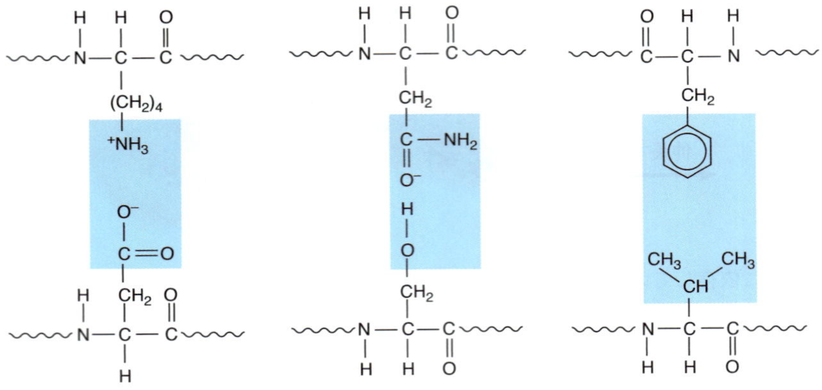

図に示した相互作用において，主としてどのような非共有結合が関与しているか．

問題 3.3

巨大な繊維状タンパク質であるコラーゲンは，他の分子と結合して，衝撃を吸収する体内組織（たとえば腱や靭帯）に見られるゲル様の物質を形成する．これら組織の機能における構造化した水の役割を説明せよ（ヒント：水は非圧縮性の物質である）．

衝撃を吸収するコラーゲン

疎水性分子と疎水性効果

水と混合した少量の非極性物質は，水の水和網から排除されてしまう．すなわち，それらは凝集して液滴となる．この過程は疎水性効果と呼ばれる．炭化水素のような**疎水性**（〝水を嫌う〟）**分子**（hydrophobic molecule）は，実質的には水に不溶である．疎水性分子が会合して液滴になるのは（大量の場合は 2 層に分かれる），会合する疎水性分子間の相対的に弱い引力によるのではなく，水の溶媒特性に起因している．非極性分子を水溶液に入れると，水分子は籠（かご）状の構造をとり，それ自身のなかに疎水性領域を押しやろうとする（分配あるいは排除の過程）．排除された疎水性の相は，近接する非極性領域間のファンデルワールス相互作用によって最終的に安定化される（**図 3.12**）．水による籠状の構造，すなわち包接体は，水と疎水性物質との接触が最小になるときに最も安定化される．疎水性相互作用は，安定な脂質膜形成の原動力になるとともに，タンパク質を正確に折りたたむうえでも役立っている．

キーコンセプト

- 水は，その双極子構造と水素結合形成能により，多くのイオン化合物や極性化合物を溶解することができる．
- 非極性分子は，水と水素結合を形成できないので，包接体を形成して水から除外される．
- 脂肪酸塩のような両親媒性分子は，水中で自発的に配向してミセルを形成する．

両親媒性分子

多くの生体分子は両親媒性で，極性基と非極性基の両方を分子内に含んでいる．この特性は，水中における生体分子の挙動に大きく影響している．たとえばイオン化した脂肪酸は，親水性のカルボキシ基と疎水性の炭化水素基をもっているので**両親媒性分子**（amphipathic molecule）である．両親媒性分子を水と混ぜると，**ミセル**（micelle）と呼ばれる構造を形成する（**図 3.13**）．ミセル中では，極性頭部と呼ばれる荷電した原子団（イオン化したカルボキシ基）が，水と接触するように配向する．非極性の炭化水素〝尾部〟は，内側の疎水性領域に隔離される．両親媒性の生体分子が水中で自発的に再配向する傾向は，多くの細胞内構成成分の重要な特徴である．たとえば，二重膜を形成する一群のリン脂質分子は，生体膜の基本構造をつくりだしている（11 章参照）．

浸透圧

浸透（osmosis）とは，低い溶質濃度と高い溶質濃度の溶液を隔てた半透膜を通した，溶媒分子の自発的な移動である．膜の孔は，溶媒分子を両方向へ通過させるのに十分な広さであるが，比較的大きな溶質分子やイオンを通すには狭い．**図 3.14** は膜を横切る溶媒の動きを示したも

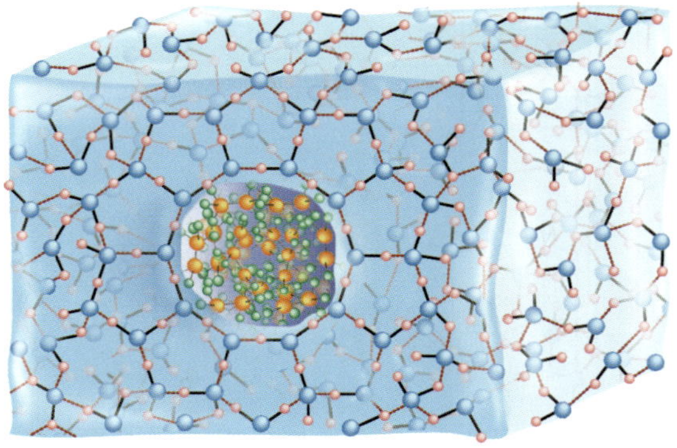

図 3.12 疎水性効果
非極性分子と水が混合すると，組織的に水素結合した水分子の籠が形成され，疎水性物質への水分子の接触を最小にする．非極性分子は，非常に近くにある場合にはファンデルワールス力によって互いに引き寄せられる．しかしながら，水分子の籠形成と疎水性物質排除の推進力は，水分子同士が水素結合を形成しようとする強い傾向によるものである．非極性分子は水素結合を形成できないので，水から排除される．

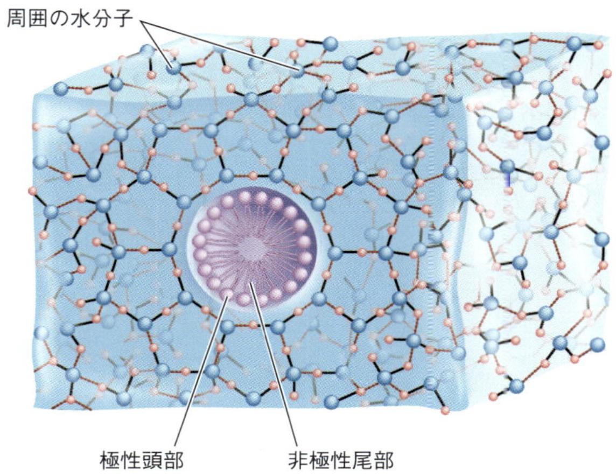

図 3.13 ミセルの形成
両親媒性分子の極性頭部は水分子と水素結合を形成できるように配向する．非極性尾部は水から離れて中央で凝集する．

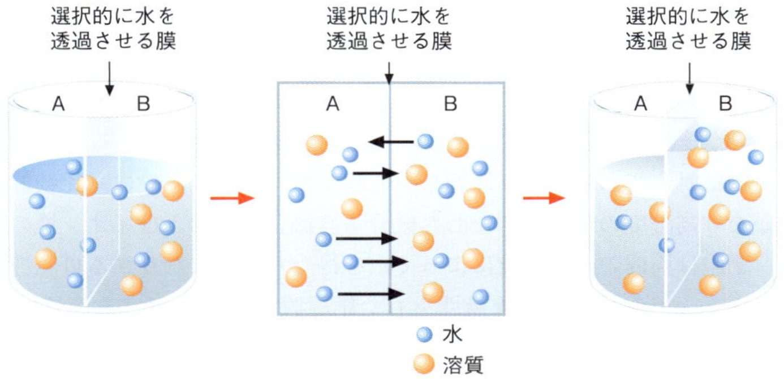

図 3.14 浸透圧
時間の経過とともに，水は(より希薄な)A 側から(より濃縮されている)B 側へ拡散する．A 側から B 側への水の正味の移動がなくなった時点で，半透膜の両側の溶液は平衡に達する．浸透圧は膜を横切る水の正味の流れを止める．

のである．最初は，高い溶質濃度側での水分子の数は少ない．十分時間が経過すると，より多くの水が A 側(低い溶質濃度)から B 側(高い溶質濃度)に移動する．溶液における水の濃度が高いほど(すなわち溶質濃度が低いほど)，膜を通って流れる水の量は大きくなる．

浸透圧(osmotic pressure)とは，膜を横切る水の正味の流れを止めるのに必要な圧力のことである．浸透によって生じる力は，かなり大きなものになりうる．細胞膜を横切る水の流れの主たる原因である浸透圧は，多くの生命活動を引き起こす原動力となっている．たとえば，木々が樹液を出すうえで浸透圧は重要な要因であると考えられる．厳密にいえば，細胞膜は溶媒(水)以外の分子も通すので，浸透膜ではない．透析膜という術語のほうがより正確であろう．

浸透圧は溶質濃度に依存する．浸透圧計と呼ばれる装置は，浸透圧を測定するものである(図 3.15)．最終的な浸透圧は，存在するすべての溶質の寄与を反映していることを念頭におくと，浸透圧は以下の方程式を用いて計算することもできる．

$$\pi = iMRT$$

π：浸透圧(atm)
i：ファントホッフの i 因子(溶質のイオン化度を反映する)
M：モル濃度(mol/L)
R：気体定数(0.082 L·atm/K·mol)
T：温度(K)

溶液の濃度はモル浸透圧によって表すことができる．モル浸透圧の単位は osmol/L である．

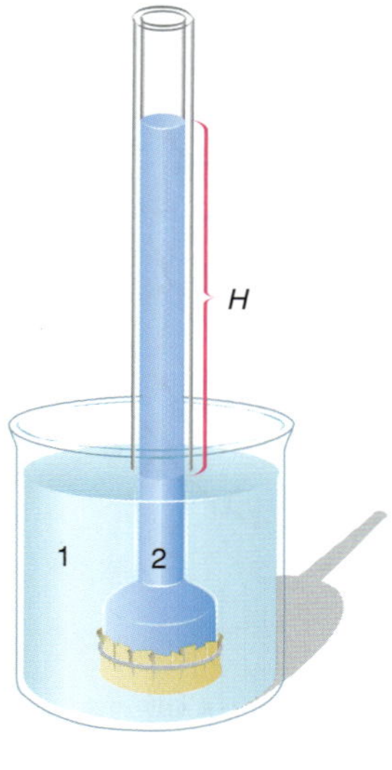

図 3.15　浸透圧計を用いる浸透圧の測定
1の部分には純水が含まれている．2の部分にはスクロース溶液が含まれている．膜は水を通すが，スクロースは通さない．したがって，浸透圧計内に水が移動する．浸透圧は管内の溶液の高さ H に比例する．

方程式 $\pi = iMRT$ において，モル浸透圧は iM に等しい．ここで i（ファントホッフの i 因子）は溶質のイオン化の程度を表しており，それは温度とともに変化する．1 M の食塩水のイオン化度は90％であり，10％の食塩がイオン対として存在している．そこで

$$i = [\mathrm{Na^+}] + [\mathrm{Cl^-}] + [\mathrm{NaCl}]_{\text{非イオン化}} = 0.9 + 0.9 + 0.1 = 1.9$$

となり，この溶液における i 値は 1.9 となる．食塩水を希釈するにつれて，その i 値は 2 に近づく．10％解離している弱酸の 1 M 水溶液の i 値は 1.1 である．イオン化しない溶質の i 値は常に 1.0 である．すぐ後の例題 3.2，3.3，3.4 は浸透圧の概念を扱っている．

浸透圧は，生物に対してある重大な問題を引き起こす．細胞は一般に，比較的低濃度の高分子とともに，かなり高濃度の溶質，すなわち低分子有機化合物およびイオン性の塩を含んでいる．その結果，細胞は周囲の溶質濃度によって水を得たり，失ったりする可能性がある．細胞を**等張液**（isotonic solution，選択的透過性をもつ細胞膜の両側における溶質と水の濃度が同じ）に入れた場合，膜を横切る正味の水の移動はない（**図 3.16**）．一例をあげると，赤血球は0.9％の食塩水と等張である．細胞を溶質濃度の低い溶液（**低張液**，hypotonic solution）に入れると，水が細胞内に流入する．たとえば赤血球は，純水に浸すと膨潤して破裂する．これは溶血と呼ばれる過程である．高い溶質濃度をもつ溶液（**高張液**，hypertonic solution）では，細胞外への正味の水の移動が起こるので，細胞は縮む．高張液（たとえば3％食塩水）における赤血球の収縮は円鋸歯（きょし）状形成という．

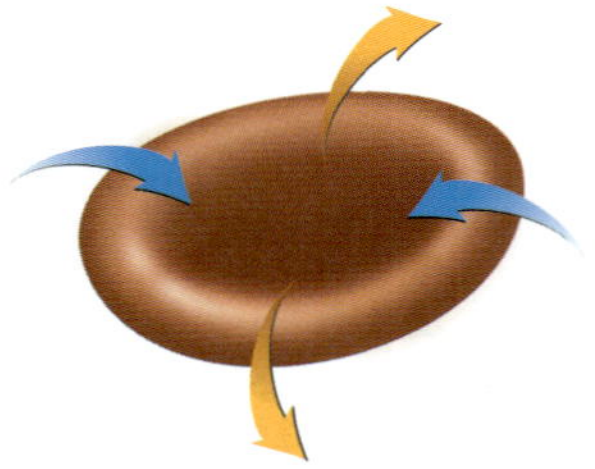
(a)

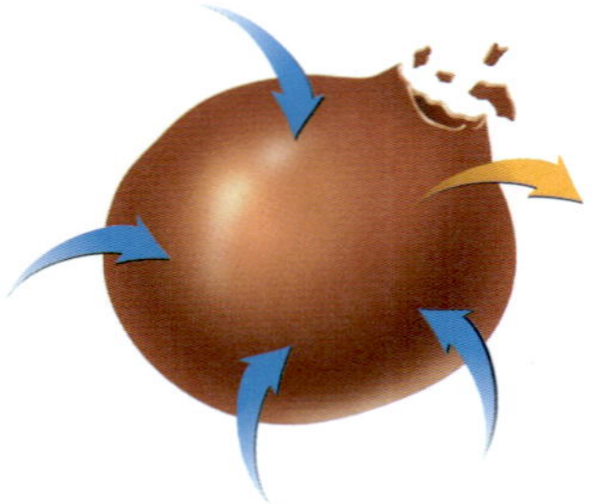
(b)

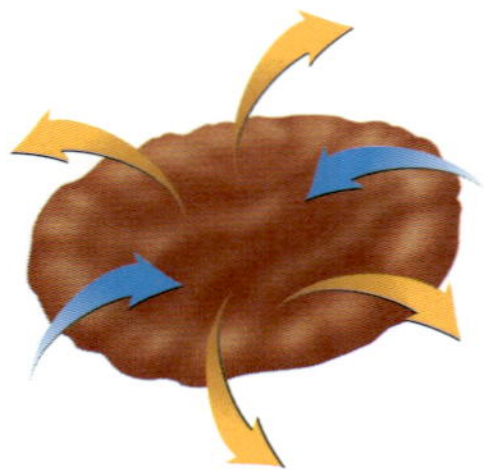
(c)

図 3.16　動物細胞に対する高張液と低張液の効果
(a) 等張液は，細胞に出入りする水の速度が等しいので，細胞容積を変化させない．(b) 低張液は，細胞の破裂を引き起こす．(c) 高張液は，細胞の収縮を引き起こす（円鋸歯状形成）．

例題 3.2

0.10 g の尿素（分子量 60）を 100 mL の水で希釈したとき，その溶液の浸透圧はいくらになるか〔室温は 25 ℃（298 K）と仮定せよ〕．

解答

尿素溶液のモル浸透圧を計算せよ．尿素は非電解質なので，ファントホッフの i 因子は 1 である．

$$\text{モル濃度} = \frac{0.10\ \text{g 尿素} \times 1.0\ \text{mol}}{60\ \text{g}} \times \frac{1}{0.10\ \text{L}} = 1.7 \times 10^{-2}\ \text{mol/L}$$

室温での浸透圧は

$$\pi = iMRT$$
$$= (1)\cdot\frac{1.7\times10^{-2}\,\mathrm{mol}}{\mathrm{L}}\cdot\frac{0.0821\,\mathrm{L\cdot atm}}{\mathrm{K\cdot mol}}\cdot(298\,\mathrm{K})$$
$$= 0.4\,\mathrm{atm}$$

■

例題 3.3

0.10 M NaCl 水溶液の 25 ℃における浸透圧を計算せよ．溶質は 100％イオン化するものと仮定せよ．

解答

0.10 M NaCl 水溶液は，1 L あたり 0.2 mol のイオンを生成する（Na^+ 0.10 mol と Cl^- 0.10 mol）．室温での浸透圧は

$$\pi = \frac{2\times0.10\,\mathrm{mol}}{\mathrm{L}}\cdot\frac{0.0821\,\mathrm{L\cdot atm}}{\mathrm{K\cdot mol}}\cdot(298\,\mathrm{K})$$
$$= 4.9\,\mathrm{atm}$$

■

例題 3.4

浸透圧は，生体分子の分子量を推定する一つの方法として使うことができる．非イオン性化合物 X （$i = 1$）の分子量（m）を求めよ．ただし，1.0 g の化合物 X が 100 mL の水に溶解したときの浸透圧は 25 ℃で 0.2 atm である．

解答

その溶液のモル濃度（M）を，浸透圧に関する以下の式を使って計算する．

$$\pi = iMRT$$
$$M = \frac{\pi}{iRT}$$
$$= \frac{0.20\,\mathrm{atm}}{(1)(0.0821\,\mathrm{L\cdot atm/mol\cdot K})(298\,\mathrm{K})}$$
$$= 8.2\times10^{-3}\,\mathrm{mol/L}$$

モル濃度に関する式，与えられた質量と体積（V）を使って，化合物 X の分子量（m）を計算する．

$$M = \frac{質量/m}{V}$$
$$m = \frac{質量}{MV}$$
$$= \frac{1.0\,\mathrm{g}}{(8.2\times10^{-3}\,\mathrm{mol/L})(0.1\,\mathrm{L})}$$
$$= 1.2\times10^{3}\,\mathrm{g/mol}$$

■

細胞膜を隔てたイオン分布　一般に高分子は，その細胞内モル濃度が相対的に低いので，細胞の浸透圧には直接の影響をほとんど及ぼさない．しかし，タンパク質のような高分子は，多くのイオン化可能な官能基を含んでいる．これらの官能基に引きつけられる反対の電荷をもつイオンは，細胞内の浸透圧に少なからぬ影響を与えている．この影響の程度は，タンパク質に結合した構造化された水と，水和されたイオンとの相互作用によって規定される．イオンの水和圏の大きさは，その電荷密度（単位体積あたりの電荷の大きさ）と逆の関係にある．たとえば，ナトリウムおよびカリウムイオンは，それぞれ 1.96 および 2.66 Å という非水和イオン半径を

もっている．一方，ナトリウムおよびカリウムイオンの水和イオン半径は，それぞれ 9.0 および 6.0 Å である．したがって，Na^+ の水和容積は K^+ の 3.4 倍になる．また，K^+ の水和圏は Na^+ と比べてはるかに小さいので，カリウムイオンは水から離れてタンパク質の表面上の負電荷とイオン対を形成しやすい．ナトリウムイオンがイオンチャネルを通過するためには，その水和圏を取り去る必要があり，それには明らかに多くのエネルギーを必要とする．その結果，細胞膜をはさんだイオンの分布は不均衡となり，細胞内に Na^+（10 mM）よりもはるかに多くの K^+（159 mM）を蓄積する傾向を示す．この不均衡は，たとえ特殊なイオンポンプがなかったとしても起こりうる（浸透圧が細胞容積にどのように影響するかを洞察するため，生化学の広がり「細胞容積の制御と代謝」を参照せよ）．

多くの無機イオンとは異なり，細胞内タンパク質のイオン化されうる原子団は細胞内で固定されているので，細胞内環境に正味の負電荷を付与している．その結果として，細胞膜をはさんで電気的に陰性な勾配が生じる．すなわち，イオンおよび負電荷が不均等に分布する．細胞膜の細胞質側は強い負電荷を帯びている．これは部分的にカリウムイオンによって相殺されている．細胞膜の外側は，相対的に多い細胞外ナトリウムイオンのために正電荷を帯びている．細胞膜表面でのこのような不均衡は，**膜電位**（membrane potential）と呼ばれる電気的勾配（電位傾度）を生じる原因となる．この膜電位は，電気誘導，能動輸送，さらには受動輸送を可能にしている．

水和したナトリウムイオンは，細胞内の構造化した水からは排除される傾向にあるが，細胞膜を通して逆入が起こる．細胞内 Na^+ 濃度の微増は，細胞内の負電荷をやや低下させる．その結果，少量の K^+ が細胞外に出て，その濃度勾配が下がる．動物や細菌は，ATP をエネルギー源とした Na^+-Ka^+ ポンプを用いてこの過程に対抗することにより，細胞容積を制御している．これらの細胞におけるイオンポンプは，かなりの量のエネルギーを必要とする．

ある種の原生動物やラン藻などの生物種は，特殊な収縮性液胞から定期的に水を排出することによって細胞容積を制御している．植物細胞は強固な細胞壁をもっているので，植物は膨圧と呼ばれる細胞内の静水圧をつくりだすために浸透圧を利用している．この過程は細胞の成長と膨張を引き起こし，植物の多くの構造体を強固なものにしている．

キーコンセプト

- 浸透とは，希薄溶液から濃縮された溶液への半透膜を横切る水の移動である．
- 浸透圧とは，膜の両側の溶質濃度の違いにより，半透膜を介してもたらされる水の圧力である．

3.5　水のイオン化

液体の水分子は，ごく一部がイオン化してプロトンあるいは水素イオン（H^+）と水酸化物イオン（OH^-）を生成する．プロトンは水溶液中に実質的には存在しない．水中では，プロトンは水分子と結合し，一般にオキソニウムイオン*と呼ばれる H_3O^+ になる（図 3.17）．H^+ は水のイオン化反応を表す際に，便宜上使われる．

＊訳者注：原文ではヒドロニウムイオン（hydronium ion）となっているが，本書では IUPAC 命名法に従い，全章を通してオキソニウムイオンとする．

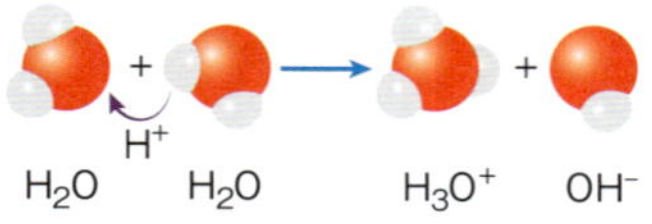

図 3.17　オキソニウムイオン
オキソニウムイオン（H_3O^+）は，水分子がプロトン化することにより形成される．水分子がプロトン（H^+）と水酸化物イオン（OH^-）に解離すると，近傍の水分子の電気的に陰性な酸素原子は，正に荷電したプロトンに引きつけられる．

水の解離は次のように表される．ここで K_{eq} はこの反応の平衡定数である．

$$H_2O(l) \rightleftharpoons H^+ + OH^-$$

$$K_{eq} = \frac{[H^+][OH^-]}{[H_2O]}$$

水の濃度は実質的に不変であり，定数とみなされる．その平衡式は，これら二つの定数を併用することにより，以下のように書き直すことができる．

$$K_{eq} \times [H_2O] = [H^+][OH^-]$$

$K_{eq} \times [H_2O]$ の項は，水のイオン積あるいは K_w と呼ばれている．K_w という記号で置換すると，上記の式は以下のように書き直してもよい．

$$K_w = [H^+][OH^-]$$

25 ℃，1 atm で水の K_w は 1.0×10^{-14} であり，この温度と気圧下における水の不変的性質である．H^+ あるいは OH^- を出すものが水以外にない純水においては，これらのイオン濃度は等

しい．すなわち

$$[H^+] = [OH^-] = (K_w)^{1/2} = (1.0 \times 10^{-14})^{1/2} = 1.0 \times 10^{-7}\,M$$

等量の H^+ と OH^- が含まれている水溶液は，中性であるという．イオン性物質あるいは極性物質が水に溶けているとき，その物質は H^+ と OH^- の相対的な数を変える可能性がある．H^+ が過剰な水溶液が酸性であり，OH^- が過剰な水溶液が塩基性である．水素イオン濃度は，通常，10^0 M から 10^{-14} M という広い範囲で変化し，これが pH の尺度の基礎となっている（$pH = -\log[H^+]$）．

酸，塩基および pH

生体系において最も重要なイオンの一つである水素イオンの濃度は，多くの細胞および生物の活動に影響を与えている．たとえば，タンパク質の構造と機能および多くの生化学反応の速度は，水素イオン濃度に大きく依存している．さらに水素イオンは，エネルギー産生（10 章参照）やエンドサイトーシス（細胞外物質を取り込む過程の一つ）のような過程においても中心的な役割を果たしている．

多くの生体分子は，酸性と塩基性の両方あるいはどちらか一方の性質をもっている．高分子重合体や高分子複合体は，通常，**酸**（acid）にも**塩基**（base）にも反応する面をもっている，すなわち，それらは酸性と塩基性の両方の基をもっている．ある分子の側鎖官能基は，それがプロトン供与体であれば酸，プロトン受容体であれば塩基と呼ばれる．

強酸（たとえば HCl）と強塩基（たとえば NaOH）は，水中でほぼ完全にイオン化する．

$$HCl \longrightarrow H^+ + Cl^-$$
$$NaOH \longrightarrow Na^+ + OH^-$$

しかしながら，多くの酸および塩基は水中で完全に解離しているわけではない．有機酸（カルボキシ基をもった化合物）は水中で部分的に解離しており，これらは**弱酸**（weak acid）と呼ばれている．有機塩基は，弱いが測定可能な水素イオン結合能力をもっている．多くの**弱塩基**（weak base）はアミノ基を含んでいる．

有機酸の解離は以下の反応式で示される．

$$\underset{\text{弱酸}}{HA} \rightleftharpoons H^+ + \underset{\text{HA の共役塩基}}{A^-}$$

解離反応で脱プロトン化した生成物は，**共役塩基**（conjugate base）と呼ばれることに注意せよ．たとえば，酢酸（CH_3COOH）は解離して共役塩基である酢酸イオン（CH_3COO^-）を与える．

弱酸の強度（すなわち水素イオンを放出する能力）は，以下の式を使って決定できる．

$$K_a = \frac{[H^+][A^-]}{[HA]}$$

ここで K_a は酸の解離定数である．K_a の値が大きくなるほど，酸としてより強くなる．K_a 値は広範囲にわたって変化するので，それらは対数スケールを使って以下のように表す．

$$pK_a = -\log K_a$$

pK_a が小さいほどより強い酸である．一般的な弱酸の解離定数と pK_a 値を**表 3.4** に示す．

pH の尺度（pH scale）は（**図 3.18**），水素イオン濃度 $[H^+]$ を決定するために利用できる．

$$pH = -\log[H^+]$$
$$[H^+] = \text{antilog}(-pH)$$

pH の尺度において，中性は pH 7，すなわち $[H^+]$ は 1×10^{-7} M と決められている．酸性溶液

表 3.4　一般的な弱酸の解離定数と pK_a 値*

酸	HA	A^-	K_a	pK_a
酢酸	CH_3COOH	CH_3COO^-	1.76×10^{-5}	4.76
炭酸	H_2CO_3	HCO_3^-	4.50×10^{-7}	6.35
炭酸水素塩	HCO_3^-	CO_3^{2-}	5.61×10^{-11}	10.33
乳酸	$CH_3CH(OH)COOH$	$CH_3CH(OH)COO^-$	1.38×10^{-4}	3.86
リン酸	H_3PO_4	$H_2PO_4^-$	7.25×10^{-3}	2.14
リン酸二水素塩	$H_2PO_4^-$	HPO_4^{2-}	6.31×10^{-8}	7.20

*平衡定数は濃度よりもむしろ活量で示されるべきである（活量とは，溶液中の物質の有効濃度である）．しかし，希薄溶液では活量はかなり正確に濃度で置き換えられる．

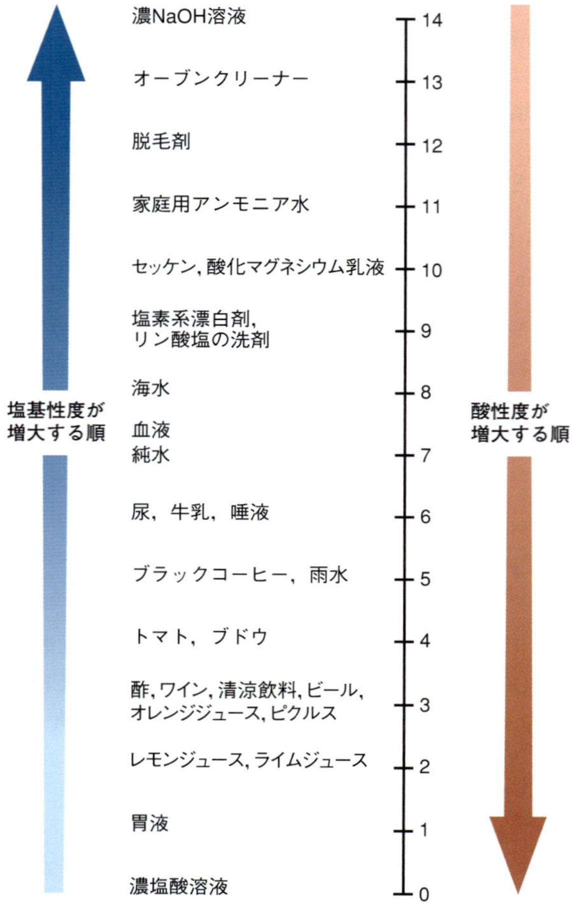

図 3.18　pH の尺度と一般的な溶液の pH 値

は，7よりも小さいpHの値をもつ，すなわち$[H^+]$は1×10^{-7} M よりも大きい．一方，7よりも大きなpHの値は，その溶液が塩基性またはアルカリ性であることを示す．

pK_a と pH は類似した数学的表現のように見えるが，実は異なるものであることに注意が必要である．温度が一定であれば，ある物質の pK_a 値は一定である．それに対して，ある系のpH値は変化する可能性がある．

緩 衝 液

pHの調節は，生物の普遍的かつ本質的な活動である．水素イオン濃度は，きわめて狭い範囲内に保たれなければならない．たとえば，正常な人の血液の pH は 7.4 であるが，酸性および塩基性老廃物ならびに代謝物の濃度によって，7.35 と 7.45 の間での変動が許容されている．ある病気においては，もしそれが修正されなければ，死に至るような pH 変化が引き起こされる．ヒトの血液の pH が 7.35 以下になった状態を指す**アシドーシス**（acidosis）は，組織における酸の過剰産生，体液からの塩基の消失，あるいは腎臓が酸性代謝物を排泄できないことに起因するものである．アシドーシスは，ある病気（たとえば真性糖尿病）や飢餓の際に起こる．もし血液の pH が 7 以下に低下すると，中枢神経系の機能が抑制され，その結果，昏睡状態に陥り，最終的には死に至る．一方，血液の pH が 7.45 以上に上がると，**アルカローシス**（alkalosis）になる．長時間にわたる嘔吐（おうと）やアルカリ性薬剤の過剰摂取によってもたらされるこの状態は，中枢神経系を過度に興奮させる．そして筋肉はけいれん状態になる．もしこの状態が修正されなければ，ひきつけと呼吸停止に至る．

アシドーシス

緩衝液（buffer）は，水素イオン濃度を比較的一定に維持するのを助ける．最も一般的な緩衝液は弱酸とその共役塩基の混合からなる．緩衝作用をもつ溶液は，その成分間での平衡が成立しているため，pH 変化を抑制できる．すなわち緩衝液は，「平衡状態にある反応にストレスが与えられると，その平衡はストレスを和らげる方向に移動する」という**ルシャトリエの原理**（Le Chatelier's principle）に従う．酢酸と酢酸ナトリウムからなる酢酸塩緩衝液を考えてみよう（図 3.19）．緩衝液は，正確な pH とイオン強度の平衡混合物になるように，酢酸ナトリウム水溶液と酢酸水溶液を混ぜてつくられる．

もし水素イオンを添加すると，平衡は酢酸が生成する方向に動き，$[H^+]$ はほとんど変化しない．

$$H^+ + CH_3COO^- \longrightarrow CH_3COOH$$

もし水酸化物イオンを添加すると，それらは遊離の水素イオンと反応して水を生成し，平衡は酢酸イオンを生成する方向に動き，やはり pH はほとんど変化しない．

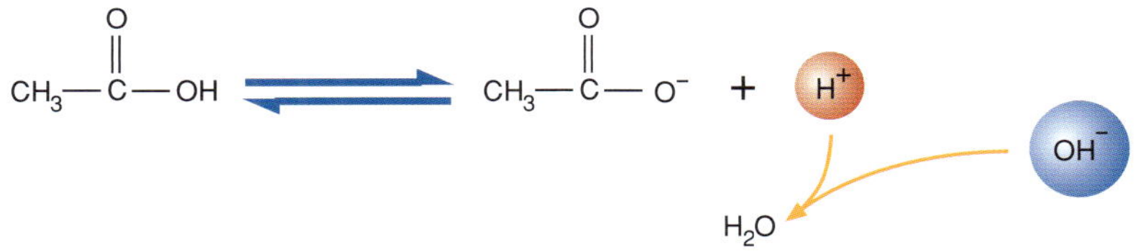

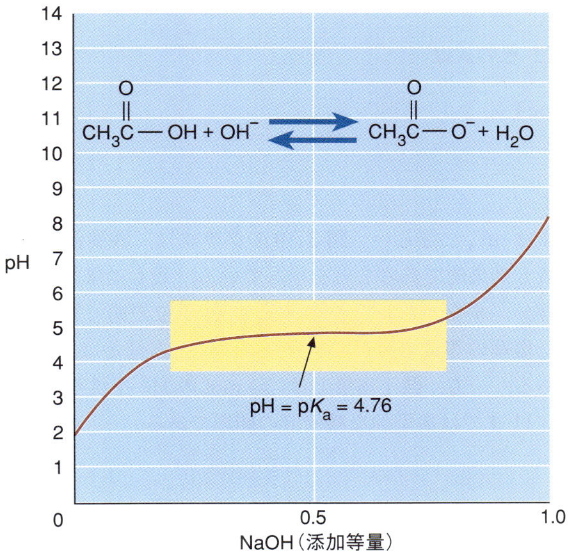

図 3.19 NaOH による酢酸の滴定
黄色の領域は，酢酸塩緩衝液が効果的に機能する pH の範囲を示す．緩衝液というものは，その pK_a 値付近で最も効果を発揮する．

緩衝能　特定の pH を維持する緩衝液の能力は，① 酸–共役塩基対のモル濃度と ② それらの濃度比の二つの因子に依存している．緩衝能は緩衝液成分の濃度に直接比例している．いいかえれば，緩衝液中の分子が多いほど，pH を変えることなく，より多くの H^+ および OH^- を吸収できる．緩衝液の濃度は，弱酸とその共役塩基の濃度の和として定義される．たとえば 0.2 M の酢酸塩緩衝液は，1 L の水中に 0.1 mol の酢酸と 0.1 mol の酢酸ナトリウムを含んでいる可能性がある．この緩衝液はまた，1 L の水中に 0.05 mol の酢酸と 0.15 mol の酢酸ナトリウムを含んでいてもよい．最も効果的な緩衝液は，両成分を等濃度で含んでいるか，pH と pK_a が等しい場合である．生体系は代謝を通じて酸を産生するので，酸を中和する緩衝能力を最大にしなければならない．その結果，生体の緩衝液はしばしば比較的高濃度の共役塩基を含んでいる．炭酸水素塩緩衝液(p. 84)は，そのような緩衝系の一例である．

ヘンダーソン・ハッセルバルヒの式　緩衝液を選択あるいは作製する際，pH および pK_a の概念は有用である．これら二つの数値間の関係はヘンダーソン・ハッセルバルヒの式で表される．この式は以下の平衡式から誘導される．

$$K_a = \frac{[H^+][A^-]}{[HA]}$$

$[H^+]$について解くと

$$[H^+] = K_a \frac{[HA]}{[A^-]}$$

両辺の負の対数をとると

$$-\log[H^+] = -\log K_a - \log\frac{[HA]}{[A^-]}$$

が得られる．$-\log[H^+]$を pH，$-\log K_a$ を pK_a と定義することにより

$$pH = pK_a - \log\frac{[HA]}{[A^-]}$$

となる．対数項の分子と分母を逆にすると符号が変わり，ヘンダーソン・ハッセルバルヒの式が得られる．

$$pH = pK_a + \log\frac{[A^-]}{[HA]}$$

$[A^-] = [HA]$のとき，その式は

$$\begin{aligned} pH &= pK_a + \log 1 \\ &= pK_a + 0 \end{aligned}$$

となることに注意せよ．

この条件下では pH は pK_a に等しい．**図 3.19** のグラフは，緩衝液が等量の弱酸とその共役塩基からなるときに最も効果的であることを示している．最も効果的な緩衝作用は，最小の傾きをもつ滴定曲線の部分，すなわち pK_a 値の前後 1 pH 単位の間で認められる．このグラフにおいて，横軸は加えた塩基の等量を示している．ここで 1 当量とは，1 mol の H^+ と反応できる塩基の量のことである．一方，酸 1 当量とは，1 mol の H^+ を供与できる酸の量を意味する．

例題 3.5 から例題 3.11 までは典型的な緩衝液の問題である．

キーコンセプト

- 液体の水分子は，ごくわずかにイオン化して H^+ と OH^- を生成する．
- 水素イオン濃度は，おもに生化学反応の速度やタンパク質の構造に影響を与える．そのため，生物における決定的な因子といえる．
- 弱酸とその共役塩基からなる緩衝液は，pH($[H^+]$の尺度)の変化を防いでいる．

例題 3.5

0.25 M の酢酸と 0.10 M の酢酸ナトリウムの混合液の pH を計算せよ．酢酸の pK_a は 4.76 である．

解答

$$\mathrm{pH} = \mathrm{p}K_\mathrm{a} + \log\frac{[\text{酢酸ナトリウム}]}{[\text{酢酸}]}$$

$$\mathrm{pH} = 4.76 + \log\frac{0.10}{0.25} = 4.76 - 0.40 = 4.36$$

■

例題 3.6

前問において，その混合液が 0.10 M の酢酸と 0.25 M の酢酸ナトリウムからなる場合の pH はいくらか．

解答

$$\mathrm{pH} = 4.76 + \log\frac{0.25}{0.10} = 4.76 + 0.40 = 5.16$$

■

例題 3.7

pH 5.00 の緩衝液をつくるために必要な乳酸と乳酸イオンの比を計算せよ．乳酸の pK_a は 3.86 である．

解答

下記の式

$$\mathrm{pH} = \mathrm{p}K_\mathrm{a} + \log\frac{[\text{乳酸イオン}]}{[\text{乳酸}]}$$

は，次のように変形できる．

$$\log\frac{[\text{乳酸イオン}]}{[\text{乳酸}]} = \mathrm{pH} - \mathrm{p}K_\mathrm{a} = 5.00 - 3.86 = 1.14$$

したがって必要な比は

$$\frac{[\text{乳酸イオン}]}{[\text{乳酸}]} = 10^{1.14} = 13.8$$

乳酸塩緩衝液が pH 5 を示すためには，乳酸イオンと乳酸は 13.8：1 の比で存在しなければならない．よい緩衝液とは，弱酸とその共役塩基をほぼ等濃度で含んでおり，緩衝される pH が pK_a から 1 pH 単位以内になければならない．それゆえ，乳酸塩緩衝液はこの場合はよくない選択である．4.76 の pK_a をもつ酢酸塩緩衝液のほうがよりよい選択である．

■

例題 3.8

100 mL の 0.01 M H_3PO_4 と 100 mL の 0.01 M Na_3PO_4 を混合した溶液の pH はいくらか．

解答

まず，その溶液に存在する分子種を求める．両試薬は反応して 0.001 mol の NaH_2PO_4（弱酸）と 0.001 mol の Na_2HPO_4（共役塩基）からなる混合物となる．ヘンダーソン・ハッセルバルヒの式を使って

$$
\begin{aligned}
\mathrm{pH} &= \mathrm{p}K_\mathrm{a} + \log\frac{[\mathrm{A}^-]}{[\mathrm{HA}]}\\
&= \mathrm{p}K_\mathrm{a} + \log\frac{0.001\,\mathrm{mol}}{0.001\,\mathrm{mol}}\\
&= \mathrm{p}K_\mathrm{a} + \log 1\\
&= \mathrm{p}K_\mathrm{a} + 0\text{，よって}\\
\mathrm{pH} &= \mathrm{p}K_\mathrm{a}
\end{aligned}
$$

NaH_2PO_4 の pK_a は 7.2 なので（**表 3.4** 参照），その溶液の pH も 7.2 となる．■

例題 3.9

ワインの発酵の途中で，酒石酸と酒石酸水素カリウムからなる緩衝系が，ある生化学反応によってつくりだされる．ある時点において，酒石酸水素カリウムの濃度が酒石酸の濃度の 2 倍であると仮定して，ワインの pH を計算せよ．酒石酸の pK_a は 2.96 である．

解答

$$
\begin{aligned}
\mathrm{pH} &= \mathrm{p}K_\mathrm{a} + \log\frac{[\text{酒石酸水素カリウム}]}{[\text{酒石酸}]}\\
&= 2.96 + \log 2\\
&= 2.96 + 0.30 = 3.26
\end{aligned}
$$

■

例題 3.10

150 mL の 0.10 M HCl 水溶液と 300 mL の 0.10 M 酢酸ナトリウム（NaOAc）水溶液を混合し，水で 1 L に希釈して得られる水溶液の pH はいくらか．酢酸の pK_a は 4.76 である．

解答

その水溶液中に存在する酸の量は，溶液の体積（mL）とモル濃度（M）をかけることにより求められ，ミリモル（mmol）で表される．

$$150\ \mathrm{mL} \times 0.10\ \mathrm{M} = 15\ \mathrm{mmol}\ \text{酸}$$

酢酸ナトリウムの量は同じ式を使って求められる．

$$300\ \mathrm{mL} \times 0.10\ \mathrm{M} = 30\ \mathrm{mmol}\ \text{塩基}$$

1 mol の HCl は，1 mol の酢酸ナトリウムを消費して 1 mol の酢酸を生成させる．これにより酢酸の量は 15 mmol となり，残った酢酸ナトリウムの量は 15 mmol となる（すなわち 30 mmol − 15 mmol）．これらの値をヘンダーソン・ハッセルバルヒの式に代入すると

$$
\begin{aligned}
\mathrm{pH} &= 4.76 + \log\frac{15}{15}\\
&= 4.76 + \log 1\\
&= 4.76
\end{aligned}
$$

対数項は二つの濃度の比だから，体積の因子は消去されてモル量を直接使うことができる．

■

例題 3.11

例題 3.10 における溶液を水で 1 L に希釈する前に，0.10 M HCl 水溶液 50 mL を余分に加えると，pH はどのようになるか．

解答

例題 3.10 と同じ式を使うと，HCl の量は

$$200\ \text{mL} \times 0.10\ \text{M} = 20\ \text{mmol 酸}$$

となり，これは酢酸の濃度と等しくなる．酢酸ナトリウムの量は

$$30\ \text{mmol} - 20\ \text{mmol} = 10\ \text{mmol 塩基}$$

になり，ヘンダーソン・ハッセルバルヒの式に代入して

$$\begin{aligned} \text{pH} &= 4.76 + \log\frac{10}{20} \\ &= 4.76 + \log 0.50 \\ &= 4.76 - 0.30 \\ &= 4.46 \end{aligned}$$

■

イオン化できる官能基を複数もつ弱酸　イオン化できる官能基を 2 個以上もつ分子がある．リン酸(H_3PO_4)は，水素イオンを 2 個以上(この場合は 3 個の水素イオン)供与できる弱い多塩基酸である．NaOH を用いた滴定の際(図 3.20)，これらのイオン化は，一度に 1 個のプロトンの解離を伴って段階的に起こる．

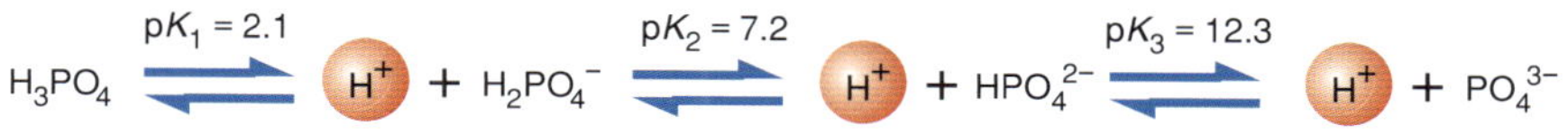

最も酸性度の高い官能基の pK_a を pK_1 と表記する．次に酸性度の高い官能基の pK_a は pK_2 である．3 番目に酸性度の高い pK_a 値が pK_3 である．

低い pH では，ほとんどの分子が完全にプロトン化されている．NaOH を加えていくと，プロトンが酸性度の高い順に放出され，最も酸性度の低いプロトン(最も大きな pK_a 値をもつ)が最後にイオン化する．pH が pK_1 に等しいとき，H_3PO_4 と $H_2PO_4^-$ はその溶液中に等量存在する．

アミノ酸は，いくつかのイオン化可能な官能基を含んだ生体分子である．すべてのアミノ酸に見られるように，アラニンはカルボキシ基とアミノ基の両方をもっている．低い pH では，

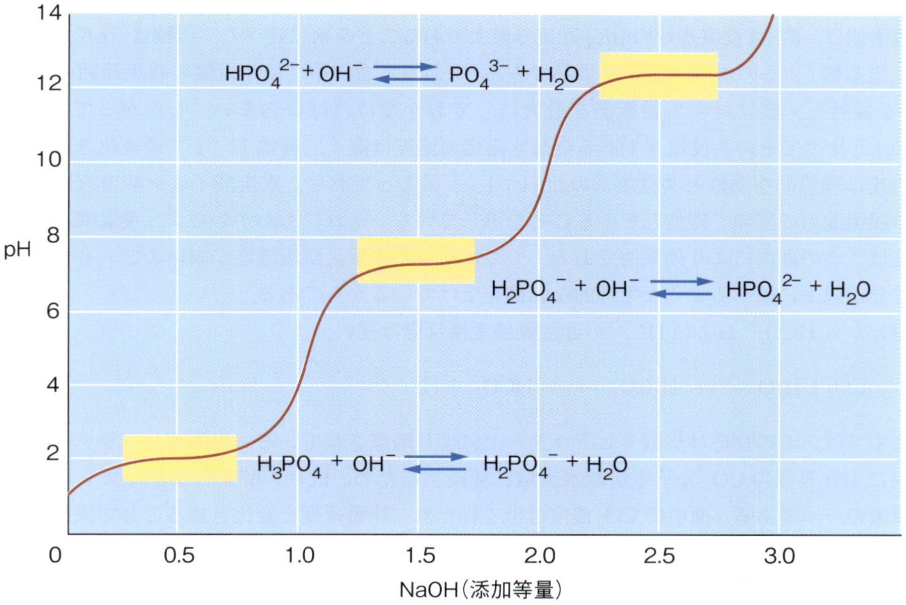

図 3.20　NaOH によるリン酸の滴定
リン酸(H_3PO_4)は多塩基酸であり，NaOH で滴定すると，順に 3 個のプロトンを解離する．

これらの官能基はともにプロトン化している．NaOHを用いた滴定によってpHが上昇するにつれて，酸性のカルボキシ基（COOH）はプロトンを失ってカルボン酸イオン（COO⁻）となる．さらにNaOHを加えていくと，最終的にはイオン化されているアミノ基がプロトンを放出する．

$$H_3N^+-\underset{CH_3}{\underset{|}{CH}}-COOH \xrightleftharpoons[]{pK_1=2.3} H^+ + H_3N^+-\underset{CH_3}{\underset{|}{CH}}-COO^- \xrightleftharpoons[]{pK_2=9.7} H^+ + H_2N-\underset{CH_3}{\underset{|}{CH}}-COO^-$$

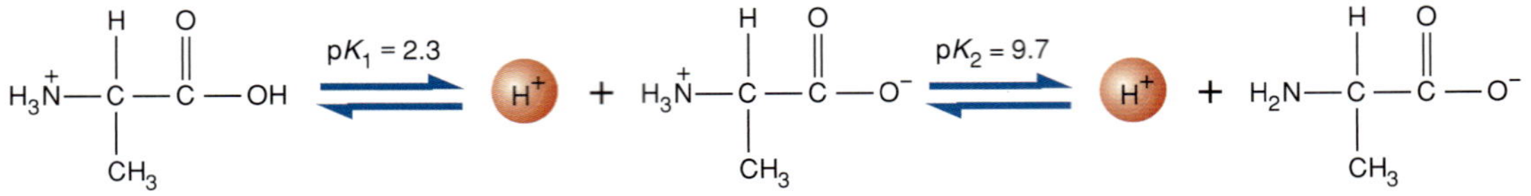

アミノ酸のなかには，イオン化可能な官能基を含む側鎖をもつものもある．たとえばリシンの側鎖は，イオン化可能なアミノ基をもっている．アラニン，リシンおよびその他いくつかのアミノ酸は，その化学構造に応じて，それぞれのpK_a値付近のpHにおいて効果的な緩衝剤として作用できる〔たとえばリシンはpK_1 = 2.0, pK_2 = 9.0, pK_3(R基) = 10.7〕．アミノ酸の滴定と緩衝能に関する詳細な説明は5章を参照されたい．

生理的緩衝液

生体における最も重要な三つの緩衝液は，炭酸水素塩，リン酸塩，およびタンパク質による緩衝液である．それぞれの緩衝系は，生体特有の生理学的問題を解決するように適応している．

炭酸水素塩緩衝液 血液においてかなり重要な緩衝液の一つである炭酸水素塩は，三つの成分を含んでいる．これらのなかで第一の成分である二酸化炭素は，水と反応して炭酸を生成する．

$$CO_2 + H_2O \rightleftharpoons \underset{炭酸}{H_2CO_3}$$

炭酸はただちに解離してH⁺とHCO₃⁻を与える．

$$H_2CO_3 \rightleftharpoons H^+ + \underset{炭酸水素イオン}{HCO_3^-}$$

H_2CO_3の血中濃度は非常に低いので，前式は以下のように単純化できる．

$$CO_2 + H_2O \rightleftharpoons H^+ + HCO_3^-$$

緩衝能は，酸-共役塩基対のpK_a近辺で最大であることを前に述べた．炭酸は，pK_1値が6.3の二塩基酸（2個の水素イオンを供与できる）である．血液中では，炭酸の緩衝範囲の上限のpHを維持し，酸に対する緩衝能を最大にしておかなければならない．したがって，H_2CO_3（CO_2）と比べてその共役塩基である炭酸水素塩の濃度は高く，通常11：1で最適化されている．この比は理想的な弱酸と共役塩基の比（1：1）と異なっており，重炭酸イオン緩衝液は血中でその緩衝能力の限界で機能していることを示している．それにもかかわらず，重炭酸イオン緩衝液は二つの理由により効果的である．一つは血中での重炭酸塩濃度が高いこと，もう一つは各成分が以下に述べるような生理的な制御を受けているからである．

CO_2からHCO_3^-およびH^+への非触媒的変換反応は遅い．

$$CO_2 + H_2O \rightleftharpoons H_2CO_3 \rightleftharpoons HCO_3^- + H^+$$

血液中では，この反応は炭酸デヒドラターゼにより触媒されている．炭酸デヒドラターゼは1秒間に100万個のCO_2分子を炭酸水素塩に変換するため，既存の酵素のなかで最も効率のよい酵素の一つである．血中のCO_2濃度は低く保たれ，呼吸速度を変化させることで調節されている．腎臓はH⁺を排泄するので，血中の炭酸塩濃度は高濃度に維持されている．過剰なHCO_3^-が生じた場合，腎臓はそれらを排泄する．代謝老廃物である酸は，生体の炭酸水素塩系

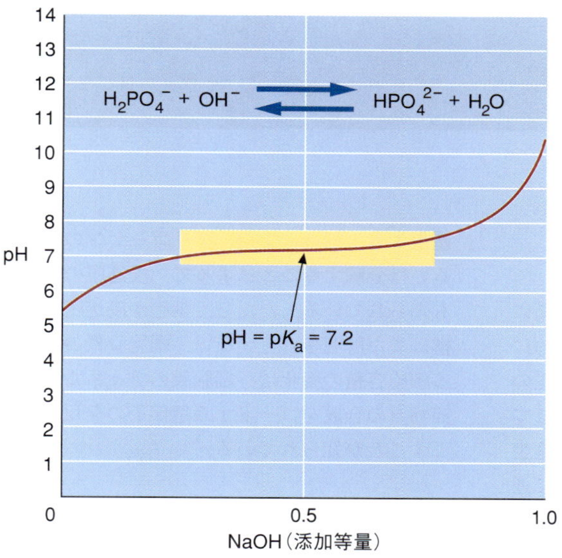

図 3.21　$H_2PO_4^-$の強塩基による滴定
黄色の領域は，弱酸-共役塩基対である $H_2PO_4^-/HPO_4^{2-}$ が緩衝剤として効果的に機能する pH 範囲を示している．

に加えられるので，HCO_3^- の濃度は低下して CO_2 が生成する．過剰の CO_2 は呼気として吐きだされるので，HCO_3^- と CO_2 の比は本質的には変わらない．

リン酸塩緩衝液　リン酸塩緩衝液は弱酸-共役塩基対（$H_2PO_4^-/HPO_4^{2-}$）からなる（図 3.21）．

$$H_2PO_4^- \rightleftharpoons H^+ + HPO_4^{2-}$$

リン酸二水素イオン　　リン酸水素イオン

この反応の pK_a は 7.2 なので，リン酸塩緩衝液は血液を緩衝する目的には優れた選択であるように思われる．確かに 7.4 という血液の pH は，この緩衝系の能力によく適合しているが，血中における $H_2PO_4^-$ と HPO_4^{2-} の濃度は，主たる影響を及ぼすにはあまりにも低すぎる．その代わりに，リン酸塩緩衝系は細胞内液において重要な緩衝液であり，そこでの濃度は約 75 mEq（milliequivalent）/L である．一方，血液のような細胞外液におけるリン酸塩濃度は約 4 mEq/L である．通常の細胞内液の pH はおよそ 7.2（6.9 から 7.4 の範囲）なので，$H_2PO_4^-$ と HPO_4^{2-} の等モル混合物が一般に存在する．細胞は他の弱酸も含んでいるが，これらの物質は緩衝剤としては重要ではない．これらの濃度はきわめて低く，また pK_a 値は細胞内 pH よりもかなり低いからである．たとえば，乳酸の pK_a は 3.86 である．

ヘモグロビンとpH

タンパク質緩衝液　タンパク質は緩衝能をもたらす重要な要因である．ペプチド結合によりつながったアミノ酸からなるタンパク質は，イオン化可能な官能基を側鎖に数種含んでおり，プロトンを供与あるいは受容できる．タンパク質分子は生体内にかなり高い濃度で存在しているので，それらは強力な緩衝剤である．たとえば，酸素を運搬するタンパク質であるヘモグロビンは，赤血球中に最も豊富に存在する生体分子である．その化学構造と高い細胞内濃度のため，ヘモグロビンは血液の pH を維持するうえで重要な役割を果たしている．同様に血中に高濃度で存在し，血液を緩衝する能力があるものとして，血清アルブミンやその他のタンパク質がいくつかある．

キーコンセプト

生体において最も重要な緩衝液は，炭酸水素塩緩衝液（血液），リン酸塩緩衝液（細胞内液），およびタンパク質緩衝液である．

問題 3.4

激しい下痢は，小さな子供において最も一般的な死因の一つである．下痢の主たる症状の一つは，大量の炭酸水素ナトリウムの排泄である．このような状況下では，炭酸水素塩緩衝系はどちらの方向に移行するか．その結果生じる状態を何と呼ぶか．

下　痢

生化学の広がり

細胞容積の制御と代謝

代謝と細胞容積との間に関係はあるだろうか？

生細胞は常に危険にさらされている．細胞内部と周囲の間における溶質の均衡が，ほんの少し変化しても，細胞は潜在的にダメージを与えかねない浸透圧の変化を受けやすい．浸透圧の均衡を管理できなければ，細胞の形態と容積のひずみが生じて細胞機能が損なわれる．しかしながら，動物のような多細胞生物においては，個々の細胞は，周囲の浸透圧の顕著な変動に通常はさらされていない．その代わりに，多細胞生物はふつうの代謝過程によってもたらされる内部変動によって，たえずストレスを受けていることがわかっている．栄養（たとえば糖，脂肪酸およびアミノ酸など）の摂取や老廃物（たとえば H^+ と CO_2）の排泄のような日常生活，および高分子（たとえばタンパク質とグリコーゲン）の合成と分解のような代謝過程は，浸透圧の不均衡を引き起こす．

細胞は，浸透圧におけるきわめてわずかな変化でさえ，全体でただちに修正することのできる精巧な機構を複数もっていることが，最近の研究によって明らかになった．これらの機構のなかで最もよくわかっているものが，細胞膜を通した無機イオンの交換である（図3A）．たとえば，細胞でタンパク質合成が行われているとき，その結果として起こるアミノ酸濃度の低下は，細胞内から水の流出を引き起こす．細胞はこれに反応し，特化した膜チャネル複合体を通して（HCO_3^- の代わりに）K^+，Na^+ および Cl^- を取り込む．この過程によって生じる浸透圧勾配は，細胞内に水の流入をもたらし，それにより細胞は正常な容積にもどる．タンパク質が分解されたときには，逆の過程が起こる．浸透圧活性をもつアミノ酸濃度が高くなると，細胞は水を吸って膨張する．水の流入後，イオン（たとえば K^+，Cl^- および HCO_3^-）が細胞膜を通して細胞から出ていくことにより，細胞容積は元にもどる．

細胞容積は，浸透圧調節物質（**オスモライト**，osmolyte）と呼ばれる浸透圧活性物質の合成量によっても制御することができる．たとえば，浸透圧ストレスに直面すると，ある生物の細胞は大量のアルコール（たとえばソルビトール，p.216参照），アミノ酸，あるいはタウリン（p.403参照）のようなアミノ酸誘導体を産生する．細胞はまた，グリコーゲンのような高分子を合成あるいは分解することによって，浸透圧の均衡を回復させることも知られている．ただし，細胞が浸透圧の均衡を保つ正確な機構はまだ解明されていない．細胞骨格のゆがみにより伝達される細胞容積の変化は，細胞膜のチャネルタンパク質や浸透圧調節物質の合成をコードする遺伝子の発現レベルの変化を引き起こすことが知られている．

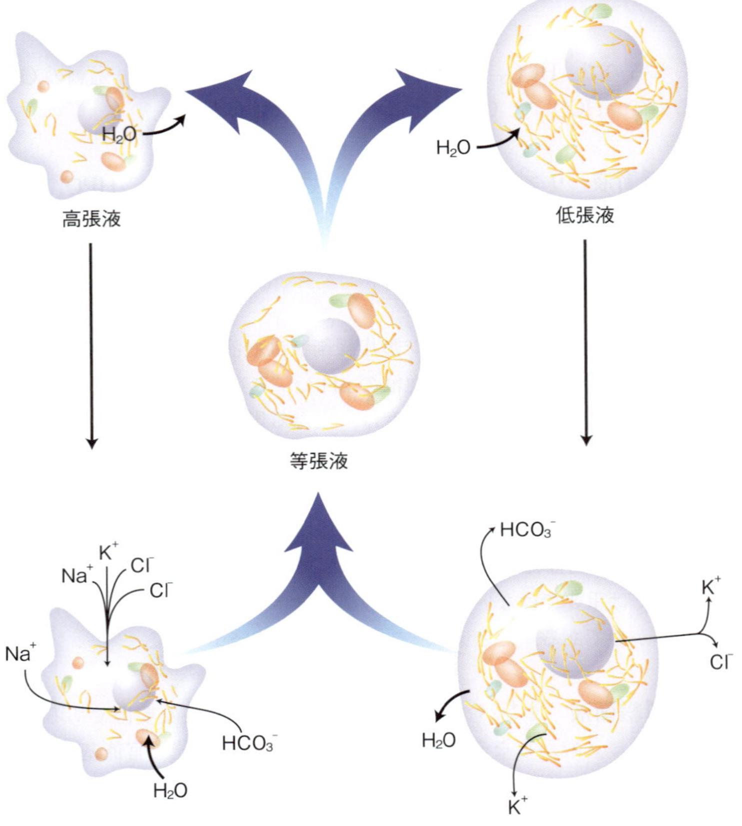

図3A　浸透圧と細胞容積変化
高張液にさらされたり，生化学過程によって浸透圧活性をもつ分子数が減少したりすると，細胞は縮む．Na^+，K^+ および Cl^- のような無機イオンが，アニオンおよびカチオンチャネルやポンプによって細胞内に取り込まれることにより，細胞の浸透圧の均衡は回復する．イオンは，同符号の電荷のイオンと交換，あるいは Na^+ もしくは K^+ 勾配に沿って運搬できる．水が細胞内に流入するにつれて，細胞は正常な容積にもどる．一方，低張液に入れたり，高分子の輸送や分解を通して浸透圧活性をもつ分子の濃度が高くなったりすると，細胞は膨張する．浸透圧の均衡は，無機イオンの排出とそれに引き続く水の流出により保たれる．

▶

まとめ 生細胞は，細胞膜の内外の溶質の均衡をたえず維持している．栄養素の摂取，老廃物の排泄や，高分子の合成のような代謝過程は，この均衡に影響を及ぼす．この不均衡の修正に著しく失敗すると，細胞死を招く可能性のある細胞容積の変化が引き起こされる．

本章のまとめ

1. 水分子（H_2O）は2個の水素原子と1個の酸素原子からなる．それぞれの水素原子は単結合で酸素原子と結合している．酸素-水素結合は極性をもつので，水分子は双極子である．水が極性をもつ結果として，ある水分子の酸素と別の水分子の水素との間に静電的な力が生じて互いに引き合っている．この引力は水素結合と呼ばれる．
2. 非共有結合は相対的に弱く，したがって容易に切断される．非共有結合は，水や生体分子の物理的および化学的特性を決定するうえできわめて重大な役割を果たしている．イオン相互作用は荷電した原子あるいは官能基間で起こる．個々の水素結合は共有結合と比べてとくに強いわけではないが，多数の水素結合は関係する分子に少なからぬ影響を与えている．引力となったり斥力となったりするファンデルワールス力は，永久双極子および誘起双極子の間で働く．
3. 水は特別に大きい熱容量をもっている．水の沸点と融点は，水と類似の構造と分子量をもつ化合物よりもかなり高い．水素結合がこの異例な挙動の原因である．
4. 水は優れた溶媒でもある．水は，その双極子構造と水素結合形成能によって，多くのイオン性および極性化合物を溶解することができる．
5. 生体に存在するほとんどの水分子は構造化されている．すなわち，それらは高分子や膜表面と非共有結合的に相互作用している．形成される水のネットワークは，密に込み合った細胞質内の高分子間の架け橋として機能している．細胞質は，流動抵抗性を示し，物理的エネルギーを蓄える半固体状の粘弾性物質であるゲルの特性をもっている．ゲルは液体あるいはゾル状態に可逆的に遷移する．
6. 疎水性分子は事実上，水に不溶である．非極性分子を水に入れると，それらはエネルギー的に最も安定な配置に再配列し，水分子によって包囲された液滴を形成する．
7. 両親媒性分子は，極性と非極性の両方の官能基をもっている．脂肪酸は，水中ではミセルと呼ばれる構造を形成する両親媒性分子である．
8. 水の物理的特性のうちで，溶質分子によって変化するものがいくつかある．これらのなかで生物にとって最も重要なものは浸透圧である．浸透圧とは，細胞膜を横切っての水の流れを妨げる圧力のことである．高分子は，細胞内のモル浸透圧に直接的にはほとんど影響しない．これらの分子上にある多くのイオン化可能な官能基が，反対の電荷をもつイオンを引きつけているからである．タンパク質のような高分子を包囲している構造化された水のネットワークは，相対的に大きな水和容積をもつ Na^+ を排除する傾向がある．細胞膜内外の電荷の不均衡（内部が負で外部が正）は，膜電位と呼ばれる電気的な勾配をつくりだす．
9. 液体の水分子はごくわずかにイオン化して，水素イオン（H^+）と水酸化物イオン（OH^-）を生じる．ある溶液が等量の H^+ および OH^- を含むとき，その溶液は中性である．H^+ を過剰に含む水溶液は酸性であり，一方，より多くの OH^- を含む水溶液は塩基性である．有機酸は水中では完全に解離しないので弱酸と呼ばれる．酸解離定数 K_a は弱酸の強度の尺度である．K_a 値は酸の種類によって広範囲に変化するので，pK_a 値（$-\log K_a$）が使われる．
10. 水素イオンは生体系において最も重要なイオンの一つである．pHという尺度は，水素イオン濃度を便宜的に表現したものである．pHは水素イオン濃度の負の対数として定義される．
11. 水素イオン濃度は生体反応に大きな影響を与えるので，pHの調節は生物における普遍的かつ本質的な活動といえる．水素イオン濃度は一般に狭い範囲内で保たれている．緩衝剤が H^+ イオンと結合するので，それらは水素イオン濃度を相対的に一定に保つのに役立つ．水溶液がpH変化を抑制する能力は緩衝能と呼ばれている．ほとんどの緩衝液は弱酸とその共役塩基からなる．

キーワード

pHの尺度(pH scale)　77
アシドーシス(acidosis)　79
アルカローシス(alkalosis)　79
塩基(base)　77
塩橋(salt bridge)　66
オスモライト(osmolyte)　86
緩衝液(buffer)　79
共役塩基(conjugate base)　77
共有結合(covalent bond)　65
高張液(hypertonic solution)　74
酸(acid)　77
弱塩基(weak base)　77
弱酸(weak acid)　77
浸透(osmosis)　72
浸透圧(osmotic pressure)　73
水素結合(hydrogen bond)　64
水和圏(solvation sphere)　69
静電的相互作用(electrostatic interaction)　65
双極子(dipole)　64
疎水性相互作用(hydrophobic interaction)　65
低張液(hypotonic solution)　74
等張液(isotonic solution)　74
ファンデルワールス力(van der Waals force)　66
膜電位(membrane potential)　76
ミセル(micelle)　72
両親媒性分子(amphipathic molecule)　72
ルシャトリエの原理(Le Chatelier's principle)　77
ロンドンの分散力(London dispersion force)　67

復習問題

以下の問いは，次章へ進む前に，本章で論じた重要な概念について理解度を確認するためのものである．解答は巻末および『問題の解き方』を参照のこと．

1. 次の用語の定義を述べよ．
   a. 極性　b. 水素結合　c. 静電的相互作用
   d. 塩橋　e. 双極子
2. 次の用語の定義を述べよ．
   a. 融解熱　b. 水和圏　c. 両親媒性　d. ミセル
   e. 疎水性効果
3. 次の用語の定義を述べよ．
   a. 浸透　b. 浸透圧　c. 等張液　d. 膜電位
   e. オキソニウムイオン
4. 次の用語の定義を述べよ．
   a. 緩衝液　b. アシドーシス　c. アルカローシス
   d. pH　e. pK_a
5. 次のうちで酸-共役塩基対はどれか．
   a. H_2CO_3，CO_3^{2-}　b. $H_2PO_4^-$，PO_4^{3-}
   c. HCO_3^-，CO_3^{2-}　d. H_2O，OH^-
6. pH 7.2の0.1 Mリン酸塩緩衝液はどのようにして調製したらよいか．共役塩基の酸に対する比をどのように設定するか．
7. 1.3 Mのリン酸ナトリウム(Na_3PO_4)水溶液のモル浸透圧はいくらか．ただし，この水溶液では85%がイオン化しているものと仮定せよ．
8. 3 Mのフルクトース溶液を含む透析袋が，以下に示すそれぞれの溶液中に入っている．それぞれの場合において水の流れる方向を示せ．
   a. 1 M乳酸ナトリウム　b. 3 M乳酸ナトリウム
   c. 4.5 M乳酸ナトリウム

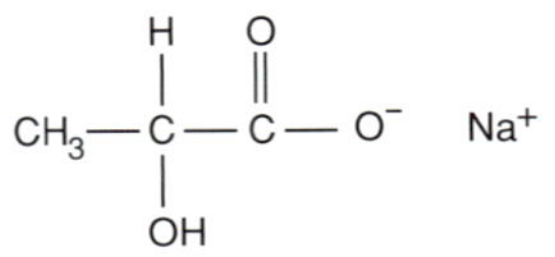

9. 水の代わりにメチルアルコールでは，いくつの水素結合が形成できるか．相互作用を描け．
10. 0.10 Mの酢酸と0.10 Mの酢酸ナトリウムの混合液のpHは4.76である．酢酸のpK_aを求めよ．また，酢酸のK_aはいくらか．
11. 以下の分子やイオンの間で，どのような相互作用が起こるか．
    a. 水とアンモニア　b. 乳酸塩とアンモニウムイオン
    c. ベンゼンとオクタン　d. 四塩化炭素とクロロホルム
    e. クロロホルムとジエチルエーテル
12. 蒸留水30 mL中に56 mgのタンパク質を含む溶液は，25℃で0.01 atmの浸透圧を示す．この未知のタンパク質の分子量を決定せよ．
13. 以下のどの分子がミセルを形成すると予想されるか．
    a. NaCl　b. CH_3COOH　c. $CH_3COO^-NH_4^+$
    d. $CH_3(CH_2)_{10}COO^-Na^+$　e. $CH_3(CH_2)_{10}CH_3$
14. 炭酸水素塩は血液の主要な緩衝剤の一つであり，リン酸塩は細胞の主たる緩衝剤である．なぜこのようになっているのか．
15. 緩衝液の全濃度がわかっている場合(弱酸とその共役塩基の個々の濃度はわからない)，その緩衝液のpHは計算できるか．
16. 炭酸のpK_a値は，pK_{a1} = 6.4，pK_{a2} = 10.2である．pHが6.4，8あるいは13において存在する分子種をそれぞれ示せ．
17. 以下の分子あるいはイオンのうち弱酸はどれか．理由も説明せよ．
    a. HCl　b. $H_2PO_4^-$　c. CH_3COOH
    d. HNO_3　e. HSO_4^-
18. 呼吸亢進によって，血液のpHはどのような影響を受けるか．
19. 炭酸と炭酸ナトリウムのみからなる緩衝液を調製することができるか．
20. 0.25 Mのアスコルビン酸一ナトリウム塩300 mLと0.2 MのHCl 150 mLを混合して得られる溶液のpHを計算せよ．アスコルビン酸のpK_{a1}は4.04である．
21. 1×10^{-8} MのHCl水溶液のpHはいくらか．
22. 1 molの安息香酸と1 molの安息香酸ナトリウム塩の混合水溶液のpHを計算せよ．安息香酸のpK_aは4.2である．
23. 安定なミセルを形成する界面活性剤は，しばしば強力な抗菌性をもつ．細胞膜の構造を考慮して，この抗菌作用を示す理由を提案せよ．
24. 1 Mの酢酸と1 Mの酢酸ナトリウムからなる水溶液のpHを決定せよ．
25. 前問の溶液1 Lに1 MのHClを1 mL加えるとpHはどうなるか．
26. 多くの分子は極性をもっているが，顕著な水素結合を形成しない．水において水素結合を可能にする特殊な性質とは何か．

応用問題

以下の問いは，本書でこれまで論じてきた重要な概念について理解を深めるためのものである．正解は一つとは限らない．解答例は巻末および『問題の解き方』を参照のこと．

27. ゼラチンは，懸濁し水和されたコラーゲンからなる．NaCl をその表面に振りかけるとゼラチンはどうなるか．
28. ゼラチン板に穴を開け，そこに NaCl と KCl の等モル溶液を入れる．1 時間後，その穴に存在する Na^+ と K^+ の濃度を測る．Na^+ と K^+ のどちらのイオンが，その穴により多く残っているだろうか．理由とともに説明せよ．
29. 細胞における ATP 駆動のナトリウム–カリウムポンプが働かない．細胞は，円鋸歯形成あるいは溶血するだろうか．
30. 多くの果実は砂糖漬けにして保存できる．果実を非常に高濃度の砂糖溶液に浸し，その後，砂糖を結晶化させる．砂糖はどのようにして果実を保存しているのか．
31. 氷が水よりも密度が小さい理由を説明せよ．もし氷の密度が水よりも小さくなかったら，海洋はどのような影響を受けただろうか．また，地球上の生命進化にはどのような影響を及ぼしただろうか．
32. なぜ海水は植物に与える水として使えないのか．
33. pH の尺度は水に対してのみ有効である．なぜそうなのか．
34. ゼラチンはタンパク質と水との混合物であるが，大部分は水からなる．水とタンパク質の混合物がどのようにして固体になるのか説明せよ．
35. 水は万能な溶媒といわれている．もしこの記述が厳密な意味で正しいとするならば，生命は水という媒体のなかで発生しえたであろうか．説明せよ．
36. ストレスの多い状況下において，体のある細胞はグリコーゲンをグルコースに変換する．この変換は細胞の浸透圧平衡にどんな影響を与えるか．細胞はこの状況にどのように対処するか説明せよ．
37. イオン性相互作用の働きは，無水溶媒中よりも水中のほうが弱い．水はこれらの相互作用をどのようにして弱めているのか説明せよ．
38. 厳しい乾燥条件を生き抜くことのできる多くの細胞では，ある種の糖類が水の代用品になっている．これらの糖類は，相互作用することで膜表面を保護し，タンパク質の凝集を防いでいる．糖分子のどのような構造的な特性が，この現象を引き起こしているか．
39. 以下の一連のイオンを考えよう．

$$Mg^{2+} > Ca^{2+} > Na^+ > K^+ > Cl^- > NO_3^-$$

左側のイオンは，右側のイオンと比べてより強く水和される．細胞内の高分子と相互作用している構造化された水のなかに，Mg^{2+} と Cl^- のようなイオンが容易に移動するかどうか判断せよ．

40. 純粋な糖類の多くは結晶性の固体である．しかし，糖類の水溶液を濃縮する過程では，結晶よりもむしろシロップが生成される．なぜか．
41. 以下の構造から始めて，アミノ酸であるチロシンの滴定曲線を描け．

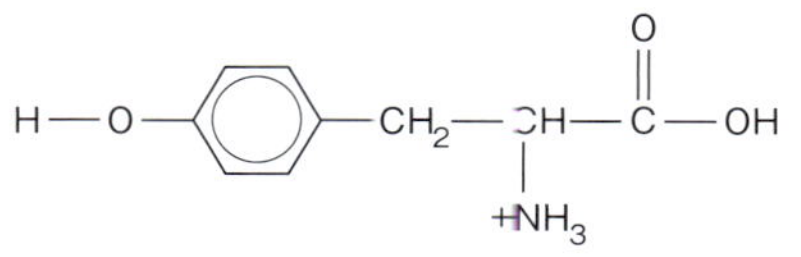

pK_a 値は次の通りである．アミノ基＝ 9.11，カルボキシ基＝ 2.2，側鎖ヒドロキシ基＝ 10.07．

42. ある物質によって吸収もしくは遊離される熱 (q) は以下の式を用いて計算できる．$q = mc\Delta T$，ただし m はグラム単位の質量，c は単位質量あたりの熱容量，ΔT は温度変化である．以下の値を用いて，−85.5 ℃の固体の硫化水素 (H_2S) 1 g を気体に変換するのに必要なエネルギーを計算せよ．硫化水素の比熱は 1.03 J/g･℃，融解熱と気化熱はそれぞれ 69.9 および 549 J/g である．あなたの答えを水の値 (2597 J) と比較せよ．
43. 塩化カリウム (KCl) はメチルアルコールにわずかに溶解する．カリウムイオンの水和圏を描け．
44. 水はアンモニアよりも強い水素結合をつくる．この理由を述べよ．
45. 酢酸が通常の条件下でイオン化するとき，遊離するプロトンと酢酸アニオンはともに水分子によって溶媒和される．水の非存在下では酢酸の pK_a は大きくなるか，それとも小さくなると予想されるか．そのように予想した理由を説明せよ．

CHAPTER

4 エネルギー

エネルギー変換　野生のウマは草を常食とする草食動物である．彼らは食物中の分子の化学結合エネルギーを変換して，ピューマのような捕食者から逃れるのに必要なエネルギーを得ている．疾走するウマのスピードは平均で時速 25 ～ 30 マイル（40 ～ 50 km/h），短距離での最高速度なら時速 55 マイル（90 km/h）にもなる．

アウトライン

4.1　熱力学

熱力学第一法則

熱力学第二法則

4.2　自由エネルギー

標準自由エネルギー変化

共役反応

疎水性効果再論

4.3　ATP の役割

生化学の広がり

非平衡熱力学と生命の進化

概　要

エネルギー！　確かにそれは生命にとって必須であるけれども，エネルギーとは一体何であり，なぜこんなにも生き物の生存に欠かせないのであろうか．エネルギーは宇宙の唯一の基本構成要素である．物質とそれに等価なエネルギーとの関係は Einstein による著名な式 $E = mc^2$ に示されている．つまり，エネルギーと物質は互いに変換可能であり，物質とは凝縮されたエネルギーであるともいえる．ある粒子に含まれる全エネルギー（E）をジュール単位（kg m^2/s^2）で表した値は，その粒子の質量（m）をキログラム単位で表した値と光速（$c = 3.0 \times 10^8$ m/s）の 2 乗との積に等しい．しかし，もっと普通にエネルギーというときは仕事をする能力のことを指している．ここでいう**仕事**（work）とは，力をかけて対象物を変形させたり移動させたりする組織的な分子運動のことであり，結果として特定の物理的変化をもたらすものである（たとえば，流水による力がタービンの羽根車を回すことで水力発電所は機能している）．エネルギーは，重力エネルギー，核エネルギー，輻射エネルギー，化学エネルギー，力学的エネルギー，電気エネルギー，温度エネルギー（熱エネルギー）といった互いに変換可能なさまざまな形態で現れる．

電磁輻射や電気エネルギー，化学エネルギーは高品質のエネルギー源であるが，熱は低品質のエネルギーである．このことは，たとえば電線を通じて建物内に運ばれてくる電気エネルギーと電球から放散される熱エネルギーとでなしうる仕事を比較してみればわかるだろう．しかしながら適切な状況下では，熱も有用なエネルギーとなりうる．たとえば，地球の中心核からマントルへと向かう熱流やマントル内でのマグマの動きによる熱流は，生物地球化学的循環における重要な原動力として寄与している．

エネルギーの流れは絶え間なく生物圏に満ちている．起源が太陽エネルギーであるにせよ地熱エネルギーであるにせよ，それは物質（たとえば栄養素）の流れと生物中の生化学反応を駆動する．生物が用いているエネルギー産生機構には，光合成，化学合成有機栄養，化学合成無機栄養の 3 種類がある．光合成（13 章）は光エネルギーを化学結合エネルギー（ATP）に変換する過程である．化学合成有機栄養生物（chemoorganotroph）と化学合成無機栄養生物（chemolithotroph）は，それぞれ有機化合物や無機化合物を酸化することにより ATP を産生する従属栄養生物である．エネルギーを捕捉し変換するこれらの方法のすべてが，（9 章で取り上げるように）**電子供与体**（electron donor）から**電子受容体**（electron acceptor）へと電子を受け渡す酸化還元（レドックス）反応を含んでいる．生物は ATP によって供給されるエネルギーを数千もの分子機械の動力源としている．これらの機械によって成し遂げられる仕事には濃度勾配の維持や生体分子の合成が含まれる．

物質中での物理的もしくは化学的変化を伴うエネルギー変換を対象とした研究を**熱力学**（thermodynamics）という．**生体エネルギー学**（bioenergetics）は熱力学の一分野であり，生体中のエネルギー変換を研究対象としている．これは特定の生化学反応がどちら向きにどの程度進むかを判断するのにとりわけ有用である．これらの反応は三つの因子に左右される．そのうちの二つである**エンタルピー**（enthalpy，全熱量）と**エントロピー**（entropy，無秩序さ）は，それぞれ熱力学第一法則と第二法則に関連している．第三の因子である**自由エネルギー**（free energy，化学的仕事として取りだせるエネルギーのことで，化学反応の自発性の指標でもある）は，エンタルピーとエントロピーの両方を含む数式によって説明される．

この章ではまず，熱力学の議論に現れるいくつかの基本的概念と，それらと生化学反応との関連について説明する．次に，自由エネルギーについて議論し，これが化学反応が自発的かどうかの有用な指標であることについて触れる．最後に，ATP やその他の高エネルギー化合物の構造と機能について説明する．

4.1　熱 力 学

近代におけるエネルギーの概念は産業革命がもたらしたものである．19 世紀中に，力学的仕事と熱との関係についての研究が熱力学の法則と呼ばれるエネルギー変換を記述する一組の法則の発見を導いた．

1．**熱力学第一法則** 全宇宙のエネルギーの総量は一定である．エネルギーを創造することも消滅させることもできず，ただある形態から別の形態へと変換することができるだけである．
2．**熱力学第二法則** 全宇宙の無秩序さは常に増大する．化学的および物理的過程で自発的に進行するのは，全宇宙の無秩序さが増大する場合だけである．
3．**熱力学第三法則** 格子欠陥のない完全な結晶からなる固体の温度が絶対零度（0 K）に近づくにつれ，無秩序さもゼロに近づく．

初めの二つの法則は，生化学者が生体中のエネルギー変換を研究する際に用いる強力な道具となる．

熱力学が考察の対象とするのは熱とエネルギーの変換である．こういった変換は，系（system）と外界（surroundings）から構成されたある〝宇宙（universe）〟の中で起こるとみなされる（**図 4.1**）．系というのは研究者の興味の対象によって決められる．ある個体の全体でもよいし細胞 1 個でもよく，あるいはフラスコの中で起こっているある反応を系としてもよい．開放系では物質もエネルギーも系と外界との間を出入りできる．エネルギーだけしか外界とやりとりできない場合，そのような系を閉鎖系という．生物は，外界から取り入れた栄養分を消費し老廃物を外界へ放出するのだから，開放系ということになる．

熱力学関数にはエンタルピーやエントロピー，自由エネルギーが含まれる．これらの関数を知ることにより生化学者はある過程が自発的（熱力学的に有利である）かどうかを予測できる．自発的というだけでは，ある反応が実際に起こるということを意味しているわけではなく，適切な条件下でならばその反応が起こりうるということを意味しているに過ぎない．反応が実際に起こるのは，その系に利用できる十分なエネルギーがあるときだけである．このような反応は反応速度論的に有利であるという．

熱力学の議論に現れるいくつかの量は状態量と呼ばれ，系の始状態と終状態だけで決まる．状態量の値は始状態から終状態までにたどった経路にはよらない．たとえば，グルコース分子に含まれるエネルギーはその分子構造に固有である．しかしながら，グルコースが分解されたときそのエネルギーがどのように配分されるかは固定されたものではなく，系もしくは変化の際にたどった経路による．たとえば，細胞がグルコース分子内のエネルギーのいくらかを使って筋収縮のような細胞活動を行うとする．このとき，残りのエネルギーは無秩序な熱エネルギーとして放出されてしまう．もしグルコース分子が筋収縮に利用されるのではなく，シャーレの中で燃やされるとすると，化学反応全体としては同じであっても，グルコース中の化学結合エネルギーすべてがただちに熱へと変換されてしまい，ごくわずかあるいは測定できないほどわずかな仕事しかなされない．グルコース中に含まれていたエネルギーは，どちらの過程でも同じであるが，それぞれの過程でなされた仕事は異なっている．いいかえれば，仕事や熱は状態量ではない．これらの値は反応経路によって違ってくる．

系と外界との間でエネルギーのやりとりを起こせるのは 2 通りの場合だけである．熱（q）すなわち乱雑な分子運動として系の中へ，あるいは系から外に伝わっていく場合か，系が外界に対して仕事（w）をしたり，あるいは外界から仕事をされたりする場合である．系と外界との温

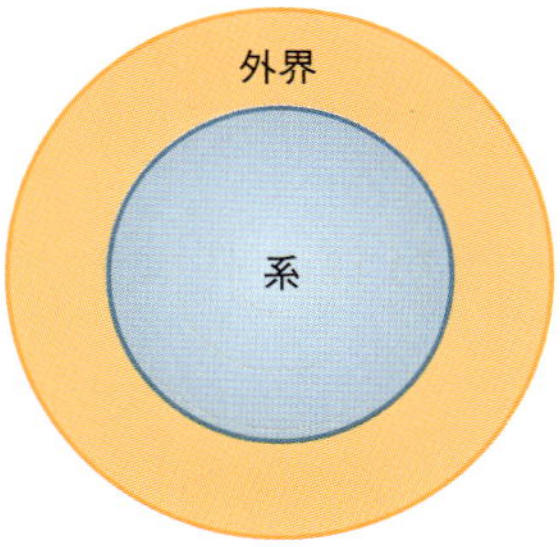

図 4.1　熱力学における宇宙
宇宙は系と外界とからなる．

度が異なるときには，エネルギーは熱として伝わる．物体が力の作用を受けて動かされるときには，エネルギーは仕事として伝わる．

熱力学第一法則

熱力学第一法則は，閉鎖系の内部エネルギー(E)と，系と外界との間(**図 4.1**)でやりとりされる熱(q，乱雑な運動)や仕事(w，組織的な運動)との関係を示したものである．これは，孤立系(われわれがいる宇宙もその例である)の全エネルギーは一定であるという，エネルギー保存則をいいかえたものに過ぎない．閉鎖系については次のように書ける．

$$\Delta E = q + w \qquad (1)$$

ΔE = 系のエネルギー変化
q = 系が吸収または放出した熱
w = 系に加えられた，または系からなされた仕事

化学者は系の内部エネルギーを見積もる量の一つとしてエンタルピー(H)を次のように定義する．

$$H = E + PV \qquad (2)$$

PV = P-V 仕事，すなわち，系に対してなされた仕事あるいは系がした仕事で，圧力(P)や体積(V)の変化を伴うもの

生化学の対象となる系では，圧力がほとんど一定で，体積変化が無視できるほど小さい．そのような条件下では確かにエンタルピー変化は内部エネルギーの変化に等しくなる*．

＊訳者注：P-V 仕事の場合，体積変化 ΔV の際に系が外界からされた仕事は $w = -P\Delta V$ であるから，式(1)より

$$\Delta E = q - P\Delta V$$

一方，式(2)の微分をとると

$$\Delta H = \Delta E + V\Delta P + P\Delta V = q + V\Delta P$$

したがって圧力一定($\Delta P = 0$)では

$$\Delta H = q$$

さらに，$\Delta V = 0$ とみなせるなら

$$\Delta E = q$$

も成り立つ．

$$\Delta H = \Delta E \qquad (3)$$

ΔH が負($\Delta H < 0$)ならば，その反応あるいは過程は熱を外界に放出し，**発熱反応**(exothermic reaction)であるという．ΔH が正($\Delta H > 0$)ならば，熱が外界から吸収され，そのように熱が奪われる反応を**吸熱反応**(endothermic reaction)という．**等温過程**(isothermic process，$\Delta H = 0$)では，熱は外界とやりとりされない．

式(3)によれば，生物学的な系の全エネルギー変化は系から発したり系に吸収されたりした熱に等しい．反応物あるいは生成物のエンタルピーは状態量である(反応経路によらない)から，ある物質を生成する反応のうちどれか一つエンタルピー変化のわかっているものがあれば，その値はその物質を含む他のどんな反応の ΔH を計算するのにも利用できる．反応物と生成物の両方について ΔH の値の和($\Sigma\Delta H$)がわかれば，その反応のエンタルピー変化は次式で計算される．

$$\Delta H_{\text{reaction}} = \Sigma\Delta H_{\text{products}} - \Sigma\Delta H_{\text{reactants}} \qquad (4)$$

エンタルピーの計算には，通例，(25 ℃，1 atm で)モルあたりの標準生成エンタルピー ΔH_f° が用いられる．ΔH_f° は，標準状態で 1 mol の物質がそれを構成する元素の最も安定な単体から生成される際に，放出あるいは吸収される熱エネルギーである．式(4)によっては，どんな化学反応についてもそれが進む向きを予測できないことに注意すべきである．これは，ただ熱の流れる向きを決めるだけである．例題 4.1 と 4.2 は標準エンタルピー変化の計算例である．

キーコンセプト

- 圧力一定のとき，系のエンタルピー変化 ΔH は流れ込む熱エネルギーに等しい．
- ΔH が負ならば，その反応ないし過程は発熱的である．ΔH が正ならば，その反応ないし過程は吸熱的である．等温過程では外界との熱のやりとりは起こらない．

例題 4.1

ΔH_f° は化合物を単体から生成する際のエネルギー変化である．下表の ΔH_f° の値に基づいて，次の反応の ΔH_f° を求めよ．

$$6CO_2 + 6H_2O \longrightarrow C_6H_{12}O_6 + 6O_2$$

	ΔH_f°	
	kcal/mol	kJ/mol
$C_6H_{12}O_6$	−304.7	−1274.9
CO_2	−94.0	−393.3
H_2O	−68.4	−286.2
O_2	0	0

表中の単位の定義は以下の通りである．1 kcal は水 1000 g の温度を 1 ℃上げるのに要するエネルギーである．ジュール（J）はエネルギーの単位であり，科学分野ではカロリー（cal）の代わりに用られるようになっている（1 cal = 4.184 J）．

解答

反応の全エンタルピーは，生成物のエンタルピーの総和から反応物のそれを引いたものに等しい．

$$6CO_2 \quad + \quad 6H_2O \quad \longrightarrow \quad C_6H_{12}O_6 + 6O_2$$
$$6(-393.3) + 6(-286.2) \qquad -1274.9 + 6(0)$$
$$-2359.8 + (-1717.2) \qquad -1274.9$$
$$\Delta H = -1274.9 - (-4077.0) = 2802.1\ \mathrm{kJ/mol}$$

ΔH の値が正であることは，これが吸熱反応であることを示している． ■

例題 4.2

以下のデータに基づき，燃料をガソリン（n-オクタン）からエタノールに替えた際に自動車の燃費はどう変わるか求めよ．その自動車の燃費はガソリンの場合 7.92 マイル/リットル（12.7 km/L）であり，ガソリンを 100%の効率で燃焼し，CO_2 と H_2O のみを生じるものと仮定する．

ΔH_f (kJ/mol)		密度 (g/mL)		モル質量 (g/mol)
CO_2	−393.5	CH_3CH_2OH	0.80	46.1
H_2O	−285.8	オクタン	0.70	114.2
CH_3CH_2OH	−277.7			
オクタン	−250.1			

解答

1．各分子が 1 mol あたりに放出するエネルギーを計算する．

$$CH_3CH_2OH + 3O_2 \longrightarrow 2CO_2 + 3H_2O$$
$$-277.7 + 3(0) \longrightarrow 2(-393.5) + 3(-285.8)$$
$$-277.7 \qquad -787.0 \qquad -857.4$$
$$\Delta H = -1644.4 - (-277.7) = -1366.7\ \mathrm{kJ/mol}$$

$$C_8H_{18} + 25/2O_2 \longrightarrow 8CO_2 + 9H_2O$$
$$-250.1 + 12.5(0) \longrightarrow 8(-393.5) + 9(-285.8)$$
$$-250.1 \qquad -3148.0 + (-2572.2)$$
$$\Delta H = -5720.2 - (-250.1) = -5470.1\ \mathrm{kJ/mol}$$

2．燃やされる燃料それぞれについて 1 L あたりのモル数を計算する．

CH_3CH_2OH (0.80 g/mL) (1000 mL)/(46.1 g/mol) = 17.4 mol

n-オクタン (0.70 g/mL) (1000 mL)/(114.2 g/mol) = 6.1 mol

3．各燃料 1 L あたりに生じるエネルギー量を計算し，燃料をガソリンからエタノールに替えた際の燃費の変化を計算する．

CH_3CH_2OH　(17.4 mol)(−1366.7 kJ/mol) ＝ −23,780.6 kJ
n-オクタン　(6.1 mol)(−5470.1 kJ/mol) ＝ −33,367.6 kJ
熱発生量の比(エタノール/*n*-オクタン) ＝ (−23,780.6 kJ)/(−33,367.6 kJ)
＝ 0.7

自動車の燃費はガソリンを使う場合 7.9 マイル/リットルと仮定していたから，エタノールに替えることで (0.7)(7.9 マイル/リットル)＝5.5 マイル/リットル（9 km/L）となる．■

熱力学第二法則

第一法則は，ある過程に伴って起こりうるエネルギー変化については説明できるが，その過程がどこまで進むかを予言するのに用いることはできない．ところで，たとえば室温で氷がどう変化するかとか，エンジン内で点火されたガソリンがどうなるかというように，その過程が起こるかどうかが自明と思われる状況がいくつかあげられる．われわれは経験から，0℃を超える温度では氷が融けることや，ガソリンが酸素の存在下で CO_2 や H_2O とエネルギーに変換されうることを知っている．エネルギーの放出とともに起こる物理的あるいは化学的変化は**自発的変化**(spontaneous change)であるといわれる．自発的ではない過程とは，ある変化を起こし続けるのに絶えずエネルギーを与え続けなければならない過程のことである．われわれは経験に基づいて，ある種の過程は起こりえないものと確信している．0℃を超える温度では氷はできないし，エンジンの排気ガスからガソリンが生成されることもない．つまり，こういった過程には方向性があり，どんな結果となるか予想するのが容易であることを，われわれは直観的に理解しているのである．自発性や方向性について予測しようとしても経験に基づいた判断を下せないとき，第二法則が役立つ．第二法則によれば，あらゆる自発的過程は宇宙（すなわち系と外界を合わせたもの）全体の無秩序さを増大させる方向にしか起こらない（図 4.2）．自発的過程の結果，物質もエネルギーもますます整然さを失ってゆく．たとえば，ガソリンの主成分である炭化水素では炭素原子が規則正しく順につながっているが，ガソリンが燃えて生じるガスの中では，炭素原子はばらばらに散らばってしまっている（図 4.3）．同様に，ガソリンの燃焼によって放出されるエネルギーもより無秩序に，つまり拡散されて利用しにくくなってしまう．自動車のエンジンではシリンダー内で上昇したガスの圧力によってピストンが動かされ，自動車の動力源となる．ガソリンの分子に含まれる化学エネルギーと自動車を動かす運動エネルギーとを比較してみれば，エネルギーのかなりの部分が有益な仕事には利用されていないことがわかる．仕事に利用されるよりも，むしろ周囲に散逸して（まき散らされて）しまっていることは，エンジンや排気ガスが熱くなるという証拠からも明らかであろう．

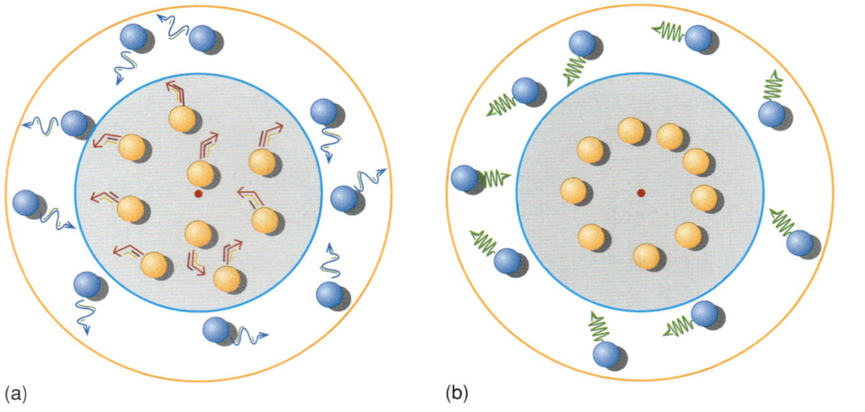

図 4.2　熱力学的系としての生きている細胞
(a) 細胞内の分子もその外界の分子も比較的無秩序な状態にある．(b) 細胞内の分子に秩序を生みだす反応の結果として，細胞から熱が放出される．このエネルギーは（外周部の分子についた激しく波打つ矢印で示されるように）細胞外の分子の乱雑な動きを増大させ，その無秩序さを増やす．この過程全体の正味のエントロピー変化は正である．細胞でのエントロピーの減少は，外界でのエントロピーのより多くの増加によって埋め合わされている．

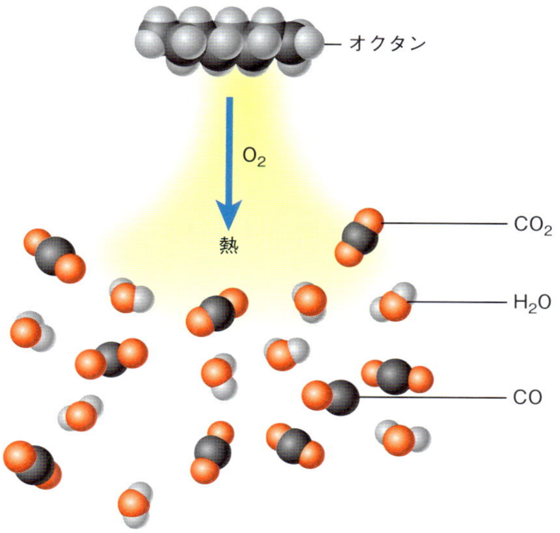

図 4.3　ガソリンの燃焼
オクタンなどの炭化水素が燃える際のエネルギー放出には，多くの原子が規則的に結合している反応物分子から，CO_2 や H_2O のようにより細かく分かれたガス状の生成物への変化が伴う．しかしながら，ガソリンの燃焼はあまり効率のよいものではなく，環境汚染物質である一酸化炭素（CO）といった余分なものも放出される．

系の無秩序さの度合いは**エントロピー**（S）と呼ばれる状態量で表される．系が無秩序であるほど，そのエントロピーの値は大きくなる．第二法則によると，どの自発的過程に対しても宇宙のエントロピー変化は正の値となる．値の増加は，系内（ΔS_{sys}）でもその外界（ΔS_{surr}）でも，宇宙のどの部分で起こってもよい．

$$\Delta S_{univ} = \Delta S_{sys} + \Delta S_{surr}$$

栄養分を消費し代謝を行っている間，生きている細胞がその内部の無秩序さを増すということはない．その代わり，この生物にとっての外界でエントロピーが増えることとなる．たとえば，ヒトは食物を摂取して複雑な体を維持するのに必要なエネルギーや構成材料を得ている．食物中の分子は膨大な量の廃棄物（CO_2，H_2O，熱など）に変わり，体外へ放出される．

エントロピーというのは使いようのないエネルギーであると思われるかもしれないが，エントロピーの生成というのはけっして無駄なことではない．ある種の反応についてエントロピーで駆動されるということがあるが，そういった反応では系におけるエントロピーの増加がエンタルピーの増加に勝っており，外からエネルギーを加え続けなくても自発的に反応が進行する（定義では，自発的過程とは実際に起こる反応のことだった．ただし，その反応速度はきわめて速いものかもしれないし，まったく遅いものかもしれない）．不可逆過程ではただ一方向にしか過程が進まないが，こういう場合にエントロピーがエンタルピーと並んで駆動力になっている．エントロピーは系をその外界との平衡状態に近づけようとする．ひとたび平衡に達して（すなわち，どちらの向きの過程についても正味の変化がなくなって）しまったら，それ以上進ませようとする駆動力はもはや作用しなくなる．

ある過程が自発的であるかどうかを言い当てるためには，ΔS_{univ} の符号がわかればよい．たとえば，その過程の ΔS_{univ} の値が正である（つまり宇宙のエントロピーが増大する）ならば，その過程は自発的である．ΔS_{univ} が負であれば，その過程は起こらず，逆の過程が自発的に起こる．ΔS_{univ} がゼロなら，どちらの向きの過程も起こらない．生き物が外界との平衡状態に達するということは，死んでいることにほかならない．

キーコンセプト
- 熱力学第二法則によれば，宇宙にはより無秩序になろうとする傾向がある．
- エントロピーの増加は系と外界のいずれで起こってもよい．
- 生物では秩序が生みだされているように見えるが，エントロピーの増加がその外界で起こっている．

4.2　自由エネルギー

自発的過程では常に宇宙のエントロピーが増加するが，エントロピーの測定というのは ΔS_{sys} と ΔS_{surr} の両方を知る必要があり，実用的ではないことが多い．ある過程が自発的かどうかを予測するのにもっと便利な熱力学関数が**自由エネルギー**であり，ΔS_{univ} の式から導かれる．

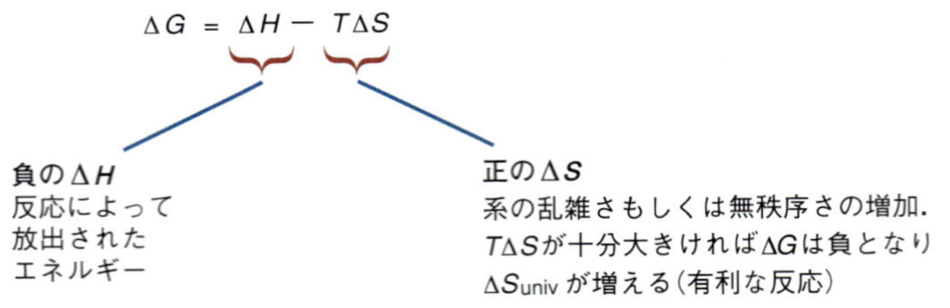
ΔG = ΔH − TΔS
負のΔH
反応によって
放出された
エネルギー
正のΔS
系の乱雑さもしくは無秩序さの増加.
TΔSが十分大きければΔGは負となり
ΔSuniv が増える(有利な反応)

図 4.4　ギブズの自由エネルギー式
圧力が一定ならば，必然的にエンタルピー(H)は系に含まれる全エネルギーと等しい．自由エネルギーを減少させる過程は自発的に進行する．温度と圧力が一定で，エンタルピーが減少する場合やエントロピー項 $T\Delta S$ が十分に大きい場合には，自由エネルギー変化(ΔG)は負になる．

$$\Delta S_{univ} = \Delta S_{surr} + \Delta S_{sys}$$

ΔS_{surr} は，ある特定の化学的もしくは物理的変化に際して出入りした熱量を絶対温度(K)で割ったものとして定義される．したがって ΔS_{surr} は次のように定義される．

$$\Delta S_{surr} = -\Delta H/T$$

代入すると

$$\Delta S_{univ} = -\Delta H/T + \Delta S_{sys}$$

両辺に $-T$ をかけると

$$-T\Delta S_{univ} = \Delta H - T\Delta S_{sys}$$

Josiah Gibbs は $-T\Delta S_{univ}$ をギブズの自由エネルギー変化(ΔG)として知られる状態量として定義した．

$$\Delta G = \Delta H - T\Delta S_{sys}$$

温度と圧力が一定で，ΔS_{univ} が正のとき自由エネルギー変化は負となるが，これは**発エルゴン反応**(exergonic reaction)といわれる自発的反応に対応する(**図 4.4**)．ΔG が正ならば，その過程は**吸エルゴン反応**(endergonic reaction，非自発的反応)といわれる．ΔG がゼロのとき，その過程は平衡に達している．他の熱力学関数と同様，ΔG は反応速度については何の情報ももたらさない．反応速度はその過程を起こす機構の具体的詳細に左右され，これに関しては後ほど速度論に触れる際に取りあげる(6章)．

標準自由エネルギー変化

自由エネルギーの計算は標準状態*での値を参照しながら行う．標準自由エネルギー変化 $\Delta G°$ は，25 ℃(298 K)，1.0 atm，すべての溶質の濃度が 1.0 M のもとでの反応における値である．

標準自由エネルギー変化は反応の平衡定数 K_{eq} と関係がある．K_{eq} は，順方向と逆方向の反応速度が等しくなった平衡状態における，その反応に関するある割り算の値である．反応

$$a\mathrm{A} + b\mathrm{B} \rightleftharpoons c\mathrm{C} + d\mathrm{D}$$

における平衡定数は，この反応が平衡に達したときの濃度を用いて次のように書ける．

$$K_{eq} = \frac{[\mathrm{C}]^c[\mathrm{D}]^d}{[\mathrm{A}]^a[\mathrm{B}]^b}$$

理想気体の自由エネルギーはその圧力(濃度)によること，状態量 G は状態量 H と同様に扱えることを考慮すると，次式が導きだされる*．

＊訳者注：標準大気圧(1 atm)は平均海水面における平均気圧に由来し 101,325 Pa と定義されている．近年，この歴史的に採用されてきた値に近い 100,000 Pa を標準状態での気圧とすることが提唱されているが，広く受け入れられているとはいいがたく，本書では 1 atm を標準状態での圧力としている．また，"気体の標準状態"のように 0 ℃が採用されることもあるが，熱力学では通例 25 ℃を標準状態での温度とする．

$$\Delta G = \Delta G^\circ + RT\ln\frac{[C]^c[D]^d}{[A]^a[B]^b}$$

反応が平衡に達した場合，$\Delta G = 0$ であり，上式は次のようになる．

$$\Delta G^\circ = -RT\ln K_{eq}$$

K_{eq} がわかれば，この式により ΔG° を計算できる．大抵の生化学反応は pH 7（$[H^+] = 1.0\times 10^{-7}$ M）もしくはその近傍で起こるので，生体エネルギー学では溶質濃度 1.0 M という標準状態の定義を$[H^+]$についてだけは適用せず，自由エネルギー変化を $\Delta G^{\circ\prime}$ で表すことにしている．

＊訳者注：導出のヒント．系が吸収した熱を q とすると $\Delta S_{sys} = q/T$ であるから

$$\Delta G = \Delta H - q = V\Delta P$$

理想気体の状態方程式 $PV = nRT$ を用いると

$$\Delta G = nRT\frac{\Delta P}{P}$$

温度一定とし，P について積分すると

$$G = G_{定数} + nRT\ln P$$

a mol の分子 A については

$$G_A = G_A{}^\circ + aRT\ln[A]$$

他の分子についても同様の関係式が成り立ち，反応の自由エネルギー変化は

$$\Delta G = (G_C + G_D) - (G_A + G_B)$$

で与えられる．

例題 4.3

反応 $HC_2H_3O_2 \rightleftharpoons C_2H_3O_2^- + H^+$ について，ΔG° と $\Delta G^{\circ\prime}$ を計算せよ．
$T = 25$ ℃とする．酢酸の解離定数は 1.8×10^{-5} である．この反応は自発的か．

$$K_{eq} = \frac{[C_2H_3O_2^-][H^+]}{[HC_2H_3O_2]}$$

である．

解答

1．ΔG° の計算

$$\begin{aligned}\Delta G^\circ &= -RT\ln K_{eq}\\ &= -(8.315\ \text{J/mol·K})(298\ \text{K})\ln(1.8\times 10^{-5})\\ &= 27{,}071 = 27.1\ \text{kJ/mol}\end{aligned}$$

ΔG° は，与えられた条件下でこの反応が自発的ではないことを示している．

2．$\Delta G^{\circ\prime}$ の計算　自由エネルギー変化と標準自由エネルギー変化との関係式を用いる．

$$\Delta G = \Delta G^\circ + RT\ln\frac{[C]^c[D]^d}{[A]^a[B]^b}$$

この例では$[H^+]$よりほかはすべて 1 M とするので次のようになる．

$$\Delta G^{\circ\prime} = \Delta G^\circ + RT\ln[H^+]$$

各値を代入すると

$$\begin{aligned}\Delta G^{\circ\prime} &= 27.071\ \text{J/mol} + (8.315\ \text{J/mol·K})(298\ \text{K})\ln(10^{-7})\\ &= 27{,}071 - 39{,}939\\ &= -12{,}868 = -12.9\ \text{kJ/mol}\end{aligned}$$

ΔG° に対して要請される条件のもとでは（すなわち H^+ を含むすべての反応物について濃度 1 M とする場合），ΔG° の値が正であることに示されるように，酢酸の解離は自発的ではない．しかし，pH が 7 のときにはこの反応は自発的である．$\Delta G^{\circ\prime}$ の値が負であることに示されるように，$[H^+]$ が小さければ酢酸のような弱酸の解離はより起こりやすい過程となる．■

共役反応

生体中の多くの化学反応では $\Delta G^{\circ\prime}$ の値が正である．幸いなことに，反応が連続して進むときの自由エネルギー変化の値は常に加法的である．

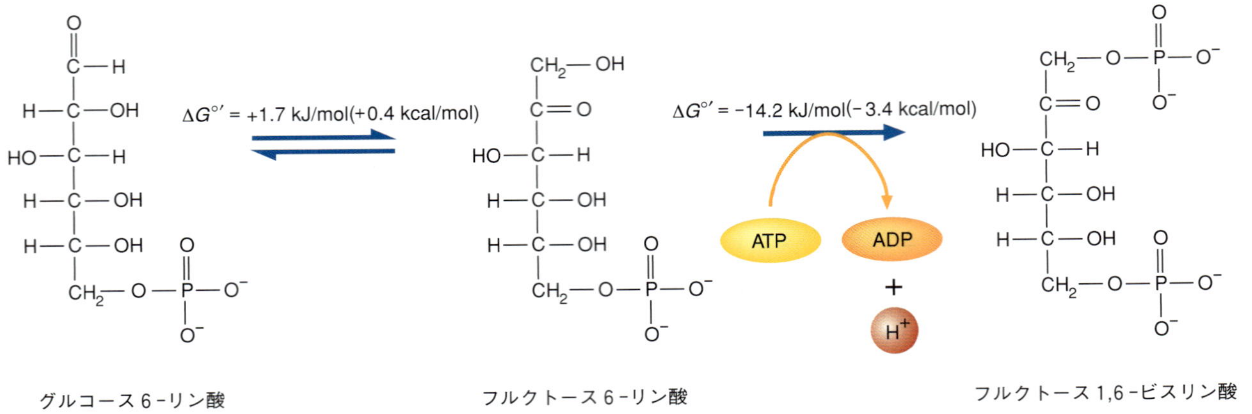

図 4.5　共役反応
二つの反応を合わせた正味の $\Delta G^{\circ\prime}$ は -12.5 kJ/mol(-3.0 kcal/mol)である.

$$\mathrm{A + B} \rightleftharpoons \mathrm{C + D} \qquad \Delta G^{\circ\prime}{}_{\mathrm{reaction\ 1}} \qquad (1)$$
$$\mathrm{C + E} \rightleftharpoons \mathrm{F + G} \qquad \Delta G^{\circ\prime}{}_{\mathrm{reaction\ 2}} \qquad (2)$$
$$\mathrm{A + B + E} \rightleftharpoons \mathrm{D + F + G} \qquad \Delta G^{\circ\prime}{}_{\mathrm{overall}} = \Delta G^{\circ\prime}{}_{\mathrm{reaction\ 1}} + \Delta G^{\circ\prime}{}_{\mathrm{reaction\ 2}} \qquad (3)$$

反応(1)と(2)は共役している(つまり共通の中間体Cが含まれている)ことに注意せよ．反応全体での $\Delta G^{\circ\prime}$ の値($\Delta G^{\circ\prime}{}_{\mathrm{overall}}$)が負でありさえすれば，生成物FとGができるまでの反応全体は発エルゴン過程といえる．

グルコース 6-リン酸からフルクトース 1,6-ビスリン酸を得る反応は，共役反応の本質を示すよい例である(図 4.5)．この反応系列での共通中間体はフルクトース 6-リン酸である．グルコース 6-リン酸からフルクトース 6-リン酸が得られるところまでは吸エルゴン的($\Delta G^{\circ\prime} = +1.7$ kJ/mol)であるから，(少なくとも標準状態の下では)この反応がこの通り進むとは期待できない．フルクトース 6-リン酸をフルクトース 1,6-ビスリン酸に変化させる過程は ATP のリン酸無水結合を切る反応と共役しており，強力に発エルゴン的である(ATP のリン酸無水結合を切断して ADP を得る反応の自由エネルギー変化はおよそ -30.5 kJ/mol である．生体中での ATP の役割については 4.3 節で述べる)．共役反応としての $\Delta G^{\circ\prime}{}_{\mathrm{overall}}$ が負であるので，この反応は標準状態において上に述べた向きに進むことができる．

キーコンセプト

自由エネルギーは，過程が自発的かどうかを予測するのに有用な熱力学関数である．自発的な反応は発エルゴン的($\Delta G < 0$)である．非自発的な反応は吸エルゴン的($\Delta G > 0$)である．

例題 4.4

グリコーゲンはグルコース 1-リン酸から合成される．グリコーゲンに組み入れられるにあたって，グルコース 1-リン酸はヌクレオチドであるウリジン二リン酸(UDP)の誘導体に変わる．UDP はグリコーゲン重合体を生成する縮合反応において，よい脱離基としてふるまう．反応は次のようになる．

$$\text{グルコース 1-リン酸} + \mathrm{UTP} \longrightarrow \text{UDP グルコース} + \mathrm{PP_i}$$

ここで $\mathrm{PP_i}$ は無機化合物のピロリン酸を示している．

この反応の $\Delta G^{\circ\prime}$ の値がほぼゼロであるとすると，この反応は有利に進行するか．$\mathrm{PP_i}$ が加水分解されると

$$\mathrm{PP_i + H_2O \longrightarrow 2P_i}$$

ここで $\mathrm{P_i}$ は無機化合物の正リン酸を示している．

自由エネルギーの減少($\Delta G^{\circ\prime}$)は -33.5 kJ である．この第二の反応は第一の反応にどう影響するか．反応全体はどうなるか．$\Delta G^{\circ\prime}{}_{\mathrm{overall}}$ の値を求めよ．

解答

反応全体は次のようになる.

$$グルコース\ 1\text{-}リン酸 + UTP + H_2O \longrightarrow UDP\ グルコース + 2P_i$$

$$\begin{aligned}\Delta G^{\circ\prime}_{\text{overall}} &= \Delta G^{\circ\prime}_{\text{reaction 1}} + \Delta G^{\circ\prime}_{\text{reaction 2}}\\ &= 0 + (-33.5\ \text{kJ})\\ &= -33.5\ \text{kJ}\end{aligned}$$

PP_i の加水分解(第二の反応)が，UDP グルコースを生成する反応(第一の反応)を右向きに進行させる駆動力となっている. ■

例題 4.5

糖の一種であるフルクトースが ATP と反応してフルクトース 6-リン酸を生成する以下の反応について考える.

$$ATP + フルクトース \longrightarrow ADP + フルクトース\ 6\text{-}リン酸$$

以下に示す二つの半反応式に対する自由エネルギーの値から，この反応の平衡定数を求めよ.

	$\Delta G^{\circ\prime}$ (kJ/mol)
$ATP \longrightarrow ADP + P_i$	-30.5
$フルクトース + P_i \longrightarrow フルクトース\ 6\text{-}リン酸$	$+15.9$

解答

1. 二つの反応に対する自由エネルギーの値を足し合わせる.

$$ATP + フルクトース \longrightarrow フルクトース\ 6\text{-}リン酸 + ADP$$
$$-30.5\ \text{kJ/mol} + 15.9\ \text{kJ/mol} = -14.6\ \text{kJ/mol}$$

2. K_{eq} の値を次式により求める.

$$\begin{aligned}\Delta G^{\circ} &= -RT \ln K_{eq}\\ -14{,}600\ \text{J/mol} &= -(8.315\ \text{J/mol K})(298\ \text{K})(2.303)\log K_{eq}\\ -14{,}600\ \text{J/mol} &= -(5706.5\ \text{J/mol})\log K_{eq}\\ \log K_{eq} &= 2.6\\ K_{eq} &= 398.1\end{aligned}$$

■

問題 4.1

生きている細胞の中では，ATP とその加水分解生成物(ADP と P_i)の濃度は標準状態での濃度 1 M よりかなり低い. したがって，ATP の加水分解に伴う実際の自由エネルギー変化($\Delta G'$)は標準自由エネルギー変化($\Delta G^{\circ\prime}$)とは異なる. 残念ながら細胞中の成分の濃度について正確な測定値を得るのは難しく，このような理由からわれわれにできるのは単なる推定だけである. 次の問題は，濃度が標準状態での値とは異なる場合の補正に関するものである.

$$\Delta G' = \Delta G^{\circ\prime} + RT \ln \frac{[ADP][P_i]}{[ATP]}$$

温度は 37 ℃，pH は 7 とする. 肝臓の細胞内での濃度(mM)は以下のようである.

$$ATP = 4.0 \qquad ADP = 1.35 \qquad P_i = 4.65$$
$$\Delta G^{\circ\prime} = -30.5\ \text{kJ/mol}$$

このような条件下では，ATP の加水分解における実際の $\Delta G'$ はいくらになるか．

疎水性効果再論

水中で非極性物質が自発的に凝集することは，熱力学の原理を考慮することでより深く理解できる．非極性分子が水と混ざると，エネルギー的に有利な水同士の水素結合による相互作用が損なわれることになる．水素結合は非極性分子のクラスターを囲む規則性の高い籠(かご)状の構造体を安定に形成するようかけ直されるが，そのような水素結合は水分子の動きを制限し，結果的にエントロピーを減少させる．つまり非極性分子を溶かす際の自由エネルギー変化から，この過程は有利ではないといえる（ΔH が正であり $-T\Delta S$ が大きな正の値をとるから ΔG は正である）．しかしながら，エントロピーの減少は非極性分子と水とが接する表面積に比例する．非極性分子が凝集すれば水と接する表面積を大幅に減らすことができ，水はより規則性の低い状態となる（今度はエントロピー変化 ΔS が正となる）．$-T\Delta S$ が負となるので，この過程の自由エネルギー変化は負となり，それゆえ自発的に進行する．水が他の水分子や近接する極性基と相互作用することにより疎水性の基や分子を自然に排除することは，タンパク質の折りたたみや膜のような超分子構造体の形成といった生体内で起こる過程の主要な因子となっている．

4.3　ATP の役割

アデノシン三リン酸（ATP）はヌクレオチドの一種であり，生きている細胞の中で非常に重要な役割を担っている．ATP の加水分解（図 4.6）によって，限りなく多様な吸エルゴン的生化学反応を駆動するための自由エネルギーが直接にまかなわれている．食物分子の分解や光合成の光反応で得られたエネルギーを用いて ADP と P_i から合成される ATP が駆動する過程は

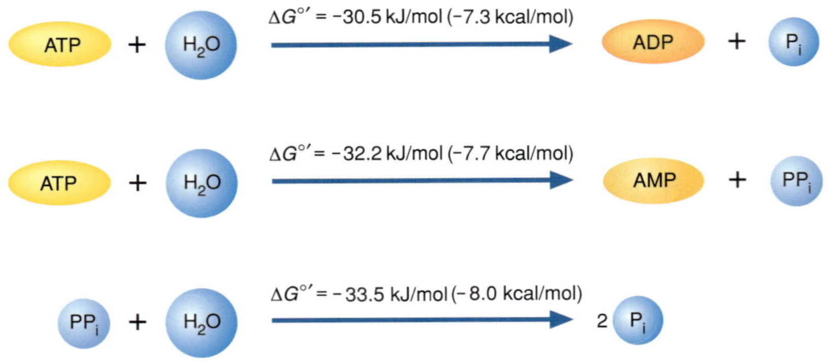

図 4.6　ATP の加水分解
ATP を加水分解すると ADP と P_i（正リン酸）あるいは AMP（アデノシン一リン酸）と PP_i（ピロリン酸）が生じる．ピロリン酸は引き続いて正リン酸へと加水分解され，さらに追加的な自由エネルギーを放出する．ATP を加水分解して AMP とピロリン酸を生じる過程は，$\Delta G^{\circ\prime}$ が大きな正の値の反応を進めたり，反応を確実に完了させたりするのによく用いられる．

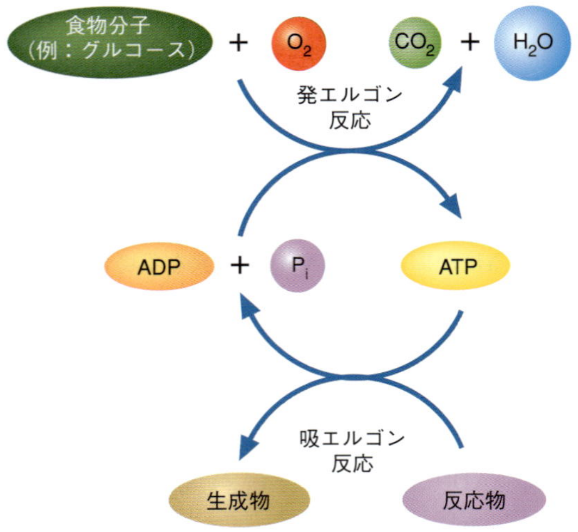

図 4.7　ATP の役割
食物分子から生合成代謝反応系へと至るエネルギーの流れの中で，ATP は中間体としての位置を占めている．

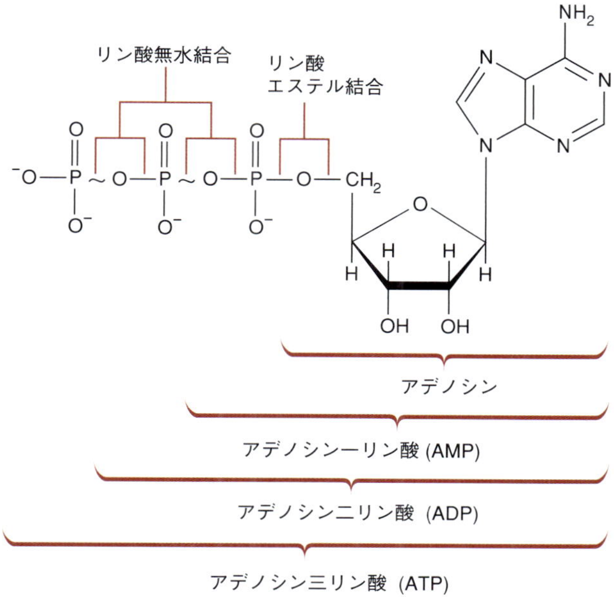

図 4.8 ATP の構造
ATP 中の波線(～)は，その箇所をつなぐ結合が容易に加水分解されることを表している．

表 4.1 生体内の代表的なリン酸化物の加水分解における標準自由エネルギー変化

リン酸化物	$\Delta G^{\circ\prime}$ kcal/mol	$\Delta G^{\circ\prime}$ kJ/mol
グルコース 6-リン酸	−3.3	−13.8
フルクトース 6-リン酸	−3.8	−15.9
グルコース 1-リン酸	−5.0	−20.9
ATP ⟶ ADP + P_i	−7.3	−30.5
ATP ⟶ AMP + PP_i	−7.7	−32.2
PP_i ⟶ $2P_i$	−8.0	−33.5
ホスホクレアチン	−10.3	−43.1
1,3-ビスホスホグリセリン酸	−11.8	−49.4
カルバモイルリン酸	−12.3	−51.5
ホスホエノールピルビン酸	−14.8	−61.9

何種類もある(図 4.7)．これらには，① 生体分子の生合成，② 細胞膜を通しての物質の能動輸送，③ 筋収縮のような機械的仕事が含まれる．

ATP は汎用のエネルギー運搬役として実にふさわしい構造をしている(図 4.8)．ATP はヌクレオチドであり，アデニン，リボース，および三リン酸部分からなる．その末端部にある二つのリン酸基 ($—PO_3^{2-}$) はリン酸無水結合でつながっている．無水物は容易に加水分解されるものだが，ATP のリン酸無水結合は細胞内の穏やかな条件下ではかなり安定である．特定の酵素だけが ATP の加水分解を促進する．

ATP が加水分解を受けやすいことはその**リン酸基転移ポテンシャル**(phosphate group transfer potential)にも表されているが，こういった傾向は何も ATP に限ったことではない．さまざまな生体分子がリン酸基を他の化合物に転移させることができる．表 4.1 にいくつかの重要な例をあげる．

加水分解の際に $\Delta G^{\circ\prime}$ が大きな負の値をとるリン酸化物は，他の小さな負の値の化合物よりもリン酸基転移ポテンシャルが高い．ATP はそのリン酸基転移ポテンシャルが中程度となっており，ホスホエノールピルビン酸のような高エネルギー化合物から低エネルギー化合物へのリン酸基輸送の中間体となることができる(図 4.9)．それゆえ，ATP は生体系にとっての〝エネルギー通貨〟であるといえる．通常，細胞内では ATP の加水分解と共役した反応によってリン酸基を転移させるからである．ATP の二つのリン酸無水結合はしばしば〝高エネルギー〟だといわれる．しかしながら，高エネルギー結合という用語は現在では不適切と考えられている．これでは結合が不安定でそれゆえ反応性が高いという印象を与えてしまい，結合エネルギーの量が多いという意味合いが薄れてしまうからである．ATP の加水分解がなぜこんなにも発エルゴン的であるのか，その理由としてはいくつかの要因が考えられる．

1. 細胞内での典型的な pH 条件では，ATP の三リン酸部分は 3 価ないし 4 価の負電荷を帯びており，これらが互いに反発し合う．ATP の加水分解によって静電的反発が和らげられる．
2. 共鳴安定化により ATP の加水分解生成物は，リン酸基部分の共鳴に寄与する構造がより少なく限られている ATP よりも安定である．ある分子が電子の位置が違うだけの二つあるいはそれ以上の異なる構造をとりうるとき，それらを重ね合わせた結果を**共鳴混**

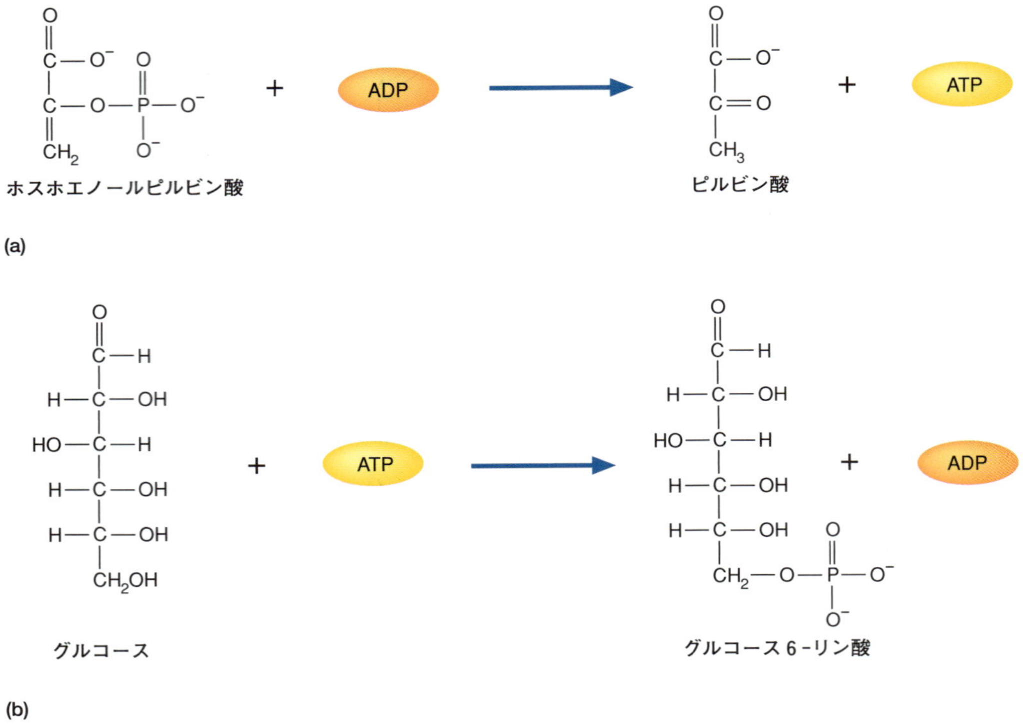

図 4.9　リン酸基転移反応
(a) ホスホエノールピルビン酸から ADP へのリン酸基の転移．8 章で論じるように，この反応はグルコースを分解する反応経路である解糖系において ATP を合成する 2 段階の反応のうちの一つである．(b) ATP からグルコースへのリン酸基の転移．この反応の生成物であるグルコース 6-リン酸は，解糖系において最初に合成される中間体である．

図 4.10　リン酸の共鳴混成体に寄与する構造
生理的 pH では正リン酸は HPO_4^{2-} となる．この図式では，H^+ は 4 個の酸素原子のいずれかに定常的に結合しているとはみなされない．

成体（resonance hybrid）という．いくつもの構造が寄与している共鳴混成体中の電子は，少数の構造からの寄与しか受けていない共鳴混成体中の電子よりもずっとエネルギーが低くなる．リン酸の共鳴混成体に寄与する構造を図 4.10 に示す．

3．ATP の加水分解生成物は，ADP と P_i であれ AMP と PP_i であれ，ATP よりも容易に溶媒和を受ける．イオンを球状に囲うように水和した水分子がそれらイオンを互いに遮蔽することは前に述べた．その結果として，リン酸基同士の反発力が減ることで加水分解反応が促進されることになる．

4．分子数が増えることにより無秩序さが増加する．ATP が二つの分子（ADP と P_i）に分かれると，今度はその両方が乱雑に動くことになる．

キーコンセプト

- ATP の加水分解によって，限りなく多様な吸エルゴン的生化学反応を駆動するための自由エネルギーが直接にまかなわれている．
- ATP はそのリン酸基転移ポテンシャルが中程度であるので，高エネルギー化合物から受けとったリン酸基を低エネルギー化合物へ渡すことができる．
- ATP は生体系にとってのエネルギー通貨といえる．

問題 4.2

歩く際にはおよそ 100 kcal/マイルのエネルギーを消費する．ATP の加水分解（ATP ⟶ ADP ＋ P_i）が筋収縮を駆動する反応であるが，この反応における $\Delta G^{\circ\prime}$ は -7.3 kcal/mol（-30.5 kJ/mol）である．1 マイル（約 1609 m）歩くには何グラムの ATP が合成されなければならないか計算せよ．ATP 合成はグルコースの酸化（$\Delta G^{\circ\prime} = -686$ kcal/mol）と共役している．これだけの量の ATP を合成するのに実際には何グラムのグルコースが代謝されるか（ATP の生成に利用できるのはグルコースの酸化だけとし，この過程で生じるエネルギーの 40%が ADP のリン酸化に利用されるものとする．グルコースの分子量は 180，ATP の分子量は 507 である）．

生化学の広がり

非平衡熱力学と生命の進化

熱力学理論は生体内のエネルギーの流れとどのようなかかわりがあるのだろうか？

本章で説明されている熱力学の概念は古典熱力学と呼ばれるもので，19 世紀に内燃機関に関する研究を通じて見いだされた．古典熱力学は，平衡もしくは平衡に近いところにある理想系におけるエネルギーの流れを説明づける．しかしながら，生物というのは開放系であって，死に至るまでは平衡に達することがない．熱力学的平衡状態にある安定した系とは対照的に，平衡から遠く離れた系というのは元来不安定なものである．それゆえ非常に重大な疑問が生じてくる．組織的に生命活動を行う系（生物）が平衡状態にはないにもかかわらず，長期間にわたって安定した構造を維持していられるのはどうしてか．

ベナール渦の性質を調べることが，無秩序を好む宇宙の中での秩序形成を解明する手がかりをもたらした．ベナール渦とは，流体を満たして他から隔絶させた容器の上面を冷たい水槽に，底面を熱源に接するようにした際に立ち現れてくるものである．容器内の液体は実験開始時には一様な温度となっている．容器の底にある液体の温度が徐々に上昇するにつれて，温度勾配が形成される．温かな（密度の低い）液体は上昇し始め，冷たい（密度の高い）液体は底に沈む．温度がある特定の閾（しきい）値に達すると，組織的に編成されて循環し，動的安定性を保った対流渦列がひとりでに形成される*．ベナール渦のように，平衡から遠く離れた系がエネルギー勾配の影響下で秩序立った構造を形成することを散逸という．

生物もこういった**散逸構造**（dissipative structure）にほかならず，太陽と地球との間の莫大なエネルギー勾配を少しでも埋めようとする際に立ち現れてきたものである．エネルギーの散逸は，光合成生物が太陽からの全輻射（1 日あたりおよそ 10^{18} kJ）のごく一部をとらえるところから始まる．光合成生物はとらえたエネルギーの一部を散逸させて，それ自身の秩序ある構造をつくりだす．散逸過程は光合成生物を餌とする動物や他の従属栄養生物に引き継がれる．最終的には，太陽から得られたエネルギーのすべてが熱（無秩序なエネルギー）として放出される．エネルギーによって駆動された秩序ある構造の形成が，ベナール渦における組織的な対流渦列の形成と同種であるという意味に限るなら，生物はベナール渦のような現象と一緒だといえる．

生物におけるエネルギーの流れの重大な特徴は，決して平衡に達することがないことである．生きているといえるために鍵となる性質はエネルギーを散逸させられることだからである．生体システムの整然とした構造は高品質エネルギーの絶え間ない流れによって可能になったが，これは熱や，より無秩序となった廃棄物を周囲に放出することで維持されている．散逸系の維持には系に仕事がなされ続けていることが必要である．そうでなければ，あらゆる自然の過程は平衡へと向かって進行するからである．生体内での物質移動や化学反応，機械的変形による力の作用といった仕事によって，平衡から遠く離れた状態が維持されている．

生物の進化を押し進めてきたのは，散逸させられるべきエネルギー勾配が相当にあることと，熱力学第二法則，すなわち全宇宙のエントロピーは必然的に増加するという法則に従って物事が進行することである．第二法則は生物過程の進行する向きを決めるけれども，生命を支える精密な分子機構を説明するには不十分である．エネルギーの流れと生物を形づくり維持するための仕事の遂行とを結びつける機構は数十億年以上をかけて進化してきたものであり，生物によるエネルギー散逸機構の詳細はこれから解き明かされようとしているところである．試行錯誤を重ねる中で生物は，炭素，窒素，酸素といった元素の物理的，化学的特性を有効利用する術を身につけ，途方もなく莫大で複雑な生化学反応と情報処理のネットワークを発展させ，エネルギーを散逸させてきた．それゆえ，地球上に見いだされる膨大な種の多様性は，エネルギーを散逸させるための反応経路を最大限に数多く用意する手段とみなすこともできるだろう．この惑星上で最も数多くの生物種が見られる地域は赤道付近であり，そこでは太陽と地球との間のエネルギー勾配が最大となっている．当然ながら，非平衡熱力学は活発に研究が行われている分野の一つである．

＊訳者注：適切な条件がそろうと六角柱が蜂の巣状に並んだ構造ができる．柱の中心部で上昇流，境界部で下降流となる．この柱の一つ一つをベナール渦（またはベナール・セル）という．

まとめ　生物は平衡から遠く離れた散逸構造であるといってよい．絶え間ないエネルギーの流れによって，その内部機構がつくりだされている．

本章のまとめ

1. すべての生物はエネルギーを必要とするという宿命を負っている．エネルギー変換を研究対象とする生体エネルギー学は，生化学的反応がどちら向きにどの程度進むかを決めるうえで有用である．エンタルピー（熱量の尺度）とエントロピー（無秩序さの尺度）は，それぞれ熱力学第一法則と第二法則に関する量である．自由エネルギー（全エネルギーのうち仕事に変換できる部分）はエンタルピーとエントロピーを含む数式で表される．
2. エネルギーや熱の変換は系と外界からなる〝宇宙〟の中で起こる．開放系では物質もエネルギーも系と外界との間を出入りできる．エネルギーは外界とやりとりできるが物質は出入りできない系は，閉鎖系と呼ばれる．生物は開放系である．
3. 熱力学で扱われるいくつかの量は状態量であり，その値はある特定の物質を合成したり分解したりする経路にはよらない．状態量の例として，全エネルギー，自由エネルギー，エンタルピー，およびエントロピーがあげられる．仕事や熱といった量は経路によって値が変わり，それゆえ状態量ではない．
4. 自由エネルギーは熱力学第一法則と第二法則をつなぐ状態量であり，ある過程によって利用可能な仕事の上限を表す．発エルゴン過程は自由エネルギーが減少する（$\Delta G < 0$）過程であり，自発的に進行する．自由エネルギー変化が正（$\Delta G > 0$）であれば，その過程は吸エルゴン的であるという．自由エネルギー変化がゼロのとき，系は平衡状態にある．標準自由エネルギー（$\Delta G°$）は，25 ℃，1 atm，溶質濃度 1 M での反応に対して定義される．生体エネルギー学では標準状態の pH を 7 とする．本書では pH 7 での標準自由エネルギー変化（$\Delta G°'$）が用いられている．
5. 生体中で進行する過程に必要な自由エネルギーのほとんどは，ATP の加水分解によって供給されている．ATP がどの反応にも利用できるいわばエネルギー通貨としての役割に理想的なのは，それが比較的不安定なリン酸無水物であり，中程度のリン酸基転移ポテンシャルを持って他のリン酸化生体分子の生成にかかわれるからである．

キーワード

エンタルピー（enthalpy）　92
エントロピー（entropy）　92
化学合成無機栄養生物（chemolithotroph）　92
化学合成有機栄養生物（chemoorganotroph）　92
吸エルゴン反応（endergonic reaction）　98
吸熱反応（endothermic reaction）　94
共鳴混成体（resonance hybrid）　103
散逸構造（dissipative structure）　105
仕事（work）　92
自発的変化（spontaneous change）　96
自由エネルギー（free energy）　92
生体エネルギー学（bioenergetics）　92
電子供与体（electron donor）　92
電子受容体（electron acceptor）　92
等温過程（isothermic process）　94
熱力学（thermodynamics）　92
発エルゴン反応（exergonic reaction）　98
発熱反応（exothermic reaction）　94
リン酸基転移ポテンシャル（phosphate group transfer potential）　103

復習問題

以下の問いは，次章へ進む前に，本章で論じた重要な概念について理解度を確認するためのものである．解答は巻末および『問題の解き方』を参照のこと．

1. 次の用語の定義を述べよ．
 a. 熱力学　b. 生体エネルギー学　c. エンタルピー
 d. エントロピー　e. 自由エネルギー
2. 次の用語の定義を述べよ．
 a. 発エルゴン反応　b. 吸エルゴン反応
 c. リン酸基転移ポテンシャル　d. 散逸系
 e. リン酸無水結合
3. 次の用語の定義を述べよ．
 a. 酸化還元反応　b. 共鳴混成体
 c. 化学合成無機栄養生物　d. 電子供与体
4. 以下にあげた熱力学で扱われる量のうち，状態量はどれか．理由も述べよ．
 a. 仕事　b. エントロピー　c. エンタルピー
 d. 自由エネルギー
5. 以下にあげた反応のうち，ATP の加水分解と共役することで進行しうるのはどれか（かっこ内に各反応の $\Delta G°'$ の値を kJ/mol 単位で示す）．

 ATP ＋ H_2O ⟶ ADP ＋ P_i　（−30.5）

 a. ピルビン酸 ＋ P_i ⟶ ホスホエノールピルビン酸　（＋31.7）
 b. グルコース ＋ P_i ⟶ グルコース 6-リン酸　（＋13.8）
 c. フルクトース 6-リン酸 ⟶ フルクトース＋ P_i　（−15.9）
 d. マルトース ＋ 水 ⟶ 2 グルコース　（−15.5）
 e. グリセロール＋ P_i ⟶ グリセロールリン酸　（＋9.2）
6. 常に $\Delta G°' = \Delta H$ となるのは温度が何度の場合か．
7. ある反応の生成物が別の反応の反応物である場合，単独では進行しない反応が別の反応と組み合わさることで進行することがある．この現象に関与している原理は何か．
8. 酢酸の解離反応の平衡定数は 1.8×10^{-5} である．この反応の自由エネルギー変化はいくらか．
9. 次の反応はグルタミンシンターゼという酵素によって触媒される．

 ATP ＋ グルタミン酸 ＋ NH_3 ⟶ ADP ＋ P_i ＋ グルタミン

 以下の式（ならびに kJ/mol 単位での $\Delta G°'$ の値）を用いて反応全体の $\Delta G°'$ を求めよ．

 ATP ＋ H_2O ⟶ ADP ＋ P_i　（−30.5）
 グルタミン ＋ H_2O ⟶ グルタミン酸 ＋ NH_3　（−14.2）

10. 熱力学における仕事の定義を述べよ．仕事の例を生理学的事象の中から二つあげよ．
11. 次のうち標準状態で正しい式はどれか．
   a. $\Delta G = \Delta G^\circ$
   b. $\Delta H = \Delta G$
   c. $\Delta G = \Delta G^\circ + RT \ln K_{eq}$
   d. $\Delta G^\circ = \Delta H - T\Delta S$
   e. $P = 1$ atm
   f. $T = 273$ K
   g. ［反応物］＝［生成物］＝ 1 M
12. 以下の化合物のうち，加水分解の際に放出される自由エネルギーが最も少ないと予想されるのはどれか．理由も述べよ．
   a. ATP　b. ADP　c. AMP
   d. ホスホエノールピルビン酸　e. ホスホクレアチン
13. 次のうち，自由エネルギー変化について述べたものとして正しいのはどれか．
   a. 自由エネルギー変化は反応速度の尺度である．
   b. 自由エネルギー変化は反応から取りだせる仕事の量の上限の尺度である．
   c. 自由エネルギー変化はいかなる条件下でも，ある反応に対してはある決まった値をとる．
   d. 自由エネルギー変化はその反応の平衡定数と関係がある．
   e. 自由エネルギー変化は平衡状態ではゼロに等しい．
14. 次の反応について考える．

   グルコース 1–リン酸 ⟶ グルコース 6–リン酸
   $\Delta G^\circ = -7.1$ kJ/mol

   25 ℃におけるこの反応の平衡定数を求めよ．
15. メタン細菌（*Methanococcus jannaschii*）は二酸化炭素をメタンに変えることでエネルギーを得ている．

   $CO_2 + 4H_2 \longrightarrow CH_4 + 2H_2O$

   CO_2 は CH_4 よりもエネルギー含量が低いことを考慮し，この生物がどのようにしてこの反応を成し遂げているのか説明せよ．
16. 次の反応式が与えられたとする．

   グリセロール 3–リン酸 ⟶ グリセロール ＋ P_i
   $\Delta G^{\circ\prime} = -9.7$ kJ/mol

   平衡に達した際，グリセロールと無機リン酸の濃度がいずれも 1 mM であったとする．このとき，グリセロール 3–リン酸の終濃度がいくらになるか計算せよ．
17. マグネシウムイオン（Mg^{2+}）は ATP のリン酸部分の負電荷と複合体を形成する．Mg^{2+} が存在しない場合，ATP の安定性はこのイオンが存在する場合と比べて，高い，低い，あるいは同じのいずれになるか．
18. pH 7 におけるピロリン酸（PP_i）の加水分解の自由エネルギー変化（$\Delta G^{\circ\prime}$）は 19.2 kJ/mol である．$\Delta G^{\circ\prime}$ の値は pH により変化するか．変化するならなぜか，変化しないならなぜしないかを説明せよ．
19. グルコース 6–リン酸が加水分解される際の $\Delta G^{\circ\prime}$ の値は -13.8 kJ/mol である．この分子が 4 mM の濃度であると仮定し，リン酸の濃度が平衡状態（$\Delta G = 0$）でいくらになるか求めよ．
20. グルコース，リン酸，グルコース 6–リン酸を混ぜ合わせてそれぞれの濃度が 4.8 mM，4.8 mM，0.25 mM になったとすると，25 ℃におけるグルコース 6–リン酸の加水分解についての平衡定数はいくらになるか．
21. 次の反応について考える．

   ATP ⟶ AMP ＋ $2P_i$

   以下の $\Delta G^{\circ\prime}$ の値から平衡定数（K_{eq}）を計算せよ．

   ATP ⟶ AMP ＋ PP_i　（-32.2 kJ/mol）
   PP_i ⟶ $2P_i$　（-33.5 kJ/mol）

応用問題

以下の問いは，本書でこれまで論じてきた重要な概念について理解を深めるためのものである．正解は一つとは限らない．解答例は巻末および『問題の解き方』を参照のこと．

22. 多くの点でヒ酸（AsO_4^{3-}）はリン酸（PO_4^{3-}）とよく似ているが，生体分子中のリン酸の代わりとなることはない．ヒ素原子の特徴について要点をまとめたうえで，このことを説明せよ．
23. ピルビン酸を酸化すると二酸化炭素と水が生じ，1142.2 kJ/mol の割合でエネルギーが放出される．このエネルギーで電子伝達系が駆動され，およそ 12.5 分子の ATP が合成されるとする．ATP が加水分解される際の自由エネルギー変化は -30.5 kJ/mol である．ATP 合成の効率は見かけ上いくらか．
24. 反応

   ATP ＋ グルコース ⟶ ADP ＋ グルコース 6–リン酸

   における $G^{\circ\prime}$ は -16.7 kJ/mol である．ATP と ADP の濃度はどちらも 1 M であり，$T = 25$ ℃とする．グルコース 6–リン酸がグルコースの何倍あれば逆反応が起こり始めるか．
25. 熱力学は多数の分子のふるまいに基づいて築かれた理論である．しかし，細胞内では特定の種類の分子は同時にはほんのわずかしか存在しないものと思われる．このような状況下でも熱力学の法則は適用できるだろうか．
26. 三つの熱力学に関する量 ΔH，ΔG，ΔS のうち，反応の自発性について最も便利な指標となるのはどれか．理由も述べよ．
27. ATP が細胞にとっての〝エネルギー通貨〟として適しているのはどのような要因によるか．
28. 物質とは凝縮されたエネルギーであるとされている．Einstein の式を用いて，1 g の埃に相当するエネルギー量を求めよ．これと等量のエネルギーを得るには，どれだけの石炭を燃やす必要があるか．石炭は純粋な炭素であり，その燃焼で 393.3 kJ/mol の熱が生じるものとする．
29. Mg^{2+} を含まない系での ATP の加水分解の自由エネルギー変化は -35.7 kJ/mol である．このイオンの濃度が 5 mM のとき，pH 7 で 38 ℃における ΔG はおよそ -31 kJ/mol となる．この効果はどのように説明できるか．
30. 次の反応式の係数を決定し，この反応の ΔH の値を求めよ．

   $C_{17}H_{35}COOH + O_2 \longrightarrow CO_2 + H_2O$

   ここで各化合物の ΔH の値（kcal/mol）は以下の通りである．

   $C_{17}H_{35}COOH$　（-211.4）

O_2　(0)
CO_2　(−94)
H_2O　(−68.4)

31. 酢酸無水物の加水分解における自由エネルギー変化は −21.8 kJ/mol である．ATP から ADP への変化にも無水結合の切断が含まれており，その加水分解における自由エネルギー変化は −30 kJ/mol である．これらの値の違いを説明せよ．
32. 以下の反応とその $\Delta G^{\circ\prime}$ の値について考える．

酢酸エチル + H_2O ⟶ エタノール + 酢酸　(−19.6 kJ/mol)
アセチル—S—CoA ⟶ 酢酸 + CoA—SH　(−31 kJ/mol)

チオエステルの加水分解反応の $\Delta G^{\circ\prime}$ がエステルのそれよりも大きな変化を示すのはなぜか．

33. グルコース 1-リン酸の $\Delta G^{\circ\prime}$ の値は −20.9 kJ/mol であり，グルコース 6-リン酸のそれは 12.5 kJ/mol である．これらの化合物の分子構造をもとにして，これらの値に上のような違いが生じる理由を説明せよ．

CHAPTER

5 アミノ酸・ペプチド・タンパク質

クモの糸で構築されたクモの巣　クモの糸タンパク質のアミノ酸配列と，それを紡ぐ過程とが相まって，地球上で最も強靭な物質の一つであるクモの糸がつくられている．

アウトライン

概　要

タンパク質は驚くほどの多様な機能を担っている分子的な道具である．すべての生物において，タンパク質は構造的素材（たとえば動物の筋肉細胞のアクチンとミオシン）として働くだけでなく，触媒反応，代謝制御，輸送，生体防御といったさまざまな機能に関与している．タンパク質は，20種類の異なるアミノ酸から構成される枝分かれのない重合体のポリペプチドが，一つあるいは複数つながって成り立っている．たいていの生物のゲノムは，数千から数万のタンパク質のアミノ酸配列を規定している．

タンパク質は多様な高分子化合物のグループを形成している（図5.1）．この多様性は，20種類のアミノ酸単体の組合せの可能性と直接関係している．理論的には，アミノ酸をつなぎ合わせることで，ありとあらゆるサイズと配列をもったタンパク質をつくることができる．たとえば，100個のアミノ酸からなる仮説的なタンパク質を考えてみよう．可能な組合せの数は20^{100}という天文学的な数に及ぶ．しかし，可能な無数の配列のうち，実際に生物から生みだされているタンパク質は，ごくわずかな数（おそらく200万ほど）でしかない．この数的な矛盾は，自然界に現存しているタンパク質の複雑な構造的かつ機能的要因から説明されるが，数十億年の歳月をかけて選択圧に応じて進化してきた結果である．そのなかには，① タンパク質の

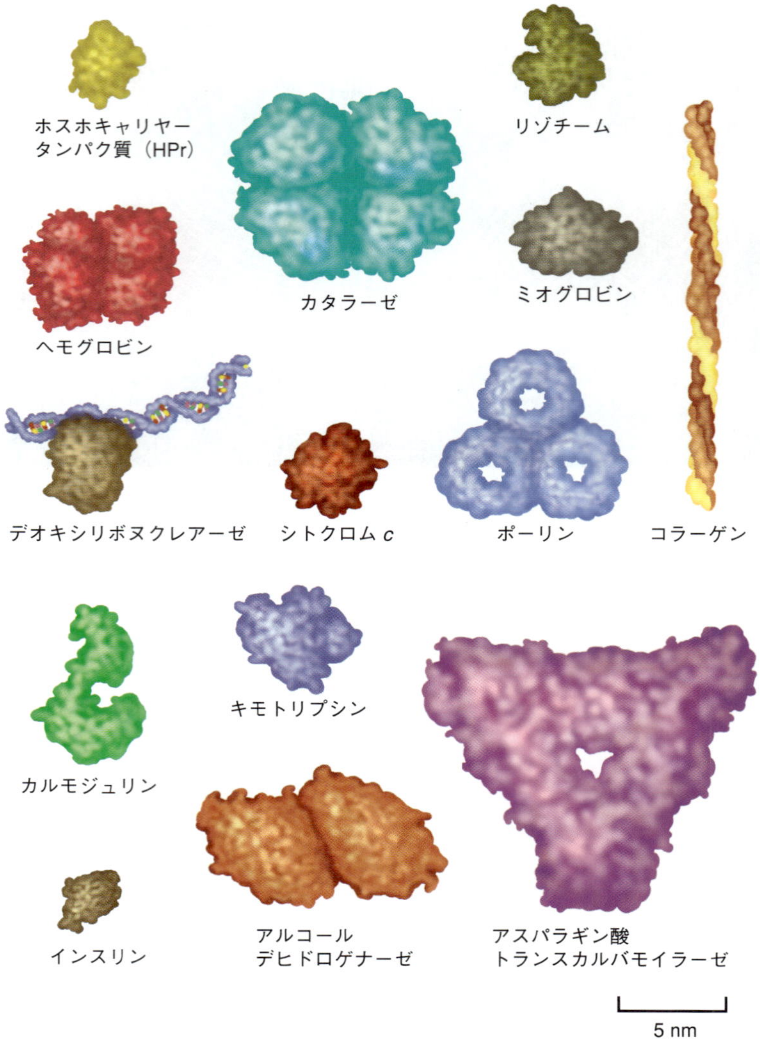

図5.1　タンパク質の多様性
タンパク質はサイズと形状において桁外れの多様性をもっている．

折りたたみを迅速かつ成功裡に導く構造的要因，② 一つあるいは複数の分子にとって特異的な結合部位をもつこと，③ 機能を維持するための構造的柔軟性と堅固さのバランスが適度にとれていること，④ 周りの環境に適した表面構造をもつこと（たとえば，膜においては疎水的で，細胞質においては親水的），⑤ 損傷したときや，もはや役に立たなくなったときには分解されやすいこと，などがあげられる．

タンパク質は，アミノ酸の数〔**アミノ酸残基**（amino acid residue）と呼ばれる〕，組成，配列に基づいて分類される．タンパク質の多様性を示す例が**図 5.1** に描かれている．数千から数百万の範囲に及ぶ分子量をもつ重合体は**ポリペプチド**（polypeptide）と呼ばれる．50 個より少ないアミノ酸からなる分子量の小さい重合体はふつう**ペプチド**（peptide）と呼ばれる．**タンパク質**（protein）という用語は，50 個以上のアミノ酸からなる分子を表す場合に用いられる．それぞれのタンパク質は一つあるいは複数のポリペプチド鎖から構成されている．

この章では，アミノ酸の構造とその化学的性質から解説し，続いてペプチドとタンパク質の構造的および機能的特徴を記述する．章の終わりでは，タンパク質の折りたたみ過程について詳述する．この章を通して力点をおくところは，ポリペプチドの構造と機能との密接な関係についてである．6 章では，タンパク質のとくに重要なグループである酵素の機能について述べる．タンパク質合成については 19 章で解説する．

5.1 アミノ酸

ポリペプチドを加水分解すると，その構成単位のアミノ酸に分解できるが，それらをポリペプチドのアミノ酸組成という．自然界に現存するポリペプチドに通常よく見られる 20 種類のアミノ酸の構造を**図 5.2** に示す．これらのアミノ酸は標準アミノ酸と呼ばれる．通常使われる標準アミノ酸の略式表記を**表 5.1** に示す．標準アミノ酸のうち 19 種類は同じ基本骨格をしている．これらの分子では，炭素原子（α 炭素原子）を中央に見たとき，それにアミノ基，カルボキシ基，水素原子，および R 基（側鎖）が結合している（**図 5.3**）．例外はプロリンであり，アミノ基の窒素原子と R 基の間で環化構造を形成しているためにアミノ基が第二級であるという点で，他の標準アミノ酸と異なっている．そのため，プロリンにおいては α 炭素原子の周りで回転ができず，ペプチド鎖の自由度は減少している．この構造的特徴は，プロリンを多く含んでいるタンパク質の構造と機能に重要な意味をもたらす．

非標準アミノ酸には，ポリペプチド鎖に組み込まれた後に化学的修飾を施されたアミノ酸残基，およびタンパク質には存在しないが生物体内でつくられるアミノ酸がある．タンパク質内に見いだされる非標準アミノ酸は，通常，翻訳後修飾（タンパク質合成に続く化学変化）により存在するようになる．この規則に当てはまらないセレノシステインについては 19 章で論じる．

pH 7 において，アミノ酸のカルボキシ基は共役塩基として（$—COO^-$），アミノ基は共役酸として（$—NH_3^+$）存在する．このように，個々のアミノ酸は酸あるいは塩基のいずれとしてもふるまうことができる．**両性**（amphoteric）とは，この性質を表す用語である．分子内に同時に同数の正電荷と負電荷を異なる原子上に生じる中性の分子は**両性イオン**（zwitterion，**双性イオン**，**双極イオン**）と呼ばれる．ただし，各アミノ酸に固有の性質は R 基である側鎖により決められる．

アミノ酸の分類

アミノ酸の配列はタンパク質の立体配置を決定する．そこで，次の四つに細分してアミノ酸の構造を注意深く見てみよう．アミノ酸は水分子と相互作用する能力に応じて分類される．この基準を用いれば，アミノ酸は① 非極性，② 極性，③ 酸性，④ 塩基性という四つに分類される．

非極性アミノ酸　非極性のアミノ酸は，たいてい炭化水素の側鎖（R 基）をもっており，その側鎖は正電荷も負電荷も帯びていない．非極性（すなわち疎水性）アミノ酸は水分子とあまり相

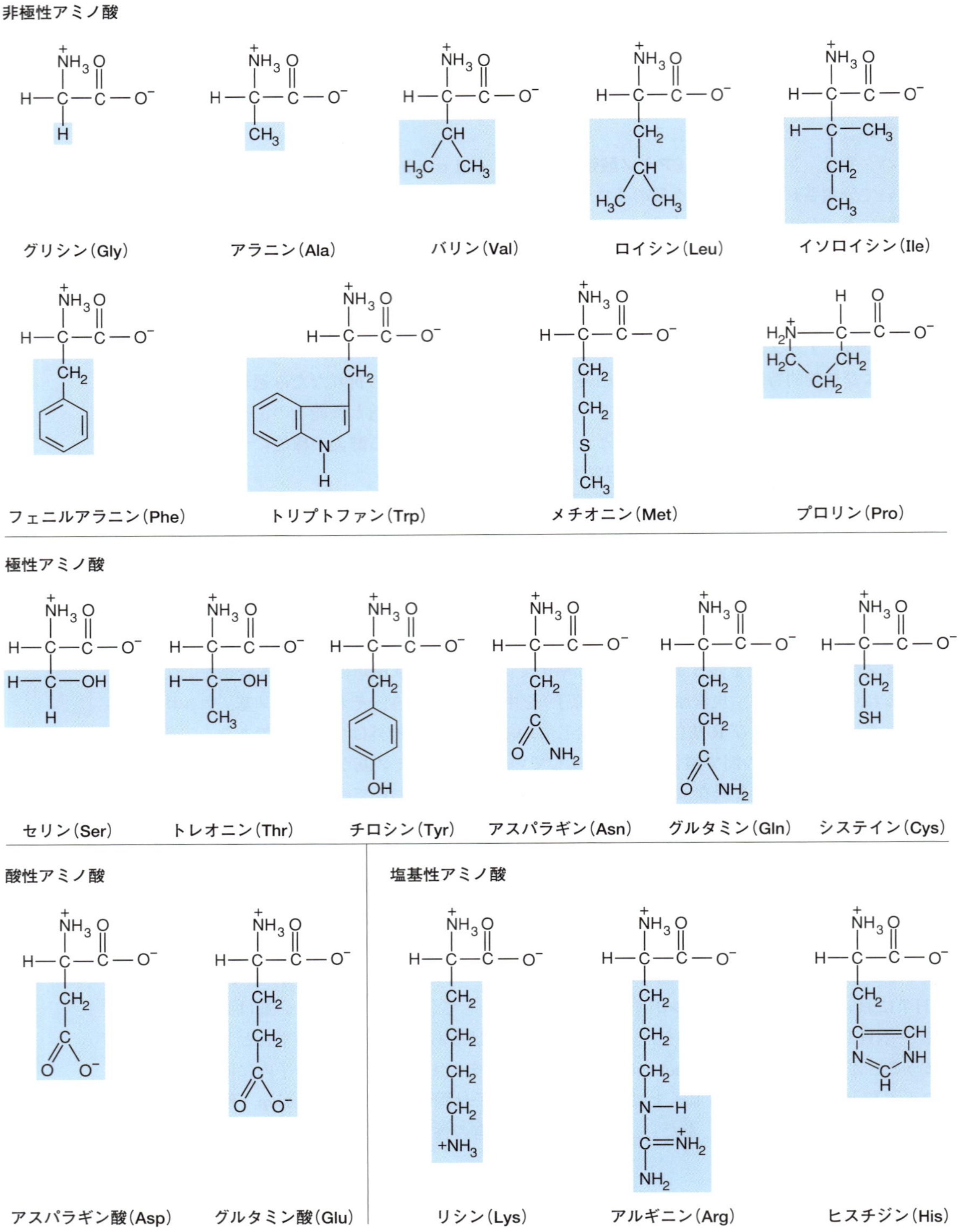

図 5.2　標準アミノ酸

ここに示されているアミノ酸のイオン化状態は，pH 7 においておもに生じる分子種である．水色の部分が側鎖を示す．

表 5.1 標準アミノ酸の名称と略式表記

アミノ酸	3 文字表記	1 文字表記
アラニン	Ala	A
アルギニン	Arg	R
アスパラギン	Asn	N
アスパラギン酸	Asp	D
システイン	Cys	C
グルタミン酸	Glu	E
グルタミン	Gln	Q
グリシン	Gly	G
ヒスチジン	His	H
イソロイシン	Ile	I
ロイシン	Leu	L
リシン	Lys	K
メチオニン	Met	M
フェニルアラニン	Phe	F
プロリン	Pro	P
セリン	Ser	S
トレオニン	Thr	T
トリプトファン	Trp	W
チロシン	Tyr	Y
バリン	Val	V

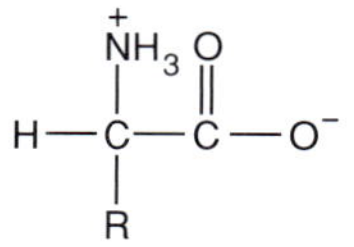

図 5.3 α-アミノ酸の一般構造

互作用しないため，タンパク質の立体構造を維持するのに重要な役割を果たしている．このグループの炭化水素の側鎖には，芳香族側鎖と脂肪族側鎖の 2 種類がある．**芳香族炭化水素**(aromatic hydrocarbon)は，平面共役した π 電子雲をもった不飽和炭化水素からなる環状構造を含んでいる．ベンゼンは最も単純な芳香族炭化水素の一つである．**脂肪族**(aliphatic)という用語は，メタンやシクロヘキサンのような非芳香族の炭化水素(p. 4)を指す．フェニルアラニンとトリプトファンは芳香族環状構造を含んでいる．グリシン，アラニン，バリン，ロイシン，イソロイシン，およびプロリンは脂肪族の側鎖をもっている．メチオニンのチオエーテルを含む脂肪族側鎖(—S—CH_3)には 1 個の硫黄原子が存在する．その誘導体である *S*-アデノシルメチオニン(SAM)は，数多くの生化学反応におけるメチル基供与体として働く重要な代謝産物である．注目すべきは，炭化水素ではなく水素原子を側鎖とするグリシンは，わずかに親水的であることである．その側鎖の小ささがタンパク質に構造的柔軟性を与えている．

極性アミノ酸 極性アミノ酸の官能基は，水素結合のような静電的相互作用を通して，容易に水分子と相互作用する．セリン，トレオニン，チロシン，アスパラギン，およびグルタミンがこのグループに属する．セリン，トレオニン，およびチロシンには極性のヒドロキシ基(—OH)があり，この官能基は水素結合を形成できるので，タンパク質の構造に重要な因子として寄与する．ヒドロキシ基はタンパク質の他の機能にも役立っている．たとえば，チロシンのリン酸エステルの形成は，よく見られる制御機構にかかわっている．そのうえ，セリンやトレオニンのヒドロキシ基は糖の結合部位でもある．アスパラギンとグルタミンはそれぞれ，酸性アミノ酸であるアスパラギン酸とグルタミン酸のアミド誘導体である．アミドという官能基は非常に極性が高いので，アスパラギンとグルタミンの水素結合を形成する能力は，タンパク質の安定性に重要な効果をもたらす．システインのチオール（—SH）基は反応性が高く，多くの酵素の重要な構成要素となっている．タンパク質においてチオール基は，金属（たとえば鉄や銅イオン）と結合する．また，二つのシステイン分子のチオール基は細胞外の環境下で容易に酸化され，シスチンと呼ばれるジスルフィド化合物を形成する（この反応を論じた p. 122 を参照）．

酸性アミノ酸　二つの標準アミノ酸がカルボキシ基を側鎖にもっている．カルボキシ基は生理的 pH において負に帯電しているので，アスパラギン酸（aspartic acid）*とグルタミン酸（glutamic acid）*はそれぞれアスパラギン酸（塩）（aspartate）*およびグルタミン酸（塩）（glutamate）*と呼ばれる．

＊訳者注：アミノ基とカルボキシ基がイオン化していないときは，aspartic acid や glutamic acid と呼ばれる．一方，生理的条件下のように，これらの官能基がイオン化して図 5.2 に示されているようなものを aspartate や glutamate と呼ぶ．ただし，日本語では通常，いずれもアスパラギン酸やグルタミン酸と呼ばれることが多い．

問題 5.1

非極性，極性，酸性，塩基性のいずれの構造であるか，以下の標準アミノ酸を分類せよ．

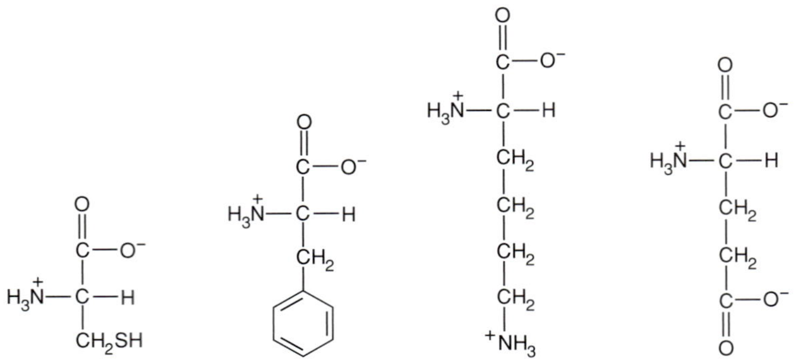

(a)　(b)　(c)　(d)

塩基性アミノ酸　塩基性アミノ酸は，生理的 pH において正に帯電しているので，酸性アミノ酸とイオン結合を形成することができる．側鎖に一つのアミノ基をもっているリシンは，水分子からプロトンを受けとり共役酸（—NH_3^+）を形成する．靭帯や腱の重要な構造的成分であるコラーゲン繊維においてリシンの側鎖が酸化された後に凝集すると，強い分子内および分子間架橋が形成される．アルギニンのグアニジノ基はタンパク質内において 11.5～12.5 の範囲の pK_a 値をもっているので，生理的 pH においては常にプロトン化されており，それゆえ酸塩基反応では機能しない．他方，ヒスチジンのイミダゾール側鎖は弱い塩基であり，その pK_a 値がおよそ 6 であるため，pH 7 では部分的にイオン化しているだけである．生理的条件下での pH の小さな変化に伴い，プロトンを授受したり供与したりするヒスチジンの能力は，多数の酵素の触媒活性に重要な役割を果たしている．

キーコンセプト

アミノ酸は水分子と相互作用する能力に応じて次の 4 群に分けられる．すなわち，非極性アミノ酸，極性アミノ酸，酸性アミノ酸，および塩基性アミノ酸である．

生物活性のあるアミノ酸

タンパク質の構成成分としての主要な機能に加えて，アミノ酸にはいくつかの生物学的な働きがある．

1．いくつかの α-アミノ酸あるいはそれらの誘導体は化学伝達物質として働く（図 5.4）．たとえば，グリシン，グルタミン酸塩，γ-アミノ酪酸（GABA，グルタミン酸の誘導体），およびセロトニンやメラトニン（トリプトファンの誘導体）は**神経伝達物質**（neurotransmitter）である．神経伝達物質とは，ある神経細胞から放出され，別の神経細胞あるいは筋肉細胞の機能に影響を及ぼす化合物である．チロキシン（動物の甲状腺でつくられるチロシンの誘導体）やインドール酢酸（植物に見られるトリプトファン誘導体）は**ホルモン**（hormone）としての例である．ホルモンとは，他の細胞の機能を制御するために，ある細胞でつくられる化学的シグナル分子を指す．

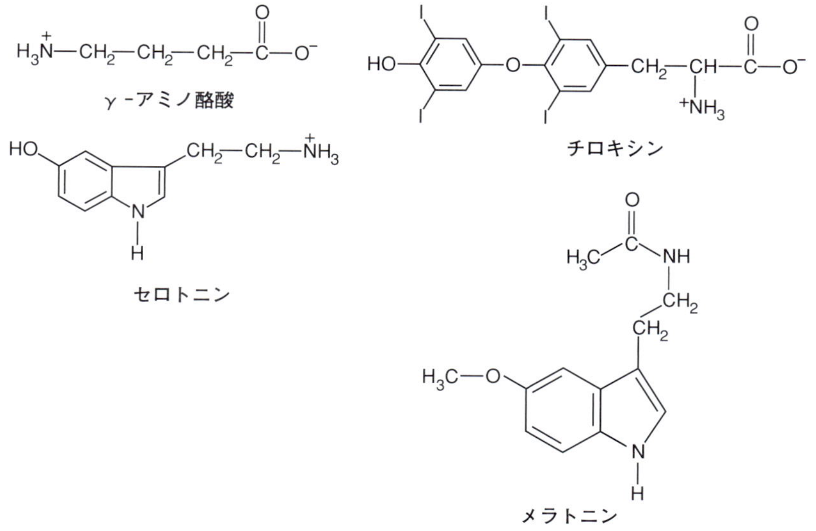

図 5.4 アミノ酸の誘導体

2．アミノ酸は，種々の複雑な窒素含有分子の前駆体である．その例としては，ヌクレオチドや核酸の窒素を含む塩基成分，ヘム（数種の重要なタンパク質の生物活性に必要な鉄を含む有機原子団），およびクロロフィル（光合成に必要不可欠な色素）がある．

3．いくつかの標準アミノ酸や非標準アミノ酸は代謝中間体として働く．たとえば，アルギニン（図 5.2 参照），シトルリン，およびオルニチン（図 5.5）は，尿素回路の成分である（15 章）．尿素は脊椎動物の肝臓でつくられる分子であるが，その合成は窒素を含む老廃物を処理するための重要な機構である．

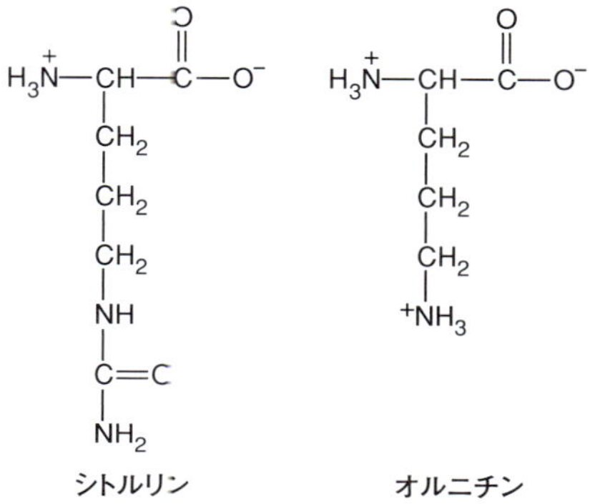

図 5.5 シトルリンとオルニチン

タンパク質に存在する修飾アミノ酸

数種のタンパク質には，ポリペプチド鎖が合成された後で形成されるアミノ酸誘導体が含まれている．この修飾アミノ酸のうちの一つに γ-カルボキシグルタミン酸がある（図 5.6）．このアミノ酸は，血液凝固タンパク質であるプロトロンビンに見いだされるカルシウム結合アミノ酸残基である．4-ヒドロキシプロリンと 5-ヒドロキシリシンはともに，結合組織に最も豊富に含まれるタンパク質のコラーゲンにとって重要な構成成分である．ヒドロキシ基を含むアミノ酸であるセリン，トレオニン，およびチロシンのリン酸化は，タンパク質の活性を制御するためによく利用される．たとえば，酵素のグリコーゲンシンターゼがリン酸化されるとき，グリコーゲンの合成は著しく抑えられる．セレノシステインとピロリシンという他の二つの修飾アミノ酸については 19 章で論じる．

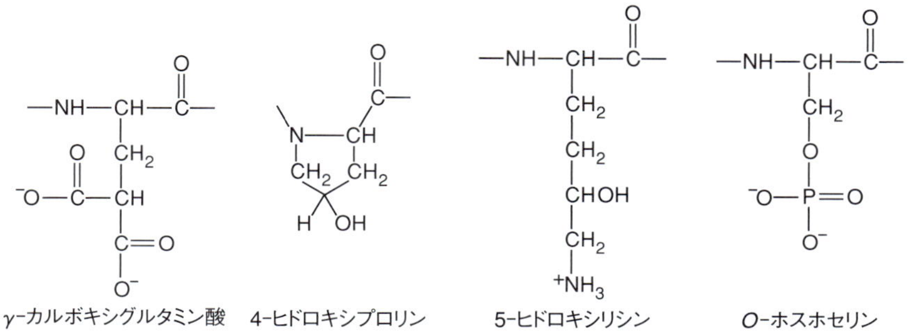

図 5.6 ポリペプチド鎖中に見いだされる修飾されたアミノ酸残基

アミノ酸の立体異性体

20 種類の標準アミノ酸のうち，19 種類の α 炭素原子は 4 個の異なる原子団（水素原子，カルボキシ基，アミノ基，および側鎖の R 基）と結合しているので，この炭素原子は**不斉炭素原子**（asymmetric carbon）あるいは**キラルな炭素原子**（chiral carbon）と呼ばれる．グリシンはその α 炭素原子が 2 個の水素原子と結合しているので不斉な分子ではない．キラルな炭素原子をもつ分子は，**立体異性体**（stereoisomer），つまり原子の空間的配置のみが互いに異なる複数の分子として存在しうる．アミノ酸の立体異性体を三次元的に描写すると**図 5.7** のように表される．図においては，アンモニウム基と水素原子の位置を除いては，二つの異性体の原子がともに同じパターンで結合していることに注意してほしい．これら二つの異性体は互いに鏡像関係にある．**鏡像異性体**（enantiomer）と呼ばれるこのような分子同士は互いに重ね合わせることができない．鏡像異性体の物理学的性質は，平面偏光波を反対の方向に回転させるという点を除いてはまったく同じである．偏光していない光を特殊なフィルターを通すことによって平面偏光波が生じ，この光はある一つの平面上を振動する．この性質をもつ分子同士を**光学異性体**（optical isomer）と呼ぶ．

グリセルアルデヒドは光学異性体の基準となる化合物である（**図 5.8**）．一方（実際は D 体）* のグリセルアルデヒド異性体は平面偏光波を時計方向に回転させ，右旋性であると呼ばれる（＋で表示される）．他方（実際は L 体）* の異性体は左旋性と呼ばれ（－で表示される），平面偏光波を同じだけ逆方向に回転させる．光学異性体は，たとえば D-グルコースや L-アラニンのように，D 体あるいは L 体として表記されることが多い．D 体あるいは L 体の表記は，その分子の不斉炭素原子の周りの原子配置が，対応するグリセルアルデヒドの異性体における不斉炭素原子の周りの原子配置と類似していることを意味する．

たいていの生体分子は二つ以上のキラルな炭素原子をもっている．結果として，D や L の文字は，いずれかのグリセルアルデヒド異性体とその分子との構造的関係についてあてはまるものであって，平面偏光波を回転させる方向を意味しているわけではない*．生物体において見いだされる不斉分子は，D 体あるいは L 体の一方の異性体のみである場合がほとんどである．たとえば，少数の例外はあるが，タンパク質においては L-アミノ酸のみが観察される．

キラリティー（掌性）は，生体分子の構造的および機能的な性質に重大な影響を及ぼす．たとえば，タンパク質において観察される右巻きヘリックスは，L-アミノ酸のみが存在することに起因している．研究室で D 体と L 体の両方を混ぜたアミノ酸から合成したポリペプチドはヘリックスを形成しない．さらに，酵素はキラルな分子であるので，たいていの酵素は一方の鏡像異性体のかたちをした基質分子（反応物）とだけ結合する．ペプチド結合を加水分解してタンパク質を分解する酵素であるプロテアーゼは，D-アミノ酸からなる人工的なポリペプチドを分解することはできない．

＊訳者注：**D 体と L 体の表記法**　D 体と L 体の表記法は 1891 年に Emil Fischer により考案された．当時，グリセルアルデヒドの旋光度が＋のものを D 体，－のものを L 体として図 5.8 のように表記することに決めた．後に，グリセルアルデヒドの D 体は＋の旋光度をもつことが判明した．タンパク質を構成する α-アミノ酸では不斉炭素原子の周りの配置が L-グリセルアルデヒドと同じで L 体となる．しかし，実際の旋光度はアミノ酸や測定条件によって異なる．たとえば水中においては，L-ロイシンの $[\alpha]_D$ は －11.0，L-リシンのそれは ＋14.6 であるが，5N HCl 中においては，それぞれ ＋16.0 および ＋26.0 となる．

キーコンセプト

- 不斉炭素原子あるいはキラルな炭素原子をもつ分子は，その炭素原子に結合する原子の空間的配置のみが異なっている．
- 鏡像体の関係にある分子は鏡像異性体と呼ばれる．
- 生物に存在するほとんどの不斉分子は，立体異性体のいずれか一方のみの形態をとっている．

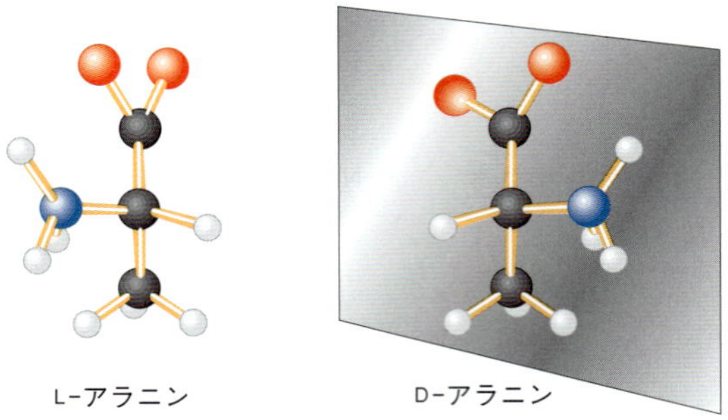

図 5.7　二つの鏡像異性体
L-アラニンと D-アラニンは互いに鏡像関係にある（窒素原子は大きい青球，水素原子は小さい灰色の球，炭素原子は黒球，酸素原子は赤球）．

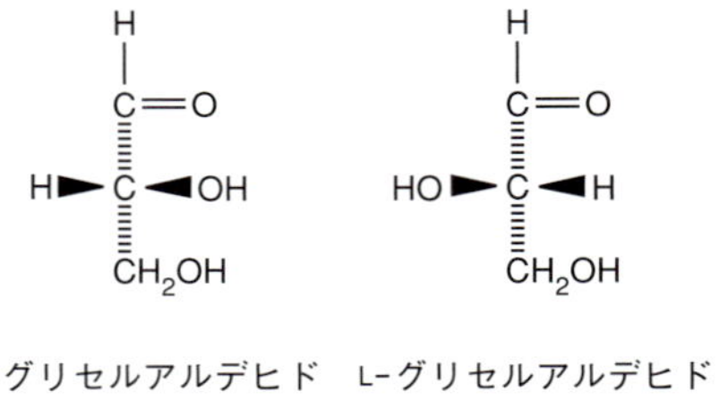

図 5.8　D 体と L 体のグリセルアルデヒド
これらの分子は互いに鏡像関係にある．

問題 5.2

ある種の細菌は，D-アミノ酸を成分とする重合体から構成される外膜をもっている．異種の細胞を攻撃したり破壊したりすることを使命とする免疫系の細胞は，このような細菌を退治できない．この現象の理由を述べよ．

アミノ酸の滴定

溶液中でイオン化されるアミノ酸の基の優位なイオン形態は pH に依存する（**表 5.2**）．アミノ酸を滴定すると，アミノ酸の構造に及ぼす pH の影響がわかる（**図 5.9 a**）．また滴定操作は，アミノ酸側鎖の反応性を決めることにも役立つ．滴定されうる二つの官能基をもつ単純なアミノ酸であるアラニンについて考えてみよう．水酸化ナトリウムのような強塩基で滴定すると，アラニンは二つのプロトンを段階的に失う．強酸（たとえば pH 0）の溶液中では，アラニンはカルボキシ基が電荷を帯びていない状態でおもに存在する．アンモニウム基はプロトン化されているので，この条件下における分子の実効電荷は +1 である．水素イオン濃度を下げていくと，カルボキシ基がプロトンを失い，負に帯電したカルボン酸基になる（多塩基酸においては，pK_a 値の最も低い官能基からプロトンがまず失われる）．いったんカルボキシ基がプロトンを失うと，アラニンの実効電荷はゼロとなり，電気的に中性になる．このような状態が生じるときの pH を**等電点**（isoelectric point, pI）と呼ぶ．アラニンの等電点は次のように計算される．

$$pI = \frac{pK_1 + pK_2}{2}$$

アラニンの pK_1 値と pK_2 値は，それぞれ 2.34 と 9.69 である（**表 5.2** 参照）．したがってアラニンの pI 値は

$$pI = \frac{2.34 + 9.69}{2} = 6.02$$

となる．

滴定を続けていくと，アンモニウム基はプロトンを失い，電荷をもたないアミノ基となる．そのときカルボン酸基が存在するので，分子は負電荷を帯びている．

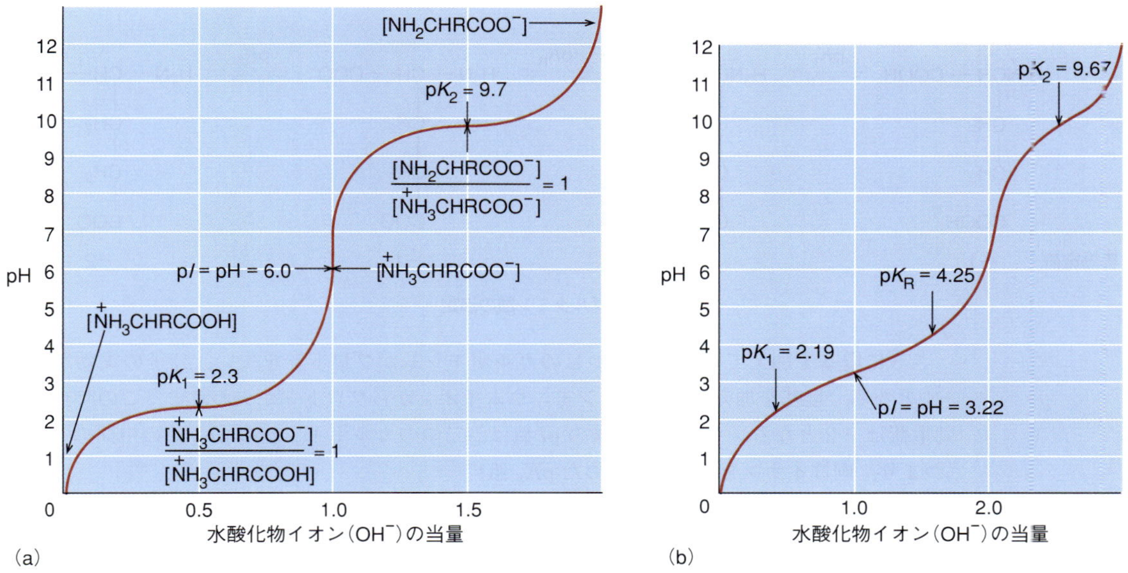

図 5.9　二つのアミノ酸の滴定

(a) アラニンと (b) グルタミン酸．グルタミン酸のイオン化した形態は p. 118 に書かれている．

表 5.2　アミノ酸がもつ解離基の pK_a 値

アミノ酸	pK_1(−COOH)	pK_2($-NH_3^+$)	pK_R
グリシン	2.34	9.60	
アラニン	2.34	9.69	
バリン	2.32	9.62	
ロイシン	2.36	9.60	
イソロイシン	2.36	9.60	
セリン	2.21	9.15	
トレオニン	2.63	10.43	
メチオニン	2.28	9.21	
フェニルアラニン	1.83	9.13	
トリプトファン	2.83	9.39	
アスパラギン	2.02	8.80	
グルタミン	2.17	9.13	
プロリン	1.99	10.60	
システイン	1.71	10.78	8.33
ヒスチジン	1.82	9.17	6.00
アスパラギン酸	2.09	9.82	3.86
グルタミン酸	2.19	9.67	4.25
チロシン	2.20	9.11	10.07
リシン	2.18	8.95	10.79
アルギニン	2.17	9.04	12.48

側鎖に解離基をもつアミノ酸の滴定曲線はやや複雑である（図 5.9 b）．たとえば，グルタミン酸は側鎖にカルボキシ基を一つもっている．低い pH のとき，グルタミン酸の実効電荷は +1 である．塩基を加えていくにつれて，α-カルボキシ基はプロトンを失いカルボン酸基になる．この時点で実効電荷はゼロとなる．

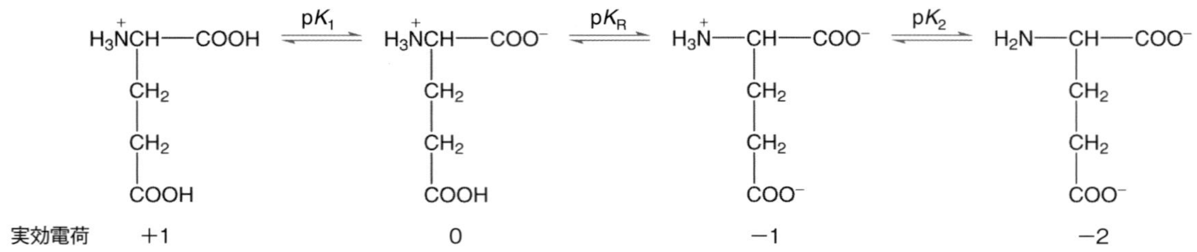

グルタミン酸の滴定

さらに塩基を加えていくと，二つ目のカルボキシ基がプロトンを失い，分子の実効電荷は −1 となる．塩基を加え続けるとアンモニウムイオンからプロトンが失われる．この時点で実効電荷は − 2 となる．グルタミン酸の pI 値は，二つのカルボキシ基の pK_a 値の中間の pH 値（つまり，両性イオンを一括にまとめた pK_a 値）

$$pI = \frac{2.19 + 4.25}{2} = 3.22$$

である．

例題 5.1〜5.3 は滴定問題の例である．

アミノ酸がポリペプチドを構成すると，α-アミノ基や α-カルボキシ基は電荷を失う．結果として，ポリペプチド鎖の始まりと終わりのアミノ酸残基である α-アミノ基と α-カルボキシ基以外，タンパク質のイオン化できるすべての基は七つのアミノ酸，つまりヒスチジン，リシン，アルギニン，アスパラギン酸，グルタミン酸，システイン，チロシンの側鎖の官能基である．これらの官能基の pK_a 値は遊離のアミノ酸の pK_a 値とは異なることに気をつけなければならない．それぞれの R 基の pK_a 値はタンパク質分子の微細な位置環境によって影響を受ける．たとえば，二つのアスパラギン酸残基の側鎖官能基が近接している場合，カルボキシ基の一つの pK_a 値は上昇する．このような現象は酵素の触媒機構を論じるときに重要になる(6.4 節)．

例題 5.1

次のアミノ酸とその pK_a 値について考察せよ．

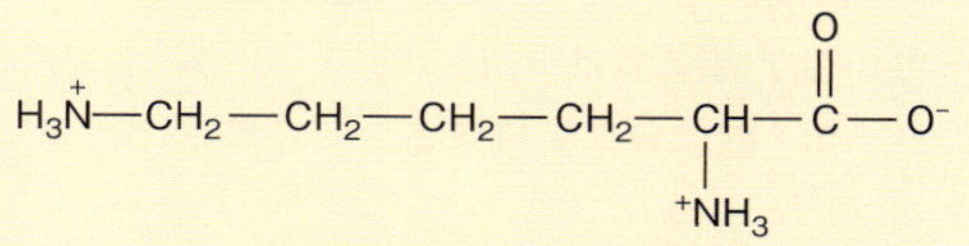

$pK_{a1} = 2.18$　　$pK_{a2} = 8.95$　　$pK_{aR} = 10.79$

a. 溶液の pH が強酸から強塩基に移るにつれて変化するアミノ酸の構造を書け．

解答 (a)

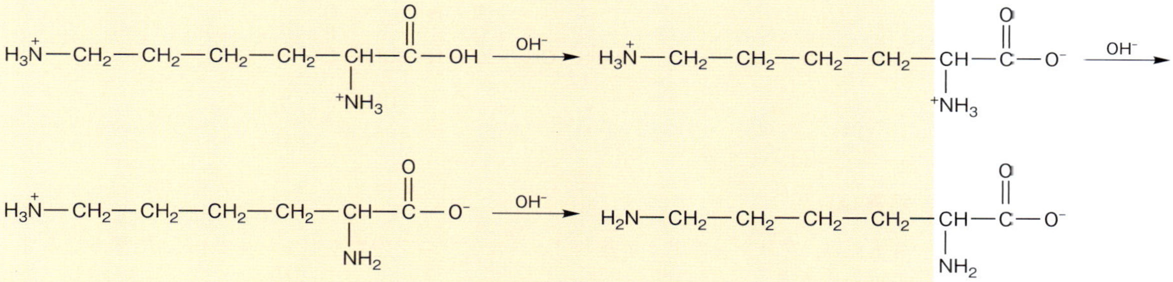

イオン化される水素原子は酸性度の順に失われ，最も酸性度の大きいものが最初にイオン化する．

b. 等電点において存在するのは，どの形態のアミノ酸か．

解答 (b)

等電点において存在する形態は電気的に中性のものである．

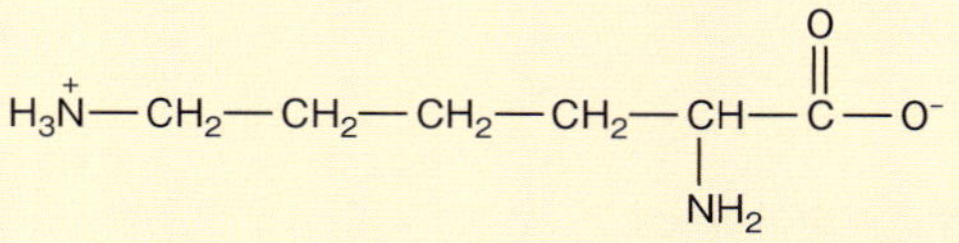

c. 等電点を計算せよ．

解答 (c)

等電点は，両性イオンをはさむ二つの pK_a 値の平均であるから

$$pI = \frac{pK_2 + pK_R}{2} = \frac{8.95+10.79}{2} = 9.87$$

■

キーコンセプト

- 滴定は，アミノ酸やペプチドに存在する酸性基や塩基性基の相対的なイオン化ポテンシャルを決定するときに便利な方法である．
- アミノ酸の実効電荷がゼロになる pH は等電点と呼ばれる．

例題 5.2

a.　このアミノ酸リシンの滴定曲線を描け．

解答(a)

塩基の 0.5 倍，1.5 倍，2.5 倍等量のところを中心に pH のあまり変化しない平らな部分がある．塩基の 1 倍，2 倍，3 倍等量のところに急勾配の pH 変化を描け．等電点は pK_{a1} と pK_{aR} の間の急勾配の中間点となる．

b.　pH が 1，3，5，7，9，12 のとき，アミノ酸を電場のなかにおくと，いずれの方向に移動するか．選択肢 1：動かない，選択肢 2：陰極(マイナス極)のほうへ，選択肢 3：陽極(プラス極)のほうへ．

解答(b)

p*I* より低い pH のとき(この場合 9.87)，アミノ酸は正に帯電しているので陰極に移動する．そこで問題となっているアミノ酸は，pH 値が 1，3，5，7，9 において陰極へ移動する．pH 12 のとき，このアミノ酸は負に帯電する．この状況下でアミノ酸は陽極へ移動する．■

例題 5.3

次のジペプチドについて考察せよ．

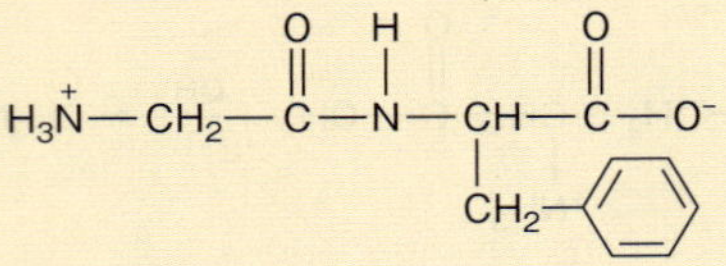

a.　等電点はいくらか．

解答(a)

等電点は，グリシンのアミノ基とフェニルアラニンのカルボキシ基の pK_a 値(**表 5.2** 参照)の平均値である．

$$pI = (9.60+1.83)/2 = 5.72$$

b.　pH 値が 1，3，5，7，9，12 のとき，ジペプチドはどの方向に移動するか．

解答(b)

p*I* より低い pH(1，3，5)ではジペプチドは陰極に移動する．p*I* より高い pH では陽極に移動する．これは 7，9，12 である．■

問題 5.3

次のトリペプチドの等電点を計算せよ．

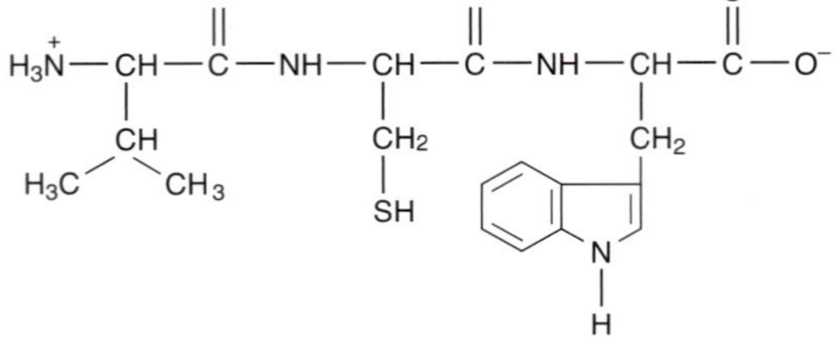

表 5.2 に記載されたアミノ酸の pK_a 値を用いよ．

アミノ酸の反応

有機分子の官能基がその分子の反応性を決めている．カルボキシ基，アミノ基，そしてさまざまなR基をもつアミノ酸は多数の化学反応にかかわっている．しかしながら，ペプチド結合とジスルフィド架橋の形成という二つの反応は，タンパク質の構造に与える影響という観点からとくに興味深い．シッフ塩基の形成は，もう一つの重要な反応である．

ペプチド結合の形成　ポリペプチド鎖は，ペプチド結合によってつながれたアミノ酸からなる直鎖状の重合体である．**ペプチド結合**(peptide bond)は，あるアミノ酸のα-アミノ基の窒素原子に存在する不対電子が，求核性のアシル置換反応によって，別のアミノ酸のα-カルボキシ基の炭素原子を攻撃するときに形成されるアミド架橋である．一般的なアシル置換反応は次のように記される．

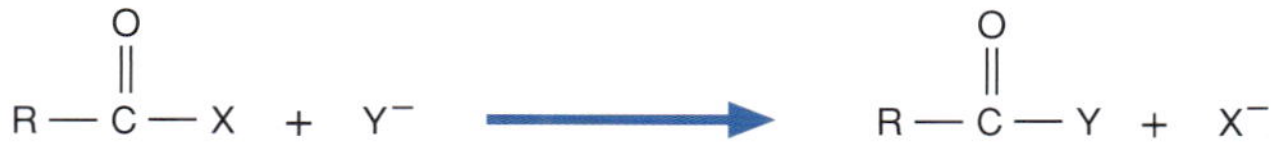

ペプチド結合の形成は脱水反応である(水1分子が除去される)ので，結合したアミノ酸はアミノ酸残基と呼ばれる．二つのアミノ酸が縮合したときの生成物はジペプチドと呼ばれる(図5.10)．たとえば，グリシンとセリンはジペプチドのグリシルセリンまたはセリルグリシンを形成する．アミノ酸がつけ加えられて鎖長が伸びた場合，接頭語で残基数を表す．たとえば，トリペプチドは三つの，テトラペプチドは四つのアミノ酸残基を含むというようにである．慣例により，遊離のアミノ基をもつアミノ酸残基はN末端(アミノ末端)残基と呼ばれ，左側に書く．C末端(カルボキシ末端)残基の遊離のカルボキシ基は右側におく．ペプチドの名称は，N末端残基から始めてアミノ酸配列に従ってつける．たとえば

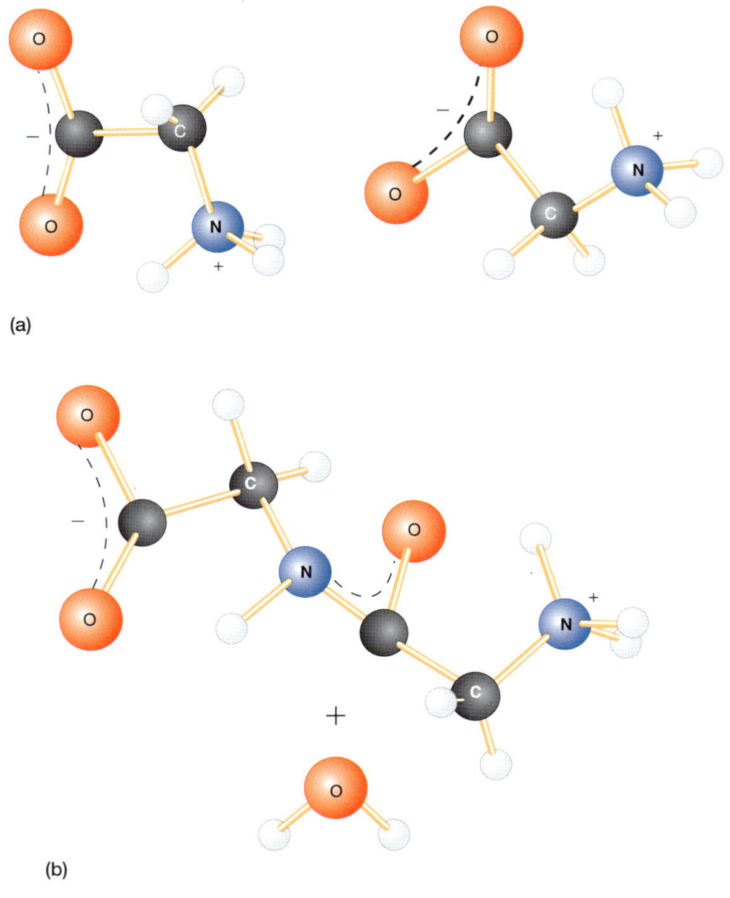

図5.10 ジペプチドの形成
(a) 一つのアミノ酸のα-カルボキシ基が別のアミノ酸のアミノ基と反応すると，ペプチド結合が形成される．(b) 水1分子がこの反応で生成する．

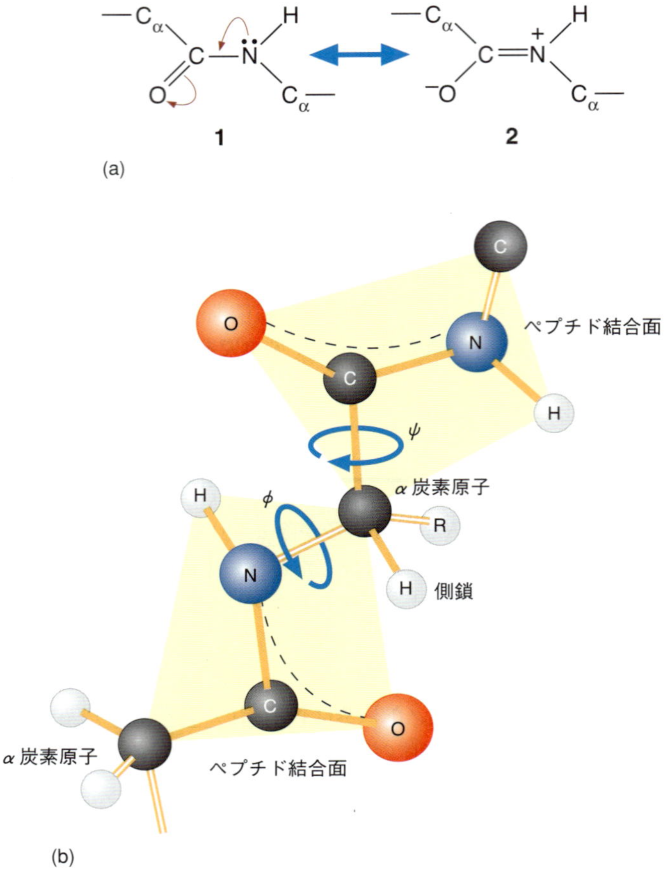

図 5.11　ペプチド結合
(a) ペプチド結合の共鳴構造．(b) ジペプチドの構造．ペプチド結合は自由に回転できず，ポリペプチド鎖の立体的な自由度は C_α—C 結合と C_α—N 結合の周りの回転角によって制約を受ける．それぞれの回転角は ψ と ϕ で示してある．

H_2N—Tyr—Ala—Cys—Gly—COOH

は，チロシルアラニルシステイニルグリシンと呼ばれるテトラペプチドである．

大きなポリペプチド鎖は，ある特徴的な立体構造をとることが多い．天然立体構造と呼ばれるこの構造は，アミノ酸配列（アミノ酸が連結されている順序）によって直接的に決められる．アミノ酸残基を連結しているすべての結合は単結合からなっているので，それぞれのポリペプチドは単結合が回転することによって常に構造が変化すると予想される．しかしながら，多くのポリペプチドは自然に折りたたまれて，生物活性をもった唯一の状態をとる．この現象に対して，1950 年代初期に Linus Pauling（1901〜1994 年．1954 年にノーベル化学賞を受賞）とその共同研究者は，X 線解析の研究から，ペプチド結合（1.33 Å）は堅固な（回転しにくい）平面構造をとるという説を提唱した（図 5.11）．つまり，二つのアミノ酸を連結している C—N 結合は他の種類の C—N 結合（1.45 Å）よりも短いことを発見して，Pauling はペプチド結合は部分的に二重結合性を帯びているという結論を導いた（これはペプチド結合が共鳴混成体であることを意味している）．このペプチド結合に柔軟性がないという性質のため，一つのポリペプチド鎖の骨格となるペプチド結合の三分の一にも及ぶ数の結合が自由に回転できない．結果として，とりうる立体構造の数に制約が生じる．

システインの酸化　システインのチオール基は非常に反応性に富んでいる．この官能基の最もよく知られている反応は，ジスルフィドを形成する可逆的酸化反応である．2 分子のシステインの酸化によって一つのジスルフィド結合を含むシスチン分子が形成される（図 5.12）．ペプチドやポリペプチドで二つのシステイン残基が形成するこのような結合を**ジスルフィド架橋**（disulfide bridge）と呼ぶ．この結合が単鎖内で生じると環状構造を形成し，また二つの異なる鎖間において生じると分子間架橋を形成する．ジスルフィド架橋は多くのポリペプチドやタンパク質の安定化に寄与している．

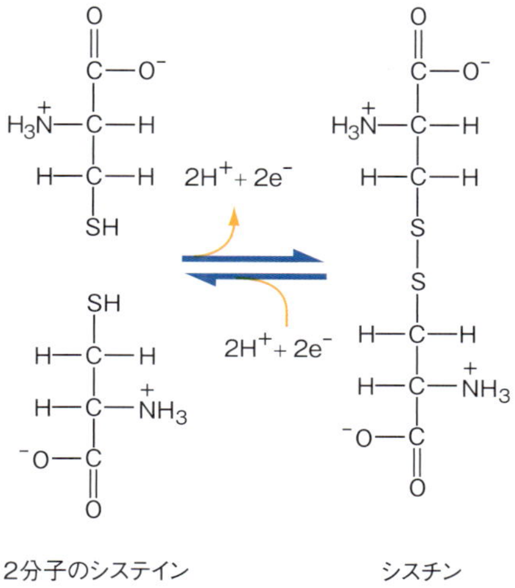

図 5.12 2分子のシステインの酸化によるシスチンの形成
ポリペプチド鎖中のジスルフィド結合はジスルフィド架橋と呼ばれる．

問題 5.4

血液（pH 7.2～7.4）や尿（pH 6.5）のような細胞外体液中において，システイン（pK_a 8.1）のチオール基は酸化されやすくなり，シスチンを形成する．ペプチドやタンパク質においてチオール基は求核的な性質があるため，タンパク質構造の安定化やチオール基の転移反応には有利である．しかしその低い溶解性のために，遊離シスチンとして組織液中に存在することは問題となる．シスチン尿症として知られる遺伝的疾患においては，シスチンの膜輸送に欠陥があるために尿中に過剰のシスチンが分泌される．このアミノ酸が結晶化して腎臓，尿管，あるいは膀胱に結石が生じる．結石により，痛み，感染，および血尿が引き起こされる．腎臓におけるシスチンの濃度は，大量の飲料を摂取したりD-ペニシラミンを投与したりすることによって下げることができる．ペニシラミン（図 5.13）は，シスチンよりかなり溶解度の高いペニシラミン-システインジスルフィドを形成するために，効果的であると考えられている．ペニシラミン-システインジスルフィドの構造はどのようなものであるか．

シスチン尿症

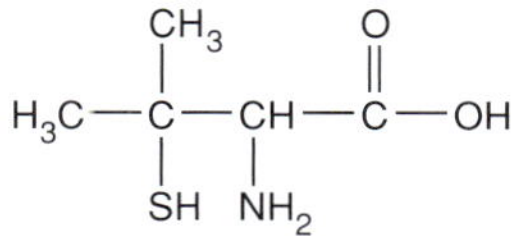

図 5.13 ペニシラミンの構造

シッフ塩基の形成 第一級アミンをもつアミノ酸のような分子は，カルボニル基と可逆的に反応する．この反応から生じるイミン産物は，しばしば**シッフ塩基**（Shiff base）と呼ばれる．求核付加反応において，アミン窒素原子はカルボニル基の求電子性の炭素原子を攻撃し，アル

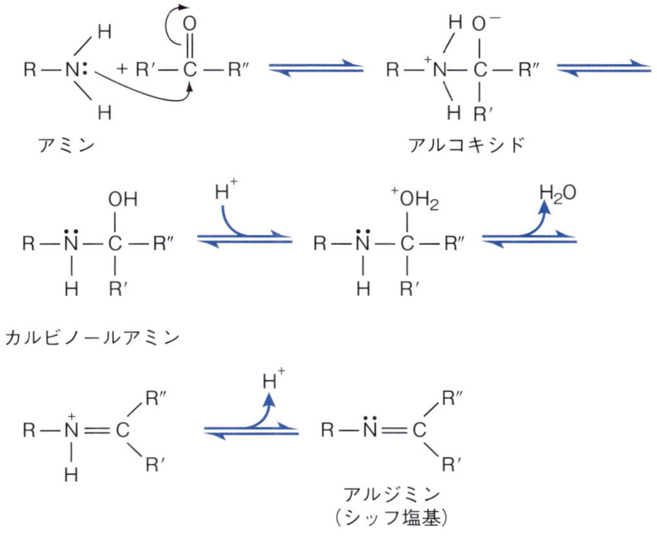

キーコンセプト

- ポリペプチドとは，ペプチド結合によってアミノ酸が連結した重合体である．ポリペプチドにおけるアミノ酸の順序はアミノ酸配列と呼ばれる．
- システイン残基の酸化によって形成されるジスルフィド架橋は，ポリペプチドやタンパク質の重要な構造的因子である．
- シッフ塩基とは，アミノ基が可逆的にカルボニル基と反応するときに形成されるイミンである．

コキシド産物を形成する．アミン基から酸素原子へプロトンが転移してカルビノールアミンを形成し，酸触媒から別のプロトンを受け入れることによって，酸素原子が易脱離基（OH_2^+）に変わる．続いて水分子が脱離し，窒素原子からプロトンが失われると，イミン産物が生じる．生化学における最も重要なシッフ塩基の形成はアミノ酸代謝で起こっている．**アルジミン**（aldimine）と呼ばれるシッフ塩基は，アミノ基とアルデヒド基との可逆的反応によって生じ，アミノ基転移反応（p. 449～452）の中間体（反応の途中に形成される分子種）である．

5.2　ペプチド

ペプチドの構造は，それより大きいタンパク質分子ほど複雑ではないが，ペプチドは重要な生物活性をもっている．ここでは，**表 5.3** にあげた数種の興味深いペプチドの構造と機能について述べる．

トリペプチドであるグルタチオン（γ-グルタミル-L-システイニルグリシン）は，通常のペプチド結合とは異なる γ-アミド結合を含んでいる（グルタミン酸残基の α-カルボキシ基ではなく，γ-カルボキシ基がペプチド結合に関与していることに注意せよ）．グルタチオン（GSH, p. 465～466）はほとんどすべての生物に見いだされ，タンパク質や DNA の合成，薬物や環境中の毒素の代謝，およびアミノ酸の輸送や他の重要な生物学的反応に関与している．グルタチオンの機能の一つに，その還元剤としての効果を生かしたものがある．グルタチオンは，酸素の代謝副生成物である過酸化物（R—O—O—R）などの化合物と反応することによって，酸化反応の危害から細胞を守っている．たとえば，赤血球内において過酸化水素（H_2O_2）はヘモグロビンの鉄原子を 3 価の鉄（Fe^{3+}）に酸化する．この反応の生成物であるメトヘモグロビンは酸素分子と結合できない．グルタチオンは，グルタチオンペルオキシダーゼという酵素の触媒反応下において過酸化水素を減少させ，メトヘモグロビンの形成を抑制している．酸化型グルタチオン GSSG は，2 分子の還元型グルタチオン GSH がジスルフィド結合によって連結されたものである．

$$2GSH + H_2O_2 \longrightarrow GSSG + 2H_2O$$

通常，細胞内では GSSG よりも GSH の比率が高く，グルタチオンは重要な細胞内の抗酸化物質である．グルタチオンの略号として GSH が用いられるのは，グルタチオン分子内の還元性因子がシステイン残基の—SH 基であるからである．

ペプチドは，多細胞生物がその複雑な生命活動を制御するために用いているシグナル分子の

表 5.3　生物学的に重要なペプチドの例

名称	アミノ酸配列
グルタチオン	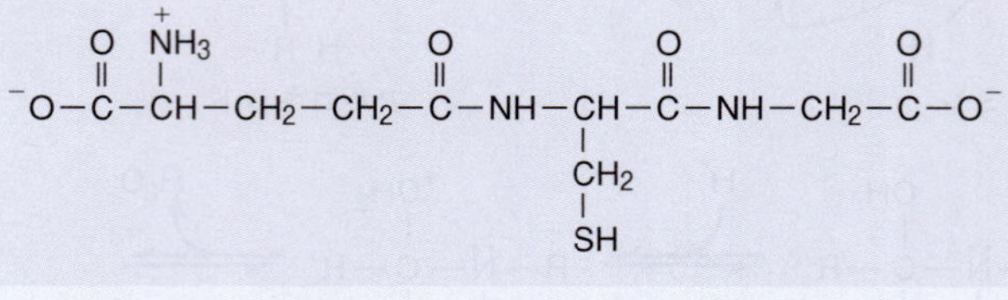
オキシトシン	Cys—Tyr—Ile—Gln—Asn—Cys—Pro—Leu—Gly—NH_2（Cys–Cys 間 S—S）
バソプレッシン	Cys—Tyr—Phe—Gln—Asn—Cys—Pro—Arg—Gly—NH_2（Cys–Cys 間 S—S）
心房性ナトリウム利尿ペプチド	Ser[1]—Leu—Arg—Arg—Ser—Ser—Cys—Phe—Gly—Gly[10]—Arg—Met—Asp—Arg—Ile—Gly—Ala—Gln—Ser—Gly—Leu—Gly—Cys—Asn—Ser—Phe—Arg—Tyr[28]

一群である．生物の安定な内部環境は，相反する過程間の動的な相互作用によって維持されており，その状態を生体恒常性(ホメオスタシス)と呼ぶ．相反する機能をもったペプチド分子が，おびただしい数の過程(たとえば血圧調節)を制御することが知られている．いくつかのペプチドの役割について簡単に述べる．

バソプレッシンとオキシトシン

血管壁に対して血液が与える圧力である，いわゆる血圧は，バソプレッシンと心房性ナトリウム因子と呼ばれる二つの利尿ペプチドによって影響を受ける．バソプレッシンは抗利尿ホルモンとも呼ばれ，9 個のアミノ酸残基からなる．このホルモンは，水分バランス，食欲，体温や睡眠を含めた多様な機能を制御する脳内の視床下部で合成される．血圧の低下あるいは高濃度の血中ナトリウムイオンに応答して，視床下部の浸透圧受容体はバソプレッシン分泌の引き金を引く．バソプレッシンは，(水分子のチャネルである)アクアポリンを腎臓の尿細管膜へ挿入するシグナル伝達系を働かせることによって，腎臓における水の再吸収を刺激する．その後，水分子は尿細管細胞から血液中へと濃度勾配に従って流れていくにつれ，血圧は上がる．心房性ナトリウム利尿ペプチド(ANF)は心房や神経系の特殊な細胞で合成され，尿の産生を刺激する．この作用はバソプレッシンの作用とは反対である．ANF は，一方ではナトリウムイオンの排出を増加させることによって水分の排出を促進し，また腎臓からのレニンの分泌を抑制することによってその作用を発揮する(レニンは，血管を収縮させるホルモンであるアンギオテンシンの産生を触媒する酵素である)．

バソプレッシンの構造は，視床下部でつくられる別のペプチドであるオキシトシンと非常に類似している．オキシトシンもまたシグナル分子であり，授乳期に乳腺からの母乳の放出を刺激する．子宮でつくられるオキシトシンは，出産時の子宮筋の収縮を刺激する．バソプレッシンとオキシトシンの構造は類似しているので，これら二つの分子の機能が部分的に重なり合うことは驚くにあたらない．オキシトシンには軽い抗利尿作用があり，バソプレッシンにはいくらかのオキシトシン様作用がある．

キーコンセプト

タンパク質分子に比べるとサイズでは小さいが，ペプチドには重要な生物活性があり，多様なシグナル伝達過程にかかわっている．

問題 5.5

オキシトシンの完全な構造を略すことなく記せ．平均的な生理的 pH 7.3 では，この分子の実効電荷はいくらになるか．また，pH 4 や pH 9 ではどうか．オキシトシンのどの原子が水分子と水素結合を形成できる能力をもっているかを記せ．

問題 5.6

バソプレッシン受容体に結合するための構造的特徴としては，バソプレッシンペプチドの堅固な六員環構造と，3 番目と 8 番目に位置するフェニルアラニンとアルギニンの二つのアミノ酸残基があげられる．受容体の疎水的ポケットに適合するためのフェニルアラニンの芳香族側鎖と，アルギニンの正に帯電した大きな側鎖がとくに重要である．バソプレッシンとオキシトシンの構造を比較して，両者が機能的に重複する理由を説明せよ．8 番目のアルギニンをリシンに置換したとすると，バソプレッシンの結合特性にどのような変化が生じると考えられるか．

5.3 タンパク質

生命体において見いだされるすべての分子のなかで，タンパク質ほど多様な機能をもつものはない．それについて以下に示す．

1. **触媒**　酵素と呼ばれる触媒タンパク質は，消化，エネルギー捕獲，そして生合成などの諸過程において，数多くの生化学的反応を促進する．酵素には驚くべき特徴がある．酵素は反応速度を 10^6～10^{12} 倍も高めることができる．この離れ業を温和な pH と温度という条件下で行うことができるのは，酵素がひずみのかかった反応中間体の構造を誘導し，安定化させることができるからである．その例として，光合成に欠かせない酵素であるリブロースビスリン酸カルボキシラーゼや窒素固定に携わるタンパク質複合体のニトロゲナーゼがある．

2．**構造**　構造タンパク質は特殊な性質をもっていることが多い．たとえば，コラーゲン（結合組織の主要成分）やフィブロイン（絹タンパク質）はかなり大きい機械的強度をもっている．弾力性のある繊維に見られるゴムのようなタンパク質のエラスチンは，適切に機能するために伸縮自在でなければならない血管や皮膚に見いだされる．

3．**運動**　タンパク質はすべての細胞運動に関与している．アクチン，チューブリン，およびその関連タンパク質のような細胞骨格タンパク質は，たとえば，細胞分裂，エンドサイトーシス，エキソサイトーシス，および白血球のアメーバ様運動において働いている．

4．**防御**　多種多様なタンパク質が生体防御にかかわっている．脊椎動物では，皮膚細胞で見られるタンパク質のケラチンが，機械的および化学的損傷から生物を保護するのを助けている．血液凝固タンパク質のフィブリノーゲンとトロンビンは，血管が損傷を受けたときに血液の喪失を防ぐ．リンパ球によってつくられる免疫グロブリン（あるいは抗体）は，細菌のような外来生物の体内侵入を阻止する．抗体が侵入物へ結合することが引き金となって，侵入物の排除が始まる．

5．**制御**　ホルモン分子や増殖因子が標的細胞上の相応する受容体に結合すると，細胞機能に変化が生じる．ペプチドホルモンの例として，血糖値を調節しているインスリンやグルカゴンがある．成長ホルモンは細胞の成長と分裂を刺激する．増殖因子は動物細胞の分裂と分化を制御するポリペプチドである．血小板由来増殖因子（PDGF）や上皮細胞増殖因子（EGF）はその例である．

6．**輸送**　多くのタンパク質が，細胞膜を通しての，あるいは細胞間での分子やイオンの輸送体として機能している．膜タンパク質の例には，Na^+, K^+-ATP アーゼやグルコース輸送体がある．他の輸送タンパク質としては，肺から組織へ酸素を運搬するヘモグロビンや，血液中の非水溶性の脂質を輸送するリポタンパク質の LDL と HDL がある．トランスフェリンとセルロプラスミンは，それぞれ鉄と銅を輸送する血清タンパク質である．

7．**貯蔵**　ある種のタンパク質は不可欠な栄養素の貯蔵体として役立っている．たとえば，鳥類の卵に含まれるオボアルブミンや哺乳動物の乳のなかに存在するカゼインは，発生段階における有機窒素の豊富な供給源である．ゼインなどの植物タンパク質は，発芽種子において同様の役割を果たしている．

8．**ストレス応答**　生物が非生物的なストレスに耐えて生き残る能力は，種々のタンパク質が担っている．たとえばシトクロム P-450 は，動植物において見られる多様な酵素群であり，通常，種々の有害な有機物質を無毒な誘導体へと変換する．メタロチオネインは別の一例で，ほとんどすべての哺乳動物細胞に存在するシステインに富んだ細胞内タンパク質であり，カドミウム，水銀，および銀などの毒性のある重金属と結合し捕獲する．過度の高温や他のストレスによって，**熱ショックタンパク質**（heat shock protein, Hsp）と呼ばれる一群のタンパク質が生合成され，これらは損傷を受けたタンパク質が正しい構造へ再生するのを助けている．タンパク質の損傷が著しく大きいときは，Hsp はそれらの分解を促進する（ある種の Hsp はタンパク質の折りたたみという通常の過程において機能している）．また，細胞は DNA 修復酵素によって放射線から身を守っている．

9．**毒素**　多くの生物はタンパク質毒素を産生し，一般に他生物の捕食あるいは自己防衛のために使う．たとえばヘビやサソリ，いくつかのクモは神経毒を使い，獲物を動けなくする．細菌の *Clostridium botulinum* はボツリヌス毒素（p. 363）を分泌し筋肉のけいれんを引き起こす．ハチは，痛みや炎症を引き起こすハチ毒（アピトキシン）を刺すことで注入し，身を守る．メリチンはハチ毒（アピトキシン）を構成する主要なペプチド毒である．

最近のタンパク質研究のおかげで，多数のタンパク質が複数の，またときには互いに無関係な機能をもつことが示された．かつてはまれな現象と思われていたが，**多機能性タンパク質**

(multifunctional protein, 兼業タンパク質とも呼ばれる)はさまざまな分類に属する分子群である. グリセルアルデヒド-3-リン酸デヒドロゲナーゼ(GAPD, p. 243)とクリスタリンが代表例である. 命名からわかるように, GAPDは解糖系の中間体の一つであるグリセルアルデヒド3-リン酸の酸化を触媒する酵素である. 今やこのGAPDタンパク質は, DNAの複製と修復, エンドサイトーシス, 膜融合過程, 微小管結束のような多種多様な諸過程にかかわることが知られている.

タンパク質のその他の分類

機能的側面からの分類のほかに, アミノ酸配列の類似性や全体の三次元構造に基づいた分類もなされる. **タンパク質ファミリー**(protein family)とは, アミノ酸配列の類似性をもとにした関係のある分子の集まりである. このようなタンパク質は一つの共通の祖先タンパク質から分岐している. 古典的なタンパク質ファミリーとしては, ヘモグロビン(血液中の酸素運搬タンパク質, p. 151〜153)と免疫グロブリンがある. 免疫グロブリンとは, 免疫系で外来抗原(免疫反応を引きだす物質)に反応して生みだされる抗体タンパク質である. より遠縁の関係までを含めた分類は**タンパク質スーパーファミリー**(protein superfamily)と呼ばれる. 例として, グロビンスーパファミリーには, 酸素を結合したり運搬したりする機能をもつ多様なヘム含有タンパク質がある. ヘモグロビンやミオグロビン(筋肉細胞での酸素結合タンパク質)に加えて, ニューログロビンやサイトグロビン(それぞれ脳と他の組織中にある酸素結合タンパク質), レグヘモグロビン(マメ科植物の根粒において酸素を捕獲するタンパク質)がスーパーファミリーを構成している.

しばしばタンパク質は, 形態と構成成分という二つの基準で分類される. 形態に基づく場合は二つの大きなグループに分類される. 一つは, その名称が示すように**繊維状タンパク質**(fibrous protein)であり, これは水に不溶で, 物理的に強く弾力性がある桿状の形態をした長い分子である. 皮膚, 毛髪, 爪に存在するケラチンのような繊維状タンパク質は, 構造的および防御作用的機能をもっている. もう一つは**球状タンパク質**(globular protein)で, これは一般に水に可溶の緻密な球状分子である. おおむね球状タンパク質は動的な機能をもっている. たとえば, ほとんどすべての酵素は球状の構造をしている. 他の例として, 免疫グロブリン, およびヘモグロビンやアルブミン(血液中での脂肪酸輸送体)といった輸送タンパク質がある.

構成成分に基づけば, タンパク質は単純タンパク質と複合タンパク質に分類される. 血清アルブミンやケラチンなどの単純タンパク質は, アミノ酸しか含んでいない. **複合タンパク質**(conjugated protein)は単純タンパク質と非タンパク質性成分とからなっている. 非タンパク質性成分は**補欠分子族**(prostheic group)と呼ばれている〔補欠分子族をもたないタンパク質は**アポタンパク質**(apoprotein)と呼ばれる. 補欠分子族と結合したタンパク質は**ホロタンパク質**(holoprotein)と呼ばれる〕. 補欠分子族は, 典型的には, タンパク質の機能に重要な, ときには決定的な役割を果たす. 複合タンパク質は補欠分子族の性質に従って分類される. たとえば, **糖タンパク質**(glycoprotein)は糖質成分を, **ヘムタンパク質**(haemoprotein)はヘム基を, **リポタンパク質**(lipoprotein)は脂質分子を含んでいる. 無機補因子を含むタンパク質には, 金属イオンを含む**金属タンパク質**(metalloprotein)や, リン酸基をもっている**リンタンパク質**(phosphoprotein)がある.

タンパク質の構造

タンパク質は非常に複雑な分子である. 最も小さいポリペプチド鎖でさえ, それが完全に描写されたモデルでは, すべてを理解することは困難である. そこで分子の際だった特徴に焦点を絞ったより単純な像が役に立つ. タンパク質の構造に関する情報を伝える二つの方法が図5.14に示してある. 棒球モデルと呼ばれる別の構造描写法は後述する(図5.36と図5.39).

生化学者はタンパク質の構造的特性をいくつかのレベルに分けている. **一次構造**(primary structure)はアミノ酸配列であり, 遺伝情報によって規定されている. 新生(新たに合成された)ポリペプチド鎖が折りたたまれるにつれて, 隣接したアミノ酸(必ずしも隣接していなくて

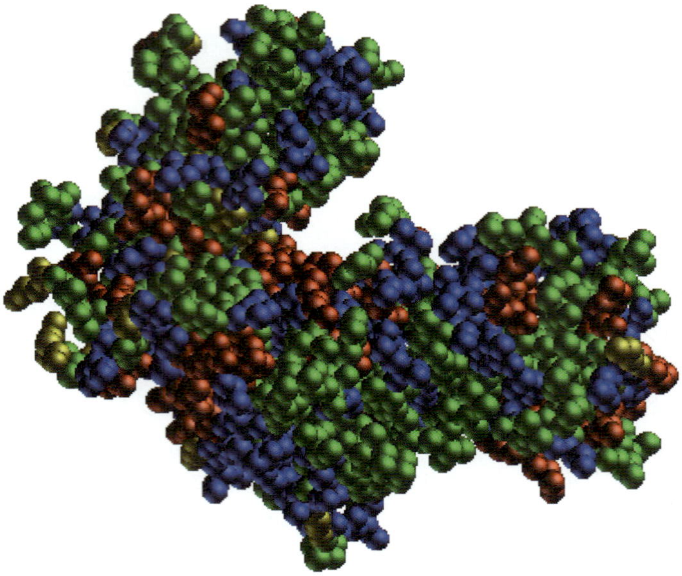

(a)

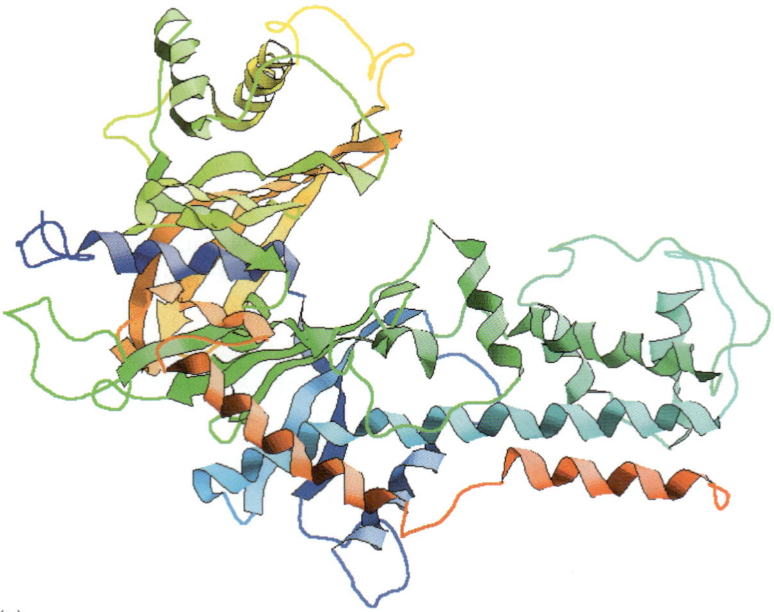

(b)

図 5.14　酵素のアデニル酸キナーゼ
(a) 空間充填モデル．分子の構成成分が占める大きさと全体の形状が描かれている．(b) リボンモデル．β プリーツ部分は平面的な矢印で，α ヘリックスはらせん状のリボンで表されている．α ヘリックスと β プリーツシートは p. 131～132 に記述されている．

もよいが）が局所的に配置されて**二次構造**（secondary structure）が構成される．ポリペプチド鎖がとる全体的な三次元的形状は**三次構造**（tertiary structure）と呼ばれている．複数のポリペプチド鎖（またはサブユニット）からなるタンパク質は**四次構造**（quaternary structure）といわれる．

一次構造　いずれのポリペプチド鎖も特定のアミノ酸配列をもっている．アミノ酸残基間の相互作用によって，タンパク質の三次構造，その機能的役割，および他のタンパク質との関係が決まる．類似したアミノ酸配列をもつポリペプチド鎖や同じ祖先遺伝子から派生したポリペプチド鎖は**相同性がある**（homologous）といわれる．相同性があるポリペプチド鎖間の配列を比較すれば，異なる生物種の遺伝的な系統関係をたどることができる．たとえば，ミトコンドリアの酸化還元タンパク質であるシトクロム c の配列相同性は生物種の進化の研究でよく使われる．エネルギー産生において必須のシトクロム c のアミノ酸配列を多数の生物種間で比較することによって，その配列にはかなり保存されている領域があることが明らかにされた．相同タンパク質のすべてにおいて同一である，いわば不変であるアミノ酸残基は，そのタンパク質の機能に必須であると考えられる（シトクロム c において不変なアミノ酸残基は，補欠分子族のヘムあるいはエネルギー産生にかかわる他のタンパク質と相互作用する）．

一次構造，進化，分子病 長い年月をかけた進化の過程によって，ポリペプチドのアミノ酸配列は変化する．これらの修飾は，突然変異と呼ばれるDNA配列内のランダムで自然に起こる変化によってもたらされる．ポリペプチド鎖の機能に影響を与えない一次構造上の変化は数多くある．これらの置換のいくつかは，化学的に類似の側鎖をもつアミノ酸に置換されるので保存的であるといわれる．たとえば，配列のある位置において，疎水性側鎖をもつロイシンとイソロイシンはともに機能に影響を与えることなく互いに置換される．置換に対してあまり制約が厳しくない位置もある．可変的とも呼ばれるこれらの残基は，見かけ上，そのポリペプチド鎖に特徴的な機能を担っていない．

保存的部位および可変的部位における置換は，進化的関係をたどるために用いられてきた．これらの研究では，二つの生物種が分岐した後の時間経過が長ければ長いほど，あるタンパク質の一次構造上に蓄積される突然変異の数が多くなることを前提にしている．たとえば，ヒトとチンパンジーは比較的最近（おそらく400万年ほど前）に分岐したと考えられている．おもに化石と解剖学的所見に基づいたこの推定は，シトクロム c の一次構造のデータが両方の種において同一であることによって支持される．カンガルー，クジラ，ヒツジなどの動物は，それらのシトクロム c 分子がヒトのタンパク質と10残基異なっており，およそ5000万年前に生息していた共通の祖先から進化したと考えられている．興味深いことに，数多くの変異にもかかわらず全体の三次構造が変化しないという現象も頻繁に起こる．数百万年前に分岐した遺伝子にコードされたタンパク質の形は互いに顕著な類似を示すようである．

しかしながら，突然変異が有害な場合もある．遺伝子配列上に起こるランダムな塩基置換は，許容できるものから致命的なものまである．たとえば，シトクロム c の保存的で可変的でないアミノ酸残基が保存的でなく可変的な残基に置換した生物個体は生存できない．ただちに致死的でないにしても，突然変異が深刻な影響を与える場合もある．突然変異したヘモグロビンによって引き起こされる鎌状赤血球貧血という疾患は，Linus Paulingとその共同研究者が**分子病**（molecular disease）と名づけた疾患の典型的な代表例である（Pauling博士が初めて，鎌状赤血球をもつ患者は突然変異したヘモグロビンをもっていることを電気泳動法を使って証明した．この技術はp.159で解説されている）．ヒト成人ヘモグロビン（HbA）は二つの α 鎖と二つの β 鎖からなっている．鎌状赤血球貧血はHbAの β 鎖に起こった一つのアミノ酸置換が原因である．この疾患をもつ患者のヘモグロビンを解析すると，HbAと鎌状赤血球ヘモグロビン（HbS）との違いは β 鎖の6番目のアミノ酸残基にあることが判明した（図5.15）．負に帯電したグルタミン酸が疎水性のバリンに置換されているので，HbS分子は凝集し，脱酸素状態において強固な桿状の構造体を形成する（図5.16）．患者の赤血球は鎌状を呈し，溶血しやすく，重篤な貧血を引き起こす．この赤血球は，通常の赤血球より酸素結合能が異常なほどに低い．鎌状赤血球によって血栓が毛細血管に断続的につくられると，組織が酸欠の状態になる．鎌状赤血球貧血には耐え難い痛みが伴い，最後には器官の損傷や早期死亡に至る．

最近まで，鎌状赤血球疾患になると衰弱しやすいため，患者は幼少期を越えてはほとんど生きられなかった．こうした苦痛を引き起こす有害な突然変異は，ヒトの集団から急速に排除されるだろうと予想するかもしれない．しかしながら，鎌状赤血球の変異遺伝子は予想されるほどまれな存在ではない．鎌状赤血球疾患は，その変異遺伝子を二つ受け継いだ個体においての

キーコンセプト

- ポリペプチドの一次構造とはポリペプチドのアミノ酸配列のことである．アミノ酸はペプチド結合で結ばれている．
- 不変なアミノ酸残基は分子の機能に必要不可欠であるとみなされる．
- 類似したアミノ酸配列や機能，共通の起源をもつタンパク質は相同性があるといわれる．

HbA	Val —	His —	Leu —	Thr —	Pro —	Glu —	Glu —	Lys —
HbS	Val —	His —	Leu —	Thr —	Pro —	Val —	Glu —	Lys —
	1	2	3	4	5	6	7	8

図5.15 HbAとHbSの β 鎖の部分配列

鎌状赤血球をもつ患者では，ヘモグロビン β 鎖の6番目のアミノ酸残基がグルタミン酸からバリンに変異している．

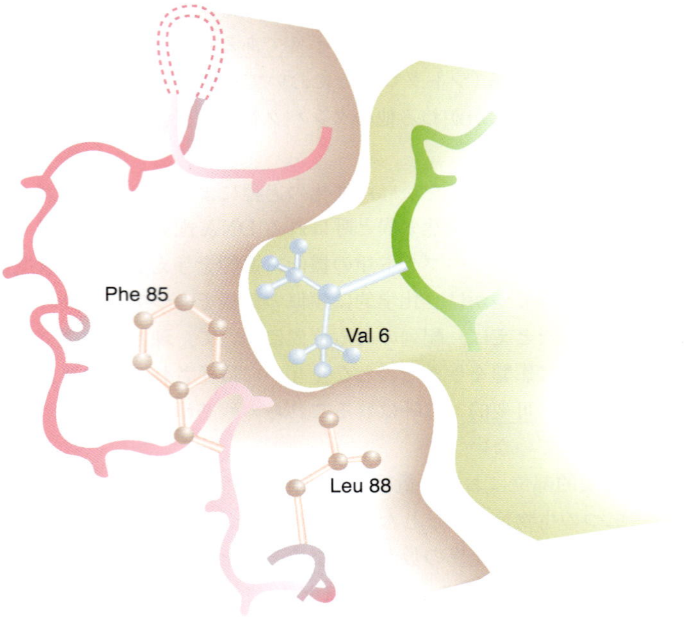

図 5.16　鎌状赤血球ヘモグロビン
β鎖において置換されたアミノ酸残基であるバリンの疎水性側鎖が，別のヘモグロビン分子の疎水性ポケットと相互作用するために，HbS 分子は凝集して桿状の繊維を形成する．

み発症する，ホモ接合性の劣性病である．ホモ接合体という用語は，両親からそれぞれ一つずつの変異遺伝子を受け継いだ患者を指す．両親は保因者といわれ，それぞれ正常な HbA の遺伝子と変異である HbS の遺伝子を一つずつもっているのでヘテロ接合体である．保因者は，彼らのヘモグロビンのおよそ 40%が HbS であっても比較的症状がでにくい．保因者はアフリカのある地域にとくに多く発生している．これらの地域では，*Anopheles* という蚊が媒介し，寄生虫の *Plasmodium*（マラリア病原虫）によって引き起こされる疾患のマラリアが深刻な問題となっている．保因者の赤血球は，正常な赤血球に比べてマラリア原虫の生息環境として適さないので，保因者はマラリアにかかりにくい．保因者は正常人に比べてマラリア疾患から生き残る確率が高いので，鎌状赤血球の遺伝子の存在頻度が依然として高いのである（ある地域では現地人の 40%が保因者である）．

問題 5.7

グルコース-6-リン酸デヒドロゲナーゼ欠乏症と呼ばれる遺伝病は，鎌状赤血球貧血と類似した様式で受け継がれる．この酵素が欠乏すると，赤血球内における抗酸化分子である NADPH（8 章参照）の減少が起こる．NADPH は，細胞膜や他の細胞構造体を酸化作用から守っている．この疾患の遺伝様式について一般用語を使って述べよ．過酸化物の生成を刺激する抗マラリア薬のプリマキンが，なぜ，この酵素の欠陥遺伝子をもつ個体に破壊的な溶血性貧血をもたらすと考えられるか．この遺伝的異常がアフリカや地中海人種型の人びとに一般的に見られるのは意外なことと考えられるか．

二次構造　ポリペプチドの二次構造は，いくつかの繰返しパターンからなっている．最もよく見受けられる二次構造は α ヘリックスと β プリーツシートである．両構造はともに，ポリペプチド骨格におけるカルボニル基と N—H 基との間で局所的に形成される水素結合によって安定化されている．ペプチド結合には柔軟性がないので，α 炭素原子がポリペプチド鎖の回り継手（つなぎて）となっている．α 炭素原子に結合している R 基のいくつかの特性（たとえば，サイズや電荷）は φ 角や ψ 角に影響を与える．アミノ酸によっては，特定の二次構造パターンを助長したり，あるいは阻害するものがある．多くの繊維状タンパク質は，ほぼ二次構造パターンからできている．

*α*ヘリックス　*α*ヘリックスは，ポリペプチド鎖がねじれて右巻きのらせん状の立体構造をとるときに形成される強固な桿状の構造体である（図 5.17）．各アミノ酸の N—H 基と 4 残基離れたアミノ酸のカルボニル基との間に水素結合が形成される．ヘリックス 1 回転あたり 3.6 個のアミノ酸残基が存在することになり，らせんのピッチ（らせん 1 回転あたりのヘリックス軸に平行な距離）は 0.54 nm である．アミノ酸側鎖の R 基はヘリックスから外に突出している．いくつかの構造的制約（ペプチド結合に柔軟性がなく，また ϕ 角や ψ 角のとりうる値に制限があるなど）があるため，ある種のアミノ酸は *α* ヘリックスを形成しない．たとえば，グリシンの R 基（1 個の水素原子）は小さく，ポリペプチド鎖が自由に動く．一方，プロリンには $N—C_\alpha$ 結合の回転を妨げる環状構造がある．さらにプロリンには，*α* ヘリックス構造には必要不可欠な分子内水素結合を形成するための N—H 基が存在しない．電荷をもつアミノ酸（グルタミン酸やアスパラギン酸など）や，かさばった R 基をもつアミノ酸（トリプトファンなど）を多く含むアミノ酸配列も *α* ヘリックス構造をとりにくい．

*β*プリーツシート　*β* ストランドは二次構造における第二の型である．複数の *β* ストランドが並んで位置するときに *β* プリーツシートは形成される（図 5.18）．各 *β* ストランドは，コイル状態というよりむしろ完全に延びた状態である．*β* プリーツシートは，隣接するポリペプチド鎖骨格の N—H 基とカルボニル基との間で形成される水素結合によって安定化されている．*β* プリーツシートは，平行か逆平行のいずれかである．平行 *β* プリーツシートでは，ポリペプチド鎖間に形成される水素結合が同じ方向に配列している．逆平行 *β* プリーツシートでは，その結合が逆の方向に配列している．ときおり，平行-逆平行が混在した *β* シートが観察される．

超二次構造　多くの球状タンパク質には，*α* ヘリックスと *β* プリーツシートの二次構造の組合せが存在する（図 5.19）．これらのパターンは**超二次構造**（supersecondary structure）あるいは**モチーフ**（motif）と呼ばれる．*βαβ* 単位では，二つの平行な *β* プリーツシートが *α* ヘリックスで結ばれている．*βαβ* 単位の構造は，*β* ストランドと *α* ヘリックスの相互作用面から突き出ている非極性側鎖間で形成される疎水性相互作用によって安定化される．ループと呼ばれる構造因子によってポリペプチドの方向は急に変わる．*β* ターンはふつうによく見られる種類のループであり，四つのアミノ酸残基で 180° の方向転換をする．1 番目の残基のカルボニル基にある酸素原子と 4 番目の残基のアミド基の水素原子の間で水素結合が形成される．*β* ターンのところにはグリシンおよびプロリン残基がよく見られる．グリシンには有機的な側鎖がなく，そのため隣接するプロリンに *cis* 配置（ペプチド面に対して同じ側）をとりやすくさせる．それゆえ，ポリペプチド鎖に堅固なターン構造が形成される．プロリンはヘリックス形成を壊しやすい残基なので，ポリペプチド鎖の方向を変える．*β* ターンは *α* ヘリックスのセグメントが多いタンパク質によく見られる．

β 屈曲パターンでは，二つの逆平行な *β* シートがポリペプチド鎖の方向をより急激に変化させる極性アミノ酸やグリシンで連結されており，リバースあるいはヘアピンターンとも呼ばれる．*αα* 単位（あるいはヘリックス・ループ・ヘリックス単位）では，非らせん状のループで仕切られた二つの *α* ヘリックス領域が決められた方向の位置関係にあり，その側鎖が互いに組み合わさっている．数種の *β* バレル配置は，種々の *β* シートが複数回折り返されて形成される．逆平行 *β* シートが折り返されて二重化すると，ギリシャ陶器によく見られる模様に似た構造をとるので，このモチーフはギリシャ・キーと呼ばれる．

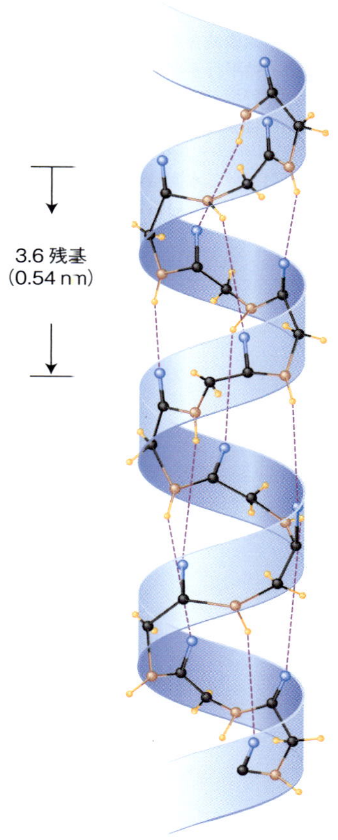

図 5.17　*α*ヘリックス
水素結合は，ヘリックスの長軸に沿ってカルボニル基と N—H 基との間に形成される．ヘリックス 1 回転ごとに 3.6 個のアミノ酸残基が存在し，そのピッチは 0.54 nm である．

三次構造　球状タンパク質は，かなりの数の二次構造因子をしばしば含んでいるが，その立体構造の形成にはいくつかの他の要因が寄与している．三次構造という用語は，球状タンパク質が天然状態の（生物学的に活性のある）構造に折りたたまれ，ある場合は官能基が挿入されたときにとる特徴的な立体構造を指す．**タンパク質の折りたたみ**（protein folding）とは，組織化されていない新生の（新たに生合成された）分子が高度に組織化された構造を獲得する過程のことであり，新生分子の側鎖間に働く相互作用の結果として起こる．三次構造にはいくつかの重要な特徴がある．

図5.18　βプリーツシート
(a) 2種類のβプリーツシート：逆平行と平行．水素結合を赤い点線で示してある．(b) 逆平行βプリーツシートの詳細図．逆平行型βプリーツシートにおける水素結合はβストランドの向きに対して直角であり，一方，平行型βプリーツシートにおける水素結合は等間隔であるが，向きは傾いていることに注意．

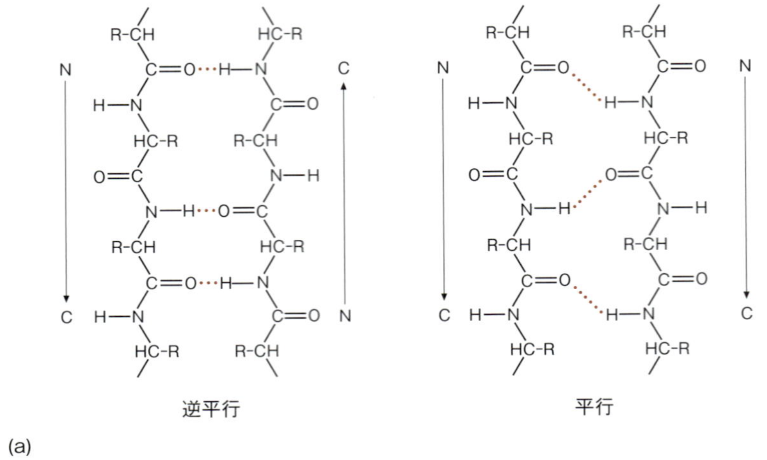

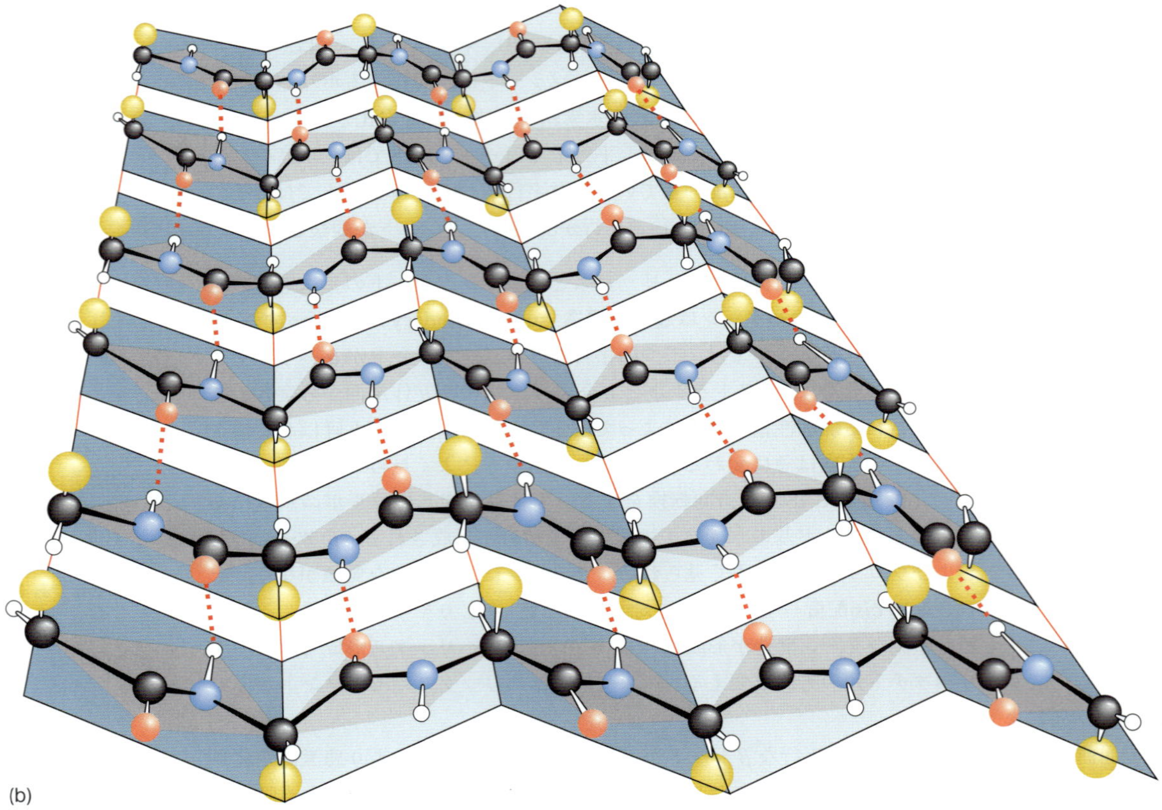

図5.19　代表的な超二次構造
(a) βαβ単位，(b) β屈曲，(c) αα単位，(d) βバレル，(e) ギリシャ・キー．βストランドは矢印で描かれている．矢印の先端はC末端を指し示す．

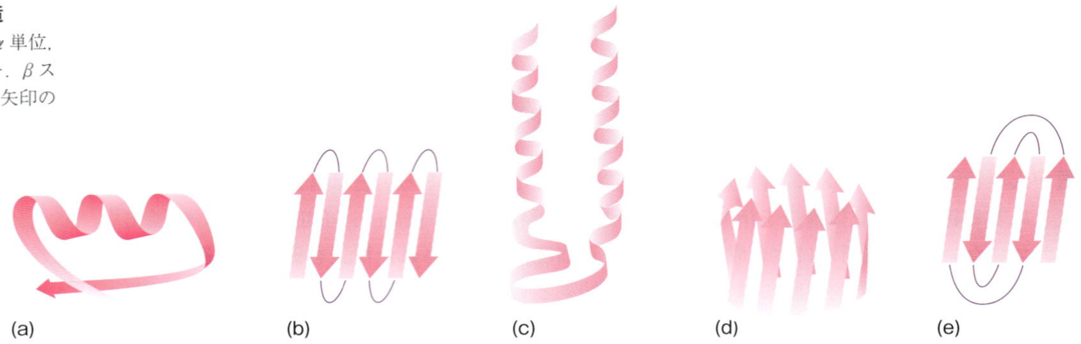

1．一次構造では互いに遠く離れているアミノ酸残基が，近接するように，多くのポリペプチド鎖が折りたたまれている．

2．ポリペプチド鎖が折りたたまれるにつれて効果的な分子の詰め込みが起こり，球状タンパク質はコンパクトになる．この過程を通して，ほとんどの水分子がタンパク質の分子内部から排除されて，極性基と非極性基との間で相互作用が働くようになる．

3．大きい球状タンパク質（200 以上のアミノ酸残基からなるもの）は，しばしばドメインと呼ばれる数個のコンパクトな構造単位を含んでいる．ドメイン（図 5.20）とは，多くの場

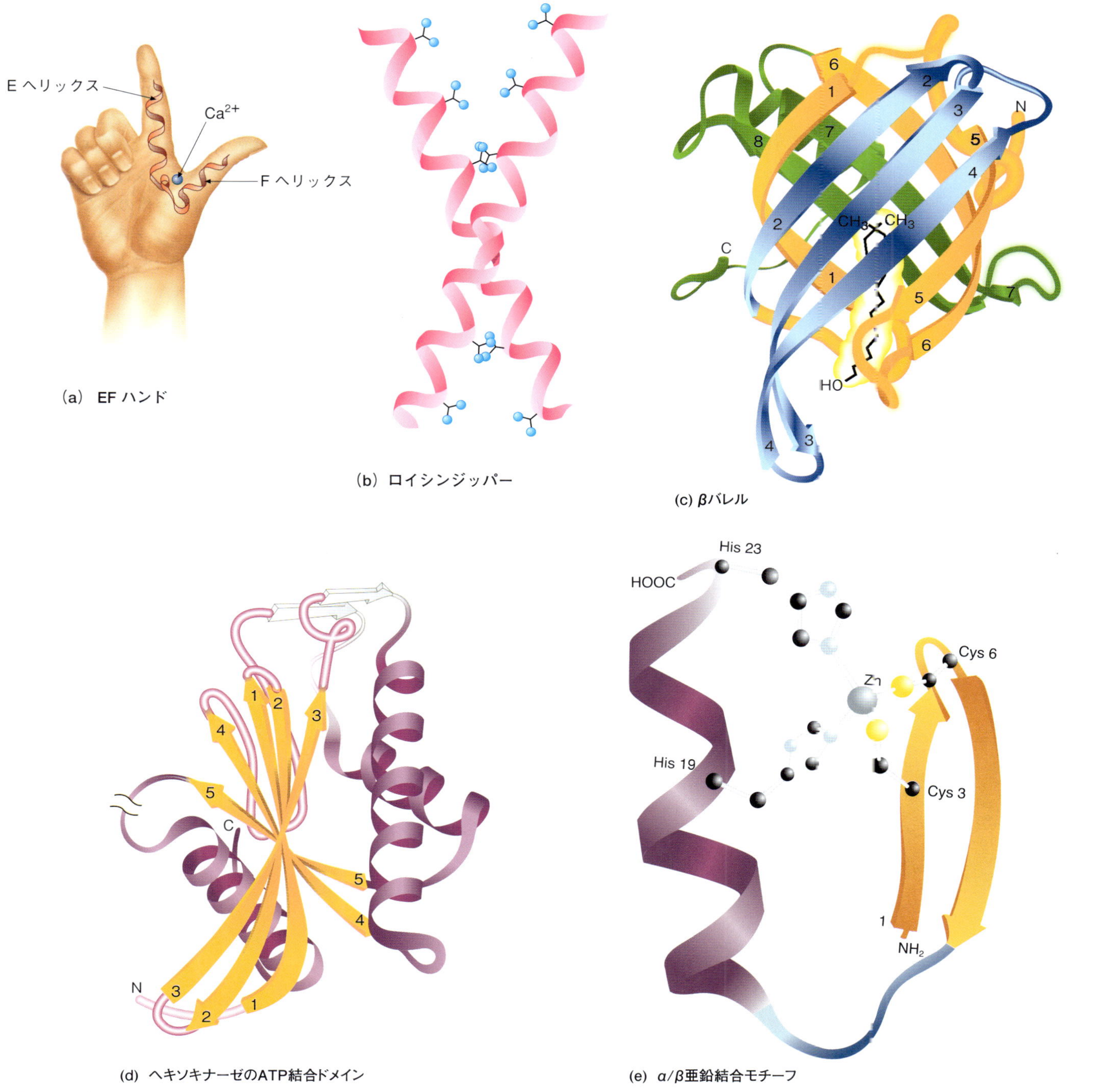

図 5.20　多くのタンパク質に見いだされる代表的なドメイン

(a) EF ハンドはヘリックス・ループ・ヘリックスの立体構造からなり，Ca^{2+} を特異的に結合する．(b) ロイシンジッパーは二つの α ヘリックスからなる DNA 結合ドメインである．(c) ヒトのレチノール結合タンパク質は β バレルドメインの一例である（視覚の色素分子であるレチノールは薄黄色で示されている）．(d) ヘキソキナーゼの ATP 結合ドメインは α/β ドメインの例である．(e) α/β 亜鉛結合モチーフは多数の DNA 結合ドメインの中心的な特徴である．

合，特有の機能(たとえば鉄や小さな分子の結合)をもち，構造的に独立したセグメントである．ドメインの中心的な三次構造は**フォールド**(fold)と呼ばれる．フォールドのよく知られた例としては，ヌクレオチドを結合するロスマンフォールド(ヌクレオチド結合タンパク質にしばしば見られる)やグロビンフォールド(酸素結合性グロブリンに見られる)があげられる．ドメインは中心的なコアモチーフの構造に基づいて分類される．例としてはα，β，α/β，$\alpha+\beta$がある．αドメインはもっぱらαヘリックスから構成されており，βドメインは逆平行のβストランドから構成されている．α/βドメインはβストランドではさまれたαヘリックス($\beta\alpha\beta$モチーフ)のさまざまな組合せからなっている．$\alpha+\beta$ドメインはおもにβシートからなり，離れたところにαヘリックスが一つ以上存在する．たいていのタンパク質は二つ以上のドメインを含んでいる．

4．多くの真核生物のタンパク質は**モジュールタンパク質**(modular protein)あるいは**モザイクタンパク質**(mosaic protein)といわれ，一つ以上のドメインが多数重複したり不完全な複製を繰り返したりして連続的につながっている．フィブロネクチン(図5.21)では三つのドメインF1，F2，F3が繰り返している．これら三つのドメインは多様な細胞外マトリックス(ECM)タンパク質に見られ，ある種の細胞表面受容体のみならず，コラーゲン(p. 148)やヘパラン硫酸(p. 227)のような他の細胞外マトリックス分子に対する結合部位を含んでいる．ドメインモジュールは遺伝子の重複や組換えによって生みだされた遺伝子配列に規定されており(余剰な遺伝子複写物には，DNA複製時に変異が生じる)，その配列は新たなタンパク質を創生するために生物によって利用される．たとえば，免疫グロブリンのドメイン構造は抗体だけでなく，多様な細胞表面タンパク質のなかにも見受けられる．

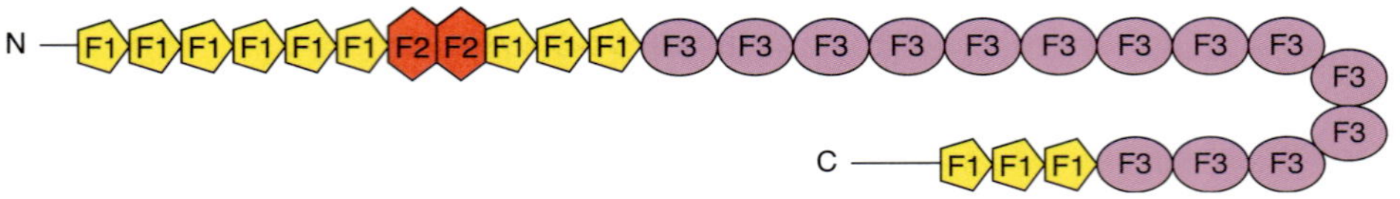

図5.21　フィブロネクチンの構造
フィブロネクチンは，F1，F2，F3モジュールの多数のコピーから構成されるモザイクタンパク質である．

図5.22　三次構造を維持する相互作用

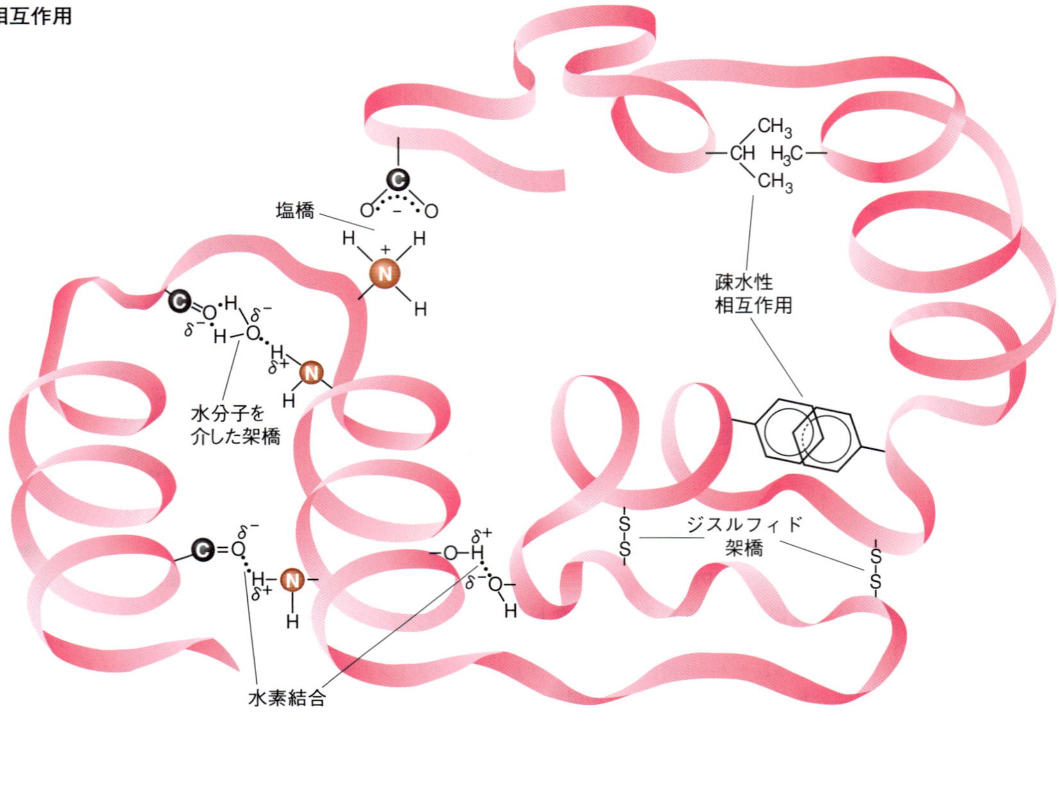

数種類の相互作用が三次構造を安定化する(図 5.22).

1. **疎水性相互作用** ポリペプチド鎖が折りたたまれていくにつれて，疎水的なR基は水から排除され，きわめて接近し合うようになる．水和殻において高度に秩序だてられていた水分子はタンパク質分子の内部から解き放たれ，水分子の無秩序さ(エントロピー)が増大する．この熱力学的に有利なエントロピー変化がタンパク質の折りたたみの大きな推進力となる．ここで，数個の水分子が折りたたまれたタンパク質分子のコア内部に残ることに注意すべきである．それぞれの水分子はポリペプチド骨格との間に四つの水素結合を形成する．このささいではあるが〝構造化された〞水分子の介在によって，ポリペプチド鎖はいくつかの内部相互作用による束縛から解き放たれた状態で安定化する．その結果，ポリペプチド鎖に自由度が増加することは，**リガンド**(ligand)と呼ばれる分子がタンパク質の特定の部位に結合するために重要な役割を果たしている．リガンド結合はタンパク質のもつ重要な機能である．
2. **静電的相互作用** タンパク質における最も強い静電的相互作用は，反対の電荷をもつ帯電した基の間で生じる．分子表面に近い帯電した基から水分子を排除するにはエネルギーが必要なので，**塩橋**(salt bridge)と呼ばれるこれらの非共有結合は，水分子が排除されたタンパク質の領域においてのみ顕著である．塩橋は，複雑なタンパク質の隣接するサブユニット間の相互作用に寄与している．同じことが，より弱い静電的相互作用(イオン-双極子，双極子-双極子，ファンデルワールス力)についてもいえる．これらの相互作用は，折りたたまれたタンパク質分子内部やサブユニット間あるいはタンパク質-リガンドの相互作用において重要である〔複数のポリペプチド鎖からなるタンパク質において，各ポリペプチド鎖を**サブユニット**(subunit)と呼ぶ〕．リガンドが結合するポケットは水分子が排除されているタンパク質の領域である．
3. **水素結合** 多数の水素結合がタンパク質内部やその表面で形成される．極性アミノ酸の側鎖は，互いに水素結合を形成するほかに，水分子やポリペプチド鎖の骨格と相互作用する．この場合も，水分子が存在すると他の分子種との水素結合の形成が妨げられる．
4. **共有結合** 共有結合は，ポリペプチド鎖の合成中あるいは合成後に化学反応によって形成され，ポリペプチド鎖の構造を変える(翻訳後修飾と呼ばれるこのような反応例は19.2節に記述されている)．三次構造のなかで最も重要な共有結合は，多くの細胞外タンパク質において見られるジスルフィド架橋である．細胞外環境において，構造的に強いこの架橋はpHや塩濃度の不利な変化からタンパク質の構造をある程度保護している．細胞内タンパク質は，細胞内の還元剤の濃度が高いためにジスルフィド架橋を形成しない．
5. **水和** 先述のように(p. 69)，構造化された水分子はタンパク質構造を安定化させる重要な因子である．また，タンパク質の周囲を取り巻く動的な水和殻(図 5.23)は生物活性を発現させるための自由度をタンパク質に与える．

タンパク質の折りたたみを促進する力の本質(p. 141〜145 にその詳細が記述されている)については，まだ完全に明らかにされたわけではない．しかしながら，タンパク質の折りたたみが，熱力学的に有利な，全体で見れば負の自由エネルギー変化を伴う過程であることは間違いない．自由エネルギーの方程式

$$\Delta G^\circ = \Delta H^\circ - T\Delta S^\circ$$

に従えば，ある過程における負の自由エネルギー変化は，熱力学的に有利なエンタルピーおよびエントロピーの変化と不利な変化との間に成立するバランスの結果である(p. 97〜99)．ポリペプチド鎖が折りたたまれていくにつれて，疎水性側鎖を分子内部へ部分的に隔離することや，他の非共有結合的な相互作用を最適化することによって，有利な負のエンタルピー変化 ΔH が生じる．しかしこの変化とは逆に，構造をとっていない状態のポリペプチド鎖が秩序ある天然状態へと折りたたまれ，高度に組織化されていくことは，エントロピーの減少を伴い，熱力学

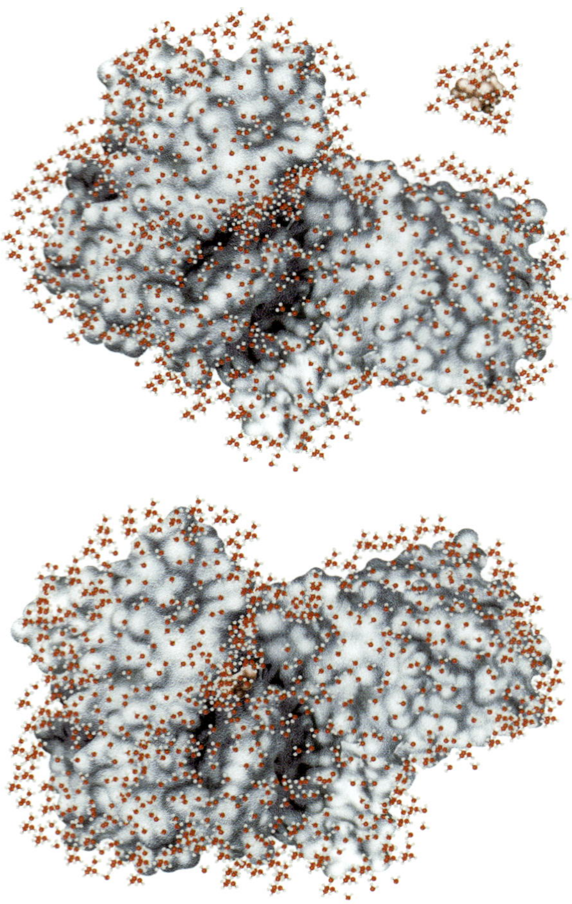

図 5.23　**タンパク質の水和**
糖グルコースを結合する前後の酵素ヘキソキナーゼの空間充填モデルを，3 層からなる構造化された水分子が取り巻いている．ヘキソキナーゼ（p. 239）は，グルコースの 6 位の炭素原子上にあるヒドロキシ基が，ATP の末端リン酸基にあるリン原子を求核攻撃する反応を触媒する酵素である．水和されたグルコース分子が酵素のくぼみにある結合部位に入るにつれて，水分子をはじき出し，結合部位を占めていた水分子を置換する．水分子の排除によって立体構造の変化が促進され，ドメインがともに動き，触媒部位をつくりだす．この部位から水分子を排除することによって，ATP の非生産的な加水分解が防止されている．

的に不利である．タンパク質がほどかれた状態から折りたたまれる状態へ移行するとき，水の組織化は減少するので，タンパク質を取り巻く水のエントロピー変化は正である．ほとんどのポリペプチド分子においては，折りたたまれた状態とほどかれた状態との間の自由エネルギーの差は小さい（数個の水素結合のエネルギーに相当する）．有利に働く力と不利に働く力との変わりやすい繊細なバランスによって，タンパク質は生物機能を発揮するための柔軟性を付与されている．

四次構造　多くのタンパク質，とくに大きな分子量をもつタンパク質は，数個のポリペプチド鎖からなっている．先に述べたように，各成分であるポリペプチド鎖はサブユニットと呼ばれる．タンパク質複合体のサブユニットは同一の場合もあるし，まったく異なっている場合もある．いくつかのあるいはすべてのサブユニットが同一である複数のサブユニットからなるタンパク質は**オリゴマー**（oligomer）と呼ばれる．オリゴマーを構成する**プロトマー**（protomer）は，分子構造が同じかあるいは機能的に等価な同種のサブユニットであり，ポリペプチド鎖が 1 本の場合もあれば，複数の鎖が集まっている場合もある．二つあるいは四つのサブユニットプロトマーを含むオリゴマータンパク質は多数あり，それぞれ二量体あるいは四量体と呼ばれている．複数のサブユニットからなるタンパク質がよく見られるが，それにはいくつかの理由があると考えられる．

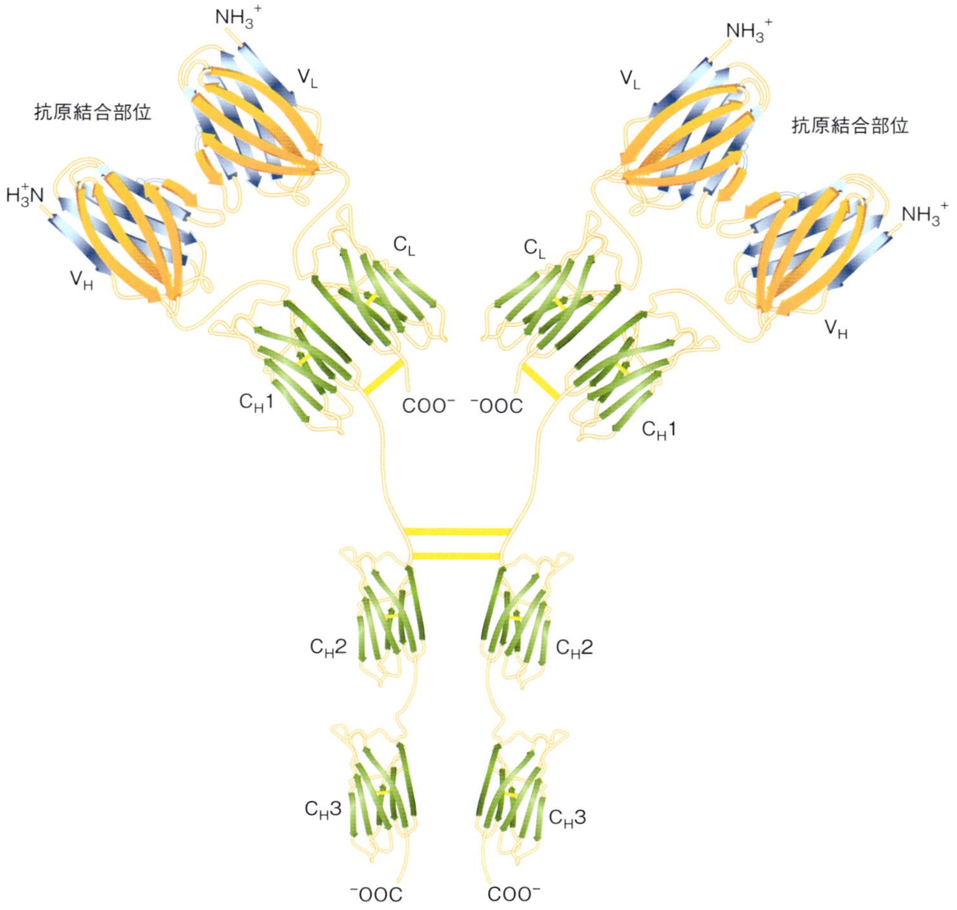

図 5.24 免疫グロブリンGの構造 免疫グロブリンGは二つの重鎖(H)と二つの軽鎖(L)からなる抗体分子であり，これらがY字形の分子を形づくっている．重鎖と軽鎖のそれぞれは，定常(C)および可変(V)のβバレルドメイン(代表的な免疫グロブリンの折りたたみ)を含む．重鎖と軽鎖はジスルフィド架橋(黄色の線)と非共有結合的な相互作用によってまとめられている．H鎖とL鎖の可変ドメインは抗原(外来性の分子)に結合する部位を形成している．多数の抗原性タンパク質が，これら部位の外表面に結合する．ジスルフィド架橋はまた，それぞれの定常ドメイン内の構造的特徴であることに注意せよ．

1. 別のサブユニットを合成するほうが，一つのポリペプチド鎖の長さを延長させるよりも効率がよい*．
2. コラーゲン繊維のような超分子複合体では，使い古したあるいは損傷した成分をより効率よく入れ替えるには，小さな分子のほうが適している．
3. 多数のサブユニット間の複雑な相互作用は，タンパク質の生物学的機能を制御するのに役立つ．

ポリペプチドサブユニットは，共有結合的な架橋だけでなく，疎水的効果，静電的相互作用，および水素結合のような非共有結合的な相互作用によっても集合し，結びつけられている．サブユニット同士が相補的に作用する面の構造は球状タンパク質ドメインの内部構造と類似しているので，タンパク質の折りたたみの場合と同様に，疎水的効果が明らかに最も重要な因子となる．数としては多くないが，共有結合的な架橋が複数のサブユニットからなるタンパク質を安定化させている場合がある．その代表的な例として，免疫グロブリンのジスルフィド架橋(図 5.24)や，ある種の結合組織のタンパク質に見られるデスモシン架橋やリシノノルロイシン架橋がある．デスモシン架橋(図 5.25)は，ゴム様の結合組織タンパク質であるエラスチンにおいて四つのポリペプチド鎖を結んでいる．この架橋はリシン側鎖の酸化と縮合を伴う一連の反応によって形成される．類似の反応過程が，エラスチンやコラーゲンにおいて見られる架橋構造であるリシノノルロイシン(図 5.25)の形成にかかわっている．

サブユニット間の相互作用がリガンドの結合によって影響されることがよくある．リガンドの結合を介してタンパク質の機能を制御する**アロステリー**(allostery)においては，タンパク質の特定の部位にリガンドが結合することによって立体構造の変化が引き起こされ，他のリガンドに対する親和力が変わる．このようなリガンド誘導によるタンパク質の構造変化は**アロステ**

*訳者注 小さいタンパク質のほうが，配列などの合成途上に起こる誤りが少なく，また機能的な立体構造形成においても間違いが生じにくい，ということを意味していると思われる．

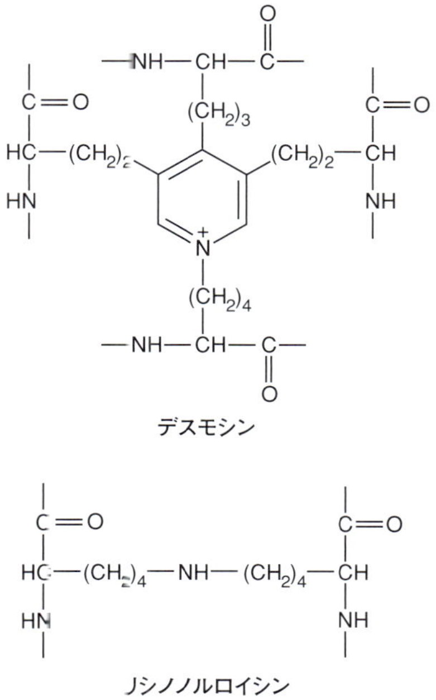

図 5.25 デスモシン架橋とリシノノルロイシン架橋

リック転移(allosteric transition)と呼ばれ，転移の引き金となるリガンドは**エフェクター**(effector)あるいは**モジュレーター**(modulator)と呼ばれる．エフェクターの結合が他のリガンドに対するタンパク質の親和力を増加させるかあるいは減少させるかに応じて，アロステリック効果は正にも負にも働きうる．最もよく理解されているアロステリック効果の例の一つが，ヘモグロビンと酸素分子や他のリガンドとの可逆的結合であり，それについてはp. 151～153で述べる(アロステリック酵素は代謝過程の制御に中心的な役割を果たしているので，アロステリーについてはさらに6.3節と6.5節で述べる)．

問題 5.8

球状タンパク質の次の図を概観し，二次構造および超二次構造の例はどれか決めよ．

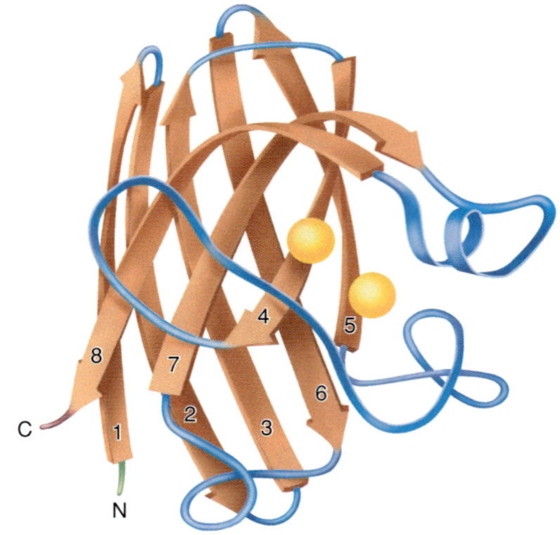

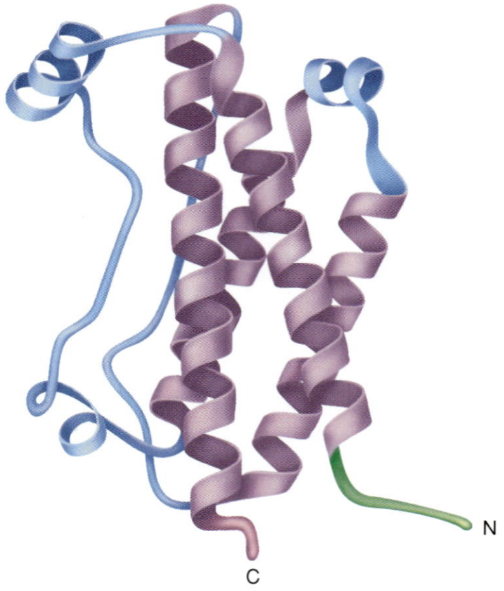

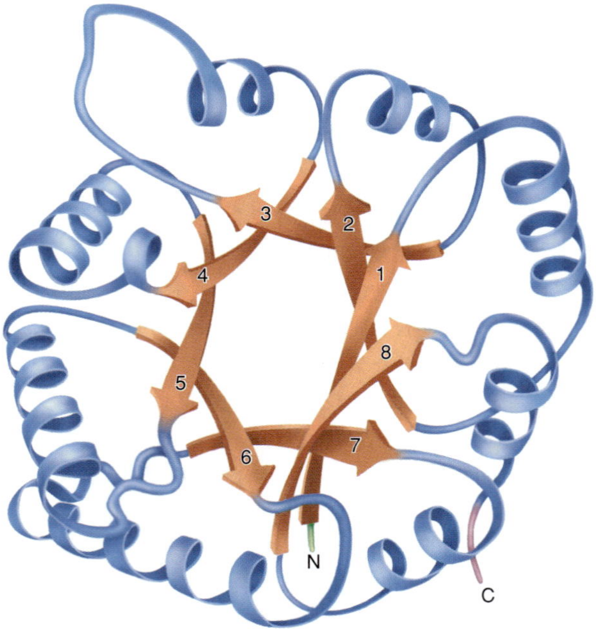

問題 5.9

折りたたまれたポリペプチド鎖において，次の側鎖間で生じうる非共有結合的な相互作用を図示せよ．(a) セリンとグルタミン酸，(b) アルギニンとアスパラギン酸，(c) トレオニンとセリン，(d) グルタミンとアスパラギン酸，(e) フェニルアラニンとトリプトファン．

構造をとらないタンパク質　タンパク質に対するこれまでの伝統的な視点からすれば，ポリペプチド鎖の機能はその特異性と比較的安定な三次構造によって決められる．しかしながら，新たな遺伝子関連の方法論やさまざまな分光学的手法の導入の結果，ここ最近に至っては，多くのタンパク質が実際は部分的にあるいはまったく構造をとらないことが明らかにされつつある．このような構造をとらないタンパク質は IUP (intrinsically unstructured protein，**実質上の非構造化タンパク質**) と呼ばれている．規則的な構造をまったくもたない場合は，**天然状態においてほどかれたタンパク質** (natively unfolded protein) という表現が使われる．実質上の非構造化タンパク質の多くは真核生物由来である．驚いたことに，真核生物のタンパク質の 45% 程度が部分的にあるいはまったく構造化されていないと推定されるのに対して，古細菌や真正細菌の構造化されていないタンパク質はそれぞれ約 2% と 4% しかない．非構造化タンパク質が安定な三次元の立体構造に折りたたまれないのは偏ったアミノ酸配列によるもので，極性アミノ酸や電荷をもつアミノ酸(たとえばセリン，グルタミン，リシン，グルタミン酸)の割合が高く，疎水性アミノ酸(たとえばロイシン，バリン，フェニルアラニン，トリプトファン)の含量が低いためである．

非構造化タンパク質は多様な機能をもっている．その多くは，シグナル伝達，転写，細胞増殖，多タンパク質複合体集合の過程の制御にかかわっている．高度に延びた柔軟で不規則な部分があることで結合相手を〝検索する〟ことが容易になる．たとえば転写調節タンパク質 CREB (p. 516 で後述) は，応答エレメント (response element) と呼ばれる DNA 配列の一種である CRE に結合する．CREB の KID (キナーゼ誘導ドメイン) がキナーゼ(特定のアミノ酸側鎖にリン酸基を付加する酵素) によってリン酸化されると，KID は一定の構造をとらなくなる．非構造化した KID (pKID) ドメインは，KIX (KID 結合ドメイン) と呼ばれる CREB 結合タンパク質 (CBP) のドメインを探しだし，そこに結合する (**図 5.26**)．非構造化タンパク質ではよく見られるが，CBP の KIX ドメインに結合するにつれて，不定形であった pKID ドメインは規則正しい立体構造に遷移する．CREB と CBP が結合して二量体を形成し，応答エレメントに結合したときに，ある種の遺伝子の発現を変える．

p53 は，構造化されていないタンパク質ドメインの有用性を示すよい例である．p53 は主要

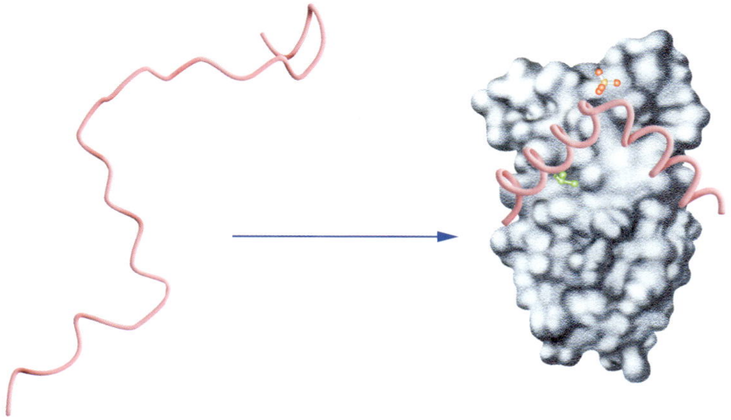

図 5.26　規則的な構造をもたないタンパク質による結合
転写制御タンパク質 CREB のリン酸化された KID ドメイン (pKID) は規則的な構造を元もともたず (左)，転写コアクチベータータンパク質 CBP の KIX ドメインを見つけだして結合する (右)．pKID が KIX に結合すると，秩序無秩序転移が起こり，折りたたまれて一対のヘリックスを形成する．

キーコンセプト

- 生化学者は，タンパク質の組織化された構造を四つのレベルに分類している．
- ペプチド結合によってつながれたアミノ酸残基の配列が一次構造である．
- ポリペプチドの二次構造は水素結合によって安定化されている．二次構造の代表的な例としてαヘリックスとβプリーツシートがある．
- 三次構造とは，アミノ酸の側鎖間に働く相互作用によってタンパク質分子がとる特徴的な立体構造である．疎水的・静電的相互作用，水素結合，およびある種の共有結合といった数種の相互作用が三次構造を安定化している．
- タンパク質の四次構造は，いくつかの個別のポリペプチドサブユニットからなる．
- サブユニットは，非共有的および共有的な結合によって互いに寄り集まっている．いくつかのタンパク質では，部分的あるいは分子全体にわたって一定の構造をとらない．

な腫瘍抑制因子（p. 633）であり，すべてのがんの少なくとも半数にはp53の変異が見られることからもわかる．p53はホモ四量体として活性があり，多数の遺伝子の発現を制御している．そのなかには，DNA修復，細胞周期の拘束，オートファジー，アポトーシス，エネルギー代謝のようながん抑制過程に関与するものもある．p53は，DNA損傷，小胞体ストレス，紫外線，低酸素といったさまざまな刺激に反応して活性化される．p53の一つのポリペプチドは四つのドメインから構成されており，それはN末端の構造化されていない転写活性化ドメイン（多数の転写因子を動員し結合するペプチド配列），DNA結合ドメイン，四量体化ドメイン，核局在化にかかわるC末端ドメインである．p53は多数のシグナル伝達経路からの情報を統合する．これは，構造化されていないN末端ドメインが共有結合的修飾（たとえばリン酸化やアセチル化）を受けて多種多様なタンパク質と相互作用できるような構造的多様性をもつためである．

タンパク質の構造の喪失　折りたたまれた状態とほどかれた状態のタンパク質の自由エネルギーの差がわずかであることを考えると，タンパク質の構造が環境因子に対してとくに高い感受性をもっていることは驚くにあたらない．多くの物理的および化学的操作はタンパク質の天然状態の立体構造を破壊する．タンパク質の折りたたみがほどかれるかほどかれないかにかかわらず，構造が壊れる過程は**変性**（denaturation）と呼ばれる（変性という用語は，必ずしもペプチド結合の切断を意味しているわけではない）．変性の程度に応じて，タンパク質はその生物活性を部分的にあるいは完全に失う．タンパク質が変性するとしばしば，その物理的性質の変化を容易に観察できる．たとえば，可溶性の透明な卵アルブミン（卵白）は，加熱によって不溶性で不透明なものになる．多くの変性過程がそうであるように，調理された卵は元にもどらない．

次に述べる可逆的な変性の例は，1972年にノーベル化学賞を受賞したChristian Anfinsenによって1950年代に示されたものである．ウシ膵臓リボヌクレアーゼ（RNAを分解するウシの消化酵素）をチオグリコールと8M尿素で処理すると変性する（図5.27）．この過程では，四つのジスルフィド架橋をもつ一つのポリペプチド鎖からなるリボヌクレアーゼが完全にほどかれた状態となり，生物活性を喪失する．透析によって変性剤を慎重に除去すると，ポリペプチド鎖の自発的かつ正しい巻きもどしとジスルフィド結合の再形成が起こる．酵素の触媒活性の完

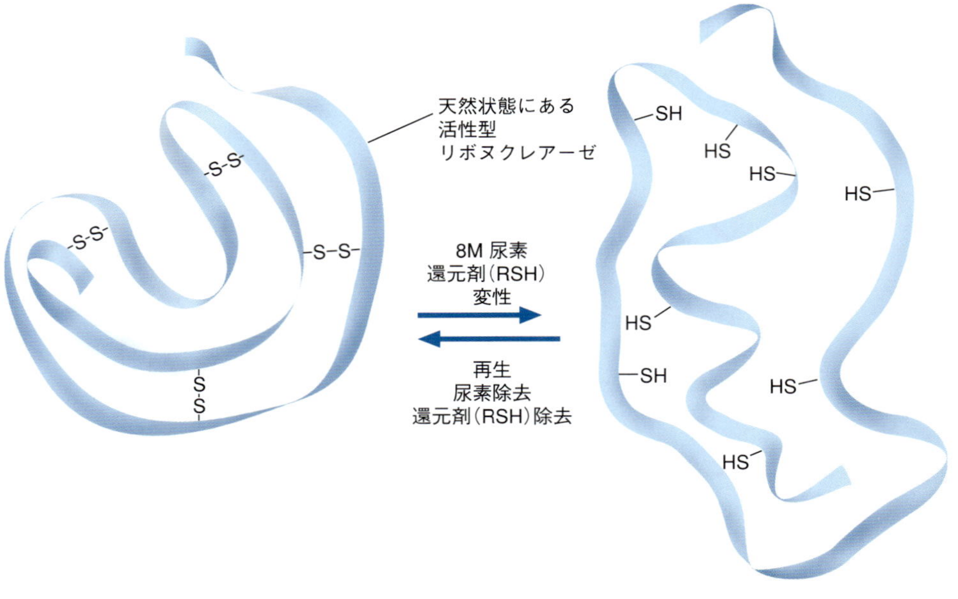

図5.27　Anfinsenの実験
8M尿素とチオグリコール（RSH．ジスルフィドをチオール基に還元する試薬）で変性させたリボヌクレアーゼは，尿素とRSHを除去し，還元されたジスルフィドを空気酸化することによって再生される．

全な回復をもたらしたAnfinsenの実験は，タンパク質の折りたたみにおける複数の推進力と一次構造の役割を最初に証明したものとして価値がある．しかしながら，ほとんどのタンパク質は同様に処理してもうまく再生しない．

変性条件には以下のようなものがある．

1. **強酸および強塩基** pHの変化はタンパク質の側鎖基のプロトン化を引き起こし，次に水素結合や塩橋の様式を変化させる．タンパク質は等電点に近づくとより不溶性になり，沈殿を形成する．
2. **有機溶媒** エタノールのような水溶性の有機溶媒は，非極性のR基と相互作用し，また水分子やタンパク質の極性基と水素結合を形成するので，疎水性相互作用を妨害する．非極性溶媒も疎水性相互作用を遮断する．
3. **変性剤** 変性剤とは，疎水性相互作用を断ち切り，タンパク質を延びた構造のポリペプチド鎖にほどいてしまう物質である．これらは疎水的成分と親水的成分の両方を兼ね備えているので**両親媒性分子**(amphipathic molecule)と呼ばれている．
4. **還元剤** 尿素，還元剤(たとえばチオグリコール)のような試薬の存在下では，ジスルフィド架橋はチオール基に変えられる．尿素は水素結合と疎水性相互作用の両方を遮断する．
5. **塩濃度** タンパク質溶液中の塩濃度が上昇すると，タンパク質分子上にあるイオン化可能な基と相互作用するいくつかの水分子は塩イオンと引きつけ合う．イオン化可能な基と相互作用できる溶媒分子の数が減少すると，タンパク質間相互作用が増大する．塩濃度が十分に高いとき，イオン化可能な基と相互作用できる水分子はほとんどなくなり，イオン化可能な基を取り囲んでいる水和層が排除される．この場合，タンパク質分子は凝集し，そして沈殿する．この過程は<u>塩析</u>と呼ばれる．通常，塩析は可逆的に起こるので，タンパク質精製の初期段階にしばしば用いられる．
6. **重金属イオン** 水銀イオン(Hg^{2+})や鉛イオン(Pb^{2+})のような重金属イオンは，いくつかの方法でタンパク質の構造に影響を与える．重金属イオンは，負に帯電した基とイオン結合を形成することによって塩橋を遮断する．重金属イオンはまたチオール基と結合し，タンパク質の構造と機能に深刻な変化をもたらす．たとえば，Pb^{2+} はヘムの生合成経路で働く二つの酵素のチオール基と結合する．その結果，ヘモグロビン合成能が低下し，重篤な貧血が引き起こされる(貧血では赤血球数やヘモグロビン濃度が正常値よりも低い)．貧血は鉛中毒で最も現れやすい症状の一つである．
7. **温度変化** 温度が上昇するにつれて，分子振動の速さが増す．その結果，水素結合のような弱い相互作用は壊され，タンパク質はほどかれた状態になる．いくつかのタンパク質は熱変性に対して抵抗性があり，このような性質も精製段階で利用されている．
8. **物理的ストレス** 撹拌や粉砕工程は，タンパク質の構造を維持する力の繊細なバランスを壊す．たとえば，卵白を激しくかきまぜて泡立てるとタンパク質は変性する．

折りたたみ問題

タンパク質の一次構造と最終的な立体構造，ひいては生物活性とを直接的に結びつけることは，現代生化学の最も重要な仮説の一つである．このパラダイムの主要な基盤の一つが，すでに述べた1950年代後半にChristian Anfinsenによって報告された一連の実験である．Anfinsenはウシ膵臓リボヌクレアーゼを用いて，変性したタンパク質が有利な条件下では生物活性のある天然の状態に再び折りたたまれることを実証した(**図5.27**参照)．この発見からいえることは，アミノ酸の物理的および化学的性質と，折りたたみ過程を駆動する力(たとえば，結合の回転，自由エネルギーの考察，水溶液中でのアミノ酸の挙動)が明らかになれば，いかなるタンパク質の三次構造も予測できるだろうということである．残念なことに，最も高性能な機器〔たとえば，部位特異的変異導入とコンピュータによる数理学的モデリングを組み合わせたX線結晶解析法や核磁気共鳴(NMR)法〕を用いた数十年の労を惜しまない研究でさえ，ごく限られた過程しか明らかにできていない．しかしながらこのような手法を用いた研究から，タンパク質の折りたたみは段階的な過程であり，二次構造（たとえばαヘリックスやβプリーツシート）は初期の段階で形成されることが明らかにされた．疎水性相互作用は折りたたみにおける重要な推進力である．また，あるタンパク質のアミノ酸を実験的に置換した場合，分子表面に存在するアミノ酸を変化させてもタンパク質構造にほとんど影響を与えないことも裏づけられた．反対に，疎水性の中心部分にあるアミノ酸を置換すると，しばしば立体構造に深刻な変化がもたらされる．

最近，タンパク質の折りたたみの研究に重要な進展がもたらされた．タンパク質の折りたたみの過程は以前から考えられていたような一つの経路で行われるものではないことが判明した．実際には，一つのポリペプチド鎖が天然状態に折りたたまれる経路は非常に多く存在する．ほどかれた状態のポリペプチド鎖が，自身がもつ固有の制約（たとえば，アミノ酸配列，翻訳後修飾や，温度，pH，分子集合度などの細胞内環境）を克服して，どのように折りたたまれた低いエネルギー状態を見つけだすかを最もよく描写しているのが，図5.28(a)に示したような漏斗型のエネルギー地形図である．ポリペプチド鎖の大きさにおおむね依存して，局所的なエネルギーのくぼみに瞬間的に落ちる中間体（検出できるほどの時間は存在している分子種）が形成

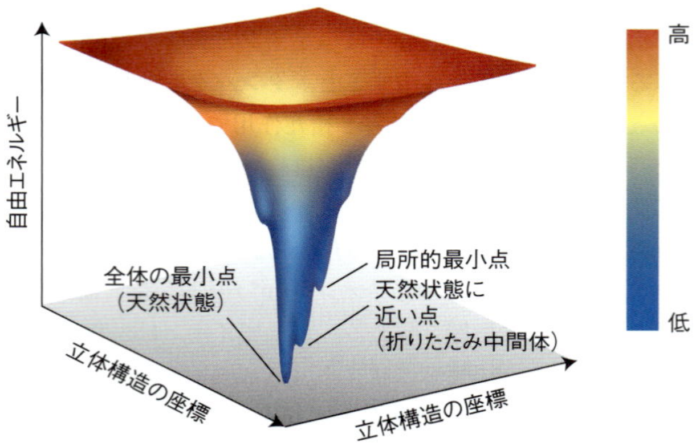

(a)

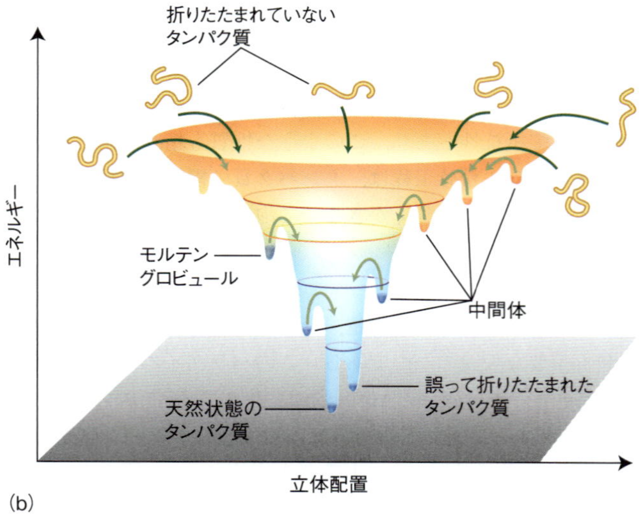

(b)

図5.28　タンパク質の折りたたみを示すエネルギー地形図

(a) 色の違いは，折りたたまれるポリペプチド鎖のエントロピーレベルを表している．ポリペプチド鎖は折りたたみが進むにつれて，不規則な状態の立体構造（高エントロピー，赤色）から，より秩序だった立体構造に向かい，最終的には生物学的に活性のある立体構造（低エントロピー，青色）に至る．(b) ポリペプチドの折りたたみ過程における立体構造の状態．ポリペプチド鎖はいくつかの異なる経路によって天然状態に折りたたまれる．多くの分子は一時的に中間体を形成するが，なかには誤って折りたたまれた状態に捕捉される分子もある．

される場合とされない場合がある（図 5.28 b）．小さな分子（100 残基より少ない）は，しばしば中間体を形成しないで折りたたまれる（図 5.29 a）．このような分子は，リボソームから現れるにつれて迅速で協同的な折りたたみを始め，側鎖の相互作用が二次構造の形成と配置を助長する．一般には，大きな分子の折りたたみでは数種の中間体が形成される（図 5.29 b，c）．このような分子や一分子内のドメインにおいては，疎水的に凝集した形の**モルテングロビュール**（molten globule）と呼ばれる中間体が形成される．モルテングロビュールという用語は，折りたたまれたポリペプチド鎖が部分的に構造化された球状の状態を意味しており，それは分子が本来もつ天然状態に似ている．モルテングロビュールの内部では，アミノ酸側鎖間の三次元的な相互作用は揺らいでいる．つまり，それらは安定化されないままである．

天然構造に折りたたまれるには多くのタンパク質が介助を必要とする．**分子シャペロン**（molecular chaperone）とは，細胞内でのタンパク質の品質管理に中心的な役割を果たすタンパク質の総称であり，新生の（新たに生合成された）タンパク質の折りたたみや，すでに存在するタンパク質の巻きもどしを促進する．また分子シャペロンは，複数のサブユニットから構成されるタンパク質や他のタンパク質を含む構造体（たとえばクロマチン）の会合を介助したり，必要な場合は，誤って折りたたまれたタンパク質を分解経路に運んだりする（p. 485～488）．多くの分子シャペロンは Hsp（熱ショックタンパク質）と呼ばれるが，これは，このタンパク質がもともと細胞が高温にさらされたときに特定されたことに由来している．分子シャペロンは細菌から動物や植物に至るまで幅広く生物に見られ，非常に高い相同性を示す．真核生物では，細胞

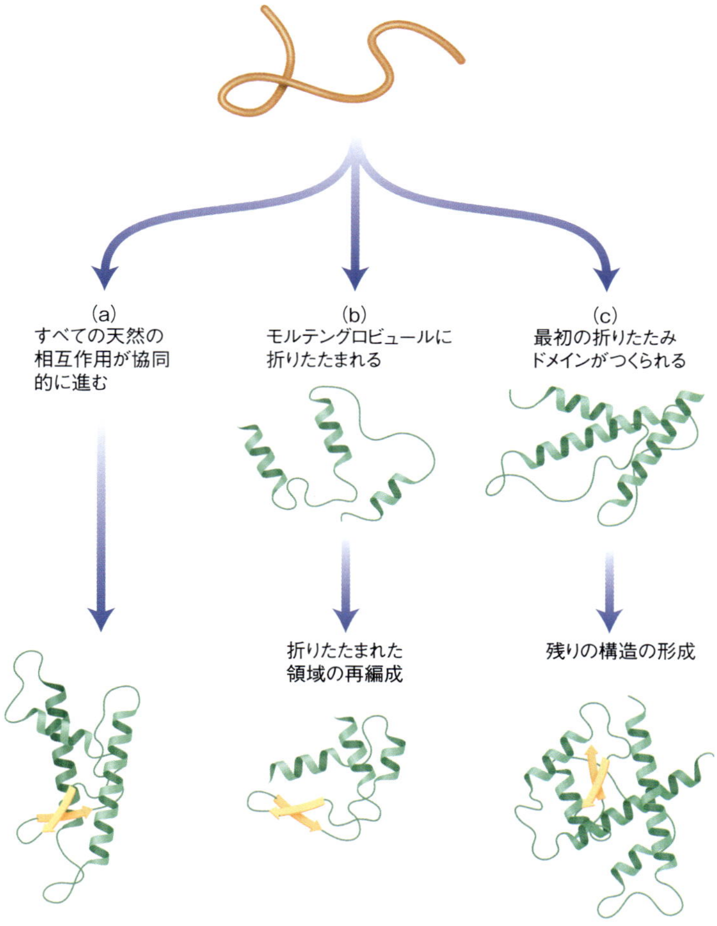

図 5.29　タンパク質の折りたたみ
(a) 多くの小さいタンパク質では，折りたたみは協同的に進行し，中間体は形成されない．(b) いくつかのより大きいタンパク質では，折りたたみの初めにモルテングロビュールが形成され，その後，再編成によって天然の立体構造に至る．(c) 複数のドメインをもつ大きなタンパク質は，より複雑な経路をとり，それぞれのドメインが別べつに折りたたまれた後で，分子全体が天然の立体構造に至る．

質や数種の細胞小器官(ミトコンドリア，小胞体，葉緑体)に存在している．次に，これらの重要な分子の特性について記述する．

分子シャペロン　分子シャペロンは，不適切なタンパク質間相互作用による誤った折りたたみや凝集を防ぐことによって，折りたたまれていないタンパク質を介助しているようである．分子シャペロンは四つに分類され，*de novo* な(新たな)タンパク質の折りたたみにかかわっている．

1. **リボソーム関連シャペロン**　シャペロンは，新生ポリペプチドがリボソームのトンネル出口から現れるときに働き始める．細菌のトリガー因子(p. 657)，酵母の RAC(リボソーム関連複合体)，真核生物の NAC(新生ポリペプチド関連複合体)のようなタンパク質が，リボソームおよび現れるポリペプチドに結合する．この結合によって，ドメインまたはポリペプチド全体がトンネルから現れるまで折りたたみを止めている．
2. **Hsp70**　Hsp70 は，新生ポリペプチドに結合し安定化することで，その折りたたみを促進する．Hsp70 は，誤って折りたたまれたタンパク質や凝集したタンパク質の巻きもどしや，細胞小器官(たとえば小胞体，ミトコンドリア，葉緑体)あるいは分泌ポリペプチドの膜透過にもかかわっている．それぞれの Hsp70 は，短い接続部分を介して二つのドメインから構成されている．N 末端の ATP 結合ドメインと，疎水性アミノ酸残基をもつペプチドに親和性を示す基質結合溝を含むドメインである．また，基質結合溝に対して蓋のように働く C 末端の α ヘリックス構造をもつ．疎水性アミノ酸残基に富んだペプチド部分が結合溝に結合するとき，Hsp70 の ATP アーゼ活性が刺激される．Hsp70 は，シャペロン活性の各段階で Hsp70 を助ける補助タンパク質のシャペロン補助因子と相互作用する．たとえば Hsp40 は，ATP を加水分解し，折りたたまれていないタンパク質や酸化されたタンパク質といった基質に結合することで Hsp70 を介助する．Hsp100 は，タンパク質凝集体を分解するときに Hsp70 を介助する．Hsp70 の二量体の N 末端ドメインにおいて ATP が加水分解されるとき，蓋は閉じられ，基質タンパク質のペプチド部分を拘束する．ADP が ATP と交換されることで立体構造変化が開始され，ペプチド部分は Hsp70 から離される．この放出に際して，ポリペプチドは機能的な立体構造に折りたたまれるか，あるいは Hsp70 やそれに関連したシャペロン補助因子が下流に位置する他のシャペロンにポリペプチドを受け渡すかする．
3. **Hsp90**　Hsp90 は細菌から哺乳類に至るまで見いだされ，多様な細胞内経路で役割を果たしている．真核細胞では，Hsp90 は細胞質，核，ミトコンドリア，葉緑体に見いだされ，そこでは新生ポリペプチドに結合しない．代わりに，クライアントタンパク質と呼ばれる，限られてはいるが多様な部分的に折りたたまれていない分子の折りたたみを，Hsp90 は完了させる．シャペロン補助因子 HOP(Hsp70–Hsp90 組織化タンパク質)によって，Hsp90 は Hsp70 と可逆的に結合して折りたたみを終結させる．Hsp70 と Hsp90 は協同して，酸化や熱ストレスによって損傷したタンパク質を見きわめて，それらを巻きもどすか，あるいはプロテアソームを介する分解経路に送り込むかする．また Hsp90 は，RNA ポリメラーゼⅡ(p. 620)，RNA 誘導性サイレンシング複合体(p. 631)，26S プロテアソーム(p. 487)といったタンパク質複合体の会合を調整している．Hsp90 は二量体として機能する．それぞれの Hsp90 は三つのドメインから構成されている．すなわち ATP 結合部位を含む N 末端ドメイン，クライアントタンパク質の結合と ATP の加水分解を制御する中間ドメイン，二量体化の相互作用部位を含む C 末端ドメインである．ATP によって制御されるサイクルでは，開いた Hsp90 二量体(V 型)がクライアントタンパク質に結合し，ATP の加水分解によって駆動する鎹(かすがい)様の動きで閉じる．ATP 加水分解に続いて二量体は開き，今しがた折りたたまれたクライアントタンパク質を離す．
4. **シャペロニン**　シャペロニンは二つの環からなる大きな複合体で，細胞内部においてよ

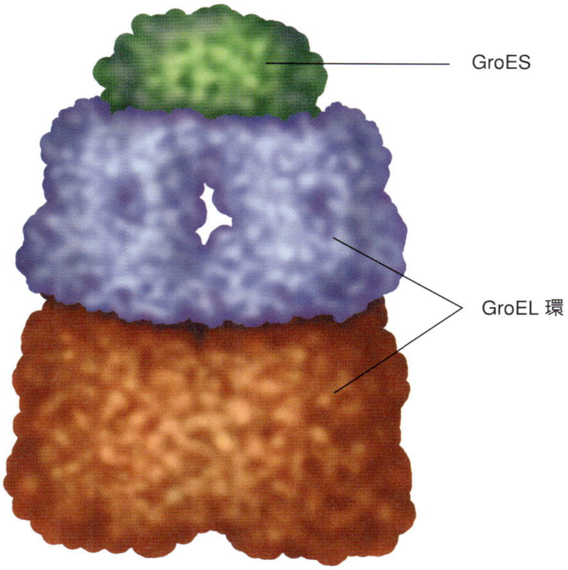

図 5.30 GroES-GroEL 複合体と呼ばれる大腸菌シャペロニンの空間充填モデル
GroES（コシャペロニンあるいはHsp10）は七量体の環構造をしており，GroELの頂きに位置している．GroEL（シャペロニンあるいはHsp60）は七量体の環構造が二層になっており，ATP依存的なタンパク質の折りたたみが起こる空洞を一つもっている．

り迅速で効果的なポリペプチドの巻きもどしを促進する．シャペロニンは二つに分類される．I型のシャペロニンは細菌，ミトコンドリア，葉緑体において見られ，その構成は七量体の環が重層されている．よく知られるものには細菌のGroEL（図5.30）や真核生物のHsp60があり，それらが機能するには蓋の形をしたシャペロン補助因子が必要である．真核細胞の細胞質にあるII型のシャペロニンであるTRiCは，内蔵型の蓋構造をもち，八量体の環が重層された構成をしている．蓋の閉鎖により基質タンパク質を捕捉した後，タンパク質の折りたたみが開始される．ATPの加水分解によりGroEL内部の空洞は親水的な微小環境に変わり，タンパク質をモルテングロビュール形態に折りたたむための疎水的な核の凝集が容易になる．七つのATP分子がサブユニット環のなかで加水分解されて折りたたみ過程が完了するのに15〜20秒を要する．7分子のADPが結合した状態では空洞は疎水的な性質をとりもどし，開口し，折りたたまれたタンパク質やドメインが放出される．そして，折りたたまれていないタンパク質が新たに結合することを繰り返す．タンパク質の折りたたみは，二つの空洞のATPとADPの結合状態に依存して，2サイクルが重複して進行する．GroELとその蓋の形をしたシャペロン補助因子GroESの構造が図5.30に描かれている．TRiCは，八量体の2環から構成されているII型のシャペロニンであり，それ自身で蓋をもっている．シャペロン補助因子Hsp70とともに，TRiCは，複雑なドメインの折りたたみが伴う翻訳中のタンパク質の折りたたみを促進する．その有名な例としてはアクチンやチューブリンがあげられる．

新生タンパク質の折りたたみを促進するだけでなく，分子シャペロンは，ストレスのかかった条件下で部分的にほどかれた状態のタンパク質の巻きもどしも規定する．巻きもどしが不可能であれば，分子シャペロンはタンパク質の分解を促進する．GroELとその蓋の役目を果たすシャペロン補助因子のGroESを含む，タンパク質の折りたたみの概要を図5.31に示す．タンパク質の誤った折りたたみがヒトの健康に及ぼす影響は重大である．**アルツハイマー病**（Alzheimer's disease）や**ハンチントン病**（Huntington's disease）のいずれもが，不溶性のタンパク質凝集体の蓄積によって引き起こされる神経変性疾患である．

キーコンセプト

- それぞれの新生ポリペプチド鎖が生物活性のある立体構造に正しく折りたたまれるために必要な情報は，すべて分子の一次配列に刻まれている．
- いくつかの比較的単純なポリペプチド鎖は，自発的に折りたたまれて天然状態の立体構造をとる．
- 他のより大きな分子は，正しい折りたたみを保証するために，分子シャペロンと呼ばれるタンパク質の介助を必要とする．

アルツハイマー病とハンチントン病

繊維状タンパク質

典型的な繊維状タンパク質は，αヘリックスやβプリーツシートのような規則的な二次構造を高い割合で含んでいる．αヘリックスの桿状あるいはβプリーツシートのシート状の形態ゆ

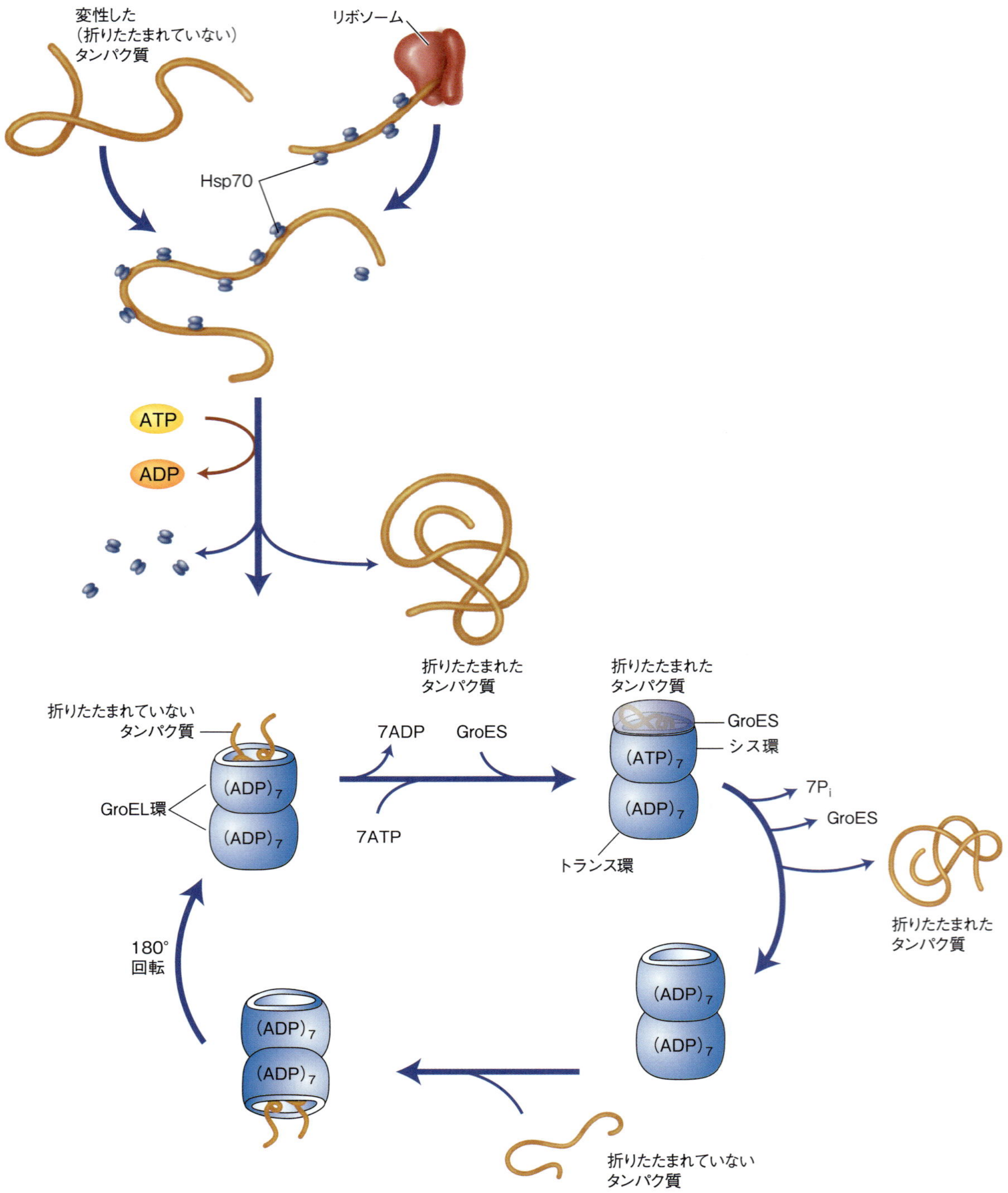

図 5.31　分子シャペロンが介助するタンパク質の折りたたみ

分子シャペロンは，新生タンパク質や折りたたまれていないタンパク質（たとえば，ストレス条件下で変性したタンパク質）に一時的に結合する．Hsp70 ファミリーに属するタンパク質は，新生タンパク質を安定化したり，いくつかの変性タンパク質を再生したりする．多くのタンパク質はまた，Hsp60 タンパク質の助けを借りて最終的な立体構造にたどりつくことができる．大腸菌では，自発的に折りたたまれない細胞内タンパク質は GroES-GroEL 複合体による加工を必要とする（1 回のタンパク質の折りたたみ過程では，GroES で蓋をされた GroEL の環はシス環と見なされる．タンパク質の折りたたみ過程をまだ開始していない反対側の環はトランス環と呼ばれる）．折りたたみサイクルの最初は，折りたたまれていないタンパク質（あるいはタンパク質ドメイン）が，片方の GroEL-$(ADP)_7$ 環の空洞入口と疎水性相互作用を介して弱く結合する．ADP/ATP 交換反応によって空洞は拡張された疎水的微小環境に変わり，GroES 蓋のもとでタンパク質基質を捕捉する．続いて七つの ATP 分子の連続した加水分解が，空洞を親水的な微小環境に変え，タンパク質基質のモルテングロビュール状態の形成と折りたたみ過程の促進を進める．7 分子すべての ATP が加水分解されると，空洞の疎水的表面が再構成され，GroES と新たに折りたたまれたタンパク質が GroEL 環から離れる．その間，トランスの GroEL-$(ADP)_7$ 環において，他の折りたたまれていないタンパク質やドメインの充填，捕捉，折りたたみ過程がすでに開始されている．

えに，多くの繊維状タンパク質は動力学的というよりも構造的な役割を果たしている．ケラチン（図5.32）はαヘリックスの束からなる繊維状タンパク質であるが，カイコの絹タンパク質であるフィブロイン（図5.33）においてはポリペプチド鎖が逆平行βプリーツシート状に配置されている．脊椎動物において最も豊富に存在するタンパク質であるコラーゲンの構造的特徴について，少し詳細に記述しよう．

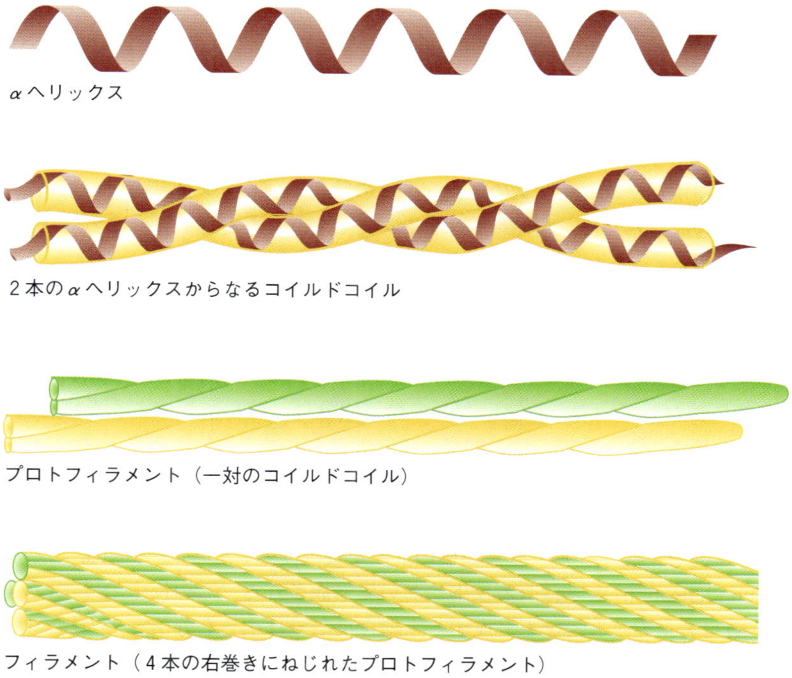

図 5.32　αケラチン

2本のケラチンポリペプチド鎖は，αヘリックスからなる桿状のドメインを介してコイルドコイルを形成する．この二量体が逆平行に互い違いにずれて配置することで，超コイル構造のプロトフィラメント（原繊条）を形成する．水素結合やジスルフィド架橋が，サブユニットのプロトフィラメントの間に働く主要な相互作用である．4本のプロトフィラメントが集まったフィラメントが数百本束ねられてマクロフィブリル（大繊維）が形成される．繊維とも呼ばれるそれぞれの毛髪細胞は数本のマクロフィブリルを含んでいる．1本の毛髪はケラチン分子が充満した無数の死細胞からなっている．ケラチンは毛髪のほかに，絹糸，皮膚，角や爪においても見られる．

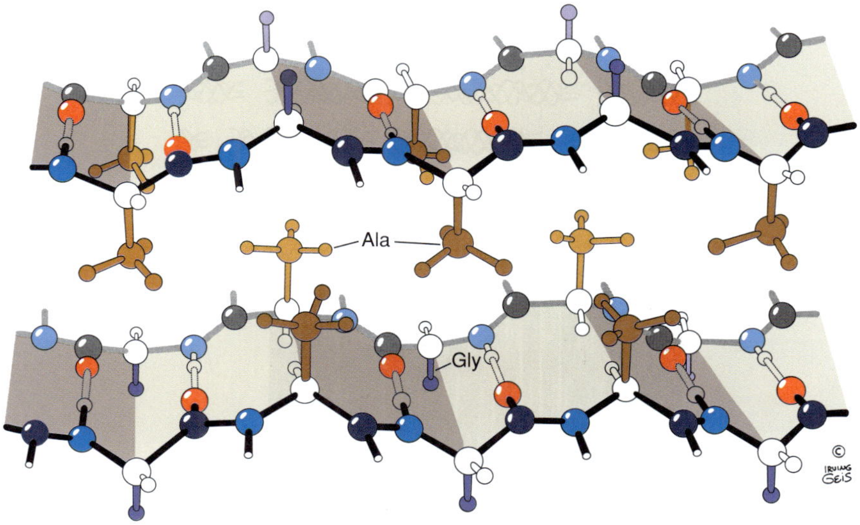

図 5.33　絹フィブロインの分子モデル

カイコが産生する絹糸の繊維状タンパク質フィブロインでは，ポリペプチド鎖が完全に延びきった逆平行βプリーツシート状に配置されている．各βプリーツシートの片面に存在するアラニンのR基は，隣接するシートの同類の残基と互いにかみ合わさっていることに注目．プリーツシート間の結合（主として弱いファンデルワールス力）は弱く，プリーツシートは互いが容易に滑りやすいので，絹糸の繊維（無定形のマトリックスに包まれたフィブロイン）に柔軟性が付与されている．

コラーゲン　コラーゲン分子は結合組織の細胞で合成され，細胞外へ分泌されて結合組織間質の一部となる．コラーゲン分子は大きく分けて20種類のファミリーを形成し，多様な機能をもつ近縁のタンパク質がたくさんある．皮膚，硬骨，腱，血管，および角膜に存在する遺伝的に異なるコラーゲン分子によって，それぞれの構造に特殊な性質（たとえば腱の張力や角膜の透明性など）が付与されている．

コラーゲンでは三つの左巻きのポリペプチド鎖ヘリックスが互いにねじれ合い，右巻きの三本鎖ヘリックスを形成している（図5.34）．歯，硬骨，皮膚や腱に見られるタイプⅠコラーゲン分子は，長さがおよそ300 nm，幅1.5 nmである．ヒトで見いだされるコラーゲンのおよそ90%がタイプⅠである．

コラーゲンのアミノ酸組成は独特である．グリシンがアミノ酸残基のおよそ三分の一を，プロリンと4-ヒドロキシプロリンが30%ほどを占める．3-ヒドロキシプロリンと5-ヒドロキシリシンも少量存在する．コラーゲンの一次配列上の特定のプロリン残基とリシン残基は，ポリペプチド鎖が生合成された後，粗面小胞体においてヒドロキシ化される．これらの反応については19章で述べるが，アスコルビン酸が必要である（p. 668）．

コラーゲンのアミノ酸配列はおもに，Gly—X—Yという3残基のアミノ酸配列が多数繰り返して構成されている．XとYはプロリンとヒドロキシプロリンであることが多い．ヒドロキシリシンがYの位置に存在することもある．しばしば単純な糖質がヒドロキシリシン残基のヒドロキシ基に結合している．コラーゲンの糖質成分は，腱や硬骨のような細胞外部位にコラーゲン繊維が集まる繊維化形成に必要であると考えられてきた．

リシルオキシダーゼという酵素は，酸化的脱アミノ反応を通して，いくつかのリシン残基やヒドロキシリシン残基の側鎖基をアルデヒド基に変換する．この酵素は，強固なアルジミンの自発的で非酵素的な生成やアルドール架橋の形成を促進する〔アルドール架橋は，**アルドール縮合**（aldol condensation）と呼ばれる反応において形成される．この反応では二つのアルデヒドが*α*, *β*-不飽和アルデヒド架橋を形成する．縮合反応では小さな分子，この場合は水分子が脱離する〕．ヒドロキシリシンに結合した糖質と，隣接する分子上にある他のリシン残基およびヒドロキシリシン残基のアミノ基との間にも，架橋が生じる．加齢とともに架橋が増えるとコラーゲン繊維がもろくまた断裂しやすくなる．これは高齢の生物においてよく見られる．

三本鎖ヘリックスはグリシン残基が関与する鎖間の水素結合によって形成されるので，グリ

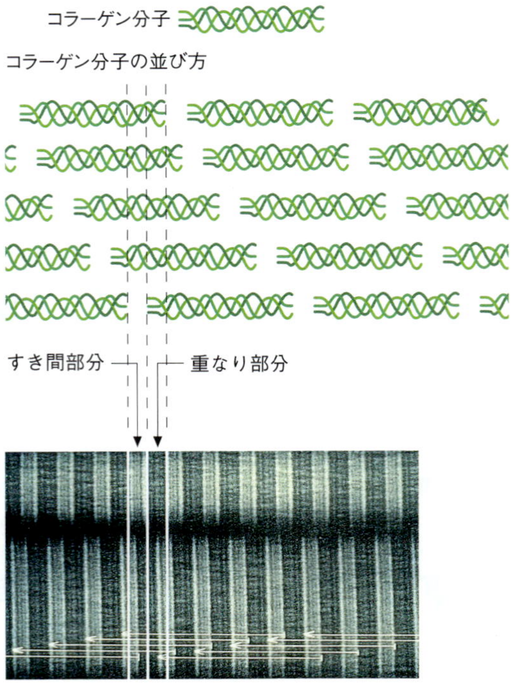

図5.34　コラーゲン繊維
互い違いに配列したコラーゲン分子によって縞模様がつくられる．繊維軸に沿った縞模様の周期はおよそ680 Åである．それぞれのコラーゲン分子は約3000 Åの長さをもつ．

シンはコラーゲンの配列のなかではきわめて重要なものである．一つのポリペプチド鎖は，3 残基ごとに他の二つのポリペプチド鎖と接触している．グリシンは R 基が小さいので，空間を十分利用できる唯一のアミノ酸である．R 基が大きいと超ヘリックス構造を不安定化させてしまう．さらに，（主として多数のヒドロキシプロリン残基によって生じる）ポリペプチド鎖間の水素結合やリシノノルロイシン架橋が，最終生成物であるコラーゲン繊維中の三本鎖ヘリックスの秩序だった配列を安定化し，強化している．

問題 5.10

共有的架橋がコラーゲンの強靱さを生みだしている．架橋形成の最初の反応は銅含有酵素のリシルオキシダーゼによって触媒され，リシン残基がアルデヒドのアリシン残基に変わる．

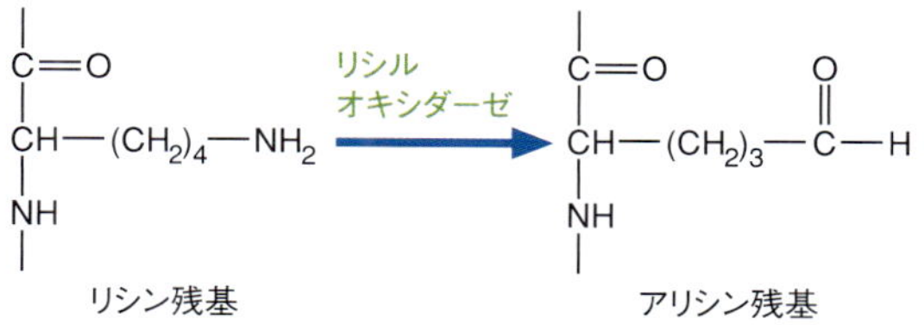

その後，アリシンは他の側鎖のアルデヒド基あるいはアミノ基と反応し，架橋構造体を形成する．たとえば，二つのアリシン残基が反応するとアルドール架橋生成物がつくられる．

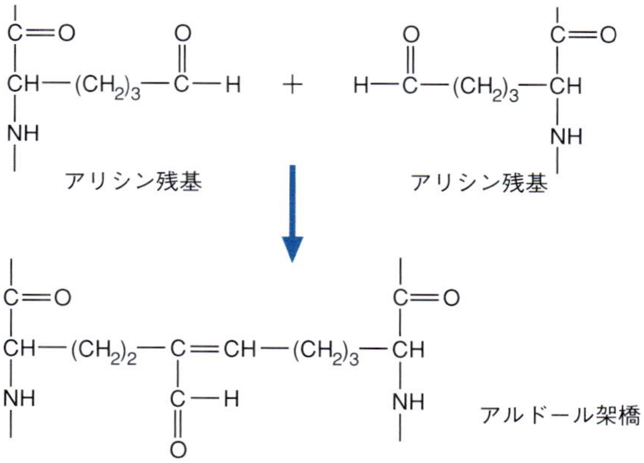

ヒトや数種の動物で発症するラチリスムと呼ばれる疾病では，スイートピー（*Lathyrus odoratus*）に見いだされる毒素（β-アミノプロピオニトリル）がリシルオキシダーゼを不活性化する．動物体にコラーゲンが豊富に存在することを考慮し，この疾病で起こりそうな症状を指摘せよ．

ラチリスム

球状タンパク質

球状タンパク質が生物学的に機能する場合，通常，小さなリガンド，あるいは核酸や他のタンパク質分子のような大きな高分子と的確に結合する必要がある．それぞれのタンパク質は，特定のリガンドに相補的な構造をした一つ以上の独特な空洞や溝をもつ．リガンドが結合した後，タンパク質に立体構造の変化が生じ，生化学的反応へとつながる．たとえば，筋肉細胞のミオシンへ ATP が結合すると，筋肉の収縮が起こる．

酸素結合タンパク質であるミオグロビンとヘモグロビンは，球状タンパク質のなかでは興味深く，また非常によく研究されてきた例である．両者はともにヘムタンパク質の一員であり，補欠分子族としてヘムをもっている．両タンパク質のヘム基（図 5.35）は分子状酸素の可逆的結合を担っているが，ミオグロビンとヘモグロビンの生理的役割は明らかに異なっている．ヘムの化学的性質は補欠分子族の中央に位置する Fe^{2+} によって決められる．六つの配位結合を形成する Fe^{2+} は，プロトポルフィリン環の中央にある四つの窒素原子と結合している．残り

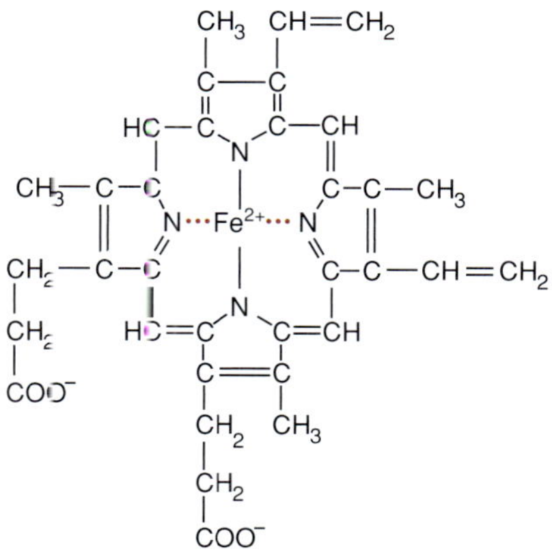

図 5.35 ヘム
ヘムは，中央に Fe^{2+} をもったポルフィリン環（四つのピロールからなる）から構成されている．

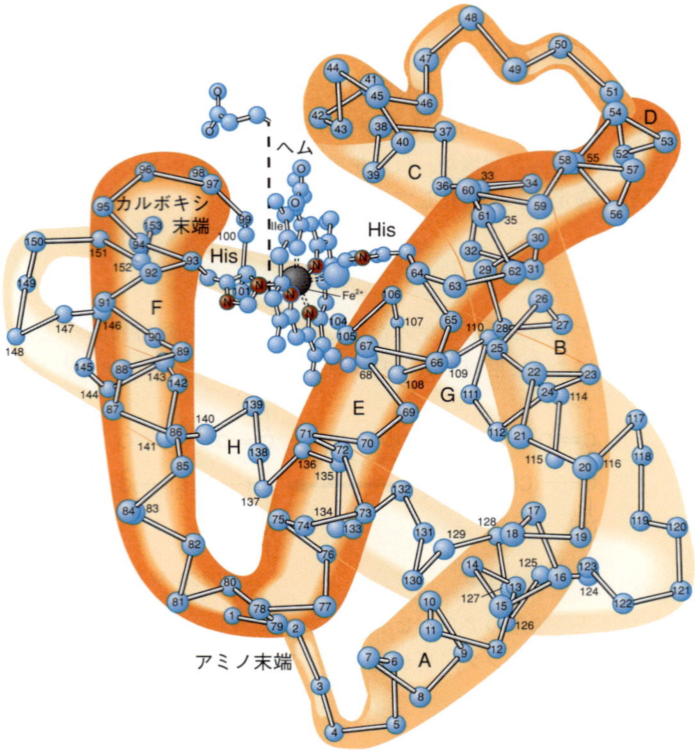

図 5.36　ミオグロビン
二つのヒスチジン残基の側鎖を除いては，グロビンのポリペプチド鎖の α 炭素原子のみが示されている．ミオグロビンの八つのヘリックスには A から H の文字がつけてある．ヘム基には酸素と可逆的に結合する鉄原子がある．わかりやすいように，ヘム基のプロピオン酸側鎖の一つを上へ移動して示してある．

二つの配位結合は，ヘムの平面構造の両面に一つずつなされる．ミオグロビンとヘモグロビンにおいては，5番目の配位結合はヒスチジン残基の窒素原子との間に生じ，6番目の配位結合は酸素との結合に利用される．ミオグロビンは筋肉細胞内において酸素を貯蔵するほかに，細胞内における酸素の拡散も容易にしている．赤血球細胞の主要なタンパク質であるヘモグロビンの役割は，全身の細胞へ酸素を供給することである．これら二つのタンパク質の構造を比較すると，タンパク質の構造，機能，およびその制御に関するいくつかの重要な原理が見えてくる．

ミオグロビン　ミオグロビンは骨格筋や心筋において高濃度に存在するタンパク質で，これらの組織をその特徴的な赤色にしている．長時間潜水できるクジラのような哺乳動物の筋肉には高濃度のミオグロビンが存在する．あまりに高濃度なため，その筋肉は褐色を呈している．グロビンと呼ばれるミオグロビンのタンパク質成分は，八つの α ヘリックスを含む一つのポリペプチド鎖である（図 5.36）．折りたたまれたグロビン鎖にはすき間が存在し，そこでヘム基をほとんど完全に囲んでいる．遊離のヘム［Fe^{2+}］は分子状酸素（O_2）に対して高い親和力を示し，不可逆的に酸化されてヘマチン［Fe^{3+}］となる．ヘマチンは酸素を結合できない．酸素結合部位内のアミノ酸側鎖と非極性ポルフィリン環との非共有結合的相互作用のために，ヘムの酸素分子への親和力は低下している．この親和力の低下によって Fe^{2+} は酸化から守られ，分子状酸素と可逆的に結合できる．二つのヒスチジンを除いては，ヘムと相互作用しているアミノ酸はすべて非極性である．その二つのヒスチジンのうちの一つ（近位のヒスチジン）は，ヘムの鉄原子と直接に結合している（図 5.37）．残りの一つ（遠位のヒスチジン）が酸素結合部位を安定化させている．

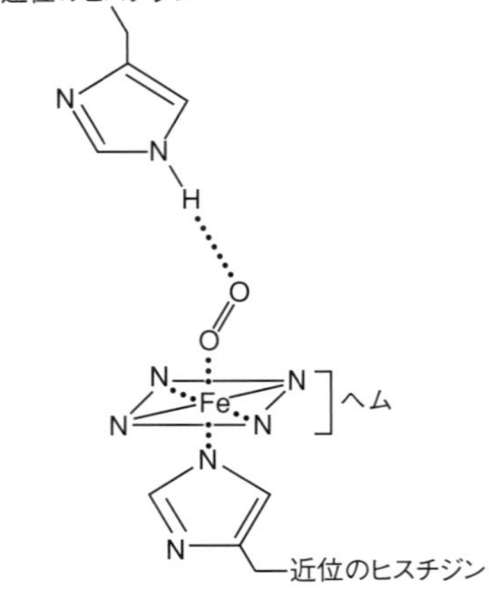

図 5.37　折りたたまれたグロビン鎖によってつくられるヘムの酸素結合部位

ミオグロビンの酸素解離曲線（図 5.38）は双曲線であり，酸素分子への親和性は高く，非常に低い酸素分圧（pO_2）において酸素が飽和する．これは，一つのサブユニットで構成されるタンパク質の構造と，筋肉組織における酸素分子の貯蔵タンパク質としての役割を反映している．筋肉細胞の酸素濃度が非常に低いときのみ（たとえば，激しい運動時），ミオグロビンは酸素を放出する．

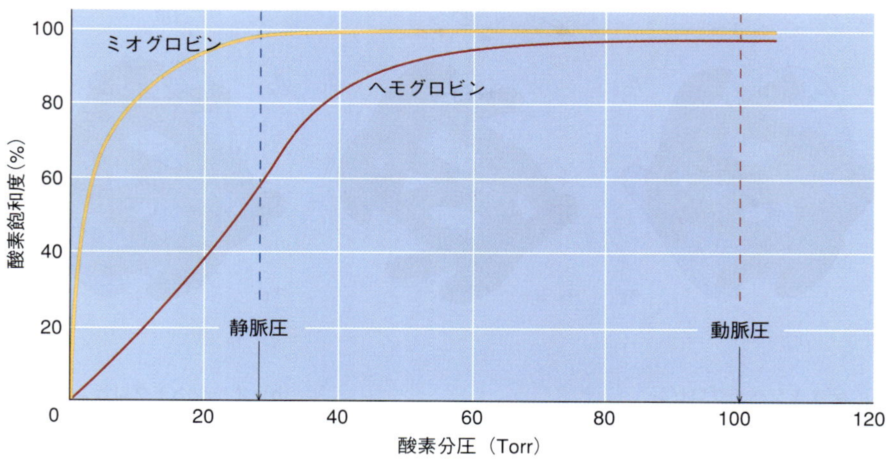

図 5.38 酸素に対するヘモグロビンとミオグロビンの親和性を表した解離曲線
酸素に満ちた動脈血は，酸素を組織に分配する．組織から流出する静脈血は，酸素が涸渇している．

ヘモグロビン　ヘモグロビンは赤血球に見いだされるほぼ球状の分子であり，主要な機能は肺から全身の組織へ酸素を輸送することである．HbA 分子(図 5.39)は $\alpha_2\beta_2$ と書かれる(HbA_2 は $\alpha_2\delta_2$ と記される変異体である)．出生前，β 鎖の変異体が産生される．すなわち胚性期の ε 鎖と胎児期の γ 鎖である．$\alpha_2\varepsilon_2$ や $\alpha_2\gamma_2$ はともに $\alpha_2\beta_2$(HbA)よりも酸素に対する親和力が大きいので，胎児は母体の血流中の酸素を優先的に吸収できる．

ヘモグロビンの四つの鎖は，二つの同じ $\alpha\beta$ 二量体から構成されている．それぞれのグロビン鎖は，ミオグロビンと似たヘム結合ポケットをもっている．ミオグロビンは双曲線型の酸素結合の速度論を示すが，ヘモグロビンは**協同的結合**(cooperative binding，一つのサブユニットへのリガンド結合が他のサブユニットへの結合挙動に影響を与える)と**アロステリック性**(allostery，エフェクター分子により影響を受けるリガンド結合)を示すシグモイド型(S 字状)の曲線を描く(協同性とアロステリック制御については 6 章に記述されている)．ヘモグロビンが酸素化されるとき，$\alpha\beta$ 二量体間の特定の塩橋と水素結合が壊され，二量体は互いに滑り合い 15° 回転する(図 5.40)．脱酸素された立体構造(脱酸素型 Hb)は T(緊張)状態と呼ばれ，酸素化された立体構造(酸素型 Hb)は R(弛緩)状態と呼ばれている．酸素の結合-解離に伴う二量体間の接触面における相互作用は，ほとんど同時に変化する．いいかえれば，一つのサブユニットに生じる構造変化は迅速に他のサブユニットに伝わるので，ヘモグロビンの立体構造の

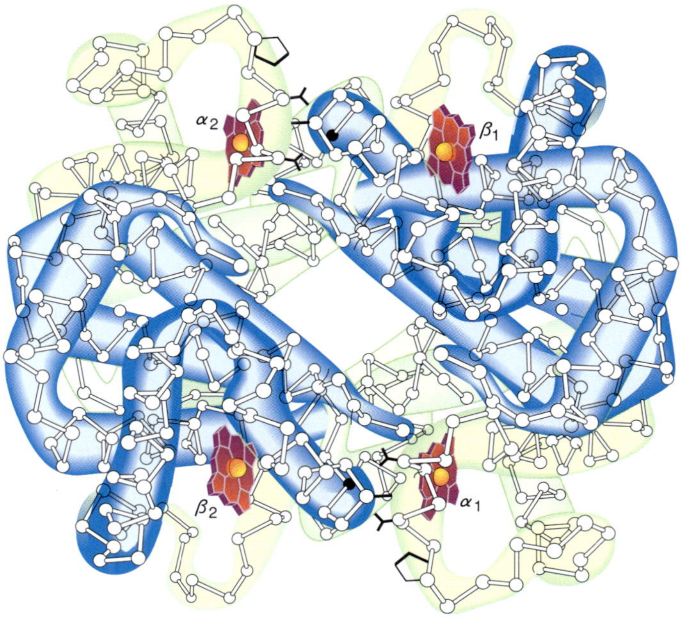

図 5.39 ヘモグロビン
ヘモグロビンは α と β で表記された四つのサブユニットを含んでいる．各サブユニットは　酸素と可逆的に結合する一つのヘム基をもっている．

図 5.40　ヘモグロビンのアロステリック転移
ヘモグロビンに酸素が結合するとき，$\alpha_1\beta_1$ と $\alpha_2\beta_2$ の二量体は互いに滑り合い，15° 回転する．

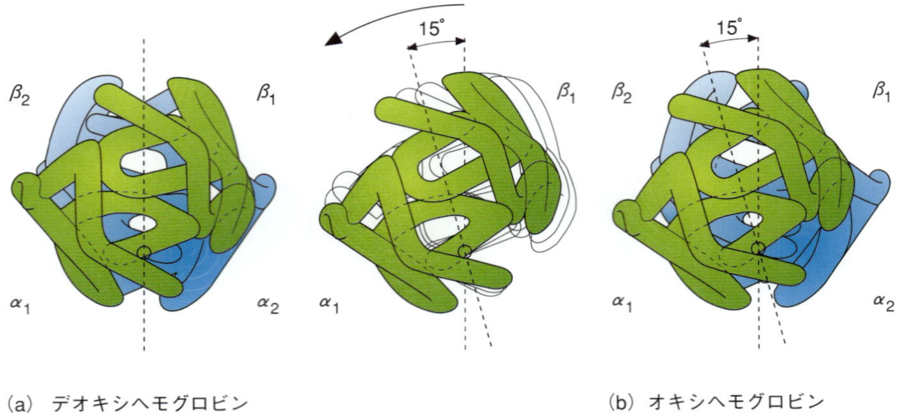

転換は T 状態と R 状態という二つの安定な状態間で起こる．

ヘモグロビンの酸素解離曲線（図 5.38）は，T 状態から R 状態への遷移のためにシグモイド型をとる．酸素分子が低親和性の T 状態にある一つのサブユニットに結合すると，そのサブユニットは高親和性の配置に転じ，残りの三つのサブユニットにも配置転換が生じる．続いて酸素分子が高親和性で結合する．このような協同的結合と呼ばれる結合特性の転換は，ヘモグロビンの T 状態から R 状態への立体構造変化につながる．酸素分圧が高い肺では pH が高く，ヘモグロビンはすばやく飽和される（R 状態へ変換される）．またヘモグロビンは，グロビン鎖のチオール基を介して，肺の脈管の内皮細胞により産生される一酸化窒素（NO，p. 468）も結合する．NO は酸素とともに組織に輸送される．酸素分圧が低く，二酸化炭素の濃度が高く，pH が低い組織では，ヘモグロビンは酸素と NO を放出する．NO は，アニオン交換体 AE1（p. 354）を介して赤血球から外の血流へと放出され，標的組織への血流を増加させるように内皮細胞に変化を生じさせる．プロトンにより立体構造変化がヘモグロビン分子に引き起こされる結果，酸素が放出される．グロビン鎖の α-アミノ基がカルバモイル化され（二酸化炭素が付加され），T 状態が安定化されて肺にもどる．

酸素分子以外のリガンドが存在するときのシグモイド型の結合曲線に見られるように，これらのリガンドの結合はヘモグロビンの酸素結合特性に影響する．たとえば，ボーア効果はその例で，pH が低下する（水素イオン濃度が上昇する）ときの T 状態の安定化と酸素分子の脱離を表している．代謝が活発な組織では二酸化炭素が多く産生され，血中に炭酸水素イオン（HCO_3^-）と水素イオン（H^+）が形成される．ヘモグロビンサブユニットがプロトン化されると，Hb 二量体間の塩橋の安定性が低下し，R 状態から T 状態への遷移が誘導され，酸素分子と一酸化窒素の脱離が容易になる．

解糖系（グルコース分解代謝系）の一つの中間体である 2,3-ビスホスホグリセリン酸（BPG）は，T 状態に結合して安定化する．これによって組織で脱離される酸素分子量は増加する（図 5.41）．ほとんどの細胞は微量の BPG しか含まないが，赤血球細胞と脳は相当量の BPG をつくる．T 状態の立体構造には正に帯電したアミノ酸側鎖が並ぶ空洞が露出しているので，BPG はこの状態に結合する．これがなぜ重要なのか．BPG はデオキシヘモグロビンを安定化することで，エネルギー需要が高まると酸素分子を脱離させやすくする機構を提供しているからである．

肺においては逆の過程が起こっている．高い酸素濃度によってヘモグロビンのデオキシ型がオキシ型に変換される．最初の酸素分子の結合によってヘモグロビンの立体構造が変化し，結合していた CO_2，水素イオン，および BPG を放出する．水素イオンは HCO_3^- と再結合して炭酸を生成する．炭酸は分解して CO_2 と水分子となる．その後，CO_2 は血液から肺胞へと拡散する．

一酸化炭素（CO）は酸素分子より 250 倍も高い親和性でヘモグロビンに結合するので，競合的阻害剤である．シアン化イオン（CN^-）や一酸化窒素も酸素分子の輸送を阻害するが，一酸化

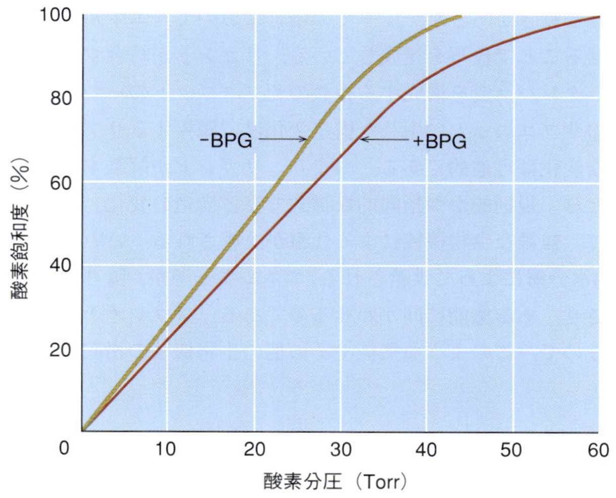

図 5.41 酸素とヘモグロビンとの親和性に及ぼす 2,3-ビスホスホグリセリン酸（BPG）の効果
BPG 非存在下（−BPG）では，ヘモグロビンは酸素分子に対して高い親和性をもっている．BPG の存在下（＋BPG）でヘモグロビンに結合する場合，酸素分子に対する親和性は低下する．

炭素よりかなり高濃度においてである．一酸化炭素型ヘモグロビンは鮮やかな紅色を示す．そのため，鮮紅色の皮膚は一酸化炭素中毒の兆候である．また，オキシヘモグロビンの鉄の酸化状態は 3 価に近いものではあるけれども，2 価の鉄イオンを酸化する化合物との反応はいずれも，酸素分子を結合しない Fe^{3+}–ヘモグロビンあるいはメトヘモグロビンの形成に帰する．Fe^{2+} の余剰電子は，酸素分子の不対電子と配位結合し，オキシヘモグロビンを生成する．

キーコンセプト

- 球状タンパク質は，通常，小さなリガンドあるいは他の高分子と結合することによって機能する．
- ミオグロビンとヘモグロビンの酸素結合特性の一部は，それぞれが含むサブユニットの数によって決まる．

問題 5.11

胎児のヘモグロビンは HbA ほどは BPG と結合しない．その理由は，BPG 結合ポケットにある β–グロビンの 143 位のヒスチジンが，γ–グロビンではセリン残基に置換されているからである．二つ（二つの γ–グロビンのそれぞれに一つ）の正電荷が消失することで，結合ポケットは BPG を強く結合しなくなる．母親と胎児において，この現象が意味する結果として何が考えられるだろうか．

問題 5.12

ミオグロビンは筋肉組織において酸素を貯蔵するが，細胞の酸素がたりなくなったときにだけ，その貯蔵された酸素はミトコンドリアによって消費される．一方，ヘモグロビンは，酸素を必要とする細胞に肺から効率的に酵素を運搬する．これらの分子が別べつの機能を果たすことを可能にしている構造的特質を記せ．

5.4 分子機械

生物の最大の特徴は，目的のある行動である．この行為には無数の形態があり，チーターが時速 110 km という速さで短距離を追走することから，より微細な運動，たとえば動物の体内における白血球の動き，植物細胞における細胞質流動，細胞小器官の細胞内輸送，酵素による DNA の巻きもどしまで多彩である．このような現象にかかわる，複数のサブユニットからなるタンパク質（たとえば筋肉サルコメア，さまざまな種類の細胞骨格構成成分，DNA ポリメラーゼ）は，生物機械として機能する．機械とは，仕事（力と距離の積）ができる可動部分をもつ装置と定義される．機械を正しく使えば，通常はそれなくしては不可能な仕事を完遂できる．生物機械は人工の機械が被る物理的条件（たとえば熱や摩擦）に耐えることができない比較的壊れやすいタンパク質からなるが，この 2 種類の機械は重要な特徴を共有している．可動部分をもつことに加えて，両者はエネルギーを変換する仕組みを備えている．つまり，エネルギーを方向をもつ動きに変える仕組みである．

生物には多種多様な動きがあるが，すべての場合において，エネルギーによりタンパク質の立体構造を変化させることで仕事を達成している．リガンドが結合することでタンパク質の立体構造は変化する．タンパク質を構成する複数のサブユニットの一つに，ある特定のリガンドが結合すると，そのサブユニットに生じた構造変化は，隣接するサブユニットの形状に影響を及ぼす．このような変化は可逆的である．つまり，リガンドが解離すると，タンパク質は結合前の立体構造にもどる．規則的かつ指向的な様式で立体構造の変化，すなわち機能的な変化が生じることによって，複雑な生物機械による仕事が達成される．いいかえれば，（通常はATPあるいはGTPの加水分解によって供給される）エネルギー源が，隣り合うサブユニットに一連の構造変化を起こさせ，ある機能に向かわせるのである．ヌクレオチドの加水分解は生理的条件下では不可逆的なので，このような機械やその他の生物機械の指向性をもつ機能が可能になるのである．

モータータンパク質

機能的多様性にもかかわらず，すべての生物機械は，ヌクレオシド三リン酸（NTP）と結合する一つ以上のタンパク質構成成分をもっている．NTPアーゼと呼ばれるこのようなサブユニットは，機械的変換器あるいは**モータータンパク質**（motor protein）として機能する．NTPの加水分解によりモータータンパク質に生じる構造変化は，分子機械において隣接するサブユニットの規則的な構造変化を誘導する．NTP結合タンパク質は真核生物においてきわめて多様な機能を発揮する．その多くは次の範疇の一つ以上に属している．

1. **古典的なモーター**　すでに示したように（図2.4），タンパク質フィラメントに沿って荷物を動かすATPアーゼは，代表的なモータータンパク質である．最もよく知られた例には，アクチンフィラメントに沿って動く**ミオシン**（myosin）や，微小管に沿って小胞や細胞小器官を動かすキネシンやダイニンがある．**キネシン**（kinesin）は中心体（微小管を組織している中心）から離れる（＋）方向へ微小管に沿って動く．**ダイニン**（dynein）は中心体に近づく（－）方向へ微小管に沿って動く．
2. **計時装置**　ある種のNTP結合タンパク質には，複雑な反応過程の間に，遅延時間を与えて正確さを保証している機能がある．原核生物のタンパク質生合成にかかわるタンパク質EF-Tuがよく知られた例である．EF-Tuがアミノアシル tRNAに結合すると，EF-TuによるGTPの加水分解速度は比較的遅いので，tRNAとmRNA間における塩基配列の結合が正しくない場合も，リボソームからのこの複合体の解離に要する時間を十分長くすることができる．
3. **マイクロスイッチ装置**　さまざまなGTP結合タンパク質が，シグナル伝達経路をオン/オフにする分子スイッチとして働いている．例としては三量体Gタンパク質のβサブユニットがある．多数の細胞内シグナル調節系がGタンパク質によって制御されている．
4. **集合および分解因子**　タンパク質サブユニットが迅速かつ可逆的に高分子複合体へ集合することによって，多数の細胞内過程は成り立っている．タンパク質サブユニットの高分子化の最も劇的な例は，チューブリンの集合による微小管の形成とアクチンの集合によるミクロフィラメントの形成である．微小管とミクロフィラメントが形成された後，チューブリンによるGTPの，アクチンによるATPのゆるやかな加水分解が起こり，立体構造の微妙な変化が促進され，その後の分解が引き起こされる．

生化学の広がり

クモの糸とバイオミメティクス

クモ生糸がもつどのような性質が，数億ドルもの価値がある研究を生みだすのか？

マダガスカルの金色をした雌のコガネグモ科のクモ(*Nephila madagascariensis*)は大きく(体長は約 13 cm)，名前の由来は，それが生みだす明るい黄色の生糸にちなんでいる．最近，マダガスカルの二人の実業家が先導し，驚くべき努力のもとに，コガネグモ科のクモ生糸を用いた約 3.4 m にも及ぶ手製の錦織がつくりあげられた．この制作に費やされた膨大な量の生糸は，文字通り数千匹のクモを活用して得られた(生糸を丁寧に引っ張りだした後，クモは解放された)．この織り過程に用いられた生糸繊維は，生糸が 96 本も撚り合わせられていた．驚くべきは，マダガスカルのタペストリーがニューヨークの博物館に展示されたとき，所有者は見学者に，飾り房の糸をちぎることができるか尋ねた．ちぎることができないと，彼は，その耐久力を自転車のチェーンロックと比較した．

生分解性のある軽量なクモ生糸は，織物のほかにも，人工の腱や靭帯の成分，外科的絹糸(たとえば眼科の縫合糸)，軽量の防護具(たとえば防弾チョッキやヘルメット)のようなさまざまな用途にとって，人工の繊維より好ましい．その理由として，顕著な機械的特性だけでなく，クモが水を溶媒として常温常圧で生糸をつくるという点がある．対照的に，石油由来のアラミド(芳香族アミド)高分子であるケブラーは，ほぼ煮沸状態で硫酸に溶解した単量体の混合物を工業用紡糸口金(高分子を各繊維に変換するために使われる多孔性の装置)の小さな穴に通すことで合成される．しかし，多大な努力と莫大な資金投資にもかかわらず，原料の供給量が不十分であるとの単純な理由で，クモ生糸を材料として実用化することはできていない．その解決策が，(中国に端を発した) 5000 年以上も昔から実践されているカイコガ(*Bombyx mori*)の飼養のようなクモの飼育であることは明らかであろう(カイコの絹糸は，クモ生糸に比べて強靭さと弾力性に劣る)．残念なことに，クモは共食いの習性をもつので，その飼育は商業的に困難である(狭苦しいところで飼育すると，攻撃的な個体は互いを食べてしまう)．数千匹のクモを個別に飼育することは，費用の面からも難しい(マダガスカルのタペストリーを制作するのに 50 万ドルが費やされた)．それに替わるものとして，人工のクモ生糸をバイオミメティクス(生物模倣)で工業的に合成する方法がある．バイオミメティクスを使うと，クモ生糸を紡ぐような生物学的過程を見習うことで，工業的問題を解決できる．しかし残念なことに，部分的にしか成功していない．たとえば，組換え遺伝子技術を使って生糸タンパク質の遺伝子を細菌や酵母に導入し，クモ生糸タンパク質を生合成させ回収する試みは残念な結果に終わった．クモ生糸のタンパク質をコードする遺伝子を導入したトランスジェニック動物のヤギが生みだされたが，十分に成功したとはいえない．ヤギの乳から精製された生糸タンパク質を紡ぐ努力をしたが，天然のクモ生糸の直径(2.5 ～ 5 μm)よりもかなり太く(10～60 μm)，機械的特性が劣る繊維しか得られなかった．しかし，技術者たちの目指すところは間違いなく投資するに値する，つまり，生分解性の環境的に安全な人工のクモ生糸は石油が元になる繊維に取って代わるだろうという理由から，研究への努力は続けられている．この努力を通して科学者たちは，クモ生糸の構造と紡糸の生物学的過程をさらに明らかにするだろう．

クモ生糸の構造

しおり糸(クモが歩くときに引いている糸)は，分子量が 20,000～35,000 ある二つのタンパク質，スピドロイン 1 とスピドロイン 2 から構成されている．スピドロインのアミノ酸組成は特徴的で，グリシン(42%)とアラニン(25%)が大部分を占めており，かさ高い側鎖をもつアミノ酸(アルギニン，チロシン，グルタミン，セリン，ロイシン，プロリン)が少量含まれている．二つのスピドロインタンパク質は 2 種類の主要な繰返し単位を含んでいる．一つはポリアラニン配列(5～10 残基)であり，もう一つは polyGlyAla，GlyProGlyGly*X*(*X* はしばしばグルタミン)，GlyGly*X*(*X* はさまざまなアミノ酸)のようなグリシンを多く含むモチーフである．成熟した生糸タンパク質では，ポリアラニンと polyGlyAla 配列が逆平行型の β プリーツシートを形成して微結晶構造をつくり，絹に伸張性のある強靭さを与えている．β プリーツシートはグリシンを多く含む配列によって結びつけられ，ランダムコイル，β らせん(β ターンに似ている)，GlyGly*X* のヘリックス構造を形成し，ともに不定形で弾力性のある基質を構成する．

クモ生糸繊維の組立て

クモのしおり糸の繊維形成過程を観察することは，生物で起こるタンパク質の折りたたみ過程を調べるのにまたとない機会を提供してくれる．紡糸過程(**図 5A**)にクモの腹側にあるアンプル腺で始まり，上皮細胞がアンプル腺の内腔にスピドロインを分泌する．生糸供給原料あるいはドープと呼ばれる生糸タンパク質は高濃度(50%ほど)に濃縮されている．この段階では，スピドロインの球状の立体構造(約 30%の α ヘリックスを含む)により水への溶解度が保証され，凝集が防がれている．生糸ドープは，アンプル腺と紡糸管へと続いている狭い漏斗部を

▶

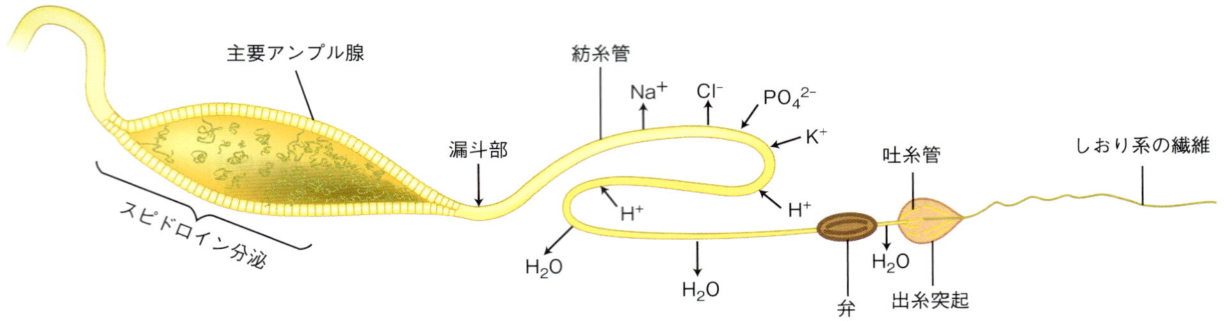

図 5A　クモのしおり糸の加工過程
スピドロインは，主要アンプル腺の内腔へ分泌された後，漏斗部へと移動し，紡糸管の入り口に押しだされる．ずり応力や他の力(たとえば，アンプル腺の壁が搾りだすことや，クモが出糸突起から繊維を引っ張りだすこと)の結果，生糸ドープのスピドロインは圧縮され，分子の長軸方向に配向する．生糸高分子が先細りする管を通過するにつれて，生化学的環境(たとえばナトリウムイオン，カリウムイオン，水素イオン)の変化が起こり，αヘリックスが水分を排出する疎水的なβプリーツシートへと変換される．弁を通過した後，高分子はいくつかの吐糸管の一つに入る．出現した数本の単繊維は巻きつき合って生糸の繊維を形成し，クモは出糸突起から生糸を引きだす．

通って搾りだされる．ここで，流れているドープは，タンパク質分子の長軸が平行に配置されるので，液晶の性質を帯び始める．先細りするS字の紡糸管は三つの分節からできている．タンパク質が分節を通過するにつれて，ずり応力(管壁に平行方向に働く力)の増加といくらかの生化学的環境の変化により，生糸高分子ができあがる．管腔内からナトリウムイオンと塩素イオンが排出され，リン酸イオンとカリウムイオンが注入される．ナトリウムイオンに対するカリウムイオンの比が増加し，リン酸イオンと水素イオンの分泌が相まって，αヘリックスからβプリーツシートへ立体構造の変化が起こると考えられている．初めはランダムに配向しているが，結果としてβプリーツシートは繊維の長軸方向に平行となるように配置される．紡糸管の3番目の分節では，疎水性相互作用が増加するにつれて生糸タンパク質から放出される水が，上皮細胞によって掃きだされる．管の終わりにある弁は生糸を握る鎹(かすがい)として働き，生糸が切れると紡糸を再開する装置として働くと考えられている．その後，生糸高分子は，出糸突起内にある多数の吐糸管の一つに入る．生糸単繊維が現れ，残っている水分が蒸発するにつれて固化する．多数の吐糸管からの単繊維が互いに巻きつき，ケーブル様の繊維をつくる．繊維の直径と強靭さは，出糸突起弁内の筋肉の伸張とクモが繊維を引きだす速さに依存している．

まとめ　生分解性の軽量で強靭なクモ生糸は，無数の応用可能性を秘めている．まだ成功はしていないが，研究への情熱的な努力のもと，クモがこの卓越した繊維をつくる自然の過程を複製することに目が向けられている．

ラボの生化学

タンパク質の研究法

生物は，気が遠くなるほど多様なタンパク質を生みだす．結果として，タンパク質の特性を研究することに多大な時間と努力と研究資金が投入されてきたことは驚くにあたらない．ウシインスリンのアミノ酸配列が Frederick Sanger によって 1953 年に決定されて以来，数千のタンパク質の構造が解明されてきた．

インスリンの構造決定に要した 10 年という年月に比べると，現在の技術をもってすれば，タンパク質の配列決定には質量分析法を用いて数日を要するだけである．エドマン分解法や質量分析法に加えて，DNA や mRNA の配列情報が利用できるなら，タンパク質のアミノ酸配列を知ることができる．ここでは，タンパク質の精製法を簡単にまとめた後に，質量分析法について記述する．タンパク質の単離，精製，およびその特性解析を行うすべての手法は，タンパク質の電荷，分子量，および結合親和性の差異を活用していることに注意すべきである．これらの手法の多くは，他の生体分子の研究にも応用されている．

精　製

タンパク質の解析は，その単離と精製を抜きにしては始まらない．タンパク質の抽出には細胞破壊と均一化が欠かせない（2 章の生化学の広がり「細胞工学」を参照）．この過程の後，分画遠心分離法や，またタンパク質が細胞小器官の構成成分である場合は密度勾配遠心分離法が汎用される．タンパク質を含む画分が得られた後，いくつかの粗精製が精製効率を上げるために行われる．**塩析**（salting out）では，高濃度の塩類，たとえば硫酸アンモニウム〔硫安ともいう．$(NH_4)_2SO_4$〕を加えることによってタンパク質を沈殿させる．各タンパク質には塩析効果が現れる独自の塩類濃度域があるので，この手法によって多くの不純物を除くことができる（溶液中に残った不必要なタンパク質は，溶液をデカンテーションするときに除かれる）．タンパク質が細胞膜に強固に結合しているときは，有機溶媒あるいは界面活性剤を用いることで抽出できることが多い．塩類，溶媒，および界面活性剤のような小さな分子量の不純物を除去するために，透析（図 5 B）という操作が日常的に行われる．

タンパク質試料の純度が向上していくにつれて，より高性能な精製手法を用いてさらなる精製が進められる．最もよく使われる手法がクロマトグラフィーと電気泳動法である．

クロマトグラフィー

クロマトグラフィーは，元来，糖質やアミノ酸のような小さな分子量の物質を分離するために考案されたものであるが，今日ではタンパク質の精製には計り知れないほど貴重な手段となっている．種類に富んだ多様なクロマトグラフィー法が，サイズ，形状，分子量，あるいは結合特性に基づいてタンパク質の混合物を分離するために用いられる．純粋なタンパク質を得るために，いくつかの手法を連続的に用いなければならない場合がある．

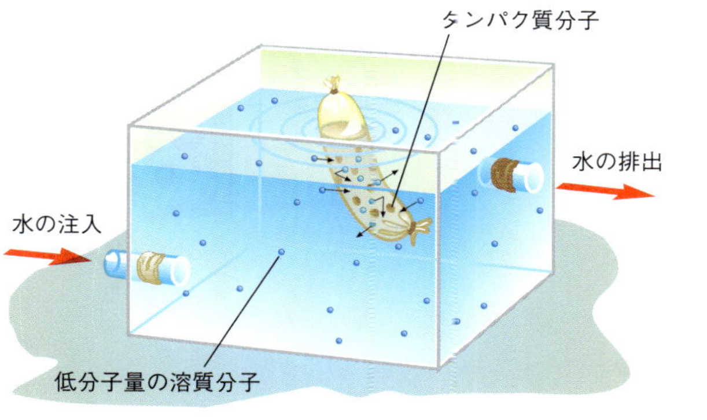

図 5 B　透析
タンパク質は透析によって，低分子量の不純物から日常的に分離される．細胞抽出液を含む透析バッグ（人工的な半透過性の膜）が水あるいは緩衝液に浸されると，低分子は膜の穴を通り抜ける．外液を連続的に交換すると，低分子量の不純物はすべて内部から除かれる．

クロマトグラフィーのすべての手法において，タンパク質の混合物は**移動相**（mobile phase）と呼ばれる液体に溶かされる．タンパク質分子が**固定相**（stationary phase，固体のマトリックス）を通過する際に，二相間における各分子の分配が異なるために，それらは相互に分離されていく．各分子は，移動相が流れている間に，各分子が固定相と相互作用する能力に応じて移動する．

タンパク質の精製によく使われるのは，ゲル沪過クロマトグラフィー，イオン交換クロマトグラフィー，およびアフィニティークロマトグラフィーの三つの手法である．**ゲル沪過クロマトグラフィー**（gel filtration chromatography）はサイズ排除クロマトグラフィーの一種で，ゲルで充填されたカラム（中空の筒）のなかを水溶液中の分子が通過するとき，サイズに応じて分子が分離される（図 5 C）．ゲルの孔より大きい分子は排除され，そのためにカラムのなかをすばやく移動する．ゲルの孔より小さい分子は，孔のなかに入ったり外に出たりして拡散するので，カラム内での移動は遅くなる．分子の移動速度の差によって，タンパク質の混合物は各バンドとして分離され，個別に回収される．

イオン交換クロマトグラフィー（ion-exchange chromatography）はタンパク質を電荷に基づいて分離する．正に帯電した材料から構成される陰イオン（アニオン）交換樹脂は，タンパク

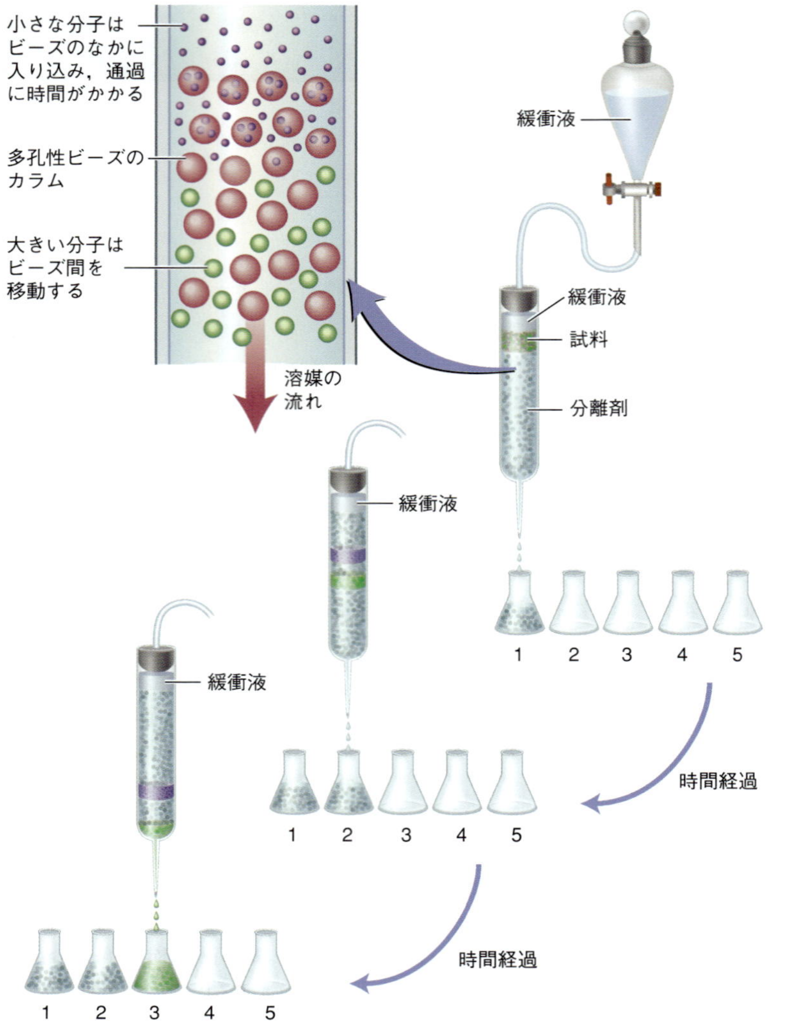

図 5C　ゲル沪過クロマトグラフィー
ゲル沪過クロマトグラフィーでは，多孔性のゼラチン状のポリマーが固定相として使われる．実験者は目的とする分子を分離できるように孔のサイズを決める．試料はカラムの上部から供され，緩衝液(移動相)で溶出する．溶出が進む際，大きな分子はより速くゲル中を通り抜けるが，小さな分子はゲル孔に入り，ゆっくりと移動する．溶出液を分画すると，大きな分子は分取の早期に回収され，小さな分子は後期に回収される．

質の負電荷をもつ基と可逆的に結合する．同様に，陽イオン(カチオン)交換樹脂は，正電荷をもつ基と結合する．樹脂に結合しないタンパク質を除いた後，溶媒の pH または塩濃度を適宜変化させることによって，目的とするタンパク質を回収する(pH の変化はタンパク質の実効電荷を変える)．

アフィニティークロマトグラフィー(affinity chromatography)はタンパク質精製をするうえで効率的な手法の一つであり，タンパク質の独特な生物学的特性を利用している．つまり，特定のタンパク質と特別な分子(リガンド)との間の可逆的で非共有結合的な親和性を利用している．カラムに充填する不溶性のマトリックスにリガンドを共有的に結合させる．結合性をもたないタンパク質分子がカラムから流れでた後に，タンパク質とリガンドとの結合に影響を及ぼす条件(pH あるいは塩濃度)を変えることによって，対象とするタンパク質を溶出する．アフィニティークロマトグラフィーは組換えタンパク質の精製によく使われている(組換えタンパク質は，組換え DNA 配列を宿主生物において翻訳させることでつくられる．p. 607〜609 に記述されているが，組換え DNA は，異なる生物の DNA を研究室でつなぎ合わせて合成される)．組換えタンパク質は典型的には，GST(グルタチオン *S*-トランスフェラーゼ，p. 465 参照)のような親和性をもつ標識を含んだ融合タンパク質であり，その標識は，対象とするタンパク質の N 末端あるいは C 末端のいずれかに組み込まれている．GST は(分子量 26,000 の)小さなタンパク質で，GSH に対して高い親和性をもっている(GSH は細胞における重要な抗酸化剤である．つまり，生体分子が酸素ラジカルによって損傷することを防いでいる．

p. 323～326 参照）. GSH を結合したビーズにタンパク混合物を混ぜると，GST 融合タンパク質はそのビーズに結合する．ビーズを穏やかに洗浄して他のタンパク質を除去した後，ビーズを遊離の GSH で洗浄すると，GSH は融合タンパク質の解離を引き起こす．対象のタンパク質は，それと GST 標識との間に挿入された特異的な部位を酵素触媒的に加水分解することで回収される．

電気泳動

タンパク質は電荷を帯びているので，電場のなかを移動することができる．**電気泳動**（electrophoresis）と呼ばれるこの操作において，各分子は実効電荷の差によって互いに分離される．たとえば，正の実効電荷をもっている分子は負の電極（陰極）のほうへ移動する．負の実効電荷をもっている分子は正の電極（陽極）のほうへ移動する．実効電荷がゼロの分子はまったく移動しない．

電気泳動は，生化学の領域において最も一般的に使われている手法の一つであり，ほとんどの場合，ポリアクリルアミドあるいはアガロースのゲルを用いて行われる．ここにおいてもゲルは，ゲル沪過クロマトグラフィーの場合と同様に，タンパク質をその分子量と形状に基づいて分離する．したがってゲル電気泳動は，タンパク質あるいは他の分子からなる複雑な混合物を分離するのに非常に効果的である．

ゲル電気泳動の分離によって生じるバンドは，いくつかの方法で取り扱われる．紫外線で可視化した後に，特定のバンドをゲルから切りだすこともある．ゲル切片に含まれるタンパク質を緩衝液で溶出し，さらなる解析へと送る．ゲル電気泳動は分離能が高いので，タンパク質試料の純度を評価するためにも用いられる．クーマシーブリリアントブルーのような色素によるゲルの染色は，精製が進んだことをすばやく判定するためによく使われる方法である．

SDS-ポリアクリルアミド電気泳動（SDS-polyacrylamide gel electrophoresis, SDS-PAGE）は汎用される電気泳動法の一つであり，分子量の決定に使われる（図 5 D）．負に帯電した変性剤の SDS はタンパク質分子の疎水性領域に結合し，タンパク質を変性させて桿状にする．たいていのタンパク質分子は分子量におおよそ比例して SDS を結合するため，電気泳動においてSDS で処理されたタンパク質は，その分子量のみに比例して陽極（＋極）のほうへ移動する．

質量分析

質量分析（mass spectrometry, MS）は，分子を分離・同定し，その質量を決定する高性能で高感度な技術である．質量対電荷（m/z）比の差異を活用している．質量分析計では，イオン化された分子が磁場のなかを通過する（図 5 E）．磁場は m/z 比に応じてイオンの向きを変え，重いイオンよりも軽いイオンを直線方向からより大きく曲げる．そして各イオンの湾曲の度合いを検出器で測定する．タンパク質の同定や質量の決定に加えて，

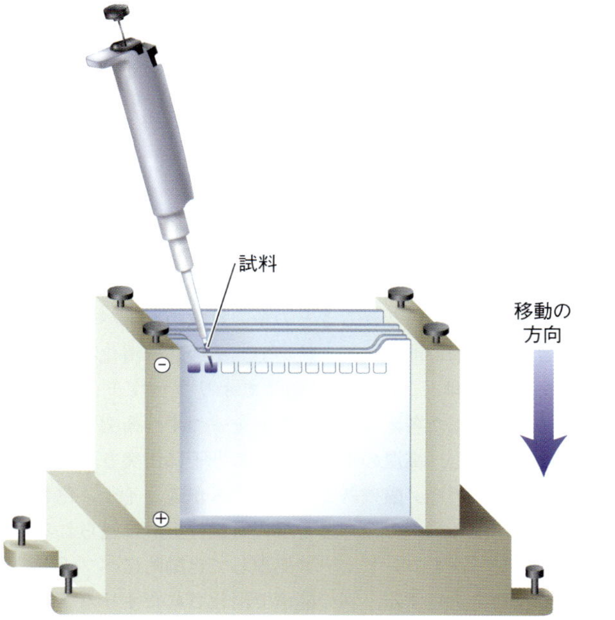

(a)

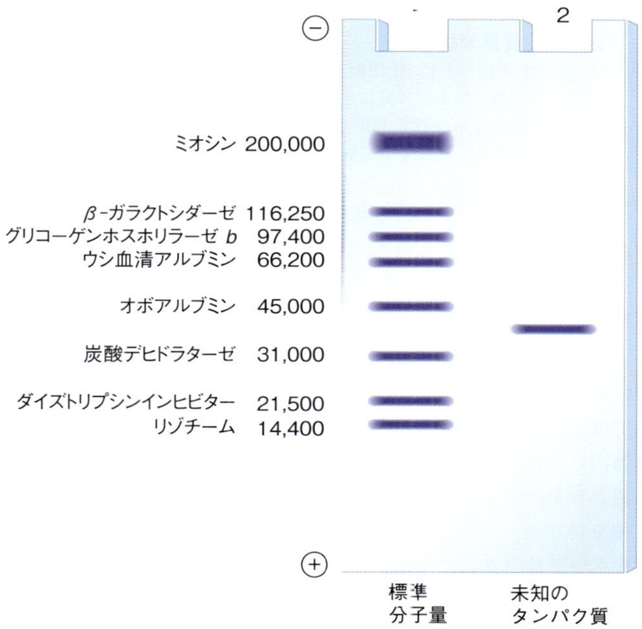

(b)

図 5 D　ゲル電気泳動
(a) ゲル泳動装置．試料はウェル（ゲル上部につくられた穴）に入れられる．電場をかけるとタンパク質はゲル中を移動する．
(b) それぞれの分子は，その分子量と形状に応じて移動し，分離される．

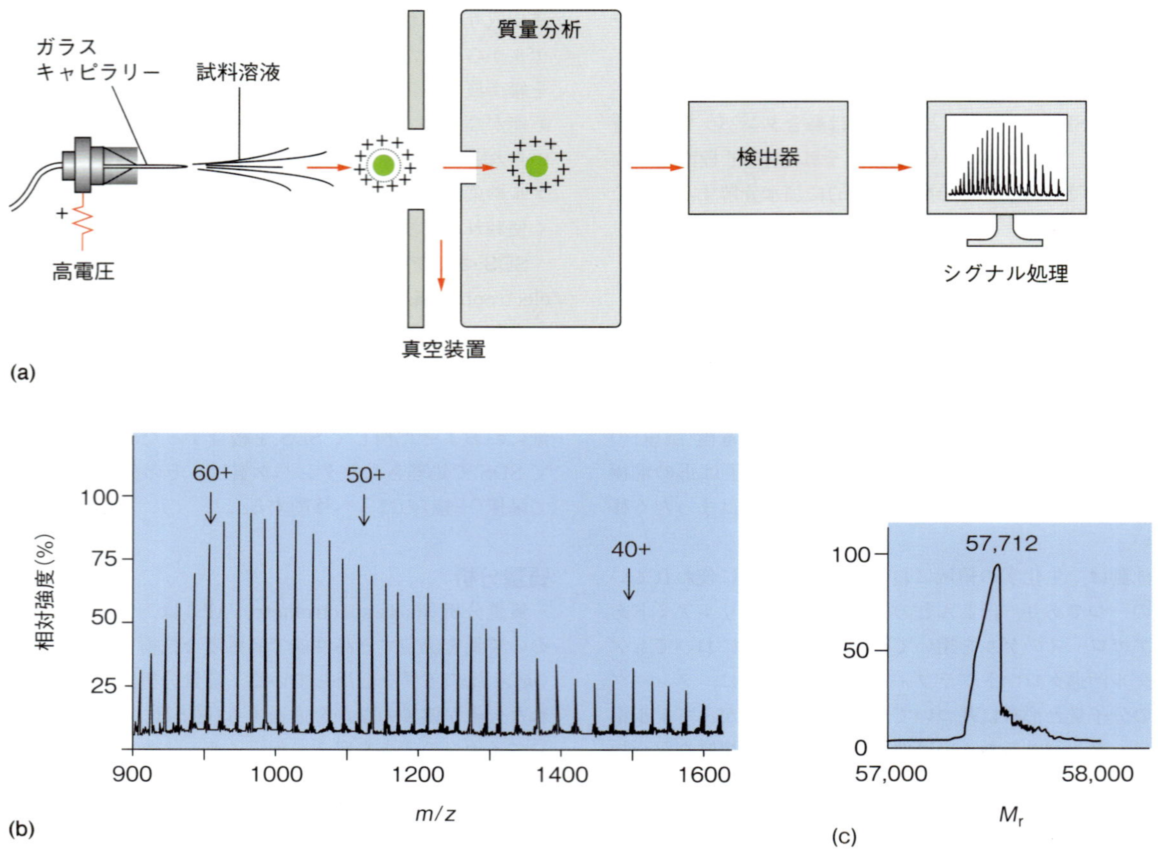

図 5E　質量分析

(a)電子スプレーイオン化法の主要な段階．試料（溶媒に溶けたタンパク質）をガラスキャピラリーによってイオン化チャンバー内へ挿入する．電子スプレー針と射出口の間に生じさせた電位差によってタンパク質イオンが生成される．この段階において溶媒は蒸発する．イオンは質量分析計に入り，その m/z 比が測定される．(b)電子スプレー質量スペクトルにおいては m/z 比が複数のピークで与えられる．(c)データをコンピュータ解析処理することによって試料タンパク質分子の質量（M_r：分子量）を得られる．

タンパク質に結合している補因子やタンパク質の修飾を検出するときにも MS は使われる．質量分析では分析対象の物質をイオン化し気化するので，電子スプレーイオン化法やマトリックス支援レーザー脱離イオン化法（MALDI）のような手法が開発されるまでは，タンパク質や核酸のように熱安定性の乏しい高分子への利用は現実的ではなかった．電子スプレーイオン化法では，高電圧をかけたなか，対象のタンパク質を含む溶液が機器内に噴霧される．典型的には超極細のガラス管などの噴射装置からタンパク質の液滴が射出されると，タンパク質分子は電荷を帯びる．マトリックス支援レーザー脱離イオン化法では，固体マトリックスに包み込まれたタンパク質は，レーザー光を照射されると気化する．いったん試料がイオン化されると，気相に移った分子はそれぞれの m/z 比に応じて分離される．質量分析計がそれぞれのイオンを検出して各ピークを与える．コンピュータ解析処理で，各イオンの質量に関する情報を既知の構造物の情報に照らし合わせて，試料に含まれる分子の同定を行うことができる．

タンパク質の配列解析にはタンデム MS（二つの質量分析計が直列につながっている MS/MS）が利用される．まず，ゲル中のバンドから抽出されることの多い対象のタンパク質をタンパク質分解酵素で消化する．続いて，その酵素消化物を最初の質量分析計に供し，m/z 比に応じてオリゴペプチドを分離する．イオン化した各オリゴペプチドを一つずつ衝突チャンバーのなかに投射し，高温の不活性なガス分子に衝突させて断片化する．一つのアミノ酸残基ごとにサイズが違うイオン化されたペプチドが生じ，その後，2 番目の質量分析計に送られる．得られた各ピークをコンピュータ処理して自動的にペプチドのアミノ酸配列を決定する．別の酵素で消化されたオリゴペプチドに対しても，この操作を繰り返す．両方の酵素消化物から得られた配列情報をもとに，コンピュータを使って元のポリペプチド鎖のアミノ酸配列を決定する．

最近，トップダウン質量分析法と呼ばれる高分解能な質量分析技術が，タンパク質の構造解析のために発展してきた（質量分析の前にタンパク質を消化するというボトムアップ手法とは対照的に）トップダウン質量分析法では，未修飾のタンパク質やタンパク質混合物をフーリエ変換イオンサイクロトロン共鳴質量分析計（FTICR-MS）と呼ばれる機器に直接注入する．FTICR-MS では，静的な磁場と急速に変化する電場のなかで荷電粒子が加速され動くことで生じるシグナルを，フーリエ変換と呼ばれる数学的変換を施すことで解析し，質量スペクトルを得る．FTICR-MS は，分子量が 10 万以下のタンパク質の高分解な配列決定や，翻訳後修飾，タンパク質間相互作用を明らかにすることには成功している．

タンパク質配列に基づいた機能予測

いったんポリペプチドの単離・精製・配列決定がなされると，機能を決めることが次の課題となる．この試みは一般的には，既知のタンパク質配列のデータベースを精査することから始まる．BLAST（Basic Local Alignment Search Tool）というコンピュータプログラム（www.ncbi.nim.nih.gov/blast）を用いることで，未知のタンパク質配列（お尋ね配列）に相同性を示す既知の配列を迅速に検索することができる．タンパク質配列データベース〔たとえば UniProt（Universal Protein resource），www.uniprot.org〕はかなり情報量が大きいので，配列比較の問合せをデータベースの約 50％で行えば機能を推定できる配列に出くわすことが期待される．

X 線結晶構造解析

タンパク質の立体構造に関する情報の多くが X 線結晶構造解析から得られている．タンパク質分子における原子間の結合距離はおよそ 15 nm なので，タンパク質構造を解析するためには波長の短い電磁波が必要である．可視光の波長（λ = 400〜700 nm）では生体分子を解析するのに十分な解像度を得られないが，X 線は非常に短い波長（0.07〜0.25 nm）をもっている．

X 線結晶構造解析では，高度な秩序をもつ結晶試料に X 線ビームを照射する（図 5 F）．X 線が結晶にあたると，結晶中の原子によって散乱する．得られた回折パターンを電荷結合素子（CCD）検出器に記録する．回折パターンを利用して電子密度マップを構成する．散乱した X 線を再び収束させる対物レンズがないために，三次元画像の構築は数理的に解析して行われる．現在では，これらのきわめて複雑で困難な計算はコンピュータプログラムを用いて行われる．ポリペプチドの立体構造は相同的モデリングという方法を用いて決定できる．この方法は，タンパク質の立体構造がその配列以上に保存されるという観察に基づいている．構造モデルは，タンパク質データバンク（www.pdb.org）にある一つ以上の相同的なタンパク質の X 線回折データからつくられる．

核磁気共鳴分光法

核磁気共鳴法（NMR）は，強磁場のもとで整列した磁性をもつ原子核（つまり ^{1}H，^{13}C，^{15}N のような核スピンをもつ同位体）による電磁波（電波）の吸収に基づいた分光法で，汎用されている（核スピンとは，奇数個のプロトンあるいは中性子をもつ原子核で生じる角運動量の一形態である．スピンしている核は小型の棒磁石に似ている）．結晶化しやすいタンパク質に限られる X 線結晶解析法と異なり，核磁気共鳴法は，対象の結晶化能

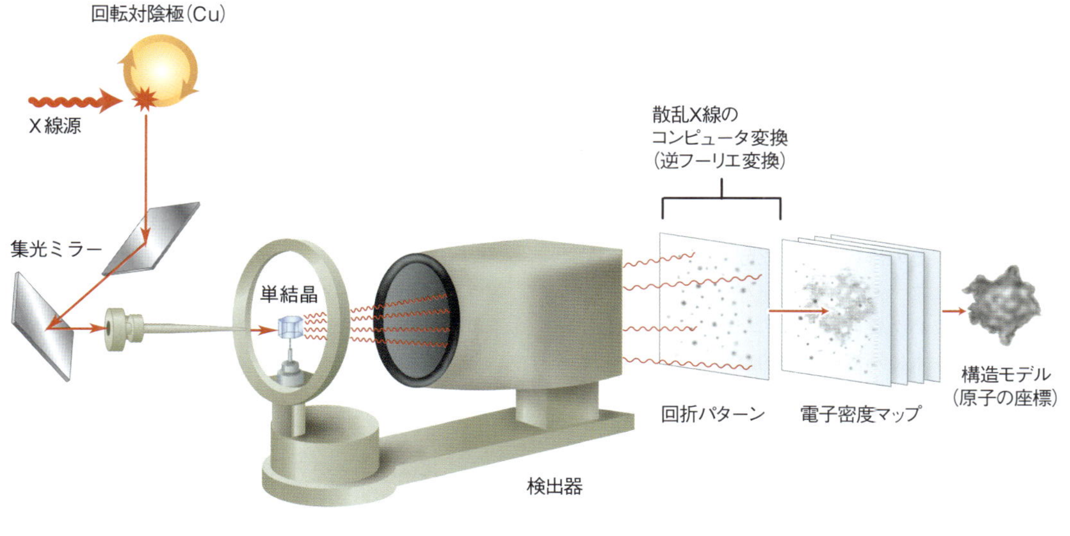

図 5 F　X 線結晶構造解析の概念図

X 線の波長域は化学結合の長さとほとんど同程度なので，X 線は生体分子の解析に利用される．したがって，X 線結晶構造解析の解像度は原子間距離に匹敵する．

▶

にかかわらず，中間サイズのタンパク質（分子量 40,000〜60,000）や他の高分子の構造を解析することに利用される．タンパク質分子の立体構造は，電波の短いパルスを使い，外部磁場に沿って整列した核を乱すことで決定される．それぞれの核にかかる全磁場には近傍の原子による局所磁場も含まれるので，核が電波によって核磁気共鳴する際はそれぞれ異なって反応する．核磁気共鳴スペクトルは，それぞれの核が吸収するエネルギーに対してコンピュータで演算処理された電波周波数をプロットしたものである．タンパク質のアミノ酸配列がわかれば，その折りたたみ構造は，分子中のそれぞれの原子の特性と相対位置とを解くいくつかの核磁気共鳴実験を解析することで決定される．核磁気共鳴法は，X 線結晶解析と比べて他にも重要な利点がある．X 線結晶解析法では結晶化されたタンパク質の静的な瞬間画像しか得られないが，核磁気共鳴法ではタンパク質の動力学（たとえば分子機能に必須な内部構造の変化）の研究においても利用できる．また核磁気共鳴法では，他の分子と相互作用するタンパク質の応答，あるいは温度や pH のような状況下の変化についても情報を得られる．

本章のまとめ

1. ポリペプチド鎖はアミノ酸の重合体（ポリマー）である．タンパク質は一つあるいは複数のポリペプチド鎖から構成されている．
2. アミノ酸はいずれも分子の中央に炭素原子（α 炭素原子）をもっている．その炭素原子に，アミノ基，カルボキシ基，水素原子，および R 基が結合している．アミノ酸はタンパク質を構成しているほかに，数種の生物学的役割を担っている．水分子と相互作用する能力に応じて，アミノ酸は四つの群に分類される．非極性アミノ酸，極性アミノ酸，酸性アミノ酸，塩基性アミノ酸である．
3. アミノ酸やペプチドを滴定すれば，それらの構造への pH の影響を知ることができる．分子の実効電荷がゼロである pH を等電点と呼ぶ．
4. アミノ酸はいくつかの化学反応にかかわっている．ペプチド結合の形成とシステインの酸化反応とシッフ塩基の形成は，とくに重要である．
5. 生物においてタンパク質は多種多様な機能を果たしている．構造的素材であるほかに，タンパク質は代謝制御，輸送，生体防御，触媒にかかわっている．いくつかのタンパク質は多機能であり，見かけ上無関係な複数の機能を果たす場合がある．またタンパク質は，その形状や構成成分だけでなく一次配列の相同性に応じて，ファミリーやスーパーファミリーに分類される．繊維状タンパク質（たとえばコラーゲン）は長く桿状をした分子であり，水に不溶で物理的な強度がある．球状タンパク質（たとえばヘモグロビン）はコンパクトな球状分子で，一般に水に可溶である．
6. 生化学者はタンパク質の構造を四つのレベルに分けて考えてきた．一次構造はアミノ酸配列のことであり，遺伝情報によって規定される．ポリペプチド鎖が折りたたまれるにつれて，局所的な折りたたみの様式がタンパク質の二次構造をつくる．一つのポリペプチド鎖がとる全体的な三次元的形状は三次構造と呼ばれる．複数のポリペプチド鎖からなるタンパク質は四次構造をとる．とくに真核生物の制御過程にかかわる多数のタンパク質は，部分的に，あるいはまったく構造をとらない．タンパク質の構造は，多くの物理的あるいは化学的な条件によって壊される．変性剤としては，強酸あるいは強塩基，還元剤，有機溶媒，変性剤，高濃度の塩類，重金属，温度変化，および機械的ストレスがある．
7. タンパク質生合成における最も重要な局面の一つが，ポリペプチド鎖が生物活性のある立体構造に折りたたまれる過程である．数十年間にわたるポリペプチド鎖の物理的および化学的な性質の解析にもかかわらず，一次配列が分子の最終的な立体構造を決める機構については解明されていない．最終的な三次構造に折りたたまれるために，多くのタンパク質は分子シャペロンを必要とする．タンパク質の誤った折りたたみが，アルツハイマー病やハンチントン病のようないくつかのヒト疾患の重要な原因だと，今は考えられている．
8. α ヘリックスや β プリーツシートを高い割合で含んでいる繊維状タンパク質（たとえば α ケラチンやコラーゲン）は，動力学的な役割よりも構造的な役割を果たす．その多彩な機能の一方で，ほとんどの球状タンパク質は特定のリガンドあるいはある種の高分子上の特定部位に結合する特性をもっている．このような結合は球状タンパク質の立体構造の変化を伴う．
9. 複数のサブユニットからなる複雑なタンパク質の生物活性は，小さなリガンドがタンパク質に結合するアロステリックな相互作用によってしばしば制御される．タンパク質の活性の変化は，タンパク質のサブユニット間の相互作用の変化によって生じる．エフェクターがタンパク質の機能を高めたり，あるいは低下させたりする．

キーワード

Hsp70 144
Hsp90 144
SDS-ポリアクリルアミドゲル電気泳動法(SDS-polyacrylamide gel electrophoresis) 159
アフィニティークロマトグラフィー(affinity chromatography) 158
アポタンパク質(apoprotein) 127
アミノ酸残基(amino acid residue) 111
アルジミン(aldimine) 124
アルツハイマー病(Alzheimer's disease) 145
アルドール縮合(aldol condensation) 148
アロステリー(allostery) 137
アロステリック転移(allosteric transition) 137
イオン交換クロマトグラフィー(ion-exchange chromatography) 157
一次構造(primary structure) 127
移動相(mobile phase) 157
エフェクター(effector) 138
塩橋(salt bridge) 135
塩析(salting out) 157
応答エレメント(response element) 139
オリゴマー(oligomer) 136
キネシン(kinesin) 154
球状タンパク質(globular protein) 127
鏡像異性体(enantiomer) 116
協同的結合(cooperative binding) 151
キラルな炭素原子(chiral carbon) 116
金属タンパク質(metalloprotein) 127
ゲル沪過クロマトグラフィー(gel filtration chromatography) 157
光学異性体(optical isomer) 116
固定相(stationary phase) 157
サブユニット(subunit) 135
三次構造(tertiary structure) 128
ジスルフィド架橋(disulfide bridge) 122
実質上の非構造化タンパク質(intrinsically unstructured protein) 139
シッフ塩基(Schiff base) 123
質量分析(mass spectrometry) 159
脂肪族炭化水素(aliphatic hydrocarbon) 113
シャペロニン(chaperonin) 144
神経伝達物質(neurotransmitter) 114
繊維状タンパク質(fibrous protein) 127
相同性のあるポリペプチド鎖(homologous polypeptide) 128
ダイニン(dynein) 154
多機能性タンパク質(multifunctional protein) 126
タンパク質(protein) 111
タンパク質スーパーファミリー(protein superfamily) 127
タンパク質の折りたたみ(protein folding) 131
タンパク質ファミリー(protein family) 127
超二次構造(supersecondary structure) 131
電気泳動(electrophoresis) 159
天然状態においてほどかれたタンパク質(natively unfolded protein) 139
糖タンパク質(glycoprotein) 127
等電点(isoelectric point) 117
二次構造(secondary structure) 128
熱ショックタンパク質(heat shock protein) 126
ハンチントン病(Huntington's disease) 145
フォールド(fold) 134
複合タンパク質(conjugated protein) 127
不斉炭素原子(asymmetric carbon) 116
プロトマー(protomer) 136
分子シャペロン(molecular chaperone) 145
分子病(molecular disease) 129
ペプチド(peptide) 111
ペプチド結合(peptide bond) 121
ヘムタンパク質(hemoprotein) 127
変性(denaturation) 140
芳香族炭化水素(aromatic hydrocarbon) 113
補欠分子族(prosthetic group) 127
ポリペプチド(polypeptide) 111
ホルモン(hormone) 114
ホロタンパク質(holoprotein) 127
ミオシン(myosin) 154
モジュールタンパク質(modular protein) 134
モジュレーター(modulator) 138
モータータンパク質(motor protein) 154
モチーフ(motif) 131
モルテングロビュール(molten globule) 143
四次構造(quaternary structure) 128
リガンド(ligand) 135
立体異性体(stereoisomer) 116
リポタンパク質(lipoprotein) 127
両親媒性分子(amphipathic molecule) 141
両性イオン(zwitterion) 111
両性分子(amphoteric molecule) 111
リンタンパク質(phosphoprotein) 127

復習問題

以下の問いは，次章へ進む前に，本章で論じた重要な概念について理解度を確認するためのものである．解答は巻末および『問題の解き方』を参照のこと．

1. 次の用語の定義を述べよ．
 a. 超二次構造　b. プロトマー　c. リンタンパク質
 d. 変性　e. イオン交換クロマトグラフィー
2. 次の用語の定義を述べよ．
 a. タンパク質モチーフ　b. 複合タンパク質
 c. ダイネイン　d. 両性イオン　e. 電気泳動
3. 次の用語の定義を述べよ．
 a. 金属タンパク質　b. ホルモン　c. ホロタンパク質
 d. 実質上の非構造化タンパク質　e. キネシン
4. 次の用語の定義を述べよ．
 a. 光学異性体　b. 等電点　c. ペプチド結合
 d. ジスルフィド結合　e. シッフ塩基
5. 次の用語の定義を述べよ．
 a. アルジミン　b. 熱ショックタンパク質
 c. 多機能性タンパク質　d. タンパク質ファミリー
 e. タンパク質スーパーファミリー
6. 次の用語の定義を述べよ．
 a. 兼業タンパク質　b. 繊維状タンパク質
 c. 球状タンパク質　d. 補欠分子族
 e. アポタンパク質
7. 次の用語の定義を述べよ．
 a. 塩橋　b. オリゴマー　c. アロステリック転移
 d. タンパク質変性　e. 両親媒性分子
8. 次の用語の定義を述べよ．
 a. 分子シャペロン　b. シャペロニン　c. 協同的結合
 d. モータータンパク質　e. 一次構造

9. タンパク質，ペプチド，およびポリペプチドを区別せよ．

10. 以下のそれぞれのアミノ酸について，極性か非極性か，酸性か塩基性かを述べよ．
   a. グリシン　b. チロシン　c. グルタミン酸
   d. ヒスチジン　e. プロリン　f. リシン
   g. システイン　h. アスパラギン　i. バリン
   j. ロイシン

11. 以下の分子について a，b の問いに答えよ．

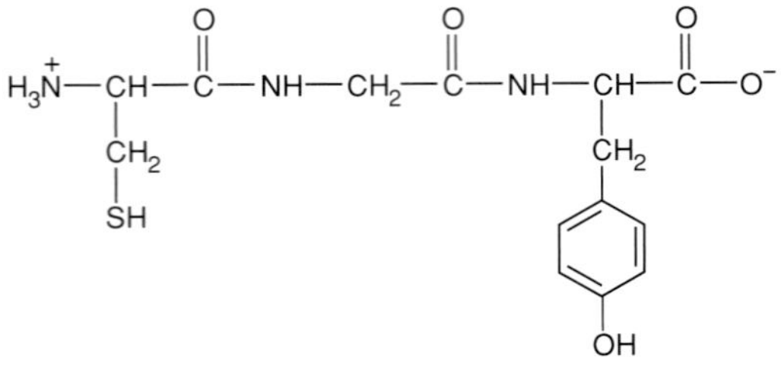

   a. 名称を記せ．
   b. アミノ酸の 3 文字表記を使うと，この分子はどのように表されるか．

12. グリシルグリシンのペプチド結合の周りの回転は妨げられている．ペプチド結合の共鳴構造を描き，その理由を説明せよ．

13. 以下の要素が寄与しているタンパク質のレベルを答えよ．
   a. アミノ酸配列　b. β プリーツシート
   c. 水素結合　d. ジスルフィド結合

14. 以下のアミノ酸配列に存在する可能性が最も大きいと考えられる二次構造の種類はどのようなものか．
   a. ポリプロリン（プロリン重合体）
   b. ポリグリシン（グリシン重合体）
   c. Ala—Val—Ala—Val—Ala—Val
   d. Gly—Ser—Gly—Ala—Gly—Ala

15. 変性とは，構造的変化あるいは化学反応によるタンパク質機能の喪失を指す．タンパク質の構造のどのレベルにおいて，あるいはどのような化学反応を通して，以下の変性条件は作用するのか．
   a. 加熱　b. 強酸　c. 飽和塩類溶液
   d. 有機溶媒（たとえばアルコールやクロロホルム）

16. あるポリペプチド鎖は高い p*I* 値をもっている．どのようなアミノ酸がそれを構成しているか述べよ．

17. タンパク質を単離する段階について概説せよ．各段階において何が達成されるか．

18. ポリペプチド鎖の最終的な立体構造を決定するために，その一次構造を使うときに生じる問題点について記せ．

19. タンパク質の折りたたみにかかわる力について説明せよ．

20. モータータンパク質の特徴とは何であるか．生物はどのようにモータータンパク質を利用しているのか．

21. ジペプチド Gly-Ala の等電点の値はいくらか．

22. クジラのような深海まで潜る哺乳類の筋肉には，多量のミオグロビンが含まれている．これは，どのように長時間の潜水に働くのか．

応用問題

以下の問いは，本書でこれまで論じてきた重要な概念について理解を深めるためのものである．正解は一つとは限らない．解答例は巻末および『問題の解き方』を参照のこと．

23. グルコースはポリヒドロキシアルデヒドである．グリシンとグルコースとの反応生成物の構造を記せ．

24. 呼吸亢進（早い呼吸）は血流中のオキシヘモグロビンの濃度にどのような影響をもたらすか．

25. ペニシラミンの次の反応を完成させよ．

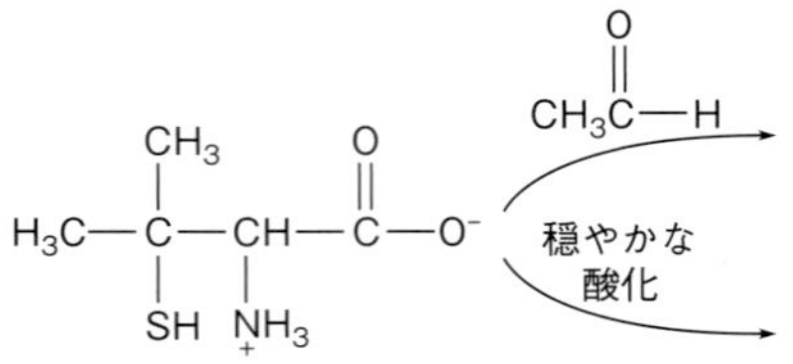

26. いくつかのタンパク質は活性のある立体構造を形成するために分子シャペロンを必要とするが，必要としないタンパク質もある．なぜか，その理由を記せ．

27. バリン，ロイシン，イソロイシン，メチオニン，フェニルアラニンのような残基はタンパク質内部によく見られるが，アルギニン，リシン，アスパラギン酸，グルタミン酸はタンパク質の表面に多く見られる．この理由を記せ．グルタミン，グリシン，アラニンはどの位置に見られると予想されるか．

28. 酵素の活性部位は，タンパク質の触媒活性にあずかるので保存された配列をもっている．しかしながら，酵素の大部分は活性部位を構成していない．酵素を組み立てるには相当なエネルギーを必要とするのに，なぜ，酵素は一般に大きい分子でなければならないのか．

29. 構造タンパク質は，その構造の一部として固定化された水分子を多く組み込んでいる．タンパク質分子はどのようにして水分子を適所において〝動けなくさせる〟ことができるのか．また，それをタンパク質構造の一部分とするのかについて考えよ．

30. 非極性アミノ酸は水分子を排除する傾向をもっているために，タンパク質の立体構造を形成したり維持したりするのに重要な役割を果たしている．これらの分子がこの役割を果たせる理由について考えよ．

31. トリペプチド Gly—Ala—Val について答えよ．
   a. 等電点はおよそいくらか．
   b. pH 値が 1，5，10，12 のときにトリペプチドを電場のなかにおくと，いずれの方向へ移動するか．

32. 多くのタンパク質は数種類の機能を示す．例をあげよ．どのような自然の力が，このような現象に寄与するのか．

33. 以下の 10 残基からなるペプチドがある．天然の立体構造に折りたたまれると，どのアミノ酸が分子表面に存在すると予想されるか．

   Gly—Phe—Tyr—Asn—Tyr—Met—Ser—His—Val—Leu

34. 問題 33 のペプチドにおいて，どのアミノ酸残基が分子内部に見いだされる傾向にあるか．

35. 問題 33 のペプチドを 3 時間の酸加水分解に供すると，得られる産物はどのようなものか．

36. あなたは遺伝子工学の技術者で，「延びた α ヘリックスを形成する特定のアミノ酸配列を，β バレルを形成する配列に変換して，タンパク質の構造を変えよ」という課題を与えられたとしよう．どのような種類のアミノ酸が α ヘリックスに含まれていると予想されるか．また，置換にはどのようなアミノ酸を必要とするか．

37. p53 にとって，小胞体ストレス，紫外線，低酸素症（低い酸素濃度）のような因子によって活性化される利点は何か．
38. アミノ酸は，生物活性をもつ多くの窒素含有分子の前駆体である．以下の分子の前駆体はどのアミノ酸であるか．

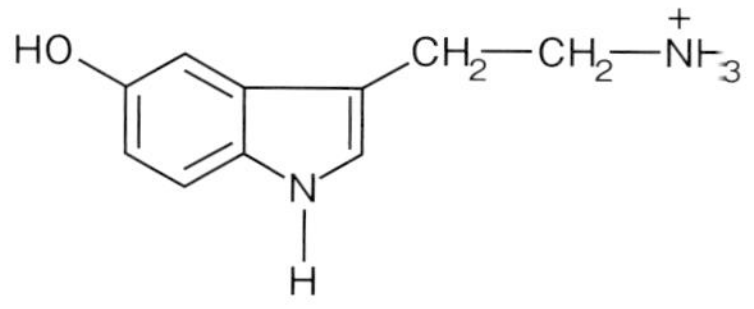

セロトニン

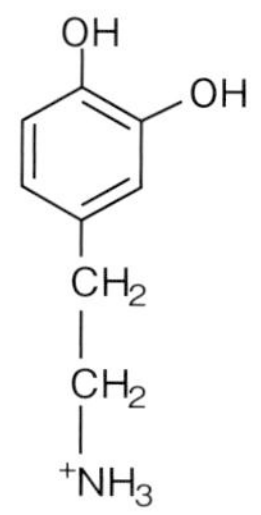

ドーパミン

39. 下垂体後葉の抽出物からオキシトシンとバソプレッシンを分離する手法を記せ．

CHAPTER

6 酵　素

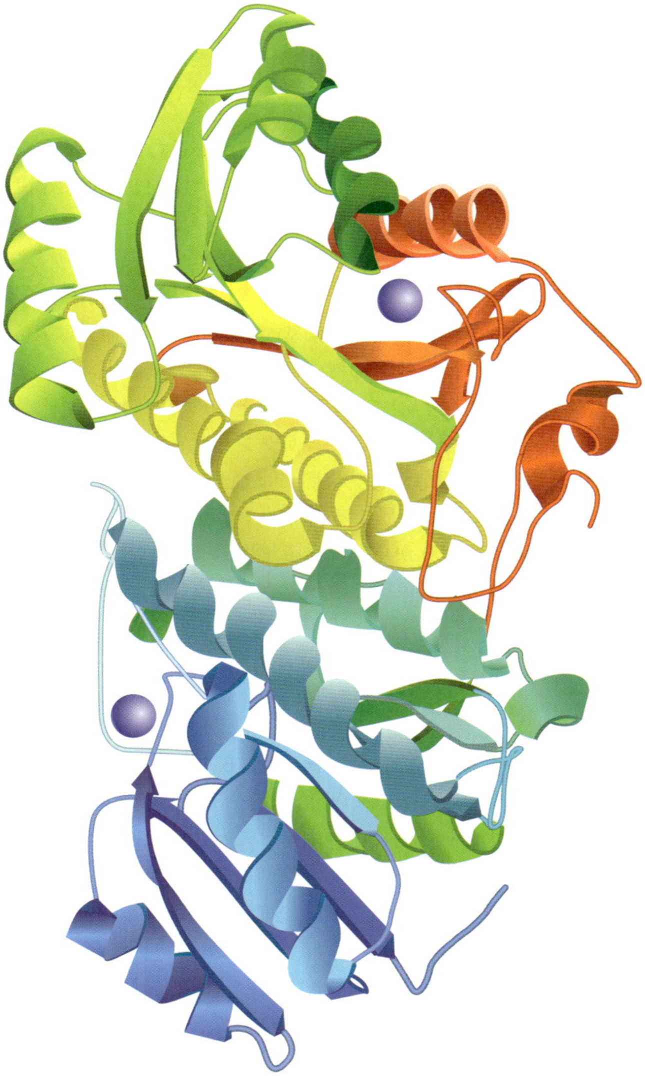

アルコールデヒドロゲナーゼ　アルコールデヒドロゲナーゼ（ADH）は，体内で生成した内因性あるいは体外からもたらされた外因性のアルコール類による毒性から生物を防御する一群の酵素である．大部分の ADH は触媒活性と構造維持のために亜鉛イオンを必要とする．

アウトライン

概　要

生化学者は140年以上の長きにわたって，酵素(enzyme，生物学的触媒)を研究し続けてきた．生命現象を物質レベルでとらえることができなかった時代にも，彼らは酵素の重要性を直感的に察知していたのである．生命科学者たちは，生化学者たちが考案した技術を使って，徐々に生命の本質を解き明かし，ついには，生体内で起こるほとんどすべての現象は，酵素が触媒する化学反応に基づくことを示した．つい最近まで，すべての酵素はタンパク質であると考えられていたが，RNA分子も触媒機能をもつことがわかり，これまでの概念を覆すことになった．この章では触媒能をもつタンパク質について述べる．触媒能をもつRNA分子の特性については18章に述べる．

酵素がなければ，生命現象を支える数千種にも及ぶ生化学反応はほとんど起こらない．触媒がない(促進されない)ときに水中でどれくらい反応が進むか調べたところ，CO_2の水和反応は5秒に1度起こるが，グリシンの脱炭酸反応に至っては11億年に1度の割合でしか起こらないことがわかった．一方，酵素が触媒する反応においては，通常，マイクロ秒からミリ秒に1度反応が起こる．したがって，酵素は生体においてエネルギーや物質の流れをつくりだすための媒体とみなすことができる．タンパク質動力学(高次構造の変化を調べる研究)や高分子クラウディングの解析により蓄積された知見に基づき，今，酵素研究は大きく変わろうとしている．たとえば，従来の概念では，酵素の機能はもっぱら酵素の表面構造および反応分子(基質)と基質結合部位との相互作用によって決まると考えられていた．しかし，最近の研究結果から，ある種の酵素はタンパク質分子内部の動きがタンパク質分子全体に及び，触媒機能を発揮することがわかってきた．また，酵素は，実際には従来研究されてきた条件(つまり精製した酵素を低濃度で用いる)とはまったく異なる環境，つまり高濃度のゲル状溶液である生体内で機能しているのである．最近の研究から酵素反応速度論モデルが進歩し，実験方法やデータ解析法が高度化し，実際の生体内での反応を再現できるようになってきた．この章では酵素の構造と機能についてまとめる．

6.1　酵素の性質

表 6.1　酵素の基本的性質

- 反応速度を増大する
- 熱力学的法則に従う(すなわちK_{eq}値には効果を示さない)
- 可逆反応の正反応と逆反応を触媒する
- 反応で消費されることがなく，通常は低濃度で存在する
- 調節的な機構で制御される
- 酵素の活性部位に結合した反応性の基質は遷移状態をとる

酵素はいくつかの驚くべき性質をもった触媒である(**表 6.1**)．まず，酵素の反応速度は，通常，非常に速く，酵素非存在下に比べ，10^7〜10^{19}倍速い．次に，無機触媒による反応に比べ，きわめて高い反応特異性をもっており，副反応物はほとんど生じない．さらに，酵素は大きくて複雑な構造をもっており，みずからの酵素機能を制御することができる．これは生体にとって，エネルギーと原料物質を浪費しないためのとくに重要な秘策である．

酵素触媒：その基本

酵素はどのように働くのか．この問いに対する答えは触媒の機能を考えるとよくわかる．**触媒**(catalyst)とは，みずからは変化することなく，化学反応の効率を上昇させるものと定義されている．触媒は，化学反応に必要な活性化エネルギーを減少させることにより，反応速度を上昇させるのである．いいかえれば，触媒はエネルギーをあまり必要としない別の反応経路を与えるものといえる(**図 6.1**)．活性化自由エネルギー $\Delta G^{\ddagger}$ は1 molの**基質**(substrate，反応物質)が基底状態(安定な低エネルギー状態)から**遷移状態**(transition state)へ移行するために必要なエネルギーと定義される．ここで遷移状態とは，反応経過中に反応物分子が最も高いエネルギーをもつ構造である．遷移状態は反応物や生成物より高いエネルギーをもつため，最も安定性が低い．エタノールが酸化されてアセトアルデヒドになる反応では

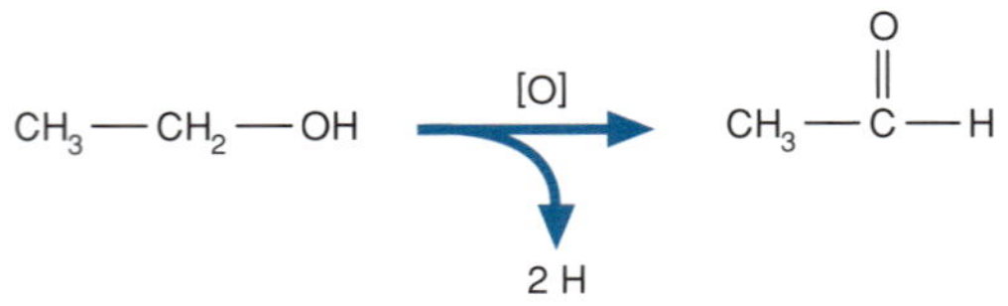

遷移状態は以下の状態と考えられる．

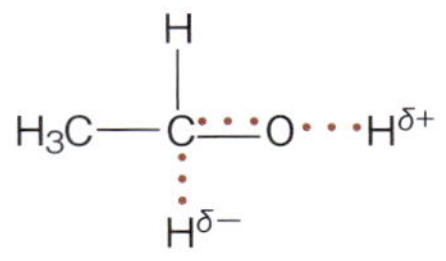

アルコール性の H は H^+ イオンとして脱離し始め，メチレンの H はヒドリドイオン（$H:^-$）として脱離し始めることに注意する．

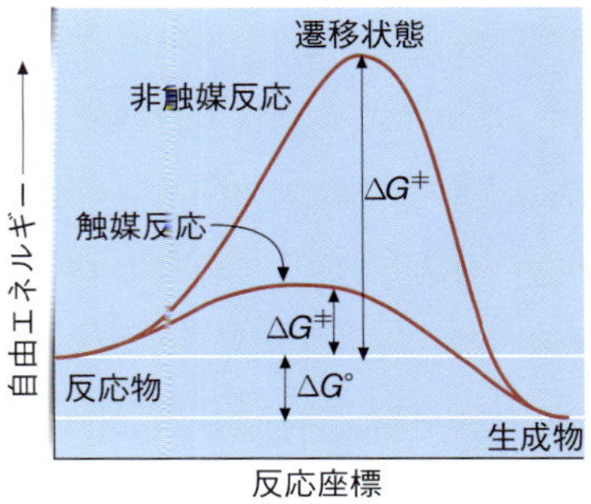

図 6.1 触媒は反応の活性化エネルギーを下げる
触媒は反応の活性化自由エネルギー $\Delta G^{\ddagger}$ を変化させるが，標準自由エネルギー ΔG° は変化させない．遷移状態は正逆両反応の経路の頂点に現れる．

酵素：活性化エネルギーと反応平衡

生命を維持できる速度で化学反応が進行するためには，ほとんどの場合，エネルギーの投入が最初に必要である．絶対 0 度（0 K，つまり −273.1 ℃）よりも高い温度では，すべての分子は振動エネルギーをもっており，加熱により振動エネルギーは増加する．次の自発的な反応を考えてみよう．

$$A + B \longrightarrow C$$

温度が上がるにつれて，振動している分子 A と B は衝突しやすくなる．衝突した両分子が**活性化エネルギー**（activation energy, E_a），あるいは生化学で一般に用いる<u>活性化自由エネルギー</u>（$\Delta G^{\ddagger}$）を超えるエネルギーをもったとき，化学反応が起こる．衝突が起こるたびに化学反応が起こるわけではなく，十分なエネルギーをもっている分子同士が，適した方向で衝突したときにのみ反応（共有結合の切断や反応生成物への変換）が起こる．温度の上昇や反応物濃度の上昇により分子間の衝突が増大するため，生成物の生成速度が増大する．しかし生体系では，高温で生体分子の構造がダメージを受けるため，温度上昇による速度増大は現実的でない．一方，大部分の反応物の濃度もかなり低いので，濃度上昇による速度増大にも無理がある．生物は酵素を用いることにより，このような制約から逃れているのである．それぞれの酵素には**活性部位**（active site）と呼ばれる特徴的で複雑な形状の結合部位がある．活性部位は大きなタンパク質分子に存在するへこみや割れ目のことであり，ここに基質分子は触媒作用がうまく進行するような配向性をもって結合することができる．しかし，活性部位は単に基質を結合する部位ではない．活性部位に存在するいくつかのアミノ酸の側鎖が触媒過程に関与している．

酵素の活性部位の形状および電荷の分布により，基質の動きや高次構造が制限を受け，遷移状態に近い状態に固定される．いいかえると，活性部位の構造を使って最適な位置に基質を固定しているのである．その結果，酵素-基質複合体は高いエネルギーを必要とせずに遷移状態に移行し，生成物と遊離酵素に変換する．そのため，非酵素触媒に比べて酵素触媒の反応速度はきわめて速い．反応速度を増加させる因子（6.4 節参照）はほかにもある．

酵素は他のすべての触媒と同様，反応の平衡を変えることはできない．しかし，平衡に到達する速度を増すことができる．次の可逆反応を考えてみよう．

$$A \rightleftharpoons B$$

触媒がなければ，反応物 A は一定の速度で生成物 B に変換される．この反応は可逆反応であるから，B から A への変換も起こる．正方向への反応速度を $k_F[A]^n$ で，逆反応の反応速度を $k_R[B]^m$ で表す．添字 n および m は反応の次数を表す．反応次数は，A が B に，または B が A に変換される機構に依存する．反応次数が 2 である場合，A から B への変換が二分子過程であることを示し，反応が起こるためには 2 分子の A が衝突する必要があることを意味する（6.3 節参照）．平衡状態では正方向と逆方向の反応速度は同じである．すなわち

$$k_F[A]^n = k_R[B]^m \quad (1)$$

変形すると

$$\frac{k_F}{k_R} = \frac{[B]^m}{[A]^n} \tag{2}$$

正方向の速度定数と逆方向の速度定数の比は平衡定数に等しい．

$$K_{eq} = \frac{[B]^m}{[A]^n} \tag{3}$$

たとえば，式(3)において $m = n = 1$，$k_F = 1 \times 10^{-3}\,s^{-1}$，$k_R = 1 \times 10^{-6}\,s^{-1}$ とすると

$$K_{eq} = \frac{10^{-3}}{10^{-6}} = 10^3$$

となり，平衡状態において生成物Bと反応物Aの比は1000：1である．

触媒反応においては正方向，逆方向ともに反応速度は増すが，平衡定数(この場合1000)は変わらない．もし，触媒が正逆両方向の反応速度を100倍増加させるとすると，正方向の速度定数 k_F は $1 \times 10^{-1}\,s^{-1}$ に，逆方向の速度定数 k_R は $1 \times 10^{-4}\,s^{-1}$ になる．触媒による正反応速度の著しい増加により，平衡に達するまでの時間は，時間，日という単位から秒，分という単位にまで短縮される．

酵素と高分子クラウディングの影響

酵素は，生物の複雑で混み合った条件下(p.31)で作用しているが，伝統的に酵素触媒反応は，希薄な緩衝液中で研究されてきた．この戦略は理想溶液という単純化した仮定を元にしている．たとえば，理想溶液の溶質濃度はきわめて低く，立体反発や引力は存在しない．しかし，実際の溶液中で起こる反応は理想状態から逸脱しており，平衡定数は溶質の濃度ではなく活量，すなわち分子間相互作用を考慮した物理量の有効濃度で表される．有効濃度すなわち活量は

$$a = \gamma c \tag{4}$$

で表される．γ は活量係数(activity coefficient)と呼ばれ，溶質の大きさや荷電状態，反応溶液のイオン強度に依存している．c はモル濃度である．この現象の顕著な例をあげてみよう．赤血球の主要タンパク質であるヘモグロビンの酸素結合能は，赤血球の内側と希薄緩衝液中とでは数桁も異なる．非理想状態では平衡定数は次の式で表される．

$$K_{eq}{}^{\circ} = \gamma_B[B]/\gamma_A[A] = K_{eq}{}^{i}\Gamma \tag{5}$$

ここで $K_{eq}{}^{i}$ は理想状態における平衡定数，Γ は非理想性の因子を表しており，生成物と反応物の活量係数の比である．この20年間で，理想状態を仮定することに対する見直しが顕著になってきた．その結果，現在，多くの研究者がデキストラン(細菌がつくるグルコースポリマー)や血清アルブミンなどの高分子を用いて〝高分子クラウディング〟の状態をつくりだし，細胞内の状況に近づけて酵素を研究している．こういった高分子存在下で酵素活性を測定することは，*in vivo* での活性を測定することに近づいてはいるものの，込み合った不均一な状態である実際の *in vivo* に比べると，まだまだ均一すぎる．*in vivo* の状態を正確に再現したアッセイ系をつくることが，現在の生化学者に課せられたテーマである．

酵素の特異性

1890年にEmil Fischerにより提唱された鍵と鍵穴モデルは，十分とはいえないが，酵素の特異性の高さを表現している．酵素の活性部位と基質は相補的な構造をもっているため，個々の酵素はある1種類の基質のみを結合する．基質の全体的な形状と電荷の分布によって，基質は酵素の活性部位に入り，相互作用する．続いてDaniel Koshlandは，タンパク質の柔軟な構造を重要視して，誘導適合モデルを提出した(図6.2)．このモデルでは，基質は必ずしも硬い活性部位に正確に適合した形をとっているわけではなく，酵素と基質との非共有結合的な相互作用

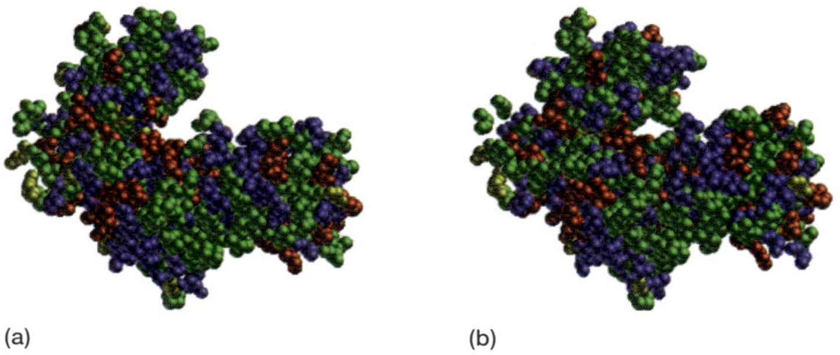

図 6.2 誘導適合モデル
基質の結合によって酵素の高次構造が変化する．ヘキソキナーゼは二つのドメインをもつ1本のポリペプチドである．(a) はグルコースと結合する前，(b) はグルコースと結合した後の高次構造を示している．両ドメインはグルコース分子（この図では見えない）を閉じ込めるように動く．

によって活性部位の立体構造が変化し，基質が遷移状態の高次構造をとるようになるのである．

酵素のなかには，活性部位のアミノ酸と基質との相互作用だけで触媒活性を発揮するものと，非タンパク質性の因子を必要とするものがある．それらの因子は**補因子**（cofactor）と呼ばれ，Mg^{2+} や Zn^{2+} などの金属イオンや，**補酵素**（coenzyme）と呼ばれる複雑な有機分子などである．活性に必須の補因子を含まない酵素を**アポ酵素**（apoenzyme），逆に補因子を含み活性を保持する完全な酵素を**ホロ酵素**（holoenzyme）と呼ぶ．

ある酵素群の活性は調節されている．たとえば，細胞が環境の変化にうまく適応できるように酵素反応速度が調節されている．生体が酵素活性を調節する方法としては，活性化剤あるいは阻害剤が酵素に結合する，共有結合により酵素分子を修飾する，間接的に酵素の生合成を調節する（酵素の生合成を調節するためには遺伝子の発現制御を必要とする．18 章および 19 章参照）などの方法がある．

キーコンセプト

- 酵素は触媒である．
- 触媒は，非触媒反応よりも活性化エネルギーが小さい別の反応経路を与えることにより，反応速度を変える．
- ほとんどの酵素はタンパク質である．

問題 6.1

ヘキソキナーゼはヘキソース類（炭素を六つもつ糖）を ATP 依存的にリン酸化するが，D-ヘキソースのみを基質とし，L-ヘキソースを基質としない．こうした基質の選別を可能にする酵素の構造の特徴を述べよ．

6.2 酵素の分類

生化学という学問が始まって間もない頃，酵素の名称は発見者により勝手気ままに命名されていた．したがって，多くの場合，名称が機能を表しているわけではないし（たとえばトリプシン），同じ酵素に対して複数の名称が使われていることもあった．酵素の命名法としては，基質の名前に -ase という接尾語をつけることが多い．たとえば，ウレアーゼ（urease）は尿素（urea）を加水分解する酵素である．混乱を避けるために国際生化学連合（IUB）は酵素の系統的な命名法を制定した．現在では，すべての酵素は触媒する化学反応のタイプによって分類され，命名されている．この方法においては，酵素は 4 組の数字と系統名と呼ばれる二つの部分からなる名称によって特定化される．また，IUB は推奨名と呼ばれる，系統名を簡略化した名称の使用を提唱している．たとえば，alcohol : NAD^+ oxidoreductase（EC 1.1.1.1）は，通常，alcohol dehydrogenase（アルコールデヒドロゲナーゼ）と呼ばれる（EC は IUB 内の Enzyme Commission の略）．しかし，多くの酵素は命名法の制定以前に発見されたため，古い呼び名も依然として頻繁に使われている．

以下に六つに分けられた酵素分類について述べる．

1. **オキシドレダクターゼ**（oxidoreductase，酸化還元酵素）　分子内の一つあるいは複数の原子の酸化状態が変化する反応を触媒する．生体における酸化還元反応は，一つあるいは二つの電子の伝達とそれに伴う分子内の水素原子や酸素原子の数の変化を含んでいる．最もよく知られた反応はデヒドロゲナーゼ（脱水素酵素）やレダクターゼ（還元酵素）による反応で，たとえば，アルコールデヒドロゲナーゼはエタノールや他のアルコール類を酸化し，リボ核酸レダクターゼはリボ核酸を還元してデオキシリボ核酸を生成する．オキシゲナーゼ（酸素添加酵素），オキシダーゼ（酸化酵素），ペルオキシダーゼは電子受容体として O_2 を利用する酵素である．

2．**トランスフェラーゼ**（transferase, 転移酵素）　一つの化合物のある官能基を他の化合物に移す反応を触媒する．たとえば，アミノ基，カルボキシ基，カルボニル基，メチル基，リン酸基，アシル基（RC—O—）などである．通称名はトランス（trans）を接頭語に用いて，トランスカルボキシラーゼ，トランスメチラーゼ，トランスアミナーゼなどと呼ぶ．

3．**ヒドロラーゼ**（hydrolase, 加水分解酵素）　基質の C—O，C—N，O—P 結合などを加水分解する．エステラーゼ，ホスファターゼ，ペプチダーゼなどが含まれる．

4．**リアーゼ**（lyase, 脱離酵素）　たとえば，H_2O，CO_2，NH_3 などを脱離し，二重結合を残す反応や，その逆反応を触媒する酵素である．デカルボキシラーゼ（脱炭酸酵素），ヒドラターゼ（加水酵素），デヒドラターゼ（脱水酵素），デアミナーゼ（脱アミノ酵素），シンターゼ（合成酵素）などが含まれる．

5．**イソメラーゼ**（isomerase, 異性化酵素）　多様な酵素群が含まれるが，いずれも分子内転位反応を触媒する．糖イソメラーゼは，アルドース（アルデヒドを有する糖）とケトース（ケトンを有する糖）の相互変換を触媒する．エピメラーゼは不斉炭素の反転を触媒し，ムターゼは官能基の分子内転位を触媒する．

6．**リガーゼ**（ligase, 連結酵素）　二つの基質を連結する反応を触媒する酵素である．たとえ

表 6.2　酵素反応の例

酵素分類	例	触媒反応
オキシドレダクターゼ	アルコールデヒドロゲナーゼ	$CH_3—CH_2—OH + NAD^+ \rightarrow CH_3—C(=O)H + NADH + H^+$
トランスフェラーゼ	ヘキソキナーゼ	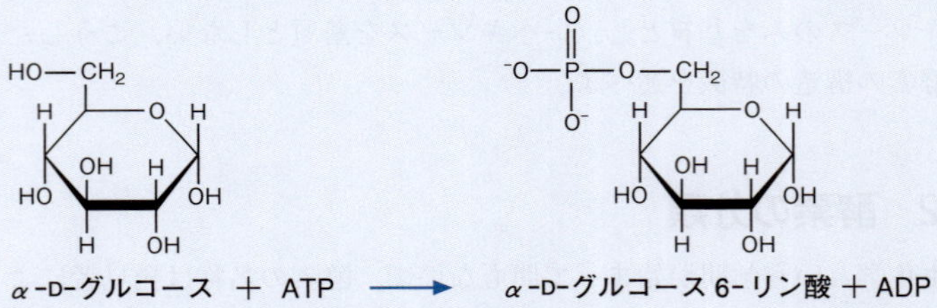
ヒドロラーゼ	キモトリプシン	ポリペプチド ＋ H_2O → ペプチド
リアーゼ	ピルビン酸デカルボキシラーゼ	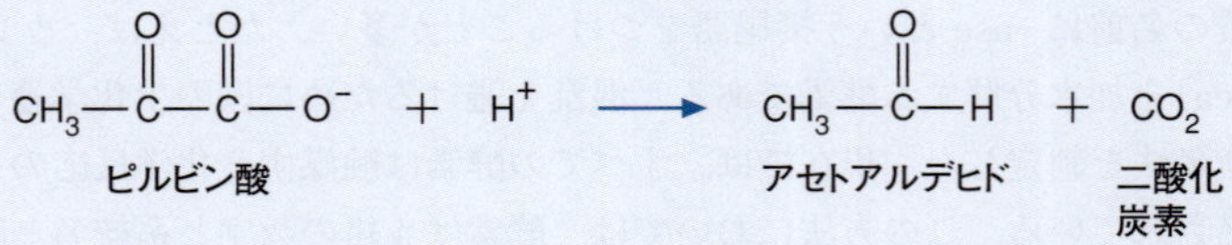
イソメラーゼ	アラニンラセマーゼ	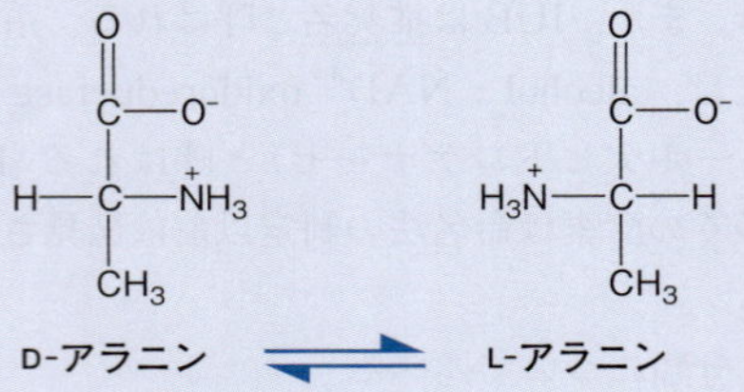
リガーゼ	ピルビン酸カルボキシラーゼ	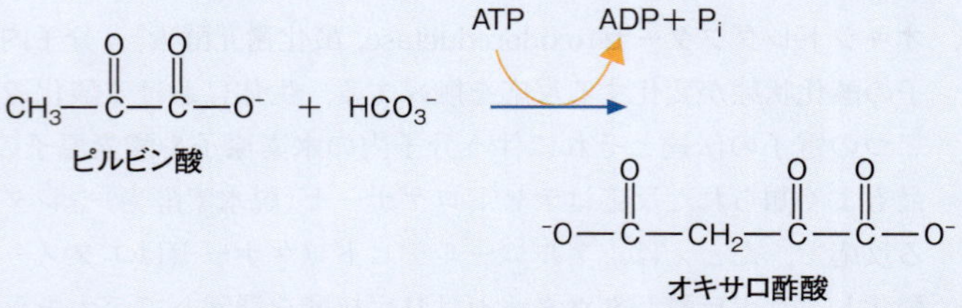

ば，DNA リガーゼは DNA 断片を連結する酵素である．多くのリガーゼの名称にはシンテターゼ(合成酵素)という用語が含まれている．また，他のいくつかのリガーゼはカルボキシラーゼと呼ばれている．

それぞれのクラスに属する酵素の例を**表 6.2** にあげる．

問題 6.2

どんな種類の酵素が以下の反応を触媒するか．

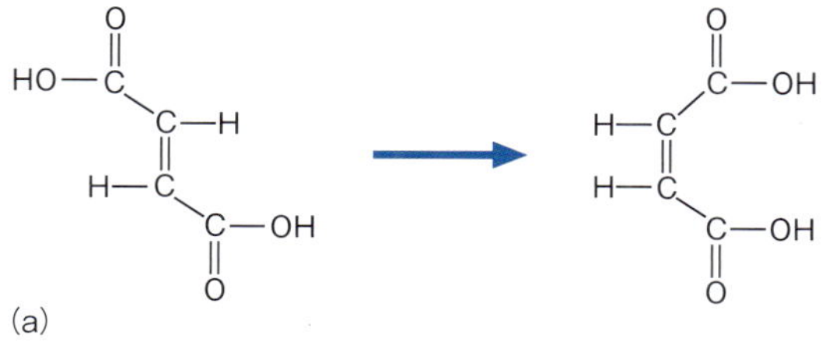

(a)

(b)

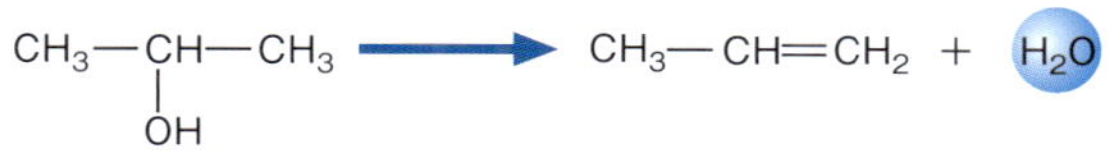

(c)

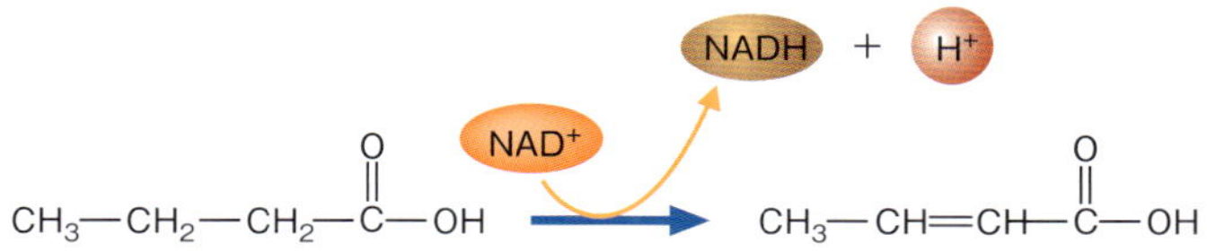

(d)

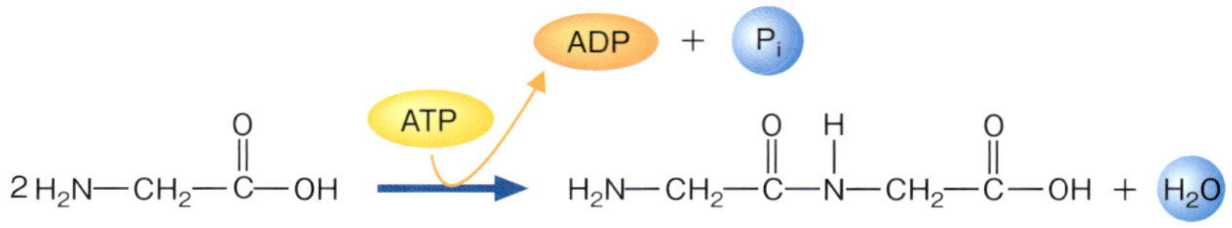

(e)

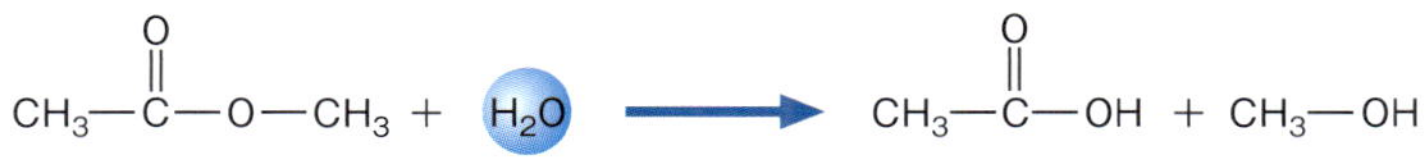

(f)

問題 6.3

人工甘味料のアスパルテームは下記の構造をもっている.

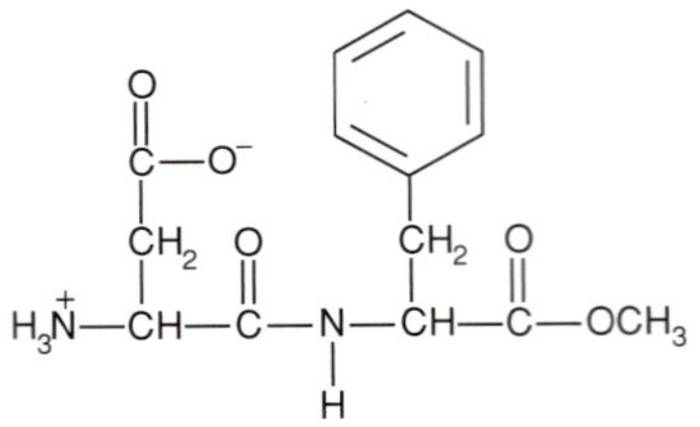

食品あるいは飲料に含まれるアスパルテームは消化管で分解される. その分解過程および生成物を予想し, どのクラスに属する酵素が関与しているか推測せよ.

6.3 酵素反応速度論

4章で述べたように, 熱力学の法則は反応が自発的に起こるかどうかを予測できるが, 反応速度に関しては何の情報も与えない. 生化学反応の**反応速度**(reaction velocity)は, 単位時間あたりの反応物あるいは生成物の濃度変化と定義されている. 反応 A⟶P (A は基質, P は生成物)における初速度は

$$v_0 = \frac{-\Delta[\mathrm{A}]}{\Delta t} = \frac{\Delta[\mathrm{P}]}{\Delta t} \tag{6}$$

で表される. ここで

[A] ＝ 基質濃度
[P] ＝ 生成物濃度
t ＝ 時間

反応初速度(v_0)は, 基質濃度[A]が酵素濃度[E]に比べて大過剰で, 反応時間が短いときの反応速度のことであり, 逆反応(生成物から反応物への変換)がほとんど無視できる条件下でのみ, 反応初速度は測定できる.

酵素触媒反応の定量的な研究は**酵素反応速度論**(enzyme kinetics)と呼ばれ, 反応速度に関する情報を与える. また, 速度論的研究により基質や阻害剤に対する酵素の親和性がわかり, 反応機構を推測することができる. さらに酵素反応の速度論的研究は, 何が代謝経路を制御しているか教えてくれる.

上記の反応速度は反応物が生成物に変わる頻度に比例しており, 反応速度は

$$v_0 = k[\mathrm{A}]^x \tag{7}$$

となる. ここで

v_0 ＝ 反応初速度
k ＝温度, pH, イオン強度などの反応条件に依存する速度定数
x ＝反応の次数

式(6)と式(7)から

$$\frac{\Delta[\mathrm{A}]}{\Delta t} = -k[\mathrm{A}]^x \tag{8}$$

が得られる.

次数, これは速度式において濃度項のべき指数の総和として定義され, 実験により経験的に

決定できる(図 6.3). 反応次数を決めることができれば, 反応機構を推測することができる. もし反応速度が一つの反応物の濃度の 1 乗に比例するなら, その反応は一次反応といわれ, 反応の律速段階が単分子反応であることを示している(つまり分子同士の衝突を必要としない). 反応 A⟶P において実験上の速度式は

$$反応速度 = k[A]^1 \tag{9}$$

となる.

もし, 反応物の濃度[A]が 2 倍になれば反応速度は 2 倍になり, 反応物の濃度[A]が半分になれば反応速度は半分になる. 一次反応において反応物の濃度は時間の関数となり, 速度定数 k は s^{-1} という単位で表される. 全般の反応において反応物が半分になる時間を半減期($t_{1/2}$)という.

反応 A + B⟶P において, A, B それぞれについて反応次数が 1 である場合, この反応を二次反応といい, 生成物 P を生じるためには A と B が衝突しなければならない(二分子反応と呼ぶ). 反応速度式は次のようになる.

$$反応速度 = k[A]^1[B]^1 \tag{10}$$

この場合, 反応速度は二つの反応物の濃度の積に比例する. すなわち, A と B はともに反応の律速段階にかかわっている. 二次反応における速度定数の単位は $M^{-1}s^{-1}$ で表される.

二次反応において反応物として水が大過剰に含まれる場合,

$$A + H_2O \longrightarrow P$$

二次反応式は次のように表される.

$$反応速度 = k[A]^1[H_2O]^1 \tag{11}$$

しかし, 水は大過剰に含まれ, 水の濃度は一定とみなせるため, 反応は見かけ上, 一次になる. このような反応を擬一次反応と呼ぶ. 水溶液中では水分子は大過剰に存在するため, 生化学における加水分解反応は, 通常, 擬一次反応になる.

また, 2 種の反応物のうち 1 種のみが律速段階にかかわっている場合, 速度式にはその反応物のみが含まれる. たとえば, A と水分子の反応において速度式が反応速度 $= k[A]^2$ で表される場合, 律速段階は A 分子同士の衝突過程になり, 水分子は反応全体のなかで律速段階にならない速い反応に関与している.

一方, 反応物の濃度を上げても反応速度が変わらない場合, その反応は零次反応と呼ばれ, 反応 A⟶P において反応速度式は次のように表される.

$$反応速度 = k[A]^0 = k \tag{12}$$

反応物の濃度が十分大きく, すべての酵素分子の活性部位に反応物が結合した状態であるため, 反応物の濃度を上げても反応速度は, それ以上は上がらず一定となる. 反応の次数を決定する問題として例題 6.1 をあげる.

反応次数は他の方法でも決定できる. 衝突理論における用語である分子性(molecularity)は一段階反応における衝突分子数と定義されており, 反応の特徴を表す. 単分子反応(A⟶B)は分子性が 1 であることを, また, 二分子反応(A + B⟶C + D)は分子性が 2 であることを示している.

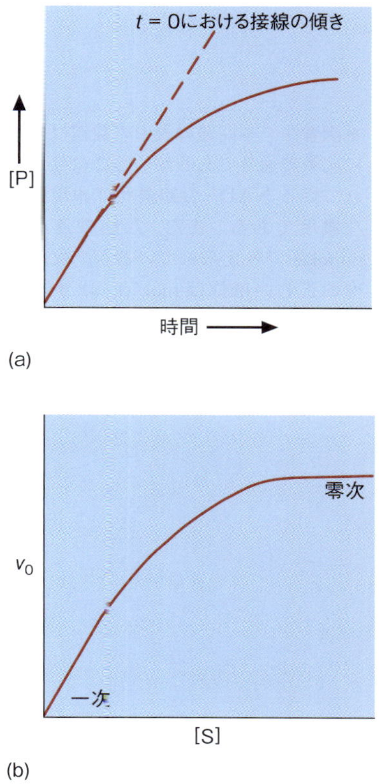

図 6.3 酵素反応速度論
(a) 単位時間あたりの基質から生成物への変換. $t = 0$ における接線の傾きが反応の初速度である. (b) 反応初速度 v_0 と基質濃度 [S] との関係. v_0 は [S] が十分小さいとき, [S] に比例する. 酵素が基質で飽和される程度に [S] が十分大きいとき, v_0 は [S] に対し零次(一定)となる. 中間の基質濃度においては 0 〜 1 の間の次数を示す(つまり, v_0 に対する [S] の影響が変化していく).

キーコンセプト

- 酵素反応速度論は酵素反応を定量的に解析する学問である.
- 酵素反応速度論では, 基質や阻害剤に対する酵素の親和性と反応速度を知り, 反応機構を推測することができる.

例題 6.1

次の反応を考察せよ.

$$CH_3—CH_3—OH + NAD^+ \longrightarrow CH_3C(=O)—H + NADH + H^+$$

以下のデータ*から，それぞれの反応物について反応次数を決定し，反応全体の次数を答えよ．

*訳者注：本問題の表中の数値は原著に記載の通りであるが，ここに与えられている NAD^+ の初濃度は非現実的な濃度である．また，反応初速度が mmol/s で与えられているが，反応速度の正しい単位は mol/(L·s) すなわち M/s である．

初濃度(mol/L)		
[エタノール]	$[NAD^+]$	反応初速度(mmol/s)
0.1	0.1	1×10^2
0.2	0.1	2×10^2
0.1	0.2	2×10^2
0.2	0.2	4×10^2

解答

反応速度式は次のように表される．

$$反応初速度 = k[エタノール]^x[NAD^+]^y$$

x と y の値を求めるためには，一方の反応物の濃度を一定にしたまま，もう一方の反応物の濃度上昇が反応速度に与える影響を調べればよい．

この実験ではエタノールの濃度を2倍にしたとき，反応速度は2倍に増加している．したがって x は1となる．同様に NAD^+ の濃度を2倍にしたとき，反応速度は2倍に増加しているので，y も1となる．したがって

$$反応初速度 = k[エタノール]^1[NAD^+]^1$$

この反応は，それぞれの反応物について一次であり，反応全体では二次になる．■

ミカエリス・メンテン型速度式

1913年，Leonor Michaelis と Maud Menten は，酵素反応機構を理解するうえで最も重要なモデルの一つを提唱した．ミカエリス・メンテン式の根本になっているのは，1903年，Victor Henri によって初めて示された酵素–基質複合体という概念である．基質(S)が酵素(E)の活性部位に結合し，中間的複合体(ES)が形成される．ES複合体の形成により遷移状態のエネルギーが下げられ，生成物の生成が促進される．生成物は即座に酵素から遊離する．この過程は次のように表される．

$$E + S \underset{k_{-1}}{\overset{k_1}{\rightleftharpoons}} ES \xrightarrow{k_2} E + P \tag{13}$$

ここで

k_1 ＝ESの生成の速度定数
k_{-1} ＝ESの解離の速度定数
k_2 ＝ 生成物が生じて，酵素の活性部位から解離する反応の速度定数

式(13)では，ESからEとPが生じる反応の逆反応を無視している．逆反応が起こる場合でも，生成物の濃度が低い場合，この仮定が成り立つ．また速度論的解析においては，通常，反応初速度を測定するため，この仮定が成り立つ．さらに，多くの酵素は生成物に対する親和力をほとんどもっていないため，逆反応は起こらない．

ミカエリス・メンテンモデルでは次のことを仮定している．

① k_{-1} は k_1 に比べると無視できるほど小さい．

② 反応中の ES の生成速度と分解速度は等しい(すなわち，[ES]は反応中ずっと同じ値をとる)．このような前提のことを定常状態近似という．通常，反応速度は以下のように表される．

$$\text{反応初速度} = \frac{\Delta[\mathrm{P}]}{\Delta t} = k_2[\mathrm{ES}] \tag{14}$$

となるが，使いやすいかたちにするためには[S]と[E]で表さなければならない．ES の生成速度は k_1[E][S]，一方，ES の分解速度は(k_{-1} + k_2)[ES]であるが，定常状態近似から両者は等しいとおける．

$$k_1[\mathrm{E}][\mathrm{S}] = (k_{-1} + k_2)[\mathrm{ES}] \tag{15}$$

$$[\mathrm{ES}] = \frac{[\mathrm{E}][\mathrm{S}]}{(k_{-1}+k_2)/k_1} \tag{16}$$

Michaelis と Menten は新しい定数 K_m(ミカエリス定数と呼ぶ)を導入した．

$$K_\mathrm{m} = \frac{k_{-1}+k_2}{k_1} \tag{17}$$

また，彼らは次の式を導きだした．

$$v_0 = \frac{V_\mathrm{max}[\mathrm{S}]}{[\mathrm{S}]+K_\mathrm{m}} \tag{18}$$

ここで V_max は反応速度の最大値を表す．この式はミカエリス・メンテン式と呼ばれ，酵素反応の性質を明らかにするうえできわめて重要な式である．たとえば基質濃度[S]が K_m に等しいとき，式(18)の分母は2[S]となり，反応初速度 v_0 は $V_\mathrm{max}/2$ となる(図 6.4)．K_m(基質 1 L あたりのモル数で測定される)は特定の実験条件における酵素と基質に特有の定数であり，基質に対する酵素の親和性を表す(k_2 が k_{-1} に比べてはるかに小さい，つまり $k_2 \ll k_{-1}$ のとき，K_m は k_{-1}/k_1，すなわち ES 複合体の解離定数にほぼ等しくなる)．したがって，K_m の値が小さいほど，$V_\mathrm{max}/2$ へ至るのに必要な [S] が低い，すなわち酵素と基質の〝親和性〟が高いということになる．

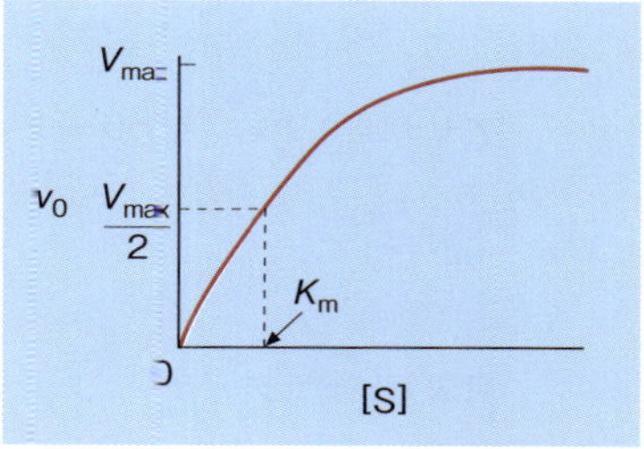

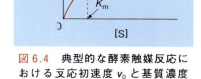

図 6.4 典型的な酵素触媒反応における反応初速度 v_0 と基質濃度[S]との関係
基質濃度が K_m のとき，反応初速度は最大初速度の 1/2 になる．

酵素反応の速度論的解析により酵素の触媒効率がわかる．**代謝回転数**(turnover number)k_cat は次式で定義される．

$$k_\mathrm{cat} = \frac{V_\mathrm{max}}{[\mathrm{E_t}]} \tag{19}$$

ここで

k_cat = 最適条件下，すなわち，酵素が基質により飽和されている条件下で，酵素 1 分子が単位時間あたりに生成物に変換する基質分子数
$[\mathrm{E_t}]$ = 全酵素濃度

生理的条件下では，通常，基質濃度[S]は K_m よりもはるかに低い．触媒効率のより有用な指標は，式(19)を変形して得られる次の式である．

$$V_\mathrm{max} = k_\mathrm{cat}[\mathrm{E_t}] \tag{20}$$

これをミカエリス・メンテン式(式 18)に代入すると

$$v_0 = \frac{k_\mathrm{cat}[\mathrm{E_t}][\mathrm{S}]}{K_\mathrm{m}+[\mathrm{S}]} \tag{21}$$

となり，基質濃度[S]が K_m よりもはるかに低い場合，式(21)は次のように表すことができる．

$$v_0 = (k_{cat}/K_m)[E_t][S] \tag{22}$$

式(22)において，k_{cat}/K_m は特異性定数(specificity constant)とも呼ばれ，生物系では一般的な $[S] \ll K_m$ という条件下での二次速度定数といえる．[S]が十分に低いとき，k_{cat}/K_m は基質結合の強さと反応速度の関係を表す．すなわち，酵素がある基質に対して高い特異性定数を示す場合，低い K_m(高い親和性)と高い反応効率(代謝回転数)を示すと考えられる．また特異性定数は，一つの酵素が複数の基質をもつ場合，それらを比較するのに有用である．[S]の値が低く，$[E_t]$が正確に測定できる場合，式(22)を使える．代表的な酵素の k_{cat}，K_m，および k_{cat}/K_m の値を**表 6.3** に示す．k_{cat}/K_m は酵素-基質複合体形成の速度定数 k_1 を超えることはできない．この制限は，拡散により基質が酵素の活性中心に到達する速度により与えられる．酵素反応において，基質の拡散が律速になっている反応の速度定数の値は $10^8 \sim 10^9\ M^{-1}\ s^{-1}$ になる．**表 6.3** にあげたような酵素反応の k_{cat}/K_m の値はこれに近い．これらの酵素反応は，拡散によって基質が活性部位に入ってくると即座に基質を生成物に変換するため，触媒的極致(catalytic perfection)であると呼ばれる．生体は，触媒効率が高くない反応経路において，多酵素複合体を形成することにより，拡散が反応の律速になることを防いでいる．複合体におい

表 6.3　代表的な酵素における k_{cat}，K_m，および k_{cat}/K_m の値

酵素	触媒反応	k_{cat} (s^{-1})	K_m (M)	k_{cat}/K_m ($M^{-1}\ s^{-1}$)
アセチルコリンエステラーゼ	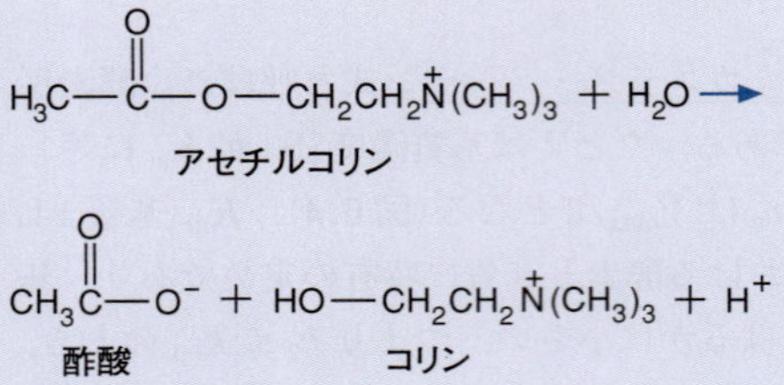	1.4×10^4	9×10^{-5}	1.6×10^8
炭酸デヒドラターゼ	$HCO_3^- + H^+ \rightleftharpoons CO_2 + H_2O$	4×10^5	0.026	1.5×10^7
カタラーゼ	$2H_2O_2 \rightarrow 2H_2O + O_2$	4×10^7	1.1	3.6×10^7
フマラーゼ	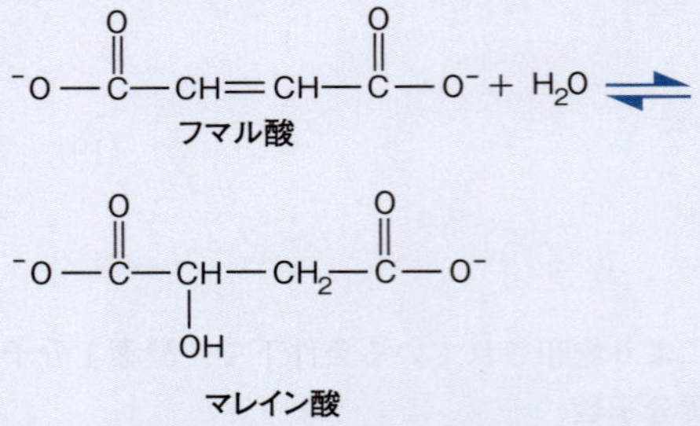	8×10^2	5×10^{-6}	1.6×10^8
トリオースリン酸イソメラーゼ	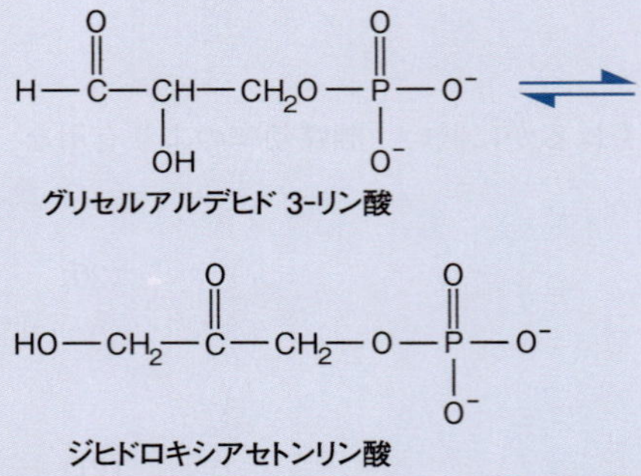	4.3×10^3	1.8×10^{-5}†	2.4×10^8

†水和しているものは基質にならず，水和していないもののみが基質となる．見かけの K_m は 4.7×10^{-4} M であるが，本実験条件下で水和していないものは添加した基質の 3.8% であるため，実際の K_m は 1.8×10^{-5} M と算出される．

出典：Fersht, A., "Structure and Mechanism in Protein Science: A Guide to Enzyme Catalysis and Protein Folding, 2nd ed.," W. H. Freeman, New York (1999) より．

ては，それぞれの酵素の活性部位が近接しているため，基質や生成物が拡散によって遠くまで移動する必要がない．

酵素活性は国際単位（IU）によって表される．1 IU は 1 分間に 1 μmol の生成物を生みだす酵素量と定義される．また，比活性は酵素の純度の指標になるもので，1 mg のタンパク質あたりの IU 数と定義される〔酵素活性を表す新しい単位としてカタールが使われるようになった．1 カタール（kat）は 1 秒間に 1 mol の基質を変化させる酵素量であり，6×10^7 IU に相当する〕．

キーコンセプト

- ミカエリス・メンテンモデルは酵素反応の特性を端的に表す．
- 酵素は特定の条件下で固有の基質に対して固有の K_m 値を示す．

例題 6.2

ミカエリス・メンテン式に基づく図 6.5 の曲線において，a. V_{max} と b. K_m がどこにあるか，その位置を示せ．

解答

図 6.4 を参照せよ．

a. V_{max} は反応初速度 v_0 の最大値で，基質濃度をいくら増やしても，その値を超えることはない．

b. K_m は反応初速度が $V_{max}/2$ になる基質濃度である．■

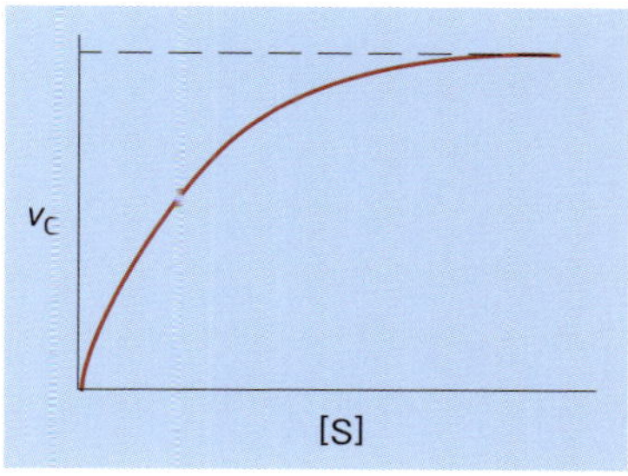

図 6.5　ミカエリス・メンテンプロット

ラインウィーバー・バークプロット

K_m 値および V_{max} 値は，さまざまな基質濃度において酵素反応の初速度を測定することにより求められる．おおよその値は図 6.4 のグラフから求められるが，式の変形により，もっと正確な値を求めることができる．ミカエリス・メンテン式は双曲線型のグラフを与えるが

$$v_0 = \frac{V_{max}[S]}{[S]+K_m}$$

両辺の逆数をとって変形すると

$$\frac{1}{v_0} = \frac{K_m}{V_{max}}\frac{1}{[S]} + \frac{1}{V_{max}}$$

反応初速度の逆数を基質濃度 [S] の逆数の関数としてプロットするこの方法はラインウィーバー・バーク両逆数プロットと呼ばれ，$y = mx + b$ と書ける直線プロットとなる．ここで y は $1/v_0$，x は $1/[S]$ の変数，m は K_m/V_{max}，b は $1/V_{max}$ の定数を示す．すなわち，図 6.6 に示した直線の傾きが K_m/V_{max}，縦軸切片が $1/V_{max}$，横軸切片が $-1/K_m$ となる．

例題 6.3 はラインウィーバー・バークプロットを用いる問題である．

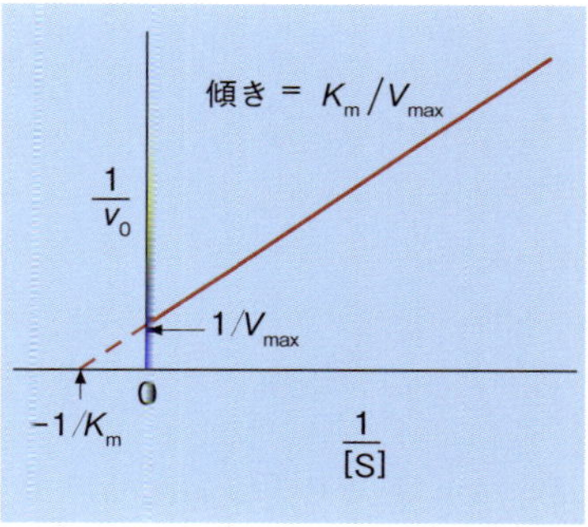

図 6.6　ラインウィーバー・バーク両逆数プロット
酵素がミカエリス・メンテン型速度式に従う場合　反応初速度の逆数 $1/v_0$ と基質濃度の逆数 $1/[S]$ は直線関係を示す．直線の傾きは K_m/V_{max}，縦軸切片が $1/V_{max}$，横軸切片が $-1/K_m$ となる．

例題 6.3

図 6.7 に示したラインウィーバー・バークプロットにおいて，以下のものを図中に示せ．

a. $-1/K_m$　　b. $1/V_{max}$　　c. K_m/V_{max}

解答

a. $-1/K_m = \mathrm{A}$　　b. $1/V_{max} = \mathrm{B}$　　c. $K_m/V_{max} =$ 直線の傾き ■

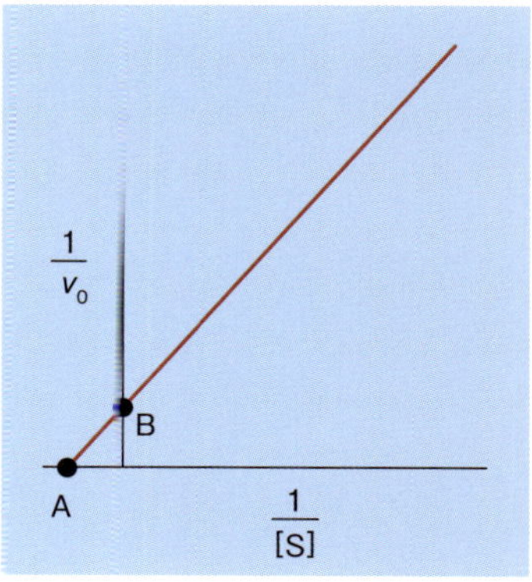

図 6.7　ラインウィーバー・バークプロット

多基質反応

多くの生化学反応は，二つあるいはそれ以上の基質を含んでいる．最もよく見られる多基質反応は二基質反応で，次のように表される．

$$A + B \rightleftharpoons C + D$$

このような反応の多くは，一方の基質から他方の基質への特異的な官能基（リン酸基やメチル基など）の転移や，酸化還元性補酵素（たとえば $NAD^+/NADH$，$FAD/FADH_2$ など）を基質とする酸化還元反応である．二基質反応の速度論的解析は，当然，一基質反応よりも複雑になる．しかし，それぞれの基質に対する K_m（もう一方の基質が飽和濃度に達しているとき）を決定するだけで十分な場合が多い．多基質反応は速度論的解析に基づき，逐次反応と二置換反応の2種類に分けられる．

逐次反応　逐次反応では，すべての基質が酵素の活性部位に結合するまでは反応が起こらない．この反応には定序型とランダム型という2種類の反応機構がある．二つの基質が結合する順番が決まっている定序機構においては，最初の基質が結合し，続いて2番目の基質が結合しなければ反応が進まず，生成物が得られない．W. W. Cleland は，この反応機構を以下のように表した．

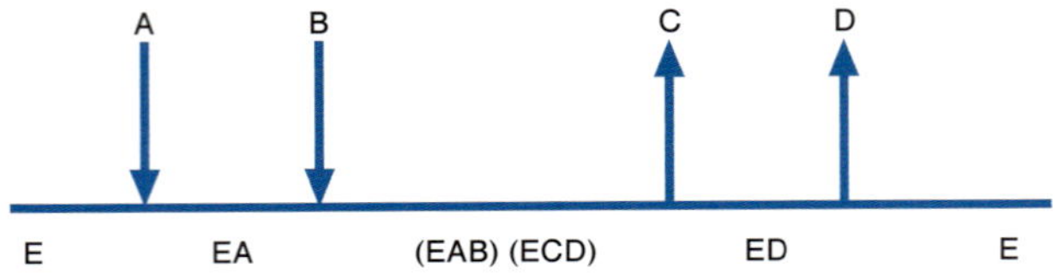

ランダム機構では，酵素に対する基質の結合順序は決まっていないし，生成物が脱離する順序も決まっていない．

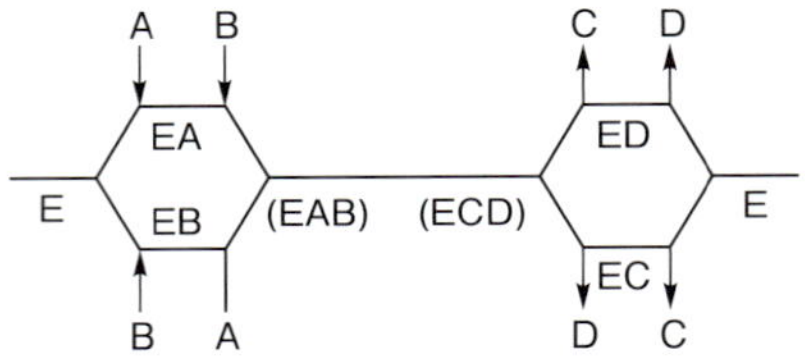

二置換反応　二置換反応あるいは〝ピンポン〟機構と呼ばれる反応においては，最初の生成物が離れた後に次の基質が結合する．

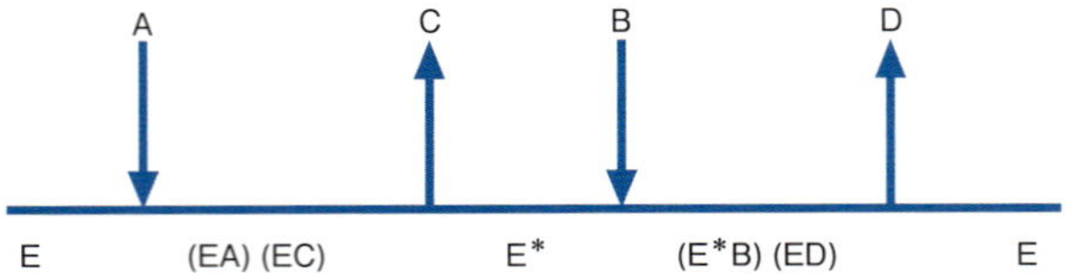

E*は修飾された酵素

この反応においては，最初の反応によって酵素は修飾を受けるが，二つ目の基質が生成物に変換される際に元の形にもどる．

酵素阻害

酵素の活性は阻害することが可能である．酵素の活性を低下させる分子は**阻害剤**（inhibitor）と呼ばれ，多くの医薬品，抗生物質，食品保存剤，毒物，通常の生化学過程における代謝産物などがこれに含まれる．生化学者による酵素阻害および阻害剤の研究の重要性は，以下のことから明らかである．まず第一に，生体において酵素阻害は代謝経路を制御する重要な手段である．生体のさまざまな要求に応じて，数多くの小さな生体物質がそれぞれ特定の酵素の反応速度を制御している．第二に，数多くの医療が酵素阻害に基づいている．たとえば，多くの抗生物質や医薬品はそれぞれ特定の酵素活性を低下させるか，あるいはなくしてしまうものである．今日では，エイズ治療において最も効果の高い多剤投与治療にはプロテアーゼ阻害剤が用いられているが，これはウイルス新生に必要なプロテアーゼを阻害するものである．さらに，酵素反応阻害の研究は，生化学者が酵素の物理的および化学的な構造と機能を明らかにするために用いるさまざまな技術を発展させた．

酵素阻害には可逆阻害と不可逆阻害がある．**可逆阻害**(reversible inhibition)は，基質濃度を上げたり阻害剤を除去したりすることにより阻害効果が和らぎ，酵素は無傷のままである．可逆阻害において，阻害剤と基質が同じ部位に結合する場合を**拮抗阻害**(competitive inhibition)，阻害剤が活性部位以外の部位に結合する場合を**非拮抗阻害**(noncompetitive inhibition)，基質が酵素に結合した後で阻害剤結合部位が出現する場合を**不拮抗阻害**(uncompetitive inhibition)と呼ぶ．**不可逆阻害**(irreversible inhibition)は通常，阻害剤が共有結合により酵素を化学修飾し，酵素機能を永久に損なうことにより起こる．

拮抗阻害　拮抗阻害剤は，ES 複合体には結合しないで，基質が結合していない酵素(遊離の酵素)に可逆的に結合し，EI 複合体を形成する．

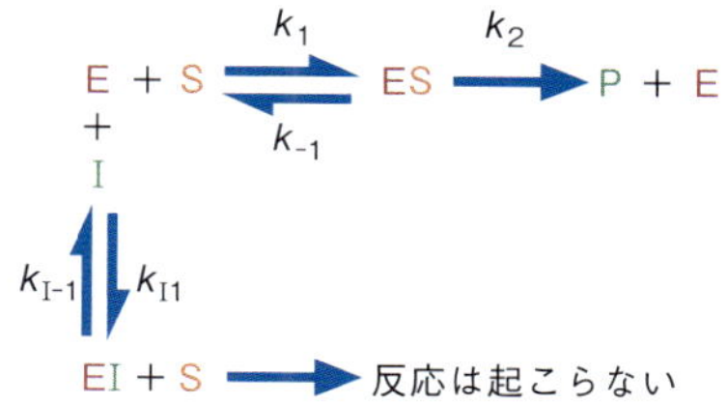

基質と阻害剤は酵素の同じ部位に拮抗的に結合し，阻害剤が結合すると，基質は酵素の活性部位に結合できなくなる．EI 複合体の濃度は，遊離の阻害剤の濃度と阻害剤の解離定数 K_I に依存する．

$$K_I = \frac{[E][I]}{[EI]} = \frac{k_{I-1}}{k_{I1}}$$

ここで K_I は阻害剤に対する酵素の結合親和力の指標である．

EI 複合体は容易に解離するため，阻害剤が遊離した酵素は基質を再び結合することができる．拮抗阻害剤があると，V_{max} は変わらないが K_m が増し，酵素活性が低下する(図 6.8)．EI 複合体は触媒過程にかかわらないからである．拮抗阻害の場合，阻害剤の効果は基質濃度が増加するにつれて薄れていく．基質濃度[S]が高くなるにつれて，活性部位が基質で満たされる割合が高くなり，反応速度は阻害剤がない場合に近づく．拮抗阻害に対するミカエリス・メンテン式では，EI 複合体の形成を考慮して，K_m に対する阻害剤の効果を表す項を導入する．

$$v = \frac{V_{max}[S]}{[S] + \alpha K_m}$$

ここで $\alpha = 1 + [I]/K_I$ である．α は，拮抗阻害剤の濃度と，それの酵素活性部位に対する親和力との関数である．K_m 値〔すなわち $v = (1/2)\, V_{max}$ になるときの [S]〕は，阻害剤が存在することにより α 倍増大し，αK_m をしばしば見かけの K_m(K_m^{app}) と呼ぶ．

多くの場合，拮抗阻害剤(見かけ上，基質に対する酵素の親和性を低下させる)の分子構造は基質に類似している．反応生成物や基質の類縁体や誘導体が拮抗阻害剤になる場合がある．たとえば，コハク酸デヒドロゲナーゼはクレブスのクエン酸回路(9 章)に含まれ，コハク酸をフマル酸に変換する．

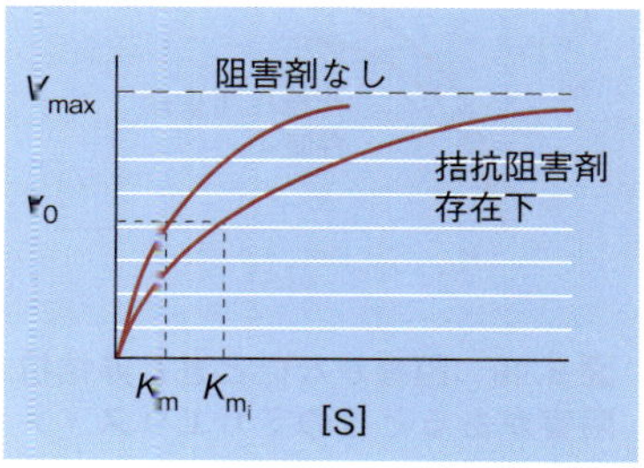

図 6.8　阻害がないときと拮抗阻害があるときのミカエリス・メンテンプロットの比較

反応初速度 v_0 を基質濃度[S]に対してプロットすると，拮抗阻害剤存在下では V_{max} は変わらないが，K_m が増加する．

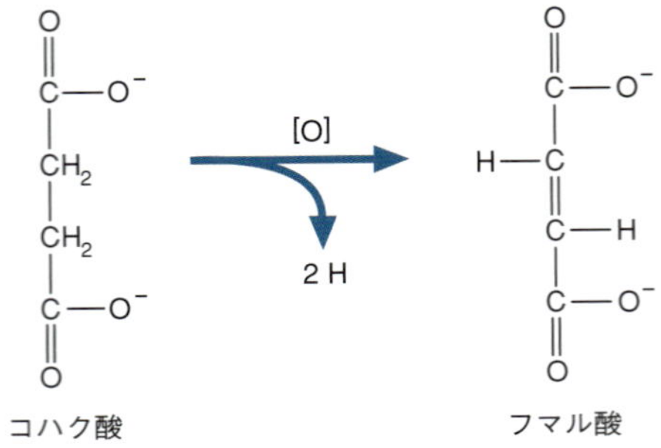

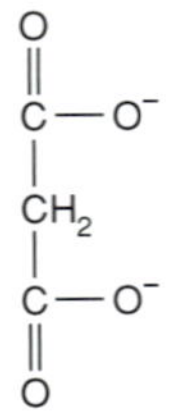

図 6.9　マロン酸

この反応はマロン酸（図 6.9）によって阻害される．マロン酸は，この酵素の活性部位に結合するが，基質にはならない．基質の遷移状態の構造に類似した分子は遷移状態アナログ（遷移状態類似体）と呼ばれ，とくに強い拮抗阻害剤になる．これは，酵素活性部位に基質が結合するよりも高い親和力で結合する．オセルタミビル（タミフル）はインフルエンザの予防や治療に用いられるが，肝臓でシアル酸の遷移状態アナログに変換される．ウイルスの酵素であるノイラミニダーゼの活性部位にタミフルが結合すると，宿主のあるタンパク質からシアル酸が切断されることが阻害され，このことにより，ウイルスに感染した細胞から新しいウイルスが放出されることが阻止される．

非拮抗阻害　非拮抗阻害においては，阻害剤は遊離の酵素および ES 複合体のいずれにも結合できる．

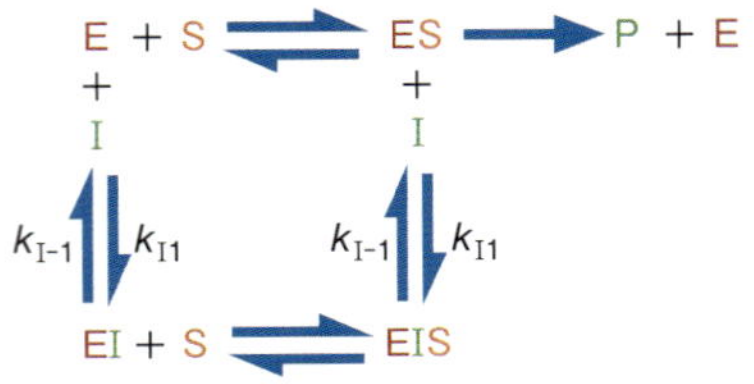

非拮抗阻害剤は活性部位以外の場所に結合する．阻害剤が結合すると酵素の高次構造が変化し，酵素反応を阻害する（図 6.10）．非拮抗阻害剤の構造は基質の構造と異なるが，阻害剤の結合部位が基質結合部位に近い場合，基質結合に影響を与える．非拮抗阻害の場合，基質濃度を上昇させても阻害剤が存在しないときの最大活性には達しないことが多い．非拮抗阻害の解析が困難であることがしばしばあるが，それは二つまたはそれ以上の基質をもつ多基質酵素に見られることが多いからである．したがって観察される阻害様式は，複数の基質の結合順序などの要因によって異なることがある．また，非拮抗阻害では 2 種類の K_I，すなわち

$$K_{Ia} = \frac{[E][I]}{[EI]} \quad と \quad K_{Ib} = \frac{[E][S][I]}{[EIS]}$$

を決定する必要がある．阻害剤によって，これらの値が等しい場合と等しくない場合がある．したがって非拮抗阻害では二つの様式がある．すなわち純粋型と混合型である．まれなケースだが，純粋型非拮抗阻害（阻害剤が活性部位の遠くに結合する）では K_{Ia} と K_{Ib} は等しい．しかし，混合型非拮抗阻害（阻害剤が活性部位の近くに結合する）ではこれらの値が異なるため，解析が複雑になる．混合型非拮抗阻害を表すミカエリス・メンテン式は以下のようになる．

$$v = \frac{V_{max}[S]}{\alpha'[S] + \alpha K_m}$$

ここで $\alpha = 1 + [I]/K_{Ia}$ および $\alpha' = 1 + [I]/K_{Ib}$ である．純粋型非拮抗阻害（すなわち $\alpha = \alpha'$）では，V_{max} の値は変化するが，K_m は変化しない．混合型非拮抗阻害では，K_m〔$K_m^{app} = (\alpha/\alpha')K_m$〕と V_{max}（$V_{max}^{app} = V_{max}/\alpha'$）ともに変化する．

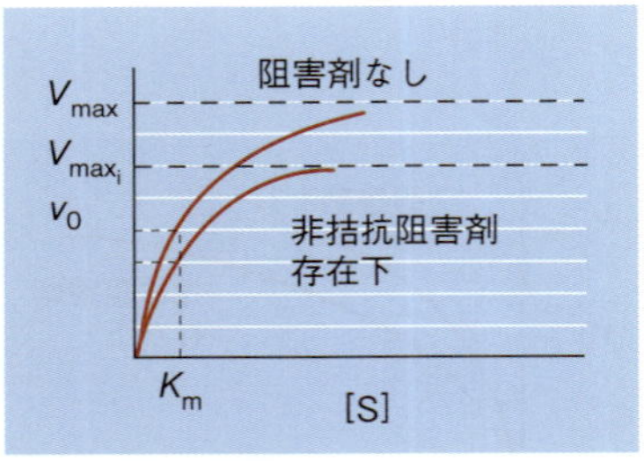

図 6.10　阻害がないときと非拮抗阻害があるときのミカエリス・メンテンプロットの比較

反応初速度 v_0 が基質濃度[S]に対してプロットされている．非拮抗阻害では，基質の酵素活性部位への結合が十分に起こっていれば，V_{max} の減少が見られるが，K_m は変化しない．阻害剤の結合により活性部位への基質の結合が部分的に妨害されるとき，K_m は増大する．

不拮抗阻害 不拮抗阻害は非拮抗阻害のなかのまれなタイプとみなすことができる．阻害剤は酵素–基質複合体にのみ結合し，遊離の酵素には結合しない．したがって，基質濃度が低くES複合体の存在量がきわめて少ないときには，阻害効果が低い．

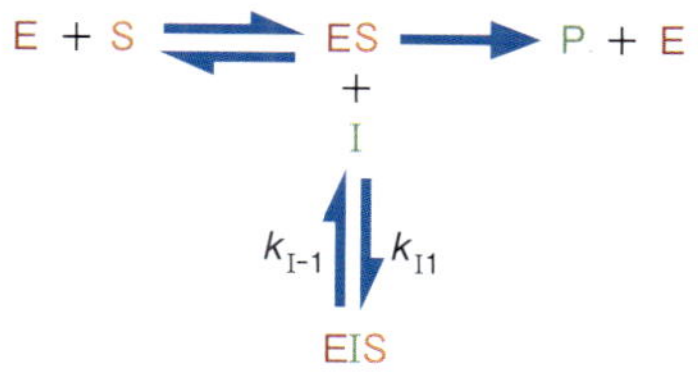

不拮抗阻害剤の酵素に対する解離定数は

$$K_I' = \frac{[ES][I]}{[EIS]}$$

となる．不拮抗阻害は [S] が高いとき，とくに観測しやすい．I が ES 複合体に結合すると基質は酵素から離れにくくなり，$K_m(K_m^{app} = K_m/\alpha')$ が下がるため，見かけ上，基質に対する親和性が高くなったように見える．不拮抗阻害を表すミカエリス・メンテン式は以下の通りである．

$$v = \frac{V_{max}[S]}{\alpha'[S] + K_m}$$

ここで $\alpha' = 1 + [I]/K_I'$ である．不拮抗阻害剤は ES にのみ結合するので，阻害剤と結合した ES の量が増加するため，E + S ⇌ ES の平衡は右へずれる．$V_{max}(V_{max}^{app} = V_{max}/\alpha')$ は $1/\alpha'$ に減少する．不拮抗阻害は多基質酵素の反応においてよく見られる．

酵素阻害の速度論的解析 拮抗阻害，非拮抗阻害，不拮抗阻害は両逆数プロットにより区別できる（図 6.11a ～ e）．酵素濃度を一定にして 2 種類の実験を行う．最初に阻害剤を入れずに酵素活性を測定し，速度パラメータ（K_m と V_{max}）を求める．次に一定量の阻害剤を含む反応系で同様の測定を行う．図 6.11 は酵素活性に対する各阻害剤の効果を比較したものである．拮抗阻害は K_m を増加させるが，V_{max} は変わらない（横軸切片が変わる）．純粋型非拮抗阻害（$K_{Ia} = K_{Ib}$）では V_{max} が小さくなる（縦軸切片が変わる）が，E および ES に対する K_I が同じであるため，K_m は変わらない．混合型非拮抗阻害では阻害剤結合部位と活性部位が隣接しており，それぞれの部位での結合が相互に妨害されるので，これらの値が異なり，V_{max} と K_m ともに変わる．この場合，$1/v_0$ 対 $1/[S]$ プロットにおいて K_I' が K_I よりも大きいときは，阻害剤がないのときの直線と縦軸の左かつ横軸の上で交わり，K_I' が K_I よりも小さいときは縦軸の左かつ横軸の下で交わる．不拮抗阻害では K_m と V_{max} はともに変わるが，その比（傾き K_m/V_{max}）は変わらない．

不可逆阻害 可逆阻害においては，阻害剤は非共有結合的に結合し，酵素から遊離することができる．一方，不可逆阻害剤は，通常，酵素に共有結合し，それはしばしば活性部位の側鎖基に結合する．たとえば，遊離の SH 基を含む酵素は，ヨード酢酸などのアルキル化剤と化学反応を起こすことができる．

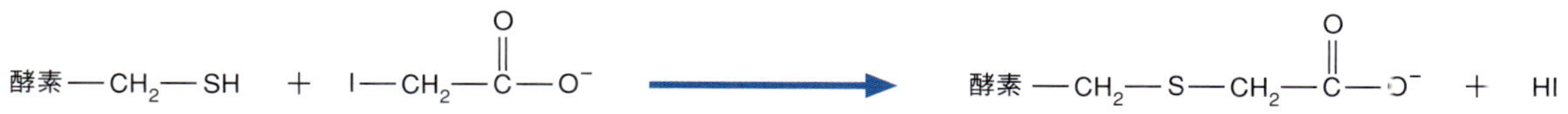

解糖系（8 章）の酵素であるグリセルアルデヒド-3-リン酸デヒドロゲナーゼは，ヨード酢酸によるアルキル化により失活する．また，SH 基で金属補因子を結合している酵素は，水銀や鉛

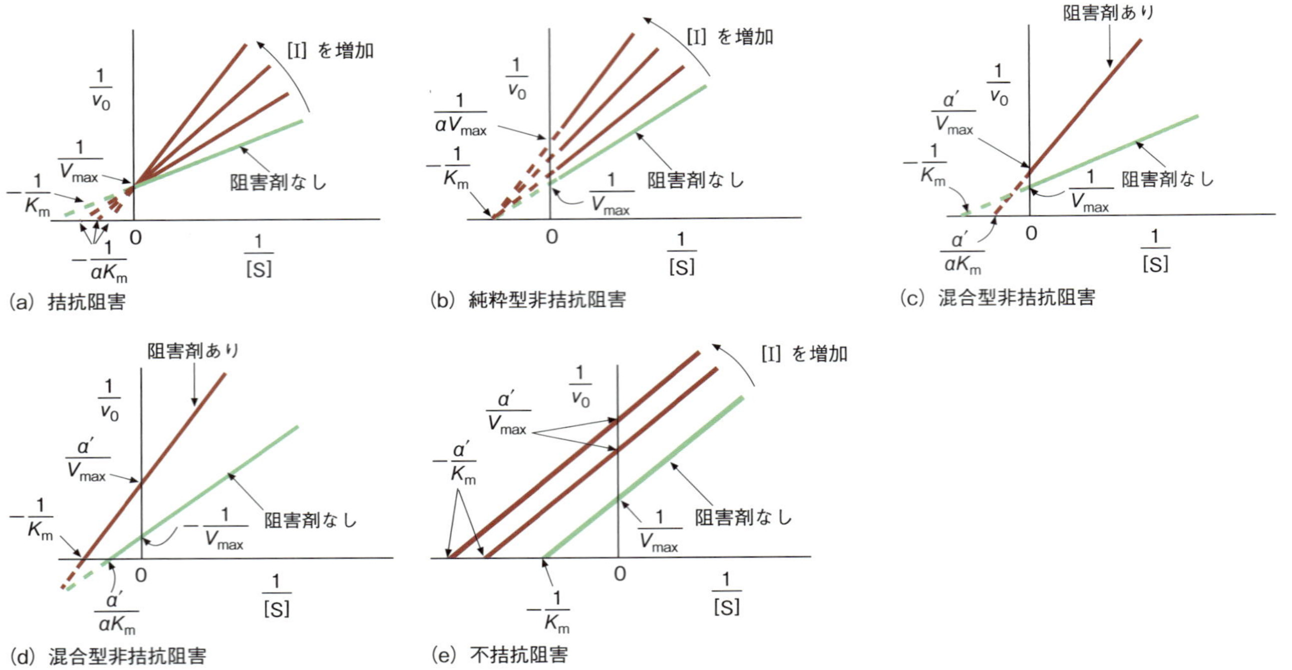

図 6.11　酵素反応阻害の解析

(a) 拮抗阻害．阻害剤の濃度を変化させて $1/v$ 対 $1/[S]$ プロットすると，各直線は縦軸上の同じ点（$1/V_{max}$ が変わらず，したがって V_{max} は同じになる）で交わり，横軸切片（つまり $-1/K_m$）が短くなる（したがって K_m が増加する）．拮抗阻害のラインウィーバー・バーク式は $1/v = \alpha K_m/V_{max}(1/[S]) + 1/V_{max}$ である．(b) 非拮抗阻害．阻害剤の濃度を変化させて $1/v$ 対 $1/[S]$ プロットすると，各直線は横軸上の点 $-1/K_m$ で交わる．ここでは EI と EIS における阻害剤の解離定数を等しいと仮定している．混合型非拮抗阻害では，$1/v$ 対 $1/[S]$ プロットにおいて，K_{Ib}' が K_{Ia} よりも大きいときは (c) のように横軸の上で，また K_{Ib}' が K_{Ia} よりも小さいときは (d) のように横軸の下で交わる．混合型非拮抗阻害のラインウィーバー・バーク式は $1/v = (\alpha K_m/V_{max})(1/[S]) + \alpha'/V_{max}$ である．(e) 不拮抗阻害．阻害剤の濃度を変えたときの $1/v$ 対 $1/[S]$ プロットは，[I]が増加するにつれて $K_m(\alpha'/K_m)$ と $V_{max}(\alpha'/V_{max})$ の値が小さくなり，直線が上方および左方にずれるが，直線の傾きは変わらないことを示している．不拮抗阻害のラインウィーバー・バーク式は $1/v = (K_m/V_{max})(1/[S]) + \alpha'/V_{max}$ である．

キーコンセプト

- 酵素の阻害は，拮抗，非拮抗，不拮抗のいずれかにあてはまる．
- 拮抗阻害剤は基質結合部位に可逆的に結合する．
- 非拮抗阻害剤は活性部位の外にある部位に結合するので，酵素とも酵素-基質複合体とも結合することができる．
- 不拮抗阻害剤は酵素-基質複合体にのみ結合し，遊離酵素には結合しない．
- 不可逆阻害剤は，通常，共有結合で酵素に結合する．

などの重金属により不可逆的に失活することが多い．鉛中毒による貧血の原因の一部は，フェロケラターゼの SH 基に鉛が結合することにより起こると考えられている．フェロケラターゼは，ヘモグロビンの補欠分子であるヘムに Fe^{2+} を挿入する酵素である．

例題 6.4 は酵素反応阻害に関する問題である．

例題 6.4

図 6.12 のラインウィーバー・バークプロットにおいて

直線 A は通常の酵素反応
直線 B は化合物 B を添加
直線 C は化合物 C を添加
直線 D は化合物 D を添加

それぞれの化合物の阻害様式を示せ．

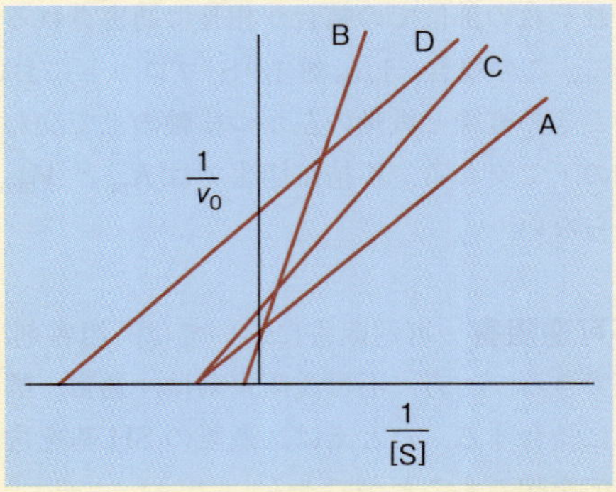

図 6.12　ラインウィーバー・バークプロット

解答

化合物 B の場合，K_m のみが変化しているので拮抗阻害，化合物 C の場合，V_{max} のみが変化しているので純粋型非拮抗阻害，化合物 D の場合，K_m と V_{max} の両方が変化しているので不拮抗阻害と考えられる．■

例題 6.5

ある酵素の K_m は 10 μM である．ある拮抗阻害剤を 5 μM 添加すると，K_I は 2.5 μM と求められた．(a) α と (b) K_m^{app} を求めよ．

解答

a. α の値は次式で求められる．

$$\alpha = 1 + [I]/K_I = 1 + 5\ \mu M/2.5\ \mu M = 1 + 2 = 3$$

b. K_m^{app} すなわち酵素が阻害されているときの K_m は，次式で求めることができる．

$$\alpha = K_m^{app}/K_m$$
$$K_m^{app} = \alpha K_m = (3)(10\ \mu M) = 30\ \mu M$$

問題 6.4

ヨードアセトアミドは，活性部位にシステイン残基をもつ酵素の不可逆阻害剤である．以下に示すヨードアセトアミドの構造から，ヨードアセトアミドと酵素との反応生成物の構造を推定せよ．

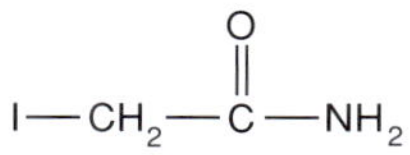

アロステリック酵素　ミカエリス・メンテンモデルは非常に有用であるが，このモデルでは説明できない酵素反応が多く存在する．たとえば，複数のサブユニットからなる酵素は，反応速度と基質濃度のプロットにおいてミカエリス・メンテンモデルに従う双曲線ではなく，S 字型の曲線を示すことがしばしばある（図 6.13）．こうした挙動を示す酵素を**アロステリック酵素**(allosteric enzyme)と呼ぶ．図 6.13 の曲線はヘモグロビンの酸素結合曲線(p. 151)に似ている．

アロステリック酵素の性質については p. 200〜202 で述べる．

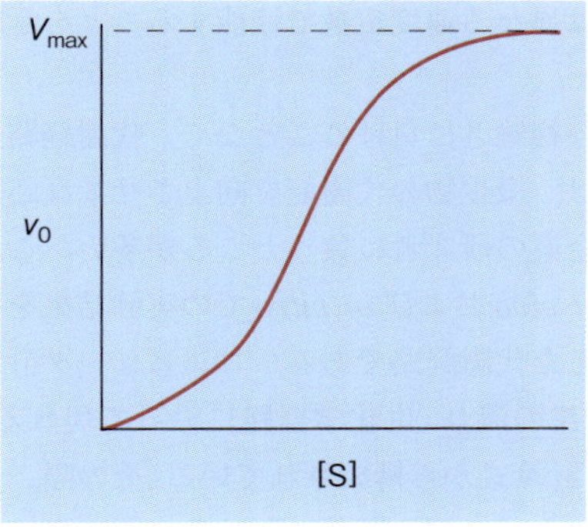

図 6.13　アロステリック酵素の反応特性
多くのアロステリック酵素の反応において見られる S 字型曲線は，ヘモグロビンに対する O_2 の協同的結合を表す曲線に似ている．

問題 6.5

ヒトがメタノールを飲むと重篤なアシドーシスにかかり，生命の危機にさらされるとともに目が見えなくなる．メタノールの毒性が高い理由は，肝臓でアルコールデヒドロゲナーゼによりホルムアルデヒドへ，さらにアルデヒドデヒドロゲナーゼによりギ酸へと変換されるからである．メタノール中毒の処置には，透析と，重炭酸塩とエタノールの点滴が用いられる．それぞれの処置の意味を説明せよ．

酵素反応速度論，代謝，および高分子クラウディング

酵素反応の速度論的解析の最終目標は，実際に生体中で起こっている代謝を解明することである．何十年にもわたる研究の末，明らかになった多くの生化学反応経路や *in vitro*（実験室の試験管内での測定）における酵素の性質について膨大な知識が集積されたにもかかわらず，〝生きている〞細胞のなかで起こっている代謝過程を十分に理解しているとはいえない．その原因として考えられるのは，生体内の反応に質量作用の法則が成り立つと仮定していることである．この法則に従って，以下の反応の平衡定数を計算することができるが

$$\mathrm{A} + \mathrm{B} \underset{k_\mathrm{R}}{\overset{k_\mathrm{F}}{\rightleftharpoons}} \mathrm{C}$$

そのとき，正反応の速度はＡとＢの濃度に対し線型であり（すなわち比例し），逆反応（速度定数 k_R）の速度はＣの濃度に比例すると仮定されている．このようにして算出された平衡定数 K_eq の値が妥当であれば，さらに①反応系は均一（つまり濃度が同じになるよう，よく混合されている），また②相互作用する分子はお互いランダムかつ独立に動くと仮定される．現在では，*in vivo* における高密度条件下においてこのような仮定は成り立たないことがわかっている．細胞の内部はきわめて不均一で，多種多様な分子が存在し，高分子，膜，細胞骨格成分など，分子の動きを妨げるもので満たされている．このような状況を**高分子クラウディング**（macromolecular crowding）と呼ぶ．細胞内で見られることは，高分子の有効濃度値の上昇，タンパク質の折りたたみの促進や結合親和性の上昇，タンパク質同士の反応速度や平衡定数の変化，拡散速度の低下などである．これらの効果は非線型であり，予測が難しい．たとえば，生体における生化学反応の速度定数（K_m，V_max，K_eq など）は，酵素の活性化の度合い，基質やエフェクター分子の拡散速度によって決まるが，細胞内の不均一な環境においてこれらの値を求めることは容易ではない．基質の拡散速度が遅いことは，基質濃度が周りよりも高く反応が起こりやすい微小区画をつくったり，代謝経路にかかわるいくつか，あるいはすべての酵素群をメタボロンと呼ばれる複合体にもってきて，各中間代謝物を，複合体中の酵素群の活性部位を次から次へと経由させたりすることで克服できる．こうした微小区画は固有の酵素群が働きやすいイオン環境をつくりだしているが，その環境を明らかにし，試験管内で再現することができれば，生体内における酵素の性質や反応速度定数を求めることができる．それは生化学者にとって重要な課題である．*in vivo*，*in vitro* および *in silico*（コンピュータ計算）の結果が異なるのは，酵素本来の代謝経路と他の交叉経路では異なる速度定数で機能することを示唆している．

システム生物学者たちは，生細胞のとてつもない複雑さに負けることなく，代謝経路過程を研究するための新たな戦略を展開してきた．それは，微生物の代謝能を向上させて反応産物を商品化するというもので，代謝工学を専門とする企業の研究者に負うところが多い．こうした技術者が用いる技術のなかで最も重要なものは，*in vivo* および *in vitro* での実験結果をもとにして，コンピュータシミュレーションにより作成した代謝経路である．コンピュータ計算により構築された数学モデルは，速度解析データや代謝の流れ（生化学経路に沿って現れる基質，生成物，中間代謝物などの流れの速度）を定義する計算式から構成されている（その際，先ほど述べた *in vitro* での速度定数を用いているが，それらはモデル開発における初期段階においては，きわめて価値の高い基礎データとして評価されている）．コンピュータシミュレーションの最終目標は，生体における代謝過程の定常状態を近似し，栄養状態の変化や酵素の変異に応じて代謝過程がどのように変化するのか予測することである．これまでにコンピュータシミュレーションにより得られた研究結果（8章の解糖とジェットエンジンの議論を参照）から，*in silico* モデリングによる代謝経路の推測は，酵素の反応速度解析において今後ますます重要な分野になると思われる．

6.4 触　媒

速度論的解析が重要であることは間違いないが，酵素が生化学反応を触媒する反応機構に関する情報は，それらからは何も得られない（ここでいう反応機構とは，基質が生成物に変換されるときに，どのようにして化学結合が切られ，新たな化学結合がつくられるかをいう）．酵素の反応機構を解明することは，酵素活性と活性部位の構造と機能との関係を明らかにすることである．反応機構を解明しようとする研究者は，X 線結晶構造解析，活性部位を形成するアミノ酸側鎖の化学修飾による不活化，単純なモデル化合物を基質あるいは阻害剤としたコンピュータモデリングなどの手法を用いる．

有機化学反応と遷移状態

生化学反応は有機化学者が解明してきた有機化学反応の法則に従う．両反応に見られる重要な共通点は，電子がたりない原子（求電子剤）と電子があまっている原子（求核剤）との反応や，遷移状態の形成である．それぞれについて簡単に説明しよう．

求核剤が求電子剤に電子対を与えると，化学結合が形成される．たとえば，以下の反応において

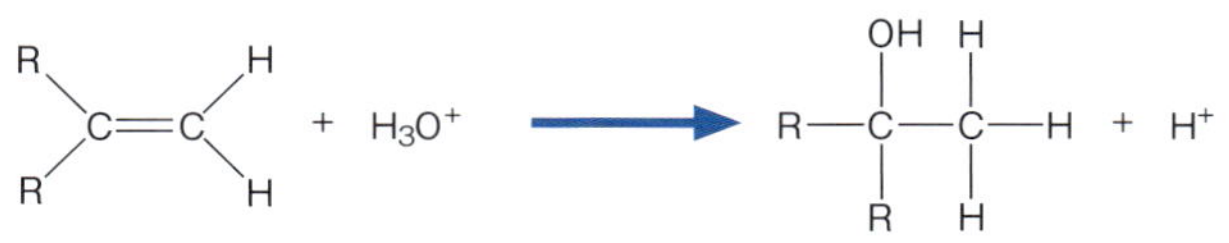

求核剤の二重結合の π 電子は，求電子剤であるオキソニウムイオンの，正に分極した水素原子と反応する．すべての有機化学反応では，いくつかのステップを経て生成物が生じる．

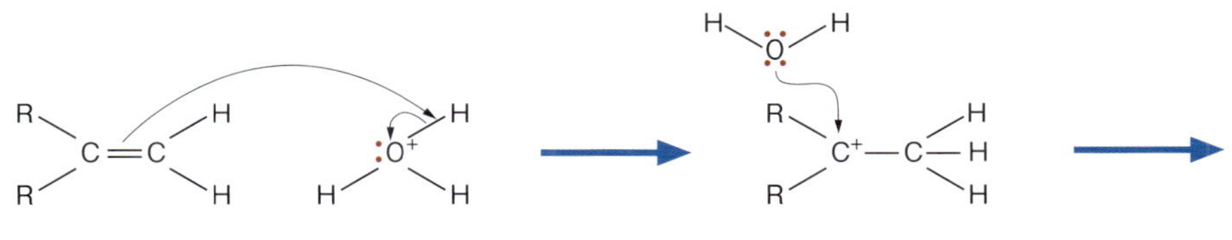

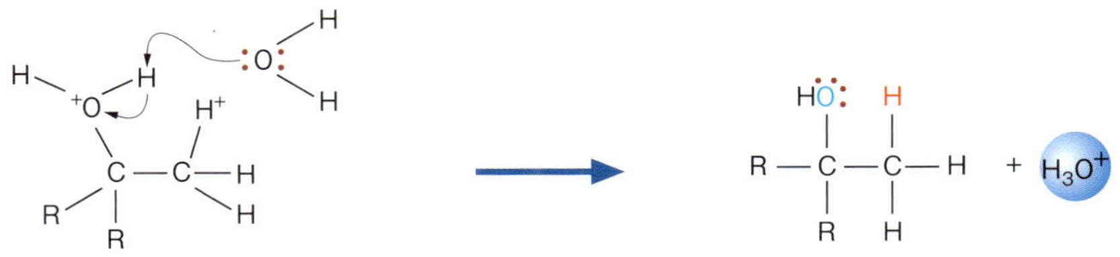

このように段階ごとに図で説明したものを**反応機構**（reaction mechanism）という．曲がった矢印は，求核剤から求電子剤へ向かう電子の流れを示している．反応中に一つあるいは複数の**反応中間体**（reaction intermediate）を生じるが，その寿命は 10^{-13} s あるいはそれ以下で，きわめて短く，その後，生成物へと変換される．その例として，二重結合の π 電子が求電子剤のオキソニウムイオンを攻撃して生じるカルボカチオン中間体がある〔**カルボカチオン**（carbocation）はカルボニウムイオンとも呼ばれ，電子が不足して正電荷をもつ炭素原子を含んでいる〕．このようなタイプの反応中間体は，炭素原子の正電荷を中和するような R 基が存在すると安定化する．次の段階で，水分子の酵素原子の電子対が，正電荷をもつ炭素原子と σ 結合を形成する．最終段階で別の水分子にプロトンが転移し，アルコール体が生成する．反応性の高い反応中間体が生じる別の例としては，**カルボアニオン**（carbanion，三つの結合と非共有電子対をもつ求核性炭素アニオン）や，**フリーラジカル**（free radical，少なくとも一つの不対電子をもつ，

きわめて反応性の高い分子種）がある．

遷移状態の安定化

すべての化学反応において，遷移状態（p. 168 と**図 6.1** 参照）と呼ばれる活性化された状態に達した分子だけが，生成物に変わることができる．安定な反応物分子が活性化された状態に変化する様子は，エネルギーを使って岩を丘の上まで転がしていく過程にたとえられる．いったん岩が丘の頂上に到達すれば，少し押すだけで，岩はエネルギーを放出しながら丘の反対側に滑り落ちていく．活性化エネルギー（E_a）を超えるエネルギーをもつ反応物分子の割合が高いほど，反応速度が高くなる（**図 6.1** 参照）．E_a が低くなれば反応速度は上がる．

E_a を下げる能力は遷移状態の安定化に起因している．遷移状態理論によると，酵素は基質に対してよりも遷移状態に対して強く結合すると仮定できる．今，化学反応が次の様式で起こるとする．

$$E + S \rightleftharpoons ES \rightleftharpoons ETS \longrightarrow E + P$$

ここで ETS は酵素-遷移状態複合体である．

ES 複合体と ETS 複合体の解離定数は，それぞれ $K_S = [E][S]/[ES]$ および $K_T = [E][TS]/[ETS]$ で表される．酵素により反応速度の上昇がもたらされるためには $K_T < K_S$ でなければならない．いいかえると，酵素は基質よりも遷移状態に強く結合することにより，遷移状態を安定化している．酵素は，その活性部位の形状や静電的構造が遷移状態の構造と相補的であるほど，より効率的に遷移状態と結合することができる．

トリオースリン酸イソメラーゼ（TPI）は，反応速度論と反応機構について，かなり深く研究されてきた酵素の一つである．TPI は 2 個の均等なサブユニットからなっており，きわめて高い効率をもつ酵素である．この酵素は，ジヒドロキシアセトンリン酸（DHAP）からグリセルアルデヒド 3-リン酸（G3-P）への可逆的な変換を触媒する．この反応は，糖であるグルコースの分解にかかわる生化学的経路である解糖系（8 章）に存在する．この酵素の反応機構には，エンジオール中間体の形成と二つの遷移状態が関与する（エンジオールは原子転位を伴った分子—C(OH)=C(OH)—である．これは，CHOH 基の CH からカルボニル基の酸素へのプロトン移動により生成し，それぞれの炭素原子には OH 基がついた炭素間二重結合が形成される．p. 216 参照）．

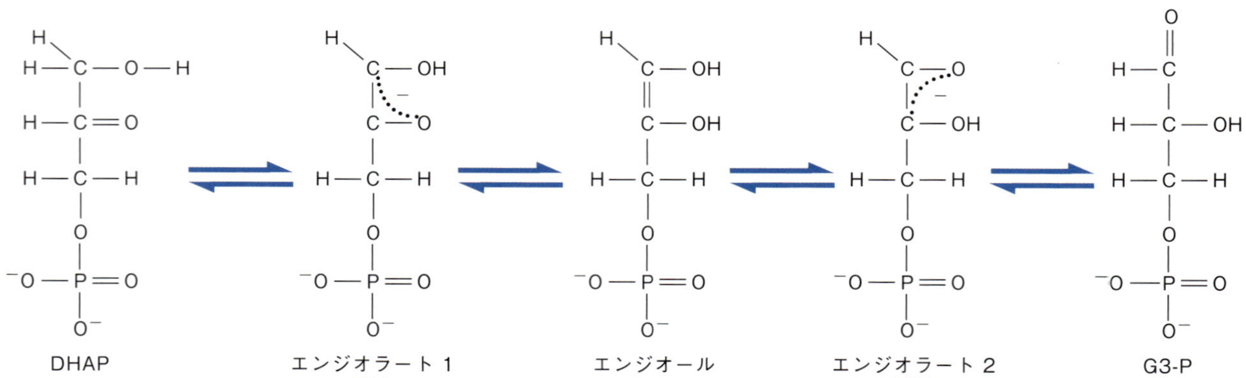

TPI の活性部位には，反応機構に直接関与し（Glu165 および His95），および基質や遷移状態，エンジオール中間体の安定化に関与する多くのアミノ酸残基の側鎖が正確な配向性をもって配置されている（**図 6.14**）．DHAP のエンジオールへの変換には，求核性のグルタミン酸残基による C-1 の脱プロトン化と，求電子性のヒスチジン残基による C-2 のカルボニル基の酸素へのプロトン供与が関与している．いったんエンジオールが形成されると，C-2 原子はプロトン化したグルタミン酸残基からプロトンを引き抜き，C-1 のヒドロキシ基からはプロトンが脱離して，結果，生成物である G3-P が生成する．**図 6.15** は二段階反応における反応中間体（きわ

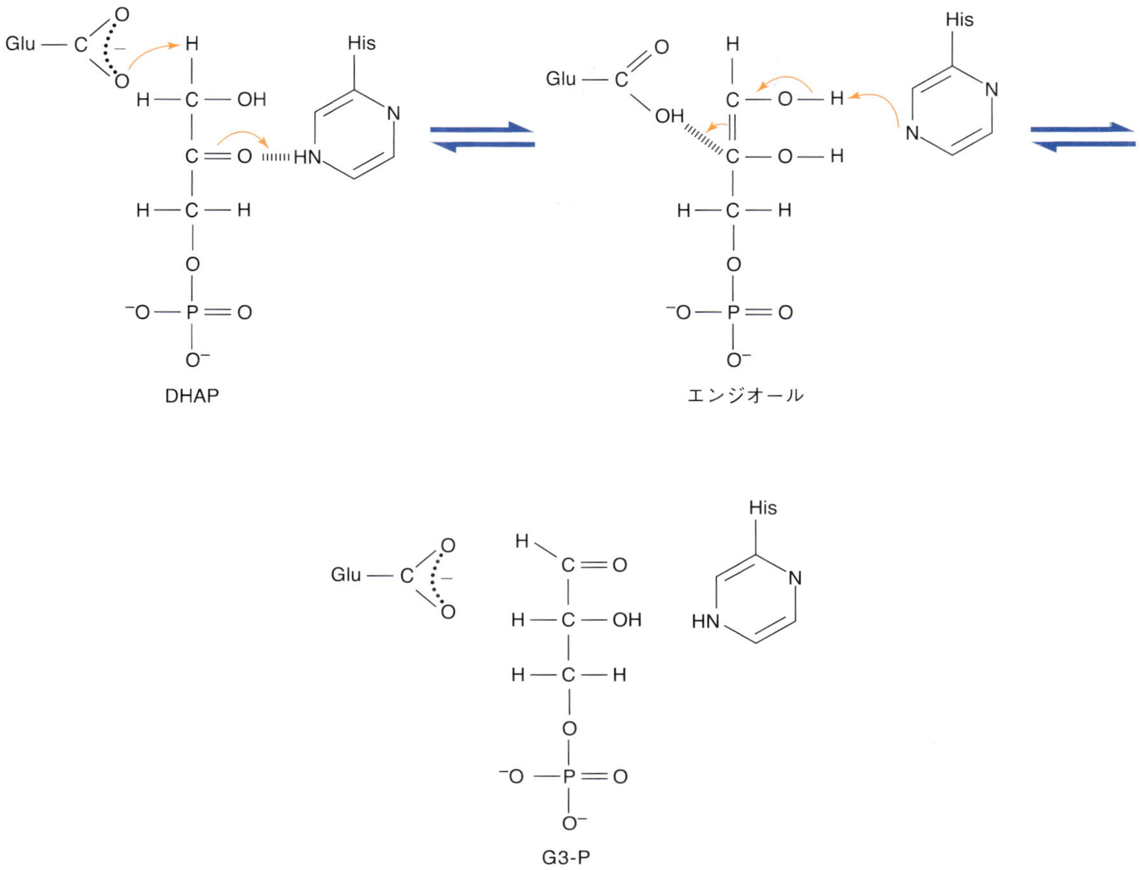

図 6.14　トリオースリン酸イソメラーゼの反応機構

ジヒドロキシアセトンリン酸（DHAP）がグリセルアルデヒド 3-リン酸（G3-P）に変換される異性化反応は，活性部位に存在するグルタミン酸とヒスチジンが関与する酸塩基触媒反応の一例である．グルタミン酸のカルボキシ基が基質から求核的にプロトンを引き抜き，ヒスチジン残基がプロトンを供与することでエンジオール中間体が生成し，この反応が開始する．ついでヒスチジンがエンジオールの C-1 のヒドロキシ基からプロトンを引き抜き，一方，C-2 がプロトン化しているグルタミン酸からプロトンを引き抜くと，エンジオールが壊れて生成物 G3-P が生成する．

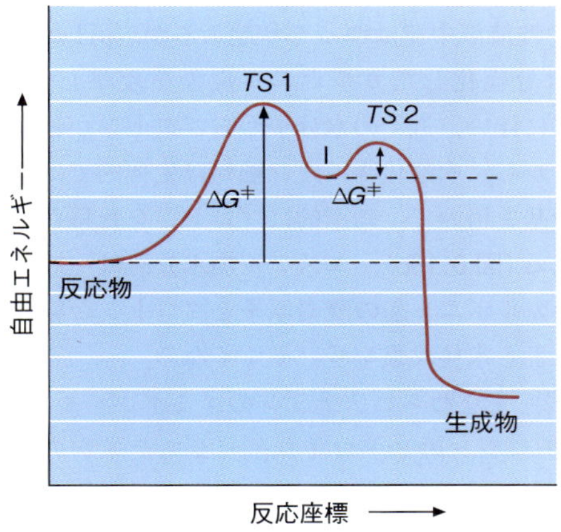

図 6.15　二段階反応のエネルギー図

二段階反応では二つの遷移状態（*TS*1 と *TS*2）が存在する．反応全体の速度（オーバーオールの速度）は，最も高い $E_a(\Delta G)$ をもつ段階の速度により決定される．この図では，この段階は最初の段階にある．反応中間体（I）は反応物から生成し，さらに反応が進んで生成物を生成するような分子であり，両遷移状態間の谷間に存在する．

めて短い寿命をもつ反応性に富む分子種）と遷移状態（最大の自由エネルギーをもつ不安定な分子種）のエネルギーの違いを示している．

酵素反応機構において，遷移状態の強い結合が関与していると考えられるようになった理由は，遷移状態アナログ，すなわち遷移状態によく似た分子が，酵素の活性部位に，基質よりもずっと強く結合するからである．2-ホスホグリコール酸（PGA）は TPI の遷移状態 1 であるエ

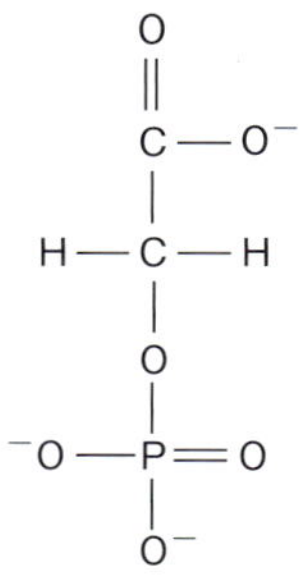

2-ホスホグリコール酸

ンジオラート（エンジオールの脱プロトン化型）に類似している．PGA は TPI の活性部位，とくに Glu165 と His95 の側鎖ときわめて強く結合し，強い拮抗阻害剤になることが示された．

触媒機構

膨大な研究にもかかわらず，触媒機構が詳しく解明されている酵素はきわめて少数である．酵素は他の触媒よりもはるかに高い触媒速度を示すが，それは酵素の活性部位が反応を加速するのに適した特徴的な構造をもっているからである．酵素の触媒能に寄与する因子として最も重要なものをあげると，近接効果と配向効果，静電効果，酸塩基触媒，そして共有結合を介した触媒である．これらの触媒因子はそれぞれ独立して作用しているのではなく，多かれ少なかれ，協力して触媒機構に寄与している．

近接効果と配向効果　生化学反応が起こるためには，基質は活性部位のなかにある触媒基（触媒機構に関与するアミノ酸側鎖）に近づかなくてはならない．また，基質は触媒基に正確に配向しなければならない．基質がうまく配置したら，反応はより速く進行する．

静電効果　前に述べたように，電荷間の静電的相互作用は水和によって弱められる（3章）．水和殻により電荷間の距離が長くなり，引力が減少する．活性部位では水が排除され，局所的な誘電率が低くなっていることがある．たとえば，TPI の活性部位にエンジオール中間体が存在すると，立体構造変化が起こり，水が排除される．その結果，酵素にある蓋状のフレキシブルなループが，活性部位を溶媒から保護するように移動する．このように蓋が閉じることで，中間体は捕捉され安定化される．相対的に無水的な環境にある活性部位における電荷分布は，反応に適した場所に基質を配置するとともに基質の反応性を高める．また，活性部位および基質における，双極子間のような弱い静電的相互作用も反応速度に影響を与える．

酸塩基触媒　酸塩基触媒反応（プロトンの移動）は重要な化学反応である．たとえばエステルの加水分解を考えてみよう．

水は弱い求核剤であるから，エステル加水分解は中性溶液中ではゆっくり起こるが，pH が上がると加水分解は急激に進む．水酸化物イオンは分極化したカルボニル炭素を攻撃し（図 6.16a），四面体中間体が形成される．中間体の分解に伴い，近くの水分子からプロトンが転移する．アルコールが脱離すると反応は完結する．しかし，水酸化物イオン触媒は生体内では利用されにくい．酵素は一般塩基として作用する官能基を用いて，効率的にプロトンを転移させる．これらの官能基は基質に対して適正に配置される（図 6.16b）．エステル加水分解は一般酸触媒によっても触媒される（図 6.16c）．エステルのカルボニル基の酸素原子とプロトンが結合し，炭素原子がさらに求電子的になると，水分子による求核攻撃を受けやすくなる．

酵素の活性部位において，アミノ酸側鎖の官能基，すなわちヒスチジンのイミダゾール基，アスパラギン酸とグルタミン酸のカルボキシ基，チロシンのヒドロキシ基，システインのチオール基，リシンのアミノ基は，それぞれプロトン化の状態に応じて，プロトン供与体（一般酸）あるいはプロトン受容体（一般塩基）として作用する．それぞれの官能基は固有の pK_a 値をもつが，その値は周囲の荷電原子や極性原子によって影響を受ける．たとえば，ヒスチジンの側鎖は pK_a 値が生理的 pH に近いため，協奏的酸塩基触媒作用にかかわることが多い．プロトン化されたイミダゾール環は一般酸として，また脱プロトン化されたイミダゾール環は一般塩基として作用する．

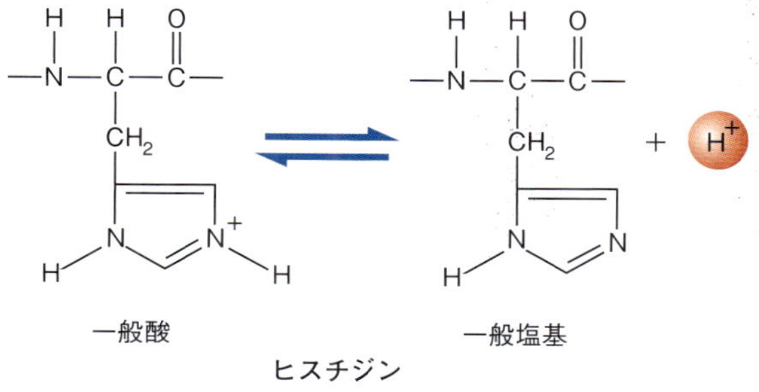

セリンプロテアーゼ(タンパク質加水分解酵素の一種で，トリプシンやキモトリプシンがこれに属する．p. 197 参照)の活性部位においては，アスパラギン酸のカルボキシ基がヒスチジンの pK_a 値を上げている．その結果，ヒスチジンは一般塩基として作用し，近傍にあるセリン残基の側鎖からプロトンを引き抜くことにより，セリンの酸素原子をよい求核剤に変換する．

共有結合を介した触媒作用　いくつかの酵素においては，求核性のアミノ酸側鎖が基質の求電子性基と不安定な共有結合を形成することがある．先ほど述べたように，セリンプロテアーゼにおいてはセリンの—CH_2—OH 基を求核剤として用い，ペプチド結合を加水分解する．まず，最初にセリンの求核剤(セリンの酸素原子)が基質ペプチドのカルボニル基を攻撃し，エステル結合が形成され，ペプチド結合が切断される．その結果，生じたアシル化酵素中間体は，次の段階で加水分解される．

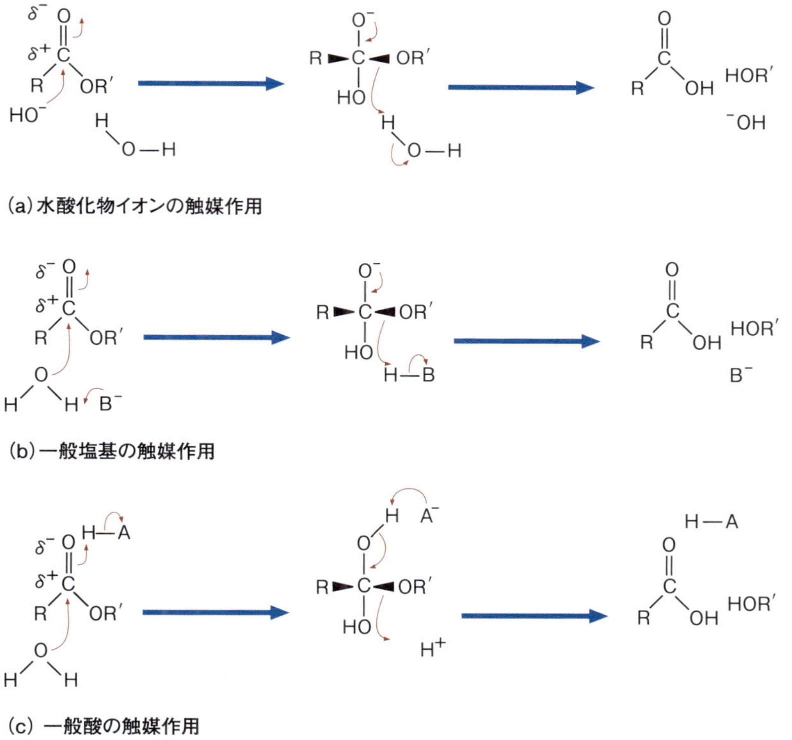

(a) 水酸化物イオンの触媒作用
(b) 一般塩基の触媒作用
(c) 一般酸の触媒作用

図 6.16　エステルの加水分解反応
エステルはいろいろな方法で加水分解される．すなわち，(a) 水酸化物イオン触媒，(b) 一般塩基触媒，(c) 一般酸触媒によって加水分解される．茶色の矢印は，それぞれの反応機構における電子対の動きを示す．

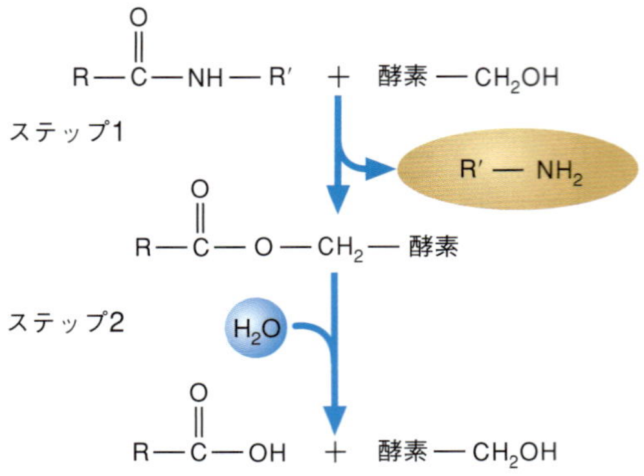

ほかに求核剤として作用するアミノ酸側鎖は，システインのチオール基，アスパラギン酸およびグルタミン酸のカルボキシ基である．

酵素活性におけるアミノ酸の役割

酵素の活性部位の内側は，タンパク質の折りたたみにより相互に密に接近して存在するアミノ酸側鎖で覆われている．これらの側鎖が協同して，反応が起こりやすい微小環境をつくりだしている．活性部位の側鎖の役割は大きく二つに分かれる．すなわち反応に関係するものと関係しないものである．前者は直接，反応機構に関与し，後者は間接的に反応を助ける．タンパク質をつくる20種類のアミノ酸（**図5.2**参照）のなかで電荷をもつもの，あるいは極性の高い側鎖をもつものだけが反応に関与できる．具体的にアミノ酸（側鎖の官能基）をあげると，セリン，トレオニンおよびチロシン（ヒドロキシ基），システイン（チオール基），グルタミンとアスパラギン（アミド基），グルタミン酸とアスパラギン酸（カルボキシ基），リシン（アミノ基），アルギニン（グアニジル基），ヒスチジン（イミダゾール基）である．

膨大な研究から，反応には2個あるいは3個のアミノ酸側鎖からなるダイアドあるいはトライアドと呼ばれる正確な配置構造が必要であることがわかってきた．酵素の数はきわめて多いが，触媒部位を形成するアミノ酸の組合せは少ない．よく見られる例として，アルギニン–アルギニン，カルボン酸–カルボン酸，およびカルボン酸–ヒスチジンのダイアドがある．

アルギニン–アルギニンダイアドの例としてアデニル酸キナーゼの触媒部位があるが，この酵素はATPのリン酸基を他のヌクレオチドに転移する．二つのアルギニンがリン酸基の酸素原子を分極させることにより，リン酸基が解離しやすくなる．

カルボン酸–カルボン酸ダイアドは，タンパク質分解酵素ファミリーに属するアスパラギン酸プロテアーゼの活性部位に見られる．たとえば，動物が食物中のタンパク質を分解するためにもっている酵素ペプシンがある．負電荷をもつアスパラギン酸が隣接すると，片方のアスパラギン酸の pK_a が上昇する，つまり，酸性度が下がり塩基性度が増してプロトン受容性が増すことにより，酸塩基加水分解反応が起こりやすくなる．

アスパラギン酸–ヒスチジンダイアドの機能性は分極したイミダゾール環によるが，それは近傍に存在するアスパラギン酸のカルボキシ基の負電荷によって引き起こされている．クエン酸をイソクエン酸に異性化する酵素であるアコニターゼ（p. 287）の活性部位で，ヒスチジンは一般酸として機能し，クエン酸のヒドロキシ基をプロトン化して解離しやすくする．

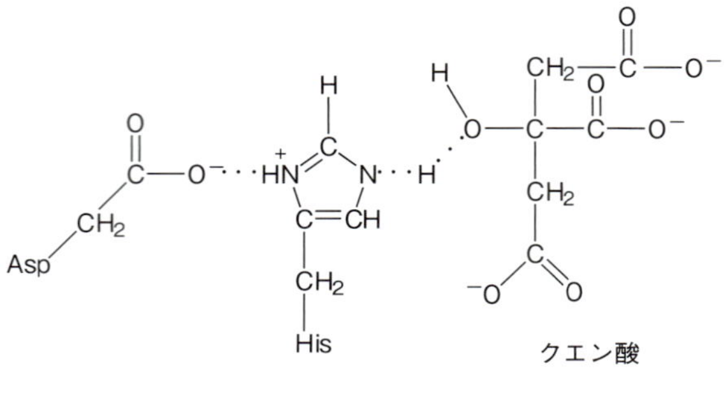

その結果，生じたHOHはヒスチジンにより活性部位に長く保持され，中間体を攻撃してクエン酸の異性体（イソクエン酸）を生じさせる．アスパラギン酸-ヒスチジンダイアドは，とくによく研究されているセリンプロテアーゼトライアド（Asp-His-Ser，p. 197）の一部でもある．このトライアドにおいては，近傍に存在するアスパラギン酸のカルボキシ基がヒスチジンのイミダゾール基の pK_a を上げ，セリンからプロトンが解離しやすくなる．こうして脱プロトン化したセリンはよい求核剤となる．

触媒反応に直接関与しない側鎖の機能には基質の配向や遷移状態の安定化があるが，触媒残基に比べるとその重要性は低い．たとえばキモトリプシン（p. 197）は，トリプトファン，チロシン，フェニルアラニンといった芳香族アミノ酸のC末端のペプチド結合を特異的に切断するが，それは活性部位のなかにかなり大きなサイズの疎水性ポケットが存在し，芳香族アミノ酸の側鎖をきちんと収納するからである．反応中に生成する**オキシアニオン**（oxyanion）中間体（負に荷電した分子種，p. 197 および図 6.19 参照）は，基質のペプチド結合のカルボニル基とセリンおよびグリシンの主鎖アミドの水素原子との相互作用によって安定化される．

酵素活性における補因子の役割

多くの酵素は活性部位のアミノ酸残基の側鎖だけでなく，金属イオンや補酵素など，補因子と呼ばれる非タンパク質性因子を必要とする．それぞれは特有の構造的特性および化学的反応性をもっている．

金属 生体にとって重要な金属は二つのクラスに分けられる．すなわち，アルカリ金属およびアルカリ土類金属（Na^+，K^+，Mg^{2+}，Ca^{2+} など）と遷移金属（Zn^{2+}，Fe^{2+}，Cu^{2+} など）である．酵素分子内のアルカリ金属およびアルカリ土類金属は酵素にゆるく結合し，通常，構造の維持に寄与している．一方，遷移金属はカルボキシ基，イミダゾール基，ヒドロキシ基のような官能基に結合したり，ヘム鉄のように補欠分子族の構成要素として結合したりして，触媒活性に重要な役割を果たしている．

遷移金属が触媒作用に適している理由をあげる．まず，正電荷の密度が高く，低分子化合物と結合しやすい．遷移金属はルイス酸（電子対受容体）として作用するので，強い求電子剤といえる（アミノ酸側鎖は不対電子対を受容することができず，弱い求電子剤といえる）．また，遷移金属はd軌道の電子配置により二つ以上のリガンドを配位子として結合できるため，活性部位において基質を配向させることができる．その結果，酵素-金属イオン複合体は基質を分極させ，触媒反応を促進する．たとえば炭酸デヒドラターゼは，CO_2 を水和して炭酸水素イオン（HCO_3^-）をつくる反応を可逆的に触媒する．この酵素の活性部位には補因子として亜鉛イオン（Zn^{2+}）が存在し，三つのヒスチジンの側鎖に配位している．亜鉛イオンは水分子を分極させて Zn^{2+}—OH 基をつくり，ヒドロキシ基が求核剤として CO_2 を攻撃し HCO_3^- をつくる．

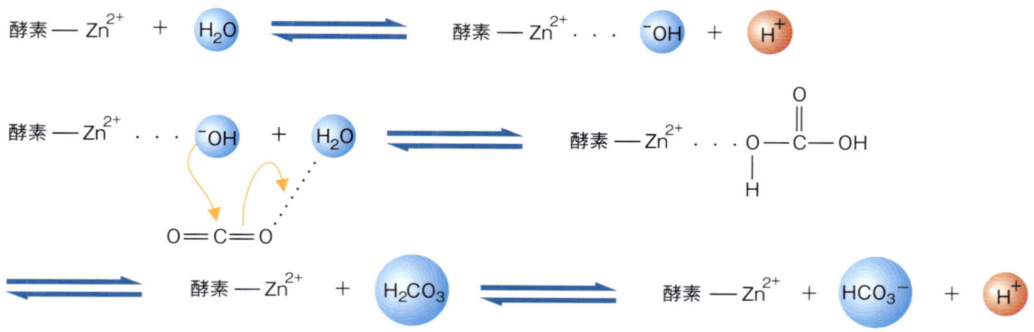

遷移金属は2価以上で存在できるため，電子の可逆的な受け渡しにより，酸化還元反応を仲介することができる．たとえば，シトクロムP-450の反応においては，Fe^{2+} と Fe^{3+} の可逆的変換が重要な役割を果たす．シトクロムP-450は動物において毒物を代謝する酵素の一種として知られている（10章の生化学のつながり「虚血と再灌流」と12章の「生体内変換」を参照）．

問題 6.6

銅はリシルオキシダーゼやスーパーオキシドジスムターゼなどの酵素において補因子として作用する．青色の糖タンパク質のセルロプラスミンは血中に存在する主要な銅含有タンパク質であり，Cu^{2+} を輸送し，生体内の各臓器における Cu^{2+} を適正な濃度に保っている．また，同時に Fe^{2+} から Fe^{3+} への酸化を触媒するが，この反応は鉄の代謝において重要である．銅は多くの食品に含まれているため，銅欠乏症になることはまれであるが，銅欠乏症の症状としては，貧血，白血球減少，骨密度減少，動脈壁脆弱などがある．生体は，システイン残基を多く含む小さな金属結合タンパク質のメタロチオネインによって，銅や他のいくつかの金属の過剰摂取から守られている．亜鉛やカドミウムなどは，小腸や肝臓におけるメタロチオネインの生合成を誘導する．

メンケス症候群

メンケス症候群では，小腸における銅の取込み能が欠損している．幼児期のてんかん，発育遅滞，発毛不全などの症状を避けるためにどのような処置を施せばよいか．

問題 6.7

ウィルソン病

別のまれな先天性疾患にウィルソン病がある．この場合，肝臓や脳の組織に過剰の銅が蓄積する．この病気の顕著な症状は，銅の沈着により，カイゼル・フライシャー環と呼ばれる緑がかった茶色の層が角膜の周囲に形成されることである．現在では，ウィルソン病は細胞膜を横切って銅を輸送する ATP 依存性タンパク質の欠損により起こることがわかっている．銅輸送タンパク質は，銅をセルロプラスミンの分子内に取り込ませることにより過剰な銅を細胞外に排泄する働きをする．ウィルソン病の治療法としては，低銅食のほか，硫酸亜鉛およびキレート剤のペニシラミン（p. 123）を投与する．これら治療法の意味を述べよ（ヒント：メタロチオネインは亜鉛よりも銅に対する親和性が高い）．

補酵素　補酵素は酵素が多様な化学反応を触媒するために必要な有機化合物で，アミノ酸側鎖には見られない反応基をもっていたり，基質分子の担体として働いたりする．補酵素のなかには基質の一つとして酵素に一時的に結合するものや，共有結合や非共有結合で酵素にしっかり結合するものがある．一般の触媒とは異なり，補酵素の構造は反応によって変化する．したがって，次の反応サイクルが始まるまでに補酵素は活性型に再生されなければならない．一時的に酵素に結合する補酵素は，通常，別の酵素による反応によって再生するが，酵素に強く結合する補酵素は反応サイクル中に再生する．ほとんどの補酵素はビタミン類から生じる．**ビタミン類**（vitamins，食品中に少量含まれる必須の栄養因子）は，水溶性ビタミンと脂溶性ビタミンの二つのクラスに分けられる．また，ビタミン様栄養因子と呼ばれるものがあり，これらは体内で十分量合成されて酵素反応を促進する．たとえば，リポ酸，カルニチン，補酵素 Q，ビオプテリン，*S*-アデノシルメチオニン，*p*-アミノ安息香酸がある．

ビタミン類

補酵素は機能により三つのグループに分かれる．すなわち，電子伝達，基の転移および高エネルギー転移である．酸化還元反応（電子あるいは水素原子の転移を伴う）に関与する補酵素には，ニコチンアミドアデニンジヌクレオチド（NAD^+），ニコチンアミドアデニンジヌクレオチドリン酸（$NADP^+$），フラビンアデニンジヌクレオチド（FAD），フラビンモノヌクレオチド（FMN），補酵素 Q（CoQ），テトラヒドロビオプテリン（BH_4）などがある．チアミンピロリン酸（TPP），補酵素 A（CoASH），ピリドキサールリン酸は，それぞれアルデヒド基，アシル基，アミノ基の転移に関与する．また，一炭素原子を含む基の転移ではさまざまな酸化状態の炭素原子が基質間を移動するが，ビオチン，テトラヒドロ葉酸（TH_4），あるいは *S*-アデノシルメチオニン（SAM）が必要である．ヌクレオチドは高エネルギー転移能をもち，補酵素として代謝中間体を活性化したり，リン酸の供与体や低分子化合物の担体として働いたりする．たとえば，グリコーゲン合成（p. 267）における中間体の UDP グルコースや，ある種の脂質の合成（p. 394）

表 6.4 ビタミン類，ビタミン様分子，およびそれらの補酵素型

分子	補酵素型	促進する反応および作用	該当ページ
水溶性ビタミン			
チアミン（ビタミン B_1）	チアミンピロリン酸	脱炭酸，アルデヒド基転移	288
リボフラビン（ビタミン B_2）	FAD と FMN	酸化還元	283
ピリドキシン（ビタミン B_6）	ピリドキサールリン酸	アミノ基転移	450
ニコチン酸（ナイアシン）	NAD と NADP	酸化還元	282
パントテン酸	補酵素 A	アシル基転移	288
ビオチン	ビオチン	カルボキシル化	385
葉酸	テトラヒドロ葉酸	C_1 転移（ホルミル基転移）	460
ビタミン B_{12}	デオキシアデノシルコバラミン，メチルコバラミン	分子内転位	461
アスコルビン酸（ビタミン C）	未知	ヒドロキシ化	327
ビタミン様分子			
補酵素 Q	補酵素 Q	酸化還元	304
ビオプテリン	テトラヒドロビオプテリン	酸化還元	467
S-アデノシルメチオニン	*S*-アデノシルメチオニン	メチル化	461
リポ酸	リポアミド	酸化還元	288

における中間体の CDP（シチジンニリン酸）エタノールアミンなどである．このような場合，ヌクレオチドは担体分子と引き続く反応におけるよい脱離基として働く．ヌクレオチドが酵素の活性部位に結合すると，多くの非共有的相互作用により，ヌクレオチドに付加された化合物が正しく配置される．NAD^+，$NADP^+$，FAD，FMN，CoASH の構造を見てみよう．これらの補酵素にはアデニンヌクレオチドが含まれている．**表 6.4** は，ビタミンおよびビタミン様物質，それらの補酵素型，それぞれが促進する反応や生理過程をまとめたものである．それらの構造と機能について記述したページ数も示してある．

キーコンセプト

- 酵素の活性部位にあるアミノ酸側鎖はプロトン転移や求核置換反応を触媒するが，他の反応においては金属イオンや補酵素などの非タンパク質性因子が必要である．
- 金属イオンは効率的な求電子剤として働き，活性部位において基質を適切な位置に配向させる．また，ある種の金属イオンは酸化還元反応を仲介する．
- 補酵素は有機化合物で，酵素の触媒作用においてさまざまな役割を果たす．

問題 6.8

以下のものが補因子，補酵素，アポ酵素，ホロ酵素，あるいはそれらのいずれでもないか答えよ．

a. Zn^{2+}　b. 活性型アルコールデヒドロゲナーゼ
c. Zn^{2+} を欠くアルコールデヒドロゲナーゼ　d. FMN　e. NAD^+
f. CDP エタノールアミン　g. ビオチン

酵素反応における温度と pH の影響

タンパク質の構造を乱す環境因子は酵素活性に影響を与える．とくに温度と pH の変化により，酵素活性は大きく変化する．

温度　すべての化学反応は温度の影響を受ける．一般に，温度が高くなるほど衝突頻度が増し，反応速度は大きくなる．また，温度が高くなるほど遷移状態に移るのに必要なエネルギーをもった分子の割合が高くなるので，反応速度は大きくなる．酵素の触媒反応も同様であるが，酵素はタンパク質であり，高温で変性してしまう．そのため，酵素は固有の最適温度，つまり

図 6.17　酵素活性に対する温度の影響
温度の上昇に伴い酵素と基質の衝突頻度が増加し，酵素活性はゆるやかに上昇する．しかし，さらに温度が上昇すると，熱変性により酵素活性は失われてしまう．

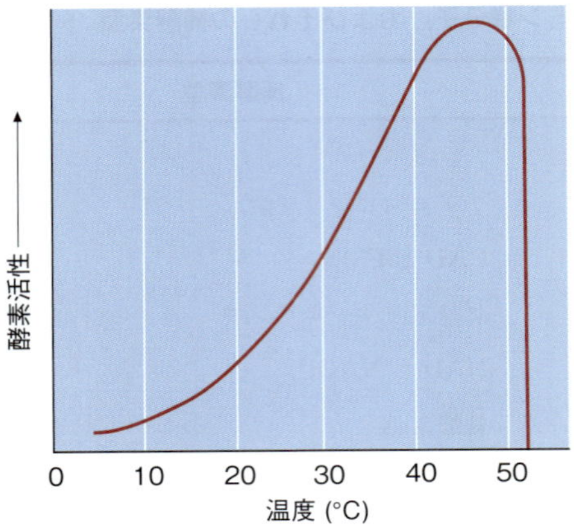

図 6.18　二つの酵素の活性に対する pH の影響
酵素はそれぞれ固有の最適 pH をもっている．pH の変化は活性部位の解離基の状態を変えたり，酵素の高次構造を変えたりする．

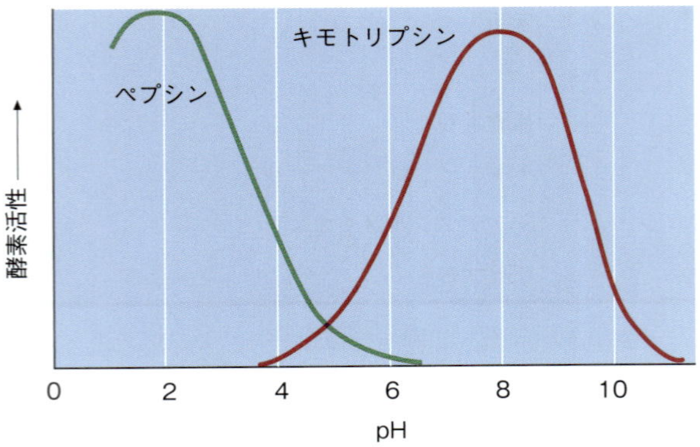

最大活性を示す温度をもっており（図 6.17），pH，イオン強度，溶質濃度などの実験条件により決まる．生物がもっている酵素の最適温度はまちまちであり，一定ではない．

pH　pH 値で表される水素イオン濃度は，さまざまな様式で酵素に影響を与える．まず最初に，酵素活性は活性部位の解離基の状態によって大きく変わる．水素イオン濃度は活性部位のイオン化状態に影響を与える．たとえば，ある酵素の活性に，あるアミノ酸側鎖へのプロトンの付加が必要である場合，pH が高くなってプロトンが解離すれば活性は下がる．一方，基質が pH の影響を受けることもある．基質に解離基がある場合，pH の変化により活性部位への結合能が変わることがある．2 番目は，解離基の変化が酵素の立体構造の変化を引き起こす場合である．酵素は pH の劇的な変化により変性することが多い．

pH の大きな変化に耐えられる酵素は少なく，ほとんどの酵素は狭い pH 範囲でのみ活性を示す．そのため，生体は厳密に pH を制御するための緩衝液を用いている．酵素活性が最大になる pH は**最適 pH**（pH optimum）と呼ばれ，酵素によって大きく異なる（図 6.18）．たとえば，胃の主細胞に存在するプロテアーゼであるペプシンの最適 pH は約 2 である．胃における低い pH は，壁細胞（胃上皮細胞ともいう）から分泌される塩酸（HCl）に起因する．タンパク質分解酵素であるキモトリプシンの最適 pH は 8 である．キモトリプシンは膵臓で大きい分子として産生され（p. 200），膵液の成分として小腸内に分泌される種々の消化酵素の一つである．膵液は炭酸水素ナトリウム（$NaHCO_3$）も含む．これは，胃で部分的に消化されて小腸にやってきた食物の酸性度を中和し，pH を約 8 にまで上昇させる役割を果たす．

酵素の詳しい触媒機構

これまでに何千という酵素について，その固有の構造，基質特異性，および反応機構が研究されてきた．この数十年の間にさまざまな酵素の反応機構が詳しく調べられてきたが，ここでは反応機構がよくわかっている二つの酵素について述べる．

キモトリプシン　キモトリプシンは分子量 2 万 7000 のタンパク質で，セリンプロテアーゼと呼ばれる酵素の一群に属している．セリンプロテアーゼの活性部位には，セリンプロテアーゼトライアド (p. 192) と呼ばれる特徴的な一組のアミノ酸残基が存在する．キモトリプシンにおいては，Asp 102，His 57，および Ser 195 がそれらに相当する．基質類似体が結合したキモトリプシンの結晶構造解析から，これらのアミノ酸残基は活性部位のなかで互いに近い位置に存在することがわかった．活性部位のセリン残基は，この酵素群の触媒機構においてとくに重要な役割を果たしている．セリンプロテアーゼはジイソプロピルフルオロホスフェート (DFP) により不可逆的に阻害される．この阻害剤はキモトリプシンのセリン残基のうち Ser 195 に特異的に共有結合し，他の 29 個のセリン残基には結合しないが，それは Ser 195 の近傍にある His 57 と Asp 102 のせいである．His 57 のイミダゾール環は Asp 102 のカルボキシ基と Ser 195 の—CH_2OH 基の間にあり，Asp 102 のカルボキシ基は His 57 を分極させ，His 57 は一般塩基として作用する (イミダゾール基によるプロトンの引き抜きが加速される)．

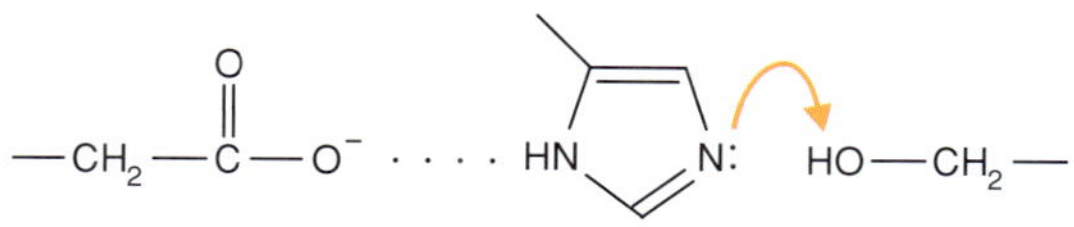

セリンの OH 基からプロトンが解離すると，強い求核剤になる．

キモトリプシンは芳香族アミノ酸に隣接するペプチド結合を加水分解する．推定される反応機構を**図 6.19** に示す．図のステップ (a) は最初の酵素–基質複合体を示している．活性部位には触媒トライアドを形成する Asp 102，His 57，および Ser 195 があり，オキシアニオンホールと呼ばれる空間をつくっている．また，活性部位には基質であるフェニルアラニンの側鎖が入る疎水性ポケットが存在する．Ser 195 の求核性 OH 基の酸素原子が，基質のカルボニル炭素を求核攻撃する．ステップ (b) に示す四面体中間体は大きくゆがんだ構造をとり，新たに生じた**オキシアニオン** (oxyanion) は Ser 195 と Gly 193 のアミドの NH 基との水素結合により安定化し，オキシアニオンホールに収まる．四面体中間体の構造は遷移状態の構造に似ており，酵素との結合の強さによりセリンプロテアーゼの触媒効率が決まる．

次に，四面体中間体が分解し，共有結合によりつながったアシル化酵素が生じる (ステップ c) が，このとき His 57 が一般酸として作用し，この分解を促進すると考えられる．ステップ (d) および (e) では前の二つのステップの逆反応が起こる．すなわち水が求核剤となり，四面体中間体 (オキシアニオン) が形成される．ステップ (f) (最終の酵素–生成物複合体) では，セリンの酸素原子とカルボニル炭素の結合が切断され，セリンは再び His 57 と水素結合を形成する．

アルコールデヒドロゲナーゼ　アルコールデヒドロゲナーゼ (ADH) は，生物の三つの超界 (細菌，古細菌，真核生物) にわたって分布している多様性に富んだ一群の酵素である．これらは，アルコールからアルデヒドあるいはケトンへの酸化を可逆的に触媒する．次に示すエタノールの酸化反応では，二つの電子と二つのプロトンがアルコール分子から除去される．ここで，補酵素 NAD^+ はヒドリドイオン (H:$^-$) の受容体として作用する．

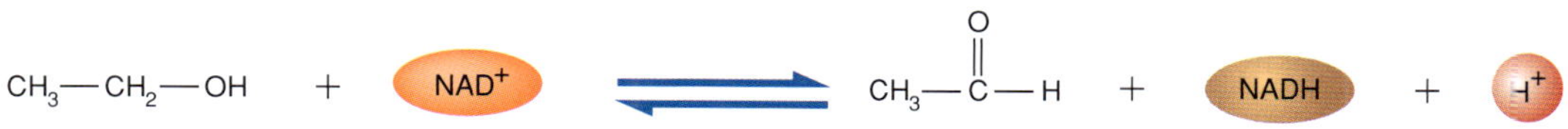

大部分のアルコールデヒドロゲナーゼは，二つあるいは四つのサブユニットからなっており，

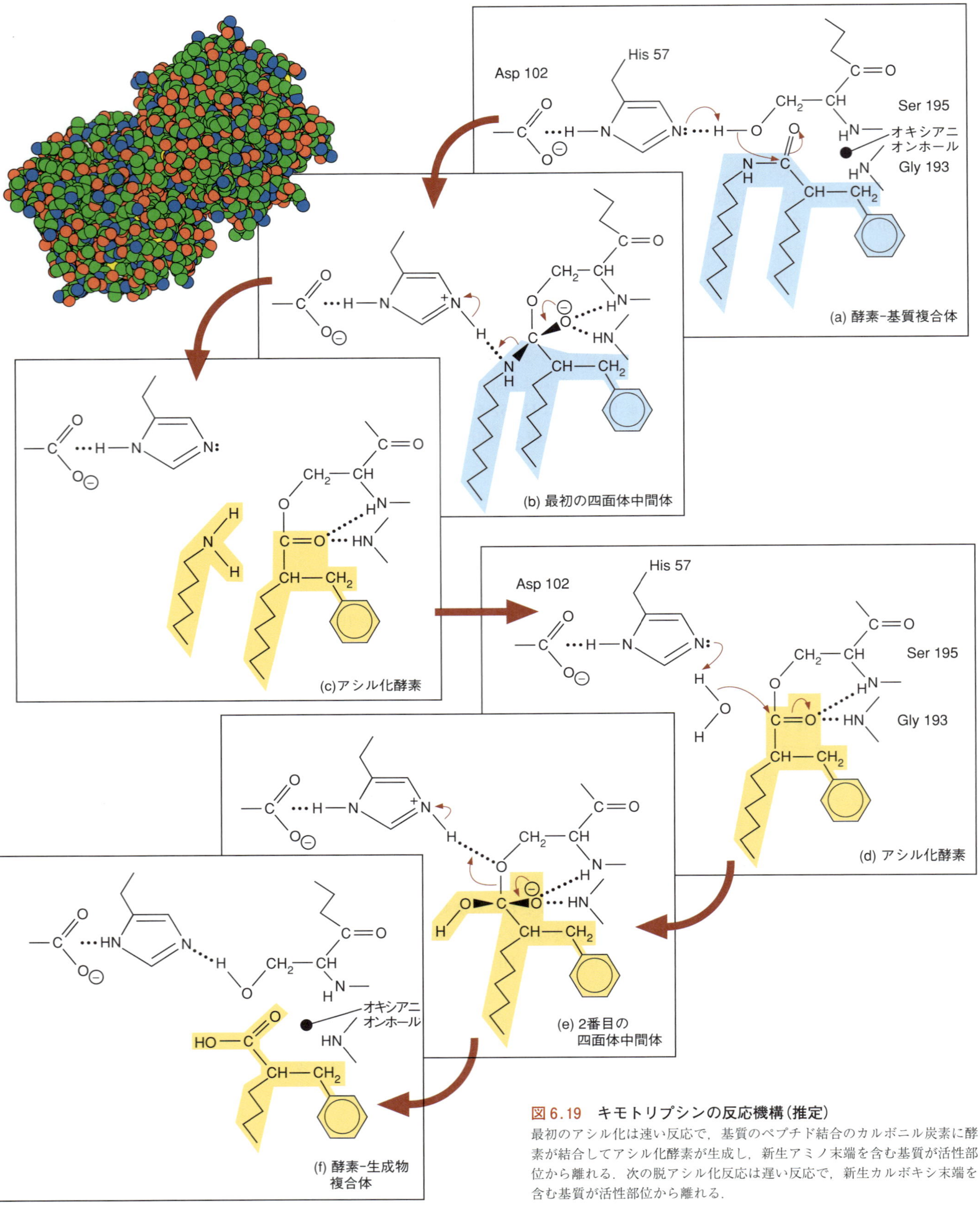

図 6.19　キモトリプシンの反応機構(推定)
最初のアシル化は速い反応で，基質のペプチド結合のカルボニル炭素に酵素が結合してアシル化酵素が生成し，新生アミノ末端を含む基質が活性部位から離れる．次の脱アシル化反応は遅い反応で，新生カルボキシ末端を含む基質が活性部位から離れる．

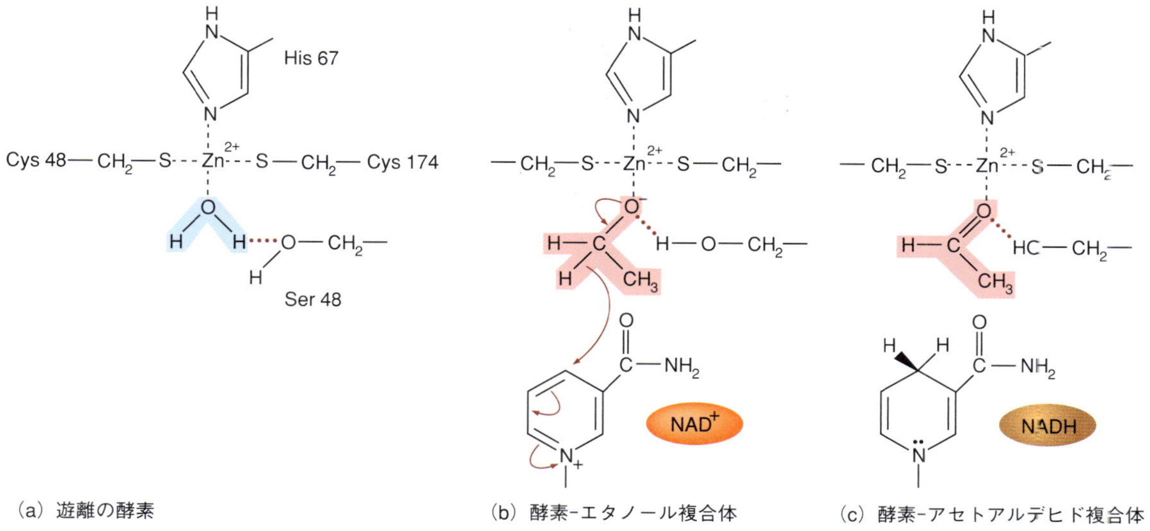

図 6.20　アルコールデヒドロゲナーゼの活性部位における官能基
(a) 基質がないときは水分子が Zn^{2+} に配位している．(b) 基質のエタノールが水分子と置き換わり，アルコラートアニオンとして Zn^{2+} に結合すると推測される．(c) NAD^+ が基質からヒドリドイオン(H^-)を受けとり，アセトアルデヒドが生じる．

それぞれは二つの亜鉛イオンを含有している．このうち一つの亜鉛イオンは活性部位に存在しており，触媒作用に必須である．もう一つの亜鉛イオンは構造の安定化に寄与している．アルコールデヒドロゲナーゼの活性部位には二つのシステイン残基(Cys 48 と Cys 174)と一つのヒスチジン残基(His 67)が存在し，これらはすべて亜鉛イオンに配位している(図 6.20a)．NAD^+ が活性部位に結合すると基質のエタノールが入ってきて，アルコラートアニオンとして Zn^{2+} に結合する(図 6.20b)．Zn^{2+} の静電効果が遷移状態を安定化する．中間体の分解に伴い，ヒドリドイオンが基質から NAD^+ のニコチンアミド環に転移する．活性部位から生成物のアルデヒドが離れた後，NADH が解離する．

キーコンセプト

- 酵素はそれぞれ固有の構造，基質特異性，および反応機構をもつ．
- 反応機構は，基質の構造や酵素の活性部位の構造に応じた触媒促進因子によって，活性が調節されている．

6.5　酵素活性の調節

生物は生化学反応経路の膨大なネットワークを制御する精巧な仕組みを獲得してきた．調節機構がきわめて重要である理由を以下に述べる．

1. **秩序の維持**　細胞は，各反応経路の調節により，細胞の構造と機能を維持するのに必要な物質を，必要なときに無駄なく産生することができる．
2. **エネルギーの節約**　細胞は常にエネルギー産生反応を調節し，必要なエネルギーに見合うだけの栄養源を消費するようにしている．
3. **環境の変化への対応**　細胞は，それぞれ特異的な反応の速度を増減することにより，温度，pH，イオン強度，および栄養源濃度の変化にすばやく対応することができる．

生化学反応経路の調節は，基本的には，対応する酵素の量と活性を変えることにより行われる．具体的には，① 遺伝子発現の調節，② 共有結合による修飾，③ アロステリック効果による調節，④ 細胞内の区画化があげられる．

遺伝子発現の調節

代謝の必要性に応じた酵素の生合成は**酵素誘導**(enzyme induction)と呼ばれ，細胞が環境の変化に十分に適応するために必要である．たとえば，ラクトースを含まない培地で生育した大腸菌は，最初，ラクトースを培地に入れてもこれを資化することができない．しかし，培地中のグルコースがなくなると，ラクトースをエネルギー源として用いるために必要な酵素群が誘導される．培地中のラクトースがすべて消費されると，これらの酵素は合成されなくなる．

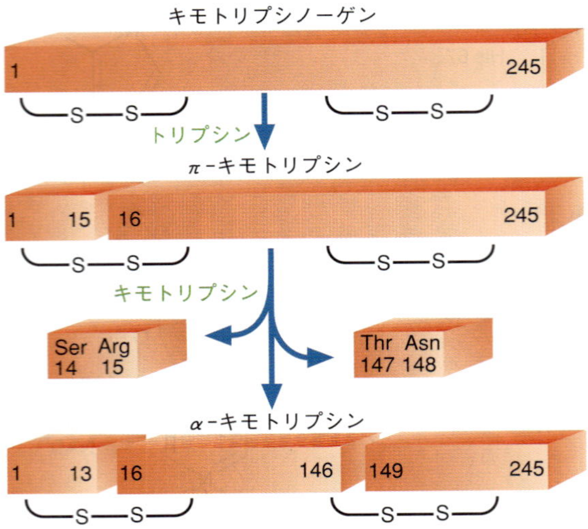

図 6.21　キモトリプシノーゲンの活性化
不活性型前駆体のキモトリプシノーゲンは数段階を経て活性化される．小腸に分泌されたキモトリプシノーゲンは，トリプシンにより Arg 15 と Ile 16 の間のペプチド結合が切断され，π-キモトリプシンに変換される．次に，この切断されたキモトリプシン分子は，分子同士で作用することにより，二つのジペプチド断片を切り離して活性化して，α キモトリプシンを生成する．

共有結合による修飾

活性型と不活性型の可逆的変換により活性が調節されている酵素があるが，そのなかには共有結合による修飾が関与している場合がある．なかでも，特異的なアミノ酸残基のリン酸化および脱リン酸化により調節されている酵素が多数存在する．たとえばグリコーゲンホスホリラーゼ（8 章）は，エネルギー貯蔵多糖であるグリコーゲンの分解における最初の反応を触媒する．この反応はホルモンによって制御されているが，グリコーゲンホスホリラーゼの特定のセリン残基がリン酸化されると，不活性型（b 型）が活性型（a 型）に変換される．リン酸化されていない酵素では，そのセリン残基を取り囲んでいるペプチド鎖部分は不規則な構造をとっている．一方，このセリン残基がリン酸化されると，この不規則なペプチド部分は α ヘリックスに変換され，より活性の高い酵素に変化する．共有結合による可逆的修飾のそれ以外の例としては，メチル化，アセチル化，およびヌクレオチド化（共有結合によるヌクレオチドの付加）などがある．

生合成の後，**プロ酵素**（proenzyme，酵素前駆体）あるいは**チモーゲン**（zymogen）と呼ばれる不活性型の前駆体で蓄えられる酵素がある．チモーゲンは 1 箇所あるいは複数箇所のペプチド結合が不可逆的に切断されることにより，活性型に変換する．たとえば，キモトリプシノーゲンは膵臓でつくられ，小腸に分泌された後，いくつかの過程を経て活性型に変換され（図 6.21），食品中のタンパク質を分解する．

アロステリック調節

生化学反応経路には，エフェクター分子の結合により触媒活性を調節する（上げたり下げたりする）酵素がいくつか存在する．このような酵素のアロステリック部位にリガンドが結合すると，それが引き金となって酵素の高次構造が急激に変化し，基質結合が促進されたり抑制されたりする．アロステリック酵素の反応速度プロットは，ミカエリス・メンテン型の速度式を示す酵素とは異なり，シグモイド型を示す（図 6.22）．リガンドと基質が同じ分子である場合（つまり，最初の基質結合が次の基質結合に影響を与える場合），ホモトロピックなアロステリック効果と呼ばれる．それに対して，リガンドが基質と異なる場合はヘテロトロピックなアロステリック効果という．多くのアロステリック酵素は複数のサブユニットをもち，複数の基質結合部位およびエフェクター結合部位をもつ．

アロステリック酵素の挙動を説明する理論的モデルとして協奏モデルと逐次モデルがある（図 6.23）．協奏（あるいは対称）モデルでは，酵素がとりうる状態は T（taut）および R（relaxed）の二つのみである．活性化因子は R 状態に結合して R 状態を安定化し，阻害因子は T 状態に結合して T 状態を安定化する．このモデルの協奏という用語は，最初のエフェクターが結合するとすべてのサブユニットが同時に高次構造を変えることに基づく（速くて協奏的なこの高次

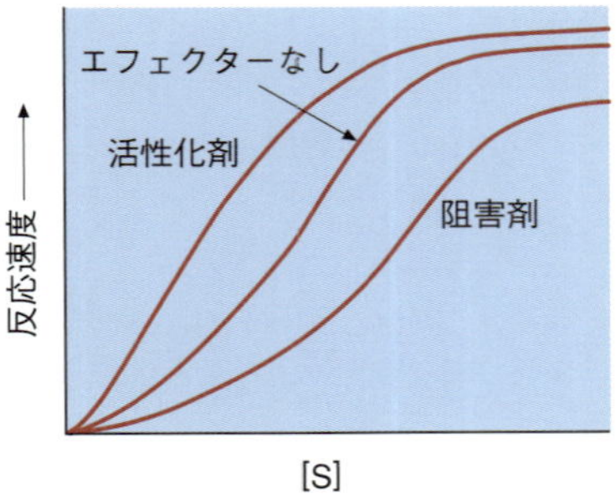

図 6.22　酵素反応速度の基質濃度依存性
アロステリック酵素の活性は正のエフェクター（活性化剤）により増加し，負のエフェクター（阻害剤）により減少する．

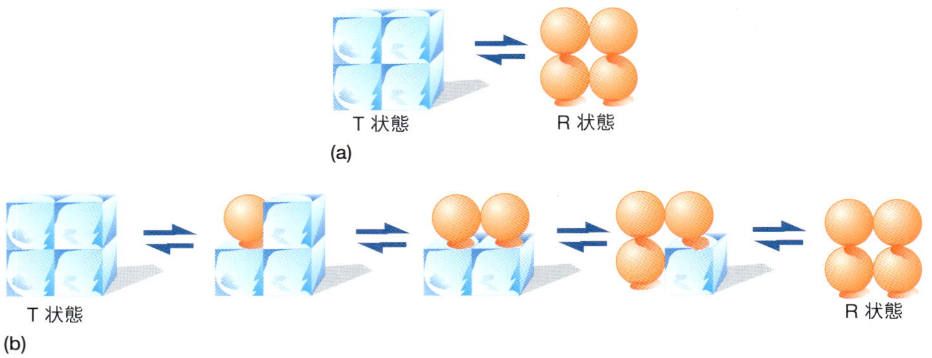

図 6.23　アロステリック相互作用のモデル
(a) 協奏モデルでは，酵素がとりうる高次構造は二つのみであり，基質および活性化剤は R 状態に強い親和性を示し，阻害剤は T 状態に強い親和性を示す．(b) 逐次モデルでは，サブユニットごとに基質が結合すると R 状態に変わっていく．最初のサブユニットが構造を変えると隣のサブユニットのリガンド親和性が変わる．

構造変化は，タンパク質全体の対称性を維持する)．活性化因子の結合は R と T の平衡を R の側にずらし，阻害因子の結合は T の側にずらす．

協奏モデルでは，アロステリック酵素の性質をうまく説明できる場合とできない場合がある．たとえば，最初のリガンド結合が次のリガンド結合を促進する**正の協同性**(positive cooperativity) を説明することはできるが，逆に，最初のリガンド結合が次のリガンド結合を抑制する**負の協同性**(negative cooperativity) を説明することはできない．また，協奏モデルは中間的な高次構造を認めていない．協奏モデルがうまくあてはまる例としては，大腸菌のアスパラギン酸トランスカルバモイラーゼ (ATC アーゼ) やホスホフルクトキナーゼ (PFK) がある．

ATC アーゼは，ピリミジンヌクレオチドであるシチジン三リン酸 (CTP) 生合成経路の最初の反応を触媒するが (**図 6.24**)，CTP は ATC アーゼの活性を阻害する．反応速度プロットにおいて反応曲線が右にずれるのは，各基質濃度における反応速度が遅くなり，見かけの K_m が大きくなったことを意味する．CTP による ATC アーゼ活性阻害は負のフィードバック阻害 (p. 21) の一例であり，反応経路の最終産物が経路の初期あるいは分岐点の酵素反応を阻害する．一方，プリンヌクレオチドの ATP はこの酵素の活性化剤として作用するが，これは核酸の生合成においてプリンとピリミジンをほぼ等量必要とすることから，理に適っている．ATP の濃度が CTP の濃度よりも高いときは ATC アーゼが活性化され，逆の場合は ATC アーゼが阻害される．

ホスホフルクトキナーゼ (PFK) は解糖系の重要な反応を触媒する酵素で (p. 241)，フルクトース 6-リン酸の 1 位の OH 基に ATP からのリン酸基を転移する．

$$\text{フルクトース 6-リン酸} + \text{ATP} \longrightarrow \text{フルクトース 1,6-ビスリン酸} + \text{ADP}$$

PFK は四つの等価なサブユニットをもち，それぞれ一つの活性部位と複数のアロステリック部位をもっている．この酵素の R 状態は，ADP や AMP (ATP 枯渇および細胞のエネルギー不足の感度よい指標) により安定化する．一方，T 状態は，ATP や細胞のエネルギーが十分高いことを表す他の分子により安定化する．

逐次モデルは Daniel Koshland らによって初めて提唱されたモデルで，複数のサブユニットからなるタンパク質の柔軟なサブユニットの一つにリガンドが結合すると高次構造が変化し，隣のサブユニットに高次構造の変化が伝わっていくというものである．協奏モデルよりも精巧な逐次モデルでは中間的な構造を認めているため，いくつかの酵素の作用を精密に表すことができる．また，このモデルは負の協同性を説明することができる (一つのサブユニットにリガンドが結合すると隣のサブユニットの構造が変化してリガンドが結合しにくくなる)．したがって，逐次モデルはすべてのアロステリック効果を説明できる一般的なモデルといえる．協奏モデルは逐次モデルのなかの一例に過ぎない．

アロステリック調節には強調すべき二つの重要な側面がある．一つは，協奏モデルも逐次モ

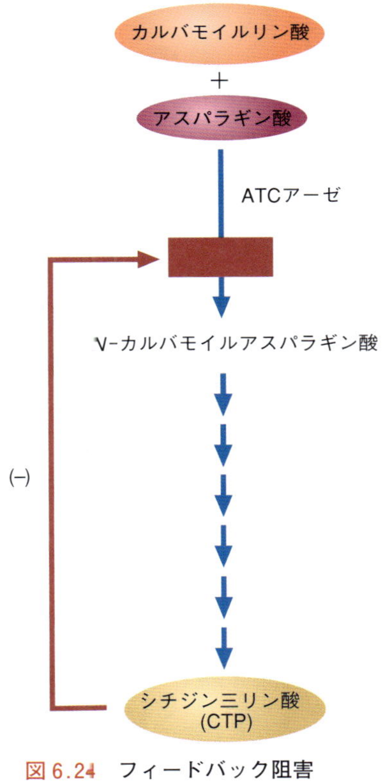

図 6.24　フィードバック阻害
アスパラギン酸トランスカルバモイラーゼ (ATC アーゼ) はシチジン三リン酸 (CTP) の合成において重要な段階を触媒する．CTP 合成経路の最終生成物である CTP が ATC アーゼに結合し，活性を阻害する．

デルもあくまでも理論的なモデルに過ぎないということである．多くのアロステリック酵素は，これらのモデルで説明できるほど単純ではない．たとえば，ヘモグロビン（アロステリックタンパク質のなかで最も詳細に研究されている）による O_2 の協同的結合は，両方のモデルの特徴を示す．最初の O_2 の結合は協奏モデルに従い T 状態から R 状態への変化を引き起こすが，それぞれのサブユニットの高次構造は微妙に異なるし（逐次モデルの特徴，p. 137 参照），O_2 が一つあるいは二つしか結合していないヘモグロビン分子種も観察される．次にもっと重要なことは，代謝を調節するのは簡単ではないということである．たとえば，アロステリック酵素の発現量を高めて酵母などの微生物の代謝流速を上げようとする試みは成功していない（代謝流速とは，代謝経路における物質の代謝回転速度のこと）．代謝流速を上げるためには代謝経路内のすべての酵素の活性を上げることが必要で，多かれ少なかれ，ほとんどすべての酵素を調節することによって初めて代謝経路全体を制御することが可能になると考えられる．

区 画 化

細胞内を細胞内器官によって区画化すると，生化学反応をうまく制御することが可能になる．それは物理的に隔離された場所で，周りに影響されずに制御できるからである．細胞の込み入った内部構造には，細胞内器官（たとえば真核細胞の細胞小器官）や，さまざまな種類の微小区画（酵素群，膜に結合したタンパク質複合体，細胞骨格フィラメントなど）が含まれる．細胞内区画は相互に関連するさまざまな問題を解決する．

1．**分割と制御**　競合反応（キナーゼとホスファターゼの反応のように，お互いの働きを帳消しにする）を物理的に隔離することにより，物質とエネルギーを無駄遣いすることなく，きちんと制御できる．
2．**拡散障壁**　込み入った細胞内では，基質分子の拡散が反応の律速段階になることがある．細胞はこの問題を切り抜けるために，酵素と基質が高濃度で存在する微小環境をつくったり，多くの酵素からなる複合体を形成し，各酵素の反応生成物を次から次へと受け渡すチャネルをつくったりする．
3．**特殊反応条件**　反応のなかには特殊な環境を必要とするものがある．たとえば，リソソーム内の低い pH は加水分解反応を促進する．
4．**損傷制御**　毒性を示す可能性がある反応生成物を隔離して，他の細胞成分を守る．

キーコンセプト

- すべての生化学反応経路は細胞の秩序を保つように調節されている．
- 調節機構としては，遺伝子発現の調節，共有結合による酵素の修飾，アロステリック効果による調節，細胞内の区画化がある．

細胞の代謝全体を制御するためには，細胞内の全生化学経路を統合することが必要であるが，そのために各細胞内器官の間に輸送システムがあり，代謝物やシグナル分子が往来している．

問題 6.9

結 核

医薬を代謝する酵素がある．医薬は生理的作用を変えたり，高めたりする化合物である．たとえば，アスピリンは痛みを和らげ，抗生物質は病原体を殺す作用をもっている．医薬は体内に取り込まれ，各臓器に行きわたり，機能を発揮するが，おもに肝臓で代謝されて体外に排泄される．患者への投与量は，治療効果に必要な量と体外に排泄される速度に基づいて決められる．医薬を排泄するために，さまざまな反応が起こる．たとえば，酸化，還元，および抱合反応などである（抱合反応では，小さな極性基あるいはイオン性基が医薬に結合して水溶性を高める）．体内の酵素の量は，患者が医薬を代謝する能力に大きく影響する．結核は結核菌によって引き起こされ，感染性が高く，慢性的で重篤な病気であるが，その治療薬であるイソニアジドは，体内で *N*-アセチル化（基質とアセチル基の間にアミド結合が生じる）を受ける．治療効果はイソニアジドがアセチル化される速度によって決定される．

同じ症状で同じ体重の患者には，同じ量のイソニアジドが投与される．二人の患者は同じ治療を受けるにもかかわらず，片方の患者は病状が改善せず，もう片方の患者は完治する．薬の代謝に遺伝的要因が関与しているようであるが，イソニアジドの効き方が患者によって異なる理由を推測せよ．また，医師はどのように対処すれば治癒率を上げることができるか，考察せよ．

生化学の広がり

アルコールデヒドロゲナーゼ：二つの物語

ヒトはなぜアルコール飲料を製造し消費するのだろうか？

アルコールデヒドロゲナーゼ（ADH）は生物にとって多様な働きをしている．多くの単細胞生物は，発酵，すなわち種々のアルコールや酸などの有機的な廃棄物を産生する一連の嫌気的な（酸素のない）生化学的経路によりエネルギーを得ている．細菌である *Clostridium acetobutylicum* は，ブチルアルデヒドとアセトンをそれぞれ最終産物であるブタノールとイソプロパノールに変換するが，これは２種類の ADH により触媒されている．第一次世界大戦中，石油の供給が不足したとき，*C. acetobutylicum* は，これらのアルコールの供給源として利用されたことがある．別の ADH であるケイ皮アルコールデヒドロゲナーゼは，ケイ皮アルデヒドをケイ皮アルコールに変換する．リグニンは被子植物の木質部の硬い細胞壁の高分子であるが，ケイ皮アルコールはリグニン前駆物質であり，リグニンに変換される．一方，多くの ADH のなかで最も研究者の興味を引くのは *Saccharomyces cerevisiae* と *Homo sapiens* の酵素である．

酵母アルコールデヒドロゲナーゼ

S. cerevisiae は酵母（単細胞性真菌）の一種であり，ヒトが数千年にわたって利用してきたユニークな性質を有している．それは，分子状酸素（O_2）が存在している場合でも存在していない場合でも，糖類（グルコースやフルクトース）をエタノールに変換する強い能力である（大部分の発酵を行う生物とは異なり，酵母は O_2 の毒性から身を守るための複数の酵素をもっている）．発酵過程において六炭糖が半分に分解され，ついでピルビン酸，ATP，NADH がそれぞれ２分子ずつ生成する（図 6A）．発酵が連続して進むためには，NAD^+（NADH の酸化型）が再生する必要がある．発酵生物は，ピルビン酸を一つあるいはそれ以上の還元性分子（たとえばアルコール，ケトン，酸）に変換することにより，この問題を解決している．エタノールを産生する酵母では，ピルビン酸デカルボキシラーゼがピルビン酸からカルボキシ基を除去して，アセトアルデヒドを生成し，アルコールデヒドロゲナーゼ（亜鉛含有テトラマー酵素）がアセトアルデヒドをエタノールに変換する．ヒトは，現代型の *S. cerevisiae* がもつ高い効率のエタノール生産性を用いて，ビール醸造やワイン生産を行っているが，これは，多肉性果実を産生する被子植物が出現した 8000 万年前までさかのぼることができると考えられている．果実の糖質をめぐって他の微生物との激しい競争の結果，祖先型の *S. cerevisiae* は競争相手を殺す目的で，大量のエタノールを迅速に産生する方法を発達させた．*S. cerevisiae* は，エタノールの毒性から身を守るための分子（たとえば，解毒酵素や膜安定化分子）をコードする 250 個の遺伝子をもっている．*S. cerevisiae* は，２種類のアルコールデヒドロゲナーゼ，ADH1（アセトアルデヒドをエタノールに変換する）と ADH2（エタノールをアセトアルデヒドに変換する）をもっている．ADH2 の役割については８章で述べる．

ヒトのアルコールデヒドロゲナーゼ

ヒトは ADH をもっているおかげで，適量のアルコールを消費することができる．ヒトは７種類の ADH をもっており，いずれも亜鉛を含有するダイマーである．エタノールは主として３種類のアイソザイム（ADH1A，ADH1B，ADH1C）により解毒される．これらのアイソザイムは，エタノール濃度が低い場合でも，エタノールに対し高い親和力を有している．ADH1 アイソザイムは，エタノールを解毒する主要な部位である肝臓に比較的豊富に存在するため，肝臓型 ADH とも呼ばれる（小腸，結腸，肺，副腎にも ADH1 が存在するが，少量である）．他のヒト ADH は，基質特異性や速度論的性質が ADH1 とは異なっている．ADH2 は肝臓や消化管に存在するが，エタノールに対する親和性がきわめて低く，それゆえエタノール代謝に対する寄与は小さい．ADH3（祖先型脊椎動物 ADH）は，その多くの機能のうち，ホルムアルデヒドの解毒およびレチノール

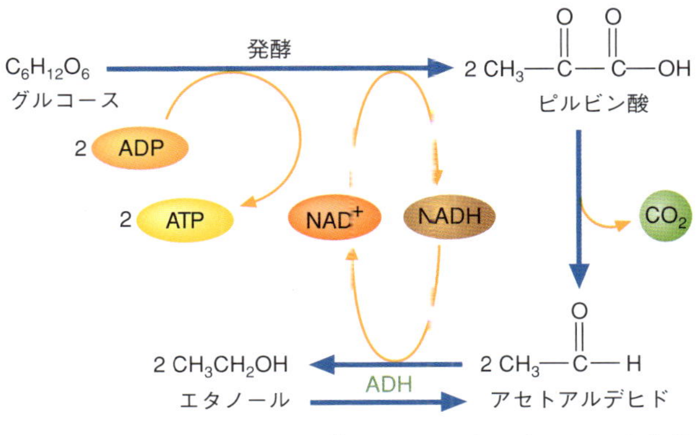

図 6A ***S. cerevisiae* によるグルコースからエタノールの合成**
発酵と呼ばれる嫌気的な生化学経路では，１分子のグルコースが２分子のピルビン酸に変換されるとき，２分子の ATP が生成する．NAD^+ を再生するため，酵母細胞は，ピルビン酸デカルボキシラーゼによる触媒反応により，まずピルビン酸をアセトアルデヒドに変換する．ついでアセトアルデヒドは，ADH の触媒作用により可逆的な還元を受け，エタノールと NAD^+ が生成する．

▶

(ビタミンA)から誘導されるレチノイン酸の合成に関与している．ADH4は多種多様な基質を酸化する．そのなかにはレチノール，脂肪族アルコール，水酸化ステロイドが含まれる．ADH5の機能は解明されていない．

まとめ　ヒトは，*S. cerevisiae* が大量の糖を迅速かつ効率よくエタノールに変換する能力を利用して，アルコール飲料を生産することができる．ヒトが毒性分子であるエタノールをかなりの量消費できるのは，肝臓ADHアイソザイムが解毒反応を触媒するからである．

本章のまとめ

1. 酵素は生体触媒であり，非触媒反応よりも少ないエネルギーですむ別の反応経路を供することにより，反応速度を上げる．無機触媒とは異なり，ほとんどの酵素は温和な温度で反応を触媒する．また，酵素が触媒する反応は特異性が高い．酵素は活性部位と呼ばれる複雑な表面構造をもっており，基質はここに結合する．活性部位は大きなタンパク質のなかにある小さな裂け目である．鍵と鍵穴モデルは，酵素の活性部位と遷移状態の基質の構造が相補的であることを示している．一方，誘導適合モデルはタンパク質の柔軟性を強調している．
2. 酵素は，触媒する反応のタイプによって分類され，命名されている．すなわち，オキシドレダクターゼ，トランスフェラーゼ，ヒドロラーゼ，リアーゼ，イソメラーゼ，リガーゼの6種に分類される．
3. 酵素反応速度論とは酵素の触媒活性を定量的に解析する学問である．ミカエリス・メンテンモデルによると，基質Sが酵素Eの活性部位に結合して複合体ESが形成され，遷移状態を経て基質は生成物に変換され，その後，生成物が酵素から離れる．V_{max} は反応の最大速度を表す．また，K_m はミカエリス定数と呼ばれる速度定数であり，酵素に対する基質の親和性を表す．K_m と V_{max} は実験データをラインウィーバー・バーク両逆数プロットすることにより求められる．
4. 代謝回転数(k_{cat})は，酵素が基質によって飽和されている状態で，酵素1分子が単位時間あたりに生成物に変換する基質分子の数を表す．生理的条件下では通常，基質濃度[S]は低く($[S] \ll K_m$)，特異性定数 k_{cat}/K_m が触媒効率を示す指標となる．
5. 酵素阻害には可逆阻害と不可逆阻害がある．可逆阻害の場合，阻害剤は酵素から遊離することができる．最もよく見られる可逆阻害には，拮抗型，非拮抗型，および不拮抗型がある．*in vitro* での酵素の解析においては質量作用の法則が成り立つが，生物の細胞内では高分子が込み合い，不均一な状態であるため，質量作用の法則が成り立たないと考えられる．不可逆阻害の場合，阻害剤が共有結合により酵素に結合する場合が多い．
6. アロステリック酵素の速度論的性質はミカエリス・メンテンモデルでは説明できない．ほとんどのアロステリック酵素は複数のサブユニットからなるタンパク質である．基質あるいはエフェクターが一つのサブユニットに結合すると他のサブユニットの結合性が変わる．
7. 酵素の触媒機構は非酵素触媒と同様である．しかし，近接効果および配向効果，静電効果，酸塩基触媒，共有結合を介した触媒など，さまざまな因子が複雑に組み合わさって酵素反応機構に影響を及ぼす．
8. 活性部位のアミノ酸側鎖はプロトン転移反応や求核置換反応に関与し，遷移状態を安定化する．多くの酵素が非タンパク質性の補因子(金属や補酵素)をもち，反応を促進している．
9. 酵素活性は温度やpHなどの環境因子によって大きく変わる．酵素はそれぞれ固有の最適温度および最適pHをもっている．
10. 生きた細胞のなかでは，化学反応は一連の生化学反応経路のなかに組み込まれている．反応経路はおもに，遺伝子発現の調節，共有結合による修飾，アロステリック効果による調節，および細胞内の区画化を介した酵素濃度および酵素活性の調節によって制御されている．

キーワード

アポ酵素(apoenzyme) 171
アロステリック酵素(allosteric enzyme) 185
イソメラーゼ(isomerase) 172
オキシアニオン(oxyanion) 193
オキシドレダクターゼ(oxidoreductase) 171
可逆阻害(reversible inhibition) 181
活性化エネルギー(activation energy) 169
活性部位(active site) 169
活量計数(activity coefficient) 170
カルボアニオン(carbanion) 187
カルボカチオン(carbocation) 187
基質(substrate) 168
拮抗阻害(competitive inhibition) 181
酵素(enzyme) 168
酵素反応速度論(enzyme kinetics) 174
酵素誘導(enzyme induction) 199
高分子クラウディング(macromolecular crowding) 186
最適 pH(pH optimum) 196
触媒(catalyst) 168
正の協同性(positive cooperativity) 201
遷移状態(transition state) 168
阻害剤(inhibitor) 180
代謝回転数(turnover number) 177
チモーゲン(zymogen) 200
特異性定数(specificity constant) 178
トランスフェラーゼ(transferase) 172
反応機構(reaction mechanism) 187
反応速度(reaction velocity) 174
反応中間体(reaction intermediate) 187
非拮抗阻害(noncompetitive inhibition) 181
ビタミン(vitamin) 194
ヒドロラーゼ(hydrolase) 172
不可逆阻害(irreversible inhibition) 181
不拮抗阻害(uncompetitive inhibition) 181
負の協同性(negative cooperativity) 201
フリーラジカル(free radical) 187
プロ酵素(proenzyme) 200
補因子(cofactor) 171
補酵素(coenzyme) 171
ホロ酵素(holoenzyme) 171
リアーゼ(lyase) 172
リガーゼ(ligase) 172

復習問題

以下の問いは，次章へ進む前に，本章で論じた重要な概念について理解度を確認するためのものである．解答は巻末および『問題の解き方』を参照のこと．

1. 次の語句を説明せよ．
   a. 触媒　b. 遷移状態　c. 基質
   d. 活性化エネルギー　e. 活性部位
2. 次の語句を説明せよ．
   a. 補因子　b. 補酵素　c. アポ酵素　d. ホロ酵素
   e. 反応速度
3. 次の語句を説明せよ．
   a. 反応次数　b. 代謝回転数(ターンオーバー数)
   c. 二置換反応　d. 阻害剤　e. 反応機構
4. 次の語句を説明せよ．
   a. ラインウィーバー・バークプロット
   b. アロステリック酵素　c. 高分子クラウディング
   d. 反応中間体　e. カルボカチオン
5. 次の語句を説明せよ．
   a. プロ酵素　b. 正の協同性　c. 負の協同性
   d. チモーゲン　e. フリーラジカル
6. 生物はさまざまな触媒過程の速度を調節しなければならない．細胞内で酵素活性はどのような方法で調節されているか．
7. 酵素活性に影響を与える因子をいくつかあげて，それぞれの効果を簡単に述べよ．
8. 生化学反応の調節が重要である理由を三つあげよ．
9. 次の語句を説明せよ．
   a. オキシドレダクターゼ　b. リアーゼ　c. リガーゼ
   d. トランスフェラーゼ　e. ヒドロラーゼ　f. イソメラーゼ
10. アロステリック酵素を説明するモデルを二つあげ，どちらかを用いて酸素がヘモグロビンに結合する過程を説明せよ．
11. 遷移金属は酵素の補因子として有用であるが，それはどのような性質に基づくのか．
12. 以下の反応におけるエンタルピー変化 ΔH は -28.2 kJ/mol である．

    $$C_6H_{12}O_6 + 6O_2 \longrightarrow 6CO_2 + 6H_2O$$

    なぜグルコース($C_6H_{12}O_6$)は酸素ガス中で長時間にわたって安定に存在するのか，その理由を述べよ．
13. 酵素反応の速度論的解析において，反応初速度を測定する理由を述べよ．
14. 酵素反応は立体選択性が高く，立体異性体の片方のみを基質とすることが多いが，それは酵素の構造上のどのような性質に基づくか説明せよ．
15. 触媒がなければ X から Y が生じるのに 1 年を要する反応を，酵素が触媒すると 1 ミリ秒で終わってしまう．酵素はどのようにしてこの差を生みだしているのか，その特徴を述べよ．
16. 質量作用の法則における溶質濃度と実効濃度の関係を述べよ．
17. 次の語句を説明せよ．
    a. メタボロン　b. *in vivo*　c. *in vitro*
    d. *in silico*　e. 代謝流速
18. 酵素の活性部位において，側鎖が触媒機構に関与するアミノ酸にはどんなものがあるか．そのアミノ酸の構造を描け．
19. 真核細胞における区画化について述べよ．また，区画化は生物のどのような問題を解決するのか説明せよ．
20. 区画化が代謝経路の制御に果たす役割は何か，いくつか例をあげて説明せよ．
21. すべての標準アミノ酸の構造を見直し，そのなかで酵素触媒において酸触媒あるいは塩基触媒として作用するものをあげよ．
22. どんな酵素でも，その活性部位は分子全体のほんの一部に過ぎない．大きな分子機械である酵素をつくるために，細胞は多くのエネルギーを費やす．一見，効率が悪いように思われるが，そうではない．その理由を述べよ．
23. k_{cat}/K_m は，どのような用語で呼ばれているか．また，この最大値とは何か説明せよ．
24. 酵素はどのようにして触媒的極致を達成するか．
25. 酵素の性質および酵素触媒反応に対する高分子クラウディングの効果を三つあげよ．
26. 触媒の存在により反応機構は変化するか説明せよ．

27. 水銀イオンおよびメタノールがアルコールデヒドロゲナーゼの阻害剤であることについて説明せよ.

28. ジヒドロキシアセトンリン酸がグリセルアルデヒド 3-リン酸に変換されるときの中間体の構造について説明せよ.

応用問題

以下の問いは，本書でこれまで論じてきた重要な概念について理解を深めるためのものである．正解は一つとは限らない．解答例は巻末および『問題の解き方』を参照のこと．

29. 次の反応を考察せよ．

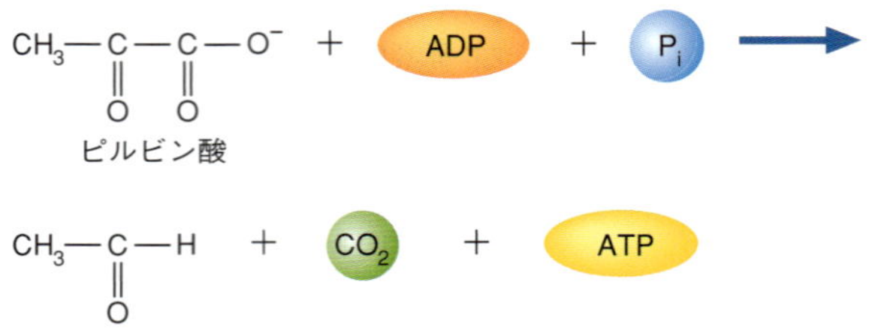

以下のデータを用いて，個々の基質について，また反応全体について，その次数を決定せよ．

実験	濃度(mol/L) ピルビン酸	ADP	P_i	反応速度 (mol $L^{-1}s^{-1}$)
1	0.1	0.1	0.1	8×10^{-4}
2	0.2	0.1	0.1	1.6×10^{-3}
3	0.2	0.2	0.1	3.2×10^{-3}
4	0.1	0.1	0.2	3.2×10^{-3}

30. 以下のデータから，酵素が触媒する加水分解反応における阻害剤 I の効果を考察せよ．

[基質] (M)	v_0 (μmol/min)	v_{0I} (μmol/min)
6×10^{-6}	20.8	4.2
1×10^{-5}	29	5.8
2×10^{-5}	45	9
6×10^{-5}	67.6	13.6
1.8×10^{-4}	87	16.2

ミカエリス・メンテンプロットを用いて阻害剤の有無の条件下における K_m を算出せよ．

31. 問題 30 のデータを用いて以下の問いに答えよ．
   a. ラインウィーバー・バークプロットを作成せよ．
   b. 横軸切片，縦軸切片，傾き，の意味を説明せよ．
   c. 阻害様式を決定せよ．

32. 塩化 *t*-ブチルが発熱的に加水分解して *t*-ブチルアルコールと塩化物イオンが生成する反応の機構は次の通りである．

$$(CH_3)_3CCl \longrightarrow (CH_3)_3C^+ + Cl^-$$
$$(CH_3)_3C^+ + H_2O \longrightarrow (CH_3)_3COH + H^+$$

それぞれの反応過程における遷移状態を描け．

33. アルコールデヒドロゲナーゼ(ADH)は多くのアルコールにより阻害される．次の表のデータを用いて，それぞれのアルコールの k_{cat}/K_m を算出せよ．アルコールデヒドロゲナーゼによって最も容易に代謝されるのはどのアルコールか．

ハムスター睾丸の ADH の速度パラメータ

基質	K_m (μM)	k_{cat} (min^{-1})
エタノール	960	480
1-ブタノール	440	450
1-ヘキサノール	69	182
12-ヒドロキシドデカン酸	50	146
全トランス-レチノール	20	78
ベンジルアルコール	410	82
2-ブタノール	250,000	285
シクロヘキサノール	31,000	122

34. 以下の表は，ミカエリス・メンテン型の速度式を示す酵素における基質濃度と反応速度の関係を示しており，2 種類の阻害剤のデータも含まれている．阻害剤がない場合の K_m と V_{max} を求めよ．

[S] (mM)	v_0 (μM/s) 阻害剤なし	阻害剤 A あり	阻害剤 B あり
1.3	2.50	1.17	0.62
2.6	4.00	2.10	1.42
6.5	6.30	4.00	2.65
13.0	7.60	5.70	3.12
26.0	9.00	7.20	3.58

35. H_2O_2 を基質とするカタラーゼの反応では，K_m が 25 mM，k_{cat} が $4.0 \times 10^7 s^{-1}$ である．また，炭酸脱水酵素の反応では K_m が 26 mM，k_{cat} が $4.0 \times 10^5 s^{-1}$ である．これらのデータから二つの酵素について何がいえるか．

36. フマル酸を基質としたフマラーゼの反応では K_m が 5×10^{-6} M，k_{cat} が $8 \times 10^2 s^{-1}$ である．一方，リンゴ酸を基質とした場合，K_m が 2.5×10^{-5} M，k_{cat} が $9 \times 10^2 s^{-1}$ である．これらのデータから，クエン酸回路におけるこの酵素の役割を考察せよ．

37. 高分子クラウディングが活量係数に与えると思われる効果は何か．高分子クラウディングがどのようにして物質の実効濃度を上げるか説明せよ．

38. 下の表のデータから，次の反応の反応速度はどのように表されるか．また，次数はいくらか．

$$A + B \longrightarrow C$$

[A] (mM)	[B] (mM)	反応速度 (mM/s)
0.05	0.05	2×10^7
0.10	0.05	4×10^7
0.05	0.1	4×10^7
0.1	0.1	8×10^7

39. マグネシウムイオンの電子配置を考え，なぜ Mg^{2+} がルイス酸として作用するか説明せよ．
40. キモトリプシンの Ser 195 とジイソプロピルフルオロリン酸との反応を考え，なぜ，このセリンはとくに反応性が高いのか，理由を述べよ．
41. 次の反応速度式に従って反応速度を求め，表を完成させよ．

反応速度 $= k[\mathrm{A}]^2[\mathrm{B}]$

[A] (mM)	[B] (mM)	反応速度 (mM/s)
0.1	0.01	1×10^6
0.1	0.02	＿＿＿
0.1	0.01	＿＿＿
0.2	0.02	＿＿＿

42. グリシルグリシンがセリントライアド加水分解されるときの反応機構を描け．
43. 活性中心において，アスパラギン酸のカルボキシ基がどのようにしてヒスチジンの窒素原子を活性化し，それをもっと強い塩基に変換するか説明せよ．
44. 拮抗阻害の式がある．

$$v = \frac{V_{\mathrm{max}}[\mathrm{S}]}{\alpha K_{\mathrm{m}} + [\mathrm{S}]}$$

a. α の値は常に 1 より小さいか．
b. もし α の値が 1 より小さいならば，どのようなことが起こるか説明せよ．

CHAPTER

7 糖 質

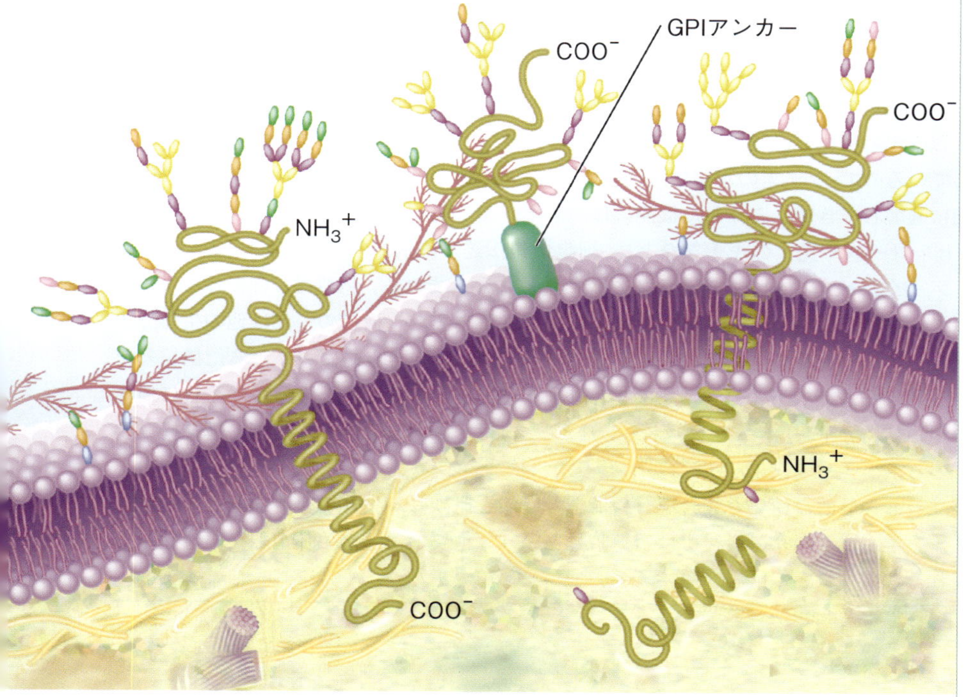

糖と細胞 糖分子は生体の分子的形態を決める．膜のタンパク質や脂質に結合した糖質は，細胞の外表面にとくに多い．

アウトライン

概 要

糖質は，生細胞が速やかにエネルギー産生するための供給源として重要というだけではなく，細胞の構造構成要素でもあり，いろいろな代謝経路の成分でもある．タンパク質や脂質に結合している糖重合体は，今日では高密度な暗号化システムであると認識されている．その幅広い分子多様性が生体によって利用され，生命過程に必要な情報能力を与えている．7章では，生物に見られる典型的な糖質分子の構造と化学について述べる．

糖質は自然界に最も豊富に存在する生体分子であり，太陽のエネルギーと生物の化学結合エネルギーを直接結ぶ架け橋となっている（全〝有機〟炭素の半分以上は糖質に見いだされる）．糖質は光合成（13章）によって生成される．光合成とは，光のエネルギーを捕捉し，そのエネルギーを用いて，エネルギー的に低い無機分子の CO_2 と H_2O からエネルギーに富む有機分子を生合成する生化学過程である．ほとんどの糖質は，炭素，水素および酸素を $(CH_2O)_n$ の比で含んでいるので，〝炭素の水和物〟（炭水化物）という別の名称でも呼ばれる．糖質は広範な生物機能に適応してきた．こうした機能には，エネルギー源（グルコースなど），構造構成要素（植物のセルロースや昆虫のキチンなど），細胞情報伝達や識別，他の生体分子（アミノ酸，脂質，プリン，ピリミジンなど）を産生するための前駆体が含まれる．糖質は，含まれる単糖単位数に従って，単糖，二糖，オリゴ糖，多糖に分類される．また，糖質の一部は他の生体分子の構成要素としても存在する．おびただしい数の複合糖質（共有結合的につながった糖質基をもつタンパク質分子や脂質分子）がすべての生物種に分布し，真核生物での分布は注目に値する．いくつかの糖質分子（リボースやデオキシリボース）は，ヌクレオチドや核酸の構造構成要素となっている．

7章では，最も一般的な糖質と複合糖質の構造と機能を概観し，生体の複雑な過程を理解するための基盤を学ぶ．この章の最後では，糖暗号という，糖質の構造が生体情報を暗号化するのに用いられる機構について解説する．

7.1 単 糖

単糖（monosaccharide）はポリヒドロキシアルデヒドあるいはポリヒドロキシケトンである．1章で学んだように，アルデヒド基をもっている単糖は**アルドース**（aldose），一方，ケトン基をもっているものはケトースと呼ばれる（図7.1）．最も簡単なアルドースとケトースは，それぞれグリセルアルデヒドとジヒドロキシアセトンである（図7.2）．また糖は，含まれる炭素原子の数に従って分類される．たとえば，三つの炭素原子を含んでいる最小の糖はトリオースと呼ばれる．四，五，六炭糖は，それぞれテトロース，ペントース，ヘキソースと呼ばれる．細胞に見られる最も豊富な単糖はペントースとヘキソースである．単糖は，アルドヘキソース，ケトペントースといった炭素数と官能基の情報を併せもつ分類名によって表されることが多い．たとえば，炭素数6でアルデヒドを含む糖であるグルコースはアルドヘキソースといわれる．

図7.1と図7.2に示した糖の構造は，（偉大なノーベル賞受賞者であるドイツ人化学者 Emil

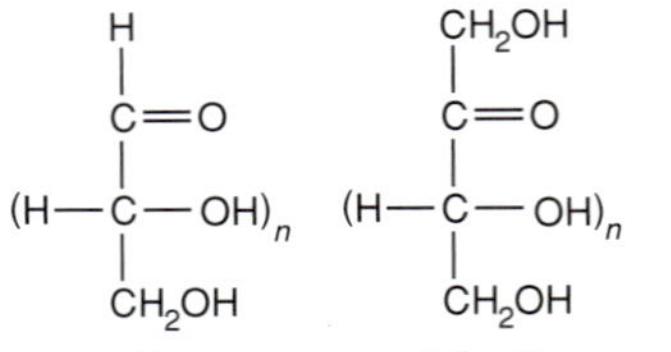

図7.1 アルドース型とケトース型の単糖の一般式

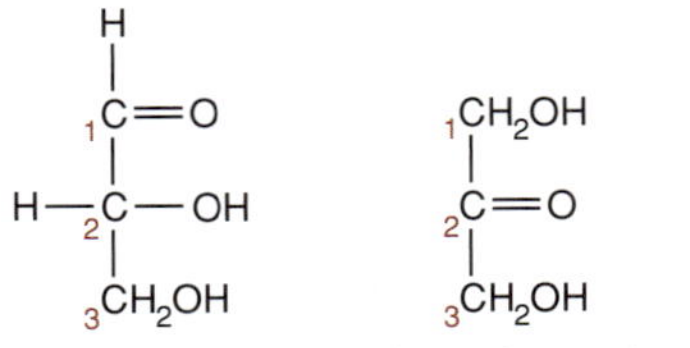

図7.2 グリセルアルデヒド（アルドトリオースの一つ）とジヒドロキシアセトン（ケトトリオースの一つ）

Fischer に敬意を表して）フィッシャー投影式として知られている．これらの構造において糖質の主鎖は，最も酸化された炭素が最上部にくるようにして垂直方向に描かれる．水平方向の線は見る人の側に突出し，上下方向の線は見る人から遠のいていると理解する．

問題 7.1

次の各糖の分類を決めよ．たとえば，グルコースはアルドヘキソースである．

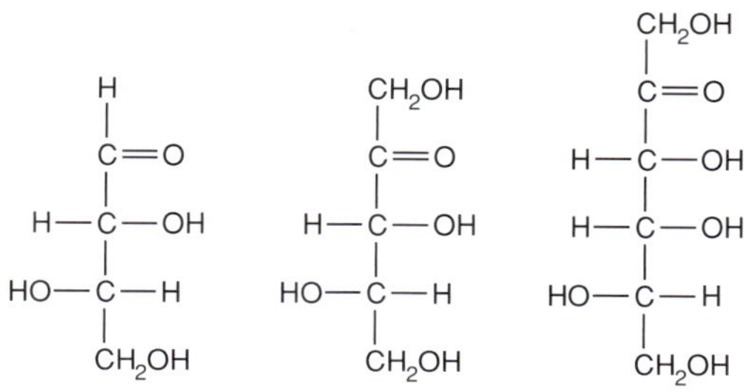

(a)　(b)　(c)

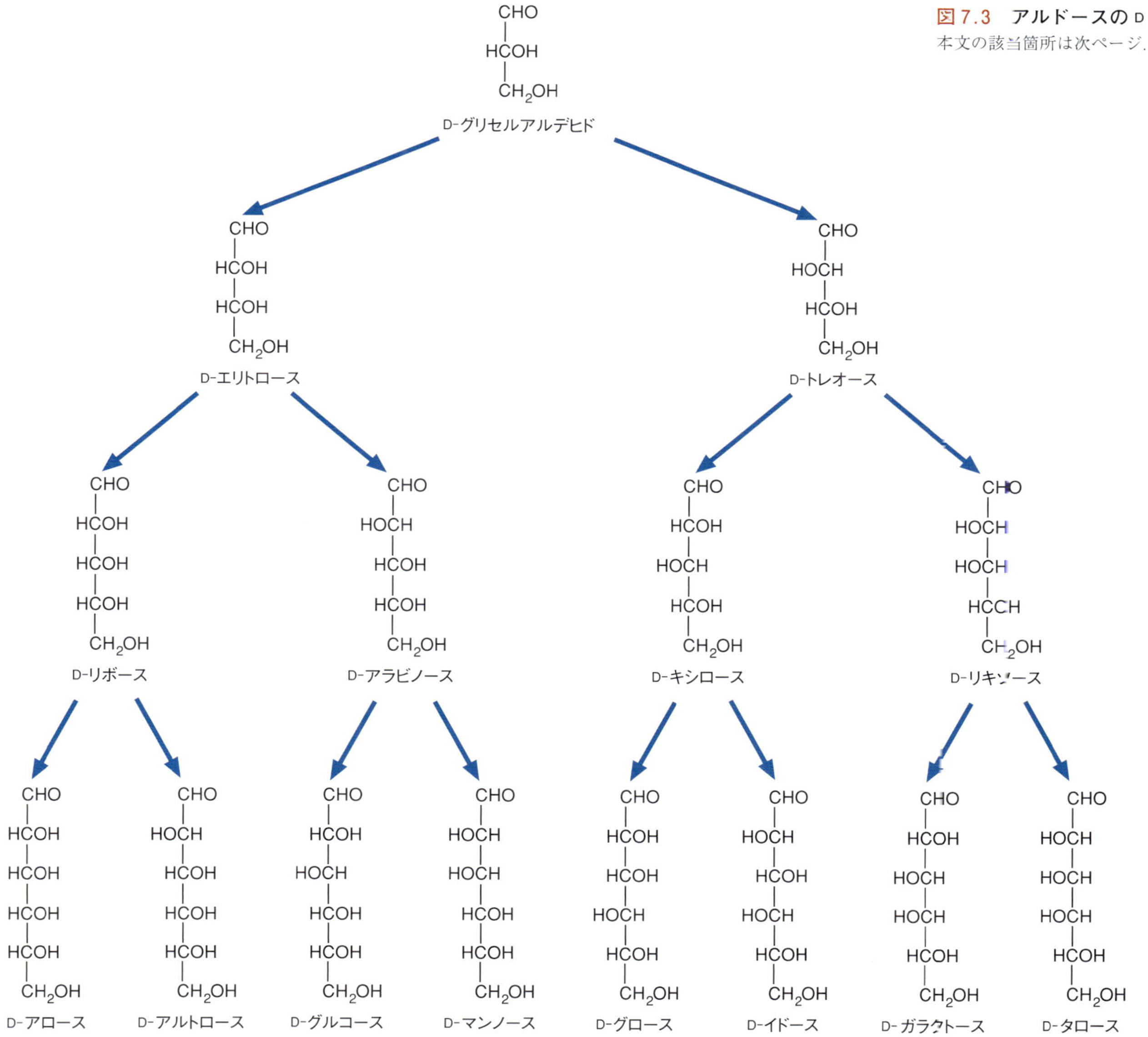

図 7.3 アルドースの D ファミリー
本文の該当箇所は次ページ．

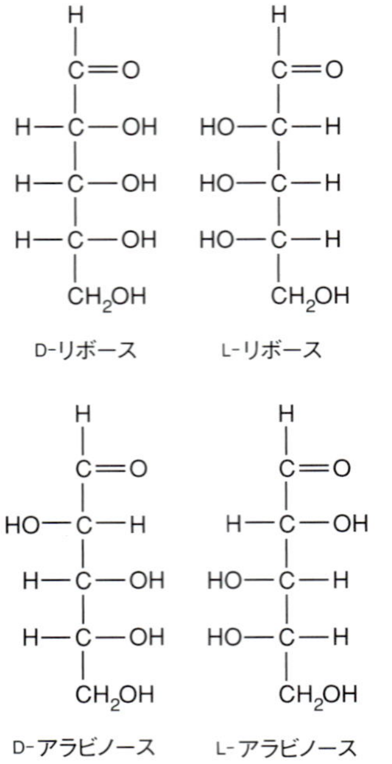

図 7.4 光学異性体である D-および L-リボースと D-および L-アラビノース
D-リボースと D-アラビノースはジアステレオマーである．つまり，それらは鏡像体ではない．

単糖の立体異性体

光学活性な化合物において不斉炭素原子数が増すと，可能な光学異性体の数も増す．可能な異性体の総数はファントホッフの規則を用いて決定できる．すなわち，n 個の不斉炭素原子をもつ化合物は，最大 2^n 個の立体異性体をもつことができる．たとえば n が 4 であれば，2^4 すなわち 16 の立体異性体（八つの D 体と八つの L 体）がある．

光学異性体においては，基準となる炭素は，カルボニル炭素から最も離れた不斉炭素である．その立体配置は，D-あるいは L-グリセルアルデヒドのいずれかの不斉炭素の立体配置と同じである．ほとんどすべての天然の糖は D 配置である．それらは，トリオースの D-グリセルアルデヒド（アルドース）あるいはキラルでないトリオースのジヒドロキシアセトン（ケトース）のどちらかに由来するといってよい（ジヒドロキシアセトンは不斉炭素をもっていないが，明らかにケトースの親化合物であることに注意せよ）．糖の D-アルドースファミリー（図 7.3）は生物学的に最も重要な単糖を含んでいるが，その分子のなかで最も酸化された炭素（この場合はアルデヒド基）から最も離れているフィッシャーモデルの不斉炭素原子（たとえば六単糖における C-5）の右側に，ヒドロキシ基は位置している．

鏡像異性体ではない立体異性体は**ジアステレオマー**（diastereomer）と呼ばれる．たとえば，アルドペントースの D-リボースと L-リボースは，D-アラビノースと L-アラビノースと同様に，鏡像異性体である（図 7.4）．異性体であるが鏡像体ではない D-リボースと D-アラビノースはジアステレオマーである．一つの不斉炭素原子の立体配置が異なるジアステレオマーは**エピマー**（epimer）と呼ばれる．たとえば，D-グルコースと D-ガラクトースは，C-4 の位置のヒドロキシ基の配置のみが異なるのでエピマーである（図 7.3）．D-マンノースと D-ガラクトースは，それらの立体配置が二つの炭素の位置で異なるのでエピマーではない．

単糖の環状構造

四つ以上の炭素を含む糖は基本的に環状で存在する．アルデヒド基とケトン基は糖内のヒドロキシ基と可逆的に反応し，それぞれ環状の**ヘミアセタール**（hemiacetal）と**ヘミケタール**（hemiketal）（p. 217 の訳者注参照）を生成するので，環形成は水溶液中で起こる．通常のヘミアセタールとヘミケタールは，アルデヒド基あるいはケトン基を含む分子がアルコールと反応すると生成するが，それらは不安定であり，容易にアルデヒド型あるいはケトン型に逆もどりする（図 7.5）．しかしながら，アルデヒド基あるいはケトン基とアルコール官能基が同じ分子の一部であるときには，安定な生成物をつくる分子内環化反応が起こる．最も安定な環状ヘミアセタールと環状ヘミケタールは，五つあるいは六つの原子を含んでいる．環化が起こると，カルボニル炭素は新しいキラル中心となる．この炭素はアノマー炭素原子と呼ばれる．環化反応で生成する二つのジアステレオマーは**アノマー**（anomer）と呼ばれる．

アルドース糖において，新たに形成されたヘミアセタールのヒドロキシ基は C-1（アノマー炭素）上に位置する．アノマー炭素はキラルなので，アルドースの二つの立体異性体は α- アノマーか β- アノマーのどちらかの形をとりうる．フィッシャー投影式においては α-アノマーヒ

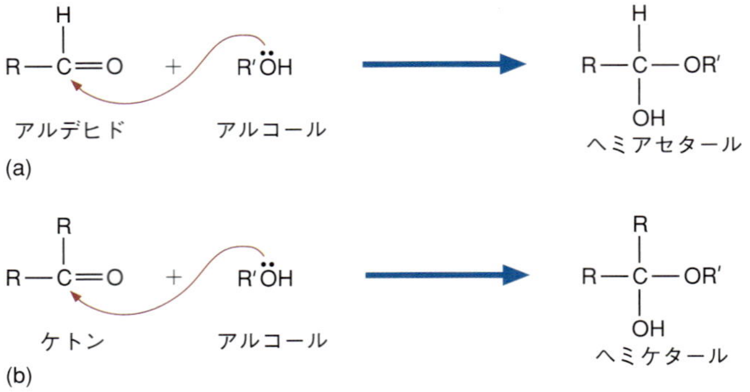

図 7.5 ヘミアセタールとヘミケタールの生成
(a) アルデヒドから生じる．(b) ケトンから生じる．

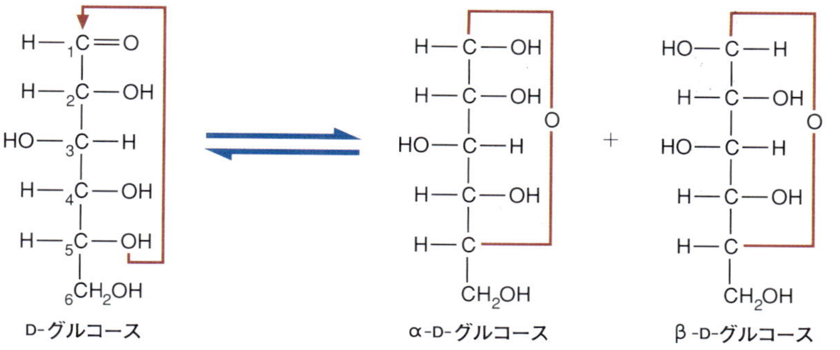

図 7.6 単糖の構造
グルコースのヘミアセタール構造の生成．α-および β-アノマーのグルコース型．単糖のフィッシャーモデル内へミアセタール結合の直角部分はメチレン基を示すものではないことに注意．

ドロキシ基は右側にあり，β-ヒドロキシ基は左側にある（図 7.6）．注意すべき重要なことは，アノマーは糖の D と L の分類に関して定義されるということである．これらの決まりは，自然界に普遍的に見られる糖である D 糖にのみあてはまる．L 糖においては，α-アノマーヒドロキシ基は環の左方にある．糖の環化はハース構造式を用いることにより，もっとわかりやすく視覚化できる．

ハース構造式 環状糖分子のフィッシャー投影式では，環構造を表すのに 1 本の長い結合を用いる．より正確な糖質構造の描写法を発展させたのは，イギリスの化学者 W. N. Haworth である（図 7.7）．ハース構造式は，フィッシャー投影式よりも，結合角度と長さをより正確に描くことができる．アルドースのハース構造式では，アノマー炭素上のヒドロキシ基は，CH_2OH 基と同じ側である環の上方（〝アップ〞の位置）か，CH_2OH 基と反対の側である環の下方（〝ダウン〞の位置）のどちらかに生じる．D 糖では，ヒドロキシ基が構造の下側にあると α-アノマー型である．もしヒドロキシ基が上側であれば，構造は β- アノマー型である．L 糖ではこの規則が逆となり，α-アノマー OH 基は環の上方，β-アノマー OH 基は環の下方となる．

五員環のヘミアセタール環は，その構造がフラン（図 7.8）に似ているのでフラノースと呼ばれる．たとえば，図 7.9 に示すフルクトースの環状型はフルクトフラノースと呼ばれる．六員

キーコンセプト

- 単糖はポリヒドロキシアルデヒドあるいはポリヒドロキシケトンであり，アルドースとケトースのいずれかである．
- 四つ以上の炭素を含む糖は，ほとんどが環状構造をとる．
- 環状アルドースおよび環状ケトースは，それぞれヘミアセタールおよびヘミケタールである．

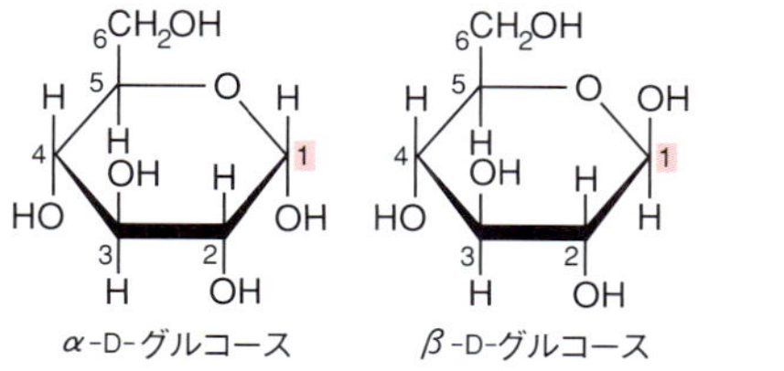

図 7.7 D-グルコースアノマーのハース構造式
糖質化学では，糖環の炭素に結合する水素は単線で示されることに注意．

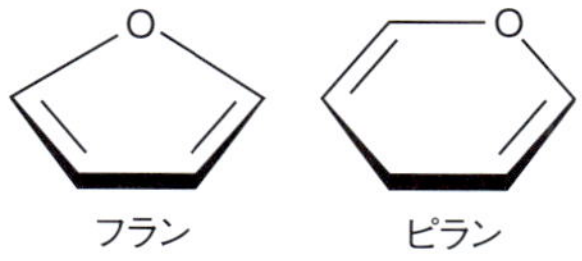

図 7.8 フランとピラン

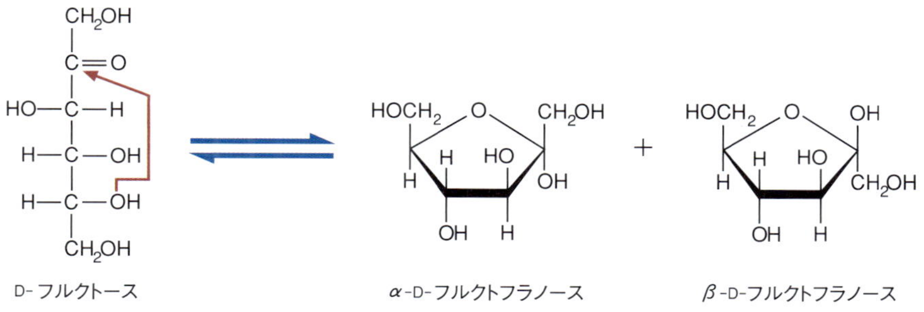

図 7.9 D-フルクトースのフィッシャー投影式およびハース構造式

環はピランに似ているのでピラノースと呼ばれる．ピラノース型のグルコースはグルコピラノースと呼ばれる．

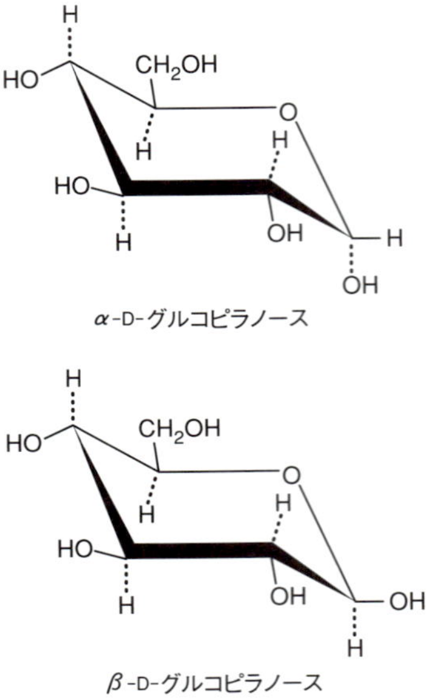

図7.10 α-D-グルコースとβ-D-グルコース

コンホメーション構造 ハース構造式は，糖質の構造を表すのにしばしば用いられるが，簡略化されすぎている．結合角の解析やX線解析の結果が示すように，コンホメーション構造式がより正確に単糖の構造を表している（図7.10）．コンホメーション構造は糖環が折れているという特性を表しているからである．

その寸法が原子のファンデルワールス半径に比例している空間充填モデルもまた，構造上の有用な情報を与えてくれる．

単糖は，アルデヒド，ケトン，およびアルコールに典型的な反応の多くに関与している．これらの反応のなかで，生物における最も重要なものについて述べる．

変旋光 単糖の α 型と β 型は，水に溶けると速やかに相互変換する．この自発的な過程は**変旋光**（mutarotation）と呼ばれ，フラノースとピラノースの環構造の間で，α 型および β 型の平衡混合物を形成する．各型の比率は糖の種類によって異なる．たとえばグルコースは，原則的に α-(38%) および β-(62%) ピラノース型の混合物として存在する（図7.11）．フルクトースの場合は，圧倒的に α- および β-フラノース型が多くなる．変旋光の途中にできる開環鎖は，酸化還元反応にかかわる．

単糖の反応

糖のカルボニル基とヒドロキシ基はいくつかの化学反応を受ける．とりわけ重要なのは，酸

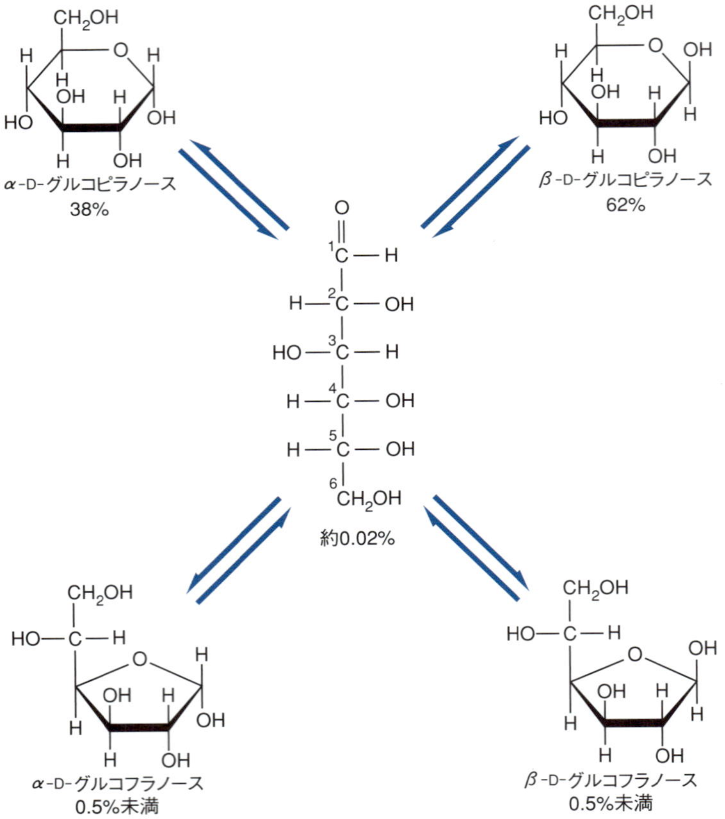

図7.11 D-グルコースの平衡混合物
グルコースが25℃の水に溶解すると，アノマー型の糖は非常に速い相互変換を行う．平衡に達する（すなわち各型の存在比が実質的に変化しなくなる）と，グルコース溶液は図中に示した割合で各化合物を含むようになる．

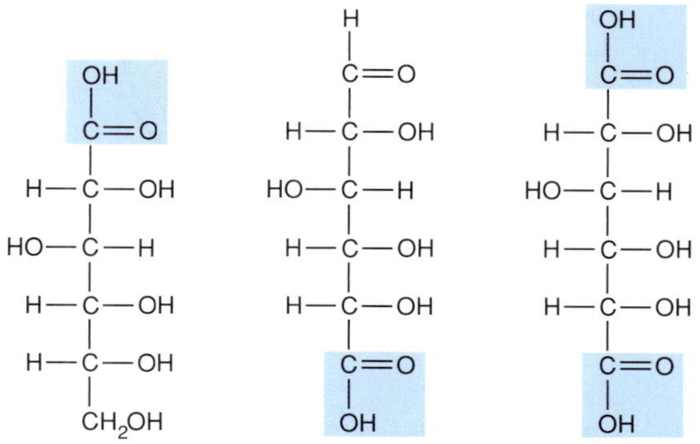

D-グルコン酸　D-グルクロン酸　D-グルカル酸

図 7.12　グルコースの酸化生成物
新たに酸化を受けた基を水色で示す．

化，還元，異性化，エステル化，配糖体形成，糖鎖付加反応である．

酸化　酸化剤として Cu^{2+} のような金属イオンとある種の酵素が存在する条件下では，単糖はただちにいくつかの酸化反応を受ける．アルデヒド基が酸化されると**アルドン酸**(aldonic acid)が生じる．一方，末端の CH_2OH 基(アルデヒド基ではない)が酸化されると**ウロン酸**(uronic acid)が生成する．アルデヒド基と CH_2OH 基の両方が酸化されると**アルダル酸**(aldaric acid)が生じる(図 7.12)．

アルドン酸とウロン酸の両者のカルボニル基は，同じ分子内の OH 基と反応することができ，**ラクトン**(lactone)として知られる環状エステルを生成する．

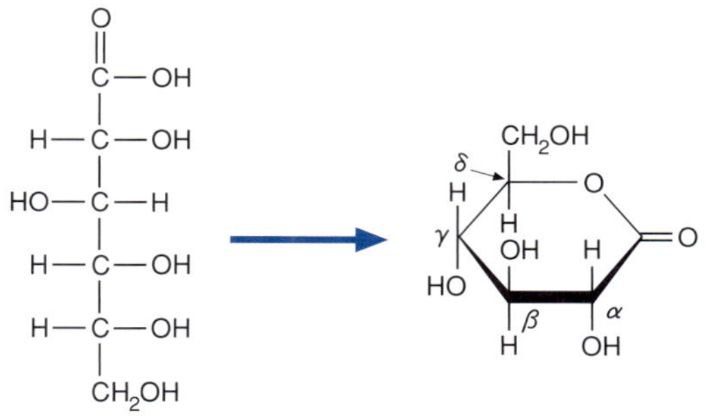

D-グルコン酸
(アルドン酸)　D-グルコノ-δ-ラクトン

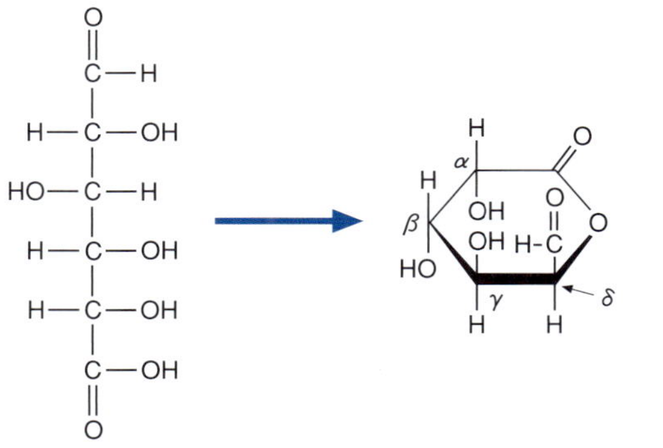

D-グルクロン酸
(ウロン酸)　D-グルクロノ-δ-ラクトン

ラクトンは自然界に普遍的に見られる．たとえば，ビタミン C としても知られる L-アスコルビン酸(図 7.13)は D-グルクロン酸のラクトン誘導体の一つである．アスコルビン酸は，モ

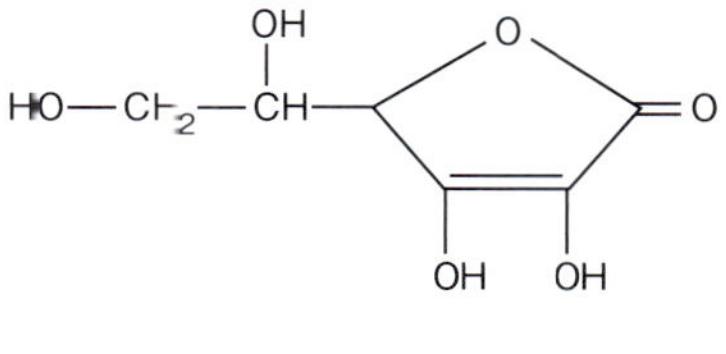

図 7.13　アスコルビン酸の構造
ヒトやモルモットは，前駆体のグルクロン酸からアスコルビン酸を合成するのに必要な三つの酵素のうち，グルコノラクトンオキシダーゼを欠損しているので，アスコルビン酸を合成できない．

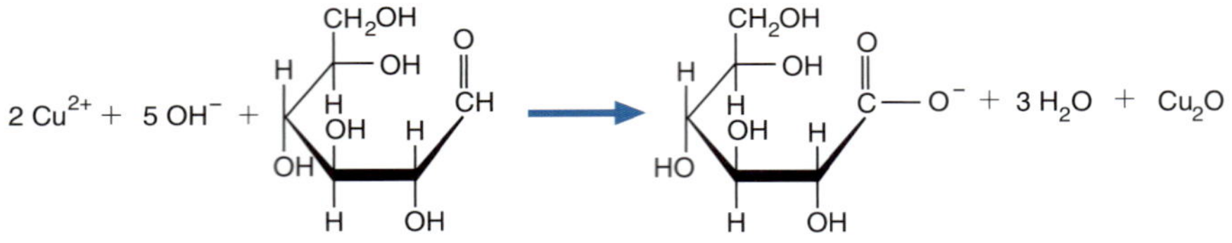

図 7.14　ベネディクト試薬とグルコースの反応
ベネディクト試薬〔硫酸銅（Ⅱ）を含む炭酸ナトリウムとクエン酸ナトリウムの溶液〕は単糖のグルコースにより還元される．グルコースは酸化されてグルコン酸の塩を生じる．その反応では赤褐色沈殿の Cu_2O と他の酸化生成物（図には示されていない）も生じる．

ルモット，サル，フルーツコウモリ，ヒトを除くすべての哺乳動物により合成される．合成できない種は食物中にアスコルビン酸を必要とし，それゆえビタミンCという名称がある．アスコルビン酸は強力な還元剤であり，活性酸素や活性窒素から細胞を保護している（p. 327 参照）．加えて，コラーゲンの水酸化反応にも必要とされている．

ベネディクト試薬のような弱い酸化剤で酸化される糖は**還元糖**（reducing sugar）と呼ばれる（**図 7.14**）．この反応は開環鎖型にもどるときにアルデヒド基を変形する糖に限って起こる．そこで，すべてのアルドースは還元糖である．フルクトースのようなケトースは，異性化反応（以下参照）を介してアルドースに変換するので還元糖である．

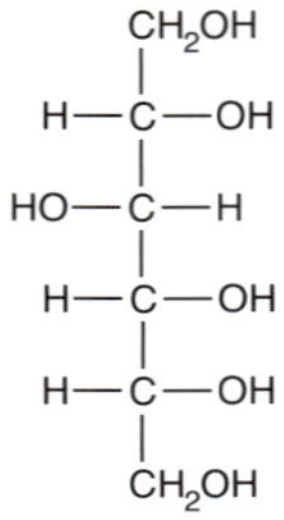

D-グルシトール

図 7.15　D-グルシトール（ソルビトール）の構造

還元　単糖のアルデヒド基とケトン基を還元すると糖アルコール（**アルジトール**，alditol）が生成する．たとえば D-グルコースを還元すると，D-ソルビトールとしても知られる D-グルシトールが生成する（**図 7.15**）．糖アルコールは加工食品や薬品に商業的に用いられている．たとえば，ソルビトールは湿気が失われるのを防ぐので，キャンディーの棚持ちをよくする．人工的に甘みを加えた缶詰の果物にソルビトールシロップを加えると，人工甘味料であるサッカリンの不快な後味が抑えられる．ソルビトールは肝臓でフルクトースに変換される．

異性化　単糖はいくつかの種類の異性化を受ける．たとえば，D-グルコースのアルカリ性溶液は，数時間後には D-フルクトースと D-マンノースも含んでいる．両異性化には，水素原子の分子内シフトと二重結合の転位が関与している（**図 7.16**）．生じた中間体は**エンジオール**（enediol）と呼ばれる．グルコースのフルクトースへの可逆的変換はアルドース-ケトース相互

図 7.16　D-グルコースの異性化による D-フルクトースと D-マンノースの生成
この過程においてエンジオール中間体が形成される．

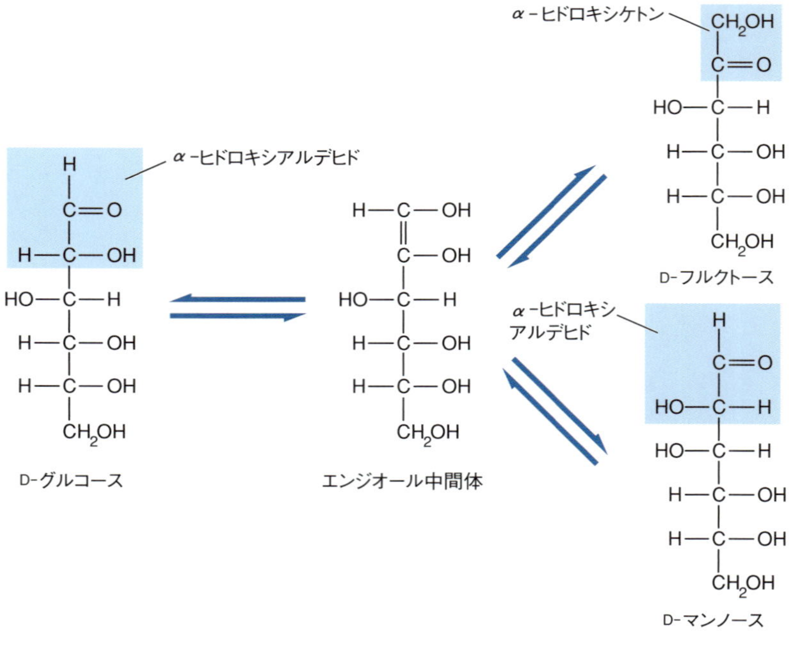

変換である．一つの不斉炭素の立体配置が変化するので，グルコースのマンノースへの変換は**エピマー化**(epimerization)といわれる．エンジオールが関与するいくつかの酵素触媒反応は，糖質代謝において起こっている(8章)．

エステル化　ほかの遊離のOH基と同じように，糖質のOH基も酸との反応によりエステルに変換される．エステル化は，糖の化学的および物理的特性をしばしば劇的に変化させる．糖質分子のリン酸エステルおよび硫酸エステルは，最も普遍的に自然界に見られる．

ある種の単糖のリン酸化誘導体は，生細胞代謝成分である．それらはATPとの反応の際に頻繁に生成される．多くの生化学的な変換は求核置換反応を用いるので，それらは重要である．そうした反応では脱離基を必要とする．糖質分子においては，脱離基はOH基であることが多い．しかしながら，OH基は脱離基としての能力が低いので，どんな置換反応も起こりそうにない．その問題は，適当なOH基をリン酸エステルに変えることで解決される．リン酸エステルは，後にやってくる求核物質により置換される．その結果，遅いはずの反応が速やかに起こる．

糖質分子の硫酸エステルは，おもに結合組織のプロテオグリカン構成部分に見られる．硫酸エステルは電荷をもっているので，多量の水と小さなイオンを自身に結びつけている．糖質の硫酸エステルは糖質鎖間の塩橋形成にもかかわっている．

問題 7.2

次の化合物を描け．

a. D-ガラクトースの α-および β-アノマー
b. ガラクトースのアルドン酸，ウロン酸，アルダル酸誘導体
c. ガラクチトール
d. ガラクトン酸の δ-ラクトン

配糖体の形成　ヘミアセタールやヘミケタールはアルコールと反応し，対応する**アセタール**(acetal)あるいは**ケタール**(ketal)*を形成する(**図7.17**)．環状のヘミアセタール型あるいはヘミケタール型の単糖とアルコールが反応すると，**グリコシド結合**(glycosidic linkage)と呼ばれる新しい結合が形成され，生成した化合物は**配糖体**(glycoside)と呼ばれる．配糖体の名称から糖成分がわかる．たとえば，グルコースのアセタールとフルクトースのケタールは，それぞれグルコシドおよびフルクトシドと呼ばれる．さらに，五員環の糖由来の配糖体はフラノシド，六員環由来の場合はピラノシドと呼ばれる．比較的簡単な例を**図7.18**に示してあるが，グルコースとメタノールの反応では二つのアノマー型のメチルグルコシドが生成する．配糖体はアセタールであるので，塩基性水溶液中では安定である．アセタール基のみをもつ糖質分子は，ベネディクト試薬で陽性にならない(アセタールの形成は環を〝ロック〟するので，酸化あるいは変旋光を受けない)．ヘミアセタールだけが還元剤として作用する．

*訳者注：ケタールは，ケトンのカルボニルがジアルコキシに変化したものに相当する化合物の総称として用いられていたが，現在，IUPACの命名規約によりケタールの名称は廃止され，類名はアセタールになっている．また，p.212のヘミケタールは現在，IUPACの命名法ではヘミアセタールと呼ばれる．

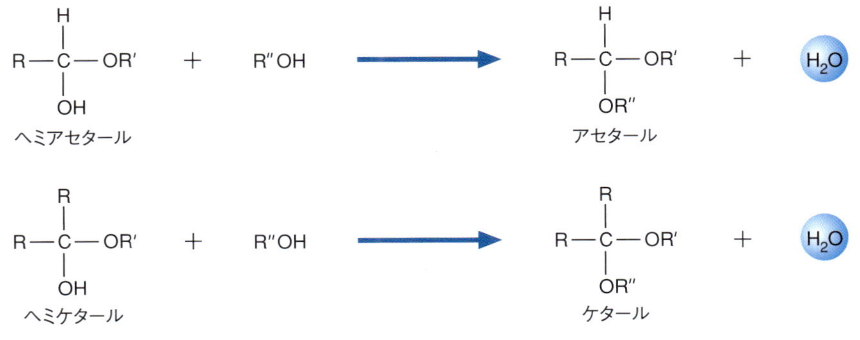

図7.17　アセタールおよびケタールの生成

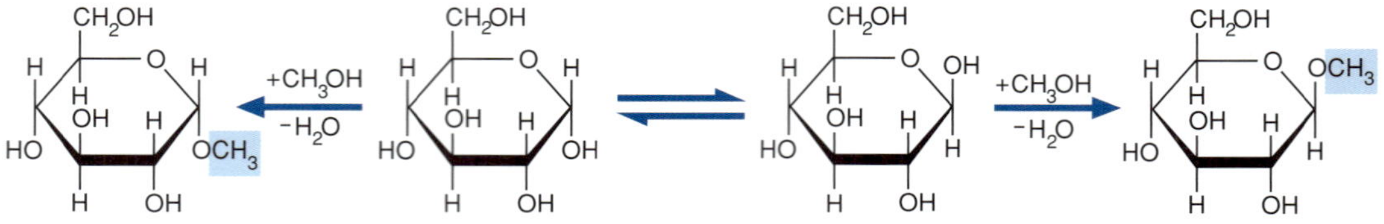

図 7.18　メチルグルコシドの生成
配糖体の非糖質部分はアグリコンと呼ばれる．水色で示すメチル基がアグリコンである．

ある単糖のヘミアセタールヒドロキシ基と別の単糖のヒドロキシ基間でアセタール結合が形成された場合，生じた配糖体は**二糖**(disaccharide)と呼ばれる．グリコシド結合によって連なった多数の単糖を含む分子は**多糖**(polysaccharide)と呼ばれる．

問題 7.3

D-グルコース分子が*β*-グリコシド結合を介してトレオニンとつながった構造を描け．

問題 7.4

配糖体は自然界に普遍的に見られる．一つの例はサリシン(図 7.19)で，これは柳の樹皮中に見いだされた解熱と鎮痛の特性をもつ化合物である．サリシンの糖質部分とアグリコン(非糖質部分)を特定せよ．

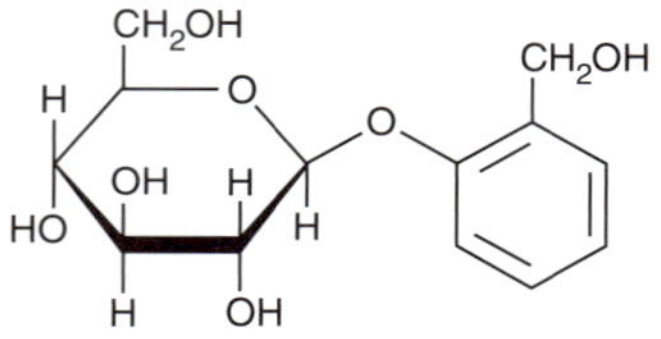

図 7.19　サリシン

糖鎖付加反応　糖鎖付加反応では，糖あるいはグリカン(多糖．糖の重合体)がタンパク質や脂質に付加される．糖分子間の配糖体形成と似て，グリコシルトランスフェラーゼによって触媒される糖鎖付加反応では，ある種の糖のアノマー炭素と他の種類の分子中窒素あるいは酸素原子との間にグルコシド結合が形成される．たとえば，*N*-および *O*-グリコシド結合の二つは糖タンパク質の構造上の顕著な特徴である．

還元糖はまた求核性窒素原子と非酵素的に反応する．このいわゆる糖化反応は，熱の存在下(たとえば糖を含む食品の加熱調理や焼き調理)ではすばやく，体内で過剰の糖分子が存在するときにはゆっくりと起こる．最もよく研究の進んだ例は，グルコースとタンパク質中リシンの側鎖アミノ窒素との反応である．(1912 年に発見したフランス人化学者の名をとって)メイラード反応と呼ばれるタンパク質の非酵素的糖化は，還元糖のアノマー炭素へのアミノ窒素の求核攻撃から始まる(図 7.20)．シッフ塩基は転位の結果，アマドリ反応生成物と呼ばれる安定なケトアミンを生成する．タンパク質に結合したシッフ塩基とアマドリ反応生成物はともにさらなる反応(たとえば酸化，転位，脱水)を受け，終末糖化産物(AGE)と総称される付加的タンパク質結合生成物を生じる．ジカルボニル化合物のグリオキサール(OHC—CHO)のような反応性のカルボニル基含有生成物は，迅速なタンパク質架橋結合や付加物形成を引き起こす〔**付加物**(adduct)とは付加反応の生成物であり，付加反応とは二つの分子が反応して第三の分子を一つ形成する反応である〕．結果として，糖化はタンパク質の構造と機能の特性を変える．たとえば，コラーゲンやエラスチンのような長寿命のタンパク質の糖化は血管と結合組織の構造を破壊する．加えて AGE は，炎症過程を促進するサイトカインのような分子産生の引き金と

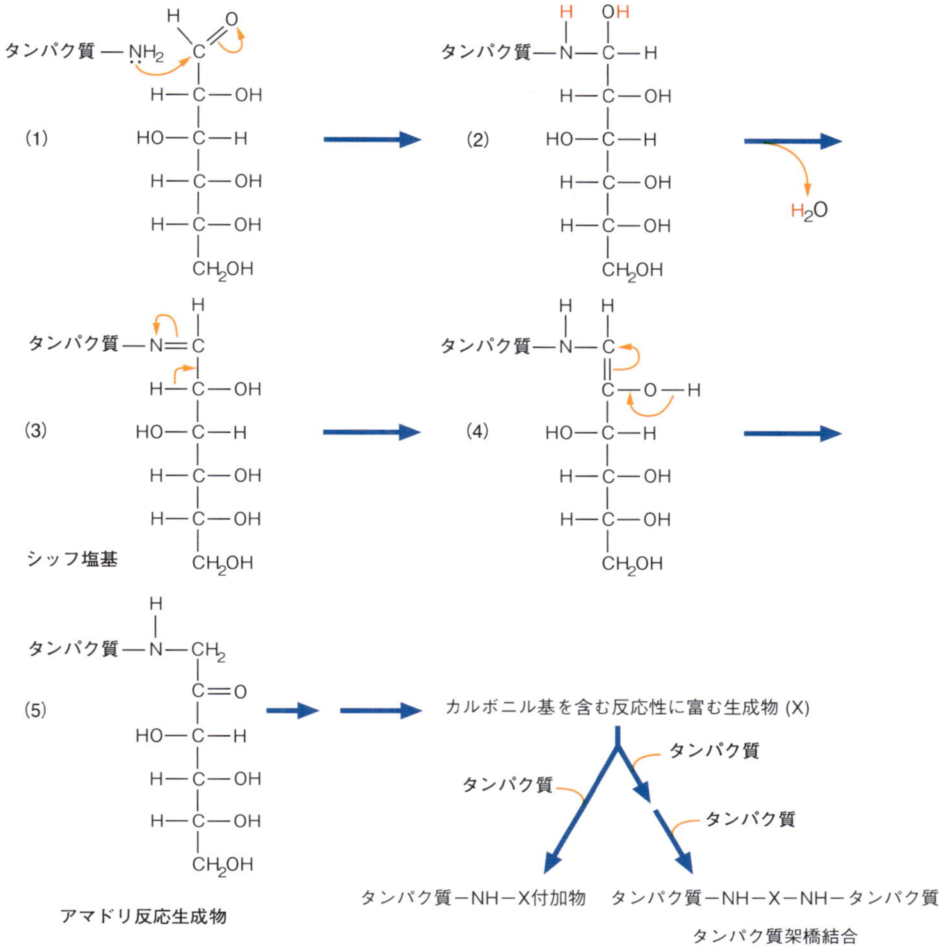

図 7.20 メイラード反応
アミノ基をもつ分子はみな，メイラード反応を受ける可能性がある．だからヌクレオチドやアミン類もグルコース分子と反応する．タンパク質は，濃度が上昇した循環単糖により多くさらされるので，この過程でよりいっそう損傷を受ける．タンパク質側鎖のアミノ窒素は，アルドースあるいはケトースのカルボニル基炭素と反応して(1)中間体を形成し(2)，続いて脱水を受け，イミノ結合（シッフ塩基）を形成する(3)．イミンは互変異性化(p. 245)を受け，中間体を生じる(4)．ついで2回目の互変異性化を受け，ケトンとイミン結合をもつアマドリ生成物を生む(5)．アマドリ生成物はさらなる反応(酸化と開裂)を受け，非常に反応性に富むカルボニル基を含む生成物を生み，他のタンパク質のアミノ基と付加物を形成する．

なる．AGE の蓄積は，血管系疾患や神経変性疾患および関節炎といった加齢にかかわる状態と関連づけられてきた．血管系疾患の一つであるアテローム性動脈硬化症においては，血管の内張りをしている細胞が AGE 生成により損傷される．AGE が介する損傷によりマクロファージや成長因子がかかわる修復過程が始まると，炎症が起こり，プラークと呼ばれる動脈を詰まらせる沈着物が生成する．結果として，侵された血管が近くの組織を養う能力は損なわれる．糖尿病（16 章の生化学の広がり「糖尿病」を参照）で起こる過度に高い血糖値は，AGE がかかわる他の多くの病理学的変化と同様に，促進型の動脈硬化症を引き起こす．

アテローム性動脈硬化症とプラーク

重要な単糖

生体に見られる最も重要な単糖は，グルコース，フルクトース，およびガラクトースである．こうした分子の主要な機能的役割を簡潔に述べる．

グルコース 最初はデキストロースと呼ばれていた D-グルコースは，生物界全体にわたって多量に見られる．それは細胞にとって主たる燃料である．動物においてグルコースは，脳細胞やミトコンドリアをほとんどあるいはまったくもっていない赤血球のような細胞にとって，望ましいエネルギー源である．眼球の細胞のように酸素供給に制限がある細胞も，エネルギーを産生するのに多量のグルコースを用いる．食事由来の糖は植物性デンプンと二糖類であるラクトース，マルトース，およびスクロースを含んでいる．

フルクトース D-フルクトースは最初はレブロースと呼ばれていたが，果物に含量が高いので果糖と呼ばれることが多い．フルクトースは野菜や蜂蜜にも見いだされる．フルトークスはケトース系糖の重要な一例である．1gあたりで考えると，フルクトースはスクロースの2倍甘いので，使用量が少なくてすむ．この理由から，フルクトースは加工食品の甘味料としてよく用いられる．多量のフルクトースが雄の生殖腺で使われている．フルクトースは精嚢で合成され，精液に取り込まれる．精子はこの糖をエネルギー源として用いている．

ガラクトース血症

ガラクトース　ガラクトースは多様な生体分子を合成するのに必要である．これら生体分子には，（授乳にあずかる乳腺中の）ラクトース，糖脂質，ある種のリン脂質，プロテオグリカン，および糖タンパク質などが含まれる．これらの物質の合成は，食事にガラクトースあるいは（主要な食事ガラクトース供給源である）二糖類のラクトースが含まれていなくても，減少することはない．ガラクトースはグルコース1-リン酸から容易に合成されるからである．

遺伝疾患であるガラクトース血症では，ガラクトースの代謝に必要な一つの酵素が欠損している．ガラクトース，ガラクトース1-リン酸，およびガラクチトール（糖アルコール誘導体）が蓄積し，肝臓障害，白内障，および重篤な精神遅滞を引き起こす．唯一の有効な処置は，初期診断とガラクトースを含まない食事である．

キーコンセプト

グルコース，フルクトース，およびガラクトースは，生物にとって最も重要な単糖である．

単糖の誘導体

単糖は密接に関連した化学物質に変換される．これらのうちのいくつかは，生物の代謝過程や構造上の重要な構成成分となっている．

ウロン酸　単糖末端のCH_2OH基が酸化を受けるとウロン酸が生成することは前に述べた．二つのウロン酸，すなわちD-グルクロン酸とそのエピマーであるL-イズロン酸（図7.21におけるα-D-グルクロン酸とβ-L-イズロン酸）が動物には重要である．肝細胞中のグルクロン酸は，ステロイド，ある種の薬物，およびビリルビン（酸素運搬タンパク質であるヘモグロビン中ヘムの分解生成物）といった分子と結びついて水への溶解性を高めている．この過程は老廃物を体から取り除くのに役立っている．D-グルクロン酸とL-イズロン酸はともに結合組織の糖質成分中に豊富に存在する．

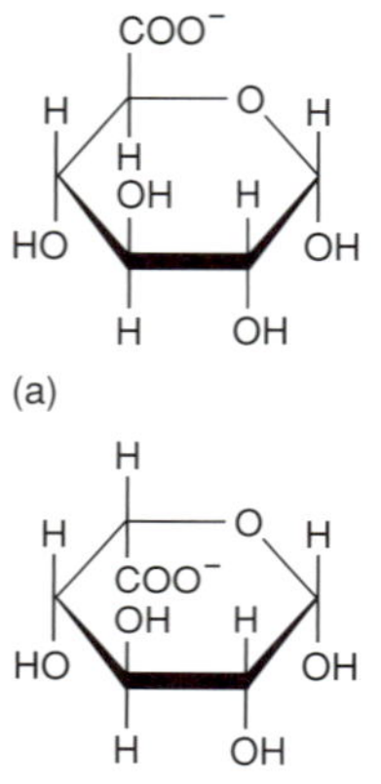

図7.21　ウロン酸
（a）α-D-グルクロン酸と（b）β-L-イズロン酸．

アミノ糖　アミノ糖では，一つのヒドロキシ基（最も一般的にはC-2に位置する）がアミノ基によって置換されている（図7.22）．これらの化合物は，細胞のタンパク質や脂質に付着して見られる複合糖質分子の一般的な構成成分となっている．動物細胞で最も普遍的に見られるアミノ糖はD-グルコサミンとD-ガラクトサミンである．アミノ糖はアセチル化を受けていることが多い．そのような分子の一つとして*N*-アセチルグルコサミンがある．*N*-アセチルノイラミ

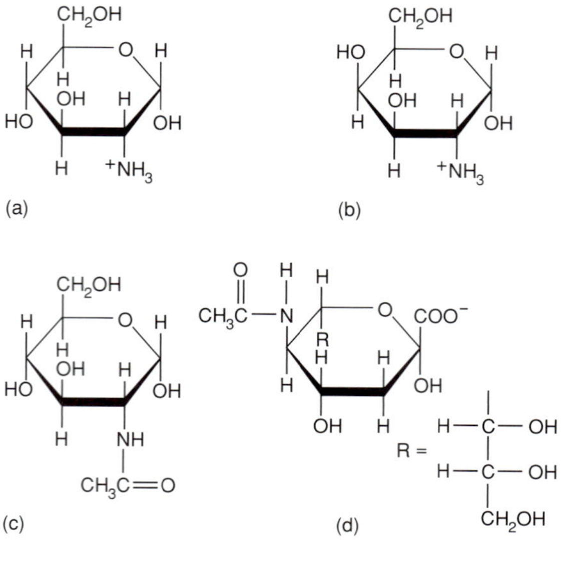

図7.22　アミノ糖
（a）α-D-グルコサミン，（b）α-D-ガラクトサミン，（c）*N*-アセチル-α-D-グルコサミン，（d）*N*-アセチルノイラミン酸（シアル酸）．

ン酸（最も一般的な型のシアル酸）は，D-マンノサミンとピルビン酸の縮合生成物である β-ケトカルボン酸である．シアル酸は九つの炭素原子からなるケトースで，酢酸あるいはグリコール酸（ヒドロキシ酢酸）によりアミド化を受ける．これらは糖タンパク質と糖脂質の一般的な構成成分である．

デオキシ糖　一つの—OH 基が—H 基と置き換わった単糖はデオキシ糖として知られている．細胞に見られる二つの重要なデオキシ糖は，L-フコース（D-マンノースの還元反応により生成）と 2-デオキシ-D-リボースである（図 7.23）．赤血球表面の ABO 血液型決定因子という例にあるように，フコースは糖タンパク質の糖質構成成分中にしばしば見られる．DNA の五炭糖成分である 2-デオキシリボースは前に示した（図 1.8 参照）．

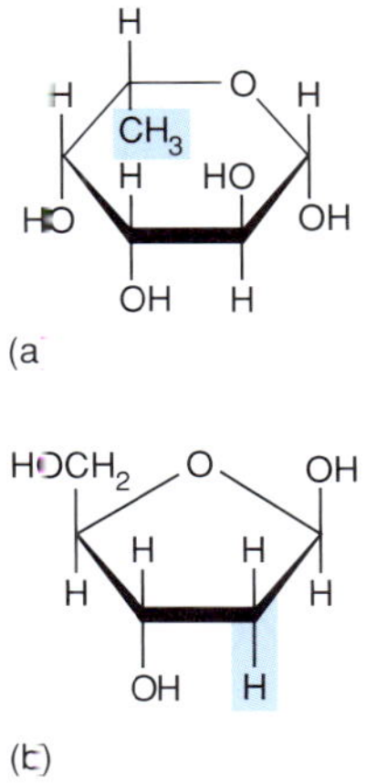

図 7.23　デオキシ糖
(a) β-L-フコース（6-デオキシガラクトース）と (b) 2-デオキシ-β-D-リボース．—OH 基が—H 基と置き換わった炭素原子の位置を水色で示す．

7.2 二 糖

二糖（disaccharide）は，二つの単糖がグリコシド結合によりつながった分子である．一つの単糖分子がそのアノマー炭素原子を介して別の単糖の C-4 のヒドロキシ基と結びついている場合，グリコシド結合は 1 → 4 と表される．アノマー位のヒドロキシ基は α か β の立体配置のどちらかをとるので，二つの糖分子が結びついてできる二糖は α(1 → 4) か β(1 → 4) のいずれかとなる．ほかの多様なグリコシド結合〔α あるいは β(1 → 1)，(1 → 2)，(1 → 3) および (1 → 6) 結合〕も生じる（図 7.24）．

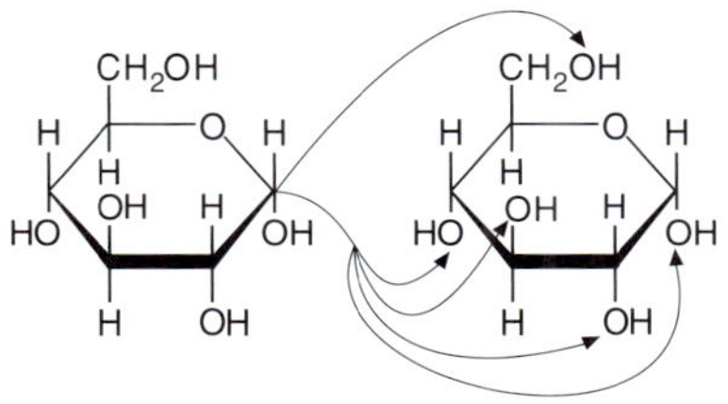

図 7.24　グリコシド結合
いくつかの種類のグリコシド結合が単糖間に形成されうる．α-D-グルコピラノース（左）は，理論的には別の単糖のアルコール性官能基のいずれともグリコシド結合が可能である．この場合，別の単糖も α-D-グルコピラノース分子である．

ラクトース不耐症

二糖や他の糖質の消化は，小腸に並んだ（吸収上皮）細胞で合成される酵素によって行われる．こうした酵素のどれが欠損しても未消化となる摂取二糖のために不快な症状が起こる．糖質は基本的に単糖として吸収されるので，未消化の二糖が大腸に入ると，浸透圧のために周囲の組織から水が引きだされる（下痢）．結腸内の細菌は二糖類を消化し（発酵），ガスを発生させる（膨満と急激な腹痛）．最も一般的に知られる欠損症はラクトース不耐症であり，これは北ヨーロッパや特定のアフリカ種族出身の先祖をもつ者を除くたいていの成人に起こる．ラクトース不耐症は少年期以後に酵素のラクターゼの合成が大きく低下することで引き起こされるので，ラクトースを食事から除外するか，（ある場合には）食物をラクターゼで処理することにより対処する．

ラクトース（lactose，乳糖）は乳のなかに見られる二糖である．ラクトースは，一つのガラクトース分子が，C-1 のヒドロキシ基を介してグルコース分子の C-4 のヒドロキシ基に β グリコシド結合することによりできている（図 7.25）．ガラクトースのアノマー炭素は β 立体配置をとるので，二つの単糖の結合は β(1 → 4) である．グルコース構成部分はヘミアセタール基を含んでいるので，ラクトースは還元糖である．

麦芽糖としても知られる**マルトース**（maltose）は，デンプンを加水分解したときに生じる中間生成物の一つであり，天然には遊離した状態で存在しない．マルトースは二つの D-グルコース分子の間に α(1 → 4) グリコシド結合をもつ二糖である．水溶液中では遊離のアノマー炭素原子が変旋光を受け，α-マルトースと β-マルトースの平衡混合物となる（図 7.26）．

セロビオース（cellobiose）はセルロースの分解生成物の一つであり，β(1 → 4) グリコシド結合で結びついた 2 分子のグルコースからなる（図 7.27）．セロビオースは，グリコシド結合の向きを除いては似た構造のマルトースのように，天然に遊離では存在しない．

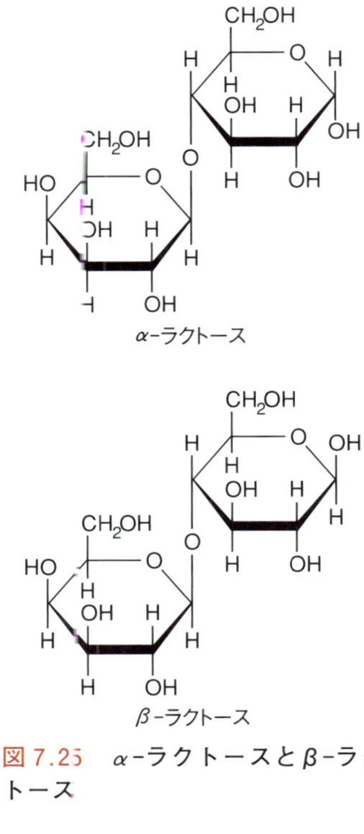

図 7.25　α-ラクトースと β-ラクトース

スクロース（sucrose，ふつうの食卓砂糖すなわちサトウキビ糖あるいはテンサイ糖）は植物

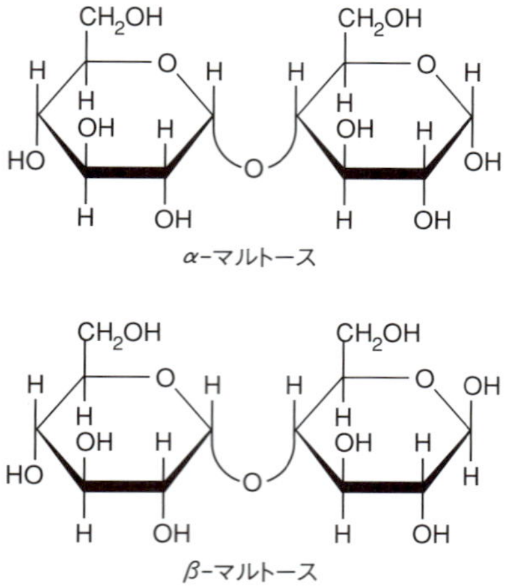

図 7.26　α-マルトースとβ-マルトース

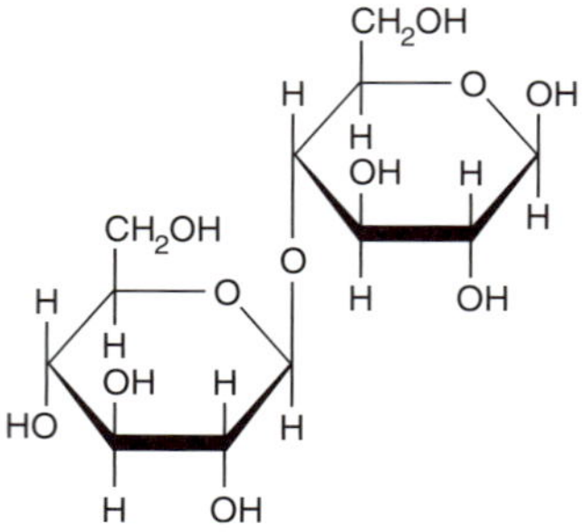

図 7.27　β-セロビオース

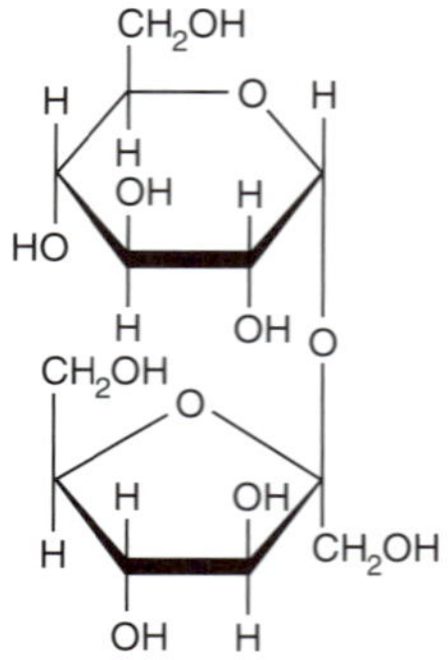

図 7.28　スクロース
グルコース残基とフルクトース残基が，α, β(1 → 2)グリコシド結合でつながっている．

キーコンセプト

- 二糖は，二つの単糖単位で構成されている配糖体である．
- マルトース，ラクトース，セロビオース，およびスクロースは二糖である．

の葉や葉柄でつくられる．スクロースは植物体全体に移送可能なエネルギー源である．α-グルコース残基とβ-フルクトース残基の両方を含むスクロースは，単糖が両方のアノマー炭素間のグリコシド結合を介してつながっている点で，前に記した二糖とは異なっている(図 7.28)．どちらの単糖環も開環鎖型にもどることはできないので，スクロースは非還元糖である．

問題 7.5

次の糖あるいは糖誘導体のうち，どれが還元糖か．

a.　グルコース
b.　フルクトース
c.　α-メチル-D-グルコシド
d.　スクロース

上記の化合物のうち，どれが変旋光を起こすか．

7.3　多　糖

多糖(polysaccharide)は**グリカン**(glycan)とも呼ばれ，多数の単糖単位がグリコシド結合によりつながっている．小さなグリカンは**オリゴ糖**(oligosaccharide)と呼ばれ，およそ 10〜15 個の単糖を含む重合体であり，糖タンパク質中のポリペプチド鎖や糖脂質(p. 344)への結合がよく見られる．最も特徴的なオリゴ糖には，膜および分泌タンパク質についたものがある．オリゴ糖は二つの広範なクラス，すなわち *N* 結合型と *O* 結合型に分けられる．*N* 結合型オリゴ糖は，アミノ酸であるアスパラギンの側鎖アミノ基との *N*-グリコシド結合により，ポリペプチドにつながっている．アスパラギン結合オリゴ糖には三つの主要な型，すなわち高マンノース型，複合型，ハイブリッド型がある(図 7.29)．*O* 結合型オリゴ糖は，ポリペプチド鎖中のセリンあるいはトレオニンといったアミノ酸の側鎖ヒドロキシ基，あるいは膜脂質のヒドロキシ基により，ポリペプチドに結合している．大きなグリカンは数百から数千の糖単位を含む．これらの分子は直鎖構造をしていたり分枝構造をしていたりする．多糖は，1 種類の単糖からなる**ホモグリカン**(homoglycan)と，2 種類以上の単糖からなる**ヘテログリカン**(heteroglycan)の二つに分けられる．

ホモグリカン

天然に豊富に見られるホモグリカンは，デンプン，グリコーゲン，セルロース，およびキチンである．デンプン，グリコーゲン，およびセルロースは，加水分解を受けるとすべて D-グルコースを生じる．デンプンとグリコーゲンは，それぞれ植物と動物のエネルギー貯蔵分子であ

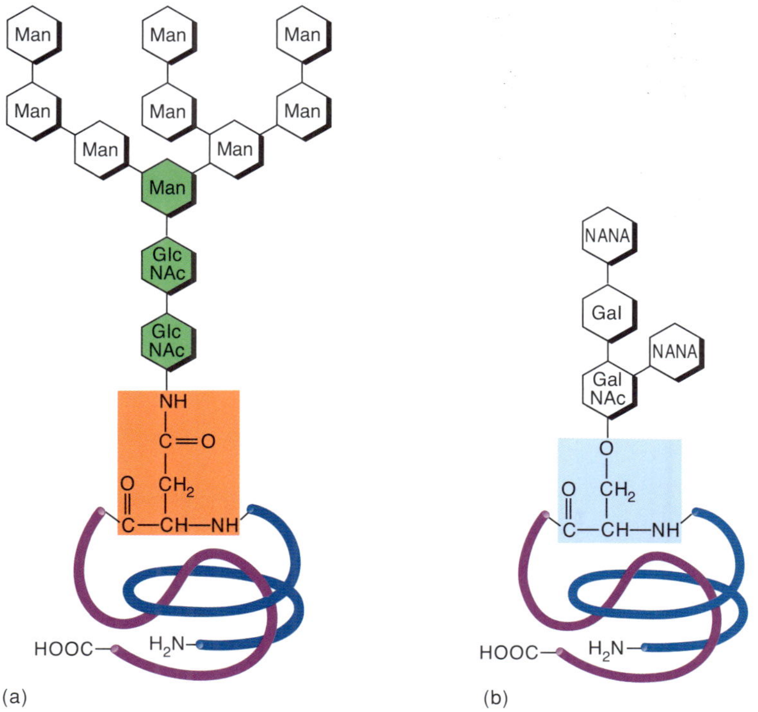

図 7.29 ポリペプチドに結合したオリゴ糖
タンパク質に結合しているオリゴ糖には二つのクラス，すなわち *N* 結合型(a)と *O* 結合型(b)がある．高マンノースオリゴ糖は *N* 結合型オリゴ糖の一例であり，アスパラギン残基を介してポリペプチドと結合している．複雑で混成の *N* 結合型オリゴ糖(図には示されていない)は，マンノース(Man)と *N*-アセチルグルコサミン(GlcNAc)に加えて，他の糖残基〔たとえばシアル酸(SA)とガラクトース(Gal)の両方またはいずれか一方〕を含む．*O* 結合型オリゴ糖は，マンノース，ガラクトース，*N*-アセチルグルコサミン残基に加えて *N*- アセチルノイラミン酸(NANA)を含む．

る．セルロースは植物細胞の主たる構造構成成分である．昆虫，甲殻類といった節足動物の外骨格や多くの菌類の細胞壁の主要な構造構成成分である**キチン**(chitin)が加水分解を受けると，グルコース誘導体の *N*-アセチルグルコサミンを生じる．

デンプンやグリコーゲンといった多糖類は，核酸やタンパク質とは異なり，特定の分子量をもたない．そうした分子の大きさは，それらをつくりだす細胞の代謝状態を反映している．たとえば，血糖値が高いとき(食事の後)は，肝臓はグリコーゲンを合成する．十分に摂食した動物のグリコーゲン分子は 2000 万に及ぶ分子量をもっている．血糖値が下がると，肝臓の酵素はグリコーゲン分子を分解し始め，血流中へグルコースを放出する．動物が絶食を続けると，その過程は貯蔵してあるグリコーゲンがほとんど使い果たされるまで続く．

デンプン 植物細胞のエネルギー貯蔵体であるデンプンは，ヒトの食事における重要な糖質供給源である．世界の主要な食料(たとえばジャガイモ，米，トウモロコシ，小麦)の栄養価の多くはデンプン由来である．デンプンにはアミロースとアミロペクチンの二つの多糖が存在する．

アミロース(amylose)は，D-グルコース残基が $\alpha(1 \rightarrow 4)$ グリコシド結合で結びついた長い非分枝の鎖からなっている(図 7.30)．両型のデンプンを含む数多くの多糖は還元末端を一つもっていて，その環が開いて還元性をもつ遊離のアルデヒド基を形成する．これらの分子内部のアノマー炭素はアセタール結合にかかわっており，還元剤として自由にふるまうことはない．

数千のグルコース残基を含む典型的なアミロース分子の分子量は 15 万～60 万の範囲にある．直鎖のアミロース分子は長い引き締まったらせんを形成するので，そのコンパクトな形は貯蔵機能には理想的である．デンプンに対する一般的なヨウ素試験は，分子状ヨウ素がこれらのら

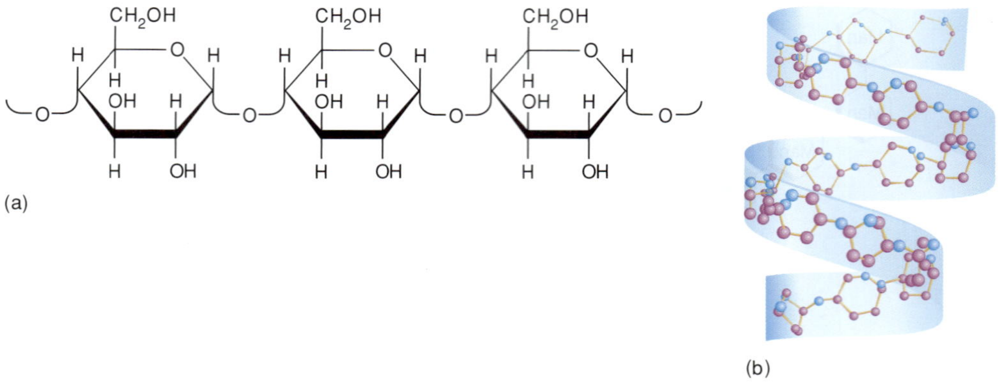

図 7.30　アミロース
(a) アミロースの D-グルコース残基は α(1 → 4) グリコシド結合を介してつながっている．(b) アミロースポリマーは左巻きらせんを形成する．

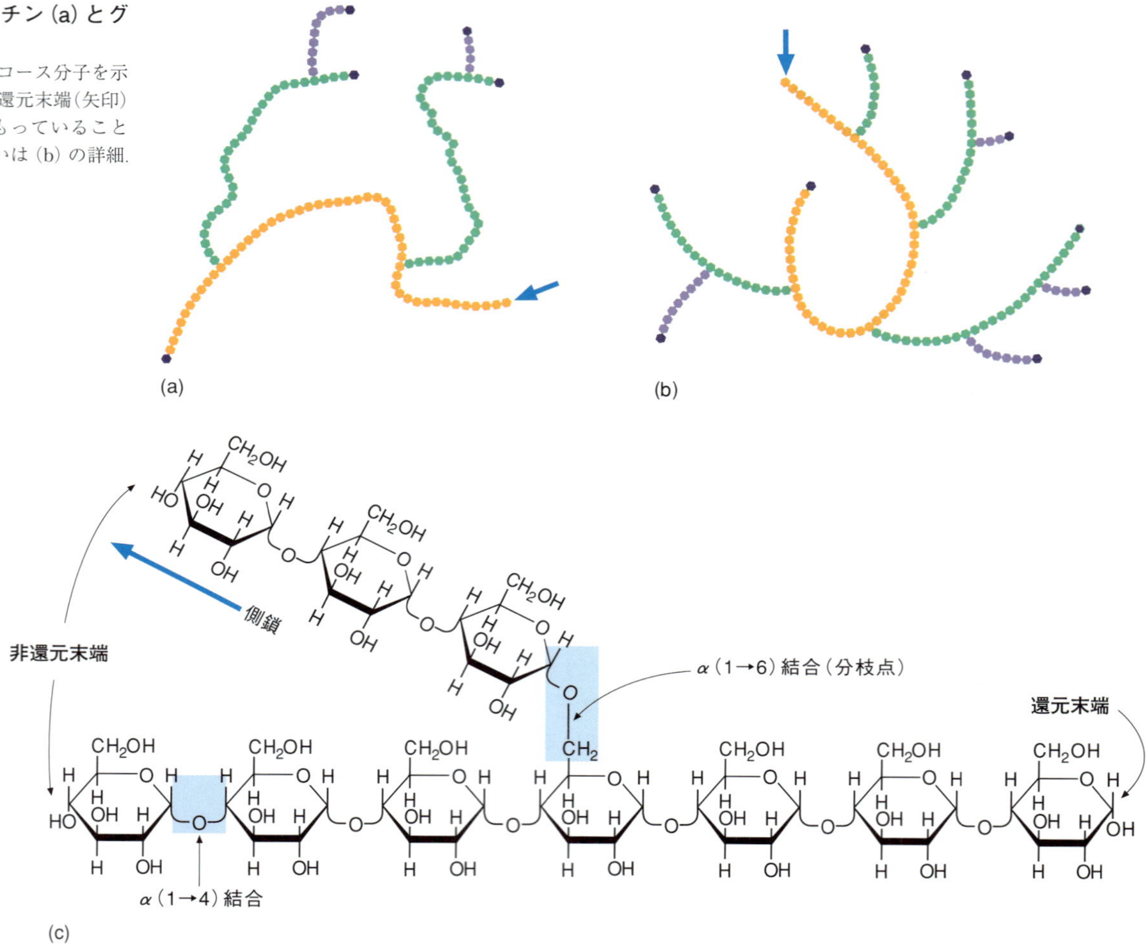

図 7.31　アミロペクチン (a) とグリコーゲン (b)
それぞれの六角形はグルコース分子を示す．各分子はただ一つの還元末端 (矢印) と多くの非還元末端をもっていることに注意．(c) は (a) あるいは (b) の詳細．

せんにはまり込むことを利用する (陽性試験での強い青色は，ヨウ素分子とアミロースのらせん状に並んだグルコース残基との間の電気的相互作用により生じる)．

デンプンのもう一つの型である**アミロペクチン** (amylopectin) は，α(1 → 4) および α(1 → 6) グリコシド結合を含む分枝した重合体である．α(1 → 6) 分枝点は 20〜25 グルコース残基ごとに生じ，らせん形成を阻止している (**図 7.31a**)．アミロペクチン中のグルコース単位の数は数千から 100 万にまで及ぶ．

デンプンの消化は口で始まり，そこでは唾液中の酵素である α-アミラーゼがグリコシド結合の加水分解を始める．消化は小腸においても続き，そこでは膵液のα-アミラーゼが，分枝地点の隣を除く，すべてのα(1 → 4) グリコシド結合をランダムに加水分解する．α-アミラーゼによる消化産物は，マルトース，三糖のマルトトリオース，およびα-限界デキストリン〔一つ以上のα(1 → 6) 分枝点をもち，典型的には8グルコース単位を含むオリゴ糖〕である．小腸に並ぶ細胞により分泌されるいくつかの酵素は，これらの中間生成物をグルコースに変える．そして，グルコース分子は小腸に並ぶ腸細胞に吸収される．血流に入った後，それらは肝臓に，ついで体の他の部分に運ばれる．

グリコーゲン　グリコーゲン (glycogen) は脊椎動物の糖質貯蔵分子であり，肝細胞や筋細胞に最も豊富に見られる (グリコーゲンは肝細胞の湿重量の8～10%，筋細胞の湿重量の2～3%ほどを占める)．グリコーゲン (図7.31b) は，その分子の中心ではほぼ4グルコース残基ごとにより多くの分枝点をもつ以外は，アミロペクチンに構造が似ている．グリコーゲン分子の外側の領域では，分枝点は互いにそれほど近接しているわけではない (だいたい8～12残基ごと)．グリコーゲン分子は他の多糖に比べてずっとコンパクトなので，占める空間は小さい．これは移動する動物の体において重要な配慮である．グルコースモノマーの加水分解はグリコーゲン分子の多数の非還元末端から起こるので，エネルギー動員は迅速である．

問題 7.6

グルコース1分子をグリコーゲンに導入するには，二つの高エネルギーリン酸結合が消費されると見積もられている．グルコースはなぜ，個々のグルコース分子としてではなく，グリコーゲンのかたちで筋肉や肝臓に蓄えられるのか．いいかえれば，細胞が代謝エネルギーを消費してグルコース分子を高分子化するのは，なぜ有利なのか (ヒント：7.3節にあげた理由のほかに，グルコースの重合が解決する他の問題がある．3章を参照)．

セルロース　セルロース (cellulose) はD-グルコピラノース残基がβ(1 → 4) グリコシド結合で連なってできた重合体であり (図7.32)，植物にとって最も重要な構造多糖である．セルロースは植物バイオマス全体の約三分の一を占めており，地球上で最も豊富な有機物質である．約1000億トンのセルロースが毎年生みだされている．

それぞれ12,000グルコース単位を含む枝分かれのないセルロース分子は，水素結合によりまとまり，ミクロフィブリルと呼ばれる丈夫で曲がらないシート状のひもを形成する (図7.33)．その伸張強度は鋼線に匹敵する．セルロース微小繊維は植物の一次および二次細胞壁の構成要素であり，そこでは細胞を保護し支持する構造上の骨組みとなっている．

セルロースを消化する能力は，セルラーゼをもつ微生物においてのみ見られる．特定の動物種 (たとえばシロアリやウシ) は，セルロースを消化するために自分たちの消化管内にそうした微生物をもっている．セルロースの分解は，微生物と宿主の両者に対してグルコースの利用を可能にする．多くの動物はセルロースを含む植物性物質を消化できないが，これらの物質は栄

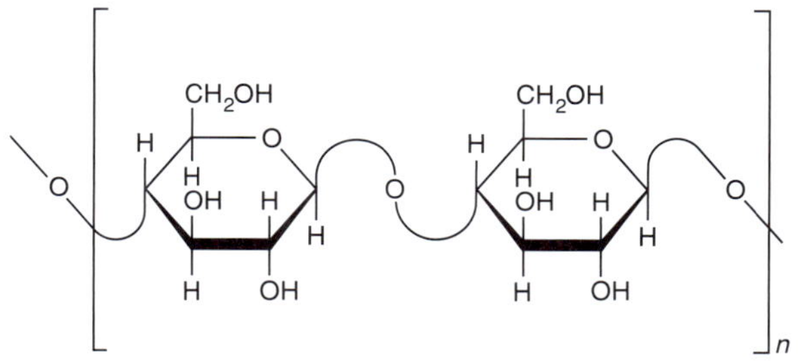

図7.32　セルロースの二糖繰返し単位

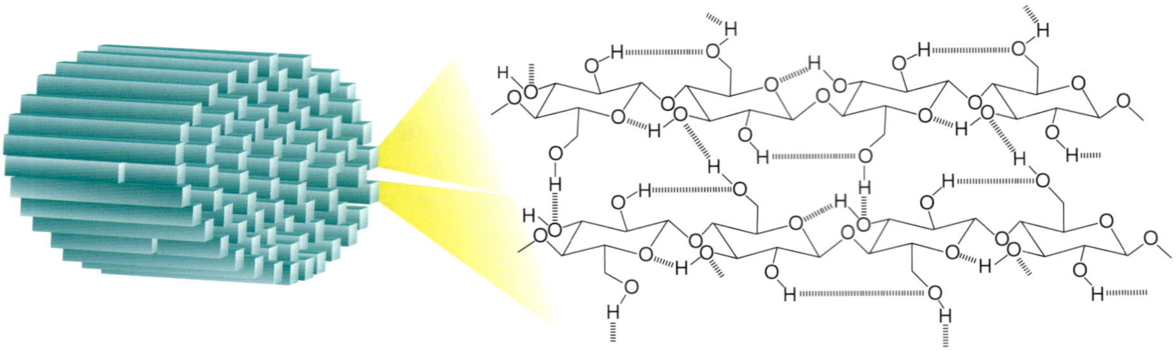

図 7.33　セルロースのミクロフィブリル
近傍のセルロース分子間の水素結合は，セルロースの顕著な強さのおもな理由である．

養においてきわめて重要な役割を担っている．現在，食物繊維は健康のために重要であると考えられているが，セルロースはその食物繊維を構成する植物性物質のうちの一つである．

その構造特性のおかげで，セルロースの経済的重要性は計りしれない．木材，紙，および織物(たとえば綿，リネン，ラミー)といった製品のユニークな特性の多くはセルロースを含有していることによる．

ヘテログリカン

ヘテログリカンは2種以上の単糖を含む高分子量の糖質重合体である．哺乳動物に見られるヘテログリカンの主要なものは，タンパク質につながった *N* および *O* 結合型ヘテロ多糖(*N*-および *O*-グリカン)，細胞外マトリックスのグリコサミノグリカン，および糖脂質と GPI(グリコシルホスファチジルイノシトール)のグリカンコンポーネントである．*N*- および *O*-グリカンとグリコサミノグリカンの構造と特性を次に述べる．糖脂質と，膜表在性タンパク質の膜への付着手段である GPI アンカーについては 11 章で解説する．

N*-および *O*-グリカン**　多くのタンパク質は *N* および *O* 結合型オリゴ糖の両方をもち，その分子の分子量のうち，かなりの部分を占める．*N* 結合型オリゴ糖(N*-グリカン**，*N*-glycan)は，コアの *N*-アセチルグリコサミンのアノマー炭素とアスパラギン残基の側鎖アミド窒素との間の β-グリコシド結合を介して，タンパク質とつながっている．*N*-アセチルグルコサミンに加えて，*N*-グリカンのなかで最も一般的に見られる糖は，マンノース，ガラクトース，*N*-アセチルノイラミン酸，グルコースである．すべての *N*-グリカンは同じコア構造をもつことに注意せよ．

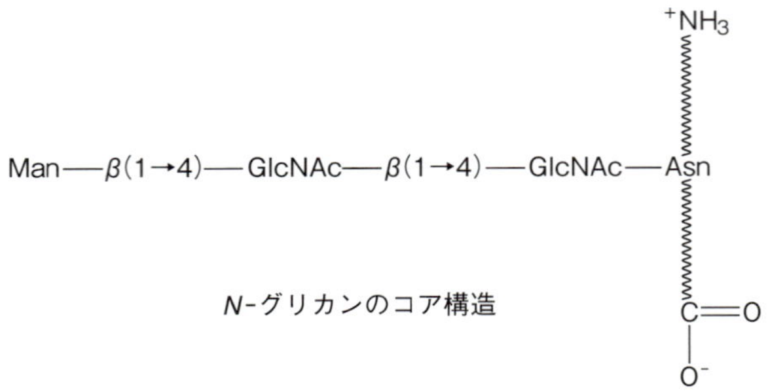

N-グリカンのコア構造

O 結合型オリゴ糖(***O*-グリカン**，*O*-glycan)は，セリンまたはトレオニン残基のヒドロキシ酸素との α-グリコシド結合を介してタンパク質につながった，ガラクトシル-β-(1 → 3)-*N*-アセチルガラクトサミンの二糖コアをもっている．コラーゲンでは，コアの β 結合二糖は Gal—Gal あるいは Glc—Gal であり，5-ヒドロキシリシンの側鎖のヒドロキシ酸素に結合している．*O*-グリカンに見られる他の糖は，*N*-アセチルノイラミン酸，シアル酸である．

グリコサミノグリカン　グリコサミノグリカン(glycosaminoglycan, GAG)は二糖の繰返し単位をもった直鎖の重合体である．糖残基の多くはアミノ誘導体である．GAGには五つのクラス，すなわちヒアルロン酸，コンドロイチン硫酸，デルマタン硫酸，ヘパリンおよびヘパラン硫酸，ケラタン硫酸がある．繰返し単位は，ガラクトースを含むケラタン硫酸を除いては，ヘキスロン酸(六つの炭素原子をもつウロン酸)を含む．*N*-アセチルグルコサミンを含むヒアルロン酸を除いては，通常，*N*-アセチルヘキソサミン硫酸も含む．多くの二糖単位は，カルボキシ基と硫酸基の両方をもつ．GAGは，その糖残基，残基間の結合，および硫酸基の有無と位置に従って分類される．

GAGは生理的pHで大きい負電荷をもっている．電荷の反発はGAGを互いに離れた状態に保つ．そのうえ，比較的硬直な多糖鎖は非常に水になじみやすい．GAGは多量の水を引きつけるので，その質量のわりに大きな体積を占める．たとえば，水和したヒアルロン酸は乾燥状態よりも1000倍大きな体積を占める．

キーコンセプト

多数の単糖単位からなる多糖分子は，エネルギー貯蔵に，また構造素材として用いられる．

7.4 複合糖質

糖質分子がタンパク質と脂質の両方に共有結合することで生じる化合物は，ひとまとめにして**複合糖質**(glycoconjugate)と呼ばれる．これらの物質は，個々の細胞の機能や，多細胞生物の細胞間相互作用に多大な影響を与えている．糖質–タンパク質複合体はプロテオグリカンと糖タンパク質の二つに分類される．両者とも糖質とタンパク質を含んでいるが，一般には，それらの構造と機能はかなり異なっているようである．オリゴ糖を含む脂質分子である糖脂質(11章)は，細胞膜の外表面に多く見られる．

プロテオグリカン

プロテオグリカン(proteoglycan)は，糖質がプロテオグリカンの乾燥重量の95%ほどを占め，糖質含量が非常に高いことから，ふつうの糖タンパク質とは区別される．プロテオグリカンは細胞表面に生じるか，細胞外マトリックスに分泌される．すべてのプロテオグリカンは，*N*-あるいは*O*-グリコシド結合によりタンパク質分子(コアタンパク質と呼ばれる)につながったGAG鎖を含む．プロテオグリカンはゴルジ装置において生みだされる．そこではGAG鎖が合成され，ついで粗面小胞体で事前に合成されたコアタンパク質に共有結合的に連なる．プロテオグリカンの多様性は，さまざまなコアタンパク質の数の多さや糖鎖の種類と長さが非常に多様であることから生じている．たとえば，シンデカン，グリピカン，アグリカンがある．シンデカンはヘパラン硫酸とコンドロイチン硫酸を含み，コアタンパク質が膜貫通タンパク質のプロテオグリカンである．グリピカンはヘパラン硫酸を含み，GPIアンカー(p. 343)によって細胞膜に結合しているプロテオグリカンである．軟骨中に多量に見られるプロテオグリカンのアグリカンは，100以上のコンドロイチン硫酸鎖と約40のケラタン硫酸鎖が結合するコアタンパク質からなる．100個までのアグリカンモノマーが順々にヒアルロン酸に結合して，プロテオグリカン凝集体を形成する(**図7.34**)．

プロテオグリカンは，細胞外マトリックスを組織化する役割に加えて，細胞表面での事象を含むすべての細胞過程にかかわっている．たとえば，特定のシグナル分子(増殖因子など)に結合している膜結合型のシンデカンとグリピカンは，細胞周期を制御するいくつかのシグナル伝達経路の構成要素である．膨大な数の多価イオン性GAG鎖のため，アグリカンは大量の水を捕捉する．結果として，アグリカンは同質量の密に詰められた分子の数千倍もの空間を占める．軟骨の強度，柔軟性，弾性は，負に帯電したGAG間の反発力による圧縮剛性とコラーゲン繊維の伸張強度との組合せにより決まる．

ムコ多糖症として知られる，プロテオグリカンの代謝にかかわる多くの遺伝病が同定されてきた．プロテオグリカンはたえず合成され，分解を受けているが，(リソソーム酵素の欠損や欠陥により引き起こされる)過度な蓄積は，重篤な結果をもたらす．たとえばハーラー症候群においては，特定の酵素の欠損がデルマタン硫酸の蓄積を招く．症状は，精神遅滞，骨格奇形，

ハーラー症候群

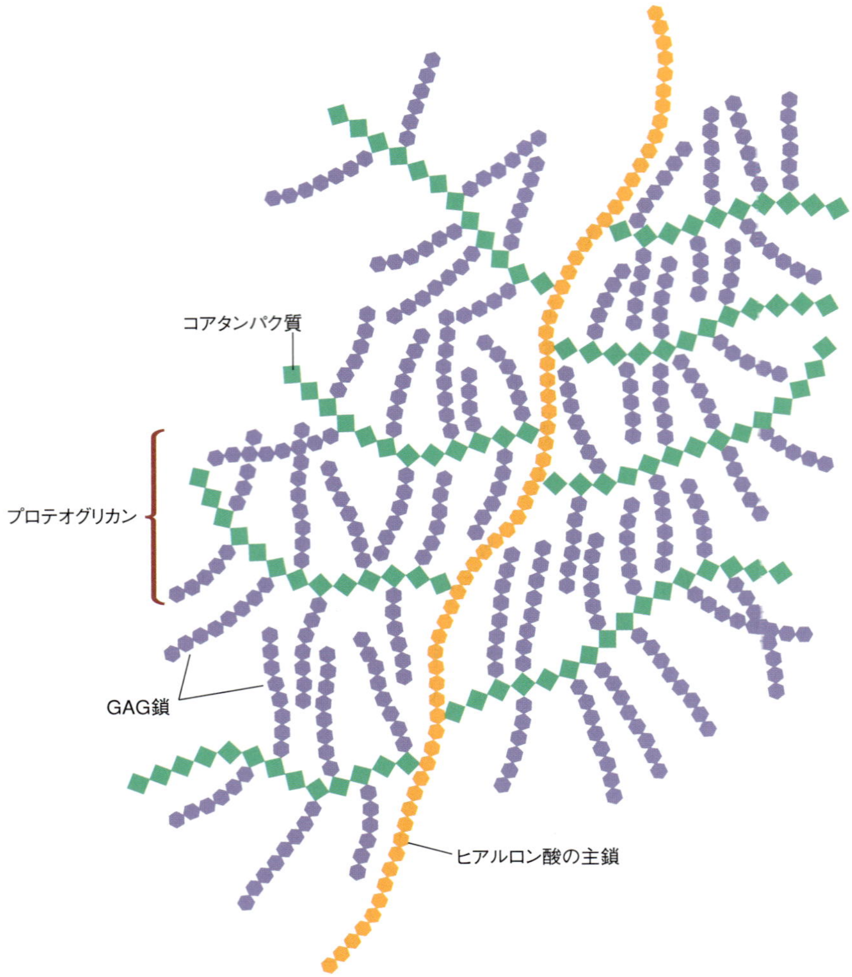

図 7.34　プロテオグリカン凝集体
プロテオグリカン凝集体は結合組織の細胞外マトリックスに典型的に見られる．コアタンパク質を介する各凝集体のヒアルロン酸への非共有結合的付加は，二つの連結タンパク質によって仲介される（図には示されていない）．プロテオグリカンは，コラーゲン，エラスチン，フィブロネクチン（細胞接着にかかわる糖タンパク質）といった細胞外マトリックスにある多数の繊維状タンパク質と相互作用する．

そして幼児期の死も含まれる．テイ・サックス病と同様，ハーラー症候群は常染色体劣性遺伝病である（すなわち欠損遺伝子が両親から一つずつ引き継がれ，発症する）．

糖タンパク質

糖タンパク質は，*N*結合あるいは*O*結合により糖質に共有結合したタンパク質であると一般に定義される．糖タンパク質の糖質組成は，総重量の1%から85%以上までさまざまである．こうした糖質には，構造タンパク質であるコラーゲンに付着した単糖や二糖，および原形質の糖タンパク質上で分枝したオリゴ糖が含まれる．糖タンパク質は，ときとしてプロテオグリカンを含むが，構造的理由から，それらは別べつに調べられる．糖タンパク質には，ウロン酸，硫酸基，プロテオグリカンに特徴的な二糖繰返し単位が相対的に欠如している．

これまで述べたように，糖タンパク質の糖質基は，*N*-アセチルグルコサミン（GlcNAc）とアミノ酸のアスパラギン（Asn）との間の*N*-グリコシド結合，あるいは*N*-アセチルガラクトサミン（GalNAc）とセリン（Ser）やトレオニン（Thr）のヒドロキシ基との間の*O*-グリコシド結合のどちらかによってポリペプチドに結合している．前者の糖タンパク質はときにアスパラギン結合型といわれ，後者はしばしばムチン型といわれる．アスパラギン結合オリゴ糖は膜結合脂質分子上につくられ，タンパク質合成が進む間にアスパラギン残基に共有結合する（19章）．小胞体やゴルジ体の内腔における，いくつかのさらなる反応により，最終的なN結合型オリゴ糖構造が形成される．アスパラギン結合オリゴ糖をもつタンパク質の例には，鉄輸送タンパク質のトランスフェリンや鶏卵中の栄養貯蔵タンパク質であるオボアルブミンがある．ムチン型の糖（O-グリカン）単位は，南極の魚の不凍性糖タンパク質に見られる Gal (1 → 3) GalNAc といった二糖から，ABO 式血液型の複合オリゴ糖に至るまで，そのサイズや構造にはかなりの違いがある．

糖タンパク質の機能　糖タンパク質は，ほとんどの生物に普遍的に存在し，その構成成分となっている分子であり，さまざまな種類がある（**表 7.1**）．それらは溶解あるいは膜結合の形態で細胞内および細胞外液に存在する．脊椎動物はとくに糖タンパク質に富んでいる．例としては，金属輸送タンパク質のトランスフェリンやセルロプラスミン，血液凝固因子，および多くの補体成分（免疫反応における細胞破壊にかかわるタンパク質）が含まれる．数多くのホルモンも糖タンパク質である．たとえば，脳下垂体前葉でつくられる卵胞刺激ホルモンは卵と精子の発達を刺激する．加えて，多くの酵素も糖タンパク質である．リボ核酸を分解する酵素のリボヌクレアーゼ（RN アーゼ）は，よく研究されている例である．他の糖タンパク質は膜内在性タンパク質である（11 章）．これらのうち，Na^+, K^+-ATP アーゼ（動物細胞の細胞膜にあるイオンポンプ）と主要組織適合性抗原（臓器提供者と受容者の交差適合試験に用いられる細胞表面マーカー）は，とくに興味を引く例である．

最近の研究は，糖質がタンパク質分子をどのように安定化し，多細胞生物の認識過程でどのように機能しているかに焦点を絞っている．タンパク質分子上に糖質が存在すると，タンパク質が変性から保護される．たとえばウシリボヌクレアーゼ A は，グリコシル化した対照のリボヌクレアーゼ B よりも，ずっと熱変性を受けやすい．他のいくつかの実験も，糖に富む糖タンパク質がタンパク質分解（酵素が触媒するポリペプチドの加水分解反応）に対して比較的抵抗性をもつことを示している．糖質が分子表面にあるので，ポリペプチド鎖をタンパク質分解酵素から保護していると考えられる．

糖タンパク質中の糖質は生物機能にも影響を及ぼしている．ある糖タンパク質では，この寄与が他の場合に比べてより明確に現れる．たとえば，唾液ムチン（潤滑の役目をする唾液中の糖タンパク質）の粘性が高いのは，シアル酸残基の含量が多いからである．南極海の魚の不凍性糖タンパク質の二糖残基は，水分子と水素結合を形成する．この過程が氷結晶の成長を遅くする．

糖衣の構成要素の糖タンパク質が，今日では，複雑な認識過程に重要であることが知られている．代表的な例はインスリン受容体である．インスリンと結合することで，いろいろな型の細胞へのグルコースの取り込みを容易にしている．原形質膜にグルコース輸送体を集めること

表 7.1　糖タンパク質

種類	例	供給源	分子量
酵素	リボヌクレアーゼ B	ウシ	14,700
免疫グロブリン	イムノグロブリン A	ヒト	160,000
	イムノグロブリン M	ヒト	950,000
ホルモン	絨毛膜性腺刺激ホルモン	ヒト胎盤	38,000
	卵胞刺激ホルモン	ヒト	34,000
膜タンパク質	グリコホリン	ヒト赤血球	31,000
レクチン（糖結合タンパク質）	ジャガイモレクチン	ジャガイモ	50,000
	大豆凝集素	大豆	120,000
	トウゴマレクチン	トウゴマ	120,000

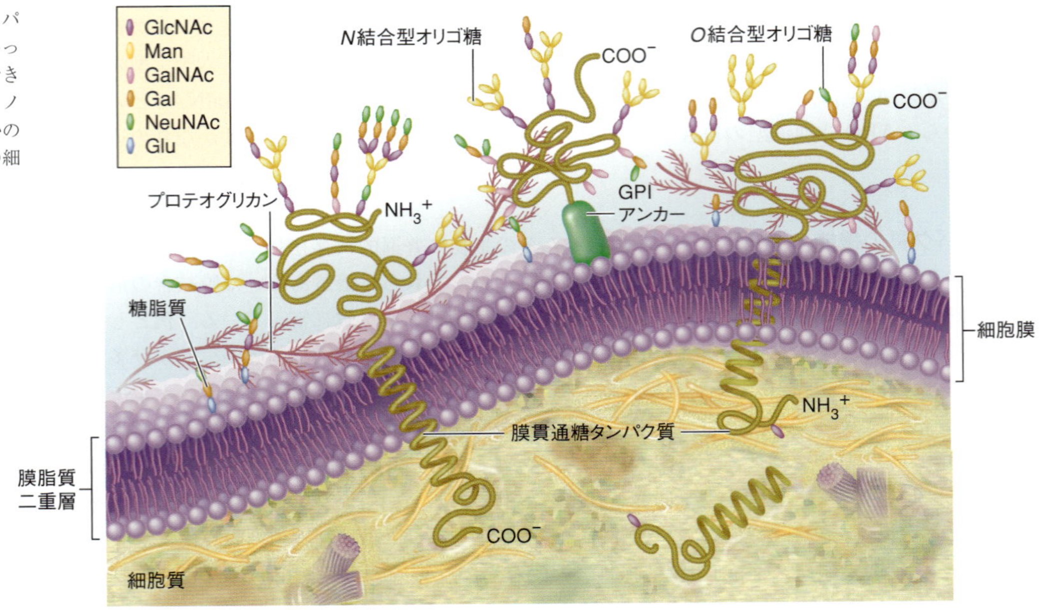

図 7.35　糖衣
糖衣は，真核細胞の外表面上の糖タンパク質，プロテオグリカン，糖脂質といった構成要素についた炭水化物群からできている．グリコシルホスファチジルイノシトール（GPI）アンカーは，いくつかの異なった型のオリゴ糖を，ある細胞の細胞膜に付着させる特別な構造である．

キーコンセプト

- 複合糖質は，糖質がタンパク質や脂質に共有結合的につながった生体分子である．
- プロテオグリカンは，小さなペプチド成分に共有結合的につながった比較的多数の糖質（GAG 単位）からできている．
- 糖タンパク質は *N* あるいは *O* 結合により糖質と共有結合的につながったタンパク質である．

にもいくらか寄与している．細胞表面のさまざまな糖タンパク質は，増殖と分化における細胞間相互作用において重要な細胞接着にもかかわっている（図 7.35）．これらの物質のうちで最も特徴があるのは，細胞接着分子（CAM）と呼ばれているものである．例として，セレクチン（一時的な細胞間相互作用），インテグリン（細胞外マトリックス成分への細胞付着），カドヘリン（組織細胞同士の Ca^{2+} 依存性付着）がある．生命過程における複合糖質の役割は，次の節でさらに解説する．

7.5　糖 暗 号

生物は，非常に大きな暗号能力を必要とする．酵素の活性部位における基質の生成物への変換，ホルモンシグナルの伝達，あるいはマクロファージによる細菌細胞の貪食などの情報伝達はいずれも，ある一つの分子が，他の無数の近隣分子から選別され，特異的に結合することによって始まる．いいかえると，生物のように非常に複雑なシステムの機能には，それに相応する非常に多くの分子暗号が必要になる．暗号機構がうまく働くために，その分子群は多様性に対応できるだけの能力を構造としてもっていなければならない．というのも，途方もない数のさまざまなメッセージを速やかにかつ明白に解読しなければならないからである．

生体システムにおける情報の流れを理解しようとする研究努力は，60 年以上の間，主として核酸である DNA と RNA に焦点が絞られてきた．この歴史的価値のある研究の結果として，生命科学者たちが期待したのは，タンパク質を暗号化するためにヒトには約 10 万の遺伝子が存在していることだった．ところが，ヒトゲノム計画（HGP）（p. 611～612）により得られたデータを解析すると，2 万 1000 というずっと少ない数であることがわかった．

この意外にも低い数字の理由はともあれ，生命はその遺伝子の暗号能力を高める二つの戦略をもっている．それは選択的スプライシングと翻訳後修飾である．選択的スプライシング（18 章で述べる）とは，真核生物が mRNA 前駆体を切断し，その断片をさまざまな組合せでつなぎ合わせて 2 種類以上の mRNA を形成することにより，一つの遺伝子から複数のポリペプチドを生成する機構である．それぞれの組合せの mRNA は，ただ一つのポリペプチドに翻訳される．翻訳後修飾（19 章で述べる）は，タンパク質が合成された後に起こる，酵素作用によるタンパク質構造の変化である．

すべての種類の翻訳後修飾（たとえばリン酸化，アセチル化，タンパク質の分解的切断）のうち，後の例が示すように糖鎖付加は暗号能力の点から最も重要である．生体中で見られるタンパク質の膨大な多様性が，ほんの 20 種類のアミノ酸で説明できることを思い起こそう．これらのアミノ酸から合成できるヘキサペプチドの総数は何と 20^6 (6400 万) である．糖類は，かなりの暗号能力をもつ構造特性(たとえばグリコシド結合の多様性，分枝，アノマー異性体など)を有している．アミノ酸残基のアミノ基とカルボキシ基との間に直鎖のペプチド分子のみを形成するペプチド結合と比べて，単糖間のグリコシド結合はかなり多様である．その結果，オリゴ糖の可能な組合せ数は，ペプチドで予想される数よりもかなり大きい．たとえば，単糖あるいは修飾単糖 20 種から可能な直鎖あるいは分枝した六単糖の総数は 1.44×10^{15} である．その膨大な組合せの可能性に加えて，タンパク質や脂質に付着するオリゴ糖はもう一つの特性をもっている．すなわち，(ペプチドと比較して)柔軟性がなく，リガンドとより正確に結合することができる．

レクチン：糖暗号の翻訳

暗号化された情報は，翻訳されなければならない．糖暗号の翻訳はレクチンにより行われる．**レクチン** (lectin) は，抗体ではなく，酵素活性ももたない糖結合タンパク質 (CBP) である．最初は植物に見いだされ，現在では，すべての生物に存在することがわかっている．通常は二つあるいは四つのサブユニットからなり，水素結合，ファンデルワールス力，および疎水的相互作用により特定の糖質基に結合する認識ドメインをもっている．レクチンの結合を含む生物学的過程には多くの細胞間相互作用が介在する (図 7.36)．典型的な例として，微生物による感染，多くの毒素の機構，および白血球ローリングといった生理的過程があげられる．

多くの細菌の感染は，微生物が宿主細胞にしっかりと付着することから始まる．しばしば付

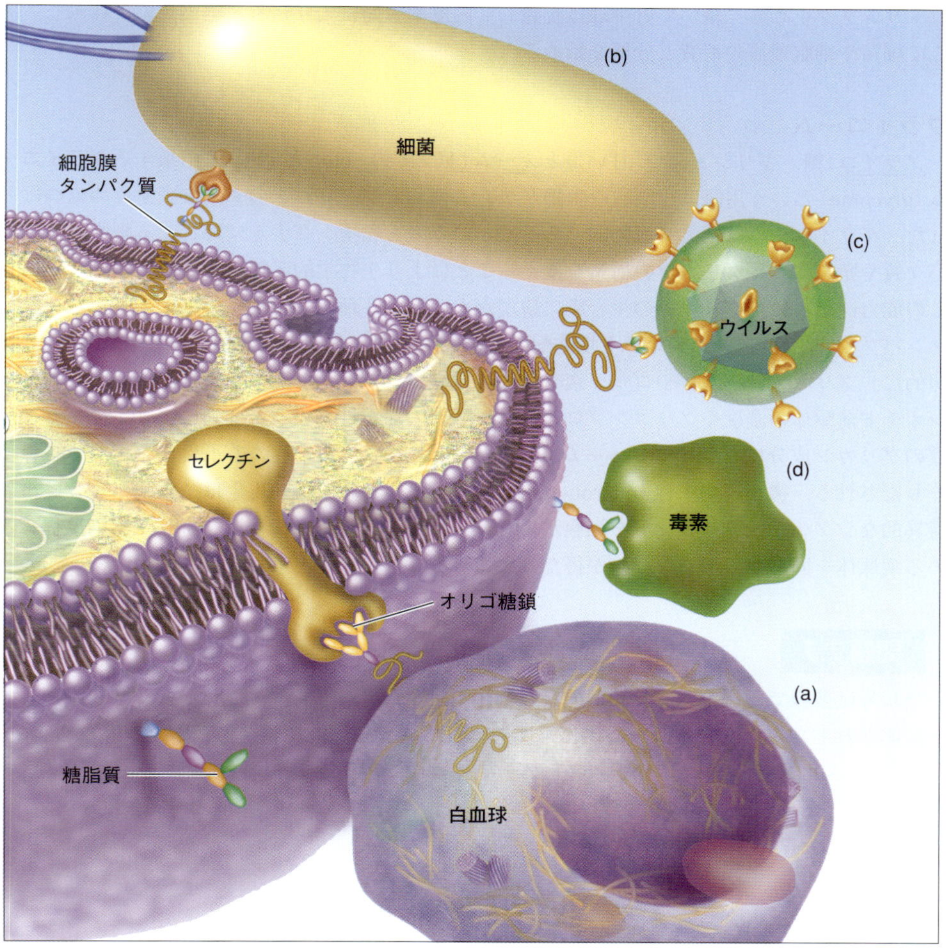

図 7.36　生物的認識におけるオリゴ糖の役割
複合糖質分子がもつオリゴ糖基へのレクチン (糖結合タンパク質) の特異的結合は，多くの生命現象における基本的特徴である．(a) 細胞間相互作用 (たとえば白血球ローリング)，(b) (c) 細胞–病原体感染，(d) 細胞への毒素 (たとえばコレラ毒素) の結合．

胃炎と胃潰瘍

着は，細菌のレクチンが細胞表面のオリゴ糖に結合することによって引き起こされる．胃炎や胃潰瘍の原因病原体であるヘリコバクターピロリはレクチンをいくつかもっており，そのレクチンが胃の粘膜内層へのヘリコバクターピロリの慢性的感染を促進する．これらのレクチンの一つは，O 血液型決定基であるオリゴ糖の一部に高い親和性をもって結合する．これは，O 血液型の人は他の血液型の人よりも潰瘍を進展させるリスクが高いという観察結果を説明している．しかしながら，A 血液型と B 血液型の人が感染を免れるわけではない．というのは，この細菌は，うまく接着するために他のレクチンも使用するからである．

多くの細菌毒素の損傷効果は，レクチンの結合から開始されるエンドサイトーシスにより毒素が宿主細胞へ入った後で起こる．コレラ毒素の B サブユニットが小腸細胞表面の糖脂質へ結合すると，有毒な A サブユニットが取り込まれる．ひとたび A サブユニットが内側に入ると，塩素の輸送を制御する機構を破壊し始める．これは生命を脅かすほどの重篤な下痢を引き起こす．

白血球ローリングは，レクチンの結合により引き起こされる細胞間相互作用の例として知られている．動物の組織が病原性生物の感染や物理的外傷によって損傷を受けると，その組織は炎症過程を引き起こすシグナル分子を放出する．この分子のあるものに応答して，血管の近くに並んだ内皮細胞はセレクチンと呼ばれるタンパク質をつくりだし，細胞膜に埋め込む．セレクチンは，細胞接着分子として働くレクチンの1ファミリーであり，内皮細胞の表面に提示される．セレクチンは好中球などの白血球上のセレクチンリガンド(オリゴ糖)と一時的に結合する．この比較的弱い結合は好中球の速い動きを遅くするのに役立っており，血管内腔表面を転がるようにして血中を流れる様相となる．ひとたびローリングが始まり，白血球が炎症部位に近づくと，白血球の表面にインテグリンと呼ばれる別のレクチンを発現させる別のシグナル分子と遭遇する．血管内皮表面上のオリゴ糖リガンドとインテグリンが結合すると，好中球はローリングを止める．続いて好中球は変化し，内皮細胞間に入り込み，感染部位に移動し，そこで細菌や細胞残渣(ざんさ)の消費と分解を始める．

グライコーム

グライコ(糖，ギリシャ語で〝甘い〟)とオーム(ゲノムの -ome と同様)に由来する**グライコーム**(glycome)という用語は，細胞や生物がつくる糖およびグリカンの一式を表すためにつけられた．グライコームは絶えず流動的である．というのも環境シグナルに応答する細胞は，タンパク質や脂質につくグリカンの構造を変えることにより生物学的応答を微調整するからである．この能力はおもに，グリカンの生合成に鋳型がないという理由による．鋳型により進む核酸やタンパク質の生合成(ヌクレオチド塩基配列を用いて，同じ多くの複製が生みだされる)とは対照的に，グリカンは小胞体やゴルジ複合体内の組立てライン上で順につくられていく．糖ヌクレオチド前駆体の濃度やグリカンプロセシング酵素の局在性といった要因により，糖タンパク質のグリカン成分は**グライコフォーム**(glycoform)と呼ばれる一連の若干異なった形で各種つくりだされる．**微小不均一性**(microheterogeneity)といわれるこの現象は，細胞あるいは組織特異的なシグナル伝達リガンドを細胞が得たり，特定のグリカン構造に結合して感染過程を始める病原体を回避する機構を細胞が得たりする手段ではないかと考えられている．

キーコンセプト

- タンパク質や脂質といった生体分子の共有結合的修飾は，生物に膨大な暗号能力を与える．
- 細胞または生物により生みだされる糖鎖の全セットはグライコームといわれる．
- 糖タンパク質は，グライコフォームと呼ばれるわずかずつ異なる形で生産されることが多い．

問題 7.7

糖暗号は多様でとらえにくく鋳型のない情報暗号化機構をもち，〝アナログ〟システムとして説明されてきた．一方，遺伝情報の処理過程(DNA や RNA に指令されるタンパク質合成)は〝デジタル〟システムとみなされている．この理由を説明せよ．

本章のまとめ

1. 糖質は天然に最も豊富な有機分子であり，含まれる単糖単位の数に応じて，単糖，二糖，オリゴ糖，および多糖に分類される．糖質部分は他の生体分子の構成成分としても存在する．複合糖質は，共有結合的につながった糖質基をもつタンパク質分子や脂質分子である．それらにはプロテオグリカン，糖タンパク質，および糖脂質がある．
2. アルデヒド官能基をもつ単糖はアルドースと呼ばれる．また，ケトン基をもつ単糖はケトースとして知られる．アルドースは，アルデヒド基から最も遠位の不斉炭素の立体配置がグリセルアルデヒドのD異性体あるいはL異性体のどちらと同じであるかによって，DファミリーとLファミリーのどちらかに分類される．Dファミリーのアルドースは生物にとって最も重要な糖を含んでいる．
3. 五つあるいは六つの炭素を含む単糖は，ヒドロキシ基とアルデヒド基(ヘミアセタール生成物)あるいはヒドロキシ基とケトン基(ヘミケタール生成物)が反応した結果として，環状の形で存在する．五員環(フラノース)と六員環(ピラノース)の両者において，アノマー炭素についたヒドロキシ基はD糖の環平面の下側(α)あるいは上側(β)のどちらかに位置する．α型とβ型の間の自発的な相互変換は変旋光と呼ばれる．
4. 単糖はさまざまな化学反応を受ける．ウロン酸，アミノ糖，デオキシ糖，およびリン酸化糖などの単糖の誘導体は，細胞代謝において重要な役割を担っている．糖鎖付加反応は，糖鎖をタンパク質または脂質につける．糖化反応とは，還元糖が求核性の窒素と反応する非酵素的な反応である．
5. ヘミアセタールとヘミケタールはアルコールと反応し，それぞれアセタールとケタールを生成する．環状のヘミアセタール型あるいはヘミケタール型の単糖がアルコールと反応すると，グリコシド結合と呼ばれる新しい結合が形成される．糖が非炭水化物部分(アグリコン)にグリコシル結合を介して連結している分子は，配糖体と呼ばれる．
6. ある単糖のアノマー炭素と別の単糖の遊離ヒドロキシ基との間にグリコシド結合が生じる．二糖は二つの単糖からなる糖質である．オリゴ糖は典型的には10から15ほどの単糖単位を含む糖質であり，タンパク質や脂質に結合していることが多い．多くの単糖単位からなる多糖分子は，セルロースやアミロースのような直鎖構造をもったり，グリコーゲンやアミロペクチンのような分枝構造をもったりする．オリゴ糖と多糖は，現在ではグリカンと呼ばれる．グリカンには，ただ一つの種類の糖からなるタイプ(ホモグリカン)と，複数の種類の糖からなるタイプ(ヘテログリカン)がある．
7. 天然に見られる最も一般的な三つのホモ多糖(デンプン，グリコーゲン，セルロース)は，加水分解を受けるとすべてD-グルコースを生成する．セルロースは植物の構造物質であり，デンプンとグリコーゲンはそれぞれ植物と動物におけるグルコースの貯蔵体である．キチンは昆虫の外骨格の主要な構造物質であり，非分枝鎖状に結合した*N*-アセチルグルコサミン残基からできている．2種類以上の単糖を含む糖質重合体であるヘテログリカンの主要なクラスは，*N*-および*O*-グリカン，グリコサミノグリカン，糖脂質とGPIアンカーのグリカン構成部分である．
8. 動物組織の細胞外マトリックスに広く見られるプロテオグリカンの桁外れの不均質性は，現在はまだ理解が乏しいとはいえ，生物において多様な役割を演じているようである．糖タンパク質は溶液に溶けた状態と膜に結合した状態の両方で，細胞内や細胞外液中に現れる．複合糖質はプロテオグリカン，糖タンパク質，糖脂質を含むさまざまな構造をもち，生体内の情報伝達に重要な役割を演じることが可能になっている．グライコームとは，細胞または生物が生みだす糖とグリカンの一式である．

キーワード

復習問題

以下の問いは，次章へ進む前に，本章で論じた重要な概念について理解度を確認するためのものである．解答は巻末および『問題の解き方』を参照のこと．

1. 次の用語を説明せよ．
   a. 単糖　b. アルドース　c. ケトース
   d. ジアステレオマー　e. エピマー
2. 次の用語を説明せよ．
   a. ヘミアセタール　b. ヘミケタール　c. アノマー
   d. フラン　e. ピラン
3. 次の用語を説明せよ．
   a. アルドン酸　b. ウロン酸　c. アルダル酸
   d. ラクトン　e. 還元糖
4. 次の用語を説明せよ．
   a. グリコシド結合　b. 配糖体　c. 二糖
   d. オリゴ糖　e. 多糖
5. 次の用語を説明せよ．
   a. メイラード反応　b. シッフ塩基
   c. アマドリ生成物　d. 付加物
   e. 反応性に富むカルボニル基を含む生成物
6. 次の用語を説明せよ．
   a. デオキシ糖　b. ガラクトース血症
   c. セロビオース　d. グリカン　e. キチン
7. 次の用語を説明せよ．
   a. グリコーゲン　b. セルロース　c. *N*-グリカン
   d. *O*-グリカン　e. グリコサミノグリカン
8. 次の用語を説明せよ．
   a. 複合糖質　b. 糖脂質　c. プロテオグリカン
   d. 糖タンパク質　e. 糖暗号
9. 次のそれぞれの例を示せ．
   a. エピマー　b. グリコシド結合　c. 還元糖
   d. 単糖　e. アノマー　f. ジアステレオマー
10. D 糖という用語は，どのような構造的関連を示すか．(+)-グルコース(右に偏光)と(−)-フルクトース(左に偏光)は，なぜ両方とも D 糖に分類されるのか．
11. ヘテログリカンとホモグリカンの違いは何か．例を示せ．
12. 次の糖質のどれが還元性で，どれが非還元性か．
    a. デンプン　b. セルロース　c. フルクトース
    d. スクロース　e. リボース
13. $\alpha(1 \rightarrow 4)$ 結合で D-ガラクトサミンにつながった D-グルコースからなる多糖がある．この二糖単位の構造を描け．
14. 天然に見いだされる最も豊富な三糖であるラフィノースは，全粒穀物や多くの野菜(たとえばアスパラガス，キャベツ，豆類)に存在する．ラフィノースの加水分解はガラクトースとスクロースを生じる．

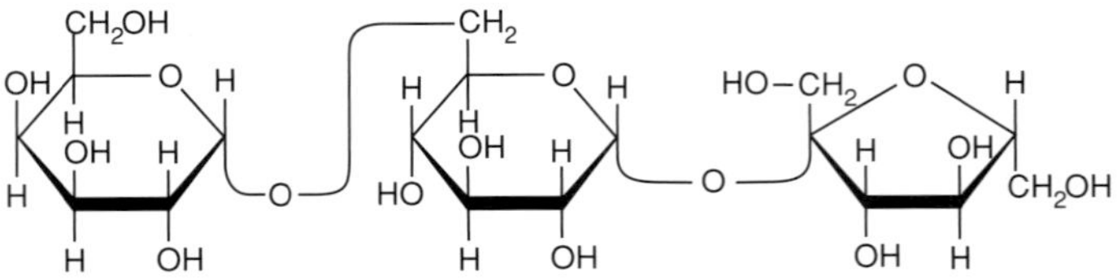

    a. この三単糖の系統名を示せ．
    b. ラフィノースは還元性か，非還元性か．
    c. ラフィノースは変旋光が可能か．
15. グリコサミノグリカンの重合鎖は大きく広がっており，多くの水と結合している．
    a. この重合体のどんな二つの官能基が，このような水の結合を可能にしているか．
    b. どんな種類の結合が関与しているか．
16. 糖タンパク質において，糖質基が最も頻繁に結合している三つのアミノ酸は何か．それぞれの場合，グリカンはどの官能基に結合しているか．
17. 還元糖という用語を説明せよ．還元糖はどんな構造上の特徴をもつか．
18. プロテオグリカンと糖タンパク質の構造を比較せよ．構造上の違いがそれらの機能とどのように関連しているか．
19. 次の糖のペアを，鏡像異性体，ジアステレオマー，エピマー，アルドース-ケトースのペアに分類せよ．
    a. D-エリトロースと D-トレオース
    b. D-グルコースと D-マンノース
    c. D-リボースと L-リボース
    d. D-アロースと D-ガラクトース
    e. D-グリセルアルデヒドとジヒドロキシアセトン

応用問題

以下の問いは，本書でこれまで論じてきた重要な概念について理解を深めるためのものである．正解は一つとは限らない．解答例は巻末および『問題の解き方』を参照のこと．

20. *β*-ガラクトシダーゼは，ラクトースの $\beta(1 \rightarrow 4)$ 結合のみを加水分解する酵素である．ある未知の三単糖が，*β*-ガラクトシダーゼによりマルトースとガラクトースに変換される．その三単糖の構造を描け．
21. ステロイドはコレステロールに由来する多環式の脂溶性分子で，水に非常に溶けにくい．グルクロン酸との反応はステロイドをより水溶性にし，血液を介した輸送を可能にする．グルクロン酸のどんな構造上の特徴が溶解性を高めるか．
22. 多くの細菌はプロテオグリカン外皮により覆われている．この物質の特性に関する知識を駆使して，そのような被膜の機能を示せ．
23. 熟した果物は炭水化物含量が高く，甘い味がする．対照的に穀類は，炭水化物含量は高いが，摂取しても甘い感覚を生じさせない．植物の観点から，この相違点の理由を示せ．
24. ある多糖は節足動物(ロブスター，バッタなど)や軟体動物(カキ，カタツムリなど)の外皮に存在する．その多糖は，殻を冷希塩酸に浸け，炭酸カルシウムを溶かして得ることができる．生じた糸のような物質は，長くまっすぐな鎖状分子である．沸騰した酸による加水分解では，D-グルコサミンと酢酸が等モル量生成する．ゆるやかな酵素分解では，唯一の生成物として *N*-アセチル -D-グルコサミンが生じる．その多糖の結合はセルロースのものと同じである．この重合体の構造は何か．

25. 組織中のプロテオグリカン凝集体は，水和した粘性のあるゲルを形成する．なぜゲルを形成するこれらの能力が細胞機能に重要であるのか，明白な機構的理由を述べよ（ヒント：液体の水は，実質上圧縮できない）．

26. 海藻から単離され，アイスクリームや他の食品の増粘剤として用いられるアルギン酸は，$\beta(1 \rightarrow 4)$ グリコシド結合をもつ D-マンヌロン酸の重合体である．

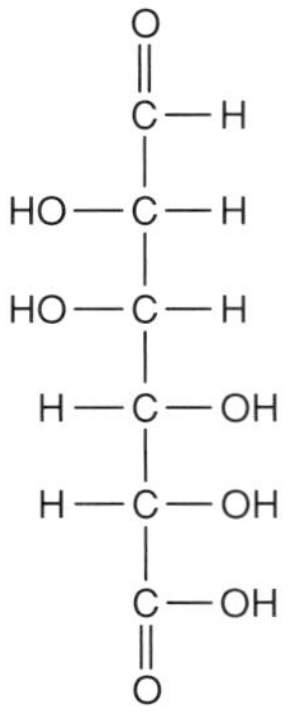

D-マンヌロン酸

a. アルギン酸の構造を描け．

b. なぜこの物質は増粘剤として働くのか．

27. マンヌロン酸の立体異性体の最大数はいくつか．

28. ABO 血液型抗原は，赤血球膜の糖脂質の端に共有結合的につながる末端糖である．H 抗原は A および B 抗原の前駆体である．血液型が A 型の人は，H 抗原の Gal* 残基に $\alpha(1 \rightarrow 3)$ 結合で *N*-アセチルグルコサミンを付加する酵素をコードする遺伝子をもつ．B 型では，Gal* 残基に $\alpha(1 \rightarrow 3)$ 結合で D-α-ガラクトースを付加する酵素を必要とする．A および B 抗原の構造を描け．

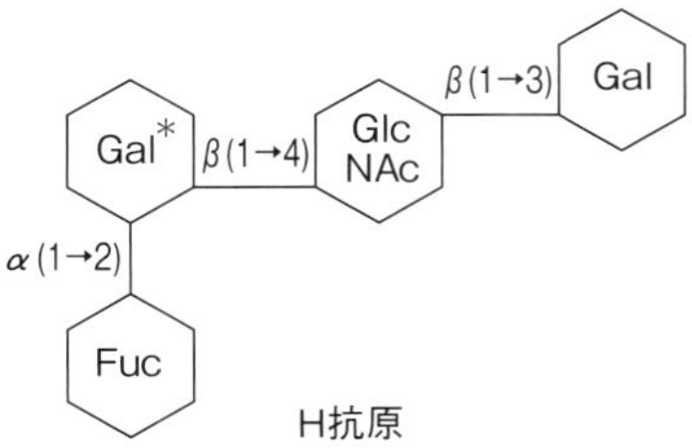

H抗原

29. リン酸エステルはアルドヘキソースの 2 ～ 6 位に生成可能であるが，1 位には生成しない．その理由を説明せよ．

30. 強い塩基中でグルコースはフルクトースに変換する．この変換がどのように起こるのか説明せよ．

31. フルクトースをヨウ化メチルで処理すると 1,3,4,6-テトラ-*O*-メチルフルクトースを生成する．この情報はフルクトース環構造について何を語っているか．

32. 肝臓では，ある疎水性分子（たとえば薬物分子やステロイドホルモンなど）の水溶解性は，硫酸誘導体に変換することにより高められる．ひとたびそうした分子が水溶性になると，容易に排泄される．どのように硫酸は溶解性を高めているか．

33. スクロースは変旋光を受けない．その理由を説明せよ．

34. 新たに単離されたアルドヘキソースが酸化を受けると，分子内対称面をもつアルダル酸が生成する．すなわち対称分子である．元のアルドヘキソースの構造はどのようなものか．

35. ガラクトースのエピマー化によりどのような糖が生成するか．

36. 糖質分子の 3-ケトグルコースは七員環の形で存在できる．それらを描き，どれが最も安定か決めよ．

37. ソルビトールがキャンディー中の水分損失を防ぐ理由を示せ．

38. オレストラは脂肪や油の代替として，スナック菓子のあるものに用いられてきた．その構造は，すべての遊離ヒドロキシ基がオレイン酸（炭素数 18 の一価不飽和脂肪酸）とエステルをつくったスクロース分子からなる．オレストラ分子は非常に大きく，消化できないので，カロリーがない．オレストラの構造を描け．オレイン酸の省略型として R—COOH を用いよ．

39. 糖が還元糖としてふるまうためには，遊離アルデヒド基をもつ必要がある．フルクトースはケトースであるが，還元糖のようにふるまう．その理由を説明せよ

CHAPTER

8 糖質の代謝

ワイン：**発酵の生産物**　ヒトは，酸素非存在下で糖を代謝できる微生物（この場合は酵母）を利用している．カシの木でつくった樽のなかで熟成することによって，ワインの味と香りは向上する．

アウトライン

概　要

糖質は生物の代謝過程のなかで，いくつかの重要な役割を担っている．すなわち，糖質は生きている細胞のエネルギー源であり，かつ細胞の構成要素の一つでもある．この章ではエネルギー産生における糖質の役割について考察する．単糖類であるグルコースは，ほとんどすべての細胞にとって重要なエネルギー源であるので，グルコースの合成，分解，および貯蔵を中心に述べる．

生きている細胞は常に活動している．細胞の活動，すなわち〝生命〟を維持するため，個々の細胞には高度に系統化された生化学的反応が存在する．糖質は，これらの反応に必要なエネルギーの重要な供給源である．この章は糖代謝経路について論じる．ほとんどの生物に存在する古くに成立した反応経路である**解糖**（glycolysis）は，グルコース1分子がピルビン酸2分子に変換される過程であり，少量のエネルギーが産生される．脊椎動物の場合，グルコースの供給が過剰になると，**グリコーゲン合成**（glycogenesis）反応によって貯蔵形態であるグリコーゲンが合成され，逆にグルコースの供給が低下すると，**グリコーゲン分解**（glycogenolysis）反応が起こる．グルコースは，**糖新生**（gluconeogenesis）と呼ばれる反応によって糖質以外の前駆物質からも合成される．また細胞は，**ペントースリン酸経路**（pentose phosphate pathway）によって，グルコースの誘導体であるグルコース6-リン酸をリボース5-リン酸（ヌクレオチドの合成に使用される糖）などの別の単糖類に変換できる．この経路では，重要な細胞内還元物質であるNADPHも合成される．9章では，ある種の生物（主として植物）が用いる，脂肪酸から糖質を産生するグリオキシル酸回路について述べる．光のエネルギーを捕捉して糖質を合成する経路である光合成については，13章で述べる．

糖質代謝のあらゆる議論は，ほとんどの生物にとって重要な燃料であるグルコースの合成と利用に焦点を絞ったものになる．脊椎動物では血流によってグルコースが体中へ輸送される．もしも細胞のエネルギー保有量が少なければ，グルコースは解糖系により分解される．エネルギー産生がすぐに必要でない場合は，グルコース分子は肝臓と筋肉にグリコーゲンとして貯蔵される．多くの組織（たとえば，脳，赤血球，および運動中の骨格筋細胞）が必要とするエネルギーは，絶え間ないグルコースの流れにより供給される．細胞の代謝上の要求に応じて，グルコースは他の単糖類，脂肪酸，およびある種のアミノ酸の合成にも利用される．図8.1は動物の糖質代謝の主要経路をまとめたものである．

8.1　解　糖

解糖の少なくとも一部は，ほとんどすべての生物の細胞に存在している．この一連の反応群は，すべての生化学的経路のなかで最も古くに成立したものの一つであると考えられている．原核生物と真核生物のいずれにおいても，この経路にかかわる酵素類および反応の数と機構が共通して保存されている．また，解糖は嫌気的過程なので，真核生物が出現する以前の酸素濃度の低い地球環境でも重要だったと推定される．

エムデン・マイヤーホフ・パルナス経路ともいわれる解糖系では，グルコース1分子は分割されて2分子のC_3化合物（ピルビン酸）に変換される．この過程では，いくつかの炭素原子が酸化される．解糖の反応群において捕捉される少量のエネルギー（総産生量の約5%*）は，一時的に2分子ずつのATPとNADH（補酵素NAD^+の還元型）に蓄えられる．解糖より後のピルビン酸の代謝過程は，生物の種類と代謝環境により異なる．**嫌気性生物**（anaerobic organism，エネルギー産生に酸素を利用しない生物）では，ピルビン酸は，たとえばエタノール，乳酸，酢酸などの廃棄物に変換される．動物や植物などの好気性生物は，最終的な電子の受容体として酸素を利用できるので，**好気的呼吸**（aerobic respiration，9章および10章）として知られる複雑な段階的機構によって，ピルビン酸をCO_2とH_2Oの形態にまで完全に酸化できる．

10の反応からなる解糖（図8.2）は，以下のように二つの段階に分けることができる．

＊訳者注：グルコース1分子が産生するエネルギーの約5%という意味．

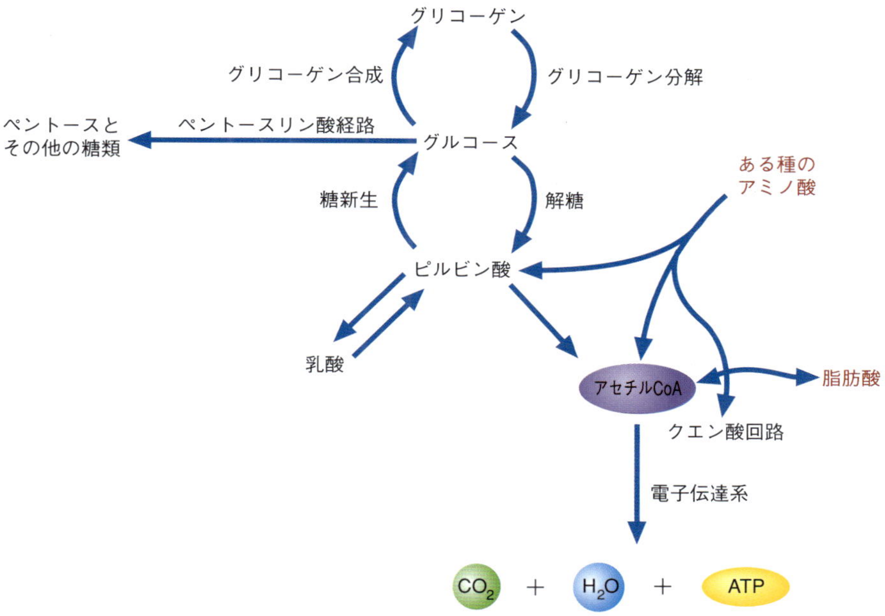

図 8.1 糖質代謝の主要経路
動物では，過剰のグルコースはグリコーゲン合成反応によって貯蔵形態のグリコーゲンに変換される．エネルギー源あるいは生合成過程の前駆分子としてグルコースが必要なときは，グリコーゲン分解反応によってグリコーゲンが分解される．グルコースはペントースリン酸経路によってリボース 5-リン酸（ヌクレオチドの構成要素）と NADPH（強力な還元剤）に変換される．グルコースは，エネルギー産生経路である解糖によってピルビン酸に変換される．酸素の非存在下ではピルビン酸は乳酸に変換されうる．酸素の存在下では，ピルビン酸はさらに分解されてアセチル CoA が生成する．クエン酸回路と電子伝達系によってアセチル CoA から ATP のかたちで大量のエネルギーが抽出される．糖質代謝が他の栄養素の代謝と途切れることなく結びついていることを覚えておこう．たとえば，乳酸とある種のアミノ酸はグルコースの合成（糖新生）に用いられる．アセチル CoA は脂肪酸やある種のアミノ酸の分解によっても産生される．アセチル CoA が過剰であれば，別の経路によってアセチル CoA は脂肪酸に変換される．

1．グルコースが 2 回リン酸化された後，分割されて 2 分子のグリセルアルデヒド 3-リン酸（G3-P）となる．この段階では 2 分子の ATP があたかも投資のように消費される．というのは，この段階で酸化基質を産生するからである．
2．グリセルアルデヒド 3-リン酸がピルビン酸に変換される．この段階では 4 分子の ATP と 2 分子の NADH が生成する．最初の段階で 2 分子の ATP が消費されているので，グルコース 1 分子あたりの正味の ATP の生成量は 2 分子である．

解糖系は次の反応式にまとめることができる．

$$\text{D-グルコース} + 2ADP + 2P_i + 2NAD^+ \longrightarrow 2\,\text{ピルビン酸} + 2ATP + 2NADH + 2H^+ + 2H_2O$$

解糖系の反応群

解糖の過程を図 8.2 にまとめている．解糖系の 10 の反応を以下に解説する．

1．**グルコース 6-リン酸の生成**　グルコースおよびその他の糖分子は，細胞内に取り込まれるとただちにヘキソキナーゼ（Hk）によりリン酸化される．リン酸化によってグルコースの細胞外輸送は阻害され，生じたリン酸エステル中の酸素の反応性は高まる．いくつかのヘキソキナーゼは，生体のすべての細胞内でヘキソースのリン酸化を触媒している．この反応の第二基質（補酵素）である ATP は Mg^{2+} と複合体を形成している（ATP-Mg^{2+} 複合体はキナーゼが触媒する反応に共通している）．グルコースの 6 位の炭素に結合した OH 基が ATP 中のリンと酸素の二重結合を攻撃し，ADP とグルコースの 6-ヒドロキシリン酸エステルを産生する（次ページ下の反応式参照）．

図 8.2　解糖系
1 経路 10 反応の解糖では，1 分子のグルコースは 2 分子のピルビン酸に変換されるとともに，ATP と NADH が 2 分子ずつ産生される．両方向の矢印の反応は可逆的である．一方向の矢印の反応は不可逆的であり，解糖の制御ポイントとして機能する．

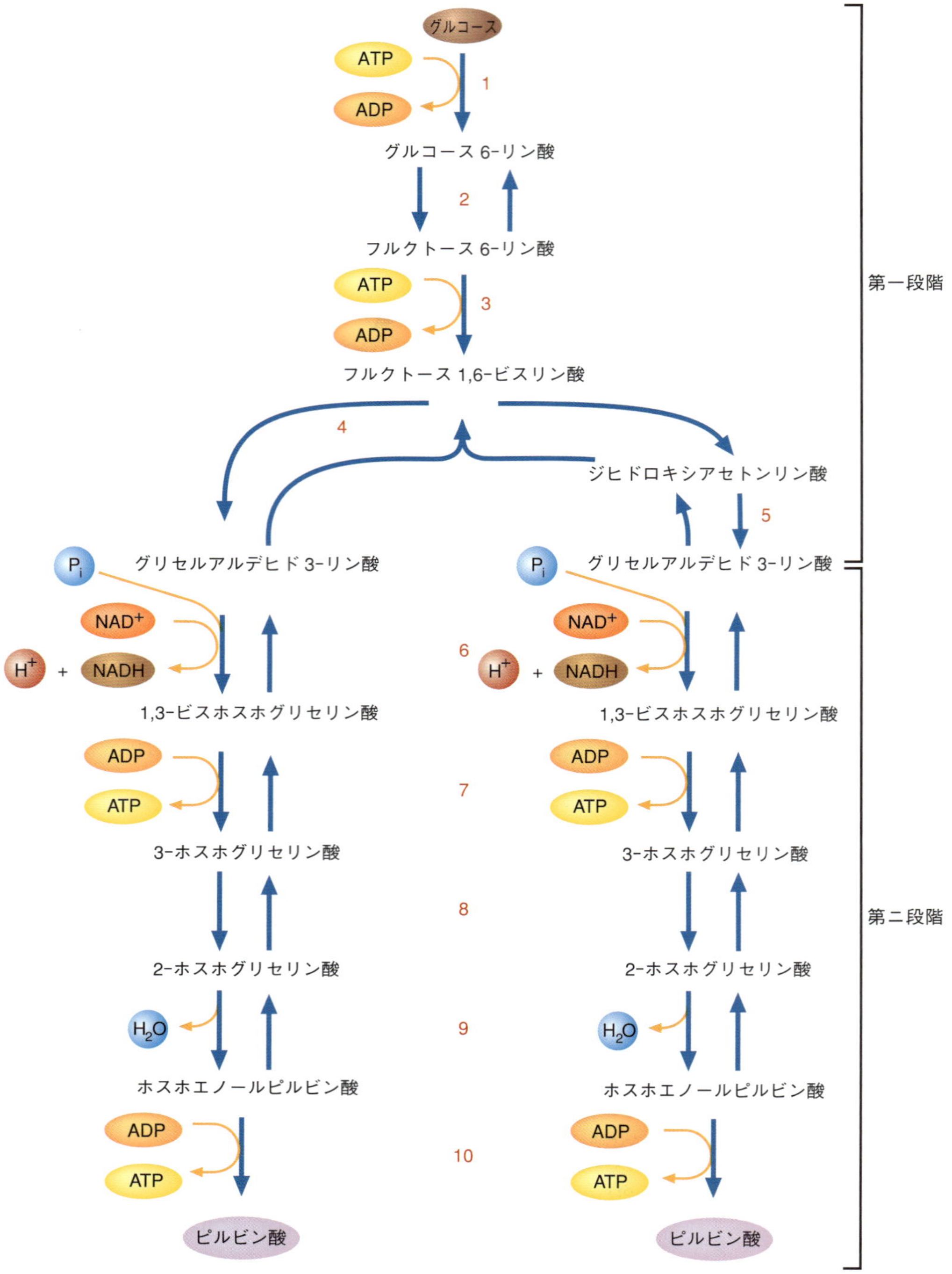

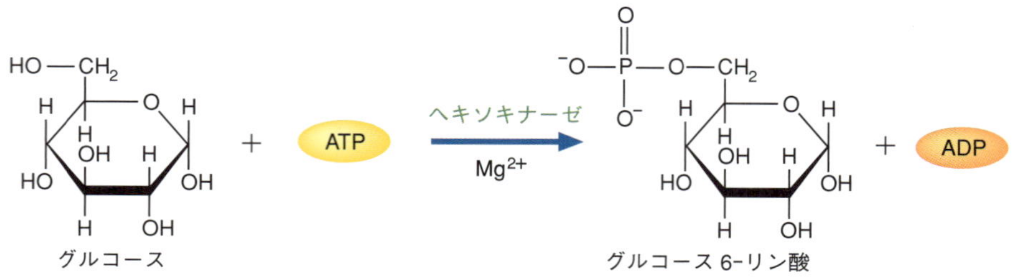

細胞内の生理的な条件下では，この反応は不可逆的である．つまりヘキソキナーゼは，グルコース 6-リン酸の濃度とは無関係に，その活性部位に反応生成物を保有もしくは適応させる能力をもっていない．

2．**グルコース 6-リン酸からフルクトース 6-リン酸への変換**　解糖の 2 番目の反応では，直鎖構造のアルドースであるグルコース 6-リン酸が，ホスホグルコースイソメラーゼ(PGI)によって，直鎖構造のケトースであるフルクトース 6-リン酸に変換される．この反応は可逆的である．

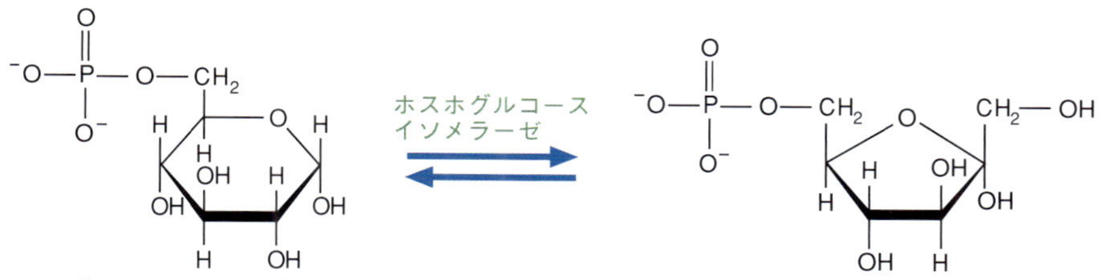

グルコースからフルクトースへの異性化反応がエンジオール中間体を経由することは前に述べた(図 7.16 参照)．生じたフルクトース 6-リン酸の 1 位の炭素は，この転換によってリン酸化を受けやすくなる．グルコース 6-リン酸のヘミアセタールのヒドロキシ基は比較的リン酸化されにくい．

3．**フルクトース 6-リン酸のリン酸化**　ホスホフルクトキナーゼ 1 (PFK-1) は，フルクトース 6-リン酸からフルクトース 1,6-ビスリン酸へのリン酸化を不可逆的に触媒する．

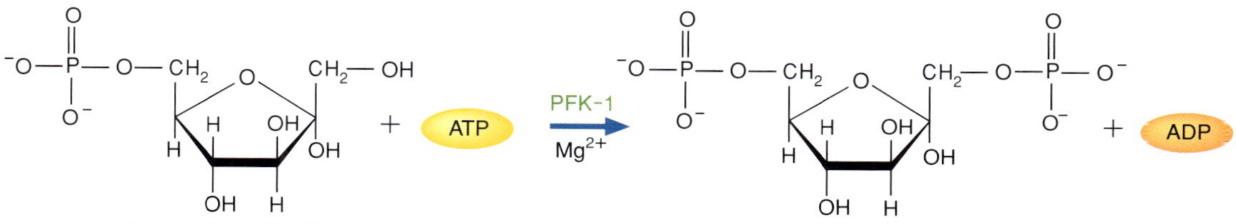

PFK-1 が触媒する反応は，細胞内の条件下では不可逆である．したがって，これは解糖における初発反応である．前段階の反応の基質と反応産物であるグルコース 6-リン酸とフルクトース 6-リン酸とは異なり，フルクトース 1,6-ビスリン酸は他の反応系に転じることができない．ここで使われる 2 個目の ATP 分子は，さまざまな目的に役立つ．まず，ATP はリン酸化剤として働くので，この反応は自由エネルギーの大幅な減少を伴って進行する．フルクトース 1,6-ビスリン酸が合成されることによって，細胞内において解糖が本格的に進行し始める．フルクトース 1,6-ビスリン酸は最終的に二つのトリオースに分割されるので，リン酸化のもう一つの目的は，電荷をもった分子が容易には膜を透過しないので，後のすべての生成物が細胞外に拡散するのを防止することである．

4．**フルクトース 1,6-ビスリン酸の開裂**　解糖の第一段階は，フルクトース 1,6-ビスリン酸が 2 種類の C_3 分子，すなわちグリセルアルデヒド 3-リン酸(G3-P)とジヒドロキシアセトンリン酸(DHAP)に開裂することで終結する．その酵素によって 4 位の炭素に結合したヒドロキシ基の水素が取り除かれ，カルボニル基が生成し，続いて C-3—C-4 の結合が切断される．この反応は一種の**アルドール開裂**(aldol cleavage)である．それゆえ，触媒する酵素の名前はアルドラーゼである．アルドール開裂は p. 148 に記述したアルドール縮合の逆反応である．アルドール開裂ではアルデヒドとケトンが生成する．

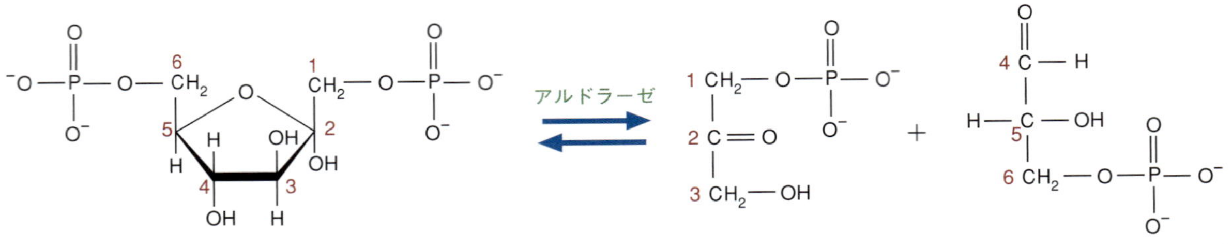

最初に，直鎖構造のフルクトース 1,6-ビスリン酸の 2 位の炭素が酵素の活性中心とシッフ塩基を形成して結合する．活性部位の一般塩基が C-4 に結合したヒドロキシ基からプロトンを取り除き，C-4 のカルボニル基が形成され，その結果 C-3—C-4 の結合を開裂して G3-P が生じる．第二段階で C—N 結合が開裂し，G3-P が生じる．フルクトース 1,6-ビスリン酸の開裂は熱力学的に不利($\Delta G^{\circ\prime} = +23.8$ kJ/mol)であるが，反応生成物が速やかに除去されるので反応は進行する．

5．**グリセルアルデヒド 3-リン酸とジヒドロキシアセトンリン酸の相互変換**　アルドラーゼによる 2 種類の反応生成物中，G3-P のみがこれより後の反応基質として役立つ．もう一方の C_3 分子の損失を防止するため，トリオースリン酸イソメラーゼが DHAP と G3-P との可逆的な変換を触媒する(図 8.3)．

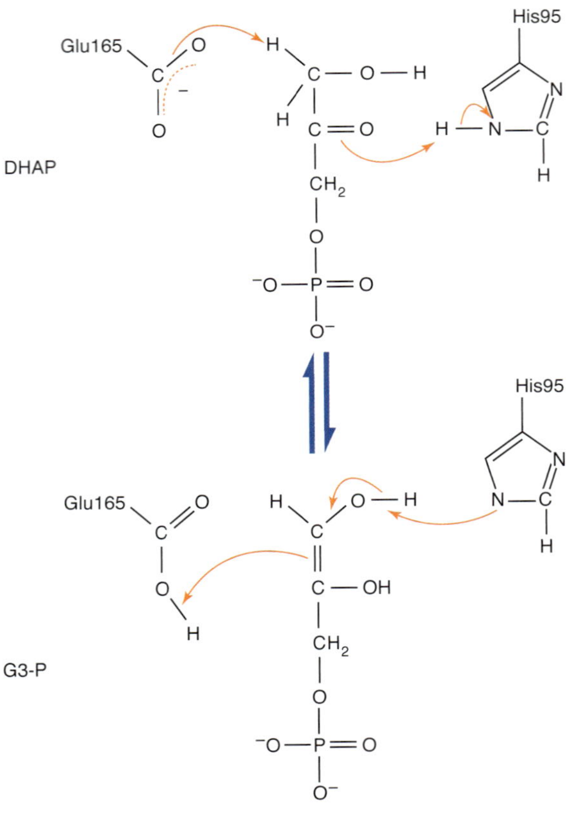

図 8.3　ジヒドロキシアセトンリン酸とグリセルアルデヒド 3-リン酸の相互変換
酵素の 165 番目の Glu 残基は求核基であり，基質(DHAP)からプロトンを脱離させる．同時に求電子基である 95 番目の His がプロトンを供与し，エンジオール中間体が形成される．エンジオール中間体は，95 番目の His によるプロトンの除去と 165 番目の Glu からのプロトンの引き抜きによって反応産物(G3-P)に変換される．

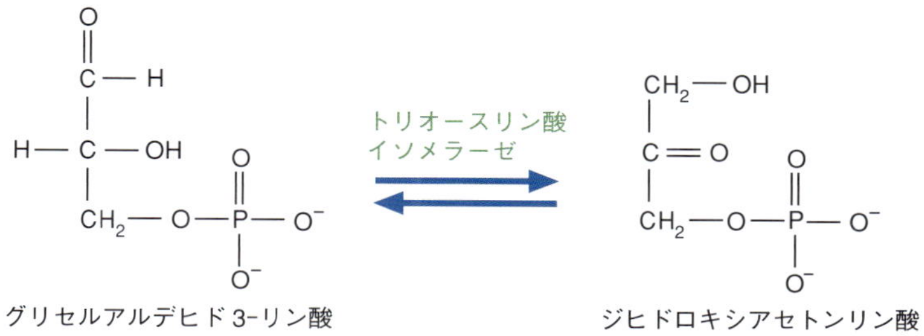

この反応の結果，元のグルコース分子は 2 分子の G3-P に変換されたことになる．

6. **グリセルアルデヒド 3-リン酸の酸化**　解糖の 6 番目の反応において，G3-P は酸化的にリン酸化される．1,3-ビスホスホグリセリン酸は高エネルギー無水リン酸結合をもっており，後の ATP を生成する反応に役立つ．

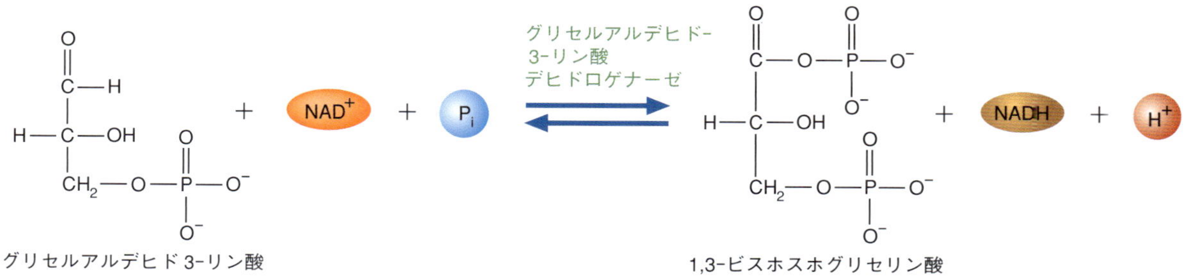

この複雑な反応過程は，四つの同じサブユニットから構成される四量体のグリセルアルデヒド-3-リン酸デヒドロゲナーゼによって触媒される．各サブユニットは，それぞれ一つずつの G3-P の結合部位と酸化剤である NAD^+ の結合部位をもっている．この酵素が基質との間でチオエステル結合により共有結合を形成すると（**図 8.4**），活性部位において水素化物イオン（$H:^-$）が NAD^+ へ転移する．その後，NAD^+ の還元型である NADH が活性部位から遊離し，NAD^+ と入れ替わる．アシル基が結合した酵素は無機リン酸に攻撃され，反応生成物が活性部位から遊離する．

7. **リン酸基の転移**　この反応では，ホスホグリセリン酸キナーゼが 1,3-ビスホスホグリセリン酸の高エネルギーリン酸基を ADP へ転移する反応を触媒し，ATP が生成する．

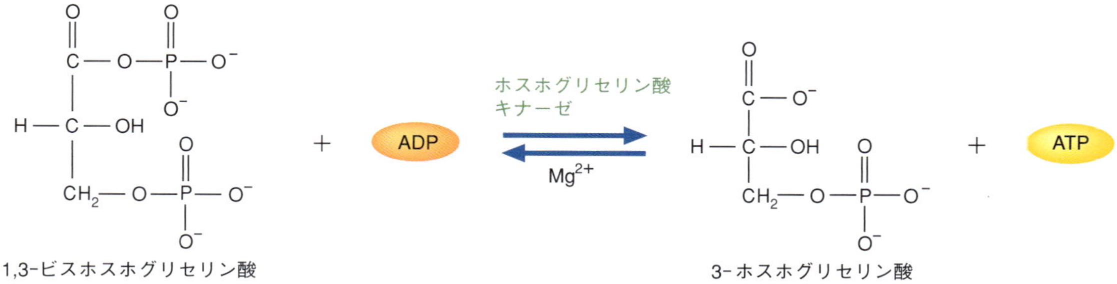

ADP の末端リン酸基は求核基であり，1,3-ビスホスホグリセリン酸中の無水リン酸のリンに作用して 3-ホスホグリセリン酸を産生する．この反応 7 は基質準位のリン酸化の一例である．一般に，ATP の合成は吸エルゴン反応なのでエネルギー源が必要となる．しかし，**基質準位のリン酸化**（substrate-level phosphorylation）では，低いリン酸基転移ポテンシャルの物質（ATP）を産生できる高いリン酸基転移ポテンシャルの基質（1,3-ビスホスホグリセリン酸，**表 4.1** 参照）からのリン酸基の転移によって ATP が合成されるので，$\Delta G < 0$ となる．グルコース 1 分子から 1,3-ビスホスホグリセリン酸 2 分子が形成されるので，この反応では 2 分子の ATP を生成して，投資したリン酸の結

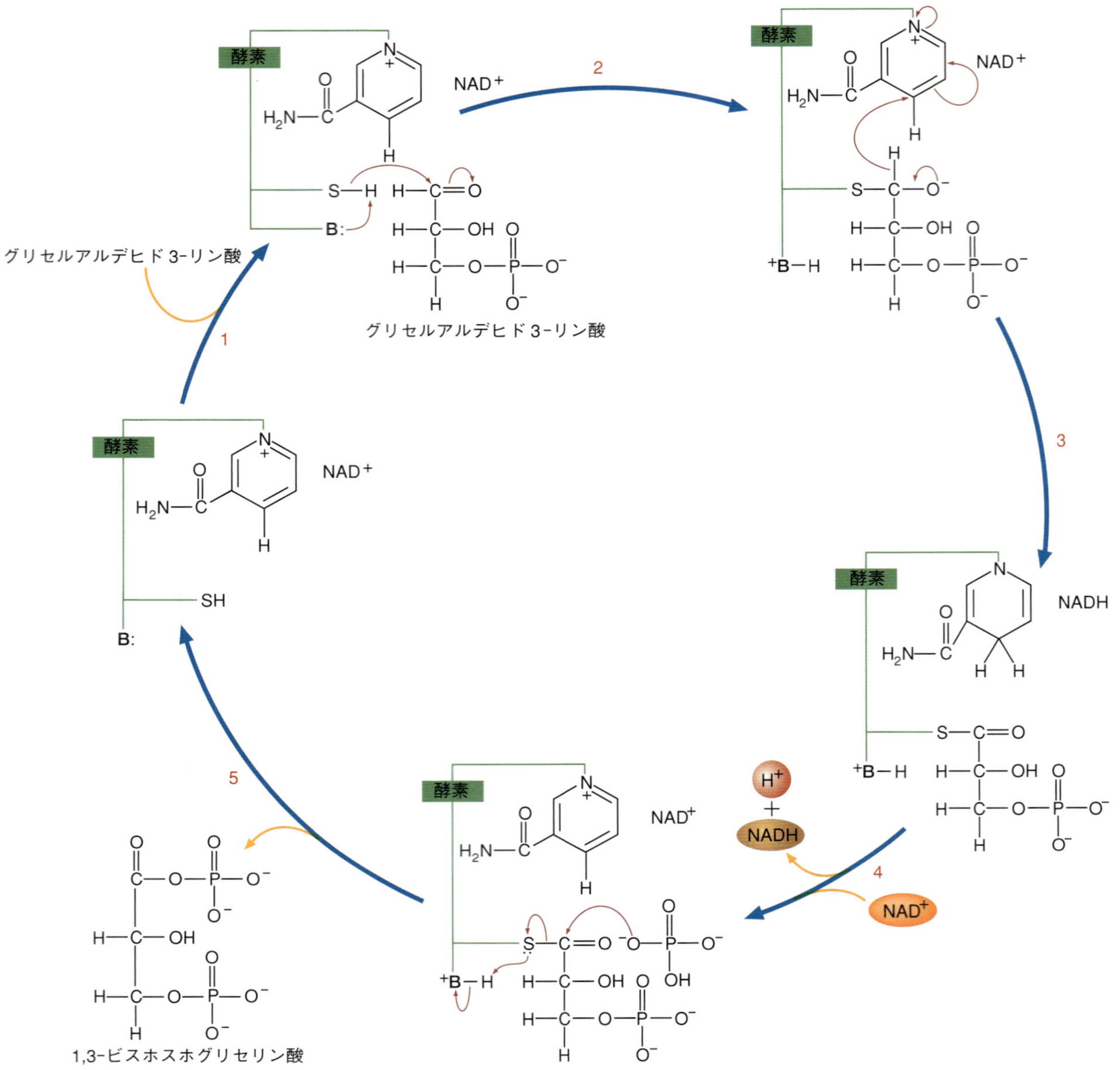

図 8.4　グリセルアルデヒド-3-リン酸デヒドロゲナーゼの反応
第一段階では基質のグリセルアルデヒド 3-リン酸が酵素の活性部位に結合する．酵素は基質と活性部位内のチオール基との反応を触媒するので（第二段階），基質は酸化される（第三段階）．その後，非共有結合型の NADH が細胞質中の NAD^+ と交換される（第四段階）．無機リン酸が酵素と置換して（第五段階），生成物の 1,3-ビスホスホグリセリン酸が遊離する．そして酵素は元の構造に復帰する．

合エネルギーを回収することになる．そのため，これ以後の ATP の生成は正味の獲得となる．

8．**3-ホスホグリセリン酸と 2-ホスホグリセリン酸の相互変換**　3-ホスホグリセリン酸は低いリン酸基転移ポテンシャルしかもっていない．したがって，さらなる ATP 合成の基質としての価値は低い（ATP 合成に対する $\Delta G^{\circ\prime}$ は -30.5 kJ/mol である）．細胞は，低エネルギーのリン酸エステルである 3-ホスホグリセリン酸をホスホエノールピルビン酸（PEP）に変換する．この化合物は例外的に高いリン酸基転移ポテンシャルをもっている（3-ホスホグリセリン酸と PEP の加水分解の標準自由エネルギーは，それぞれ -12.6 kJ/mol と -61.9 kJ/mol である）．この変換の第一段階（反応 8）では，ホスホグリセリン酸ムターゼが第二段階の付加/脱離サイクルを介して，C-3 位がリン酸化された化合物を C-2 位がリン酸化された化合物に変換する．

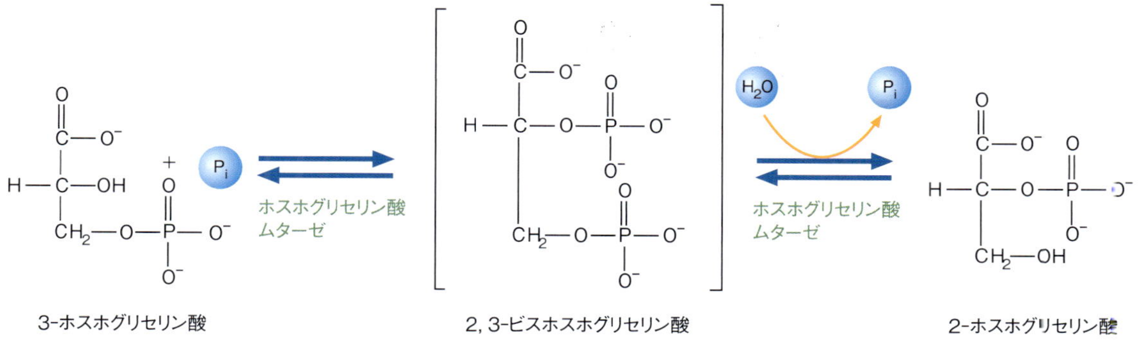

9. **2-ホスホグリセリン酸の脱水**　エノラーゼはPEPを形成するために2-ホスホグリセリン酸の脱水反応を触媒する.

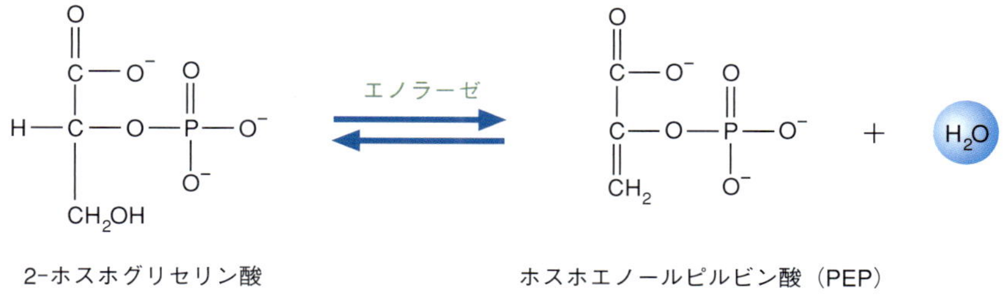

その酵素はC-2からプロトンを除去すると同時に，カルボン酸側鎖がOH基にプロトンを供与する．結果として水分子が脱離し，炭素原子間に二重結合が形成される．PEPは単純なリン酸エステルではなくエノールリン酸基をもつので，2-ホスホグリセリン酸よりも高いリン酸基転移ポテンシャルをもっている．この違いの理由は次の反応で明らかになる．アルデヒドとケトンは2種類の異性体の形態をとる．エノール型は炭素間二重結合とヒドロキシ基をもっている．エノールは，より安定なカルボニル基を含むケト型と平衡状態を保って存在する．ケト型とその**互変異性体**(tautomer)であるエノール型の相互変換は**互変異性**(tautomerization)と呼ばれる．

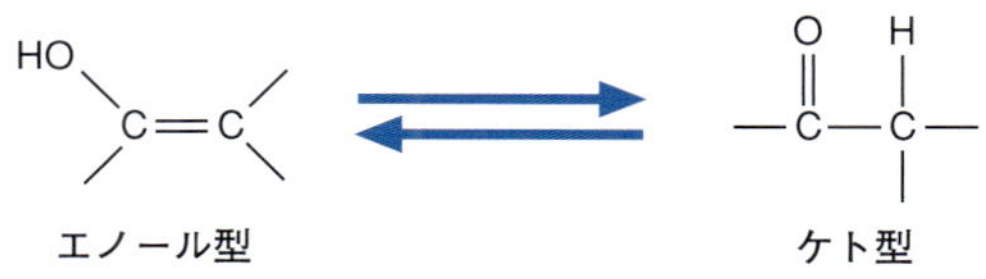

この互変異性はリン酸基の存在によって制限される．つまり，遊離のリン酸イオンの共鳴安定化である．その結果，反応10におけるADPのリン酸化がきわめて起こりやすくなる．

10. **ピルビン酸の合成**　解糖の最終反応において，ピルビン酸キナーゼ(PK)はPEPからADPへのリン酸基転移を触媒する．ADPの末端リン酸基がPEP中のリンに作用して，エノール型のピルビン酸が産生する．そしてエノール型ピルビン酸は自動的にケト型に転換する．グルコース1分子あたり2分子のATPが合成される．

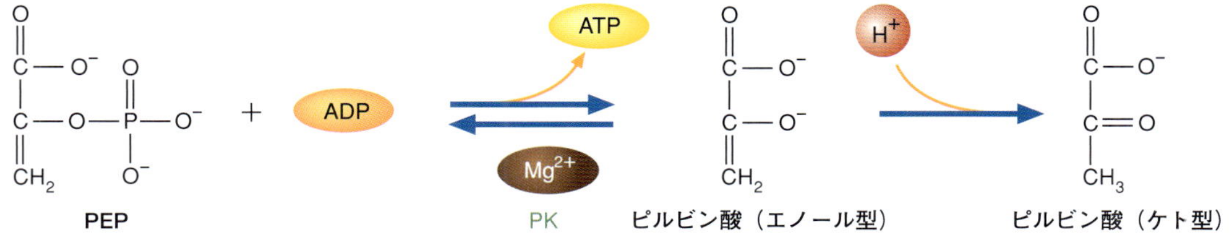

図 8.5　解糖系
解糖経路には全部で 10 の反応が存在する．(a) 反応 1 から 5 までの第一段階では，グルコースがグリセルアルデヒド 3-リン酸に変換される．第一段階では 1 分子のグルコースあたり 2 分子の ATP が消費される．(b) 反応 6 から 10 までの第二段階では，グリセルアルデヒド 3-リン酸がピルビン酸に変換される．ピルビン酸に加えて，第二段階では 1 分子のグルコースあたり 4 分子の ATP と 2 分子の NADH も生じる．

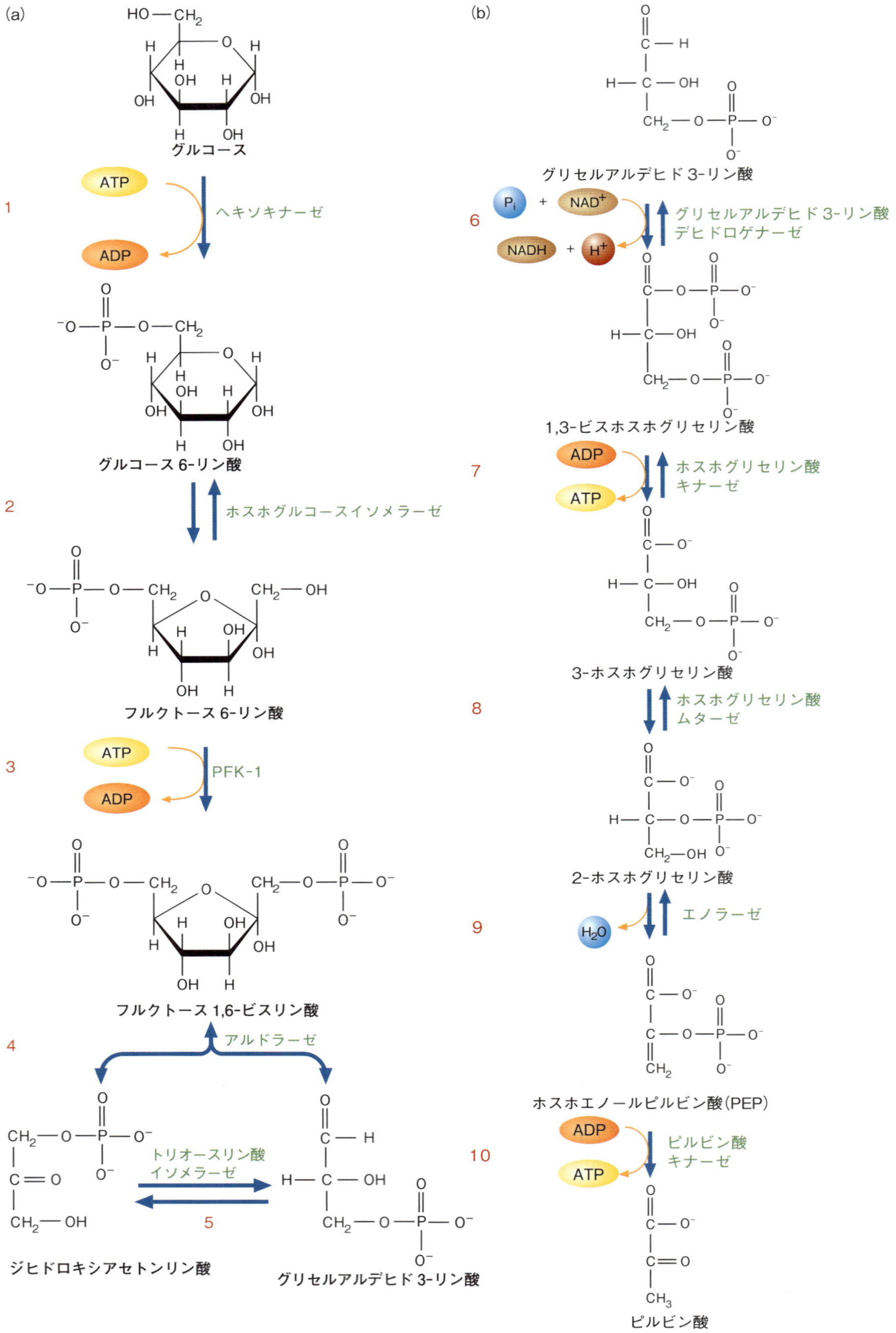

高エネルギーリン酸基がPEPの電位を転移しているので(**表4.1**)，この反応は不可逆である．例外的に大きな自由エネルギーの損失があり，ピルビン酸のエノール型からより安定なケト型への自発的な変換(互変異性)に関連する．解糖における10種の反応を**図8.5**にまとめた．

ピルビン酸の代謝過程

エネルギー産生という点からは，解糖はグルコース1分子について2分子ずつのATPとNADHを産生するものである．解糖のもう一方の生成物であるピルビン酸はエネルギーを豊富にもつ分子であり，大量のATPを産生できる．しかし，さらにエネルギー産生ができるかは細胞の種類と酸素の利用可能性に依存している．好気条件下では，体のほとんどの細胞はピルビン酸をアセチルCoAに変換する．アセチルCoAは**クエン酸回路**(citric acid cycle)への導入基質である．クエン酸回路とは，二つの炭素を完全に酸化してCO_2と還元分子のNADHおよび$FADH_2$を生成する**両性代謝経路**(amphibolic pathway，同化と異化の両方の機能をもっている)である．**電子伝達系**(electron transport system)は一連の酸化還元反応であり，NADHと$FADH_2$から電子を酸素へ転移し，水を生成する．電子伝達の間に放出されるエネルギーはATP合成の機構と共役する．嫌気条件下では，ピルビン酸のさらなる酸化は妨げられる．嫌気条件下で多くの細胞や生物は，ピルビン酸をより還元状態の有機化合物に変換し，解糖の継続に必要なNAD^+を再産生している(**図8.6**)(水素化物イオン受容体分子であるNAD^+が，グリセルアルデヒド3-リン酸デヒドロゲナーゼによって触媒される反応においては補基質であることを思いだそう)．このようなNAD^+の再産生過程は**発酵**(fermentation)といわれる．筋肉や赤血球やある種の細菌(たとえば乳酸菌)は，ピルビン酸を乳酸に変換することによってNAD^+を再産生している．

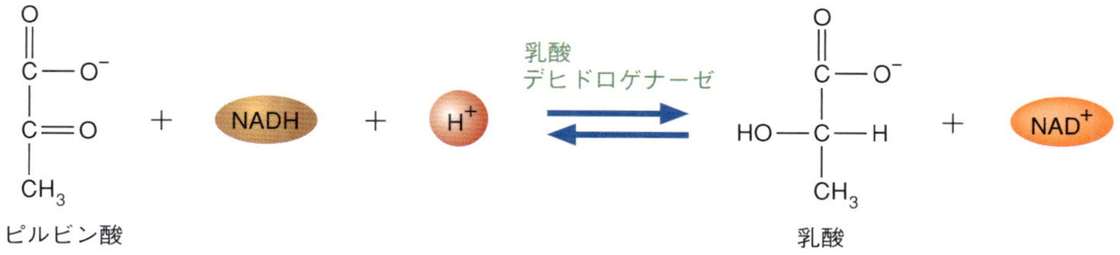

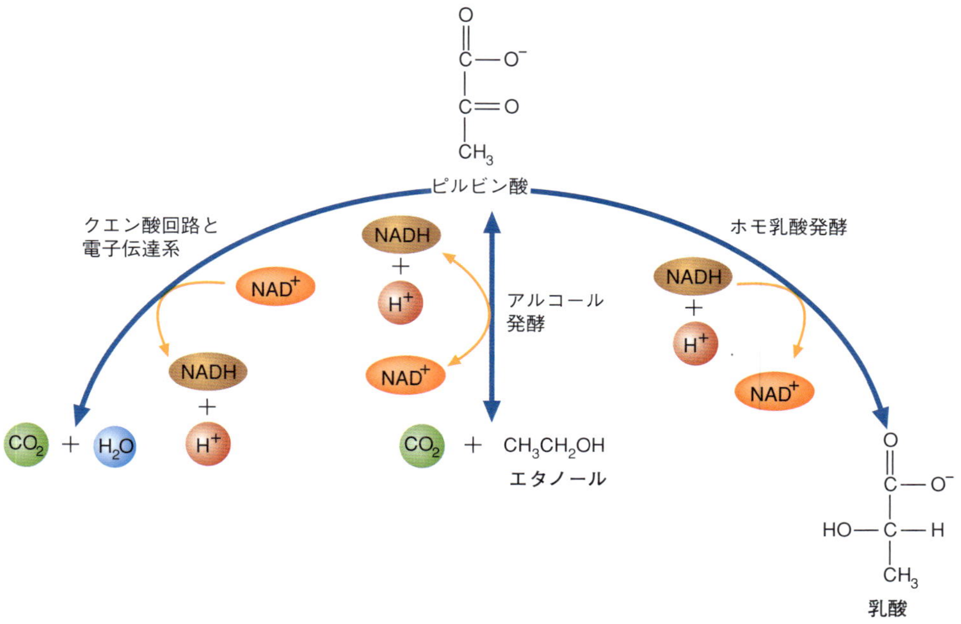

図8.6　ピルビン酸の代謝過程
酸素が存在すると(左)，好気性生物はピルビン酸をCO_2とH_2Oに完全に酸化する．酸素が存在しないと，ピルビン酸はさまざまな種類の還元分子に変換されうる．ある細胞(たとえば酵母)ではエタノールとCO_2が産生される(中央)．他の細胞(たとえば筋肉細胞)では，ホモ乳酸発酵によって乳酸のみが産生される(右)．いくつかの微生物はヘテロ乳酸発酵(図には示されていない)によって，乳酸に加えて他の有機酸やアルコール類も産生する．すべての発酵過程の本質的な目的は，NAD^+を再産生して解糖を継続できるようにすることである．

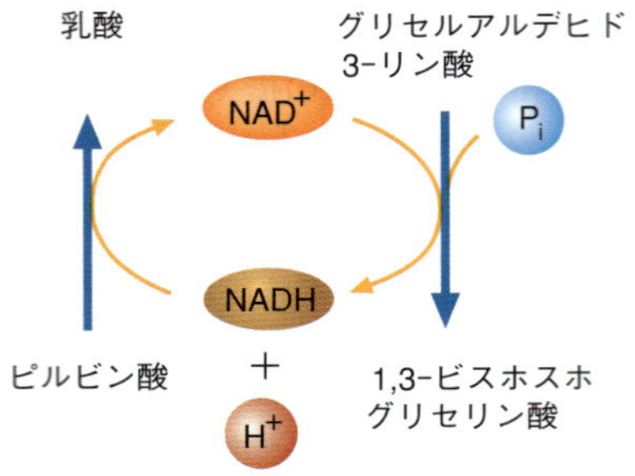

図 8.7　嫌気的な解糖における NADH の再利用
グリセルアルデヒド 3-リン酸が 1,3-ビスホスホグリセリン酸に変換される間に産生された NADH は，ピルビン酸が乳酸に変換されるときに酸化される．この過程は，嫌気条件でグルコースが存在する限り，ATP 産生の継続を可能にしている．

激しく収縮する筋肉細胞はエネルギー要求性が高い．酸素の供給が低下すると，乳酸発酵によって解糖（少量の ATP 産生を伴う）を短時間継続できるのに十分な NAD^+ が供給される（図 8.7）．

問題 8.1

ほとんどのエタノール分子は肝臓における二つの反応によって解毒される．初めに，エタノールは酸化されてアセトアルデヒドになる．この反応は ADH によって触媒されており，大量の NADH を生成する．

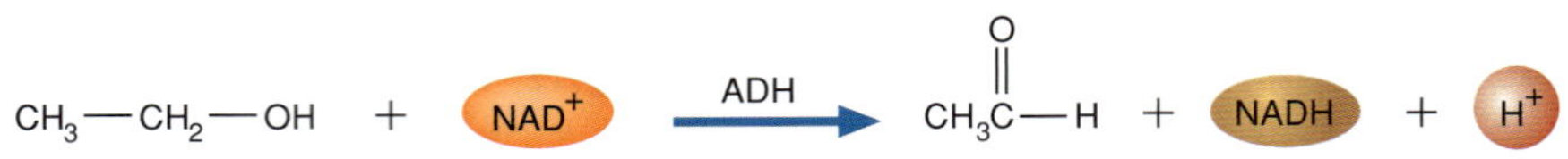

この生成の直後に，アセトアルデヒドはアルデヒドデヒドロゲナーゼによって酢酸に変換される．この酵素もまた，NADH を生成する反応を触媒している．

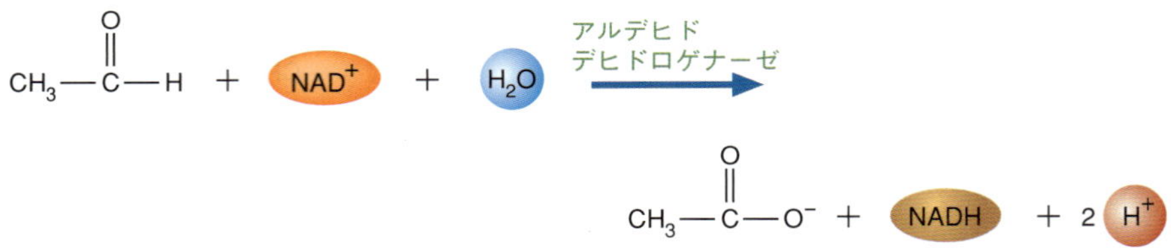

ところで，酒に酔っているときには必ず血中に乳酸が蓄積している．この現象がどうして起こるのか説明せよ．

酵母やある種の細菌では，ピルビン酸が脱炭酸されてアセトアルデヒドが形成される．生成したアセトアルデヒドは NADH によって還元され，エタノールが生成する〔**脱炭酸**（decarboxylation）反応において有機酸のカルボキシ基は CO_2 として失われる〕．

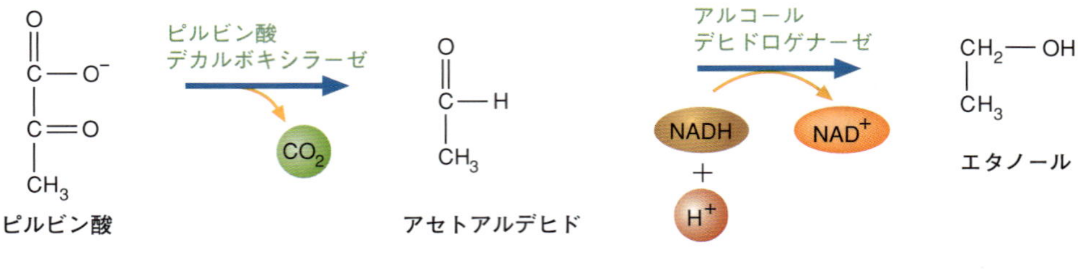

この過程はアルコール発酵と呼ばれ，ワイン，ビール，およびパンの商業生産に応用されている．ある種の細菌はエタノール以外の有機分子を産生する．たとえば，ボツリヌス中毒や破傷

キーコンセプト

- 解糖ではグルコースが 2 分子のピルビン酸に変換される．このとき少量のエネルギーが 2 分子ずつの ATP と NADH 中に捕捉される．
- 嫌気性生物では，ピルビン酸が発酵と呼ばれる過程によって老廃物に変換される．
- 酸素存在下では好気性生物の細胞がピルビン酸を CO_2 と H_2O に変換する．

風の原因物質に関連する微生物の *Clostridium acetobutylicum* は，洗剤や合成繊維の製造に利用されるブタノールを産生する．現在，石油を原料とした化学合成のいくつかが微生物発酵に置き換えられている．

解糖のエネルギー学

解糖の過程では，グルコースがピルビン酸に変換されることによるエネルギー放出が，正味2分子の ATP が合成される ADP のリン酸化と共役している．しかし個々の反応の標準自由エネルギー変化を計算しても，この経路の効率を説明できる明快なパターンは見つけられない．自由エネルギー変化をより有効に評価するためには，細胞が現実に活動している条件（たとえば pH や代謝物濃度など）を考慮する必要がある．図 8.8 に示したように，赤血球において測定される自由エネルギー変化は，三つの反応（1，3，および 10．図 8.5 参照）のみが負の ΔG 値であることを示している．これらの反応は，それぞれヘキソキナーゼ，PFK-1，およびピルビン酸キナーゼによって触媒され，そしてすべてが実際には不可逆的である．すなわち，記されているように，これらの反応は完結型である．残りの反応（2，4〜9）の ΔG 値はゼロに近いため，平衡状態に近いところで起こっている．結果的に，後者の反応は容易に可逆となる．すなわち，基質や反応生成物の濃度のわずかな変化によって，それぞれの反応の向きは容易に変わりうる．ピルビン酸やその他の基質からグルコースを産生する糖新生（8.2 節）の経路に，反応 1，3，10 を触媒する酵素以外の解糖系の酵素が存在していることは不思議ではない．糖新生では解糖の不可逆段階を迂回するために別の酵素を使用しているのである．

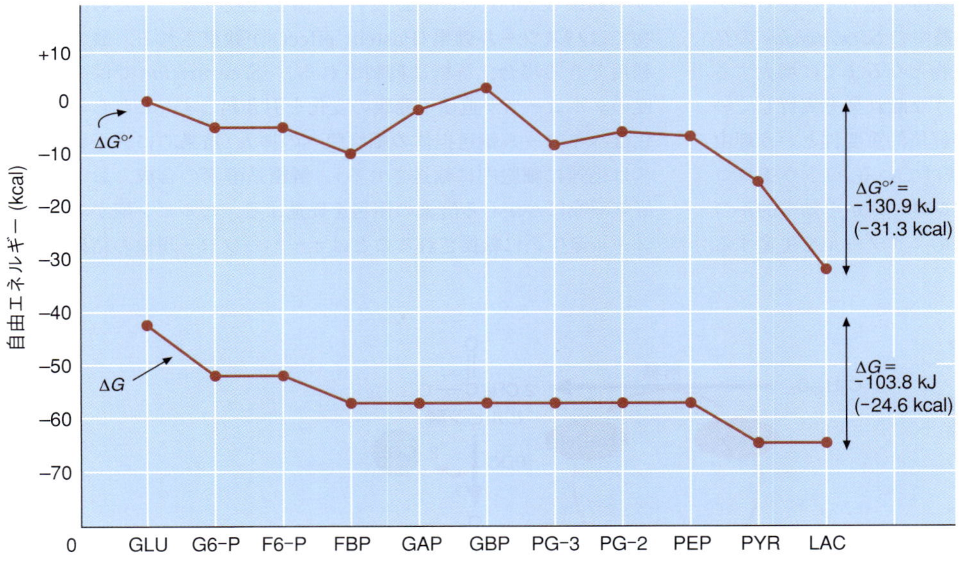

図 8.8 赤血球における解糖の自由エネルギー変化

解糖中の反応群の標準的な自由エネルギー変化（$\Delta G^{\circ\prime}$）（上側のプロット）が一定のパターンを示さないことに注意しよう．対照的に，赤血球中で測定される代謝物濃度に基づく真の自由エネルギー変化（ΔG，下側のプロット）は，反応 1，3，10（グルコースからグルコース 6-リン酸への変換，フルクトース 6-リン酸からフルクトース 1,6-ビスリン酸への変換，ホスホエノールピルビン酸からピルビン酸への変換）がなぜ不可逆であるのかを明快に説明している．残りの反応が容易に可逆であることは，それらの ΔG がゼロに近いことから明らかである（GLU はグルコース，G6-P はグルコース 6-リン酸，F6-P はフルクトース 6-リン酸，FBP はフルクトース 1,6-ビスリン酸，GAP はグリセルアルデヒド 3-リン酸，PG-3 はグリセリン酸 3-リン酸，PG-2 はグリセリン酸 2-リン酸，PEP はホスホエノールピルビン酸，PYR はピルビン酸，LAC は乳酸）．FBP が GAP と，GAP に再変換される DHAP とに分解されるので，DHAP から GAP への変換はこのリストに入れていない．

生化学の広がり

Saccharomyces cerevisiae とクラブツリー効果

ワイン酒，ビール，パンの製造において役立つ *Saccharomyces cerevisiae* の独特な特性とは何か？

真核生物である酵母の *Saccharomyces cerevisiae* はヒトに深い影響を与えてきた．この微生物は，新石器時代から現在まで，糖を含む食品を多くのヒトの生活に不可欠なワイン，ビール，パンに変換するために用いられ続けてきた．*S. cerevisiae* のどのような特性が大昔の生物工学者にとってとくに適していたのだろう．多くの種類の酵母が糖を発酵してエタノールと CO_2 を産生できるが，*S. cerevisiae* のみがこれらの物質を大量に効率的に産生する．簡単な実験がその理由の説明に役立つ．たとえばブドウのような新鮮な果実をつぶして桶のなかにおいておけば，発酵が始まるだろう．発酵の初期段階を調べてみると多くの種類の微生物が存在しており，*S. cerevisiae* は比較的少数であることがわかる．しかし，発酵が進行（そしてエタノール濃度が上昇）するにつれて，菌叢中の *S. cerevisiae* の存在比率は，やがてほとんど唯一の微生物となるまでに増大する．*S. cerevisiae* がどのようにしてこのような離れ業を実行しているのかは，たんに伝統的な発酵工学の経済的重要性という理由だけでなく，重要な研究課題であり続けている．（トウモロコシのような主要食物由来ではない）セルロースから効率的かつ費用効果的な方法でバイオ燃料としてのエタノールを生産するという目標は，いまだに達成されずに残っている．*S. cerevisiae* が糖を効率的に発酵し，生息環境において優位を占める生理学的なおもな理由は，次に述べるクラブツリー効果で説明される．

クラブツリー効果

S. cerevisiae は通性嫌気性である．*S. cerevisiae* は，O_2 が存在するときは好気的代謝（クエン酸回路，電子伝達系，酸化的リン酸化），存在しないときは発酵によってエネルギーを産生できる．ほとんどの発酵微生物とは異なり，*S. cerevisiae* は O_2 存在下でも糖を発酵できる．グルコースまたはフルクトース濃度が上昇すると，ピルビン酸は，ピルビン酸デカルボキシラーゼによってアセトアルデヒドと CO_2 に変換され，クエン酸回路（好気的エネルギー産生の第一段階）からエタノール合成系に転じる．グルコースが好気的代謝を抑制する現象を**クラブツリー効果**（Crabtree effect）という〔酸素を使うほとんどの微生物では**パスツール効果**（Pasteur effect）が観察される．酸素が利用できる場合，解糖は抑制される〕．*S. cerevisiae* では高濃度のグルコースが遺伝子発現の変化を引き起こす．これらの変化はヘキソース輸送担体の細胞膜への挿入（結果的にグルコースは迅速に細胞内に輸送される），解糖系酵素の合成，および好気呼吸にかかわる酵素の阻害を促進する．ピルビン酸がエタノール産生系に転換されることはオーバーフロー現象の結果で

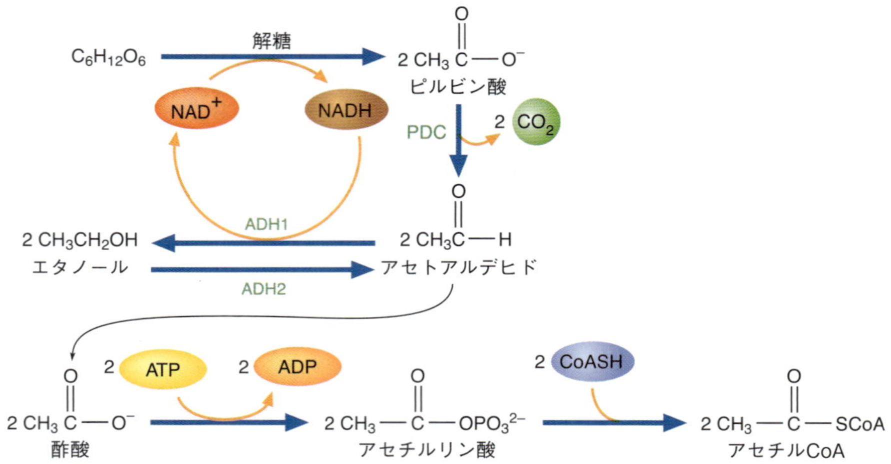

図 8A　*S. cerevisiae* におけるエタノール代謝
グルコース濃度が高いと，酵母の細胞は代謝を“産生，蓄積，消費”というエタノール経路に転換する．まず NAD^+ を再産生するために，グルコースは ADH1 によってエタノール分子に変換される．エタノールは環境中に放出されて競争微生物を殺す．ひとたびグルコースが不足すると，グルコースによる抑制は終了する．脱抑制の結果，エタノールをアセトアルデヒドにもどす ADH2 が合成される．その後，アセトアルデヒドはクエン酸回路の基質であるアセチル CoA に変換される．“産生，蓄積，消費”という戦略は贅沢であるが（たとえば，エタノールをアセチル CoA に変換する酵素の合成に使うエネルギーと，アセチルリン酸を合成するのに用いる ATP とを必要とする），酵母細胞が競争者を殺し，老廃物を後からエネルギー源として使うため回収に努めていることに注意しよう．

▶

あるとも考えられている．ピルビン酸を完全にアセチル CoA に変換するには，ピルビン酸デヒドロゲナーゼの分子があまりにも少ない．このためピルビン酸デカルボキシラーゼは，過剰のピルビン酸分子をアセトアルデヒドに変換する．

発酵における ATP の産生量（グルコース 1 分子あたり 2 個の ATP）は，酸化的リン酸化による産生量（グルコース 1 分子あたりおよそ 30 個の ATP）に比較して少ないので，グルコースによる好気的代謝の抑制は一見，非効率に思える．しかし，エタノール耐性のある *S. cerevisiae* によるエタノールの迅速な合成と環境への放出は，競争微生物や捕食者を脱落させる効果がある．O_2 を利用できる環境で，ひとたびグルコース量が不足すると，ジオーキシシフト（diauxic shift）と呼ばれる遺伝子発現上の大きな変化が起こり，酵母のエネルギー代謝は変化する．グルコースによる抑制は終了して，酵母の細胞はエタノールを再吸収し，ADH2（p. 203）を使ってこれをアセトアルデヒドに再変換する．そしてアセトアルデヒドは，クエン酸回路の基質であるアセチル CoA に変換される．要するに，〝産生，蓄積，消費〟といわれるその独特な代謝の結果，*S. cerevisiae* の細胞は老廃物をエネルギー源として利用できるのである（図 8A）．ヒトはワインとビールの商業的生産において，酵母のエネルギー代謝の第一段階を利用している．この過程の初期，好気的発酵は細胞分裂を促進する酸素要求性の反応を伴い，それによって酵母の数は増加する．発酵容器中の酸素が不足するとエタノール産生が促進される．ついには糖の量が低下し，発酵も減速する．この段階で発酵から酸素を除くとエタノールの好気的分解が妨げられるため，生産物中のエタノール量は最大になる．

まとめ *S. cerevisiae* の祖先の代謝的適応が，有毒分子であるエタノールの大量産生を可能にし，競争微生物を脱落させた．ヒトはこの適応を利用して，アルコール飲料やパンの製造において *S. cerevisiae* を使っている．

解糖の制御

解糖系の反応速度は，一義的にはヘキソキナーゼのアイソザイムの動力学的特性と三つの不可逆反応を触媒する酵素，すなわちヘキソキナーゼ，PFK-1，およびピルビン酸キナーゼによってアロステリックな制御を直接受けている．

ヘキソキナーゼ 動物の肝臓には 4 種類のヘキソキナーゼがある．そのうちの 3 種（ヘキソキナーゼ I，II，III）は他の体組織にもさまざまな濃度で存在しており，ミトコンドリア外膜中のアニオンチャネル（ポーリンと呼ばれる）に可逆的に結合している．その結果，ATP が容易に利用できる．これらのアイソザイムは血液中で濃度に対応してグルコースと高い親和性をもつ．すなわち，それらは血中グルコース濃度が 4〜5 mM であるにもかかわらず，0.1 mM 未満の濃度で半飽和となる．加えて，ヘキソキナーゼ I，II，III は反応産物であるグルコース 6-リン酸によって阻害される．血中グルコース濃度が低いときは，これらの特性が脳や筋肉などの細胞が十分なグルコースを得ることに役立つ．血中グルコース濃度が高いとき，細胞は差し迫った要求以上にグルコース分子をリン酸化することはしない．

ヘキソキナーゼ IV（グルコキナーゼ，GK）は同じ反応を触媒するが，明らかに異なる動力学的特性をもつ．肝臓，膵臓，小腸，および脳の細胞に存在する GK は至適な活性のために比較的高濃度（約 10 mM）のグルコースを必要としている．そしてグルコース 6-リン酸によっては阻害されない．肝臓において GK はグルコースの代謝をグリコーゲンとして貯蔵する方向に転換する．この能力が，肝臓の主要な役割である血中グルコース濃度の維持に用いる資源を与える．結果的に，糖の摂取後，他の組織がグルコース要求量を満たすまでは，肝臓は血液中からグリコーゲン合成のためにグルコースを大量に取り除くことをしない．GK が存在する細胞では，GK がグルコースセンサーであると思われている．一般に GK は最大速度で作用していないため，血中グルコース濃度のわずかな変化に対してきわめて敏感である．その活性はシグナル伝達系と関連している．たとえば，血中グルコース濃度の上昇に対応した膵臓の β 細胞からのインスリン（筋肉と脂肪組織の細胞へのグルコースの取り込みを促進するホルモン）放出は

GK によって開始される．GK 制御は，GK が GK 制御タンパク質（GKRP）に結合することを必要としている．この結合は，高濃度のフルクトース 6-リン酸が引き金となる．その後，GKRP/GK は核内に移動する．食後に血中グルコース濃度が上昇すると，GKRP から GK が遊離し（フルクトース 1-リン酸との交換によって生じる），GK が核の細孔を通過してもどり，再びグルコースをリン酸化する．

解糖のアロステリック制御　ヘキソキナーゼⅠ，Ⅱ，Ⅲ，PFK-1，および PK が触媒する反応はアロステリックエフェクターによってスイッチのオンとオフが行われている．一般的にアロステリックエフェクターは，その濃度が細胞の代謝状態の鋭敏な指標となる分子である．いくつかの反応産物はアロステリックエフェクターである．たとえば，ヘキソキナーゼⅠ，Ⅱ，Ⅲは過剰のグルコース 6-リン酸によって阻害される．いくつかのエネルギーに関連した分子もアロステリックエフェクターである．たとえば，高濃度の AMP（低エネルギー産生の指標）は PK を活性化する．対照的に，PK は高濃度の ATP（細胞のエネルギー要求が満たされていることの指標）によって阻害される．ATP が豊富に供給されている場合に蓄積するアセチル CoA は PK を阻害する．

解糖の 3 種の鍵酵素のなかで，PFK-1 は最も入念に制御されている．ATP とクエン酸は細胞のエネルギー充足度が高いために，細胞のエネルギー産生能の主要な構成要素であるクエン酸回路が減速していることの指標であるが，PFK-1 の活性は高濃度の ATP とクエン酸によってアロステリックに阻害される．AMP は PFK-1 のアロステリックな活性化因子である．細胞のエネルギー充足度が低下している場合に増加する AMP 濃度は，ADP 濃度よりもエネルギー不足のよりよい予測因子である．肝臓での PFK-1 のアロステリックな活性因子であるフルクトース 2,6-ビスリン酸は，血中グルコース濃度と相関するホルモンの信号に対応してホスホフルクトキナーゼ-2（PFK-2）によって合成される（**図 8.9**）．血漿グルコース濃度が高いとき，ホルモンの刺激によって増加したフルクトース 2,6-ビスリン酸は協調的に PFK-1 の活性を増大（解糖を活性化）し，逆反応を触媒する酵素であるフルクトース-1,6-ビスホスファターゼの活性を低下させる（糖新生の阻害，8.2 節）．AMP はフルクトース -1,6-ビスホスファターゼのアロステリックな阻害物質である．PFK-2 は二機能性の酵素であり，グルカゴン（低血中グルコース濃度に対応して血中に放出される．後述）に応答してリン酸化されるとホスファターゼとしてふるまい，インスリン（高血糖）に応答して脱リン酸されるとキナーゼとして機能する．ホルモンによって誘導される PFK-2 への共有結合的な修飾を介して産生されるフルクトース 2,6-ビスリン酸は，利用できるグルコースが高濃度であることの指標であり，PFK-1 をアロステリックに活性化する．蓄積したフルクトース 1,6-ビスリン酸は，ピルビン酸キナーゼを活性化し，制御のフィード-フォワード機構を提供する（つまりフルクトース 1,6-ビスリン

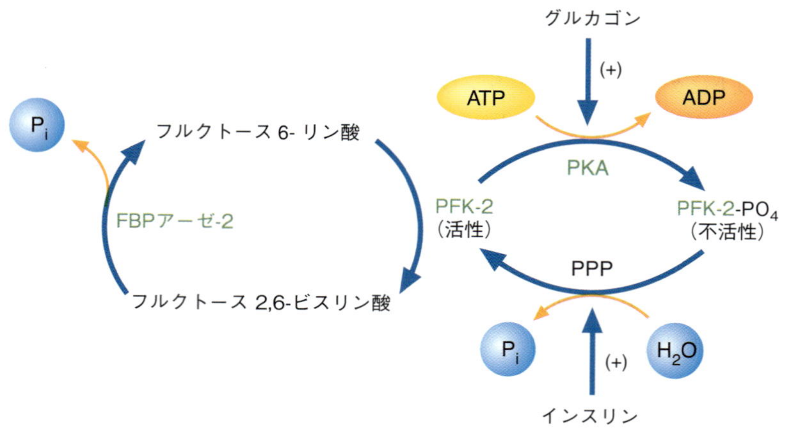

図 8.9　フルクトース 2,6-ビスリン酸濃度の制御
PFK-1 の活性化因子であるフルクトース 2,6-ビスリン酸が PFK-2 によって合成されると，解糖は促進される．PFK-2 は，インスリンによって活性化される酵素であるリン酸化タンパク質ホスファターゼ（PPP）による脱リン酸化反応によって活性化される．PFK-2 は 2 種類の酵素活性，すなわち PFK-2 とフルクトース-2,6-ビスホスファターゼ-2（FBP アーゼ-2）の活性をもつ二機能性のタンパク質である．FBP アーゼ-2 はフルクトース 2,6-ビスリン酸をフルクトース 6-リン酸に変換する酵素活性をもつが，脱リン酸化反応によって阻害される．グルカゴンの刺激によってタンパク質キナーゼ A（PKA）が行うリン酸化反応は PFK-2 を不活性化するため，フルクトース 2,6-ビスリン酸濃度が低下して解糖は阻害される．

表 8-1 解糖のアロステリック制御

酵素	活性化物質	阻害物質
ヘキソキナーゼ		グルコース 6-リン酸，ATP
PFK-1	フルクトース 2,6-ビスリン酸，AMP	クエン酸，ATP
ピルビン酸キナーゼ	フルクトース 1,6-ビスリン酸，AMP	アセチル CoA，ATP

酸はアロステリックな活性化因子である）．解糖のアロステリックな制御について**表 8.1** にまとめている．

ホルモンによる制御 解糖はペプチドホルモンのグルカゴンとインスリンによっても制御されている．血糖値が低いとき，膵臓の α 細胞から放出される**グルカゴン**（glucagon）が PFK-2 のホスファターゼ機能を活性化し，細胞中のフルクトース 2,6-ビスリン酸濃度を低下させる．その結果，PFK-1 活性と解糖の流れは低下する．肝臓では，グルカゴンは PK の不活性化も行う．標的とする細胞表面の受容体に結合することによって開始されるグルカゴンの作用は，サイクリック AMP（cAMP）によって仲介されている．cAMP（p. 270）は，細胞膜タンパク質のアデニル酸シクラーゼが触媒する反応によって ATP から合成されるセカンドメッセンジャー分子である．合成された cAMP はプロテインキナーゼ A（PKA）に結合し，これを活性化する．そして PKA はリン酸化/脱リン酸化の連鎖反応を開始し，酵素と転写因子のさまざまなセットの活性を変化させる．**転写因子**（transcription factor）とは，**応答エレメント**（response element）と呼ばれる特異的な DNA の塩基配列に結合することによって RNA 合成を制御または開始させるタンパク質のことである．

インスリン（insulin）は，血糖値が高いときに膵臓の β 細胞から放出されるペプチドホルモンである．解糖におけるインスリンの作用は，PFK-2 のキナーゼ機能を活性化して細胞中のフルクトース 2,6-ビスリン酸濃度を上昇させ，結果として解糖の流れを高めることである．インスリン感受性トランスポーターをもつ細胞（肝臓や脳ではなく筋肉と脂肪組織）では，インスリンがグルコーストランスポーターの細胞表面への移動を促進している．インスリンが細胞表面の受容体に結合すると，受容体タンパク質はいくつかの自動リン酸化反応を起こす．そして，このことが標的酵素と転写因子のリン酸化と脱リン酸化を含む多数の細胞内シグナル連鎖反応の引き金となる．遺伝子発現に対するインスリンの作用の多くは，転写因子であるタンパク質に結合しているステロール制御エレメント（SREBP-1c，p. 392）によって仲介される．SREBP-1c が活性化されると，*de novo*（〝新規な〟）**脂質生成**（lipogenesis）（〝新規な〟脂肪酸生成）において GK と PK，および鍵酵素の合成が増加する．

グルコースが誘導する遺伝子発現 グルコースは，肝臓や脂肪組織といった脂質を合成する器官においてシグナル分子として作用する．グルコースは高濃度になると，*de novo* 脂質生成（糖質からの新規な脂肪酸合成）にかかわる遺伝子の転写を促進する．標的となる遺伝子は解糖中の酵素（たとえばアルドラーゼや PK），ペントースリン酸回路中の酵素（たとえばグルコース-6-リン酸デヒドロゲナーゼやトランスケトラーゼ），および脂肪酸合成中の酵素（たとえば脂肪酸シンターゼ）をコードしている．グルコースによって刺激を受けた標的遺伝子の転写は，ChREBP（carbohydrate response element binding protein，糖質応答領域結合タンパク質）と Mlx（max like protein X）からなるヘテロな四量体によって媒介されている．血中グルコース濃度が低いとき，肝臓では細胞質に不活性型（196 番目の Ser がリン酸化されている）で局在している ChREBP が活性化される．このとき，① グルコキナーゼによってグルコースがリン酸化されてグルコース 6-リン酸が生じ，② 以下の二つの糖が利用可能になっている．すなわちキシルロース 5-リン酸（ペントースリン酸経路の中間体）とフルクトース 2,6-ビスリン酸（PFK-1 のアロステリックな活性化因子）である．キシルロース 5-リン酸がタンパク質ホ

生化学の広がり

ターボ設計は危険かもしれない

なぜターボ設計回路は厳密に制御されなければならないのか？

ある種のターボデザインを備えた，たとえば解糖のような異化経路は最適化されて効率的である．しかし，このような経路の開始期は，中間体の蓄積と燃料の使い過ぎを防止するため，抑制的に制御されなければならない．すでに述べたように，グルコース1分子から産生された4分子のATPのうちの二つは，経路を前に進めるために，経路中の燃料供給の段階にフィードバックされている．現存生物のほとんどがこの経路を利用していることが示すように，解糖は非常によくできたエネルギー産生戦略をもっている．しかしながら解糖は完全ではない．ある種の条件下では，解糖のターボデザインは，以下の例が示すような〝基質が促進する死〞と呼ばれる現象に影響を受けやすい細胞を生みだす．

たとえば，ある種の変異酵母細胞は，完璧に機能する解糖経路をもつにもかかわらず，嫌気的条件下でグルコースに依存して生きることができない．この変異株は高濃度のグルコースにさらされると死ぬ．驚くべきことに，この現象にはトレハロース-6-リン酸シンターゼの触媒部位が存在するサブユニットをコードする遺伝子の *TPS1* の欠損が関係していることが明らかにされた．トレハロース 6-リン酸（Tre6-P）は〔トレハロースとはグルコースが $\alpha(1 \rightarrow 1)$ 結合した二糖類〕，さまざまな種類の非生物的なストレスに耐性をもつ酵母などの生物が利用する適合溶質である．見たところ，Tre6-P はヘキソキナーゼ（そしておそらくグルコース輸送）のありふれた阻害物質である．機能をもった TPS1 タンパク質が存在せずに，グルコースが利用可能になると，変異株の解糖の流れは急激に加速する．経路のターボデザインの結果として，比較的短時間のうちに，ほとんどの利用可能なリン酸が経路の代謝中間体に取り込まれる．そして細胞の ATP 濃度は低くなり過ぎ，細胞の生存が維持できない状態となる．この事例，あるいは他の生物種においても認められる基質が促進する細胞死の類似例は，生物に存在する複雑な調節機構の重要性に対して洞察を与える．

まとめ　ターボ設計回路を制御する複雑な機構が欠如すると，生物は制御されていない回路からあふれてくる物質によって死ぬ可能性が高まる．

スファターゼを活性化し，その結果 ChREBP は脱リン酸化されて，核に移動できるようになる．ChREBP/Mlx のヘテロ二量体が形成され，グルコースに応答する遺伝子のプロモーター中に存在する糖質応答領域（ChRE）に結合する（プロモーター配列は転写の場所と可否を制御している）．グルコースとインスリンの双方が過剰なグルコース分子からの *de novo* な脂質合成を制御していることに注意しよう．

AMPK：代謝のマスタースイッチ　AMP 活性化プロテインキナーゼ（AMPK）は，エネルギー代謝の中心的役割を担う酵素である．最初に脂質代謝の制御因子として発見された．今ではグルコース代謝にも影響を与えることが知られている．AMPK が活性化されると，細胞内の AMP：ATP 比が上昇するため，活性化 AMPK は標的タンパク質（酵素や転写因子）をリン酸化する．AMPK は同化経路（たとえばタンパク質や脂質の合成）のスイッチを切り，異化経路（たとえば解糖や脂質酸化）のスイッチを入れる．解糖における AMPK の制御は以下の通りである．心筋と骨格筋での AMPK は，ストレスや運動によって引き起こされるグルコーストランスポーターの細胞膜への新規調達を進めることによって解糖を促進する．心筋細胞において，AMPK は PFK-2 を活性化することによって解糖を促進する．AMPK の構造とその機能上の特徴は 12 章で述べる．

問題 8.2

インスリンは，血糖値が上昇すると膵臓から分泌されるホルモンである．インスリンの機能で最も容易に観察できるのは，血糖値を正常範囲まで低下させることである．インスリンの標的細胞への結合は，細胞膜を介したグルコース輸送を促進する．ヒトは血中グルコース濃度を迅速に低下させて糖質の摂取に対応しているが，この能力を耐糖能という．クロム欠乏動物では耐糖能が低下している．すなわち，クロム欠乏動物は血中グルコースを迅速に除去できない．クロムはインスリンと細胞の結合を促進すると考えられている．さて，クロムはアロステリックな活性化物質と補助因子のどちらに相当するか．

耐糖能

問題 8.3

19 世紀のフランスの偉大な化学者でかつ微生物学者である Louis Pasteur は，グルコースを CO_2 と H_2O に完全に酸化できる細胞は酸素存在下よりも酸素非存在下においてグルコースを速く消費することを観察した最初の科学者である．このため酸素はグルコース消費を阻害しているように見える．現在ではパスツール効果といわれるこの現象の意義を一般的な用語で説明せよ．

8.2 糖新生

糖質ではない前駆物質から新たにグルコース分子を形成する糖新生は，原則として肝臓で起こる．前駆体分子には，乳酸，ピルビン酸，グリセロール，およびある種の 2-オキソ酸（アミノ酸に由来する分子群）がある．ある種の条件（たとえば代謝性アシドーシスや飢餓）では，腎臓も新たに少量のグルコースをつくることができる．食事と食事の間は，肝臓のグリコーゲンが加水分解されることによって血糖値は適切な範囲に維持される．肝臓のグリコーゲンが枯渇すると（たとえば長期間の絶食や激しい運動によって），糖新生経路が体内に適切量のグルコースを供給する．脳と赤血球はエネルギー源としてグルコースのみを要求している．

糖新生の反応

糖新生の反応の大部分は解糖の逆反応である．ただし，解糖系の三つの反応（ヘキソキナーゼ，PFK-1，および PK が触媒する反応）が不可逆であることは前に述べた．糖新生では，解糖とは異なる酵素が触媒する別の反応が，これらの障害を避けるために用いられている．糖新生に独特の反応を次に示す．糖新生系の全容と解糖系との関連は図 8.10 にまとめている．糖新生における迂回反応は以下の通りである．

1．**PEP の合成**　ピルビン酸からの PEP の合成には 2 種類の酵素，すなわちピルビン酸カルボキシラーゼと PEP カルボキシキナーゼが必要である．ミトコンドリアに見いだされるピルビン酸カルボキシラーゼは，ピルビン酸をオキサロ酢酸（OAA）に変換する．

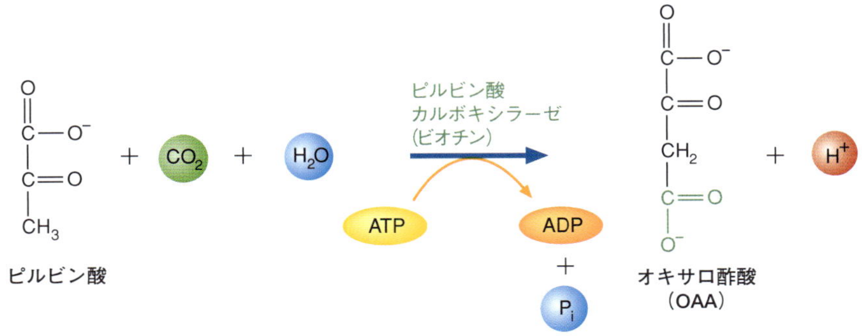

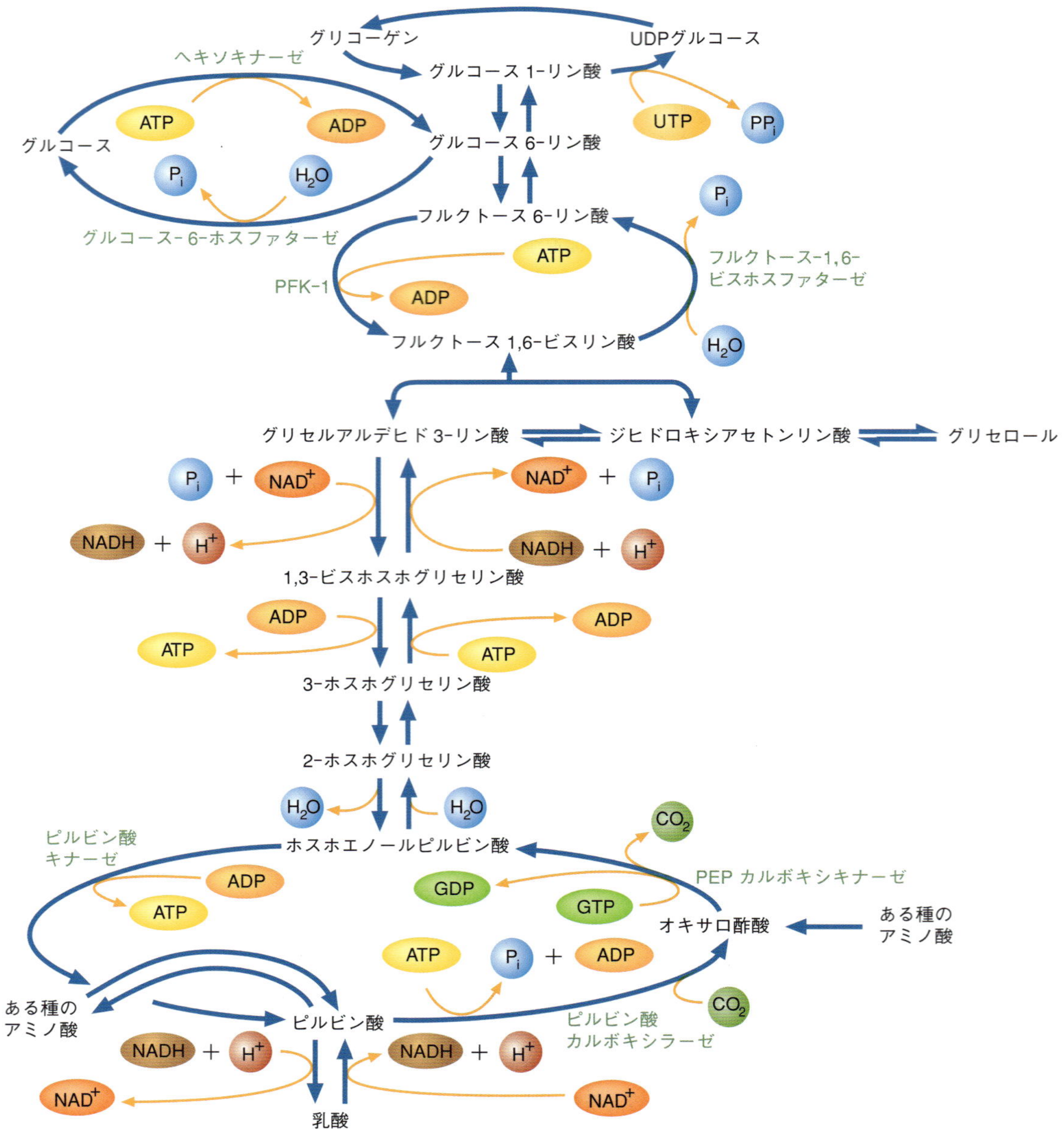

図 8.10　糖質の代謝：糖新生と解糖

血糖値が低値でかつ肝臓のグリコーゲンが欠乏したときに進行する糖新生には，解糖の 10 の反応中の七つが逆反応として含まれている．解糖中の三つの不可逆反応は別の反応によって迂回されている．糖新生の主要な基質は，ある種のアミノ酸(筋肉に由来)，乳酸(筋肉と赤血球で産生)，およびグリセロール(トリアシルグリセロールの分解により産生)である．細胞質においてのみ進行する解糖の反応群とは対照的に，糖新生の反応群中，ピルビン酸カルボキシラーゼといくつかの種の PEP カルボキシキナーゼによって触媒される反応はミトコンドリアで進行する．グルコース-6-ホスファターゼによって触媒される反応は小胞体で進行する．糖新生と解糖が同時に生じないことに注意しよう．解糖の反応産物であるピルビン酸は，アセチル CoA(図には示されていない)にも乳酸にも変換される．

CO_2 の運搬と OAA の生成は，酵素の活性部位に共有結合している補酵素のビオチン(p. 385)により触媒される．ケト型のピルビン酸は，酵素の活性部位で一般的な塩基によりエノール型に変換される．2 位の炭素のカルボニル基が再構築されるにつれ，ビオチンから放出された CO_2 を二重結合の電子対が攻撃し，OAA が生じる．OAA は次に脱炭酸され，GTP の加水分解によって進行する反応において，PEP カルボキシキナーゼによってリン酸化される．

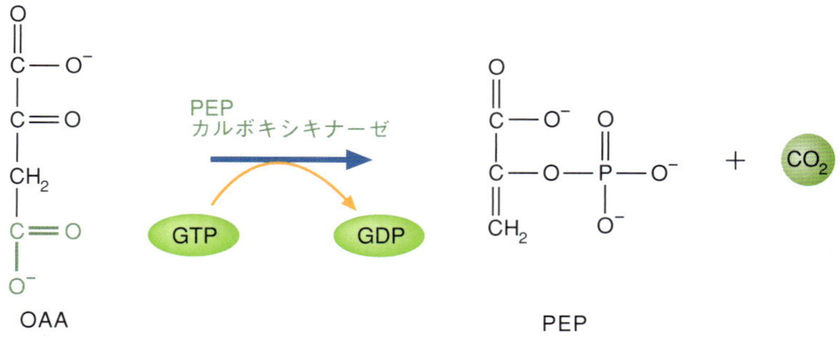

PEP カルボキシキナーゼは，いくつかの生物種ではミトコンドリアに，その他の生物種では細胞質に認められる．ヒトでは，この酵素の活性はミトコンドリアと細胞質の双方に認められる．ミトコンドリア内膜は OAA を通過させないので，ミトコンドリア PEP カルボキシキナーゼを欠いた細胞では，たとえば**リンゴ酸シャトル**(malate shuttle)を用いて OAA を細胞質に輸送している．この過程において，OAA はミトコンドリアのリンゴ酸デヒドロゲナーゼによってリンゴ酸に変換される．ミトコンドリア膜を介したリンゴ酸の輸送の後に，細胞質のリンゴ酸デヒドロゲナーゼによって逆反応(OAA と NADH を生成する)が触媒される．グリセルアルデヒド-3-リン酸デヒドロゲナーゼによって触媒される反応が必要とする NADH をリンゴ酸シャトルが供給するので，糖新生を継続できる．

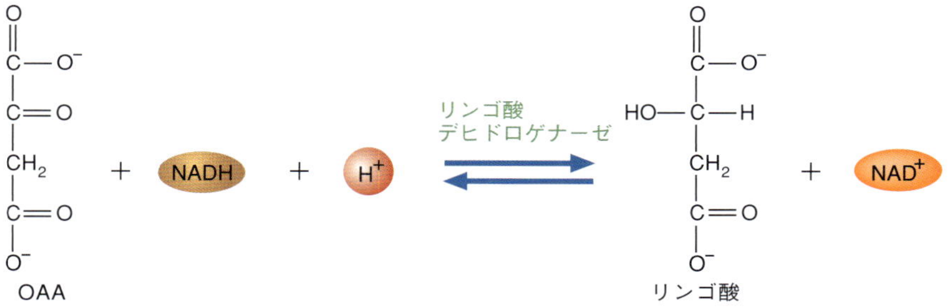

2．**フルクトース 1,6-ビスリン酸からフルクトース 6-リン酸への変換**　解糖系における PFK-1 が触媒する不可逆反応はフルクトース-1,6-ビスホスファターゼによって迂回される．

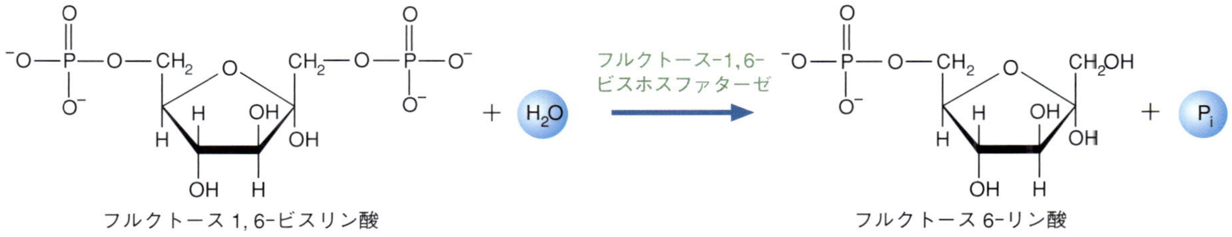

この発エルゴン反応($\Delta G^{\circ\prime} = -16.7$ kJ/mol)も細胞内の条件では不可逆的であり，ATP は再産生されない．そして無機リン酸(P_i)も生成する．フルクトース-1,6-ビスホスファターゼはアロステリックな酵素である．その活性はクエン酸によって亢進し，AMP とフルクトース 2,6-ビスリン酸によって阻害される．

3．**グルコース 6-リン酸からのグルコースの生成**　肝臓と腎臓にのみ存在するグルコース-6-ホスファターゼは，グルコース 6-リン酸を不可逆的に加水分解してグルコースと無機リン酸を生成する．その結果，グルコースは血中に遊離する．

これらの反応はそれぞれ解糖系に存在する逆向きの不可逆反応に対応している．このような対になった反応の組合せは基質サイクルと呼ばれる．これらは相互調和的に制御されているので（ある反応を触媒する酵素の活性化因子は，逆反応を触媒する酵素の阻害因子である），たとえ実際には両方の酵素があるレベルで同時に作動していても，エネルギーはほとんど浪費されない．反応生成物が一時的に蓄積することを避けるためには，流動制御（基質の流入と反応生成物の除去の制御）がより効果的である．この制御によって基質濃度が最大に保たれれば，進行すべき酵素の触媒速度は高く維持される．そして反応生成物の再利用におけるわずかなエネルギー損失で，触媒効率は上昇する．

糖新生はエネルギーを消費する過程である．ATP を（解糖のように）産生する代わりに，糖新生では六つの高エネルギーリン酸結合の加水分解を必要としている．

悪性高熱症

問題 8.4

悪性高熱症はまれな遺伝性疾患で，手術中のある種の麻酔によって引き起こされる．この疾患では筋硬直とアシドーシスを伴う急激な（そして危険な）体温上昇（約 112 °F，44 ℃）が起こる．過剰の筋収縮は，筋肉細胞中のカルシウム貯蔵小器官である筋小胞体から大量のカルシウムが放出されることによって始まる．乳酸が過剰に生成するためアシドーシスが起こる．患者の生命を助けるには，解熱とアシドーシスの中和のための迅速な治療が必須である．この疾患の発症に寄与する可能性のある因子は，解糖と糖新生の間に生じる無益回路である．なぜ無益回路が寄与するのか説明せよ．

問題 8.5

以下に示す糖新生経路の反応を検討した後，反応式中の各要素を説明せよ（ヒント：各ヌクレオチドの加水分解はプロトンを遊離する）．

$$2\ C_3H_4O_3 + 4\ ATP + 2\ GTP + 2\ NADH + 2\ H^+ + 6\ H_2O \longrightarrow$$
ピルビン酸

$$1\ C_6H_{12}O_6 + 4\ ADP + 2\ GDP + 2\ NAD^+ + 6\ HPO_4^{2-} + 6\ H^+$$
グルコース

フォンギールケ病

問題 8.6

フォンギールケ病（糖原病）はグルコース-6-ホスファターゼの欠損によって生じる．この疾患の二つの代表的な症状は，飢餓性の低血糖症と乳酸によるアシドーシスである．これらの症状がなぜ生じるのか説明せよ．

糖新生の基質

先に述べたように，いくつかの代謝物が糖新生の前駆体となる．最も重要な三つの基質について簡潔に述べる．

乳酸は，赤血球のようなミトコンドリアを欠く細胞，あるいはその他の低酸素濃度の細胞から遊離する．**コリ回路**（Cori cycle）においては，乳酸は運動中の骨格筋からも遊離する（図 8.11）．乳酸は肝臓に輸送されると，乳酸デヒドロゲナーゼによってピルビン酸に変換され，そして糖新生によってグルコースに変換される．

脂肪組織の脂肪代謝生成物であるグリセロールは血流によって肝臓に運ばれ，グリセロールキナーゼによってグリセロール 3-リン酸に変換される．細胞質の NAD^+ が比較的高濃度になると，グリセロール 3-リン酸の酸化が起こり，DHAP が産生される．

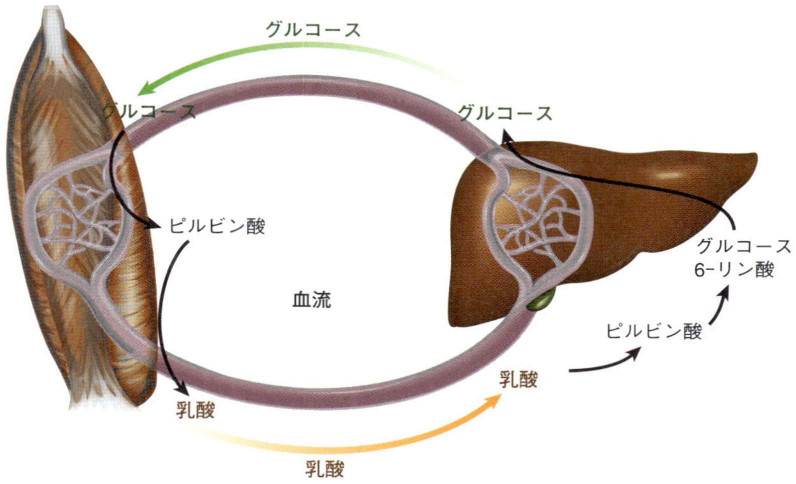

図 8.11　コリ回路
激しい運動中には筋肉細胞において乳酸が嫌気的に産生される．血液を介して肝臓に移行した乳酸は，糖新生によってグルコースに変換される．

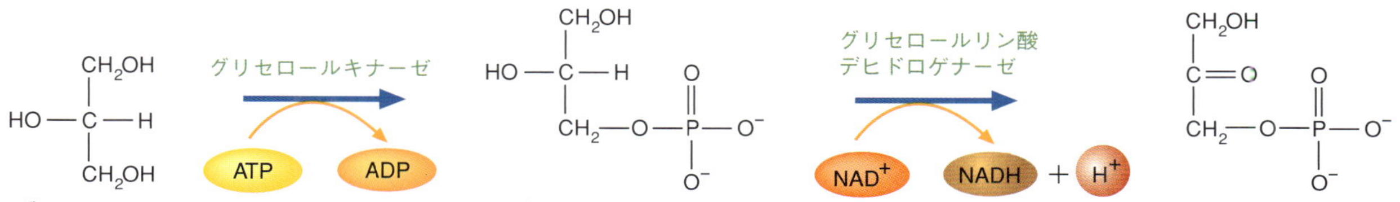

解糖系の中間体に変換しうるアミノ酸(糖原性分子という)のなかでは，おそらくアラニンが最も重要である．運動中の筋肉が大量のピルビン酸を産生すると，その何割かはグルタミン酸とのアミノ基転移反応によりアラニンに変換される．

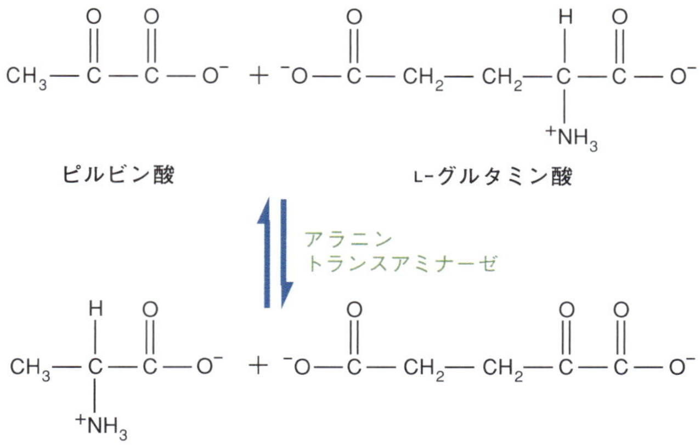

アラニンは肝臓に輸送され，ついでピルビン酸に再変換され，そしてグルコースに変換される．この**グルコース-アラニン回路**(glucose-alanine cycle)にはいくつかの役割がある(図 8.12)．グルコース-アラニン回路は，筋肉と肝臓との間で 2-オキソ酸を再利用するとともに，肝臓にアミノ態窒素を運搬するための機構ともいえる．炭素骨格ともいわれる 2-オキソ酸では，カルボニル基が直接にカルボキシ基に結合している．いったん肝臓に到達すると，アラニンはピルビン酸に再変換される．そしてアミノ態窒素は尿素に取り込まれるか，肝臓のアミノ酸バランスを回復するために他の 2-オキソ酸に転移されるかする(15 章)．

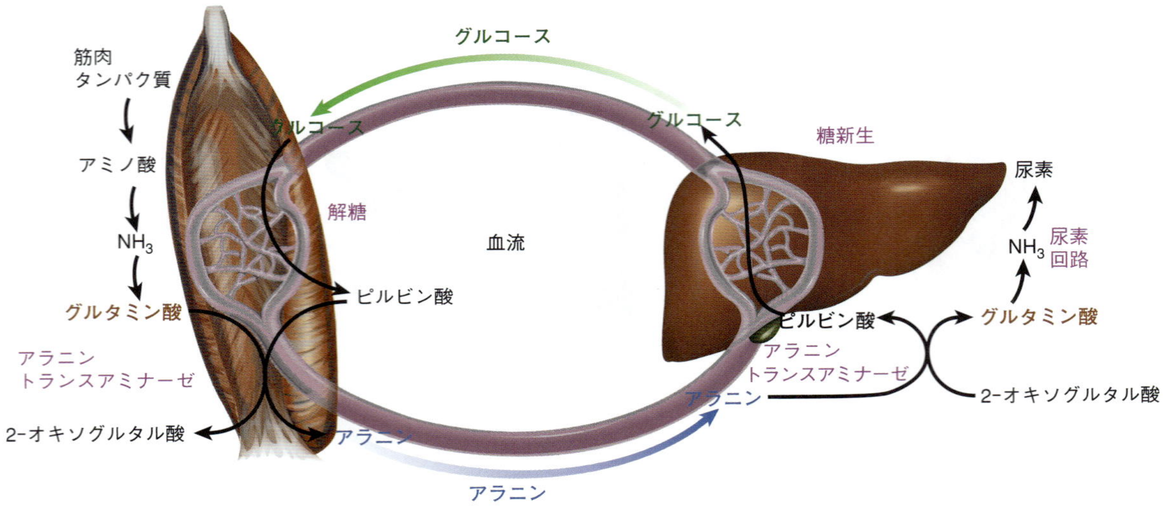

図 8.12　グルコース-アラニン回路
アラニンは筋肉中でピルビン酸から生成する．肝臓に輸送された後，アラニンはアラニントランスアミナーゼによってピルビン酸に再変換される．最終的にピルビン酸は，新たなグルコースの合成に用いられる．筋肉はアミノ態窒素から尿素を合成できないので，グルコース-アラニン回路によってアミノ態窒素を肝臓に輸送している．

糖新生の制御

他の代謝系と同じように，糖新生の反応速度は原則として有効基質濃度，アロステリック因子，およびホルモン類の影響を受ける．糖新生が高濃度の乳酸，グリセロール，およびアミノ酸によって亢進することは不思議ではない．高脂肪食，飢餓，長期間の絶食はこれら亢進性の分子を大量に産生する．

アロステリックな調節　糖新生の 4 種類の鍵酵素（ピルビン酸カルボキシラーゼ，PEP カルボキシキナーゼ，フルクトース-1,6-ビスホスファターゼ，グルコース-6-ホスファターゼ）は，アロステリックな調節因子にさまざまな程度で影響を受ける．たとえば，フルクトース-1,6-ビスホスファターゼはクエン酸によって活性化され，AMP とフルクトース 2,6-ビスリン酸によって阻害される．アセチル CoA はピルビン酸カルボキシラーゼを活性化する（脂肪酸の分解生成物であるアセチル CoA の濃度は，とくに飢餓のときに増加する）．解糖と糖新生のアロステリック制御の概要を図 8.13 に示した．

ホルモンによる制御　他の生化学的な経路と同様に，ホルモン類はアロステリックな因子や鍵になる律速酵素の濃度を変化させて糖新生に影響を及ぼす．先に述べたように，グルカゴンは，フルクトース-1,6-ビスホスファターゼを阻害するフルクトース 2,6-ビスリン酸の合成を抑制し，解糖酵素の PK を cAMP をきっかけにしたリン酸化を介して不活性化する（p. 253）．ホルモン類はまた，酵素の合成を変化させることによっても糖新生に影響を及ぼす．たとえば，糖新生酵素の合成は，ストレスに対する身体適応を促進するコルチゾール（副腎皮質で合成されるステロイドホルモンの一種）によって亢進する．結局，インスリンの作用は，グルコキナーゼ，すなわち PFK-1（SREBP1c が誘導）と PFK-2（解糖に好都合）の新規生成につながる．インスリンはまた，PEP カルボキシキナーゼ，フルクトース-1,6-ビスホスファターゼ，およびグルコース-6-ホスファターゼの合成（これも SREBP1c 経由）を抑制する．グルカゴンの作用は，PEP カルボキシキナーゼ，フルクトース-1,6-ビスホスファターゼ，グルコース-6-ホスファターゼの追加生成（糖新生に好都合）につながる．

解糖と糖新生を制御するホルモンは，肝細胞中のある種の標的タンパク質のリン酸化の程度を変化させる．すなわち，最終的には遺伝子の発現を修飾することによって，このような離れ業を成し遂げる．記憶にとどめるべきは，インスリンとグルカゴンが糖質代謝において反対の

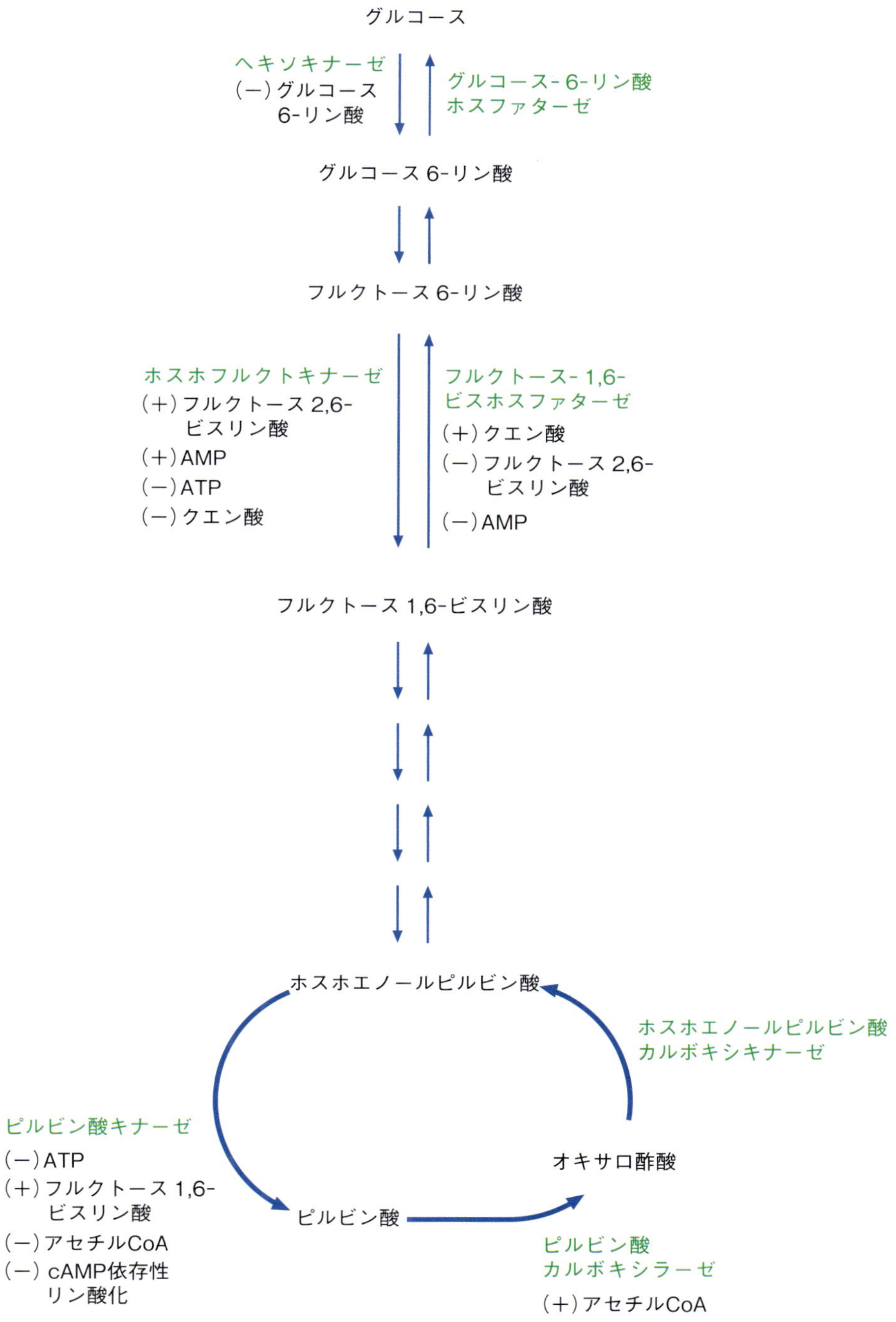

図 8.13　解糖と糖新生のアロステリック制御
解糖と糖新生における鍵酵素はアロステリックな影響因子によって制御されている．活性化剤：＋，阻害剤：－．

作用をもつことである．代謝物の流れの方向(つまり解糖と糖新生のどちらが活性か)を決める大部分はインスリンとグルカゴンの比である．糖質を摂取するとインスリン/グルカゴン比は上昇し，肝臓では糖新生ではなく解糖が優勢となる．絶食後あるいは高脂肪低糖質食の摂取後では，インスリン/グルカゴン比は低下して，肝臓では解糖ではなく糖新生が優勢となる．ATP の有効量は，解糖と糖新生の相補的な制御においては 2 番目に重要な調節因子である．ATP の低エネルギー加水分解物である AMP が高水準だと糖新生を抑えて解糖からの流れが増加し，AMP が低水準だと解糖を抑えて糖新生からの流れが増加する．PFK-1/フルクトース-1,6-ビスホスファターゼ回路における制御はこの経路にとって十分に見えるが，非常に高いリン酸転移ポテンシャルをもつ PEP の最大保有のためにはピルビン酸キナーゼの段階での制御が律速になる．

キーコンセプト

- 非糖質の前駆物質から新たにグルコースを合成する糖新生は，原則として肝臓で進行する．
- 糖新生の反応群は三つを除いて解糖の逆反応である．この三つは解糖中の不可逆反応を迂回する．

8.3　ペントースリン酸経路

ペントースリン酸経路は ATP を産生しないグルコース酸化の別の代謝経路である．この代謝経路の主要な代謝生成物は，いくつかの嫌気的な過程に必要とされる還元剤の NADPH と，ヌクレオチドや核酸の構成要素であるリボース 5-リン酸である．ペントースリン酸経路は細胞質中で，酸化的段階と非酸化的段階の二つを経て進行する．経路の酸化的段階においては，グルコース 6-リン酸からリブロース 5-リン酸への変換が生じ，そのときに 2 分子の NADPH が産生される．非酸化的段階では，多くの異なる糖分子の異性化と縮合が生じる．この過程の 3 種類の中間生成物であるリボース 5-リン酸，フルクトース 6-リン酸，およびグリセルアルデヒド 3-リン酸は他の経路において利用される．

図 8.14a　ペントースリン酸経路：(a) 酸化的段階
NADPH はこれらの反応群の重要な生成物である．

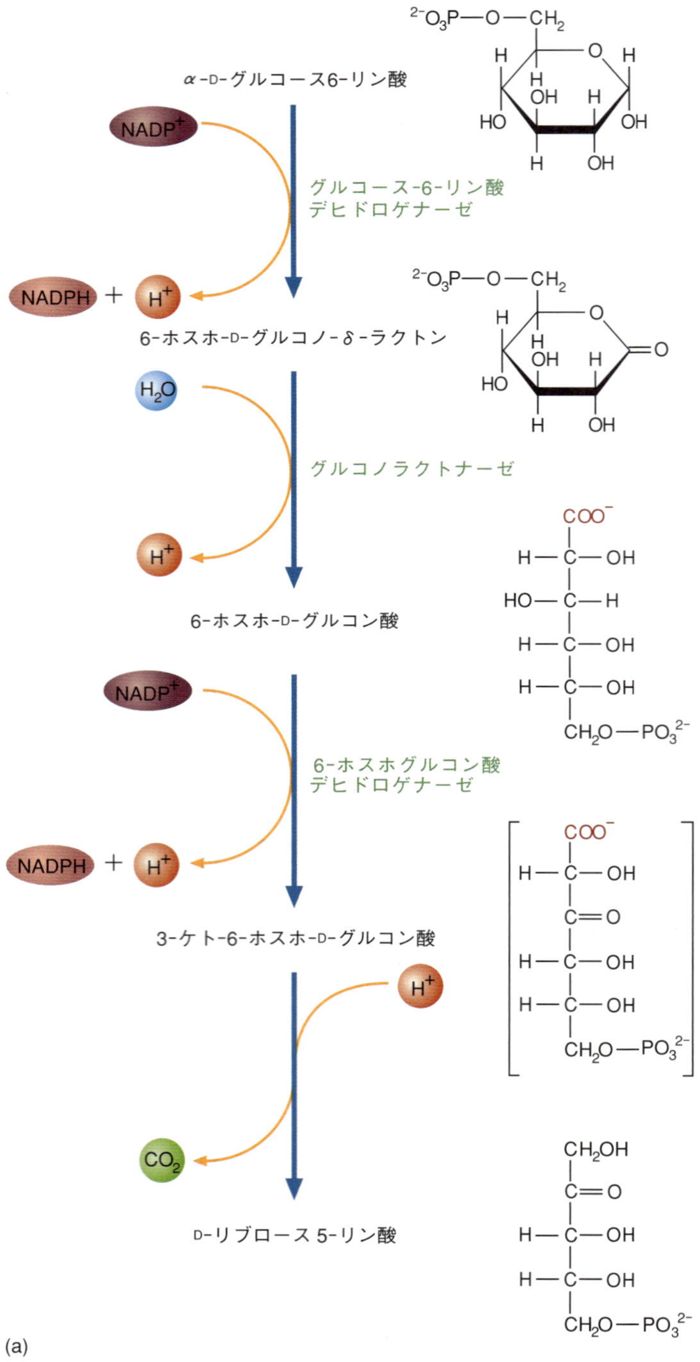

ペントースリン酸経路の酸化的段階は三つの反応からなっている（図 8.14 a）．最初の反応において，グルコース-6-リン酸デヒドロゲナーゼ（G-6-PD）がグルコース 6-リン酸の酸化を触媒する．この反応では 6-ホスホグルコノラクトンと NADPH が反応生成物である．そして，6-ホスホ-D-グルコノ-δ-ラクトンは 6-ホスホ-D-グルコン酸へ加水分解される．二つ目の NADPH 分子は，リブロース 5-リン酸を生成する 6-ホスホグルコン酸の酸化的脱炭酸の間に産生される．

還元的な代謝過程（たとえば脂質の生合成）が必要とする NADPH の実質的な量は，これらの反応から供給される．このためこの回路は，大量の脂質が合成されている細胞（たとえば脂肪組織，副腎皮質，乳腺，および肝臓）において最も活発である．NADPH はまた強力な**抗酸**

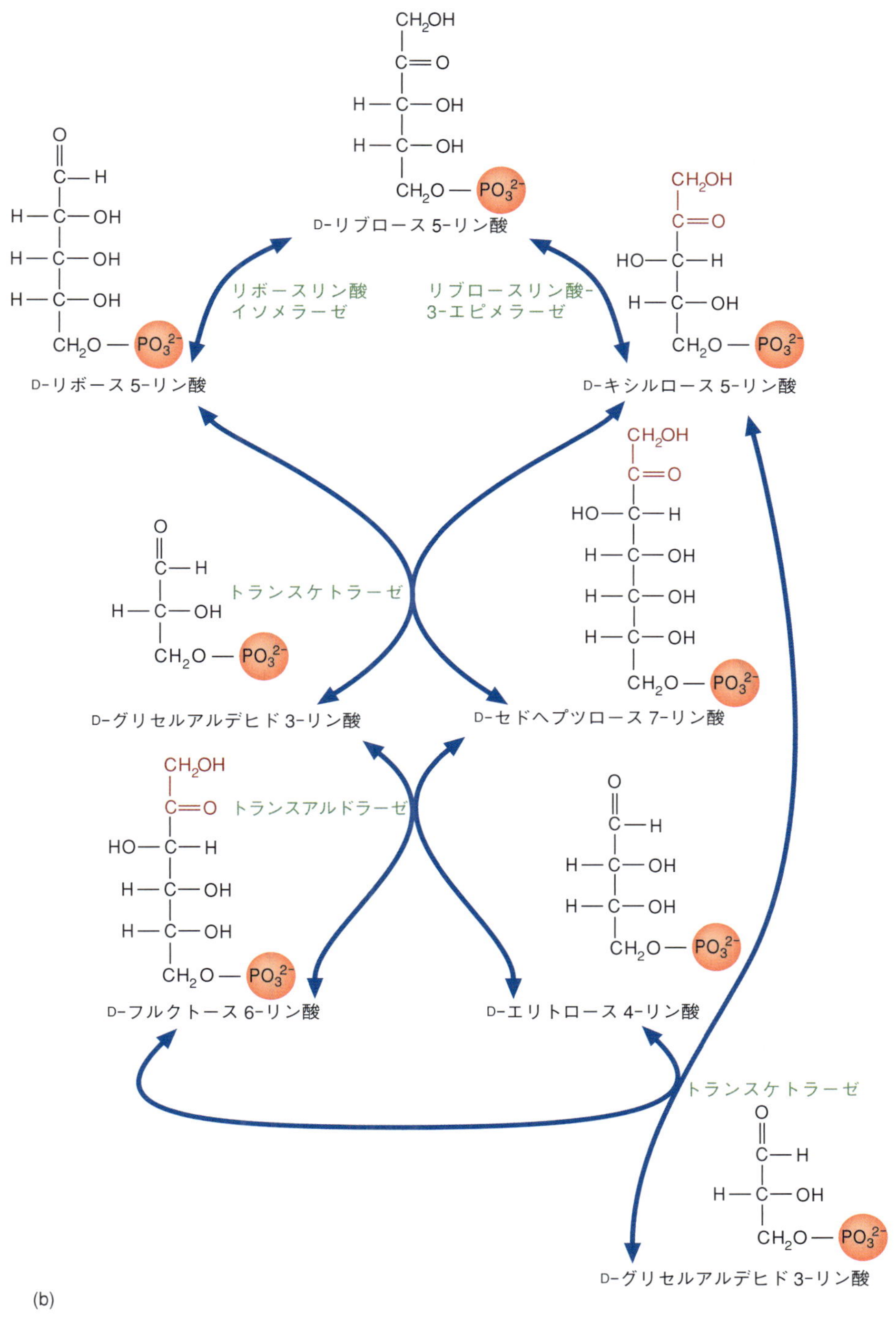

図 8.14b　ペントースリン酸経路：(ɔ) 非酸化的段階
細胞がペントースリン酸よりも NADPH を要求するとき，非酸化的段階の酵素群はリボース 5-リン酸を解糖中間体のフルクトース 6-リン酸とグリセルアルデヒド 3-リン酸に変換する．

化剤(antioxidant，他の分子の酸化を防止する物質．生命過程におけるその役割は10章で述べる)である．したがって，ペントースリン酸経路の酸化的段階は，赤血球のように酸化的損傷を受ける危険性の高い細胞においてもきわめて活発である．

経路の非酸化的段階は，リブロース-5-リン酸イソメラーゼによるリブロース5-リン酸からリボース5-リン酸への変換，またはリブロース-5-リン酸エピメラーゼによるリブロース5-リン酸からキシルロース5-リン酸への変換によって開始される．この経路の残りの反応(図8.14b)では，トランスケトラーゼとトランスアルドラーゼがトリオース，ペントース，およびヘキソース類の相互変換を触媒する．トランスケトラーゼはチアミンピロリン酸(TPP)を必要とする酵素であり，ケトースから炭素を二つずつアルドースへ転移する．TPP，すなわちチアミンピロリン酸はビタミンB_1として知られるチアミンの補酵素型である．トランスケトラーゼは二つの反応を触媒する．一つ目の反応は，キシルロース5-リン酸から二つの炭素をリボース5-リン酸に転移してG3-Pとセドヘプツロース7-リン酸を産生するものである．トランスケトラーゼが触媒する二つ目の反応では，別のキシルロース5-リン酸から二つの炭素がエリトロース4-リン酸に転移し，二つ目のG3-Pとフルクトース6-リン酸が生成する．トランスアルドラーゼはケトースから三つの炭素をアルドースに転移する．トランスアルドラーゼが触媒する反応においては，セドヘプツロース7-リン酸から三つの炭素がG3-Pへ転移する．この反応ではフルクトース6-リン酸とエリトロース4-リン酸が生成する．結局，経路の非酸化的段階は，リボース5-リン酸，および解糖系の中間体であるG3-Pとフルクトース6-リン酸を産生することになる．

五炭糖の生合成反応が必要でないとき，経路の非酸化的段階の代謝物は解糖系の中間体に変

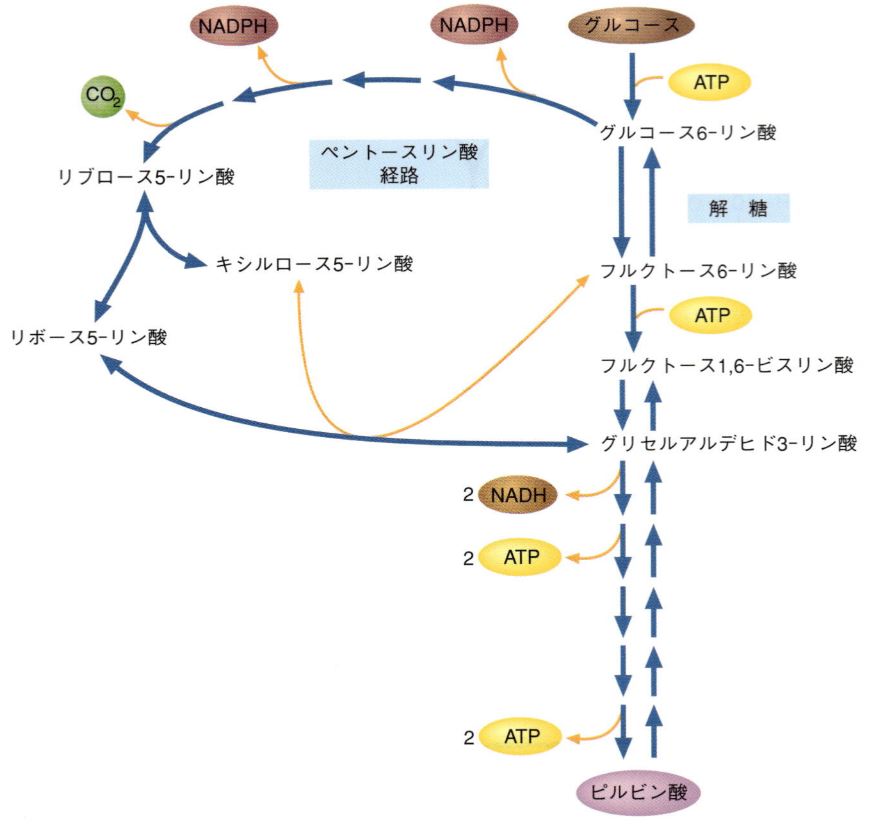

図8.15　糖質の代謝：解糖とペントースリン酸経路
細胞がリボース分子群よりもNADPHを要求する場合，ペントースリン酸経路の非酸化的段階の生成物は解糖へ流れる．二つの経路の図が示すように，過剰のリボース5-リン酸は解糖中間体のフルクトース6-リン酸とG3-Pに変換されうる．

換され，その後，エネルギーを産生するために分解されるか，あるいは生合成過程の前駆体分子に変換される（図 8.15）．このためペントースリン酸経路はヘキソース一リン酸経路ともいわれる．植物のペントースリン酸経路は，光合成における暗反応においてグルコースを合成する経路の一部となっている（13 章）．

ペントースリン酸経路は細胞の各時点での NADPH とリボース 5-リン酸の要求性に合わせて制御されている．NADPH の需要が大きい赤血球や肝細胞などでは，酸化段階が非常に活発である（脂質合成は主要な NADPH 消費者である）．対照的に，脂質をほとんど合成しない細胞（たとえば筋細胞）では，酸化段階は実質的には存在しない．G-6-PD はペントースリン酸経路の律速段階を触媒している．その活性は NADPH によって阻害され，GSSG（抗酸化剤であるグルタチオンの酸化型，p. 465）とグルコース 6-リン酸によって亢進する．加えて，高糖質食は G-6-PD とホスホグルコン酸デヒドロゲナーゼの両方の合成を高める．

キーコンセプト

ペントースリン酸経路は，NADPH，リボース 5-リン酸，および解糖系の中間体であるフルクトース 6-リン酸と G3-P を産生する．

8.4 その他の重要な糖質の代謝

脊椎動物では，グルコース以外のいくつかの糖類も重要である．これらのなかで最も注目すべきなのは，フルクトース，ガラクトース，およびマンノースである．グルコースと同様に，これらの分子はオリゴ糖や多糖類のなかに最もよく認められる．これらはエネルギー源にもなる．これらの糖類が解糖系の中間体に変換される反応を図 8.16 に示す．ここでは，ヒトの食事の重要な構成要素であるフルクトースの代謝について述べる．

フルクトースの代謝

食事中のフルクトースの供給源は，果物，蜂蜜，スクロース，およびさまざまな加工食品や飲料に広く使用されている廉価な甘味料の高フルクトースコーンシロップである．

現代人の食事から摂取する糖質でグルコースについで重要なフルクトースは，肝臓の解糖系に入り，そこでフルクトキナーゼによってフルクトース 1-リン酸に変換される．

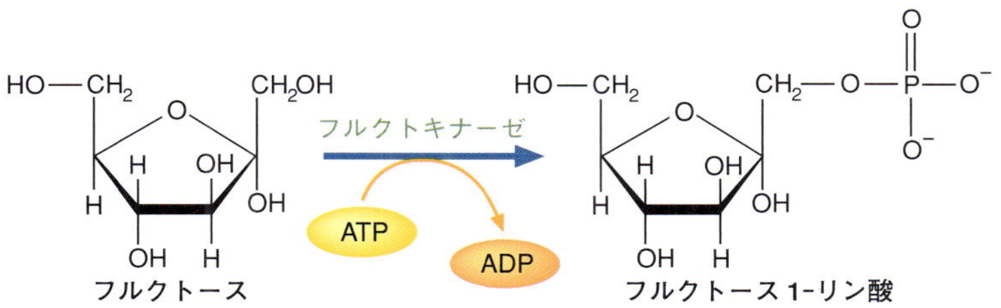

フルクトース 1-リン酸は解糖系に入ると，最初にフルクトース-1-リン酸アルドラーゼによって DHAP とグリセルアルデヒドに分割される．DHAP はその後，トリオースリン酸イソメラーゼによって G3-P に変換される．G3-P はグリセルアルデヒドキナーゼによってグリセルアルデヒドと ATP から生成する．

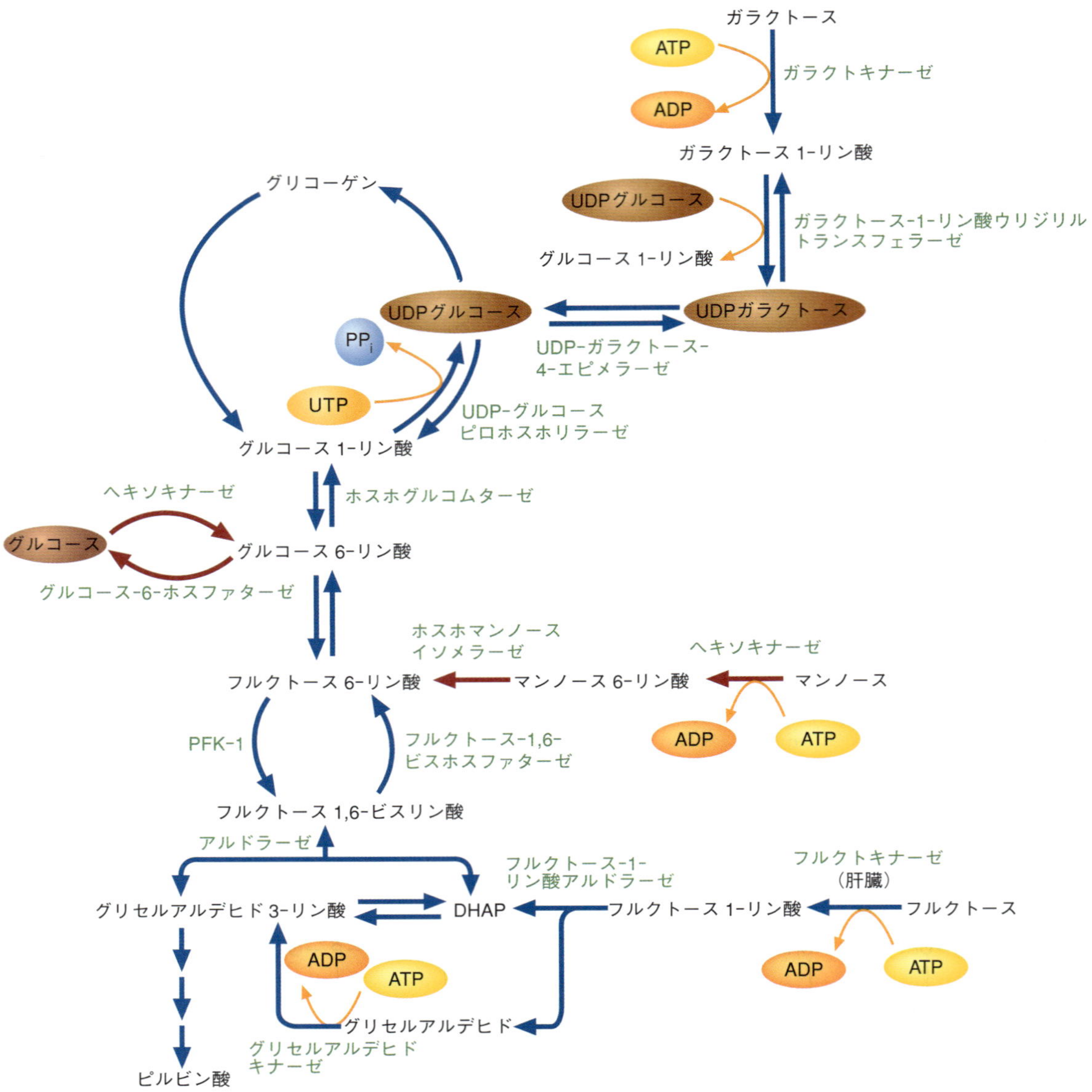

図 8.16　糖質の代謝：その他の主要な糖類

フルクトースは肝細胞の解糖系に入る．フルクトキナーゼは糖をフルクトース 1-リン酸に変換し，その後フルクトース 1-リン酸はDHAP とグリセルアルデヒドへ開裂する．グリセルアルデヒドはグリセルアルデヒドキナーゼによってリン酸化され，グリセルアルデヒド 3-リン酸が生成する．ガラクトースはガラクトース 1-リン酸に変換後，UDP グルコースと反応して UDP ガラクトースを形成する．UDP ガラクトースは，そのエピマーであり，グリコーゲン合成の基質である UDP グルコースに変換される．マンノースはヘキソキナーゼによってリン酸化されてマンノース 6-リン酸となり，その後，フルクトース 6-リン酸へ異性化される．

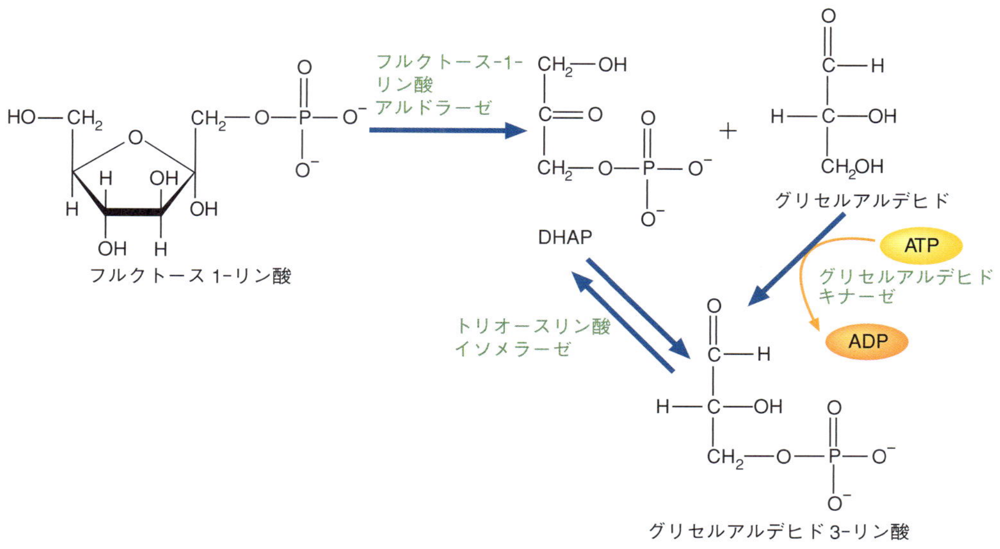

フルクトース 1-リン酸の解糖中間体への変換は，二つの制御段階（ヘキソキナーゼと PFK-1 がそれぞれ触媒する反応）を迂回している．したがって，グルコースに比較して，フルクトースの解糖系への流入は本質的には制御されていない．

8.5　グリコーゲンの代謝

グリコーゲンはグルコースの貯蔵形態である．グリコーゲンの合成と分解は厳密に制御されており，その結果，生体のエネルギー要求を充足するのに十分量のグルコースが供給される．グリコーゲンの生成と分解は原則として 3 種類のホルモン，すなわちインスリン，グルカゴン，およびエピネフリンによって制御されている．

グリコーゲンの合成

グリコーゲンの合成は，食後に血中グルコース濃度が上昇すると起こる．長い間，糖質を摂取するとすぐに肝臓でグリコーゲン合成が進行すると考えられてきた．グルコース 6-リン酸からのグリコーゲン合成は以下の一連の反応によって進行する．

1. **グルコース 1-リン酸の生成**　グルコース 6-リン酸はホスホグルコムターゼによって可逆的にグルコース 1-リン酸に変換される．この酵素は反応性に富むセリン残基に結合したホスホリル基をもっている．

酵素中のホスホリル基はグルコース 6-リン酸に転移し，グルコース 1,6-ビスリン酸が生成する．グルコース 1-リン酸が生成するときには，C-6 に結合したホスホリル基は酵素のセリン残基に転移する．

2. **UDP グルコースの生成**　グリコシド結合の生成は吸エルゴン的な過程である．適切な脱離基によって糖を誘導体化することは，ほとんどの糖の転移反応を推進させることになる．このため，糖ヌクレオチドの合成が糖の転移や重合に先立つ一般的な反応となっている．UDP グルコースはグルコースよりも反応性が高く，転移反応を触媒する酵素（グリコシルトランスフェラーゼ群と呼ばれる）の活性部位により強固に抱え込まれる．UDP グルコースの生成は $\Delta G^{\circ\prime}$ 値がゼロに近い反応であり，UDP-グルコースピロホスホリラーゼによって可逆的に触媒される．

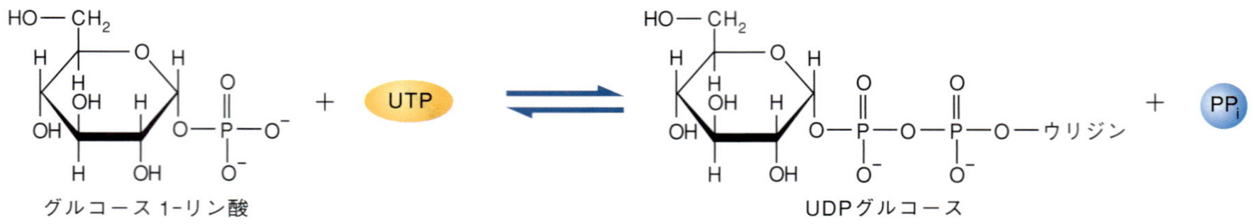

しかし，同時に生成するピロリン酸（PP_i）が，ただちにかつ不可逆的にピロホスファターゼによって大量の自由エネルギー損失（$\Delta G^{\circ\prime} = -33.5$ kJ/mol）を伴いながら加水分解されるので，この反応は進行する．

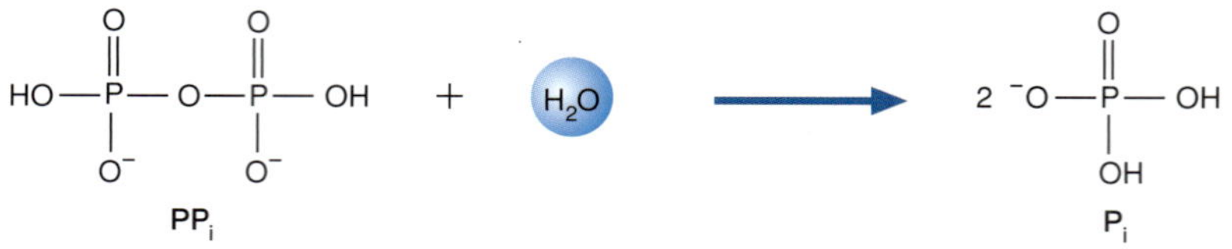

反応生成物を取り除くと平衡が右に傾くことは前に述べた．このような細胞の戦略は一般的なものである．

3．**UDP グルコースからのグリコーゲンの生成**　UDP グルコースからのグリコーゲンの生成には二つの酵素を必要とする．① グリコーゲンシンターゼ．この酵素は UDP グルコースのグルコシル基をグリコーゲンの非還元末端に転移する（図 8.17a）．② アミロ-α(1,4 → 1,6)-グルコシルトランスフェラーゼ（分枝酵素）．この酵素はグリコーゲン分子中の枝分かれ構造のための α(1 → 6) 結合をつくる（図 8.17b）．

　グリコーゲンの合成には，オリゴ糖があらかじめ存在していることが必要である．1 番目のグルコシル残基がグリコゲニンと呼ばれるプライマータンパク質の Tyr - 194 に，グリコゲニン自身の自動触媒的なグルコシルトランスフェラーゼ活性によって結合する．約 12 個の α(1 → 4) 結合グルコシル残基からなるオリゴ糖が生じると，グリコーゲン鎖はグリコーゲンシンターゼと分枝酵素によって伸長する．巨大なグリコーゲン顆粒のそれぞれは，高度に枝分かれした一つのグリコーゲン分子からなっており，摂食状態が良好な動物の肝臓および筋肉細胞の細胞質中に認められる．グリコーゲンの合成と分解にかかわる酵素群はそれぞれの顆粒表面に分布している．

グリコーゲンの分解

グリコーゲンの分解は次の二つの反応を必要とする．

1．**グリコーゲンの非還元末端からのグルコースの除去**　グリコーゲンホスホリラーゼが P_i を用いてグリコーゲン分枝中の α(1 → 4) 結合を切断し，グルコース 1-リン酸を生成させる．グリコーゲンホスホリラーゼによる切断は，分枝グルコースが 4 残基に達すると停止する（図 8.18）（分枝グルコースが分枝点まで分解されたグリコーゲンのことを限界デキストリンという）．

2．**グリコーゲンの分枝部位にある α (1 → 6) グリコシド結合の加水分解**　脱分枝酵素とも呼ばれるアミロ-α(1 → 6)-グルコシダーゼが，分枝点に結合している四つのグルコースのうち外側の 3 残基を非還元末端へ転移させることにより，α(1 → 6) 分枝の取り除きが

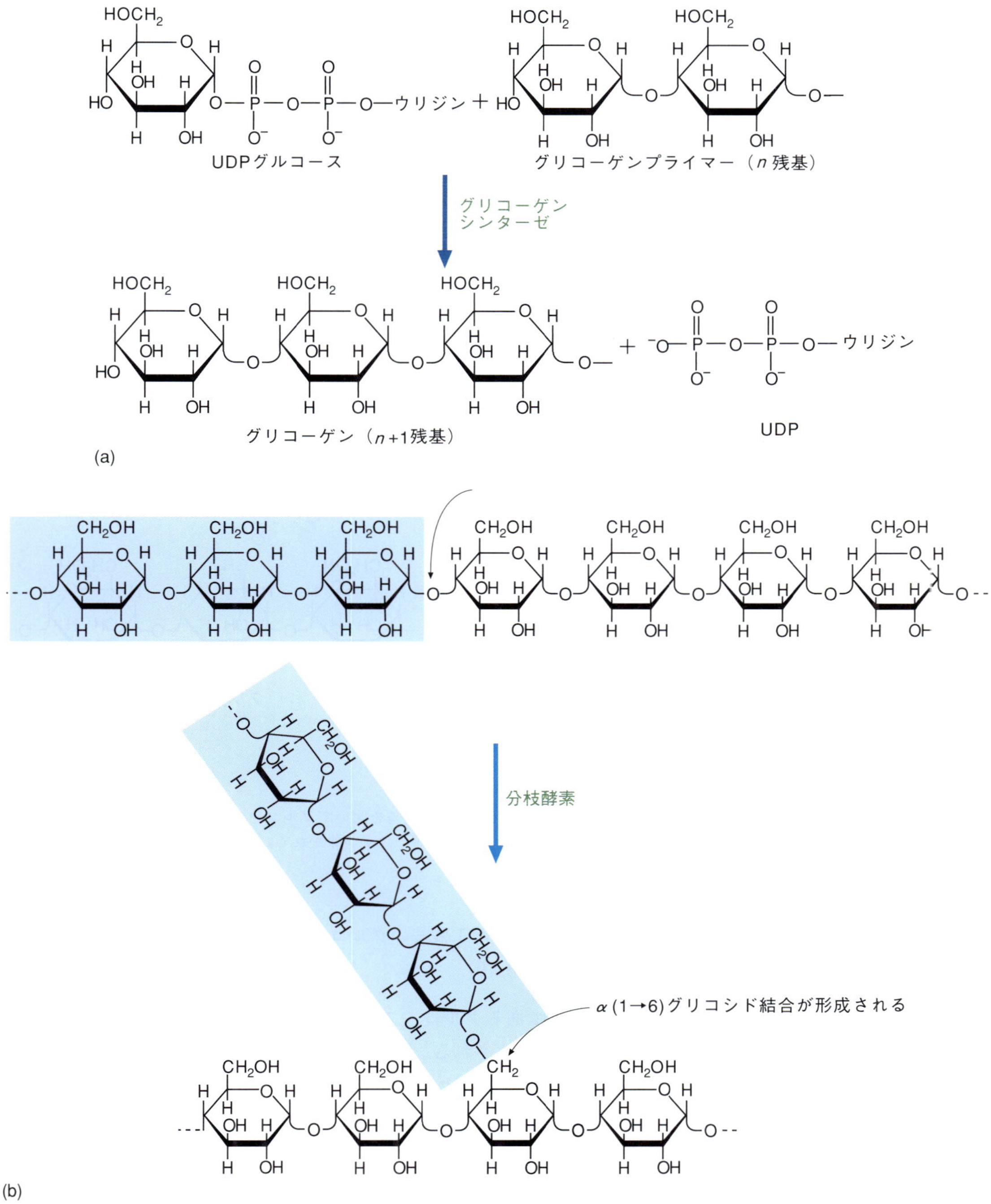

図 8.17 グリコーゲンの合成

(a) グリコーゲンシンターゼがUDPグルコースのエステル結合を切断し，グルコースと伸長中のグリコーゲン鎖との間に α(1 → 4)グリコシド結合を形成する．(b) 分枝酵素はグリコーゲン中の α(1 → 6)結合の合成を行う．

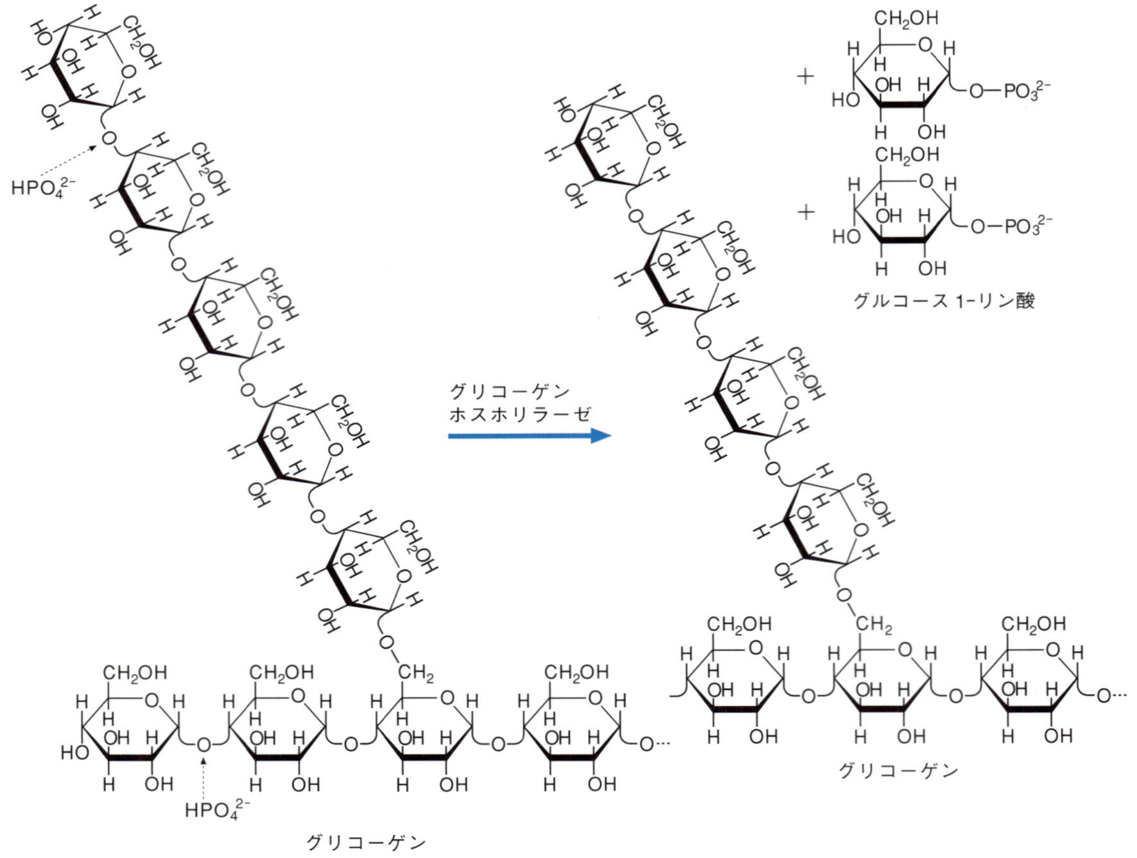

図 8.18　グリコーゲンの分解

グリコーゲンホスホリラーゼは，グリコーゲンの非還元末端からグルコース残基を除いてグルコース 1-リン酸を生成する反応を触媒する．この図では，グリコーゲンの二つの非還元末端からグルコース残基が一つずつ除かれている．この除去は，分枝点からグルコース残基数が 4 になるまで継続する．

始まる．その後，分枝点に結合した 1 残基のグルコースが除かれる．後者の反応生成物は遊離のグルコースである（図 8.19）．

グリコーゲン分解の主要生産物であるグルコース 1-リン酸は，筋肉の細胞では解糖に利用され，筋収縮のためのエネルギーが産生される．肝細胞では，グルコース 1-リン酸はホスホグルコムターゼとグルコース-6-ホスファターゼによってグルコースに変換され，血中に放出される．グリコーゲン分解のまとめを図 8.20 に示す．

グリコーゲン代謝の制御

エネルギーの浪費を避けるためにグリコーゲン代謝は厳密に制御されている．合成と分解は，いずれもインスリン，グルカゴン，および**エピネフリン**（epinephrine），さらにアロステリックな制御がかかわる複雑な機構によって制御されている．食後，時間が経過して血糖値が低下すると，膵臓からグルカゴンが放出される．グルカゴンは肝細胞の受容体に結合し，細胞内の cAMP 濃度を上昇させるシグナル伝達過程を開始させる．cAMP はグルカゴンの信号を増幅し，リン酸化連鎖反応を開始させて，他の多くのタンパク質とともにグリコーゲンホスホリラーゼの活性化を起こす．その結果，数秒以内にグリコーゲンが分解され，グルコースが血流へ放出される．

インスリン受容体にインスリンが結合すると，受容体は活性をもったチロシンキナーゼ酵素となり，最終的にはグルカゴン/cAMP 系と反対の効果を示すリン酸化の流れを起こす．すなわち，グリコーゲン分解酵素群は阻害され，グリコーゲン合成酵素群が活性化される．インス

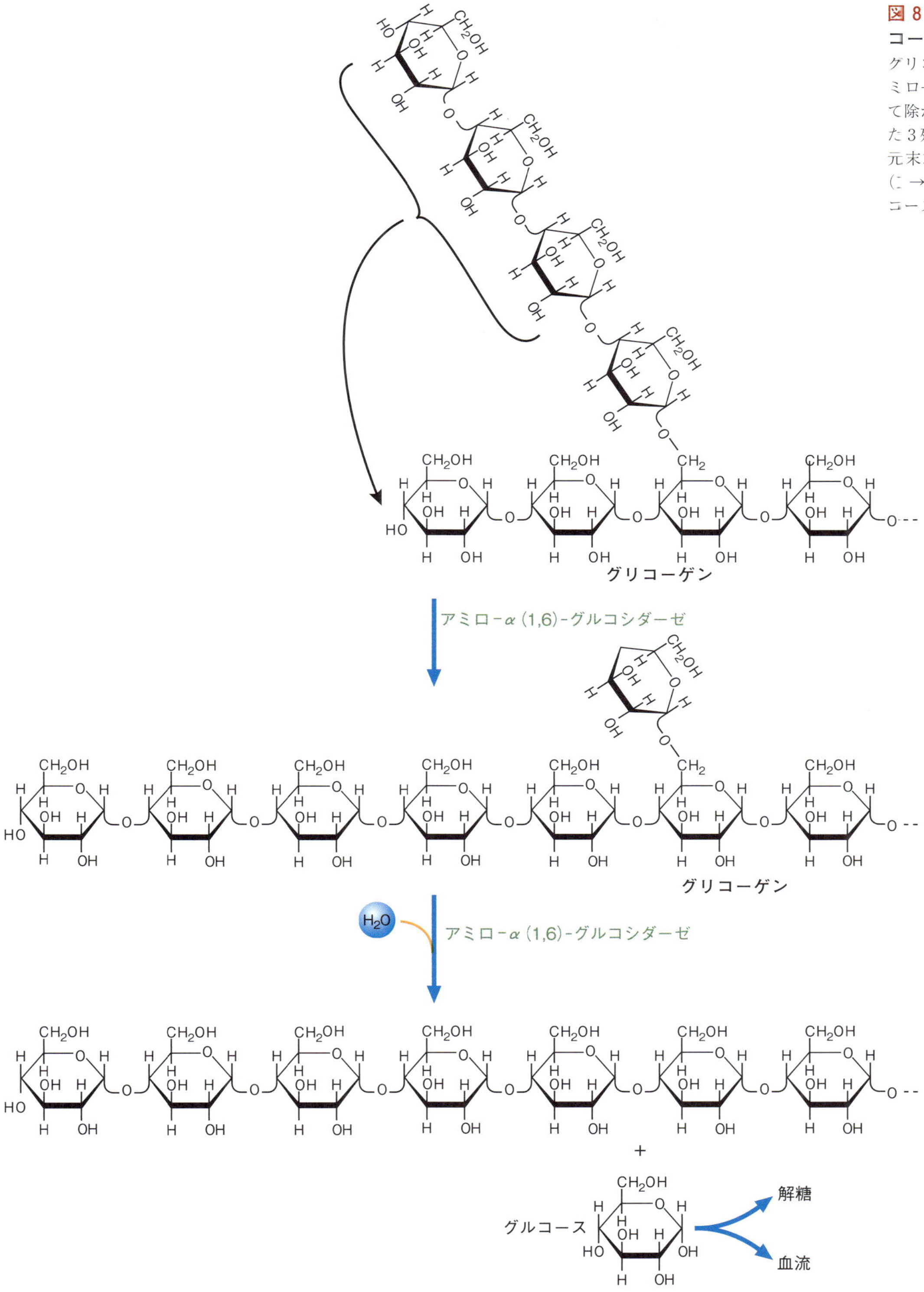

図 8.19 脱分枝酵素によるグリコーゲンの分解
グリコーゲン中の分枝が脱分枝酵素のアミロ-α(1→6)-グルコシダーゼによって除かれる．すなわち，分枝点から離れた3残基がすぐそばのグリコーゲン非還元末端に転移した後，脱分枝酵素がα(1→6)結合を切断して1分子のグルコースを遊離させる．

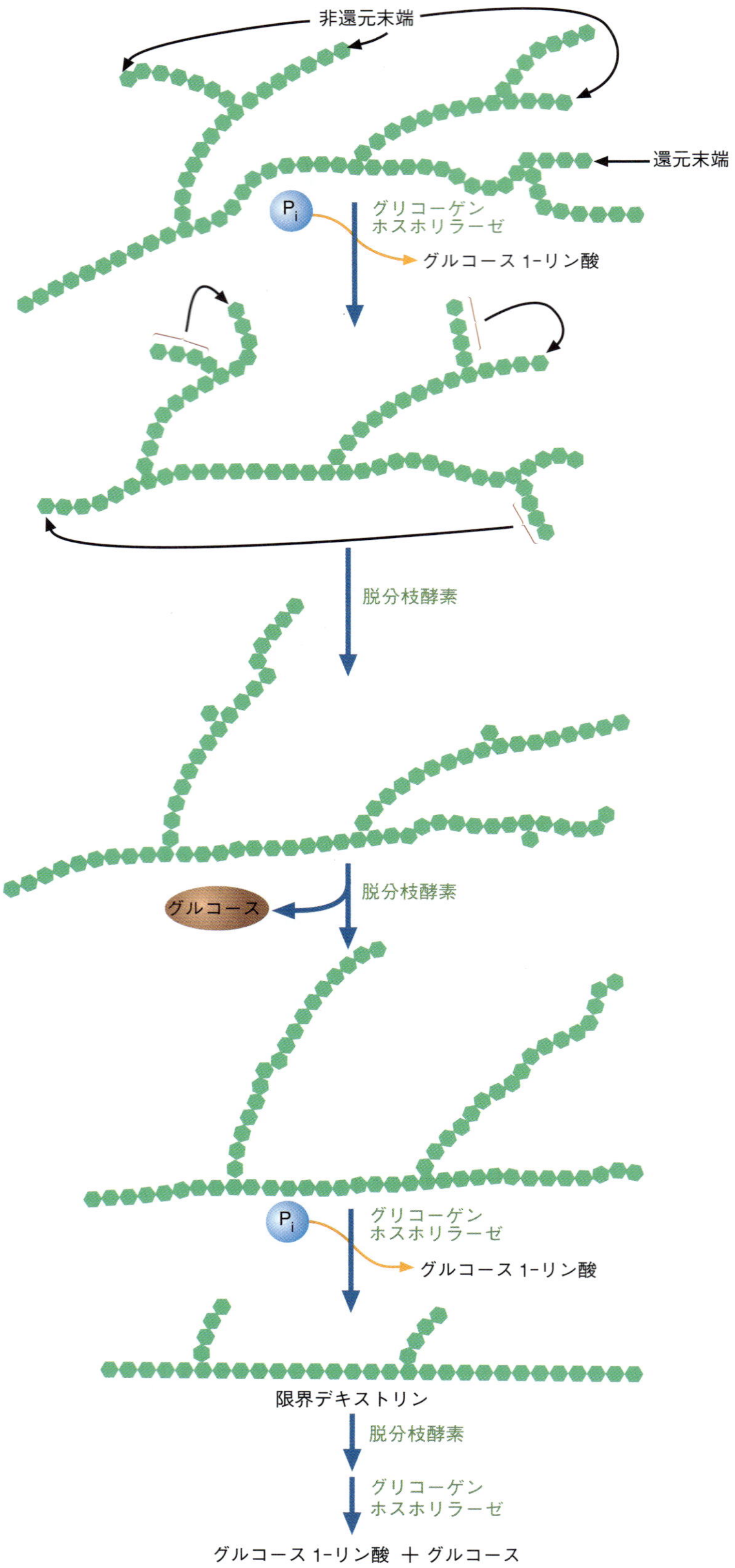

図 8.20　グリコーゲンの分解：まとめ

グリコーゲンホスホリラーゼは，分枝点からのグルコース残基数が4になるまで，グリコーゲン中の $\alpha(1 \rightarrow 4)$ 結合を切断して，グルコース 1-リン酸を産生し続ける．脱分枝酵素は4残基のうちの3残基を切断してすぐそばの非還元末端に転移し，4番目のグルコース残基を遊離のグルコース分子にする．2種類の酵素が繰り返し作用することによってグリコーゲンは完全に分解される．

リンはまた，肝臓および脳細胞を除く，いくつかの種類の標的細胞へのグルコースの取り込み速度も増加させる．

精神的あるいは肉体的なストレスは，副腎髄質からホルモンのエピネフリンを放出させる．エピネフリンはグリコーゲン分解を促進し，グリコーゲン合成を阻害する．緊急の場合には，エピネフリンが比較的大量に放出されて，大量に産生されたグルコースが緊急状況に対応するのに必要なエネルギーを供給する．この効果を攻撃・逃避応答という．エピネフリンは，肝臓および筋肉細胞のアデニル酸シクラーゼを活性化することによって，この過程を開始させる．カルシウムイオンとイノシトール三リン酸（16章）も，エピネフリンの作用に関与すると考えられている．

グリコーゲンシンターゼ（GS）とグリコーゲンホスホリラーゼは，いずれも共有結合の修飾による相互変換によって，活性もしくは不活性な立体構造をとる．GSの活性型はI型（独立型）として知られており，リン酸化によって不活性型，すなわちD型（依存型）に変換される．GSは大量のキナーゼが触媒するリン酸化反応によって不活性化されるので，その活性は一定範囲のシグナル強度に応答して適切に調節される．生理学的に最も重要なリン酸化酵素はグリコーゲンシンターゼキナーゼ3（GSK3）とカゼインキナーゼ1（CK1）である．GSとは対照的に，グリコーゲンホスホリラーゼの不活性型（ホスホリラーゼb）は特異的なセリン残基のリン酸化によって活性型（ホスホリラーゼa）に変換される．グリコーゲンホスホリラーゼをリン酸化する酵素はホスホリラーゼキナーゼと呼ばれる．グリコーゲンシンターゼのリン酸化（不活性化）とホスホリラーゼキナーゼのリン酸化（活性化）は，いずれもプロテインキナーゼによって触媒され，このキナーゼはcAMPによって活性化される（シグナル伝達におけるcAMPの役割は16章のp. 516〜518に述べている）．グリコーゲンシンターゼとグリコーゲンホスホリラーゼが脱リン酸化されるとグリコーゲンの合成が起こる．この変換（脱リン酸）はホスホプロテインホスファターゼ1（PP1）によって触媒される．PP1もまたホスホリラーゼキナーゼによって不活性化される．PP1がPTG（グリコーゲンを標的とするタンパク質）と呼ばれるアンカー（碇（いかり）型）タンパク質によってグリコーゲンシンターゼとグリコーゲンホスホリラーゼの両方にかかわっていることは重要である．グリコーゲン代謝に対するグルカゴン，インスリン，およびエピネフリンの影響は図8.21にまとめられている．

いくつかのアロステリックな調節因子もグリコーゲン代謝を制御している．筋肉の細胞では，筋収縮中に放出されるカルシウムイオンとAMPがグリコーゲンホスホリラーゼbの活性部位に結合し，ホスホリラーゼaへの変換を促進する．逆反応，すなわちグリコーゲンホスホリラーゼaからホスホリラーゼbへの変換は高濃度のATPとグルコース6-リン酸によって促進される．グリコーゲンシンターゼ活性はグルコース6-リン酸によって上昇する．肝細胞では，グルコースがグリコーゲンホスホリラーゼの阻害を促進するアロステリックな調節因子である

問題 8.7

糖原病は，グリコーゲン合成または分解にかかわる一つまたは複数の酵素の遺伝的欠損によって生じる．脱分枝酵素の欠損によって生じるコリ病の患者では，肝臓の肥大（巨肝症）と低血糖濃度（**低血糖症**，hypoglycemia）が認められる．これらの症状がなぜ生じるのか述べよ．

キーコンセプト

- グリコーゲンの合成では，グリコーゲンシンターゼがUDPグルコースのグルコシル基をグリコーゲンの非還元末端に転移する．そしてグリコーゲン分枝酵素が分枝点を形成する．
- グリコーゲンの分解はグリコーゲンホスホリラーゼと脱分枝酵素を必要とする．グリコーゲン代謝は3種類のホルモン，すなわちグルカゴン，インスリン，およびエピネフリンといくつかのアロステリックな調節因子によって制御されている．

コリ病

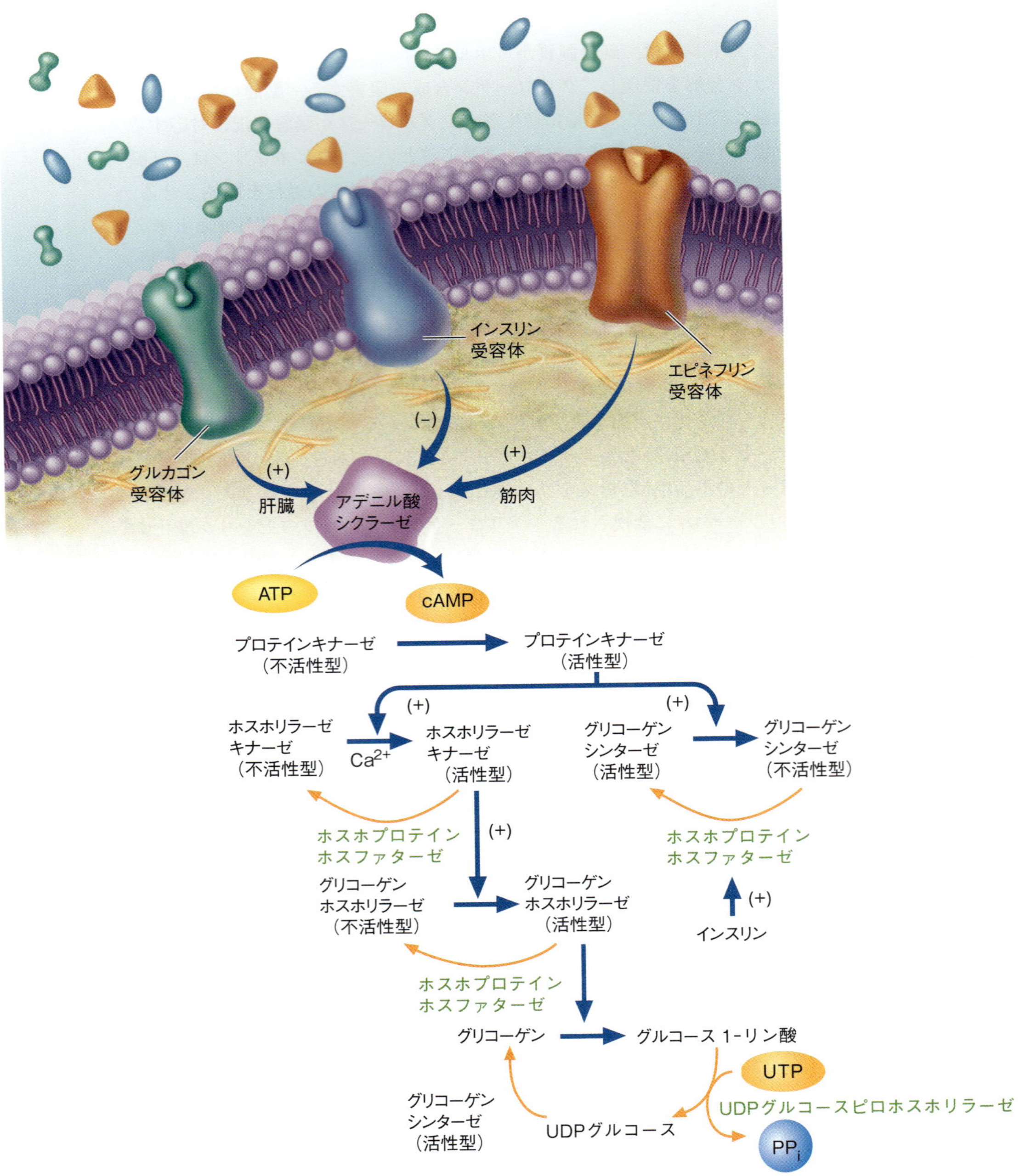

図 8.21　グリコーゲン代謝に影響する主要な因子

グルカゴン（低血糖に応答して膵臓から放出される）やエピネフリン（ストレスに応答して副腎の分泌腺から放出される）が標的細胞の表面にある受容体に結合すると，グリコーゲンをグルコース 1-リン酸に変換する反応の流れが開始され，グリコーゲンの合成は阻害される．インスリンは，cAMP の合成を減少させることによってグリコーゲン分解を阻害し，ホスホプロテインホスファターゼを活性化することによってグリコーゲン合成をいくぶん促進する．アデニル酸シクラーゼは，その作用部位を細胞質側に突き出した膜貫通タンパク質であることに注意しよう．この図ではわかりやすくするため，アデニル酸シクラーゼを細胞質のタンパク質のように描いている．

本章のまとめ

1. 糖質代謝ではグルコースの代謝が最も重要である．なぜならこの糖はほとんどの生物において重要な燃料分子だからである．細胞のエネルギー保有量が低いとグルコースは解糖系によって分解される．緊急なエネルギー産生が必要でないとき，グルコースはグリコーゲン（動物の場合），またはデンプン（植物の場合）として蓄えられる．
2. 解糖系においてグルコースはリン酸化された後，2分子のG3-Pに分割される．それぞれのG3-Pは，その後，1分子のピルビン酸に変換される．少量のエネルギーが2分子ずつのATPとNADHに捕捉される．嫌気性生物ではピルビン酸は老廃物に変換される．この過程においてNAD^+が再産生されるので解糖が継続する．酸素存在下において，好気性生物はピルビン酸をアセチルCoAに変換し，その後，CO_2とH_2Oに変換する．解糖系は原則として，ヘキソキナーゼ，PFK-1，およびピルビン酸キナーゼの3種類の酵素のアロステリックな調節と，グルカゴンとインスリンというホルモンによって制御されている．
3. 糖新生においては，グルコース分子が非糖質の前駆体（乳酸，ピルビン酸，グリセロール，およびある種のアミノ酸類）から合成される．糖新生の一連の反応は，大部分が解糖の逆反応である．三つの不可逆的な解糖反応（ピルビン酸の合成，フルクトース1,6-ビスリン酸のフルクトース6-リン酸への変換，およびグルコース6-リン酸からのグルコースの生成）は別のエネルギー的に有利な反応によって迂回されている．
4. ペントースリン酸経路はグルコース6-リン酸を酸化する経路であり，二つの段階に分けられる．酸化的段階においては，グルコース6-リン酸がリブロース5-リン酸に変換されるときに2分子のNADPHが産生される．非酸化的段階では，リボース5-リン酸とその他の糖類が合成される．細胞がヌクレオチドと核酸の構成要素であるリボース5-リン酸よりもNADPHを必要とするとき，非酸化的段階の代謝物は解糖系の中間体に変換される．
5. グルコース以外のいくつかの糖も脊椎動物の糖質代謝では重要である．このような糖には，フルクトース，ガラクトース，およびマンノースがある．
6. グリコーゲン合成の基質は，グルコースの活性型であるUDPグルコースである．UDPグルコースピロホスホリラーゼはグルコース1-リン酸とUTPからのUDPグルコースの生成を触媒する．グルコース6-リン酸はホスホグルコムターゼによってグルコース1-リン酸に変換される．グリコーゲンの生成にはグリコーゲンシンターゼと分枝酵素の2種類の酵素が必要である．グリコーゲンの分解には，グリコーゲンホスホリラーゼと脱分枝酵素が必要である．グリコーゲンの合成と分解のバランスはいくつかのホルモン（インスリン，グルカゴン，およびエピネフリン）によって厳密に制御されている．

キーワード

アルドール開裂（aldol cleavage） 241
インスリン（insulin） 253
エピネフリン（epinephrine） 270
応答エレメント（response element） 253
解糖（glycolysis） 238
基質準位のリン酸化（substrate-level phosphorylation） 243
クエン酸回路（citric acid cycle） 247
クラブツリー効果（Crabtree effect） 250
グリコーゲン合成（glycogenesis） 238
グリコーゲン分解（glycogenolysis） 238
グルカゴン（glucagon） 253
グルコース-アラニン回路（glucose-alanine cycle） 259
嫌気性生物（anaerobic organism） 238
好気的呼吸（aerobic respiration） 238
抗酸化剤（antioxidant） 263
互変異性（tautomerization） 245
互変異性体（tautomer） 245
コリ回路（Cori cycle） 258
脱炭酸（decarboxylation） 248
低血糖症（hypoglycemia） 273
電子伝達系（electron transport system） 247
転写因子（transcription factor） 253
糖新生（gluconeogenesis） 238
パスツール効果（Pasteur effect） 250
発酵（fermentation） 247
ペントースリン酸経路（pentose phosphate pathway） 238
両性代謝経路（amphibolic pathway） 247
リンゴ酸シャトル（malate shuttle） 257

復習問題

以下の問いは，次章へ進む前に，本章で論じた重要な概念について理解度を確認するためのものである．解答は巻末および『問題の解き方』を参照のこと．

1. 以下の用語の定義を述べよ．
   a. 解糖　b. ペントースリン酸経路　c. 糖新生
   d. グリコーゲン分解　e. グリコーゲン合成
2. 以下の用語の定義を述べよ．
   a. 嫌気性生物　b. 好気性生物　c. 好気的呼吸
   d. アルドール開裂　e. 基質準位のリン酸化
3. 以下の用語の定義を述べよ．
   a. 互変異性　b. 互変異性体　c. 両性代謝経路
   d. 電子伝達系　e. 脱炭酸反応
4. 以下の用語の定義を述べよ．
   a. コリ回路　b. グルカゴン
   c. グルコース-アラニン回路　d. 低血糖症
   e. 抗酸化剤
5. グルコースは細胞内に入るとすぐにリン酸化される．リン酸化反応がなぜ必要なのか，理由を二つ述べよ．
6. 以下の分子の機能を説明せよ．
   a. インスリン　b. グルカゴン
   c. フルクトース2,6-ビスリン酸　d. UDPグルコース

e. cAMP　f. GSSG　g. NADPH

7. 生物の異化経路はなぜ〝ターボ設計〟されているのか.
8. 解糖のなかで以下のことが生じている反応を特定せよ.
   a. ATPの消費　b. ATPの合成　c. NADHの合成
9. 糖新生における三つの独特な反応をあげよ.
10. パスツール効果とクラブツリー効果を説明し, 対比せよ.
11. グルコース代謝を制御する三つの主要なホルモンをあげよ. これら分子の糖質の代謝への影響を簡単に説明せよ.
12. 真核生物の細胞において以下の過程はどこで進行するか.
    a. 糖新生　b. 解糖　c. ペントースリン酸経路
13. 基質準位のリン酸化を定義せよ. 解糖においてこのカテゴリーに分類できる二つの反応を示せ.
14. 酵母のような生物がアルコールを産生することの本質的な理由を述べよ.
15. グリコーゲンをグルコースに変換する反応をエピネフリンが促進する仕組みを説明せよ.
16. 解糖は2段階で進行する. それぞれの段階では最終的に何が生じるのか説明せよ.
17. 糖新生を活性化する生理的な条件を説明せよ.
18. 次の二つの反応は一種の無益回路を形成している.

    グルコース + ATP ⟶ グルコース 6-リン酸
    グルコース 6-リン酸 + H_2O ⟶ グルコース + P_i

    このような無益回路の形成は, どのようにして妨げられ, そして制御されているのか考えよ.
19. 糖質代謝におけるグルコースの中心的役割を説明せよ.
20. グルコースがエタノールに変化する反応式を書け.
21. フルクトースが解糖中間体に変換される反応を書け.
22. 重度の低血糖がきわめて危険であることの理由を説明せよ.
23. 解糖系のなかで脱水反応はどれか.
24. コリ回路を説明せよ. その生理的意義も説明せよ.
25. グリコーゲン代謝におけるインスリンとグルカゴンの影響を説明せよ.
26. インスリン, グルカゴン, エピネフリン, コルチゾールを産生する細胞は何か述べよ.
27. 嫌気的および好気的な条件におけるピルビン酸の代謝運命を説明せよ.

応用問題

以下の問いは, 本書でこれまで論じてきた重要な概念について理解を深めるためのものである. 正解は一つとは限らない. 解答例は巻末および『問題の解き方』を参照のこと.

28. 解糖の第一段階では, フルクトース 1,6-ビスリン酸が開裂してグリセルアルデヒド 3-リン酸とジヒドロキシアセトンリン酸が生じる. そして後者の分子はグリセルアルデヒド 3-リン酸に変換される. これらの反応機構を図を用いて説明せよ.
29. 糖質に富んだ食事を摂取して, すべての組織のグルコース要求が充足すると, 肝臓は過剰なグルコース分子をグリコーゲン分子として貯蔵する. この現象でのヘキソキナーゼの役割を説明せよ.
30. グルコキナーゼは肝細胞, 膵臓の α および β 細胞, 腸細胞(小腸壁の細胞), および視床下部(脳のなかにある莫大な数の生理機能の中枢)においてグルコースセンサーとして作用している. グルコキナーゼがこの役割を演じることができる理由を説明せよ.
31. グリコーゲン合成には短鎖のプライマーが必要である. 新たなグリコーゲンは, このプライマーからどのようにして合成されるか.
32. フルクトースがグルコースよりも速く代謝されるのはなぜか.
33. PEPに高いリン酸基転移ポテンシャルを与えているエノールリン酸エステルと, 通常のリン酸エステルとの違いは何か.
34. 糖新生が解糖の完全な逆反応でないことが重要なのはなぜか.
35. エタノール, 酢酸, およびアセトアルデヒドの構造を比較せよ. どの分子が最も酸化されやすいか. どの分子が最も還元されやすいか. それぞれの理由も述べよ.
36. 高濃度のフルクトースを含むコーンシロップを甘味料に用いたソフトドリンクや加工食品の大量摂取が肥満につながっている. 図8.16を見直して, この現象の理由としてありうることを推定せよ.
37. リン酸化反応はどのようにしてグルコースの反応性を高めるか.
38. グリコーゲンとトリアシルグリセロールはいずれも体内でエネルギー源として用いられる. 両方が必要とされる理由を推定せよ.
39. 厳しいダイエットは貯蔵脂肪の減少と筋肉の損失の両方を引き起こす. 筋肉タンパク質がグルコース産生へ変換される生化学的な反応を追跡せよ.
40. ある細胞が, 2位の炭素を ^{14}C で標識したグルコース分子により培養されている. ペントースリン酸経路を通る場合の放射性標識を追跡せよ.
41. エタノールはいくつかの理由により, とくに子供にとって有害である. たとえば, エタノールの消費は結果的に肝臓のNADH濃度の上昇を引き起こす. この現象を説明できる機構を推定せよ.

CHAPTER

9 好気的代謝 I：クエン酸回路

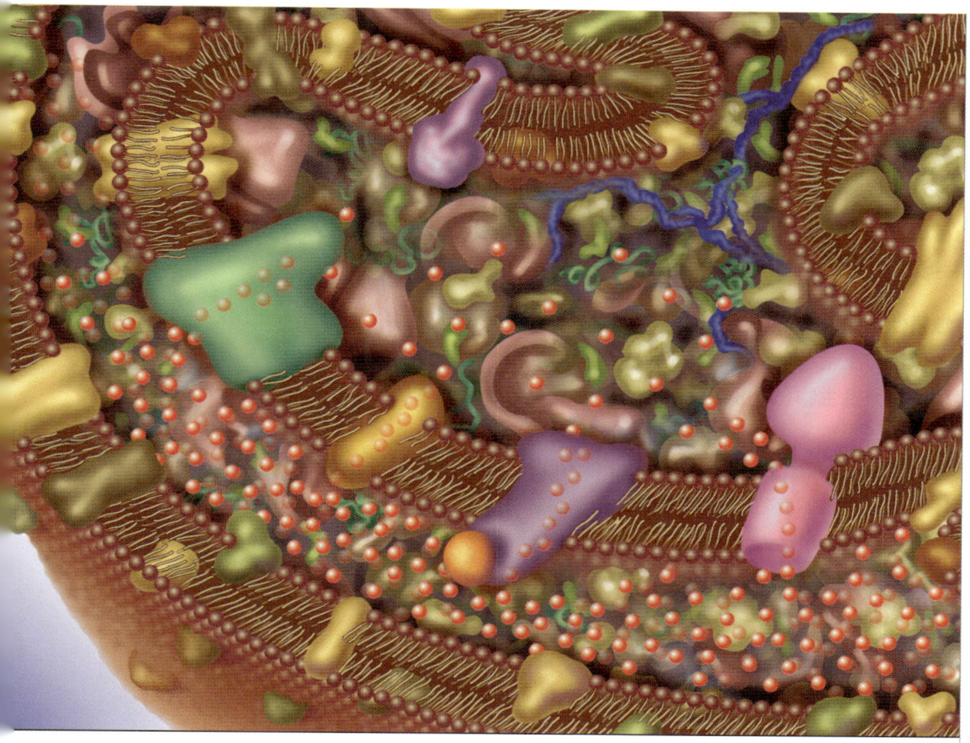

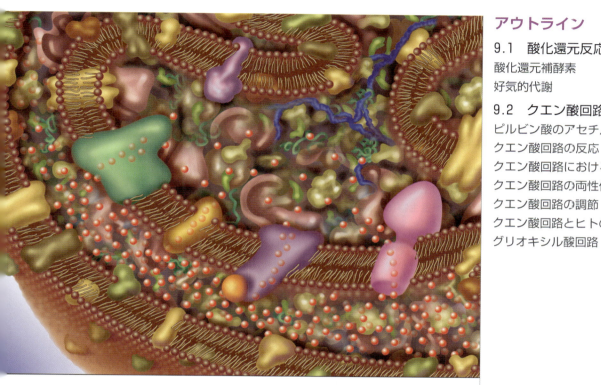

好気性細胞　好気性細胞においては，ほとんどのエネルギーがミトコンドリアでつくられる．二原子酸素(O_2)は，栄養素の酸化過程において，最後の電子受容体として働く．

アウトライン

概　要

現代の好気性生物は，食物分子の化学結合のエネルギーをアデノシン5′-三リン酸（ATP）の結合エネルギーへと変換している．彼らは，食物分子から引き抜いた電子の最終的な受容体として酸素を利用することによって，この妙技を成し遂げている．酸素を利用してグルコースや脂肪酸などの栄養素を酸化できるようになったことにより，発酵よりもはるかに大量のエネルギーを産生できるようになった．

約20億年前に大気酸素が蓄積し始めると，その当時存在していた生物は重大な問題に直面した．それは，分子状酸素が活性酸素種（ROS）と呼ばれる有毒な酸素イオンと過酸化物を発生するという問題である．ROSは生体分子と反応して，それらを損傷あるいは破壊する．その結果，O_2への曝露は容赦のない選択圧として働いた．この時期に存在していた種はO_2に適応する手段を進化させるしかなく，そうでなければ絶滅した．現代の生物は，ROSに対処するための戦略をとったものと，エネルギー産生にO_2を利用するための戦略をとったものとに分類される．

1．**絶対嫌気性生物**（obligate anaerobe）は無酸素条件下でのみ生育し（つまり土壌などの高還元性の環境で生活し），発酵を利用してエネルギーを産生している．
2．**酸素耐性嫌気性生物**（aerotolerant anaerobe）も発酵に依存し，解毒酵素とROSを解毒する抗酸化分子を備えている．
3．**通性嫌気性生物**（facultative anaerobe）はROSの解毒に必要な生化学的機構を備えているだけでなく，酸素存在下で酸素を電子受容体として利用することができる．
4．**絶対好気性生物**（obligate aerobe）はエネルギー産生をO_2に強く依存している．絶対好気性生物は，酵素や数多くの内在性または外来性の抗酸化分子からなる複雑な解毒化機構により，ROSへの曝露による危険から身を守っている．

好気的代謝は，クエン酸回路，電子伝達経路，酸化的リン酸化という生化学過程から成り立っている（図9.1）．真核生物では，これらの過程はミトコンドリア内で起こる（図9.2）．クエン酸回路は代謝経路の一つである．クエン酸回路では，有機燃料分子由来の二つの炭素フラグメントが酸化されてCO_2が発生し，補酵素である酸化型ニコチンアミドアデニンジヌクレオチド（NAD^+）と酸化型フラビンアデニンジヌクレオチド（FAD）が還元されて，還元型ニコチンアミドアデニンジヌクレオチド（NADH）と還元型フラビンアデニンジヌクレオチド（$FADH_2$）が生じる．電子伝達鎖（ETC）とも呼ばれる電子伝達経路では，電子がNADHと$FADH_2$から，連続的に還元されその後酸化される一連の電子伝達体へ移動する．最終的な電子受容体はO_2である．酸化的リン酸化では，電子伝達により放出されたエネルギーがプロトン勾配を生みだし，生物のエネルギー通貨であるATPの合成を引き起こす．

9章では，まず酸化還元反応，および電子の流れとエネルギー変換との関係について述べる．次に，好気的代謝の中心的経路であるクエン酸回路の詳細について，そして，エネルギー産生と生合成におけるクエン酸回路の役割について解説する．10章では引き続き好気的代謝について述べるが，そのなかでも，好気性生物が酸素を用いて大量のATPを合成する手段である電子伝達系と酸化的リン酸化について説明する．最後に，有毒酸素種が産生されて細胞に損傷を与える酸化ストレスと呼ばれる一連の反応について解説する．10章ではまた，生物が酸化ストレスからみずからを守るために用いる主要な機構についても記述する．

9.1　酸化還元反応

生体中では，エネルギーの獲得と放出という両方の過程が，おもに酸化還元反応により行われている．酸化還元反応が，電子供与体（還元剤）と電子受容体（酸化剤）との間で電子が移動す

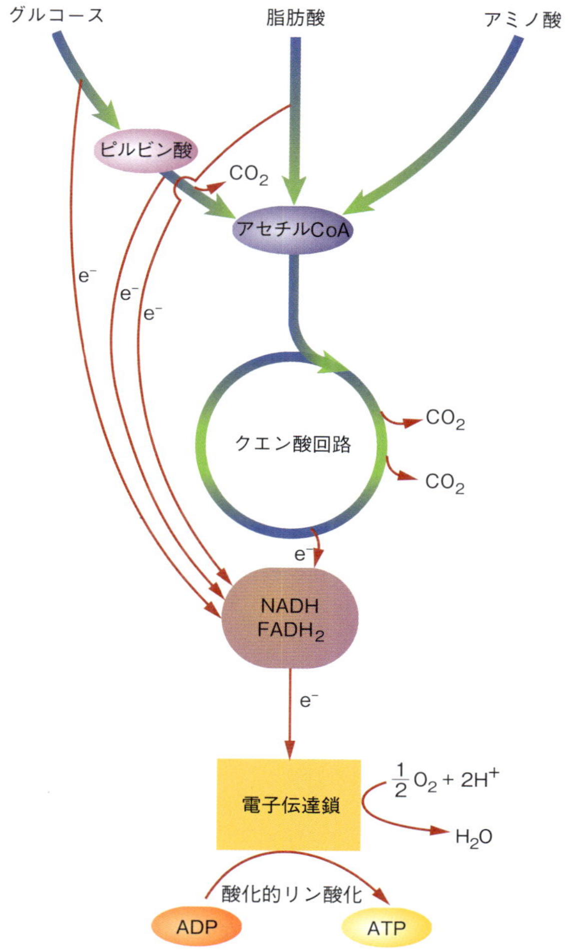

図 9.1 好気的代謝の概要
好気的代謝においては，栄養素分子であるグルコース，脂肪酸，数種のアミノ酸が分解され，アセチル CoA ができる．アセチル CoA は，その後，クエン酸回路へ入る．グルコースおよび脂肪酸の分解とクエン酸回路のいくつかの反応により生成した電子伝達体（NADH と $FADH_2$）は，電子伝達鎖へ電子（e^-）を供与する．電子伝達鎖が受けとったエネルギーは，その後，酸化的リン酸化と呼ばれる過程において ATP の産生に利用される．好気的代謝の最終的な電子受容体である O_2 は，プロトンと結合して水分子を形成する．

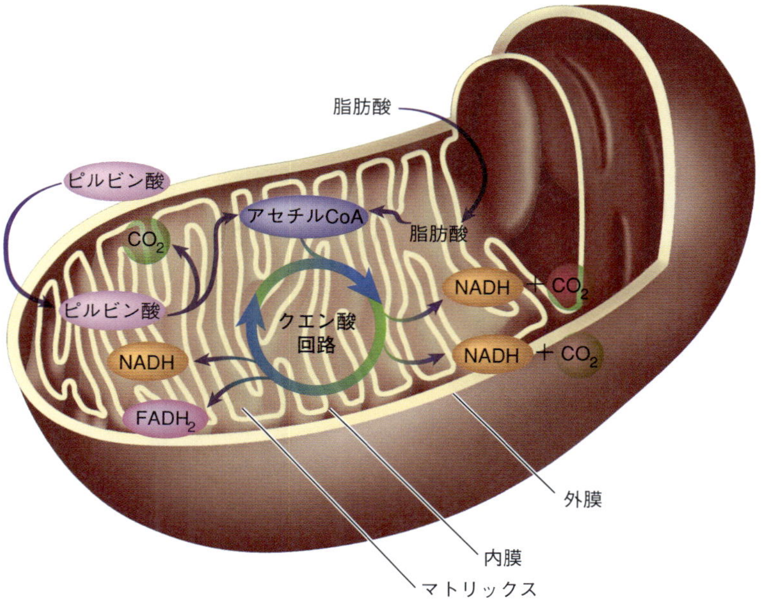

図 9.2 ミトコンドリアにおける好気的代謝
真核細胞では，好気的代謝はミトコンドリアで行われる．ミトコンドリアマトリックスでは，ピルビン酸の酸化生成物であるアセチル CoA，脂肪酸，ある種のアミノ酸（図には示されていない）が，クエン酸回路の反応により酸化されている．クエン酸回路のおもな生成物は，還元型補酵素の NADH と $FADH_2$，および CO_2 である．NADH と $FADH_2$ の高エネルギー電子は，続いて，内膜に存在する一連の電子伝達体からなる電子伝達鎖（ETC）へ渡される．ETC の最終的な電子受容体は O_2 である．この電子伝達機構から得られたエネルギーは，内膜を横切ってプロトン勾配をつくり，それにより ATP 合成が促進される．折りたたまれた内膜の表面には，ETC 複合体，さまざまな種類の輸送タンパク質，ATP 合成を行う酵素複合体である ATP シンターゼなどがちりばめられている．

る場合に起こることは前に述べた．酸化還元反応のなかには電子の移動のみが起こる場合もある．たとえば次の反応では

$$Cu^{+} + Fe^{3+} \rightleftharpoons Cu^{2+} + Fe^{2+}$$

電子1個が Cu^{+} から Fe^{3+} へ移動して，還元剤である Cu^{+} が酸化されて Cu^{2+} となる．一方，Fe^{3+} は Fe^{2+} へ還元される．しかし多くの反応では，電子とプロトンの両方が移動する．たとえば，乳酸デヒドロゲナーゼが触媒する反応は，ヒドリドイオン（$H:^{-}$，すなわち1個の水素原子核と2個の電子）のNADHからピルビン酸への移動によって開始される．ピルビン酸が還元されてプロトン（H^{+}）1個が周囲の環境から取り込まれ（図9.3），最終生成物の乳酸と NAD^{+} が生じる．

理解しやすいように酸化還元反応を半反応に分けてみる．先の銅と鉄の反応では，Cu^{+} イオンが電子を1個失って Cu^{2+} となる．

$$Cu^{+} \rightleftharpoons Cu^{2+} + e^{-}$$

この式は Cu^{+} が電子供与体であることを示している〔Cu^{+} と Cu^{2+} は**共役酸化還元対**（conjugate redox pair）である〕．Cu^{+} が電子を1個失うと，Fe^{3+} が電子を1個受けとり，Fe^{2+} となる．

$$Fe^{3+} + e^{-} \rightleftharpoons Fe^{2+}$$

この半反応では Fe^{3+} が電子受容体である．酸化還元反応を二つに分けることにより，電子が常に半反応間の共通の中間体であることがわかる．

この半反応の構成要素は電池を用いて観察できる（図9.4）．それぞれの半反応は半電池と呼ばれる別べつの容器内で起こる．酸化が起こっている半電池内で発生した電子（ここでは $Cu^{+} \longrightarrow Cu^{2+} + e^{-}$）が移動すると，二つの半電池の間に電圧（または電位差）が生じる．（電圧計で測定した）電圧の符号は，電子の流れの向きに応じて，正であったり負であったりする．電位差の大きさは，その反応を引き起こすエネルギーの指標である．

ある物質の電子の獲得しやすさのことを，その物質の**還元電位**（reduction potential）という．

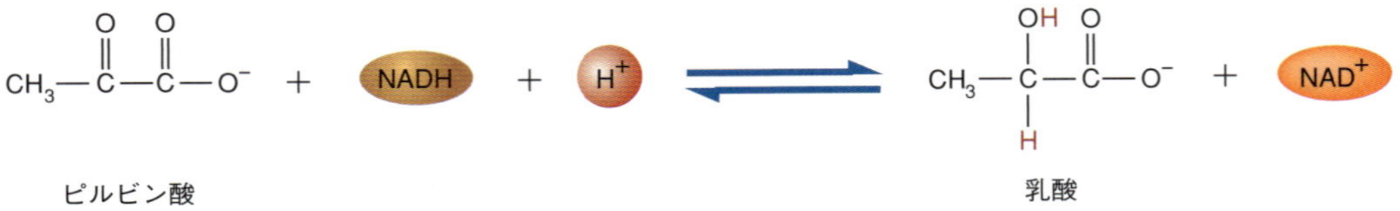

図9.3　NADHによるピルビン酸の還元
この酸化還元反応では，NADHからピルビン酸へヒドリドイオン（$H:^{-}$）が伝達され，その産物が周囲の媒体によりプロトン化されて，乳酸が生成する．

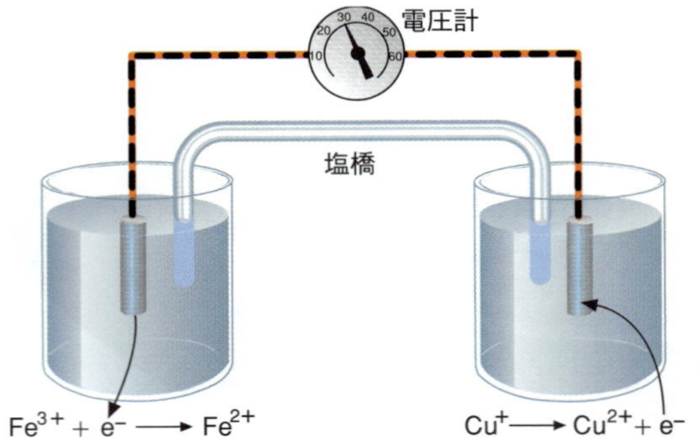

図9.4　電池
電子は Cu^{2+}/Cu^{+} 半電池（陰極）から電圧計を通って Fe^{3+}/Fe^{2+} 半電池（陽極）へ流れる．KClを含む塩橋により電気回路がつながる．電圧計は，電子を一方の半電池からもう一方の半電池へ移動させる原動力の電位を測定する．

ある物質の**標準還元電位**(standard reduction potential, E°)は，標準水素電極を基準として，ガルバニ電池を使って測定する．標準電池の溶液はすべて1.0 Mの濃度であり，すべての気体は1 atmの圧力で，温度は25 ℃である．半反応 $2H^+ + 2e^- \longrightarrow H_2(g)$ の標準水素電極を基準とした還元電位は0.00 Vとされている．

生化学における基準半反応は

$$2H^+ + 2e^- \rightleftharpoons H_2$$
$$pH = 7,\ 温度 = 25\ ℃,\ 圧力 = 1\ atm$$

この条件下で，この水素電極の還元電位($E^{0\prime}$)を，水素イオン濃度が1 Mの標準水素電極に対して測定すると，その値は −0.42 Vである．還元電位が −0.42 Vよりも低い(より負の値である)物質は，電子に対する親和性が H^+ よりも低い．より高い還元電位をもつ(より正の値である)物質は，電子に対する親和性が高い(**表9.1**)．テスト電極のpHはそれぞれの酸化還元半反応についてpH 7.0であり，標準電極はpH 0，もしくは水素イオン濃度 $[H^+]$ が1.0 Mである．

より負の(より正ではない)還元電位をもつ物質は，より正の還元電位をもつ物質から電子を受けとるので，全体として電池の電位($\Delta E^{\circ\prime}$)は正となる．$\Delta E^{\circ\prime}$ と $\Delta G^{\circ\prime}$ の関係は

$$\Delta G^{\circ\prime} = -nF\Delta E^{\circ\prime}$$

であり，ここで

表9.1 標準酸化還元電位*

酸化還元半反応	標準酸化還元電位 $E^{\circ\prime}$ (V)
$2H^+ + 2e^- \longrightarrow H_2$	−0.42
2-オキソグルタル酸 + $CO_2 + 2H^+ + 2e^-$ ⟶ イソクエン酸	−0.38
$NADP^+ + 2H^+ + 2e^- \longrightarrow NADPH$	−0.324
$NAD^+ + H^+ + 2e^- \longrightarrow NADH$	−0.32
$S + 2H^+ + 2e^- \longrightarrow H_2S$	−0.23
$FAD + 2H^+ + 2e^- \longrightarrow FADH_2$	−0.22
アセトアルデヒド + $2H^+ + 2e^-$ ⟶ エタノール	−0.20
ピルビン酸 + $2H^+ + 2e^-$ ⟶ 乳酸	−0.19
オキサロ酢酸 + $2H^+ + 2e^-$ ⟶ リンゴ酸	−0.166
$Cu^{2+} + e^- \longrightarrow Cu^+$	+0.16
フマル酸 + $2H^+ + 2e^-$ ⟶ コハク酸	+0.031
シトクロム $b(Fe^{3+}) + e^-$ ⟶ シトクロム $b(Fe^{2+})$	+0.075
シトクロム $c_1(Fe^{3+}) + e^-$ ⟶ シトクロム $c_1(Fe^{2+})$	+0.22
シトクロム $c(Fe^{3+}) + e^-$ ⟶ シトクロム $c(Fe^{2+})$	+0.235
シトクロム $a(Fe^{3+}) + e^-$ ⟶ シトクロム $a(Fe^{2+})$	+0.29
$NO_3^- + 2H^+ + 2e^- \longrightarrow NO_2^- + H_2O$	+0.42
$NO_2^- + 8H^+ + 6e^- \longrightarrow NH_4^+ + 2H_2O$	+0.44
$Fe^{3+} + e^- \longrightarrow Fe^{2+}$	+0.77
$\frac{1}{2}O_2 + 2H^+ + 2e^- \longrightarrow H_2O$	+0.82

*慣例により，酸化還元反応では，酸化剤と移動する電子数の右に還元剤を書く．この表では，$E^{\circ\prime}$ 値が大きくなる順に酸化還元対を並べてある．ある酸化還元対の $E^{\circ\prime}$ 値がより負の場合，その酸化型成分の電子への親和性は低い．$E^{\circ\prime}$ 値がより正の場合，その酸化型成分の電子への親和性は高い．適切な条件において，ある酸化還元半反応は，この表のなかでその反応よりも下に並んでいる半反応を還元できる．

$\Delta G^{\circ\prime}$ = pH 7 における標準自由エネルギー変化
n = 移動した電子の数
F = ファラデー定数(96,485 J/V·mol)
$\Delta E^{\circ\prime}$ = 標準条件下における電子供与体と電子受容体の間の還元電位の差

である．

生物は高エネルギー性の電子伝達体として酸化還元補酵素を用いている．最も代表的な例を次項で述べる．

酸化還元補酵素

補酵素として働くビタミン分子のニコチン酸とリボフラビンは，よく見られる電子伝達体である．それらの構造と機能の特性は次の通りである．

ニコチン酸　ニコチン酸には**ニコチンアミドアデニンジヌクレオチド**(nicotinamide adenine dinucleotide, NAD)と**ニコチンアミドアデニンジヌクレオチドリン酸**(nicotinamide adenine dinucleotide phosphate, NADP)という二つの補酵素型がある．これらの補酵素は酸化型(NAD^+ と $NADP^+$)あるいは還元型(NADH と NADPH)として存在する．NAD^+ と $NADP^+$ はともに分子内にアデノシンとニコチンアミドの N-リボシル誘導体を含み，それらはピロリン酸基を介して結合している(図 9.5a)．$NADP^+$ は，アデノシンの 2′-OH 基(ヌクレオチド内の糖部分の原子の番号には ′ をつけて塩基部分の原子と区別する)にさらにリン酸基が付加されたものである．NAD^+ と $NADP^+$ はデヒドロゲナーゼと呼ばれる酵素群に電子を渡す(デヒドロゲナーゼはヒドリドイオンの転移を触媒する．エネルギー産生にかかわる反応を触媒する多くのデヒドロゲナーゼは補酵素の NADH を使う．NADPH を必要とするデヒドロゲナーゼは，通常，生合成反応を触媒する．少数ではあるが，NADH と NADPH のどちらも使えるデ

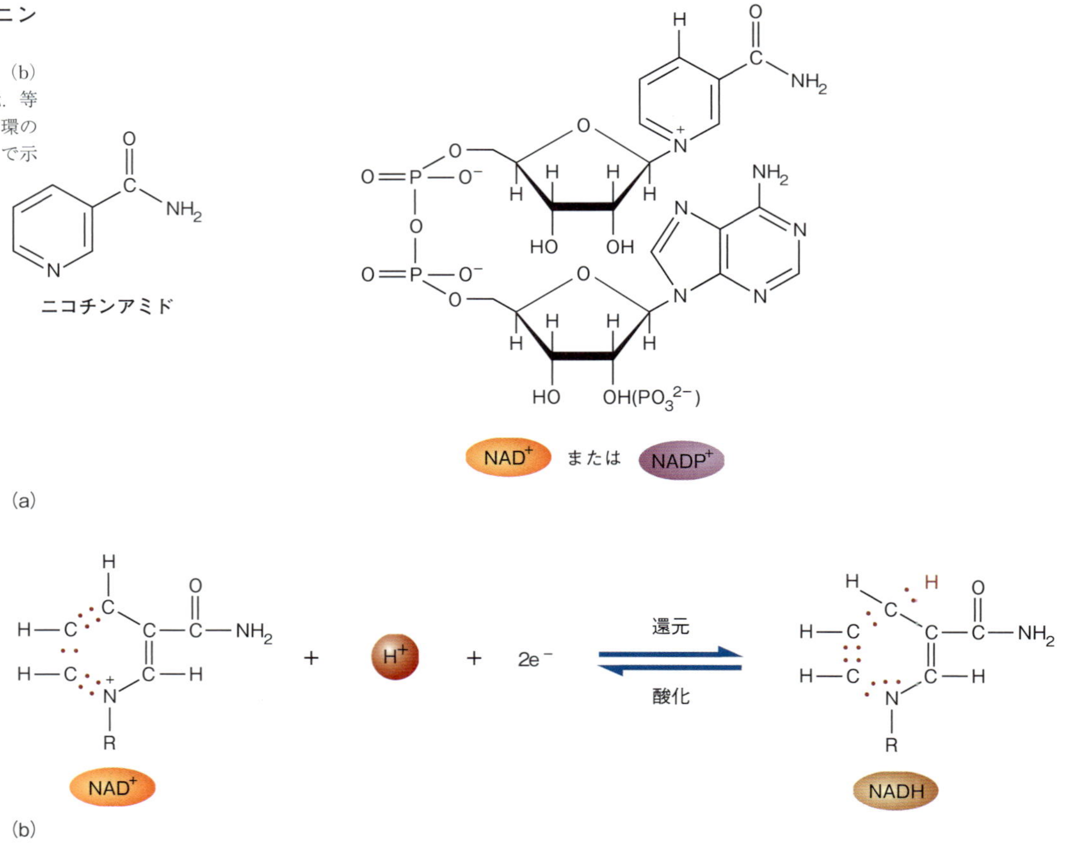

図 9.5　ニコチンアミドアデニンジヌクレオチド(NAD)
(a) ニコチンアミドと NAD(P)$^+$．(b) NAD^+ から NADH への可逆的還元．等式の簡略化のため，ニコチンアミド環のみを示す．分子のその他の部分は R で示す．

ヒドロゲナーゼがある).

アルコールデヒドロゲナーゼはエタノールからアセトアルデヒドへの酸化を可逆的に触媒する(p. 197).

この反応中, NAD^+ は酸化を受ける基質のエタノールからヒドリドイオンを受けとる. 生成物は水素を引き抜かれ, アセトアルデヒドになる. NAD^+ の可逆的還元を図 9.5(b) に示す.

デヒドロゲナーゼが触媒するほとんどの反応において NAD^+ (あるいは $NADP^+$) は一時的に酵素に結合するが, 還元されて酵素から離れた後, 電子受容体と呼ばれる NADH より高い正の還元電位をもつ別の分子にヒドリドイオンを供給する.

リボフラビン　リボフラビン(ビタミン B_2)は, 二つの補酵素, すなわち**フラビンモノヌクレオチド**(flavin mononucleotide, FMN)と**フラビンアデニンジヌクレオチド**(flavin adenine dinucleotide, FAD)の構成成分である(図 9.6). FMN と FAD は, **フラビンタンパク質**(flavoprotein)と呼ばれる一群の酵素に補欠分子族として固く結合している. フラビンタンパク質は多様性が高い酸化還元酵素で, デヒドロゲナーゼ, オキシダーゼ, およびヒドロゲナーゼとして働く. これらの酵素は, FAD あるいは FMN のイソアロキサジン環を 2 個の水素原子の供与体あるいは受容体として用いる. FMN はミトコンドリアマトリックスにおける 2 電子の伝達反応と, 電子伝達系における 1 電子の伝達反応とを結びつけるうえで中心的な役割を果たしている. それは, 一つの水素原子を運ぶことができるからである. コハク酸デヒドロゲナーゼは

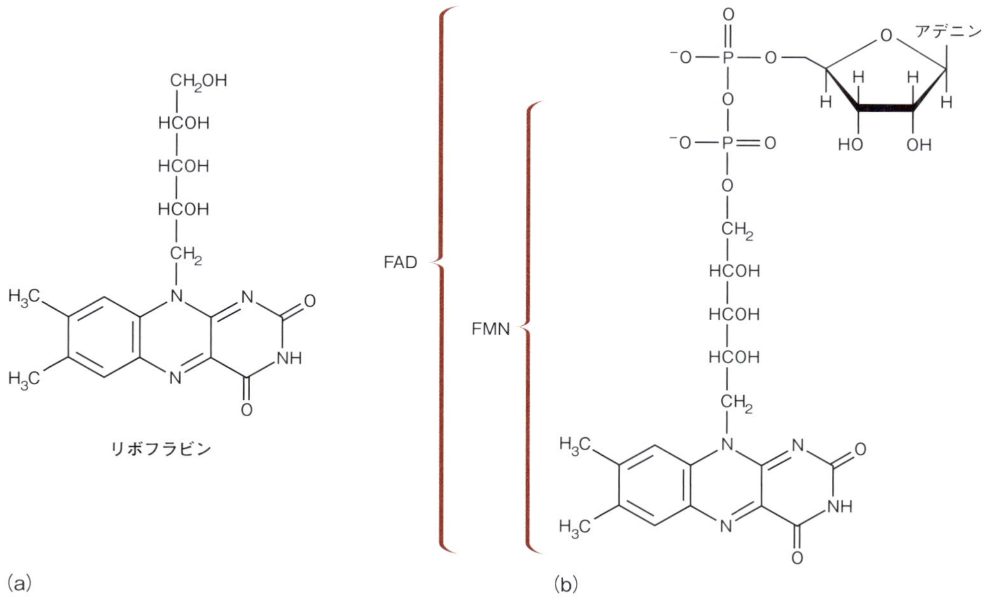

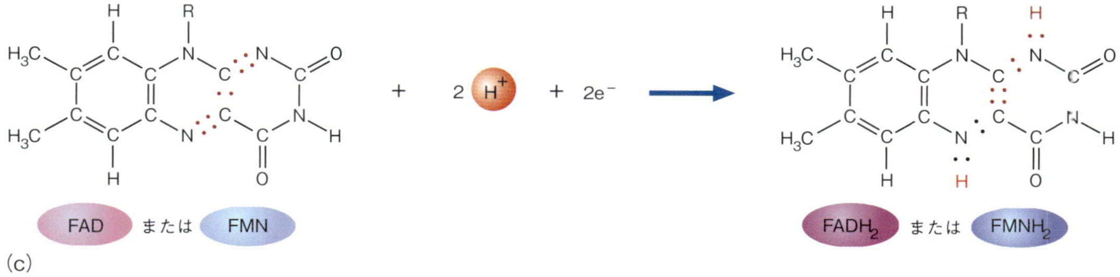

図 9.6　フラビン補酵素
(a) ビタミンであるリボフラビンは, リボトール(リボースを還元することにより形成されるアルコール)と結合したイソアロキサジン環から構成される. (b) FAD と FMN の構造. (c) フラビン補酵素の可逆的還元. 等式の簡略化のため, イソアロキサジン環のみを示す. 補酵素のその他の部分は R で示す.

フラビンタンパク質の代表例で，コハク酸をフマル酸に酸化する反応を触媒するが，この反応はクエン酸回路における重要な反応である．

問題 9.1

表 9.1 を用いて，記述通りに反応が進むのは，次の反応のうちのいずれであるかを答えよ．

CH_3CH_2OH ＋ 2 シトクロム $b(Fe^{3+})$ ⟶ CH_3CHO ＋ 2 シトクロム $b(Fe^{2+})$ ＋ $2H^+$

NO_2^- ＋ H_2O ＋ 2 シトクロム $b(Fe^{3+})$ ⟶ 2 シトクロム $b(Fe^{2+})$ ＋ NO_3^- ＋ $2H^+$

問題 9.2

次の反応のうち酸化還元反応であるのはどれか．酸化還元反応であるものには，それぞれ酸化剤と還元剤を示せ．

1. グルコース ＋ ATP ⟶ グルコース 1-リン酸 ＋ アデノシン 5′-二リン酸(ADP)
2.

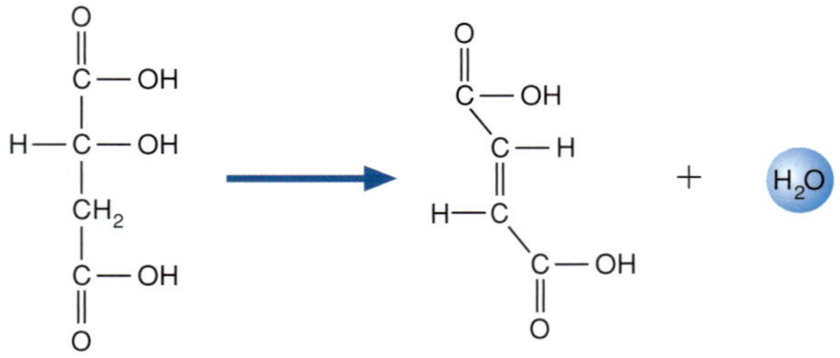

3. 乳酸 ＋ NAD^+ ⟶ ピルビン酸 ＋ NADH ＋ H^+
4. NO_2^- ＋ $8H^+$ ＋ 6 シトクロム $b(Fe^{2+})$ ⟶ NH_4^+ ＋ $2H_2O$ ＋ 6 シトクロム $b(Fe^{3+})$
5. CH_3CHO ＋ NADH ＋ H^+ ⟶ CH_3CH_2OH ＋ NAD^+

例題 9.1

次の半電池の電位の値を用いて，(a)電池全体の電位と(b)$\Delta G^{\circ\prime}$ を算出せよ．

$$\text{コハク酸} + \frac{1}{2}O_2 \longrightarrow \text{フマル酸} + H_2O$$

半反応は

$$\text{コハク酸} \longrightarrow \text{フマル酸} + 2H^+ + 2e^- \quad (E^{\circ\prime} = -0.031\ \text{V})$$

$$\frac{1}{2}O_2 + 2H^+ + 2e^- \longrightarrow H_2O \quad (E^{\circ\prime} = +0.82\ \text{V})$$

解答

フマル酸の反応を酸化反応(より低い還元電位をもつ)として書く．もし，移動する電子の数が二つの半反応で異なる場合は，同じ数になるようにする(ただし，この問題ではその必要はない)．そして二つの反応をたし合わせると，全体の反応が得られる．

$$\text{コハク酸} + \frac{1}{2}O_2 \longrightarrow \text{フマル酸} + H_2O$$

a. 全体の電位は次のように求められる．

$$E^{\circ\prime} = E^{\circ\prime}(\text{電子受容体}) - E^{\circ\prime}(\text{電子供与体})$$

$$E^{\circ\prime} = (+0.82\ \text{V}) - (-0.031\ \text{V})$$

$$= +0.85\ \text{V}$$

b. 次の式を用いて $\Delta G^{\circ\prime}$ を計算する.

$$\begin{aligned}\Delta G^{\circ\prime} &= -nF\Delta E^{\circ\prime}\\ &= -(2)\ (96.5\ \mathrm{kJ/V\cdot mol})\ (0.85\ \mathrm{V})\\ &= -164.05\ \mathrm{kJ/mol}\\ &= -164\ \mathrm{kJ/mol}\end{aligned}$$

■

問題 9.3

生体内の過程では酸化還元反応が重要な役割を果たしているため，生化学者は分子内の原子の酸化状態を調べる必要がある．その方法の一つとして，炭素原子に結合している基の種類に応じてその炭素原子に数値を付与し，ある原子の酸化状態を調べる方法がある．たとえば，水素と結合している場合は −1，別の炭素原子と結合している場合は 0，酸素や窒素などの陰性原子と結合している場合は +1 とする．すると，分子中の炭素原子 1 個の値は −4〔たとえばメタン（CH_4）〕から +4（CO_2）の間となる．ここでメタンが高エネルギー分子であり，二酸化炭素が低エネルギー分子である点は注目に値する．炭素の酸化状態が −4 から +4 へ変化すると，大量のエネルギーが放出される．つまり，この過程は非常に発熱的であるといえる．

エタノールは肝臓でさまざまな酸化還元反応を経て分解される．次の一連の反応において，矢印で示した炭素原子の各分子中での酸化状態を調べよ．

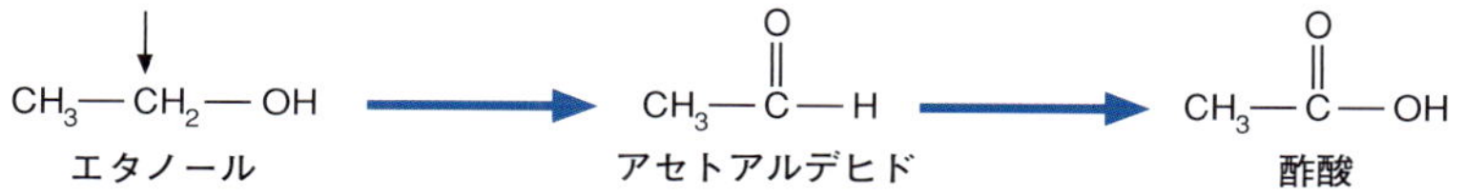

問題 9.4

光合成において CO_2 が有機分子に取り込まれるとき，CO_2 は酸化されるか還元されるか，どちらであるか述べよ．

好気的代謝

好気性細胞の自由エネルギーの大部分は，ミトコンドリアの電子伝達鎖（ETC）において獲得される．この過程では，より負の還元電位をもつ酸化還元対（$NADH/NAD^+$）から，より正の還元電位をもつ酸化還元対へと電子が移動する．電子伝達系における最終要素は $H_2O/\frac{1}{2}O_2$ 対であり，次のようになる．

$$\frac{1}{2}O_2 + NADH + H^+ \longrightarrow H_2O + NAD^+$$

標準条件下で一対の電子が NADH から O_2 へ移動する際に放出される自由エネルギーは，次のように算出される．

$$\begin{aligned}\Delta G^{\circ\prime} &= -nF\Delta E^{\circ\prime}\\ &= -2(96.5\ \mathrm{kJ/V\cdot mol})\{0.82-(-0.32)\}(\mathrm{V})\\ &= -220\ \mathrm{kJ/mol}\end{aligned}$$

電子伝達鎖（ETC）で，NADH から O_2 へ電子が移動する際に生じる自由エネルギーの大部分は ATP の合成に利用される．

いくつかの代謝過程では，より正の還元電位をもつ酸化還元対から，より負の還元電位をもつ酸化還元対へ向かって電子が移動することに注意すべきである．もちろん，この場合はエネルギーが必要となる．この現象の例としては光合成が最も有名である（13 章）．光合成生物は獲

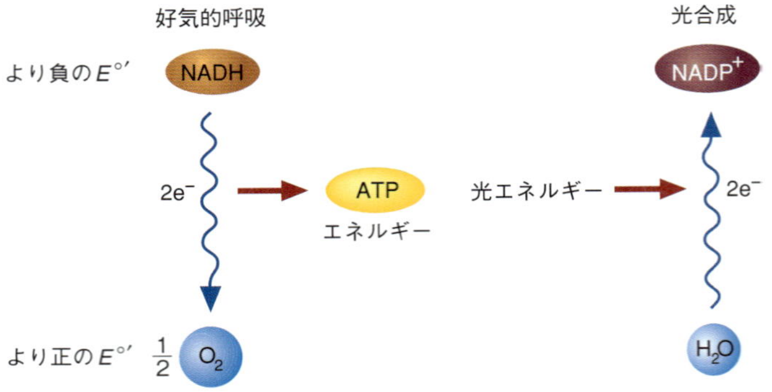

図 9.7　電子の流れとエネルギー
好気的呼吸では，電子の流れを利用してエネルギーを生みだし，エネルギーを獲得する．光合成では，電子の流れを生みだすときにもエネルギーが利用される．光合成により糖やその他の生体分子の化学結合に捕獲されたエネルギーは，好気的呼吸により放出され，ATP の合成に用いられる．

キーコンセプト

- 生物のエネルギー捕獲過程とエネルギー放出過程はともに，主として酸化還元反応からなる．
- 酸化還元反応では，電子が電子供与体と電子受容体の間を移動する．
- 多くの反応では電子とプロトンの両方が移動する．
- 生物においては，ほとんどの酸化還元反応にヒドリドイオンの移動($NADH/NAD^+$)または水素原子の移動($FADH_2$/FAD)が関与する．

得した太陽エネルギーを用いて，水などの電子供与体から，より負の還元電位をもつ電子受容体へ電子を移動させる（図 9.7）．最終的には，励起された電子はより正の還元電位をもつ受容体へもどり，その際に，ATP を合成するためのエネルギーと糖質を合成するために CO_2 を還元するエネルギーとが提供される．

9.2 節ではクエン酸回路について解説する．この経路は好気的代謝の第一段階であり，グルコース，脂肪酸，および一部のアミノ酸由来の炭素フラグメント 2 個が酸化されることで，放出されたエネルギーが，還元型補酵素 NADH と $FADH_2$ に捕捉されて運ばれる．

9.2　クエン酸回路

クエン酸回路（図 9.8）とは，好気性生物が，アセチル補酵素 A（アセチル CoA）の二炭素アセチル基に蓄えられている化学エネルギーを解放して，それを用いる一連の生化学反応である．アセチル CoA とは，糖質，脂質，一部のアミノ酸の分解により生じたアセチル基が，アシルキャリヤー分子の**補酵素 A**（coenzyme A，CoA，CoASH）と結合したものである（図 9.9）．アセチル CoA はピルビン酸から合成され，脂肪酸の異化反応（11 章）やアミノ酸代謝（15 章）の一部の反応においても産生される．クエン酸回路ではアセチル基の炭素原子が最終的に酸化され て CO_2 となり，電子が NAD^+ と FAD に移動する．

クエン酸回路の最初の反応では，二炭素アセチル基と四炭素分子（オキサロ酢酸）とが縮合して，六炭素化合物（クエン酸）を生成する．これに続く七つの反応の間に，2 分子の CO_2 が生成し，炭素化合物から電子 4 対が移動して，クエン酸がオキサロ酢酸へ再変換される．クエン酸回路には，基質準位のリン酸化により，高エネルギー分子であるグアノシン三リン酸（GTP）が合成される段階もある．クエン酸回路の正味の反応は次の通りである．

$$\text{アセチル CoA} + 3NAD^+ + FAD + GDP + P_i + 2H_2O \longrightarrow 2CO_2 + 3NADH + FADH_2 + CoASH + GTP + 2H^+$$

クエン酸回路は，エネルギー産生だけでなく，代謝においても重要な役割を果たしている．すなわち，回路の中間体がさまざまな生合成反応の基質となっている．クエン酸回路における補酵素の役割を表 9.2 にまとめる．

表 9.2　クエン酸回路の補酵素のまとめ

補酵素	機能
チアミンピロリン酸（TPP）	脱炭酸とアルデヒド基転移
リポ酸	水素またはアセチル基の担体
NADH	電子伝達体
$FADH_2$	電子伝達体
補酵素 A（CoA，CoASH）	アセチル基の担体

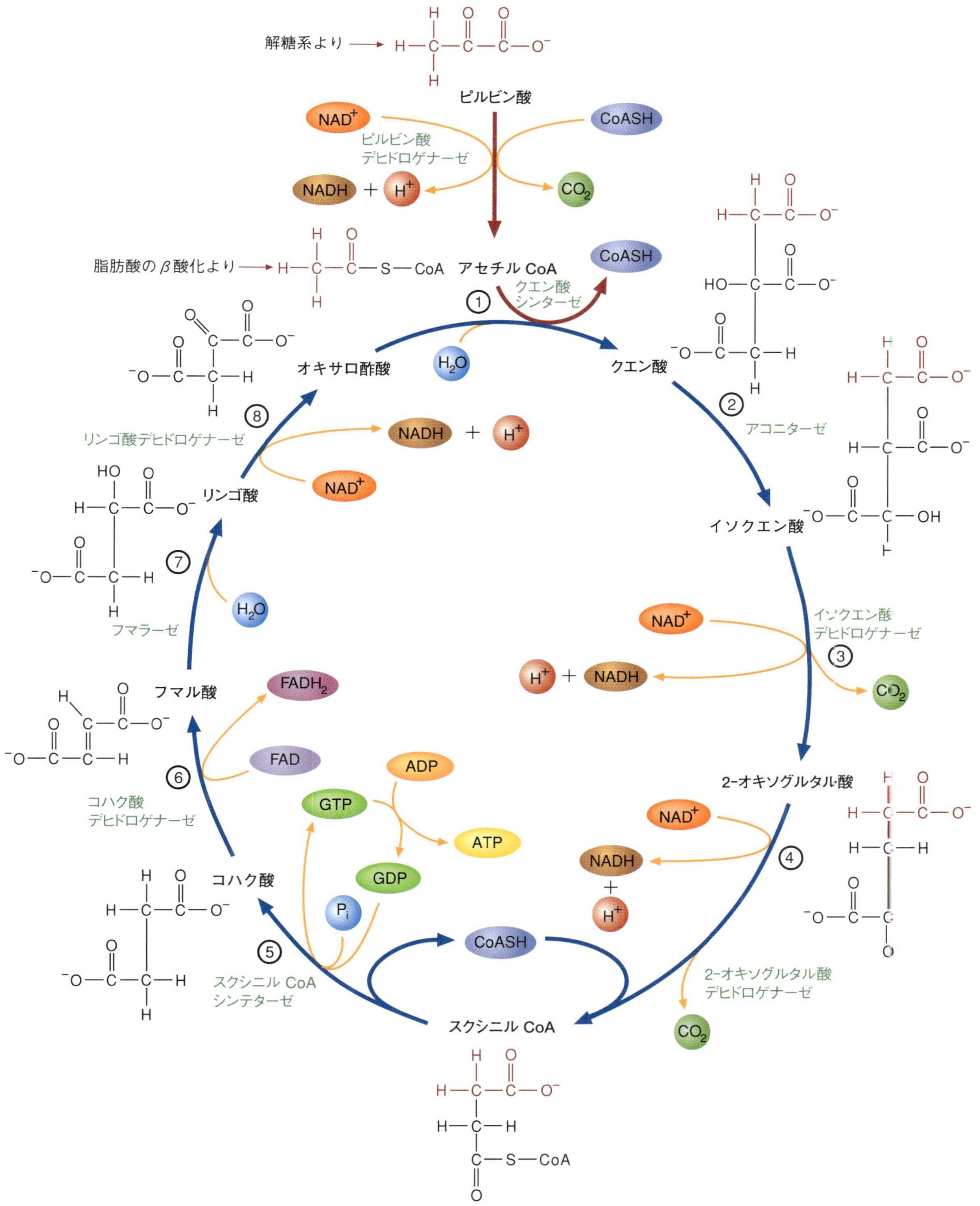

図 9.8　クエン酸回路

クエン酸回路が一巡するたびに，解糖系や脂肪酸代謝由来のアセチル CoA が回路に入り，完全に酸化された状態の炭素原子 2 個が CO_2 として放出される．NAD^+ 3 分子と FAD 1 分子が還元され，基質準位のリン酸化により GTP（ATP と交換可能）1 分子が生成する．

ピルビン酸のアセチル CoA への変換

　ピルビン酸はミトコンドリアのマトリックス内へ輸送された後，ピルビン酸デヒドロゲナーゼ複合体（PDHC）の酵素が触媒する一連の反応によってアセチル CoA へ変換される．正味の

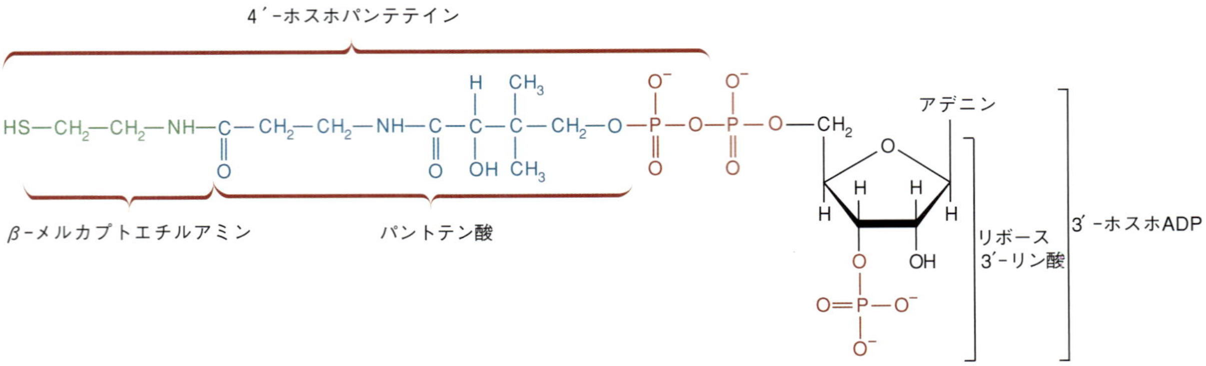

図 9.9　補酵素 A

補酵素 A では，ADP の 3′-リン酸化誘導体がホスホジエステル結合を介してパントテン酸とつながっている．補酵素 A の β-メルカプトエチルアミン基は，アミド結合によりパントテン酸とつながっている．補酵素 A は，アセチル基から長鎖脂肪酸にわたるさまざまな長さのアシル基の担体である．反応性の SH 基がアシル基とチオエステル結合を形成するので，補酵素 A はしばしば CoASH と略称される．チオエステルの炭素–硫黄結合はエステルの炭素–酸素結合よりも容易に開裂する．

反応は酸化的脱炭酸反応であり，次の通りである．

$$\text{ピルビン酸} + NAD^+ + CoASH \longrightarrow \text{アセチル CoA} + NADH + CO_2 + H^+$$

この非常に発エルゴン的（自発的）な反応（$\Delta G^{\circ\prime} = -33.5$ kJ/mol）は一見すると単純であるが，その機構は非常に複雑である．ピルビン酸デヒドロゲナーゼ複合体は巨大な多酵素構造体であり，3 種類の酵素活性の多重コピーをもっている．すなわち，ピルビン酸デヒドロゲナーゼ（E_1），ジヒドロリポイルトランスアセチラーゼ（E_2），ジヒドロリポイルデヒドロゲナーゼ（E_3）である．大腸菌のピルビン酸デヒドロゲナーゼについて，各酵素のコピー数と必要な補酵素を**表 9.3** にまとめる．

最初のステップでは，ピルビン酸デヒドロゲナーゼによりピルビン酸の脱炭酸反応が触媒される（図 9.10）．酵素の塩基性残基により，**チアミンピロリン酸**（thiamine pyrophosphate, **TPP**）のチアゾール環からプロトン 1 個が引き抜かれ，求核剤が生成する（TPP は，ビタミン B_1 とも呼ばれるチアミンの補酵素型である）．求核性のチアゾール環がピルビン酸のカルボニル基を攻撃し，続いて CO_2 が失われると，中間体であるヒドロキシエチル TPP（HETPP）が生じる．

次の数ステップでは，ジヒドロリポイルトランスアセチラーゼにより HETPP のヒドロキシエチル基がアセチル CoA へ変換される．この変換では**リポ酸**（lipoic protein，図 9.11）が非常に重要な役割を果たしている．リポ酸は，可逆的に酸化される二つのチオール基をもつアシル基転移補酵素である．リポ酸は，酵素のリシン残基の ε-アミノ基とのアミド結合を介して酵素とつながっている．リポアミドと HETPP とが反応してアセチル化リポリポアミドが生成し，TPP が遊離する．次に，アセチル基は CoASH の SH 基へ移動する．続いて，還元型リポアミドはジヒドロリポイルデヒドロゲナーゼによって再酸化される．$FADH_2$ 産物は NAD^+ により再酸化され（デヒドロゲナーゼに結合した FAD よりも，NAD^+ のほうがより負の還元電位をもつため），次の還元型リポアミド残基の酸化に必要な FAD となる．NADH は移動し

表 9.3　大腸菌のピルビン酸デヒドロゲナーゼ複合体

酵素活性	機能	複合体あたりのコピー数*	補酵素
ピルビン酸デヒドロゲナーゼ（E_1）	ピルビン酸の脱炭酸を行う	24（20〜30）	TPP
ジヒドロリポイルトランスアセチラーゼ（E_2）	アセチル基の CoASH への移動を触媒する	24（60）	リポ酸，CoASH
ジヒドロリポイルデヒドロゲナーゼ（E_3）	ジヒドロリポアミドを再酸化する	12（20〜30）	NAD^+，FAD

*哺乳動物のピルビン酸デヒドロゲナーゼにおける各酵素活性の分子数をかっこ内に示す．

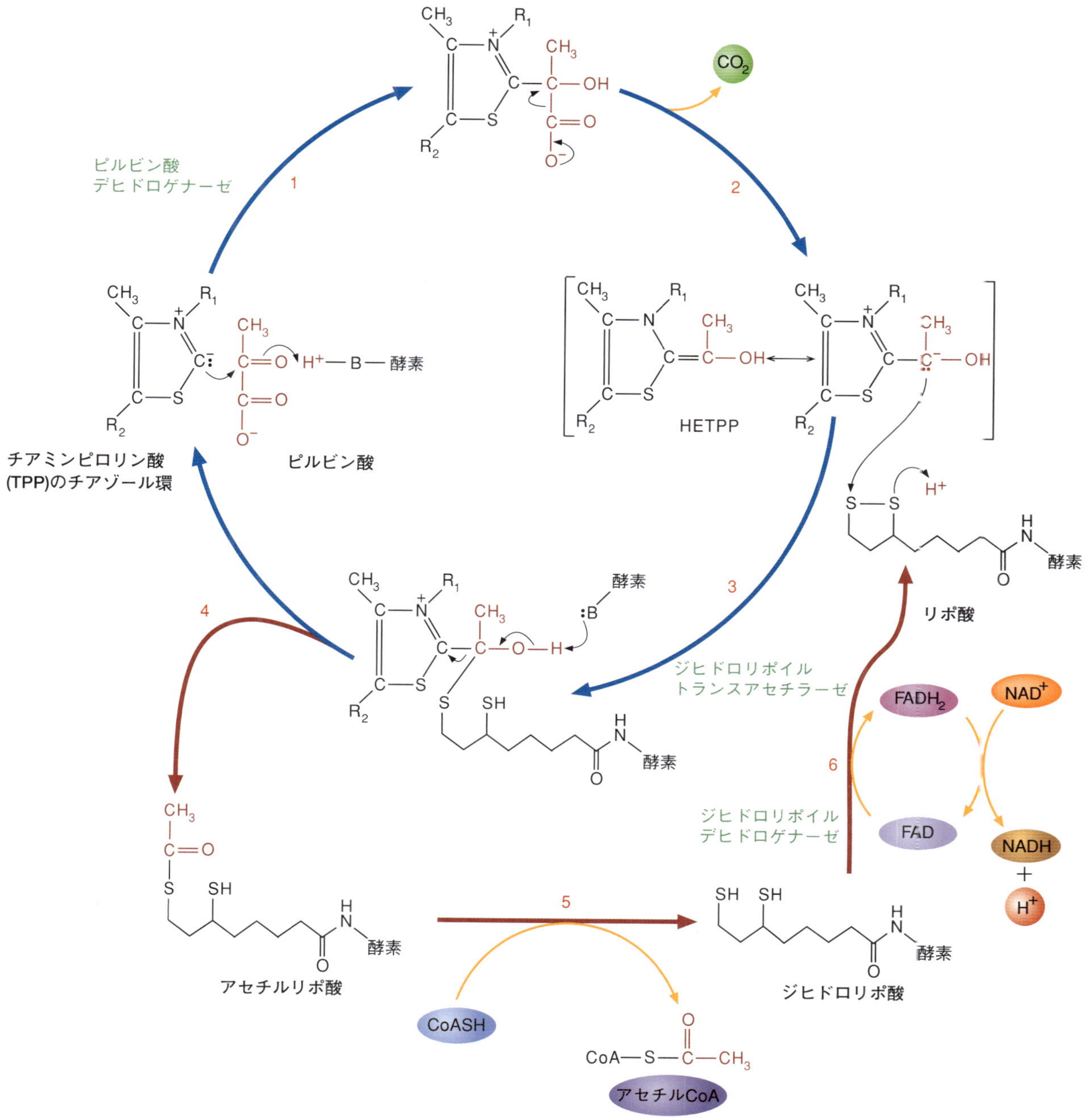

図 9.10 ピルビン酸デヒドロゲナーゼ複合体が触媒する反応
TPP を含むピルビン酸デヒドロゲナーゼは HETPP の生成を触媒する．TPP はピルビン酸を攻撃して反応性中間体を生成し(1)，反応性中間体は脱炭酸されて HETPP を生成する(2)．ジヒドロリポイルトランスアセチラーゼは，リポ酸を補因子として，HETPP のヒドロキシエチル基をアセチル CoA へと変換する．ステップ 3 では，共鳴により安定化したカルバニオンが，ジヒドロリポイルトランスアセチラーゼの酸化リポアミドを攻撃する．この酵素はヒドロキシエチル基をアセチル基へ変換する(4)．アセチル基はチオエステル結合によりリポアミドと結合している．アセチル基のカルボニル炭素への CoASH による求核攻撃により，アセチル CoA とジヒドロリポアミドが生成する(5)．ジヒドロリポイルデヒドロゲナーゼは還元型リポアミドを再酸化する(6)．$FADH_2$ がヒドリドイオンを NAD^+ へ供与すると，FAD が再産生される（リポアミドの構造については図 9.11 を参照）．

やすいため電子を ETC に運び，酵素中の NADH は他の NAD^+ によって置き換わる．その結果，サイクルを再び始めることができる．

PDHC は解糖系をクエン酸回路へと結びつけることによりエネルギー代謝において中心的な役割を果たしており，そのために厳密に制御されている．その活性は主としてアロステリックエフェクターにより制御される．この酵素複合体は，NAD^+，CoASH，およびアデノシン 5′-リン酸（AMP）によりアロステリックな活性化を受け，高濃度の ATP，および反応生成物

図 9.11　リポアミド
リポ酸は，リシン残基の ε-アミノ基とのアミド結合を介して酵素と共有結合する．

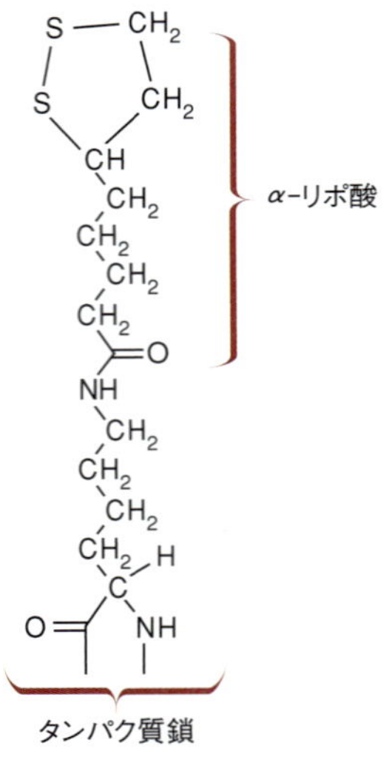

キーコンセプト

ピルビン酸は，ピルビン酸デヒドロゲナーゼ複合体中の酵素によってアセチル CoA へ変換される．補酵素として，TPP，FAD，NAD^+，補酵素 A およびリポ酸が必要である．

であるアセチル CoA と NADH により阻害される．哺乳動物においては，アセチル CoA と NADH はキナーゼを活性化し，活性化されたキナーゼが活性型ピルビン酸デヒドロゲナーゼ複合体を不活性なリン酸化型へと変換する．基質であるピルビン酸，CoASH，および NAD^+ が高濃度で存在すると，キナーゼの活性は阻害される．ピルビン酸デヒドロゲナーゼ複合体は，ホスホプロテインホスファターゼであるピルビン酸デヒドロゲナーゼホスファターゼ（PDP）が触媒する脱リン酸化反応により再活性化される．ピルビン酸デヒドロゲナーゼホスファターゼは，ミトコンドリア内の ATP 濃度が低いときに活性化される．PDP は Ca^{2+} とインスリンによっても活性化される．

クエン酸回路の反応

クエン酸回路は八つの反応からなり，それらは 2 段階で起こる．

1．アセチル CoA の二炭素アセチル基が，四炭素化合物であるオキサロ酢酸（OAA）と反応して回路へ入る．続いて CO_2 2 分子が発生する（反応①～④）．
2．別のアセチル CoA と反応できるように，オキサロ酢酸が再生される（反応⑤～⑧）．

これらの反応を触媒する酵素は，非共有相互作用により会合してメタボロン（p. 186）を形成する．メタボロンとは，各反応産物を経路の次の酵素へ効率的に伝える多酵素複合体である．
クエン酸回路の反応は次の通りである．

1．**2 個の炭素原子がアセチル CoA として取り込まれる．** クエン酸回路は，アセチル CoA とオキサロ酢酸とが縮合してクエン酸を生成することにより始まる．

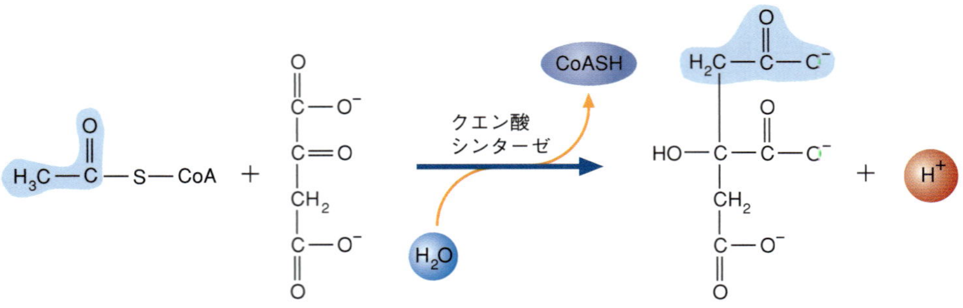

アセチルCoA　オキサロ酢酸　クエン酸

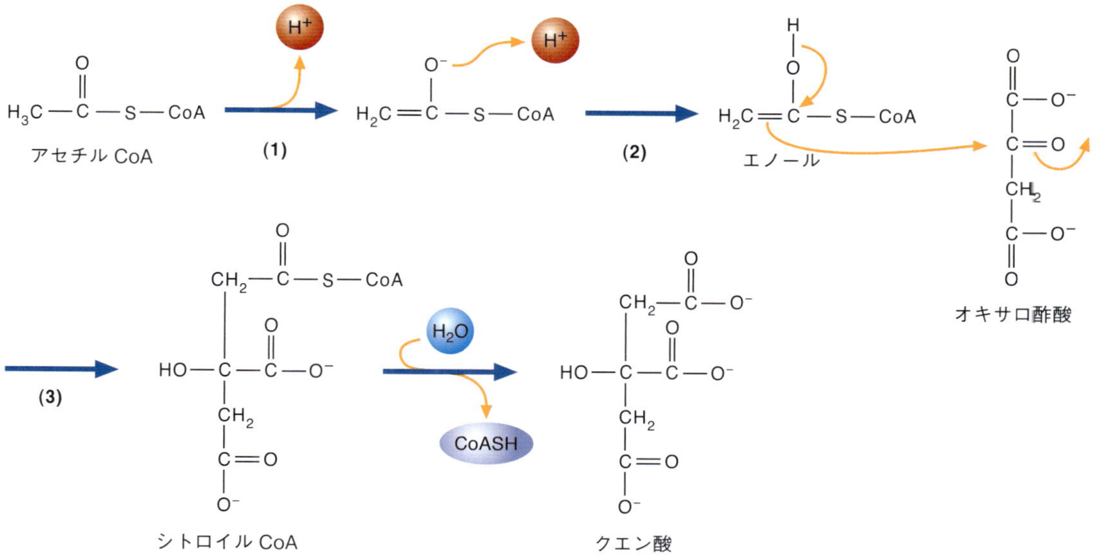

図 9.12 クエン酸の合成

(1) クエン酸シンターゼの側鎖のカルボン酸基により，アセチル CoA のメチル基からプロトンが取り除かれる．(2) それと同時に，ヒスチジン残基側鎖の NH 基からカルボニル酸素へプロトンが供与され，エノール中間体が生じる．(3) 次に，同じヒスチジン側鎖がエノールを脱プロトン化し，その結果生じるエノラートアニオンによりオキサロ酢酸のカルボニル炭素が攻撃される．(4) その産物であるシトロイル CoA は，求核アシル置換反応により加水分解され，その結果，クエン酸と CoASH が生じる．

この反応はアルドール縮合である．この反応（図 9.12）では，アセチル CoA のメチル基のプロトンが酵素により除去されて，アセチル CoA がエノールへ変換される．次に，エノールがオキサロ酢酸のカルボニル基の炭素を攻撃する．生成物であるシトロイル CoA はただちに加水分解されて，クエン酸と CoASH が生成する．高エネルギーのチオエステル結合が加水分解されるため，全体としての標準自由エネルギー変化は −33.5 kJ/mol であり，クエン酸生成は非常に発エルゴン的な反応であるといえる．

2．**クエン酸は異性化され，酸化されやすい第二級アルコールとなる．** 回路の次の反応では，第三級アルコールであるクエン酸が，アコニターゼにより可逆的にイソクエン酸へ変換される．この異性化反応では，脱水反応により *cis*-アコニット酸という中間体が生成する．続いて，*cis*-アコニット酸の炭素間二重結合が求核性付加反応により再水和されて，より反応性の高い第二級アルコールであるイソクエン酸が生成する．クエン酸の異性化における標準自由エネルギー変化は正であるが（$\Delta G^{\circ\prime} = 13.3$ kJ），続いて起こるイソクエン酸の急速な除去反応によって反応が前に進む．

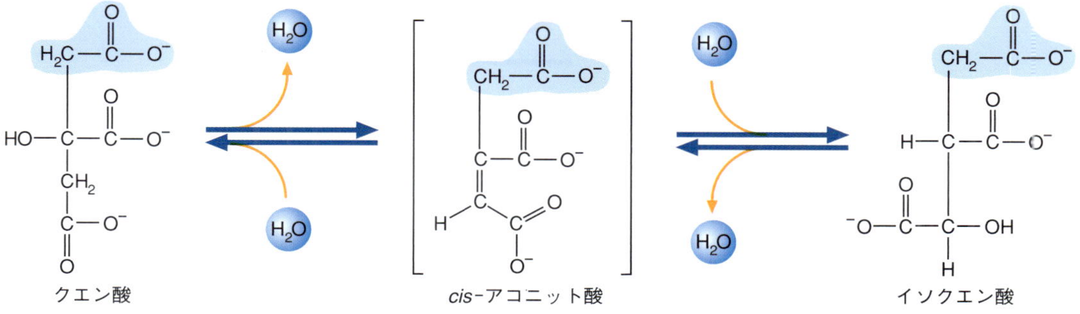

3．**イソクエン酸は酸化されて NADH と CO_2 が生成する．** イソクエン酸の酸化的脱炭酸反応は，イソクエン酸デヒドロゲナーゼにより触媒され，次の 3 段階で起こる．まずイソクエン酸が酸化されて，ケトン基を含む一時的な中間体であるオキサロコハク酸が生じる．補因子であるマンガン（Mn^{2+}）によって，新しく形成されたケトン基が極性化する．

オキサロコハク酸はただちに脱炭酸され，エノール中間体の転移によって，2-オキソ酸の一つである 2-オキソグルタル酸が生成する．

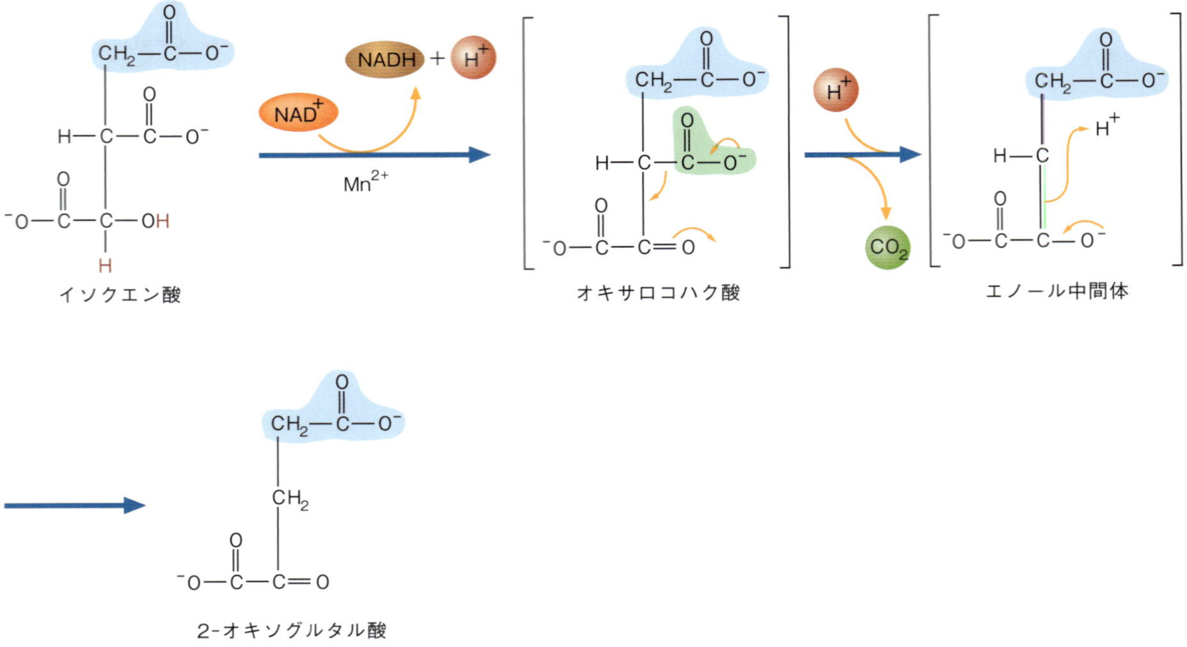

哺乳動物には 3 種類のイソクエン酸デヒドロゲナーゼが存在する．NAD^+ 要求性アイソザイム（IDH3）はミトコンドリア内にのみ存在する．その他のアイソザイムである IHD1（細胞質）と IDH2（ミトコンドリア）は補因子として $NADP^+$ を使用する．NADPH は生合成過程で必要とされる．ここで，イソクエン酸から 2-オキソグルタル酸への変換時に生成した NADH が，クエン酸回路と電子伝達系（ETC）と酸化的リン酸化とを最初に結びつける分子である点は注目すべきである．

4．**2-オキソグルタル酸は酸化されて 2 分子目の NADH と CO_2 がそれぞれ生成する．** 2-オキソグルタル酸からスクシニル CoA への変換は，2-オキソグルタル酸デヒドロゲナーゼ複合体内の酵素活性により触媒される．ここで 2-オキソグルタル酸デヒドロゲナーゼ複合体とは，2-オキソグルタル酸デヒドロゲナーゼ，ジヒドロリポイルトランススクシニラーゼ，およびジヒドロリポイルデヒドロゲナーゼからなる．

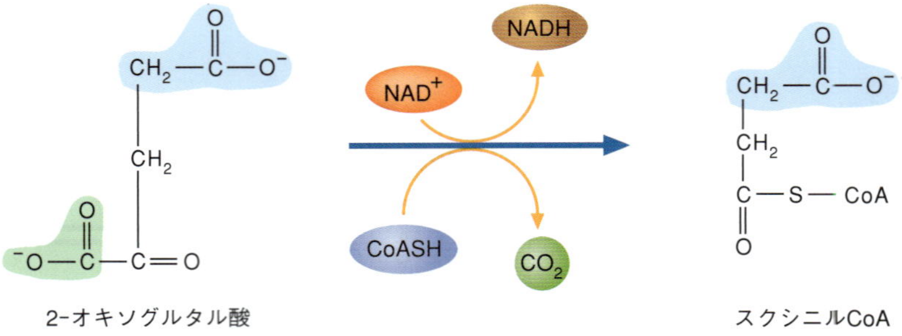

この酸化的脱炭酸反応は非常に発エルゴン的（$\Delta G^{\circ\prime} = -33.5$ kJ/mol）であり，ピルビン酸デヒドロゲナーゼが触媒するピルビン酸からアセチル CoA への変換とよく似ている．いずれの反応も，高エネルギーのチオエステル分子，すなわちアセチル CoA とスクシニル CoA が生成物である．この 2 種類の多酵素複合体のその他の類似点としては，同じ補因子（TPP，CoASH，リポ酸，NAD^+，FAD）を必要とすること，および，同じまたは類似のアロステリックエフェクターが阻害剤となる点があげられる．2-オキソグル

タル酸デヒドロゲナーゼは，スクシニル CoA，NADH，ATP，および GTP により阻害される．これら 2 種類の複合体の重大な相違点は，2-オキソグルタル酸デヒドロゲナーゼ複合体の制御機構には共有結合修飾が関与しない点である．

5．**スクシニル CoA の分解は基質準位のリン酸化と共役する．** スクシニル CoA の高エネルギーチオエステル結合が分解されてコハク酸が生じる反応は，スクシニル CoA シンテターゼ（またはコハク酸チオキナーゼと呼ばれる）により触媒される可逆的なものである．哺乳動物では，この反応は ADP あるいは GDP の基質準位のリン酸化と共役している．スクシニル CoA シンテターゼには ATP を生成するものと GTP を生成するものの二つの型がある．多くの組織において二つの酵素型が共存しているが，相対的な量比は組織ごとに異なっている．

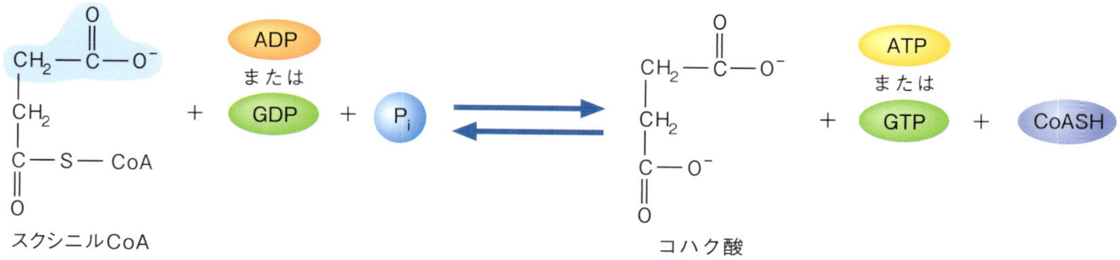

反応がどちらに進むかは，ヌクレオチド二リン酸（ADP や GDP）とヌクレオチド三リン酸（ATP や GTP）の濃度比によって決まる．GTP はミトコンドリア内で RNA，DNA，タンパク質の合成に用いられる．GTP のリン酸基は，ヌクレオチド二リン酸キナーゼによって触媒される可逆的な反応により，ADP に移動することもある．

6．**四炭素分子であるコハク酸が酸化され，フマル酸と $FADH_2$ が生成する．** コハク酸デヒドロゲナーゼは，コハク酸を酸化してフマル酸を生成する反応を触媒する．

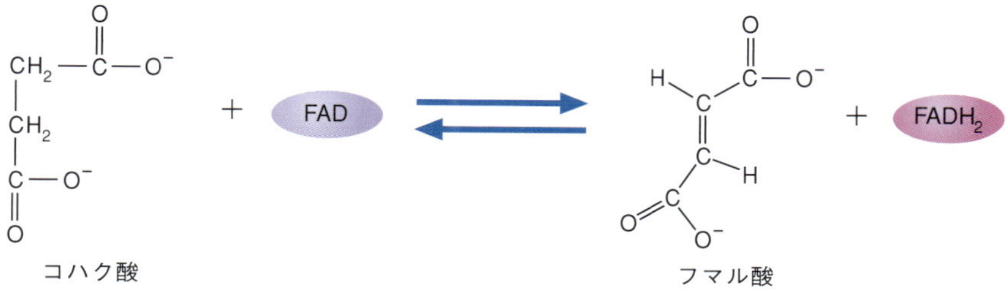

酵素の活性部位内の一般塩基は，C-2 位からプロトンを除去して C-2—C-3 二重結合を形成し，それに続いて C-3 位ヒドリドが FAD へ放出されて，$FADH_2$ とフマル酸が生成する．クエン酸回路のその他の酵素とは異なり，コハク酸デヒドロゲナーゼはミトコンドリアマトリックス内には存在せず，ミトコンドリア内膜に強力に結合している．コハク酸デヒドロゲナーゼはフラビンタンパク質であり，FAD を用いてコハク酸からフマル酸への酸化を行うが，これはアルカンの酸化には NAD^+ よりも強力な酸化剤が必要なためである．コハク酸デヒドロゲナーゼは四つのサブユニットからなる．ShdA はコハク酸結合部位を含み，FAD と共有結合する．ShdB は鉄－硫黄クラスターを三つもち，鉄－硫黄クラスターは $FADH_2$ と（ETC の成分である）補酵素 Q との間で電子伝達体として機能する．サブユニット ShdC と ShdD は疎水性分子であり，酵素複合体を内膜に固定する．コハク酸の酸化の $\Delta G°'$ は -5.6 kJ/mol である．コハク酸デヒドロゲナーゼは，高濃度のコハク酸，ATP，および無機リン（P_i）により活性化され，オキサロ

酢酸により阻害される．この酵素はコハク酸の構造類似体であるマロン酸によっても阻害される．マロン酸が蓄積するとエネルギーは脂肪酸合成に使われるようになる．Hans Krebs はマロン酸を阻害剤として使用することにより，クエン酸回路に関する先駆的な研究を行った．

7．**フマル酸が水和される．** フマル酸は，フマラーゼ（フマル酸ヒドラターゼとも呼ばれる）が触媒する可逆的な立体特異的水和反応によって L-リンゴ酸へ変換される．

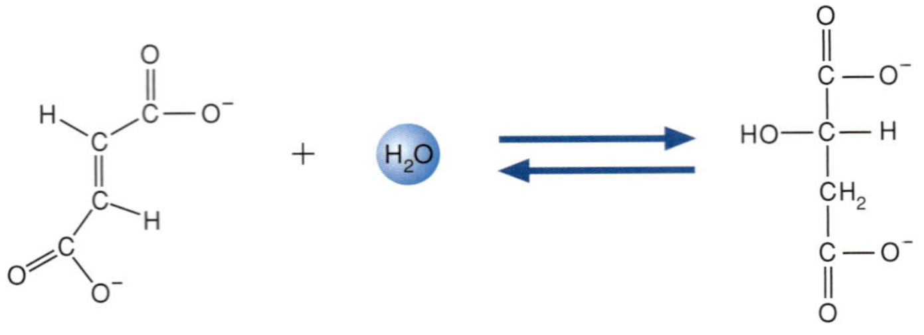

酵素の一般塩基が水分子を活性化させ，活性化された水分子は二重結合を攻撃して C-2 位にヒドロキシ基を形成し，C-3 位にカルバニオンを形成する．続いて一般酸がカルバニオンをプロトン化して，L-リンゴ酸が生成する．

8．**リンゴ酸は酸化され，オキサロ酢酸と 3 分子目の NADH が生成する．** 最後に L-リンゴ酸がリンゴ酸デヒドロゲナーゼにより酸化されて，オキサロ酢酸が再生する．

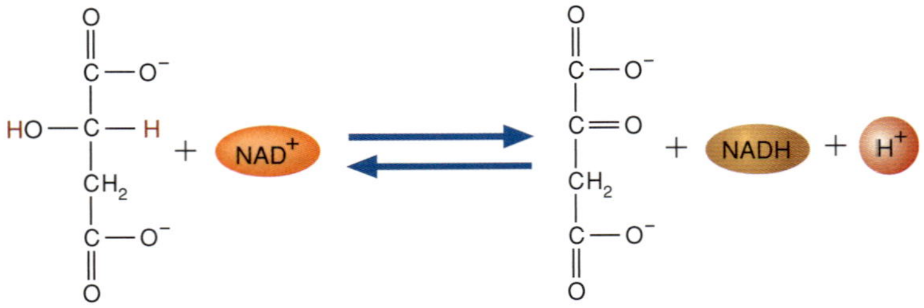

酵素活性部位のヒスチジン側鎖は，L-リンゴ酸の C-2 位のヒドロキシ基から水素を除去する．同時に，カルボニル基の形成とともにヒドリドが NAD^+ へ移動し，NADH が生成する．リンゴ酸デヒドロゲナーゼは，非常に吸エルゴン的な反応（$\Delta G^{\circ\prime} = +29$ kJ/mol）において NAD^+ を酸化剤として用いる．この反応が最後まで進行するのは，クエン酸回路の次の一巡でオキサロ酢酸が消費されるためである．

キーコンセプト

- クエン酸回路は，アセチル CoA 1 分子とオキサロ酢酸 1 分子とが縮合してクエン酸が生成することにより始まる．このクエン酸は最終的にはオキサロ酢酸へ再変換される．
- この過程では，CO_2 2 分子，NADH 3 分子，$FADH_2$ 1 分子，および GTP 1 分子が生成する．

クエン酸回路における炭素原子の流れ

クエン酸回路が一巡するたびに，炭素原子 2 個がアセチル CoA のアセチル基として回路に入り，CO_2 2 分子が放出される．**図 9.8** をよく見ると，CO_2 として放出された炭素原子 2 個は，回路に入ったばかりの炭素原子 2 個とは異なることがわかる．放出された炭素原子は，回路に入ってきたアセチル CoA と反応したオキサロ酢酸由来のものである．回路に入った炭素原子はコハク酸の半分を形成する．コハク酸が対称的な構造をもつため，回路に入ったアセチル基由来の炭素原子は，コハク酸から生成されるすべての分子に均等に分配される．したがって，回路に入った炭素原子が CO_2 として放出されるのは，回路が数回まわった後のことである．

問題 9.5

$\mathrm{CH_3{}^{14}\overset{\overset{O}{\|}}{C}—SCoA}$ 中の標識炭素について，クエン酸回路を一巡してたどってみる．図 9.8 を参照して，標識炭素がすべて $^{14}CO_2$ として放出されるためには，回路を二巡以上まわらなければならない理由を述べよ．

クエン酸回路の両性代謝性

両性代謝経路(amphibolic pathway)とは，同化過程と異化過程の両方で機能しうる経路である．クエン酸回路は明らかに異化過程である．なぜならば，アセチル基が酸化されて CO_2 が発生し，還元型補酵素分子によりエネルギーが保存されるからである．また，クエン酸回路は同化過程でもある．なぜならば，複数の中間体がさまざまな生合成経路の前駆体となっているからである(図 9.13)．たとえば，オキサロ酢酸は糖新生の基質になるし(8 章)，アミノ酸のリシンやトレオニン，イソロイシン，メチオニンの合成における前駆体にもなっている(14 章)．2-オキソグルタル酸もアミノ酸のグルタミンやプロリン，アルギニンの合成で重要な役割を果たす．ヘムなどのポルフィリン類の合成にはスクシニル CoA が用いられる(14 章)．また過剰なクエン酸は，細胞質に運ばれてオキサロ酢酸とアセチル CoA に分解される．アセチル CoA は脂肪酸とコレステロールのようなステロイドの合成に用いられる(12 章)．

同化過程では，クエン酸回路がエネルギー産生におけるみずからの役割を維持するために必要な分子が回路から失われる．それらの分子は**アナプレロティック**(anaplerotic)**反応**により補充される．ピルビン酸カルボキシラーゼ(p. 255)は最も重要なアナプレロティック反応の一つを触媒している．高濃度のアセチル CoA はオキサロ酢酸濃度が不足していることの指標であり，ピルビン酸カルボキシラーゼを活性化し，その結果，オキサロ酢酸の濃度が上昇する．その他のアナプレロティック反応としては，ある種の脂肪酸からスクシニル CoA が合成される反応(12 章)や，アミノ酸であるグルタミン酸とアスパラギン酸から，アミノ基転移反応によって，それぞれ 2-オキソ酸である 2-オキソグルタル酸とオキサロ酢酸が合成される反応(14 章)があげられる．

キーコンセプト

- クエン酸回路は両性代謝経路である．すなわち，クエン酸回路は同化と異化の両方において重要な役割を果たしている．
- 同化過程で利用されるクエン酸回路の中間体は，いくつかのアナプレロティック反応により補充されている．

問題 9.6

ピルビン酸カルボキシラーゼ欠損症は，ピルビン酸をオキサロ酢酸へ変換する酵素の欠如や不足により引き起こされる致死性の疾患である．さまざまな程度の精神遅滞や，種々の代謝経路，とくにアミノ酸とその分解生成物が関与する代謝経路の障害が特徴である．この疾患で顕著な症状は乳酸尿(尿に乳酸が含まれる)である．ピルビン酸カルボキシラーゼの機能を復習し，この症状が起こる理由を説明せよ．

乳酸尿

クエン酸回路の調節

クエン酸回路は，細胞のエネルギー需要や生合成需要を満たすことができるように精密な調節を受けている(図 9.14)．クエン酸回路の調節は，不可逆的な反応を触媒する三つの酵素，すなわちクエン酸シンターゼ，イソクエン酸デヒドロゲナーゼ，および 2-オキソグルタル酸デヒドロゲナーゼを制御することにより行われている．これら三つの酵素は平衡状態からかけ離れた状況(すなわち大きな負の $\Delta G^{\circ\prime}$ 値をもつ状況)で働くとともに，重要な代謝の分岐点における反応を触媒する．これらの酵素を制御するために，利用できる基質の量の調節や，生成物阻害，および競合的なフィードバック阻害という方法がとられている．ミトコンドリアマトリックスにおける Ca^{2+} の濃度が上昇しても，3 種類の酵素がすべて活性化される．

クエン酸シンターゼ　クエン酸シンターゼはクエン酸回路の最初の酵素であり，アセチル CoA とオキサロ酢酸からクエン酸を生成する反応を触媒する．ミトコンドリア内では，この

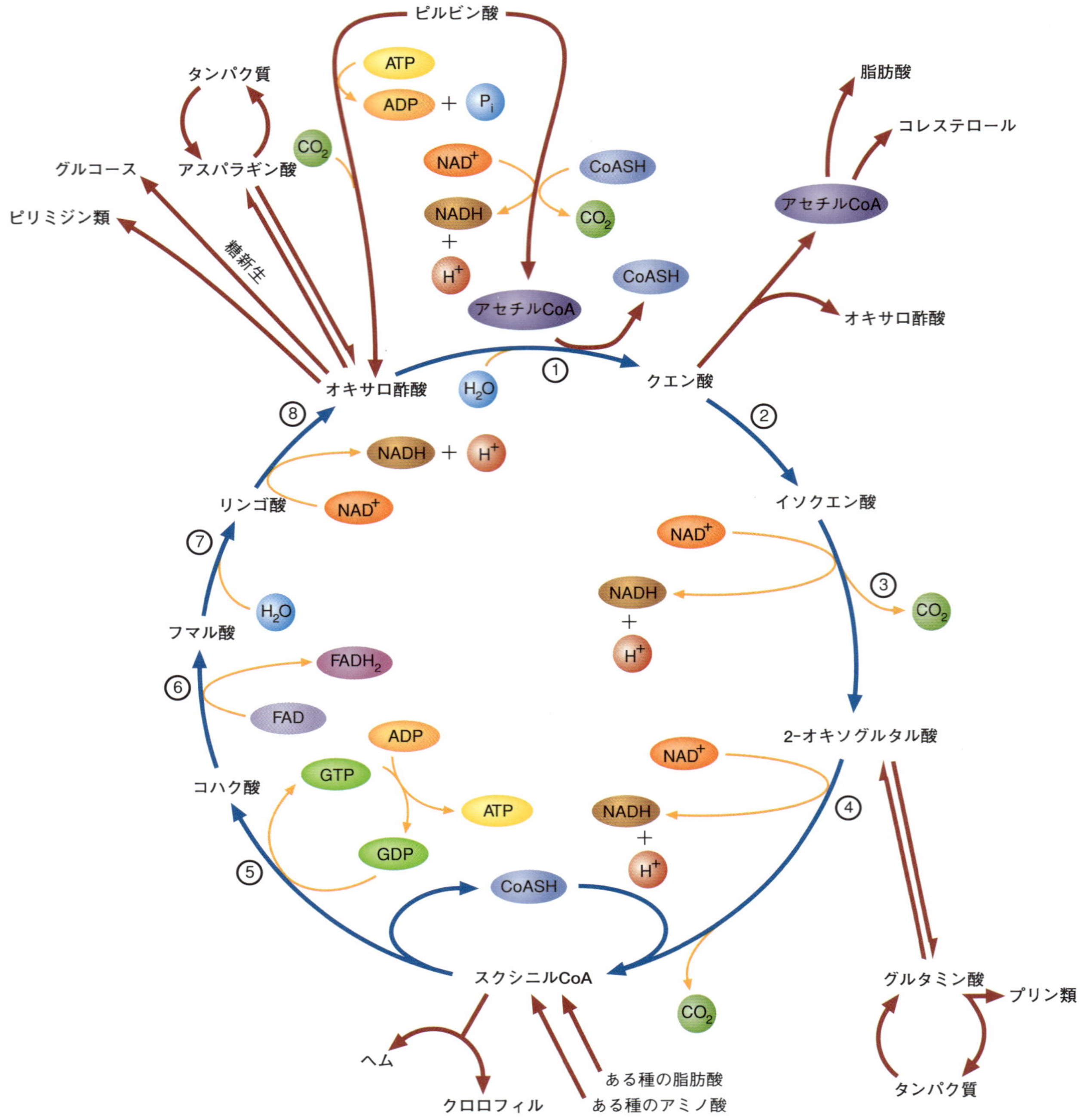

図 9.13　クエン酸回路の両性代謝性
クエン酸回路は，同化過程(たとえば脂肪酸，コレステロール，ヘム，グルコースの合成)と異化過程(たとえばアミノ酸分解，エネルギー産生)の両方で機能する．

酵素の量に比べてアセチル CoA とオキサロ酢酸の濃度が低い．そこで，利用できる基質の量が少しでも上昇するとクエン酸シンターゼが活性化される．ほとんどの真核生物では，クエン酸シンターゼはアロステリック調節因子をもたない．その速度は，おもに基質分子であるオキサロ酢酸の供給量によって制御される．オキサロ酢酸は吸エルゴン反応の生成物であるため，NADH/NAD^+ の比が低くない限りは，ミトコンドリア内でのその濃度はリンゴ酸と比較してかなり低い(大腸菌のような多くのグラム陰性細菌では，ATP，NADH，スクシニル CoA がアロステリックにクエン酸シンターゼを阻害する)．クエン酸シンターゼは，その生成物であるクエン酸によっても阻害される．

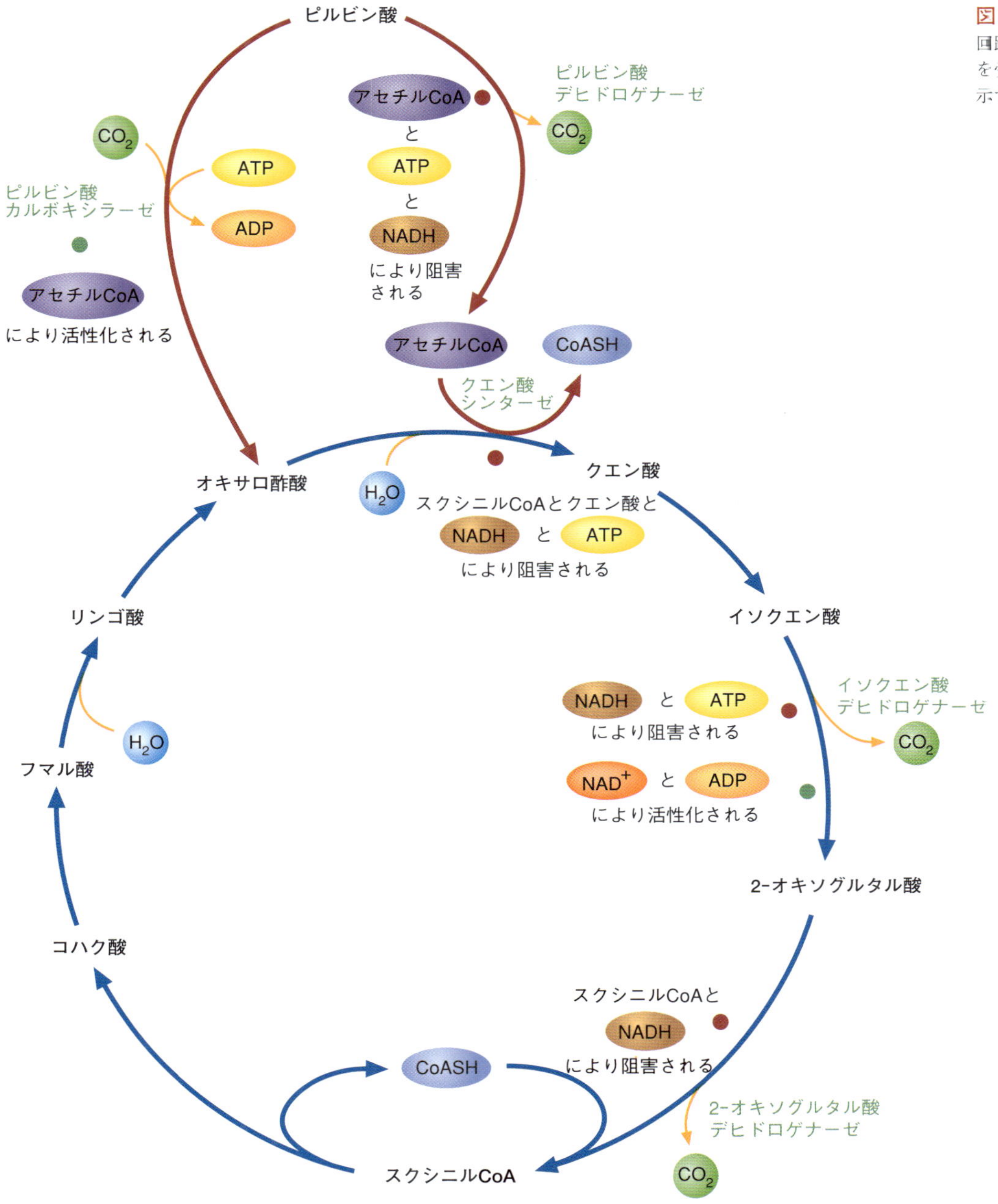

図 9.14 クエン酸回路の調節
回路のおもな調節箇所を図示する．調節を受ける酵素の活性化剤と阻害剤を色で示す．

イソクエン酸デヒドロゲナーゼ　イソクエン酸デヒドロゲナーゼは，回路のなかで厳密に調節された2番目の反応を触媒する．この酵素は比較的高濃度のADPとNAD^+により活性化され，ATPとNADHにより阻害される．イソクエン酸デヒドロゲナーゼはクエン酸代謝において重要な役割を果たしているため，厳密に調節されている（図9.15）．前述の通り，クエン酸からイソクエン酸への変換は可逆的である．これら2種類の分子の平衡混合物は，おもにクエン酸からなっている（この反応が進むのは，イソクエン酸がただちに2-オキソグルタル酸へ変換されるためである）．この2種類の分子のうちでミトコンドリア内膜を通り抜けることができるのはクエン酸だけである．細胞内のエネルギーが十分な場合は，過剰なクエン酸分子がミトコンドリアの外に運びだされ，細胞質へ入る．次にクエン酸はATP-クエン酸リアーゼにより分解され，アセチルCoAとオキサロ酢酸が生じる．生成したアセチルCoAは生合成過程で利用される（アセチルCoAはミトコンドリア内膜を通過できないため，クエン酸輸送がアセチルCoAをミトコンドリア外へ輸送するために用いられる）．オキサロ酢酸は生合成反応に用

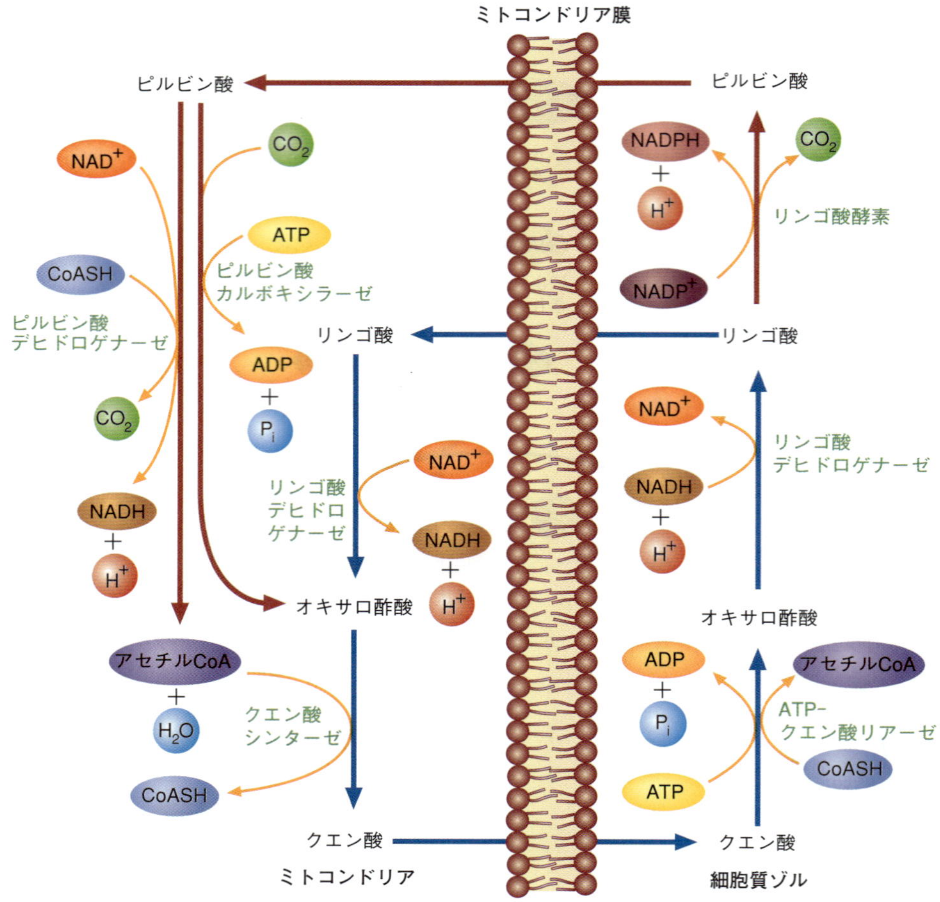

図 9.15　クエン酸の代謝

クエン酸回路の中間体であるクエン酸がミトコンドリアマトリックスから細胞質へ移動すると，クエン酸はクエン酸リアーゼにより分解されてアセチル CoA とオキサロ酢酸が生成する．クエン酸リアーゼの反応は ATP の加水分解により進行する．オキサロ酢酸の大部分はリンゴ酸デヒドロゲナーゼによりリンゴ酸へ還元される．アセチル CoA 分子は脂肪酸合成などの生合成経路で利用される．次にリンゴ酸はリンゴ酸酵素によりピルビン酸と CO_2 へ酸化される．この反応で生成した NADPH は，脂肪酸合成などの細胞質での生合成過程に利用される．ピルビン酸はミトコンドリアへ入り，オキサロ酢酸やアセチル CoA へ変換される．リンゴ酸はミトコンドリアへ再び入り，再酸化されてオキサロ酢酸となる場合もある．

いられたり，リンゴ酸へ変換されたりする．リンゴ酸は再びミトコンドリアへもどってオキサロ酢酸へ再変換されたり，細胞質でリンゴ酸酵素によりピルビン酸へ変換されたりする．その後，ピルビン酸は再びミトコンドリアへもどっていく．クエン酸は細胞質におけるアセチル CoA とオキサロ酢酸の前駆体であるだけでなく，細胞質におけるさまざまな過程を直接に調節している．クエン酸は脂肪酸合成の最初の反応をアロステリックに活性化する．また，脂肪酸合成で利用される NADPH の一部はクエン酸の代謝により提供されている．さらに，クエン酸は PFK-1（ホスホフルクトキナーゼ 1）の阻害剤であるために解糖系を阻害する．

2-オキソグルタル酸デヒドロゲナーゼ　2-オキソグルタル酸はいくつかの代謝過程で重要な役割を果たしているため（たとえばアミノ酸代謝），2-オキソグルタル酸デヒドロゲナーゼの活性は厳密に調節されている．細胞のエネルギー貯蔵が乏しくなると，2-オキソグルタル酸デヒドロゲナーゼが活性化され，生合成過程を犠牲にして，2-オキソグルタル酸が回路内に保持される．細胞内の NADH 供給が増加するにつれ，この酵素は阻害され，2-オキソグルタル酸を生合成反応に利用できるようになる．また，この酵素は生成物のスクシニル CoA によって阻害される．そして，低いエネルギー充足率を示す最も重要な指標である AMP によって活性化される．

この酵素の調節には，クエン酸回路外の2種類の酵素が大きな影響を及ぼしている．ピルビン酸デヒドロゲナーゼとピルビン酸カルボキシラーゼの相対的な活性により，どの程度のピルビン酸をエネルギー産生と生合成過程に利用するかが決定される．たとえば，細胞がクエン酸回路の中間体（たとえば2-オキソグルタル酸）を生合成に利用すると，オキサロ酢酸濃度が低下してアセチル CoA が蓄積する．アセチル CoA はピルビン酸カルボキシラーゼの活性化因子であるので（そしてピルビン酸デヒドロゲナーゼの阻害剤でもある），ピルビン酸からオキサロ酢酸が生成され，回路に補充される．

キーコンセプト

- クエン酸回路は，細胞のエネルギー需要と生合成需要が確実に満たされるように厳密な調節を受けている．
- クエン酸シンターゼ，イソクエン酸デヒドロゲナーゼ，2-オキソグルタル酸デヒドロゲナーゼ，ピルビン酸デヒドロゲナーゼ，およびピルビン酸カルボキシラーゼは，おもにアロステリックエフェクターと基質の供給により調節されている．

カルシウムの調節　さまざまな刺激（たとえばホルモン，成長因子，神経伝達物質）に細胞が応答するためのシグナル伝達機構が活性化するとき，細胞質の Ca^{2+} 濃度の一時的な上昇と，その直後に続くミトコンドリアマトリックス（p. 50）内の Ca^{2+} 濃度の上昇が見られることが多い．マトリックス内での Ca^{2+} のおもな役割は，クエン酸回路の速度を調節している酵素を活性化することにより，ATP の合成を促進することである．すなわちカルシウムイオンは，脱リン酸化酵素 PDP（p. 290）を活性化することにより，ピルビン酸デヒドロゲナーゼ活性を亢進する．イソクエン酸デヒドロゲナーゼと2-オキソグルタル酸デヒドロゲナーゼはともに，Ca^{2+} が各酵素の調節部位に結合すると，Ca^{2+} により直接活性化される．このように，さまざまな刺激によって活性化するシグナル伝達経路に対する細胞の反応が，ミトコンドリアマトリックスへの Ca^{2+} の取り込みと同時に起こることは，エネルギー需要とエネルギー産生のタイミングを一致させることに役立っている．

クエン酸回路とヒトの疾患

脳症とがん

珍しいことではあるが，ヒトの疾患にはクエン酸回路の酵素の欠損が原因となっているものがある．最も頻繁に観察されるのは重度の脳症（認知障害，震え，発作を特徴とする脳の機能不全）であり，これは脳のエネルギー必要量が高いために生じる．たとえば，2-オキソグルタル酸デヒドロゲナーゼ，コハク酸デヒドロゲナーゼの A サブユニット，フマラーゼ，スクシニル CoA シンテターゼをコードする遺伝子の変異と脳症は関係している．珍しいがんのなかにも，クエン酸回路の酵素欠損により引き起こされるものがある．SHB と SHD の変異は，ホルモン／神経伝達分子であるエピネフリンとノルエピネフリンを過剰量分泌する副腎腫瘍である，褐色細胞腫の原因になりうる．その症状は，高頻度の心拍，発汗，高血圧，不安である．ある種の腎細胞がんは，フマラーゼの変異により引き起こされる．

グリオキシル酸回路

植物とある種の菌類，藻類，原生動物，および細菌は，二炭素化合物を利用して成長することができる（たとえば，エタノール，酢酸，脂肪酸由来のアセチル CoA などが一般的な基質である）．この能力の元である一連の反応は**グリオキシル酸回路**（glyoxylate cycle）と呼ばれ，クエン酸回路が変形したものである．植物では，グリオキシル酸回路は，発芽中の種子で見られるペルオキシソーム（p. 51）の一種であるグリオキシソームと呼ばれる細胞小器官内に存在する．光合成が行われない場合，たとえば，発芽中の種子においては，貯蔵された油脂（トリアシルグリセロール）を糖質に変換することによって成長が維持されている．その他の真核生物と細菌では，グリオキシル酸関連の酵素は細胞質に存在する．

グリオキシル酸回路は五つの反応からなっている（図 9.16）．最初の二つの反応（クエン酸とイソクエン酸の生成）は，クエン酸回路でも見られるなじみ深い反応である．しかし，オキサロ酢酸とアセチル CoA からのクエン酸の生成，およびクエン酸からイソクエン酸への異性化という反応は，グリオキシソームに特異的な酵素により触媒されている．次の二つの反応はグリオキシル酸回路に特異的である．イソクエン酸はイソクエン酸リアーゼにより2分子（コハク酸とグリオキシル酸）に分割される（この反応はアルドール開裂である）．四炭素分子であるコハク酸は，最終的にはミトコンドリアの酵素によってリンゴ酸へ変換される（図 9.17）．二炭

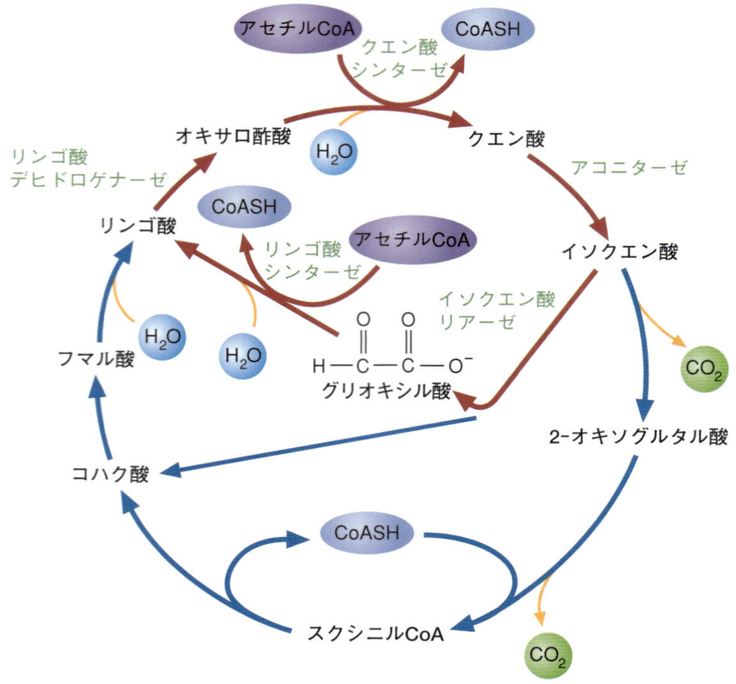

図 9.16　グリオキシル酸回路
グリオキシル酸回路では，クエン酸回路の一部の酵素を利用して，アセチル CoA 2 分子がオキサロ酢酸 1 分子へ変換される．グリオキシル酸回路では，クエン酸回路の二つの脱炭酸反応が両方とも迂回される．

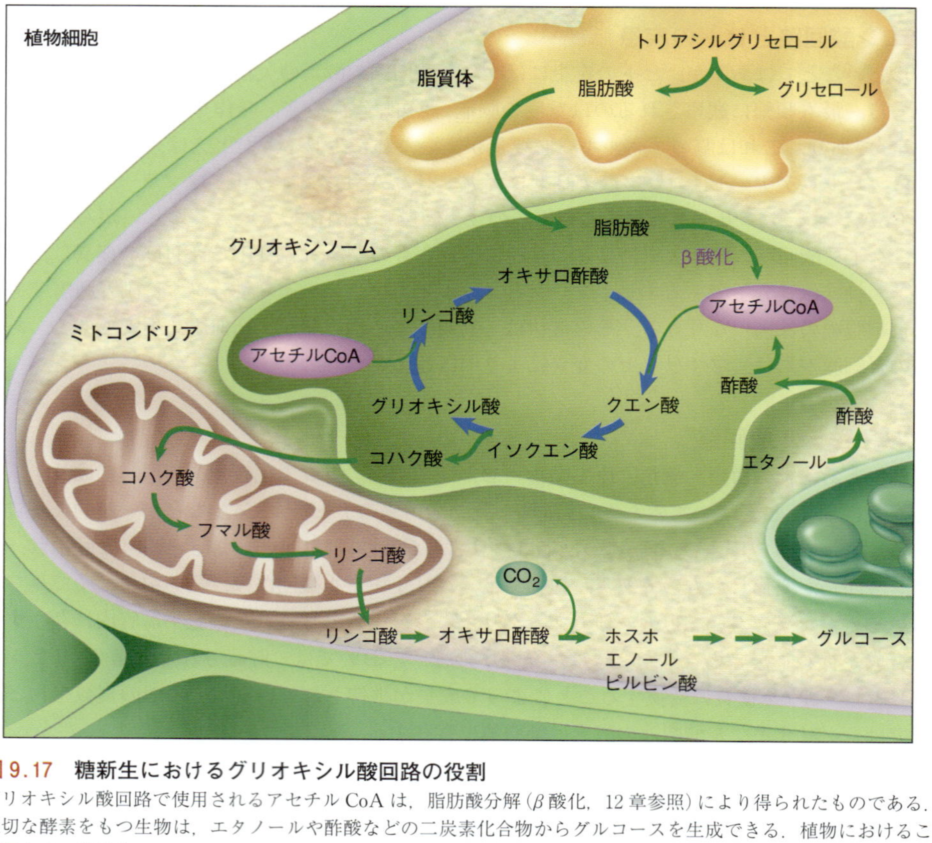

図 9.17　糖新生におけるグリオキシル酸回路の役割
グリオキシル酸回路で使用されるアセチル CoA は，脂肪酸分解（β 酸化，12 章参照）により得られたものである．適切な酵素をもつ生物は，エタノールや酢酸などの二炭素化合物からグルコースを生成できる．植物におけるこの反応は，脂質体，グリオキシソーム，ミトコンドリア，および細胞質に局在している．

素分子であるグリオキシル酸は，リンゴ酸シンターゼが触媒する反応において，2分子目のアセチル CoA と反応してリンゴ酸を生成する．リンゴ酸はリンゴ酸デヒドロゲナーゼによりオキサロ酢酸へ変換され，この回路が完了する．

グリオキシル酸回路では，二炭素分子から，より大きな分子を合成できる．その理由は，CO_2 を2分子失うクエン酸回路の脱炭酸反応を迂回できるからである．グリオキシル酸回路では，アセチル CoA を2分子使ってコハク酸とオキサロ酢酸が1分子ずつ生成する．生成物であるコハク酸は，グルコースのような代謝における重要な分子を合成するために用いられる（イソクエン酸リアーゼとリンゴ酸シンターゼをもたない生物，たとえば動物では，常に糖新生の基質は少なくとも炭素原子を3個もつ分子である．そのような生物では脂肪酸からグルコースを合成することはできない）．もう一つの生成物であるオキサロ酢酸は，グリオキシル酸回路を維持するために用いられる．

キーコンセプト

- グリオキシル酸回路をもつ生物は，成長維持のために二炭素分子を利用できる．
- 植物では，グリオキシル酸回路はグリオキシソームと呼ばれる細胞小器官に存在する．

本章のまとめ

1. 好気性生物は嫌気性生物と比べて著しく優位である．好気性生物は有機食物分子からより多くのエネルギーを得る能力をもっているからである．酸素を用いてエネルギーを発生させるためには，次の生化学的経路，すなわちクエン酸回路，電子伝達系，酸化的リン酸化が必要である．
2. エネルギーを獲得または放出する反応の多くは酸化還元反応である．このような反応では電子供与体（還元剤）と電子受容体（酸化剤）との間で電子が移動する．ほとんどの生化学的な反応においては，ヒドリドイオンは NAD^+ または $NADP^+$ に移動し，水素原子は FAD または FMN に移動する．ある物質の電子の獲得しやすさのことを還元電位と呼ぶ．電子の自発的な流れは，陽性度が低い（すなわち，より陰性の）還元電位をもつ物質から，より陽性の（すなわち，より低い陰性度の）還元電位をもつ物質に向かって生じる．通常の酸化還元反応においては $\Delta E^{\circ\prime}$ が正で $\Delta G^{\circ\prime}$ が負である．
3. クエン酸回路とは，グルコースや脂肪酸などの有機物を最終的には完全に酸化して，CO_2，H_2O，および還元型補酵素の NADH と $FADH_2$ を生成させる一連の生化学的反応である．解糖系の生成物であるピルビン酸は，クエン酸回路の基質であるアセチル CoA へ変換される．
4. クエン酸回路はエネルギー産生においてだけでなく，糖新生，アミノ酸合成，ポルフィリン合成といったいくつかの生合成過程でも重要な役割を果たしている．
5. 植物，ある種の菌類，藻類，原生動物，および細菌で見られるグリオキシル酸回路はクエン酸回路の変形であり，酢酸などの二炭素分子をグルコースの前駆体に変換する．

キーワード

アナプレロティック（anaplerotic）　295
還元電位（reduction potential）　280
共役酸化還元対（conjugate redox pair）　280
グリオキシル酸回路（glyoxylate cycle）　299
酸素耐性嫌気性生物（aerotolerant anaerobe）　278
絶対嫌気性生物（obligate anaerobe）　278
絶対好気性生物（obligate aerobe）　278
チアミンピロリン酸（thiamine pyrophosphate）　288
通性嫌気性生物（facultative anaerobe）　278
ニコチンアミドアデニンジヌクレオチド（nicotinamide adenine dinucleotide, NAD）　282
ニコチンアミドアデニンジヌクレオチドリン酸（nicotinamide adenine dinucleotide phosphate, NADP）　282
標準還元電位（standard reduction potential）　281
フラビンアデニンジヌクレオチド（flavin adenine dinucleotide, FAD）　283
フラビンタンパク質（flavoprotein）　283
フラビンモノヌクレオチド（flavin mononucleotide, FMN）　283
補酵素 A（coenzyme A）　286
リポ酸（lipoic acid）　288
両性代謝経路（amphibolic pathway）　295

復習問題

以下の問いは，次章へ進む前に，本章で論じた重要な概念について理解度を確認するためのものである．解答は巻末および『問題の解き方』を参照のこと．

1. 以下の用語を説明せよ．
   a. 絶対嫌気性生物　b. 酸素耐性嫌気性生物
   c. 通性嫌気性生物　d. 絶対好気性生物　e. 活性酸素種
2. 以下の用語を説明せよ．
   a. チアミンピロリン酸　b. リポ酸
   c. ピルビン酸デヒドロゲナーゼ複合体
   d. ヒドロキシエチル TPP
   e. ヌクレオシド二リン酸キナーゼ
3. 以下の用語を説明せよ．
   a. 両性代謝経路　b. アナプレロティック反応
   c. グリオキシル酸回路　d. 還元電位
   e. 共役酸化還元対
4. 約30億年前に地球の大気中に酸素分子が出現したことにより，生物の歴史がどのような影響を受けたかについて，一般的な用語で説明せよ．

5. ランナーはレース中に大量のエネルギーを必要とする．筋肉の収縮による ATP 消費がクエン酸回路にどのように影響するかを説明せよ．
6. クエン酸回路の二つの重要な役割を述べよ．
7. グリオキシル酸回路の段階を概説せよ．
8. グリオキシル酸回路はクエン酸回路とどのように違うか．
9. クエン酸回路のそれぞれの反応について平衡反応式を書け．
10. 問題 9 のそれぞれの反応で必要とされる補酵素は何か．
11. O_2 を電子受容体として用い，グルコースからエネルギーを得るために必要な生化学プロセスを列記せよ．
12. 以下の反応で起こる自由エネルギー変化を計算せよ．

    a. $\frac{1}{2}O_2 + NADH + H^+ \longrightarrow H_2O + NAD^+$

    b. $S + NADH + H^+ \longrightarrow H_2S + NAD^+$

13. クエン酸回路は酸素(O_2)が存在するときにのみ動くが，酸素はクエン酸回路の基質ではない．これについて説明せよ．
14. 少量の[1-^{14}C]グルコースを，好気的培養をしている酵母に与えると，クエン酸中のどの位置に最初の[1-^{14}C]標識が入るか．
15. ピルビン酸デヒドロゲナーゼ複合体中の酵素，補因子，および補酵素の役割について述べよ．
16. 遺伝子の *c-myc*，*HIF-1*，*PKB*，*p53* は，それぞれ発がん性の好気的解糖において役割をもつ．各遺伝子の役割を説明せよ．
17. 動物が，酢酸やエタノールのような二炭素分子からグルコースを生成できない理由について述べよ．
18. クエン酸回路の正味の反応式を書け．
19. クエン酸回路中の中間代謝物を前駆体分子として使う生合成経路について例をあげよ．

応用問題

以下の問いは，本書でこれまで論じてきた重要な概念について理解を深めるためのものである．正解は一つとは限らない．解答例は巻末および『問題の解き方』を参照のこと．

20. 植物毒であるフルオロ酢酸($F{-}CH_2COO^-$)は，動物が植物を摂取するとただちにフルオロクエン酸へ変換される．2-フルオロ-3-ヒドロキシクエン酸分子は酵素アコニターゼの自殺基質である．この酵素の全体的なゴール（第三炭素から OH 基を除去し，別の OH 基を第二炭素と結合させる）を考慮して，イソクエン酸を生成する反応が計画通りに起こらない理由を推測せよ（ヒント：フッ素は酸素よりも電気陰性度が高い）．
21. 問題 20 を答えるにあたって，フルオロクエン酸と，クエン酸シンターゼにより生成する自殺基質と考えられる化合物の化学構造を書け．
22. 基質準位のリン酸化の重要性について述べよ．それはクエン酸回路のどの反応に関与するかを述べよ．知っている生化学的経路のなかから別の例をあげよ．
23. 以下の反応について標準自由エネルギー($\Delta G^{\circ\prime}$)を計算せよ．

    a. $NADH + H^+ + \frac{1}{2}O_2 \longrightarrow NAD^+ + H_2O$

    b. 2 シトクロム $c(Fe^{2+}) + \frac{1}{2}O_2 + 2H^+ \longrightarrow$ 2 シトクロム $c(Fe^{3+}) + H_2O$

24. 慢性的なアルコールの飲み過ぎによる悪影響の一つは，体内のチアミンが不足することである．これは腸壁を通したチアミンの吸収が損なわれることと，肝臓が障害を受けるためにチアミンの貯蔵量が減少することによる．チアミンの量が不十分だと，細胞のエネルギー産生が減少する．チアミンを必要とする代謝に機能する三つの酵素は何か．また，チアミン濃度が低い場合に代謝がどのようになるかを述べよ．
25. 動物にグリオキシル酸回路はないが，^{14}C で標識された酢酸を実験動物に食べさせると，貯蔵されたグリコーゲン中に少量の放射線標識が検出されるようになる．これについて説明せよ．
26. 脂肪酸が分解すると，アセチル CoA によってピルビン酸カルボキシラーゼが活性化されることにより，クエン酸回路が刺激される．なぜ，ピルビン酸カルボキシラーゼの活性化は脂肪酸からのエネルギー産生を増大させるかを述べよ．
27. ショック症状（循環系の機能不全）とは，血流が不十分になる異常な状態である．ショックはほとんどの場合，大量の失血と血流障害によって生じる．ショックが起こると，細胞に酸素と栄養素を供給することができない．そのような状況において特徴的なのは，細胞が膨張し，リソソーム膜が崩壊することである．ショックの間はどのようにエネルギーがつくられるか，また細胞構造はなぜ不安定化するかを述べよ．
28. 二塩化酢酸はピルビン酸デヒドロゲナーゼキナーゼを阻害するので，この化合物は乳酸アシドーシスを治療するのに限定的に使用されてきた．ピルビン酸デヒドロゲナーゼ複合体中のピルビン酸デヒドロゲナーゼの α サブユニットが，ピルビン酸デヒドロゲナーゼキナーゼによってリン酸化されると，酵素活性は完全に消失する．二塩化酢酸を治療薬として使用するうえでの根拠となる理論について述べよ．
29. ピルビン酸デヒドロゲナーゼ欠損症は致死的な疾患であり，多くの場合，子供のときの診察によって見つかる．症状として重度の神経障害が観察される．また，血中の乳酸，ピルビン酸，アラニン濃度の上昇が見られる．ピルビン酸デヒドロゲナーゼが欠損すると，これらの濃度が上昇する理由について述べよ．
30. 表 9.1 の数値と下の等式を用い，NADH によって，硫黄が還元されて硫化水素になるときと，酸素が還元されて水になるときに生みだされる自由エネルギー(ΔG°)を計算せよ．さらに，硫黄を還元するよりも酸素を還元したほうがどれだけ多くの自由エネルギーが産生されるかを答えよ．

    $\Delta G^{\circ\prime} = -nF\Delta E^{\circ\prime}$

31. （たとえばカンジダやクリプトコッカスによって生じる）深在性真菌感染症と（マイコバクテリウムによって生じる）結核は増える傾向にある．これら生物の毒性が高い理由の一つは，他の微生物に比べてマクロファージによる食作用を受けてもうまくやっていけるからである．食作用は真菌やマイコバクテリウムのグリオキシル酸回路を活性化するので，他の栄養素が乏しいファゴリソソーム中において，二炭素の基質を用いて増殖を維持することができる．このような環境下で，グリオキシル酸回路を通して処理されると考えられる分子をいくつかあげよ．

CHAPTER

10 好気的代謝Ⅱ：電子伝達と酸化的リン酸化

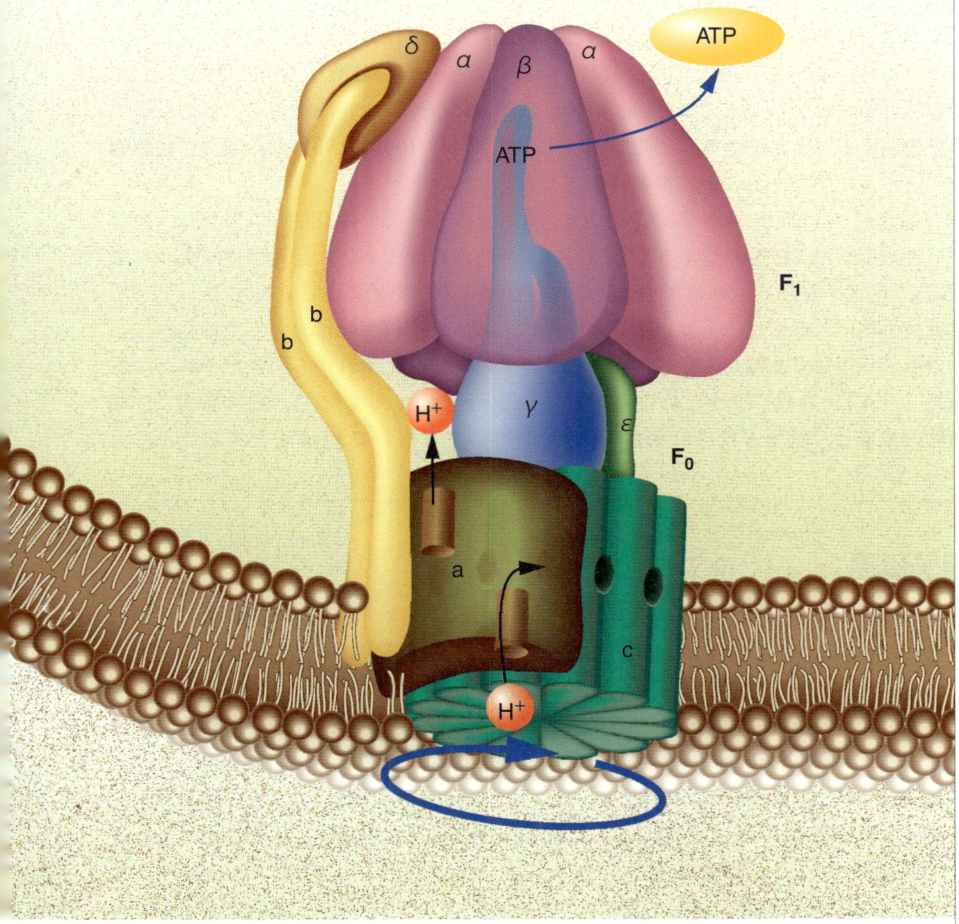

ATP シンターゼ　ATP シンターゼは回転しながら ATP を合成する分子機械である．この多タンパク質複合体は二つの主要なユニットから構成されている．すなわち，膜を貫通する F_0 ユニットと ATP を合成する F_1 ユニットである．電子伝達によって形成されるプロトン勾配により，F_0 ユニットを通過するプロトンの流れが生じ，それが軸（γ サブユニット）を回すトルクを発生させる．F_1 ユニットの回転力は，ATP 合成を引き起こす構造的な変化の引き金を引く．

アウトライン

10.1　電子伝達
電子伝達とその構成成分
電子伝達：流動状態モデルと固定状態モデル
電子伝達阻害剤

10.2　酸化的リン酸化
化学浸透圧説
ATP 合成
酸化的リン酸化の制御
グルコースの完全酸化
電子伝達の脱共役

10.3　酸素，細胞機能，酸化ストレス
活性酸素種
抗酸化酵素系
抗酸化分子

生化学の広がり
心筋梗塞：虚血と再灌流

概　要

好気的な生活様式は，酸素を利用することによって産生可能となる大量のエネルギーに依存している．酸素はまた，嫌気的条件下では起こらない約1000種類もの生化学反応にとっても，直接的あるいは間接的に必要である．しかしながら，酸素によりもたらされる多大な利益に対して，高い対価を支払わなければならない．好気的生物は酸素代謝によって生じる毒性のある副産物から身を守るための一連の機構を進化させてきたことが，研究によって明らかとなった．多くの酵素と抗酸化分子は通常，大部分の酸化的な細胞損傷を防いでいる．しかしながら，この保護がなければ損傷が生じる．酸素から派生する代謝物は，がん，ならびに心臓や神経の疾患を含む一連のヒトの病気に関与することが知られている．

酸化的な細胞損傷

酸素がもっているいくつかの性質が連携して，有機分子からエネルギーを引きだすのに高度に適した機構を可能にしている．まず第一に，酸素は地球表面のほとんどすべての場所に存在している．対照的に，その他の電子受容体のほとんどは比較的まれにしか存在しない．第二に，酸素は細胞膜を容易に通過して拡散していく．電荷をもつ硫酸塩や硝酸塩のような，他の電子受容体分子の場合はそうではない．最後に，酸素はジラジカルな構造をしているので，容易に電子を受容することができる．この能力は，活性酸素種（ROS）と呼ばれる非常に破壊的な代謝物を形成する傾向があることにも関係してくる．

10章では，酸化的リン酸化に関する基本的な原理について述べる．酸化的リン酸化は，現存している好気性細胞がATPを製造するために用いる複雑な機構である．還元型補酵素から電子伝達鎖（ETC）へ電子が与えられる電子伝達系の総括から考察を始めることにしよう．ETCは，好気性真核生物においてはミトコンドリア内膜に，嫌気性原核生物においては細胞膜に存在する一連の電子伝達体である．本章の次のトピックスは，電子の流れから引きだされたエネルギーを捕捉し，ATP合成に使うための手段である化学浸透圧について述べる．最後に，毒性酸素代謝物の生成と，細胞が自分自身を守る戦略について考察して10章を終えることにする．

10.1　電子伝達

電子伝達系とも呼ばれるミトコンドリアの電子伝達鎖（ETC）は，電子に対する親和性を上昇させる手段としてミトコンドリア内膜に並んだ一連の電子伝達体である．つまり，還元型補酵素であるNADHと$FADH_2$からの電子を酸素へ移動させるのは，まさにこれらの分子なのである．この電子伝達の過程で還元電位（$\Delta E°'$）の減少が起こる．NADHが電子供与体で酸素が電子受容体の場合，電位の変化は$+1.14$ Vである〔すなわち$+0.82$ V$-$(-0.32 V)，**表9.1**参照〕．電子伝達の過程で放出されるエネルギーは，エネルギー吸収性の過程と共役しており，そのなかで最も重要なのはATPの生成である．電子伝達によって駆動されるその他の過程としては，小胞体-ミトコンドリア接触部位（MAM，p. 51）を介したミトコンドリアマトリックスへのCa^{2+}の流入や褐色脂肪組織での熱の発生（p. 320で述べる）などがある．解糖系，クエン酸回路，脂肪酸の酸化などから供給される還元型補酵素が電子の主要な供給源である．

電子伝達とその構成成分

ミトコンドリア内膜に局在している真核生物のETCの構成成分は，四つの複合体に組織化されている（**図10.1**）．酸化還元酵素として働く複合体のそれぞれは，いくつかのタンパク質と補欠分子族からなっている．各複合体の構造および機能的な特徴について簡単に述べる．補酵素Q（ユビキノン，UQ）とシトクロムの役割についても述べる．**図10.1**はETCにおける電子の流れの概略を示している．

複合体ⅠはNADHデヒドロゲナーゼ複合体とも呼ばれ，NADHからUQへの電子伝達を

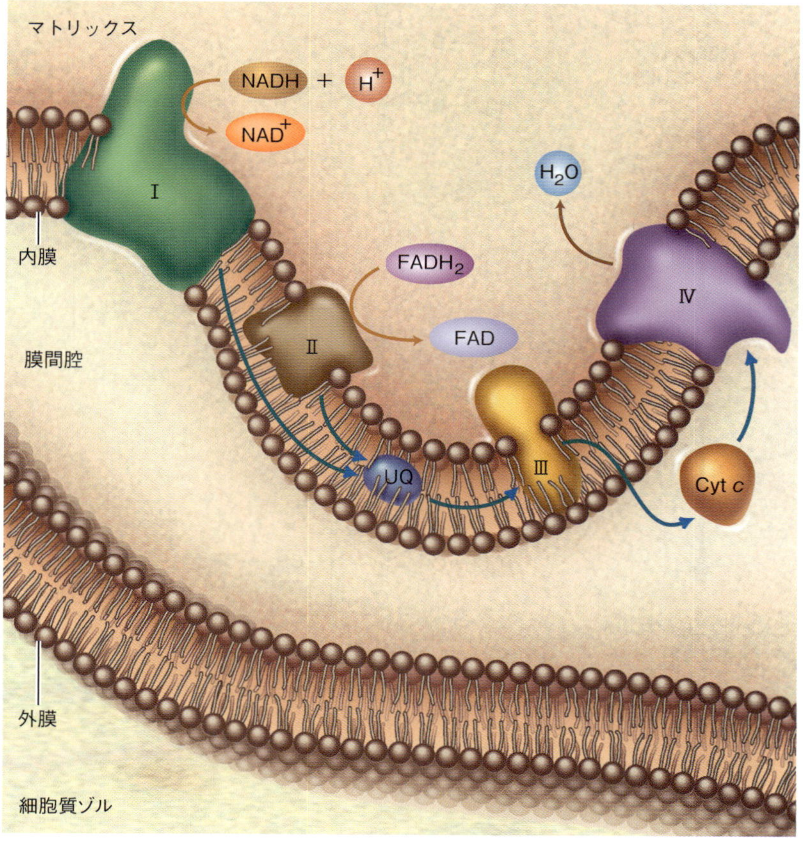

図 10.1 電子伝達鎖
複合体 I と II は，それぞれ NADH とコハク酸からの電子を UQ へ渡す．複合体 III は UQH_2 からの電子をシトクロム *c* へ渡す．複合体 IV はシトクロム *c* からの電子を O_2 へ渡す．矢印は電子の流れを示す．電子伝達系の機能は，内膜を横切ってマトリックスから膜間腔スペースへプロトンを移動させることである．ATP の合成はプロトンの移動と関連している．

触媒する．複合体 I は，ミトコンドリア内膜のなかで最も大きいタンパク質成分である．たとえばウシの心臓のミトコンドリアの酵素は，少なくとも 45 個のサブユニットをもつ．複合体は 1 分子のフラビンモノヌクレオチド(FMN，図 9.6)に加え，七つの鉄-硫黄クラスターをもっている(図 10.2)．二つあるいは四つの鉄原子と硫化物イオンの複合体である鉄-硫黄クラスターは，1 電子の伝達反応を触媒する．鉄-硫黄クラスターを含むタンパク質は，しばしば非ヘム鉄タンパク質といわれる．複合体 I の構造と機能はまだよく理解されていないが，NADH が最初に FMN を $FMNH_2$ に還元すると考えられている．ついで，一度に一つずつの電子が $FMNH_2$ から鉄-硫黄クラスターへ伝えられる．一連の鉄-硫黄クラスターで電子が連続して受け渡され，最終的に各電子は，脂溶性で，一度に一つの電子の受容と供与ができる可動性の電子運搬体である UQ へ渡される(図 10.3)．

図 10.4 は複合体 I を介した電子の移動を示している．電子の輸送は，ミトコンドリアのマトリックスから内膜を貫通して膜間腔へと移動するプロトンの動きと連動している．ATP 生成におけるこの現象の重要性については後で述べる．

コハク酸ユビキノールレダクターゼとも呼ばれるコハク酸デヒドロゲナーゼ複合体(複合体 II)は，四つのタンパク質サブユニットから構成されている．コハク酸結合部位および共有結合的につながった FAD をもつフラビンタンパク質である ShdA と，三つの鉄-硫黄クラスターをもつ鉄-硫黄タンパク質である ShdB はともに，マトリックスのなかへと伸びている(p. 293)．サブユニット C および D は膜結合タンパク質である．疎水的 UQ 結合部位は，ShdC と ShdD からの側鎖で覆われているくぼみのなかにある．CD 二量体はヘム基の結合部位ももっている．ヘム基の役割は，結果的に酸素ラジカルの生成を引き起こしてしまう複合体 II からの電子の漏れを抑えることである．

複合体 II はコハク酸から UQ への電子の伝達を仲介する．FAD が還元されると(クエン酸回路の中間体であるコハク酸の酸化過程，p. 293)，その電子は一連の三つの鉄-硫黄クラスター，ついで UQ へと伝達される．その他の ETC 複合体とは異なり，コハク酸デヒドロゲナーゼは

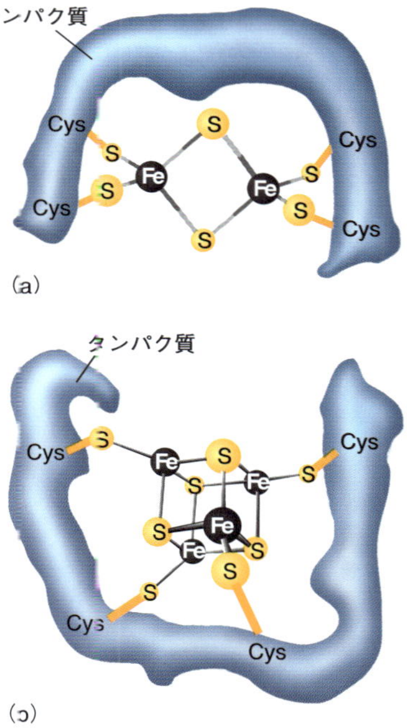

図 10.2 二つの鉄-硫黄クラスター
(a) 二つの鉄と二つの硫黄を含む鉄-硫黄クラスターをもつタンパク質．(b) 4Fe-4S 鉄-硫黄クラスター．両者においてシステイン残基はポリペプチドの一部である．

図 10.3　補酵素Qの構造と酸化状態
側鎖の長さは種によって異なる．たとえば，細菌は六つのイソプレン単位をもっている．しかし，哺乳動物では $n = 10$ で，そのような分子は Q_{10} と呼ばれている．

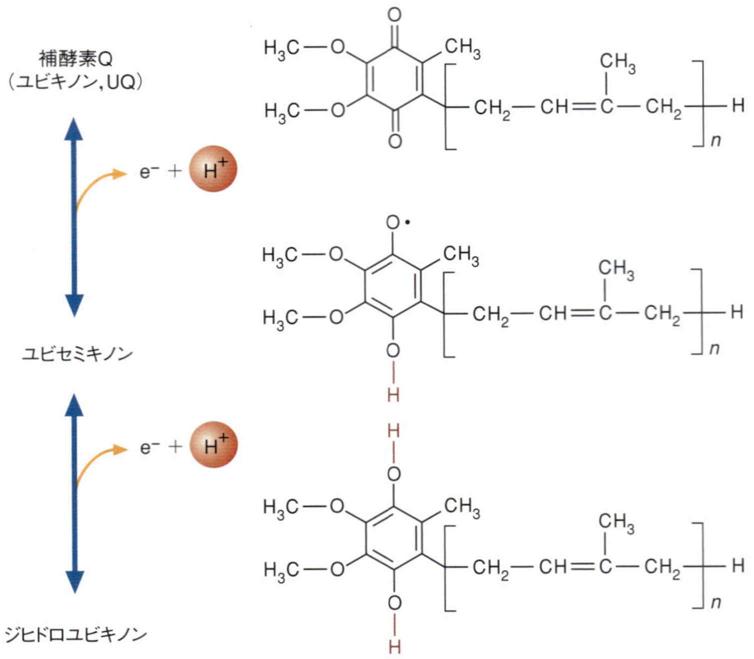

図 10.4　ミトコンドリアの電子伝達鎖の複合体Ⅰを介した電子伝達
電子伝達は NADH による FMN の還元によって始まる．その過程にはマトリックスからプロトンの供給が一つ必要である．$FMNH_2$ はついで二つの電子を1回に一つずつ，六つから八つの鉄-硫黄クラスターへ伝達する．最初の鉄-硫黄クラスターに二つの電子が順に伝えられることによって，最終的に四つのプロトンが膜間腔へ放出される．プロトンが膜を通過する機構についてはまだ明らかになっていない．しかし，複合体内の UQ は二つのプロトンの輸送に関与していると考えられる．二つの電子が複合体内の UQ から外の UQ へ一連の鉄-硫黄クラスターを通して次つぎと伝えられるので，第二のプロトン対も輸送されることになる．

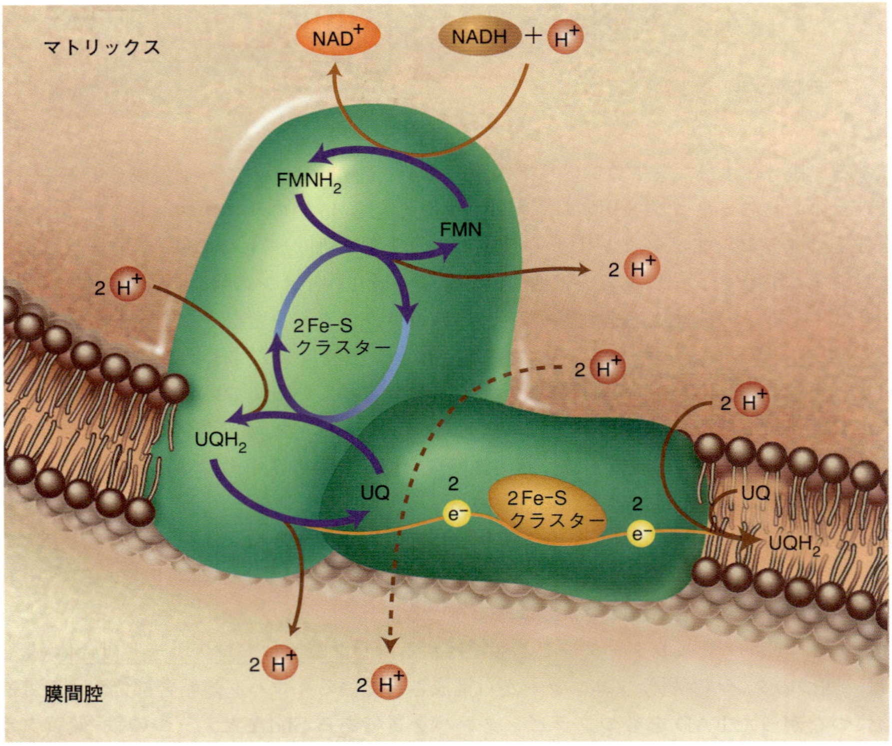

プロトンをマトリックスから膜間腔スペースへと移動させない．他のフラビンタンパク質も UQ へ電子を渡すことができる(図 10.5)．ある種の細胞では，ミトコンドリア内膜の外側に結合している酵素であるグリセロール-3-リン酸デヒドロゲナーゼが，細胞質の NADH から ETC へ電子を伝達する(p. 258 参照)．脂肪酸酸化(12 章)の最初の酵素であるアシル CoA デヒドロゲナーゼも，内膜のマトリックス側から UQ へ電子を伝達する．

複合体Ⅲは<u>シトクロム bc_1 複合体</u>とも呼ばれるが，各単量体が 11 のサブユニットをもつ二

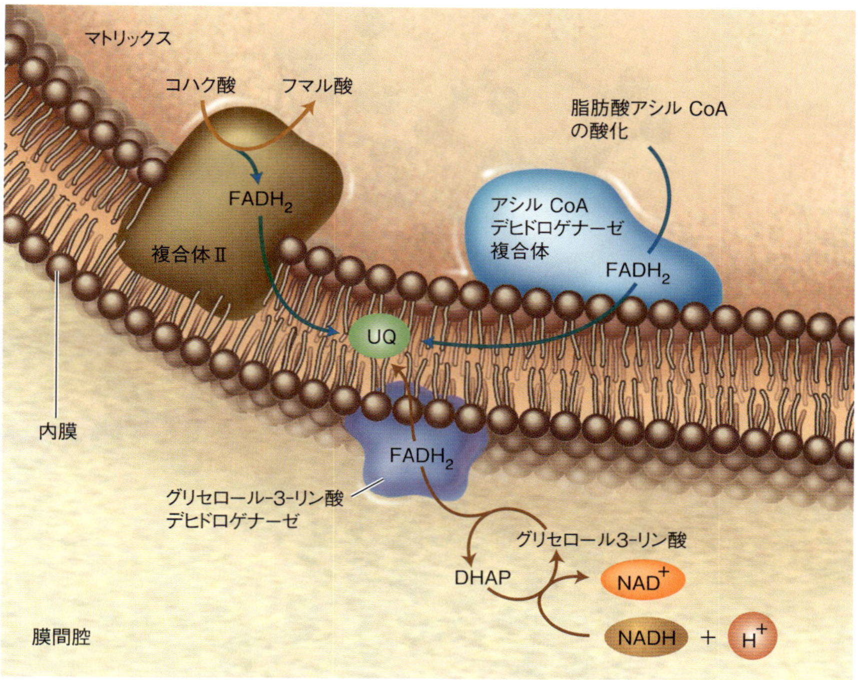

図 10.5　コハク酸，グリセロール 3-リン酸，脂肪酸から UQ への電子の流れ
コハク酸からの電子は，複合体ⅡのFADといくつかの鉄-硫黄クラスター，そしてUQへ伝えられる．細胞質のNADH由来の電子は，グリセロール 3-リン酸とフラビンタンパク質のグリセロール-3-リン酸デヒドロゲナーゼを含む経路を介してUQへ伝えられる（p. 258 参照）．脂肪酸は酸化されて補酵素A（CoA）の誘導体となる．脂肪酸の酸化に関与するいくつかの酵素のうちの一つであるアシル CoA デヒドロゲナーゼは，FADへ二つの電子を渡す．それらの電子はついでUQへ渡される．

量体である．そのなかには三つのシトクロム（Cyt b_L，Cyt b_H，およびCyt c_1）と一つの鉄-硫黄クラスターを含む．シトクロムとは一連の電子輸送タンパク質で，ヘモグロビンやミオグロビンに見られるような補欠分子族のヘムを含んでいる．ヘム鉄の酸化状態の可逆的な変化（すなわち還元型の Fe^{2+} と酸化型の Fe^{3+} との間の変化）に伴って，電子はシトクロムによって一つずつ伝えられる．複合体Ⅲの機能は，還元型補酵素Q（UQH_2）からシトクロム c（Cyt c）と呼ばれるタンパク質へ電子を伝えることである．シトクロム c（図 10.6）はミトコンドリア内膜の外側にゆるく結合した可動性の電子運搬体である．

Qサイクル（Q cycle）と呼ばれる複合体Ⅲを介した電子の流れ（図 10.7）は複雑である．しかしながら，一つの UQH_2 から二つの電子がCyt c へ供給されるという全体の反応過程はわかりやすい．

$$UQH_2 + 2\,Cyt\,c_{ox}(Fe^{3+}) + 2H^+_{matrix} \longrightarrow UQ + 2\,Cyt\,c_{red}(Fe^{2+}) + 4H^+_{cytosol} \quad (1)$$

Qサイクルにおいて補酵素Q分子はミトコンドリア内膜内を拡散し，複合体ⅠあるいはⅡの電子供与体と複合体Ⅲ（鉄-硫黄タンパク質）の電子受容体の間を行き来する．UQH_2 は一度に二つの電子を与える．一つの電子は鉄-硫黄タンパク質へ流れ，ついでそれはCyt c_1 へ伝えられ，その後，Cyt c に渡される（図 10.7）．この伝達による産物は $UQ^{\cdot-}$ と UQH_2 からの二つのプロトンであり，それらは膜間腔スペースへと運ばれる．$UQ^{\cdot-}$ は2番目の電子を最初にCyt b_L へ，ついでCyt b_H へと伝達する．Qサイクルの最初の回転で生じる産物はUQであり，一つの電子がCyt c に伝達され，2番目の電子がCyt b_H に伝達される．すなわち，二つのプロトンが膜間腔スペースに移動する．Qサイクルの2回目の回転には2番目の分子である UQH_2 が含まれ，これは最初の回転と同様に一つの電子をCyt c に伝達する．そして産物である $UQ^{\cdot-}$ がCyt b_H から電子を受けとり，ミトコンドリアマトリックスからの二つのプロトンが UQH_2 を生成させる．正味の効果は，二つの電子と四つのプロトンがミトコンドリア膜の内側の膜間腔ス

図 10.6　シトクロム *c* の構造
シトクロム *c* は，シトクロムと呼ばれる小さなタンパク質の分類に属しており，それぞれ補欠分子族としてヘムを含む．電子伝達の過程において，ヘムのなかの鉄は酸化されたり還元されたりする．

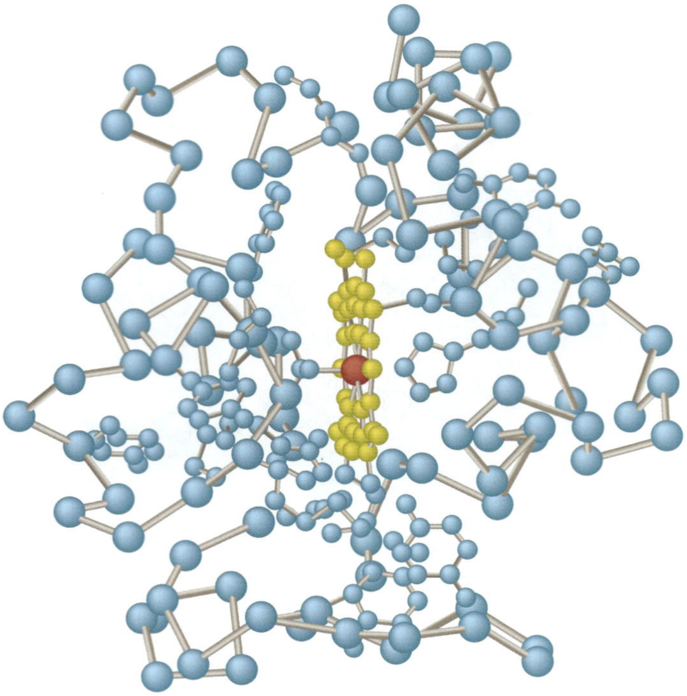

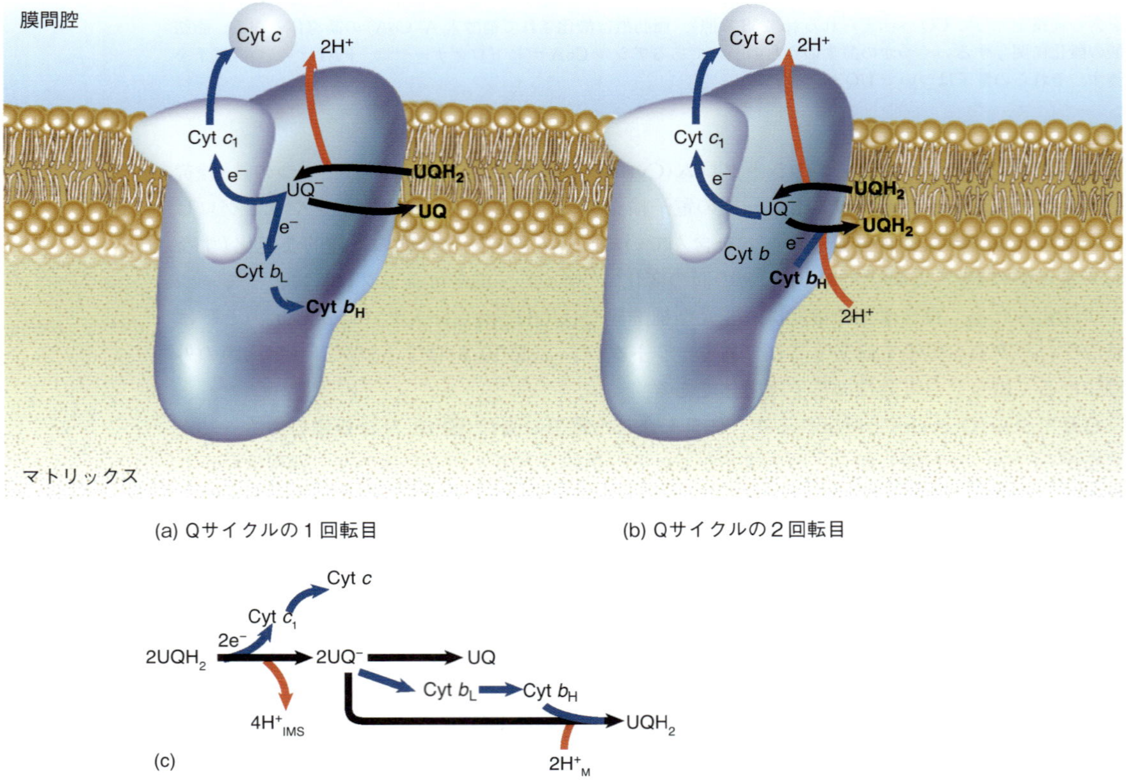

図 10.7　複合体Ⅲを介する電子伝達
２分子の UQH_2 が酸化され，Cyt *c* へ順番に二つの電子 (e^-) を供給する．それぞれの UQH_2 からの最初の電子は，Fe-S タンパク質（図には示されていない）に伝達され，ついで二つのプロトンが膜間腔スペースへと移動するのに伴って，Cyt c_1，そして Cyt *c* へと伝達される．(a) 一つの $UQ^{\cdot-}$ からの２番目の電子は Cyt b_L，そして Cyt b_H へと伝達される．UQ はミトコンドリア膜の内側に放出される．(b) ２番目の $UQ^{\cdot-}$ は Cyt b_H から電子を獲得し，ミトコンドリアマトリックスからの二つのプロトンから UQH_2 を生成する．(c) 反応をまとめると，２分子の UQH_2 が複合体Ⅲへ入り，UQ と UQH_2 が複合体から放出される（黒の矢印：反応の方向，赤の矢印：プロトンの移動，青の矢印：電子の流れ）．

ペース側から Cyt c を還元するために供給され，プロトン勾配を形成するのに貢献することである．ミトコンドリアマトリックスから供給された二つのプロトンによって，UQ と UQH_2 の 1 分子ずつが膜の内部で形成される．

シトクロムオキシダーゼ（複合体Ⅳ）は，O_2 の H_2O への四電子還元を触媒するタンパク質複合体である．哺乳動物の膜貫通型の複合体（図 10.8）は 13 個のサブユニットを含んでいるが，その数は生物種によって異なる．複合体Ⅳは，シトクロム a および a_3 と，三つの銅原子を含んでいる．すなわち，二つの銅イオンが二核性の銅–銅クラスターの Cu_A/Cu_A を形成し，ヘム a_3 と Cu_B が二核性の鉄–銅クラスターを形成する．両方のクラスターは 1 回に一つずつの電子を受けとる．電子はシトクロム c から Cu_A/Cu_A，シトクロム a，ついで a_3-Cu_B，そして最終的に O_2 へと流れる．四つのプロトンと四つの電子が複合体Ⅳを通ってミトコンドリア内膜の外側からマトリックスへ行き来し，シトクロム a_3-Fe（Ⅱ）に結合した二原子酸素へ運ばれる．この反応で二つの水分子が生成して遊離していく．

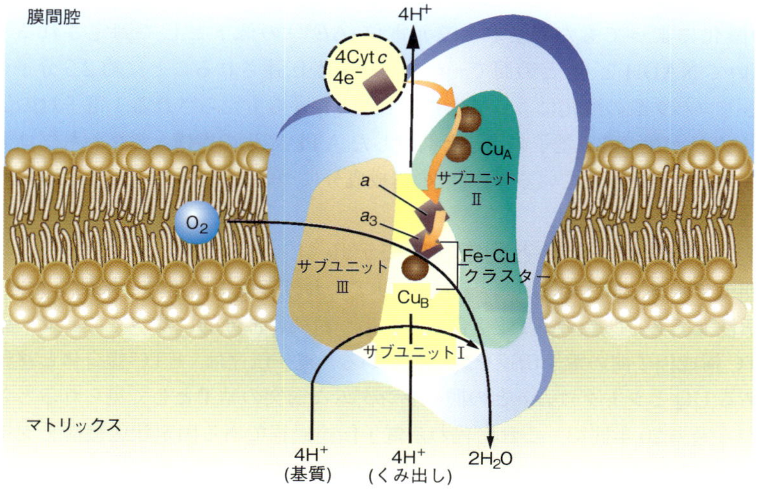

図 10.8 複合体Ⅳを介する電子伝達
二つの還元型 Cyt c 分子は，それぞれ一度に一つずつ，計二つの電子をサブユニットⅡ上の Cu_A へ渡す．ついで電子は Cyt a，Cyt a_3，そしてサブユニットⅠの Cu_B へ伝達される．O_2 は Cyt a_3 のヘムと結合し，ついでサブユニットⅠの鉄–銅クラスター（Cyt a_3 と Cu_B）から伝達された二つの電子によって，そのペルオキシ誘導体である O_2^{2-} のプロトン化されたかたちに変換される．Cyt c からさらに二つの電子と，マトリックスから四つのプロトンが伝達されることによって 2 分子の水が生成する．それと同時に，さらに四つのプロトンがマトリックスから膜間腔にくみ出される．

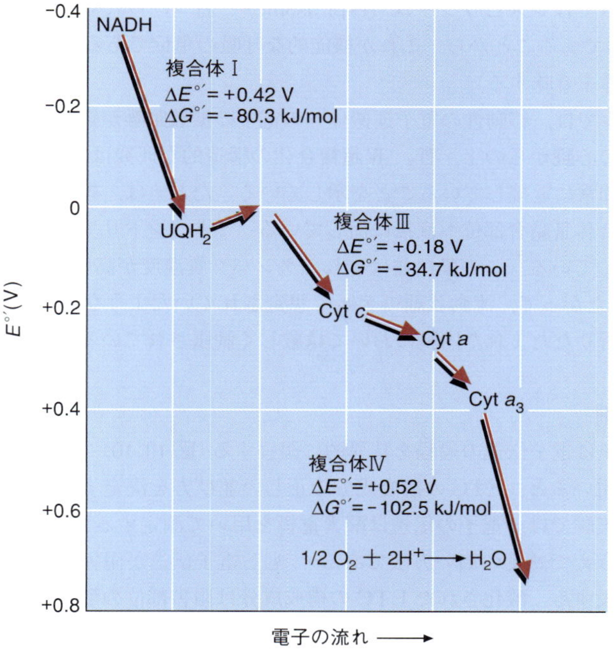

図 10.9 ミトコンドリアの電子伝達鎖におけるエネルギーの関係
比較的大きな自由エネルギーの減少が 3 カ所で起こる．それぞれの段階で，ATP の合成を行うのに見合う十分なエネルギーが放出される．

表 10.1　電子伝達鎖の超分子構成要素

酵素複合体	補欠分子族
複合体Ⅰ(NADH デヒドロゲナーゼ)	FMN, FeS
複合体Ⅱ(コハク酸デヒドロゲナーゼ)	FAD, FeS
複合体Ⅲ(シトクロム bc_1 複合体)	ヘム, FeS
シトクロム c	ヘム
複合体Ⅳ(シトクロムオキシダーゼ)	ヘム, Fe, Cu

$$O_2 + 4H^+ + 4e^- \longrightarrow 2H_2O \qquad (2)$$

Cyt c と複合体Ⅳには ATP 結合部位がある．ATP の濃度が高いとき，アロステリックな阻害剤として作用する ATP はその部位に結合し，電子伝達の活動を低下させる．

複合体Ⅰ，Ⅲ，およびⅣを通って電子が流れるにつれ，かなりの量のエネルギー放出が NADH の酸化によってもたらされ，還元電位($\Delta E^{\circ\prime}$)の低下として測定される(**図 10.9**)．ETC において NADH と O_2 との間で一つの電子対が伝達されるごとに約 2.5 分子の ATP が合成される．コハク酸の酸化によって生じる $FADH_2$ からもたらされる 1 電子対の伝達から約 1.5 分子の ATP が生じる．電子の伝達と共役した ATP 産生の機構，すなわちプロトン勾配については p. 311 に記述されている．ETC の構成成分については**表 10.1** にまとめられている．

キーコンセプト

電子伝達鎖とは，真核細胞のミトコンドリア内膜に局在する電子伝達分子からなる一連の複合体である．

電子伝達：流動状態モデルと固定状態モデル

流動状態モデルは，数十年間，ミトコンドリアにおける電子伝達の一般的な見方であった．酵素的に活性型である四つの ETC 複合体の抽出や精製に部分的に基づくことで，流動状態モデルは ETC 構成因子間の電子伝達を説明している．電子伝達は，ETC 複合体と移動性の電子運搬体である UQ とシトクロム c との間のランダムな衝突の結果として見られるとされていた．しかしながら過去 20 年間で，これに代わる電子伝達過程である固定状態機構を支持する重要な証拠が示された．より穏やかな抽出および精製方法の結果，複合体Ⅰ，Ⅲ，Ⅳの組合せからなるいくつかの超複合体(たとえばⅠとⅢ，ⅢとⅣ$_{1-4}$．ただし複合体Ⅱは含まれない)が単離され，同定された．Ⅰ，Ⅲ$_2$，Ⅳ$_{1-2}$ 超複合体が，いくつかの動物，植物ならびに糸状菌から発見されている．今日では**レスピラソーム** (respirasome) と名づけられているが，最も活性があり安定な ETC の型であることから，これが機能的な呼吸の単位であると考えられている(Ⅲ$_2$ は複合体Ⅲの二量体を意味する)．

固定状態モデルでは，移動性の電子運搬体への電子の拡散距離が短いので，電子伝達は効率的である．ウシの心臓からのⅠ，Ⅲ$_2$，Ⅳ超複合体の構造的な研究は，ETC 複合体中の移動性の電位運搬体が非常に近接していることを示している．たとえば，複合体Ⅰの UQ 結合部位は還元型 UQ の複合体Ⅲ結合部位へ直接に面している．ミトコンドリア内膜の他の特徴も固定状態モデルを支持している．この膜は並はずれてタンパク質濃度が高い(タンパク質：脂質比は 75%：25%)．したがって，流動状態モデルで想定されていたようなタンパク質のランダムな動きは，重度に折りたたまれた内膜においては厳しく制限されていることになる．

電子伝達阻害剤

いくつかの分子は電子伝達の過程を特異的に阻害する(**図 10.10**)．還元電位の測定と組み合わせて阻害剤を用いると，ETC の構成成分の正しい並び方を決定するうえで非常に有効である．そのような実験では，電子の伝達は酸素電極を用いて測定する(酸素消費量の測定は電子伝達を測定するうえで感度の高い方法である)．もし電子伝達が阻害されると，酸素消費量は減少もしくは消失する．酸化された ETC の構成成分は阻害部位の酸素還元側に蓄積する．一方，還元された ETC の構成成分は阻害部位の非酸素側に蓄積する．たとえば，アンチマイシ

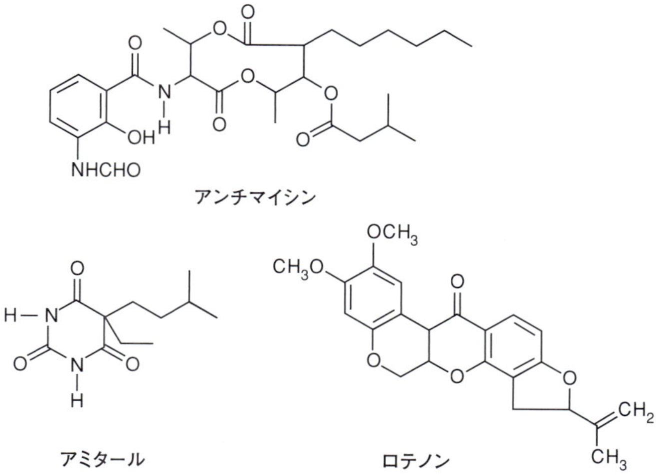

図 10.10 ミトコンドリアの電子伝達鎖の阻害剤
アンチマイシンはシトクロム b からの電子の流れを遮断する．アミタールとロテノンは NADH デヒドロゲナーゼを阻害する．

ン A は複合体Ⅲのなかの Cyt b を阻害する．この阻害剤をミトコンドリアの懸濁液に加えると，NAD^+，フラビン類，および Cyt b 分子はより還元されるようになる．これに対し，シトクロム c_1，c，a はより酸化されるようになる．ETC 阻害剤の他の有名な例としては，NADH デヒドロゲナーゼ（複合体Ⅰ）を阻害するロテノンやアミタールなどがある．一酸化炭素（CO），アジ化物（N_3^-），シアン化物（CN^-）はシトクロムオキシダーゼを阻害する．

問題 10.1

次のそれぞれの組合せのうちで，よりよい還元剤はどちらの化合物か．

a. NADH/H_2O
b. UQH_2/$FADH_2$
c. Cyt c（還元型）/Cyt b（還元型）
d. $FADH_2$/NADH
e. NADH/$FMNH_2$

10.2 酸化的リン酸化

ETC で生じたエネルギーが，ADP をリン酸化して ATP を生成することによって保存される過程である**酸化的リン酸化**（oxidative phosphorylation）は，1961 年に Peter Mitchell によって提唱された**化学浸透圧共役説**（chemiosmotic coupling theory）によって説明される．化学浸透圧説では，電子伝達によって放出されたエネルギーが膜をはさんで電気化学的勾配を形成し，それが ATP 合成を駆動する．

化学浸透圧説

化学浸透圧説は次の二つの局面をもっている．

1. 電子が ETC を流れると，プロトンがミトコンドリアマトリックスから輸送され，膜間腔へと放出される．その結果，電位差 Ψ とプロトンの濃度勾配 ΔpH が内膜を隔てて形成される．電気化学的プロトン勾配は，しばしば**プロトン駆動力**（protonmotive force）Δp と呼ばれる．
2. 電子伝達のプロセスの結果として膜間腔に大量に存在するプロトンは，特異的なチャネルだけを介して内膜を通過することができ，それによってマトリックスと膜間腔のプロトン濃度勾配を解消する（内膜自体はプロトンのようなイオンを通さない）．ATP は，

ATP シンターゼと呼ばれる分子機械によって ADP と P_i から合成される．これは複合体Ⅴとも呼ばれ，プロトンチャネルを含んでいる．ATP の合成は，熱力学的に有利なチャネルを通るプロトンの流れの結果として起こる．

Mitchell は化学浸透圧という用語を，化学反応が浸透圧勾配に共役しうることを強調するために使用した．ミトコンドリア内で機能する化学浸透圧モデルの概要を図 10.11 に示す．

化学浸透圧説を支持する証拠には次のような例が含まれる．

1．活発に呼吸を行っているミトコンドリアはプロトンを排出する．ミトコンドリアを弱い緩衝液に懸濁し，その pH を電極で測定すると，O_2 の添加によって pH が低下することがわかる．ミトコンドリア内膜をはさんだ典型的な pH 勾配は約 0.05 pH 単位である．
2．ミトコンドリア内膜が破壊されると ATP 合成は停止する．たとえば，ミトコンドリア

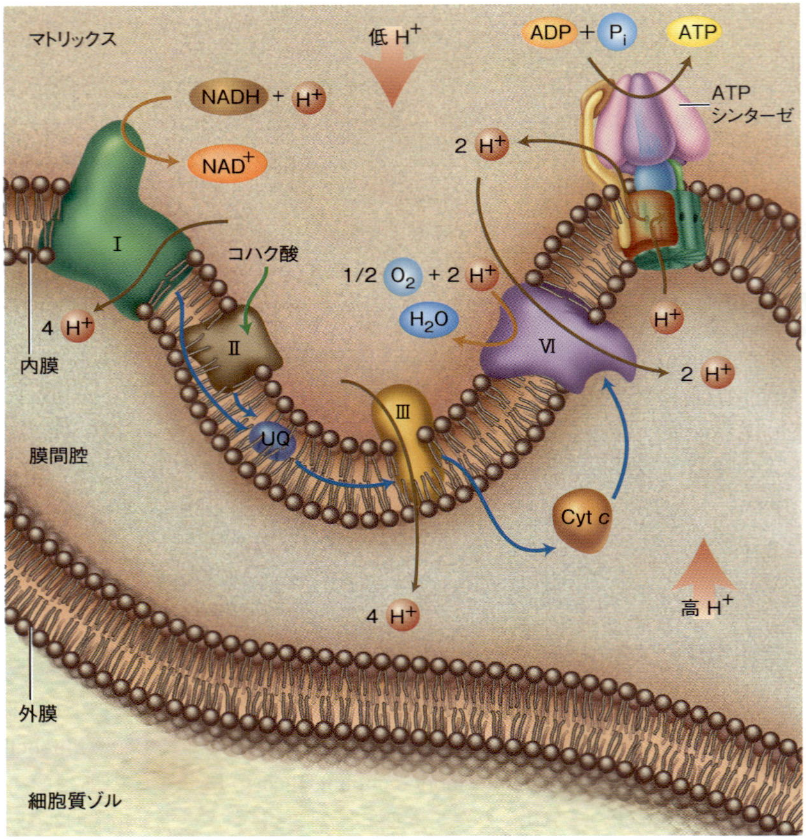

図 10.11　化学浸透圧説の概要
Mitchell のモデルでは，電子伝達機構によってプロトンはミトコンドリアマトリックスから内膜を通って膜間腔へと流れる．電子伝達によって得られたエネルギーは膜の電位差とプロトン勾配を生じさせる．ミトコンドリア内膜はプロトンを通過させないので，プロトンは特異的なプロトンチャネルを通って膜の反対側へ流れていく．ATP シンターゼを介したプロトンの流れが ATP 合成を駆動する（電子伝達における複合体Ⅰ，Ⅱ，Ⅲ，Ⅳの役割についての簡単な記述は図 10.1 を参照）．内膜を通過してプロトンが流れる結果，マトリックスの pH は上昇し，膜のマトリックス側はより負の電荷を帯びることに注意．

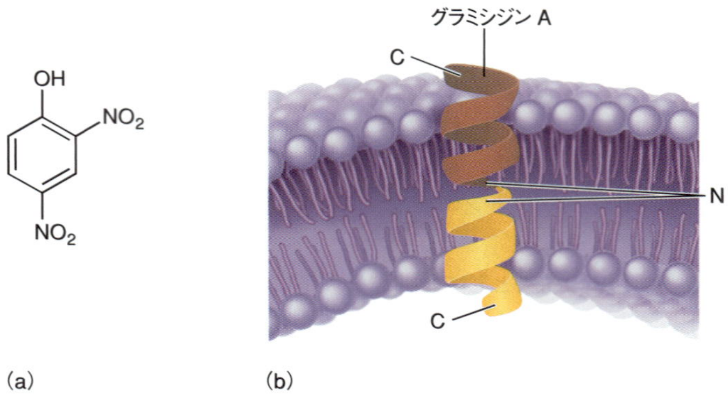

図 10.12　脱共役剤
(a) ジニトロフェノール．拡散によって膜を通過し，膜の片側でプロトンをつかまえ，反対側でそれを放出する．(b) グラミシジン A．11 残基のペプチドで，両端が逆になったような二量体を形成し，それが膜のなかでプロトンを通過させる孔を形成する（C はカルボキシ末端，N はアミノ末端）．

を高浸透圧溶液に入れると，電子伝達は継続するが ATP 合成は停止する．一方，ミトコンドリアの膨潤は，内膜を横断したプロトンの漏えいをもたらす．

3．ATP 合成を阻害する多くの分子はプロトン勾配を特異的に消失させることが知られている（図 10.12）．化学浸透圧説によれば，プロトン勾配が破壊されると食物分子から供給されたエネルギーを熱として消失させてしまう．ジニトロフェノールのような**脱共役剤**（uncoupler）は膜の両側（内と外）でプロトンの濃度を等しくさせることでプロトン勾配を崩壊させる（脱共役剤は拡散によって膜を通過するので，膜の片側でプロトンをつかまえた脱共役剤は，膜の反対側でそのプロトンを放出する）．**イオノホア**（ionophore）は疎水的な分子で，膜に入り込むことによってチャネルを形成し，浸透圧勾配を消失させる．たとえば，グラミシジンは H^+，K^+，および Na^+ を膜通過させるようなチャネルを形成する抗生物質である．

電子伝達系によって形成されるプロトン勾配は，二つの一般的な目的のために消費される．すなわち，ATP シンターゼを通ってプロトンが流れる際に ATP を合成すること，ならびに制御されたプロトンの漏えいはさまざまな別の種類の生物学的仕事を行うために使われる．たとえば，熱の発生や，リン酸や内膜を通過するアデニンヌクレオチドの ADP と ATP のような物質の輸送などである．次の節では，ミトコンドリア内での ATP 合成とその制御について述べ，その後でグルコースからのエネルギー産生について短く概要を述べる．ある種の動物細胞ではミトコンドリアのプロトン勾配は体温調節に使われるが，10.2 節では最後に，その非振動型熱産生の機構について考察する．

問題 10.2

ジニトロフェノール（DNP）は，それを摂取した数人の死者がでるまでは，1920 年代にダイエットを助けるものとして使われた脱共役剤である．なぜ DNP の消費が体重の減少を引き起こすのかについて考えよ．DNP による死は肝臓の障害によるものである．それを説明せよ（ヒント：肝臓の細胞は極端に多くのミトコンドリアを含んでいる）．

DNPと肝臓障害

ATP 合成

初期の電子顕微鏡を使った研究から，ミトコンドリアの内膜には内側に向かって棒つき飴（あめ）のような形をした多くの構造体が点在しているのが観察されていた．1960 年代に始まった実験によって，棒つき飴のような構造体はプロトン輸送型 ATP シンターゼであることがわかった．これらの研究は，亜ミトコンドリア粒子，すなわちミトコンドリアを超音波処理した際に形成される，膜に覆われた小さな小胞を利用している．さらなる研究によって，ATP シンターゼは二つの大きな構成成分からできていることが示された（図 10.13）．F_1 部分は活性型 ATP アーゼ（ATP 分解酵素）で，α_3，β_3，γ，δ，および ε という比率からなる五つの異なるサブユニットをもっている．F_1 にはヌクレオチドが結合する三つの触媒部位がある．F_O 部分はプロトンの膜貫通型チャネルで，a，b_2，$c_{10\text{-}12}$ という比率からなる三つのサブユニットが存在している．F_O サブユニットは，グラム陽性細菌である *Streptomyces* が産生する抗生物質のオリゴマイシンによって阻害されることから，そのように命名された．オリゴマイシンはサブユニット a に結合してプロトンチャネルを阻害する．

ATP シンターゼは二つのローター（ロータリーモーター）からなっている．それらはお互い，強固でかつ屈曲性のある固定台（モーターの静止した構成成分）によってつながっている．呼吸している生物では，F_O モーターはプロトン駆動力を回転力に変換し，それが F_1 ユニットによって触媒される ATP 合成を促している．回転成分は（c サブユニットからなる）c リングで，それは ε および γ サブユニットからなる中心軸に結合しており，F_1 ユニットの α，β 六量体の内部で回転している．固定台（b および δ サブユニット）は α，β 六量体の回転をとどめている．

一つの ATP を合成するのに，三つのプロトンが ATP シンターゼを通過する必要がある

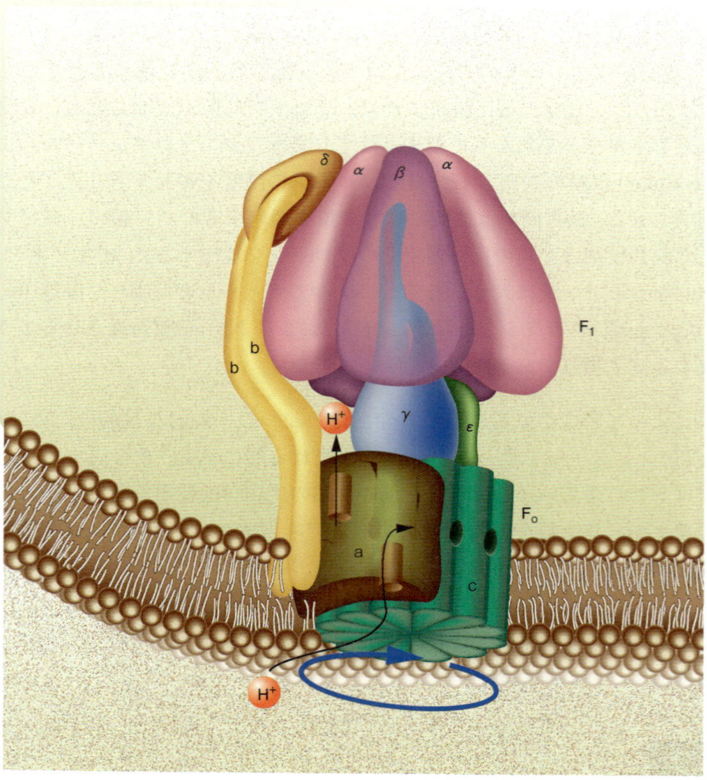

図 10.13　大腸菌の ATP シンターゼ
ローターは ε，γ，および c_{12} サブユニットから構成されている．固定台は a，b_2，δ，α_3，および β_3 サブユニットからなっている．ATP シンターゼの分子成分は，細菌，植物，動物を通じてよく保存されている．

(ADP および P_i と交換して ATP および OH^- がマトリックスから出ていくのに，もう一つのプロトンの通過が必要である)．F_O をプロトンが通過すると，(c_{12}，あるいは c リングとも呼ばれる) プロトンチャネルの回転が，F_1 ユニットの中心に刺さっている γ サブユニットに伝えられる．中心軸の回転は，各 α，β 二量体に対して三つの可能な相対的位置をとる．実際には，プロトン駆動力は α，β 六量体の 120° ずつの回転を誘導する．回転が進むと三つのヌクレオチド結合部位のそれぞれは，一連の構造的な変化を起こし，その結果，ATP の合成が起こる．ある状況(たとえば，嫌気的条件下の大腸菌や発酵している乳酸菌など)では，モーターとしての F_1 ユニットは逆向きに働き，ATP の加水分解が起こる．その結果，プロトンは外側に排出される．外側に向けてのプロトン勾配は，細胞が鞭毛の回転や栄養源の輸送などの仕事を行うときに使われる．

ATP シンターゼによる ATP 合成の機構は次のようなものである．F_O ユニットにおいて c リング内の各 c サブユニットは，二つの膜貫通型の逆平行のらせんからなる．c サブユニットの C 末端側のらせんは必須アスパラギン酸残基を含み，プロトン化によってスイベル (回り継ぎ手) 様の運動を行い，ついでサブユニット全体の回転を引き起こす．この残基の脱プロトン化によって C 末端側のらせんは元の構造にもどる．プロトンは a サブユニット内のチャネルを通って c リングに入る．このチャネルの最後の部分，つまり a サブユニットと近位にある c サブユニットとの境界面で，塩基性残基 (Arg) が，入ってきたプロトンを c サブユニットのアスパラギン酸残基へ伝達する．c サブユニットはその回転によって a サブユニットと解離する．次のプロトンが a サブユニットのチャネルを通ると，その過程が繰り返される．正味の作用は，(膜から見た場合) c リングの反時計回りの回転である．各 c サブユニットが a サブユニットのチャネルに到達すると，脱プロトン化が起こり，プロトンはミトコンドリアマトリックスに排

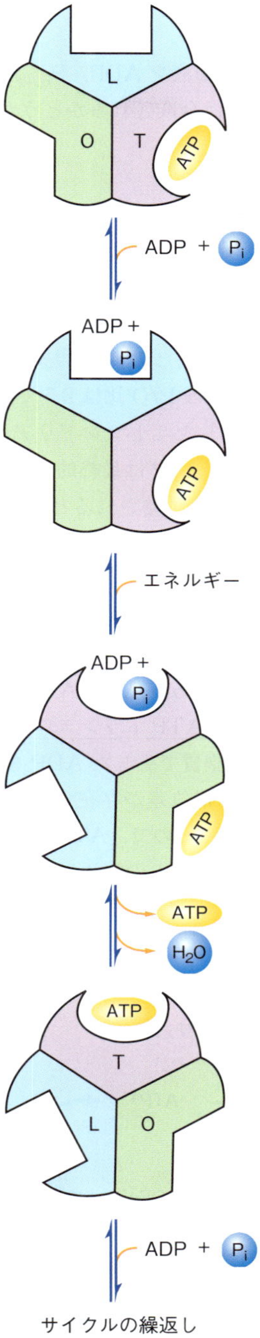

図 10.14 ATP 合成のモデル
ATP シンターゼの β サブユニットの活性部位は 3 種類の構造をとると考えられている．すなわち，オープン(O，アデニンヌクレオチドに対する親和性が低く不活性型)，タイト(T，高親和性で活性型)，およびルース(L，不活性型)の三つである．ATP 合成は，L サイトに ADP と P_i が結合することから始まる．α，β 六量体内で中心軸の回転により構造が変化し，L サイトが T 構造に変換される．そして ATP が合成される．軸は回転を続けるので，T サイトは ATP 分子を放出する O サイトに変換される．T 構造において ADP と P_i が隣接した β サブユニットに結合するまでは，O サイトから ATP は放出されない．

出される．c サブユニットの回転によって生みだされるトルク(ねじれ力)は，(ε および γ サブユニットからなる)非対称な中心軸を，α，β 六量体内部の袖の内側で回転させる．α，β 六量体の触媒部位は β サブユニットにある．それらは，アデニンヌクレオチドリガンドに対する親和性において次のような三つの構造をとる．すなわちオープン(O，低親和性で不活性型)，タイト(T，高親和性で活性型)，ルース(L，不活性型)である(図 10.14)．これらの構造の相互変換は，回転する γ サブユニットとの相互作用によってもたらされる．ATP 合成の過程には基本的に三つのステップがある．① ADP と P_i が L サイトに結合する，② L 構造が T 構造に変換する際に ATP が合成される，そして ③ T 構造が O 構造に変換する際に ATP が放出される．γ サブユニットが回転し，引き続き β サブユニットと相互作用すると，それぞれの活性部位は O，T，L 構造を通過させられる．

キーコンセプト

- 好気性生物において，ほとんどの ATP 分子の合成に使われるエネルギーはプロトン駆動力である．
- プロトン駆動力は，電子伝達鎖を経て電子が流れる際に，自由エネルギーが放出されることにより生じる．

問題 10.3

反転した亜ミトコンドリア粒子の懸濁液を ADP，P_i，および NADH を含む溶液に入れる．プロトン濃度の上昇につれて ATP は合成されるかどうか説明せよ．

酸化的リン酸化の制御

酸化的リン酸化の制御によって，細胞は，常に変動しているエネルギーの要求に適応している．通常の環境では，電子伝達と ATP 合成は緊密に結びついていることを思いだしてほしい．P/O 比（酸素原子を H_2O に還元するために消費する P_i の分子数）の値は，電子伝達によって生みだされるプロトン駆動力と ATP 合成との間で観察される共役の程度を反映している．NADH の酸化に対して計測された最大の P/O 比は 2.5 である．また，$FADH_2$ に対する P/O 比の最大値は 1.5 である．もし，単離したミトコンドリアに酸化されうるような基質（たとえばコハク酸）が供給されると，すべての ADP は最終的に ATP に変換される．その時点で酸素消費は大きく抑制されるが，ADP が再び供給されると酸素消費は劇的に上昇する．この ADP による好気的呼吸の制御は**呼吸制御**（respiratory control）と呼ばれている．

ATP の生成は，ATP の質量作用比（[ATP]/[ADP][P_i]）に強く関連しているようである．いいかえれば，ATP シンターゼはそれ自身の生成物，つまり高濃度の ATP によって阻害を受け，ADP と P_i の濃度が高いときに活性化される．ミトコンドリア内の ATP と ADP の相対量は，内膜の二つの輸送タンパク質である ADP-ATP トランスロケーターとリン酸輸送体によって大きく制御されている．ADP-ATP トランスロケーター（図 10.15）は二量体タンパク質で，ミトコンドリア内の ATP と細胞質で生じた ADP を 1：1 で交換する．前に述べたように，ミトコンドリアの内膜をはさんで電位差が存在する（内側が負）．ATP は ADP と比べると一つだけよけいに負の電荷をもっているので，ATP を外向きに，ADP を内向きに輸送するのは都合がよい．プロトンを伴った $H_2PO_4^-$ の輸送は，$H_2PO_4^-/H^+$ 共輸送体とも呼ばれるリン酸トランスロカーゼによって行われる（共輸送体とは，溶質を同じ方向に膜を横切って運ぶ

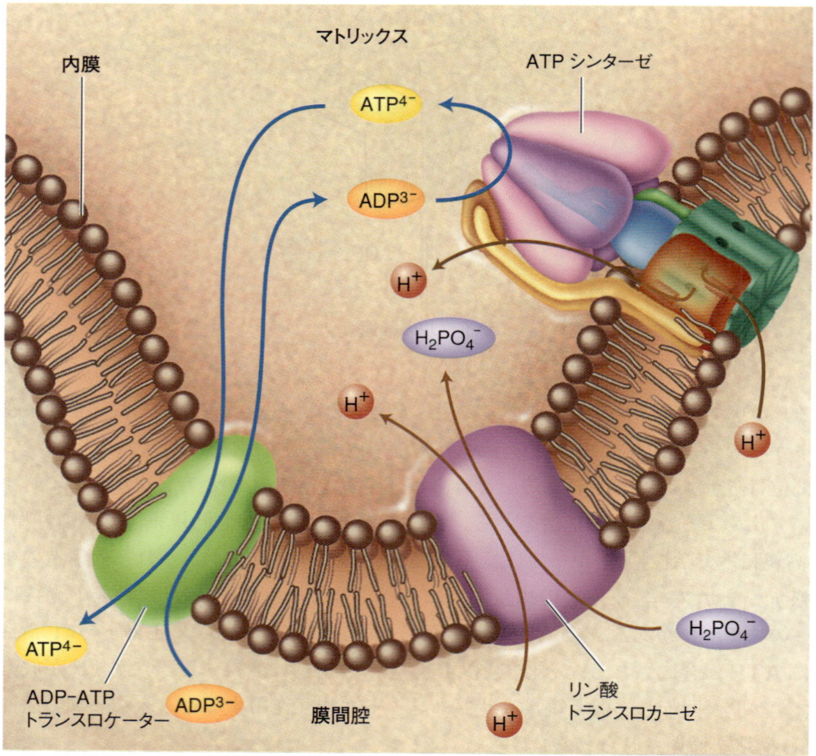

図 10.15　ADP-ATP トランスロケーターとリン酸トランスロカーゼ
リン酸トランスロカーゼによってミトコンドリア内膜を通過する $H_2PO_4^-$ の輸送はプロトン勾配によって行われる．マトリックスから運びだされた四つのプロトンのうち，三つは ATP シンターゼのローターを駆動し，残りの一つがリン酸の内向きの輸送を行うのに使われる．ATP 合成を継続するのに必要で，ADP-ATP トランスロケーターによって媒介される ADP^{3-} と ATP^{4-} の同時交換は，内膜をはさんだ電位差を駆動力としている．

膜貫通型輸送タンパク質のことである．膜輸送機構についての考察は11.2節を参照）．四つのプロトンの内向きの輸送が，ATP 1分子の合成に必要である．すなわち，三つはATPシンターゼのローターの駆動力であり，残りの一つはリン酸を内側へ輸送するのに使われる．

キーコンセプト

- P/O比は電子伝達とATP生成との共役を反映している．
- 測定された最高のP/O比はNADHとFADH$_2$について，それぞれ2.5と1.5である．

グルコースの完全酸化

グルコース1分子から産生されるATPの供給源を**表10.2**にまとめた．もう一方の重要なエネルギー源である脂肪酸からのATP産生については，12章で考察する．2分子のNADHが解糖系から生じることは前に述べた．酸素が使えるような状況では，（エネルギー産生という観点から）乳酸の生成よりもETCによるNADHの酸化のほうが好ましい．しかしながら，ミトコンドリア内膜はNADHを通過させることができない．そこで動物細胞では，細胞質のNADHをミトコンドリア内のETCへ運ぶためのいくつかの方法を進化させてきた．最も有名な例はグリセロールリン酸シャトルとリンゴ酸-アスパラギン酸シャトルである．

グリセロールリン酸シャトル(glycerol phosphate shuttle)では，解糖系の中間体であるジヒドロキシアセトンリン酸(DHAP)がNADHによって還元されてグリセロール3-リン酸となる(**図10.16a**)．引き続きグリセロール3-リン酸は，ミトコンドリアに存在するグリセロール-3-リン酸デヒドロゲナーゼにより酸化される（ミトコンドリア型グリセロール-3-リン酸デヒドロゲナーゼは電子受容体としてFADを使う）．グリセロール3-リン酸はミトコンドリア型グリセロール-3-リン酸デヒドロゲナーゼと内膜の外側で相互作用するので，基質自身はミトコンドリアマトリックスのなかには入らない．この反応で生成したFADH$_2$はETCで酸化される．電子受容体としてのFADは細胞質のNADH 1分子あたり1.5分子のATPを産生する．

リンゴ酸-アスパラギン酸シャトル(malate-asparate shuttle)はグリセロールリン酸シャトルよりも複雑ではあるが，エネルギー変換効率はよい(**図10.16b**)．シャトルはまず，細胞質の

表10.2 グルコース1分子の酸化によるATP合成のまとめ

	NADH	FADH$_2$	ATP	
解糖系(細胞質)				
グルコース ⟶ グルコース6-リン酸			−1	
フルクトース6-リン酸 ⟶ フルクトース1,6-ビスリン酸			−1	
グリセルアルデヒド3-リン酸 ⟶ グリセリン酸1,3-ビスリン酸	+2			
グリセリン酸1,3-ビスリン酸 ⟶ グリセリン酸3-リン酸			+2	
ホスホエノールピルビン酸 ⟶ ピルビン酸			+2	
ミトコンドリア内での反応				
ピルビン酸 ⟶ アセチルCoA	+2			
クエン酸回路				
イソクエン酸，2-オキソグルタル酸，リンゴ酸の酸化	+6			
コハク酸の酸化		+2		
GDP ⟶ GTP			+1.5*	
酸化的リン酸化				
2解糖系からのNADH			+4.5†	(3)‡
2NADH(ピルビン酸からアセチルCoA)			+5	
6NADH(クエン酸回路)			+15	
2FADH$_2$(クエン酸回路)			+3	
			31	(29.5)

*細胞質への移行のための代価を反映している．†リンゴ酸-アスパラギン酸シャトルを想定．
‡グリセロールリン酸シャトルを想定．

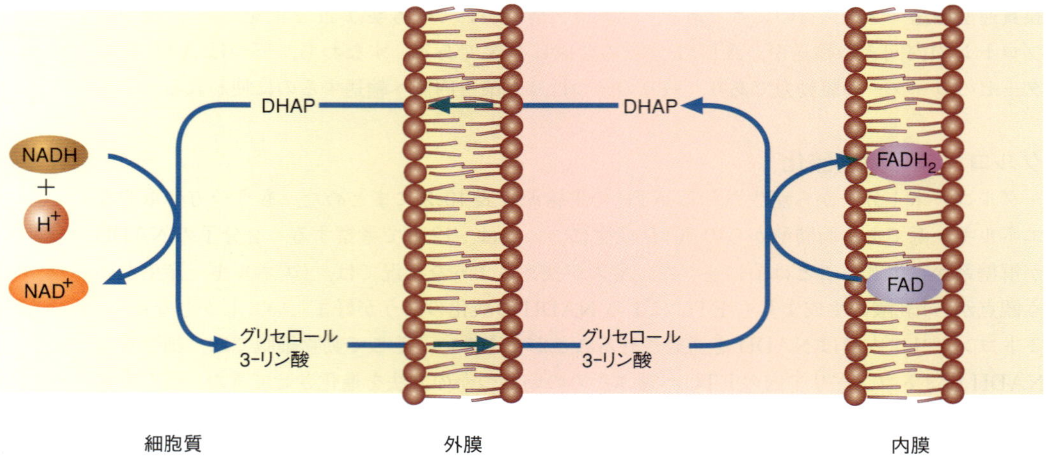

(a)

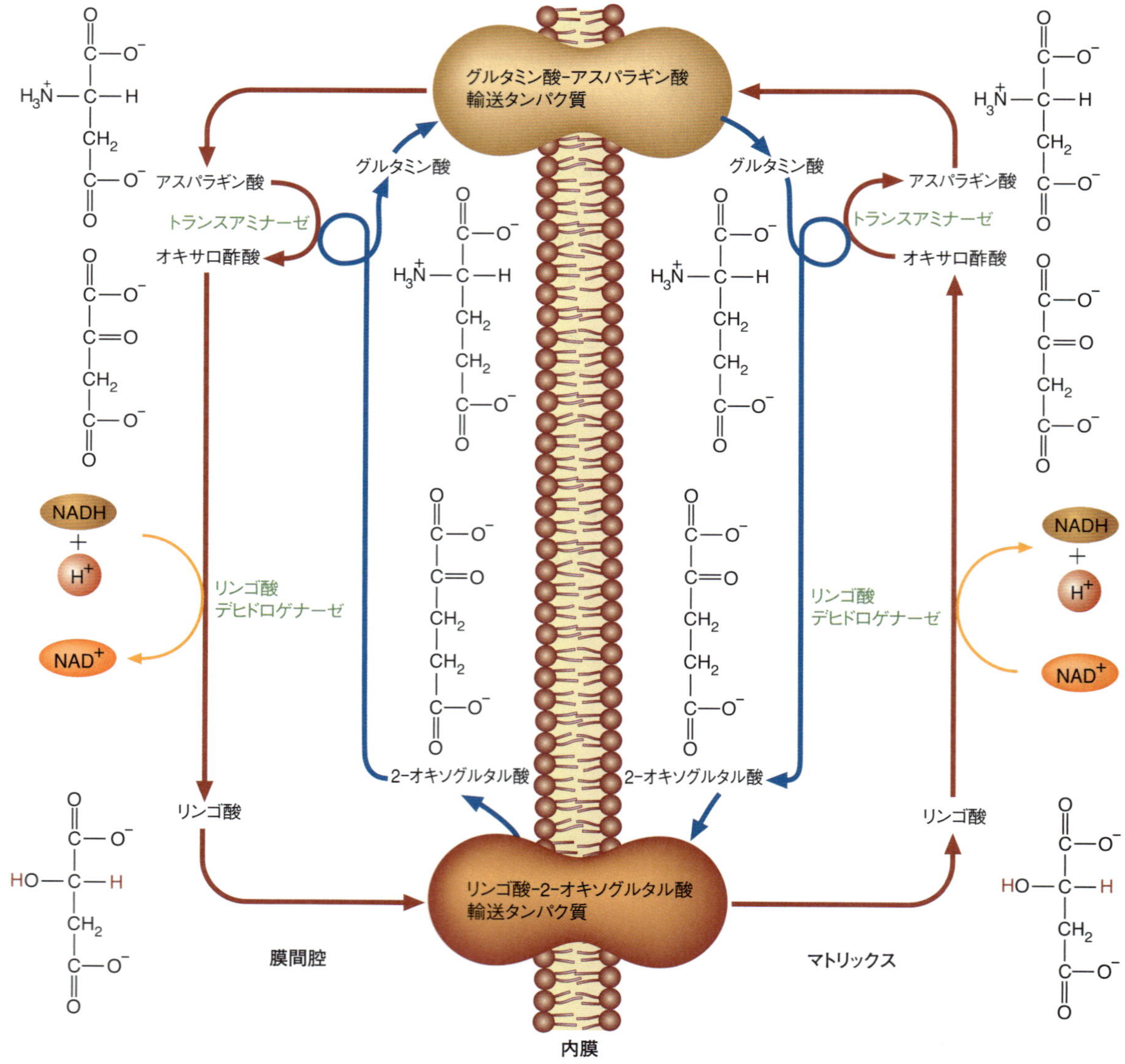

(b)

図 10.16　細胞質の NADH から呼吸鎖へ電子を伝えるシャトル機構

(a) グリセロールリン酸シャトル．ジヒドロキシアセトンリン酸（DHAP）は還元されてグリセロール 3-リン酸となる．グリセロール 3-リン酸はミトコンドリアのグリセロール-3-リン酸デヒドロゲナーゼにより再酸化され，FAD は $FADH_2$ に還元される．(b) リンゴ酸-アスパラギン酸シャトル．オキサロ酢酸は NADH によって還元され，リンゴ酸となる．リンゴ酸はミトコンドリアマトリックスへ輸送され，そこで再酸化されてオキサロ酢酸と NADH を生成する．オキサロ酢酸は内膜を通過できないので，グルタミン酸を含むアミノ基転移によってアスパラギン酸に変換される．このシャトル機構には二つの内膜上の輸送タンパク質を必要とする．すなわち，グルタミン酸-アスパラギン酸輸送タンパク質とリンゴ酸-2-オキソグルタル酸輸送タンパク質である．

オキサロ酢酸が NADH によってリンゴ酸に還元されることから始まる．それがミトコンドリアマトリックスに運ばれると，リンゴ酸は再酸化を受ける．生成した NADH は ETC によって酸化される．シャトルを継続させるためには，オキサロ酢酸は細胞質へもどる必要がある．内膜はオキサロ酢酸を通過させることができないため，グルタミン酸を含むアミノ酸転移反応(14 章)によってオキサロ酢酸はアスパラギン酸に変換される．

アスパラギン酸は（グルタミン酸–アスパラギン酸輸送タンパク質を介して）グルタミン酸と交換に細胞質へ運ばれ，そこでアスパラギン酸はオキサロ酢酸に変換される．2–オキソグルタル酸は（リンゴ酸–2–オキソグルタル酸輸送タンパク質を介して）リンゴ酸と交換に細胞質へ運ばれ，そこでグルタミン酸に変換される．グルタミン酸–アスパラギン酸輸送タンパク質はマトリックスへのプロトンの移動を必要とする．それゆえ，この機構を使った正味の ATP 産生は若干低下する．各 NADH 分子につき 2.5 分子の ATP 産生が行われるのに対し，このシャトルでの ATP の収量は約 2.25 分子である．

グルコースからの ATP 産生について最後に一つ残った問題がある．クエン酸回路において（GTP から）2 分子の ATP が生じることは前に述べた．それらが利用される場所である細胞質へ輸送されるための代価として，マトリックスへ 2 分子のプロトンが取り込まれる．そのために，グルコース 1 分子から産生される ATP の総和から約 0.5 分子の ATP が減少することになる．

利用するシャトルに応じて，グルコース 1 分子あたり合成される ATP の総分子数は（約）29.5 分子から 31 分子くらいの違いがある．平均 30 分子の ATP が産生されると仮定すると，グルコースの完全酸化の正味の反応は次のように表される．

$$C_6H_{12}O_6 + 6O_2 + 30ADP + 30P_i \longrightarrow 6CO_2 + 6H_2O + 30ATP \qquad (3)$$

グルコースの完全酸化によって生成する ATP の分子数は，解糖系から生じる 2 分子の ATP とは際だって対照的である．はっきりしているのは，グルコースを酸化するにあたって酸素を使う生物はかなり有利であるということである．

キーコンセプト

グルコースの好気的酸化では 29.5～31 分子の ATP が生成する．

問題 10.4

伝統的に，NADH と $FADH_2$ の各 1 分子あたり，ETC によってそれぞれ 3 分子と 2 分子の ATP が産生されると考えられてきた．これに対し，本文中で述べたように，内膜からのプロトンの漏えいを考慮した最近の測定では，それらの数値は若干低いものになっている．従来からの数値を用いた場合に，グルコース 1 分子の好気的酸化によって生じる ATP の分子数を計算せよ．最初にグリセロールリン酸シャトルが働いていると仮定し，ついでリンゴ酸–アスパラギン酸シャトルがミトコンドリアへ還元当量を伝えるとして計算すること．

問題 10.5

スクロース 1 分子から生じる ATP の最大分子数を計算せよ．

電子伝達の脱共役

脱共役タンパク質（uncoupling protein）と呼ばれるある種のタンパク質は，ATP 合成を伴わずにミトコンドリア内膜を横切ってプロトンを通過させるため，酸化的エネルギーを部分的に散逸させている．なかでも脱共役タンパク質 1（UCP1）は最もよく性質が調べられた脱共役タンパク質で，プロトンチャネルを形成する二量体タンパク質である．UCP1，別名サーモゲニンは脂肪組織の特別な形態である褐色細胞のミトコンドリアにだけ見られ，生まれたばかりの赤ん坊（体温を正常に保つのを助けるため）や冬眠をする動物（冬の終わりにみずからの体を温めるため）に存在する（褐色脂肪組織の特徴的な色は，それが含有する多数のミトコンドリアに由来している）．UCP2 と UCP3 は，さまざまな異なる組織において発現が見られるが，その機能はよくわかっていない．

UCP1はミトコンドリア内膜のタンパク質の約10%を構成しており，脂肪酸と結合すると活性化される．UCP1によってプロトン勾配が減少する結果，電子伝達によって捕捉されたエネルギーは熱として散逸する．褐色脂肪からの熱生成の全体的な過程は非振動型熱産生と呼ばれ，ノルエピネフリン(p. 467)によって制御されている(振動型熱産生においては，熱は非随意的な筋肉の収縮によって生成する)．褐色脂肪組織で終結する特別なニューロンから放出される神経伝達物質のノルエピネフリンは，最終的に脂肪分子を加水分解する一連の機構を開始させる．脂肪の加水分解で生じる脂肪酸は脱共役タンパク質を活性化する．脂肪酸の酸化は，ノルエピネフリンによるシグナルが停止するか，細胞に蓄えられた脂肪がなくなるまで続けられる．

脱共役タンパク質(とくにUCP2)の発現レベルの上昇が，いくつかのがん(たとえば大腸，心臓，肝臓)において観察されている．UCP2が活性酸素種(ROS)の産生を低減させることで，がん細胞は酸化的損傷から保護され，さらにATPがいくつかの解糖系酵素を阻害し，解糖系の流量を上昇させることで発がんを促進する．

10.3　酸素，細胞機能，酸化ストレス

すべての生命活動は酸化還元環境で起こる．この環境は，NAD(P)H/NAD(P)$^+$やGSH/GSSG(それぞれグルタチオンの還元型と酸化型，グルタチオンは細胞内において鍵となる還元物質，p. 465参照)といった関連する酸化還元対がもつ還元電位と還元能の総和と定義される．各細胞の〝酸化還元状態〟は，多くの代謝経路やシグナル経路の酸化還元感受性のために，狭い範囲で制御されている．これらの過程は非常に多くのタンパク質を含んでおり，その機能的な性質(活性化や不活性化)は重要なチオール基(—SH基)の酸化還元状態が変化するときに変化する．たとえば，タンパク質のチオール基がスルフェン酸(R—SOH)，スルフィン酸(R—SO_2H)，およびスルホン酸(R—SO_3H)に酸化すると，それら分子の機能的な特徴は変化する．限定的な酸化還元の変化は，正常な細胞の過程でまさに起こっている．たとえば，細胞分裂をする細胞の細胞質はより還元的になる一方，分化した細胞のそれはより酸化的になる．細胞内の区画も，異なった酸化還元状態をもっている．核やミトコンドリアは細胞質よりも還元的であり(GSH/GSSGが高い)，小胞体はより酸化的である(GSH/GSSGが低い)．

酸化還元の制御は分子状酸素の本質なので，最も重要である．前にも述べたように，酸素を使うことの利点は同時に酸素そのものがもつ危険な性質と結びついている．すなわち，酸素は一つずつ電子を受容することで，**活性酸素種**(reactive oxygen species, ROS)と呼ばれる不安定な中間体を生じる．ROSには，スーパーオキシドラジカル，過酸化水素，ヒドロキシラジカル，一重項酸素などが含まれる．ROSは反応性に富んでいるので，細胞内で多量に生成した場合は，生物細胞に深刻な損傷を与えることになる．通常，生物の体内では，ROSの生成は抗酸化機構によって最小限に抑えられている．**抗酸化剤**(antioxidant)とは重要な生体分子よりもROSと反応しやすい物質のことであり，それゆえ，これら高度に反応性の高い副産物の組織傷害性の効果を緩和することができる．潜在的に毒性のある性質であるにもかかわらず，少ない量のROSは，代謝酵素や細胞骨格の構成成分，細胞周期の制御タンパク質，転写因子，あるいは翻訳制御因子といった標的タンパク質の酸化還元状態を変化させることで，細胞内シグナル伝達の装置としても機能している．分子サイズが小さく，容易に拡散し，半減期が短いことから，制御された量のROSは細胞機能の重要な統合装置として機能している．

酸化ストレス(oxidative stress)とひとくくりで呼ばれているある種の条件下では，抗酸化機構は圧倒され，ROSの濃度は上昇し，なんらかの損傷が生じる．その損傷は主として，酵素の不活性化，多糖の脱重合化，DNAの切断，膜の破壊などによる．深刻な酸化的損傷を引き起こす状況としては，感染，炎症，ある種の代謝異常，薬物の過剰摂取，強力な放射線を浴びること，あるいは繰り返し環境汚染物質(たとえばタバコの煙)と接触することなどがある．酸化的損傷は，老化の過程に関与することに加え，少なくとも100種類のヒトの病気にも関係して

酸化的損傷

いる．例として，がん，アテローム性動脈硬化症，心筋梗塞，高血圧症などの循環器障害，筋萎縮性側索硬化症（ALS あるいはルー・ゲーリック病），パーキンソン病，アルツハイマー病などの神経障害などが含まれる．

いくつかの種類の細胞は意図的に ROS を産生する．動物体内で働くマクロファージや好中球などのスカベンジャーは，絶えず微生物や傷害を受けた細胞を探している．**呼吸バースト**（respiratory burst）と呼ばれる酸素を消費する過程において ROS は生成し，そういった細胞を殺したり分解したりするのに使われている．

活性酸素種

酸素の性質は，いうまでもなくその分子構造と直接関連している．分子状酸素は二つの不対電子をもつので，ジラジカルである〔**ラジカル**（radical）とは，一つ以上の不対電子をもつ原子あるいは原子団のことである〕．このことおよび他の理由から，分子状酸素は反応に際して 1 回に一つずつの電子を受けとる．

ミトコンドリアでの電子伝達において，四つの電子が順番に O_2 へ渡される結果として H_2O が生じることは前に述べた．この過程でいくつかの ROS が生成する．（酸素を活性化する他のタンパク質のように）シトクロムオキシダーゼは，酸素へ四つの電子が渡されるまで，活性部位でそういった活性中間体を捕捉している．しかし，電子伝達経路から電子が漏れ出てしまう

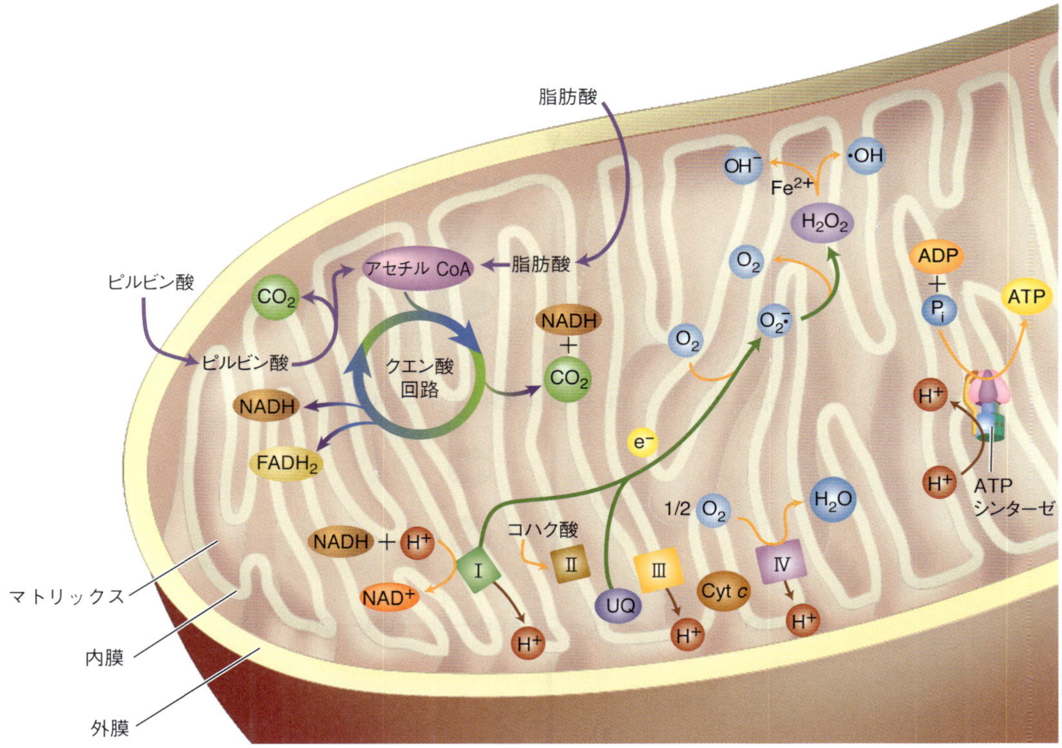

図 10.17 ミトコンドリアにおける酸化的リン酸化と ROS 生成の概要

酸化的リン酸化には五つのタンパク質複合体，すなわち複合体 I，II，III，IV（ETC の主要な構成成分）と ATP シンターゼがかかわっている．主要な燃料分子であるピルビン酸と脂肪酸がミトコンドリアに輸送され，クエン酸回路によって酸化される．この過程で遊離された水素原子は NADH や $FADH_2$ によって ETC へ運ばれる．電子伝達系によって放出されたエネルギーは，マトリックスから内膜を通過して膜間腔へプロトンをくみ出すのに使われる．プロトンのくみ出しによって生じる電気化学的勾配は，プロトンが ATP シンターゼを通って ATP が合成される際に使われる．しかしながら，どんなシステムも完璧ではない．ETC，とくに複合体 I および III から漏れ出した電子は O_2 と反応してスーパーオキシド（$O_2^{\cdot-}$）を生成する．呼吸鎖の活性が低いとき（たとえば虚血状態，p. 329 参照），$NADH/NAD^+$ 比の上昇は 2-オキソグルタル酸とピルビン酸デヒドロゲナーゼによるスーパーオキシドの生成につながるであろう．Fe^{2+} の存在下ではスーパーオキシドはヒドロキシラジカル（·OH）に変換される．スーパーオキシドは過酸化水素にも変換される．ROS は，それが出合ういかなる分子とも反応し，損傷を与える．ミトコンドリアにおける酸化的損傷の蓄積は，ミトコンドリアがもつエネルギー産生能力を損ないうる．

ことがあり，O_2 と反応することで ROS が生成する(図 10.17).

通常の状況では，抗酸化系は細胞内での損傷を最小限に抑えている．ROS は非酵素的にも生成する．たとえば，紫外線や電離放射線などが ROS の生成を引き起こす.

酸素分子の還元の過程で生成する最初の ROS はスーパーオキシドラジカル $O_2^{\cdot -}$ である．ほとんどのスーパーオキシドラジカルは，フラビンタンパク質の NADH デヒドロゲナーゼ(複合体Ⅰ)や複合体Ⅲの Q サイクルに由来する電子によって生成する．しかしながら，$O_2^{\cdot -}$ は求核性物質として働き，(特定の環境下では)酸化剤か還元剤のいずれかとして機能する．溶解性の点から，$O_2^{\cdot -}$ は膜のリン脂質成分にかなりの損傷を与える．一方，水溶性の環境で生じた場合，$O_2^{\cdot -}$ は自分自身と反応して O_2 と過酸化水素(H_2O_2)を生成する.

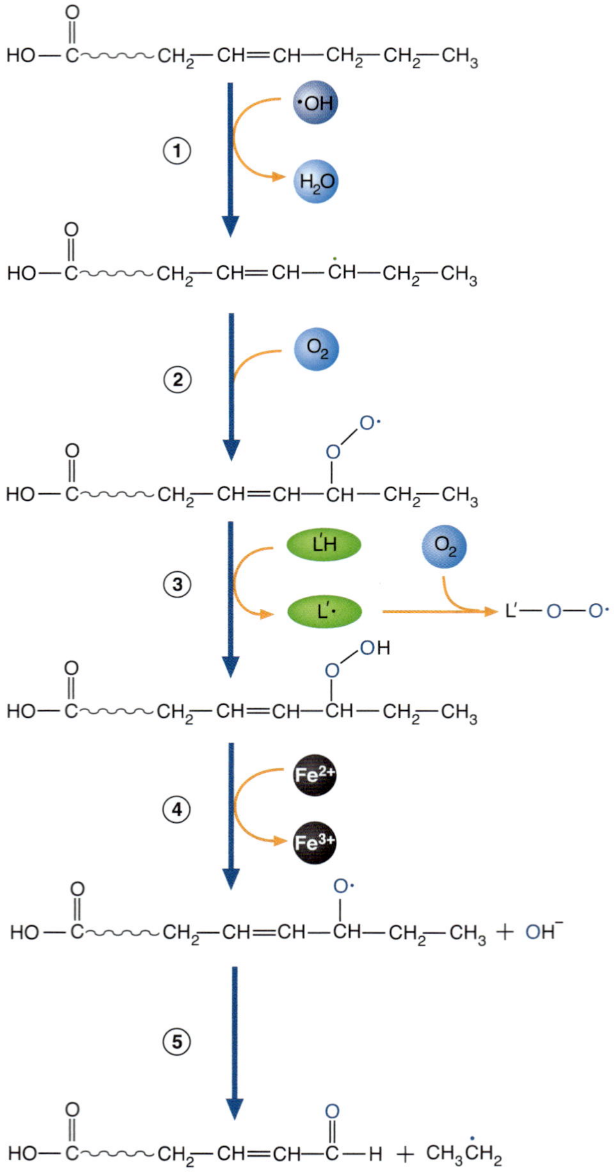

図 10.18　ラジカル連鎖反応

ステップ 1：脂質過酸化反応は不飽和脂肪酸から水素原子が引き抜かれることによって始まる(LH ⟶ L·)．ステップ 2：脂質ラジカル(L·)は O_2 と反応してペルオキシラジカルを生成する(L· + O_2 ⟶ L—O—O·)．ステップ 3：ラジカル連鎖反応はペルオキシラジカルが他の脂肪酸分子から水素原子を引き抜くことによって始まる(L—O—O· + L′H ⟶ L—O—OH + L′·)．ステップ 4：Fe^{2+} のような遷移金属が存在すると，さらなるラジカルの生成が開始される(L—O—O—H + Fe^{2+} ⟶ LO· + HO^- + Fe^{3+})．ステップ 5：脂質過酸化の最も深刻な結果の一つが α,β-不飽和アルデヒドの生成であり，それはラジカル分裂反応を含んでいる．この連鎖反応はフリーラジカルが周囲の分子と反応することで継続する．この過程で活性カルボニル産物も生成する.

$$2H^+ + 2O_2^{\cdot -} \longrightarrow O_2 + H_2O_2 \quad (4)$$

H_2O_2 は不対電子をもっていないのでラジカルではない．H_2O_2 の反応性は限られているので，膜を通過して細胞内に広く拡散する．H_2O_2 は Fe^{2+}（あるいは他の遷移金属）と反応し，反応性の高いヒドロキシラジカル（$\cdot OH$）を生成する．

$$Fe^{2+} + H_2O_2 \longrightarrow Fe^{3+} + \cdot OH + OH^- \quad (5)$$

ヒドロキシラジカルは，衝突するどのような生体分子とでも反応するので，ほんのわずかな距離しか拡散しない．ヒドロキシラジカルのようなラジカルはラジカル連鎖反応を引き起こすので，とくに危険である（図 10.18）．一重項酸素（$^1O_2$）は，分子状酸素の不対電子がペアになった高度に励起された状態であるが，スーパーオキシドからも生成する．

$$2O_2^{\cdot -} + 2H^+ \longrightarrow H_2O_2 + {}^1O_2 \quad (6)$$

また，ペルオキシドからも生成する．

$$2ROOH \longrightarrow 2ROH + {}^1O_2 \quad (7)$$

H_2O_2 のある種の反応や光合成の集光の際に生成する一重項酸素は，生体分子の二重結合と反応することができる．とくに，芳香族化合物や共役アルケンに対して損傷を与える．

前述したように（p. 321 参照），O_2 の H_2O への還元以外にも，ROS は細胞内での他のさまざまな活動によって生成する．たとえば，生体異物の生体内変換や白血球での呼吸バースト（図 10.19）などである．さらに，小胞体内での電子伝達（たとえばシトクロム P-450 電子伝達系）からも電子はしばしば漏えいし，O_2 と結びついてスーパーオキシドを生成する．ROS がかかわる反応はヒドロキシ化や過酸化を含む．他のそのような反応であるカルボニル化は，非酵素的なタンパク質の修飾であり，アミノ酸の側鎖（たとえば Thr，Lys，Arg，Pro）の酸化，あるいは Cys，Lys，His といった側鎖の活性カルボニルラジカルとの反応により生じる．

窒素を含むようなラジカルもある．それらの合成はしばしば ROS の産生と関連しているので，**活性窒素種**（reactive nitrogen species, RNS）は ROS として分類されることがある．なかでもとりわけ重要なのは，一酸化窒素（$\cdot NO$），二酸化窒素（$\cdot NO_2$），ペルオキシナイトライト（ペルオキシ亜硝酸，$ONOO^-$）である．一酸化窒素（$\cdot NO$）は非常に反応性の高い気体である．そのフリーラジカル構造のため，$\cdot NO$ は最近まで，地球大気のオゾン層破壊の主要な原因因子であるとか酸性雨の主要な前駆物質であるなどと考えられていた．しかし，最近の研究によって，$\cdot NO$ は哺乳動物の全身で産生される重要なシグナル分子であることが明らかになった．

$\cdot NO$ がなんらかの役割を果たしていると考えられる生理的な機能としては，血圧の調節，血液凝固の阻害，および異物あるいは損傷を受けたりがん化したりした細胞のマクロファージによる破壊などがある．正常で適正な $\cdot NO$ 産生制御の崩壊は，脳卒中，片頭痛，男性の勃起不全，敗血症性ショックなどを含むさまざまな病理学的な症状や，パーキンソン病などのいくつかの神経変性疾患と関連する．$\cdot NO$ は，チオール基をニトロソチオール（—SNO）誘導体に変換することによって，グリセルアルデヒド-3-リン酸デヒドロゲナーゼ（p. 243）などのタンパク質の SH 基に損傷を与えることができる．$\cdot NO$ は鉄-硫黄タンパク質にも損傷を与える．$\cdot NO$ に起因する損傷のいくつかは，実際のところ，その酸化された産物，つまり $\cdot NO_2$（$2\cdot NO + O_2 \longrightarrow 2\cdot NO_2$）やペルオキシナイトライト（$\cdot NO + O_2 \longrightarrow ONOO^-$）によって引き起こされる．

一酸化窒素による損傷

キーコンセプト

- 活性酸素種は，酸素が一度に一つずつ電子を受けとり還元されることで生成する．
- ROS の生成は通常の代謝の副生成物でもあるが，放射線にさらしたりする条件でも生成する．
- 活性窒素種は，その合成に ROS が関係しているので，しばしば ROS に分類される．

抗酸化酵素系

自分自身を酸化ストレスから守るため，生物はいくつかの抗酸化機構を発達させてきた．そういった機構はいくつかの金属酵素と抗酸化分子を用いている．

酸化ストレスに対する主要な酵素的防御系は四つの酵素群によって提供される．つまり，スーパーオキシドジスムターゼ，グルタチオンペルオキシダーゼ，ペルオキシレドキシン，およびカタラーゼである．こういった酵素活性が広く分布していることは，酸化的損傷の問題が

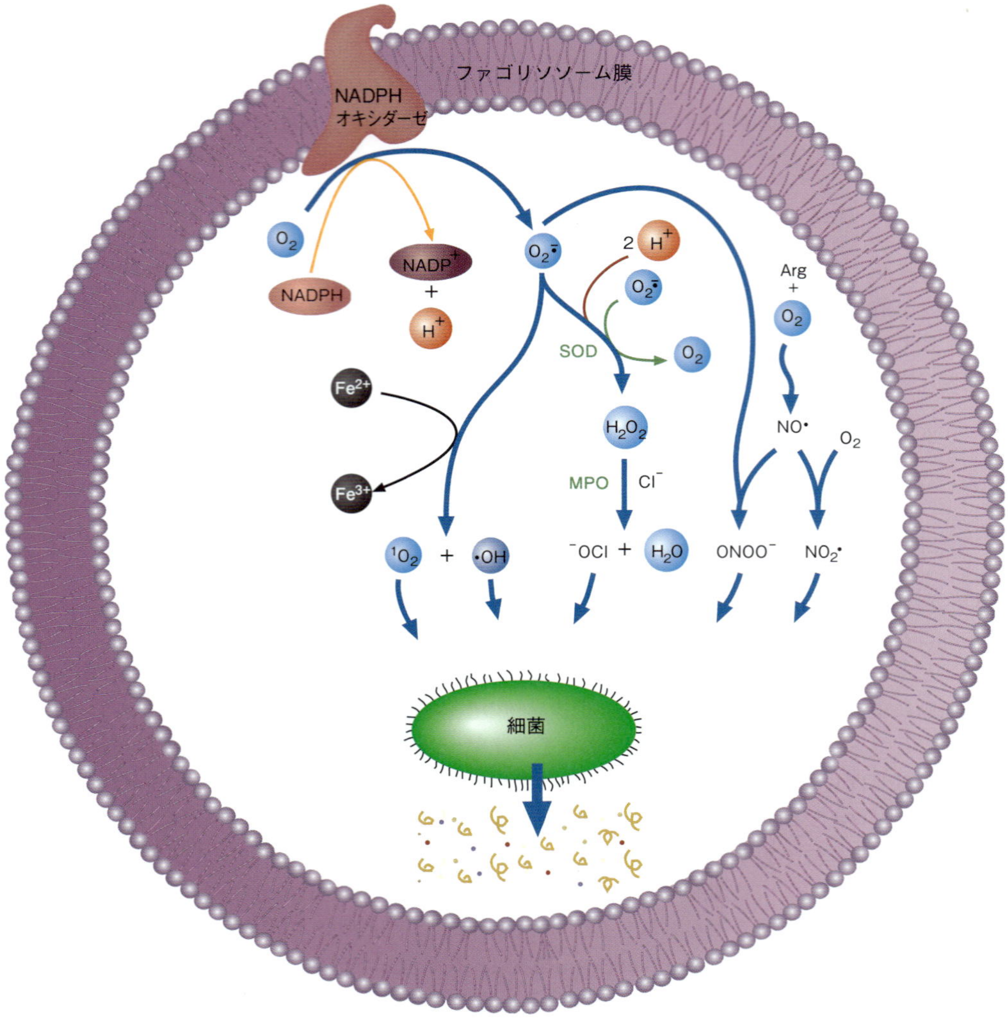

図 10.19　呼吸バースト

呼吸バーストは ROS の破壊性の劇的な例を示している．食細胞が細菌（または他の外来構造物）と結合すると，数秒以内に食細胞の酸素消費量が 100 倍近くにも上昇する．エンドサイトーシスの過程で，細菌はファゴソームと呼ばれる大きな小胞に取り込まれる．そしてファゴソームはリソソームと融合してファゴリソソームとなる．続いて二つの破壊的な過程が進行する．すなわち，呼吸バーストとリソソーム酵素による消化である．呼吸バーストは，NADPH オキシダーゼが O_2 を $O_2^{\cdot -}$ に変換することで開始される．SOD（スーパーオキシドジスムターゼ）によって触媒される反応で，2 分子の $O_2^{\cdot -}$ は結びついて H_2O_2 になる．次に H_2O_2 は，ファゴサイトに豊富に存在している酵素のミエロペルオキシダーゼ（MPO）によって，いくつかの種類の殺菌力のある分子に変換される．たとえば，MPO はハロゲン化物イオン（Cl^- など）の酸素添加反応を触媒して次亜ハロゲン化物を生成する．次亜塩素酸塩（家庭によくある漂白剤の原料）は強力な殺菌剤である．Fe^{2+} が存在すると，O_2^- や H_2O_2 はきわめて反応性の高い $\cdot OH$ や $^1O_2$（一重項酸素）を生成する．アルギニンと O_2 から一酸化窒素合成酵素によって合成される一酸化窒素は，スーパーオキシドと反応してペルオキシナイトライトを生成し，分子状酸素と反応して二酸化窒素を生成する．さまざまな種類の ROS によってもたらされる損傷に加え，MPO 生成物とともにこれらの分子種は，細菌のタンパク質を分解するプロテアーゼを活性化する．プロテアーゼは，カタラーゼ活性もあわせもつ MPO による酸化的な損傷から自身は守られている．細菌細胞が分解された後で，リソソーム酵素が残った断片を消化する．

広く存在していることを強く物語っている．

スーパーオキシドジスムターゼ（SOD）は，スーパーオキシドラジカルから H_2O_2 と O_2 を生成する反応を触媒する酵素の一群である．

$$2O_2^{\cdot -} + 2H^+ \longrightarrow H_2O_2 + O_2 \qquad (8)$$

ヒトの SOD には三つの主要な形態がある．SOD1 は細胞質に発現している Cu-Zn アイソザイムである．SOD3 も Cu と Zn を必要とするが，細胞外酵素である．マンガンを含むアイソザイ

ALS

ムのSOD2はミトコンドリアマトリックスに見いだされる．ルー・ゲーリック病としても知られる遺伝性ALSの約20%は，SOD1をコードする遺伝子の変異によって起こる．ALSは運動ニューロンが破壊される致死性の変性疾患である．

セレン含有酵素であるグルタチオンペルオキシダーゼ(GPx)は，細胞内のペルオキシドの濃度を制御する最も重要な酵素系の鍵となる構成成分である．この酵素は，還元剤であるGSH(グルタチオン)を使って多くの物質の還元を触媒する酵素であることを思い起こしてほしい(表5.3参照)．H_2O_2の水への還元のほかに，グルタチオンペルオキシダーゼは有機ペルオキシドをアルコールに還元する．

$$2GSH + R{-}O{-}O{-}H \longrightarrow G{-}S{-}S{-}G + R{-}OH + H_2O \quad (9)$$

ヒトにおいては，GPx1はH_2O_2を還元し，GPx4は過酸化脂質に作用する．いくつかの補助的な酵素がグルタチオンペルオキシダーゼの機能を支援する(図10.20)．GSSGからグルタチオンレダクターゼによってGSHが再生する．

$$G{-}S{-}S{-}G + NADPH + H^+ \longrightarrow 2GSH + NADP^+ \quad (10)$$

反応に必要なNADPHはおもにペントースリン酸経路(8章)のいくつかの反応によって供給される．前に述べたように，NADPHはイソクエン酸デヒドロゲナーゼ(p. 292)やリンゴ酸酵素(p. 298)によって触媒される反応によっても産生される．

ペルオキシレドキシン(PRX)は過酸化物を解毒する一群のチオールを含む酵素である．その触媒機構には，酸化還元活性のあるCysの側鎖のチオール基(—SH)が過酸化基質によって酸化され，スルフェン酸(RSOH)が形成される反応が含まれる．スルフェン酸は引き続き，チオレドキシンのようなチオール含有タンパク質によってチオール基へ還元される．チオレドキシン(TRX)は，ペルオキシレドキシン/チオレドキシンレダクターゼ(TR)系(ときにはTRX

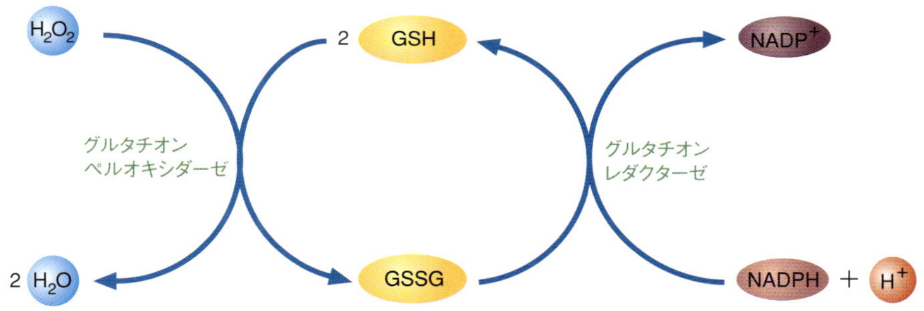

図10.20 グルタチオンシステム
グルタチオンペルオキシダーゼはGSHを使って，細胞内での好気的な代謝で生じたペルオキシドを還元する．酸化型グルタチオンのGSSGはグルタチオンレダクターゼによってGSHに再生される．この反応系の還元剤であるNADPHはペントースリン酸経路やその他の反応によって供給される．

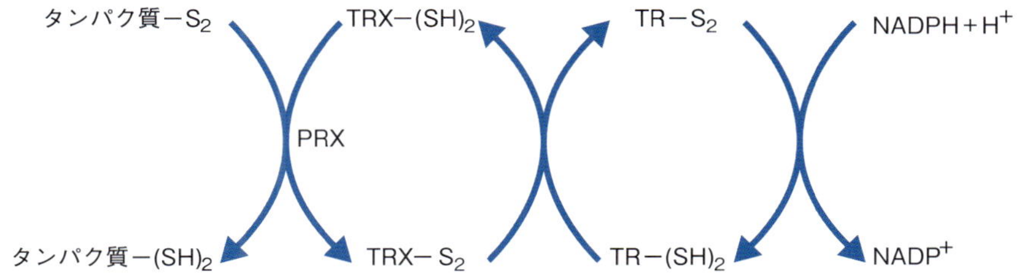

図10.21 チオレドキシンシステム
ペルオキシレドキシン(PRX)による過酸化物の還元反応において，PRXのチオール基はジスルフィド基に酸化される(PRX—S_2)．このジスルフィド基はチオレドキシン〔TRX—$(SH)_2$〕からの電子の移動によって還元される．酸化されたチオレドキシン(TRX—S_2)は，チオレドキシンレダクターゼ(TR)によって元の還元型にもどる．TRを還元型にもどすのに必要な電子は，酵素に結合したFAD経由でNADPHからくる．

システムとも呼ばれる）によって仲介される酸化還元反応に含まれる（図 10.21）．TR と TRX は，多くの転写因子などを含む他の酸化された細胞内タンパク質を，機能をもった還元型チオールにもどす．この変換は，還元型チオレドキシン〔TRX—$(SH)_2$〕から標的タンパク質への電子の移動によって完結する．チオレドキシンレダクターゼは，可動性の NADPH や結合性の $FADH_2$ からの電子を受け渡すことで，酸化されたチオレドキシン（TRX—S_2）を還元する．TRX は，リボヌクレオチドレダクターゼ（p. 477）のような抗酸化酵素系ではない酵素での電子シャトルとしても働いている．

カタラーゼは，その主要な役割が H_2O_2 を水と二原子酸素へ変換する反応を触媒する酵素である（2 分子の H_2O_2 が解毒されるごとに，一つは O_2 に酸化され，もう一つは H_2O に還元される）．カタラーゼはヘム—Fe（Ⅲ）を補欠分子族としてもち，以下の機構で反応する．

$$\text{ステップ 1：} H_2O_2 + \text{Fe(III)—酵素} \longrightarrow H_2O + \text{O=Fe(IV)—酵素}$$
$$\text{ステップ 2：} H_2O_2 + \text{O=Fe(IV)—酵素} \longrightarrow O_2 + H_2O + \text{Fe(III)—酵素} \qquad (11)$$

カタラーゼには二つのアイソザイムが同定されている．すなわち HP Ⅰと HP Ⅱである．HP Ⅰは二機能性の酵素であり，ステップ 2 の H_2O_2 は酸素を含む有機性の置換基（フェノール，アルデヒド，酸，アルコール）と置き換えることができる．このペルオキシダーゼ様反応は有機分子をより毒性の少ないかたちに変換する．

$$R—CH_2—OH + \text{O=Fe(IV)—酵素} \longrightarrow R—CH_3 + O_2 + \text{Fe(III)—酵素} \qquad (12)$$

たとえばマクロファージの呼吸バーストでは，おもに脂肪酸の不完全な酸化反応を通し，殺菌剤として H_2O_2 を産生する．HP Ⅰと違って，HP Ⅱは H_2O_2 だけを基質とする．これは赤血球や食作用性白血球のペルオキシソーム内に大量に存在する．ペルオキシソームの外では，H_2O_2 の主要な生産者は SOD1 である．

ROS レベルの減少は，ある種の細胞ストレスシグナルに応答するがん抑制タンパク質 p53 が，いくつかの抗酸化酵素の合成を上昇させることによっても進められる．それらのなかにセストリン 1 および 2 があり，これらはペルオキシレドキシンと，NADPH を産生するペントースリン酸経路へとグルコースを迂回させる TIGAR（TP53 誘導性解糖系ならびにアポトーシス調節因子）を再生する．細胞が厳しいストレス状況にあるとき（たとえば修復不可能な DNA 損傷），p53 は PUMA（p53 誘導性アポトーシス制御因子）のような酸化促進性遺伝子の転写を上昇させるとともに，抗酸化性遺伝子の転写を抑制する．そのような状況で ROS レベルは大きく上昇するが，それは p53 によって媒介されるアポトーシスの一つの要素である．

キーコンセプト

- 酸化ストレスに対する主要な酵素的防御系は，スーパーオキシドジスムターゼ，グルタチオンペルオキシダーゼ，ペルオキシレドキシン，およびカタラーゼである．
- ペントースリン酸経路は還元剤の NADPH を産生する．

問題 10.6

セレンは一般には毒性のある元素と考えられている（それはロコ草の活性な構成成分である）．しかしながら，セレンは必須な微量元素でもあるという証拠が蓄積している．なぜなら，グルタチオンペルオキシダーゼ活性は赤血球細胞を酸化ストレスから保護するためには必要不可欠であり，セレンの欠損は赤血球細胞に損傷を与えるからである．硫黄とセレンは周期表では同じ族に含まれるが，置換することはできない．それはなぜかを説明せよ（ヒント：セレンは硫黄よりも簡単に酸化される）．酸素が微量に存在するとき，硫黄とセレンのどちらが酸素のよりよい捕捉剤となりうるか．

問題 10.7

放射線による損傷

電離放射線はヒドロキシラジカルを生成することによって生きている組織に損傷を与えると考えられている．放射線から生物を守るような薬剤は，放射線にさらされる前に摂取しておかなければならないものだが，それらはたいてい SH 基をもっている．そのような薬剤はどのようにして放射線による損傷から生物を保護しているのか．ヒドロキシラジカルによって引き起こされる損傷から細胞を守る SH 基非含有型の分子を示せ．

抗酸化分子

生物は自分自身をラジカルから守るために抗酸化分子を使っている．ヒトは食物から，α-トコフェロール（ビタミン E），アスコルビン酸（ビタミン C），β-カロテンを得る（図 10.22）．

食物中の抗酸化剤

強力なラジカル捕捉剤である **α-トコフェロール**（α-tocopherol）は，フェノール性抗酸化剤と呼ばれる化合物のグループに属している．フェノール類は効果的な抗酸化剤である．なぜなら，これらの分子のラジカル生成物は共鳴安定化され，比較的反応しないからである．

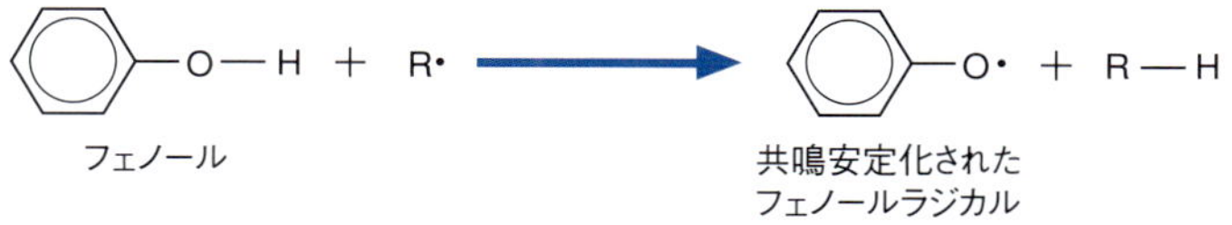

ビタミン E（野菜，種子油，穀類，緑の葉の野菜などに含まれる）は脂溶性なので，脂質ペルオキシラジカルから膜を保護するのに重要な役割を果たしている．

オレンジや濃い緑の果物，ニンジン，サツマイモ，ブロッコリーなどの野菜，アンズなどに含まれる **β-カロテン**（β-carotene）は，カロテノイドと呼ばれる植物性色素化合物の一つである．植物組織では，光合成を行うための光エネルギーをカロテノイドが吸収し，高い光強度によって生じる ROS から保護している．動物では β-カロテンはレチノール（ビタミン A）の前駆体であり，膜に対する重要な抗酸化剤である（レチノールはレチナールの前駆体で，網膜の桿体細胞に見いだされる光吸収性の色素である）．

アスコルビン酸は効率的な抗酸化剤である．この水溶性分子の多くはアスコルビン酸塩として存在し，細胞内の水溶性の領域や細胞外の体液中にある多くの種類の ROS を捕捉・消去する．アスコルビン酸塩は可逆的に酸化される．

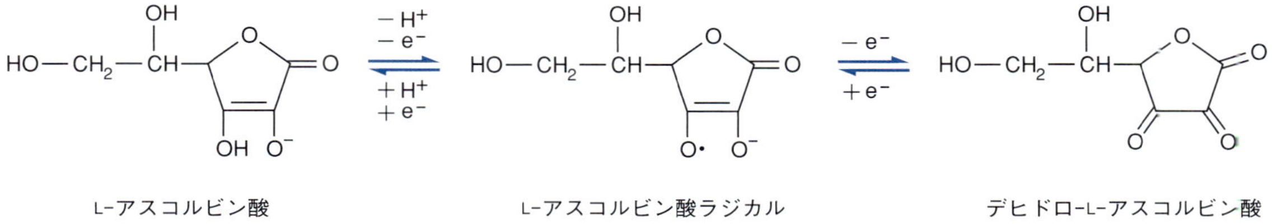

(14)

アスコルビン酸は二つの機構で膜を保護している．第一にアスコルビン酸は，細胞質で生じるペルオキシラジカルと，それが膜に到達する前に反応することで脂質の過酸化を防いでいる．第二にアスコルビン酸は，α-トコフェロキシラジカルから還元型の α-トコフェロールを再生させることでビタミン E の抗酸化活性を増強している（図 10.23）．そしてアスコルビン酸は GSH と反応することによって再生される．

しっかりと栄養を摂取できている人では，過剰の抗酸化サプリメントの消費によって体の細胞が酸化ストレスに対して脆弱になってしまうことは注目に値する．微量の ROS はシグナル

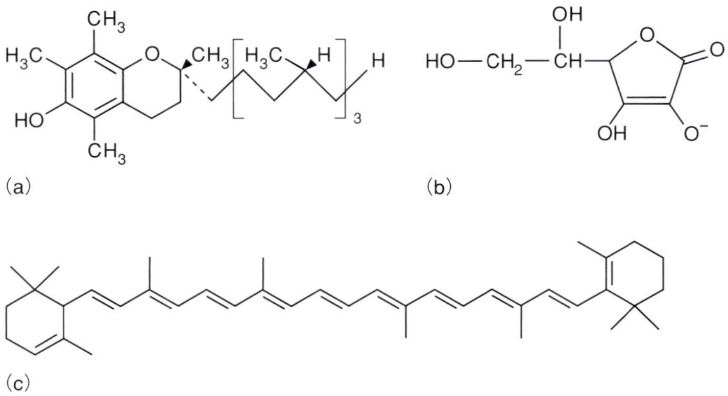

図 10.22 抗酸化分子
(a) α-トコフェロール（ビタミン E），(b) アスコルビン酸（ビタミン C），(c) β-カロテン．

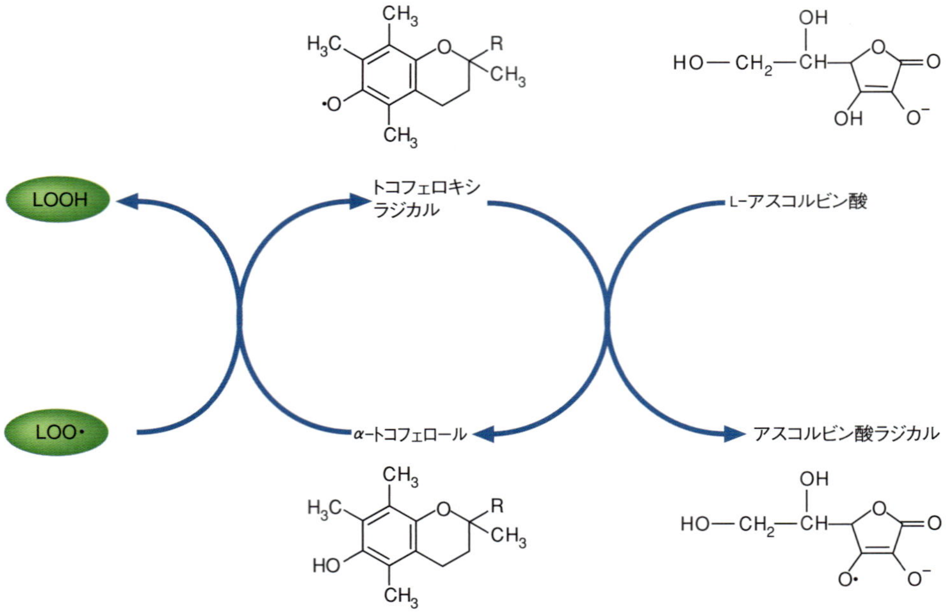

図 10.23　L-アスコルビン酸による α-トコフェロールの再生
水溶性分子の L-アスコルビン酸は，α-トコフェロキシラジカルから α-トコフェロールを再生させることによって酸化的損傷から膜を保護している．この過程で生じるアスコルビン酸ラジカルは，GSH と反応することによって L-アスコルビン酸に再変換される．

キーコンセプト

- 抗酸化分子は細胞内成分を酸化的損傷から保護している．
- 顕著な抗酸化剤には，GSH，食事性因子の α-トコフェロール，β-カロテン，アスコルビン酸がある．

分子として機能している．細胞が酸化ストレス（たとえば感染や炎症）にさらされると，ROS 濃度は上昇し始める．この過程の初期において，ROS は転写因子のチオール基を酸化したり，あるいは共有結合的に修飾したりするが，それによって細胞の抗酸化的防御を強化する多くの遺伝子の発現を引き起こす．カタラーゼや SOD，その他の抗酸化酵素の濃度を上昇させることに加え，その他のストレスタンパク質の産生も行われる．食事性のサプリメントによって，もし細胞が過剰に多くの抗酸化分子をもつようになると，ROS が引き金になって起こる防御機構がかえって損なわれてしまう．

食品保存剤としてのBHT

問題 10.8

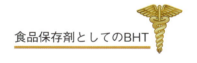

BHT（ブチルヒドロキシトルエン）は食品保存剤として広く使われている抗酸化剤である．ケルセチンは，フラボノイドと呼ばれる，果物や野菜に見いだされる強力な抗酸化剤のグループに属している．

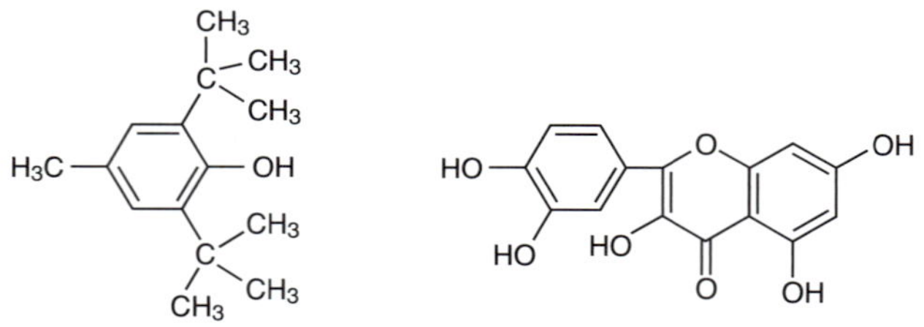

BHT　　ケルセチン

これらの分子に見られる，抗酸化剤としての性質に関連する構造的な特徴は何か．

生化学の広がり

心筋梗塞：虚血と再灌流

血液の凝固によって栄養や酸素の供給が不十分になると，心臓の細胞はどのような損傷を受けるのだろうか？　そして酸素の再供給は，なぜさらなる損傷を与えるのだろうか？

心筋梗塞（こうそく）（心臓発作）の過程で生じる組織の損傷は，血液の流れが不十分な状況である虚血により引き起こされる．心臓発作は，ふつう，頸動脈内での血塊の形成を伴うアテローム性動脈硬化症により引き起こされる．アテローム性動脈硬化症では，プラークと呼ばれる軟らかい脂肪性物質の塊が血管の内側に形成される．虚血障害に対してかなり耐性を示す骨格筋と違って，心臓は低酸素状態に極端に感受性がある．酸素要求性の脂肪酸の酸化から嫌気的な解糖系への移行は虚血に対する細胞の初期応答であり，乳酸の生成とアシドーシスを引き起こす．低酸素状態では通常，心臓のエネルギーの少なくとも半分を供給する脂肪酸の酸化が抑制される．その結果，クエン酸のような調節分子のレベルが低下するため，解糖系の流量が増大する（p. 252, 285）．解糖系によるエネルギー産生は非効率的なので，ATP濃度が低下し始める．そうすると，アデニンヌクレオチドは分解されてヒポキサンチンが生成する（15章）．

十分なATPがないと，細胞は適切な細胞内イオン濃度を維持できなくなる．たとえば，細胞膜のCa^{2+}-ATPアーゼの活性が抑制される結果，細胞内カルシウム濃度が上昇する．そのような状況下で起こることの一つに，プロテアーゼやホスホリパーゼ（膜のリン脂質を分解する酵素）などのカルシウム依存性酵素の活性化がある．浸透圧が上昇し，細胞が膨張し，内容物が漏れ出るようになる．走化性によって損傷部位に付着した好中球が血管を詰まらせるため，血液の供給がさらに損なわれる．ついには，リソソーム酵素がリソソームから漏えいし始める．リソソーム酵素は低いpHでのみ活性をもつので，酸性度が上昇しだした細胞質にそういった酵素が存在すると，最終的には細胞成分の加水分解が起こる．

ER（小胞体）ストレスも，低酸素状態の組織におけるもう一つの重要な特徴である．通常，ER内はタンパク質の折りたたみやジスルフィド結合の形成を促進するような酸化的な環境にある．さらに，高いカルシウムイオンレベルは，小胞体の分子シャペロンの機能を助ける．しかし低酸素状態になると，タンパク質の折りたたみが阻害され，小胞体ストレス応答（UPR, p. 41）が引き起こされる．酸素の欠乏が長引かないような場合，UPRによって引き起こされるストレス遺伝子は，O_2が再灌流することによって起こるいくつかの損傷から，その細胞を保護する適応応答を誘導するであろう．しかしながら，重篤で長期にわたる小胞体ストレスは細胞死をもたらす．

再灌流（かんりゅう）と呼ばれる虚血組織への再酸素負荷は救命治療になりうる．たとえば，心臓発作の患者の動脈をふさいでいる血塊を溶かすためのストレプトキナーゼの投与と，それに引き続く酸素の供給は，多くの命を救ってきた．しかしながら，低酸素症状が続いている期間によっては，虚血組織への酸素の再導入はさらなる損傷を与えてしまうことがある．

血流が再開することによって引き起こされる細胞障害である再灌流障害は，多数の要因が組み合わさった結果生じる．それらのうちで最も重要なのはROSの産生と，ミトコンドリアの膜透過性遷移孔（mPTP）の開口である．O_2と栄養素の再導入によって，ROSはまずミトコンドリアのETCの再活性化によって生成し，ついですぐに（障害を受けた部位に誘引された好中球の）NADPHオキシダーゼとキサンチンオキシダーゼにより生成する．さらに，ROSによる損傷によって起こるミオグロビンなどの細胞成分からの鉄の放出は，·OHのさらなる産生を引き起こす．最終的には，損傷を受けた心筋細胞において蓄積された乳酸によって引き起こされたアシドーシスは，ヘモグロビンから異常に高い量の酸素を放出させる．この状況は，さらなるROSの産生を促す．再灌流は大量の·NOの産生ももたらし，それはスーパーオキシドと反応して障害性のあるペルオキシナイトレートを産生する．·NOはSR（筋肉細胞の滑面小胞体）のCa^{2+}チャネルのシステイン残基を酸化し，別のERストレスの要因になる．ミトコンドリアの内膜と外膜が出合うところで形成される非特異的チャネルであるmPTPは，分子量が1500より小さな分子を通過させる．mPTPの開口は，低ATPと高カルシウムレベルが組み合わさったとき，ROSによって引き金をひかれる（部分的にはSR Ca^{2+}-ATPアーゼのROSによる損傷によってもたらされる）．mPTPの開口はまた，ミトコンドリアの膜ポテンシャルを崩壊させ，（浸透圧によって）ミトコンドリアの膨潤が起こる．損傷を受けたミトコンドリアからのCyt *c*の遊離はアポトーシスを引き起こす（p. 49）．

まとめ　酸素が欠乏した結果起こる心臓の細胞の損傷は，エネルギー産生が不十分になることから始まり，ついで浸透圧が上昇し，リソソームが崩壊し，ERストレス，細胞質の高カルシウムレベルへと続く．損傷を受けた細胞への酸素の再灌流はROSの生成を引き起こし，さらに損傷を与える．

本章のまとめ

1. 二原子酸素(O_2)，ふつうは単に酸素と呼ばれるこの分子は，好気性生物のエネルギー産生における最終電子受容体として用いられる．酸素のいくつかの物理的および化学的性質は，その役割にとって適している．つまり，容易に入手可能である(地球上のほとんどどこにでも存在している)ことに加え，酸素は細胞膜を簡単に通り抜けて拡散する．酸素は反応性のあるジラジカルであり，他の分子種からの電子を受容する優れた酸化剤である．
2. 解糖系，β酸化経路，そしてクエン酸回路で生じるNADHおよび$FADH_2$分子は，電子伝達経路で利用できるエネルギーを産生する．その経路は，NADHや$FADH_2$から電子を受けとる一連の酸化還元担体によって構成されている．その経路の最終段階で，プロトンとともに電子は酸素に渡され てH_2Oとなる．
3. NADHの酸化過程で，ATP合成を説明するのに十分なエネルギー損失の段階が三つある．それらの段階はETCの複合体Ⅰ，Ⅲ，Ⅳ内にある．
4. 酸化的リン酸化とは，電子伝達がATP合成と連動した機構である．化学浸透圧説によれば，電子伝達を伴うプロトン勾配の形成がATP合成と連動している．
5. グルコースの完全酸化では29.5～31分子のATPが合成されるが，その数は，細胞質のNADHからミトコンドリアのETCへ電子を運ぶ際に，グリセロールリン酸シャトルを使うかリンゴ酸-アスパラギン酸シャトルを使うかによって決まる．
6. 好気性生物では，酸素の利用とROSの生成は密接に結びついている．これらの分子種は，ジラジカルである酸素分子が一度に1分子ずつの電子を受けとることにより生じる．ROSの例には，スーパーオキシドラジカル，過酸化水素，ヒドロキシラジカル，一重項酸素がある．重要なRNSには，一酸化窒素，二酸化窒素，ペルオキシナイトライトがある．

キーワード

α-トコフェロール(α-tocopherol)　327
β-カロテン(β-carotene)　327
Qサイクル(Q cycle)　307
イオノホア(ionophore)　313
化学浸透圧共役説(chemiosmotic coupling theory)　311
活性酸素種(reactive oxygen species, ROS)　320
活性窒素種　(reacive nitrogen species, RNS)　323
グリセロールリン酸シャトル(glycerol phosphate shuttle)　317
抗酸化剤(antioxidant)　320
呼吸制御(respiratory control)　316
呼吸バースト(respiratory burst)　321
酸化ストレス(oxidative stress)　320
酸化的リン酸化(oxidative phosphorylation)　311
脱共役剤(uncoupler)　313
脱共役タンパク質(uncoupling protein)　319
プロトン駆動力(protonmotive force)　311
ラジカル(radical)　321
リンゴ酸-アスパラギン酸シャトル(malate-aspartate shuttle)　317
レスピラソーム(respirasome)　310

復習問題

以下の問いは，次章へ進む前に，本章で論じた重要な概念について理解度を確認するためのものである．解答は巻末および『問題の解き方』を参照のこと．

1. 以下の用語を定義せよ．
   a. 電子伝達　b. ETC　c. Qサイクル
   d. プロトン駆動力　e. UQH_2
2. 以下の用語を定義せよ．
   a. 複合体Ⅰ　b. 複合体Ⅱ　c. 複合体Ⅲ
   d. 複合体Ⅳ　e. レスピラソーム
3. 以下の用語を定義せよ．
   a. 化学浸透圧共役説　b. 脱共役剤　c. イオノホア
   d. 亜ミトコンドリア粒子　e. α, β六量体
4. 以下の用語を定義せよ．
   a. シトクロム　b. グリセロールリン酸シャトル
   c. リンゴ酸-アスパラギン酸シャトル
   d. 脱共役タンパク質　e. オリゴマイシン
5. 以下の用語を定義せよ．
   a. 活性酸素種　b. 抗酸化剤　c. 酸化ストレス
   d. 呼吸バースト　e. 活性窒素種
6. 以下の用語を定義せよ．
   a. スーパーオキシドジスムターゼ
   b. ペルオキシレドキシン　c. チオレドキシン
   d. β-カロテン　e. アスコルビン酸
7. 以下の用語を定義せよ．
   a. ラジカル　b. ROS　c. RNS
   d. GSH　e. SOD
8. 化学浸透圧説の主要な特徴を述べよ．
9. 電子伝達経路へ入る電子はおもに何に由来しているか．
10. ミトコンドリアの電子伝達によって進行する過程について述べよ．
11. ADPのリン酸化を進めるためには四つのプロトンが必要である．この過程における各プロトンの機能を説明せよ．
12. なぜ酸素が広くエネルギー産生に用いられているのか．その理由を列記せよ．
13. 適切な量を摂取した場合，ビタミンEはROSから身体を保護してくれる．しかしながら，ビタミンEを過剰摂取すると，ROSに対してより敏感になってしまう．そのことについて説明せよ．
14. 以下のうち，どれが活性酸素種であるか．また，なぜROSは危険なのか．
    a. O_2　b. OH^-　c. $RO\cdot$　d. $O_2^{\cdot -}$
    e. CH_3OH　f. $^1O_2$
15. ROSによって引き起こされる細胞の損傷の種類を述べよ．

16. 細胞が酸化的損傷からみずからを守るために用いる酵素活性について述べよ．
17. 以下の物質が電子伝達系の最終的な電子受容体であるとき，最終生成物は何か．
 硝酸，三価鉄イオン，二酸化炭素，硫酸塩，硫黄
18. 問題 17 の酸化剤よりも酸素が勝っている点は何か．
19. 再灌流によって引き起こされる心筋細胞の損傷の原因をいくつかあげよ．
20. ミトコンドリアの ETC におけるタンパク質複合体をあげ，それらの機能について述べよ．
21. バリノマイシンは，生体膜に K^+ の透過性をもたらすイオノホア性の抗生物質である．細菌感染症の患者に用いる場合の副作用に，体温の上昇と発汗が含まれる．これを説明せよ．
22. 電子伝達系は一つの反応ではなく，一連の酸化反応によって構成されている．これがエネルギーの捕捉において重要な特徴なのはなぜか．
23. 活発に呼吸を行っているミトコンドリアにアジ化物を加えた場合，蓄積する代謝物は何か．
24. 活発に呼吸を行っているミトコンドリアにロテノンを加えると，NAD^+ に対する NADH の比率は上昇するが，$FADH_2$/FAD 比は変化しない．阻害されるのは電子伝達系のどの段階か．
25. 非振動型熱産生における UCF1 の役割を述べよ．

応用問題

以下の問いは，本書でこれまで論じてきた重要な概念について理解を深めるためのものである．正解は一つとは限らない．解答例は巻末および『問題の解き方』を参照のこと．

26. $^{14}CH_3$–COOH を微生物に与える実験を行った．標識した ^{14}C がクエン酸回路でどのように代謝されるか追跡せよ．この物質 1 mol から何分子の ATP を産生できるか（酢酸をアセチル CoA へ変換するのに 2ATP の消費が必要である）．
27. マラリアが風土病であるようないくつかの地域（たとえば中東）では，ソラマメが主食である．今日ソラマメは，ビシンとコンビシンと呼ばれる 2 種類の β 配糖体を含むことが知られている．

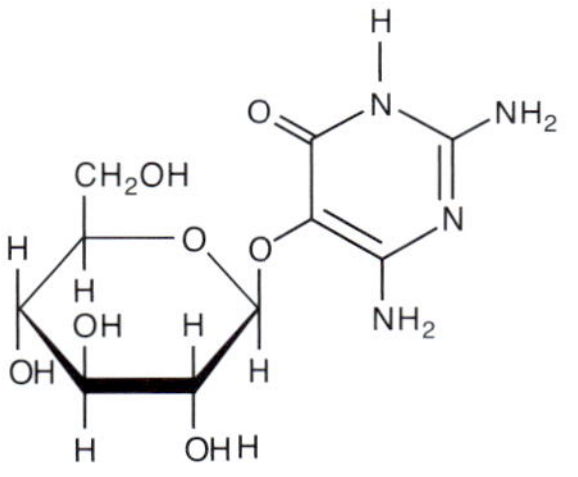

ビシン

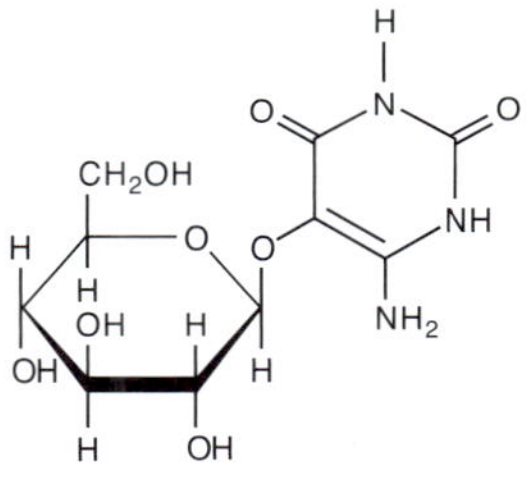

コンビシン

 これらの物質のアグリコン部分は，それぞれジビシンとイソウラミルと呼ばれているが，それらは GSH を酸化することができると考えられている．新鮮なソラマメを食べた人は，ある程度マラリアから守られる．グルコース-6-リン酸デヒドロゲナーゼを欠損した一部の人がソラマメを食べた後に重篤な溶血性貧血を発症するとき，ソラマメ中毒として知られる状態が起こる．それはなぜか説明せよ．
28. エタノールは肝臓で酸化されて酢酸になり，ついでアセチル CoA に変換される．1 mol のエタノールからどれだけの ATP が産生されるか計算せよ．エタノールが酢酸に酸化されるときに 2 mol の NADH が産生されることに注意．
29. 動物がジニトロフェノールを消費すると急激に体温が上昇する．この現象について説明せよ．なぜこの脱共役剤をダイエットの補助に用いるべきでないのか．
30. グルタレドキシンは，GSH を還元剤として用いる低分子量抗酸化酵素の一つに分類される．それらにチオレドキシンと類似した機能をもつ．グルタレドキシンによって有機ペルオキシドが還元される際の経路について述べよ．解答には GSH の酸化還元サイクルも含めること．
31. シアン化合物は電子伝達を不可逆的に阻害して ATP 合成を妨害するのに対し，少量のジニトロフェノールの ATP 合成に対する阻害作用は可逆的である．この違いを説明せよ．
32. 電子伝達系における各シトクロム中の鉄イオンの還元電位は −0.1 V から −0.39 V にまで及ぶ．電子伝達系を稼働させるために，このような異なった値をとる必要があるのはなぜか．
33. シトクロム複合体がミトコンドリア内膜に埋まっていないと仮定せよ．その場合，化学浸透圧説に従えば，どういう結果になるか．
34. ピルビン酸を基質にした場合，ロテノンは酸化的リン酸化を阻害するが，コハク酸を用いた場合は阻害しないのはなぜか．説明せよ．
35. 硝酸を電子伝達系の最終の電子受容体として用いた場合，いくつの ATP が合成されるか〔ヒント：NADH と硝酸塩の還元電位の違い（表 9.1）を参照せよ〕．
36. 酸化的ストレスによる多くの破壊的な影響のなかに，ポリペプチドの主鎖の原子と・OH との反応がある．この過程は α-水素原子の引き抜きによる炭素ラジカルの生成から始まる．

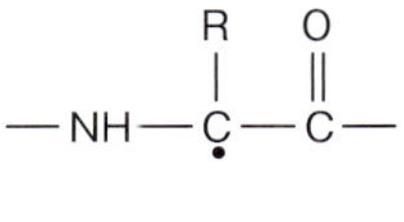

 続いて，そのようなラジカルは O_2 と反応してアルキルペルオキシラジカル（ROO・）を生成する．損傷を受けていない主鎖の原子と O_2 との反応から始まって，アルキルペルオキシラジカルの生成に至る経路を述べよ．
37. 酸化的な攻撃を受けたポリペプチドは，分子内および分子間の架橋を形成しうる．問題 36 に関連して，架橋が形成される機構を一つ示せ．

CHAPTER

11 脂質と膜

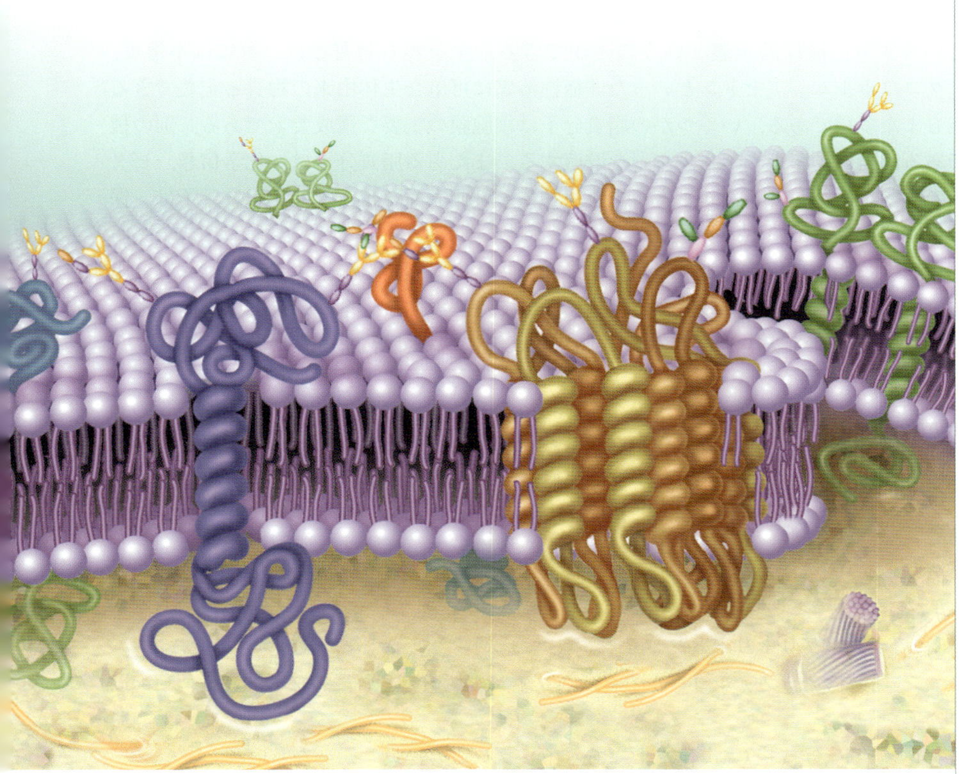

生体膜　生体膜は，タンパク質，糖タンパク質，糖脂質，およびコレステロールと非共有結合的な複合体を形成している脂質二重層からなる，動的な区画バリアーである．

アウトライン

概　要

脂質は天然に存在する非水溶性の物質で，生命体において驚くほど多岐な機能を果たしている．ある種の脂質は生命を維持するエネルギーの貯蔵体であり，ある種は生体膜の主要な構成要素である．さらに別の種の脂質は，ホルモン，抗酸化剤，色素，増殖因子，およびビタミンとして機能している．この章では，生体内に見られる主要な脂質の構造と特性，ならびに生体膜の構造と機能について解説する．

脂質は多様な生体分子である．この多様性のために，**脂質**(lipid)という用語は，構造的定義というより，操作的定義ということができる．すなわち脂質とは，水には不溶で，エーテル，クロロホルム，アセトンといった非極性溶媒に可溶な生体由来の物質と定義できる．脂質の機能もまた多様である．いくつかの脂質分子は細胞膜の主要な構成要素である．別の種類の脂質である油脂は効率よくエネルギーを貯蔵する．またある脂質分子は，化学信号，ビタミン，色素の役割を果たしている．さまざまな生物体の外側表面を覆っている脂質分子は，保護機能や防水機能をもっている．

11 章では，主要な脂質の構造と機能を解説する．動物体内で脂質を輸送するタンパク質と脂質の複合体であるリポタンパク質の構造と機能についても解説する．章の最後では膜の構造と機能について概説し，引き続き 12 章で主要な脂質の代謝について解説する．

11.1　脂質の分類

脂質はさまざまな方法で分類される．ここでは脂質を次のように分類する．

1. 脂肪酸
2. トリアシルグリセロール
3. ろうエステル
4. リン脂質(ホスホグリセリドとスフィンゴミエリン)
5. スフィンゴ脂質(アミノアルコールであるスフィンゴシンを含む，スフィンゴミエリン以外の分子)
6. イソプレノイド(分枝状 C_5 炭化水素であるイソプレンの繰返しからなる分子)

それぞれの分類について述べる．

脂 肪 酸

脂肪酸は，典型的には，さまざまな長さ(C_{12} ～ C_{20}，あるいはそれ以上)の炭化水素鎖からなるモノカルボン酸である(**図 11.1**)．脂肪酸はカルボキシ末端から数えられる．また，炭素を特定するためにギリシャ文字が使われる．α 炭素はカルボキシ基に隣接し，β 炭素はその隣で，さらに続く．末端のメチル炭素は ω(オメガ) 炭素と呼ばれる．一般的な脂肪酸の構造，名称，および標準的な略称を**表 11.1** に示す．脂肪酸は，いくつかの種類の脂質分子の主要な構成要素であり，トリグリセロールあるいはいくつかの膜結合脂質分子に含まれている．

ほとんどの天然脂肪酸は直鎖状であり，偶数個の炭素原子をもっている(ごくまれに分枝状あるいは環状鎖をもつ脂肪酸も見られる)．炭素間の結合が単結合のみであるとき，飽和と呼び，二重結合を一つないし複数もつとき，不飽和と呼ぶ．二重結合は自由度の少ない構造なの

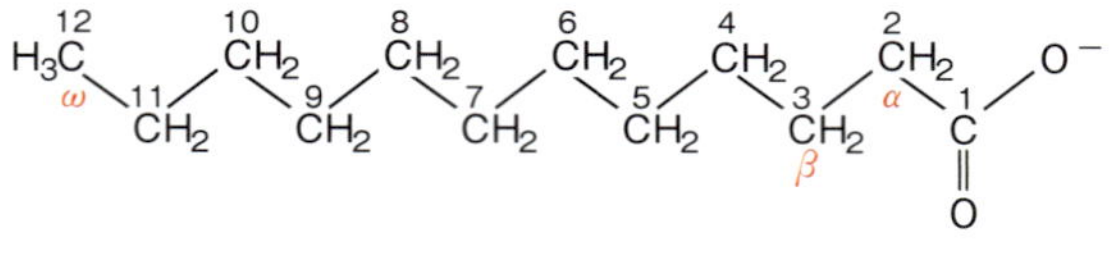

図 11.1　脂肪酸の構造
脂肪酸はカルボキシ基が共有結合している長鎖炭化水素から構成される．炭素数 12 の飽和脂肪酸 (12 : 0) であるドデカン酸(一般名はラウリン酸)を示す．

表 11.1 脂肪酸の例

一般名	構造	略号
飽和脂肪酸		
ミリスチン酸	$CH_3(CH_2)_{12}COOH$	14 : 0
パルミチン酸	$CH_3(CH_2)_{12}CH_2CH_2COOH$	16 : 0
ステアリン酸	$CH_3(CH_2)_{12}CH_2CH_2CH_2CH_2COOH$	18 : 0
アラキジン酸	$CH_3(CH_2)_{12}CH_2CH_2CH_2CH_2CH_2CH_2COOH$	20 : 0
リグノセリン酸	$CH_3(CH_2)_{12}CH_2CH_2CH_2CH_2CH_2CH_2CH_2CH_2CH_2CH_2COOH$	24 : 0
セロチン酸	$CH_3(CH_2)_{12}CH_2CH_2CH_2CH_2CH_2CH_2CH_2CH_2CH_2CH_2CH_2CH_2COOH$	26 : 0
不飽和脂肪酸		
パルミトレイン酸	$CH_3(CH_2)_5CH{=}CH(CH_2)_7COOH$	$16:1^{\Delta 9}$
オレイン酸	$CH_3(CH_2)_7CH{=}CH(CH_2)_7COOH$	$18:1^{\Delta 9}$
リノール酸	$CH_3(CH_2)_4CH{=}CH{-}CH_2{-}CH{=}CH(CH_2)_7COOH$	$18:2^{\Delta 9,12}$
α-リノレン酸	$CH_3CH_2CH{=}CH{-}CH_2{-}CH{=}CH{-}CH_2{-}CH{=}CH(CH_2)_7COOH$	$18:3^{\Delta 9,12,15}$
γ-リノレン酸	$CH_3(CH_2)_3{-}(CH_2{-}CH{=}CH)_3{-}(CH_2)_4{-}COOH$	$18:3^{\Delta 6,9,12}$
アラキドン酸	$CH_3(CH_2)_3{-}(CH_2{-}CH{=}CH)_4{-}(CH_2)_3COOH$	$20:4^{\Delta 5,8,11,14}$

で，これを含む分子にはシス形およびトランス形の２種類の異性体がある．たとえばシス異性体では，類似もしくは同一の原子団が二重結合の同じ側に位置する（図 11.2a）．そのような原子団が互いに二重結合の逆側に位置したとき，その分子はトランス異性体と呼ばれる（図 11.2b）．ほとんどの天然脂肪酸の二重結合はシス配置である．シス二重結合は脂肪酸鎖のなかに自由度の少ない〝ねじれ〟を生じさせる．この構造的特性から，不飽和脂肪酸は飽和脂肪酸のように近接して詰め込まれることはない．不飽和脂肪酸の間の分子間力を断ち切るには，飽和脂肪酸の場合よりわずかなエネルギーですむ．そのために不飽和脂肪酸の融点は低く，室温では液状である．たとえば，飽和脂肪酸のパルミチン酸（16 : 0）が 63 ℃の融点をもつのに対し，パルミトレイン酸（$16:1^{\Delta 9}$）の融点は 0 ℃である．省略形としてコロンの左側は総炭素原子数，右側は二重結合数を意味している．上つき文字は二重結合の位置を意味する．Δ9 はカルボキシ基と二重結合の間に炭素が８原子あることを意味する．すなわち，C-9 と C-10 の間に二重結合が存在する．

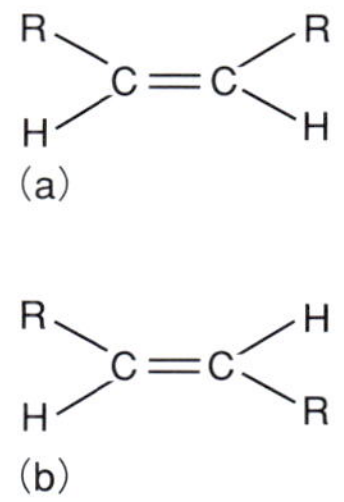

図 11.2 不飽和分子の異性体
(a) シス異性体において，R 基は炭素間二重結合の同じ側に位置している．(b) トランス異性体においては互いに逆側に位置している．

不飽和脂肪酸はまた，分子のメチル末端（ω）から見て最初の二重結合の位置によって分類される．たとえば，リノール酸と α-リノレン酸はそれぞれ 18 : 2 ω-6（$18:2^{\Delta 9,12}$ とも表記），18 : 3 ω-3（$18:3^{\Delta 9,12,15}$ とも表記）と表すことができる（ω の右の数は，脂肪酸のメチル末端から最初の二重結合の位置を意味している．その後方の二重結合は，いつでも３炭素分離れている）．特筆すべき点として，トランス形二重結合をもつ脂肪酸の三次元構造は飽和脂肪酸のそれと似ている．さらに，一つないし複数の二重結合をもつ脂肪酸は酸化を受けやすい（図 10.18 参照）．このことが，細胞膜への酸化ストレスを導き，油脂が酸敗する（すなわち，不快な臭いや味を呈する短鎖有機酸が生じる）原因となっている．

二重結合を一つもっている脂肪酸は**一価不飽和**(monounsaturated)**分子**と呼ばれる．二つ以上の二重結合はそれぞれの間にメチル基(—CH_2—)をはさむ形で脂肪酸に配置されるが，これらを**多価不飽和**(polyunsaturated)と呼ぶ．一価不飽和脂肪酸のオレイン酸($18:1^{\Delta 9}$)と多価不飽和脂肪酸のリノール酸($18:2^{\Delta 9,12}$)は，生体内で最も豊富な脂肪酸である．

植物や細菌は，自分たちが必要なすべての脂肪酸をアセチル CoA から合成できる(12章)．哺乳動物はほとんどの脂肪酸を食物から獲得するが，飽和脂肪酸といくつかの一価不飽和脂肪酸を合成することもできる．また哺乳動物は，食事由来の脂肪酸に C_2 単位を付加したり，二重結合を導入したりして形を変えることもできる．こうして合成できる脂肪酸を**非必須脂肪酸**(nonessential fatty acid)と呼んでいる．哺乳動物はリノール酸($18:2^{\Delta 9,12}$)や α-リノレン酸($18:3^{\Delta 9,12,15}$)を合成するのに必要な酵素をもっていないので，これらは食物から摂取しなくてはならず，**必須脂肪酸**(essential fatty acid)と呼ばれる．

ω脂肪酸

リノール酸($18:2^{\Delta 9,12}$ または $18:2\ \omega$-6)はさまざまな誘導体の前駆物質であり，伸長反応や不飽和反応を介してつくられる．γ-リノレン酸($18:3^{\Delta 6,9,12}$ または $18:3\ \omega$-6)，アラキドン酸($20:4^{\Delta 5,8,11,14}$ または $20:4\ \omega$-6)，ドコサペンタエン酸(DPA，$22:5^{\Delta 4,7,10,13,16}$ または $22:5\ \omega$-6)がそのおもな誘導体である．リノール酸とその誘導体をまとめて **ω-6 脂肪酸**(ω-6 fatty acid)と呼ぶ．含有食品として，さまざまな植物油(ヒマワリ油や大豆油)，卵，鶏肉があげられる．α-リノレン酸($18:3^{\Delta 9,12,15}$ または $18:3\ \omega$-3)と，エイコサペンタエン酸(EPA，$20:5^{\Delta 5,8,11,14,17}$ または $20:5\ \omega$-3)やドコサヘキサエン酸(DHA，$22:6^{\Delta 4,7,10,13,16,19}$ または $22:6\ \omega$-3)といったその誘導体は **ω-3 脂肪酸**(ω-3 fatty acid)と呼ばれる．α-リノレン酸の供給源としては，アマニ油，大豆油，クルミがあげられる．魚や魚油(サケ，マグロ，イワシ)にも含まれる EPA や DHA は，現在，心臓血管の健康を促進すると考えられている．これら2種類の脂肪酸を十分量含む食事を摂取することにより，血中トリグリセリド濃度や血圧の低下，血小板凝集の抑制が効果として現れる．必須脂肪酸は，構成成分(たとえば膜中のリン脂質)や，いくつかの重要な代謝産物の前駆体として利用される．後者のおもな例として，エイコサノイドとアナンダミンがあげられる．

エイコサノイドは ω-6 または ω-3 脂肪酸由来のホルモン様分子である．一般に，ω-6 由来のエイコサノイドは炎症を促進し，ω-3 由来のエイコサノイドはより炎症作用が少ない．食事中の ω6：ω3 比は，合成される炎症性，抗炎症性エイコサノイドの比に影響を及ぼす．1：1 から 1：4 の比が健康によいと今のところ考えられている．多くの先進国において平均的な食事には 10：1 から 30：1 の比で含まれている．この比は体内で好ましくない炎症反応を引き起こしやすく，慢性疾患の危険性を上昇させる望ましくない状況である．

アナンダミン(*N*-アラキドニルエタノールアミン)はアラキドン酸由来のΔ9-内因性カンナビノイドで，体内で合成され，向精神薬のテトラヒドロカンナビノールと同じ受容体に結合する．アナンダミンは中枢および末梢神経系で神経伝達物質として働き，摂食，睡眠，短期記憶，鎮痛を調節する．

脂肪酸はいくつかの重要な化学的特性をもっている．脂肪酸の反応は短鎖のカルボン酸に特有な反応である．たとえば，脂肪酸はアルコールと反応してエステルを形成する．

$$\mathrm{R{-}C({=}O){-}OH} + \mathrm{R'{-}OH} \rightleftharpoons \mathrm{R{-}C({=}O){-}O{-}R'} + \mathrm{H_2O} \quad (1)$$

この反応は可逆的である．すなわち，脂肪酸エステルは適当な条件下では水と反応して脂肪酸とアルコールを生成する．二重結合をもった不飽和脂肪酸は水素化反応により飽和脂肪酸になる．そして，すでに述べたように(**図 10.18**)，不飽和脂肪酸は酸化を受けやすい．

ある種の脂肪酸は真核生物のいろいろなタンパク質に共有結合する．このようなタンパク質はアシル化タンパク質と呼ばれる．脂肪酸基〔**アシル基**(acly group)と呼ばれる〕は，膜タンパク質が周囲の疎水的環境となじむのに寄与している．ミリストイル化やパルミトイル化はタンパク質アシル化で最もよく見られ，現在，タンパク質のさまざまな構造および機能特性に影響を与えていることが知られる．タンパク質の膜への結合が促進されることは，その代表例である．さらに疎水性の脂肪酸分子は，水溶性血清タンパク質のアシル化を介して脂肪細胞から体細胞へと輸送される．

キーコンセプト

脂肪酸はモノカルボン酸であり，そのほとんどがトリアシルグリセロール分子，いくつかの種類の膜結合脂質分子，あるいはアシル化膜タンパク質に見いだされる．

エイコサノイド

ほとんどの哺乳動物の組織で合成される**エイコサノイド**(eicosanoid)には，プロスタグランジン，トロンボキサン，ロイコトリエンが含まれる(図 11.3)．エイコサノイド類は平滑筋収縮，炎症，痛覚，および血流調節などの広範囲な生理的過程を媒介している．またエイコサノイドは，心筋梗塞や慢性関節リウマチなどのいくつかの疾患にかかわっている．エイコサノイドはふつう，自身が合成された細胞内で活性を発揮することから，**自己分泌**(autocrine)**調節因子**と呼ばれている．

心筋梗塞と関節炎

通常，エイコサノイドは略称で呼ばれており，次のような方法で名前がつけられている．最初の 2 文字はエイコサノイドの種類を示している(PG はプロスタグランジン，TX はトロンボキサン，LT はロイコトリエン)．3 文字目はエイコサノイドの親化合物になされた修飾の種類を示している(たとえば A はヒドロキシ基とエーテル環，B はヒドロキシ基二つ)．名前についている数字は分子中の二重結合の数を示している．エイコサノイドが活性を示す時間は短いので(しばしば秒あるいは分単位)，エイコサノイド研究は大変困難なものである．さらに，エイコサノイドはほんのわずかな量しか合成できない．

エイコサノイドはアラキドン酸あるいは EPA に由来する．その合成は，アラキドン酸あるいは EPA が酵素のホスホリパーゼ A_2 によって膜リン脂質分子から切り離されることから始まる．エイコサノイド類それぞれについての概要を次に述べる．

プロスタグランジン(prostaglandin)は，シクロペンタン環と C-11 位および C-15 位にヒドロキシ基をもっている．プロスタグランジン E に属する分子は，カルボニル基を C-9 位に，F に属する分子はヒドロキシ基を同じ位置にもっている．アラキドン酸由来のプロスタグランジン 2 類(二重結合を二つもつ)は，ヒトにおいて最も重要なプロスタグランジン分類といえる．EPA はプロスタグランジン 3 類(二重結合を三つもつ)の前駆体である．プロスタグランジンは，痛みや発熱を伴う感染防御の過程である炎症，生殖(排卵，受精，出産時の子宮収縮)や消化(たとえば胃酸分泌抑制)に関与している．プロスタグランジン合成の二つの流れは，いったんアラキドン酸が膜リン脂質から切り離されると始まる．シクロオキシゲナーゼ，それからペルオキシダーゼにより，アラキドン酸は複数のプロスタグランジンの前駆体となる PGH_2 に最初に変換される(アスピリンは，シクロオキシゲナーゼの酵素活性部位の重要な働きをするセリン残基をアセチル化し，不活性化することにより弱い痛みを和らげ，熱や炎症を軽減させる)．PGH_2 は，プロスタグランジンエンドペルオキシダーゼイソメラーゼにより，発熱プロスタグランジンである PGE_2(図 11.3a)へと変換される．

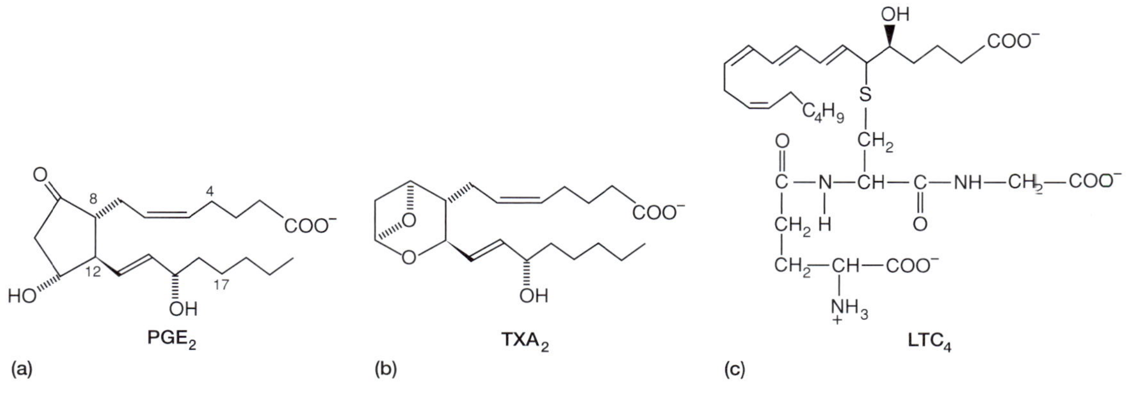

図 11.3　**エイコサノイド**
(a) プロスタグランジン E_2，(b) トロンボキサン A_2，(c) ロイコトリエン C_4．LTC_4 はグルタチオン置換基を一つもつことに注意

トロンボキサン(thromboxane)もアラキドン酸あるいはEPAの誘導体である．他のエイコサノイドとは環状エーテル構造をもつところが異なっている．アラキドン酸から合成されるトロンボキサン A_2(TXA_2，図11.3b)，は，おもに血小板でつくられる．トロンボキサンAシンターゼは PGH_2 を TXA_2 へと変換する．いったん血小板が活性化されると，TXA_2 が遊離され，組織障害に引き続いて起こる血小板凝集，血管収縮を促進する．TXA_2 はイソメラーゼにより不活性代謝型 TXB_2 へと速やかに変換される．

アナフィラキシー

ロイコトリエン(leukotriene)は直鎖状(環状構造をもたない)構造をした分子であり，その合成はリポキシゲナーゼによる過酸化反応により開始される．ロイコトリエン類は，過酸化部位とその近傍に付加したチオエーテル基の特性によってそれぞれ異なる．ロイコトリエンは強力な細胞遊走性因子である(すなわち免疫系細胞を障害組織へと誘引する)．ロイコトリエンは同時に血管収縮や気管支収縮を引き起こす(血管壁の平滑筋細胞の収縮や肺への空気流入が原因となる)．ロイコトリエン LTC_4，LTD_4，および LTE_4 はアナフィラキシーの遅反応性物質(SRS-A)の成分として同定された．アナフィラキシーとは異常に強いアレルギー反応を指し，全身の結合組織において抗原が肥満細胞表面のIgE抗体と結合したときに引き起こされる．肥満細胞はそれからロイコトリエンや他の炎症性物質(ヘパリン，ヒスタミン，プロスタグランジン)を含む顆粒を周辺の組織に放出する．アナフィラキシーの症状は，かゆみ，じんましん，腫れなどである．アナフィラキシーショックにおいて炎症反応は非常に強く，循環系は破壊され，気管支拡張による呼吸困難が生じる．5-リポオキシゲナーゼが過酸化基をアラキドン酸に導入して生成される LTA_4 から SRS-A が産生される．この反応の産物は LTA_4 シンターゼによりエポキシドへと変換される．LTA_4 はそれから，C6位に γ-グルタミン酸-システイン-グリシントリペプチドのGSH(p. 465)が付加され，LTC_4(図11.3c)へと変換される．LTC_4 のトリペプチドから γ-グルタミン酸が除かれると，LTD_4 となる．LTE_4 は LTD_4 からグリシンが取り除かれると生成される．

問題11.1

自己免疫疾患

リウマチ関節炎は関節が慢性的に腫れ上がる自己免疫疾患である．**自己免疫疾患**(autoimmune disease)において免疫系は自己と非自己の識別ができなくなる．よく理解されてない理由により，特殊なリンパ球が自己抗体と呼ばれる抗体を産生する．こうして産生された抗体は，患者自身の細胞表面の抗原を異物として認識して結合する．リウマチ関節炎において，リウマチ因子(RF)と呼ばれる自己抗体がIgGの F_c 部位に結合すると，種々のタイプの白血球が関節組織に入り込むようになり，炎症が惹起される．活発に貪食している細胞(好中球やマクロファージ)からリソソーム酵素が漏出し，さらに組織障害が進む．種々のエイコサノイドの放出により炎症反応は継続される．たとえばマクロファージは，PGE_4，TXA_2 や複数のロイコトリエンを産生することが知られている．

現在，リウマチ関節炎の治療は痛みと炎症の軽減からなっている．しかしながら治療にもかかわらず，症状は進行する．アスピリンは安価であり，比較的安全性が確認されているので，リウマチ関節炎やその他の炎症の治療において重要な役割を担っている．ある種のステロイドはホスホリパーゼ A_2(p. 337参照)を阻害し，炎症抑制に関してはアスピリンより強力に作用する．つまり，痛みの症状を迅速かつ劇的に抑える．しかしながらステロイドはやっかいな副作用ももつ．たとえばプレドニゾンは免疫系を抑えるものの，首に脂肪蓄積をもたらし(野牛肩)，深刻な行動変化を引き起こす．これらの理由から，プレドニゾンは患者がアスピリンや類似薬に応答しないときのみ，リウマチ関節炎治療に用いられる．

アスピリンとステロイドのエイコサノイド代謝に及ぼす影響について概説し，なぜこの情報がリウマチ関節炎の治療に関係するのか，その理由を示せ．炎症の治療についてアスピリンとステロイドの効果の差を説明しうるか．

トリアシルグリセロール

トリアシルグリセロールは3分子の脂肪酸が結合したグリセロールのエステルである(図11.4). 脂肪酸を一つもつモノアシルグリセロール, 二つもつジアシルグリセロールは代謝中間体で, 通常, その存在量は少ない. トリアシルグリセロールは電荷をもっていない(すなわち, 脂肪酸のカルボキシ基はグリセロールに共有結合している)ので, **中性脂肪**(neutral fat)と呼ばれることがある. ほとんどのトリアシルグリセロールはさまざまな長さの脂肪酸を含んでおり, それらは不飽和であったり飽和であったり, 両者が混じっていたりする. 脂肪酸の組成により, トリアシルグリセロールは脂肪と呼ばれたり, 油脂と呼ばれたりする. 脂肪は室温で固形で, 飽和脂肪酸を多く含む. 油脂は不飽和脂肪酸を比較的多く含むので, 室温では液状を呈する(前に述べたように, 不飽和脂肪酸は飽和脂肪酸のように密に詰め込まれることがない).

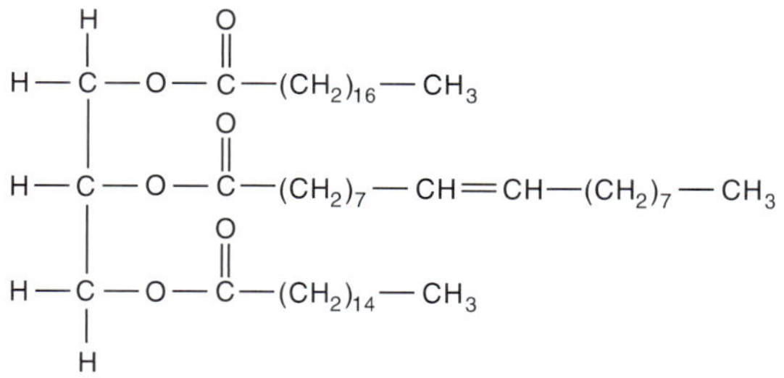

図 11.4 トリアシルグリセロール
トリアシルグリセロールは3分子の脂肪酸(通常は異なる種類)をエステル結合したグリセロールからなる.

動物体内では, トリアシルグリセロール(通常, 脂肪と呼ばれる)は, いくつかの役割を果たしている. まず第一に, トリアシルグリセロールは脂肪酸の主要な貯蔵体および輸送体として機能している. トリアシルグリセロール分子は, いくつかの理由からグリコーゲンより効率よくエネルギーを貯蔵できる.

1. トリアシルグリセロールは疎水性分子であるため, 細胞内で合体して密な無水の油滴になっている. 脂肪組織に存在する脂肪細胞と呼ばれる特殊な細胞は, トリアシルグリセロールを細胞内に蓄えている. 水分子を含まないトリアシルグリセロールは, かなり多くの水分子と結合しているグリコーゲン(もう一つの重要なエネルギー貯蔵分子)の八分の一の体積で, 同じ量のエネルギーを蓄える.
2. トリアシルグリセロール分子はより還元状態にあり, 酸化された際には同量の糖質より多くの電子を放出する. したがって分解されると, トリアシルグリセロールはより大きなエネルギーを放出する(糖質が 17.2 kJ/g であるのに対して脂肪は 38.9 kJ/g).

脂肪の2番目に重要な機能は, 低温状況からの隔離である. 脂肪は熱を伝えにくい性質をもっていて, 熱の放散を防いでいる. トリアシルグリセロールを大量に蓄積した脂肪組織は, 体全体(とくに皮膚の直下)に分布している. 最後に, ある種の動物では脂肪分子を特殊な分泌腺から出して, 体毛や羽毛が水をはじきやすくしている.

植物では, トリアシルグリセロールは果実や種子の重要なエネルギー貯蔵体として働く. ここでの脂肪分子は比較的多量の不飽和脂肪酸(オレイン酸, リノレン酸など)を含み, 植物油と呼ばれる. 油脂を多く含む種子としては, ピーナッツ, トウモロコシ, ヤシ, ベニバナ, 大豆, 亜麻があげられる. アボカドやオリーブは油脂を多く含む果実である.

キーコンセプト

- トリアシルグリセロールは, 3分子の脂肪酸とエステル結合したグリセロールである.
- トリアシルグリセロールは, 動物と植物の両方において高エネルギー源として働く.

問題 11.2

油脂は, 部分水素化法と呼ばれる工業的なニッケル触媒過程により脂肪へと変換される. 比較的穏和な条件下(180 ℃でおよそ 1.33 atm)で, 液体油脂を固化するのに十分な数の二重結合が水素化される. この固形物であるオレオマーガリンはバターのような粘度をもっている. しかし, 工業的な水素化過程では, 油脂を完全には水素化しない. この点について実際的な理由をあげよ.

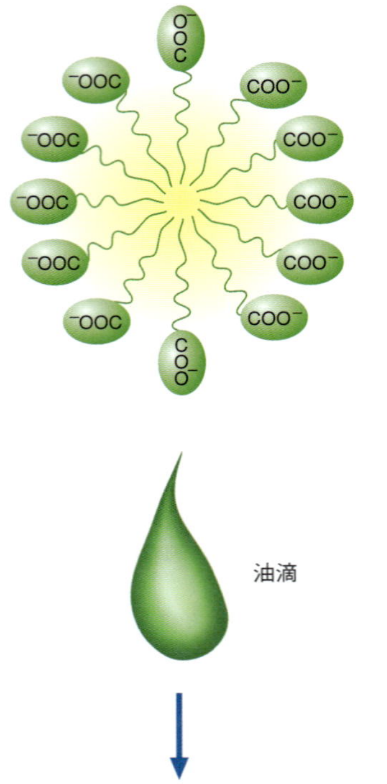

図 11.5　セッケン：乳化剤
どのようにセッケンは油滴に作用するのか（ヒント："似たもの同士はよく溶ける"ことを思い起こそう）.

$$CH_3—(CH_2)_{24}—\overset{\overset{\displaystyle O}{\|}}{C}—O—(CH_2)_{29}—CH_3$$

図 11.6　ろうエステルのメリシルセロチン酸
カルナウバろうに見られるメリシルセロチン酸は，メリシルアルコールとセロチン酸からできたエステルである.

問題 11.3

セッケン製造は古くから行われ，およそ3000年前，地中海貿易を独占していたフェニキア人が最初に製造したと考えられている．セッケンは，古くは動物脂肪をカリとともに加熱してつくられた〔カリは水酸化カリウム（KOH）と炭酸カリウム（K_2CO_3）の混合物で，木の灰と水を混ぜて得られる〕．現在は，牛脂やヤシ油を水酸化ナトリウムもしくは水酸化カリウムとともに加熱して製造されている．けん化と呼ばれるこの反応過程で，トリアシルグリセロールはグリセロールと脂肪酸ナトリウムもしくは脂肪酸カリウムへと分解される．

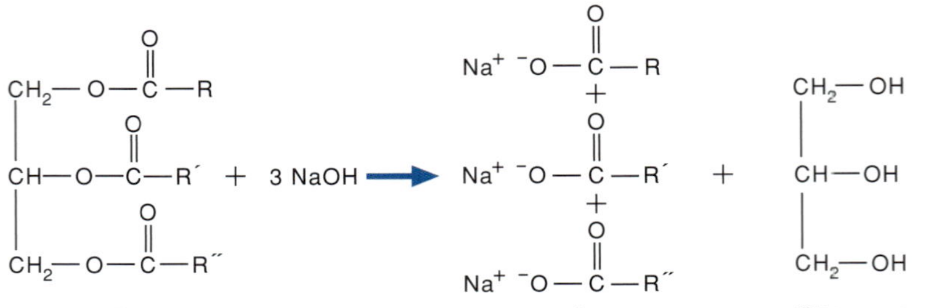

トリアシルグリセロール　　セッケン　　グリセロール

脂肪酸塩（セッケン）は両親媒性分子であり（すなわち極性部位と非極性部位をもつ），自発的にミセルを形成する（図 3.13 参照）．セッケンミセルは，互いに反発し合う負に帯電した表面をもっている．セッケンは，ある物質を他の物質中に分散させる乳化剤であり，汚れを油と混和させて取り除く．セッケンと油を混ぜるとエマルションが形成され，油滴はセッケンミセル中に分散される．図 11.5 の図式を完成させ，この過程がどのように起こるか説明せよ．

ろうエステル

ろう（wax）は非極性脂質の混合物である．植物においては葉や茎や果実，動物においては皮膚や体毛を覆って保護的な働きをしている．長鎖脂肪酸と長鎖アルコールの**ろうエステル**（wax ester）が，ほとんどのろうの重要な構成成分である．ろうの代表例として，ブラジルのロウヤシの葉からつくられるカルナウバろうや蜜ろうがある．カルナウバろうの主成分は，ろうエステルのメリシルセロチン酸である（図 11.6）．トリアコンチルヘキサデカン酸は，蜜ろう中のいくつかの重要なろうエステルのうちの一つである．ろうは，炭化水素，長鎖アルコールおよびアルデヒド，脂肪酸，ステロール（ステロイドアルコール）を含む場合もある．

リン脂質

リン脂質（phospholipid）は生体内でいくつかの働きをしており，膜の最も重要な構成要素として機能している．それに加えて，いくつかのリン脂質は乳化剤として，あるいは界面活性剤として働く〔界面活性剤は，溶液（通常は水）の表面張力を下げ，大きく広がらせる力をもっている〕．リン脂質は脂肪酸塩と同様，両親媒性分子なので，これらの役割を果たすのに適当である．リン脂質の疎水性ドメインはおもに脂肪酸の炭化水素鎖からなり，**極性頭部基**（polar head group）と呼ばれる親水性ドメインは，リン酸基と他の帯電した極性基を含んでいる．

リン脂質が水に懸濁されると，自発的に規則だった構造をとる（図 11.7）．図にあるように，リン脂質の疎水基は水と接しないように内側にくる．同時に，親水性の極性頭部基は水に接するように外側にくる．リン脂質分子が十分量あるときは，それらは二重層を形成する．リン脂質（そして他の両親媒性分子）のこの特性は，膜構造の基礎をなすものである（p. 351～362 参照）．

リン脂質はホスホグリセリドとスフィンゴミエリンに分けられる．**ホスホグリセリド**（phosphoglyceride）は，グリセロール，脂肪酸，リン酸，およびアルコール（たとえばコリン）を分子内に含んでいる．**スフィンゴミエリン**（sphingomyelin）は，グリセロールの代わりにスフィンゴシンを含む点でホスホグリセリドとは異なる．スフィンゴミエリンはスフィンゴ脂質として

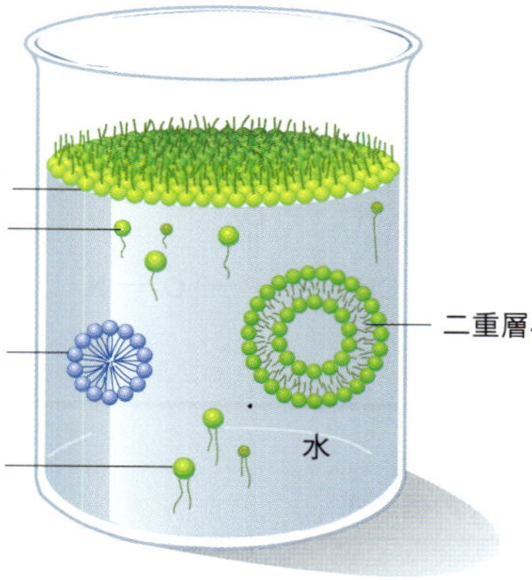

図 11.7 水溶液中のリン脂質分子
それぞれの分子は，1本ないし2本の脂肪アシル鎖に極性頭部基が結合した形に描かれている（リゾリン脂質はただ1本の脂肪アシル鎖をもっている）．最初に水の表面に単層が形成される．リン脂質濃度が上昇するに従い，二重層小胞ができ始める．2本の脂肪酸鎖をもつリン脂質の円筒形に比較すると，リゾリン脂質分子はくさび形をしているので，ミセルを形成する．

も分類されるので，その構造と特性についてはそれぞれ次の節で述べる．

ホスホグリセリドは細胞膜中に最も多く認められるリン脂質分子である．最も単純なホスホグリセリドであるホスファチジン酸は，他のすべてのホスホグリセリド分子の前駆体となる．ホスファチジン酸は2分子の脂肪酸とエステル結合したグリセロール 3-リン酸である．ホスホグリセリド分子は，どのようなアルコールがリン酸基にエステル結合しているかで分類される．たとえばアルコールがコリンの場合，その分子はホスファチジルコリン（PC，レシチンとも呼ばれる）である．他の種類として，ホスファチジルエタノールアミン（PE），ホスファチジルセリン（PS），ジホスファチジルグリセロール（dPG，カルジオリピンとも呼ばれる），そしてホスファチジルイノシトール（PI）がある（ホスファチジルグリセリドの一般的な種類の構造については**表 11.2** を参照）．ホスホグリセリドに含まれる最も一般的な脂肪酸は C_{16}～C_{20} の炭素鎖をもっている．通常，飽和脂肪酸はグリセロールの C-1 に位置する．C-2 の位置には，通常，不飽和脂肪酸がくる．

ホスファチジルエタノールアミンとカルジオリピンは比較的小さな極性頭部をもっている．PE（ヒトのリン脂質の 25% を占める）は通常，二重膜の内側膜に見いだされ，膜の屈曲を安定化し，膜融合の際に役割を果たす．カルジオリピンは，ATP 合成を駆動する電気化学的電位をつくりだす膜のほぼ全体に見いだされる（細菌の細胞膜やミトコンドリアの内膜に含まれる全脂質の 20% がカルジオリピンである）．二つのホスファチジル基と4本の炭化水素鎖をもつ脂質二量体からなるカルジオリピンは，ミトコンドリアの ETC 超複合体（p. 310）を安定化させる．

ホスファチジルイノシトールの誘導体であるホスファチジル 4,5-ビスリン酸（PIP_2）は細胞膜中にわずかに検出される．現在では，PIP_2 は細胞内シグナル伝達の重要な要素であると認識されている．ホスファチジルイノシトール回路は，ある種のホルモンが膜受容体に結合すると開始されるが，それについては 16.2 節で述べる．

ホスファチジルイノシトールは，グリコシルホスファチジルイノシトール（GPI）アンカーの主要な構成要素でもある．**GPI アンカー**（GPI anchor，**図 11.8**）はトリマンノースグルコサミン基とホスホエタノールアミンも含み，ある種のタンパク質を細胞膜の外側に結合させる．タンパク質の C 末端とエタノールアミンのアミノ窒素によるアミド結合を介して，タンパク質とアンカー分子は結びついている．ホスファチジルイノシトールの二つの脂肪酸は細胞膜に埋め込まれる．

キーコンセプト

- リン脂質は両親媒性分子であり，膜構成成分，乳化剤，界面活性剤として，生体内で重要な役割を果たしている．
- リン脂質にはホスホグリセリドとスフィンゴミエリンの2種類がある．

表 11.2　主要なホスホグリセリド

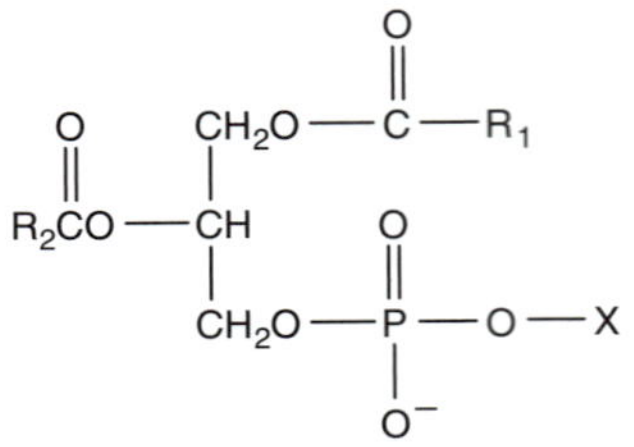

X置換基		リン脂質名
X—OHの名称	Xの構造式	
水	—H	ホスファチジン酸
コリン	$—CH_2CH_2\overset{+}{N}(CH_3)_3$	ホスファチジルコリン(レシチン)
エタノールアミン	$—CH_2CH_2\overset{+}{N}H_3$	ホスファチジルエタノールアミン(セファリン)
セリン	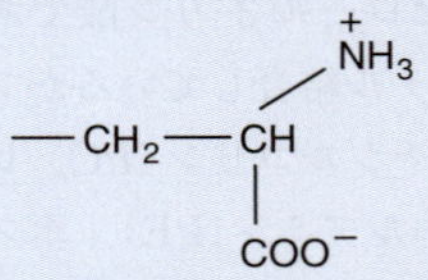	ホスファチジルセリン
グリセロール	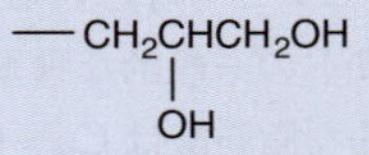	ホスファチジルグリセロール
ホスファチジルグリセロール	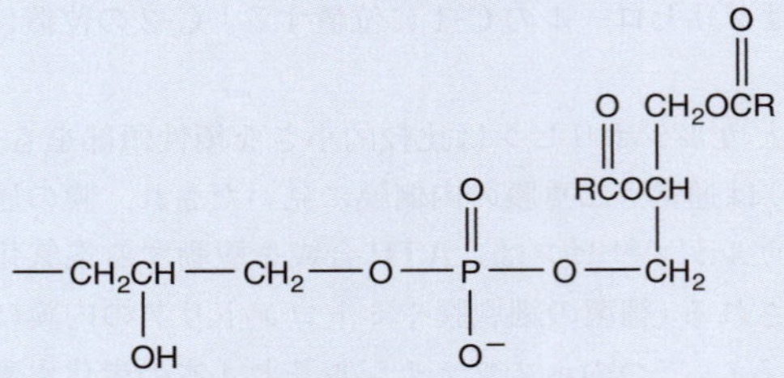	ジホスファチジルグリセロール(カルジオリピン)
イノシトール	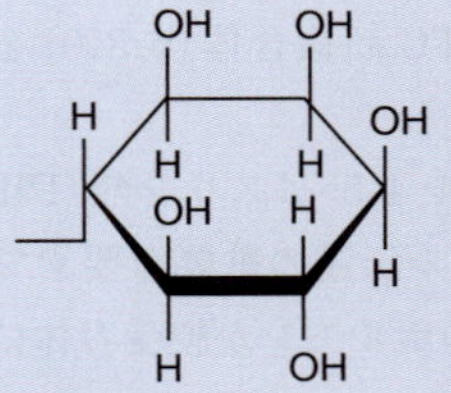	ホスファチジルイノシトール

問題 11.4

ジパルミトイルホスファチジルコリンは，肺胞に分泌され，肺胞上皮に接する水分の多い細胞外液の表面張力を下げるサーファクタント，あるいは界面活性剤(両親媒性分子)の主要成分である．肺胞嚢とも呼ばれる肺胞は呼吸の機能単位である．酸素と二酸化炭素は1細胞の厚さの肺胞嚢壁を通って拡散する．肺胞表面の水分は分子間引力のために表面張力が高くなっている．もし水の表面張力が減少しないと，肺胞は壊れやすくなり，呼吸は著しく困難になる．もし幼児に十分なサーファクタントがないと，呼吸困難により死へと至る確率が高い．このような病状を呼吸窮迫症候群と呼ぶ．ジパルミトイルホスファチジルコリンの構造を描け．リン脂質の構造の一般的特徴を考慮に入れ，表面張力を減少させるのになぜサーファクタントが効果的なのか，その理由を述べよ．

呼吸窮迫症候群

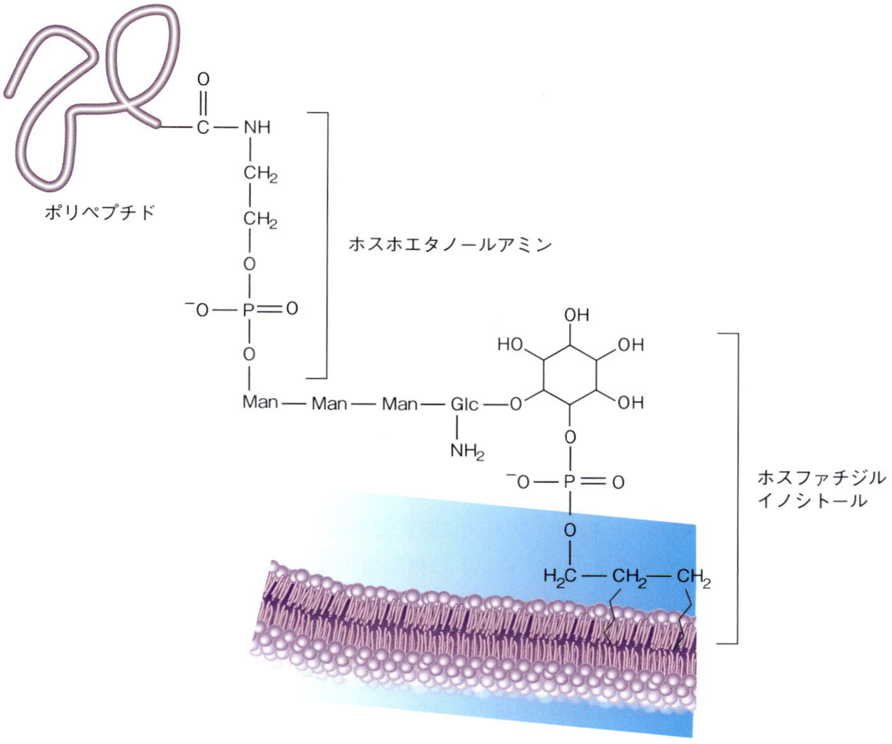

図 11.8 GPI アンカー
GPI アンカータンパク質が膜の外側表面に結合している．このとき，ホスホエタノールアミン—Man_3—$GlcNH_2$ がリンカーとして，ポリペプチドの C 末端とアミド結合を介してつながり，膜ホスファチジルイノシトールとエーテル結合を介してつながって，両者を橋渡ししている．この構造にはいくつかの様式があることに注意．たとえば，$GlcNH_2$ はアセチル化されていてもよく，ホスファチジン酸のリン酸基はイノシトールの C-2 または C-3 と結合することもできる．

ホスホリパーゼ

ホスホリパーゼはグリセロリン脂質分子のエステル結合を加水分解する（図 11.9）．ホスホリパーゼは，それぞれ切断するエステル結合の位置によって分類される．ホスホリパーゼ A_1（PLA_1）と A_2（PLA_2）はグリセロール骨格の 1 位と 2 位のエステル結合をそれぞれ加水分解する．PLA_1 と PLA_2 の反応産物は脂肪酸とリゾリン脂質（グリセロリン脂質から 1 分子の脂肪酸が除去されたもの）である．ホスホリパーゼ B（PLB）はグリセロール骨格の 1，2 位両方のエステル結合を加水分解できる．ホスホリパーゼ C（PLC）とホスホリパーゼ D（PLD）は，それぞれジアシルグリセロールとホスファチジン酸を生成するホスホジエステラーゼである．ホスホリパーゼは三つの主要な機能をもっている．膜のリモデリング，シグナル伝達，そして消化の三つである．ある種の生物では生物学的兵器として利用することもある．

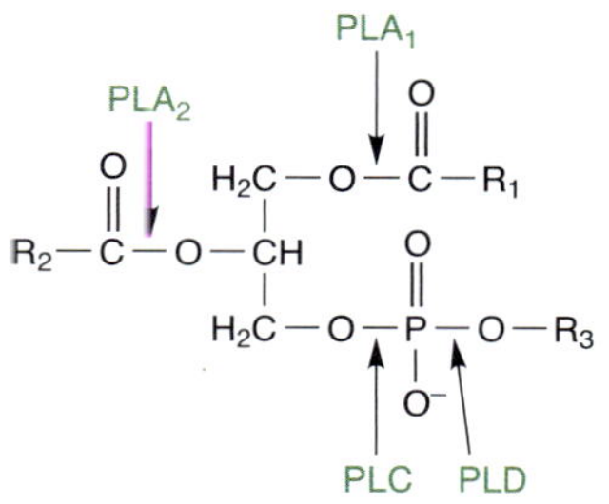

図 11.9 ホスホリパーゼ
ホスホリパーゼはリン脂質のエステル結合を加水分解する．PLB は PLA_1 および PLA_2 活性の両方をもつことに注意．

膜リモデリング 細胞はホスホリパーゼによって，膜に含まれる飽和脂肪酸と不飽和脂肪酸の比率を変えたり，傷害を受けた脂肪酸を取り除いたりして膜の流動性（p. 352）を変動させている．リン脂質から取り除かれた脂肪酸はアシルトランスフェラーゼにより再アシル化される．

シグナル伝達 多くのホルモンはリン脂質分解を伴うシグナル伝達機構を作動させる．たとえば，ホスファチジルイノシトールのリン酸化誘導体 PIP_2 の PLC による分解により，シグナル分子であるイノシトール 1,4,5-三リン酸（IP_3）やジアシルグリセロール（DAG）が産生される．エイコサノイド（p. 337）の合成は PLA_2 によるアラキドン酸の遊離から始まる．

消化 哺乳類において脂質の消化は小腸で行われ，そこでは胆汁酸塩が脂肪球をより小型の脂肪滴に変換し，消化酵素が働くようになる．膵臓ホスホリパーゼは他の消化酵素とともに小腸に分泌され，食事由来のリン脂質を分解する．リソソームホスホリパーゼは細胞膜のリン脂質成分を分解する．

毒性ホスホリパーゼ

毒性ホスホリパーゼ さまざまな生物が膜分解性のホスホリパーゼを他種に障害を与える手段として利用している．たとえばヘビ毒の PLA2 は，噛んだ部位の細胞膜を消化するだけでなく，種々の全身性障害（骨格筋や心筋の壊死，神経毒や赤血球溶解など）を引き起こす．嫌気性のグラム陽性菌であるウェルシュ菌はガス壊疽（ガス発生を伴う組織死）を引き起こす．α-トキシンと呼ばれるホスホリパーゼは，傷口周辺の組織への菌の侵入を促す働きをもつ．

スフィンゴ脂質

スフィンゴ脂質(sphingolipid)は動物や植物の膜の重要な要素である．すべてのスフィンゴ脂質分子は長鎖アミノアルコールを含んでいる．動物では，このアルコールは主としてスフィンゴシンである(図 11.10)．フィトスフィンゴシンは植物スフィンゴ脂質の一種である．いずれのスフィンゴ脂質の中核も，スフィンゴシンの脂肪酸アミド誘導体であるセラミドである．スフィンゴミエリンにおいて，セラミドの 1 位のヒドロキシ基はホスホコリンやホスホエタノールアミンのリン酸基とエステル結合をしている．スフィンゴミエリンはほとんどの動物の細胞膜に含まれている．しかし，その名称が示すように，スフィンゴミエリンは神経細胞のミエリン鞘に最も多く見いだされる．ミエリン鞘では，神経細胞軸索の周囲をミエリン形成細胞の形質膜が連続して巻きついている．その絶縁特性が神経刺激の高速伝達を可能にしている．

糖脂質(glycolipid)は糖が結合した脂質分子である．スフィンゴ糖脂質(図 11.11)や GPI アンカー(p. 341)が含まれる．スフィンゴ糖脂質はセラミドを含むが，リン酸基を含まないという点でスフィンゴミエリンとは異なる．最も重要な糖脂質の分類は，セレブロシド，スルファチド，およびガングリオシドである．

セレブロシドは先頭の基が単糖のスフィンゴ脂質である(リン脂質と異なり，セレブロシドは非イオン性である)．ガラクトセレブロシドは糖脂質のなかで最も一般的なもので，脳の細胞膜にまんべんなく存在している．セレブロシドが硫酸化を受けると，スルファチドと呼ばれる．スルファチドは生理的 pH で負に帯電している．

スフィンゴ脂質のうちで，一つないし複数のシアル酸を含むオリゴ糖をもつものをガングリオシドと呼ぶ．ガングリオシドは神経組織から初めて分離されたが，他のほとんどの動物組織にも存在している．テイ・サックスガングリオシド G_{M2} を図 11.11 に示した．

糖脂質の一般的な役割は今なお不明である．ある種の糖脂質分子は，細菌細胞と同様に細菌毒を動物の細胞膜へ結合させる役割を果たしているのかもしれない．たとえば，コレラ，破傷風，およびボツリヌス中毒を引き起こす毒素は，細胞膜の糖脂質受容体に結合する．糖脂質受容体に結合することが報告されている細菌として，尿道感染，肺炎，淋病をそれぞれ引き起こす大腸菌，肺炎連鎖球菌，淋菌などがあげられる．

キーコンセプト

- 動植物の重要な膜構成要素であるスフィンゴ脂質は，複合長鎖アミノアルコール(スフィンゴシンあるいはフィトスフィンゴシン)を含む．
- それぞれのスフィンゴ脂質の中核は，アルコール分子の脂肪酸アミド誘導体であるセラミドである．糖脂質は糖質を含むセラミド誘導体である．

スフィンゴ脂質蓄積病

リソソーム蓄積病(p. 46 参照)はそれぞれ，特定の代謝中間体の分解に必要な酵素の遺伝的欠損に起因する疾患である．リソソーム蓄積病のいくつかは，スフィンゴ脂質代謝とかかわりが深い．これらの疾患のほとんどはスフィンゴリピドーシスとも呼ばれ，致死的である．最も頻繁に認められるスフィンゴ脂質蓄積病のテイ・サックス病は，ガングリオシド G_{M2} を分解する酵素の β-ヘキソサミニダーゼ A の欠損に起因する．G_{M2} を蓄積するに従い，細胞は膨らみ，やがて死に至る．テイ・サックス病の症状(失明，筋力低下，発作，精神遅滞)は生後数カ月から現れる．テイ・サックス病をはじめとして他のスフィンゴリピドーシスには現在のところ治

スフィンゴリピドーシス

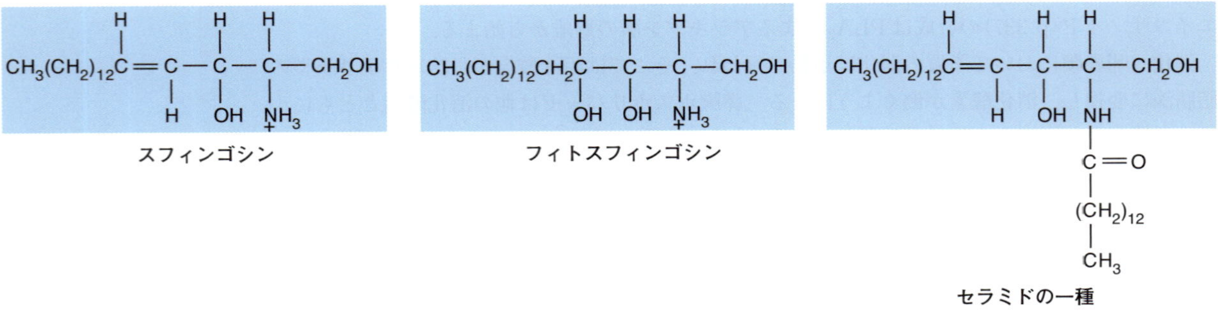

図 11.10　スフィンゴ脂質の構成要素
スフィンゴ脂質にはスフィンゴシンのトランス異性体が存在することに注意．

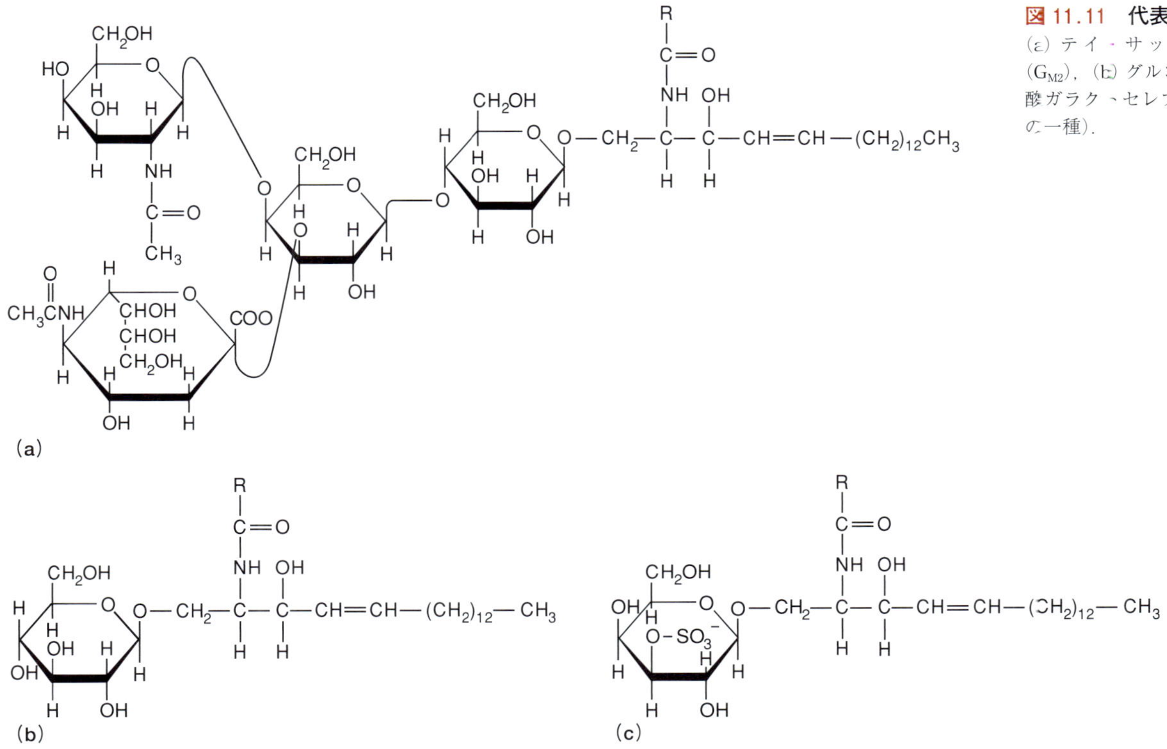

図 11.11 代表的な糖脂質
(a) テイ・サックスガングリオシド (G_{M2}), (b) グルコセレブロシド, (c) 硫酸ガラクトセレブロシド(スルファチドの一種).

療法がないので，通常は 3 歳までに死に至る．スフィンゴリピドーシスの例を**表 11.3** にまとめる．

イソプレノイド

イソプレノイド(isoprenoid)は，イソプレン単位として知られる C_5 構造の繰返しを含むさまざまな種類の生体分子である(**図 11.12**)．イソプレノイドはイソプレン(メチルブタジエン)から合成されることはない．代わりに，その生合成はいつもアセチル CoA からのイソペンテニルピロリン酸の形成から始まる(12 章)．

イソプレノイドはテルペンとステロイドからなる．**テルペン**(terpene)は植物の精油に多く

表 11.3 代表的なスフィンゴ脂質蓄積病*

疾病	症状	蓄積スフィンゴ脂質	欠損酵素
テイ・サックス病	失明，筋力低下，発作，精神遅滞	ガングリオシド G_{M2}	β-ヘキソサミニダーゼ A
ゴーシェ病	精神遅滞，肝・脾腫，長骨侵食	グルコセレブロシド	β-グルコシダーゼ
クラッベ病	脱髄，精神遅滞	ガラクトセレブロシド	β-ガラクトシダーゼ
ニーマン・ピック病	精神遅滞	スフィンゴミエリン	スフィンゴミエリナーゼ

*多くの病気は，初めてその病気を報告した医師の名前をとって命名されている．テイ・サックス病は，イギリスの眼科医 Warren Tay (1843～1927) とニューヨークの神経科医 Bernard Sachs (1858～1944) により報告された．フランスの医師 Phillipe Gaucher (1854～1918) はゴーシュ病を，オランダの神経科医 Knud Krabbe (1885～1961) はクラッベ病を初めて報告した．ニーマン・ピック病はドイツの医師 Albert Niemann (1880～1921) と Ludwig Pick (1868～1944) により初めて明らかにされた．

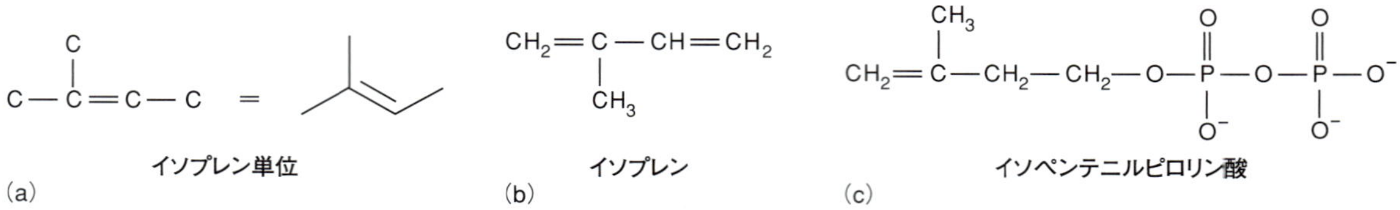

図 11.12　イソプレン
(a) イソプレンの基本構造，(b) 有機分子のイソプレン，(c) イソペンテニルピロリン酸．

含まれる多様な分子種である．ステロイドとはコレステロールの炭化水素環系の誘導体である．

テルペン　テルペンは分子内に含むイソプレンの数によって分類される（**表 11.4**）．モノテルペンは二つのイソプレン単位 (C_{10}) からなる．ゲラニオールは，バラ，レモン，ゼラニウムといった植物，果実，花から抽出された揮発性疎水性液体，すなわち精油に含まれるモノテルペンである．

三つのイソプレン単位 (C_{15}) を含むテルペンはセスキテルペンと呼ばれる．セッケンや香料の原料として用いられるコウスイガヤ油の主要成分であるファルネセンはセスキテルペンである．植物アルコールのフィトールは四つのイソプレン単位からなるジテルペンである．スクアレンはトリテルペンの代表例であり，鮫（さめ）肝油，オリーブ油や酵母に多く含まれるステロイド合成の中間体である．ほとんどの植物に見いだされるオレンジ色素の**カロテノイド** (carotenoid) は，唯一のテトラテルペンである（八つのイソプレン単位からなる）．カロテンはこの分類に属

表 11.4　テルペンの例

型	イソプレン単位数	例	
		名称	構造
モノテルペン	2	ゲラニオール	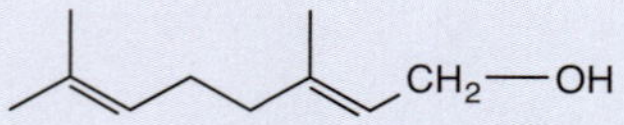
セスキテルペン	3	ファルネセン	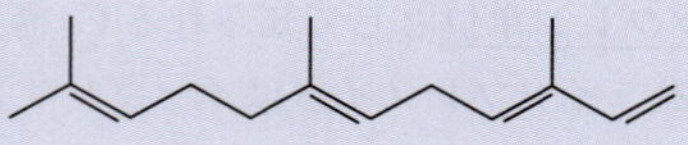
ジテルペン	4	フィトール	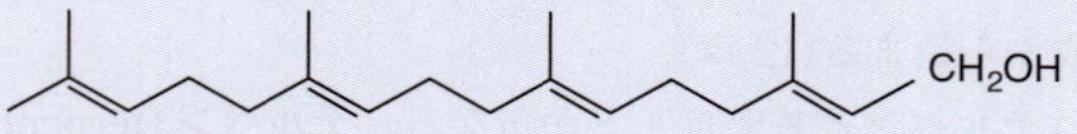
トリテルペン	6	スクアレン	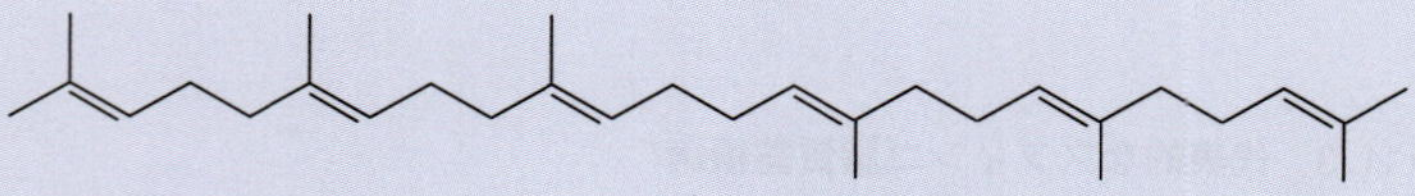
テトラテルペン	8	*β*-カロテン	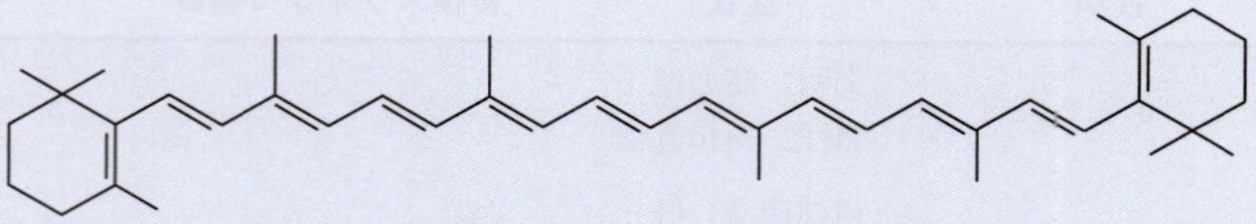
ポリテルペン	9〜24	ドリコール	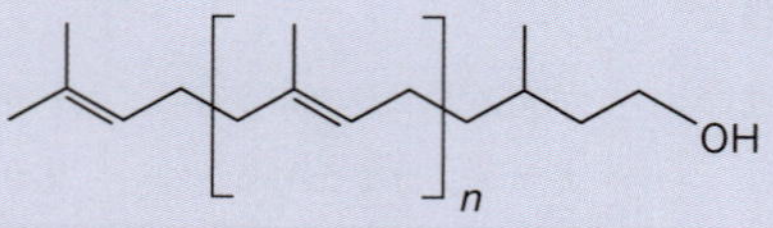
	数千	ゴム	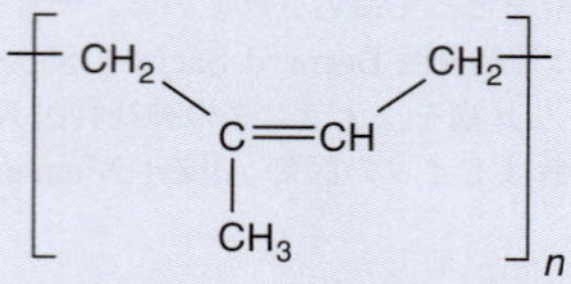

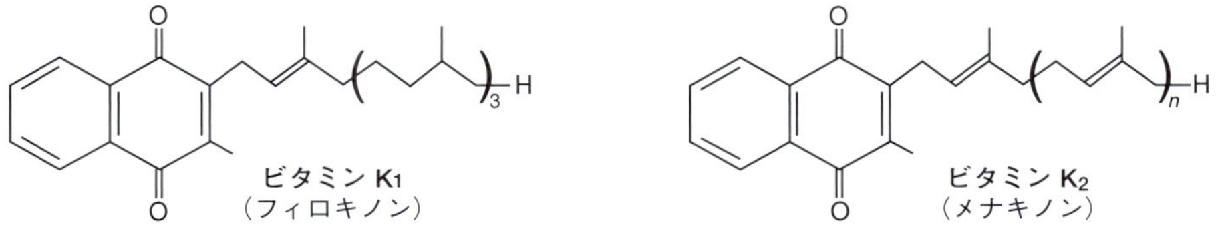

図 11.13 混合テルペノイドのビタミン K

ビタミン K_1（フィロキノン）は植物で見られ，光合成の電子伝達体として働く．ビタミン K_2（メナキノン）は小腸細菌によって合成され，血液凝固の際に重要な役割を果たす．

する炭化水素である．キサントフィルはカロテンの酸化誘導体である．ポリテルペンは数千ものイソプレン単位からなる高分子である．天然ゴムは 3000〜6000 のイソプレン単位からなるポリテルペンである．ドリコールは，糖タンパク質合成の際に糖の担体として機能する，ポリイソプレノイドアルコール（16〜19 イソプレン単位）である．

重要な機能をもつ数種の生体分子で，イソプレノイド基（しばしばプレニル基あるいはイソプレニル基と呼ばれる）を結合した非テルペン成分からなる分子がある．これらは**混合テルペノイド**（mixed terpenoid）と呼ばれ，ビタミン E（α-トコフェロール，図 10.22a），ユビキノン（図 10.3），ビタミン K（図 11.13），およびプラストキノン（p. 418）などがある．

真核生物細胞における多くのタンパク質が，リボソーム上での生合成後にプレニル基の共有結合修飾を受けることが知られている．**プレニル化**（prenylation）と呼ばれるこの過程に最も高頻度で関与するのが，ファルネシル基とゲラニルゲラニル基である（図 11.14）．ファルネシル基とゲラニルゲラニル基はコレステロール生合成経路の中間産物である（図 12.29）．タンパク質のプレニル化の機能は不明であるが，細胞増殖の制御に重要な役割を果たしている証拠がいくつかある．たとえば，細胞増殖制御因子の Ras タンパク質はプレニル化反応により活性化される．

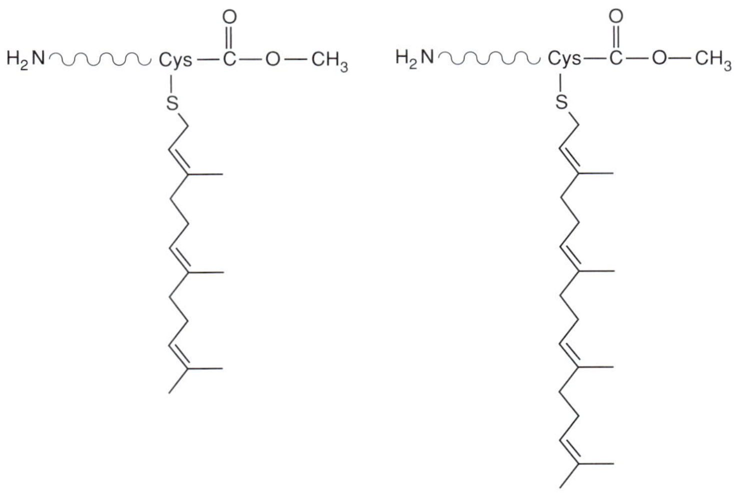

図 11.14 プレニル化タンパク質

プレニル基は C 末端システイン残基の SH 基に共有結合する．多くのプレニル化タンパク質は同部位がメチル化も受ける．(a) ファルネシル化タンパク質，(b) ゲラニルゲラニル化タンパク質．

問題 11.5

ほとんどのテルペンは一つないし複数の環状構造を含んでいる．次の例について考察せよ．それぞれどのテルペン類に属するか，またイソプレン単位はどこか述べよ．

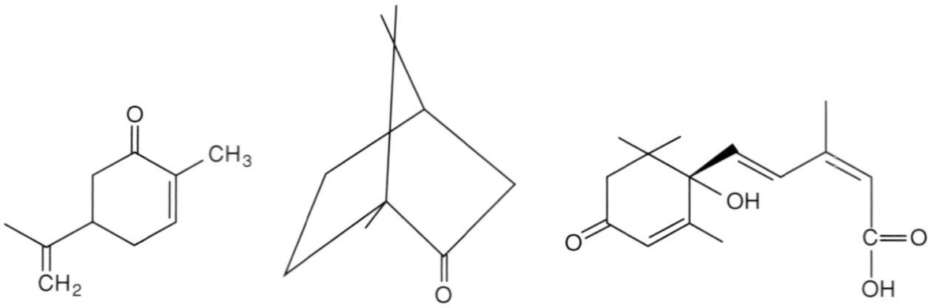

カルボン（スペアミント油）　　ショウノウ　　アブシジン酸（植物成長制御因子）

ステロイド　ステロイド（steroid）は四つの環状構造が融合したトリテルペン誘導体である．ステロイドはすべての真核生物と少数の細菌に認められる．個々のステロイドは，炭素原子間の二重結合や種々の置換基（たとえばヒドロキシ基，カルボニル基，アルキル基）の位置によって分類される．

動物において重要な機能をもつ分子であるコレステロールは，ステロイドの一種である．コレステロールは，動物細胞膜の必須構成成分であると同時に，すべてのステロイドホルモン，ビタミン D，および胆汁酸塩の生合成前駆体である（図 11.15）．コレステロール（C_{27}）は，直鎖状のトリテルペンであるスクアレン（C_{30}）から分子内環状形成，酸化，切断により形成される．唯一の二重結合は Δ5 位に移動し，C-3 位は酸化されてヒドロキシ基になり，このことはステ

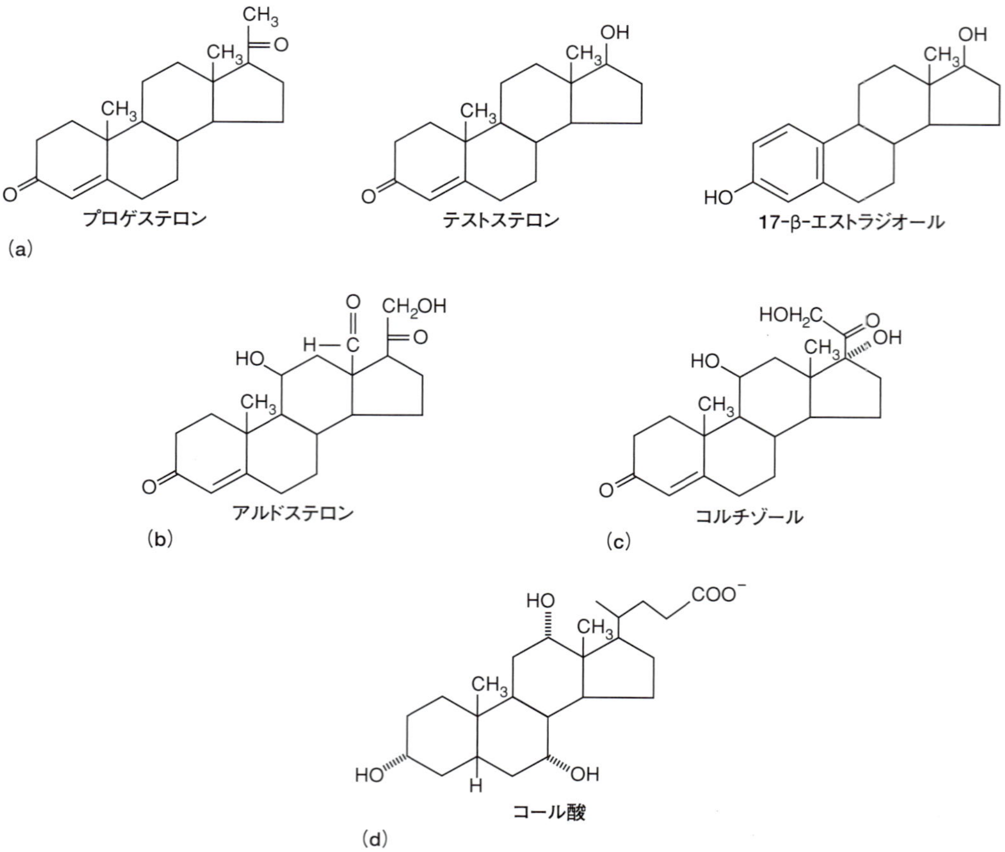

図 11.15　動物ステロイド
(a) 性ホルモン（第一次および第二次性徴の成熟やさまざまな生殖行動を調節する分子）．(b) ミネラルコルチコイド（副腎皮質で合成される分子で，血漿中のイオン，とくにナトリウムイオンの濃度を調節する）．(c) グルココルチコイド（糖質，脂肪，およびタンパク質の代謝を調節する分子）．(d) 胆汁酸（胆汁酸は胆汁酸塩に変換される．肝臓で合成される胆汁酸塩は，小腸において食物由来の脂肪および脂溶性ビタミンの吸収を助ける）．

ロールに分類される根拠となる（ステロイドという名称は，最も正確には一つないし複数のカルボニル基またはカルボキシ基をもつ分子と定義されるが，ステロイド環状構造をもつすべての誘導体に対してしばしば用いられる）．通常，コレステロールは細胞内では脂肪酸エステルのかたちで貯蔵される．エステル化反応を触媒する酵素のアシル CoA：コレステロールアシルトランスフェラーゼ（ACAT）は，小胞体の細胞質側に位置している．

問題 11.6

胆汁酸塩は乳化剤である．すなわち，疎水性物質と水を効率よく混和させる．肝臓で合成された胆汁酸塩は，小腸で脂肪の消化を助ける．胆汁酸塩は，胆汁酸とアミノ酸のグリシンのような親水性物質との結合により形成される．図 11.15 のコール酸の構造を見直した後に，胆汁酸塩の構造的特徴がどのように機能に寄与するのか考察せよ．

心筋収縮力を増強させる分子の強心配糖体は最も興味深いステロイド誘導体の一つである．配糖体は糖を含むアセタールである（p. 217 参照）．いくつかの強心配糖体（たとえばキョウチクトウ科の植物の種子から得られるウワバイン）は非常に毒性が強いが，治療薬として価値の高いものもある（図 11.16）．たとえば，ジギタリスはゴマノハグサ科の植物葉の乾燥物からの抽出物で，昔から知られている心筋収縮促進剤である．ジギタリス中の重要な〝強心性の〟配糖体であるジギトキシンは，たとえば心筋梗塞のような病気で心臓が損傷を受けてポンプ機能が弱まった鬱血性心不全に処方される．治療量以上の濃度で用いられると，ジギトキシンは著しい毒性を示す．ウワバインもジギトキシンも Na^+, K^+-ATP アーゼ（p. 358 参照）の阻害剤である．

ジギタリスと心不全

キーコンセプト

- イソプレノイドは，イソペンテニルピロリン酸由来の繰返し単位をもつ生体分子の大きなグループである．
- イソプレノイドにはテルペンとステロイドの２種類が存在する．

リポタンパク質

リポタンパク質という用語は，本来，脂質（たとえば脂肪酸あるいはプレニル基）と共有結合しているタンパク質全般を指すが，哺乳動物（とくにヒト）の血漿中に見られる分子複合体を示す用語として頻繁に用いられている．血漿リポタンパク質は血流を介して一つの組織から他の組織へと脂質分子（トリアシルグリセロール，リン脂質，およびコレステロール）を輸送している．リポタンパク質はその粒子内に数種類の脂溶性の抗酸化分子（α-トコフェロールやいくつかのカロテノイド）を含んでいる（フリーラジカルから生体分子を守る抗酸化剤の機能については 10 章に述べられている）．リポタンパク質のタンパク質構成分子はアポリポタンパク質ある

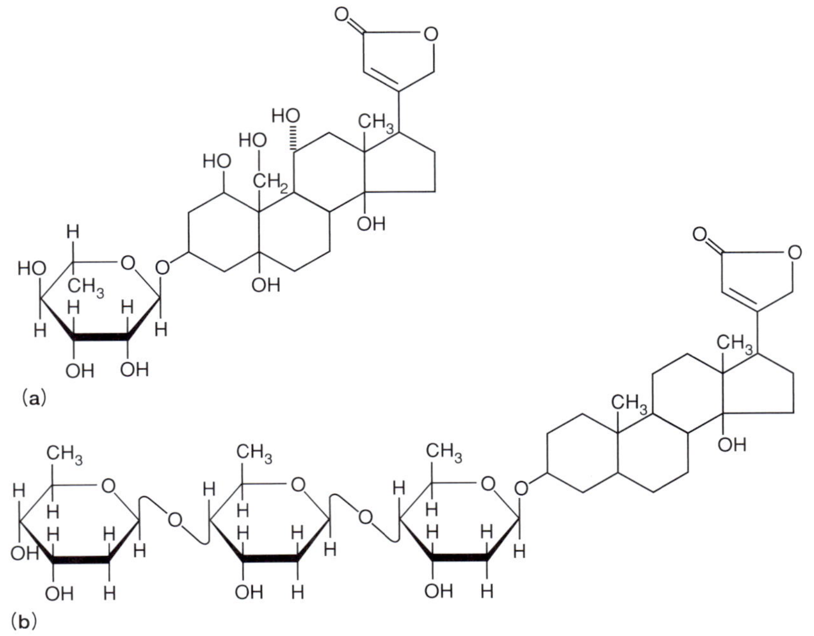

図 11.16 強心配糖体
すべての強心配糖体はグリコン（糖）およびアグリコン部位をもっている．(a) ウワバインにおいては，グリコンは一つのラムノース残基である．ウワバインのステロイドアグリコンはウワバゲニンと呼ばれる．(b) ジギトキシンのグリコンは３分子のジギトキソース残基からなる．ジギトキシンのアグリコンはジギトキシゲニンと呼ばれる．

いはアポタンパク質と呼ばれ，肝臓で合成される．アポリポタンパク質には，A，B，C，D，E の 5 種類の主要な分類がある．一般化したリポタンパク質を図 11.17 に示し，主要なリポタンパク質中の脂質とタンパク質の相対的な量を図 11.18 にまとめる．

リポタンパク質は密度によって分類される．極低密度（0.95 g/cm^3 未満）の巨大リポタンパク質（直径 1000 nm 以下）である**キロミクロン**（chylomicron）は，食事由来のトリアシルグリセロールやコレステロールエステルを小腸から筋肉や脂肪組織へと運搬する．キロミクロンレムナントはその後，肝臓にエンドサイトーシスを介して取り込まれる．**超低密度リポタンパク質**（very low-density lipoprotein, VLDL）（0.98 g/cm^3，直径 30〜90 nm）は肝臓で合成され，脂質をさまざまな組織へと輸送する．VLDL は，トリアシルグリセロール，いくつかのアポリポタンパク質およびリン脂質が取り除かれて，サイズが小さくなり，より高密度となり，**中間密度リポタンパク質**（intermediate-density lipoprotein, IDL）または VLDL 残余物（1 g/cm^3，直

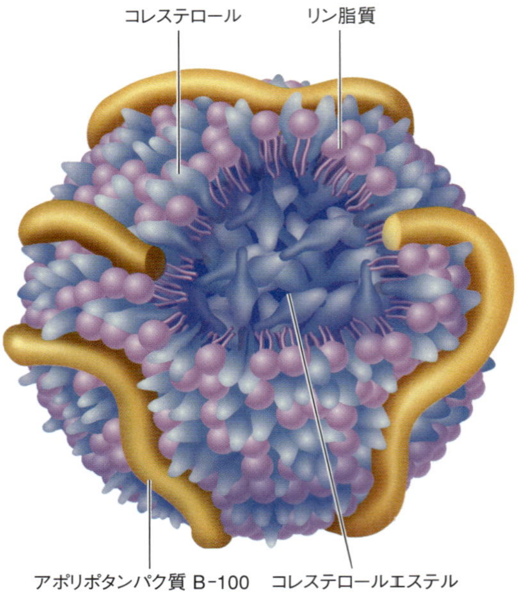

図 11.17　血漿リポタンパク質
リポタンパク質は直径が 5 nm から 1000 nm のものまである．それぞれの種類のリポタンパク質は，コレステロールエステルやトリグリセロールからなる中性脂質を中心に含む．これをリン脂質，コレステロール，およびタンパク質の層が取り巻いている．リポタンパク質は，表面の荷電残基や極性残基により血中に溶けることができる．この図に描かれているように，低密度リポタンパク質（LDL）は，それぞれの粒子がコレステロールエステルを中心に数百分子のコレステロールとリン脂質，およびアポリポタンパク質 B-100 を含む複数のアポリポタンパク質からなる単層に取り囲まれている．アポリポタンパク質 B-100 は LDL 受容体（p. 362）のリガンドとなる．

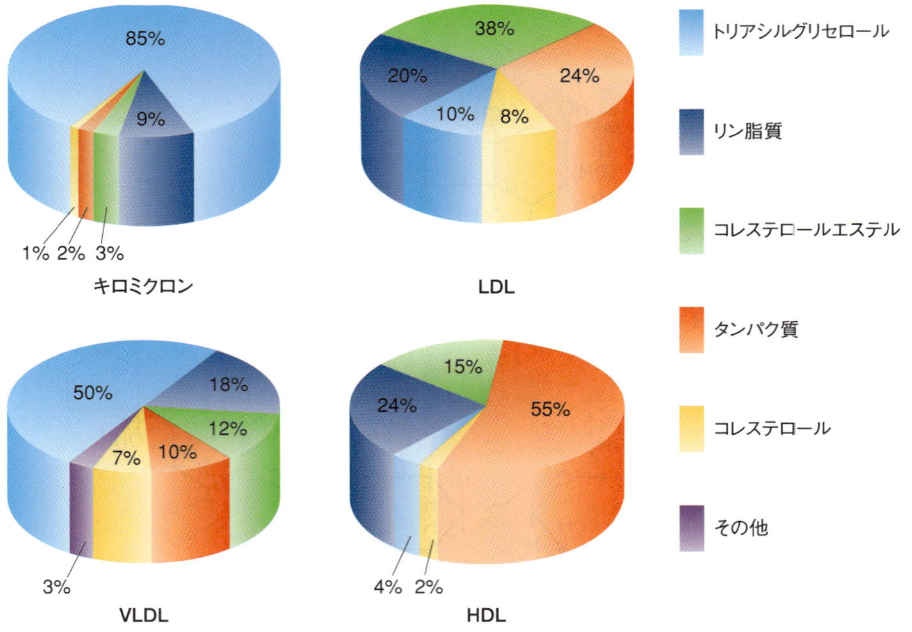

図 11.18　4 種類の血漿リポタンパク質中のコレステロール，コレステロールエステル，リン脂質，およびタンパク質の構成比率
キロミクロンはトリアシルグリセロール含量が最も多いので，最も大きな，しかし最も低密度の血漿リポタンパク質である．一方，高密度リポタンパク質（HDL）はタンパク質含有量が高く，トリアシルグリセロール含量が低い，より高密度の粒子である．

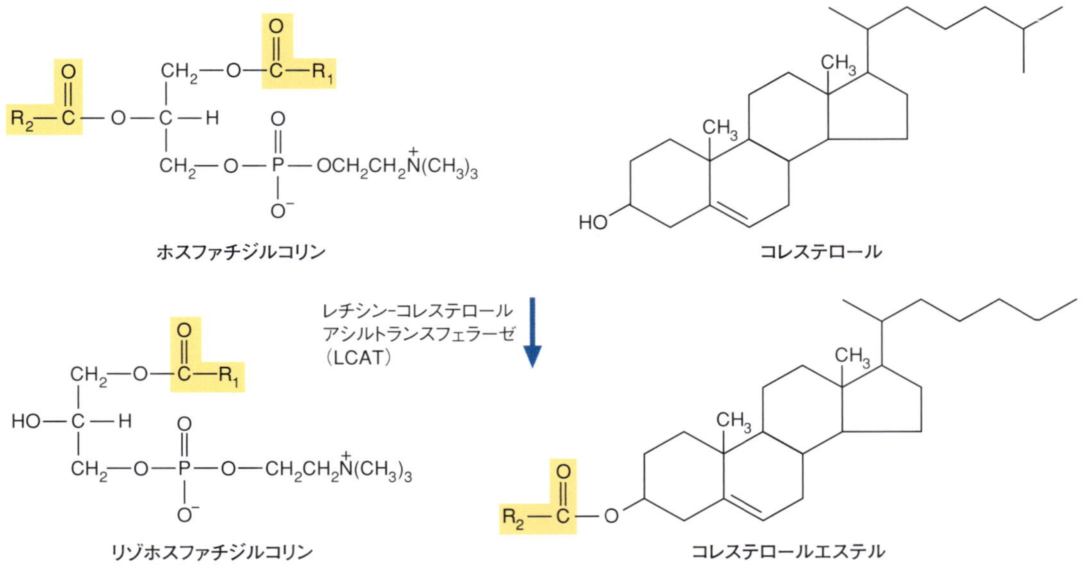

図 11.19　レシチン-コレステロールアシルトランスフェラーゼ(LCAT)の触媒反応
LCAT- 高密度リポタンパク質(HDL)複合体と結合しているタンパク質のコレステロールエステル輸送タンパク質は，コレステロールエステルを HDL から超低密度リポタンパク質(VLDL)および LDL に輸送する．アシル基を色づけしてある．

径 40 nm)と呼ばれるようになる．IDL はさらにトリアシルグリセロールを失い，より高密度の**低密度リポタンパク質**(low-density lipoprotein, LDL)へと形を変えるか，あるいは肝臓に取り込まれて血中から除かれる．LDL または IDL 残余物(1.04 g/cm^3，直径 20 nm)はコレステロールやコレステロールエステルを組織に運ぶ主要な運搬体である．1985 年度ノーベル生理学・医学賞受賞者の Michael Brown と Joseph Goldstein により明らかにされたこの複雑な過程(p. 362)のなかで，LDL 粒子は LDL 受容体と結合した後に細胞内へと取り込まれる．LDL はその直径によっても分類される．直径 25 nm 以下の LDL は小型高比重 LDL (sdLDL) と呼ばれる．25 nm 以上の直径をもつ LDL は大型低比重 LDL と呼ばれる．sdLDL は大型低比重 LDL より動脈硬化誘導性である(つまり動脈に脂質プラークを生成させる傾向がある)．なぜなら sdLDL のほうが動脈壁に容易に入り込みやすく，酸化を受けやすいからである．高 sdLDL 血症の危険因子には，遺伝的素因，高炭水化物食摂取，運動不足，インスリン抵抗性(p. 515)などがあげられる．**高密度リポタンパク質**(high-density lipoprotein, HDL) (1.2 g/cm^3，直径 9 nm)も肝臓や小腸で合成されるタンパク質が豊富な粒子で，おそらくは細胞膜から過剰なコレステロールを，さらに VLDL，LDL からコレステロールエステルを取り除く働きをしていると考えられる．コレステロールエステルは，血漿中の酵素であるレシチン-コレステロールアシルトランスフェラーゼ(LCAT)の働きでレシチンの脂肪酸基がレシチンからコレステロールへ転移するときに生成する(図 11.19) (HDL の構成成分であるアポリポタンパク質 A1 は LCAT の補因子である)．HDL はコレステロールエステルを肝臓あるいは副腎，卵巣，精巣といったステロイド産生臓器に輸送する．過剰のコレステロールを排出できる唯一の臓器である肝臓では，ほとんどのコレステロールを胆汁酸へと代謝する(12 章)．循環器系の慢性疾患である動脈硬化におけるリポタンパク質の役割については 12 章で述べる．

キーコンセプト

- 血漿リポタンパク質は血流に乗って脂質を輸送する．
- リポタンパク質は密度によってキロミクロン，VLDL，IDL，LDL，HDL の 5 種類に分類される．

11.2　膜

生物がもっているほとんどの性質(たとえば移動，成長，生殖，および代謝)は，間接的あるいは直接的に膜と関連がある．すべての生体膜は同様な一般的構造を保持している．前述したように(2 章)，膜は脂質分子とタンパク質分子を含んでいる．最近になって広く受け入れられている膜の概念は，**流動モザイクモデル**(fluid mosaic model)あるいはシンガー・ニコルソンモデルと呼ばれ，膜は**脂質二重層**（lipid bilayer）と結合タンパク質との非共有結合ヘテロ重合体であるという考えである．これら分子の性状が，膜の生化学的機能と力学的特性を決定している．生化学過程において膜は重要な働きをするので，この章の残りでは，膜の構造と機能について述べることにする．

膜の構造

それぞれの種類の細胞は固有の機能をもっているので，おのずとその膜も固有の特徴をもつものとなる．膜の脂質とタンパク質の含量が，細胞の種類および含まれる細胞小器官によって多様性を示すのは何も驚くことではない（**表 11.5**）．それぞれの膜によって脂質やタンパク質の種類も大きく異なる．

表 11.5　いくつかの細胞膜の化学組成

膜	タンパク質（%）	脂質（%）	糖質（%）
ヒト赤血球膜	49	43	8
マウス肝細胞膜	46	54	2〜4
アメーバ細胞膜	54	42	4
ミトコンドリア内膜	76	24	1〜2
ホウレンソウ葉緑体ラメラ膜	70	30	6
ハロバクテリア紫膜	75	25	0

出典：G. Guidotti, 'Membrane Proteins,' *Ann. Rev. Biochem.*, 41, 731 (1972).

膜脂質　両親媒性分子が水に懸濁されると，自発的に規則だった構造を形成する（**図 11.7** 参照）．この形成過程で，疎水基は水が入り込まない内側に埋め込まれる．同時に，親水基は水に向き合う側へと配置される．リン脂質は比較的低濃度で二分子層を形成する．リン脂質（および他の両親媒性脂質分子）のこの特性が膜構造の基礎をなす．膜脂質は生体膜のもつ重要な特徴に深くかかわっている．

膜流動性　流動性という用語は，脂質二重層の粘度（つまり移動に対する膜構成成分の抵抗性の度合い）を意味している．膜の流動性は，リン脂質分子に含まれる不飽和脂肪酸の割合によってたいていは決定される（不飽和脂肪酸の炭化水素鎖は飽和炭化水素鎖に比べて密に詰め込めないことは前に述べた．p. 335 参照）．膜の流動性は不飽和脂肪酸の含有率が上がるにつれて上昇する．コレステロールは，硬い環状構造と，隣り合う炭化水素鎖とのファンデルワールス相互作用により，動物細胞の膜の安定性に寄与している．しかし，コレステロールは膜に完全に貫入していないうえに，柔軟性をもった炭化水素鎖のために，膜の流動性は十分に保たれる（**図 11.20**）．膜の流動性は生体膜の重要な特徴としてとらえることができる．なぜなら脂質分子の速い側方移動（**図 11.21**）は，多くの膜タンパク質が正しく機能するのに重要な役割を担っていることが明らかだからである．脂質二重層の片側から反対側への脂質分子の移動は，膜合成の最中あるいは脂質のバランスが崩れたときにのみ起こり，この際，促進拡散と呼ばれる過程において ATP 要求性の媒介タンパク質が機能することが必要となる．フリッパーゼは外膜から内膜へのリン脂質の輸送を担い，フロッパーゼはその逆の輸送を行う．スクランブラーゼは膜リン脂質を非特異的かつエネルギー非依存的に再配分する．膜の流動性を測定する一つの方法として，異なる二つの細胞種を融合させて異核共存体を形成させ，膜成分の横方向の動きを調べることがある（ある種のウイルスや化学物質が，細胞間融合の促進に用いられる）．それぞれの細胞の細胞膜タンパク質は，異なる蛍光色素で標識することにより，その動きを追跡することができる．最初それぞれのタンパク質は，元の細胞に由来するヘテロカリオン膜に局在する．時間が経つにつれて，二つの蛍光色素は混じり合い，脂質二重層をタンパク質が自

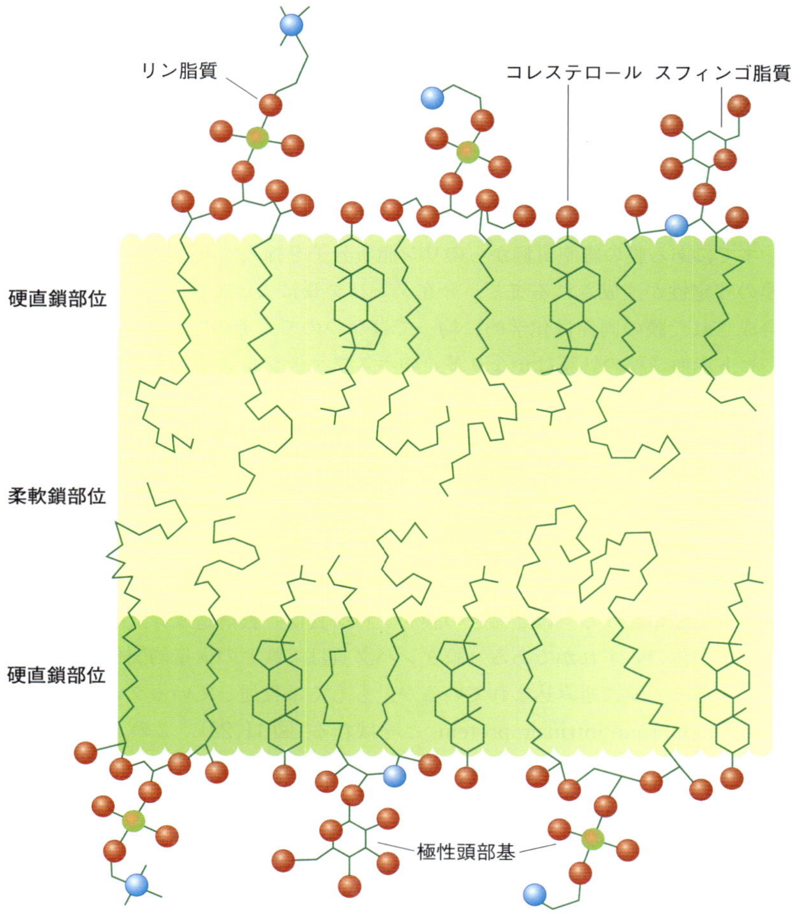

図 11.20 脂質二重層の模式図
疎水性中心部(中央の薄緑色部分)の柔軟性をもった炭化水素鎖が膜に流動性を与えている．膜内のリン脂質はそれぞれ異なった不飽和度であり，極性頭部基の特性も多様である．コレステロール分子のコンパクトで硬い環状構造が外側の膜に硬直性を与えている．機械的ストレスを受けた赤血球やその他の細胞は，コレステロールとカルジオリピン（2分子のリン脂質がグリセロールで連なっている）の含量が高い．細胞膜はおよそ7～9 nmの厚さである(窒素原子は青色，酸素原子は赤色，リン原子は橙色で示してある)．

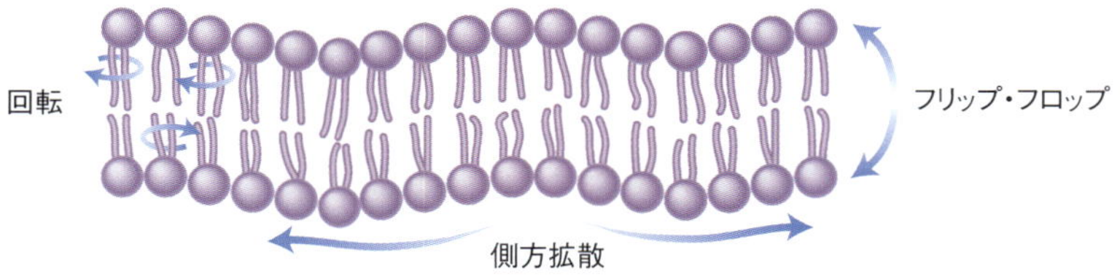

図 11.21 生体膜の側方拡散
リン脂質分子の横方向の移動は，通常，かなり速い．脂質二重層の一方から他方の側への脂質分子の輸送は"フリップ・フロップ"と呼ばれ，新たな膜合成や膜再形成時に起こる．細胞膜内でリン脂質が回転する速度は速い．

由に行き交うことを示している．

選択的透過性　脂質二重層中の疎水性炭化水素鎖は，イオン性および極性の物質の透過に対して実際上の障壁となる．特定の膜タンパク質が，そのような物質の細胞内外への移動を制御する．脂質二重層を透過するために，極性物質はその水和部位の一部あるいはすべてを隠し，膜輸送タンパク質に結合したり，水溶性タンパク質チャネルを通り抜けたりする必要がある．いずれの方法も親水性分子が膜の疎水性中心部分と接しないようにしている．水の膜透過はアクアポリン (p. 358) と呼ばれるタンパク質チャネルを介して行われ，アクアポリンは水および同時に運ばれるイオンの透過性に関して，各種細胞で多様な活性を示す．非極性物質はみずからの濃度勾配に従って脂質二重層を単純拡散して通り抜ける．個々の膜は，その構成タンパク質に依存して固有の透過活性あるいは選択性をもっている．

自己修復能　脂質二重層が損傷を受けても，膜はすぐに修復される．細胞膜の小さな裂け目は脂質分子の横方向の移動により自然と修復される．しかし，物理的なストレスによる大きな損傷部位は，エネルギーを必要とするカルシウムイオン依存的な過程を経て修復される．細胞膜の亀裂は，濃度勾配に従ってカルシウムイオンの細胞内への流入を引き起こす．カルシウムイオンをきっかけに，周辺の内膜由来の小胞が損傷部位へ移動する．細胞骨格再構築，ダイネインやカイネシンといったモータータンパク質，膜融合タンパク質が関与するエキソサイトーシス様の過程で，小胞は細胞膜と融合して膜パッチを形成する．この修復過程は迅速で，通常，外傷が生じてから数秒以内に始まる．

非対称性　生体膜は非対称である．すなわち，二重層の各層の脂質組成は異なっている．新しい膜は，すでにある膜の細胞質側からのリン脂質分子を挿入することにより合成される．脂質分子は膜の安定性が達成されるまで，介在タンパク質によって膜の反対側へと輸送される．その結果合成された膜の両側は化学的に均一ではないので，その脂質組成も同一にならない．たとえば，ヒト赤血球膜の外膜はかなり多くのホスファチジルコリンとスフィンゴミエリンを含有している．一方，ホスファチジルセリンとホスファチジルエタノールアミンのほとんどは内膜に局在している．膜のタンパク質成分（後述）もかなりの非対称性を示す．つまり，膜内，細胞質側，細胞外側で異なる機能の部位をもっている．

膜タンパク質　生体膜に関係する機能のほとんどはタンパク質分子を必要とする．しばしば膜タンパク質はその機能，つまり構造，輸送能，触媒活性，シグナル伝達活性，あるいは免疫学的属性によって分類される．ほとんどの膜タンパク質は，膜構造成分，酵素，ホルモン受容体，あるいは輸送体のいずれかである．膜タンパク質は，膜との構造的関係という観点から分類されることもある．膜に組み込まれているか，もしくは貫通しているタンパク質は，**膜内在性タンパク質**（membrane intrinsic protein）と呼ばれる（図11.22）．このような分子は有機溶媒か界面活性剤で膜を壊さない限り抽出されない．**膜表在性タンパク質**（membrane extrinsic protein）は，主として膜内在性タンパク質との非共有結合的相互作用を介して，あるいはミリスチル基，パルミチル基，プレニル基との共有結合を介して膜と結合している．GPIアンカーは，多様な細胞表面タンパク質（たとえばリポタンパク質リパーゼ，葉酸受容体，アルカリホスファターゼ，グリピカンのコアタンパク質など）を細胞膜につないでいる．膜表在性タンパク質のなかには，直接，脂質二重層と相互作用しているものもある．

赤血球膜に見られるバンド3陰イオンチャネルタンパク質（AE1，図11.23）は，よく研究されている膜内在性タンパク質である．AE1は，それぞれ929のアミノ酸からなる同じ二つのサブユニットで構成されている．1細胞あたり100万以上あるこのタンパク質チャネルは，血液中の二酸化炭素輸送に重要な役割を果たしている．炭酸デヒドラターゼにより二酸化炭素（CO_2）から生成された炭酸水素イオン（HCO_3^-）は，塩化物イオン（Cl^-）と交代して陰イオンチャネルを介して赤血球の内外を行き来することができる（塩素移動と呼ばれる塩化物イオン

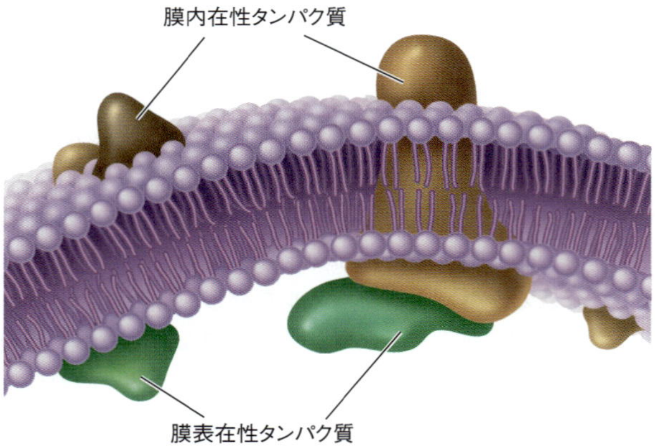

図11.22　膜内在性タンパク質と膜表在性タンパク質
膜内在性タンパク質は，膜が界面活性剤によって破壊されたときにのみ遊離される．多くの膜表在性タンパク質は，高塩濃度のような穏やかな試薬で膜から遊離される．

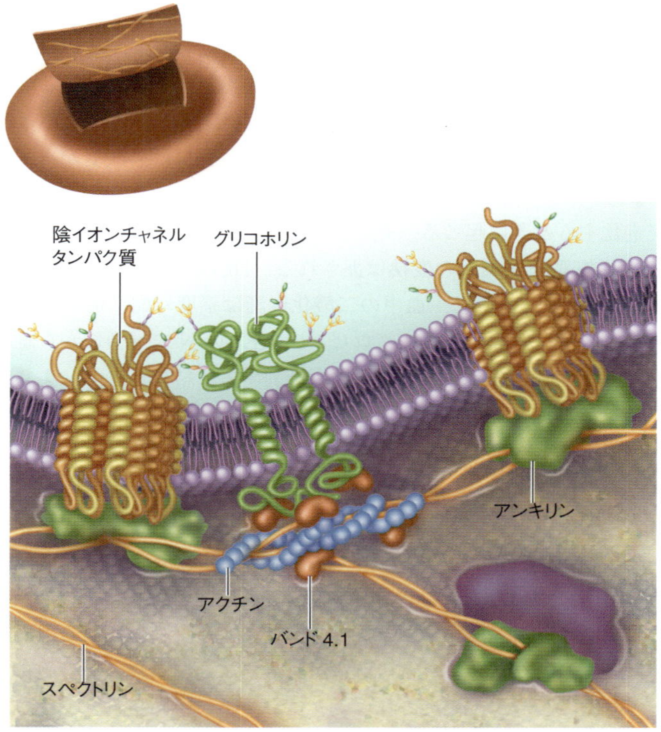

図 11.23 赤血球の膜内在性タンパク質
膜内在性タンパク質のグリコホリンと陰イオンチャネルタンパク質は，細胞骨格の構成要素（たとえばアクチン，スペクトリン，バンド 4.1 およびアンキリン）と細胞膜をつなぎ合わせるネットワークを構成している．グリコホリンのオリゴ糖鎖は AEO および MN 血液型抗原であることに注意．

と炭酸水素イオンの交換により，赤血球膜の電気的ポテンシャルが維持される）．

赤血球膜表在性タンパク質は，おもにスペクトリン，アンキリン，およびバンド 4.1 からなる．これらは赤血球細胞の特徴的な両凹の形状を維持するのに寄与している．この形状は体積あたりの表面積を最大にし，細胞内のヘモグロビンが拡散して入ってくる酸素に効率よくさらされるようにしている．四量体の<u>スペクトリン</u>は二つの $\alpha\beta$ 二量体からなり，アンキリンとバンド 4.1 に結合している．<u>アンキリン</u>は巨大な球状ポリペプチド（分子量 21 万 5000）で，スペクトリンと陰イオンチャネルタンパク質を結びつけている（この結合が，赤血球細胞骨格と細胞膜を結びつけている）．<u>バンド 4.1</u> はスペクトリンと<u>アクチンフィラメント</u>（多くの細胞種に見られる細胞骨格成分の一つ）の双方に結合している．バンド 4.1 はグリコホリンとも結合し，この結合も細胞骨格と膜を結びつけている．

キーコンセプト

- 膜構造の基本的特徴は，リン脂質およびその他の両親媒性脂質分子からなる脂質二重層である．
- リン脂質二重層に埋もれたり結合したりしている膜タンパク質は，細胞の種類や生物学的過程における役割に応じて，膜に特有の機能を与えている．

バンド 3 陰イオン交換マクロ複合体と塩化物移動 赤血球タンパク質 AE1 は三つのドメインを含む．すなわち陰イオン交換を行う 12 回膜貫通領域，長く伸びた細胞質 N 末端ドメインと，短い細胞質 C 末端ドメインからなる．四量体を形成しながら AE1 は，複数の膜内在性タンパク質や膜表在性タンパク質とマクロ複合体を形成する．その膜貫通領域はグリコホリンや AQP1（水チャネル，p. 358 参照）と結合する．C 末端領域は炭酸脱水酵素（CA）と結合し，N 末端領域は多くのタンパク質と結合し，なかでも種々の解糖酵素（ホスホフルクトキナーゼ，アルドラーゼ，グリセルアルデヒド-3-リン酸デヒドロゲナーゼ），デオキシヘモグロビン，アンキリンと結合する．

新たに酸素を豊富に含んだ血液が組織に到達すると，呼吸している細胞から放出された二酸化炭素分子が赤血球に入り込み，そこで CA が素早く二酸化炭素を HCO_3^- と H^+ に変換する．HCO_3^- イオンはそれから，塩素イオンとの交換反応で AE1 チャネルを介して細胞外へ出る．CA 触媒反応に必要な水分子は AQP1 により供給される．過剰のプロトンは細胞内 pH を低下させ，その結果ヘモグロビンの酸素結合能は減少する（ボーア効果，p. 152）．デオキシヘモグロビン数分子が AE1 の N 末端領域から解糖酵素を遊離させ，その過程で解糖酵素の活性は上昇する．解糖により生じる 2 種類の産物である BPG（p. 152）と ATP は赤血球においてユニークな役割を演じている．前述したようにBPGはデオキシヘモグロビンに結合し，安定させることにより，組織への酸素放出を促す．赤血球が極細毛細血管をすり抜ける際に，物理的ストレスにより漏出するイオンの濃度を一定に保つために膜ポンプを稼働させるのはATPである．

血液が肺を通過する際に，赤血球中のpHと酸素濃度は上昇し，この反応は逆向きへと進む．ヘモグロビンの立体構造のT状態からR状態への変換(p. 151)は，酸素がヘモグロビンに結合し，デオキシヘモグロビンがBPG，プロトン，そして他のアロステリック作用をもつ因子が離れることで不安定化するときに起こる．その結果，CAが触媒する反応において化学平衡がシフトし，HCO_3^-から二酸化炭素への変換は促される．HCO_3^-イオンは塩素イオンとの交換によりAE1を介して赤血球へ流入し，血中の二酸化炭素は濃度勾配に従い流出して肺胞細胞へと入り込む．新たに酸素を結合したヘモグロビンはAE1のN末端領域から離脱し，それが解糖酵素のこの領域への再結合を促し，その活性を抑制する．結果として，より多くのグルコースがペントースリン酸経路に入り込み，NADPH産生を高める．NADPHは酸素を豊富に含んだ赤血球において，メトヘモグロビン(p. 124)の第一鉄イオン還元，ならびに酸化ストレスから赤血球膜を守るのに必須である．

膜ミクロドメイン　膜のなかで脂質やタンパク質は不均一に分布している．顕著な例として，真核生物細胞膜の外側についたミクロドメインである〝脂質ラフト〟があげられる(図11.24)．脂質ラフトの構成要素は，おもにコレステロール，スフィンゴ脂質，ある種の膜タンパク質である．コレステロールの硬く融合した環状構造が，スフィンゴ脂質分子の飽和アミル鎖に平行して強く固まっている．したがって，これらミクロドメイン中の脂質分子は，(リン脂質中の)不飽和アシル鎖が多くを占める非ラフト部位の脂質より，秩序だって並んでいる(すなわち流動性に欠ける)．その名前が示す通り，脂質ラフトは，よりゆるく結合している膜脂質の海を漂ういかだのように存在している．

脂質ラフトにはある種のタンパク質が局在しており，他のタンパク質を閉めだしている．脂質ラフト関連タンパク質には，GPIアンカータンパク質，二重アシル化チロシンキナーゼ，ある種の膜貫通タンパク質などがあげられる．常に脂質ラフトに存在するタンパク質もあれば，活性化過程のときにのみ脂質ラフトに入り込むタンパク質もある．脂質ラフトはさまざまな細胞過程に関与すると考えられてきた．例として，エキソサイトーシス，エンドサイトーシス，シグナル伝達があげられる．脂質ラフトは，これらの過程を進める分子が空間的に組織だてられる場として機能すると考えられている．カベオラは特殊な種類の脂質ラフトである．

膜の機能

膜は生体の多岐にわたる機能に関与している．そのなかでとくに重要な機能は，極性物質や

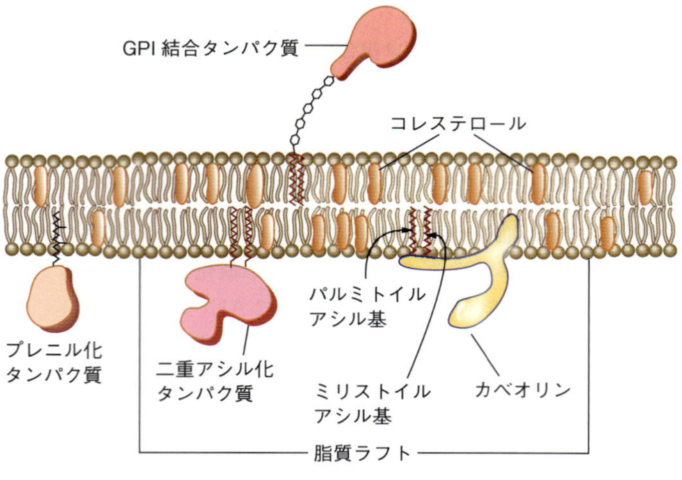

図11.24　脂質ラフト
コレステロールとスフィンゴ脂質の安定的結合により，脂質ラフトと呼ばれる，わずかに厚い膜ミクロドメインが形成される．脂質ラフトには特別な種類の膜タンパク質が局在する(カベオリンは，クラスリン非依存的なエンドサイトーシスや他の過程に関与する湾曲した脂質ラフトであるカベオラに見いだされる)．

荷電物質を細胞や細胞小器官の内外に輸送し，細胞の代謝や発育の変動を引き起こす情報を伝達することである．それぞれについて簡潔に述べ，引き続き，膜受容体について述べる．

膜輸送 膜輸送機構は生体にとって不可欠である．いろいろなイオンや分子が細胞膜や細胞小器官膜を通ってたえず行き来している．この流れは，それぞれの細胞の代謝要求に見合うように精密に制御される必要がある．さらに，細胞膜は細胞内のイオン濃度も調節している．脂質二重層は，通常，イオンや極性物質を透過させないので，特別な輸送体が膜に組み込まれている必要がある．輸送タンパク質あるいは透過酵素と呼ばれるものについて，いくつかの例を述べる．

生物学的輸送機構は，エネルギーを必要とするかしないかで分類される．主要な生物輸送を図 11.25 に示す．**受動輸送**(passive transport，単純拡散と促進拡散)においては，物質はその濃度勾配に従い膜を透過し，エネルギーの直接投入を必要としない．一方，**能動輸送**(active transport)においては，濃度勾配に逆らって分子を輸送するためにエネルギーを必要とする．

単純拡散(simple diffusion)においては，ランダムな分子運動に突き動かされ，個々の溶質が濃度勾配に従って(高濃度領域から低濃度領域へと)移動する．この自発的な過程においては，平衡状態に至るまで正味の分子移動は続く．平衡状態に近づくにつれてより乱雑になり，つまりエントロピーが増大する．エネルギーは追加されないので，輸送は自由エネルギーを負へ導く．一般的に，濃度勾配が大きいほど溶質の拡散速度は速い．膜を介した酸素や二酸化炭素のような気体の拡散は濃度勾配に比例する．(ステロイドホルモンのような)非極性有機分子の拡散は分子量と脂溶性にも依存する．

促進拡散(facilitated diffusion)においては，ある種の大型あるいは荷電した分子が特別のチャネルまたは担体を介して輸送される．チャネルはトンネルのような膜貫通タンパク質である．それぞれのチャネルは，通常，特異的な溶質を輸送する．多くのチャネルが調節を受けている．化学的調節を受けるチャネルは，特異的な化学信号に応答して開閉する．たとえば，ニコチン性アセチルコリン受容体複合体の化学依存性 Na^+ チャネル(筋肉細胞膜に存在する)は，神経伝達物質であるアセチルコリンが結合したときに開く．それから Na^+ が急激に細胞内に入り込み，膜ポテンシャルが低下する．膜ポテンシャルは膜を横断しての電気勾配なので(p. 76 参照)，その低下は膜の脱分極を招く．アセチルコリンによる局所的な脱分極は近傍の Na^+ チャネルを開かせる(これを電位依存性 Na^+ チャネルと呼ぶ)．膜ポテンシャルの再構築

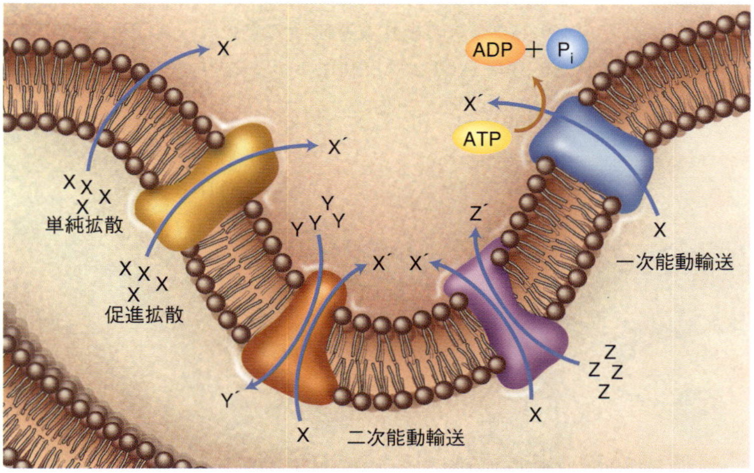

図 11.25 膜透過輸送

主要な輸送様式は，単純拡散，促進拡散，一次能動輸送，二次能動輸送である．単純拡散とは，ある溶質の濃度勾配に従った自発的な輸送である．促進拡散は，ある溶質が濃度勾配に従い，タンパク質チャネルや担体を介して膜を通過する輸送のことである．一次および二次能動輸送では，溶質は濃度勾配に逆らって移動するために，エネルギーを必要とする．一次能動輸送においては，このエネルギーは，通常，ATP 分解によって直接提供される．二次能動輸送においては，ATP 加水分解もしくは別のエネルギー産生機構によってつくりだされた二次産物(Y または Z)の濃度勾配に蓄積されたエネルギーが，溶質(X)の膜透過に使われる．

である再分極は，電位依存性 K^+ チャネルを介して細胞外に K^+ が拡散することにより始まる（細胞外への K^+ の拡散は細胞内をより負にさせる）．

促進拡散のもう一つの種類は，担体（受動輸送体ともいわれる）と呼ばれる膜タンパク質による．担体輸送において，特定の溶質が膜の一方の側で担体に結合し，これが担体の構造変化を引き起こす．その後，溶質は膜を透過し，放出される．赤血球膜のグルコース輸送体は受動輸送体のなかで最も分析が進んでいる例である．D-グルコースは濃度勾配に従って赤血球膜を透過し，解糖系やペントースリン酸経路で利用される．

キーコンセプト

- 膜輸送機構は，エネルギーを必要とするかしないかで受動もしくは能動に分けられる．
- 受動輸送では，溶質は濃度勾配に従い膜を通過する．
- 能動輸送では，ATP 加水分解もしくは別のエネルギー源から直接的あるいは間接的に供給されたエネルギーが，イオンや分子の濃度勾配に逆らった移動に必要とされる．

能動輸送には一次と二次がある．**一次能動輸送**（primary active transport）においては，エネルギーは ATP によって供給される．膜貫通型 ATP 加水分解酵素が ATP 由来のエネルギーを用い，イオンや分子の輸送を引き起こす．Na^+, K^+ ポンプ（Na^+, K^+-ATP アーゼとも呼ばれる）は一次輸送体の代表例である（Na^+ と K^+ の勾配は，正常な細胞容積や膜ポテンシャルを維持するために必要である．3章の生化学の広がり「細胞容積の制御と代謝」を参照）．**二次能動輸送**（secondary active transport）においては，一次能動輸送によって生じた濃度勾配が膜を横断しての物質輸送に用いられる．たとえば，Na^+, K^+-ATP アーゼポンプによって生みだされた Na^+ 勾配は，腎臓の尿細管細胞や腸管細胞において D-グルコースの濃度勾配に逆らった輸送に用いられる（図 11.26）．膜輸送タンパク質の二つの例として，アクアポリンと嚢胞性繊維症関連塩素チャネルを次に説明する．

アクアポリン　細胞が生きていくうえでの基本的な特性は，浸透圧の変化に応じて細胞膜を横断して水をすばやく移動させる能力である．多くの研究者が長い間，単純拡散によって水は移動すると考えてきた．赤血球やある種の腎細胞などの広範な種類の細胞中では，水の移動は異常に速いことが明らかになった．1990年代の初めに，現在は**アクアポリン**（aquaporin）と呼ばれている一連の水チャネルタンパク質の最初のものが同定された．最初に赤血球膜で，その後，腎細管で見つかった**アクアポリン1**（AQP1）は，チャネルあたり毎秒約 3×10^9 分子の水を輸送する膜内在性タンパク質複合体である．アクアポリンはほとんどすべての生物で見いだされ，哺乳動物では少なくとも10種類存在し，それぞれ水とイオンの透過能が異なっている．

最近の実験結果により，アクアポリンチャネルを通しての水の輸送は調節を受けていることが示唆されている．たとえば，哺乳動物の3種類のアクアポリンは pH による調節を受けているようである．他のアクアポリンはリン酸化反応あるいは特定のシグナル分子の結合により調節されている．1993年，**腎原発性尿崩症**（nephrogenic diabetes insipidis，患者の腎臓では濃縮した尿をつくることができない）のうちのまれな遺伝性の疾患は，AQP2 遺伝子の変異が原因であることが明らかにされた．変異 AQP2 は抗利尿ホルモンのバソプレッシンに応答しない

尿崩症

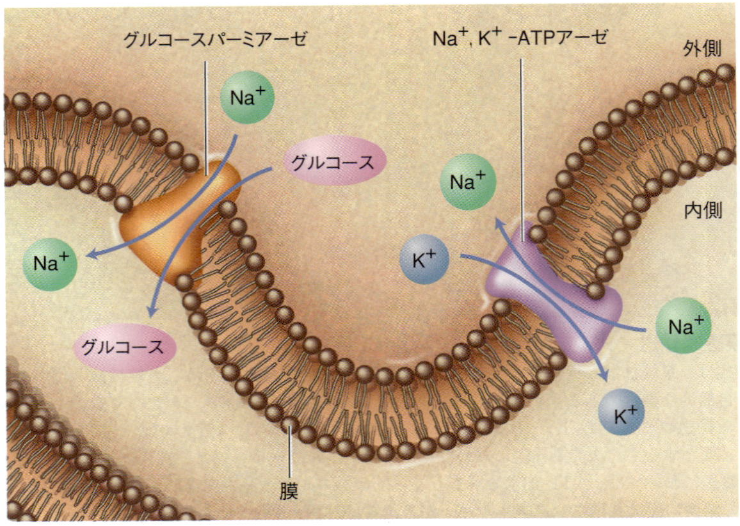

図 11.26　Na^+, K^+-ATP アーゼとグルコースの輸送
Na^+, K^+-ATP アーゼは膜電位を維持するのに必須な Na^+ 勾配をつくりだす．ある種の細胞では，グルコース輸送は Na^+ 勾配に依存して行われる．グルコースパーミアーゼは Na^+ とグルコースの双方を輸送する．両者がタンパク質に結合したときのみ，タンパク質の立体構造に変化が生じ，輸送が開始される．

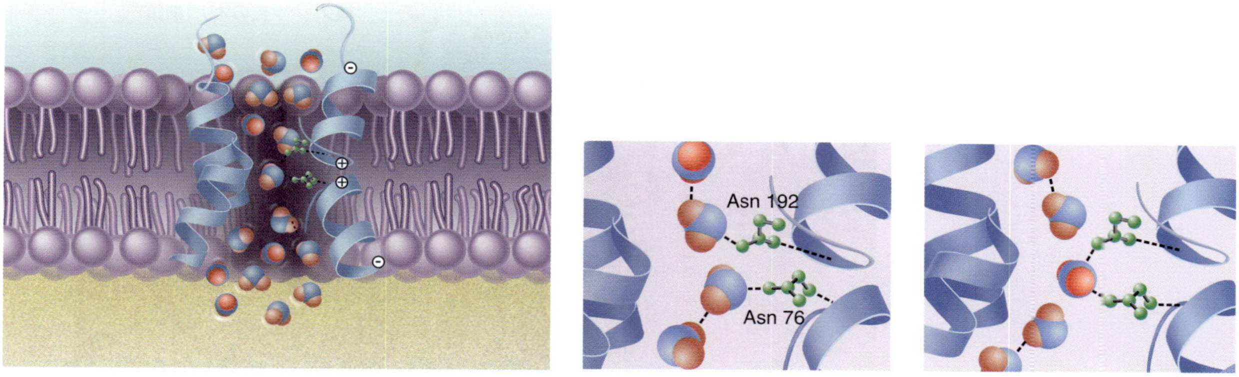

(a) (b) (c)

図 11.27 AQP1 単量体を介した水輸送
水分子は透過孔を縦一列に移動する．水分子が透過孔のくびれに近づくと，酸素原子の向きをそろえて，二つの Asn 残基の側鎖と水素結合を形成したり切断したりする．(a) アクアポリン単量体の透過孔のなかには正の静電環境があり，水分子の酸素原子は二つの Asn 残基の方向を向く．(b)，(c) 水分子の酸素と二つの Asn 残基の側鎖との間で連続する水素結合の形成と切断は，透過孔を介した水の移動を引き起こす．

(表 5.3)．

すべてのアクアポリンのなかで，ホモ四量体で水分子のみを高効率で透過する AQP1 は最もよく解明されている．それぞれのサブユニットは 269 のアミノ酸残基を含むポリペプチドからなり，五つのループで結ばれた六つの α ヘリックス構造の膜貫通ドメインをもち，水透過孔を形成している．それぞれの単量体は独立した水チャネルであるが，活性が最大になるには四量体の形成が必要である．機能的単量体においては，それぞれ Asn—Pro—Ala (NPA) 配列をもつ二つのループが中央で向かい合い，水結合部位を形成している．透過孔は 3 Å と計測されており，水分子の 2.8 Å よりわずかに大きい．H^+ のような小さいものでなく，水分子のみがチャネルを介しての移動が可能になるのは，水分子と二つの NPA 配列の Asn 残基との間で水素結合が形成されるためと考えられている (図 11.27)．透過孔を形成するその他のヘリックス構造中のアミノ酸残基が疎水的環境をつくり，その環境では水分子間の水素結合が切断され，透過孔の最も狭い部位を水分子が一列で通り抜けられるようになる．また，各水分子の酸素原子に Asn 残基へ向かう力が働く．水分子が 3 Å の透過孔に近づくと，酸素原子は連続的に二つの Asn 残基の側鎖と水素結合を形成したり切断したりする．ほかに水素結合する相手がいないと，H_2O のイオン化とプロトンの産生は妨げられる．複数のアクアポリン AQP3，AQP7，AQP9，AQP10 は，水だけでなくグリセロールのような小分子溶質も輸送することから，アクアグリセロタンパク質と呼ばれる．Peter Agre はアクアポリンの発見とその解明により 2003 年度のノーベル化学賞を受賞している．

嚢胞性繊維症膜貫通型電気伝導調節因子　膜輸送機構の故障は深刻な結果を招く．最もよく知られる輸送不全の例の一つは嚢胞性繊維症で起こる．**嚢胞性繊維症** (cystic fibrosis, CF) は致死性の常染色体劣性遺伝病で，**嚢胞性繊維症膜貫通型電気伝導調節因子** (cystic fibrosis transmembrane conductance regulator, CFTR) と呼ばれる細胞膜糖タンパク質の欠損もしくは不全に起因する．CFTR (図 11.28) は ABC トランスポーター〔ATP 結合領域 (ATP-binding cassette) と呼ばれるポリペプチドセグメントを含んでいるのが，この名称の由来である〕と呼ばれるタンパク質ファミリーの一員であり，上皮細胞において塩素チャネルとして機能している．CFTR タンパク質をコードする第 7 染色体上の CFTR 遺伝子は五つのドメインからなり，そのうちの二つ (MSD1 と MSD2) はそれぞれ 6 回膜貫通ヘリックスをもち，Cl^- チャネル孔を形成している．チャネル孔を介した塩素の輸送は他の三つのドメインによって調節されている (これら三つのドメインは細胞膜の細胞質側に存在する)．二つのドメインはヌクレオチド結合

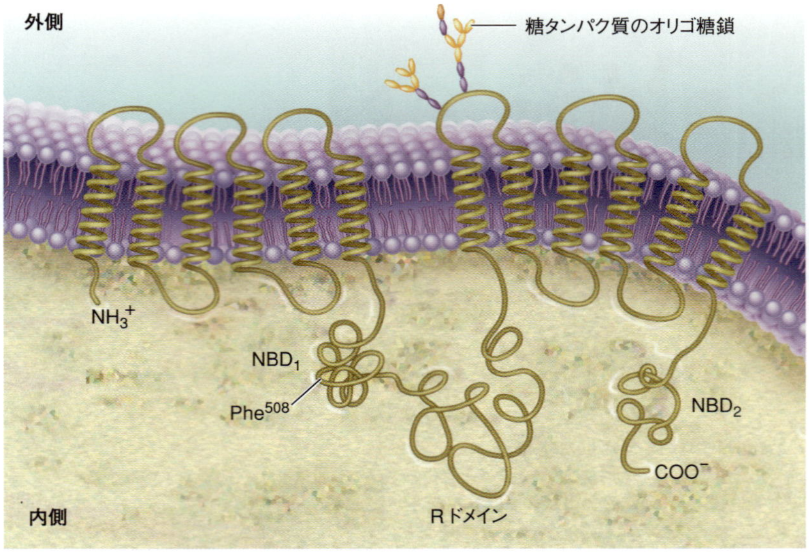

図11.28　嚢胞性繊維症膜貫通型電気伝導調節因子(CFTR)
CFTRはそれぞれ6回膜貫通ヘリックスをもつ二つのドメインからなるCl^-チャネルで，塩化物イオン孔，二つのヌクレオチド結合ドメイン(NBD)，および調節(R)ドメインをもっている．ATP加水分解により駆動されるチャネル孔を介してのCl^-輸送は，Rドメインの特定のアミノ酸がリン酸化されると起こる．CFを起こす最も多く見られる突然変異は，NBD_1ドメインの508番目のPheの欠損である．この欠損は，CFTRを含む小胞の細胞膜への適切な輸送を妨げる．塩化物イオン孔を形成しているヘリックス間の正確な構造的関係は不明である．

ドメイン(NBD_1とNBD_2)であり，ATPを結合し，これを加水分解して得たエネルギーを用いて，チャネル孔の構造変化を引き起こす．調節(R)ドメインは，cAMP依存性タンパク質キナーゼ(PKA)によりリン酸化を受けるアミノ酸残基を含み，このリン酸化を介して塩素の輸送が行われる．

肺，肝臓，小腸，汗腺のような組織の，管状部分を形成する上皮細胞の頂端側細胞膜表面を介しての塩(NaCl)や水の正常な吸収には，塩素チャネルは欠くことができない．塩素チャネルはシグナル分子のcAMPに応答して開く．cAMP依存性キナーゼのPKAは次にRドメインの特定の残基をリン酸化し，チャネルの構造変化をもたらし，それがATP分子のNBD_1とNBD_2への結合を引き起こす．次に二つのヌクレオチド結合ドメインが，内部表面にATP結合部位をもつ頭-尾ヘテロダイマー様構造を形成する．このような分子内再構築の結果，塩素チャネルは開口し，濃度勾配に従って塩化物イオンが流れる．1分子のNBD結合ATP分子の加水分解により，二量体が分かれ，チャネルは閉じる．このNBD二量体は，ATP加水分解速度がチャネルの開口時間を決めるという点で，時限装置として働いている．

嚢胞性繊維症

嚢胞性繊維症においては，CFTRチャネルの不全により細胞内にCl^-が蓄積する．浸透圧により過剰の水分が粘液から吸収されるため，粘液や他の分泌液は濃くなる．CFに最もよく認められる特徴は，肺疾患(気流閉塞や慢性細菌感染)と膵臓機能障害(消化酵素の合成不全により重度の栄養障害をきたす)である．大半のCF患者においてはCFTRが機能していない．なぜなら508番目のフェニルアラニン(Phe^{508})の欠損が原因となって，タンパク質が間違って折りたたまれ，変異タンパク質のプロセシングと細胞膜への挿入が妨げられるからである．CFのその他の原因として(100以上ある)，CFTR mRNA分子の合成不全，ヌクレオチド結合ドメインの変異によるATPの結合や加水分解の不全，およびチャネル孔形成ドメインの変異による塩素輸送の低下などがあげられる．

現在の治療法が開発される以前は，CF患者はまれにしか幼児期以降まで生き延びることができなかった．しかし，抗生物質(主として肺感染の治療に用いられる)と市販の消化酵素(ふつうは膵臓で合成される酵素の代替品)を投与することにより，多くのCF患者が今や30代まで生きることが可能になった．ただ，鎌状赤血球遺伝子（p. 129 参照）と同様に，CF 遺伝子の異常はけっしてまれではない．CF は白人のおよそ 2500 人に 1 人の割合で起こる，最も頻繁に見られる致死的な遺伝子異常といえる．最近の〝ノックアウト〟マウスを用いた実験から，変異遺伝子をもつ個体は，下痢を伴い死へ至るような病気にはむしろ耐性があることが示されている（このノックアウト動物は，すべての細胞中に欠損遺伝子が 1 コピー含まれるように交配されている）．CF 研究で用いられる実験動物では，正常に機能する塩素チャネル数が減少しているために，体液の排出量が著しく低い．したがって，変異 CF 遺伝子を一つだけもっている CF 患者も，同じ理由からコレラのような致命的な下痢を引き起こす病気に比較的耐性があることが推測される．CF 患者においては，汗中に正常者よりわずかに多い塩が分泌され，そして汗腺の上皮細胞で塩素を効率よく再吸収できないために，CF 遺伝子は西ヨーロッパ以外に広まることはなかった（たとえば東アジアでは 10 万人に 1 人の割合でしか見られない）．なぜなら日常生活で常に汗をかく温暖な気候のもとでは，慢性的に塩排泄が亢進することは，下痢を引き起こす微生物に断続的にさらされることより，はるかに危険だからである．近年，科学者たちは，変異による CFTR の機能不全を小分子化合物で解決しようと試みている．これら小分子は中和剤（小胞体での CFTR の折りたたみ構造や細胞表面への移行を改善する分子）あるいは増強剤（細胞膜上の CFTR の機能を増強する分子）と呼ばれている．このような分子のいくつかは臨床試験が終了している．たとえば，中和剤 VX809 は 508 番目の Phe 欠損変異をもつ患者の CFTR 機能を部分的に回復させる．VX809 は，折りたたまれた MSD1 を安定化する分子シャペロンとして機能することにより，CFTR 分子が細胞表面に到達するようにする．VX770（Kalydeco とも呼ばれる）は，551 番目のグリシンがアスパラギン酸（G551D）に変異した CFTR の塩素輸送を改善する増強剤である．G551D 変異は，CFTR が細胞表面へと到達するもののイオンチャネルを介して塩素イオンの輸送ができない変異である．

問題 11.7

下記の物質はそれぞれどのような機構で細胞膜を通過するか．

a. CO_2　b. グルコース　c. Cl^-　d. K^+　e. 脂肪分子
f. α-トコフェロール

問題 11.8

生体膜の安定性や機能特性を高める非共有結合的相互作用の種類について述べよ．

問題 11.9

輸送機構は，輸送される溶質の数と方向性という点からしばしば分類される．

1. 単輸送体は一つの溶質を輸送する．
2. 共輸送体は二つの異なる溶質を同時に同方向へ輸送する．
3. 対向輸送体は二つの異なる物質を同時に逆方向へ輸送する．

この章で論じた輸送例について検討し，それぞれがどれに分類されるか判定せよ．

膜受容体　膜受容体は，細胞を取り巻く環境の変化を感知し，応答するために機能している．多細胞生物において，動物のホルモンや神経伝達物質のような化学信号の膜受容体への結合は，細胞内コミュニケーションに欠くことができないものである．他の受容体は，細胞間の認識や接着に関与している．たとえばリンパ球は，ウイルス感染細胞の表面に一時的に結合することで免疫機構において重要な働きをしている．この結合はリンパ球による感染細胞の死をもたらす．同様に，細胞が組織中の他の適切な細胞を認識し，接着する能力は，胚発生や胎児発生のような多くの生物過程においてきわめて重要である．

膜受容体へのリガンドの結合は立体構造の変化を招き，続いてプログラムされた特定の応答を引き起こす．ときとして，受容体の応答はかなり直接的である．たとえば，アセチルコリン受容体へのアセチルコリンの結合は，陽イオンチャネルを開かせる．しかしながら，ほとんどの応答はもっと複雑である．膜受容体の働きについて最も精力的に研究されている例として，LDL 受容体依存性エンドサイトーシスを次に述べる．

LDL 受容体 低密度リポタンパク質受容体は，コレステロール含有リポタンパク質の細胞内への取り込みに関与している．LDL 受容体は多くの細胞の表面に認められる糖タンパク質である．細胞が膜やステロイドホルモンの合成のためにコレステロールを必要とするとき，細胞は LDL 受容体を合成し，それらを細胞膜の個別領域に組み込む（そのような膜領域は，通常，細胞表面の約 2%を占める）．クラスリンというタンパク質はエンドサイトーシスの初期に格子様重合体を膜の細胞質側に形成する．細胞あたりの LDL 受容体の数は細胞種やコレステロール要求度によるが，おおむね 1 万 5000 から 7 万程度である．

LDL 受容体依存性エンドサイトーシスはいくつかのステップからなっている（図 2.15 参照）．エンドサイトーシスは，被覆小孔中に密集する LDL 受容体に LDL が結合してから数分以内に開始される．被覆小孔は細胞表面にあるクラスリンで裏打ちされた凹面部位であり，ここには LDL 受容体タンパク質が豊富に局在している．LDL を取り込んだ被覆小孔は細胞内にくびれ込み，被覆小胞になる．続いて，クラスリンから重合体がはずれて非被覆小胞が形成される．非被覆小胞が初期エンドソーム（p. 43）と融合する前に，pH が 7 から 5 へと変化し（この変化は小胞膜の ATP 駆動性プロトンポンプにより行われる），LDL が受容体からはずれる．LDL 受容体は再び細胞膜で再利用され，LDL を含んだ後期エンドソームはリソソームと融合する．LDL 粒子に結合するタンパク質はアミノ酸にまで分解され，コレステロールエステルはコレステロールと脂肪酸へと加水分解される．

通常の状態において，LDL 受容体依存性エンドサイトーシスは厳密に制御された過程である．肝細胞において，SREBP（ステロール調節エレメント結合タンパク質）と呼ばれる転写因子が明らかにされている．SREBP 前駆体は膜結合型の小胞体タンパク質である．肝細胞のコレステロールレベルが低いとき，前駆体タンパク質はゴルジ複合体まで輸送され，そこで切断され，活性型転写因子となる．活性型 SREBP は核へ運ばれ，ステロール調節エレメント（SRE）に結合する．その後これらは協同して，LDL 受容体遺伝子を含む脂質代謝に関連する 30 に上る遺伝子を活性化する．そして細胞内コレステロールレベルは，LDL 取り込みと内因性コレステロール合成の増加に応じて上昇する．高脂肪食は，摂取したコレステロールが小胞体膜に蓄積し，SREBP のプロセシング反応を抑制するので，LDL 受容体の合成を阻害する．

LDL 受容体は家族性高コレステロール血症（FH）という遺伝性疾患の研究の過程で見つかった．Brown と Goldstein が FH 患者の繊維芽細胞への LDL の取り込みを調べていたときに，LDL 受容体は発見された．FH の原因となる LDL 受容体の生化学的機能不全は，その後，LDL 受容体遺伝子の変異に起因することが突きとめられた．

LDL受容体とFH

FH 患者では，LDL 受容体の欠損あるいは機能不全により血漿コレステロールレベルが高くなる．ヘテロ接合の個体（ヘテロ接合体とも呼ぶ）は一つの変異 LDL 受容体遺伝子を受け継いでいる．結果的に，この人は機能する LDL 受容体の数が半分となる．このような人は血中コレステロール値が 300～600 mg/dL にもなることから，40 歳以前に心臓発作を起こす．30 歳代には黄色腫（皮膚中へのコレステロールの沈着）も発症する．ヘテロ接合の FH は 500 人に 1 人という確率で起こり，最も高頻度なヒトの遺伝子変異の一つである．一方，ホモ接合体（両親から変異 LDL 受容体遺伝子を受け継いだ人）はきわめてまれである（およそ 100 万人に 1 人）．この患者の血漿コレステロールレベルは 650～1200 mg/dL にもなる．黄色腫や心臓発作は幼児期から青年期初期に認められ，通常，20 歳以前に死亡する．FH を引き起こす遺伝子欠損により，細胞は LDL から十分なコレステロールを獲得できない．最もよく見られる欠損は，受容体合成不全である．別の欠損としては，新たに合成された LDL 受容体が細胞内で正常にプロセシングされない場合や，受容体が LDL を結合できない場合，受容体が被覆小孔に集積できない場合などがあげられる．

生化学の広がり

ボツリヌス中毒症と膜融合

ボツリヌス毒素がしばしば重篤な筋肉麻痺を起こす生化学的機構は何だろうか？

ボツリヌス中毒症とは *Clostridium botulinum* という嫌気性細菌が産生するタンパク質毒素による筋肉麻痺である．毒素は通常，不適切に殺菌された缶詰食品を食べるか，傷口からの雑菌混入により体内へと入り込む．筋肉麻痺は顔面表情がうまくいかないとか，呑み込んだり話したりすることが困難になるなど，顔面筋肉から始まる．胸壁を動かす肋間筋の麻痺の結果，呼吸困難が生じて死に至ることもある．ボツリヌス毒素は，運動ニューロンのシナプス前軸索からの神経伝達物質であるアセチルコリン（ACH）の放出を阻害する．この作用は，神経細胞膜と ACH を含むシナプス小胞との融合を阻害することにより起こる．膜融合の過程について簡単に概説した後に，ボツリヌス毒素の機構について述べる．

膜 融 合

膜の再構築は真核細胞が普遍的に行う特徴である．細胞内膜系（p. 39）における生合成過程や分泌過程とは，膜と結合したある細胞内区画から別の区画への一連の輸送を介して生体分子が移動することを意味している．たとえば消化酵素やホルモンのような分子は，小胞体からゴルジ装置を通過しながらタンパク質がプロセシングを受け，最終的に細胞表面からエキソサイトーシスにより分泌される（図 2.15）．この輸送過程のどの段階でも，これら分子が供与区画から標的区画へと通過する際には，膜融合が生じている．膜小胞が供与区画からくびれ出し，細胞骨格系によって目的地まで輸送された後，標的区画の膜と融合することにより小胞はその積み荷を配送することができる．

2 種類の脂質二重層が統合する膜融合は正確かつ高度に制御された過程であり，融合機械として機能するように特化した一群のタンパク質によって行われる．融合機構のなかで最も必須な因子である SNARE（soluble *N*-ethylmaleimide sensitive factor attachment protein receptor）は，小型膜タンパク質（分子量 18,000 ～ 42,000）の大きなクラスである．それぞれは膜結合 C 末端領域と細胞質に突き出たらせん状領域をもっている（*N*-エチルマレイミドは融合タンパク質の機能的特性を明らかにするのに使用される試薬である）．SNARE には二つのカテゴリーがある．v-SNARE（小胞特異的タンパク質）と t-SNARE（標的膜タンパク質）である．融合機構のおもな特徴を次に示す．

供与膜から派生した小胞が標的膜に到達すると，v-SNARE と t-SNARE のらせん領域は，比較的不規則構造を呈したらせん構造から四重らせんを束ねたような構造（コア複合体）へと形を換えて互いに結合する（図 11A）．それぞれのコイルドコイル構造はファスナーを閉じるように束ねられるとねじれ力が生じ，水分子を押しだしながら両側の膜を強固に結びつける（いいかえれば静水圧が克服されたことになる）．いったん結束すると，小胞膜上のカルシウムイオン感知タンパク質であるシナプトタグミンが局所的なカルシウムレベルの上昇により構造変化し，融合機構が活性化される．活性化された融合機構は 2 種類の脂

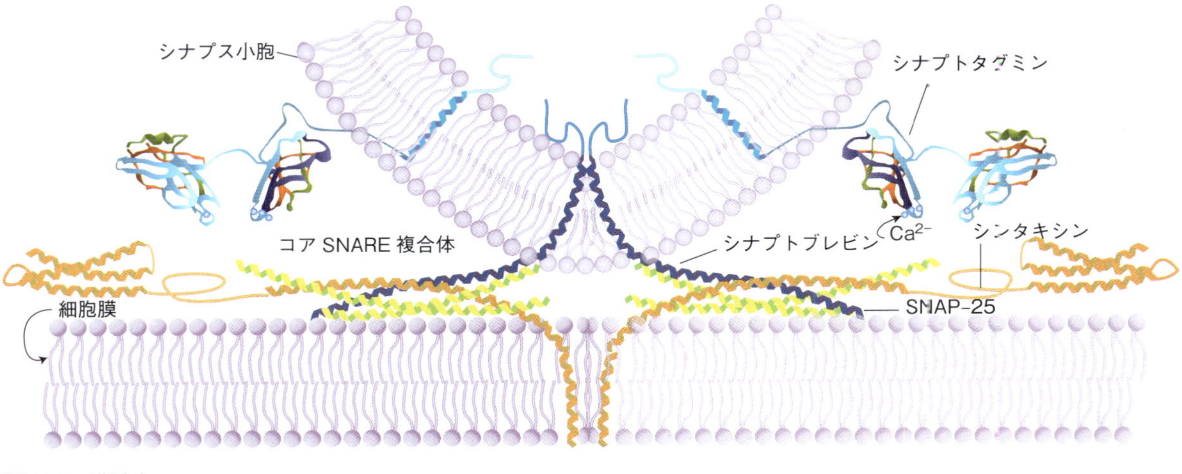

図 11A　膜融合
神経伝達物質小胞と神経細胞のシナプス前膜との融合は，コア SNARE 複合体の形成から始まる．コア SNARE 複合体は，シナプトブレビン（v-SNARE），シンタキシン（t-SNARE），t-SNARE 複合体の膜表在性タンパク質要素である SNAP-25 の 2 本のらせんからなる．シナプトタグミンはカルシウムイオンセンサーであり，局所的なカルシウム濃度が高いとき，膜融合の後期段階を引き起こす．

▶

▶

質二重層を再配列させ，融合膜をつくりだす．融合が終結すると，SNARE 複合体は *N*-エチルマレイミド感受性因子（NSF）により再結集する．ATP アーゼである NSF は締め具のようなモジュールを含み，このモジュールは，α-SNAP（可溶性 NSF 吸着タンパク質）と協同して安定な SNARE 複合体をばらばらにし，その構成要素を再利用できるようにするのに必要な機械力を生みだす．

ボツリヌス毒素の機構

ボツリヌス毒素は，軽鎖（分子量 50,000）とジスルフィド架橋により連結した重鎖（分子量 100,000）からなる．7 種類の毒素すべて（タイプ A，B，C，D，E，F，G）は運動ニューロンからの ACH 放出を阻害する．毒素は，細胞膜受容体に重鎖が結合することにより引き起こされるエンドサイトーシスを介して細胞に取り込まれる．軽鎖はエンドサイトーシス小胞に存在し，シナプス前膜まで移動し，そこで SNARE タンパク質を切断し，融合機構を停止させる．それぞれの毒素タイプごとに個別の膜融合タンパク質を無効化する．たとえば毒素 A と B は SNAP-25（t-SNARE）とシナプトブレビン（v-SNARE）をそれぞれ切断する．

まとめ　ボツリヌス毒素は，神経伝達物質である ACH の神経筋接合部への放出にかかわる膜融合を阻害することにより筋肉麻痺を起こす．

本章のまとめ

1. 脂質は非極性溶媒に溶ける生体分子の広範な集団であり，次のように分類される．脂肪酸とその誘導体，トリアシルグリセロール，ろうエステル，リン脂質，リポタンパク質，スフィンゴ脂質，およびイソプレノイド．
2. 脂肪酸は，トリアシルグリセロール，リン脂質，およびスフィンゴ脂質におもに含まれるモノカルボン酸である．エイコサノイドは長鎖脂肪酸由来の強力なホルモン様分子の一群である．エイコサノイドには，プロスタグランジン，トロンボキサン，およびロイコトリエンなどがある．
3. トリアシルグリセロールは，3 分子の脂肪酸と結合したグリセロールのエステルである．室温で固体のトリアシルグリセロール（ほとんど飽和した脂肪酸を含んでいる）は脂肪と呼ばれる．室温で液体のもの（不飽和度の高い脂肪酸を含んでいる）は油と呼ばれる．脂肪酸の主要な貯蔵体であり輸送体であるトリアシルグリセロールは，動物体内での重要なエネルギー貯蔵形態でもある．植物においては，トリアシルグリセロールは果実や種子のなかでエネルギーを貯蔵している．
4. リン脂質は膜の構造要素である．ホスホグリセリドとスフィンゴミエリンという 2 種類のリン脂質がある．
5. スフィンゴ脂質も動物や植物の膜の重要な構成成分である．スフィンゴミエリンのように，スフィンゴ脂質はセラミド塩基（*N*-アシルスフィンゴシン）を含むが，リン酸基は含まない．極性頭部基は一つまたは複数の糖残基からなる．
6. イソプレノイドは C_5 のイソプレン繰返し単位を複数含む分子である．イソプレノイドはテルペンとステロイドからなる．
7. 血漿リポタンパク質は血流に乗ってある臓器から別の臓器へと脂質分子を輸送する．それらは密度によって分類されている．キロミクロンは極低密度の大型リポタンパク質であり，小腸から脂肪組織や骨格筋へ，食事由来のトリアシルグリセロールやコレステロールエステルを輸送する．肝臓で合成される VLDL は，各組織へ脂質を輸送する．VLDL はそこに含まれる脂質分子を除去し，LDL へと形を変える．LDL は細胞膜上の LDL 受容体に結合した後，細胞内へ取り込まれる．HDL も同じく肝臓で合成され，細胞膜や他のリポタンパク質粒子からコレステロールを取り去る役目をする．LDL はアテローム性動脈硬化症の進展に重要な役割を果たしている．
8. 流動モザイクモデルによると，膜の基本構造は脂質二重層であり，そこにタンパク質が浮くように存在している．膜脂質（大半はリン脂質）は，膜の流動性，区画化（脂質ラフト），および自己修復能や融合に主としてかかわっている．膜タンパク質は，通常，その膜の生物学的機能を決定づけている．その局在様式から，膜タンパク質は膜内在性タンパク質と膜表在性タンパク質とに分類される．膜は輸送や，ホルモンおよび他の細胞外代謝シグナルの輸送や結合に関与している．
9. 膜によって，含まれる脂質，タンパク質，炭水化物の量は多様である．脂質二重層は細胞質側で新たに合成され，特定の介在タンパク質により二重層全体に分配される．膜のそれぞれの側は化学的に異なり，そのため膜表面もそれぞれ固有である．
10. 細胞膜を通過する基質の輸送には，濃度勾配に従う非エネルギー要求性の受動輸送（小分子非極性分子の受動拡散，担体またはチャネルタンパク質を介した大型または極性分子もしくはイオンの促進拡散），一次能動輸送（膜の片側に基質を集めるために ATP エネルギーが用いられる），二次能動輸送（一次能動輸送によってつくりだされるイオン勾配を用いて，膜の片側に基質を集める），または受容体による輸送（被膜小孔の受容体とリガンドがエンドサイトーシスで取り込まれる）がある．いくつかの輸送チャネルは門の役割をする．つまりある特定の開口基質（神経伝達物質，イオンなど）や膜の状態（電位，pH）が存在するときにだけチャネルを開く．

キーワード

ω-3 脂肪酸(ω-3 fatty acid) 336
ω-6 脂肪酸(ω-6 fatty acid) 336
GPI アンカー(GPI anchor) 341
アクアポリン(aquaporin) 358
アシル基(acyl group) 336
イソプレノイド(isoprenoid) 345
一価不飽和(monounsaturated) 336
エイコサノイド(eicosanoid) 337
カロテノイド(carotenoid) 347
極性頭部基(polar head group) 340
キロミクロン(chylomicron) 350
高密度リポタンパク質(high-density lipoprotein) 351
混合テルペノイド(mixed terpenoid) 347
自己分泌(autocrine) 337
自己免疫疾患(autoimmune disease) 338
脂質(lipid) 334
脂質二重層(lipid bilayer) 352
受動輸送(passive transport) 357
腎原発性尿崩症(nephrogenic diabetes insipidis) 358
ステロイド(steroid) 348
スフィンゴ脂質(sphingolipid) 344
スフィンゴミエリン(sphingomyelin) 340
促進拡散(facilitated diffusion) 357
多価不飽和(polyunsaturated) 336
単純拡散(simple diffusion) 357
中間密度リポタンパク質(intermediate-density lipoprotein) 350
中性脂肪(neutral fat) 339
超低密度リポタンパク質 (very low-density lipoprotein) 350
低密度リポタンパク質 (low-density lipoprotein) 351
テルペン(terpene) 346
糖脂質(glycolipid) 344
トロンボキサン(thromboxane) 338
能動輸送(active transport) 357
嚢胞性繊維症(cystic fibrosis) 359
嚢胞性繊維症膜貫通型電気伝導調節因子 (cystic fibrosis transmembrane conductance regulator) 359
必須脂肪酸(essential fatty acid) 336
非必須脂肪酸(nonessential fatty acid) 336
プレニル化(prenylation) 347
プロスタグランジン(prostaglandin) 337
ホスホグリセリド(phosphoglyceride) 340
膜内在性タンパク質(membrane intrinsic protein) 354
膜表在性タンパク質(membrane extrinsic protein) 354
流動モザイクモデル(fluid mosaic model) 351
リン脂質(phospholipid) 340
ロイコトリエン(leukotriene) 338
ろう(wax) 340

復習問題

以下の問いは，次章へ進む前に，本章で論じた重要な概念について理解度を確認するためのものである．解答は巻末および『問題の解き方』を参照のこと．

1. 次の用語を定義せよ．
   a. 脂肪酸　b. 一価不飽和脂肪酸
   c. 多価不飽和脂肪酸　d. 飽和脂肪酸　e. アシル基
2. 次の用語を定義せよ．
   a. 必須脂肪酸　b. 非必須脂肪酸　c. ω-3 脂肪酸
   d. ω-6 脂肪酸　e. エイコサノイド
3. 次の用語を定義せよ．
   a. プロスタグランジン　b. トロンボキサン
   c. ロイコトリエン　d. オートクリン
   e. アナフィラキシー
4. 次の用語を定義せよ．
   a. けん化　b. ろうエステル　c. ろう
   d リン脂質　e. 極性頭部基
5. 次の用語を定義せよ．
   a. リングリセリド　b. スフィンゴ脂質
   c GPI アンカー　d. 糖脂質　e. スフィンゴミエリン
6. 次の用語を定義せよ．
   a. 膜リモデリング　b. ホスホリパーゼ
   c セレブロシド　d. ガングリオシド
   e スフィンゴ脂質症
7. 次の用語を定義せよ．
   a. プレニル化　b. ステロイド　c. ジギタリス
   d. リポタンパク質　e. アポリポタンパク質
8. 次の用語を定義せよ．
   a. キロミクロン　b. VLDL　c. IDL　d. LDL
   e. HDL
9. 次の用語を定義せよ．
   a. 膜表在性タンパク質　b. 膜内在性タンパク質
   c. 脂質ラフト　d. 受動輸送　e. 能動輸送
10. 次の用語を定義せよ．
    a. CFTR　b. 単純拡散　c. 促進拡散
    d. Na^+，K^+ ポンプ　e. アクアポリン
11. 次の用語を定義せよ．
    a. ボツリヌス中毒症　b. ボツリヌス毒素
    c. t-SNARE　d. v-SNARE　e. 膜融合
12. 次の脂質分類のそれぞれについて主要な機能をあげよ．
    a. リン脂質　b. スフィンゴ脂質　c. 油脂
    d. ろう　e. ステロイド　f. カロテノイド
13. なぜ血漿リポタンパク質は，その役割を果たすためにタンパク質成分を必要とするのか．
14. 膜流動性に影響を与えるいくつかの因子について述べよ．
15. 胆汁酸塩は体内でどのような役割を演じるか．
16. 低脂肪食の考えられる影響について述べよ．
17. リン脂質の横方向の動きと二重層を横切る動きの難易について説明せよ．
18. カリウムは脱分極と再分極の際にどのようにして神経細胞膜を透過するか説明せよ．
19. プロスタグランジンが主要な役割を果たしていないのは次の過程のどれか．
    a. 生殖　b. 血液凝固　c. 呼吸　d. 炎症
    e. 血圧調節
20. オートクリン調節因子とホルモンの違いは何か．

21. 次の分子をモノテルペン，ジテルペン，トリテルペン，テトラテルペン，セスキテルペン，およびポリテルペンに分類せよ．

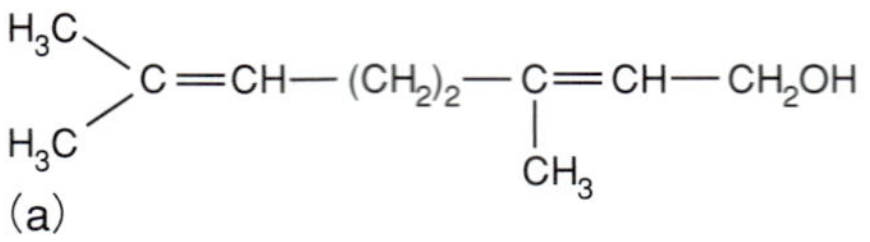
(a)

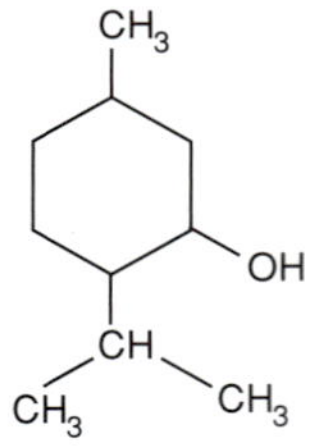
(b)

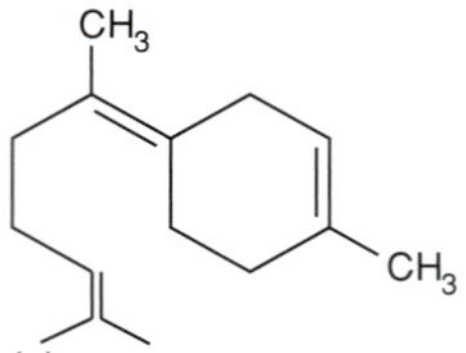
(c)

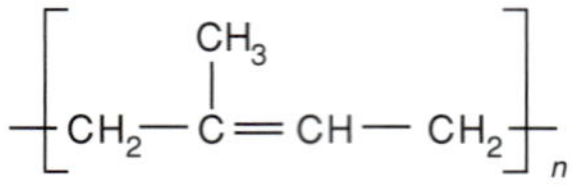
(d)

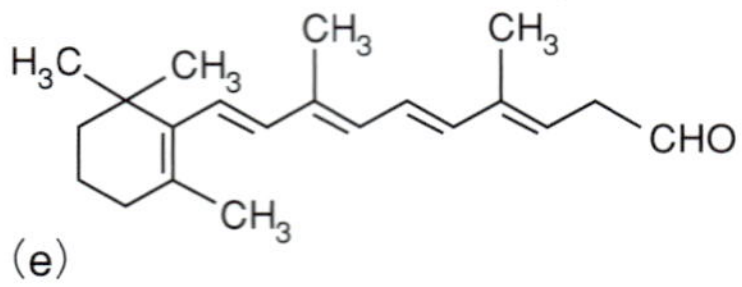
(e)

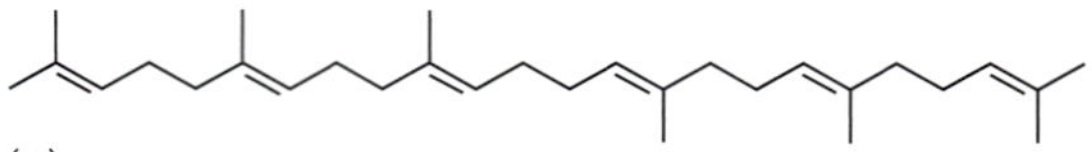
(f)

22. トリアシルグリセロールの機能を述べよ．
23. 機械的ストレスに対する耐性を上げるために，細胞膜の構造にはどのような変化を加えたらいいか．
24. sdLDL と呼ばれる低密度リポタンパク質は，大型低比重 LDL より動脈硬化誘発性が高い．説明せよ．
25. 膜の片側から反対側へリン脂質分子を移動させる 3 種類の介在タンパク質をあげよ．なぜこれらのタンパク質は必要なのか．
26. 腎臓でグルコースはどのようにして膜を透過して輸送されるか述べよ．どの種類の輸送が関与しているか．
27. 次の過程を比較して違いを述べよ．それぞれについて例を一つあげよ．
    a. 一次能動輸送と二次能動輸送　　b. 単純拡散と促進拡散
    c. 担体輸送とチャネル輸送
28. リポタンパク質はどのようにして水不溶性脂質分子を血流中で輸送するか．
29. 界面活性剤はセッケン様の合成物質であり，膜を壊し，膜タンパク質を抽出するために使われる．この過程を説明せよ．
30. トリアシルグリセロールが脂質二重層の構成成分とならない理由を説明せよ．

応用問題

以下の問いは，本書でこれまで論じてきた重要な概念について理解を深めるためのものである．正解は一つとは限らない．解答例は巻末および『問題の解き方』を参照のこと．

31. 動物細胞は細胞膜に取り囲まれている．流動モザイクモデルによれば，膜は疎水性相互作用により結びついている．動物が動いたとき膜に切断力がかかっても膜が壊れないのはなぜか考察せよ．
32. なぜ LDL レベルの上昇は冠状動脈疾患の危険因子になるか，その理由を述べよ．
33. 糖脂質は非イオン性脂質であるが，リン脂質と同様に，脂質二重層のなかで配向することができる．糖脂質はリン脂質のようなイオン基をもたないのに，このような離れ業をやってのける．それが可能になる理由を述べよ．
34. 北極圏の哺乳動物(たとえばトナカイ)は，体の他の部位に比べて足の不飽和脂肪酸レベルが高い．この現象の理由を述べよ．これは生存にとって有利だろうか．
35. リン脂質分子から脂質二重層が形成されるとエントロピーが上昇するのはなぜか，説明せよ．
36. 植物は，脱水を防いだり昆虫から身を守ったりする目的で，葉の表面にろうをしばしば産生する．炭水化物やタンパク質に比べて，ろうのどのような構造的特徴が，この目的に適しているか．
37. 温度変化は膜機能に影響する．好熱性膜の脂質構成は，通常の温度で生育する原核生物のそれと，どのように異なっていると予想されるか．
38. ホウ酸は強力な殺虫剤で，昆虫のろう皮を溶かす．ホウ酸がどのようにして昆虫を殺すか説明せよ．
39. 体内において，ある種のニューロンの軸索はミエリン鞘によって絶縁されている．どのような構造的特徴によってミエリン鞘は良好な絶縁体として機能しているか．

CHAPTER

12 脂質の代謝

長距離ランナー　長距離を走るには肉体的な強さとスタミナが要求される．長距離ランナーにとって最も重要な能力は，活発に収縮する骨格筋に酸素とカロリー源となる脂肪酸を，十分量，長時間にわたって供給できることである．

アウトライン

概　要

生体内で脂質が果たす特徴的な役割は，おもにその疎水的な構造に起因する．脂質はさまざまな機能をもち，① トリアシルグリセロールは高効率でコンパクトな貯蔵エネルギー源として，② リン脂質，スフィンゴ脂質，コレステロールは細胞膜の必須成分として，③ 細胞膜に結合するステロイドホルモンやプロスタグランジンなどはシグナル伝達物質として，細胞膜に結合するα-トコフェロールなどは保護物質として機能している．12章では，主要な脂質の代謝，つまり脂質がどのように合成・分解され，そしてこれらの代謝過程がどのように制御されているかに焦点を当てる．とくに重要なことは，脂質代謝においてアセチル補酵素A（アセチルCoA）が中心的な代謝生成物であるということである．また，コレステロールは心臓血管疾患において重要な役割を担っているので，コレステロール代謝についても述べる．

脂質の構造や機能は驚くほど多様である．すべての脂質はアセチルCoAに由来している（図9.9）．たとえばアセチルCoAは，脂肪酸，β-カロテンのようなテルペン，コレステロールのようなステロイドを合成するときの基質となる．細胞がエネルギーを必要とする際，脂肪酸は分解されてアセチルCoAとなり，クエン酸回路に取り込まれる．12章では，主要な脂質である脂肪酸，トリアシルグリセロール，リン脂質，スフィンゴ脂質，およびイソプレノイドの代謝について述べる．さらにケトン体の代謝を概説し，本章を通じていくつかの脂質代謝の調節機構についても述べる．

12.1　脂肪酸とトリアシルグリセロール，リポタンパク質経路

トリアシルグリセロール（脂質分子）は動物にとって重要で効率的なエネルギー源の一つである．たとえばアメリカの平均的な食事では，摂取カロリーの30〜40%は脂肪として供給される．トリアシルグリセロールは小腸管腔で消化され（図12.1），他の脂溶性栄養素とともに，リポタンパク質を介して小腸から体組織に輸送される．この経路は外因性経路と呼ばれ，リポタンパク質が肝臓で産生された脂質を肝外組織に運搬する内因性経路についてはp.393で記述する．

食事性脂肪：消化，吸収，輸送

この節では，食事に含まれる脂質の消化・吸収，白色脂肪組織における中性脂肪（トリアシルグリセロール）代謝，脂肪酸分解によるエネルギー産生，脂肪酸合成について説明する．この節の後半では，脂肪酸の代謝調節を概略した後，肝臓の脂質がリポタンパク質を介して全身に運搬される経路（リポタンパク質の内因性経路）についても簡単に述べる．食事中の脂質は，界面活性作用をもつ両極性の**胆汁酸塩**（bile salt）と混合された後，膵リパーゼにより脂肪酸とモノアシルグリセロールに消化される．次に，これらの消化産物は腸壁細胞の細胞膜を通って輸送される．短鎖脂肪酸（炭素数4〜6）や中鎖脂肪酸（炭素数6〜12）は，血清アルブミンに結合して血流に乗り，肝臓に運搬される．一方，長鎖脂肪酸は腸細胞の滑面小胞体（sER）に輸送され，そこでトリアシルグリセロールに再合成される．腸細胞は，トリアシルグリセロールと食事由来のコレステロールや新しく合成されたリン脂質およびアポリポタンパク質B-48とから，未成熟キロミクロン（巨大で低密度のリポタンパク質，p.350参照）を形成する．肝臓で産生されるリポタンパク質にはアポリポタンパク質B-100が存在するが，未成熟キロミクロンの主要なアポリポタンパク質B-48は，アポリポタンパク質B-100のmRNAの一部が欠損したmRNAから翻訳される．その後，キロミクロンはリンパ液（血液由来の組織液）に分泌され，リンパ管を通って胸管の血液へ輸送される．未成熟キロミクロンは，血液やリンパを循環する間にHDLから二つのアポリポタンパク質を獲得し，成熟キロミクロンへ変換する．アポリポタンパク質C-Ⅱはリポタンパク質リパーゼ（LPL）を活性化し，アポリポタンパク質Eは肝細

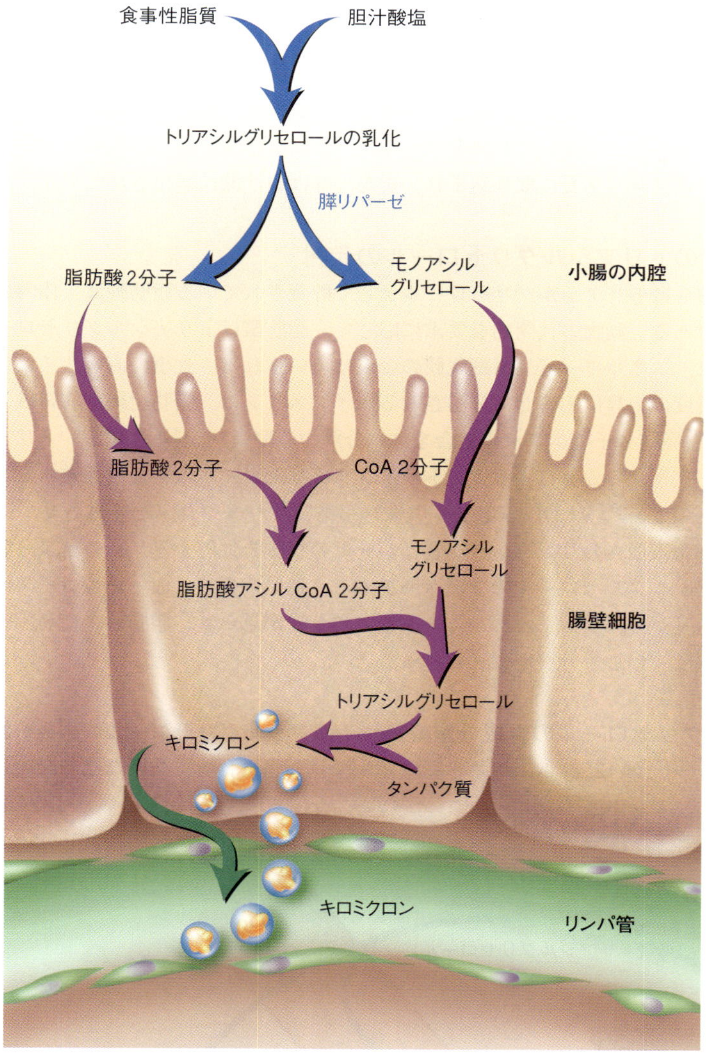

図 12.1　小腸におけるトリアシルグリセロールの消化と吸収
トリアシルグリセロールは，胆汁酸塩と混和されて乳化（可溶化）された後，腸リパーゼによって消化される．リパーゼのうちで最も重要なのは膵リパーゼである．消化生成物である脂肪酸とモノアシルグリセロールは，腸細胞に輸送され，そこでトリアシルグリセロールに再構成される．トリアシルグリセロールは，新たに合成されたリン脂質やタンパク質とともにキロミクロンに取り込まれる．キロミクロンはエキソサイトーシス機構によってリンパ管に放出され，ついで血液に合流する．キロミクロンのトリアシルグリセロールが筋肉や脂肪細胞に取り込まれ，キロミクロンはキロミクロンレムナントとなり，血中から肝臓に取り込まれる．

胞表面の特異的受容体に結合する．

循環するキロミクロン中のほとんどのトリアシルグリセロールは，筋肉や，体の脂質を貯蔵する主要な臓器である脂肪組織（脂肪細胞）において血液から除去される．心筋と骨格筋，乳を分泌する乳腺，および脂肪組織で合成されるリポタンパク質リパーゼは毛細血管の内皮表面に輸送される．リポタンパク質リパーゼは，アポタンパク質 C-II によって活性化されると，キロミクロン中のトリアシルグリセロールを脂肪酸とグリセロールに分解する．

脂肪酸は細胞に取り込まれ，グリセロールは血液によって肝臓へと運ばれ，そこでグリセロールキナーゼによりグリセロール 3-リン酸へと変換される．グリセロール 3-リン酸は，トリアシルグリセロール，リン脂質，またはグルコースの合成に利用される．キロミクロン中の約90%のトリアシルグリセロールがリポタンパク質リパーゼによって除かれると，キロミクロンは**キロミクロンレムナント**(chylomicron remnant)となり，アポリタンパク質Eのキロミクロンレムナント受容体への結合を介して血液から肝臓に取り込まれる．残ったトリアシルグリセロールはリソソームで脂肪酸とグリセロールに加水分解され，脂肪酸とグリセロールは肝臓でただちに代謝されるか，貯蔵される．キロミクロンレムナント中のコレステロールは複数の代謝経路をたどる．たとえば，コレステロールの一部は脂肪酸とともにエステル化されて，その他の未成熟リポタンパク質に取り込まれ，また一部は胆汁酸に異化されて胆汁中に分泌される．

脂肪細胞でのトリアシルグリセロールの代謝

脂肪中でおもにトリアシルグリセロールとして貯蔵されている脂肪酸は，体内最大の貯蔵エネルギー源である．動物の代謝的な要求に応じて，脂肪酸はトリアシルグリセロールから分解して放出され，エネルギー産生や細胞膜の合成に用いられる．食事の直後，インスリンが血中グルコース濃度の上昇に応答して分泌される．インスリンは，脂肪組織や筋組織でホルモン感受性リパーゼ(脂肪分子のエステル結合を加水分解する酵素)を不活性化し，トリアシルグリセロール合成を亢進することによって，トリアシルグリセロールの蓄積を促進する．同時にインスリンは，肝臓からのVLDL分泌とリポタンパク質リパーゼ合成を亢進させ，脂肪組織や筋組織の内皮細胞表面へのリポタンパク質リパーゼの移行を促進する．その結果，脂肪酸の取り込みとトリアシルグリセロールの貯蔵が増加する．逆に，食後，血中グルコース濃度が低下すると，インスリン分泌の低下とグルカゴン分泌の上昇が見られ，脂肪および筋細胞でのトリアシルグリセロールの加水分解が促進される．

トリアシルグリセロールの合成分解経路　トリアシルグリセロールの合成分解経路(triacylglycerol cycle，図12.2)は，エネルギー産生やリン脂質合成に必要な脂肪酸の供給レベルを

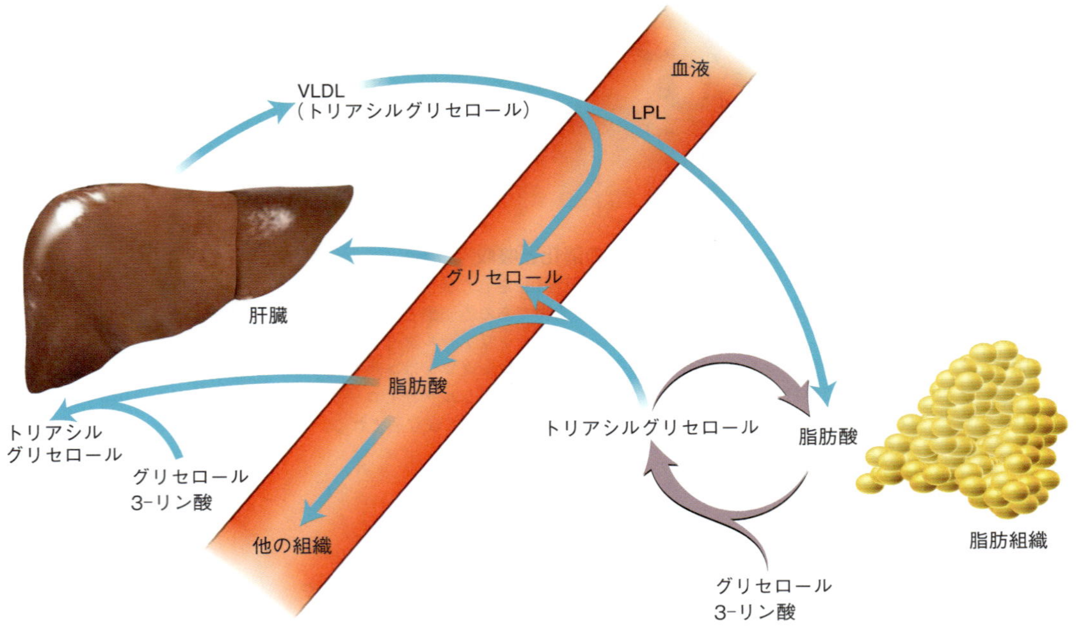

図12.2　トリアシルグリセロールの合成分解経路
脂肪組織は体内の主要なエネルギー貯蔵部位であり，トリアシルグリセロールはグリセロール3-リン酸と血液から供給される脂肪酸から合成される．全身組織のエネルギー必要量に見合うように脂肪酸が血液中に放出される速度は，グルカゴンやエピネフリンによって増加し，インスリンによって減少する．しかし，どのような代謝状態でも，脂肪組織中の脂肪酸の再エステル化率は厳密に約75%に維持されている．肝臓では，血液由来の脂肪酸のほとんどはトリアシルグリセロールに合成された後，VLDLに取り込まれる．血液中に分泌されたVLDLは脂肪組織に輸送され，トリアシルグリセロールはリポタンパク質リパーゼによって脂肪酸とグリセロールへ加水分解される．ついで脂肪酸は脂肪組織に輸送され，グリセロールは肝臓で除去される．

調節するための経路である．トリアシルグリセロールはたえず合成と，脂肪酸とグリセロールへの加水分解を繰り返している．このような無益回路は，脂肪細胞のような細胞レベルから全身レベルで観察される．図 12.2 には，脂肪組織と肝臓をつなぐトリアシルグリセロールの合成分解経路を示している．脂肪細胞中でトリアシルグリセロールは脂肪酸に加水分解される．脂肪酸の一部は血液中に放出され全身へと輸送され，脂肪酸の大部分は肝臓でトリアシルグリセロールに再合成されて VLDL に取り込まれる．トリアシルグリセロールのこのような合成分解経路によって，エネルギー産生と脂質合成に必要な十分量の脂肪酸が供給される．過剰な脂肪酸は細胞毒性をもつため，効率的にトリアシルグリセロールに再合成される．トリアシルグリセロールの合成分解経路の詳細は，次に述べる．

トリアシルグリセロールの生合成　トリアシルグリセロールの合成〔**脂質生合成**(lipogenesis)〕の概要を図 12.3 に示す．グリセロール 3-リン酸またはジヒドロキシアセトンリン酸(DHAP)が 3 分子のアシル CoA〔CoA (CoASH) の脂肪酸エステル〕と次つぎに反応する．アシル CoA 分子は次の反応により産生される．

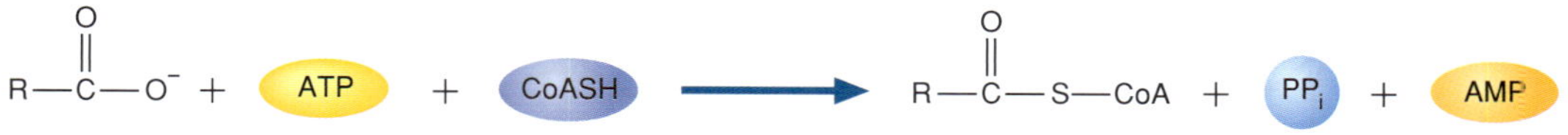

(1)

この反応がピロホスファターゼによるピロリン酸の加水分解によって完結することに注意しよう．

トリアシルグリセロールの合成では，ホスファチジン酸は，二つの連続したグリセロール 3-リン酸のアシル化，またはジヒドロキシアセトンリン酸の直接のアシル化を含む経路によって生成される．後者の経路では，アシルジヒドロキシアセトンリン酸はリゾホスファチジン酸を生成するために後で還元される．用いられる経路によって，リゾホスファチジン酸の合成に，補因子として NADH と NADPH のどちらかが利用される．ホスファチジン酸は，リゾホスファチジン酸が二つ目のアシル CoA と反応するときにつくられる．つくられたホスファチジン酸はホスファチジン酸ホスファターゼによってジアシルグリセロールに変換される．3 番目のアシル化反応によってトリアシルグリセロールが生成される．食事や *de novo* 合成の両者に由来する脂肪酸は，トリアシルグリセロールに取り込まれる(*de novo* という用語は，生化学では〝新規の〟という意味で使われる)．脂肪酸の *de novo* 合成については p. 383 で述べる．トリアシルグリセロールの合成に必要なグリセロール 3-リン酸を生成するグリセロール生成経路の詳細は次に述べる．

グリセロール生合成経路(glyceroneogenesis，図 12.4)は，グルコースやグリセロール以外の基質から，トリアシルグリセロール合成に必要なグリセロール 3-リン酸を産生する糖新生経路の一部である．グリセロール生合成経路の鍵酵素は，ピルビン酸カルボキシラーゼ(PC)と細胞質型ホスホエノールピルビン酸カルボキシキナーゼ(PEPCK-C)である．これら二つの酵素は，脂肪組織や乳腺のような脂質産生を営む組織と，肝臓や腎臓のような糖新生を営む臓器に豊富に存在し，脳，心臓，副腎にもある程度存在する．

トリアシルグリセロールの加水分解　貯蔵エネルギーが低下すると，体に蓄えられている脂肪は**脂肪分解**(lipolysis)される(図 12.5)．脂肪分解は，絶食，激しい運動，およびストレス応答時に起こる．いくつかのホルモン(たとえばカテコールアミンの一つであるエピネフリンやノルエピネフリン)は，脂肪細胞の細胞膜に存在する特定の受容体に結合し，グリコーゲンホスホリラーゼの活性化に似た一連の反応を開始させる．ホルモンが受容体に結合すると細胞質 cAMP 濃度が増加し，ペリリピン A と呼ばれるタンパク質のリン酸化が活性化する．ペリリピン A は，脂肪細胞の脂肪滴を覆うことによって脂質蓄積を制御している．ペリリピン A で覆われた脂肪滴は，リパーゼが作用しにくいからである．ペリリピン A の構造がリン酸化によって変化すると，リパーゼによるトリアシルグリセロールの加水分解を受けやすくなる．トリアシルグリセロールの加水分解の第一段階は脂肪組織トリグリセリドリパーゼ(ATGL)に

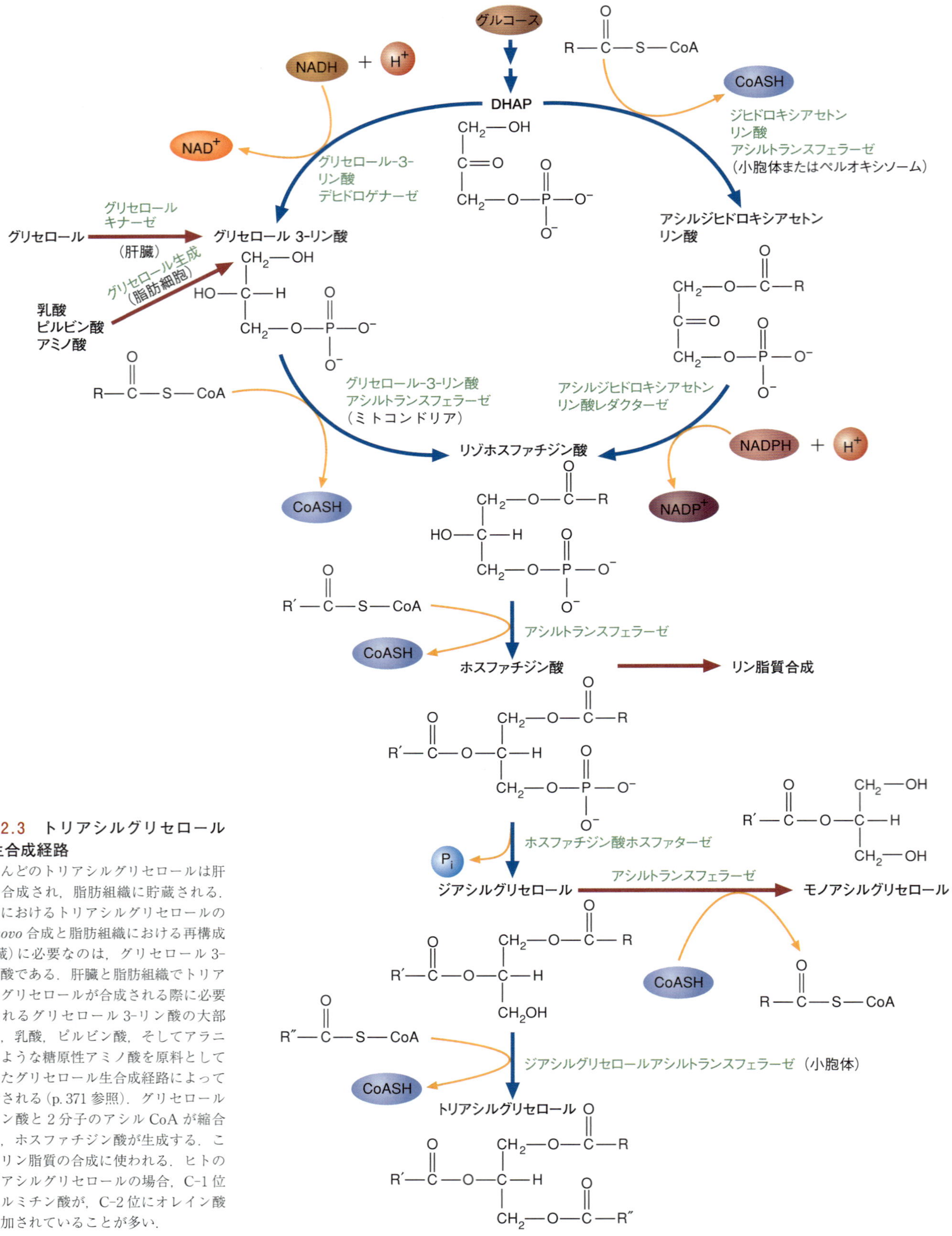

図 12.3　トリアシルグリセロールの生合成経路

ほとんどのトリアシルグリセロールは肝臓で合成され，脂肪組織に貯蔵される．肝臓におけるトリアシルグリセロールの *de novo* 合成と脂肪組織における再構成（貯蔵）に必要なのは，グリセロール 3-リン酸である．肝臓と脂肪組織でトリアシルグリセロールが合成される際に必要とされるグリセロール 3-リン酸の大部分は，乳酸，ピルビン酸，そしてアラニンのような糖原性アミノ酸を原料として用いたグリセロール生合成経路によって供給される（p. 371 参照）．グリセロール 3-リン酸と 2 分子のアシル CoA が縮合して，ホスファチジン酸が生成する．これはリン脂質の合成に使われる．ヒトのトリアシルグリセロールの場合，C-1 位にパルミチン酸が，C-2 位にオレイン酸が付加されていることが多い．

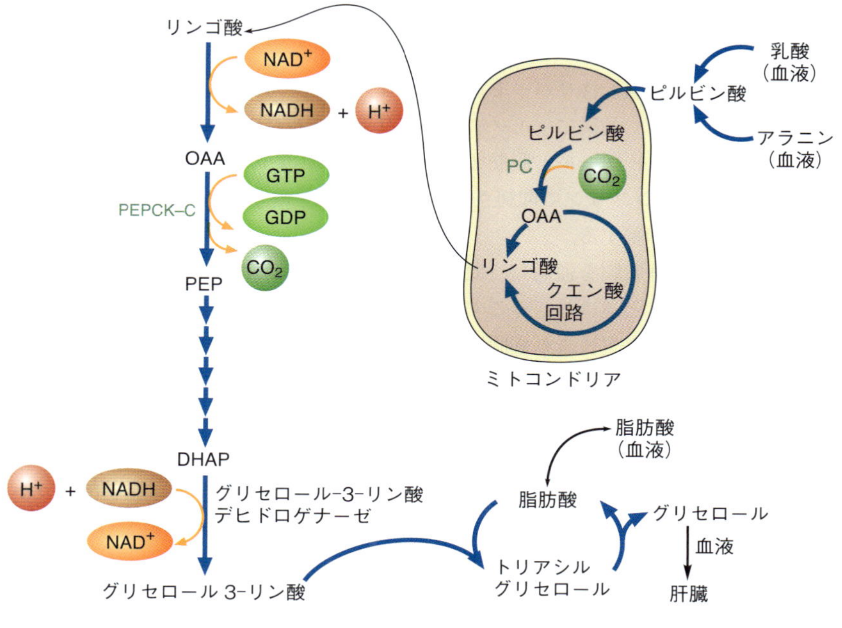

図 12.4　脂肪組織におけるグリセロール生合成経路
グリセロール生合成経路は糖新生経路の一部であり，トリアシルグリセロールの合成に必要なグリセロール 3-リン酸の大部分を供給している．この生合成経路は，乳酸，ピルビン酸，アラニンのような糖原性アミノ酸を基質とする．ピルビン酸は，PC（ピルビン酸カルボキシラーゼ）によってミトコンドリアで OAA（オキサロ酢酸）に変換される．OAA が NADH によって還元されてリンゴ酸に代謝された後，そのリンゴ酸はミトコンドリアの外に輸送され，再び OAA に変換される．ついで OAA は，GTP 依存性ホスホエノールピルビン酸カルボキシキナーゼ（PEPCK-C）によるリン酸化と脱炭酸反応を受け，ホスホエノールピルビン酸（PEP）に変換された後，ジヒドロキシアセトンリン酸（DHAP）に代謝される．DHAP はグリセロール-3-リン酸デヒドロゲナーゼによってグリセロール 3-リン酸に代謝され，トリアシルグリセロール合成に用いられる．

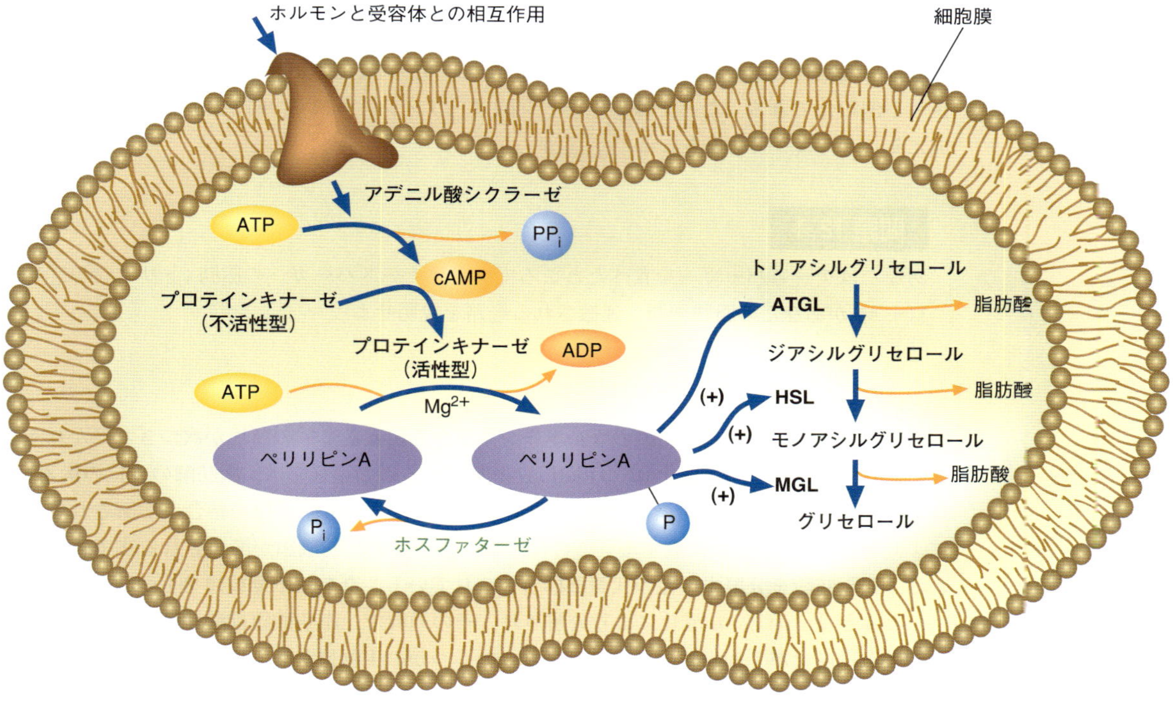

図 12.5　脂肪細胞における脂肪分解
ある種のホルモンが脂肪細胞の表面に存在する受容体に結合すると，脂肪滴表面タンパク質であるペリリピン A が cAMP 依存的に活性化される．ペリリピン A の構造がリン酸化によって変化し，トリアシルグリセロールがリパーゼの作用を受けやすくなる．トリアシルグリセロールは 3 種のリパーゼによって連続的に加水分解されるが，それぞれの酵素の基質には特異性がある．最初の加水分解は ATGL（脂肪組織トリグリセリドリパーゼ）によって触媒されるが，この酵素はコアクチベーターとして CGI-58 が必要であり，この反応によってトリアシルグリセロールがジアシルグリセロールと脂肪酸に分解される．ATGL によって生成したジアシルグリセロールは，HSL（ホルモン感受性リパーゼ）によって加水分解され，モノアシルグリセロールと脂肪酸に分解される．3 番目のリパーゼは MGL（モノアシルグリセロールリパーゼ）であり，モノアシルグリセロールがグリセロールと脂肪酸に分解される．ペリリピン A がリン酸化すると，トリアシルグリセロールを加水分解するこれらの酵素が基質と反応しやすくなることに注目してほしい．

よって触媒されるが，この酵素にはコアクチベーターとしてCGI-58が必要であり，これによりトリアシルグリセロールがジアシルグリセロールと脂肪酸に分解される．ついで，ジアシルグリセロールはホルモン感受性リパーゼ(HSL)によって加水分解され，モノアシルグリセロールと脂肪酸に分解される．最後に，モノアシルグリセロールはモノアシルグリセロールリパーゼ(MGL)によってグリセロールと脂肪酸に分解され，血液中に放出される．ATGL合成はPPARγで促進され，インスリンで抑制される．インスリンは，細胞内cAMPを減少させることによって脂肪分解を抑制する．

脂肪酸は脂肪細胞の細胞膜を通過し，血清アルブミンと結合する．アルブミンに結合した脂肪酸は生体中の各組織へと運ばれ，そこで脂肪酸はアルブミンから離れて細胞に取り込まれる．脂肪酸は細胞膜のタンパク質により細胞内へと輸送される．この過程にナトリウムの能動輸送がかかわっている．脂肪酸の輸送量は，その血中濃度と脂肪酸輸送機構の活性に依存する．細胞の種類によって脂肪酸を利用する能力に大きな違いがある．たとえば脳細胞や赤血球などの細胞は脂肪酸をエネルギー源として使うことができないが，心筋などの細胞はエネルギー必要量の大部分を脂肪酸に依存している．脂肪酸が細胞内に取り込まれると，脂肪酸はミトコンドリア，小胞体，および他の細胞小器官へと運ばれる．いくつかの**脂肪酸結合タンパク質**(fatty acid-binding protein．水溶性のタンパク質で，疎水性の脂肪酸を結合し，輸送する)がこの輸送に関与している．

ほとんどの脂肪酸は，ミトコンドリア中でβ酸化と呼ばれる過程によってアセチルCoAへと分解される．β酸化はペルオキシソームでも起こる．特殊な脂肪酸を分解するためには，他の酸化機構も利用されている．

脂肪酸は，生体がエネルギー必要量を満たし，栄養素が豊富なときに合成される(グルコースやある種のアミノ酸は脂肪酸合成の基質となる)．脂肪酸はβ酸化とは逆の経路でアセチルCoAから合成される．大部分の脂肪酸は食事により供給されるが，ほとんどの動物組織ではある種の飽和脂肪酸や不飽和脂肪酸を合成できる．さらに，動物は食事由来の脂肪酸を鎖長伸長・不飽和化できる．たとえばアラキドン酸は，リノレン酸にC_2単位を付加して二重結合を加えることによって合成される．

キーコンセプト

- 外因性経路において，吸収されたトリアシルグリセロールや脂溶性栄養素は，キロミクロンによって組織に運搬される．
- エネルギー貯蔵量が多い場合，トリアシルグリセロールは脂質生合成と呼ばれる過程によって貯蔵される．
- エネルギー貯蔵量が少ない場合，トリアシルグリセロールは脂肪酸とグリセロールに分解される．この過程は脂質分解と呼ばれる．
- トリアシルグリセロールは，合成と分解をたえず繰り返して，脂肪酸とグリセロールを供給している．この代謝回転は，エピネフリンやノルエピネフリンによって亢進し，インスリンによって抑制される．

問題 12.1

あなたはチーズバーガーを食べたところである．チーズバーガーの脂肪(トリアシルグリセロール)があなたの脂肪細胞へ運搬される経路を説明せよ．

脂肪酸の分解

ほとんどの脂肪酸は，脂肪酸のカルボキシ末端から炭素数2個の断片が次つぎと除かれることにより分解される．**β酸化**(β-oxidation)と呼ばれるこの過程では，脂肪酸のβ位の炭素(カルボキシ基から二つめの炭素)が酸化され，α位とβ位の炭素原子間の結合が切断されることによりアセチルCoAが生成する．この反応は，すべての脂肪酸鎖が酸化されるまで繰り返される．鎖脂肪酸を分解する他の代謝機構も知られている．奇数鎖や分枝鎖をもつ特殊な脂肪酸のほとんどは，通常，α酸化により分解され，その過程で，脂肪酸鎖は酸化的脱炭酸反応が起こるごとに炭素が1個ずつ短くなっていく．いくつかの生物においては，カルボキシ基から最も遠くにある炭素が，ω酸化と呼ばれる過程によって酸化されるようである．ω酸化において，末端メチル基がシトクロムP-450(p. 407)と呼ばれる酸素およびNADPH要求性の小胞体酵素によってアルコール基に置換される．アルコール基は，アルコールデヒドロゲナーゼ(ADH)とアルデヒドデヒドロゲナーゼによって連続的に触媒されてカルボキシレート基に置換される．この反応で得られたジカルボン酸は，ミトコンドリアでβ酸化によって，コハク酸やアジピン酸(p. 383)など水溶性の短鎖ジカルボン酸にまで代謝される．ヒトでは，β酸化が障害を受けているときを除いて，ω酸化の代謝経路はあまり重要ではない．次に，β酸化について説明するとともに，奇数鎖，分枝鎖，および不飽和脂肪酸の分解についても記述する．

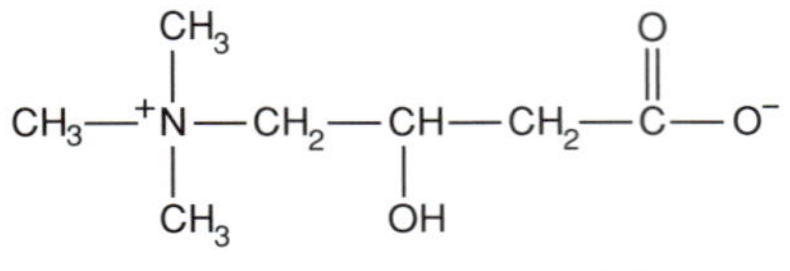

図 12.6　カルニチンの構造

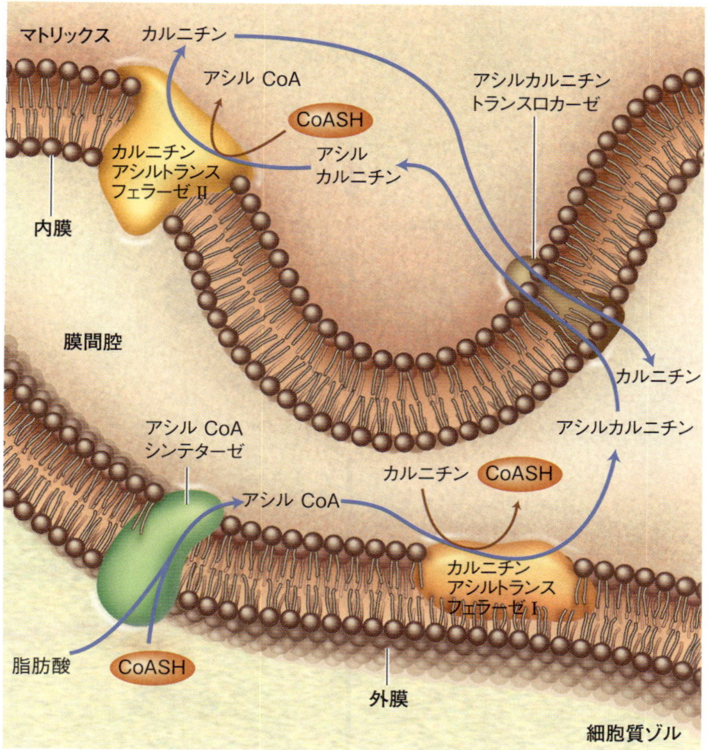

図 12.7　ミトコンドリアへの脂肪酸の輸送
脂肪酸は，ミトコンドリア外膜にあるアシル CoA シンテターゼによって活性化され，アシル CoA となる．アシル CoA は次にカルニチンと反応してアシルカルニチン誘導体を形成する．この反応はカルニチンアシルトランスフェラーゼ I によって触媒される．アシルカルニチンは輸送タンパク質によって内膜を横断して輸送され，アシルカルニチントランスロカーゼの作用を受けて，再びカルニチンとアシル CoA に変換される．アシルカルニチントランスロカーゼは対向輸送タンパク質である．すなわちアシルカルニチントランスロカーゼには，ミトコンドリア膜間腔のアシルカルニチンをミトコンドリアマトリックス側に輸送し，ミトコンドリアマトリックスのカルニチンをミトコンドリア膜間腔側に輸送する働きがある．

β 酸化はおもにミトコンドリアで起こる．β 酸化が始まる前に，脂肪酸は ATP と CoA（CoASH）（p. 371 参照）との反応により活性化される．この反応を触媒するアシル CoA シンテターゼはミトコンドリア外膜に存在する．ミトコンドリア内膜はアシル CoA 分子をほとんど透過しないので，カルニチンと呼ばれる担体を利用してアシル基をミトコンドリア内に輸送する（図 12.6）．カルニチンによるアシル基のミトコンドリアマトリックスへの輸送は次のような機構によって進む（図 12.7）．

1. アシル CoA がアシルカルニチン誘導体に変換される．この反応はカルニチンアシルトランスフェラーゼ I（CAT-I）により触媒される．

$$R-\overset{O}{\underset{}{C}}-S-CoA + (CH_3)_3\overset{+}{N}-CH_2-\underset{OH}{CH}-CH_2-\overset{O}{\underset{}{C}}-O^- \rightleftharpoons (CH_3)_3\overset{+}{N}-CH_2-\underset{\underset{R}{\underset{}{C=O}}}{\underset{O}{CH}}-CH_2-\overset{O}{\underset{}{C}}-O^- + CoASH \quad (2)$$

アシル CoA　　カルニチン　　　　　　　　　　　　　アシルカルニチン

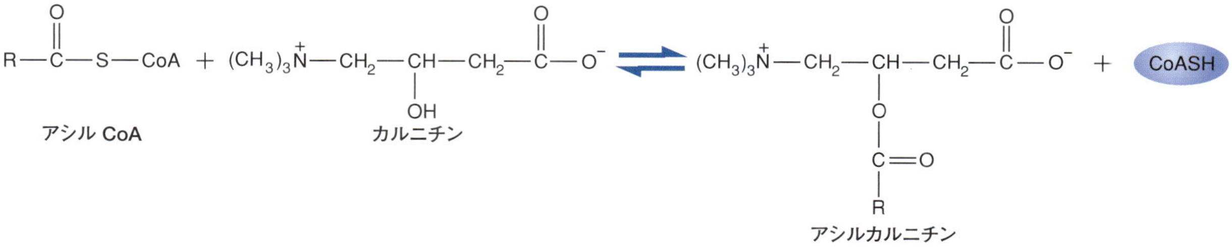

2. ミトコンドリア内膜に存在する輸送タンパク質がアシルカルニチンをミトコンドリアマトリックスへ輸送する．
3. アシル CoA がカルニチンアシルトランスフェラーゼ II（CAT-II）により再生される．

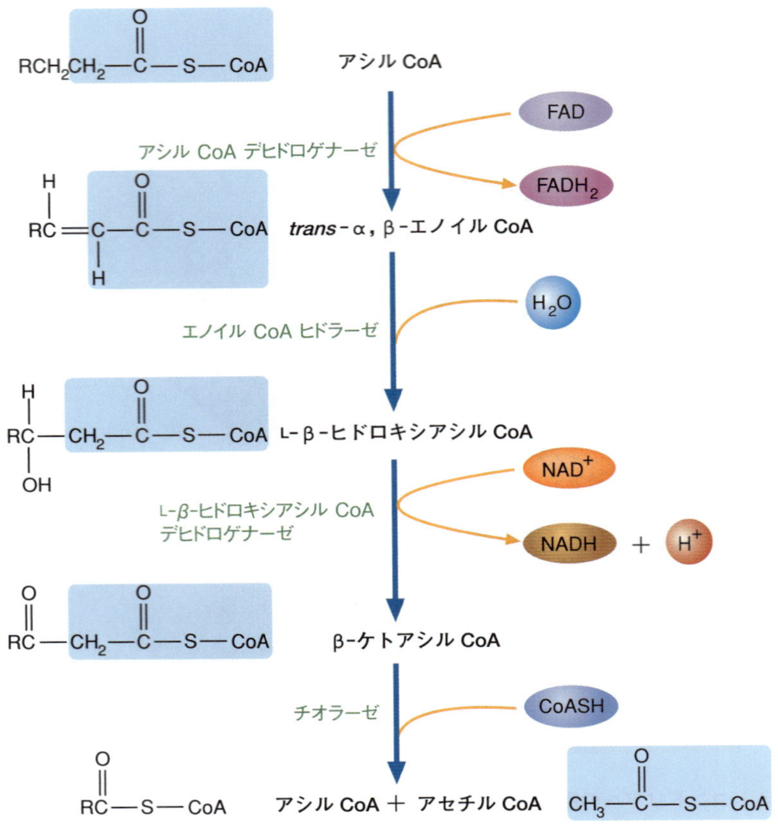

図 12.8　アシル CoA の β 酸化
アシル CoA の β 酸化は，ミトコンドリアマトリックス内で行われる 4 段階の反応からなる．これが 1 サイクル回ると，1 分子のアセチル CoA が放出され，炭素 2 個分短くなったアシル CoA が生成する．

4．カルニチンは輸送タンパク質により膜間腔に送りもどされる．そして再び別のアシル CoA と反応する．

飽和脂肪酸の β 酸化反応の概要を図 12.8 に示す．この経路は酸化還元反応で始まり，アシル CoA デヒドロゲナーゼ（ミトコンドリア内膜に存在するフラビンタンパク質）により触媒されて，α 位と β 位の炭素からそれぞれ 1 個ずつ水素が除かれ，水素は酵素に結合した FAD に転移する．

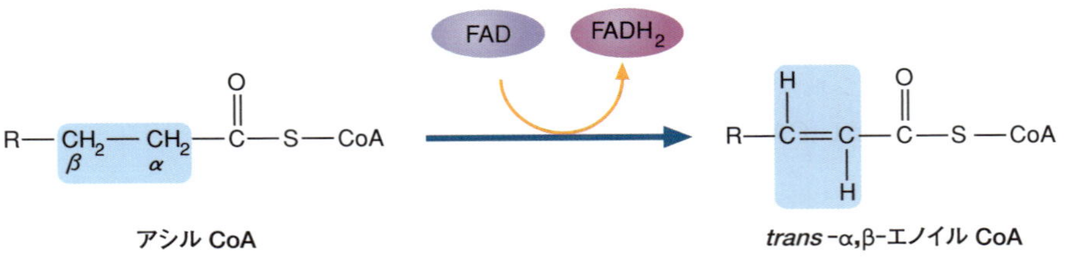

(3)

この反応により産生された $FADH_2$ は，2 個の電子をミトコンドリア電子伝達系（ETC）の補酵素 Q（UQ）に受け渡す（図 10.5）．アシル CoA デヒドロゲナーゼにはいくつかのアイソザイムが存在し，それぞれ炭素鎖長の異なる脂肪酸を触媒する．この反応の生成物は *trans*-α,β-エノイル CoA である．

エノイル CoA ヒドラーゼによって触媒される第二の反応により，α 位と β 位にある炭素の間の二重結合が水和される．

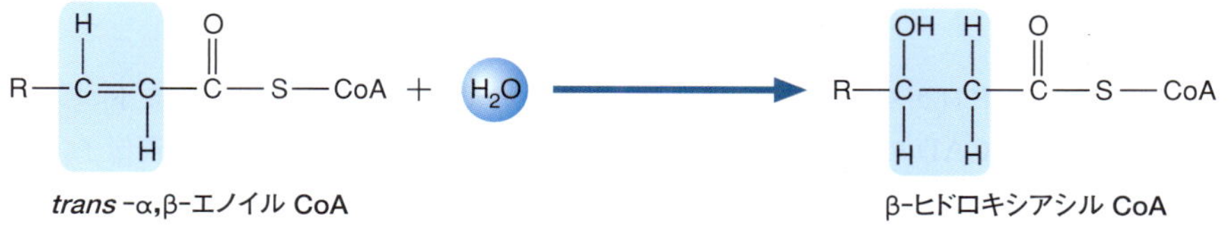

12.1 脂肪酸とトリアシルグリセロール，リポタンパク質経路

$$\text{trans-}\alpha,\beta\text{-エノイル CoA} + H_2O \longrightarrow \beta\text{-ヒドロキシアシル CoA} \quad (4)$$

β位の炭素がヒドロキシ化されている．次の反応では，このヒドロキシ基が酸化される．β-ヒドロキシアシル CoA デヒドロゲナーゼにより触媒されて β-ケトアシル CoA ができる．

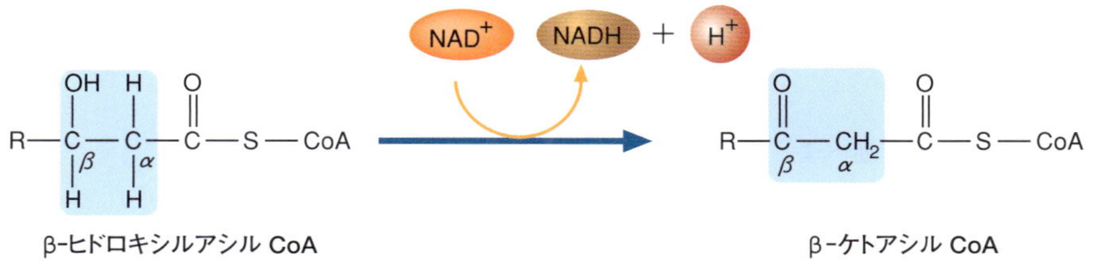

$$\beta\text{-ヒドロキシルアシル CoA} \xrightarrow{NAD^+ \rightarrow NADH + H^+} \beta\text{-ケトアシル CoA} \quad (5)$$

NAD^+ に転移した電子は，後に ETC の複合体 I に受け渡される．最後に，チオラーゼ（ときに β-ケトアシル CoA チオラーゼと呼ばれる）が C_α—C_β を開裂する．

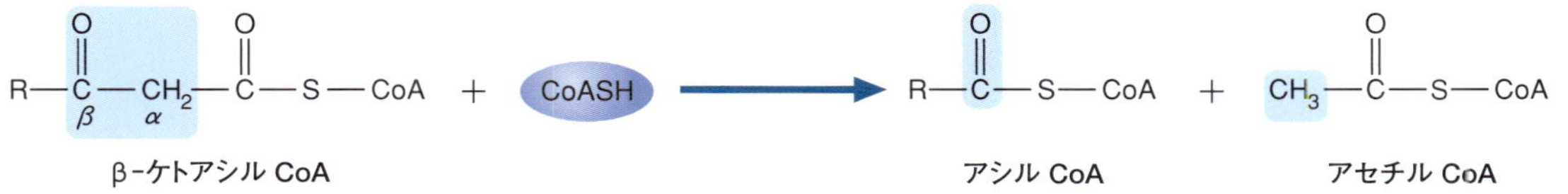

$$\beta\text{-ケトアシル CoA} + CoASH \longrightarrow \text{アシル CoA} + \text{アセチル CoA} \quad (6)$$

チオール開裂（thiolytic cleavage）と呼ばれるこの反応では，アセチル CoA が生成する．もう一つの生成物であるアシル CoA は，最初と比べて炭素原子が 2 個減少している．

このような四つの過程から β 酸化のサイクルは構成されている．1 回のサイクルで，2 個の炭素を含む分子が除かれる．<u>β 酸化スパイラル</u>と呼ばれるこの過程では，4 個の炭素をもつアシル CoA が開裂して 2 個のアセチル CoA となる最後のサイクルまで β 酸化は繰り返される．

以下の反応式はパルミトイル CoA の酸化を示している．

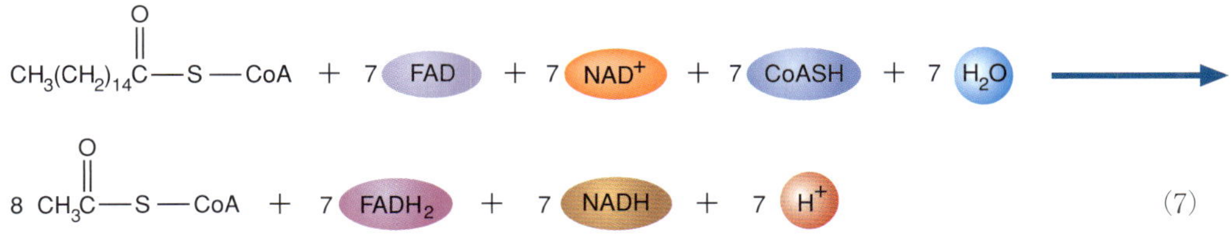

$$CH_3(CH_2)_{14}C(=O)\text{—S—CoA} + 7\,FAD + 7\,NAD^+ + 7\,CoASH + 7\,H_2O \longrightarrow$$
$$8\,CH_3C(=O)\text{—S—CoA} + 7\,FADH_2 + 7\,NADH + 7\,H^+ \quad (7)$$

骨格筋における β 酸化速度は，基質（血中脂肪酸濃度など）や臓器のエネルギー必要量に依存する．$NADH/NAD^+$ 比率が高いと，β-ヒドロキシアシル CoA デヒドロゲナーゼは阻害される．アセチル CoA 濃度が高いと，チオラーゼ活性は抑制される．肝臓において脂肪酸はトリアシルグリセロールやリン脂質の合成に用いられ，β 酸化速度はこれら分子のミトコンドリアへの取り込み速度に依存している．グルコース濃度が上昇すると，過剰なグルコースが脂肪酸に変換される．脂肪酸合成の中間物質であるマロニル CoA は CAT-I を阻害し，これにより無益回路が妨げられる．

脂肪酸の酸化により生成したアセチル CoA 分子は<u>クエン酸回路</u>を経由して CO_2 と H_2O に変換され，さらなる NADH と $FADH_2$ がつくられる．NADH と $FADH_2$ が ETC により酸化されるときに放出されたエネルギーの一部は，<u>酸化的リン酸化</u>による ATP 合成に使われる．アセチル CoA の完全酸化については 10 章で述べる．パルミトイルから生みだされる ATP の総数の計算について次に説明する．

MCAD 欠損症

問題 12.2

中鎖アシル CoA デヒドロゲナーゼ（MCAD）は，β 酸化の最初の反応を触媒するミトコンドリアの酵素である．MCAD の基質は，炭素数 12 のアシル CoA である．MCAD 遺伝子に異常がある MCAD 欠損症は，常染色体劣性遺伝疾患である．この患者では，絶食により疲労，嘔吐，低血糖の症状を呈し，中鎖アシル CoA が代謝されずに蓄積するため，糖新生が抑制される．小児の肝臓グリコーゲンが枯渇しやすいことを考慮し，MCAD 欠損患者の症状を緩和する治療法を提案せよ．

問題 12.3

次の生体分子の名称を述べよ．

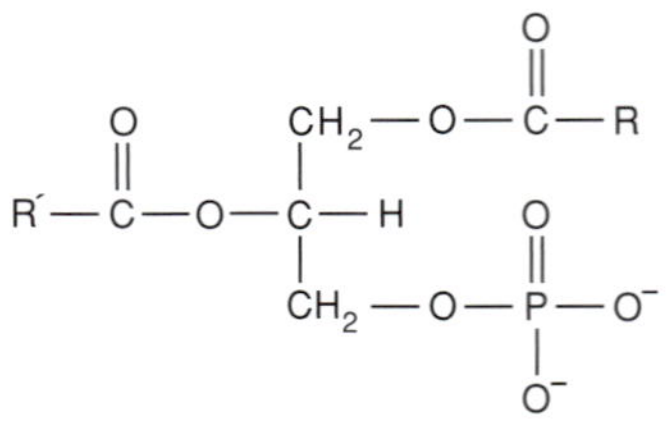

(a)

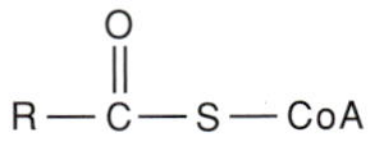

(b)

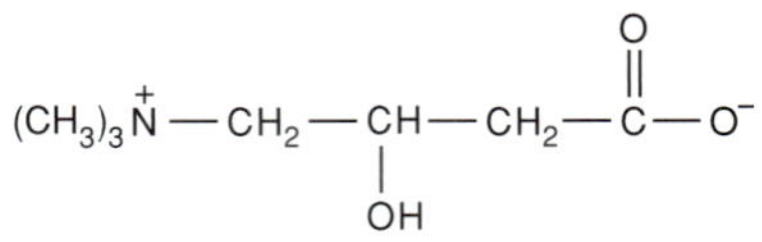

(c)

問題 12.4

無酸素状態において，細胞はグルコースの嫌気的酸化により少量の ATP を産生できる．これは脂肪酸酸化にはあてはまらない．その理由を説明せよ．

脂肪酸の完全酸化

脂肪酸の好気的酸化によって多数の ATP 分子がつくられる．前に述べたように（p. 310 参照），電子伝達および酸化的リン酸化における $FADH_2$ の酸化によって，約 1.5 分子の ATP がつくられる．同様に，NADH の酸化によって約 2.5 分子の ATP がつくられる．パルミトイル CoA の酸化においては，7 分子の $FADH_2$ と 7 分子の NADH，および 8 分子のアセチル CoA が生成し，CO_2 と H_2O が生じるが，その際の ATP の産生量は次のように計算される．

7 $FADH_2$ × 1.5 ATP/$FADH_2$	=	10.5 ATP
7 NADH × 2.5 ATP/NADH	=	17.5 ATP
8 アセチル CoA × 10 ATP/アセチル CoA	=	80 ATP
		108 ATP

パルミチン酸からのパルミトイル CoA の生成には 2 分子の ATP が用いられる．したがって，1 分子のパルミトイル CoA あたりの正味の ATP 産生量は 106 分子である．

パルミチン酸の酸化とグルコースの酸化による ATP の産生量を比較してみよう．1 分子のグルコースから産生される総 ATP 分子が約 31 分子であることは，すでに述べた．1 個の炭素原子から産生される ATP 分子の数という点からグルコースとパルミチン酸を比較してみると，パルミチン酸は非常に優れたエネルギー源である．グルコースの場合，1 個の炭素原子あたり 31/6（5.2）分子の ATP が産生されるが，パルミチン酸では 1 個の炭素原子あたり 106/16（6.6）分子の ATP が産生される．パルミチン酸の酸化がグルコースの酸化よりも多くのエネルギーを産生するのは，パルミチン酸がより還元された分子だからである（6 個の酸素原子を含むグルコースは部分的に酸化された分子である）．

問題 12.5

1 mol のステアリン酸から合成される NADH，$FADH_2$，ATP のモル数を求めよ．

ペルオキシソームにおける β 酸化　脂肪酸の β 酸化はペルオキシソーム内でも起こる．動物におけるペルオキシソームの β 酸化は，ATP を合成することなく極長鎖脂肪酸を分解する．その結果得られた中鎖脂肪酸は，さらにミトコンドリア内で分解される．ペルオキシソーム膜は，極長鎖脂肪酸に特異的なアシル CoA リガーゼ活性をもっている．ミトコンドリアは，テトラコサン酸(24：0)やヘキサコサン酸(26：0)といった長鎖脂肪酸を活性化できない．ペルオキシソームのカルニチンアシルトランスフェラーゼは，これら分子のペルオキシソームへの輸送を触媒し，これらの分子はそこで酸化されてアセチル CoA と中鎖アシル CoA（炭素数 6〜12）となる．中鎖アシル CoA はミトコンドリアでの β 酸化によってさらに分解される．

ペルオキシソームでの β 酸化はミトコンドリアでの反応と似ているが，いくつかの顕著な違いが存在する．第一に，ペルオキシソーム経路の最初の反応を他の酵素が触媒する点である．この反応は，アシル CoA オキシダーゼが触媒する脱水反応である．還元された補酵素 $FADH_2$ は，UQ(補酵素 Q)の代わりに O_2 に電子を直接供与する．ペルオキシソームにおける β 酸化の特徴は，ATP を合成するミトコンドリア経路とは対照的である．$FADH_2$ が酸化される際にできる H_2O_2 は，カタラーゼによって H_2O に変換される．第二に，ペルオキシソームでの β 酸化に続いて起こる二つの反応が，同一タンパク質中に存在する二つの酵素（エノイル CoA ヒドラーゼと β-ヒドロキシアシル CoA デヒドロゲナーゼ）によって触媒される点である．最後に，この代謝経路の最後の酵素（β-ケトアシル CoA チオラーゼ）が，ミトコンドリアの場合とは異なる基質特異性をもっている点である．ペルオキシソーム経路の酵素は中鎖脂肪酸とはあまり結合しない．

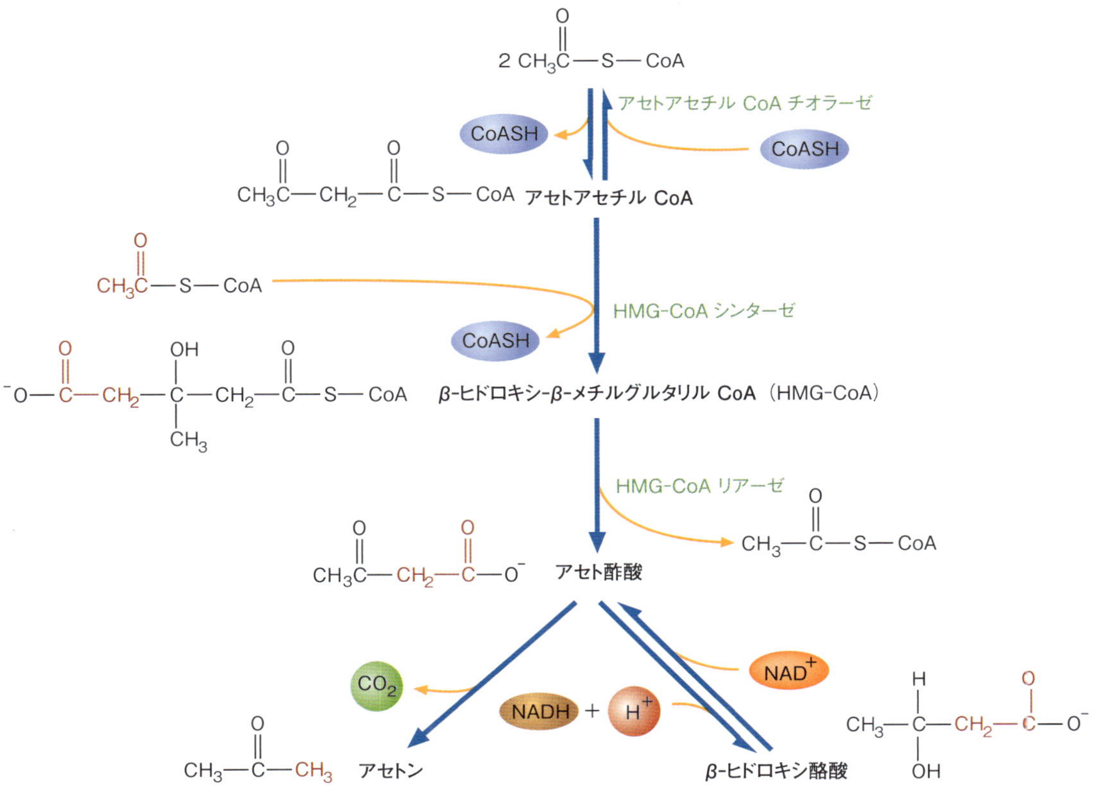

図 12.9　ケトン体の生成

アセチル CoA が過剰に存在すると，ミトコンドリア内でケトン体（アセト酢酸，アセトン，β-ヒドロキシ酪酸）が生成される．通常の代謝状態では，ごくわずかのケトン体しか生成されない．

ケトン体　脂肪酸酸化の過程でできたほとんどのアセチル CoA は，クエン酸回路やイソプレノイド合成で用いられる(12.3 節)．通常の状態では，脂肪酸代謝は厳密に制御されており，過剰に産生するアセチル CoA はごくわずかである．過剰のアセチル CoA 分子は，アセト酢酸，β-ヒドロキシ酪酸，およびアセトンといった**ケトン体**(ketone body)と呼ばれる一群の分子に変換され(図 12.9)，この代謝を**ケトン体生成**(ketogenesis)と呼ぶ．

肝臓のミトコンドリアのマトリックス内で起こるケトン体の生成は，2 個のアセチル CoA が縮合してアセトアセチル CoA となることから始まる．その後，アセトアセチル CoA は別のアセチル CoA と縮合し，β-ヒドロキシ-β-メチルグルタリル CoA (HMG-CoA) となる．次の反応で HMG-CoA は開裂され，アセト酢酸とアセチル CoA となる．そのアセト酢酸は還元され，β-ヒドロキシ酪酸となる．β-ヒドロキシ酪酸濃度が上昇すると，アセト酢酸の自発的な脱炭酸によりアセトンができる．**ケトーシス**(ketosis)と呼ばれるこの状態は，飢餓状態や 16 章で説明する糖尿病において起こる．糖尿病は，血糖値を調節することができない代謝疾患である(16 章の生化学の広がり「糖尿病」を参照)．糖尿病や飢餓の場合，エネルギー供給は貯蔵脂肪または脂肪酸の β 酸化に大きく依存する．

ケトーシス

いくつかの臓器，とくに心筋や骨格筋は，ケトン体をエネルギー産生に用いる．長期の飢餓状態(すなわち，必要なグルコースの欠乏状態)では，脳もグルコースの代わりにケトン体をエネルギー源として用いる．タンパク質は糖新生の基質となるので(グルコース-アラニン回路，p. 259)，ケトン体の酸化は骨格筋タンパク質の節約につながる．飢餓状態においてエネルギー源としてケトン体を利用できる臓器には，そのほかに腎臓がある．アセト酢酸および β-ヒドロキシ酪酸のアセチル CoA への変換機構を図 12.10 に示す．

キーコンセプト

- β 酸化では，α 位と β 位の炭素原子間の結合が切断され，脂肪酸は分解される．
- ケトン体は，過剰なアセチル CoA 分子からつくられる．

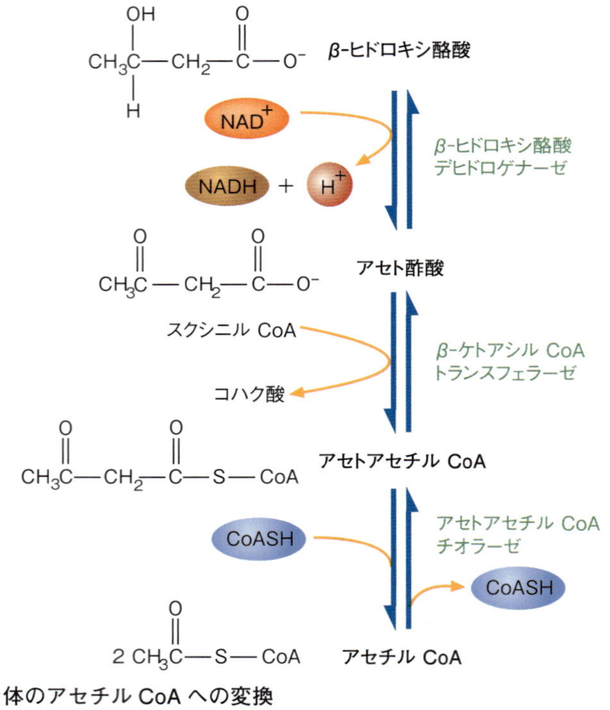

図 12.10　ケトン体のアセチル CoA への変換
心臓や骨格筋のような臓器は，通常の状態でもケトン体(β-ヒドロキシ酪酸とアセト酢酸)をエネルギー源として利用できる．飢餓状態下では，ケトン体は脳の重要なエネルギー源となる．肝臓には β-ケト酸 CoA トランスフェラーゼがないので，ケトン体をエネルギー源として利用することができない．図中の反応は可逆的である．β-ヒドロキシ酪酸の異化によって 21.5 mol の ATP が得られる．まず 2 分子のアセチル CoA から，クエン酸回路，電子伝達系，酸化的リン酸化を通じて 20 mol の ATP が産生される．β-ヒドロキシ酪酸が酸化されてアセト酢酸になる際に NADH が生じ，2.5 mol の ATP が産生される．得られた 22.5 mol の ATP のうち 1 mol の ATP が，スクシニル CoA によるアセト酢酸の活性化の際に消費される．

脂肪酸の酸化：二重結合と奇数鎖

β 酸化経路は，偶数の炭素原子をもつ飽和脂肪酸を分解する．不飽和脂肪酸や，奇数鎖または分枝鎖をもつ脂肪酸の分解には，別の反応が必要である．

不飽和脂肪酸の酸化 オレイン酸のような不飽和脂肪酸の酸化には，別の酵素が必要である．なぜなら，β 酸化の過程で生じるトランス二重結合とは異なり，天然に存在するほとんどの不飽和脂肪酸の二重結合はシス配置だからである．酵素のエノイル CoA イソメラーゼはシス β, γ 二重結合をトランス α, β 二重結合に変換する．図 12.11 はオレイン酸の β 酸化を示す．

奇数鎖脂肪酸の酸化 ほとんどの脂肪酸は偶数の炭素原子を含んでいるが，いくつかの生物(たとえば，ある種の植物や微生物)は奇数鎖脂肪酸を産生する．このような脂肪酸の β 酸化は，通常，1 個のアセチル CoA 分子と 1 個のプロピオニル CoA 分子を産生する β 酸化の最終サイクルまで進む．次にプロピオニル CoA は，クエン酸回路の中間生成物であるスクシニル CoA に変換される(図 12.12)．ウシやヒツジのような反芻(はんすう)動物は，第一胃に存在する微生物による発酵過程によって奇数鎖脂肪酸を産生しており，奇数鎖脂肪酸の酸化によりかなりの量のエネルギーを得ている．

α 酸化 α 酸化は，フィタン酸のような分枝鎖脂肪酸を分解するための代謝経路である．炭素数 20 の脂肪酸であるフィタン酸はフィトールの酸化生成物であり，フィトールはエステル化されて光合成色素の葉緑素になるジテルペンアルコールである．緑黄色野菜で見られるフィ

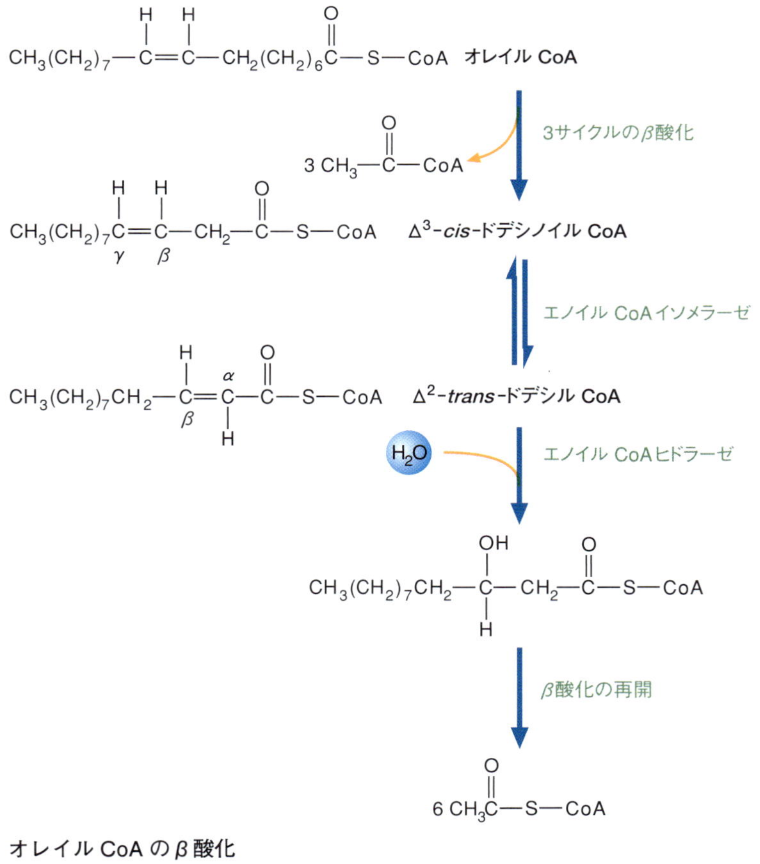

図 12.11 オレイル CoA の β 酸化

オレイン酸の CoA 誘導体(オレイル CoA)の β 酸化は，Δ^3-*cis*-ドデシノイル CoA が生成するところまで進む．この分子はシス二重結合を含むので，これ以降 β 酸化の基質にはならない．そこで，β 位と γ 位の炭素の間にあるシス二重結合を，α 位と β 位の間のトランス二重結合に変換する反応が生じる．この後，再び β 酸化が進行する．

図 12.12　プロピオニル CoA のスクシニル CoA への変換
最初の段階で，プロピオニル CoA は，プロピオニル CoA カルボキシラーゼの作用を受けてカルボキシ化される．この酵素の補因子はビオチンである（p. 385 参照）．生成物の D-メチルマロニル CoA は，メチルマロニル CoA ラセマーゼの働きで L-メチルマロニル CoA になる．最後の段階は，水素原子とカルボニル CoA 基の位置の交換である．この独特の反応は，メチルマロニル CoA ムターゼという酵素によって触媒される．この酵素は，通常，ビタミン B_{12} と呼ばれる 5′-デオキシアデノシルコバラミンを必要とする．

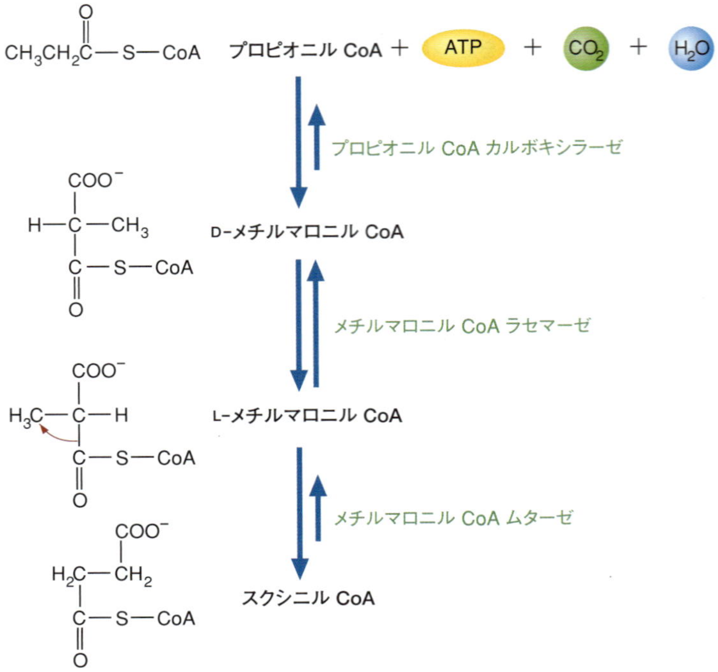

図 12.13　ペルオキシソームにおけるフィタン酸の α 酸化
α 酸化では，フィタノイル CoA は，O_2 を必要とする反応系で α-ヒドロキシフィタノイル CoA に変換される．α-ヒドロキシフィタノイル CoA は，TTP を必要とする脱炭酸反応で α 炭素が酸化されてプリスタナールに変換される．もう一つの生成物であるホルミル CoA のチオエステル結合は，切断されて CoASH とギ酸（HCOOH）となり，ついで CO_2 に酸化される．プリスタナールは，$NAD(P)^+$ を必要とする反応系で酸化されてプリスタン酸となる．プリスタン酸は CoASH でエステル化された後，β 酸化によって分解される．この反応系の生成物は，3 分子のアセチル CoA，3 分子のプロピオニル CoA，1 分子のイソブチリル CoA である．

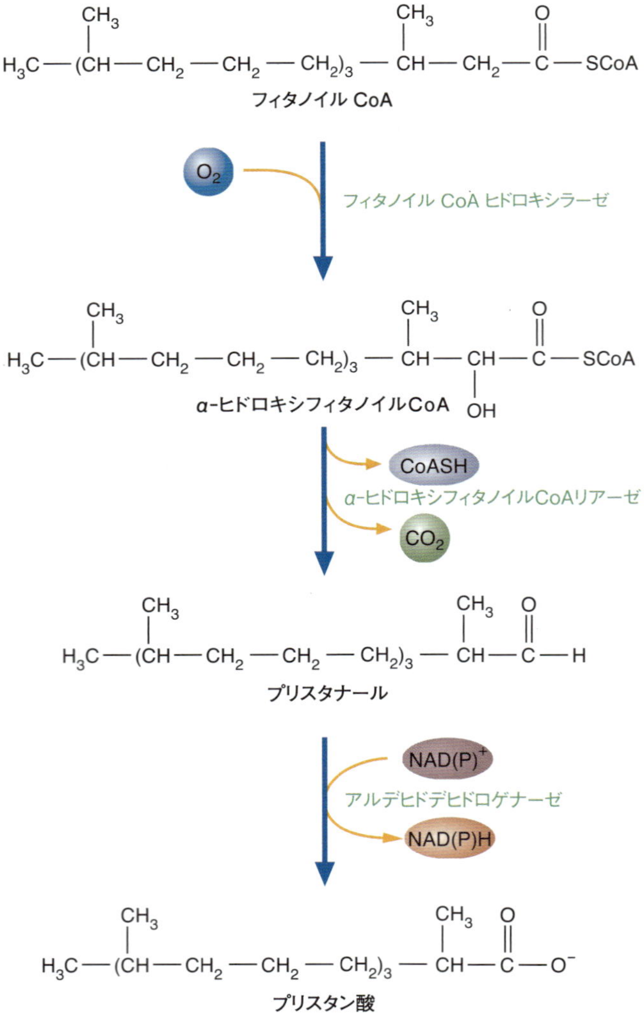

トールは，摂取された後，フィタン酸に変換される．フィタン酸は草食動物由来の乳製品などに含まれている．ヒトにおいて α 酸化はペルオキシソームで起こる．

フィタン酸の β 酸化は C-3 (β) 位に存在するメチル基により阻害される．したがって，フィタン酸を異化する最初の段階は，この分子を α-ヒドロキシ脂肪酸に変換する α 酸化である．この反応に引き続いてカルボキシ基の除去が起こる（図 12.13）．CoA 誘導体へと活性化された後，生成物であるプリスタン酸は β 酸化によりさらに分解される．α 位の連続した側鎖メチル基は β 酸化酵素にとっては支障とはならない．フィタン酸は食物中に大量に含まれるので，フィタン酸の酸化は重要である．フィタン酸を蓄積するレフサム病（フィタン酸蓄積症とも呼ばれる）は，重篤な神経病を引き起こす．レフサム病は常染色体劣性の病気であり，フィタノイル CoA ヒドロキシラーゼをコードする遺伝子に変異あるいは欠損があるために神経に損傷が生じている．フィタン酸の蓄積はミエリン鞘の形成（p. 344 参照）を阻害する．フィタン酸を含む食品（たとえば乳製品）の摂取量を減らすことで，神経損傷を顕著に減らすことができる．

レフサム病

キーコンセプト

不飽和脂肪酸，奇数鎖脂肪酸，分枝鎖脂肪酸を分解するには，β 酸化に加え，いくつかの反応が必要である．

問題 12.6

以前，哺乳動物は糖新生に脂肪酸を利用できないと考えられていた（ピルビン酸デヒドロゲナーゼによって触媒される反応が不可逆的であるために，アセチル CoA はピルビン酸に変換されない）．しかし，最近の研究より，ある特殊な脂肪酸（たとえば，奇数鎖脂肪酸や二つのカルボン酸基をもつ脂肪酸）は，少量ではあるが検出できる程度，グルコースに変換されることが示された．奇数炭素鎖脂肪酸が酸化されると，1 分子のプロピオニル CoA が生成する．肝臓の細胞がプロピオニル CoA からグルコースを合成する可能性のある生化学経路を述べよ（ヒント：図 12.12 を参照）．

問題 12.7

ジカルボン酸の β 酸化による生成物の一つはスクシニル CoA である．図 12.14 に示す分子のグルコースへの代謝経路を示せ．

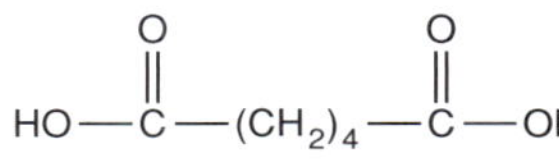

図 12.14 アジピン酸

脂肪酸の生合成

脂肪酸はほとんどの動物細胞の細胞質で合成されるが，脂肪酸合成の主要な部位は肝臓である（たとえば，肝臓で VLDL ができることはすでに述べた．p. 350 参照）．低脂肪で高炭水化物・高タンパク質の食事を摂取した場合や，過剰の炭水化物を摂取した場合，脂肪酸が合成される．すでに述べたように，グルコースは細胞質内でピルビン酸となる．ピルビン酸はミトコンドリアに取り込まれてアセチル CoA に変換され，クエン酸回路の中間生成物であるオキサロ酢酸と縮合してクエン酸となる．ミトコンドリア内クエン酸濃度が十分に高い場合，すなわち，細胞がエネルギーをあまり必要としない場合，クエン酸は細胞質内に移動し，そこでアセチル CoA およびオキサロ酢酸に開裂する．ついでアセチル CoA は脂肪酸の合成に利用される．アセチル CoA からのパルミチン酸合成の正味の反応は次のようになる．

$$8\ \text{アセチル CoA} + 14\ \text{NADPH} + 14\ H^+ + 7\ \text{ATP} \longrightarrow$$

$$\text{パルミチン酸} + 14\ \text{NADP}^+ + 7\ \text{ADP} + 7\ P_i + 8\ \text{CoASH} + 6\ H_2O \qquad (8)$$

比較的多くの NADPH が脂肪酸合成に必要であり，かなりの量の NADPH はペントースリン酸経路（p. 262 参照）から供給される．イソクエン酸デヒドロゲナーゼ（p. 292 参照）やリンゴ酸デヒドロゲナーゼ（p. 294 参照）に触媒される反応からも，少量の NADPH が供給される．

脂肪酸の生合成の概略を図 12.15 に示す．一見すると，脂肪酸の合成は β 酸化経路の逆に見

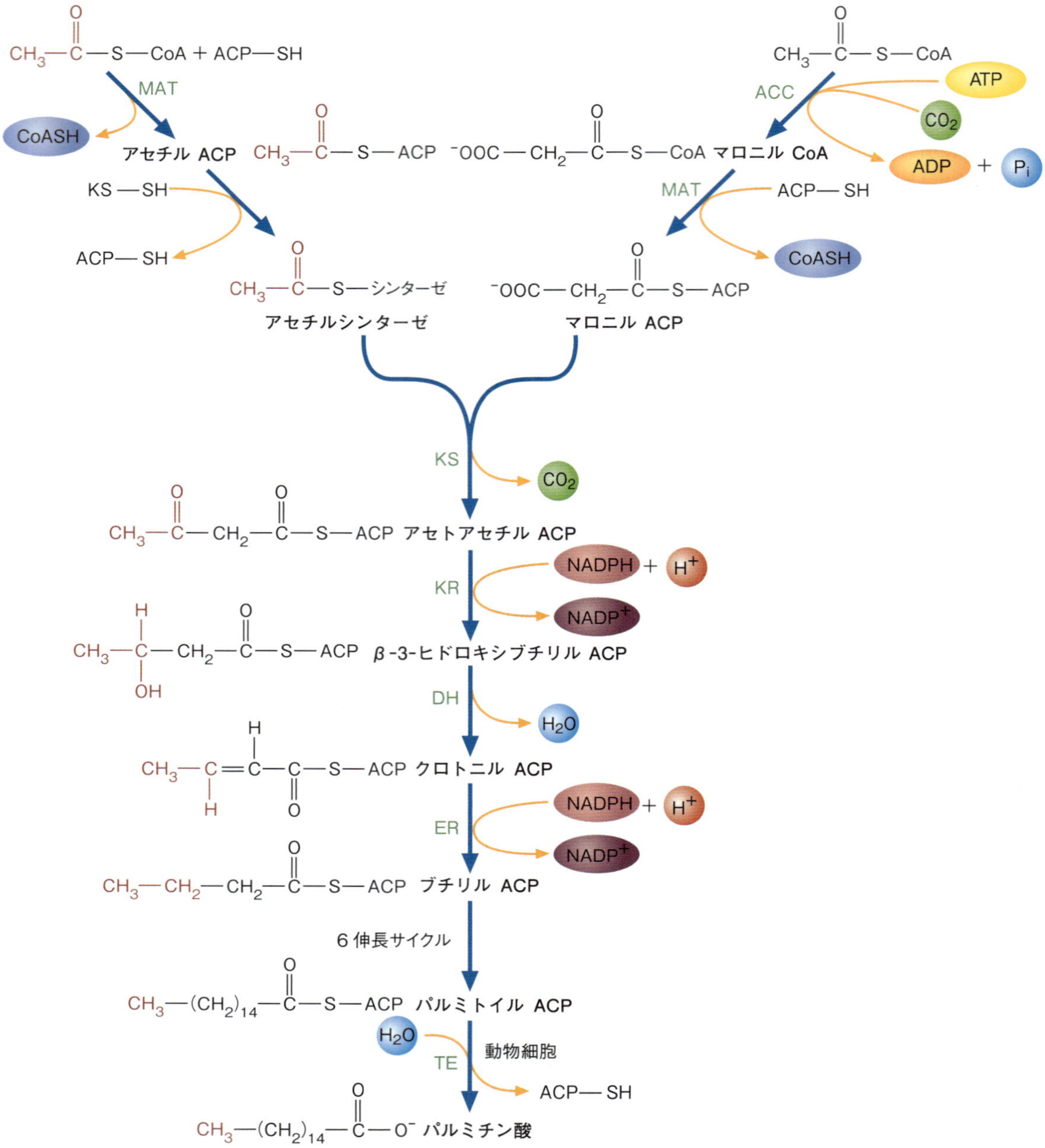

図 12.15　脂肪酸の生合成経路

脂肪酸合成の基質は，アシルキャリヤータンパク質（ACP）にアセチル CoA が結合したアセチル ACP と，ACP にマロニル CoA が結合したマロニル ACP である．二つの反応はマロニル / アセチルトランスフェラーゼ（MAT）によって触媒される．まず，脂肪酸鎖の形成が縮合反応によって始まる．β-ケトアシルシンターゼ（KS）の触媒によって，KS とチオエステル結合しているアセチル基がマロニル基に転移し，アセトアセチル ACP が生成する．β-ケトアシル ACP レダクターゼ（KR）によって，β-カルボニル基が還元されて β-3-ヒドロキシブチリル ACP が生成する．β-ヒドロキシアシル ACP デヒドラターゼ（DH）で脱水されて，炭素間に二重結合をもつクロトニル ACP が生成する．エノイル ACP レダクターゼ（ER）によって還元されると，四つの炭素が飽和されたアシル基をもつブチリル ACP が生成する．このアシル基が ACP から KS の SH 基に転移すると，新たな伸長サイクルが開始する．アシル鎖は，ACP が結合したマロニル基と縮合するので，炭素鎖を二つずつ伸長する．動物における脂肪酸合成は，パルミトイル ACP がチオエステラーゼ（TE）によって，パルミチン酸と ACP に加水分解されることで終了する．

える．たとえば，脂肪酸はアセチル CoA により供給される炭素を C_2 単位で連続的に延長することにより合成される．加えて，同じ中間生成物（β-ケトアシル基，β-ヒドロキシアシル基，および α, β-不飽和アシル基をもつ分子）が両方の経路に存在する．しかしながら最近の研究で，脂肪酸合成と β 酸化には，いくつかの大きな違いがあることが明らかにされた．第一に，脂肪酸合成はおもに細胞質で起こる（β 酸化がミトコンドリアとペルオキシソームで起こることは

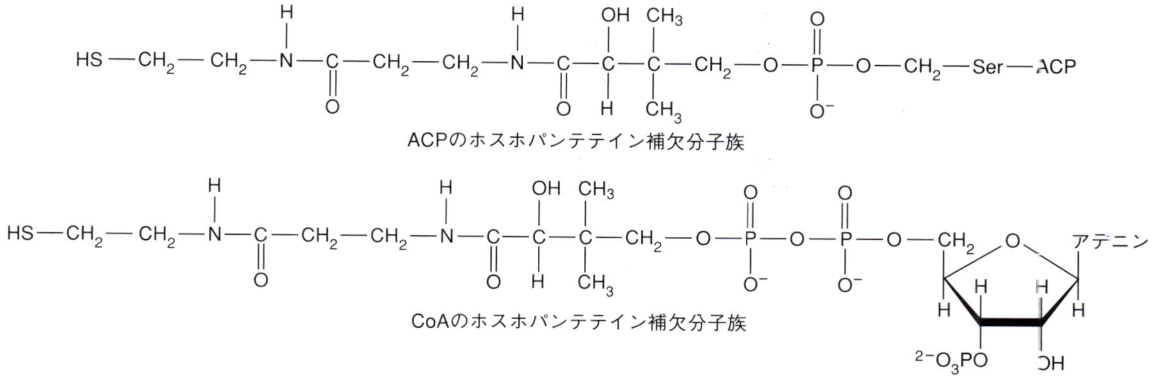

図 12.16 アシルキャリヤータンパク質(ACP)と補酵素 A(CoA，CoASH)のホスホパンテテイン基の比較
脂肪酸は，脂肪酸生合成の際には ACP の補欠分子族と，β酸化の際には CoA の補欠分子族と結合している．

すでに述べた)．第二に，脂肪酸合成を触媒する酵素の構造は，β酸化を触媒する酵素と大きく異なる．真核生物では，これらの酵素のほとんどは脂肪酸シンターゼと呼ばれる酵素複合体である．第三に，脂肪酸合成の中間生成物は，脂肪酸シンターゼの構成成分である**アシルキャリヤータンパク質**(acyl carrier protein, ACP)とチオエステル結合している〔アシル基がβ酸化の過程で CoA(CoASH)とチオエステル結合をすることはすでに述べた〕．アシル基は，ホスホパンテテイン補欠分子族を介して ACP および CoA と結合する(図 12.16)．最後に，NADH や $FADH_2$ を生成するβ酸化とは対照的に，脂肪酸合成は NADPH を消費する．脂肪酸は 2 段階の反応で合成される．まず，アセチル CoA カルボキシラーゼによってアセチル CoA がカルボキシル化されてマロニル CoA となり，ついで，脂肪酸シンターゼによって脂肪酸の鎖長(炭素数)が二つずつ伸長する．

アセチル CoA カルボキシラーゼ アセチル CoA がカルボキシル化されてマロニル CoA に変換される反応は，アセチル CoA カルボキシラーゼ(ACC)が触媒する不可逆的反応である(図 12.17)．最初の反応では，ビオチンが ATP 依存的にカルボキシル化されてカルボキシビオチンになる．ついで脱炭酸反応によって，活性化 CO_2 がビオチンからアセチル CoA に転移する．アセチル CoA のカルボキシル化は脂肪酸合成の律速段階であり，熱力学的に不利な炭素-炭素縮合反応を活性化する．

アセチル CoA カルボキシラーゼはほとんどの生物に存在する．真核生物の ACC は，BCCP(ビオチンカルボキシルキャリヤータンパク質)，BC(ビオチンカルボキシラーゼ)，CT(カルボキシルトランスフェラーゼ)の三つのドメインからなる．ビオチンはカルボキシ基を運ぶ補酵素であり，リシン残基の側鎖にアミド結合することによって BCCP に結合する．リシン側鎖は柔軟な構造になっており，新たにカルボキシル化されたビオチンを BC ドメインの活性部位から 7 Å離れた CT ドメインの活性部位へ転移させる．ついで CT は，カルボキシ基のビオチンからアセチル CoA への転移を触媒し，マロニル CoA を形成する．哺乳動物では，ACC には二つの型が存在する．細胞質型酵素の ACC1 は，肝臓，脂肪組織，授乳中の乳腺など，脂質が豊富な組織に発現している．ミトコンドリア型酵素の ACC2 は，心筋や骨格筋のような酸化的組織に発現しており，その産物であるマロニル CoA はカルニチンアシルトランスフェラーゼ I を強力に阻害する．したがって ACC2 は脂肪酸酸化の制御を担っている．肝臓では脂肪酸の酸化と合成が営まれており，ACC1 と ACC2 の両方が存在する．

哺乳動物の ACC は二つのサブユニットを含み，それぞれビオチン補因子と結合している．ACC 二量体が凝集して，10 から 20 の二量体からなる高分子重合体(分子量 400 万から 800 万)が形成され，ACC は活性化する．ACC は脂肪酸代謝の鍵酵素であり，アロステリック効果とリン酸化反応によって厳密に調節されている(図 12.18)．クエン酸は重合を促進するフィードフォワード活性化因子であり，パルミトイル CoA は脱重合を誘導する最終生成物阻

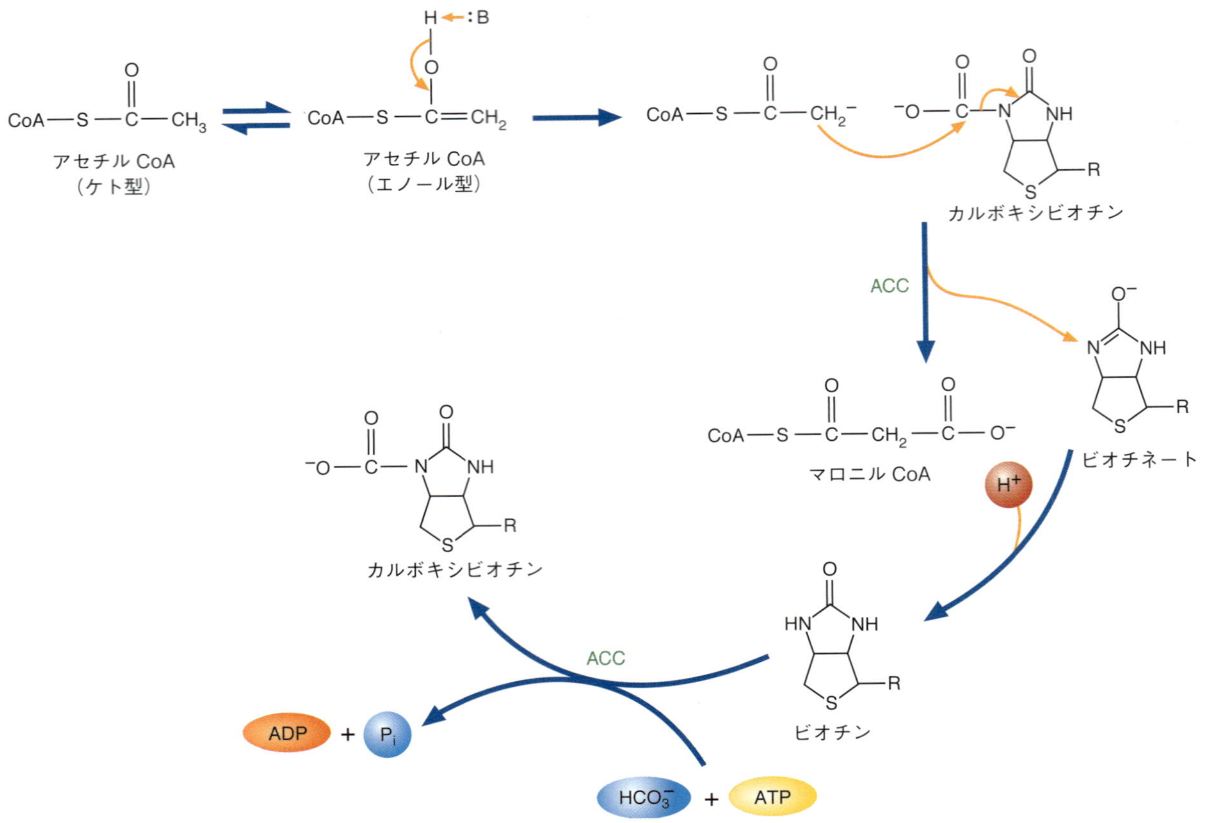

図 12.17　マロニル CoA の合成
最初の反応は，アセチル CoA カルボキシラーゼ(ACC)の補因子であるビオチンの ATP 依存性カルボキシル化である．このカルボキシラーゼはエノール型のアセチル CoA の α 炭素からプロトンを引き抜くことによって，反応性の高いカルボアニオンを生成する．カルボアニオンはカルボキシビオチンのカルボニル炭素を攻撃して，マロニル CoA とビオチネートを生成する．ビオチネートは別の酵素によりプロトン化されてビオチンを再生する．最後に，ACC はカルボキシビオチンを生成し，別のアセチル CoA と反応する．

図 12.18　アセチル CoA カルボキシラーゼ 1 の調節
ACC1 はリン酸化反応によって不活性化(脱重合)される．そのリン酸化反応は，AMP 濃度の上昇に伴う AMPK，グルカゴンの刺激による PKA，パルミトイル CoA の蓄積によって触媒される．ACC1 はホスホプロテインホスファターゼ 2A によって活性化(重合)される．ホスホプロテインホスファターゼ 2A はインスリン濃度の上昇(グルコースを安易に入手できる)によって活性化され，グルカゴン濃度の上昇(低い血中グルコース濃度)やエピネフリンの存在(エネルギー動員を要求するストレス)によって不活性化される．

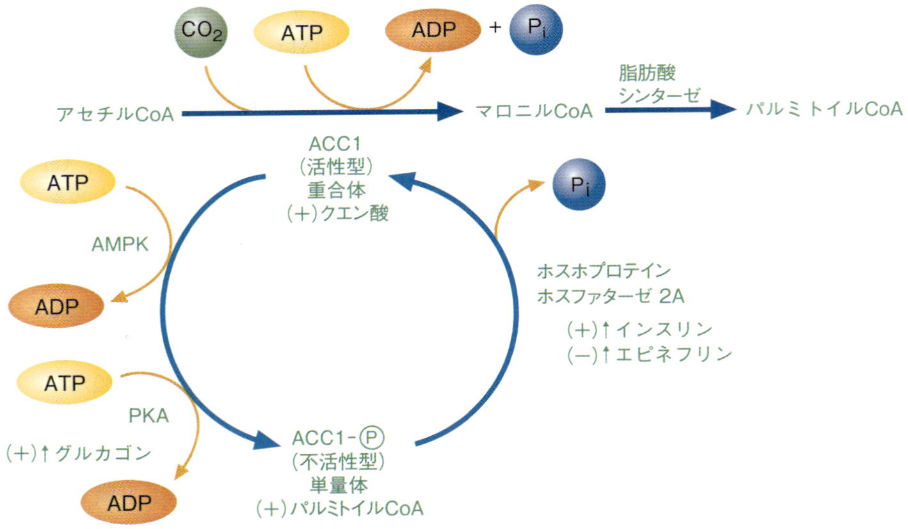

害物質である．これらの分子のアロステリック効果は酵素のリン酸化状態に依存する．ACC はリン酸化され，エネルギー代謝を調節する重要な酵素である AMP 活性化プロテインキナーゼ(AMPK)によって阻害(脱重合)される(AMP は，ADP や ATP よりも細胞のエネルギー貯蔵の敏感な指標となる)．CAMP 活性化タンパク質キナーゼである PKA によるリン酸化はグ

ルカゴンによって引き起こされ，ACC 阻害も担っている．脱重合はパルミトイル CoA によっても引き起こされ，パルミトイル CoA は酵素の二量体型を安定化させる．グルカゴンとエピネフリンは，ACC を含む数多くの標的タンパク質の脱リン酸化に関与するホスホプロテインホスファターゼ-2A（PP-2A）を不活性化することによって，リン酸化 ACC の不活性型を維持する．インスリンは PP-2A を活性化することにより ACC を脱リン酸化し，ACC の重合と活性化を誘導する．ACC の重合型はクエン酸に結合することによって安定化し，アセチル CoA の濃度が高いときに蓄積する．

脂肪酸シンターゼ　ヒトの脂肪酸合成における残りの反応は，酵素複合体である脂肪酸シンターゼ（FAS）で触媒される（図 12.19）．FAS は，二つの同じ分子量 27 万 2000 のポリペプチドが頭（head）と頭（head）で向かい合って交差して結合しているホモ二量体である．それぞれのポリペプチドは七つの触媒ドメインと ACP をもつため，FAS は 2 分子の脂肪酸を同時に合成できる．脂肪酸の合成過程においてアシル中間体は，ACP の 2 nm 長のホスホパンテテイン基にチオールエステル結合によって共有結合している．ACP や FAS のドメインやホスホパンテテイン基には自由度があるため，アシル中間体は，FAS の一方のポリペプチドの活性部位から，もう一方のポリペプチドの活性部位に転移できる．

図 12.15 に示した脂肪酸合成は，アセチル CoA のアセチル基とマロニル CoA のマロニル基

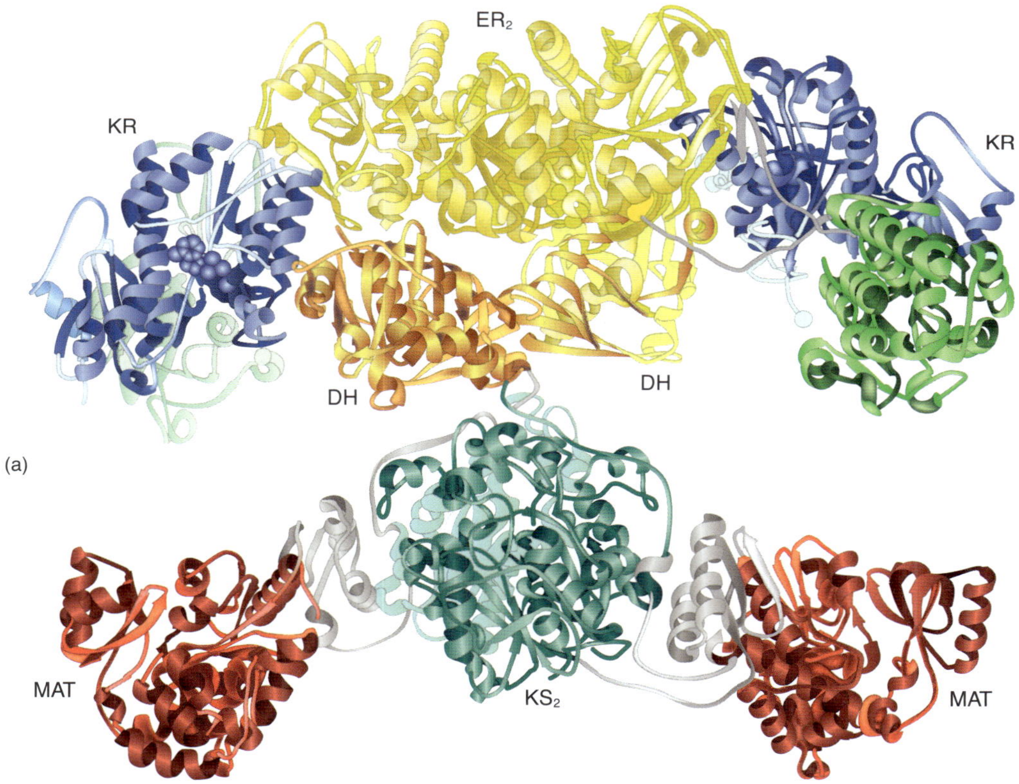

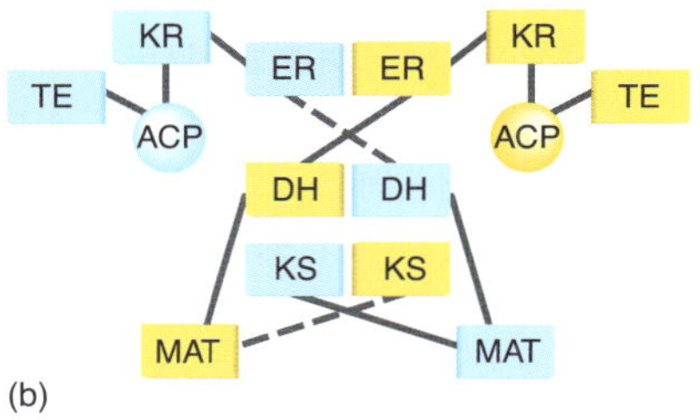

図 12.19　脂肪酸シンターゼの構造
(a) 哺乳動物の FAS の構造は X 線結晶解析に基づいている．ACP は不定形であるため，その構造（この図には示されていない）は未解明であることに注意．各 ACP ドメインは，おそらく KR ドメインの近くに位置している．(b) このモデルは FAS ホモ二量体のドメイン構成を示している（KS：β-ケトアシルシンターゼ，MAT：マロニル/アセチルトランスフェラーゼ，DH：β-ヒドロキシアシル ACP デヒドラターゼ，ER：エノイル ACP レダクターゼ，KR：β-ケトアシルレダクターゼ，ACP：アシルキャリヤータンパク質，TE：チオエステラーゼ）．

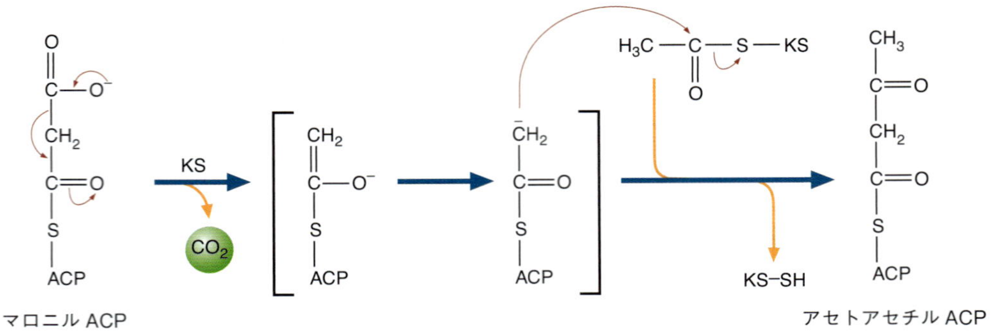

図 12.20　アセトアセチル ACP の生成
β-ケトアシル ACP シンターゼ（KS）によって触媒されるマロニル ACP の脱炭酸反応によって，カルボアニオンが生成される．カルボアニオンが，KS にチオエステル結合を介してつながるアセチル基のカルボニル炭素を攻撃すると，アセトアセチル ACP が生成する．

の転移によって開始する．これらの反応はマロニル / アセチルトランスフェラーゼ（MAT）によって触媒される．ついでアセチル基は，アセチル ACP から *β*-ケトアシルシンターゼ（KS）のシステイニル側鎖に転移する．KS は，マロニル基の脱炭酸反応によってカルボアニオンが生成される縮合反応（図 12.20）を触媒する．カルボアニオンはアセチル基のカルボニル炭素を攻撃し，アセトアセチル ACP 産物が生成される．

2 回の還元と 1 回の脱水からなる次の反応によって，アセトアセチル基はブチリル基へと変換される．*β*-ケトアシル ACP レダクターゼ（KR）はアセトアセチル ACP の還元反応を触媒し，*β*-ヒドロキシブチリル ACP に変換する．その後，*β*-ヒドロキシアシル ACP デヒドラターゼ（DH）が脱水反応を触媒し，クロトニル ACP が生成する．ブチリル ACP は，2,3-*trans*-エノイル ACP レダクターゼ（ER）がクロトニル ACP の二重結合を還元する際に生成される．脂肪酸合成の最初の回路における最後の反応において，ブチリル基がホスホパンテテイン基から KS のシステイン残基へと移される．新たに遊離した ACP-SH 基は別のマロニル基と結合する．この過程は，最終的にパルミトイル ACP が合成されるまで繰り返される．チオエステラーゼ（TE）がチオエステル結合を切断し，パルミトイル基が脂肪酸シンターゼから遊離する．細胞の状態によって，パルミチン酸は数種類の脂質（たとえばトリアシルグリセロールやリン脂質）の合成に直接に利用されたり，ミトコンドリアに取り込まれてある種の酵素によって伸長反応や不飽和反応を受けたりする．小胞体（ER）にも同様の酵素が存在する．

脂肪酸の鎖長伸長と不飽和化　細胞質で合成された脂肪酸や食事由来の脂肪酸の伸長および不飽和化は，おもに ER の酵素によって行われる．脂肪酸の伸長および不飽和化（二重結合の形成）は，膜の流動性の調節や，エイコサノイドのようなさまざまな脂肪酸誘導体の前駆体合成に非常に重要である．たとえばミエリン形成（p. 344）は，とくに ER での脂肪酸合成反応に依存する．かなり長い鎖長の飽和脂肪酸と 1 価不飽和脂肪酸は，ミエリンに見られるセレブロシドやスルファチドの重要な成分である．細胞は，膜脂質に組み込まれる脂肪酸の種類によって膜の流動性を調節している．たとえば寒冷な気候の下では，より不飽和の脂肪酸が組み込まれる（不飽和脂肪酸が飽和脂肪酸よりも凝固点が低いことはすでに述べた．p. 335 参照）．食事によるこれらの分子の供給が不十分なとき，脂肪酸合成経路は活性化される．伸長と不飽和化は密接に関連した反応であるが，わかりやすくするために別べつに述べることにする．

ER において，マロニル CoA 由来の C_2 単位を用いる脂肪酸の鎖長伸長は，細胞質の脂肪酸合成回路と同様に，縮合，還元，脱水，再還元という一連の反応をたどる．細胞質の反応とは対照的に，ER における伸長反応の中間生成物は CoA エステルである．これらの反応は，飽和脂肪酸および不飽和脂肪酸の両方を伸長しうる．還元当量は NADPH によって供給される．

アシル CoA 分子は，NADH と O_2 が存在する場合の ER 膜上で不飽和化される．シトクロム b_5 レダクターゼ（フラビンタンパク質），シトクロム b_5，および酸素依存性デサチュラーゼ

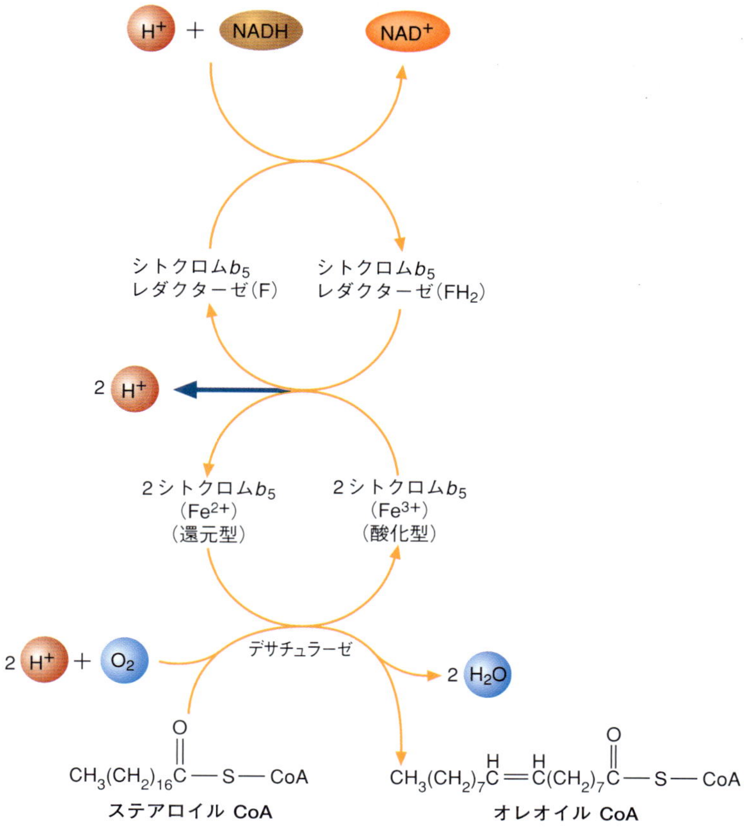

図 12.21　ステアロイル CoA の不飽和化
デサチュラーゼは電子を必要とする．この電子は，シトクロム b_5 レダクターゼとシトクロム b_5 によって構成された電子伝達系が酸素（図には示されていない）を活性化することによって供給される．NADH は電子供与体として機能する．これらの結果，二重結合が形成される．

が電子伝達系として共働する．この系は長鎖脂肪酸に効率よく二重結合をつくりだす（図 12.21）．フラビンタンパク質とシトクロム b_5（およそ 1：30 の割合で見られる）には，ER 膜にタンパク質をつなぎとめる疎水性ペプチドが存在する．動物は一般的に Δ^9，Δ^6，および Δ^5 デサチュラーゼをもっており，これらは NADH から供給される電子を用い，二重結合をつくるために必要な酸素を活性化する．伸長反応と不飽和は連続して起こるため，さまざまな長鎖多価不飽和脂肪酸がつくりだされる．この反応の一例としては，リノール酸（18：$2^{\Delta 9, 12}$）からアラキドン酸（20：$4^{\Delta 5, 8, 11, 14}$）への合成があげられる．

脂肪酸酸化と脂肪酸合成の比較　β酸化と脂肪酸合成の機構は明確に異なっている．β酸化は脂肪酸を分解し，アセチル CoA を産生する機構であり，アセチル CoA はエネルギーを産生するクエン酸回路の基質として利用される．一方，アセチル CoA が脂肪酸に合成されると，エネルギーは体内に貯蔵される．β酸化と脂肪酸合成では，営まれる細胞内器官が異なるばかりでなく，それぞれにかかわる酵素や補酵素も異なる．**表 12.1** に二つの代謝経路の相違の概略を示す．

キーコンセプト

- 動物においては，脂肪酸は細胞質内でアセチル CoA とマロニル CoA から合成される．
- ミトコンドリアと小胞体（ER）の酵素は，新たに合成された脂肪酸や食事由来の脂肪酸を伸長および不飽和化する．

問題 12.8

過度のフルクトース摂取は，肥満や高トリグリセリド血症（血中トリアシルグリセロール濃度が高い病気）に陥る．ほとんどのアメリカ人にとって，最も一般的なフルクトース源は，スクロースと，フルクトースを多く含むコーンシロップである．ここ数十年で，フルクトース含有コーンシロップは，スクロースに比べて安価なために代替品として多くの加工食品や飲料に使われるようになり，今では甘味料のカロリーの 40% を占める（生の果物や野菜に含まれるフルクトース含量はかなり低いために，高トリグリセリド血症を引き起こすほど大量に摂取することはない）．スクロースはスクラーゼによって小腸で消化され，フルクトース

高トリグリセリド血症

表 12.1 脂肪酸 β 酸化と脂肪酸合成の比較

	脂肪酸 β 酸化	脂肪酸合成
細胞内位置	ミトコンドリア	細胞質
基質	アシルCoA, FAD, NAD^+, CoASH	アセチルCoA, NADPH
生成物	アセチルCoA, $FADH_2$, NADH	パルミチン酸, $NADP^+$, CO_2, CoASH
反応回路	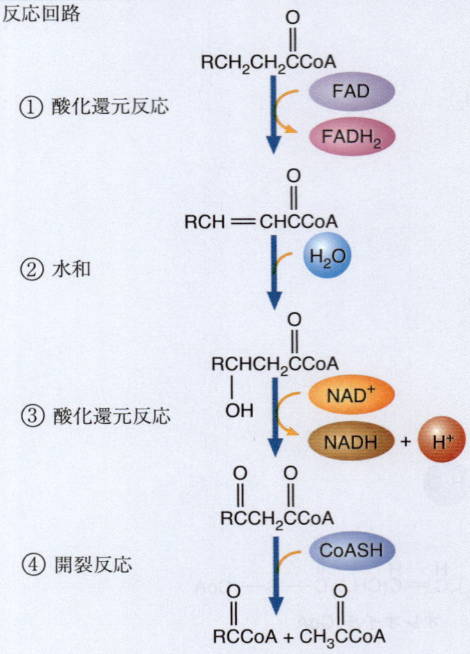	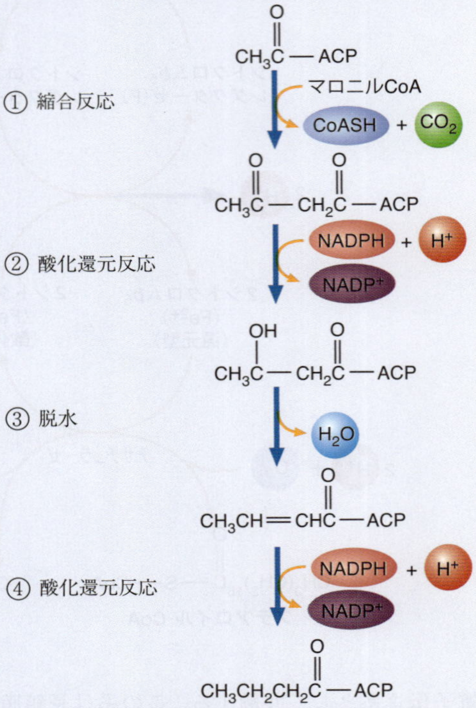

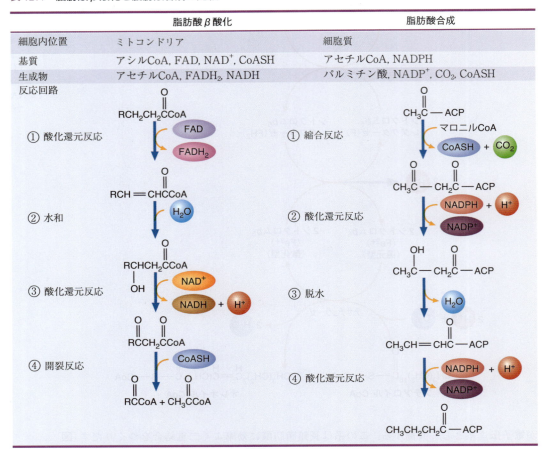

とグルコースを1分子ずつ生じる．この消化はきわめて速いので，これら血中濃度は急速に上昇する．フルクトースがいったん肝臓に取り込まれると，フルクトース 1-リン酸に変換される（p. 265 参照）．血中グルコース濃度が高いと，インスリンやレプチン（脂肪組織から分泌されるホルモン）の分泌を促して食欲を抑制するが，フルクトースにはこのような作用は見られない．フルクトース代謝と脂肪酸およびトリアシルグリセロール合成を考え合わせて，スクロースやフルクトースを多く含むコーンシロップを摂取すると，どのようにして高トリグリセリド血症が発症するか述べよ．

哺乳動物における脂肪酸代謝の調節

動物のエネルギー必要量は変化しやすいので，主要なエネルギー源である脂肪酸の代謝は厳密に調節されている．その調節機構には短期と長期がある．分単位の短期的な調節機構では，鍵酵素の活性はアロステリック調節因子（図 12.22），共有結合修飾，ホルモンによって修飾されている．エネルギーレベルが高いとき，β 酸化はアロステリック調節因子である NADH とアセチル CoA が β-ヒドロキシアシル CoA デヒドロゲナーゼとチオラーゼへそれぞれ結合することによって抑制される．同様に，ACC の産物であるマロニル CoA は CAT-I のアロステリック調節因子である．肝臓においてインスリン / グルカゴン比が高いとき，マロニル CoA レベルは上昇し，β 酸化の抑制を引き起こし，無益回路を抑制する．細胞内で高濃度の長鎖脂肪アシル CoA エステルは，その脱重合を促進することにより ACC を抑制する．

AMPK 脂肪酸合成と β 酸化は AMPK（5′-AMP-activated protein kinase，5′-AMP 活性化タ

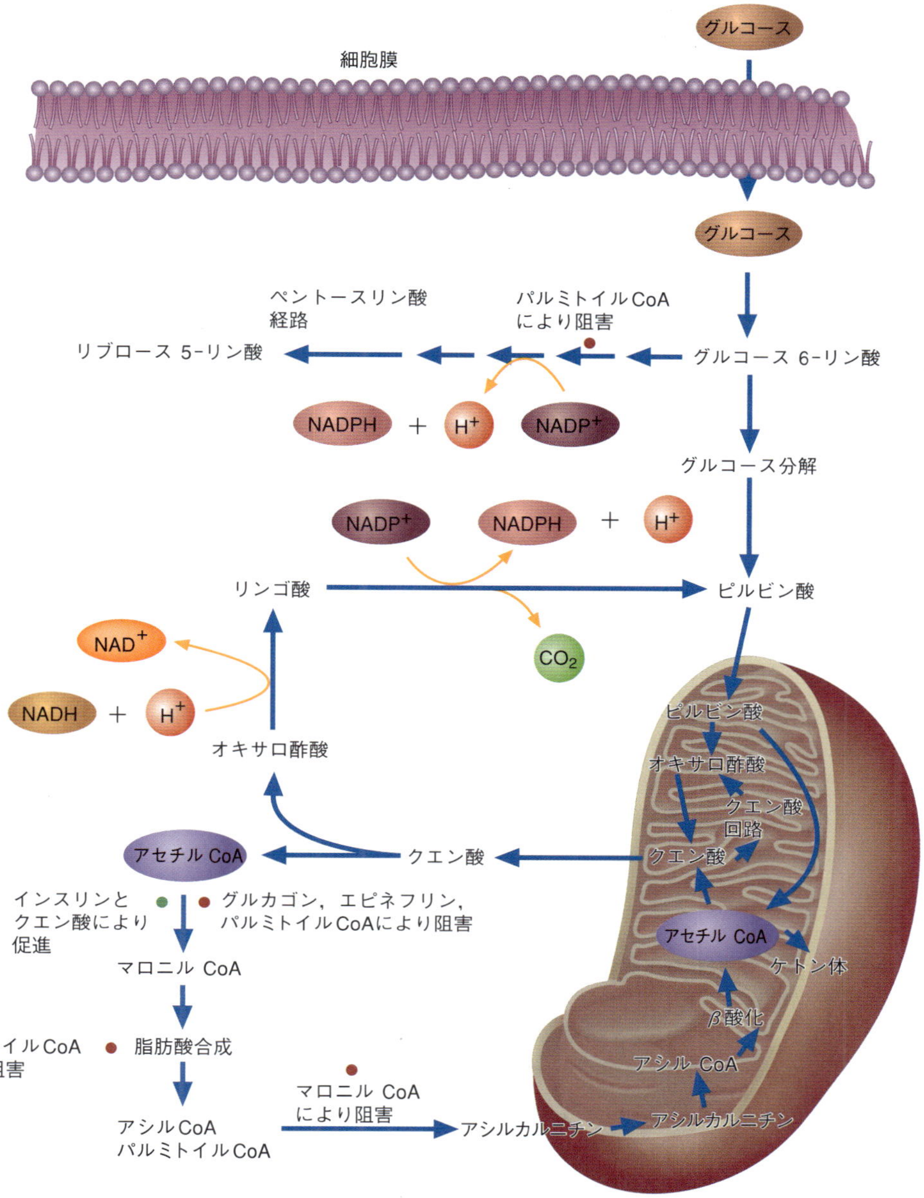

図 12.22　細胞内の脂肪酸代謝の調節

脂肪酸は細胞質内でアセチル CoA から合成される．アセチル CoA はミトコンドリアの内部でつくられるが，そのままでは内膜を通過できないため，いったんクエン酸のかたちになる．クエン酸は，クエン酸回路（ミトコンドリアのマトリックスに存在する反応経路）のなかで，アセチル CoA とオキサロ酢酸からつくられる．こうしてできたクエン酸は，β 酸化が活発でないとき，つまり細胞があまりエネルギーを必要としないときに細胞質へ送られる．その後，クエン酸はオキサロ酢酸とアセチル CoA に分かれる．細胞が多くのエネルギーを必要としているときには，脂肪酸がアシルカルニチン系化合物のかたちでミトコンドリアの内部へ送られる．そこでアシル CoA は β 酸化を介して分解される．グルカゴンは CAT-1 を刺激することによって脂肪酸酸化を促進する．AMPK，グルカゴンやエピネフリンなどのホルモン，クエン酸やマロニル CoA やパルミトイル CoA といった基質は，脂肪酸代謝の重要な調節因子である．脂肪酸合成に必要な NADPH の一部は，ペントースリン酸経路のいくつかの反応によってつくられる．NADPH はリンゴ酸（オキサロ酢酸の還元によってできる物質）をピルビン酸に変える過程においても産生される．

ンパク質キナーゼ，p. 254）によるエネルギー需要の変化によって迅速に調節される．AMPK は，触媒作用をもつ α サブユニットと，調節作用をもつ β および γ サブユニットで構成される三量体の酵素である．AMP/ATP 比が上昇し始めると，AMPK は上流の AMPK キナーゼによって，また，そのアロステリック調節因子である AMP によって活性化される．AMP は，アロステリック活性化因子として働くことに加え，リン酸化反応の活性化を促進し，タンパク

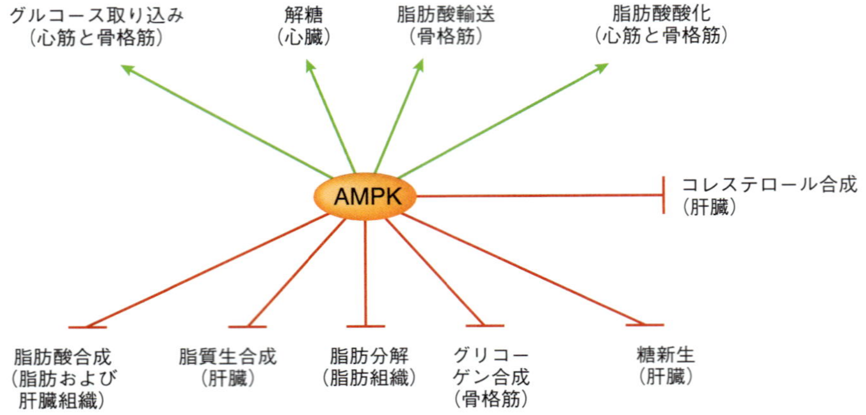

図 12.23　脂質および炭水化物の代謝で AMPK に制御された経路
細胞内 AMP 濃度が上昇すると，多くの代謝経路を制御する AMPK が活性化する．AMPK は，標的タンパク質をリン酸化することで，エネルギー消費状態からエネルギー産生状態に代謝を切り換える．骨格筋，心筋，肝臓，脂肪組織の主要な代謝経路における AMPK の作用を図に示す．AMPK は，膵臓 β 細胞からのインスリン分泌に対する抑制作用や，食欲を刺激する摂食中枢（p. 531 参照）に対する作用を介して全身の代謝を制御している．

質ホスファターゼによる脱リン酸化を抑制する．AMP レベルは細胞内のエネルギー状態を反映する感受性の高い指標であり，細胞内 ATP レベルの減少（たとえば，栄養素欠乏，低酸素症，熱ショック，長時間の運動）といったストレスに応じて上昇する．いったん AMPK が活性化すると，AMPK は同化経路〔たとえば，リン酸化 ACC1（p. 385）による脂肪酸の合成，グリセロール-3-リン酸アシルトランスフェラーゼによるトリアシルグリセロールの合成〕のスイッチを切り，異化経路〔たとえば，マロニル CoA の濃度および ACC2 の活性を減少させる酵素であるマロニル CoA デカルボキシラーゼ（MCD）の AMPK 誘導性の活性化による β 酸化〕のスイッチを入れる．全身の主要な代謝経路に対する AMPK の影響を図 12.23 に示す．

ホルモン　ホルモンは脂肪酸代謝を短期的，長期的に調節する重要な因子である．脂肪酸合成を促進するインスリンの短期的調節は，迅速なシグナル伝達機構によって制御される．インスリンは，アロステリック調節因子と共有結合修飾との組合せで，ACC1 を脱リン酸化して活性化するホスホプロテインホスファターゼ 2A を活性化する（p. 385）．またインスリンは，脂肪組織において ATP-クエン酸リアーゼ（p. 297）とピルビン酸デヒドロゲナーゼを活性化する．脂肪細胞においてインスリンは，輸送体 GLUT-4 の細胞表面への移動を誘導し，グリセロール 3-リン酸と脂肪酸の前駆体となるグルコースの細胞内への取り込みと，脂肪の合成を促進する．インスリンは同時に，ホルモン感受性リパーゼのリン酸化を刺激することによって，脂肪細胞における脂肪の動員を抑制する．エピネフリンは，シグナル伝達を介するリン酸化反応を経由して，ホルモン感受性リパーゼの脱リン酸化と不活性化を刺激することにより脂肪分解を増加させる．グルカゴンは，おそらく CAT-1 を活性化することによって脂肪酸の酸化を亢進する．

転写因子　栄養供給とエネルギー需要の変化に応答する脂肪酸代謝の長期的調節は，遺伝子発現によって制御される．SREBP と PPAR という 2 種類の転写因子は，複雑は代謝を制御する重要な因子である．これらの転写因子が活性化すると，標的遺伝子の上流にあるシスエレメントに結合し，コアクチベーターとの結合が引き金となり，転写が開始される．

SREBP（sterol regulatory element binding protein，ステロール調節エレメント結合タンパク質）は二つの遺伝子にコードされ，SREBP1a，SREBP1c，SREBP2 の三つのタンパク質が存在する．SREBP1a と SREBP1c は脂肪酸代謝に関与する遺伝子の発現を制御するが，SREBP1c のほうが重要だと考えられている．SREBP1a は SREBP に応答するほぼすべての遺伝子の転写を制御するが，動物組織でわずかしか発現していない．SREBP2 は，コレステロール代謝に関与する遺伝子の発現を制御している(p. 393 参照)．肝臓や脂肪組織においてインスリンに応答して SREBP1c が活性化されると，脂肪酸合成や NADPH 合成に関与する酵素をコードする遺伝子の転写が亢進する．グルカゴンや高濃度の長鎖脂肪酸は SREBP1c を抑制する．

PPAR (peroxisome proliferator-activated receptor，ペルオキシソーム増殖因子活性化受容体)は，肝細胞のペルオキシソームを増殖させる合成化合物によって活性化されることから，その名がついた．PPAR は，標的遺伝子の PPAR 応答配列に結合するリガンド活性型の転写因子である．PPARα はペルオキシソームを増殖させることから発見された転写因子であり，脂質代謝に関与するいくつかの遺伝子の発現を制御する．肝臓や脂肪組織では，PPAR は絶食条件下において脂肪酸異化とケトン体生成を刺激する．PPARγ はおもに脂肪組織で発現し，インスリンや SREBP1 と協働して，グルコースの取り込みや，脂肪酸とトリアシルグリセロール合成を亢進することにより脂肪蓄積を促進する．PPAR の活性は，飽和脂肪酸，不飽和脂肪酸，プロスタグランジン，ロイコトリエンの結合により亢進する．

血中グルコース濃度が上昇すると，肝臓と脂肪組織のグルコース応答転写因子 ChREBP (p. 253 参照)が活性化する．ChREBP/Mlx 二量体は，過剰の糖質を脂肪酸に変換する酵素(たとえば ACC や脂肪酸シンターゼ)の合成を亢進する．

キーコンセプト

- 動物の三要なエネルギー源となる脂肪酸の代謝は，短期的にはアロステリック調節因子，共有結合性修飾，ホルモンによって調節される．
- 栄養素供給とエネルギー需要の変動に応答する長期的な代謝調節は，遺伝子発現によって制御される．

問題 12.9

次の生体分子の名称と，それらの機能を述べよ．

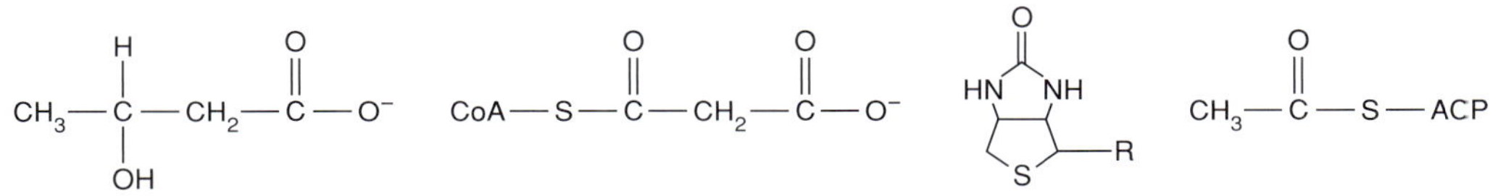

(a) (b) (c) (d)

リポタンパク質代謝：内因性経路

リポタンパク質の内因性経路は，脂質を肝臓から肝外組織に運搬する経路である．VLDL は肝実質細胞の小胞体で合成され，合成直後の未成熟 VLDL は，アポリポタンパク質 B-100，トリアシルグリセロール，リン脂質，コレステロール，コレステロールエステルから構成される．未成熟 VLDL が血中に放出されると，HDL からアポリポタンパク質 C-Ⅱおよび E を獲得して成熟 VLDL となる．VLDL が標的細胞付近に存在する LPL と遭遇すると，LPL はアポリポタンパク質 C- Ⅱによって活性化され，活性化した LPL は VLDL のトリアシルグリセロールを取り除く．脂肪組織に供給された脂肪酸は，トリアシルグリセロールに再構成され，脂肪滴として蓄積する．筋細胞に取り込まれた脂肪酸は，筋収縮に必要なエネルギーを供給するために酸化される．VLDL 中のトリアシルグリセロールが減少すると，VLDL は IDL となる．IDL のアポリポタンパク質 E が肝実質細胞表面に存在する受容体に結合すると，IDL は血液中から肝実質細胞中へエンドサイトーシスされる．IDL のトリアシルグリセロール含量は肝性リパーゼによってさらに減少する．IDL 中のコレステロール含量がトリアシルグリセロール含量を上回ると，IDL は LDL となる．LDL は，肝臓から血流に乗って肝外組織に運搬される．LDL のアポリポタンパク質 B-100 が LDL 受容体に結合すると，LDL は細胞内へエンドサイトーシスされ，組織にコレステロールを供給する．

12.2 膜脂質の代謝

生体膜の脂質二重層は，おもにリン脂質とスフィンゴ脂質から構成されている．これらの脂質の代謝について簡単に述べる．

生化学の広がり

アテローム性動脈硬化症

アテローム性動脈硬化症と呼ばれる動脈疾患には，どのような生化学的背景があるのだろうか？

アテローム性動脈硬化症（atherosclerosis）は，アテロームと呼ばれる柔らかい固まりが動脈壁に蓄積し，最終的に動脈壁の機能的構造を損なう慢性疾患である．正常な動脈壁は強くて弾力がある．動脈壁は明確な3層からなる．すなわち，内膜（細胞外マトリックスに接着する単層の内皮細胞），中膜（弾性繊維，コラーゲン，プロテオグリカンからなる細胞外マトリックスに包埋された平滑筋細胞層），外膜（繊維芽細胞，平滑筋，コラーゲン，エラスチンからなる最外側層）である．

かつて血管は単なる血液の通路としか考えられていなかったが，今では生理学的に活発な組織であると考えられている．たとえば，動脈の内側を覆う内皮細胞は，有害物質の血管壁への流入を防ぎ，動脈が剪断応力（血流によって生じる振動性の機械力）を受けるのを防ぐバリヤーとして機能する．一酸化窒素（NO）は，血管内皮細胞型NOシンターゼによって合成される血管拡張因子であり，平滑筋を弛緩させる．また内皮細胞は，動脈の内側をテフロン状の滑らかな表面に整え，これによって白血球が接着しなくなる．内皮細胞のバリヤーは加齢とともに崩れて脆弱となり，これらは食事の乱れ，喫煙，運動不足によって悪化する．

アテローム性動脈硬化症は，高血糖に伴う終末糖化産物（AGE，p.218参照）の形成や喫煙に伴うAGE沈着によって，血管内皮細胞の表面が損傷するために発症する．血管内皮細胞は，白血球を攻撃するケモカイン分泌や，マクロファージに分化する単球や細胞を結合する細胞表面接着分子の産生によって，変化する．単球/マクロファージは，免疫グロブリンのスーパーファミリーであるAGE受容体（RAGE）を介して，AGEを結合する．RAGEにリガンドが結合することで誘導されるシグナル経路によって，酸化ストレスが亢進する．小型高密度LDL（sdLDL，p.351参照）は動脈壁のプロテオグリカンと親和性があり，sdLDLが損傷部位に取り込まれて，炎症が進行する．取り込まれたsdLDLは，抗酸化物質の枯渇と酸化的損傷を誘導し，蓄積する．酸化LDLを取り込むマクロファージの能力が増大し，食細胞はリポタンパク質で満たされて〝泡沫細胞〟へと変化する．それらとともに，損傷した内皮細胞，マクロファージ，平滑筋細胞は，細胞分裂と細胞遊走を促進する分子を分泌し，血管壁の構造を再構築する．その結果，損傷を修復する過程で，損傷組織を取り囲むように繊維性被膜が形成される．

アテローム性動脈硬化症は，一般的に外側へではなく内側に広がるアテロームを形成し，血流を遮断してしまう．アテローム性動脈硬化病変（プラーク）は，通常，何十年の長期間にわたって明らかな障害は見られない．しかし，炎症反応は繊維性被膜に損傷を与え，突如として破裂する．血栓（凝血）が連続的に形成されると，冠状動脈のような比較的小さな血管の血流が止まる．冠状動脈損傷の最も一般的な症状である突然死は，このようにして引き起こされる．一部の心筋梗塞（心臓発作）では，プラークが外側に向かって形成され血流を遮断する．これらの場合，冠状動脈の数本を流れる血流が低下し，心筋細胞への酸素と栄養素の供給が阻害されるために，胸に痛みと圧迫感を伴う狭心症が発症する．血管閉塞を迅速に治療することで命を救うことができる．

まとめ　心筋梗塞を引き起こすアテローム性動脈硬化症は，血管の内側を覆う内皮細胞の傷害によって発症する．アテローム性動脈硬化病変の形成はLDL蓄積によって始まり，動脈の構造と機能が損なわれるために炎症が進行する．

リン脂質の代謝

真核細胞の細胞内膜系（p.37参照）の細胞膜は，細胞質との境界でリン脂質合成を担う滑面小胞体（sER）に由来する．sER膜の脂肪酸組成が変化し，不飽和脂肪酸が飽和脂肪酸と置き換わる．このリモデリングはホスホリパーゼやアシルトランスフェラーゼによって行われ，この機構により細胞の生体膜の流動性が調整される．

ホスファチジルエタノールアミンとホスファチジルコリンの合成は類似している（図12.24）．ホスファチジルエタノールアミンの合成は，エタノールアミンが細胞内に取り込まれてただちにリン酸化される際に，細胞内で始まる．その後，ホスホエタノールアミンはCTP（シチジン三リン酸）と反応し，活性型中間生成物のCDP（シチジン二リン酸）エタノールアミンを形成す

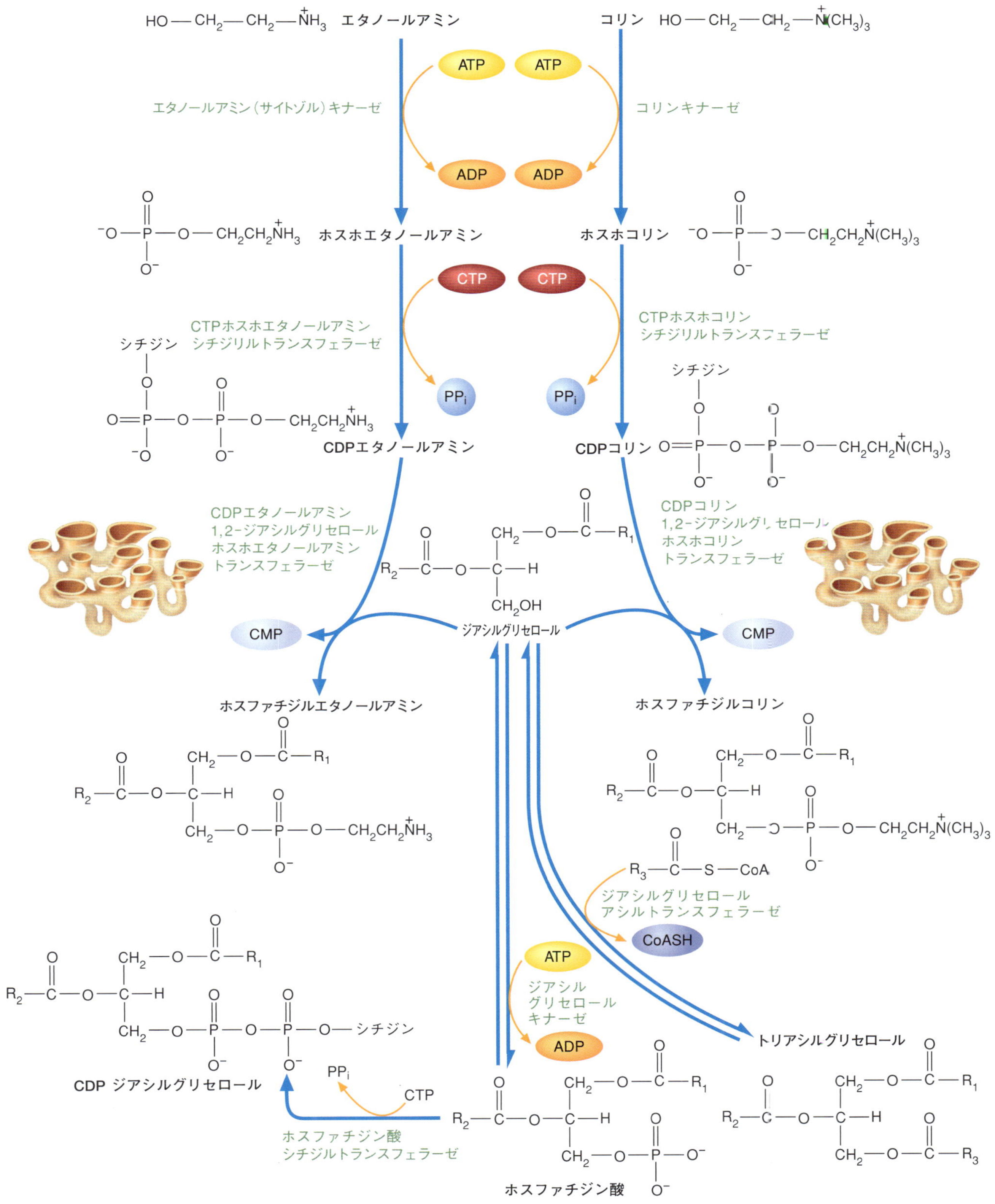

図 12.24 リン脂質の生合成経路
エタノールアミンあるいはコリンが細胞に入ると，リン酸化されて CDP 系化合物となる．ついで，この CDP 系化合物とジアシルグリセロールが反応を起こし，ホスファチジルエタノールアミンあるいはホスファチジルコリンがつくられる．ジアシルグリセロールがアシル CoA と反応した場合には，トリアシルグリセロールができる．ホスファチジン酸と CTP からつくられる CDP ジアシルグリセロールは，ホスファチジルグリセロールやホスファチジルイノシトールといったリン脂質の前駆体である．

る．CDP 誘導体は，ホスホグリセリドの合成における極性基の輸送において重要な役割を果たす．CDP エタノールアミンはジアシルグリセロールと反応し，ホスファチジルエタノールアミンとなる．前述のように，ホスファチジルコリンの生合成はホスファチジルエタノールアミンの生合成と類似している．この経路において必要なコリンは食事由来である．しかしながら，ホスファチジルコリンは肝臓においてホスファチジルエタノールアミンからも合成される．ホスファチジルエタノールアミンは，ホスファチジルエタノールアミン-*N*-メチルトランスフェラーゼによって3段階のメチル化を受け，トリメチル化生成物であるホスファチジルコリンとなる．*S*-アデノシルメチオニン（SAM）はこの一連の反応におけるメチル供与体である（SAM の細胞メチル化過程における役割については 14 章で述べる）．

動物において，ホスファチジルセリンは，ホスファチジルエタノールアミンの極性頭部基が置き換わることによって生成され，その反応はホスファチジルエタノールアミン-セリントランスフェラーゼによって調節される．ホスファチジルセリンの脱炭酸によってホスファチジルエタノールアミンが生成する反応は，多くの真核生物にとって重要な反応である．

リン脂質の代謝回転は速い〔**代謝回転**（turnover）とは，構造内のすべての分子が分解され，新たに合成された分子に置き換わる効率を意味する〕．たとえば動物細胞では，2回の細胞分裂でリン脂質分子の総数の半分が置き換わる．ホスホグリセリドはホスホリパーゼによって分解される．各ホスホリパーゼは，ホスホグリセリド分子内の特定の結合の開裂を触媒する．ホスホリパーゼ A_1 および A_2 は，ホスホグリセリドのエステル結合を C-1 および C-2 位で加水分解する（図 11.9 参照）．

キーコンセプト

- リン脂質の合成は sER 膜中で起こる．リン脂質は合成された後，脂肪酸構成が変わるリモデリングを受ける．
- リン脂質の分解は，いくつかのホスホリパーゼによって触媒される．

スフィンゴ脂質の代謝

動物のスフィンゴ脂質は，アミノアルコールのスフィンゴシンの誘導体であるセラミドをもっている．セラミドの合成は，パルミトイル CoA とセリンが縮合し，3-ケトスフィンガニンを生成することから始まる．この反応は，ピリドキサール 5′-リン酸依存性酵素である 3-ケトスフィンガニンシンターゼによって触媒される（ピリドキサール 5′-リン酸はアミノ酸代謝において重要な役割を果たす．この補酵素の生化学的機能については 14 章で述べる）．3-ケトスフィンガニンは続いて NADPH によって還元され，スフィンガニンとなる．アシル CoA と $FADH_2$ が関与する2段階の過程によって，スフィンガニンはセラミドになる．スフィンゴミエリンは，セラミドがホスファチジルコリンと反応することでできる（代替反応では，ホスファチジルコリンの代わりに CDP コリンが使われる）．セラミドが UDP グルコースと反応すると，グルコシルセラミド（一般的なセレブロシドで，しばしばグルコシルセレブロシドと呼ばれる）がつくられる．他の糖脂質の前駆体であるガラクトセレブロシドは，セラミドが UDP ガラクトースと反応することで合成される．スルファチドは，ガラクトセレブロシドが硫酸基供与体である **3′-ホスホアデノシン 5′-ホスホ硫酸**（3′-phosphoadenosine-5′-phosphosulfate, PAPS）と反応することで合成される（図 12.25）．硫酸基の輸送は，ミクロソーム内の酵素であるスルホトランスフェラーゼによって触媒される．スフィンゴ脂質はリソソームのなかで分解される．これらの分子を分解するのに必要な酵素が欠損しているために引き起こされるスフィンゴ脂質蓄積病と呼ばれる特異的疾患については，すでに述べた（p. 345）．スフィンゴミエリンとスフィンゴ糖脂質の生合成経路を図 12.26 に示す．

キーコンセプト

すべてのスフィンゴ脂質の合成は，セラミドの合成から始まる．スフィンゴ脂質は，リソソームにおいて特異的な加水分解酵素によって分解される．

図 12.25　3-ホスホアデノシン 5′-ホスホ硫酸（PAPS）
PAPS は高エネルギーの硫酸基供与体である．

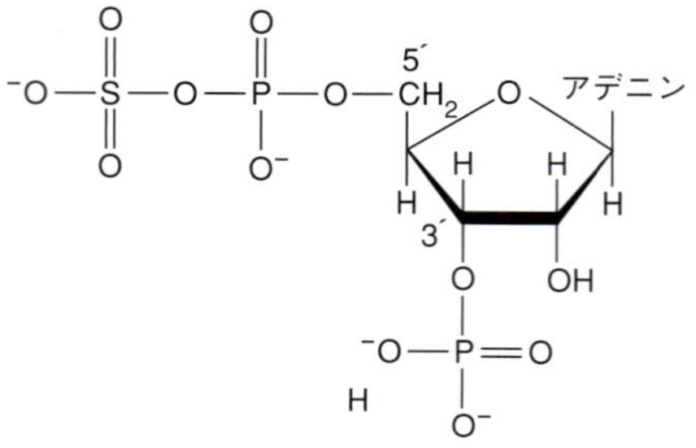

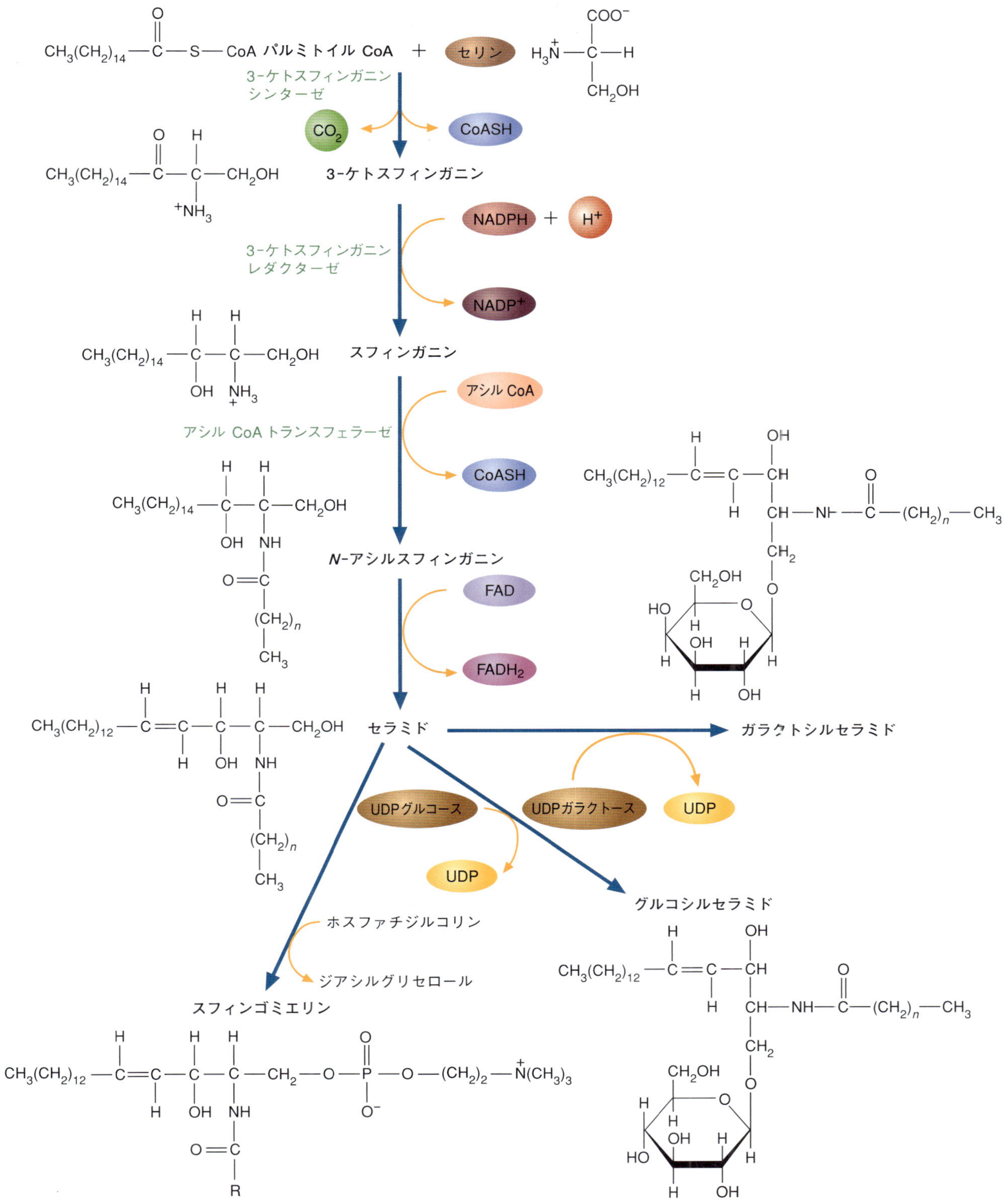

図 12.26　スフィンゴミエリンとスフィンゴ糖脂質の生合成経路

スフィンガニンの合成は小胞体で行われる．スフィンゴミエリンとスフィンゴ糖脂質の合成はゴルジ複合体の膜の内腔側で行われる．

12.3　イソプレノイドの代謝

イソプレノイドはすべての真核生物に存在する．イソプレノイド分子は驚くほど多様であるが，生物種が異なってもそれらの生成機構は類似している．実際，イソプレノイド合成の第一段階(イソペンテニルピロリン酸の合成)は，これまでに調べられている限り，すべての生物種で同一である．図 12.27 にイソプレノイドの生合成経路を示す．

ヒトの生体においてコレステロールは重要であり，研究者から大きな関心を集めている．そのため，コレステロール代謝は他のイソプレノイド分子の代謝よりもよく研究されている．

コレステロールの代謝

コレステロールは食事と *de novo* 合成の二つに由来する．食事によって十分に供給されているとき(通常，1 日あたり約 400 mg)，コレステロール合成は抑制されている．健常人において，LDL によって運ばれるコレステロールは，コレステロールや LDL 受容体合成を抑制する．食事による供給が少ないとき，コレステロール合成(通常 1 日あたり約 900 mg)や LDL 受容体合成は促進される．前述のように，コレステロールは細胞膜の必須の構成成分であり，重要な代謝生成物の前駆体となる．コレステロールは胆汁酸塩の形成にも利用される．

コレステロールの合成　すべての組織(たとえば副腎，卵巣，精巣，皮膚，腸)でコレステロールは合成されるが，大部分は肝臓で合成される．コレステロールの合成は 3 段階に分けられる．

1．アセチル CoA から HMG-CoA(β-ヒドロキシ-β-メチルグルタリル CoA)の合成
2．HMG-CoA からスクアレンの合成

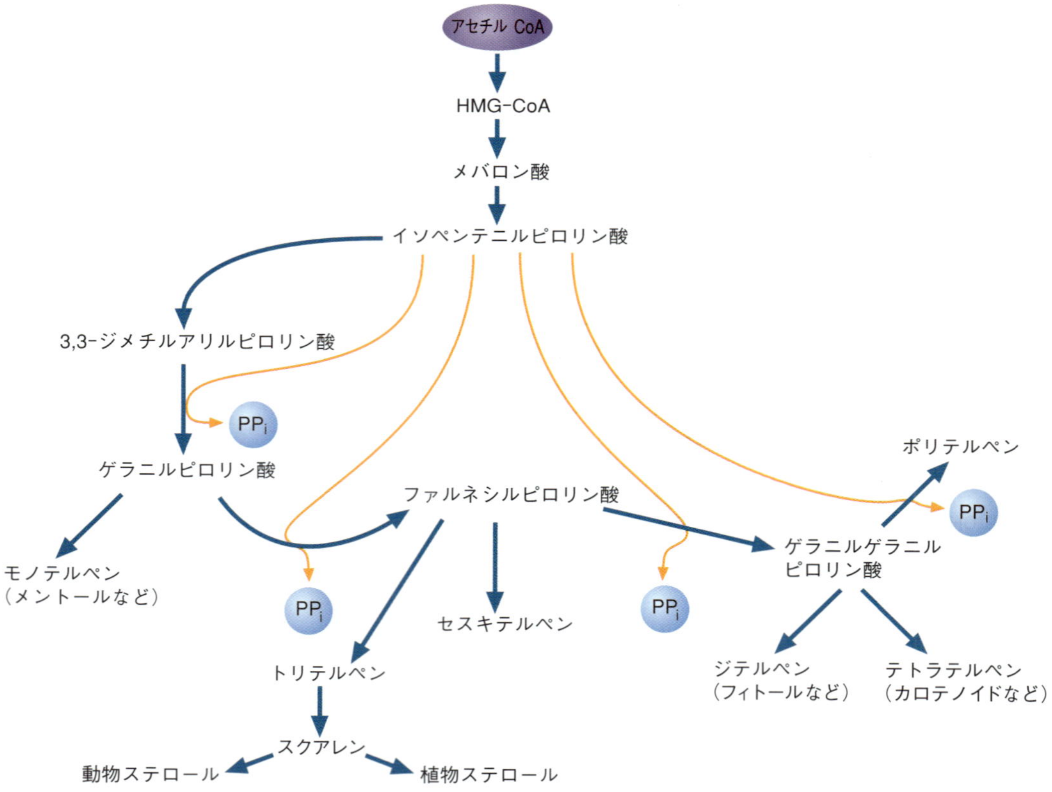

図 12.27　イソプレノイドの生合成経路
イソプレノイドの生合成経路は，細胞の種類や生物種の違いにより，驚くほどに多様な生成物をつくりだす．しかし，その多様性にもかかわらず，経路の初めの部分はこれまでに調査されたほとんどの生物(たとえば酵母菌，哺乳動物，植物)で共通している(HMG-CoA は β-ヒドロキシ-β-メチルグルタリル CoA の略)．

3．スクアレンからコレステロールの合成

コレステロール合成の第一段階は，細胞質で起こる反応である．この反応の最初の基質であるアセチル CoA は，ミトコンドリアにおいて脂肪酸とピルビン酸からつくられる．コレステロール合成の第一段階がケトン体の合成に類似していることもに注目してほしい（図 12.9 参照）．2 分子のアセチル CoA が縮合して，β-ケトブチリル CoA（アセトアセチル CoA ともいわれる）を形成する．この反応はチオラーゼによって触媒される．

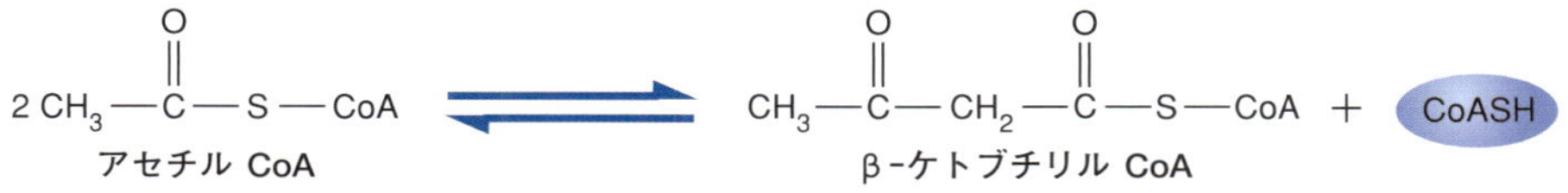

(9)

次の反応では，β-ケトブチリル CoA が別のアセチル CoA と縮合して β-ヒドロキシ-β-メチルグルタリル CoA（HMG-CoA）を形成する．この反応は，β-ヒドロキシ-β-メチルグルタリル CoA シンターゼ（HMG-CoA シンターゼ）によって触媒される．

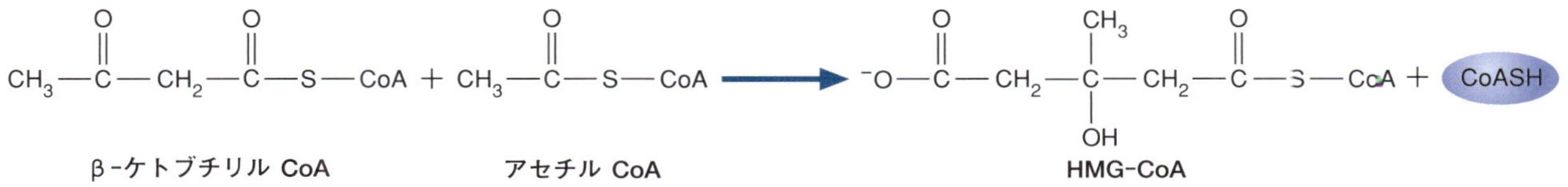

(10)

コレステロール合成の第二段階は，HMG-CoA が還元されてメバロン酸を形成することで開始する．この反応は，コレステロール合成の律速酵素である HMG-CoA レダクターゼ（HMGR）によって触媒される．NADPH は還元剤の役割を果たす．

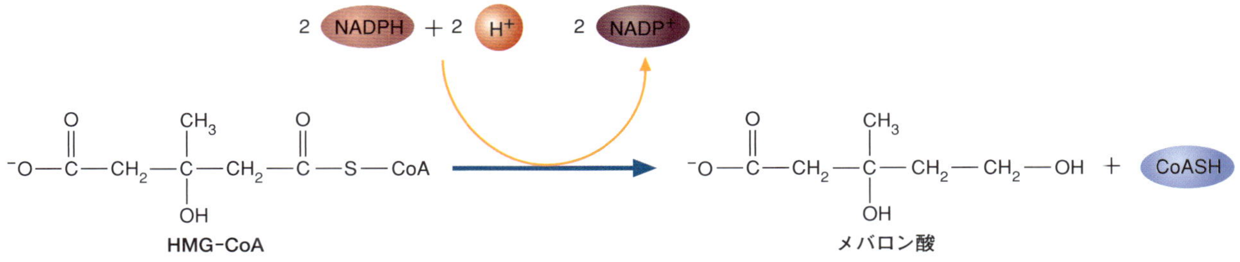

(11)

HMGR のポリペプチドは主要な三つのドメインから構成されている．つまり，N 末端膜貫通アンカードメイン，触媒ドメイン，膜貫通ドメインと触媒ドメインをつなぐリンカーである．HMGR は，sER の細胞質表面に存在し，二つの二量体からなる四量体を形成している．その反応（図 12.28）は求核アシル置換によって始まり，そこでは NADPH から HMG-CoA のチオエステルカルボニル基への水素移動反応が起こる．この水素移動反応は，リシンとチオエステルカルボニル酸素との間の水素結合によって媒介される．メバロイル CoA の C—S 結合が加水分解されてメバルデヒドを形成する．CoA チオラートアニオン生成物はヒスチジン残基によりプロトン化されて遊離する．リシン残基によるメバルデヒドのカルボニル酸素のプロトン化は，NADPH の水素移動反応を促進してメバロン酸を形成する．

細胞質での一連の反応により，メバロン酸はファルネシルピロリン酸に変換される．メバロン酸キナーゼはホスホメバロン酸の合成を触媒する．ホスホメバロン酸キナーゼが触媒する第二のリン酸化反応によって 5-ピロホスホメバロン酸が生成する（リン酸化反応は，細胞質における これらの炭化水素分子の可溶性を高める）．

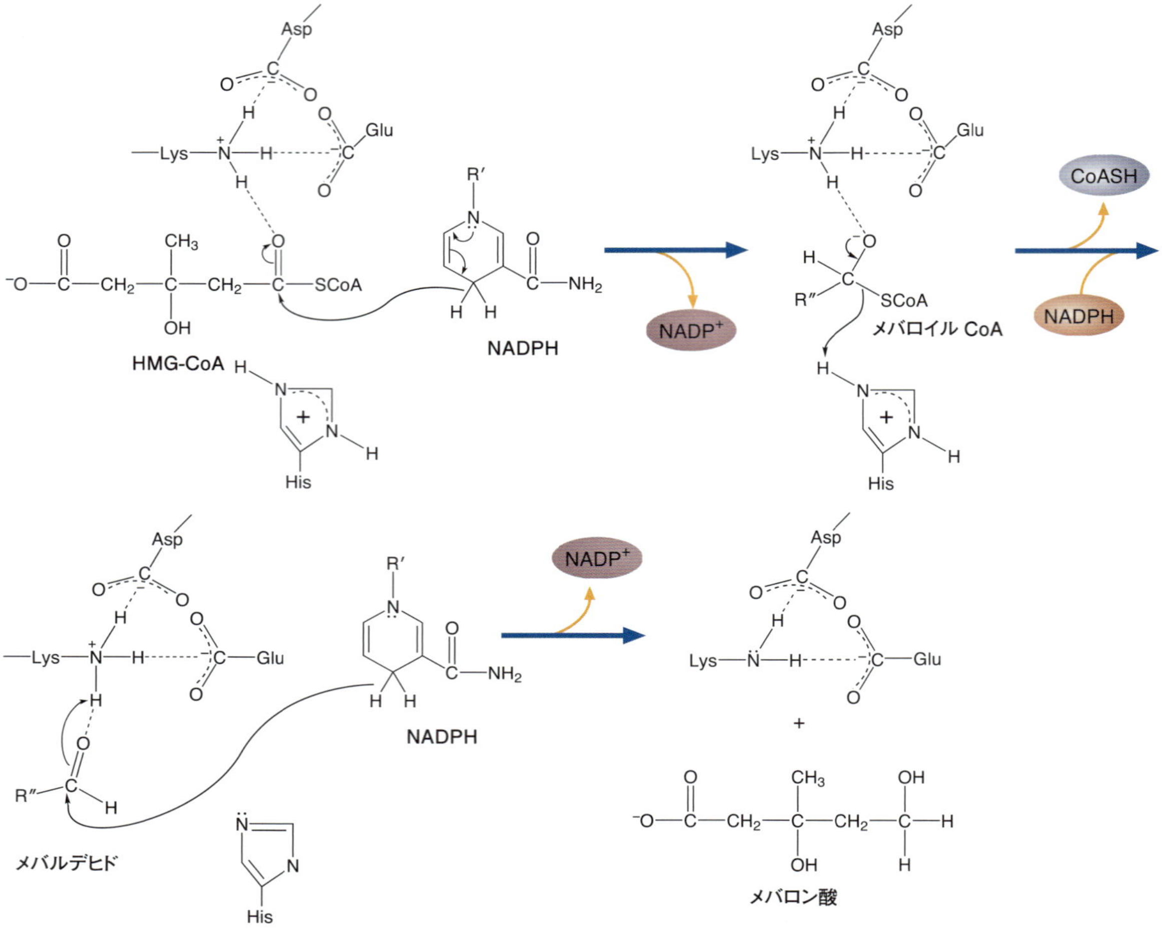

図 12.28　HMG-CoA レダクターゼの触媒反応

HMG-CoA レダクターゼ(HMGR)が触媒する反応では，最初に NADPH から基質 HMG-CoA のチオエステルカルボニル基への水素移動反応が起こる．次に，メバロイル CoA の C—C 結合が加水分解されてメバルデヒドが生成し，ヒスチジン残基が CoA チオラートのアニオンをプロトン化する．NADPH からの 2 番目の水素移動反応は，メバルデヒドのカルボニル酸素のプトロン化によって促進され，この反応によってメバロン酸が生成される．Asp および Glu 残基のカルボキシ側鎖基が，活性部位にある Lys 残基に向いていることに注意．

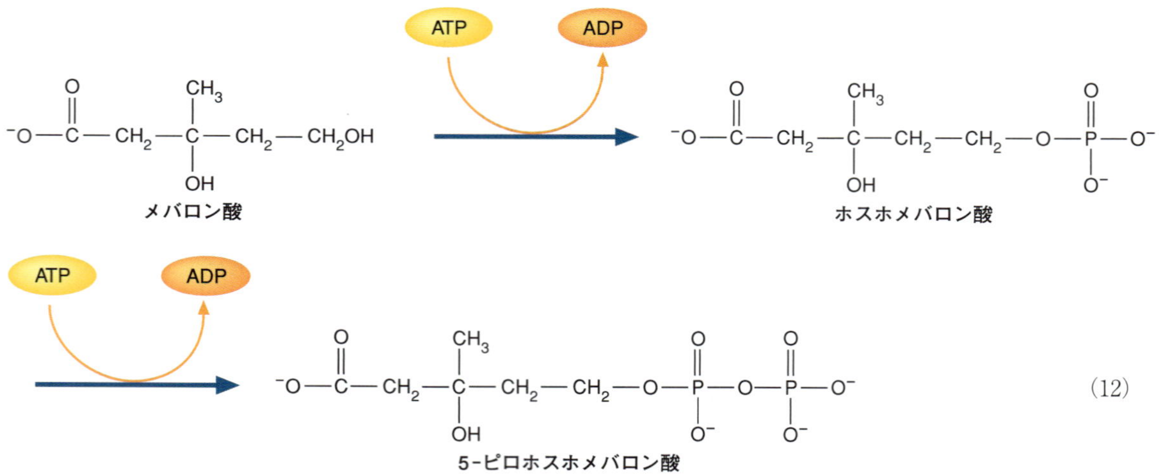

(12)

脱炭酸および脱水を行う反応過程で，5-ピロホスホメバロン酸はイソペンテニルピロリン酸に変換される．

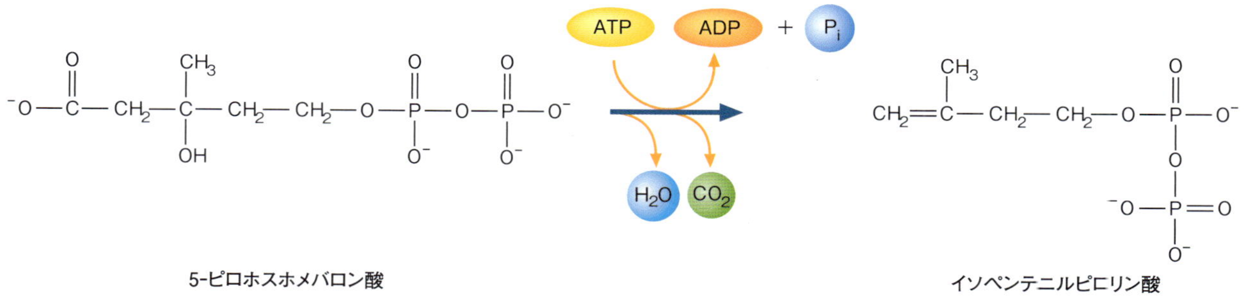

(13)

イソペンテニルピロリン酸は，次にイソペンテニルピロリン酸イソメラーゼによって異性体のジメチルアリルピロリン酸に変換される（有機分子中の $CH_2=CH-CH_2-$ 基は，しばしばアリル基とも呼ばれる）．

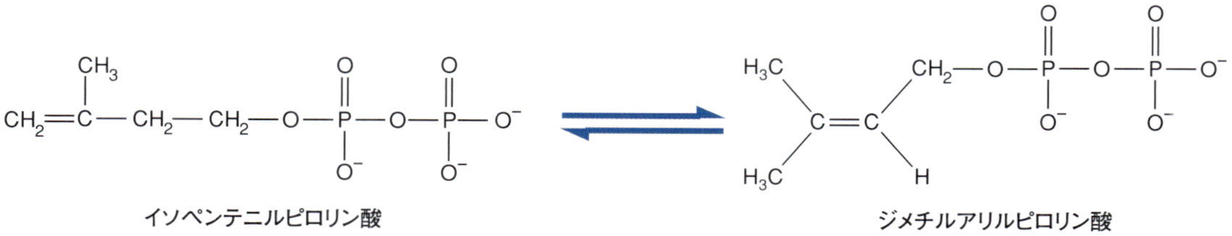

(14)

ゲラニルピロリン酸は，イソペンテニルピロリン酸とジメチルアリルピロリン酸との縮合反応によって生成される（図 12.29）．ピロリン酸は，この反応と続く二つの反応の生成物でもある（ピロリン酸は連続的に加水分解されるために，ピロリン酸が生成するこの反応が不可逆的であることは，すでに述べた）．ゲラニルトランスフェラーゼは，ゲラニルピロリン酸とイソペンテニルピロリン酸との頭-尾縮合反応によりファルネシルピロリン酸を生成する反応を触媒する．2 分子のファルネシルピロリン酸の頭-頭縮合をファルネシルトランスフェラーゼが触媒して，スクアレンが合成される（ファルネシルトランスフェラーゼはときにスクアレンシンターゼともいわれる）．この反応には電子供与体として NADPH が必要である．

コレステロール生合成経路の最後の段階（図 12.30）は，スクアレンが**ステロールキャリヤータンパク質**（sterol carrier protein）と呼ばれる細胞質のキャリヤータンパク質に結合することで開始される．中間生成物がこのタンパク質に結合する間に，スクアレンはラノステロールへ変換される．まずスクアレンが，スクアレンモノオキシゲナーゼによって酸素依存的にエポキシド化され，次に 2,3-オキシドスクアレンラノステロールシクラーゼによって環化され，ラノステロールに変換される．これらの酵素はミクロソームに存在している．スクアレンモノオキシゲナーゼの活性化には NADPH と FAD が必要である．ラノステロールは合成された後，第二のキャリヤータンパク質に結合し，それ以降の反応でその状態を保ち続けている．ラノステロールをコレステロールに変換するのに必要な残りの 20 反応を触媒するすべての酵素は，sER の膜に埋め込まれている．NADPH と酸素が関与する一連の反応によって，ラノステロールが 7-デヒドロコレステロールに変換される．ついで，7-デヒドロコレステロールは NADPH によって還元され，コレステロールが生成する．

コレステロール分解　他の多くの種類の生体分子とは異なり，コレステロールや他のステロイドは小さな分子に分解されない．その代わり，胆汁酸の合成・排泄やステロイドホルモンへの異化に伴って，血中コレステロール濃度が低下する．1 日に合成されるコレステロールの約半分は，肝臓で行われる胆汁酸合成に利用される．おもな胆汁酸の一つであるコール酸合成の概略を図 12.31 に示す．コレステロールから 7-α-ヒドロコレステロールへの異化は，sER 酵素であるコレステロール-7-α-ヒドロキシラーゼによって触媒される．コレステロール-7-α-

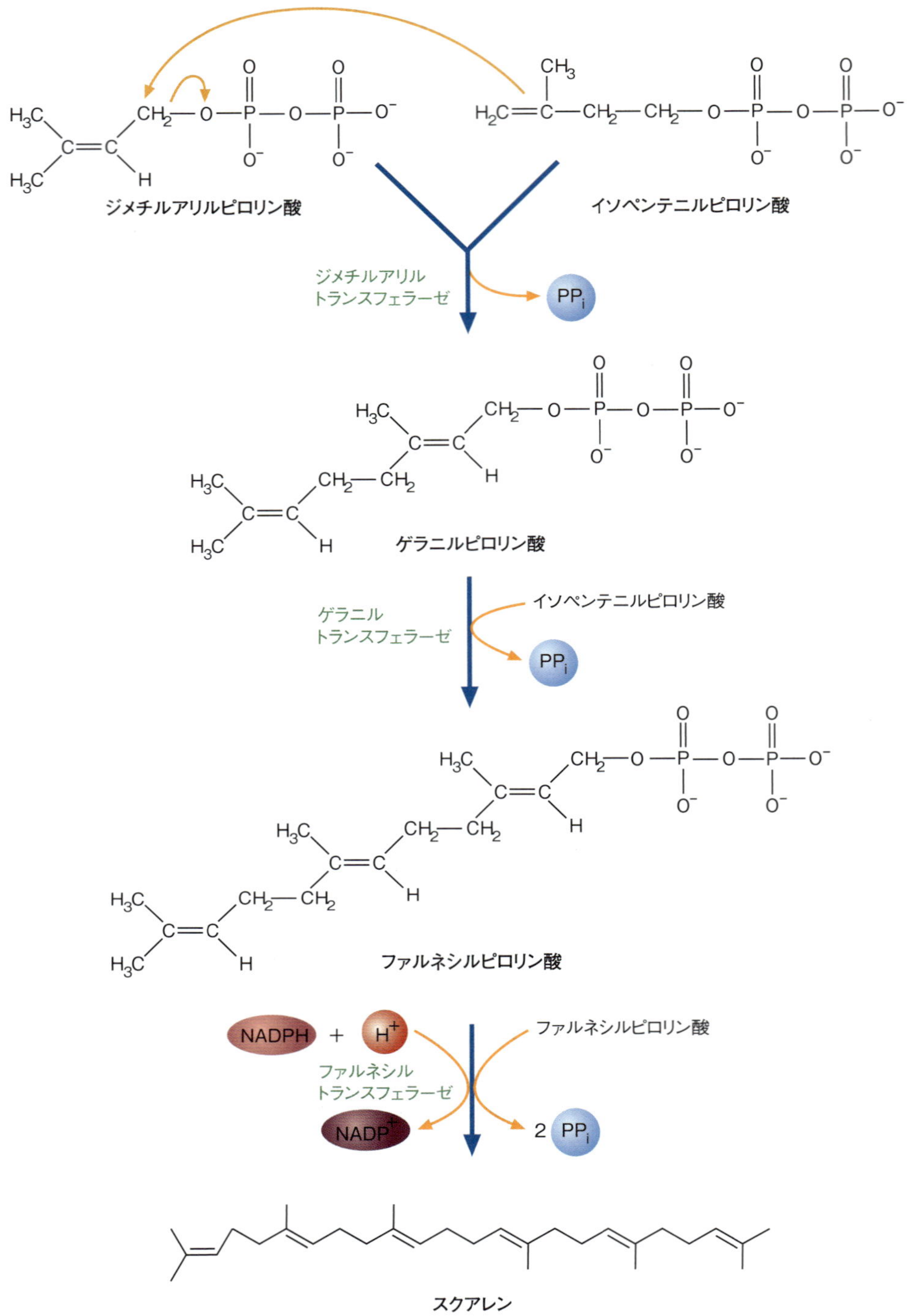

図 12.29　スクアレンの合成

ジメチルアリルピロリン酸とイソペンテニルピロリン酸の頭-尾縮合によって，テルペンゲラニルピロリン酸が生成する．続いて，別のイソペンテニルピロリン酸との頭-尾縮合によって，C_{15} ファルネシルピロリン酸が生成する．2分子のファルネシルピロリン酸の頭-頭縮合によって，C_{30} トリテルペンであるスクアレンが生成する．プレニル化反応に利用されるゲラニルゲラニル基は，ファルネシルピロリン酸とイソペンテニルピロリン酸の反応を通じて合成される．

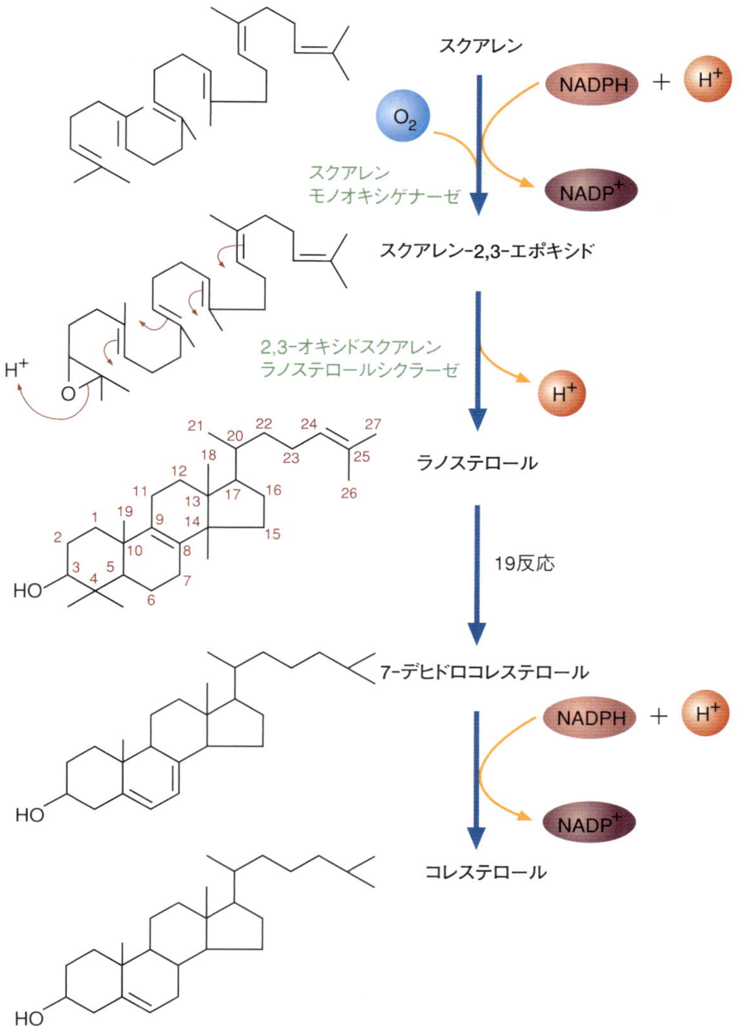

図 12.30 スクアレンからのコレステロールの合成
ここに示したのは哺乳動物における主要な反応経路である．これ以外に，スクアレンがデスモステロールに変換され，さらに還元されてコレステロールとなる経路もある．こうした経路の詳細や主要経路に含まれる多数の反応についてはあまり明らかになっていない（デスモステロールがコレステロールと異なる点は，C-24位とC-25位の間のC═C結合である）．

ヒドロキシラーゼは，P-450酵素の一つであり，胆汁酸合成の律速酵素である．その後の反応において，C-5位の二重結合の転位と還元，およびヒドロキシ基のさらなる付加が起こる．この反応の生成物であるコール酸とデオキシコール酸は，抱合反応を触媒するsERの酵素によって胆汁酸塩に変換される〔**抱合反応**（conjugation reaction）では，親水性基を含む誘導体に変換されることによって分子の水溶性が増加する．アミドとエステルは，抱合誘導体の典型的な例である〕．ほとんどの胆汁酸はグリシンまたはタウリン（$H_3N^+CH_2CH_2SO_3^-$）と抱合する．

胆汁は，脂質の消化を助けるために肝細胞でつくられる黄緑色の液体であり，その主成分は胆汁酸塩である．胆汁は，胆汁酸塩のほかに，コレステロール，リン脂質，胆汁色素（ビリルビンとビリベルジン）を含む．胆汁色素はヘムの分解生成物である．胆汁は胆管を経由して胆嚢に貯蔵された後，小腸に分泌され，乳化剤として胆汁ミセルを形成し，食事性脂肪および脂溶性ビタミン（A，D，E，K）の吸収を助ける．ほとんどの胆汁酸塩（約90%）は小腸の末端にある回腸で再吸収される．胆汁酸塩は血液に入り，肝臓へと輸送され，他の胆汁成分とともに小腸に再分泌される．胆汁酸抱合反応は，胆道（輸送管と胆嚢からなる）や小腸での胆汁酸の不十分な吸収を防ぐ．小腸末端の回腸で胆汁酸が効率的に再吸収されるには，グリシンあるいはタウリンがシグナルとして作用していると思われる．胆汁酸塩分子は，最終的に排出されるまでに18回リサイクルされると推測されている．

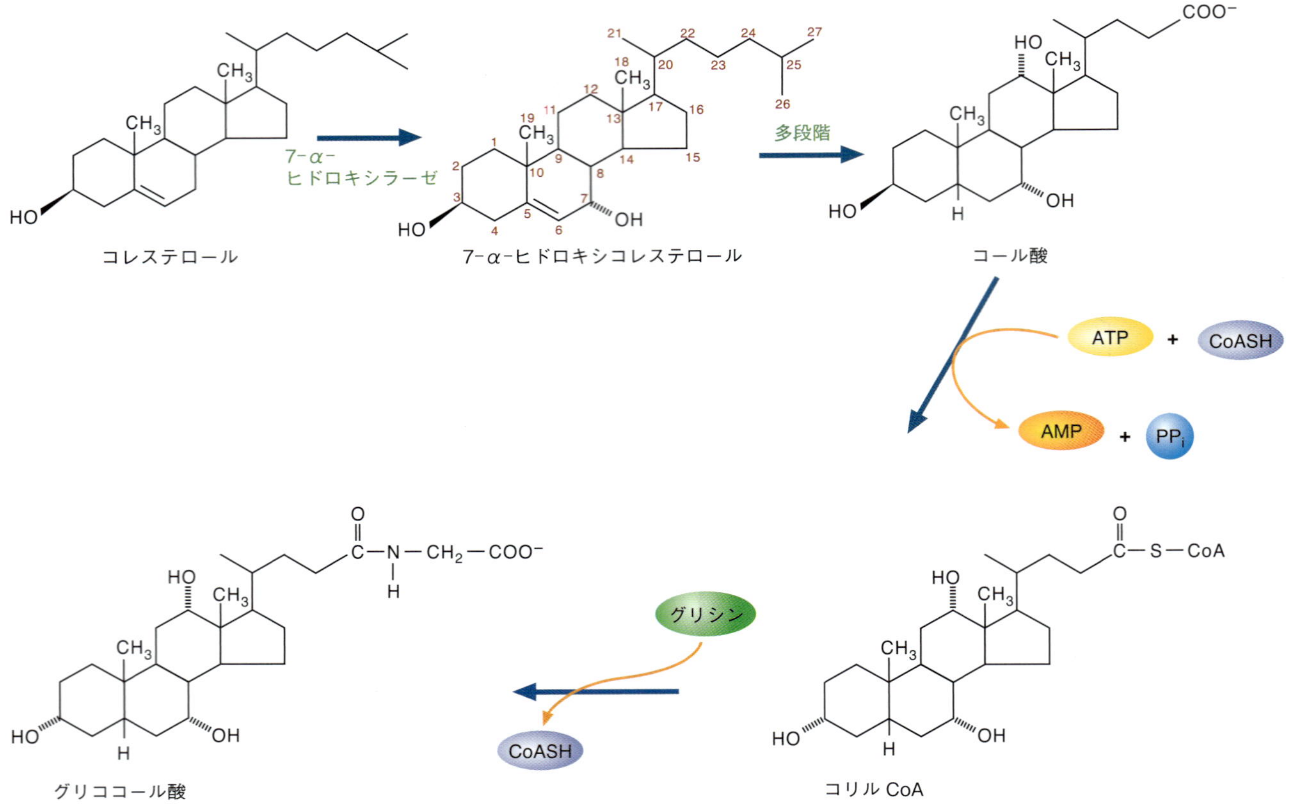

図 12.31　胆汁酸合成

胆汁酸は肝臓でコレステロールから合成され，食事性脂肪を小腸で乳化して消化を促進する．コール酸は，コレステロールからいくつもの段階を経て合成される．このうち二つの反応は，シトクロム P-450 酵素（7-α-ヒドロキシラーゼと 12-α-ヒドロキシラーゼ．後者はこの図に示されていない）によって触媒されるヒドロキシ化反応である．グリココール酸は，コリル CoA とグリシンとのアミド結合によって生成する．

胆　石

問題 12.10

胆嚢または胆管内に胆石（通常はコレステロールや無機塩からできる結晶）が形成され，多くの人びとが苦しんでいる．この激しい痛みを伴う疾患の危険因子は，肥満や胆嚢の感染（胆嚢炎）である．コレステロールはほぼ水に不溶であるが，胆汁酸塩とリン脂質から構成されるミセルに取り込まれることで胆汁中に可溶化される．コレステロールが過剰に胆汁中に分泌されると，胆石が形成されやすくなる．肥満者に胆石が形成されやすい理由を述べよ（ヒント：肥満者の HMG-CoA レダクターゼ活性は高い）．

コレステロールのホメオスタシス　動物ではコレステロールが過剰に蓄積すると有害性を示す可能性があり，その濃度を定常状態に維持する必要がある．コレステロールのホメオスタシスは，コレステロールの生合成，LDL 受容体の活性，胆汁酸の生合成により複雑に制御されている．コレステロールの生合成は，HMG-CoA レダクターゼの存在形態，遺伝子発現の変動，酵素の分解によっておもに調節されている．

HMG-CoA レダクターゼの活性はリン酸化反応により抑制される（図 12.32）．HMG-CoA レダクターゼの活性は細胞内 AMP 濃度が上昇すると AMPK のリン酸化によって抑制され，代謝的に高価なコレステロール生合成経路が細胞内のエネルギー代謝に組み込まれる．cAMP はグルカゴンやエピネフリンのようなホルモンによって調節され，PKA（プロテインキナーゼ A）により触媒されるリン酸化反応を介してホスホプロテインホスファターゼインヒビター 1（PPI-1）を活性化することで，HMG-CoA レダクターゼを抑制する．活性化した PPI-1 は，リ

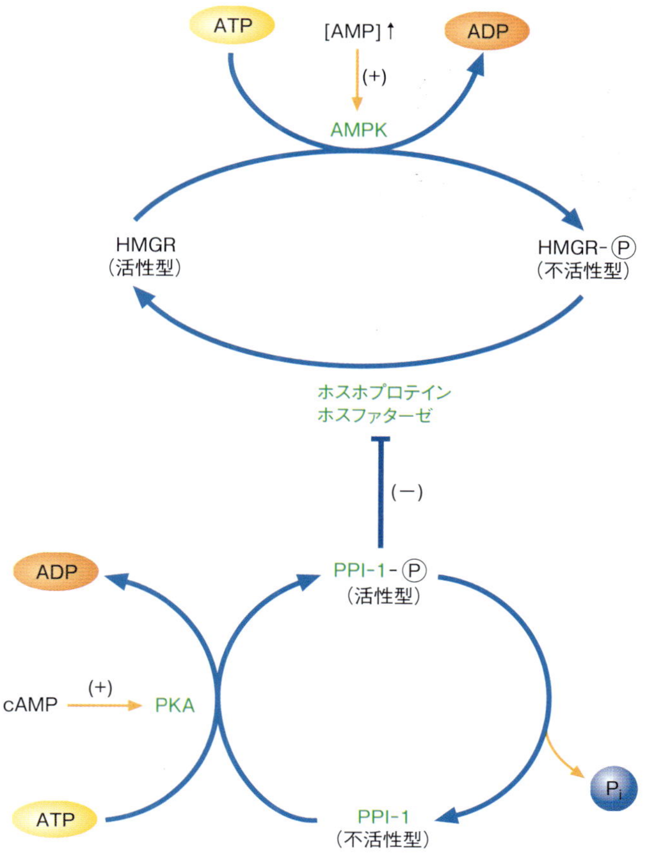

図 12.32 共有結合修飾による HMG-CoA レダクターゼの調節
HMG-CoA レダクターゼ還元酵素(HMGR)は，AMP 濃度の上昇に応じて，AMPK が触媒するリン酸化反応によって不活性化される．HMGR の活性化はホスホプロテインホスファターゼによって調節される．cAMP 濃度が高いと，ホスホプロテインホスファターゼインヒビター 1(PPI-1)はリン酸化されて活性型となり，ホスホプロテインホスファターゼを阻害する．阻害されたホスホプロテインホスファターゼは，HMGR の不活性化状態を保つ．

ン酸基を除去することで，HMG-CoA レダクターゼの活性を増加させるいくつかのホスファターゼを阻害する．インスリンは cAMP の合成をある程度抑制することで HMG-CoA レダクターゼの活性を増加させる．また HMG-CoA レダクターゼは，LDL 受容体のエンドサイトーシスから得られるコレステロールや，メバロン酸の非ステロール誘導体を含む各種のステロールによって，負のフィードバック調節を受ける．

コレステロールのホメオスタシスのおもな特徴として，ステロールによって誘導される遺伝子発現の変化があげられる．ER の膜タンパク質 SREBP-2 は，コレステロール生合成を支配的に調節する．SREBP-2 は，コレステロールの生合成にかかわる遺伝子だけでなく，LDL 受容体の遺伝子や NADPH 合成にかかわる三つの遺伝子(G-6-PD，6-ホスホグルコン酸デヒドロゲナーゼ，リンゴ酸酵素)の発現も亢進させる．SREBP-2 は SCAP(SREBP cleavage-activating protein)と複合体を形成している．細胞内に十分な量のコレステロールが存在すると，SCAP のステロールセンシングドメイン(SSD)にコレステロールが結合することで SCAP の構造が変化し，SCAP は ER 膜タンパク質 Insig(insulin-induced gene)に結合する．細胞内のコレステロールが低下すると，Insig は SCAP に結合することができず，SREBP-2 を ER からゴルジ体へ輸送する(図 12.33)．SREBP-SCAP 複合体がゴルジ体に移行すると，二つのプロテアーゼが SREBP-2 の N 末端ドメインを膜から切り離し，転写因子の SREBP-2 は活性型となる．活性型 SREBP-2 は核に輸送され，標的遺伝子の SRE(ステロール調節エレメント)と結合する．ある種の標的遺伝子の発現には，SREBP だけでなく，共調節型転写因子に結合する必要がある．たとえば，HMG-CoA レダクターゼや HMG-CoA シンターゼの遺伝子の転写には，核内転写因子 I や CREB(cAMP 応答配列結合タンパク質)の結合を必要とする．

酵素が新たに合成されて，LDL 受容体を介して血流から LDL が取り込まれ，細胞内のコレステロール量が上昇して濃度が閾値に達すると，コレステロール分子が SCAP のステロールセンシングドメインに結合する．SCAP-SREBP 複合体の立体構造が変化すると，ER タンパ

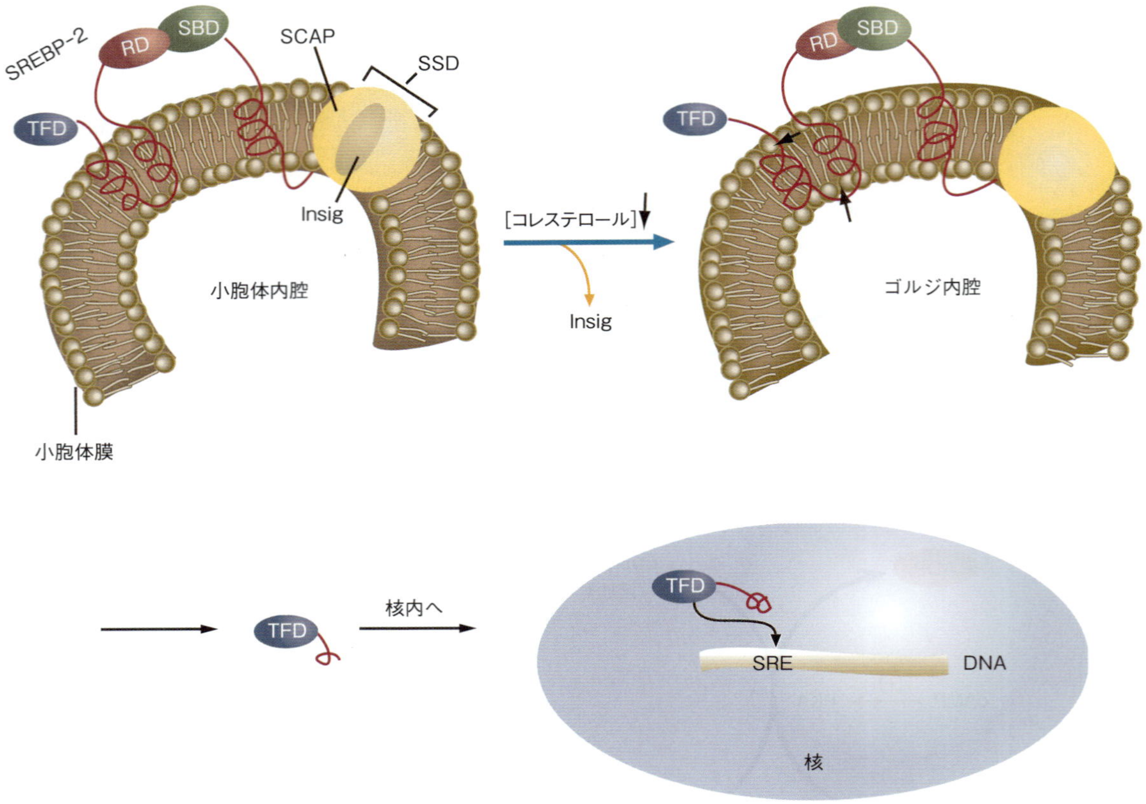

図 12.33　SREBP-2 の調節
小胞体膜タンパク質の SREBP-2 は，SREBP-2 の調節ドメイン（RD）と SCAP の SREBP 結合ドメインが結合して複合体を形成している．SCAP のステロールセンシングドメイン（SSD）はコレステロールを結合することができる．コレステロール濃度が上昇すると，コレステロールは SCAP の SSD に結合し，ついで SCAP は小胞体膜タンパク質の Insig と結合する．逆にコレステロール濃度が低下すると，コレステロールの SSD への結合はなくなり，Insig と SCAP との相互作用は起こらず，SREBP-SCAP 複合体はゴルジ体へ輸送される．ゴルジ体に移行した SREBP-2 は，2 種のプロテアーゼによって矢印に示す位置で切断されて，活性をもつ TFD（転写因子ドメイン）となる．ついでこの SREBP 転写因子は核に移行し，そこでステロール調節を担う標的遺伝子の SRE（ステロール調節エレメント）に結合する．

ク質の Insig は SCAP のステロールセンシングドメインに結合するコレステロールを置換し，複合体を形成して ER にとどまる．これにより SREBP-2 のプロセシングと標的遺伝子の転写は抑制される．また，高濃度のコレステロールやメバロン酸の代謝産物は，HMGR mRNA の翻訳を阻害することによって，コレステロール合成をさらに抑制する．肝臓において，過剰のコレステロールはアシル CoA コレステロールアシルトランスフェラーゼ（ACAT）を活性化する．ACAT は脂肪酸を脂肪酸アシル CoA 分子からコレステロールのヒドロキシ基に転移させ，貯蔵可能なコレステロールエステルを生成する．

コレステロール濃度を制御する別の経路として HMG-CoA レダクターゼ分解があり，Insig によって制御される．コレステロール濃度が高いと，HMG-CoA レダクターゼのステロールセンシング N 末端ドメインにコレステロールが結合する．ついで HMG-CoA レダクターゼは Insig に結合し，主要なタンパク質分解機構を引き起こすユビキチンリガーゼによって分解される（15 章参照）．

肝臓のコレステロール濃度が増加すると，胆汁酸の生合成が誘導される．コレステロールが蓄積し始めると，その一部が酸化されてオキシコレステロール（たとえば 25-ヒドロキシコレステロール）となる．オキシコレステロールは LXR（liver X receptor）を活性化する．ついで，LXR は RXR（retinol X receptor）とともに，活性のあるヘテロ二量体の転写因子を形成し，胆汁酸合成の律速酵素である 7-α-ヒドロキシラーゼの転写を亢進する．

キーコンセプト

- コレステロールは，おもに肝臓において起こる多段階の経路によってアセチル CoA から合成される．
- コレステロールはおもに胆汁酸塩へ異化され，胆汁酸塩は食事由来の脂肪の乳化および吸収を促進する．

コレステロール生合成経路と薬物治療

コレステロールと心疾患

多くの医学研究者は，血清の総コレステロール濃度（VLDL，LDL，HDL コレステロールの合計）が高く，LDL 濃度も高いと，心血管疾患の発症率が上昇すると考えている．現在，血清コレステロール濃度を低下させるスタチン系薬が，心臓発作と脳卒中の予防を目的して日常的に投与されている．ロバスタチンのようなスタチン系薬は，コレステロール合成の律速酵素である HMG-CoA レダクターゼの阻害薬である．コレステロール合成のほとんどは肝臓で営まれるので，コレステロール合成の低下を補おうとして，肝細胞が血清 LDL コレステロールを取り込むと，結果として血清コレステロール濃度が低下する．体内コレステロール合成は夜間に営まれるので，スタチン系薬は夕方に服用することが望ましい．スタチン系薬は，エネルギー産生にかかわる重要な分子であるコエンザイム Q10（ユビキノン）の合成も阻害する．したがってスタチン系薬の治療には，コエンザイム Q10 を同時摂取することが効果的である．

ビスホスホネート製剤は，骨密度が低下する骨粗鬆症の治療薬である．Ca^{2+} を結合するビスホスホネート製剤は，骨に速やかに取り込まれ，破骨細胞を攻撃する．破骨細胞は骨リモデリングにかかわる細胞であり，古い骨を壊して除去する役割を担っている．アレンドロン酸といったビスホスホネート製剤は，イソペンテニルピロリン酸をファルネシルピロリン酸に変換する酵素を阻害することによって，破骨細胞のアポトーシスを誘導する（図 12.29 参照）．プレニル化反応は，Ras のようなシグナルタンパク質を細胞膜に結合させる反応であり，破骨細胞の細胞死は，プレニル化反応の基質であるゲラニルピロリン酸とファルネシルピロリン酸が欠乏するために誘導される．

生化学の広がり

生体内変換

毒性のある疎水性分子は，体内でどのようにして代謝されるのだろうか？

生体内変換(biotransformation)は，有毒な物質をより無毒な代謝産物に変換する一連の酵素触媒反応であり，これを触媒する酵素は一般に基質特異性が低い．哺乳動物では，生体内変換は主として，疎水性の毒性分子を体外に排泄しやすいように，水溶性の誘導体に変換する代謝である．生体異物の生体内変換を触媒する酵素は，内因性の疎水性分子を代謝する数種の酵素と類似している．生体内変換は，細胞質やミトコンドリアといった細胞内のさまざまな場所でも起こるが，最もよく起こるのは滑面小胞体(sER)である．また，細胞の種類によってもその活性は異なる．一般に，肝臓，肺，小腸のように，生体異物が体内に侵入する場所の近くに位置する細胞では，酵素活性が高い．

生体内変換の過程は二相に分けられる．**第一相反応**(phase I reaction)は，酸化還元酵素や加水分解酵素によって，疎水性物質をより極性の高い分子に変換する反応である．**第二相反応**(phase II reaction)は，官能基をもつ代謝産物が，グルクロン酸，グルタミン酸，硫酸，グルタチオンなどの物質で抱合される反応である．一般に，抱合反応は物質の溶解性を著しく増加させ，それによって物質を体外にすばやく排泄できるようにする(動物では，生体内変換された分子の排泄を第三相反応と呼ぶこともある)．多くの物質は，第一相反応を経て第二相反応という連続した代謝を受けるが，なかには異なる代謝様式のものもある．たとえば，第一相反応後の代謝産物がそのまま排泄される場合もあれば，第二相反応だけを受ける場合もある．さらに，酵素の濃度や，補助基質の利用性，それらの反応が起こる順番などの違いによって，特定の物質が数種類の生成物に変換される．このように生体内変換は複雑な反応であるが，その基本的なパターンは明らかになっている．第一相反応と第二相反応のうち，よく研究されているものについて以下に述べる．なお，**解毒反応**(detoxication)という言葉は，有毒な物質がより溶解性の高い(そして通常はより無毒な)物質に変換される代謝過程を意味する．一方，よく使われる言葉である**解毒**(detoxification)は，有毒な状態を正常にもどすこと，すなわち，中毒状態の人を正常にもどすような化学反応を指している．

第一相反応は，—OH，—NH_2，—SH などの官能基を基質に付加することによって，基質をより極性の高い分子に変換する反応である．第一相反応を触媒する酵素の多くは sER 膜に存在するが，アルコールデヒドロゲナーゼやペルオキシダーゼのような脱水素酵素は細胞質に存在し，またモノアミンオキシダーゼなどはミトコンドリアに存在する．sER の酸化的代謝を触媒するおもな酵素はモノオキシゲナーゼ(一原子酸素添加酵素)であり，これは混合機能オキシダーゼともいわれる．この名前は，典型的な反応が，基質1分子につき酸素1分子が消費される(還元される)，すなわち，酸素1原子が生成物に取り込まれ，残りの1原子は水分子に取り込まれることに由来する．モノオキシゲナーゼは，きわめて多種多様な化学反応に関与する．反応によっては非常に不安定な(したがって毒性のある)中間生成物を生成することもある．

sER のモノオキシゲナーゼは，シトクロム P-450 系とフラビン含有モノオキシゲナーゼの2種類に大別され，どちらの反応系も還元剤として NADPH を必要とする．**シトクロム P-450 系**(cytochrome P-450 system)は，NADPH-シトクロム P-450 レダクターゼとシトクロム P-450 という2種類の酵素で構成されており，さまざまな生体異物の解毒反応だけでなく，ステロイドや胆汁酸といった内因性物質の酸化的代謝も行う．一方，**フラビン含有モノオキシゲナーゼ**(flavin-containing monooxygenase)は，NADPH と酸素を必要とする酸化反応(おもに生体異物の酸化反応)を触媒することによって，窒素，硫黄，リンなどを含む官能基を生成する．次に，シトクロム P-450 電子伝達系の特徴を述べる．

シトクロム P-450 電子伝達系

シトクロム P-450 電子伝達系は，sER とミトコンドリア内膜に存在し，NADPH-シトクロム P-450 レダクターゼによって，NADPH からシトクロム P-450 タンパク質に2電子が一度に受け渡される(図 12A)．NADPH-シトクロム P-450 レダクターゼは，1分子に FAD と FMN を1：1の割合で含むフラビンタンパク質である．この酵素は，シトクロム P-450 系での作用だけでなく，ヘムオキシゲナーゼの反応にも関与している．

シトクロム P-450 と呼ばれるヘムタンパク質は，一酸化炭素と複合体を形成することから，この名前がつけられた．すなわち，一酸化炭素と結合すると 450 nm の波長で吸収極大を示す．6000 種類以上のシトクロム P-450 遺伝子が，哺乳動物から細菌に至るまでさまざまな種において同定されている．ヒトでは，18 ファミリーに分類される 63 種類のシトクロム P-450 遺伝子が同定されている．それぞれの遺伝子は，特有の基質特異性をもつタンパク質をコードしている．肝臓に存在するシトクロム P-450 は，広範囲の基質特異性をもつ．たとえば，アルカン類，芳香族類，エーテル類，硫化物類のようなさまざまな分子を，日常的に酸化している．これに対して，副腎や卵巣，精巣に存在するシトクロム P-450 は，ステロイド分子にヒド

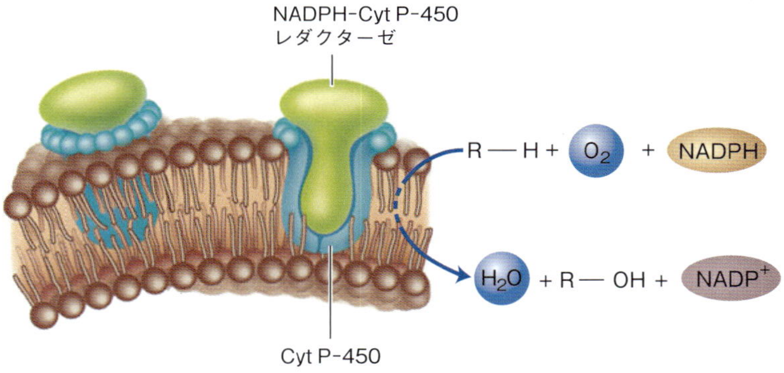

図 12A　シトクロム P-450 電子伝達系
シトクロム P-450 とシトクロム P-450 レダクターゼは，内因性分子と外因性分子の両方を酸化する電子伝達系の構成成分である．

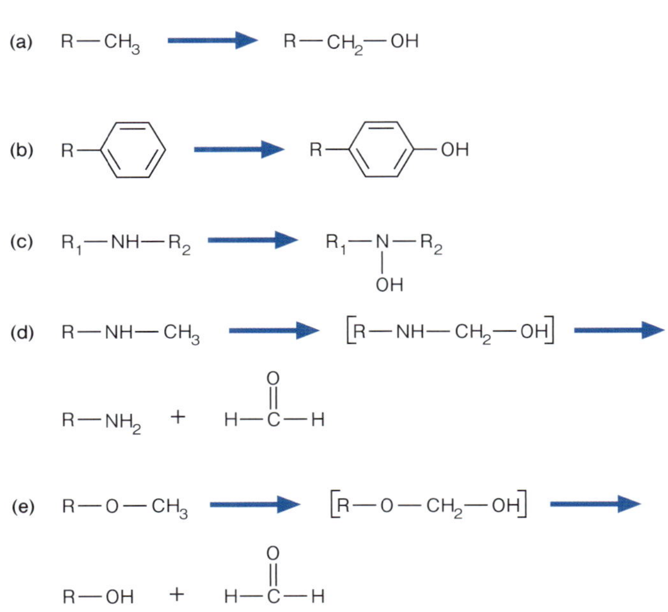

図 12B　シトクロム P-450 アイソザイムによって酸化されるさまざまな基質
シトクロム P-450 によって触媒される反応には，(a) 脂肪族化合物の酸化反応，(b) 芳香族化合物のヒドロキシ化反応，(c) *N*-ヒドロキシ化反応，(d) *N*-脱アルキル化反応，(e) *O*-脱アルキル化反応などがある．

ロキシ基を付加し，基質特異性が高い．このような多様性がある一方で，すべてのシトクロム P-450 分子種は，その構造内に 1 分子のヘムをもち，物理的性質と触媒機構は類似している．

基質の種類は非常に広範囲にわたるが，シトクロム P-450 が触媒するすべての酸化反応は，ヒドロキシ化反応とみなすことができる．すなわち，どの反応においてもヒドロキシ基が生成する (図 12B)．一般的な反応は次の通りである (ここで R—H は基質を表す)．

$$R—H + O_2 + NADPH + H^+ \longrightarrow ROH + H_2O + NADP^+$$

酸素添加反応は，基質が酸化型シトクロム P-450 (Fe^{3+}) に結合することによって始まる．基質が結合すると，シトクロム P-450 レダクターゼによって NADPH から 1 電子を受けとり，"Fe^{3+}-基質" 複合体が還元されて "Fe^{2+}-基質" となり，シトクロム P-450 は O_2 と結合できるようになる．次に，結合した O_2 にヘム鉄の電子が受け渡されると，一時的に "Fe^{3+}-O_2^--基質" 複合体が生成する (結合している基質が酸化されやすい場合には，その基質がペルオキシラジカルになる)．さらに，シトクロム P-450 レダクターゼから二つ目の電子を受け渡されて，"Fe^{3+}-O_2^{2-}-基質" 複合体になる．この一時的な複合体は，"酸素-酸素" 結合が切れることによって分解する．酸素 1 原子は水分子に放出され，もう一つの酸素原子はヘムに結合して残る．水素原子または電子が基質から引き抜かれた後，酸素 (強力な酸化剤である) が基質に受け渡される．最後に，酵素の活性部位から反応生成物が離れて，この一連の反応サイクルが終了する．反応生成物は，基質の性質によって**エポキシド** (epoxide，酸素が三員環に付加される反応性の高いエーテル) かアルコールになる．一方，第二相での抱合反応の役割は，生物活性をもった基質を不活性化し，より極性の高い誘導体を生成することによって，体外に排泄しやすくすることである．この過程では，官能基をもつ脂溶性の代謝産物が，別の基質 (供与体として使われる基質) とともに酵素反応を受ける．この反応で最も

▶

よく使われる供与体基質には，グルクロン酸，グルタチオン　　（後の 14.3 節参照），硫酸，アミノ酸などがある．

まとめ　生体内変換は，有毒な疎水性分子をより無毒な水溶性分子に変換する酵素触媒反応である．

本章のまとめ

1. アセチル CoA は，脂質が関連するほとんどの代謝経路において中心的役割を担っている．たとえば，アセチル CoA は脂肪酸合成に用いられる．また，脂肪酸がエネルギー産生のために分解されると，アセチル CoA が生成される．
2. 食事性脂肪は，リポタンパク質の外因性経路を介して組織に輸送される．リポタンパク質の外因性経路は，トリアシルグリセロール，コレステロール，その他の脂質，アポリポタンパク質 B-48 が腸細胞においてキロミクロンを形成することから始まる．
3. 消化された脂肪分子は，生体のエネルギー要求量に応じて，エネルギー産生に利用されたり脂肪細胞に貯蔵されたりする．体のエネルギー貯蔵量が少なくなると，脂肪細胞に蓄えられていた脂肪は脂肪分解と呼ばれる反応に動員され，トリアシルグリセロールがグリセロールと脂肪酸に加水分解される．グリセロールは肝臓に輸送され，そこでグルコースの合成に利用される．脂肪酸は β 酸化によってアセチル CoA に分解される．β 酸化経路において，アセチル CoA は四つの反応を介して脂肪酸から生成され，その反応において脂肪酸の β 炭素が酸化されて，α 炭素と β 炭素の結合が切断される．ペルオキシソームにおける β 酸化によって超長鎖脂肪酸は短くなる．これ以外に奇数鎖脂肪酸，不飽和脂肪酸，ジカルボン酸を分解する反応もある．アセチル CoA 生成物が過剰に存在するときは，ケトン体が産生され，いくつかの組織のエネルギー源として利用される．
4. 脂肪酸の合成は，アセチル CoA がカルボキシル化されてマロニル CoA となることから始まる．脂肪酸合成の律速酵素である ACC（アセチル CoA カルボキシラーゼ）は，アロステリック調節因子やリン酸化反応によって制御される．脂肪酸合成の残りの反応は，脂肪酸シンターゼ酵素複合体上で起こる．いくつかの酵素が，食事由来または新規に合成された脂肪酸の鎖長伸長と不飽和化に利用されている
5. 脂肪酸の代謝調節には短期調節と長期調節がある．短期調節は，CAT-I（カルニチンアシルトランスフェラーゼ I）を阻害するマロニル CoA，AMPK（AMP 活性化タンパク質キナーゼ）による ACC1（アセチル CoA カルボキシラーゼ 1）のリン酸化，グリセロール-3-リン酸アシルトランスフェラーゼによって制御される．インスリン，グルカゴン，エピネフリン，コルチゾールといったホルモンは，脂肪酸代謝を短期的，長期的に調節する．長期調節は，転写因子が引き金となる遺伝子発現の変化によって制御される．その典型的な例として，SRERP と PPAR の二つがあげられる．
6. リン脂質は滑面小胞体（sER）と細胞質の境界面で合成された後，しばしば〝リモデリング〟され，脂肪酸組成が調整される．ホスホリパーゼによって調節されるリン脂質の代謝回転（分解と合成）はすばやく行われる．
7. スフィンゴ脂質の構成成分であるセラミドの合成は，パルミトイル CoA とセリンが縮合し，3-ケトスフィンガニンになることから始まる．アシル CoA と $FADH_2$ が関与する 2 段階の経路によって，スフィンガニン（3-ケトスフィンガニンが NADPH によって還元されてできる）はセラミドに変換される．スフィンゴ脂質はリソソーム内で分解される．
8. コレステロールの合成は，アセチル CoA から HMG-CoA の合成，HMG-CoA からスクアレンの合成，スクアレンからコレステロールの合成の 3 段階に分けられる．コレステロールはすべてのステロイドホルモンや胆汁酸塩の前駆体である．コレステロール恒常性は，コレステロール生合成，LDL 受容体活性，胆汁酸生合成の制御によって維持されている．

キーワード

復習問題

以下の問いは，次章へ進む前に，本章で論じた重要な概念について理解度を確認するためのものである．解答は巻末および『問題の解き方』を参照のこと．

1. 以下の用語を説明せよ．
   a. キロミクロンレムナント　b. グリセロール生合成経路
   c. リポタンパク質の外因性経路
   d. アポリポタンパク質 B-48　e. 腸細胞
2. 以下の用語を説明せよ．
   a. β酸化　b. カルニチン　c. ケトン体生成
   d. ケトン体　e. ケトン症
3. 以下の用語を説明せよ．
   a. 脂肪細胞　b. 中鎖アシル CoA デヒドロゲナーゼ(MCAD)
   c. アシルキャリヤータンパク質(ACP)　d. α酸化
   e. 奇数鎖脂肪酸酸化
4. 以下の用語を説明せよ．
   a. SREBP-1　b. SREBP-2　c. PPAR
   d. 高トリグリセリド血症　e. アテローム
5. 以下の用語を説明せよ．
   a. シトクロム P-450　b. 混合機能オキシダーゼ
   c. フラビン含有モノオキシゲナーゼ
   d. 解毒反応(detoxication)　e. 解毒(detoxification)
6. 以下の用語を説明せよ．
   a. アリル基　b. エポキシド
   c. *S*-アデノシルメチオニン(SAM)
   d. 3′-ホスホアデノシン 5′-ホスホ硫酸(PAPS)
   e. 第一相反応
7. ミトコンドリアとペルオキシソームにおけるβ酸化の違いと類似点を述べよ．
8. 脂肪酸合成とβ酸化の違いを三つあげよ．
9. 下の脂肪酸がどのように酸化されるかを示せ．

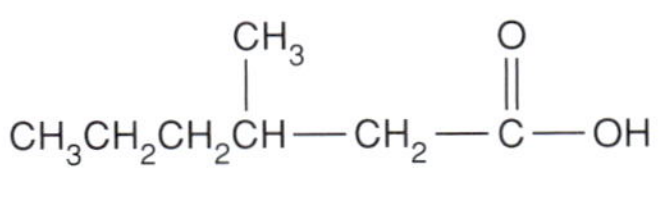

10. 問題 9 の分子の酸化生成物は何か述べよ．
11. ステアリン酸とグルコースのエネルギー含量を比較せよ．
12. チオール開裂を説明せよ．また，この反応は，どの過程で起こるか説明せよ．
13. IDL と LDL の違いを説明せよ．
14. 無βリポタンパク質血症患者に，中鎖脂肪酸を添加した低脂肪食を処方する理由を説明せよ．
15. 天然に見られる一価不飽和脂肪酸のβ酸化には，もう一つ別の酵素が関与する．この酵素は何か．また，この酵素がどのように機能するかを述べよ．
16. 下の分子の疎水性領域と親水性領域を示せ．また，この分子がどのように膜に配向するかを述べよ．

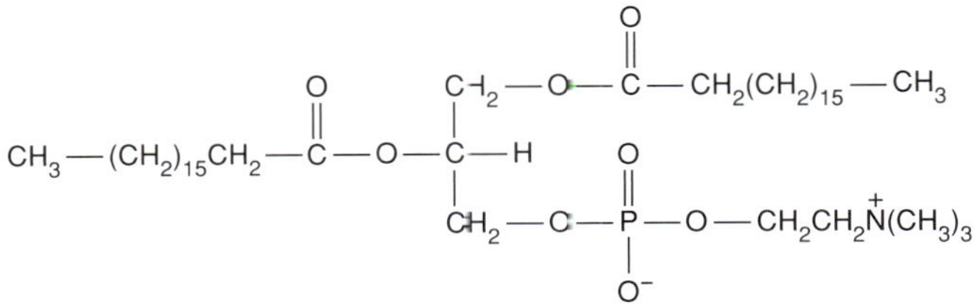

17. ゴーシェ病はβ-グルコセレブロシダーゼの遺伝的欠損症である．グルコセレブロシドはマクロファージに取り込まれ，マクロファージが死ぬと，その内容物は組織に放出される．一部の患者は幼児期に中枢神経症を患うが，他の患者はもっと歳をとるまで病状が現れない．この病気は，白血球が人工基質のβ-グリコシド結合を加水分解する能力を調べることで検出できる．次のグルコセレブロシドのどの結合がグルコセレブロシダーゼによって開裂されるかを示せ．

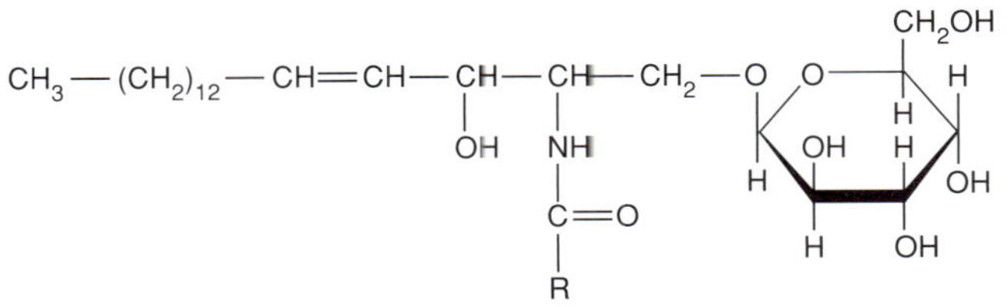

18. 1 mol のトリステアリン中の脂肪酸から生じる ATP のモル数を答えよ（トリステアリンは，3個のステアリン酸分子がエステル化されたグリセロールからなるトリアシルグリセロールである）．また，グリセロールは最終的にどうなるかを述べよ．
19. 胆汁酸塩の生合成の概略を述べよ．また，胆汁酸塩の機能を述べよ．
20. エストロゲンのような動物性ステロイドと β-カロテンなどの脂質分子は，互いにどのように関係しているか．また，これらの分子に共通する生合成反応は何か．
21. シトクロム P-450 電子伝達系の構成成分を述べよ．また，各成分の役割を説明せよ．
22. 生体内変換における抱合反応の役割は何か述べよ．
23. ペルオキシソームの β-ケトアシル CoA チオラーゼは，ミトコンドリアの酵素とは異なり，中鎖アシル CoA と反応しない．この機構が細胞にとって都合がよい理由を述べよ．
24. ヒトがひどい飢餓状態に陥ると，〝アセトン呼気〟が見られる．その理由を述べよ．
25. NADPH が脂肪酸の不飽和化過程における酸素分子の活性化に関与する機構を説明せよ．
26. インスリンの脂質代謝に果たす役割を述べよ．
27. アセチル CoA からのマロニル CoA の合成に $^{14}CO_2$ を用いても，標識された脂肪酸産物は生成されない．その理由を述べよ．
28. コレステロール分子を図示し，イソペンテニル単位を示せ．
29. 脂肪細胞におけるトリアシルグリセロールの加水分解によって生成したトリアシルグリセロールの代謝を述べよ．
30. 多くの加工食品やファーストフードにはトランス脂肪酸が含まれる．これらの分子が体に害を及ぼす機構を説明せよ．
31. β 酸化のうち，どの反応が酸化反応であるかを述べよ．

応用問題

以下の問いは，本書でこれまで論じてきた重要な概念について理解を深めるためのものである．正解は一つとは限らない．解答例は巻末および『問題の解き方』を参照のこと．

32. 血中グルコース濃度が通常より高くなると，グルコース分子はリシン残基と反応し，側鎖が糖化される．この反応が生体にとって危険である理由を説明せよ．この糖化反応によって最初に生成される物質名を述べよ．
33. カルチニン濃度が低下すると生体にどのような影響を与えるかを述べよ．
34. 臨界ミセル濃度（cmc）とは，脂質がミセル形成を始める濃度をいい，ホスホリパーゼの活性は臨界ミセル濃度を超えると上昇する．
    a. この段階で，脂質と酵素の間にどのような非共有相互作用が生じるかを述べよ．
    b. これらの相互作用はホスホリパーゼの構造にどのような影響を与えるか述べよ．
35. アシル CoA デヒドロゲナーゼ欠損症は，遺伝的に脂肪酸の β 酸化ができない症候群である．この疾病の症状には，吐き気，嘔吐，頻繁な昏睡があげられる．これらの症状は，規則正しく食事をとり，長期間の絶食（12時間以上）を避けることにより緩和される．なぜこのような単純な方法によって症状が緩和されるかを述べよ．
36. 小胞体の内腔側には，非常に高濃度のホスファチジルコリンが存在している．ホスファチジルコリンのどのような構造的特徴がこの現象を起こしているかを述べよ．この構造的特徴がどのような効果を引き起こしているかを説明せよ．
37. ストレスや絶食により，血中グルコース濃度は低下する．これに応答して，脂肪酸が脂肪細胞から放出される．血中グルコース濃度の低下がどのようにして脂肪酸の放出を引き起こすかを説明せよ．
38. 砂漠に生息する動物の環境適応の一つに，水を貯蔵する能力があげられる．砂漠の生物の多くは水を貯蔵する機能を獲得したため，ほとんど水を飲むことはない．このような動物は，代謝過程で水を得ている．1 mol のパルミチン酸の酸化から，どのくらいの水が得られるかを求めよ．
39. 下の脂肪酸は何か．そして，その酸化反応を述べよ．

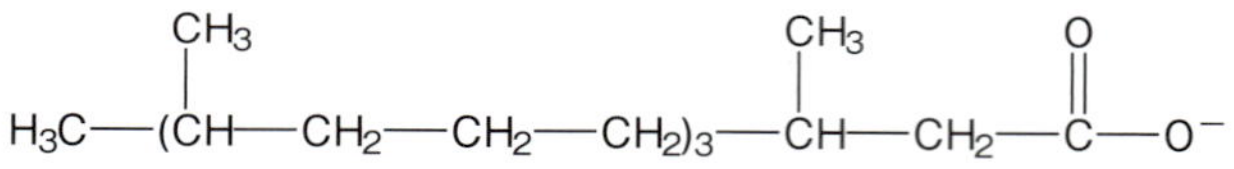

40. ほとんどの脂肪酸の炭素数が 16 か 18 である理由を説明せよ．
41. ある研究者が，カルボニル基を ^{14}C で標識したアセチル CoA を用いて，コレステロール合成を行っている細胞を調べたとする．メバロン酸のどの原子に ^{14}C が現れるかを述べよ．
42. 問題 41 と同様の実験をして，イソペンテニルピロリン酸のどの部位に ^{14}C が現れるかを述べよ．

CHAPTER

13 光合成

森のなかの光　光は地球上のほとんどの生物に重大な影響を及ぼす．光のエネルギーは，光合成と呼ばれる分子機構によって捕獲され，生体を構成する有機分子の産生に使われる．

アウトライン

概　要

地球上で酸素発生型光合成が最も重要な生化学過程であることは疑う余地がない．少数の例外はあるが，光合成は外部の物理的なエネルギーが生物により捕獲されている唯一の機構であり，すべての好気性生物の生存を支える O_2 の発生源である．13章では，光合成過程の基本原理について解説する．また，光合成反応と葉緑体の構造との関係や，そこにかかわる光の諸性質について重点的に述べる．

光合成は光で駆動される生化学機構であり，それによって CO_2 がグルコースといった有機分子に取り込まれる（**図 13.1**）．捕捉された光エネルギーは，この過程を駆動する ATP と NADPH の合成に使われる．完全な酸化状態にありエネルギー的に低い CO_2 分子の炭素原子を，有機分子のなかの炭素原子単位 CH_2O に還元するには，強い電子供与体が要求される．つまり，NADPH の還元力が必要である．

光合成は，**光化学系**（photosystem）と呼ばれる生化学的な機構によって行われる．光化学系は，葉緑体（植物や藻類の場合）あるいは光合成細菌の膜画分に存在する膜結合性のタンパク質複合体である．葉緑体には二つの光化学系が存在する．光化学系Ⅰ（PS Ⅰ）と光化学系Ⅱ（PS Ⅱ）である．それぞれの光化学系は二つの機能的成分から構成される．**集光性アンテナ**（light-harvesting antenna）が光エネルギーを捕獲する役割を果たし，捕獲された光エネルギーは**反応中心**（reaction center）へ伝わり，膜の内外の電子移動に利用される．PS Ⅰでは，光によって駆動されたエネルギーは NADPH の合成に使われる．PS Ⅱでのシトクロム b_6f 複合体への電子の流れは，最終的に ATP の生合成を引き起こす膜の内外のプロトンのくみ上げに使われる．PS Ⅱの反応中心で生じた強い酸化力が水分子を分解することによって電子の流れが生じる．O_2 分子は，この過程で生じる副産物である．

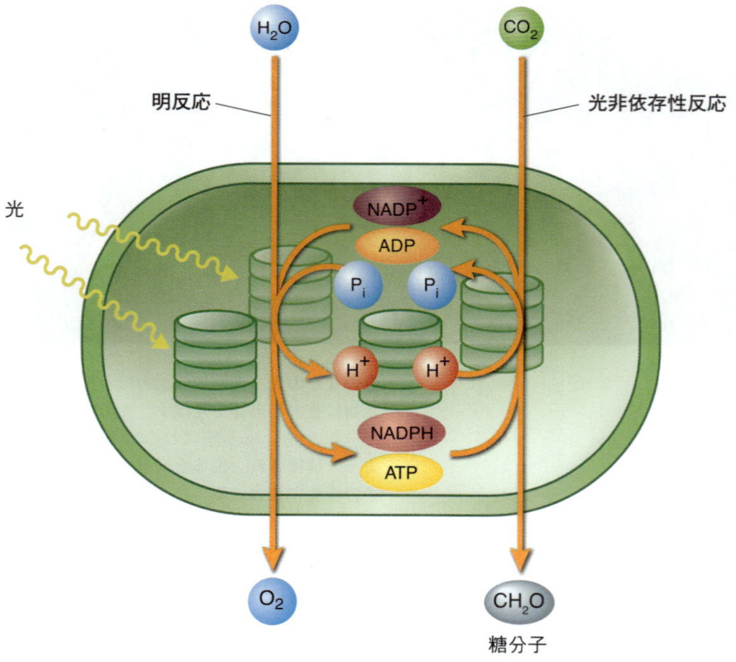

図 13.1　酸素発生型光合成の概要
酸素発生型の光合成は2組の反応によって構成される．明反応と光非依存性反応である．葉緑体（図 2.22）では，明反応はチラコイド膜のなかで起こるのに対して，光非依存性反応（カルビン回路）はストロマで起こる．明反応では，NADPH と ATP の合成を駆動するために光エネルギーが利用される．水分子は，NADPH や ATP といった分子を合成するために使われる電子とプロトンの供給源である．O_2 分子は水分解の副産物として放出される．光非依存性反応では，NADPH と ATP 分子を使って CO_2 を糖分子へと変換する．

13 章では酸素発生型光合成の原理について述べる．まずは葉緑体の構造について詳しく見てみよう．そして，光の諸性質について簡単に概説した後，現在の光合成を構成する反応について述べる．これには明反応と光非依存性反応がある．明反応では，電子がエネルギーを得て，ATP と NADPH の合成に利用される．ATP と NADPH は，光非依存性反応（しばしば暗反応またはカルビン回路と呼ばれる）により糖質の合成に利用される．C_4 代謝型やベンケイソウ型有機酸代謝といった光合成の多様性についても解説する．そして最後に，植物の光合成を制御するいくつかの機構について述べる．

キーコンセプト

- 有機分子への CO_2 の取り込みにはエネルギーと還元力が必要である．
- 光合成において，両者は光エネルギーにより駆動される複雑な過程によって供給される．

13.1 クロロフィルと葉緑体

光合成は，特殊な色素分子により光のエネルギーを吸収することから始まる（図 13.2）．**クロロフィル**（chlorophyll）はヘムと類似の構造をもつ緑色の色素である．クロロフィル *a* は光エネルギーの吸収により直接的に光化学反応を引き起こすので，酸素発生型光合成にとって主要な

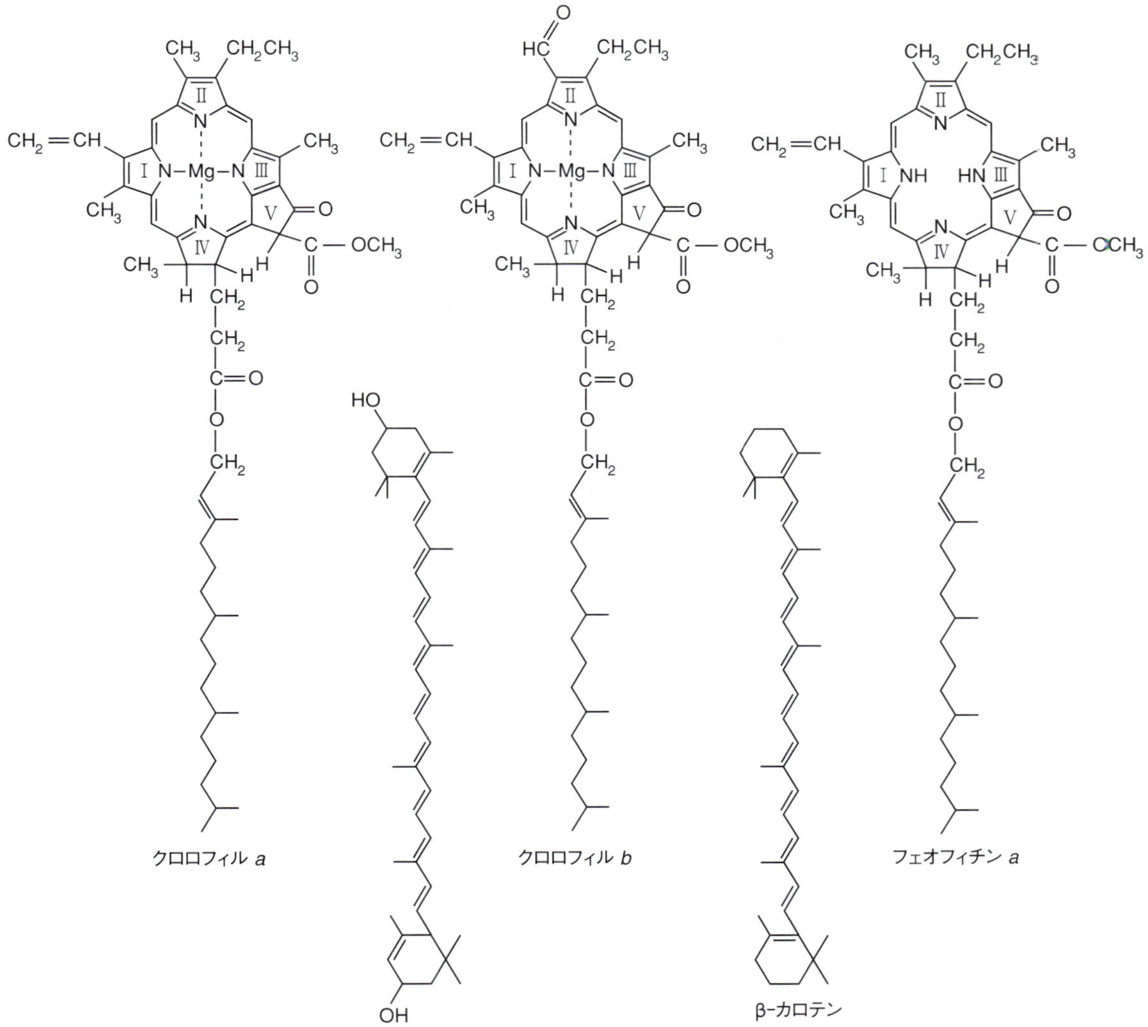

図 13.2　光合成で利用される色素分子
クロロフィル *a* と *b* は，ほとんどすべての酸素発生型光合成生物で見いだされる．クロロフィルは，中心にマグネシウム（II）イオンが一つある複雑な環状構造（ポルフィリンの一種）をもつ．クロロフィル *a* は環 II に結合したメチル基をもっているのに対して，クロロフィル *b* は同じ位置にアルデヒド基をもっている．フェオフィチン *a* はクロロフィル *a* と類似の構造であるが，マグネシウム（II）イオンが 2 個のプロトンと置き換わっている．クロロフィル *a*，*b* とフェオフィチン *a* ではすべて，フィトール鎖がエステル結合している．突き出したフィトール鎖は膜に分子を固定する．ルテインと *β*-カロテンは，チラコイド膜に豊富に存在するカロテノイドである．

役割を果たす．クロロフィル a は，吸収したエネルギーを反応中心へ伝達する過程である**集光**(light harvesting)にも関与する．クロロフィル b は，吸収した光エネルギーをクロロフィル a へ伝達する．橙色の**カロテノイド**(carotenoid)はイソプレノイド化合物であり，集光性色素(ルテインやキサントフィル，p. 347 参照)として機能したり，活性酸素種(ROS)からの保護の役割をもっていたりする(たとえば β-カロテン)．

葉緑体は植物や藻類において光合成を行う細胞小器官であり，いくつかの点でミトコンドリアと似ている．第一に，双方の細胞小器官は透過性の異なる外膜と内膜をもっている(**図 13.3**)．ミトコンドリアと同じように，葉緑体の外膜は透過性が高く，内膜は分子の輸送を制御する特殊な担体分子をもっている．第二に，葉緑体の内膜は**ストロマ**(stroma)と呼ばれる内部空間を囲み込み，これはミトコンドリアのマトリックスと類似している．ストロマにはさまざまな酵素(たとえば光非依存性反応やデンプン合成のための酵素)，DNA，およびリボソームが存在する．

一方，両細胞小器官には顕著な違いも存在する．たとえばミトコンドリアは，おおよそ長さ 1500 nm，幅 500 nm の桿状構造である．一方，葉緑体はミトコンドリアよりずっと大きく，長さ 4000～6000 nm，幅約 2000 nm の球状体である．さらに，葉緑体は**チラコイド膜**(thylakoid membrane)と呼ばれる特徴的な第三の膜をもち，チラコイド膜は折りたたまれ，**グラナ**(granum)と呼ばれる円盤状の小胞構造をとる．それぞれのグラナはいくつかの扁平な小胞の積み

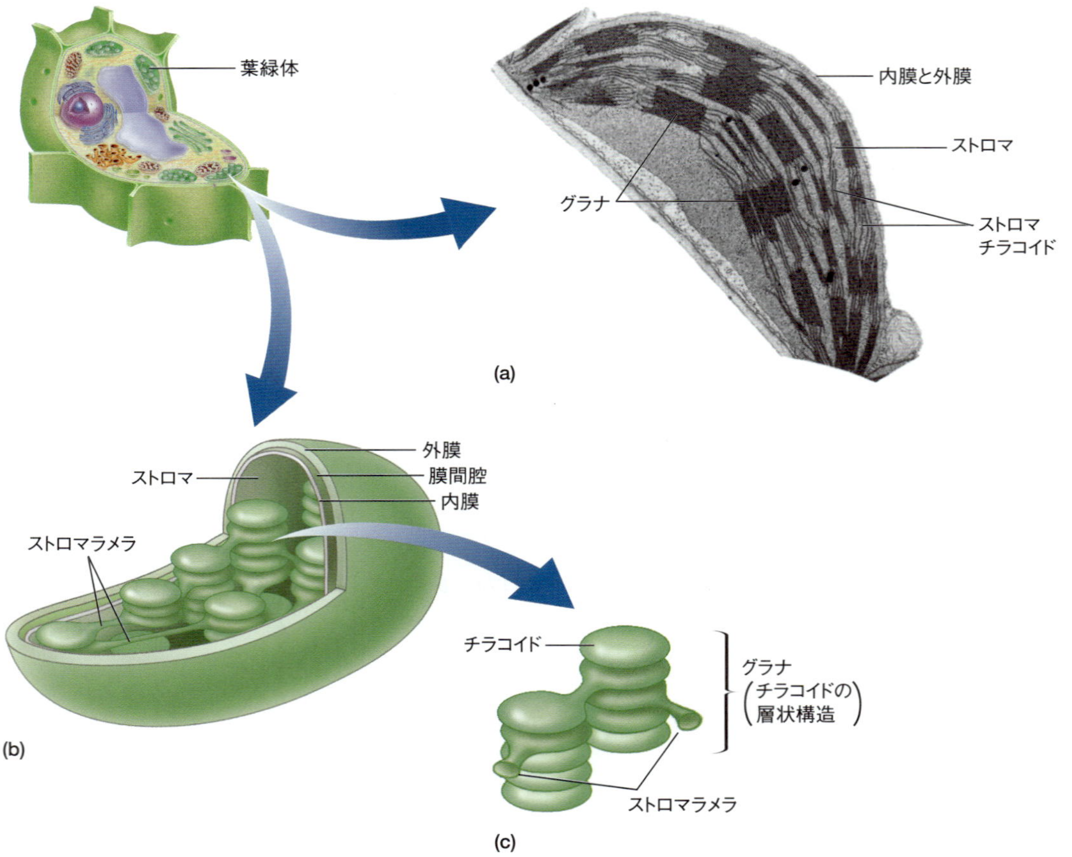

図 13.3　葉緑体の構造

葉緑体は内膜と外膜をもっている．第三の膜は，チラコイドと呼ばれる扁平な袋状構造を，水溶性で酵素に富むストロマ内に形成している．チラコイドの積み重なりをグラナという．積み重なりのないチラコイド膜の連結部分をストロマラメラと呼ぶ．(a) 葉緑体の電子顕微鏡写真，(b) 葉緑体の模式的構造，(c) グラナの拡大図．

重なりである．グラナ形成によりつくられる内部の区画を**チラコイド内腔**（thylakoid lumen，または間隙）と呼ぶ．グラナを結ぶチラコイド膜は**ストロマラメラ**（stromal lamella）と呼ばれる．グラナ内部で互いに密に詰め込まれた膜は，強く押し込められた状態にあるといえる．ストロマラメラは押し込まれていない状態にある．

光合成の光依存性反応にかかわる色素やタンパク質は，チラコイド膜中に見いだされる（図13.4）．これらの分子の大部分が，次に述べる光合成の機能単位に組み込まれている．

1．**光化学系Ⅰ**　光化学系Ⅰ（PSⅠ，図13.5）は，最終的に $NADP^+$ に供給される電子を励起して伝達する，多数のサブユニットで構成される膜貫通型の大きな色素-タンパク質

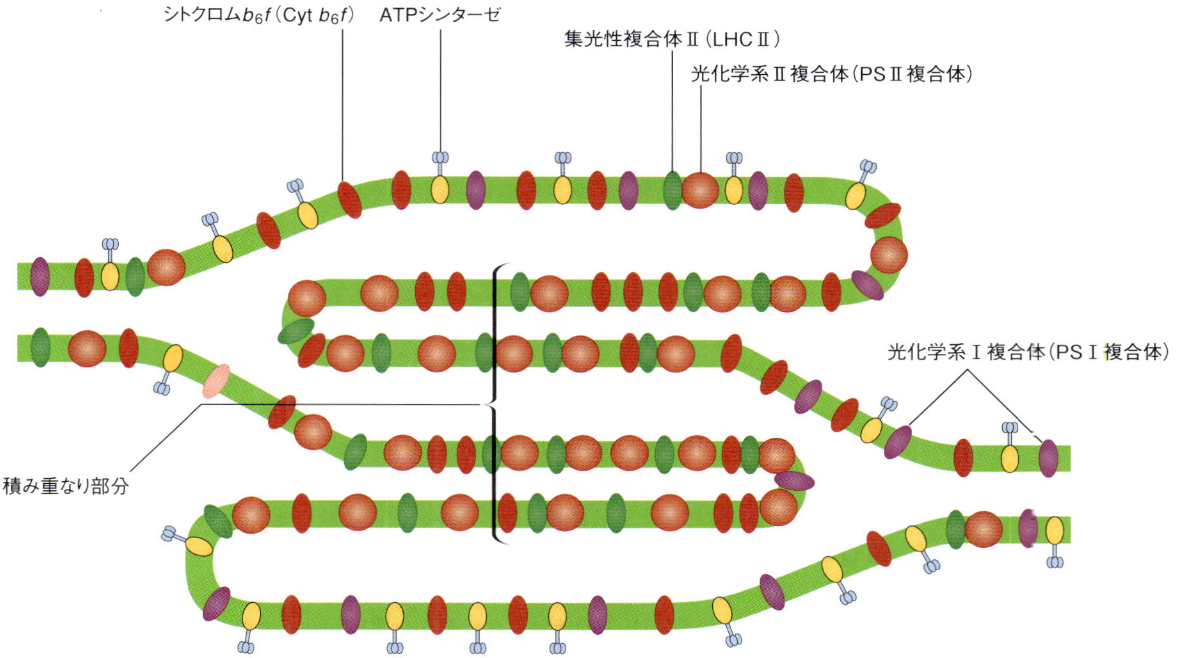

図 13.4　光合成の作用単位
光化学系Ⅰ複合体は積み重なり構造のないストロマラメラに多く見いだされる．これに対して，光化学系Ⅱ複合体はおもにチラコイド膜の積み重なり部分に位置する．シトクロム b_6f はチラコイド膜の両方の領域に分布する．ATP シンターゼはストロマに直接に面したチラコイド膜上にのみ見いだされる．

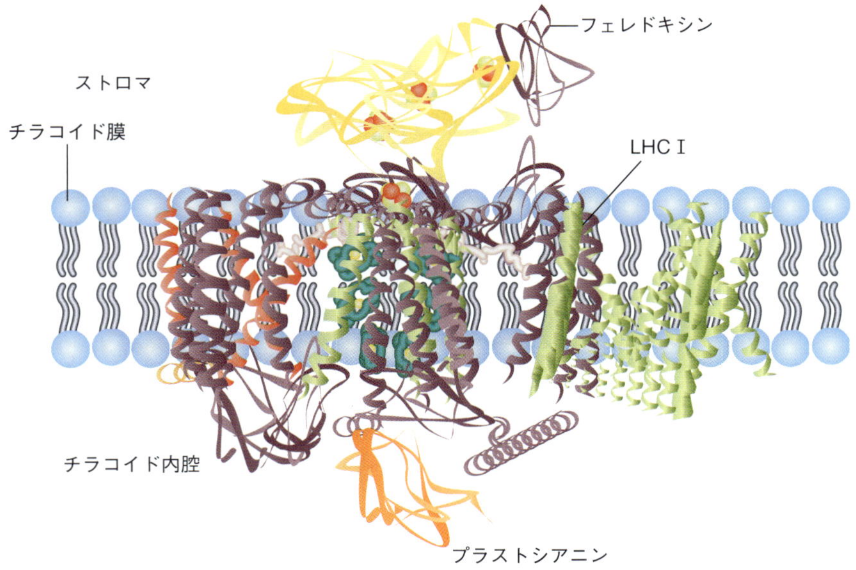

図 13.5　植物における光化学系Ⅰの構造
FSⅠは複数のサブユニットからなるタンパク質複合体であり，主として PsaA と PsaB のヘテロ二量体によって形成される反応中心と，ここでは緑色のリボン構造で示される表在性の集光性複合体Ⅰ（LHCⅠ）からなる．図には他の二つの電子伝達タンパク質，つまりプラストシアニン（橙色のリボン構造）とフェレドキシン（紫色のリボン構造）も示されている．

複合体である．PS I の本質的な働き，つまり励起された電子をチラコイド膜のなかで一連の電子伝達体へ供給することは，反応中心に位置する特殊な 2 分子のクロロフィル *a* により行われている．この 2 分子は特殊対と呼ばれ，PsaAB 二量体から構成される PS I コア複合体に存在する．光化学系 I にあるこの特殊対の分子は 700 nm の波長の光を吸収するので，しばしば P700 とも呼ばれる．特殊な一対のクロロフィル P700 に加えて，PsaAB 二量体は一連の電子伝達体 A_0，A_1，および F_x を含んでいる．A_0 は励起された電子を P700 から受けとる特異的なクロロフィル *a* 分子であり，受けとった電子を A_1 へと伝達する．A_1 はフィロキノン（ビタミン K_1）であることが明らかにされている．そして電子は，A_1 から一連の鉄-硫黄中心（F_X，F_A，F_B）へと伝達される．最終的に，電子は $NADP^+$ へ供与されて NADPH を生成する．PS I は，特殊な対として働くクロロフィル *a* 分子のほかに，集光性色素として働く大量に存在するクロロフィル *a* 分子，クロロフィル *b* 分子，カロテノイド分子を含む．**アンテナ色素**（antenna pigment）は光エネルギーを吸収して反応中心へ伝達する．PS I に結合する表在性の集光性複合体（LHC I）に存在する集光性色素もまた，光エネルギーの効率よい吸収に寄与する．この現象については，13.2 節でもっと詳しく述べる．大部分の PS I 複合体は，折りたたまれていないチラコイド膜，すなわちストロマにじかに接する膜に存在する．

2．**光化学系 II**　光化学系 II（PS II）の機能は，水分子を酸化し，最終的に PS I を還元する電子伝達体に励起された電子を与えることである．PS II は膜貫通型の大きな色素-タンパク質複合体であり，密に詰め込まれたグラナ膜に存在する（**図 13.6**）．最も活性の高い PS II の型は二量体構造をとる．PS II の反応中心は，D_1（分子量 33,000）と D_2（分子量 31,000）として知られる二つのペプチドサブユニット（D_1/D_2 二量体），CP47 と CP43 という二つのコアサブユニット，シトクロム *b*-559 により構成されている色素-タンパク質複合体である．D_1/D_2 二量体は，680 nm の波長の光を吸収する P680 と呼ばれるクロロフィル *a* 2 分子の特殊対と結合している．光を吸収すると，P680 は励起された電子を一連の電子受容体に伝え，最終的にはユビキノンに類似した分子であるプラストキノン（PQ あるいは Q）へと伝達する．光エネルギーにより励起され電子を渡してしまった反応中心には，水分解複合体としても知られる酸素発生複合体（OEC）と，しばしば Y_Z と表記されるタンパク質 D_1 上のチロシン残基から電子が補充される．水分解部位は立方体様の原子配置の Mn_4CaO_5 クラスターであり，これらの金属と直接的な結合を形成する D_1 タンパク質と CP43 タンパク質のアミノ酸側鎖によって取り囲まれている．数百

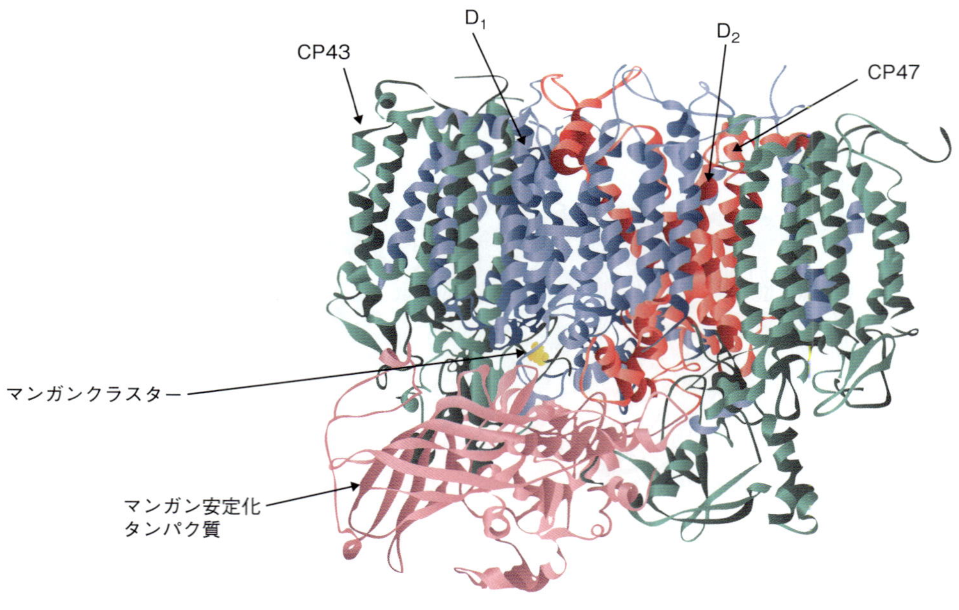

図 13.6　光化学系 II の単量体構造
PS II 単量体は約 20 のサブユニットで構成されている．最も重要なものは，D_1-D_2 からなる反応中心対サブユニットとクロロフィル（図には示されていない）が結合するアンテナサブユニットの CP43-CP47 である．マンガン安定化タンパク質は PS II の膜表在性タンパク質であり，マンガンクラスターを安定化させることによって酸素発生の効率を維持している．

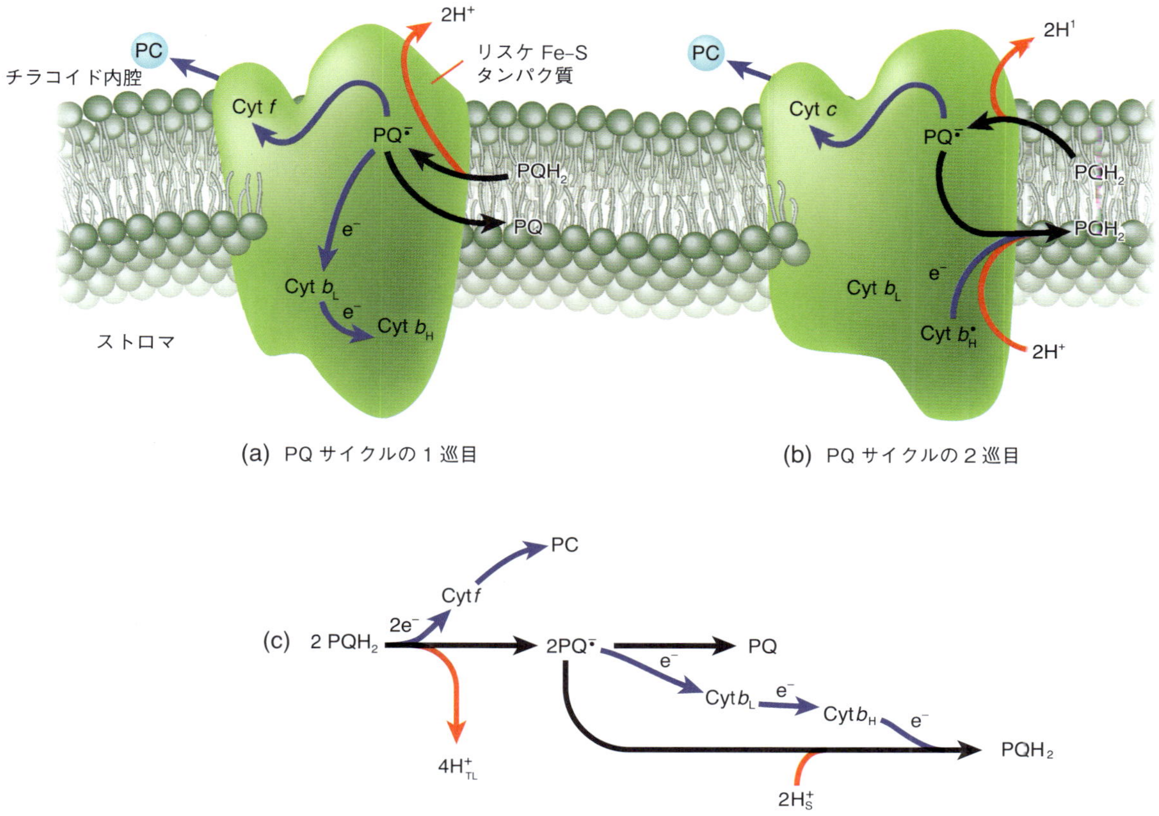

図 13.7　シトクロム b_6f 複合体を介した電子伝達

2分子のプラストキノール(PQH_2)は連続的に酸化され，2電子(e^-)をプラストシアニン(PC)へ供給する．水溶性の銅タンパク質であるPCは，PS Ⅰの反応中心(P700)へそれぞれの電子を伝達する．PQH_2から供給される一つ目の電子は，リスケ鉄–硫黄タンパク質を経てCyt *f*とPCへと伝達され，そのたび二つのプロトンがチラコイド内腔(TL)へと輸送される．(a) 1分子の$PQ^{\overline{\cdot}}$からの電子はCyt b_L，そしてCyt b_Hへと伝達される．そしてPQはチラコイド膜へ放出される．(b) ついで二つ目の$PQ^{\overline{\cdot}}$がCyt b_Hから電子を受けとり，二つのプロトンをストロマ(S)から取りだしてPQH_2となる．(c) この反応をまとめると，2分子のPQH_2がCyt b_6f複合体に取り込まれ，PQとPQH_2がタンパク質複合体から放出される(黒矢印：反応の矢印，赤矢印：プロトンの伝達，青矢印：電子の流れ)．

の集光性分子も反応中心に結合している．補助色素の大部分といくつかのタンパク質は，集光性複合体Ⅱ(LHC Ⅱ)と呼ばれる分離可能な単位に含まれている．LHC Ⅱは集光性タンパク質の三量体であり，それぞれのタンパク質に12～14分子のクロロフィル*a*とクロロフィル*b*および数個のカロテノイド分子を結合している．植物では，LHC Ⅱ三量体は積み重なったグラナ膜にしっかりと詰め込まれている．

3．**シトクロム b_6f 複合体**　シトクロム b_6f 複合体はチラコイド膜の至るところに存在し，構造と機能の点でミトコンドリア内膜のシトクロム bc_1 複合体(図 10.7)と類似している．シトクロム b_6f 複合体は，PS Ⅱから PS Ⅰへの光励起された電子の伝達に重要な役割を果たしている．複合体中のリスケ Fe–S タンパク質と呼ばれる鉄–硫黄タンパク質が，膜中に存在する電子伝達体のプラストキノン(PQ)から電子を受けとり，プラストシアニン(PC)と呼ばれる小さな水溶性の銅含有タンパク質に電子を与える．電子を PQH_2 からシトクロム b_6f 複合体を介して伝達する機構(図 13.7)は，ミトコンドリアの Q サイクルに似ている．

4．**ATP シンターゼ**　葉緑体の ATP シンターゼ(図 13.8)は，CF_OCF_1ATP シンターゼとも呼ばれ，構造的および機能的にミトコンドリアの ATP シンターゼと類似している．CF_O 成分は，プロトン駆動チャネルを含む膜貫通型のタンパク質複合体である．頭部部分である CF_1 はストロマ側に突き出し，ATP シンターゼ活性をもっている．光により駆動される電子伝達により生みだされる膜を横切るプロトン勾配が CF_O プロトンチャ

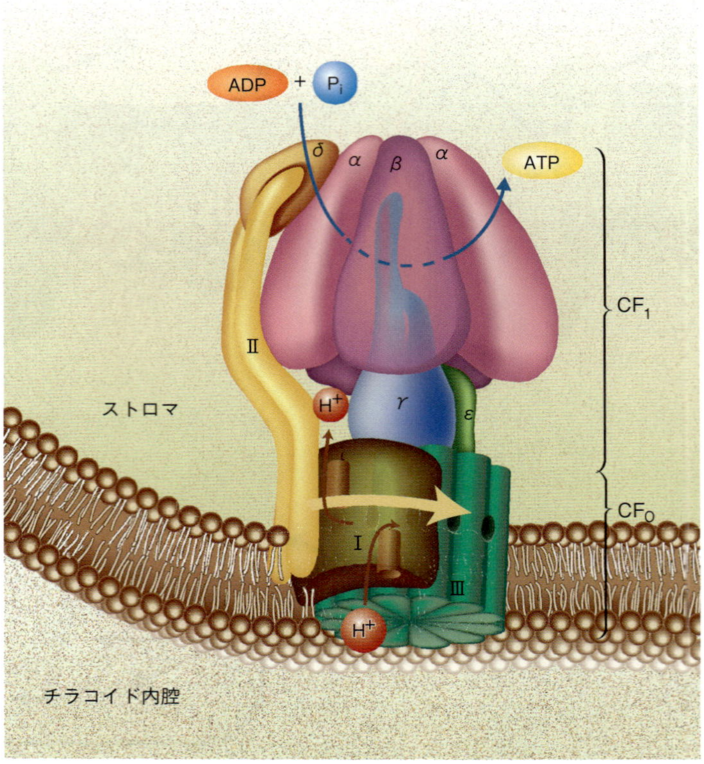

図 13.8　葉緑体 ATP シンターゼの模式図
ATP シンターゼは二つの要素より構成されている．すなわち，プロトン孔をもつ膜貫通タンパク質複合体(CF_0)と ATP を合成する膜表在性のタンパク質複合体(CF_1)である．CF_0 はⅠ，Ⅱ，Ⅲ，Ⅳの四つの異なるサブユニットを含む．プロトン孔は 12～14 個のサブユニットⅢが集まって構成されている．サブユニットⅣ(図には示されていない)は CF_0 を CF_1 に結合させる．CF_1 は α，β，γ，δ，ε の五つの異なるサブユニットからなっている．ミトコンドリアの ATP シンターゼは類似の構造をもつ(10 章)．

ネル複合体の回転を引き起こし，それが ADP のリン酸化を駆動する．ATP を 1 分子合成するには約 4 個のプロトンがチラコイド間隙にくみ出されることが必要である．ストロマと直接的に接するチラコイド膜上に ATP シンターゼは存在する．

キーコンセプト

- 葉緑体においては，二重膜がストロマと呼ばれる内側の空間を取り囲む．ストロマには光合成の光非依存性反応を触媒する酵素が含まれている．第三の膜系が，チラコイドと呼ばれる平たい袋状の構造を形成している．
- チラコイド膜には，明反応に用いられる色素とタンパク質が含まれている．

問題 13.1

葉緑体の模式図を描き，CF_0CF_1，P700，P680，カルビン回路の反応がどこに局在するか示せ．また，それぞれの機能を述べよ．

13.2　光

太陽は電磁波としてエネルギーを放出し，それは波として宇宙空間を伝播(でんぱ)し，そのうちの一部分は地球に到達する．可視光は光合成を引き起こすエネルギー源であるが，電磁波スペクトルのごく一部分を占めるに過ぎない(図 13.9)．地球に到達する年間約 178,000 TW の太陽光エネルギーのうち，ごく一部(100 TW)だけが光合成生物によって捕獲されている．光の特徴の多くは波としてのふるまいにより説明される(図 13.10)．エネルギー波は次の用語で説明される．

1. **波長**　波長(λ)は，ある波のピークから次の波のピークまでの距離である．
2. **振幅**　振幅(a)は波の高さである．電磁波の強度(たとえば光の明るさ)は a^2 に比例する．
3. **周波数**　周波数(ν)は，1 秒間にある地点を通過する波の数である．

それぞれの放射線について，波長に周波数をかけると電磁波の速度(c)になる．

$$\lambda\nu = c$$

変換すると

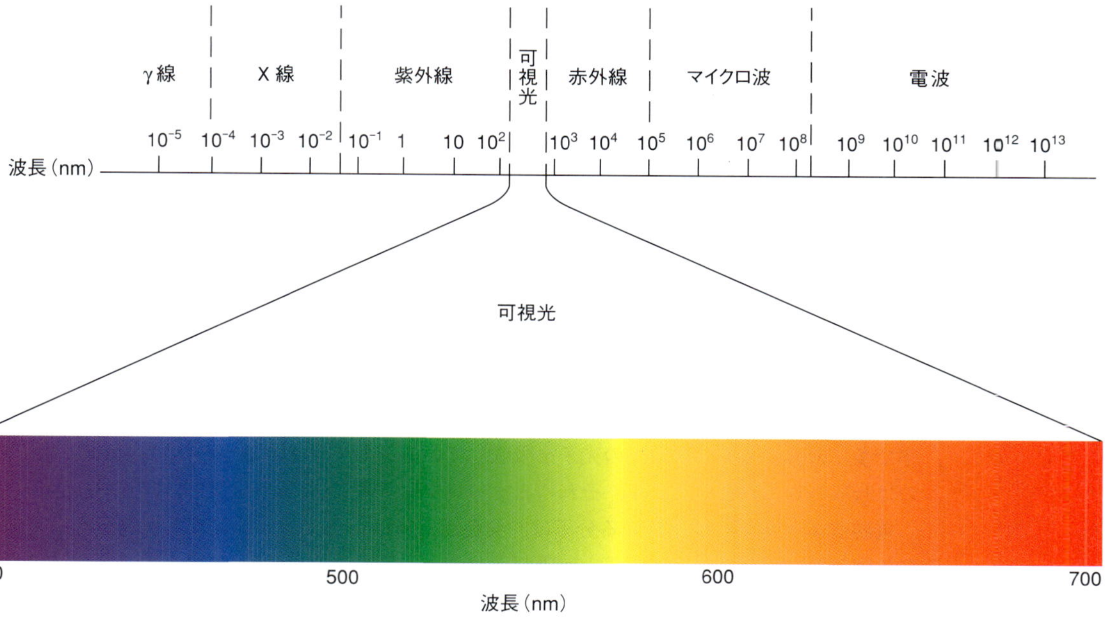

図 13.9　電磁波スペクトル

短い波長の γ 線は高いエネルギーをもつ．もう一方の端にある電波（長い波長）は低いエネルギーをもつ．可視光は，目の網膜中の視色素が感受性を示す波長域のスペクトルである．葉緑体の色素分子も可視光のスペクトルに感受性を示す．可視光域に隣接する紫外線は，さらに UVA（400 ～ 315 nm），UVB（315 ～ 280 nm），UVC（280 ～ 100 nm）に分類される．

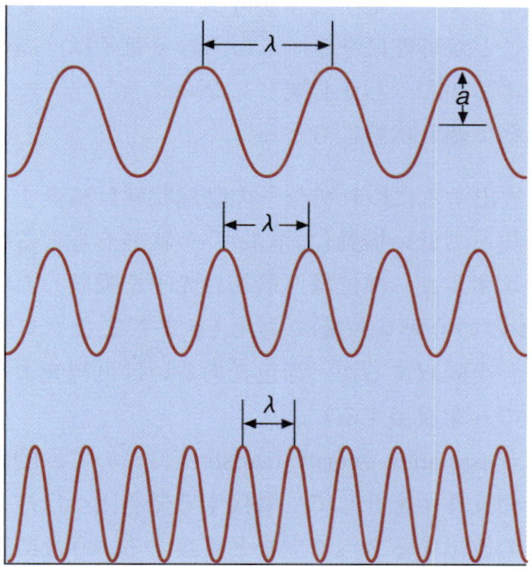

図 13.10　波の性質

波長（λ）は二つの連続する波のピークの間の距離である．振幅（a）あるいは波の高さは電磁波の強度に関連している．周波数は，1 秒間にある点を通過する波の数である．波長の短いものは高い周波数をもつ．

$$\lambda = c/\nu$$

すなわち，波長は波の周波数と速度により決定される．

可視光の波長分布は 400 nm（紫色の光）から 700 nm（赤色光）である．これに比べると，高エネルギーの X 線と γ 線の波長は 10^4 から 10^7 分の 1 である．スペクトルのもう一方の端に位置するのは低エネルギーの電波であり，これらの波長はメートルからキロメートルの範囲である．

問題 13.2

なぜ，緑色光のエネルギーは青色光のエネルギーより低いのか．

波のような挙動に加えて，可視光（と可視光以外の電磁波）は，質量と加速度のような粒子としての性質も示す．エネルギーは質量をもつ，あるいは $E = mc^2$ という Einstein の観察は光子に適用される．光が物質と相互作用するときは，光子と呼ばれるエネルギーの粒子としてふるまう．光子のエネルギー(E)は電磁波の周波数に比例する．

$E = h\nu$

h はプランク定数(6.63×10^{-34} J·s)

量子論に従うと，輻射エネルギーは，量子と呼ばれる特殊な量でのみ吸収されたり放出されたりする．分子がエネルギーの量子を吸収すると，電子が基底状態の軌道(最もエネルギーの低い準位)から高いエネルギー状態へ移動する．吸収が起こるには，二つのエネルギー状態の間のエネルギー差が吸収した光子のエネルギーと厳密に等しくなくてはならない．複雑な分子はしばしば複数の波長で吸収を起こす．たとえばクロロフィルは，幅広いそして複数のピーク(青色～紫色領域と赤色領域)をもつ吸収スペクトルを示す．これは，クロロフィルが異なる効率で多くの異なるエネルギーの光子を吸収していることを意味する．われわれが目で見ているのは吸収されない波長であり，それゆえクロロフィル溶液(あるいは葉)は緑色に見える．

電磁波エネルギーを吸収する分子は，**発色団**(chromophore)と呼ばれる構造をもっている．発色団において電子はエネルギーが吸収されると，容易に遷移状態(高いエネルギー準位)へ移動する．可視光を吸収する発色団は，通常，共役二重結合をもつ直鎖と芳香環をもっている．たとえば，水溶性色素であるアントシアニンは，青緑から紫外領域の光を吸収することによって植物を光による損傷から保護する発色団を含む．発色団では，基底状態の占有軌道から高エネルギーの非占有軌道へと電子が移動する電子遷移が生じる(図 13.11)．少数の共役二重結合や独立した二重結合をもつ分子は電磁波スペクトルの紫外領域のエネルギーを吸収する．光合成色素やアンテナ色素の発色団の極度の共役構造によって，電子遷移が可視光スペクトルを超えて，より長波長(低エネルギー)において生じることが可能になる．この系の π 電子は，高いエネルギー軌道へ遷移するために，比較的小さなエネルギーしか必要としない．

励起された電子は，次に示すいくつかの様式を経て基底状態にもどる．

1. **蛍光**　蛍光(fluorescence)の場合，光子を放出するにつれて分子の励起状態は減衰する．励起された電子はある程度のエネルギーを失って低い振動(エネルギー)状態へもどるので，光子の放出によって生じる遷移状態のエネルギー準位は，最初に光子を吸収した状態よりも低くなる．蛍光の寿命は 10^{-15} 秒という速い反応である(さまざまなクロロフィルは可視光の全領域にわたるエネルギーを吸収するが，赤色光あるいは可視光よりさらに長波長の低いエネルギーをもつ光子のみを放出する)．
2. **共鳴エネルギー伝達**　共鳴エネルギー伝達(resonance energy transfer)において，励起エネルギーは互いに接する分子軌道の間の相互作用を介して，隣接する発色団へ伝達される．吸収スペクトルが標的となる発色団の放出するスペクトルと重複するような隣接

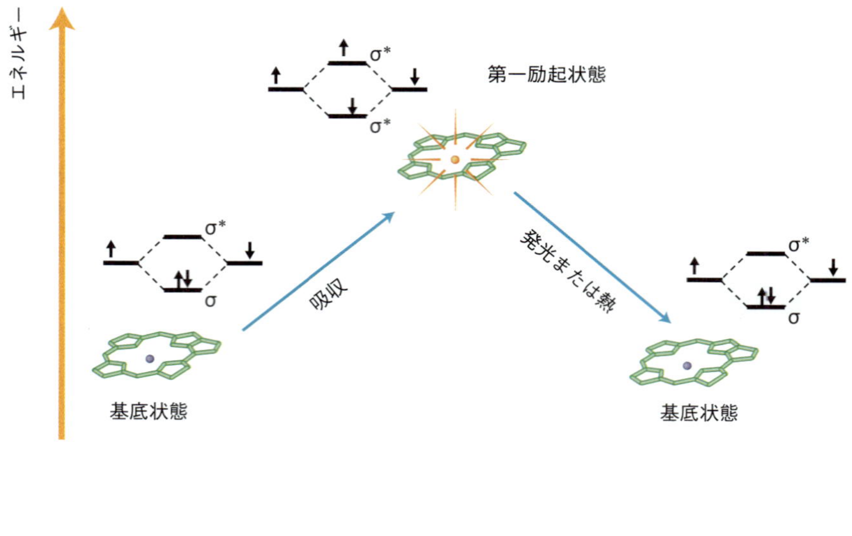

図 13.11　発色団の励起
発色団分子(たとえばクロロフィル)は可視光の光子を吸収すると，電子が高い電子軌道に移動するため，そのエネルギーは増加する．励起された分子は，発光(蛍光)または熱としてエネルギーを放出して基底状態へもどることができる．また励起された分子は，近接する分子(励起エネルギー受容体)へ励起エネルギーを供与することや電子受容体に電子を渡すことができる．

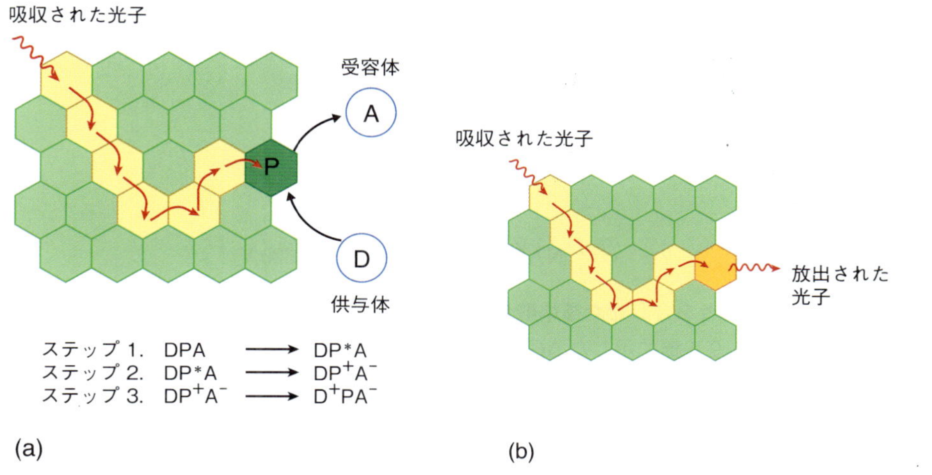

図 13.12 光化学系のエネルギー伝達
集光性アンテナのクロロフィル分子によって吸収された光子は，クロロフィルを第一励起状態にすることを促進する．励起されたクロロフィル分子は，共鳴エネルギー移動によって近接する分子へエネルギーを与える．励起状態はランダムにアンテナ分子（黄色の六角形）を移動し，これは反応中心（濃い緑色の六角形）にたどり着いて捕獲されるまで続く．(a) 反応中心で励起状態を捕獲するものは，一次供与体（P700 あるいは P680）と呼ばれる特殊なクロロフィル分子である．その励起状態はアンテナ分子のものよりも低い．一次供与体分子は，光を直接吸収することや隣接するアンテナ分子からの励起状態転位によって励起される（ステップ 1）．励起状態（P^*）にある一次供与体分子は，受容分子（A）を還元することで反応中心における電子移動を開始する（ステップ 2）．酸化された一次供与体（P^+）は，最も近くにある電子供与体（D）から電子を引き抜く（ステップ 3）．還元された受容分子（A^-）からの電子は，さらに反応中心の電子伝達鎖を移動する．(b) 強光下のような高ストレス条件では，反応中心の数が減少するため，蛍光による励起エネルギーの損失が生じる．

発色団は，発色団が基底状態にもどる際に放出されるエネルギー量子を吸収することができる．

3. **酸化還元**　励起された電子は隣り合う分子へ伝達される．励起された電子は非占有軌道を占めるようになり，基底状態の軌道にあるときよりも弱い結合状態にある．つまり，励起された電子をもつ分子は強力な還元剤である．還元剤は，他の分子を還元することで元の基底状態へもどる．
4. **放射を伴わない減衰**　励起された分子は励起エネルギーを熱に変換することにより基底状態へもどる．

このようなエネルギー吸収への応答のうちで，光合成において最も重要なものは共鳴エネルギー伝達と酸化還元である．共鳴エネルギー伝達は，光のエネルギーを補助色素分子により捕獲する際に重要な役割を果たしている（図 13.12a）．そして，集光性複合体によって吸収もしくは伝達されたエネルギーは，PS I と PS II それぞれの反応中心にある特殊なクロロフィル *a* 分子である P700 や P680 に到達する．これらの分子は励起されると，$P700^*$ や $P680^*$ と表記される．$P700^*$ と $P680^*$ はともに，特異的な受容分子に電子を受け渡すことで容易に電子を失う電子供与体である．$P700^*$ は電子をクロロフィル *a* 分子である電子受容体 A_0 に，$P680^*$ はフェオフィチン *a* 分子に電子を受け渡す．酸化された P700 や P680 に生じた空孔は，供与体分子からの電子により満たされる．PS I と PS II においては，プラストシアニンと水分子がそれぞれこの供与体の役割を果たしている．光合成において，光吸収がエネルギーを伝達する光化学系の能力を超えたとき，蛍光も一つの役割を果たす（図 13.12b）．そして，過剰な光による光化学系の損傷に対する保護機構によって，光子は再放出されることになる．

キーコンセプト

- 発色団により吸収される光エネルギーは，電子を遷移状態（高いエネルギー準位）に移動させる．
- 光合成において，電子の流れを駆動するために用いられるのは，吸収されたエネルギーである．

問題 13.3

集光性色素は P680 や P700 とは異なる吸収スペクトルをもつことが観察されている．これについて説明せよ．

13.3 明 反 応

光合成における**明反応**（light reaction）は，電子がエネルギーを受けとり，それが ATP と NADPH の合成に用いられるという機構である．酸素発生を行う生物種では PS I と PS II の両方が必要である．酸素を発生しない生物種は，PS I または PS II に類似する複合体のいずれかを利用している．連動して働くことで二つの光化学系は，光により駆動される水分子の酸化と $NADP^+$ の還元を共役させている．反応全体としては次の式となる．

$$2\,NADP^+ + 2\,H_2O \rightleftharpoons 2\,NADPH + O_2 + 2\,H^+ \qquad (1)$$

1/2 反応あたりの標準酸化還元電位は

$$O_2 + 4\,e^- + 4\,H^+ \rightleftharpoons 2\,H_2O \qquad E^{\circ\prime} = +0.816\ V \qquad (2)$$

と

$$NADP^+ + H^+ + 2\,e^- \rightleftharpoons NADPH \qquad E^{\circ\prime} = -0.320\ V \qquad (3)$$

となる．つまり，両者を合わせた標準酸化還元電位は −1.136 V となる．この過程の最小自由エネルギー変化は，9.1 節に示した $\Delta G^{\circ\prime} = -nF\Delta E^{\circ\prime}$ の式から計算すると，1 mol の O_2 発生あたり約 438 kJ (104.7 kcal) となる．これに対して，700 nm の波長の光の光子 1 mol が供給するエネルギーは約 170 kJ (40.6 kcal) である．実験結果によれば，1 分子の O_2 を発生させるのに 8 個あるいはそれ以上の光子（電子あたり 2 光子）の吸収が必要とされる．つまり，酸素 1 mol を発生させるために，合計 1360 kJ (325 kcal)，すなわち 170 kJ の 8 倍のエネルギーが吸収されることになる．このエネルギーは，$NADP^+$ の還元と ATP 合成のためのプロトン勾配の形成を説明するのに十分な量である．

光に駆動される光合成の過程は，光エネルギーによる PS Ⅱの励起によって始まる．一度に 1 個の電子が，二つの光化学系を結ぶ電子伝達鎖に移動する．電子が PS Ⅱから PS Ⅰに伝達されるにつれて，プロトンがストロマ側からチラコイド内腔へとチラコイド膜を横切ってくみ出される．ストロマへプロトンが逆流するにつれて ATP シンターゼによって ATP が合成される．P700 がさらに光子を吸収すると，エネルギーを受けとった電子が放出される．この電子は PS Ⅱにより供給された電子とすぐに置き換えられる．新たにエネルギーを得た PS Ⅰの電子は，一連の鉄–硫黄タンパク質やフラビンタンパク質を経て，最終的な電子受容体である $NADP^+$ に受け渡される．この流れは **Z スキーム** (Z scheme) と呼ばれるが，その概略を図 13.13 に示す．

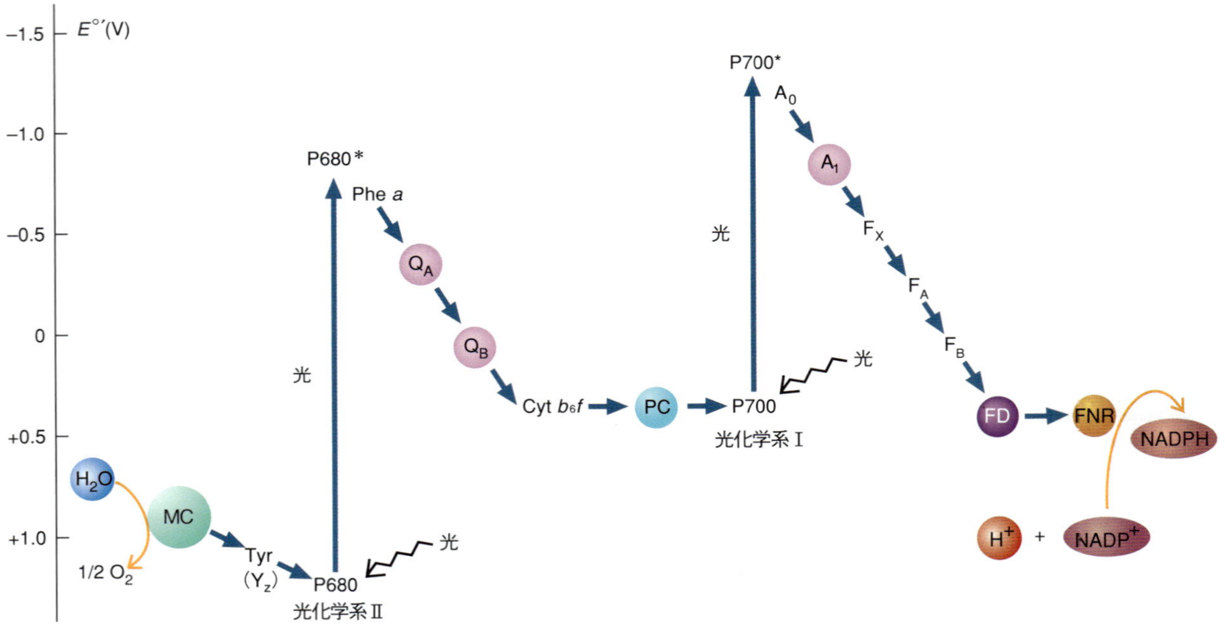

図 13.13　Z スキーム
光化学系Ⅱから光化学系Ⅰへの電子の流れは，チラコイド内腔側へのプロトンの移動を駆動する．鉄–硫黄タンパク質 F_A および F_B を介した電子伝達についてはよくわかっていない．$E^{\circ\prime}$ の値は概数である〔MC はマンガンクラスター，Tyr (Y_Z) は D_1 中の Tyr^{161}，PC はプラストシアニン，A_0 はクロロフィル *a*，A_1 はフィロキノン，F_X と F_A と F_B は一連の鉄–硫黄クラスター，FD はフェレドキシン，FNR はフェレドキシン–NADP オキシドレダクターゼを示す〕．

光化学系Ⅱと水の酸化

集光性複合体Ⅱ（LHC Ⅱ）が光子を吸収すると，エネルギーはPS ⅡのP680に伝達される．新たにエネルギーを与えられた電子は放出されて，クロロフィルと構造的に類似しているフェオフィチン *a*（Phe *a*）に供与される（図13.14）．還元されたフェオフィチンは，この電子を二つの担体 Q_A と Q_B からなる電子伝達鎖に受け渡す（図13.14）．両分子はプラストキノンだが，PS Ⅱにおいては異なる機能を果たす．Q_A はタンパク質に強固に結合している．これは単一電子担体であり，プロトンを結合することはない．Q_A は Q_B へ電子を引き渡す．Q_B はタンパク質にゆるく結合し，ストロマの2個のプロトンを結合するとともに，一度に1個ずつ電子を Q_A から受けとって2カ所が同時に還元される．Q_B の二重還元反応を以下に示す．

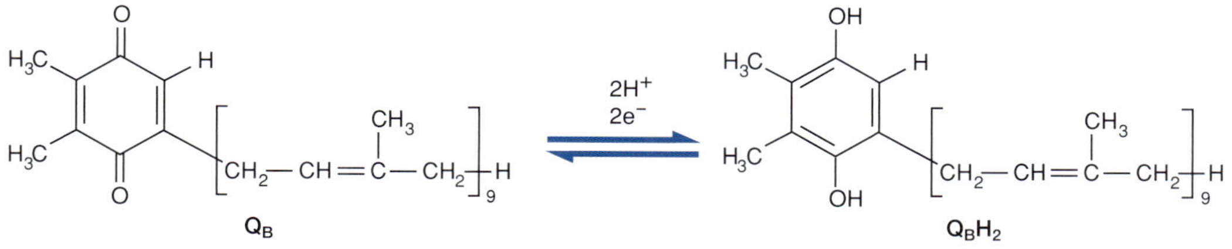

(4)

そして還元された Q_B（プラストキノール，QH_2）は光化学系Ⅱから放出され，膜上のプラストキノンプールとして，膜を隔てたプロトン勾配を生みだすシトクロム b_6f 複合体に電子を供給する．

酸素発生複合体（OEC）はPS Ⅱの内腔側にある Mn_4CaO_5 クラスターの一部と D_1 タンパク質上に位置するチロシン残基で構成されており，水分子から酸化されたP680（$P680^+$）への電子伝達の役目を果たしている．励起状態のP680（P680*）がフェオフィチンを還元し，その結果として $P680^+$ が生じることを思いだしてほしい．このイオンの非常に高い酸化還元電位（+1.25 V）が，D_1 タンパク質中のチロシン残基 Y_Z の酸化と，それに続いて起こる水分子の酸化を可能にしている．チロシンは，形成されるチロシンラジカルが共鳴安定化されるので，電子伝達に適している．

1個の O_2 の発生には2個の H_2O 分子の分解が必要であり，それによって4個のプロトンと4個の電子が放出される．図13.15に示す水-酸化クロックと呼ばれる機構によって H_2O が O_2 へ変換されることが実験的に証明されている．酸素発生複合体は S_0，S_1，S_2，S_3，S_4 の五つの

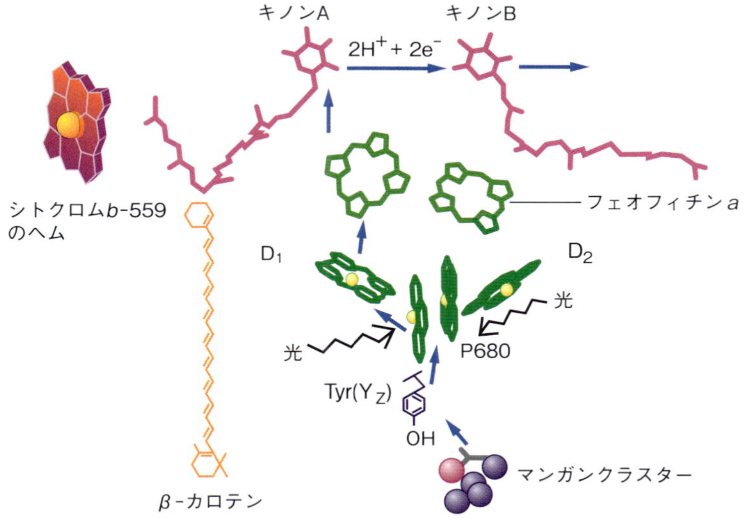

図13.14　光化学系Ⅱの電子伝達

矢印はPS Ⅱの電子伝達経路を示している．光の光子がP680の電子を流させる．P680からフェオフィチン *a* に供与された電子が，キノンに伝達される．マンガンクラスターとチロシン残基（Y_Z）側鎖が，酸化されたP680の電子を置き換えることに注目せよ．シトクロム *b*-559はPS Ⅱを光損傷から保護する役割をもつ．

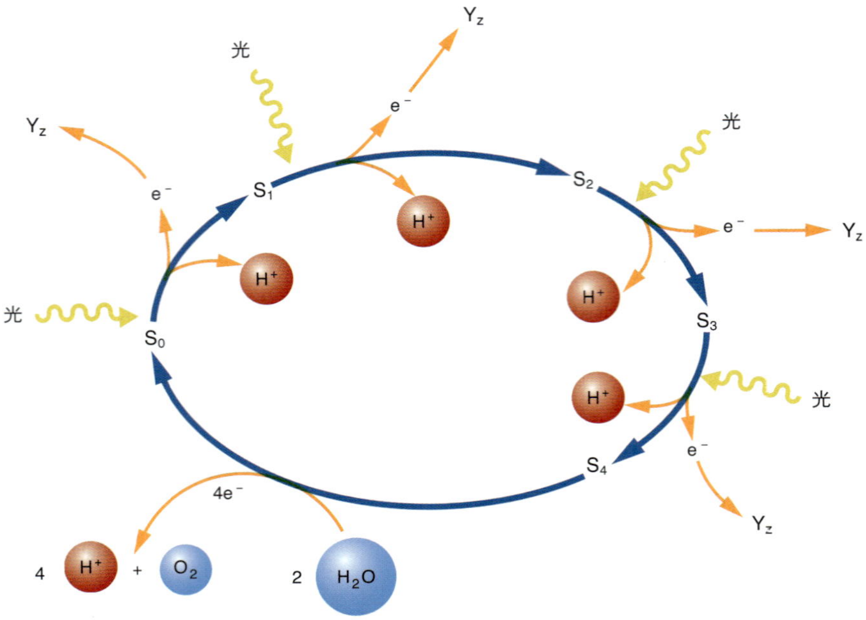

図 13.15　水-酸化クロック
4個の光子吸収によって，水2分子から4個の電子と4個のプロトンが取りだされ，O_2が発生する．この酸素発生複合体は五つの酸化状態(S_0，S_1，S_2，S_3，S_4)をとるが，これはMnクラスターの酸化状態の違いを表している．4個の光子がそれぞれ連続的に吸収されることで，水1分子から1個の電子の除去が行われる．それぞれの電子は，D_1タンパク質のチロシン残基Y_zを経て$P680^+$に供給される．水2分子を酸化することで生じる4個のプロトンはチラコイド内腔へと放出される．

酸化状態をとる．この複合体では，S_0は最も還元された状態であり，S_4は最も酸化された状態である．Mn_4CaO_5クラスターは，PS IIの反応中心の近くでこれらの変換に役割を果たしていると現在では考えられている．酸素-酸素結合の形成は，水分子の酸化の律速段階である．酸化状態が1サイクル回ると，酸素発生複合体も水分子からプロトンを得る．この過程でプロトンがチラコイド内腔へ放出され，そこでATP合成を駆動するpH勾配の形成に貢献する．

問題 13.4

過剰な量の光は光合成を抑制することがある．最近の研究によると，PS IIは光による損傷を非常に受けやすいことがわかっている．植物は効率よく修復する仕組みをもっているので，光による損傷を受けても生存することができる．細胞は損傷を受けた成分を削除あるいは再合成したり，損傷を受けていない成分を再利用したりする．たとえば，一番損傷を受けやすいPS II成分であるD_1ポリペプチドは，損傷を受けると速やかに置換される．PS IIの役割を見直した後で，D_1の光による損傷の大まかな原因を考えよ（ヒント：D_1/D_2二量体は2分子のβ-カロテンと結合している）．

光化学系IとNADPHの合成

P700による光子の吸収は，エネルギーを受けとった電子の放出につながり，この電子は一群の電子伝達体を介して受け渡されていく（図13.16）．その最初の電子伝達体はクロロフィルa分子(A_0)である．電子が順次，フィロキノン(A_1)やいくつかの鉄-硫黄タンパク質(その最終伝達体はフェレドキシンである)へ供与されることにより，電子はチラコイド膜の内腔側表面からストロマ側表面へと移動する．フェレドキシンは容易に移動できる水溶性タンパク質であり，フェレドキシン-$NADP^+$オキシドレダクターゼ(FNR)と呼ばれるフラビンタンパク質へ電子を供与する．このフラビンタンパク質は計2個の電子とストロマ中のプロトンを1個使って$NADP^+$をNADPHに還元する．フェレドキシンから$NADP^+$への電子の伝達は，非循環的電子伝達経路と呼ばれている（図13.17）．この経路では8個が光子が吸収され，3対2の割合でATPとNADPHが産生される．循環的電子伝達経路(図13.18)では，還元されたフェレドキシンが電子をプラストキノンに供与し，それがさらにシトクロムb_6f複合体，プラストシアニンを経て，最終的にP700に受け渡される．葉緑体の$NADPH/NADP^+$比が高いときによ

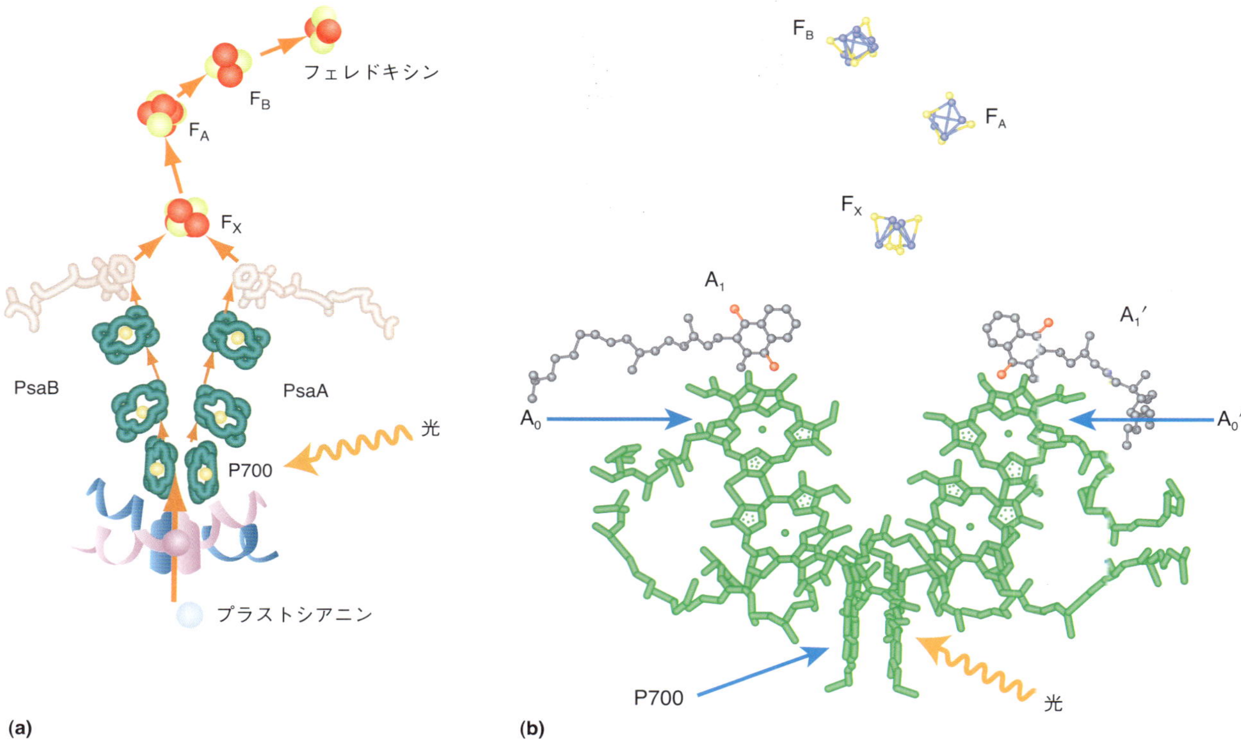

図 13.16　光化学系 I 電子伝達の二つの概観
(a)反応中心の電子担体は，図 13.5 で示したものと同じ位置で，PS I の PsaA および PsaB サブユニットタンパク質に結合している．(b)励起されたP700 は，受容体 A_0(これはクロロフィル a)に電子を伝達し，さらにその電子は電子担体 A_1 に受け渡される．一群の鉄-硫黄クラスター(F_X，F_A，F_B) を経て最終的にフェレドキシンに電子を渡すが，この電子のそもそもの由来はプラストキノン分子である．反応中心から F_X への電子の流れには二つの経路があることに注意してほしい．酸化された P700 は，失われた電子を隣接するプラストシアニンから獲得するが，これには(a)でピンクと青のリボン構造で示している二つのポリペプチド断片の二つのトリプトファン残基によって促進される過程が関与する．

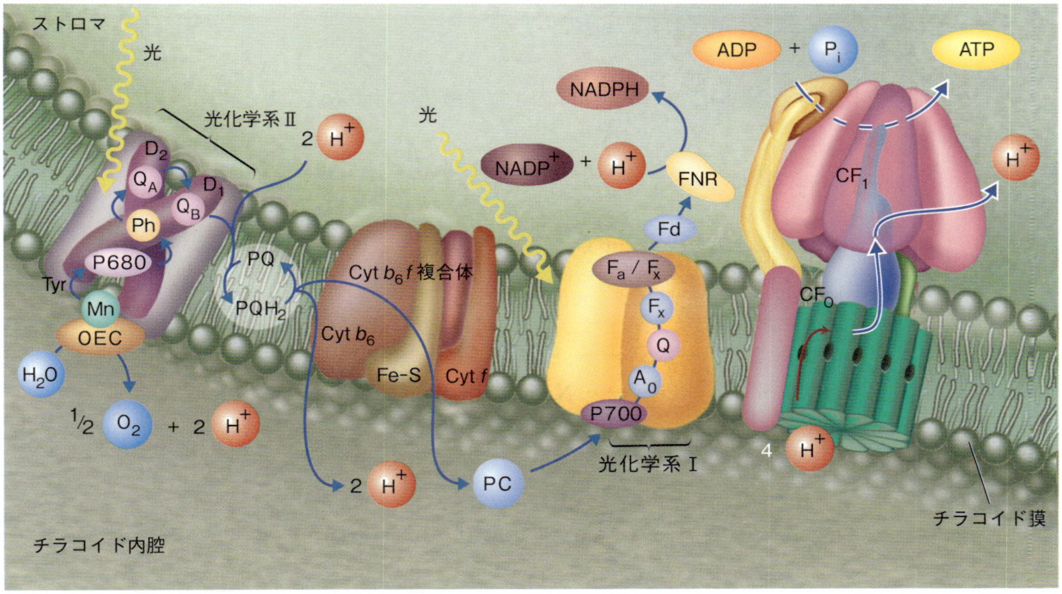

図 13.17　葉緑体の明反応における膜の構成：非循環的電子伝達経路と ATP シンターゼ複合体
1 分子の H_2O から 2 個の電子が $NADP^+$ に移動すると（青の矢印），約 2 個の H^+ がストロマからチラコイド内腔へくみ出される．さらに 2 個の H^+ が内腔で酸素発生複合体によって生成される．CF_0 のプロトン孔を通り，プロトンが流れると，CF_1 において ATP が合成される（OEC は酸素発生複合体，Ph はフェオフィチン，Fd はフェレドキシン，FNR はフラビンタンパク質であるフェレドキシン-$NADP^+$オキシドレダクターゼを示す）．

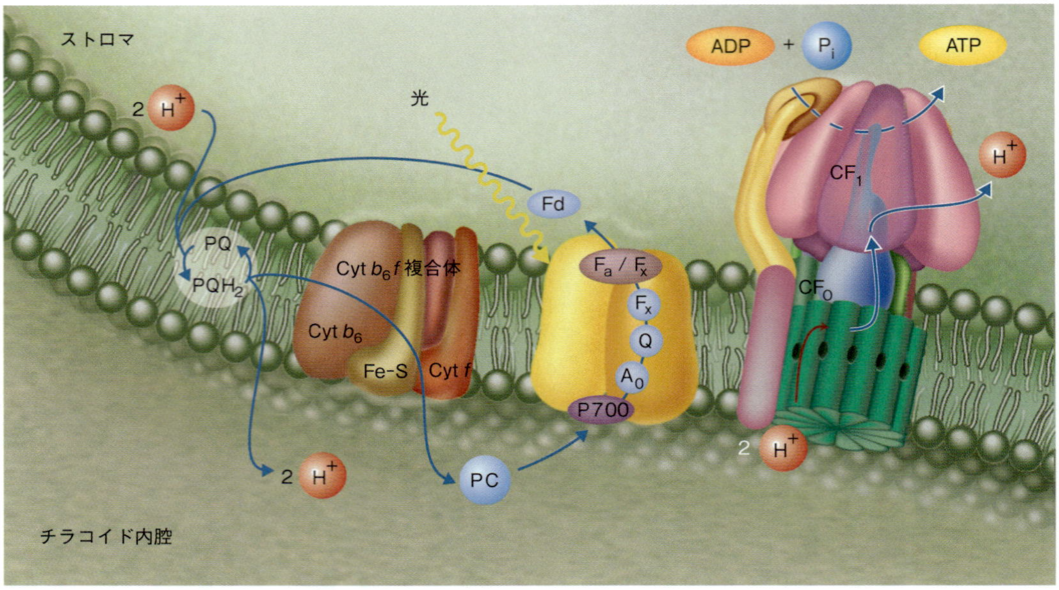

図 13.18　循環的電子伝達経路
光化学系Ⅰと光化学系Ⅱをつなぐ電子伝達経路において観察されるものと類似しているQサイクルは，1電子が輸送されるごとにチラコイド膜を横切って2個のH^+をくみ出す役割を担うと考えられている．プロトンの流れがATP合成を駆動する．ここでNADPHは産生されない．

く起こるこの過程では，NADPHは産生されない．その代わりに電子は，チラコイド膜を横切ってさらにプロトンをくみ上げるために使われる．結果的に，さらにATP分子が合成されることになる．

カルビン回路（p. 430）はATP分子とNADPH分子を3対2の割合で必要とする．しかしながら，ATPは糖質の合成以外の過程でも消費される．そのため，非循環的電子伝達経路と循環的電子伝達経路の両方が，光合成による十分なATP合成には必要とされる．

キーコンセプト

- 光合成を行う真核生物の細胞には光化学系Ⅰと光化学系Ⅱという二つの系が存在し，これらはZスキームと呼ばれる仕組みにより連続的につながれている．
- 光化学系Ⅱの水分解クロック成分により酸素が発生する．
- プロトンは化学浸透圧機構によりATPの合成に用いられる．
- 光化学系ⅠはNADPHの合成に働く．

例題 13.1

明反応における$NADP^+$によるH_2Oの4電子酸化に対する$\Delta G°'$を計算せよ．

解答

反応の収支は

$$2\ H_2O + 2\ NADP^+ \longrightarrow O_2 + 2\ NADPH + 2\ H^+$$

この二つの半反応の還元ポテンシャル（$\Delta E°'$）は

$$1/2\ O_2 + 2\ H^+ + 2\ e^- \longrightarrow H_2O\ (\Delta E°' = +0.82\ V)$$
$$NADP^+ + H^+ + 2e^- \longrightarrow NADPH + H^+\ (\Delta E°' = -0.32\ V)$$

$\Delta G = -nF\Delta E°'$の式を使って$\Delta G°'$を計算することができる．二つの反応の$\Delta E°'$の値を代入すると

$$\begin{aligned}\Delta G°' &= -4\ (96.5\ kJ/V\cdot mol)\ \{-0.32\ V - (0.82\ V)\}\\ &= (386\ kJ/V\cdot mol)\ (-1.14\ V)\\ &= -440\ kJ/mol\end{aligned}$$

■

問題 13.5

以下の分子の光合成における役割を述べよ．

a. プラストシアニン　　b. β-カロテン　　c. フェレドキシン
d. プラストキノン　　e. フェオフィチン a　　f. ルテイン

光リン酸化

光合成を通じて生物の光化学系により捕捉された光エネルギーは，ATP の高エネルギーリン酸化結合へ変換される．この変換は**光リン酸化**（photophosphorylation）と呼ばれている．これまでに述べたことからも，ミトコンドリアと葉緑体の ATP 合成には多くの類似点があることは明らかである．たとえば，好気的な呼吸（10 章）で使われていた多くの同一分子や用語が，光合成の議論のなかでも関連して使われる．好気的な呼吸と光合成の間にはさまざまな違いが存在するが，この二つの過程の本質的な違いは，葉緑体による光エネルギーの酸化還元エネルギーへの変換である（前に述べたように，ミトコンドリアは食物として得た分子から高エネルギーの電子を抽出して酸化還元エネルギーを得ている）．もう一つの決定的な違いは，ミトコンドリア内膜とチラコイド膜の透過性の違いによるものである．ミトコンドリア内膜とは対照的に，チラコイド膜は Mg^{2+} や Cl^- を透過する．Mg^{2+} や Cl^- はチラコイド膜を横切って移動するので，明反応でプロトンが膜の内外を移動することによって電気ポテンシャルが解消する．ATP 合成を駆動するチラコイド膜を隔てた電気化学的な勾配の主成分は，pH の単位にして 3.5 にも達するプロトン勾配となる．

H^+：ATP 比の実験的な測定によって，非循環的光リン酸化における約 12 個のプロトンのチラコイド膜を越えたくみ出しが，3 分子の ATP を産生することが示されている．この ATP の合成は，8 個の光子の吸収に伴って，2 個の水分子から生じるそれぞれの電子によって引き起こされている．プロトン輸送は，これらの電子が非循環的電子伝達系にまで輸送されたときに生じる（図 13.17 参照）〔プロトン：ATP 比が葉緑体（$4H^+$：ATP）とミトコンドリア（$3H^+$：ATP）では異なるという測定値が得られているが，これは両細胞小器官の ATP シンターゼのプロトンチャネルの構造的な違いに一部起因すると考えられている．葉緑体の CF_0 プロトンチャネルはミトコンドリアのものよりも多数のタンパク質より構成されているので，葉緑体のプロトンチャネルが 360° 回転するために，より多数のプロトンが必要とされる〕．循環的光リン酸化反応では，4 個の光子の吸収によって引き起こされる，シトクロム b_6f 複合体による 8 個のプロトンのくみ出しが 2 分子の ATP を産生する．

問題 13.6

さまざまな除草剤が光合成系の電子伝達を阻害することによって植物を死に至らしめる．トリアジン系の除草剤であるアトラジンは，PS II の Q_A と Q_B の間の電子伝達を阻害する．化合物の 3-(3,4-ジクロロフェニル)-1,1-ジメチル尿素（DCMU）もまた，Q_A と Q_B の間の電子の流れを阻害する．パラコートはビピリジル系除草剤と呼ばれる化合物群の一種である．パラコートは PS I により還元されるが，酸素により容易に再度酸化され，その過程でスーパーオキシドラジカルやヒドロキシラジカルを生成する．植物は，細胞膜がラジカルにより破壊されるために枯死する．ここで述べた除草剤のなかで，ヒトや動物に毒性を示す可能性をもつものはあるか，あるとすればどれか，そしてどのような特異的な損傷が起こるかを述べよ．

13.4　光非依存性反応

真核光合成生物による糖質への CO_2 の取り込みは，葉緑体のストロマで行われる過程であり，**カルビン回路**（Calvin cycle）と呼ばれる．カルビン回路の反応は，十分な ATP と NADPH

が供給されれば光が存在しなくても起こるので，しばしば暗反応と呼ばれる．しかしながら，この用語は誤解を招きやすい．ATP と NADPH は明反応により産生されるので，カルビン回路の反応は典型的には植物が太陽を浴びている間に起こる．そのために，**光非依存性反応**(light-independent reaction)という用語のほうが適切である．また，カルビン回路で起こる反応のタイプにちなみ，還元的ペントースリン酸回路(RPP 回路)とか光合成的炭素還元回路(PCR 回路)と呼ばれることもある．

カルビン回路

カルビン回路(**図 13.19**)の正味の反応式は次のようになる．

$$3\,CO_2 + 6\,NADPH + 9\,ATP \longrightarrow \text{グリセルアルデヒド 3-リン酸} + 6\,NADP^+ + 9\,ADP + 8\,P_i \quad (5)$$

糖質に 3 分子の CO_2 が取り込まれるごとに，1 分子のグリセルアルデヒド 3-リン酸を獲得することになる．6 分子の CO_2 をグルコース 1 分子として固定するには，12 分子の NADPH と 18 分子の ATP を消費する．カルビン回路は三つの反応に大別できる．つまり炭素固定，還元，再生過程である．

炭素固定過程　無機 CO_2 を有機分子に取り込む機構が**炭素固定**(carbon fixation)であり，これは単一の反応である．リブロース-1,5-ビスリン酸カルボキシラーゼ(RuBisCO，ルビスコ)は Mg^{2+} を必要とする酵素で，リブロース 1,5-ビスリン酸のカルボキシル化を触媒し，2 分子の 3-ホスホグリセリン酸を生成する(反応 1)．その反応機構を**図 13.20** に示す．光合成の最初の安定な産物として 3-ホスホグリセリン酸を生成する植物は **C_3 植物**(C_3 plant)と呼ばれる(特筆すべき例外については p. 434～436 で述べる)．ルビスコは八つの大サブユニット(L，分子量 54,000)と八つの小サブユニット(S，分子量 14,000)からなり，カルビン回路の律速酵素である．それぞれの大サブユニットには基質と結合する活性部位がある．大サブユニットの触媒活性は小サブユニットにより促進される．CO_2 固定反応は極端に遅いので，植物はこの酵素を大量に産生することで補っており，その量は葉の可溶性タンパク質のおおよそ半分に達する．そのためルビスコは，しばしば，世界で一番豊富に存在する酵素と記述される．

還元過程　カルビン回路の還元過程では，3-ホスホグリセリン酸がグリセルアルデヒド 3-リン酸に還元される．二つの反応の最初に，6 分子の 3-ホスホグリセリン酸が 6 分子の ATP を消費してリン酸化され，6 分子の 1,3-ビスホスホグリセリン酸が形成される(反応 2)．1,3-ビスホスホグリセリン酸は $NADP^+$-グリセルアルデヒド-3-リン酸デヒドロゲナーゼによって還元され，6 分子のグリセルアルデヒド 3-リン酸を形成する(反応 3)．これらの反応は，糖新生にでてくる反応に似ている．ただカルビン回路の酵素は，糖新生の脱水素酵素と違い，NADPH を還元剤として利用する．

再生過程　複数のステップからなる再生過程の反応は，他の生化学的経路のものと似ている．二つの反応はそれぞれアルドラーゼによるもの(解糖系にも関与)とトランスケトラーゼによるもの(ペントースリン酸経路にも関与)である．フルクトース-1,6-ビスホスファターゼは糖新生の酵素である．先に述べたように，カルビン回路で固定される炭素の正味の産生は 1 分子のグリセルアルデヒド 3-リン酸である．残りの 5 分子のグリセルアルデヒド 3-リン酸は，カルビン回路の残りの反応により 3 分子のリブロース 1,5-ビスリン酸の再合成に用いられる．リブロース 1,5-ビスリン酸の再生は，グリセルアルデヒド 3-リン酸がかかわる反応から開始される．反応 4 で，2 分子のグリセルアルデヒド 3-リン酸は異性化され，2 分子のジヒドロキシアセトンリン酸になる．アルドラーゼはジヒドロキシアセトン分子のうちの一つと 3 分子目のグリセルアルデヒド 3-リン酸との縮合を触媒して，フルクトース 1,6-ビスリン酸を形成する(反応 5)．フルクトース 1,6-ビスリン酸はフルクトース-1,6-ビスホスファターゼにより加水分解されて(反応 6)，フルクトース 6-リン酸になる．フルクトース 6-リン酸はトランスケトラーゼが触媒する反応で 4 番目のグリセルアルデヒド 3-リン酸と結合して，キシルロース 5-リン酸とエリトロース 4-リン酸になる(反応 7)．反応 8 でアルドラーゼはエリトロース 4-リン酸

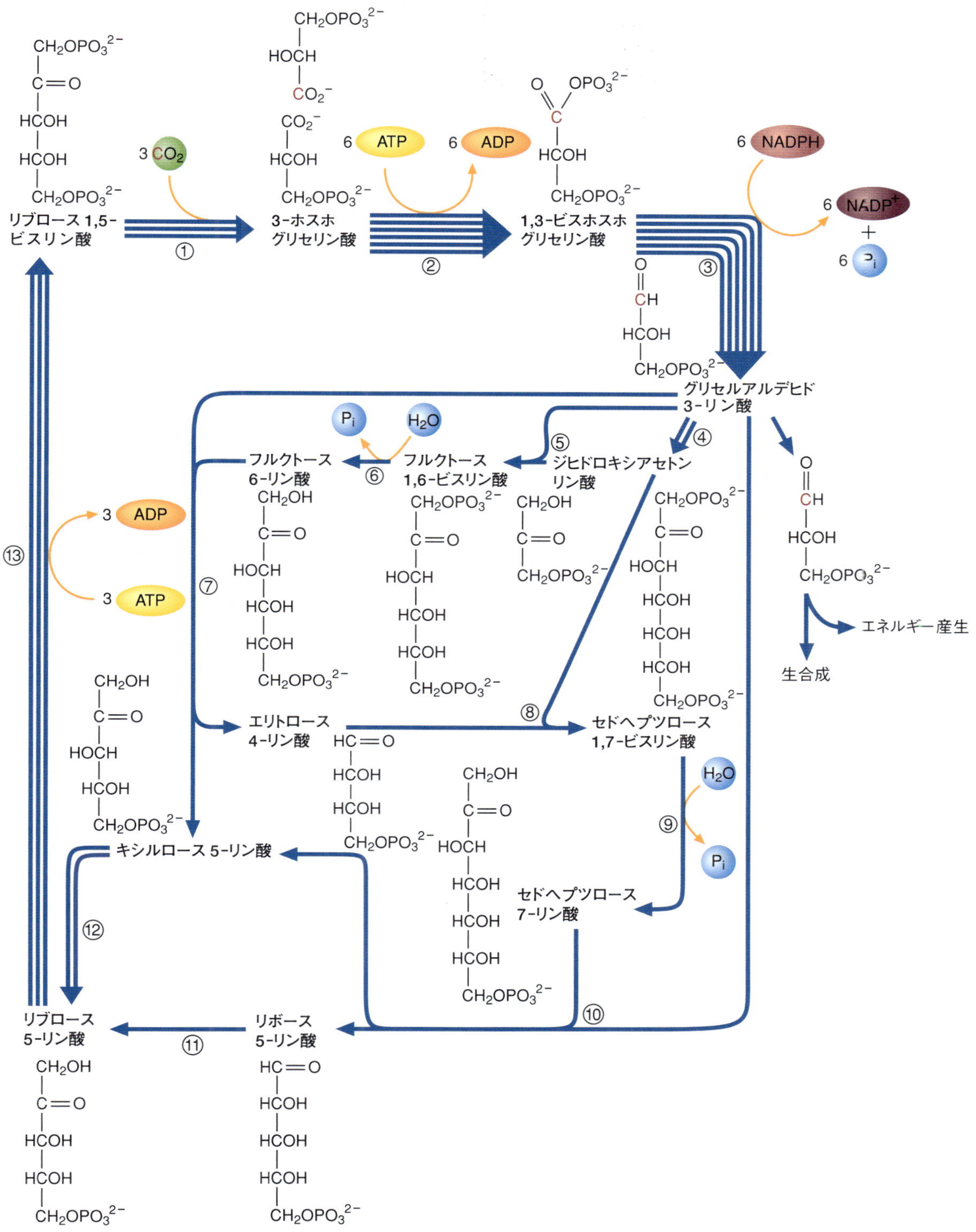

図 13.19　カルビン回路

ステップ④から⑬の反応において，それぞれに記されている矢印の数は，この回路に入る 3 分子の CO_2 について，各ステップを通っていく CO_2 分子の数を表している．酵素① リブロース-1,5-ビスリン酸カルボキシラーゼ，② ホスホグリセリン酸キナーゼ，③ $NADP^+$-グリセルアルデヒド-3-リン酸デヒドロゲナーゼ，④ トリオースリン酸イソメラーゼ，⑤ フルクトースビスリン酸アルドラーゼ，⑥ フルクトース-1,6-ビスホスファターゼ，⑦ トランスケトラーゼ，⑧ アルドラーゼ，⑨ セドヘプツロース-1,7-ビスホスファターゼ，⑩ トランスケトラーゼ，⑪ リボース-5-リン酸イソメラーゼ，⑫ リブロース-5-リン酸 3-エピメラーゼ，⑬ リブロース-5-リン酸キナーゼ．

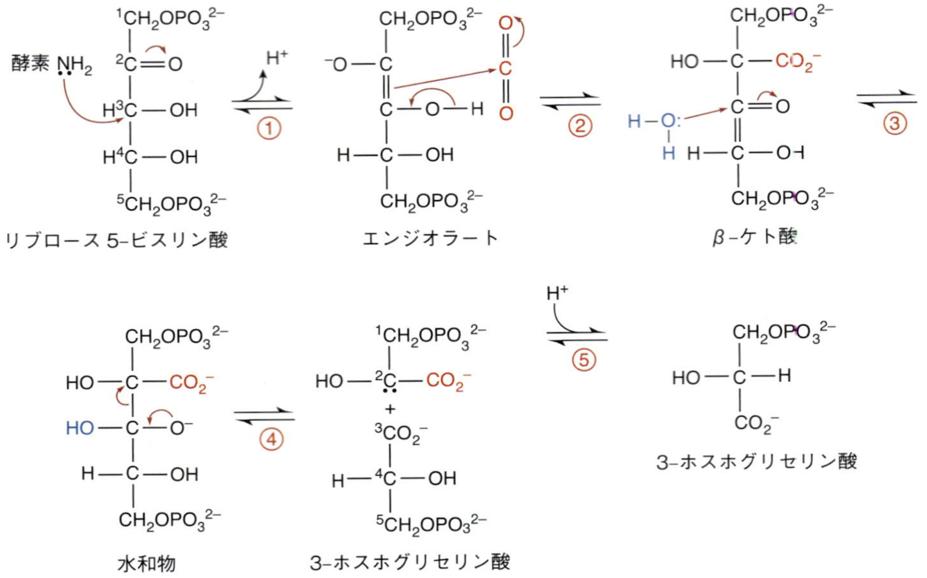

図 13.20　ルビスコのカルボキシル化の機構

(1) Mg^{2+} に近接することで，より酸性化したC-3位のプロトンは，リシン残基の側鎖によって取り除かれ，エンジオラートとなる．(2) エンジオラートは，Mg^{2+} によって極性を帯びた CO_2 分子を攻撃し，炭素数6の β- ケト酸となる．(3) 次に β- ケト酸のカルボニル炭素を水分子が攻撃し，水和物中間体となる．(4) 水和物中間体は速やかに2分子の炭素数3の生成物，つまり3-ホスホグリセリン酸アニオンと3-ホスホグリセリン酸になる．(5) もう一つのリシン残基（図には示されていない）によってアニオンのプロトン化が起こり，もう1分子の3-ホスホグリセリン酸が生じる．

とジヒドロキシアセトンリン酸の2番目の分子との縮合を触媒して，セドヘプツロース 1,7-ビスリン酸を形成し，それがさらに加水分解されてセドヘプツロース 7-リン酸になる（反応 9）．トランスケトラーゼは5分子目のグリセルアルデヒド 3-リン酸とセドヘプツロース 7-リン酸との反応を触媒して，リボース 5-リン酸と2分子目のキシルロース 5-リン酸を形成する（反応 10）．リボース 5-リン酸と2分子のキシルロース 5-リン酸がそれぞれ独立に異性化され（反応 11，12），リブロース 5-リン酸になる．最終の段階では，3分子のリブロース 5-リン酸がリブロース-5-リン酸キナーゼにより ATP を3分子消費して（反応 13），3分子のリブロース 1,5-ビスリン酸になる．残されたグリセルアルデヒド 3-リン酸分子は葉緑体内でデンプンの生合成に用いられるか，細胞質に運ばれてスクロースや他の代謝物の合成に用いられる．

問題 13.7

植物細胞が光照射されると，細胞質の ATP/ADP および NADH/NAD の比率が顕著に上昇する．葉緑体から細胞質への ATP や NADH の輸送には，次のようなシャトル機構が貢献していると考えられる．ジヒドロキシアセトンリン酸がストロマから細胞質へ輸送されると，グリセルアルデヒド 3-リン酸へ，ついで 1,3-ビスホスホグリセリン酸へと変換される（この反応は，炭素固定によりグリセルアルデヒド 3-リン酸がつくられる反応の逆反応である）．細胞質の反応では，還元力は NAD^+ に供与されて NADH が生成する．この反応では 1,3-ビスホスホグリセリン酸が 3-ホスホグリセリン酸に変換され，付随して1分子の ATP が生成する．そして，3-ホスホグリセリン酸は葉緑体へと再度もどされ，そこでグリセルアルデヒド 3-リン酸に再び変換される．

このようなシャトルにより，ミトコンドリアの呼吸過程がいくらか抑制される．好気的呼吸の制御（9章）について概略を述べ，どのようにして光合成がミトコンドリアの機能を抑制しているかを示せ．

例題 13.2

グリセルアルデヒド 3-リン酸はカルビン回路の最初の生成物であり，エネルギー貯蔵分子であるデンプンやスクロースの合成に用いられる．2 分子のグリセルアルデヒド 3-リン酸がデンプンに取り込まれる経路の概略を述べ，この反応の ATP としての消費を計算せよ．デンプン合成の前駆体は ADP-グルコースである．グルコース分子がデンプンに取り込まれるエネルギー消費を，CO_2 と水に分解される場合と比較せよ．グルコースを異化するときの正味の獲得は 30 ATP とする．

解答

グリセルアルデヒド 3-リン酸とその異性体であるジヒドロキシアセトンリン酸（DHAP）分子は，それぞれアルドラーゼによってフルクトース 1,6-ビスリン酸に変換される．DHAP は糖新生の酵素であるフルクトースビスリン酸ホスファターゼによりフルクトース 6-リン酸に変換され，さらにグルコース 6-リン酸に異性化される．ホスホグルコムターゼによってグルコース 6-リン酸はグルコース 1-リン酸となり，さらに ADP-グルコースピロホスホリラーゼによって ADP-グルコースに変換される．したがって，2 分子のグリセルアルデヒド 3-リン酸から ADP-グルコースを合成するためには 1 分子の ATP のみが消費されるに過ぎない．グリセルアルデヒド 3-リン酸 2 分子がデンプンに取り込まれる際のエネルギー消費は，グルコースから放出されるエネルギーとして比較すると，グルコース異化によって得られる ATP 総数の 1/30 あるいは 3.3% である．■

光呼吸

光呼吸（photorespiration，図 13.21）は光合成において最も興味深い反応である．この光依存性の過程で，光合成を盛んに行っている植物細胞によって酸素が消費され，CO_2 が放出される．

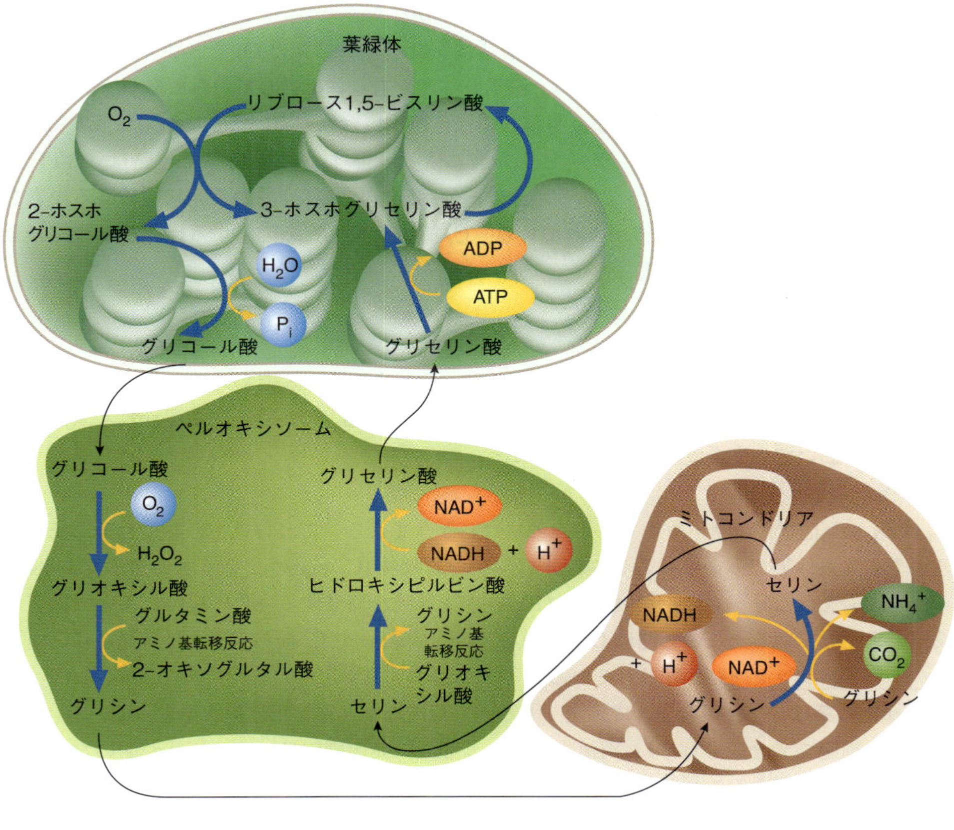

図 13.21　光呼吸
光呼吸は，ルビスコがある条件下で O_2 と反応して 2-ホスホグリコール酸を合成する浪費的過程である．この多段階の経路は 2-ホスホグリコール酸から固定した炭素を回収する機構であり，葉緑体，ペルオキシソーム，ミトコンドリアの三つの細胞小器官に局在する酵素によって触媒される．グリコール酸 2-リン酸が葉緑体ストロマで加水分解された後に，生成物であるグリコール酸はペルオキシソームに運ばれて酸素と反応し，グリオキシル酸と H_2O_2 に変換される．グリオキシル酸はアミノ基転移反応によってグリシンとなり，ペルオキシソームから放出され，ミトコンドリアへ移動する．ミトコンドリアのマトリックスで，グリシンデカルボキシラーゼ複合体の酵素が触媒する一連の反応によって，2 分子のグリシンはセリン，CO_2，NH_3 に変換されるとともに，NAD^+ は還元されて NADH となる．そしてセリンにペルオキシソームへともどされ，グリオキシル酸も関与するアミノ基転移反応によってヒドロキシピルビン酸に変換される．次にヒドロキシピルビン酸は NADH によって還元されてグリセリン酸となる．グリセリン酸は葉緑体へ入ると，ATP と反応して，カルビン回路の中間体である 3-ホスホグリセリン酸となる．

光呼吸は，リブロース-1,5-ビスリン酸カルボキシラーゼにより開始される多段階の反応からなり，この酵素はオキシゲナーゼ活性ももっている〔このため，リブロース-1,5-ビスリン酸カルボキシラーゼ-オキシゲナーゼ，あるいはルビスコ(RuBisCO)という名称がしばしば用いられる〕．CO_2 と O_2 の両者が，ルビスコの活性部位で競合する．

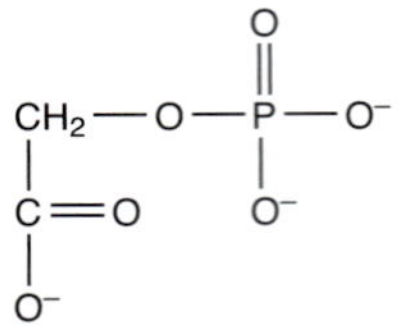

図 13.22　2-ホスホグリコール酸の構造

酸素添加反応において，リブロース 1,5-ビスリン酸は 2-ホスホグリコール酸(図 13.22)と 3-ホスホグリセリン酸に変換される．2-ホスホグリコール酸は加水分解によってグリコール酸になり，ついで O_2 により酸化されてグリオキシル酸と H_2O_2 に変換される．グリオキシル酸は一連の反応(図 13.21 に概略)により 3-ホスホグリセリン酸に変換される．そして 3-ホスホグリセリン酸はカルビン回路に入り，リブロース 1,5-ビスリン酸に変換される．光呼吸は浪費的な過程である．この過程では，固定した炭素が CO_2 として失われ，ATP と NADH の両方を消費する．

光呼吸の速度は，いくつかのパラメータに依存する．これには，光合成を行っている細胞がさらされている CO_2 と O_2 の濃度も含まれる．光呼吸は CO_2 濃度が 0.2% を超えると抑制される(光呼吸と光合成は同時に起こるので，CO_2 を固定している間にも CO_2 が放出される．CO_2 の放出と固定の速度が等しくなったとき，CO_2 補償点に達しているといえる．CO_2 補償点が低ければ低いほど，光呼吸が起こることは少なくなる．多くの C_3 植物では，光合成を行っている細胞の近くの大気の 0.02〜0.03% の間に CO_2 補償点をもつ)．対照的に，高い O_2 濃度と高い気温は光呼吸を促進する．したがって，高温や，低い CO_2 濃度や高い O_2 濃度に植物がさらされたときに光呼吸が生じる．たとえば，C_3 植物にとって光呼吸は高温で乾燥した環境にあるときに深刻な問題となる．水を失わないために，このような植物は気孔を閉鎖し，その結果，葉のなかの CO_2 濃度が低下する(気孔は葉の表面の孔である．気孔が開いていると，CO_2，O_2，および水蒸気は葉の内部環境と外部環境の間の濃度差を減少するように容易に拡散する)．光合成が続くと，O_2 濃度は上昇する．環境の厳しさに依存するが，植物が固定した炭素の収量のうちで 30% から 50% は無駄にしている．いくつかの C_3 植物(たとえば大豆や麦)は主要な作物なので，この効果は深刻である．

光呼吸は，光合成の進化的歴史においてつくりだされた産物である．最初の光化学系が出現したときの原始の大気は，酸素のレベルがとても低かった．そのため，酸素のレベルが問題となる以前の長い期間においては，ルビスコの活性部位がもつ CO_2 と O_2 を区別する能力は選択圧とならなかった．選択圧になったのは，酸素レベルが有意に上昇してからである．O_2 に対する CO_2 の選択性が，細菌においてよりも現在の緑色植物において高いことは注目に値する．3-ホスホグリコール酸を 3-ホスホグリセリン酸に変換するように進化した経路は，ATP や NADH の消費の点では高コストであるが，以前に固定されて部分的に還元状態にある炭素を回収する再利用作用という見方がされている．C_4 植物は光呼吸を抑圧する仕組みをつくり上げているが，これについては次に述べる．

キーコンセプト

- カルビン回路は CO_2 を有機分子に取り込む一連の光非依存性反応である．
- カルビン回路の反応は，炭素固定，還元，再生の三つの段階からなっている．
- 光呼吸は光合成細胞から CO_2 が放出される浪費的な過程である．

C_3 代謝に代わる代謝経路

大半の植物で行われている C_3 光合成に加えて，CO_2 を固定するための他の機構が二つ存在する．すなわち，C_4 代謝とベンケイソウ型有機酸代謝である．双方とも，気温が高く水が不足した気候において，光合成の効率を改善する．

C_4 代謝　C_4 植物にはサトウキビやトウモロコシが含まれる．これらは主として熱帯に繁茂し，乾燥や高温条件下でうまく耐えることができる．**C_4 植物**(C_4 plant)という名前が示すように，4 個の炭素を含む分子(オキサロ酢酸，OAA)が光呼吸を回避する生化学経路において顕著な役割を果たしている．この経路は **C_4 代謝**(C_4 metabolism)や C_4 経路，または発見者にちなんでハッチ・スラック回路と呼ばれている．

C_4 植物の葉は，2 種類の光合成細胞，すなわち葉肉細胞と維管束鞘細胞をもっている(C_3 植物は葉肉細胞で光合成を行う)．両植物ともに大部分の葉肉細胞は，葉の気孔が開いたときに空気に直接的に接することができるように配置されている．C_4 植物では，CO_2 は特殊化された葉肉細胞において重炭酸イオンに変換され，オキサロ酢酸に取り込まれる（図 13.23）．ホスホエノールピルビン酸カルボキシラーゼ（PEP カルボキシラーゼ）がこの反応を触媒する．これは炭素固定の間接的な手段といえる．PEP カルボキシラーゼは CO_2 に対する K_m がルビスコに比べて低く（つまり高い親和性），O_2 はほとんど基質とならないため，C_4 植物は C_3 植物に比べてより効率的に CO_2 を捕獲する．生成するとオキサロ酢酸はリンゴ酸に還元され，そして維管束鞘細胞に拡散する．名称が示すように，維管束鞘細胞は篩管や導管を含む維管束の周囲に細胞層を形成している．C_3 植物と異なり，ほとんどの C_4 植物の維管束鞘細胞には葉緑体が存

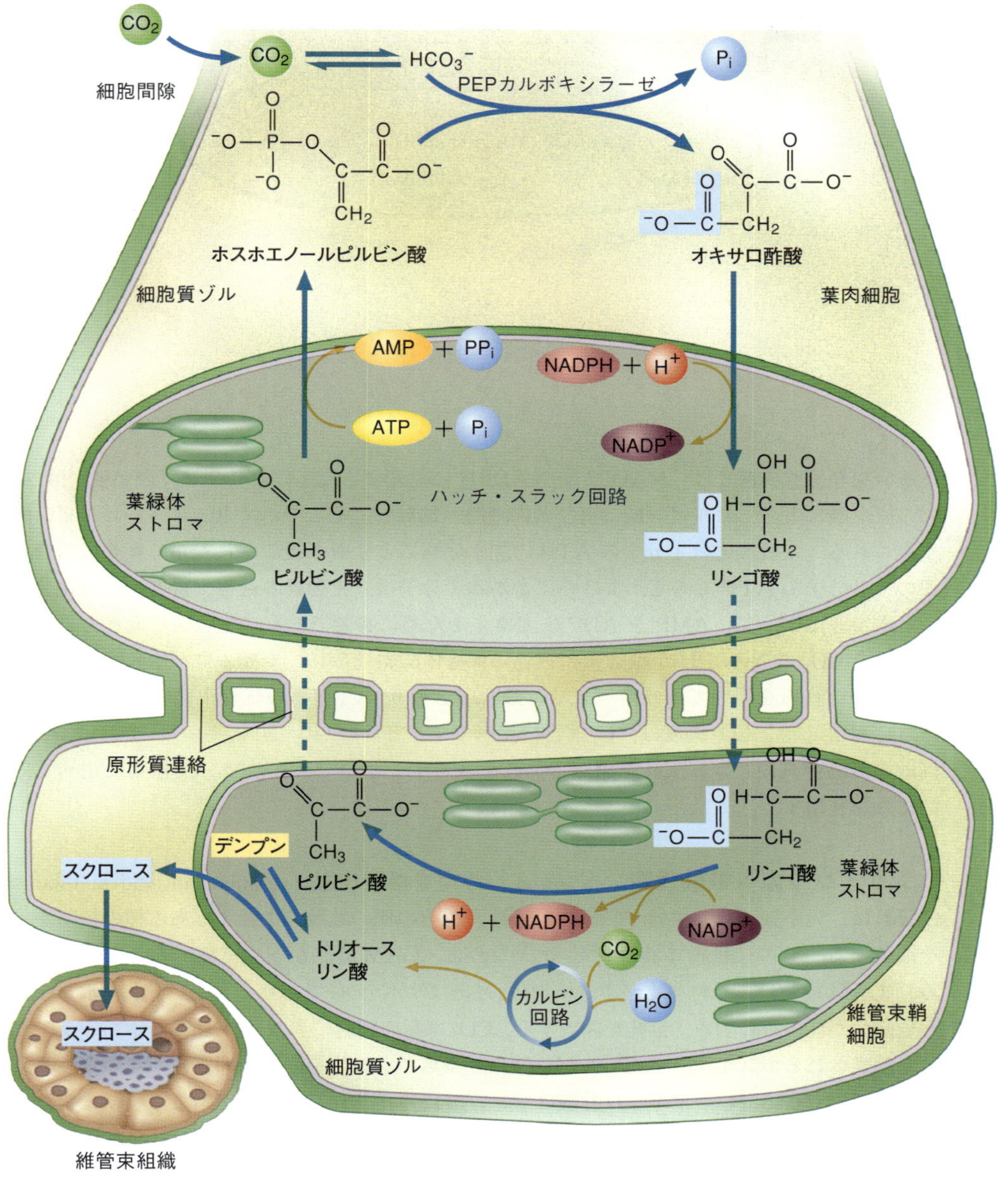

図 13.23　C_4 代謝

C_4 経路において，葉の内部の空気層と直接接している葉肉細胞が CO_2 を取り込み，この CO_2 を用いてオキサロ酢酸を合成し，オキサロ酢酸はさらにリンゴ酸に還元される（リンゴ酸ではなくアスパラギン酸を合成する C_4 植物も存在する）．リンゴ酸は次に維管束鞘細胞に拡散され，そこでピルビン酸に変換される．この反応で放出される CO_2 はカルビン回路で利用され，最終的にトリオースリン酸を生成する．続いて，トリオースリン酸はデンプンやスクロースに変換される．ピルビン酸は葉肉細胞にもどる．デンプンはグルコース 1-リン酸から合成される．グルコース 1-リン酸は，ADP グルコースピロホスホリラーゼによって ADP グルコースへ転換される．ADP グルコースはデンプンシンターゼにより，すでに存在する多糖鎖に取り込まれる．スクロース 6-リン酸は，スクロースリン酸シンターゼによって UDP グルコースとフルクトース 6-リン酸から合成される．スクロースホスファターゼはスクロース 6-リン酸の加水分解を触媒し，スクロースと無機リン酸（P_i）を生成する．グリセルアルデヒド 3-リン酸とジヒドロキシアセトンリン酸はトリオースリン酸とも呼ばれることに注意せよ．

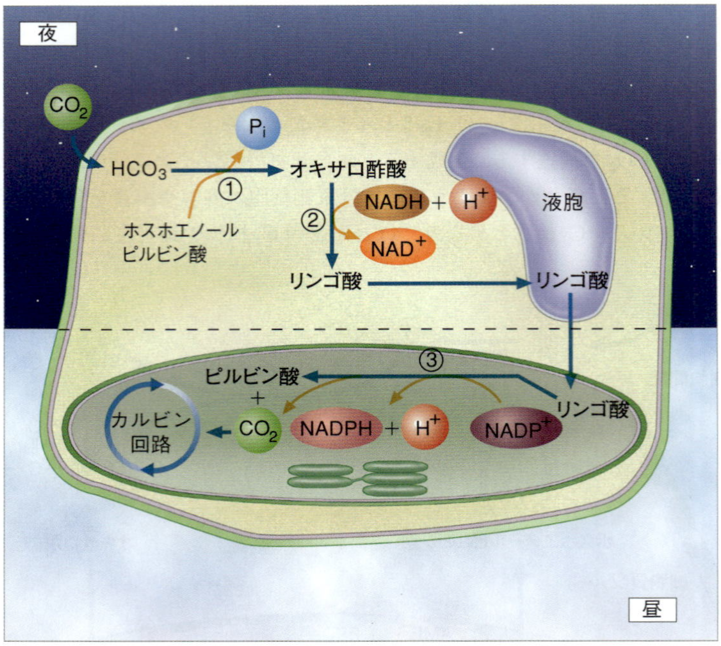

図 13.24　ベンケイソウ型有機酸代謝（CAM）
CAM 植物は夜に気孔を開いて CO_2 を取り込む．葉肉細胞内部で，① PEP カルボキシラーゼが CO_2 を HCO_3^- としてオキサロ酢酸中に取り込む．その後，② オキサロ酢酸はリンゴ酸デヒドロゲナーゼによりリンゴ酸に還元される．リンゴ酸は，日中まで細胞の液胞に蓄えられる．③ 光はリンゴ酸酵素によるリンゴ酸の脱カルボキシル化を促進し，ピルビン酸と CO_2 を形成する．この時間的な反応の分離により，気孔を閉じたまま水を失わずに，カルビン回路により日中に CO_2 を糖に取り込むことが可能となる．

在する．

維管束鞘細胞内部では，$NADP^+$ を NADPH に還元する反応によりリンゴ酸が脱炭酸され，ピルビン酸になる．ピルビン酸は再び葉肉細胞へ拡散し，そこでホスホエノールピルビン酸に変換される．この反応は 1 分子の ATP の加水分解により引き起こされるが，実際に消費されるのは 2 分子の ATP である．よけいにかかる 1 分子は，光合成の過程で再度リン酸化されることができるように，AMP を ADP に変換するために必要である．この回り道とも思える過程により CO_2 と NADPH が維管束鞘細胞の葉緑体に届けられ，ルビスコと他のカルビン回路の酵素がそれらを用いてトリオースリン酸合成を行う．C_4 植物の維管束鞘細胞においてルビスコに利用可能な CO_2 濃度は，C_3 植物に比べてずっと高い（10〜20 倍高い）．また C_4 植物は，周囲の気温が高いときに気孔を閉じて蒸散を減らすことができるので，C_3 植物に比べて効率的に水を利用する．

ベンケイソウ型有機酸代謝　ベンケイソウ型有機酸代謝（crassulacean acid metabolism, CAM）は，光が強く水の供給が制限される砂漠やその他の地域に生育するある種の植物が，水を節約する一つの仕組みである（ベンケイソウは，CAM 経路が初めて調べられた植物種である）．CAM 植物は，その多くが多肉植物（たとえばサボテン）であり，気温が下がり水を損失する危険性が低い夜にのみ，気孔を開放する．CO_2 は葉肉細胞に入り，PEP カルボキシラーゼにより触媒されるホスホエノールピルビン酸のカルボキシル化を経て，即座にオキサロ酢酸に取り込まれる（図 13.24）．オキサロ酢酸はリンゴ酸に還元され，光合成が始まる翌朝まで葉肉細胞の液胞に蓄えられる．昼間になると，リンゴ酸分子は，ピルビン酸とルビスコの基質である CO_2 とに分解される．炭素固定とカルビン回路の時間的な隔離は，CAM 植物が昼間に気孔を閉じ，蒸散による水分の損失を最低限に抑えることを可能にしている．

13.5　光合成の制御

植物は非常に多様な環境に適応する必要がある．そのため光合成の制御は非常に複雑である．多くの光合成過程の調節は完全に理解されているというにはほど遠いが，いくつかの調節機構の特徴がわかってきている．ほとんどの過程は，光によって直接的あるいは間接的に調節されている．一般的な光に関連する効果について述べた後で，光合成の鍵酵素であるルビスコの活性の調節について述べる．

光合成の光調節

光合成の研究は，いくつかの要因により複雑なものになっている．その代表的な例が，光合成の速度が光に依存するとともに，温度および細胞内 CO_2 濃度に依存していることである．それにもかかわらず，多くの研究が，光合成のほとんどの局面で光が確かに重要な制御因子であることを示してきた．

植物に対する光の効果の多くは，鍵となる酵素の活性が変化することによってもたらされる．植物細胞は競合関係にあるいくつかの経路（つまり解糖系，ペントースリン酸経路，およびカルビン回路）で作用する酵素をもっているので，徹底した代謝調節が重要である．光は，ある種の光合成酵素の活性化や分解経路のいくつかの酵素の不活性化によって，このような調節を介助している．光により活性化される酵素には，リブロース-1,5-ビスリン酸カルボキシラーゼ，$NADP^+$-グリセルアルデヒド-3-リン酸デヒドロゲナーゼ，フルクトース-1,6-ビスホスファターゼ，セドヘプツロース-1,7-ビスホスファターゼ，およびリブロース-5-リン酸キナーゼなどがある．光によって不活性化される酵素には，ホスホフルクトキナーゼやグルコース-6-リン酸デヒドロゲナーゼ（G-6-PD）がある．

光は間接的な機構により酵素に影響を与える．そのなかで最もよく研究されているのは以下についてである．

1. **pH**　光反応の間に，プロトンはチラコイド膜を横切り，ストロマからチラコイド内腔へとくみ出される．ストロマの pH は 7 から約 8 へと上昇するので，いくつかの酵素の活性が影響を受ける．たとえば，リブロース-1,5-ビスリン酸カルボキシラーゼの至適 pH は 8 である．
2. **Mg^{2+}**　いくつかの光合成酵素（たとえばフルクトース-1,6-ビスホスファターゼ）は Mg^{2+} により活性化される．光はストロマの Mg^{2+} 濃度を 1 ～ 3 mM から約 3 ～ 6 mM へ上昇させる（光反応の間に Mg^{2+} はチラコイド膜を横切り，ストロマへ移動することは前に述べた）．
3. **フェレドキシン-チオレドキシン系**　チオレドキシンは電子を還元型フェレドキシンからいくつかの酵素へ移動させる低分子のタンパク質である（図 13.25）（フェレドキシンは PS I の電子供与体であることは前に述べた）．光にさらされると，PS I はフェレドキシンを還元し，続いてフェレドキシン-チオレドキシンレダクターゼ（FTR）を還元する．

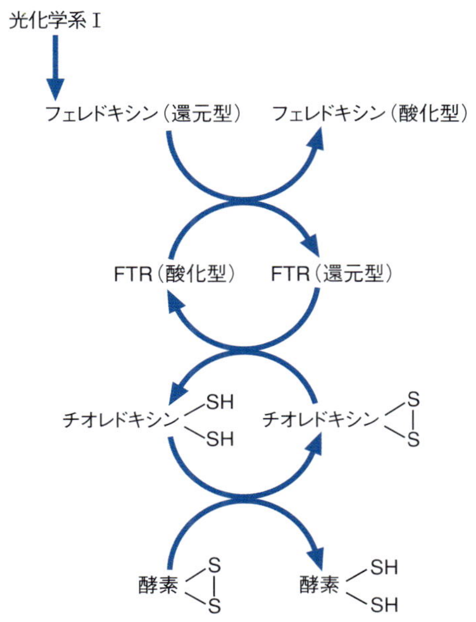

図 13.25　フェレドキシン-チオレドキシン系
光化学系 I により捕捉された光エネルギーを利用して，エネルギーを与えられた電子はフェレドキシンに供給される．フェレドキシンによりフェレドキシン-チオレドキシンレダクターゼ（FTR）に与えられた電子は，チオレドキシンのジスルフィド結合を還元するために利用される．そしてチオレドキシンは，対象となる酵素のジスルフィド結合を還元する．この系により活性化される酵素もあれば，不活性化される酵素もある．

FTRはフェレドキシンとチオレドキシンの間の電子移動を仲介する鉄–硫黄タンパク質である．還元型チオレドキシンはいくつかの酵素の活性を変える．たとえば，カルビン回路の酵素であるフルクトース-1,6-ビスホスファターゼ，セドヘプツロース-1,7-ビスホスファターゼ，$NADP^+$-グリセルアルデヒド-3-リン酸デヒドロゲナーゼ，リブロース-5-リン酸キナーゼは活性化され，ペントースリン酸経路の酵素であるG-6-PDは阻害される．ペントースリン酸経路の活性を抑制することによって，光で駆動される還元型チオレドキシンが産生され，逆行する経路を介した炭素の流れを抑制する．

4．**フィトクロム**　フィトクロムは赤い光に感受性の発色団をもつ分子量12万のタンパク質であり，P_rおよびP_{fr}という二つの型で存在する．P_r型は青色を呈する不活性型であり，赤色光(670 nm)を吸収する．より長い波長(720 nm，遠赤色光)の吸収は，P_r型を，緑色を呈する活性型のP_{fr}型に変換する．暗黒においてP_{fr}型はP_r型にもどる．フィトクロムの活性化は，ざっと数百もの光応答にかかわるいくつかのシグナル伝達経路を誘発する．発芽といった植物の生理過程への効果に加えて，フィトクロムは光合成の過程にも特殊な効果をもつ．これらには，ルビスコの小サブユニットの合成速度の制御，LHCⅡの成分であるLHCⅡbによる光吸収の制御，光合成を行う細胞における葉緑体の局在位置の決定なども含まれる．

リブロース-1,5-ビスリン酸カルボキシラーゼの調節

ルビスコは，遺伝子発現，イオン濃度，共有結合修飾が光依存的に変化することによって調節されている．葉緑体(大サブユニット)と核(小サブユニット)に存在するルビスコの遺伝子は，光の強さの上昇により活性化される．小サブユニットが細胞質から葉緑体へ輸送されると，両サブユニットは会合し，L_8S_8のホロ酵素を形成する．照射が弱いと，両サブユニットの合成は急激に抑制される．

ルビスコの活性はいくつかの代謝シグナルによっても調節されている．光合成が盛んなとき，ストロマ中のpHは上昇し(プロトンがストロマからチラコイド内腔へとくみ上げられる)，Mg^{2+}濃度も上昇する(Mg^{2+}はH^+が移動するとストロマに流入する)．この双方の変化がルビスコの活性を上昇させる．この過程で考慮すべき重要なことは，気孔が開いているか閉じているかという点である(p. 433の光呼吸についての解説を参照)．CO_2はルビスコの好ましい基質であるが，生理的な条件下では，カルボキシラーゼ活性とオキシゲナーゼ活性が互いに競合する．暑く乾燥した日のような条件で気孔が閉じると，葉の組織にO_2が蓄積し，そのことに応じてルビスコのカルボキシラーゼ活性が減少してしまう．C_4植物では，この状態を避けることはすでに述べた．すなわち，C_4の中間体にCO_2を取り込んだ後，脱炭酸反応によって直接CO_2をルビスコ分子に供給する．これによってルビスコがO_2にさらされることを防いでいる．

ルビスコは共有結合による修飾を受けている．大サブユニットの活性部位は，特異的なリシン残基の位置でカルバモイル化されて初めて活性型となる．カルバモイル化は遊離第一アミノ基の非酵素的なカルボキシル化反応であり，この場合には，ルビスコの活性部位のある一つのリシン残基のε-アミノ基で起こる(図13.26)．カルバモイル化の速度はCO_2濃度とアルカリpHに依存し，これによって，CO_2レベルと利用可能なエネルギーが高いときにのみCO_2固定が十分な速度で起こることを保証する．リブロース1,5-ビスリン酸は修飾されていてもいなくても活性部位に結合できるが，触媒反応はルビスコがカルバモイル化されている場合にのみ起こる．活性化は協同的に起こり，八つのサブユニットのうちの修飾が多くなると相加的に上昇する．ルビスコアクチベースと呼ばれる酵素が，活性部位からのリブロース1,5-ビスリン酸のATP依存性の引き抜きを触媒し，その結果，カルバモイル化が促進され，酵素の活性化につながる．暗所では光合成が抑制され，NADPHがカルビン回路に必要になるので，ルビスコアクチベースによる活性化の過程に必要なATPは大きく減少する．いくつかの植物でルビスコアクチベースは，競合阻害分子であり，暗所でルビスコの活性部位に結合する2-カルボキシアラビニトール1-リン酸(CA1-P)の放出も行う(図13.27)．

キーコンセプト

光は光合成の主要な制御因子である．光合成の過程において，光は，pH変動，Mg^{2+}濃度，フェレドキシン-チオレドキシン系，フィトクロムなどの間接的な機構により，ルビスコのような光合成で働く酵素の活性に影響を与えている．ルビスコはまた，活性部位のリシン残基のカルバモイル化が最適な活性には必要であるため，共有結合修飾によって調節される．

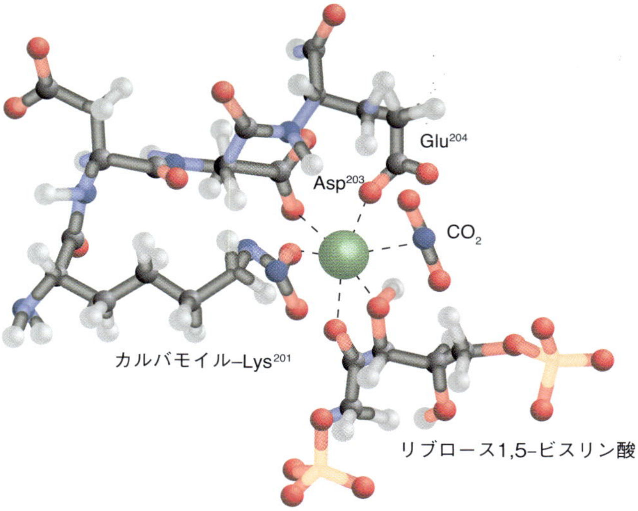

図 13.26　カルバモイル化されたルビスコの活性部位

ルビスコの活性部位のなかで，マグネシウムイオンが基質であるリブロース 1,5-ビスリン酸と CO_2 を，アスパラギン酸とグルタミン酸側鎖の酸素分子とリシン残基のカルバモイル基に配位させる．

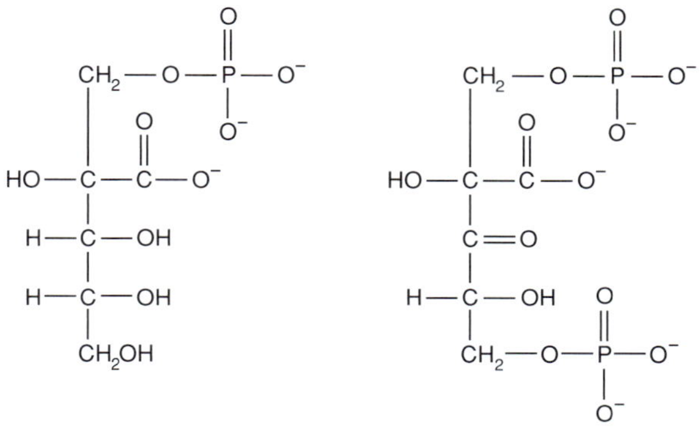

(a) D-2-カルボキシアラビニトール 1-リン酸　(b) ルビスコの遷移状態

図 13.27　2-カルボキシアラビニトール 1-リン酸

(a) 2-カルボキシアラビニトール 1-リン酸（CA1-P）はルビスコの競合阻害剤である．これは，ルビスコ基質であるリブロース 1,5-ビスリン酸の遷移状態中間体（b）と類似の構造をもつ基質アナログである．

生化学の広がり

人工葉：生物を模倣した光合成

人類は環境に負荷を与える化石燃料の代替として，太陽光に由来する燃料を生産できるだろうか？

枯渇しつつある化石燃料の使用が増え，地球大気中の温室効果ガスである CO_2 の濃度がこれまでにない高さになるため，科学者と技術者はエネルギーの代替物を探している．太陽光エネルギーは太陽内部の核融合反応から放出される輻射エネルギーであり，潜在的に有望な代替物である．というのは，人類が現在必要としている 1 年間のエネルギーは 16 TW であり，年間 120,000 TW と見積もられる地球に到達する太陽光エネルギーのごく一部に過ぎないからである〔W（ワット）は毎秒 1 J のエネルギーを生じる放射束の単位．1 TW ＝ 10^{12} W〕．太陽光発電には，単結晶層のシリコンウェハ（半導体でできた薄い基盤）からなる工業生産された太陽光発電セルを利用して，太陽光を電気エネルギーに変換することが試みられている．太陽光発電はクリーンで環境面でも安全なエネルギー源であるが，現在の太陽光発電技術は高価なものである．たとえば多くの太陽光セルは，エネルギー変換効率を上げるために白金やイリジウムといった希少遷移金属を使って生産されている．さらに太陽光パネルと呼ばれる太陽光セルは，経済的に成り立たせるためには大量に敷き詰めて使わなければならず，日常的な維持管理も必要とする．

人工光合成研究は，電荷分離状態を引き起こす光によって誘導される電子伝達という天然プロセスの本質的な特徴を模倣して，合成燃料として太陽光発電を行う試みである．成功している人工光合成の原理は，天然の光合成の原理とすべて同一のものである．① 光子のエネルギーを化学エネルギーに転換する反応中心複合体を伴った発色団を含む光捕獲機構（つまり，反応中心複合体から電子が放出されるとき電荷分離の状態となり，その結果，電子孔がつくられる），② 水分子を四つの電子，つまり四つの水素イオン（H^+）と O_2 に変換する水の酸化触媒（変換された電子は一度に一つずつ反応中心複合体の電子孔を埋めていく），③ 水に由来する電子（還元等量）と水素イオンから，燃料分子，とくに H_2（$2H^+ + 2e^- \longrightarrow H_2$）やメタノール（$CO_2$ の還元を介して）を合成するために使われる触媒である．光捕獲超分子複合体に基づいた人工光合成のモデルの概略を図 13A に示す．

人工光合成のためのさまざまな部品の開発や組立てには進歩が見られるが，頑強で光化学的に安定で環境にもやさしい太陽光による燃料合成の手法を得るという目標は達成されていない．

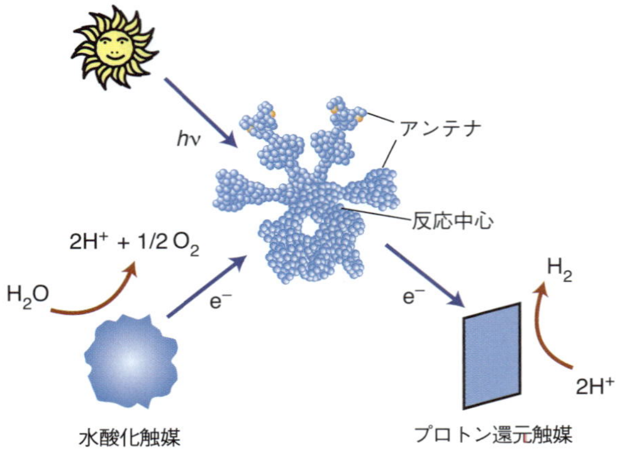

図 13A　人工光合成のモデル
自然の光合成と同じく，すべての人工光合成装置は，電荷分離状態をつくる光誘導性の電子伝達機構を備えていなければならない．光エネルギーは，この図の中心にあるような，超分子複合体中の発色団によって捕捉される．この複合体は分子ヘキサド（6 連子）と呼ばれ，3 種類の発色団からなり〔ビス（フェニルエチニル）アントラセン，ホウ素ジピロメテン，中心に位置する亜鉛テトラアリルポルフィリン〕，電磁スペクトル中の可視光領域のエネルギーを協同して吸収する．他のアンテナからエネルギーが運ばれた後，亜鉛ポルフィリンは付属の球状フラーレンに 1 電子を渡し，電荷分離状態が生じる．このような分子複合体が電荷分離状態をつくることに成功しているにもかかわらず，いまだ人工光合成はうまくいきそうにない．効率的な水酸化およびプロトン還元触媒が得られていないことに加えて，現在の研究では，4 電子水酸化過程（O_2 を生じる）と 1 電子電荷分離反応中心過程と 2 電子 H_2 発生反応とを調和させる機構を提案できていない．

解決しなければならない多くの課題のなかで，研究者たちは水を電荷分離する機構が最も困難だと考えている．$2H_2O \longrightarrow 4e^- + 4H^+ + O_2$ の反応は吸熱反応で，そのため天然の水酸化複合体（マンガンクラスターとアミノ酸であるチロシンの側鎖からなる）に匹敵あるいは凌駕する電子伝達効率をもつ触媒を必要とする．最も有望なものは，マンガンを含有する複合体である色素感光性の二酸化チタン（TiO_2）や酸化コバルト（CoO）である．しかしながら，これらやこれまでに調べられた水分解触媒は電子伝達の性質があまりにも低い．さらに，水酸化反応の 4 電子放出過程を反応中心複合体での 1 電子電荷分離機構と協調させることができない．その結果として，太陽光エネルギー生産を競争に耐える価格に抑えることや地球温暖化につながる化石燃料の利用を減らすといった目標を達成するには，水分解がいまだ大きな障壁となっている．

▶ **まとめ** 人工光合成は H_2 のような貯蔵可能な燃料の合成に太陽光エネルギーを利用するものであり，現在，科学者や技術者の目標となっている．光駆動による電荷分離の達成は研究室レベルでは一定の進展が見られるが，費用効率の高い太陽光駆動の燃料合成システムという目標にはまだ遠い．人工光合成が遭遇する手に負えないように思える問題は，数十億年前に生物によって解決済みのものである．

本章のまとめ

1. 植物では，光合成は葉緑体で行われる．葉緑体には三つの膜が存在する．外側の膜は透過性が高いが，内側の膜には葉緑体の内外への分子の輸送を調節するさまざまな担体分子が存在する．第三の膜はチラコイド膜と呼ばれ，光合成装置が存在するストロマラメラによってつながった，グラナと呼ばれる扁平な小胞が入り組んだ構造を形成している．
2. 光合成は二つの主要な段階，すなわち明反応と光非依存性反応から構成されている．明反応では，水分子が酸化され，O_2 が発生し，炭素固定を行うのに必要な ATP と NADPH が合成される．明反応の主要な作用単位は，光化学系ⅠとⅡ，シトクロム b_6f 複合体，および ATP シンターゼである．非循環的電子伝達経路において，水分子に由来する電子は，光化学系Ⅱから光化学系Ⅰ，そして $NADP^+$ へと受け渡され，これに伴って酸素と ATP と NADPH が生成される．循環的電子伝達経路には光化学系Ⅰのみが関与し，ATP 合成に寄与するが，NADPH の生成は伴わない．光非依存性反応においては，CO_2 が有機分子に取り込まれる．炭素固定の第一の安定な生成物は 3-ホスホグリセリン酸である．カルビン回路は，炭素固定，還元，再生の三つの段階から構成されている．
3. カルビン回路において取り込まれる炭素の大部分は，重要なエネルギー源であるデンプンとスクロースを合成するために，まず用いられる．スクロースは，固定した炭素を植物体全体に転流するために用いられる点においても重要である．
4. 光呼吸は，O_2 が消費され，CO_2 が植物から放出される一見して浪費的な過程である．その植物代謝における役割は理解されていない．C_4 植物は比較的厳しい環境において生育するため，光呼吸を抑制するような生化学的あるいは植物組織学的な仕組みを発達させている．
5. 光は，光合成のほとんどの局面における重要な調節因子である．光の効果の多くは，鍵酵素の活性の変化を介して引き起こされる．光がこれらの変動に及ぼす機構には，pH と Mg^{2+} 濃度の変化，フェレドキシン-チオレドキシン系，およびフィトクロムが含まれる．光合成において最も重要な酵素はリブロース-1,5-ビスリン酸カルボキシラーゼである．その活性は高度に調節されている．光は酵素の両サブユニットの合成を活性化する．その活性は共有結合修飾やアロステリックなエフェクターに影響される．活性部位のリシン残基のカルバモイル化は，ルビスコの活性化に必要である．

キーワード

C_3 植物（C_3 plant） 430
C_4 植物（C_4 plant） 434
C_4 代謝（C_4 metabolism） 434
Z スキーム（Z scheme） 424
アンテナ色素（antenna pigment） 418
カルビン回路（Calvin cycle） 429
カロテノイド（carotenoid） 416
共鳴エネルギー伝達（resonance energy transfer） 422
グラナ（granum） 416
クロロフィル（chlorophyll） 415
蛍光（fluorescence） 422
光化学系（photosystem） 414
光呼吸（photorespiration） 433
光リン酸化（photophosphorylation） 429
集光（light-harvesting） 416
集光性アンテナ（light-harvesting antenna） 414
ストロマ（stroma） 416
ストロマラメラ（stromal lamella） 417
炭素固定（carbon fixation） 430
チラコイド内腔（thylakoid lumen） 417
チラコイド膜（thylakoid membrane） 416
発色団（chromophore） 422
反応中心（reaction center） 414
光非依存性反応（light-independent reaction） 430
ベンケイソウ型有機酸代謝（crassulacean acid metabolism） 436
明反応（light reaction） 423

復習問題

以下の問いは，次章へ進む前に，本章で論じた重要な概念について理解度を確認するためのものである．解答は巻末および『問題の解き方』を参照のこと．

1. 次の用語を定義せよ．
   a. 光合成　b. 光化学系　c. 反応中心
   d. PS Ⅰ　e. PS Ⅱ
2. 次の用語を定義せよ．
   a. 葉緑体　b. チラコイド　c. ストロマ
   d. グラナ　e. ストロマラメラ

3. 次の用語を定義せよ．
   a. フィロキノン　b. ルテイン　c. Q_A　d. PQH_2
   e. カロテノイド
4. 次の用語を定義せよ．
   a. リスケタンパク質　b. Psa 二量体
   c. D_1/D_2 二量体　d. A_0　e. A_1
5. 次の用語を定義せよ．
   a. シトクロム b_6f 複合体　b. CF_O　c. CF_1
   d. LHC Ⅱ　e. Mn_4CaO_5
6. 次の用語を定義せよ．
   a. 波長　b. 発色団　c. 蛍光　d. 無放射崩壊
   e. 共鳴エネルギー伝達
7. 地球環境に対する初期光合成生物の最も主要な寄与は何か．
8. 主要な光合成色素を三つあげて，光合成におけるそれぞれの役割を述べよ．
9. 励起された分子が基底状態にもどるには，いくつかの過程がある．それぞれを簡潔に述べよ．そのなかで，どれが光合成にとって重要であるか．また，それが生物でどのように機能するかを述べよ．
10. $NADPH/NADP^+$ 比が低いとき，光合成の最終的な電子受容体は何か．その答えは，$NADPH/NADP^+$ 比が高いときに異なるか．
11. 人工光合成研究を推進する潜在的利点はどのようなものか．
12. 光合成の収支の式は次の通りである．

$$6\,CO_2 + 6\,H_2O \xrightarrow{\text{光}} C_6H_{12}O_6 + 6\,O_2$$

   生成する酸素分子の原子は二つの基質のうちのどちらに由来するか．
13. 酸素発生の系はどうしてクロック（時計）になぞらえられるか．
14. 光合成の正味の反応を見直し，グルコース分子の酸素原子の由来を説明せよ．
15. クロロフィル分子のフィトール側鎖の役割は何か．
16. （クロロフィルの）特殊対とは何か，またどのように機能するか．
17. 光合成を活発に行っている植物は二酸化炭素も発生している．これを説明せよ．
18. 森林伐採はその地域のバイオマスを大きく減少させる．森林伐採がその地域の生命活動に及ぼす影響はどのようなものか．
19. 地球温暖化が及ぼす結果を四つあげよ．
20. 持続可能なバイオ燃料の生産を満たす三つの基準をあげよ．
21. 光合成機構の要素である金属をあげよ．これらにはどのような機能があるか．
22. 光合成の Z スキームについて述べよ．この反応の生成物はどのようにして二酸化炭素の固定に利用されるか．
23. 二酸化炭素の固定は細胞のどこで起こるか，光依存反応と比較して述べよ．
24. 葉緑体は高度に秩序だった構造をしている．光合成を可能にすることに，この構造はどのように役立っているか．
25. なぜ CO_2 は光呼吸を抑制するのか．
26. C_3 植物のカルビン回路が 1 回まわると，$^{14}CO_2$ の放射性標識はどこで検出されるか．
27. トリオースリン酸とは何か．これは植物の炭水化物代謝のどこで生成されるか．
28. C_4 植物のトウモロコシが $^{14}CO_2$ に曝露された場合，まず初めにどの分子に標識が検出されるか．標識が最初に見つかる分子での位置を示せ．
29. H_2S が水素原子の供給源であるとき，光合成の最終産物は何か．
30. 光合成にジニトロフェノールを用いたとき，どのような効果があると考えられるか．

応用問題

以下の問いは，本書でこれまで論じてきた重要な概念について理解を深めるためのものである．正解は一つとは限らない．解答例は巻末および『問題の解き方』を参照のこと．

31. 化石燃料の燃焼は大気へ CO_2 を放出し，地球の生態系に有害である．バイオ燃料も CO_2 を放出するが，化石燃料よりも優れているのはなぜか説明せよ．
32. H_2S 酸化は，太古の地球で最も初期の光合成機構の一つであった．この機構は水の酸化よりも必要なエネルギーは少ないにもかかわらず，なぜ水を利用するようなシフトが起こったのか．
33. 二酸化炭素が存在しないと，クロロフィルは蛍光を発する．二酸化炭素はこの蛍光をどのように抑えているか．
34. 照射する光のエネルギーではなく，強度の上昇が光合成速度の上昇につながる．どうしてそうなるか．
35. 酸化的リン酸化と光リン酸化はともに高エネルギー結合中にエネルギーを取り込む．両者はどのように異なるか，どのような点が共通か．
36. 一般的に，二酸化炭素の濃度が上昇すると光合成速度が上がる．この効果を妨げるのはどのような条件か．
37. 葉緑体は，ミトコンドリアと同様に，ある生物から進化したことが示唆されている．葉緑体のどのような特徴がこの説を支持するか．
38. C_3 植物を高温にさらすと，なぜ二酸化炭素補償点が上昇するのか．
39. 光呼吸を促進することで作用するある種の除草剤は，C_3 植物には致死的であるが，C_4 植物には影響を及ぼさない．その理由を述べよ．
40. 葉緑体とミトコンドリアの両細胞小器官は自立的な原核生物に由来するが，ミトコンドリアのほうが葉緑体よりもずっと小さい．この違いの理由を示せ（ヒント：両細胞小器官のエネルギー源を考えよ）．
41. 光合成色素が，可視光の青色光領域を容易に吸収し，紫外線領域を低確率でしか吸収しない理由を示せ．
42. C_3 と C_4 のどちらの植物が，産生するグルコース 1 分子あたりに必要なエネルギーが多いか．
43. 雑草の成長を抑制するトリアジン系除草剤は，C_3 植物に対して効果的である．この除草剤はプラストシアニン結合タンパク質に結合する．トリアジンが C_3 植物の成長を妨げる機構を示せ．
44. 深海の光合成生物は長波長の光を捕獲する．700 nm の波長の光を吸収する植物と同じエネルギーを得るために，必要な 1000 nm の波長の光の光量を計算せよ〔ヒント：$\Delta E = hc/\lambda$ を思いだすこと．h はプランク定数（1.58×10^{-37} kcal/s），c は光の速度（3×10^8 m/s），λ は波長である〕．

CHAPTER

14 窒素の代謝 I ：合成

シアノバクテリアによる窒素固定　シアノバクテリアなどの窒素固定細菌は，大気中の窒素（N_2）を生物が利用可能な化学形態であるアンモニア（NH_3）に変換する．窒素固定はヘテロシストで行われるが，ヘテロシストは酸素を遮断する厚い細胞壁をもつ大型の特殊化した細胞である．ここで酸素は非常に多くの光合成植物細胞によって排出される老廃物である．

アウトライン

14.1　窒素固定

窒素固定反応

窒素同化

14.2　アミノ酸の生合成

アミノ酸代謝の概要

アミノ基の反応

アミノ酸の生合成

14.3　アミノ酸由来生理活性物質の生合成反応

C_1 代謝

グルタチオン

神経伝達物質

ヌクレオチド類

ヘ　ム

生化学の広がり

ガス状伝達物質

概　要

窒素は，タンパク質合成で利用されるアミノ酸，ヌクレオチド中の窒素含有塩基など，驚くほどさまざまな生体分子に存在している．ほかに窒素を含有する必須の生体分子として，ポルフィリン(たとえばヘムやクロロフィル)，ある種の膜脂質，少量しか合成されないが代謝上重要なさまざまな生体分子(たとえば神経伝達物質やグルタチオン)がある．この章では窒素固定，すなわち不活性なN_2から生物学的に有用なアンモニア(NH_3)へ変換するプロセスから，主要な窒素含有生体分子の合成に至るまで，窒素についてたどっていく．

窒素循環とは，窒素原子が生物圏へと流れる生物地球化学的な循環のことである．いくつかの生化学的なプロセスによって，窒素は次々に変換されていく．窒素固定とは窒素が有機分子に取り込まれる過程であり，アンモニア(NH_3)を合成するために原核微生物がN_2を固定(還元)することによって始まる．トウモロコシのような植物は，土壌細菌によって合成された，あるいは化学肥料から供給されたNH_3と，NH_3の酸化生成物であるNO_3^-(硝酸塩)を吸収しなければならない．植物の発育にとって窒素供給が制限因子となることがある．植物が利用できる形態に固定された窒素が，きわめて限られるためである．

植物が窒素固定，土壌からの吸収，吸収したNO_3^-の還元のいずれによってNH_3を獲得しようとも，そのNH_3はグルタミンのアミノ基に転換されて同化される．そして，この〝有機窒素〟は他の炭素含有化合物へ運ばれてアミノ酸をつくり，そのアミノ酸は窒素含有分子(たとえばタンパク質，ヌクレオチド，ヘム)を合成するために植物によって利用される．植物が動物に食べられたり微生物に分解されたりすると，有機窒素はおもにアミノ酸としてあらゆる生態系に流出する．生物が死ぬと，生体中の窒素はミネラル化される〔たとえば，さまざまな微生物によってNH_3，NO_3^-，NO_2^-(亜硝酸塩)や，ついにはN_2にまで変換される〕．

窒素固定について論じた後，アミノ酸生合成に関する本質的な特徴について述べる．その後に，代表的な窒素含有分子の生合成について述べる．ヌクレオチドの同化経路についてはとくに重視する．15章では，窒素原子がいくつかの異化経路を通り，動物から排泄される窒素老廃物に至るまで，その流れを追う．

14.1　窒素固定

生物圏で利用できる有用な窒素量は，環境によって限定されることがある．最もよく知られている例は，限られた生物だけがN_2を化学的に反応しやすい分子のNH_3に変換できることである．この高エネルギーを必要とする過程は**窒素固定**(nitrogen fixation)と呼ばれる．最も知られた窒素固定生物は，非共生細菌(たとえば*Azotobacter vinelandii*や*Clostridium pasteurianum*)，シアノバクテリア(たとえば*Nostoc muscorum*や*Anabaena azollae*)，共生細菌(たとえばさまざまな種の*Rhizobium*)である．共生生物は，相利共生すなわち宿主となる植物や動物と互いに有益な関係をもっている．たとえば，*Rhizobium*種は大豆やアルファルファなどのマメ科植物の根に感染する．

窒素固定には大量のエネルギーが必要である．N_2からNH_3への還元には，大気中の窒素ガスがもつ無極性三重結合の開裂を伴うためである．工業的な窒素固定では，NH_3はハーバー・ボッシュ法の生成物である．この方法では，200～400気圧の条件下で鉄を触媒としてH_2とN_2を400～650℃に加熱する．ハーバー・ボッシュ法とは異なり，窒素固定生物は常温常圧下でN_2をNH_3に変換する．しかし，この生物学的反応に必要なエネルギー量は多く，1分子のN_2を還元して2分子のNH_3を得るためには，少なくとも16分子のATPを必要とする．窒素固定に関する全体の反応を示すと，$N_2 + 8e^- + 16ATP + 10H^+ \longrightarrow 2NH_4^+ + 16ADP + 16P_i + H_2$となる．

窒素固定反応

窒素固定が可能な種はすべてニトロゲナーゼ複合体をもっている．その構造は，これまでに調べられたすべての種において類似しており，ジニトロゲナーゼとジニトロゲナーゼレダクターゼと呼ばれる二つのタンパク質からなっている（図 14.1）．ジニトロゲナーゼ（分子量 24 万）は $\alpha_2\beta_2$ ヘテロ四量体であり，MoFe タンパク質とも呼ばれる．それぞれの $\alpha\beta$ 二量体は，P クラスター［8Fe—7S］とモリブデン-鉄補因子（MoFe 補因子または M クラスター）という二つの独特な金属補欠分子族をもつ触媒ユニットであり，この補因子はカーバイド原子（金属クラスターの中心に存在する炭素原子）を含んでいる．FeMo 補因子はクエン酸回路のホモクエン酸と結合（7Fe—9S—Mo—C—ホモクエン酸）する．MoFe タンパク質は $N_2 + 8H^+ + 8e^- \longrightarrow 2NH_3 + H_2$ の反応を触媒する（注意すべきは，NH_3 が最初の生成物であることである．細胞内の pH では NH_4^+ と平衡になる）．ジニトロゲナーゼレダクターゼ（分子量 6 万，Fe タンパク質とも呼ばれる）は同じサブユニットからなる二量体であり，それぞれのサブユニットは MgATP 結合部位をもっている．4Fe—4S クラスターは二つのサブユニットの境界面に結合する．その場所は MgATP 結合部位から 15 Å 離れており，ジニトロゲナーゼ四量体（MoFe タンパク質）がドッキングする部位に近い．鉄タンパク質は 1 回の反応で電子を一つ MoFe タンパク質に伝達し，その電子は元をたどれば NAD(P)H に由来する．ニトロゲナーゼ複合体のタンパク質は，ともに酸素によって不可逆的に非活性化される．

窒素固定反応の最初のステップ（図 14.2）は，NAD(P)H からフェレドキシンに電子を伝達することである．フェレドキシンは強力な還元剤であり，1 回の反応で Fe タンパク質の FeS クラスターに電子を一つ供与する．それぞれの電子伝達は，2 分子の ADP と結合した Fe タンパク質［$Fe^{ox}(ADP)_2$］中の酸化型［4Fe—4S］クラスターを還元することによって始まり，［$Fe^{red}(ADP)_2$］が産生する．この還元によって両サブユニットの ATP が ADP に置換される．生成物［$Fe^{red}(ATP)_2$］は MoFe タンパク質と結合して，活性型である［$Fe^{red}(ATP)_2$：MoFe］

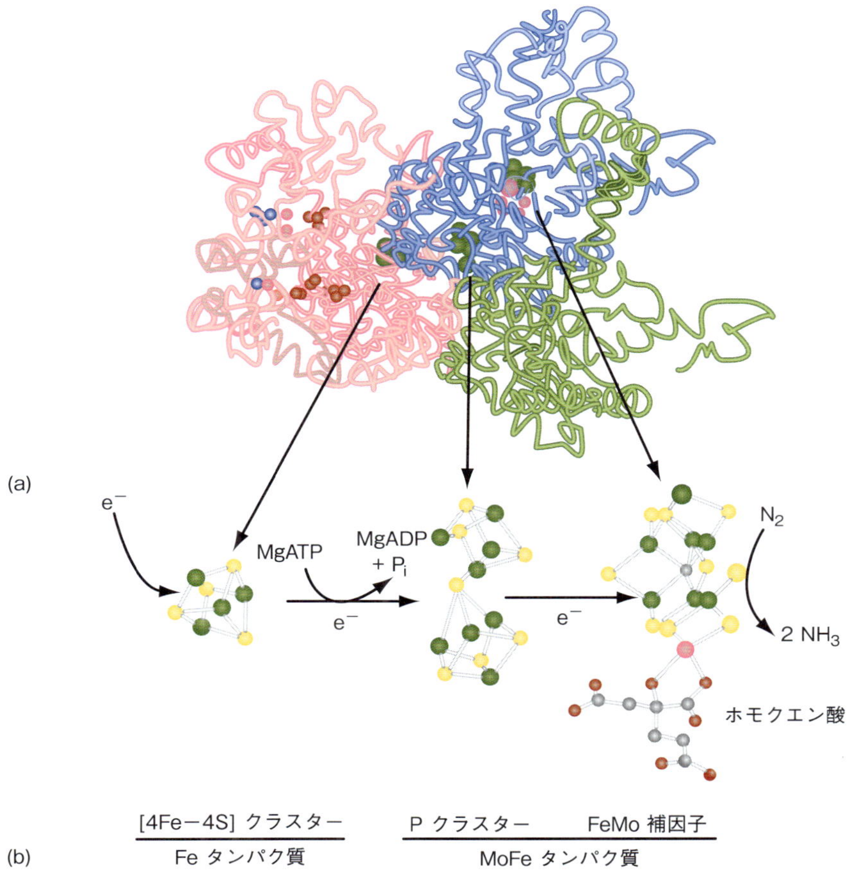

図 14.1　ニトロゲナーゼ複合体の構造
(a) 左：Fe タンパク質二量体（赤とピンク），右：MoFe タンパク質の $\alpha\beta$ 二量体．α サブユニットは青，β サブユニットは緑で示す．(b) Fe タンパク質［4Fe—4S］と P クラスターの金属クラスター，および MoFe タンパク質の MoFe 補因子を球棒モデルで示す．原子の色は以下の通り．炭素：灰色，窒素：青，酸素：赤，硫黄：黄，鉄：緑，モリブデン：ピンク．

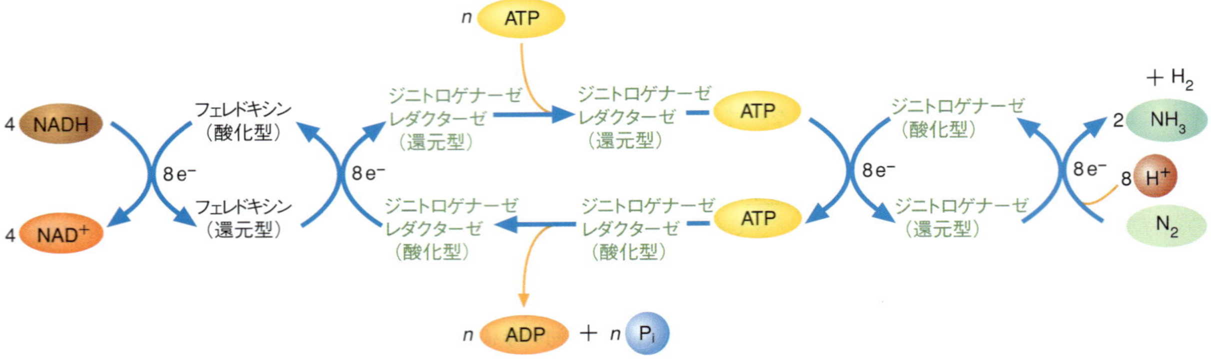

図 14.2　酵素的窒素固定における電子とエネルギーの流れを描いたニトロゲナーゼ複合体の模式図
窒素固定の活性化に用いられる高エネルギーは，多量の ATP 分子（N_2 分子あたり約 16 の ATP 分子）によって供給される．ジニトロゲナーゼレダクターゼ（Fe タンパク質）への ATP の結合とそれに続く加水分解のいずれもが，ジニトロゲナーゼ（MoFe 補因子/P クラスター）への電子伝達を促進するタンパク質の立体構造の変化を引き起こす．

を形成する．この結合によって，電子は MoFe タンパク質の P クラスターから M クラスターに渡される．電子はさらに Fe タンパク質から酸化型 P クラスターに渡され，$[Fe^{ox}(ATP)_2 : MoFe]$ が産生する．ATP 加水分解と P_i の放出によって立体構造が変化し，還元型 FeMo タンパク質から $[Fe^{ox}(ADP)_2]$ が解離できるようになる．この電子伝達は 8 個の電子が MoFe 補因子に渡されるまで繰り返される（電子をもたない酸化型では，Fe タンパク質は MgATP に対して高い親和性をもつ）．Fe タンパク質と P クラスターの還元電位は，それぞれ −400 mV 台，−300 mV 台である．初めの 2 個の電子伝達によって H^+ が還元される（酵素は $MoFeH_2$ の状態になる）．N_2 が存在してもしなくても，このステップは進む．安定な中間体（$MoFeN_2$）を形成するために，活性部位（モリブデンイオンと配位結合した 4 個の鉄中心との間）の H_2 が N_2 と入れ替わる．続いて 6 個の電子と 6 個のプロトンが活性部位に受け渡され，まずジイミン（HN=NH，2 個の電子が付加），次にヒドラジン（$H_2N—NH_2$，4 個の電子が付加），最終的に 2 分子の NH_3（6 個の電子が付加）ができる．したがって，$2H^+$ を H_2 に還元するために 2 個の電子が使われ（この触媒過程には不可欠），N_2 から 3 段階を経て 2 分子の NH_3 を産生するために 6 個の電子が使われる．

N_2 の還元に必要な大量の ATP（少なくとも 16 分子の ATP）に加えて，かなりの数のニトロゲナーゼ複合タンパク質を合成しなければならない．酵素の代謝回転が遅く，1 分子の酵素が毎秒約 6 分子の NH_3 しか産生できないためである（窒素を固定する細菌であるジアゾ栄養生物では，ニトロゲナーゼ複合タンパク質が細胞内タンパク質の 20% も占める）．ジアゾ栄養生物はさまざまな環境変化（たとえば固定する窒素や酸素の濃度，炭素源の入手しやすさ）に対応しなければならず，その結果，ジアゾ栄養生物は複雑かつ厳密に窒素固定を調節する．おもな調節方法は，約 20 個の窒素固定遺伝子（*nif*）の転写を調節することである．ジニトロゲナーゼレダクターゼ（Fe タンパク質），ジニトロゲナーゼ（MoFe タンパク質）の α および β サブユニットに加え，*nif* 遺伝子はさまざまな酵素をコードしている．それらの酵素，金属クラスター，ホモシステイン，フェレドキシンといった窒素固定に用いられる構成因子や，環境の刺激に応答するための調節タンパク質を合成する．

例題 14.1

窒素固定はどれくらい費用がかかるか．窒素原子から NH_4^+ への還元に必要な ATP の分子数を求めよ．ただし，1 分子の NADH の産生には 2.5 分子の ATP が必要であるとする．

解答

p. 444 に掲載した窒素固定全体の等式を参照せよ．N_2 から $2NH_4^+$ への還元には 8 個の電子と16分子のATPが必要である．4分子のNADHの産生に必要なATPの分子数がわかれば（$4 \times 2.5 = 10$），N_2 の還元に必要なATPの分子数は26となる．一つの窒素原子の還元に必要なATPの分子数はこの値の半分，つまり1分子の NH_4^+ を形成するためには13分子が必要である．■

窒素同化

窒素同化とは，無機窒素化合物が有機分子に取り込まれることを指す．植物では窒素同化は根で始まり，マメ科植物の根粒で共生細菌から NH_4^+（アンモニアイオン）を受けとるか，土壌から NH_4^+ や NO_3^-（硝酸イオン）を吸収するかのいずれかである．硝酸イオンは硝化土壌細菌によってつくられる．*Nitrosomonas* のような微生物は NH_4^+ を酸化して NO_2^-（亜硝酸イオン）を合成し，*Nitrobacter* のような細菌がさらに NO_3^- に酸化する．

植物では，アンモニア窒素がアミノ酸に組み込まれることによって，無機窒素が生体分子に同化する．窒素同化に最も重要な酵素であるグルタミンシンテターゼは，グルタミン酸と NH_4^+ とのATP依存性反応を触媒し，グルタミンを産生する．次のステップでは，グルタミンは2-オキソグルタル酸と反応してグルタミン酸を産生する．グルタミン酸のアミノ基転移を介した他のアミノ酸合成については，14.2節で説明する．硝酸イオンが窒素源であるときは，最初に硝酸イオンが2段階の反応で NH_4^+ に変換されなければならない．硝酸イオンレダクターゼによって硝酸イオンが亜硝酸イオンに還元された後，亜硝酸イオンレダクターゼが触媒する硝酸イオンの還元によってアンモニアが産生する．

問題 14.1

ニトロゲナーゼ複合体は N_2 以外の分子を還元することができる．三重結合を含む以下の各基質（実在するものと仮想のものがある）とニトロゲナーゼ複合体との反応によって生じる次の化合物の構造を記せ．シアン化水素，二窒素，アセチレン．

問題 14.2

レグヘモグロビンと呼ばれる赤色ヘムをもつタンパク質が，マメ科植物の窒素固定根粒に存在する．タンパク質は植物がつくり，ヘムは細菌がつくる．レグヘモグロビンの機能を推定せよ（ヒント：ヘモグロビンの機能を見直すこと）．

14.2 アミノ酸の生合成

タンパク質合成に必要なアミノ酸を合成する能力は生物によって異なる．植物と多くの微生物は，利用可能な前駆体から自分たちに必要なすべてのアミノ酸をつくりだすことができるのに対し，他の生物はあらかじめ合成されたアミノ酸を周囲からある程度得なければならない．動物が合成できるアミノ酸は，必要なアミノ酸の約半分に過ぎない．**非必須アミノ酸**（non-essential amino acid, NAA）は，利用可能な代謝産物から容易に合成できる．食事から摂取しなければならないアミノ酸を**必須アミノ酸**（essential amino acid, EAA）と呼ぶ．哺乳動物の組織は比較的単純な反応経路によってNAA（非必須アミノ酸）を合成することができる．対照的に，哺乳動物はEAA（必須アミノ酸）の合成に必要な長くて複雑な反応経路をもたないため，EAAは食事から摂取されなければならない（表14.1）．

アミノ酸代謝の概要

アミノ酸は数多くの機能をもっている．タンパク質合成という最も重要な役割に加え，アミノ酸はさまざまな合成反応経路で必要とされる窒素原子の主要な供給源である．アミノ酸の非窒素部分（炭素骨格と呼ばれる）はエネルギー源でもあり，さまざまな反応経路の前駆体にもな

表 14.1　ヒトにおける必須アミノ酸(EAA)と非必須アミノ酸(NAA)

必須	非必須
イソロイシン	アラニン
ロイシン	アルギニン*
リシン	アスパラギン
メチオニン	アスパラギン酸
フェニルアラニン	システイン*
トレオニン	グルタミン酸
トリプトファン	グルタミン
バリン	グリシン
	ヒスチジン*
	プロリン
	セリン
	チロシン*

*乳児および5歳以下の幼児では必須であるため，準必須アミノ酸とも呼ばれる．幼少時には，準必須アミノ酸の合成経路は完全には機能していない．

る．したがって，食事性タンパク質の形態であっても，アミノ酸を適切に摂取することは，動物が適切に成長し発達するために重要である．

食事性アミノ酸　食事性タンパク質源のEAAの比率は大きく異なる．一般に，完全タンパク質(十分量のEAAを含むタンパク質)は動物由来(たとえば肉，牛乳，卵)である．植物タンパク質は一つあるいはそれ以上のEAAを欠くことが多い．たとえば，グリアジン(小麦タンパク質)はリシンの量が不足しており，ゼイン(トウモロコシタンパク質)はリシンとトリプトファンが少ない．植物タンパク質はアミノ酸組成が異なっているため，適切に組み合わせて食べる場合にのみ，植物性食品は必須アミノ酸の良質な供給源となる．そのような組合せの一例に豆類(メチオニンが不足)と穀類(リシンが不足)がある．食事性タンパク質が消化管で消化された後，遊離アミノ酸は小腸の細胞を通過し，血中に入る．多くの食事は，必ずしも生体が必要とする比率でアミノ酸を供給するわけではない．したがって各アミノ酸濃度は代謝機構によって調節される．小腸から血中に放出された段階で，アミノ酸の相対的な濃度はすでに変化している．小腸粘膜は非常に活発で，絶えず入れ替わる組織であり，グルコースのほかに流入した栄養素を用いて構造と機能を維持している．たとえば，グルタミンというアミノ酸は腸細胞にとって主要なエネルギー源となる．消化管を経由した血液は最初に肝臓を通過し，それから他の組織へいく．肝臓はまず血清タンパク質を合成し，このために血中からアミノ酸を抜きとる．また，グルコース合成のためにアミノ酸(とくにアラニンとセリン)を優先的に利用する．

分枝鎖アミノ酸とアミノ酸プール　生体に栄養素を供給するために肝臓を出発した血液では，消化管通過後よりも**分枝鎖アミノ酸**(branched chain amino acid, BCAA．ロイシン，イソロイシン，バリン)の濃度が高い．BCAAは必須アミノ酸であり，タンパク質構造において重要な疎水性側鎖を提供する(たとえばDNA結合タンパク質におけるロイシンジッパーモチーフがある)．BCAAは肝臓から他の組織へアミノ窒素を輸送するための主要な形態でもある．他の組織では，さまざまなアミノ酸誘導体と同様に，タンパク質合成に必要な非必須アミノ酸を合成するために利用される．

アミノ酸代謝は複雑な一連の反応からなる．タンパク質や代謝産物の合成に必要なアミノ酸分子は絶えず合成され，分解される．そのときに生体が要求する代謝に従って，あるアミノ酸は合成もしくは相互変換され，組織へ運搬され，利用される．

代謝系で使うためにすぐに利用できるアミノ酸分子を**アミノ酸プール**(amino acid pool)と呼ぶ．動物では，プール中のアミノ酸は食事性タンパク質と組織中のタンパク質が分解されたものである．

窒素(おもにアミノ酸)の摂取量が損失量に等しい場合，生体は窒素バランスがとれている．これは健康な成人に見られる状態である．正の窒素バランスとは摂取量が損失量を上回ることを指し，成長中の子供，妊婦，快復中の患者に特徴的である．合成される組織タンパク質の量は分解される量より多いため，過剰の窒素は保持される．負の窒素バランスは，個々人が食事から窒素損失を補填できない場合に生じる．クワシオルコル(〝第二子妊娠中に第一子がかかる病気〟)は，長期にわたってタンパク質摂取が不足することによって生じる栄養障害である．その症状は，成長遅延，感情鈍麻，潰瘍，肝肥大，下痢であり，心臓と腎臓が小さくなり機能が衰える．アフリカ，アジア，中南米で多く見られ，プランピーナッツと呼ばれるタンパク質の豊富なピーナッツを主材料にした食事を子供たちに与えることによってクワシオルコルを治療できる．プランピーナッツはマルチビタミンを含んだコップ 1 杯の牛乳と等栄養価である．また，安価で冷蔵の必要がないので，遠く離れた世界中の貧困地域の診療所に送ることが可能である．

クワシオルコル

アミノ酸輸送　細胞内へのアミノ酸輸送は，特異的な膜結合型輸送タンパク質によって調節されており，そのうちのいくつかが哺乳動物細胞で同定されている．それらのタンパク質は，輸送するアミノ酸の種類に対する特異性，細胞膜を通過する際に Na^+ の移動を伴うかどうかという点において異なっている(Na^+ の能動輸送によってつくられる勾配が分子を膜通過させることは前に述べた．Na^+ 依存性アミノ酸輸送は図 11.26 に示したグルコース輸送過程に類似している)．たとえば，いくつかの Na^+ 依存性アミノ酸輸送系が腸管細胞の管腔側細胞膜で同定されている．血管と接触する一部の腸管細胞の細胞膜を通過するアミノ酸の輸送には，Na^+ 非依存性アミノ酸輸送系が関与している．γ-グルタミル回路(図 14.19 参照)は特定の組織(すなわち脳，小腸，腎臓)へのある種のアミノ酸輸送にかかわると考えられている．

アミノ基の反応

いったんアミノ酸が細胞内に入ると，アミノ基はさまざまな合成反応に利用される．この代謝の順応性は，アミノ基転移反応によるものと，NH_4^+ がアミノ酸のアミノ基の供給源となる，グルタミンのアミド窒素がアミノ酸のアミド窒素の供給源となるという反応によるものがある．両反応の種類を次に述べる．

アミノ基転移　アミノ基転移(transamination)反応はアミノ酸代謝における主要な反応である．アミノトランスフェラーゼまたはトランスアミナーゼと呼ばれる酵素群によってこの反応は触媒され，α-アミノ基は α-アミノ酸から 2-オキソ酸へ転移する．

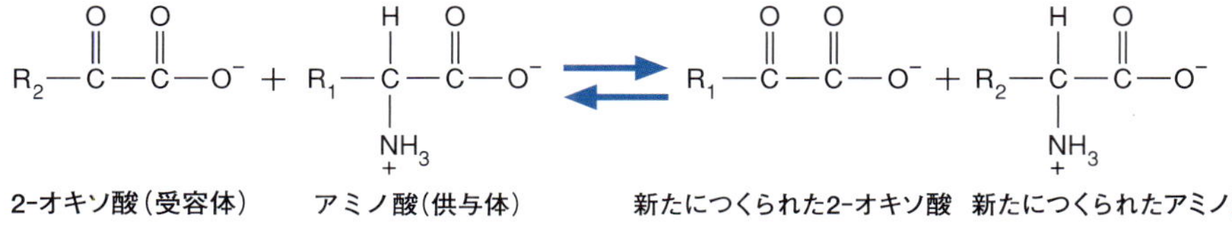

(1)

アミノ基転移反応は可逆反応であり，アミノ酸の合成と分解のどちらにおいても重要な役割を果たす．

真核細胞はきわめて多様なアミノトランスフェラーゼをもっている．細胞質とミトコンドリアのどちらにも存在し，これらの酵素には特徴的な二つの種類が存在する．すなわち，① α-

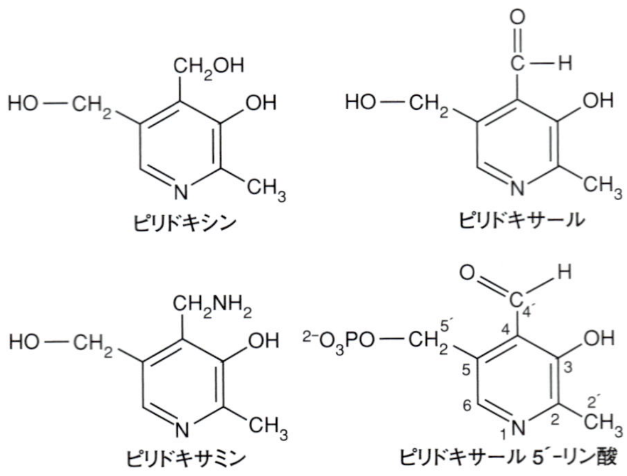

図 14.3　ビタミン B_6

ビタミン B_6 には，(a) ピリドキシン，(b) ピリドキサール，(c) ピリドキサミンがある(ピリドキシンは緑葉野菜に存在する．ピリドキサールとピリドキサミンは，魚，鶏，赤身の肉などに存在する)．ビタミン B_6 の生物的な活性型は，(d) ピリドキサール 5′-リン酸である．

アミノ基を供与する α-アミノ酸型，および ② α-アミノ基を受けとる 2-オキソ酸型である．結合するアミノ酸の種類によってアミノトランスフェラーゼは非常に多岐にわたるが，そのほとんどはアミノ基の供与体としてグルタミン酸を用いている．2-オキソグルタル酸(クエン酸回路の中間体)がアミノ基を受けとると，グルタミン酸が生成する．したがって，これら二つの分子，2-オキソグルタル酸 / グルタミン酸ペアは，アミノ酸代謝および通常の代謝のどちらにおいても重要な役割を果たす．別の二つのペアが代謝において重要な機能を果たす．オキサロ酢酸 / アスパラギン酸ペアは，アミノ基転移反応の役割に加え，尿素回路(15 章)において窒素の除去にかかわっている．ピルビン酸/アラニンペアの最も重要な機能の一つはグルコース-アラニン回路である(図 8.12 参照)．2-オキソグルタル酸とオキサロ酢酸はクエン酸回路の中間体である．その結果，細胞がエネルギーを要求するときには，アミノ基転移反応が重要な機構になることがよくある．たとえば，グルコース-アラニン回路におけるアミノ基転移反応は，骨格筋と肝臓との間でピルビン酸の炭素骨格の再利用に使われることを思いだそう．

アミノ基転移反応は，ピリドキシン(ビタミン B_6)に由来する補酵素のピリドキサール 5′-リン酸(PLP)を必要とする．PLP は数多くのアミノ酸の反応にも必要である．ラセミ化，脱炭酸，側鎖の修飾がその例である〔**ラセミ化**(racemization)とは L-アミノ酸と D-アミノ酸の混合物が形成される反応である〕．ビタミンとその補酵素型の構造を図 14.3 に示す．

PLP は酵素の活性部位につながり，PLP のアルデヒド基とリシン残基の ε-アミノ基との縮合によってシッフ塩基(R′−CH=N−R，アルジミンの一種)が形成される．

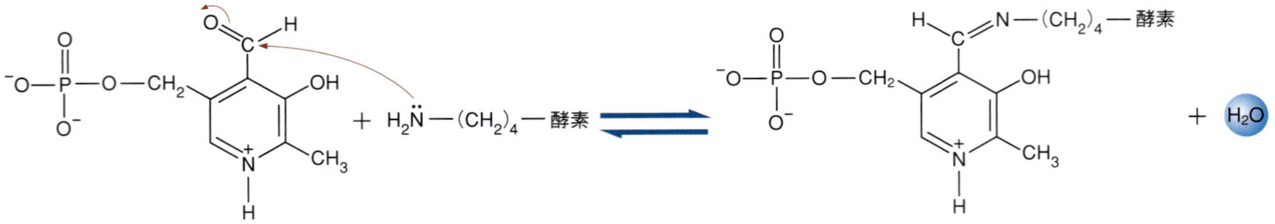

アミノ酸の側鎖と PLP のピリジニウム環とリン酸基との間のイオン結合が安定力として加わる．正の電荷をもつピリジニウム環は電子のたまり場としての機能ももち，負の電荷をもつ反応中間体を安定させる．

アミノ酸基質は，イミン置換反応において α-アミノ基を介して PLP と結合する．基質に存在する三つの結合のうちの一つが，各種の PLP 依存性酵素の活性部位で選択的に開裂する(図 14.4)．

アミノ基転移の機構 アミノ基転移反応は，PLP と α-アミノ酸の α-アミノ基との間にシッフ塩基が形成されることによって始まる（図 14.5）．酵素の活性部位で一般塩基によって α 水素原子が除かれるとき，共鳴安定化した中間体が形成される．一般酸からプロトンが供与され，続いて加水分解が生じ，新たに形成された 2-オキソ酸が酵素から放出される．そして二つ目の 2-オキソ酸は活性部位に入り，前述した反応とは逆に α-アミノ酸に転換される．アミノ基転移反応は二重置換，あるいはピンポン反応（p. 180）と呼ばれる反応機構の実例である．この機構がそのように命名されたのは，2 番目の基質が入る前に最初の基質が活性部位から離れなければならないためである．

アミノ基転移反応は可逆反応である．したがって，理論的には全アミノ酸がアミノ基転移によって合成されうることになる．しかし，生体が 2-オキソ酸前駆体を独自に合成できない場合は，本当の意味でのアミノ酸合成ではないことを実験結果は示している．たとえば，アラニン，アスパラギン酸，およびグルタミン酸は，動物にとっては非必須である．というのは，それらのアミノ酸の 2-オキソ酸前駆体（すなわちピルビン酸，オキサロ酢酸，2-オキソグルタル酸）は容易に利用できる代謝中間体だからである．一方，フェニルピルビン酸，2-オキソ -3-ヒドロキシ酪酸，イミダゾールピルビン酸のような分子が合成される反応経路は動物細胞には存在しないため，フェニルアラニン，トレオニン，およびヒスチジンは食事から得なければならない（アミノ基転移によってではなく，代謝中間体からアミノ酸を合成する反応経路は，*de novo* 経路と呼ばれる）．

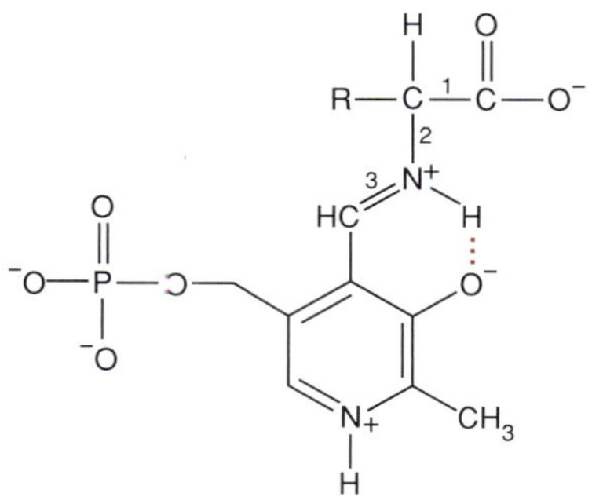

図 14.4 ピリドキシンとアミノ酸から形成される中間体シッフ塩基
PLP 依存性酵素の活性部位でアミノ酸とピリドキシンが結合すると，三つの結合のうちの一つが開裂する．この選択性は，近くに塩基触媒があるかないか，活性部位のアミノ酸の配向性によって決まる．アミノ基供与体の α 炭素が最初に脱プロトン化すると，アミノ基転移（結合 2 の開裂）かラセミ化，または脱離（結合 3 の開裂）が起こる．初めに脱プロトン化が起こらない場合は，脱炭酸する（結合 1 の開裂）．

アンモニウムイオンの有機分子への直接的な取り込み アンモニウムイオンがアミノ酸および最終的に他の代謝物に取り込まれることには，二つの主要な手段（反応）がある．すなわち，① 2-オキソ酸を還元してアミノ化する，② アスパラギン酸とグルタミン酸のアミドを形成し，続いてアミドの窒素を転移して他のアミノ酸を形成する．

グルタミン酸デヒドロゲナーゼは，真核細胞のミトコンドリアと細胞質およびある種の細菌の細胞に見られる酵素であり，2-オキソグルタル酸を直接アミノ化する反応を触媒する．

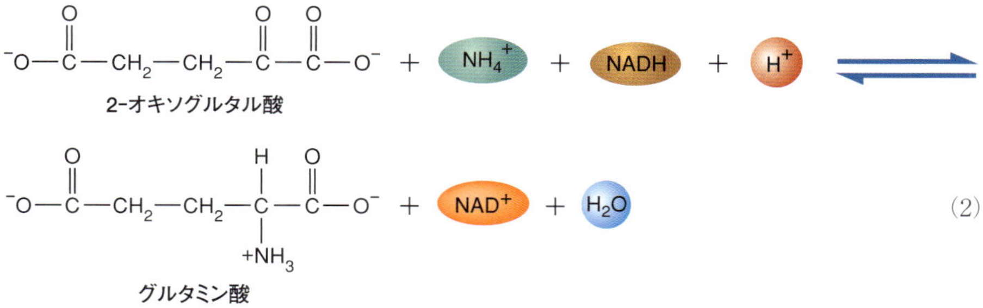

(2)

真核生物でのこの酵素の主要な機能は異化作用（すなわち，窒素排泄物の準備として NH_4^+ をつくる手段）のようである．しかし，反応は可逆的である．アンモニアが過剰にある場合には，反応はグルタミン酸合成のほうへ進む．

アンモニウムイオンはまた，グルタミン，つまりグルタミン酸とのアミドをつくった後，他の代謝物に取り込まれる．

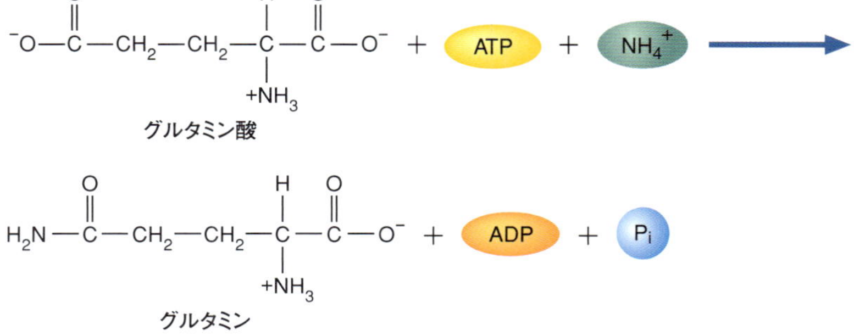

(3)

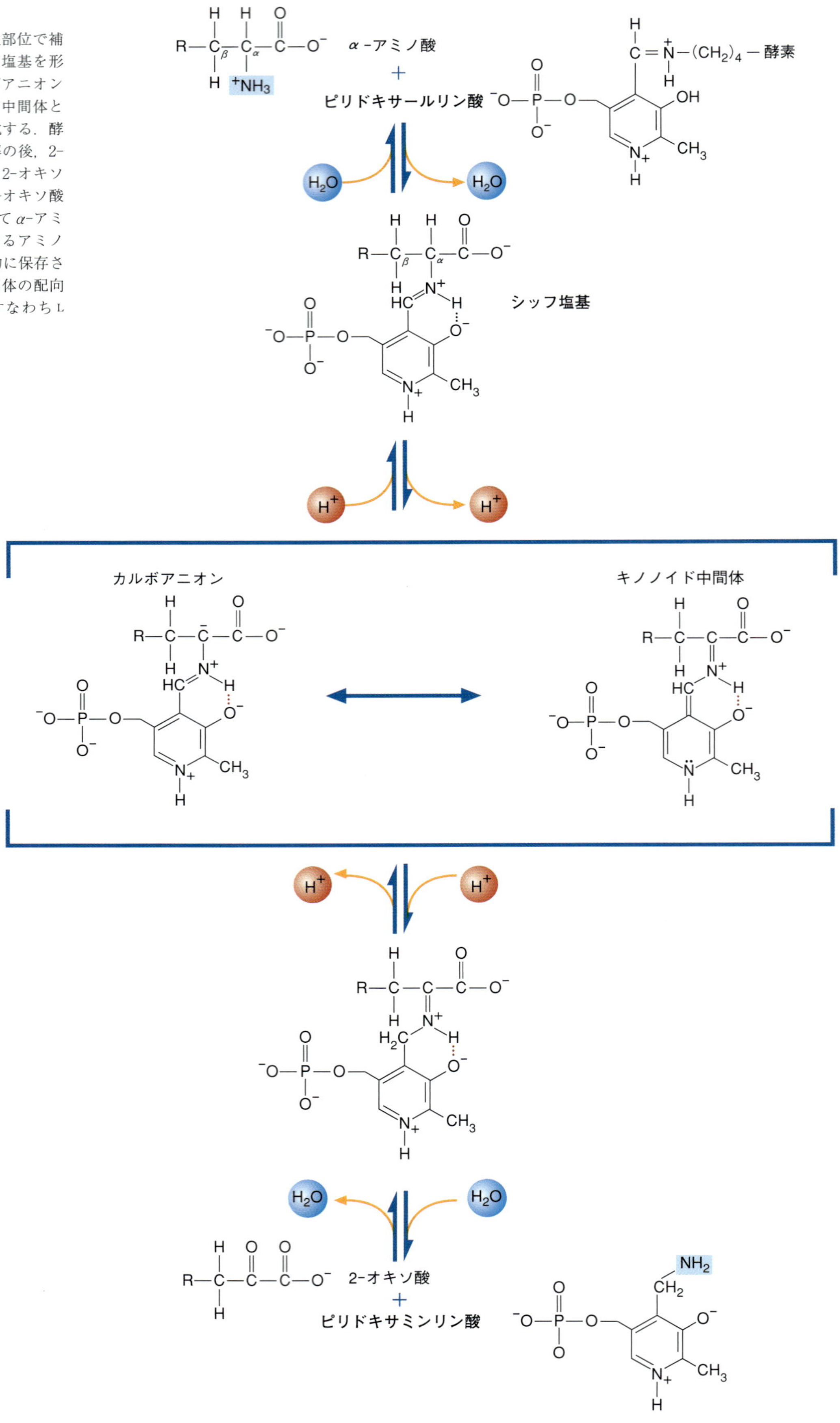

図 14.5　アミノ基転移の機構

供与体となるアミノ酸は，酵素の活性部位で補酵素のピリドキサールリン酸とシッフ塩基を形成する．プロトンを失った後，カルボアニオンができ，カルボアニオンはキノノイド中間体と相互変換することによって共鳴安定化する．酵素触媒によるプロトン輸送と加水分解の後，2-オキソ生成物が放出される．２番目の 2-オキソ酸は活性部位に入る．受容体となる 2-オキソ酸は，この機構とまさに逆の反応によって α-アミノ酸生成物に転換される．供与体となるアミノ酸のキラリティーは α-アミノ酸生成物に保存される．活性部位では，キノノイド中間体の配向によって，プロトンはシッフ塩基，すなわち L 配置となるように付加される．

脳にはグルタミンシンテターゼという酵素が豊富に存在しており，脳は NH_4^+ の毒性にとくに感受性が高い．脳細胞は NH_4^+ とグルタミン酸を，中性で非毒性分子であるグルタミンに転換する．グルタミンは肝臓に運ばれ，そこでアミド窒素は NH_4^+ として解離する(p. 489)．アンモニウムイオンは尿素に取り込まれることによって処理される．哺乳類では，尿素は主要な窒素老廃物である．

アミノ酸の生合成

アミノ酸合成経路にはおびただしい多様性があるが，一つの共通した特徴がある．各アミノ酸の炭素骨格は，よく利用される代謝中間体に由来する．すなわち動物においては，すべてのNAA 分子は 3-ホスホグリセリン酸，ピルビン酸，2-オキソグルタル酸，あるいはオキサロ酢酸のいずれかの誘導体である．必須アミノ酸であるフェニルアラニンから合成されるチロシンは，この法則の例外である．

合成経路の類似性に基づくと，アミノ酸は六つのファミリーに分類される．すなわち，グルタミン酸，セリン，アスパラギン酸，ピルビン酸，芳香族，ヒスチジンである(図 14.6)．各ファミリーのアミノ酸は，元をたどれば一つの前駆体分子に由来する．アミノ酸合成については後述するが，アミノ酸代謝と他の代謝経路との間には明らかに密接な関係がある．アミノ酸の生合成の概要を図 14.7 に示す．

キーコンセプト

- アミノ基転移反応では，アミノ基はある炭素骨格から他の炭素骨格に転移される．
- 還元的アミノ化では，遊離の NH_4^+ あるいはグルタミンやアスパラギンのアミドがもつ窒素が 2-オキソ酸に取り込まれることによってアミノ酸が合成される．
- アンモニウムイオンもまた，グルタミンをつくるためにグルタミン酸をアミノ化することにより，細胞内の代謝物に取り込まれる．

グルタミン酸ファミリー　グルタミン酸ファミリーには，グルタミン酸に加え，グルタミン，プロリン，アルギニンが含まれる．前述のように，2-オキソグルタル酸はグルタミン酸に転換

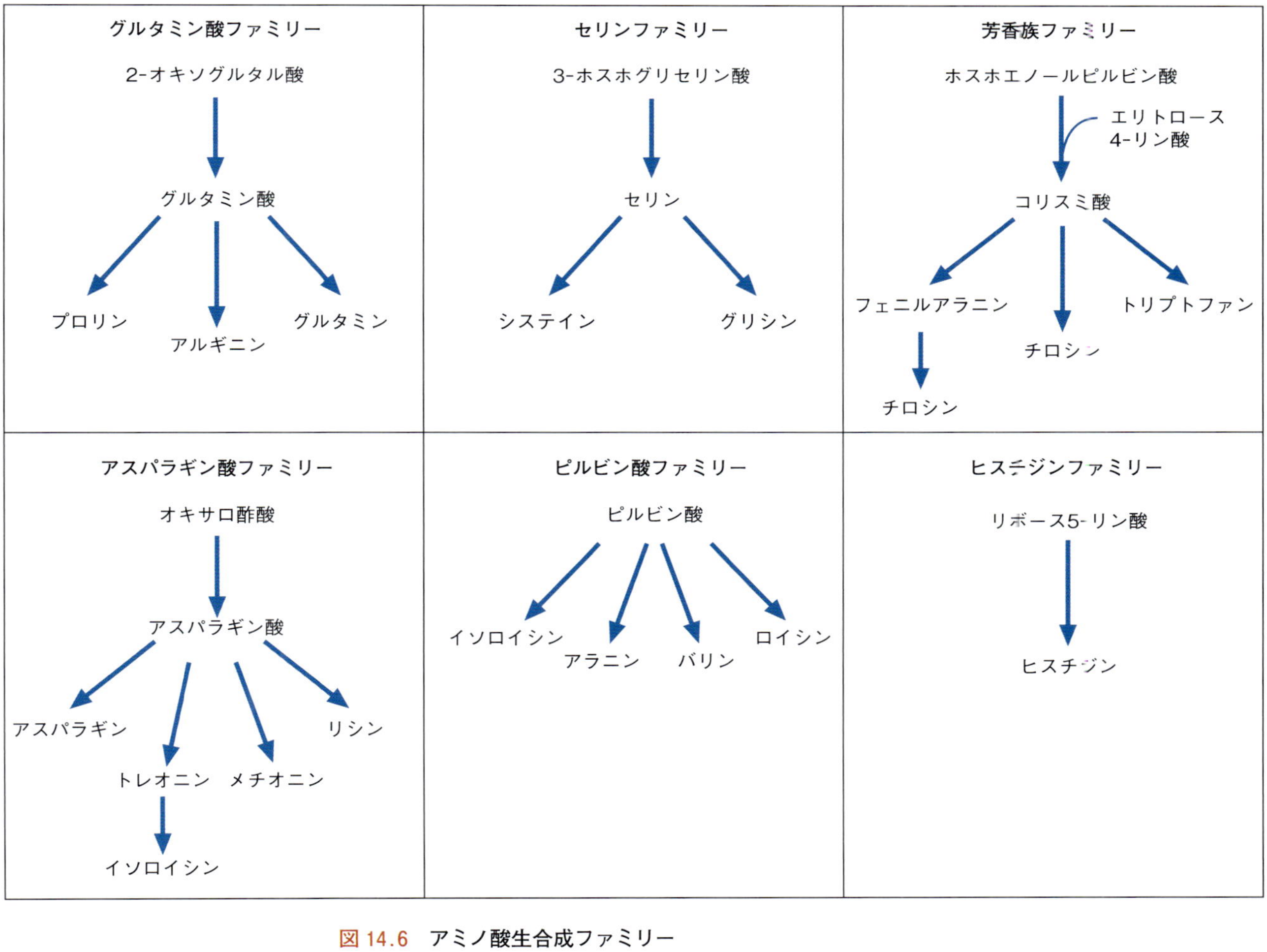

図 14.6　アミノ酸生合成ファミリー
それぞれのアミノ酸ファミリーは，共通する前駆体分子からつくられる．

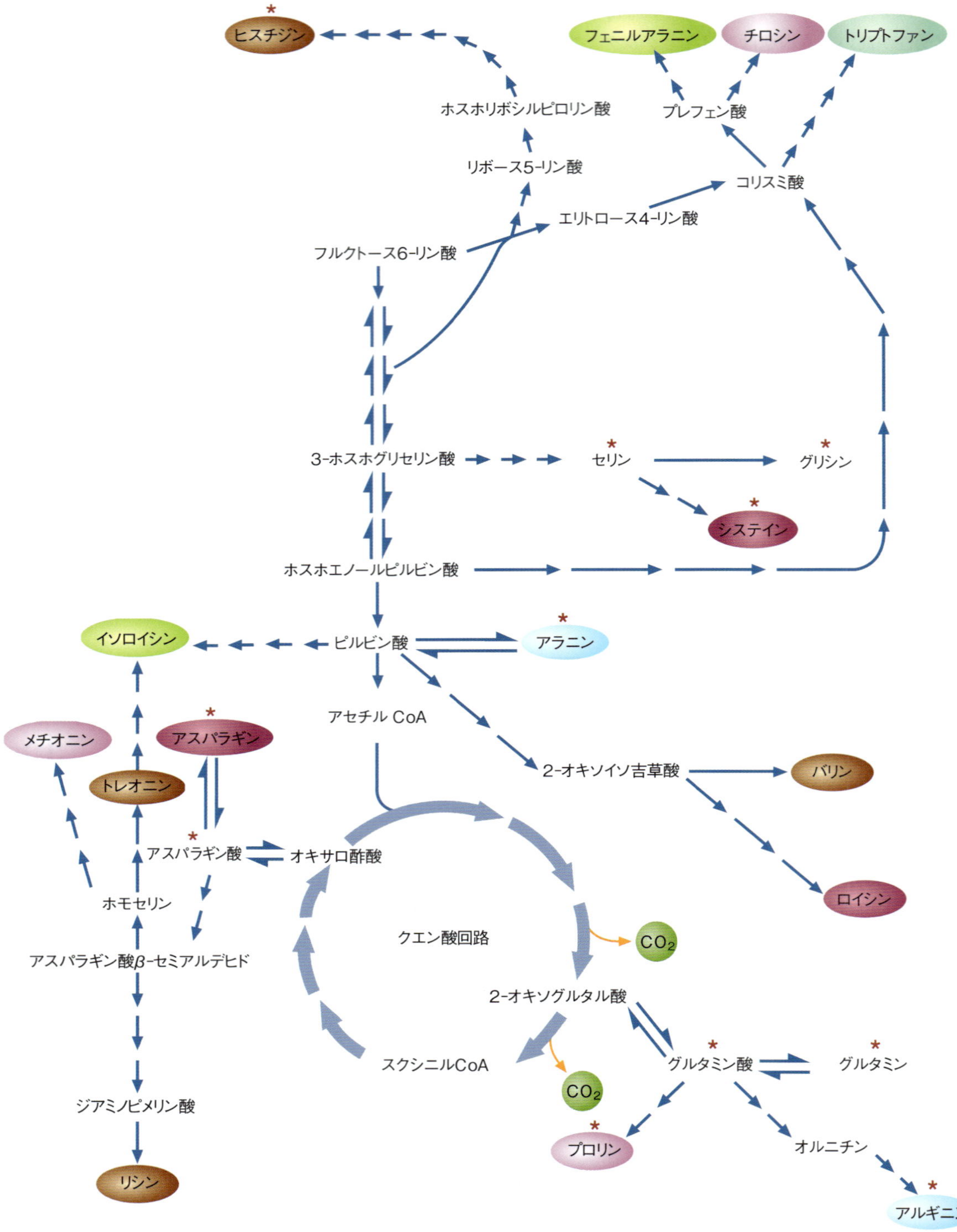

図 14.7　アミノ酸の生合成
各アミノ酸の合成に必要な炭素骨格前駆体分子は，中心的な代謝経路の中間体から供給される．各経路の反応数を矢印の数で示した．哺乳動物の非必須アミノ酸は★で示してある（哺乳動物ではチロシンはフェニルアラニンから合成される）．

されるが，これは還元的アミノ化および多くのアミノ酸が関与するアミノ基転移によるものである．グルタミン酸合成に関与するこれらの反応がどのように相対的に分布するのかについては，細胞の種類と代謝環境によって異なる．しかし真核細胞では，ほとんどのグルタミン酸分子の合成には，アミノ基転移が主要な役割を果たしているようである．

グルタミン酸からグルタミンへの転換はグルタミンシンテターゼが触媒し，肝臓，脳，腎臓，筋肉，小腸で起こっている．グルタミン合成において，BCAA（分枝鎖アミノ酸）がアミノ基の重要な供給源である．前述のように，肝臓を通過した血液はBCAAを豊富に含む．タンパク質合成に必要な量よりも多くのBCAAが末梢組織に取り込まれる．BCAAのアミノ基はおもに非必須アミノ酸の合成に用いられる．タンパク質合成の役割に加え，グルタミンは多くの生合成反応（たとえばプリン，ピリミジン，アミノ糖の生合成）でアミノ基の供与体となり，前述のようにNH_4^+の安全な貯蔵形態でもあり，輸送形態でもある．したがって，グルタミンは生物にとって主要な代謝産物である．グルタミンの他の機能はさまざまであり，その細胞の種類によって異なる．たとえば腎臓と小腸においては，グルタミンはエネルギーの主要な供給源で

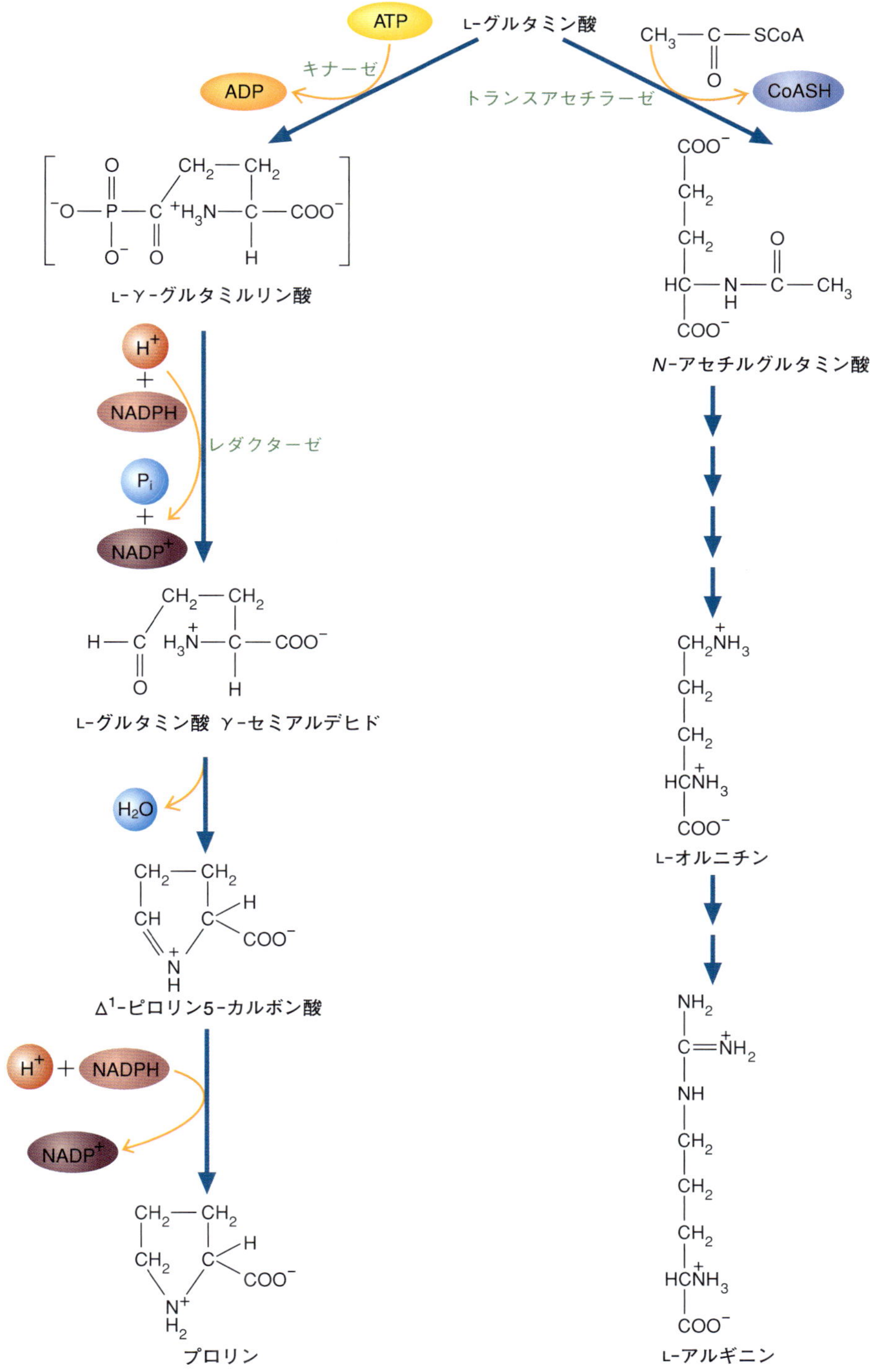

図 14.8 グルタミン酸からのプロリンとアルギニンの生合成
プロリンはグルタミン酸から4段階の反応によって合成される．3番目のステップは自己環化反応である．アルギニン合成においては，グルタミン酸のアセチル化によって環化反応が阻害される．哺乳動物では，オルニチンからアルギニンへの転換反応は尿素回路の一部である．

ある．小腸においては，グルタミン炭素の約 55% が CO_2 へ酸化される．

プロリンはグルタミン酸の環状誘導体である．図 14.8 に示すように，γ-グルタミルリン酸中間体はグルタミン酸 γ-セミアルデヒドに還元される．グルタミンのリン酸化を触媒する酵素（γ-グルタミルキナーゼ）は，プロリンによる負のフィードバック阻害によって制御されている．グルタミン酸 γ-セミアルデヒドは自己環化して Δ^1-ピロリン-5-カルボン酸になる．そして Δ^1-ピロリン-5-カルボン酸レダクターゼは，Δ^1-ピロリン-5-カルボン酸を還元してプロリンを生成する反応を触媒する．ペントースリン酸経路由来の還元当量をミトコンドリアへ輸送するためのシャトル機構として，Δ^1-ピロリン-5-カルボン酸とプロリンの相互転換が働いているかもしれない．多くの種類の細胞でプロリンの代謝回転数が高いことは，この過程によってある程度説明できるかもしれない．プロリンは尿素回路の中間体であるオルニチンからも合成される．オルニチンからグルタミン酸 γ-セミアルデヒドへの転換を触媒する酵素であるオルニチンアミノトランスフェラーゼは，プロリンをコラーゲンへ取り込むことの要求が高い繊維芽細胞中に比較的高い濃度で存在する．

アルギニンの合成はグルタミン酸の α-アミノ基がアセチル化されることによって始まる．*N*-アセチルグルタミン酸は，リン酸化，還元，アミノ基転移，脱アセチル化（アセチル基の脱離）といった一連の反応によってオルニチンに転換される．オルニチンがアルギニンに転換されるその後の反応は，尿素回路（p. 489）の一部である．幼児では尿素回路が十分に機能しないため，アルギニンは必須アミノ酸である．

セリンファミリー　セリンファミリーに属するセリン，グリシン，システインの炭素骨格は，解糖系の中間体である 3-ホスホグリセリン酸に由来する．このグループのアミノ酸は数多くの同化経路で重要な役割を果たしている．セリンはエタノールアミンとスフィンゴシンの前駆体である．グリシンは，プリン合成経路，ポルフィリン合成経路，グルタチオン合成経路で用いられる．セリンとグリシンは C_1 代謝（p. 459）と総称される一連の生合成経路に寄与している．システインは硫黄代謝で重要な役割を果たす（p. 498）．

セリンは，脱水素，アミノ基転移，ホスファターゼによる加水分解などの反応によって 3-ホスホグリセリン酸から直接合成される（図 14.9）．ホスホグリセリン酸デヒドロゲナーゼおよびホスホセリンホスファターゼは，フィードバック阻害を通じて細胞内セリン濃度によって制御されている．後者の酵素は経路の不可逆な段階だけを触媒する．

セリンからグリシンへの転換は，ピリドキサールリン酸を必要とする酵素であるセリンヒドロキシメチルトランスフェラーゼによって触媒される単一の複合反応からなっている．アルドール開裂反応の間に，セリンはピリドキサールリン酸に結合する．この反応によってグリシンと化学的に反応性のあるホルムアルデヒドが生成し，後者はテトラヒドロ葉酸（THF, p. 460）へ運ばれて N^5,N^{10}-メチレンテトラヒドロ葉酸を生成する．セリンはグリシンの主要な供給源である．コリンが過剰にあるときには，少量のグリシンがコリンからもつくられる．コリンからのグリシン合成は 2 回の脱水素化と一連の脱メチル化からなっている．

システイン合成は，硫黄代謝の重要な構成要素である（p. 498）．システインの炭素骨格はセリンに由来する（図 14.10）．動物では，脱メチル化誘導体であるホモシステインによってメチオニンから SH 基が転移される．セリンからシステインへの転換に関与する酵素〔シスタチオニン β-シンターゼ（CBS），γ- シスタチオナーゼ（CGL）〕はどちらもピリドキサールリン酸を必要とする．

アスパラギン酸ファミリー　アスパラギン酸ファミリーに属するアミノ酸の一つであるアスパラギン酸は，アミノ基転移反応によってオキサロ酢酸からつくられる．

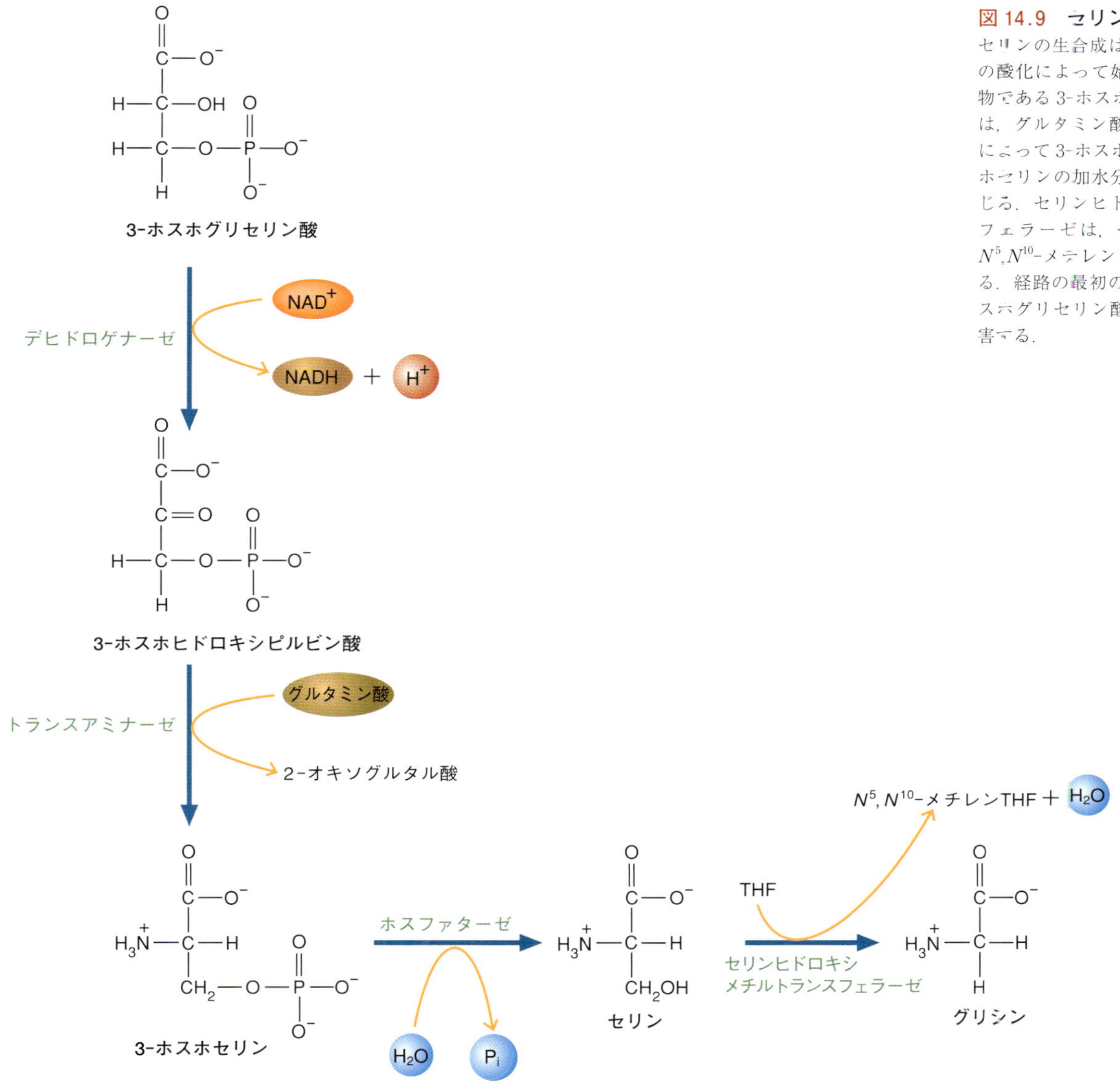

図 14.9　セリンとグリシンの生合成
セリンの生合成は3-ホスホグリセリン酸の酸化によって始まる．カルボニル化合物である3-ホスホヒドロキシピルビン酸は，グルタミン酸とのアミノ基転移反応によって3-ホスホセリンになる．3-ホスホセリンの加水分解によってセリンが生じる．セリンヒドロキシメチルトランスフェラーゼは，セリンからグリシンと N^5,N^{10}-メチレン THF への変換を触媒する．経路の最初の反応で，セリンは3-ホスホグリセリン酸デヒドロゲナーゼを阻害する．

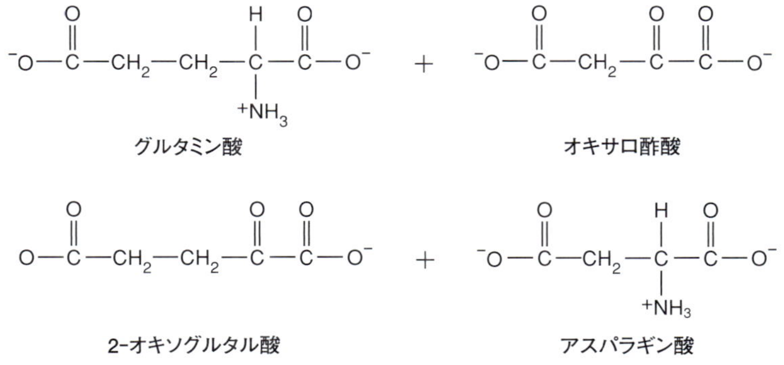

(4)

最も活性の高いトランスアミナーゼであるアスパラギン酸トランスアミナーゼ〔AST．グルタミン酸オキサロ酢酸トランスアミナーゼ(GOT)としても知られる〕は，ほとんどの細胞に存在する．AST アイソザイムはミトコンドリアと細胞質のどちらにも存在し，それが触媒する反応は可逆的である．したがって，この酵素活性は細胞内の炭素と窒素の流れに大きく影響する．たとえば，過剰のグルタミン酸は AST によってアスパラギン酸に転換される．アスパラギン酸は，窒素(尿素合成)およびクエン酸回路の中間体であるオキサロ酢酸の供給源として用いら

図 14.10　システインの生合成
動物では，シスタチオニン β-シンターゼ（CBS）が触媒する反応によって，セリンはホモシステイン（メチオニンからつくられる）と縮合してシスタチオニンになる．γ-シスタチオナーゼ（CSE）はシスタチオニンを開裂する反応を触媒し，システイン，2-オキソ酪酸，NH_4^+ を生成させる．

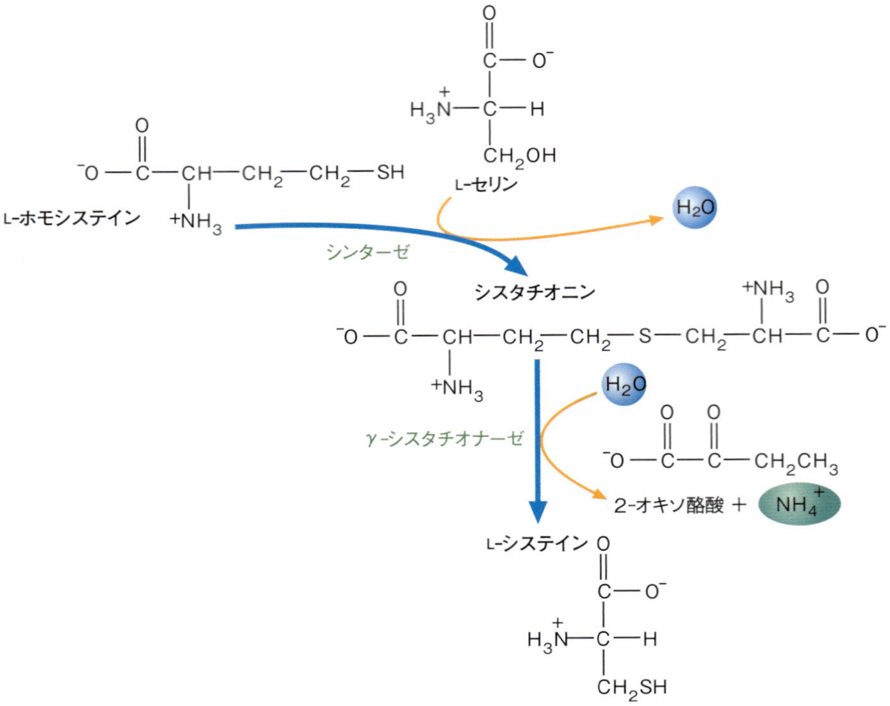

れる．アスパラギン酸はヌクレオチド合成の重要な前駆体でもある．

アスパラギン，リシン，メチオニン，トレオニンもアスパラギン酸ファミリーに属している．トレオニンはイソロイシンが合成される反応経路に寄与する．

アスパラギン酸のアミドであるアスパラギンは，アスパラギン酸と NH_4^+ から直接合成されるわけではない．その代わり，アスパラギンシンターゼが触媒する ATP 要求性反応の間に，アミド基の転移によってグルタミンのアミド基が転移される．

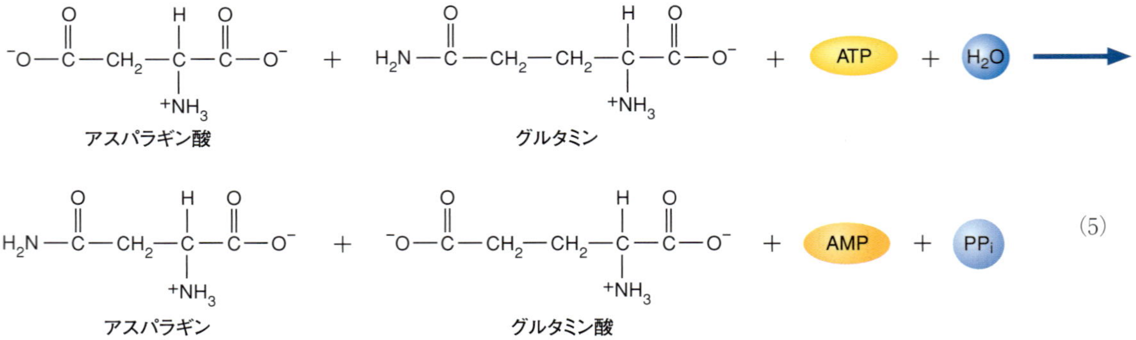

(5)

ピルビン酸ファミリー　ピルビン酸ファミリーは，アラニン，バリン，ロイシン，イソロイシンによって構成されている．アラニンはピルビン酸から 1 段階で合成される．

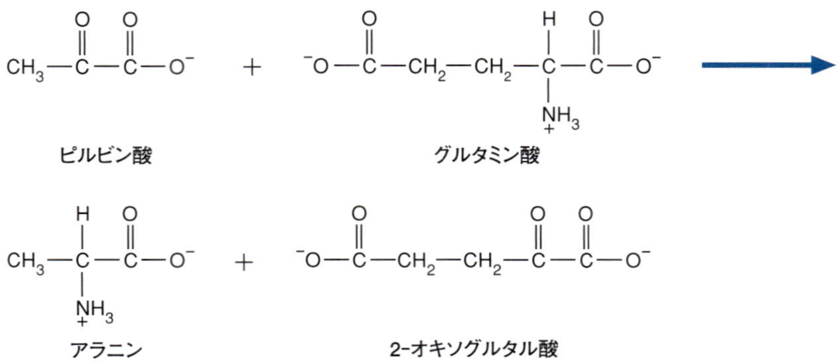

(6)

この反応を触媒する酵素であるアラニンアミノトランスフェラーゼには細胞質型とミトコンドリア型があるが，活性の大部分は細胞質に見られる．アラニン回路（8章）が血糖の維持に寄与することは前に述べた．BCAAはアラニン回路のグルタミン酸から転移される多くのアミノ基の最終的な供給源である．

芳香族ファミリー　芳香族ファミリーのアミノ酸は，フェニルアラニン，チロシン，トリプトファンである．哺乳動物では，これらのうちでチロシンだけが非必須であると考えられている．ドーパミン，エピネフリン，ノルエピネフリンの合成には，フェニルアラニンかチロシンのどちらかが必要である．これらはカテコールアミン（catecholamine）と呼ばれる生物学的に重要な分子の一群である（p. 467～470）．トリプトファンは，NAD^+，$NADP^+$，神経伝達物質セロトニンの前駆体である．

芳香族アミノ酸のベンゼン環はシキミ酸経路によってつくられる（図14.11）．ベンゼン環の炭素はエリトロース4-リン酸とホスホエノールピルビン酸に由来する．この二つの分子が縮合し，続いてコリスミ酸に転換される．コリスミ酸はさまざまな芳香族化合物合成の分岐点となる．たとえばテルペノイド類の芳香環（トコフェノール，ユビキノン，プラストキノンなど）はコリスミ酸に由来する．

チロシンはフェニルアラニンからヒドロキシ化反応によって合成されるので，動物においては必須アミノ酸ではない．この反応に関与する酵素フェニルアラニン-4-モノオキシゲナーゼはテトラヒドロビオプテリン（BH_4，p. 467および497）を必要とする．テトラヒドロビオプテリンとは，GTPに由来する葉酸様分子の補酵素である．この反応もフェニルアラニン異化作用の最初の段階であるので，15章で詳細に述べる．

ヒスチジン　ヒスチジンは健康な成人では非必須であると考えられているが，幼児と多くの動物では食事（食餌）から摂取しなければならない．独特な化学的性質をもつため，ヒスチジンはタンパク質の構造と機能にかなり関与している．たとえば，ヒスチジン残基がヘモグロビンのヘム補欠分子族に結合することは前に述べた．加えて，酵素が触媒する反応では，ヒスチジンが一般酸として働くことがよくある．

全アミノ酸のなかで，ヒスチジンの生合成は最も珍しいものである．ヒスチジンは，ホスホリボシルピロリン酸（PRPP），ATP，グルタミンから合成される（図14.12）．PRPPとATPが縮合してホスホリボシルATPがつくられることによって合成が始まる．ホスホリボシルATPはホスホリボシルAMPに加水分解される．次の段階では，加水分解反応によってアデニン環が開裂する．異性化，グルタミンからのアミノ基転移の後に，イミダゾールグリセロールリン酸が合成される（後者の反応のもう一つの生成物である5′-ホスホリボシル-4-カルボキサミド-5-アミノイミダゾールはプリンヌクレオチドの合成に使われる．14.3節参照）．脱水，アミノ基転移，加リン酸分解，酸化といった一連の反応によって，ヒスチジンはイミダゾールグリセロールリン酸からつくられる．

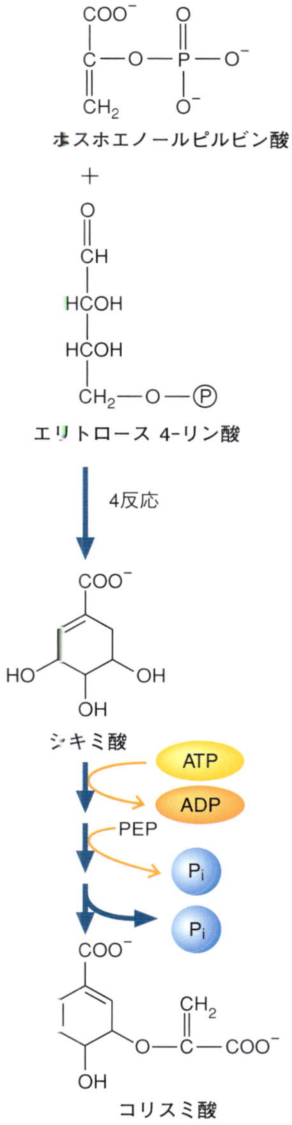

図14.11　コリスミ酸の生合成
コリスミ酸はシキミ酸経路の中間体である．コリスミ酸の合成には，中間体の閉環（図には示されていない）と，その後の二つの二重結合の形成が関与する．コリスミ酸の側鎖はホスホエノールピルビン酸（PEP）に由来する．

キーコンセプト
- アミノ酸には，グルタミン，セリン，アスパラギン酸，ピルビン酸，芳香族，ヒスチジンの六つのファミリーがある．
- 非必須アミノ酸は，多くの組織で使われている前駆体分子からつくられる．
- 必須アミノ酸は，植物とある種の微生物だけがつくる代謝物から合成される．

14.3 アミノ酸由来生理活性物質の生合成反応

アミノ酸はポリペプチドの構成成分であるが，上述した通り生理的に重要な多くの窒素含有化合物の前駆体でもある．この節では，これらの分子（たとえば，神経伝達物質，グルタチオン，ヌクレオチド）の生合成経路について考察する．多くの生合成過程には炭素基の転移反応が関与するので，まずC_1代謝についての簡単な解説から始めることにする．

C_1 代謝

C_1代謝（one-carbon metabolism）は，ある化合物から他の化合物へ炭素原子を一つだけ受け渡す一連の反応である．炭素原子は数種の酸化状態をもっている．それらのうちで生物学的に重要なものは，メタノール（+1価），ホルムアルデヒド（+2価），およびギ酸（+3価）である．

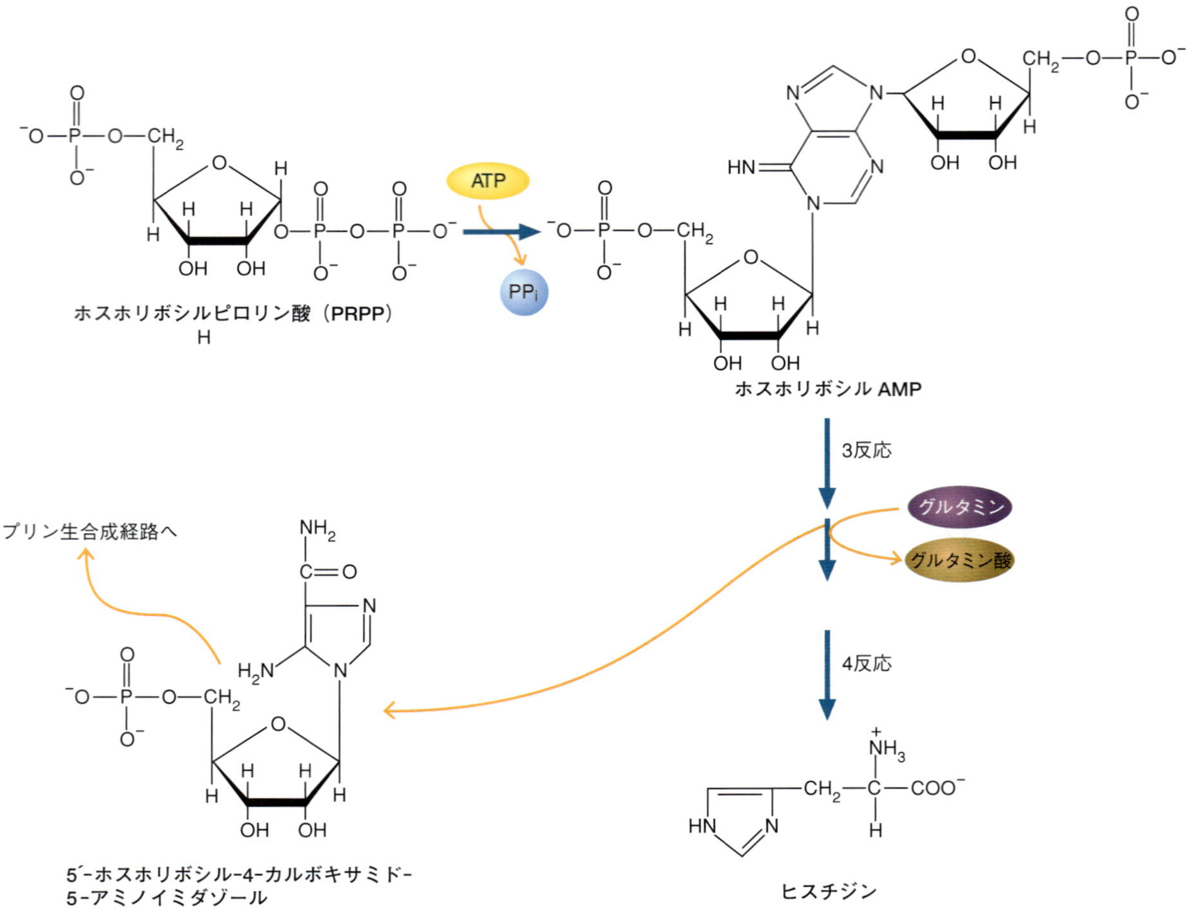

図 14.12　ヒスチジンの生合成
ヒスチジンは，ホスホリボシルピロリン酸（PRPP，C_5），ATP のアデニン環（N_1 と C_1），グルタミン（C_1）の三つの生体分子に由来する．5′-ホスホリボシル-4-カルボキシサミド-5-アミノイミダゾール（後の反応で放出される）がプリンヌクレオチド生合成経路に流用されると，経路の最初の反応で使われる ATP が再生される．

表 14.2 に，実際に合成反応に関与する C_1 基をまとめた．生合成経路における C_1 基で最も重要な担体は，葉酸と *S*-アデノシルメチオニンである．それぞれの代謝について簡単に述べる（ビオチンの CO_2 基の担体としての機能は 8.2 節で考察した）．

表 14.2　C_1 基

酸化状態	メタノール（最も還元された状態）	ホルムアルデヒド	ギ酸（最も酸化された状態）
C_1 基	メチル（$-CH_3$）	メチレン（$-CH_2-$）	ホルミル（$-CHO$） メテニル（$-CH=$）

葉酸　葉酸（フォレートあるいはホラシンとも呼ばれる）は B 群ビタミンの一つであり，豆，エンドウ，ブロッコリー，ビート，ホウレンソウ，ヒマワリの種に見られる．その構造は，プテリジン環と *p*-アミノ安息香酸が結合したプテロイン酸に，一つあるいは数個のグルタミン酸残基が結合した形となっている（図 14.13）．体内に吸収されると，葉酸はジヒドロ葉酸レダクターゼによって生物学的に活性型である**テトラヒドロ葉酸**（tetrahydrofolate，THF）に変換される．THF によって転移される C_1 単位（たとえば，メチル基，メチレン基，メテニル基，ホルミル基）は，プテリジン環の N-5 位と *p*-アミノ安息香酸の N-10 位あるいはそのどちらかに

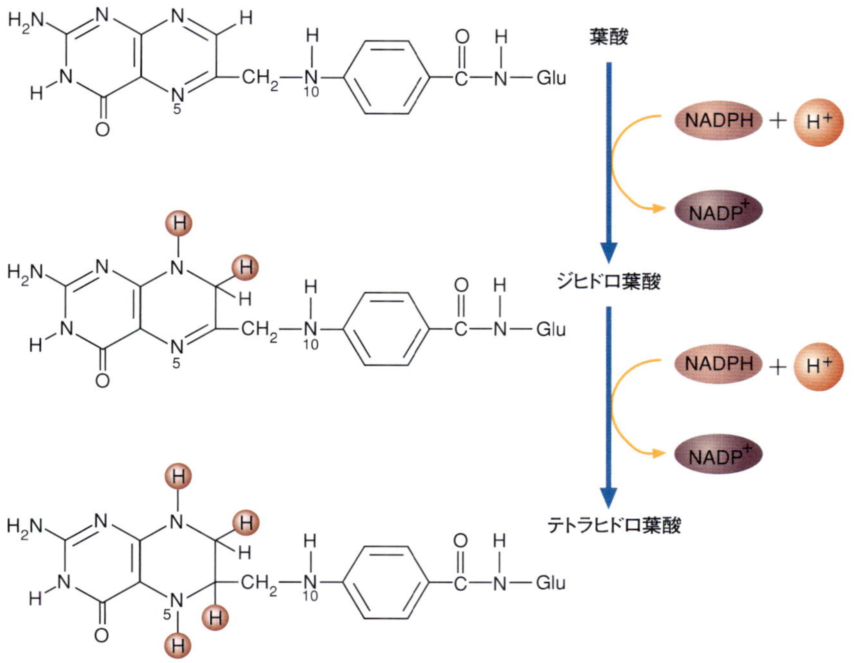

図 14.13 テトラヒドロ葉酸(THF)の生合成
ビタミンの葉酸は，プテリジン環の連続する二つの反応により，生物学的に活性のある型に転換される．両反応ともに，ジヒドロ葉酸レダクターゼによって触媒される．

結合している．図 14.14 は，THF によって転移される C_1 単位の分子間転換，およびその C_1 単位の起源と代謝経路を示している．多くの C_1 単位が，セリンからグリシンに変換される過程およびグリシンの開裂(グリシンシンターゼによって触媒される)の間につくられる N^5,N^{10}-メチレン THF として，THF プールに流入してくる．

ビタミン B_{12} の補酵素型であるメチルコバラミンは，N^5-メチル THF 依存性メチオニンシンターゼによって触媒されるホモシステインからメチオニンへの変換に必要である(図 14.14)．**ビタミン B_{12}**(vitamin B_{12}，コバラミン)はコバルトを含む複雑な化合物であり，微生物しか合成できない(図 14.15)(コバラミンの生成過程で，シアニド基がコバルトに結合する)．ビタミン B_{12} にはもう一つの補酵素型がある．それは 5′-デオキシアデノシルコバラミンであり，メチルマロニル CoA からスクシニル CoA への異性化反応を触媒するメチルマロニル CoA ムターゼの補酵素である(図 12.12 と図 15.11 を参照)．動物は，動物性食品(肝臓，卵，エビ，鶏肉，ブタ肉)からビタミン B_{12} を摂取している．

悪性貧血

ビタミン B_{12} が欠乏すると，赤血球数が減少し，悪性貧血を引き起こす．臨床的症状としては，倦怠感やさまざまな神経障害が現れる．悪性貧血は，多くの場合，胃壁細胞から分泌される糖タンパク質である内因子の分泌量低下によって引き起こされる．内因子はビタミン B_{12} が腸で吸収されるときに必要な因子である．ビタミン B_{12} の吸収は，いくつかの胃腸障害，たとえばセリアック病や熱帯性スプルー(両方とも腸の内層を傷害する)などによって阻害される．ビタミン B_{12} 吸収の減少は，抗生物質療法により腸内微生物が異常増殖する際にも観察される．

S-アデノシルメチオニン *S*-アデノシルメチオニン(*S*-adenosylmethionine，SAM)は，C_1 代謝における主要なメチル基供与体である．メチオニンと ATP からつくられた SAM(図 14.16)は，〝活性な〟メチルチオエーテル基をもっており，種々のメチル基受容体にそのメチル基を渡す(表 14.3)．*S*-アデノシルホモシステイン(SAH)は，これらの反応生成物である．SAH の産生に伴う自由エネルギーの損失は，このメチル基転移反応を不可逆にする．SAM は，少なくとも 115 種類のメチル基転移反応のメチル基供与体として使われており，それらのいくつかは，リン脂質の合成，数種の神経伝達物質の合成，およびグルタチオンの合成にかかわっている．とくに，DNA のメチル化は遺伝子発現において重要な役割を果たしている．SAM は，アミノプロピル基を供与することでポリアミン(p. 552)の合成にもかかわっている．ポリアミンはポリカチオン分子であるので，DNA と結合することができ，染色体の折りたた

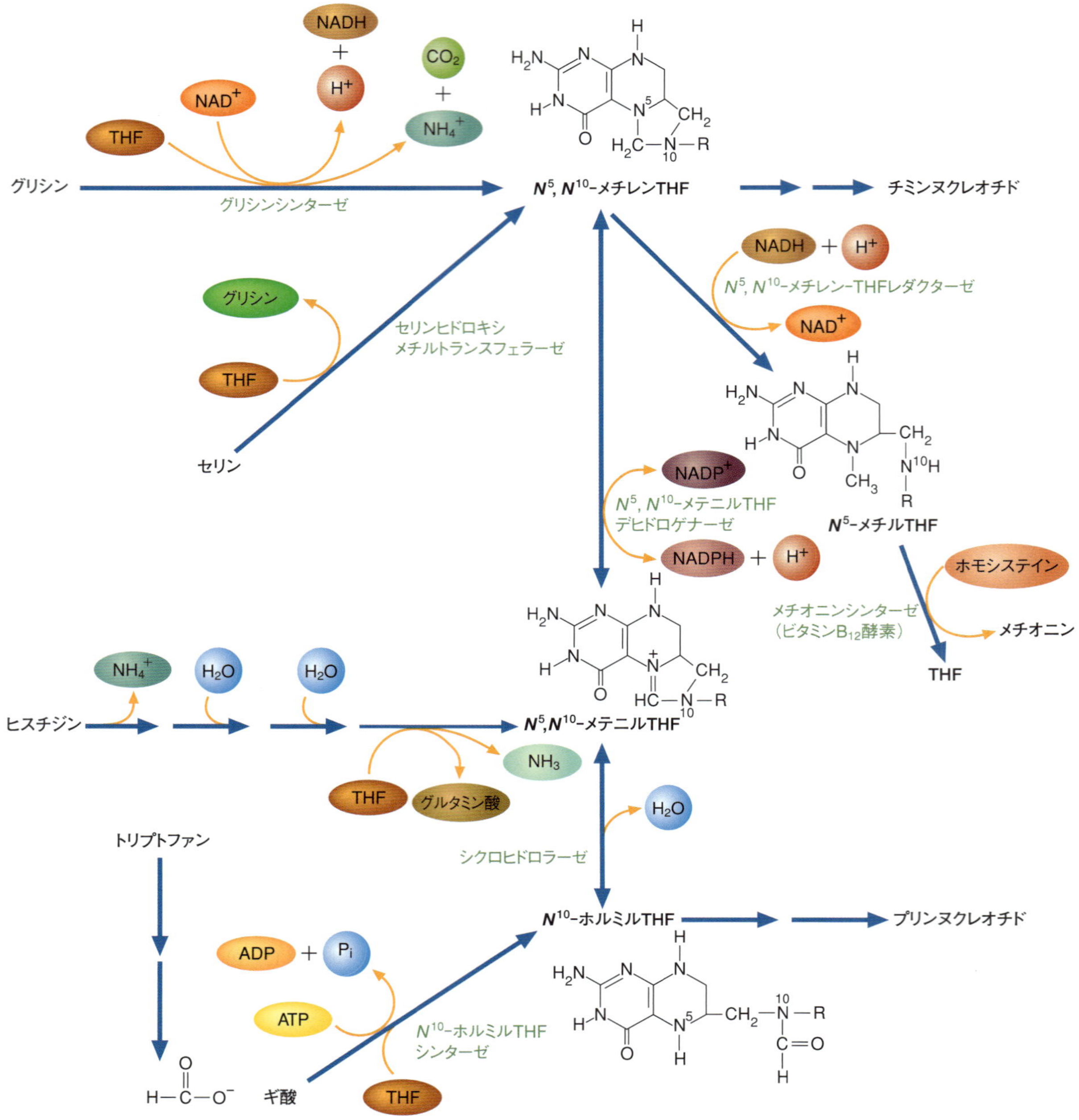

図 14.14　THF 補酵素の構造と酵素による変換
THF 補酵素は C_1 代謝において不可欠な役割を担っている．補酵素の相互変換は，N^5,N^{10}-メチレン THF から N^5-メチル THF への変換を除けば，すべて可逆反応である．

キーコンセプト

葉酸の生物学的な活性型であるテトラヒドロ葉酸と *S*-アデノシルメチオニンは，多くの合成反応における C_1 分子の重要な担体である．

みにも関係している．

代謝における SAM の重要性は，食事からの摂取量が一時的に少ない場合，その前駆体のメチオニンを十分量合成するために供給する機構に反映されている．たとえば，コリンがメチル基の供給源として使われ，ホモシステインをメチオニンに変換する．ホモシステインは，N^5-メチル THF を使う反応によってもメチル化される．この反応は THF 代謝系と SAM 代謝系の間の橋渡しをしている(図 14.17)．

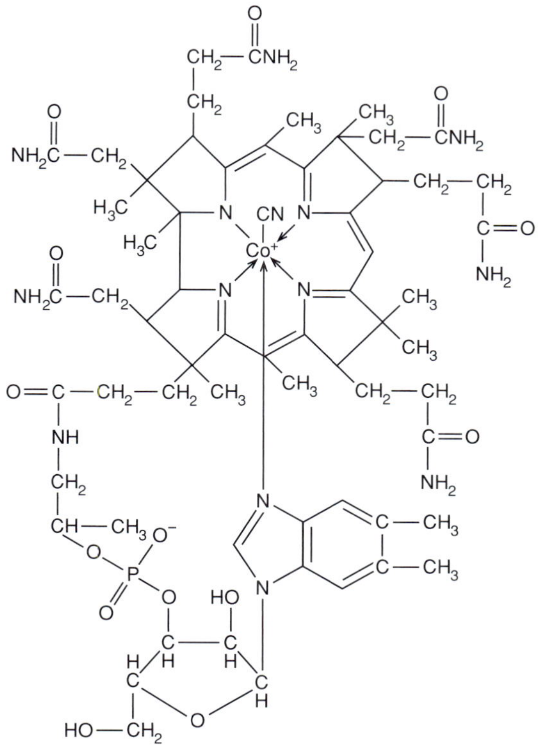

図 14.15 ビタミン B_{12} の誘導体であるシアノコバラミンの構造

＊訳者注：CN の部分に CH_3 が置換した化合物がメチルコバラミン，アデノシンが置換した化合物がアデノシルコバラミンである．メチルコバラミンはメチオニン合成酵素の補酵素，アデノシルコバラミンはメチルマロニル CoA ムターゼの補酵素である．

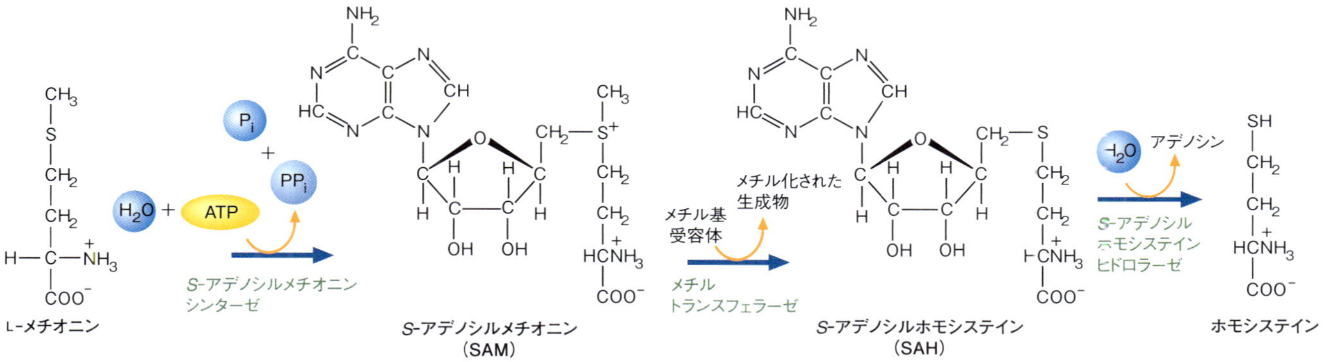

図 14.16 *S*-アデノシルメチオニン(SAM)の生成

SAM の主要な働きの一つはメチル化剤としての作用である．この反応において SAM の生成物である SAH は，加水分解されてホモシステインになる．

表 14.3 メチル基転移反応の受容体と生成物

メチル基受容体	メチル化された生成物
ホスファチジルエタノールアミン	ホスファチジルコリン(p. 341)
ノルエピネフリン	エピネフリン(p. 273)
グアニジノ酢酸	クレアチン(p. 464)
γ-アミノ酪酸	カルニチン(p. 374)

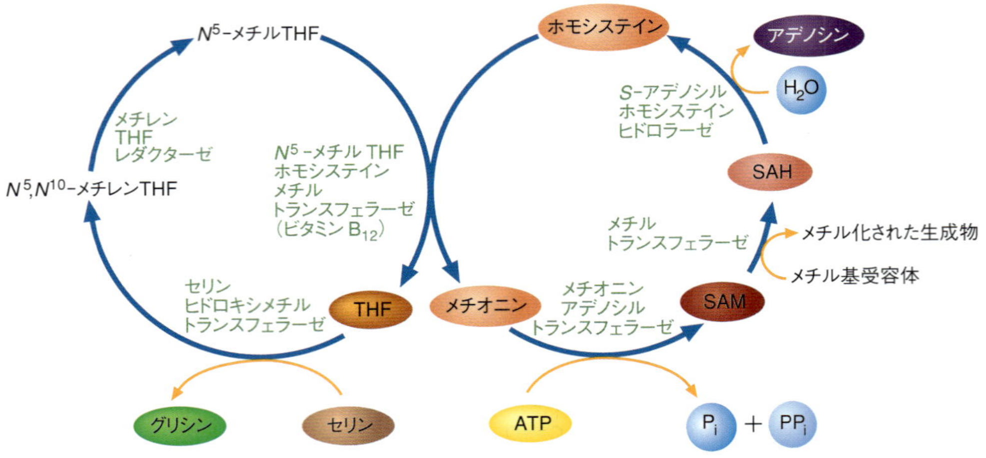

図 14.17　テトラヒドロ葉酸(THF)と S-アデノシルメチオニン(SAM)経路
THF 経路と SAM 経路は，N^5-メチル THF ホモシステインメチルトランスフェラーゼ(メチオニンシンターゼともいう)によって触媒されるホモシステインがメチオニンに変換される反応で交差している．

アメトプテリンと病気

問題 14.3

メトトレキサートとも呼ばれているアメトプテリンは，葉酸類似化合物である．メトトレキサートは，ある種のがんおよび自己免疫疾患の治療薬として使用されている．とくに小児性白血病に有効である．メトトレキサートにより治療される自己免疫疾患には，慢性関節リウマチ，クローン病，乾癬(皮膚細胞の過剰産生と炎症)がある．

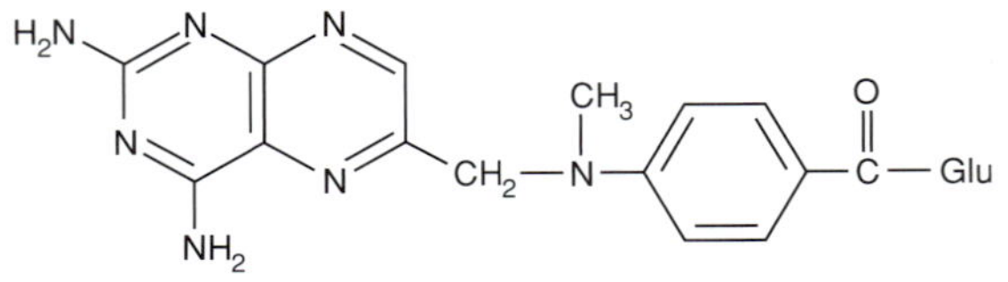

アメトプテリン(メトトレキサート)

あなたの細胞生物学と生化学の知識により，なぜアメトプテリンはがんに対して効果をもつのか，生化学的な機構を説明せよ(ヒント：葉酸とメトトレキサートの構造を比較すること．図 14.13 を参照)．

サーカディアンリズム

問題 14.4

メラトニンはセロトニンからつくられるホルモンであり，脳内の光感受性の松果体で産生される．松果体からのメラトニンの分泌は，目の網膜に起源をもつ神経インパルスや，光に応答する体内の光感受性組織からの神経インパルスによって低下する．松果体の機能はサーカディアンリズムと関係しており，そのリズムは光と暗黒，たとえば睡眠と覚醒のサイクルに関係している．メラトニンは強力な抗酸化剤でもあり，とくに中枢神経系で働く．セロトニン(5-ヒドロキシトリプタミン)は，松果体で産生された後，*N*-アセチルトランスフェラーゼによって 5-ヒドロキシ-*N*-アセチルトリプタミンに転換される．次に 5-ヒドロキシ-*N*-アセチルトリプタミンは，*O*-メチルトランスフェラーゼによってメチル化される．SAM がそのメチル化剤である．この情報に基づいて，メラトニンの合成経路を図示せよ．

問題 14.5

クレアチンは，主として筋肉と脳に見いだされる窒素含有有機酸である．両組織ともに大量のエネルギーを消費し，しかも要求するエネルギー量が変動する．クレアチンと ATP の反応産物であるホスホクレアチンは高エネルギーリン酸化合物であり，短期間のエネルギー供給物質として機能する(表 4.1 参照)．エネルギー要求量が高く，利用できる ATP 分子が加水分解されているとき，ホスホクレアチンは ADP にリン酸基を与えて，ATP を産生する．

多くのクレアチン分子は，体内では2反応で合成される．第一段階は，アルギニンとグリシンが腎臓において，L-アルギニン：グリシンアミドトランスフェラーゼ（AGAT）によってグアジニノ酢酸とオルニチン（p. 456）に転換される．

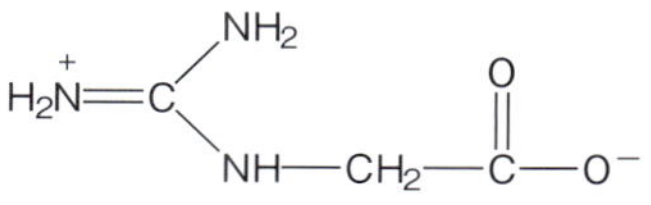

グアニジノ酢酸

そして，肝臓でグアニジノ酢酸は，*S*-アデノシル-L-メチオニン：*N*-グアニジノ酢酸メチルトランスフェラーゼ（GAMT）の触媒作用によって，SAMと反応してクレアチンとSAHを生成する．与えられた情報をもとにして，クレアチン生合成経路を記せ．

グルタチオン

グルタチオン（γ-グルタミルシステイニルグリシン，**表5.3**参照）は主要な細胞内還元物質であり，哺乳動物の細胞内濃度は約5 mMである．グルタチオン（GSH）はいくつかの重要な機能にかかわっている．第一にGSHの重要な機能は，スーパーオキシド（$O_2^{\cdot-}$），ヒドロキシラジカル（·OH）およびペルオキシ亜硝酸アニオン（$ONOO^-$）を消去できる主要な内因性抗酸化物質であることである．GSHの分子内のシステイン残基のSH基は，不安定な基やラジカルに還元等量（H^+ と e^-）を供給できる強力な抗酸化物質である．GSHはいくつかの抗酸化酵素の補因子でもある．GSHを還元剤として利用する酵素には，グルタチオンペルオキシダーゼ（p. 323）とデヒドロアスコルビン酸レダクターゼがある．後者はビタミンCを還元型に保つために必要な酵素である．さらにGSHは，酵素のSH基を維持することにより酸化ストレスから細胞を保護すること，他の化合物を還元状態に維持することにも必要である．GSHの第二の役割は，多様な生化学反応にかかわることである．たとえばDNAの合成と修復，タンパク質の合成，ロイコトリエン（LTC_4，**図11.3c**）の合成にかかわる．第三の役割は生体異物からの防御である．GSHは非酵素的あるいはグルタチオン-*S*-トランスフェラーゼ（**図14.18**）の触媒作用により生体異物と抱合する．尿中に排泄される前に，GSH抱合体は通常，γ-グルタミルトランスペプチダーゼによって始まる一連の反応でメルカプツール酸に変換される．

GSHは二つの反応からなる経路において合成される．最初の反応において，γ-グルタミルシステインシンターゼの触媒作用によって，グルタミン酸とシステインが縮合し，γ-グルタミルシステインが合成される（**図14.19**）．次に，グルタチオンシンターゼが触媒する反応によって，γ-グルタミルシステインとグリシンが結合してGSHが生成する．

ある組織においては，細胞膜を横切るアミノ酸輸送を促進する，もう一つの酵素であるγ-グルタミルトランスペプチダーゼが合成されている．γ-グルタミル回路（**図14.19**）と呼ばれるこの過程において，γ-グルタミルトランスペプチダーゼは細胞外のアミノ酸とGSHとの間の反応を触媒し，細胞内でγ-グルタミルアミノ酸，グリシン，システインを産生する．ついでγ-グルタミルアミノ酸はγ-グルタミルシクロトランスフェラーゼにより加水分解され，5-オキソプロリンと相当するアミノ酸を産生する．5-オキソプロリンは5-オキソプロリナーゼによりグルタミン酸に転換される（**図14.20**）．

GSHの合成は，部分的には細胞内のシステイン濃度に制御される．なぜならホモシステインはシステイン合成の前駆体であり（**図14.10**），GSHの合成はSAM（**図14.16**）と硫黄転移経路の両方と関連している（15章で記述される硫黄転移経路は，硫黄を含む生体分子の細胞内濃度を制御する生化学経路である）．

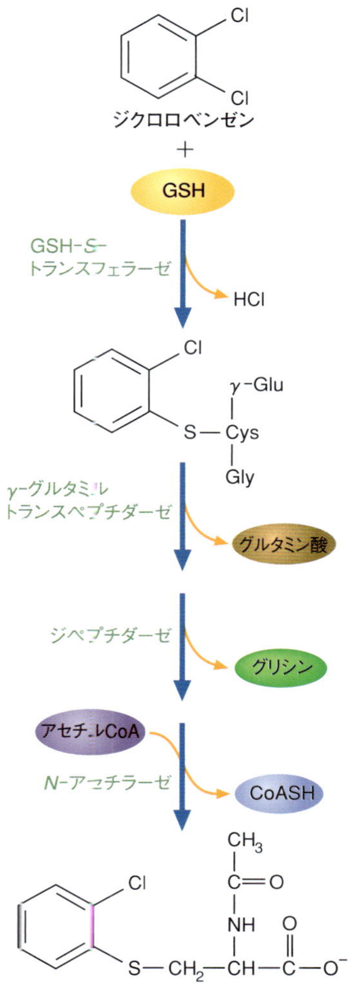

図14.18　典型的な有機汚染物質であるジクロロベンゼンをメルカプツール酸へ誘導する経路
GSH-*S*-トランスフェラーゼはジクロロベンゼンのGSH誘導体の合成を触媒する．

キーコンセプト

- 最もよく見られる細胞内チオールであるグルタチオン（GSH）は，多くの細胞機能に関与している．
- SH基の還元活性に加えて，GSHは毒素から細胞を保護し，また，あるアミノ酸の輸送を促進する．

神経伝達物質

数種類のアミノ酸を含む30以上の化合物が神経伝達物質として機能している．神経から放出されるシグナル分子である**神経伝達物質**（neurotransmitter）は，興奮性か抑制性かのどちら

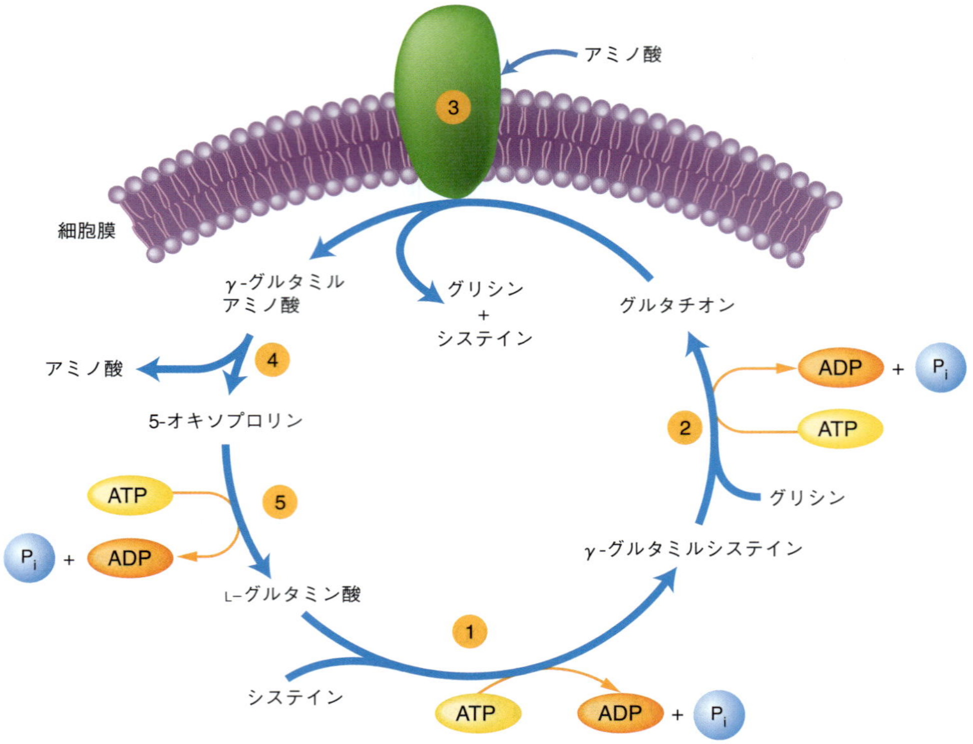

図 14.19　グルタチオンの生合成とγ-グルタミル回路
GSH はグルタミン酸，システインおよびグリシンから二つの ATP を必要とする反応により合成される．γ-グルタミルシステインシンテターゼ（1）はグルタミン酸とシステインから γ-グルタミルシステインをつくる．グルタチオンシンテターゼ（2）は γ-グルタミルシステインとグリシンをペプチド結合させてグルタチオンをつくる．ある組織（たとえば腸細胞，腎細胞）においては，アミノ酸は細胞膜を横切って輸送される．それは，GSH とアミノ酸との反応を触媒し，γ-グルタミルアミノ酸とシステイニルグリシンを産生するもう一つの酵素である γ-グルタミルトランスペプチダーゼ（3）が産生されるからである．システイニルグリシンは引き続き，システインとグリシンに加水分解される．γ-グルタミルアミノ酸は γ-グルタミルシクロトランスフェラーゼ（4）により加水分解され，5-オキソプロリンと相当するアミノ酸を産生する．ATP を必要とする 5-オキソプロリナーゼ（5）により 5-オキソプロリンからグルタミン酸が再生される．

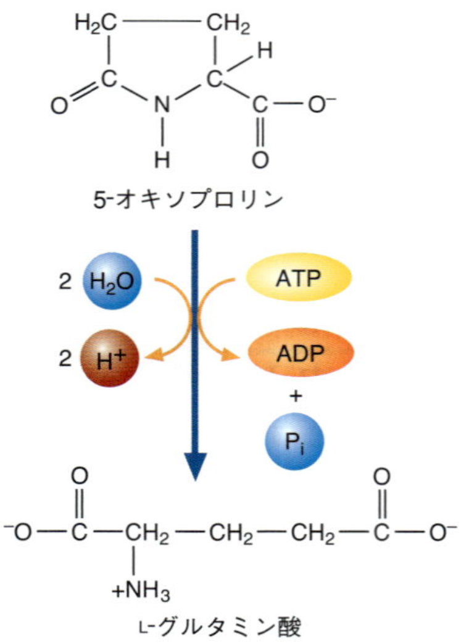

図 14.20　5-オキソプロリンから L-グルタミン酸への転換
ATP 要求性の 5-オキソプロリナーゼにより 5-オキソプロリンが加水分解され，L-グルタミン酸が産生する．

かの作用をもっている．興奮性伝達物質（たとえばグルタミン酸やアセチルコリン）はナトリウムチャネルを開き，他の細胞膜（神経細胞や骨格筋細胞）の脱分極を引き起こす．二次（後シナプス）細胞が神経細胞の場合，脱分極の波（活動電位ともいう）が神経伝達物質を放出させ，軸索の終末に伝える（多くの神経伝達物質はシナプス小胞に蓄積されている）．活動電位が神経細胞の終末に伝達されると，神経伝達物質がエキソサイトーシスによってシナプス中に放出される．後シナプスの細胞が筋肉細胞である場合は，十分量の興奮性神経伝達物質が放出され，筋肉細胞を収縮させる．抑制性の神経伝達物質（たとえばグリシン）は，塩素チャネルを開き，後シナプスの細胞の膜電位をよりマイナスにさせ，活動電位の形成を抑制する．

表 14.4　神経伝達物質のアミノ酸とアミン

アミノ酸	アミン
グリシン	ノルエピネフリン*
グルタミン酸	エピネフリン*
γ-アミノ酪酸（GABA）	ドーパミン*
	セロトニン
	ヒスタミン

*これらの分子はカテコールアミンとも呼ばれる．

神経伝達物質の多くはアミノ酸あるいはその誘導体である（**表 14.4**）．アミノ酸誘導体はしばしば**生体アミン**（biogenic amine）とも呼ばれ，γ-アミノ酪酸（GABA），カテコールアミン，セロトニン，ヒスタミンがある．

カテコールアミン類　カテコールアミン（catecholamine）類（ドーパミン，ノルエピネフリン，エピネフリン）はチロシンからつくられる．ドーパミン（D）とノルエピネフリン（NE）は脳内で興奮性神経伝達物質として使われる．中枢神経以外では，NE とエピネフリン（E）はおもに副腎髄質や末梢神経から放出される．NE と E は代謝を調節する作用をもつので，ホルモンとみなされることもある．

カテコールアミン合成の律速段階である最初の反応は，チロシンのヒドロキシ化であり，3,4-ジヒドロキシフェニルアラニン（L-DOPA）が生成する（**図 14.21**）．この反応は，ミトコンドリアに存在する酵素であり，補欠分子族としてテトラヒドロビオプテリン（BH_4）を必要とするチロシンヒドロキシラーゼによって触媒される．BH_4（**図 15.9**）は葉酸類似体であり，芳香族アミノ酸のヒドロキシ化に必須な補欠分子族である．BH_4 は，酸化された代謝生成物である BH_2 から NADPH による還元作用により再生する．

チロシンヒドロキシラーゼは BH_4 を用いて O_2 を活性化する．一つの酸素原子がチロシンの芳香環に結合する．同時に，もう一つの酸素原子が補酵素を酸化する．その反応産物である L-DOPA は他のカテコールアミンの合成に利用される．

ピリドキサールリン酸依存性酵素の DOPA デカルボキシラーゼは，L-DOPA からドーパミンの合成を触媒する．ドーパミンは，脳内のある種の神経細胞内にも見いだされる．中枢神経系では抑制作用を示すと考えられている．ドーパミン生成の低下は，重篤な神経障害であるパーキンソン病との関係で注目されている．ドーパミンは血液脳関門を通過できないので，前駆

パーキンソン病

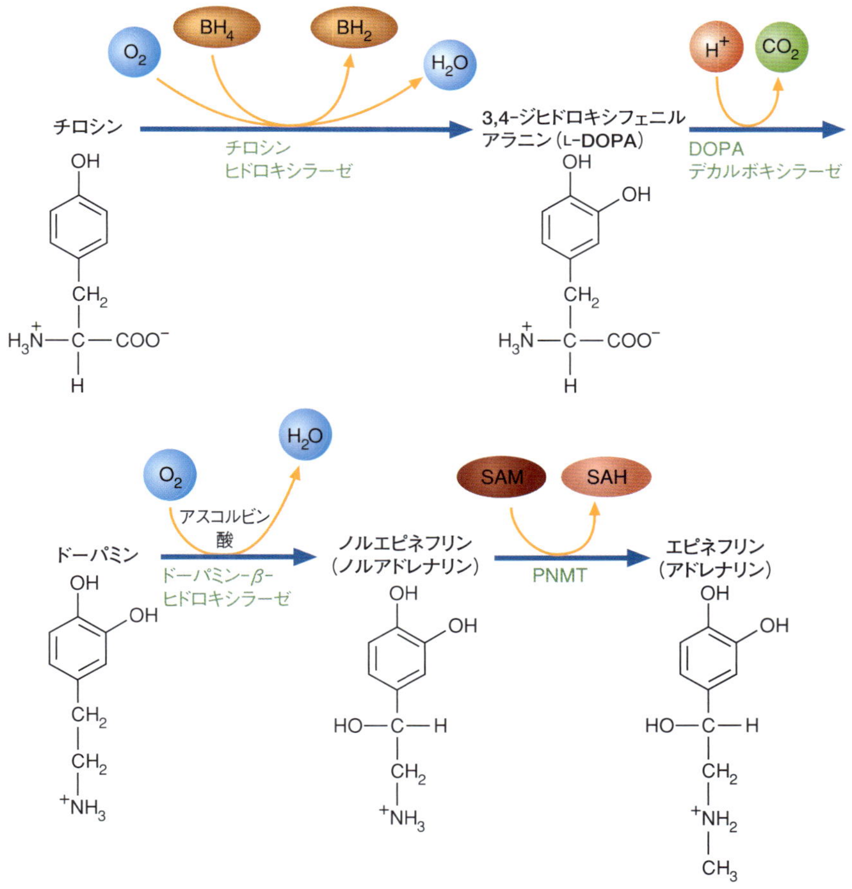

図 14.21　**カテコールアミン類の生合成**
ドーパミン，ノルエピネフリン，エピネフリンは神経伝達物質およびホルモンとして，あるいはどちらか一方として作用している（PNMT はフェニルエタノールアミン-*N*-メチルトランスフェラーゼ）．

生化学の広がり

ガス状伝達物質

以前はいかなる濃度でも毒であると考えられていた気体分子が，どのようにシグナル分子として作用しているのだろうか？

ガス状伝達物質（gasotransmitter）とは内因性の気体分子であり，最近，シグナル分子の一群として認知されてきたものである．これらの分子は，酵素によってきわめて精巧に生合成が調節されており，いくつかの共通した性質をもっている．① 脂溶性の気体であり，容易に細胞膜を通過できる．② 生理的濃度（通常は μM）での生物学的効果は，セカンドメッセンジャー分子およびイオンチャネル，あるいはどちらかを介して現れる．③ シグナルは酵素によって終わるのではなく，おもに合成の中断および細胞標的からの拡散によって終わる．ガス状伝達物質には，一酸化窒素（NO），一酸化炭素（CO），硫化水素（H_2S），ある種の ROS がある．これらの分子はすべて毒性が高く，高濃度で致死性であることは注目に値する．

一酸化窒素

一酸化窒素（NO）は非常に反応性の高い気体である．NO のフリーラジカル構造（NO･と示す）のために，一酸化窒素は最近まで，地球大気中のオゾン層の破壊物質あるいは酸性雨の原因物質としてのみとらえられてきた．NO･は重要なシグナル分子の一つであり，哺乳動物の体内でつくられる．生理的機能としては，血圧の調節，血液凝固の阻害，NO･がグアニル酸シクラーゼに結合したときに起こるマクロファージによる外因性の傷害を受けた細胞の破壊，すなわちがん性細胞の除去がある．グアニル酸シクラーゼの産物はセカンドメッセンジャー分子の cGMP（サイクリック GMP，p. 519 参照）である．NO･もまた神経伝達物質であり，脳のさまざまな位置でつくられる．その生成は興奮性神経伝達物質のグルタミン酸と関連している．グルタミン酸が神経細胞から放出されると，ある種のグルタミン酸受容体と結合する．すると，後シナプスの細胞膜から Ca^{2+} の一過性放出が起こり，NO･合成が引き起こされる．

いったん NO･が合成されると，前シナプスへ逆拡散していき，さらにグルタミン酸の放出を促す．いいかえれば，NO･はいわゆる逆行性の神経伝達物質として作用しており，グルタミン酸が前シナプス神経細胞から放出され，後シナプス神経細胞に結合し，その活動電位を高めるという回路を増強している．この相乗効果は，哺乳動物の他の脳機能と同じように，学習や記憶の形成においても重要な役割を果たすと考えられている．精密に制御されている NO･合成の崩壊は，多くの病状，たとえば脳卒中，偏頭痛，男性の性的不能，敗血症ショック，さらに多発性硬化症やインスリン依存性糖尿病（p. 523）などの炎症性疾患とも関係している．

NO･はヘム含有金属酵素である NO シンターゼ（NOS）により合成され，L-アルギニンから 2 段階の酸化を経て L-シトルリンが生じる（図 14A）．この複雑な反応において，いくつかの酸化還元反応からなる電子伝達系により，電子は NADPH から O_2 に移動する．この反応を触媒する酵素はホモ二量体である（図 14B）．それぞれの単量体は二つの主要な領域をもっている．レダクターゼ領域は，NADPH，FAD，FMN に対する結合部位を含む．オキシゲナーゼ領域は，BH_4，基質であるアルギニン，酸素と結合する．その二つの主要領域の間にカルモジュリン（CAM）の結合部位がある．カルモジュリンは多くの酵素活性を調節するカルシウム結合タンパク質で，分子量は小さい．NO･が合成される際，CAM はレダクターゼ領域からヘム基への電子の移動速度を高める．

NO･の合成は L-アルギニンのヒドロキシ化から始まる．NADPH が 2 個の電子を FAD に供与し，次に FAD が FMN を還元する．BH_4 は，NADPH から供与される電子による O_2 の

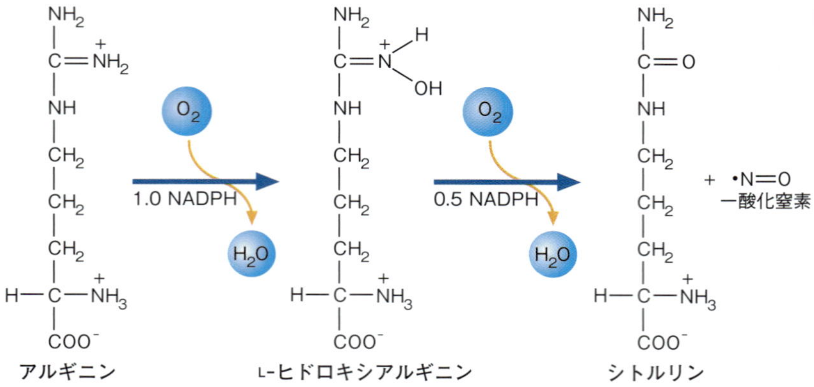

図 14A　NOS 触媒反応
NO･は，アルギニンの 2 段階の酸化反応により L-シトルリンが合成される反応で生じる．一連の反応で，1 mol のシトルリンの産生のために 2 mol の O_2 と 1.5 mol の NADPH が使われる．

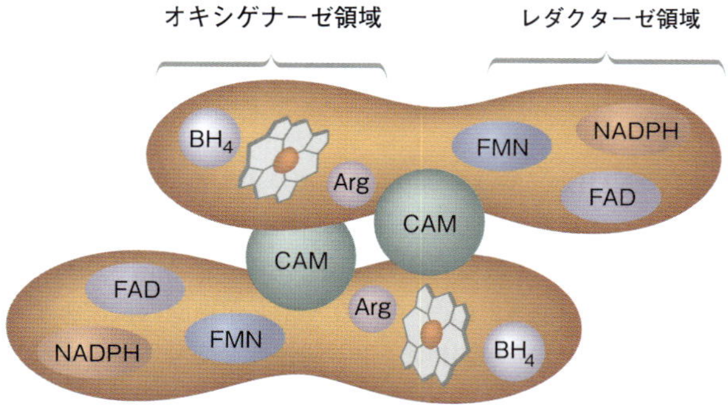

図 14B NOS の模式図
触媒活性をもつ NOS はホモ二量体である．それぞれの単量体には，基質であるアルギニンと酸素に加えて，NADPH，FAD，FMN，BH_4，CAM が結合している．

活性化に必須である．この反応による産物は L-ヒドロキシアルギニンであり，NOS に結合したままで存在する．次の反応は十分に解明されていない．L-ヒドロキシアルギニンがヘムペルオキシ複合体（R—O—OH）と反応し，シトルリンと NO· を産生すると考えられている．

一酸化炭素

無色・無臭の気体である一酸化炭素（CO）の最も重要な生理的役割は，神経修飾（たとえば神経伝達物質の放出の制御，学習，記憶，体温調節にかかわる神経活動の制御），虚血–再環流による傷害に対する低酸素下の心臓保護〔10 章の生化学の広がり「心筋梗塞：虚血と再環流」を参照〕，血管弛緩（平滑筋の弛緩の促進，すなわち血管の拡張）である．CO の合成は，ER 酵素の一つであるヘムオキシゲナーゼ（HO）が触媒する．この反応では，CO に加えて，ビリベルジンと遊離の鉄（II）イオンが生じる．

ヘムの異化作用は，すべての組織，とくに脾臓（ヘモグロビンの破壊）と肝臓（シトクロム P-450 の代謝回転）に対して継続的である．ヘムおよび酸化体のヘミンは強力な酸化剤であり，組織に重大な傷害を与える力をもっている．ビリベルジンとその還元体であるビリルビンは，供給源であるヘムに比べると酸化剤としての活性は非常に弱い．すべての細胞はヘム含有タンパク質の合成材料の供給源として利用可能な遊離ヘムプールをもっていなければならないが，その濃度は HO により安全な範囲に維持されている．遊離の鉄は酸化還元傷害を防ぐためにフェリチンによって隔離されている．CO の多くの作用は，ヘム含有タンパク質への結合，あるいは K^+ チャネルの活性化を介している．生理的に安全な濃度の CO は，炎症を抑えたりアポトーシス（細胞死）を抑制したりもする．

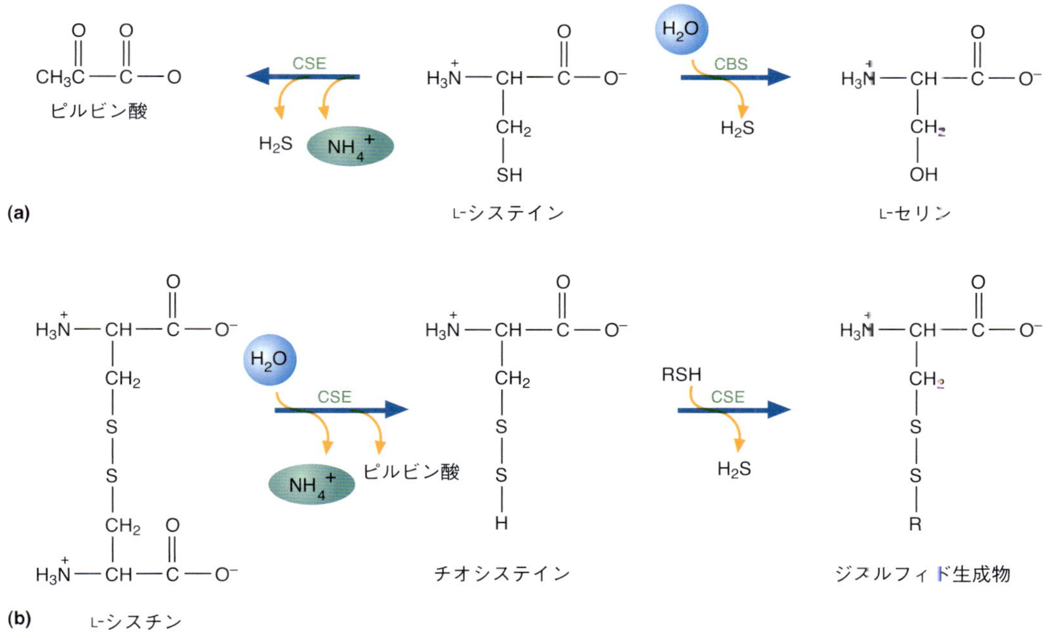

図 14C H_2S の生合成
(a)主要な硫化水素産生反応は，システインを基質とする CBS あるいは CSE 酵素反応である．CBS はシステインをセリンと硫化水素に加水分解する．CSE はシステインをピルビン酸，アンモニア，硫化水素に変換する．(b)CSE は二つの連続した反応，すなわちシステインをチオシステイン，ピルビン酸，アンモニアに変換する反応も触媒する．チオシステインは次にチオール（たとえば GSH あるいは他のシステイン）と反応し，システインジスルフィドと硫化水素を産生する．

▶

硫化水素

硫化水素(H_2S)は嫌な腐ったにおいのする毒性の気体である．しかし，体のなかでつくられる程度の硫化水素濃度では，多くの生理的機能が引き起こされることが知られている．これらのなかで最も重要なものは，脳における神経修飾物質および血管弛緩物質としての機能である．H_2S はシステインからいくつかの酵素反応を経て産生される(図 14C)．この反応経路で最も重要な酵素はピリドキサールリン酸依存性酵素のシスタチオニン β-シンテターゼ(CBS)と γ-シスタチオナーゼ(CSE)である．両酵素ともに，硫黄転移経路の他の反応にもかかわっている(15.1 節参照)．基質としてシステインが使われた場合，CSE は二つの反応経路を触媒し，H_2S を産生する．CSE が肝臓と心血管系における主要な H_2S 産生酵素である．CBS は脳に優先的に発現している．H_2S は ATP 感受性 K^+ チャネルを開くことにより細動脈を拡張し，結果として平滑筋の細胞膜の過分極を引き起こす．

H_2S は NMDA(*N*-メチル D-アスパラギン酸)受容体を活性化することで神経修飾物質としての機能を発揮する．NMDA 受容体はグルタミン酸受容体の一種であり，活性化されるとイオンチャネルを開き，Ca^{2+} や他のイオンが細胞内に流入するのを許す．NMDA 受容体は，化学的強度を変動させるシナプス(二つのニューロンの結合)の容量，すなわちシナプス可塑性に関して重要な役割を果たすと考えられている．シナプスの強弱の変動は記憶の形成の基盤であると考えられている．

まとめ　非常に低い濃度では，NO，CO，H_2S は容易に細胞膜を拡散するシグナル分子として機能しており，これらの合成は厳密に調節されている．

体である L-DOPA がパーキンソン病の治療薬として使用されている(多くの極性化合物は血管から移動できないが，多くの脂溶性化合物は容易にこの関門を通過できる)．L-DOPA が，いったん相当する神経細胞に取り込まれると，ドーパミンに変換される．

ノルエピネフリンは，副腎髄質のクロマフィン細胞において，恐怖，寒さ，運動に応答して，また同様に血液中のグルコース濃度に応じて，チロシンから合成される．NE はトリグリセリセロールとグリコーゲンの分解を刺激する．さらに心臓の血液排出を増大させ，血圧を上昇させる．ドーパミンのヒドロキシ化により NE が産生される．この反応は銅含有酵素であるドーパミン-β-ヒドロキシラーゼによって触媒されるが，最大活性を示すには還元剤としてアスコルビン酸が必要である．

上述したように，ストレス，傷害，過激な運動，あるいは低血糖に応答して放出されるエピネフリンは，エネルギー貯蔵物質の急激な移動をもたらす．すなわち，肝臓からのグルコースの放出と脂肪細胞からの脂肪酸の放出である．NE がメチル化されると E が生成する．この反応は，フェニルエタノールアミン-*N*-メチルトランスフェラーゼ(PNMT)によって触媒される．この酵素反応はおもに副腎髄質のクロマフィン細胞で起こるが，脳内のある部分でも起こっていることが見いだされており，脳では E が神経伝達物質として機能している．最近の研究によれば，E と NE は他の臓器(たとえば肝臓，心臓，肺)にも見いだされている．ウシの PNMT は SAM をメチル基供与体とする単量体タンパク質(分子量 3 万)である．

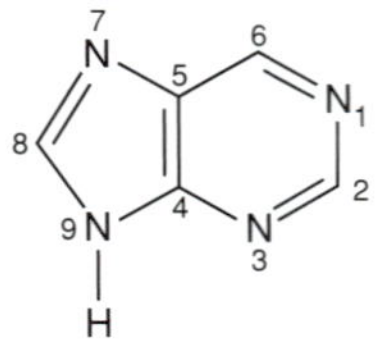

プリン

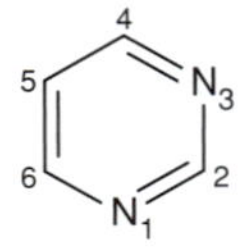

ピリミジン

ヌクレオチド類

ヌクレオチド類は，細胞の増殖と分化に必要な複雑な窒素含有化合物である．ヌクレオチド類は核酸の構成分子であるだけではなく，エネルギー変換においていくつかの重要な役割を果たし，多くの代謝経路を調節している．先述のように，ヌクレオチドは三つの部分，すなわち窒素含有塩基，五炭糖，そして一つあるいはそれ以上のリン酸基より構成されている．窒素含有塩基はプリンまたはピリミジンのどちらかの誘導体であり，両塩基ともに平面構造をもつ芳香族ヘテロ環化合物である．

天然に広く存在している**プリン**(purine)**類**は，アデニン，グアニン，キサンチン，ヒポキサンチンであり，**ピリミジン**(pyrimidine)**類**は，チミン，シトシン，ウラシルである(図 14.22)．これらは芳香族化合物であるので，プリン類もピリミジン類も紫外光を吸収する．これらの化

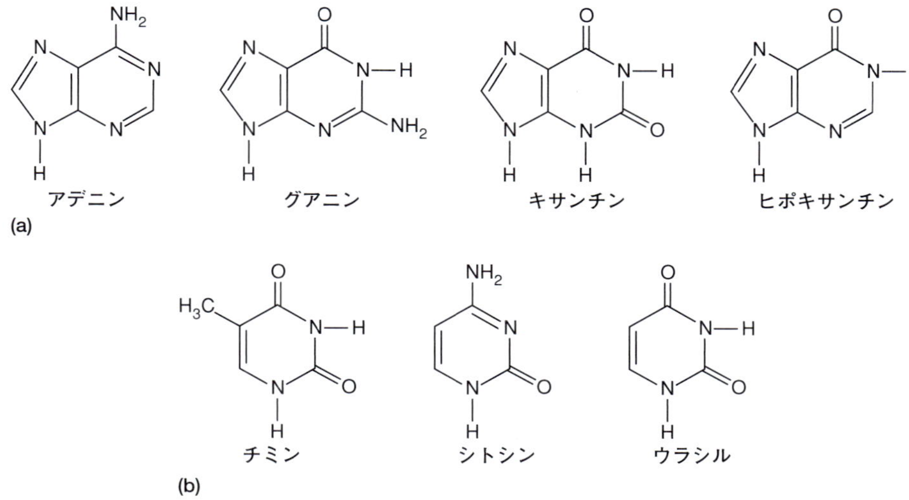

図 14.22 天然に広く存在するプリン塩基類(a)とピリミジン塩基類(b)

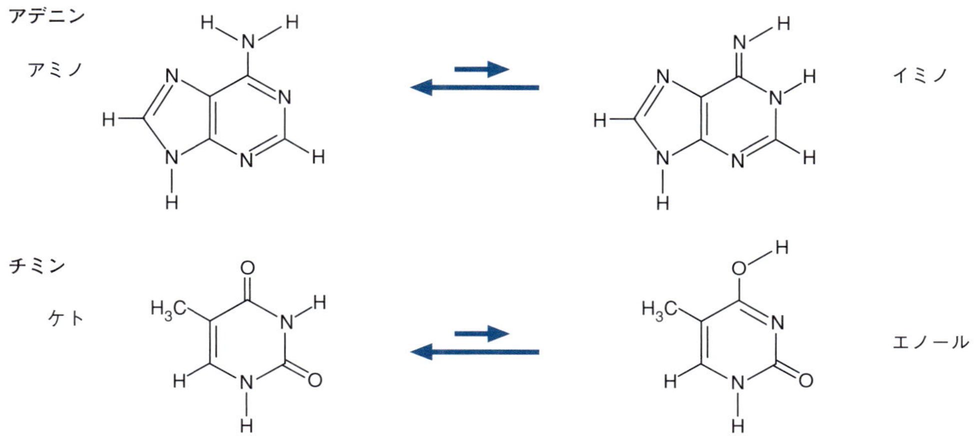

図 14.23 アデニンとチミンの互変異性

生理的 pH では，窒素塩基のアミノ互変異性体とケト互変異性体が優勢な型である．

合物は，pH 7 では 260 nm にとくに強い吸収をもっている．プリン塩基とピリミジン塩基は互変異性を示す．すなわち，これらの化合物は，窒素原子を含む 3 原子配列中の一つの水素原子と一つの二重結合の相対的な位置を自然にシフトする．酸素原子および窒素原子に結合している水素原子の正確な位置は，核酸分子中の塩基の相互作用に影響をもたらすので，この互変異性はたいへん重要である．アデニンとシトシンはアミノ型とイミノ型の両方をとる．一方，グアニン，チミン，ウラシルは，ケト(ラクタム)型とエノール(ラクチム)型の両方をとる．生理的 pH ではアミノ型とケト型が最も安定である．アデニンのアミノ型とイミノ型，チミンのケト型とエノール型を図 14.23 に示す．

一つのプリン塩基あるいはピリミジン塩基が *β-N*-グリコシド結合を介して五炭糖の C-1 位に結合している分子を**ヌクレオシド**(nucleoside)という(図 14.24)．ヌクレオシドは，五炭糖であるリボースあるいはデオキシリボースのいずれかを含む．アデニンとリボースの結合したものをアデノシン，グアニンとリボースが結合したものをグアノシン，シトシンとリボースが結合したものをシチジン，ウラシルとリボースが結合したものをウリジンという．リボースの代わりにデオキシリボースが結合している場合は，これらの名前の前にそれぞれデオキシという接頭語をつける．たとえば，アデニンのデオキシヌクレオシドはデオキシアデノシンと呼ばれる．チミジン塩基は，通常，デオキシヌクレオシド類のみに見いだされるので，デオキシチミジンだけはチミジンと呼ばれている．ヌクレオシドの塩基部分と糖部分の原子の位置を混同しないように，糖の原子の番号には「′」をつける(図 14.24)．ヌクレオシドの *β-N*-グリコシド結合の回転は，二つのコンホメーション(立体配座)，すなわち *syn* 形と *anti* 形を可能にする．プリンヌクレオチドは *syn* 形と *anti* 形のいずれかのコンホメーションをとる．一方，ピリミジ

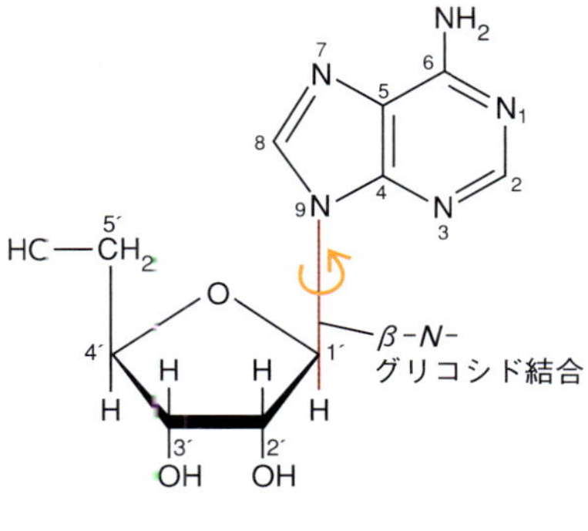

図 14.24 ヌクレオシドの化学構造

ヌクレオシド類とは，アデニン(図に示されている)のような窒素含有塩基類が，五炭糖(この場合はリボース)の C-1 位と *β*-グリコシド結合によりつながった分子である．

ンヌクレオチドは，五炭糖と C-2 位のカルボニル酸素との間の立体障害により *anti* 形が優勢である．

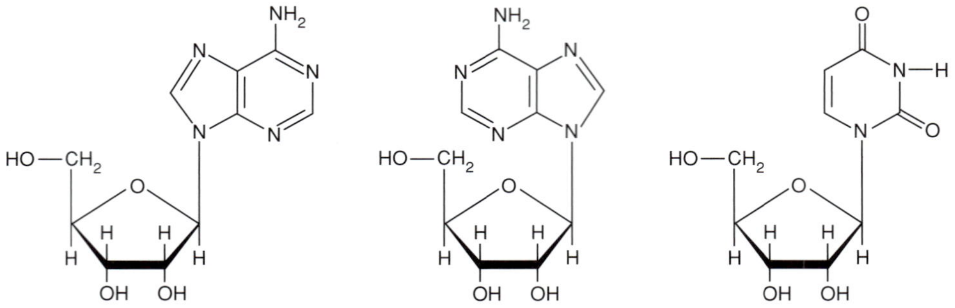

anti-アデノシン　　*syn*-アデノシン　　*anti*-ウリジン

ヌクレオチドは，糖に一つあるいは複数のリン酸基が結合したヌクレオシドである（図 14.25）．天然に見られるほとんどのヌクレオチドは 5′-リン酸エステルである．糖の C-5′ 位に一つのリン酸基が結合すれば，たとえばアデノシン 5′-一リン酸（AMP）のように，ヌクレオシド一リン酸と呼ばれる．ヌクレオシド二リン酸は二つのリン酸基をもち，ヌクレオシド三リン酸は三つのリン酸基をもつ．リン酸基はヌクレオチドを強酸性にする（生理的 pH でリン酸基からプロトンが放出される）．酸性の性質を示すために，ヌクレオチドは酸としての名称ももっている．たとえば，AMP はしばしばアデニル酸とも呼ばれる．ヌクレオシド二リン酸およびヌクレオシド三リン酸は Mg^{2+} と複合体を形成する．ATP のようなヌクレオシド三リン酸においては，Mg^{2+} は α, β 複合体（次ページ上図）や β, γ 複合体を形成することができる．

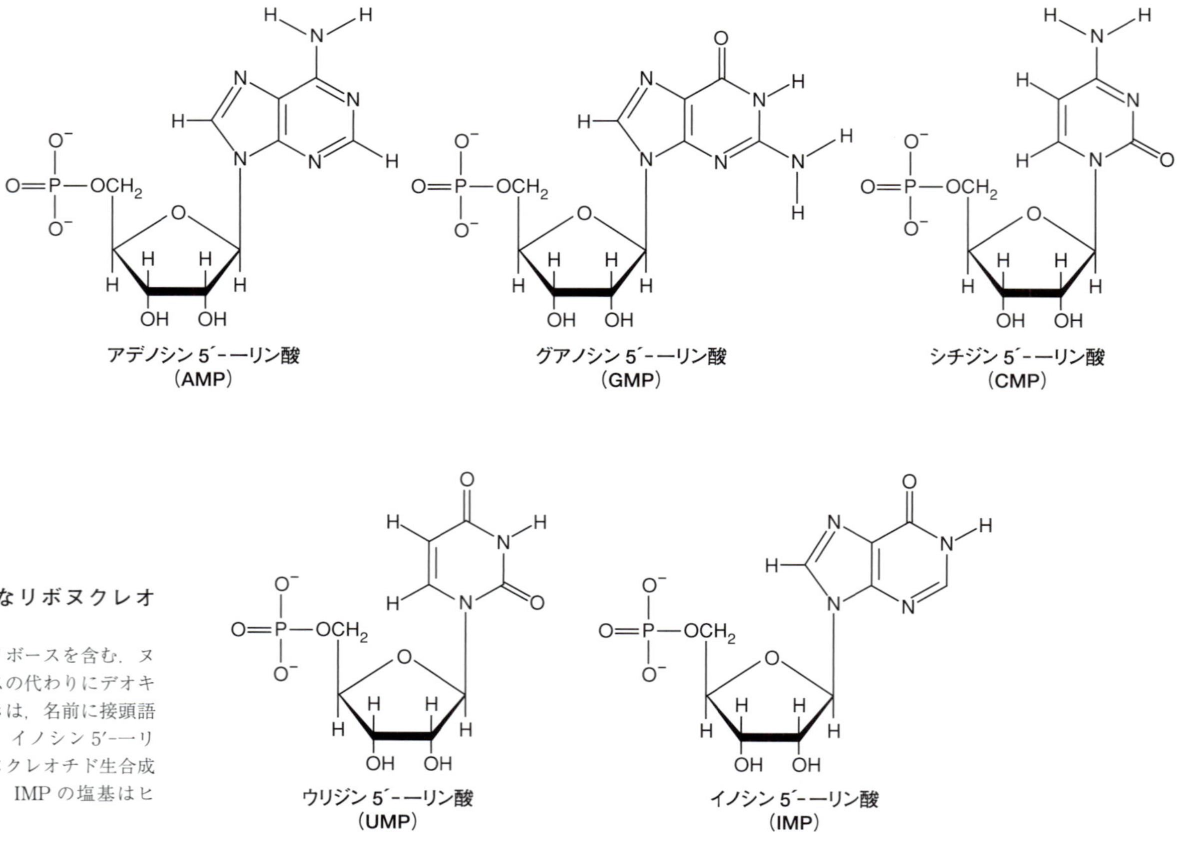

図 14.25　代表的なリボヌクレオチド
リボヌクレオチドはリボースを含む．ヌクレオチドがリボースの代わりにデオキシリボースを含むときは，名前に接頭語のデオキシをつける．イノシン 5′-一リン酸（IMP）はプリンヌクレオチド生合成経路の中間体である．IMP の塩基はヒポキサンチンである．

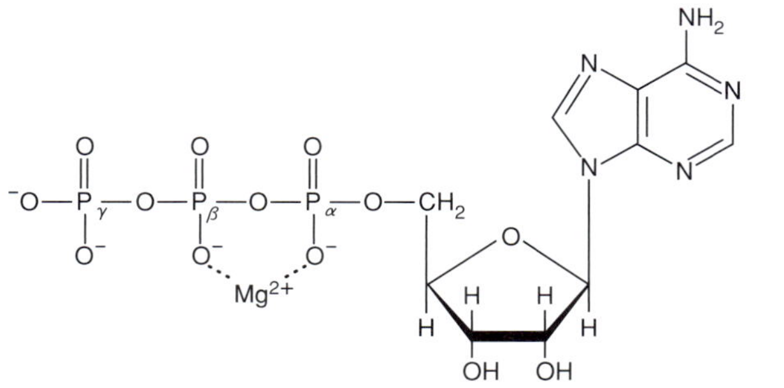

プリンとピリミジンのヌクレオチドは *de novo* 経路と再利用（サルベージ）経路によって合成されている．以下に，これら両経路について述べる．

プリンヌクレオチドの生合成　プリンヌクレオチドの *de novo* 生合成経路は，リボース-5-リン酸ピロホスホキナーゼ（PRPP シンテターゼ）の触媒作用による 5-ホスホ-α-D-リボシル 1-ピロリン酸（PRPP，図 14.26）の生成から始まる．

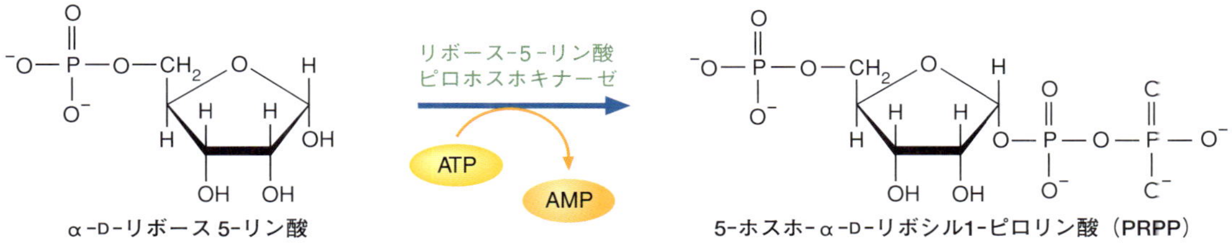

図 14.26　PRPP の生合成
de novo プリンヌクレオチド経路は，リボース-5-リン酸ピロホスファターゼによって触媒される PRPP（5-ホスホ-α-D-リボシル 1-ピロリン酸）の合成から始まる．

この反応の基質である α-D-リボース 5-リン酸は五炭糖リン酸経路の生成物である．プリン環の原子の由来を図 14.27 に示す．

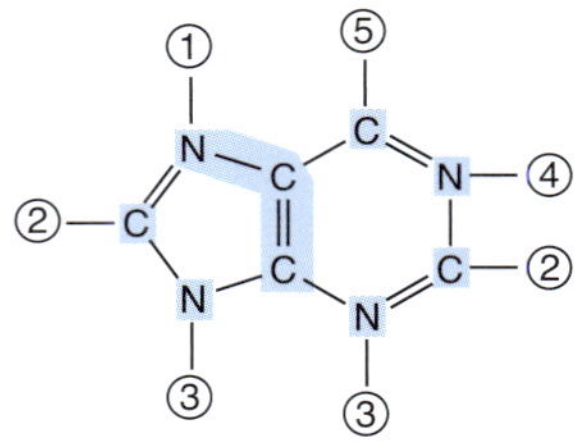

図 14.27　プリン環の原子の由来
同位体化合物を用いて得られたプリン環の窒素原子と炭素原子の由来を示す．①グリシン，②ギ酸，③グルタミンのアミド基，④アスパラギン酸，⑤ CO_2．

イノシン 5′-一リン酸（IMP）からアデノシン一リン酸（AMP またはアデニル酸ともいう）あるいはグアノシン一リン酸（GMP またはグアニル酸ともいう）への転換には，二つの反応が必要である（図 14.28）．

AMP と IMP との相違はたった一つであり，プリン塩基の 6 位のケト基の酸素がアミノ基で置換されているだけである．アスパラギン酸から供給されるこのアミノ態窒素は，アデニロコハク酸シンテターゼが触媒する GTP 要求性反応によって，IMP に結合する．この過程において，生成物のアデニロコハク酸からフマル酸が脱離することにより，AMP が生成する（この反応を触媒する酵素は，IMP 生合成における類似の反応も触媒する）．IMP から GMP への転換は，IMP デヒドロゲナーゼが触媒する NAD^+ を用いる脱水素反応により始まる．この反応生成物はキサントシン一リン酸（XMP）と呼ばれる．次に，GMP シンターゼが触媒する ATP 要求性反応において，グルタミンのアミノ態窒素の供与により，XMP は GMP に転換される．

ヌクレオシド三リン酸は代謝過程で最もよく使われるヌクレオチドである．これらは次のようにして合成される．ATP が，解糖系や好気的代謝の反応において，アデニル酸キナーゼの触媒反応により ADP と無機リン酸から合成されることは前に述べた．ADP はアデニル酸キナーゼにより AMP と ATP から合成される．

$$\text{AMP} + \text{ATP} \longrightarrow 2\text{ADP} \qquad (7)$$

他のヌクレオシド三リン酸は ATP 要求性の一連のヌクレオシド一リン酸キナーゼの触媒反応によって合成される．

図 14.28　IMP から AMP と GMP の生合成
AMP 合成段階は，IMP のヒポキサンチン塩基部分の C-6 位のケト基の酸素がアスパラギン酸のアミノ基に置換されることである．第二の段階で，最初の反応の生成物であるアデニロコハク酸が加水分解され，AMP とフマル酸が生成する．GMP 合成は，IMP を XMP に酸化することから始まる．GMP は，XMP の C-2 位のケト基の酸素がグルタミンのアミド窒素に置換されることで生成する．AMP 生成には GTP が必要であり，GMP 生成には ATP が必要であることは興味深い．

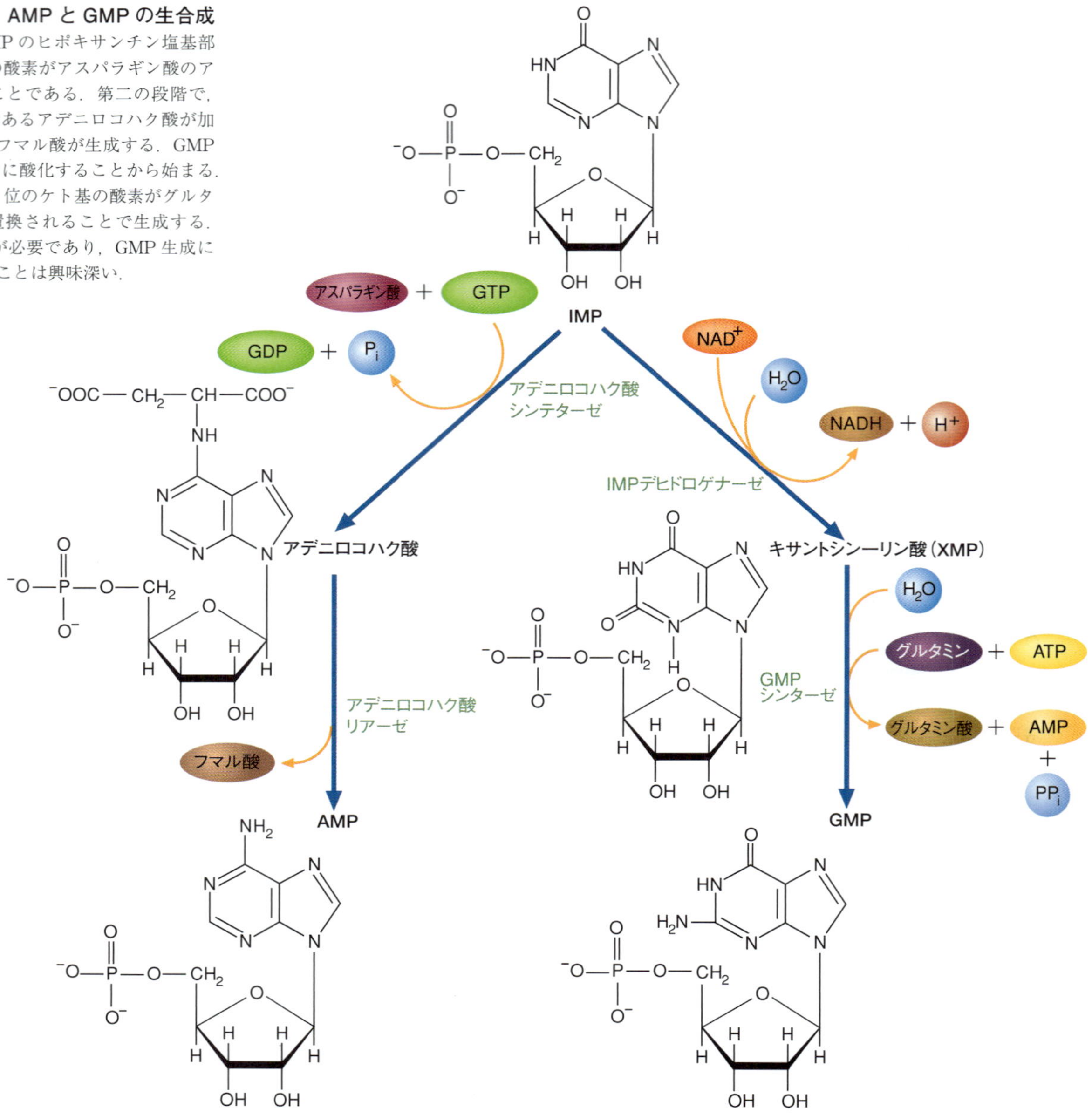

$$NMP + ATP \rightleftharpoons NDP + ADP \tag{8}$$

ヌクレオシド二リン酸キナーゼはヌクレオシド三リン酸の合成を触媒する．

$$N_1DP + N_2TP \rightleftharpoons N_1TP + N_2DP \tag{9}$$

ここで N_1 と N_2 はプリン塩基あるいはピリミジン塩基を示す．

プリンの再利用経路において，プリン塩基は通常の細胞内核酸代謝回転あるいは（量的には少ないが）食事に由来し，ヌクレオチドに変換される．ヌクレオチドの *de novo* 生合成経路は代謝的に高価である（すなわち，かなり多量の高エネルギーリン酸結合が使われる）ので，多くの細胞はプリン塩基を再利用する機構をもっている．ヒポキサンチン-グアニンホスホリボシルトランスフェラーゼ（HGPRT）は，PRPP とヒポキサンチンまたはグアニンからのヌクレオチドの合成反応を触媒する．二リン酸の加水分解により，この反応は不可逆となる．

ヒポキサンチン ＋ PRPP → IMP ＋ PP_i (10)

グアニン ＋ PRPP → GMP ＋ PP_i (11)

HGPRT の欠損はレッシュ・ナイハン症候群（X 染色体性であり，おもに男性に起こる遺伝病）を引き起こす．この病気では，プリンヌクレオチドの分解産物である尿酸（15.3 節）の生成量が著しく増大し，ある種の神経症状（自傷，不随意運動，精神遅滞）を伴う．尿酸は強力な抗酸化剤であるが，逆に大量に存在すると酸化促進剤となる．今では，酸化ストレスは，レッシュ・ナイハン症候群の発症の一因になると考えられている．HGPRT 欠損でも，生まれたときは正常であるが，3，4 か月で異常が出始める．通常，腎不全による死が幼年期に起こる．部分的な HPGRT 酵素欠損は，痛風（血中の尿酸濃度が高くなり，とくに足の関節に尿酸ナトリウムの結晶が析出する）を引き起こす．

レッシュ・ナイハン症候群

アデニンホスホリボシルトランスフェラーゼ（APRT）は，アデニンを PRPP へ転移して AMP をつくる反応を触媒する．

アデニン ＋ PRPP → AMP ＋ PP_i (12)

de novo 経路と再利用経路のどちらが重要であるかは明らかになっていない．しかしながら，遺伝的な HGPRT 欠損の重い症状は，プリン再利用経路が非常に重要であることを示している．加えて，がん治療に利用されるプリンヌクレチド生合成経路の阻害剤の研究から，がんの成長抑制には，両経路ともに阻害される必要があることが示されている．

プリンヌクレオチド生合成経路の調節機構を図 14.29 にまとめる．この経路は，PRPP がどれだけ有効に利用できるかによって調節されている．数種の中間体が，リボース-5-リン酸ピロホスホキナーゼとグルタミン-PRPP アミドトランスフェラーゼの両活性を阻害する（IMP 合成の律速酵素）．最終生成物である ATP と GTP による複合阻害は相乗効果的である（つまり，それぞれ単独に存在するときの阻害度よりも，二つが同時に存在するときの阻害度のほう

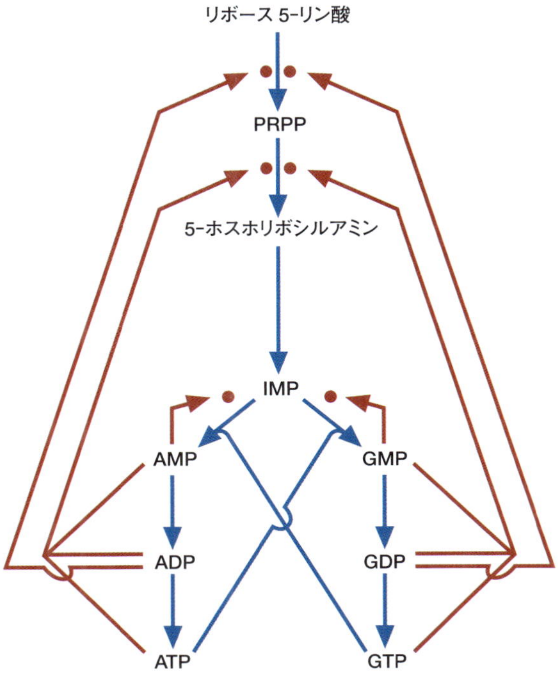

図 14.29 プリンヌクレオチド生合成の調節
フィードバック阻害は茶色の矢印で示す．GTP による AMP 合成の活性化および ATP による GMP 合成の活性化は，両プリンヌクレオチドの合成をバランスのとれたものにしている．

が相乗的に強くなる）．IMPの分岐点に位置するアデニロコハク酸シンテターゼはAMPによって，IMPデヒドロゲナーゼはGMPによって，それぞれフィードバック阻害を受けている．GTPの加水分解はアデニロコハク酸の合成を促進し，一方，ATPの加水分解はXMPの合成を促進する．この相補的な調節は，アデニンヌクレオチドとグアニンヌクレオチドの適正な細胞内濃度の維持を促進する．

ピリミジンヌクレオチドの生合成　ピリミジンヌクレオチドの生合成は細胞質で起こり，そこではピリミジン環が初めに構築され，次にリボースリン酸と結合する．ピリミジン環の炭素原子と窒素原子は，炭酸水素塩，アスパラギン酸，グルタミンに由来する．カルバモイルリン酸シンテターゼⅡ（CPSⅡ）によって触媒されるATP要求性の反応において，カルバモイルリン酸が形成されることから合成が始まる（図14.30）（カルバモイルリン酸シンテターゼⅠはミトコンドリアに存在し，尿酸回路に関与している．15章を参照）．1分子のATPが一つの

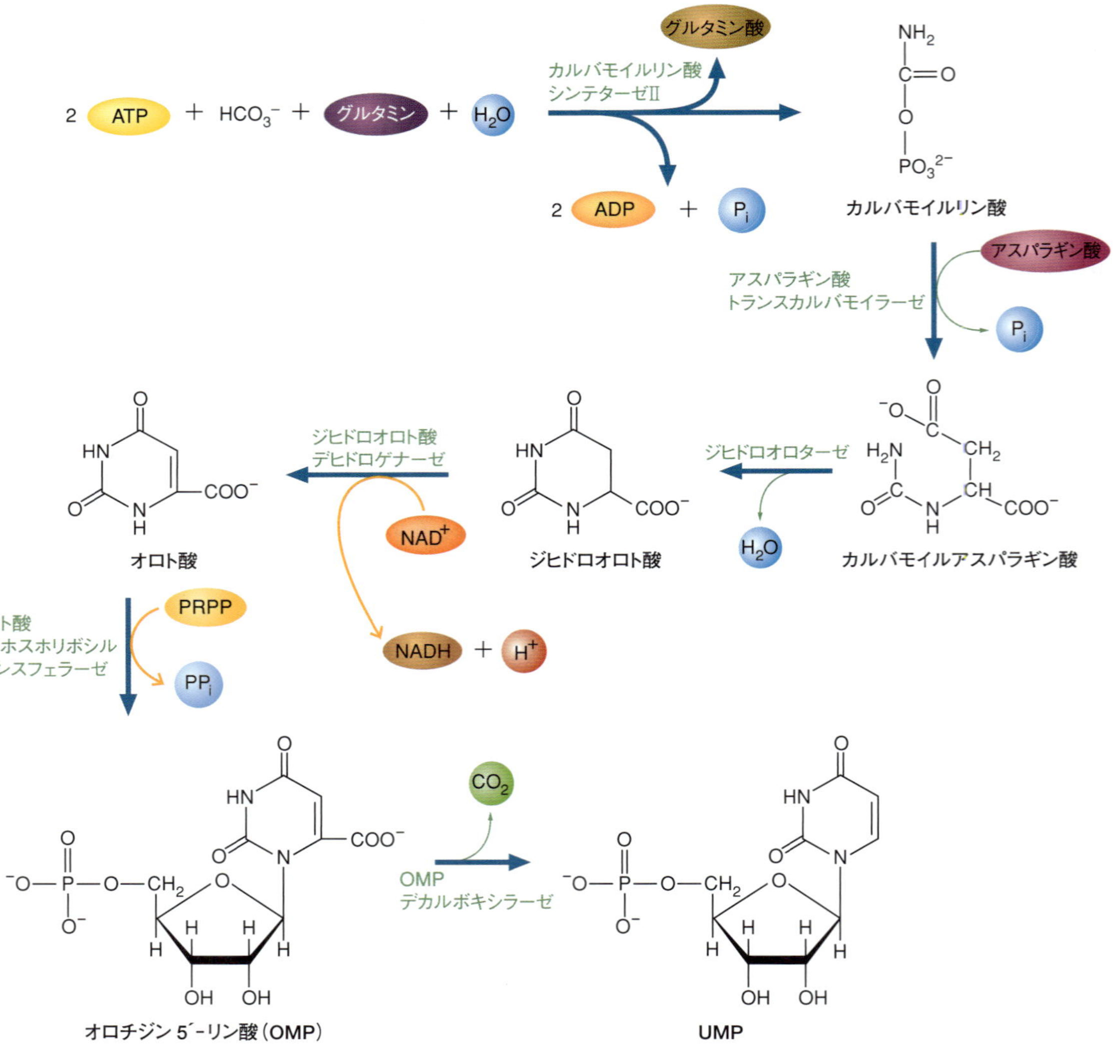

図14.30　ピリミジンヌクレオチドの生合成
UMPが合成される代謝経路は六つの酵素触媒反応により成り立っている．哺乳動物において，この生合成経路の最初の三つの酵素（カルバモイルリン酸シンテターゼⅡ，アスパラギン酸トランスカルバモイラーゼ，ジヒドロオロターゼ）は，三つの酵素の頭文字から名づけられたCADと呼ばれる単一のオペロン上に位置している．ピリミジン生合成経路の他の酵素は細胞質に存在しているが，これら最初の三つの酵素はミトコンドリア内膜の外側に局在している．CPSⅡ領域はATPによって活性化を受け，UTPとCTPによって阻害を受ける．大腸菌においては，12のサブユニットからなるアスパラギン酸トランスカルバモイラーゼによって触媒される反応がピリミジン生合成の律速段階である（図6.24）．この反応は，細菌においてはGTPとATPによって活性化を受け，UTPとCTPによって阻害を受ける．

リン酸基を供給し，別のATPが加水分解されて反応を進めるエネルギーを供給する．次に，カルバモイルリン酸はアスパラギン酸と反応し，カルバモイルアスパラギン酸となる．アスパラギン酸トランスカルバモイラーゼ（ATCアーゼ）はカルバモイルリン酸とアスパラギン酸との反応を触媒し，カルバモイルアスパラギン酸を産生する．そして，ピリミジン環の閉環がジヒドロオロターゼによって触媒される．その生成物のジヒドロオロト酸は酸化され，オロト酸が生成する．この反応を触媒するジヒドロオロト酸デヒドロゲナーゼは，ミトコンドリア内膜に結合しているフラビンタンパク質である（この反応で生成したNADHが，その電子を電子伝達系に与える）．ミトコンドリア内膜の細胞質側表面で合成されたオロト酸は，オロト酸ピロホスホリボシルトランスフェラーゼによってPRPPと反応し，この経路の最初のヌクレオチドであるオロチジン5′–一リン酸（OMP）に変換される．ウリジン5′–一リン酸（UMP）は，OMPがOMPデカルボキシラーゼにより脱炭酸されて生成する．オロト酸ピロホスホリボシルトランスフェラーゼとOMPデカルボキシラーゼの両酵素の活性は，UMPシンターゼと呼ばれるタンパク質上で現れる．UMPは他のピリミジンヌクレオチドの前駆体の一つである．二つの連続したリン酸化反応が起こり，UTPが生成する．UTPはグルタミンからアミド態窒素を受けとり，CTPとなる．ピリミジン環の原子の由来を図14.31に示す．

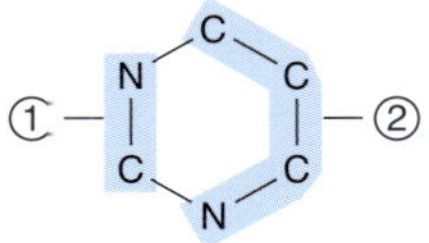

図 14.31 ピリミジン環の原子の由来
ピリミジン環の窒素原子と炭素原子の由来を示す．①カルバモイルリン酸，②アスパラギン酸．

オロト酸尿症と呼ばれる遺伝病は非常にまれであるが，UMPシンターゼが欠損しているため，尿中に大量のオロト酸を排泄する．臨床症状としては貧血と成長遅延がある．ピリミジンヌクレオチドによる治療は，オロト酸合成を阻害し，一方で核酸生合成に必要な材料を提供することにより，病気の進行を遅らせる．

オロト酸尿症

デオキシリボヌクレオチドの生合成　これまでに述べたヌクレオチドはすべてリボヌクレオチドであり，RNAの材料として使用されたり，糖などの分子のヌクレオチド誘導体として，あるいはエネルギー源として使用されたりする．DNA合成に必要なヌクレオチドは2′–デオキシヌクレオチドであり，リボヌクレオチドレダクターゼが触媒する反応でリボヌクレオシド二リン酸を還元することによって生成する（図14.32）．2′–デオキシリボヌクレオチドの合成で用いられる電子は，元をたどればNADPHから供与される．チオレドキシンが，NADPHからリボヌクレオチドレダクターゼへの水素原子の転移を仲介する．還元されたチオレドキシンの再生は，チオレドキシンレダクターゼによって触媒される．

哺乳動物のリボヌクレオチドレダクターゼⅠは，2種類のサブユニットからなる四量体である．サブユニット1は，触媒作用にかかわる多くの活性型チオールと，調節にかかわるアロステリック部位をもつ．サブユニット2は，酵素機能に必須なチロシルラジカルを生成させてそれを安定化するのに重要な二核鉄（Ⅲ）中心をもつ．四つのサブユニットの境界面が活性部位となる．チロシルラジカルが，サブユニット1のチオールの一つから水素原子を引き抜くことによって，一時的なチイルラジカルが生成し，基質NDPのラジカルを介する還元を始める．チイルラジカルは基質のC–3′位から水素原子を引き抜き，ラジカルを生成させる．すぐ近くのチオールがC–2′位のOH基をプロトン化し，それがカルボカチオンを残してH_2Oとして遊離する．活性部位のチオールからヒドリドイオンが移動することによって，カルボカチオンと活性部位のジスルフィド架橋を分離する．チイルラジカルによって引き抜かれた水素原子はC–3′位にもどり，チロシンは水素原子を転移してチイルラジカルを分離する．生成物のdNDPは活性部位から離れる．そして酵素は，チオレドキシンを通じてNADPHから電子を受けとり，還元された遊離チオール状態にもどる（図14.33）．

リボヌクレオチドレダクターゼによる調節は複雑である．酵素の調節部位へのデオキシアデノシン三リン酸の結合は，触媒活性を低下させる．酵素の他のいくつかの部位にデオキシリボヌクレオシド三リン酸が結合すると，基質特異性が変化し，結合したデオキシリボヌクレオシド三リン酸とは異なるデオキシリボヌクレオチド濃度が増大する．後者の調節機構は，各種2′–デオキシリボヌクレオチドをバランスよく生合成することにつながり，DNA合成にとって非常に重要である．

デオキシウリジル酸（dUMP）は，リボヌクレオチドレダクターゼの産物であるdUDPの脱

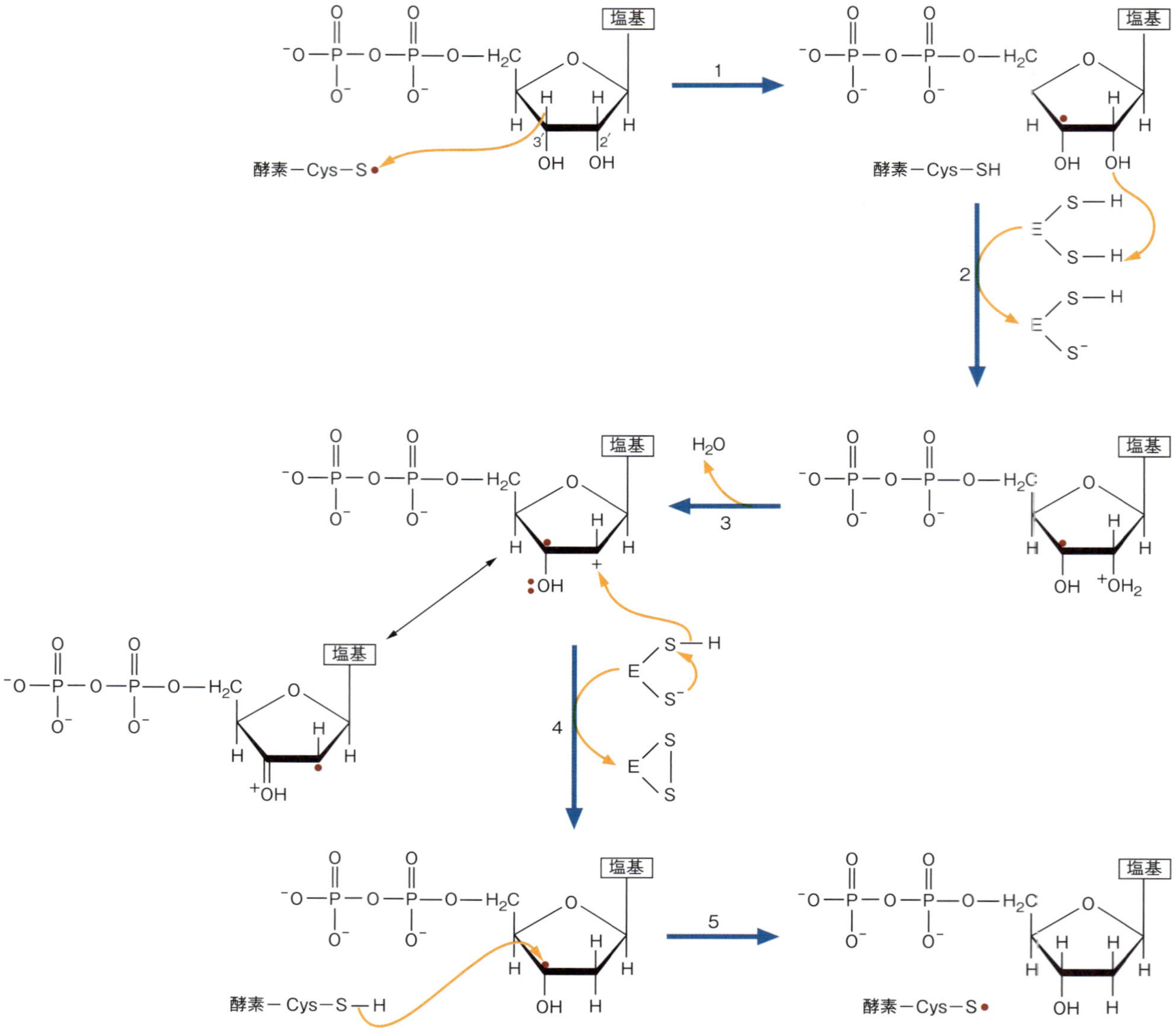

図 14.32　リボヌクレオチドレダクターゼの機構
この反応は，チロシルラジカルが誘導する一時的なチイルラジカルの生成と，NDP の結合から始まる．① チイルラジカルは C-3′ 位から水素原子を引き抜く．② C-2′ 位の OH 基は活性型チオールによりプロトン化され，③ H_2O は脱離し，カルボカチオンを生じる．④ ジチオールがラジカルカチオンを還元し，⑤ 水素原子が開始酵素のチオール基から C-3′ 位に移動し，生成物の dNDP が活性部位から離れる．引き続くチオレドキシン/NADPH によるジスルフィド媒介性還元とチロシルラジカルの再生成が，酵素を新たな基質を受け入れる状態にする．

図 14.33　デオキシリボヌクレオチドの生合成
リボヌクレオチドの還元に必要な電子は，元は NADPH に由来する．二つの SH 基をもつ小さなタンパク質であるチオレドキシンにより，NADPH の電子がリボヌクレオチドレダクターゼへ転移される．

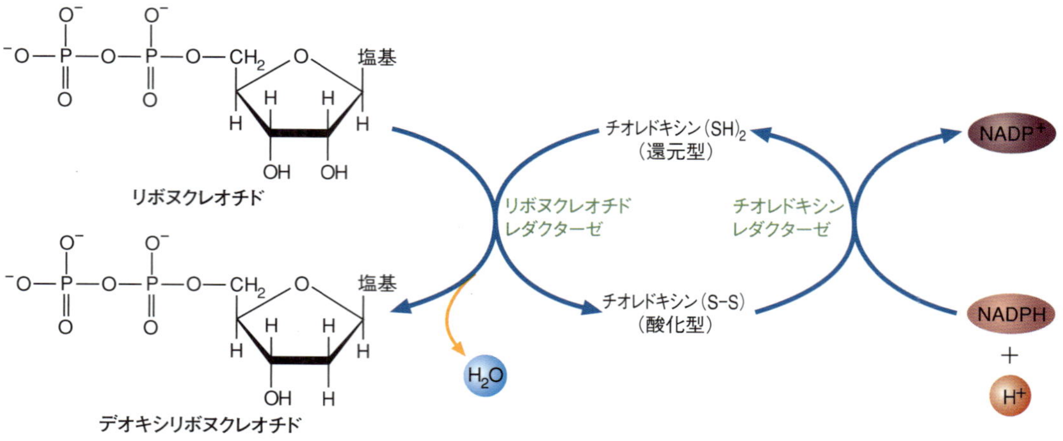

リン酸化によって生成するが，この化合物ではなく，メチル化されたデオキシチミジル酸(dTMP)が DNA の構成成分となる．dUMP のメチル化はチミジル酸シンターゼによって触媒され，補酵素として N^5,N^{10}-メチレン THF を必要とする．メチレン基が転移すると，メチル基に還元される．一方，葉酸補酵素はジヒドロ葉酸に酸化される．THF はジヒドロ葉酸レダクターゼと NADPH によってジヒドロ葉酸から再生される(この反応はメトトレキサートのようなある種の抗がん剤の作用部位で起こる)．デオキシウリジン酸はデオキシシチジル酸デアミナーゼによって dCMP からも合成される．

哺乳動物においては，カルバモイルリン酸シンテターゼⅡがピリミジンヌクレオチドの生合成経路における鍵酵素である．この酵素はこの経路の生成物である UTP によって阻害され，プリンヌクレオチドによって活性化される．多くの細菌ではアスパラギン酸カルバモイルトランスフェラーゼが中心的な調節酵素であり，CTP によって阻害され，ATP によって活性化される．食事あるいはヌクレオチドの代謝によって供給されるピリミジン塩基を利用する再利用経路は，哺乳動物においてはあまり重要ではない．

キーコンセプト

- ヌクレオチドは核酸の構成材料である．それらはまた代謝を調節し，エネルギーを輸送する．
- プリンヌクレオチドとピリミジンヌクレオチドは *de novo* 経路と再利用経路の両方で合成される．

ヘ　ム

哺乳動物の細胞によって合成される最も複雑な分子の一つであるヘム(図 5.35)は，鉄を含むポルフィリン環をもっている．ヘムは，ヘモグロビン(図 5.39)，ミオグロビン(図 5.36)，ペルオキシダーゼ，シトクロム類(図 10.6)の必須構成成分である．ほとんどすべての好気的細胞にヘムは存在する．しかしヘムの生合成経路は，肝臓と網状赤血球(赤血球の前駆体で核をもつ細胞で，骨髄に見られる)において，とくに活発である．ヘムとクロロフィルは，どちらも比較的単純な構造をもつグリシンとスクシニル CoA から合成される．

本章のまとめ

1. タンパク質や核酸など非常に多くの生体分子に含まれている窒素は，生物における必須因子である．生物学的に有用な形態の窒素は限られており，窒素固定と呼ばれる過程でつくられる．窒素をアンモニアに変えるニトロゲナーゼ複合体は，ある種の非共生細菌，シアノバクテリア，共生細菌に存在している．
2. アミノ酸を合成する能力は生物によって大きく異なっている．ある種の生物(たとえば植物とある種の微生物)は，固定した窒素から必要なアミノ酸のすべてを合成することができる．動物は，およそ半分のアミノ酸しか合成できない．非必須アミノ酸は容易に利用できる前駆体分子からつくることができるが，必須アミノ酸は食物から得なければならない．
3. 2種類の反応がアミノ酸代謝において重要な役割を果たしている．アミノ基転移反応では，供与体の α-アミノ酸から受容体の 2-オキソ酸に α-アミノ基が転移されて，新しいアミノ酸が生成する．アミノ基転移反応は可逆的であるため，アミノ酸の合成と分解の両方において重要な役割を果たしている．アンモニウムイオンあるいはグルタミンのアミド態窒素も，アミノ酸そして最終的には他の代謝物中に直接取り込まれる．
4. アミノ酸は，合成される生合成経路から分類すると，六つのファミリーに分けられる．すなわち，グルタミン酸，セリン，アスパラギン酸，ピルビン酸，芳香族アミノ酸，ヒスチジンである．
5. アミノ酸は，多くの生理的に重要な生体分子の前駆体である．これらの分子を合成する多くの過程には，炭素基の転移がかかわっている．これらにに C_1 基(メチル基，メチレン基，メテニル基，ホルミル基)が関与しているので，すべての反応過程を総称して C_1 代謝と呼んでいる．*S*-アデノシルメチオニン(SAM)とテトラヒドロ葉酸(THF)は C_1 基の最も重要な担体である．
6. アミノ酸由来の分子には，数種類の神経伝達物質(たとえば GABA，カテコールアミン類，セロトニン，ヒスタミン)やホルモン(たとえばメラトニン)がある．グルタチオンは細胞内で必須な役割を担っているトリペプチドである．核酸の構成要素であるヌクレオチド(エネルギー源や代謝調節物質でもある)は，その構造のなかにヘテロ環状の窒素含有塩基をもっている．プリンおよびピリミジンと呼ばれるこれらの塩基は，種々のアミノ酸から生合成される．ヘムは複雑なヘテロ環系をもつ化合物の一列で，グリシンとスクシニル CoA からつくられる．ヘムをつくる生合成経路は，植物のクロロフィルをつくる生合成経路と似ている．

キーワード

復習問題

以下の問いは，次章へ進む前に，本章で論じた重要な概念について理解度を確認するためのものである．解答は巻末および『問題の解き方』を参照のこと．

1. 下記の用語の定義を述べよ．
 a. 窒素固定　b. ニトロゲナーゼ　c. 窒素同化
 d. アミノ酸プール　e. 窒素循環
2. 下記の用語の定義を述べよ．
 a. 非必須アミノ酸　b. 必須アミノ酸
 c. 分枝鎖アミノ酸　d. 窒素バランス
 e. アミノ基転移
3. 下記の用語の定義を述べよ．
 a. 生体アミン　b. カテコールアミン
 c. ピリドキサールリン酸　d. 尿素　e. L-DOPA
4. 下記の用語の定義を述べよ．
 a. 興奮性神経伝達物質　b. 抑制性神経伝達物質
 c. 逆行性神経伝達物質　d. ドーパミン
 e. エピネフリン
5. 下記の用語の定義を述べよ．
 a. シナプス小胞　b. チオレドキシン
 c. オロト酸尿症　d. 抗アデノシン　e. PRPP
6. 下記の用語の定義を述べよ．
 a. GSH　b. メルカプツール酸　c. CSE　d. CBS
 e. γ-グルタミン酸回路
7. 下記の用語の定義を述べよ．
 a. メトトレキサート　b. サーカディアンリズム
 c. カルモジュリン　d. レッシュ・ナイハン症候群
 e. チオレドキシンレダクターゼ
8. アミノ基転移反応はアミノ酸の合成と分解の両方に対してなぜ重要なのか．
9. ニトロゲナーゼ複合体は酸素によって不可逆的に失活する．窒素固定細菌はどのようにしてこの問題を解決しているのか説明せよ．
10. 2-オキソグルタル酸はどのようにしてグルタミン酸に転換されるのかを示せ．必要な酵素と補因子の名称を書け．
11. 肝臓から末梢に流れる血液中の下記のアミノ酸濃度は，腸細胞に吸収される栄養プールでの濃度とは異なる．なぜ濃度が変化するのか，それぞれについて説明せよ．
 a. イソロイシン　b. グルタミン　c. セリン
 d. バリン　e. アラニン
12. 神経伝達物質の主要な 2 種類とは何か．その作用様式はどのように異なるか．それぞれの神経伝達物質の例をあげよ．
13. 下記のアミノ酸は，それぞれどの合成ファミリーに属するか．
 a. アラニン　b. フェニルアラニン　c. メチオニン
 d. トリプトファン　e. ヒスチジン　f. セリン
14. C_1 代謝で最も重要な二つの担体は何か．それぞれがかかわる過程の例をあげよ．
15. ヒト(幼児期を含む)における必須アミノ酸を 10 個あげよ．それらはなぜ必須なのか．
16. ピリミジンヌクレオシドにおいては，ペントースとの立体的な相互作用があるため，*anti* 形コンホメーションをとることが多い．プリンヌクレオシドも同様の相互作用をもつか．
17. 窒素原子は，ニトロゲナーゼによってどのような中間体を介して還元されるか．
18. ビーガン(肉および，牛乳や卵などの動物性色品をまったく摂取しない人々)が，もし抗生物質をとると，悪性貧血を起こす可能性がある．その理由を説明せよ．
19. アミノ酸のグルタミンとグルタミン酸がアミノ酸代謝の中心となっていることを説明せよ．
20. アミノ基転移反応はピンポン反応と呼ばれている．アラニンと 2-オキソグルタル酸の反応を用いて，どのようにしてこのピンポン反応が進むのかを示せ．
21. 葉酸の生物学的な活性型は何か．どのようにしてそれは形成されるか．
22. 下に示した生体分子は何か．それぞれの代謝上の役割も述べよ．

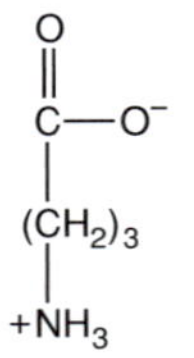

(a)

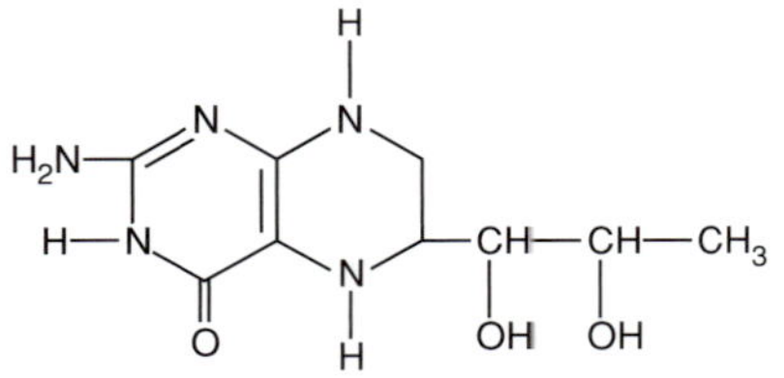

(b)

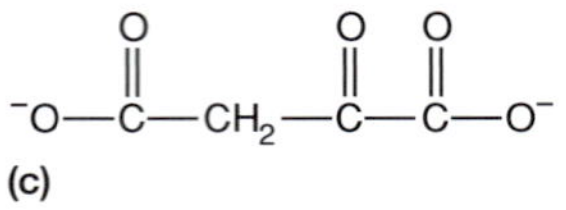

(c)

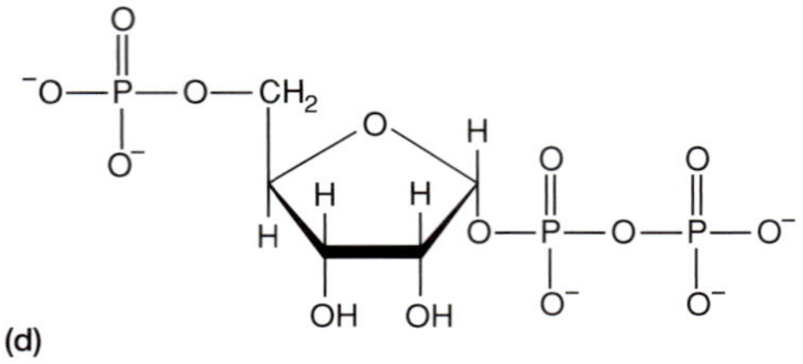

(d)

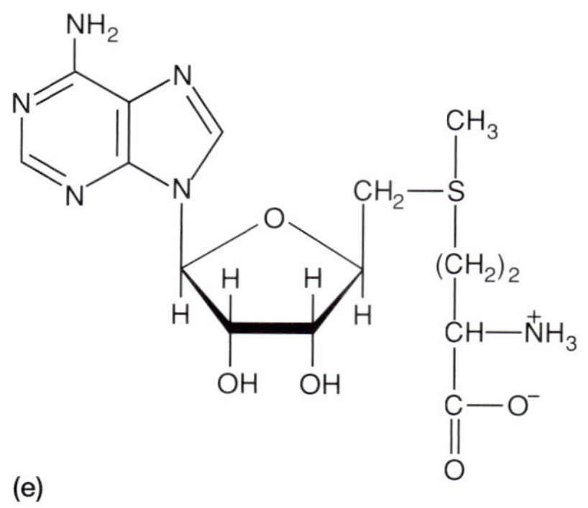

(e)

23. ウラシル分子中のどの炭素が二酸化炭素由来であるか．ウラシルの化学構造式を書いて，その炭素原子を示せ．
24. グルタミン酸からグルタミンに変換するときの ATP の役割とは何か．
25. チロシン代謝の異常は，光過敏症をしばしば引き起こし，重篤な日焼けを容易に誘発する．その理由を説明せよ（ヒント：皮膚色素であるメラニンは L-DOPA 由来である）．
26. 窒素還元系では，アンモニア分子が一つ放出されるごとに，水素ガスも 1 分子生成される．水素ガスの供給源は何か．

応用問題

以下の問いは，本書でこれまで論じてきた重要な概念について理解を深めるためのものである．正解は一つとは限らない．解答例は巻末および『問題の解き方』を参照のこと．

27. 酸素と窒素は気体として大気中に存在する．酸素は反応性に富む気体であり，窒素は比較的不活性な気体である．この二つの分子の特徴の違いは何に起因するのか，説明せよ．
28. 動物が食物からプリン塩基とピリミジン塩基を摂取しても，（脂肪酸や糖類とは異なり）それらはエネルギー産生に利用されない．その理由を説明せよ．
29. チロシンはヒトにおいて，通常は必須アミノ酸ではない．しかしながらある条件下では，チロシンは必須アミノ酸となる場合がある．どのような条件下で，チロシンは必須アミノ酸となるのか説明せよ．
30. マラソンランナーは，長距離を走るとき，なぜアミノ酸ではなく糖の入った飲料を選ぶのか．
31. 敏感な人がグルタミン酸一ナトリウムを摂取すると，血圧や体温の上昇といった不快な症状を経験する．グルタミン酸の活性に関する知識を使い，この症状を説明せよ．
32. 放射線の損傷効果の一つは，ヒドロキシラジカルを産生することにより発揮される．この放射線による損傷を防御するために，グルタチオンがどのように働くのか説明する反応式を書け．
33. 必須アミノ酸とは，生物が合成できないアミノ酸であると定義される．アルギニンは尿酸回路の一部であるが，子供では必須アミノ酸に分類される．その理由を説明せよ．
34. PLP 触媒反応において，基質分子中の開裂した結合はピリジン環平面と垂直でなければならない．この環に存在する結合を考慮に入れ，なぜこの配置がカルボアニオンを安定させるのかを述べよ．
35. 水中では，シトシンは徐々にウラシルに変換される．これまでに習った反応を使い，どのようにしてこの変換が起こるかを示せ．

CHAPTER

15 窒素の代謝Ⅱ：分解

プロテアソーム　プロテアソームは多くのサブユニットからなる巨大な分子機械で，複数のタンパク質分解活性とATPアーゼ活性をもつ．これによって，使い古されたタンパク質，異常なタンパク質，短寿命のシグナル伝達タンパク質などが分解される．この図では，細胞周期の調節因子であるp53（黄色で示されている）が分解の標的タンパク質である．分解を受ける前，p53には複数のユビキチン分子（赤色で示されている）のタグがつけられる．ユビキチン鎖は，タンパク質がプロテアソーム内に入るのに必要である．

アウトライン

概　要

タンパク質や核酸といった窒素を含む分子の代謝は，糖質や脂質のそれとは著しく異なっている．糖質や脂質は，必要に応じて貯蔵・動員して，生合成反応やエネルギー生成のために使うことができるが，窒素を貯蔵するための分子は存在しない（この例外として種子中の貯蔵タンパク質がある）．異化によって失われる有機窒素に取って代わるために，利用可能な窒素源を常に補填し続けることは生体の宿命である．たとえば動物の場合は，尿素，尿酸，およびその他の窒素老廃物として排泄される窒素を補充するために，食物からの安定したアミノ酸の供給が不可欠である．

生きている細胞は一見安定しているように見えるが，そのほとんどはたえず更新を繰り返している．細胞が日々更新されていることを顕著に反映している現象の一つにタンパク質と核酸の代謝回転がある．生命体内の持続的な窒素原子の流れは，この過程に由来する．生体は，窒素を最終産物としての無機体にもどす前に，有機窒素としてさまざまな代謝産物の間でリサイクルしている．

動物は過剰なアミノ酸や核酸などの窒素含有分子を廃棄するが，これは窒素性廃棄分子を合成し排泄することでなされる．種によって多くの多様性が見られるが，一般的には次のようにいうことができる．アミノ酸中の窒素は脱アミノ反応によって取り除かれ，アンモニアに変換される．アンモニアは基本的に有毒であるため，生じた後，速やかに解毒されるか排泄される必要がある．甲殻類のような水棲の無脊椎動物はアンモニア排出生物と呼ばれ，アンモニアを周囲の水に直接放出する．昆虫，トカゲ，鳥などの尿酸排出生物では水分の保持が大きな問題であり，アンモニアより毒性が低く，ほぼ固体のかたちで放出可能な尿酸を排泄する．両生類や哺乳類といった陸生動物は尿素排出生物と呼ばれ，アンモニアを少量の水で排泄できる尿素に変換する．哺乳類はまた，プリンヌクレオチドの異化における含窒素老廃物である尿酸を排出する．アンモニア排出生物が産生する尿酸はプリン異化の産物であることには注意が必要である．尿素排出生物が放出する尿酸は，アミノ酸の脱アミノ反応とプリン異化の両方の最終産物である．

本章ではまずタンパク質の代謝回転について議論するが，このプロセスは細胞が絶え間なく変化する代謝環境に効率よく応答するため，そして損傷して毒性をもつかもしれないタンパク質を排除することでプロテオスタシス（タンパク質恒常性）を維持するために不可欠である．タンパク質内の窒素原子がアミノ酸からその分解物へと追跡される．その後，神経伝達物質の分解について簡潔に示す．最後に，ヌクレオチドの異化経路について記述する．

15.1　タンパク質の代謝回転

細胞内の各種タンパク質の濃度は，その合成と分解のバランスにより成り立っている．タンパク質が分解されてまた新しくつくられ続ける過程は，一見無駄なように見える．しかし，このタンパク質代謝回転（protein turnover）と呼ばれる過程は，いくつかの役割を担っている．第一に，代謝上の鍵酵素やペプチドホルモン，および受容体分子の濃度が比較的速く変化することによって，代謝の柔軟性が獲得されるということがある．非常に多い生理的な過程にとって，合成反応だけではなく分解反応がタイムリーに起こることが不可欠である．たとえば，真核細胞の細胞周期相の進行（18.1節）は，サイクリンと呼ばれる一群のタンパク質の合成と分解が正確な時に行われることで制御されている．タンパク質代謝回転によって，栄養素の量が少ないときのタンパク質合成に必要なアミノ酸が供給され，また異常タンパク質の蓄積から細胞が守られる．安全を保証する機構が豊富に存在するにもかかわらず，タンパク質の合成と折りたたみはエラーの危険性が高い．転写，翻訳，あるいは折りたたみのエラーにより，すべてのタンパク質の三分の一もが合成後数分で分解される．

代謝回転速度はタンパク質によって著しく異なるが，これは半減期で表される（半減期とは，

表 15.1 ヒトのタンパク質の半減期

タンパク質	およその半減期(h)
オルチニンデカルボキシラーゼ	0.5
チロシンアミノトランスフェラーゼ	2
トリプトファンオキシゲナーゼ	2
PEP カルボキシキナーゼ	5
アルギナーゼ	96
アルドラーゼ	118
グリセルアルデヒド-3-リン酸デヒドロゲナーゼ	130
シトクロム *c*	150
ヘモグロビン	2880

ある量のタンパク質の 50%が分解する時間のことを指す). 構造タンパク質は, ふつう, 半減期が長い. たとえば, 結合組織タンパク質(コラーゲンなど)のなかには, 半減期が年単位のものも存在する. 対照的に, 調節酵素の半減期は分単位のものが多い. **表 15.1** にいくつかの例を示す.

タンパク質の一部は, 細胞質(Ca^{2+} により活性化されたカルパインなど)のタンパク質分解酵素により分解されるが, 細胞内の大部分のタンパク質は, おもな二つの系(ユビキチンプロテアソーム系およびオートファジーリソソーム系)により分解される(**図 15.1**).

ユビキチンプロテアソーム系

ユビキチンプロテアソーム系(ubiquitin proteasomal system, UPS, **図 15.1a**)では, タンパク質分解はユビキチン化と呼ばれる共有結合修飾により開始される. これは, **ユビキチン**(ubiquitin)という分子量 8500 のタンパク質が基質タンパク質に付加されるものである. UPS は大部分の短寿命タンパク質(転写因子のような調節タンパク質など)を分解する. UPS は ERAD(小胞体関連分解, p. 41)も引き金になる.

ユビキチン化がタンパク質を分解に向かわせる機構に関しては, まだ十分に理解されていない. 多くのタンパク質は, そのタンパク質に分解のためのマークをつけるデグロンと呼ばれる配列モチーフをもつことが知られている.

1. **N 末端残基**　非常に短寿命のタンパク質は, 塩基性が強いアミノ酸(アルギニン, リシン, ヒスチジン)や大きくて疎水性の側鎖を有するアミノ酸(ロイシン, フェニルアラニン, チロシン, トリプトファン, イソロイシン)を N 末端にもつことが多い. 含硫アミノ酸, ヒドロキシ基を有するアミノ酸, あるいは小さな疎水性アミノ酸を N 末端にもつことが, より安定なタンパク質の特徴である.
2. **ペプチドモチーフ**　ある種の類似した配列をもつタンパク質は急速に分解される. たとえば, プロリン, グルタミン酸, セリン, およびトレオニンを含んだ配列をもつタンパク質は, 半減期が 2 時間以内である(これらのアミノ酸の一文字略号から, PEST 配列という名称がつけられている. **表 5.1** 参照). サイクリンの速やかなユビキチン化は, N 末端近くにある 9 残基の保存された配列(サイクリン破壊ボックス)によって担保されている.

ユビキチン化を受けたタンパク質は, **プロテアソーム**(proteasome)と呼ばれる巨大なタンパク質分解装置に送られ, そこで平均 7 ~ 8 アミノ酸残基からなるペプチド断片へと分解される. 生じた断片は, 細胞質のプロテアーゼによりアミノ酸まで分解されて, それが新しいタンパク質分子の合成に再利用される. **ユビキチン化**(ubiquitination)とは, 使い古されたタンパク質,

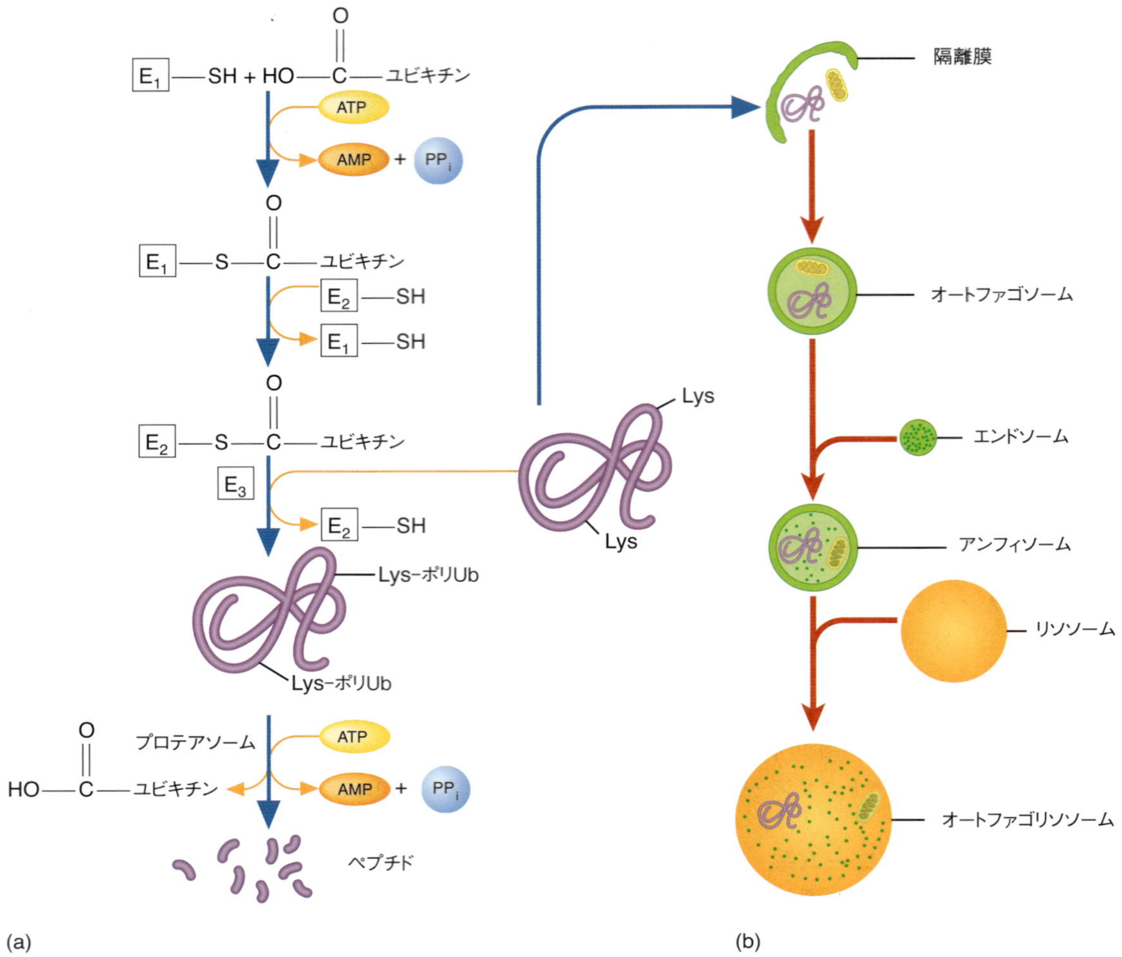

図 15.1　ユビキチンプロテアソーム系とオートファジーリソソーム系
(a) タンパク質のユビキチン化は，ATP 加水分解に依存して E_1（ユビキチン活性化酵素）とユビキチンとの間のチオエステル結合が形成されることにより開始される．次にユビキチンは E_2（ユビキチン結合酵素）に移される．E_3（ユビキチンリガーゼ）によりユビキチンが E_2 から標的タンパク質のリシンの側鎖へ移されたり，さらにすでに標的タンパク質にあるユビキチン部分に移されたりする．ポリユビキチン化は標的リシン残基にユビキチンが 4～50 個結合するまで続く．ポリユビキチン化されたタンパク質は，次にプロテアソームによって分解される．(b) オートファジーは見かけ上ランダムな過程であり，まず細胞質の物質を取り囲み隔離させる隔離膜が形成され始める．隔離膜が伸び，最終的に閉じてオートファゴソームとなる．オートファゴソームがエンドソームと融合してアンフィソームになると，内部の pH が低下し始める．アンフィソームとリソソームの融合によりオートファゴリソソームが形成される．そしてリソソーム酵素が内部の〝積み荷〟を分解する．産生物は再利用されたりエネルギー産生のために分解されたりする．かつては独立した経路であると考えられていた UPS とオートファジーは，お互いに関連している．両者は調節タンパク質を共有しているし，あるタンパク質基質が条件によってどちらかの経路で分解されたりする．

傷ついたタンパク質，あるいは短寿命の調節タンパク質などに対して，**ユビキチン**（ubiquitin）という 76 アミノ酸残基からなる小さくて高度に保存されたタンパク質を結合することであり，数段階の反応からなり，E_1，E_2，E_3 の三つの酵素群が関与する（図 15.1a）．最初の段階では，E_1（ユビキチン活性化酵素）がユビキチン分子をアデニル化によって活性化し，これをさらに E_1 の活性部位のチオールへと運んで高エネルギーのチオエステルを形成する．この反応にはユビキチン分子の C 末端グリシンのカルボキシ基が関与する．次にユビキチンは，チオール転移によって E_2（ユビキチン結合酵素）の活性部位のチオールへ移される．哺乳動物の細胞には，E_1 は 1 種類しかないが，E_2 酵素は 25 種類存在する．これらの E_2 酵素は，E_3（ユビキチンリガーゼ）への作用の特異性が異なる（ヒトでは 35 種の異なる E_2 酵素が見いだされている）．E_3 酵素はユビキチン化の基質特異性を決定する．つまり，E_2 および標的タンパク質と相互作用して，チオエステル–アミド転移を介してユビキチンを標的タンパク質内の特定のリシンの側鎖へと移行させる．E_3 酵素がその標的タンパク質を認識する際には，デグロンに結合する．デ

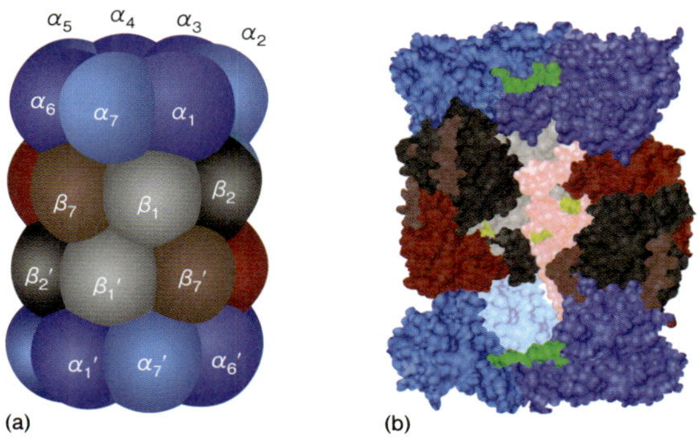

図 15.2 プロテアソーム
(a) 20S のプロテアソーム(コア粒子)は分子量 70 万の樽型の構造で，28 個のタンパク質を含む．7 個のサブユニットからなる α 環が二つ，やはり 7 個のサブユニットからなる β 環が二つである．(b) 断面図から内部の触媒空間がわかる．

グロンは，翻訳後修飾(アセチル化，ヒドロキシ化，タンパク質の切断など)により，または疎水性残基を露出させるようなタンパク質の立体構造の変化により表出されると考えられる．さらなるユビキチン化により，タンパク質上のユビキチンのタグが 4 ～ 50 個まで伸びる．ユビキチン化の特異性およびそれによるタンパク質分解の調節は，数多くの E_2(ヒトで 35 種)と E_3(ヒトで 600 種以上)に部分的に由来する．なお，高度に酸化されたタンパク質のプロテアソームによる分解に関しては，ユビキチン化を必要としないことに注目すべきである．

プロテアソーム(図 15.2)は多数のサブユニットからなる巨大な複合体であり(分子量 200 万)，1500 × 1150 nm の中空の筒を成している．26S プロテアソームと称されるこの構造体は，20S のコア粒子と分子量 90 万の 19S の調節粒子とからなる〔スベドベリ単位(S)とは，超遠心において粒子が沈降する速度の単位である．S には質量と形の両方が関係するので，加算的ではない〕．20S の粒子は，四つのタンパク質七量体環からできている($\alpha_7\beta_7\beta_7\alpha_7$)．内側の二つの β 環には，内部腔に面して 3 種類のタンパク質分解活性が存在する．α 環の構成タンパク質の N 末端部分は，狭い分解室への変性タンパク質の進入を制限する機能がある．19S の粒子は，9 個のサブユニットからなる蓋部(がい)(コア粒子の α 環へ直接に結合する)と，10 個のサブユニットからなる基部からなる．19S の ATP アーゼへの ATP の結合により，19S と 20S の粒子の結合が可能となり，基質のポリペプチドを活性空間の穴へと通すためにタンパク質をほどくことも可能になる．蓋部のサブユニットは，基質選択およびユビキチンの除去に関与している．この門番としての働きによって，適切な標的タンパク質のみが分解に向けて触媒腔へと移送されるよう，確実性が高められている．一度に一つのタンパク質のみが分解されて，6 ～ 9 残基のペプチド生成物がプロテアソームから放出されるが，これらは細胞質のプロテアーゼによって遊離アミノ酸まで加水分解される．

ユビキチン化もタンパク質分解以外の機能をもつ．標的タンパク質へのユビキチンの可逆的な共有結合は，DNA 修復や細胞の情報伝達などさまざまな細胞過程を制御するうえで，広く見られる機構である．

オートファジー–リソソーム系

オートファジー(autophagy，〝自食〞)は細胞の分解経路であり，細胞要素のうち，とくに長寿命タンパク質と細胞小器官がリソソーム内の加水分解酵素によって分解される．オートファジーは細胞内でいくつかの役割をもつ．消耗したり損傷したりした細胞内の構成要素を分解するという明白な役割のほかに，栄養素のレベルが低下した際(絶食時)に生命機能を維持するための再利用機構を提供する．オートファジーは，発生の調節(細胞のリモデリング)や侵入した微生物の破壊にも関与する．

オートファジーには，シャペロン介在性オートファジー，ミクロオートファジー，マクロオートファジーの 3 種類がある．**シャペロン介在性オートファジー**(chaperone-mediated autophagy)は受容体を介する過程であり，シャペロン複合体に結合した特定のタンパク質が折りたたみを解かれてリソソーム内に移行し，リソソームのプロテアーゼで分解される．**ミクロオートファジー**(microautophagy)では少量の細胞質ゾルがリソソームにより直接取り囲まれる．**マクロオートファジー**(macroautophagy，図15.1b)のことをオートファジーと呼ぶことが多いが，これは細胞質の構成要素を丸ごと分解するためにリソソーム経路が使われるものである．これは，真核細胞が至適機能を維持したり変化する環境条件に応答したりするために利用する主要な異化機構である．

オートファジーはさまざまなストレス因子により誘導されるが，それらには小胞体ストレス(たとえば変成タンパク質への応答によるストレス，p.41参照)，低酸素，酸化ストレス，栄養飢餓，高温，ウイルス感染などがある．オートファジーの始まりは，隔離膜と呼ばれる二重膜構造(おそらく粗面小胞体のリボソームのない部分に由来)からのオートファゴソームの形成である．隔離膜が伸び，細胞質の物質を隔離して，最終的に閉じてオートファゴソームとなる．オートファゴソームは次にエンドソームと融合してアンフィソームになる．エンドソームの膜に結合していたATPアーゼがプロトンをアンフィソームの内腔に汲み入れ始める．その後アンフィソームの外膜がリソソームと融合してオートファゴリソソームとなる．次にリソソーム酵素が細胞質由来の〝積み荷〞とアンフィソーム内膜の消化を開始する．分解産物(アミノ酸や糖など)は細胞質へ出され，生合成に使われたりエネルギー産生のために分解されたりする．消化できない物質を含むオートファゴリソソームは残余小体と呼ばれるが，それらは細胞質に留まる．たとえばリポフスシン顆粒は耐消化性の褐色色素片を含むが，神経，心臓，腎臓，副腎の老化した細胞に見られる．

オートファジーは，ほぼすべての真核生物の細胞において基礎レベルで機能しているハウスキーピング過程である．細胞がストレス下におかれた場合やエネルギーや栄養素のレベルが低下した場合には速やかに亢進されうる．例として，栄養素が不足した場合にはタンパク質合成開始因子2α(eIF2α)が，またエネルギーが不足した場合にはAMP活性化キナーゼ(AMPK)が，それぞれオートファジーを活性化する．栄養素やエネルギーレベルが高いときには，オートファジーはセリン・トレオニンキナーゼである哺乳類ラパマイシン標的タンパク質(mTOR)によって阻害される(ラパマイシンは，医療において移植組織の拒絶を防ぐために使われる細菌由来の分子である)．mTORは，細胞内のシグナル(栄養素やエネルギーのレベル，酸化還元状態など)と細胞外のシグナル(ホルモンや成長因子など)とを統合することにより，細胞の代謝調節における中心的な役割を担っている．

キーコンセプト

- タンパク質代謝回転，すなわちタンパク質の持続的な合成と分解は，生命体に代謝的柔軟性を与え，細胞に異常なタンパク質が蓄積するのを防ぐ．
- 大部分の短寿命の細胞タンパク質はユビキチンプロテアソーム系により分解され，短いペプチドとなる．長寿命タンパク質や細胞小器官は，オートファジーリソソーム系で分解される．
- ペプチドが細胞質プロテアーゼ群により分解されて生じるアミノ酸は，アミノ酸プールに入り，新たなタンパク質分子への取り込みが可能となる．

15.2　アミノ酸の異化

通常，アミノ酸の異化はアミノ基の除去から始まる．そしてアミノ基は尿素合成により処理される．結果として生じた炭素骨格は，続いて分解を受けて七つの可能な代謝生成物のうち，一つまたはそれ以上のものを生じる．それらは，アセチルCoA，アセトアセチルCoA，ピルビン酸，2-オキソグルタル酸，スクシニルCoA，フマル酸，またはオキサロ酢酸である．その時点での代謝上の必要によって，動物は脂肪酸やグルコースの合成もしくはエネルギー産生のためにこれらの分子を用いる．分解されてアセチルCoAやアセトアセチルCoAを生じるアミノ酸は，脂肪酸あるいはケトン体に変化されうるために**ケト原性**(ketogenic)といわれる．**糖原性**(glucogenic)**アミノ酸**の炭素骨格は，ピルビン酸やクエン酸回路の中間体に分解され，糖新生に利用される．アミノ酸の大部分は糖原性である．以下に，脱アミノ経路や尿素合成について述べ，さらに炭素骨格を分解する経路について説明する．

脱アミノ

アミノ酸からα-アミノ基が除去される反応には，アミノ基転移と酸化的脱アミノと呼ばれる2種類の生化学的反応がある．これら二つの反応については14.2節ですでに述べた．これらの反応は可逆的であるので，アミノ基は豊富に存在するアミノ酸から容易にはずれて，不足しているアミノ酸を合成するのに用いられる．アミノ酸が過剰に存在する場合には，アミノ基は尿素生成に使われることになる．高タンパク質食を摂取した場合や，タンパク質の分解が亢進する飢餓などの状況においては，尿素はとくに大量に合成される．

筋肉においては，過剰のアミノ基は2-オキソグルタル酸に転移してグルタミン酸となる．

$$\text{2-オキソグルタル酸} + \text{L-アミノ酸} \rightleftharpoons \text{L-グルタミン酸} + \text{2-オキソ酸} \quad (1)$$

グルタミン酸分子のアミノ基は，アラニン回路により血液中を肝臓へと輸送される（**図 8.12** 参照）．

$$\text{ピルビン酸} + \text{L-グルタミン酸} \rightleftharpoons \text{L-アラニン} + \text{2-オキソグルタル酸} \quad (2)$$

肝臓においては，アラニントランスアミナーゼによる反応の逆反応によってグルタミン酸が生成される．グルタミン酸の酸化的脱アミノにより2-オキソグルタル酸と NH_4^+ が生じる．

肝臓以外の組織のほとんどにおいて，グルタミン酸のアミノ基は酸化的脱アミノにより NH_4^+ として放出される．アンモニアはグルタミンのアミド基として肝臓へと運ばれる．グルタミンシンテターゼによって触媒されるこの反応はATPを必要とし，グルタミン酸がグルタミンに変えられる．

$$\text{L-グルタミン酸} + NH_4^+ + \text{ATP} \longrightarrow \text{L-グルタミン} + \text{ADP} + \text{P}_i \quad (3)$$

肝臓へと運ばれたグルタミンはグルタミナーゼによって加水分解され，グルタミン酸と NH_4^+ を生じる．グルタミン酸デヒドロゲナーゼによるグルタミン酸から2-オキソグルタル酸への変換において，さらに NH_4^+ が生じる．

$$\text{L-グルタミン} + H_2O \longrightarrow \text{L-グルタミン酸} + NH_4^+ \quad (4)$$

$$\text{L-グルタミン酸} + H_2O + NAD^+ \longrightarrow \text{2-オキソグルタル酸} + \text{NADH} + H^+ + NH_4^+ \quad (5)$$

アミノ酸の分解で生じるアンモニアの大部分は，グルタミン酸の酸化的脱アミノに由来する．それ以外では，次に示す酵素により触媒されるいくつかの反応によってアンモニアが生じる．

L-アミノ酸オキシダーゼはフラビンモノヌクレオチド（FMN）要求性の肝臓や腎臓に存在する酵素であり，いくつかのアミノ酸を2-オキソ酸，NH_4^+，H_2O_2 に変換する．セリン／トレオニンデヒドラターゼはピリドキサール要求性の肝臓に存在する酵素で，セリンとトレオニンをそれぞれピルビン酸と2-オキソ酪酸に変換する．腸管内細菌のウレアーゼは血流中の尿素を加水分解するが，これにより大量のアンモニアが産生される．その後アンモニアは血中へ拡散して肝臓に輸送される．アデノシンデアミナーゼ（p. 504）はヌクレオチド異化経路において，AMPのアデニン環より NH_4^+ を放出する．

キーコンセプト

- ほとんどのアミノ酸の分解は，α-アミノ基の除去で始まる．
- アミノ基の除去に関与する反応として，アミノ基転移と酸化的脱アミノの2種類の生化学的反応がある．

尿素合成

尿素排泄性生物（すなわちアンモニアを尿素に変換する生物）では，過剰窒素の約90%は尿素回路によって処理される．**図 15.3** に示すように，尿素は**尿素回路**（urea cycle）と呼ばれる環状の経路において，アンモニア，二酸化炭素，およびアスパラギン酸から合成される．尿素回路はHans KrebsとKurt Henseleitによって発見されたので，**クレブス尿素回路**（Krebs urea cycle）またはクレブス・ヘンゼライト回路とも呼ばれる．尿素合成全体の反応式は以下のようになる．

$$CO_2 + NH_4^+ + \text{アスパラギン酸} + 3\text{ATP} + 2H_2O \longrightarrow \text{尿素} + \text{フマル酸} + 2\text{ADP} + 2\text{P}_i + \text{AMP} + \text{PP}_i + 5H^+ \quad (6)$$

尿素合成は肝細胞で行われ，ミトコンドリアのマトリックスにおけるカルバモイルリン酸の合成から始まる．この反応はカルバモイルリン酸シンテターゼ I（CPS I）で触媒され，NH_4^+ と HCO_3^- を基質とする．

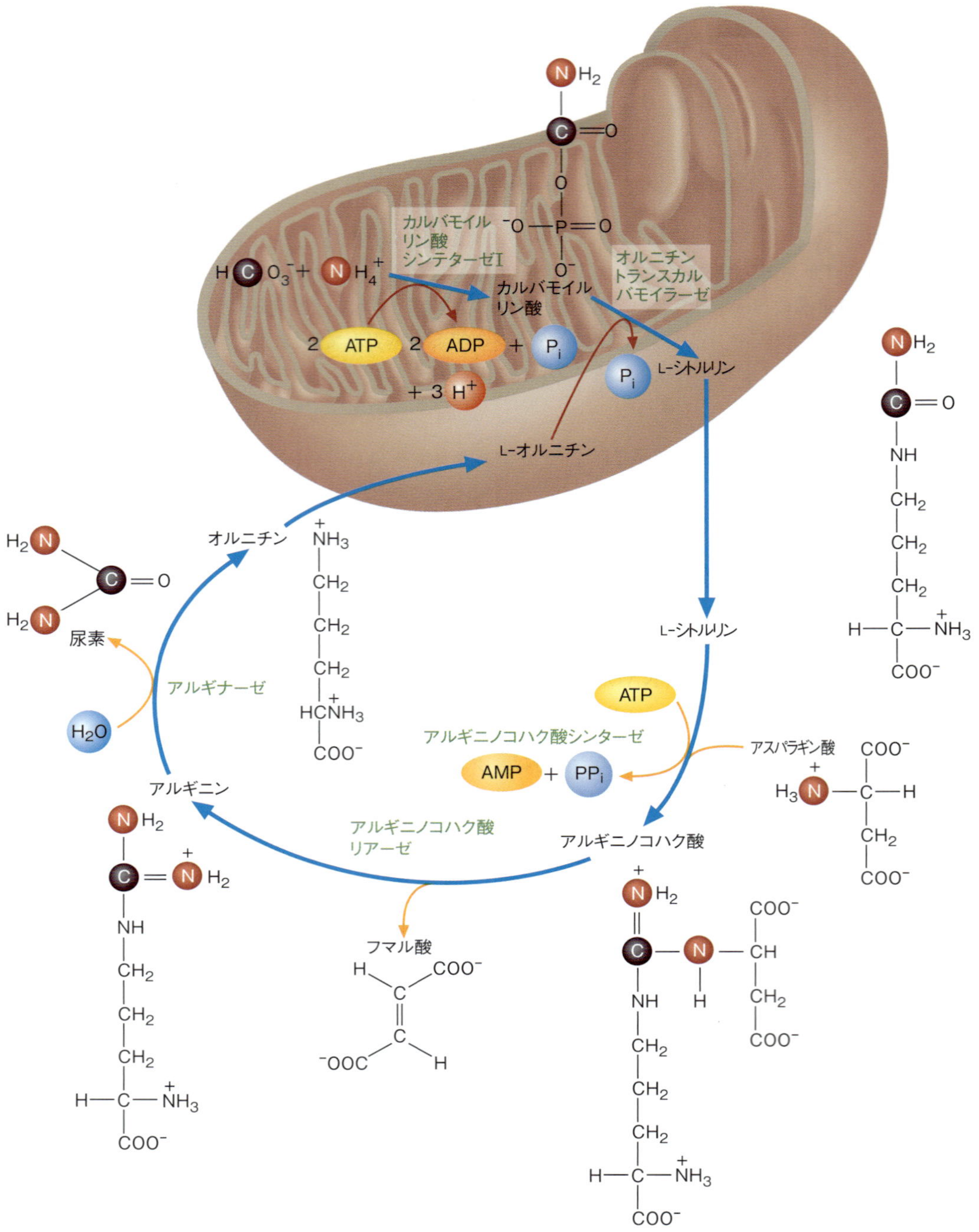

図 15.3　尿素回路

尿素回路は，NH_4^+ をより毒性の低い分子である尿素へ変える．尿素中の各原子がどこから来るかを色で区別してある．シトルリンが内膜を通過するのは，中性アミノ酸の担体による．オルニチンは，H^+ とシトルリンとの交換によりオルニチントランスロカーゼにより輸送される．フマル酸は，2-オキソグルタル酸かトリカルボン酸の担体によりミトコンドリアのマトリックスにもどされて，リンゴ酸へ再変換される．

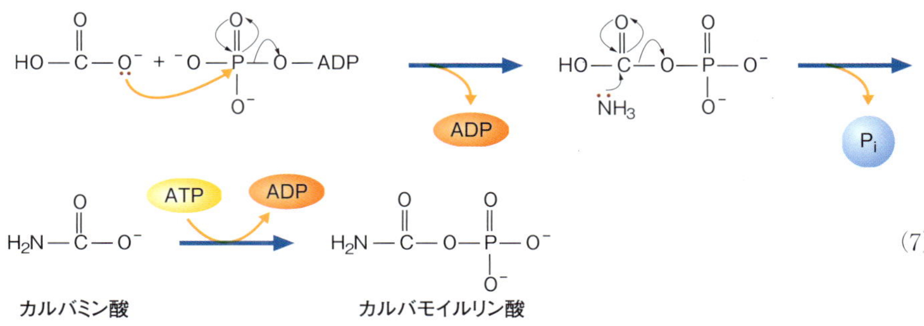

(7)

カルバモイルリン酸の合成には2分子のATPが必要なので，この反応は基本的に不可逆である（1分子はHCO_3^-の活性化に用いられ，もう1分子はカルバミン酸のリン酸化に使われる）．次にカルバモイルリン酸はオルニチンと反応し，シトルリンとなる．シトルリンの生成は求核的アシル交換反応であり，オルニチン側鎖のアミノ基が求核剤，リン酸が脱離基である．

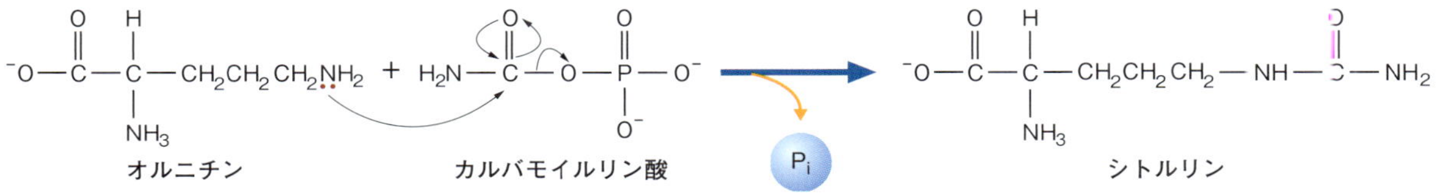

(8)

オルニチントランスカルバモイラーゼに触媒されるこの反応は，反応完了側に強く傾いている．というのも，カルバモイルリン酸からリン酸が放出されるためである（カルバモイルリン酸が高いリン酸基転移能力をもっていることは**表 4.1** に示した）．合成されたシトルリンは細胞質へ輸送され，そこでアスパラギン酸と反応してアルギニノコハク酸となる（最終的に尿素に取り込まれる第二の窒素は，アスパラギン酸のα-アミノ基から供給される．アスパラギン酸は肝臓においてオキサロ酢酸からアミノ基転移反応で合成される）．アルギニノコハク酸シンターゼで触媒されるこの反応で，シトルリンはATPによって活性化され，シトルリン-AMP中間体とピロリン酸を生じる．アスパラギン酸のアミノ窒素が求核剤として作用し，AMPを置換してアルギニノコハク酸を生成する．

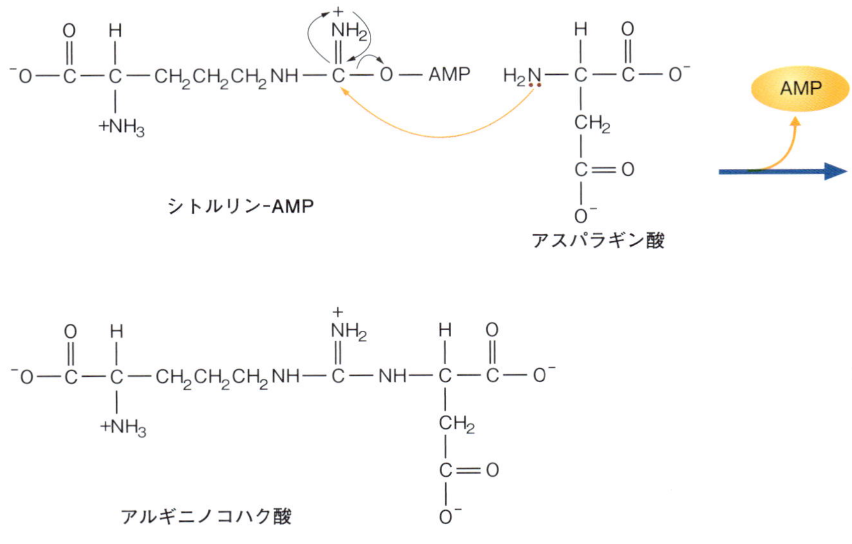

(9)

このアシル交換反応は，ピロホスファターゼによるピロリン酸の開裂により進む．次にアルギニノコハク酸リアーゼがアルギニノコハク酸をアルギニン(尿素の直接の前駆体)とフマル酸に切断する．

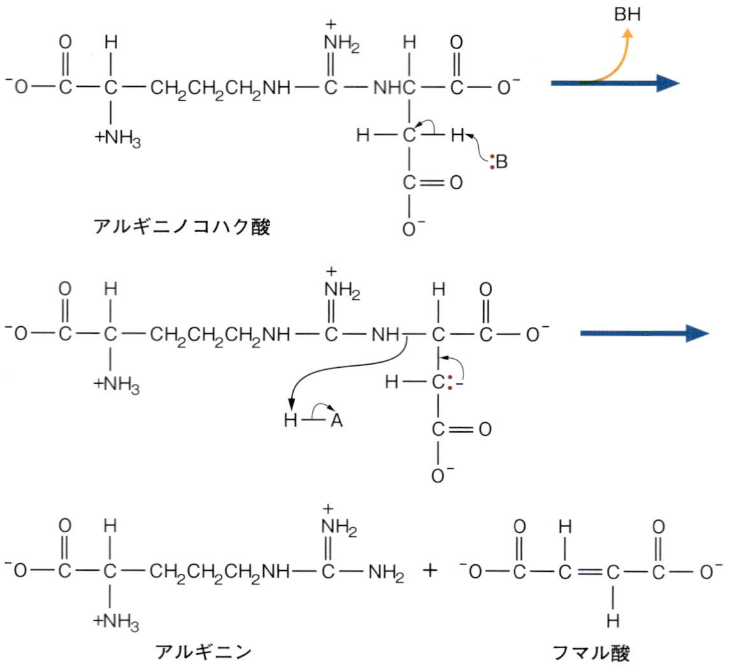

(10)

この酵素の活性部位内のヒスチジン残基が，塩基(B:)として基質からプロトンを除去し，カルボアニオンを生成する．カルボアニオンは窒素を離し，C=C 結合をつくる．この窒素はプロトン供与体(HA，おそらくプロトン化されたヒスチジン)からプロトンを受けとる．

尿素回路の最終反応では，アルギナーゼによってアルギニンがオルニチンと尿素に加水分解される．

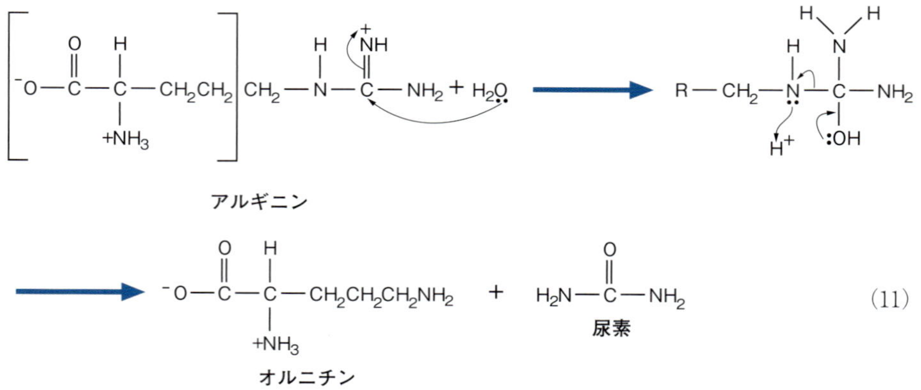

(11)

生じた尿素は，肝細胞から拡散により血流に入り，最終的に腎臓で尿へ排出される．オルニチンはミトコンドリアへもどり，カルバモイルリン酸と縮合して次のサイクルを開始する．尿素排泄性動物の肝臓以外にアルギナーゼはほとんど存在しないので，尿素は肝臓においてのみ合成される．

フマル酸はミトコンドリアのマトリックスへもどされ，水和によってクエン酸回路の中間体であるリンゴ酸となる．リンゴ酸はクエン酸回路でオキサロ酢酸となって，エネルギー産生に使われるか，グルコースやアスパラギン酸に変えられる．尿素回路とクエン酸回路の関係は**クレブスの二環回路**(Krebs bicycle)と呼ばれることがあるが，その概略を図 15.4 に示す．

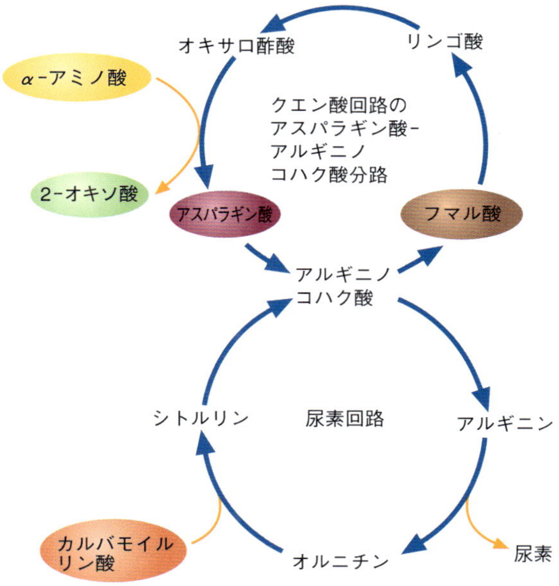

図 15.4　クレブスの二環回路
尿素の合成に使われるアスパラギン酸は，クエン酸回路の中間体であるオキサロ酢酸からつくられる．このアミノ基転移反応により，多くのアミノ酸からアミノ窒素が取り除かれる．

例題 15.1

尿素回路について復習し，1分子の尿素を合成するためにいくつの ATP が使われるかを導け．

解答

NH_4^+ と CO_2 からのカルバモイルリン酸の合成に二つの ATP が必要である．アルギニノコハク酸の合成において一つの ATP が AMP となる．二つの ATP 相当が AMP から ATP への変換に必要である．したがって一つの尿素分子の合成に必要な ATP 相当の総数は 4 である． ■

高アンモニア血症（hyperammonemia）は，肝臓の尿素合成能が損なわれて血液中の NH_4^+ 濃度が過剰になることで，場合によっては致命的な状態に至る．

尿素回路の調節

アンモニアは毒性のある分子なので，その合成は厳密に制御されている．それは長期と短期の機構によって調節されている．タンパク質摂取量の変動によって，尿素回路の酵素 5 種のすべての量が変化する．食事を切り替えてから数日以内に，各酵素量は 2 倍から 3 倍に変化する．酵素合成の速度の変化には，いくつかのホルモンが関与している．グルカゴンやグルココルチコイドは尿素回路の酵素の転写を活性化し，インスリンはそれらの合成を抑制する．

尿素回路の酵素は，基質の濃度によって短期の制御を受ける．カルバモイルリン酸シンテターゼ I（CPS I）も *N*-アセチルグルタミン酸によりアロステリックに活性化される．*N*-アセチルグルタミン酸は細胞内グルタミン酸濃度の鋭敏な指標である．NH_4^+ の多くはグルタミン酸に由来する．*N*-アセチルグルタミン酸（NAG）は，*N*-アセチルグルタミン酸シンターゼが触媒する反応において，グルタミン酸とアセチル CoA からつくられる．この酵素はアルギニンによりアロステリックに活性化される．アルギニン濃度の増加によって NAG 合成が増加するので，NAG による CPS I の活性化は正のフィードバック過程である．基質チャネリング（p. 186）も尿素回路の効率を上昇させる．尿素回路の代謝物のうち，この経路の産物である尿素のみが，その他の細胞質の代謝物と自由に混ざり合うことがわかっている．

キーコンセプト

- 尿素は，アンモニア，CO_2，およびアスパラギン酸から合成される．
- 尿素回路は厳密に制御されている．

問題 15.1

アルギニンは尿素回路の中間体であるのに，若い動物では必須アミノ酸となっている．この現象の理由を考えよ．

問題 15.2

高アンモニア血症の治療において，抗生物質が使われることがある．この治療法はどのような根拠に基づいているかを考えよ．

アミノ酸炭素骨格の異化

α-アミノ酸は代謝の最終生成物によって分類することができる．すなわち，アセチル CoA，アセトアセチル CoA，ピルビン酸，およびいくつかのクエン酸回路の中間体である．各グループについて以下に概説する．タンパク質を構成する 20 個の α-アミノ酸の分解経路の概要を図 15.5 に示す．

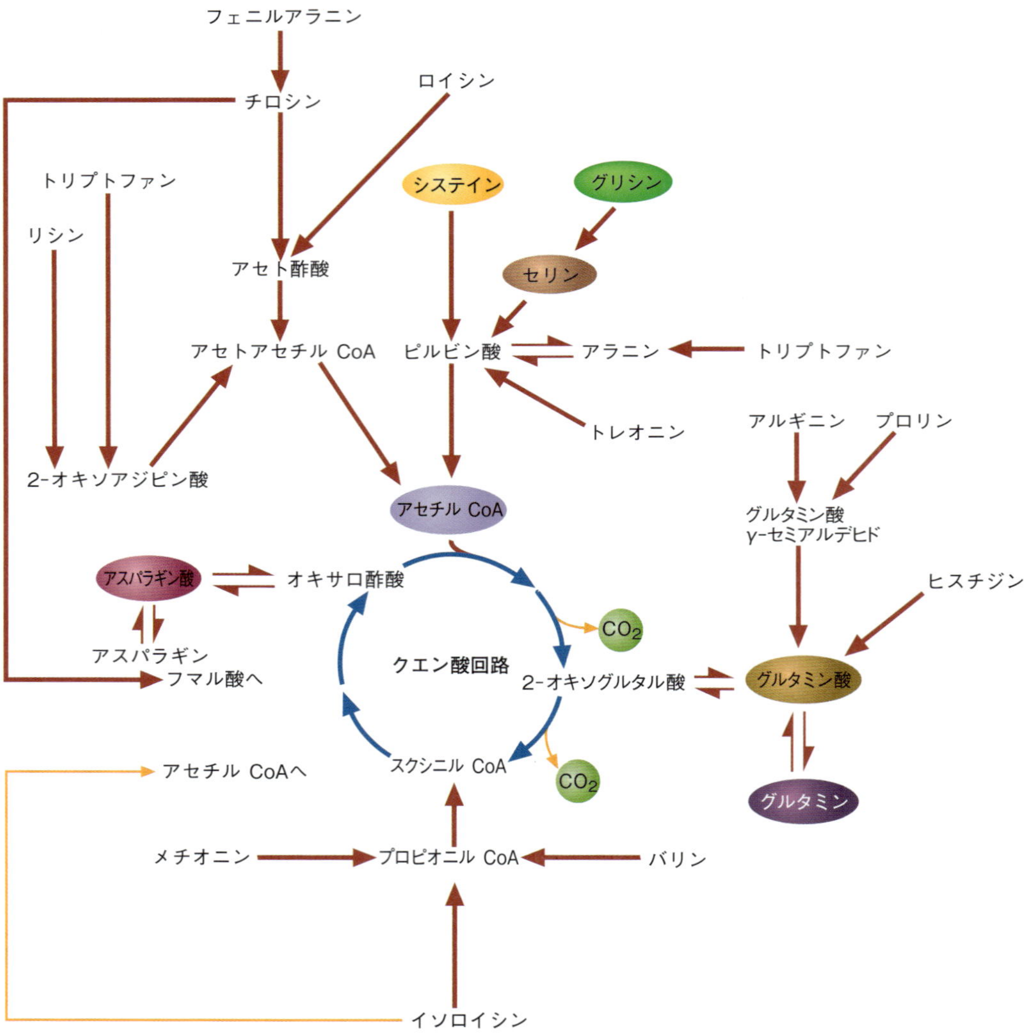

図 15.5　タンパク質合成に使われる 20 種の α-アミノ酸の分解

α-アミノ基は異化経路の早い段階で除去される．炭素骨格は一般的な代謝中間体へと変えられる．

アセチル CoA を生成するアミノ酸　20 個の α-アミノ酸のうち，10 個はアセチル CoA を生成する．アセチル CoA 生成の中間体としてピルビン酸を経由するか否かにより，このグループはさらに二つに分けられる．ピルビン酸を経由して分解されるアミノ酸は，アラニン，セリン，グリシン，システイン，およびトレオニンである．これらのアミノ酸は，ピルビン酸デヒドロゲナーゼとピルビン酸カルボキシラーゼの活性の比によって，ケト原性か糖原性のいずれかになる．細胞の代謝上の要求に依存して，ピルビン酸はアセチル CoA となって酸化されるか，脂肪酸合成に使われるか，あるいはオキサロ酢酸に変換されて糖新生へと向かうことが可能となる．残り五つのアミノ酸，すなわちリシン，トリプトファン，チロシン，フェニルアラニン，およびロイシンは，ピルビン酸を介さずにアセチル CoA に変換される．この二つの反応経路を図 15.6 と図 15.7 に示す．

1. **アラニン**　アラニン回路においてアラニンとピルビン酸の間の可逆的アミノ基転移反応が重要であることは，すでに述べた(8.2 節)．
2. **セリン**　前述のように，セリンは，ピリドキサールリン酸要求性の酵素であるセリンデヒドラターゼによってピルビン酸に変換される．
3. **グリシン**　グリシンはセリンヒドロキシメチルトランスフェラーゼによる反応でセリンへの変換が可能である(14.3 節で述べたように，ヒドロキシメチル基は N^5,N^{10}-メチレン THF から付与される)．前述のように，セリンはその後にピルビン酸に変換される．しかし，ほとんどのグリシンは，グリシン開裂酵素により，CO_2，NH_4^+，および N^5,N^{10}-メチレン THF に分解される．
4. **システイン**　動物の場合，システインからピルビン酸を生成する経路は複数存在する．

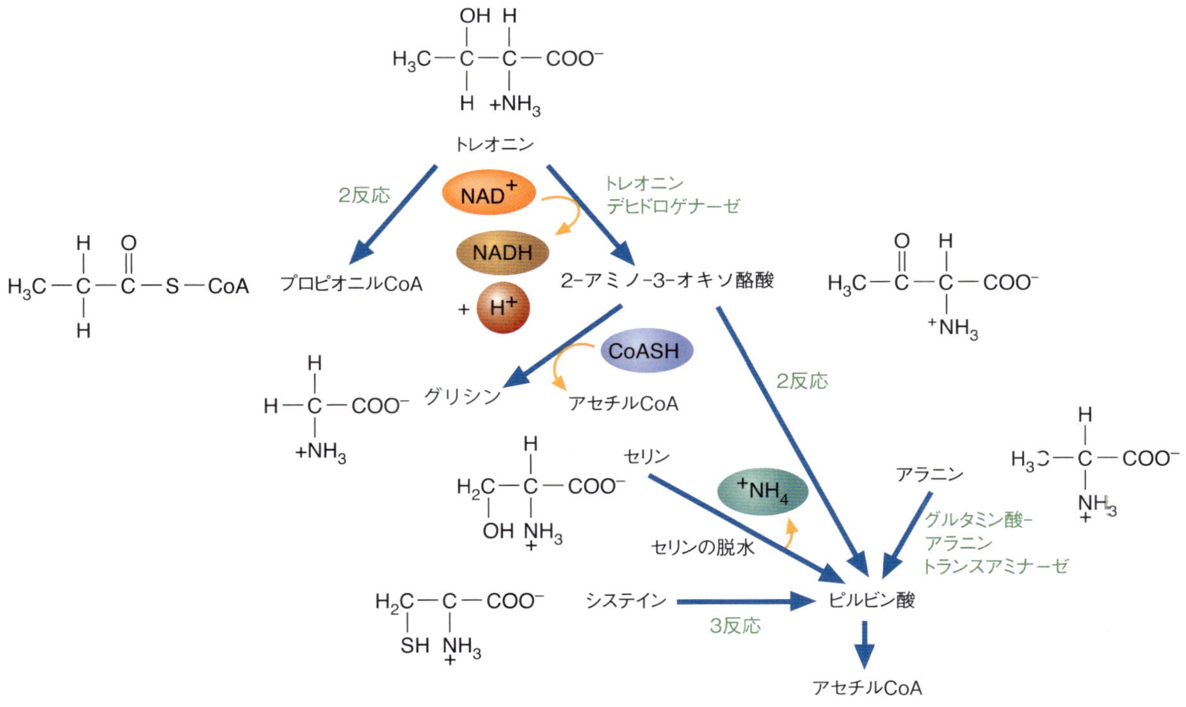

図 15.6　トレオニン，グリシン，セリン，システイン，アラニンの異化経路
これらのアミノ酸がアセチル CoA に変えられる際の中間体はピルビン酸である．トレオニンの分解経路は二つある．一つの経路では，トレオニンは 3 段階の反応によりピルビン酸へと変換される．この経路の中間代謝物である 2-アミノ-3-オキソ酪酸はまた CoASH と反応してアセチル CoA とグリシンを生成できる．ここでグリシンは，NAD^+ 要求性の反応において，グリシンシンターゼにより分解されて CO_2，NH_4^+ および N^5,N^{10}-メチレン THF を生成することも覚えておきたい．霊長類では，トレオニン分子の大部分は分解されてプロピオニル CoA となる．この分子は引き続き，クエン酸回路の中間体であるスクシニル CoA に変換される(図 12.12)．セリンは，セリンデヒドラターゼにより NH_4^+ が放出されてピルビン酸となる．システイン代謝の主要経路は 3 段階の反応からなる．つまり，酸化により生じる中間体のシステインスルフィン酸がアミノ基転移を受け，さらに脱硫化によりピルビン酸と亜硫酸(HSO_3^-)を生じる．アミノ基転移反応によりアラニンはピルビン酸になる．

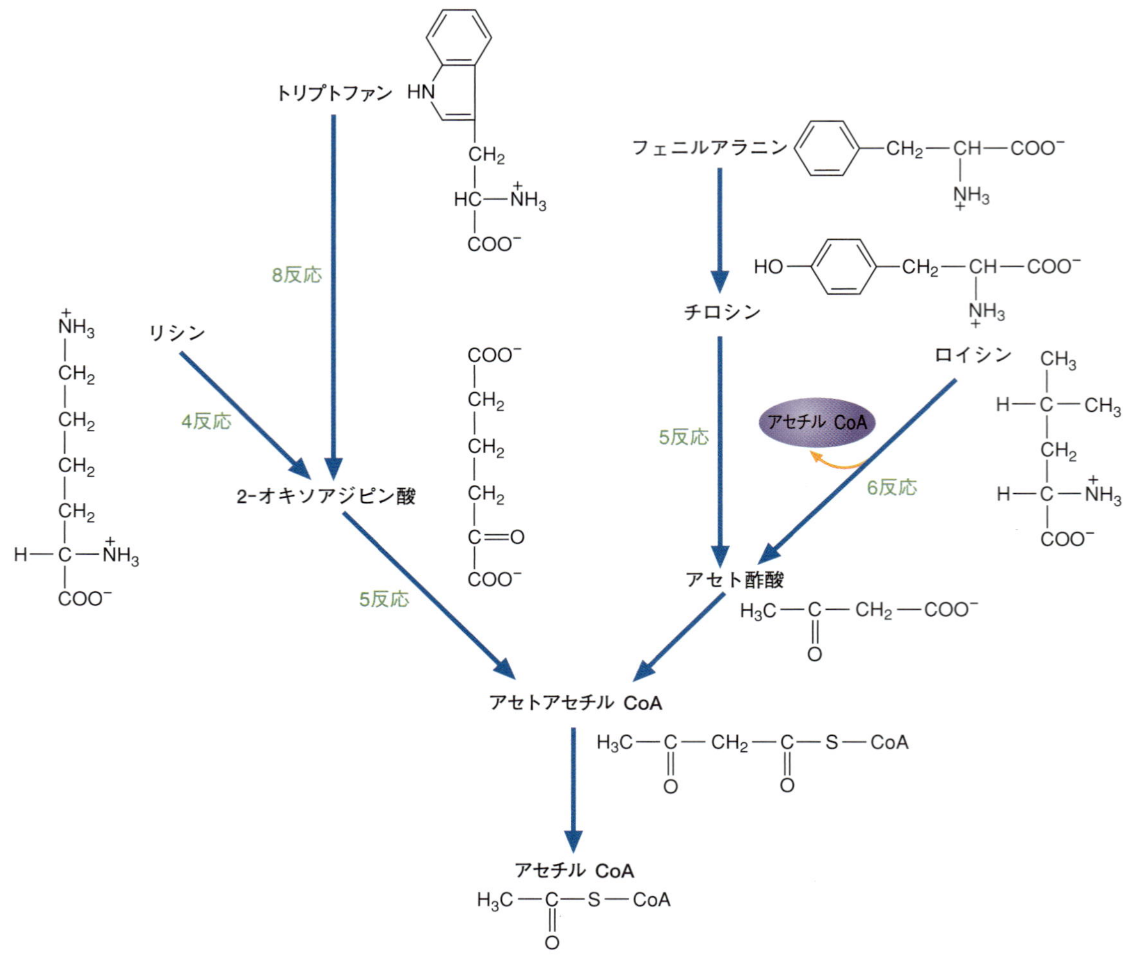

図 15.7　リシン，トリプトファン，フェニルアラニン，チロシン，ロイシンの異化経路
これらの経路は長く複雑である．各部分の反応数を示してある．

主要な経路では，システインは酸化されてシステインスルフィン酸になる．その後，アミノ基転移と脱硫反応を経てピルビン酸が生成する．

5．**トレオニン**　主要分解経路の場合，トレオニンはトレオニンデヒドロゲナーゼにより酸化されて 2-アミノ-3-オキソ酪酸になる．この分子はさらにピルビン酸に代謝されるか，または 2-アミノ-3-オキソ酪酸リアーゼにより分割されてアセチル CoA とグリシンを生じる．別経路では，トレオニンはトレオニンデヒドラターゼにより 2-オキソグルタル酸に分解され，続いてプロピオニル CoA に変換される．プロピオニル CoA は，その後スクシニル CoA に変換される（p. 381 参照）．

6．**リシン**　二つの酸化反応と側鎖アミノ基の除去，およびアミノ基転移という一連の反応により，リシンは 2-オキソアジピン酸に変換される．いくつかの酸化，脱炭酸，および水和を含む反応経路でアセトアセチル CoA が生成する．アセトアセチル CoA はケトン体形成の逆反応によりアセチル CoA に変わる．

7．**トリプトファン**　トリプトファンは八つの反応群により 2-オキソアジピン酸に変換されるが，その過程でギ酸とアラニンも生成する．リシンの項で述べたように，2-オキソアジピン酸からアセチル CoA が合成される．この過程で生成したアラニンは，ピルビン酸を経てアセチル CoA に変換される．

8．**チロシン**　チロシンの異化はアミノ基転移と脱ヒドロキシ基で始まる．後者の反応においてホモゲンチジン酸が合成されるが，この反応はアスコルビン酸要求性の酵素であるパラヒドロキシフェニルピルビン酸ジオキシゲナーゼにより触媒される．ホモゲンチジ

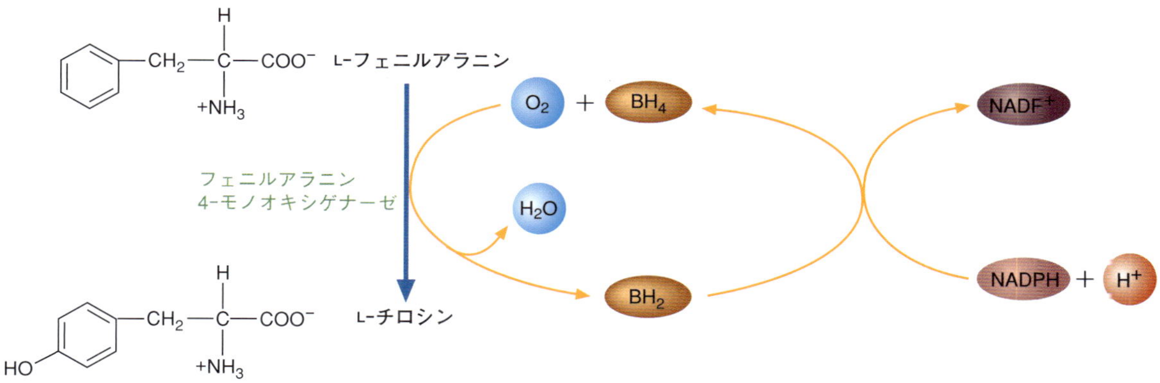

図 15.8 フェニルアラニンからチロシンへの変換
フェニルアラニン 4-モノオキシゲナーゼによって触媒されるこの反応は不可逆的である．フェニルアラニンのヒドロキシ化に必要な電子は，テトラヒドロビオプテリンによって NADPH から O_2 に運ばれる．

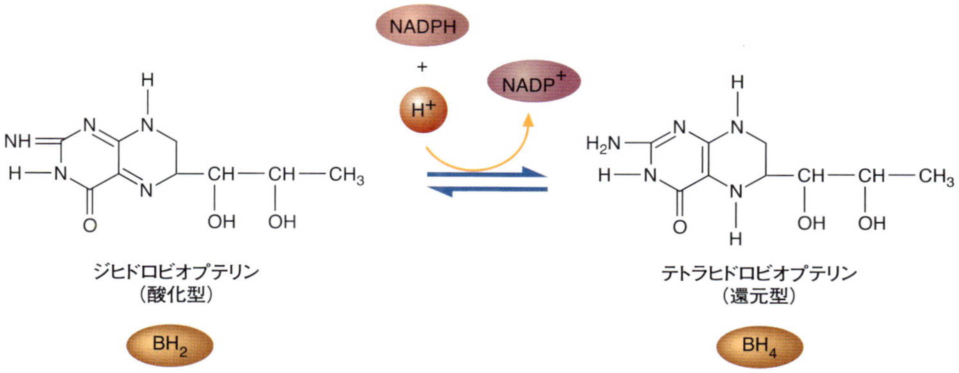

図 15.9 テトラヒドロビオプテリン
GTP から生成されるテトラヒドロビオプテリン (BH_4) は，いくつかの神経伝達物質（カテコールアミン類やセロトニン），メラトニン (p. 464) や一酸化窒素 (p. 468) の生合成に必須な補因子である．BH_4 (還元型) は，NADPH の還元によりジヒドロビオプテリン (BH_2，酸化型) から再生成される．

ン酸は，ホモゲンチジン酸オキシダーゼによりマレイルアセト酢酸に変換される．その後，異性化と水和反応によりアセト酢酸とフマル酸が生成する．

9. **フェニルアラニン**　フェニルアラニンはフェニルアラニン 4-モノオキシゲナーゼ (図 15.8) によって，O_2 および葉酸様の分子であるテトラヒドロビオプテリン (BH_4，図 15.9) を要求する反応でチロシンになる．チロシンは分解されてアセト酢酸とフマル酸を生成する．
10. **ロイシン**　分枝アミノ酸の一つであるロイシンは，アミノ基転移，二つの酸化反応，カルボキシル化反応，および水和反応という一連の反応により HMG-CoA に変換される．HMG-CoA は HMG-CoA リアーゼによりアセチル CoA とアセト酢酸になる．

2-オキソグルタル酸を生成するアミノ酸　五つのアミノ酸 (グルタミン酸，グルタミン，アルギニン，プロリン，ヒスチジン) は分解されて 2-オキソグルタル酸になる．これらの異化の概要を図 15.10 に示す．各経路を簡単に説明する．

1. **グルタミン酸とグルタミン**　グルタミンはグルタミナーゼによりグルタミン酸と NH_4^+ に変換される．前述のように，グルタミン酸はグルタミン酸デヒドロゲナーゼまたはアミノ基転移により 2-オキソグルタル酸に変換される．
2. **アルギニン**　アルギニンはアルギナーゼにより切断され，オルニチンと尿素を生成することはすでに述べた．続いて起こるアミノ基転移反応で，オルニチンはグルタミン酸 γ-セミアルデヒドに変換される．グルタミン酸 γ-セミアルデヒドが水和と酸化を受けてグルタミン酸が生じ，アミノ基転移反応または酸化的脱アミノにより 2-オキソグルタ

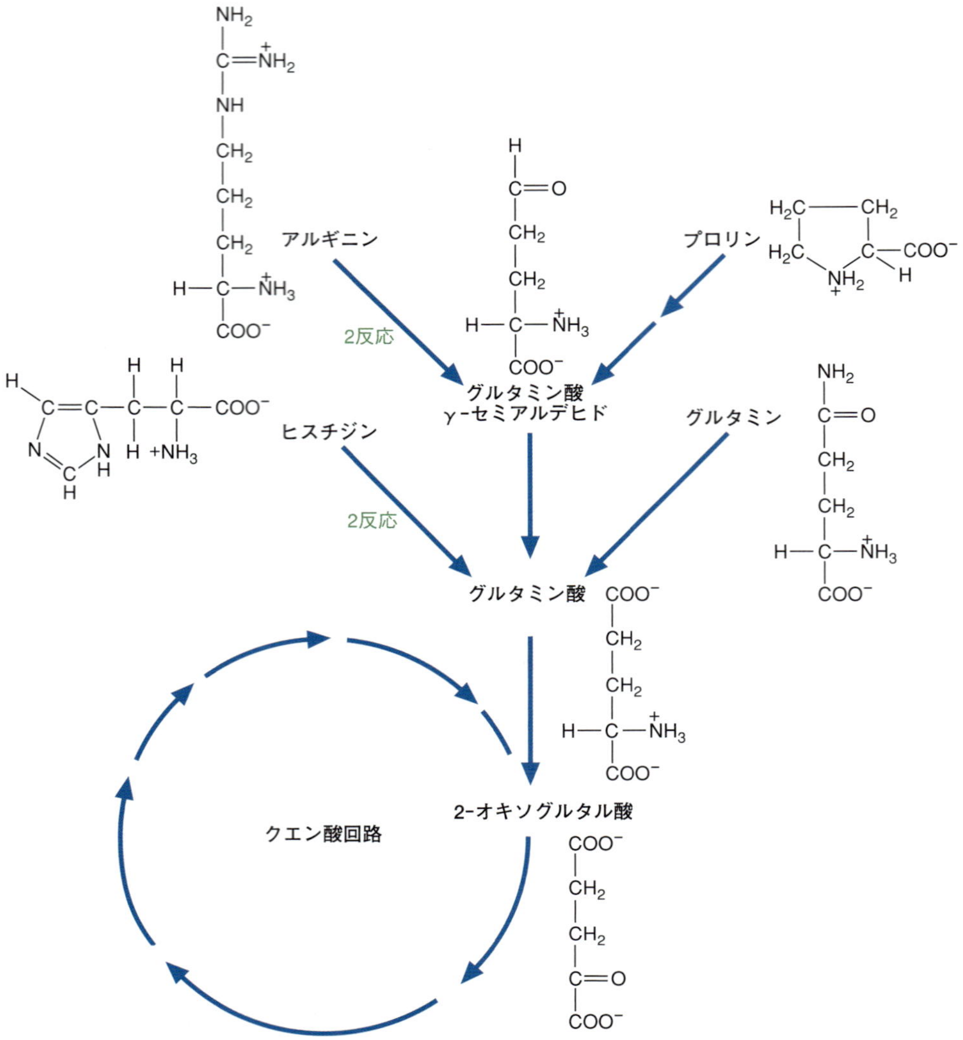

図 15.10　グルタミン酸，グルタミン，アルギニン，プロリン，ヒスチジンの異化経路
これらのアミノ酸はすべて 2-オキソグルタル酸に変換される．

ル酸となる．

3．**プロリン**　プロリンの異化は，Δ^1-ピロリンを生成する酸化反応で始まる．Δ^1-ピロリン型となった分子は，水和反応によりグルタミン酸 γ-セミアルデヒドに変換され，酸化によりグルタミン酸になる．

4．**ヒスチジン**　ヒスチジンは，非酸化的脱アミノ，二つの水和反応，および THF によるホルムイミノ基（NH=CH—）の除去という四つの反応により，グルタミン酸に変換される．

スクシニル CoA を生成するアミノ酸　スクシニル CoA は，前述のトレオニンのほかに，メチオニン，イソロイシン，およびバリンの炭素骨格から合成される．トレオニン以外の三つのアミノ酸の分解反応の概要を図 15.11 に示す．

1．**メチオニン**　メチオニンの分解ではまず *S*-アデノシルメチオニン（SAM）が形成され，次に脱メチル化反応が続く（図 14.17 参照）．この反応の生成物である *S*-アデノシルホモシステイン（SAH）は，アデノシンとホモシステインとに加水分解される．ホモシステインの代謝により，2-オキソ酪酸，システイン，NH_4^+ が生成される．次に 2-オキソ酪酸は 2-オキソ酸デヒドロゲナーゼによりプロピオニル CoA に変換される．プロピオニル CoA は 3 段階でスクシニル CoA に変換される（図 12.12）．メチオニンからシステインへの変換は**硫黄転移経路**（transsulfuration pathway）とも呼ばれる（図 15.12）．シス

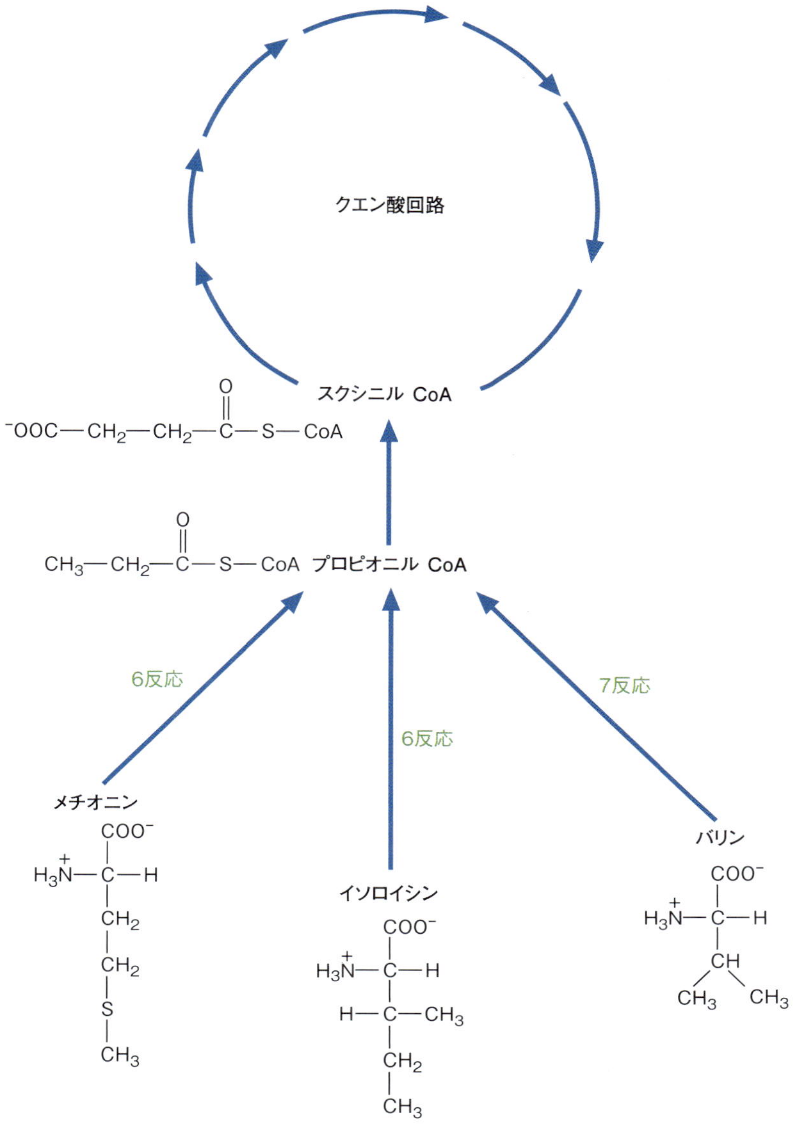

図 15.11　メチオニン，イソロイシン，バリンの異化経路
プロピオニル CoA は，メチオニン，イソロイシンとバリンの分解における共通の中間代謝物である．メチオニンはまずホモシステインに変えられ（図 14.17），それが引き続きシステインと 2-オキソ酪酸となる（図 14.10）．2-オキソ酪酸は脱炭酸を受けてプロピオニル CoA を生じる．イソロイシンからプロピオニル CoA の反応では，アセチル CoA と三つの NADH，一つの CO_2 も生じる．バリン分解の産物には三つの NADH，一つの $FADH_2$，二つの CO_2 が含まれる．プロピオニル CoA からクエン酸回路中間体のスクシニル CoA への変換の概要は図 12.12 に示してある．トレオニンはプロピオニル CoA/スクシニル CoA の経路でも分解されることに注意（図 15.6 参照）．

テインの分解により生じる硫酸の多くは尿中に排出される．PAPS（p. 396）中の硫酸は，スルファチドやプロテオグリカンの合成にも使用される．また，ステロイドやある種の薬剤は，硫酸エステルとして尿中に排出される．ここで，ガス性シグナル因子 H_2S は CBS や CSE による反応でシステインから合成されることも確認されたい．

2．**イソロイシンとバリン**　イソロイシンとバリンの分解の初めの四つの反応は，同じ四つの酵素により触媒される（図 15.13）．両経路のいくつかの反応は，β 酸化における NADH と $FADH_2$ を産生する反応と類似している．イロソイシン経路の産物はアセチル CoA とプロピオニル CoA であるが，プロピオニル CoA はその後スクシニル CoA に変換される．すなわちイソロイシンは，ケト原性であり糖原性でもあるアミノ酸である．バリン分解経路もこれと似ているが，スクシニル CoA のみを産生する．したがってバリンは糖原性アミノ酸である．多くの組織がバリン，イソロイシン，ロイシン，すなわち分枝鎖アミノ酸（BCAA）を使ってエネルギーを得ることができる．しかしながら，ほとんどの BCAA の酸化は，運動中の骨格筋で起こる．BCAA は重要なエネルギー源となっている．それは BCAA が筋肉タンパク質に豊富に含まれていることに加えて，その分解により NADH や $FADH_2$ が産生されること，最終産物（アセチル CoA，スクシニル CoA，アセト酢酸）がクエン酸回路で酸化されることによる．

図 15.12　硫黄転移経路
メチオニンの硫黄原子は，2 段階の反応によりシステインの硫黄原子になる．シスタチオニン β-シンターゼ (CBS) がホモシステインとセリンをシスタチオニンに変換する (CBS の活性は，細胞内のシスタチオニン濃度が高いときにはシステインによって抑制される)．シスタチオニンは，γ-シスタチオナーゼ (CSE) によって，システイン，2-オキソ酪酸，NH_4^+ に変換される．システインはその後，グルタチオン，補酵素 A，あるいはタンパク質に取り込まれる場合や，システインジオキシゲナーゼにより酸化されてシステインスルフィン酸を生じる場合がある．システインスルフィン酸はアミノ基転移反応を経て，さらに脱硫黄によってピルビン酸と亜硫酸 (HSO_3^-) を生じる．続いて亜硫酸は，亜硫酸オキシダーゼによって硫酸 (SO_4^{2-}) に変えられる．システインの異化で生じる硫酸は，排出されるか，生合成や異化の各種経路に利用されるかする．硫黄転移とメチル化の経路は密接に関連していることに注意．

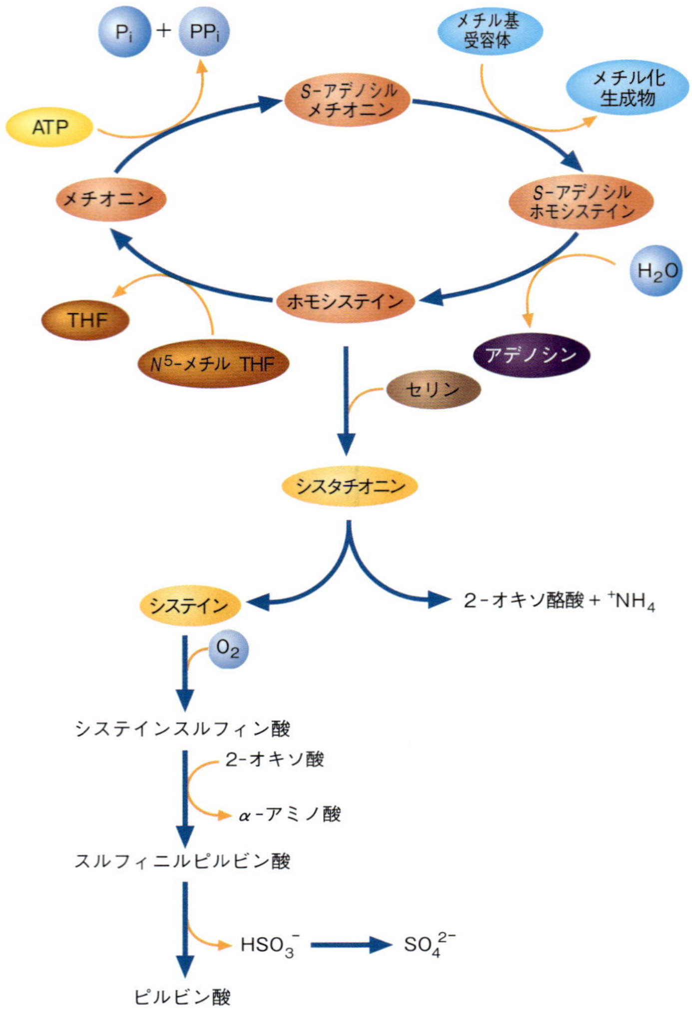

キーコンセプト

アミノ酸の炭素骨格の分解により，数種の代謝物のうちの 1 個あるいは複数個が生じる．それらには，アセチル CoA，アセトアセチル CoA，2-オキソグルタル酸，スクシニル CoA，およびオキサロ酢酸がある．

オキサロ酢酸を生成するアミノ酸　アスパラギン酸とアスパラギンは分解によりオキサロ酢酸を生成する．アスパラギン酸は単純なアミノ基転移反応によりオキサロ酢酸に変換される．アスパラギンはアスパラギナーゼによって加水分解された後にアスパラギン酸と NH_4^+ を生じる．

問題 15.3

タウリンはシステインから合成される含硫アミンである．哺乳動物の細胞内に高濃度で含まれているが，胆汁酸塩への取り込み以外には，このアミンの生理的役割はまだよくわかっていない．しかし，これまでに得られている情報は，タウリンが重要な代謝物であることを示唆している．たとえば，タウリンは脳組織に多く存在する．さらに，飼いネコにタウリンを含まない餌を与えると，うっ血性の心臓疾患を発症することが観察されている (ネコはタウリンを合成できないので，肉を摂食しなければならない．菜食主義者の食事を餌として与えられたネコはすぐに元気を失い，未成熟のまま死んでしまう)．ほとんどの動物の場合，タウリンはシステインスルフィン酸 (システインの酸化物) から二つの反応により合成される．この反応では脱炭酸の後，スルフィン酸基 ($—SO_2^-$) の酸化によりスルホン酸 ($—SO_3^-$) が形成される．この情報をもとにタウリンの生合成経路を導け (ヒント：タウリンの構造式は 12 章の p. 403 に示されている．図 15.12 も参照すること)．

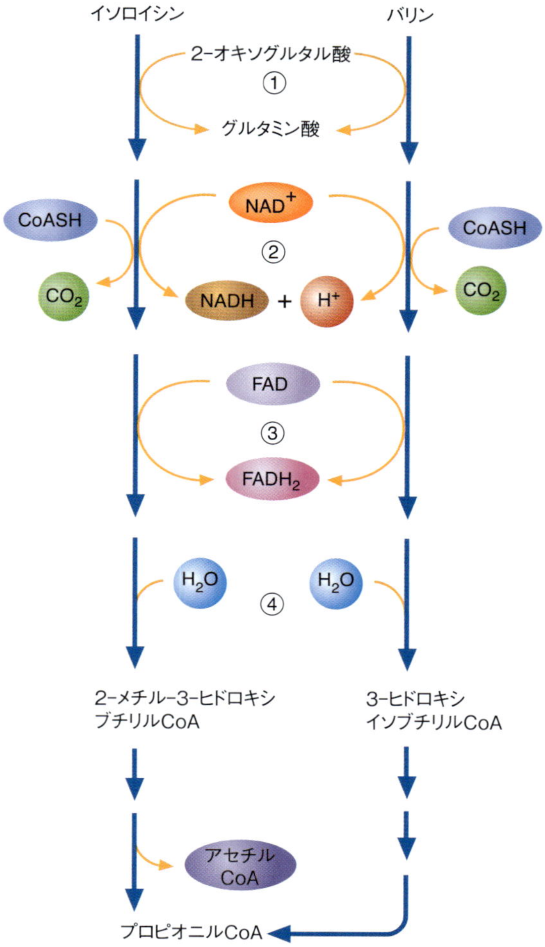

図 15.13 イソロイシンとバリンの分解
イソロイシンとバリンの両者の分解において，最初の四つの反応は同じである．すなわち，分枝鎖アミノ酸トランスアミナーゼ（酵素 1）に触媒されるアミノ基転移反応，分枝鎖 2-オキソ酸デヒドロゲナーゼ（酵素 2）による酸化的脱炭酸，FAD 要求性のアシル CoA デヒドロゲナーゼ（酵素 3）に触媒される酸化，そしてエノイル CoA ヒドラターゼ（酵素 4）による水和である．イソロイシンのその後の分解は三つの反応で行われ，アセチル CoA とプロピオニル CoA が生じる．プロピオニル CoA はその後，スクシニル CoA に変えられる．バリンのその後の分解は四つの反応からなり，プロピオニル CoA が生じる．

問題 15.4

白血球内で最も豊富なアミノ酸であるタウリンは，そこでミエロペルオキシダーゼによる呼吸バーストの過程で生じる HOCl と反応する．この反応の生成物であるタウリンモノクロラミン（Tau—Cl）は，HOCl と比較すると毒性が低く安定である．Tau—Cl は，NO・や腫瘍壊死因子 α（TNF-α）といった炎症促進性タンパク質の産生を下げる方向に調節し，炎症の過程を調整する．HOCl と Tau—Cl が生成される反応をそれぞれ示せ（ヒント：図 10.19 の呼吸バーストについて見直すこと）．

15.3 神経伝達物質の分解

前述したアミノ酸の異化異常の例でわかるように，細胞や器官が適切に機能するうえで，アミノ酸異化の過程は同化過程に劣らず重要である．カテコールアミンなど，神経伝達物質に関してもそれは例外ではない．

エピネフリン，ノルエピネフリン，ドーパミンといったカテコールアミンは，モノアミンオキシダーゼ（MAO）が触媒する酸化反応によって不活性化される（図 15.14）．MAO は神経終末部に局在するので，カテコールアミンは不活性化される前にまずシナプス間隙から出なければならない（神経伝達物質が神経細胞に再び移行し，再利用もしくは分解される過程を再取り込みという）．副腎からホルモンとして分泌されたエピネフリンは，血中に運ばれ，非神経組織（おそらく腎臓）で代謝される．カテコールアミンはまた，カテコール *O*-メチルトランスフェラーゼ（COMT）が触媒するメチル化反応によっても不活性化される．これら二つの酵素

生化学の広がり

アミノ酸異化の異常

アミノ酸代謝における一つの酵素の欠損は，ヒトの健康にどのような影響を及ぼすだろうか？

アミノ酸異化の異常は，遺伝病のなかでも医学研究者によって早くから見いだされて研究されてきたものの一つである．これらの"先天性代謝異常"は**突然変異**(mutation，遺伝情報すなわちDNA構造の永続的な変化)に起因する．アミノ酸代謝に関する遺伝病では，酵素の遺伝子に欠陥がある場合が一般的である．この欠陥によって代謝が阻害され，通常は高度に統御されている細胞や組織のプロセスが崩壊し，異常な量ないし種類の代謝物が生じる．これらの代謝物(あるいはその濃度の増加)は有害であることが多く，永続的な傷害や死をもたらす．先天性のアミノ酸代謝異常のなかで，比較的頻度の高い例をあげて説明する．

アルカプトン尿症は，単一の酵素の遺伝的伝達と関連づけられた初めての病気であり，ホモゲンチジン酸オキシダーゼの欠損により生じる．この酵素はフェニルアラニンとチロシンの芳香環の分解に必要なものである．1902年，Archibald Garrodは，一つの遺伝単位(後に遺伝子と呼ばれる)のせいでアルカプトン尿症患者の尿が黒く変化することを提唱した．欠損した酵素の基質であるホモゲンチジン酸が，多量に尿中に排出される．ホモゲンチジン酸は，尿が空気にさらされると同時に酸化され，黒く変色する．黒い尿は(多少面食らうとしても)基本的に良性の状態で発現するが，アルカプトン尿症は無害ではない．なぜならアルカプトン尿症の患者は，のちのち関節炎を呈するからである．加えて，徐々に色素が蓄積され，皮膚がまだらに黒くなる．

白皮症は，遺伝子の欠損が深刻な結果をもたらす典型的な例である．この病気ではチロシナーゼという酵素が欠損している．その結果，メラニンという褐色色素が産生されない．メラニンは本来，皮膚，毛髪，目に存在するもので，いくつかの細胞種においてチロシンから生成される．それらの細胞において，チロシナーゼはチロシンをL-DOPAに変化させ，L-DOPAをドーパキノンに変化させる．その生成物は高い反応性をもち，多数の分子が重合することでメラニンが形成される．その患者(白子，アルビノと呼ばれる)は色素を欠如しているため，太陽光に対して極端に敏感である．ひどい日焼けや皮膚がんが多いというだけでなく，視力が弱いことが多い．

フェニルケトン尿症(PKU)はフェニルアラニンヒドロキシラーゼの欠損によるが，これはアミノ酸代謝に関係する遺伝病のなかで最も頻度が高い．この病気は，出生直後に発見し，速やかな治療を施すことが不可欠で，さもないと精神遅滞やその他の不可逆的な脳の損傷が起こる．この損傷はおもにフェニルアラニンの蓄積によるものである．血中のフェニルアラニン濃度が高くなると，血液脳関門における大型中性アミノ酸の輸送を飽和させてしまう(そうしたアミノ酸は，Phe以外にVal，Met，Ile，Leu，Tyr，Trp，Hisがある)．脳のタンパク質や神経伝達物質の合成が低下し，その結果として脳が障害を受ける．フェニルアラニンが過剰に存在すると，アミノ基転移によってフェニルピルビン酸となり，さらにフェニル乳酸やフェニル酢酸に変化する．これらの分子は大量に尿中に排出される．この病気に特徴的な尿のかび臭さは，フェニル酢酸によるものである．フェニルケトン尿症に対しては，低フェニルアラニン食による治療が行われる．

メープルシロップ尿症(分枝鎖ケト酸尿症とも呼ばれる)では，ロイシン，イソロイシン，およびバリン由来の2-オキソ酸が血中に多量に蓄積する．それらは尿中に出て病名の由来となった特徴的なにおいを発する．分枝鎖2-オキソ酸デヒドロゲナーゼ複合体の欠損のために，これら3種の分枝鎖オキソ酸が蓄積する(この酵素は2-オキソ酸をそれぞれのアシルCoA誘導体に変化させる役目を担う)．もし治療せずにいると，患者は嘔吐，けいれん，深刻な脳の損傷，精神遅滞を呈する．多くの場合，生後1年以内に死ぬ．フェニルケトン尿症と同じように，治療は厳密な食事制限による．

メチルマロニルCoAムターゼの欠損(プロピオニルCoAをスクシニルCoAへ変換するのにかかわる酵素)は，メチルマロン酸の血中への蓄積，すなわちメチルマロン酸血症を引き起こす．症状はメープルシロップ尿症と似ている．メチルマロン酸の蓄積は，アデノシルコバラミンの不足や，この補酵素が弱くしか結合できない欠陥酵素が原因でも生じうる．患者のなかには毎日のビタミンB_{12}大量投与が効果のある人もいる．

まとめ　ヒトのアミノ酸代謝における一つの酵素の欠損は，脳の障害を典型とする広範な影響を及ぼす．

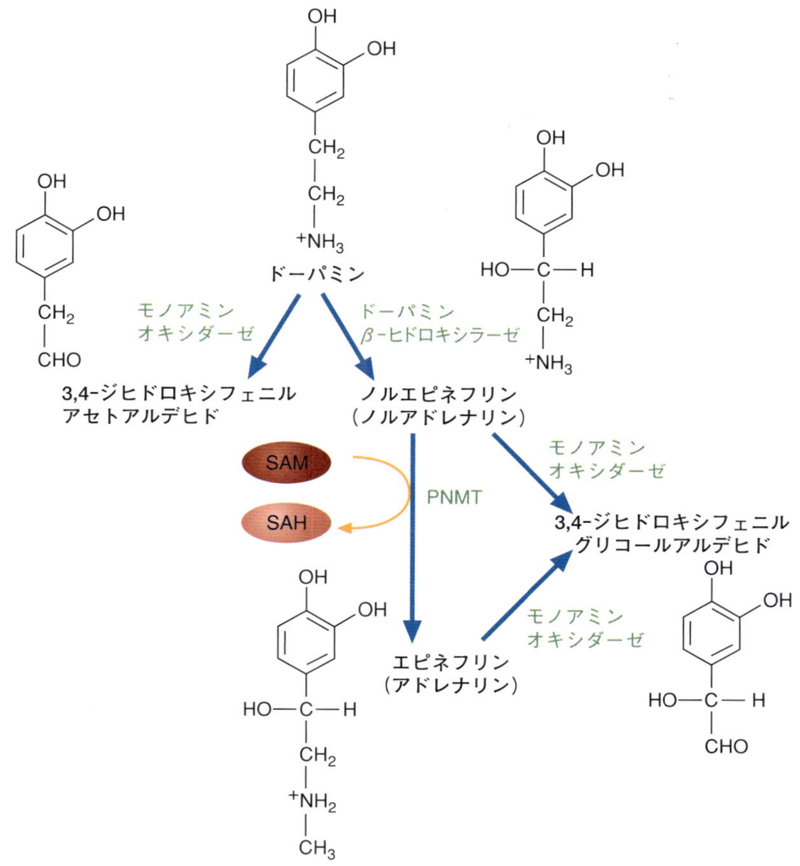

図 15.14 カテコールアミンの不活性化
モノアミンオキシダーゼはフラビンタンパク質で，各種のアミンを酸化的脱アミノ化して，対応するアルデヒドに変える．O_2 が電子受容体であり，NH_3 と H_2O_2 も生じる(PNMT はフェニルエタノールアミン *N*-メチルトランスフェラーゼ)．

キーコンセプト

動物体内の情報伝達が正確に行われるために，神経伝達物質は，放出された後にシナプス間隙から速やかに除去されるか分解される必要がある．

(MAO と COMT)は，カテコールアミンの酸化およびメチル化による多様な代謝物の産生に寄与している．

15.4 ヌクレオチドの分解

ほとんどの生物で，プリンやピリミジンのヌクレオチドは恒常的に分解されたり再利用されたりしている．消化において，核酸は**ヌクレアーゼ**(nuclease)と呼ばれる酵素によって加水分解されてオリゴヌクレオチドになる〔50 ヌクレオチド以下の短い核酸断片を**オリゴヌクレオチド**(oligonucleotide)という〕．DNA 内のヌクレオチド間の結合を特異的に切断する酵素をデオキシリボヌクレアーゼ(DN アーゼ)と呼び，RNA を同様に分解する酵素をリボヌクレアーゼ(RN アーゼ)と呼ぶ．オリゴヌクレオチドは，さまざまなホスホジエステラーゼによってさらに加水分解されて，モノヌクレオチドの混合物となる．ヌクレオチダーゼによってヌクレオチドのリン酸基が除かれ，ヌクレオシドが生じる．これはさらにヌクレオシダーゼによって加水分解され，リボースまたはデオキシリボースと遊離の塩基とになって吸収される．

概していうと，食物中のプリン塩基とピリミジン塩基は，細胞での核酸合成にはあまり使われない．これらは腸細胞で分解されてしまうためである．ヒトや鳥類では，プリンは尿酸に分解される．ピリミジンは，β-アラニン，β-アミノイソ酪酸，および NH_3 と CO_2 に分解される．他の主要な生体分子(糖，脂肪酸，アミノ酸など)の代謝過程とは異なり，プリンやピリミジンの代謝では ATP 合成が起こらない．おもなプリン塩基やピリミジン塩基の分解経路を次に説明する．

プリンの異化

プリンヌクレオチドの異化の概要を図 15.15 に示す．AMP の分解では，生物種や組織の違いによって，いくつかの特異的な経路がある．ほとんどの組織において，AMP はまず 5′-ヌク

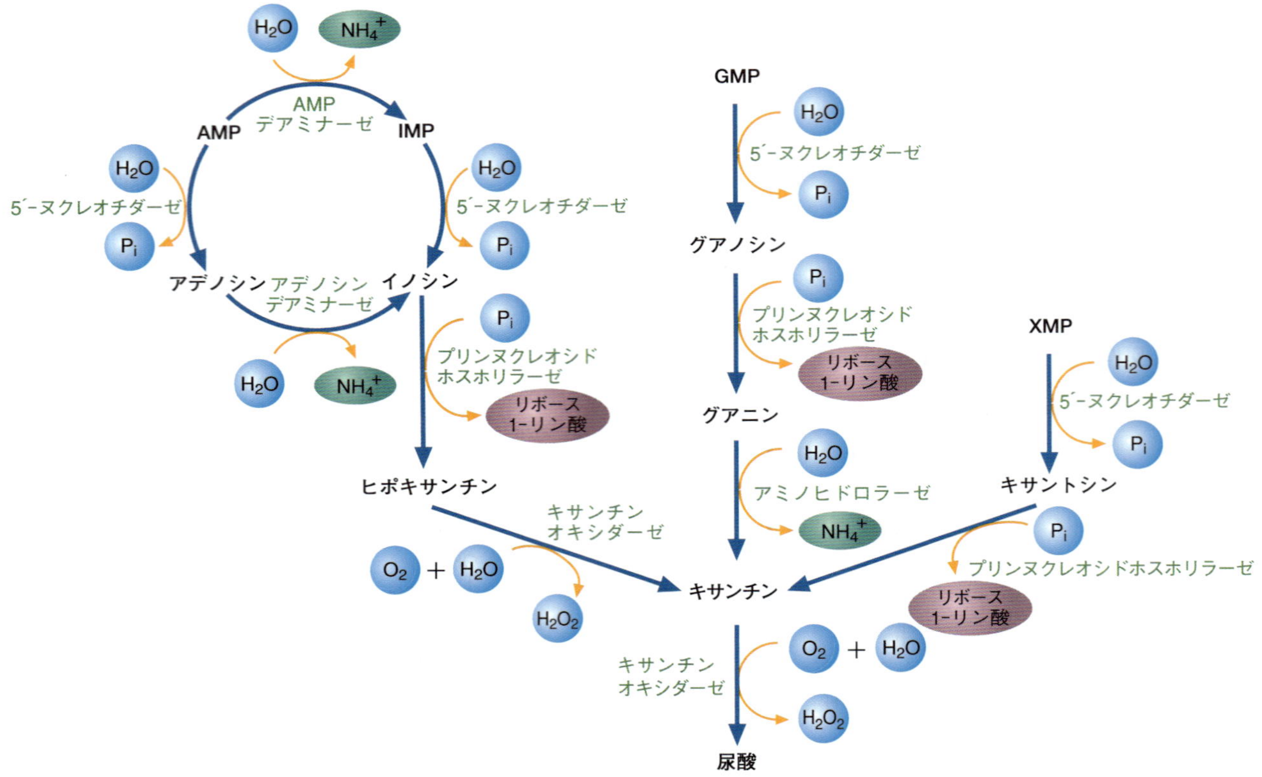

図 15.15　プリンヌクレオチドの異化
AMP，GMP，およびキサントシン一リン酸（XMP）の異化において，リボース 1-リン酸が放出される．キサンチンオキシダーゼが触媒する反応では H_2O_2 とともに $O_2^{\cdot-}$ が生じる．

レオチダーゼによって加水分解され，アデノシンになる．ついでアデノシンはアデノシンデアミナーゼ（アデノシンアミノヒドロラーゼともいわれる）によって脱アミノされ，イノシンになる．筋肉では，AMP デアミナーゼ（アデニル酸アミノヒドロラーゼともいわれる）によって，AMP はまず IMP へ変換される．IMP はその後，5′-ヌクレオチダーゼによってイノシンに加水分解される．AMP デアミナーゼによる反応は，プリンヌクレオチド回路の一部でもある（図 15.16）．この経路において，IMP はアスパラギン酸と反応してアデニロコハク酸を生じる．

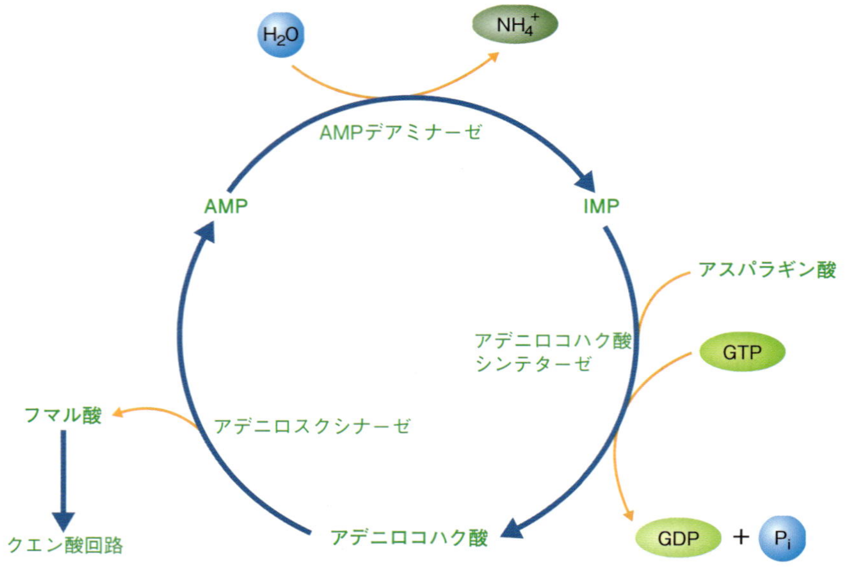

図 15.16　プリンヌクレオチド回路
骨格筋において，プリンヌクレオチド回路はアナプロレティックな過程の一つであり，アスパラギン酸からフマル酸を生成することでクエン酸回路中間体を補充する．

GTP を必要とするこの反応は，アデニロコハク酸シンテターゼにより触媒される．アデニロコハク酸は，アデニロスクシナーゼにより AMP とフマル酸に変換される．プリンヌクレオチド回路は，(アスパラギン酸由来の)アミノ酸を(フマル酸を経由して)クエン酸回路中間体に変換する手段の一つである．骨格筋内の AMP デアミナーゼ活性はきわめて高い．骨格筋は他の組織とは異なり，プリンヌクレオチド回路により生じるフマル酸だけからクエン酸回路の中間体を補充することができる．激しい運動中には，筋肉の AMP デアミナーゼ(筋アデニル酸デアミナーゼと呼ばれる)が活性化し，プリンヌクレオチド回路(図 15.16)を介する流れが増加する．

プリンヌクレオシドホスホリラーゼは，イノシン，グアノシン，およびキサントシンをそれぞれヒポキサチン，グアニン，およびキサンチンに変換する(この反応で生じるリボース 1-リン酸はリボース-5-リン酸ピロホスホキナーゼによって PRPP に再変換される)．ヒポキサチンは，モリブデン，FAD，および二つの異なる Fe-S 中心を含む酵素であるキサンチンオキシダーゼによって酸化される(キサンチンオキシダーゼが触媒する反応では，H_2O_2 および $O_2^{\cdot -}$ が生成する)．グアニンは，グアニンデアミナーゼ(グアニンアミノヒドロラーゼともいわれる)によって脱アミノされてキサンチンになり，これはキサンチンオキシダーゼによる酸化によって尿酸に変えられる．キサンチンオキシダーゼは，ヒポキサンチンの構造類縁体であるアロプリノールによって阻害される．

多くの動物は尿酸をさらに分解する(図 15.17)．尿酸は尿酸オキシダーゼにより，多くの哺乳動物における排出生成物であるアラントインに変換される．アラントイナーゼはアラントインの水和反応を触媒し，硬骨魚類の排出態であるアラントイン酸にする．他の魚類や両生類は

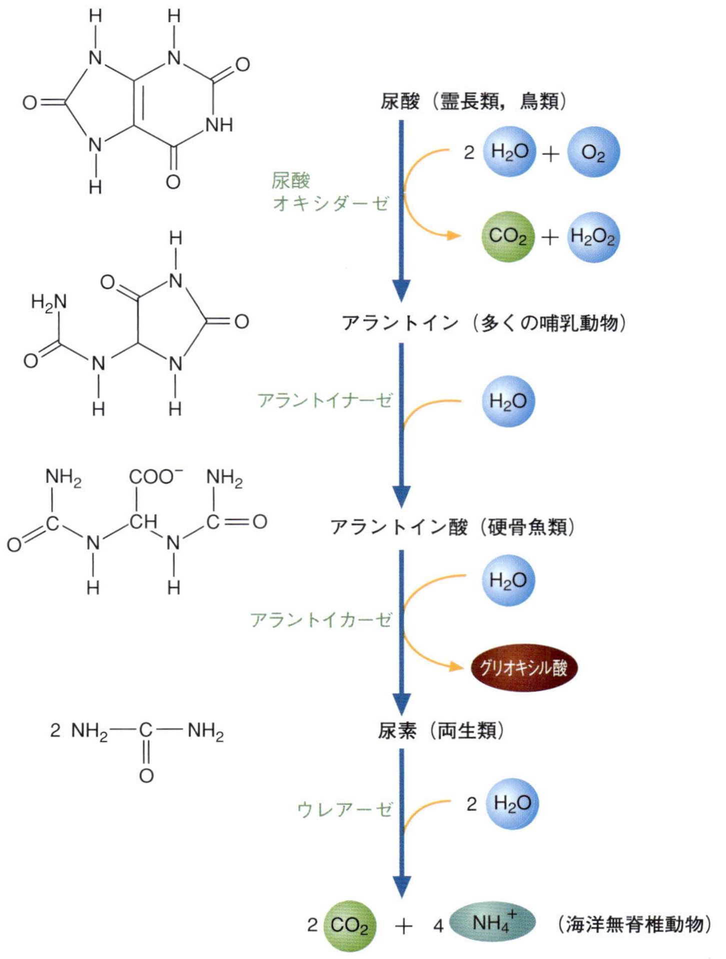

図 15.17 尿酸の異化
多くの動物は，尿酸を他の排泄生成物に変える酵素をもっている．各動物群における最終排出生成物を示す．

アラントイカーゼをもつが，この酵素はアラントイン酸をグリオキシル酸と尿素に分解する．さらに海洋無脊椎動物では，ウレアーゼによる反応によって尿素がNH_4^+とCO_2に分解される．

アロプリノールと通風

プリン異化経路の欠陥による疾患がいくつか知られている．血中の尿酸が高濃度になり，関節炎が繰り返されることを特徴とする痛風は，その原因となる代謝の異常がいくつか知られている．アロプリノールは痛風の治療に用いられる．免疫不全疾患のうち，プリン異化反応の欠陥によるものが2種類明らかにされている．アデノシンデアミナーゼ欠損症ではデオキシアデノシンの濃度が高値になる．デオキシアデノシンは，とくにTおよびB白血球に対して毒性が高い〔Tリンパ球（**T細胞**，T cell）の表面には抗体様分子が存在する．T細胞は**細胞性免疫**（cellular immunity）と呼ばれる過程により，異種細胞に結合して破壊する．Bリンパ球（**B細胞**，B cell）は，異物に結合する抗体を分泌し，免疫系の他の細胞がそれらを破壊する過程を開始させる．B細胞による抗体産生は**体液性免疫応答**（humoral immune response）と呼ばれる〕．通常，アデノシンデアミナーゼ欠損症の子供の多くは，重篤な感染症により生後2年以内に死んでしまう．プリンヌクレオシドホスホリラーゼ欠損症では，プリンヌクレオチドの濃度が高く，尿酸合成は減少している．この疾患の特徴であるT細胞の欠陥は，高レベルのdGTPがその原因となっているようである．筋アデニル酸デアミナーゼ欠損症の人は運動誘導性筋疲労を呈する．

問題 15.5

霊長類と鳥類以外の多くの動物は尿酸オキシダーゼをもっている．これらの生物が痛風にならない理由を考えよ．

ピリミジンの異化

ヒトにおいては，プリン環は分解されないが，ピリミジン環は分解される．ピリミジンヌクレオチドの異化経路の概略を図15.18に示す．

分解の前反応として，シチジンとデオキシシチジンは，シチジンデアミナーゼに触媒される脱アミノ反応によって，それぞれウリジンとデオキシウリジンに変換される．同様にデオキシシチジル酸（dCMP）も，まず脱アミノによりデオキシウリジル酸（dUMP）に変換され，続いて5′-ヌクレオチダーゼによりデオキシウリジンに変換される．ウリジンとデオキシウリジンは，ヌクレオシドホスホリラーゼによりさらに分解を受け，ウラシルとなる．チミジンキナーゼとチミジンホスホリラーゼがチミジル酸（dTMP）に順番に作用するとチミンになる．

キーコンセプト

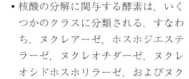

- 核酸の分解に関与する酵素は，いくつかのクラスに分類される．すなわち，ヌクレアーゼ，ホスホジエステラーゼ，ヌクレオチダーゼ，ヌクレオシドホスホリラーゼ，およびヌクレオシダーゼである．
- プリンヌクレオチドの塩基が分解されると，窒素排泄生成物としての尿酸が生じる．
- ピリミジン塩基の異化における窒素排泄生成物は，β-アラニンとβ-アミノイソ酪酸である．

ウラシルとチミンがそれぞれの最終生成物であるβ-アラニンとβ-アミノイソ酪酸に変換される両経路は並行している．最初に，ジヒドロピリミジンデヒドロゲナーゼがウラシルとチミンを還元して，それらのジヒドロ誘導体をつくる．続いて加水分解により環が開かれ，それぞれβ-ウレイドプロピオン酸とβ-ウレイドイソ酪酸となる．最後に，β-ウレイドプロピオナーゼが触媒する脱アミノ反応によって，β-アラニンとβ-アミノイソ酪酸がつくられる．

β-アミノイソ酪酸が多量につくられて尿に出現するような状況が知られている．たとえば，ある種の遺伝的素因によってβ-アミノイソ酪酸からスクシニルCoAへの変換速度が遅い場合や，白血病のように多量の細胞破壊を引き起こす病気などがある．アミノイソ酪酸は可溶性が高いため，これが過剰となっても，痛風で見られるような大きな問題を引き起こすことはない．

問題 15.6

ピリミジン塩基の異化生成物であるβ-アラニンとβ-アミノイソ酪酸は，さらに分解されて，それぞれアセチルCoAとスクシニルCoAになる．この変換が起こるために必要な反応をあげよ．

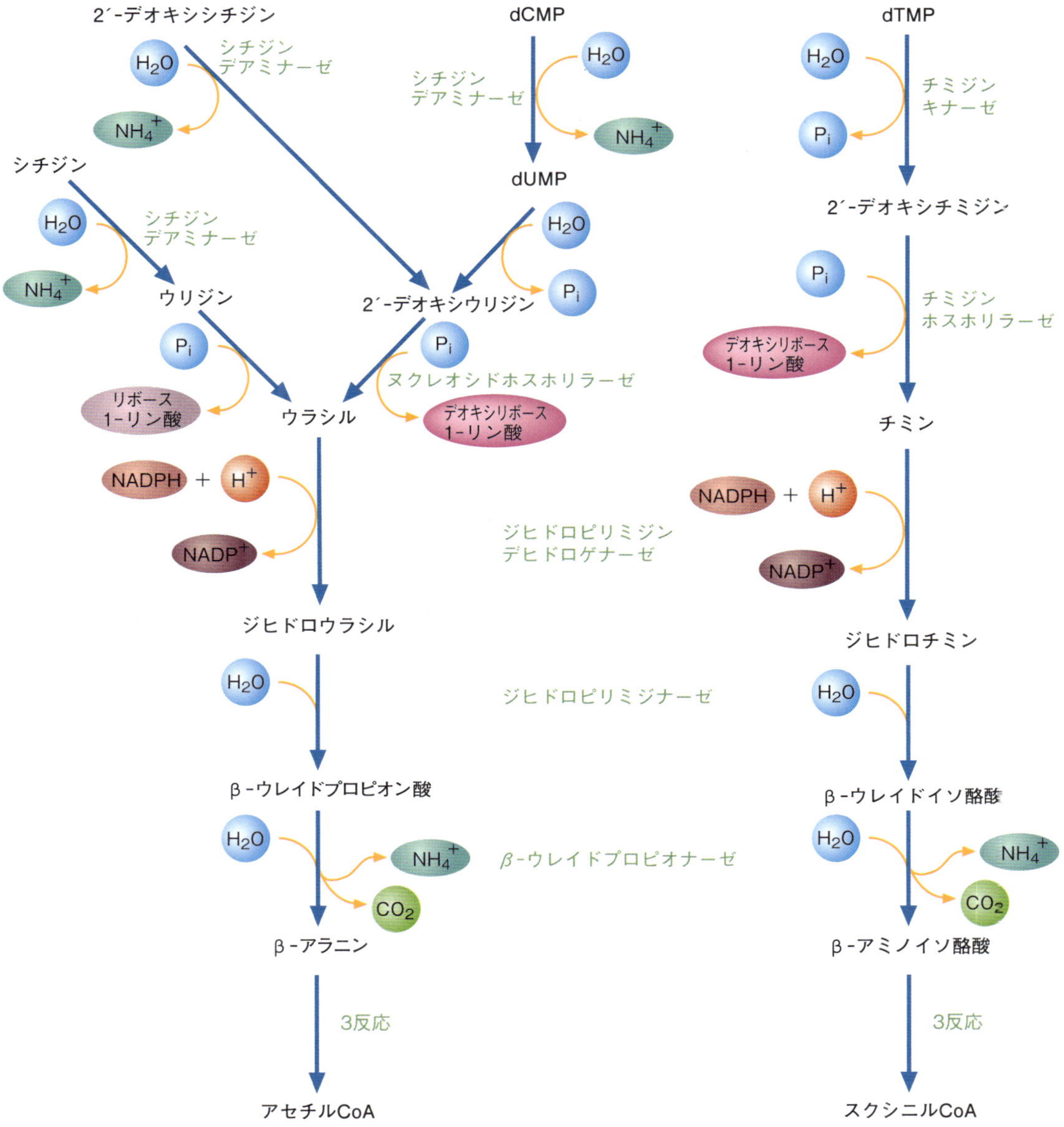

図 15.18　ピリミジン塩基の分解

ウラシルとチミンの分解により，それぞれ *β*-アラニンと *β*-アミノイソ酪酸が生じる．両経路は並行しており，哺乳動物の肝臓にはこの経路がすべて含まれる．

本章のまとめ

1. 動物は，タンパク質や核酸のような窒素含有分子を恒常的に合成したり分解したりしている．細胞が代謝上の柔軟性をもち，異常なタンパク質の蓄積を防ぎ，分化の過程でタンパク質をタイミングよく分解できるのも，タンパク質代謝回転のおかげであると考えられている．短寿命の細胞タンパク質の大部分はユビキチンプロテアソーム系で分解される．この過程は標的タンパク質が共有結合的修飾を受けることで始まるが，これをユビキチン化という．ユビキチンは高度に保存された小さなタンパク質であり，使い古された，あるいは傷ついたタンパク質，短寿命の調節タンパク質などに連結される．オートファジーリソソーム系は長寿命タンパク質と細胞小器官を分解する．
2. 通常，アミノ酸の分解は脱アミノから始まる．ほとんどの脱アミノはアミノ基転移によるものであり，アンモニアを生じる酸化的脱アミノがこれに続いて起こる．脱アミノのほとんどはグルタミン酸デヒドロゲナーゼにより触媒されるが，アンモニアの生成には他の酵素も関与する．排泄のためのアンモニアは，尿素回路の酵素によってつくられる．アスパラギン酸と CO_2 も，尿素を構成する原子を供給する．
3. アミノ酸はケト原性と糖原性に分類されるが，その分類は炭素骨格が脂肪酸とグルコースのどちらに変換されうるかに基づいている．数種のアミノ酸は，炭素骨格が脂肪と糖質の両方の材料になるので，ケト原性と糖原性の両方に分類される．

4. 動物体内で情報伝達が正しく行われるためには，神経伝達物質の分解が重要である．これに関して最もよく研究が進んでいるのが，アセチルコリン，カテコールアミン，セロトニンといったアミン神経伝達物質である．
5. 核酸の代謝回転は，いくつかの種類の酵素によって行われている．ヌクレアーゼは核酸をオリゴヌクレオチドに分解する（デオキシリボヌクレアーゼが DNA を，リボヌクレアーゼが RNA を分解する）．ホスホジエステラーゼによって，オリゴヌクレオチドはモノヌクレオチドに変えられる．ヌクレオチドのリン酸基がヌクレオチダーゼによって除去され，ヌクレオシドになる．ヌクレオシダーゼによるヌクレオシドの加水分解によって，遊離の塩基とリボースまたはデオキシリボースが生成する．ヌクレオシドホスホリラーゼの作用により，リボヌクレオシドは遊離の塩基とリボース 1-リン酸に変換される．食物中の核酸は，たいてい小腸で分解されて，再利用経路には使われない．細胞内プリンは尿酸に変えられる．動物によっては，霊長類にはない酵素をもっていて，これにより尿酸をさらに分解する．ピリミジン塩基は β-アラニン（UMP，CMP，dCMP）か β-アミノイソ酪酸（dTMP）に分解される．

キーワード

B 細胞（B cell）　506
T 細胞（T cell）　506
硫黄転移経路（transsulfuration pathway）　498
オートファジー（autophagy）　487
オリゴヌクレオチド（oligonucleotide）　503
クレブス尿素回路（Krebs urea cycle）　489
クレブスの二環回路（Krebs bicycle）　492
ケト原性（ketogenic）　488
高アンモニア血症（hyperammonemia）　493
細胞性免疫（cellular immunity）　506
シャペロン介在性オートファジー（chaperone-mediated autophagy）　487
体液性免疫応答（humoral immune response）　506
タンパク質代謝回転（protein turnover）　484
糖原性（glucogenic）　488
突然変異（mutation）　502
尿素回路（urea cycle）　489
ヌクレアーゼ（nuclease）　503
プロテアソーム（proteasome）　485
マクロオートファジー（macroautophagy）　488
ミクロオートファジー（microautophagy）　487
ユビキチン（ubiquitin）　485
ユビキチン化（ubiquitination）　485
ユビキチンプロテアソーム系（ubiquitin proteasomal system）　485

復習問題

以下の問いは，次章へ進む前に，本章で論じた重要な概念について理解度を確認するためのものである．解答は巻末および『問題の解き方』を参照のこと．

1. 次の用語を定義せよ．
   a. タンパク質代謝回転　b. プロテアソーム　c. ユビキチン　d. ユビキチン化　e. オートファジー
2. 次の用語を定義せよ．
   a. オートファゴソーム　b. エンドソーム　c. アンフィソーム　d. リソソーム　e. オートファゴリソソーム
3. 次の用語を定義せよ．
   a. L-アミノ酸オキシダーゼ　b. セリンデヒドラターゼ　c. 細菌ウレアーゼ　d. アデノシンデアミナーゼ　e. グルタミナーゼ
4. 次の用語を定義せよ．
   a. 糖原性　b. ケト原性　c. *N*-アセチルグルタミン酸　d. 高アンモニア血症　e. BH_4
5. 次の用語を定義せよ．
   a. 硫酸転移経路　b. シスタチオニン　c. ホモシステイン　d. PAPS　e. *S*-アデノシルメチオニン
6. 次の用語を定義せよ．
   a. シャペロン介在性オートファジー　b. ミクロオートファジー　c. マクロオートファジー　d. ユビキチンプロテアソーム系　e. オートファジーリソソーム系
7. 次の用語を定義せよ．
   a. MAO　b. PNMT　c. COMT　d. NPC　e. TB
8. 次の用語を定義せよ．
   a. オリゴヌクレオチド　b. ヌクレアーゼ　c. ホスホジエステラーゼ　d. ヌクレオシダーゼ　e. ヌクレオチダーゼ
9. 次の用語を定義せよ．
   a. T 細胞　b. B 細胞　c. 細胞性免疫　d. 体液性免疫　e. 筋アデニル酸デアミナーゼ欠損症
10. 窒素排泄に使われる代表的な分子には，どのようなものがあるか．
11. タンパク質を分解に向かわせる目印となる構造上の特徴には，どのようなものがあるか．
12. アミノ酸の分解によって生じる代謝生成物を七つあげよ．
13. ヒトはプリン環を分解できない．これはどのようにして排泄されるか．どのような反応が関与しているか．
14. 次のアミノ酸のなかで，ケト原性のものと糖原性のものをそれぞれ示せ．
    a. チロシン　b. リシン　c. グリシン　d. アラニン　e. バリン　f. トレオニン
15. 尿素回路の一部は細胞質ゾルで行われ，一部はミトコンドリアで行われる．尿素回路の反応を，細胞内の部位と関連させて説明せよ．
16. グルコース-アラニン回路はアンモニアの肝臓への輸送においてどのように働いているか，説明せよ．
17. PKU の患者において，チロシンは必須アミノ酸であるか．

18. 尿素生成はエネルギーのコストが大きく，尿素 1 mol あたり 4 mol の ATP を消費する．しかし，フマル酸がアスパラギン酸に再変換される際に NADH がつくられる．ミトコンドリアにおける NADH の酸化では何分子の ATP がつくられるか．尿素回路に必要な差引の ATP 量はいくらか．
19. ほとんどのアミノ酸は肝臓で分解される．分枝鎖アミノ酸はこの例外であり，その大部分はタンパク質代謝回転の活性が高い肝臓外の組織で分解される．どのような組織が考えられるか．
20. プロテアソームにおいて，あるタンパク質を分解へ向かわせる機構を説明せよ．
21. 窒素排泄分子として次の各物質をつくる生物をあげよ．
    a. 尿酸　b. 尿素　c. アラントイン酸
    d. NH_4^+　e. アラントイン
22. 次の分子のなかで，分解によって尿酸を生じるものをすべてあげよ．
    a. DNA　b. FAD　c. CTP　d. PRPP
    e. β-アラニン　f. 尿素　g. NAD^+
23. ネコに菜食主義者の食事を与えるのはよくない．なぜか説明せよ．
24. 尿素中のそれぞれの窒素原子の由来を示せ．
25. 高タンパク質食を摂取することで尿素回路が活性化する機構を説明せよ．
26. ウラシル分子中のどの窒素原子が最終的に尿素分子に取り込まれるか．

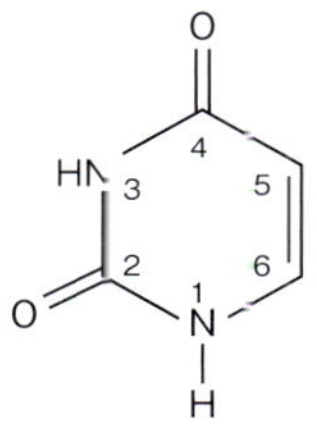

ウラシル

27. トリプトファンはケト原性かつ糖原性である．その理由を説明せよ．
28. メープルシロップ尿症の症状と，その代謝的基礎について述べよ．
29. 尿素合成はエネルギー的なコストが大きいので，この過程を使わないで窒素を単純にアンモニアとして排出するほうがよさそうだが，ヒトはそれができない．なぜか．
30. チロシナーゼの欠損によって白皮症となる理由を説明せよ．
31. ヒトがプリン環を分解できないのはなぜか．

応用問題

以下の問いは，本書でこれまで論じてきた重要な概念について理解を深めるためのものである．正解は一つとは限らない．解答例は巻末および『問題の解き方』を参照のこと．

32. 哺乳動物は窒素原子のほとんどを尿素のかたちで排出する．尿素回路は本質的にコストが大きく，たくさんの ATP エネルギーを必要とする．このエネルギーの投入を埋め合わせるために，細胞はどのような機構をもっているか．
33. プリンヌクレオチド回路は骨格筋のエネルギー代謝にどのように貢献しているか，図に描け．図には解糖系とクエン酸回路を含めること．酵素活性で骨格筋に欠けているものがあるはずだが，それは何か．
34. フェニルケトン尿症は，フェニルアラニンヒドロキシラーゼの欠損と 5,6,7,8-テトラヒドロビオプテリンの合成と再生を触媒する酵素の欠損によって生じる．後者の酵素の欠損がフェニルケトン尿症を引き起こす理由を述べよ．
35. Krebs と Henseleit が行った肝臓切片を用いた *in vitro* の実験で，オルニチン，シトルリン，およびアルギニンを加えると尿素合成が促進されることが観察された．他のアミノ酸では効果がなかった．この観察結果について説明せよ．
36. チョコレート，コーヒー，および紅茶に含まれるカフェインはメチル化されたキサンチンであり，尿酸として排泄される．他のプリン化合物代謝についての知識から，カフェインの代謝過程を推測せよ．
37. 水中で生活するいくつかの動物は，窒素をアンモニアとして排泄する．陸生動物は水分を節約しながら生きているが，尿素や尿酸を排泄する．これらの分子を排泄することが水分の節約のためによい理由を述べよ．
38. ジヒドロウラシルと β-ウレイドプロピオン酸（*N*-カルバモイル β-アラニン）は，ウラシルから β-アラニンへの変換の中間体である．この経路に存在するこれら分子の構造を示せ（問題 26 の番号をつけたウラシルの図を利用すること）．
39. 霊長類は痛風になるが，他の動物はならないのはなぜか．
40. 糖尿病は複雑な代謝疾患であるが，共通の症状として標的細胞（筋細胞や脂肪細胞）へのグルコース輸送の障害がある．それを埋め合わせるために，体は筋肉タンパク質を分解してエネルギー生成に向ける．この過程がどのようにして機能するかを説明せよ．
41. クレブス回路の二環回路について復習し，この経路で分解または合成される ATP の数を導け．尿素合成は，全体としてはエネルギー要求性，エネルギー産生性のいずれであるか．

CHAPTER

16 代謝の統合的理解

代謝の統合的理解　ハクチョウは時速 40 ～ 80 km で飛ぶ．これは代謝プロセス，とくに水生植物由来の食物分子を骨格筋収縮に必要なエネルギーへと変換する代謝経路の働きによる．

アウトライン

概　要

これまでの章においては，糖質，脂質などの物質の代謝について扱ってきた．しかし，全体は部分の単なる総和ではない．多細胞生物は，それを構成する各要素が示唆するものよりはるかに複雑である．16章では，広い観点から見た哺乳動物の体の機能を扱う．初めに，精巧な制御システムを構成するホルモンや他のシグナル分子の作用機構について述べる．次に，摂食-絶食サイクルについて述べる．このサイクルは，生体のエネルギー状態に応じて適切なエネルギー源を利用することを可能にする生理的な過程である．

生物は，内部あるいは外部の環境が変化した場合でも，（最適条件まではいかないとしても）十分に機能を果たせる状態を維持する．これが生物の最も特徴的な機能である．同時に，生物が損傷を受けた場合，その部分を修復し，可能であれば，細胞分裂や成長を続けることを考慮すると，生物のもつ機能は驚くべきものである．このような機能を完全に働かせるためには，エネルギー源および生合成の前駆体として糖質，脂質，タンパク質を利用する同化過程または異化過程を正確に制御しなければならない．動物のような多細胞生物にとっても，この試みは非常に複雑である．体のような複雑なシステムの働きは，各部分を結ぶ絶え間ない情報の流れによって維持されている．情報伝達の単純なシステムは，一次シグナル（ホルモンなど），標的（特異的受容体），および変換系（シグナルを細胞応答に変換する）から成り立っている．多細胞生物の複雑さを考えると，多数の一次シグナル，特異的受容体，および変換系が必要であるのは驚くにあたらない．哺乳動物の体においては，情報伝達はホルモンを介して行われることが多く，このホルモン分子は特定の細胞で産生され，体内の他の部位に位置する標的細胞に影響を与える．ホルモンには，高度に精密な制御を行うことができるよう，複雑な階層構造が存在する．

この章では，哺乳動物における主要な代謝過程の統合に焦点を絞る．まず，代謝過程の概略と主要なシグナル分子およびその作用機構について述べる．次に，エネルギー代謝で生理的に重要な役割を果たす，ホルモンおよび神経伝達物質に制御される摂食-絶食サイクルについて述べる．この章ではさらに，代謝調節疾患，すなわち糖尿病，肥満，メタボリックシンドロームについても説明する．

16.1　代謝の全体像

主要な代謝経路は，ほとんどの生物に共通である．生物はその生涯を通じて，同化（生合成）過程と異化（分解）過程の適正なバランスを保っている．動物のような従属栄養生物の主要な同化過程と異化過程の概略を図16.1に示す．若い間や，病気や妊娠の時期を除いて，組織における代謝は定常状態を保ち続ける．**定常状態**（steady state）においては，同化過程の速度は異化過程の速度とほぼ一致している．

動物（または他の多細胞生物）は，環境の変化に反応し，適応しながら，どうやって同化過程と異化過程のバランスを保つことができるのだろうか．さまざまな形態の細胞間情報伝達が重要な働きをしていると考えられる．細胞間情報伝達のほとんどは生化学シグナルを介して行われる．生化学シグナルがいったん細胞外に放出されると，特定の細胞〔**標的細胞**（target cell）といわれる〕に認識され，その標的細胞は特異的な様式で応答する．生化学シグナルのほとんどは，修飾アミノ酸，脂肪酸誘導体，ペプチド，タンパク質，ステロイドのいずれかである．

動物においては，神経系や内分泌系がおもに代謝の調節管理を行う．神経系は，周囲の情報の受信・加工を迅速かつ効率よく行うことができる機構である．神経細胞はニューロンともいわれ，軸索といわれる細長く伸びた細胞突起の末端から，細胞間の小さい空間であるシナプスに神経伝達物質（14.3節）を放出する．放出された神経伝達物質は，近接する細胞に作用し，その細胞に特有の反応を引き起こす．

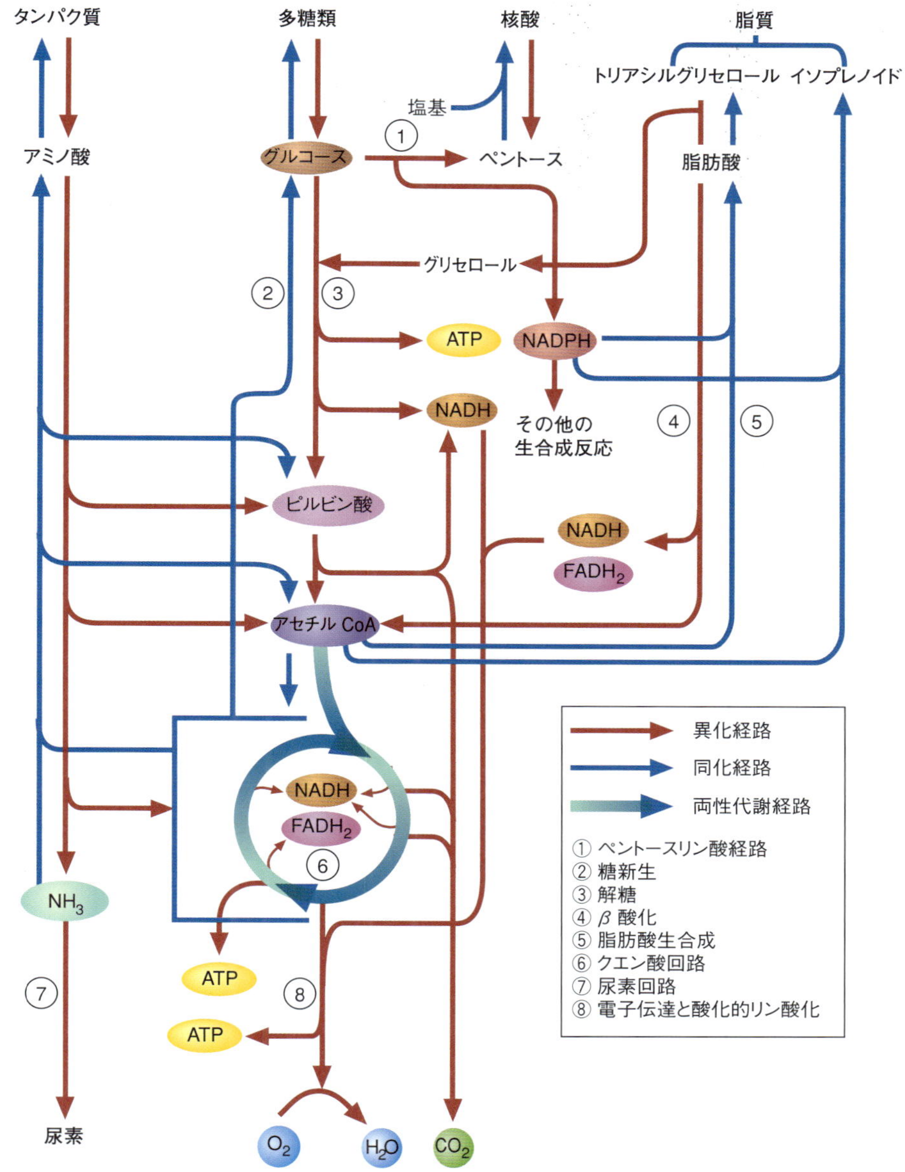

図 16.1　代謝の全体像
従属栄養生物における主要な生体分子の同化経路と異化経路（すなわち，重要な生体分子の合成，分解，相互変換を行い，エネルギーを産生する生化学経路）の簡単な概略を示してある．

内分泌系による代謝調節は，ホルモンといわれるシグナルが血中に直接分泌されることによって行われている．内分泌系は各種の専門化した細胞からなり，その多くは腺に存在する．このような**内分泌**（endocrine）**ホルモン分子**は，分泌された後，血液中を通って標的細胞にたどり着く．ホルモンのなかには，ある特定の標的細胞にのみ特異的な作用をもつものがある．一方で，さまざまな標的細胞に作用するホルモンもある．たとえば，脳下垂体から放出される甲状腺刺激ホルモン（TSH）は甲状腺の沪胞細胞を刺激し，T_3（トリヨードチロニン）や T_4（チロキシン）（図 16.2）の放出をもたらす．一方，T_3（甲状腺ホルモンのなかで最も作用が強い）や T_4 によって，たくさんの細胞でさまざまな応答が引き起こされる（たとえば，T_3 は肝細胞でグリコーゲン分解を，小腸でグルコースの取り込みを刺激する）．

16.2　ホルモンと細胞間情報伝達

広範囲にわたるさまざまな生体分子が体内の代謝活性を制御している．ホルモンによって誘導される細胞機能変化のほとんどは，ホルモンとその受容体の結合により，酵素タンパク質の活性や発現あるいは局在が変化した結果である．ホルモンは，水溶性ホルモン（ペプチド，タ

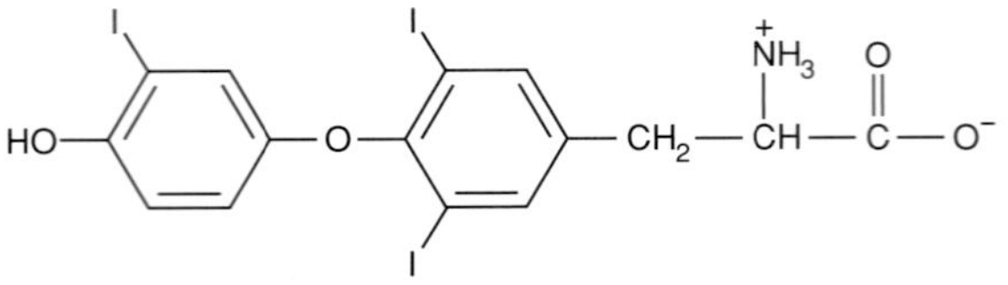

トリヨードチロニン（T_3）

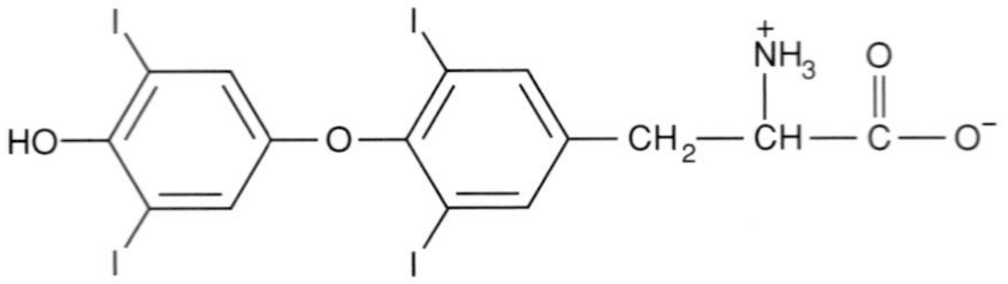

チロキシン（T_4）

図 16.2　甲状腺ホルモン T_3 および T_4 の化学構造

ンパク質，エピネフリンのようなアミノ酸誘導体），増殖因子（細胞成長や細胞分裂を調節するタンパク質），脂溶性ホルモン（ステロイドホルモンや甲状腺ホルモンなど）の三つに分類できる．

ペプチドホルモン

動物では，水溶性ホルモンのほとんどがペプチドもしくはタンパク質である．こうした水溶性ホルモンは，標的細胞の細胞膜上にある受容体に結合することで作用する．哺乳動物では，多くのホルモンの合成と分泌が複雑なカスケード機構によって調節されており，最終的には中枢神経系によって制御されている．感覚シグナルは，脳内において神経系と内分泌系をつなぐ脳内の視床下部で感知される．たとえば，視床下部浸透圧感受性細胞は，血中ナトリウムイオンレベルが上昇すると，バソプレッシン（p. 125）という抗利尿ペプチドホルモンを脳下垂体後葉経由で血液中に分泌する．

ほとんどの水溶性ホルモンの受容体は，標的細胞の表面に存在する．ホルモンが膜結合型受容体に結合すると，細胞内の反応が起こる．多くのホルモンによる細胞内反応は，**セカンドメッセンジャー**（second messenger）といわれる分子を介して行われる（ホルモン分子はファーストメッセンジャーといわれる）．いくつかのセカンドメッセンジャーが同定されている．それらには，サイクリック AMP（cAMP）とサイクリック GMP（cGMP）という二つのヌクレオチド，カルシウムイオン，イノシトールリン脂質系がある．ほとんどのセカンドメッセンジャーが，たいていは酵素カスケードを用いて酵素活性の調節を行っている．強力な増幅装置である酵素カスケード（図 16.3）においては，酵素が高次構造を変化させて，不活性状態の酵素を活性化したりあるいは逆の働きをしたりすることで，次々に元のシグナルを増幅していく．この過程は，たいていセカンドメッセンジャーが，ある特定の酵素に結合することによって始まる．たとえば，cAMP が不活性型プロテインキナーゼ A（PKA）に結合すると，PKA は活性型となる．続いて，活性型 PKA はリン酸化反応を利用して多くの標的酵素の活性を変化させる．元のシグナルは，ある場合にはセカンドメッセンジャー（シグナルレベル），別の場合には酵素カスケード（触媒反応レベル）を介して，増幅・分散する．cAMP システムは両者を介して増幅される．

動物は，過剰なホルモンの合成や分泌を防止するために，いくつかの機構を備えている．なかでも最も重要なものがフィードバック阻害である．視床下部と下垂体前葉は，それぞれが制御する標的細胞によって制御を受ける．例をあげると，下垂体前葉による TSH 分泌は，血中の T_3 と T_4 の濃度が上昇すると阻害を受ける．甲状腺ホルモンは TSH 合成細胞の TRH（甲状腺刺激ホルモン放出ホルモン）への応答を阻害する．さらに刺激ホルモンには，そのペプチド放出ホルモンの合成を阻害するものもある．

また，標的細胞もホルモンによる過剰刺激を阻止する機構をもっている．**脱感作**（desensitization）といわれる過程では，標的細胞が，細胞表面に存在する受容体を減少あるいは不活性化

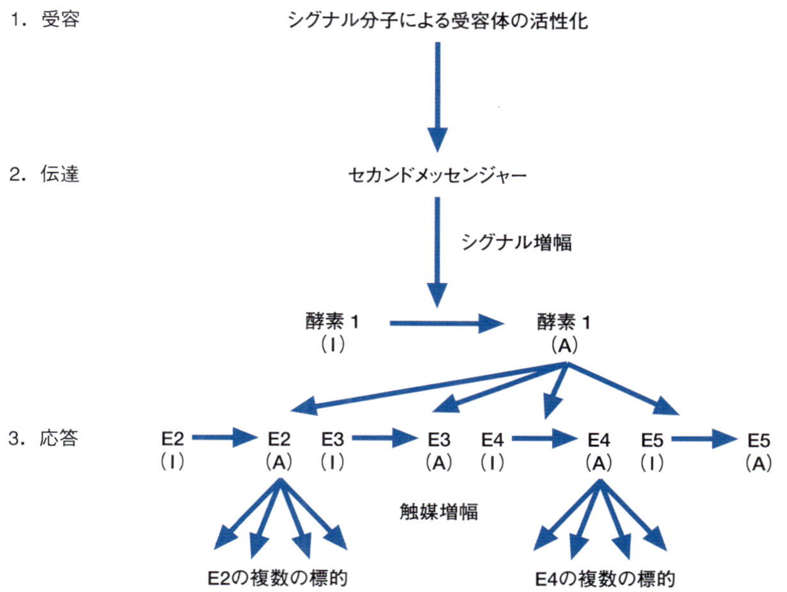

図 16.3 シグナル伝達
シグナル伝達機構には三つの過程がある．①受容過程：シグナル分子がその受容体に結合する．②伝達過程：受容体に結合した結果，酵素カスケードが活性化される．セカンドメッセンジャー分子によって活性化が引き起こされることが多い．セカンドメッセンジャーによって活性化を受けた酵素は，その基質となる多種類の酵素を修飾する．修飾過程で活性化を受けた酵素は，さらにその基質となるタンパク質を修飾することもある．③応答過程：存在している酵素の活性が変化したり，細胞骨格の再構成が起こったり，あるいは遺伝子発現が変化したりすることで，細胞機能が変化する．シグナル増幅は，この一連の過程それぞれで起こる（I は不活性状態，A は活性状態を示す）．

することで，刺激への感度を変化させる．特定のホルモン分子による刺激に応答して細胞表面の受容体が減少する現象を**ダウンレギュレーション**（downregulation）と呼ぶ．ダウンレギュレーションの状態においては，受容体はエンドサイトーシスによって内部へ移行する．受容体は，最終的に細胞の種類と代謝因子に応じて，細胞表面に再配置されるかあるいは分解されることになる．分解される場合，古いものに代えて新たな受容体タンパク質をつくらなければならない．標的細胞が特定のホルモンに応答できないことが，直接的あるいは間接的な原因となって引き起こされる病気もある．たとえば，糖尿病には**インスリン抵抗性**（insulin resistance）が原因となって引き起こされるものがある．この場合，インスリン抵抗性は，機能できるインスリン受容体が減少するために発生する（糖尿病については p. 523～525 の生化学の広がりで解説する）．

現在，ホルモンを検出したり定量したりするための高感度な手法がある．そのなかで最も広く利用されている手法が酵素結合免疫吸着検定法（ELISA）である．

キーコンセプト
哺乳動物のホルモンの多くは複雑なカスケード機構による調整を受けており，元をたどれば中枢神経系によって制御されている．

問題 16.1

エピネフリン刺激によるグリコーゲン分解の活性化過程（図 8.21）を見て，この生化学過程における次のシグナル伝達因子，すなわち一次シグナル，受容体，変換体，応答の各因子に対応するものをあげよ．

この細胞表面に存在する受容体には大きく分けて二つある．G タンパク質共役型受容体と受容体型チロシンキナーゼである．グアニル酸シクラーゼ型受容体についても説明する．

G タンパク質共役型受容体　G タンパク質共役型受容体（G protein-coupled receptor, GPCR）は，知られているなかで最も大きな受容体のファミリーである（ヒトゲノムには 800 種類がコードされている）．この GPCR は，樽のような立体構造をとる 7 本の膜貫通ヘリックスからなる．細胞外 N 末端領域はリガンド結合部位を形成し，細胞内 C 末端領域は G タンパク質と相互作用する．G タンパク質はヘテロ三量体のグアノシンヌクレオチド結合タンパク質としても知られる．GPCR は，きわめて広範囲にわたる刺激を細胞内情報に変換する．グルカゴンや TSH，カテコールアミン，内因性カンナビノイド（たとえばアラキドン酸誘導体のアナンダミド）といったホルモンに加えて，GPCR は神経伝達物質（たとえばグルタミン酸，ドーパミン，GABA），神経ペプチド（たとえばバソプレッシン，オキシトシン），におい物質や味物質

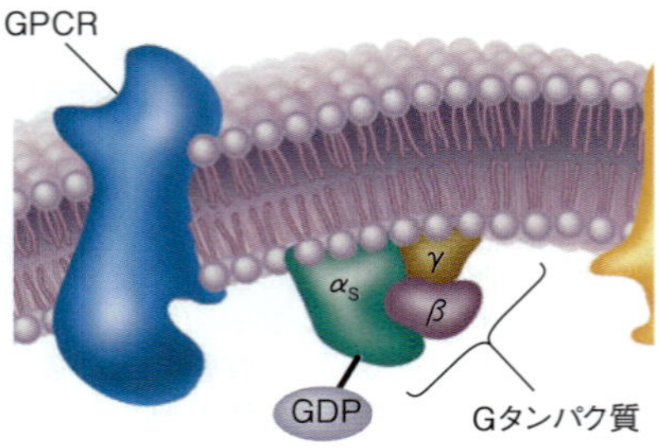

図 16.4　Gタンパク質共役型受容体とGタンパク質
Gタンパク質共役型受容体にリガンド分子が結合すると，Gタンパク質を介したシグナル伝達機構が活性化される．個々のGタンパク質は三つのサブユニット（α, β, γ）から構成される．活性化されるまで，Gタンパク質にはGDPが結合している．

（嗅覚や味覚を刺激する分子），そして光（ロドプシン）にも応答する．

Gタンパク質（G protein）は，GPCRへのリガンドの結合を細胞内シグナルへ変換する分子スイッチである（図16.4）．Gタンパク質はα, β, γサブユニットから構成され，αサブユニットがGTPやGDPと結合する．

これまでに同定されている20種類のαサブユニットのなかで，最もよく研究されているものがG_sとG_iである．これらはアデニル酸シクラーゼをそれぞれ活性化もしくは不活性化する．βサブユニットとγサブユニットからなる$\beta\gamma$複合体は，αサブユニットに結合して，その活性を阻害している．Gタンパク質は，αサブユニットに付加されたミリストイル基もしくはパルミトイル基，およびγサブユニットに付加されたファルネシル基もしくはゲラニルゲラニル基によって，細胞膜につなぎとめられている．$\beta\gamma$二量体はαサブユニットのGPCRへの結合を促進し，受容体が活性化されていない場合にはGDPとGTPの交換を阻害する．また$\beta\gamma$二量体は，αサブユニットの細胞膜へのつなぎとめを強固にするとともに，下流のシグナル伝達系のエフェクターとして働いている（下流の受容体の活性化）．

Gタンパク質の活性化は，GPCRにリガンドが結合すると起こる．受容体の膜貫通領域で立体構造が変化することで，**グアニンヌクレオチド交換因子**（guanine nucleotide exchange factor, GEF）によるGDPとGTPの交換反応が引き起こされ，GTP-αサブユニットが離れる．この活性化されたαサブユニットは，細胞膜の細胞質側の面を動き回り，セカンドメッセンジャーを産生する酵素を活性化する．GTP結合型α_sサブユニットはアデニル酸シクラーゼを活性化し，シグナル伝達カスケードを引き起こすcAMPの細胞内生合成を上昇させる．GTP結合型α_iサブユニットはアデニル酸シクラーゼ活性を阻害し，cAMPの細胞内濃度を低下させる．cAMPに加えて，他の分子もGPCRを介したシグナル伝達機構に関与する場合がある．フォスファチジルイノシトール回路の分子やカルシウムイオンがそうである．グアニル酸シクラーゼによって生合成されるセカンドメッセンジャーであるcGMPも，類似した機構で働く．

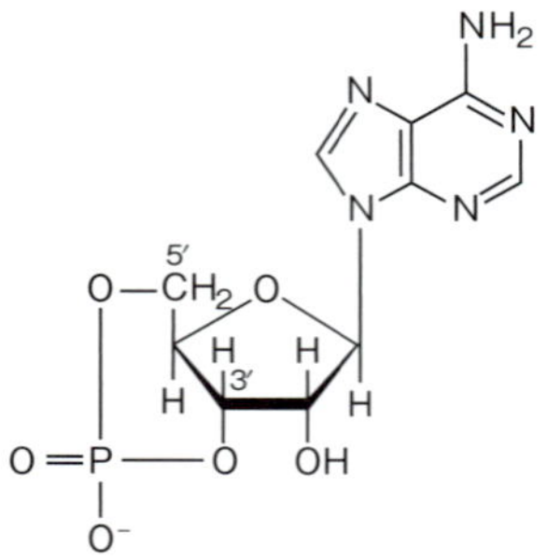

図 16.5　セカンドメッセンジャー分子であるcAMPの構造
cAMP（アデノシン3′,5′-リン酸とも呼ばれる）が，3′位と5′位の炭素原子でつながっているジエステルである点に注目．

cAMP　cAMP（図16.5）は，グルカゴン，TSH，エピネフリンのようなホルモンがそれぞれの受容体に結合したとき，ATPからアデニル酸シクラーゼによってつくられる．リガンドが結合している受容体とGタンパク質G_sが相互作用すると（シグナルの開始），GDPとGTPの交換反応が起こり，その結果，GTP結合型α_sサブユニットがそこから離れてアデニル酸シクラーゼを活性化する（図16.6）．GTPが加水分解されることで，このα_sサブユニットとアデニル酸シクラーゼの相互作用は終了し，GDP結合型α_sサブユニットはGPCR-$\beta\gamma$サブユニット複合体に再び取り込まれる（一次シグナルの終了）（実際，α_s-GTPは時限装置として機能している．αサブユニットがGTPを加水分解する速さが，シグナル伝達の持続時間を決定している）．ここで活性化されたアデニル酸シクラーゼは，たくさんのcAMP分子を合成し（シグナルの増幅），細胞質に分散し，そこでヘテロ四量体のcAMP依存性プロテインキナーゼ（PKA）の調節サブユニットと結合し，PKAを活性化させる．さらに，活性化されたPKAサブユニットは代謝反応の鍵となる酵素をリン酸化し，その触媒活性を変化させる．cAMPはホスホジエステラーゼにより速やかに加水分解される（二次シグナルの終了）．活性化されたPKA触媒サブユニットは，核に移行し，そこでCREB（cAMP応答配列結合タンパク質，p.139参照）をリン酸化し，そのリン酸化によってCBP（CREB結合タンパク質）と呼ばれるコアクチベーターが結合できる領域が露出する．CBPは，ヒストンをアセチル化することで，DNAが転写因子に接近しやすくなり，転写をある程度促進する．活性化CREBに応答して合成された代謝酵素には，糖新生酵素のPEPCK，グルコース-6-ホスファターゼ，チロシンヒドロキシラーゼなどがある．

cAMPから作用を受ける標的タンパク質の種類は，細胞の種類によって異なる．さらに，複数のホルモンが同一のGタンパク質を活性化することもある．つまり，異なるホルモンが同じ作用を呈することもある．たとえば，肝細胞におけるグリコーゲン分解は，エピネフリンとグルカゴンのどちらによっても行われる．

ホルモンのなかにはアデニル酸シクラーゼ活性を阻害するものもある．このようなホルモン

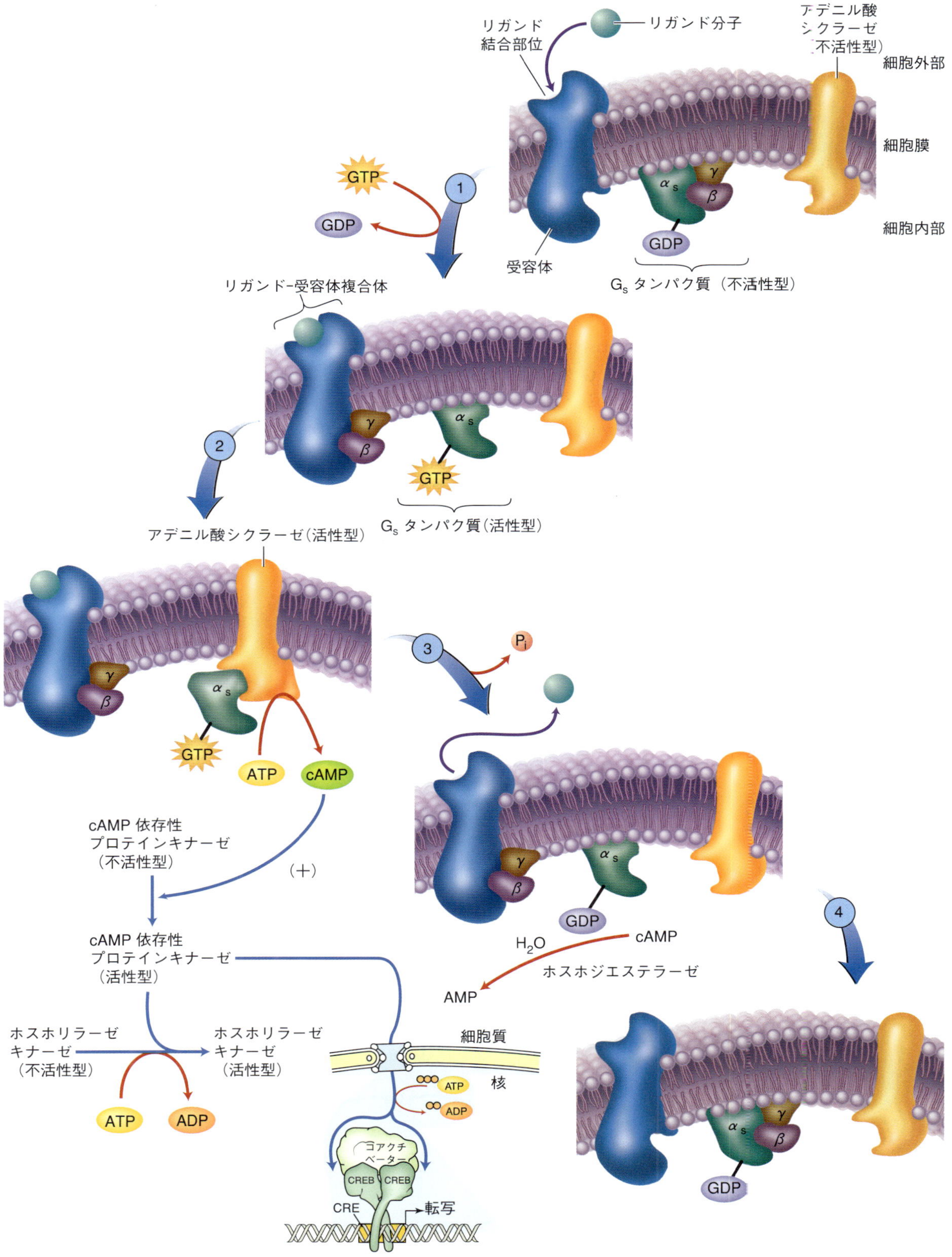

図 16.6　グリコーゲン分解を制御するアデニル酸シクラーゼセカンドメッセンジャー系

受容体にリガンド分子が結合していない状態では，G_s タンパク質の α_s サブユニットには GDP が結合しており，$\beta\gamma$ 二量体と複合体を形成している．① ホルモンが結合すると，受容体が活性化され，GEF（図には示されていない）により GDP が GTP に置き換えられる．② 活性型の α_s サブユニットがアデニル酸シクラーゼと相互作用し，それを活性化する．③ このとき合成される cAMP が cAMP 依存性プロテインキナーゼに結合し，活性化させる．リガンドが受容体から遊離し，α_s サブユニットのもつ GTP アーゼ活性によって，そこに結合している GTP が加水分解を受けて GDP に変化し，最後に α_s サブユニットがアデニル酸シクラーゼから離れると，シグナル伝達が終了する．cAMP はホスホジエステラーゼによる加水分解を受け，不活性型の AMP になる．④ α_s サブユニットは再び $\beta\gamma$ 二量体と複合体を形成する．グリコーゲンの分解は，cAMP 依存性プロテインキナーゼがホスホリラーゼキナーゼを活性化することで始まり，この活性化されたホスホリラーゼキナーゼが次に（リン酸化を介して）グリコーゲン分解酵素であるグリコーゲンホスホリラーゼを活性化する．cAMP 依存性プロテインキナーゼ（PKA）の活性型触媒サブユニットは核へ移行し，そこで転写調節因子である CREB を活性化する．活性化された CREB は，コアクチベーターである CBP とともに，CRE（cAMP 応答配列）に結合することで，結果として cAMP 応答遺伝子が転写される．

の受容体は G_i タンパク質と作用するので，細胞内タンパク質のリン酸化反応の抑制が起こる．G_i が活性化されると，その α_i サブユニットは $\beta\gamma$ 二量体から遊離し，アデニル酸シクラーゼの活性化を阻害する．たとえば，PGE_1（プロスタグランジン E_1）は，脂肪細胞に存在する受容体が G_i と結合するので，脂肪分解を抑制する作用をもつ（脂肪分解がエピネフリンによって引き起こされることは，すでに述べた）．

ホスファチジルイノシトール経路，IP_3，DAG，カルシウム　ホスファチジルイノシトール経路（図 16.7）はホルモンや増殖因子の作用を仲介する．その例としては，アセチルコリン（膵臓細胞におけるインスリン分泌など），バソプレッシン，エピネフリン（α_1 受容体）などがある．ホスファチジルイノシトール 4,5-ビスリン酸（PIP_2）はホスホリパーゼ C によって分解され，セカンドメッセンジャーである **DAG**（diacylglycerol，**ジアシルグリセロール**）と **IP_3**（inositol-1,4,5-trisphosphate，**イノシトール 1,4,5-トリスリン酸**）を生成する．ホルモン-受容体複合体によって G タンパク質が活性化されると，次に，ホスホリパーゼ C が活性化される．G タンパク質のなかにはホスファチジルイノシトール経路にかかわっているものもある．たとえば，G_Q（図 16.7 に示した）はバソプレッシンの作用を仲介する．

ホスホリパーゼ C の触媒反応によりつくられる DAG は，プロテインキナーゼ C（PKC）を活性化する．数種の PKC が DAG によって活性化されることが明らかになっている．細胞の種類によっては，活性型 PKC が特定の調節酵素をリン酸化することで，その酵素を活性化ある

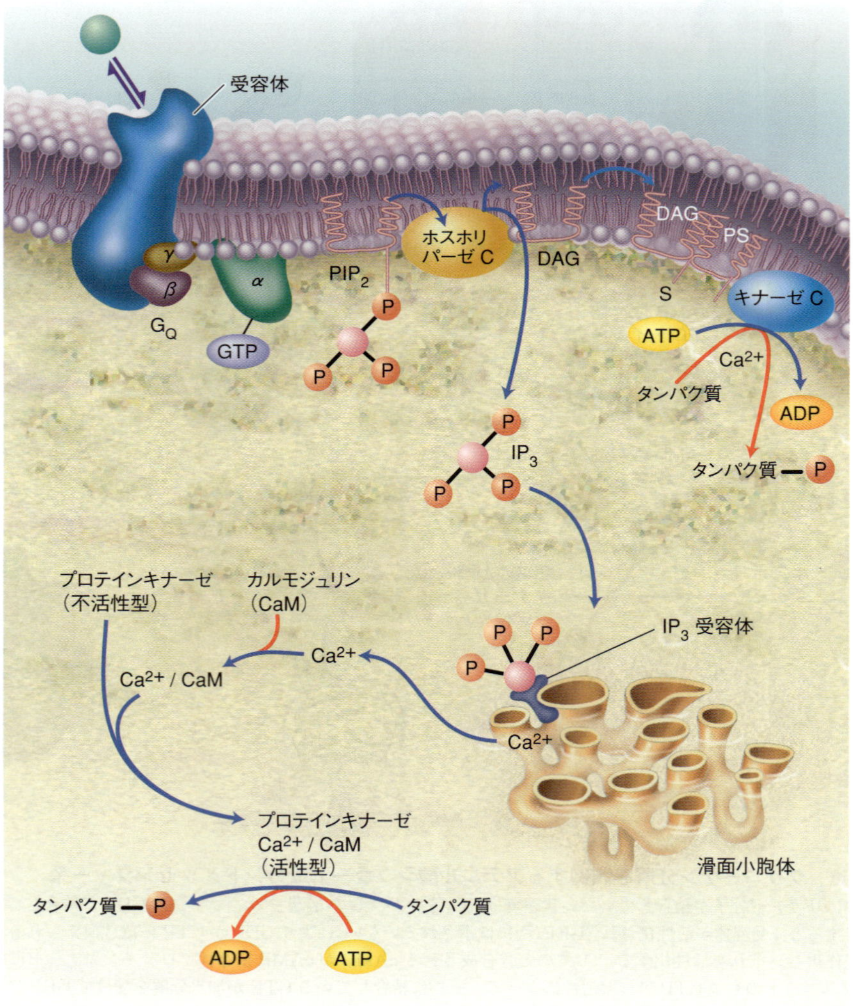

図 16.7　ホスファチジルイノシトール経路
特定のホルモンがその受容体に結合すると，G タンパク質の α サブユニットが活性化される．そして活性型 α サブユニットは，DAG を細胞膜に残したまま，PIP_2 から IP_3 を遊離させるホスホリパーゼ C を活性化する．DAG はホスファチジルセリン（PS）やカルシウムイオンと作用してプロテインキナーゼ C を活性化する．続いてプロテインキナーゼ C は，重要な制御因子のリン酸化を行う．IP_3 は滑面小胞体上の受容体と結合して，カルシウムイオンチャネルを開く．カルシウムイオンは細胞質内に移動し，その標的分子を活性化する．

いは不活性化することもある．

IP_3 は，合成された後，カルシソーム（滑面小胞体）に拡散し，そこで IP_3 受容体（カルシウムチャネル）と結合する．カルシウムイオンが開いている活性型チャネルを通って細胞質内に流入すると，細胞内カルシウム濃度が上昇する．カルシウムイオンは多くの細胞内代謝過程の制御に関係しており，その一例として，細胞膜結合型 PKC の活性化にかかわっている．カルシウム放出機構が活性化されているときでもカルシウム濃度は比較的低いので（約 10^{-6} M），カルシウムの制御を受けるタンパク質のカルシウム結合部位は，カルシウムに対する親和性が高くなければならない．カルシウム結合タンパク質のなかには，カルシウムの存在下で別のタンパク質の活性を制御するものもある．カルモジュリンはカルシウム結合タンパク質の一つで，たくさんのカルシウム制御反応を仲介する．実際カルモジュリンは，ある種の酵素の制御部位のサブユニットであることもある（たとえばホスホリラーゼキナーゼは，グリコーゲン代謝においてホスホリラーゼ b をホスホリラーゼ a に変換する）．

グアニル酸シクラーゼ受容体　グアニル酸シクラーゼ受容体には二つの型が存在する．膜結合型と細胞質型である．活性化されると，いずれの型の受容体も GTP をセカンドメッセンジャー分子であるサイクリック GMP（cGMP）に変換する．

膜結合型グアニル酸シクラーゼを活性化する物質には２種類あることがわかっている．すなわち，心房性ナトリウム利尿因子と細菌由来のエンテロトキシンである．心房性ナトリウム利尿因子（ANF）は，血流量の増加に応答して心臓の心房細胞から分泌されるペプチドであり，血管拡張により血圧を降下させ，利尿（尿排出量の増加）を起こす．ANF の生物学的効果は cGMP が仲介して行われている．細胞の種類によっては，ANF はグアニル酸シクラーゼを活性化し，cGMP 依存性プロテインキナーゼ（PKG）の活性化を起こす．たとえば，腎臓の集合採尿管の細胞では，ANF の刺激によって合成された cGMP が腎臓でのナトリウムイオンと水分の排出を促進する．

エンテロトキシン（いくつかの種の細菌によってつくられる）が，小腸細胞の細胞質に存在する別の種類のグアニル酸シクラーゼに結合すると，下痢症状が引き起こされる．たとえば，大腸菌がつくる熱耐性エンテロトキシンが，旅行者に下痢を引き起こすことがある．この毒素が，グアニル酸シクラーゼにつながっている小腸細胞の細胞膜受容体に結合すると，電解質と水分が小腸内腔に過剰に放出される．

旅行者の下痢

細胞質型グアニル酸シクラーゼ（sGC）は二量体を形成しており，一酸化窒素（·NO，p. 468）がその補欠団であるヘム（各二量体に１分子存在する）に結合すると活性化される．活性化されると，sGC は cGMP 依存性プロテインキナーゼとイオンチャネルの活性を制御する．たとえば動脈平滑筋細胞では，·NO によって cGMP 合成が引き起こされると，細胞内カルシウムイオン濃度が減少し，筋収縮が減弱することで血管拡張が起こり，その結果，血圧が低下する．

受容体型チロシンキナーゼ　受容体型チロシンキナーゼ（receptor tyrosine kinase, RTK）は，インスリンや上皮細胞増殖因子（EGF），血小板由来増殖因子（PDGF），インスリン様増殖因子１（IGF-1）などのリガンドが結合する膜貫通型受容体ファミリーに分類される．このファミリーに属する受容体の間には多少の構造的違いもあるが，各受容体が共通にもつ特徴がある．それは，特定の細胞外リガンドが結合する細胞外ドメインをもつこと，膜貫通型であること，および細胞内ドメインにはチロシンキナーゼ活性があることである．リガンドが細胞外ドメインに結合すると，受容体タンパク質の構造変化が起こって，チロシンキナーゼドメインが活性化される．チロシンキナーゼの活性化によりリン酸化カスケードが進み，初めにチロシンキナーゼドメインの自己リン酸化が起こる．インスリン受容体の研究は非常に多くの成果を上げている．

インスリン受容体（図 16.8）はチロシンキナーゼ活性をもつ受容体の一例である．それは膜貫通型糖タンパク質であり，ジスルフィド結合によってつながった２種類のサブユニットからなっている．大きいほうの二つの α サブユニット（分子量 13 万）は細胞外に位置しており，イ

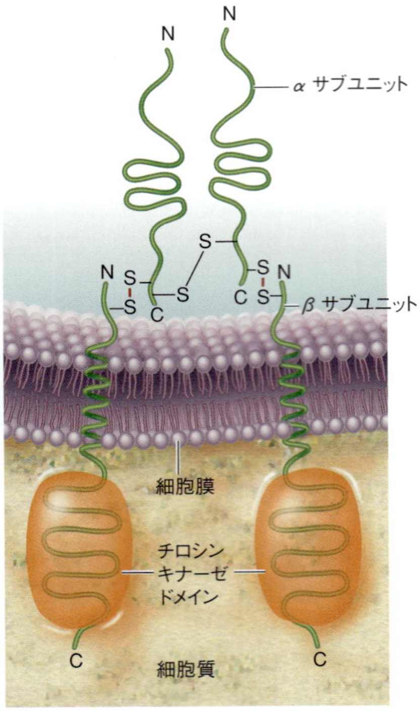

図 16.8　インスリン受容体
インスリン受容体は 2 対の α および β サブユニットからなる四量体である．これらのサブユニットはジスルフィド架橋によって互いに結合している．

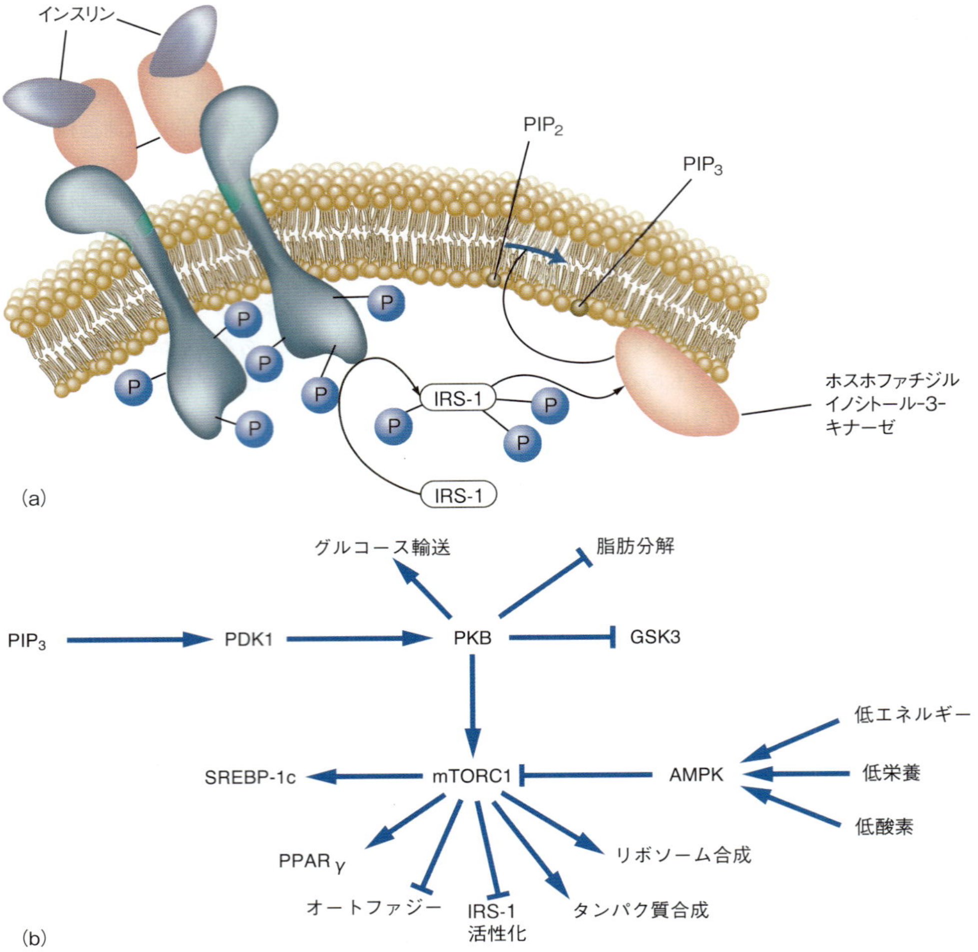

図 16.9　インスリンシグナルの簡略化されたモデル
(a)インスリンがチロシンキナーゼ活性をもつ受容体に結合すると，受容体の自己リン酸化が起こる．この活性化されたインスリン受容体は，次に最初の基質分子のセットをリン酸化する．この図では，インスリン受容体基質 1 (IRS-1)の一つだけが示されている．新たにリン酸化された IRS-1 は，ホスファチジルイノシトール-3-キナーゼに結合し，活性化する．このキナーゼによって，PIP$_2$ がリン酸化されて PIP$_3$ が生成される．この PIP$_3$ は，次に PIP$_3$ 依存性プロテインキナーゼ(PDK1)に結合することで活性化する．このキナーゼは，リン酸化を介して，さまざまなキナーゼ(PKB や PKC など)を活性化していく．こうして活性化されたキナーゼによって，遺伝子発現が変化するまで，シグナルカスケードが動き続ける．(b) PKB は，グリコーゲンシンターゼを不活性化する酵素である GSK3 をリン酸化する(その結果，抑制する)ことで，グリコーゲン生合成を刺激する．PKB はまた脂肪分解を抑制し，細胞内へのグルコース輸送を活性化する．さらに，さまざまな細胞内過程を調節している mTORC1 複合体の mTOR を活性化する．この図に示されている mTOR に影響を受ける過程には，タンパク質合成やリボソーム合成の活性化やオートファジーの抑制などが含まれる．mTOR は遺伝子発現にも影響を与えることが知られている．たとえば mTOR は，SREBP-1c や PPARγ(p. 393 参照)といった転写因子を介して，脂肪やコレステロールの生合成に関与するタンパク質の遺伝子発現を誘導する．ATP や栄養素，酸素などが少ない場合には，AMPK によって mTOR は不活性化される．栄養素レベルが高いと，インスリン-IRS-1-PI3K シグナルカスケードの活性を抑える IRS-1/PI3K 阻害因子を活性化することで，mTOR は自身を活性化する．

ンスリン結合部位を形成している．小さいほうの二つの β サブユニット(分子量 9 万)は，それぞれ膜貫通部とチロシンキナーゼドメインをもっている．

インスリン分子が受容体 α サブユニットに結合すると，受容体のチロシンキナーゼが活性化され，複数のリン酸化カスケードが引き起こされる．その結果，さまざまな細胞内タンパク質の活性が制御されることになる．インスリンシグナルは 150 種類を超えるタンパク質の発現を変化させる．インスリン受容体基質 1 (IRS-1)は六つの IRS タンパク質の一つで，インスリン受容体に直接リン酸化される，最も重要な機能をもつタンパク質である．活性化された IRS-1 は，ホスファチジルイノシトール-3-キナーゼ(PI3K)を含むいくつかのタンパク質と結合し，活性化する(図 16.9a). PI3K は続いて，細胞膜にわずかに存在する PIP_2 をリン酸化し，PIP_3(ホスファチジル 3,4,5-三リン酸)へと変換する．いったん PIP_3 依存性プロテインキナーゼ(PDK1)が PIP_3 に結合すると，複数のキナーゼを活性化する．そうした PDK1 により活性化されるキナーゼのなかで最も重要なものが PKB(Akt とも呼ばれる)というセリン / トレオニンキナーゼであり，細胞内情報伝達メカニズムで中心的な役割を果たしている(図 16.9b)．PKB の活性化は，グリコーゲン生合成の亢進(GSK3 の阻害を介する．p. 273 参照)や脂肪分解の阻害(PKA 活性の阻害を介する)を引き起こす．PKB はまた，GLUT4 タンパク質(p. 527)の細胞膜への局在変化を刺激することで，脂肪細胞や骨格筋細胞へのグルコースの取り込みを促進する．

PKB の最も有名な役割は，mTORC1(mTOR 複合体 1)の構成因子である mTOR の活性化である．この mTOR は，ホルモン応答や栄養素利用性，エネルギー状態，さまざまなストレス(浸透圧ストレス，酸化ストレス，炎症など)に対する細胞応答を統合する中心的なセンサーとして働く．たとえば，mTORC1 の活性化によって影響を受ける遺伝子発現の変化として，リボソームの増加やタンパク質合成の促進，オートファジー(p. 487)の抑制があげられる．SREBP-1c と PPARγ(p. 393 参照)は mTORC1 によって活性化される主要な転写因子である．SREBP-1c は，ChREBP(炭水化物応答配列結合タンパク質，p. 393 参照)とともに，FAS や ACC(p. 385 参照)といった脂肪合成にかかわる遺伝子の発現を活性化する．また SREBP-1c は，糖新生に関与する酵素の発現を抑制する．PPARγ の活性化によって脂肪合成関連遺伝子の発現が増加する．

mTORC1/ インスリンシグナルによって引き起こされる応答は，少なくとも二つのメカニズムによって制御されている．一つは，mTORC1 が，PI3K 活性の阻害につながる IRS-1 リン酸化を引き起こすフィードバック経路の一部であること，もう一つは，低エネルギー・低栄養素あるいは他の細胞ストレス要因に応答して活性化される AMPK によって，mTOR 調節タンパク質のリン酸化を介して mTORC1 が抑制されることである．

キーコンセプト

- ホルモン分子が結合する細胞表面の受容体は，二つの主要な種類に分けられる．一つは G タンパク質共役型受容体(GPCR)で，もう一つは受容体型チロシンキナーゼである．
- GPCR によって活性化される G タンパク質は，一つ以上のセカンドメッセンジャー分子を利用して，元のシグナルを細胞内のシグナルに変換する．
- 受容体型チロシンキナーゼは，シグナル分子の結合により自己リン酸化が起こると，リン酸化カスケードを活性化させる．

問題 16.2

仮想的な cAMP が介在するシグナル伝達カスケードで，ホルモン 1 分子が受容体に結合することで引き起こされる α_s-GTP とアデニル酸シクラーゼの相互作用は，2 ～ 3 秒継続する．アデニル酸シクラーゼの触媒速度(ターンオーバー数)は毎秒 350 個の cAMP 分子であると仮定する．もし五つのホルモン分子が，血中へ拡散する前に受容体に結合すると，何個の cAMP 分子が産生されるか．

問題 16.3

エピネフリンが cAMP の合成を誘導する際に起こる一連の現象を説明せよ．cAMP は合成後すぐに分解される．シグナル伝達過程において，セカンドメッセンジャーがこのような特徴をもつことが重要である理由を述べよ．

問題 16.4

コレラ毒素の A サブユニットによって，cAMP を介した塩素チャネルの活性化が引き起こされる．GTP-α_s の GTP 加水分解が阻害されることで，ひどい下痢が生じる．この GTP 加水分解の阻害がなぜ，下痢を引き起こすのか理由を述べよ．

問題 16.5

がんの増殖には，(ウイルス感染や発がん性化学物質の侵入が関与する)発がんイニシエーターによる作用，続いて発がんプロモーターへの曝露という，多段階の機構がかかわることがしばしばである．発がんプロモーターとは細胞増殖を刺激する分子群を指し，その物質自

発がんプロモーター

身が発がんを引き起こすことはない．（ハズの種子から抽出される）クロトン油に含まれるホルボールエステルは，強力な発がんプロモーターである（他の例としては，アスベストやタバコ煙の成分があげられる）．ホルボールエステルのがん増殖作用の一つが，DAG と似た作用である．ホルボールエステルは，DAG に比べると体外へ排出されにくい．〝発がん作用を受けた〟細胞において，ホルボールエステルが引き起こす生化学的作用について説明せよ．また DAG とホルボールエステルの両方によって活性化される酵素は何か．

問題 16.6

糖尿病

diabetes（糖尿病）という用語は，ギリシャ語の *diabeinein*（〝通り過ぎる〟）に由来し，堪え難いのどの乾きと〝肉や骨が尿のなかに溶けだす〟という症状を呈する病気を分類するのに，Aretaeus（A. D. 81～138）が初めて使用した．生化学の広がり（p. 523～525）を参照の後，Aretaeus の発見のもととなった生理学的および生化学的背景を説明せよ．

増殖因子

多細胞生物が生存するためには，細胞の成長と増殖（有糸分裂）が正確に制御されていなければならない．**増殖因子**（growth factor）と呼ばれるさまざまな種類のホルモン様のポリペプチドやタンパク質，またいくつかのサイトカインが，さまざまな細胞の成長，分化，および増殖を制御していることが知られている．一部の増殖因子では，それが機能するために細胞の応答が必要となることがよくある．増殖因子は，専門の腺細胞ではなく，さまざまな細胞で合成されるという点で，ホルモンとは異なる．哺乳動物の増殖因子の例をあげると，上皮細胞増殖因子，血小板由来増殖因子，インスリン様増殖因子 1 および 2 などがある．**サイトカイン**（cytokine）という用語は，本来，造血系細胞や免疫系細胞から分泌されるタンパク質を意味している．サイトカインは，細胞の成長や増殖を刺激する場合もあるし，抑制する場合もある．インターロイキンやインターフェロンはサイトカインの一例である．

上皮細胞増殖因子（epidermal growth factor, EGF）（分子量 6400）は細胞の増殖因子のうちで最初に見つかったものの一つであり，これは表皮細胞や消化管上皮細胞のような多くの上皮細胞に作用する**マイトジェン**（mitogen，細胞分裂の刺激物質）である．EGF は，細胞膜上の EGF 受容体に結合すると細胞分裂を引き起こす．EGF 受容体は膜貫通性チロシンキナーゼであり，インスリン受容体と構造が類似している．

血小板由来増殖因子（platelet-derived growth factor, PDGF）（分子量 31,000）は，血液凝固反応の際，血小板によって分泌される．PDGF は EGF と協同して，創傷治癒期間に繊維芽細胞およびその隣接細胞に対して有糸分裂を促進する．また，PDGF は繊維芽細胞でのコラーゲン合成も促進する．

インスリン様増殖因子（insulin-like growth factor）1 および 2（IGF-1 および IGF-2）は，成長ホルモン（GH）の成長促進作用を仲介するポリペプチドである．IGF-1（幼年期と青年期に最も高レベル）と IGF-2（懐胎期に最も高レベル）は動物における主要な成長刺激物質であり，GH が細胞表面の受容体に結合すると，肝臓や他の組織の細胞（筋細胞，繊維芽細胞，骨細胞，腎細胞など）で合成される．その名前が示すように，IGF-1 と IGF-2 はインスリンと同様な（ただし，より少ない程度で）代謝過程の促進（グルコース輸送や脂肪合成など）を行う．IGF-1 と IGF-2 は，他のポリペプチド増殖因子と同様，細胞表面の受容体と結合することで細胞内過程を引き起こす．当然ながら，これらの受容体は構造的にインスリン受容体と類似している．たとえば，細胞内の β サブユニットはチロシンキナーゼ活性をもつ．

インターロイキン 2（interleukin-2, IL-2）（分子量 13,000）は，細胞増殖や細胞分化を促進する役割に加えて，免疫系を制御する役割ももつ一群のサイトカインである．IL-2 は，特定の抗原提示細胞に結合することで活性化した T 細胞より分泌される．抗原提示細胞は，刺激を受けると IL-2 受容体を合成する働きももっている．IL-2 が受容体に結合すると，細胞分裂が引き起こされ，同じ T 細胞が大量につくられるようになる．免疫応答の他の反応と同様に，この過

生化学の広がり

糖尿病

なぜグルコース輸送が損われる疾患の糖尿病は，全身に影響を及ぼすのだろうか？

糖尿病は重篤な代謝疾患であり，インスリン合成の不全やインスリン分解の促進，インスリン作用の低下によって起こる．その結果として，体細胞が血液中からグルコースを取り込めなくなる．糖尿病には1型と2型の二つのタイプがある．**1型糖尿病**（type 1 diabetes，以前は若年発症型糖尿病あるいはインスリン依存性糖尿病と呼ばれていた）は，インスリンを産生する膵β細胞が破壊されることで発症する自己免疫疾患である．一方，**2型糖尿病**（type 2 diabetes，以前は成人発症型糖尿病あるいはインスリン非依存性糖尿病と呼ばれていた）は，インスリンの標的細胞がインスリンに対する感受性を失うことによって起こる．かつて糖尿病はきわめてまれな病気であったが，現在ではアメリカで死因の上位にあげられ，少なくともアメリカの人口の7%が糖尿病を発症していると推定される．世界的に見た糖尿病の発症率は2.8%である．

糖尿病の基本的な特徴はエネルギー代謝異常である．インスリン欠乏やインスリン標的組織（骨格筋，脂肪組織，肝臓など）でのインスリン感受性の低下によって，**高血糖症**（hyperglycemia，血中グルコースレベルの上昇）や**脂質異常症**（dyslipidemia，血中の脂質やコレステロールの異常な上昇）が引き起こされる．インスリンが効果的に作用しない場合，骨格筋や脂肪組織にグルコースが取り込まれないために，血中グルコースレベルが通常よりも高くなる．こうした症状は，肝臓での糖新生やグリコーゲン分解（これらは通常，インスリンで抑制される）によって悪化する．なぜなら，糖新生やグリコーゲン分解によってさらにグルコースが産生され，すでに高グルコース状態である血流中に運びだされるからである．インスリンが効果的に作用しないと，とくに肝臓と脂肪組織での脂質代謝も異常になる．

高グルコース血症は，すべてのタイプの糖尿病で認められる急性症状の直接の原因となる．極端な喉の渇きや頻繁な排尿は**糖尿**（glucosuria，尿中グルコース）によって引き起こされ，**浸透圧利尿**（osmotic diuresis，水とナトリウムイオン，カリウムイオン，塩化物イオンなどの電解質の過剰な損失）を引き起こす．細胞が十分なエネルギーを産生できないために極端な疲労が起こる．細胞がグルコース枯渇状態にあることによって，脳内の摂食中枢（p. 531）で空腹応答が引き起こされ，その結果，極端な空腹感が引き起こされる（過食症）．高グルコース血症は，生体に長期的な損傷をもたらす，いくつかの過程も引き起こす．タンパク質の糖化（p. 218 参照）による終末糖化産物の産生によって，血管内皮が損傷を受け，動脈硬化や他の変性疾患が発症する．

高血糖はソルビトール経路も刺激する．グルコースをインスリン依存的に取り込む細胞のなかには，NADPH 要求性の酵素であるデヒドロゲナーゼによって，過剰なグルコースをソルビトール（p. 216）に変換するものがある（たとえば末梢神経細胞や眼球レンズの細胞など）．産生されたソルビトールの蓄積は，細胞内タンパク質の糖化をもたらす．$NADP^+$ が過剰に存在すると，GSH（p. 325 参照）や NO（p. 468 参照）の細胞内レベルが低下していく．ソルビトールの一部が酸化される反応が NAD^+ の還元反応と共役する．（ピルビン酸からの）乳酸の合成に加えて，過剰な NADH が，スーパーオキシド産生酵素である NADH オキシダーゼの活性化を介した，ミトコンドリアの電子伝達系によるスーパーオキシドの産生を引き起こす．糖尿病では，ソルビトールの蓄積と酸化還元状態の変化が神経損傷と白内障の発症に関連している．最後に，高グルコース血症は，炎症シグナル経路のネットワークを活性化する炎症性サイトカイン〔たとえば腫瘍ネクローシス因子α（TNF-α）〕による慢性的な全身性の炎症を引き起こす要因となる．

インスリンの効果的な作用の不在により脂肪組織での脂肪分解（12.1 節）が活発化し，血中での遊離脂肪酸濃度が急上昇する．この脂肪酸分子は，肝臓において，（過剰な糖新生により生じた）オキサロ酢酸の低濃度状態と協同したβ酸化により，分解を受ける．その結果，ケトン体合成の基質となるアセチル CoA が大量に生成する．エネルギー産生やケトン体合成に利用されない脂肪酸は，VLDL 合成に利用される．この過程において，脂質異常症（リポタンパク質の血中濃度の上昇）が発生するのは，インスリンが不足するとリポタンパク質リパーゼの合成が抑制されるためである．

1 型糖尿病

1 型糖尿病はほとんどの場合，インスリン産生細胞である膵β細胞を破壊する自己免疫疾患が原因である．その症状は，数カ月あるいは数年に及ぶ継続的な炎症の結果，インスリン産生細胞のほとんどすべての機能が壊れてしまうと，突然に現れる傾向がある．別の炎症過程や自己免疫過程において，抗体が細胞表面の抗原に結合するとβ細胞破壊が始まることもある．1 型糖尿病において最もよく見つかる自己抗体は，グルタミン酸デカルボキシラーゼ活性をもつ抗原に特異的に結合すると考えられている．インスリンやチロシンホスファターゼ IA-2 に対する自己抗体も発見されている．

1型糖尿病の急性症状のなかで最も深刻なのは**ケトアシドーシス**(ketoacidosis)である．これは，脂肪酸の酸化が抑制されないことで生じる症状である．体内で酸化処理できる能力を超える大量のケトン体が放出される．血中ケトン濃度の上昇〔**ケトーシス**(ketosis)〕と，高血糖に伴う血中pHの低下によって，大量の水分が失われる(患者の呼気のアセトン臭がケトアシドーシスの特徴である．これは，この揮発性分子であるケトン体の主要な排出メカニズムが肺からの放出だからである)．ケトアシドーシスや脱水症を放置しておくと，昏睡症状に陥ったり，死に至ったりすることもある．1型糖尿病患者は，動物から抽出したインスリンや組換えDNA技術によって合成されたインスリンの注射による治療を受ける．1922年にFrederick BantingとCharles Bestがインスリンを発見する以前は，1型糖尿病患者のほとんどは糖尿病の診断後1年以内に亡くなっていた．インスリン注射により寿命を延ばすことはできるが，これは根本的な治療にはなっていない．ほとんどの患者は，長期にわたる糖尿病の合併症のために若年で亡くなってしまう．

現在，1型糖尿病は遺伝的要因と環境的要因の両者によって発生すると考えている研究者が多い．はっきりとした原因についてはまだ明らかではないが，ある遺伝子マーカーをもつ人は1型糖尿病を発症する危険率が高い．あるHLA抗原，すなわち特異的な変異体であるHLA-DR3とHLA-DR4が，1型糖尿病の患者の大多数において見つかっている．HLAは組織適合抗原ともいうが，ほとんどの体細胞表面に存在しており，免疫系が外来の物質や細胞に反応する際に重要な機能を果たしている．

2型糖尿病

2型糖尿病は発症が段階的であるため，1型糖尿病に比べて穏やかに思われるが，生体への長期的な影響は致命的である．1型糖尿病とは対照的に，2型糖尿病患者のほとんどは診断時に血中インスリン濃度が高くなっている．2型糖尿病では，さまざまな要因によりインスリンに抵抗性を示すためである．インスリン抵抗性を示す最も多い原因は，IRS(インスリン受容体基質)タンパク質をチロシンリン酸化するインスリン受容体の異常である．インスリンシグナルは，IRSのセリン残基をリン酸化する酵素(JNKなど)によって阻害される．小胞体ストレスや高濃度の遊離脂肪酸などによって活性化されるJNKは，IRSリン酸化酵素の一つであり，炎症促進にかかわる遺伝子の発現を誘導する．炎症は2型糖尿病の病態における中心的な症状として，ますます注目が高まっている．2型糖尿病を呈する患者は，C反応性ペプチド，インターロイキン1β(IL-1β)，IL-6といった炎症性タンパク質の血中レベルが高い．

インスリン標的組織の感受性が低下すると，血中グルコース濃度が上昇し，膵β細胞からのインスリンの分泌がさらに促される．標的細胞表面のインスリン受容体が高濃度のインスリンにさらされると，受容体の内在化が誘導され，受容体タンパク質と，その下流シグナルのタンパク質のいくつかの生合成が低下する．高い血中インスリン濃度(**高インスリン血症**，hyperinsulinemia)の最終的な結果として，インスリンを分泌する膵β細胞の機能が損われるとともに，その数が減少する．膵島細胞中にアミロイド沈着物の形成，つまり正しく折りたたまれなかったタンパク質の凝集が起こり，これがβ細胞のアポトーシスを誘導する(疾患に関連したタンパク質凝集についてはp. 676に記述)．

2型糖尿病は，インスリン応答が低下し，空腹時血糖値が126 mg/dL(通常，100 mg/dL以下)を超えると発症したとみなされる．2型糖尿病患者の約85%は肥満者である．肥満によって組織のインスリン抵抗性が促進されるため，2型糖尿病の傾向がある人の場合，体重が増加すると糖尿病発症の危険率は高くなる．

通常の場合，2型糖尿病の治療は食事制限と運動を併用して行われる．肥満した患者の場合，体重が減少するとインスリン抵抗性が改善される(つまり，インスリン受容体の発現量が上昇することが多い)．持続的な筋肉運動によりインスリン非依存性のグルコースの取り込みが活発になるため，運動によっても高血糖は改善される．場合によっては薬物治療が指定される．スルホニルウレアのような経口血糖降下剤(OHA)は，膵臓からのインスリン分泌を促進し，肝臓での糖新生やグリコーゲン分解を抑制し，インスリン感受性細胞へのグルコースの取り込みを増大させる働きをもつ．ビグアナイド系抗糖尿病薬であるメトフォルミンは，AMPKを活性化することで肝臓での糖新生を抑制し，末梢組織でのグルコース取り込みと脂肪酸酸化を促進する．

2型糖尿病患者が高血糖状態を制御できなくなると，深刻な合併症(たとえば腎不全，心筋梗塞，感染症)や**高浸透圧性高血糖ノンケトーシス**(hyperosmolar hyperglycemic nonketosis, HHNK)に陥る(2型糖尿病ではケトアシドーシスが起こることはまれである)．さらなる代謝ストレスにより，インスリン抵抗性はひどくなり，血糖値が上昇する．患者はひどい脱水症を起こすこともある．その結果，血液量が減少するため腎機能が低下し，さらに血糖値が上昇する．そして，最終的には昏睡に陥る．2型糖尿病はゆっくり発症するため，ひどい脱水を起こすまで，その発症に気づかないことがある(これは，のどの渇きを感じる機能が衰えた高齢の糖尿病患者にとくにあてはまる)．このような理由のため，HHNKはケトアシドーシスよりも生命に危険を及ぼすことが多い．

長期にわたる糖尿病の合併症

医者や患者が糖尿病の症状をコントロールしようと努力しても，糖尿病の影響を長期にわたって防ぐことは困難である．糖尿病患者は，腎障害，心筋梗塞，脳卒中，失明，および神経障害を併発することがとくに多い．糖尿病性神経障害になると，神経の障害によって感覚機能や運動機能が失われる．さらに，血液の循環障害により壊疽（えそ）が起こることがよくある．1年に数万例もの壊疽部の切断手術が行われている．

糖尿病の合併症のほとんどは，血管系の障害に起因する．たとえば，目や腎臓の毛細血管が損傷を受けると，失明や腎障害が発生する．同様に，糖尿病患者においてアテローム性動脈硬化症が進行すると，重症の心筋梗塞や脳卒中が発生する．このような障害のほとんどは，アテローム性動脈硬化症を引き起こす糖化反応（p. 218）による．一方でこの疾患は，高血糖によりROS（活性化酸素種）の産生を引き起こす．このROS産生によって，血管内皮細胞のミトコンドリアでスーパーオキシドが大量に生じる．スーパーオキシドのなかには，·NOと反応してペルオキシナイトライト（$ONOO^-$，p. 323参照）となるものがある．この反応に引き続き，タンパク質，とくにほとんどの抗酸化酵素やNO合成酵素のニトロ化が起こり，これによって酸化ストレスが増大し，重要な血管拡張作用をもつ·NOの減少をもたらす．

まとめ　糖尿病は，複雑な生体システムにおいて機能が一つ欠損する（インスリンを生合成したり，インスリンに応答したりできなくなる）と，どのようにして致命的な損傷が引き起こされるのかを示すよい例である．

程は抗原が体内から除去されるまで続く．

サイトカインには増殖阻害を行うものもある．**インターフェロン**（interferon）は，抗原，マイトジェン，ウイルス感染，およびある種の腫瘍といった刺激に反応して，さまざまな細胞によって合成される一群のポリペプチドである．Ⅰ型インターフェロンは，タンパク質合成の開始に必要なタンパク質因子（eIF2α）のリン酸化と不活性化を引き起こすことで，細胞をウイルス感染より保護する．Ⅱ型インターフェロンはTリンパ球によって合成され，いくつかの免疫制御機能に加え，がん細胞の増殖阻害機能ももっている．**腫瘍壊死因子**（tumor necrosis factor, **TNF**）は，その名が示す通り，腫瘍細胞に対して毒性をもつ．TNF-α（抗原応答性貪食白血球細胞によって合成される）とTNF-β（活性型T細胞によって合成される）は，いずれも細胞分裂を抑制する働きをもっている．TNF-αは免疫系細胞の重要な調節因子である．

キーコンセプト

増殖因子やサイトカインは，一群のホルモン様ポリペプチドおよびタンパク質であり，細胞の成長，分裂，および分化に影響を与える．

ステロイドホルモンと甲状腺ホルモンの機構

疎水性のステロイドホルモンや甲状腺ホルモンのシグナル伝達機構が働くと，遺伝子発現が変化し，標的細胞のタンパク質生合成パターンに変化が見られる．ステロイドホルモンや甲状腺ホルモンは，血液中においてある種のタンパク質に結合して標的細胞に輸送される．ステロイド輸送タンパク質には，コルチコステロイド結合グロブリン，性ホルモン結合タンパク質，およびアルブミンなどがある．甲状腺ホルモンは，アルブミンのほかに，甲状腺ホルモン結合グロブリンによっても輸送される．

脂溶性ホルモン分子は標的細胞にたどり着くと，輸送タンパク質から遊離した後，細胞膜を通過して細胞内に拡散する．そして細胞内受容体と結合する（**図16.10**）．この受容体はリガンドとの結合において高い親和性をもっていて，構造的にDNA結合タンパク質に類似した大きなファミリーに属する．ホルモンの種類によっては，ホルモンと受容体との最初の結合が細胞質内で行われることもあれば（たとえばグルココルチコイド），核内で行われることもある（エストロゲン，アンドロゲン，甲状腺ホルモンなど）．受容体のなかには，ホルモン分子が存在しないときには別のタンパク質と複合体をつくることが観察されているものもある．たとえば，リガンドが結合していないグルココルチコイド受容体は，細胞質において熱ショックタンパク質90（hsp 90）のようなシャペロンタンパク質と結合していることが知られている（hsp90は，温度上昇のようなストレスに応答して生合成されるために，そのような名前がつけられている）．このシャペロンタンパク質は，ホルモンリガンドが存在していない場合に，受容体とDNAの結合を阻止する．ホルモンが受容体に結合すると，シャペロンが離れ，受容体-リガン

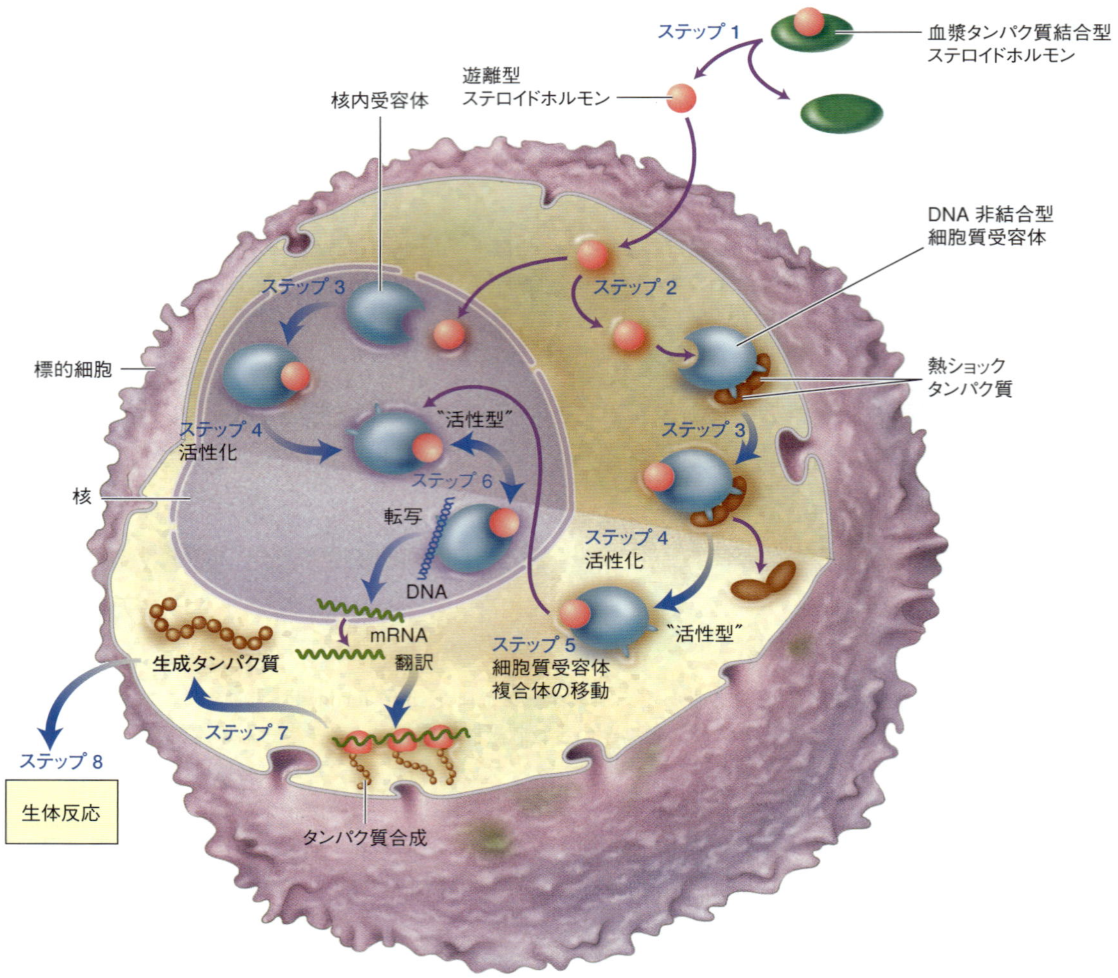

図 16.10　標的細胞内におけるステロイドホルモンの作用モデル
ステロイドホルモンは血漿タンパク質と結合した状態で血液中を移動する．それらが細胞にたどり着いて，血漿タンパク質から離れると(1)，ホルモン分子は細胞膜を通過して，細胞質内(2)あるいは核内(3)の受容体分子と結合する．受容体が活性化された後(4)，細胞質内のホルモン–受容体複合体は二量体となって(図には示されていない)，核へ移動する(5)．活性型ホルモン–受容体複合体が DNA の HRE に結合すると(6)，特定の遺伝子の転写が促進され，さらに，その細胞が合成するタンパク質の発現様式が変化する(7)．ステロイドホルモンの正味の影響は，細胞の代謝機能を変化させることである(8)．

ド複合体はホモ二量体になって核内へ移動する．

核内において，ホルモン–受容体複合体は**ホルモン応答配列**(hormone–response element, HRE)と呼ばれる DNA の特定部分に結合する．ホルモン–受容体複合体のジンクフィンガードメイン(p. 133 参照)が HRE に結合すると，特定の遺伝子の転写活性が促進あるいは阻害される．同一のホルモン–受容体複合体が複数の HRE に結合し，50〜100 種類もの遺伝子の発現に影響することもある．その結果，細胞機能の大規模な変化が誘導される．

キーコンセプト

ステロイドホルモンや甲状腺ホルモンのような脂溶性ホルモンは，細胞膜を通過して細胞内に拡散し，細胞内受容体と結合する．

16.3　哺乳動物の代謝：摂食–絶食サイクル

多細胞生物の生命を維持するための主要な代謝経路は，本書のなかでそれぞれ説明されてきた．しかし，代謝を真に理解するためには，より総合的なアプローチが必要である．摂食–絶食サイクルは，哺乳動物が食物からエネルギーや栄養素を抽出する自己調節的機構であり，よく理解されている過程でもある．この過程の概略を述べることは，生体内で実際に起こっている生化学反応を理解することに役立つと考えられる．

哺乳動物の各器官は，いくつかの方法で，それぞれの機能を果たしている．たとえば，エネルギーを利用する，いくつかのエネルギー消費器官(たとえば脳や骨格筋，心筋，平滑筋)が存在する．また消化管のように，エネルギー豊富な栄養素を別の必要な場所に効率よく供給する働きをもっている器官もある．シグナル分子(ホルモンや神経伝達物質など)というかたちで運ばれる情報は，エネルギー産生とエネルギー消費のバランスを調節するのに利用されている．ペプチドホルモンの代表例には，グレリン(Ghr)やペプチドYY(PYY)，コレシストキニン(CCK)，グルカゴン様ペプチド1(GIP-1)があげられる．**グレリン**(ghrelin)は，胃と小腸にある細胞から産生されて食欲(摂食)を刺激する．一方で，インスリンやPYY，CCK，GLP-1は満腹感を与える(摂食を抑制する)．細胞膜を介した栄養素の輸送も，臓器が機能するための重要な特徴である．グルコース輸送は，これまでに詳しく研究されてきた．Na$^+$/グルコース輸送体によるグルコースの能動輸送は，ATP駆動性Na$^+$，K$^+$ポンプ(p. 358参照)により形成されるナトリウムイオン勾配と連動している．細胞膜を介したグルコースの促進拡散輸送は，GLUTと呼ばれるグルコース輸送体によって行われる．GLUT1はほとんどの細胞で，GLUT2は肝臓や膵β細胞，小腸上皮で，GLUT3は神経細胞で，GLUT4はインスリン感受性のある骨格筋や脂肪組織でそれぞれ発現するグルコース輸送体である．またGLUT5は，もともと小腸吸収上皮細胞や肝細胞の細胞膜でフルクトースの輸送体として発見されたものである．

哺乳動物はエネルギーや生合成の前駆物質を常に必要としているが，食物の摂取は不連続的にしか行われない．このような状態を維持できるのは，食物由来のエネルギー豊富な分子の貯蔵と利用の際に，精巧な機構が働いているからである(**図16.11**)．摂食と絶食との間の移行期におけるさまざまな生化学経路の状態の変化を見れば，さまざまな代謝過程が互いに結びついており，ホルモン調節が深い影響を与えているのは明らかである．基質濃度も代謝における重要な因子である．**食後**(postprandial)**状態**とは食物が消化・吸収された直後のことであり，血中の栄養素の量が絶食時に比べて高い．一方，**吸収後**(postabsorptive)**状態**とは，たとえば何も食べないで一晩眠った後のように血中の栄養素の量が少ない状態である．

摂食期

摂食期が始まると，食物は，腸管(GI)神経系により引き起こされ制御された筋収縮運動によって消化管内を移動する．食物は，各器官を移動するにつれて酵素の作用を受け，次第に小さく分解される．消化された物質(そのほとんどが糖類，脂肪酸，グリセロール，およびアミノ酸からなる)は，最終的に小腸によって吸収され，血液やリンパ液中に入る．摂食期は消化器官の酵素産生細胞や神経系や数種のホルモンの相互作用によって制御されている．腸管神経系は，交感神経と副交感神経のいずれからも調節を受けており，数種の消化器系組織(たとえば唾液腺や胃腺)からの分泌の制御だけでなく，食物の消化管内移動を可能にする平滑筋収縮による蠕動(ぜんどう)を支配している．ガストリン，セクレチン，コレシストキニン(CCK)のようなホルモンも，酵素の分泌および重炭酸や胆汁のような消化補助物質の分泌を刺激することによって，消化過程に関与している．

初期の食後状態の様子を**図16.12**に示す．小腸から吸収された糖とアミノ酸は，門脈を通って肝臓まで輸送される．門脈の血液には，小腸細胞の代謝産物である高濃度の乳酸も含まれている．脂質分子のほとんどは，キロミクロンを形成して小腸からリンパ液へと運ばれる．キロミクロンは血流に入り，さらに筋肉や脂肪組織へ送られる．それらの組織において，キロミクロンからトリアシルグリセロール分子の大半が取り除かれると，キロミクロンはキロミクロンレムナントといわれる構造体となり，肝臓に吸収される．そこに含まれるリン脂質，タンパク質，コレステロール，およびわずかに存在するトリアシルグリセロールは，そこで分解または再利用される．たとえば，コレステロールは胆汁酸の合成に，脂肪酸は新たなリン脂質の合成に利用される．リン脂質は，新たに合成された脂質やタンパク質分子とともに，リポタンパク質に取り込まれた状態で別の組織に輸送される．

グルコースが血管を通って小腸から肝臓に移動する過程で，膵臓のβ細胞が刺激を受けてイ

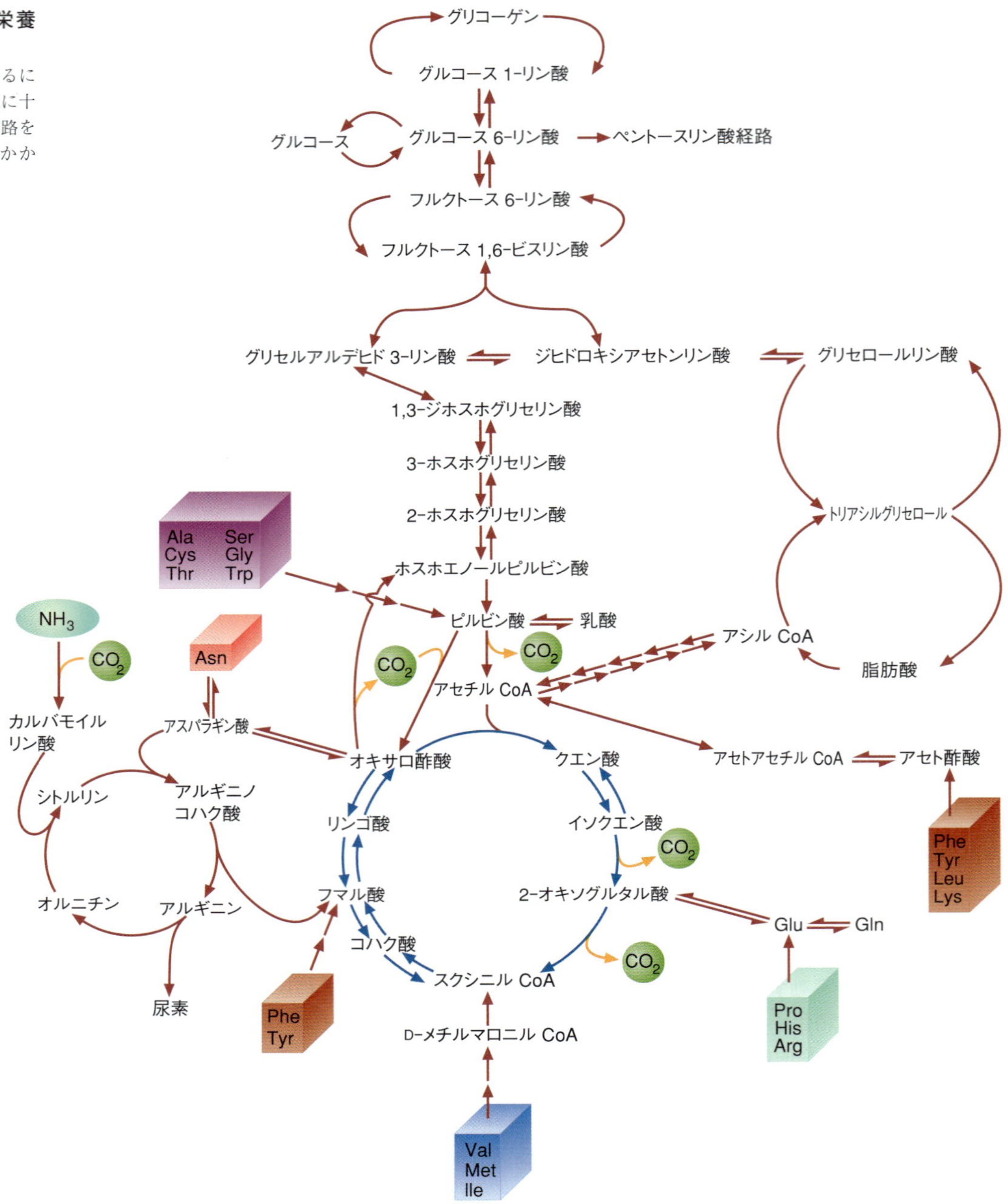

図 16.11　哺乳動物における栄養代謝
哺乳動物の食物の摂取は不連続であるにもかかわらず，通常，各生物は細胞に十分な栄養を供給している．生化学経路を制御する機構は，この現象に深くかかわっている．

ンスリンを分泌する（血糖値とインスリンの濃度が上昇すると，膵臓の α 細胞によってグルカゴンの分泌が抑制される）．インスリンの放出が引き金となって，栄養素の貯蔵を促すいくつかの過程が始まる．それらの過程には，筋肉や脂肪組織によるグルコースの取り込み，肝臓や筋肉で行われるグリコーゲン合成，肝臓での脂肪合成，脂肪細胞への脂肪の貯蔵があげられる．インスリンはまた，脂肪細胞での脂肪分解，肝臓での糖新生やグリコーゲン分解を抑制する．さらに，インスリンはアミノ酸代謝にも影響を及ぼす．たとえば，インスリンは（とくに肝臓や筋肉細胞において）アミノ酸の細胞への取り込みを促進する．一般に，インスリンはほとんどの組織においてタンパク質合成を促す．

インスリンの食後状態の代謝への影響は大きいが，たとえば基質供給やアロステリックエフェクターのような別の要素も，代謝の速度や程度に影響を与えている．たとえば，血中の脂肪酸濃度が上昇すると，脂肪組織における脂質合成（トリグリセリド合成）が促進される．また，アロステリックエフェクターのなかには，複数の拮抗する代謝経路が同時に起こらないように

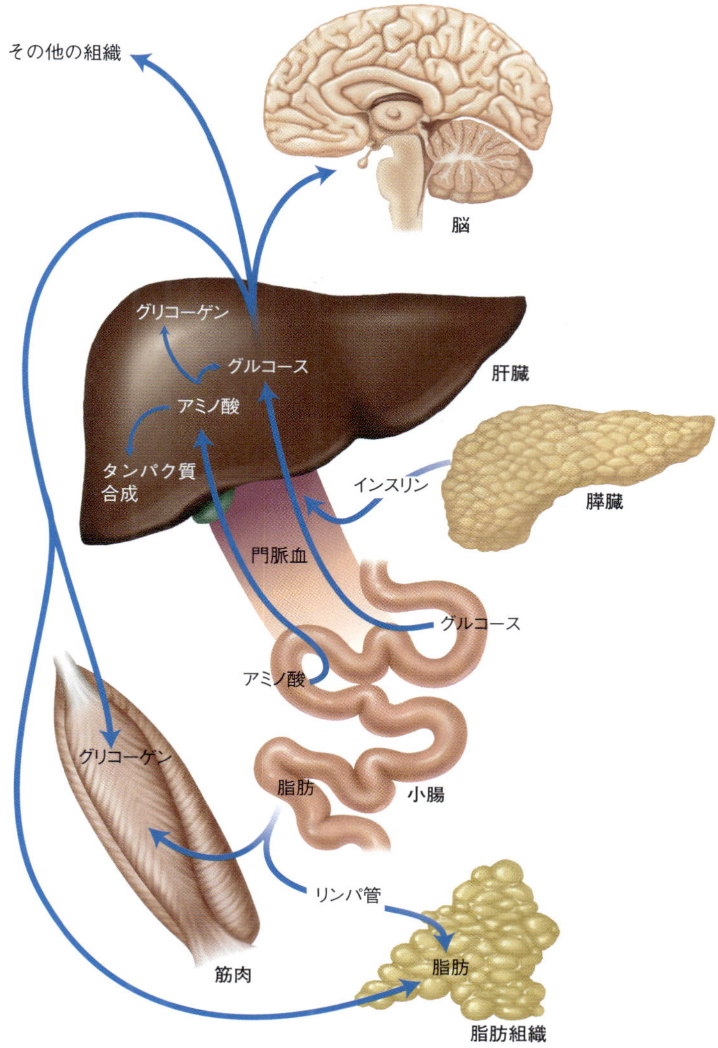

図 16.12　初期の食後状態
肝臓におけるグリコーゲン合成の主要な基質は，門脈血由来のアミノ酸と乳酸（図には示されていない）である．脂肪細胞では，グルコースは通常，グリセロールの前駆体に使われる．脂肪細胞は，新規の脂肪酸合成を活発に行うことはないが，代わりにほとんどの脂肪酸を食品中の脂質から得る．キロミクロン（図には示されていない）は，小腸から生体内組織，とくに骨格筋や脂肪組織に脂質を輸送する．注意すべき点は，脳神経細胞がエネルギー源としてグルコースだけしか利用しないことである．

制御を行っているものもある．たとえば，多くの種類の細胞では脂質合成はクエン酸（アセチル CoA カルボキシラーゼの活性化剤）によって促進され，一方，脂肪酸酸化はマロニル CoA（カルニチンアシルトランスフェラーゼⅠの阻害剤）によって抑制される．

絶 食 期

摂食-絶食サイクルの初期の吸収後状態（図 16.13）は，小腸からの栄養素の吸収が減ってきた頃に始まる．血糖値と血中のインスリン濃度が下がると，グルカゴンが分泌される．グルカゴンは低血糖に陥るのを防ぐために，肝臓におけるグリコーゲン分解と糖新生を促進する．インスリンが減少すると，一部の組織に蓄えられていたエネルギーが減少し，脂質分解が促進され，筋肉からアラニンやグルタミンなどのアミノ酸が遊離する．すでに述べたように，一部の組織は糖よりも脂肪酸を優先して利用する．グリセロールとアラニン（つまりグルコースアラニン回路，p. 259）は糖新生の基質であり，グルタミンは小腸細胞のエネルギー源である．

絶食が続くとき（たとえば一晩），いくつかの代謝経路により血糖値が維持されるようになる．吸収後状態における脂肪組織からの脂肪酸の遊離は，ノルエピネフリンの刺激を受けて行われる．ここでつくられた脂肪酸は，筋肉において糖の代わりになる代替エネルギー源である（脳が利用できるグルコースを確保するために，骨格筋でのグルコース消費量は減少する）．さらにグルカゴンが作用すると，筋肉からの遊離アミノ酸を利用した糖新生が促進される．

絶食状態が異常に長く続くと（飢餓状態），体は代謝経路をその状態に順応させて，脳や他の

図 16.13　吸収後状態
食事と食事の間，生体内での栄養素の供給は，ホルモンの制御によって骨格筋（たとえば，肝臓での糖新生のためのアラニンや，小腸吸収上皮細胞でのエネルギー産生のためのグルタミン）や脂肪組織（脂肪酸）から行われている．詳細は本文を参照．

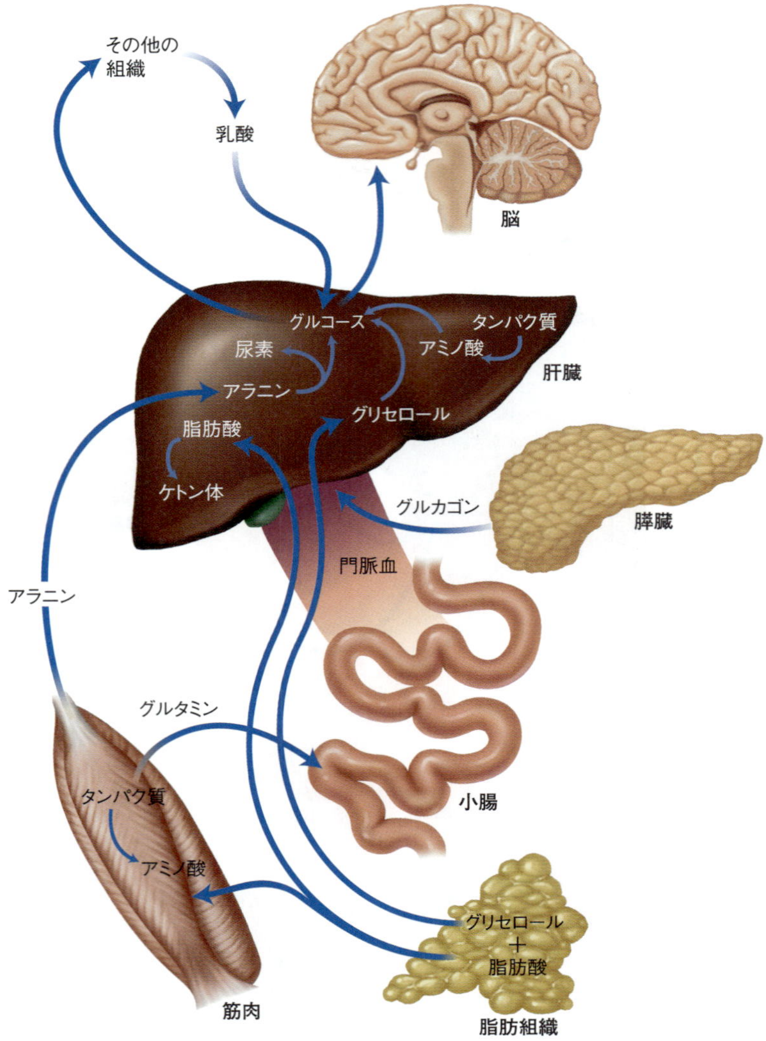

キーコンセプト

- 摂食時において，食物は摂取，消化，および吸収される．
- 吸収された栄養素は各器官に輸送され，そこで利用あるいは貯蔵される．
- 絶食時においては，いくつかの代謝機構が働いて血糖値を維持する．

糖を必要とする細胞がエネルギー産生を維持できるように，十分量の血糖を確保するように働く．さらに，脂肪組織からは脂肪酸，肝臓からはケトン体が動員されて，他の組織を維持するように働く．数時間絶食が続くとグリコーゲンは枯渇するため，十分なグルコースを供給するには糖新生が必要不可欠である．飢餓状態になってしばらくのうちは，筋肉から遊離した大量のアミノ酸が糖新生に利用される．しかし，何週間も飢餓が続くと，脳がケトン体を燃料として使うようになるため，筋タンパク質の分解量はかなり減少する．

問題 16.7

飢餓時に発生する代謝過程の変化を説明せよ．飢餓時において筋肉分解が優先的に行われるが，その主要な目的は何か．

問題 16.8

食物の消化後，血糖値が低下する際に肝臓において起こる代謝の変化を説明せよ．

摂食行動

摂食行動は，ヒトを含む動物が食物を探し，それを消費するための複雑な機構である．哺乳動物では，摂食行動の調節には，末梢器官（消化管や脂肪組織など）からのホルモンおよび神経シグナルや，外環境からの感覚入力（食物の外観，におい，味）がかかわる．それらシグナルや感覚入力は脳内で統合され，食欲や体内の代謝過程を調節する（図 16.14）．

たくさんのエネルギーを必要とする哺乳動物では，生命を維持するうえで必要なエネルギーを確保するため，十分な量の食物を消費しなければならない．このことはきわめて重要である．この目的を達成するため，哺乳動物は，いくつかの神経経路とたくさんのシグナル分子がかかわる強固な食物探索システムを進化させてきた．エネルギーの消費と利用のバランスをとるための機構に加えて，哺乳動物の脳神経系は食欲系を味覚，嗅覚，報酬系と結びつけ，生存を確かにする強力な原動力をつくり上げる．

食欲の調節についてはまだ完全に理解されていないが，食欲を調節する主要な神経回路が，脊椎動物の脳の下部に位置する視床下部，および脳幹に存在することは明らかである．視床下部は進化的に最もよく保存された脳の部位であり，その大きさは小さいものの，体温調節や電解質バランスの維持，血糖値など栄養素量の監視，一部の情動行動の調節など，幅広い機能をもっている．

摂食行動を調節する一次神経細胞は，視床下部の弓状核（ARC）にある（図 16.15）．NPY（神経ペプチド Y）や AgRP（アグーチ関連ペプチド）を産生する ARC の神経細胞が活性化されると，食欲が刺激される．一方，α-MSH（α-メラノサイト刺激ホルモン）を産生する POMC（プロオピオメラノコルチン）神経細胞が活性化されると，食欲が抑制される．ARC によって制御さ

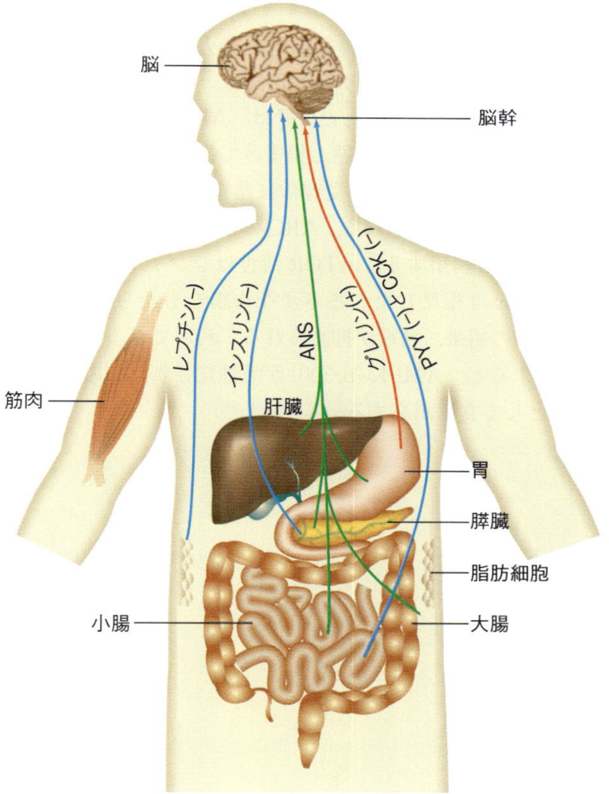

図 16.14　ヒトにおける摂食行動
ヒトの食欲と満腹感は，末梢器官からのホルモンシグナルと神経シグナルによって調節されている．PYY や CCK（消化管の細胞で産生される），インスリン（膵 β 細胞で産生される），レプチン（脂肪組織で産生される）のようなペプチドホルモンは，食欲を抑制する（−）．すなわち，それらペプチドホルモンによって満腹感がもたらされる．一方，グレリン（胃や小腸の細胞で産生される）は食欲を刺激する（＋）．迷走神経のような自律神経系（ANS）の神経経路は，体内器官の状態に関する情報をたえず脳に伝達している．

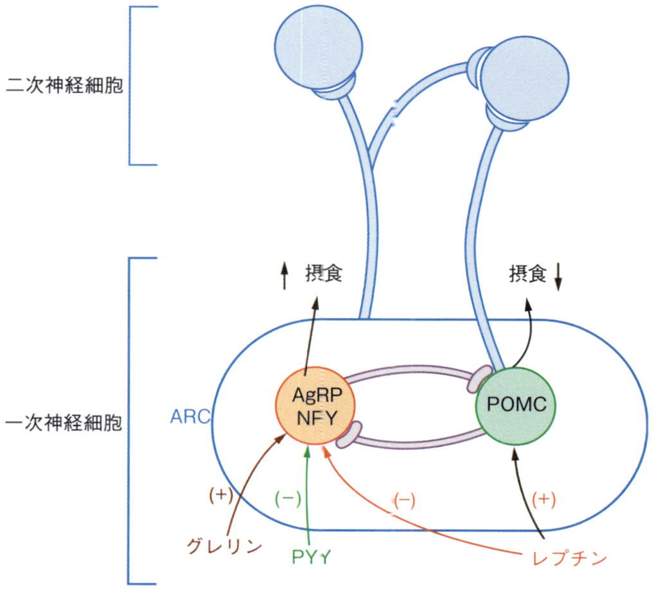

図 16.15　弓状核（ARC）の食欲調節神経
視床下部の ARC には，反対の作用をもたらす二つの食欲調節神経細胞が存在する．いずれのニューロンも一次神経細胞である（すなわち末梢組織からのシグナル分子に応答する）．グレリンによる AgRP/NPY 神経細胞の活性化は，食欲を刺激し，エネルギー要求性の代謝過程を促進する．POMC 神経細胞がレプチン（もしくは，レプチンほど強くはないにせよインスリン）によって活性化されると，食欲が減退する．また食欲は，レプチンや PYY により AgRP/NPY 神経細胞が負に調節されることでも影響を受ける．AgRP/NPY 神経細胞や POMC 神経細胞から生じる食欲調節シグナルは，二次神経細胞を介して，視床下部の他の部分，そしてそこから他の脳中枢へ伝達される．こうした他の脳中枢からのシグナルは，次に脳幹の NTS に送られる．この NTS で，視床下部からのシグナルが，消化管や他の器官からの神経シグナルと統合される．

れる摂食行動に影響するホルモンとして，**レプチン**(leptin，脂肪組織の大きさに比例して脂肪細胞から分泌される満腹刺激タンパク質)やインスリン，グレリン，PYYがある．通常の状態では，レプチンの濃度が上昇すると，体内のエネルギー源が十分であることを意味するため，NPY/AgRP神経細胞が抑制され，POMC神経細胞が活性化される．こうした状態では，食物に対する欲求が抑制される．対照的に，(体重減少により)レプチン濃度が低下すると，NPY/AgRP神経細胞が活性化され，POMC神経細胞が抑制されることで食物消費が増加する．こうしたすべての神経細胞は，視床下部にある他の神経細胞(集合的に二次神経細胞と呼ばれる)にシグナルを送り，脳内の他の領域にシグナルを伝達していく．こうしたシグナルの標的として脳幹の孤束核(NTS)があり，ここで視床下部からのシグナルと迷走神経を介した消化管からの食欲調節シグナルとが統合される．

摂食関連シグナルがもたらす結果は，その状況次第であり，食欲亢進から満腹感まで及ぶ．インスリンもまた，レプチンよりも作用は弱いけれども，NPY/AgRP神経細胞やPOMC神経細胞を介して摂食を低下させる．インスリンはレプチン合成を調節している．絶食やカロリー制限下ではレプチンレベルは低下するが，この低下は脂肪組織が小さくなったためであり，空腹感の増加やその後の体重増加につながる．他の重要な食欲調節ホルモンとしてグレリンとPYYがある．グレリンは食欲促進作用をもつ分子で，胃や小腸に位置する細胞から分泌され，NPY/AgRP神経細胞を活性化する．食欲抑制の分子であるPYYは小腸や大腸の細胞から分泌され，NPY/AgRP神経細胞を抑制する．ARCの神経細胞は，グルコースや脂肪酸，アミノ酸であるロイシンの局所的な濃度変化にも応答する．

視床下部で受けとられ，食欲を調節するさまざまなホルモンや栄養素のシグナルは，AMPKとmTORによって統合されると考えられる．神経細胞の発火(活動電位の発生)や，NPYやAgRPという神経伝達物質の放出をもたらすシグナル伝達は，グレリンなどの食欲促進分子によるAMPKの活性化で引き起こされる．こうした分子は，ARCや他の視床下部領域の神経細胞の表面に存在する受容体に結合し，低血糖状態と相まって摂食を刺激する．レプチンやインスリンのような摂食抑制ホルモンが細胞表面の受容体に結合すると，AMPK活性が抑えられ，その結果，NPY/AgRP神経細胞が抑制される．ARCの栄養素感受性ニューロンは摂食行動を調節するmTOR(p. 521参照)も利用する．mTOR活性はレプチンやインスリン，栄養素によって刺激され，AMPK活性とは相反したさまざまな作用をもたらす．mTORによって引き起こされるシグナル伝達経路の結果，食欲が抑えられる．利用できるエネルギーが低下(すなわちAMP/ATP比が増大)すると，AMPK(p. 390)が活性化され，この活性化されたAMPKがmTORを阻害し，結果として食欲が高まる．

生化学の広がり

肥満とメタボリックシンドローム

なぜ現代社会では多くの人，とくに30歳以降の人が肥満になるのだろうか？

肥満は，エネルギーの摂取と消費のバランスが崩れることに起因する過剰な体重増加であり，世界的に広まっている．脳によって，食欲やのどの渇き，運動といったものが適切にコントロールされているとすると，この30年で，なぜ肥満が健康を脅かす問題になったのであろうか．その答えは，生き延びようと戦ってきた人類の長い歴史と現代人の食事の近年における大きな変化にある．ヒト（ホモサピエンス）は，その歴史のほとんどを，肉体的に負荷の大きい狩猟や採集，農業を営むことで過ごしてきた．こうした生活は，常に飢餓の危険をはらんでいた．強い食欲によって，生命を維持するために必要なエネルギーを十分に得ることを確かにし，大量の脂肪をため込む生理的能力とともに，この強い食欲が生き延びるために重要な意義をもつようになった．つまり飢餓状態では，たくさんの脂肪を蓄えた人は，食物を摂取しなくても何週間も活動することができ，痩せている人よりも生き延びるチャンスが大きくなったのである．

対照的に現代社会では，ますます多くの人びとは，大きく異なる環境で生活している．安価で高カロリーな食事と，運動の少ない生活習慣が結びついている．結果として，遺伝的に体重調節に問題を抱えやすい人の間で，深刻な体重増加がもたらされている．多くの人は，摂取カロリーが制限された環境で，激しい肉体労働を行っており，そのことがそうした傾向を覆い隠している．いくつかのまれに見いだされる突然変異が，体重調節における単一遺伝性疾患と関連があり，ヒトの摂食行動を理解するのに役立つ．たとえば，レプチンもしくはレプチン受容体に欠損がある肥満患者では，食欲が満たされることはない．別のきわめてまれな疾患であるプラダー・ウィリー症候群では，グレリンの血中濃度が異常に高く，この場合も食欲が満たされることはない．ある試算によると，肥満を引き起こす要因の少なくとも40%が遺伝性であるとされる．肥満は，高カロリーな食事，運動不足，および食欲や満腹感にかかわるシグナル伝達経路の一つもしくは複数の突然変異が組み合わさった複合的な原因によると考えられている．最近の研究によると，過去数十年にわたる肥満の蔓延は，1970年代，加工食品に大量のフルクトースが使われ始めたことと関連があることが示されている．フルクトースが体重増加を促進するのは，グルコースと異なり，グレリンや食欲増進ホルモンの放出を抑制せず，逆に満腹感を引きだすレプチンやインスリンの放出を刺激しないからである．

肥満にかかわる不快感や社会的不名誉に加えて，過剰な体重は，高血圧や心疾患，発がん，骨関節炎，糖尿病といったさまざまな疾病の深刻な危険因子となっている．現在，肥満は，メタボリックシンドロームの要因であると考えられている．

メタボリックシンドローム

メタボリックシンドローム（metabolic syndrome）は，肥満に加えて，高血圧，脂質異常症（血中の総コレステロール値および中性脂肪値が高く，HDL値が低い状態），インスリン抵抗性を含む一群の疾患を指す用語である．インスリン抵抗性は，メタボリックシンドロームの最も早期に現れる兆候の一つであり，血中遊離脂肪酸（FFA）濃度がきわめて高い状態に部分的には起因する．肥大化した脂肪細胞，とくに内臓（腹部）脂肪組織の肥大化脂肪細胞は，血中に遊離脂肪酸を放出する．血中遊離脂肪酸濃度が高まると，他の組織の細胞に脂肪酸が蓄積し始める．インスリン感受性組織（筋肉，肝臓，膵β細胞など）では，遊離脂肪酸によってシグナル伝達経路が阻害される．こうした現象は<u>脂肪毒性</u>と呼ばれるが，遊離脂肪酸により刺激されたインスリン分泌で，脂質異常症や高インスリン血症が引き起こされる．ほかに，肝臓での糖新生の亢進（抑制されない糖新生とグリコーゲン分解）や骨格筋によるインスリン依存性のグルコースの取り込みの阻害などが起こる．脂肪細胞がインスリン抵抗性になってしまうと，脂肪分解が亢進し，その結果，さらに多くの遊離脂肪酸が血中に放出される．

肥満が進むにつれて，脂肪組織では弱い炎症が常に起こっている状態となる．明らかに，過剰に刺激された脂肪細胞は生理的な変化を起こし，小胞体ストレスや酸化ストレスが生じ，どちらも炎症性のシグナル伝達を活性化する．最終的には，脂肪組織にマクロファージが浸潤し，炎症性サイトカインが分泌される（TNF-α，インターロイキン6，C反応性タンパク質など）．こうした炎症性サイトカインも，インスリン抵抗性による血管性疾患に関与している．遺伝的な傾向をもつ人では，メタボリックシンドロームは2型糖尿病につながる（p. 523～525の生化学の広がりを参照）．

肥満や高血圧を引き起こすことに加えて，過剰なフルクトースの消費は，他の点でもメタボリックシンドローム発症に関与する．第一に，フルクトースにはグルコースよりも糖付加反応（p. 218参照）やAGE形成（動脈硬化や他の炎症関連疾患の発症と関連している）が起こりやすい傾向がある．これは，フルクトースがグルコースよりも長い時間，開環状態で存在することに起因する．第二に，フルクトースの肝臓代謝は脂肪合成につながりやすい．大量のフルクトースを消費することで，脂質異常症だけでなく，肝機能を損なう疾患である非アルコール性脂肪肝を引き起こす（輸送体であるGLUT5が肝細胞膜上に発現

▶

▶

していることで，食事由来のフルクトース分子のほとんどが肝臓で代謝されるため，フルクトースは肝臓にこのような負の作用をもたらす）．第三に，フルクトースの消費は，炎症を引き起こすおもな原因である内臓脂肪の蓄積をもたらす傾向が強い．最後に，フルクトースによって引き起こされる脂肪合成や尿酸合成は，インスリン抵抗性を発症させる．

まとめ　慢性的な食料不足という過酷な状態における自然選択の結果，多くの人は，食物が豊富にあるときに体重を増やす傾向をもつに至った．肥満とフルクトースが引き起こす代謝ストレスにより生じる脂肪毒性を体がうまく処理できないと，メタボリックシンドロームが引き起こされる．

例題 16.1

ボディマス指数（BMI）は，体重と身長を考慮した体組成の算定基準である．BMIは「体重（kg）/ 身長（m）の二乗」と定義される．健常者（標準）のBMIは18.5〜24.9である．BMIが25〜29.9の人は過体重，BMIが30以上の人は肥満とされる*．身長が同じ1.829 mで，体重がそれぞれ68 kg，91 kg，115 kgの3人のBMI値をそれぞれ計算し，どの分類（標準，過体重，肥満）になるか答えよ．

＊訳者注：日本人の場合，BMI 25以上を肥満としている（日本肥満学会）．

解答

BMI値の計算式である「体重（kg）/ 身長（m）の二乗」に与えられた値を導入する．

1人目のBMI値 $= 68\ \mathrm{kg}/(1.829\ \mathrm{m})^2 = 68\ \mathrm{kg}/3.349\ \mathrm{m}^2 = 20.3$（標準）
2人目のBMI値 $= 91\ \mathrm{kg}/3.349\ \mathrm{m}^2 = 27$（過体重）
3人目のBMI値 $= 115\ \mathrm{kg}/3.329\ \mathrm{m}^2 = 34$（肥満）　■

本章のまとめ

1. 多細胞生物が，すべての細胞，組織，器官を協同して機能させるためには，精巧な制御機構を必要とする．
2. ホルモンとは，生物が細胞間で情報を伝達する際に使われる分子である．標的細胞がホルモン産生細胞から離れている場合に利用されるホルモンは，内分泌ホルモンといわれる．代謝を正確に制御するために，多くの哺乳動物のホルモンの合成と分泌は，最終的には中枢神経系によって制御されている．さらに負のフィードバック阻害機構も，さまざまなホルモン合成を正確に制御している．特定のホルモンが過剰に産生されたり，不足したりする場合，あるいは標的細胞のホルモン感受性が低下した場合には，さまざまな病気が引き起こされる．
3. 増殖因子やサイトカインは，さまざまな細胞の成長，分化，増殖を制御するポリペプチドである．これらは，ホルモンとは異なり，特定の腺細胞ではなく，複数の種類の細胞でつくられる．
4. シグナル分子が特定の受容体に結合すると，標的細胞への効果が現れる．アミンやペプチドといった極性分子は，標的細胞の表面にある受容体と結合する．これらのホルモンは，細胞内の酵素や輸送機構の活性を変化させる．Gタンパク質共役型受容体は一つ以上のセカンドメッセンジャー（cAMP，cGMP，IP_3，DAG，カルシウムイオン）を利用し，標的細胞に一次シグナルを伝達する．セカンドメッセンジャーを利用することで，シグナル伝達経路ではシグナル増幅が起こる．受容体型チロシンキナーゼは，直接にはセカンドメッセンジャー産生を引き起こさない．非極性であるステロイドホルモンや甲状腺ホルモンは脂質二重層を通過して拡散し，細胞内受容体に結合する．続いてホルモン–受容体複合体は，ホルモン応答配列（HRE）と呼ばれるDNA配列に結合する．ホルモン–受容体複合体がHREに結合すると，特定の遺伝子発現が促進あるいは抑制される．
5. 摂食–絶食サイクルによって，どのようにしてさまざまな器官が，ホルモンや神経伝達物質を介して，食物分子の獲得やそれらの利用に関与しているかを理解できる．摂食行動は，動物が食物を探しだし，消費する機構である．その目的は，エネルギーの獲得とその消費のバランスを維持することである．視床下部は，食欲や満腹感を調節する重要な神経回路を含んでいる．

キーワード

DAG(diacylglycerol) 518
IP_3(inositol-1,4,5-trisphosphate) 518
G タンパク質(G protein) 516
G タンパク質共役型受容体(G protein-coupled receptor) 515
1 型糖尿病(type 1 diabetes) 523
インスリン抵抗性(insulin resistance) 515
インスリン様増殖因子(insulin-like growth factor) 522
インターフェロン(interferon) 522
インターロイキン 2(interleukin-2) 522
吸収後(postabsorptive) 527
グアニンヌクレオチド交換因子(guanine nucleotide exchange factor) 516
グレリン(ghrelin) 527
血小板由来増殖因子(platelet-derived growth factor) 522
ケトアシドーシス(ketoacidosis) 524
ケトーシス(ketosis) 524
高インスリン血症(hypeinsulinemia) 524
高血糖症(hyperglycemia) 523
高浸透圧性高血糖ノンケトーシス(hyperosmolar hyperglycemic nonketosis) 524
サイトカイン(cytokine) 522
脂質異常症(dyslipidemia) 523
腫瘍壊死因子(tumor necrosis factor) 525
受容体型チロシンキナーゼ(receptor tyrosine kinase) 519
上皮細胞増殖因子(epidermal growth factor) 522
食後(postprandial) 527
浸透圧利尿(osmotic diuresis) 523
セカンドメッセンジャー(second messenger) 514
増殖因子(growth factor) 522
ダウンレギュレーション(downregulation) 515
脱感作(desensitization) 514
定常状態(steady state) 512
糖尿(glucosuria) 523
内分泌(endocrine) 513
2 型糖尿病(type 2 diabetes) 523
標的細胞(target cell) 512
ホルモン応答配列(hormone-response element) 525
マイトジェン(mitogen) 522
メタボリックシンドローム(metabolic syndrome) 533
レプチン(leptin) 531

復習問題

以下の問いは，次章へ進む前に，本章で論じた重要な概念について理解度を確認するためのものである．解答は巻末および『問題の解き方』を参照のこと．

1. 以下の用語の定義を述べよ．
 a. セカンドメッセンジャー b. 脱感作 c. 標的細胞
 d. インスリン抵抗性 e. アデニル酸シクラーゼ
2. 以下の用語の定義を述べよ．
 a. ケトーシス b. ケトアシドーシス c. 浸透圧利尿
 d. GLUT4 e. ボディマス指数
3. 以下の用語の定義を述べよ．
 a. G タンパク質 b. GPCR c. RTK
 d. 増殖因子 e. サイトカイン
4. 以下の用語の定義を述べよ．
 a. インスリン様増殖因子 b. インターフェロン
 c. インターロイキン d. ホルモン応答配列
 e. 組織適合抗原
5. 以下の用語の定義を述べよ．
 a. メタボリックシンドローム b. 高尿酸血症
 c. 視床下部 d. 食欲抑制 e. 食欲促進
6. 以下の用語の定義を述べよ．
 a. 食後 b. 吸収後 c. ARC d. NPY
 e. POMC
7. 以下の用語の定義を述べよ．
 a. 発がんプロモーター b. グアニンヌクレオチド交換因子
 c. DAG d. 定常状態 e. IP_3
8. どの臓器が以下の機能をもつか答えよ．
 a. 尿酸合成 b. 糖新生 c. 栄養素の吸収
 d. 神経系と内分泌系の情報統合 e. 脂肪合成
9. NADH は細胞内異化過程における重要な還元物質であるのに対し，NADPH は同化過程における重要な還元物質である．これまでの章を参照し，この二つの物質の合成と分解における相互関連を述べよ．
10. 現在，同定されているおもなセカンドメッセンジャーを簡単に説明せよ．
11. 絶食が約 6 週間続くと，尿素合成量は減少し始める．この現象について説明せよ．
12. 糖尿病の症状の一つに，ひどいのどの渇きがある．この原因を述べよ．
13. 運動を長時間続けると，筋肉はグルコースだけでなく，脂肪細胞から遊離した脂肪も消費するようになる．筋肉が脂肪を必要とするとき，そのシグナルはどのようにして脂肪細胞まで伝わるか．
14. ボディービルダーは筋肉量を増やすためにタンパク質同化ステロイドを摂取することがよくある．どのような機構でこれらのステロイドは目的の機能を果たすか(タンパク質同化ステロイドの乱用のおもな副作用として，心機能障害，暴力行為，肝臓がんなどがある)．
15. アルツハイマー病では，誤って折りたたまれたタンパク質凝集物の蓄積と神経細胞死とが関連している．この関連と糖尿病の発症とを比較し説明せよ．
16. 飢餓時においては，筋肉タンパク質の一部が分解する．この過程はどのようにして引き起こされるか．筋タンパク質を構成するアミノ酸にどのような現象が起こるか．
17. ヘモグロビン分子は高濃度のグルコースにさらされると，グリコシル化物に変化する．グリコシル化物のなかで最も有名なのがヘモグロビン A_{1c}(HbA_{1c})で，β鎖グリコシル付加物をもっている．赤血球細胞の寿命は約 3 カ月であるため，HbA_{1c} 濃度は患者の血糖調整能力の有効な指標である．HbA_{1c} 形成の原因と形成機構を述べよ．
18. 以下のシグナル分子の機能を述べよ．
 a. mTOR b. SREBP-1c c. PDK1
 d. TSH e. インターロイキン
19. ケトアシドーシスはインスリン依存性糖尿病によく見られる症状であるが，インスリン非依存性糖尿病では起こりにくい．その理由を述べよ．
20. 2 型糖尿病患者は肥満であることが多い．肥満がどのようにして糖尿病の発症に関与しているか述べよ．

21. ダイエットを1週間続けると，比較的早期に体重の減少が認められる．水分の喪失に加えて，この減少に関与する他の因子を述べよ．
22. ホルモンは原料となる分子をもとに三つに分類されるが，それらはどのようなものか．
23. ステロイド輸送体タンパク質の具体例を三つあげよ．
24. 以下のそれぞれの臓器について，栄養素の代謝と関連した機能を説明せよ．
    a. 小腸　b. 肝臓　c. 骨格筋　d. 脂肪組織
    e. 腎臓　f. 脳

応用問題

以下の問いは，本書でこれまで論じてきた重要な概念について理解を深めるためのものである．正解は一つとは限らない．解答例は巻末および『問題の解き方』を参照のこと．

25. 重篤な糖尿病患者では，血糖値がとても高いため，尿中にもグルコースが出てくる．現代の医学研究により血液検査が開発されるまで，糖尿病は，足回りを飛ぶハエによって気づかれることが多かった．この観察結果の理由を推測せよ．
26. 肥満者にインスリン抵抗性を示す人が多い理由を説明せよ．
27. セカンドメッセンジャーがその役割を果たす機構について説明せよ．望ましい効果をもたらすために，ホルモンが単独で働くのではなく，セカンドメッセンジャーを利用する理由を述べよ．
28. 君が大きなトラに追われているとしよう．トラから逃げるための順応反応として，君の体の代謝状態はどのように変化するか．
29. ヒトは絶食状態におかれると，1日目にして貯蔵グルコースをほとんど使い果たしてしまう．脳が機能するためにはグルコースが必要であり，別の物質をエネルギー源とする順応反応は急には起こらない．では，脳が必要とするグルコースを体はどのようにして供給するか．
30. 治療を受けていない糖尿病患者では，体内の水素イオン濃度が上昇する．水素イオンが発生する機構を述べよ．
31. ホルモンは，分泌小胞において非活性型のかたちで合成・貯蔵される．通常，ホルモンが分泌されるのはホルモン産生細胞が刺激を受けたときのみである．必要なときにホルモン分子を合成するのに比べて，この過程のもつ有利な点をあげよ．
32. ステロイドホルモンは，細胞内においては低濃度で存在することが多い．ホルモンの分離・同定が困難なのはこのためである．アフィニティークロマトグラフィーによってホルモン結合タンパク質を分離するほうが，ホルモンを分離するより容易であることもある（5章のラボの生化学「タンパク質の研究法」を参照）．ステロイド結合タンパク質と考えられる物質を分離する際に，この手法を行う手順を説明せよ．
33. カロリー制限を伴うダイエットをしても，長期間の体重減少には約95%失敗する．システム生物学の基本原理について見直し，体重を減少させる努力に体がどのように抵抗するか説明せよ．
34. 動物はグルコースを脂肪に変換できるが，その逆はできない．この理由を説明せよ．
35. AMPK と mTORC1 の関連について述べよ．
36. 尿素産生に対する絶食の作用について述べよ．
37. 標的細胞の受容体にホルモンがわずかでも結合すると，複雑なシグナルカスケードが引き起こされる．なぜ，そのようなシグナルカスケードが必要なのか，なぜ，ホルモンと細胞効果の関係は単純な分子機構ではないのか説明せよ．
38. ホルモンのなかには同一のGタンパク質を活性化するものがある．したがって，異なるホルモンが同じ作用を引き起こす場合が考えられる．たとえば，グリコーゲン分解はエピネフリンとグルカゴンの両方により開始される．なぜ，このような機能的重複が有利であるのか説明せよ．
39. ピマインディアンは糖尿病の発症を抑えるため，また糖尿病の症状を改善するため，定期的な運動をするよう指導された．活発な肉体運動が彼らの健康にどのような影響を与えるか述べよ．
40. 次にあげるものは，体内でのエネルギー貯蔵形態である．血中グルコース，肝臓のグリコーゲン，筋グリコーゲン，脂肪組織の脂肪，筋タンパク質．それぞれの，体内のエネルギー状態における重要性，カロリー量，標準的な体型での相対量について述べよ．
41. 絶食状態では，通常，貯蔵エネルギーが完全に尽きる前に死に至る．なぜそうなるのか述べよ．
42. インスリンの過剰投与やインスリン分泌腫瘍により起こる高インスリン血症では，脳に損傷をきたす．この理由を説明せよ．
43. 過剰なフルクトースの消費が肝臓での脂質代謝にどのような作用をもたらすか説明せよ．

CHAPTER

17 核　酸

遺伝的継承　目や髪の色といった特徴は，両親からその子に引き継がれる．DNAは次世代へ遺伝情報を伝える生体分子である．

アウトライン

概 要

核酸の DNA と RNA は遺伝情報をコードするポリヌクレオチドであり，生体を構築・維持するために利用されている．二本鎖 DNA は，実質的には，細胞におけるすべての工程を指令している青写真である．細胞は，DNA の指令書を一本鎖の RNA 分子のヌクレオチド配列に変換する．RNA には，ポリペプチド合成，遺伝子発現の調節（いつ，特定のポリペプチドを合成するか），ウイルス感染時に外来核酸から防御するなど，数多くの機能がある．今や 60 年以上にも及ぶ核酸の構造と機能に関する研究は，以前には思いもよらないほどの生物プロセスに関する理解と，病気の診断，治療，科学捜査など，多様な分野において利用される強力な手段を人類にもたらした．

長い間，人間は，その機構はわからないにしても，身体の特徴や発生過程など，親から子へと伝えられる遺伝的な特徴があることに気づいていた．そしてこのような認識は，経済発展のために，農耕文化のなかで家畜や穀物を育種することへ役立てられてきたのである．ようやく 19 世紀になって，親から子へと伝えられる性質について，現在，**遺伝学**(genetics)と呼ばれている科学的な洞察が加えられるようになった．20 世紀の初頭になると，科学者は，親から子に受け継がれる身体的特徴が，区別可能な最小単位（後に〝遺伝子〟と呼ばれるようになる）として受け継がれていくこと，核内にある染色体が遺伝情報の倉庫であることに気づき始めた．そして染色体の化学組成が決定され，数十年にも及ぶ研究の末にデオキシリボ核酸(DNA)が遺伝情報の実体として同定された．1953 年の James Watson と Francis Crick による DNA 二重らせん構造の発見を端緒とし，新たな科学が誕生した．**分子生物学**(molecular biology)，それは遺伝子の構造と遺伝情報の伝達過程を解き明かすことを目的とした研究により成り立っている．分子生物学者と生化学者によって開発された実験手法を用いることで，生命科学者は，生物がどのように遺伝情報を組織し，処理していくのか，その過程を検証してきた．そして，このような一連の研究は以下の原理を明らかにしたのである．

1．DNA は生きた細胞の機能を支配し，子孫に受け継がれる．DNA は 2 本のポリヌクレオ

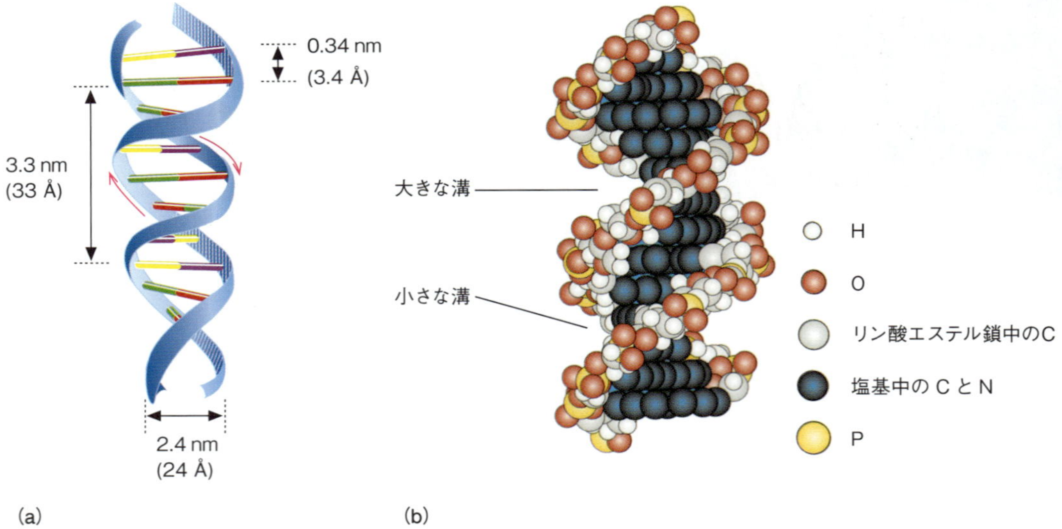

図 17.1　DNA 構造の二つのモデル
(a) DNA 二重らせん構造をらせん状のはしごとして表現した図である．この構造が Watson と Crick により最初に提唱されたもので，現在は B-DNA として知られている（DNA の三つの型の構造的特徴については表 17.1 を参照せよ）．らせんはしごの柱は糖リン酸骨格を表す．はしごの横木は塩基対に相当する．(b) この空間充填モデルでは，糖リン酸骨格は明るい色の球，塩基対は濃青色の水平状に並ぶ球として表されている．大きな溝と小さな溝は，2 本の鎖が互いに右巻きでよじれるために生じている．

チド鎖から構成され，二重らせん構造をとっている（図 17.1）．DNA 中の情報は，プリン塩基とピリミジン塩基の配列として記録されている（図 14.22 参照）．**遺伝子**（gene）とは，遺伝子産物（ポリペプチドまたはある種の RNA 分子）をコードするのに必要な塩基配列情報をもつ DNA 配列であり，その遺伝子産物の合成を調節している制御配列も含む．ある生物がもっている全 DNA 塩基配列のことを**ゲノム**（genome）と呼んでいる．**複製**（replication）と呼ばれる DNA の合成過程では，古い親鎖と新たに合成された鎖の間にあるプリン塩基とプリミジン塩基との相補的な対合が起こる．DNA が生理的あるいは遺伝的機能を果たすためには，精度の高い DNA 合成機構が必要である．したがって多くの生物では，そのための数種の DNA 修復機構をもつ．

2．遺伝情報を解読し，それに従った細胞現象を指令する機構は，もう一つの種類の核酸，すなわちリボ核酸（RNA）の合成によって始まる．RNA 合成，すなわち**転写**（transcription）と呼ばれる合成過程（図 17.2a）は，DNA 分子上の塩基とリボヌクレオチドの塩基との相補的な対合によって起こる．新たに合成された RNA 分子のそれぞれは**転写産物**（transcript）と呼ばれている．**トランスクリプトーム**（transcriptome）という語は，ある細胞のゲノムから転写されている RNA 分子の完全な 1 セットを意味している．

3．生物の機能に必要な，他のすべての生体分子を作成するのに求められる酵素および他のタンパク質の合成には，何種類かの RNA が直接に関与している．メッセンジャー RNA（mRNA）の塩基配列は，それぞれ特定のポリペプチド鎖の一次構造を規定している．リボソーム RNA（rRNA）はリボソームの構成部品である．トランスファー RNA（tRNA）は，それぞれ特定のアミノ酸に共有結合して，アミノ酸をリボソームに運び，そこでアミノ酸はポリペプチド鎖へ取り込まれる．**翻訳**（translation）と呼ばれるタンパク質合成

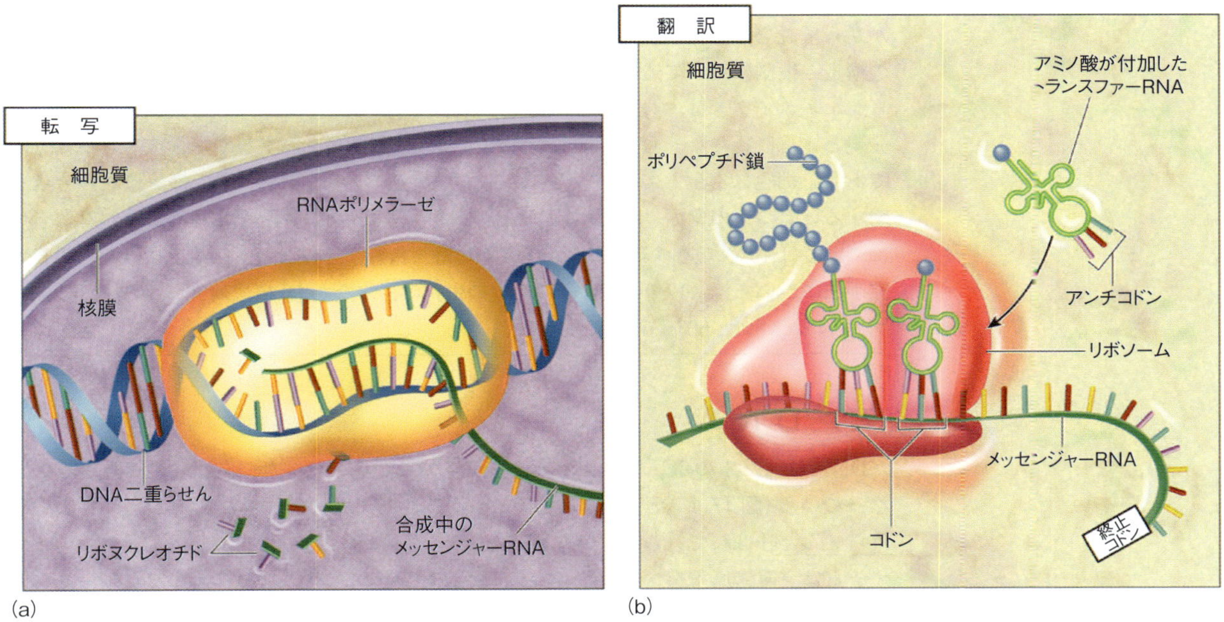

図 17.2 遺伝情報の流れの概要

DNA の遺伝情報は，2 段階の過程を経て，ポリペプチドの直鎖状アミノ酸配列へと変換される．(a) 転写においては，DNA 塩基と遊離のリボヌクレオシド三リン酸分子の塩基との間で相補的塩基対合ができることで，RNA 分子が合成される．(b) 翻訳と呼ばれる二つ目の段階では，rRNA とリボソームタンパク質から構成されるリボソームに mRNA 分子が結合する．アミノアシル化された tRNA は，その積み荷であるアミノ酸をリボソーム内の触媒部位に運ぶ．その過程には，コドンと呼ばれる mRNA 塩基のトリプレットとアンチコドンと呼ばれる tRNA 塩基のトリプレットとの間で形成される相補的塩基対合がかかわっている．アミノ酸が触媒部位に正しく運ばれると，ペプチド結合が形成される．mRNA 分子がリボソームに対して動くと，新しいコドンがリボソームの触媒部位に入り，別のアミノアシル tRNA 複合体上の適切なアンチコドンと塩基対を形成する．mRNA 上の終止コドンが触媒部位に入ると，新生したポリペプチドはリボソームから遊離する．

(図17.2b)は，リボソームで行われる．リボソームはリボヌクレオタンパク質からなる分子機械で，mRNAの塩基配列をポリペプチドのアミノ酸配列へと翻訳する．ある細胞で合成されているタンパク質の完全な1セットを**プロテオーム**(proteome)と呼ぶ．

4．**遺伝子発現**(gene expression)とは，環境からの刺激や発生過程でのきっかけに応じて，細胞が遺伝子産物合成のタイミングを制御する一連の機構を指す．**転写因子**(transcription factor)と呼ばれるタンパク質と，ノンコーディングRNA(ncRNA)と呼ばれるRNA分子からなる一群の分子が，特定のDNA配列に結合することにより遺伝子発現を制御している．**メタボローム**(metabolome)という語は，遺伝子発現の結果として，細胞で合成されている低分子代謝物の総体を指す．

遺伝情報の流れは，セントラルドグマと呼ばれるスキームに要約することができる．

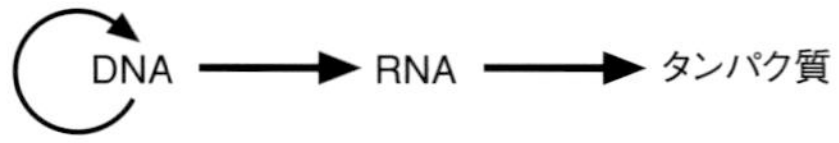

このスキームは，細胞分裂の際に自己複製されるDNA(矢印に丸く囲まれている)から，DNA塩基配列にコードされた遺伝情報がRNAに受け渡され，RNAがタンパク質の一次配列を規定することを示している．当初に提案されたセントラルドグマでは，遺伝子情報は一方向，つまりDNA→RNA→タンパク質の方向だけに流れると考えられていた．しかしながら何年か後に，セントラルドグマにおける重要な例外が明らかにされた．RNAゲノムをもついくつかのウイルスは，逆転写酵素と呼ばれる酵素活性を同時にもっていたのである．このようなウイルスが宿主細胞に感染すると，逆転写酵素はウイルスRNAからDNAのコピーを合成する．そしてウイルスDNAは，宿主の染色体に挿入されるのである．そのようなウイルスの一つがHIVであり，生化学の広がり「HIV感染」(p.575～578)で紹介されている．

17章では，核酸の構造に焦点を絞る．突然変異によってどのようにDNA構造が変化するのかから解説を始め，次に，ゲノムや染色体の構造に関する最近の知見といくつかの型のRNAの構造と役割について述べる．生化学の広がりではエピジェネティクスについて概説する．エピジェネティクスは，共有結合によるDNAの修飾が，メンデルの法則に従わない，遺伝子の発現と継承に新たな一面を付加した．最後に，核酸とタンパク質から構成される高分子複合体であり，細胞に寄生しているウイルスについて述べる．続く18章では，核酸の合成と機能に関するいくつかの側面(すなわちDNA複製や転写)について解説する．タンパク質合成(翻訳)については19章で述べる．また，核酸の単離，精製，分析など，核酸を扱うための日常的な研究手法については，17章と18章のラボの生化学，すなわち「核酸研究の手法」(p.563～567)と「ゲノミクス」(p.607～613)で述べる．

17.1 DNA

DNAは，2本のポリヌクレオチド鎖が互いにからみ合った，右回りの二重らせん構造をつくっている(図17.1参照)．このDNAの構造があまりに特徴的なことから，しばしば単に二重らせんと呼ばれている．すでに述べたように(1.3節および14.3節)，DNA中のモノヌクレオチドは，窒素原子を含む塩基(プリンまたはピリミジン)，糖のデオキシリボース，およびリン酸から構成されている．モノヌクレオチドは，3′,5′-ホスホジエステル結合により互いに連結している．この結合では，一方のヌクレオチドのデオキシリボースの5′-ヒドロキシ基が，もう一方のヌクレオチドのデオキシリボースの3′-ヒドロキシ基に，リン酸基を介して結合している(図17.3)．2本のポリヌクレオチド鎖は互いに逆方向を向いているので，らせんの内部に向かって突き出した塩基同士は水素結合をつくることができる(図17.4)．DNAの塩基対(bp)には，① プリンの一種であるアデニンとピリミジンの一種であるチミンとの塩基対(AT塩基対)，② プリンの一種であるグアニンとピリミジンの一種であるシトシンとの塩基対(GC塩基対)の2種類があり，DNAの全体像はよじれた階段に似ている．なぜなら，それぞれ対合

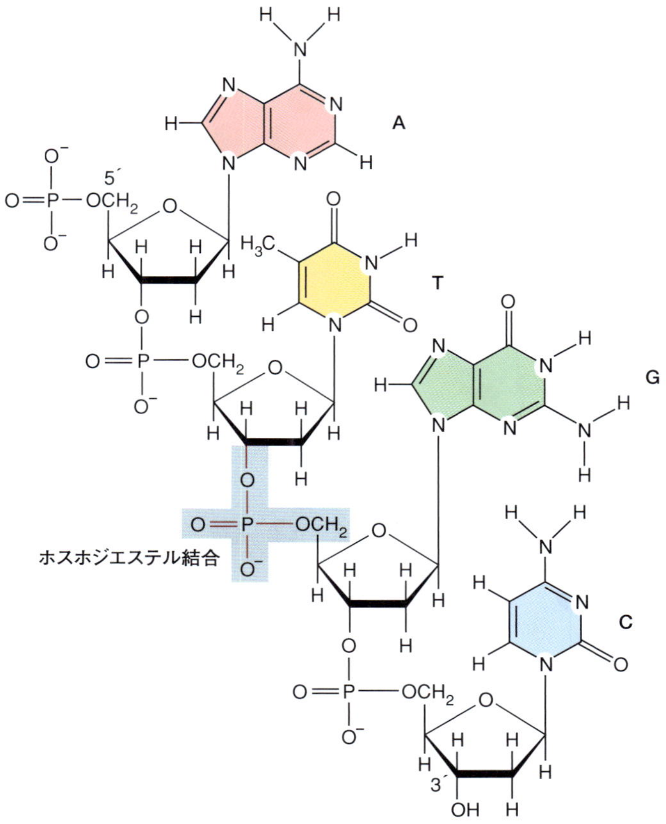

図 17.3　DNA 鎖の構造
各 DNA 鎖では，デオキシリボヌクレオチド残基が 3′,5′-ホスホジエステル結合により互いに結合している．この図に描かれている DNA 鎖の塩基配列は，5′-ATGC-3′ である．ヌクレオチド内原子の番号付けについては，p. 471 を参照（糖分子では，炭素原子に結合した水素原子は 1 本の直線で表記されることに注意）．

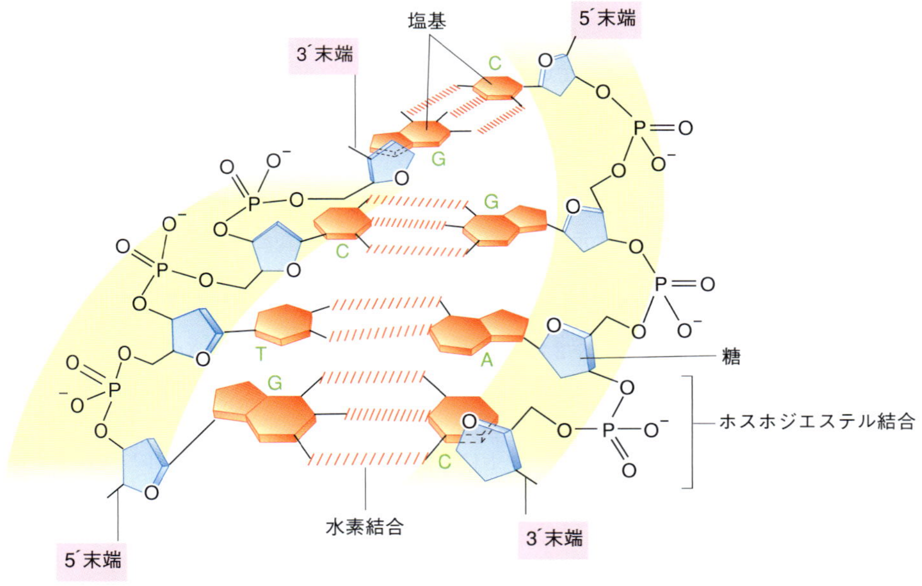

図 17.4　DNA の構造
この短い DNA セグメントでは，塩基が橙色で，糖は青色で表されている．各塩基対は，二つまたは三つの水素結合により近接している．2 本のポリヌクレオチド鎖は逆方向に走っている．塩基対合の特異性のため，一方の鎖の塩基の順序は，もう一方の鎖の塩基の順序を自動的に決定する．

している各塩基対は，らせんの長軸に対して角度をもっているからである．結晶 B-DNA の平均的な大きさは次のように決定される．

1．二重らせんの階段を 1 回転すると 3.32 nm 進み，その 1 周は約 10.3 塩基対に相当する（pH や塩濃度によって，これらの値は若干変化する）．
2．二重らせんの直径は 2.37 nm である．ここでは，二重らせんの内側の空間には，プリン塩基とピリミジン塩基との対合のみが可能であることに注意してほしい．ピリミジン塩

図 17.5　DNA の構造：AT および GC 塩基対構造の大きさ
各 AT 塩基対では二つの，各 GC 塩基対では三つの水素結合が形成される．この両塩基対構造の大きさがほぼ等しいために，2 本のポリヌクレオチド鎖が均一のらせん構造をとることができる．

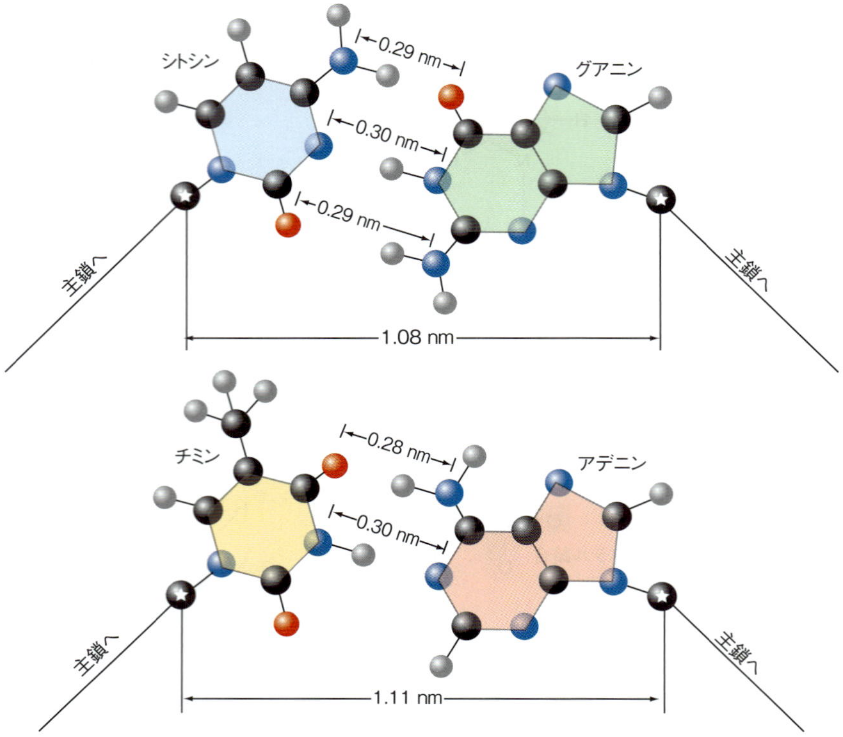

基同士ではすき間ができるし，プリン塩基同士では二重らせんの内側の空間に入りきらない．図 17.5 には両型の塩基対の相対寸法が示されている．

生命活動において，DNA が遺伝情報を保存する役割を果たす利点として，DNA が化学的には比較的安定した分子であることがあげられる．いくつかの非共有結合による相互作用が DNA らせん構造の安定化に寄与している．

1．**疎水性相互作用**　層状に積み重なっているプリン塩基やピリミジン塩基の間では，塩基環構造中の π 電子雲はあまり極性をもたない．二重らせん内にヌクレオチドの塩基成分が集められていれば，水との相互作用が最小限になるので，全体として総エントロピーは増大し，その結果，三次元高分子構造を安定化させることになる．
2．**水素結合**　塩基が十分に近接していれば，AT 塩基間では二つ，GC 塩基間では三つの水素結合がそれぞれ形成される．これらの水素結合による〝ジッパー（つなぎとめ）作用〟が累積して，互いに相補的な 2 本の鎖がその構造を正しく維持するのに役立っている．
3．**塩基の積み重なり**　逆方向に走る 2 本のポリヌクレオチド鎖が塩基対合によりいったん結びつけられると，ほぼ平面の複素環構造をもつ塩基同士が平行に重なり合わされ，塩基が積み重なるごとに π 電子雲シフトによって生みだされるファンデルワールス力が弱いながらも累積して DNA を安定化させる．
4．**水和**　タンパク質と同じように，水は核酸の三次元構造を安定化する．DNA 分子はかなりの数の水分子と結合する．図 17.1 に示された B-DNA の含水率は重量にして約 30%にもなる．水分子は，リン酸基，リボースの 3′ 位および 5′ 位の酸素原子，ヌクレオチド塩基の電気的に陰性な原子に結合する．実験室条件下で測定すると，B-DNA の各ヌクレオチドは 18 ないし 19 個の水分子を結合している．各リン酸基は最大 6 個の水分子と結合できる．
5．**静電的相互作用**　糖リン酸骨格と呼ばれる DNA の外表面には，負に荷電したリン酸基がある．隣接するこれらリン酸基同士の反発力は構造を不安定化しうるが，Mg^{2+} といった 2 価のカチオン，ポリアミン（p. 552）やヒストン（p. 552〜554）といった多価のカチオン分子に対する水の遮蔽効果により，その反発力は最小限にとどめられている．

キーコンセプト

DNA は比較的安定な分子で，2 本の逆方向に走るポリヌクレオチド鎖が互いに巻きついた右回りの二重らせん構造をとっている．

例題 17.1

デオキシヌクレオチド(デオキシヌクレオチド三リン酸)は DNA 合成の基質である．DNA 合成に必要なデオキシヌクレオチド 1000 分子の合成に必要なエネルギーを産生するためには，何分子のグルコースが分解される必要があるか，計算せよ．ただし，グルコースは CO_2 と H_2O に完全酸化され，リンゴ酸–アスパラギン酸シャトルは働いており，NADPH は 4ATP に相当するものとする．

解答

各デオキシヌクレオチドの生合成には 2 段階の反応が必要である．グアニン，チミン，シトシン塩基をもつリボヌクレオシド二リン酸は，ATP 要求性ヌクレオシドキナーゼ(p. 473)によって，それぞれ相当するヌクレオシド三リン酸に変換される．生成した各リボヌクレオシド三リン酸は，次に NADPH 要求性のリボヌクレオチドレダクターゼ(p. 477)により触媒され，デオキシリボヌクレオシド三リン酸に変換される．1 分子の NADPH は 4 分子の ATP に相当するので，デオキシリボヌクレオシド三リン酸を合成するために必要な ATP は 5 分子である．結局，1000 分子のデオキシリボヌクレオチドを合成するためのコストは，(1000 × 5 で)5000 ATP となる．1 分子のグルコースを完全酸化すると 31 分子の ATP を生じるので，5000 分子のヌクレオチドを合成するために必要なグルコース分子の総数は，およそ 161(5000/31)となる． ■

問題 17.1

DNA に熱を与えると変性する，すなわち，水素結合が壊れ，塩基の積み重なりと疎水的相互作用が崩されるために，2 本のポリヌクレオチド鎖は互いに離れる．温度が高くなればなるほど，より多くの水素結合が壊れる．温度を上げていったとき，次のどちらの分子が先に変性するか，二つの DNA 塩基対構造を見て理由とともに答えよ．

a. 5′-GCATTTCGGCGCGTTA-3′
   3′-CGTAAAGCCGCGCAAT-5′
b. 5′-ATTGCGCTTATATGCT-3′
   3′-TAACGCGAATATACGA-5′

DNA の構造：突然変異の実体

DNA の構造そのものが情報の保存に適した性質を DNA に与えるが，DNA は静的な分子ではない．DNA は数種類の破壊的な力を受けることがあり，その結果，恒久的な塩基配列の構造変化，すなわち突然変異を引き起こす．突然変異は，小規模な変異(たとえば一塩基の置換)から大規模な染色体異常までさまざまである．ほとんどの突然変異は有害か中立的な(生体の適応に認識できるような影響を与えない)ものであるが，ごくまれに突然変異が生体の環境への適応を助長することがある．いいかえれば，突然変異によって引き起こされる変化は進化の源でもある．ほとんどの生物における突然変異率(細胞分裂もしくは 1 世代あたりの突然変異頻度)が，DNA 複製(p. 585)の正確さと DNA 修復(p. 595)の効率という二つの理由により，低く維持されていることに注意する必要がある．

突然変異の種類　最も頻繁に見られる突然変異は，一塩基変異，挿入，欠失，重複，ゲノム再編である．一塩基変異は，その名前の通り，片方の鎖の DNA 配列が一塩基変わることである．**点変異**(point mutation)とも呼ばれ，修復されなければ，一塩基変異はトランジション変異もしくはトランスバージョン変異になる．**トランジション変異**(transition mutation)では(図 17.6)，脱アミノ化反応や互変異性によりピリミジン塩基がもう片方のピリミジン塩基に，プ

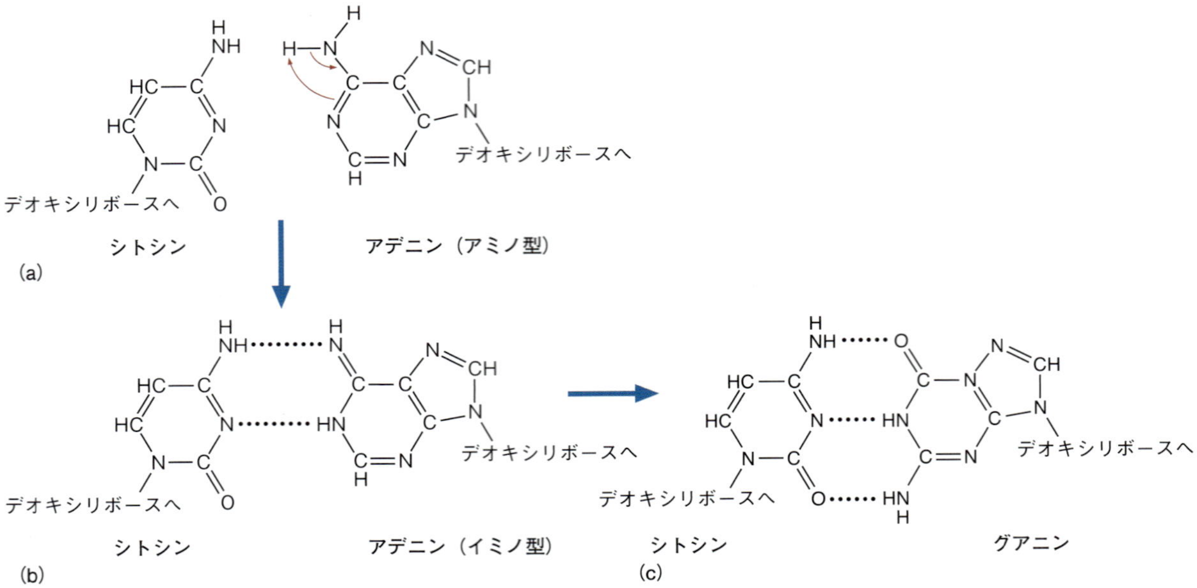

図 17.6　互変異性変換により引き起こされるトランジション変異
アデニン (a) が互変異性変換すると，形成されたイミノ型 (b) はシトシンと対合可能になる．続いて DNA 複製の第二世代においてシトシンがグアニンと対合すると，トランジション変異を生じることになる．このようにして AT 塩基対が CG 塩基対 (c) に置き換わる．プリンおよびピリミジン塩基の互変異性変換の説明については p. 470～473 を参照．

リン塩基がもう片方のプリン塩基に置換される．**トランスバージョン変異**(transversion mutation)はアルキル化剤や電離放射線によってもたらされ，ピリミジン塩基がプリン塩基に，逆にプリン塩基がピリミジン塩基に置換される．集団内である程度起こる点変異は**一塩基多型**(single nucleotide polymorphism)と呼ばれる．点変異は各塩基対の挿入や欠失によっても起こりうる．遺伝子産物(たとえばポリペプチド)をコードする DNA 配列内での点変異は，その遺伝子産物の構造および機能に与える影響によって，サイレント変異，ミスセンス変異，ナンセンス変異に分類される．**サイレント変異**(silent mutation)では塩基の変化が目に見えるような効果を生みださない(たとえば，変異が起こっても，ポリペプチド上で同じアミノ酸をコードするか，機能的に何の変化も与えないアミノ酸に変わるなど)．一方，**ミスセンス変異**(missense mutation)では，はっきりと目に見える変化が観察できる(たとえば，変異によってポリペプチドの構造と機能に変化を引き起こす別のアミノ酸に変わるなど)．**ナンセンス変異**(nonsense mutation)では，点変異がアミノ酸をコードする暗号を未成熟終止コドンに変える．ナンセンス変異を受けて転写翻訳されたポリペプチド産物は不完全なもので，たいていの場合，機能をもたない．

インデル(indel)と呼ばれる挿入および欠失変異は，1～数千塩基の DNA 配列上の挿入もしくは欠失が起こった突然変異である．ポリペプチドをコードする配列への挿入もしくは欠失の塩基数が 3(一つのアミノ酸をコードする塩基数)で割れないときには，フレームシフト変異(p. 646)の結果，元のポリペプチドとは異なった，あるいは不完全なポリペプチドが合成される．インデルは，減数分裂時，うまく対合しなかった相同染色体間の不等交叉か，DNA 鎖の変成と対合ミスを伴った DNA 複製中に起こる誤作動である滑り鎖誤対合(slipped strand mispairing)のいずれかによって起こる．

逆位，トランスロケーション，遺伝子重複などのゲノム再編成も，遺伝子の構造と調節を乱す．減数分裂における誤作動，変異源や放射線への曝露など，さまざまな環境によって引き起こされる二重鎖 DNA の切断が要因となる．**逆位**(inversion)は，いったん欠失した DNA 断片が，反対向きに，同じ座位に再挿入されることによって起こる．**トランスロケーション**(translocation)は真核細胞に見られる染色体異常で，ある染色体上の DNA 断片が，同じ染色体上の異なる座位，あるいは相同性のない異なる染色体上に挿入されることにより起こる．遺伝子もしくは，その一部の重複が起こる**遺伝子重複**(gene duplication)は，減数分裂時に不等交叉か，レトロトランスポゾン(p. 560)と呼ばれる遺伝因子が自身をDNA配列に挿入するレトロトランスポジションによって起こる．また，ごくまれにではあるが，遺伝子重複は進化のために重要な特性になる．なぜならば，長期間にわたる突然変異の結果，重複した遺伝子が異なった機能を担いうるからである．

DNA 損傷の要因　DNA損傷は，内因的あるいは外因的な破壊力により起こりうる．突然変異の内的要因とは，互変異性変換，脱プリン化，脱アミノ化，あるいは活性酸素種(ROS)によって誘起される酸化ストレスなど，自発的に起こるものである．放射線や生体異物への曝露などの外的要因も突然変異を誘発する．

互変異性変換と自発的加水分解反応　互変異性変換(図14.23)とは自発的に起こるヌクレオチド塩基構造の変化であり，アミノ型をイミノ型に，ケト型をエノール型に構造を変化させる．概して互変異性変換は，DNAの立体構造に大きな変化を与えない．しかしDNAの複製中に互変異性体が形成されると，塩基の誤対合が起こりうる．たとえばイミノ型のアデニンは，チミンと塩基対を形成せず，シトシンと塩基対を形成する(図17.6)．この対合がすぐに修復されないと，複製過程で，本来チミンが入るべき位置にシトシンが挿入されるので，トランジション変異が起こる．

自然条件下で起こるいくつかの加水分解反応もDNAに損傷を与えうる．たとえば，毎日，数千のプリン塩基がヒトの各細胞のDNAから失われていると推定される．この脱プリン反応においては，プリン塩基とデオキシリボースとの間の*N*-グリコシル結合が開裂する．つまり，グアニンのN-3位とN-7位がプロトン化することにより，加水分解が促進される．もし修復機構がプリンヌクレオチドを置き換えないと，点変異が起こってしまう．同様に，塩基は容易に脱アミノを受ける．たとえばシトシンの脱アミノ化合物は，互変異性変換によりウラシルとなる．その結果，CG塩基対はAT塩基対に変換される(ウラシルの構造はチミンに似ている)．

電離放射線　電離放射線(たとえば紫外線，X線，γ線)がDNA構造を変えてしまうことがある．弱い放射線でも突然変異を引き起こしうるし，強い放射線は生物を死に至らしめることもある．紫外線による損傷は，(水素原子の引き抜き，ヒドロキシラジカルOH·や他のROSの発生によって生じる)フリーラジカルに起因するもので，DNA鎖の切断，(たとえばチミンとチロシンの結合による)DNA-タンパク質架橋構造の形成，環構造の開裂，および塩基の修飾などが起こる．放射線による水の分解や酸化ストレスによって生じるヒドロキシラジカルは，DNA鎖の切断やさまざまな塩基修飾(たとえばチミングリコール，5-ヒドロキシメチルウラシル，8-ヒドロキシグアニン)を引き起こすことが知られている．酵素のスーパーオキシドジスムターゼ(p. 324)が，ROSによって誘起される核およびミトコンドリアにおけるDNA損傷の修復において重要な役割を果たす．

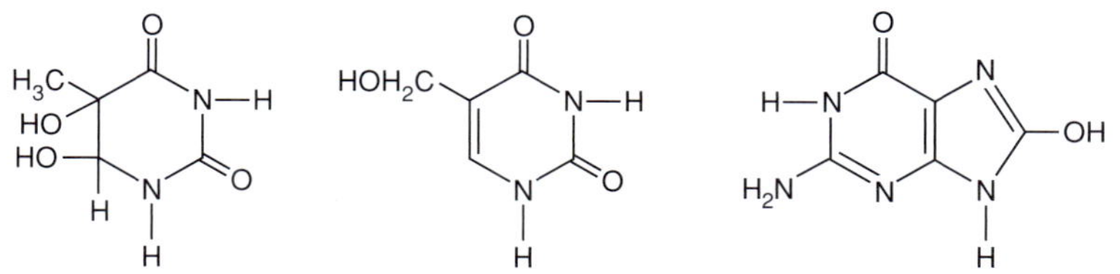

チミングリコール　5-ヒドロキシメチルウラシル　8-ヒドロキシグアニン

尿中における8-ヒドロキシデオキシグアノシン(8-OHdG)の量は，生体が発生するROSを測定するのに利用されている．たとえば喫煙は，8-OHdG排泄量を50%程度増加させる．

紫外線照射によって生じる最も一般的な生成物は，二重結合によるUV-Bエネルギー吸収によって形成されるチミン二量体である(図17.7)．二量体の形成によってらせん構造にひず

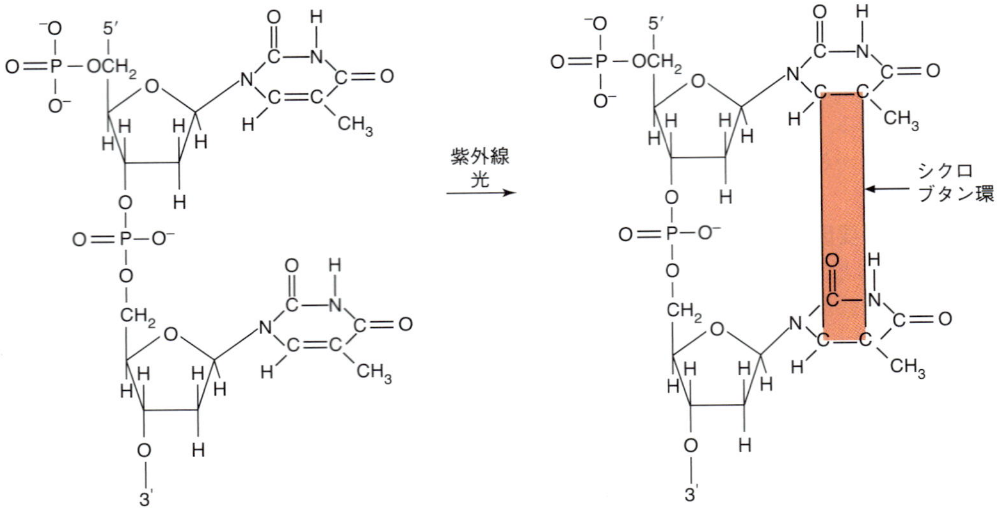

図 17.7　チミン二量体の形成
紫外線や光が DNA 鎖中の隣接したチミン塩基間の共有結合の形成を促進し，シクロブタン環を形成する．

みが生じると，DNA 複製機構はそこで止まってしまう．

生体異物　DNA に損傷を引き起こす生体異物も数多くある．そのような分子で最も重要なものに，塩基類似体，アルキル化剤，非アルキル化剤，インターカレーション剤がある．**塩基類似体**(base analogue，アナログ)は通常のヌクレオチド塩基に非常に類似しているため，DNA に取り込まれてしまう．たとえば，5-ブロモウラシル(5-BU)はチミンの塩基類似体である．5-BU のエノール型互変異性体(p. 471)はグアニンと塩基対をつくるので，AT 塩基対は次の複製で GC 塩基対に変換されうる．**アルキル化剤**(alkylating agent)は，非共有電子対をもつ化合物と反応して，アルキル基を付加する求電子化合物である．アデニンとグアニンはとくにアルキル化を受けやすい．アルキル化された塩基は高頻度で誤った塩基と対合し(たとえばメチルグアニンは，シトシンではなくチミンと対合する)，引き続く複製の際，トランジション変異を引き起こすことがある．メチルグアニンの場合，GC 塩基対が AT 塩基対となる．もしアルキル基がかさ高いと，トランスバージョン変異も起こりうる．タバコの煙に含まれている多環芳香族炭化水素化合物であるベンゾ[*a*]ピレンは，シトクロム P-450(p. 408)により触媒される化合物を含むいくつかの生物変換反応を経て，きわめて反応性の高いエポキシド誘導体に変換された後，トランスバージョン変異を引き起こす(エポキシドとは，三環構造をもつ環状エーテルのことをいう)．ベンゾ[*a*]ピレンエポキシドは，グアニンに付加反応した後，DNA 構造をひずませ，G から T へのトランスバージョン変異を引き起こして，正常な DNA 複製を阻害する．またアルキル化は，互変異性変換も促進することから，トランジション変異も引き起こす．このようなアルキル化剤の例としては，ジメチル硫酸やジメチルニトロソアミンがあげられる．

さまざまな**非アルキル化剤**(nonalkylating agent)が DNA 構造を変化させうる．ニトロソアミンや亜硝酸ナトリウム($NaNO_2$)より生じる亜硝酸(HNO_2)は，塩基を脱アミノ化する(ニトロソアミンと亜硝酸ナトリウムは，ともに，加工肉や亜硝酸塩を含む塩漬けにより保存されている食品に見いだされる)．HNO_2 はアデニン，グアニン，およびシトシンを酸化的に脱アミノ化し，それぞれヒポキサンチン，キサンチン，およびウラシルに変換する．ある種の平面芳香族分子は**インターカレーション剤**(intercalating agent)と呼ばれる．なぜなら，二重らせん構造の塩基対の重なりの間に入り込み(インターカレーション)，DNA 構造にひずみを与えるからである．その結果起こる局所的 DNA 構造のひずみは，DNA 複製を阻害する．その投与量によってインターカレーション剤は，欠失・挿入変異から細胞死に至る広い範囲の損傷を与える．インターカレーション剤の例として，ドクソルビシンや臭化エチジウムがあげられる．化学療法剤であるドクソルビシンは，増殖の速いがん細胞の DNA 複製を阻害する．臭化エチジウムは，さまざまな分子生物学の実験技術のうち，核酸を染色するための蛍光標識分子として利用されている．

DNA 複製装置の誤作動やトランスポジション（ゲノム内の DNA 配列が動くこと）によって引き起こされる突然変異については 18 章で説明する．

キーコンセプト

DNA は，ある種の要因で損傷を受けやすく，その結果，塩基配列の固定的変化である突然変異を受けることになる．

問題 17.2

次に示した化合物や条件は，DNA の構造にそれぞれどのような影響を与えるか．

a. エタノール　　b. 加熱　　c. ジメチル硫酸　　d. 亜硝酸

問題 17.3

ラジカルと酸化的損傷

現在，DNA の酸化的損傷の蓄積が，哺乳動物における老化の主たる要因であると推測されている．高い代謝能をもち（すなわち大量の酸素を消費し），尿中に大量の修飾塩基を排泄する動物の寿命は概して短い．修飾塩基が多量に排泄されるのは，酸化的損傷を防ぐ能力が個体レベルで落ちていることを示している．酸素ラジカルが DNA に損傷を与えることを示す証拠が多数わかっているにもかかわらず，実際に組織に損傷を与えているラジカルについてはあまりわかっていない．ヒドロキシラジカル以外に，脳に損傷を与えうるラジカルをあげよ．また，酸化的損傷に対する感受性は組織によって差がある．平均的な一生の間で，ヒトの脳は，他の組織に比較して，酸化的損傷に対してより敏感であるとされている．脳が他の組織に比較して酸化的損傷に敏感である理由を二つ示せ．

DNA の構造：遺伝物質

Nature 誌 1953 年 4 月 25 日号に掲載された James Watson と Francis Crick による DNA 構造モデルの発表は，事の終わりであり始まりでもあった．そして彼らの業績は，1 世紀近くにもわたる研究結果の蓄積でもあった．その研究のうち最も重要な知見は，① 1928 年にイギリスの細菌学者 Frederick Griffith によって提出された，細菌が細胞間で遺伝情報をやりとりできるという仮説，② Griffith が提出した「形質転換因子」が，1944 年，Avery，MacLeod，McCarty によって DNA であることが同定されたこと，③ 1952 年に Hershey と Chase が生物の遺伝物質が DNA であることを確かめた実験である．ワトソン-クリックモデルの発表は，DNA，RNA，タンパク質の生合成と，そのプロセスの調節メカニズムを対象とする**分子生物学**（molecular biology）という新分野の出発を記すものである．

ワトソンとクリックが彼らの DNA モデルを組み立てるのに必要であった情報には，以下のものがあげられる．

1. デオキシリボース，含窒素塩基類，およびリン酸の各化学構造と分子の大きさ．
2. 1948～1952 年にかけて Erwin Chargaff によって発見された，チミンに対するアデニン，シトシンに対するグアニンの比が，多くの生物種から単離された DNA において 1：1 であること〔この 1：1 の関係は**シャルガフ則**（Chargaff's rule）と呼ばれることもある〕．
3. DNA が対称性をもつ分子であり，おそらくはらせん構造であることを示す，X 線回折を用いた Rosalind Franklin による優れた研究．
4. 別の X 線回折の研究をもとに，Maurice Wilkins と彼の共同研究者 Alex Stokes によって推定されたらせんの直径とピッチ長．
5. もう一種の複雑な分子であるタンパク質もらせん構造をとりうるという，Linus Pauling によりなされた発表．

1962 年度のノーベル生理学・医学賞は，James Watson，Francis Crick と Maurice Wilkins に授与された．

キーコンセプト

1953 年に James Watson と Francis Crick により提出された DNA 構造のモデルは，多くの研究者の努力により得られた情報をもとにしている．

DNA の可変的構造

Watson と Crick によって解き明かされた DNA 構造は B-DNA と呼ばれ，水分がかなり多い条件下での DNA のナトリウム塩を表している．しかしながら，デオキシリボースには柔軟性があり，C-1 位の *N*-グリコシド結合は回転するので，DNA はいくつかの異なった構造をとることができる（フラノース環がかなり圧縮された立体構造をとっていることは前に述べた）．

A-DNA　DNA が部分的に脱水されると，つまり各ヌクレオチドに結合する水分子の数が 13 か 14 まで減ると，DNA 分子は A 型をとる（図 17.8，表 17.1）．A-DNA においては，もはや塩基対はらせんの軸方向に対して直角ではなく，水平軸に対して 20° 傾いている．さらに，隣り合う塩基対間の距離はわずかに短くなっており，B 型ではらせん 1 回転あたり 10.5 bp であるのに対して，A 型では 11 bp となっている．同様に，B 型ではらせんのピッチは 3.32 Å，直径は 2.37 nm であるのに対して，A 型ではらせんのピッチは 2.46 Å，直径は 2.55 nm となっている．エタノールなどの溶媒で抽出すると，DNA は A 型構造をとる．細胞内条件下における A-DNA の重要性は，転写中に観察される二本鎖 RNA，RNA-DNA 二本鎖構造が A-DNA 構造に似ていることである．

Z-DNA　Z 型 DNA〔ジグザグ（zigzag）構造なので，そう命名された〕は，本質的に B 型 DNA とは異なっている．Z-DNA（らせんの直径 D = 1.84 nm）は B-DNA（D = 2.37 nm）よりだいぶ細く，1 回転あたり 12 bp の左巻きらせん構造をとってねじれている．Z-DNA では，

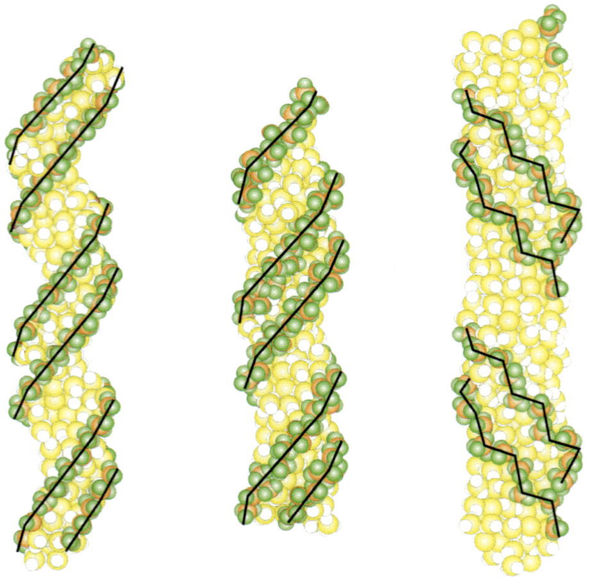

図 17.8　B-DNA，A-DNA，Z-DNA
DNA は柔軟性のある分子であり，塩基対の配列や精製条件により，異なる立体構造をとる．この図において，DNA 分子の各型は同数の塩基対をもっている．これら三つの DNA 構造の大きさについては表 17.1 を参照せよ．

表 17.1　B-，A-，Z-DNA の各構造における立体構造の特性

	B-DNA（ワトソン-クリックの構造）	A-DNA	Z-DNA
らせんの直径	2.37 nm	2.55 nm	1.84 nm
1 回転あたりの塩基対	10.5	11	12
1 回転あたりのピッチ	3.32 nm	2.46 nm	4.56 nm
塩基対あたりのピッチ	0.34 nm	0.24 nm	0.37 nm
らせんの方向	右巻き	右巻き	左巻き

らせんのピッチは 4.56 Åである（B-DNA では 3.32 Å）．プリン塩基とピリミジン塩基が交互にでてくるような DNA 配列（とくに CGCGCG）が Z 構造を最もとりやすい．Z-DNA では，塩基二量体が左巻きにガタガタのらせんを描いて積み重なっており，そのため DNA はジグザグで，その表面は比較的滑らかで溝は大きくない．GC 反復配列に富んだ DNA 領域は，特定のタンパク質を結合することにより転写を開始したり阻害したりして，発現調節に関与していることが多い．Z-DNA の生理的意義は明らかではないが，メチル化や負の超らせん化など，生理的にかかわりのある過程が Z-DNA を安定化することが知られている．また，転写過程におけるねじれ力の結果，短い DNA セグメントが Z-DNA 構造をとることもある．

DNA 分子のあるセグメントが高次構造をとることも観察されている．重要な例として十字形構造があげられる．十字形構造は，その名の通り十字架のような構造をしている．DNA 配列が部分的にパリンドローム構造になっているとき，十字形構造が形成されると考えられる．パリンドローム（回文配列）とは，前から読んでも後ろから読んでも同じになる文字配列である（たとえば“MADAM, I'M ADAM”）．文章中の回文構造と異なって，DNA 配列中のパリンドロームの場合は，DNA の一方の相補鎖上のヌクレオチド塩基の〝文字〟をまず順方向に読み，次にもう一方の相補鎖上の文字を今度は逆方向に読んでいく．DNA パリンドロームにおいては，DNA 鎖の前半部と後半部とは互いに相補的な関係にある．数塩基あるいは数千塩基によって形成され，このようなパリンドローム構造をとっている DNA 配列は逆方向反復配列と呼ばれる．DNA 組換え（p. 599〜606）や DNA 修復（p. 595〜599）の間に起こる十字形構造の形成は，最初，プロト十字形構造ともいうべき小さな突出構造に始まり，二重鎖間の対合のときと同じように，どんどん対合が進んで，十字形構造が形成されていく．

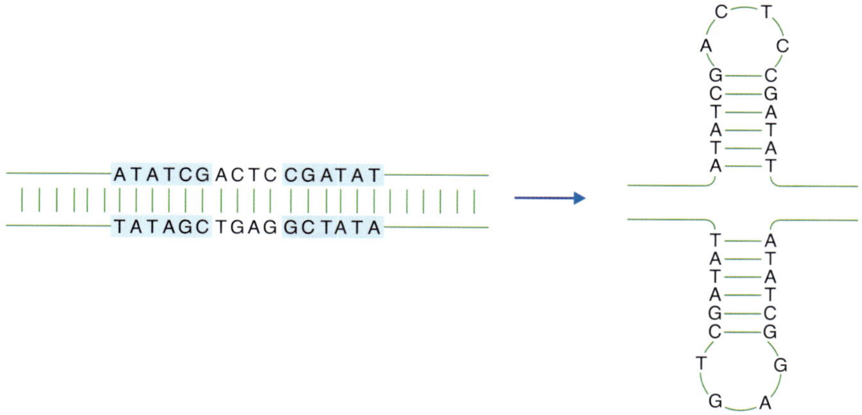

大きな DNA 分子を小さな細胞のなかに圧縮して格納するには，DNA の超らせん化が必要となる．DNA が超らせん化するには，二重らせん DNA の片方の一本鎖が壊されるか，ニックが入り，再び連結する前に，巻き上げられたり巻きもどされたりする必要がある（〝ニック〟とは，二重らせん DNA の一本鎖に入る切れ目である）．また，DNA 配列そのものによっても，その構造を少し変えることは可能である．たとえば，四つの連続した AT 対があれば分子は屈曲する．しかしながら，大きく屈曲したり，結合タンパク質に巻きついたりするためには，超らせん化が必要である．

例題 17.2

ヒトゲノム一倍体は，およそ 3.2×10^9 bp（二倍体ゲノムあたり 6.4×10^9 bp）から構成される．DNA が B-DNA である場合，1 細胞に含まれる DNA の全長を計算せよ．

解答

B-DNA 一塩基対のらせんピッチが 0.34 nm とすると（**表 17.1**），二倍体細胞に含まれる DNA の長さは

$$6.4 \times 10^9\ \mathrm{bp} \times 0.34 \times 10^{-9}\ \mathrm{m/bp} = 2.2\ \mathrm{m}$$

■

DNA の超らせん化

DNA の超らせん化は，いくつかの生物学的過程を進める．その過程とは，DNA のコンパクトな形への圧縮，および DNA の複製や転写の過程である（18 章）．DNA の超らせん化は三次元的に起こる動的な過程なので，そのすべてを二次元のイラスト上で伝えるには限界がある．そこで，超らせん化を理解するために，次のような思考実験をやってみよう．長い直鎖状 DNA 分子が平面上におかれているとする．そして，その両端をそのままつなぎ合わせると，ひずみのない円形になる（**図 17.9 中央**）．この分子には巻きすぎたり巻きが足りなかったりすることもないので，そのらせんは弛緩しており，平面上におかれたままである．この環状の DNA 分子をつまみ上げて数回ねじると，**図 17.9 右**に示すような構造となる．このようにねじれた分子をもう一度平面上にもどして，平らにおこうとすると，生じたねじれを除こうとして分子は自発的に回転する．超らせんは，結び目理論から借用された数学的な概念である．DNA 分子の超らせん化は，ねじれ（らせんの回転数）とねじれの重なり（DNA 分子がそれ自身を交差する回数）の総和になる．

直鎖状 DNA 分子のねじれが弱いまま（たとえば，右巻きの DNA らせんが左方向にねじれたまま）環を閉じると環状 DNA 分子は張力をやわらげるために右方向にねじれ，結果として負の超らせん構造をとる．（通常は最も多く存在する）負の超らせん構造をもつ DNA は，相互変換可能な二つの形のいずれか，つまりトロイダルコイル状か撚（よ）り糸状をとる（**図 17.10**）．負の超らせん構造をもつ DNA 分子は，トルク（回転力）として位置エネルギーを保持する．次に

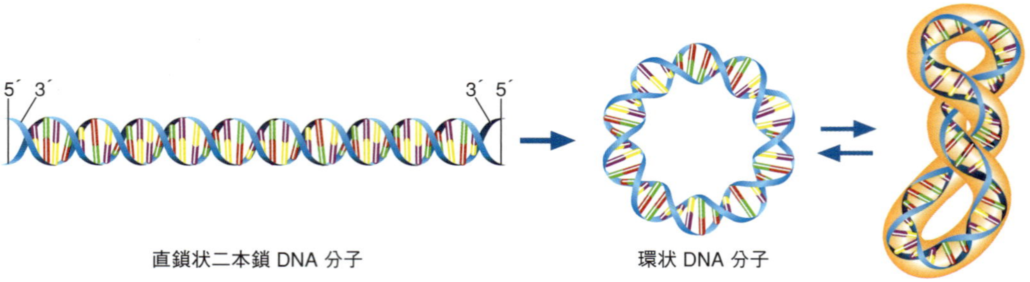

図 17.9　直鎖状 DNA および環状 DNA と DNA のねじれ
直鎖状 DNA 分子が環状化し，弛緩した環状 DNA 分子を形成する．弛緩した環状 DNA 分子をねじっても，手から離すと，すぐに平面的な構造にもどる．

図 17.10　超らせん
超らせんの主要な形態には，(a) トロイダルコイル状のものと (b) 撚り糸状のものの 2 種類がある．撚り糸状の DNA は，DNA コイルが互いに巻きつき合っている．

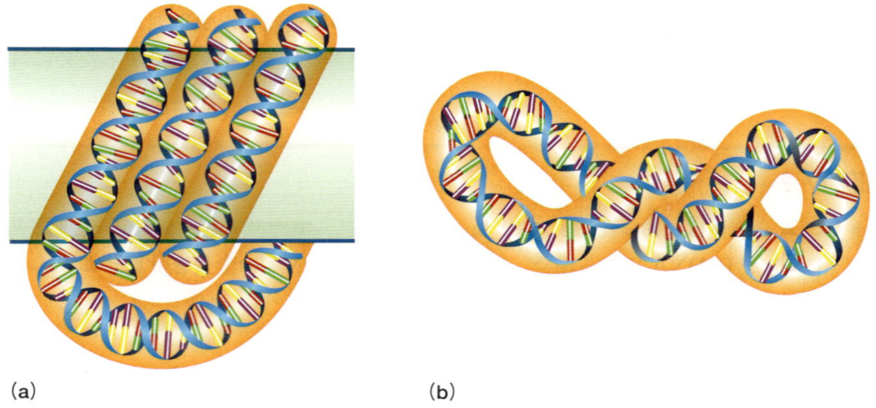

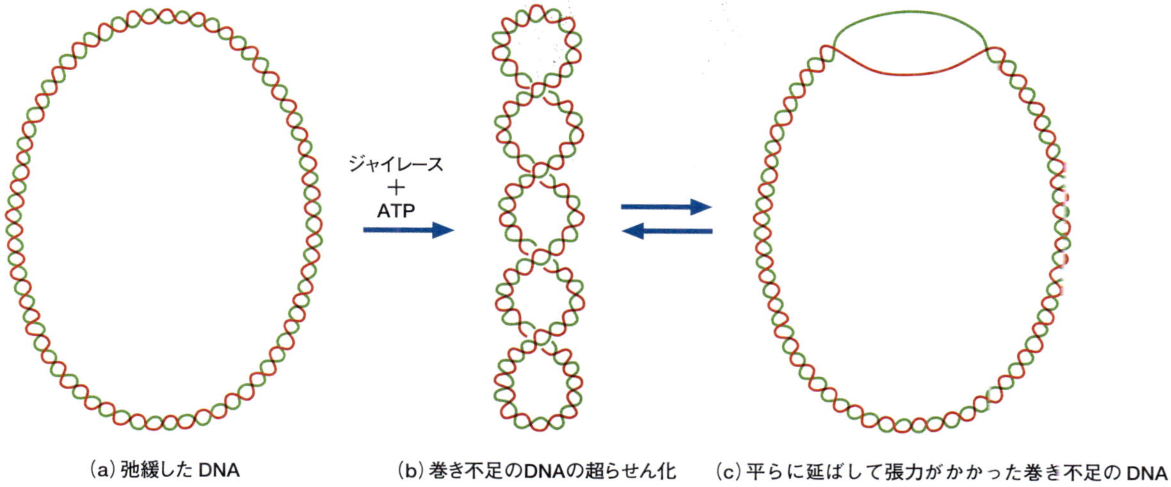

図 17.11　環状 DNA 分子に対する張力の影響
ホスホジエステル結合が切断されたり再形成されたりすることによって，(a) 弛緩した環状構造から (b) 負に超らせん化した構造(巻き不足の状態)に変換することが可能になる．負の超らせん化によっていったん軽減された張力は，(c) 分子を無理に平面上に延ばすと再びかかることになる．

この蓄積されたエネルギーは，DNA の複製や転写といった過程の間に，DNA 鎖を引き離す力となる(図 17.11)．逆に DNA 分子が過剰に巻かれる(たとえば，環状に閉じる前に右方向にねじれる)と，左にねじれて，張力を軽減し，正の超らせん化が起こる．DNA 複製の際，鎖の分離時に形成される超らせんは，複製装置に干渉する．このような超らせんは，トポイソメラーゼと呼ばれる酵素(たとえば大腸菌の DNA ジャイレース)により取り除かれる．トポイソメラーゼにより，超らせん化した DNA セグメントの弛緩を許すような，可逆的な DNA の切断が実現される．

DNA のらせんは電話コードにたとえることができる(図 17.12)．受話器につながっているらせん状の電話コードは，使っている間に超らせん状になって，からみ合っていく．らせん状のコードは，この超らせんを取り除く方向に回転させることで，平面上におくことができるようになる．はずされた電話コードの両端を 2 人が手でつかむことで，ねじれの弱い負の超らせんも，ねじれの強い正の超らせんもつくることができる．片端はそのままの状態で，もう一端をねじってみる．ねじれが電話コードのらせんと同じ方向なら(たとえば右巻きの電話コードを右方向にねじれば)，らせんはねじれが強くなって，正の超らせんを生じる．反対方向にねじると(たとえば右巻きのらせんを左方向にねじると)，らせんのねじれは弱くなって負の超らせんを生じる．

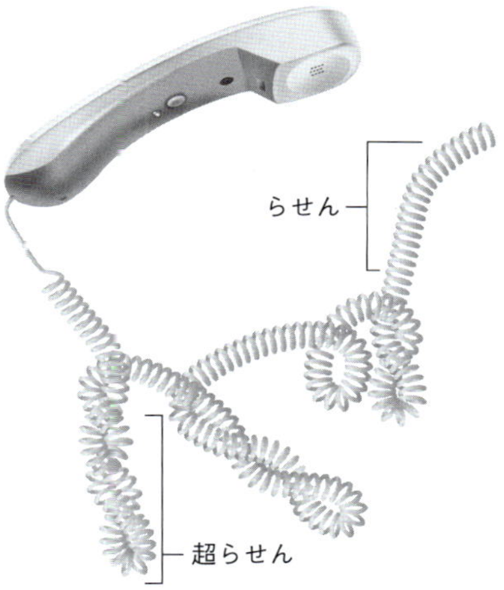

図 17.12　超らせん化
右巻きのらせんに，さらに回転を加えていくと超らせんになるという点で，電話コードはらせん状 DNA 分子によく似ている．

染色体とクロマチン

DNA は染色体と呼ばれる構造に格納されている．元来，**染色体**(chromosome)は，真核細胞の減数分裂や有糸分裂時に観察され，密で，強く染色される構造体として定義されていた．しかしながら現在では，この用語は原核細胞中の DNA を表すときにも用いられる．原核細胞と真核細胞とでは，染色体の物理的構造や遺伝子構成にかなり大きな違いがある．

原核生物　大腸菌のような原核生物では，染色体は環状 DNA 分子であり，ループ構造あるいはコイル構造をとることによって比較的小さいスペース(1 μm × 2 μm)に圧縮されている．しかしながら，この高度に圧縮された分子からの情報をいつでも簡単に取りだす必要がある．大腸菌の染色体(円周 1.6 μm)は，タンパク質をコアにした複合体である超らせん DNA からできている(図 17.13)．

核様体と呼ばれるこの構造体においては，染色体は少なくとも 40 カ所でタンパク質コアに付着している．この構造的特徴が一連のループ構造を生みだしており，もし鎖の切断が起こった場合でも，超らせん DNA がほどけるのを防ぐのに役立っている．この圧縮構造は，細菌性

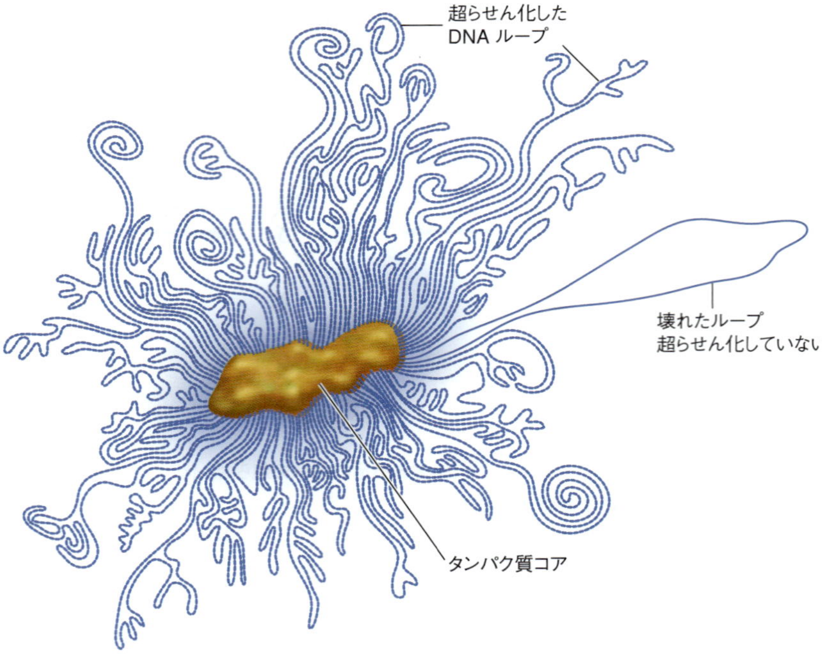

図 17.13　細胞から取りだされた大腸菌の染色体
大腸菌の環状染色体はタンパク質コアと一緒に複合体をつくっている．染色体（3×10^6 bp）は細胞内で高度に超らせん化しているので，染色体複合体は通常，2 μm の径しかない．それぞれの DNA ループがタンパク質コアに付着しているので，鎖が切断されても，超らせん化した染色体全体がほどけることはない．

DNA に結合した構造タンパク質とともに格納されることでさらに強化され，DNA の屈曲や超らせん化を活性化している．原核性アーキア（古細菌）では，DNA は，真核性ヒストンと似た構造をもつヒストンとともに格納されている．

さらにポリアミン類（スペルミジンやスペルミンのような多価のカチオン分子）も，染色体が高度に圧縮された構造をとれるように機能している．

$$H_3\overset{+}{N}-CH_2-CH_2-CH_2-CH_2-\overset{+}{N}H_2-CH_2-CH_2-CH_2-\overset{+}{N}H_3$$

スペルミジン

$$H_3\overset{+}{N}-CH_2-CH_2-CH_2-\overset{+}{N}H_2-CH_2-CH_2-CH_2-CH_2-\overset{+}{N}H_2-CH_2-CH_2-CH_2-\overset{+}{N}H_3$$

スペルミン

正に荷電したポリアミン類が負に荷電した DNA 骨格に結合すると，隣り合った DNA らせんの間に生じる反発力を上回ることになる．

真核生物　原核生物に比べると，真核生物はずっと大きなゲノムをもっている．そして真核生物では，種によって染色体の長さや数が異なる．たとえば，ヒトは 23 対の染色体をもっていて，半数体のゲノムは合計 30 億塩基対からなる．ショウジョウバエ（*Drosophila melanogaster*）は 1 億 8000 万塩基対からなる 4 対の染色体，トウモロコシ（*Zea mays*）は 24 億塩基対からなる 10 対の染色体といった具合である．

各真核性染色体では，1 本の線状 DNA 分子がヒストンタンパク質とともに，**クロマチン**（chromatin）と呼ばれる複合体を形成している．ヒストンでないいくつかの種類のタンパク質分子もクロマチンに結合している．たとえば，DNA 複製および修復酵素，クロマチン再構成タンパク質，膨大な数の転写因子といったものである．

ヒストン　ヒストンはすべての真核生物に見いだされる一群の小さな塩基性タンパク質である．DNA にヒストンが結合すると，真核性染色体の構造単位である**ヌクレオソーム**（nucleosome）が形成される．ヒストンは五つの主要なクラス（H1，H2A，H2B，H3，H4）に分類されるが，その一次構造は真核生物種間で類似している．そしてリシンやアルギニンなどの（正に荷電した）塩基性アミノ酸を多く含んでいる．電子顕微鏡写真によると，クロマチンは連なったビーズのように見える．その〝ビーズ〟一つ一つがヌクレオソームに相当する．ヌクレオソームは，正に超らせん化したDNAセグメントが，（H2A，H2B，H3，H4のそれぞれ2分子から構成される）八量体からなるヒストンをコアにして，その周りにトロイダルコイル状に巻きついたものである．

高度に保存されている各コアヒストン分子（図17.14a）には，ヒストンフォールドと呼ばれる共通の構造的特徴，つまり特定の構造をとらない二つの短いセグメントによって隔てられた三つのαヘリックス構造がある．ヒストン八量体の形成を可能にしているのが，ヒストンフォールドという構造なのである．コアヒストンの柔軟性の高いN尾部末端は25〜40アミノ酸残基からなり，ヌクレオソームから突き出ている．（たとえばアセチル化やメチル化などの）末端残基のいくつかの種類の化学修飾が，近接するヌクレオソームとの相互作用を変化させ，

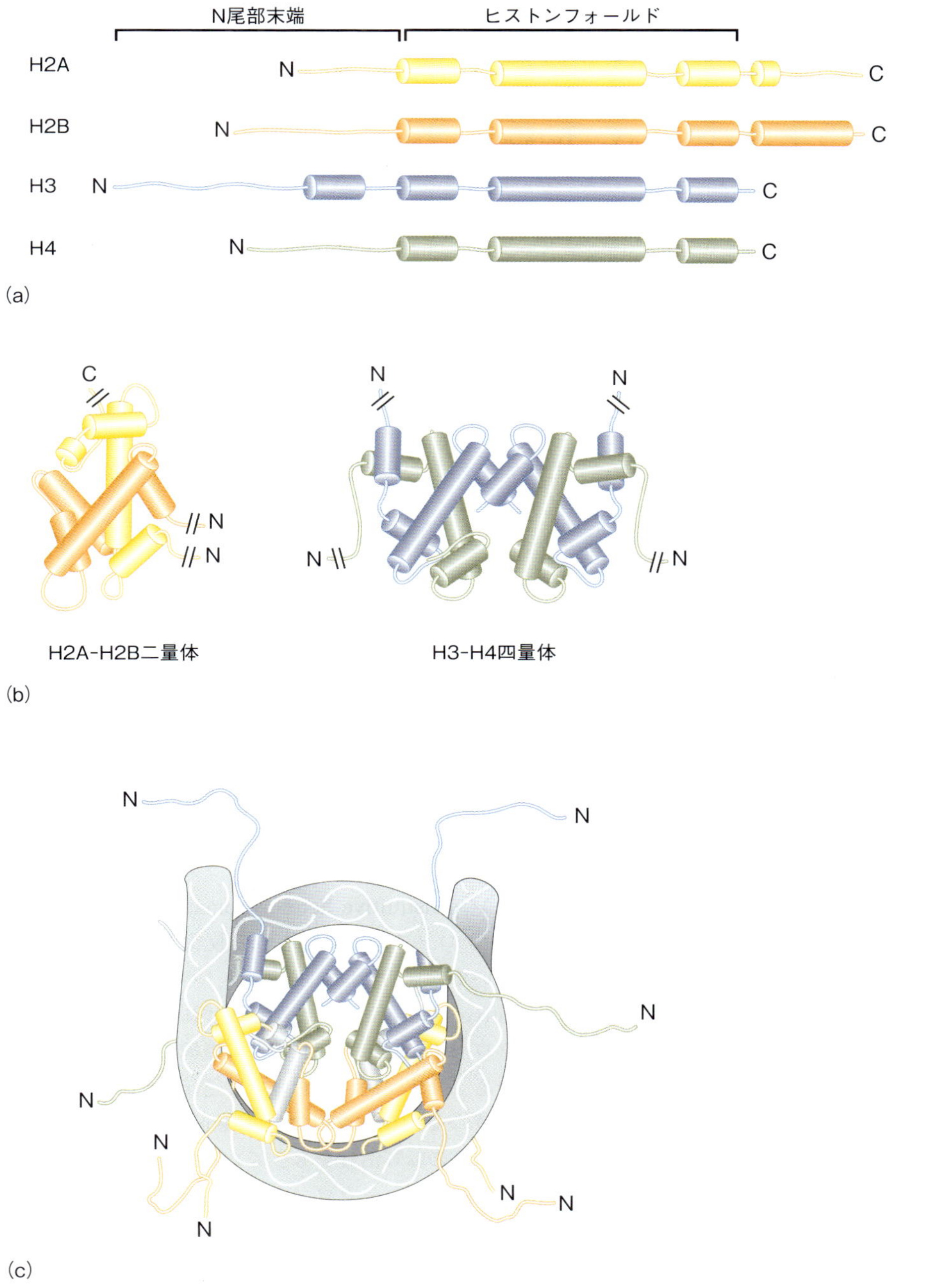

図17.14 コアヒストン
各ヌクレオソームは八つのヒストン分子をもっている．すなわちH2A，H2B，H3，H4を2分子ずつである．これらの各分子は，ヒストンフォールドと呼ばれる球状のドメインと，特定の構造をとらない長いN末端のドメインをもつ．(a) これらのドメイン構造を直線分子として図式化した．シリンダーで示した部分はαヘリックスである．(b) コアヒストンの形成は，2組のH2AとH2Bの会合による二つのヘテロ二量体の形成と，H3およびH4の各2分子による四量体の形成から始まる．次に$H3_2$-$H4_2$四量体がDNAに結合する．(c) そして二つのH2A-H2Bヘテロ二量体がその四量体に結合することで，ヌクレオソーム構造は完成する．

近接するクロマチンの凝縮や解きほぐしを促進したり，転写因子などのタンパク質へのDNAの近づきやすさを変化させたりする．このような化学修飾はエピジェネティック修飾と呼ばれている（p. 561〜563の生化学の広がり「エピジェネティクスとエピゲノム」を参照）．

H2AおよびH2Bヒストンの各2分子が頭-尾構造のヘテロ二量体を二つ形成し，H3およびH4ヒストンの各2分子が頭-尾構造のヘテロ二量体を二つ形成して，コアヒストンができる．次に，二つのH3-H4ヘテロ二量体が会合して，$H3_2$-$H4_2$四量体を形成する（図17.14b）．ヌクレオソームの形成は，$H3_2$-$H4_2$四量体がDNAに結合すると始まる．この四量体に二つのH2A-H2B二量体が会合すれば，ヌクレオソームの形成は完了する（図17.14c）．ヒストンフォールドを含まないタンパク質である1分子のヒストンH1が，DNAが出入りしている部分に結合することにより，ヌクレオソームがほどけるのを防ぐクランプとして働いている（図17.15）．約146 bp（1.7回転）に相当するDNAが，それぞれのヒストン八量体と接している．そしてリンカーDNAをはさんで，隣り合うヌクレオソームが連なっている．リンカーDNAは20〜70 bpとさまざまで，種や組織によって，ときには同じ細胞内でも異なっている．

真核細胞は，ある種のコアヒストンに一次配列と構造上よく似ているいくつかの種類のヒストンバリアントを合成している．コアヒストンに比較すると，それほど多く合成されているわけではないが，クロマチンの機能にヒストンバリアントが重要な役割を果たしていることがある．たとえば，ヒストンH2AXはDNA修復と組換えに，H3.3は転写活性化に役割をもつ．ヒストンバリアントはヒストンシャペロンの助けを受け，ATP要求性再構成酵素によってヌクレオソームに組み入れられる．

ヒストンは，細胞周期のいつ合成されるのかによっても分類できる．ほとんどのヒストンは，DNA複製が起こっている細胞周期のS期（DNA合成期）（p. 592）に合成されるので，DNA複製依存性ヒストンと呼ばれている．多細胞生物においては，これら分子をコードしているmRNAは特徴的な構造をしており，これについては18章で説明する．DNA複製非依存性ヒストンは，細胞周期を通じて低レベルで合成される置換バリアントヒストンにより構成される．

クロマチンの構造　細胞分裂に先だって，クロマチンは（約1万倍に）凝縮して染色体を形成する．ヌクレオソームはさらにらせん化した高次構造をとり，これは30 nm繊維と呼ばれている（図17.16）．数多くの研究にもかかわらず，30 nmクロマチン繊維の正確な内部構造はわかっていない．これは，おそらくリンカーの長さやヒストンの翻訳後修飾の不均一さによるものと思われる．現在のところ30 nm繊維の構造モデルには，大きく二つがある．一つはone-startらせんモデル（ソレノイドモデル）と呼ばれるもので，リンカーDNAによってつながったヌクレオソームが1回転あたり6〜8個のヌクレオソームを形成していくモデルである．一方，two-startらせんモデルでは，直鎖状リンカーDNAによって結合したジグザグ構造をもつ二つのヌクレオソームが，らせん構造に整列するものである．その後30 nm繊維は，さらなるらせん構造をとることで，超らせんループ構造を形成する高次構造へと変化していく．超らせんループ構造は，核スキャフォールドと呼ばれる中心タンパク質複合体に付着している（図17.17）．細胞周期の間期にはクロマチンの二つの形態，つまりヘテロクロマチンとユークロマチンが観察できる．**構成的ヘテロクロマチン**（constitutive heterochromatin）は，トランスポゾン（動く遺伝子），セントロメア（中心体），テロメアなどに見られる反復DNA配列（p. 559〜560）から構成されており，高度に凝縮していて転写活性は見られない．ヘテロクロマチンの他の部分は**条件的ヘテロクロマチン**（facultative heterochromatin）と呼ばれ，反復配列を含んでいない．その名前の通り，条件的ヘテロクロマチンは特定のシグナル機構に応答して，凝集した構造がゆるみ，転写活性をもつようになる．分化の過程において，遺伝子サイレンシングのパターンは，分化した細胞の種類によって異なる．**ユークロマチン**（euchromatin）はヘテロクロマチンほど凝集しておらず，さまざまな程度の転写活性をもっている．転写の活発なユークロマチンは，最も凝縮していない．転写の不活性なユークロマチンはいくらか凝縮しているが，ヘテロクロマチンほどではない．クロマチンが可逆的に凝集する機構は，まだ解明されていないが，DNAのメチル化，いくつかのヒストンの化学修飾，およびクロマチン再構成酵素が重

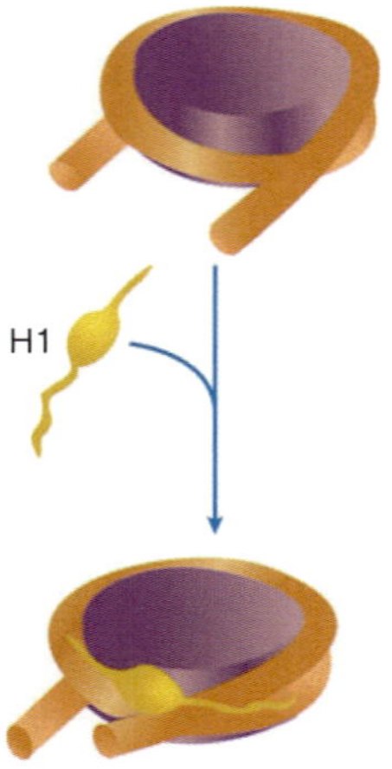

図17.15　H1ヒストン
H1ヒストンがヌクレオソームDNAの二つの異なる部位をつなぎ，ヒストン八量体の周りへのDNAの巻きつきを安定化している．

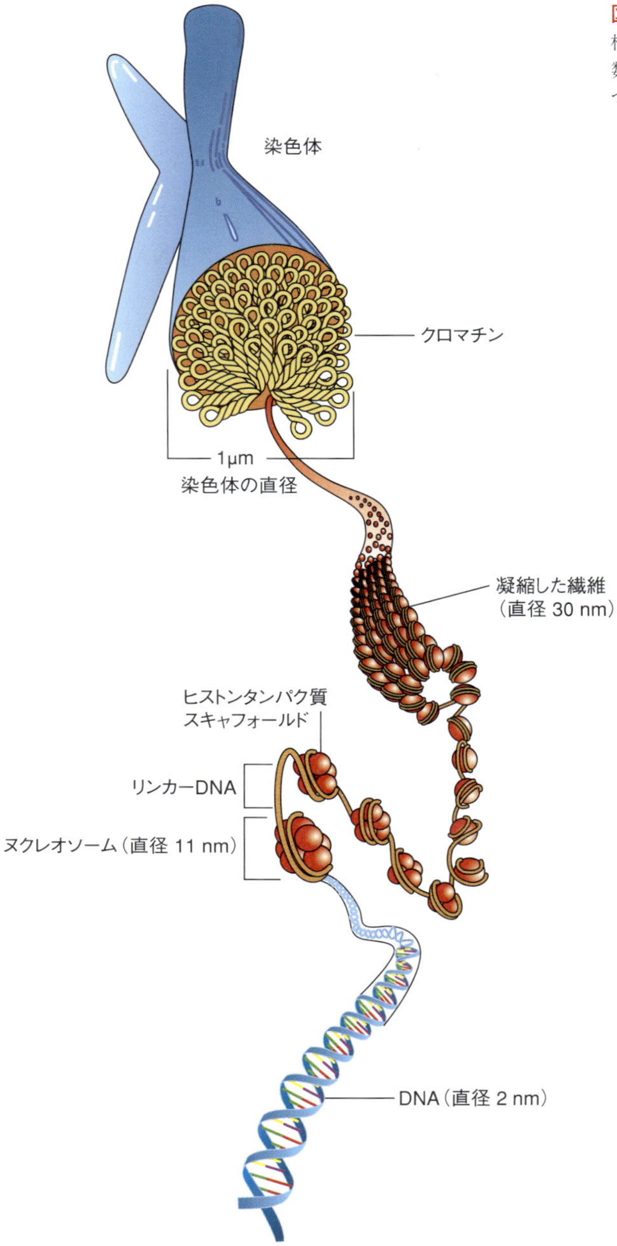

図 17.16 クロマチン
核内クロマチンは，さまざまなレベルでらせん構造をとっている．数十年にわたる研究にもかかわらず，より高次のクロマチン構造についてはほとんど解明されていない．

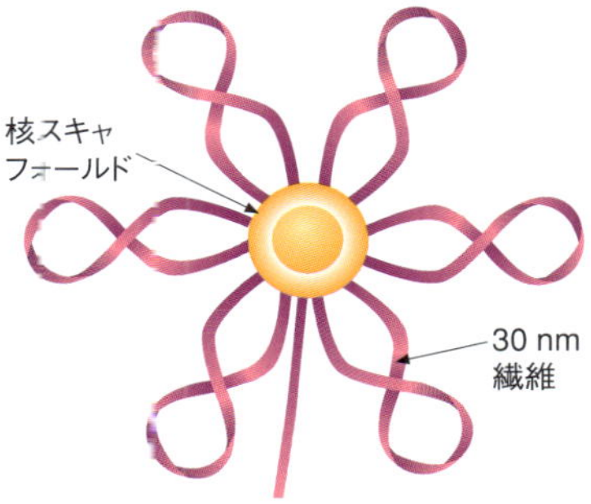

図 17.17 クロマチン
クロマチン構造のあるモデルでは，30 nm 繊維がループ状になって，タンパク質からなる核スキャフォールドに付着している．

要な役割を果たすことが知られている．

細胞小器官の DNA ミトコンドリアと葉緑体は半自律複製細胞小器官である．つまり，それ自身が DNA をもち，固有のタンパク質合成系をもっている．しかし，自由生活型の原核生物に由来し，二分裂により自己複製するこれらの細胞小器官は，実質的には，核ゲノムによってコードされるタンパク質やその他の分子の助けも必要としている．たとえばミトコンドリア DNA (mtDNA) は，二つの rRNA，22 の tRNA と，そのほとんどが電子伝達系に使われている数種類のタンパク質しかコードしていない．残りのミトコンドリアタンパク質は細胞質で合成され，ミトコンドリアに運ばれる (p. 671)．同様に葉緑体ゲノムは，数種類の RNA と，その多くが光合成に直接関係するある種のタンパク質しかコードしていない．核と細胞小器官のゲノムの働きは高度に協調しており，その結果，細胞小器官の機能に対する両ゲノムの寄与について，それぞれを区別するのは困難であることが多い．ミトコンドリアと葉緑体の起源から，

キーコンセプト

- 原核生物の染色体では，超らせん化した環状 DNA 分子がタンパク質コアと複合体を形成している．
- 真核生物の染色体では，1本の直鎖状 DNA 分子がヒストンや他のタンパク質と複合体となり，クロマチンを形成している．

抗生物質濃度が十分に高い場合，これらの細胞小器官がその抗生物質（たとえば細菌のゲノム機能を阻害するクロラムフェニコールやエリスロマイシンのような分子）に感受性があるのは驚くべきことではない．

問題 17.4

B-DNA を A-DNA や Z-DNA と区別する構造的特徴について比較せよ．B-DNA，すなわちワトソン-クリック構造の変異型である A-DNA と Z-DNA の機能的特徴について，何が知られているか．

問題 17.5

次に示す語句について，相互の階層関係を説明せよ．ゲノム，遺伝子，ヌクレオソーム，染色体，クロマチン．

ゲノムの構造

ゲノムは生物のオペレーティングシステムであり，すべての生命プロセスを維持するのに必要な，遺伝的に受け継がれた命令一式のことである．それぞれのゲノムのなかに遺伝単位の遺伝子があり，遺伝子産物（ポリペプチドと RNA 分子）の一次構造を決定している．サイズ，構造，配列の複雑さなど，各生物種に応じてゲノムの違いが見られる．ゲノムサイズ，すなわちヌクレオチド塩基対の数は，その生物の複雑さと大ざっぱな相関はあるが，10^6 bp に満たないある種のマイコプラズマ（知られている最も小さな細菌）から，10^{10} bp を超えるある種の植物まで，大きな差異がある．ほとんどの原核生物のゲノムは真核生物のそれより小さい．原核性ゲノムが典型的には1本の環状 DNA 分子であるのに対して，真核性ゲノムでは2本以上の直鎖状 DNA 分子から構成されている．しかしながら，原核生物と真核生物のゲノム間での一番大きな違いは，真核生物では情報をコードする容量がはるかに大きいことである．驚くべきことに，真核性 DNA 配列の大部分は遺伝子産物をコードしていない．このような理由から，2種類のゲノムについては別べつに考えることにしよう．図 17.18 に，いくつかの真核生物のゲノム上にある短いセグメントを大腸菌のそれと比較してある．

原核生物のゲノム　とくに数種の大腸菌ゲノムの解明を中心にして，原核性染色体について明らかにされた特徴は次のようなものである．

1. **ゲノムサイズ**　前述したように，大部分の原核性ゲノムは真核性ゲノムと比較すると小さく，遺伝子の数もかなり少ない．約 4.6 Mb（メガベース）の K12 株大腸菌染色体は，4377 のタンパク質をコードする遺伝子と，少なくとも 109 の ncRNA をコードしている（1 Mb ＝ 100 万 bp）．
2. **情報容量**　原核生物の遺伝子はコンパクトで連続的である．つまり，ノンコーディング DNA 配列を約 15% しかもっていない．これはヒト DNA の 80% 以上がノンコーディング配列であるのと対照的である．しかし真核生物のゲノムは，多数の ncRNA をコードする配列をもち，細胞プロセスの調節因子として機能する．たとえば栄養飢餓条件では，小さな RNA 分子 6S（sRNA）が，DNA 依存的に DNA 配列を RNA に変換する酵素複合体である RNA ポリメラーゼを阻害する．また細菌の ncRNA は，細胞状態に応じて遺伝子発現を制御する mRNA の非コード領域であるリボスイッチ（p. 628）として機能する．
3. **遺伝子発現**　機能的に関連する多くの遺伝子の調節は，それらの遺伝子がオペロンとして構成されることで高められている．**オペロン**（operon）とは関連する一つながりの遺伝子群のことで，これを単位として転写調節を受ける．大腸菌遺伝子の四分の一は，この

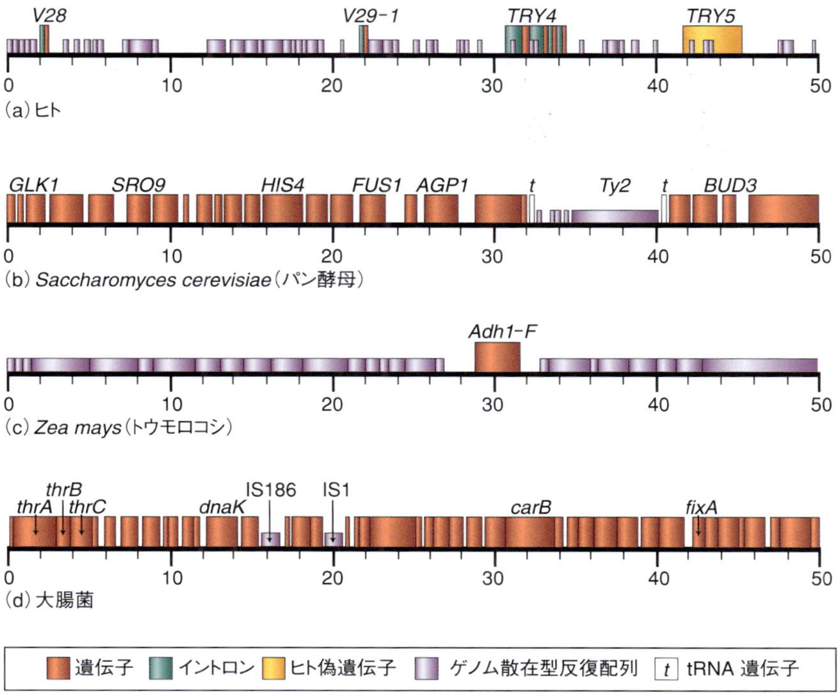

図 17.18 数種の真核生物のゲノムと原核生物の大腸菌ゲノムにおける 50 kb DNA セグメントの構造の比較
図に示されているように，(a) ヒト，(b) *Sacchcromyces cerevisiae* (パン酵母)，(c) トウモロコシと (d) 大腸菌の間では，複雑さと遺伝子の密度において，かなりの差がある．遺伝子の名称は文字と数字で表されている．ヒトや複雑な真核生物では，イントロンや，偽遺伝子と呼ばれる機能のない遺伝子により，塩基配列が分断されている．細菌はゲノム散在型反復配列 (何もコードしていない反復配列) をまとんどもたない．

ようなオペロン構造をとっている (p. 626〜627 参照)．

原核生物が小さな DNA 断片もしばしばもっていることは前に述べた (p. 37 参照)．プラスミドと呼ばれるこのような構造は，例外もあるが，ほとんどは環状である．プラスミドは，典型的には，染色体がもっていない遺伝子を保有しており，細菌の生育や生存に必須であることはめったにない．しかし，細胞の生育や生存にとって有利な生体分子をコードしていることが多い．たとえば，抗生物質耐性とか，特殊な代謝能力 (たとえば窒素固定や芳香族化合物などの特殊なエネルギー源の分解) とか，毒性 (たとえば宿主の生体防御機構を侵食する毒素や他の因子) にかかわるものである．

真核生物のゲノム 真核生物の染色体における遺伝情報の構成は，原核生物のそれよりはるかに複雑であることが解明されている．真核生物の核ゲノムには次のような特徴がある．

1. **ゲノムサイズ** 真核生物では，原核生物に比べてゲノムサイズがずっと大きい傾向にある．しかしながら，高等真核生物のゲノムサイズが，そのままその生物の複雑性の指標になるかというと，そうではない．たとえば，ヒトの半数体ゲノムのサイズは 3200 Mb である．一方，エンドウマメとサンショウウオのゲノムサイズは，それぞれ 4800 Mb および 40,000 Mb である．
2. **情報容量** 真核細胞のゲノムは相対的に大きな容量をもっているにもかかわらず，そのごく一部しかタンパク質をコードするために使われていない (たとえばヒトゲノムでは，たった 1.5%)．ごく最近まで，残りの DNA 配列は機能をもたない〝ジャンク〟であると考えられてきた．約 10 年にわたる研究プロジェクト ENCODE (Encyclopedia of DNA Elements，DNA 因子の百科事典) が 2003 年に US Human Research Institute により創設・開始され，ヒト DNA 配列の 80% はなんらかの生物機能をもつことが明らかにされた．タンパク質をコードする遺伝子を制御する DNA の制御配列に加えて，莫大な数の DNA 配列が，ゲノム機能のあらゆる側面を制御しているさまざまな種類の ncRNA をコードしていた．
3. **コード領域の連続性** 真核生物の遺伝子のほとんどは非連続的である．遺伝子産物のあ

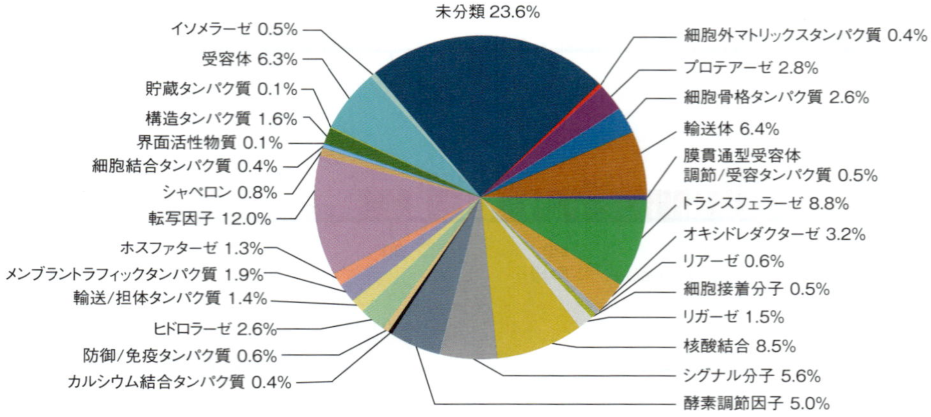

図 17.19　ヒトのタンパク質をコードする遺伝子
ヒト遺伝子をその機能により分類し，タンパク質をコードする全遺伝子に対する比率(%)で表している．

る部分(たとえばプリペプチド，あるいは ncRNA 全体)をコードしている**エキソン**(exon)と呼ばれる配列の間に，〔**イントロン**(intron)あるいは介在配列と呼ばれる〕非翻訳配列が散在している．それを一つにまとめると，タンパク質をコードするエキソンよりかなり長くなるイントロン配列は，スプライシング機構(18.2 節)によって一次 RNA 転写産物から取り除かれ，機能する RNA 分子ができる．

エキソンとイントロンにより，真核生物は，タンパク質をコードする各遺伝子から複数種のポリペプチド鎖を合成することができる．選択的スプライシング(p. 630)と呼ばれる機構により，さまざまな組合せでエキソンを連結でき，一連の mRNA を合成しうるのである．たとえば，免疫グロブリンの抗原受容体をコードしている遺伝子配列のランダムな再構成は，哺乳動物の細胞免疫システムによって産生される何百万種類もの白血球や抗体を生みだすうえで大きな役割を果たしている．

ヒトゲノム　およそ 3200 Mb に及ぶヒトゲノムのうち，およそ 1.5%がタンパク質をコードする遺伝子である．ヒトは約 21,000 のタンパク質をコードする遺伝子をもち，98%にあたる残りのゲノムはノンコーディング DNA (ncDNA) と呼ばれている．タンパク質をコードしていることが知られる遺伝子の約四分の一は，DNA の合成と修復にかかわっている(図 17.19)．約 21%の遺伝子はシグナル伝達にかかわるタンパク質をコードし，約 17%のものは細胞の一般的生化学機能(たとえば代謝酵素)をコードしている．残りの約 38%の遺伝子は，輸送過程(たとえばイオンチャネル)，タンパクの折りたたみ(分子シャペロンやプロテアソームのサブユニット)，構造タンパク質(たとえばアクチン，ミオシン，チューブリンや，細胞接着タンパク質)，そして免疫タンパク質(たとえば抗体や，炎症反応を調節する界面活性タンパク質)をコードしている．タンパク質をコードする遺伝子のおよそ 1/4 は，その機能がまだわかっていない．タンパク質をコードする遺伝子は染色体上に均等に分布しているわけでもない．たとえば，1 番，11 番，19 番染色体で，ヒトのすべてのタンパク質をコードする遺伝子の約 22%を占めている．

ヒトゲノムの 80 ～ 90%は，遺伝子間もしくはノンコーディング領域である．ノンコーディング DNA 配列の機能はさまざまで，たとえば ncRNA 遺伝子 (p. 572)，イントロン，UTR (mRNA のコード配列の上下流にある非翻訳領域) などがあるほか，ノンコーディング DNA には調節 DNA 配列，偽遺伝子，反復 DNA 配列も含まれる．

調節 DNA 配列　調節 DNA 配列のおもなものとして，プロモーター，エンハンサー，サイレンサー，シンシュレーターがある．**プロモーター**(promoter)は，遺伝子の転写開始点近くにある DNA 配列(100 ～ 1000 bp)である．ある特定の遺伝子が転写されるためには，なんらかの転写因子が遺伝子のプロモーターに結合し，その場所に RNA ポリメラーゼを呼び込まなければならない．**エンハンサー**（enhancer）は 50 ～ 1500 bp の DNA 配列で，転写活性化因子に結合することで RNA ポリメラーゼ複合体と相互作用し，転写活性化を行う．**サイレンサー**（silencer）配列は，リプレッサータンパク質と結合することで RNA ポリメラーゼがプロモーターに結合するのを阻害し，遺伝子の転写を妨げる．**インシュレーター**（insulator）配列は，インシュレーター結合タンパク質に結合することで，隣接する遺伝子のプロモーターとエンハンサーとの間の相互作用を阻害する．またインシュレーターは，ヘテロクロマチンが活性化遺伝子に広がるのも抑制する．

偽遺伝子　**偽遺伝子**（pseudogene）は，既知のタンパク質や RNA 遺伝子に類似性はあるものの，機能をもたない DNA 配列と定義される．ヒトは少なくとも 17,000 の偽遺伝子をもつと推定され，その多くは他の霊長類と共通である．おもに 3 種類の偽遺伝子があり，非プロセス型，プロセス型と機能を失った偽遺伝子である．非プロセス型偽遺伝子は，遺伝子重複の結果，遺伝子機能を失活させる変異が起こり，その結果，遺伝子そのものが機能を失っている．プロセス型偽遺伝子はレトロ転位という過程を経て生じ，mRNA の一部が逆転写された後，その DNA 複製物が染色体に挿入されたものである．プロセス型偽遺伝子がそのように呼ばれる理由は，プロセスされた mRNA の特徴（プロモーター配列やイントロンがなく，ポリ A 構造をもっている）を有するからである．機能を失った偽遺伝子は，機能が不活化された変異をもつために活性発現せず，遺伝子重複もしていない．その古典的な例は，L-グロノ-γ-ラクトンを L-アスコルビン酸（p. 215）に変換する L-グロノ-γ-ラクトンオキシダーゼをコードするヒト遺伝子である．

反復 DNA 配列　**反復 DNA 配列**（repetitive DNA sequence）という語は，ゲノム中に多重コピーで存在する DNA のパターンをいう．縦列反復配列（タンデムリピート）とゲノム散在性反復配列の二つに分類される．それぞれについて簡単に説明する．

縦列反復配列（tandem repeat sequence）は，一つ以上のヌクレオチドが繰り返され，多重コピーが隣同士に配置される DNA 配列のことである．ゲノム DNA を断片化して密度勾配遠心分離〔ラボの生化学「核酸研究の手法」（p. 563～567）を参照〕により分離すると，DNA 断片はそれぞれ分かれて〝サテライト〟バンドをつくるので，この配列は元もと**サテライト DNA**（satellite DNA）と呼ばれていた．縦列反復配列の全長も 10^5 bp から 10^7 bp までさまざまである．**セントロメア**（centromere，細胞分裂や減数分裂時に染色体を紡錘糸につなぎとめる動原体を含む構造）や**テロメア**（telomere，DNA 複製の際に起こるコード領域 DNA の欠失を防ぐ染色体末端構造）では，ある種の縦列反復配列が構造上の役割を果たしているようである．比較的短い反復配列に，ミニサテライトとマイクロサテライトがある．**ミニサテライト**（minisatellite）は，10～100 bp の反復配列が 10^2～10^5 bp 続いた縦列反復配列である．テロメアはミニサテライトをいくつももっている．単独反復配列とも呼ばれる**マイクロサテライト**（microsatellite）では，1 ～ 4 bp のコア配列が 10 回から 100 回繰り返している．これらの反復配列の機能はほとんどわかっていない．しかしながら，ゲノム中に多くのコピー数が存在するうえに，形態の差も大きい（個体によりゲノムの構造がかなり異なる）ので，ミニサテライトとマイクロサテライトは，遺伝的疾患の診断，親族研究，人口学，科学捜査における遺伝子マーカーとして利用されている〔生化学の広がり「科学捜査」（p. 568）を参照〕．

ゲノム散在性反復配列（interspersed genome-wide repeat sequence）は，その名の通り，ゲノムに広く散在する繰返し配列のことである．このような配列はほとんど，**転位**（transposition）（18.1 節）の結果として生じる．転位とは，**可動性遺伝因子**（mobile genetic element）と呼ばれる DNA 配列が複製されて，ゲノムの他の場所へ移動できる機構である．**トランスポゾン**（transposon）と呼ばれる **DNA 転位因子**（DNA transposable element）は，自分自身をゲノムから切りだして，他の場所へ挿入することができる．しかし，より一般的な転位の機構は，RNA 転写物が中間体となっているものである．後者のような DNA 因子は，**RNA トランスポゾン**（RNA transposon）あるいは**レトロトランスポゾン**（retrotransposon）と呼ばれている．レトロトランスポゾンは，逆転写に関与する末端反復配列（LTR）をもつかもたないかで，二つのグループに分類することができる．

ウイルスに由来すると考えられているLTR型レトロトランスポゾンは，しばしば**内在性レトロウイルス**（endogenous retrovirus）と呼ばれることがある．ヒト内在性レトロウイルス（HERV）はゲノムの約8%を構成し，古代に生殖細胞（卵と精子）が感染した結果と考えられている．HERVは通常，不活性であるが，いくつかの機能HERV配列が確認されている．たとえば，HERV-Wの一種からの産生物である融合タンパク質シンシチン1は，胎盤が発達するときに発現する．子癇前症は，母体を死に導く恐れのある妊娠誘発性高血圧であるが，シンシチン1の不十分な生合成は，子癇前症を引き起こす要因の一つである．

5 kbより長い非LTR型レトロトランスポゾンは**LINE**（long interspersed nuclear element，長い散在性反復配列）と呼ばれている．LINE配列は，強力なプロモーター（転写開始に必要な，遺伝子の上流にある塩基配列），挿入配列（他のDNA分子への挿入に必要な塩基配列），および転位酵素をコードする配列をもっている．ヒトゲノムの17%を構成するLINEは，長きにわたり複製と変異を受けてきたので，そのごく一部（約0.1%）しか完全に機能するものはない．ヒトで起こる変異の1200に一つが，LINEの挿入に起因すると推定されている．そのような例の一つは血友病A（凝血疾患）で，LINE配列が凝血因子Ⅷの遺伝子に挿入されたときに起こる．

SINE（short interspersed nuclear element，短い散在性反復配列）は非LTR型レトロトランスポゾンで，500 bpより短い．SINEは挿入配列をもつものの，機能するLINEの助けがなければ転位することができない．SINEは長い時を経て，100万コピーを超えてヒトゲノムの11%を構成するまでに広がった．ヒトの疾患に関連する唯一のSINEの挿入は，*Alu* 配列と呼ばれるもので，これは染色体の再構成，挿入，欠失，組換えなどを仲介する．SINEの *Alu* サブファミリーを介した変異によって引き起こされるヒトの遺伝的疾患は，20種類以上になる．*Alu* を介した挿入は血友病B（凝血因子IXの欠損）を引き起こすことが観察され，*Alu* を介した挿入が原因の不均等な組換えはレッシュ・ナイハン症候群（p. 475）やテイ・サックス病（p. 344）に関連づけられている．組換え（18.1節）は，卵や精子を産生する細胞において，相同染色体の交差を介してDNA配列の入れ替えが起こることである．

キーコンセプト

- どの生物ゲノムにおいても，生命プロセスを指令するのに必要な情報は，その効率のよい保存と利用を目的として構成されている．
- ゲノムは，そのサイズや複雑さの点において，原核生物と真核生物の間で大きな違いがある．

問題 17.6

ゲノムの大きさとコードできる情報容量について，原核生物と真核生物を比較せよ．両者のゲノムを区別する特徴がほかにないか述べよ．

17.2 RNA

RNAはDNA配列の転写により合成される分子で，非常に大きく多様性に富んでいる．RNAは，よく知られているタンパク質合成における機能のほか，これまでタンパク質によってのみ遂行されていると考えられてきた数かずの機能を担っている，驚くほど万能な分子であることがわかってきた．その例としては，遺伝子発現制御，細胞分化，触媒などである．ポリリボヌクレオチドの一次構造はDNAの一次構造に似ているが，以下のような差異がある．

1. 糖鎖部分の化学構造は，DNAではデオキシリボースであるのに対して，RNAではリボースである．リボースの2′-OH基は，DNAに比べてRNAの反応性を高めている．
2. RNAにおける窒素を含む塩基の構造は，DNAのそれとは少し異なっている．RNAでは，チミンの代わりにウラシルが使われている．さらに，あるRNA分子では，その塩基はさまざまな酵素（たとえばメチラーゼ，チオラーゼ，デアミナーゼ）による化学修飾を受けている．
3. DNAが二重らせん構造をとっているのに対して，RNAは一本鎖として存在する．このため，RNAはそれ自身がらせん構造をとることができ，特徴的で，しばしばきわめて

生化学の広がり

エピジェネティクスとエピゲノム：DNA 塩基配列を超えた遺伝

DNA やヒストンの化学修飾は，多細胞生物の機能にどのような影響を及ぼすか？

受精した卵子から，どのようにして 200 を超えるヒトの細胞種が分化してくるのだろうか．生命科学者は長い間，発生過程で起こる遺伝子発現の変化によってもたらされる細胞の特殊化の結果として，単細胞生物から多細胞生物への変換が起こったと考えてきた．同じ遺伝的青写真をもっているそれぞれの細胞に対して，初期のシグナル伝達機構は，赤血球，神経細胞，骨格筋細胞など，最終的にはまったく異なる細胞に分化が進行するよう伝えなければならないことになる．近年，その過程，すなわち各細胞種における発現・非発現遺伝子のパターンのプログラムされた変化は，必ずしも遺伝情報（DNA 塩基配列）に依存しないことが明らかになってきた．むしろ発生とは，二つのメカニズム，つまり DNA のメチル化とヒストンの化学修飾によって影響を受けるクロマチン再構成の結果なのである．遺伝子の活性化や抑制を引き起こす化学修飾は継承されるが，DNA 塩基配列の変化はもたらさないので，この現象は**エピジェネティクス**（epigenetics．epi はギリシャ語で〝超えて，上に〟を意味する）と呼ばれている．エピジェネティクスによる化学修飾は特定の DNA に影響を与え，条件的ヘテロクロマチンを転写活性されたユークロマチンに変えたり，その逆を行ったりする．DNA のメチル化も，それによって細胞がトランスポゾン因子を抑制させる手段である．分化した細胞のそれぞれが，特有のエピジェネティクスによる修飾を受けており，これは**エピゲノム**（epigenome）と呼ばれている．エピジェネティクスによる化学修飾を簡単に説明した後，その役割をゲノムと環境の接点として議論することにしよう．

DNA のメチル化

DNA のメチル化反応においてメチル基は，SAM（p. 461）からシトシン残基の C-5 の位置にある炭素原子に渡される（図 17A）．哺乳動物ではメチルシトシンはおもに 5′-CG-3′ 配列に見られ，CpG ジヌクレオチドあるいは **CpG** と呼ばれる．シトシン残基の C-5 メチル基は，DNA らせん構造の主溝に突き出していて，ある種の DNA 結合タンパク質（たとえば転写因子など）の結合を阻害する．また，メチル CpG 結合タンパク質（MeCP）と呼ばれるメチル CpG 結合ドメインをもつタンパク質と結合できるようになり，ヘテロクロマチン形成を促進する．CpG は哺乳動物ゲノムのなかでは比較的まれな存在である．しかし，**CpG アイランド**（CpG island）と呼ばれる CpG に富んだ領域では，典型的な例として塩基の約 50％が CpG である．

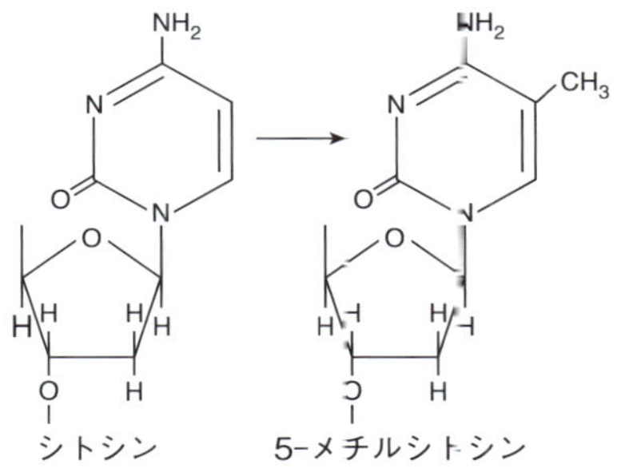

図 17A　シトシンのメチル化
CpG ジヌクレオチド内にあるシトシン塩基は特定のメチルトランスフェラーゼによってメチル化される．

構成的に発現される（絶えず生成される）遺伝子や制御されている遺伝子の上流にある CpG アイランドのメチル化は，遺伝子発現を抑制する．

CpG をメチル化する酵素には維持メチルトランスフェラーゼと新生メチルトランスフェラーゼの 2 種類がある．維持メチルトランスフェラーゼは，親 DNA 鎖上にあるメチル化された CpG を認識し，新生鎖のそれに相当するシトシンのメチル化を触媒する．このプロセスこそが，細胞世代間における DNA のメチル化パターンの安定的な継承を受けもっている．メチル化修飾されていない CpG に新たにメチル基を付加するのが新生メチルトランスフェラーゼであり，さまざまなシグナル伝達系に応答する．CpG が脱メチル化されるメカニズムについては，よくわかっていない．

ヒストン修飾

ヒストンはエピジェネティクスによる遺伝子発現調節において，ある特別の役割を担っている．ヒストンの N 末端近くで起こる化学修飾（図 17B）は，特定のアミノ酸残基で起こる．なぜなら，特定の構造をとらない N 末端はヌクレオソームから外に飛び出しており，修飾酵素が近づきやすいからである．最も頻繁に見られる修飾は，リシン残基のメチル化，アセチル化，ユビキチン化，アルギニン残基のメチル化，セリンのリン酸化などである〔ヒストン修飾は，ヒストンの型，続いて修飾されるアミノ酸残基の一文字表記法（表 5.1），そして修飾型の略号によって表記される．たとえば，ヒストン 3 上のリシン 4 残基が，モノメチル化あるいはジメチル化されている場合は，それぞれ H3K4me，H3K4me2 のように記述される〕．ヒストン暗号仮説によれば，それぞれの DNA 配列内におけるヒストン修飾のパターンが，特定のアクセサリータンパク質を結合するための土台を形成して，遺伝子発現を調節している．修飾された

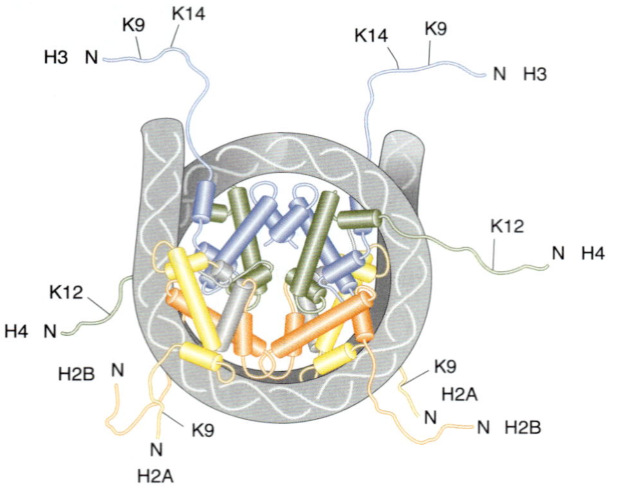

図 17B　ヌクレオソームにおけるヒストン修飾
図中にあるN末端リシン残基(K)の修飾は，他の化学修飾(図には示されていない)と組み合わさってクロマチン再構成を引き起こし，遺伝子の転写を誘導する.

ヒストンにアクセサリータンパク質がいったん結合することにより，その複合体が，転写を阻害したり活性化したりするようなクロマチン構造を変化させるための過程を開始する.

アセチル化とメチル化は最もよく研究されているヒストン修飾である．ヒストンアセチルトランスフェラーゼ(HAT)によるヒストン末端にある特定のリシン残基のアセチル化(たとえばH3K9ac)は，DNAの転写因子へのアクセスをよくすることで転写を活性化する．ヒストンアセチル化による転写の活性化は，DNAに対するヒストンの親和性を下げ，ヒストンオクタマーのDNAの巻きをゆるめ，近接したヌクレオソーム間の相互作用を弱めることによっても起こる．リシン残基のアセチル化は，他のヒストン修飾と組み合わせることでタンパク質の結合能を生みだし，クロマチン再構成を引き起こす．ヒストンデアセチラーゼ(HDAC)によるリシン残基の脱アセチル化は，転写を阻害する．なぜなら，脱アセチル化したヒストンはDNAへの親和性を高め，クロマチンのコイル構造を堅くする環境を生みだすからである．ヒストンメチル化反応の多くは転写を抑制する．MeCPは5-Me CpGに結合し，ヒストンメチラーゼとともにHDACをその場所に呼び寄せることで，遺伝子のサイレンシングを仲介する．ヒストンH3末端のリシン残基のアセチル化修飾からメチル化修飾への変換は，遺伝子サイレンシングにおいてとくに効果的である.

遺伝子発現と環境をつなぐエピジェネティクス

生命科学者は，環境因子が遺伝に影響をもつのではと，長い間疑念を抱いてきた．たとえば，一卵性双生児であっても，糖尿病やがんなどの疾患に対する感受性が異なることが知られている．2000年には，オオテンジクネズミを用いた遺伝的実験から，遺伝的な継承に環境がかかわっていることが明確に示された．オオテンジクネズミは黄色く，太っていて，糖尿病やがんにかかりやすい傾向がある．餌を少し変えるだけで，オオテンジクネズミの子孫における健康や見かけに大きな変化のあることが観察された.

オオテンジクネズミは黄色い毛並みをもつ肥満した動物で，AgRPをコードする遺伝子をもつ．AgRPはメラノコルチン受容体(MCR)のアンタゴニストである．MCRはGタンパク質共役型受容体であり，ある種の細胞ではメラニン色素合成を促進するペプチドホルモンα-MSHに結合する．黄色い毛並みは毛包MCRのAgRP阻害に由来する．またオオテンジクネズミの肥満は，視床下部食欲中枢(p. 531)におけるMCR阻害によってもたらされる．妊娠したオオテンジクネズミを葉酸，メチオニン，コリンなどのメチル供与体を加えた餌で飼育すると，その子孫には，やせて，濃い色の毛並みをもったネズミが生まれる(その後の研究で，オオテンジクネズミのAgRP遺伝子近傍にウイルス様遺伝子配列の挿入が明らかとなった．挿入された遺伝子配列によりメチル化が低レベルになると，AgRPが合成され続ける．餌により遺伝子配列のメチル化が進むと，AgRP合成は大きく抑制される.

過去十数年の間に，**エピ変異**(epimutation)と名づけられた，食事，毒性化合物，病原菌や行動に関連づけられる多くの異常なエピゲノム変化の例が見つかった．葉酸欠乏食は，グローバルな特定の遺伝子におけるメチル化の低下を引き起こし，循環系疾患やある種のがん(転移性大腸がん)のリスクを上げることが明らかとなった．タバコの煙に含まれるような毒性化合物も，発がんの原因となるエピ変異を引き起こす．がん抑制遺伝子の高メチル化によって引き起こされる胃がんは，細菌*Helicobacter pylori*の感染によって引き起こされる.

行動も健康に影響を与えることがある．ラットを用いた実験によると，母親による育児放棄は，子孫の健康と行動に一生にわたって大きな影響を与える．(毛づくろい行動によって評価された)あまり世話をしない母親によって育てられたラットは，心配性でストレス関連疾患にかかりやすい．海馬(感情や行動などの脳機能に貢献する脳の領域)におけるグルココルチコイド受容体遺伝子のプロモーター領域におけるDNAメチル化が増加し，ヒストンアセチル化が減少している．母親による育児行動は，脳におけるセレトニンの放出を促進することにより，エピジェネティックに誘導される受容体合成を開始し，今度はストレスホルモンの放出を阻害する.

まとめ 遺伝的継承が可能なDNA中のシトシン塩基やヒストン末端残基の化学修飾は，DNA配列の転写装置への親和性を変化させて遺伝子発現を調節する巧みな機構である．

ラボの生化学

核酸研究の手法

生体分子を単離・精製し，その性質を調べるための技術においては，その分子の物理的および化学的な性質を利用することが多い．核酸の研究で利用されるほとんどの技術は，核酸の分子量，形，塩基配列，相補的な塩基対合の違いを利用したものである．クロマトグラフィー，電気泳動，超遠心分離など，タンパク質の研究で成功した技術も，核酸の研究に応用されている．さらに，核酸のユニークな性質を利用した他の技術も開発されている．たとえば，ある条件下においては，DNA二本鎖は可逆的に融解（分離）したり，再びアニーリングする（塩基対を形成して二本鎖をつくる）．このような現象を利用した技術の一つであるサザンブロット法は，特定の（まれにしかないことが多い）核酸配列がどこにあるのかを知るために用いられる．ここでは，核酸を精製して，その性状を決めるために用いるいくつかの技術について簡単に述べた後，DNAの塩基配列を決定する一般的な手法について概説する．より複雑な技術については，18章のラボの生化学「ゲノミクス」（p. 607）で述べる．

他の生体分子に用いられる技術からの応用

タンパク質の精製過程に用いられている多くの技術は，核酸の精製にも適用されている．たとえば，さまざまなクロマトグラフィー（イオン交換，ゲル沪過，アフィニティーなど）が核酸精製のいくつかの段階で用いられ，個々の核酸配列の分離に利用されている．試料の量が少ないときには，分離に時間のかかる多くのクロマトグラフィーによる分離手法に代わって，高速のHPLC（高速液体クロマトグラフィー）が利用されている．

電場における核酸の動きは，核酸の分子量と三次元構造に依存する．しかしながら，DNAは多くの場合，比較的大きな分子量をもっているので，ある種のゲル（ポリアクリルアミドなど）を通り抜ける能力には限界がある．500 bpより小さいDNA配列は，大きな孔サイズをもつポリアクリルアミドゲルにより分離できるが，大きなDNAに対しては，もっと大きな孔をもつゲルを使わなければならない．架橋された多糖からできているアガロースゲルは，500 bpから約150 kb（キロベース）にわたる長さのDNA分子の分離に用いられる．さらに大きなDNA配列は，パルスフィールドゲル電気泳動（PFGE）という，（互いに垂直に設置した）二つの電場が交互にオン・オフされる特殊なアガロースゲル電気泳動により分離される．DNA分子は，電場が代わるたびにその向きを変えるので，さまざまなDNA分子が入り混じった状態でも，非常に効率よく正確に分離できる．DNAのサイズが大きくなると，分子が向きを変える回数は少なくなる．

塩化セシウム（CsCl）を用いる密度勾配遠心分離法も，核酸研究では広く用いられている手法である〔ラボの生化学「細胞工学」（p. 57）を参照〕．高速遠心においてCsCl濃度勾配は直線的になる．DNA，RNA，およびタンパク質の混合物は，この濃度勾配に従って，おのおのの比重に等しいCsCl溶液のところまで動いて，明瞭なバンドを形成する．グアニンとシトシンに富んだDNA分子は，アデニンとチミンに富んだDNA分子に比べてより密度が高い．このような差が，さまざまな異なったDNA断片を分離するのに役立っている．

核酸のユニークな構造的特徴を利用した諸技術

核酸のユニークな性質も核酸の研究に利用されている．特定の波長におけるUV吸収や，自然に二本鎖をつくったり一本鎖になったりする性質などである．

プリン塩基とピリミジン塩基は芳香族構造をしているので，UVを吸収する．pH 7では，この吸収は260 nmにおいてとくに顕著である．しかし，窒素塩基がポリヌクレオチド鎖に取り込まれると，さまざまな非共有結合的な力が塩基間での近接相互作用を促進する．その結果，UV吸収が減少することになる．これは**淡色効果**（hypochromic effect）と呼ばれており，核酸の研究で大いに利用されている．たとえば，DNAの二本鎖構造が壊れた場合や，酵素によりポリヌクレオチド鎖が加水分解を受けた場合には，吸光度の変化によりそれらを検出できる．

DNAの相補鎖を束ねている結合力を壊すこともできる．変性(denaturation)(図17C)と呼ばれるこの過程は，熱，低い塩濃度，および極端な pH 条件により促進される(加熱処理は制御が容易であるため，核酸の研究において最も頻繁に用いられる変性のための操作である)．DNA 溶液をゆっくりと加熱していくと，ある閾値温度に達するまでは 260 nm における吸光度は変化しないが，その温度に達すると試料の吸光度は増加する．この吸光度の変化は，塩基の積み重なりと塩基対合が崩れることが原因である．DNA 試料の半分が変性する温度を融解温度(T_m)と呼んでおり，塩基組成によって DNA 分子ごとに異なっている〔DNA の安定性が，GC および AT 間の水素結合の数と，塩基の積み重なりによる相互作用により高まっていることは前に述べた(p. 542 参照)．したがって，より GC 含量の高い DNA 分子を〝融解〟するには，より多くのエネルギーが必要である〕．一本鎖に分離した DNA は，T_m より約 25 ℃低い温度でしばらく保てば，二本鎖に再生できる．再生あるいは再アニーリングは，すぐに起こらず，ある程度の時間が必要である．それは二本鎖が(たとえば塩基対合した相補的領域のように)最も安定な立体配置をとるまでに，さまざまな構造を試す必要があるからである．

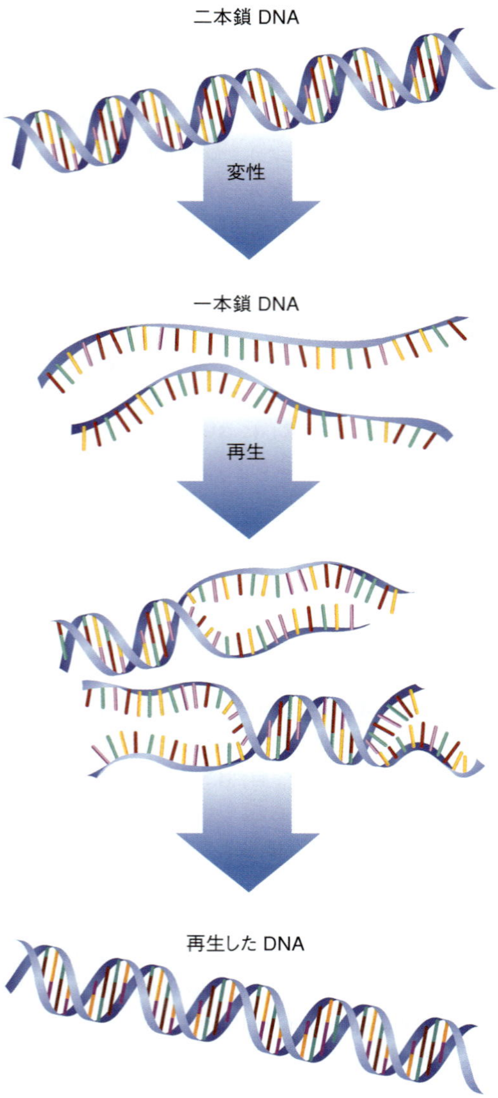

図 17C　DNA の変性と再生
変性させた DNA を適当な条件下におくと，再生させることができる．つまり，互いに相補的な一本鎖を再び二重らせんにできる．

ハイブリッド形成(hybridization)は，特定の遺伝子や他の DNA 配列の位置を決めたり，同定したりすることにも利用できる．たとえば，二つの異なる試料(たとえば，がん細胞と正常細胞)からの ssDNA を用いて，塩基配列の違いについてスクリーニングすることができる．一方からの ssDNA をビオチニル化すると，二重鎖を形成したハイブリッドはアビジンカラムに結合する(アビジンは，ビオチンに対して高い親和性により結合するタンパク質である)．もし，ハイブリッド形成をしない DNA 配列があると，それはカラムを通り抜ける．これを集めて同定する．**サザンブロット法**(Southern blotting)(図 17D)では，通常，きわめて多種類の DNA 断片を含む DNA の制限酵素消化産物のなかから，放射性標識された DNA または RNA プローブ(既知の配列)を用いることにより，相補的配列を同定し，その位置を示すことができる．このような DNA 消化物を得るには，特定のヌクレオチド配列の位置で切断する制限酵素で DNA 試料を処理する(図 17E)(制限酵素は細菌によって産生され，ウイルス DNA がもつ特定の塩基配列を切断することにより，ウイルス感染を防御している)．DNA 試料を消化した後すぐに，DNA 断片をアガロースゲル電気泳動によって，そのサイズに従って分離する．ゲルを 0.5 M NaOH 溶液中に浸すことによって dsDNA を ssDNA に変えた後，トレイ中で高塩濃度緩衝液に浸したスポンジの上に，ゲルとニトロセルロースフィルターを重ねておくと，DNA 断片はニトロセルロースフィルターに移行する(ニトロセルロースフィルターには ssDNA を強く結合するという特徴的な性質がある)．そして，吸収材である乾燥した沪紙を，直接，ニトロセルロースフィルター/アガロースゲルの重なりの上におく．毛細管現象によりゲルとフィルターを通して緩衝液が吸い上げられるにつれて，DNA はニトロセルロースフィルターに移行し，そこで結合することになる(DNA をフィルターへ移すこの技術を〝ブロット法〟という)．引き続いて，ニトロセルロースフィルターを，放射性標識したプローブにさらす．プローブは，相補的配列をもつ ssDNA があれば，それに結合する．たとえば，β グロビンをコードする mRNA は，たとえ遺伝子中にあるイントロンが mRNA になくても，β グロビン遺伝子に特異的に結合する．ここで明らかなように，二つの一本鎖分子の間に十分な塩基対合さえあれば，遺伝子の座位を決めることができる．

オートラジオグラフィー以外の検出技術も利用される．たと

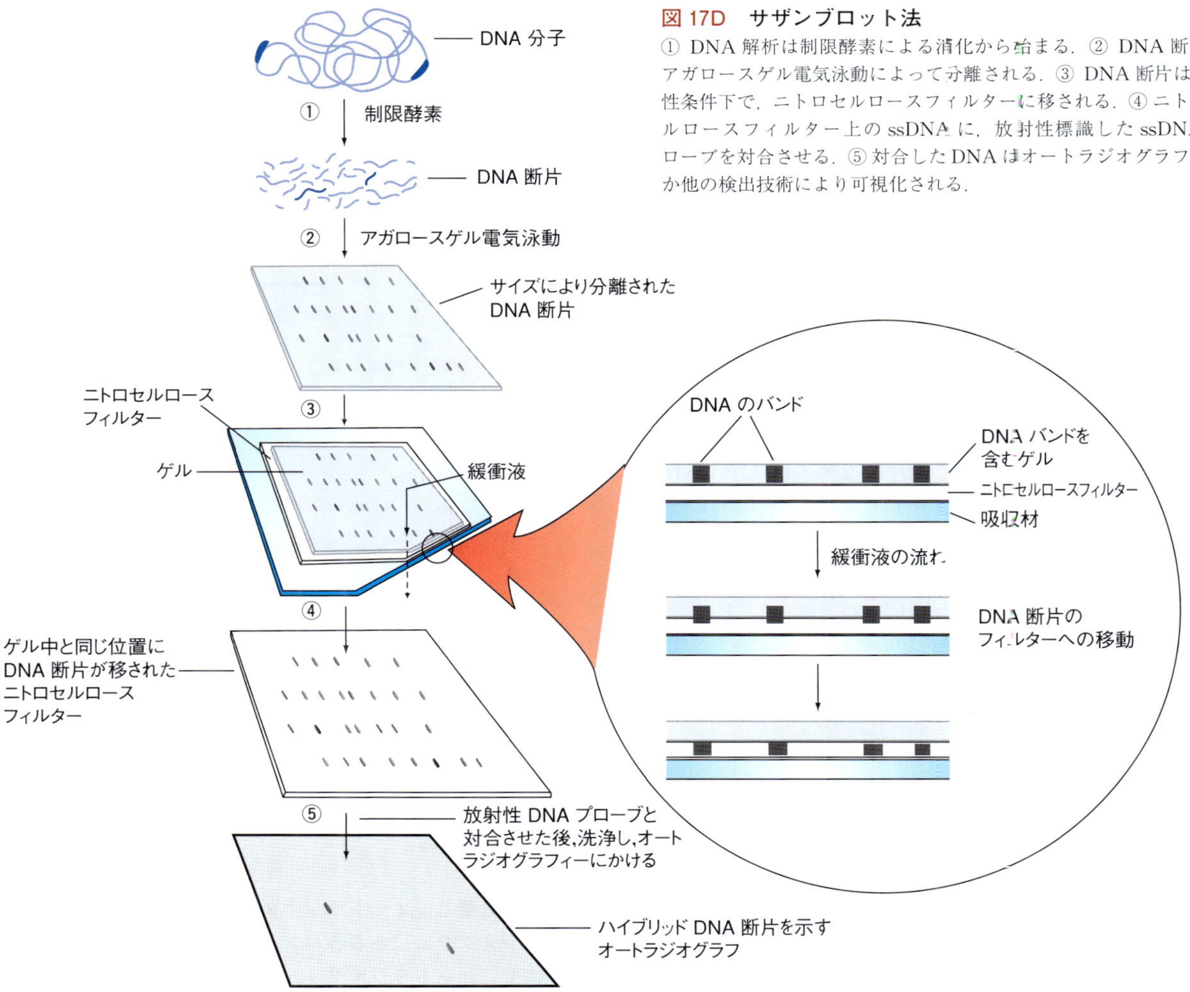

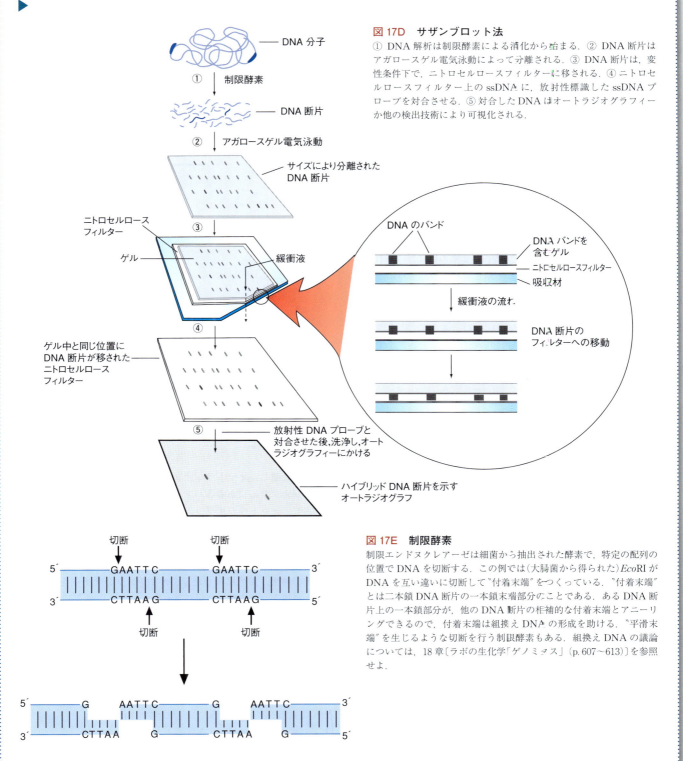

図 17D　サザンブロット法

① DNA 解析は制限酵素による消化から始まる．② DNA 断片はアガロースゲル電気泳動によって分離される．③ DNA 断片は，変性条件下で，ニトロセルロースフィルターに移される．④ ニトロセルロースフィルター上の ssDNA に，放射性標識した ssDNA プローブを対合させる．⑤ 対合した DNA はオートラジオグラフィーか他の検出技術により可視化される．

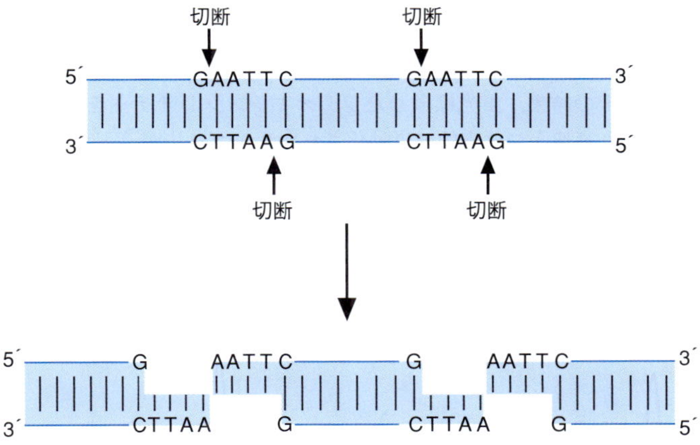

図 17E　制限酵素

制限エンドヌクレアーゼは細菌から抽出された酵素で，特定の配列の位置で DNA を切断する．この例では（大腸菌から得られた）*Eco*RI が DNA を互い違いに切断して〝付着末端〟をつくっている．〝付着末端〟とは二本鎖 DNA 断片の一本鎖末端部分のことである．ある DNA 断片上の一本鎖部分が，他の DNA 断片の相補的な付着末端とアニーリングできるので，付着末端は組換え DNA の形成を助ける．〝平滑末端〟を生じるような切断を行う制限酵素もある．組換え DNA の議論については，18 章〔ラボの生化学「ゲノミクス」（p. 607～613）〕を参照せよ．

えば核酸は，臭化エチジウムやルミノールでもラベルできる．インターカレーション剤である臭化エチジウム（p. 546）は，ゲルに紫外線を当てると蛍光を呈する．化学発光分子であるルミノールを共有結合により修飾されたプローブは，酸化剤（H_2O_2）や触媒（鉄原子）と反応させると青色光を発する．

DNA 塩基配列の決定

DNA ヌクレオチド配列の決定は，生化学，医科学，進化生物学の分野に貴重な情報を提供してきた．長いDNA配列の解析は，複数種のプライマーを併用することで可能になるか，まず1種類の制限酵素により，小さい断片を作製するところから開始する．そして，それぞれの断片はチェインターミネーション法により塩基配列が決められる．タンパク質の一次構造を決定するときと同様に，このようなステップを，最初のセットとオーバーラップさせながら，(他の制限酵素によって作製される)別のセットを用いて繰り返す．このような各セットからの実験結果により，断片の配列情報が完全な配列情報へと完成されていく．

Frederick Sangerにより開発された**チェインターミネーション法**(chain-terminating method)(図17F)によるDNA塩基配列の決定では，制限酵素によって大きなDNA断片を小さな断片に切断する．それぞれの断片は2本の鎖に分けられ，その一つを鋳型として相補的コピー鎖を合成する．さらに一つの試料を4本の試験管に分割する．そして，それぞれにDNA合成のために必要な試薬類(酵素のDNAポリメラーゼと4種類のデオキシリボヌクレオチド三リン酸)，さらに^{32}Pで標識したプライマー(相補的DNA鎖の短い断片)を加える．まず研究者は，適切なプライマーを選択することにより，配列の決定を始める場所を決めるが，通常は，対象とするDNA断片を得るときに用いた制限酵素の認識配列から開始する．

そして4本の各試験管には，鋳型DNA，DNA合成のための試薬，プライマーに加えて，それぞれ異なる4種類の2′,3′-ジデオキシヌクレオチド誘導体が入っている(ジデオキシ誘導体は合成ヌクレオチド類縁体であり，2′位および3′位の炭素原子に結合しているヒドロキシ基が水素原子で置換されている)．ジデオキシヌクレオチドは，伸長するポリヌクレオチド鎖に取り込まれはするが，次のヌクレオチドとホスホジエステル結合を形成しない．その結果，ジデオキシヌクレオチドが取り込まれると，鎖の伸長は止まる．ジデオキシヌクレオチドは少量しか反応液中には含まれないので，伸長するポリヌクレオチド鎖にランダムに取り込まれる．したがって，それぞれの試験管には，異なった長さの鎖をもつDNA断片の混合物が含まれている．新しく合成された鎖は，ジデオキシヌクレオチド残基で終わっている．それぞれの試験管の反応生成物をゲル電気泳動で分離し，オートラジオグラフィーにより解析する．オートラジオグラムにある各バンドは1本のポリヌクレオチド鎖に相当し，オートラジオグラムの四つのレーンのそれぞれにある一つ先行しているバンドとは，その長さが1ヌクレオチド異なっている．最も小さいポリヌクレオチドは，大きいポリヌクレオチドより速く流れるので，ゲルの底に近いほうに現れる．

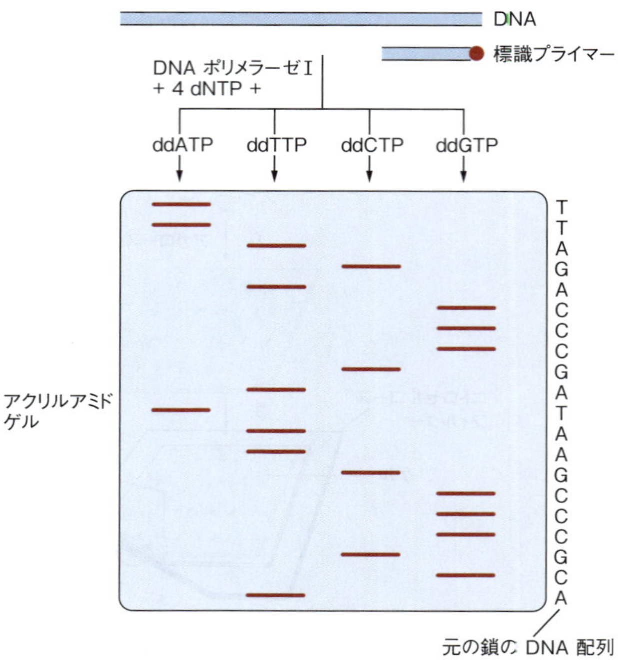

図17F　Sangerのチェインターミネーション法
塩基配列を決定したい部分でDNA合成が開始されるように特定のプライマーを設計する．DNA合成はジデオキシヌクレオチドが取り込まれた時点で終わり，そこまでDNA鎖は伸びる．その後，反応生成物をゲル電気泳動で分離し，オートラジオグラフィーにより解析する．DNA断片はそのサイズに従って移動する．塩基配列はゲルを〝読みとる〟ことにより決定される．

その結果，蛍光標識したジデオキシヌクレオチドを用いた，より高速かつ効率的に自動化されたサンガー法が導入されるようになった(図17G)．しかし2000年代中頃になって，低価格シーケンシングへの需要から，イルミナ(Illumina)やイオント

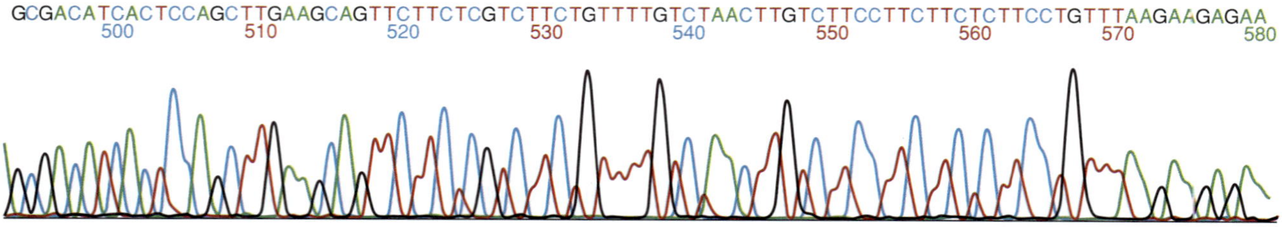

図17G　自動化されたDNA塩基配列決定法
ジデオキシヌクレオチドに蛍光標識を用いることにより，検出器がゲルをすばやくスキャンして，各バンドを示す色の順序によりDNA配列を決定できる．

レント（Ion Torrent™）と呼ばれるハイスループットの次世代シーケンサー技術が発達した．イルミナシーケンサーでは，可逆的な蛍光色素を使ったチェインターミネーション法が用いられる．DNA 分子とプライマーをスライドガラスに固定した後，ポリメラーゼにより増幅し，DNA クラスターが合成される．最初に，保護基をもつ 4 種類の蛍光色素により標識された塩基（アデニン，グアニン，シトシン，チミン）が反応液に加えられる．次に，各 DNA クラスターについて共焦点レーザー顕微鏡により一点一点スキャンされたイメージは，コンピュータによって再構成される．それぞれ特異的な蛍光色をもつ四つの塩基は，鋳型 DNA 分子上で互いに競合することになる．シーケンシングの 1 サイクルごとに 1 分子のヌクレオチドが DNA 鎖に付加される．取り込まれなかった塩基を洗い流した後，取り込まれた塩基に結合した蛍光色素が同定される．最後に，末端の保護基を取り除いて 1 サイクルが終了する．このサイクルが DNA 分子の塩基配列が決定するまで繰り返される．イルミナシーケンサーでは 100 万塩基あたり 0.10 ドルの推定コストなので，サンガー法（100 万塩基あたり 2400 ドル）よりかなり経済的である．

イオントレントシーケンサーでは，半導体チップ上に微細加工された反応槽（ウェル）が高密度アレイとして配置され，そこでの DNA 合成がコンピュータによりモニタリングされる．イオントレントチップは反応槽の下層で超高感度イオンセンサーとなるよう設計されており，小型 pH メーターのように働いている．それぞれの反応槽には，それぞれ異なる鋳型 DNA が多コピー，DNA ポリメラーゼとともに含まれている．4 種類すべての蛍光修飾されていないヌクレオチドが，順に反応槽に加えられる．反応サイクルは，ある種類のヌクレオチドが反応槽に加えられると開始する．もし，加えられたあるヌクレオチドが DNA 鎖に取り込まれると（たとえば共有結合が生じると），水素イオンが遊離し，イオンセンサーによって検出される．取り込み反応がないと生化学反応が起こらず，水素イオンの放出もない．各サイクルは，付加されなかったヌクレオチドを除去することにより終結する．イオントレントシーケンサーを用いての 100 万塩基あたりのコストは 1 ドルほどである．

生化学の広がり

科学捜査

どのようにしてDNA解析技術は暴力犯罪の捜査に用いられているのだろうか？

乾燥した生物標本(血液，唾液，毛髪，精液など)や骨においては，DNAは何年も安定している．したがって，そのような標本が手に入る場合，DNAは多くの科学捜査における証拠として使うことができる．暴力犯罪の被害者あるいは加害者の身元を確認する目的で用いられるDNA分析技術は，**DNAタイピング**(DNA typing)あるいはプロファイリングと呼ばれている．DNAタイピングでは，マーカーと呼ばれるDNA配列の高可変領域のいくつかを解析する．マーカーとしては縦列反復配列(p. 559)の多型性や一塩基多型(single nucleotide polymorphism, SNP)などが用いられる．SNPは，ヒト集団の少なくとも1%に見られる一塩基レベルでの多型または点変異である．翻訳または非翻訳DNA領域に同定された数百万のSNPが見いだされており，ヒトにおける遺伝的多様性の大部分を占めている．ヒトDNAの99.9%は同一であるが，残りの0.1%における多型性を調べることで，個々人に特有な遺伝的プロフィールを得ることができる．

1990年代以降，多くの裁判において，被告が事件現場にいたか，いなかったかに関する決定的な情報がDNAタイピングによりもたらされている．今日の技術では，個人の判別度はより正確になり，結果が得られるまでの時間はより短縮されている．1985年にイギリスの遺伝学者Alec Jeffreysが開発した**DNAフィンガープリント法**(DNA finger-printing)は，サザンブロット法の変法である．制限断片長多型またはRFLPと呼ばれるこの手法では，DNAミニサテライト(p. 559参照)のバンドの特徴を，たとえば犯罪現場で採取されたDNA試料と容疑者から得たDNA試料との間というように，二者間で比較する．もし犯罪現場から採取されたDNAが微量で分析が難しい場合は，ごく微量のDNAのコピー数を増幅する技術であるポリメラーゼ連鎖反応(polymerase chain reaction, PCR)を用いる．DNAを10^9コピーまで増幅することができる(p. 609参照)．これにより，1個の細胞のDNAで，DNAフィンガープリント法には十分である．それぞれの試料から完全なゲノムを単離し，制限酵素で処理する(p. 564参照)．

RFLPテストは正確な方法であるが，いくつかの制限もある．DNAプロフィールを得るために必要な時間(6～8週間)，労力，および特殊な技術などがおもなものである．**短い縦列反復配列**(short tandem repeat, STR)(マイクロサテライトと呼ばれる2～4 bpの反復をもつDNA配列．p. 559参照)を解析するという新しい方法は，RFLPに比べるとはるかに判別度が高く，しかも比較的迅速である(数時間)．

そのうえ，STR配列は十分に丈夫なので，STR解析は分解の進んだ試料でもしばしば成功する．試料からDNAを抽出した後，いくつかの標的STRをPCRにより増幅させ，蛍光色素により標識する．

アメリカにおいては，遺伝子座と呼ばれる13の多型(高度に可変的な)DNAマーカーの遺伝的プロフィールが作成され，個人を識別するのに用いられている．ゲル電気泳動により分離されたPCR生成物は，ゲル上で可視化され，標的配列中の反復配列の数とパターンを表し，**DNAプロフィール**(DNA profile)と呼ばれている．この手法は蛍光により検出を行うので感度が高い．RFLPとは異なり，STRによるDNAタイピングは自動化が容易である．もしそれぞれの試料から得られたDNAプロフィールを比較して一致したと判断できるなら，試料は同一であるといってよい．もし比較した試料が一致しなければ，異なった個人から採取されたものであるといえる．得られた結果は，偶然の一致が起こりうる確率(集団から任意に選んだ人が，犯行現場に残された試料など，対象としている試料と同じDNAプロフィールをもちうる確率)として表される．マーカーを複数用いたり手法の感度を上げたりすることで，偶然に一致する確率は少なくとも数十億分の一まで下げることができる．

STR解析が困難なほど核DNAが分解されているときには，ミトコンドリアDNA(mtDNA)とSNPがしばしば解決策になる．どちらの種類のDNA解析も高価でかつ労力もかかるので，最終手段として用いられる．ほとんどの細胞は数百から数千のミトコンドリアをもっているので，核DNAでうまくいかないとき，mtDNAの全配列を決定するMtDNA解析により成功する場合がある．SNPマーカーは短いので，分解を受けたDNA試料での解析が可能であるが，その解像度はSTR解析ほど高くない．STR解析では13の座位が用いられるが，SNP解析では少なくとも50の座位の解析が個々人を区別するのに必要である．

まとめ　法科学者は，PCRと呼ばれる技術を用いて犯行現場のDNAを増幅し，ある個人を他のすべての人から識別できる特異的な遺伝的プロフィールを作成する．

複雑な三次元構造をとることがある(図 17.20). このようならせん構造の形は, 特定のRNA 配列や塩基の積み重なり, あるいは RNA の(同一分子の一本鎖領域間もしくは隣接分子の一本鎖領域間で形成される)二本鎖領域とフリーループとの相互作用による相補塩基間の対合によって決定される. 塩基対合の法則は二本鎖領域で適用され, A—U, G—U, G—C 対が形成される. 完成した非 mRNA 分子のループもしくは一本鎖 RNA (ssRNA)領域には, 多種の修飾塩基が含まれている. RNA は一本鎖であるので, その塩基比にシャルガフ則を適用できない.

4. RNA 分子は, 結合ポケットを備えた複雑な三次元構造を形成できるので, 触媒活性がある. **リボザイム**(ribozyme)と呼ばれる触媒活性のある RNA 分子の大部分は, 自身あるいは他の RNA 分子の切断を触媒する. しかしながら, リボザイム活性の最も特筆すべき一例は, リボソームにおけるペプチド結合の形成だろう. マグネシウムイオンは遷移状態を安定化するので, 通常, RNA の触媒活性には Mg^{2+} が必要である.

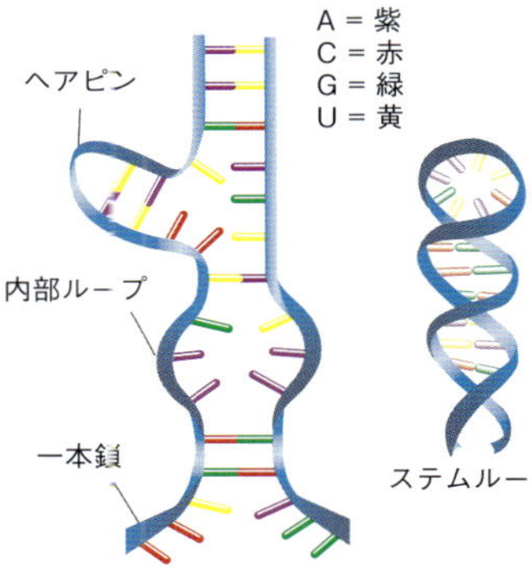

図 17.20 RNA の二次構造
RNA 分子に存在するさまざまな種類の二次構造のうち, 三つが示されている. ヘアピンループは, 塩基対を形成する少なくとも 4 塩基が存在するときに形成される. 二重鎖領域の両端がともに塩基対を形成できないときには, 内部ループがつくられる. 安定なステムループ構造は 4 ～ 8 塩基長である. DNA パリンドローム構造の逆方向反復配列のため, RNA のヘアピン構造とステムループ構造が形成される(p. 549).

タンパク質合成に直接に関連する最も代表的な RNA として, トランスファー RNA, リボソーム RNA, メッセンジャー RNA があげられる. それぞれの分子の構造と機能について次に説明する. また, ノンコーディング RNA(ncRNA)と呼ばれる別の種類の RNA 分子についても, いくつかの例をあげる.

トランスファー RNA

トランスファー RNA(transfer RNA, tRNA)は, タンパク質合成の際にアミノ酸をリボソームへ輸送している. tRNA 分子には 75 から 90 以上のヌクレオチド長のものがある. 各 tRNA 分子は特定のアミノ酸に結合する. したがって細胞中には, 20 種類の標準アミノ酸のそれぞれに対して少なくとも 1 種類の tRNA が存在する. tRNA 分子の三次元構造はクローバーの葉をゆがめたような形をしており, 分子内で広く形成される塩基対合におもに起因している(図 17.21). tRNA 分子にはさまざまな修飾塩基が存在する. たとえば, シュードウリジン, 4-チオウリジン, 1-メチルグアノシン, ジヒドロウリジンなどである.

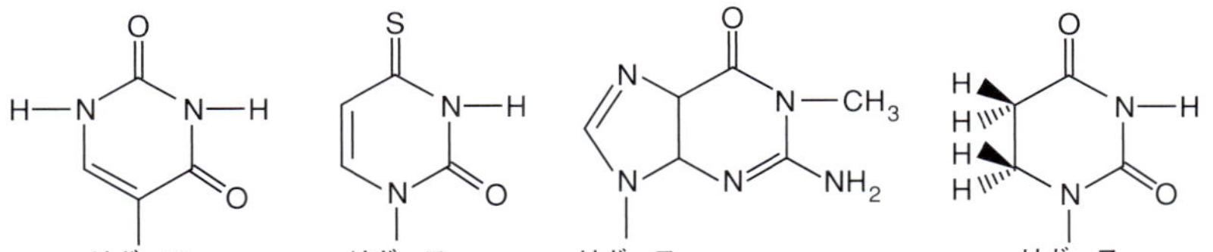

tRNA 分子の構造は, 3′ 末端とアンチコドンループがかかわる最も重要な二つの機能を果たせるように, うまくできている. 3′ 末端は特定のアミノ酸に共有結合する(この特異性は, アミノアシル tRNA シンテターゼと呼ばれる一連の酵素群が, 各アミノ酸を tRNA に結合することによって達成されている). アンチコドンループには, ある特定のアミノ酸をコードしている DNA トリプレットに相補的な, 三つの塩基からなる配列がある. 3′ 末端とアンチコドンループの構造上の位置関係は, タンパク質合成の際, tRNA に結合したアミノ酸をうまく配置するのに役立っている(この過程については 19 章で述べる).

tRNA はこのほかにも, D ループ, TΨC ループ, 可変ループと呼ばれる三つの大きな構造的特徴をもっている(ギリシャ文字 Ψ(プサイ)は, 修飾塩基の一つであるシュードウリジンを表している). tRNA のこのような構造は, 正しいアミノアシル tRNA シンテターゼへの結合と, リボソームの核酸タンパク質複合体におけるアミノアシル tRNA の正しい配置を促している. D ループにはジヒドロウリジン, TΨC ループにはチミン, シュードウリジン, およびシトシンという塩基配列があり, これにちなんでそれぞれの名称が与えられている. tRNA は可変ループの長さによっても分類することができる. 約 80%に相当する大部分の tRNA では, その可

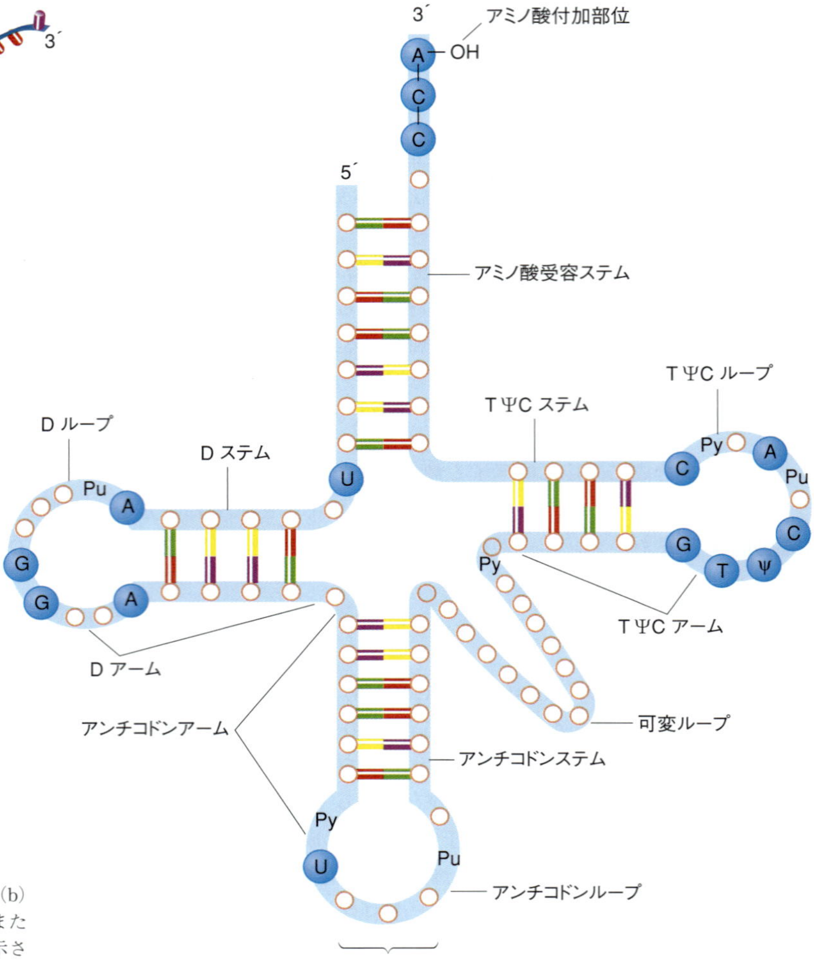

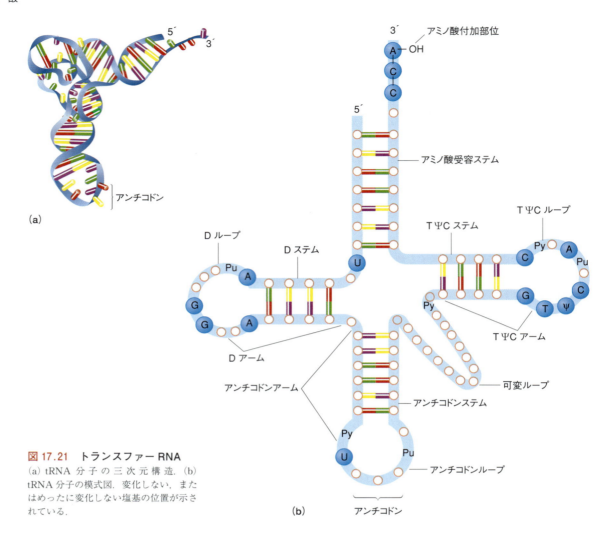

図 17.21　トランスファー RNA
(a) tRNA 分子の三次元構造. (b) tRNA 分子の模式図. 変化しない, またはめったに変化しない塩基の位置が示されている.

変ループは 4 ～ 5 ヌクレオチドであるが, 20 ヌクレオチドに及ぶものもある.

リボソーム RNA

リボソーム RNA(ribosomal RNA, **rRNA**)は, 生きた細胞内で最も多量に存在する RNA である(ほとんどの細胞で, rRNA の含量は全 RNA 量の 80%に達する). rRNA はすべての生物がもっているので, その配列は生物間の進化的な関係を明らかにするために利用されてきた. rRNA は非常に複雑な構造をもっている(**図 17.22**). rRNA の一次ヌクレオチド配列は生物種によって異なってはいるが, その全体的な三次元構造はよく保存されている. その名称が示すように, rRNA はリボソームの構成成分である.

リボソームは細胞質にあるリボ核酸タンパク質複合体で, タンパク質を合成している. 原核生物と真核生物のリボソームでは, サイズと化学組成において違いがあるが, 形や機能はそれほど変わりがない. どちらのリボソームも, 大小異なる二つのサブユニットからできており, 通常, S 値により呼ばれている(S はスベドベリ単位あるいは沈降係数の単位で, 遠心分離における沈降速度の尺度である. 沈降速度は分子量と粒子の形に依存するので, 大小二つのサブユニットからできている分子の S 値は, 必ずしも各分子の S 値の和にはならない). 原核細胞のリボソーム(70S)は 50S と 30S のサブユニットから, 真核細胞のリボソーム(80S)は 60S と 40S のサブユニットからできている. 原核細胞 1 細胞あたりには 15,000 分子のリボソームが, 真核細胞に至っては 100 万分子ものリボソームが存在すると推定されている.

リボソームの各種サブユニットは, いくつかの種類の rRNA とタンパク質をもっている. た

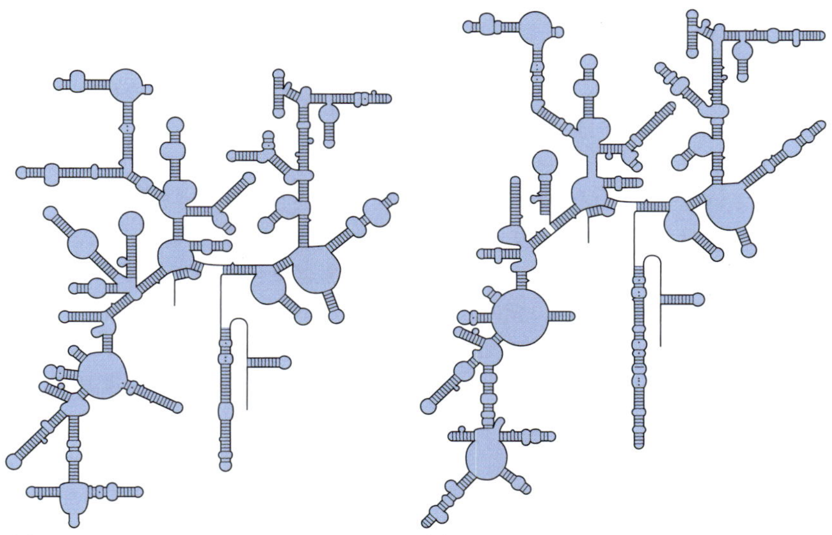

図 17.22 rRNA の構造
(a) 大腸菌と (b) *Saccharomyces cerevisiae*（パン酵母）の 16 S RNA を比べると，その塩基配列はかなり異なるが，三次元構造は驚くほど似ている．

とえば，大腸菌リボソームの大サブユニットには 5S および 23S の rRNA と 34 のポリペプチドが，小サブユニットには 16S の RNA と 21 のポリペプチドが存在する．細菌の rRNA 遺伝子はオペロン上に 3′-16S, 23S, 5S-5′ の順に並んでいる．大腸菌 *E. coli* ゲノム上には 7 コピー存在する．真核細胞のリボソームの典型的な大サブユニットは三つの rRNA（5S，5.8S，28S）と 49 のポリペプチドから，小サブユニットは 18S の rRNA と約 30 のポリペプチドから構成されている．真核細胞における rRNA 遺伝子のコピー数は 50 から 5000 以上と幅がある．ヒトでは第 13，14，15，21，22 番染色体上にクラスターを形成して，およそ 350 コピーあるといわれている．リボソームサブユニットが形成されるとき，rRNA はタンパク質が自己集合するための足場として働く．ペプチド結合の形成を司るペプチジルトランスフェラーゼは，原核細胞リボソームでは 23S rRNA 内に，真核細胞リボソームでは 28S RNA 内にある．

メッセンジャー RNA

その名称が示す通り，**メッセンジャー RNA**（messenger RNA, mRNA）は，タンパク質合成のために DNA から遺伝情報を運ぶ担い手である．mRNA 分子は，コドンと呼ばれる，合成されているタンパク質の次のアミノ酸を規定する 3 塩基配列をもっている．mRNA 上にあってポリペプチドをコードしている塩基配列は**オープンリーディングフレーム**（open reading frame, ORF）と呼ばれている．ORF は開始コドンで始まり，終止コドンで終わる．mRNA の長さにも大きな差が見られる．たとえば，大腸菌の mRNA の塩基数は 500～6000 の範囲にわたる．ORF は，5′UTR（ORF の上流）および 3′UTR と呼ばれる非翻訳配列が側面に位置している．

真核生物と原核生物の mRNA の間には，いくつかの点で違いがある．まず第一に，原核生物の多くの mRNA は複数のポリペプチド鎖をコードする情報をもっており，この性質をポリシストロン性という．対照的に，真核細胞の mRNA は一つのポリペプチド鎖しかコードしておらず，この性質をモノシストロン性という〔**シストロン**（cistron）とは，ポリペプチド鎖をコードする情報とリボソーム機能に必要ないくつかのシグナル分子をコードする情報を含んだ DNA 配列である〕．第二に，原核生物と真核生物の mRNA では異なったプロセシングを受ける．原核生物の mRNA は，その合成途中あるいは合成後速やかにリボソームによってタンパク質へ翻訳される．これに対して，真核生物の mRNA は広範な修飾を受ける．たとえば，キャップ構造の形成（5′ 末端残基への 7-メチルグアノシンの結合），スプライシング（イントロンの除去），およびポリ（A）尾部と呼ばれるポリアデニル酸の付加などである（それぞれについては 18 章で述べる）．

ノンコーディング RNA

ポリペプチドを直接コードしていない RNA は**ノンコーディング RNA**（noncoding RNA, ncRNA）と呼ばれている．tRNA や rRNA に加えて，真核細胞はさまざまな種類の ncRNA をつくっている．これらの分子は，DNA 複製，遺伝子発現，転写，翻訳，ストレス管理，ゲノム構造および防御，エピジェネティック調節など，数え切れないほどのさまざまな細胞過程での役割を担っている．ノンコーディング RNA は，その長さによって分類されている．短鎖 ncRNA（sncRNA）は 200 ヌクレオチド（nt）より小さなもので，長鎖 ncRNA（lncRNA）は 200 nt より大きな ncRNA である．ncRNA のうち最も重要なものは，マイクロ RNA，低分子干渉 RNA，核小体内低分子 RNA，核内低分子 RNA である．これらの ncRNA がリボヌクレオタンパク質複合体の構成分子として機能を発現していることは留意すべきである．

その長さが 22 ～ 26 nt の**マイクロ RNA**（micro RNA, **miRNA**）は遺伝子発現調節にかかわっている．いくつかのタンパク質に結合して RNA 誘導サイレンシング複合体（RNA-induced silencing complex, RISC）を形成した後，それぞれの miRNA は標的となる mRNA の 3′UTR 上の相補的塩基配列に結合することで，翻訳を阻害したりその分解を亢進したりする．細胞内で発現している各 miRNA は，それぞれ 200 もの多数の mRNA を標的としている．miRNA は，ヒトのタンパク質をコードする遺伝子のおよそ 60％の調節にかかわっているといわれる．

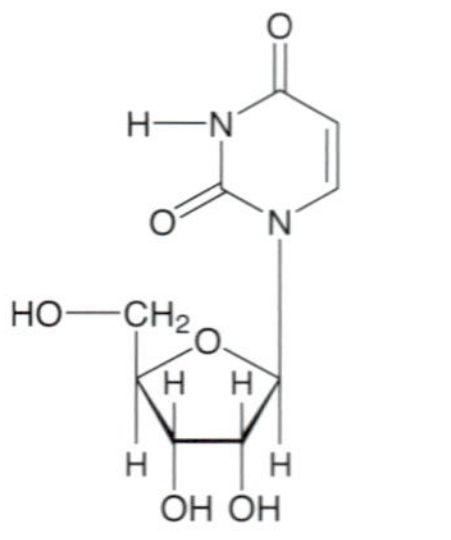

ウリジン

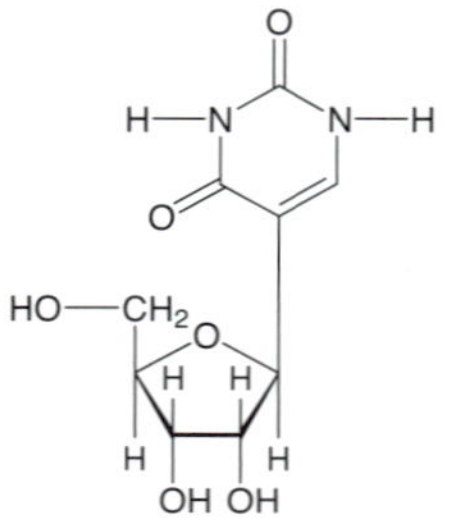

シュードウリジン

図 17.23　ウリジンとシュードウリジンの構造

低分子干渉 RNA（small interfering RNA, **siRNA**）は 21～23 nt の二重鎖 RNA（dsRNA）であり，RNA 干渉（RNAi, p. 632 参照）で重要な役割を果たす 2 nt のオーバーハングを 3′ 側にもっている．RNAi は RNA 分解過程の一つであり，RNA を含むウイルスや不注意に転写されたトランスポゾンから細胞を防御する．siRNA は，mRNA 分解を開始する特定遺伝子の発現に干渉することにも使われる．

核小体内低分子 RNA（small nucleolar RNA, **snoRNA**）は 70～300 nt を含む一本鎖 RNA であり，核小体において rRNA と tRNA と snRNA の化学修飾を活性化している．snoRNA は rRNA 遺伝子のイントロンにコードされていて，核小体低分子リボヌクレオタンパク質粒子（snoRNP）の構成要素である．（ヒトでは 100 種類以上の）snoRNA の機能は，snoRNP を，標的の rRNA の特異的配列上に，塩基対合を通じて導くことである．rRNA のプロセシングの際に起こる化学修飾には，リボースの 2′-OH 基のメチル化や，ウリジンからシュードウリジンへの異性化反応が含まれる（図 17.23）．いくつかの snoRNA は，ある種の tRNA や snRNA の塩基修飾にかかわっている．

核内低分子 RNA（small nuclear RNA, **snRNA**）のおもな機能は mRNA 前駆体のプロセシングである．snRNA には U1，U2，U4，U5，U6 の 5 種類があり，平均 150 nt で，いくつかのタンパク質と結びついて**低分子リボヌクレオタンパク質**（small nuclear ribonucleoprotein, **snRNP**）を形成し，しばしば“スナープ”と呼ばれている．snRNP は，他のいくつかのタンパク質とともに，その機能からスプライソソームと呼ばれる分子機械を形成している（スプライシングは，真核細胞の mRNA のプロセシングにおいて鍵となるステップである）．**スプライソソーム**（spliceosome）は，mRNA 前駆体からイントロンを切りだし，エキソン同士をつなぎ合わせる．他の snRNA は，転写因子や RNA ポリメラーゼⅡ（p. 620）の活性を調節していることが明らかとなっている．

長鎖 ncRNA（lncRNA）は，その多くがスプライシングやポリ（A）付加を受け，5′ キャップ構造をもっているので，しばしば mRNA に似た構造をもっている．ヒトにおよそ 9000 種類ある lncRNA のほとんどは，その役割がわかっていない．そのなかで機能が明らかにされたものは，転写調節と翻訳後修飾反応にかかわるものである．lncRNA が miRNA をコードしていることも明らかになった．lncRNA がかかわる細胞過程には，細胞周期の調節，インプリンティング（父性遺伝か母性遺伝かによって決定される遺伝子発現の差異）のようなエピジェネティック調節などがある．

キーコンセプト

- RNA は，タンパク質合成のさまざまな局面および遺伝子発現の調節に関与している核酸である．
- 最も多量に存在する RNA は，トランスファー RNA，リボソーム RNA，およびメッセンジャー RNA である．
- 重要なノンコーディング RNA には，miRNA，siRNA，snoRNA，および snRNA がある．

問題 17.7

遺伝子が転写される際，2本のDNA鎖のうち1本のみがRNA分子の合成の鋳型として使われる．このDNA鎖は**アンチセンス鎖**(antisense strand，または非コード鎖)と呼ばれる．一方，転写されないDNA鎖は**センス鎖**(sense strand，またはコード鎖)と呼ばれる．センス鎖の塩基配列は，遺伝子産物であるポリペプチド鎖の合成に用いられるmRNAのDNA版ともいえる．アンチセンスRNA(アンチセンスDNA鎖の転写産物)は，転写および翻訳の調節においてある役割を果たしている．アンチセンスRNAは，対応するmRNAにアニーリングして，翻訳を阻害することができる．

mRNAとアンチセンスRNAの結合は非常に特異的なので，アンチセンス分子は研究の手段に利用できると期待されている．数多くの研究者がアンチセンスRNAを利用し，特定の遺伝子のスイッチのオン/オフを選択的に行って，真核生物の機能を知ろうとしている．この逆遺伝学と呼ばれる手法は，医学研究でも役立っている．アンチセンス研究はいくつかの大きな課題に直面しているものの(生細胞内へオリゴヌクレオチドを効率よく導入できない，コストが高いなど)，すでにアンチセンス技術は，がんやウイルス感染の機構の解明へ重要な知見を与えている．

次のようなセンスDNA配列を考えよ．

5′-GCATTCGAATTGCAGACTCCTGCAATTCGGCAAT-3′

この配列の相補鎖DNAを記せ．そして，相当するmRNAとアンチセンスRNAの配列を記せ(RNA構造中ではTの代わりにUが使われることに注意せよ．したがってDNA鎖中のAは，RNAが合成されるときにはUと対合する)．

17.3 ウイルス

ウイルスは，生命を非生命から区別している性質をほとんどもっていない．そのうち最も重要なのは代謝を実行できないことである．しかしながら，適当な環境下では，生命体を破壊してしまうこともある．細胞内寄生体と呼ばれることが多いウイルスは，一片の核酸が，それを保護するタンパク質により包み込まれているので，可動性遺伝因子としてとらえることもできる．いったん宿主細胞に感染すると，ウイルスの核酸は，宿主の核酸とタンパク質合成系を乗っ取る．ウイルスの構成成分が蓄積してくると，まったく新しいウイルス粒子がつくられ，そして宿主細胞から放出される．多くの場合，あまりにたくさんのウイルス粒子が産生されるので，宿主細胞は溶解(破裂)することになる．あるいは，ウイルス核酸が宿主染色体に挿入されて，細胞が形質転換することもある．

ウイルスはその形態や大きさにおいて著しくばらつきがある．ビリオン(完全なウイルス粒子)は，直径10 nmから約400 nmのものまで広い範囲に及ぶ．ほとんどのウイルスは小さすぎて，通常の光学顕微鏡で見ることはできないが，ポックスウイルスのように最小の細菌ぐらいのサイズがあって見えるものもある．

単純なビリオンでは，キャプシド(キャプソメアと呼ばれる互いに連結したタンパク質分子からできているタンパク質コート)が核酸を包み込んでいる(ヌクレオキャプシドという用語が，キャプシドと核酸からできている複合体を表現するのによく用いられる)．ほとんどのキャプシドは，らせん状または正二十面体構造である(正二十面体構造は三角形のキャプソメアからなる)．ビリオンの核酸成分はDNAかRNAのいずれかである．ほとんどのウイルスは二本鎖DNA(dsDNA)または一本鎖RNA(ssRNA)をもっているが，ssDNAやdsRNAのゲノムをもっているものもある．ssRNAゲノムには2種類ある．ポジティブセンスRNA〔(+)-ssRNA〕ゲノムは巨大なmRNAとして機能していて，1本の長いポリペプチドの合成を指令している．一本鎖ポリペプチドは切断されて低分子のポリペプチドになる．ネガティブセンスRNA〔(−)-ssRNA〕ゲノムは，ウイルスタンパク質の合成を指令しているmRNAに対する相

キーコンセプト

- ウイルスは，核酸とそれを包み込んで保護するコートからできている．核酸は一本鎖または二本鎖の DNA または RNA である．
- 単純なウイルスでは，キャプシドと呼ばれる保護コートがタンパク質から構成されている．
- より複雑なウイルスでは，核酸とタンパク質とからなるヌクレオキャプシドが，宿主の細胞膜に由来する膜状エンベロープに覆われている．

補鎖である．**レトロウイルス**(retrovirus)と呼ばれる(−)-ssRNA ゲノムをもっているウイルスでは，mRNA を合成する逆転写酵素と呼ばれる酵素が供給されなければならない．

より複雑なウイルスでは，ヌクレオキャプシドは宿主の核膜か細胞膜に由来する膜性エンベロープにより包まれている．ウイルスゲノムによりコードされているエンベロープタンパク質は，ビリオンが集合する際に，エンベロープ膜に挿入される．スパイクと呼ばれるエンベロープ表面より突き出したタンパク質は，宿主細胞へのウイルスの接着に役立っていると考えられる．ヒト免疫不全ウイルス(HIV)は外殻をもつ微生物の一例である．

T4 バクテリオファージ：ウイルスのライフスタイル

T4 バクテリオファージ(図 17.24)は，正二十面体の頭部と長い複雑な尾部をもつ大きなウイルスである．頭部は dsDNA を含み，尾部は宿主細胞に付着し，ウイルス DNA を宿主細胞に注入する．

T4 バクテリオファージの生活環は，ビリオンが大腸菌細胞の表層に吸着することにより始まる．細菌の細胞壁は硬いので，ビリオン全体が細胞の内部に入り込むことはできない．代わりに，尾部の装置を折り曲げて収縮させることにより DNA を注入する．ウイルス DNA が細胞内に入ると，感染過程は完了し，次のステップである複製が始まる．

T4 ファージ DNA が大腸菌細胞内に注入されると，2 分以内に宿主の DNA，RNA，およびタンパク質の合成は止まり，ファージの mRNA 合成が始まる．ファージ mRNA は，キャプシドタンパク質およびウイルスゲノムの複製とビリオン構成成分の集合に必要ないくつかの酵素をコードしている．さらに，宿主細胞の細胞壁を弱める酵素も合成され，これにより新生ファージは菌体外へ放出されて新しい感染サイクルに入る．ウイルス DNA (vDNA) が注入されて約 22 分後，数百の新しいビリオンが充満した宿主細胞は溶菌する．ビリオンは放出されると近接する細菌に付着し，新たに感染を開始する．

このような**溶菌サイクル**(lytic cycle)を開始させるバクテリオファージは，宿主細胞を破壊するので溶菌性であるといわれる．しかしながら，多くのファージは最初は宿主細胞を殺さない．いわゆる溶原性ファージ(テンペレートファージ)は，宿主細胞のゲノムにみずからのゲノムを挿入する〔**溶原性**(lysogeny)という用語は，ファージゲノムが宿主染色体に挿入された状態を表現するのに用いられる〕．宿主染色体に挿入されたウイルスゲノムは**プロファージ**(pro-

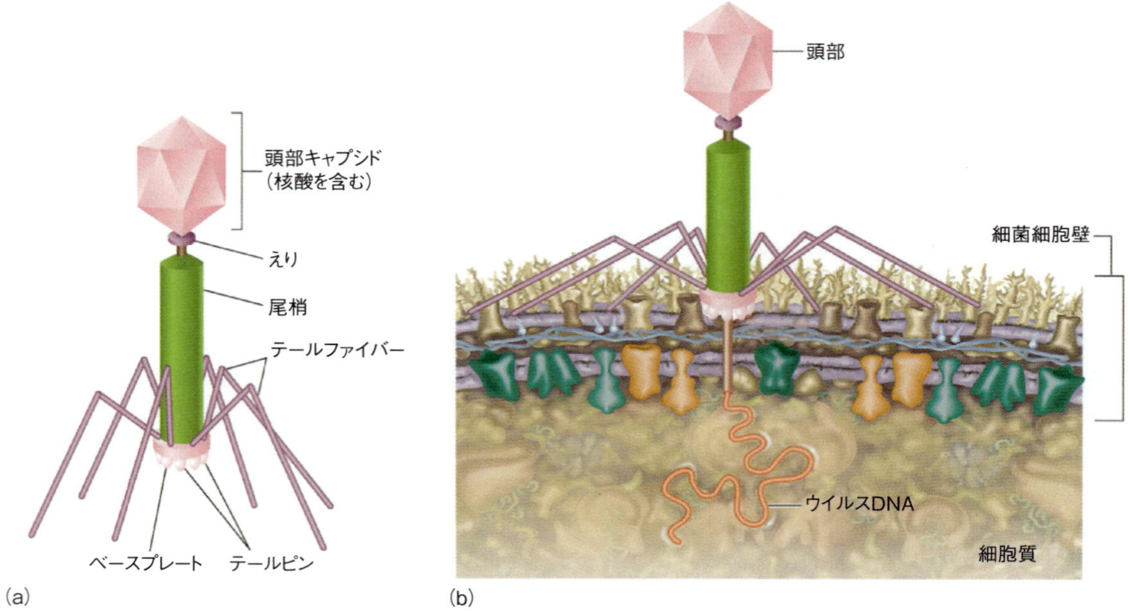

図 17.24　T4 バクテリオファージ
(a) T4 バクテリオファージの完全な構造．(b) バクテリオファージによる宿主細胞細胞壁の貫通とウイルス DNA (vDNA) の注入．vDNA は，宿主細胞を誘導してビリオン産生のための約 30 種のタンパク質を合成させる．

phage）と呼ばれ，宿主 DNA とともに細胞分裂ごとに半永久的に複製される．ときおり，溶原性ファージが溶菌サイクルに入る．紫外線や電離放射線といったある種の環境要因がプロファージを活性化し，新しいビリオンの合成を指令する．ときには，溶菌した細胞が，ファージ DNA と一緒に細菌 DNA の一部を含むビリオンを放出することもある．このようなビリオンが新しい宿主細胞に感染すると，細菌 DNA が宿主ゲノムに導入される．この過程は**形質導入**（transduction）と呼ばれている．

問題 17.8

セントラルドグマによると，遺伝情報は DNA から RNA を経てタンパク質へ流れている．しかしながら，レトロウイルスはこの規則から外れる例外である．レトロウイルスや他の RNA ウイルスに見られる現象に従ってセントラルドグマを改訂すると，以下のように描くことができる．

本来のセントラルドグマ（p. 540）と比較しながら，この図の各要素がもつ意味について自分なりに解釈して述べよ．

生化学の広がり

HIV 感染

HIV はどのようにしてヒト細胞に感染するのか？

ヒト免疫不全ウイルス（HIV）は，後天性免疫不全症候群（AIDS）の病因となるウイルスである．治療を受けずに AIDS を発病すると死に至る．なぜなら，HIV は体の免疫系を破壊し，病原性生物（細菌，原生生物，真菌類，他のウイルスなど）やある種のがんに対する防御力を失わせてしまうからである．

HIV（図 17H）はレンチウイルスであり，レトロウイルスと呼ばれる RNA ウイルスに属している．レトロウイルスという名称は，ssRNA ゲノムを鋳型にしてコピーの合成を触媒する逆転写酵素と呼ばれる活性をもっていることに由来する．典型的なレトロウイルスでは，RNA ゲノムがタンパク質キャプシドに包まれている．キャプシドの周りは，宿主の脂質二重層に由来する膜からできたエンベロープで覆われている．

HIV 感染：概要

レトロウイルスである HIV の増殖サイクル（図 17I）では，ウイルスが宿主細胞に結合することにより感染が始まる．ウイルス表層の糖タンパク質と特定の細胞膜受容体の間に結合が起こることにより，宿主の細胞膜とウイルス膜が融合を始める．引き続いてウイルスのキャプシドが細胞質に放出され，ウイルスの逆転写酵素がウイルス ssRNA の 2 コピーに相補的な DNA 鎖の合成を触媒する．この酵素は一本鎖 DNA を二本鎖分子へ変換する活性ももっている．二本鎖 DNA ウイルスゲノムは核へ輸送され，そこで宿主の染色体に挿入される．プロファージと同様に，染色体に挿入されたプロウイルスゲノムは，細胞が DNA 合成をするたびに複製されることになる．ウイルスゲノムが転写されるときにつくられる mRNA 転写産物は，おびただしい数のウイルスタンパク質の合成を指令する．ウイルス RNA ゲノムが複製され，ウイルスタンパク質に包み込まれた新しいウイルスは，〝出芽〟の過程を経て宿主細胞から放出される．

HIV の構造

HIV（直径 120 nm）はエンベロープウイルスである（エンベロープと呼ばれる外表層構造が宿主細胞の細胞膜に由来する）．HIV エンベロープのおもな構成成分は，三つの gp120/gp41 ヘテロ二量体からなる複合体の糖タンパク質 Env である（数字はタンパク質の大きさを表す．たとえば，gp120 は分子量 12 万である）．gp160 突起とも呼ばれる Env 三量体の全体構造では，3 分子の gp120 がキャップを構成している．それが 3 分子の gp41 から構成されるステムと非共有結合して，ウイルスエン

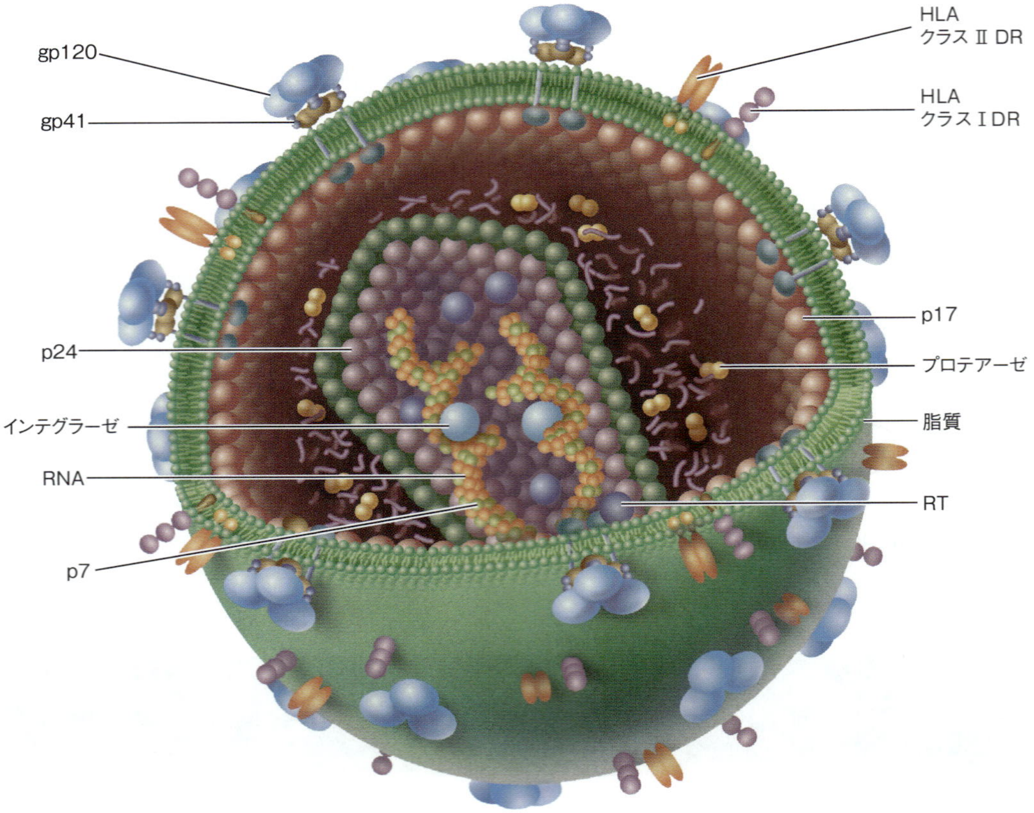

図 17H　HIV の構造
ウイルス表層は脂質二重層からできており，そのなかにウイルス糖タンパク質の gp120 と gp41，および宿主細胞由来の HLA（ヒトリンパ球抗原）膜タンパク質が埋め込まれている（HLA タンパク質は，通常は侵入者を探しだして破壊してしまう免疫系から，ウイルス粒子を守るためのシグナルである）．エンベロープを裏打ちしているのは，構造タンパク質 p17 の数百のコピーである．コアタンパク質の p24 から構成されている弾丸状のキャプシド中には 2 コピーの RNA ゲノムがある．ヌクレオキャプシドタンパク質の p7 は RNA ゲノムを被っている．ウイルスゲノムに付随して，逆転写酵素（RT），インテグラーゼ，プロテアーゼなどの酵素がある．

ベロープに Env をつなぎ止めている．Env は膜融合装置で，HIV が標的細胞に付着して融合するのに必要である．

HIV はキャプシド内にシリンダー状のコアをもっている．コアには 2 コピーの ssRNA ゲノムがある．これらの RNA 分子は，vRNA の翻訳とパッケージングに必要なヌクレオキャプシドタンパク質 p7 に覆われている．弾丸状のコア自体はコアタンパク質 p24 から構成されている．多数の基質タンパク質 p17 がウイルスエンベロープの裏打ち構造を形成している．コアは，逆転写酵素（RT），インテグラーゼ，プロテアーゼなどのいくつかの酵素も含む．RT は，ウイルス ssRNA を ssDNA に変換する RNA 依存型 DNA ポリメラーゼ活性と，ウイルス ssDNA を dsDNA に変換する DNA 依存型 DNA ポリメラーゼ活性をもつ．引き続いて RT はウイルス ssRNA を分解する．その後，新しいウイルス粒子が組み立てられたとき，プロテアーゼが新生ポリペプチドを切断することにより，感染性 HIV がもつタンパク質構成成分をつくっている．

HIV 感染サイクル

ウイルスが標的となる細胞に侵入するための最初のステップは，標的細胞，最も典型的な例は T4 ヘルパーリンパ細胞の表層にある糖タンパク質 CD4 受容体に，gp120 が高い親和性で結合することである．T4 ヘルパー細胞は，他の免疫系細胞の活性を調節するうえで，たいへん重要な役割を担っている．T 細胞への感染には gpl20-CD4 複合体と，共同受容体として働くケモカイン受容体との相互作用が必要である（ケモカインと呼ばれる免疫系における走化性因子は，T 細胞膜上にある受容体に結合して T 細胞を活性化する）．感染の初期段階では，CCR5（もしくはときに CXCR4）共同受容体が HIV の T 細胞への感染を助長する．このほか，HIV により感染を受けることが知られている細胞には，腸や神経系の細胞などがある．最近の

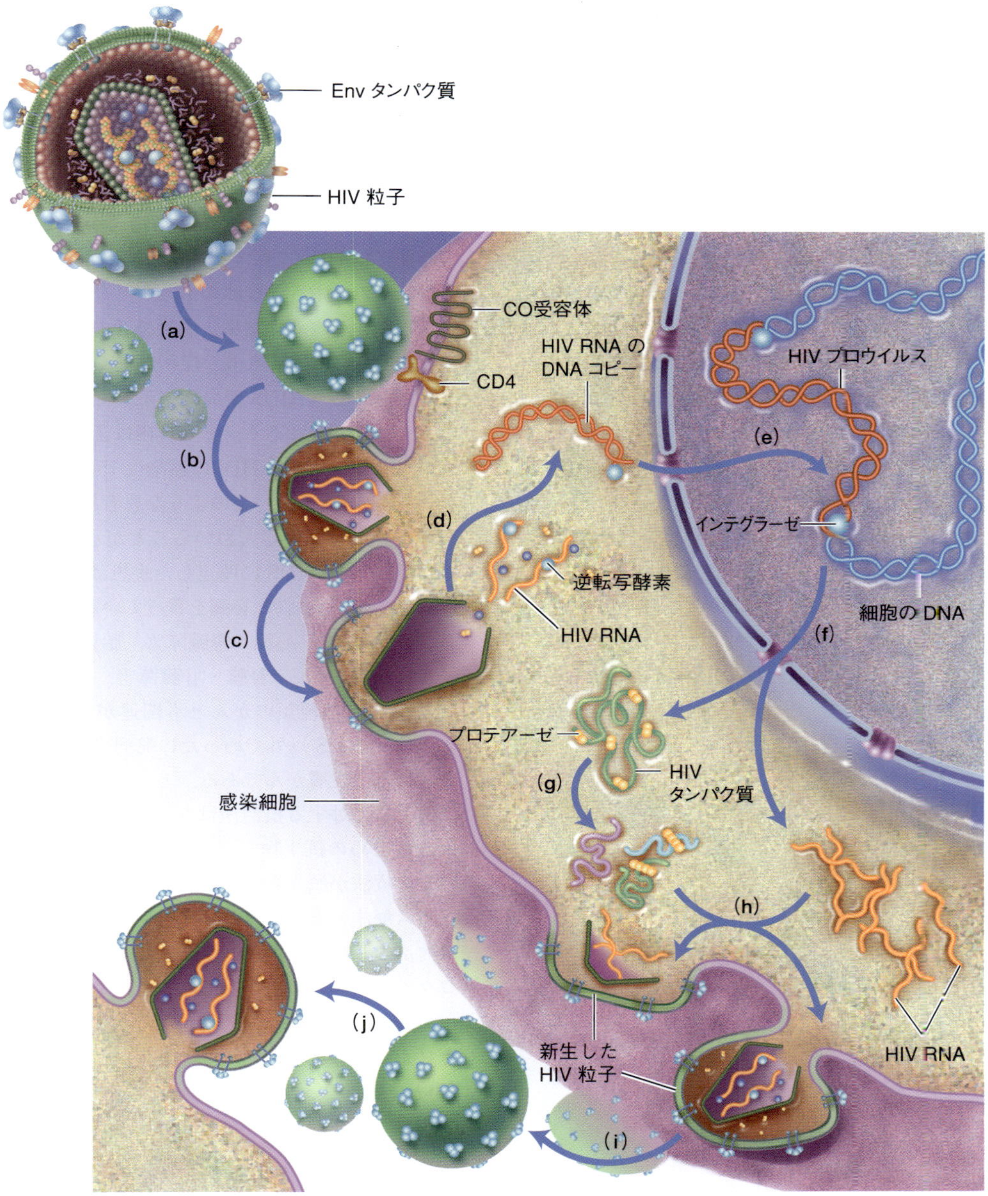

図 17I　レトロウイルスである HIV の増殖サイクル

(a) ウイルス粒子が宿主細胞の表層受容体に結合すると，(b) ウイルスエンベロープは宿主の細胞膜と融合し，(c) キャプシドとその内容物〔ウイルス RNA (vRNA) といくつかのウイルス酵素〕を細胞質中に放出する．(d) ウイルス酵素である逆転写酵素は，vRNA に相補的な DNA 鎖の合成を触媒し，合成した DNA に相補的な 2 本目の DNA を合成する．(e) 続いて二重鎖 vDNA は核に移行して，そこでウイルスインテグラーゼの働きにより宿主染色体に挿入される．細胞が新しい DNA を合成するたびに，プロウイルス(染色体に挿入されたウイルスゲノム)は複製される．ウイルス DNA の転写は 2 種類の RNA 転写物を合成する．すなわち，(f) ウイルスゲノムとして働く RNA 分子と，(g) ウイルスタンパク質(たとえば逆転写酵素，キャプシドタンパク質，エンベロープタンパク質，ウイルスインテグラーゼ)の合成をコードしている RNA 分子である．(h) タンパク質分子は vRNA ゲノムと結合して，新しいウイルス粒子を構成し，(i) 新生ウイルスは宿主細胞表層から出芽し，(j) 再び他の細胞へ感染していく．

研究が示唆するところによると，CCR5 受容体の変異体である CCR5-Δ32 の遺伝子を 2 コピーもっている人は，HIV に抵抗性があるらしい．CCR5-Δ32 はペストや天然痘にも抵抗性を示すようである．しかしながら，それら三つの病気について，そのような恩恵にあずかる集団は全人口に比べれば少数である．

gp120 が CD4 受容体と補助受容体に結合すると，Env 複合

▶

体の構造変化を引き起こして gp41 融合タンパク質が露出するので，Env 複合体は融合活性型となる．次に gp41 は，それ自身を標的細胞の細胞膜に挿入する．さらなる gp41 の構造変化が，膜融合が起こるような距離にウイルスと細胞膜を近づける．ウイルスのエンベロープがいったん細胞膜と融合すると，HIV の RNA と酵素群（RT，インテグラーゼ，プロテアーゼ）が細胞質に注入され，微小管によって核に運ばれる．その過程では，RT が vRNA を鋳型として二重鎖 vDNA の合成を触媒する．vDNA が宿主細胞染色体へ挿入される．そして，特定の感染 T 細胞が免疫応答により活性化されるまで，プロウイルス DNA は潜伏する．プロウイルス DNA は，ウイルス構成成分であるタンパク質の合成を直接指令し，新生したウイルスは感染細胞から出芽していく．

細胞内への感染後 30 分以内に，宿主細胞における 500 種類の遺伝子の発現が抑制され，200 種類の遺伝子が活性化された．数時間のうちに，宿主細胞の mRNA の大部分がウイルス mRNA に取って代わられた．エネルギーを産生したり，ウイルスによりもたらされた DNA 損傷を修復したりする能力を，ウイルスは宿主細胞から奪っていたのである．

細胞死は，以下に示すようないくつかの機構が引き金になって起こる．

1．ウイルスによりアポトーシスを誘導する遺伝子群が活性化される．アポトーシスは発生過程などにおいて見られ，外的シグナルに応答する正常な細胞機能である．
2．細胞膜から多数のウイルス粒子が同時に発芽すると，膜を引き裂くために，細胞質成分の細胞外への漏出が修復不可能なほどになったり，細胞からあまりに大量のウイルスが放出されるために，細胞がズタズタに損傷を受けてしまう．
3．細胞表面にある gp120 分子が，隣接する正常細胞の CD4 受容体に結合すると，シンシチウムと呼ばれる機能を失った大きな多核の融合細胞が形成される．

HIV 感染と AIDS

HIV 感染は，当人の血流が感染患者の体液に接触するために起こる．HIV はおもに性的接触や輸血により感染し，出産時に母から子へと感染することもある．いったん HIV が体内に入ると，細胞膜上に CD4 抗原をもつ細胞に感染すると考えられている．

HIV 感染はいくつかの過程を経て進行するが，その進行速度にはかなりの個人差がある．最初の症状は，発熱，嗜眠，頭痛やその他の神経的訴え，下痢，リンパ節の肥大などであり，通常，ウイルスに感染してすぐに発症し，数週間持続する（この時期には HIV に対する抗体が検出される）．AIDS 合併症と呼ばれるこのような症状のもう少しひどくなったものが，たびたび再発する．その結果，感染患者の免疫系が弱くなって日和見感染を受けやすくなり，症状が重くなると AIDS を発病したと診断される．AIDS が発病するまでの期間は 2 年から 8 〜10 年と，さまざまである．その理由はまだよくわかっていないが，感染患者のなかには HIV に感染後 15 年たっても AIDS にならない人もいる（最近，このような患者には，弱毒化した HIV の変種に感染している人のいることが示唆されている）．最も頻繁に見られる AIDS に関連した疾患は，カリニ肺炎，クリプトコッカス髄膜炎（脳と脊髄を覆っている膜の炎症），トキソプラズマ症（脳障害，心臓・腎臓障害，胎児異常），サイトメガロウイルス感染（肺炎，腎臓・肝臓障害，失明），結核などである．HIV 感染は数種類のがんとも関連があり，最も頻繁に見られるのは，AIDS 以外でめったに発病することのないカポジ肉腫と呼ばれる皮膚がんである．

AIDS に対する根治法はない．症状を抑えたり（たとえば感染症のための抗生物質），ウイルス増殖を遅らせたりするための対症療法が試みられている．1995 年以来，高活性抗レトロウイルス療法の導入により，死亡率は減少している．この療法では，次の 5 種類の薬剤，すなわち ① 侵入（融合）阻害剤（マラビロクやエンフビルチド），② ヌクレオシド型逆転写酵素阻害剤（たとえばアジドチミジン．ジドブジン，AZT，あるいはアバカビルとも呼ばれる），③ 非ヌクレオシド型逆転写酵素阻害剤（たとえばエファビレンツやリルピビリン），④ プロテアーゼ阻害剤（たとえばインジナビルやロピナビル），⑤ インテグラーゼ阻害剤（ラルテグラビルやエルビテグラビル）を組み合わせて用いている．

ウイルスゲノムは高頻度に変異する（すなわち表層抗原を改変する）ので，AIDS ワクチンの開発には困難が多い．

まとめ HIV 感染は細胞機能を破壊する．ある細胞の遺伝子を不活性化したり，別の細胞の遺伝子を活性化したりすることで，HIV ゲノムは宿主細胞に新しい HIV 粒子の産生を指令し，他の細胞への感染を進行させる．

本章のまとめ

1. すべての生命プロセスを指示するために必要な情報は，DNA のヌクレオチド配列に蓄えられている．DNA は，2 本の逆方向に走るポリヌクレオチド鎖が互いに巻きついた右回りの二重らせん構造をとっている．デオキシリボースのホスホジエステル結合は二重らせんの骨格となっていて，ヌクレオチド塩基はその内部へ突き出している．ヌクレオチド塩基は，決まった塩基同士，すなわちアデニンとチミンおよびシトシンとグアニンの間で，水素結合により塩基対を形成している．
2. いくつかの種類の非共有結合，すなわち積み重なったヘテロ環塩基の間の疎水結合とファンデルワールス相互作用，GC および AT 塩基対の間で形成される水素結合，水分子との水和が DNA 構造の安定性に寄与している．DNA がもつ遺伝情報の解読には，おもにタンパク質から構成される分子機械が必要である．
3. 突然変異は DNA 構造が変化することであり，DNA 分子と溶媒分子との衝突，熱変動，ROS，放射線，生体異物などによって引き起こされる．トランジション変異では，ピリミジン塩基から別のピリミジン塩基に，あるいはプリン塩基から別のプリン塩基に置換される．トランスバージョン変異では，ピリミジン塩基からプリン塩基に，あるいはその逆に置換される．突然変異の種類には，インデル（挿入や欠失変異），逆位，トランスロケーション，遺伝子重複がある．
4. DNA はヌクレオチド配列と二重らせんの水和の程度によって，いくつかの立体構造をとりうる．Watson と Crick によって決定された古典的な構造（B-DNA）のほかにも，A-DNA と Z-DNA が知られている．DNA の超らせん化が，DNA の格納，複製，転写といったいくつかの生命プロセスにたいへん重要な役割を果たす．
5. 真核生物の染色体はヌクレオヒストンから構成される．ヌクレオヒストンとは，DNA 分子がヒストン八量体に巻きついたヌクレオソームから形成される複合体である．DNA のメチル化とヒストンにおけるいくつかの種類の共有結合性修飾（アセチル化やメチル化など）は，ヌクレオソームのクロマチンの構造と遺伝子発現を変える．ミトコンドリアや葉緑体の DNA は原核生物の染色体によく似ている．
6. ゲノムとは，ある生物の生命プロセスを支えるために必要な，継承された指示書一式である．いくらか類似性はあるものの，原核細胞と真核細胞のゲノムでは，サイズ，コードする容量，コード領域の連続性，遺伝子発現機構にかなりの違いがある．
7. ヒトの DNA 配列の大部分はタンパク質や機能性 RNA をコードしていない．遺伝子間配列には二つの大きな分類，すなわち縦列反復配列（タンデムリピート）とゲノム散在性反復配列がある．転位性遺伝因子は，複製され，ゲノム上を動くことができる．レトロトランスポゾンは，遺伝子や制御配列内に挿入されて，疾病を引き起こす．
8. RNA は，（デオキシリボースの代わりに）リボースをもっている点で DNA と異なっており，塩基組成にもいくらかの違いがあり，通常は一本鎖である．タンパク質合成に関与している RNA は，トランスファー RNA，リボソーム RNA，メッセンジャー RNA である．トランスファー RNA 分子には特定の酵素により特定のアミノ酸が付加されており，新たに合成されるタンパク質へ供給するためにアミノ酸をリボソームへ輸送し，そのアミノ酸はタンパク質合成の際にリボソーム上に正しく並べられる．リボソーム RNA はリボソームの構成要素であり，なんらかの酵素活性をもっている．メッセンジャー RNA は，ヌクレオチド配列のなかに，特定のポリペプチドを合成するための指示書をもっている．いくつかの種類のノンコーディング RNA があり，ゲノムの制御と保護に多様な役割を果たしている．たとえば，miRNA，siRNA，snoRNA，snRNA がある．
9. ウイルスは，宿主である細胞に必ず寄生して生きていかなければならない細胞内寄生体である．ウイルスは非細胞生物であり，それ自身では代謝活動を行えないにもかかわらず，生命体を破壊することができる．ウイルスはそれぞれの種類によって，感染宿主に対する比較的高い特異性がある．このウイルスの感染は，ウイルスゲノムを宿主細胞に注入するか，ウイルス粒子ごと細胞内に入るかにより実現されている．どのウイルスにも宿主細胞の代謝過程を利用する能力が備わっていて，ビリオンと呼ばれる自分自身のコピーをつくる．ウイルスは，dsDNA，ssDNA，dsRNA，および ssRNA のいずれかのゲノムをもっている．
10. レトロウイルスとは，RNA ゲノムを DNA 分子に変換する逆転写酵素活性をもつ RNA ウイルスの一群である．最終的には，HIV 感染により患者の免疫系は破壊される．レトロウイルスの HIV が AIDS を引き起こす．

キーワード

A-DNA 548
B-DNA 548
CpG 561
CpG アイランド（CpG island） 561
DNA タイピング（DNA typing） 568
DNA 転位因子（DNA transposable element） 559
DNA フィンガープリント法（DNA fingerprinting） 568
DNA プロフィール（DNA profile） 568
LINE（long interspersed nuclear element） 560
RNA トランスポゾン（RNA transposon） 559
SINE（short interspersed nuclear element） 560
Z-DNA 548
アルキル化剤（alkylating agent） 546
アンチセンス鎖（antisense strand） 573
一塩基多型（single nucleotide polymorphism） 544
遺伝学（genetics） 538
遺伝子（gene） 539
遺伝子重複（gene duplication） 545
遺伝子発現（gene expression） 540
インターカレーション剤（intercalating agent） 546

復習問題

以下の問いは，次章へ進む前に，本章で論じた重要な概念について理解度を確認するためのものである．解答は巻末および『問題の解き方』を参照のこと．

1. 次の用語を明確に定義せよ．
   a. 分子生物学　b. 遺伝学　c. 複製
   d. 転写　e. トランスクリプトーム
2. 次の用語を明確に定義せよ．
   a. 転写産物　b. プロテオーム　c. メタボローム
   d. 二重らせん　e. 塩基の積み重なり
3. 次の用語を明確に定義せよ．
   a. 点変異　b. トランジション変異
   c. トランスバージョン変異　d. サイレント変異
   e. ミスセンス変異
4. 次の用語を明確に定義せよ．
   a. アルキル化剤　b. 塩基類似体　c. 非アルキル化剤
   d. インターカレーション剤　e. 臭化エチジウム
5. 次の用語を明確に定義せよ．
   a. シャルガフ則　b. 構造ヘテロクロマチン
   c. バクテリオファージ　d. DNA 複製依存性ヒストン
   e. DNA 複製非依存性ヒストン
6. 次の用語を明確に定義せよ．
   a. A-DNA　b. B-DNA　c. Z-DNA
   d. 十字形構造　e. パリンドローム
7. 次の用語を明確に定義せよ．
   a. ヒストン　b. ヘテロクロマチン
   c. ユークロマチン　d. 遺伝子間領域配列
   e. 縦列反復配列
8. 次の用語を明確に定義せよ．
   a. サテライト DNA　b. 転位　c. トランスポゾン
   d. レトロトランスポゾン　e. 内因性レトロウイルス
9. 次の用語を明確に定義せよ．
   a. DNA タイピング　b. 短い反復配列
   c. DNA プロフィール　d. リボザイム
   e. ノンコーディング RNA
10. 次の用語を明確に定義せよ．
    a. 淡色効果　b. DNA 変性　c. 制限酵素
    d. DNA ハイブリッド形成　e. サザンブロット法
11. 真核生物と原核生物の DNA の違いを三つあげよ．
12. 超らせんによって促進される生命プロセスを三つあげよ．
13. RNA と DNA の構造上の違いについて説明せよ．
14. 遺伝子発現におけるプロモーター，エンハンサー，サイレンサー，インシュレーターの役割について説明せよ．
15. DNA 中では 0.34 nm ごとに塩基対が存在し，ヒトの 1 個の細胞にある DNA の全長は 2 m である．一つの細胞中にある塩基対の数を計算せよ．人体には 10^{14} 個の細胞があるとすると，DNA の全長はどれくらいになるか．この推定値は，地球から太陽までの距離（1.5×10^8 km）に比較するとどのようなものか．

16. ある DNA 試料は 21%のアデニンを含んでいた．この試料の完全な塩基組成（%）はどのようなものか．
17. 遺伝学の研究分野における，1953 年に発表された Watson-Crick 論文の重要性について説明せよ．
18. 次の DNA 断片の相補鎖および RNA 転写産物を記せ．

    5′-AGGGGCCGTTATCGTT-3′

19. DNA のメチル化のパターンが，どのように細胞のある世代から次の世代に保持されているのか説明せよ．
20. DNA の複製と DNA の転写で，どちらのエラーが細胞に大きな障害を与えるか．
21. HIV 感染における Env 三量体の機能について説明せよ．
22. シャルガフ則は DNA に適用できるが，RNA には適用できない．この理由を説明せよ．
23. 水分子は DNA の構造にどのような影響を及ぼすか．
24. 非共有結合性相互作用により DNA の構造を安定化するものには，どのような種類があるか説明せよ．
25. 一般に〝ヒストンコード仮説〟とは，どのようなものか説明せよ．
26. Watson と Crick が DNA 二重らせんモデルを構築するために用いた実験的証拠をあげよ．
27. 毒性化合物である塩化エチル（CH_3CH_2Cl）には変異原性がある．どのような変異原化合物に分類されるか．
28. *Alu* 配列とは何か．ヒトの健康にとって，どのような負の影響を与えるか．

応用問題

以下の問いは，本書でこれまで論じてきた重要な概念について理解を深めるためのものである．正解は一つとは限らない．解答例は巻末および『問題の解き方』を参照のこと．

29. 生理的条件下では，DNA は通常，B-DNA 構造をとる．しかしながら，RNA ヘアピン構造や DNA-RNA ハイブリッドでは A-DNA 構造をとりやすい．DNA と RNA の構造上の違いを考慮に入れて，この現象を説明せよ．
30. DNA 二重らせん構造のなかの大きな溝と小さな溝をつくりだす原因となっているのは，DNA のどのような構造上の特徴か．
31. DNA が二重らせん構造であるのに対して，RNA は一本鎖として存在している．これは RNA の構造にどのような影響を与えているか．
32. 5-ブロモウラシルはチミンの類似体である．通常，チミンはアデニンと対合するが，5-ブロモウラシルはしばしばグアニンと対合する．この理由を説明せよ．
33. 遺伝情報は，DNA から RNA を経てタンパク質へと流れていく．また，あるウイルスでは，RNA から DNA へ遺伝情報が流れることもある．では，タンパク質から遺伝情報が流れることがあるだろうか，説明せよ．
34. リンカー DNA や除タンパクした DNA とは異なって，ヒストンコアに巻きついている DNA セグメントは，ヌクレアーゼによる加水分解反応に抵抗性が高い．なぜか．
35. 細胞内に存在する mRNA の一式は，刻一刻と変化している．この現象を説明せよ．
36. ある小さな町で起こった 10 歳児殺害事件がついに解決した．これは，全米を網羅した新 DNA データベースを活用した刑事の働きが大きく，そのデータベースには有罪となったこの事件の犯人の DNA 試料も含まれていた．犯行現場に捜査班が到着してから，どのようにこの事件が解決されていったであろうか，説明せよ．また，どのような技術上の進歩が，この事件を解決可能にしたのか．
37. ある種の生物はかなりの選択圧を受けており，より効率的な活動を行うため，そのゲノムを簡素化する方向に向かっている．その結果，真核生物種のミトコンドリアは，程度は種によって異なるものの，驚くほど大部分の遺伝子を失った．この過程で，数百のミトコンドリア遺伝子が核のゲノムに移動した．とはいえミトコンドリアは，いくつかの種類の電子伝達系タンパク質を合成するのに必要な容量のゲノムを，現在でも保持している．ミトコンドリアの電子伝達系について見直し，なぜ，このエネルギーを産生する細胞小器官が，この分子を合成するための遺伝子を保持しているのか，その理由を推測せよ．
38. B-DNA にある各リン酸基は，6 分子の水と水素結合を形成できると考えられている．DNA のホスホジエステル結合が，会合する水分子とどのように隣り合っているか，図で示せ．
39. アルキル化剤はヒドロキシ基やアミノ基と反応して，分子をアルキル化する．たとえば

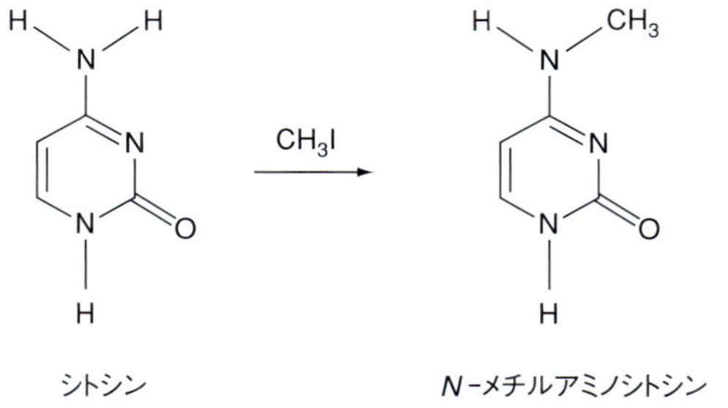

ヒトがこのような化合物にさらされると，ゲノムの変化を通じて，さまざまな生理系が影響を受ける．このような化合物にさらされ続ける結果の一つとして，がん（ゲノムの損傷によって引き起こされる制御できない細胞増殖）も決して珍しいことではない．ゲノムに関する知識から，一般論としてどのようにがんは起こるのか示せ．

40. 古代の化石に残された DNA を抽出し，クローン化した後，絶滅した種を蘇らせる可能性が示唆されている．このアイデアの実現性について，考えを述べよ．
41. フルオロウラシルはチミンの構造類似体である．フッ素はエノール化を促進する．この効果は，どのようにがんの治療に用いられているか．

CHAPTER

18 遺伝情報

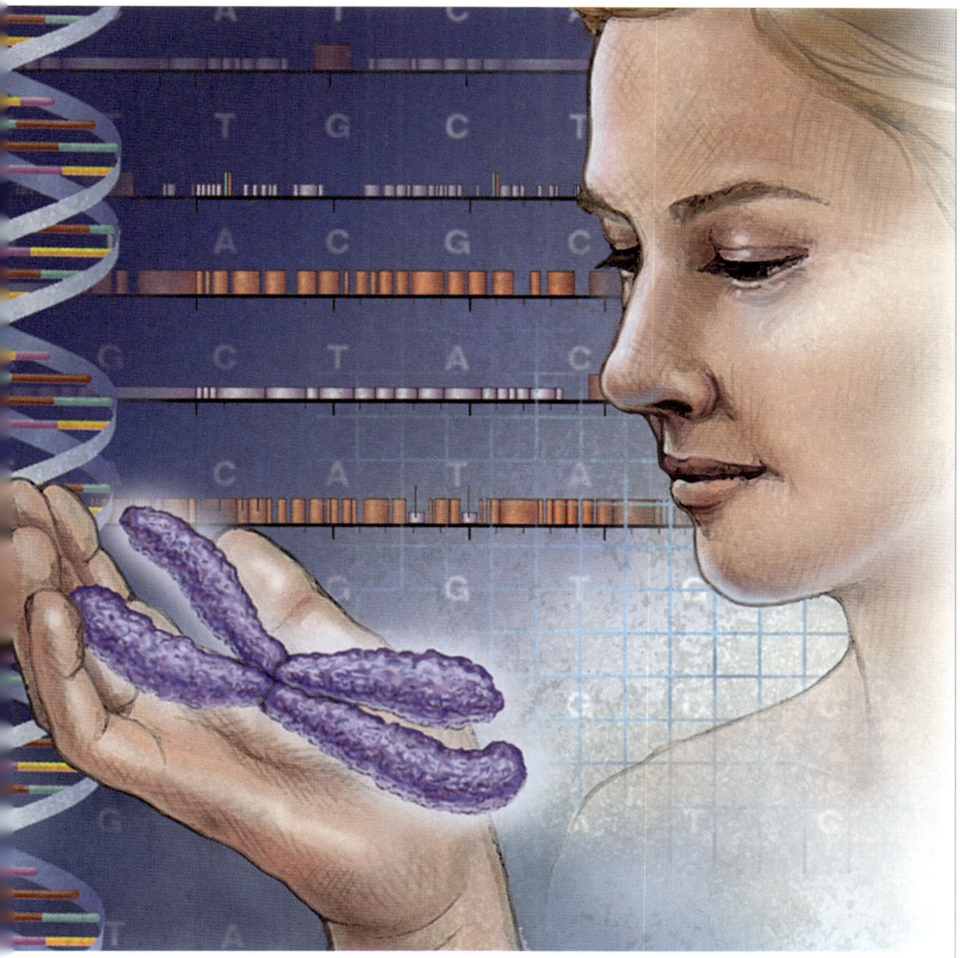

ヒトゲノム計画とENCODE（エンコード，Encyclopedia of DNA Elements）計画　世界中の公的あるいは私的研究室の何千という科学者によって成し遂げられたヒトゲノム計画は，15年以上の歳月を経て達成された．この結果生みだされた生物学的情報の洪水を，人間の医学的および生物学的問題の解決に生かそうと，研究者たちは今まさに解釈し，利用し始めているところである．ヒトゲノム計画の後継ともいうべきENCODE計画は，ヒトゲノム中のすべての機能的なエレメントの同定を目指している．

アウトライン

概　要

すべての生命体は情報処理システムである．それらの情報は，最終的にはDNAのヌクレオチド塩基配列のなかにコードされている．生化学者たちはこれまでに，遺伝情報の貯蔵と伝達，そしてDNAがどのように複製されて遺伝子発現が制御されているかという謎に関して，より深く調べることですべての生命科学を一変させてきた．この追求によって獲得した知識と技術は，生命現象の複雑さ（これはなお広がり続けている）を理解することを可能にした．

情報に基礎をおくシステムで繁栄しているものでは，ある種の組織をつくるのに必要な指令（たとえば家を建てるため，あるいは生物を繁殖させるための設計図）は，正確であり，なおかつそのシステムが使用できるように，安定に保存されていなければならない．また情報は，使用できるかたちに変換されなければならない．生物はこれらの機能を以下のように分担している．DNAは比較的安定な分子であり，情報の貯蔵を最大化し，かつ複製を安定して行える構造的特徴をもっている．RNA分子はDNAよりも反応性が高く，タンパク質合成と遺伝子発現の調節において多くの役割を果たす．最後に，タンパク質は多様で柔軟な三次元構造をもち，それを使って，生きている状態を維持する仕事の大部分を担っている．

DNAは，生命過程を推進させるための遺伝情報を含んでいるが，細胞内で起こっている過程を直接コントロールしているわけではない．DNAの塩基配列の解読には，大部分がタンパク質からできており，かつ細胞内のエネルギー源によって駆動される分子装置が必要である．これらの装置は，複製や転写の際に，DNAを曲げたり，ねじったり，ほどいたり，分離したりする．一見したところ，DNAの構造は繰返しが多く規則的なので，特定の塩基配列にしかるべきタンパク質が有意義な結合をするのに，DNAは不向きなパートナーであるように思える．しかし，DNAの主溝（まれに副溝のこともある）のなかの塩基とアミノ酸残基との間の疎水性相互作用や水素結合，そしてイオン結合を含む多数の接触（ふつう20個程度）により，DNAとタンパク質の結合は高度に特異的なものになっている．これまでに解析されたほとんどのDNA結合タンパク質の三次構造は，驚くほど似通った特徴をもっている．これらの分子の多くは，通常，2回対称軸をもっており，構造に基づいて以下のように分類される（**図18.1**）．①ヘリックス・ターン・ヘリックス，②ヘリックス・ループ・ヘリックス，③ロイシンジッパー，④ジンクフィンガーである．DNA結合タンパク質の多くは転写因子であり，しばしば二量体を形成する．たとえば，ロイシンジッパーモチーフをもつさまざまな転写因子は，ロイシンを含むαヘリックス同士がファンデルワールス相互作用を介して会合することで，二量体を形成する．

18章では，細胞現象を指図する核酸（DNAとRNA）を合成するために，生物が用いる機構の概要を説明する．初めに，DNAの複製，修復，および**組換え**（recombination，DNA配列の再仕分け）のいくつかの面を述べ，その後に，RNAの合成とプロセシングについて述べる．また，生命過程の研究のために，生化学者が用いるいくつかの基本的なバイオテクノロジー的実験手法を概観する．18章の最後の節では，遺伝子発現，すなわち規則正しくかつタイミングよく遺伝子産物を生成するために細胞が使用する機構について説明する．

18.1　遺伝情報：複製，修復，組換え

生存できるすべての生物は次のような特徴，すなわち，速くて正確なDNA合成，および効果的なDNA修復機構によって維持される遺伝子の安定性を備えていなければならない．逆説的であるが，種としての長期の生き残りは，環境変化への適応を可能にする遺伝的多様性にも依存している．大部分の種において，これらの多様性は主として遺伝子組換えから起こり，突然変異もある役割を果たしている．以下の項では，原核生物と真核生物がこれらの目標を達成するために使う機構について論じる．

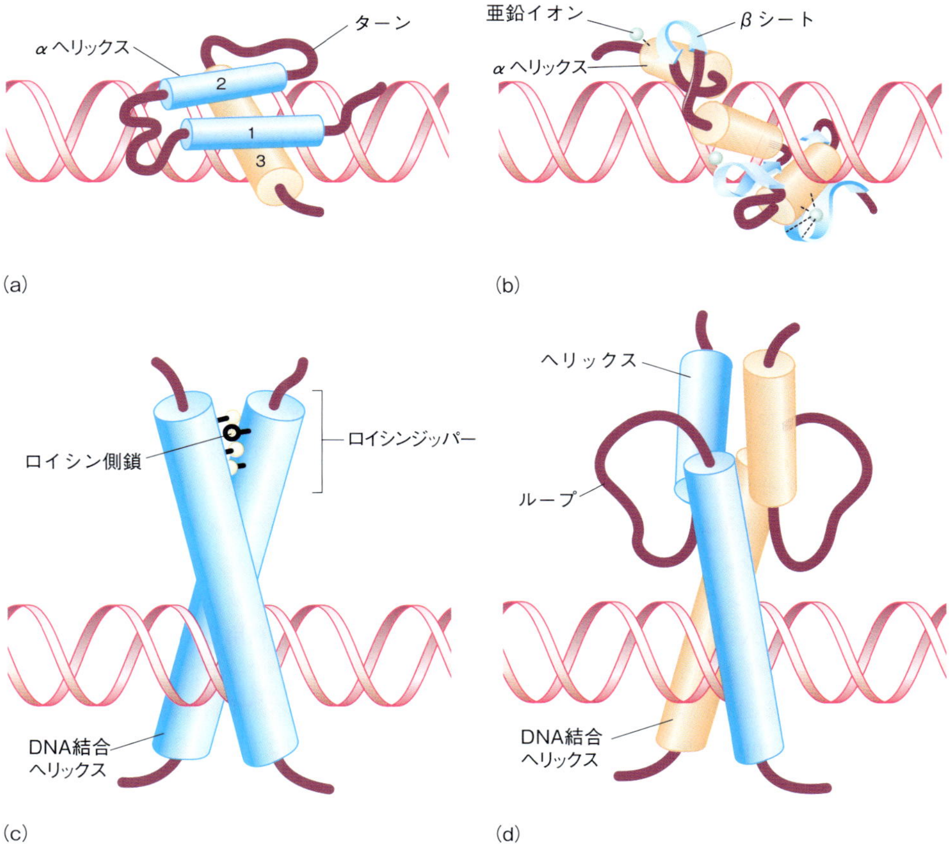

図 18.1　DNA–タンパク質相互作用
DNA 結合タンパク質は，DNA と相互作用する特定の構造的モチーフを含む．(a) ヘリックス・ターン・ヘリックス，(b) ジンクフィンガー，(c) ロイシンジッパー，(d) ヘリックス・ループ・ヘリックス．

DNA 複製

DNA 複製は，細胞分裂の前に毎回起こる．DNA コピーをつくる機構は，すべての生物で同様である．二本鎖が分かれた後，それぞれの一本鎖が相補鎖を合成するための鋳型となる（図 18.2）（いいかえれば，二つの新しい DNA 分子は，1 本の古い鎖と 1 本の新しい鎖からなる）．**半保存的複製**（semiconservative replication）と呼ばれるこの過程は，Matthew Meselson と Franklin Stahl が 1958 年に報告した非常に洗練された実験によって最初に実証された．

この Meselson-Stahl の実験から数年の間に，DNA 複製の詳細の多くが明らかにされた．最近まで，DNA 合成装置は，大部分が静止している DNA の〝軌道〞に沿って動くと考えられていた．最近の研究により，DNA 複製は，複製の過程では比較的静的な**複製ファクトリー**（replication factory）と呼ばれる核あるいは核様体の特定の区画で起こることが明らかになった．これらのファクトリー内の複製装置は，エネルギーによって駆動される DNA ポンプとして働く．原核細胞では，複製ファクトリーは細胞膜に付着している．真核細胞では，複製ファクトリーは細胞周期の合成期（S 期：後述，図 18.11）中に形成され，核マトリックスに会合している．

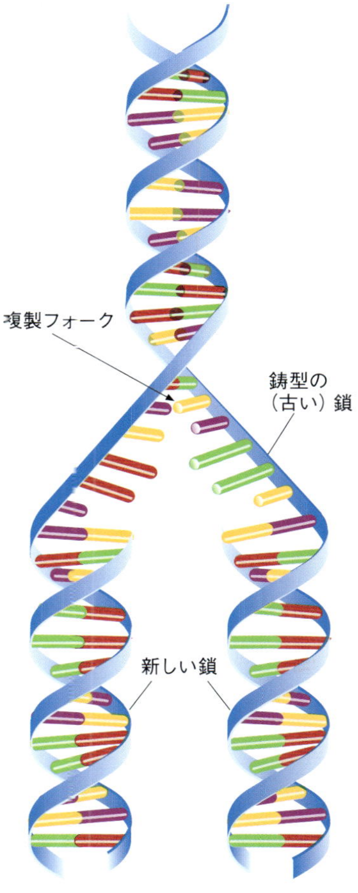

図 18.2　半保存的 DNA 複製
二重らせんが複製フォークの地点で巻きもどされ，それぞれの古い鎖が新しい鎖の合成のための鋳型となる．

原核生物における DNA 合成　大腸菌での DNA 複製は，DNA の巻きもどし，プライマー合成，そして DNA ポリヌクレオチドの合成という，いくつかの基本的な段階からなり，各段階には酵素活性が必要である．DNA 断片の連結反応と超らせん形成の調節についても述べる．

DNA の巻きもどし　ヘリカーゼ（helicase）は，アニーリングされた二本鎖 DNA を分離する ATP 依存性モータータンパク質である．大腸菌での主要なヘリカーゼは，二重らせんを開く環状の六量体である．

プライマー合成　プライマー(primer)と呼ばれる，一本鎖 DNA の鋳型と相補的な短い RNA 断片の形成は，DNA 複製を開始するために必要である．プライマーの合成は，RNA ポリメラーゼの一種である**プライマーゼ**(primase)によって触媒される．プライマーゼは *dnaG* 遺伝子の産物で，分子量 6 万のポリペプチドである．プライマーゼといくつかの補助タンパク質を含む多酵素複合体は**プライモソーム**(primosome)と呼ばれる．

DNA 合成　5′ → 3′ 方向の相補的 DNA 鎖の合成は，鋳型鎖に塩基対合したヌクレオチド間のリン酸ジエステル結合形成によるが，これは DNA ポリメラーゼと呼ばれる大きな多酵素複合体によって触媒される(**図 18.3**)．**図 18.4** に示すように，DNA ポリメラーゼ触媒機構の現在のモデルでは，3′-ヒドロキシ基の酸素原子が求核剤となり，新たに入ってくるヌクレオチドの α-リン酸基を攻撃して，新しい P—O 結合を形成する．1000 塩基/秒の重合速度をもつ DNA ポリメラーゼⅢ(pol Ⅲ)は，原核生物の主要な DNA 合成酵素である．pol Ⅲ ホロ酵素は，少なくとも 10 のサブユニットからなっている(**表 18.1**)．コアポリメラーゼは，α，ε，θ という三つのサブユニットより構成されている．β タンパク質(スライディングクランプ・タンパク質あるいは β_2 クランプとも呼ばれる)は二つのサブユニットからなり，鋳型 DNA 鎖を取り囲むドーナツ型のリングを形成する．γ 複合体は，γ，δ，δ'，χ および ψ からなる．これらのなかで γ，δ，δ' は，ATP 加水分解によって放出されるエネルギーを利用して DNA クランプの装着(ローディング)という機械的な働きを触媒するモーター ATP アーゼドメインを含んでいる．ATP 依存的な過程により，γ 複合体はプライマーとともに一本鎖 DNA 鎖を認識し，**クランプローダー**(clamp loader)として働いて β_2 クランプ二量体をコアポリメラーゼへ移動させ，そこで DNA 鎖を取り囲む閉じたリングを形成する．β_2 クランプの内径は二本鎖 DNA よりも大きい約 3.5 Å であり，水和した DNA 鎖が容易にすり抜けられる大きさである．β_2 クランプはまた，**連続移動性**(processivity)を促進する．すなわち，鋳型 DNA からポリメラーゼが頻繁に離れるのを防ぐ．ATP 加水分解で駆動される過程によって γ 複合体が排出されるので，pol Ⅲ ホロ酵素は DNA 複製を続行できる．注目すべきなのは，τ サブユニットが，二つのコア酵素複合体が二量体をつくることを可能にしており，これがさらに連続移動性を高めていることである．**レプリソーム**(replisome)と呼ばれる DNA 複製装置は，pol Ⅲ ホロ酵素の二つのコピー，DNA プライモソーム，および DNA ヘリカーゼからなる．

大腸菌はまた，四つの別の DNA ポリメラーゼ，すなわちⅠ，Ⅱ，ⅣおよびⅤをもっている．DNA ポリメラーゼⅠ(pol Ⅰ)は最初に発見された DNA ポリメラーゼであり(発見者は 1959 年のノーベル生理学・医学賞受賞者である Arthur Kornberg)，DNA 複製と修復においていくつかの役割を果たす多才な酵素である．実際にこの酵素は，三つの明らかに異なる触媒活性，すなわち 5′ → 3′ エキソヌクレアーゼ活性，5′ → 3′ 鋳型依存性ポリメラーゼ活性，および 3′ → 5′ エキソヌクレアーゼ活性をもっている〔**エキソヌクレアーゼ**(exonuclease)は，ポリヌクレオチド鎖の末端からヌクレオチドを除去する酵素である〕．pol Ⅰの 5′ → 3′ エキソヌクレアーゼ活性は複製中のミスペア領域を除去する．この活性は同時に RNA プライマーも除去できる．RNA プライマーが除去されるとすぐに，pol Ⅰの 5′ → 3′ 鋳型依存性ポリメラーゼ活性がリボヌクレオチド鎖をデオキシリボヌクレオチド鎖に置換する〔主要な複製酵素である pol Ⅲ とは対照的に，pol Ⅰは低処理能力の遅い酵素(18 塩基/秒)であることに注意〕．pol Ⅰが短い DNA 断片を合成する際には，精度を保証するために 3′ → 5′ エキソヌクレアーゼ活性も利用する．pol Ⅰはまた，いくつかの種類の複製後損傷修復(p. 595～599)でも重要な役割を果たす．

pol Ⅱ と pol Ⅳ は細胞に通常存在する修復酵素であり，低レベルの DNA 損傷を修復する．細胞を高レベルの紫外線や変異原性化学物質に曝露させると，SOS 応答と呼ばれる緊急修復機構が活性化される．SOS 応答によって誘導される酵素とその他のタンパク質は，複製を妨げるほどの高レベルの DNA 損傷が引き起こす細胞死を防ぐ．SOS 応答の早期には pol Ⅱ と pol Ⅳ の遺伝子発現が増加し，その後 pol Ⅴ 遺伝子の発現が続く．これらの修復酵素は，その構造上，損傷 DNA を鋳型として使用できるので，損傷乗り越えポリメラーゼと呼ばれる．pol Ⅲ

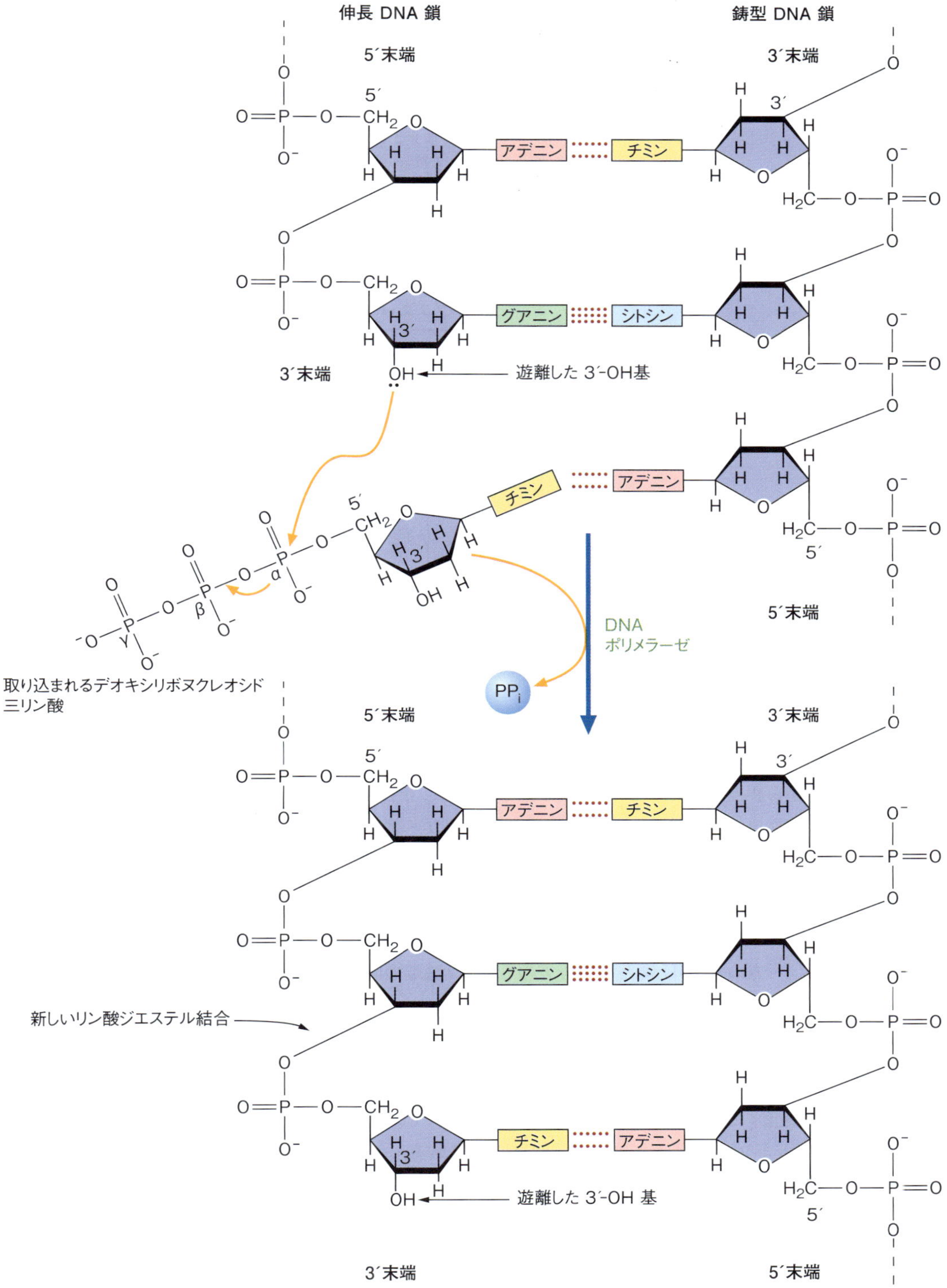

図 18.3 DNA ポリメラーゼ反応

DNA 合成の重要な特徴は，伸長する 5′→3′DNA 鎖と，取り込まれる dNTP（デオキシリボヌクレオシド三リン酸）との間に形成されるリン酸ジエステル結合である．この結合は，末端残基の 3′-ヒドロキシ基による dNTP の α-リン酸基への求核攻撃によってつくられる．脱離基として生成されたピロリン酸（PP_i）は引き続き加水分解される．ピロリン酸の加水分解によって放出されるエネルギーは反応過程全体を前へと進める．

が損傷部位（たとえば塩基付加，塩基欠損，あるいはチミン二量体）に遭遇して複製が停止すると，pol Ⅲ はこれらの修復酵素の一つに取って代わられる．損傷部位の対となるヌクレオチドを取り込んで損傷部位がバイパスされると，使用された損傷乗り越えポリメラーゼは除去され

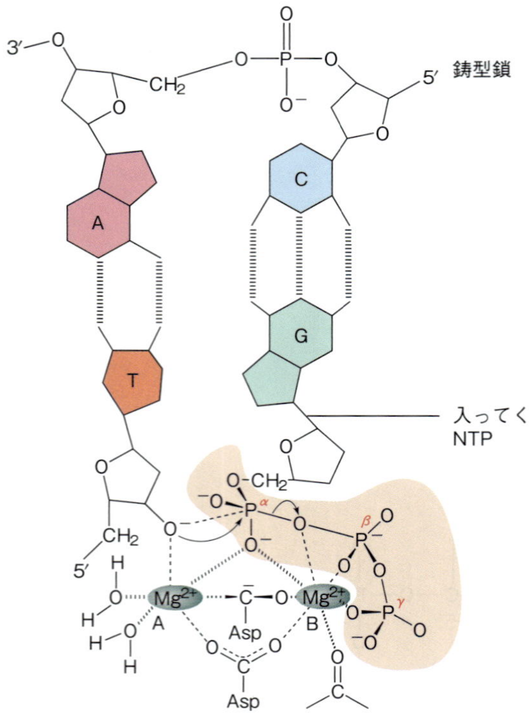

図 18.4　DNA ポリメラーゼの機構

すべての DNA（および RNA）ポリメラーゼは，鋳型によるヌクレオチド重合に同じ機構，すなわち整列したヌクレオチド転移という機構を使っていると考えられる．この大腸菌 pol I の例では，二つの Mg^{2+}（A，B と標識）が，取り込まれるヌクレオチド（dNTP）の α-リン酸基に配位し，二つのアスパラギン酸側鎖のカルボキシ基と架橋している．マグネシウムイオン A は，3′-ヒドロキシ基における酸素原子と水素原子の親和性を低下させる．3′-酸素原子は求核剤となり，α-リン酸基を攻撃して新しい P—O 結合を形成する．双方の Mg^{2+} は遷移状態の負電荷を安定化させる．負に荷電したピロリン酸を安定化させることで，マグネシウムイオン B はその離脱を容易にする．

表 18.1　DNA ポリメラーゼⅢのサブユニット

サブユニット			機能
ホロ酵素	コアポリメラーゼ	α	5′→3′ ポリメラーゼ
		ε	3′→5′ エキソヌクレアーゼ
		θ	ε を補助
	γ 複合体（クランプローダー）	τ	ATP アーゼ，コアの二量体化を補助
		γ	ATP アーゼ
		δ と δ′	ATP アーゼ，クランプ装着を刺激
		χ と ψ	クランプローダー複合体を安定化し，複製開始を促進
		β	$β_2$ のかたちでスライディングクランプ

て pol Ⅲ に置き換わり，次の損傷部位に出くわすまで pol Ⅲ が複製を続ける．残念ながら，SOS システムによる修復はエラーを起こしやすいので高くつくことになる．pol Ⅳ と pol Ⅴ，それから程度は低いが pol Ⅱ も構造的特徴として DNA 損傷部位へ結合できるので，そのことも正確性を減少させる．もし損傷乗り越えポリメラーゼによって導入されたエラーが複製後修復（p. 595～599）によって修正されなければ，突然変異を引き起こす．

DNA 断片の連結　DNA 複製の最中には（DNA 修復や組換えの過程と同様に），しばしば，DNA 鎖の部分同士が互いに連結する必要がある．**DNA リガーゼ**（DNA ligase）と呼ばれる酵素が，一方の 3′-OH 端ともう一方の 5′-リン酸端の間における共有結合性のリン酸ジエステル結合の形成を触媒する．

超らせんの制御　DNA トポイソメラーゼは，DNA 鎖がもつれるのを防止する．この酵素は，複製過程を遅らせる原因となる DNA のトルク（回転力）を軽減するために，複製装置の前方で機能する．二重らせんは急速にほどけるので（細菌の DNA 複製では毎秒 50 回転にもなる），トルクの発生は非常に現実的な問題である．トポイソメラーゼは，一方または両方の鎖を切断し，生じたすき間にもう一方の DNA を通過させた後，鎖を再結合することによって，DNA の超らせん状態（p. 550 参照）を変化させる酵素である．トポイソメラーゼ（topoisomerase）とトポアイソマー（topoisomer，超らせんの程度だけが異なる DNA 分子）という用語は，トポロジー（topology，切断なしに達成される形や位置の変化を調べる数学の一分野）に由来する．超らせんを適切に制御することで，DNA 分子を容易にほどくことができる．トポイソメラーゼⅠ型は DNA の一本鎖を一時的に切断する．トポイソメラーゼⅡ型は DNA の二本鎖を一時的に切断する．原核生物では，DNA ジャイレースと呼ばれるトポイソメラーゼⅡ型が，複製された DNA 分子産物（すなわち，つながった環状染色体）を引き離し（脱連環化），ゲノムパッケージングのために負の超らせんをつくるのを助ける．

原核生物の複製過程　環状の大腸菌染色体の複製（図 18.5）は，二本鎖 DNA を融解しながら他の複製タンパク質を引き寄せて複製過程を開始する DNA 結合タンパク質 DnaA（分子量 5

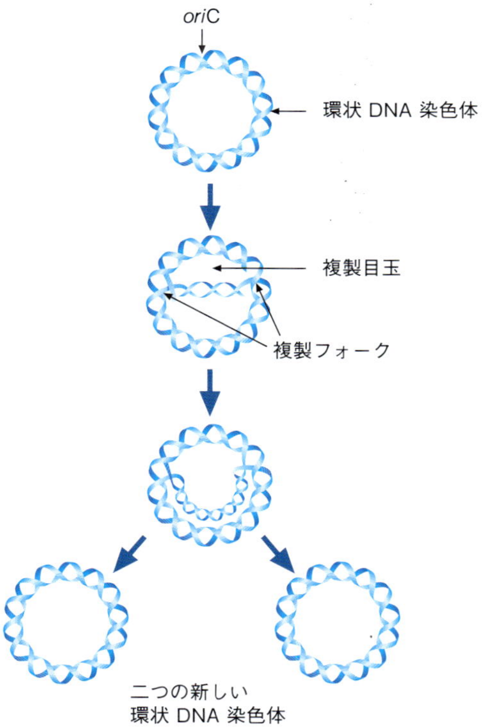

図 18.5　原核生物の DNA 複製
環状染色体の DNA 複製が進む際の二つの複製フォークは，オートラジオグラフィーによって観察される．その構造は複製目玉と呼ばれる．

万 3000，**図 18.6**）が十分存在し，なおかつ ATP/ADP 比が高いときに始まる．大腸菌染色体上の複製開始部位は *oriC* と呼ばれる．複製は，ひとたび開始されると，両方向へ進む．ヘリカーゼが DNA 二本鎖を巻きもどし，二つのレプリソームが集まり，そして複製が両方の外側に向かって続く．DNA 合成の二つの活発な部位〔**複製フォーク**（replication fork）と呼ばれる〕は，お互いより遠くに離れていき，いわゆる〝複製目玉〞（replication eye）が形成される．大腸菌染色体は一つの開始部位をもっているので，一つの複製単位とみなされる．複製単位または**レプリコン**（replicon）は，開始部位と適切な調節配列を含む DNA 分子（または DNA 領域）である．

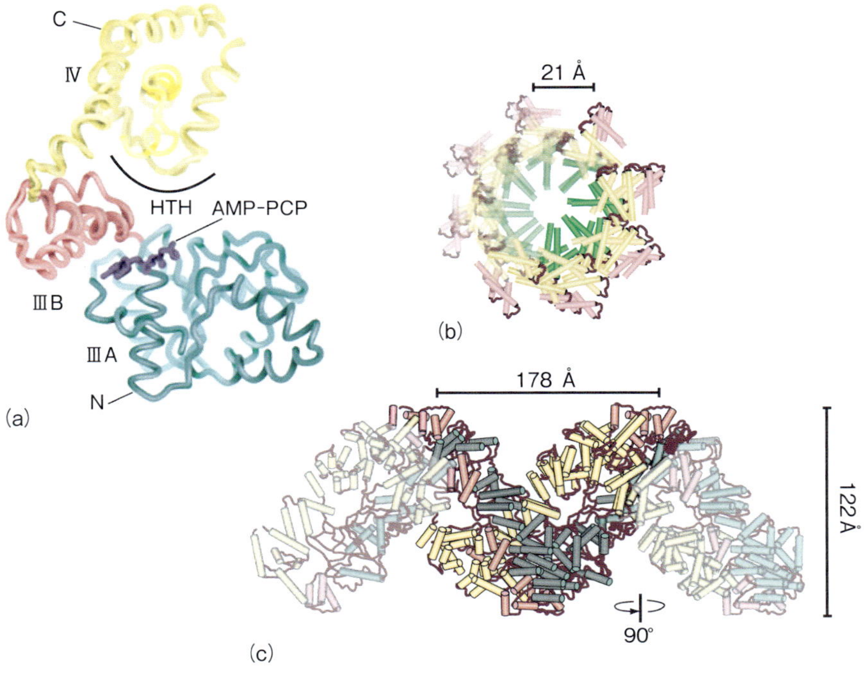

図 18.6　DnaA の構造
(a) DnaA は四つのドメインからなる．Ⅲ（赤色と緑色）とⅣ（黄色）を示す．この図では，ATP 類似体の AMP-PCP（紫色で示す）が，DnaA の ATP 結合部位に結合している．ATP が DnaA 単量体のドメインⅢ A の ATP 結合部位に結合すると，高次構造変化が生じ，ドメインⅣを介して，Dna ボックスと呼ばれる高度に保存された 9 bp 塩基配列と結合したオリゴマーの形成が促される（HTH はヘリックス・ターン・ヘリックスモチーフ）．(b) DnaA オリゴマーを上から見た図，(c) 横から見た図．DnaA オリゴマーがとる構造（開いた右回りらせん）のために，その外周は DnaA ボックスを含む DNA により包み込まれる．

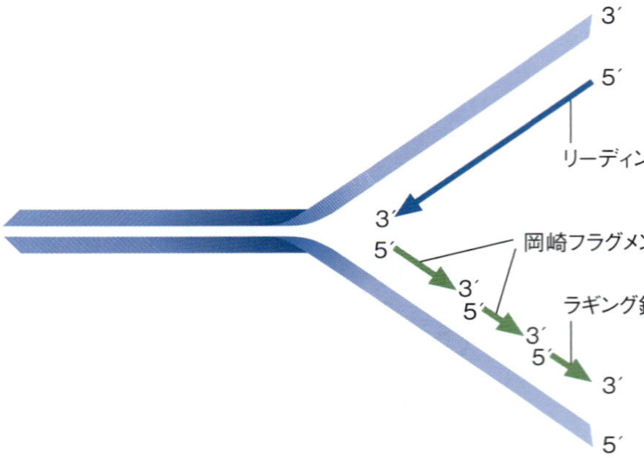

図 18.7　複製フォークの地点での DNA 複製
リーディング鎖の 5′ → 3′ 合成は連続的に起こる．ラギング鎖も 5′ → 3′ 方向へ合成されるが，小領域（岡崎フラグメント）ごとに行われる．

DNA 複製を最初に（電子顕微鏡とオートラジオグラフィーを使って）実験的に観察したとき，研究者は矛盾に直面した．彼らの研究で観察された DNA の双方向的な合成は，一方の鎖では 5′ → 3′ 方向へ，そして他方の鎖では 3′ → 5′ 方向へ連続した合成が起こっているように見えた．しかし，DNA 合成を触媒するすべての酵素は 5′ → 3′ 方向への合成のみを触媒する．現在では，リーディング鎖と呼ばれる一方の鎖だけが 5′ → 3′ 方向へ連続的に合成されることがわかっている．ラギング鎖と呼ばれる他方の鎖もまた 5′ → 3′ 方向へ合成されるが，小領域においてのみである（図 18.7）．岡崎令治と彼の共同研究者は，不連続な DNA 合成を示す実験的な証拠を提示した．ひとたび RNA プライマーが各領域から除去されて DNA により置換されると，これらのラギング鎖領域〔現在では**岡崎フラグメント**（Okazaki fragment）と呼ばれる〕は DNA リガーゼによって共有結合で連結される．大腸菌のような原核生物では，岡崎フラグメントは約 1000 のヌクレオチドからなっている．

DnaA タンパク質が *oriC* 配列中の五つから八つの 9 bp 部位（DnaA ボックスと呼ばれる）に結合すると，複製が始まる．原核生物では，DnaA ボックスの数は種によって異なる．大腸菌は五つの DnaA ボックスをもっている．DnaA のオリゴマー化によってヌクレオソーム様構造が形成されるが，これには ATP とヒストン様タンパク質 HU が必要である．DnaA–DNA 複合体が形成されると，三つの 13 bp 反復配列を含む近接する領域で，二本鎖 DNA の局所的な〝融解〟が起こる．すなわち，その小さい領域で二重らせんが開裂する（図 18.8）．DnaB（六つのサブユニットからなる分子量 30 万のヘリカーゼ）は DnaC（分子量 2 万 9000）と複合体を形成し，開いている *oriC* 領域に入る．その後 DnaB が DNA へ結合すると，DnaC は放出される．DnaB がらせんを巻きもどすと，複製フォークは前進する．トポイソメラーゼは複製装置より前方でトルクを軽減する．DNA の巻きもどしが進むと，DnaA は移動させられる．結合 ATP 分子の加水分解により，DnaA は DNA と結合できない不活性型の立体構造にもどる．数多くの一本鎖 DNA 結合タンパク質（SSB）が結合することで，二つの一本鎖は離れたままに保たれる．四量体の SSB はまた，傷つきやすい一本鎖 DNA（ssDNA）部分をヌクレアーゼの攻撃から保護している．

複製フォーク地点での DNA 合成のモデルを図 18.9 に示す．pol Ⅲ が DNA 合成を始めるた

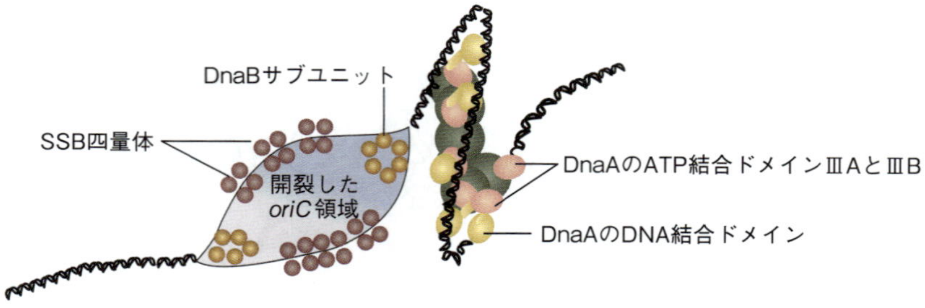

図 18.8　複製フォークの形成
DnaA と DnaB の結合後，2 カ所の複製フォークにおいて DnaB ヘリカーゼが DNA 二本鎖を分離させる．DnaA のそれぞれの DNA 結合ドメイン（黄色）は，9 bp の DnaA ボックスと結合する．新たに形成された ssDNA へ SSB が結合して，一本鎖が再結合するのを防ぐ．ヘリカーゼローダーの DnaC（図には示されていない）は，DnaB ヘリカーゼの DNA への結合を容易にする．

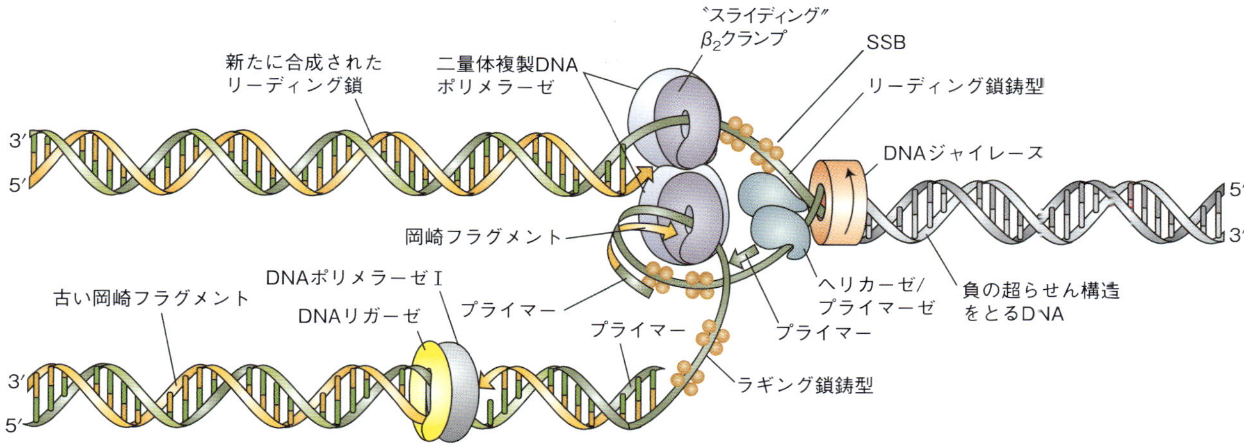

図 18.9　大腸菌 DNA の複製モデル

複製フォークの地点で，二本鎖 DNA は DnaB と DNA ジャイレース（トポイソメラーゼの一つ）によって巻きもどされる．DNA ジャイレースは，ATP 加水分解を使って，複製フォークの直前で DNA に負の超らせん構造を誘導する．それによってトルクが軽減し，DNA 分子はより弛緩した状態にもどる．らせんがほどけると，RNA プライマーがラギング鎖上で合成される．新しい鎖の合成は，τ 複合体（図には示されていない）によって互いにつなぎとめられた二つの pol Ⅲ ホロ酵素によって触媒される．それぞれの pol Ⅲ 複合体は，ポリメラーゼを鋳型鎖につなぎとめる β_2 クランプに連結されている．ラギング鎖は巻きつくような形で pol Ⅲ ホロ酵素に入り込むので，リーディング鎖とラギング鎖の合成は同じ方向に進む．ラギング鎖と pol Ⅲ の複合体が岡崎フラグメントを完成させると，ラギング鎖は放出される（ラギング鎖が交互に伸びたり縮んだりするので，この複製モデルはトロンボーンモデルと呼ばれる）．その後，プライモソームは次のプライマーを合成する．pol Ⅰ と DNA リガーゼは一緒に作用してプライマーを削除し，岡崎フラグメント間のギャップを埋める．pol Ⅲ は，新しいプライマーが存在する部位でラギング鎖に再び結合し，新しい岡崎フラグメントの合成を始める．

めには，RNA プライマーが合成されなければならない．DNA 合成が連続的に起こるリーディング鎖では，プライマー形成は一つの複製フォークにつき一度だけ起こる．それとは対照的に，ラギング鎖での不連続な合成には，各岡崎フラグメントのためのプライマー合成を必要とする．プライモソームはラギング鎖に沿って移動して，停止し，向きを変え，短い RNA プライマーを合成する．次に pol Ⅲ は，プライマーの 3′ 末端から続けて DNA を合成する．ラギング鎖が伸長する間に，pol Ⅰ は RNA プライマーを削除して，相補的な DNA 部分を合成する．その後，DNA リガーゼが岡崎フラグメント同士を連結する．

図 18.9 に示したように，リーディング鎖とラギング鎖の合成は連動している．二つの pol Ⅲ 複合体が連係して作動するためには，一方の鎖（ラギング鎖）がレプリソームのそばでループをつくる必要がある．ラギング鎖と pol Ⅲ との複合体は，岡崎フラグメントを完成させると，スライディングクランプと結合することで二本鎖 DNA を遊離させる．ラギング鎖上の pol Ⅲ はその後，複製フォークに隣接する γ 複合体によって新たに合成された RNA プライマー上で，新しく組み立てられたスライディングクランプと再び結合する．すると，プライモソームが入ってきて，別の新たな RNA プライマーを合成する．

大腸菌での DNA 複製の複雑さと速さにもかかわらず，この過程は驚くほど正確であり，1 世代あたり 10^9〜10^{10} の塩基対につきおよそ一つのエラーしかない．この低いエラー率はおもに，コピーする過程自体（すなわち相補的な塩基対合）の正確な性質の結果である．pol Ⅲ と pol Ⅰ の活性部位には，ヌクレオチドの塩基対がぴったりはまる形をしたポケットがあり，そこではプリン塩基とピリミジン塩基が水素結合とファンデルワールス相互作用によって適切に整列している．もしヌクレオチド塩基の組合せが間違っていると，それらはポケットに収まらず，やってきたヌクレオチドは，反応が起こる前に，通常，活性部位を離れる．そして，pol Ⅲ と pol Ⅰ もまた，新しく合成された DNA を校正する．誤対合したヌクレオチドのほとんどは（pol Ⅲ と pol Ⅰ の 3′ → 5′ エキソヌクレアーゼ活性によって）除去され，その後に置き換えられる．いくつかの複製後修復機構も DNA 複製の低いエラー率に貢献している．

複製フォーク同士が，環状染色体の反対側の終止部位である *Ter*（τ）領域で出合うと，複製は終了する．大腸菌のこの *Ter* 領域は，20 bp からなる終止部位を六つ含む．DNA ポリメラーゼの動きを止める抗ヘリカーゼ Tus が *Ter* 領域と結合すると複製停止が起こる．非対称の

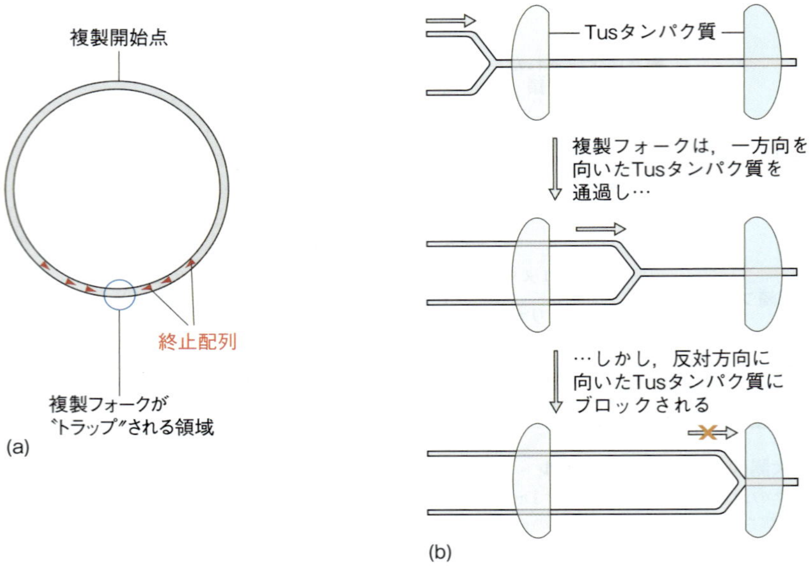

図 18.10　大腸菌での DNA 複製終了における Tus タンパク質の役割
(a) 大腸菌染色体の *Ter* 領域内には六つの終止配列がある．これらの配列部位を示す矢印の向きは，それぞれの配列を複製フォークが通過する方向を表す．(b) *Ter* 配列は，互いに逆方向を向いた一対の Tus タンパク質と結合する．Tus タンパク質は，二本鎖 DNA の *Ter* 領域における結合に方向性をもち，それによって巻きもどしを防ぐ．この図では，まず複製フォークは左側の Tus タンパク質を通過する．次に，この部位に結合する Tus タンパク質は DnaB ヘリカーゼによってブロックされ，複製フォークは二つ目の Tus タンパク質に出合うまで妨害されずに移動する．左側の Tus タンパク質とは逆方向を向いている二つ目の Tus タンパク質（右側）は，DnaB ヘリカーゼを阻害することで複製フォークをブロックする．

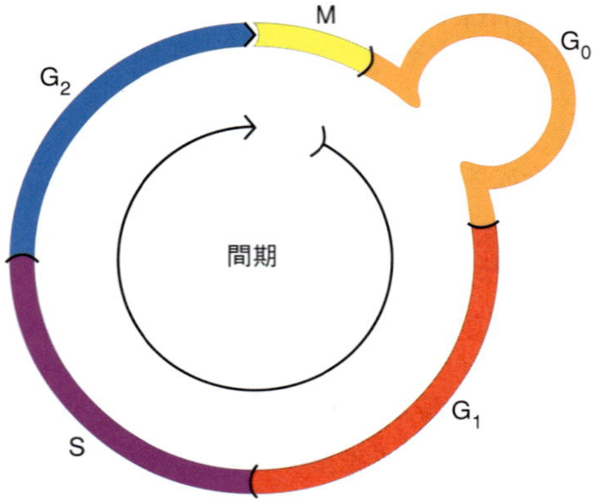

図 18.11　真核生物の細胞周期
間期（有糸分裂と有糸分裂の間の期間）はいくつかに分割される．G_1（最初のギャップ）期は，前の M（有糸分裂）期と次の S（合成）期の間の期間である．DNA 複製は S 期に起こる．G_2 期には細胞が有糸分裂の準備をするので，タンパク質合成が増加する．M 期の後，多くの細胞は G_0（休止）期に入る．

Tus-*Ter* 複合体は，DnaB ヘリカーゼの方向依存的な阻害を介して，複製フォークが一方向だけに移動するようにしている（図 18.10）．複製終了後にレプリソームは解離し，II 型トポイソメラーゼによって二つの娘分子が分離する．

DNA ポリメラーゼ　真核生物には 15 の DNA ポリメラーゼが存在する．これらのうち三つ（α, δ, ε）は核 DNA の複製にかかわる．DNA ポリメラーゼ α（pol α）は，短い 10 塩基の RNA 領域を合成することで DNA 複製を開始するプライマーゼであり，さらにその後 10～20 塩基の DNA 断片を合成する．リーディング鎖のプライマー合成の後，DNA 合成は pol ε によって引き継がれる．pol δ はラギング鎖のポリメラーゼである．pol δ と pol ε はともに，高度に正確で連続して働くポリメラーゼであり，$3' \rightarrow 5'$ エキソヌクレアーゼによる校正活性を併せもつ．pol δ は pol α により生じたエラーを訂正する．ポリメラーゼ β, ζ, そして η は核 DNA の修復にかかわる．pol γ はミトコンドリア DNA の複製と修復を行う．原核生物の DNA ポリメラーゼと異なり，真核生物の DNA ポリメラーゼは RNA プライマーを除去しない．代わりに，ヌクレアーゼおよびヘリカーゼ活性を併せもつ酵素 Dna2 やエンドヌクレアーゼ活性をもつ酵素 FEN1 が RNA プライマーを除去する．

複製のタイミング　急速に発育する細菌細胞（複製が細胞分裂周期のほとんどの期間に起こる）とは対照的に，真核生物の複製は S 期と呼ばれる特定の期間に限られている（図 18.11）．現在では，真核生物の細胞が細胞周期の期移行を調節するタンパク質群（18.3 節）を生成する

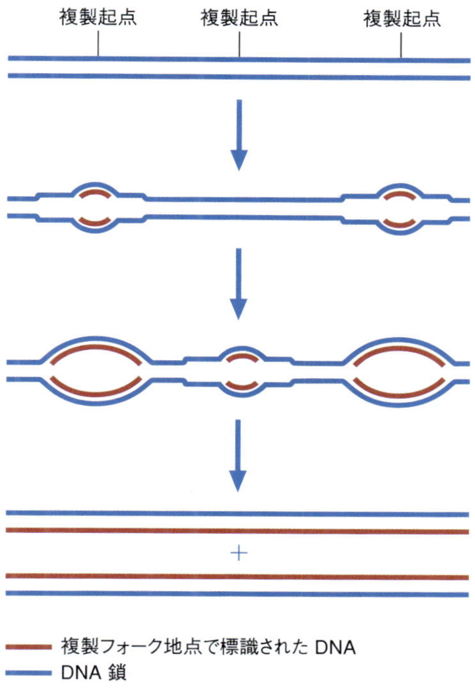

図 18.12　真核生物の染色体 DNA 複製についての複数のレプリコンモデル
複製中の真核生物の染色体の短い領域が示してある．

ことが知られている．

複製速度　DNA 複製の速度は，真核生物では原核生物よりかなり遅い．真核生物の速度は，1 複製フォークにつき毎秒およそ 50 ヌクレオチドである（原核生物での速度がおよそ 20 倍速いことは前に述べた）．この違いは，おそらく一つにはクロマチンの複雑な構造に由来している．

レプリコン　真核生物の DNA 合成は比較的遅いが，真核生物のゲノムが大きいことを考慮すると，その複製過程は比較的短時間しかかからないといえる．たとえば，前述した複製速度に基づくと，平均的な真核生物の染色体（およそ 1 億 5000 万塩基対）の複製は，完了するのに 1 カ月以上かかることになる．しかし実際はそうではなく，この過程は通常，数時間しかかからない．真核生物は，その大きなゲノムの複製を短い期間に圧縮して行うために，複数のレプリコンを使っている（図 18.12）．真核生物の染色体には，およそ 40 kb ごとに複製装置が会合する部位がある．ヒトはおよそ 30,000 個の複製開始点をもっている．

岡崎フラグメント　真核生物の岡崎フラグメントは 100〜200 ヌクレオチドの長さであり，原核生物のそれよりかなり短い．

真核生物の複製過程　高等真核生物では，複製は**複製開始前複合体**（preinitiation replication complex, preRC）の連続的な会合によって始まる（図 18.13）．この複合体の形成には，サイクリン依存性キナーゼ（Cdk，p. 633）と細胞分裂周期（Cdc）タンパク質の発現レベルが低い時期，すなわち細胞周期中の G_1 期の初期に始まるある過程が必要である．この過程，すなわちライセンシングと呼ばれる過程が，細胞周期あたりの DNA 複製を 1 回だけに限定している．

preRC の構成要素の会合は，DnaA の類似体をサブユニットとする**複製開始点複合体**（origin of replication complex, ORC）が，DNA 開始領域あるいは複製開始点に結合するときに起こる．Cdc6/Cdc18 と Cdt1 が ORC に結合し，**MCM 複合体**（MCM complex）をそこへ連れてくる．MCM は真核生物の主要な DNA ヘリカーゼと考えられている．細胞周期制御装置へのさらなるタンパク質（Cdk2−サイクリン E や Cdc45 など）の会合により，DNA 複製タンパク質が複製フォークへ付加されて DNA 合成が始まる（図 18.14）．ライセンシングを受けた preRC から活

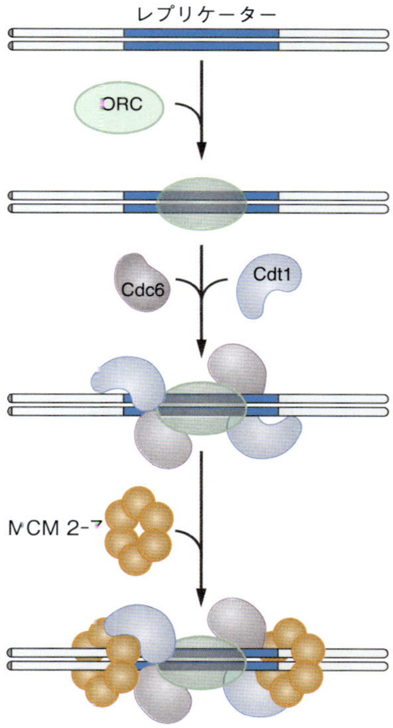

図 18.13　複製開始前複合体の形成
preRC の会合は，ORC がレプリケーターと呼ばれることもある複製開始配列に結合したとき（細胞周期の G_1 期）に始まる．ORC は Cdc6 と Cdt1 を連れてくる．引き続いて MCM 複合体が結合すると，preRC の形成が完了する．

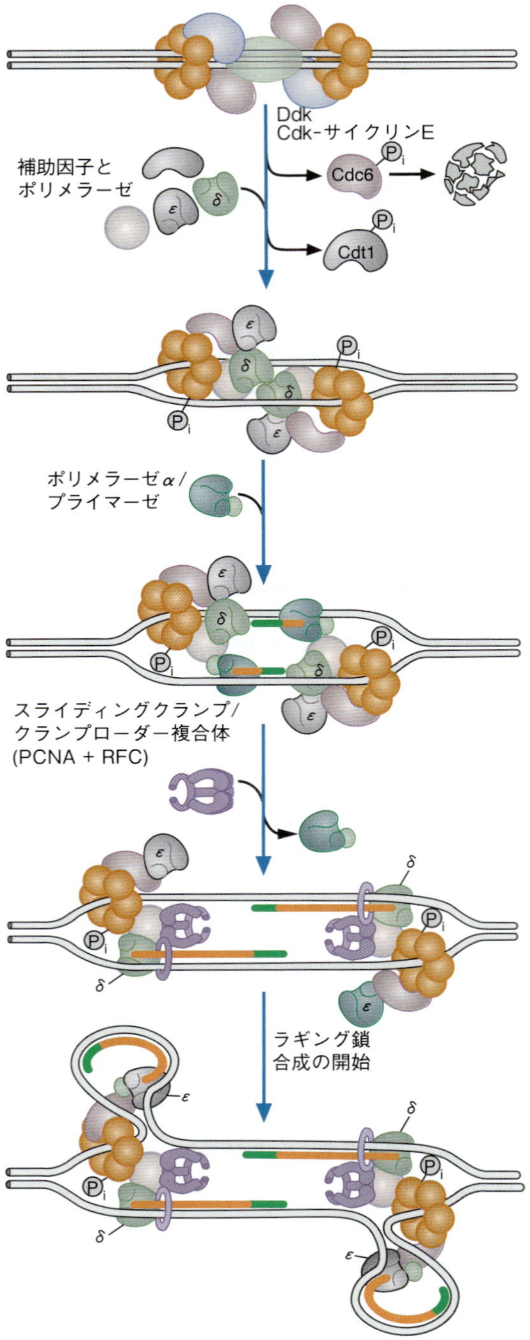

図 18.14　真核生物の複製フォークの形成
Ddk および Cdk-サイクリン E が，いくつかのタンパク質をリン酸化することで複製開始を引き起こす．ORC からの Cdc6 と Cdt1 の放出も，その結果の一つである．DNA ポリメラーゼ δ および ε が集まってくると，開始複合体が完成する．ポリメラーゼ α/プライマーゼがその後やってくる．ひとたび RNA プライマーがリーディング鎖に合成され，プライマー配列がポリメラーゼ α によって少し伸長すると，クランプローダー(RFC)がスライディングクランプ(PCNA)と結合する．それからスライディングクランプ/クランプローダー複合体は，ポリメラーゼ δ を連続伸長性をもつ酵素へ変換する．DNA が十分に巻きもどされると，ラギング鎖の合成が始まる．この図では DNA ポリメラーゼ ε がラギング鎖に結合している．スライディングクランプ/クランプローダー複合体はその後，鋳型と新規合成鎖の両方に結合し，pol δ をプロセッシブ酵素に変換する．

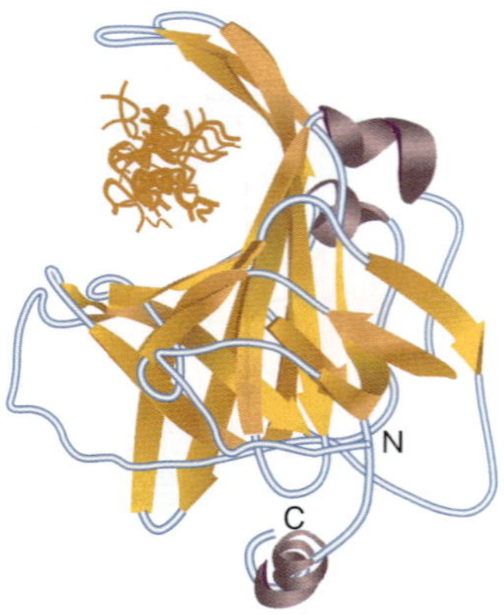

図 18.15　複製タンパク質 A の構造
真核生物は，DNA 鎖が再アニーリングしたりヌクレアーゼによって分解されたりするのを防ぐために，一本鎖 DNA 結合タンパク質の RPA を利用する．RPA の β シートはチャネルを形成し，そのなかに DNA(濃い橙色)が結合する．

性化した開始複合体への変換には，ポリメラーゼ α/ プライマーゼ，ポリメラーゼ ε，および多くの補助タンパク質の付加が必要であるが，これは S 期開始後に初めて起こる．それから，細胞周期を調節するキナーゼが，preRC の構成要素をリン酸化して活性化する．ORC に結合して preRC の構造を完成させるタンパク質群は**複製許可因子**(replication licensing factor)と呼ばれる．

開始複合体が活性化されると，新たにリン酸化された MCM が DNA 鎖を分離させるが，それぞれの DNA 鎖は**複製タンパク質 A**(replication protein A, **RPA**)により安定化される(**図 18.15**)．複製はプライマーゼによって開始されるが，プライマーゼはリーディング鎖の RNA プライマーとラギング鎖上のそれぞれの岡崎フラグメントのためのプライマーを合成する．ポリメラーゼ α/プライマーゼは，約 20 ヌクレオチド長の短い DNA 鎖のぶんだけ，それぞれのプライマーを伸長させる．それからポリメラーゼ α が離れ，ついでポリメラーゼ δ および ε が複製過程を続行させる．リーディング鎖へのポリメラーゼ ε の付加およびラギング鎖へのポリメラーゼ δ の付加は，クランプローダータンパク質の一つである**複製因子 C**(replication factor C, RFC)によって制御されている．ATP が結合した後，RFC は連続伸長性因子である PCNA と結合する．RFC/PCNA 複合体は pol δ と pol ε をプロセッシブ酵素(連続して働く酵素)へと変換し，ポリメラーゼを DNA に負荷して ATP の加水分解を引き起こす．

各染色体の DNA 複製は，レプリコン同士が出合って融合するまで続く．複製装置がラギング鎖の 3′ 末端に達すると，新しい RNA プライマーを合成するためのスペースが十分でなくなる．不完全なラギング鎖の合成は，染色体の端において相補的な塩基対をつくることなく，鋳型鎖を遊離する結果となる．3′-ssDNA のオーバーハング(突出)がある染色体は，ヌクレアーゼによる消化を非常に受けやすいために，互いに融合する傾向にあり，有糸分裂時に染色体切断を引き起こす．真核細胞はこの問題に対して，逆転写酵素活性をもつリボヌクレオタンパク質である**テロメラーゼ**(telomerase)と，テロメアの TG に富んだ配列に相補的な塩基配列をもつ RNA 分子で償っている．テロメアが直鎖状染色体の末端にあるミニサテライト配列であることを思いだそう(p. 559)．テロメラーゼは，RNA 塩基配列を利用して一本鎖 DNA を合成することで，3′ 鎖を伸長させる(図 18.16)．その後，通常の複製装置がプライマーと新しい岡崎フラグメントを合成する．それから染色体末端は隔離され，GT に富んだテロメア配列に結合する**テロメア末端結合タンパク質**(telomere end-binding protein, TEBP)と，3′ 末端のオーバーハング(この時点では，結び目様の T ループに向かい，重要なコード配列から離れている)を固定する**テロメア反復配列結合因子**(telomere repeat-binding factor, TRF)によって安定化される．

多くの多細胞真核生物では，テロメラーゼは生殖細胞(卵子や精子になる細胞)でのみ活性化されている．正常に加齢したヒトの体では，体細胞(卵子と精子を除く，分化した細胞)のテロメアは時間とともに短くなる．ひとたびテロメアが臨界長まで短くなると，染色体はもはや複製できなくなる．その結果，体細胞はついには死んでしまう．注目すべきことは，ハッチンソン・ギルフォード・プロジェリア症候群の患者の繊維芽細胞(結合組織細胞)が，異常に短いテロメアをもっていることである．この病気の患者は急速に歳をとり，思春期前に死に至る．また，すべてのがんのうち約 90% でテロメラーゼが過剰発現していることも知られている．

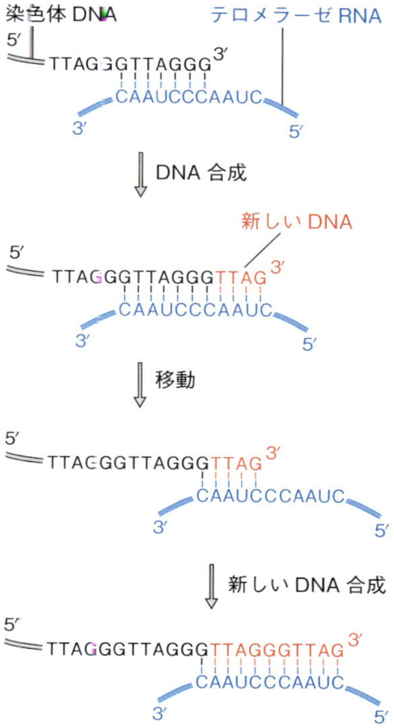

図 18.16　テロメラーゼが触媒する染色体の伸長
染色体上の GT に富んだ 3′-ssDNA の末端をテロメアという．テロメラーゼの RNA 構成要素がこの領域と対合し，逆転写酵素活性によって 5′ から 3′ の方向に鋳型鎖をさらに伸ばす．テロメラーゼは新しい領域の末端に移動し，この過程は，複製装置とプライマーが入れるほど一本鎖 DNA が長くなるまで繰り返される．その後，新しい岡崎フラグメントが合成される．

キーコンセプト

- DNA は，いくつかの酵素が関与する半保存的機構により複製される．
- リーディング鎖は 5′ → 3′ 方向へ連続的に合成される．
- ラギング鎖は 5′ → 3′ 方向へ断片ごとに合成され，後にそれらの断片が共有結合でつながれる．

問題 18.1

原核生物と真核生物の複製過程を比較せよ．

DNA 修復

細胞は DNA 損傷を継続的にモニターしている．種々の正常な代謝活動や環境因子への曝露は DNA へ相当な影響を及ぼす．たとえば，ヒト細胞における DNA 損傷箇所は概算で 1 細胞 1 日あたり数十から数十万まで変動する．それでも，これらの損傷箇所のごく一部しか変異として娘細胞へは伝えられない．動物と植物のいずれの配偶子(生殖細胞)でも，自然突然変異発生率は平均して 1 世代で 10 万遺伝子あたり 1 変異でしかない．この低い発生率は，DNA 損傷箇所を検出して修復するゲノム維持ネットワークのおかげである．DNA 修復にはいくつかの種類がある．直接修復は DNA の化学的損傷(たとえばピリミジン二量体)を逆反応により除去する．損傷が DNA 二本鎖の一方に限局する場合は，除去修復のいくつかのかたち(塩基除去修復，ヌクレオチド除去修復，ミスマッチ修復)が利用される．二本鎖 DNA 切断は，非相同末端結合あるいは相同組換えのいずれかによって修復される．ヒトや他の哺乳動物での DNA 損傷応答は ATM と ATR によって制御されており，両者は mTOR も含むセリン-トレオニンキナーゼ(p. 521)のスーパーファミリーに属する．ATM(ataxia telangiectasia mutated)と ATR (ataxia telangiectasia and Rad3-ralated protein)は，数多くの DNA 修復と細胞周期の調節タンパク質を活性化する DNA 損傷に対して，包括的な応答を開始する〔ataxia telangiectasia(毛

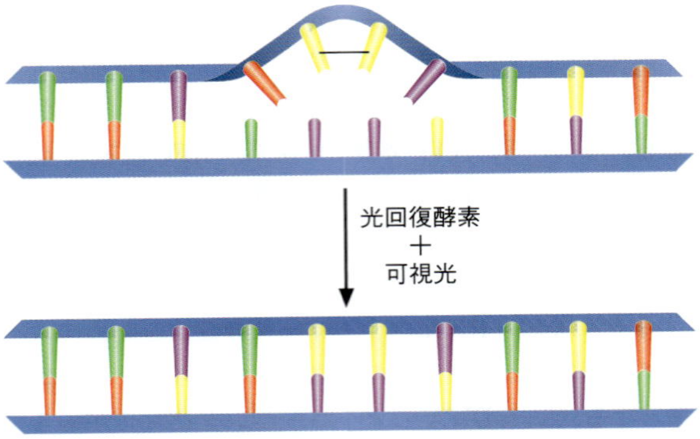

図 18.17　チミン二量体の光回復修復
光は，チミン二量体を二つの単量体に変換するエネルギーを供給する．$FADH_2$ は，この反応における電子供与体である．この修復機構でヌクレオチドは除去されない．光回復修復は，細菌，古細菌，原生生物，真菌，植物，動物（ヒトは除く）に広く，ただし断続的に存在する．

細血管拡張性運動失調症）はヒトの希少疾患であり，神経変性やがんに罹患しやすくなるゲノム不安定性の一種である放射線高感受性を特徴とする〕．いくつかの種類の DNA 損傷は，ヌクレオチドを除去しないで修復できる．たとえば，リン酸ジエステル結合の切断は DNA リガーゼによって修復される．**光回復修復**（photoreactivation repair）または**光誘導修復**（light-induced repair）では，ピリミジン二量体はそれら本来の単量体構造にもどされる（図 18.17）．可視光の存在下で，リン酸ジエステル結合はそのままの状態で，DNA フォトリアーゼ（光回復酵素）が二量体を開裂させる．酵素のフラビンおよびプテリン発色団によってとらえられた光エネルギーが，シクロブタン環を開裂する．

直接修復

一本鎖 DNA 修復　いくつかの修復機構は，一本鎖 DNA 領域に限られた損傷を，損傷を受けていない相補鎖を鋳型として修復する．**塩基除去修復**（base excision repair）は，損傷（たとえばアルキル化，脱アミノ，あるいは酸化）を受けた塩基をもつ個々のヌクレオチドを除去し，置き換える機構である．**DNA グリコシラーゼ**（DNA glycosylase）と呼ばれるいくつかの酵素のうちの一つは，損傷を受けた塩基とヌクレオチドのデオキシリボース部分の間との *N*-グリコシド結合を切断する（図 18.18）．その結果生じる**脱プリン**（apurinic）あるいは**脱ピリミジン**（apyrimidinic，AP）**部位**は，デオキシリボース残基とさらにいくつかのヌクレオチドを除去するヌクレアーゼの作用により除かれる．ここで生じたギャップは DNA ポリメラーゼ（細菌では pol I，哺乳動物では DNA ポリメラーゼ β）と DNA リガーゼによって修復される．

ヌクレオチド除去修復（nucleotide excision repair）では，まとまった領域（2～30 ヌクレオチド）が除去され，できたギャップは埋められる．ヌクレオチド除去修復には，ゲノム全体のヌクレオチド除去（GG-NER）と転写に共役したヌクレオチド除去（TC-NER）の二つの型がある．これらには DNA 損傷を認識する機構に違いがある．いずれの型も，特定の塩基配列ではなく物理的なゆがみを認識するようである．大腸菌の GG-NER では（図 18.19），除去ヌクレアーゼ（エキシヌクレアーゼ）は UvrA，UvrB，UvrC という三つのタンパク質からなり，損傷を受けた DNA を切って，この領域を含む 12～13 ヌクレオチドの一本鎖 DNA 配列を除去する．$UvrA_2UvrB$（A_2B）複合体は，DNA の損傷（たとえばチミン二量体）をスキャンして調べる．UvrA はいったんらせんのゆがみを感知すると，傷害を受けた領域を部分的にほどく．UvrB は β ヘアピンドメインを挿入することで，傷害を受けた領域をさらに不安定化させる．次に A_2B が DNA を曲げ，UvrA は複合体から解離する．その後，UvrC は UvrB に結合し，損傷を受けた DNA 鎖をチミン二量体から 3′ 末端側へ 4 ないし 5 ヌクレオチドのところで切断する．そして UvrC は，5′ 末端側へ 8 ヌクレオチドのところで DNA 鎖を切断する．UvrD（ヘリカーゼ）は，UvrC とチミン二量体を含むオリゴヌクレオチドを遊離する．遊離によって生じたギャップは pol I と DNA リガーゼによって修復される．

転写に共役したヌクレオチド除去（transcription coupled repair）は，活発に転写されている DNA 鎖でのみ起こる．転写酵素である RNA ポリメラーゼが停止したときに損傷が認識される．大腸菌ではその後，転写修復共役因子である Mfd（突然変異頻度減退）が RNA ポリメラー

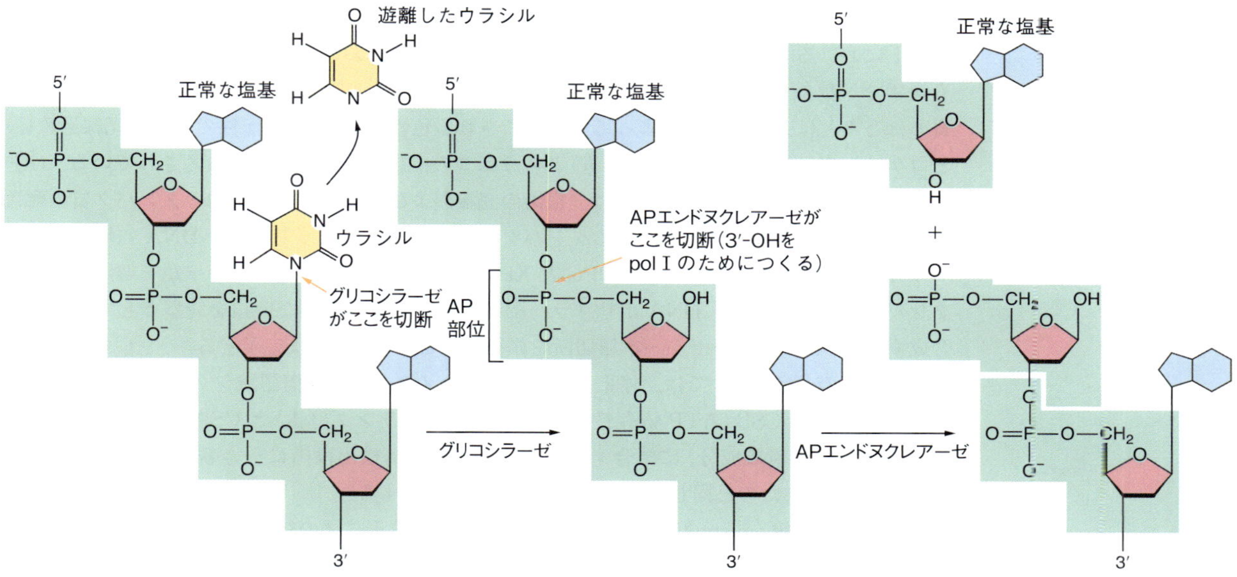

図 18.18 塩基除去修復

DNA グリコシラーゼは *N*-グリコシド結合を加水分解し，塩基(この場合はウラシル)を遊離する．AP エンドヌクレアーゼは，AP 部位の 5′ 位で DNA 主鎖を切断する．エンドヌクレアーゼ(この図には示されていない)が AP を除去するとともに，5′ → 3′ 方向にさらにいくつかのヌクレオチドを除去する．その後 DNA ポリメラーゼがギャップを埋めて，DNA リガーゼが切れ目を修復する．

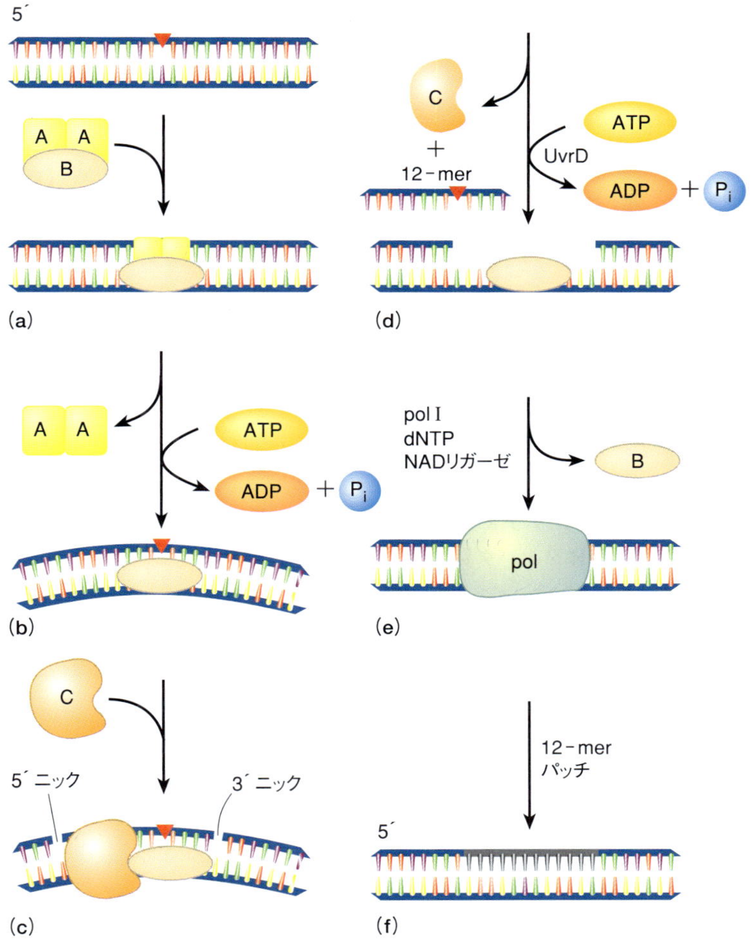

図 18.19 大腸菌のチミン二量体の除去修復

UvrA(損傷認識タンパク質)は，チミン二量体のような DNA 付加物に起因するらせんのゆがみを見つける(a)．それから UvrB と結合して A_2B 複合体を形成する．損傷した部分へ結合した後，A_2B は DNA を曲げる．UvrA はその後，解離する(b)．ヌクレアーゼ UvrC の UvrB への結合(c)と，ヘリカーゼ UvrD の作用(d)により，12-ヌクレオチド DNA 鎖(12-mer)が除去される．UvrB が除かれた(e)後，除去ギャップは pol I によって修復される．

ゼを $UvrA_2B$ 複合体に置き換え，$UvrA_2B$ 複合体が損傷除去を開始する．

ヒトにおけるヌクレオチド除去修復は，他の真核生物におけるそれと同様に，原核生物よりも複雑で，数多くのタンパク質が関与する（たとえば哺乳動物では30個）．これらのタンパク質のほとんどは，その欠損によって引き起こされる色素性乾皮症（遺伝性の極度の光線過敏症）とコケイン症候群（早老と聴視覚障害）という二つの疾患との関連により命名されている．GG-NER，XPA，XPC，そしてXPEは，損傷の認識およびそれに引き続く他のタンパク質の配置にかかわる．損傷部位に配置されるタンパク質の例としては，損傷を含むDNA領域をほどくヘリカーゼ（XPBとXPD）や，XPFGとXPGといったオリゴヌクレオチド鎖を切除する修復タンパク質などがある．DNAポリメラーゼは，損傷を受けていない鎖を鋳型として相補鎖を合成する．DNAリガーゼが一本鎖切断を修復するとGG-NERは完了する．

真核生物のTC-NERでは，停止したRNAポリメラーゼが損傷認識シグナルとなる．RNAポリメラーゼはCSB（ATP依存性クロマチンリモデリング酵素）とCSA（E3ユビキチンリガーゼ複合体の構成成分）に結合する．このDNA損傷検出段階に引き続いて，CSBがGG-NERで使用されたのと同じNERタンパク質群を配置する．

ミスマッチ修復（mismatch repair, MMR）は，複製校正ミスの結果，あるいは複製スリップの結果として生じる塩基ミスペア（らせんのゆがみを生じさせる）を訂正する一本鎖修復機構である（複製スリップとは，繰返し配列がスキップされたり2回コピーされたりしたときに起こるエラーの一種で，修復を要するバブルを生じさせる）．複製過程はしばしば欠損（配列のスキップ）や挿入（配列の又写し）を起こす．ある組換えエラーやある種の化学損傷（たとえば8-オキソグアニンや発がん物質の付加）も修復を要する．MMRは複製の忠実度を100倍上げると見積もられている．MMRの重要な特徴は，新たに合成されたDNA鎖と古い鎖を区別できる能力である．大腸菌では親鎖を2本ともメチル化することで達成される．DNAメチルトランスフェラーゼ（Dam）は5′-GATC-3′配列のアデニン残基のN-6をメチル化するし，DNAシトシンメチラーゼ（Dcm）は5′-CCTGG-3′と5′-CCAGG-3′配列中のシトシンを5-メチルシトシンに変換する．これらの配列はパリンドロームであるから，2本の鎖は等しくメチル化される．複製後の一定時間内は，それぞれの娘DNAはヘミメチル化されている（すなわち1本はメチル化され，もう1本は非メチル化されている）．その短い期間でDNAのミスマッチ塩基対がスキャンされる．MMRシステムは三つのタンパク質MutS，MutL，MutHからなる．MutSホモ二量体は，ミスペア塩基を含む新たに合成されたDNA鎖上の箇所を認識して結合する．それからMutHは，最も近いGATC部位にやってきて結合する．MutSとMutLによるATP依存性活性化の後，MutHは非メチル化鎖に切れ目を入れて，修復のための目印をつける．DNAヘリカーゼが二本鎖を分離し，いくつかのエキソヌクレアーゼが，切れ目の入った部位からミスマッチ部位の数ヌクレオチド残基先までの非メチル化鎖を分解する．pol Ⅲがメチル化鎖を鋳型にして，失われた領域を再合成する．

MutSとMutLそれぞれのヒトホモログであるMSH2とMLH1に変異が入ると，マイクロサテライト不安定性を引き起こす．家族性非ポリポーシス大腸がん（HNPCC）の多くの症例は，これら二つのタンパク質の遺伝子変異が関係している．他のがん（たとえば子宮内膜，卵巣，胃，小腸）のリスクもMMRタンパク質の変異によって上昇する．

二本鎖切断　DNA二本鎖切断（DSB）はゲノム再編や染色体の致死的な崩壊をもたらしうるので，細胞にとってはとくに危険である．放射線，ROS，DNA損傷化学物質（たとえばアスベストやシスプラチンや抗がん剤）によって引き起こされたり，DNA複製におけるエラーの結果生じたりするDSBは，二つの機構によって修復される．一つ目の機構は二つのDNA末端同士を結合させ（非相同末端結合），もう一つは相同染色体上の塩基配列情報を利用する（相同組換え）．ヒトや他の哺乳動物では，非相同末端結合（NHEJ）がDSB修復として好まれる経路である．両過程ともDSBが起こったことを感知することで始まる．哺乳動物ではDSB感知にはいくつかの分子がかかわる．これらのなかには，DNA修復と細胞周期の調節タンパク質の多くを活性化する，DNA損傷に対する包括的な応答を開始するATMとATR（p. 595）や，

DSB 修復にかかわる DNA-PK などがある．

NHEJ は，DNA-PK が二つの DNA 末端に結合して始まる．DNA-PK は DNA-PK_{CS}（プロテインキナーゼの DNA 活性化触媒ポリペプチド）と Ku 二量体からなるヘテロ三量体である．DNA-PK_{CS} は自己リン酸化されて Artemis と呼ばれるタンパク質を引き寄せリン酸化する．Artemis は DNA の両末端を接合可能にするヌクレアーゼである．DNA リガーゼⅣと二つのアクセサリータンパク質を含む三量体複合体が，壊れた DNA 末端を連結することで修復が終わる．相同組換え修復とは異なり，配列相同性を必要としない経路なので，NHEJ はエラーを生じやすい経路である．たとえば，一つの細胞中にいくつかの DSB があると，異なる染色体間の不用意な結合が起こりうるし，切断部位でのヌクレオチド損失は欠損を起こしうる．NHEJ タンパク質は免疫系の細胞で使用され，*V* 遺伝子，*D* 遺伝子，および *J* 遺伝子の領域の組換えによって抗体の多様性が生みだされる（ヒトでは 100 億の異なる抗体が生じると推定されている）．普遍的組換えとよく似ている相同組換え修復については，次の項で議論する．

キーコンセプト

- DNA は，その構造を変化させるような化学的および物理的過程に恒常的にさらされている．
- 各生物の生存は，この構造的損傷を修復する能力に依存している．
- 例としては，光誘導修復，塩基除去修復，ヌクレオチド除去修復，ミスマッチ修復，非相同末端結合，相同組換え修復などがある．

問題 18.2

六つの種類の DNA 修復をあげ，それぞれの基本的特徴を説明せよ．

DNA の組換え

組換えは，異なる分子との部位交換による DNA 配列の再配列と定義することができる．組換えの過程（それは遺伝子と遺伝子断片の新しい組合せをつくりだす）は，生物の多様性の一義的原因である．より重要なのは，組換えによって可能になる多くの変異が，種が環境変化に適応する機会を与えるということである．いいかえれば，組換えは，進化を可能にする変異の主要な根源なのである．組換えはまた（二本鎖）DNA 切断の修復にも使われる．

組換えには，普遍的組換えと部位特異的組換えの二つの様式がある．**普遍的**または**相同的組換え**（general or homologous recombination，相同 DNA 分子の間で起こる）は，減数分裂の際に最も著しく起こる（減数分裂は配偶子をつくりだすための真核生物の細胞分裂の形式である）．類似した過程は，ある種の細菌でも観察される．**部位特異的組換え**（site-specific recombination）では，異なる DNA 分子との配列交換には，相同な短い DNA 領域だけが必要である．この領域の両側には，広範囲な非相同的配列があってよい．部位特異的組換えは，配列相同性よりもタンパク質-DNA 相互作用により多くを依存しており，自然界の至るところで起こっている．たとえば，この機構は，バクテリオファージがそのゲノムを大腸菌染色体に組み込むために使っている．真核生物では，部位特異的組換えは，発生の途上で生じる制御された多種多様な遺伝子再配列に関与している．遺伝子再配列は，複雑な多細胞生物における細胞分化にも一部かかわっている．遺伝子再配列の最も興味深い例の一つは，哺乳動物における抗体多様性の生成機構である．**転位**（transposition）と呼ばれる部位特異的組換えの一種では，**転位因子**（transposable element，p. 559）と呼ばれるある特定の DNA 配列が一つの染色体または染色体上のある領域から他の領域に動く．

普遍的組換え　普遍的組換えはすべての生物で起こるが，おもに大腸菌および *S. cerevisiae* や *Aspergillus nidulans* などの真菌で研究されてきた．普遍的組換えは，遺伝的多様性を生みだすのに加えて，DNA 損傷の修復過程としても重要である．組換えを説明するいくつかのモデルが提唱されてきた．例として，ホリデイ，メセルソン-ラディング，二本鎖切断修復，そして合成依存的単鎖対合モデルがある．

普遍的組換えを説明する最初のモデルは，真菌を用いた Robin Holliday の研究に基づいている．ホリデイモデル（図 18.20）には以下の段階が含まれる．

1. 二つの相同 DNA 分子が対合する．
2. 二つ並んだ二本鎖 DNA 分子のそれぞれ片方の鎖に，同一の場所で切れ目（切断）が入る

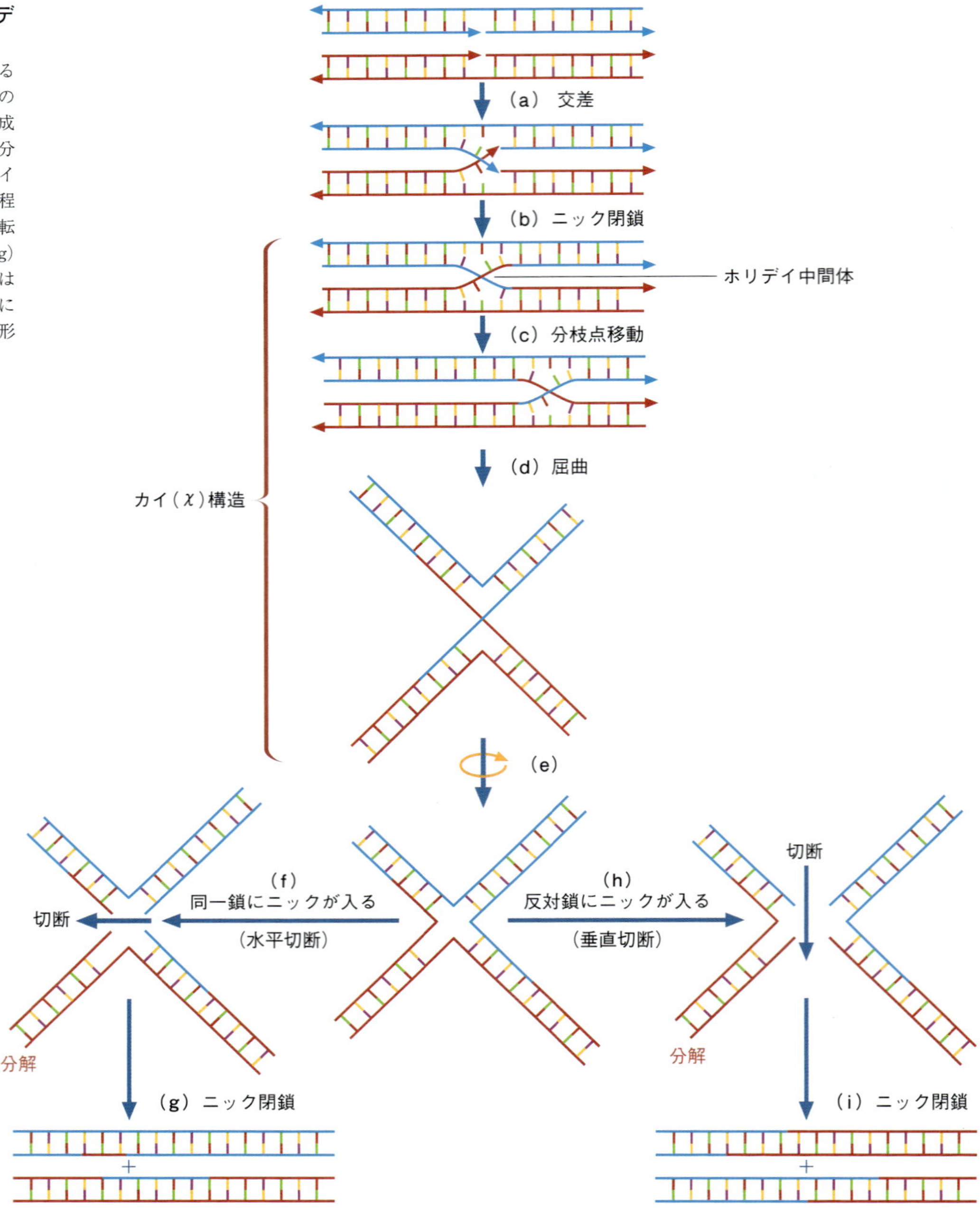

図 18.20　普遍的組換え：ホリデイモデル
(a) 各二本鎖の一つの鎖にニックが入ると，切断された鎖がそれぞれもう一方の二本鎖に侵入する．(b) 共有結合が形成され，二つの二本鎖を架橋する．(c) 分枝点移動が起こる．(d) 屈曲してカイ(χ)構造が形成される．(e) 以降の過程をわかりやすくするために下半分を回転する．(f) 同一鎖にニックが入る．(g) その結果として生じるヘテロ二本鎖はパッチをあてた形になる．(h) 反対鎖にニックが入ると，(i) 継ぎ合わされた形のヘテロ二本鎖ができる．

(この場所は似ていなくてもよい).

3. ニックの入った二つの DNA 断片が交差し，ホリデイ中間体が形成される.
4. DNA リガーゼが切断末端を封じる.
5. 塩基対交換による分枝点移動が，DNA 断片を一方の相同分子から他方に移動させる.
6. DNA 鎖切断の第二シリーズが始まる.
7. DNA ポリメラーゼがギャップを埋め，DNA リガーゼが切断鎖を封じる.

メセルソン-ラディングモデル(Meselson-Radding model)は，ホリデイモデルでは説明のつかない観察のいくつかを説明しようとする努力から生まれたものである．その一つの事例として，組換えはときどき相同的 DNA 分子の一方にだけ起こり，組換え鎖が1本だけということがある．メセルソン-ラディングモデル(図 18.21)によれば，組換えは以下のように起こる.

1. 二つの相同的 DNA 分子のうち，一方の一本鎖にニックが入る.

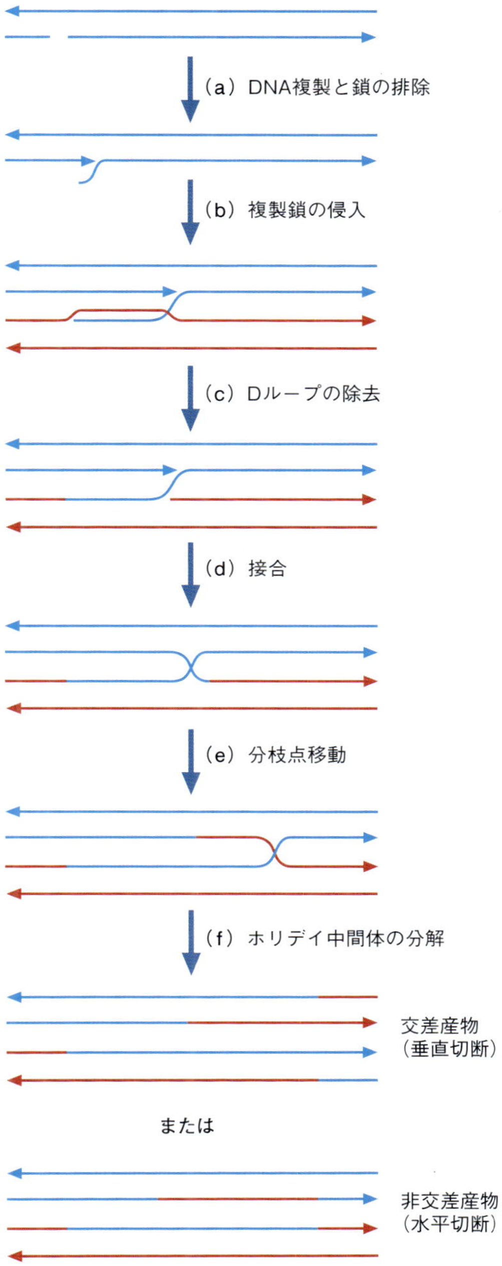

図 18.21 普遍的組換え：メセルソン-ラディングモデル
組換え過程は DNA 分子上の一本鎖にニックが入ることで始まる．DNA ポリメラーゼは 3′ 末端で鎖伸長を進めるので，ニックの右側の DNA 鎖（すなわち 5′ 末端）が排除される (a)．この 5′ 尾部が相同 DNA 分子に侵入し (b)，D ループを形成する．D ループはその後ヌクレアーゼによって除去される (c)．二つの遊離末端が接合されてホリデイ中間体が形成される (d)．分枝点移動が起こる (e)．ホリデイモデル（図 18.20e ～ i）では，ホリデイ中間体は分解されて (f)，非交差あるいは交差産物となる．

2．DNA ポリメラーゼにより新たに生じた 3′ 末端が伸長すると，ニックの先にある鎖を排除しながらこれに置き換わっていく．伸長しつつある鎖がさらに伸びると，排除された側の鎖はもう一方の染色体の相同領域の二本鎖に侵入して D ループ構造を形成する．
3．D ループが切れて，侵入鎖が相同鎖の新たに生じた 3′ 末端と接合される．
4．新生鎖の 3′ 末端と相同鎖の 5′ 末端が接合され，ホリデイ中間体が形成される．
5．分枝点移動が起こることがある．
6．鎖のニックとホリデイ接合点の分解（図 18.20f ～ i 参照）により，交差産物（垂直切断）あるいは非交差産物（水平切断）ができる．

真核生物の普遍的組換えは，有性生殖に必要な細胞分裂の一種である減数分裂において主要な役割を果たす．相同的な父母由来染色体を正しく並べる機構において，普遍的組換えが遺伝的多様性を生みだす染色体領域の交換を促進する．**二本鎖切断修復モデル**（double-strand

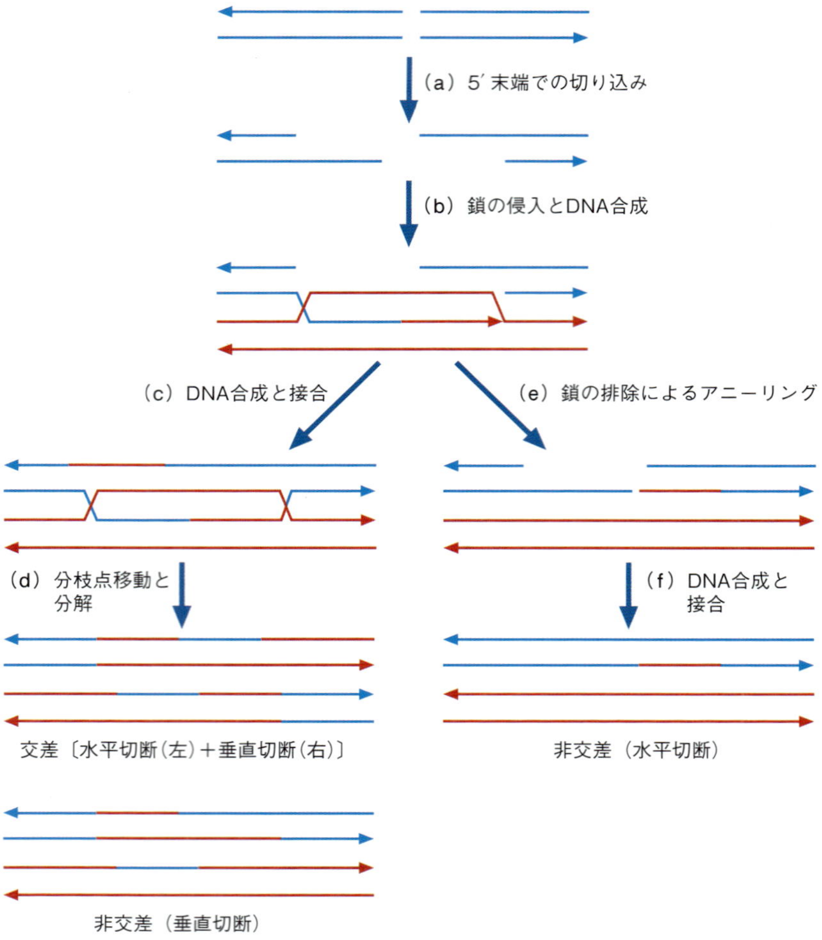

図 18.22　普遍的組換えの二本鎖切断修復(DSBR)モデルと合成依存的単鎖対合(SDSA)モデル
DSBR は相同 DNA 分子のうち一方の二本鎖切断によって始まる．エキソヌクレアーゼが二つの 5′ 末端を切り込み(a)，二つの 3′ 尾部ができる．一つの 3′ 尾部が第二の相同 DNA 分子の相当領域に侵入して D ループを形成する(b)．この尾部の 3′ 末端は相同 DNA 鎖を鋳型とした DNA 合成によって伸びるので，ホリデイ中間体が形成される．もう一方の 3′ 尾部は D ループ中の相補鎖領域を鋳型とした DNA 合成により伸長する(c)．この過程の DNA 合成は DNA リガーゼの働きによって終了する．二つのホリデイ接合点は分枝点移動し，エンドヌクレアーゼによって分解され，交差あるいは非交差産物ができる(d)．SDSA では 5′ 末端切断(a)，鎖侵入と DNA 合成(b)の後，ホリデイ中間体は形成されない．一方で，侵入鎖が侵入部位から排除された場合は(e)，もう一方の切断鎖と再びアニーリングして DNA 合成修復のための鋳型を供給できるようになる(f)．SDSA は一本鎖ギャップの接合により終了する．

break repair model, DSBR)（図 18.22a ～ d）は，ホリデイモデルやメセルソン-ラディングモデルでは説明できない減数分裂の数多くの特徴を説明できる．DSBR 機構はまた，電離放射線や ROS のような変異原性因子によって引き起こされる DSB (p. 598) から原核および真核細胞を守る．DSBR のおもな段階は以下の通りである．

1．エンドヌクレアーゼが一対の相同 DNA 分子の一つに DSB を導入する．
2．エキソヌクレアーゼが，3′ 尾部を残しつつ，5′ 末端を分解していく．
3．3′ 尾部の一方が相同 DNA 分子に侵入し，相同性を探しだすと，そこで D ループを形成する．
4．侵入している 3′ 尾部と侵入していない 3′ 尾部の両方を DNA ポリメラーゼが伸ばす．
5．侵入している 3′ 尾部が切断の反対側の 5′ 末端と接合して分枝点移動する結果，二つのホリデイ接合点が形成される．
6．二つのホリデイ構造が分解されて，非交差産物あるいは交差産物ができあがる．

DSBR は，交差産物を通常伴わない有糸分裂でも起こる．**合成依存的単鎖対合モデル**(synthesis-dependent strand annealing model, SDSA)によって，この現象がどのように起こるかを説明できる．SDSA は，D ループ中の鎖が排除されたときに DSBR から派生するものである(図 18.22e，f)．侵入鎖は引き続き，他の DSB 端の相補的な一本鎖にアニーリングする．この過程は，DNA 合成とそれに引き続く接合によって終了する．

原核生物における組換え　大腸菌での組換えは，RecBCD (エキソヌクレアーゼ活性とヘリカーゼ活性をもつ酵素複合体) がカイ (Chi, crossover hotspot instigator) 配列部位に遭遇するときに始まる．DNA 分子へ結合した後，RecBCD は一方の鎖を切断して，5′-GCTGGTGG-3′（カイ部位，大腸菌 DNA にしばしば存在する配列）に到達するまで，二重らせんをほどき続ける．ATP アーゼの一種である RecA の単量体が一方の鎖を覆うと，核タンパク質フィラメントが形成され，鎖交換が始まる．ATP 加水分解のエネルギーを使って，RecA に覆われた領域の DNA 鎖は，すぐ近くの二重鎖 DNA 中の相同領域を探す．相同領域にいったんたどりつくと，DNA 合成によって鎖の排除が起こり，さらに D ループの開裂，鎖の捕捉，およびホリデイ接合の形成が続く．その後の分枝点移動（図 18.23）は，RuvA がホリデイ接合点を認識し，結合してから始まる．二つの RuvB（ATP アーゼ活性とヘリカーゼ活性をもつ六量体）は，接合点の両側に環を形成する．分枝点移動は RuvAB 複合体によって触媒される．この分子装置は，RecA が解離した後も，2 組の DNA 二重らせんの鎖を分離し，回転させ，引っぱり続ける．特定の配列〔5′-（A か T）TT（G か C）-3′〕に達したとき，移動は終了する．RuvAB が離れると，二つの RuvC タンパク質が接合点に結合する．RuvC が交差鎖を裂き，ホリデイ構造が分解され，二つの別べつの二重らせん DNA 分子となり，組換えは終わる．

細菌においては，普遍的組換えは微生物間のいくつかの DNA 転移に関与しているようである．

1．**形質転換**　**形質転換**（transformation）においては，裸の DNA 断片が細胞壁にできた小さい孔を通って細菌の細胞に入り込み，細菌ゲノムに導入される．
2．**形質導入**　バクテリオファージが偶然に細菌 DNA を受容体細胞へ運ぶと，**形質導入**（transduction）が起こる．適当な組換えの後，細胞は形質導入された DNA を使う．
3．**接合**　ある種の細菌は，供与細胞と受容細胞が関与する非定型な性的交配である**接合**（conjugation）を行うことが知られている．供与細胞は，性線毛（DNA 交換過程に機能する繊維状の付属器官）を合成できる特別なプラスミド（p. 36）をもっている．線毛が受容細胞の表面に付着した後，供与体の遺伝物質の断片が移される．移された DNA 断片は，組換えによって受容体の染色体に組み込まれるか，あるいはプラスミドのかたちで染色体外に保持される．

真核生物における組換え　真核生物において普遍的組換えは減数分裂の第一相で起こり，相同染色体の正確な対合と，遺伝的多様性をもたらす機構である交差を保証する．相同 DNA 分子を用いた DSB の DNA 損傷修復は，新たに複製された DNA が使用可能な細胞周期の S 期と G_2 期（p. 592）に起こる（細胞周期の他の期では，DSB は NHEJ によって修復される）．

真核生物の普遍的組換えの基本的機構は原核生物の過程と似ていると考えられている．しか

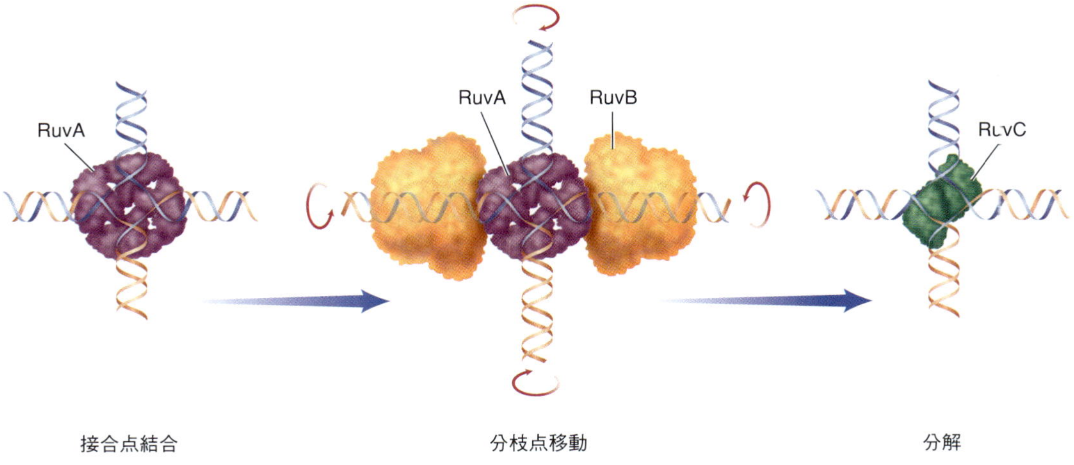

図 18.23　Ruv タンパク質とホリデイ接合点との結合モデル
RuvA（四量体）がホリデイ接合点に最初に結合する．二つの六量体 RuvB 環が，DNA/RuvA 複合体の両側に，DNA が環を通り抜けるような形で形成される．ATP 加水分解が DNA らせんを反対方向に回転させるように二つの RuvB 環を駆動して，分枝点移動が生じる．分枝点移動の後，RuvA と RuvB が離れ，二つの RuvC タンパク質が接合点に結合する．RuvC（ヌクレアーゼ）は交差鎖を切って，ホリデイ構造を分解する．

し，はるかに複雑なゲノムのために真核生物の組換えにかかわるタンパク質の数はかなり多い．多機能タンパク質である Rad52 が DSB の最初のセンサーであると考えられている．哺乳動物では MRN 複合体(Mre11，Rad50，Nbs1)は，外因性損傷あるいは減数分裂酵素 Spo11 によって誘導された DSB において，DNA 断端を安定化させる足場となる．MRN はまた，5′ 末端切断を触媒する．外因性物質が DSB を引き起こすと，MRN は ATM (p. 595) を呼び寄せて活性化する結果，ATM がいくつかの DNA 修復タンパク質や細胞周期調節タンパク質を活性化する．ATM 活性化 DNA 修復タンパク質の例として Rad51，BRCA1，および BRCA2 がある．Rad51 は，一本鎖 DNA に結合して鎖侵入を促進する RecA のホモログである．BRCA1（1 型乳がん感受性タンパク質）は，細胞周期調節とクロマチンリモデリングを含む多くの修復関連経路で機能する．BRCA1 は BRCA2 と結合して，DSB 修復の間，Rad51 と相互作用する．BRCA1 はまた，サテライト DNA の転写を抑制することでゲノム安定性を促進する．

細菌の接合

問題 18.3

細菌の接合は医学的な重要性をもっている．たとえば，ある種のプラスミドは毒素をコードする遺伝子を含んでいる．致命的な食中毒を引き起こす病原体である大腸菌の O157 株は，大量の血性下痢と腎不全を引き起こす毒素を合成する．この毒素は赤痢菌(赤痢を引き起こす別の細菌)に源を発すると，現在のところ考えられている．また，一因として細菌群に抗生物質耐性遺伝子が広がった結果，抗生物質耐性という問題が拡大している．医療行為や家畜飼料への抗生物質の過剰使用が，抗生物質耐性を増大させる．このような過剰使用が抗生物質耐性を助長する機構を考えよ(ヒント：抗生物質の高用量使用は淘汰圧として働く)．

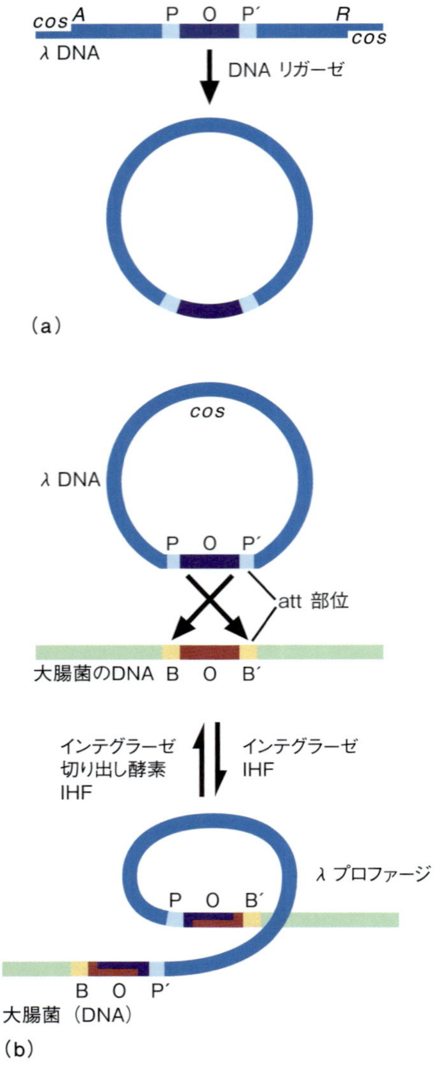

図 18.24　大腸菌染色体へのバクテリオファージ λ ゲノムの挿入
(a) 一本鎖 *cos* 配列がアニーリングして，λDNA が環状化する．ウイルスの att 部位配列は POP′ からなり，O は中央の 15 塩基対からなる配列である．細菌の att 配列である BOB′ は同一の O 配列をもつ．(b) ファージと細菌の att 配列内にある短い相同 O 配列間の部位特異的組換えを介して，挿入が生じる．

部位特異的組換えと転位　部位特異的組換えは，**付着部位**(attachment site, **att 部位**)あるいは**挿入配列**(inserional sequence, **IS 配列**)と呼ばれる相同 DNA の短い領域に依存している．これらの部位における組換えは，挿入，逆位，欠失，さらにはトランスロケーションを引き起こし，これは細胞にとって益になったり害になったりする．部位特異的組換えの例としては，宿主細胞ゲノムへのウイルス DNA の挿入，抗生物質耐性の獲得，植物における表現型変異，哺乳動物における抗体の成熟などがある．挿入の単純なケースである大腸菌染色体へのバクテリオファージ λDNA の組込みを図に示す(**図 18.24**)．この過程には，ファージと細菌ゲノムの相同的な att 部位，λ インテグラーゼと呼ばれるウイルスのリコンビナーゼ，ならびに細菌遺伝子の産物である組込み宿主因子が必要である．ホリデイ接合の分解により λ ゲノムが細菌染色体へ挿入される．

1940 年代に Barbara McClintock (アメリカ産トウモロコシを専門とする遺伝学者) は，移動可能な遺伝因子がトウモロコシの粒の色に関する表現型変異の原因であることを報告した．このアイデアが受け入れられるまでには時間を要した．というのも，「ゲノムは細胞の静的な構成要素である」という視点からのパラダイムシフトを必要としたからである．1967 年に転位因子〔**トランスポゾン**(transposon)または〝跳躍遺伝子″，p. 559 参照〕が大腸菌で確認され，ゲノムの可塑性という概念がようやく受け入れられた．そして McClintock 博士は 1983 年度のノーベル生理学・医学賞を受賞したのである．

単純な原核生物のトランスポゾンの IS 因子は，転位酵素トランスポザーゼをコードする遺伝子と，トランスポゾンの境界を決めるその両側の短い逆方向終結反復配列からなっている(図 18.25)〔**逆方向反復配列**(inverted repeat sequence)は下流のもう一つの配列と逆方向の配列である．介在配列をもたない逆方向反復配列は**パリンドローム**(palindrome)，すなわち相補鎖を反対に読むと同じになる DNA 配列を構成する．逆方向反復配列の例は p. 549 を参照〕．**複合トランスポゾン**(composite transposon)と呼ばれるより複雑な細菌のトランスポゾンは，二つの離れたトランスポゾンからなり，両者は DNA によって連結されている．二つのトランスポゾン(IS 因子)は，不活性化変異(たとえば逆方向反復配列の変異や，どちらかの IS トランスポザーゼ遺伝子の変異)によって二つの IS 因子が別べつに跳躍できなくなることで連結され

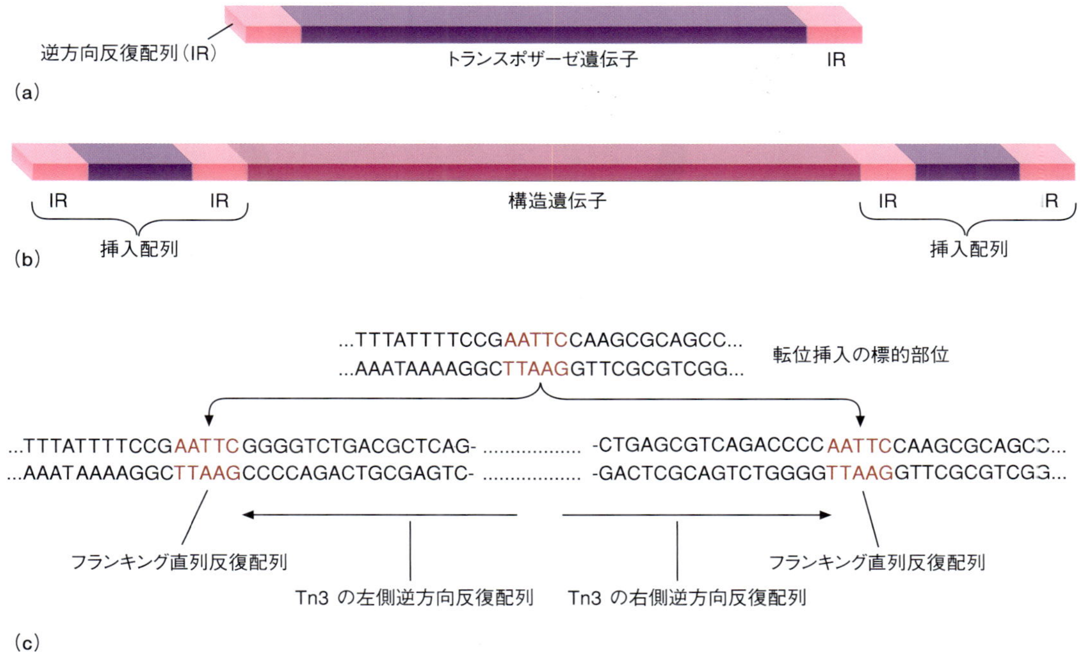

図 18.25　細菌の挿入配列
(a) 挿入配列．(b) 複合トランスポゾン．(c) 細菌 DNA へのトランスポゾン（Tn3）の挿入．挿入過程には標的部位の遺伝子重複が必要である．

る．有用な特性をもつ DNA 配列（たとえば抗生物質耐性遺伝子）が二つの IS 因子の間に存在すると，複合トランスポゾンの維持が促進される．非複製型と複製型という二つの転位機構があることが観察されている．

非複製型転位　トランスポザーゼは供与 DNA 中に二本鎖切断をつくり，この標的部位にできた ssDNA の突出末端の間にトランスポゾンを挿入する（〝カットアンドペースト〞機構）．細胞の DNA 修復機構が標的 DNA のギャップを埋める結果，トランスポゾン挿入部位の両側に短い直列反復配列ができる（図 18.26）．修復されないギャップは細胞にとって致死的となりうる．

複製型転位　複製型転位では，供与 DNA の一本鎖だけが標的部位に転位され，複製とそれに続く部位特異的組換えにより，新しい部位への挿入ではなくてトランスポゾンの重複が生じる（図 18.27）．その後，標的 DNA と供与部位が共有結合した中間産物（融合構造体）が形成される．解離酵素と呼ばれるもう一つの酵素が，部位特異的組換えを触媒し，融合構造体が二つの分子に分離する．

真核生物で見られるいくつかのトランスポゾンは，細菌で見られるものに似ている．たとえば，*Ac* 因子（McClintock によって最初に記述されたトウモロコシ・トランスポゾン）は，両端に短い逆方向反復配列が隣接するトランスポザーゼ遺伝子からなっている．トウモロコシ粒のアントシアニン色素の合成を制御しているように見えた（すなわち，遺伝子発現に変化があった）ので，McClintock は *Ac* トランスポゾンを〝制御因子〞と呼んだ．しかし，他の多くの真核生物のトランスポゾンは，細菌のものとはいくぶん異なる構造をもっている．すでに述べたように（p. 559），**レトロポゾン**（retroposon）あるいは**レトロエレメント**（retroelement）とも呼ばれるレトロトランスポゾンは，真核生物のゲノムの著しい特徴の一つとなっている．

引き起こされる変化や場所によって，トランスポゾンの効果は，あるときは破壊や損傷となり，またあるときは遺伝的多様性の機会を提供する源と見ることができる．転位の効果は，ときに遺伝子発現の変化として観察される（18.3 節でトピックスとして述べる）．

キーコンセプト

- 普遍的組換えでは，DNA 配列の交換は相同配列の間で生じる．
- 部位特異的組換えでは，主として DNA–タンパク質相互作用が非相同配列の交換を引き起こす．
- トランスポゾンと呼ばれる DNA 配列は，ゲノム中のある箇所から別の箇所へ移動できる．

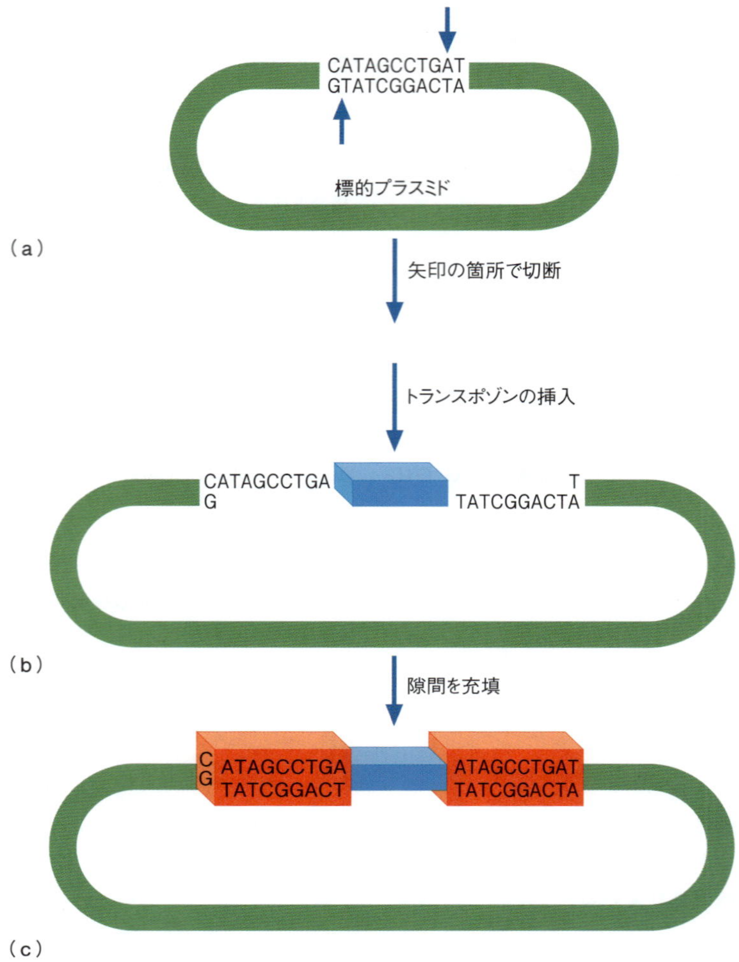

図 18.26　非複製型転位

(a) 宿主 DNA は矢印の箇所で切断される．(b) トランスポゾン（青色）の各末端は，宿主 DNA 鎖の突出末端と共有結合によりつながる．(c) DNA ポリメラーゼ活性によってギャップが埋められた後，トランスポゾンに隣接する宿主 DNA に 9 塩基対の反復配列（赤色）ができる．

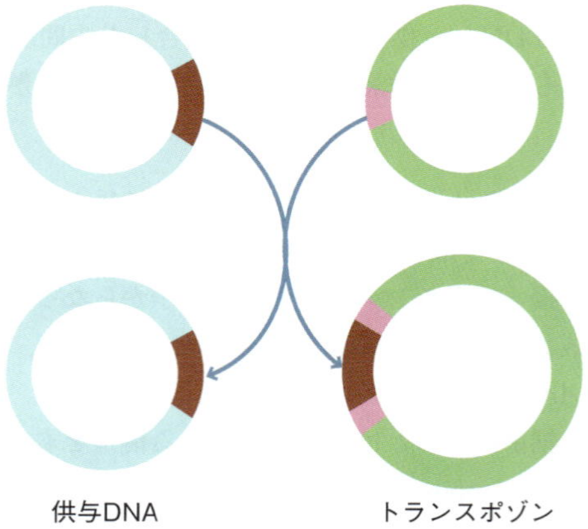

図 18.27　複製型転位

転移因子（茶色）の新しい位置（ピンク色）への転位に，元の位置からの消失は必要ない．この種類の転位過程は，トランスポゾン全体の複製とそれに続く部位特異的組換えを経て起こり，供与 DNA は損傷を受けないことに注意．

ラボの生化学

ゲノミクス

ゲノミクスと機能ゲノミクスは，生命科学のすべての分野における研究を促進してきた．**ゲノミクス**（genomics）とは全ゲノムの大規模解析である．**機能ゲノミクス**（functional genomics）とは，遺伝子とタンパク質の機能的特性を解析し，これらの分子が生体内でどのように相互作用するかを調べるのに用いられる方法論である．DNA技術の大きなブレイクスルーの結果，数千以上の生物のゲノム配列情報ならびにさまざまな機能的ゲノム技術が産みだされた．たとえば現在，DNAチップ（何千もの異なるDNA配列プローブを微小なガラスあるいはプラスチック基盤の上に付着させた検出ツール）によって，培養細胞における何千もの遺伝子発現の同時モニタリングができる．以下に，ゲノム技術で利用される基本ツールについて述べる．

現在ではふつうのことと考えられているDNA配列の単離，解読，およびその改変は，**組換えDNA技術**（recombinant DNA technology）と呼ばれる一連の技術によって可能になった．この技術の重要な特徴は，いろいろな材料から得られたDNA分子を切断し，そして継ぎ合わせられることである．これらの技術により，DNA配列決定のために必要となる多量のDNAコピーは，分子クローニングや（より最近では）ポリメラーゼ連鎖反応（PCR）により得られるようになり，ゲノム研究が以前より容易になった．組換えDNA技術の商業的応用は，医療に革命を引き起こした．たとえば，ワクチン（B型肝炎ワクチンなど）や診断薬（HIV診断など）だけでなく，インスリンや成長ホルモンのようなヒトの遺伝子産物までもが，現在では組換え遺伝子が挿入された細菌細胞によって大量につくられている．現在，いくつかの研究グループは，組換え技術を用いたヒトの遺伝子治療を研究している．それによって欠損遺伝子を正常の遺伝子に置換できる（ことが期待されている）．

図18Aに，組換えDNA作成の基本的特徴を示す．この過程では，まず制限酵素〔17章のラボの生化学「核酸研究の手法」（p. 563～567）を参照〕を使用する．制限酵素はDNAを切断して付着末端を生じさせる酵素であるが，ここでは由来の異なる二つのDNAを一つの制限酵素で切ることになる．それから付着末端の間でアニーリング（塩基対合）させる条件下で，DNA断片を混ぜ合わせる．いったん塩基対合が生じると，DNA断片同士はDNAリガーゼで共有結合により連結される．組換えDNA分子を単離・精製した後，次の実験に使用するのに十分な量を得るために，通常はそれらを増やす必要がある．DNAのコピー数を増やすために一般に使用される方法である分子クローニングについて次に述べる．

分子クローニング

分子クローニングという用語は，組換えDNA分子を作製するのに用いられる実験方法を指す．分子クローニングの際，供与細胞（たとえば動物細胞あるいは植物細胞）から分離されたDNA断片はベクターに挿入される．**ベクター**（vector）とは，外来DNA配列（たとえば研究対象とする遺伝子）を宿主細胞へ

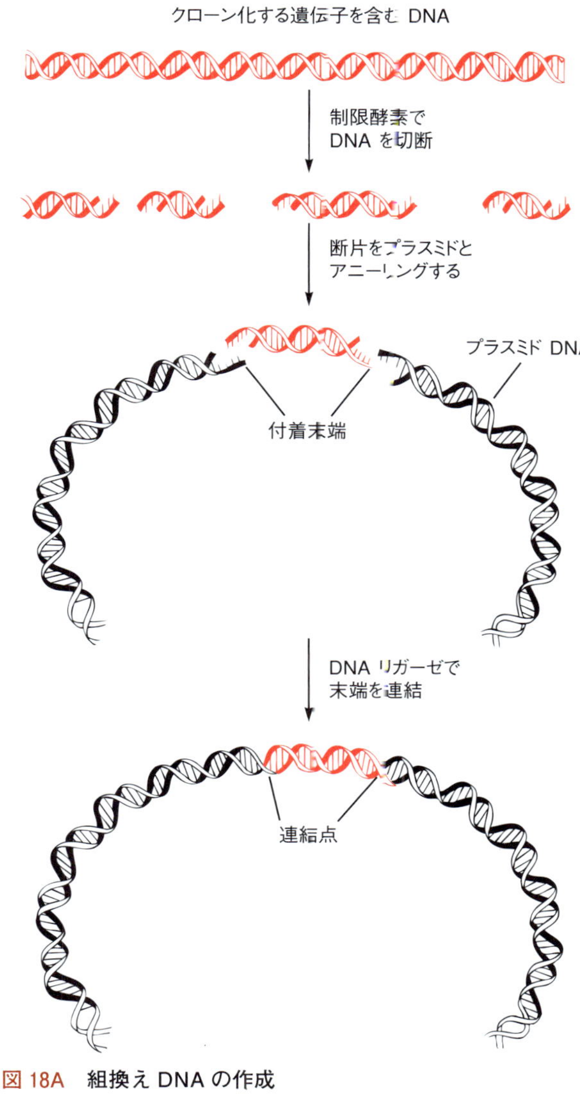

図18A　組換えDNAの作成
組換えDNA分子は，二つの材料からのDNAを制限酵素で処理してつくられる．ハイブリッド形成をする条件下で，付着末端をもつDNA断片は互いにアニーリングする．いったん塩基対合が形成されると，DNAリガーゼが断片同士を連結する．

導入する際に使用される，複製可能な DNA 分子である．

ベクターの選択は供与 DNA の大きさに依存する．たとえば，細菌のプラスミドは DNA の小断片（15 kb 以内）をクローン化するのによく使用される．いくぶん大きい断片（24 kb 以内）はバクテリオファージλベクターに挿入されるし，50 kb 程度の大きい DNA 断片にはコスミドベクターが使用される．バクテリオファージλは，ファージ生成のためのタンパク質をコードしていないゲノム中のかなりの部分を取り除くことができる．そこへ外来遺伝子を挿入することによって，ベクターとして使用される．**コスミド**（cosmid）は，プラスミド DNA 配列のなかにλバクテリオファージの *cos* 部位を挿入したクローニングベクターである．一つもしくは複数の選択マーカーも挿入されている．*cos* 部位があるので，DNA をファージ中にパッケージして宿主細胞に効率よく導入できる．プラスミドとしても扱えるので，組換え DNA を単独で増産することができる．選択マーカーがあるので，容易に組換え体を選抜できる．もっと大きな断片は，細菌人工染色体や酵母人工染色体に挿入される．**細菌人工染色体**（bacterial artificial chromosome, BAC）は，F 因子と呼ばれる大腸菌の巨大プラスミド由来で，300 kb の DNA 配列をクローン化するのに使われる．**酵母人工染色体**（yeast artificial chromosome, YAC）は 1000 kb までを収容できるが，これは自律複製する（すなわち真核生物の複製起点を含む）酵母の DNA 配列を用いてつくられている．

すでに述べたように，組換え DNA の調製には，ベクター DNA（たとえばプラスミド）を切断して開環状にする制限酵素が必要である（図 18B）．プラスミドの付着末端が供与 DNA のそれとアニーリングした後に，DNA リガーゼ活性が二つの分子を共有結合でつなぐ．それから組換えベクターは宿主細胞へ導入される．

宿主細胞へのクローニングベクターの導入がきわめて容易に行える場合がある．たとえば，ファージベクターは**トランスフェクション**（transfection）と呼ばれる感染の過程で組換え DNA を導入するよう設計されており，細菌はプラスミドを独力で取り込む．しかし，ほとんどの宿主細胞については，外来 DNA を取り込むように誘導しなければならない．それにはいくつかの方法が用いられている．原核生物や真核生物のいくつかの細胞では，培地へ Ca^{2+} を添加すると取込みが促進される．他の細胞では，**エレクトロポレーション**（electroporation，電気穿孔（せんこう）法）と呼ばれる過程（細胞を電流で処理する方法）が使われる．動物細胞と植物細胞を形質転換する最も効果的な方法の一つは，遺伝物質の直接的なマイクロインジェクション（顕微注射）である．たとえば，トランスジェニック動物は受精卵への組換え DNA のマイクロインジェクションによってつくられる．

組換え DNA がいったん導入されると，各種の細胞はそれ自身のゲノムとともに組換え DNA を複製する．そのため組換えベクターには，宿主細胞の酵素によって認識される制御領域が含まれている必要がある．

うまく形質転換された宿主細胞が増殖すると，それらは急速に組換え DNA を増幅する．たとえば，栄養物獲得性や温度が適切な条件下では，大腸菌細胞に導入された一つの組換えプラ

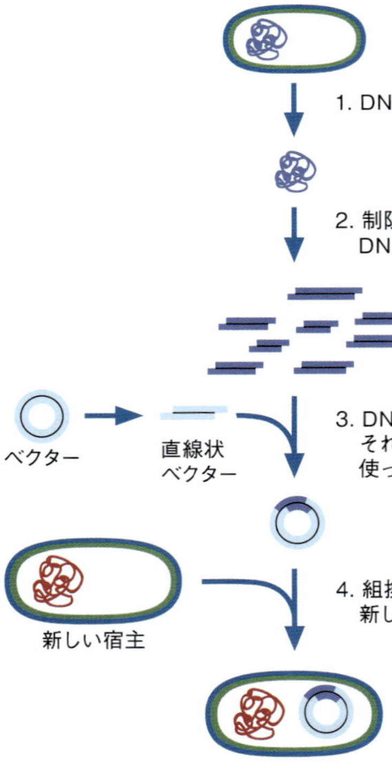

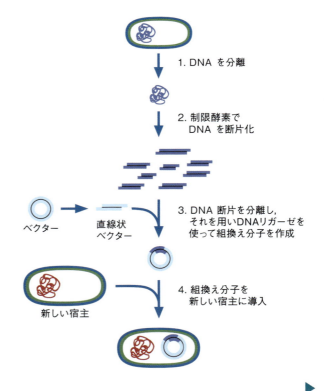

図 18B　DNA のクローニング
クローニングの過程では，一つの宿主細胞に一つの組換え分子を導入して，それぞれのクローンをつくる．そして，宿主細胞は自身のゲノムとともにベクターを複製する．同じ制限酵素が直線状ベクターや DNA 断片をつくる際にも使われる．

スミドは約11時間で10億倍に複製される．しかし，形質転換された細胞とされていない細胞は，通常，外観からは区別できない．したがって，形質転換された細胞を簡単に識別できるように，選別可能な**標識遺伝子**(marker gene，存在を検出できる遺伝子)をもつベクターを利用したクローニング方法がしばしば利用される．たとえば，細菌に導入されるプラスミドベクターには，通常，抗生物質耐性遺伝子または色選択マーカーが組み込まれている．抗生物質耐性遺伝子をもつプラスミドに曝された細菌を抗生物質含有培地で培養すると，形質転換された細胞だけが成長する．酵母のような真核生物では，栄養物の合成に必要な酵素を欠いた細胞が使われる．たとえば，*LEU2* 遺伝子を含んでいるベクターは，ロイシン生合成経路における特定の酵素が欠失した突然変異酵母細胞を形質転換するのに使われる．形質転換した細胞だけが，ロイシン欠失培地で成長することができる．

別のアプローチとして，**コロニーハイブリッド形成技術**(colony hybridization technique)がある(図18C)．放射性標識した核酸プローブ(組換えDNA中の特定配列と相補的な配列をもつRNA分子または一本鎖DNA)を用いて細菌をスクリーニングする方法である．細菌細胞をペトリ皿中の固形培地で培養してコロニーを形成させる．その後，各プレートをニトロセルロースフィルターに移す(元のコロニーの一部の細胞はペトリ皿の上に残る)．ニトロセルロースフィルター上の細胞を溶解し，放出されたDNAがプローブとのハイブリッド形成を行えるように処理する．ハイブリッド形成していないプローブ分子を洗い流し，マスタープレート上の目的の組換えDNAを保持するコロニーをオートラジオグラフィー〔2章のラボの生化学「細胞工学」(p. 57～58)を参照〕を用いて同定する．

ポリメラーゼ連鎖反応

クローニングは分子生物学において非常に有用であるが，**ポリメラーゼ連鎖反応**(polymerase chain reaction, PCR)は大量のDNAコピーを得るためのもっと便利な方法である．隣接している配列がわかっていれば，*Thermus aquaticus* 由来の熱安定性DNAポリメラーゼ(*Taq* ポリメラーゼ)を使って，PCRはどんなDNA配列でも増幅することができる(図18D)．PCR増幅はプライマーを必要とするので，隣接する配列がわかっていなければならない．プライマーとなる配列は，自動化されたDNA合成機によって合成される．

PCRは，加熱した標的DNA試料(加熱されたDNA鎖が分離することは前に述べた)に，*Taq* ポリメラーゼとプライマーとDNA複製のための材料を加えることによって始まる．この混合物を冷却すると，プライマーが標的配列のいずれかの側にある相補的配列に付着する．すると，各鎖はDNA複製のための鋳型となる．この過程をサイクルと呼ぶが，1サイクル終わると標的配列のコピーが2倍に複製されることになる．この過

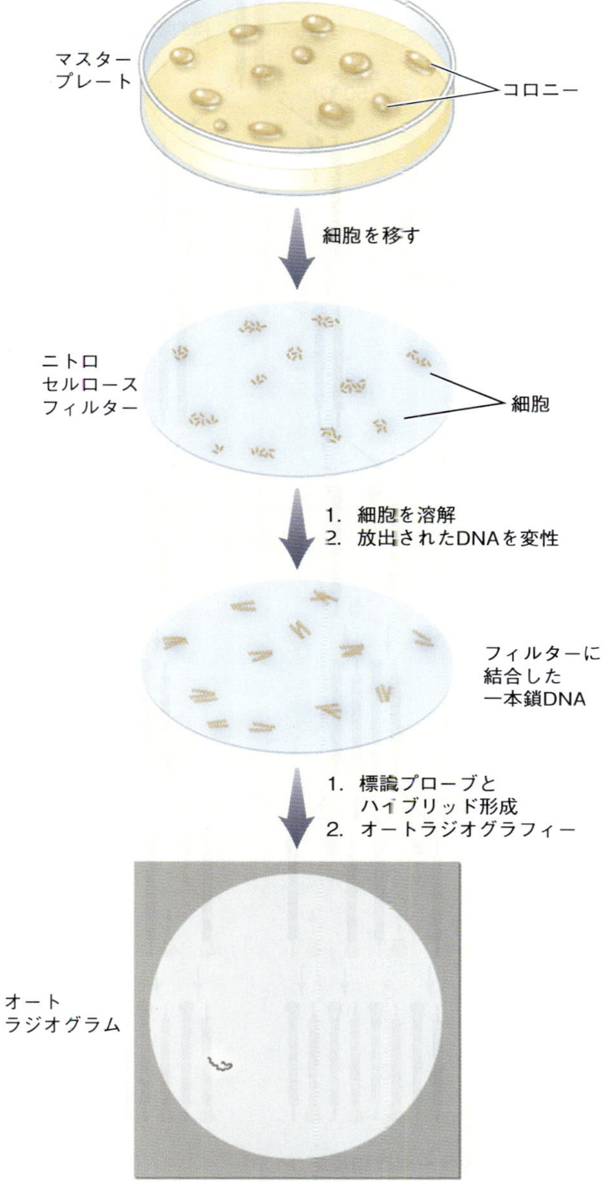

図18C　コロニーハイブリッド形成
形質転換された細胞だけが成長する固形培地で細菌細胞を培養する．コロニーが見えてきたら，プレートをニトロセルロースフィルターに移す．フィルターに付着した細胞を溶解し，放出されたDNAを変性させて除タンパクする．標識プローブを加えた後，ハイブリッド形成していないプローブ分子を洗い流す．フィルターのオートラジオグラムをマスタープレートと比較して，プローブとハイブリッド形成したDNA配列を含む細胞を同定する．

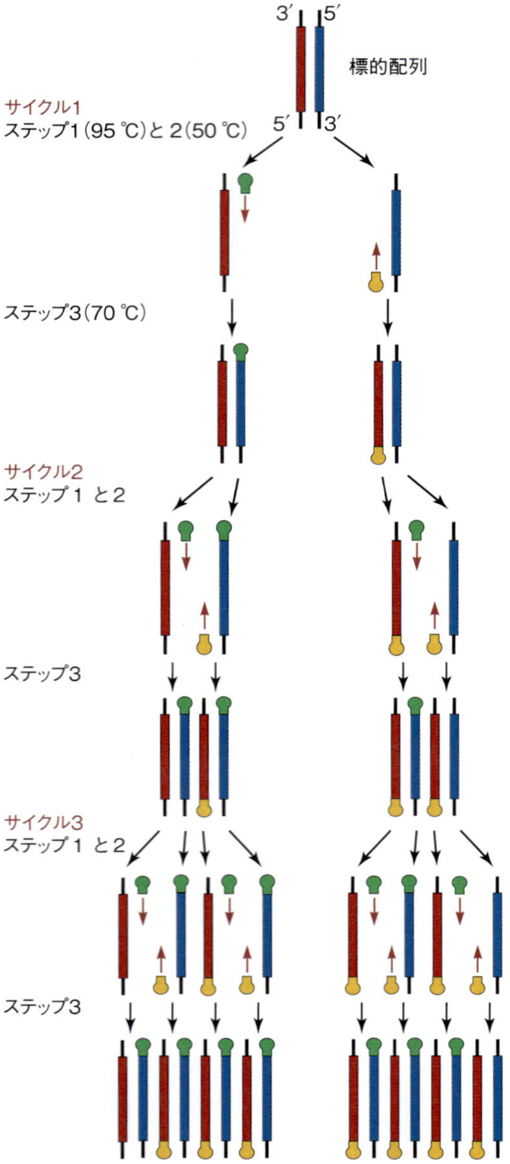

図 18D　ポリメラーゼ連鎖反応(PCR)
3ステップからなるサイクルを繰り返すことによって，一つのDNA分子を数百万倍に増幅できる．ステップ1で，95℃に加熱してdsDNA試料を変性させる．ステップ2で，温度をすばやく50℃まで下げて，オリゴヌクレオチドプライマーを加える．プライマーは，2本の鎖の末端で，相補的な配列にハイブリッド形成する．ステップ3で，*Taq*ポリメラーゼの最適温度である70℃まで上げ，DNA合成を行う．元の鎖と新しい鎖の両方を鋳型にしてサイクルを繰り返す．

程を何回も繰り返すと，並はずれた数のコピーを合成できる．たとえば30サイクルの終わりには，一つのDNA断片は10億倍に増幅される．

ゲノムライブラリー

クローンまたは遺伝子バンクとも呼ばれるゲノムライブラリーは，全染色体またはゲノムの断片に由来するクローンの集合である．それはいろいろな目的に使われるが，そのなかで最も重要なのは，染色体上の位置が未知である特定の遺伝子の単離であり，それ以外にもゲノム全体の配列決定(遺伝子地図の作成)などに使われる．ゲノムライブラリーは，ゲノムをランダムに断片化する**ショットガンクローニング**(shotgun cloning)と呼ばれる方法でつくられる(図18E)．断片のサイズは制限酵素の種類と選択した実験条件によって決まるが，そのサイズ範囲はベクターに適合するものでなければならない．目的とするすべての配列がライブラリー中に確実に存在するように，しばしばDNA試料の部分的な断片化が行われる．適切なプローブを用いると，どんな遺伝子の位置も確定できる．

cDNAライブラリー(cDNA library)と呼ばれる相補的DNA(cDNA)分子のクローンライブラリーはゲノムライブラリーの一変形であり，これは逆転写によってmRNAからつくられる．この技術は，特定の環境における特定の細胞のトランスクリプトームを評価するのに用いられる．いいかえれば，特定の種類の細胞においてどの遺伝子が発現しているかを決定する方法である．たとえば，DNAチップ技術(DNAマイクロアレイ)を利用して，正常細胞と病変細胞の遺伝子発現を調べ，比較することができる．mRNA分子は非翻訳領域やイントロン配列を含まないので，cDNAライブラリーは真核生物のDNAをクローニングするときにとくに有用である．したがって，遺伝子産物をより簡単に同定し，イントロンを処理できない細菌中に多くの遺伝子産物をつくらせることができる．

染色体歩行

染色体歩行は，遺伝子ライブラリー中の一つのDNA配列(一つのクローン)が塩基配列を決定するには大きすぎる場合に利用される．クローン化したDNAは，断片化してサブクローン化される．サブクローンの一つを選んで配列解析し，その配列を含む残りのサブクローンを選びだすためのプローブとして，解析した配列の一端の短い断片を利用する(図18F)．新しい断片の配列を決定し，重複した他のクローンを選びだすためのプローブとして，その解読部分を利用する．このようにして隣接配列を地図上に位置づけることができる．重複したDNA配列の集合は**整列群**(contig)と呼ばれる．真核生物のゲノムを解析するには，そのサイズが大きいので，YACのような大きいクローニングベクターを用いたり，染色体ジャンプと呼ばれる技術を用いたりする．**染色体ジャンプ**(chromosomal jumping)では，重複するクローンは数百kbのDNA配列を含んでいる．この断片は，まれにしか出現しない配列を認識する制限酵素を用いてつくられる．

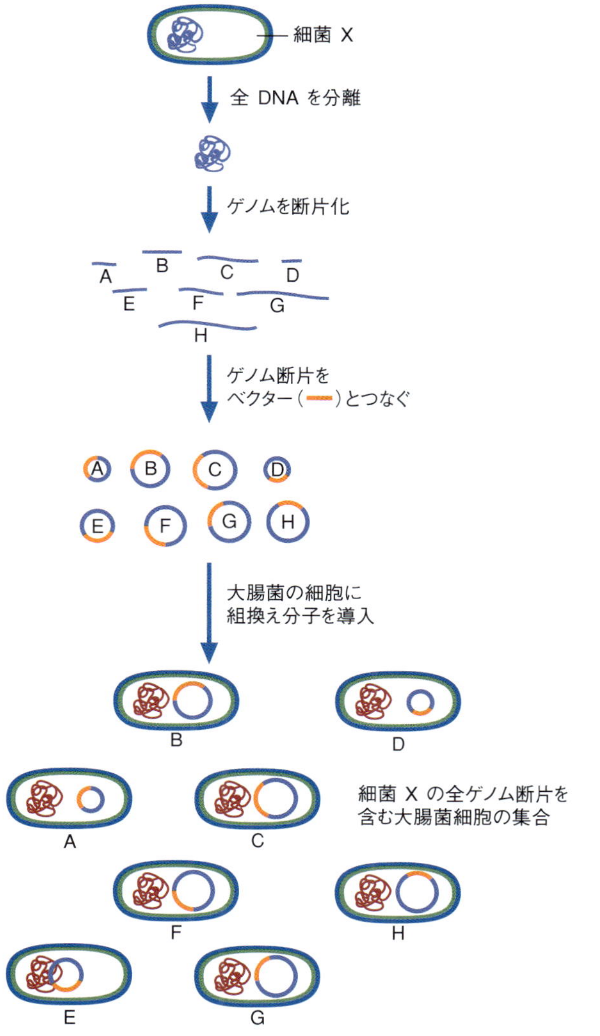

図 18E　**ショットガン法を用いる DNA ライブラリーの作成**
DNA を生物から分離し，精製した後，制限酵素で断片化する．断片をランダムにベクターに組み込み，その組換え分子を大腸菌などの細胞に導入する．この細胞の集合をゲノムライブラリーと呼ぶ．

DNA マイクロアレイ

DNA マイクロアレイ（DNA microarray）または DNA“チップ”は，何千もの遺伝子の発現を同時に解析するために用いられる．DNA マイクロアレイは，数千から数十万のオリゴヌクレオチドまたは ssDNA 断片を固定化した郵便切手程度の大きさの，ガラスまたはプラスチックからできた固形基板である．マイクロアレイ中のそれぞれの位置で，固定化された配列は DNA プローブとして働き，標的である特定の DNA または RNA 配列とハイブリッド形成するようにできている．

遺伝子発現の研究においては，対象となっている細胞からの mRNA 分子の全セット（すなわちトランスクリプトーム）を cDNA に逆転写する．cDNA 分子を蛍光色素で標識した後，ハイブリッド形成の条件下でマイクロアレイとともに一定温度下で保持する．その後，マイクロアレイを洗ってハイブリッド形成しなかった分子を除去する．顕微鏡，光電子増倍管，およびコンピュータソフトウエアを使って，どの遺伝子が発現しているかをマイクロアレイ上の蛍光を発している位置から決めることができる．この技術を利用して，さまざまな条件下での遺伝子発現の変化を観察できる．正常細胞とがん細胞，あるいは異なる栄養物やシグナル分子にさらされた細胞の比較などがその例である．

ゲノム計画

それぞれのゲノム計画は，個別の生物の DNA 塩基配列の全体像を決定する．そのためにはゲノムを分割して数多くの配列断片を取得し，自動配列解読法によって塩基配列を決定する．各断片の配列データはコンピュータ上でまとめて構築し，全ゲノム配列を得る．

ヒトゲノム計画とは，ヒトの全ゲノムのヌクレオチド配列を決定する集中的な国際的試みであった．この目標が達成された現在，研究者の関心は約 2 万 1000 のヒト遺伝子の**アノテーション**（annotation，すなわち機能の特定）に移っている．過去に科学者は，ヒトの生物学をもっと理解しようとして，解剖学，生化学，生理学，医学といった分野で，ヒトと他の生物との構造的および機能的な比較を行ってきた．それと同様に，ヒトのゲノムデータを解釈しようとする現在の努力は，他のゲノム計画で得られた情報との比較によって非常に助けられている．細菌（たとえば大腸菌），酵母（たとえば *S. cerevisiae*），線虫の *Caenorhabditis elegans*，ショウジョウバエ（*Drosophila*），およびいろいろな哺乳動物（たとえばマウス）といったよく研究された多様な生物のゲノムは，ゲノム構造の解析や他の生物で最近発見された遺伝子の特定に用いられている．

ENCODE（Encyclopedia of DNA Elements）は，アメリカ国立ヒトゲノム研究所（アメリカ国立衛生研究所の一部門）が立ち上げ，世界中の研究機関が参加する研究計画である．はるかに強力になった DNA 配列解読技術によって可能となったその目標は，二つある．一つは，ヒトゲノム中の 98.5% を占めるタンパク質をコードしていない部分の機能を決めることである．二つ目は，ヒト疾患の予防や治療を可能とする DNA を利用した医療を発展させるための知識開発を加速させることである．ENCODE の予備的な結果の例として，ヒトゲノムは全体にわたって広く転写されており，ヒト DNA 配列の大部分（およそ 80%）が ENCODE によって明らかにされた調節配列にきわめて近接しているという驚くべき事実があげられる．

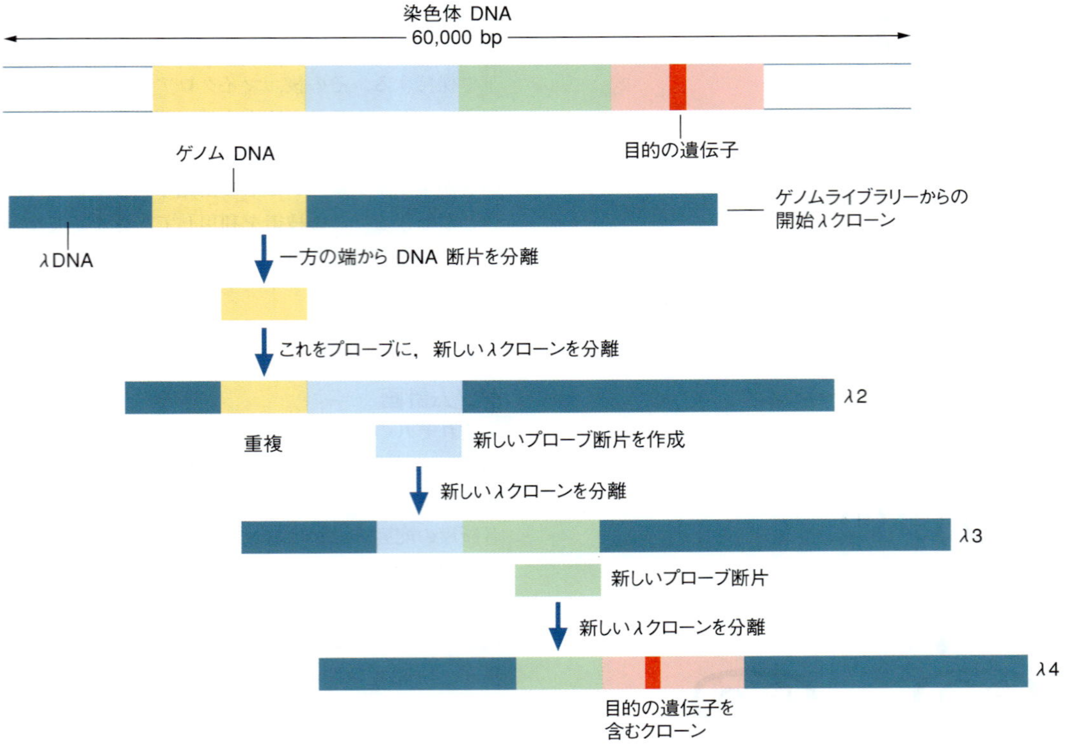

図 18F　染色体歩行

染色体歩行では，重複した配列を含む複数の DNA クローンを系統だって同定する．そして，そのクローンを地図にして配列解析を行う．この方法によって未知の遺伝子を探すこともできる．この過程では，まず DNA をばらばらに断片化してクローン化する（この例では，バクテリオファージλベクターを用いている）．開始クローンの一方の末端を標識して，その配列と隣接した配列を含むλライブラリー中のクローンを同定するためのプローブとして使う．このステップを繰り返して第二のクローンの末端を標識し，次の重複するクローンを同定するためのプローブとして使う．元の DNA 断片の全配列を含むクローンの集合が得られるまで，この過程を継続して繰り返す．

バイオインフォマティクス

生体を解析するハイスループット（すなわち，高速で大容量の自動化された）技術の出現により，核酸配列とポリペプチド配列に関する莫大な量のデータが生みだされた．ゲノム計画とプロテオームの配列決定計画で集められた情報と，マイクロアレイ解析から得られた転写などの細胞現象の情報は，科学者の共同体から接続可能なデータベースに保管されている．科学者たちは，このような莫大な量の生データをどうやって解析するのだろうか．コンピュータ科学，応用数学，そして統計学における技術発展の結果，**バイオインフォマティクス**（bioinformatics）が研究者に強力な研究手法をもたらした．コンピュータアルゴリズムの使用により，これまで手に負えなかった非常に多くの問題が，以下の例に示すように調査を実行できるようになった．

1．配列検査と呼ばれる方法で，遺伝子の位置を突きとめることが可能になった．オープンリーディングフレーム（ORF，p. 571）と呼ばれるポリペプチドをコードする可能性のある配列の位置を決めるために，遺伝子予測プログラムはいくつかの手がかりを使う．ORF とは，ポリペプチドをコードする可能性のある DNA 配列を延長したものである．それは開始コドンと呼ばれる三塩基配列 AUG で始まり，UAA，UAG，あるいは UGA という終止コドンで終わる．真核生物の ORF 検索はイントロンが存在するために複雑であるが，イントロンはポリペプチド領域をコードするエキソンよりも長いことが多々ある．

2．DNA 配列を整列させることにより研究者は，遺伝子あるいは制御配列の間の類似性について数百という生物種のゲノムで検索できるようになり，生物間の近縁性あるいは生命を維持するための機構に対する貴重な洞察がもたらされた．

3．ホモロジーモデリングという方法により，タンパク質の構造予測が可能になりつつある．ひとたび新しいタンパク質をコードする遺伝子が発見されると，バイオインフォマティクス解析により，すでに構造がわかっている相同分子やそれに近い分子を探索することができる．

▶

4．タンパク質マイクロアレイから得られた大量のデータやマススペクトロメトリー由来の細胞プロテオームデータのバイオインフォマティクス解析は，細胞のタンパク質合成パターンの解析に貴重な手段をもたらす．たとえば医学研究者は，この種のデータ解析によって，正常細胞でのタンパク質が病気の状態ではどのように変化するかを比較することができる．

5．進化生物学の分野では，バイオインフォマティクスのプログラムは，遺伝子重複や遺伝子の水平伝播といったまれな出来事に基づいて，生物の系統を追跡するのに用いられる（遺伝子の水平伝播とは，生物種間での遺伝子の移動である）．

6．ハイスループット遺伝子発現解析は，現在，医学的疾患に関与する遺伝子を（たとえば，正常細胞とがん細胞の転写産物の比較によって）同定するときに用いられる．

7．システム生物学者が，増え続ける生物学的データと複雑な数学的モデリングを使うことにより，生命の作動システムについての私たちの理解が著しく向上することが期待されている．

問題 18.4

哺乳動物のような複雑な生物の興味深い側面の一つとして，遺伝子ファミリー（密接に関連した一連のタンパク質の合成をコードする遺伝子群）の存在がある．たとえば，コラーゲンのいくつかの異なる種類は，結合組織の適切な構造と機能のために必要である．同様に，グロビン遺伝子にもいくつかの種類がある．現在，遺伝子ファミリーはDNA配列が重複するまれな出来事から発生すると考えられている．いくつかの遺伝子重複は，重要な遺伝子産物をより多量に供給することで選択的な利点を提供する．他方，二つの重複した遺伝子は別個に進化する．一つは同じ機能を果たし続け，もう一つが進化して，ついには別の機能を果たすようになる．遺伝子重複はどのようにして起こると考えられるだろうか．遺伝子がいったん重複すると，どのようにして機能的多様性がもたらされるだろうか．

18.2 転　写

DNA配列のRNAコピーの創作ともいえる転写は，環境からの合図（たとえば，細菌では栄養物の入手可能性，多細胞真核生物では発育シグナルなど）を遺伝子発現の変化に変換する高度に調節された過程である．核酸の機能の全局面を含んでいるので，RNA分子の合成は，さまざまな酵素と関連タンパク質を含む複雑な過程である．RNA分子が細胞の遺伝子から転写されることは前に述べた．RNA合成が進む際，リボヌクレオチドの取り込みは，DNA依存性RNAポリメラーゼとも呼ばれるRNAポリメラーゼ（RNAP）によって触媒される．RNAポリメラーゼによって触媒されるこの反応は，次式のように表される．

$$\mathrm{NTP} + (\mathrm{NMP})_n \longrightarrow (\mathrm{NMP})_{n+1} + \mathrm{PP_i}$$

非鋳型鎖あるいはプラス（＋）鎖は，RNA転写産物と同一の塩基配列をもっているので（TのUへの置換を除く），**コード鎖**（coding strand）とも呼ばれる（図18.28）．二本鎖DNAのある領域ごとに存在する遺伝子の方向を，慣例上，コード鎖の方向とする．マイナス（－）鎖とも呼ばれる鋳型DNA鎖と新しくつくられたRNA分子は逆平行であるので，遺伝子の5′末端から3′末端へポリメラーゼ反応が進行する．すでに述べたように，転写によって数種類のRNAが生成する．そのなかでrRNA，tRNA，およびmRNAがタンパク質合成に直接関与している（19章）．

DNA

5′— TTTGGACAACGTCCAGCGATC —3′　非鋳型(+)鎖（コード鎖）

3′— AAACCTGTTGCAGGTCGCTAG —5′　鋳型(−)鎖（非コード鎖）

RNA

5′— UUUGGACAACGUCCAGCGAUC —3′

図 18.28　DNA コード鎖

2 本の相補的な DNA 鎖のうち，鋳型(−)鎖と呼ばれる 1 本の DNA 鎖が転写される．RNA 転写産物は，T の代わりに U が使われることを除くと，非鋳型(+)鎖あるいはコード鎖と同じ配列である．

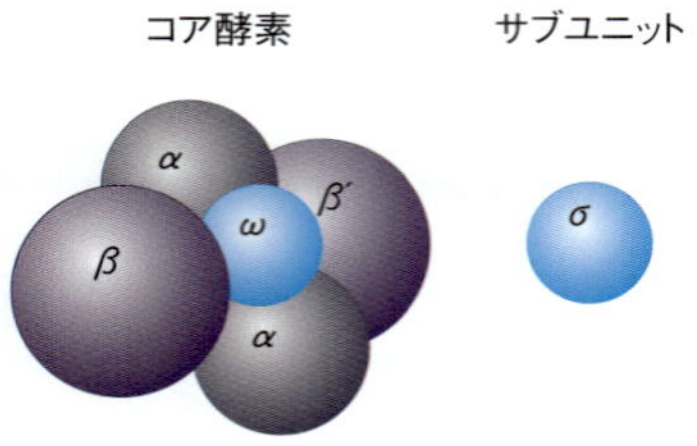

図 18.29　大腸菌の RNA ポリメラーゼ

大腸菌の RNA ポリメラーゼは，二つの α サブユニットと各一つの β および β′ サブユニットから構成されている．σ サブユニットが一時的に結合すると，コア酵素が適切な DNA 配列に結合する．ω サブユニットがコア酵素の会合を促進することに注意．

原核生物における転写

大腸菌の RNA ポリメラーゼ（図 18.29）は，すべての種類の RNA の合成を触媒する．分子量およそ 37 万のコア酵素（α_2, β, β'）が RNA 合成を触媒する．別のタンパク質である ω サブユニットは，RNAP ホロ酵素の会合を促進する．σ 因子のコア酵素への一過性の結合により，コア酵素が正しい鋳型鎖の適切な部位に結合し，転写を開始できるようになる．多くの σ 因子が同定されている．たとえば大腸菌では，σ^{70} がほとんどの遺伝子の転写に関与し，σ^{32} と σ^{28} が熱ショック遺伝子とフラジェリン遺伝子の転写をそれぞれ促進する〔その名前が示唆するように，フラジェリンは細菌の鞭毛（flagellum）のタンパク質構成要素である〕．上つき数字は，キロ単位のタンパク質の分子量を示す．

大腸菌遺伝子の転写の概略を図 18.30 に示す．この過程は，開始，伸長，および終結という三つの段階からなっている．それぞれについて簡単に説明する．

転写の開始には，遺伝子の上流（すなわちポリヌクレオチドの 5′ 末端方向）に位置する制御 DNA 配列である**プロモーター**（promoter）への RNA ポリメラーゼの結合が必要である．原核生物のプロモーターのサイズは多様（20〜200 bp）であるが，転写開始部位からおよそ 10 bp と 35 bp 離れた部位にある二つの短い配列は，いろいろな細菌種間で著しく類似している．これらの部位にはそれぞれ，共通配列と呼ばれる塩基配列のセットがある．**共通配列**（consensus sequence）とは，非常に似通っているが同一ではない多数の配列の平均を表す．図 18.31 に示す配列は，転写開始点との関係から −35 領域および −10 領域と命名されている（−10 領域はまた，発見者にちなんでプリブナウボックスとも呼ばれる）．RNA ポリメラーゼは，プロモーター配列に到達するまで DNA に沿って滑る．プロモーターが RNA ポリメラーゼと転写開始に至る結合をする効率は，プロモーターによって大きく異なる．転写開始速度は〝強い〟プロモーター（共通配列によく似ている）と〝弱い〟プロモーター（共通配列にあまり似ていない）の間で何千倍も異なる．プロモーター配列内の変異は，通常，プロモーターを弱めるが，弱いプロモーターを強いものに変換することもありうる．どちらの場合でも不都合を生じる．

RNAP と原核生物における転写過程

RNAP ホロ酵素（すなわちコア酵素とそれに会合した σ 因子）がプロモーター領域に結合すると，β′ および σ サブユニットがプリブナウボックス内の 13 bp の間の水素結合を壊し，短い DNA 部分を巻きもどす．DNA 鎖は今や分離しているので，酵素−プロモーター複合体は〝開いた〟状態にある．

転写は，最初のヌクレオシド三リン酸（通常，ATP または GTP）が RNA ポリメラーゼ複合体に結合すると始まる．最初のヌクレオシド三リン酸の 3′-OH 基が，第二のヌクレオシド三リン酸（隣接部位で同じく塩基対合によって配置される）の α-リン酸基を求核攻撃して，最初のリン酸ジエステル結合が形成される（最初のヌクレオシド三リン酸のリン酸基はこの反応に関与しないので，原核生物の転写産物の 5′ 末端は三リン酸基をもっている）．RNAP は，プロモーター内の鋳型鎖 DNA と塩基対を形成しているリボヌクレオチド間のリン酸ジエステル結合を触媒する．この転写開始期が首尾よく終わると（すなわち RNAP ホロ酵素がプロモーターから離れて動きだすと），伸長しつつある RNA 鎖はおよそ 10 ヌクレオチドの長さに達する．

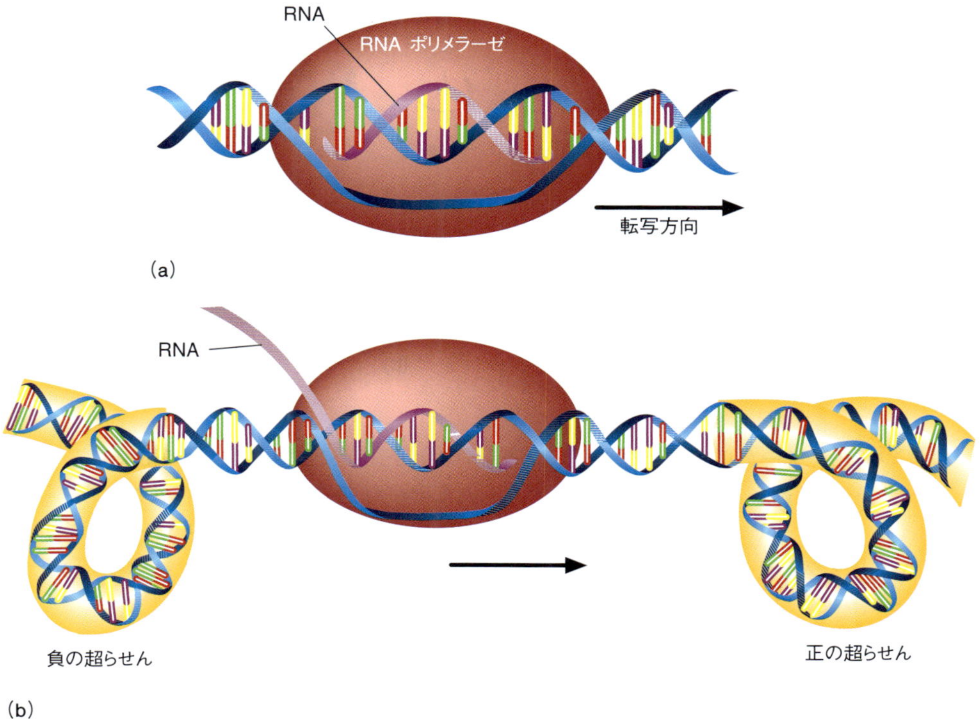

図 18.30 大腸菌における転写の開始
(a) DNA の短い領域が巻きもどされて，転写バブルが形成される．転写が進行すると，RNA–DNA ハイブリッドが形成される．バブルは転写の進行とともに移動し，バブルの前で DNA が巻きもどされ，後ろで再び巻く．(b) 転写はらせん形成を誘導する．正の超らせんがバブルの前にでき，負の超らせんが後ろにできる．

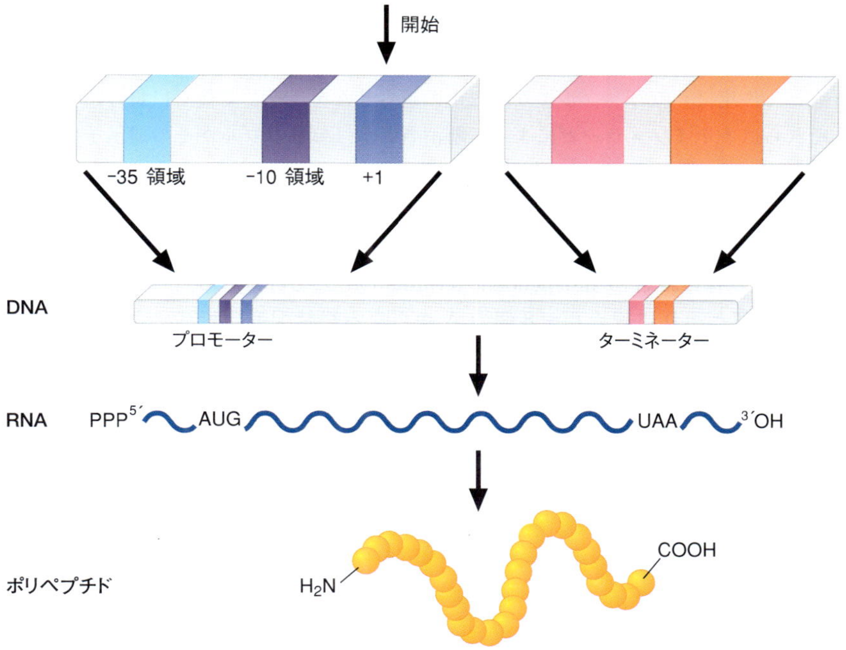

図 18.31 大腸菌の典型的な転写単位
RNA ポリメラーゼがプロモーターに結合すると，開始部位の＋1 で DNA 転写が始まる．転写された mRNA のリボソーム結合部位が利用できるようになると，すぐに mRNA の翻訳が始まる．

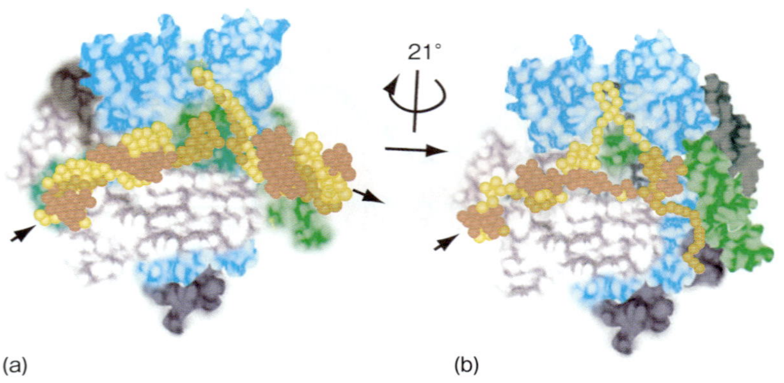

図 18.32　細菌の RNA ポリメラーゼのモデル
このモデルでは，RNAP の構成要素は以下の色で表されている．すなわち β サブユニットは水色，β' サブユニットは紫色，DNA 鋳型鎖は薄茶色，DNA 非鋳型鎖が黄色である．(a)と(b)では，二重らせんが β および β' サブユニットの間の水平な溝に横たわっている．黒い矢印は酵素内での DNA の移動方向を示す．モデルを 21° 回転させると，伸張中の RNA 転写産物（金色）が RNAP を出ていく様子がわかる．

この〝プロモータークリアランス〟を達成できないことが往々にしてあり，その結果生じた不完全な転写産物は遊離して分解される．転写された配列が約 10 ヌクレオチドの長さに達すると，RNA ポリメラーゼ複合体の立体構造が変化する．σ 因子を放出して，開始期が終了する．RNA ポリメラーゼがプロモーター部位を通り過ぎるとすぐに，また別の RNA ポリメラーゼが入ってきてプロモーター部位に結合し，RNA 合成の次のラウンドが始まる．

σ 因子が離れ，プロモーター部位への RNA ポリメラーゼ複合体の親和性が減少すると，伸長期が始まる．コア RNA ポリメラーゼが，いくつかの補助タンパク質と結合すると，活発な転写複合体に変わる．RNA 合成が 5′ → 3′ 方向に進むとき（図 18.30 参照），DNA は転写バブル（RNA–DNA がハイブリッド形成して，一時的にほどけた 12〜14 bp の DNA 部分）より前で巻きもどされる．いつの時点でも，RNAP 内には約 30 bp 相当の DNA が存在する．酵素複合体の活性部位は β サブユニットと β' サブユニットとの間にある（図 18.32）．二本鎖 DNA が酵素に入り込み，二つの鎖に分離される際，鋳型鎖はあるチャネルを通って活性部位に入り込む．非鋳型鎖は活性部位から離れ，専用のチャネルに入り込む．鋳型鎖と非鋳型鎖は別べつのチャネルから出て，再び二重らせんを形成する．一方，伸長する RNA 転写産物は，β サブユニットと β' サブユニットで形成された専用のチャネルを通って出ていく．RNA ポリメラーゼの巻きもどし作用は，転写バブルより前に正の超らせんを，そして後ろに負の超らせんをつくるが，それらはトポイソメラーゼによって解消される．転写バブルがその遺伝子の下（しも）に動くとき，それは〝下流〟に動くといわれる．終止信号に達するまでリボヌクレオチドの取り込みは続く．

転写の終結配列には，内因性終結と ρ 依存性終結の 2 種類がある．**内因性終結**〔intrinsic termination，**ρ 非依存性終結**（ρ–independent termination）とも呼ばれる〕において RNA 合成は，逆方向反復配列とそれに続く 6 〜 8 個の A からなる終結配列の転写によって終結する（図 18.33）．終結配列が転写されると，逆方向反復配列は安定なヘアピン構造を形成し，RNA ポリメラーゼを徐行あるいは停止させる．RNA 転写産物はその後放出されるが，それは，逆方向反復配列に続く短いポリアデニル酸〔ポリ（A）〕配列中の A と転写産物中の相補的な U との間の弱い塩基対相互作用のために，RNA–DNA ハイブリッド構造が解離するからである．**ρ 依存性終結**（ρ–dependent termination）では強いヘアピン構造は形成されず，終結には ρ 因子として知られるタンパク質の ATP 依存性ヘリカーゼによる助けを必要とする（図 18.34）．ρ 因子は，終結部位より上流にある新生 mRNA 鎖の特定の認識配列に結合する．それから，RNA–DNA らせんを巻きもどして転写産物を遊離し，ポリメラーゼを解離させる．

原核生物の mRNA は，リボソーム結合部位が露出されると，すぐに翻訳される（転写に伴った翻訳）．しかし，成熟した rRNA 分子と tRNA 分子は，転写後プロセシングによって，より大きな転写物からつくられる．大腸菌の rRNA に対する RNA プロセシング反応の概略を図 18.35 に示す．大腸菌のゲノムは，16S，23S，および 5S の rRNA をコードする遺伝子を数セット含んでいる（遺伝子の各セットはオペロンと呼ばれる）．最初のプロセシング段階では，多シストロン性 30S 転写物がメチル化され，その後いくつかの RN アーゼによって，多くのよ

キーコンセプト

- 転写の間に一つの DNA の鋳型から一つの RNA 分子が合成される．
- 原核生物では，この過程に単一の RNA ポリメラーゼ活性が関与している．
- RNA ポリメラーゼ複合体がプロモーター配列に結合すると転写が始まる．

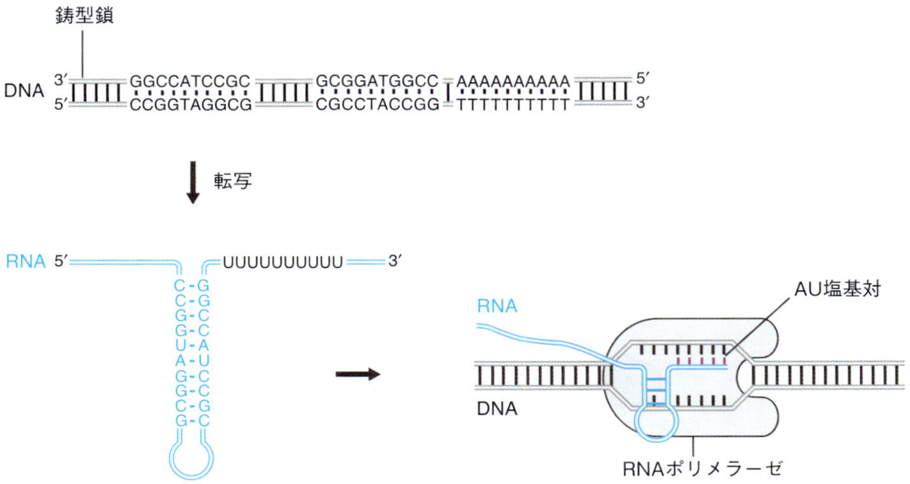

図 18.33 内因性の転写終結
鋳型鎖の終結配列（逆方向反復配列と，それに引き続く一連の A）が転写されると，生成した RNA 配列が安定なヘアピン（ステムループ）構造を形成する．このヘアピン構造によって DNA-RNA 相互作用が壊されると，RNA 転写産物は AU 塩基対の短い配列だけで鋳型鎖に保持される．この AU 相互作用はとても弱いので，RNA 分子は速やかに解離する．

り小さなセグメントに切断される．異なる RN アーゼによるさらなる切断によって，成熟した rRNA ができる．また，いくつかの tRNA もできる．残りの tRNA は，一連のプロセシング反応でいくつかの RN アーゼによって切り詰められて，転写一次産物からつくられる．tRNA プロセシングの最終段階では，多くの塩基が数種の修飾反応（たとえば脱アミノやメチル化，および還元）によって変化する．

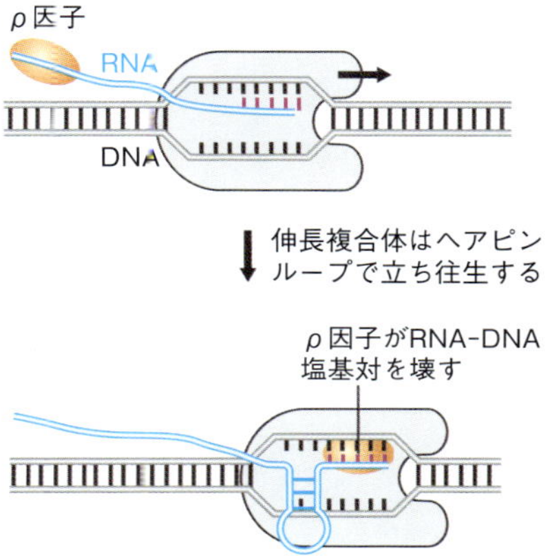

図 18.34 ρ 依存性の転写終結
ρ 因子は ATP 依存性ヘリカーゼであり，RNA 転写産物の C に富んだ配列に結合する．RNA 転写産物に結合すると，それに沿って ρ 因子は 5′ → 3′ 方向に移動し，転写バブルの内部にある終結部位に到達する．RNA ポリメラーゼは，おそらくは弱いヘアピンが形成されるために立ち往生する．ρ 因子が ATP 由来のエネルギーを使って DNA-RNA 相互作用を壊し，RNA-DNA ハイブリッドをほどき，RNA 転写産物が遊離される．

真核生物における転写

原核生物と真核生物における転写は互いにいくつかの点で似ている．たとえば，細菌と真核生物の RNA ポリメラーゼは構造的に似通っており，共通の転写機構（たとえば，プロモーター認識，切り詰められた転写産物，プロモータークリアランス）を使う．また，細菌と真核生物の転写開始因子はあまり似ていないが，同様な機能を果たす．しかし，これら 2 種類の生物は，遺伝子発現制御の調節機構においては著しく異なる．これらの違いの最も顕著な例は，真核生物の転写装置は DNA への接近が限られていることである．クロマチンは通常，少なくとも部分的には凝縮している．しかし転写が起こるためには，DNA は十分に露出され，RNA ポリメラーゼが接近できなければならない．DNA が転写を許容するためには，ヒストン尾部が

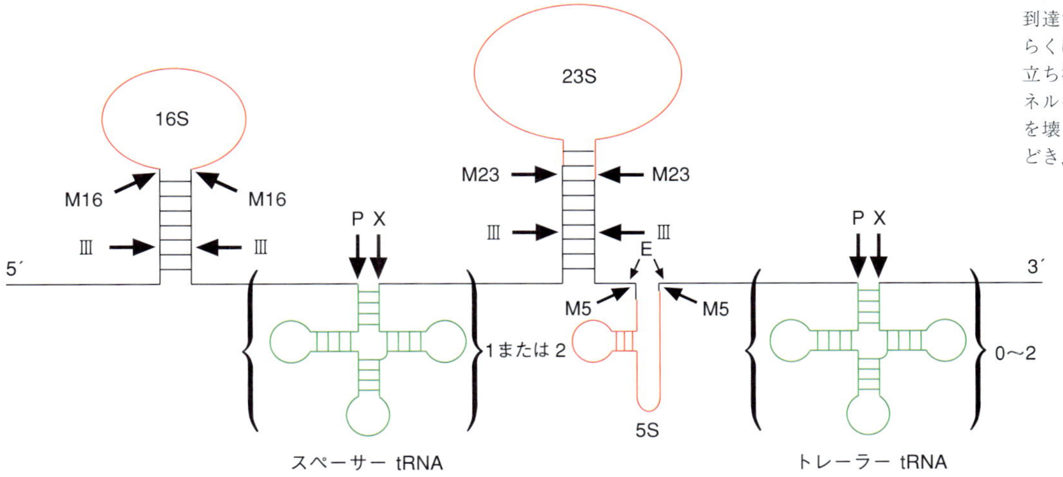

図 18.35 大腸菌におけるリボソーム RNA のプロセシング
各 rRNA オペロンは，16S，23S，および 5S rRNA のそれぞれのコピーを一つ含む一次転写産物をコードしている．各転写産物は，一つあるいは二つのスペーサー tRNA と二つ以下のトレーラー tRNA もコードしている．転写後プロセシングには，いろいろな RN アーゼによって触媒される多数の切断反応とスプライシング反応が含まれる（個々の RN アーゼは，たとえば M5，X，Ⅲ などの文字や数字によって識別される）．RN アーゼ P はリボザイムである．

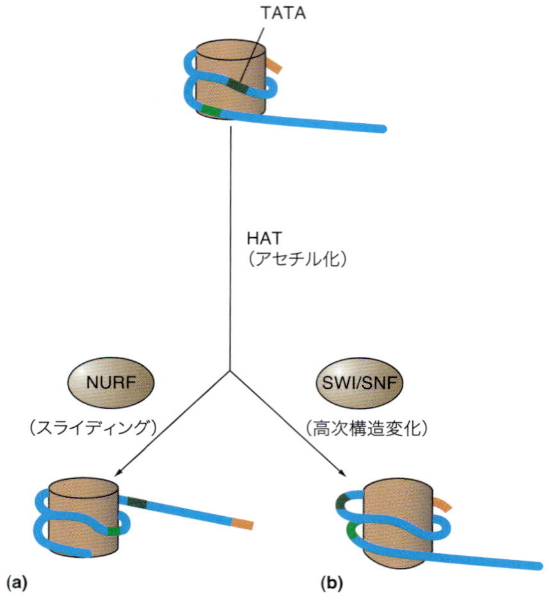

図 18.36　クロマチンリモデリング　ヒストンアセチルトランスフェラーゼ(HAT)によるヒストン尾部のアセチル化により，ヒストン尾部とDNAとの接触が阻害される．続いてコアヒストンもDNAとの接触がなくなる．これは，(a) NURFタンパク質の作用によりヒストンが滑りだし，DNA上のプロモーター領域を転写装置に露出すること，あるいは(b) SWI/SNFクロマチンリモデリング複合体が引き起こすクロマチンの局所的な高次構造変化によるものである．

ヒストンアセチルトランスフェラーゼによりアセチル化され，**クロマチンリモデリング複合体**(chromatin-remodeling complex)によってヒストンとDNA接触が弱められなければならない．クロマチンリモデリング複合体には二つのクラスがある．SWIおよびSNFタンパク質群は(SWI/SNF複合体として)ヒストン粒子の遊離を容易にする一方，NURFタンパク質群はヒストン粒子が滑りだせるようにヒストンとDNAの接触を弱める(図18.36)．

主として真核生物のゲノムの複雑さのために，真核生物のDNA転写は原核生物の過程ほど完全にはわかっていない．しかし，真核生物の過程は次のような特徴をもつことがわかっている．

RNAポリメラーゼ活性　真核生物は3種類の核RNAポリメラーゼをもっている．それぞれは，合成するRNAの種類，サブユニット構造，および相対的な存在量において異なっている．核小体内に局在するRNAポリメラーゼⅠ(RNAPⅠ)は，大きなrRNA(28S，18S，5.8S)を転写する．mRNA前駆体と大部分のmiRNAとsnRNAはRNAポリメラーゼⅡ(RNAPⅡ)によって転写され，RNAポリメラーゼⅢ(RNAPⅢ)はtRNA，5S rRNA，U6 snRNAなどの前駆体およびsnoRNAを転写する．各ポリメラーゼは，二つの大きいサブユニットと，いくつか(8～12)の小さいサブユニットからなる．たとえば，RNAPⅡの二つの大きいサブユニットは，21万5000と13万9000の分子量をもっている．小さいサブユニットの数は種によって異なる．たとえば，植物は八つ，脊椎動物は六つもっている．小さいサブユニットのいくつかは，他の二つのRNAポリメラーゼにも存在する．原核生物のRNAポリメラーゼとは対照的に，真核生物のRNAポリメラーゼは自身だけで転写を始めることができない．転写を始める前に，いろいろな転写因子がプロモーターに結合しなければならない．

RNAポリメラーゼは個々のクラスター内で機能する．個々のクラスターでは，活性化された遺伝子同士がクロマチンルーピングにより集合し，転写が起こる．転写ファクトリーと呼ばれるこれらのクラスターは，核全体に存在する．転写ファクトリーの数は生物種や細胞のタイプにより異なる．たとえば，ヒーラ(Hela)細胞(研究に用いられる不死化細胞株由来の上皮細胞)は約1万のファクトリーを含んでおり，そのうち8000個はRNAPⅡファクトリー，2000個はRNAPⅢファクトリーである．核小体は大きなRNAPⅠファクトリーと考えられている．RNAPⅡ転写ファクトリーは，それぞれ8個のポリメラーゼ分子を含むと見積もられており，40～180 nmの直径をもつ(転写活性のレベルに依存する)．それぞれのRNAPⅡ結合型ファクトリーは，その表面に活性化RNAポリメラーゼ酵素複合体が付着したタンパク質に富んだコアをもつ．

真核生物プロモーター 真核生物プロモーターは原核生物のものと比較して，より複雑でより変化に富んでいる．それぞれが，RNA ポリメラーゼが結合して転写が開始するのに最低限必要な DNA 配列であるコアプロモーターと，さらに転写調節に寄与する近位（近い）と遠位（離れた）の DNA 配列からなる．

真核生物コアプロモーターには二つのクラス，すなわち集中型と離散型がある．集中型プロモーターは，一つのヌクレオチドあるいはきわめて短いヌクレオチド配列からなる転写開始点（TSS），および転写装置が結合するためのコアプロモーターエレメント（CPE）と呼ばれる配列モチーフの数セットを含んでいる．酵母で最初に同定された TATA ボックスは，真核生物で最もよく研究された CPE である．哺乳動物のコアプロモーターのおよそ 10％にしか見つかっていないが，この AT が豊富な TATA ボックスには，転写因子 TFⅡD のサブユニットである TATA 結合タンパク質（TBP）が認識して結合する．集中型プロモーターで見つかっている他の CPE としては，Inr（イニシエーター），BRE（B 認識エレメント），MTE（モチーフ 10 配列），および DPE（下流プロモーターエレメント）がある（図 18.37）．離散型コアプロモーターは，50 ～ 100 bp という広い領域に一見不規則に分布している多くの TSS（通常は一つの強い転写開始点と複数の弱い転写開始点）をもつので，そう名づけられた．脊椎動物，とくに哺乳動物ではふつう，離散型コアプロモーターは典型的には CpG アイランド（p. 561）内にあり，おもにハウスキーピング遺伝子を調節している（ハウスキーピング遺伝子は，その機能を細胞が絶えず必要としている解糖系酵素のようなタンパク質やリボソームタンパク質をコードしている）．CpG はヌクレオソームを不安定化して転写を促進すると，現在では考えられている．

近位プロモーターエレメントは TSS の約 250 bp 上流までにある転写因子結合部位である．近位プロモーターエレメントの例としては GC ボックスと CCAAT ボックスがあるが，いずれも特定の転写因子が結合した際の転写を増強する．たとえば，インスリン受容体（p. 519）や HMG-CoA レダクターゼ（p. 399）などのタンパク質をコードする遺伝子の上流の GC ボックスエレメントに転写因子 Sp1 が結合すると，転写速度が上昇する．

遠位調節配列は距離非依存的 DNA エレメントであり，標的遺伝子の上流，下流，あるいはイントロン内に位置する．遠位エレメントは転写を増加させたり（エンハンサー）減少させたり（サイレンサー）できる．転写は，活性化タンパク質がエンハンサーエレメントに結合したときに活性化され，リプレッサータンパク質がサイレンサーエレメントに結合すると阻害される．

エンハンサーエレメントやサイレンサーエレメントがプロモーターの RNA ポリメラーゼ複合体と結合すると，介在 DNA 配列（100 kbp にもなる）は曲がってループをつくる．そのようなループはコヒーシンと呼ばれる環状タンパク質によって安定化される．エンハンサーとプロモーターの相互作用は，その境界に存在しインシュレーターと呼ばれる DNA エレメントによって抑制されうる．脊椎動物の遺伝子やプロモーターが混み合った領域では，CTCF というインシュレータータンパク質二量体がインシュレーターエレメントでコヒーシンと結合して，エンハンサーが他のプロモーターと相互作用しないようにする．

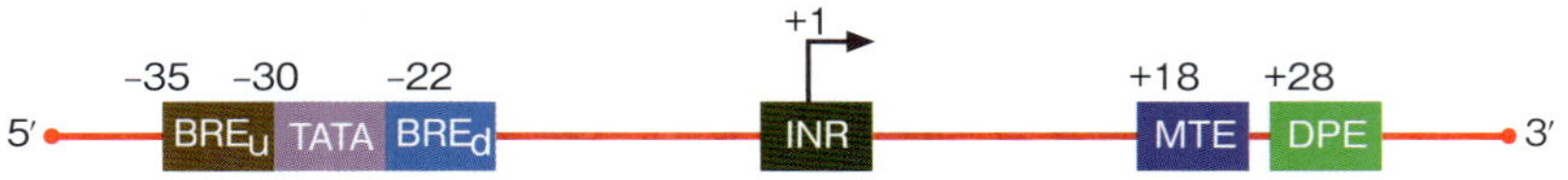

図 18.37 真核生物の RNAP Ⅱ コアプロモーター
コアプロモーターとは，RNA ポリメラーゼが結合して特定の遺伝子の転写を開始するのに最低限必要な DNA 配列のことであり，コアプロモーターエレメント（CPE）として研究者たちが同定してきた配列モチーフをしばしば含む．TATA ボックスはよく研究された CPE である．BRE$_u$ と BRE$_d$ は，それぞれ TATA ボックスのすぐ上流あるいは下流に位置している場合に機能する CPE である．BRE$_u$ と BRE$_d$ は一緒あるいは別べつに，TFⅡB との相互作用を介して転写活性化を調節する．多くの遺伝子は TATA ボックスを欠いている．その代わりに Inr（イニシエーターエレメント）や DPE（下流プロモーターエレメント）を含むことがある．MTE（モチーフ 10 エレメント）は Inr と一緒に作用して，TFⅡD がコアプロモーターへ結合するのを促進する．すべての真核生物のコアプロモーターに存在する CPE はなく，また既知の CPE をまったくもたないコアプロモーターもある．コアプロモーター内に存在するときは Inr が転写開始配列を含むことに注意．

RNA ポリメラーゼⅡと真核生物における転写過程　RNA ポリメラーゼⅡ(RNAP Ⅱ)は，真核生物では最も研究された型の RNA ポリメラーゼであるが，そのおもな理由は mRNA 合成を担うという役割による．酵母 RNAP Ⅱ の構造と機能の特徴は Roger Kornberg によって明らかになり，彼はこの業績により 2006 年度のノーベル化学賞を受賞した．

コア RNAP Ⅱ酵素は，ヒトでは 12 個のサブユニットからなる．最も大きいサブユニット RBP1 は，この酵素の活性部位の一部である DNA 結合溝を形成する．RBP1 はまた，YSPTSPS という 7 アミノ酸の 25 ～ 52 回繰返し(ヒトでは 52 回)である C 末端ドメイン(CTD)を含む．CTD は転写の異なる段階にかかわるタンパク質の結合部位として働き，この結合はさまざまな 7 アミノ酸残基への共有結合性の可逆的修飾(おもに Ser2 と Ser5 のリン酸化)によって制御されている．RNAP Ⅱは 7 アミノ酸がリン酸化されていないときにプロモーターに結合できる．転写が進むにつれて，キナーゼとホスファターゼによってつくりだされる Ser2 残基と Ser5 残基のリン酸化パターンが，特定の RNA プロセシング酵素を呼び寄せる．転写を通してセリンのリン酸化パターンは，開始点近くの高 Ser5P レベルと低 Ser2P レベルから，下流でのそれぞれが逆になったレベルへと変化する．CTD のセリンのリン酸化パターンによって影響を受ける過程の例としては，RNAP Ⅱのプロセッシブ酵素への変換，ヒストンリモデリング，および mRNA の 5′ キャップ形成とスプライシング開始(p. 622)などがある．RNAP Ⅱがポリ(A)尾部(p. 622)の合成を始めるまでに Ser5 残基は脱リン酸化される．CTD が完全に脱リン酸化されると RNAP Ⅱは離脱して，引き続き次のラウンドの転写に再生利用される．

RNAP Ⅱ 転写装置(分子量 300 万)は，コア酵素(図 18.38)に加えて，RNAP Ⅱ，基本転写因子と呼ばれる六つの転写因子のセット，そしてメディエーターと呼ばれる多サブユニットのタンパク質複合体からなる．基本転写因子(GTF)である TFⅡA，TFⅡB，TFⅡD，TFⅡE，TFⅡF と TFⅡH は，正確な転写に必要な追加タンパク質の最少メンバーである．これらは，**前開始複合体**(preinitiation complex, PIC)の構築，プロモーターの認識，および ATP 依存的な DNA の巻きもどしを促進する．

メディエーター(mediator)は，ほとんどすべての RNAP Ⅱ プロモーターからの転写に必要なタンパク質複合体である．ヒトのメディエーターは 26 個のサブユニットからなる分子量 120 万の複合体である．その構造は，頭部，体部，尾部という三つのドメインからなる(図 18.39)．本質的にメディエーターは，RNAPⅡと正(エンハンサー)または負(サイレンサー)の調節 DNA 配列に結合する転写因子との間のアダプターとして働くシグナル統合プラットフォームであり，調節 DNA 配列は制御されている遺伝子からかなり離れていることもある(図 18.40)．図 18.41 に DNA ループ状況下でメディエーターに結合した PIC を示す．

真核生物の転写はいくつかの段階，すなわち PIC の会合，開始，伸長，そして終結で起こる．

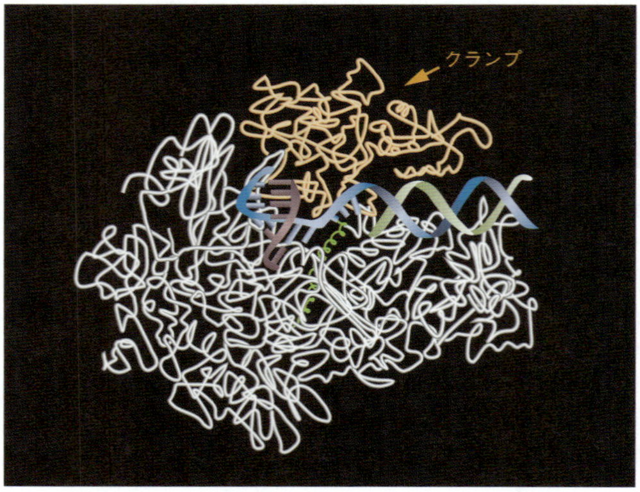

図 18.38　酵母の RNAPⅡ コア酵素の構造
このコア RNAPⅡの図では，ポリペプチド鎖が白色(ただしクランプタンパク質は黄色)，DNA の鋳型鎖が青色，非鋳型鎖が緑色，そして RNA が紫色で示されている．

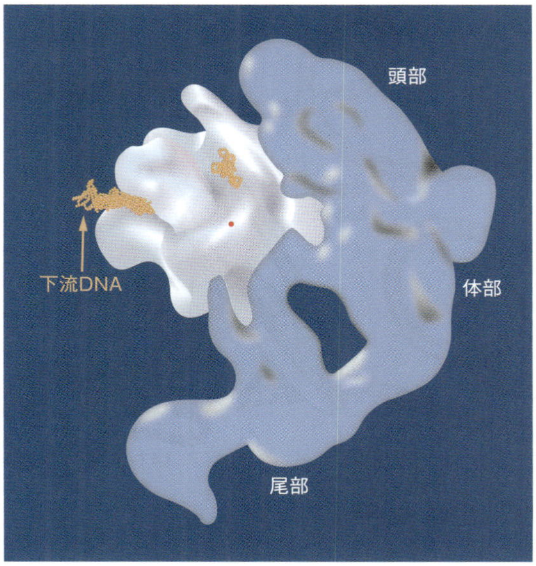

図 18.39　酵母のメディエーター–RNA ポリメラーゼⅡホロ酵素複合体
白色で示した RNAPⅡ転写開始前複合体（RNAPⅡと，それに会合した転写因子群）は，その頭部および体部を介して三日月型のメディエーター（水色で示す）と結合する．メディエーターの尾部は，DNA と結合した制御タンパク質と相互作用する．

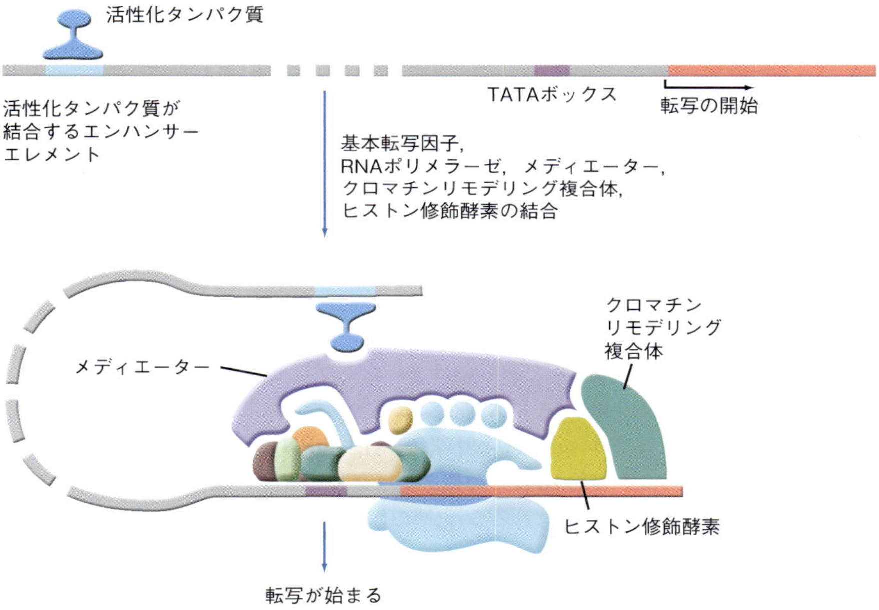

図 18.40　活性化タンパク質による転写活性化
コアプロモーターから遠く離れた（点線で示している）エンハンサーエレメントと結合した活性化転写因子にメディエーターが相互作用すると，RNAP Ⅱと GTF がコアプロモーターへ配置される．メディエーターは RNAP Ⅱの CTD に結合する．クロマチンリモデリング複合体とヒストン修飾酵素も PIC に集まる．一つの活性化因子–メディエーター相互作用だけを図示しているが，ほとんどの遺伝子の転写では，この過程の速度を決めるいくつかの活性化タンパク質がかかわる．メディエーターは，サイレンサーと結合したリプレッサータンパク質（この図には示されていない）と相互作用する場合は，転写を抑制することもできる．

PIC の会合（図 18.42）は TFⅡD の TATA 結合タンパク質（TBP）サブユニットが TATA ボックスに結合することで始まり，この過程は TFⅡA によって促進される．TBP は，DNA 構造をひずませることで鎖分離を引き起こす鞍（くら）型のタンパク質である．フェニルアラニンの四つの側鎖が副溝内の塩基対に入り込んで，DNA 領域の屈曲を引き起こす．DNA が屈曲すると TBP との相互作用が増え，約 90° まで屈曲した形になる．次にその他の GTF が結合し，さらにメディエーターが続いて結合し，転写を活性化できる PIC が形成される．転写バブルの形成が TFⅡH の ATP アーゼとヘリカーゼの活性によって触媒され，負の超らせんの張力を生みだす．コード鎖に結合する TFⅡF によって，バブルは開いた形で維持される．それから非コード鎖が RNAP Ⅱの活性部位に入る．最初のヌクレオチド間の結合が形成された後，転写は mRNA が約 23 ヌクレオチドの長さになるまで続き，そこでしばしば一旦停止状態に入る．プロモーターへのコヒーシンの結合は転写の伸長段階への移行を刺激すると考えられている．この段階は，プロモーターの除去と GIF である TFⅡE と TFⅡH の放出によって始まる．

ひとたびプロモータークリアランスが達成されると，RNAP Ⅱ ホロ酵素はメディエーター

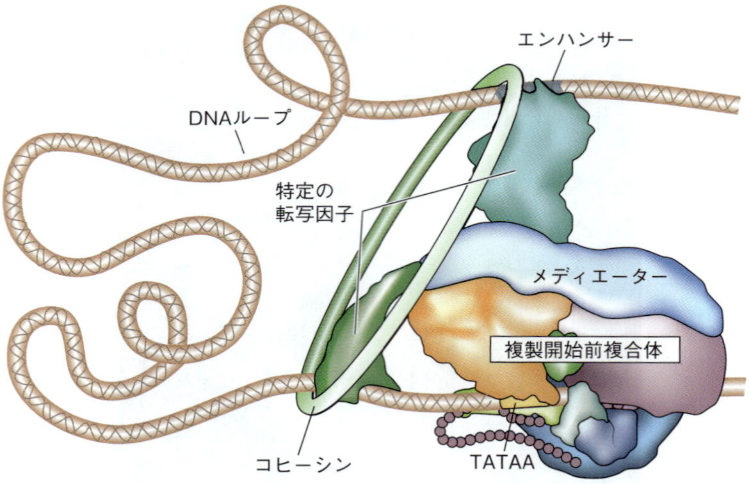

図 18.41　DNA ループ形成と遺伝子活性化
DNA ループは，活性化転写因子が結合したエンハンサーエレメントと遠位コアプロモーター部位との間に，PIC/メディエーター複合体との連結を介して形成される．コヒーシンはループを安定化する環状複合体である．エンハンサー-プロモーター間の DNA ループのある例では，インシュレータータンパク質である CTCF（この図には示されていない）がコヒーシンのすぐそばに結合して，片方の DNA 上のエンハンサーともう一方の DNA にあるプロモーターとの相互作用を阻害する．メディエーターとコヒーシンによってつくられる DNA ループは細胞ごとに異なっている．なぜならこれらのタンパク質は，それぞれの細胞種に特徴的な遺伝子発現パターンを反映したエンハンサーとプロモーターを共同して占拠するからである．

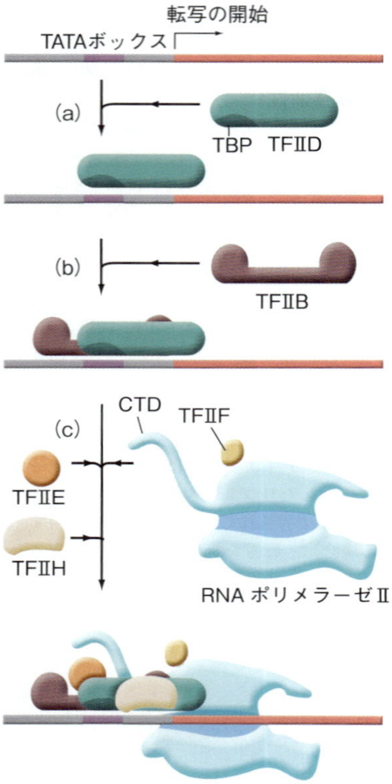

図 18.42　TATA ボックスにおける転写開始前複合体（PIC）の形成
(a) DNA を屈曲させる TBP サブユニット（GTF である TFⅡD のサブユニット）が TATA ボックスを認識して結合する．TFⅡA（この図には示されていない）が TFⅡD と TATA ボックスとの相互作用を安定化する．(b) TFⅡD の結合が TFⅡB の結合を可能にする．(c) 他の GTF（TFⅡE，TFⅡF，TFⅡH）と RNAP Ⅱ がプロモーターに会合して活性状態の転写開始前複合体を形成する．メディエーター複合体（この図には示されていない）が PIC 形成を制御することに注意．

から解離し，転写の伸長期が始まる．RNAP Ⅱ 複合体は，新生転写産物の機能的終点を通り過ぎて，ポリ（A）配列と呼ばれるシグナル配列（5′-AAUAAA-3′）に到達するまで，転写過程を継続する．ポリ（A）シグナルが転写されるとすぐに，そこに RNAP Ⅱ CTD とつながったいくつかのタンパク質が結合し，ポリ（A）シグナルからおよそ 10〜30 ヌクレオチド下流で転写産物が切断され，転写が終結する．

RNA プロセシング　通常，ほとんどあるいはまったくプロセシングを受けない原核生物の mRNA に比べて，真核生物の mRNA は大規模な転写後過程の産物である．転写開始の直後に始まるプロセシングの間に，プレ mRNA と呼ばれる新生 mRNA 転写産物は，リボヌクレオタンパク質粒子（hnRNP）のなかで約 20 種類の核タンパク質と結合する．転写一次産物の転写が開始された直後，キャッピングと呼ばれる 5′ 末端の修飾が起こる．キャップ構造（**図 18.43**）は三リン酸結合を介して mRNA に連結された 7-メチルグアノシンからなっており，プレ mRNA がおよそ 30 ヌクレオチドの長さになると合成される．この構造は，5′ 末端をエキソヌクレアーゼから保護し，細胞質への輸送を促進し，リボソームによる mRNA の翻訳を促進する．

多細胞動物の複製依存的ヒストン mRNA を除いて，すべての真核生物の mRNA にはポリ（A）尾部と呼ばれるポリアデニル鎖（100 〜 250 個のアデニル酸残基）が連結している．ポリ（A）付加にかかわる酵素複合体はポリメラーゼの CTD 尾部に位置するにもかかわらず，RNAP Ⅱによる転写終結とポリ（A）付加は相互に独立している．ポリ（A）尾部はポリ（A）尾部ポリメラーゼによって合成され，mRNA 転写産物の 3′ 末端に共有結合により付加される．ポリ（A）尾部は mRNA の核外への輸送とリボソーム上での翻訳を促進する．ほとんどの細胞では mRNA のポリ（A）尾部は細胞質内で徐々に短くなり，その結果翻訳されにくく分解を受けやすくなる．多くのタンパク質をコードする遺伝子の mRNA は二つ以上のポリ（A）シグナルをもっており，それゆえ 3′-非翻訳領域配列が異なる．選択的ポリアデニル化の結果，異なるタンパク質（コード領域が変わる場合）や異なる miRNA 結合部位ができる．

真核生物の RNA プロセシングにおける顕著な特徴の一つは，RNA 転写産物からのイントロンの除去である．**RNA スプライシング**（RNA splicing）と呼ばれるこの過程では，一次転写

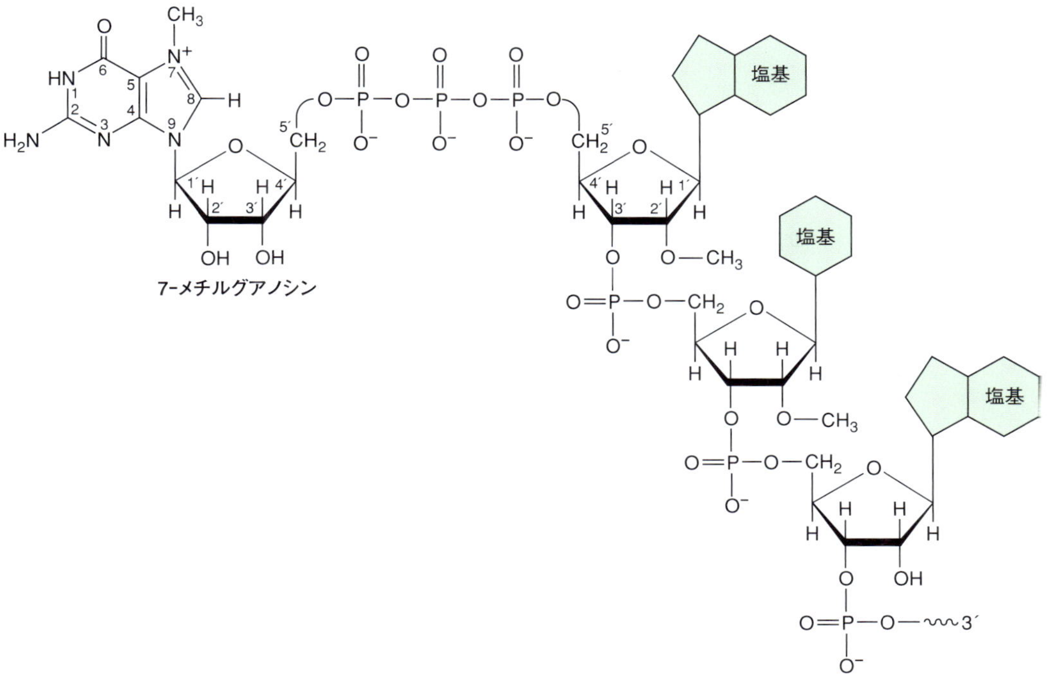

図 18.43 真核生物の mRNA のメチル化されたキャップ構造
キャップ構造は，RNA 分子の 5′ 末端に 5′ → 5′ 架橋という独特な形式で 7-メチルグアノシンが付加して形成される．転写産物の最初の二つのヌクレオチドの 2′-OH はメチル化されている．5′ → 5′ 結合の形成はグアニルトランスフェラーゼにより触媒され，N-7 メチル化はグアニンメチルトランスフェラーゼによって触媒される．

産物が切りだされ，エキソン同士がつながれて機能をもつ産物がつくられる．今ここで述べているプレ mRNA のスプライシングに関しては，実に多くの研究が行われてきた．タンパク質をコードする真核生物の遺伝子中のイントロン数はさまざまであり，酵母などの下等な真核生物の 1 個というものから，哺乳動物の遺伝子では数十から数百というものまである．ヒトで最大の遺伝子であるジストロフィン遺伝子は，240 万塩基対（2.4 Mb）の長さがあり，79 のエキソンを含む（ジストロフィン一次転写産物の合成には 16 時間もかかる！）．ジストロフィンのスプライシングされた mRNA（14 kb）は，筋細胞骨格を細胞膜や細胞外マトリックスとつなぐ 3600 アミノ酸残基からなる構造タンパク質（分子量 42 万 7000）をコードする．ジストロフィン遺伝子のいくつかの変異は，進行性筋変性を示す X 染色体劣性遺伝病のデュシェンヌ型筋ジストロフィーを引き起こす．

デュシェンヌ型筋ジストロフィー

RNA スプライシングは，snRNP である U1，U2，U4，U5，および U6 からなる**スプライソソーム**（spliceosome）と呼ばれる分子量 480 万の RNA-タンパク質複合体（p. 572）のなかで，転写の直前に起こる．真核生物の核のプレ mRNA 転写産物では，ほとんどのスプライシングは GU-AG 配列で起こる．GU-AG 型イントロンでは，5′-GU-3′ と 5′-AG-3′ がそれぞれ最初と最後の二つのヌクレオチド配列である．RNA スプライシングは，イントロンの 5′ スプライス部位配列と snRNA である U1 の 5′ 末端配列との間の相補的な結合によって始まる．その後，snRNP である U2 内の U2 配列が〝分枝部位〟であるイントロン内のアデノシンヌクレオチドの 2′-OH と結合する．他のスプライソソーム構成因子（U4，U5，U6 RNP）が結合して完全なスプライソソームが形成され，5′ スプライス部位の上流に U5 配列が結合する．スプライシング（図 18.44）は，以下の二つの反応からなる．

1. 〝分枝部位〟の 2′-OH が，エステル交換反応において 5′ スプライス部位のリン酸基を攻撃する．この反応では，U1 および U6 RNP の変位および U1 および U4 RNP の放出が同時に起こり，新たにつくられた 5′ → 2′ ホスホジエステル結合によって，ラリアット（投げ縄）と呼ばれるループが形成される（図 18.45）．

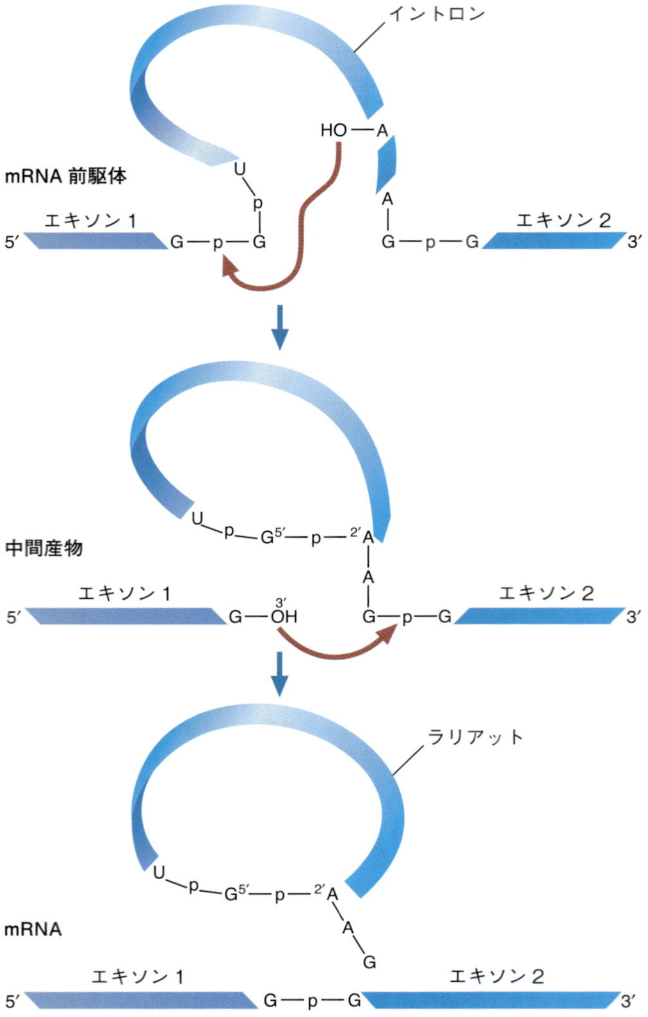

図 18.44　RNA スプライシング
核で起こる mRNA のスプライシングは，特定のアデノシンの 2′-OH による 5′ スプライス部位のリン酸基への求核攻撃で始まる．ラリアットが 2′,5′-リン酸ジエステル結合により形成される．次の段階で，エキソン 1 の 3′-OH（求核剤として作用する）が，ラリアットに隣接するリン酸基を攻撃する．この反応によりイントロンが放出され，二つのエキソンが連結される．

2．ラリアットが切断，分解され，上流のエキソンの U5 に結合した 3′-OH がラリアットに近接したリン酸基を攻撃すると二つのエキソンがつながる．

スプライシングの最後に，エキソン接合部複合体（EJC）が，エキソン-エキソン接合部位から 20 ヌクレオチド上流の各スプライス部位に結合して成熟メッセンジャーリボ核タンパク質（mRNP）を形成する．EJC は核外へ移行して細胞質に局在し，リボソームによる最初の翻訳が起こるまではずっと mRNA と結合している．EJC はナンセンス変異依存性分解系（NMD）で働くが，この mRNA 監視機構は成熟前終止シグナル（ナンセンス変異の結果生じる終止コドン）を検出するもので，このシグナルは短くなって有害となる可能性のあるポリペプチドの合成につながる．（ランダム変異や不完全な DNA 再編成によるのと同様に）RNA スプライシングのエラーにより生成した成熟前終止コドンは，EJC との相対位置によって正常の終止コドンとは区別される．mRNA がリボソームで翻訳されているときに，EJC は上流の終止コドンを検出し（これは下流に別の終止コドンがあることを示している），監視機構による mRNA 分解を開始させる．NMD は，mRNA 分解やサイレンシング過程（p. 631）にかかわる酵素からなる細胞質の構造体すなわち P 体のなかで起こる．

哺乳動物のプレ mRNA の多くは，たいていは複数のイントロンを含んでおり，四つの活性化したスプライソソームから形成される**超スプライソソーム**（supraspliceosome，分子量 2110 万）によってプロセシングを受ける（図 18.46）．超スプライソソームは転写産物のスプライシングの速度と効率を上げ，イントロン除去の校正の機会を提供することが示唆されている．

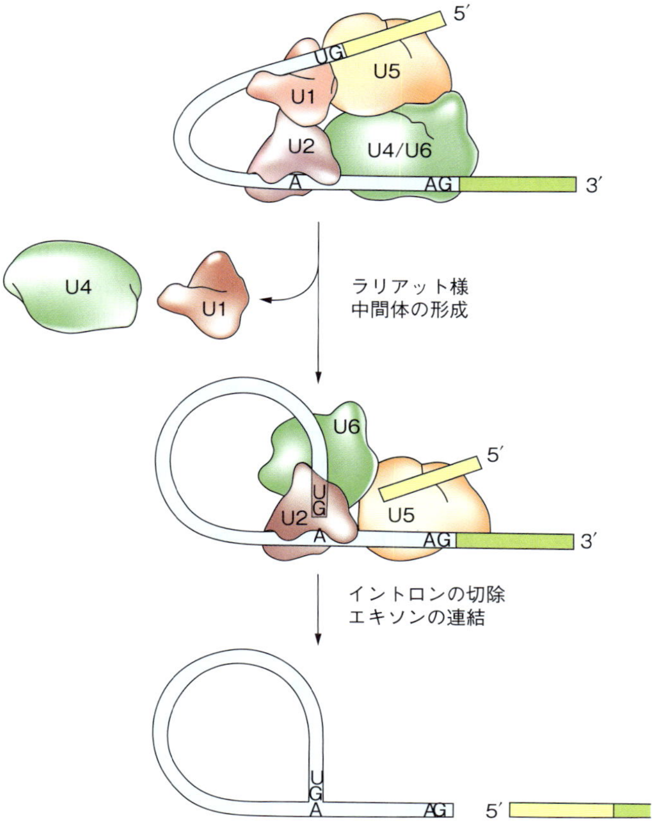

図 18.45 スプライソソーム 5′スプライス部位での切断によりラリアット中間体が形成され，それからイントロンの5′末端が，保存されたアデニンと連結される．この過程でU6がU4から解離し，U1とU4の両方がスプライシング複合体から放出され，U6/U2相互作用が起こる．3′スプライス部位に結合したU5は，5′-エキソンを3′-エキソンの近くに配置し，両者が連結できるようにする．

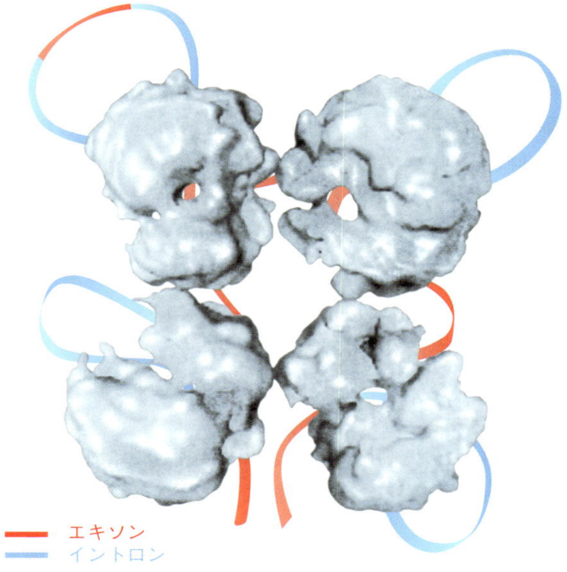

図 18.46 超スプライソソーム 超スプライソソーム構造と機能についてのこのモデルでは，プレmRNAは四つのスプライソソームから形成された複合体によってプロセシングを受ける．スプライスされつつあるイントロンのループ（青色）は外側に伸びている．選択的エキソン（赤色）は上段左隅に示されていることに注意．

多細胞動物の複製依存性ヒストンmRNAのプロセシングは，他のmRNAのそれとはいくつかの点で異なっている．ヒストンmRNA転写産物は5′キャップをもつが，イントロンやポリ(A)尾部をもたない．ポリ(A)尾部の代わりに進化上保存された25ヌクレオチドのステムループを3′末端にもっており，これにSLBP（ステムループ結合タンパク質）が結合する．SLBPはmRNA輸送，翻訳，そして分解を促進する．ヒストンmRNAのステムループは，細胞周期S期の終わりにDNA合成が終了した際，ヒストンmRNAが速やかに分解されるのに必要である．

キーコンセプト

- 真核生物における転写は，原核生物のそれよりかなり複雑である．
- クロマチンリモデリングとRNAプロセシング反応に加えて，遺伝子転写では特有の組合せの転写因子がプロモーター配列に結合する必要がある．
- 真核生物のRNA転写産物は，いくつかのプロセシング反応を受ける．

18.3　遺伝子発現

究極的には，生物にとって最も重要な内部秩序は，正確で時宜を得た遺伝子発現の制御を必要としている．変化する環境に対する細胞の効率的な応答を可能にするのは，結局，遺伝子のオン/オフを切り換える能力である．多細胞生物においては，遺伝子発現の複雑なプログラムされたパターンが，細胞分化と細胞間協力作用の役割を担っている．

その転写速度によって測定される遺伝子の制御は，細胞の代謝活性を調整する制御因子が複雑な階層をつくって働く結果である．**構成的遺伝子** (constitutive gene) あるいはハウスキーピング遺伝子 (p. 619) と呼ばれるいくつかの遺伝子は，細胞の機能のために必要な遺伝子産物をコードしているので，恒常的に転写される．多細胞生物の分化した細胞においては，他の細胞では検出されない転写された遺伝子の特殊なタンパク質産物がつくられている (たとえば赤血球中のヘモグロビン)．特定の状況下でのみ発現する遺伝子は誘導的と呼ばれる．たとえば大腸菌のラクトース代謝に必要な酵素は，ラクトースが実際に存在し，しかも細菌の好ましいエネルギー源であるグルコースが存在しないときにだけ合成される．

一般に原核生物の遺伝子発現には，特定のタンパク質が転写開始部位のすぐ近くの DNA と相互作用する必要がある．そのような相互作用は，正の効果 (すなわち，転写が開始されたり増加したりする) あるいは負の効果 (すなわち転写が阻害される) のいずれかをもっている．面白い作用機構の一つとしては，負の制御因子 (リプレッサーと呼ばれる) の抑制は，影響を受ける遺伝子を活性化する (リプレッサー遺伝子の抑制は抑制解除と呼ばれる)．真核生物の遺伝子発現は，これらの機構のほかに，遺伝子の再配列や増幅，エピジェネティックな機構，そして種々の複雑な転写，RNA プロセシング，翻訳の制御といった機構を使う．それに加えて，真核生物の細胞に固有の転写と翻訳の空間的分離は，RNA 輸送の調節というさらなる制御の機会をもたらす．

この節では，遺伝子発現の制御の例をいくつか述べる．原核生物の遺伝子発現の説明では，オペロンとリボスイッチに焦点を絞る．**オペロン** (operon) とは，同一のオペレーターとプロモーターの制御下にある複数の遺伝子のセットである．**オペレーター** (operator) は，遺伝子発現を調節する特定のリプレッサータンパク質や活性化因子タンパク質が結合する制御配列である．François Jacob と Jacques Monod によって 1950 年代に最初に研究された大腸菌の *lac* オペロンは，徹底的に研究された例である．細菌はまた，**リボスイッチ** (riboswitch) と呼ばれる RNA をもとにした制御機構を用いているが，これは mRNA 内の特定の非翻訳配列からできており，小さな代謝物と結合する．通常はリボスイッチが作用すると，転写の終結や翻訳の阻止あるいは mRNA に自爆を起こさせることによって遺伝子発現が抑制される．真核生物の遺伝子発現は，大腸菌のような原核生物に比べてあまりわかっていない．その理由の多くは，ゲノムが大きく，制御機構がより多様で複雑であることによる．この節の最後に，増殖因子によって引き起こされる遺伝子発現を手短に概説する．

原核生物における遺伝子発現

大腸菌のような原核生物における高度に制御された代謝は，これらの生物が限られた資源を有効に使い，変化する環境に対応することを可能にしている．必要なときにのみタイミングよく酵素や他の遺伝子産物を合成するという方法は，リボヌクレアーゼ (RN アーゼ) による mRNA の急速な分解を組み合わせることで，エネルギーと栄養源の浪費を防ぐ．この柔軟性は，遺伝子レベルで誘導遺伝子の制御が，関連した構造遺伝子と制御遺伝子のセット，すなわちオペロンの影響をしばしば受けるためである．オペロン，とくに *lac* オペロンの研究は，遺伝子発現が環境の状態によってどのように変化するかという問いに，かなりの知見をもたらした．*lac* オペロンと，より最近の発見であるリボスイッチのいくつかの種類について述べる．

***lac* オペロン**　*lac* オペロン (図 18.47) は，ラクトース代謝を担う酵素群をコードする構造遺伝子と制御因子からなっている．制御因子はプロモーター部位を含み，それはオペレーター部

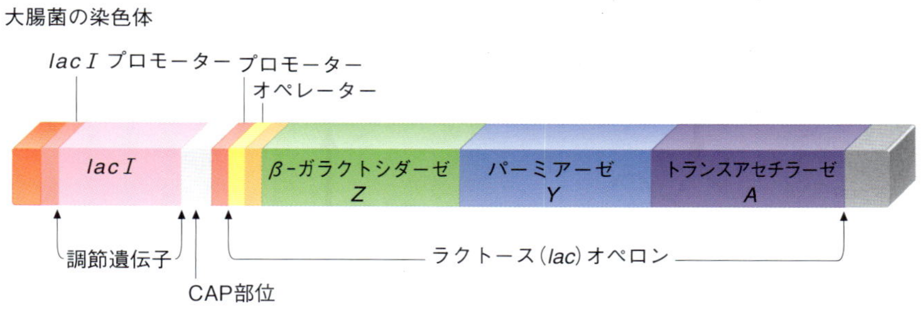

図 18.47 大腸菌の *lac* オペロン

位と重なっている．異化生成物遺伝子活性化タンパク質(CAP)の結合部位(すぐ後で述べる)は，プロモーター上流にある 16 bp の DNA 配列であり，もう一つの調節エレメントである．構造遺伝子 *Z*，*Y*，および *A* は，β-ガラクトシダーゼ，ラクトースパーミアーゼ，チオガラクトシドトランスアセチラーゼの一次構造をそれぞれコードする．β-ガラクトシダーゼはラクトースの加水分解を触媒して，単糖類のガラクトースとグルコースを生成する．これに対してラクトースパーミアーゼは細胞内へのラクトースの輸送を促進する．ラクトース代謝はチオガラクトシドトランスアセチラーゼがなくても正常に進むので，この酵素の役割は不明である．リプレッサー遺伝子 *lac I* は *lac* オペロンへ直接に接しており，オペレーター部位に高い親和性で結合する四量体の *lac* リプレッサータンパク質をコードする(一つの細胞につき約 10 コピーの *lac* リプレッサータンパク質が存在する)．オペレーターへの *lac* リプレッサーの結合は，RNA ポリメラーゼのプロモーターへの機能的結合を妨げる(図 18.48)．

lac リプレッサーはオペレーターに結合するので，誘導物質(アロラクトース，つまりラクトースの β-1,6-異性体)がなければ，*lac* オペロンは抑制されたままである．ラクトースが利用できるようになると，そのいくつかの分子が β-ガラクトシダーゼによってアロラクトースに変換される．次にアロラクトースはリプレッサーに結合して，その立体構造を変化させることでオペレーターからの解離を促進する．不活性なリプレッサーがオペレーターから離れて拡散すると，構造遺伝子の転写が始まる．ラクトース供給が消費し尽くされるか，好ましいエネルギー源であるグルコースが入手可能になるまでは，*lac* オペロンは活性化状態にある．それからリプレッサーは活性化型にもどり，オペレーターに再結合する．

lac オペレーターはラクトースがないと抑制されるなら，アロラクトースの供給源は何だろうか．リプレッサータンパク質はときおりはずれて，オペロンがコードするタンパク質の合成がいくらか起こるので，転写は決して完全には抑制されない．したがって，細菌細胞がラクトースにでくわしたとき，そこにはラクトースの細胞内への取り込みを容易にするラクトースパーミアーゼが少量ながら存在するので，細胞内に取り込まれたラクトースはアロラクトースに変換される．

グルコースは，大腸菌にとって好ましい炭素源かつエネルギー源である．グルコースとラクトースの両方が利用できる場合，グルコースが最初に代謝される．*lac* オペロン酵素の合成は，グルコースが消費された後に初めて誘導される(これは，グルコースが一般により得やすく，細胞の代謝で中心的な役割をもつことからも理に適っている．グルコースが入手できるのであれば，他の糖の代謝に必要な酵素を合成するのに，エネルギーを費やす必要があるだろうか)．

lac オペロンの活性化の遅れは，カタボライト遺伝子活性化タンパク質(CAP)によって仲介される．CAP はアロステリックホモ二量体であり，グルコースが存在しないときに *lac* プロモーターのすぐ上流の部位で染色体に結合する．CAP は cAMP に結合するので，グルコース濃度の指標である．グルコーストランスポーターがアデニル酸シクラーゼの活性を抑制するので，細胞の cAMP 濃度はグルコースレベルと反比例している．cAMP の CAP への結合は，グルコースが存在せずかつ cAMP 濃度が高いときに生じ，CAP が *lac* プロモーターに結合できるような構造的変化を引き起こす．CAP との結合は，*lac* プロモーターに対する RNA ポリメラーゼの親和性を増やすことによって転写を促進する．いいかえれば，CAP はラクトース代謝に対して正のあるいは活性化する制御を行う．

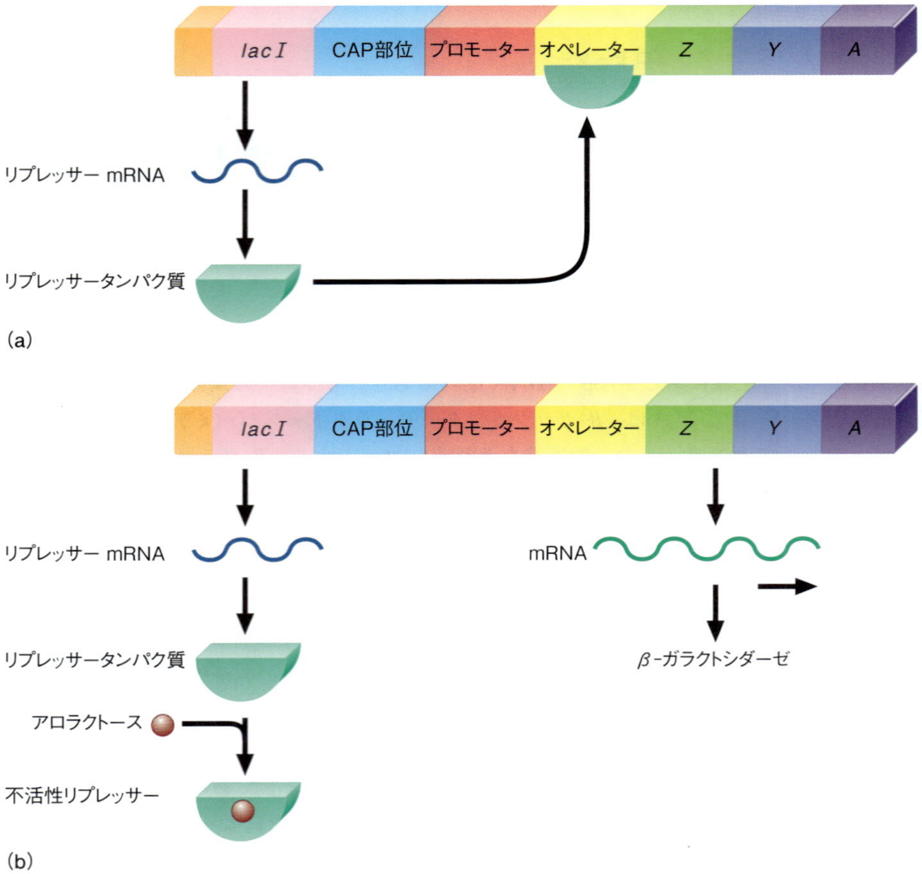

図 18.48　*lac* オペロンの機能

(a) リプレッサー遺伝子 *lac I* は，ラクトース（誘導物質）が存在しないときにだけオペレーターに結合するリプレッサーをコードしている．(b) ラクトースが存在すると，その異性体であるアロラクトースがリプレッサータンパク質と結合し，それを不活性化する（*lac* オペロンに対するグルコースの効果はここでは示さない．この事項の説明は本文を参照）．

リボスイッチ　リボスイッチ(riboswitch)は，mRNA の 5′ 非翻訳領域内にある代謝産物感知ドメインである．リボスイッチのほとんどは細菌で見つかっており，特定の代謝産物の細胞内濃度をモニターする．リボスイッチを含む遺伝子は，典型的には TPP（チアミンピロリン酸）や FMN（フラビンモノヌクレオチド）など，つくるのに高くつく分子の合成あるいは輸送にかかわるタンパク質をコードしている．リボスイッチはトグルスイッチ様の装置であり，すでに十分な濃度で存在する分子をそれ以上無駄に獲得するのを防ぐフィードバック阻害剤として作用する．それは二つの構造因子，すなわち代謝産物へ直接に結合するアプタマーと遺伝子発現制御因子の発現プラットフォームからできている．アプタマーは代謝産物に結合すると構造変化を受け，その結果今度は発現プラットフォームの構造が変化する．この過程の最も一般的な結果は，転写と翻訳の阻害である．

TPP がそのアプタマー（図 18.49a）に結合すると，リボスイッチが，開いた翻訳開始部位をもつ構造から，開始部位がヘアピンループのなかに隔離されて効果的に翻訳を阻害する構造に変換する．図 18.49(b) に示す FMN のリボスイッチは，再構成して転写終結ヘアピンを形成することで，RNA ポリメラーゼがもはや結合できないようにして途中で転写を終結させる．他のリボスイッチの例としては，コバラミン（補酵素 B_{12}），プリン，リジンのものがある．まれな例では，リボスイッチは自己切断反応（図 18.49c）を触媒し，mRNA のコピー数を減少させる．

キーコンセプト

- 構成遺伝子は定常的に転写されるのに対して，誘導遺伝子は特別な状況下でのみ転写される．
- 原核生物において，誘導遺伝子とその制御配列は，オペロンとしてグループ化されている．
- リボスイッチは，mRNA 内に存在し，ある種の分子の輸送や合成を調節する代謝産物感知ドメインである．

真核生物における遺伝子発現

真核生物のゲノムは，以下の例で確かめられる通り，原核生物のゲノムよりずっと複雑に制

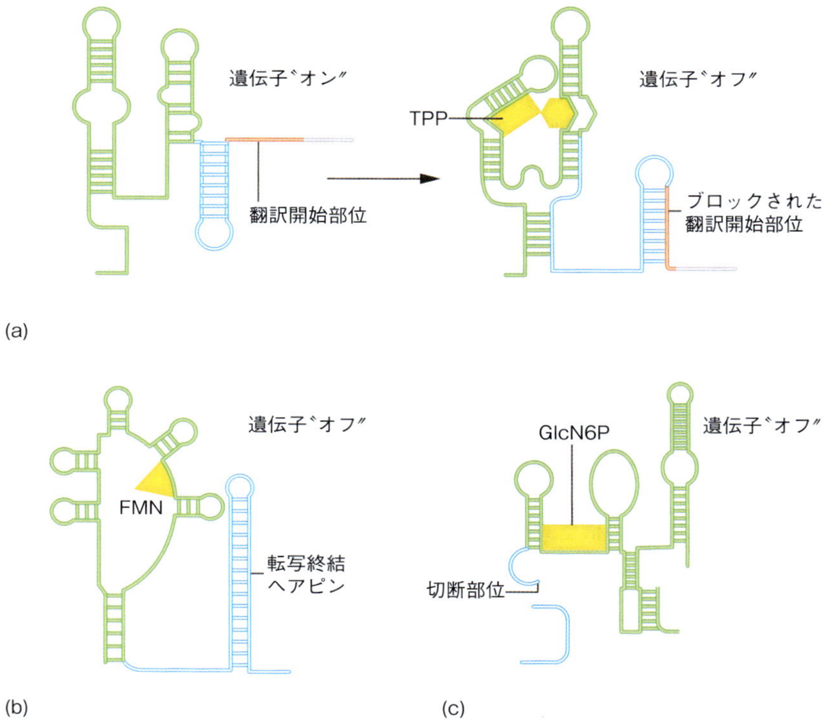

図 18.49 リボスイッチ
(a) 翻訳抑制．TPP がアプタマーに結合すると，リボスイッチは再構築されて，発現プラットフォームが翻訳開始を阻害するヘアピンを形成する．(b) 転写終結．FMN の結合は，転写を停止させるヘアピン構造の形成を引き起こす．(c) 自己切断．まれな例として，代謝産物（この場合，糖 GlcN6P）の結合が自己切断反応を引き起こす．

御されている．成熟した赤血球を除いて，ヒトの細胞は同じゲノムをもっている（赤血球は，網状赤血球と呼ばれる前駆細胞から分化するときに核を失う）．にもかかわらず，200 種類以上の高度に分化した細胞は，細胞間シグナル機構や環境からの刺激に応じて変化する，ある特定の組合せの遺伝子を発現する．真核生物の多様性はおそらく，原核生物と比較してずっと大きなグループを形成する転写因子と ncRNA によってもたらされている．ほとんどの真核生物の転写因子は，DNA 結合特異性やクロマチン構造への効果によって以下のカテゴリーに分類される．DNA 配列特異的クロマチン構造因子，一般的あるいは非特異的クロマチン構造因子，クロマチンリモデリング因子，およびヒストンメチルトランスフェラーゼである．真核生物の遺伝子発現はまた，原核生物のそれよりもずっと多段階で制御されている．その段階にはゲノム制御，転写制御，RNA プロセシング，RNA 編集，RNA 輸送，および翻訳制御が含まれる．これらのトピックについての簡単な説明に続き，シグナル伝達によって引き起こされる遺伝子発現を概説する．

ゲノム制御　すでに述べたように，真核生物の転写開始に影響を及ぼす二大要因は，クロマチン構造と，転写因子によって制御される RNA ポリメラーゼ複合体の形成である．遺伝子発現は，ゲノムの構造的組織化における変化によって影響を受ける（すなわち，DNA メチル化とヒストンの共有結合性修飾によって誘導されるクロマチンリモデリング）．遺伝子制御のかなりの部分は，転写開始制御を介して起こる．

ゲノムレベルでの制御の他の例としては，遺伝子再配列と遺伝子増幅がある．ある特定の細胞の分化には，たとえば B リンパ球での抗体遺伝子の再配列のような遺伝子再配列が必要である．転位は遺伝子制御にも影響を及ぼすと考えられている．発育中のある段階では，特定の遺伝子産物の需要が非常に大きいために，その合成をコードする遺伝子が選択的に増幅されることがあるかもしれない．遺伝子増幅は，増幅領域中での複製が繰り返されることによって起こる．たとえば，いろいろな動物（とくに両生類，昆虫，および魚）の rRNA 遺伝子は，未熟な卵細胞（卵母細胞と呼ばれる）で増幅される．

RNAプロセシング　いくつかの種類の真核生物のRNAプロセシング反応については，すでに述べてきた(p. 622～625)．そのなかで最も重要なものの一つは，細胞特異的なタンパク質をつくるためにエキソンを異なる組合せで連結させる選択的スプライシングである(図18.50)．トロポミオシンは，多種多様な細胞(たとえば骨格筋，平滑筋，心筋，繊維芽細胞，および脳)において見られるタンパク質である(図18.51)．脊椎動物のトロポミオシン遺伝子は13～15個のエキソンからなる．そのうち五つのエキソンはすべてのアイソフォームに共通であるが，残りのエキソンは異なるトロポミオシンmRNAによって選択的に使われる．たとえば，ラットの横紋筋のトロポミオシンmRNAはエキソン3，12を含むが，エキソン2，7，13，14は含まない．一方，平滑筋のアイソフォームはエキソン2，14を含むが，エキソン3，7，12，13は含まない．この差は，これら2種類の筋肉の間に見られる収縮性繊維の構造と機能の違いを一部説明する．ラットの脳のトロポミオシンmRNAは，エキソン2，7，12，14を欠くが，非収縮細胞のアクチン-ミオシン細胞骨格系において機能している．

ポリアデニル化部位の選択もmRNAの機能に影響を及ぼす．mRNAのmiRNA結合部位を変えるほかに，ポリアデニル化部位の変化もmRNAの寿命に影響する．ポリアデニル化部位の変化はさらに，mRNAの構造的および機能的な特性も変えうる．よく研究された例としてIgM抗体の重鎖をコードするmRNAがある．IgMには膜結合型抗体と分泌型抗体という二つの型がある．Bリンパ球分化の早い段階では形質膜結合型IgMを産生する．なぜなら，膜アンカードメインをコードする二つのエキソンよりも下流部位で重鎖転写産物のポリアデニル化が起こるためである．その後，細胞は膜結合型と分泌型の両方のIgMを産生するようになる．分泌型IgMの重鎖は，mRNA転写産物が膜ドメインのエキソンの上流でポリアデニル化されるため，膜アンカードメインを欠いた短縮型の分子になっている．重鎖mRNAのポリアデニル化部位の選択は，その部位を決めるタンパク質CstFの発現に依存する．

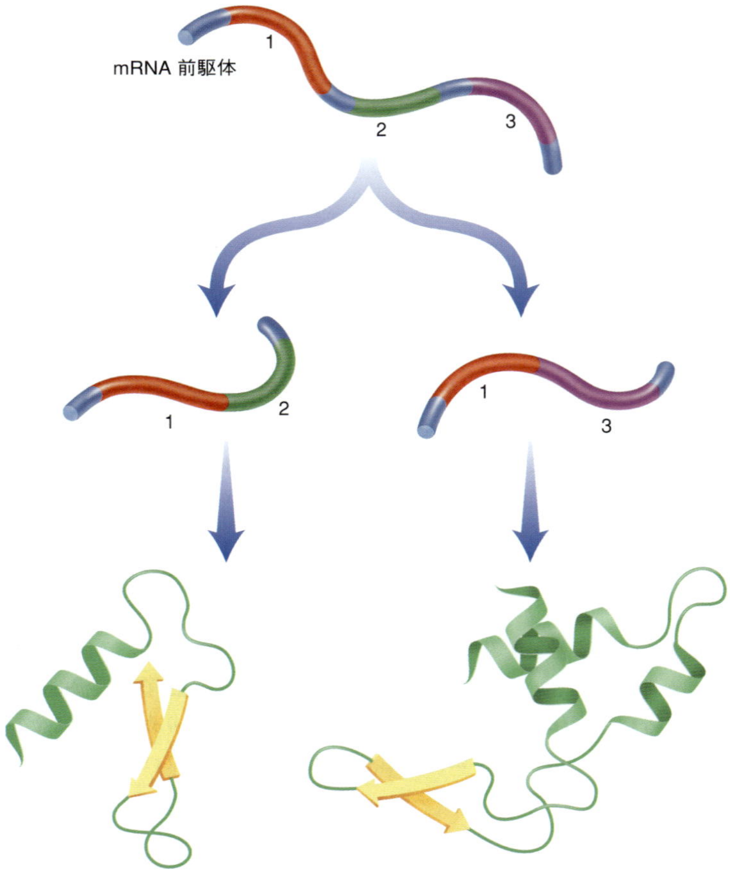

図18.50　RNAプロセシング
mRNA分子のコード特性は，その前駆体が受けるプロセシングの種類に依存する．同じmRNA前駆体の転写産物から，異なる組合せのエキソンのスプライシングにより，異なるポリペプチドが合成される．

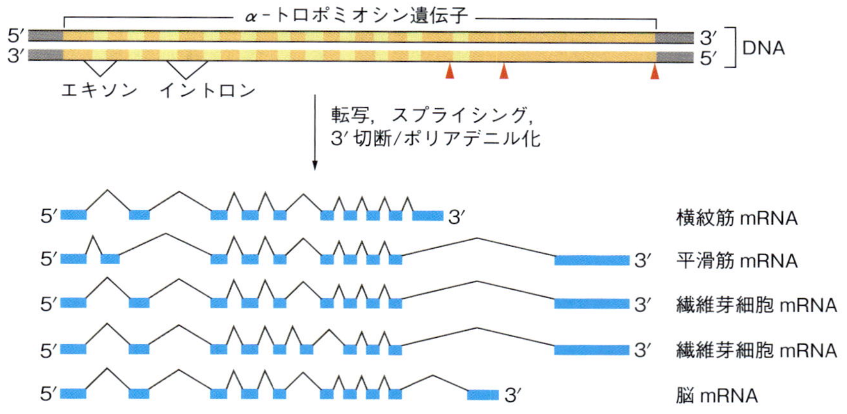

図 18.51 トロポミオシン遺伝子の選択的スプライシング
トロポミオシンは筋肉収縮を調節するタンパク質である．筋肉以外の細胞においては，一次転写産物の選択的スプライシングにより，異なった目的に利用される違うバージョンのトロポミオシンがつくられる．

転写の後では，RNA 編集（RNA editing）により塩基の変化がもたらされる．mRNA の塩基配列の変化は，いくつかの結果を招きうる．たとえば 5′-および 3′-UTR で起こると，それぞれ翻訳開始と RNA 安定性が影響を受けるかもしれない．ほかにも，イントロンスプライス部位の変化やポリペプチド産物のアミノ酸配列の変化をもたらす可能性がある．RNA 編集のなかで最も研究された例の一つは，C → U 変換と A → I 変換である（ここで I はイノシンを表す）．アポリポタンパク質 B-100 の遺伝子の mRNA は，超低密度リポタンパク質（VLDL）の構成要素である 4563 アミノ酸残基からなるポリペプチドをコードする．小腸の細胞は，この細胞によって生成されるキロミクロン分子に組み込まれるアポリポタンパク質 B-48（2153 アミノ酸残基），すなわち B-100 分子のより短いバージョンを生成する．グルタミンをコードする CAA コドンのなかのシトシンは，シチジンデアミナーゼによってウラシルへと変換される．新しく生じたコドンである UAA は翻訳の停止信号である．この機構によって，編集された mRNA の翻訳により，短いバージョンのポリペプチドが生成する．

A → I 変換の最も典型的な例の一つは脳のニューロンで起こり，そこでは，グルタミン酸受容体のサブユニットの mRNA にある特定のアデノシン残基が，RNA に作用するアデノシンデアミナーゼによって脱アミノされる．編集された mRNA がリボソームによって解読されるとき，I 塩基は G として読まれる．その結果，グルタミン酸（コドン CAA）はアルギニン残基（コドン CGA）に置き換えられ，受容体中のイオンチャネルの Ca^{2+} に対する透過性が低下する．A → I 交換が起こらないようにしたトランスジェニックマウスでは，重症型のてんかんになることが観察されている．

転写後の遺伝子サイレンシング　遺伝子サイレンシング（gene silencing）は高等真核生物における転写後遺伝子制御機構の一つであり，マイクロ RNA（p. 572）と呼ばれる 22 ヌクレオチドの RNA が関与する．線虫 *Caenorhabditis elegans* で最初に発見された miRNA は，標的 mRNA の翻訳をその 3′-UTR の部分的に相補的な配列に結合することで阻害するが，5′-UTR やコーディング領域に結合する例も観察されている．最初に調べられた miRNA である lin-4 は，線虫の幼虫発達の早期を制御する．lin-14 と lin-28 の mRNA の翻訳を阻害することで，lin-4 は幼虫が早期から後期にかけて発達するのを促進する．miRNA は，それぞれが数百の標的 mRNA をもち，ハエ，カエル，コメ，そしてトウモロコシといった多様な生物で発見されている．ヒトは 1500 の miRNA をもつと見積もられており，ヒト遺伝子のおよそ三分の一を制御すると考えられている．miRNA 制御の障害は，がん（たとえば白血病）や心臓病といった病気に関係する．

遺伝子サイレンシング（図 18.52）は，初期 miRNA（pri-miRNA）と呼ばれる 70 ヌクレオチド長の ssRNA 前駆物質の合成を RNAP II が触媒することで始まる．それぞれの pri-miRNA は数千ヌクレオチドの長さになりうるが，ステムループ構造を一つもち，核内でマイクロプロセッサーと呼ばれるタンパク質複合体によって処理されて一つ以上の miRNA になる．マイクロプロセッサーは pasha と RN アーゼの drosha から構成され，pri-miRNA を各ヘアピン構造

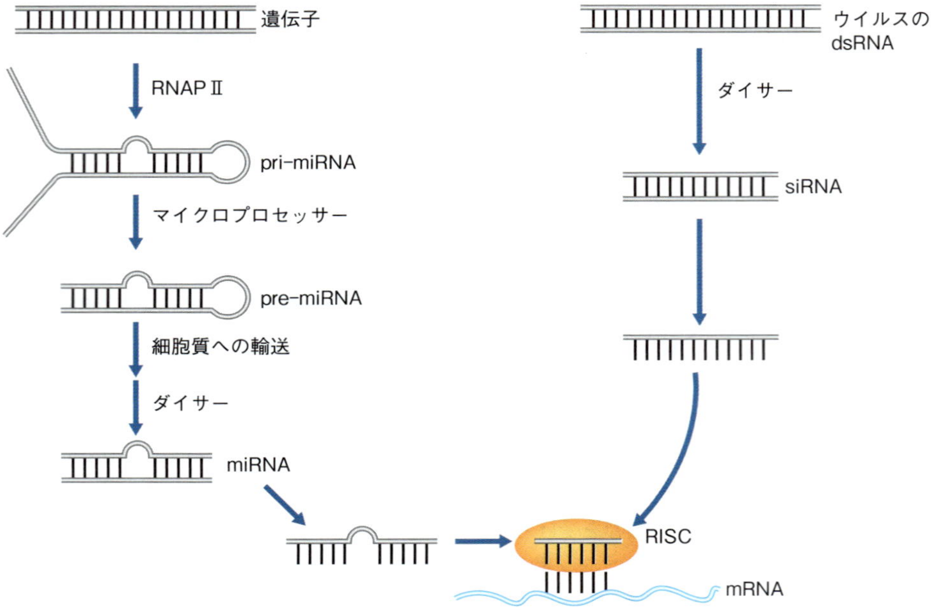

図 18.52　miRNA および siRNA プロセシング
転写後遺伝子サイレンシングでは，miRNA 遺伝子の初期転写産物である pri-miRNA が，pasha と drosha からなるタンパク質複合体マイクロプロセッサーならびにダイサーによってプロセシングされて miRNA となる．miRNA のガイド鎖はその後，RISC リボ核タンパク質複合体に取り込まれ，標的 mRNA の 3′ 非翻訳領域の相補的配列に結合する．これら二つの配列は完全に相補的ではないので，mRNA はサイレンシングされるが，分解されはしない．RNA 干渉では外来 dsRNA がダイサーによって切断され，dsRNA 分子である siRNA となる．siRNA のガイド鎖が RICS 内に配置されると，ウイルス mRNA の相補的配列に結合する．これら二つの配列は完全に相補的なので，RISC のサイレンサー活性が mRNA を断片化してしまう．

の基部から 11 ヌクレオチド離れたところで切断して pre-miRNA を放出する．輸送タンパク質であるエクスポーチン-5 を介した核からの GTP 駆動性輸送の後，それぞれの pre-miRNA はダイサーと呼ばれる RN アーゼによって切断されて二本鎖 miRNA となる．miRNA 二本鎖のうちの 1 本はガイド鎖と呼ばれ，RISC と呼ばれるリボ核タンパク質複合体に取り込まれる．もう一方の miRNA 鎖（パッセンジャー鎖）は分解される．アルゴノートと呼ばれる RISC タンパク質が，miRNA を標的 mRNA と結合できるように配置し，それを不活性化する．

miRNA を介した遺伝子サイレンシングでは，もともとはウイルスやトランスポゾンに対する防御に限定されると考えられてきた過程である **RNA 干渉**（RNA interference）の構成要素を利用する．細胞は二本鎖 siRNA を使って標的 mRNA を認識し分解する．siRNA は，より大きい RNA 分子（たとえばウイルス RNA ゲノム）のダイサー依存的切断の産物である．ガイド siRNA が RISC に取り込まれると（**図 18.52**），標的 mRNA 上の相補的配列に結合する．配列は完全にマッチするので，スライサー（アルゴノートの一つのドメインがもつ酵素活性）が mRNA を断片化する．

RNA 輸送　核外への RNA 輸送は高度に制御された過程であり，次の 3 段階，すなわちプロセシング反応，NPC（p. 47）への結合と通過，および細胞質への放出で起こる．最初の段階では，pre-mRNA 分子は mRNA にプロセシングされると同時にリボ核タンパク質複合体（mRNP）に梱包される．mRNP タンパク質〔たとえばキャップ結合タンパク質，EJC，ポリ（A）結合タンパク質〕は，核外輸送因子を引き寄せて NPC に向かう．キャッピングタンパク質およびスプライシングタンパク質が核外輸送タンパク質複合体 TREX への結合を可能にする．ひとたび mRNP が TREX サブユニットを介して核外輸送受容体ヘテロ二量体である Nxf1-Nxt1 に連結すると，NPC を通過する．mRNP 複合体が細胞質に到達すると，核外輸送タンパク質がはずれて複合体のリモデリングが起こるので，翻訳のための最終目的地への輸送へと向かう．

翻訳制御　真核生物の細胞は，タンパク質合成を選択的に変化させることによって，いろいろな刺激（たとえば，熱ショック，ウイルス感染，および細胞周期の相変化）に応答することができる．いくつかの翻訳因子（翻訳過程を補助する非リボソームタンパク質）の共有結合修飾が，タンパク質合成の全体的な速度を変え，また特定の mRNA の翻訳を強化することが観察されている．たとえば細胞内の鉄レベルが下がると，鉄貯蔵タンパク質フェリチンをコードする mRNA にリプレッサータンパク質が結合する．鉄レベルが十分上昇すると，鉄がリプレッサータンパク質に結合して立体構造変化を誘導し，リプレッサータンパク質が mRNA から解離する．こうしてフェリチン mRNA は翻訳される．

シグナル伝達と遺伝子発現　すべての細胞は環境からのシグナルに応答し，部分的には遺伝子発現のパターンを変えることでそれを実行する．シグナル伝達によって引き起こされる遺伝子発現の変化は，細胞表面の受容体または細胞内受容体へのリガンドの結合によって始まる．シグナル分子が特定の遺伝子のオン/オフを切り換える機構は，細胞の周りの環境から核内の特定の DNA 配列に情報を伝達する，一連の複雑な反応とタンパク質の立体構造の変化である．がんの研究には多大な努力が注がれてきたが(生化学の広がり「発がん」を参照)，そのようなシグナル伝達経路で最もよく理解されている例は，細胞分裂に影響を及ぼすシグナル経路である．

単細胞生物の細胞増殖と細胞分裂がおもに栄養獲得性によって支配されているのに対して，多細胞生物の細胞増殖は促進および阻害シグナル分子の精巧な細胞間ネットワークによって制御されている．細胞内シグナル伝達機構のいくつかの複雑な特徴が細胞増殖の研究によって明らかになっている．シグナル分子が遺伝子発現を変える機構はしばしば，いくつかの異なる経路の同時活性化を伴う．状況に応じて，いくつかの種類の受容体の活性化が重複した応答に結びつく．

真核生物の細胞周期において，細胞は 4 期(M，G_1，S，および G_2．図 18.11 参照)を繰り返して進行する．チェックポイントは G_1 期(酵母細胞においては開始点と呼ばれる)と G_2 期，および M 期にある．最適な条件(たとえば，G_2 期での十分な細胞増殖または M 期での染色体の整列)になるまで，細胞は次の期に入らない．各期が次の期の開始前に完了するように，あらかじめ定められた周期的な活性が，細胞分裂において正しく制御されている．細胞周期の進行は，サイクリンの交互に起こる合成と分解により達成されている．調節タンパク質の一群であるサイクリンは，サイクリン依存性タンパク質キナーゼ(Cdk)と結合して，それを活性化する．Cdk は，細胞周期のチェックポイントを細胞が通過するのを調節するさまざまなタンパク質をリン酸化する．

細胞分裂の調整には正と負の制御を必要とする．正の制御は，おもに増殖因子が特定の細胞受容体に結合することでなされる．細胞分裂の開始は，概していろいろな因子の結合を必要とする．細胞増殖は，がん抑制遺伝子のタンパク質産物によって阻害される．この遺伝子のよく知られた例に，*Rb*(幼年期の目のがんである網膜芽細胞腫において *Rb* 遺伝子の機能の欠失がかかわっているので，そう名づけられた)や *p53* 遺伝子(細胞周期の進行を抑えるサイクリンシャペロン)がある．細胞周期の停止は，放射線の過剰被曝の場合のように，ある量の DNA 損傷が起こったときに延長される．DNA 修復機構が完了されなければ，*p53* を含む複雑な機構が，プログラムされた細胞死である**アポトーシス**(apoptosis，図 2.19)へと導く．

増殖因子によって発揮される正の効果は，細胞周期のチェックポイント，とくに G_1 チェックポイントでの阻害を乗り超えるレベルの遺伝子発現を導くと，現在では考えられている．増殖因子の細胞表面受容体への結合は，二つのクラスの遺伝子，つまり初期応答遺伝子と遅延応答遺伝子を誘導するカスケード反応を開始させる．

初期応答遺伝子　この群の遺伝子は，通常，転写因子をコードしており，すばやく(通常 15 分以内に)活性化される．最もよく調べられている初期応答遺伝子は，*jun*，*fos*，および *myc* のがん原遺伝子である．**がん原遺伝子**(protooncogene)とは，突然変異が起こったときにだけ発がんを促進する正常な遺伝子である(生化学の広がり「発がん」を参照)．*jun* および *fos* がん原遺伝子ファミリーはそれぞれ，ロイシンジッパー領域を含む一連の転写因子をコードする．*jun* と *fos* のタンパク質は二量体を形成し，DNA と結合できるようになる．そのなかで最もよく調べられている *jun-fos* ヘテロ二量体は AP-1 と呼ばれ，ロイシンジッパー相互作用を介して形成される．ベーシック・ヘリックス・ループ・ヘリックス・ロイシンジッパー(bHLHZip)という DNA-タンパク質結合モチーフをもつ転写因子の大きなクラスの一員が Myc である．Myc タンパク質ファミリーのメンバーは，それら自身あるいは他の転写因子ファミリーのメンバーと，ホモあるいはヘテロ二量体を形成する．Myc が Max と呼ばれるタンパク質とヘテロ二量体を形成すると，多くの遺伝子の発現が影響を受ける．Myc/Max 標的遺伝子のいくつかの産物は，細胞周期を刺激する効果をもつ．

遅延応答遺伝子 これらの遺伝子は，転写因子や他のタンパク質（初期応答期に生成あるいは活性化されるタンパク質）の活性により誘導される．遅延応答遺伝子産物には，Cdk，サイクリン，そして細胞分裂に必要な他の構成要素がある．

すでに述べたように，多くの増殖因子はチロシンキナーゼ受容体へ結合するが，その一部は G タンパク質様機構を介して DAG（ジアシルグリセロール）と IP_3（イノシトールトリスリン酸）の生成に関与している（図 16.7 参照）．上皮細胞増殖因子（EGF）はこの種の増殖因子の一つであり，転写因子 AP-1 の活性化におけるその役割の手短な概観を図 18.53 に示す．最初にラット肉腫から分離された *ras* がん遺伝子は，がん原遺伝子の型のときは，この機構の G タンパク質成分として働く．Ras は，EGF 受容体のチロシンキナーゼ領域に結合したタンパク質複合体 SOS/GRB2 に結合すると活性化される．SOS は**グアニンヌクレオチド交換因子**（guanine nucleotide exchange factor, GEF）の一種であり，GRB2 と呼ばれるタンパク質に結合すると，Ras が GDP を解離して GTP と結合できるようにする．GTP が加水分解されると Ras は不活性になる．この反応は **GTP アーゼ活性化タンパク質**（GTPase-activating protein, GAP）によって触媒される．

ホスホリパーゼ $C\gamma$（$PLC\gamma$）もまた，EGF 受容体に結合すると活性化される．G タンパク質共役型受容体により活性化される $PLC\beta$ と同様に，活性化 $PLC\gamma$ は PIP_2 を DAG と IP_3 に加水分解する．DAG はプロテインキナーゼ C（PKC）を活性化する．PKC は細胞の成長と増殖に関係するいろいろなタンパク質を活性化する酵素である．

リン酸化カスケードは，EGF の結合に引き続く Ras の活性化および DAG と IP_3 の増加の両方により誘発される．リン酸化カスケードで活性化される鍵酵素の一つは，MAPKK（マイトジェン活性化プロテインキナーゼキナーゼ）である．活性化された MAPKK は，MAP キナーゼ（MAPK）のチロシンとトレオニンをリン酸化する（このめずらしい反応は，MAP キナーゼが MAPKK だけによって活性化されることを確証しているように見える）．その後，活性化された MAPK（セリン/トレオニンキナーゼ）は，いろいろな細胞タンパク質をリン酸化する．それらのなかに，Jun，Fos，Myc がある．リン酸化された Jun タンパク質と Fos タンパク質は結合し，細胞分裂を促進するいくつかの遅延応答遺伝子の転写を促進する．

問題 18.5

光が植物の遺伝子発現に影響を及ぼす機構は光形態形成と呼ばれる．植物細胞の培養には克服すべき重大な技術的問題があるため，植物遺伝子の発現については相対的にはあまりわかっていない．しかし，光応答因子（LRE）と呼ばれる特定の DNA 配列は同定されている．動物で観察される遺伝子発現パターンに基づいて，光が遺伝子発現を誘発する機構を一般的な用語で述べよ（ヒント：フィトクロムが光誘導性遺伝子発現の重要な構成要素であることを思い起こそう）．

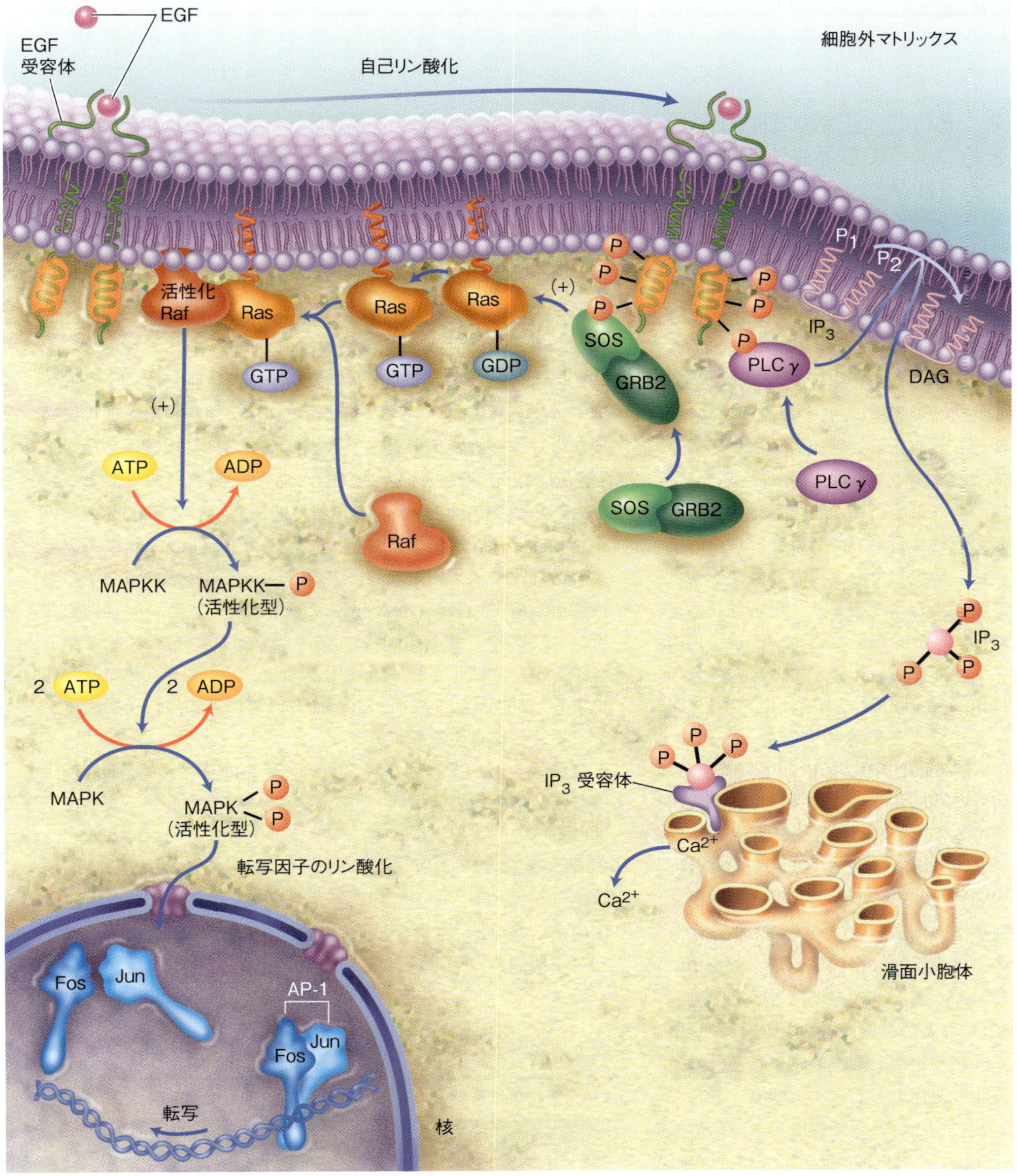

図 18.53 増殖因子の結合によって引き起こされる真核生物の遺伝子発現を簡略化した例

この図に概説されているシグナル伝達経路は，増殖因子（たとえばEGF）がその細胞膜受容体に結合して引き起こされるいくつかの出来事を示している．それに続いて，増殖因子またはホルモンによって引き起こされる遺伝子発現の変化は，典型的には，いくつかの異なる機構によって仲介される．この例では，Ras と PLCγ の活性化だけを示す．EGF が結合すると，受容体の二量体化と細胞質領域でのチロシン残基の自己リン酸化が促進される．結果として，受容体はいろいろな細胞質タンパク質と結合する．これらタンパク質の一つである GRB2 が受容体と結合すると，SOS（GEF の一種）が活性化され，その SOS が GTP と GDP の交換を促進することによって Ras を活性化する．活性化された Ras は，タンパク質キナーゼ Raf を活性化してリン酸化カスケードを始めさせる．そして Raf が MAPKK を活性化する．MAPKK は MAPK を活性化し，その MAPK は核内に移動してさまざまな転写因子を活性化する（たとえば Fos と Jun が AP-1 を形成）．PLCγ が EGF 受容体に結合すると，PIP_2 の IP_3 と DAG への分解を触媒する．IP_3 は Ca^{2+} の細胞質への放出を刺激する．図 16.7 に示したように，Ca^{2+} と DAG の存在下でプロテインキナーゼ C は別のタンパク質キナーゼ群を活性化し，それがいくつかの細胞増殖調節タンパク質の機能に影響を及ぼす．

生化学の広がり

発 が ん

がんとは何だろうか？　そして，正常な細胞が形質転換し，がんの特性をもつようになる生化学的過程とはどのようなものだろうか？

がんは，遺伝的損傷を受けた細胞が自律的に増殖する病気の一群である．そのような細胞は，多細胞生物において必須の細胞間協同作用を保証する正常な制御機構に応答することができない．したがって，増殖を続け，そのために周辺の正常細胞から栄養分を奪い，最終的に，周囲の健康な組織を占領する．異常細胞が良性の腫瘍を形成するか悪性の腫瘍を形成するかは，被った損傷次第である．ゆっくり成長し，特定の場所に限局される良性腫瘍はがんとはみなされず，めったに死に至らない．対照的に，悪性腫瘍は体内の離れた場所に血管またはリンパ管を通って移動する，すなわち転移するので，しばしば致命的である．新しい悪性腫瘍がどこで発生しても，正常な機能を妨げることになる．生命を支える過程が途絶えると，患者は死ぬ．

がんは影響を受ける組織によって分類される．がん性腫瘍の大部分はがん腫（皮膚，いろいろな腺，乳房，および大部分の内臓器官などの上皮組織に由来する腫瘍）である．白血病（リンパ性あるいは骨髄性）は，さまざまな血球細胞のがんである．リンパ腫はリンパ系組織（リンパ節と脾臓）の固形腫瘍である．結合組織に生じる腫瘍は肉腫と呼ばれる．この多様な種類のがんにはさまざまな相違点があるが，それらはまた，ゲノム不安定性，増殖因子非依存性，増殖抑制シグナルに対する不応性，そしてアポトーシス回避といった，いくつかの共通した特徴をもっている．それぞれの腫瘍は，損傷を受けた一つの細胞から始まる．いいかえれば，腫瘍は遺伝的な変化が起こった一つの細胞に由来するクローンである．遺伝子の損傷には，突然変異（たとえば点突然変異，欠失，および逆位）や染色体の再配列あるいは欠損がある．そのような変化は，細胞の成長または増殖に関与する分子の欠失や機能の変化をもたらす．腫瘍は概して長い時間をかけて成長し，独立したいくつかの種類の遺伝的損傷をもっている（多くのがんは，その危険性が歳をとるにつれて増加する）．

明らかに正常な細胞が悪性の細胞に変換あるいは〝transform〟される過程，すなわち形質転換（transformation）は，多様な細胞経路の遺伝子が多数かかわる複雑な過程である．がん性細胞は数千の変異をもっているが，典型的には少数のセット（たとえば乳がんでは 9，大腸がんでは 12）だけが形質転換には必要である．形質転換は，イニシエーション，プロモーション，プログレッションの三つの段階からなっている．

発がんのイニシエーション期には，細胞のゲノムの不安定化が，隣接する細胞に勝る増殖優位性をその細胞にもたらす．最初の突然変異のほとんどは，がん原遺伝子またはがん抑制遺伝子に影響を及ぼす．がん原遺伝子は，細胞増殖や細胞分裂を促進するいろいろな増殖因子，増殖因子受容体，酵素，あるいは転写因子をコードしている．突然変異を起こしたがん原遺伝子は異常な細胞増殖を促進し，**がん遺伝子**（oncogene）と呼ばれている（**表 1**）．**がん抑制遺伝子**（tumour suppressor gene）は，細胞が，がんに突き進むのを積極的に防ぐタンパク質をコードしている．たとえば DNA が損傷を受けた細胞では，がん抑制因子 *RB1* がコードするタンパク質（Rb）が細胞周期の進行に必要な転写因子複合体を阻害する．他のがん抑制因子は *BRCA1* や *BRCA2*（p. 604）といった DNA 修復遺伝子であり，二本鎖 DNA 切断の修復にかかわる．がん抑制タンパク質 p53 は第 17 染色体の *TP53* 遺伝子にコードされており，DNA 修復タンパク質活性化や細胞周期調節，アポトーシス開始といった多くの機能をもっている．DNA 損傷や酸化ストレスといった細胞ストレスに応答して，p53 は特定のキナーゼによって N 末端側ドメインがリン酸化されて活性化される．引き続く立体構造変化により，p53 は転写調節タンパク質に変換され，転写活性化タンパク質と結合する．

遺伝性のがんでは，イニシエーションはしばしば，DNA 修復遺伝子の生殖細胞系列で生じた変異に起因するゲノム不安定性によって引き起こされる．たとえばアメリカにおける乳がん患者の約 5％は，*BRCA1* と *BRCA2* のいずれかの遺伝的ヘテロ接合変異によって引き起こされる．多くの遺伝性のがんは遺伝的に劣勢である（すなわち，がんが起こるには遺伝子の両コピーが機能不全でなければならない）．変異は生涯にわたって

表 1　代表的ながん遺伝子*

がん遺伝子	がん原遺伝子の機能
sis	血小板由来増殖因子
erbB	上皮細胞増殖因子受容体
src	チロシン特異的タンパク質キナーゼ
raf	セリン/トレオニン特異的タンパク質キナーゼ
ras	GTP 結合タンパク質
jun	転写因子
fos	転写因子
myc	転写因子

*がん性形質転換を引き起こすがん原遺伝子の異常型．

起こるので，二つ目の遺伝子コピーの変異リスクは歳を重ねるほど増える．ある見積もりによれば，変異 *BRCA1* の 1 コピー保有者の 70 歳までの累積がんリスクは 80%になる．散発性のがんにおけるゲノム不安定性の関与はあまり明確でない．しかし，いくつかの因子は DNA 損傷の不安定化に寄与すると考えられている．たとえば，酸化ストレス，タンパク質毒性ストレス（不適切な小胞体ストレス変性タンパク質に対する応答），そして慢性炎症がある．がん原遺伝子やがん抑制因子の発現や機能を変えるような傷害によって引き起こされるイニシエーションとしては，発がん性物質への曝露や，放射線，そしてウイルス感染がある．がん原遺伝子とがん抑制遺伝子の機能を変えるような損傷は，以下のものに起因する．

1. **発がん性化学物質**　がんを引き起こす化学物質は，ほとんどが突然変異原性をもっている．すなわち，DNA の構造を変化させる．ある発がん物質（たとえばナイトロジェンマスタード）は，DNA（RNA とタンパク質も）がもつ電子の豊富な官能基を攻撃する，非常に反応性に富む求電子剤である．別の発がん物質（たとえばベンゾ[*a*]ピレン）は前発がん物質であり，一つあるいは複数の酵素触媒反応によって活性な発がん物質に変換される．
2. **放射線**　ある種の放射線（紫外線，X 線，および γ 線）は発がん性がある．すでに述べたように，DNA が受ける損傷としては，一本鎖あるいは二本鎖の切断，ピリミジン二量体の形成，そしてプリンとピリミジンの欠失などがある．放射線の曝露はまた，ROS の生成を引き起こす．ROS は放射線の発がん性効果の大部分を占めている．
3. **ウイルス**　ウイルスは，いくつかの方法で形質転換過程に関与しているようである．あるものは，そのゲノムを挿入することで，発がん遺伝子を宿主細胞の染色体にもたらす．ウイルスはまた，挿入突然変異誘発を介して細胞のがん原遺伝子発現に影響を及ぼしうる．すなわち，ウイルスゲノムのランダムな挿入により，制御部位が機能できなくなったり，がん原遺伝子をコードする配列が変わってしまったりする．ウイルスが関連したがんのほとんどは動物で確認されたものである．ウイルス感染症と関連することが証明されたヒトのがんは少数である．例としてはヒトパピローマウイルスや B 型肝炎ウイルスがあり，それぞれ子宮頸がんと肝がんを引き起こす．

DNA の構造を変えない化学物質が腫瘍の進行を早めることもある．いわゆる**発がんプロモーター**（tumor promoter）は，二つの主要な方法で発がんに関与する．ある分子（たとえばホルボールエステル）は，細胞内シグナル経路の構成要素を活性化することで，隣接する細胞に勝る増殖優位性をその細胞にもたらす〔ホルボールエステル（p. 522）の作用が DAG の作用によく似ており，PKC を活性化することは前に述べた〕．他の多くの発がんプロモーターの効果は未知であるが，たとえば細胞内の Ca^{2+} 濃度を上昇させたり，前発がん物質を発がん物質に変える酵素の合成を増やしたりといった，一過性の効果に関係しているかもしれない．発がん開始物質とは違って，発がんプロモーターの効果は可逆的である．イニシエーションを引き起こす突然変異を被った後，発がんプロモーターに長時間さらされたときにだけ，細胞は恒久的損傷を受ける．

イニシエーションとプロモーションの後，細胞はプログレッションと呼ばれる過程に進む．プログレッション期には，遺伝子的に傷つきやすい前がん状態の細胞（すでに正常細胞に勝る高度な増殖優位性をもっている）は，さらに損傷を受ける．最終的に，発がん物質やプロモーターへの持続的な露出は，避けることのできないランダムな突然変異をさらにもたらす．これらの突然変異が細胞の増殖あるいは分化能に影響を及ぼすと，影響を受けた細胞は腫瘍を引き起こすのに十分な悪性となる．

がんは，遺伝的（ジェネティック）な病気であるばかりでなく，現在ではエピジェネティックな病気でもあると認識されている．クロマチン関連遺伝子のサイレンシングは多くのがんの進行にかかわっている．DNA メチル化のエピジェネティック解析では，バイサルファイト（重硫酸塩）で処理されたゲノム DNA を用いて DNA 配列決定を行う〔バイサルファイト（HSO_3^-）は非メチル化シトシンをウラシルに変換するが，メチル化されたシトシンには影響を及ぼさない〕．この研究により，正常細胞と比較してがん細胞の DNA が一般的に低メチル化状態にあることが明らかとなった．繰返し配列の低メチル化は，正常細胞ががん細胞に形質転換されるとより顕著になるが，ゲノム不安定性，転位因子活性化，および通常は抑制されている遺伝子の発現を引き起こす．喫煙による肺がんは，がんにおけるエピジェネティック変化のよい例である．タバコの煙は，天然変性型の可溶性タンパク質をコードしている γ- シヌクレイン遺伝子の脱メチル化を引き起こすことが明らかにされている．γ- シヌクレイン遺伝子は通常は神経細胞でのみ発現するが，肺腫瘍における発がん遺伝子であり，転移を促進する．エピ変異には，通常は発現している遺伝子配列の近傍にあり，それらを不活性化する CpG アイランドの過剰メチル化も含まれる．たとえば過剰メチル化は，DNA ヘリカーゼ活性とエキソヌクレアーゼ活性を併せもつタンパク質をコードする *WRN* 遺伝子のサイレンシングを引き起こす．WRN タンパク質が欠乏した細胞では，多数の欠損，逆位，トランスロケーションなどを伴う不安定化した染色体が認められる．

治療よりも予防を

がん治療は莫大な費用がかかりながら，その成功は限られており，がんは多くの場合，予防できるから，がん予防のほうが経済的であることが認識されるようになった．たとえば，がんによる死亡の三分の一以上は喫煙が直接の原因であり，残りの三分の一は不適切な食事と関係している．タバコの煙（何千もの化学物質を含み，その多くは発がん物質または発がんプロモーターのどちらかである）は，肺がんのほとんどの症例の原因であり，また膵臓，膀胱，腎臓がんにも関係している．高脂肪・低繊維といった内容の食事は，大腸がん，乳がん，膵臓がん，および前立腺がんの発生率増加と関連している．他の食事性危険因子としては，新鮮な野菜や果物の摂取不足があげられる．葉酸欠乏もまた，がんの危険因子である．葉野菜，豆類，ヒマワリの種，強化穀物に含まれる葉酸の生物学的活性化型であるテトラヒドロ葉酸は，エピジェネティック関連メチルトランスフェラーゼによって利用されるメチル基を提供する C_1 代謝（p. 459）の重要な構成要素である．葉酸は，がんのイニシエーションを予防することが知られているが，過剰摂取はいくつかの種類のすでに存在するがんの進行に関係するとされている．

多くの野菜（含有量はより少ないが果物も）は，抗酸化剤であるビタミンを十分に供給するだけでなく，発がんを効果的に阻害する多くの非栄養成分を含んでいる．ブロッキングエージェントと呼ばれる，ある種の発がん阻害剤（たとえば有機硫化物）は，発がん物質がDNAと化学反応するのを防いだり，発がんプロモーターの活性を阻害したりする．抑制物質と呼ばれる別の阻害剤（たとえばイノシトール六リン酸）は，すでに進行中の腫瘍のさらなる成長を防ぐ．多くの非栄養食物成分（たとえばタンニンやプロテアーゼインヒビター）は，阻害と抑制の両方の効果をもっている．一般にこれらの分子は，多くがアラキドン酸カスケードや酸化的損傷を阻害するので，効果的にがんから守ってくれる．がんのリスクを減らすには，新鮮な果物とともに，生あるいは新鮮な緑葉野菜（たとえばホウレンソウ），アブラナ科野菜（たとえばブロッコリー），およびネギ属の野菜（たとえばタマネギ）を豊富に含んだ低脂肪・高繊維の食事をとることが賢明な選択である．

まとめ 発がんとは，周囲の細胞よりも増殖において優位な細胞が，細胞分裂を制御する遺伝子の変異によって形質転換され，もはや制御シグナルに応答しない細胞になる過程である．

本章のまとめ

1. 生物は，速くて正確なDNA合成のための効果的な機構が必要である．DNA合成は半保存的機構によって起こる．半保存的機構では，2本の親鎖のそれぞれが鋳型となって新しい鎖が合成される．DNA複製に必要な酵素活性が，DNAの巻きもどし，プライマー合成，ポリヌクレオチド合成，超らせん形成の制御，そして連結反応において使用される．DNA複製の基本的な特徴は原核生物と真核生物で類似しているが，いくつかの大きな違いがある（たとえば，複製時間と速度，複製開始点の数，岡崎フラグメントの長さ，複製装置の構造）．
2. DNAの修復機構には，光回線修復，塩基除去修復，ヌクレオチド除去修復，二本鎖切断修復，組換え修復など数種類がある．
3. 遺伝的組換え（DNA配列が異なるDNA分子の間で交換される過程）は，二つの形式で起こる．普遍的組換えでは，交換は相同染色体の配列間で起こる．部位特異的組換えでは，配列の交換には短い相同配列だけが必要である．非相同的配列の交換には，DNA-タンパク質相互作用が関係する．
4. 転位，すなわちゲノム中のある場所から他の場所への遺伝因子（トランスポゾン）の移動は，挿入，欠失，トランスロケーションなどの遺伝的変化を引き起こす．真核生物のゲノムで多く見つかっているレトロトランスポゾンの移動は，病気を引き起こしたり，遺伝的多様性を生みだす機会を提供したりする．
5. RNAの合成はDNA転写と呼ばれ，さまざまなタンパク質を必要とする．転写の開始には，プロモーターと呼ばれる特定のDNA配列にRNAポリメラーゼが結合することが必要である．転写の調節は，原核生物と真核生物の間でかなり異なっている．原核生物では見られない真核生物の転写過程の例として，キャッピング，ポリ（A）尾部合成，RNAスプライシングなどのRNAプロセシングがある．
6. 原核生物の遺伝子発現調節には，オペロンと呼ばれる調節ユニットとリボスイッチと呼ばれるRNAベースの構造が必要である．真核生物は，遺伝子発現を調節する非常に多様な機構をもつ．DNAメチル化，共有結合性のヒストン修飾，クロマチンリモデリング，選択的スプライシングやRNA編集といったRNAプロセシング反応，RNA輸送，転写後の遺伝子サイレンシング，および翻訳調節がその代表的な例である．

キーワード

ρ依存性終結(ρ-dependent termination) 616
ρ非依存性終結(ρ-independent termination) 616
cDNA ライブラリー(cDNA library) 610
DNA グリコシラーゼ(DNA glycosylase) 596
DNA マイクロアレイ(DNA microarray) 611
DNA リガーゼ(DNA ligase) 588
GTP アーゼ活性化タンパク質(GTPase-activating protein) 634
MCM 複合体(MCM complex) 593
RNA 干渉(RNA interference) 632
RNA スプライシング(RNA splicing) 622
RNA 編集(RNA editing) 631
アノテーション(annotation) 611
アポトーシス(apoptosis) 633
遺伝子サイレンシング(gene silencing) 631
エキソヌクレアーゼ(exonuclease) 586
エレクトロポレーション(electroporation) 608
塩基除去修復(base excision repair) 596
岡崎フラグメント(Okazaki fragment) 590
オペレーター(operator) 626
オペロン(operon) 626
がん遺伝子(oncogene) 636
がん原遺伝子(protooncogene) 633
がん抑制遺伝子(tumour suppressor gene) 636
機能ゲノミクス(functional genomics) 607
逆方向反復配列(inverted repeat sequence) 604
共通配列(consensus sequence) 614
グアニンヌクレオチド交換因子(guanine nucleotide exchange factor) 634
組換え(recombination) 584
組換え DNA 技術(recombinant DNA technology) 607
クランプローダー(clamp loader) 586
クロマチンリモデリング複合体(chromatin remodeling complex) 618
形質転換(transformation) 603
形質導入(transduction) 603
ゲノミクス(genomics) 607
合成依存的単鎖対合モデル(synthesis-dependent strand annealing model) 602
構成的遺伝子(constitutive gene) 626
酵母人工染色体(yeast artificial chromosome) 608
コスミド(cosmid) 608
コード鎖(coding strand) 613
コロニーハイブリッド形成技術(colony hybridization technique) 609
細菌人工染色体(bacterial artificial chromosome) 608
ショットガンクローニング(shotgun cloning) 610
スプライソソーム(spliceosome) 623
整列群(contig) 610
接合(conjugation) 603
前開始複合体(preinitiation complex) 620
染色体ジャンプ(chromosomal jumping) 610
挿入配列(insertional sequence) 604
脱ピリミジン部位(apyrimidinic site) 596
脱プリン部位(apurinic site) 596
超スプライソソーム(supraspliceosome) 624
テロメア反復配列結合因子(telomere repeat-binding factor) 595
テロメア末端結合タンパク質(telomere end-binding protein) 595
テロメラーゼ(telomerase) 595
転位(transposition) 599
転位因子(transposable element) 599
転写共役修復(transcription coupled repair) 596
トランスフェクション(transfection) 608
トランスポゾン(transposon) 604
内因性終結(intrinsic termination) 616
二本鎖切断修復モデル(double-strand break repair model) 601
ヌクレオチド除去修復(nucleotide excision repair) 596
バイオインフォマティクス(bioinformatics) 612
発がんプロモーター(tumor promoter) 637
パリンドローム(palindrome) 604
半保存的複製(semiconservative replication) 585
光回復修復(photoreactivation repair) 596
光誘導修復(light-induced repair) 596
標識遺伝子(marker gene) 609
部位特異的組換え(site-specific recombination) 599
複合トランスポゾン(composite transposon) 604
複製因子 C(replication factor C) 595
複製開始点複合体(origin of replication complex) 593
複製開始前複合体(preinitiation replication complex) 593
複製許可因子(replication licensing factor) 594
複製タンパク質 A(replication protein A) 594
複製ファクトリー(replication factory) 585
複製フォーク(replication fork) 589
普遍的組換え(general recombination) 599
プライマー(primer) 586
プライマーゼ(primase) 586
プライモソーム(primosome) 586
プロモーター(promoter) 614
ベクター(vector) 607
ヘリカーゼ(helicase) 585
ポリメラーゼ連鎖反応(polymerase chain reaction) 609
ミスマッチ修復(mismatch repair) 598
メセルソン-ラディングモデル(Meselson-Radding model) 600
メディエーター(mediator) 620
リボスイッチ(riboswitch) 626
レトロエレメント(retroelement) 605
レトロポゾン(retroposon) 605
レプリコン(replicon) 589
レプリソーム(replisome) 586
連続移動性(processivity) 586

復習問題

以下の問いは，次章へ進む前に，本章で論じた重要な概念について理解度を確認するためのものである．解答は巻末および『問題の解き方』を参照のこと．

1. 以下の用語の定義を述べよ．
   a. 複製　b. 半保存的　c. 複製ファクトリー
   d. プライモソーム　e. クランプローダー
2. 以下の用語の定義を述べよ．
   a. 連続移動性　b. レプリソーム
   c. エキソヌクレアーゼ　d. DNA リガーゼ
   e. 複製フォーク
3. 以下の用語の定義を述べよ．

a. レプリコン　b. 岡崎フラグメント　c. *Ter* 部位
d. Tus タンパク質　e. 転写開始前複合体

4. 以下の用語の定義を述べよ.
a. RFC　b. DNA グリコシラーゼ　c. 脱プリン部位
d. 脱ピリミジン部位　e. ミスマッチ修復

5. 以下の用語の定義を述べよ.
a. 転位　b. 転位因子　c. 細菌形質転換
d. 形質導入　e. 接合

6. 以下の用語の定義を述べよ.
a. 非複製型転位　b. 複製型転位
c. 複合トランスポゾン　d. レトロトランスポゾン
e. 挿入エレメント

7. 以下の用語の定義を述べよ.
a. PCR　b. DNA マイクロアレイ
c. 染色体ジャンプ　d. ゲノム計画
e. バイオインフォマティクス

8. 以下の用語の定義を述べよ.
a. プロモーター　b. 共通配列　c. オペロン
d. クロマチンリモデリング複合体　e. 普遍的転写因子

9. 以下の用語の定義を述べよ.
a. 遺伝子サイレンシング　b. RNA 干渉
c. がん抑制遺伝子　d. がん原遺伝子　e. GEF

10. 以下の用語の定義を述べよ.
a. 細胞形質転換　b. がん遺伝子　c. アポトーシス
d. 初期応答遺伝子　e. 遅延応答遺伝子

11. mRNA の機能においてポリ(A)尾部が果たす役割は何か.
12. 原核生物の DNA 複製における各段階を列挙して説明せよ. また, 原核生物と真核生物の DNA 複製はどのように異なっているか.
13. DNA は 5′ → 3′ 方向に合成される. 5′ → 3′ の方向性がどのようにして導きだされるかを, DNA 一本鎖への三つのヌクレオチドの取り込みを使って説明せよ.
14. 突然変異は化学的および物理的現象に起因する. 以下の反応または分子が引き起こす突然変異の種類を示せ.
a. ROS　b. インターカレーション剤
c. 小さいアルキル化剤　d. 大きいアルキル化剤
e. 亜硝酸

15. 〝跳躍遺伝子〟の重要性を説明せよ.
16. 遺伝的組換えの二つの形式を述べよ. それぞれどのような機能を果たすか.
17. 普遍的組換えは細菌において見られ, 数種類の微生物内 DNA 転位に関係している. これらの転位はどのような種類か. また, どのような機構によって起こるか.
18. 複製型転位と非複製型転位の機構を比較せよ.
19. さまざまな種において, 寿命と DNA 修復機構の効率との相互関係が明らかになってきた. なぜそうなるかを説明せよ.
20. 細胞の DNA 複製と PCR との類似点と相違点は何か.
21. 転写における次の役割を述べよ.
a. 転写因子　b. RNA ポリメラーゼ　c. プロモーター
d. σ 因子　e. エンハンサー　f. TATA ボックス

22. 真核生物の典型的な mRNA 前駆体が機能的役割を備えるためのプロセシングの各段階を列挙せよ.
23. 5 サイクルの PCR で DNA 1 分子はいくつの分子に増幅されるか.
24. 多くの遺伝子は, その遺伝子を発現する細胞の種類に依存して, 異なった産物をつくりだす. この現象はどのようにして成し遂げられるだろうか.
25. 塩基除去修復では, DNA グリコシラーゼが, 損傷を受けた塩基とヌクレオチドのデオキシリボース部分との間の *N*-グリコシド結合を切断する. 典型的なヌクレオチドを描き, どの結合が切断されるかを示せ.
26. 発達のある段階において, 遺伝子産物は遺伝子増幅を必要とすることがある. 遺伝子増幅はどのような目的に適うだろうか.
27. 紫外線にさらされた細胞はチミン二量体を形成するが, 可視光線はこの傷害を修復する. この型の DNA 修復はどのようにして起こるかを説明せよ.
28. RNA 分子は DNA よりも反応性に富む. これを説明せよ.
29. テロメア末端結合タンパク質の機能を説明せよ.
30. テロメア反復配列結合因子の機能を説明せよ.
31. 四配偶子キメラとは何か. また, どのようにして起こるか.
32. 転写に共役したヌクレオチド除去修復において, 停止した RNA ポリメラーゼはどのような役割を果たすか.

応用問題

以下の問いは, 本書でこれまで論じてきた重要な概念について理解を深めるためのものである. 正解は一つとは限らない. 解答例は巻末および『問題の解き方』を参照のこと.

33. 真核生物での DNA 複製速度は毎秒 50 ヌクレオチドである. 1 億 5000 万の塩基対からなる染色体の複製には, どれくらいの時間がかかるか. 真核生物の染色体が原核生物のように複製されるとしたら, ゲノムの複製には数カ月を要するであろう. 実際には, 真核生物の複製には数時間しかかからない. 真核生物はこの速い速度をどのようにして達成しているか.
34. 遺伝子だけでは, 真核生物の数多くの細胞(たとえば T リンパ球)のすべての活性をカバーしきれないように見える. この問題を解決するために, 遺伝的組換え, 遺伝子スプライシング, そして選択的 RNA スプライシングがどのように支援しているかを説明せよ.
35. マスタードガスは, 多量に吸入すると肺組織に深刻な損傷を与える非常に有害な物質である. 少量では, マスタードガスは突然変異誘発物質であり, 発がん物質である. マスタードガスが二官能アルキル化剤であることを考慮して, それがどのようにして遺伝子の突然変異を引き起こし, DNA 複製に影響を与えるかについて説明せよ.
36. DNA 中の隣接するピリミジン塩基は, 紫外光にさらされると, 高い効率で二量体を形成する. この二量体が修復されなければ, 皮膚がんが起こる. メラニンは, 皮膚が日光にさらされたときにメラニン細胞(皮膚細胞の一種)によってつくられる天然の日焼け止め剤といえる. 長年にわたって日焼けをしてきた人たちは, 厚くて非常にしわの多い皮膚になる. そのような人たちはまた, 皮膚がんになるリスクが高い. これらの現象がなぜ関係するのかを, 一般的な用語で説明せよ.
37. ホルボールエステルは, AP-1 によって制御される遺伝子の転写を誘導することが観察されている. この過程がどのようにして起こるかを説明せよ. AP-1 が転写されると何が起こるか. ホルボールエステルへの断続的な露出は，個人の健康にどのような影響を及ぼすか.

38. 網膜芽細胞腫は，目の網膜で腫瘍が増殖する，まれながんである．腫瘍サプレッサーをコードする *Rb* 遺伝子の欠損のために，この腫瘍は生じる．遺伝性の網膜芽細胞腫は，通常，幼年時代に起こる．その患者は，遺伝により機能性 *Rb* を 1 コピーしかもっていない．非遺伝性網膜芽細胞腫が，通常，人生の後半に起こる理由を説明せよ.
39. 複製の間につくられるエラーと，転写の間につくられるエラーとでは，個々の生物に対する潜在的な効果がどのように違うかを説明せよ.
40. 18 章で示された技術を用いて，新しく発見された生物のゲノムを研究者はどのようにしてマッピングできるのか，一般的な用語で述べよ.
41. DNA ポリメラーゼ装置は線路上の列車のように DNA に沿って動くと，かつては考えられていた．現在得られている証拠によれば，ポリメラーゼ装置はむしろ静止しており，DNA 鎖が複合体を通って送りだされると考えられている．この静止した機構の有利な点は何か.
42. DNA は細胞における遺伝情報の貯蔵庫であり，タンパク質は RNA 転写産物から合成される．どうして細胞は，単純に転写ステップを飛ばして，DNA を直接にタンパク質合成に使わないのだろうか.

CHAPTER

19 タンパク質の合成

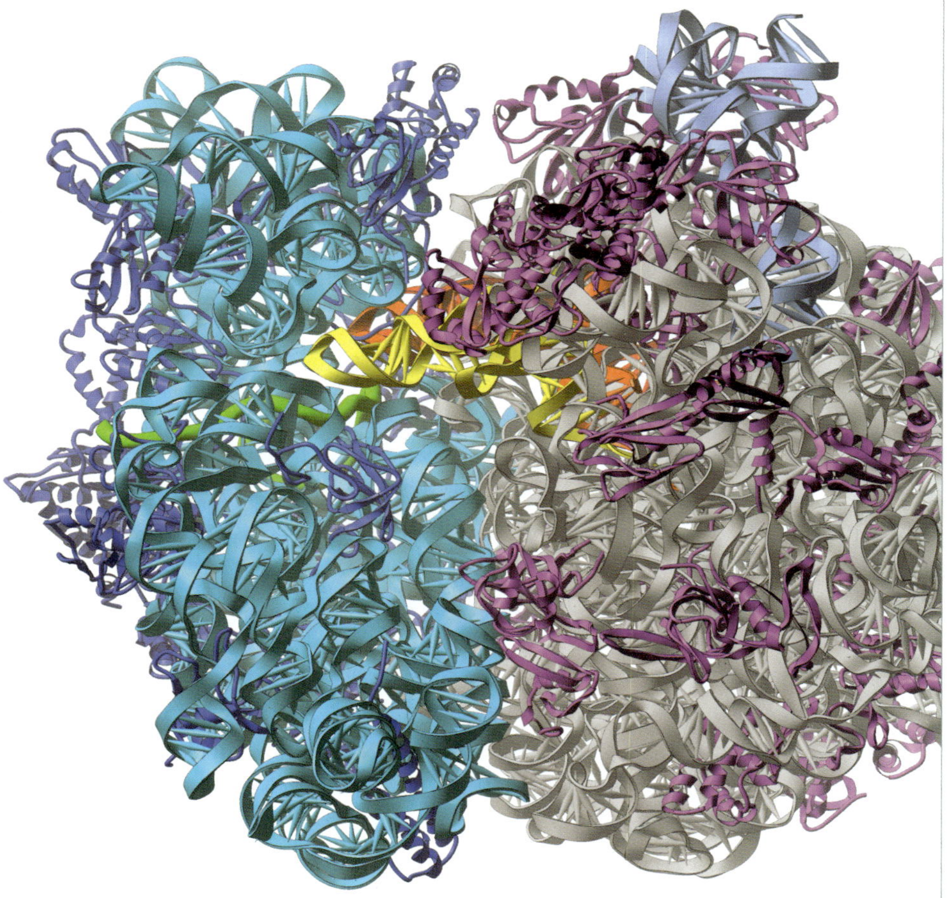

リボソーム　リボヌクレオタンパク質からなるリボソームという装置は，すべての細胞でタンパク質を合成する．この図は細菌の 70S リボソーム全体の高解像度の構造であり，タンパク質は紺色と紫色で，rRNA は青色と灰色で示している．tRNA は橙色と黄色で示した．すでに述べたように，リボソームは基本的に rRNA からなり，これがほとんどの触媒活性を担う．タンパク質分子はおもに補助的な役割を果たす．

アウトライン

概　要

タンパク質は最も動的で，多量に存在し，多様性に満ちた生体分子である．個々の細胞がもつ独自の性質も，ほとんどの場合，その細胞自身がつくるタンパク質の作用による．このため，タンパク質合成に細胞内のかなりの量のエネルギーが使われるのは，さほど驚くことではない．細胞の戦略において無駄を省くことは大切なので，タンパク質の合成は制御されている．もちろん，転写レベルでの調節が最も重要ではあるが，遺伝情報の翻訳レベルでの調節もできるようになっている．とくにその複雑なライフスタイルのために，驚くほど多様な調節機構を必要とする多細胞真核生物において，この制御はきわめて重要な役割を果たしている．

タンパク質合成は，核酸に組み込まれた遺伝情報がポリペプチドの〝アルファベット〞にあたる 20 個の標準アミノ酸に翻訳される過程である．ここでは，〝タンパク質合成〞のなかに，翻訳(ヌクレオチドの塩基配列がアミノ酸の重合を指示する機構)に加えて，翻訳後修飾やターゲッティングの過程が含まれると考えることにしよう．翻訳後修飾は，その分子機能のためにポリペプチドを化学的に変化させるさまざまな反応からなっている．いくつかの修飾はターゲッティングを助け，新たに合成された分子を細胞内の特定の場所あるいは細胞外に運搬することを可能にする．

全部で少なくとも 100 個の異なる分子種がタンパク質合成に関与している．それらのうちで最も重要なのはリボソームの構成成分で，ポリペプチドを合成する大きなリボヌクレオタンパク質である．各リボソームは mRNA の塩基配列を〝読み〞，GTP(グアノシン 5′-三リン酸)から燃料をもらい，正確かつ迅速にその情報をポリペプチドのアミノ酸配列に変換する．常に変化する環境に生物が迅速に対応するためには，スピードが要求される．たとえば大腸菌のような原核生物では，100 残基からなるポリペプチドが約 6 秒以内で合成される．真核生物ではもっと遅く，1 秒に約 2 残基である．各ポリペプチドの適切な機能発現は，その一次構造だけでなく，正確な折りたたみにより決定されるので，mRNA の翻訳において，その正確さはきわめて重要である．

何十年にも及ぶ研究のおかげで，リボソームの構造と機能がかなり詳細にわかってきた．予想外の発見の一つは，rRNA がリボソームで重要な機能を果たしていることである．たとえば，ペプチド結合を形成する触媒活性は RNA 分子にある．さらに rRNA 分子は，tRNA-mRNA 対合やリボソームサブユニットの会合，校正活性，翻訳因子の結合にも関与している．リボソームタンパク質は多くの場合，補助的な役割を果たす．近年，リボソームが細胞内タンパク質の品質管理過程を制御する主要な装置であることも明らかになってきた．

19 章では，タンパク質合成の概要を述べる．ここでは最初に，核酸の塩基配列がタンパク質のアミノ酸配列を指定する仕組みである遺伝暗号について解説する．次に，原核生物と真核生物の双方で起こるタンパク質合成について述べ，生物学的に活性な立体構造にポリペプチドを変換する機構について述べる．その過程の重要な特徴であるタンパク質の折りたたみ(フォールディング)については，5.3 節で述べている．19 章の最後では，タンパク質の折りたたみにおけるプロテオスタシスネットワークの果たす役割と，ゲノムのタンパク質生成物を同定するために開発された，比較的新しい技術である**プロテオミクス**(proteomics)について紹介する．

19.1　遺伝暗号

翻訳はそれに先行する転写とは根本的に異なる．転写においては，DNA 配列という言語は，RNA 配列というよく似た〝方言〞に変換される．しかし，タンパク質合成の際には，核酸塩基配列はまったく異なる言語(つまりアミノ酸配列)に変換されるので，翻訳という用語が使われる．研究者は最初，mRNA 塩基というコードがどのようにアミノ酸の高分子へ変換されるのか説明するのに困っていた．そして Francis Crick は，一連のアダプター分子が翻訳過程を仲介しているに違いないと考えた．やがて tRNA 分子がこの役割を果たすことがわかってきた（図 17.21 参照）．

しかし，アダプター分子を同定する前に，遺伝暗号の解読というもっと重要な問題を解決する必要があった．**遺伝暗号**（genetic code）は，塩基配列の意味を特定する暗号辞書とみなすことができる．その後の研究によりひとたび遺伝暗号の重要性が明らかにされると，研究者はその暗号の大きさについて考えた．mRNA にはたった四つの塩基（G，C，A，および U）しか存在せず，それが 20 個のアミノ酸を指定するのだから，塩基の組合せによってそれぞれのアミノ酸をコード化していると考えるのが妥当である．二つの塩基配列では，全部でたった 16 個（$4^2 = 16$）のアミノ酸しか特定できない．しかし，三つの塩基配列または**コドン**（codon）を使うと，翻訳には十分すぎる量の組合せをつくることができる（つまり $4^3 = 64$）．

Marshall Nirenberg, Heinrich Matthaei, Har Gobind Khorana が決定した 64 通りのトリヌクレオチド配列のコドンの割り当てを**表 19.1** に示す．これらのうち，61 のコドンはアミノ酸を指定するものである．四つのコドンは〝句読点〟として機能する．UAA，UAG，UGA は，終止（ポリペプチド鎖終結）シグナルである．AUG はメチオニンを指定するコドンであるが，開始シグナル（開始コドンとも呼ばれる）としても使われる．遺伝暗号は現在では次のような特性をもっている．

1. **特異的である**　それぞれのコドンは特定のアミノ酸のシグナルである．
2. **縮重している**　いくつかのシグナルが同じ意味をもつような暗号系のことを縮重しているという．ほとんどのアミノ酸は複数のコドンでコードされているので，遺伝暗号は部分的には縮重している．たとえば，ロイシンは六つの異なるコドン（UUA，UUG，CUU，CUC，CUA，および CUG）でコードされている．実際には，メチオニン（AUG）とトリプトファン（UGG）だけが，単一のコドンでコードされているアミノ酸である．
3. **重複がない**　mRNA をコードする配列は，リボソームによって開始コドン（AUG）から〝読み〟始められ，終止コドンにぶつかるまで，一度に三つの塩基が読み続けられていく．mRNA のなかに現れる連続した 3 塩基のコドンはポリペプチド内のアミノ酸をコード

表 19.1　遺伝暗号

1番目（5′末端）	2番目 U		2番目 C		2番目 A		2番目 G		3番目（3′末端）
U	UUU	Phe	UCU	Ser	UAU	Tyr	UGU	Cys	U
U	UUC	Phe	UCC	Ser	UAC	Tyr	UGC	Cys	C
U	UUA	Leu	UCA	Ser	UAA	終止	UGA*	終止	A
U	UUG	Leu	UCG	Ser	UAG*	終止	UGG	Trp	G
C	CUU	Leu	CCU	Pro	CAU	His	CGU	Arg	U
C	CUC	Leu	CCC	Pro	CAC	His	CGC	Arg	C
C	CUA	Leu	CCA	Pro	CAA	Gln	CGA	Arg	A
C	CUG	Leu	CCG	Pro	CAG	Gln	CGG	Arg	G
A	AUU	Ile	ACU	Thr	AAU	Asn	AGU	Ser	U
A	AUC	Ile	ACC	Thr	AAC	Asn	AGC	Ser	C
A	AUA	Ile	ACA	Thr	AAA	Lys	AGA	Arg	A
A	AUG	Met	ACG	Thr	AAG	Lys	AGG	Arg	G
G	GUU	Val	GCU	Ala	GAU	Asp	GGU	Gly	U
G	GUC	Val	GCC	Ala	GAC	Asp	GGC	Gly	C
G	GUA	Val	GCA	Ala	GAA	Glu	GGA	Gly	A
G	GUG	Val	GCG	Ala	GAG	Glu	GGG	Gly	G

*終止コドンの UGA と UAG はまた，ある種の生物において特定の条件下で（生化学の広がり「配列情報依存的コドン再割り当て」に後述），セレノシステインやピロリシンを，それぞれポリペプチド配列に取り込むために使われることがある．

し，**オープンリーディングフレーム**（open reading frame，読み枠）と呼ばれる．

4．**ほぼ普遍的である**　遺伝暗号は生物に共通のものだが，いくつかの例外がある．ミトコンドリアでは若干の逸脱が見られる．たとえば，アルギニンコドンは六つでなく，四つだけである．残り二つのコドン（AGA と AGG）は終止コドンとして使用される．UGA は一般的には終止コドンだが，ミトコンドリアではトリプトファンをコードし，UAA，UAG，AGA，AGG の四つの終止コドンがあることになる．同様に若干の変化が，原核生物および原生生物や酵母のような真核生物のいくつかの種にも見られる．

縮重した遺伝暗号は点変異の悪影響を減らすために進化したと考えられる．つまり，次に示すロイシンの二つの例のように，塩基置換はしばしば，同じかあるいは同種のアミノ酸を指定する．最初の二つが CU のコドンはすべてロイシンになるので，3 番目の塩基置換が何だろうと影響を及ぼさない〔この現象についての別の見解は，ゆらぎ仮説の議論（p. 647）を参照〕．また，遺伝暗号の解析により，2 番目に U をもつコドンはすべて疎水性のアミノ酸をコードすることもわかった．たとえば，CUU（ロイシン）の 1 番目の塩基が A に置き換わると，別の疎水性アミノ酸残基のイソロイシンに変わる．

キーコンセプト

遺伝暗号は，リボソームがヌクレオチドの塩基配列をポリペプチドの一次配列に翻訳する機構である．

また，遺伝暗号のコドンが指定した通りにはならない場合もある．最近の知見では，非標準アミノ酸のセレノシステインとピロリシンは終止コドンによってコードされていることが明らかになった．この配列情報依存的コドン再割り当ては，後に「生化学の広がり」（p. 665〜666）のなかで述べる．

コドン使用頻度の偏り

さまざまな生物のトランスクリプトームをバイオインフォマティクス解析した結果，同じアミノ酸をコードする同義コドンは偏って利用されていることが明らかになった．生物種は，それぞれ特定のコドンに対する明確な好みをもっている．たとえば，大腸菌は UUU をフェニルアラニンに使用し，ヒトでは UUC を最も多く使用する．また同じ生物のなかでも，遺伝子によってはコドン使用頻度が変わることもある．たとえば，ヒトの α グロビン mRNA ではフェニルアラニンにほぼ UUU を使用するが，ジストロフィン mRNA では UUU と UUC の両方を用いる．また，コドンの使用頻度と対応する tRNA の細胞内での量との間に関連性があることも知られている．コドンの使用頻度の偏りは，とくに細菌や酵母のような成長の速い単細胞生物でよく見られるため，これは翻訳効率に対する進化圧力の結果と思われる．増殖が遅い多細胞生物の細胞でのコドンの偏りは，たとえば網状赤血球における α グロビンのような発現量の高い遺伝子で見られる．

問題 19.1

すでに述べたように，DNA の損傷は塩基対の欠失や挿入の原因になる．もし，リーディングフレーム内のヌクレオチド塩基配列で 3 の倍数以外の数の塩基が欠損または挿入されると，フレームシフト変異が起こる．変化した配列の場所によっては，その変異は深刻な影響を及ぼす．下記の合成 mRNA 配列は，ポリペプチドの最初の部分をコードしている．

5′-AUGUCUCCUACUGCUGACGAGGGAAGGAGGUGGCUUAUCAUGUUU-3′

まず，このポリペプチドのアミノ酸配列を決定せよ．次に，下のように変化した mRNA 断片に起こった変異の種類を述べよ．このような変異は，生じるポリペプチドにどのような影響を及ぼすか．

a. 5′-AUGUCUCCUACUUGCUGACGAGGGAAGGAGGUGGCUUAUCAUGUUU-3′
b. 5′-AUGUCUCCUACUGCUGACGAGGGAGGAGGUGGCUUAUCAUGUUU-3′
c. 5′-AUGUCUCCUACUGCUGACGAGGGAAGGAGGUGGCCCUUAUCAUGUUU-3′
d. 5′-AUGUCUCCUACUGCUGACGGAAGGAGGUGGCUUAUCAUGUUU-3′

コドン-アンチコドン相互作用

tRNA 分子は遺伝メッセージの翻訳に必要な〝アダプター〟である．tRNA は種類によって(3′ 末端に)保持するアミノ酸が異なり，**アンチコドン**(anticodon)と呼ばれる 3 塩基配列をもっている．コドン-アンチコドンの塩基対は，実際に mRNA がどのように翻訳されるかを決める．コドンとアンチコドンはそれぞれ逆向きの 5′ → 3′ 方向に進む．たとえば，UGC というコドンは GCA というアンチコドンと結合する(図 19.1)．

遺伝暗号が決定されると，研究者は今度は細胞中の 61 種類の tRNA を同定しようとした．ところが，細胞には実は予想したよりもかなり少ない tRNA しかなかった．ほとんどの細胞は約 50 個の tRNA をもっている(それより少ない場合も見られる)．tRNA についてさらに研究が進むと，いくつかの tRNA 中のアンチコドンは，典型的には 3 番目の位置に生じるイノシン酸(I)を含んでいることがわかった〔アデニン塩基が脱アミノ化されてヒポキサンチン(D-リボースと結合してイノシンになる)になる．図 14.25 参照〕．I は一般にアンチコドンの 1 番目の位置に使われる(真核生物では，アンチコドンの 1 番目の A が脱アミノされて I が生じる)．また，研究がさらに進んでくると，tRNA のなかには複数のコドンを認識するものがあることが次第に明らかになった．1966 年，Crick はその証拠を再検討し，合理的な説明として**ゆらぎ仮説**(wobble hypothesis)を提唱した．

それぞれの tRNA によって複数のコドン-アンチコドン相互作用が可能であるとするゆらぎ仮説は，基本的に次のような観察に基づいている．

1．コドン-アンチコドン相互作用における最初の二つの塩基対合が，翻訳中に必要とされる特異性のほとんどを決める．あるアミノ酸を指定する縮重コドンのほとんどが，最初の二つに同一のヌクレオチドをもっているからである．このような相互作用は，標準的な(すなわちワトソン・クリック型)塩基対合である．
2．3 番目のコドンヌクレオチドとアンチコドンヌクレオチドの間の相互作用はそれほど厳格ではない．実際，一般的でない(すなわち非ワトソン・クリック型)塩基対合がしばしば起こる．たとえば，アンチコドンの 5′(あるいは〝ゆらぎ〟)の位置に G をもつ tRNA は，二つの異なるコドンと対合する．すなわち，G は C または U と相互作用できる．同じことが，A または G と相互作用する U についてもいえる(図 19.2a)．アンチコドンのゆらぎの位置に I がある場合，I は U，A，C のいずれとも相互作用できるので，tRNA は三つの異なるコドンと対合できることになる(図 19.2b)．

遺伝暗号と〝ゆらぎ仮説〟を慎重に調べると，61 個すべてのコドンは，最少で 31 個の tRNA で翻訳できることがわかった．これにタンパク質合成を開始するための 1 個の tRNA を追加して，合計で 32 個の tRNA が存在することになる．

キーコンセプト

- 遺伝暗号は，mRNA のコドンと rRNA のアンチコドンとの間の塩基対合により翻訳される．
- ゆらぎ仮説によって，なぜ細胞は予想されるより少ない tRNA しかもっていないかを説明することができる．

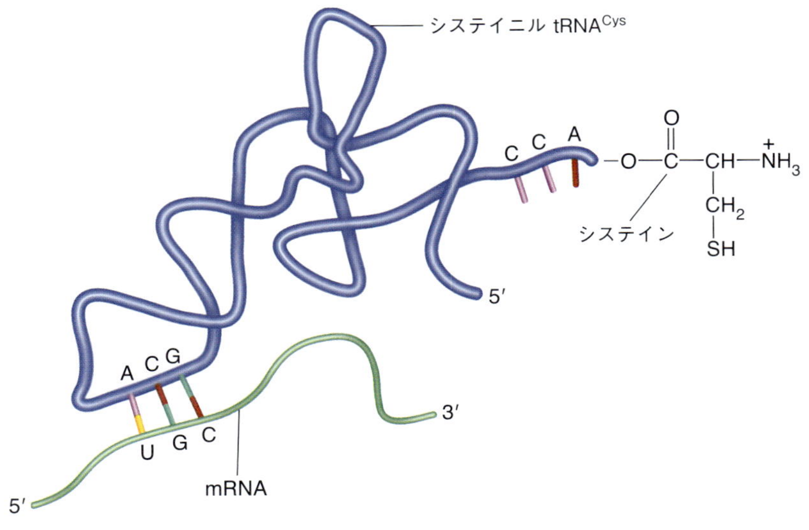

図 19.1 システイニル tRNA^{Cys} のコドン-アンチコドン塩基対合
UGC コドンは GCA アンチコドンと対合して，伸長中のポリペプチド鎖へのシステインの取り込みが確実に起こるようになる．

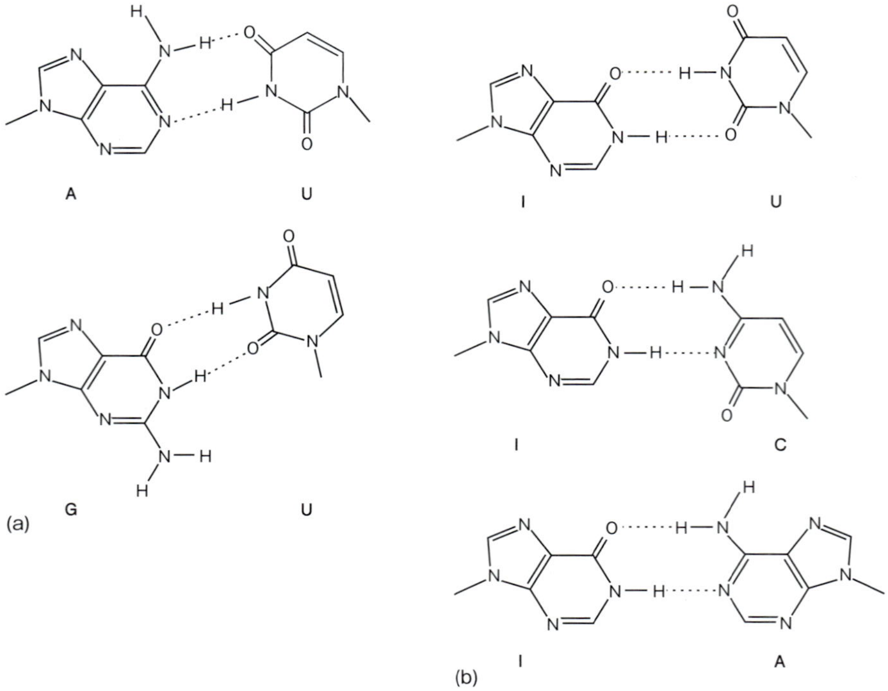

図 19.2　ゆらぎ塩基対
非標準塩基対は，遺伝暗号を翻訳する際に重要である．ゆらぎ塩基対の例として（a）AU，GU 塩基対と（b）IU，IC，IA 塩基対をあげる．

問題 19.2

DNA 断片の配列が GGTTTA であるとき，tRNA アンチコドンの配列はどうなるか．

問題 19.3

短いペプチドのアミノ酸配列が Tyr—Leu—Thr—Ala のとき，それをコードする mRNA の塩基配列はどのようなものか．また，それを転写した DNA 鎖はどのようなものか．その tRNA のアンチコドンはどのようなものか．

アミノアシル tRNA シンテターゼ反応

翻訳の正確性（10^4 個のアミノ酸あたり約 1 個の間違い）は DNA の複製や転写の場合よりは低いが，このような複雑な過程であることを考えると驚くほど高い．アミノ酸がポリペプチドに正確に取り込まれるおもな理由は，コドン-アンチコドン塩基対合と，アミノ酸がその tRNA に付加される機構にある．アミノ酸の tRNA への付加は，タンパク質合成の第一歩であると考えられており，アミノアシル tRNA シンテターゼと呼ばれる酵素群により触媒される．

ほとんどの生物には，20 個のアミノ酸それぞれに対して，少なくとも一つのアミノアシル tRNA シンテターゼが存在する．アミノ酸を正しい tRNA の 3′ 末端につなぐ過程は，二つの連続した反応（図 19.3）からなり，両反応とも一つのシンテターゼの活性部位内で起こる．

1. **活性化**　シンテターゼはまずアミノアシル AMP の形成を触媒する．この反応は，高エネルギー中間体である混合無水結合を形成することによってアミノ酸を活性化し，もう一つの生成物であるピロリン酸の加水分解によって進行する〔**無水物**（anhydride）は，酸素原子を介してつながる二つのカルボニル基をもっている分子である．**混合無水物**（mixed anhydride）は二つの異なる酸から形成される無水物で，たとえばカルボン酸とリン酸からなる〕．
2. **tRNA の結合**　ある決まった tRNA がシンテターゼの活性部位に結合し，これはエステル結合を介してアミノアシル基に共有結合する（エステル結合は，シンテターゼの種類

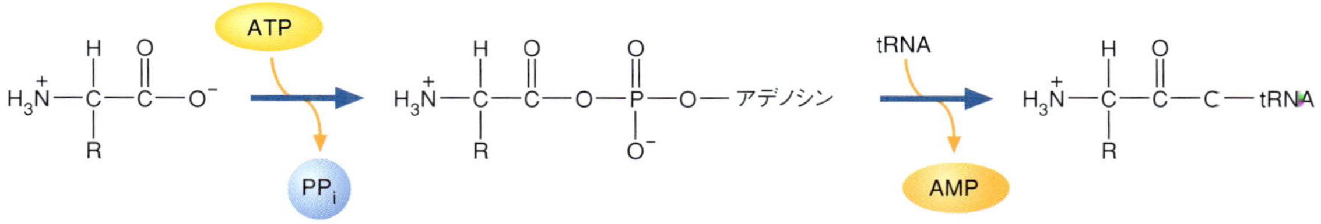

図 19.3　アミノアシル tRNA の形成
アミノアシル tRNA シンテターゼは二つの連続する反応を触媒し，その際に，一つのアミノ酸が tRNA 分子の 3′ 末端のリボース残基に結合する．

によって，tRNA の 3′ 末端ヌクレオチドのリボースの 2′-OH か 3′-OH のいずれかを介して形成される．したがって，アミノアシル基は 2′-OH と 3′-OH の間を移動できる．3′-アミノアシルエステルのみが翻訳の際に使われる）．tRNA へのアミノアシルエステル結合のエネルギーレベルは，アミノアシル AMP の混合無水物のそれよりも低いが，それでもアシル基転移反応（ペプチド結合形成）を行うには十分である．

アミノアシル tRNA シンテターゼによって触媒される反応をまとめると以下の通りである．

$$\text{アミノ酸} + \text{ATP} + \text{tRNA} \longrightarrow \text{アミノアシル tRNA} + \text{AMP} + \text{PP}_i$$

生成された PP_i はただちに加水分解され，大きな自由エネルギーを失う．したがって，tRNA へのアミノ酸の付加反応は不可逆過程である．この反応で AMP がつくられるので，各アミノ酸が tRNA に結合するために要するエネルギーは，2 分子の ATP が ADP と P_i に加水分解されるときのそれに等しい．

アミノアシル tRNA シンテターゼは，分子量，一次配列，およびサブユニットの数が異なる多様な酵素群である．各酵素は特定のアミノアシル tRNA 生成物を効率的にかなり正確につくる．各シンテターゼが適正なアミノ酸やそれをもつ tRNA 群に結合する特異性は，翻訳過程を忠実に行うために非常に大切である．いくつかのアミノ酸は，そのサイズによって容易に区別できるし（たとえばトリプトファンとグリシン），また側鎖が正負のいずれに荷電しているかによっても容易に区別できる（たとえばリシンとアスパラギン酸）．しかし，構造が似ているので区別が難しいアミノ酸もある．たとえば，イソロイシンとバリンはメチレン基が一つ違うだけである．その区別の難しさにもかかわらず，イソロイシル $tRNA^{Ile}$ シンテターゼはいつも正しい生成物を合成する．しかし，この酵素はときどきバリル $tRNA^{Ile}$ を生成することもある．イソロイシル $tRNA^{Ile}$ シンテターゼは分子内の離れた位置に校正部位をもっているので，他のいくつかのシンテターゼと同様に，このような間違いを正すことができる．この部位はバリル $tRNA^{Ile}$ と結合し，それより大きいイソロイシル $tRNA^{Ile}$ を排除する．校正部位への結合後，バリル $tRNA^{Ile}$ のエステル結合は加水分解される．

19.2　タンパク質の合成

タンパク質合成の概要を図 19.4 に示す．その複雑さと生物種間の違いに関係なく，遺伝情報からポリペプチドの一次配列への翻訳は，開始，伸長，終結の三つの段階に分けられる．

1. **開始**　翻訳はリボソームの小サブユニットが mRNA と結合する**開始**（initiation）**反応**で始まる．開始 tRNA と呼ばれる特定の tRNA のアンチコドンは，mRNA 上で開始コドンの AUG と塩基対をつくる．開始反応はリボソームの大サブユニットが小サブユニットと結合したときに終了する．完全なリボソームには，翻訳にかかわるコドン-アンチコドン相互作用のための二つの部位，すなわち P（ペプチジル）部位（この段階では開始 tRNA によって占有されている）と A（アミノアシル）部位がある．細菌のリボソームにも E（出口）部位がある．E 部位には，リボソームから放出される前の空の tRNA が結合する．原核生物でも真核生物でも，mRNA には多数のリボソームが結合して同時に読

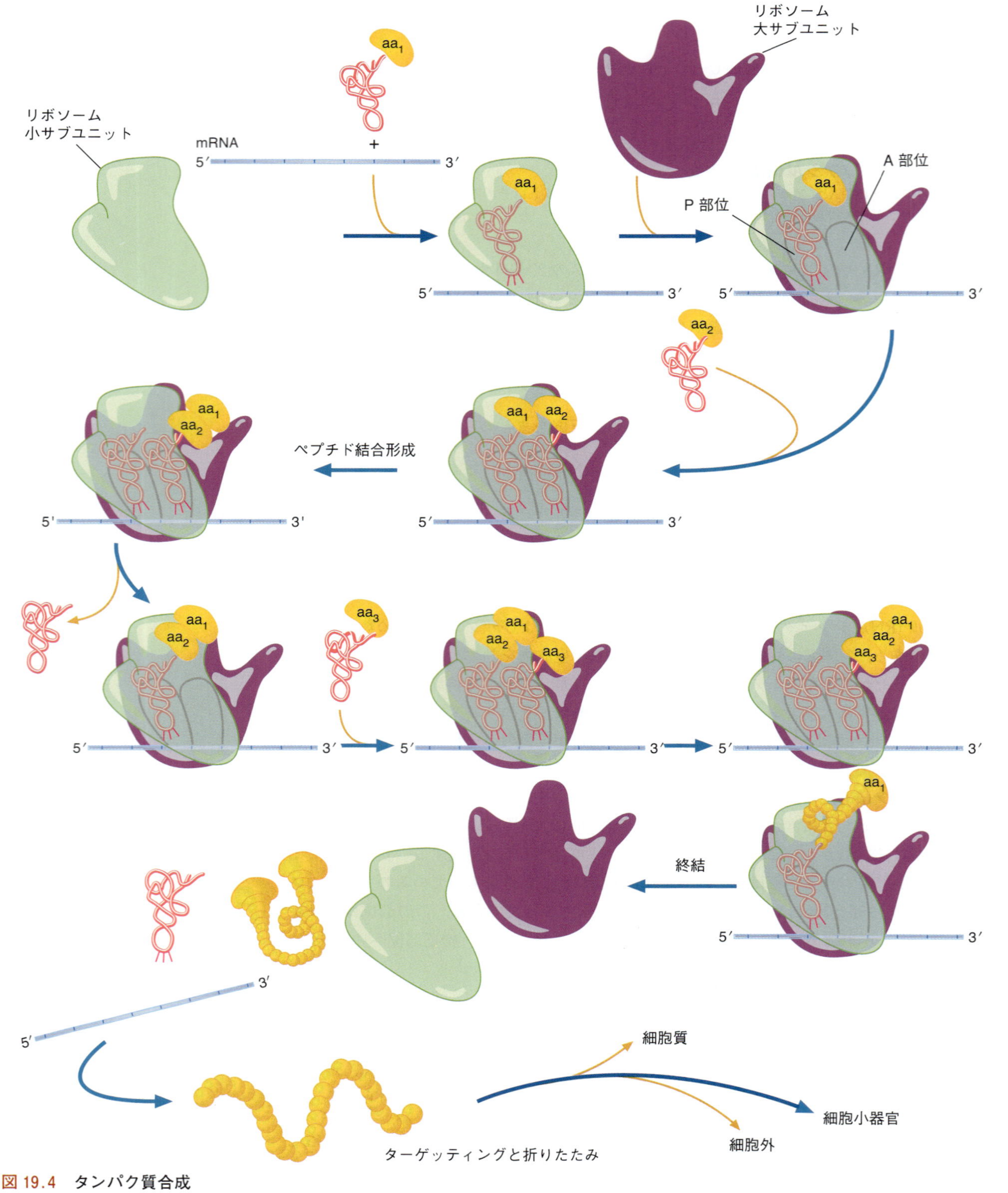

図 19.4　タンパク質合成

すべての生物において，翻訳は開始，伸長，終結という三つの段階からなっている．ペプチド結合の形成とトランスロケーションからなる伸長反応は，終止コドンにぶつかるまで何度も繰り返される．タンパク質合成の各段階を促進する多数のタンパク質因子は，原核生物と真核生物では異なる．翻訳後の反応とターゲッティング過程は細胞の種類により異なる．

まれる．多数のリボソームが結合している mRNA は**ポリソーム**（polysome）と呼ばれる．たとえば，盛んに増殖している原核生物においては，mRNA 分子に付着しているリボソーム同士は，わずか 80 個程度のヌクレオチドしか離れていない．

2．**伸長**　**伸長**（elongation）**期**には，遺伝情報の指令に従ってポリペプチドが合成される．mRNA の塩基配列は 5′ → 3′ 方向に読まれ，ポリペプチド合成は N 末端から C 末端へ進む．伸長サイクルは 3 段階からなる．つまり A 部位におけるコドン–アンチコドン塩基の対合，ペプチド結合の形成，ペプチジル tRNA の P 部位への転移である．伸長期は，コドン–アンチコドン対合により次のアミノアシル tRNA が A 部位のリボソームに結合するときに始まる．ペプチド結合の形成はペプチジルトランスフェラーゼによって触媒される．このペプチド転移反応において，A 部位のアミノ窒素の α–アミノ基（求核剤）が，P 部位のアミノ酸のカルボニル基を攻撃する（図 19.5）．ペプチド結合の形成によって，伸長中のペプチド鎖は A 部位の tRNA に結合する．最後に**トランスロケーション**（translocation，転移）が起こる．リボソームが mRNA に沿って 1 トリプレット分だけ移動すると，A 部位の tRNA に結合したペプチド鎖は P 部位に移動し，空になった P 部位の tRNA はリボソームから遊離するか（真核生物の場合），E 部位に移動し（原核生物の場合），その後，リボソームから放出される．A 部位が空になると，次のコドンが A 部位に入り，対合する tRNA のアンチコドンに結合する．この伸長サイクルは，終止

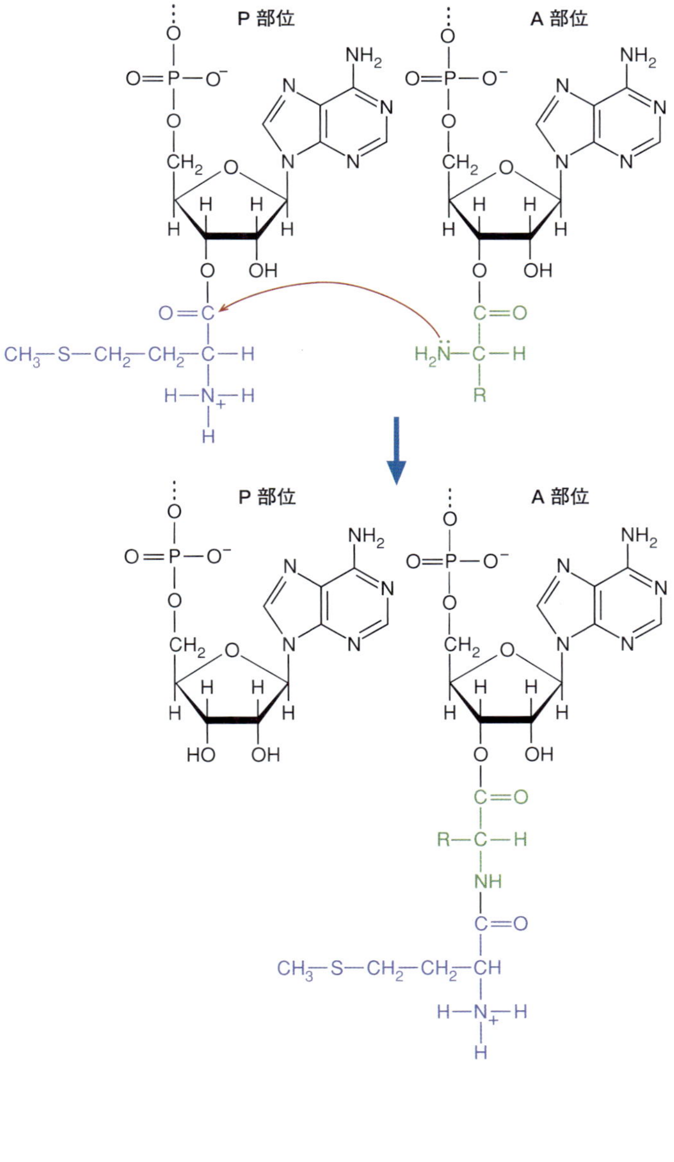

図 19.5　ペプチド結合の形成
伸長はペプチド結合が形成されると始まる．それは A 部位にあるアミノ酸のアミノ基が，開始 tRNA に結合した P 部位のメチオニン残基のカルボニル基の炭素を求核的に攻撃するからである．ペプチド結合が形成されるので，両方のアミノ酸が今度は A 部位の tRNA に結合することになる．

コドンが A 部位に入るまで繰り返される．

3．**終結**　**終結**（termination）**期**には，ポリペプチド鎖がリボソームから離れる．終止コドンはアミノアシル tRNA に結合できないので，翻訳は終了する．その代わり，タンパク質解離因子が A 部位に結合する．次に，ペプチジルトランスフェラーゼ（この場合はエステラーゼとして働く）が，P 部位にある完成したポリペプチド鎖と tRNA の結合を加水分解して切り離す．翻訳は，リボソームが mRNA を遊離し，大小のサブユニットに解離することで完了する．

翻訳は，リボソームサブユニット，mRNA，およびアミノアシル tRNA に加えて，エネルギー源（GTP）と，実にさまざまなタンパク質因子を必要とする．これらの因子はいくつかの役割を果たしている．あるものは触媒機能をもち，あるものは翻訳の際に形成される特異的な構造を安定させる．翻訳因子は，それが関与する段階が開始期か，伸長期か，終結期かによって分類される．原核生物と真核生物の翻訳の違いは，大部分，これらタンパク質因子の性質と機能によるようである．

種に関係なく，ポリペプチドのいくつかは，翻訳の直後にそれ以上修飾されることなく，最終的な高次構造に折りたたまれる．しかしながらほとんどの場合，新たに合成されたポリペプチドは修飾を受ける．これは**翻訳後修飾**（posttranslational modification）と呼ばれ，翻訳の第四段階であると考えられている．この段階では，プロテアーゼによるポリペプチドの部分的除去，特定のアミノ酸残基側鎖の化学修飾，および補因子の挿入などが行われるようである．個々のポリペプチドはしばしば互いに結合し，マルチサブユニットのタンパク質となる．

翻訳後修飾は，次の二つの共通の目的を果たしているようである．すなわち，① ある一つのポリペプチドに特殊な機能をもたせる，② ポリペプチドを特定の場所に向かわせる〔この過程は**ターゲッティング**（targeting）と呼ばれる〕．真核生物においては，タンパク質をさまざまな目的地に正確に向かわせなければならないので，ターゲッティングはとくに重要である．真核生物のタンパク質は，細胞質や細胞膜（原核生物での目的地は，ほとんどがこれらである）に加えて，さまざまな細胞小器官（たとえばミトコンドリア，葉緑体，リソソーム，ペルオキシソーム）に運ばれる．

キーコンセプト

- 翻訳には，開始，伸長，終結という三つの段階がある．
- 多くのタンパク質は，合成された後に化学的に修飾され，細胞内や細胞外の特定の場所に移動する．

原核生物と真核生物のタンパク質合成には類似点も多くあるが，大きな違いもある．このような点を考慮して，原核生物での過程と真核生物での過程の詳細は別べつに解説し，その後，翻訳を調節する機構について簡単に述べる．

原核生物のタンパク質合成

細菌のタンパク質合成は，アミノ酸重合を毎秒約 20 個の速度で行うことができる分子量 240 万のリボソームで行われる．70S の細菌リボソームは，50S の大サブユニットと 30S の小サブユニットで構成されている（**図 19.6**）．大サブユニット（分子量約 150 万）は，23S と 5S の rRNA と 34 個のタンパク質からなる．小サブユニット（分子量約 80 万）は，16S の rRNA と 21 個のタンパク質からなる．P，A，E 部位に加えて，ほかに三つの機能センター，すなわちデコーディング（解読）センター，ペプチジルトランスフェラーゼセンター，GTP アーゼ関連領域がある．

デコーディングセンター（decoding center）は 30S サブユニット上の A 部位にあり，mRNA コドンが，この部位に結合する tRNA のアンチコドンに対合する．三つの高度に保存された 16S の rRNA 塩基（A1492，A1493，G530）は，コドン-アンチコドンとなる三つの塩基対に隣接している．正しいワトソン・クリック塩基対がコドン-アンチコドン三塩基対の最初の 2 塩基間で形成されると，伸長サイクルのこの tRNA 選別の段階が次に進むように，A1492 と A1493 での立体構造が変化する．

ペプチド結合形成を行う**ペプチジルトランスフェラーゼセンター**（peptidyl transferase center, PTC）は，大サブユニット（23S の rRNA のドメインをもつ）のくぼみに位置する．PTC の中心部は五つの保存された塩基（A2451，U2505，U2585，C2452，A2602）で構成され，アミノ

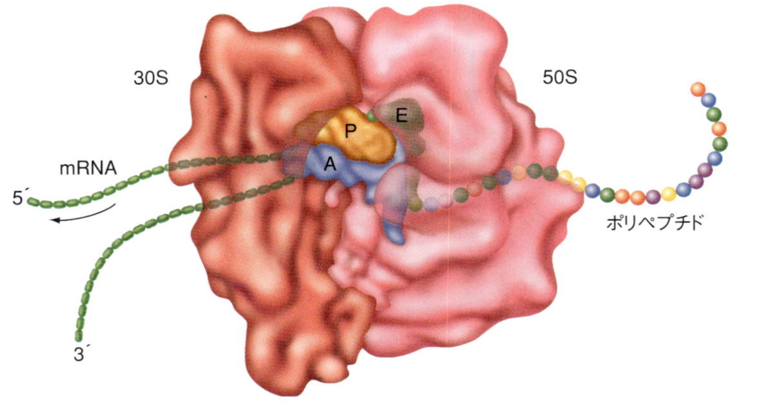

図 19.6 **翻訳中のリボソーム**
これはタンパク質合成中の大腸菌リボソームの三次元構造を再構築したもので，大小のサブユニットをそれぞれピンク色と赤色で示してある．mRNA，tRNA，および伸長途中のポリペプチド鎖の相対的な位置も示してある．tRNAは，ペプチド結合形成が起こるアシル部位とペプチジル部位の位置を示すためにAおよびPと記されている．Eと記されたtRNAは出口にあり，タンパク質合成の進行に伴ってアミノ酸が放出され，リボソームから離れようとしている．リボソームを通過するmRNAの動きは矢印で示されている．

アシルtRNAおよびペプチジルtRNAの3′末端と結合する．ペプチド結合は，アミノアシルtRNAがPTC活性部位の（特定の構造を正確につくる）rRNAヌクレオチドに結合したときに形成され，これは協奏的プロトンシャトル機構（p. 655～656）の結果である．

GTPアーゼ関連領域（GTPase associated region, GAR）は一つの重複する結合部位であり，23SのrRNA構成因子からなる50Sサブユニット上にある．GARはGAP（p. 634）として作用する．GTPアーゼ活性をもつ翻訳因子がGARに結合すると，GTP加水分解が起こり，翻訳作業に影響を及ぼすタンパク質の立体構造変化をもたらす．大サブユニットのL12ストークは，GTPアーゼ翻訳因子を呼び寄せてGARと結合できるようになる．

開始　翻訳は開始複合体の形成から始まる（図19.7）．原核生物においては，この過程は三つの開始因子，つまりIF1，IF2，IF3を必要とする．IF3は30Sサブユニットに結合し，その30Sサブユニットが50Sサブユニットに未成熟のまま結合するのを妨げ，mRNAが結合するのを促進している．そしてIF1は30SサブユニットのA部位に結合しているので，開始期にはこの部位はふさがれている．mRNAが30Sサブユニットに結合する場合，mRNAのなかの**シャイン・ダルガーノ配列**（Shine-Dalgarno sequence）と呼ばれるプリンを多く含む配列によって正しい位置に導かれる（そうして開始コドンAUGが正しい場所にくる）．シャイン・ダルガーノ配列はAUGの少し上流に存在し，30Sサブユニットの16S rRNA成分に含まれている相補的配列に結合する．この相補的配列は反シャイン・ダルガーノ配列と呼ばれる．シャイン・ダルガーノ配列と反シャイン・ダルガーノ配列との間の塩基対合は，開始コドンとメチオニンコドンとを識別する機構になる．この対合はリボソーム-mRNA複合体の安定性も増大させる．

ポリシストロン性のmRNAの各遺伝子は，開始コドンとそれぞれ独自のシャイン・ダルガーノ配列をもっている．なお，この場合の各遺伝子の翻訳は独立して行われるようである．つまり，ポリシストロン性mRNAの先頭の遺伝子が翻訳されても，それに続く次の遺伝子がいつも翻訳されるわけではない．

開始の次の段階では，IF2（GTPが結合したGTPアーゼ）が開始tRNAと結合すると，これがP部位に入ることができるようになる．細菌の開始tRNAは*N*-ホルミルメチオニルtRNA（$\text{fMet-tRNA}^{\text{fMet}}$）であり，次のようにつくられる．開始専用のtRNA（$\text{tRNA}^{\text{fMet}}$）にメチオニンが付加されると，このアミノ酸残基は$N^{10}$-ホルミルTHF（テトラヒドロ葉酸）依存性酵素によってホルミル化される．開始期は，IF2-GTPが50SリボゾームのGAR部位に結合して，二つのサブユニットが結合するまでをいう．次にGARが引き起こすGTPの加水分解は，立体構造変化を生じさせ，二つのサブユニットの結合と，三つの開始因子，GDP，リン酸の離脱が同時に起こる．これで70Sリボソームはタンパク質合成の伸長期への準備ができたことになる．

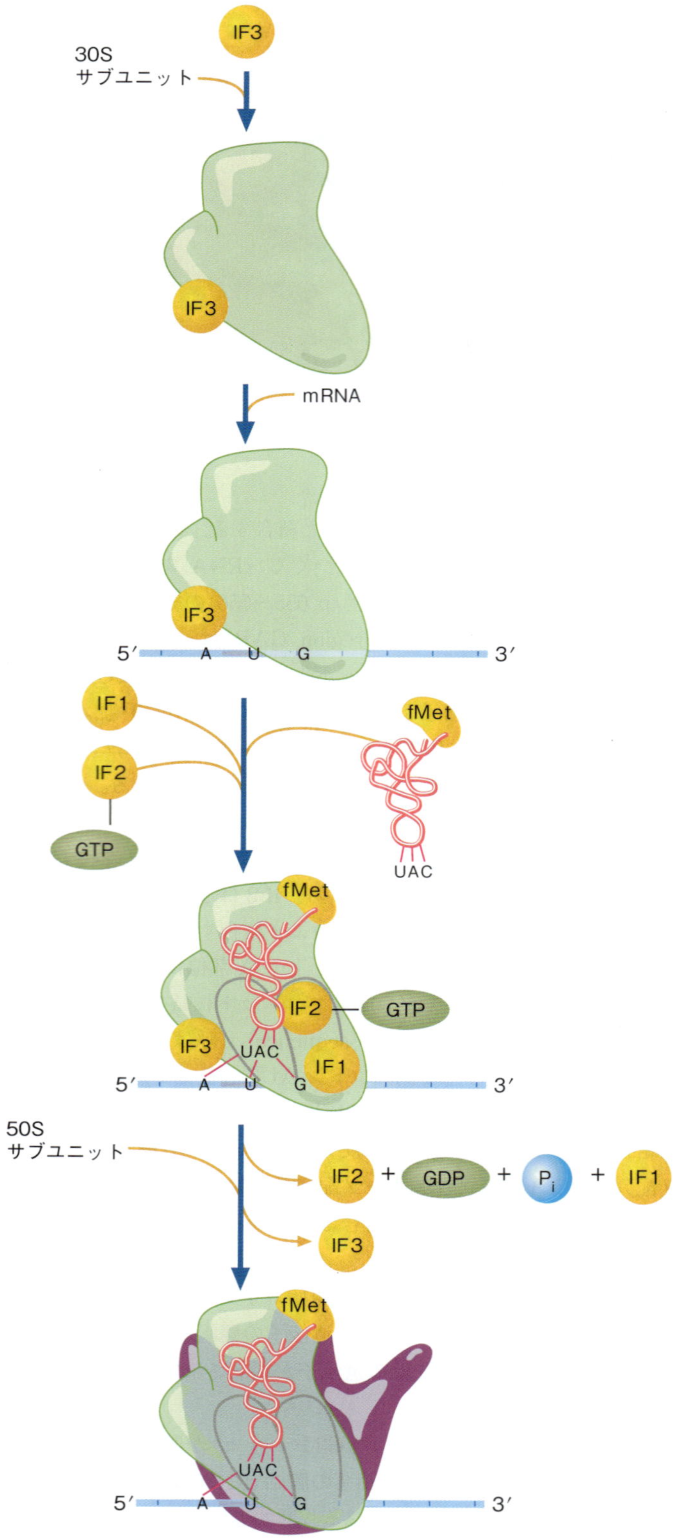

図 19.7　原核生物の開始複合体の形成
翻訳の開始は，開始因子 IF3 が 30S サブユニットに結合することで始まる．mRNA が 30S サブユニットに結合した後，GTP アーゼ IF2 は *N*-ホルミルメチオニル tRNA ($fMet\text{-}tRNA^{fMet}$) に結合し，次に小および大サブユニットが結合できるようにする．その GTP が加水分解されると，開始因子，GDP，P_i が遊離する．これでリボソームの本体である 70S リボソームは，伸長過程に入る準備が完了する．

伸長　すでに述べたように，伸長期は三つの段階からなり，まとめて伸長サイクルと呼ばれる．すなわち ① A 部位へのアミノアシル tRNA の結合，② ペプチド結合の形成，③ トランスロケーションからなっている．

原核生物の伸長過程は，次に入るコドンが指定するアミノアシル tRNA が，空になった A

部位へ結合するときに始まる．A 部位に入る前に，アミノアシル tRNA はまず EF-Tu-GTP 伸長因子と結合する必要がある．EF-Tu-GTP はモータータンパク質であり，A 部位内に積み荷であるアミノアシル tRNA を運び入れ，tRNA アンチコドンが mRNA コドンと自由に相互作用できるような位置に据える．EF-Tu-GTP はペプチド結合がむやみにつくられないようにしていて，またアミノアシル基と tRNA との間の結合が加水分解されないように守っている．アミノアシル tRNA が A 部位に入るためには，EF-Tu-GTP-aa-tRNA 複合体が 50S サブユニット GAR と結合する必要があり，その過程はサブユニット中の L12 ストークによって促進される．

アミノアシル tRNA のアンチコドンが正確に mRNA のコドンと対合すると，GTP が加水分解されて EF-Tu-GDP がリボソームから遊離する．ついで 2 番目の伸長因子（EF-Ts と呼ばれる）が**グアニンヌクレオチド交換因子**（guanine nucleotide exchange factor, **GEF**）として働き，EF-Tu 内の GDP を除くことによって EF-Tu の再生を促進する．そして，EF-Ts それ自身も GTP によって置換される（**図 19.8**）．新たに形成された EF-Tu-GTP は，次に新しいアミノアシル tRNA と結合する．

EF-Tu がアミノアシル tRNA を A 部位に運ぶと，50S サブユニットの 23S rRNA 内にあるペプチジルトランスフェラーゼ中心（PTC）によってペプチド結合の形成が触媒される．ペプチド結合は，30S サブユニットに面した部位にある 50S リボソームサブユニットのくぼみのなかで形成される．ペプチド結合が形成される機構は，基質内でのプロトンシャトルにより起こる（**図 19.9**）．リボソームはさまざまな方法でこの反応を進めている．PTC 内の基質の正確な位置どり（つまり，A 部位と P 部位の tRNA の受容体側が 23S rRNA のヌクレオチド残基と相互作用して固定される）や，プロトンシャトルを助ける静電環境などである．リボソームはまた，活性部位に比較的無水的な環境を提供することで，反応における自由エネルギーの必要量

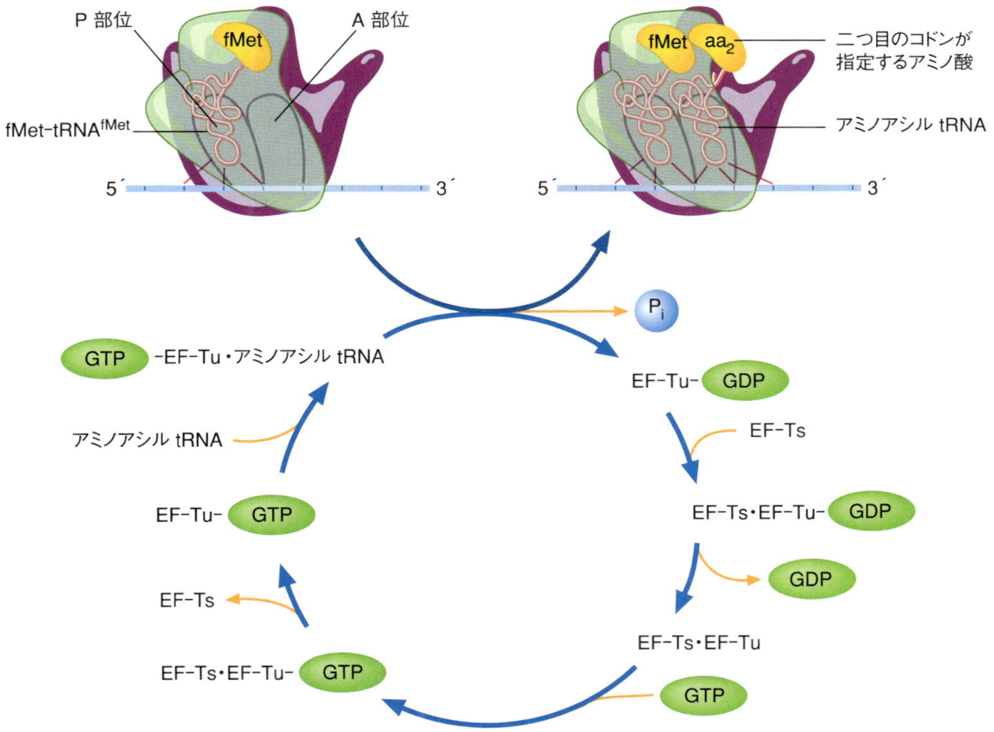

図 19.8　大腸菌の EF-Tu-EF-Ts サイクル
EF-Tu がアミノアシル tRNA に結合できるためには，GDP 1 個が GTP と置き換わる必要がある．EF-Ts が EF-Tu(GDP) に結合すると，その GDP が放出されて，次に EF-Ts が GTP と置き換わる．そして EF-Tu(GTP) はアミノアシル tRNA と会合して EF-Tu (GTP) アミノアシル tRNA 複合体をつくり，それがアミノアシル tRNA をリボソームの A 部位に運ぶ．

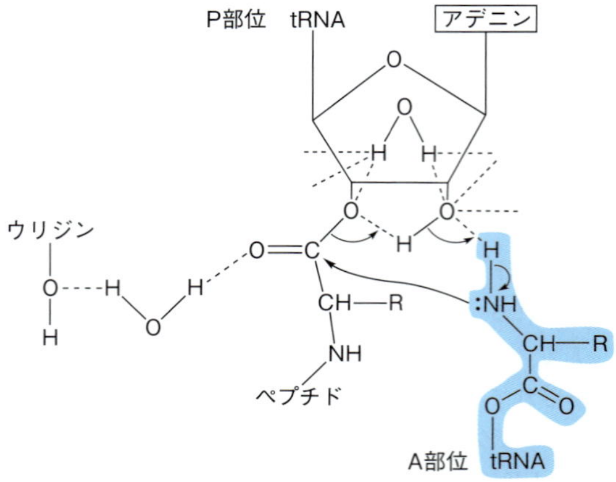

図 19.9　ペプチジルトランスフェラーゼのプロトンシャトル機構
反応は，α-アミノ基の窒素が，A 部位のアミノアシル基であるペプチジル鎖（残基 76 のリボースの 3′-OH 基とのエステル結合を介して P 部位の tRNA に結合している）のカルボニル炭素を求核的に攻撃することで始まる．最初の伸張サイクルでは，一つの *N*-ホルミルメチオニルアミノアシル基が，P 部位の tRNA に結合する．こうして六員環遷移状態がつくられ，そのなかで，A 部位リボースの 2′-OH 基がそのプロトンを隣接した 3′-酸素分子に与える．活性部位における基質の正確な配置は，リボースの酸素と橋渡しする水分子との間の水素結合（破線で示す）や，リボースの 2′-ヒドロキシ基の酸素と橋渡しする水分子と 23S rRNA 中のシトシンおよびアデノシン残基（図には示されていない）との間の水素結合（破線）によって促進される．P 部位にある tRNA のペプチジル基のカルボニルの酸素分子は，水を介して，23S rRNA のウリジン残基のヒドロキシ基の酸素分子へ水素結合することにより安定化される．

を減らす．この無水的な環境は，高い極性をもつ遷移状態をつくるために必要である．この反応を起こすのに必要なエネルギーは，P 部位のアミノ酸を tRNA につないでいる高エネルギーのエステル結合によって供給される．

ペプチド結合が形成された直後の tRNA（伸長中のペプチド鎖と結合するため，ペプチジル tRNA と呼ばれる）はまだ A 部位にあり，脱アシル化した tRNA は P 部位にある．この伸張は前転位段階と呼ばれる．トランスロケーション，つまり塩基対合をもつ tRNA が 1 コドン分だけ移動すること（空になった tRNA を E 部位に，ペプチジル tRNA を P 部位に，新しいコドンを空の A 部位に入れる）には，EF-G と呼ばれる別の GTP アーゼとの結合が必要である．EF-G-GTP が L12 ストークの動きに補助された A 部位の近くに結合すると，GTP 加水分解が引き起こされる．その結果起こる構造変化により，二つのサブユニットは互いに反対方向に回る．回転運動は二つのサブユニット間にスペースをつくり，mRNA 鎖に沿った tRNA のラチェット（一方向性の歯車的な仕組み）状の移動を調整する．後転位段階では，脱アシル化された tRNA が E 部位にある．次にきた EF-Tu アミノアシル tRNA 複合体が A 部位に入りコドン-アンチコドン相互作用が始まると，脱アシル化された tRNA が E 部位から遊離する．EF-G-GDP が遊離すると，リボソームは次の伸長サイクルへの準備を完了する．伸張するポリペプチドは，幅 10 ～ 20 Å，長さ 100 Å の 50S サブユニット中のトンネルを通過する．それぞれの**新生**（nascent，新たに合成された）ポリペプチドは，長さが 30 ～ 50 アミノ酸残基になったときにそのトンネルから出る．この長さは，ポリペプチドがサブユニット表面近くにある 20 Å の幅をもつ空間で二次構造を形成するかどうかによって決まる．伸長は終止コドンが A 部位に入るまで続く．

終結　終結期は，終止コドン（UAA，UAG，または UGA）が A 部位に入るときに始まる．三つの**終結因子**（release factor．RF1，RF2，RF3）が終結に関与する．RF1 と RF2 はいずれも tRNA と形や大きさが似ている．RF1 は終止コドンの UAA と UAG を認識し，RF2 は UAA と UGA を認識する．RF3 は，RF1 と RF2 のリボソームへの結合を促進する GTP アーゼである．RF3-GDP が RF1 あるいは RF2 リボソーム複合体と結合すると，RF3 が自身の GDP を GTP に置き換えるようになる．RF の結合はリボソームの機能を変える．RF3 に結合した GTP の加水分解は，RF1 または RF2 の遊離を誘発する．終結因子の結合によってデコーディングセンターにある塩基（A1492，A1493，G530）の向きが変わり，これが PTC 内において一時的にペプチジルトランスフェラーゼをエステラーゼに変えるように立体構造変化を引き起こす．続いて加水分解が起こり，完成したポリペプチドと P 部位にある tRNA をつなぐ結合が切断される．ポリペプチドのリボソームからの遊離に続いて，mRNA と tRNA も解離する．終結期は，リボソームが，**リボソーム再生因子**（ribosome recycling factor），つまり A 部位内で結合する tRNA 型のタンパク質を必要とする過程で，各構成サブユニットに解離したときに完了する．二つのリボソームサブユニットを分離するのに必要なエネルギーは EF-G-GTP によって供給される．その後，IF3は小サブユニットに結合し，大サブユニットが未成熟のままで再び結合するのを妨ぐ．

翻訳後修飾 タンパク質の折りたたみは，それぞれの新生ポリペプチドがトンネル出口から現れたときに始まり，そこでまずトリガー因子と呼ばれる分子シャペロンと出合う．トリガー因子（TF）は分子量4万8000のタンパク質で，そのN末端領域とリボソームタンパク質L23が一時的に結合してリボソーム複合体に入る．トリガー因子のC末端領域は細く伸びた柔軟な羽のような構造で，リボソームの出口部位に位置している．TFはその特殊な面を提供して，折りたたみの初期過程を助ける．必要な場合には，下流のシャペロン〔たとえばDNAK（Hsp70）やGroES-GroEL，p. 145〕の助けを借りて，折りたたみがさらに進行する．すでに述べたように，これらのポリペプチドのほとんどは，一連の修飾反応を受けて，それぞれの機能をもつようになる．翻訳後修飾に関する情報の多くは真核生物の研究から得られたものであるが，原核生物のポリペプチドも何種類かの共有結合修飾を受けることが知られている．

最もよく研究されている例は，タンパク質分解を伴うプロセシングである．これらには，ホルミルメチオニン残基やシグナルペプチド配列の除去などが含まれる．**シグナルペプチド**（signal peptide）あるいはリーダーペプチドは短いペプチド配列で，アミノ末端の近くにあり，ポリペプチドの行き先を決定する．細菌においては，シグナルペプチドはポリペプチドを細胞膜に挿入するために必要である．

原核生物におけるタンパク質の翻訳後の化学的修飾には，メチル化やリン酸化，脂質分子との共有結合形成などがある．大腸菌では，走化性はシグナル伝達タンパク質のメチル化とリン酸化によって制御されている（走化性とは，細胞が環境中の特定の化学物質に応答して動きを変えることである）．

リポタンパク質は原核生物にはかなり多い．リポタンパク質であるBlcは，大腸菌の外膜で発見されたリポカリン（疎水性配位子を結合するタンパク質）の一種で，飢餓のようなストレス下で合成される．Blcは脂肪酸やリン脂質と共有結合し，膜の生合成と修復の役割を担う．

翻訳調節の機構 タンパク質合成は，ペプチド結合あたり四つの高エネルギーリン酸結合を必要とする（すなわち，tRNA付加時に二つ，tRNAのA部位への結合とトランスロケーションの過程で一つずつ使われる）きわめて高価な反応過程である．莫大な量のエネルギーが関与しているのも驚くべきことではない．たとえば，大腸菌で高分子合成に使われるエネルギーのうち，実に約90%がタンパク質生成に使われている．翻訳の速さと正確さには高エネルギーを必要とするが，代謝調節機構がなければ，もっと多くのエネルギーを必要とすることだろう．このような調節機構があるおかげで，限られた栄養源の下でも，原核生物細胞は互いに競い合って生きていける．

大腸菌のような原核生物では，タンパク質合成の調節はほとんど転写開始のレベルで起こっている（原核生物の転写調節の原理については18.3節を参照のこと）．これは，次のような理由で説明がつく．まず，転写と翻訳は空間的・時間的に共役している．つまり，翻訳は転写が始まったすぐ後に始まる．次に，原核生物のmRNAの寿命は，通常，比較的短い．細胞でつくられる種類のmRNA分子の半減期は1～3分で，環境条件が変わるとすばやく変化する．さらに大腸菌のほとんどのmRNA分子は，リボヌクレアーゼⅡとポリヌクレオチドホスホリラーゼと呼ばれる二つのエキソヌクレアーゼによって分解される．

このような卓越した転写調節の機構にもかかわらず，原核生物のmRNAの翻訳効率もまた一様ではない．この効率の違いは，大部分，シャイン・ダルガーノ配列内の違いによっている．シャイン・ダルガーノ配列は開始コドンを認識しやすくするので，個々の遺伝子でのその配列の違いが遺伝子の翻訳効率に影響を与えているのかもしれない．たとえば，*lac*オペロンの遺伝子産物（β-ガラクトシダーゼ，ガラクトースパーミアーゼ，およびガラクトシドトランスアセチラーゼ）は，同じ量つくられるわけではない．チオガラクトシドトランスアセチラーゼは，β-ガラクトシダーゼの約五分の一の割合でしかつくられない．

表 19.2　タンパク質合成を阻害する代表的な抗生物質

抗生物質	作用
クロラムフェニコール	原核生物のA部位をふさぐ
シクロヘキシミド	真核細胞のペプチジルトランスフェラーゼを阻害
エリスロマイシン	原核生物の出口部位をふさぐ
リンコサミド	50Sサブユニットの23SのrRNAに結合
ストレプトマイシン	30S上のP部位へのfMet-tRNA$_i$の結合を阻止
ストレプトグラミン	未成熟なポリペプチド鎖の遊離
チゲサイクリン	16SのrRNAに結合してaa-tRNAがA部位に入るのを妨止

キーコンセプト

- 原核生物のタンパク質合成は，いくつかのタンパク質因子を使ってすばやく進行する反応である．
- ほとんどの原核生物の遺伝子発現は転写開始によって調節されているが，翻訳レベルでの調節も知られている．

感染治療に使われる抗生物質や抗菌分子を用いた治療や研究では，タンパク質合成の原核生物と真核生物での構造的・機能的な違いが基礎になっている．いくつかの抗生物質の作用を**表19.2**にあげている．

真核生物のタンパク質合成

真核生物のタンパク質合成は細菌のものと似ているが，二つの過程で大きな違いがある．80Sリボソームともいわれる真核生物の分子量430万のリボソームは，細菌のものより大きい．60Sリボソーム大サブユニットは，28S，5Sおよび5.8SのrRNAと47個のタンパク質から構成される．40S小サブユニットは，18SのrRNAと32個のタンパク質から構成される．加えて，多くのタンパク質因子が巧みに翻訳過程を支えている．真核生物のポリペプチドの翻訳後修飾は，原核生物に見られるものより著しく数が多い．真核生物のポリペプチドのターゲッティング機構もかなり複雑である．

開始　原核生物と真核生物のタンパク質合成における大きな違いは，多くが開始期に見られる．真核生物の開始過程がより複雑である理由としては，次のようなことがあげられる．

1. **mRNAの二次構造**　真核生物のmRNAの加工は，メチルグアノシンキャップ(図18.43)とポリ(A)尾部の付加，およびイントロンの除去によって進行する．加えて真核生物のmRNAは，核から離れて多くのタンパク質と複合体をつくるまで，リボソームとは会合しない．
2. **mRNAスキャニング**　原核生物のmRNAと違って，真核生物のmRNAは，開始のAUG配列を認識できるシャイン・ダルガーノ配列を欠いている．その代わりに，真核生物のリボソームはそれぞれのmRNAを〝スキャン〟する．このスキャニングは，リボソームがmRNAの5′末端キャップ構造に結合し，5′→3′方向に翻訳開始部位を探しながら移動する複雑な過程である．

真核生物は，原核生物に比べてより複雑な開始因子群を使う．少なくとも12個の真核生物開始因子(eIF)があり，そのいくつかは多数のサブユニットをもっている．これら因子の機能的な役割についてはまだ研究が続いている．

真核生物の開始段階は前開始複合体(PIC)の集合から始まる(図19.10)．PICは小(40S)サブユニットといくつかのeIFからなる．この小サブユニットは，開始段階ではeIF3と会合し，60SサブユニットはeIFと結合するので，大(60S)サブユニットには結合できない．この過程は，小サブユニットが細菌のIFと同じ機能をもつeIF1とeIF1Aに結合することで始まり，開始のときにA部位に結合してふさぐ．また，eIF3とeIF5もこの40Sサブユニットに結合する．eIF3は多サブユニットタンパク質複合体で，大サブユニットへの早すぎる結合を阻止するのに加えて，mRNAの結合を促進する．eIF5はGTPアーゼeIF2特有のGAP(p.634)である．いったんこれらのタンパク質が小サブユニットに結合すると，開始メチオニルtRNA

生化学の広がり

トラップされたリボソーム：RNA を救出する！

損傷した mRNA に結合したリボソームをどのように再利用できるだろうか？

欠損や変異によって終結コドンを欠いた mRNA をリボソームが翻訳したときに何が起こるだろうか．答えは，欠陥のある mRNA を翻訳しようとしたリボソームでは翻訳が止まり，mRNA がトラップされるというものである．このリボソームでは，次の過程に進むことも mRNA を離すこともできない．タンパク質合成が効率よく進むことはとても重要なので，細菌ではこのやっかいな問題を tmRNA と呼ばれるユニークな 10S の RNA 分子で解決する．tmRNA とは，tRNA のような領域（TLD）と mRNA のような領域（MLD）をもつために，このように名づけられた．TLD は tmRNA の 5′ および 3′ 末端につくられる構造で，アラニル tRNA がもつ受容ステム，T ステム，可変ステム，CCA の 3′ 末端とよく似ている．MLD には翻訳領域（ORF）があり，ここには翻訳が止まったポリペプチドに付加されるペプチドタグのアミノ酸配列（約 10 残基分）がコードされている．

リボソームの救出（図 19A）は TLD にアラニンを結合させることで始まり，これはアラニル tRNA シンテターゼによって触媒される．アラニンを得た TLD は次に，tRNA のアンチコドン腕と相同の構造をもつ EF-Tu と Smp3 という小さなタンパク質と結合する．tmRNA タンパク質複合体の TLD は，その後 A 部位に結合することで，PTC 内にそのアラニンをおく．アラニル残基はその後，新生ポリペプチドと共有結合をつくる．するとリボソームでは，損傷した mRNA から，近接する MLD の ORF をもつ塩基配列に切り替わる．これは構造的にはわずかな変化であるが，翻訳はただちに再開され，MLD 内の停止コドン（UAA）が入るまで続く．損傷した mRNA は，リボソームから放出されるとただちに分解されるが，これは tmRNA に

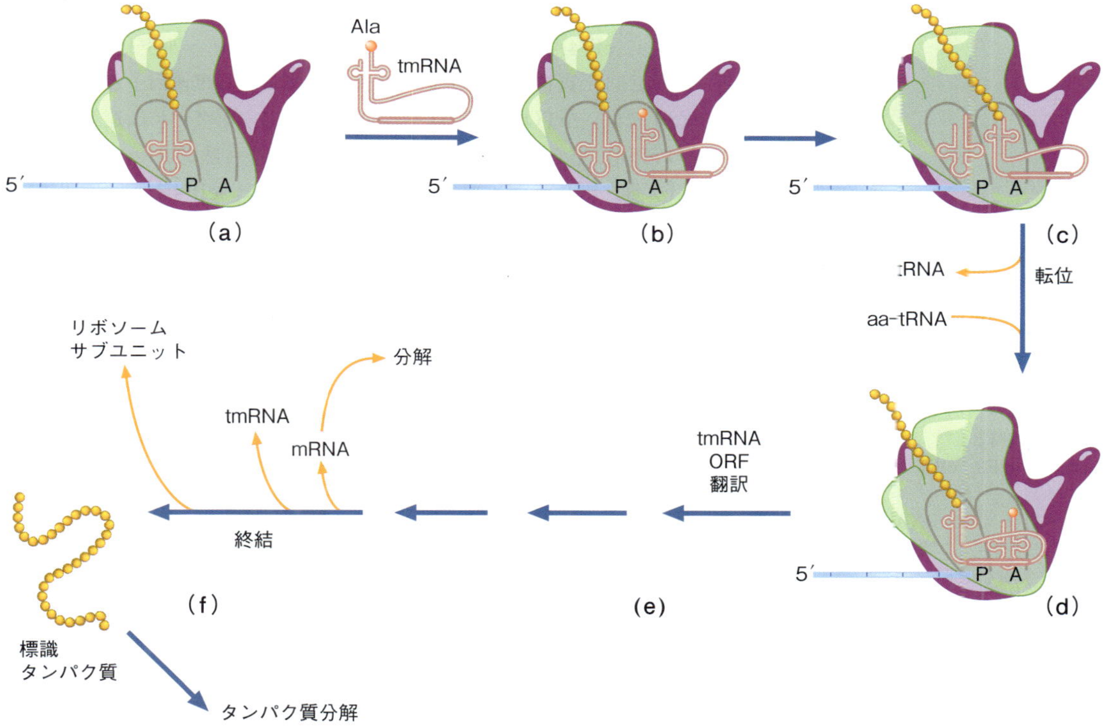

図 19A　トラップされたリボソームの救出
(a) アラニン残基と結合した tmRNA が，コドン-アンチコドン相互作用を介して，停止したリボソームの A 部位に結合する．(b) リボソームによってアラニンが新生ポリペプチドの C 末端に付加されて，転位反応 (c) に進む．(d) tmRNA の MLD は，その ORF の最初のコドンが A 部位にくるような配置をとる．(e) 次に MLD の ORF は，終止コドンにぶつかるまでリボソームによって翻訳される．(f) 終結因子がきて tmRNA と mRNA は放出され，リボソームサブユニットが分離する．欠陥をもつ mRNA とポリペプチドは，その後に分解される．

▶

よって促進される．また遊離したポリペプチドも，合成されたタグペプチド内にプロテアーゼ結合部位があるので，処理対象となって分解される．

真核生物は tmRNA システムのようなリボソーム救済機構をもたない．真核生物の mRNA で終止コドンが欠如している場合は，そのポリ (A) 尾部を 1 組の AAA コドンずつリボソームが翻訳して 3′ 末端まで続け，それによって C 末端のポリリシン部分をつくる．mRNA の監視システムはノンストップ mRNA 分解と呼ばれ，これが翻訳が停止したリボソームを発見して救出する．Ski7 と呼ばれるタンパク質が空の A 部位に結合し，それによってリボソームが mRNA とポリペプチドを放出させる．そして欠陥 mRNA は破壊される．ポリペプチドのほうは，C 末端のポリリシンペプチドタグがプロテアーゼの標的になるので分解される．

まとめ タンパク質合成には高い代謝コストがかかるので，生物ではその過程を最適に行えるように進化してきた．原核生物も真核生物も，損傷した mRNA によってトラップされたリボソームを救済する方法を備えている．

(Met-tRNA) が eIF2-GTP と複合体をつくって P 部位に入る．40S サブユニット，eIF1A，eIF2-GTP，eIF3，およびメチオニル $tRNA_i$ からなる **43S 前開始複合体** (43S preinitiation complex) は，mRNA と結合することができる．ほとんどの mRNA は，キャップ結合複合体に結合していないと，この段階を進めることができない．

キャップ結合複合体 (cap-binding complex, CBC) は eIF4F とも呼ばれるが，eIF4E (キャップ結合タンパク質)，eIF4A (ヘリカーゼ)，eIF4G〔スキャフォールド (骨組み) タンパク質〕からなっている．eIF4E は，真核生物のタンパク質合成における律速因子となる．細胞やウィルスのタンパクのなかには，mTOR (p. 521) や MAPK (p. 634) シグナル伝達経路によって制御されるタンパク質の eIF4E を必要としないものがある．これら熱ショックタンパク質やアミロイド前駆体タンパク質，ポリオウィルスなどの mRNA には，eIF4E とは無関係に開始できるようにするリボソーム結合部位配列 (IRES) が含まれる．

5′UTR 内に二次構造があると mRNA のスキャンを阻害する可能性があるので，ATP 依存

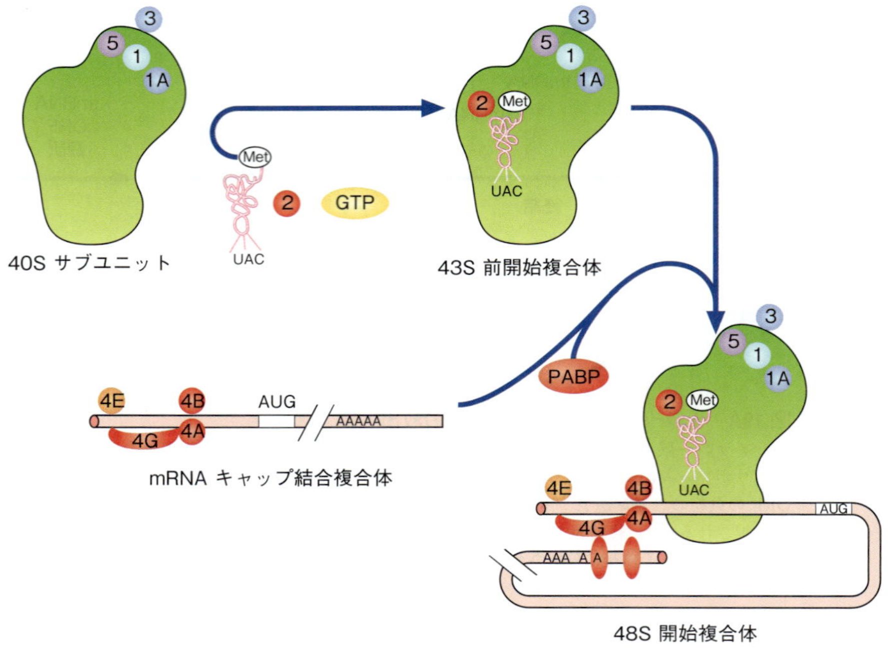

図 19.10 真核生物の開始：43S 前開始複合体と 48S 開始複合体の結合
ポリペプチド合成の準備段階として，あらかじめ eIF1，eIF1A，eIF3，eIF5 と結合していた 40S リボソームサブユニットは，次に eIF2-GTP，開始 tRNA，Met-$tRNA_i$ の複合体と結合する．この Met-tRNA-eIF2-GTP 複合体と結合した 40S サブユニットを 43S 前開始複合体と呼ぶ．ヘリカーゼである eIF4B が mRNA の 5′UTR から二次構造を取り除くと，eIF4A，eIF4B，eIF4E，eIF4G からなるキャップ結合複合体は 5′ キャップ構造と結合する．mRNA の 3′ ポリ (A) 尾部が eIF4G と複数の PABP との間の相互作用によって 5′ キャップ末端に結合することで，48S 開始複合体が形成される．なお，真核生物の開始過程には少なくとも 30 のタンパク質がかかわっていることに注意．この図と説明文では最も重要なものだけを示している．

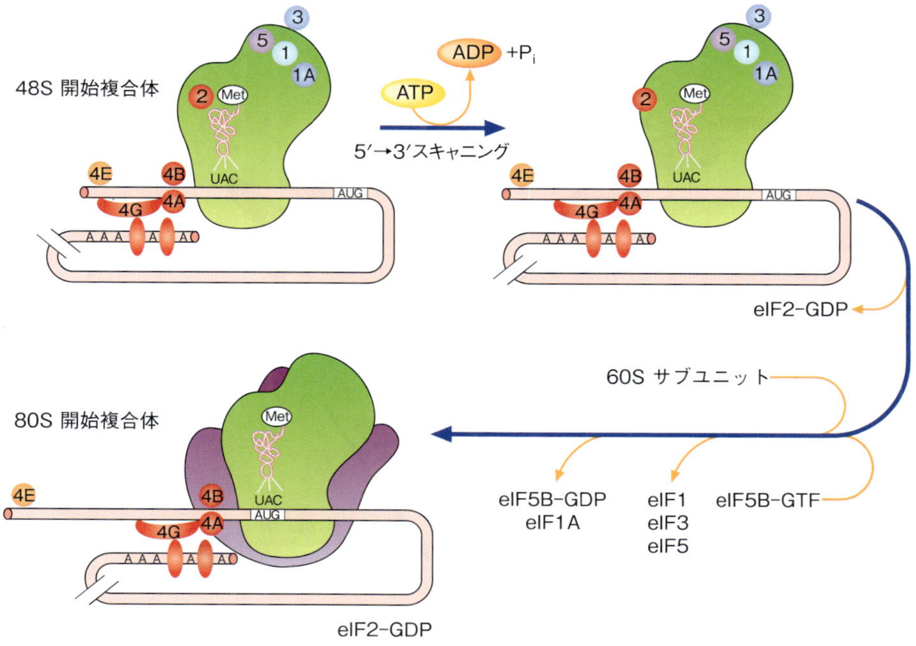

図 19.11 真核生物の開始：80S 開始複合体の集合
新たに形成された 48S 複合体は，ATP を使ってスキャンしながら，mRNA 上を 5′ → 3′ 方向に開始コドンを探して移動する．AUG コドンと Met-RNA$_i$ のアンチコドンとの間に正しく塩基対が形成されると，eIF5 が GTP 加水分解を引き起こして eIF2-GDP が放出される．続いて eIF5B-GTP が CBC-mRNA 複合体に結合すると，60S サブユニットが会合できるようになる．この過程で eIF1，eIF3，eIF5 がはずれる．eIF5B と結合していた GTP が加水分解されると，eIF5B-GDP と eIF1A が解離して，伸長活性をもつ 80S リボソームが現れる．

性ヘリカーゼ（eIF4A）が eIF4B の助けを借りてあらゆる二次構造を取り除いた後に，CBC は mRNA のキャップ部位に結合する．それから mRNA の 3′-ポリ（A）尾部は，eIF4G と**ポリ（A）結合タンパク質**〔poly（A）-binding protein, **PABP**〕の間の相互作用によって 5′ キャップ末端に近接し，環状 mRNA 分子を形成する．完成した **48S 開始複合体**（48S initiation complex）は，mRNA をスキャンして 5′ 末端側に開始コドンの 5′-AUG-3′ を探す（図 19.11）．eIF1 と eIF1A はともにスキャンを補助する．開始コドンに到達すると，スキャン複合体の構造が変わって，これを mRNA 上にロックする．また，この構造変化が起こると，eIF2 に結合する GTP も加水分解される．この加水分解は eIF5 に依存する．いったん GTP が加水分解されると，eIF2-GTP は GEF（p. 516）である eIF2B によって再生される．引き続いてリボソーム依存性 GTP アーゼ（IF2 と相同）である eIF5B が結合してくると，これは eIF6 をもたない 60S サブユニットの 48S 開始複合体と会合して，eIF2-GDP，eIF3，eIF5 を置き換える．eIF5B に結合した GTP が加水分解されると，活性状態になった 80S リボソームから eIF5B-GDP と eIF1A が離れる．

伸長　図 19.12 に真核生物の伸長サイクルを示す．いくつかの伸長因子（eEF）がこの段階の翻訳で必要になる．分子量 5 万のポリペプチド eEF1α は真核生物の EF-Tu に相当する．つまり，アミノアシル tRNA と結合して，これらを A 部位に運ぶ GTP アーゼである．もし正しいコドン-アンチコドンペアであれば，eEF1α はそれが結合している GTP を加水分解し，リボソームから離れて，アミノアシル tRNA をその場に残す．正しいペアでない場合は，複合体は GTP が加水分解されるよりも早く A 部位を離れ，間違ったアミノ酸残基が取り込まれるのを防ぐ．

伸長期の次の段階（すなわちペプチド結合の形成）では，リボソームの大サブユニットのペプチジルトランスフェラーゼの活性によって，A 部位にある α-アミノ基が，P 部位にあるアミノ酸残基のカルボキシ基の炭素を求核攻撃する．eEF1α-GDP は，ペプチド転移の直前にリボソームから解離する．eEF1β と eEF1γ は，GDP を GTP に置き換えることによって eEF1α-GTP の再生を行わせる GEF である．

真核生物のトランスロケーションには，これも GTP 結合タンパク質である eEF2 と呼ばれる分子量 10 万のポリペプチドが必要である．eEF2-GTP はトランスロケーション中にリボソームに結合する．GTP はそれから GDP に加水分解され，eEF2-GDP が遊離する．すでに述

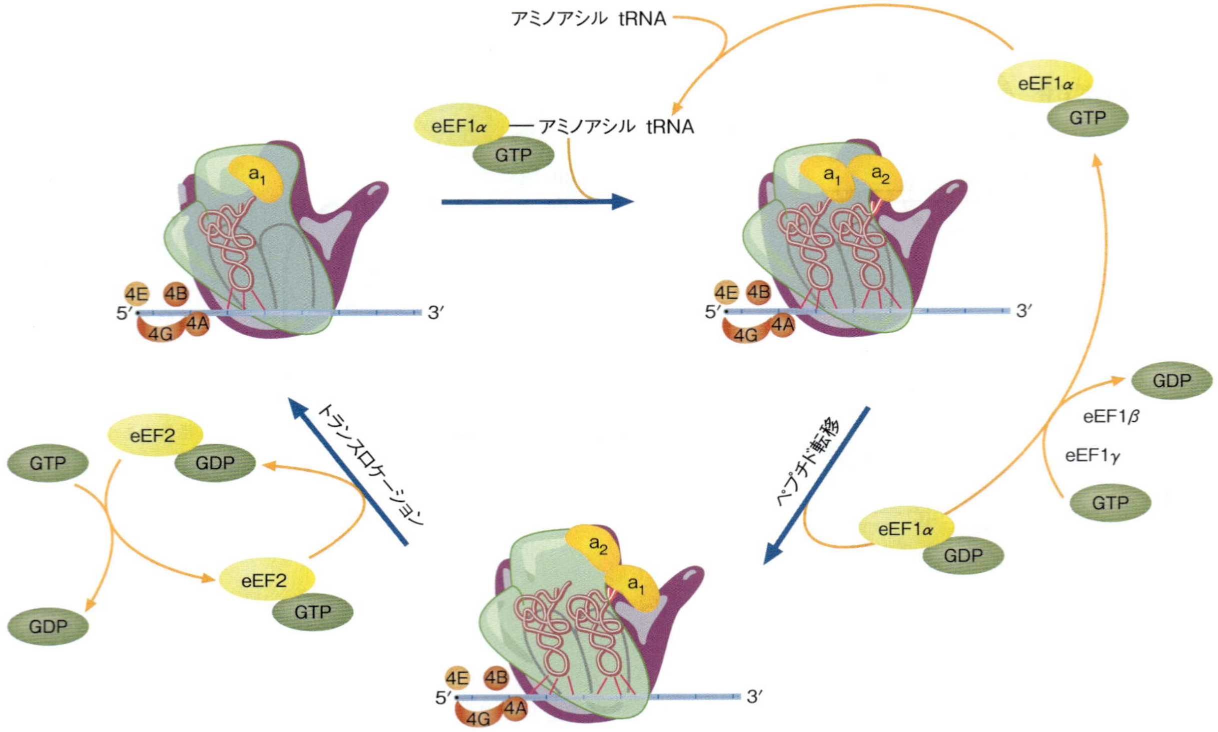

図 19.12　真核生物の翻訳における伸長サイクル
伸長期には三つの段階，すなわちアミノアシル tRNA の A 部位への結合，ペプチド転移，トランスロケーションがある．

べたように，GTP の加水分解はリボソームを mRNA に沿って物理的に移動させるのに必要なエネルギーを供給する．トランスロケーションの最後には，新たなコドンが A 部位に現れる．

終結　真核生物の細胞では，二つの終結因子が終止反応を仲介する．eRF1（大きさや形が tRNA と似た分子で，終止コドンを認識し結合する）と eRF3（GTP アーゼ）である．終止コドン（UAG，UGA，UAA）が活性部位に入ると，eRF1 がそれに結合する（図 19.13）．この結合の結果，ペプチジルトランスフェラーゼは，ポリペプチドと P 部位の tRNA との間のエステル結合の加水分解を触媒する．eRF3 と結合した GTP の加水分解は，次に eRF1 をリボソームから解離させるきっかけになると考えられている．原核生物のリボソームサブユニットを解離するというリボソーム再生因子の機能は，真核生物では eIF3，eIF1，eIF1A による．

真核生物の翻訳効率（たとえば，時間あたりに合成されるポリペプチドの数）は，真核生物のポリソームの環状構造によるところが大きい（図 19.14）．リボソームサブユニットおよび関連するタンパク質因子は遊離して，新しいリボソームになるのに適した位置につく．

キーコンセプト

- 真核生物のタンパク質合成には，原核生物の場合のように，開始，伸張，終結という三つの段階がある．
- 真核生物の翻訳に特徴的なこととして，キャップ結合タンパク質や環状 mRNA ポリソームの形成を促すようなタンパク質因子が多いことなどがあげられる．

問題 19.4

ジフテリア

ジフテリアは伝染性が高く致命的になりうる呼吸器疾患である．偽膜と呼ばれる喉の病変が，菌体と損傷を受けた喉の上皮細胞で形成されて，呼吸困難を起こす．これは子供において重篤な病気と考えられていたが（たとえば 1735 ～ 40 年の流行で，英植民地時代のニューイングランドでは 16 歳以下の子供の多くが亡くなった），非常に有効なワクチンのおかげで，今ではジフテリアを完全に予防できる．ジフテリアは *Corynebacterium diphtheriae* の外毒素産生病原体株が引き起こす．この外毒素は，バクテリオファージによって菌体に植え込まれた遺伝因子にコードされる．ジフテリアの外毒素が細菌によって放出された後，この毒素は

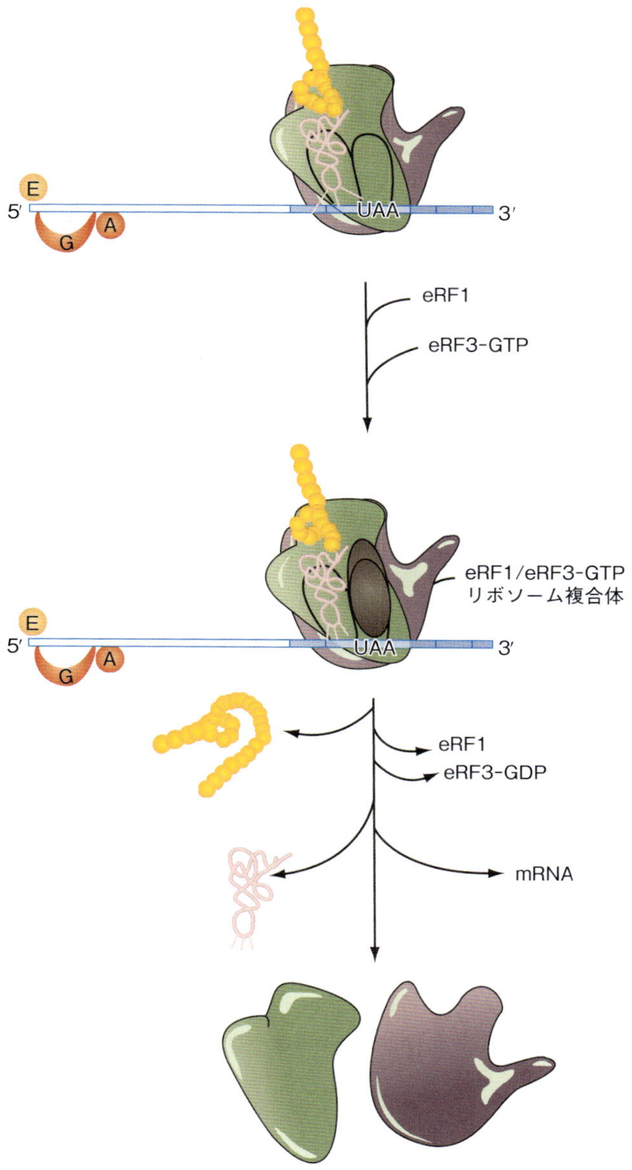

図 19.13 真核生物のタンパク質合成の終結
終止コドン(UAG, UGA, UAA)が A 部位に入ると，解離因子の eRF1 が終止コドンを認識して A 部位に結合する．eRF3-GDP と会合した eRF1 の結合は，ペプチジルトランスフェラーゼをヒドロラーゼに変える．この酵素は，完全なポリペプチド鎖と P 部位の tRNA とをつないでいたエステル結合の加水分解を触媒する．ポリペプチドの放出に続いて，eRF1 と eRF3-GDP がリボソームから解離する．リボソームサブユニットの解離はおもに eIF3，eIF1，eIF1A に仲介される．

eEF2 の特定のヒスチジン残基を ADP リボシル化して，ジフタミドと呼ばれる構造を形成し，宿主細胞を殺す．

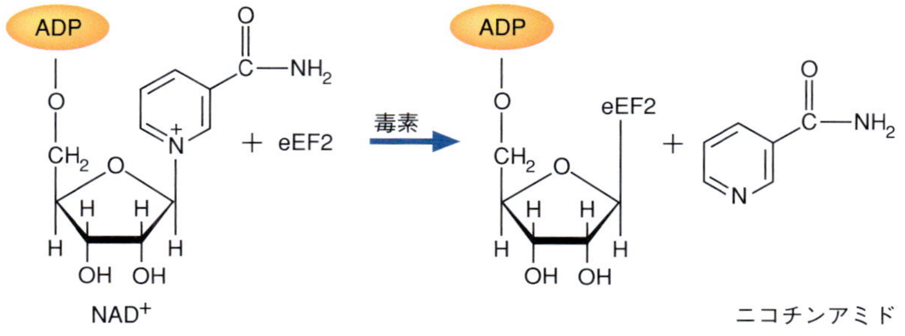

細胞はタンパク質を合成できないので死滅する．eEF2 の機能が ADP リボシル化によって影響を受ける機構はわかっていない．どのような可能性が考えられるか．

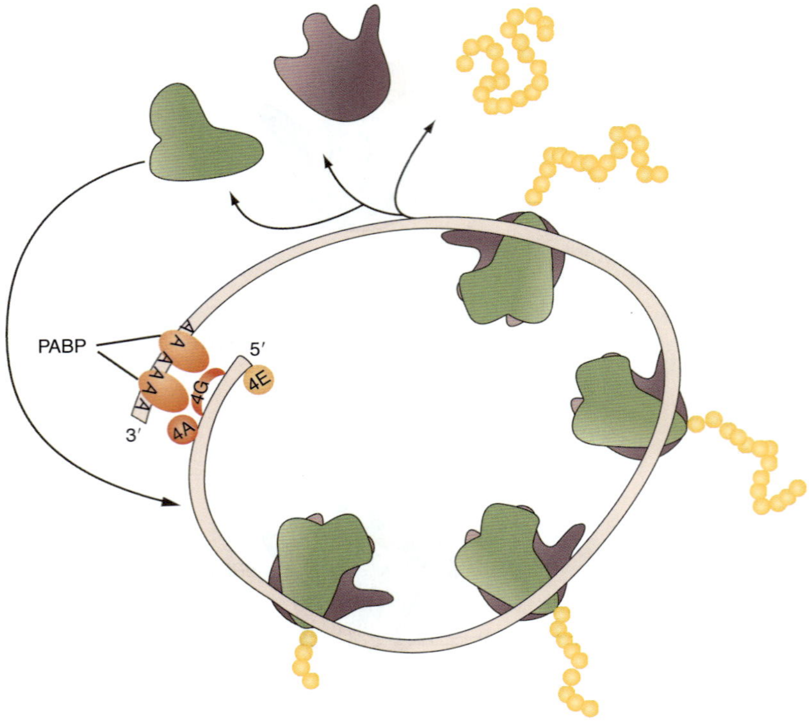

図 19.14　真核生物の mRNA ポリソーム
真核生物の mRNA は，5′-UTR と，PABP が仲介する 3′-ポリ(A)尾部との相互作用によって環状になっている．PABP とは，ポリ(A)配列を CBC に結合させるポリ(A)結合タンパク質である．このような環状構造のおかげで，ポリペプチド合成が完了してリボソームサブユニットが放出されるとき，これらのサブユニットは 5′ キャップの近くに位置するので，次のタンパク質合成のためのすばやい補充が可能になる．

真核生物における翻訳後修飾　ほとんどの新生ポリペプチドは，一つあるいは複数の共有結合修飾を受ける．ポリペプチド合成中または翻訳後に起こるこれらの変化は，特定のアミノ酸残基の側鎖の修飾か，特定の結合を切断する反応からなっている．一般に翻訳後修飾は，各分子をその機能が発現できるようにしたり，〝ネイティブ〟な(つまり生物学的に活性のある)立体構造に折りたためるようにしたりする．これまでに 200 種類以上の翻訳後修飾のプロセシング反応が見つけられている．そのほとんどは次のいずれかに属している．

プロテアーゼによる切断　プロテアーゼによるタンパク質のプロセシングは，真核生物細胞ではふつうに見られる調節機構である．プロテアーゼによる切断(プロテアーゼによる加水分解)の典型的な例には，N 末端メチオニンやシグナルペプチド(p. 670 参照)の除去などがある．またプロテアーゼによる切断は，**プロタンパク質** (proprotein) と呼ばれる不活性なタンパク質前駆体の活性型への変換にも用いられる．たとえば，酵素前駆体あるいはチモーゲンと呼ばれる酵素が，特定のペプチド結合の切断によって活性型に転換されることは前に述べた．プロテアーゼによるインスリンのプロセシング(図 19.15) によってポリペプチドホルモンが活性型へ変換されることは，よく研究された例の一つである．なお，シグナルペプチドを除去してできた不活性なインスリン前駆体は，プロインスリンと呼ばれている．除去可能なシグナルペプチドを含む不活性な前駆体タンパク質は，**プレプロタンパク質** (preproprotein) と呼ばれている．シグナルペプチドを含むインスリン前駆体はプレプロインスリンと呼ばれている．

糖鎖付加　実にさまざまな真核生物のタンパク質に糖鎖が付加されており，これには構造上の，また分子情報発現における役割がある (p. 229)．糖鎖付加反応は，ドリコールリン酸と結合して *N* 結合型オリゴ糖鎖が合成される小胞体で始まる (図 19.16)．この過程で生成される $Glc_3Man_9GlcNAc_2$ は，新生ポリペプチド鎖がトリペプチド配列 Asn—X—Ser または Asn—X

生化学の広がり

配列情報依存的コドン再割り当て

非標準アミノ酸であるセレノシステインとピロリシンの二つは，タンパク質合成時にどのようにしてポリペプチドに組み込まれるだろうか？

非標準アミノ酸がタンパク質合成時にポリペプチドに組み込まれる際の遺伝暗号には二つの変種がある．今ではタンパク質の21番目と22番目のアミノ酸と呼ばれているセレノシステインとピロリシン（図19B）は，ふつうは終止シグナルとなるコドンによってコードされる．この二つのアミノ酸に用いられる間接的機構は，配列情報依存的コドン再割り当て（context-dependent codon reassignment）と呼ばれる．

セレノシステイン

セレノシステインがセレノプロテイン（たとえばグルタチオンペルオキシダーゼ，チオレドキシンレダクターゼ）に組み込まれるのは，真正細菌，古細菌，真核生物ではよく知られた現象である．以下に述べることは哺乳動物についての話である．

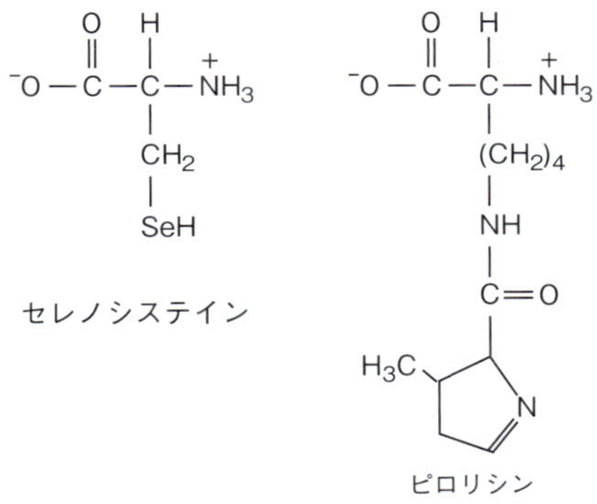

図19B 21番目と22番目のアミノ酸

セレノシステイン（Sec）のコドン再割り当てには，複数の分子，つまり特殊なtRNA（$tRNA^{[Ser]Sec}$），Secをつくる能力をもったセリルtRNAシンテターゼ，mRNA結合タンパク質（SPB2），特殊な伸張因子（EF_{Sec}）がかかわる．セリルtRNAシンテターゼは$tRNA^{[Ser]Sec}$に結合し，セリンが受容体の腕の部分に結合する．セリルの部分は，セレノシステインシンテターゼと呼ばれる酵素を含むピリドキサールリン酸によってセレノシステインに変換され，Sec-$tRNA^{[Ser]Sec}$を形成する．セレノシステインのコーディングには，mRNAの3′UTRにあるSECIS（selenocysteine insertion sequence，セレノシステイン挿入配列）というエレメントが必要である．SECISは，SBP2を取り込んでSECIS/SBP2複合体を形成するループ・ステム・バブル構造をつくる（図19C）．ステムのなかにあるAGU/AG配列は，SEICIS内の最もよく保存された配列である〝ヌクレオチドカルテット〟を形成する．その配列の機能の一つと考えられているのは，終止コドンの抑制である．いったんSECIS/SBP2複合体ができると，それまで結合していたSec-tRNAの代わりに，EF_{Sec}に結合する．リボソームのA部位が空く（すなわちUGAコドンが定位置に移動する）と，SECISエレメントの複合体はSec-$tRNA^{Sec}$を供出し，その後，ペプチド結合が形成される．そしてセレノシステイン残基はポリペプチドに取り込まれる．

ピロリシン

ピロリシンは，ある種のメタン産生古細菌が利用するメチルトランスフェラーゼで見つかった．4-メチルピロリン-5-カルボキシレートにε-Nアミド結合したリシンからなるジペプチ

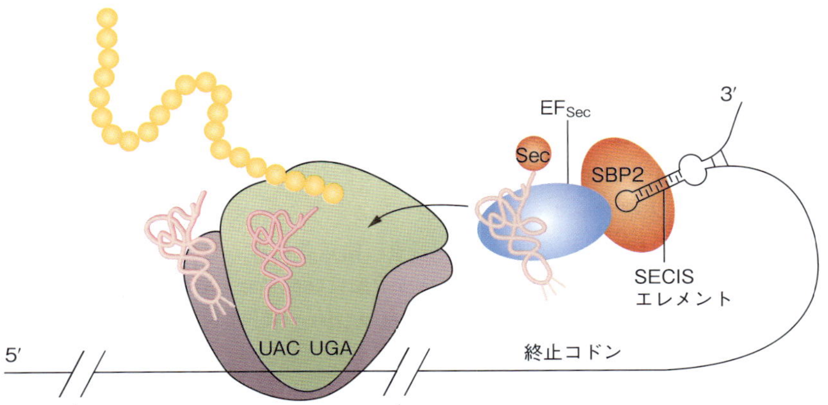

図19C セレノシステインが真核生物のセレノプロテインに取り込まれる機構
終止コドンUGAには，SBP2（赤色）に結合したSECISエレメントとSec-$tRNA^{[Ser]Sec}$（赤および桃色）に結合したEF_{Sec}（青色）とからなる複合体の，リボソームとの相互作用によって，セレノシステインの取り込みが再度割り当てられる．この図は，Sec-$tRNA^{[Ser]Sec}$複合体が，80Sリボソームの A部位に近づいているところである．いったんSec-$tRNA^{[Ser]Sec}$がA部位に入ると，その部位と新生ポリペプチドの間にペプチド結合が形成される．

▶

ドのピロリジンは，終止コドンの UAG によってコードされる．ピロリシンの配列情報依存的なコーディングは，CUA アンチコドンをもつ $tRNA^{Pyl}$ と，ピロリシンをその tRNA に特異的に結合させる tRNA シンテターゼを含む．セレノシステインと対照的に，ピロリシンは tRNA 分子に結合する前に合成される．ピロリシンがタンパク質に取り込まれる正確な機構は不明である．UAG コドンの使用は，他の終止コドンよりずっと少ないことがわかっている．UAG コドンの下流にあるステムループの PYLIS (pyrrolysine insertion sequence，ピロリシン挿入配列) エレメントは，ピロリシンのメチルトランスフェラーゼポリペプチドへの挿入を促すと考えられている．

まとめ　配列情報依存的コドン再割り当てでは，特定の tRNA や tRNA シンテターゼ，その他の分子を利用して，終止コドンを，非標準アミノ酸の取り込みをコードするものに変換する．

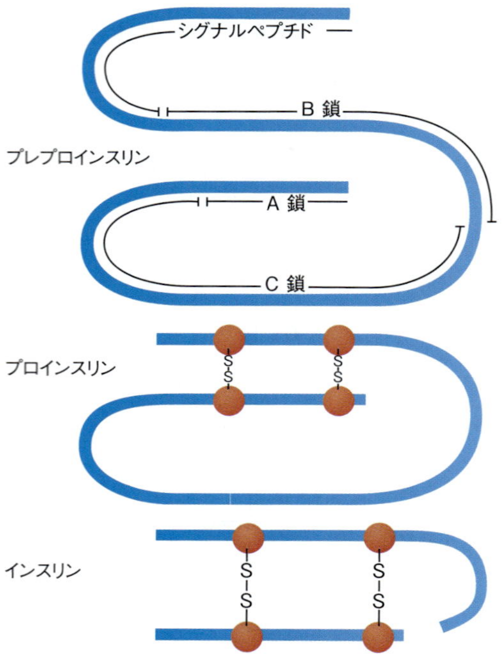

図 19.15　タンパク質分解によるインスリンのプロセシング
シグナルペプチドの除去後，C 鎖と呼ばれるペプチド断片が特定のタンパク質分解酵素で除去される．また，二つのジスルフィド結合もインスリンの翻訳後プロセシングの際に形成される．

—Thr (X はプロリン以外のすべてのアミノ酸残基) をもつ場合，そのアスパラギン残基にオリゴ糖トランスフェラーゼによって転移される．その後，三つのうち二つの末端グルコースが取り除かれて，Ca^{2+} を必要とする分子シャペロンのカルネキシンとカルレティキュリンの結合部位である $Glc_1Man_9GlcNac_2$ を生成する．カルネキシン (膜結合タンパク質) とカルレティキュリン (内腔タンパク質) は，タンパク質の折りたたみを促進するレクチン様の分子である (レクチンとは p. 231 に述べているように糖結合タンパク質のこと)．糖タンパク質が正確に折りたたまれたときには，末端グルコース残基が取り除かれてシャペロンから離れる．この正しく折りたたまれた糖タンパク質は，次にゴルジ装置に輸送される．そこではさらに *N*-オリゴ糖鎖が，高マンノース，複合型，またはハイブリッド型に修飾される (p. 222)．

付加される *N* 型糖鎖は，誤って折りたたまれた糖タンパク質から小胞体を守るために重要な役割を果たす．タンパク質が不完全に折りたたまれると，そのタンパク質はカルネキシン・カルレティキュリン回路に入る．グルコース残基は，UGGT1 (UDP-グルコース / 糖タンパク質グルコシルトランスフェラーゼ) の作用によって，誤って折りたたまれた部位のすぐ近くにある $Man_9GlcNAc_2$ をもつ *N* 型糖鎖に付加される．カルネキシン / カルレティキュリンはその

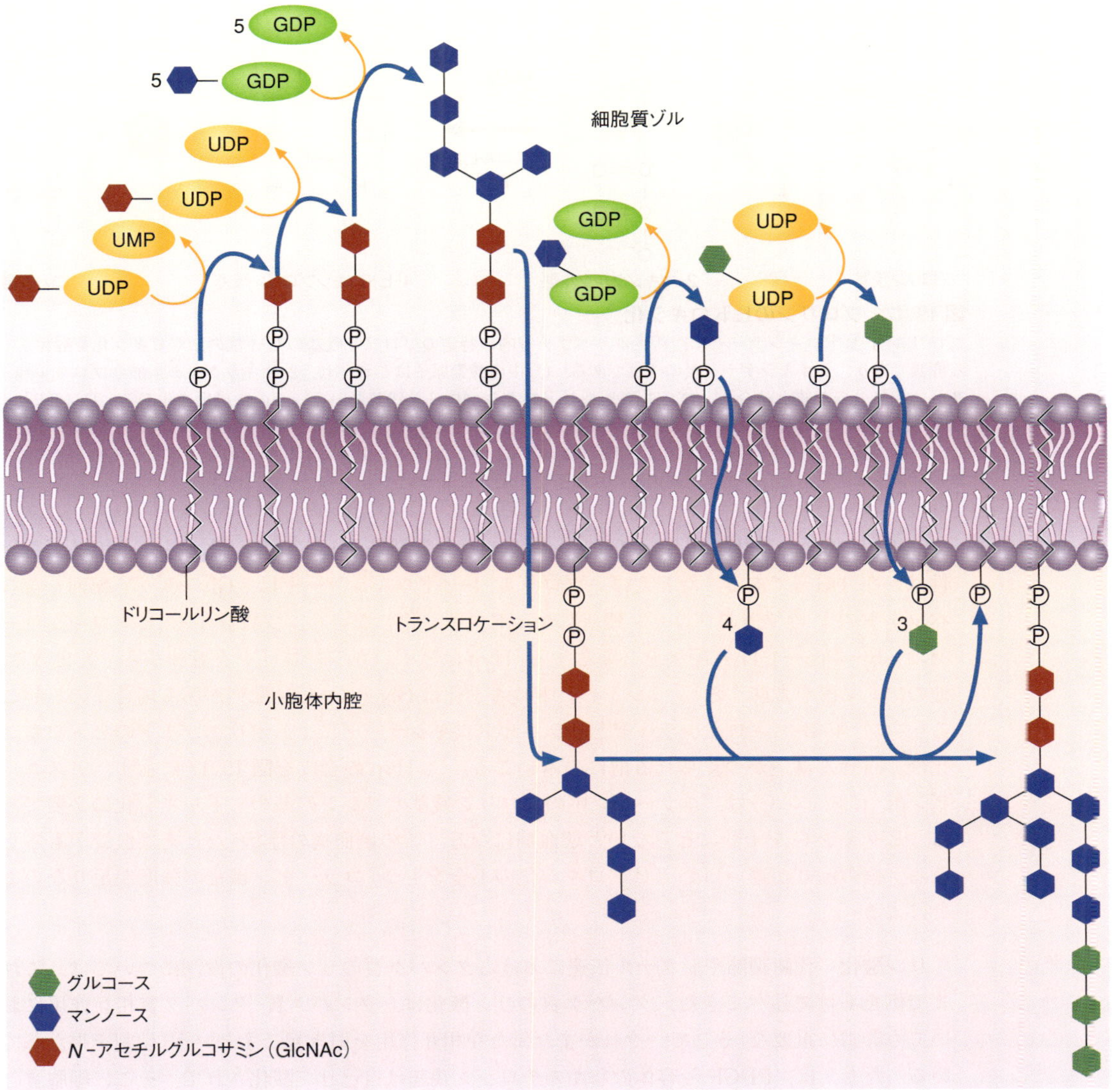

図 19.16 *N* 結合型オリゴ糖の合成
最初のステップで，GlcNAc-1-P が UDP-GlcNAc からドリコールリン酸(Dol-P)に転移する(ドリコールは，あらゆる細胞の細胞膜内に存在するポリイソプレノイドである．リン酸化されたドリコールは主として ER 細胞膜に存在する)．次に，GlcNAc および五つのマンノース残基が，ヌクレオチド活性化型のそれぞれの分子から移される．そしてできた分子全体が膜の内腔側に反転し，残りの糖のそれぞれ(四つのマンノースと三つのグルコース)が，まず別の Dol-P に付加され，ついで伸長中のオリゴ糖に付加される．グリコシルトランスフェラーゼと呼ばれる膜結合酵素で触媒される 1 段階の反応によって，タンパク質の *N* 型糖鎖形成が小胞体(ER)のなかで起こる．

後，さらなる折りたたみのために糖タンパク質と再会合する．糖タンパク質の誤った折りたたみが解消しないと，オリゴ糖鎖のマンノース残基は α-マンノシダーゼ I によって取り除かれる．$Man_8GlcNAc_2$ オリゴ糖鎖が一つ以上あれば，その糖タンパク質は ER 関連タンパク質分解(p. 41)の標的にされる．これは，誤って折りたたまれたタンパク質が細胞質へ移動してユビキチンプロテアソーム系(p. 485)により分解される経路である．

ヒドロキシ化　アミノ酸のプロリンおよびリシンのヒドロキシ化は，結合組織タンパク質のコラーゲン(5.3 節)とエラスチンの構造にとって必要とされる．加えて，4-ヒドロキシプロリンは，アセチルコリンエステラーゼ(神経伝達物質のアセチルコリンを分解する酵素)や補体(免疫応答に関与する一連の血清タンパク質)に見いだされている．三つの混合機能オキシゲナーゼ(プロリル-4-ヒドロキシラーゼ，プロリル-3-ヒドロキシラーゼ，リシルヒドロキシ

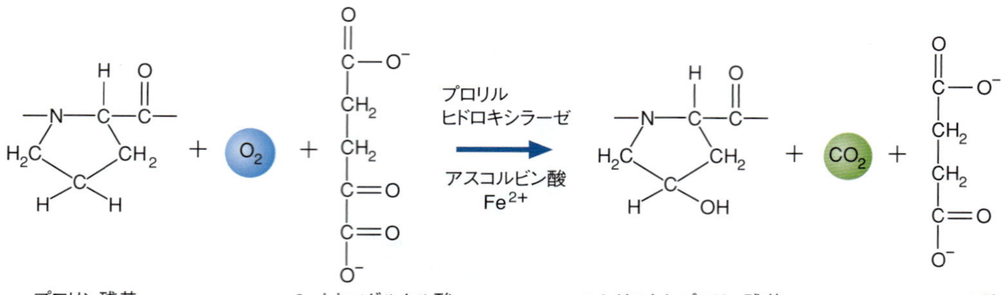

図 19.17　プロリンのヒドロキシ化

プロリル-4-ヒドロキシラーゼは，新生ポリペプチド内の特定のプロリン残基の C-4 位のヒドロキシ化を触媒する酵素であり，ジオキシゲナーゼの一例である．O_2 中の酸素原子はそれぞれ，2-オキソグルタル酸とプロリル残基という二つの基質と結合し，コハク酸と 4-ヒドロキシプロリン残基という二つの生成物を生じる．Fe(Ⅱ)と O_2 の反応では，2-オキソグルタル酸をもつ環状過酸化物が形成され，これは 2-オキソグルタル酸の脱炭酸を促進し，コハク酸と Fe(Ⅳ)=O を形成する．Fe(Ⅳ)=O は，プロリンのヒドロキシ化のための基質として働く．アスコルビン酸は還元剤として働き，補因子の鉄原子を 1 価鉄にもどす．

ラーゼ）は粗面小胞体にあり，プロリン残基やリシン残基をヒドロキシ化する．その基質特異性はかなり厳密である．たとえば，プロリル-4-ヒドロキシラーゼは，Gly—X—Y 配列を含むペプチドの Y の位置のプロリン残基しかヒドロキシ化しないし，プロリル-3-ヒドロキシラーゼは Gly—Pro—4-Hyp 配列を必要とする（Hyp はヒドロキシプロリンを意味する．X と Y は他のアミノ酸を意味する）．リシンのヒドロキシ化は Gly—X—Lys 配列がある場合にのみ起こる（プロリル-3-ヒドロキシラーゼとリシルヒドロキシラーゼによるポリペプチドのヒドロキシ化は，らせん構造がつくられる前にのみ起こる）．4-Hyp の合成を図 19.17 に示す．アスコルビン酸（ビタミン C）は，コラーゲン中のプロリン残基とリシン残基のヒドロキシ化に必要である．ビタミン C を十分にとらないと壊血病になる．この壊血病の症状（たとえば血管がもろくなる，傷の治りが遅い）は，（ヒドロキシ化の不全をもつ）コラーゲン繊維の強度が足りないことによる．

リン酸化　代謝調節やシグナル伝達におけるタンパク質のリン酸化の役割については，これまで例をあげて述べてきた．タンパク質のリン酸化は，タンパク質-タンパク質相互作用においても非常に重要な（そして，それがまた新たな相互作用を引き起こすという）役割を果たしている．たとえば，PDGF 受容体のなかのチロシン残基は自己リン酸化されて，そこに細胞質の標的タンパク質が結合する．

脂質の付加　脂質のタンパク質への共有結合による付加は，タンパク質の膜への結合能力やタンパク質-タンパク質相互作用を高める．脂質の付加で最も一般的なものは，アシル化（脂肪酸の付加）とプレニル化（11.1 節）である．脂肪酸のミリスチン酸（14：0）は真核生物細胞ではかなりまれであるが，ミリストイル化はアシル化のなかでは最も一般的である．*N*-ミリストイル化（ポリペプチドのアミノ末端グリシン残基へのアミド結合を介したミリスチン酸の共有結合性の付加）は，ある G タンパク質（p. 516）の α サブユニットと膜結合型 β および γ サブユニットとの親和性を高めることが示されている．

メチル化　真核生物においては，タンパク質のメチル化はいくつかの目的をもっている．ある種のメチルトランスフェラーゼによって修飾されたアスパラギン酸残基は，損傷を受けたタンパク質の修復または分解を促進する．別のメチルトランスフェラーゼは，特定のタンパク質の細胞内での役割を変えるような反応を触媒する．たとえば，メチル化されたリシン残基は，リブロース-2,3-ビスリン酸カルボキシラーゼ，カルモジュリン，ヒストン，ある種のリボソームタンパク質，シトクロム *c* といったさまざまなタンパク質において見いだされている．メチル化される他のアミノ酸残基としては，ヒスチジン（たとえばヒストン，ロドプシン，eEF2）やアルギニン（たとえば熱ショックタンパク質，リボソームタンパク質）などがある．

カルボキシル化　γ-カルボキシグルタミン酸残基を形成するためのビタミンK依存のグルタミン酸残基のカルボキシル化は，Ca^{2+} 依存的な調節へのタンパク質の感受性を増す．カルボキシル化には，フィロキノンつまりビタミンKキノン（図11.13参照）をヒドロキノン型に変換するNADPH依存性レダクターゼと，グルタミル残基の γ 位の炭素分子にカルボキシ基を付加するカルボキシラーゼ，またカルボキシル化反応の産物であるビタミンK-2,3-エポキシド産物を元のビタミンKキノンに変換するエポキシドレダクターゼが必要である．標的タンパク質は，カルボキシラーゼに結合する適切なシグナル配列と $(GluXXX)_n$ 反復（$n = 3{\sim}12$, $X =$ 他のアミノ酸）をもたなければならない．これまで知られている標的タンパク質の多くは，血液凝固（Ⅶ，ⅨおよびⅩ因子とプロトロンビン）にかかわっている．血餅の形成を防ぐために使われる抗凝固性のクーマディン（ワーファリン）は，タンパク質のカルボキシル化において必要とされる二つのレダクターゼを阻害する．

ジスルフィド結合の形成　ジスルフィド結合は，一般に，分泌タンパク質（たとえばインスリン）とある種の膜タンパク質にのみ見られる（〝ジスルフィド架橋〟が細胞外の酸化環境で安定であり，それをもつ分子の構造をかなり安定化させることは前に述べた）．また5.3節で述べたように，細胞質タンパク質は一般にジスルフィド結合をもっていない．これは細胞質が還元状態にあるためである．小胞体は非還元的環境にあるため，新生ポリペプチドが内腔に現れると同時に，ジスルフィド結合が粗面小胞体中で形成される．ポリペプチド鎖が内腔に入ると，ただちにジスルフィド架橋が形成されるタンパク質もあるが（つまり，最初のシステインが2番目と対になり，3番目の残基が4番目と対になるなど），多くの分子ではそうならない．後者のタンパク質にとって適切なジスルフィド結合の形成は，現在では，**ジスルフィド交換**（disulfide exchange）によって促進されると考えられている．この過程でジスルフィド結合は，最も安定した構造ができるまで，ある位置から別の位置にすばやく移される．プロテインジスルフィドイソメラーゼ（PDI）と呼ばれるこの小胞体酵素活性が，この過程を触媒するチオレドキシン様酵素である．PDIはまた，間違って折りたたまれたポリペプチドを救う分子シャペロンとしても働く．

ターゲッティング　真核生物は非常に複雑な構造と機能をもっているにもかかわらず，正常な状態では，新たに合成されたポリペプチドをそれぞれの正しい目的地に向かわせる．ポリペプチドが正しい場所に向かうためには転写産物の局在化とシグナルペプチドによるターゲッティングという二つの基本的な機構があると考えられる．それぞれについて簡単に説明する．

ある種のタンパク質が細胞質内で不均一な局在パターンをとる場合があることはよく知られている．たとえば，成熟したショウジョウバエの卵には，ビコイドというタンパク質（発生時に，ある遺伝子の翻訳に影響することで重要な役割を果たす）の濃度勾配が見られる．体の前部（すなわち頭部）の正常な発達には，卵の前部に高濃度のビコイドの存在が必要だが，体の後部の発達には，卵の細胞質内の後部にビコイドが低濃度でなければならない．もし，前部の細胞質を取り除いて，別の卵からとってきた後部の細胞質に置き換えると，その卵から二つの後部の体をもつ幼虫が生まれる．

現在では，細胞質タンパク質の濃度勾配は**転写局在**（transcript localization），すなわち特定のmRNAが細胞質の特定の場所にある受容体に結合することでつくられると考えられている．mRNP（メッセンジャーリボ核酸タンパク質）複合体に結合しているmRNAの積み荷は，転写物の3′UTRに含まれる〝郵便番号〟とも呼ばれる局在シグナルによって，最終目的地に向かう．RNA結合タンパク質は，この過程を促進する．核を出たmRNPには，向かうその最終目的地に応じて，タンパクがはずれたり新たに付け加わったりする．たとえば，あるmRNPは，モータータンパク質のキネシン，ダイニン，あるいはミオシンへの結合を介して，細胞骨格のフィラメントに沿ってこれらの場所に移動する．ビコイドmRNAは，近くの哺育細胞から発生途上の卵母細胞（未成熟の卵細胞）に輸送されることが知られており，そこでは，モータータンパク質とその3′UTRとの結合を介し，微小管に沿って細胞前基の末端に運ばれる．ビコイド

mRNAがいったん卵母細胞に入ると，その3′末端を介して細胞前部にある細胞骨格の特定の要素に結合する．成熟卵が受精するとビコイドmRNAが翻訳されて，タンパク質の拡散と相まって濃度勾配ができる．

分泌されることになっている，あるいは細胞膜や膜性細胞小器官で使われるポリペプチドは，シグナルペプチドと呼ばれる仕分けシグナルによって適切な場所に移行される．それぞれのシグナルペプチド配列は，目標とする膜に，その配列を含むポリペプチドの挿入を導く．一般にシグナルペプチドは，正に荷電した領域とそれに続く中央の疎水性領域，およびより極性の領域からなる．多くのシグナルペプチドはアミノ末端にあるが，他の部位にも存在する．

このシグナル仮説(signal hypothesis)は，分泌タンパク質による粗面小胞体膜の通過(図19.18)を説明するために1975年にGünter Blobelによって提唱された．翻訳が起こって，約70個のアミノ酸からなるポリペプチド鎖がリボソームから現れた時点で，**シグナル認識粒子**(signal recognition particle, SRP)と呼ばれる桿状のリボ核タンパク質がリボソームに結合する．六つのタンパク質と7S RNAからなるSRPはGTPアーゼであり，およそ八つの非極性アミノ酸残基からなる短いRERシグナル配列を認識し，一時的に結合する．SRPとリボソームが結合した結果，EF2結合部位がブロックされ，翻訳が一時的に停止する．SRPは次に，ドッキングタンパク質を介してリボソームが粗面小胞体に結合するのを仲介する．ドッキングタンパク質とは，別名**SRP受容体タンパク質**(SRP receptor protein)とも呼ばれるヘテロ二量体のタンパク質である．これが粗面小胞体に結合すると両ドッキングタンパク質GTPとも加水分解される．続くSRPの放出により翻訳が再開される．伸長中のポリペプチド鎖が次に**トランスロコン**(translocon)に挿入される．トランスロコンは，親水性の膜貫通孔と，ポリペプチドのトランスロケーションやプロセシングを促進するいくつかのタンパク質とからなっている．ポリペプチド合成とトランスロケーションが同時に起こったとき，この過程は**翻訳と共役した輸送**(cotranslational transfer)と呼ばれる．**翻訳後のトランスロケーション**(prosttranslational translocation)では，すでに合成されたポリペプチドは，トランスロコンに会合したATP結合分子シャペロンHsp40およびHsp70によって粗面小胞体膜を通過する．

ターゲッティングされたポリペプチドの運命は，シグナルペプチド(およびその他のシグナル配列)の位置によって決まる．図19.18に示すように，可溶性の分泌タンパク質の膜を介した輸送の場合は，通常，シグナルペプチダーゼによってN末端シグナルペプチドの除去が次に起こり，その結果，タンパク質は小胞体内腔に遊離される．通常，このようなタンパク質は，さらなる翻訳後プロセシングを受ける．膜内在性タンパク質のトランスロケーションの初期の過程は，分泌タンパク質の場合と似ている．残りのポリペプチド配列が膜を貫通しているので，これらの分子に対して，アミノ末端のシグナルペプチドは膜につながった状態で開始シグナルとして働く．いわゆる〝1回貫通〟の膜タンパク質は，輸送停止シグナル(あるいは停止シグナル)をもっており，それ以上，膜を通過して輸送されないようになっている(図19.19a)．複数個の膜貫通部(マルチパス)をもっている膜タンパク質は，一連の別種の開始および停止シグナルをもっている(図19.19b)．

粗面小胞体に輸送されたほとんどのタンパク質は，他の目的地に向かう．最初の翻訳後修飾を受けた後，可溶性タンパク質と膜結合タンパク質はいずれも，小胞体から出ている輸送小胞を介してゴルジ複合体に運ばれ，ゴルジ膜のシス面に融合する(図19.20)．なお，小胞体内に保持されるべきタンパク質は残留シグナルをもっている．ほとんどの脊椎動物細胞においては，このシグナルはカルボキシ末端のテトラペプチドLys—Asp—Glu—Leu(KDEL配列)からなっている．

ゴルジ複合体内では，タンパク質はさらに修飾を受ける．たとえば，*N*結合型オリゴ糖はさらにプロセシングが進み，また，ある場合にはセリン残基とトレオニン残基に*O*型糖鎖の付加が起こる．リソソームタンパク質は，マンノース6-リン酸残基が付加されて，リソソームにターゲッティングされる．どのようなシグナルが(エキソサイトーシスを介して)分泌タンパク質を細胞表面に向かわせるのか，あるいは細胞膜タンパク質の目的地への運搬を促進するシグナルが何なのかは，まだはっきりわかっていない．なお，〝デフォルト機構〟(特別なシグナル

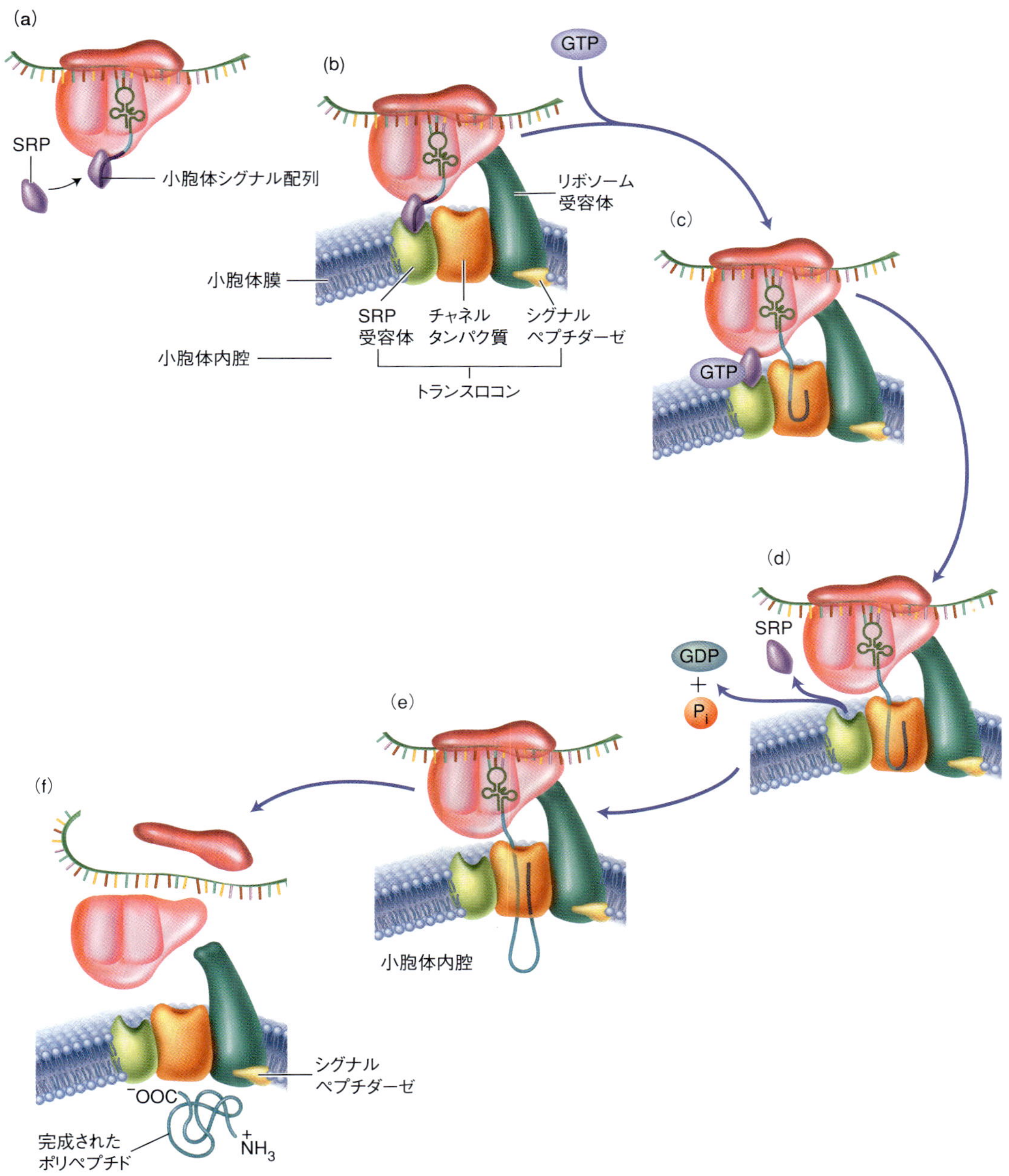

図 19.18 粗面小胞体膜を通過する翻訳と共役した輸送
(a) 翻訳中のポリペプチドが(リボソームから出るのに)十分な長さになると，シグナル認識粒子(SRP)がシグナル配列に結合し，翻訳が一時停止する．(b) 次に SRP が SRP 受容体と結合する結果，リボソームが粗面小胞体膜内のトランスロコン複合体に結合する．(c) GTP が SRP-SRP 受容体複合体に結合すると，再びポリペプチド合成が始まる．その GTP が加水分解されると，シグナル配列がトランスロコンに結合し，(d) SRP がその受容体から解離する．(e) ポリペプチドの伸長が続いて，(f) 翻訳が終わる．シグナルペプチドは粗面小胞体内腔にあるシグナルペプチダーゼによって除去される．このようにしてできたポリペプチドが内腔に遊離される．

がない場合には自動的に小胞体からゴルジ体を経由して細胞膜への輸送が起こる，とする）も提唱されている．タンパク質修飾が終わると，輸送小胞はゴルジ体のトランス面から出て，目的地に移動する．

ミトコンドリアに移行するタンパク質は，細胞質のリボソームでタンパク質前駆体として合成され，その後，ATP アーゼの Hsp70 および Hsp90 で構成されるマルチシャペロン複合体に

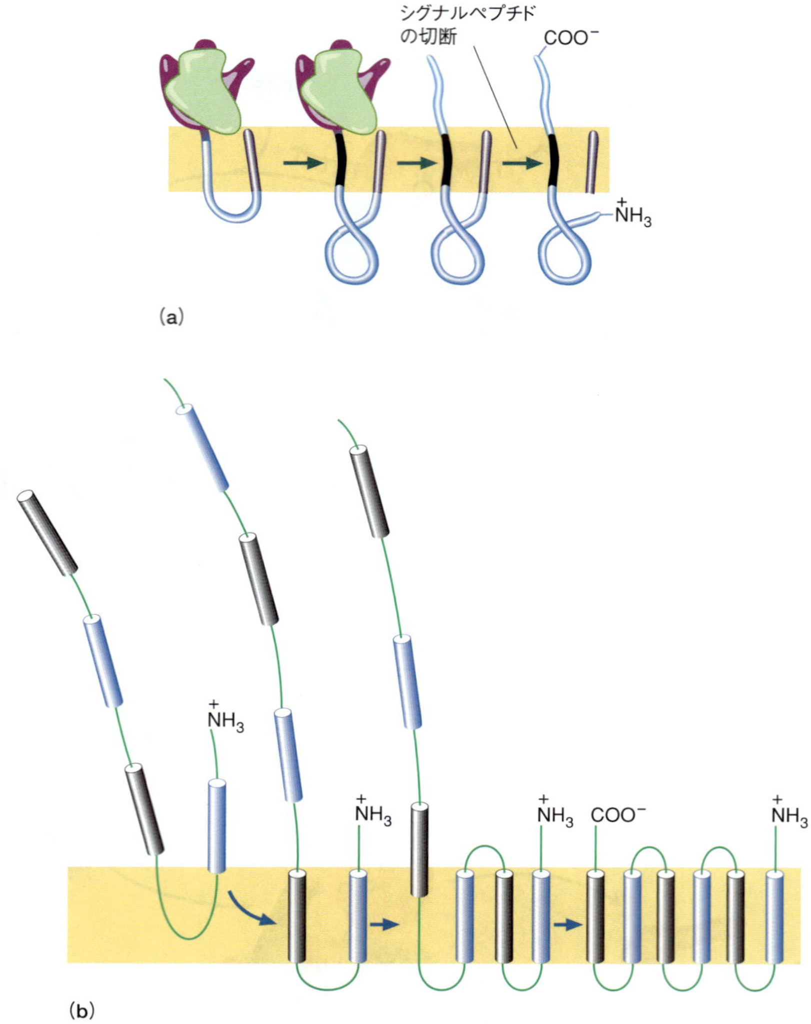

図 19.19　膜内在性タンパク質の翻訳と共役した膜挿入

(a) 1回膜貫通タンパク質の場合．(b) 複数回膜貫通タンパク質の場合．わかりやすくするために，トランスロコンは図から省いてある．加えて，(b) ではリボソームも省略している．青い部分はシグナルペプチド，黒い部分は輸送停止シグナルである．

結合する．ミトコンドリアへの輸送は，分子シャペロン結合タンパク質前駆体と TOM（ミトコンドリア外膜のトランスロカーゼ）複合体受容体との結合で始まる．タンパク質前駆体を TOM 複合体タンパク質透過チャネルに運ぶ過程は，ATP に依存する．運び入れられたミトコンドリアタンパク質の約半分がミトコンドリアマトリックスに入る．マトリックスタンパク質の移行（図 19.21）は，TOM チャネルにタンパク質前駆体が入ることで始まる．N 末端シグナル配列が膜間腔に出現すると，ミトコンドリア内膜の TIM（ミトコンドリア内膜のトランスロカーゼ）複合体の受容体に結合する．タンパク質前駆体は次に，内膜の電気化学的なプロトン勾配によって，TIM チャネルを通って輸送される．いったんマトリックスに入ると，タンパク質前駆体のシグナル配列はシグナルペプチダーゼによって切断される．ATP 依存のミトコンドリア基質シャペロンである mtHsp70 と mtHsp60 は，タンパク質の折りたたみを促進して生物学的に活性のある形にする．

翻訳調節の機構　真核生物の翻訳調節の機構は非常に複雑で，原核生物のそれよりもはるかに込み入っている．真核生物においてこれらの機構は，全体調節（すなわち，いろいろな mRNA の翻訳が変化する）から特定遺伝子の調節（すなわち，特定 mRNA や，ある小グループ

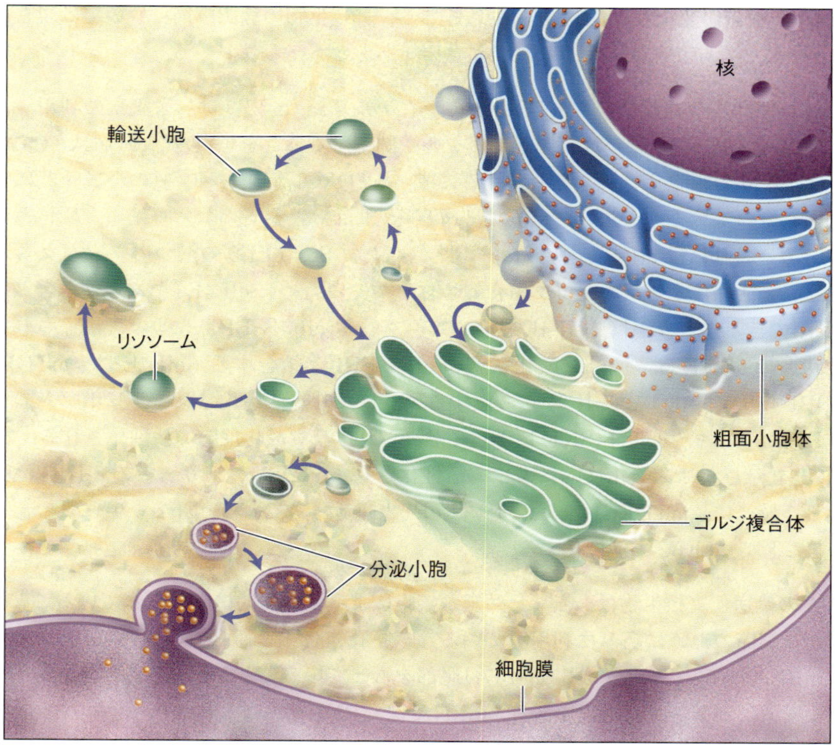

図 19.20 小胞体, ゴルジ体, 細胞膜
輸送小胞は, 新しい膜成分(タンパク質と脂質)や分泌物を, 小胞体からゴルジ複合体へ, 一つのゴルジ層板から別の層板へ, そしてトランスゴルジネットワークから他の細胞小器官(たとえばリソソーム)や細胞膜へと輸送する.

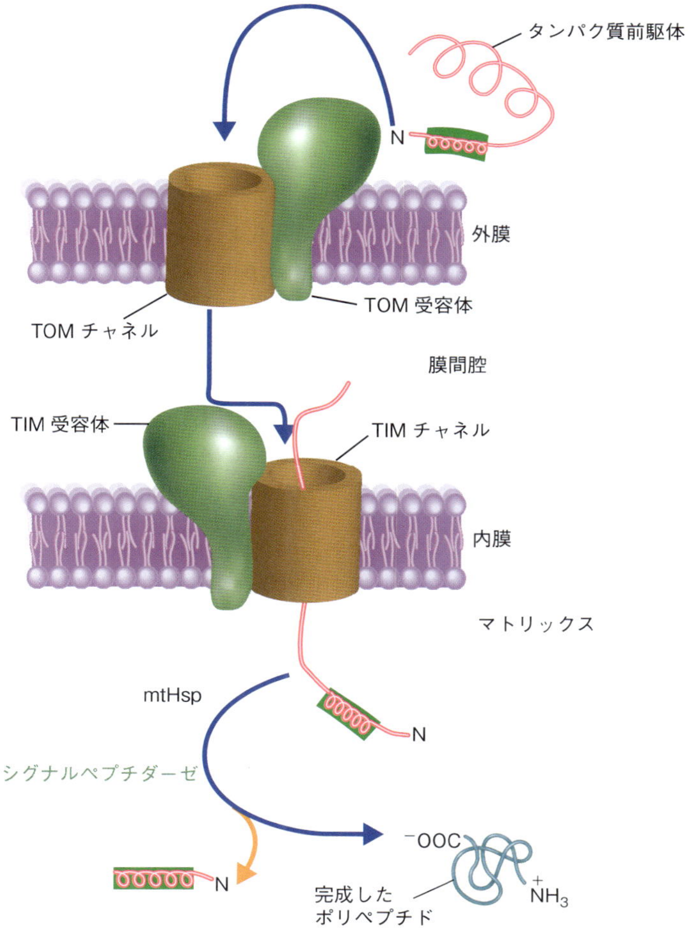

図 19.21 ミトコンドリアマトリックスへのタンパク質の輸送
タンパク質前駆体はマルチシャペロン複合体(この図には示されていない)と結合しており, N 末端シグナル配列(疎水性残基が一方にあり, 正電荷を帯びた残基がもう片方にある α ヘリックス)を介して, TOM 受容体タンパク質によって認識される. TOM 膜貫通型チャネルを通過するタンパク質前駆体の輸送は, マルチシャペロン複合体の構成要素である Hsp70 と Hsp90 によって触媒される ATP 加水分解により促進される. N 末端シグナル配列が膜間腔に入り, TIM 受容体に認識されれば, タンパク質前駆体は TIM チャネルに入る. タンパク質前駆体の内膜の通過は, 電子伝達系でつくられる電気化学的プロトン勾配によって駆動される. タンパク質前駆体がマトリックスに入ると, 最終的にシグナルペプチダーゼとミトコンドリアシャペロンによって生物学的な活性をもつタンパク質となる.

のmRNAの翻訳が変化する）まで連続的に起こる．真核生物の翻訳調節については現在あまりよくわかっていないが，次のような特徴が重要であると考えられている．

mTORが仲介する翻訳調節　mTORC1のシグナル経路（p. 521）は，栄養素の利用，エネルギーレベル，ホルモンおよび成長因子シグナルを制御することを思いだしてほしい．アミノ酸の重合はかなりの細胞リソースを消費するので，mTORC1がタンパク質の合成速度に大きな影響力をもつのは驚くべきことではない．mTORC1は，栄養素，エネルギー，酸化還元センサーである．これにはeIF4E，リボソームタンパク質S6，eEF2の三つのタンパク質がかかわって翻訳を活性化する．キャップ結合複合体をつくるためにeIF4E（キャップ結合タンパク質）を利用できるかどうかは，eIF4E結合タンパク質1（eIF4E-BP1）によって調節されている．不活性状態のeIF4Eは，低リン酸化状態のeIF4-BP1と結合する．eIF4Eは，mTORC1がeIFE-BP1をリン酸化するとIFから遊離するようになり，活性化される．リボソームタンパク質のS6は，S6キナーゼ1（SK1）によって触媒されるリン酸化反応で活性化される．SK1はmTORC1を介したリン酸化反応によって活性化され，mRNAヘリカーゼのeIF4B活性を増加させる．最後に，mTORC1のシグナルはeEF2抑制酵素であるeEF2キナーゼのリン酸化を引き起こして，eEF2を活性化する．

mRNAの輸送　真核生物は，転写と翻訳が核膜によって空間的に隔てられていることを，遺伝子発現の調節のために巧みに利用している．核膜孔複合体を通しての輸送（p. 632）は，少なくともmRNAが5′キャップと3′ポリ（A）尾部をもっていることが要求され，エネルギーを必要とする綿密に制御された過程である．mRNAはmRNPとして輸送される．エキソン接合部複合体（p. 624）と輸送タンパク質（p. 632）に加えて，複雑な調整を行う輸送タンパク質群がmRNAに会合する．

mRNAの安定性　一般に，mRNAの翻訳速度にはその存在量が関係しており，いいかえれば，mRNAの合成と分解の両方の速度に依存している．mRNAの半減期は，20分から24時間を超えるものもある．mRNAのいくつかの構造的な特徴は，その安定性，つまりいろいろなヌクレアーゼによる分解を避けるmRNAの能力に影響を及ぼすことが知られている．ある配列（たとえばヘアピンをつくるパリンドローム）が存在すると，ヌクレアーゼの作用に対して抵抗性を示すし，一方，別の配列は，とくにその多重コピーが存在すると，ヌクレアーゼの作用を増強する．特定のタンパク質のある配列への結合もまた，mRNAの安定性に影響を与える．そして，mRNAの3′末端の可逆的なアデニル化と脱アデニル化は，安定性と翻訳活性に大きな影響を与えることが知られている．前に述べたが，細胞質に輸送されたmRNAのほとんどは，100〜200個のヌクレオチドからなるポリ（A）尾部を付加される．時間が経つに従って，大部分のポリ（A）尾部は次第に短くなり，mRNAの全体が分解されるときには，30残基にも満たなくなる．またある状況では，ある種のmRNAのポリ（A）尾部は選択的に長くなったり短くなったりする．たとえば，成熟した卵母細胞ではmRNAのほとんどからポリ（A）尾部が除去されており，いわば〝マスク〟されている．受精後，これらのmRNAにはアデニンヌクレオチドが付加されて再び活性化される．

負の翻訳調節　ある特定のmRNAの翻訳は，5′末端近くの配列にリプレッサータンパク質が結合して阻止されていることが知られる．フェリチンmRNAが，鉄結合リプレッサータンパク質と結合する鉄応答因子（IRE）を含んでいることを思いだしてほしい（p. 632）．細胞の鉄濃度が高くなると，多くの鉄原子がリプレッサータンパク質に結合して，その結果，IREから離れて，フェリチンmRNAが翻訳されるようになる．

キーコンセプト

- 真核生物のタンパク質合成は原核細胞のそれよりも遅く，複雑である．より多くの翻訳因子と，さらに複雑な開始機構を必要とするだけでなく，真核生物の過程は非常に多様で，複雑な翻訳後修飾とターゲッティング機構を含んでいる．
- 真核生物は，さまざまな翻訳の調節機構を用いている．

問題 19.5

タンパク質の葉緑体への翻訳後輸送にかかわる機構には，今まであまり関心が寄せられていなかった．しかし，プラストシアニンのチラコイド内腔への輸送には，新たに合成されたタンパク質のN末端近くにある二つの輸送シグナルが必要なことがわかっている．葉緑体へのタンパク質輸送がミトコンドリアへの輸送過程に似ていると仮定して，プラストシアニン(チラコイド膜の内側表面に結合している内腔タンパク質)がどのように輸送され，プロセシングされるかを合理的に説明できる仮説を提案せよ．どのような酵素活性と輸送のための構造がこの過程に関与していると考えられるか．

19.3 プロテオスタシスネットワーク

生細胞の大変混雑した動的な内部では，何百万ものタンパク質が，DNA複製や転写，細胞シグナル伝達，免疫応答，細胞周期調節，分子輸送など膨大な種類の機能を果たしている．生命現象はタンパク質が適切に機能することにかかっている．いいかえれば，この線状の高分子が，〝最も安定な状態〟に折りたたまれつつも，ある程度は柔軟な形を保つことが必要となる．その結果，とくに100以上のアミノ酸からなる分子，あるいは完全にまたは部分的に構造をつくらない領域をもつ多くのタンパク質の安定性は高くなく，そのため誤って折りたたまれやすい．誤って折りたたまれたり部分的に折りたたまれたりしたタンパク質はしばしば疎水性パッチを露出していて，他の分子と相互作用して不定形の凝集体を形成しうる．加えて，誤って折りたたまれた分子のなかには，構造が再編されてアミロイド繊維凝集体のβ鎖を形成するものもある．プロテオームはまた，絶え間ない代謝および環境ストレス(たとえば，熱や重金属曝露，アミノ酸側鎖酸化，低酸素，毒)にさらされ，損傷を受けかねない．タンパク質合成の際に偶発的に発生したエラーと一緒になった場合，タンパク構造にストレスを与えて起こる誤った折りたたみや他の種類の損傷は，細胞の機能にとって重大な脅威となる．

健康で若い細胞では，**プロテオスタシスネットワーク**(proteostasis network, PN)と呼ばれる安定で高度に保存された相互結合ネットワークがつくられていて，タンパク質の恒常性が維持される(図19.22)．PNは，ストレス応答シグナル経路を利用しながら，リボソームでの合成から折りたたみ，再折りたたみ，輸送，その寿命が尽きたとき，あるいは損傷を受けたときの分解までをモニターする．PN過程には，分子シャペロン(p. 144)，ストレス応答転写因子，解毒酵素，およびユビキチンプロテアソーム系(p. 485)やオートファジー(p. 487)のような分解過程が含まれる．プロテオームを守るためにどれだけの分子が機能しているかを見ると，PNの重要性がよくわかる．たとえば，ヒトのPNは約2000の遺伝子をもつ．ストレスの多い条件下では，PN過程は細胞全体，つまり細胞質，核，その他の細胞小器官で活性化されることもある〔これには，たとえば小胞体内(erUPR)やミトコンドリア(mtUPR)での形成不全タンパク質応答が含まれる〕．

熱ショック応答

熱ショック応答(HSR)は最もよく理解されているストレス応答である．他のストレス応答と同様にHSRは，熱による損傷(酸化ストレスや重金属のような他のストレスでも同様)を受けた細胞と，そのプロテオームを守る．この応答は，必須でないタンパク質の合成をリボソームで抑制してPN成分の濃度を上げることで，すばやく全体的な遺伝子発現変化を起こす．大腸菌でのHSRは細菌の転写開始因子であるσ^{32}が担い，RNAポリメラーゼをHSR標的遺伝子のプロモーターに作用させる．σ^{32}の合成は，σ^{32}をコードするmRNAの5′UTRの二次構造が熱で失われたとき，この分子のシャイン・ダルガーノ配列(p. 653)が露出することで始まる．真核生物では，細胞質タンパク質に対する熱損傷を修復するHSRは，熱ショック因子(HSF)，とくに熱ショック因子1(HSF1)によって開始される．ストレスを受けていない細胞でHSF1は，細胞質中にHsp90と結合した単量体として存在する．熱ストレスがHSF1の三量体化を

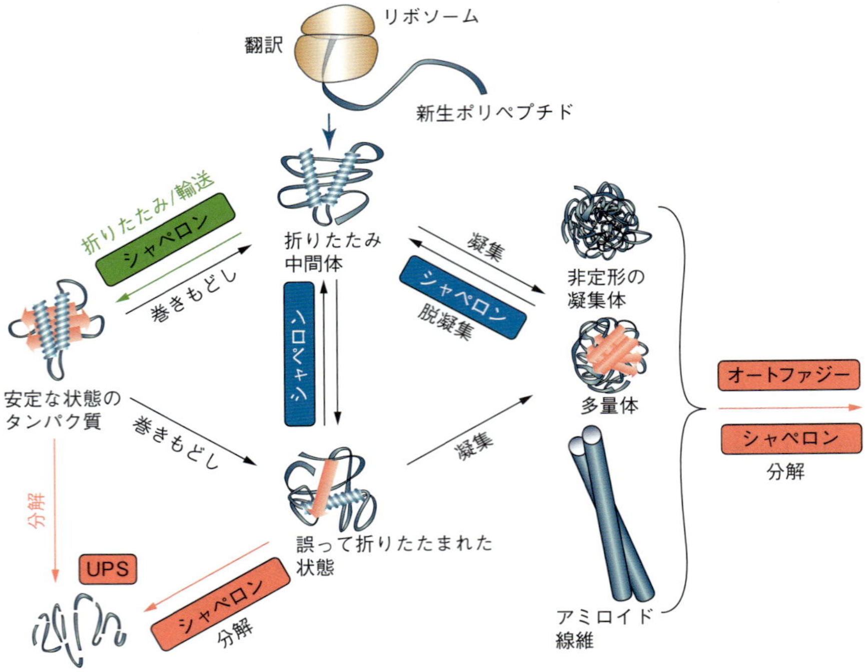

図 19.22　プロテオスタシスネットワーク
プロテオスタシスネットワークは分子シャペロンから構成される．分子シャペロンは，新生タンパク質の折りたたみや，そのタンパク質が本来の状態をとれるようなサポートを行う．このネットワークはまた，酵素とタンパク質複合体を含み，これらは，誤って折りたたまれたり，損傷を受けたり，不要になったりしたタンパク質を分解する．新生ポリペプチドがトンネル出口から現れるたびに，リボソーム結合シャペロンと出合う．必要な場合には，Hsp70 や Hsp90 やその関連タンパク質のような後期に作用する分子シャペロンにより，さらなる折りたたみの補助が起こる．誤って折りたたまれたタンパク質は，シャペロンと E3 ユビキチンリガーゼの組合せにより分解される．それらは誤って折りたたまれたタンパク質を認識し，UPS（ユビキチンプロテアソーム系）による分解の標的とする．プロテアソームによって消化されにくい凝集したタンパク質は，オートファジーにより取り除かれる．

誘起すると，この分子は核に入ってクロマチンリモデリングタンパク質を活性化し，HSR 遺伝子群の転写を促進する．HSF1 の活性化は，分子シャペロンである Hsp90 が，熱損傷を受けたタンパク質を再度折りたたもうとして HSF1 から解離したときに起こる．また，RNA が温度計のような機能をもつことも一役買っていると考えられる．ncRNA である熱ショック RNA1（HSR1）は，熱ショックを受けたときに翻訳伸長因子 eEF1A に結合して複合体をつくり，これが HSF1 三量体形成を加速する．

プロテオスタシスネットワークとヒトの病気

　タンパク質の不完全な折りたたみは多くのヒトの病気の原因となっており，タンパク質フォールディング病またはタンパク質構造病と呼ばれている．タンパク質フォールディング病のなかには，ポリペプチド配列に変化をもたらし，それが不適切な折りたたみをもたらすような一つの遺伝子変異によるものもある．そのような機能喪失病の例には，囊胞性繊維症（p. 359～361）やホモシスチン尿症（図 15.12 参照）がある．主要ながん抑制タンパク質である p53 をコードする遺伝子の変異は，全がんの 50％以上で起こっている．正常な p53 は，細胞周期を調整してゲノムが傷つかないように監視しており，DNA が修復不可能な損傷を受けた場合にはアポトーシスを開始できる．変異して不適切に折りたたまれた p53 は DNA の損傷を十分に修復できず，その結果，細胞増殖の調整が効かなくなることを許してしまう．

　タンパク質フォールディング病の多くで，凝集したタンパク質とプロテアソーム構成分子との有害な相互作用による慢性プロテオスタシス機能不全が見られる．例として，アルツハイマー病，ハンチントン病，パーキンソン病や 2 型糖尿病があげられる．これらでも，また他のタンパク質フォールディング病においても，重要なリスク因子は老化で，PN の有効性が歳をとるにつれて落ちることによる．これらの病気に共通する機構は，β-アミロイド（アルツハイマー病），ハンチングチン（ハンチントン病），α-シヌクレイン（パーキンソン病），アミリン（2 型糖尿病）のような特定のタンパク質の誤った折りたたみである．老化した細胞がこれら分子の分解に失敗すると，そのうち少数の分子が多量体を形成するようになる．次第に多量体はさらに会合して不溶性の凝集体を形成し，これらは他の変性したタンパク質やひどく傷ついた PN を取り込む．このような凝集したタンパク質は毒性を獲得したとされる．

ラボの生化学

プロテオミクス

プロテオミクスの技術は，ゲノムによって発現される全タンパク質であるプロテオームを研究するために，現在開発が進められている．生物や細胞のプロテオームは，mRNA から翻訳されたすべてのタンパク質だけでなく，すべての共有結合修飾も含む．後者は多くの場合，mRNA 配列から予想することが難しい．プロテオミクスの目標はおもに次の二つである．すなわち，細胞内タンパク質の発現における包括的な変化を研究すること，生物のプロテオームにおけるタンパク質をすべて同定し，機能を知ることである．プロテオミクス研究の潜在的な適用先は広範で数多い．生物学上の基礎的な問題の解決(たとえば，神経伝達や mRNA スプライシングのような細胞内過程の機構を正確に突きとめること)が可能になるだけでなく，プロテオミクスをもとにした技術は生物・医学の研究でも明らかに役立っている．その例として，遺伝性および感染性疾患の原因調査や診断，薬の開発などがある．

プロテオミクスのためのツール

プロテオームの研究では，現在，正常および疾病細胞が産生したタンパク質を同定し，性質を調べる高速かつ自動的な方法の開発に力が注がれている．レーザーキャプチャーダイセクション顕微鏡法(LCDM)は，レーザー光線を用いて組織から単一細胞を単離することを可能にし，研究者にとって強力な新ツールとなっている．ますます高度に発達してきたプロテオミクス技術と生物情報分析を組み合わせることで，LCDM は新しい発見を加速するだろう．プロテオミクスで用いられてきた最も有用な技術に二次元ゲル電気泳動と質量分析がある．タンパク質間相互作用は，それらが機能パートナー(たとえばタンパク質キナーゼの基質，または転写因子の活性化因子)であるかどうかの判定を行うもので，タンパク質マクロアレイや酵母ツーハイブリッドスクリーニング法などさまざまな技術を用いて調べられている．

二次元ゲル電気泳動　タンパク質発現は，現在，二次元(2D)ゲルで分析されている．タンパク質を 1 次元目のゲルで電荷に従って(pH 勾配をもつゲルのなかで)分離し，2 次元目で分子サイズに従って分離する．3000 個ものタンパク質を二次元ゲル上に視覚化することができる．複数ゲルによるタンパク質分析(たとえば，健康なあるいは病気の細胞において特定のタンパク質があるかないか，その相対濃度)は，2D ゲルの像を特別なコンピュータソフトを用いてプロテオームのデータベースと比べることで可能になる．2D ゲル技術は速さおよび解像度とも改善されてきたが，限界もある．2D ゲルは手間がかかるだけでなく，膜タンパク質や非常に低い濃度のタンパク質などの評価には向かない．これらの問題を克服する，より新しい技術が開発中である．

質量分析　前に述べたように(p. 159)，**質量分析**(mass spectrometry, MS)では，気化した分子に高エネルギーの電子ビームをぶつけて，陽イオンのフラグメントに分解させる．イオン化したフラグメントが質量分析計に入ると，強力な磁場を通り抜け，質量対電荷(m/z)比に従って分離される．生じたフラグメントのパターンによって，それぞれの分子を同定する．パターンは，〝指紋〟(フィンガープリント)のようにその分子に固有のものである．タンパク質は気化しないので，代わりにプロテアーゼなどで断片化して，揮発性溶媒に溶かし，質量分析計の真空試料室内に噴霧する．電子ビームはこれらのペプチドフラグメントをイオン化し，正に荷電したペプチドが磁場を通り抜ける．その結果得られたペプチドの質量フィンガープリントを，タンパク質データベース中のフラグメント情報と比較する．MS は非常に正確で自動化もできるが，試料中のすべてのタンパク質を同定するには不十分な場合が多い．タンパク質の同定精度の向上のために，タンデム MS (MS/MS)という，二つの質量分析計を直列につなぐ方法が開発されている．この方法では，最初の MS でつくられたオリゴペプチドのフラグメントが次の MS に移され，そこでさらに断片化されて分析される．MS/MS はタンパク質のアミノ酸配列をすばやく読むのに使われる．

タンパク質マクロアレイ

タンパク質マクロアレイはプロテインチップとも呼ばれ，結合させる特定の分子を固体支持体(たとえばガラススライド)に固定して作成されたアレイである．これらの分子には，抗生物質，受容体，酵素などがある．最も一般的に用いられる検出方法は蛍光タグの利用である．抽出したタンパク質溶液(蛍光色素で標識しておく)を固定された抗体ライブラリーのスライドに載せると，特定の抗体と結合したタンパク質は蛍光スキャンにより検出できる．

酵母ツーハイブリッドスクリーニング法

ツーハイブリッドスクリーニング法は，遺伝子改変酵母細胞を用いて，機能的な関係を示すと考えられるタンパク質間の相互作用を検出する技術である．二つのタンパク質が意味のある結合をするかどうかは，以下のようにして確認される．まず〝釣り餌(bait)タンパク質〟と呼ばれる片方の分子を，DNA 組

▶

▶

換え技術を使って特定の転写因子のDNA結合ドメイン断片と融合する．もう一つのタンパク質は，〝餌食(prey)タンパク質〟と呼ばれる同じ転写因子の活性化ドメイン断片に融合させる．次に，二つの融合タンパク質をコードするDNA配列を含むプラスミドを，二つ同時に改変酵母細胞に導入する．二つの融合タンパク質の〝釣り餌〟および〝餌食〟セグメントが結合すると，機能的な転写因子となり，細胞の表現型の変化を生じる．このように，レポーター遺伝子が転写されることでタンパク質の探索が容易になる．

近年のプロテオミクス研究における技術発展にもかかわらず，いくつかの問題点が，全プロテオームの性質を明らかにする莫大な作業を達成するうえで大きな障害になっている．最も大きな問題の一つは，利用できる方法が非効率的で，微少量のタンパク質の増幅，つまりPCRと同様な技術がないことである．

本章のまとめ

1. タンパク質合成は，核酸にコードされた情報をタンパク質の一次配列に翻訳する複雑な過程である．タンパク質合成の翻訳段階では，取り込まれる各アミノ酸は，一つまたは複数のコドンと呼ばれる三つ組のヌクレオチド塩基配列により指定される．
2. 遺伝暗号は，64個のコドン，すなわちアミノ酸を指定する61個のコドンと3個の終止コドンからなっている．終止コドンのうち二つは，生物によっては，非標準アミノ酸のセレノシステインとピロリシンをコードする場合がある．
3. 翻訳には，アミノ酸の運搬役であるtRNAも関与する．mRNAのコドンとtRNAのアンチコドンとの塩基配列間に働く塩基対合相互作用により，遺伝情報の正確な翻訳が行われる．
4. 翻訳は，開始，伸長，終結という三つの段階からなる．各段階で，いろいろな種類のタンパク質因子が必要である．原核生物と真核生物の翻訳の機構は互いによく似ているが，いくつかの点で異なっている．最も顕著な違いの一つは，翻訳因子の性質と量と機能である．
5. 一連の特徴的な翻訳後修飾は，ポリペプチドの機能発現を可能にし，折りたたみを助け，目的の場所にターゲッティングする，これらの共有結合修飾には，さまざまなタンパク質加水分解や，アミノ酸側鎖に官能基を加えたり補因子を挿入したりという作業が含まれる．
6. 原核生物と真核生物では，翻訳調節機構の用い方が異なる．原核生物はシャイン・ダルガーノ配列の多様性と負の翻訳調節を用いる(これは，ポリシストロン性mRNAの翻訳をその生成物で抑制することである)．これとは対照的に，真核生物では実にさまざまな翻訳調節が知られている．その機構は，多数のmRNAの翻訳効率が変わるような全体的な調節から，小数あるいは単独のmRNAの翻訳効率が変化するような調節まで，さまざまなものがある．
7. プロテオスタシスネットワーク(PN)は，細胞タンパク質の構造的な統合を可能にする経路が相互に関連してできた一つの系である．PNは分子シャペロンの助けを借りて，リボソームでのタンパク質合成から，折りたたみ，再折りたたみ，輸送，分解(ユビキチンプロテアソーム系やオートファジーを介して起こる)までを監視する．熱ショック応答では，ストレスによる損傷(たとえば熱，酸化ストレス，重金属)があまりひどくない場合には，損傷を修復する遺伝子発現をすばやく細胞全体にわたって変化させることで細胞を守る．
8. プロテオミクスとは，プロテオームすなわち一生物のゲノムからつくられるすべてのタンパク質を研究するために用いる技術である．プロテオミクスの目標は，時間の経過に伴う細胞タンパク質の発現パターンの全体的な変化を調べることと，生物がつくるすべてのタンパク質を同定して，それらの機能を知ることである．

キーワード

復習問題

以下の問いは，本章で論じた重要な概念について理解度を確認するためのものである．解答は巻末および『問題の解き方』を参照のこと．

1. 以下の用語を定義せよ．
   a. コドン　b. アンチコドン　c. 遺伝暗号
   d. オープンリーディングフレーム　e. コドン利用頻度の偏り
2. 以下の用語を定義せよ．
   a. ゆらぎ仮説　b. 同族の tRNA　c. AUG 配列
   d. シャイン・ダルガーノ配列
   e. アミノアシル tRNA シンテターゼ
3. 以下の用語を定義せよ．
   a. デコーディングセンター
   b. ペプチジルトランスフェラーゼセンター
   c. GTP アーゼ関連センター
   d. グアニンヌクレオチド交換因子
   e. プロトンシャトル機構
4. 以下の用語を定義せよ．
   a. mRNA スキャニング　b. 転写局在　c. 糖鎖付加
   d. ターゲッティング　e. 脂質の付加
5. 以下の用語を定義せよ．
   a. プロタンパク質　b. プレプロタンパク質
   c. ジスルフィド交換　d. プロリンのヒドロキシ化
   e. タンパク質切断
6. 以下の用語を定義せよ．
   a. SRP　b. トランスロコン　c. ドッキングタンパク質
   d. SRP 受容体タンパク質　e. シグナルペプチダーゼ
7. 以下の用語を定義せよ．
   a. tmRNA　b. SECIS エレメント　c. 開始
   d. 伸長　e. 終結
8. 以下の用語を定義せよ．
   a. 新生の　b. シグナル仮説　c. 翻訳後修飾
   d. 配列依存的コドン再割り当て　e. ジフタミド
9. 以下の用語を定義せよ．
   a. プロテオスタシスネットワーク　b. 熱ショック応答
   c. mRNP　d. mTORC1　e. NMD
10. ゆらぎ仮説をもたらした二つの観察結果とは何か．
11. 真核生物と原核生物の翻訳調節機構で最も異なることは何か．
12. 原核生物の主要な翻訳調節機構とは何か．
13. プレプロタンパク質，プロタンパク質，タンパク質の違いを説明せよ．
14. シグナル認識粒子の構造と機能を説明せよ．
15. 真核生物の mRNA の構造がどのようにして翻訳調節に影響を及ぼすのかを説明せよ．
16. 細胞から分泌される典型的な糖タンパク質の細胞内プロセシングについて，一般的な用語で説明せよ．
17. タンパク質合成の伸長サイクルのどの段階で，GTP の加水分解が必要になるか．各段階で，それはどのような役割を果たしているか．
18. 原核生物のタンパク質合成の開始期にかかわるタンパク質因子の役割を何と呼ぶか．また，どのような役割かを説明せよ．
19. リボソームの大サブユニットと小サブユニットの役割を述べよ．
20. 翻訳は次のいずれを意味するか．
    a. DNA → RNA　b. RNA → DNA
    c. タンパク質→ RNA　d. RNA →タンパク質
21. 新生ポリペプチドが適切なターゲッティングをすることの重要性を説明せよ．
22. タンパク質合成におけるアミノアシル tRNA シンテターゼの決定的に重要な役割を説明せよ．
23. 真核生物の伸長過程の各段階を述べよ．
24. タンパク質が最終目的地に運ばれる過程を述べよ．
25. 以下のそれぞれの病気にかかわる，誤って折りたたまれたタンパク質の名前をあげよ．アルツハイマー病，ハンチントン病，パーキンソン病，2 型糖尿病．
26. 次の過程が起こるタンパク質合成の段階を示せ．
    a. リボソームのサブユニットが mRNA に結合する．
    b. ポリペプチドが実際に合成される．
    c. リボソームがコドン配列に沿って移動する．
    d. リボソームがサブユニットに解離する．
27. 次のペプチドをコードする DNA 塩基配列を決めよ．

    Ala—Ser—Phe—Tyr—Ser—Lys—Lys—Leu—Ala—Asp—Val—Ile

28. 問題 27 のペプチドの mRNA 塩基配列は何か．
29. 真核生物のタンパク質合成の速度は原核生物の合成よりかなり遅い．これについて説明せよ．
30. ペプチド配列 Gly—Ser—Cys—Arg—Ala のコドン配列は何になるか．何通りの可能性があるか．
31. 翻訳因子の機能における GTP の役割を論じよ．

応用問題

以下の問いは，本書でこれまで論じてきた重要な概念について理解を深めるためのものである．正解は一つとは限らない．解答例は巻末および『問題の解き方』を参照のこと．

32. セレノシステインとピロリジンは，それぞれを付加するtRNAに変換する方法が異なる．説明せよ．
33. リボソームRNAとリボソームタンパク質の三次元構造は，種が違っても驚くほど似ている．この類似性の理由を述べよ．
34. アミノアシルtRNAシンテターゼはめったにエラーを起こさないが，たまに間違う場合もある．このようなエラーはどのようにして検知され，修正されるか．
35. 原核生物と真核生物の翻訳過程において，翻訳因子はどのような役割を果たすか．
36. 翻訳後修飾はいくつかの目的をもっている．それらについて例をあげて説明せよ．
37. シャイン・ダルガーノ配列と30Sサブユニットとの間の塩基対合が，開始コドンとメチオニンコドンをどのように区別するのかを述べよ．真核生物でこれに相当する機構は何か．
38. イソロイシンとバリンとは構造が似ているので，それらをそれぞれのtRNAに結合させるアミノアシルtRNAシンテターゼは校正部位をもっている．他のα-アミノ酸において，構造が似ていて，校正が必要と思われるアミノ酸を述べよ．
39. 翻訳後修飾によって後で活性化されるような不活性型タンパク質を合成する利点は何か．
40. あらゆる生物のリボソームは，一つの超分子複合体ではなく，二つのサブユニットからなる．この理由を推測せよ．
41. ある原核生物が，新たな環境ストレスに直面している．その状況は，ピロバリンと呼ばれる独特のアミノ酸誘導体の側鎖を必要とする触媒活性によって改善されうる．そのような生物は，非標準アミノ酸を酵素分子に取り込む機構をどのように発達させるだろうか．この問題を解決するのに必要な分子は，どのような特性をもつだろうか．

解　答

1章

復習問題

2. a. 官能基：ある特定の化学的特性をもった分子内の原子団.
   b. R基：アミノ酸の側鎖を構成する原子団.
   c. カルボキシ基：R—C(=O)OH または R—COOH からなる官能基.
   d. アミノ基：R—NH_2 からなる官能基.
   e. ヒドロキシ基：R—OH からなる官能基.
4. a. 脂肪酸：R—COOH で表されるモノカルボン酸であり，R は炭素および水素を含有するアルキル基を示す.
   b. 飽和脂肪酸：炭素原子間に二重結合をもたない脂肪酸.
   c. 不飽和脂肪酸：一つ以上の炭素間二重結合を含む脂肪酸.
   d. トリアシルグリセロール：グリセロールと三つの脂肪酸をもつエステル.
   e. ホスホグリセリド：グリセロールと二つの脂肪酸をもつエステル.
7. a. mRNA：メッセンジャー RNA
   b. tRNA：トランスファー RNA
   c. rRNA：リボソーム RNA
   d. siRNA：低分子干渉 RNA
   e. miRNA：マイクロ RNA
9. a. 脱離反応：分子内の原子が除去され，二重結合が形成される.
   b. 加水分解：水の酸素が求核剤として作用する求核置換反応.
   c. 付加反応：二つの分子が結合して単一生成物が生じる.
   d. 脱水反応：アルコール官能基を含む生体分子からの水の除去.
   e. 水和反応：水がアルケンに付加するとアルコールを生成する.
11. a. 独立栄養生物：太陽エネルギーをエネルギーに変換する生物.
   b. 化学合成独立栄養生物：さまざまな化学物質のエネルギーをエネルギーに変換する生物.
   c. 光合成独立栄養生物：太陽エネルギーをエネルギーに変換する生物.
   d. 化学合成従属栄養生物：エネルギー源を既存の食物分子から得る.
   e. 光合成従属栄養生物：エネルギー源として光と有機物を使用する.
13. 生化学を十分に理解するために必要な生命科学分野の例として，農学，法医学，海洋生物学，植物生物学，薬理学，動植物遺伝学，環境科学，および野生生物学があげられる.
16. ペプチドやタンパク質はアミノ酸からなる．オリゴ糖や多糖類は糖からなる．ヌクレオチドは核酸の構成要素である．脂肪酸はトリアシルグリセロールやリン脂質などの脂質分子の構成要素である.
18. 細胞は酸化還元反応によって，生体分子の結合エネルギーをより高エネルギーの ATP 結合へと変換している．エネルギーは電子のかたちで，酸化される分子から還元される分子へと移動する.
20. 異化経路とは，栄養素を小分子に変換して出発物質を生みだすことである．同化経路とは，小分子を利用して複雑な構造と機能を生みだすことである.
22. アシル基転移の求核置換が関与する反応の例として，以下のようなチオエステルの形成がある．アシルモノリン酸および補酵素 A からのアシル SCoA 分子の生成，アルコールとカルボン酸からエステルが生じる反応(たとえば，酢酸とエタノールが反応して酢酸エチルが生成される)，およびタンパク質からアミノ酸を生じるアミド結合の加水分解などである.
25. 化合物は次の分類に属する.
   a. アミノ酸　b. 糖　c. 脂肪酸　d. ヌクレオチド
27. 生体内に見られる重要なイオンは，Na^+，K^+，Ca^{2+}，Cl^- である．NH_4^+，PO_4^{3-}，CO_3^{2-} などの多原子イオンもよく見られる.
29. ポリペプチドの働きには，輸送，構造，防御，貯蔵，調節，運動，触媒(酵素)などがある.
32. 動物が産生する老廃物としては，二酸化炭素，アンモニア，尿素，尿酸，水があげられる.
34. 生物は，複雑な制御機構および保護システムがあるおかげで，温度変化，栄養利用，エネルギー需要のような物理的および化学的な負荷に耐えうる．このように生物は頑強である一方，回復不能な損傷を引き起こすような異常でまれな事象に対する脆弱性にさらされている．たとえば，傷からの出血は凝固してやがて治癒するが，高濃度一酸化炭素の長時間曝露は死を招くだろう.

応用問題

36. チオエステルを含む求核アシル基置換反応における脱離基は RS^- である．チオエステルが補酵素 A を含む場合，脱離基は $CoAS^-$ となる.
38. pK_a 値が小さいほど脱離しやすい．すなわち，陰イオンがより安定ということである.
40. 正常に機能しているシステムにおいては，この脂質分子はとくに有毒というわけではない(正常レベルで存在しているぶんには脳機能を妨げることはない)．この脂質分子の分解酵素が不足している個体では，ニューロンやその他の脳細胞内にこの脂質が蓄積するようになり，それがじゃまになって神経走行部の形成が妨げられてしまう．脳機能(運動制御や知性など)の統合を必要とする神経系の機能不全が始まるのである.
42. 正常および腫瘍細胞はともにロバスト(頑強)である，すなわち撹乱状態であったとしても生き続けることができる．腫瘍細胞が遺伝的に不安定になると，腫瘍が生き残りやすくなる．腫瘍細胞が100万個を超えた場合，P糖タンパク質発現を伴うような，これまでとは異なる性質をもつようになる．これらの細胞は薬剤の選択圧(薬剤耐性)により残存するが，P糖タンパク質や薬剤耐性能をもたない細胞は消滅する.

2章

問　題

2.1 原核細胞の体積は次のように計算される.

$$\pi r^2 h = 3.14 \times (0.5\ \mu m)^2 \times 2\ \mu m = 1.57\ \mu m^3$$

真核細胞の体積は次のように計算される.

$$4\pi r^3/3 = 4 \times 3.14 \times 10^3/3 = 4200\ \mu m^3$$

肝細胞の体積を原核細胞の体積で割ることによって

$(4200\ \mu m^3/1.57\ \mu m^3)$，肝細胞のなかに入る原核細胞の数が計算できる(2700)．

2.2 廃棄する手段がないため，脂質分子は細胞内に蓄積する．結局，細胞の機能が弱められ，細胞は死に至る．

2.3 70 kg の 10% は 7 kg で，7×10^6 mg と書ける．一つの〝平均的〞なミトコンドリアの重量を計算するには，推定されるミトコンドリアの全重量を，推定されるミトコンドリア数(1×10^6)で割ればよいので

$$\frac{7\times 10^6\ \mathrm{mg}}{1\times 10^6}$$

答え(すなわち平均のミトコンドリア重量)は，およそ

7×10^{-10} mg または 7×10^{-7} μg　($1\ \mathrm{mg} = 1 \times 10^{-6}$ g)

2.4 細胞分裂には，有糸分裂期に紡錘体を形成する微小管が，高度に組織だって再構築される必要がある．微小管の機能は動的不安定性，すなわち，重合/脱重合反応ですばやく短くなったり長くなったりする能力に依存する．がん細胞の細胞分裂は制御がきかないが，タキソールによって抑制される．というのは，この薬剤が微小管構造を安定化するためである．

復習問題

3. a. 超分子複合体：非共有結合の分子間力で集合した分子からできている．
   b. リボソーム：タンパク質と RNA からできたタンパク質合成ユニット．
   c. チャネルタンパク質：特定のイオンを輸送する膜タンパク質．
   d. 担体タンパク質：特定の分子を輸送するタンパク質．
   e. 受容体：細胞外リガンドとの結合部位をもつタンパク質．
5. a. 内毒素：細胞が崩壊するときに膜結合脂質から解離する分子．
   b. 細胞膜周辺腔：外膜と細胞膜との間の領域．
   c. バイオフィルム：表面への接着や成長の際に形成される多糖類の無秩序な蓄積物．
   d. 粘液層：バイオフィルムとしても知られ，表面への接着や成長の際に形成される多糖類の無秩序な蓄積物．
   e. 細菌莢膜：ある種の病原性細菌がもっている，細菌が宿主の免疫系から逃れることを可能にする分泌性の多糖類やタンパク質．
7. a. 糖衣：真核生物の細胞膜の外側にある糖の被覆物．
   b. 細胞外マトリックス：細胞同士をつなぐゼラチン様の物質を形成する分泌性の構造タンパク質や複合糖質．
   c. 細胞皮質：真核生物の細胞膜の内側表面にある三次元のタンパク質の網目状構造．
   d. 小胞体：互いにつながった膜状の管，小胞，嚢胞からなる系．
   e. 小胞体内腔：小胞体膜で囲まれた空間．
9. a. 核質：染色体を含む，核膜で囲まれた細胞内の領域．
   b. クロマチン繊維：凝縮していない染色体．
   c. 核マトリックス：DNA のループを組織化する足場として機能．
   d. 核小体：rRNA の合成とリボソームの会合の場．
   e. 核膜：細胞質から DNA の複製と転写を区分けするための膜．
12. a. ミトコンドリア：好気的呼吸を行う細胞小器官．
   b. 好気呼吸：ATP の合成に化学結合エネルギーが使われる過程．
   c. アポトーシス：プログラム化された細胞死の経路．
   d. ミトコンドリア外膜：ミトコンドリアの多孔性の滑膜．
   e. ミトコンドリア内膜：イオンが透過できないミトコンドリアの膜．
14. a. 細胞骨格：繊維，フィラメント，タンパク質からできた細胞内で支えとなるネットワーク．
   b. 微小管：チューブリン二量体が可逆的に重合して形成されるフィラメント．
   c. MAP：微小管結合タンパク質．
   d. IFT：鞭毛内輸送過程．
   e. 一次繊毛：不動性繊毛．
16. 微生物は，消化の改善，ビタミン合成，病原体の増殖の抑制，頑強な免疫系の発達という観点から，ヒトの健康に必要なものである．
19. タンパク質の誤った折りたたみを促進する要素として，代謝ストレス(たとえば疾患)，酸化ストレス(酸素ラジカルの生成)，炎症シグナル過程，遺伝的要因(たとえば，欠陥タンパク質の合成につながる変異)があげられる．
21. いずれの型の巨大分子も，通常，少数しか存在しない．どの巨大分子も濃度は低いが，全体の分子数の一端は担っている．その結果，混み合う．
23. エンドメンブレンシステムの構成物としては，細胞膜，小胞体，ゴルジ装置，核，リソソームがある．これらはすべて，膜を介してイオンや分子の輸送を制御する．それぞれの膜には，その制御が適切に機能するための，すなわち重要な生化学反応が起こるための，内側の空間が存在する．エンドメンブレンシステムの仕切られた区画は膜状の小胞でつながっており，その小胞はある区画の膜から出芽して，別の区画の膜に融合したものである．たとえば粗面小胞体で合成されたタンパク質は，小胞を介して，さらなる加工反応のためにゴルジ装置へと運ばれる．
25. ミトコンドリアの分裂と融合の過程は，ミトコンドリアの機能を健全に保つために重要である．分裂は，細胞のエネルギー要求性が高いときに，さらなるエネルギーを産生することを促進し，ミトコンドリアが壊れてしまう前に，傷害を受けた部分を切り離すことを容易にする．融合は，健全なミトコンドリアと内容物を混ぜることで，ちょっとした傷害を受けたミトコンドリアを救うことを可能にする．
27. 核は細胞の遺伝情報の貯蔵場所である．核はまた，その情報を発現することで細胞全体の代謝活性全体に大きな影響をもたらす．
29. ゴルジ装置の機能は，たとえば糖タンパク質のような細胞産生物を加工し，包み込んで，分配することである．
31. 核膜孔複合体(NPC)は分子量 1 億 2000 万の大きな構造物で，直径が 120 nm あり，ヌクレオポリンとして知られる約 100 個のタンパク質からできている．核膜孔複合体の細胞質から核質にかけて広がるフィラメントは，GTP 依存的に核膜孔を通過する大きな分子の結合部位となる．イオンのような小物質や小さなタンパク質(分子量 40,000 以下)は，核膜孔複合体を通って簡単に拡散することができる．大きな分子は核膜孔を簡単には通過できない．
33. ペルオキシソームは小さな球状の膜からできた細胞小器官で，酸化酵素を含んでいる．ペルオキシソームの主要な機能は，過酸化水素を合成または分解し，毒性分子を酸化することである．補足的な機能としては，ある種の膜脂質を合成し，脂肪酸やプリン塩基を分解することがあげられる．ペルオキシソームをつくるための酵素や膜タンパク質は核にコードされていて，それらが細胞質のリボソームで合成された後，ペルオキシソーム前駆体へ運ばれる．小胞体はペルオキシソームの膜を供給し，ペルオキシン(ある種のタンパク質)がペルオキシソームに会合する〔ペルオキシソームは植物の光呼吸にも関与する(13 章)〕．

35. 肝実質細胞の滑面小胞体の機能には，超低密度リポタンパク質(VLDL)の脂質成分の合成や，水に不溶な代謝物や生体異物を排泄するために，より水溶性の生成物に変える生物変換反応が含まれる．横紋筋の滑面小胞体は筋小胞体(SR)と呼ばれ，筋収縮を引き起こすシグナルとなるカルシウムイオンの貯蔵庫である．

応用問題

38. 多発性嚢胞腎で変異している遺伝子は，腎臓で流量を感知する機械的受容体をコードしている．この遺伝子が変異すると，細胞分裂が促進されて嚢胞が形成される．
40. 細胞骨格上に酵素や細胞小器官が固定されることで，生きている状態を維持するために必要な，高度に組織された一連の生命過程が容易になる．たとえば，生化学経路で固定化された酵素が近接することで，一つの酵素の生成物を次の酵素の活性部位へ速やかに運ぶことが可能になる．この状況では，時間のかかる拡散過程よりも，反応分子の濃度を下げることができる．
43. リボソームの体積は次のように計算される．

$\pi r^2 h = (3.14)(0.007\ \mu m)^2(0.02\ \mu m) = 3 \times 10^{-6}\ \mu m^3$

細菌細胞の体積は(応用問題 42 から) $1.6\ \mu m^3$ である．細菌細胞にぴったり合うリボソームの数は $1.6/3 \times 10^{-6} = 5 \times 10^5$ だが，リボソームは細胞の体積の 20% しか占めないため，5 で割って，1 細胞あたり 1×10^5 分子である．

3章

問 題

3.1 3分子の正四面体構造は以下の通りである．

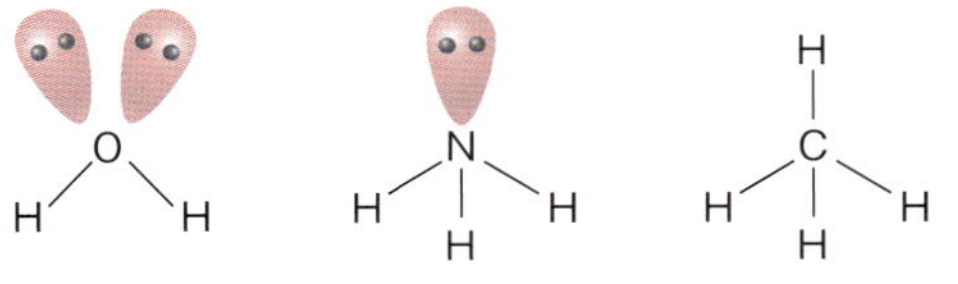

固体状態の水において，酸素原子は，隣接する水分子と水素結合を形成しうる非共有電子対を二つもつ．アンモニアの窒素原子は，隣接するアンモニア分子と水素結合を形成しうる非共有電子対を一つもつが，メタンはもたない．これらの物質の溶解熱は非共有電子対の数に比例することに注意せよ．それぞれのアンモニア分子が，隣接する分子と水素結合を形成するため，アンモニアの"氷"は液体アンモニアよりも密度が低いものと予想される．

3.2 これらの非共有結合は図の左から右の順に，イオン結合，水素結合，ファンデルワールス相互作用である．

3.3 腱や靭帯は，多くの構造化された水分子を結合している多量のコラーゲンなどの分子を含んでいる．水は非圧縮性の物質である．すなわち，無理やり小さい空間に押し込めることはできない．その結果，多量の水を含む構造体が，比較的大きな力を，損傷を受けることなく吸収することができる．

3.4 平衡は炭酸水素塩の消失を補填するために右に移行し，酸濃度が上昇する．その結果生じる状態はアシドーシスと呼ばれる．

復習問題

3. a. 浸透：高い溶質濃度の溶液から低い溶質濃度の溶液を隔てる半透膜を通した，溶媒分子の自発的な移動．
   b. 浸透圧：膜を横切る水の正味の流れを止めるのに必要な圧力．
   c. 等張液：選択的透過性をもつ膜の両側において，溶質と水の濃度が等しい溶液．
   d. 膜電位：電気的な勾配(電位傾度)を生みだす細胞膜の表面における電荷分布の内外の差．
   e. オキソニウムイオン：H_3O^+
5. c と d が弱酸と共役塩基のペアである．
7. モル浸透圧＝モル濃度×イオン化度(i はイオン性化合物 1 個あたりの生成イオン数)．Na_3PO_4 は 4 個のイオンに解離する．したがって，イオン化率を 85% と仮定すると，1.3 M の Na_3PO_4 水溶液のモル浸透圧は $1.3 \times 4 \times 0.85 + 1.3 \times 0.15 \times 1 = 4.615$ となる．
9. 一つ，CH_3—OH …… O—H(CH_3)
12. $\pi = iMRT$ で $\pi = 0.01$ atm

$i = 1$

$R = 0.0821$ L·atm/mol·K

$T = 298$ K

M に対して解くと

$0.01\ \text{atm} = (1)(0.0821\ \text{L·atm/mol·K})(298\ \text{K})(M)$

$M = 4.08 \times 10^{-4}$ mol/L

タンパク質の分子量を計算すると

0.056 g/0.030 L = 1.867 g/L

$1.867\ \text{g} = 4.08 \times 10^{-4}$ mol

1 mol のタンパク質 = 4575.98 g = 4600 g

14. 二酸化炭素は，血液を緩衝液として機能させるだけの十分量，血中に存在している．血中のリン酸塩濃度は非常に低いので，リン酸塩は有効な緩衝剤にはならない．細胞内では，血中と比べてリン酸塩濃度ははるかに高いので，効果的な緩衝剤として働く．
16. pH 6.4 では H_2CO_3 と HCO_3^- の両方が存在する．pH 8 では H_2CO_3，HCO_3^- および CO_3^{2-} が存在する．pH 13 では HCO_3^- と CO_3^{2-} が存在する．
18. 呼吸亢進は血液から二酸化炭素を追いだす．この過程は，以下の平衡を左に移行させ，プロトンを消費する．それにより血液はよりアルカリ性になる．

$CO_2 + H_2O \rightleftharpoons H^+ + HCO_3^-$

20. アスコルビン酸は弱酸(HA)であり，アルコルビン酸の一ナトリウム塩は，その共役塩基(A^-)である．より正確に記述すると，H_2A と HA^- になることに注意せよ．最初のアスコルビン酸の一ナトリウム塩のモル数は

$(300\ \text{mL})(0.25\ \text{M}) = 75\ \text{mmol}\ HA^-$

加えた HCl のモル数は

$(150\ \text{mL})(2\ \text{M}) = 30$ mmol HCl

となり，HCl はアスコルビン酸の一ナトリウム塩と完全に反応する．すなわち，加えた 30 mmol HCl = 30 mmol HA^- が HCl と反応して H_2A になる．したがって，残存する HA^- のモル数は

75 mmol HA^- − 30 mmol HA^- (HCl と反応して生じたもの) = 45 mmol HA^-

となり，30 mmol のアスコルビン酸(H_2A)が生成する．次に，ヘンダーソン・ハッセルバルヒの式($pK_{a1} = 4.04$)を使うと

$$pH = pK_a + \log\frac{[\text{HAscorbate}]}{[\text{H}_2\text{Ascorbate}]} \text{ または } pH = pK_a + \log\frac{[\text{HA}^-]}{[\text{H}_2\text{A}]}$$

$$pH = 4.04 + \log\frac{[45\text{ mmol}]}{[30\text{ mmol}]} = 4.04 + 0.18 = 4.22$$

となる．pH 4.22 は理に適っているだろうか．答えは Yes である．酸よりも共役塩基の濃度が高いので，4.22 は pK_a の 4.04 よりもより塩基性になっている．この解法はショートカット，つまりモル濃度ではなくミリモルを使っていることに注意せよ．これは，全体の容積が同じなので，比をとることにより相殺されるため妥当である．モル濃度を使う場合，分子(0.045 mol)，分母(0.030 mol)の両方を全体の容積(0.450 L)で割ればよい．

22. 1 mol の安息香酸(HA)と 1 mol の安息香酸ナトリウム(A^-)の混合物においては，$[HA] = [A^-]$ なので $[A^-]/[HA] = 1$．$\log(1) = 0$ なので，ヘンダーソン・ハッセルバルヒの式は単純化され，$pH = pK_a = 4.2$ となる．

$$pH = pK_a + \log\frac{[A^-]}{[HA]},\quad pH = 4.2 + \log(1) = 4.2$$

25. H^+(HCl) を酢酸/酢酸イオン緩衝液に加えると，H^+ は酢酸イオン(A^-)と反応して酢酸(HA)を与える．

・加えた H^+ (HCl) のモル数 $= (1 \times 10^{-3}\text{ L})(1\text{ M}) = 1 \times 10^{-3}$ mol
・最初に存在する HA と A^- のモル数 $= (1\text{ L})(1\text{ M HA}) = 1$ mol
HA = 1 mol A^-

$$H^+ + A^- \rightleftharpoons HA$$

よって HA のモル数は増える．

1 mol HA(初期)+0.001 mol HA(加えた HCl に由来)= 1.001 mol HA

一方，A^- のモル数は減る．

1 mol A^-(初期)− 0.001 mol A^-(HCl と反応したもの)= 0.999 mol A^-

(容積は分子と分母の両方に関与するので，比をとると相殺される．よって，全体の容積とモル濃度を計算する必要がないことに注意せよ．)

$$pH = pK_a + \log\frac{[A^-]}{[HA]}$$

$$pH = 4.75 + \log\frac{0.999\text{ mol }A^-}{1.001\text{ mol HA}}$$

$$pH = 4.75 + (-0.0009) = 4.7491 \fallingdotseq 4.75$$

このように，HCl を緩衝液に加えたときに pH が有意に変化しないことを，等量の HCl を水に加えた場合(pH 3)と比較せよ．

応用問題

27. ゼラチン中の水によって塩が水和されるので，ゼラチンの水分は抜けるであろう．
29. 細胞は溶血するであろう．大量のナトリウムイオンが流入するため，細胞は血液に対して相対的に高塩濃度になる．
32. 海水(高張液)に溶けている塩が，植物から水を奪って死に至らしめる．これは，環境から植物体内への通常の水の流れとは逆である．
34. 液体においては，個々の分子は互いに自由に動きまわれるはずである．ゼラチン溶液では，個々の水分子はタンパク質と 2 カ所で水素結合を形成することにより，タンパク質鎖と水を一緒に固定する．水分子はもはや自由に動くことができないので，その混合液は半硬質となる．
36. グリコーゲンからグルコースへの変換は浸透圧の上昇を引き起こし，水が細胞内に流入する．この浸透圧上昇を相殺するため，ナトリウムやカリウムのようなイオンが細胞から排出される．これらのイオンの後に水が流出して細胞容積が回復する．
38. 糖類は 1 分子あたり多くの−OH(ヒドロキシ基)をもっている．アルコールの構造は水とよく似ており(ROH に対して HOH)，似た化学的な特性をもつ．アルコールの OH 基は，タンパク質を〝水和〞し，凝集することを防いでいる．
40. シロップは実際には，糖類と，それらの OH 基に水素結合することにより強く固定された少量の水との混合物である．このように強く固定された水分子は，結晶化に必要な糖分子の OH 基間の直接的な水素結合の形成を防いでいる．
42. 式は以下のように立てられる．

$$69.9\text{ J/g}(1\text{ g}) + 1.03\text{ J/g}(1\text{ g})(85.5 - 60.7) + 549\text{ J/g}(1\text{ g}) = 644.4\text{ J}$$

水を気化させるのに必要なエネルギーは，硫化水素の 4.7 倍である．水との違いのほとんどが気化熱によるものである．水では強力な水素結合が切断されなければならない．硫化水素の場合，切断される水素結合は強くないので，必要なエネルギーは少ない．

44. 酸素は窒素よりも小さい原子である．その結果，水分子の水素は酸素により近く接近でき，より強い結合を形成できる．酸素はまた，窒素よりも電気陰性度が高いので，O—H 結合は N—H 結合よりも極性が高い．

4章

問 題

4.1 $$\Delta G' = \Delta G^{\circ\prime} + RT\ln\frac{[\text{ADP}][\text{P}_i]}{[\text{ATP}]}$$

$R = 8.315 \times 10^{-3}$ kJ/mol・K
$T = 310$ K
$[\text{ADP}] = 0.00135$ M　　$[\text{ATP}] = 0.004$ M
$[\text{P}_i] = 0.00465$ M
$\Delta G^{\circ\prime} = -30.5$ kJ/mol

であるから

$$\Delta G' = -30.5\text{ kJ/mol} + (8.315\text{ J/mol·K})(310\text{ K}) \times \ln\frac{0.00135 \times 0.00465}{0.004}$$

$$\Delta G' = -30.5 + 2.577(\ln 0.00157) = -30.5 - 16.64 = -47.14\text{ kJ/mol} = -47.1\text{ kJ/mol}$$

4.2 1 マイル歩くのに要する ATP の量

$$= \frac{100\text{ kcal/マイル}}{7.3\text{ kcal/mol}}$$
$$= 13.7\text{ mol/マイル} \times 507\text{ g/mol} = 6945.2\text{ g/マイル}$$
$$= 6950\text{ g/マイル}$$

100 kcal 分の ATP を得るのに要するグルコースの量

$$= \frac{100\text{ kcal}}{0.4 \times 686\text{ kcal/mol}}$$
$$= \frac{100\text{ kcal}}{274.4\text{ kcal/mol}}$$

$= 0.36\ \text{mol}$
$= 0.36\ \text{mol} \times 180\ \text{g/mol} = 65.6\ \text{g}$ のグルコース

復習問題

2. a. 発エルゴン反応：エネルギーを放出する(すなわち負の自由エネルギー変化を示す)化学反応.
   b. 吸エルゴン反応：エネルギーを吸収する(すなわち正の自由エネルギー変化を示す)化学反応.
   c. リン酸基転移ポテンシャル：ATP のようなリン酸化された分子が加水分解を受ける傾向の高さ.
   d. 散逸系：たえず仕事がなされ続けることにより，あらゆる自然の過程が向かう先の平衡から離れ，エネルギー勾配の影響下で秩序立った構造を形成する系.
   e. リン酸無水結合：二つのリン酸分子から一つの水分子が外れて形成される結合.
5. 反応が最後まで進むには，反応全体について合計した $\Delta G^{\circ\prime}$ が負で，共通の中間体，この場合は P_i がなければならない．この条件を満たしているのは反応 b と e である.
7. 共役反応の原理.
9. 目的の式は

$$\text{ATP} + \text{グルタミン酸} + NH_3 \longrightarrow \text{ADP} + P_i + \text{グルタミン}$$

与えられた式は

$$\text{ATP} + H_2O \longrightarrow \text{ADP} + P_i \qquad \Delta G^{\circ\prime} = -30.5\ \text{kJ/mol}$$
$$\text{グルタミン} + H_2O \longrightarrow \text{グルタミン酸} + NH_3 \qquad \Delta G^{\circ\prime} = -14.2\ \text{kJ/mol}$$

である．与えられた式の第二式を逆にして $\Delta G^{\circ\prime}$ の値を足せばよい.

$$\text{ATP} + H_2O \longrightarrow \text{ADP} + P_i \qquad \Delta G^{\circ\prime} = -30.5\ \text{kJ/mol}$$
$$\text{グルタミン酸} + NH_3 \longrightarrow \text{グルタミン} + H_2O \qquad \Delta G^{\circ\prime} = +14.2\ \text{kJ/mol}$$

したがって

$$\text{ATP} + \text{グルタミン酸} + NH_3 \longrightarrow \text{ADP} + P_i + \text{グルタミン} \qquad \Delta G^{\circ\prime} = -16.3\ \text{kJ/mol}$$

11. 標準状態で正しいのは a，e，g である.
13. 自由エネルギー変化について正しいのは b，d，e である.
15. 超好熱菌の一種であるメタン細菌による CO_2 からメタンへの還元は，この生物が生息する熱水噴出孔における高温高圧環境で可能となる．この還元反応が熱力学的に有利となるのは，このような環境下であって常温常圧下ではない．注目すべきは，CO_2 の還元を進行させるため共役反応を利用して反応全体の ΔG を有利なものとしているが，還元反応単独の ΔG は変わらないであろうことである．つまり，エネルギー吸収性の反応をエネルギー放出性の反応に転換できているのではなく，共役反応が CO_2 の還元を進めるためのエネルギー供給を可能としている．このことが，ATP の加水分解を用いて，たとえば CO_2 の還元を進める生物と，CO_2 の還元で得られたエネルギーにより ATP を合成する生物との生得的な違いである.
17. Mg^{2+} が存在しない場合，ATP 内の隣り合う負電荷間での反発が増大し，Mg^{2+} が存在する場合よりも不安定となる.
20. $[\text{グルコース}] = [P_i] = 4.8\ \text{mM} = 4.8 \times 10^{-3}\ \text{M}$
    $[\text{グルコース 6-リン酸}] = 0.25\ \text{mM}$

$$K_{eq} = \frac{[\text{グルコース}][P_i]}{[\text{グルコース 6-リン酸}]} = \frac{(4.8 \times 10^{-3})(4.8 \times 10^{-3})}{2.5 \times 10^{-4}} = 9.2 \times 10^{-2}$$

応用問題

22. ある新たに確認された菌株はヒ酸の存在下で生育可能であり，ヒ酸が生体中のリン酸を代替しうるかという新たな論争の口火を切った．ヒ素はリンと同様な酸化状態をとり，その最もありふれた形態である酸化数 + 5(+V) のヒ酸 ($HAsO_4^{2-}$) ではリン酸と同じような pK_a の値をとる．ヒ酸がリン酸に取って代わることはできないとするおもな反論は，ヒ酸エステルやヒ酸ジエステルが水溶液中では極度に不安定であるということである．水との反応性が高いというこの性質は，核酸をはじめヒ酸を利用したゲノムがあったとしても長期安定性にとって問題となったことであろう.
24.
$$\Delta G^{\circ\prime} = -RT \ln K_{eq}$$
$$-16{,}700\ \text{J/mol} = -(8.315\ \text{J/mol・K})(298\ \text{K}) \ln K_{eq}$$
$$-16{,}700 = -2478 \ln K_{eq}$$
$$16{,}700/2478 = \ln K_{eq}$$
$$6.74 = \ln K_{eq}$$
$K_{eq} = 851 = [\text{ADP}][\text{グルコース 6-リン酸}]/[\text{ATP}][\text{グルコース}]$
26. ΔG が自発性の指標としては最も便利である．ΔG の変化には，反応が自発的であればエントロピーが増えるはずであることも反映されているからである.
28. Einstein の式 $E = mc^2$ を用いると

$c = 3.0 \times 10^8\ \text{m/s}$

であったから

$$E = (0.001\ \text{kg}) \times (3.0 \times 10^8\ \text{m/s})^2 = 9 \times 10^{13}\ \text{J}$$

石炭の燃焼で得られるのは 393.3 kJ/mol = 393,300 J/mol であり，炭素では 12 g/mol であったから，上に相当するエネルギーを得るには

$$9 \times 10^{13}\ \text{J} \times (1/393{,}300\ \text{J/mol}) \times (12\ \text{g/mol})(1\ \text{kg}/1000\ \text{g}) = 2{,}745{,}995\ \text{kg} = 2746\ \text{トン}$$

の石炭を燃やす必要がある.
30. 係数をつけた反応式は次のようになる.

$$C_{17}H_{35}COOH + 26O_2 \longrightarrow 18CO_2 + 18H_2O$$
$$\Delta H = \Delta H_{products} - \Delta H_{reactants}$$
$$= 18\ \text{mol}(-94\ \text{kcal/mol}) + 18\ \text{mol}(-68.4\ \text{kcal/mol}) - (1\ \text{mol})(-221.4\ \text{kcal/mol})$$
$$= -1692\ \text{kcal} - 1231.2\ \text{kcal} + 211.4\ \text{kcal}$$
$$= -2711.8\ \text{kcal} = -2712\ \text{kcal}$$

32. チオエステル中の硫黄原子はアルコール中の酸素原子よりも大きい．それゆえ硫黄原子は非共有電子対をより容易に安定化できる．したがって反応物と生成物のエネルギー差がより大きくなり，$\Delta G^{\circ\prime}$ もより大きな変化となる.

5章

問 題

5.1 a と b は中性の非極性アミノ酸である．c は塩基性，d は酸性アミノ酸である．

5.2 D-アミノ酸から構成されるポリペプチド鎖を表面にもつ細菌は分解されにくい．なぜならば，外来細胞中のタンパク質を分解するために免疫細胞に備わっている酵素のプロテアーゼは，L-アミノ酸間のペプチド結合のみを加水分解するからである．つまり，プロテアーゼの活性部位は立体特異的であり，L-アミノ酸からなるペプチドのみを効果的に結合できる．

5.3 トリペプチドであるバリルシステイニルトリプトファン（Val-Cys-Trp）の等電点は次のように計算される．pK_a 値は，(1) バリン残基のアミノ基の pK_a 値が 2.32，(2) トリプトファン残基のカルボキシ基の pK_a 値が 9.39，(3) システイン残基の側鎖の pK_a 値が 8.33 である．このトリペプチドが電気的に中性であるのは，アミノ基が正に帯電しており，カルボキシ基が負に帯電しているときである．pI 値は，アミノ基の pK_a 値とカルボキシ基の pK_a 値を足して 2 で割ることで計算される．つまり $(2.32 + 9.39)/2 = 5.86$ である．システイン残基の側鎖の pK_R 値は pI 値よりも pH 単位として 2 以上も離れているので，おおむね電荷を帯びていない．

5.4 ペニシラミン-システインジスルフィドの構造は次のようである．

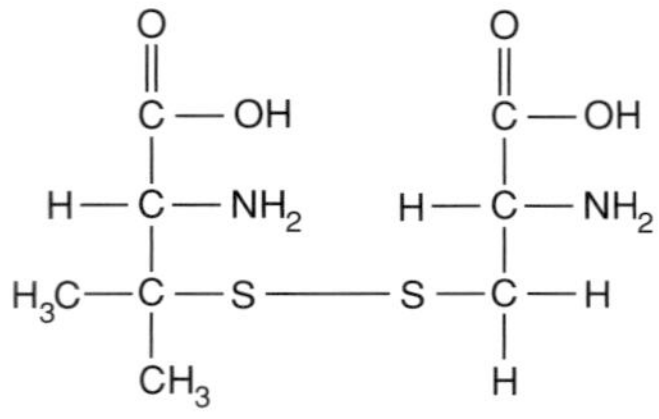

5.5 オキシトシンの完全な構造は下に示す図のようである．pH 4 では，グリシンの末端アミノ基はプロトン化しており，分子の実効電荷は +1 である．オキシトシンの等電点は 5.6 である．したがって，pH 7.3 と pH 9 ではオキシトシンの実効電荷は −1 となる．

5.6 バソプレッシンとオキシトシンの生物学的性質が部分的に重複する理由は，オキシトシンの 3 番目に位置しているイソロイシン残基の働きによって部分的に説明できる．二つの分子はサイズが等しく八つのアミノ酸残基のうち六つが同一であることを考えると，おそらく，イソロイシンの疎水性側鎖はバソプレッシン受容体の疎水性ポケットに収納されて部分的に適合されるだろう．オキシトシンの 8 番目がロイシン残基であるために両ペプチドの機能的重複の度合いは少なくなるが，この理由としては，ロイシンの側鎖が中性であるだけでなく，バソプレッシンの正電荷に帯電したアルギニン残基に比べて小さいことが考えられる．もし，バソプレッシンのアルギニン残基をリシン残基に置換すると，二つの側鎖の構造的相違から分子の結合特性が減少するだろう．ただし両側鎖の長さは似ており，ともに正電荷に帯電しているので，減少するにしてもその程度は大きくはないだろう．

5.7 この形質は劣性遺伝し，異常な遺伝子が二つそろって症状が発現する．プリマキンによって，強力な酸化剤である過酸化水素の過剰産生が引き起こされる．還元剤の NADPH が十分に存在しないと，過酸化水素は細胞に多大な損傷を与える．赤血球内の過酸化水素のレベルが通常よりも高いと，マラリアの寄生虫は損傷を受けやすいので，マラリアが発生する地理的地域ではこの疾患が選択されやすい．したがって，意外とは考えられない．

5.8 p. 687 の図を参照．3 番目のタンパク質は α/β バレル構造の例である．

5.9 p. 688 の図を参照．

5.10 コラーゲンは結合組織において見られる主要な構造タンパク質である．したがって，コラーゲン分子が適切に形成されないと結合組織を弱めることになり，多様な症状を引き起こす．例としては，白内障，骨の奇形，腱や靱帯の断裂，血管の破裂などがある．

5.11 BPG はデオキシヘモグロビンを安定化する．BPG 非存在下ではオキシヘモグロビンが容易に形成される．胎児のヘモグロビンは BPG との結合が弱いので，酸素に対する親和性は高い．

5.12 ミオグロビンは 1 本のポリペプチド鎖からなり，酸素との結合様式は単純である．酸素分子を強固に結合し，細胞の酸素濃度が非常に低いときにのみ放出する．四量体であるヘモグロビンの酸素結合様式は，より複雑なシグモイド様のパターンを示す．

問題 5.5 の図

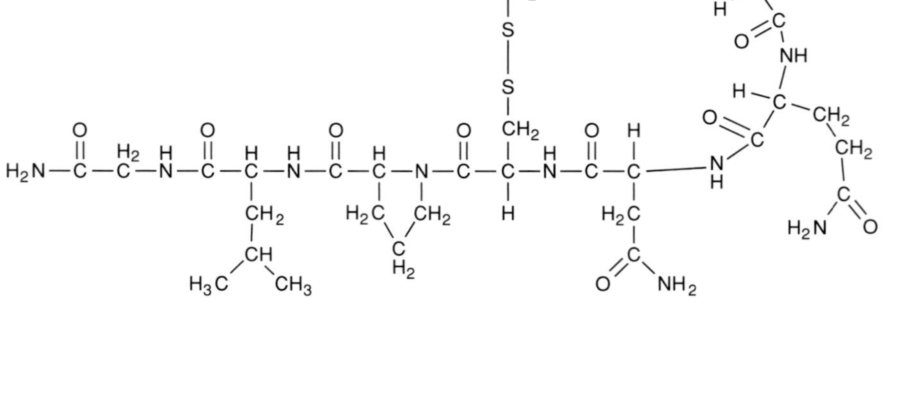

問題5.8の図

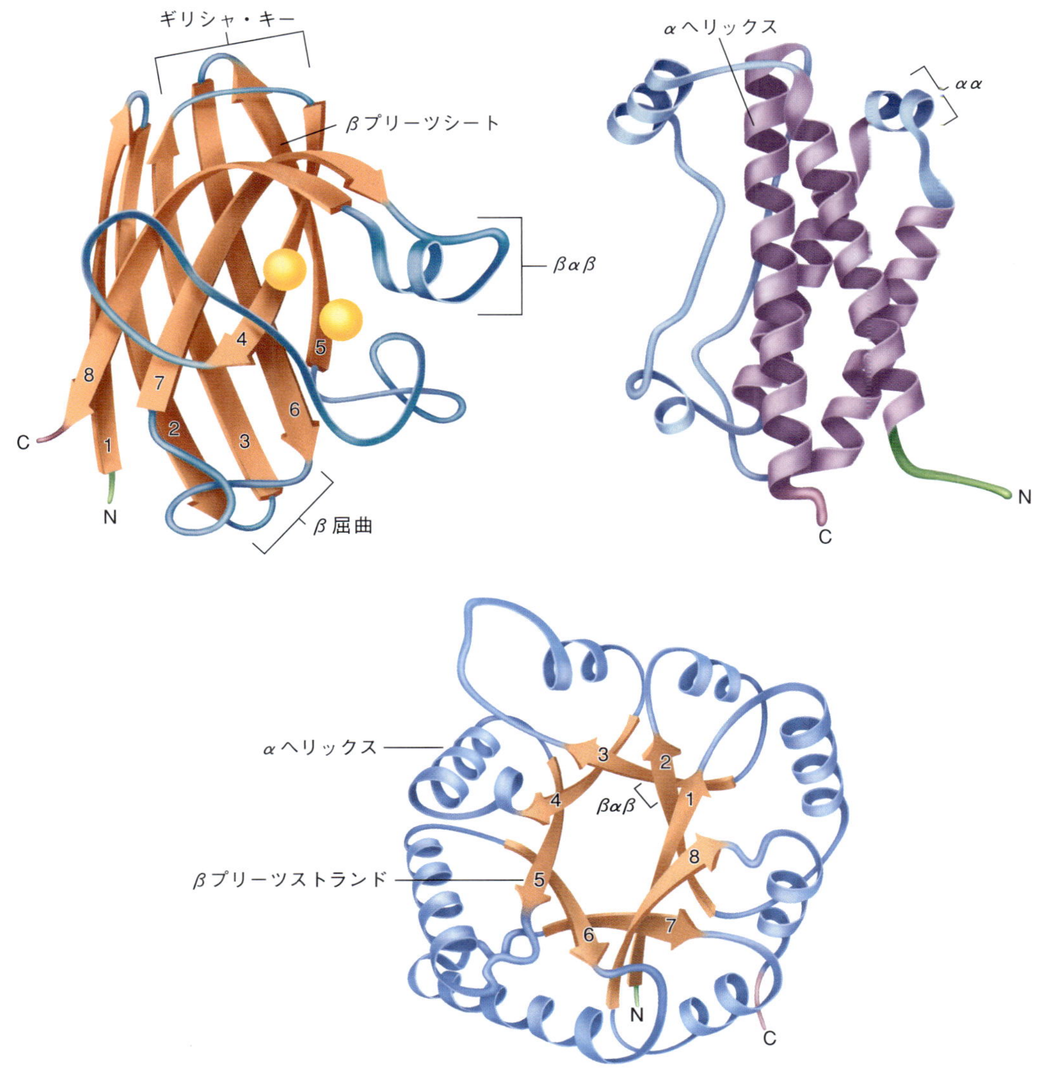

これは，四つのサブユニット間に働く非共有結合的な相互作用によって可能になる．

復習問題

3. a. 金属タンパク質：金属イオンを含むタンパク質．
   b. ホルモン：ある細胞が産生する，他の細胞の機能を制御するための化学情報伝達物質．
   c. ホロタンパク質：補欠分子族を結合したタンパク質．
   d. 実質上の非構造化タンパク質：規則正しい構造を部分的に，あるいは完全に欠いているタンパク質．
   e. キネシン：小胞や細胞小器官を微小管に沿って動かすモータータンパク質．
5. a. アルジミン：アルデヒド基と反応するアミノ基によって形成されるシッフ塩基．
   b. 熱ショックタンパク質：保存された一群のタンパク質で，不適切なタンパク質間の相互作用を防いで，タンパク質の折りたたみを介添えする．
   c. 多機能性タンパク質：しばしば関係のない複数の機能を併せもつタンパク質．
   d. タンパク質ファミリー：アミノ酸配列の類似性で関係づけられているタンパク質分子で構成されている．
   e. タンパク質スーパーファミリー：より遠位に関係づけられるタンパク質．
7. a. 塩橋：相反する電荷をもつイオン基間で生じる非共有結合．
   b. オリゴマー：複数のサブユニットで構成されるタンパク質．
   c. アロステリック転移：リガンドの結合で誘導される立体構造変化．
   d. タンパク質変性：タンパク質の構造的破壊の過程．
   e. 両親媒性分子：疎水性と親水性の両成分を含んでいる分子．
9. ポリペプチドとは50個以上のアミノ酸残基から構成される高分子である．タンパク質は一つあるいは複数のポリペプチド鎖からなっている．ペプチドとは50個以下のアミノ酸残基からなる高分子である．
11. この分子の名称はシステイニルグリシルチロシンである．その構造は以下のように略記される．

   $^{+}H_3N\text{-Cys-Gly-Tyr-COO}^{-}$

13. a. アミノ酸配列はポリペプチド鎖の一次構造である．
    b. βプリーツシートは二次構造の一つである．
    c. ペプチド結合のN—H基とカルボニル基との間の鎖間あるい

問題5.9の図

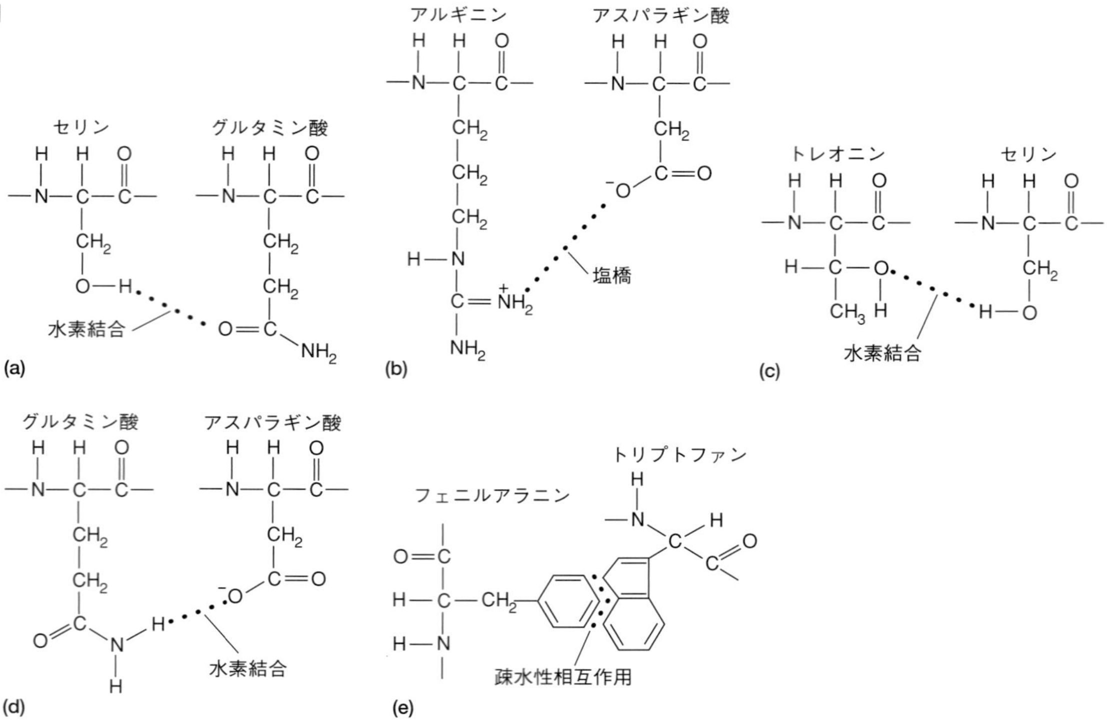

は鎖内の水素結合は，二次構造の主要な特徴である．極性のある側鎖間で形成される水素結合は三次構造や四次構造において重要である．

d. ジスルフィド結合は強い共有結合であり，三次構造や四次構造に寄与する．

15. a. 加熱：水素結合(二次構造と三次構造)
 b. 強酸：水素結合(二次構造と三次構造)と塩橋(二次構造と三次構造)
 c. 飽和塩類溶液：塩橋(三次構造)
 d. 有機溶媒：疎水性相互作用(三次構造)

17. 特定のタンパク質を単離する最初の段階は評価系の構築であり，その評価系は精製過程を通して目的タンパク質を検出するのに使われる．次に，細胞の破壊と均質化処理により組織から他の物質とともにタンパク質が放出される．精製に先立って行われる塩析では，タンパク質を沈殿させるために大量の塩が使われ，透析により塩と他の低分子量物質が除去される．さらなる精製法は，研究者の判断でその研究に選択されるが，種々のクロマトグラフィーや電気泳動が使われる．クロマトグラフィーには，イオン交換クロマトグラフィー，ゲルろ過クロマトグラフィー，アフィニティークロマトグラフィーという三つの方法がある．ゲル電気泳動法は，タンパク質を精製するため，あるいはその純度を評価するために利用される．

19. タンパク質の折りたたみにおける主要な駆動力は，タンパク質の立体構造がより秩序だったものになるにつれて，エントロピーが減少するにもかかわらず，低エネルギー状態に達する必要条件のことである．鍵となる要因としては，異なる結合角や結合回転に関係するエネルギー，アミノ酸側鎖の化学的性質(たとえば細胞内pHにおいて側鎖が帯電しているか否か)，側鎖間に生じる相互作用がある．ありうる非共有結合的な相互作用のなかでは，疎水性相互作用がとくに重要である(取り巻く水分子のエントロピーが増大することによって疎水性相互作用が部分的に駆動されることを思いだそう)．

21. グリシンのアミノ基の pK_a 値は9.60であり，アラニンのカルボキシ基の pK_a 値は2.34である．ジペプチドGly–Alaの pI 値は $(9.60 + 2.34)/2 = 5.97$ である．グリシンのカルボキシ基は，アラニンのアミノ末端と反応してペプチド結合を形成するため，もはやジペプチドの電荷には寄与しないことを覚えておこう．

応用問題

24. 呼吸亢進の間，オキシヘモグロビンはかなり減少する．

26. タンパク質の構造はそれぞれ異なっている．複数のドメインからなる，より複雑なタンパク質は介添えを必要とする傾向にある．リボヌクレアーゼAのような一つのドメインからなる単純なタンパク質は，分子シャペロンの介添えがなくても自発的に折りたたまれる．

28. 分子サイズが大きいことによって，酵素は活性部位の形状と触媒作用を安定に保つことができ，また，活性部位を外側にある分子から隔離することができる．さらに，タンパク質には構造的特徴があるので，シグナル伝達をしたり細胞構造体へ結合したりする際の認識機構で機能することができる．

30. 疎水性アミノ酸の側鎖は水から排除されて集合する傾向がある．この集合化がポリペプチド鎖の領域を特定の立体構造に保持している．

34. 疎水性アミノ酸であるグリシン，フェニルアラニン，メチオニン，バリン，ロイシンは，比較的水のないデカペプチド内部に埋もれていく．

36. メチオニン，アラニン，ロイシン，リシンはヘリックスを形成する傾向が強いが，プロリン，グリシン，セリンやかさばったR基をもつアミノ酸は形成しにくい．

38. セロトニンはトリプトファンに，ドーパミンはチロシンに由来する．

6章

問　題

6.1 活性部位の立体構造を形成しているアミノ酸残基はキラルであり，その結果，活性部位はキラリティーをもつ．ヘキソキナーゼはヘキソースの異性体のうち，D 体のみを結合することができる．

6.2 a. イソメラーゼ　b. トランスフェラーゼ　c. リアーゼ　d. オキシドレダクターゼ　e. リガーゼ　f. ヒドロラーゼ

6.3 分解生成物は以下の化合物である．

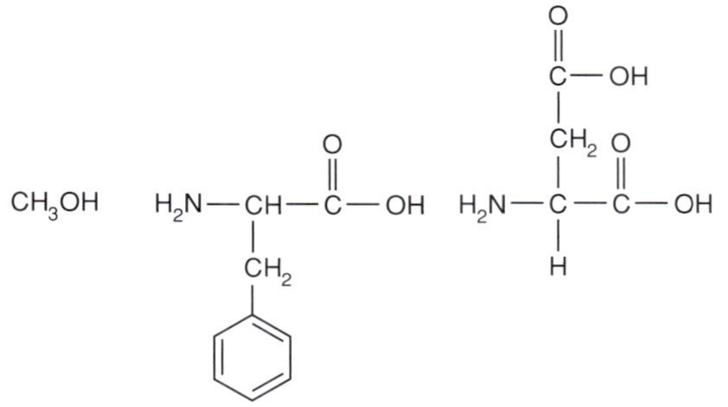

メタノール　フェニルアラニン　アスパラギン酸

エステラーゼによりエステル結合が切断され，ペプチダーゼによりアミド結合が切断される．

6.4

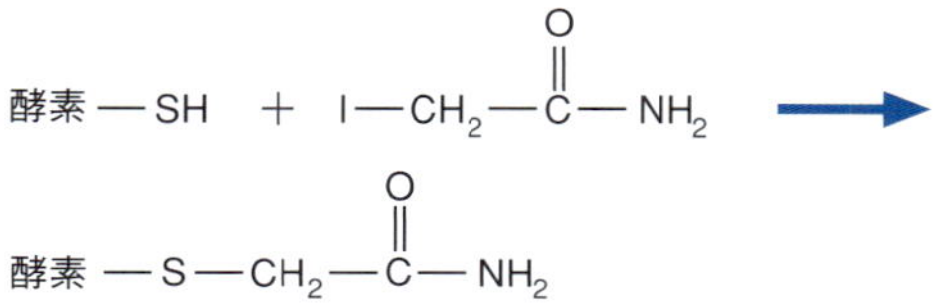

6.5 透析により血中のホルムアルデヒド，ギ酸，およびメタノールが除去される．重炭酸塩は酸を中和してアシドーシスを治療し，エタノールは拮抗的にアルコールデヒドロゲナーゼに結合する．その結果，メタノールの脱水素反応が遅くなり，腎臓による排泄が容易になる．

6.6 メンケス症候群――銅塩を血中に注入することによって，小腸からの銅の吸収不良を補い，セルロプラスミンの濃度を十分高くするのに必要な銅を供給することができれば，病状は改善される．

6.7 ウィルソン病――亜鉛は，銅に高い親和性を示すメタロチオネインの生合成を誘導する．メタロチオネインが銅を結合すれば，銅の結合により失活する酵素やタンパク質を守ることができ，いくつかの臓器が損傷を免れる．ペニシラミンは血中の銅と複合体を形成して腎臓に運ばれ，体外に排出される．

6.8 a. 補因子　b. ホロ酵素　c. アポ酵素　d. 補酵素　e. 補酵素　f. いずれでもない　g. 補酵素

6.9 病状に改善が見られなかった患者は，おそらく高い濃度のアセチル化酵素をもっていると考えられる．医薬の投与量は患者の体重によって決めるのではなく，代謝能力に応じて決めるべきである．

復習問題

3. a. 反応次数：反応速度式における濃度項のべき指数の総和であり，これを明らかにすることにより反応機構の一端を解明することができる．
   b. 代謝回転数：酵素 1 分子が 1 秒間に生成物に変換する基質分子数．
   c. 二置換反応：第一の生成物が脱離してから第二の基質が結合する反応であり，〝ピンポン〞機構とも呼ばれる．
   d. 阻害剤：酵素活性を低下させる分子．
   e. 反応機構：化学反応過程における反応段階ごとについての記述．

5. a. プロ酵素：酵素の不活性な前駆体．
   b. 正の協同性：あるリガンドが標的分子に結合することにより，リガンドの次の結合がより起こりやすくなるような反応機構．
   c. 負の協同性：あるリガンドが標的分子に結合することにより，リガンドの次の結合がより起こりにくくなるような反応機構．
   d. チモーゲン：タンパク質分解酵素の不活性な前駆体．
   e. フリーラジカル：不対電子をもつ原子や分子．

7. 酵素活性に寄与する因子としては，近接効果およびひずみ効果，静電効果，酸塩基触媒，共有結合を介した触媒などがある．

9. a. オキシドレダクターゼ：酸化還元反応を触媒する酵素である．
   b. リアーゼ：付加反応や脱離反応を触媒する酵素で，二重結合に分子を付加したり，逆に分子を脱離して二重結合を形成したりする．
   c. リガーゼ：二つの分子を連結する酵素で，ATP をエネルギー源として用いることが多い．
   d. トランスフェラーゼ：一つの分子の官能基を他の分子に移す反応を触媒する酵素である．
   e. ヒドロラーゼ：水分子を求核剤とした求核置換反応，すなわち加水分解反応を触媒する酵素である．
   f. イソメラーゼ：一つの異性体を他の異性体に転換する酵素である．

11. 遷移金属イオンは強い正電荷をもっており，ルイス酸として作用できるとともに，同時に二つ以上のリガンドに結合できるので，酵素の補因子として有用である．

13. 反応開始直後における反応物と生成物の濃度は正確にわかっている．また，正方向の反応のみを考えればよく，逆反応は無視できるため．

15. 酵素は遷移状態の自由エネルギーを下げることにより，反応の活性化エネルギーを下げる．通常，酵素の活性部位には酵素の遷移状態を安定化させるアミノ酸残基が存在するが，それらは静電効果や非共有結合的相互作用により，また，基質を招き入れて遷移状態へと導くのに適した形状をつくって，遷移状態を安定化させる．酸塩基触媒あるいは共有結合を介した触媒作用を示す酵素の活性部位には，酸性，塩基性あるいは求核性のアミノ酸残基など，直接，触媒作用に関与するアミノ酸残基が存在する．また，活性部位は反応する分子同士を近づけ，反応が起こりやすい方向に両者を配置する．

17. a. メタボロン：代謝経路の中間体の形成にかかわる複数の酵素からなる複合体で，一つの酵素の生成物が次の段階の反応を触媒する酵素の活性部位の近傍に存在する．
    b. *in vivo*：生きた細胞あるいは生物個体での．
    c. *in vitro*：試験管内での，つまり生きた細胞や生物個体のなかではなく，人為的に制御された実験条件での．
    d. *in silico*：コンピュータを用いたシミュレーションやモデリングで得られた結果での
    e. 代謝流速：代謝経路における基質，生成物，中間代謝物などの物質の代謝速度．

19. 真核細胞内における区画化は，膜により物理的に酵素を隔離することであり，酵素を細胞小器官内に閉じ込めたり，膜や細胞骨格に結合させたりする．区画化により，① 競合する反応が同じ場所でいっせいに起こることなく，独立して制御される（分割統治）．② 酵素や代謝物が近傍に存在し，それらの拡散が軽減あるいは防止される．③ 低 pH など，他の場所では起こりえない特殊な環境がつくられる．④ 細胞内成分は，毒性を示す可能性がある反応生成物から免れる（ダメージコントロール）．

21. 酵素触媒において酸あるいは塩基として作用できるアミノ酸は，アスパラギン酸，グルタミン酸，ヒスチジン，システイン，チロシン，アルギニンである．これらアミノ酸のなかで酸あるいは塩基として最も重要なのはヒスチジンと考えられる．なぜならヒスチジンの $\mathrm{p}K_\mathrm{a}$ は 6.0 で，生理的 pH に近いからである．pH 7.6 の水溶液中ではヒスチジンの R 基は中性である．しかし，活性部位の環境によって，その $\mathrm{p}K_\mathrm{a}$ は変化する．比較的極性の低い活性部位においては $\mathrm{p}K_\mathrm{a}$ が低くなり，R 基は中性で存在するため，塩基として働くが，極性の高い活性部位では $\mathrm{p}K_\mathrm{a}$ が高くなり，R 基が荷電状態になるため，酸として働く．

23. $k_\mathrm{cat}/K_\mathrm{m}$ は特異性定数と呼ばれる．これは $[\mathrm{S}] \ll K_\mathrm{m}$ のとき二次の速度定数となる．酵素の特異性定数は触媒速度と基質の親和力との関係を表しており，$k_\mathrm{cat}/K_\mathrm{m}$ の値の上限は，酵素が基質分子を結合する最大速度を超えることはない．

28. ケトン基を含むジヒドロキシアセトンリン酸からアルデヒド基を含むグリセルアルデヒド 3-リン酸への変換には，酸塩基触媒が関与する．中間体はエンジオールである．

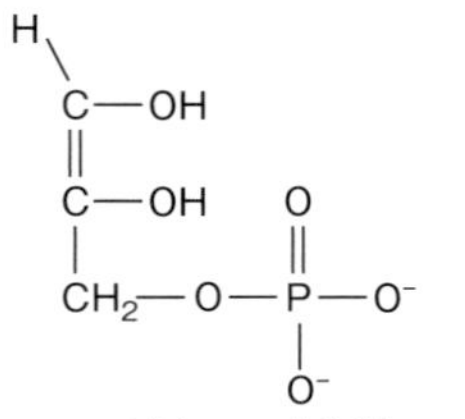

エンジオール中間体

応用問題

31.

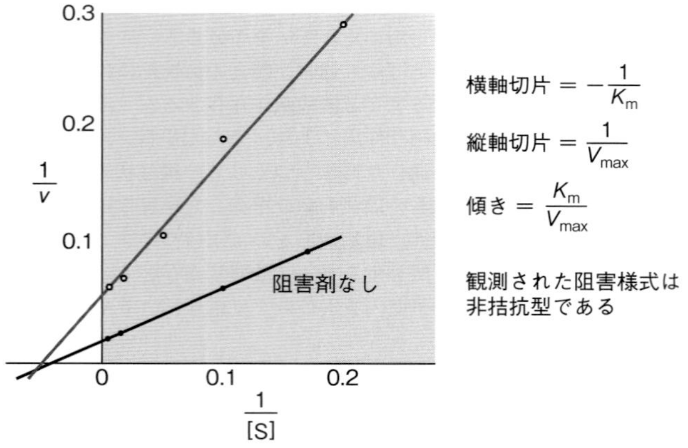

33. 各種アルコールに対する $k_\mathrm{cat}/K_\mathrm{m}$ 値．

アルコール	$k_\mathrm{cat}/K_\mathrm{m}$ $(\mathrm{M^{-1}s^{-1}})$
エタノール	0.5
1-ブタノール	1.0
1-ヘキサノール	2.6
12-ヒドロキシドデカン酸	2.9
全トランス - レチノール	3.9
ベンジルアルコール	0.2
2-ブタノール	1.1×10^{-3}
シクロヘキサノール	3.9×10^{-3}

$k_\mathrm{cat}/K_\mathrm{m}$ 値から，これらのアルコールのなかでは全トランス-レチノールが，ADH により最も代謝されやすいことがわかる．

37. 高分子クラウディングは活量係数を増大させる傾向がある．もしも基質が反応中心から拡散していかないとすると，モル濃度（mol/L）が非常に低い場合でも，局所的な濃度はかなり高いことになる．

39. マグネシウムイオンは空の d 軌道をもっており，これは電子対の受容体として作用する．

41. 反応速度＝ $k[\mathrm{A}]^2[\mathrm{B}]$

[A]	[B]	反応速度
0.1	0.01	1×10^6
0.1	0.02	2×10^6
0.2	0.01	4×10^6
0.2	0.02	8×10^6

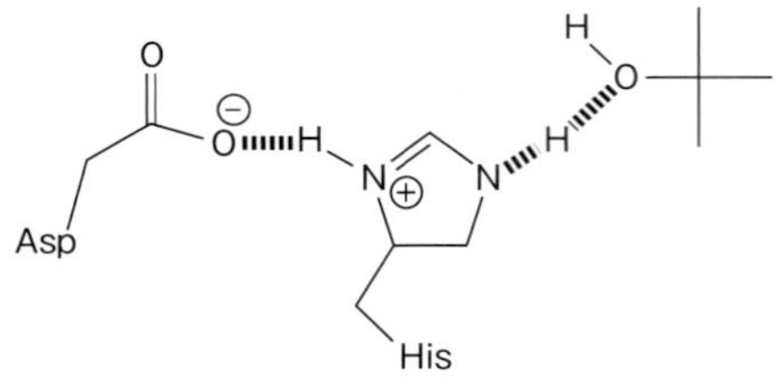

44. a. 否
b. もし α が 1 より小さいとすると，反応は阻害剤がない場合よりも速くなる．

7章

問 題

7.1 a. アルドテトロース　　b. ケトペントース
　c. ケトヘキソース

7.2

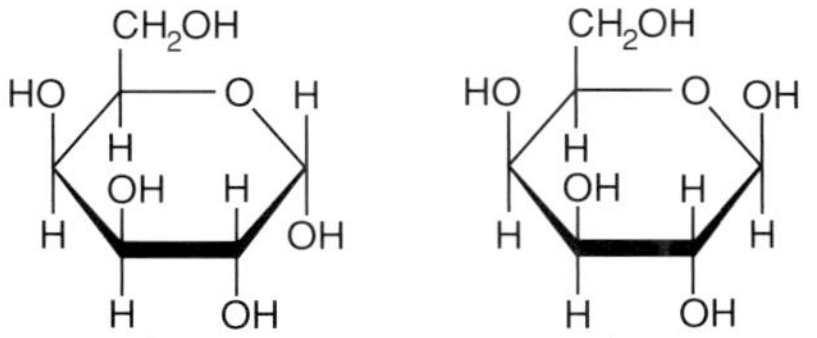

α-D-ガラクトース　　β-D-ガラクトース

(a)

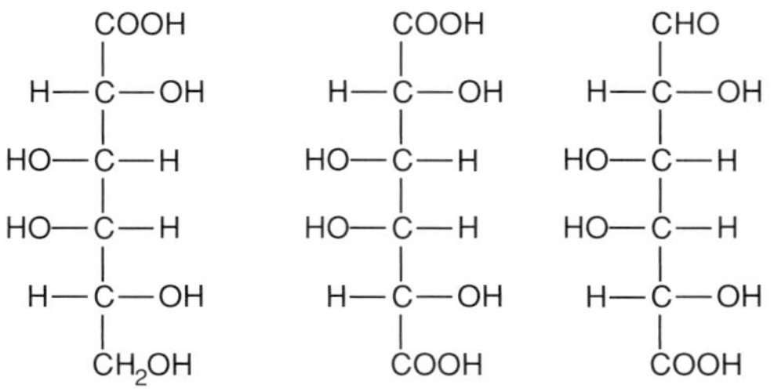

アルドン酸　　アルダル酸　　ウロン酸

(b)

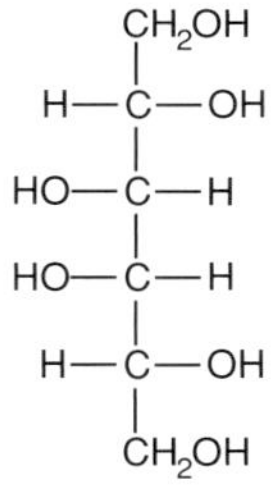

ガラクチトール

(c)

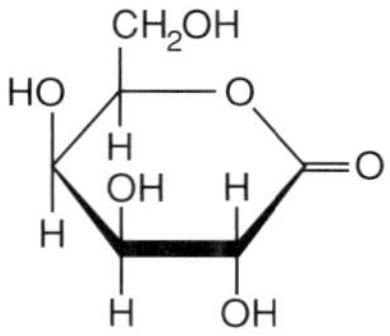

ガラクトン酸のδ-ラクトン

(d)

7.3

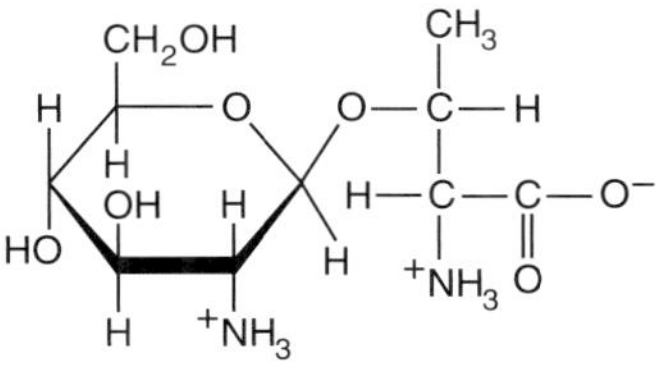

7.4

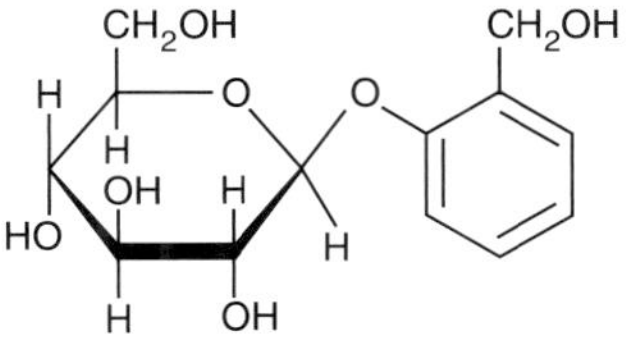

糖質　　アグリコン

7.5 a. グルコース——還元糖
　b. フルクトース——還元糖
　c. α-メチル-D-グルコシド——非還元糖
　d. スクロース——非還元糖
　a および b の糖は変旋光が可能である.

7.6 大きければ大きいほど，不溶性のグリコーゲン分子は，細胞の浸透圧への寄与も無視できる．対照的に，相当する数のグルコース分子のそれぞれは，浸透圧に寄与する．もしグルコース分子が結合してグリコーゲンをつくらなかったら，細胞は破裂するだろう．

7.7 アナログシステムでは，情報は連続するシグナルとして暗号化される．たとえば旧式の時計では，時針は小刻みにではなく連続して動く．アナログシステムで情報処理における小さな変動は重要である．糖暗号がアナログシステムなのは微小不均一性のためである．すなわち，細胞が生物学的に関連したシグナル情報を暗号化するために合成する糖質構造は，スペクトルのように連続しているからである．デジタルシステムでは，情報は物理量の不連続値（"数字"）により表される．デジタル時計は中間の値を示すことなく，不連続な数字の進行として時間を表示する．DNA 暗号は四つの数字（塩基）からなるデジタルシステムである．タンパク質が合成される際，究極的には一つのアミノ酸を暗号化する各 DNA 塩基トリプレットが，特別な意味をもつ．

復習問題

3. a. アルドン酸：単糖のアルデヒド基の酸化生成物．
　b. ウロン酸：単糖の末端 CH_2OH 基が酸化されるときにできる生成物．
　c. アルダル酸：アルデヒドや単糖の CH_2OH 基がカルボン酸に酸化されるときにできる生成物．
　d. ラクトン：環状エステル．
　e. 還元糖：弱い酸化剤によって酸化されうる糖．

5. a. メイラード反応：タンパク質の非酵素的な糖化．還元糖のアノマー炭素へのアミノ窒素の求核攻撃．
　b. シッフ塩基：第一級アミノ基とカルボニル基の間の反応によるイミン生成物．
　c. アマドリ生成物：シッフ塩基の再配置により生成する安定なケトアミン．糖化最終生成物をつくる糖化過程における中間体．
　d. 付加物：付加反応の生成物．
　e. 反応性に富むカルボニル基を含む生成物：タンパク質架橋結合と付加物生成を引き起こすアマドリ生成物から生じる反応性の高い分子．ジカルボニル化合物のグリオキサール（CHOCHO）が一例．

7. a. グリコーゲン：脊椎動物のグルコース貯蔵分子．$\alpha(1\rightarrow4)$ および $\alpha(1\rightarrow6)$ グリコシド結合を含む分枝した重合体．
　b. セルロース：植物によりつくりだされ，D-グルコピラノース残基が $\beta(1\rightarrow4)$ グリコシド結合により連結してできる非分枝構造の重合体．
　c. *N*-グリカン：コア *N*-アセチルグルコサミンアノマー炭素とアスパラギン残基の側鎖アミド窒素との間の β-グリコシド結合を介してタンパク質に結合しているオリゴ糖．
　d. *O*-グリカン：セリンまたはトレオニン残基のヒドロキシ基酸素への β-グリコシド結合を介してタンパク質に結合しているオリゴ糖．
　e. グリコサミノグリカン：二糖繰返し単位からなる長鎖の非分枝ヘテロ多糖．

9. a. グルコースとマンノースはエピマーの例である．
　b.

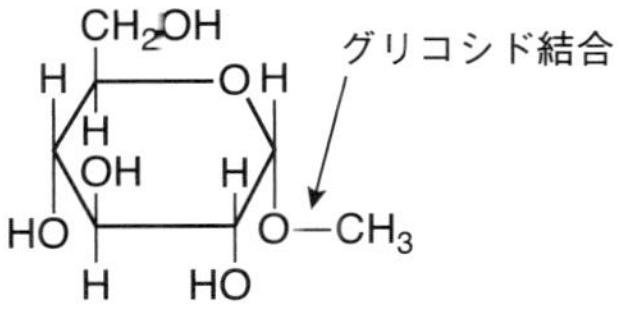

c. グルコースは還元糖である．
d. リボースは単糖である．
e. α- および β-グルコースはアノマーである．
f. D-リボースと D-アラビノースはジアステレオマーである．

11. ヘテログリカンは２種類以上の単糖からなるが，ホモグリカンは１種類の単糖からなる．ホモグリカンとヘテログリカンの例は，それぞれデンプンとヒアルロン酸である．

13.

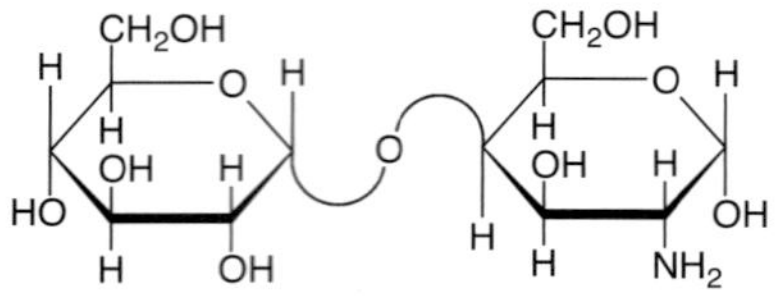

15. a. カルボン酸とヒドロキシ基が多くの水と結合する．
b. 水素結合が，水とグリコサミノグリカンとの間の主要な結合タイプである．

17. 還元糖はベネディクト試薬中で二価銅を還元する．この還元が起こるのは，糖のヘミアセタール部分が，カルボン酸に酸化されるようなアルデヒド官能基を形成できるからである．

19. a. D-エリスロースと D-トレオースはエピマーである．
b. D-グルコースと D-マンノースはエピマーである．
c. D-リボースと L-リボースは鏡像異性体である．
d. D-アロースと D-ガラクトースはジアステレオマーである．
e. D-グリセルアルデヒドとジヒロドキシアセトンはアルドース-ケトース対である．

応用問題

22. プロテオグリカンの厚い覆いは，その表面抗原への抗体の結合を阻むことにより細菌を保護する．

24.

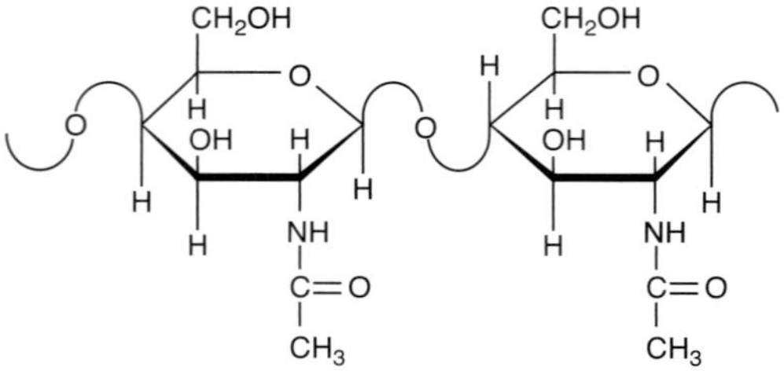

26. a.

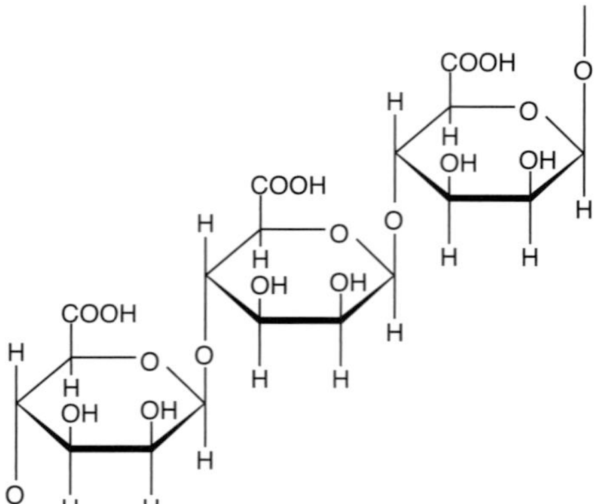

b. その重合体は，広範囲に及ぶ水素結合を介して水を固定するように働く．

28. A および B 抗原の完全な構造は次の通りである．

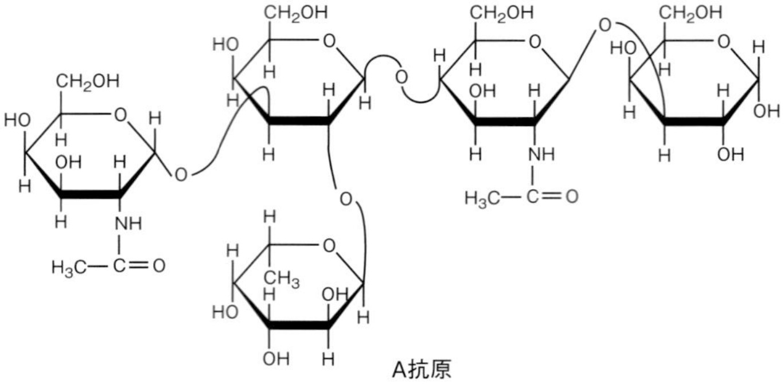

A抗原

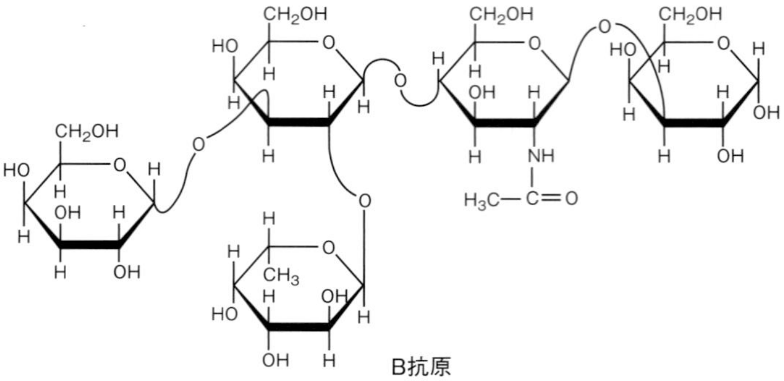

B抗原

30. グルコースのフルクトースへの変換はエノール - ケト互変異性により起こる．図 7.16 を参照．

32. 硫酸基は水素結合が可能ないくつかの負に帯電した酸素をもっている．硫酸基と疎水性分子が結合すると，硫酸酸素と組織液中の水分子との間の水素結合のために溶解性が高くなる．

34. D ファミリーの糖と仮定すると，二つの構造が可能である．

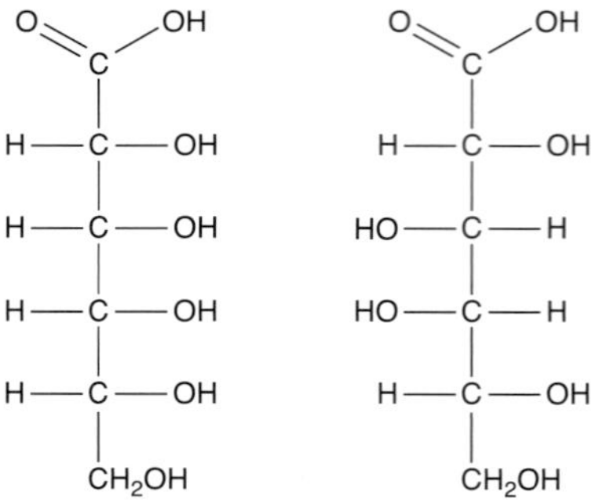

36. 3-ケトグルコースの三つの α-アノマー環を以下に示す．ピラノース型は結合角がゆるやかなので，最も安定している．

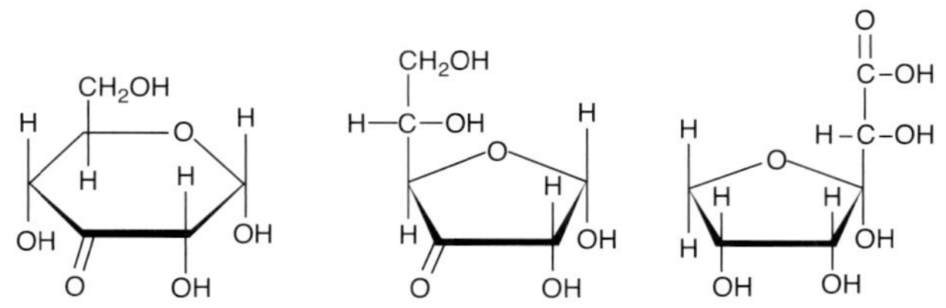

38. オレストラの構造は以下の通りである.

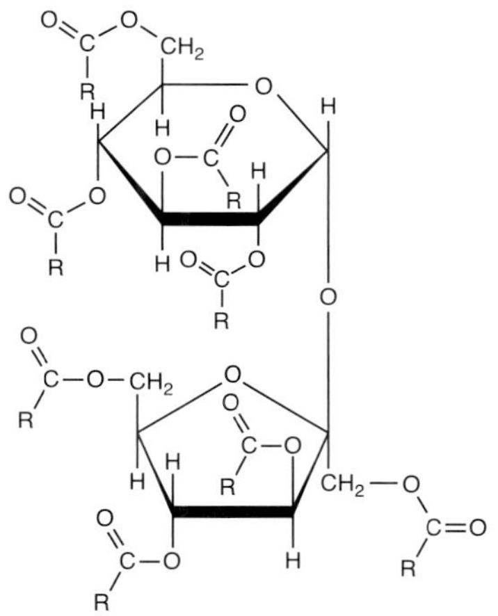

8章

問 題

8.1 これらの反応で産生された大量の NADH が，ピルビン酸から乳酸への変換を促すからである.

8.2 クロムは補助因子として作用している.

8.3 酸素が存在しない場合，エネルギーは嫌気的な過程である解糖によってのみ産生される．解糖は好気的呼吸に比較してグルコース分子あたりのエネルギー産生量が小さい．したがって，細胞のエネルギー要求に合わせるために，より多くのグルコース分子が代謝されなければならない．一方，酸素が存在する場合は，解糖系を流れるグルコースの量は減少する.

8.4 解糖と糖新生の反応群は 3 カ所で異なる酵素によって触媒されている．たとえば，ホスホフルクトキナーゼとフルクトース-1,6-ビスホスファターゼが触媒する反応は互いに逆反応である．もしも両方の反応が意味のある程度に同時に起こると（すなわち無益回路において），ホスホフルクトキナーゼが触媒する反応で ATP の加水分解により大量の熱が放出される．もしもこの熱が速やかに消失しなければ，患者は高熱のために死に至る.

8.5 糖新生でピルビン酸はオキサロ酢酸に変換される．NADH とプロトンは 1,3-ビスホスホグリセリン酸をグリセルアルデヒド 3-リン酸へ還元するのに必要である．NAD^+（NADH の酸化型の一つ）もまたこの反応で生成する．ATP は，ピルビン酸のカルボキシル化によるオキサロ酢酸の生成とグリセルアルデヒド 3-リン酸のリン酸化による 1,3-ビスホスホグリセリン酸の生成に，エネルギーを供給するために必要である．これらの反応ではいずれも ADP と無機リン酸が生成する．GTP はオキサロ酢酸からホスホエノールピルビン酸への変換で加水分解され，GDP と無機リン酸を生じる．水は，ADP と無機リン酸への ATP の加水分解，ホスホエノールピルビン酸から 2-ホスホグリセリン酸への変換，およびグルコース 6-リン酸からグルコースへの加水分解に必要である． 4 分子の ATP と 2 分子の GTP が加水分解されるとき，6 個のプロトンが生成する.

8.6 グルコース-6-ホスファターゼが存在しないヒトは，グルコースを血中に放出できない．その場合は，大量の糖質を消費することによって血糖値を維持する．過剰のグルコース 6-リン酸はピルビン酸に変換され，そして NADH により還元されて乳酸が生成する.

8.7 これらの酵素の欠損によってグリコーゲンの分解が妨げられる．この場合でも合成酵素類は活性をもっており，ある程度の量のグリコーゲンが産生され続けるため，肝臓肥大を引き起こす．血糖値維持における肝臓の戦略的役割のために，脱分枝酵素の欠損は低血糖症を起こす.

復習問題

3. a. 互変異性：2 種類の互変異性体が水素原子と二重結合を動かすことによって相互変換する化学反応.
   b. 互変異性体：水素原子と二重結合の位置が互いに異なる異性体（たとえばケト-エノール互変異性体）.
   c. 両性代謝経路：同化と異化の両方の機能をもつ代謝経路.
   d. 電子伝達系：種々のエネルギー準位の電子に可逆的に結合した，一連の電子運搬タンパク質.
   e. 脱炭酸反応：カルボン酸からカルボキシ基を二酸化炭素として取り除くこと.

5. グルコースが細胞への流入に際してリン酸化されることは，それが細胞から漏出することを防止し，酵素の活性中心に結合することを容易にする.

7. これらの回路において栄養素である分子が早期に活性化されることにより，基質と反応産物の濃度が異なっても ATP を産生できる.

9. 糖新生に独特な反応とは，① ピルビン酸カルボキシラーゼとホスホエノールピルビン酸（PEP）カルボキシキナーゼによって触媒される PEP の合成，② フルクトース-1,6-ビスリン酸ホスファターゼによって触媒されるフルクトース 1,6-ビスリン酸からフルクトース 6-リン酸への変換，および③ グルコース-6-リン酸ホスファターゼによって触媒されるグルコース 6-リン酸からグルコースの形成である.

11. 体内のグルコース量を調節する三つの主要なホルモンはインスリン，グルカゴン，エピネフリンである．インスリンは同化作用のホルモンであり，標的細胞に血液からグルコースを取り込ませ，肝臓と筋肉でのグリコーゲン分解，および肝臓での解糖を促進する．グルカゴンは血中グルコース濃度が低いときに分泌される．グルカゴンはいずれもグルコースを産生する肝臓での糖新生とグリコーゲン分解を促進し，グルコースを血中に放出させる．高ストレスの条件下で分泌されるエピネフリンは，肝臓のグリコーゲン分解をきっかけにして血中グルコース濃度を高める.

13. 基質準位のリン酸化とは，高エネルギー有機基質の発エルゴン的な分解と共役した（ADP と無機リン酸からの）ATP 合成のことである．解糖におけるこの過程の例には，1,3-ビスホスホグリセリン酸から 3-ホスホグリセリン酸への変換（ホスホグリセリン酸キナーゼによる），ホスホエノールピルビン酸からピルビン酸への変換（ピルビン酸キナーゼによる）がある.

15. エピネフリンはアデニル酸シクラーゼを活性化することにより，グリコーゲンのグルコースへの変換を促進している．アデニル酸シクラーゼによる反応の生成物である cAMP は，グリコーゲン分解酵素のグリコーゲンホスホリラーゼを活性化する反応の流れを開始させる.

問題 21 の図

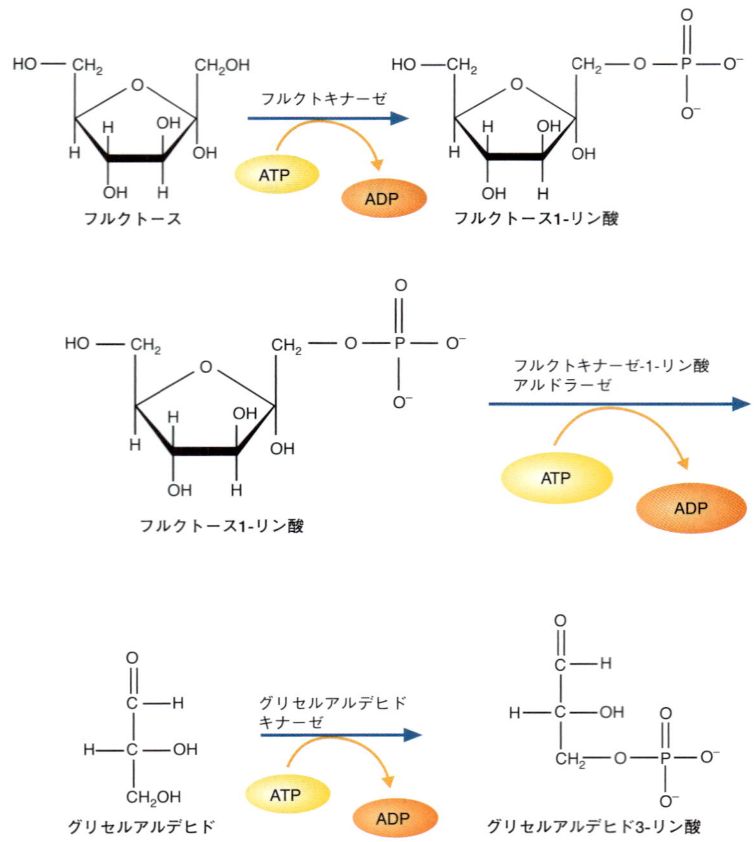

17. 糖新生は主として肝臓で起こる．たとえば，飢餓や運動のような血糖値を低下させる過程は糖新生を活性化する．異なった酵素群によって触媒される正方向と逆方向の反応をもち，それらが独立して制御されることによって，無益回路になることが防止されている．
19. グルコースは細胞の要求に依存した多くの重要な代謝経路の基質であり，反応産物である．たとえば，糖代謝においてグルコースは中心的な役割を演じている．エネルギーが必要な場合，グルコースは解糖によってピルビン酸に変換される．ピルビン酸は，好気的には ATP を産生するためにクエン酸回路と電子伝達系によって，嫌気的には乳酸（酵母やいくつかの細菌類ではエタノール）を産生するために，いずれも酸化される．エネルギーが豊富である場合，グルコースはグリコーゲン合成経路によってグリコーゲンに変換されるか，あるいはペントースや他の糖に変換されるためにペントースリン酸回路に入る．またグルコースから形成されたピルビン酸は，クエン酸回路だけでなく脂質合成の前駆物質でもあるアセチル CoA に変換される．さらにグルコースは，糖新生によってピルビン酸またはある種のアミノ酸からも合成される．
21. 上図を参照．
23. 解糖では，エノラーゼによって触媒される 2-ホスホグリセリン酸からホスホエノールピルビン酸への変換において脱水反応が生じている．
25. インスリンは高い血中グルコース濃度に応答して分泌される．肝臓でインスリンはグリコーゲン分解を阻害し，グリコーゲン合成を活性化する．その結果，血中グルコース濃度は低下する．インスリンはまた，グルコースの細胞（脂肪細胞と筋肉細胞）への取り込みを増加させる．グルカゴンは低い血中グルコース濃度に応答して分泌される．肝臓でグルカゴンはグリコーゲン合成を阻害し，グリコーゲン分解を活性化する．その結果，グルコースが血流中に放出される．
27. 嫌気条件下でのピルビン酸の運命は発酵である．筋肉細胞では乳酸が唯一の反応産物であり，酵母ではエタノールと CO_2 が反応産物となる．そしていくつかの微生物では，乳酸とその他の有機酸類，あるいはアルコール類が反応産物である．これらの発酵反応は結果として NAD^+ を再生するので解糖が継続できる．好気条件下でのピルビン酸の運命は，CO_2 と H_2O を形成する完全な酸化である．

応用問題

30. グルコキナーゼ（GK）はグルコースとの親和性が比較的低いため，グルコースセンサーとして作用する．GK は通常，高い反応速度では作用していないため，血中グルコース濃度のわずかな変化に対して敏感である．GK が存在する細胞において GK はシグナル伝達系とつながっている．たとえば膵臓の β 細胞では，血中グルコース濃度が高い場合に GK が触媒するグルコースのリン酸化が生じ，インスリン分泌の引き金となる．
32. 肝臓においてフルクトースは，解糖の二つの制御段階，すなわちグルコースからグルコース 6-リン酸，フルクトース 6-リン酸からフルクトース 1,6-ビスリン酸への変換を迂回するため，グルコースよりも迅速に代謝される．フルクトース 1-リン酸がグリセルアルデヒドとジヒドロキシアセトンリン酸に開裂し，やがていずれもグリセルアルデヒド-3-リン酸に変換されることを思いだそう．

34. もしも糖新生と解糖が厳密に互いの逆反応なら，非効率的なサイクルが形成されて多くのエネルギーが浪費されただろう．さらに，生体が必要に応じてグリコーゲンを貯え，血中にグルコースを放出することも不可能だっただろう．

36. 高濃度の場合，フルクトースは解糖系のほとんどの制御段階を迂回できる．過剰なフルクトースの炭素骨格は，グリコーゲン分子に貯えられる代わりに，ピルビン酸とアセチル CoA を経由してトリアシルグリセロール分子中の脂肪酸に変換される．

38. グリコーゲンとトリアシルグリセロールはいずれもエネルギー源である．２種類の分子の一つの違いはエネルギーを動員するスピードである．グリコーゲンはグルコースに変換され，非常に迅速にエネルギー産生に転じる(即席のエネルギー)．貯蔵脂肪からの動員にはより時間がかかるが，いったん活性化されると持続的にエネルギーを供給する．

40. ペントースリン酸回路を説明する図 8.14a と 8.14b を参照せよ．グルコース 6-リン酸の C-2 の ^{14}C 標識は，脱炭酸反応の結果，リブロース 5-リン酸の C-1 になることに注意すること．リブロース 5-リン酸がペントースリン酸回路の非酸化相に入ると，放射性標識はリボース 5-リン酸，キシルロース 5-リン酸，セドヘプツロース 7-リン酸，フルクトース 6-リン酸の C-1 に現れる．

9章

問 題

9.1 NO_2^- の酸化は，$\Delta E^{\circ\prime}$ 値が -0.345 V であり，記述のようには自発的に進行しない．エタノールの酸化は，$\Delta E^{\circ\prime}$ 値が正($+0.275$ V)であるため，記述通り自発的に起こる．

9.2 反応３，４，５が酸化還元反応である．反応３では乳酸が還元剤であり，NAD^+ が酸化剤である．反応４ではシトクロム $b(Fe^{2+})$ が還元剤であり，NO_2^- が酸化剤である．反応５では NADH が還元剤であり，CH_3CHO が酸化剤である．

9.3 官能基の(矢印で示す)炭素の酸化状態は

CH_3CH_2OH　　$0-1-1+1=-1$

CH_3CHO　　$0-1+2=+1$

CH_3COOH　　$0+1+2=+3$

9.4 有機分子へ取り込まれるのだから，CO_2 の炭素原子は還元される．

9.5 コハク酸は対称な構造であるため，^{14}C-標識アセチル CoA １分子由来のコハク酸１分子は，メチレン基が標識されたものとカルボニル基が標識されたものの二つのかたちのオキサロ酢酸へ変換される．^{14}C-標識 CO_2 が放出されるのは，回路が二巡して元の標識炭素の半分が失われるときである(アセチル CoA 由来のカルボニル基)．回路の三巡目や四巡目にスクシニル CoA がコハク酸へ変換されることにより，標識炭素はさらに混ぜ合わされる．

9.6 ピルビン酸カルボキシラーゼはピルビン酸をオキサロ酢酸へ変換する．この酵素が不活性であると，この系のなかのピルビン酸濃度が上昇し，ピルビン酸は NADH により乳酸へ変換される．そして過剰な乳酸が尿に排出される．

9.7 フルオロ酢酸はフルオロアセチル CoA へ変換される．この物質は次にオキサロ酢酸と反応してフルオロクエン酸を生成する．フルオロクエン酸は，クエン酸をイソクエン酸へ変換するアコニターゼを阻害するので有害であり，その結果，クエン酸が蓄積する．植物では，フルオロ酢酸はミトコンドリアから離れた液胞に蓄えられている．

復習問題

3. a. 両性代謝経路：同化と異化の両方で機能する代謝経路．
   b. アナプレロティック反応　生化学経路のために必要な基質を補充する反応．
   c. グリオキシル酸回路：植物，細菌，その他の真核生物で見られるクエン酸回路の変形で，これらの生物がエタノール，酢酸，アセチル CoA などの炭素基質を用いて増殖することを可能にする．
   d. 還元電位：酸化還元電位で，酸化還元対の電子供与体が電子を失う傾向の程度．
   e. 共役酸化還元対：半反応における電子供与体(たとえば Cu^+)と電子受容体(たとえば Cu^{2+})．

5. 収縮する筋肉は，筋肉細胞内で大量の ATP を ADP へ変換する．ATP 濃度の低下により，クエン酸回路の二つの重要な制御酵素が活性化される．① クエン酸シンターゼはアセチル CoA とオキサロ酢酸の縮合を触媒し，クエン酸を生成する．ATP はこの酵素のアロステリック阻害剤である．ATP 濃度の低下につれて，この酵素はより活性化する．② イソクエン酸デヒドロゲナーゼはイソクエン酸を 2-オキソグルタル酸へ変換するが，高濃度の ATP により阻害され，高濃度の ADP により活性化される．ATP 濃度の低下は，ピルビン酸デヒドロゲナーゼによるピルビン酸からアセチル CoA への変換も促進する．

7. クエン酸シンターゼとアコニターゼにより触媒されるグリオキシル酸回路の最初の２反応は，クエン酸回路でも起こる．その次の２反応でイソクエン酸はコハク酸とグリオキシル酸へ分割される．グリオキシル酸はアセチル CoA と反応して，リンゴ酸を生成する．リンゴ酸デヒドロゲナーゼによりリンゴ酸がアセチル CoA へ変換されると，この回路は完了する．

9. クエン酸回路の各反応の平衡方程式は次の通りである．

1. $C_2H_3O\text{-}SCoA + C_4H_2O_5^{2-} + H_2O \longrightarrow CoASH + C_6H_5O_7^{3-} + H^+$
   アセチル CoA　オキサロ酢酸　　クエン酸
2. $C_6H_5O_7^{3-} \longrightarrow C_6H_5O_7^{3-}$
   クエン酸　イソクエン酸
3. $C_6H_5O_7^{3-} + NAD^+ \longrightarrow C_5H_4O_5^{2-} + NADH + CO_2$
   イソクエン酸　2-オキソグルタル酸
4. $C_5H_4O_5^{2-} + NAD^+ + CoASH \longrightarrow C_4H_4O_3^{3-}\text{-}SCoA + NADH + CO_2$
   2-オキソグルタル酸　スクシニル CoA
5. $C_4H_4O_3^{3-}\text{-}SCoA + GDP(\text{または } ADP) + HPO_4^{2-}$
   スクシニル CoA　P_i
   $\longrightarrow C_4H_4O_4^{2-} + GTP(\text{または } ATP) + CoASH$
   コハク酸
6. $C_4H_4O_4^{2-} + FAD \longrightarrow C_4H_2O_4^{2-} + FADH_2$
   コハク酸　フマル酸
7. $C_4H_2O_4^{2-} + H_2O \longrightarrow C_4H_4O_5^{2-}$
   フマル酸　L-リンゴ酸
8. $C_4H_4O_5^{2-} + NAD^+ \longrightarrow C_4H_2O_5^{2-} + NADH + H^+$
   L-リンゴ酸　L-オキサロ酢酸

11. 酸素が利用可能なときに，グルコースからエネルギーを得るために必要な生化学反応は解糖系であり，ピルビン酸がアセチル CoA へ変換され，アセチル CoA にその後クエン酸回路に入る．クエン酸回路の産物である還元型補酵素 NADH，$FADH_2$ は，電子を電子伝達系へ渡し，そこでの最終的な電子受容体は酸素である．そして電子伝達系が捕獲したエネルギーは ATP の合成に使用される．

13. 電子伝達系(ETC)には酸素が必要である．

$O_2 + NADH + H^+ \longrightarrow H_2O + NAD^+$

酸素がないとETCは止まり，NAD^+ の代わりにNADHが蓄積する．高NADH濃度と低 NAD^+ 濃度はともにクエン酸回路を阻害する．低 NAD^+ 濃度により，NAD^+ を補酵素として使用する二つの重要な制御酵素も影響を受ける．

15. ピルビン酸デヒドロゲナーゼ複合体中のそれぞれの酵素，補因子，補酵素の役割は次の通りである．① ピルビン酸デカルボキシラーゼ(またはピルビン酸デヒドロゲナーゼと呼ばれる)は，補酵素のTPP(チアミンピロリン酸)を介してピルビン酸を脱炭酸化し，HETPP(ヒドロキシエチルTPP)と二酸化炭素(CO_2)を生成する．② ジヒドロリポイルトランスフェラーゼは，HETPPのアセチル基を補酵素のリポ酸に移動し，TPPを再生するとともにアセチルリポ酸を生成する．続いてアセチルリポ酸のアセチル基を補酵素のCoASHに移動し，アセチルCoAとジヒドロリポ酸を生成する．③ ジヒドロリポイルデヒドロゲナーゼは，ジヒドロリポ酸を再酸化してリポ酸を再生する．

17. グリオキシル酸回路をもつ生物とは異なり，動物は二炭素分子を糖新生の前駆体として利用できない．糖新生への経路の一つは，ピルビン酸からオキサロ酢酸，ホスホエノールピルビン酸の生成から始まる．ピルビン酸を脱炭酸してアセチルCoAを生成する反応は不可逆であり，またアセチルCoAからピルビン酸を生成する生合成経路は存在しないため，ピルビン酸を二炭素分子から生成することはできない．糖新生はオキサロ酢酸を前駆体とすることもできる．しかし，オキサロ酢酸はアセチルCoAのみからは合成できない．アセチルCoAがオキサロ酢酸と反応することによりクエン酸回路に入ると，アセチルCoAは回路に炭素を2個加えることになる．しかし，2個の炭素は続くステップで CO_2 として除去される．このように，クエン酸回路では正味の炭素追加は起こらない．糖新生にオキサロ酢酸を使用するのであれば，アセチルCoAよりも大きなクエン酸回路中間体を介するか，アミノ酸から合成することにより，オキサロ酢酸を補充しなければならない．動物には存在しないグリオキシル酸回路は，クエン酸回路の CO_2 を発生する反応を迂回するため，二炭素分子からの糖新生を可能にする．

19. クエン酸回路の中間体を前駆体として利用する生合成経路には，オキサロ酢酸からのグルコース生成，オキサロ酢酸からのピリミジン生成，2-オキソグルタル酸からのプリン生成，クエン酸からの脂肪酸とコレステロールの生成，スクシニルCoAからのポルフィリン，ヘムまたはクロロフィルの生成，オキサロ酢酸からのアミノ酸Asp，Lys，Thr，Ile，Metの生成，2-オキソグルタル酸からのアミノ酸Glu，Gln，Pro，Argの生成が含まれる．

応用問題

22. 基質レベルのリン酸化においては，高エネルギー化合物から直接リン酸基を移動することによりADPがATPへ変換される．クエン酸回路のなかでこの種の反応がかかわる反応は，スクシニルCoAを分割してコハク酸，CoASH，GTPを生成する反応だけである．基質レベルのリン酸化の別の例としては，解糖系のホスホエノールピルビン酸とADPをピルビン酸とATPへ変換する反応をあげることができる．

24. チアミンを必要とする酵素は，ピルビン酸デヒドロゲナーゼ，2-オキソグルタル酸デヒドロゲナーゼ，トランスケトラーゼの3種類である．チアミンは脱炭酸反応とアシル基転移反応に関与する．脱炭酸反応が起こらないと，ピルビン酸を脱炭酸してアセチルCoAを生成する反応が阻害される．そうなると，人体では合成とエネルギー産生のための二炭素分子が不足する．ピルビン酸が乳酸のように蓄積する．チアミンが欠乏すると，全体としてエネルギーの欠乏，筋肉疲労，アシドーシスが起こる．

26. ピルビン酸をカルボキシル化すると，クエン酸回路の中間体であるオキサロ酢酸が生成する．中間体のうちの一つの濃度を上昇させると，回路が刺激され，より多くのエネルギーが産生される．

28. ピルビン酸デヒドロゲナーゼの制御にかかわるピルビン酸デヒドロゲナーゼキナーゼを阻害すると，ピルビン酸分子からアセチルCoAへの変換が促進され，その結果，乳酸レベルが低下する．

30. $\Delta G^\circ = -nF\Delta E^\circ$

二つの反応の半電池反応は

$$S + 2H^+ + 2e^- \longrightarrow H_2S \qquad -0.23\ V$$
$$\frac{1}{2}O_2 + 2H^+ + 2e^- \longrightarrow H_2O \qquad +0.82\ V$$
$$NADH \longrightarrow NAD^+ + H^+ + 2e^- \qquad +0.32\ V$$

硫化水素を生成するためには，反応は

$$S + H^+ + NADH \longrightarrow H_2S + NAD^+ \qquad +0.09\ V$$
$$\Delta E^\circ = -0.23\ V + 0.32\ V = +0.09\ V$$
$$\Delta G^\circ = -2(96{,}485\ J/V\cdot mol)(0.09\ V) = -17.367\ J/mol$$

$$\frac{1}{2}O_2 + H^+ + NADH \longrightarrow H_2O + NAD^+ \qquad +1.14\ V$$
$$\Delta E^\circ = +0.82\ V + 0.32\ V = +1.14\ V$$
$$\Delta G^\circ = -2(96{,}485\ J/V\cdot mol)(+1.14\ V) = -219{,}985\ J/mol$$

エネルギー収率の差は $-219{,}985 - (-17{,}367) = -202{,}618$ J/mol または -203 kJ/mol である．

10章

問 題

10.1 a. NADH　b. $FADH_2$　c. Cyt *b*(還元型)　d. NADH　e. NADH

10.2 DNPはプロトンと可逆的に結合する脂溶性の分子である．DNPは，内膜を横断してプロトンを移動させることによって，ミトコンドリアにおけるプロトン勾配を消失させる．酸化的リン酸化からの電子伝達の脱共役は，食物からのエネルギーを熱として浪費してしまう．DNPが肝臓障害を引き起こすのは，代謝的にATPを必要とする器官である肝臓で，ATP合成が十分に行われなくなるからである．

10.3 合成されない．反転した亜ミトコンドリア粒子内でATP合成が起こるためには，プロトン濃度が高くなくてはならない．ATPが合成されるためには，膜を貫通しているATPシンターゼを通ってプロトンが移動し，濃度勾配を下げる必要がある．

10.4 プロトンの漏えいを無視し，グリセロールリン酸シャトルが働いていると仮定すると，グルコースの好気的酸化によって36分子のATPが合成される．もしリンゴ酸-アスパラギン酸シャトルが働いているとすると，38分子のATPが合成される．

10.5 スクロースはグルコースとフルクトースからなる二糖である．本文で述べたように(p. 319)，1 molのグルコースの酸化によって最高31 molのATPが生成する．フルクトースもグルコースと同様，部分的に解糖系で分解され，最高31 molのATPが生成する．したがって，スクロース1分子あたり最高62 molの

ATP が生成する．

10.6 セレン原子は硫黄原子よりも大きいので，よりゆるやかに電子を保持する．セレンはより容易に酸化されるため，硫黄よりも酸素の捕捉剤として優れている．

10.7 SH 基は，過酸化水素を還元したりヒドロキシラジカルを捕捉したりして，水を生成する．SH 基をもっていない分子でこの活性をもちうる分子の例には，ビタミン C や他の多くの抗酸化剤(カロテノイド，フラボノイド，トコフェロールなど)がある．

10.8 電子が欠乏した ROS の中和で容易にフェノキシラジカルが生成するので，両方の分子のフェノール基が抗酸化活性に対応している．

復習問題

3. a. 化学浸透圧共役説：膜を横切る電気化学的プロトン勾配によって電子伝達と共役する ATP 合成．
   b. 脱共役：電子伝達からの ATP 合成を脱共役させる分子．膜を横切ってプロトンを透過させることでプロトン勾配を崩壊させる．
   c. イオノホア：膜を横切ってカチオンを輸送させる物質．
   d. 亜ミトコンドリア粒子：ミトコンドリアを超音波処理することで得られる小さな膜小胞．ATP 合成の研究に用いられる．
   e. α, β 六量体：ミトコンドリアの ATP 合成の F_1 ユニットの構成因子．ATP 合成を触媒する．
5. a. 活性酸素種(ROS)：スーパーオキシドラジカル，過酸化水素，ヒドロキシラジカル，ならびに一重項酸素を含む分子状酸素の活性派生物．
   b. 抗酸化物質：他の分子の酸化を防ぐ物質．
   c. 酸化ストレス：過剰な活性酸素種の産生．
   d. 呼吸バースト：異物や損傷を受けた細胞を殺すために ROS を産生するマクロファージのような，スカベンジャー細胞における酸素消費性の過程．
   e. 活性窒素種(RNS)：しばしば ROS に分類される窒素を含むラジカル．例として一酸化窒素，二酸化窒素，ならびにペルオキシナイトレートなどを含む．
7. a. ラジカル：不対電子をもつ原子や分子．
   b. ROS：活性酸素種．分子状酸素の活性派生物．
   c. RNS：活性窒素種．窒素を含むラジカル．
   d. GSH：グルタチオン．細胞内還元剤．
   e. SOD：スーパーオキシドジスムターゼ．スーパーオキシドラジカルを過酸化水素と酸素に変換する反応を触媒する酵素．
9. ミトコンドリアの電子伝達系に対する主要な電子の供給源は NADH と $FADH_2$ である．
11. 三つのプロトンの輸送が ATP 合成を進めるためには必要である．4 番目のプロトンは ADP と P_i の輸送を促す．
13. 微量の ROS はシグナル分子として機能する．ビタミン E のような食事性の抗酸化物質が過剰にあると，抗酸化酵素の合成を誘導する ROS 誘導性の防御機構を阻害する．
16. 酸化ストレスに対抗する主要な酵素は，スーパーオキシドジスムターゼ，カタラーゼ，およびグルタチオンペルオキシダーゼである．
18. 二原子酸素が NO_3^-，Fe^{3+}，および SO_4^{2-} のような荷電した酸化剤よりも優れているのは，O_2 が容易に拡散して細胞膜を通過できることである．CO_2 も拡散して膜を通過できるが，CO_2 と違って二原子酸素は反応性が高く，容易に電子を受容できる．最後に，O_2 は地球上のほとんどどこにでも存在し，硫黄のような酸化剤よりもずっと容易に利用できる．
20. ミトコンドリアの ETC には四つのタンパク質複合体がある．複合体 I(NADH デヒドロゲナーゼ複合体)は NADH から UQ への電子の伝達を触媒する．複合体 II(コハク酸デヒドロゲナーゼ複合体)は，クエン酸回路の中間体であるコハク酸から FAD を経て UQ への電子の伝達を媒介する．複合体 III(シトクロム bc_1 複合体)は，UQH_2 から，ミトコンドリア内膜の外側に面してゆるやかに結合している移動性の電子運搬体タンパク質であるシトクロム c へ電子を伝達する．複合体 IV(シトクロムオキシダーゼ)は，酸素を還元して水を生成するシトクロム c によって供給される電子を伝達する．
22. 電子伝達系の正味の反応は，高度に発エルゴン的である．一つの反応の代わりに，一連の酸化を使うことによって，より制御された，より効果的なエネルギーの捕獲を行うことができ，このことによって大量の熱の放出が回避される．
24. NADH デヒドロゲナーゼ(複合体 I)は NADH を NAD^+ に酸化する．複合体 I が阻害されると NADH が蓄積し(その結果，$NADH/NAD^+$ 比が上昇する)，複合体 II で酸化される $FADH_2$ は影響を受けない．

応用問題

27. G-6-PD レベルが低下した状態で酸化型 GSH が高濃度にあると，強い酸化ストレスを引き起こす．抗酸化反応がないと赤血球の細胞膜は不安定化し，この状態は最終的に溶血性貧血を誘導する．
29. ジニトロフェノールは，ミトコンドリアの内膜を横切るプロトン勾配を崩壊させる．通常 ATP 合成に用いられるエネルギーは，熱として失われる．
31. シアン化合物はシトクロムオキシダーゼに不可逆的に結合する．ETC 中のすべてのシトクロムが還元され，ATP 合成は停止する．ジニトロフェノールの場合，酸性フェノールは膜を横切ってプロトンを運ぶことでプロトン勾配を消失させる．ジニトロフェノールでは，電子伝達系のどの部分も不可逆的な変化は受けない．フェノールの除去によって電子伝達系は元にもどる．
33. もしシトクロム複合体がミトコンドリア内膜に埋め込まれていなかったなら，プロトン勾配は形成されないだろうし，ATP 合成も起こらないであろう．
35. ETC の電子受容体として酸素が用いられた場合，NADH と水との電位差は 1.14 V である．NADH による硝酸の完全な還元では + 1.18 V が生じる．これは酸素の場合とほぼ同じである．したがって，ほぼ同じ量の ATP が合成されると考えられる．
37. 酸素のアミノ酸への攻撃によって生じる炭素ラジカルは，二つのアミノ酸を二量体化し，架橋を生じさせることができる．

   2R′CHONH ⟶ RCN(CONH) − CH(CONH)R

11 章

問 題

11.1 ステロイドはアラキドン酸の放出を阻害するので，完全ではないものの大半のエイコサノイドの合成を停止する．そのため強力な抗炎症剤として高い評価を得ている．アスピリンはシクロオキシゲナーゼを不活性化させ，プロスタグランジンやトロンボキサンの前駆体である PGG_2 へのアラキドン酸からの変換を抑制する．アスピリンはステロイドほど効果的な抗炎症剤とはいえない．なぜならアスピリンはエイコサノイド合成経路のごく一部しか停止しないからである．

11.2 完全に水素化された生成物は硬く，そのためマーガリンには不向きである．

11.3 セッケンと脂肪を混ぜると，セッケンの疎水性炭化水素端は油滴のなかへ入り込む（または溶け込む）．こうして油滴はセッケン分子によって周りを覆われる．セッケン分子の親水性部位が，セッケン–脂肪複合体を水に分散させる．

11.4 界面活性剤のリン脂質は，一つの極性頭部基と二つの疎水性アシル基をもっており，水分子間の水素結合のいくつかを切断し，それによって表面張力を下げる．

11.5 カルボンとショウノウはモノテルペン，アブシジン酸はセスキテルペンである．

11.6 胆汁酸塩は構造的にセッケンに似ており，極性頭部基（たとえば荷電したアミノ酸残基のグリシン）と疎水性尾部（ステロイド環系）をもっている．

11.7 a. 単純拡散
b. 二次能動輸送または促進拡散
c. 一次能動輸送または交換タンパク質
d. 一次能動輸送または電位依存性チャネル
e. 脂肪分子（トリアシルグリセロール）は，直接，細胞膜を透過して輸送されない．まず分解される必要がある．
f. 単純拡散

11.8 生体膜の安定性は，おもに脂質二重層内の分子間の疎水性相互作用による．脂質二重層内のリン脂質は，極性頭部基が水と相互作用するように配向する．脂質二重層中のタンパク質は，一般にその外側表面に疎水性アミノ酸残基をもっているので，疎水的環境に好んでなじむ．

11.9 この章で論じた輸送機構は次の範疇に入る．
ナトリウムチャネル——単輸送体
グルコースパーミアーゼ——受動単輸送体
Na^+, K^+–ATP アーゼ——対向輸送体

復習問題

3. a. プロスタグランジン：C–11 位と C–15 位にヒドロキシ基をもつシクロペンタン環を含むアラキドン酸誘導体．
b. トロンボキサン：環状エステルを含むアラキドン酸誘導体．
c. ロイコトリエン：アラキドン酸誘導体．リポキシゲナーゼに触媒される過酸化により，その合成が開始される直鎖状分子．
d. オートクリン：それ自身を産生した細胞内で活性を発揮するホルモン様分子を指す．
e. アナフィラキシー：抗原が肥満細胞表面の IgE 抗体に結合したときに引き起こされる，きわめて激烈なアレルギー反応．

5. a. リングリセリド：2 分子の脂肪酸，リン酸，極性基が結合したグリセリンからなる膜脂質．
b. スフィンゴ脂質：長鎖アミノアルコールとセラミド（スフィンゴシンの脂肪酸誘導体）を含む膜脂質．
c. GPI アンカー：多くの場合，脂質ラフト膜に結合する，ある種のタンパク質が利用する糖脂質（グリコシルホスファチジルイノシトール）．
d. 糖脂質：糖スフィンゴ脂質．セラミドに糖が *O*–グリコシド結合している分子．
e. スフィンゴミエリン：リン脂質の一種．セラミドの 1 位のヒドロキシ基がホスファチジルコリンあるいはホスファチジルエタノールアミンにエステル結合し，スフィンゴシンのアミノ基が脂肪酸とアミド結合している．

7. 次の用語を定義せよ．
a. プレニル化：プレニル基（たとえばファルネシル基やゲラニルゲラニル基）がタンパク質分子に共有結合すること．
b. ステロイド：トリテルペン類の誘導体．四つの縮合環を含む．
c. ジギタリス：強心配糖体の一種．心筋収縮力を上昇させる分子．
d. リポタンパク質：脂質分子を含む複合タンパク質．血中で不溶性脂質を輸送するタンパク質–脂質複合体．
e. アポリポタンパク質：リポタンパク質に含まれるタンパク質．

9. a. 膜表在性タンパク質：膜には組み込まれてないものの，脂質分子に共有結合を介して，あるいは膜タンパク質または脂質に非共有結合を介して接着しているタンパク質．
b. 膜内在性タンパク質：膜内に組み込まれているタンパク質．
c. 脂質ラフト：真核生物細胞膜の二重膜外側に存在する特殊なミクロドメイン．
d. 受動輸送：エネルギー供給なしで基質が膜を横断する輸送．
e. 能動輸送：濃度勾配に逆らい，分子がエネルギーを使って膜を横断する輸送．

11. a. ボツリヌス中毒症：ボツリヌス菌が産生するタンパク質毒素により引き起こされる筋肉麻痺の一つ．
b. ボツリヌス毒素：筋肉麻痺を引き起こすボツリヌス菌が産生するタンパク質．運動ニューロンのシナプス前軸索からの神経伝達物質アセチルコリンの放出を阻害する．
c. t–SNARE：標的膜に存在する可溶性 *N*–エチルマレイミド感受性因子結合タンパク質受容体．神経末端においてエキソサイトーシスに必要な融合機構の構成因子．
d. v–SNARE：小胞特異的 SNARE．
e. 膜融合：2 種類の脂質二重膜の統合．

13. 血漿リポタンパク質中のタンパク質成分は，血中でリポタンパク質の溶解性を高めている．また細胞表面の受容体と結合し，体細胞によるリポタンパク質の取り込みを可能にする．

15. 胆汁酸は食事中油脂を乳化し，そうして油脂は消化され，その後，吸収される．

17. リン脂質が二重層の一方の側から他方の側へと動くためには，極性頭部基がリン脂質膜の疎水性部位を通り抜けなくてはならない．この過程は大きなエネルギーを必要とし，そのために速度は遅くなる．

19. プロスタグランジンは，生殖，呼吸，炎症の反応で主要な役割を果たしている（注意：血液凝固を促進するのはトロンボキサンであり，プロスタグランジンは血小板の凝集を抑制し，血液凝固を抑えている．ある種のプロスタグランジンは血管拡張活性もしくは血管収縮活性ももち，血圧に影響を及ぼす）．

21. それぞれの化合物は次のように分類される．
a. モノテルペン　b. モノテルペン
c. セスキテルペン　d. ポリテルペン　e. ジテルペン
f. トリテルペン

23. 機械的ストレスへの細胞の耐性を上昇させるために，細胞膜のコレステロール，カルジオリピン（2 分子のリン脂質がグリセロールに結合している）含有量を増加させる．

25. 膜の片側から反対側へのリン脂質分子の移動を促進する 3 種類のタンパク質は次のようである．フリッパーゼは二重膜の外膜から内膜へリン脂質を輸送する．フロッパーゼは内膜から外膜へリン脂質を輸送する．スクランブラーゼはとくに方向性がなく，エネルギー非依存的に膜間でリン脂質を再分配する．

27. a. 一次能動輸送において，ATP は，濃度勾配に逆らって基質を輸送するためのエネルギーを供給する．Na^+, K^+–ATP アーゼポンプは主要な輸送体であり，低濃度側から高濃度側へ膜を透過する基質の輸送を行う．二次能動輸送は，一次能動輸送によってつくりだされた濃度勾配を利用して，別の基質を

その基質の濃度勾配に逆らって行う．二次能動輸送の例としては，Na^+, K^+-ATP アーゼポンプによってつくりだされた勾配を利用したグルコース輸送がある．

b. 単純拡散は，拡散によって膜を透過する基質の輸送を指す一般用語である．単純拡散は（高濃度領域から低濃度領域へ）濃度勾配に従って起こるので，エネルギーを必要としない．促進拡散は，そのままでは膜を透過できないイオンや極性分子の受動輸送であり，タンパク質チャネルや担体の存在が必要となる．たとえば，（ステロイドホルモンのような）非極性有機分子や二酸化炭素は単純拡散により膜を透過する．一方，赤血球グルコース輸送体は促進拡散の担体の一例であり，Na^+ も特別な Na^+ チャネルタンパク質を介してのみ，膜を透過して拡散する．

c. 担体輸送もチャネル輸送も促進拡散である．チャネル輸送では，膜内在性タンパク質がチャネルを形成し，特定の基質のみが通過できる．担体輸送では，輸送される基質が担体に結合し，担体の立体構造を変化させる．この変化が，膜を介した基質の輸送を可能にし，通過後，基質は担体から離れる．例は(b)を参照．

29. 界面活性剤は膜を破壊し，膜タンパク質を，その親水性部位と疎水性部位を水溶媒中へ効率的に分散させて可溶化することにより抽出する．

応用問題

32. プラーク中の大半のコレステロールは，動脈に線上に並ぶ泡沫細胞によって取り込まれた LDL に起因する．そのため高血清 LDL は動脈硬化を促進する．冠状動脈は狭いので，動脈硬化性プラークによる狭窄にとくに陥りやすい．

34. 蹄や肺は体の他所に比べてより低い温度にさらされる．低温下において，膜は流動性を維持するために性質を変える必要がある．このために膜リン脂質の無極性尾部である脂肪酸の不飽和化を上昇させる．

36. 炭水化物やタンパク質は水素結合に関与する多数の原子（酸素や窒素）を含んでいる．水の存在下で，これらは溶けるか膨張するかする．ろうはその逆で，疎水性分子からなり，葉の内部からの水の浸透に抵抗性をもつ．比較的厚いろうからなる層は，昆虫の水浸透も防ぐ．

38. ホウ酸は硬い結晶性固体である．この研磨分子が昆虫を死滅させる方法は次の通りである．外骨格に接着して，結晶がろう外皮に切り込みを入れる．この裂け目から水分が漏出し，昆虫は脱水死する（ホウ酸は昆虫の体内毒素でもある．昆虫がホウ酸粉にまみれると，身づくろい行動をして，ホウ酸結晶を口から取り込む．ホウ酸は餌の消化を妨害して，餓死へと導く）．

12 章

問 題

12.1 トリアシルグリセロールは小腸で胆汁酸塩によって乳化され，リパーゼによって消化されるが，最も重要なのは膵リパーゼである．その生成物である脂肪酸とモノアシルグリセロールは腸細胞に輸送され，トリアシルグリセロールに再合成される．次にトリアシルグリセロールはキロミクロンに組み込まれる．そしてキロミクロンはエキソサイトーシスによりリンパ管に輸送され，最終的には血流に入って脂肪細胞へ輸送される．

12.2 中鎖アシル CoA デヒドロゲナーゼ（MCAD）欠損症を治すことはできないが，空腹を避け，食事の回数を増やすことで，その症状を緩和できる．食欲不振の MCAD 欠損症患者には，グルコースを静注する必要があるかもしれない．毒性のある脂肪酸代謝産物の蓄積を避けるために，低脂肪食を摂取すべきである．アシルカルニチン誘導体は尿中に排泄されるので，カルニチンをサプリメントとして摂取することも推奨される．

12.3 a. リン脂質　b. アシル CoA　c. カルニチン

12.4 クエン酸回路と電子伝達系が関与する脂肪酸の酸化は，ピルビン酸を生成するグルコースの酸化とは異なり，嫌気性下では行うことができない．

12.5 ステアリル CoA の酸化からの産出量は次のように計算される．

8 $FADH_2$ × 1.5 ATP/$FADH_2$	=	12 ATP
8 NADH × 2.5 ATP/NADH	=	20 ATP
9 アセチル CoA × 10 ATP/アセチル CoA	=	90 ATP
		合計 122 ATP

ステアリン酸からステアリル CoA をつくるのに 2 分子の ATP が使われるので，合計で 120 ATP が得られる．

12.6 プロピオニル CoA は，クエン酸回路の中間生成物であるスクシニル CoA に可逆的に変換される．この回路のさらに下流の中間生成物であるオキサロ酢酸は，PEP に変換される．そして PEP は糖新生を介してグルコースに変換される．

12.7 アジピン酸は β 酸化を受けて，アセチル CoA やスクシニル CoA を生成する．スクシニル CoA はオキサロ酢酸，ホスホエノールピルビン酸へと連続的に代謝され，グルコースとなる．

12.8 スクロースが加水分解を受けた後，フルクトースは血流に乗って肝臓に到達し，そこでフルクトースはフルクトース 1-リン酸になる．フルクトース 1-リン酸がグリセルアルデヒド 3-リン酸になる際，二つの制御段階を回避する．その結果，さらに多くのグリセロールリン酸やアセチル CoA（トリアシルグリセロール合成の基質）が産生される．過剰なスクロースの摂取による高血糖状態は，通常より多くのインスリン分泌を促す．インスリンは脂質合成を促進させる．

12.9 a. β-ヒドロキシ酪酸はケトン体の代謝産物である．

b. マロニル CoA は，脂肪酸合成中に起こるアセチル CoA とカルボキシビオチンとの反応生成物である．

c. ビオチンは脂肪酸合成および他のいくつかの反応において CO_2 の担体となる．

d. アセチル ACP は酢酸を脂肪酸合成が営まれる器官に送り届ける．

12.10 高カロリー食を摂取している肥満患者では，HMG-CoA レダクターゼの活性が高まっており，コレステロール合成が増加している．

復習問題

3. a. 脂肪細胞：脂肪組織でトリアシルグリセロールを貯蔵する細胞．

b. MCAD：中鎖アシル CoA デヒドロゲナーゼ．ミトコンドリアに存在する酵素で，β 酸化における最初の反応を触媒する．

c. ACP：アシルキャリヤータンパク質．脂肪酸シンターゼの複合体を構成するタンパク質．

d. α 酸化：フィタン酸のような分枝鎖脂肪酸を酸化する代謝．

e. 奇数鎖脂肪酸酸化：奇数の炭素数の脂肪酸を酸化する代謝，すなわち，β 酸化を経由してアセチル CoA 分子や炭素数 3 のプロピオニル CoA を生成する代謝．

5. a. シトクロム P-450：一酸化窒素と結合すると 450 nm の吸収

波長を示し，広範囲の疎水性分子を酸化するヘムタンパク質．

b. 混合機能オキシダーゼ：基質1分子につき酸素1分子が消費される（還元される）反応を触媒する酵素．酸素1原子が生成物に取り込まれ，残りの酸素1原子は水分子に取り込まれる．モノオキシゲナーゼとも呼ばれる．

c. フラビン含有モノオキシゲナーゼ：NADPH依存的に，窒素，硫黄，リンを含有する化合物（おもに生体異物）の酸化を触媒する酵素．

d. 解毒反応（detoxication）：毒性化合物を，水溶性で毒性の少ない化合物に変換する反応．

e. 解毒（detoxification）：毒性のある状態を正常にもどす反応．たとえば，酔っぱらった人の酔いを覚ます反応．

7. ペルオキシソームのβ酸化は長鎖脂肪酸に特異的であり，ミトコンドリアのβ酸化は短鎖および中鎖脂肪酸に特異的である．さらにペルオキシソーム経路の最初の反応は，ミトコンドリア経路とは異なる酵素により触媒される．ペルオキシソームの最初の反応で生成される$FADH_2$が，直接O_2に電子を与え，ミトコンドリアのUQの代わりに過酸化水素を生成する．この過程はアセチルCoAが脂肪酸の酸化により得られる過程に類似している．

9. β炭素にメチル基の置換があるので，この脂肪酸はまずα酸化を1回受ける．その結果得られる分子は1炭素短くなっており，ついでβ酸化を1回受ける．この後半の反応によって2分子のプロピオニルCoAが得られる．

11. ステアリン酸の酸化によって122 molのATPが産生する（8 $FADH_2$ × 1.5ATP = 12 mol，8 NADH × 2.5ATP = 20 mol，9アセチルCoA × 10ATP = 90 mol）．ステアリン酸の生成に2 molが消費されるので，ステアリン酸から正味120 molのATPが産生する．ステアリン酸は炭素原子あたり6.6 molのATP（120 mol/18炭素）を生成し，一方，グルコースは炭素原子あたり5.2 molのATPを生成する．

13. VLDL（超低密度リポタンパク質）のトリアシルグリセロール含量が減少すると，IDL（中間密度リポタンパク質）となる．

15. エノイルCoAイソメラーゼは，天然に見られるΔ^3でのシス型二重結合を，次のβ酸化を受けるための正しい位置であるΔ^2でのトランス型二重結合に転移させる．

17. 矢印で示す化学結合が，グルコセレブロシダーゼによって切断される．

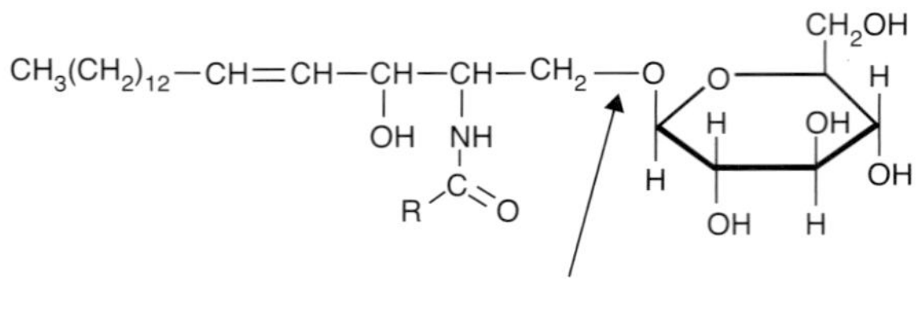

19. 図12.31を参照せよ．胆汁酸塩は，脂質を乳化して消化を促進する．

21. シトクロムP-450電子伝達系は，①ヘムタンパク質を含むP-450，② NADPH-シトクロムP-450レダクターゼ，FADとFMNを含むフラボ酵素から構成される．シトクロムP-450は広範囲の疎水性基質の酸化反応を触媒し，基質にヒドロキシ基を付与する．シトクロムP-450が触媒する反応に必要な電子伝達系は，P-450レダクターゼによって供与される．

23. ペルオキシソームのチオラーゼは中鎖アシルCoAに結合できないため，いずれの脂肪酸もミトコンドリアに輸送され，さらに3〜6サイクルのβ酸化を受ける必要がある．この機構は，脂肪酸からアセチルCoAを生成するβ酸化が厳密に制御される点で，細胞にとって利点がある．ミトコンドリアで生成されるアセチルCoAは，膜を通過することなくミトコンドリアのクエン酸回路に取り込まれるので，効率的である．同様に，ミトコンドリアで生成されるNADHや$FADH_2$も，ミトコンドリアの電子伝達系（ETC）に直接取り込まれる．さもなければ，アセチルCoAをペルオキシソームからミトコンドリアへ輸送するためのエネルギーが必要となってしまう．ペルオキシソームで生成されるNADHと$FADH_2$はミトコンドリアの電子伝達系に直接取り込まれないため，ペルオキシソームで脂肪酸から産生されるATPは最大量とならない．β酸化がミトコンドリアで完了することが代謝的には重要である．たとえば，肝臓で脂肪酸の合成とβ酸化が同時に起こるのを防ぐために，細胞質で脂肪酸合成が起こっているときには，脂肪酸のミトコンドリアへの輸送は阻害され，β酸化は起こらない．このような制御機構は，β酸化がペルオキシソームで完了するとしたら機能しない．

25. NADHは，フラボタンパク質であるシトクロムb_5レダクターゼと，ヘムを含有するシトクロムb_5からなる電子伝達系に電子を供与する．酸素依存的な不飽和化酵素は，NADHから供与された電子を使ってO_2を活性化する．活性化したO_2は脂肪酸アシルCoAを酸化し，その炭化水素鎖をアルケンに換え，2分子の水となる．

27. アセチルCoAを標識した$^{14}CO_2$は，アセチルシンターゼによるマロニルACPからアセトアセチルACPへの合成過程で取り除かれ，生成した脂肪酸には^{14}Cは検出されない．

29. 脂肪細胞のトリアシルグリセロールの分解によって生成したグリセロールは，血中に放出されて肝臓へと輸送される．肝臓においてグリセロールは，グリセロールキナーゼによってグリセロール3-リン酸となり，グルコースやリン脂質やトリアシルグリセロールの合成の基質として利用される．

31. β酸化の四つの反応のうち，1と3のみが酸化反応である．

1. アセチルCoA + FAD ⟶ トランス-α,β-エノイルCoA + $FADH_2$
3. L-β-ヒドロキシアシルCoA + NAD^+ ⟶ β-ケトアシルCoA + NADH + H^+

応用問題

34. a. ミセル中の酵素と脂質の間に疎水性相互作用がありうる．

b. ホスホリパーゼがミセルに取り込まれるためには，表面が疎水性でなければならない．

36. 細胞膜のリン脂質は，sER膜の細胞質側で合成される．リン脂質の親水性のある極性頭部は生体膜の疎水性コアを通過しにくいので，リン脂質が生体膜を通過できる輸送機構が存在する．コリン含有リン脂質のような分子は，フリップ・フロップという機構によって選択的に輸送され，小胞体膜の外側に多量に存在している．

38. 1 molのパルミチン酸の酸化反応は次の通りである．

$$CH_3(CH_2)_{14}COOH + 23\,O_2 \longrightarrow 16\,CO_2 + 16\,H_2O$$

したがって1 molのパルミチン酸から16 molの水が生成する．ただし，7 molの水がβ酸化の水和反応で消費され，1 molの水がピロリン酸の加水分解で消費されるので，8 molを引く必要があり，1 molのパルミチン酸から正味8 molの代謝水が生成する．

40. 脂肪酸は炭素数が2ずつ伸長していく．脂肪酸の伸長反応は連続的に営まれるが，脂肪酸伸長反応で多量に産生される脂肪酸は炭素数16あるいは18の脂肪酸である．

13章

問　題

13.1 チラコイド膜のCF_0，CF_1，PS Ⅰ のP700，PS Ⅱの P680 の相対的な配置を示している図 13.4 を参照せよ．カルビン回路の反応は，チラコイド膜の外側表面を取り囲むゲル状の物質からなるストロマで起こる．CF_0CF_1 複合体は，膜の間のプロトン勾配を利用して ATP 生成を駆動する ATP シンターゼである．P700 は PS Ⅰの反応中心にあるクロロフィル a 分子の特殊対で，光エネルギーを吸収し，最終的に $NADP^+$ の還元を引き起こすためのエネルギーとなる電子を与える．P680 は PS Ⅱのクロロフィル a 分子の特殊対で，光エネルギーを吸収し，最終的にプラストキノンにエネルギーとなる電子を与える．カルビン回路の酵素は，明反応によって生成した ATP と NADPH を利用して，炭水化物分子に CO_2 を取り込む反応を行う．

13.2 光子のエネルギーは周波数に比例する．青色光は緑色光よりも周波数が高く，それゆえエネルギーも大きい．

13.3 集光性色素の存在により，葉緑体の集光装置は，クロロフィルに吸収される波長域よりも広い範囲のエネルギーを捕獲できる．両者の吸収スペクトルは重なっており，集光性色素に吸収されたエネルギーは，すぐに PS Ⅰと PS Ⅱの反応中心のクロロフィルに伝達される．

13.4 過剰な光は ROS(活性酸素種)の形成を促進し，D_1 のようなタンパク質に損傷を与える．β カロテンは損傷をいくらか妨げる抗酸化剤である．

13.5a. プラストシアニンはシトクロム b_6f 複合体の構成要素である．プラストキノンから電子を受容する銅含有タンパク質である．

b. β カロテンは ROS(活性酸素種)からクロロフィル分子を保護するカロテノイド色素である．

c. フェレドキシンは移動できる水溶性タンパク質であり，フェレドキシン-NADP オキシドレダクターゼと呼ばれるフラビンタンパク質へ電子を供給する．

d. プラストキノンは PS Ⅱの構成要素であり，フェオフィチン a から電子を受容し，プラストキノールになる．

e. フェオフィチン a はクロロフィルと類似の構造をした分子で，PS Ⅱと PS Ⅰの間の電子伝達経路の構成要素である．

f. ルテインはカロテノイドで，集光性複合体の構成要素である．

13.6 取りあげられている除草剤のなかで，パラコートと DCMU は人体に最も有害である．パラコートは細胞の成分を攻撃するフリーラジカルを生成する．DCMU は電子伝達複合体にとって有毒である．

13.7 1,3-ジホスホグリセリン酸の加水分解によって 1 mol の ATP が生成する．好気的な呼吸は相対的に高い ADP 濃度により促進され，相対的に高い ATP 濃度では阻害されることを思い起こそう．ATP 濃度の上昇は好気的な呼吸を抑制する効果がある．また，ATP が，クエン酸回路に炭素骨格を渡すのに必要な酵素である PFK-1 とピルビン酸キナーゼの阻害剤であることを思い起こそう．

復習問題

3. a. フィロキノン(A_1)：PS Ⅰの P700* のエネルギーを伝える電子をフェレドキシンに転移するいくつかの電子担体の一つ．

b. ルテイン：チラコイド膜に存在する光を吸収し，抗酸化作用をもつカロテノイド．

c. Q_A：PS Ⅱのタンパク質に結合する電子担体．プラストキノン．

d. PQH_2：プラストキノール　プラストキノンの還元型．酸化されて 2 電子をプラストシアニンに供給する．

e. カロテノイド：光捕獲色素や抗酸化物質として機能するイソプレノイド分子．

5. a. シトクロム b_6f 複合体：ミトコンドリア内膜のシトクロム bc_1 複合体に類似の構造と機能をもつ，チラコイド膜のマルチサブユニットタンパク質複合体．プラストキノールから与えられた電子を可溶性タンパク質のプラストシアニンへ伝達する．

b. CF_0：プロトンチャネルを含む葉緑体 ATP シンターゼ中の膜貫通タンパク質複合体．

c. CF_1：葉緑体 ATP シンターゼ中の ATP 合成活性をもつ成分．

d. LHC Ⅱ：光捕獲複合体Ⅱ．クロロフィル a および b 分子を結合する三量体の光捕獲タンパク質．PS Ⅱから分離することが可能．

e. Mn_4CaO_5：酸素発生複合体の成分．PS Ⅱの内腔側に存在する．

7. 初期の光合成生物の地球環境への最も重要な寄与は，還元状態の大気(アンモニアやメタン)を酸化状態の大気に変換することであった．

9. 励起分子は四つの方法で基底状態にもどる．① 蛍光．光子を放射し，分子の励起状態が減衰する．② 共鳴エネルギー移動．励起エネルギーが，隣接する分子軌道間の相互作用を介して周囲の発色団へ移動する．③ 酸化還元．励起された電子が隣接する分子に移動する．④ 熱への無放射崩壊．光合成にとって最も重要な機構は，光捕獲で重要な役割を果たす共鳴エネルギー移動と，Z スキームに導かれる酸化還元である．蛍光は，過剰な光が光化学系に吸収されるときに光子が再放射される保護機構として使われる．

11. 人工光合成研究の最終的な目標は，H_2 やメタンのような，コスト効率のよい燃料生産の方法を発明することである．さらに，これらの研究を進めることで，複雑な天然プロセスへの洞察を深めることができる．

16. 特殊対は，反応中心内部に存在する 2 分子の特殊クロロフィル a 分子から構成される．PS Ⅰでは 700 nm 付近の光を吸収するため，P700 と呼ばれる．PS Ⅱでは，クロロフィル a 分子の特殊対は P680 と呼ばれる．

18. 森林伐採は地域の環境に対して多くの負の影響を与える．これらには，水循環サイクルの破壊(樹木による蒸散が失われるため，地域の気候が乾燥する)，水の流出と土壌侵食の顕著な増加(木の根は雨水や地下水を吸収する)，生物多様性の減少による環境の破壊などがある．

22. Z スキームは，水から $NADP^+$ へ電子が伝達される機構である．この過程では，光合成の光非依存性反応である二酸化炭素の固定に必要な還元剤である NADPH が生成する．水から電子を引き抜くことは，酸素の生成も引き起こす．PS Ⅱから PS Ⅰへ電子が流れると，プロトンがチラコイド膜を超えてくみ上げられ，ATP 合成を駆動するプロトン勾配を形成する過程が可能となる．

27. トリオースリン酸という用語は，グリセルアルデヒド 3-リン酸分子とジヒドロキシアセトンリン酸分子に用いられる．カルビン回路で生成されるトリオースリン酸は，植物ではスクロース，多糖類，脂肪酸，アミノ酸の合成といった生合成過程に利用される．

29. H_2S が水素原子の供給源であるとき，光合成の最終産物はグルコースと元素状態の硫黄である(グルコースの炭素および酸素原子は CO_2 に由来する)．

応用問題

32. 硫化水素を利用する光合成から水を酸化する光合成へのシフトは

大きな意味をもつ．なぜなら，硫化水素は比較的少量しかないのに対して，水は豊富に存在するからである．

34. 特定のエネルギーをもつ光だけが光合成色素によって吸収される．光密度を上げると光子の数が増加し，その結果，光合成速度が改善される．光のエネルギーレベルを上げること，つまり光子のエネルギーを上げることは，光化学系で吸収されないエネルギーレベルへ光子をシフトさせることになり，光合成の速度は低下する．

36. もしすべてのリブロース-1,5-ビスリン酸カルボキシラーゼ分子を飽和させる十分な二酸化炭素がすでに存在するならば，それ以上の二酸化炭素分子の存在は光合成速度の増加にはつながらない．さらに弱光によっても光合成は抑制される．

38. 高温条件では，ルビスコのオキシゲナーゼ活性がカルボキシラーゼ活性よりも素早く増大するため，C_3 植物の二酸化炭素補償点は上がる．

40. 葉緑体は，光合成を行ううえで必要な光を捕らえるために，比較的大きくなければならない．

42. 光合成と拮抗する光呼吸が盛んに起こるので，C_3 植物は固定した炭素 1 g あたりのエネルギー消費が大きい．その点で C_4 植物は，より効率的である．

14 章

問　題

14.1 シアン化水素：CH_3NH_2　　二窒素：NH_3
アセチレン：CH_3CH_3

14.2 名称が示すように，ヘモグロビンとレグヘモグロビンはグロビンスーパーファミリーに属するタンパク質である．ヘモグロビンはヘム基をもつ酸素運搬タンパク質で，酸素と可逆的に結合することは述べた．レグヘモグロビンのヘムも酸素と結合する．レグヘモグロビンの機能は，酸素によって根粒のニトロゲナーゼ複合体が不可逆的に非活性化されることから，酸素の除去であると推論できる．

14.3 葉酸と構造が非常に類似しているために，メトトレキサートはジヒドロ葉酸レダクターゼの拮抗阻害剤となっている（この酵素は葉酸をその生物学的に活性な形の THF に変換することを思い起こそう）．分裂の速い細胞は多くの葉酸を必要とする．メトトレキサートは，ヌクレオチドとアミノ酸の合成に必要な C_1 担体である THF の合成を阻害する．したがって，分裂の速い細胞，とくにある種の腫瘍細胞や，毛髪や胃腸管の細胞のような分裂の盛んな正常細胞に対しては毒性を示す．

14.4

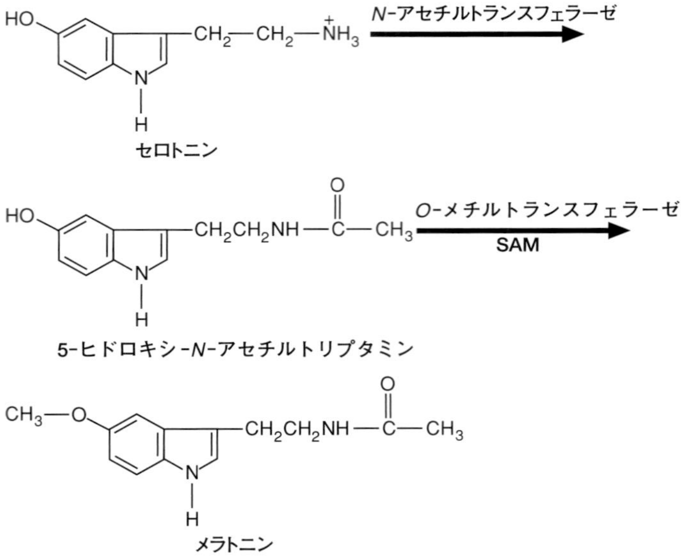

14.5 クレアチン生合成経路は次の通りである．グアニジノ酢酸分子では，第一アミノ態窒素よりも第二アミノ態窒素のほうが安易にアルキル化することに注意．

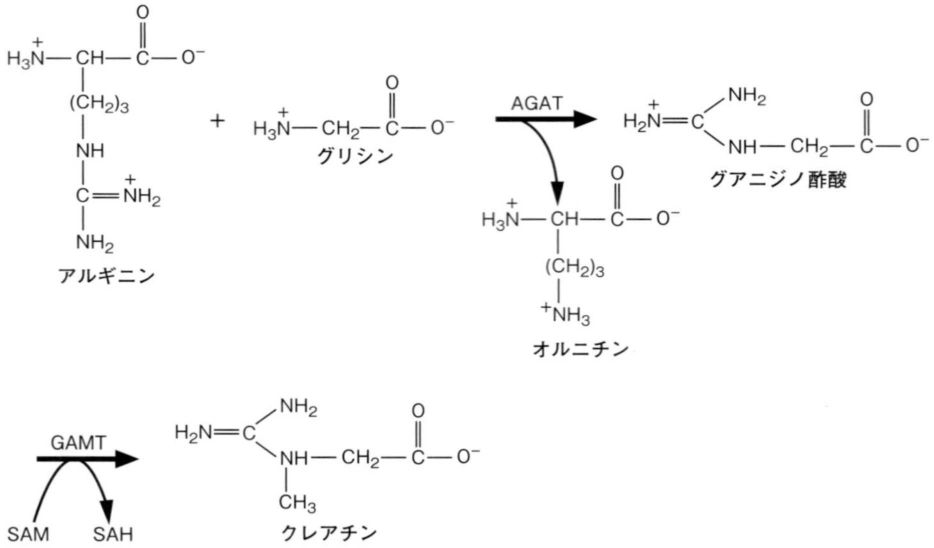

復習問題

3. a. 生体アミン：神経伝達物質として作用するアミノ酸誘導体（たとえばGABA，カテコールアミン）．
   b. カテコールアミン：チロシンから合成される神経伝達物質の一群であり，ドーパミン，ノルエピネフリン，エピネフリンがある．
   c. ピリドキサールリン酸（PLP）：アミノ基転移反応に必要な補酵素．ピリドキシン（ビタミン B_6）から合成される．
   d. 尿素：哺乳動物における主要な窒素老廃物．
   e. L-DOPA（3,4-ジヒドロキシフェニルアラニン）：カテコールアミン合成における前駆体．チロシンヒドロキシラーゼによるチロシンのヒドロキシ化によって合成される．
5. a. シナプス小胞：神経細胞内で神経伝達物質を蓄積し，細胞膜と結合する構造体．
   b. チオレドキシン：二つのチオール基をもつ小さなタンパク質であり，たとえばデオキシリボヌクレオチド合成におけるリボヌクレオチドの還元など，ある分子を還元するためにNADPHから電子を転移する．
   c. オロト酸尿症：UMPシンターゼの欠損が原因である珍しい遺伝病．過剰のオロト酸が尿に排泄され，貧血，成長抑制の症状を示す．
   d. 抗アデノシン：ヌクレオチドであるアデノシンの構造であり，アデニン塩基がリボース部分の6′-CH_2OH基の外側に回転している．
   e. PRPP（5′-ホスホ-α-D-リボシル 1-ピロリン酸）：ヒスチジンやプリンヌクレオチドなどの分子の合成に用いられる前駆体．
7. a. メトトレキサート：葉酸類似化合物．さまざまなタイプのがんの治療，自己免疫疾患の治療に使われる．
   b. サーカディアンリズム：睡眠／覚醒のサイクルのように，明暗がかかわる生物学的機能のパターン．
   c. カルモジュリン（CAM）：さまざまな酵素を調節する低分子のカルシウム結合タンパク質．
   d. レッシュ・ナイハン症候群：HGPRT（ヒポキサンチングアニンホスホリボシルトランスフェラーゼ）欠損によって生じる致死性のX連鎖性疾患．過剰に産生した尿酸が重篤な神経症状を引き起こす．
   e. チオレドキシンレダクターゼ：NADPHからチオレドキシンへ電子を転移するジチオール含有酵素．
9. 窒素固定細菌は酸素による不活性化に関する問題を，いくつかの方法で解決している．① 嫌気性細菌は嫌気性土壌にのみ生息し，酸素による不活性化に出合わない．② 他の細菌はニトゲナーゼ複合体と酸素を隔離している．たとえば，多くのシアノバクテリアはヘテロシストと呼ばれるニトロゲナーゼを含有する特殊な細胞を形成している．ヘテロシストの厚い細胞壁は大気中の酸素と酵素を隔てている．さらに，マメ科植物はレグヘモグロビンと呼ばれる酸素結合タンパク質を合成しており，ニトロゲナーゼ複合体と接触する前に酸素を吸着する．
11. 腸細胞に取り込まれるアミノ酸プールと比べ，肝臓から放出された血中のイソロイシン（a）とバリン（d）の濃度は高い．肝臓はこれらの必須アミノ酸を優先的に輸送するためである．BCAAに含まれるアミノ窒素は他の組織で非必須アミノ酸の合成に利用される（この問題は濃度に関するもので，総量ではないことに注意．肝臓はタンパク質を合成するために血中からアミノ酸を取り込むのであって，合成によってこれらのEAAを補充することはできないため，腸細胞に入るときよりも少ない量のイソロイシン，ロイシン，バリン分子が肝臓から放出される．しかし肝臓はBCAAを優先的に輸送するため，肝臓を経由した血流ではこれらのアミノ酸の濃度は高くなる）．肝臓から放出された血中と比べ，腸細胞に取り込まれるアミノ酸プール中のセリン（c）とアラニン（e）の濃度は高い．肝臓はアラニンとセリンからグルコースを合成するためである．グルタミン（b）は腸細胞の主要なエネルギー源であるため，腸細胞に取り込まれるアミノ酸プール中のグルタミン濃度は高いと推測できる〔注意：BCAA（分枝鎖アミノ酸）とEAAは必須アミノ酸であることを思いだすこと〕．
13. a. アラニンはピルビン酸ファミリーに属する．
   b. フェニルアラニンは芳香族ファミリーに属する．
   c. メチオニンはアスパラギン酸ファミリーに属する．
   d. トリプトファンは芳香族ファミリーに属する．
   e. ヒスチジンはヒスチジンファミリーに属する．
   f. セリンはセリンファミリーに属する．
15. ヒトにおける10種類の必須アミノ酸は，イソロイシン，ロイシン，リシン，メチオニン，フェニルアラニン，トレオニン，トリプトファン，バリンと幼児期に必要なヒスチジン，アルギニンである．これら10種類のアミノ酸は，必要量を生合成できないため，必須である．したがって食事からとらなければならない．
17. 次の中間代謝産物が，窒素からアンモニアに還元される過程で生じる．ジイミン（HN＝NH）とヒドラジン（$H_2N—NH_2$）である．
19. グルタミン酸はアミノ酸代謝において中心的な役割を果たす．なぜならグルタミン酸と2-オキソグルタル酸は，アミノ基転移反応において最も一般的なα-アミノ酸/2-オキソ酸対だからである．グルタミン酸は，いくつかのアミノ酸の前駆体およびポリペプチドの構成要素でもある．グルタミンは多くの生合成反応（プリン，ピリミジン，アミノ糖などの合成）におけるアミノ基供与体である．また，アンモニアの安全な貯蔵物質および輸送体としての機能ももつ．さらにポリペプチドの構成要素でもある．
21. 葉酸の活性型はテトラヒドロ葉酸であり，THFと略される．その化学構造式を下に示す．葉酸→ジヒドロ葉酸→テトラヒドロ葉酸となり，各反応はNADPHによって還元される．ともにジヒドロ葉酸レダクターゼによって触媒される．

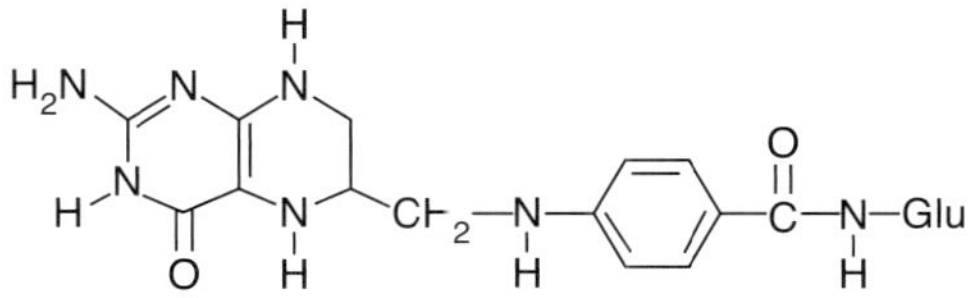

23. ウラシル環の2位の炭素は二酸化炭素に由来する．
26. 窒素還元系により生成される水素ガスの供給源は，電子の供給源と同じ，つまりNAD(P)Hである．

応用問題

29. チロシンは，チロシンの前駆体ともなる必須アミノ酸であるフェニルアラニンが食事から除去されているとき，あるいはフェニルアラニン-4-モノオキシゲナーゼが欠損しているときや，その補酵素であるBH_4濃度が十分にないときに必須アミノ酸となる．
31. グルタミン酸は興奮性神経伝達物質であり，血圧や体温といった体機能を調節する神経に影響を及ぼす．グルタミン酸ナトリウムを摂取して症状がでる人は，血液脳関門を横切ってグルタミン酸を輸送する効率的な機構をもっている．
33. アルギニンは通常，尿素回路で生合成される．幼児では尿素回路が完全ではない．そのためにアルギニンを外部から得なければならない．
35. シトシンからウラシルへの転換経路は次の通りである．

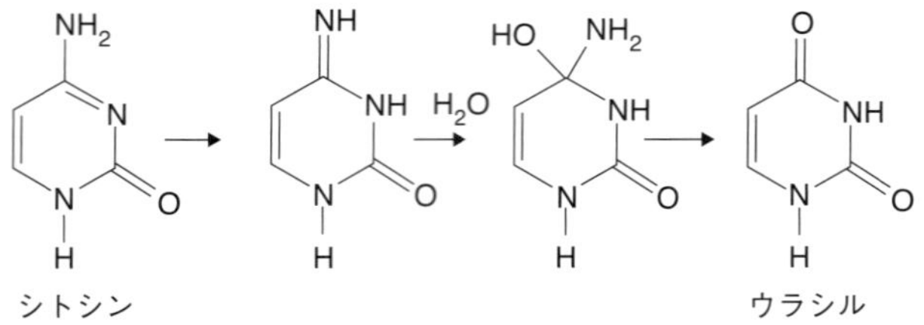

15章

問　題

15.1 出生直後の動物において，尿素回路がまだ十分に機能していない場合は，アルギニンは必須アミノ酸になると考えられる．

15.2 腸内細菌のなかには，尿素を分解してアンモニアにするものがあり，アンモニアは腸内を拡散する．抗生物質によってこれらの細菌を殺せば，血中アンモニアを減らすことができる．

15.3

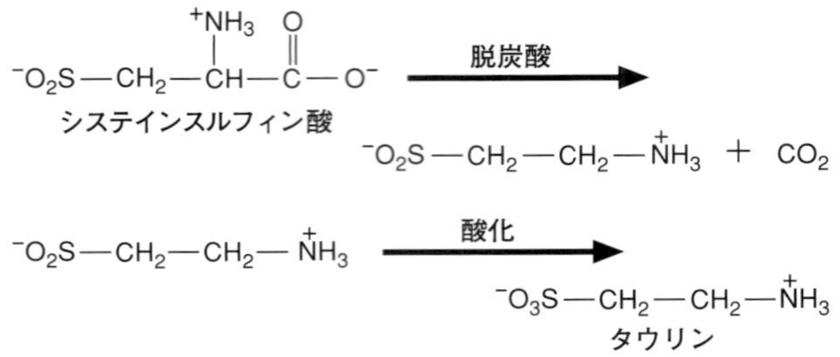

15.4 反応は次の通りである．

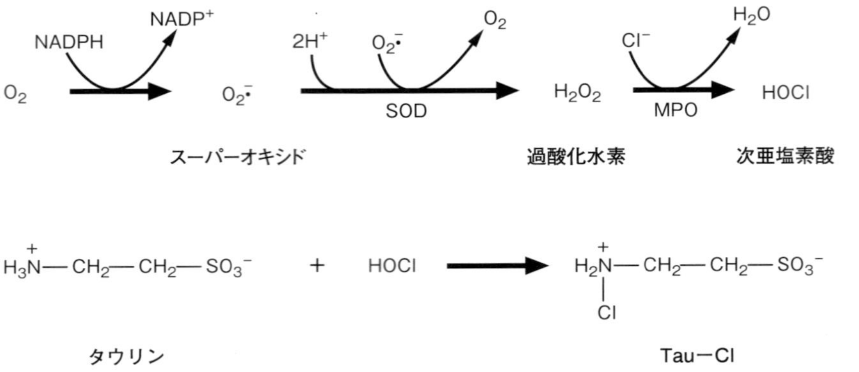

15.5 痛風の原因は尿酸濃度の上昇である．痛風にならない動物は尿酸オキシダーゼをもっており，それによって尿酸をアラントインに変える．血中での溶解度が低い尿酸とは異なり，アラントインは溶解と排泄が容易に行われる．

15.6 a. 尿素は，尿素回路でアンモニア，CO_2，アスパラギン酸から合成される．

b. 尿酸は，プリンの酸化生成物である．

c. β-アラニンは，ピリミジンの分解経路の生成物である．

15.7 推測されるβ-アラニンとβ-アミノイソ酪酸の異化反応は次の通りである．

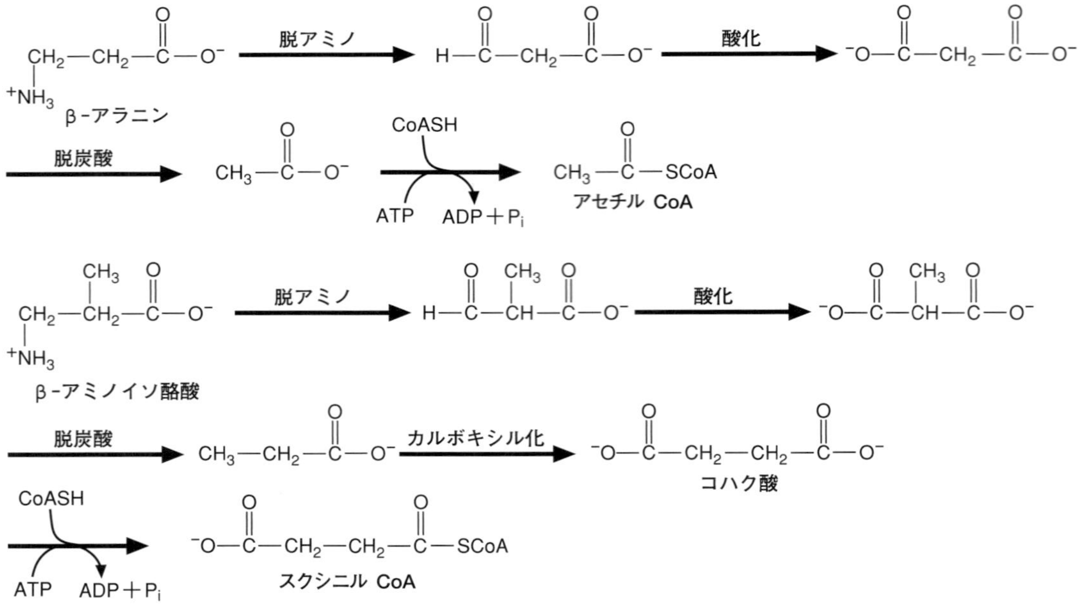

復習問題

3. a. L-アミノ酸オキシダーゼ：FMN 要求性の肝臓および腎臓に存在する酵素の一つであり，いくつかのアミノ酸を 2-オキソ酸，アンモニウムイオン，過酸化水素に変換する．
   b. セリンデヒドラターゼ：肝臓のピルビン酸要求性酵素で，セリンをピルビン酸に変換する．
   c. 細菌ウレアーゼ：腸管の細菌により産生される酵素で，血流中の尿素を加水分解してアンモニアを生じる．
   d. アデノシンデアミナーゼ：ヌクレオチド異化経路において，AMP のアデニン環からアンモニウムイオンを放出させる酵素．
   e. グルタミナーゼ：肝臓の酵素で，グルタミンを加水分解してグルタミン酸とアンモニウムイオンにする．
5. a. 硫酸転移経路：メチオニンをシステインに変換する一連の生化学反応．
   b. シスタチオニン：硫酸転移経路の中間体で，ホモシステインとセリンとの反応産物．
   c. ホモシステイン：硫酸転移およびメチル化両経路の中間体．
   d. PAPS：3′-ホスホアデノシン 5′-ホスホ硫酸．スルファチドやプロテオグリカンの合成で利用される高エネルギー硫酸基の供与体分子．
   e. *S*-アデノシルメチオニン (SAM)：メチル化および硫黄転移経路の中間体で，メチル基供与体．
7. a. MAO：モノアミンオキシダーゼ．エピネフリン，ノルエピネフリンおよびドーパミンの酸化を触媒して，これらを不活性化する酵素．
   b. PNMT：フェニルエタノールアミン-*N*-メチルトランスフェラーゼ．SAM 要求性の酵素で，ノルエピネフリンをメチル化してエピネフリンを生成する．
   c. COMT：カテコール *O*-メチルトランスフェラーゼ．メチル化反応を触媒してカテコールアミン類(エピネフリン，ノルエピネフリン，ドーパミン)を不活性化する酵素．
   d. NPC：ニーマン・ピック病 C 型．膜透過タンパク質の異常によりコレステロールや糖タンパク質が蓄積することで生じる疾病．症状としては肝臓や脾臓の肥大や進行性の神経学的障害などがある．
   e. TB：結核．結核菌 (*Mycobacterium tuberculosis*) による感染症で，肺の損傷には，感染したマクロファージが凝集した結核結節の形成がかかわっている．
9. a. T 細胞：T リンパ球．表面に抗体様のタンパク質をもち，細胞性免疫において外来の細胞を破壊する白血球．
   b. B 細胞：B リンパ球．抗体を産生し分泌する白血球．抗体は外来の物質と結合することで，体液性免疫による破壊を開始させる．
   c. 細胞性免疫：T 細胞を介した免疫システムの過程．
   d. 体液性免疫：血液および組織液中の抗体の存在による免疫．抗体介在性免疫ともいう．
   e. 筋アデニル酸デアミナーゼ欠損症：骨格筋のプリンヌクレオチド回路の酵素である筋アデニル酸デアミナーゼの欠損症．症状は運動誘導性の筋疲労．
11. タンパク質を分解に導く目印をつける構造的特徴として以下が考えられている．① 特定の N 末端のアミノ酸残基(メチオニン，アラニンなど)，② ペプチドモチーフ配列 (プロリン，グルタミン酸，セリン，トレオニンを含むアミノ酸配列など)，③ 酸化されたアミノ酸残基 (オキシダーゼや活性酸素種によって側鎖が酸化されたアミノ酸)．
13. プリンの分解によりキサンチンが生じ，キサンチンは酸化により尿酸となる．ここで尿酸は元のプリン環を保持しており，ヒトはそれを分解できないことに注意が必要である．尿酸は多くの割合が尿へと排出される．
15. アンモニウムイオンを尿素に変える経路の最初の二つの反応 (カルバモイルリン酸とシトルリンの形成) は，ミトコンドリアのマトリックスで行われる．その後の反応，すなわちシトルリンからオルニチンと尿素へ至る部分は，細胞質ゾルで行われる．シトルリンとオルニチンは，どちらも特異的な担体により内膜を通過する．
17. フェニルケトン尿症の患者は，フェニルアラニンヒドロキシラーゼ (フェニルアラニン 4-モノオキシゲナーゼ) の活性がないので，フェニルアラニンからチロシンを合成することができない．したがって，患者にとってチロシンが必須アミノ酸となる．
19. 分枝鎖アミノ酸 (Leu，Ile，Val) の代謝はおもに筋組織で行われ，おもに非必須アミノ酸の合成に使われる．
21. a. 尿酸：鳥，爬虫類，昆虫
    b. 尿素：哺乳動物
    c. アラントイン酸：硬骨魚類
    d. NH_4^+：水棲動物
    e. アラントイン：一部の哺乳動物
23. 菜食主義食はタウリンを含まない．家ネコはタウリンを合成できないので，肉を食べてこれを取り入れる必要がある．タウリンを摂取しなければ，ネコは元気を失い，未成熟のまま死んでしまう．
25. タンパク質の多い食事を摂取した後に存在する過剰なアミノ酸は，肝臓でグルタミン酸に変換される (復習問題 24 の解答を参照)．過剰なグルタミン酸は *N*-アセチルグルタミン酸に変換される．*N*-アセチルグルタミン酸は，NH_4^+ を基質の一つとする尿素回路の最も決定的な酵素であるカルバモイルリン酸シンテターゼ I のアロステリックな活性化因子である．五つの酵素はいずれも基質濃度によって制御され，アスパラギン酸が高レベルであるとアルギニノコハク酸シンターゼが活性化される (高タンパク質食がさらに続くと，尿素回路の五つの酵素すべての合成が活性化される)．
27. トリプトファンの異化経路では 2-オキソアジピン酸が生じ，引き続く反応でアセトアセチル CoA となり，さらにアセチル CoA となる．したがってトリプトファンはケト原性である．また，トリプトファンの異化反応の一つでアラニンが生じ，アラニンはアミノ基転移反応でピルビン酸(糖新生の基質)になるため，トリプトファンは糖原性でもある．
29. ヒトが不要な窒素原子をアンモニアとして排出できないのは，アンモニアの毒性のためである．尿素も毒性はあるが，アンモニアに比べればはるかに弱い．アンモニアを尿素に変えることで，窒素をより毒性の低いかたちで輸送して排泄できるほか，アンモニアを排泄する場合に必要となる大量の水の損失を防ぐことができる．

応用問題

32. 尿素回路で必要なエネルギーは，エネルギーを産生するクエン酸回路と密接に関連している．尿素回路で生じるフマル酸は，クエン酸回路に流入するアセチル CoA と反応する分子であるオキサロ酢酸に容易に変換されることを思いだそう．両経路を合わせてクレブスの二環回路と呼ぶが，両者はミトコンドリアマトリックス内の反応である．
34. テトラヒドロビオプテリンは，フェニルアラニンを酸化してチロシンにするのに必要な補因子である．この補因子の欠乏が継続すると，フェニルアラニンが蓄積してフェニルケトン尿症を呈する．

36. カフェインはプリンと構造的に類似しているので，キサンチンオキシダーゼによりさまざまな誘導体(1-メチル尿酸，7-メチルキサンチンなど)になる．
38. ウラシルがβ-アラニンに変換される経路は次の通りである．

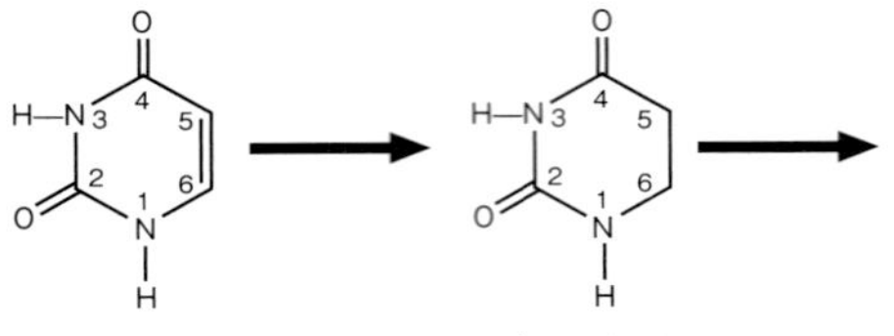

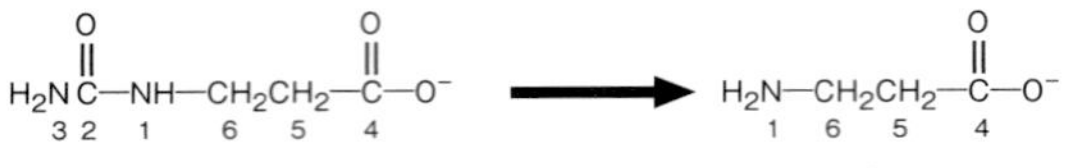

それぞれの分子の原子に番号がつけられている．

40. インスリンやインスリン受容体がないと，標的組織はグルコースを代謝する以外の方法でエネルギーを産生する．筋肉タンパク質はアミノ酸に分解されて，クエン酸回路を通じて筋収縮に必要なエネルギーの産生に利用される．

16章

問　題

16.1 このシグナル伝達に関連する一連の物質は図 8.20 に示されている．有名な例は，グルカゴン(一次シグナル)，グルカゴン受容体(受容体)，アデニル酸シクラーゼ(変換体)，および活性化プロテインキナーゼ(応答)である．

16.2 cAMP 分子は，1 個のホルモン分子が受容体に結合すると，そのホルモン分子が受容体から離れるまで産生される．ホルモン分子の増幅係数は 350 である．すなわち，ホルモン分子と受容体が結合するごとに 350 個の cAMP 分子が産生される．そうした受容体が 1 個の細胞表面に約 10 万分子存在する．

16.3 ホルモン分子が受容体に結合すると，アデニル酸シクラーゼによって ATP から cAMP がつくられる．受容体とアデニル酸シクラーゼの相互作用は，G タンパク質である G_s によって仲介される．ホルモン結合後，受容体の構造変化が起こると，受容体は近くの G_s タンパク質と相互作用する．G_s が受容体と結合すると，GDP が遊離する．さらに GTP が G_s に結合することで，そのサブユニットの一つがアデニル酸シクラーゼに作用し，活性化させる．その結果，cAMP 合成が開始される．シグナル伝達機構を精密に制御するために cAMP は即座に分解される．

16.4 GTP 加水分解が阻害を受けると，G_s サブユニットがアデニル酸シクラーゼを活性化し続けることになる．小腸細胞において，アデニル酸シクラーゼは，塩素チャネルを開く作用をもっているので，大量の塩化物イオンと水が流出する．この過程によってひどい下痢が引き起こされ，すぐに重症の脱水症状と電解質の喪失が起こる．

16.5 DAG とホルボールエステルはプロテインキナーゼ C の活性化を促進する．その結果，細胞の成長や分裂が活発になる．ホルボールエステルは正常細胞よりも潜在性細胞に優先的に成長作用を与える．これが，がん発生の初期段階である．

16.6 糖尿病が放置されて高血糖状態が続くと，大量のグルコースと水が尿中に排出される．そのため脱水症が起こる．利用可能なグルコースが欠乏すると，体は即座にエネルギー産生のために脂肪やタンパク質を分解する．Hence Aretaeus は，糖尿病において異常な体重減少と大量の排尿が関連していることを観察した．

16.7 長期にわたる絶食や低カロリー食を続けると，脳は飢餓におかれたと解釈する．それに対応して脳は基礎代謝率を下げる．消費エネルギーの大半は脂肪酸の酸化に由来する．グルコース依存性の組織に必要なグルコースは，筋タンパク質を分解して得られたアミノ酸の糖新生によりつくられる．

16.8 血中のグルコース濃度やインスリン濃度が通常レベルにもどると，膵臓からグルカゴンが分泌される．グルカゴンは肝臓においてグリコーゲン分解と糖新生を促進し，低血糖を防ぐ機能をもっている．グルカゴンによるグリコーゲン分解過程は，まず cAMP 合成より始まる．そこからカスケード反応が次つぎに起こり，最終的にグリコーゲンホスホリラーゼが活性化される．脂質分子の加水分解が活発になると，糖新生の基質となるグリセロール分子が生成される．

復習問題

3. a. G タンパク質：ヘテロ三量体 GTP 結合タンパク質のサブユニットの一つ．GTP の結合により，機能発現する標的タンパク質を活性化する．
   b. GPCR：G タンパク質共役型受容体．細胞表面の受容体で，ホルモンや他のシグナル分子と結合し，G タンパク質の活性化を介して細胞内応答を引き起こす．
   c. RTK：受容体型チロシンキナーゼ．膜貫通型受容体で，細胞質ドメインにチロシンキナーゼ活性をもち，リガンドが細胞外ドメインに結合すると活性化される．
   d. 増殖因子：細胞の成長や増殖を刺激する細胞外ポリペプチド．
   e. サイトカイン：ホルモンのようなポリペプチドやタンパク質で，細胞の成長や増殖を刺激したり抑制したりする．伝統的に，造血細胞や免疫系細胞によって産生されるものを指す．
5. a. メタボリックシンドローム：肥満を必須因子として，高血圧，脂質異常症，インスリン抵抗性を併発した臨床的病態．
   b. 高尿酸血症：血中の尿酸レベルが高い状態．
   c. 視床下部：脳領域の一つで，体温や電解質バランスを制御したり，栄養状態をモニターしたり，また摂食行動を制御している．
   d. 食欲抑制：食欲が抑えられること．
   e. 食欲促進：食欲が刺激されること．
7. a. 発がんプロモーター：周りの細胞よりも高い増殖活性を与える分子．
   b. グアニンヌクレオチド交換因子(GEF)：G タンパク質が活性化されている間，GDP と GTP の交換を促す G タンパク質共役型受容体の膜貫通領域の立体構造変化をもたらすタンパク質．
   c. DAG：ジアシルグリセロール．PIP_2 がホスホリパーゼ C によって分解されると産生されるセカンドメッセンジャー分子．プロテインキナーゼ C を活性化する．
   d. 定常状態：異化代謝速度が同化代謝速度とおおよそ同じ生命活動状態．
   e. IP_3：イノシトール 1,4,5-三リン酸．PIP_2 がホスホリパーゼ C によって分解されると産生されるセカンドメッセンジャー分子．カルシウムチャネルである IP_3 受容体を活性化する．
9. NADPH は，ペントースリン酸経路で形成されたり，イソクエン酸デヒドロゲナーゼやリンゴ酸デヒドロゲナーゼで産生されたりする分子で，さまざまな生合成反応（アミノ酸，脂肪酸，スフィンゴ脂質，コレステロールなど）における還元剤として利用されている．生合成される分子（脂肪酸やアミノ酸の炭素骨格など）のなかには，その分解反応で NADH 合成を伴うものもある．NADH は，ミトコンドリア電子伝達系でのエネルギー産生の主要な原材料となる．

11. 絶食後数週間は，血糖値は糖新生によって維持される．筋タンパク質の分解によってつくられたアミノ酸が，その期間における糖新生過程の基質のほとんどを占める．最終的に筋肉を分解し尽くすと，脳はケトン体をエネルギー源として利用するようになる．その結果，尿素（アミノ酸のアミノ基由来の排泄物）の生成量は減少する．
13. 身体活動を行うと交感神経系が活性化される．その結果，副腎皮質が刺激され，エピネフリンとノルエピネフリンが分泌される．これらのホルモンは脂肪細胞内のホルモン感受性リパーゼを活性化する．この酵素は，トリアシルグリセロールを加水分解することによって，筋収縮に利用されうる脂肪酸を生成する．
15. アルツハイマー病では，記憶や言語スキル，行動変化などにおける障害を特徴とする，進行性の精神機能低下が起こる．アルツハイマー病は認知症の一種であり，神経細胞内外でのアミロイド β タンパク質の凝集や神経細胞内でのタウタンパク質の凝集による脳障害が起こる．２型糖尿病では，誤って折りたたまれたタンパク質の凝集によって，膵 β 細胞の機能が傷害される．
17. HbA_{1c} 形成はヘモグロビンの非酵素的なグリコシル化の結果であり，血中グルコース濃度が高い場合に起こる．メイラード反応では，グルコースのアルデヒド基がタンパク質の遊離アミノ基と縮合してシッフ塩基を形成し，アマドリ生成物が形成される．次にアマドリ生成物は不安定化されて，反応性に富むカルボニル基をもった化合物になる．この化合物がヘモグロビン分子と反応して，HbA_{1c} のような付加物を形成する．
19. １型糖尿病（インスリン依存性糖尿病）ではインスリンが産生されず，グルカゴンの作用が拮抗を受けない．グルカゴンによって脂肪細胞での脂肪分解が増大し，過剰なアセチル CoA が産生され，このアセチル CoA がケトン体に変換される．ケトアシドーシス（ケトン体が血中に過剰量存在し，血中 pH が低くなった状態）は２型糖尿病（インスリン非依存性糖尿病）ではまれである．２型糖尿病では，インスリンの血中濃度は正常もしくは高いが，インスリン抵抗性が生じている．この場合，グルカゴンの作用が完全には拮抗を受けないので，いくらかのグルコースの細胞への取り込みは（減少しているものの）認められ，脂肪分解は１型糖尿病ほど活性化されていない．そして，過剰なケトン体生成は起こらない．
21. １週間のダイエットで比較的早期に起こる体重の減少には，水分の喪失に加えて，蓄えられていたグリコーゲンの減少や筋タンパク質の減少，脂肪細胞でのトリアシルグリセロールの分解が関与している．筋タンパク質に由来する大量のアミノ酸が，脳のエネルギー源として好まれるグルコースの産生（肝臓における糖新生）に必要とされる．脂肪分解によって脂肪酸が放出され，グルコースとは別のエネルギー源として供給される．水分の喪失については，グリコーゲンに結合した水分が，グリコーゲンが使われるに従って失われていく．また水分子は，グリコシド結合やエステル結合，ペプチド結合を加水分解する際にも必要とされる．
24. a. 小腸は食物を栄養素まで消化し，吸収可能な小さな分子（糖，脂肪酸，アミノ酸など）にする．胃と同様に小腸では，栄養素の吸収を促すホルモンであるグレリンが分泌される．
    b. 肝臓は，栄養素の代謝に関係した数多くの役割を担っている．そうした役割のなかには，血中の栄養素レベルのモニタリングや体内組織への栄養素（アミノ酸など）の分配，糖新生やグリコーゲン分解による血糖値の調節がある．
    c. 骨格筋は，筋収縮を行うためにグルコースや脂肪酸といったエネルギー源を消費する．速筋ではタンパク質が分解され，アラニンがつくられる．このアラニンは肝臓に運ばれ，糖新生に利用される．心筋はエネルギー源としてグルコースと脂肪酸に依存している．
    d. 脂肪組織の細胞はトリアシルグリセロールを貯蔵し，脂肪酸とグリセロールを血中に放出して他の臓器に送りだす．
    e. 腎臓は脂肪酸とグルコースを利用し，必要なエネルギーを産生している．栄養素の代謝で生じた水溶性の化合物（尿素など）を排出する役割を担っている．
    f. 脳は，グルコースだけをエネルギー源として利用できる．絶食期間が長くなると，脳はエネルギー源としてケトン体を利用できるように代謝変化を起こす．

応用問題

27. セカンドメッセンジャーは，ホルモン（ファーストメッセンジャー）が受容体に結合すると産生されるエフェクター分子である．細胞を刺激することで，もともとのシグナルに応答させる働きがある．セカンドメッセンジャーはシグナルを増幅する役割も担う．
29. 脂肪酸の輸送が増加することで，骨格筋は脂肪酸を代替エネルギー源として利用し，それによってグルコースを脳が利用できるよう節約する．加えてグルカゴンが，骨格筋由来のアミノ酸を利用する代謝経路である糖新生を刺激する．
31. 機能的なホルモンを分泌小胞に蓄えることで，ホルモン産生細胞が代謝シグナルに素早く応答できる．適切なシグナルを受けるとすぐに，分泌小胞は細胞膜と融合（エキソサイトーシス）し，内容物を血流中に放出する．
33. ヒトの食欲調節は複雑で強固な機構であり，視床下部などの脳の複数の領域が関与する．カロリー制限に対する応答では，飢餓状態にあると判断し，脳の食欲中枢による応答として食欲を刺激し，（エネルギーを節約するために）基礎代謝率を低下させ，エネルギー消費を抑制する（この結果，不活発な状態になる）．この応答や他のホルモンおよびペプチド分子で引き起こされる応答の結果，さらに体重を減らしたり，減少した体重を維持したりすることが，不可能でないにしてもきわめて困難になる．
35. mTORC1 は中心的な代謝センサーであり，ホルモンがどう働くか，栄養素がどの程度利用できるか，エネルギー状態がどのようになっているか，また細胞ストレスがどの程度あるか，といった情報を統合している．mTORC1 はタンパク質合成などの同化作用を促す．ATP や栄養素，酸素の量が低下すると，AMPK が活性化されて mTORC1 を阻害する．
37. シグナルカスケードでは，最初のシグナルが低濃度であっても構わない．シグナルはカスケードを進むにつれて増幅される．加えて，複雑で多段階になっているカスケード機構によって，さまざまな細胞過程が統合される機会が生じる．
39. 運動によってインスリン非依存的な骨格筋へのグルコース取り込みが促進され，血糖値の調節を迅速に行うことが可能となる．
41. 絶食期間が長くなると，ケトン体量が上昇し，その結果，腎機能に障害をもたらす状態であるアシドーシスが引き起こされる．
43. フルクトースのトリオースリン酸への変換が際限なく起こると，肝臓での脂肪酸生合成が促進され，VLDL 合成とその分泌も増加する．

17章

問 題

17.1 水素結合を三つもつシトシン-グアニン塩基対のほうがアデニン-チミン塩基対より安定である．したがって，より多くのCG塩基対をもつDNA分子のほうがより安定である．そのために，CG塩基対が最も少ない構造bが先に変性する．

17.2 a. エタノールは塩基対間の水素結合を阻害し，DNAを変性させる．
b. 加熱処理は容易に水素結合を破壊するので，DNA鎖はほどけて変性する．
c. ジメチル硫酸はアルキル化剤であり，トランスバージョン変異やトランジション変異を引き起こす．
d. 亜硝酸は塩基を脱アミノする．

17.3 脳は他の組織に比べて酸素をより多く消費するので，酸化ストレスに対してとくに感受性が高い．その結果，酸化的損傷を受ける確率も高くなる．加えて，ほとんどの種類の脳細胞は，不可逆的にROSによる損傷を受けても，ほかに置き換わることができない．ヒドロキシラジカル以外に脳において酸化ストレスを与えるものには，スーパーオキシド，過酸化水素，一重項酸素があげられる．

17.4 DNAの脱水型であるA-DNAにおいて，塩基対はらせん軸に対して垂直ではなく，B-DNAに比べると水平軸から20°傾いている．隣接する塩基対間の距離はわずかに短くなっており，B-DNAではらせん1回転あたり10 bpであるのに対して，A-DNAでは11 bpである．B-DNA二重らせんのピッチは3.4 Åであるのに対し，A-DNA二重らせんは2.5 Åである．A-DNAとB-DNAのらせんの直径は，それぞれ2.6 nmおよび2.4 nmである．A-DNAの重要性はわかっていない．しかしその構造は，二本鎖RNAや転写の際に形成されるRNA-DNA二本鎖構造によく似ている．

Z-DNAの直径は1.8 nmであり，B-DNAに比較するとずいぶん細い．Z-DNAは1回転あたり12 bpで左巻きにねじれており，らせんのピッチはB-DNAが3.4 Åであるのに対して，Z-DNAは4.5 Åである．プリン塩基とピリミジン塩基が交互に現れるような配列が，最もZ-DNA構造をとりやすい．Z-DNAでは塩基対が左回りにガタガタに積み重なっているために，表面は滑らかで，溝の少ないジグザグ構造をとる．Z-DNAの重要性についてはわかっていない．

17.5 ゲノムは，一つの生物がもつ一組のDNAによりコードされた全遺伝情報のことをいう．染色体はDNA分子であり，通常，タンパク質と複合体をつくっている．クロマチンは，真核生物の染色体が部分的にほどけた状態をいう．ヌクレオソームは，DNAがヒストンと相互作用することによって形成される真核生物染色体の繰返し構造単位である．遺伝子は，ポリペプチドまたはRNA分子をコードしているDNA配列のことである．

17.6 原核細胞のゲノムは，真核細胞のゲノムより大幅に小さい．たとえば，大腸菌とヒトのゲノムサイズは，それぞれ4.6 Mbと30 Mbである．原核生物のゲノムはコンパクトで連続的である．すなわち，何もコードしないDNA配列は，たとえ存在してもたいへん少数である．それに比べると，真核生物のゲノムは膨大な量の非翻訳配列をもっている．そのほかに，原核生物のDNAでは複数の遺伝子がオペロンとして連なっているのに対して，真核生物のDNAでは遺伝子の間に介在配列が存在して分断されていることが際だった差異である．

17.7 アンチセンスDNAの配列：
3′-CGTAAGCTTAACGTCTGAGGACGTTAAGCCGTTA-5′
mRNAの配列：
3′-CGUAAGCUUAACGUCUGAGGACGUUAAGCCGUUA-5′
アンチセンスRNAの配列：
3′-GCAUUCGAAUUGCAGACUCCUGCAAUUCGGCAAU-5′

17.8 本来のセントラルドグマでは，遺伝情報は一方向にのみ流れる．すなわち，DNA分子からRNA分子を介して，タンパク質合成を指令している．ここで改訂された図によると，あるウイルスのRNAゲノムは，(RNA依存性RNAポリメラーゼと呼ばれるウイルス酵素の作用により)RNAゲノムを直接複製できるし，また逆転写(RNA配列を鋳型にDNAを合成すること)もできる．

復習問題

3. a. 点変異：DNA配列上の1ヌクレオチド塩基の変化．
b. トランジション変異：プリン塩基が別のプリン塩基に，あるいはピリミジン塩基が別のピリミジン塩基に変わるDNA変異．
c. トランスバージョン変異：ピリミジン塩基がプリン塩基に，あるいはその逆方向の点変異．
d. サイレント変異：ポリペプチドの機能に影響を与えない点変異．
e. ミスセンス変異：ポリペプチドの機能に影響を与えるアミノ酸置換に至る点変異．

5. a. シャルガフ則：DNA塩基の組成に関する法則．アデニンとチミン，グアニンとシトシンの含量がそれぞれ等しいこと．
b. 構造ヘテロクロマチン：真核細胞で定常的に凝縮し，転写不活性なDNA部分．中心体，テロメア，トランスポゾン，反復配列に見られる．
c. バクテリオファージ：細菌に感染するウイルスの一種．
d. DNA複製依存性ヒストン：細胞周期のS期においてDNAとともに合成されるヒストン．
e. DNA複製非依存性ヒストン：細胞周期の全体を通して少量合成されるヒストン．

7. a. ヒストン：すべての真核生物に見られ，DNAに結合してヌクレオソームを形成する塩基性タンパク質の一群．
b. ヘテロクロマチン：転写不活性で高度に凝集しているクロマチン．構造ヘテロクロマチンは常に凝集している．条件的ヘテロクロマチンは，ある細胞種では凝集していない．
c. ユークロマチン：さまざまな程度の転写活性をもち，ヘテロクロマチンほど凝集していないクロマチン．
d. 遺伝子間領域配列：何の遺伝子産物もコードされていない遺伝子間のDNA配列．
e. 縦列反復配列：DNA配列が隣り合って多コピー繰り返されている配列．

9. a. DNAタイピング：個人を特定するためのDNA解析技術．マーカーと呼ばれるいくつかの高度な可変領域を解析する．
b. 短い反復配列：2～4 bpの反復をもつDNA配列．個人を特定するため，DNAプロフィールの作製時に利用される．
c. DNAプロフィール：標的配列を電気泳動で分離したときに示す固有のDNAパターン．個人を特定するために用いられる．
d. リボザイム：触媒能をもつRNA分子．自身あるいは他のRNA分子を開裂する．
e. ノンコーディングRNA：タンパク質合成にかかわるRNA分子(すなわちtRNA，rRNA，mRNA)以外のRNA分子で，広汎なゲノム制御ネットワークで働いている．

11. 真核生物のゲノムは原核生物のゲノムより大きい．原核生物のゲノムの大部分が遺伝子により構成されているのに対して，真核生物のDNAの大部分は何もコードしていないと考えられる．また原核生物とは異なり，真核生物の遺伝子は非連続的である(すなわちイントロンをもつ)．
13. RNAはDNAとは以下のような点で異なっている．① RNAはデオキシリボースではなくリボースをもっている．② RNAの塩基組成はDNAとは異なっている(チミンの代わりにウラシルがあり，いくつかのRNA塩基は化学修飾を受けている)．③ DNAが二重らせん構造をとっているのに対して，RNAは一本鎖である．
15. ヒトの1細胞は約600万塩基対をもつ．個体で10^{14}の細胞があるとすると，ヒトの体がもつDNAの長さは約2×10^{11} kmに相当する．この推定値は，地球から太陽までの距離の1000倍以上になる(1 nmは10^{-9} mであることに注意せよ)．
17. 1953年のWatson-Crick論文の発表以前は，DNAが遺伝物質であることの証明，あるいは，その直前にはその構造の発見に多くの研究努力が注がれていた．Watson-Crick論文の発表後は，DNAと関係する細胞過程の機能的性質の解明が始まり，そちらへシフトしていった．このような研究分野が，後に分子生物学と呼ばれるようになった．
19. 細胞世代間におけるDNAメチル化パターンの安定的な継承は，維持メチルトランスフェラーゼという一群の酵素によって達成されている．維持メチルトランスフェラーゼは，新生DNA鎖上のCpGに富んだ領域のシトシンをメチル化する．この酵素は，親鎖上のメチル化されたシトシンの反対側にある新生鎖のシトシンをメチル化する．
21. Env三量体(gp120/gp41ヘテロダイマー3分子からなる複合体)は，標的細胞の細胞膜にHIVを付着させ，融合させるための膜融合装置である．HIVエンベロープと標的細胞の細胞膜との融合は，極的細胞への感染の第一段階である．
23. 水分子は，リン酸基，デオキシリボースの3′-および5′-酸素原子，ヌクレオチド塩基の電子陰性の原子に結合して，DNA構造を安定化している．また，周辺にある水分子のより高いエントロピーは，らせん内ヌクレオチド塩基間の疎水的相互作用を高めている．
25. ヒストンコード仮説によれば，各DNA配列内におけるヒストン修飾のパターンが，転写を促進または抑制する転写因子の結合のためのプラットフォームになって，遺伝子発現を調節している．
27. 塩化エチルは，DNA塩基と反応してエチル誘導体を生成させるアルキル化剤である．

応用問題

30. DNAの大きな溝と小さな溝は，水素結合で結ばれている2本の鎖のうちのグリコシル結合が，正確には互いに対称になっていないために生じる．
32. 臭素原子の電子求引効果はウラシルのエノール形成の可能性を高める．このエノールはシトシンの水素結合のパターンと似ている．したがって，この塩基はグアニンと塩基対を形成することができる．
34. ヒストンは，ヌクレアーゼの作用からDNAをさえぎるために働いている．
36. 犯行現場では，法医学の専門家が血液，毛髪，唾液などの生体試料を収集する．これらの試料が研究室に届けられると，ただちに解析が進められ，犠牲者のDNAと比較される．犠牲者のものではないDNAは，犯罪が行われたときに現場にいた人間のDNAであると推測される．容疑者が特定されると，容疑者のDNAプロフィール(綿棒でかきとられた頬の細胞か，法廷によって命じられた血液サンプルから得られる)が，犯行現場で採取された試料のDNAプロフィールと比較される．もし明確な容疑者がいない場合は，犯行現場の試料は全米のデータベースとも比較される．この戦略は，最近の殺人事件のみならず，犯行現場の試料が保存されていた迷宮事件でも，後に有罪となった個人の同定にきわめて有効である．PCR，RFLP，STR-DNA解析などの技術が成功に導いている．
38. ホスホジエステル結合内の原子が水分子に水素結合している様子を次に示す．

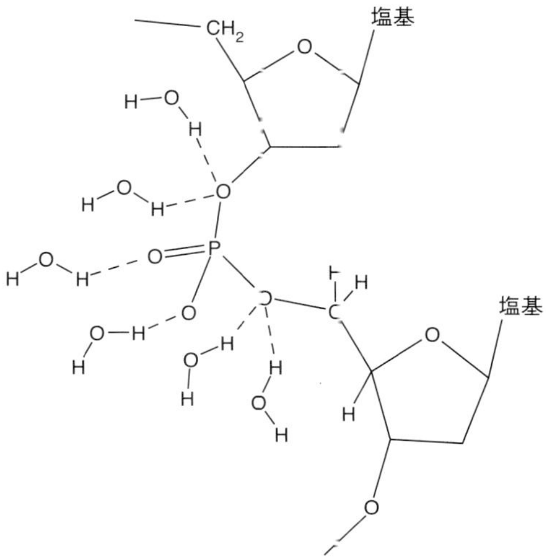

40. 時を経るとDNAは分解する．古くから残っている化石には，生物を再構成するには，もし残っていたとしてもごく微量のDNAしかない．しかも，損傷を受けていないDNAは生体機能にとって不可欠で重要なものではあるが，それは生命活動のオペレーティングシステムにしかすぎない．このような生物の生きたサンプルを知ることがない限り，その種に特有の生理的構造や機能的性質を再構成することはできないだろう．

18章

問　題

18.1 簡潔にいうと，原核生物のDNA複製は，DNAの巻きもどし，RNAプライマーの形成，DNAポリメラーゼによって触媒されるDNA合成，およびDNAリガーゼによる岡崎フラグメントの連結からなっている．原核生物の複製がより速い点，岡崎フラグメントがより長い点，そして通常は染色体あたり一つしか複製起点をもっていない点(真核生物は一つの染色体が多くの複製起点をもっている)で，原核生物のDNA複製は真核生物のそれと異なっている．

18.2 除去修復では，損傷を受けた短い配列(たとえばチミン二量体)が除去されて，正しい配列に置き換えられる．エンドヌクレアーゼが損傷を受けた一本鎖配列を除去した後，DNAポリメラーゼ活性が非損傷鎖を鋳型にして置換配列を合成する．光回復では，光回復酵素が光エネルギーを利用してピリミジン二量体を修復する．組換え修復では，損傷を受けた配列が除去される．修復には，相同DNA分子の適切な領域の交換が含まれる．

18.3 抗生物質が大量に使用されても，(自然突然変異，あるいは接合や形質導入および形質転換などの微生物間 DNA 転位機構によって獲得した)耐性遺伝子をもつ細菌細胞は，生き延びるだけでなく繁殖までする．抗生物質の使用は淘汰圧として働くので，抵抗性の生物は(元もとは微生物の間ではマイナーな構成要因でしかなかったとしても)生態的地位(ニッチ)において優位な細胞になる．

18.4 大部分の遺伝子重複は，明らかに遺伝子組換えの際の偶然の産物である．遺伝子重複の原因の例としては，対合と転位の際の不等乗換えがある．遺伝子が複製された後，ランダムな突然変異や遺伝子組換えが変異を導入する．

18.5 フィトクロムは光によって誘導される植物の多くの過程を仲介することが示されているので，フィトクロムが植物細胞のゲノム中の光応答性因子(LRE)と相互作用することでそれを行っていると仮定するのは合理的だと考えられる．おそらくは，その発色団が光によって活性化されると，フィトクロムはさまざまな LRE へ単独あるいは複合体の一部として結合することで遺伝子発現に影響している．

復習問題

3. a. レプリコン：複製を始めるための開始点を含むゲノムの一単位．
   b. 岡崎フラグメント：DNA 鎖の一方が連続的に複製され，もう一方の鎖が不連続に複製される際に形成される一連のデオキシリボヌクレオチド領域．
   c. *Ter* 部位：DNA 複製終了配列を含む大腸菌染色体の領域．
   d. Tus タンパク質：*Ter* 配列と結合すると DNA 複製終了を促進するタンパク質．
   e. 転写開始前複合体：真核生物の複製複合体(preRC)であり，その形成は DNA 複製の最初の主要な段階である．
5. a. 転位：ゲノム内のある部位から他の部位への DNA 配列の移動．
   b. 転位因子：自分自身を切り出して他の部位に入り込む DNA 配列．
   c. 細菌形質転換：DNA 断片が細菌細胞に入り込み，細菌ゲノムに導入される過程．
   d. 形質導入：バクテリオファージによる細菌間の DNA 領域の移動．
   e. 接合：細菌細胞間の非定型性的接合．供与細胞が特殊化した線毛を通じて DNA 領域を受容細胞に移動させる．
7. a. PCR：ポリメラーゼ連鎖反応．大量の DNA コピーを得る方法．熱安定 DNA ポリメラーゼである Taq ポリメラーゼを利用する．
   b. DNA マイクロアレイ：数千の遺伝子の発現を同時に解析するために利用する DNA チップ．
   c. 染色体ジャンプ：同一染色体上の不連続な配列を含むクローンを単離するための技術．
   d. ゲノム計画：個々の生物の DNA 塩基配列の完全長を決定する工程．
   e. バイオインフォマティクス：生物学的配列データの解析を容易にするコンピュータを利用した研究分野．
9. a. 遺伝子サイレンシング：高等真核生物における転写後遺伝子制御の一つであり，マイクロ RNA と呼ばれる短い 22 ヌクレオチドの RNA が関係する．
   b. RNA 干渉：RNA 分子を分解する細胞機構．遺伝子発現制御やウイルス RNA ゲノムに対する防御において作用する．
   c. がん抑制遺伝子：がんの進行から細胞を積極的に守るタンパク質をコードする遺伝子セットの一つ．
   d. がん原遺伝子：細胞周期制御にかかわるタンパク質をコードする正常遺伝子．変異が入ると発がんを促進する．
   e. GEF：グアニンヌクレオチド交換因子．GTP アーゼが GDP を放出し，GTP と結合するように仕向けるタンパク質．
11. ポリ(A)尾部は，mRNA の核外への輸送と，それに引き続くリボソームによる翻訳を促進する．ポリ(A)尾部はまた，時限装置としても働く．mRNA のポリ(A)尾部が短くなると，次第に分解を受けやすくなり，その機能的寿命が短くなる．
13. DNA 鎖へのヌクレオチドの取り込みは次の通りである．

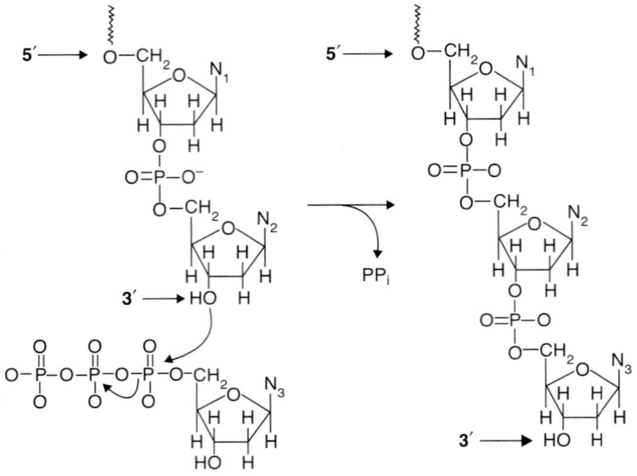

15. "跳躍遺伝子" とはトランスポゾンの一般的名称である．Barbara McClintock によって最初に発見されたトランスポゾン(転位因子)は，ゲノム中を動き回れる DNA 配列である．
17. 細菌での普遍的組換えは，形質転換(ある細胞の DNA が他の細胞に入り，受容細胞のゲノムに組み込まれる)，形質導入(細菌細胞内で合成されたバクテリオファージが，なんらかの事情で，その細菌の DNA 断片をファージが次に感染した細菌細胞に運ぶ)，および接合(細菌細胞間の非定型性的接合であり，性線毛を通じて DNA がある細胞から他の細胞に入る)に関与する．
19. DNA はたえず破壊的な過程にさらされているので，その構造上の完全性は効果的な修復機構に高度に依存している．生物の寿命は，その組成細胞の健全性に依存しており，その健全性は遺伝情報の時宜に適った正確な発現に依存している．したがって，DNA 分子の完全性を維持する各種生物の能力は，寿命を決定する重要な因子である．
21. a. 転写因子とは，応答因子と呼ばれる特別な DNA 配列に結合して RNA 合成を制御したり開始したりするタンパク質である．
    b. RNA ポリメラーゼとは，DNA 配列を転写して RNA 産物をつくる酵素である．
    c. プロモーターとは遺伝子の直前に位置する DNA 配列であり，RNA ポリメラーゼによって認識され，開始地点と転写方向を知らせる．
    d. シグマ因子とは，転写の間に RNA ポリメラーゼのコア酵素が開始部位に結合するのを促進する細菌タンパク質である．
    e. エンハンサーとは DNA 調節配列であり，適切な転写因子に結合すると近傍の遺伝子が転写される可能性を上昇させる．
    f. TATA ボックスとは，最もよく研究された真核生物のコアプロモーターエレメントの例である．
23. 一つの DNA 分子の 5 サイクルの増幅で，2^5 すなわち 32 分子ができる．

25. 図 18.18 を参照せよ.
27. DNA フォトリアーゼをもつ生物種では，この酵素のフラビンおよびプテリン発色団によって捕獲された光エネルギーが，チミン二量体のシクロブタン環を開裂するのに使われ，その結果，二量体は元の二つのチミン単量体に変換される．このときリン酸ジエステル結合は影響を受けない(ヒトはこの酵素をもたない).
29. テロメア末端結合タンパク質の機能は，テロメアを隔離して安定化させる過程の一環として，GT リッチなテロメア配列に結合することである.
31. 四配偶子キメラとは，四つの遺伝的に異なる配偶子(二つの卵子と二つの精子)から形成された，二つの同一でない接合子の融合体から発達した一個体である.

応用問題

34. 遺伝的組換え，遺伝子スプライシング，および選択的 RNA スプライシングなどの DNA 配列を変換する過程により，細胞は遺伝子発現を変えたりタンパク質の種類を増やしたりできる．最もよく知られた例はリンパ球による抗体産生である．部位特異的組換えによる再構築(多くの抗体遺伝子領域のそれぞれに対して，いくつかの可能な選択肢がある)の結果，非常に多数のさまざまな抗体分子をつくることができる.
36. 日光への過剰曝露に反応して起こる日焼けは，DNA 損傷が引き金となる．皮膚細胞の DNA 損傷は老化過程を加速し，肥厚して皺(しわ)の入った皮膚という兆候で現れる．DNA 損傷はまた，がん抑制遺伝子を不活性化したり，がん原遺伝子に変異を引き起こしたりして，皮膚がんのリスクを高める.
38. *Rb* 遺伝子は腫瘍サプレッサーをコードしているので，網膜芽細胞腫は，*Rb* 遺伝子の両方の対立遺伝子が損傷を受けるか欠失しているときにのみ起こる．通常，ランダムな突然変異が網膜芽細胞腫を引き起こすには，長期にわたる時間が必要である．遺伝性網膜芽細胞腫(患者は機能的 *Rb* 遺伝子を一つしかもっていない)においては，その *Rb* 遺伝子を不活性化するランダムな突然変異を引き起こすのに必要な時間は，両方の遺伝子の不活性化(非遺伝性網膜芽細胞腫を引き起こす)に必要な時間よりかなり短い.
40. 生物の細胞から DNA を抽出すると，それを酵素消化し，ショットガンクローニングによりゲノムライブラリーを作製する．その後，各クローンの DNA 配列を配列解析にかける．染色体歩行は重複配列を決めるのに利用される.
42. DNA の RNA への〝コピー〟は，DNA の鋳型配列はそのままで，タンパク質の多様性を生みだすように変化することができる．また，RNA 分子は繰り返し利用可能であり，元の DNA を損なうことなく処分できる．もし DNA が直接に使われると，マスター分子が損傷を受けて壊れることもありうる．さらに RNA 分子は，容易に核様体あるいは核を離れて，細胞の他の部分に移動することが可能である.

19 章

問 題

19.1 このポリペプチドの最初のアミノ酸配列は，Met—Ser—Pro—Thr—Ala—Asp—Glu—Gly—Arg—Arg—Trp—Leu—Ile—Met—Phe である．mRNA 配列を変化させた変異の種類は，(a) 1 塩基の挿入，(b) 1 塩基の欠失，(c) 2 塩基の挿入，(d) 3 塩基の欠失である．これらの変異の結果，mRNA からつくられるポリペプチドのアミノ酸配列が変化する．(a)，(b)，(c)ではフレームシフトが起こる．そのため，変異後のアミノ酸配列は異なっている．(d)では 3 塩基が欠失しているので，フレームシフトは起こらない．この場合，正常なポリペプチドと変異を起こしたものとの唯一の違いは，アミノ酸が 1 個少ないことである.

19.2 この DNA 配列がコード鎖であるとすると，その mRNA 配列は 5′-GGUUUA-3′ であり，アンチコドンは 5′-UAA-3′ と 5′-ACC-3′ である．もし DNA 配列が鋳型鎖であるなら，mRNA 配列は 5′-UAAACC-3′ であり，アンチコドンは 5′-GGU-3′ と 5′-UUA-3′ である.

19.3 このペプチドの mRNA コドン塩基配列には次のような可能性がある.

Tyr—	Leu—	Thr—	Ala—
5′-UAU-3′	CUU	ACU	GCU
UAC	CUC	ACC	GCC
	CUA	ACA	GCA
	CUG	ACG	GCG
	UUA		
	UUG		

このペプチドをコードする DNA 配列には次のような可能性がある.

Tyr—	Leu—	Thr—	Ala—
3′-ATA-5′	GAA	TGA	CGA
ATG	GAG	TGG	CGG
	GAT	TGT	CGT
	GAC	TGC	CGC
	AAT		
	AAC		

このペプチドをコードする tRNA アンチコドンには次のような可能性がある.

Tyr—	Leu—	Thr—	Ala—
3′-AUA-5′	GAA	UGA	CGA
AUG	GAG	UGG	CGG
	GAU	UGU	CGU
	GAC	UGC	CGC
	AAU		
	AAG		

19.4 eEF2 の ADP リボシル化された誘導体の形成は，このタンパク質因子の三次元構造に影響を及ぼす．おそらく，1 個あるいはそれ以上のリボソーム成分と相互作用したり結合したりする eEF2 の能力が変わるために，タンパク質合成が阻害されるのだろうと考えられる.

19.5 細胞質内でのプラストシアニン前駆体の合成後，最初の輸送シグナルが働いてタンパク質を葉緑体のストロマに送り込む．このシグナルがプロテアーゼによって除かれた後，2 番目の輸送シグナルがタンパク質のチラコイド内腔への移行を仲介する．次に，プラストシアニンは銅原子と結合し，折りたたまれて最終的な三次元構造をとり，チラコイド膜に結合する.

復習問題

3. a. デコーディングセンター：30S リボソームサブユニットにあり，そこでは mRNA コドンが，入ってくる tRNA アンチコドンと対になる.
   b. ペプチジルトランスフェラーゼセンター：大サブユニットのくぼみに位置し，ペプチド結合を形成する．中心部は五つの保存された塩基で構成され，アミノアシル tRNA およびペプチジル tRNA の 3′ 末端と結合する．

c. GTP アーゼ関連センター：GTP アーゼ活性をもつ翻訳因子のための，50S サブユニット上にある一連の重複した結合部位．

d. グアニンヌクレオチド交換因子：タンパク質から GDP を取り除き，GTP が結合できるようにするタンパク質．

e. プロトンシャトル機構：α-アミノ基の窒素が A 部位のアミノアシル基のカルボニル炭素への求核攻撃によってペプチド結合が形成される反応機構．

5. a. プロタンパク質：不活性な前駆体タンパク質．

b. プレプロタンパク質：除去されるシグナルペプチドをもつ不活性な前駆体タンパク質．

c. ジスルフィド交換：新たに合成されたタンパク質において，適切なジスフィルド結合の形成を促進する機構．

d. プロリンヒドロキシ化：アスコルビン酸を必要とする反応で，特定の結合組織タンパク質のプロリン残基をヒドロキシ化する．結合組織を完成するために必要．

e. タンパク質切断：翻訳後にプロテアーゼによって起こるペプチド部分の除去．特定のポリペプチドの活性を調節するために起こる．

7. a. tmRNA：tRNA 様の領域と mRNA 様の領域を含む細菌の RNA 分子で，傷ついた mRNA と結合したリボソームを救済する．

b. SECIS エレメント：セレノシステイン挿入配列（selenocysteine insertion sequence）．セレノシステインをコードするために必要な配列因子で，セレノシステインを含むポリペプチドをコードする mRNA の 3′UTR に位置している．

c. 開始：翻訳の開始段階．

d. 伸長：リボソーム内で mRNA が翻訳されてポリペプチドが伸びていく段階．

e. 終結：新たに合成されたポリペプチドがリボソームから放出される翻訳の一過程．

9. a. プロテオスタシスネットワーク：分子シャペロンをもつプロテオームの相互作用とユビキチンプロテアソーム系による分解を通して，タンパク質構造を調整するためのシステムとして協調して働くタンパク質．

b. 熱ショック応答：熱やその他のストレスに対する細胞応答で，細胞の修復機構としての熱ショックタンパク質をコードする遺伝子の発現を含む．

c. mRNP：メッセンジャーリボ核タンパク質．スプライシング，核からの放出，翻訳にかかわるタンパク質と結合する mRNA．

d. mTORC1：ラパマイシン複合体 1 の哺乳類ターゲット．栄養，エネルギー，酸化還元の細胞センサーとして機能し，タンパク質合成を調整するタンパク質複合体．

e. NMD：ノンストップ依存性 mRNA 機構．翻訳が進まなくなったリボソームを検知し救済する mRNA の監視システム．

11. 原核生物と真核生物の翻訳の大きな違いは，速度（原核生物の過程のほうがずっと速い），機能的な位置づけ（真核生物では，原核生物の翻訳とは違い，翻訳は転写には直接連結しない），複雑さ（ライフスタイルが複雑なため，真核生物はタンパク質合成を調節するために複雑な機構をもつ．たとえば，真核生物の翻訳では原核生物の翻訳よりもずっと多くのタンパク因子がかかわる），翻訳後修飾（真核生物の反応は，原核生物で見られるものよりもかなり複雑で多様）にある．

13. プレプロタンパク質は，除去されるシグナルペプチドをもったタンパク質の不活性な前駆体である．プロタンパク質は，タンパク質の不活性な前駆体である．タンパク質は完全に機能しうる翻訳産物である．

15. 原核生物と真核生物の翻訳調節機構のおもな違いは，真核生物の遺伝子表現の複雑さに関係している．真核生物の翻訳の特徴には，mRNA 輸送（転写と翻訳の空間的な分離），mRNA の安定性（mRNA の半減期は調整できる），負の翻訳調節（ある mRNA の翻訳は特定の抑制タンパク質の結合によってブロックされる），開始因子のリン酸化（eEF2 がリン酸化されると，mRNA の翻訳速度がある状況では変化する），および翻訳時のフレームシフト（ある mRNA では，異なるポリペプチドが合成されるようにリーディングフレームがシフトする）がある．

17. GTP 加水分解は，リボソーム内の A 部位から P 部位にペプチジル tRNA を移動させるエネルギーを供給する．伸長段階では，GTP 加水分解は，次にくるアミノアシル tRNA が A 部位と結合するためにも必要とされる．

19. 大サブユニットには，ペプチド結合を形成するための触媒部位がある．小サブユニットは，タンパク質の合成を調節するのに必要な翻訳因子のガイド役をしている．二つのサブユニットが一緒になって，mRNA 分子の塩基配列によって指定される配列をもつアミノ酸を重合する分子機械を共同でつくる．

21. タンパク質がその機能にふさわしい場所に正しいタイミングで想定通りにくるように，ターゲッティング機構が必要になる．このシグナル伝達系は特定のシグナル配列で始まり，翻訳が完了する場所を決める．ついで特定の局在配列，あるいは翻訳後修飾が，タンパク質を目的地に確実に運ぶようにする．

23. 伸長には三つの基本的な段階がある．（1）eEF1α-GTP により制御される A 部位へのアミノアシル tRNA の結合，（2）ペプチド転移．これは A 部位の α-アミノ基が，eEF2-GTP がリボソームに結合している P 部位のカルボニル炭素を求核攻撃する．（3）GTP が加水分解され，mRNA に沿ってリボソームを物理的に移動させるのに必要な立体構造の変化が起こること．

25. アルツハイマー病患者の神経細胞は β-アミロイドの凝集体に囲まれている．ハンチントン病ではハンチングチンタンパク質が凝集している．アミリンは，2 型糖尿病の患者の β 細胞において凝集が見られるタンパク質である．

27. p. 713 の最初の表の，各アミノ酸の下にある 3 文字の配列は，そのアミノ酸をコードする mRNA 配列である．たとえば，Ala の下にある四つの mRNA 配列は，どれも Ala をコードする．したがって，この問いには複数の正解がある．各列から 3 文字の配列を一つ選択し，このペプチドをコードする mRNA 配列をつくってみよ．次に解答例をあげる．

mRNA：5′-GCU UCU UUU UAU UCU AAA AAA UUA GCU GAU GUU AUU-3′

cDNA：3′-CGA AGA AAA ATA AGA TTT TTT AAT CGA CTA CAA TAA-5′

配列の順序は 5′ → 3′ の方向へ書かなければならないので，

5′-AAT AAC ATC AGC TAA TTT TTT AGA ATA AAA AGA AGC-3′

29. （原核生物の翻訳と違って）真核生物のタンパク質合成には長い時間を要するが，その理由として，翻訳因子の量の多さ，多様性，機能があげられる（たとえば，原核生物の翻訳因子は三つなのに対し，真核生物では少なくとも 12 ある）．つまり，追加の mRNA プロセシング〔キャップやポリ(A)尾部の付加，イントロ

問題 27 の表

このペプチドをコードする 5′ → 3′ 方向の mRNA のコドン塩基配列

Ala	Ser	Phe	Tyr	Ser	Lys	Lys	Leu	Ala	Asp	Val	Ile
GCU	UCU	UUU	UAU	UCU	AAA	AAA	UUA	GCU	GAU	GUU	AUU
GCC	UCC	UUC	UAC	UCC	AAG	AAG	UUG	GCC	GAC	GUC	AUC
GCA	UCA			UCA			UCA	GCA		GUA	AUA
GCG	UCG			UCG			UCG	GCG		GUG	
	AGU			AGU			AGU				
	AGC			AGC			AGC				

このポリペプチドをコードする 3′ → 5′ 方向の DNA 配列

Ala	Ser	Phe	Tyr	Ser	Lys	Lys	Leu	Ala	Asp	Val	Ile
CGA	AGA	AAA	ATA	AGA	TTT	TTT	AAT	CGA	CTA	CAA	TAA
CGG	AGG	AAG	ATG	AGG	TTC	TTC	AAC	CGG	CTG		TAG
CGT	AGT			AGT			GAA	CGT	CAG		TAT
CGC	AGC			AGC			GAG	CGC	CAT		
	TCA			TCA			CAT		CAC		
	TCG			TCG			GAC				

ンの除去〕や，ヒドロキシ化，ジスルフィド結合形成のような真核生物の翻訳後修飾の量の多さと多様性があげられる．また，真核生物の mRNA はシャイン・ダルガーノ配列を欠くため，真核生物のリボソームはキャップされた 5′ 末端に結合し，3′ 末端の方向へ走査することによって翻訳開始部位を見つけなければならない．

応用問題

32. セレノシステインとピロリジンを指定するコーディングは多くの点で似ている（たとえば，SECIS や PYLIS のような配列があることや，特定の tRNA とアシル tRNA シンテターゼを用いること）．この二つのコーディングで大きく違う点は，二つの非標準アミノ酸がそれぞれの tRNA に結合する機構である．セレノシステイン tRNA は特殊なセリル tRNA からつくられる．セリル基は tRNA と結合後，セリノシステイニル基に変換される．これとは対照的に，ピロリジンは tRNA と結合する前に合成される．
34. アミノ酸-tRNA 結合にエラーが起こった場合，たいていはアミノ酸構造の類似性から生じたものである．いくつかのアミノアシル tRNA シンテターゼは，間違ったアミノアシル tRNA 産物と結合し，それらを加水分解するための独立した校正部位をもっている．
36. 翻訳後修飾反応は，ポリペプチドにその機能を働かせる準備をさせて，決まった細胞内または細胞外の場所に向かわせる．この修飾の例としてタンパク質プロセシング（たとえばシグナルペプチドの除去），糖鎖付加，メチル化，リン酸化，ヒドロキシ化，脂肪酸修飾（たとえば *N*-ミリストイル化やプレニル化），ジスルフィド結合の形成がある．
38. 校正が必要な一連のアミノ酸．フェニルアラニン / チロシン，セリン / トレオニン，アスパラギン酸 / グルタミン酸，アスパラギン / グルタミン，イソロイシン / ロイシン，グリシン / アラニンなど．
40. リボソームの二つのサブユニットは，翻訳に入る前に，すべての必要な因子が正しい場所にあるために必要である．これは組立てラインのようなもので，順序立てられたプロセスであり，各パーツは酵素活性が働き始める前にあるべき場所になければならない．

用語解説

【アルファベット】

α-トコフェロール（α-tocopherol）　フェノール性抗酸化剤と呼ばれる化合物群に属するラジカルスカベンジャー（遊離基補捉剤）.

β-カロテン（β-carotene）　植物性色素分子の一種. 光エネルギーの吸収装置として働き，抗酸化作用をもっている.

β 酸化（β-oxidation）　ほとんどの脂肪酸が分解される異化経路. α 炭素原子と β 炭素原子の間の結合が切断されて，アセチル CoA が形成される.

β_2 クランプ（β_2 clamp）　処理能力を向上させるタンパク質複合体. DNA 鋳型からの DNA ポリメラーゼの頻繁な解離を防ぐ.

ρ 依存性終結（ρ-dependent termination）　真核生物における ρ 因子を必要とする転写終結.

ρ 因子（ρ factor）　細菌の転写終結にかかわる ATP 依存性ヘリカーゼ.

ρ 非依存性終結（ρ-independent termination）　原核生物における ρ 因子がかかわらない転写終結. 内因性終結とも呼ばれる.

ω-3 脂肪酸（ω-3 fatty acid）　α-リノレン酸とその誘導体. エイコサペンタエン酸やドコサヘキサエン酸など.

ω-6 脂肪酸（ω-6 fatty acid）　リノール酸とその誘導体.

A-DNA　塩基対がらせんの軸と直角になっていない短くコンパクトな DNA 構造. DNA が部分的に脱水された場合に出現する.

AMPK　5′-AMP 活性化タンパク質キナーゼ. エネルギー代謝おいて重要な調節酵素の一つ.

B-DNA　一般によく見られる DNA の形態. 含水量が多い状態のナトリウム塩.

B 細胞（B cell）　B リンパ球. 白血球の一種で，抗体を産生・分泌する. 分泌された抗体は異物と結びつき，体液性免疫反応を開始して異物を破壊する.

C_1 代謝（one-carbon metabolism）　炭素原子を一つ，ある分子から別の分子へ運ぶ一連の反応.

C_3 植物（C_3 plant）　光合成における最初の安定した生成物として，C_3 分子の 3-ホスホグリセリン酸を産生する植物.

C_4 植物（C_4 plant）　大気中の O_2 からルビスコ（リブロース-1,5-ビスリン酸カルボキシラーゼ）を分離することで光呼吸を抑制する機構をもつ植物.

C_4 代謝（C_4 metabolism）　トウモロコシやサトウキビのような植物の光合成経路. C_4 分子をつくりだし，光呼吸を妨げる.

cDNA ライブラリー（cDNA library）　逆転写によって mRNA 分子から得られた cDNA（相補的 DNA）分子のクローンライブラリー.

CpG　CpG ジヌクレオチド. 5′-CG-3′ 配列において，メチル化したシトシンが優勢になる.

CpG 島（CpG island）　CpG が塩基の 50% 以上を占めるゲノム領域.

DAG　ジアシルグリセロール. ホスファチジルイノシトール経路のセカンドメッセンジャー分子.

***de novo* メチルトランスフェラーゼ（*de novo* methyltransferase）**　修飾されていない CpG のメチル化を触媒する酵素.

DNA グリコシラーゼ（DNA glycosylase）　DNA 修復酵素の一つ. ヌクレオチドにおいて，損傷を受けた塩基とデオキシリボース部分との間の *N*-グリコシド結合を切断する.

DNA タイピング（DNA typing）　個体を識別する際に使われる DNA 分析技術. マーカーと呼ばれる非常に可変的ないくつかの配列の分析を行う.

DNA フィンガープリント法（DNA fingerprinting）　複数の人間の DNA バンド形成のパターンを比較する実験技術.

DNA プロフィール（DNA profile）　電気泳動ゲル中で分離された標的配列の特徴的な DNA 反復パターン. 個体を識別する際に使われる.

DNA マイクロアレイ（DNA microarray）　数千の遺伝子の表現型をいっせいに分析する際に使われる DNA チップ.

DNA リガーゼ（DNA ligase）　DNA 複製のとき，ある断片の 3′-OH 末端と別の断片の 5′-リン酸末端との間に，共有結合性のリン酸ジエステル結合を形成する酵素.

GPI アンカー〔GPI（glycosylphosphatidylinositol）anchor〕　あるタンパク質と膜をつなげる糖脂質. とくに脂質ラフトに多く存在する.

GTP アーゼ活性化タンパク質（GTPase-activating protein, GAP）　GTP 結合タンパク質につながっている GTP を加水分解するタンパク質分子.

GTP アーゼ関連領域（GTPase associated region, GAR）　リボソームの 50S サブユニット上にある一群の重複結合部位. タンパク質合成時，GTP アーゼ活性をもつ特定の翻訳因子を活性化する.

G タンパク質（G protein）　ヘテロ三量体の GTP 結合タンパク質. GPCR に活性化されると，分子スイッチとして働く.

G タンパク質共役型受容体（G protein-coupled receptor, GPCR）　細胞表面の受容体. ホルモンまたは他のシグナル分子の結合を，G タンパク質の活性化により，細胞内応答に変換する.

Hsp60　分子シャペロンの一種. 七量体の二つの束からなる大きな構造（ATP を用いるポリペプチドの折りたたみを促進する）を形成して，タンパク質の折りたたみを容易にする. シャペロニンあるいは Cpn60 とも呼ばれる.

Hsp70　分子シャペロンの一種. 折りたたみ過程の初期においてタンパク質と結合し，安定させる.

Hsp90　分子シャペロンの一種. 限られた数のクライアントタンパク質の折りたたみを完了させ，あるタンパク質の会合を調整し，Hsp70 と協同して，酸化または熱ストレスにより損傷したタンパク質を同定する.

IP_3　イノシトール 1,4,5-トリスリン酸. IP_3 受容体はカリウムチャネルである.

MCM 複合体〔MCM（minichromosome maintenance）complex〕　真核生物の主要な DNA ヘリカーゼ.

NMR 分光法（NMR spectroscopy）　有機分子の構造解析で使われる分光法の一つ. 磁気特性をもつ原子核の電磁放射線の吸収を測定する.

pH スケール（pH scale）　水素イオンの濃度を測る尺度. リットルあたりのモル水素イオン濃度の負の対数.

PPAR　ペルオキシソーム増殖因子活性化受容体.

Q サイクル（Q cycle）　電子伝達における，還元型補酵素 Q の UQH_2 からシトクロム c への電子の動き.

RNA　リボ核酸. 一本鎖で，枝分かれしていない，リボヌクレオチドから形成された高分子. タンパク質生合成における重要な構成要素である.

RNA 干渉（RNA interference）　RNA 分子

が分解される細胞機構．遺伝子発現調節で機能し，ウイルスのRNAゲノムに対して防御する．

RNAスプライシング(RNA splicing) イントロンが切りだされ，エキソンがつなぎ合わされて機能性RNA産物を形成する過程．

RNAトランスポゾン(RNA transposon) RNA転写産物を含む機構を用いる転位因子．レトロトランスポゾンとも呼ばれる．

RNA編集(RNA editing) 新たに合成されたmRNAの塩基配列を変更すること．塩基が化学的に修飾されたり，除去あるいは編集されたりする．

RNA誘導サイレンシング複合体(RNA-induced silencing complex, RISC) 標的のRISC複合体に結合し，ウイルスのマイクロRNAをアニーリングする，短い干渉RNAのアンチセンス鎖．RISC内のヌクレアーゼは，次にウイルスのマイクロRNA配列を分解する．

SDSポリアクリルアミドゲル電気泳動(SDS-polyacrylamide gel electrophoresis) タンパク質を分離したり，タンパク質の分子量を測定したりする手法．負の電荷をもつドデシル硫酸ナトリウム(SDS)を界面活性剤として用いる．

SECISエレメント〔SECIS(selenocysteine insertion sequence) element〕 セレノシステイン挿入配列エレメント．翻訳のとき，セレノプロテインにセレノシステインを挿入するために，mRNAの3′UTR(3′非翻訳領域)において必要な塩基配列．

SRP受容体タンパク質(SRP receptor protein) ヘテロ二量体で，SRP(シグナル認識粒子)を結合する粗面小胞体の細胞質面に二つのGTPアーゼをもつ．シグナルペプチドを含むポリペプチドを合成する際，膜表面へのリボソームの結合を促進するタンパク質複合体．ドッキングタンパク質とも呼ばれる．

***S*-アデノシルメチオニン(*S*-adenosylmethionine, SAM)** C_1代謝における主要なメチル基供与体．

T細胞(T cell) Tリンパ球．表面に抗体様分子をもっている白血球．細胞性免疫において外来細胞に結合し，それを破壊する．

Z-DNA 左巻きになっているDNA．B-DNAよりも細いジグザグ形の立体構造をしていることから，この名称がついた．

Zスキーム(Z scheme) 光合成の際に，電子がPS IとPS IIの間を流動する機構．

【あ行】

アイソザイム(isozyme) 類似したアミノ酸配列をもっており，同一の酵素活性を示す複数の酵素．

アクアポリン(aquaporin) 水チャネルタンパク質．

悪性貧血(pernicious anemia) ビタミンB_{12}の欠乏によって起こる病気．症状は赤血球数の減少，衰弱，神経の障害など．

アシドーシス(acidosis) 血液のpHが長期間7.35未満にある状態．

アシル基(acyl group) カルボン酸からヒドロキシ基を除去することにより誘導される分子基．

アシルキャリヤータンパク質(acyl carrier protein) 脂肪酸シンターゼの構成成分．脂肪酸合成における中間体が，チオエステル結合により，この分子につながる．

アセタール(acetal) ヘミアセタールとアルコールの反応によってつくられる，一般式$RCH(OR')_2$をもった一群の有機化合物．

アディポネクチン(adiponectin) ペプチドホルモンの一つ．グルコース応答性インスリン分泌と，インスリンへの細胞応答を強める．

アテローム性動脈硬化症(atherosclerosis) 心血管疾患の一つで，脂肪質や細胞の残骸を含む柔らかい固まりが，血管の内側に形成される．

アナプレロティック反応(anaplerotic reaction) 生化学経路に必要な基質を補充する反応．

アノテーション(annotation) ゲノムのなかで個々の遺伝子が果たしている機能を特定すること．

アノマー(anomer) 環状糖の異性体．ヘミアセタールまたはアセタール炭素の立体配置が異なる．

アフィニティークロマトグラフィー(affinity chromatography) タンパク質が特定のリガンドに結びつく性質を利用して，タンパク質を分離する技術．

アポ酵素(apoenzyme) 酵素のタンパク質部分．触媒反応において機能するために補因子を必要とする．

アポタンパク質(apoprotein) 補欠分子族を除去したホロタンパク質．

アポトーシス(apoptosis) 遺伝的に組み込まれている，細胞死に至る一連の出来事．

アミノ基転移(transamination) アミノ基がある分子から2-オキソ酸のα炭素へ移される反応．アミノ基を与えたアミノ酸は，対応する2-オキソ酸に変換される．

アミノ酸(amino acid) アミノ基とカルボニル基をもつ有機分子．

アミノ酸残基(amino acid residue) ペプチド分子に組み込まれているアミノ酸．

アミノ酸プール(amino acid pool) 生物の体内にあり，すぐにでも代謝に使える状態にあるアミノ酸分子．

アミロイド沈着(amyloid deposit) 細胞外に凝集した不溶性タンパク質の砕片．ある神経性疾患では脳にアミロイド沈着が起こる．

アミロース(amylose) 植物デンプンの一種．α(1→4)グリコシド結合で連結された，分枝のないD-グルコース残基の重合体．

アミロペクチン(amylopectin) 植物デンプンの一種．α(1→4)およびα(1→6)グリコシド結合を含む，枝分かれした重合体．

アメトプテリン(amethopterin) いくつかの種類のがんの治療に用いられる，葉酸の構造類似体．メトトレキセートとも呼ばれる．

アルカローシス(alkalosis) 血液のpHが長期間7.45以上にある状態．

アルキル化(alkylation) 分子にアルキル基が取り込まれること．

アルキル化剤(alkylating agent) 非共有電子対をもつ分子と反応する求電子剤．アルキル基を付加する．

アルジトール(alditol) 糖アルコールの一つ．単糖のアルデヒド基またはケトン基が還元されたときにできる物質．

アルジミン(aldimine) 第一アミノ基がカルボニル基と反応する際のイミン生成物．シッフ塩基とも呼ばれる．

アルダル酸(aldaric acid) 単糖類に含まれるアルデヒド基とCH_2OH基が酸化されてカルボン酸になったときにできる物質．

アルツハイマー病(Alzheimer's disease) 進行性の病気で，死に至る．特徴は神経細胞死による知的機能の著しい低下．

アルドース(aldose) 一つのアルデヒド官能基をもつ単糖．

アルドール開裂(aldol cleavage) アルドール縮合の逆の反応．

アルドール縮合(aldol condensation) アルドールの付加反応．ケトンエノラートイオンがアルデヒドに求核付加し，β-ヒドロキシケトンを形成する．続いて水分子が除去される．

アルドン酸(aldonic acid) 単糖のアルデヒド基が酸化されたときにできる物質．

アロステリー(allostery) リガンドの結合により，タンパク質の機能が制御されること．

アロステリック酵素(allosteric enzyme) その活性がエフェクター分子の結合に左右される酵素．

アロステリック転移(allosteric transition) リガンドによって引き起こされる，タンパク質の構造変化．

アンカータンパク質(anchor protein) シグナルカスケードタンパク質を集め，細胞骨格に結合した複合体を組み立てることを促進する分子.

アンチコドン (anticodon) tRNA 上の三つのリボヌクレオチドの配列. mRNA 上のコドンと相補的な関係にあり，コドンとアンチコドンの結合によってタンパク質合成中の部位にアミノ酸が正しく供給される.

アンチセンス鎖 (antisense strand) コーディング DNA 鎖から転写された mRNA 分子の塩基配列と相補的な配列をもつノンコーディング DNA 鎖.

イオノホア (ionophore) 細胞膜を横切って陽イオンを輸送する物質.

イオン交換クロマトグラフィー (ion-exchange chromatography) 電荷の違いによって分子を分離する技術.

異核共存体 (heterokaryon) 二つの別べつの細胞の細胞膜が融合してつくられる構造. 細胞膜の流動性を明らかにするのに用いられる.

異化経路 (catabolic pathway) 大きく複雑な分子を小さく単純な分子に分解する一連の生化学反応. いくつかの代謝経路ではエネルギーが捕捉される.

維持型メチルトランスフェラーゼ (maintenance methyltransferase) 新しく合成された DNA 鎖を，親鎖のメチルシトシンに向かい合う部位でメチル化する酵素.

異性化反応 (isomerization reaction) 原子または基の分子間移動を伴う反応.

異性体 (isomer) 同じ数と種類の原子をもつ分子.

イソプレノイド (isoprenoid) イソプレン単位と呼ばれる C_5 構造が反復している生体分子. テルペンやステロイドなどがその例.

イソメラーゼ (isomerase) ある異性体を別の異性体に変換する反応を触媒する酵素.

一塩基多型 (single nucleotide polymorphism) 集団内で，ある程度起こる点変異.

1 型糖尿病 (type 1 diabetes) 膵臓のインスリン産生 β 細胞を壊す自己免疫疾患. 生活習慣病の一つで，最も顕著な症状は高血糖と脂質異常である.

一次構造 (primary structure) ポリペプチドのアミノ酸配列.

一次繊毛 (primary cilium) 非運動性の繊毛. ほとんどの分化した脊椎動物細胞の表面で，感覚細胞小器官として機能する.

一次能動輸送 (primary active transport) 化学エネルギーを使い，膜を通過して分子を運ぶ過程.

一価不飽和 (monounsaturated) 脂肪酸が二重結合を一つもっている状態.

遺伝暗号 (genetic code) 三つ組のヌクレオチド塩基 (コドン) のセット. 開始および終止シグナルであると同時に，タンパク質中のアミノ酸をコードする.

遺伝学 (genetics) 遺伝に関する科学研究.

遺伝子 (gene) ポリペプチドや rRNA，tRNA をコードする DNA 配列.

遺伝子サイレンシング (gene silencing) 転写後遺伝子制御の一形態で，22 ヌクレオチドの miRNA がかかわる.

遺伝子重複 (gene duplication) 遺伝子または遺伝子の一部の重複が生じること. 減数分裂時の，またはレトロポジションによる不等交差から起こる.

遺伝子発現 (gene expression) 生物が遺伝情報の流れを制御する機構. いつ遺伝子が翻訳されるかを制御する.

移動相 (mobile phase) クロマトグラフ分析法において移動する相.

インシュレーター (insulator) インシュレーター結合タンパク質とつながり，エンハンサーとプロモーターの相互作用を妨げる DNA 配列. ヘテロクロマチンの拡散も防ぐ.

インスリン (insulin) 膵臓の β 細胞から放出されるペプチドホルモン. 多くの効果のなかに，標的器官 (筋肉，脂肪組織) の細胞へのグルコース取り込みの促進がある.

インスリン抵抗性 (insulin resistance) 組織のインスリン作用への無応答および低応答. 一般的な原因はインスリン受容体の減少である.

インスリン様増殖因子 (insulin-like growth factor, IGF) 成長ホルモンの成長促進作用を助ける，ヒトがもっているタンパク質. インスリンに似た性質 (グルコースの輸送や脂肪の合成を促進するなど) をもっている.

インターカレーション剤 (intercalating agent) 塩基対の間に自身を挿入する平面分子. これにより DNA 鎖をゆがめる.

インターフェロン (interferon) 非特異的な抗ウイルス作用 (たとえば，細胞における抗ウイルスタンパク質の産生促進) をもつ糖タンパク質の一種. ウイルスの RNA とタンパク質の合成を阻害し，免疫系細胞の成長と分化を制御する.

インターロイキン 2 (interleukin 2, IL-2) サイトカインの一員で，細胞の増殖と分化を促進するとともに，免疫系を制御する.

インデル (indel) 挿入または欠失変異の一つで，DNA 配列から 1 ～数千塩基が挿入または欠失したときに起こる.

イントロン (intron) 遺伝子のなかに断続的に見られる暗号情報をもたない介在配列. 最終的な RNA 産物では失われている.

ウロン酸 (uronic acid) 単糖の末端にある CH_2OH が酸化されたときにできる物質.

エイコサノイド (eicosanoid) 20 個の炭素を含むホルモン様の分子. ほとんどはアラキドン酸から誘導される. プロスタグランジンやトロンボキサン，ロイコトリエンなどがその例.

エキソサイトーシス (exocytosis) 真核細胞の分泌過程. 膜結合性分泌小粒と細胞膜の融合を含む.

エキソヌクレアーゼ (exonuclease) ポリヌクレオチド鎖の端にあるヌクレオチドを除去する酵素.

エキソン (exon) RNA をコードしており，最終生成物 (mRNA) を導く，遺伝子上の分断されている領域.

エネルギー (energy) (物理的な) 仕事をすることのできる力.

エピゲノム (epigenome) DNA の塩基配列の変化を伴わず，遺伝子発現に影響を及ぼす後生的ゲノム修飾.

エピジェネティクス (epigenetics) 遺伝性の共有結合的修飾により引き起こされる遺伝子の活性化および発現. DNA の塩基配列は変化しない.

エピネフリン (epinephrine) チロシンに由来する，いくつかのカテコールアミン神経伝達物質の一つ.

エピ変異 (epimutation) 通常のエピジェネティック様式における変化の一つ.

エピマー (epimer) 一つの不斉炭素に関してのみ立体配置が異なる二つの分子の一方.

エピマー化 (epimerization) エピマーの可逆的な相互変換.

エフェクター (effector) タンパク質と結合して，そのタンパク質の活性を変化させる分子.

エポキシド (epoxide) 酸素が三員環に組み込まれているエーテル.

エレクトロポレーション (electroporation) 電流による処置を行い，クローニングベクターを宿主細胞に導入する技術.

塩基 (base) 水素イオンを受けとることのできる分子.

塩基除去修復 (base excision repair) さまざまな種類の傷害 (アルキル化，脱アミノ化，酸化など) を受けた塩基をもつ DNA の，個々の塩基を除去し，置き換える機構.

塩橋 (salt bridge) 逆の電荷をもつイオンの間で起こるタンパク質中の静電的相互作用.

塩基類似体 (base analogue) 通常の DNA ヌクレオチド塩基に似た分子. DNA 複製の際，そのヌクレオチド塩基の代わりに働いて突然変異を引き起こすことがある.

エンジオール (enediol) 単糖類の異性化

反応の際に形成される中間体．二重結合の両側の炭素において，ヒドロキシ基を結合している．

塩析（salting out） 溶液のイオン強度の増加により引き起こされるタンパク質などの溶解度の低下．

エンタルピー（enthalpy） 一つの系の熱容量．生物系の場合，その熱容量は基本的に系のエネルギー総量に等しい．

エンドサイトーシス（endocytosis） 形質膜の一部からできた小胞のなかに溶質や粒子を閉じ込めて，細胞がそれらを取り込む過程．

エンドサイトーシス回路（endocytic cycle） エンドサイトーシスとエキソサイトーシスを介して，膜を連続的に再利用する回路．

エンドメンブレンシステム（endomembrane system） 細胞を機能的区画に分ける，互いにつながった内膜の一式．

エントロピー（entropy） 一つの系の乱雑さや無秩序さの指標．系の総エネルギーのうちで，有益な仕事に利用できないエネルギーを指す．

エンハンサー（enhancer） 活性化タンパク質に結合することで，一つ以上の遺伝子の転写を促進する，短い DNA 配列．

応答エレメント（response element） 遺伝子のプロモーターにある DNA 配列．特定のホルモン受容体複合体または転写因子が結合したとき，転写が引き起こされる．

岡崎フラグメント（Okazaki fragment） 一方の DNA 鎖は連続的に複製されて，もう一方の DNA 鎖は不連続複製となっているときに形成される，一連のデオキシリボヌクレオチドの断片．

オキシアニオン（oxyanion） 負の電荷を帯びた酸素原子．

オキシドレダクターゼ（oxidoreductase） 酸化還元反応を触媒する酵素．

オートファジー（autophagy） 細胞の分解経路の一つで，細胞成分がリソソームの酵素によって分解される．

オートポイエーシス（autopoiesis） 自立的で，自己組織的で，自己維持的なシステム．

オープンリーディングフレーム（open reading frame, ORF） mRNA のなかの，終止コドンをもたない一連の三つ組塩基配列．

オペレーター（operator） リプレッサータンパク質が結合する DNA 制御配列．

オペロン（operon） 一つの単位として制御されている，連結した遺伝子．

オリゴ糖（oligosaccharide） 2～10 個の単糖からなる，中くらいの大きさの糖質．

オリゴヌクレオチド（oligonucleotide） 核酸の短い断片．ヌクレオチドの含有量は 50 個以下．

オリゴペプチド（oligopeptide） 50 個以下のアミノ酸残基を含むアミノ酸重合体．

オリゴマー（oligomer） 多サブユニットタンパク質で，サブユニットの一部あるいは全部が同一のもの．

【か行】

開始（initiation） 翻訳の開始期．

開始複合体（initiation complex） リボソーム仲介性 mRNA の翻訳の第一段階を開始するのに必要なタンパク質複合体．

解像限界（limit of resolution） 顕微鏡で，二つの異なる点として識別可能な最小限の距離．

解糖（glycolysis） 酵素によって 1 分子のグルコースが 2 分子の乳酸に変換される経路．この嫌気的過程で 2 分子の ATP のかたちをとってエネルギーが発生し，2 分子の NADH が生成される．

化学合成（chemosynthesis） あるミネラルから化学エネルギーを取りだす生化学機構．

化学合成従属栄養生物（chemoheterotroph） 外来の有機食物分子を唯一のエネルギー源としている生物．

化学合成独立栄養生物（chemoautotroph） さまざまな化学物質のエネルギーを化学結合エネルギーに変換する生物．

化学合成無機栄養生物（chemolithotroph） 特定の無機物質中のエネルギーを化学結合エネルギーに変換する生物．

化学浸透圧説（chemiosmotic theory） ATP 合成が，電気化学的プロトン勾配によって膜を横切る電子伝達に共役しているという理論．

可逆阻害（reversible inhibition） 酵素阻害の一形式．基質濃度を上げたり阻害剤を除去したりすることで，化合物の阻害効果を和らげる．酵素は無傷のままである．

核（nucleus） 真核細胞内の二重膜に覆われた細胞小器官．その細胞のゲノムを含む．

核外膜（outer nuclear membrane） 核を取り囲む膜で，小胞体とつながっている．

核酸（nucleic acid） ヌクレオチドの重合により形成される高分子．

核質（nucleoplasm） 核内のゲル状物質．細胞骨格様の核マトリックスとクロマチン繊維のネットワークを含む．

核小体（nucleolus） 核をある染料で染めたときに観察できる，核のなかの構造体．リボソーム RNA の合成の際に主要な役割を果たしている．

核小体内低分子 RNA（small nucleolar RNA, snoRNA） リボソーム RNA の化学修飾を促進する核小体リボヌクレオタンパク質の RNA 成分．

核内低分子 RNA（small nuclear RNA, snRNA） mRNA，rRNA，tRNA からのイントロンの除去に関与している小さな RNA 分子．

核内低分子リボヌクレオタンパク質粒子（small nuclear ribonucleoprotein particle, snRNP） タンパク質と核内低分子 RNA 分子の複合体 RNA プロセシングを促進する．

核内膜（inner nuclear membrane） 核質を取り囲む膜．核構造の安定化やクロマチン結合などの機能をもつタンパク質を含む．

核複合体（nuclear matrix） 核内の細胞骨格様の足場．クロマチンのループが形成されている．

核膜（nuclear envelope） 核を細胞質から分離している二重膜．

核膜腔（perinuclear space） 核膜がもつ 2 枚の膜の間の空間．

核膜孔複合体（nuclear pore complex） 核膜にある多数の孔複合体のうちの一つ．細胞核に出入りする分子のほとんどが，この孔を通過する．

核様体（nucleoid） 原核生物における，長い環状 DNA 分子を含む不規則な形の領域．

核ラミナ（nuclear lamina） 密集したタンパク質の網目構造で，核内膜の内側表面に付着している．DNA の複製，転写，クロマチン形成のような核内の過程にかかわる．

加水分解（hydrolysis） 分子を水によって分解する化学反応．

ガス状伝達物質（gasotransmitter） シグナル分子として働く内因性の気体状分子．

活性化エネルギー（activation energy） 化学反応を引き起こすのに必要な閾（しきい）エネルギー．

活性酸素種（reactive oxygen species, ROS） 分子状酸素の反応性誘導体．スーパーオキシドラジカルや過酸化水素，ヒドロキシラジカル，一重項酸素など．

活性窒素種（reactive nitrogen species, RNS） しばしば ROS として分類される窒素含有ラジカル．最も重要なものは一酸化窒素，二酸化窒素，ペルオキシナイトライトである．

活性部位（active site） 酵素表面の裂け目．ここに基質が結合する．

滑面小胞体（smooth endoplasmic reticulum, sER） 脂質合成と生体内変換の過程に関与する小胞体の一種．

活量係数（activity coefficient） 溶液中の溶質の有効濃度を計算する際に使われる相関係数．

カテコールアミン (catecholamine) チロシンから誘導される神経伝達物質の一分類. ドーパミンやノルエピネフリン, エピネフリンなどが含まれる.

可動性遺伝因子 (mobile genetic element) 複製され, ゲノム内を動く多数の DNA 配列の一つ.

カベオラ (caveolae) ある細胞の細胞膜に空いた, 特別な種類の小さな陥入. シグナル伝達とエンドサイトーシスに関連した, タンパク質カベオリンといくつかの種類の脂質分子を含んでいる.

カベオラエンドサイトーシス (caveolar endocytosis) ある種のクラスリン非依存性エンドサイトーシス. 脂肪細胞と内皮細胞で最も顕著に起こる.

カルビン回路 (Calvin cycle) 二酸化炭素が有機分子に取り込まれる主要な代謝経路.

カルボアニオン (carbanion) 負電荷をもつ炭素.

カルボカチオン (carbocation) 正電荷をもつ炭素.

カロテノイド (carotenoid) 集光性色素として機能したり, 活性酸素種(ROS)から防御したりするイソプレノイド分子.

がん遺伝子 (oncogene) がん原遺伝子が突然変異を起こしたもの. 異常な細胞増殖を引き起こす.

還元 (reduce) 原子または分子に電子を加えること.

がん原遺伝子 (protooncogene) 細胞周期の制御にかかわるタンパク質をコードする正常な遺伝子. 突然変異を受けると発がんを促す.

還元剤 (reducing agent) 他の反応物の酸化数を減らす物質. その過程で還元剤自体は酸化される.

還元主義 (reductionism) 科学的探究法の一つ. 複雑な〝全体〟系を成分に分解する. 各成分をさらに分解し, その分子の化学的および物理的性質を調べられるようにする.

還元電位 (reduction potential) 酸化体が電子を獲得して還元される程度.

還元糖 (reducing sugar) 弱い酸化剤でも容易に酸化できる糖.

緩衝液 (buffer) 少量の酸や塩基が加えられた際の大きな pH 変化を防ぐ物質で, 通常, 弱酸とその共役塩基を含む溶液.

官能基 (functional group) 有機分子または生体分子のなかで炭素原子と結合したときに特徴的な反応を示す原子団.

がん抑制遺伝子 (tumor suppressor gene) 遺伝子の一群で, 細胞をがん化から守るタンパク質をコードする. 細胞周期の進行に必要な転写因子を阻害したり, DNA 修復を促進したりすると考えられる.

偽遺伝子 (pseudogene) 機能性遺伝子の不完全なコピーで, 発現しない.

基質 (substrate) 化学反応における反応物. 酵素の活性部位と結びつき, 生成物へと変換される.

基質準位のリン酸化 (substrate-level phosphorylation) エネルギー放出を伴う高エネルギー有機基質分子の分解に共役するリン酸化反応によって, ADP から ATP が合成されること.

キチン (chitin) 節足動物の外骨格や多くの真菌類の細胞壁の主要構造要素. *N*-アセチルグルコサミン残基から構成されるホモグリカン.

拮抗阻害 (competitive inhibition) 可逆的な種類の酵素阻害. その阻害分子は活性部位の占有を基質と争う.

キネシン (kinesin) 微小管と会合するモータータンパク質の一つ.

機能ゲノミクス (functional genomics) 遺伝子発現のパターンを研究すること.

逆位変異 (inversion mutation) 欠失した DNA 断片が, 元の座位に反対方向で再挿入されること.

逆平行 (antiparallel) 反対方向の整列.

逆方向反復 (inverted repeat) 他の下流配列の逆補体である配列. トランスポゾンの境界を決める.

キャップ結合複合体 (cap binding complex, CBC) キャップ mRNA 分子に結合し, その翻訳を促進するタンパク質複合体. eIF-4A (ヘリカーゼ), eIF-4E (翻訳開始因子), eIF-G (スカフォールドタンパク質) からなり, eIF-4F とも呼ばれる.

吸エルゴン反応 (endergonic reaction) 自然に完了しない反応. 標準自由エネルギー変化が正であり, 平衡定数は 1 未満である.

求核剤 (nucleophile) 電子に富む原子または分子.

求核置換 (nucleophilic substitution) ある原子や分子の基を求核剤が置換する反応.

吸収後 (postabsorptive) 摂食-絶食のサイクルで, 栄養素のレベルが低い段階を指す.

球状タンパク質 (globular protein) 球の形をしているタンパク質.

求電子剤 (electrophile) 電子が欠乏した種で, 化学反応の際, 他種の高電子密度の領域に引きつけられやすい.

吸熱反応 (endothermic reaction) エネルギーを必要とする反応.

鏡像異性体 (enantiomer) 一方が他方の鏡像となっている立体異性体.

共通配列 (consensus sequence) DNA のプロモーター領域やエキソン, イントロン境界に存在する共通の配列. たとえば大腸菌プロモーターの −10 ボックスの共通配列は TATAAT である.

協同的結合 (cooperative binding) ある標的分子に一つのリガンドが結合すると, 他のリガンドもそこに結合しやすくなるという機構.

共鳴エネルギー移動 (resonance energy transfer) 励起された分子のエネルギーが隣接する分子へ移動して, その分子を励起させること.

共鳴混成体 (resonance hybrid) 電子の位置だけが異なる二つ以上の可能な構造をもっている分子.

共役塩基 (conjugate base) 弱酸がプロトンを失った際にできる陰イオン (または分子).

共役酸化還元対 (conjugate redox pair) 同じ物質の, 電子供与体としての型と電子受容体としての型. たとえば NADH と NAD^+.

共有結合 (covalent bond) 原子間で電子を共有すること.

供与部位 (donor site) RNA スプライシング過程における 5′-スプライス部位.

極限酵素 (extremozyme) 温度, 圧力, pH, イオン濃度の点で, きわめて厳しい状況下で機能する酵素.

極性 (polarity) 結合における電子の不均等な分布.

極性頭部基 (polar head group) リン酸基, 荷電基, 極性基などを含む分子基.

キロミクロン (chylomicron) 密度がきわめて低い, 大きなリポタンパク質. 食物由来のトリアシルグリセロールやコレステリルエステルを腸から筋肉や脂肪組織へ輸送する.

キロミクロンレムナント (chylomicron remnant) リポタンパク質リガーゼにより約 90% のトリアシルグリセロールが除去されたキロミクロン.

金属タンパク質 (metaloprotein) 金属イオンを含む複合タンパク質.

グアニル酸シクラーゼ受容体 (guanylate cyclase receptor) 膜結合性または溶解性受容体タンパク質. 活性化すると, GTP をセカンドメッセンジャー分子の GMP に変換する.

グアニンヌクレオチド交換因子 (guanine nucleotide exchange factor, GEF) G タンパク質共役型受容体の膜貫通領域の構造変化を仲介し, GTP タンパク質の活性化における GDP/GTP 交換を誘導するタンパク質.

クエン酸回路 (citric acid cycle) 生化学経路の一つ. 3 分子の NAD^+ と 1 分子の FAD を還元し, その過程でアセチル CoA

のアセチル基をCO_2とH_2Oに分解する．

組換え（recombination） DNA分子が切断されて新たな組合せで再結合する過程．

組換えDNA技術（recombinant DNA technology） さまざまな供給源から得たDNA分子を，切断したり接合したりする一連の技術．

組換え修復（recombinational repair） 複製前に除去されなかったある種の損傷したDNA配列を除去する修復機構．損傷した配列を除去した隙間に，無傷の親鎖が再結合する．

グライコフォーム（glycoform） 糖タンパク質のグリカン成分で，少しずつ異なったいくつかの形態の一つ．

グライコーム（glycome） 一つの細胞または生物が生成する，糖とグリカンの一式．

クラスリン（clathrin） 被覆小胞の形成に主要な役割を果たすタンパク質．

クラスリン依存性エンドサイトーシス（clathrin-dependent endocytosis） 受容体介在性過程の一つ．細胞膜小胞が内側に発芽することで，細胞が分子を内在化する．

グラナ（granum，複数 grana） チラコイド膜の折り重なった部分．

クラブツリー効果（Crabtree effect） 糖を発酵させ，エタノールを産生する*S. cerevisiae*細胞の生理的能力．競争者を殺し，エタノールをエネルギー源として使う．

クランプローダー（clamp loader） プライマーとともに一本鎖DNAを認識し，β_2クランプ二量体をコアポリメラーゼに運ぶγ複合体．

グリオキシル酸回路（glyoxylate cycle） 植物や細菌などの真核生物に見られる回路で，クエン酸回路が変形したもの．これらの生物がエタノールや酢酸，アセチルCoAなどのC_2化合物によって成長することを可能にしている．

グリカン（glycan） 単糖の重合体．多糖．

***N*-グリカン**（*N*-glycan） アスパラギン結合型糖鎖．

***O*-グリカン**（*O*-glycan） ムチン型の多糖．

グリコーゲン（glycogen） 脊椎動物に見られるグルコース貯蔵分子．$\alpha(1\rightarrow4)$および$\alpha(1\rightarrow6)$グリコシド結合を含む分枝した重合体．

グリコーゲン合成（glycogenesis） 血糖値が高いとき，グリコーゲン重合体にグルコースを追加する生化学経路．

グリコーゲン分解（glycogenolysis） 血糖値が低いときに，グリコーゲン重合体からグルコースを取りはずす生化学経路．

グリコサミノグリカン（glycosaminoglycan） 二糖を反復単位とする，無分枝の長いヘテロ多糖鎖．

グリコシド（glycoside） 糖のアセタール．

グリコシド結合（glycosidic link） 二つの単糖の間に形成されるアセタール結合．

グリセロール新生（glyceroneogenesis） 糖新生の省略版．グルコースまたはグリセロールのほかに，基質からグリセロール3-リン酸が合成される．

グリセロールリン酸シャトル（glycerol phosphate shuttle） グリセロール3-リン酸を用いて，細胞質ゾル中のNADHの電子をミトコンドリアのFADへと運搬する代謝過程．

グルカゴン（glucagon） 膵臓のα細胞から放出されるペプチドホルモン．その効果に，肝グリコーゲンの分解による血中グルコース濃度の上昇がある．

グルココルチコイド（glucocorticoid） 副腎皮質でつくられるステロイドホルモンの一種．糖質やタンパク質，脂質の代謝に影響を与える．

グルコース-アラニン回路（glucose-alanine cycle） 筋肉と肝臓の間で2-オキソ酸を再利用し，アンモニアを肝臓に運ぶ方法．

クレブス二環回路（Krebs bicycle） 尿素回路に必要なアスパラギン酸を，クエン酸回路の中間体であるオキサロ酢酸からつくりだす生化学経路．

クレブス尿素回路（Krebs urea cycle） 不要なアンモニア分子を，二酸化炭素やアスパラギン酸とともに尿素に変える循環回路．発見者のHans Krebsにちなんで，この名称がついた．

グレリン（ghrelin） 食欲を刺激するタンパク質．胃や小腸の細胞により生成される．

クロマチン（chromatin） DNAとヒストンの複合体．真核生物の細胞の核小体で見られる．

クロマチンリモデリング複合体（chromatin remodeling complex） 転写のとき，ヌクレオソームDNAからのヒストンの解離を促進する多サブユニット複合体．

クロモプラスト（chromoplast） 色素を蓄積する植物の色素体．葉や花弁，果実の色はこの有色体に由来している．

クロロフィル（chlorophyll） マグネシウムを含む緑色色素分子．植物や光合成細菌に見られ，ヘムに似ている．光合成において光エネルギーを吸収する．

蛍光（fluorescence） 発光の一形態で，ある種の分子がある波長の光を吸収し，別の波長の光を放出する．

形質転換（transformation） DNA断片が細菌細胞に入り，細菌のゲノムに取り込まれる過程．

形質導入（transduction） バクテリオファージによって細菌の個体から個体へDNA断片の移動が起こること．

ケタール（keta） 一般式$RRC(OR)_2$をもつ有機分子の一群．ヘミケタールがアルコールと反応してできる．

血小板由来増殖因子（platelet-derived growth factor） 血液凝固の際に血小板が分泌するタンパク質．傷が治癒するまで有糸分裂を促進する．

ケトアシドーシス（ketoacidosis） ケトン体が過剰に蓄積されたために起こるアシドーシス．

解毒（detoxification） 毒性の状態を修正すること．中毒を起こした人に平静をもたらす化学反応．

解毒反応（detoxication） 毒性分子を，より溶解性の高い（そして通常は，より毒性の低い）分子に変換する過程．

ケト原性（ketogenic） 分解され，アセチルCoAまたはアセトアセチルCoAを形成するアミノ酸を表す．

ケトーシス（ketosis） 血液と組織にケトン体が蓄積されること．

ケトン体（ketone body） 三つの分子（アセトン，アセト酢酸，β-ヒドロキシ酪酸）のうちの一つ．肝臓においてアセチルCoAからつくられる．

ケトン体生成（ketogenesis） 過剰なアセチルCoA分子がアセト酢酸とβ-ヒドロキシ酪酸とアセトンに変えられる状態（まとめてケトン体と呼ばれる）．

ゲノミクス（genomics） ゲノム全体に関する研究．ゲノムの配列や働きを決定する．

ゲノム（genome） 生物の1個体がもっている遺伝情報の総体．

ゲノム散在性反復配列（interspersed genome-wide repeat sequence） ゲノムの随所に散在している反復DNA配列．

ゲル沪過クロマトグラフィー（gel filtration chromatography） ゼラチン質の重合体を詰め込んだカラムを用い，分子をその大きさと形によって分離する技術．

原核細胞（prokaryotic cell） 核をもっていない生細胞．

嫌気的呼吸（anaerobic respiration） エネルギー生成において，酸素以外の種が最終の電子受容体である代謝過程．

嫌気的生物（anaerobic organism） エネルギー生成に酸素を使わない生物．

高アンモニア血症（hyperammonemia） 血中のアンモニウムイオン濃度が上昇する症状．死を招くこともある．

高インスリン血症（hyperinsulinemia） インスリンの血中濃度が正常より高いこと．

光化学系（photosystem） 光吸収色素で構成される光合成機構．

光学異性体(optical isomer) キラル中心を一つ以上もっている立体異性体.

好気的呼吸(aerobic respiration) 酸素を用いて食物分子からエネルギーを生成する代謝過程.

好気的代謝(aerobic metabolism) 食物分子の化学結合エネルギーが捕捉され, アデノシン三リン酸(ATP)の酸素依存性合成に使われる機構.

好極限性細菌(extremophile) 温度, pH, 圧力, イオン濃度に関して, ほとんどの生物がすぐに死んでしまうような, きわめて厳しい状況に生きている生物.

高血糖(hyperglycemia) 血糖値が正常値より高い症状.

抗原(antigen) 免疫系を刺激しうる性質をもっている物質. 一般的にはタンパク質や大きな糖質である.

光合成(photosynthesis) 光エネルギーをとらえて化学エネルギーに変換すること. その過程で二酸化炭素を有機分子に組み込む.

光合成従属栄養生物(photoheterotroph) 光と生体分子の両方をエネルギー源とする生物.

光合成独立栄養生物(photoautotroph) 光エネルギー(通常は太陽光)を化学結合エネルギーに変換する生物.

光呼吸(photorespiration) 活発に光合成を行っている植物細胞で起こる光依存性の過程. 酸素を消費し, 二酸化炭素を放出する.

抗酸化物質(antioxidant) 他の分子の酸化を防ぐ物質.

高浸透圧性高血糖ノンケトーシス(hyperosmolar hyperglycemic nonketosis) インスリン非依存性糖尿病患者に起こる深刻な脱水症状. 血糖値の高い状態が続くために起こる.

合成依存的単鎖対合モデル(synthesis-dependent strand annealing model) 二本鎖修復の形式の一つ. 相同染色体を使い, 非交差産物のみができる.

構成遺伝子(constitutive gene) 定常的に転写される遺伝子で, 細胞の基本機能に必須の遺伝子産物をコードしている.

構成的ヘテロクロマチン(constitutive heterochromatin) 高度に凝縮し, 転写活性がない真核生物の DNA の一部分. とりわけ反復配列, テロメア, セントロメアに存在する.

酵素(enzyme) 生化学反応を触媒する生体分子.

酵素反応速度論(enzyme kinetics) 酵素触媒反応の速度についての研究.

酵素誘導(enzyme induction) 特定の酵素が通常よりも多く合成されるようにシグナル分子が作用する過程.

高張液(hypertonic solution) 高い浸透圧をもつ濃縮された溶液.

高尿酸血症(hyperuricemia) 血中の尿酸濃度が異常に高い症状.

高分子(macromolecule) 生体分子の一つで, 例としてポリペプチドや DNA がある.

高分子クラウディング(macromolecular crowding) 非常にさまざまな高分子や他の分子が細胞内で高密度に詰め込まれること.

酵母人工染色体ベクター(yeast artificial chromosome vector) 最大で 100 kb の DNA をクローン化することを目的として開発された, 酵母を宿主とするベクター. 真核細胞の DNA 配列をもち, これがセントロメアやテロメアや複製起点として機能する.

高密度リポタンパク質(high-density lipoprotein, HDL) リポタンパク質の一種で, タンパク質を多く含む. 細胞膜から過剰なコレステロールを取り除いて肝臓に運ぶと考えられている.

光リン酸化(photophosphorylation) 光エネルギーによって駆動される電子伝達に共役している ATP の合成.

呼吸(respiration) 燃料分子を酸化し, その電子を ATP 合成に利用する生化学過程.

呼吸調節(respiratory control) ADP 濃度による好気呼吸の調節.

呼吸バースト(respiratory burst) マクロファージなどの食細胞が活性酸素種を産生し, それを用いて外来細胞や損傷した細胞を殺す過程. 酸素を消費する.

古細菌(アーキア)(Archaea) 生物の三つのドメインのうちの一つ. 形態は細菌に似ているが, 分子の構造や機能は真核生物に近い.

コスミド(cosmid) プラスミド DNA 配列に組み込まれた γ バクテリオファージ *cos* 部位を, 一つ以上の選択マーカーとともにもつクローニングベクター.

固定相(stationary phase) クロマトグラフィーの固体マトリックス.

コード鎖(coding strand) RNA 転写産物と同じ塩基配列をもつ DNA 鎖(ただしウラシルの代わりにチミンをもつ).

コドン(codon) mRNA 中の三つのヌクレオチドの配列. タンパク質合成においてアミノ酸の取り込みを指令し, 開始あるいは終止シグナルとしても働く.

互変異性(tautomerization) 水素原子や二重結合の移動により, 二つの互変異性体が相互変換する化学反応.

互変異性体(tautomer) 水素原子の位置と二重結合の位置が互いに異なっている異性体(ケト-エノール互変異性体など).

コリ回路(Cori cycle) 筋肉などの組織で産生された乳酸塩が肝臓へ運ばれ, そこで糖新生の基質となる代謝過程.

ゴルジ装置(複合体)〔Golgi apparatus (complex)〕 膜性の湾曲した袋で, 細胞の産生物を包み込み, 内外の区画へ分配する役割を担う細胞小器官.

コロニーハイブリッド形成技術(colony hybridization technique) 特定の組換え DNA 配列をもった細菌コロニーを同定する方法.

混合テルペノイド(mixed terpenoid) イソプレノイド基に結合している非テルペン成分からなる生体分子.

混合無水物(mixed anhydride) 二つの異なる R 基をもっている酸無水物.

【さ行】

細菌(バクテリア)(Bacteria) 生物界の三つのドメインのうちの一つ. 環境を利用するためのさまざまな能力をもっている単細胞原核生物.

細菌性人工染色体(bacterial artificial chromosome) 大きな大腸菌プラスミドの誘導体. DNA 配列のクローニングに使われ, 300 kb の長さを複製できる.

最適 pH(pH optimum) 酵素の活性が最大になる pH 値.

サイトカイン(cytokine) 特定の免疫系細胞から分泌される, ホルモンに似た一群のポリペプチドとタンパク質.

細胞外マトリックス(extracellular matrix, ECM) タンパク質と糖質を含むゼラチン様の物質. 細胞と組織をつなぎ合わせている.

細胞骨格(cytoskeleton) 細胞の内部構造を保ち, 細胞小器官の動きを可能にする一連のタンパク質フィラメント(微小管, ミクロフィラメント, 中間径フィラメント).

細胞小器官(organelle) 真核細胞のなかの, 膜で閉じられた構造体.

細胞性免疫(cellular immunity) リンパ球の一種である T 細胞によって仲介される免疫系の過程.

細胞皮質(cell cortex) 三次元網目構造のタンパク質で, 細胞膜を強化する.

細胞分画法(cell fractionation) 細胞を一定条件下ですりつぶした後, 遠心分離を用いて細胞小器官に分離, 分画する技術.

細胞膜(plasma membrane) 細胞を取り巻いて外界から分離している膜.

サイレンサー(silencer) DNA 配列の一つで, 受容体タンパク質に結合し, RNA ポリメラーゼが近くのプロモーターに結合するのを妨げる．

サイレント変異(silent mutation)　認識には影響しない DNA 塩基の変化．

サザンブロット法(Southern blotting)　放射性標識した DNA または RNA のプローブを用いて，DNA 断片中の相補的配列の位置を調べる技術．

サテライト DNA(satellite DNA)　高度に反復する DNA 配列．ゲノム DNA を酵素消化して遠心分離すると，サテライトバンドが形成される．

サブユニット(subunit)　オリゴマータンパク質のポリペプチド成分．

サーモゲニン(thermogenin)　脱共役タンパク質を参照．

酸(acid)　水素イオンを与えることのできる分子．

散逸構造(dissipative structure)　エネルギー勾配の減少を促進する構造．

酸化(oxidize)　原子または分子から電子を除くこと．

酸化還元電位(redox potential)　酸化還元対の電子供与体がどれくらい電子を失いやすいかという尺度．

酸化還元(レドックス)反応〔oxidation-reduction (redox) reaction〕　一つ以上の電子が，ある反応物質から他の反応物質へ移動する反応．

酸化剤(oxidizing agent)　他の物質を酸化する(電子を取り除く)物質．他の物質を酸化するときに酸化剤自体は還元される．

酸化ストレス(oxidative stress)　活性酸素種が過剰に産生されること．

酸化的リン酸化(oxidative phosphorylation)　電子伝達と共役した ATP 合成．

三次構造(tertiary structure)　ポリペプチドの球状三次元構造．アミノ酸残基の側鎖(R 基)の間の相互作用によって生じる．

酸素耐性嫌気性生物(aerotolerant anaerobe)　発酵によってエネルギーを得る生物のうち，有毒な酸素代謝産物から身を守る解毒酵素と抗酸化分子をもつ生物．

ジアステレオマー(diastereomer)　鏡像異性体(エナンチオマー)ではない立体異性体．

シグナルカスケード(signaling cascade)　情報処理機構の一つ．シグナル分子が受容体に結合することで始まり，タンパク質の立体構造の変化や共有結合修飾など一連の事象によって続き，ある反応をもたらす．その反応には，酵素活性の変化，細胞骨格の再配列，細胞運動，細胞周期の進行が含まれる．

シグナル仮説(signal hypothesis)　粗面小胞体(rER)と結びついたリボソームで分泌タンパク質または膜タンパク質が合成される過程を説明する機構．新生ポリペプチド鎖のアミノ酸残基の配列が，rER 膜へのポリペプチドの挿入を仲介する．

シグナル伝達(signal transduction)　細胞外のシグナルが受信され，増幅され，細胞内の反応へ変換される過程．

シグナル認識粒子(signal recognition particle)　大きな多サブユニットのリボヌクレオタンパク質複合体．タンパク質合成時，リボソームの粗面小胞体への結合と，シグナルペプチドの発現を仲介する．そして，新生ポリペプチドが rER 膜を通過して運ばれることを促す．

シグナルペプチド(signal peptide)　ポリペプチドのアミノ基末端などによく見られる短い配列．細胞小器官の膜を通過するポリペプチドを選別する．

仕事(work)　エネルギーの変化により引き起こされる物理的変化．

自己分泌(autocrine)　細胞がみずからの細胞表面の受容体に作用するホルモン様物質を分泌すること．

自己免疫疾患(autoimmune disease)　免疫反応がその生物自身の組織に対して行われている状態．

脂質(lipid)　無極性溶媒に溶けるが，水には溶けない生体分子．

脂質異常症(dyslipidemia)　総コレステロールとトリアシルグリセロールの血中濃度が高く，HDL の濃度が低い．生活習慣病と関連した疾患．

脂質生合成(lipogenesis)　体脂肪(トリアシルグリセロール)の生合成．

脂質二重層(lipid bilayer)　細胞膜の構造的な枠組みを構成している，生体分子の脂質の層．

シス異性体(*cis*-isomer)　二つの置換基が二重結合の同一の側にある異性体の一つ．

システム生物学(systems biology)　工学原理に基づいた研究分野で，生物の構成要素間の相互作用が調べられる．システム生物学者が利用する複雑なデータ一式は，ゲノミクス，プロテオミクス，タンパク質–タンパク質相互作用や生化学反応フラックスなどの実験的なソースから得られる．

シストロン(cistron)　ポリペプチドのコード情報やリボソームの機能に必要なシグナルを含む DNA 配列．

ジスルフィド架橋(disulfide bridge)　二つのシステイン残基のチオール基間に形成される共有結合．

ジスルフィド交換(disulfide exchange)　酵素触媒による翻訳後過程．生物学的に適切な正しいジスルフィド結合が形成されるまで，タンパク質においてジスルフィド結合の交換が起こる．

自然発生(abiogenesis)　初期の地球上で，無生物から最初の原始的生物ができた機構．

実質上の非構造化タンパク質(intrinsically unstructured protein, IUP)　安定な三次元構造を部分的または完全に欠いているタンパク質．

シッフ塩基(Schiff base)　第一アミノ基とカルボニル基の反応におけるイミン生成物．アルジミンとも呼ばれる．

質量分析(mass spectrometry)　分子を気化して高エネルギーの電子ビームを照射し，陽イオンのような断片にすることで，その質量を測定する技術．

シトクロム P-450 系(cytochrome P-450 system)　二つの酵素(NADPH シトクロム P-450 レダクターゼとシトクロム P-450)からなる電子伝達系．多くの内因性および外因性生物質の酸化的代謝に含まれる．

自発的化学変化(spontaneous chemical change)　エネルギーの放出をともなって起こる物理的または化学的過程．

指標酵素(marker enzyme)　特定の細胞小器官が存在するか否かを確実に示す酵素．

脂肪酸(fatty acid)　通常，偶数の炭素原子をもつモノカルボン酸．R−COOH で表され，R はアルキル基である．

脂肪酸結合タンパク質(fatty acid binding protein)　細胞内の水溶性タンパク質で，疎水性の脂肪酸に結合して運搬する役割をもつ．

脂肪族炭化水素(aliphatic hydrocarbon)　メタンやシクロヘキサンなどの非芳香族炭化水素．

脂肪分解(lipolysis)　酵素が触媒するトリアシルグリセロール分子の加水分解．

シャイン・ダルガーノ配列(Shine-Dalgarno sequence)　mRNA の AUG(開始コドン)に近接した部位にある，プリンに富む配列．30S リボソームサブユニットの相補的配列に結びつき，正確な前開始複合体の形成を促す．

弱塩基(weak base)　水素イオンと結合する能力を少しだけ(しかし測定可能な程度に)もっている有機塩基．

弱酸(weak acid)　水のなかで完全には解離しない有機酸．

シャペロニン(chaperonin)　細胞タンパク質の折りたたみやターゲッティングを制御する分子群の一つ．

シャペロン介在性オートファジー(chaperone-mediated autophagy)　受容体介在性過程の一つで，シャペロン複合体に結合した特定のタンパク質が，構造変化し，リソソームへ運ばれ，そこで分解される．

シャルガフの法則(Chargaff's rule)

DNA の塩基比を表す法則．DNA 中では，アデニンとチミン，およびシトシンとグアニンの量が等しい．

自由エネルギー (free energy) ある系のなかに存在する，有効な仕事に利用できるエネルギー．

終結 (termination) 翻訳において，合成されたポリペプチドがリボソームから放出される段階．

終結因子 (releasing factor) 翻訳の終止段階に関与するタンパク質．

集光 (light harvesting) 光エネルギーを色素分子で捕捉すること．吸収されたエネルギーは，光合成反応中心に伝達される．

集光アンテナ (light harvesting antenna) 葉緑体のチラコイド膜にあるタンパク質とクロロフィル分子の配列．光エネルギーを光化学系反応中心のクロロフィル a 分子に伝達する．

集光性色素 (light-harvesting pigment) 光エネルギーを吸収し，それを光合成の反応中心へ伝達する分子．

従属栄養生物 (heterotroph) 通常，他の生物を食べることによって得られる，既成の食物分子を分解してエネルギーを得ている生物．

縦列反復配列 (tandem repeat) 多重コピーが一列に並んでいる DNA 配列．反復配列の長さは 10 bp から 2000 bp とさまざまである．

縮重 (degeneracy) 構造的に異なるシステムの部分が，同一または類似の機能を果たす能力．

受動輸送 (passive transport) 膜を横切る輸送のうち，直接的なエネルギー投入を必要としないもの．

腫瘍壊死因子 (tumor necrosis factor, TNF) 腫瘍細胞にとって毒となるタンパク質．細胞分裂を抑制する．

受容体タンパク質 (receptor protein) 細胞外リガンド(シグナル分子)のための結合部位をもつタンパク質．

受容体チロシンキナーゼ (receptor tyrosine kinase, RTK) チロシンキナーゼ活性をもつ細胞質ドメインを含む膜貫通受容体．リガンドが外側のドメインに結合したとき，活性化される．

受容部位 (acceptor site) RNA 前駆体のスプライシングにおける，イントロンの 3′ 末端とエキソンとの境界．

条件的ヘテロクロマチン (facultative heterochromatin) 凝集した DNA 配列であるが，特定のシグナル伝達機構に応答して，凝集がゆるみ，転写活性をもつ．

上皮細胞増殖因子 (epidermal growth factor) 上皮細胞が細胞分裂を行うように促すタンパク質．

小胞 (vesicle) 膜由来の嚢．供与膜から分離し，続いて別の細胞小器官または細胞膜と融合する．

小胞性細胞小器官 (vesicular organelle) 小さな回転楕円体をしている膜由来の嚢．小胞体やゴルジ装置に由来する物質，またはエンドサイトーシスにより細胞に取り込まれた物質を含む．

小胞体 (endoplasmic reticulum, ER) 細胞内のに広がる，膜状のチャネルや袋．細胞質から分離された区画をつくることで，さまざまな化学反応が可能になる．

小胞体関連タンパク質分解 (ER-associated protein degradation, ERAD) 誤って折りたたまれたタンパク質を標的にした過程．

小胞体ストレス (ER stress) タンパク質の誤った折りたたみを起こし，小胞体に蓄積させるストレス状態．

小胞体ストレス応答 (unfolded protein response) 分子シャペロン合成を除く，粗面小胞体における新たなタンパク質合成の阻害．強度の小胞体ストレスにより引き起こされる．

食後 (postprandial) 摂食–絶食のサイクルで，食事の直後の段階を指す．血中の栄養素レベルは相対的に高い．

触媒 (catalyst) 化学反応の速度を上げるが，その反応による永続的な変化は受けない物質．

ショットガンクローニング (shotgun cloning) ゲノムをランダムに断片化し，そこからゲノムライブラリーをつくるクローニング技術．

真核細胞 (eukaryotic cell) 完全な核をもつ細胞．

真核生物(ユーカリア) (Eukarya) 生物の三つのドメインのうちの一つ．単細胞および多細胞真核生物を含む．

心筋梗塞 (myocardial infarction) 心臓への血液供給が阻害され，心筋細胞が壊死する．心臓発作．

神経伝達物質 (neurotransmitter) 神経の末端から放出されて他の神経細胞や筋肉細胞と結合し，その機能に影響を与える分子．

腎原発性尿崩症 (nephrogenic diabetes insipidis) 常染色体性劣性遺伝病の一種．腎臓が濃縮された尿をつくることができなくなる．

親水性 (hydrophilic) 水に容易に溶解する分子や部分の性質．親水性分子が正または負の電荷をもっているか，あるいは比較的多数の電気的に陰性な酸素原子や窒素原子をもっている．

新生の (nascent) 新たに合成された．

伸長 (elongation) リボソームでの翻訳過程でポリペプチド鎖が成長する段階．

浸透 (osmosis) 半透性の膜を通って溶液が拡散すること．

浸透圧 (osmotic pressure) 溶媒，つまり水を，膜の向こう側へと押し流す圧力．

浸透圧利尿 (osmotic diuresis) 尿の沪液中の溶質により，水や電解質の過剰な喪失が引き起こされること．

水素結合 (hydrogen bond) 水素原子と電気陰性度の高い小さな原子(たとえば O や N)とが，異なる分子間で，または同じ分子のなかで引き合う力．

水和 (hydration) 炭素間二重結合に水が付加される付加反応の一種．

水和圏 (solvation sphere) 陽イオンと陰イオンの周囲に集まっている，水分子の殻．

水和反応 (hydration reaction) 付加反応の一種で，水を炭素間二重結合に付加する．

スクロース (sucrose) α-グルコース残基と β-フルクトース残基のアノマー炭素同士がグリコシド結合で結びついてできる二糖．

ステロイド (steroid) トリテルペンの誘導体．四つの縮合環を含む．

ステロールキャリヤータンパク質 (sterol carrier protein) コレステロール生合成の際に中間体を運ぶ細胞質のタンパク質．

ステロール調節エレメント結合タンパク質 (sterol regulatory element binding protein, SREBP) いくつかの転写因子のうちの一つ．小胞体またはゴルジ装置の膜タンパク質．

ストロマ (stroma) 葉緑体中のチラコイド膜を取り巻く，酵素に満ちた高密度の物質．

ストロマラメラ (stromal lamella) 二つのグラナをつないでいるチラコイド膜断片．

スーパーファミリー (superfamily) 配列の相同性から推測される共通祖先をもつ最も大きなタンパク質の分類．

スフィンゴ脂質 (sphingolipid) スフィンゴシンと呼ばれる長鎖アミノアルコールを含む膜脂質分子．中核はスフィンゴシンの脂肪酸誘導体であるセラミド．植物および動物の膜にとって重要な構成要素．

スフィンゴミエリン (sphingomyelin) スフィンゴシンを含むリン脂質の一種．セラミドの 1-ヒドロキシ基がエステル化されてホスホリルコリンまたはホスホリルエタノールアミンのリン酸基となる．そしてスフィンゴシンのアミノ基が脂肪酸とアミド結合する．

スプライソソーム (spliceosome) タンパク質と RNA を含んだ多成分複合体．RNA プロセシングのスプライシングの段階に用いられる．

制限断片長多型(restriction fragment length polymorphism, RFLP) 多数のDNA配列多型(個体間のわずかな違い)のうちの一つ．個体を特定するのに用いられる．

生体アミン(biogenic amine) 神経伝達物質として働くアミノ酸誘導体(GABAやカテコールアミンなど)．

生体エネルギー学(bioenergetics) 生物の体内におけるエネルギー変換についての研究．

生体内変換(biotransformation) 酵素が触媒する一連の過程で，有毒な分子や疎水性の分子が(通常)毒性の少ない可溶性の代謝物質へと変換される．

生体分子(biomolecule) 生物の体をつくりあげている分子．

静電的相互作用(electrostatic interaction) 反対の電荷を帯びた原子や基の間で起こる，非共有結合的な引力．

正の協同性(positive cooperativity) 一つのリガンドが標的分子に結合すると，それ以降のリガンドも結合しやすくなる機構．

正のフィードバック(positive feedback) 反応の生成物がみずからの産生を促進する，自己調節的なシステムの機構．

生物地球化学的循環(biogeochemical cycle) 太陽や地熱エネルギーで駆動される経路で，化学元素が地球の生物および非生物的区画を隈なく移動する．

整列群(contig) 重複した部分をもつ連続したクローン化DNAの集合体．DNAの，ある領域の塩基配列を同定するために使われる．

セカンドメッセンジャー(second messenger) ホルモンの働きを仲介する分子．

接合(conjugation) 細菌の細胞同士で行われる特殊な性的交配．特殊化した線毛によって，供与細胞のDNA断片が受容細胞へと輸送される．

絶対嫌気性生物(obligate anaerobe) 酸素のあるところでは増殖できない生物．

絶対好気性生物(obligate aerobe) エネルギー産生のほとんどを酸素に依存している生物．

セルロース(cellulose) 植物によってつくられる，$\beta(1\rightarrow4)$グリコシド結合したD-グルコピラノース残基からなる重合体．

セロビオース(cellobiose) セルロースの分解産物．$\beta(1\rightarrow4)$グリコシド結合した2分子のグルコースを含む二糖．

遷移状態(transition state) 触媒反応における不安定な中間体．酵素によって基質が変えられ，基質と生成物の両方の性質をもっている状態．

繊維状タンパク質(fibrous protein) 長いシート状または繊維状に配列したポリペプチドからなるタンパク質．

前開始複合体(preinitiation complex) 真核生物のタンパク質合成の初期相において形成される多サブユニットタンパク質複合体．mRNAに結合できる．

染色体(chromosome) いくつかのタンパク質と会合した1本のとても長いDNA分子で，その生物の遺伝子を含んでいる．

染色体ジャンプ(chromosomal jumping) 同一の染色体に由来する不連続な配列を含むクローンを単離する技術．

センス鎖(sense strand) 転写されないDNA鎖．遺伝子のポリペプチド産物を合成するために使われるmRNAと同じ配列をもつDNA．

セントロメア(centromere) 反復DNAからなる特別な領域で，細胞分裂において重要な役割を果たす．細胞分裂の前期と中期に，二つの姉妹染色分体をつなぐ．

双極子(dipole) 極性結合の非対称な配向に起因する分子内部の原子の電荷の違い．

増殖因子(growth factor) 細胞の成長や分裂を促す細胞外ポリペプチド．

相同的組換え(homologous recombination) 相同性があるDNA配列の間で起こる組換え．

相同ポリペプチド(homologous polypeptide) 同一の進化的起源をもつことを意味する．同じようなアミノ酸配列と機能をもっているタンパク質分子．

挿入配列(insertional element) 部位特異的組換えにかかわる短いDNA配列．IS配列またはatt部位とも呼ばれる．

創発(emergence) 構成要素間の相互作用から生じる，あるシステムの各構成レベルにおける，予期しない新しい性質．

創発特性(emergent property) システムの複雑性と動力学により与えられる新しい性質．

阻害剤(inhibitor) 酵素活性を低下させる分子．

促進拡散(facilitated diffusion) キャリヤー(担体)の助けを借りて，細胞膜を横切って物質が拡散すること．

速度(velocity) 生化学反応が進行する速さ．単位時間あたりの反応物または生成物の濃度変化．

疎水性(hydrophobic) 水に溶けず，電気的に陰性な原子をほとんどもっていない分子の性質．

疎水性相互作用(hydrophobic interaction) 水のなかに入れられた無極性分子同士の会合．

ソマトメジン(somatomedin) 成長ホルモンの成長促進作用を仲介するポリペプチド．

粗面小胞体(rough endoplasmic reticulum, rER) 小胞体の一種で，外表面にリボソームを結合している．シグナルペプチドを含む新生ポリペプチドが，rER膜を通過して運ばれる．

【た行】

第一相反応(phase I reaction) オキシドレダクターゼやヒドロラーゼがかかわり，疎水性物質を，より極性の分子に変える生体内変換反応．

体液性免疫応答(humoral immune response) 血液中や組織液中の抗体による免疫．抗体依存性免疫とも呼ばれる．

ダイサー(dicer) マイクロRNA前駆体を成熟したマイクロRNAに切り分けたり，遺伝子サイレンシング過程を引き起こしたりするヌクレアーゼ．

代謝(metabolism) 生物の体内で行われる化学反応の総称．

代謝回転(turnover) ある細胞に含まれる分子がすべて分解され，新たに合成された分子と入れ替わる速さ．

代謝回転数(turnover number) 酵素1 molが1秒間に生成物へ変換する基質分子の数．

第二相反応(phase II reaction) 適切な官能基を含む代謝産物が，グルクロン酸，グルタミン酸，硫酸，グルタチオンなどの物質と共役する生体内変換反応．

ダイニン(dynein) 微小管と会合するモータータンパク質の一つ．

ダウンレギュレーション(downregulation) 特定のホルモン分子による刺激に反応して，細胞表面の受容体が減少すること．

多価不飽和(polyunsaturated) 脂肪酸が二つ以上の二重結合を含んでいること．通常，それらの結合はメチレン基で隔てられている．

多機能性タンパク質(multifunctional protein) 二つ以上の異なる，そしてしばしば無関係な機能をもつ機能性タンパク質．

ターゲッティング(targeting) 新たに合成されたタンパク質を細胞内の正しい位置に導く過程．

脱感作(desensitization) 細胞表面の受容体の数を減らしたり受容体を不活発にしたりすることで，標的細胞が刺激の変化に順応する過程．

脱共役剤(uncoupler) ATP合成と電子伝達を切り離す分子．膜を横切ってプロトンを輸送することによりプロトン勾配を崩す．

脱共役タンパク質(uncoupling protein) プロトンを移動させることでミトコンドリ

アのプロトン勾配を消失させる分子．サーモゲニンとも呼ばれる．

脱炭酸(decarboxylation) カルボン酸から二酸化炭素のようなカルボキシ基を除去すること．

脱ピリミジン部位(apyrimidinic site) DNA分子中のヌクレオチド残基の一つ．ピリミジン塩基が失われているか除去されている．

脱プリン部位(apurinic site) DNA分子中のヌクレオチド残基の一つ．プリン塩基が失われているか除去されている．

脱離(elimination) 分子中の複数の原子が除去されて二重結合が形成される化学反応．

脱離基(leaving group) 求核置換反応の際に置換された基．

多糖(polysaccharide) グリコシド結合で結びついた単糖の重合体．直鎖状かまたは枝分かれしている．

炭化水素(hydrocarbon) 炭素と水素だけを含む化合物．

胆汁酸塩(bile salt) 界面活性作用をもつ両親媒性分子で，胆汁の重要な成分．胆汁は胆汁酸とコール酸とデオキシコール酸の抱合体で，脂肪の消化を助ける黄緑色の液体．

単純拡散(simple diffusion) 各種の溶質が，分子のランダムな動きに推し進められて濃度勾配を下げる過程．

淡色効果(hypochromic effect) 紫外光(260 nm)の吸収量の減少．ポリヌクレオチド配列において，プリン塩基とピリミジン塩基が対になることによって起こる．

炭素固定(carbon fixation) 無機物の二酸化炭素を有機分子に組み入れる生化学過程．

担体タンパク質(carrier protein) 膜輸送タンパク質．

単糖(monosaccharide) ポリヒドロキシアルデヒドまたはポリヒドロキシケトン．少なくとも三つの炭素原子を含む．

タンパク質(protein) 一つ以上のポリペプチドからなる高分子．

タンパク質スーパーファミリー(protein superfamily) 関連したタンパク質の大きなグループ．たとえばグロブリンスーパーファミリーはヘモグロビン，ミオグロビン，サイトグロビンを含み，それぞれ血液細胞，筋細胞，脳において酸素を結合している．

タンパク質代謝回転(protein turnover) 生物の体内でたえず行われている，タンパク質の分解と再合成．

タンパク質の折りたたみ(protein folding) 秩序だっていないポリペプチドが，高度に秩序だった，比較的安定な三次元構造を得る過程．

タンパク質ファミリー(protein family) アミノ酸配列の類似性によりまとめられたタンパク質分子のグループ．

チアミンピロリン酸(thiamine pyrophosphate) チアミンの補酵素型．ビタミンB_1とも呼ばれる．

チェインターミネーション法(chain-termination method) DNA塩基配列を決定する技術．2′,3′-ジデオキシ塩基類似体をDNAポリメラーゼの連鎖停止剤に使う．サンガー法とも呼ばれる．

チオール開裂(thiolytic cleavage) 炭素–硫黄結合の切断．

窒素固定(nitrogen fixation) 窒素固定細菌が，分子状窒素(N_2)を分解して生物学的により有用な形(NH_3)へと変換すること．

チモーゲン(zymogen) タンパク質分解酵素の不活性な形態．

チャネルタンパク質(channel protein) 孔をもつ膜タンパク質で，その孔を通ってイオンが運ばれる．

中間径フィラメント(intermediate filament) 細胞骨格の構成要素で，細胞を機械的に補強する．柔軟で，強固で，比較的安定した重合体(直径 8～12 nm)．

中間体(intermediate) 反応の途中に生成される分子種で，限られた時間に存在する．

中間密度リポタンパク質(intermediate-density lipoprotein, IDL) トリアシルグリセロール，アポリポタンパク質，リン脂質分子が取り除かれた結果，超低密度リポタンパク質が縮小し，より高密度になって形成されるリポタンパク質．

中性脂肪(neutral fat) トリアシルグリセロール分子．

超スプライソソーム(supraspliceosome) 四つの活性スプライソソームと一つのプレmRNA複合体により形成される．転写産物のスプライシングの速度と効率を上げ，イントロン除去の校正の機会を提供する．

超低密度リポタンパク質(very low-density lipoprotein, VLDL) 含有する脂質の相対濃度が非常に高いリポタンパク質．脂質を各組織へ輸送する．

超二次構造(supersecondary structure) αヘリックスとβプリーツシートが複数個組み合わさってできるタンパク質分子中の構造の一つ．

重複性(redundancy) ロバストなシステムのフェイルセーフ機構において，重複した部分を使うこと．

チラコイド内腔(thylakoid lumen) グラナの形成により生成される内部区画．

チラコイド膜(thylakoid membrane) 葉緑体のなかの，複雑に折りたたまれた内膜．

通性嫌気性生物(facultative anaerobe) 酸素代謝産物を解毒する能力をもっている生物．酸素が存在するとき，それを電子受容体として利用し，エネルギーを産生できる．

低血糖症(hypoglycemia) 血糖値が正常値よりも低い症状．

定常状態(steady state) 生物の一生のなかで，同化過程と異化過程の速度がほぼ等しい時期．

低張液(hypotonic solution) 浸透圧の低い希薄な溶液．

低分子干渉RNA(short interfering RNA, siRNA) RNA干渉で重要な役割を果たす21～23ヌクレオチドの二本鎖RNA．

低密度リポタンパク質(low-density lipoprotein, LDL) リポタンパク質の一種．コレステロール，トリアシルグリセロール，リン脂質を含む．コレステロールを周辺組織へ運ぶ．

デコーディングセンター(decoding center) 細胞リボソームの30Sサブユニット上の部位で，コドン-アンチコドン塩基対が形成される．

テトラヒドロビオプテリン(tetrahydrobiopterin, BH_4) 葉酸類似体の一つで，芳香族アミノ酸のヒドロキシ化に必須の補欠分子族．

テトラヒドロ葉酸(tetrahydrofolate) ビタミンBである葉酸の生物学的に活性な型．C_1代謝におけるメチル基，メチレン基，メテニル基，ホルミル基の担体．

テルペン(terpene) イソプレノイドの一分類に属する物質．含まれるイソプレン残基の数によって分類される．

テロメア(telomere) 染色体の両末端にある構造．DNA複製の際に重要な暗号配列が失われるのを防いでいる．

テロメア反復配列結合因子(telomere repeat-binding factor, TRF) テロメアの3′末端のオーバーハング配列に結合し，安定化するタンパク質．

テロメア末端結合タンパク質(telomere end-binding protein, TEBP) GTに富むテロメア配列に結合し，安定化するタンパク質．

テロメラーゼ(telomerase) テロメア配列に相補的なRNA成分(TGに富む反復配列)をもつリボヌクレオタンパク質．

転位(transposition) 一つのDNA配列がゲノム中のある部位から他の部位へ移動すること．

転位性DNA因子(transposable DNA element) みずからを切りとって他の部位に入り込むDNA配列．

電気泳動(electrophoresis) 実効電荷の違いによって個々の分子を互いに分離する技術．

電子供与体(electron donor) 反応のとき，

電子受容体に電子を与える種.

電子受容体(electron acceptor) 反応のとき，電子供与体から電子を受けとる種.

電子伝達系(electron transport system) 異なるエネルギー準位において可逆的に電子と結合している一連の電子担体タンパク質.

転写(transcription) DNA の鋳型鎖と相補的な関係にある塩基配列をもった一本鎖 RNA が合成される過程.

転写因子(transcription factor) 応答配列と呼ばれる DNA 配列に結合し，特定の RNA の合成を調節したり開始を促したりするタンパク質.

転写共役修復(transcription coupled repair) DNA 修復の一形式で，転写された DNA 鎖でのみ起こる.

転写局在(transcript localization) mRNA が細胞質の内部構造に結合することにより，細胞内にタンパク質の勾配ができること.

転写産物(transcript) DNA 配列の転写により生成される RNA 分子.

点突然変異(point mutation) DNA 配列中の一つのヌクレオチド塩基だけが変化すること.

天然状態においてほどかれたタンパク質(natively unfolded protein) 規則的な構造を完全に欠いた機能性タンパク質.

糖(sugar) ポリヒドロキシアルデヒドまたはケトンを含む生体分子.

糖衣(glycocalyx) 多くの真核細胞の外表面に存在する層. 糖含有分子を多量に含む.

等温変化(isothermal change) 熱が外界と交換されない反応. $\Delta H = 0$.

同化経路(anabolic pathway) 小さな前駆体から大きく複雑な分子を合成する一連の生化学反応.

糖原性(glucogenic) ピルビン酸またはクエン酸の中間体に分解されるアミノ酸を表す. これらのアミノ酸は，糖新生におけるグルコース合成の基質に使われる.

糖脂質(glycolipid) スフィンゴ糖脂質の一種. 単糖，二糖，またはオリゴ糖が，*O*-グリコシド結合を介してセラミドと結びついている.

糖新生(gluconeogenesis) 非糖質分子からのグルコースの合成.

透析(dialysis) 半透膜を用いて，小さな分子を大きな分子から分離する技術.

糖タンパク質(glycoprotein) 糖質分子が共有結合している複合タンパク質.

等張液(isotonic solution) 細胞内とまったく同じ粒子濃度の溶液. 細胞内外への正味の水の移動はない.

等電点(isoelectric point) タンパク質の実効電荷がゼロになる pH の値.

糖尿(glucosuria) 尿中に糖が含まれること.

特異性定数(specificity constant) 酵素反応速度論における K_{cat}/K_m. $[S] \ll K_m$ の反応では二次速度定数.

独立栄養生物(autotroph) 光エネルギーあるいはさまざまな化学物質の化学エネルギーを，生体分子の化学結合エネルギーに変える生物.

ドッキングタンパク質(docking protein) 粗面小胞体の膜貫通型タンパク質. リボソームにつながるシグナル認識タンパク質と結合しており，タンパク質合成を再開させる. シグナル認識粒子受容体タンパク質とも呼ばれる.

突然変異(mutation) 遺伝子のヌクレオチド配列の変化.

トランジション変異(transition mutation) あるプリン塩基が別のプリン塩基に置換されたり，あるピリミジン塩基が別のピリミジン塩基に置換されたりするような DNA 突然変異.

トランス異性体(*trans*-isomer) 二つの置換基が互いに二重結合の反対側についている異性体.

トランスクリプトーム(transcriptome) 一つの細胞内でつくりだされるすべての RNA 分子.

トランスジェニック動物(transgenic animal) 組換え DNA 配列を受精卵に微量注射した結果生まれた動物.

トランスバージョン変異(transversion mutation) 点突然変異の一種. プリンの代わりにピリミジンが使われている，あるいはその逆となっている変異.

トランスファー RNA(transfer RNA, tRNA) アミノ酸を結合し，リボソームに運ぶ小さな RNA 分子. 翻訳において，リボソームはアミノ酸をつないでポリペプチド鎖にする.

トランスフェクション(transfection) バクテリオファージが細菌染色体あるいはプラスミドの配列を新しい宿主細胞に誤って移してしまう機構.

トランスフェラーゼ(transnferase) 分子間での官能基の転移を触媒する酵素.

トランスポザーゼ(transposase) 原核生物の転位酵素. IS 配列の遺伝子にコードされている.

トランスポゾン(transnposon) 転位に必要な遺伝子をもち，染色体中を動きまわる DNA 断片. 転位に関係しない遺伝子を含む転位性遺伝因子を指すこともある.

トランスロケーション(translocation) 翻訳の過程で，リボソームが mRNA とともに移動すること. DNA 断片が同一染色体や相同染色体の別の部位に挿入されることも指す.

トランスロコン(translocon) 膜内在性タンパク質. ポリペプチドのトランスロケーションを仲介する.

トリアシルグリセロール回路(triacylglycerol cycle) 脂肪酸の濃度を調節する代謝機構の一つ. 脂肪酸は，身体の熱産生や，リン脂質のような分子の合成に使われる. トリアシルグリセロールが常に合成・分解されている.

トロンボキサン(thromboxane) 環状エステルを含むアラキドン酸の誘導体.

【な行】

内因性終結(intrinsic termination) 逆方向反復配列を含む RNA 終結配列がかかわる転写終結. ρ 非依存性終結とも呼ばれる.

内在性レトロウイルス(endogenous retrovirus) ゲノム内の衰退したウイルス. LTR 型レトロトランスポゾンとも呼ばれる.

内分泌性ホルモン(endocrine hormone) 血液中に分泌され，離れた場所の標的細胞に作用するホルモン.

内膜(inner membrane) 核膜の最も内側の膜. 核に特有な内在性タンパク質を含む.

長い散在性反復配列(long interspersed nuclear element, LINE) 5 kb 以上の長さをもつレトロトランスポゾン. 強力なプロモーター，組み込み配列，転位酵素をコードする配列を含む.

ナンセンス変異(nonsense mutation) あるアミノ酸のコードが終止コドンに変化することで未完成となってしまう点突然変異.

2 型糖尿病(type 2 diabetes) 糖尿病の一形式で，患者はインスリンに抵抗性を示す.

ニコチンアミドアデニンジヌクレオチド(nicotinamide adenine dinucleotide, NAD) ニコチン酸の補酵素型で，ピロリン酸基を通じて結合したニコチンアミドの *N*-リボシル誘導体とアデノシンを含む. 酸化型の NAD^+ と還元型の NADH があり，デヒドロゲナーゼと呼ばれる酵素群における電子移動にかかわっている.

ニコチンアミドアデニンジヌクレオチドリン酸(nicotinamide adenine dinucleotide phosphate, NADP) ニコチン酸の補酵素型で，ピロリン酸基を通じて結合したニコチンアミドの *N*-リボシル誘導体とアデノシンを含み，リン酸基がアデノシン糖の 2′-OH 基において付加されている. 酸化型の $NADP^+$ と還元型の NADPH があり，デヒドロゲナーゼと呼ばれる酵素群における電子移動にかかわっている.

二次構造(secondary structure) ポリペプ

チド鎖がαヘリックスやβプリーツシートといった局所的な規則構造に配置されること．二次構造は，アミド水素とペプチド結合のカルボニル酸素との間の水素結合で維持されている．

二次能動輸送(secondary active transport)　ATPを必要とする細胞内外へのイオンの汲み入れによって生じる電気化学的勾配を利用した輸送過程の一つ．

二糖(disaccharide)　二つの単糖残基からなるグリコシド．

二本鎖切断修復モデル(double-strand break repair model)　相同染色体を利用して，DNAの二本鎖切断を修復する普遍的組換え機構．交差および非交差産物をつくる．

尿素回路(urea cycle)　不要なアンモニア分子，二酸化炭素，アスパラギン酸のアミノ態窒素を尿素に変える循環経路．

ヌクレアーゼ(nuclease)　核酸分子を加水分解してオリゴヌクレオチドをつくる酵素．

ヌクレオシド(nucleoside)　ペントース糖（リボースまたはデオキシリボース）と窒素塩基からなる生体分子．

ヌクレオソーム(nucleosome)　真核細胞の染色体を構成している反復構造．中心にある8個のヒストン分子を約140塩基対のDNAが取り巻いており，さらに60塩基対のDNAが隣接するヌクレオソームと結びついている．

ヌクレオチド(nucleotide)　一つの五炭糖（リボースまたはデオキシリボース），一つの窒素塩基，一つ以上のリン酸基から構成される生体分子．

ヌクレオチド除去修復(nucleotide excision repair)　大きな損傷を受けた2〜30ヌクレオチドの部分が除去され，生じたギャップが埋められる．除去酵素は，特定の塩基配列よりも物理的ゆがみを認識しているようである．

ヌクレオヒストン(nucleohistone)　ヒストンタンパク質と複合体をつくっているDNA．

熱ショックタンパク質(heat shock protein, hsp)　高温などのストレスに反応して合成されるタンパク質．

熱力学(thermodynamics)　エネルギーおよびエネルギーの相互交換に関する研究．

能動輸送(active transport)　濃度勾配に逆らい，生体膜を横切って分子を移動させること．エネルギーを必要とする．

嚢胞性繊維症(cystic fibrosis)　致死率のきわめて高い常染色体劣性遺伝病．塩素チャネルタンパク質のCFTRがないか，または不完全な場合に引き起こされる．

嚢胞性繊維症膜貫通型電気伝導調節因子(cystic fibrosis transmembrane conductance regulator, CFTR)　上皮細胞において塩素チャネルとして機能する細胞膜糖タンパク質．

ノンコーディングRNA(noncoding RNA, ncRNA)　タンパク質合成にかかわるRNA以外のRNA種（つまりtRNA, rRNA，miRNAなど）．広範なゲノム制御ネットワークとして働く．

【は行】

バイオインフォマティクス(bioinformatics)　コンピュータを基礎にした分野で，生物の配列データの分析を容易にする．

バイオレメディエーション(bioremediation)　生物学的過程を利用して，有毒廃棄物に汚染された地域を浄化すること．

ハイブリッド形成(hybridization)　異なる供給源の一本鎖DNAの断片をアニーリングする技術．DNAハイブリッドの形成速度が，2本の鎖の類似性を示す尺度になる．

パスツール効果(Pasteur effect)　嫌気状態でのグルコース消費量は，酸素があるときよりも大きいという現象．

発エルゴン反応(exergonic reaction)　自然に完了する反応．標準自由エネルギー変化は負で，平衡定数は1より大きい．

発がんプロモーター(tumor promoter)　一部の細胞が周りの細胞よりも速く増殖するのを促進する分子．

発酵(fermentation)　有機分子が電子の供与体と受容体の両方の働きをするエネルギー生成過程．嫌気性の糖分解．

発色団(chromophore)　特定の波長の光を吸収する分子成分．

発熱反応(exothermic reaction)　熱を放出する反応．

パリンドローム(palindrome)　前から読んでも後ろから読んでもまったく同じ情報になるような配列．DNAのパリンドロームは逆方向反復配列を含む．

ハンチントン病(Huntington's disease)　遺伝性の致死性神経疾患．ハンチンチンと呼ばれるタンパク質中の過剰に長いポリグルタミン配列により引き起こされる．

反応機構(reaction mechanism)　化学反応過程の段階的表現．

反応中心(reaction center)　光合成を行っている細胞のなかの，膜に結合しているタンパク質．光エネルギーを化学エネルギーに変換する反応を仲介する．

半保存的複製(semiconservative replication)　それぞれのポリペプチド鎖が新しい鎖の鋳型として使われるDNA合成．

非アルキル化剤(nonalkylating agent)　DNA構造を修飾する，アルキル化剤以外のさまざまな化学物質．

光回復(photoreactivation)　可視光線のエネルギーを利用してチミン二量体を修復する機構．

光非依存性反応(light-independent reaction)　光がなくても起こる，CO_2を糖質に取り込む光合成経路．カルビン回路とも呼ばれる．

光誘導修復(light-induced repair)　光エネルギーを利用してピリミジン二量体をその単量体にもどすDNA修復．光回復とも呼ばれる．

非競合阻害(noncompetitive inhibition)　酵素阻害の一つで，阻害剤が遊離酵素と酵素-基質複合体の両方に結合する．

微小管(microtubule)　タンパク質のチューブリンからなる細胞骨格の構成要素．

微小不均一性(microheterogeneity)　各種糖タンパク質のグリカン成分の違い．

ビタミン(vitamin)　生物がごく少量を必要とする有機分子．一部のビタミンは，細胞の酵素の働きに必要な補酵素である．

ビタミンB_{12}(vitamin B_{12})　コバルトを含んだ複雑な分子．ホモシステインのメチオニンへのN^5-メチルTHF依存性変換に必要とされる．

必須アミノ酸(essential amino acid)　体内で合成されず，食物から摂取しなければならないアミノ酸．

必須脂肪酸(essential fatty acid)　体内で合成されず，食物から摂取しなければならない脂肪酸．ヒトではリノール酸とリノレン酸．

ヒドロラーゼ(hydrolase)　水を加えると結合が切断される反応を触媒する酵素．

非必須アミノ酸(nonessential amino acid)　体内で合成できるアミノ酸．

非必須脂肪酸(nonessential fatty acid)　体内で合成できる脂肪酸．

標識遺伝子(marker gene)　その存在を検出できる遺伝子．形質転換細胞の同定を容易にする．

標準還元電位(standard reduction potential)　物質が電子を獲得または失う能力の尺度．ガルバニ電池で標準水素電極を0.00 Vにする．

標的細胞(target cell)　あるホルモンや成長因子にとり，それらが結合する受容体タンパク質をもつ細胞．

ピリミジン(pyrimidine)　一つの環構造をもつ窒素塩基．ヌクレオチドの成分．

ファゴサイトーシス(phagocytosis)　食作用．白血球細胞などが，外来または損傷細胞を飲み込む．

ファンデルワールス力(van der Waals

force）比較的弱く一時的な静電的相互作用の一種．永久双極子や誘起双極子（あるいは両方の性質をもつ双極子）の間で起こる．

部位特異的組換え（site-specific recombination）非相同 DNA 配列の組換え．限られた相同性をもつ配列間の組換え機構．

部位特異的突然変異誘発（site-directed mutagenesis）クローン遺伝子に特定の配列変化を導入する技術．

フィードバック制御（feedback control）自己調節的なシステム（代謝の過程や経路など）の制御．生成物が過程の結果に影響する．

フォールド（fold）タンパク質ドメインにおいて中心になる三次元構造．

不可逆阻害（irreversible inhibition）酵素阻害の一種で，通常は共有結合により，阻害分子が酵素の機能を永続的に損なう．

付加反応（addition reaction）二つの分子が結びついて別の一つの分子になる化学反応．生成物中の炭素原子に，より多くの基がつく．

付加物（adduct）付加反応でつくられた物質．

不拮抗阻害（uncompetitive inhibition）阻害剤が酵素－基質複合体のみに結合する．非拮抗阻害のまれな型．

複合タンパク質（conjugated protein）共有結合や弱い相互作用によって他の化学基が結合している場合にだけ機能するタンパク質．

複合糖質（glycoconjugate）共有結合した糖質成分を含む分子（たとえば糖タンパク質や糖脂質）．

複合トランスポゾン（composite transposon）遺伝子と両側の IS 配列からなる細菌のトランスポゾン．

複製（replication）親 DNA のポリヌクレオチド鎖を鋳型として用い，親 DNA の正確なコピーを合成する過程．

複製因子 C（replication factor C, RFC）DNA ポリメラーゼ δ の各 DNA 鎖への付着を制御するクランプローダータンパク質．

複製開始点複合体（origin-of-replication complex, ORC）DNA 合成の初期相において，DNA 複製開始点に結合するタンパク質複合体．DnaA タンパク質の類似体を含む．

複製開始前複合体（preinitiation replication complex, preRC）予備的な真核生物の DNA 複製複合体．数あるタンパク質のなかで，複製開始点複合体と MCM 複合体から形成される．

複製許可因子（replication licensing factor）複合開始点複合体（ORC）に結合し，preRC の構造を完成させるタンパク質の一つ．

複製タンパク質 A（replication protein A, RPA）複製のとき，分離した DNA 鎖を安定化するタンパク質．

複製ファクトリー（replication factory）DNA 複製が起こる特定の核分画（またはヌクレオチド）．

複製フォーク（replication fork）複製の途上にある DNA 分子中の Y 字型の領域．2 本の DNA 鎖が分離するために生じる．

不斉炭素〔asymmetric (chiral) carbon〕四つの異なる基を結合した炭素．鏡像体をもつ分子中の非対称な炭素．

付着（att）部位〔attachment (att) site〕部位特異的組換えを促進する短い DNA 配列．IS 配列とも呼ばれる．

負の協同性（negative cooperativity）一つのリガンドが標的分子に結合すると，それ以降は他のリガンドがあまり結合しなくなる機構．

負のフィードバック（negative feedback）生成物の蓄積が，その生成を抑制する自己調節機構．

普遍的組換え（general recombination）一組の相同的な DNA 配列が交換される組換え．染色体上のどの位置でも起こりうる．

不飽和（unsaturated）一つ以上の炭素間二重結合または三重結合を含む分子を指す．

プライマー（primer）RNA の短い断片で，DNA 合成の開始を促す．

プライマーゼ（primase）DNA 合成に必要なプライマーと呼ばれる短い RNA 断片を合成する RNA ポリメラーゼ．

プライモソーム（primosome）大腸菌の DNA 複製の際に，DNA 鋳型鎖の随所で RNA プライマーの合成に関与している多酵素複合体．

プラスチド（plastid）植物や藻類，またある種の原生生物に見られる細胞小器官．色素や，糖質のような貯蔵物質を含む．

プラスミド（plasmid）細菌の染色体からは独立して存在し，複製できる環状の二本鎖 DNA 分子．安定的に遺伝するが，宿主細胞の増殖や生殖には必要ない．

フラビンアデニンジヌクレオチド（flavin adenine dinucleotide, FAD）リボフラビン，D-リビトール，アデニンからなる，強く結合した補欠分子族．フラビンタンパク質と呼ばれる一群の酵素で機能する．

フラビン含有モノオキシゲナーゼ（flavin-containing monooxygenase）$NADPH^-$ および O_2 要求性酵素の一群．窒素，硫黄またはリンを含む官能基をもつ分子（通常，生体異物）を酸化する．

フラビンタンパク質（flavoprotein）FMN あるいは FAD のいずれかを補欠分子族とする複合タンパク質．

フラビンモノヌクレオチド（flavin mononucleotide, FMN）1 分子のリボフラビン，D-リビトールリン酸からなる，強く結合した補欠分子族．フラビンタンパク質と呼ばれる一群の酵素で機能する．

プリオン（prion）タンパク質性の感染性粒子．いくつかの後天性神経変性疾患（"狂牛"病やクライツフェルト・ヤコブ病など）の原因物質であると考えられている．

プリン（purine）二環構造をもつ窒素塩基．ヌクレオチドの成分．

プレニル化（prenylation）プレニル基（ファルネシル基やゲラニルゲラニル基など）が共有結合でタンパク質分子に結びつくこと．

プレプロタンパク質（preproprotein）除去可能なシグナルペプチドをもっている不活性な前駆体タンパク質．

プロ酵素（proenzyme）酵素の不活性な前駆体．

プロスタグランジン（prostaglandin）C-11 位と C-15 位にヒドロキシ基をもつシクロペンタン環を含むアラキドン酸誘導体．

プロタンパク質（proprotein）タンパク質の不活性な前駆体．

プロテアソーム（proteasome）ユビキチンに結合しているタンパク質を分解する多酵素複合体．

プロテオグリカン（proteoglycan）タンパク質分子を中心として，その周囲に多数のグリコサミノグリカン鎖が結合している大きな分子．

プロテオスタシス（proteostasis）細胞がタンパク質の折りたたみを制御する過程．

プロテオスタシスネットワーク（proteostasis network）一連のタンパク質から構成される経路で，タンパク質の折りたたみ，輸送，分解を制御する．

プロテオミクス（proteomics）タンパク質合成のパターンとタンパク質-タンパク質相互作用の研究．

プロテオーム（proteome）細胞内でつくられるタンパク質のすべてを指す．

プロトコル（protocol）システムにおいてモジュールがどのように相互作用するかを決める規則一式．

プロトマー（protomer）オリゴマーの構成要素で，一つ以上のサブユニットからなる．

プロトン駆動力（protonmotive force）プロトンの勾配と膜電位によって生じる力．

プロファージ（prophage）宿主細胞の DNA に組み込まれたウイルスのゲノム．

プロモーター（promoter）遺伝子の直前

のヌクレオチド配列．RNA ポリメラーゼによって認識され，転写の開始点と方向を示す．

分画遠心法（differential centrifugation） 破砕した細胞を遠心力によって分離する細胞分画技術．

分枝鎖アミノ酸（branched chain amino acid） 必須アミノ酸の一群（ロイシン，イソロイシン，バリン）で，枝分かれした炭素骨格をもつ．

分子シャペロン（molecular chaperone） タンパク質の折りたたみを助ける分子．ほとんどは熱ショックタンパク質．

分子生物学（molecular biology） ゲノムの構造と機能を解明する科学．

分子病（molecular disease） 遺伝子の突然変異によって起こる病気．

ベクター（vector） 外来 DNA 断片を挿入することが可能なクローニング用の運搬体で，宿主細胞のなかに導入して発現させることができる．

ヘテログリカン（heteroglycan） 高分子量の炭水化物の重合体で，2 種類以上の単糖を含む．

ヘテロクロマチン（heterochromatin） 高度に凝縮して，転写活性がないクロマチン．

ペプチジル転移反応中心（peptidyl transfer center, PTC） 細菌リボソームの大サブユニット上にあるペプチジルトランスフェラーゼ活性をもつ部位．23S の rRNA の領域に位置する．

ペプチド（peptide） 50 個未満のアミノ酸残基で構成されているアミノ酸重合体．

ペプチド結合（peptide bond） アミノ酸重合体におけるアミド結合．

ヘミアセタール（hemiacetal） 1 分子のアルコールが 1 分子のアルデヒドと反応してできる，一般式 RCH（OR）OH をもつ有機分子のファミリー．

ヘミケタール（hemiketal） 1 分子のアルコールが 1 分子のケトンと反応してできる，一般式 RRC（OR）OH をもつ有機分子のファミリー．

ヘムタンパク質（hemoprotein） ヘム（鉄を含んだ有機基の一種）を補欠分子族とする複合タンパク質．

ヘリカーゼ（helicase） ATP を使って二重鎖 DNA の巻きもどしを触媒する酵素．

ペルオキシソーム（peroxisome） 真核細胞内の球状の細胞小器官．酸化酵素を含み，脂肪酸分解，膜脂質合成，プリン塩基分解のような過程にかかわる．

ベンケイソウ型有機酸代謝（crassulacean acid metabolism） 砂漠のような暑く乾いた地域に生息する植物において，C_4 分子のリンゴ酸を生成する光合成経路．

変性（denaturation） 熱や化学物質にさらされてタンパク質や核酸の構造が壊れること．生物学的機能が失われる．

変旋光（mutarotation） 単糖の α 型と β 型が容易に入れ替わる，自然に起こる過程．

ヘンダーソン・ハッセルバルヒの式（Henderson–Hasselbalch equation） pH と pK_a，および緩衝液に含まれる弱酸と共役塩基の濃度との間の関係を示す熱力学的反応速度式．

ペントースリン酸経路（pentose phosphate pathway） NADPH やリボース，いくつかのその他の糖をつくりだす生化学経路．

補因子（cofactor） 触媒作用に必要な，酵素の非タンパク質部分（無機イオンあるいは補酵素）．

芳香族炭化水素（aromatic hydrocarbon） ベンゼン環をもっている分子，あるいはベンゼンに似た特性をもっている分子．

抱合反応（conjugation reaction） ある分子を，水溶性の基をもった誘導体へと変換することにより，その水溶性を高める生化学反応．

飽和（saturated） 炭素間の二重結合や三重結合を含まない分子の状態．

補欠分子族（prosthetic group） 複合タンパク質中のタンパク質以外の部分．タンパク質の生物活性に必要とされる．複雑な有機分子であることが多い．

補酵素（coenzyme） ある種の酵素の触媒機構に必要とされる小さな有機分子．

補酵素 A（coenzyme A） アセチル基とアシル基の担体で，ADP の 3′-リン酸誘導体からなる．リン酸エステル結合を介してパントテン酸とつながり，次にアミド結合を介して β-メルカプトエチルアミンとつながる．

3′-ホスホアデノシン 5′-ホスホ硫酸（3′-phosphoadenosine-5′-phosphosulfate） 高エネルギーの硫酸供与分子．スルファチド（糖脂質の一種）の生合成に使われる．

ホスホグリセリド（phosphoglyceride） おもに膜に見られる脂質分子の一種．二つの脂肪酸と結合したグリセロール，リン酸，極性基からなる．

ホメオスタシス（homeostasis） 内外の環境の変動にかかわらず，代謝過程を適切に調整する生物の能力．

ホモグリカン（homoglycan） 高分子量の炭水化物の重合体で，1 種類のみの単糖を含む．

ポリ（A）結合タンパク質〔poly（A）binding protein, PABP〕 真核生物の翻訳の初期相において，mRNA の 3′-ポリ（A）尾部と 5′ キャップ末端，そして翻訳開始因子である eIF-G との相互作用により，環状 mRNA 分子を形成するタンパク質．

ポリソーム（polysome） いくつかのリボソームが結合している mRNA．

ポリペプチド（polypeptide） 50 個以上のアミノ酸残基からなるアミノ酸重合体．

ポリメラーゼ連鎖反応（polymerase chain reaction, PCR） 耐熱性 DNA ポリメラーゼを用いて，少量の DNA から特定のヌクレオチド配列を大量に合成する技術．

ホルモン（hormone） 特定の細胞で産生され，離れたところの標的細胞の機能に影響を与える分子．

ホルモン応答配列（hormone response element） ホルモン受容体複合体を結びつけている特定の DNA 配列．ホルモン受容体複合体の結合は特定の遺伝子の転写を促進することもあれば，減少させることもある．

ホロ酵素（holoenzyme） アポ酵素と補酵素からなる完全なかたちの酵素．

ホロタンパク質（holoprotein） 補欠分子族と結合しているアポタンパク質．

翻訳（translation） タンパク質合成．mRNA によって運ばれた遺伝情報が，リボソームなどの細胞成分の助けを借りてポリペプチド合成を導く．

翻訳後修飾（posttranslational modification） 新たに合成されたポリペプチドの構造を変化させる一連の反応の一つ．

翻訳後のトランスロケーション（posttranslational translocation） 合成されたポリペプチドが，細胞小器官の膜を横切って移動すること．

翻訳と共役した輸送（cotranslational transfer） タンパク質合成と同時進行で起こる，生体膜を通過するポリペプチドの挿入．

【ま行】

マイクロ RNA（microRNA, miRNA） 標的 mRNA の翻訳を阻害する 22 ヌクレオチドのノンコーディング RNA．標的 RNA の 3′UTR にある部分的に相補的な配列に結合することにより阻害する．

マイクロサテライト（microsatellite） 2～4 bp の DNA 配列が縦に 10 回から 20 回繰り返されたもの．

マイクロバイオータ（microbiota） 多細胞生物がもつ生来の微生物叢．

マイクロリボヌクレオタンパク質（microribonucleoprotein, miRNP） 適切な miRNA の相補部位に結合し，翻訳を制御することにより，特定の遺伝子発現を抑制するタンパク質．

膜貫通タンパク質（transmembrane protein） 膜内在性タンパク質の一つで，膜を完全に横切って広がる.

膜電位(membrane potential) 細胞膜の一方の側と他方の側との電位差. 通常, ミリボルト単位で計測される.

膜内在性タンパク質(membrane intrinsic protein) 膜に埋め込まれたタンパク質.

膜表在性タンパク質(membrane extrinsic protein) 膜には埋め込まれていないが, 共有結合により脂質分子に結合しているか, 非共有結合により膜タンパク質または膜脂質に結合しているタンパク質.

マクロオートファジー(macroautophagy) 細胞経路の一つで, 細胞質の構成要素を丸ごと分解するのにリソソームを使う. オートファジーとも呼ばれる.

マルトース(maltose) デンプンの加水分解によってできる物質. 二つのグルコース分子が $\alpha(1\rightarrow4)$ グリコシド結合によって結びついた二糖.

ミオシン(myosin) モータータンパク質の一種で, ATP 結合エネルギーをアクチンフィラメントに沿った一方向性の動きに変換する.

ミクロオートファジー(microautophagy) 少量の細胞質がリソソームに直接飲み込まれる過程.

ミクロソーム(microsome) 小胞体の断片に由来する膜性の小胞. 分画遠心分離によって得られる.

ミクロフィラメント(microfilament) 球状アクチン(G アクチン)の重合体からなる細胞骨格繊維の一種(外径 5 ~ 7 nm).

短い散在性反復配列(short interspersed nuclear element, SINE) 哺乳動物のゲノムに散在する 500 bp 以下の反復 DNA 配列. 機能 LINE 配列の助けがなければ, SINE は転位できない.

短い縦列反復配列(short-tandem repeat) 2 ~ 4bp が反復している DNA 配列. ここから個体を特定するための DNA プロフィールをつくることができる.

ミスセンス変異(missense mutation) 点変異が別のアミノ酸をコードし, ポリペプチドの構造と機能を変化させること.

ミスマッチ修復(mismatch repair) 一本鎖修復機構の一つ. 複製校正ミスや複製スリップにより生じる, らせんのゆがみを生じさせる塩基ミスペアを修正する.

ミセル(micelle) 極性の部分と無極性の部分をもち, 極性の部分が周囲の水に面しているような分子の集合体.

密度勾配遠心分離法(density gradient centrifugation) 密度勾配を利用して遠心分離によって細胞の分画をさらに精製する技術.

ミトコンドリア(mitochondrion, 複数 mitochondria) 二つの膜をもっている細胞小器官. 好気的呼吸が行われる場.

ミトコンドリア外膜(outer mitochondrial membrane) ミトコンドリアの多孔性外膜.

ミトコンドリア内膜(inner mitochondrial membrane) ATP 合成にかかわる呼吸複合体を埋め込まれた膜.

ミトコンドリアの分裂(mitochondrial fission) ミトコンドリアが分割され, 細胞内に二つ以上のミトコンドリアが形成されること.

ミトコンドリアの融合(mitochondrial fusion) 細胞内で二つ以上のミトコンドリアが合併すること.

ミニサテライト(minisatellite) 約 25 bp の縦列反復配列. 全体の長さは 10^2 ~ 10^5 bp.

ミネラルコルチコイド(mineralocorticoid) ナトリウムとカリウムの代謝を制御しているステロイドホルモン.

無機栄養生物(lithotroph) 特定の無機反応によってエネルギーを産生する生物. 化学合成無機栄養生物とも呼ばれる.

無水物(anhydride) 二つのカルボキシ基またはリン酸基同士の縮合反応で, 1 分子の水が除去されてできる物質.

明反応(light reaction) 電子がエネルギーを付与され, ATP と NADPH の合成に利用される光合成における機構.

メセルソン-ラディングモデル(Meselson-Radding model) 普遍的組換えモデルの一つで, ホリデイモデルでは説明できないいくつかの現象(たとえば, ときに相同染色体のうち片方のみが組換え鎖をもつこと)を説明する.

メタボリックシンドローム(metabolic syndrome) 一群の臨床的疾患で, 肥満, 高血圧, 脂質異常症, インスリン抵抗性を含む.

メタボローム(metabolome) ゲノムの指令により細胞内で産生される, 一連の有機的代謝産物の総体.

メチル CpG(metyl-CpG) CpG アイランドの CpG ジヌクレオチドのシトシンがメチル化されると, CpG 結合タンパク質との結合が可能となり, ヘテロクロマチン形成が促進する.

メチル化 CpG 結合タンパク質(methyl-CpG-binding protein, MeCP) 5-MeCpG ジヌクレオチドに優先的に結合し, ヒストンメチラーゼとともにヒストンジアセチラーゼをその部位に補充することにより, クロマチン結合性遺伝子サイレンシングを仲介するタンパク質.

メッセンジャー RNA(messenger RNA, mRNA) 転写によってつくられた RNA. ポリペプチドのアミノ酸配列を指定する.

メディエーター(mediator) ほとんどすべての RNAPⅡ プロモーターの転写に必要なタンパク質複合体. シグナル統合プラットフォーム.

メトトレキセート(methotrexate) 葉酸の構造類似体. アメトプテリンとも呼ばれ, いくつかの種類のがんの治療に用いられる.

モジュール(module) 特定の機能を果たすサブシステムの構成要素.

モジュールタンパク質(modular protein) 一つ以上のドメインの重複または不完全なコピーが, 多数つながったタンパク質. モザイクタンパク質としても知られる.

モジュレーター(modulator) 酵素のアロステリック部位に結びついて酵素の活性を変えるリガンド.

モータータンパク質(motor protein) ヌクレオチドを結合している, 分子機械の構成成分. ヌクレオチドの加水分解によりタンパク質に規則的な変形が起こる.

モチーフ(motif) 球状タンパク質で起こる, 二次構造の α ヘリックスと β プリーツシートからなる特徴的な組合せ. 超二次構造としても知られる.

モルテングロビュール(molten globule) ポリペプチドが折りたたまれて, 部分的に球形になっている状態. その分子の天然状態に近い.

【や行】

遊離基(free radical) 不対電子をもつ原子または分子

ユークロマチン(euchromatin) 転写活性のさまざまなレベルをもつ, 凝縮の度合いが低い染色質

ユビキチン(ubiquitin) 分解されることになるタンパク質に, 酵素の仲介で共有結合するタンパク質.

ユビキチン化(ubiquitination) ユビキチンのタンパク質への共有結合. 後にタンパク質に分解される.

ユビキチンプロテアソーム系(ubiquitin proteasomal system) タンパク質を速やかに分解するための精巧な機構.

ゆらぎ仮説(wobble hypothesis) 細胞に含まれる tRNA の数が予想されるよりも少ないことを説明する仮説. コドンの第三塩基とアンチコドンの第一塩基との対形成には自由度があるので, 一部の tRNA は複数のコドンと結合できるとする.

溶菌サイクル(lytic cycle) ウイルスの生活環. 宿主の細胞を破壊するサイクル.

溶原性(lysogeny) ウイルスのゲノムが宿主のゲノムに組み込まれること.

葉緑体(chloroplast) クロロフィルを含

んだ植物細胞の色素体．藻類や，より高等な植物の細胞に見られる．

四次構造（quaternary structure） 機能的なタンパク質を形成する，二つ以上の折りたたまれたポリペプチドの会合．

43S 前開始複合体（43S preinitiation complex） 40 S のサブユニット，つまり eIF-1A，eIF-2-GTP，eIF-3，mRNA に結合したメチオニル $tRNA^{met}$ からなる真核生物の多サブユニット複合体．

48S 開始複合体（48S initiation complex） 成熟した真核生物の開始複合体で，開始コドンを探して mRNA をスキャンする．

【ら行】

ラクトース（lactose） 乳に含まれる二糖．1 分子のガラクトースが $\beta(1\rightarrow4)$ グリコシド結合によって 1 分子のグルコースと結びついている．

ラクトン（lactone） 環状エステルの一つ．

ラジカル（radical） 不対電子をもっている原子や分子．

ラセミ化（racemization） エナンチオマーの相互変換．

リアーゼ（lyase） C－O，C－C，または C－N 結合の切断を触媒する酵素．それにより二重結合を含んだ物質をつくりだす．

リガーゼ（ligase） 二つの分子の結合を触媒する酵素．

リガンド（ligand） 大きな分子の特定の部位に結びつく分子．

リソソーム（lysosome） ほとんどの生体分子を分解する能力をもつ，袋状の細胞小器官．

立体異性体（stereoisomer） 構造式も結合様式も互いに同じであるが，空間的な原子配置のみが異なっている分子の総称．

リーディングフレーム（reading frame） mRNA 分子中の連続したトリプレットコドンの一組．

リボザイム（ribozyme） 触媒活性をもつ RNA 分子．自身または他の RNA の切断を触媒する．

リポ酸（lipoic acid） 生体分子で，容易に酸化または還元される一つのカルボキシ基と二つのチオール基をもつ．ピルビン酸デヒドロゲナーゼ複合体や 2-オキソグルタル酸デヒドロゲナーゼ複合体におけるアシル基の担体として機能する．

リボスイッチ（riboswitch） mRNA 内で特定の非翻訳配列からなる，RNA を基礎にした制御機構．リガンドの結合から誘導される三次構造の変化により引き起こされるリボスイッチの働きは，通常，翻訳の抑制である．

リボソーム（ribosome） タンパク質生合成の場であるタンパク質-RNA 複合体．

リボソーム RNA（ribosomal RNA） リボソームに存在する RNA．リボソーム中には数種類の一本鎖リボソーム RNA があり，リボソームの構造の一部となったり，タンパク質合成に直接関与したりしている．

リボソーム再生因子（ribosome recycling factor） 細菌の tRNA に似たタンパク質．A 部位に結合し，ポリペプチド合成後のリボソームサブユニットの解離を引き起こす．

リポタンパク質（lipoprotein） 脂質分子を補欠分子族とする複合タンパク質．非水溶性の脂質を血液中で輸送するタンパク質-脂質複合体．

硫酸転移経路（transsulfurylation pathway） メチオニンをシステインに変換する生化学経路．

流動モザイクモデル（fluid mosaic model） 現在，広く認められている細胞膜モデル．細胞膜が脂質二重層となっており，脂質に埋め込まれた膜内在性タンパク質と，膜表面にゆるく付着している膜表在性タンパク質が存在するとされている．

両親媒性分子（amphipathic molecule） 極性の部分と無極性の部分の両方をもっている分子．

両性イオン（zwitterion） 同じ数の正電荷と負電荷を同時にもっている中性分子．

両性代謝経路（amphibolic pathway） 同化と異化の両方に機能できる代謝経路．

両性分子（amphoteric molecule） 反応の際に，酸としても塩基としても働くことのできる分子．

リンゴ酸-アスパラギン酸シャトル（malate-aspartate shuttle） 細胞質ゾル中の NADH に由来する電子をミトコンドリアの NAD^+ へ運ぶ代謝過程．オキサロ酢酸は可逆的にリンゴ酸へと変えられ，ミトコンドリアから細胞質に運ばれる．

リン酸基転移ポテンシャル（phosphate group transfer potential） リン酸化分子が，どれくらい加水分解を受けやすいかという程度．

リン脂質（phospholipid） 疎水性の部分（脂肪酸残基の炭化水素鎖）と親水性の部分（極性頭部基）をもつ両親媒性分子．膜の重要な構造成分．

リンタンパク質（phosphoprotein） リン酸を補欠分子族とする複合タンパク質．

類似体（analogue） ある天然の分子と似た構造をもつ物質．

ルシャトリエの原理（Le Chatelier's principle） ある系の平衡が崩れた場合，平衡を取りもどす方向へ系が移動するという法則．

レクチン（lectin） 糖質を結合するタンパク質の一種．

レスピラソーム（respirasome） ミトコンドリア内膜にある機能的な好気性呼吸単位．超複合体 I，III_2，IV_{1-2} は動物，植物，真菌類で確認されている．

レトロウイルス（retrovirus） RNA ゲノムをもつウイルスの一種．逆転写酵素をもち，生殖周期の間にみずからのゲノムの DNA コピーを形成する．

レトロエレメント（retroelement） レトロトランスポゾンを参照．

レトロトランスポゾン（retrotransposon） RNA 中間体を用いるトランスポゾンの一群．

レトロポゾン（retroposon） レトロトランスポゾンを参照．

レプチン（leptin） 満腹感を誘導する分子量 16,000 のタンパク質．おもに脂肪組織で生成され，血液中へ分泌される．

レプリコン（replicon） 複製を開始させる起点を含んだ一単位のゲノム．

レプリソーム（replisome） プライモソームを含んだ大きなポリペプチドの複合体．大腸菌の DNA を複製する．

連続移動性（processivity） DNA の鋳型からポリメラーゼが頻繁に解離するのを防ぐこと．

ロイコトリエン（leukotriene） アラキドン酸から誘導される生理活性分子．ロイコトリエンの合成は過酸化反応によって引き起こされる．

ろう（wax） ろうエステルを含む，非極性脂質の複雑な混合物．

ろうエステル（wax ester） 長鎖脂肪酸と長鎖アルコールから構成されるエステルの，多種類のうちの一つ．ほとんどのろうの主要な成分．

ロバスト（robust） さまざまな動揺にもかかわらず，システムが安定な状態にとどまることを表す．

ロンドン分散力（London dispersion force） 双極子同士の一時的な相互作用．

版権一覧

写 真

1章

opener: monkeybusinessimages/iStock.

2章

opener: Copyright American Society for Microbiology. Photo courtesy of N. J. Nyffenegger-Jann. From "Innate Recognition by Neutrophil Granulocytes Differs between Neisseria gonorrhoeae Strains Causing Local or Disseminating Infections" by Alexandra Roth, Corinna Mettheis, Petra Muenzner, Magnus Unemo, and Christof R. Hauck, in *Infection and Immunity*, volume 81, issue 7 (July 1 2013), pp. 2358-2370, doi:10.1128/IAI.00128-13. Reproduced with permission from American Society for Microbiology. **2.5:** Adapted from *Trends in Biochemical Sciences*, 26(10), R. John Ellis, 'Macromolecular crowding: obvious but underappreciated,' pp. 597-604, copyright 2001, with permission of Elsevier. **2.7:** Adapted from Prescott et al., "Microbiology, 4/e." Copyright 1999 by the McGraw-Hill Companies. **2.8a:** Adapted from David S. Goodsell, "The Machinery of Life," 1998. Copyright © 1998 Springer-Verlag. Reprinted with permission of Springer-Verlag, Germany. **2.8b:** Adapted from David S. Goodsell, "The Machinery of Life," 1998. Copyright © 1998 Springer-Verlag. Reprinted with permission of Springer-Verlag, Germany. **2.11:** Adapted from 4/e Pearson/Benjamin Cummings, Campbell & Reece, "Biology, 7th ed.," 2005. Fig. 7.7, p. 127. **2.12:** Adapted from Becker, Kleinsmith & Hardin, "World of the Cell, 4/e," 2000, Addison Wesley Longman. Reprinted by Permission of Pearson Education, Inc.. **2.13:** Adapted from Becker, Kleinsmith & Hardin, "World of the Cell, 4/e," 2000, Addison Wesley Longman. **2.14:** Adapted from "World of the Cell, 4th ed." by Wayne M. Becherk, Lewis J. Kleinsmith, and Jeff Hardin. Copyright © 2000 by Addison Wesley Longman, Inc.. Reprinted with the permission of Pearson Education, Inc.. **2.16a, b:** Adapted from Hardin, J. et al., "Becker's World of the Cell, 8/e," 2012, Benjamin Cummings. **2.16c:** Adapted from Cooper, G. M. and Hausman, R. E., "The Cell: A Molecular Approach, 6/e," 2013, Sinauer Associates. **2.17:** Adapted from Becker, Kleinsmith & Hardin, "World of the Cell, 4/e," 2000, Addison Wesley Longman. **2.18:** Adapted from Cooper, G. M. and Hausman, R. E., "The Cell: A Molecular Approach, 6/e," 2013, Sinauer Associates. **2.19:** Adapted from Thomas Zeuthen, *Trends in Biochemical Sciences*, Vol. 26, No. 2, pp. 77-79, copyright 2001 Elsevier. **2.20a:** Adapted from Youle, R. J. and van der Bliek, A. M., 'Mitochondrial Fission, Fusion and Stress,' *Science*, 337: 1062-1065, 31 Aug. 2012. **2.20b, c:** Adapted from Nezich, C. L. and Youle, R. J., 'Make or Break for Mitochondria,' *Life Sciences*, 2013, 2: doi: 10.7554/eLife.00804. **2.21a:** Adapted from *Annual Review of Biochemistry*, Vol. 52, 1983. **2.23b, c:** Adapted from Hardin, J. et al., "Becker's World of the Cell, 8/e," 2012, Benjamin Cummings. **2.24:** Donald E. Ingber, 'Cellular Tensegrity: Defining New Rules of Biological Design that Govern the Cytoskeleton,' *J. Cell Science*, 104: 613-627, 1993, fig. 2, p. 615. **2A:** Adapted from Geoffrey Cooper, "The Cell: A Molecular Approach," 1997, Sinauer. **2B:** Adapted from "Lehninger Principles of Biochemistry" by David Nelson and Michael Cox. Copyright © 2000, 1993, 1982 by Worth Publishers, permissonsdept@worth-publishers.com.

3章

opener: The Image Bank/Getty Images. **3.1:** Adapted from Silverberg, "Chemistry 2/e," Copyright © The McGraw-Hill Companies. **3.8:** Adapted from R. Chang, "Chemistry, 7/e," McGraw-Hill. **3.11:** Adapted from Pearson/Benjamin Cummings, Campbell & Reece, "Biology, 7th ed.," 2005. Fig. 6.27b, p. 117. **3A:** Adapted from Linda Huff, *American Scientist*, September-October 1997, Volume 85.

4章

opener: Image Source Balck/Alamay.

5章

opener: Claude Nuridsany & Marie Perennou/Science Source. **5.14a:** Adapted from "Molecules of Life," Purdue University. **5.14b:** Adapted from "Molecules of Life," Purdue University. **5.16:** Adapted from Carl Brandon & John Tooze, "Introduction to Protein Structure, 2nd ed.," 1999, Garland, 3.14, 44. **5.18b:** Adapted from Garrett and Grisham, "Biochemistry," 1996, Brooks Cole. **5.19c:** Adapted from C. Brandon & J. Tooze, "Intro. to Protein Structure, 2nd ed.," 1999, Garland, fig. 5.3, p. 68. **5.19d:** Adapted from C. Brandon & Tooze, "Intro. to Protein Structure, 2nd ed.," 1999, Garland, fig. 4.14c, p. 58. **5.19e:** Adapted from Brandon & Tooze, "Intro. to Protein Structure, 2nd ed.," 1999, Garland, fig. 10.1, p. 176. **5.20a:** Adapted from *Annual Review of Biochemistry*, vol. 45, 1976. **5.20c:** Adapted from © 1999 from "Introduction to Protein Structure" by Carl Brandon and John Tooze. Reproduced by permission of Routledge, Inc., part of Taylor & Francis Group. **5.20d:** Adapted from © 1999 from "Introduction to Protein Structure" by Carl Brandon and John Tooze. Reproduced by permission of Routledge, Inc., part of Taylor & Francis Group. **5.20e:** Adapted from © 1999 from "Introduction to Protein Structure" by Carl Brandon and John Tooze. Reproduced by permission of Routledge, Inc., part of Taylor & Francis Group **5.21:** Adapted from Lain D. Campbell and A. K. Downing, "NMR of Modular Proteins Nature Structural Biology NMR Supplement," p. 496, fig. 1. **5.23:** Adapted from a figure published in *Biophysical Journal*, 72, C. Reid and R. P. Rand, 'Probing Protein Hydration and Conformational States in Solution,' pp. 1022-1030. Copyright Elsevier (1997). **5.24:** Adapted with permission of Harcourt College Publishers from "Principles of Biochemistry with a Human Focus, 1e" by Reginald Garrett, 2002. Permission conveyed through Copyright Clearance Center. **5.26:** Adapted from H. J. Dyson & P. E. Wright, 'Intrinsically Unstructured Proteins and Their Functions,' *Nature reviews: molecular cell biology*, p. 200, Box 2, fig. a. **5.28a:** Adapted from *FEBS Letters*, 498(2-3), Sergio T. Ferreira, Fernanda G. Ge Felices, 'Protein dynamics, folding and misfolding: from basic physical chemistry to conformational diseases,' copyright 2001, with permission from Elsevier. **5.28b:** from *Trends in Biochemical Sciences*, 25(12), Sheena E. Radford, 'Protein folding: progress made and promises ahead,' pp. 611-618, copyright 2000, with permission from Elsevier. **5.29a-c:** Adapted from *Trends in Biochemical Sciences*, 25(12), Sheena E. Radford, 'Protein folding: progress made and promises ahead,' pp. 611-618, copyright 2000, with permission from Elsevier. **5.30:** Adapted from Xu, Horwich and Stigler, 'The Crystal Structure of the Asymmetric Gro-El-Gros-Es-(ADP)7 Chaperonen Complex,' *Nature*, Vol. 388, August 21, 1997, pp. 741-50. **5.32:** Adapted from Garrett & Grisham, "Biochemistry," 1996, Brooks Cole. **5.35:**

Adapted from K. A. Piez in D. B. Wetlaufer ed., "The Protein Folding Problem," AAAS Selected Symposium 89, American Association for the Advancement of Science, Washington DC, 1984, pp. 47-61. Courtesy of the Collagen Corporation. Reproduced by permission of American Association for the Advancement of Science. **5A:** Adapted from Volrath, F. and Knight, D. P., 'Structure and Function of the Silk Production Pathway in the Spider Nephila ebulis,' *Int. J. Bio. Macro.*, 24: 243-249, 1999. **5C:** Adapted from Christopher K. Matthews and K. E. Van Holde, "Biochemistry, 2/e," 1996, Benjamin Cummings. **5E:** Adapted from Nelson & Cox Lehringer, "Principles of Biochemistry, 4th ed.," Freeman/Worth, permissonsdept@worthpublishers.com, fig. 1, p. 102.

6章

6.2a: Adapted from "Biochemistry, 2nd ed.." By Christopher K. Matthews and K. E. Van Holde. Copyright (c) 1996 by The Benjamin/Cummings Publishing Company, Inc.. Reprinted by permission of Pearson Education, Inc.. **6.2b:** Adapted from "Biochemistry, 2nd ed.." By Christopher K. Matthews and K. E. Van Holde. Copyright (c) 1996 by The Benjamin/Cummings Publishing Company, Inc.. Reprinted by permission of Pearson Education, Inc..

7章

7.34: Adapted from S. L. Wolfe, "Cell Ultrastructure, 1/e," 1985, Brooks Cole, an imprint of the Wadsworth Group, a division of Thomson Learning. **7.36:** Adapted from "Lehninger Principles of Biochemistry" by David Nelson and Michael Cox, 2000, 1993, 1982, W. H. Freeman/Worth, permissons dept@worthpublishers.com.

8章

opener: © valentinrussanov/iStock. **8.8:** 'Illustration of free energy changes in chemical reactions' by Eugene Hamori in *Journal of Chemical Education*, 52(6), June 1, 1975. © American Chemical Society. Adapted with permission. **8A:** Adapted from J. M. Thomson, et al., *Nature Genetics*, 37: 630-35, 1 May 2005.

10章

opener: Adapted from Hutcheon, Duncan, Ngai and Cross, *Proceedings of the National Academy of the Sciences of the US*, Vol. 98, 2001. Reprinted with the permission of Richard L. Cross. **10.4:** Adapted from Garrett & Grisham, "Biochemistry, 2/e," 1999, Brooks Cole. **10.6:** Adapted from "Molecular Biology of the Cell" by Bruce Alberts et al., Reproduced by permission of Routledge, Inc., part of the Taylor and Francis Group (Garland). **10.8:** Adapted from Nielson & Cox, "Lehninger Priciples of Biochemistry, 4th ed.," 2005, W. H. Freeman, Fig. 19.14, p. 702. **10.13:** Adapted from *Trends in Biochemical Sciences*, Vol. 22, Jung, Hill, Engelbrecht, pp. 420-423. Reprinted with permission from Elsevier Science. **10.14:** Adapted with 22-McKee-Credits.indd 1 09/04/16 1: 48 PM permission of Harcourt College Publishers from "Principles of Biochemistry with a Human Focus, 1e" by Reginald Garrett, 2002. Permission conveyed through Copyright Clearance Center. **10.17:** Adapted from C. R. Scriver et al., "The Metabolic and Molecular Bases of Inherited Diseases," 2001, McGraw-Hill.

11章

opener: Adapted from Geoffrey Cooper, "The Cell: A Molecular Approach," 1997, Sinauer. **11.17:** Adapted from Geoffrey Cooper, "The Cell: A Molecular Approach," 1997, Sinauer. **11.25:** Adapted from Geoffrey Cooper, "The Cell: A Molecular Approach," 1997, Sinauer. **11.27:** Adapted from Thomas Zeuthen, *Trends in Biochemical Sciences*, Vol. 26, No. 2 pp. 77-79, copyright 2001 Elsevier.

12章

opener: © Martinmark/Dreamstime.com. **12.15:** Adapted from *Annual Review of Biochemistry*, Vol. 52, 1983. **12.19a:** With permission of Harcourt College Publishers from "Principles of Biochemistry with a Human Focus, 1e" by Reginald Garrett, 2002. Permission conveyed through Copyright Clearance Center. **12.19b:** Adapted from *International J Biochem Mol. Biol.*, 1(1): 69-89, 2010, H. Liu et al., fig. 2B, p. 70.

13章

opener: Sisse Brimberg/National Geographic Creative. **13.3a:** Adapted from Becker et al., "The World of the Cell," 2000, Addison Wesley Longman. **13.3b:** Adapted from Becker et al., "The World of the Cell," 2000, Addison Wesley Longman. **13.4:** Adapted from Anderson & Anderson, *Trends in Biochemical Sciences*, Vol. 7, 1982, Elsevier Science. **13.5:** Adapted from Nelson, N. & Ben-Shem, A., 'The Complex Architecture of Oxygenic Photosynthesis,' *Nature Reviews: Mol. Cell Biol.*, 5: 971-82, p. 978, fig. 5a. **13.6:** Adapted from A. Melkozernov. **13.8:** Adapted from *Trends in Biochemical Sciences*, Vol. 22, Jung, Hill, Engelbrecht, pp. 420-423. **13.11:** Adapted from A. Melkozernov. **13.12a, b:** Adapted from A. Melkozernov. **13.16a:** Adapted from Nelson, N. & Ben-Shem, A., 'The Complex Architecture of Oxygenic Photosynthesis,' *Nature Reviews: Mol. Cell Biol.*, 5: 971-82, p. 978, fig. 5b. **13.16b:** Adapted from A. Melkozernov. **13.17:** Adapted from Becker et al., "The World of the Cell, 4e," 2000, Addison Wesley Longman. **13.18:** Adapted from Becker et al., "The World of the Cell, 4/e," 2000, Addison Wesley Longman. **13.24:** Adapted from Becker et al., "World of the Cell, 4/e," 2000, Addison Wesley Longman. **13A:** Reprinted with permission from Macmillan Publishers Ltd., *Nature reviews: microbiology*, Molloy, S., 'Down in the Depths,' *Nature Reviews: Microbiology*, 3: 582, 2005, p. 582.

14章

opener: Jon Walsh/Photoresearchers, Inc.. **14.1:** Adapted with permission from P. C. Dossantos et al., 'Formation and Insertion of the Nitrogenase Iron-Molybdenum Cofactor,' *Chemical Reviews*, 104: 1159-1173, 2004, fig. no. 1, page no. 1161. Copyright 2005 American Chemical Society.

15章

opener: Adapted from David S. Goodsell, "The Molecular Perspective Ubiquitin & the Proteasome," *The Oncologist*, 8(3): 293-294, 2003, fig. 2, AlphaMed Press, Inc.. **15.2:** Adapted from Richsteiner, M. and Hill, C. P., 'Mobilizing the Proteolytic Machine: Cell Biological Roles of Proteasome Activators & Inhibitors,' *Trends Cell Biol.*, 15(1): 27-33, 2005, p. 27, 28, Fig. 1, 3.

16章

opener: © Georgia Bennett/Bennett Images. All rights reserved. **16.1:** Adapted from J. Koolman and K. H. Rahn, "Color Atlas of Biochemistry," 1999, Thieme Medical Publishers. **16.4:** Adapted from Becker et al., "The World of the Cell, 4/e," 2000, Addison Wesley Longman. **16.6:** Adapted from Cooper, G. M. and Hausman, R. E., "The Cell: A Molecular Approach, 6/e," 2013, Sinauer Associates. **16.8:** Adapted from Geoffrey Cooper, "The Cell: A Molecular Approach," 1997, The Sinauer Associates. **16.10:** Adapted from T. M. Delving, "Textbook of Biochemistry with Clinical Correlations," 1999, John Wiley and Sons.

17章

opener: wavebreakmedia/Shutterstock. **17.8:** Adapted from Lehninger, Nelson, & Cox, "Principles of Biochemistry," 2000, Worth Publishers. **17.11:** Adapted from T. A.

Brown, "Genomes," 1999, BIOS Scientific Publishers, Oxford, UK. **17.13:** Adapted from Taylor and Francis. **17.14:** Adapted from Watson et al., "Mol. Biol. of the Gene," Pearson/Benj. Cummings, pp. 154-155, 7.19a&b, 7.20. **17.16:** Adapted from C. K. Matthews and K. E. Van Holde, "Biochemistry, 2nd ed.," 1996, Benjamin Cummings. **17.18:** Adapted from T. A. Brown, "Genomes," 1999, BIOS Scientific Publishers, Oxford, UK. **17.19:** Häggström, Mikael, 'Medical gallery of Mikael Häggström 2014,' *Wikiversity Journal of Medicine*, 1(2). DOI: 10.15347/wjm/2014.008. ISSN 20018762. -PANTHER Pie Chart at the PANTHER Classification System homepage. Retrieved May 25, 2011. **17B:** Adapted from Watson et al., "Mol. Biol. of the Gene," Pearson/Benj. Cummings, fig. 7.27, p. 160. **17C:** Adapted from Benjamin Lewin, Oxford Univ. Press & Cell Press, 2000. Reprinted from "Genes Ⅶ". **17D:** Adapted from Prescott et al., "Microbiology, 4/e," © 1999 by the McGraw-Hill Companies. **17E:** Adapted from "Recombinant DNA" by J. D. Watson, M. Gilman, J. Witkowski, M. Zoller, © 1992, 1983 by J. D. Watson, M. Gilman, J. Witkowski, M. Zoller. Used with the permission of W. H. Freeman and Company. **17F:** Adapted from Prescott et al., "Microbiology, 4/e," 1999, MGH. **17G:** Adapted from Watson et al., "Recombinant DNA," 1992, W. H. Freeman. **17H:** Adapted from L. E. Henderson and L. O. Arthur, *Scientific American*, 279, Vol. 1, 1998. **17I:** Adapted from Patricia J. Wynne, 'Improving HIV Therapy,' *Scientific American*, Vol. 279.

18章

18.3: Adapted from Becker et al., "The World of the Cell, 4e," 2000, Addison Wesley Longman. **18.4:** Adapted from T. A. Steitz, 'A Mechanism for All Polymerases,' *Nature*, 391: 231-32, p. 231, fig. 1. **18.5:** Adapted from Benjamin Lewin, Oxford University Press and Cell Press, 2000. Reprinted from "Genes Ⅶ." **18.6:** Adapted from Erzberger, J. P., Mott, M. L. & Berger, J. M., 'Structural Basis for ATP dependent AnaA Assembly and Replication Origin Remodeling,' *Nature Struc. Mol. Biol.*, 12(8): 676-683. p. 677, fig. 1. **18.9:** Adapted from Garrett & Grisham, "Biochemistry, 3rd ed.," 2005, Thomson/Brooks Cole, fig. 28.10, p. 907. **18.10:** Adapted from T. A. Brown, "Genomes 3," Garland Science, New York. fig. 15.22, p. 488. **18.13:** Adapted from T. A. Brown, "Genomes 3," Garland Science, p. 483, fig. 15.15. **18.15:** Adapted from T. A. Brown, "Genomes 3," Garland Science, p. 491, fig. 15.25. **18.16:** Adapted from T. A. Brown, "Genomes 3," Garland Science, p. 491, fig. 15.25. **18.17:** Adapted from "Molecular Biology of the Gene, 5th ed." by James D. Watson et al., Copyright 2004 by Pearson Education. **18.18:** Adapted from Watson et al., "Mol. Biol. of the Gene," Pearson/Benj. Cummings, p. 249, fig. 9.13. **18.24:** Adapted from A. Landy and R. A. Weisber, R. W. Hendrix, "Lambda Ⅱ," Coldspring Harbor Laboratory Press, 1983. **18.29:** Adapted from Lehninger, Nelson, and Cox, "Principles of Biochemistry," 2000, Worth Publishers. **18.30:** Adapted from Lehninger, Nelson and Cox, "Principles of Biochemistry," 2000, Worth Publishers. **18.32:** Adapted from Korzheva, N. et al., 'A Structural Model of Transcription Elongation,' *Science*, 289: 619-625, fig. 3, p. 622. **18.33:** Adapted from T. A. Brown, "Genomes 3," 2007, Garland Science, p. 337, fig. 12.5. **18.34:** Adapted from T. A. Brown, "Genomes 3," 2007, Garland Science, p. 337, fig. 12.5. **18.35:** Adapted from G. Karp, "Cell and Molecular Biology Concepts and Experiments, 4th ed.," John Wiley, 2005. fig. 12.47, p. 534. **18.38:** Adapted from R. D. Kornberg, 'The Molecular Basis of Eukaryotic Transcription,' *PNAS USA*, 104: 12955-61, 2007, p. 12957, fig. 6. **18.39:** Adapted from Chadick, J. Z. and Asturias, F. S., 'Structure of Eukaryotic Mediator Complexes,' *Trends in Biochemical Sciences*, 30(4): 264-271, 2005, p. 267, fig. 3. **18.41:** Adapted from Cooper, G. M. and Hausman, R. E., "The Cell: A Molecular Approach, 6/e," 2013, Sinauer Associates. **18.44:** Adapted from "The Power of Riboswitches" by Jeffrey E. Barrick and Ronald R. Breaker. Copyright 2007 Scientific American. **18.45:** Adapted from Cooper, G. M. and Hausman, R. E., "The Cell: A Molecular Approach, 6/e," 2013, Sinauer Associates. **18.46:** Adapted from Azubel, M. et al., 'Native Spliceosomes Assembled with Pre-mRNA to Form Supraspliceosomes,' *J. Mol. Biol.*, 356: 955-66, 2006, Fig. 7b, p. 963. **18.49:** Adapted from Jeffrey Baereck & Ronald R. Breaker, 'The Power of Riboswitches,' *Scientific American*, 296(1): 50-57, 2007, p. 55. **18.50:** Adapted from Terence A. Brown, "Genomes," 1999. Reprinted with permission of BIOS Scientific Publishers, Oxford, UK. **18.51:** Adapted from Alberts et al., "Mol. Biol. of the Cell, 4th ed.,' Garland, p. 319, fig 6.27, Routledge Taylor and Francis. **18A:** Adapted from Prescott et al., "Microbiology 4/e," 1999, MGH. **18B:** Adapted from E. W. Nester, "Microbiology: A Human Perspective, 3/e," ©2001 McGraw-Hill. **18C:** Keith V. Wood. **18E:** Adapted from R. H. Tamarin, "Principles of Genetics, 6/e," © 1999 The McGraw-Hill Companies. **18F:** Adapted from E. W. Nester, "Microbiology: A Human Perspective, 3e," © 2000 The McGraw-Hill Companies. **18G:** Adapted from "Molecular Cell Biology" by J. Darnell, H. Lodish, D. Baltimore, P. Matsudaira, S. Zipursky, and A. Berk. Copyright 2000 1995, 1990, 1986 by Scientific American Books. Used with permission of W. H. Freeman and Company. **18H:** Adapted from R. H. Tamarin, "Principles of Genetics, 6/e," The McGraw-Hill Companies. **18H:** AFFYMETRIX Inc..

19章

opener: Adapted from Harry Noller, University of California, Santa Cruz-via Phyllis Tveit Center for Molecular Biology of RNA. **19.1:** Adapted from Lodish et al., "Molecular Cell Biology, 4/e," 2000. **19.6:** Adapted from "Molecular Cell Biology" by J. Darnell, H Lodish, D. Baltimore, P. Matsudaira, S. Zipursky, and A. Berk. Copyright 2000, 1995, 1990, 1986 by Scientific American Books. Used with permission of W. H. Freeman and Company. **19.12:** Adapted from L. I. Slobin 'Polypeptide Chain Elongation' in "Translation in Eukaryotes" edited by H. Trachsel, 1991. Copyright CRC Press, Boca Raton, Florida. **19.18:** Adapted from "The World of the Cell," Becker et al., 2000, Addison Wesley & Longman. **19.22:** Adapted from Kim, Y. E. et al., 'Molecular Chaperone Functions in Protein Folding and Proteostasis,' *Annual Review of Biochemistry*, 82: 323-355 (2013).

索　引

ページ数の後ろのfは図，tは表であることを示す．

人名索引

事項索引

【アルファベット】

の質量作用比(mass action ratio of) 316
分子機械における(in molecular machine) 31
ATP 結合ドメイン(ATP-binding domain) 133f
ATP シンターゼ(ATP synthase) 311
ATP 合成における――の役割(role of in ATP synthesis) 313
大腸菌(*E. coli*) 314, 314f
の構造(structure of) 303f, 313, 314f
葉緑体――(chloroplast) 419, 420f
ATR(ataxia telangiectasia and rad3-related protein) 595, 598
att 部位(att site) →付着部位を見よ
AT 塩基対 →アデニン-チミン塩基対を見よ
Azotobacter vinelandii 444
AZT →アジドチミジンを見よ
A 血液型(A blood group) 232
BAC →細菌人工染色体を見よ
BBS →バルデー・ビードル症候群を見よ
BCAA →分枝鎖アミノ酸を見よ
B-DNA 548, 548f, 548t
BH_4 →テトラヒドロビオプテリンを見よ
BHT →ブチルヒドロキシトルエンを見よ
BLAST(Basic Local Alignment Search Tool) 161
bp →塩基対を見よ
BPG →2,3-ビスホスホグリセリン酸を見よ
BRCA1 604, 636
BRCA2 604, 636
B 血液型(B blood group) 232
B 細胞〔B cell (B lymphocyte)〕 506
B リンパ球(B lymphocyte) →B 細胞を見よ
C_1 代謝(one-carbon metabolism) 459, 460t
C_3 植物(C_3 plant) 430, 434
C_4 植物(C_4 plant) 434
C_4 代謝(C_4 metabolism) 434, 435f
CA1-P →2-カルボキシアラビニトール 1-リン酸を見よ
Caenorhabditis elegans 611, 631
CAM →細胞接着分子, ベンケイソウ型有機酸代謝を見よ
cAMP →サイクリック AMP を見よ
cAMP 依存性プロテインキナーゼ(cAMP-dependent protein kinase, PKA) 516, 517f
cAMP 応答エレメント結合タンパク質(cAMP response element binding protein, CREB) 139, 139f, 516
CAP →異化生成物遺伝子活性化タンパク質を見よ
CBC →キャップ結合複合体を見よ
CBP →CREB 結合タンパク質を見よ
CCAAT ボックス(CCAAT box) 619
Cdk →サイクリン依存性プロテインキナーゼを見よ
cDNA ライブラリー(cDNA library) 610
CF →嚢胞性繊維症を見よ
CFTR →嚢胞性繊維症膜貫通型電気伝導調節因子を見よ
cGMP →サイクリック GMP を見よ
CH_3COOH →酢酸を見よ
CH_4 →メタンを見よ
CK1 →カゼインキナーゼを見よ
Clostridium acetobutylicum 203, 249
Clostridium botulinum 126, 363
Clostridium pasteurianum 444
CN^- →シアン化イオンを見よ
CO →一酸化炭素を見よ
CO_2 →二酸化炭素を見よ
CO_2 補償点(CO_2 compensation point) 434
CoASH →補酵素 A を見よ
COMT →カテコール-*O*-メチルトランスフェラーゼを見よ
COP Ⅰ 41
COP Ⅱ 41, 43
CoQ →補酵素 Q を見よ
Corynebacterium diphtheriae 662
CPE →コアプロモーターエレメントを見よ
CpG 561, 561f
CpG アイランド(CpG island) 561
CPS Ⅱ →カルバモイルリン酸シンテターゼⅡを見よ
CREB →cAMP 応答エレメント結合タンパク質を見よ
CREB 結合タンパク質(CREB-binding protein, CBP) 516
C 末端残基(C-terminal residue) 121
DAG →ジアシルグリセロールを見よ
DCMU 429
de novo アミノ酸生合成経路(*de novo* amino acid biosynthesis pathway) 451
de novo コレステロール合成(*de novo* cholesterol synthesis) 398
de novo プリン合成(*de novo* purine synthesis) 473
de novo ペルオキシソーム生合成(*de novo* peroxisome biogenesis) 52
de novo メチルトランスフェラーゼ(*de novo* methyltransferase) 561
DHA →ドコサヘキサエン酸を見よ
DHAP →ジヒドロキシアセトンリン酸を見よ
DNA →デオキシリボ核酸を見よ
Dna2 592
DnaA 589f, 590, 590f
DnaB 590, 590f
DnaC 590, 590f
DNA 塩基配列決定(DNA sequencing) 565, 566f
DNA グリコシラーゼ(DNA glycosylase) 596, 597f
DNA 結合タンパク質(DNA-binding protein) 584, 585f, 590
DNA ジャイレース(DNA gyrase) 588, 591f
DNA タイピング(DNA typing) 568
DNA 断片の連結(joining of DNA fragments) 588
DNA のコード配列(coding sequence of DNA) 9
DNA フィンガープリント法(DNA fingerprinting) 568
DNA プロフィール(DNA profile) 568
DNA ポリメラーゼ(DNA polymerase)
原核生物の(prokaryote) 586, 587f, 588f, 588t, 590, 591f
真核生物の(eukaryote) 592, 594f
DNA マイクロアレイ(DNA microarray) 611
DNA メチル化(DNA methylation) 461, 561, 561f, 637
DNA リガーゼ(DNA ligase) 588, 591, 591f, 596
DNP →ジニトロフェノールを見よ
DN アーゼ(DNase) →デオキシリボヌクレアーゼを見よ
DOPA デカルボキシラーゼ(DOPA decarboxylase) 467
DPA →ドコサペンタエン酸を見よ
dPG →ジホスファチジルグリセロールを見よ
drosha 632, 632f
DSB →二本鎖切断の修復を見よ
DSBR →二本鎖切断修復モデルを見よ
dTMP →デオキシチミジル酸を見よ
dUMP →デオキシウリジル酸を見よ
D 異性体(D-isomer) 116, 116f
d ブロック元素(d-block element) R6
D ループ, tRNA の(D loop, of tRNA) 569, 570f
E1cB 反応(E1cB reaction) R29
E1 反応(E1 reaction) R28
E2 反応(E2 reaction) R29
EAA →必須アミノ酸を見よ
ECM →細胞外マトリックスを見よ
eEF →伸長因子を見よ
EFA →必須脂肪酸を見よ
EF-Tu 655
EF-Tu-EF-Ts サイクル(EF-Tu-EF-Ts cycle) 655f
EF-Tu タンパク質(EF-Tu protein) 154
EF ハンド(EF hand) 133f
EGF →上皮細胞増殖因子を見よ
eIF →真核生物開始因子を見よ
EJC →エキソン接合部複合体を見よ
ELISA →酵素結合免疫吸着検定法を見よ
EM →電子顕微鏡を見よ
ENCODE 計画(Encyclopedia of DNA Elements Project) 557, 583, 611
EPA →エイコサペンタエン酸を見よ
ER →小胞体を見よ
ERGIC →小胞体-ゴルジ中間区画を見よ
ETC →電子伝達鎖を見よ
FAD →フラビンアデニンジヌクレオチドを見よ
$FADH_2$ 16, 286t, 288, 293, 304, 319, 376
FAS →脂肪酸シンターゼを見よ
FEN1 592
Fe タンパク質(Fe protein) 445, 446f
FH →家族性高コレステロール血症を見よ
FMN →フラビンモノヌクレオチドを見よ
FNR →フェレドキシン-$NADP^+$ オキシドレダクターゼを見よ
fos 遺伝子(*fos* gene) 633, 636t
FTICR-MS →フーリエ変換イオンサイクロトロン共鳴質量分析を見よ
G3-P →グリセルアルデヒド 3-リン酸を見よ
GABA →γ-アミノ酪酸を見よ
GAG →グルコサミノグリカンを見よ
GAP →GTP アーゼ活性化タンパク質を見よ
GAPD →グリセルアルデヒド-3-リン酸デヒドロゲナーゼを見よ
GAR →GTP アーゼ関連領域を見よ
GC 塩基対 →グアニン-シトシン塩基対を見よ
GC ボックス(GC box) 619
GEF →グアニンヌクレオチド交換因子を見よ
GG-NER →ゲノム全体のヌクレオチド除去を

見よ
GK →グルコキナーゼを見よ
GLUT 527
GLUT4 輸送体(GLUT4 transporter) 521
GMP 473, 474f, 476
GOT →グルタミン酸オキサロ酢酸トランスアミナーゼを見よ
GPCR →G タンパク質共役型受容体を見よ
GPI アンカー(GPI anchor) 226, 341, 343f, 344
GPx →グルタチオンペルオキシダーゼを見よ
GroES-GroEL 複合体(GroES-GroEL complex) 145, 145f, 146f
GS →グリコーゲンシンターゼを見よ
GSH →グルタチオンを見よ
GSK3 →グリコーゲンシンターゼキナーゼ 3 を見よ
GTP 31
GTP アーゼ活性化タンパク質(GTPase-activating protein, GAP) 634
GTP アーゼ関連領域(GTPase-associated region, GAR) 653
G タンパク質(G protein) 154, 515, 516f, 634
G タンパク質共役型受容体(G protein-coupled receptor, GPCR) 515, 516f
H_2O →水を見よ
H_2S →硫化水素を見よ
HAART →高活性抗レトロウイルス療法を見よ
HAT →ヒストンアセチルトランスフェラーゼを見よ
HDAC →ヒストンデアセチラーゼを見よ
HDL →高密度リポタンパク質を見よ
HERV →ヒト内在性レトロウイルスを見よ
HGPRT →ヒポキサンチン-グアニンホスホリボシルトランスフェラーゼを見よ
HHNK →高浸透圧性高血糖ノンケトーシスを見よ
HIV →ヒト免疫不全ウイルスを見よ
HMG-CoA 399, 405
HMG-CoA レダクターゼ(HMG-CoA reductase, HMGR) 399, 400f, 404, 405f
HMGR → HMG-CoA レダクターゼを見よ
HNPCC →家族性非ポリポーシス大腸がんを見よ
HRE →ホルモン応答配列を見よ
HSF →熱ショック因子を見よ
HSL →ホルモン感受性リパーゼを見よ
Hsp →熱ショックタンパク質を見よ
HSR →熱ショック応答を見よ
IDL →中間密度リポタンパク質を見よ
IFT →鞭毛内輸送を見よ
IGF-1 →インスリン様増殖因子 1 を見よ
IGF-2 →インスリン様増殖因子 2 を見よ
IgG →免疫グロブリン G を見よ
IgM →免疫グロブリン M を見よ
IL-2 →インターロイキン 2 を見よ
IMP 473, 474f, 475, 504
INM →核内膜を見よ
Insig 405
in silico モデリング，酵素の(*in silico* modelling, of enzyme) 186
in vitro 条件，*in vivo* 条件と比較した(*in vitro* condition, *in vivo* condition compared with) 186
in vivo 条件，酵素の(*in vivo* condition, of enzyme) 170, 186
IP_3 →イノシトール 1,4,5-トリスリン酸を見よ
IRS-1 →インスリン受容体基質 1 を見よ
IS 配列(IS element) →挿入配列を見よ
IU →国際単位を見よ
IUP →事実上の非構造化タンパク質を見よ
jun 遺伝子(*jun* gene) 633, 636t
lac オペロン(*lac* operon) 626, 627f, 628f, 657
LCAT →レシチン-コレステロールアシルトランスフェラーゼを見よ
LCDM →レーザーキャプチャーダイセクション顕微鏡法を見よ
LDL →低密度リポタンパク質を見よ
L-DOPA 467, 502
LHC Ⅰ →集光性複合体Ⅰを見よ
LHC Ⅱ →集光性複合体Ⅱを見よ
LINE →長い散在性反復配列を見よ
lncRNA →長鎖 ncRNA を見よ
LRE →光応答因子を見よ
L-アミノ酸オキシダーゼ(L-amino acid oxidase) 489
L 異性体(L-isomer) 116, 116f
MALDI →マトリックス支援レーザー脱離イオン化法を見よ
MAM →ミトコンドリア接触部位を見よ
MAO →モノアミンオキシダーゼを見よ
MAP →微小管結合タンパク質を見よ
MAPKK →マイトジェン活性化プロテインキナーゼキナーゼを見よ
MAT →マロニル/アセチルトランスフェラーゼを見よ
MCAD 欠損症(MCAD deficiency) →中鎖アシル CoA デヒドロゲナーゼ欠損症を見よ
MCD →マロニル CoA デカルボキシラーゼを見よ
MCM 複合体(MCM complex) 593, 593f
MeCP →メチル CpG 結合タンパク質を見よ
MGL →モノアシルグリセロールリパーゼを見よ
miRNA →マイクロ RNA を見よ
MMR →ミスマッチ修復を見よ
MoFe 補因子(MoFe cofactor) →モリブデン-鉄補因子を見よ
MRC →ミトコンドリア呼吸鎖を見よ
mRNA →メッセンジャー RNA を見よ
MRN 複合体(MRN complex) 604
MS →質量分析を見よ
MS/MS →タンデム質量分析を見よ
mtDNA →ミトコンドリア DNA を見よ
mTOR 488, 521, 532
mTORC1 → mTOR 複合体を見よ
mTOR が仲介する翻訳調節(mTOR-mediated translational control) 674
mTOR 複合体(mTOR complex 1, mTORC1) 521
myc 遺伝子(*myc* gene) 633, 636t
M クラスター(M cluster) →モリブデン-鉄補因子を見よ
NAA →非必須アミノ酸を見よ
NAC 144
NAD^+ →ニコチンアミドアデニンジヌクレオチドを見よ
NADH 16
　イソクエン酸の酸化による生成(formation via isocitrate oxidation) 291
　2-オキソグルタル酸の酸化による生成(formation via 2-oxoglutarate oxidation) 292
　解糖における――の再利用(recycling during glycolysis) 248f
　クエン酸回路における(in citric acid cycle) 286t, 288, 291, 296
　シャトル機構と(shuttle mechanism and) 317, 318f
　電子伝達における(in electron transport) 304, 319
　によるピルビン酸の還元(pyruvate reduction by) 280, 280f
　の酸化(oxidation of) 309f, 310
　リンゴ酸の酸化による生成(formation via malate oxidation) 294
NADH オキシダーゼ(NADH oxidase) 523
NADH デヒドロゲナーゼ複合体〔NADH dehydrogenase complex (complex Ⅰ)〕 304, 305f, 310, 310t, 322
$NADP^+$ →ニコチンアミドアデニンジヌクレオチドリン酸を見よ
NADPH
　光合成系Ⅰと――の合成(photosystem Ⅰ and synthesis of) 426
　ペントースリン酸経路と(pentose phosphate pathway and) 238, 262, 262f, 263f, 265
NADPH オキシダーゼ(NADPH oxidase) 324f
NAG → *N*-アセチルグルタミン酸を見よ
Na^+, K^+-ATP アーゼ輸送(Na^+-K^+ ATPase transport) 358, 358f
Na^+, K^+-ATP アーゼ輸送(Na^+-K^+ ATPase transport) 358, 358f
ncDNA →ノンコーディング DNA を見よ
ncRNA →ノンコーディング RNA を見よ
NE →核膜を見よ
NER →ヌクレオシド除去修復を見よ
NH_3 →アンモニアを見よ
NHEJ →非相同末端結合を見よ
nif 遺伝子(*nif* gene) 446
Nitrobacter 447
Nitrosomonas 447
NMD →ナンセンス変異依存性分解系を見よ
NMDA 受容体(NMDA receptor) 470
NMR →核磁気共鳴分光法を見よ
NNRTI →非ヌクレオシド型逆転写酵素阻害剤を見よ
NO →一酸化窒素を見よ
NOS → NO シンターゼを見よ
Nostoc muscorum 444
NO シンターゼ(nitric oxide synthase, NOS) 468, 468f, 469f
NPC →核膜孔複合体を見よ
NPY →神経ペプチド Y を見よ
NSF → *N*-エチルマレイミド感受性因子を見よ
NTS →孤束核を見よ
N-アセチルグルタミン酸(*N*-acetylglutamate, NAG) 456, 493
N-エチルマレイミド感受性因子(*N*-ethylmaleimide sensitive factor, NSF)

364
N-グリカン（*N*-glycan）　226
N 結合型オリゴ糖（*N*-linked oligosaccharide）　222, 223f, 664, 667f, 670
N 末端残基（N-terminal residue）　121, 485
N-ミリストイル化（*N*-myristoylation）　668
N-メチル-D-アスパラギン酸受容体〔*N*-methyl-D-aspartate（NMDA）receptor〕　470
OAA　→オキサロ酢酸を見よ
OEC　→酸素発生複合体を見よ
ONM　→核外膜を見よ
ORC　→複製開始点複合体を見よ
ORF　→オープンリーディングフレームを見よ
osmol/L　73
OXPHOS　→酸化的リン酸化を見よ
O-グリカン（*O*-glycan）　226
O 血液型（O blood group）　232
O 結合型オリゴ糖（*O*-linked oligosaccharide）　222, 223f
O-ホスホセリン（*O*-phosphoserine）　115f
p53　326, 633, 636, 676
　の構造と機能（structure and function of）139
PABP　→ポリ(A)結合タンパク質を見よ
PAPS　→3′-ホスホアデノシン 5′-ホスホ硫酸を見よ
pasha　631, 632f
PC　→ホスファチジルコリン，プラストシアニン，ピルビン酸カルボキシラーゼを見よ
PCR　→ポリメラーゼ連鎖反応を見よ
PCR 回路（PCR cycle）　→光合成的炭素還元回路を見よ
PDGF　→血小板由来成長因子を見よ
PDHC　→ピルビン酸デヒドロゲナーゼ複合体を見よ
PDI　→プロテインジスルフィドイソメラーゼを見よ
PDP　→ピルビン酸デヒドロゲナーゼホスファターゼを見よ
PE　→ホスファチジルエタノールアミンを見よ
PEP　→ホスホエノールピルビン酸を見よ
PEPCK-C　→ホスホエノールピルビン酸カルボキシナーゼを見よ
PEST 配列（PEST sequence）　485
PFGE　→パルスフィールドゲル電気泳動を見よ
PFK　→ホスホフルクトキナーゼを見よ
PFK-1　→ホスホフルクトキナーゼ 1 を見よ
PFK-2　→ホスホフルクトキナーゼ 2 を見よ
PGA　→2-ホスホグリコール酸を見よ
PGI　→ホスホグルコースイソメラーゼを見よ
pH
　アミノ酸の構造と（amino acid structure and）　117, 117f, 118t
　一般的な溶液の（of common fluids）　78f
　緩衝液と（buffer and）　78, 83
　光合成と（photosynthesis and）　437
　酸塩基触媒と（acid-base catalysis and）　190
　酸，塩基と（acid, base, and）　77
　酸塩基平衡と（acid-base equilibria and）R15
　の触媒作用への効果（catalysis effect of）　196, 196f
　ヘモグロビンと（haemoglobin and）　85
pH の尺度（pH scale）　77, 78f
p*I*　→等電点を見よ
PI　→ホスファチジルイノシトールを見よ
PI3K　→ホスファチジルイノシトール-3-キナーゼを見よ
PIC　→前開始複合体を見よ
PIP$_2$　→ホスファチジルイノシトール 4,5-ビスリン酸を見よ
PK　→ピルビン酸キナーゼを見よ
PKA　→cAMP 依存性プロテインキナーゼ，プロテインキナーゼ A を見よ
pK_a 値，イオン化するアミノ酸グループの（pK_a value, of amino acid ionizing group）　117, 117f, 118t
pK_a 値，弱酸の（pK_a value, for weak acid）78t
PKB　→プロテインキナーゼ B を見よ
PKC　→プロテインキナーゼ C を見よ
PKU　→フェニルケトン尿症を見よ
PLP　→ピリドキサール 5′-リン酸を見よ
PN　→プロテオスタシスネットワークを見よ
PNMT　→フェニルエタノールアミン-*N*-メチルトランスフェラーゼを見よ
POMC　→プロオピオメラノコルチンを見よ
PP1　→ホスホプロテインホスファターゼ 1 を見よ
PPAR　→ペルオキシソーム増殖因子活性化受容体を見よ
PPARγ　521
PPI-1　→ホスホプロテインホスファターゼインヒビター 1 を見よ
PQ　→プラストキノンを見よ
preRC　→複製開始前複合体を見よ
pri-miRNA　→初期 miRNA を見よ
PRPP　→5-ホスホ-α-D-リボシル 1-ピロリン酸を見よ
PRX　→ペルオキシレドキシンを見よ
PS　→ホスファチジルセリンを見よ
PS Ⅰ　→光化学系Ⅰを見よ
PS Ⅱ　→光化学系Ⅱを見よ
PTC　→ペプチジルトランスフェラーゼセンターを見よ
PTG　273
PYLIS　→ピロリシン挿入配列エレメントを見よ
PYY　→ペプチド YY を見よ
p-アミノ安息香酸（*p*-aminobenzoic acid）　194
P クラスター（P cluster）　445
P 体（P body）　624
p ブロック元素（p-block element）　R6
Q サイクル（Q cycle）　307, 308f, 322
RAC　144
Rad51　604
Rad52　604
ras 遺伝子（*ras* gene）　634, 636t
Ras タンパク質（Ras protein）　347
Rb 遺伝子（*Rb* gene）　633
rER　→粗面小胞体を見よ
RF　→リウマチ因子を見よ
RFC　→複製因子 C を見よ
RFLP　→制限断片長多型を見よ
Rhizobium　444
RISC　→RNA 誘導サイレンシング複合体を見よ
RNA　→リボ核酸を見よ
RNAi　→RNA 干渉を見よ
RNAP　→RNA ポリメラーゼを見よ
RNA 干渉（RNA interference, RNAi）　11, 572, 632, 632f
RNA スプライシング（RNA splicing）　623, 624f, 625f
RNA トランスポゾン（RNA transposon）　559
RNA 編集（RNA editing）　631
RNA ポリメラーゼ（RNA polymerase, RNAP）
　原核生物の（prokaryotic）614, 614f, 615f, 616f
　真核生物の（eukaryotic）　618, 619f, 620f, 621f, 622f
RNA 誘導サイレンシング複合体（RNA-induced silencing complex, RISC）　572, 631 632f
RNS　→活性窒素種を見よ
RN アーゼ（RNase）　229, 503
RN アーゼⅡ（RNaseⅡ）　657
ROS　→活性酸素種を見よ
RP　→網膜色素変性を見よ
RPA　→複製タンパク質 A を見よ
RPP 回路（RPP cycle）　→還元的ペントースリン酸回路を見よ
rRNA　→リボソーム RNA を見よ
RTK　→受容体チロシンキナーゼを見よ
Ruv タンパク質（Ruv protein）　603, 603f
R 基（R group）　R23, 6, 6f, 7f
　アミノ酸における（in amino acid）　111
R 状態（R state）
　アロステリック酵素の（of allosteric enzyme）　200, 201f
　ヘモグロビンの（of haemoglobin）　151, 152f
Saccharomyces cerevisiae　203, 203f, 250, 250f, 611
　のゲノム（genome of）　557f
　のリボソーム（ribosome of）　571f
SAH　→*S*-アデノシルホモシステインを見よ
SAM　→*S*-アデノシルメチオニンを見よ
SCAP（SREBP cleavage-activating protein）　405
sdLDL　→小型高比重 LDL を見よ
SDSA モデル　→合成依存的単鎖対合モデルを見よ
SDS-PAGE　→SDS-ポリアクリルアミド電気泳動を見よ
SDS-ポリアクリルアミド電気泳動（SDS-polyacrylamide gel electrophoresis, SDS-PAGE）　159, 159f
SECIS　→セレノシステイン挿入配列を見よ
SEM　→走査型電子顕微鏡を見よ
sER　→滑面小胞体を見よ
sGC　→細胞質型グアニル酸シクラーゼを見よ
ShdA　305
ShdB　305
SINE　→短い散在性反復配列を見よ
siRNA　→低分子干渉 RNA を見よ
S$_N$1 反応（S$_N$1 reaction）　R27, R28f
S$_N$2 反応（S$_N$2 reaction）　R27
snoRNA　→核小体内低分子 RNA を見よ
SNP　→一塩基多型を見よ
snRNA　→核内低分子 RNA を見よ
snRNP　→低分子リボヌクレオタンパク質を見よ
SOD　→スーパーオキシドジスムターゼを見

よ
SOS 応答(SOS response) 586
SR →筋小胞体を見よ
SREBP 362, 392
SREBP-1c 253, 521
SREBP-2 405, 406f
SRP →シグナル認識粒子を見よ
SRP 受容体タンパク質(SRP receptor protein) 670
SRS-A 分子(SRS-A molecule) 338
SSB →一本鎖 DNA 結合タンパク質を見よ
STR →短い縦列反復配列を見よ
Streptomyces 313
S-アデノシルホモシステイン(*S*-adenosylhomocysteine, SAH) 461, 465
S-アデノシルメチオニン(*S*-adenosylmethionine, SAM) R28, 113, 194, 195t, 465
　C_1 代謝と(one-carbon metabolism and) 460, 461
　の経路(pathway of) 464f
　の生成(formation of) 463f
　リン脂質の代謝と(phospholipid metabolism and) 396
S 期(S phase) 592, 592f
T_3 →トリヨードチロニンを見よ
T_4 →チロキシンを見よ
T4 バクテリオファージ(T4 bacteriophage) 574, 574f
Taq ポリメラーゼ(*Taq* polymerase) 609, 610f
TATA ボックス(TATA box) 619, 619f, 622f
Tau—Cl →タウリンモノクロラミンを見よ
TC-NER →転写に共役したヌクレオチド除去を見よ
TEBP →テロメラーゼ末端結合タンパク質を見よ
TEM →透過型電子顕微鏡を見よ
tER →移行型小胞体を見よ
TF →トリガー因子を見よ
TGN →トランスゴルジネットワークを見よ
Thermus aquaticus 609, 610f
THF →テトラヒドロ葉酸を見よ
TIGAR →TP53 誘導性解糖系ならびにアポトーシス調節因子を見よ
TIM 複合体(TIM complex) 672
tmRNA 659, 659f
TNF →腫瘍壊死因子を見よ
TOM 複合体(TOM complex) 672
TP53 誘導性解糖系ならびにアポトーシス調節因子(TP53-induced glycolysis and apoptosis regulator, TIGAR) 326
TPI →トリオースリン酸イソメラーゼを見よ
TPP →チアミンピロリン酸を見よ
TPS1 遺伝子(*TPS1* gene) 254
TRF →テロメア反復配列結合因子を見よ
TRiC 145
tRNA →トランスファー RNA を見よ
TRX →チオレドキシンを見よ
TSS →転写開始点を見よ
Tus タンパク質(Tus protein) 591, 592f
T 細胞〔T cell (T lymphocyte)〕 506
T 状態(T state)
　アロステリック酵素の(of allosteric enzyme) 200, 201f
　ヘモグロビンの(of haemoglobin) 151, 152f
T リンパ球(T lymphocyte) →T 細胞を見よ
UDP グルコース(UDP-glucose) 267
UPR →小胞体ストレス応答を見よ
UPS →ユビキチンプロテアソーム系を見よ
UQ →補酵素 Q を見よ
VLDL →超低密度リポタンパク質を見よ
Wnt のシグナル経路(Wnt signaling pathway) 56
WRN 遺伝子(*WRN* gene) 637
XMP 474f
X 線結晶構造解析(X-ray crystallography) 161, 161f
YAC →酵母人工染色体を見よ
Z-DNA 548, 548f, 548t
Z スキーム(Z scheme) 424, 424f

【あ】

アインシュタインの式(Einstein's equation) 92, 422
亜鉛，酵素触媒作用における(zinc, in enzyme catalysis) 193
アクアポリン(aquaporin) 353, 358, 359f
アクアポリン 1(aquaporin 1, AQP1) 358, 359f
悪性高熱症(malignant hyperthermia) 258
悪性腫瘍(malignant tumour) 636 →がんも見よ
悪性貧血(pernicious anaemia) 461
アグーチ関連ペプチド(agouti-related peptide, AgRP) 531, 531f
アクチン結合タンパク質(actin-binding protein) 71
アクチンフィラメント(actin filament) 39f, 355
アクネソーム(axoneme) 53, 53f
アグリカン(aggrecan) 227
アシドーシス(acidosis) 79
アジドチミジン(azidothymidine, AZT) 578
アジピン酸(adipic acid) 383
亜硝酸塩(nitrite) 444
アシル CoA(acyl-CoA) 375, 376f, 388
アシル CoA：コレステロールアシルトランスフェラーゼ(acyl-CoA: cholesterol acyltransferase, ACAT) 349
アシル化タンパク質(acylated protein) 336
アシル基(acyl group) 336
アシル基転移(acyl transfer) 12
アシルキャリヤータンパク質(acyl carrier protein, ACP) 385, 385f
アシルジヒドロキシアセトンリン酸(acyldihydroxyacetone phosphate) 371
アシル置換反応，ペプチド結合の形成(acyl substitution reaction, peptide bond formation) 121, 121f, 122f
アスコルビン酸〔ascorbic acid (vitamin C)〕 327, 668
　の機能(function of) 215, 327
　の構造(structure of) 215f, 327f
　補酵素としての(as coenzyme) 195t
アスコルビン酸(ascorbate) 327, 328f
アスパラギン(asparagine) 113
　pK_a 値(pK_a value) 118t
　構造とイオン化状態(structure and ionization state) 112f
　触媒における(in catalysis) 192
　の生合成(biosynthesis of) 453f, 458
　略式表記(abbreviation) 113t
アスパラギン結合オリゴ糖(asparagine-linked oligosaccharide) 222, 223f, 228
アスパラギン酸〔aspartate (aspartic acid)〕 113, 119, 448t
　pK_a 値(pK_a value) 118t
　構造とイオン化状態(structure and ionization state) 112f
　触媒における(in catalysis) 190
　尿素回路における(in urea cycle) 491, 493f
　の生合成(biosynthesis of) 453f, 457
　略式表記(abbreviation) 113t
アスパラギン酸トランスアミナーゼ(aspartate transaminase, AST) 457
アスパラギン酸トランスカルバイモイラーゼ(aspartate transcarbamoylase, ATCase) 110f, 201, 201f
アスパラギン酸ファミリー(aspartate family) 453f, 456
アスパルテーム(aspartame) 174
アスピリン(aspirin) 337, 338
アセタール(acetal) 217, 217f
アセチル CoA(acetyl-CoA) 286, 290, 291
　からのケトン体の生合成(biosynthesis of ketone body from) 379f, 380
　脂質代謝と(lipid metabolism and) 368, 377, 380, 381
　ピルビン酸の——への変換(pyruvate conversion to) 287, 288t, 289f, 290f
　——を生成するアミノ酸(amino acid forming) 495, 495f, 496f
アセチル CoA カルボキシラーゼ(acetyl-CoA carboxylase, ACC) 385, 386f
アセチルコリンエステラーゼの反応速度論(acetylcholinesterase, kinetics of) 178t
アセトアセチル ACP(acetoacetyl-ACP) 388, 388f
アデニル酸キナーゼ(adenylate kinase) 128f
アデニル酸シクラーゼセカンドメッセンジャー系(adenylate cyclase second messenger system) 517f
アデニロコハク酸(adenylosuccinate) 474f, 476
アデニン(adenine) 9, 470, 471f
　の構造(structure of) 9f, 10f
　の互変異性体(tautomer of) 471f
アデニン-チミン塩基対〔adenine-thymine (AT) pair〕 540, 542, 542f
　に影響する互変異性変換(tautomeric shift affecting) 544f, 545
アデニンホスホリボシルトランスフェラーゼ(adenine phosphoribosyltransferase, APRT) 475
アデノシン一リン酸(adenosine monophosphate) → AMP を見よ
アデノシン三リン酸(adenosine triphosphate) → ATP を見よ
アデノシンデアミナーゼ(adenosine deaminase) 489
　——欠損症(deficiency of) 506
アテローム性動脈硬化症(atherosclerosis) 219, 321, 329, 351, 394
アトラジン(atrazine) 429

アナフィラキシー(anaphylaxis) 338
アナプレロティック反応(anaplerotic reaction) 295
アナンダミン(anandamine) 336
アニオン →陰イオンを見よ
アノテーション(annotation) 611
アノマー(anomer) 212, 213f
アノマー炭素原子(anomeric carbon atom) 212
アバカビル(abacavir) 578
アピトキシン(apitoxin) 126
アフィニティークロマトグラフィー(affinity chromatography) 158
アブシジン酸(abscisic acid) 348
アプタマー(aptamer) 628, 629f
アボガドロ数(Avogadro's number) R18
アポ酵素(apoenzyme) 171
アポタンパク質〔apoprotein (apolipoprotein)〕 127, 349, 350
アポトーシス(apoptosis) 41, 49, 49f, 633
アポリポタンパク質(apolipoprotein) →アポタンパク質を見よ
アマドリ反応生成物(Amadori product) 218
アミタール(amytal) 311f
アミド基(amido group) 5t
亜ミトコンドリア粒子(submitochondrial particle) 313, 314f
アミドの構造と特徴(amide, structure and significance of) 5t
アミノアシル tRNA(aminoacyl-tRNA) 652, 653
アミノアシル tRNA シンテターゼ(aminoacyl-tRNA synthetase) 569, 648, 649f
アミノ基(amino group) 4, 7f
アミノ酸における(in amino acid) 111
アンモニウムイオンの取り込み(ammonium ion incorporation) 451
のアミノ基転移(transamination of) 449, 452f
の特徴(significance of) 5t
の反応(reaction of) 449
アミノ基転移(transamination) 449, 452f, 488
アミノ酸(amino acid) 4
α- ――の基本式(general formula for α-) 6f
α, β, γ の分類(classification as α, β, or γ) 6
塩基性――(basic) 112f, 114
極性――(polar) 112f, 113
ケト原生――(ketogenic) 488
酵素活性における――の役割(catalysis role of) 192
酸性――(acidic) 112f, 114
修飾――，タンパク質における(modified, in protein) 115, 115f
準必須――(semi-essential) 448t
生物活性のある――(biologically active) 114, 115f
――代謝の異常(defect in metabolism of) 502
タンパク質における(in protein) 110
糖原生――(glucogenic) 259, 488
によるアセチル CoA の生成(acetyl-CoA formation by) 495, 495f, 496f
の異化(catabolism of) 488
の一般構造(general structure of) 111, 113f
の主要な機能(general function of) 5t
の生合成(biosynthesis of) 447, 453, 453f, 454f
の生合成反応(biosynthetic reaction involving) 459
の代謝(metabolism of) 447
の脱アミノ(deamination of) 488
の滴定(titration of) 83, 117, 117f, 118t
の特性と機能(property and function of) 6
の反応(reaction) 121, 121f, 122f, 123f
の輸送(transport of) 449
非極性――(nonpolar) 111, 112f
必須――(essential) 447, 448t
非必須――(nonessential) 447, 448t
非標準――(nonstandard) 111
標準――(standard) 111, 112f, 113t
――ファミリー(family of) 453, 453f
分枝鎖――(branched-chain) 448, 455
分類(class) 111
立体異性体(stereoisomer) 116, 116f
アミノ酸残基(amino acid residue) 111, 121
アミノ酸の炭素骨格(amino acid carbon skeleton)
定義(defined) 447
の異化(catabolism of) 494
アミノ酸配列(amino acid sequence) 122, 128
に基づいたタンパク質の機能予測(protein function prediction based on) 161
アミノ酸プール(amino acid pool) 448
アミノ糖(amino sugar) 220, 220f
アミノトランスフェラーゼ(aminotransferase) 449
アミロース(amylose) 223, 224f
アミロペクチン(amylopectin) 224, 224f
アミン(amine)
神経伝達物質(neurotransmitter) 466t
生体――(biogenic) 467
の構造と特徴(structure and significance of) 5t
の特性(property of) R26
アメトプテリン(amethopterin) 464
アメーバ様の運動(amoeboid motion) 71, 71f
アラキジン酸(arachidic acid) 335t
アラキドン酸(arachidonic acid) 335t, 336
アラニン(alanine) 113, 448t, 458
β- ―― 6, 6f
pK_a 値(pK_a value) 118t
鏡像異性体(enantiomer) 116f
構造とイオン化状態(structure and ionization state) 112t
糖新生における(in gluconeogenesis) 259, 529
の異化経路(catabolic pathway of) 495, 495f
の生合成(biosynthesis of) 453f
の滴定(titration of) 83, 117, 117f
略式表記(abbreviation) 113t
アラニンラセマーゼによる触媒反応(alanine racemase, reaction catalyzed by) 172t
アラビノース(arabinose) 212f
アリル基(allyl group) 401
アルカプトン尿症(alkaptonuria) 502
アルカリ金属(alkali metal, in enzyme catalysis) R6, 193
アルカリ土類金属，酵素触媒作用における(alkaline earth metal, in enzyme catalysis) 193
アルカローシス(alkalosis) 79
アルカン(alkane) R19, R21
アルギニノコハク酸(argininosuccinate) 491
アルギニン(arginine) 114, 119, 448t, 453
pK_a 値(pK_a value) 118t
グルタミン酸からの生合成(biosynthesis from glutamate) 453f, 455f, 456
構造とイオン化状態(structure and ionization state) 112f
触媒における(in catalysis) 192
の異化経路(catabolic pathway of) 497, 498f
略式表記(abbreviation) 113t
アルキル化剤(alkylating agent) 546
アルキル基(alkyl group) R19
アルキン(alkyne) R20
アルケン(alkene) R20, R21, R21f, 5t
アルゴノート(argonaute) 632
アルコール(alcohol)
の構造と特徴(structure and significance of) 5t
の特性(property of) R23
アルコールデヒドロゲナーゼ(alcohol dehydrogenase, ADH) 167f
酵母――(yeast) 203, 203f
による触媒(catalysis by) 172t, 197, 199f
の形状(shape of) 110f
ヒトの(human) 203
アルジトール(alditol) 216
アルジミン(aldimine) 124
アルダル酸(aldaric acid) 215
アルツハイマー病(Alzheimer's disease) 32, 145, 321, 676
アルデヒド(aldehyde)
の構造と特徴(structure and significance of) 5t
の特性(property of) R23
アルドース(aldose) 172, 210, 212
異性化反応(isomerization reaction) 14, 15f
定義(defined) 7
の D ファミリー(D-family of) 211f, 212
の構造(structure of) 210f
アルドステロン(aldosterone) 348f
アルドヘキソース(aldohexose) 7, 8f, 210
アルドペントース(aldopentose) 8f
アルドール開裂(aldol cleavage) 241
アルドール縮合(aldol condensation) 148
アルドン酸(aldonic acid) 215
アロステリー(allostery) 137
ヘモグロビンの(of haemoglobin) 151
アロステリック酵素(allosteric enzyme) 185, 185f, 200, 200f, 201f
アロステリック調節(allosteric regulation)
解糖の(of glycolysis) 252, 253t, 261f
酵素の(of enzyme) 200, 200f, 201f
糖新生の(of gluconeogenesis) 260, 261f
アロステリック転移(allosteric transition) 137
ヘモグロビンの(of haemoglobin) 151, 152f
アロステリック部位(allosteric site) 200
アロプリノール(allopurinol) 506
アンキリン(ankyrin) 355
アンチコドン(anticodon) 539f, 569, 570f, 647, 647f
アンチコドンループ，tRNA の(anticodon loop, of tRNA) 569, 570f
アンチセンス鎖(antisense strand) 573
アンチマイシン(antimycin) 311f

アンテナ色素(antenna pigment) 418
暗反応，光合成(dark reaction, photosynthesis) 415, 430
アンフィソーム(amphisome) 488
アンモニア(ammonia, NH_3) 69
　窒素固定における(in nitrogen fixation) 444
アンモニア排出生物(ammonotelic organism) 484
アンモニウムイオン(ammonium ion) 451

【い】

胃炎(gastritis) 232
硫黄転移経路(transsulfuration pathway) 498, 500f
イオノホア(ionophore) 313
イオン(ion) R7, 75
イオン化(ionization) 76, 76f
　における緩衝液(buffer in) 78
　における酸，塩基，pH(acid, base, and pH in) 77, 78f, 78t
イオン化エネルギー(ionization energy) R5
イオン化状態，アミノ酸の(ionization state, of amino acid) 112f, 117, 117f, 118t
イオン結合(ionic bond) R7
イオン交換クロマトグラフィー(ion-exchange chromatography) 157
イオン相互作用(ionic interaction) 65, 66t
イオントレントシーケンシング(Ion Torrent sequencing) 566
異化(catabolism)
　アミノ酸炭素骨格の(of amino acid carbon skeleton) 494
　アミノ酸の(of amino acid) 488
　尿酸(uric acid) 505
　ピリミジン(pyrimidine) 506
　プリン(purine) 503, 504f
胃潰瘍(stomach ulcer) 232
異化経路(catabolic pathway) 17, 17f
異化生成物遺伝子活性化タンパク質(catabolite gene activator protein, CAP) 627
鋳型鎖(template strand) 613, 614f
維管束鞘細胞(bundle sheath cell) 435
移行型小胞体(transitional endoplasmic reticulum, tER) 41
維持メチルトランスフェラーゼ(maintenance methyltransferase) 561
異性化(isomerization)
　クエン酸の(of citrate) 291
　グルコースの(of glucose) 216, 216f
異性化反応(isomerization reaction) 14, 15f
異性体(isomer)
　D ── 116, 116f
　L ── 116, 116f
　位置──(positional) R20
　幾何──(geometric) R20
　光学──(optical) 116
　シス──(*cis*-) 335, 335f
　トランス──(*trans*-) 335, 335f
位相差顕微鏡(phase contrast microscopy) 58
イソクエン酸(isocitrate) 291
イソクエン酸デヒドロゲナーゼ(isocitrate dehydrogenase) 295, 297
イソニアジド(isoniazid) 202
イソプレニル基(isoprenyl group) 347
イソプレノイド(isoprenoid)
　の合成(synthesis of) 398, 398f
　の特性と種類(property and type of) 345, 346f
イソプレノイド代謝(isoprenoid metabolism) 398
　コレステロール生合成経路(cholesterol biosynthetic pathway) 407
　コレステロール代謝(cholesterol metabolism) 398
イソプレン(isoprene) 346f
イソプレン単位(isoprene unit) 345, 346f
イソペンテニルピロリン酸(isopentenyl pyrophosphate) 346f, 401, 402f
イソメラーゼ(isomerase) 172, 172t
イソロイシン(isoleucine) 113, 448t, 458
　pK_a 値(pK_a value) 118t
　構造とイオン化状態(structure and ionization state) 112f
　の異化経路(catabolic pathway of) 499, 499f
　の生合成(biosynthesis of) 453f
　の分解(degradation of) 501f
　略式表記(abbreviation) 113t
位置異性体(positional isomer) R20
一塩基多型(single nucleotide polymorphism, SNP) 544, 568
1 型糖尿病(type 1 diabetes) 523
一次構造，タンパク質(primary structure, protein) 127, 129f
一次繊毛(primary cilium) 53, 56
一次能動輸送(primary active transport) 358
一次反応速度論(first-order kinetics) 175, 175f
一重項酸素(singlet oxygen) 323
一価不飽和脂肪酸(monounsaturated fatty acid) 336
一酸化炭素(carbon monoxide, CO) 469
　によるヘモグロビン阻害(haemoglobin inhibition by) 152
一酸化窒素(nitric oxide, NO) 323, 394, 468, 468f, 469f
　のヘモグロビンへの結合(haemoglobin binding of) 152
一般塩基触媒(general base catalysis) 190, 191f
一般化学(general chemistry) R2
一般酸触媒(general acid catalysis) 190, 191f
一本鎖 DNA 結合タンパク質(single-stranded DNA-binding protein, SSB) 590
一本鎖 DNA 修復(single-strand DNA repair) 595, 596, 597f
遺伝暗号(genetic code) 644
　アミノアシル tRNA シンテターゼ反応(aminoacyl-tRNA synthetase reaction) 648, 649f
　コドン-アンチコドン相互作用(codon-anticodon interaction) 647, 647f
　コドン使用頻度の偏り(codon usage bias) 646
　コドンの割り当て(codon assignment) 645t
　定義(defined) 644
遺伝学(genetics)
　逆──(reverse) 573
　定義(defined) 538
遺伝子(gene) 9
　がん抑制──(tumour suppressor) 633, 637
　構成的──(constitutive) 626
　初期応答──(early response) 633
　遅延応答──(delayed response) 634, 635f
　定義(defined) 3, 539
　による酵素調節(enzyme control by) 199
　ハウスキーピング──(housekeeping) 619, 626
　標識──(marker) 609
　誘導的──(inducible) 626
遺伝子座(loci) 568
遺伝子サイレンシング(gene silencing) 631, 632f
遺伝子重複(gene duplication) 544, 613
遺伝子の共有結合修飾(covalent modification of gene) 230
遺伝子発現(gene expression) 626
　エピジェネティクスと(epigenetics and) 562
　グルコースが誘導する──(glucose-induced) 253
　原核生物の(in prokaryote) 556, 626, 627f, 628f, 629f
　シグナル伝達と(signal transduction and) 633, 635f
　真核生物の(in eukaryote) 628, 631f, 632f, 635f
　定義(defined) 540
　における高分子クラウディング(macromolecular crowding in) 31
　における水の役割(water role in) 64
　の過程(process of) 11
遺伝情報(genetic information) 584, 585f
　DNA 組換え(DNA recombination) →組換えを見よ
　DNA 修復(DNA repair) →修復を見よ
　DNA 複製(DNA replication) →複製を見よ
　RNA 転写(RNA transcription) →転写を見よ
　の流れ(flow of) 539f, 540
　発現(expression) →遺伝子発現を見よ
移動相(mobile phase) 157
イニシエーション期(initiation phase)
　タンパク質合成の(of protein synthesis) →タンパク質合成を見よ
　転写の(of transcription) →転写を見よ
　発がんの(of carcinogenesis) 636
イノシトール 1,4,5-トリスリン酸(inositol-1,4,5-trisphosphate, IP_3) 518
イノシン 5′-一リン酸(inosine-5′-monophosphate) →IMP を見よ
イルミナシーケンシング(Illumina sequencing) 566
陰イオン(anion) R2, R7
陰イオンチャネルタンパク質(anion exchanger protein, AE1) 354, 355f
インジナビル(indinavir) 578
インシュレーター(insulator) 559, 619
インスリン(insulin) 33, 260, 370, 390, 519, 523, 527, 532
　解糖と(glycolysis and) 253
　グリコーゲン代謝と(glycogen metabolism and) 270
　──シグナルの簡略化されたモデル

(simplified model of signaling) 520f
脂肪酸代謝と(fatty acid metabolism and) 392
耐糖能と(glucose tolerance and) 255
の形状(shape of) 110f
プロテアーゼによる——のプロセシング (proteolytic processing of) 664, 666f
インスリン依存性糖尿病(insulin-dependent diabetes) →1型糖尿病を見よ
インスリン受容体(insulin receptor) 229, 519, 520f
インスリン受容体基質1(insulin receptor substrate 1, IRS-1) 520
インスリン抵抗性(insulin resistance) 515, 524, 533
インスリン様増殖因子1(insulin-like growth factor 1, IGF-1) 519, 522
インスリン様増殖因子2(insulin-like growth factor 2, IGF-2) 522
インターカレーション剤(intercalating agent) 546
インターフェロン(interferon) 525
インターロイキン2(interleukin-2, IL-2) 522
インテグラーゼ阻害剤(integrase inhibitor) 578
インテグリン(integrin) 230, 232
インデル(indel) 544
イントロン(intron) 558, 623, 624f, 625f
インフルエンザ，酵素阻害剤による治療 (influenza, enzyme inhibitor treating) 182
インポーチン(importin) 47

【う】

ウイルス(virus)
内在性レトロ——(endogenous retro) 560
により引き起こされるがん(cancer caused by) 637
の逆転写酵素(reverse transcriptase of) 540
の特性と構造(property and structure of) 573
バクテリオファージ(bacteriophage) →バクテリオファージを見よ
ウィルソン病(Wilson's disease) 194
ウェルシュ菌(*Clostridium perfringens*) 344
うっ血性心臓疾患，ネコ(congestive heart failure, feline) 500
ウラシル(uracil) 10f, 11, 470, 471f, 506
ウリジン(uridine) 572, 572f
ウロン酸(uronic acid) 215, 220, 220f
ウワバイン(ouabain) 349
運動にかかわるタンパク質(movement, protein involved in) 126, 153

【え】

エイコサノイド(eicosanoid) 336
エイコサペンタエン酸(eicosapentaenoic acid, EPA) 336
エイズ(AIDS) →後天性免疫不全症候群を見よ
栄養代謝(nutrient metabolism) 528f
エキソサイトーシス(exocytosis) 33, 42, 42f, 43f
エキソヌクレアーゼ(exonuclease) 586
エキソン(exon) 558, 624, 624f, 625f
エキソン接合部複合体(exon junction complex, EJC) 624
エクスポーチン(exportin) 48
エステル(ester)
の構造と特徴(structure and significance of) 5t
の特性(property of) R24
エステル化(esterification) 217
エステル加水分解(ester hydrolysis) 190, 190f
17-*β*-エストラジオール(17-*β*-estradiol) 348f
壊疽(gangrene) 343
エタノール(ethanol)
S. cerevisiae による——の代謝(*S. cerevisiae* metabolism of) 250, 250f
酸化還元反応と(oxidation-reduction reaction and) 16
の解毒(detoxification of) 248
の合成と代謝(synthesis and metabolism of) 203
の生成(formation of) 248
エタン(ethane) 5f
エチルアルコール(ethyl alcohol) →エタノールを見よ
エーテル(ether) R25
エテン(ethene) R11f
エネルギー(energy)
——源としてのトリアシルグリセロール (triacylglycerol for) 368
自由——(free) →自由エネルギーを見よ
タンパク質の折りたたみと(protein folding and) 141, 142f
定義(defined) 16, 92
電子伝達鎖(経路)における〔in electron transport chain (pathway)〕 309f
電子の流れと(electron flow and) 286f
における ATP の役割(ATP role in) 102, 102f, 103t, 104f
の過程(process in) 16
の熱力学(thermodynamics of) →熱力学を見よ
——保存(conservation of) 94
エネルギー移動経路(energy transfer pathway) 18
光化学系の(in photosystem) 423f
エネルギー保存(conservation of energy) 94 →熱力学第一法則も見よ
エノイル CoA イソメラーゼ(enoyl-CoA isomerase) 381, 381f
エノイル CoA ヒドラーゼ(enoyl-CoA hydrase) 376
エノイル CoA ヒドラターゼ(enoyl-CoA hydratase) 501f
エピゲノム(epigenome) 561
エピジェネティクス(epigenetics) 554
DNA メチル化(DNA methylation) 561, 561f, 637
遺伝子発現と(gene expression and) 562
定義(defined) 561
ヒストン修飾(histone modification) 561, 562f
エピネフリン(epinephrine) 459, 463t, 467
COMT によって触媒される——のメチル化 (COMT-catalyzed methyaltion of) R28f
グリコーゲン代謝と(glycogen metabolism and) 273
エピ変異(epimutation) 562, 637
エピマー(epimer) 212
エピマー化(epimerization) 217
エファビレンツ(efavirenz) 578
エフェクター(effector) 138
エポキシド(epoxide) 409, 546
エムデン・マイヤーホフ・パルナス経路 (Embden-Meyerhof-Parnas pathway) 238 →解糖も見よ
エリスロース 4-リン酸(erythrose-4-phosphate) 430
エルビテグラビル(elvitegravir) 578
エレクトロポレーション(electroporation) 608
塩基(base)
pH と(pH and) 77, 78f
一般——触媒(general catalysis by) 190, 190f
強——(strong) 77, 85f
共役——(conjugate) R16, 77
シッフ——(Schiff) 123, 218, 450, 451f, 452f
弱——(weak) R15, 77
窒素——(nitrogenous) 9, 9f
としてのアミノ酸(amino acid as) 111
によるタンパク質変性(protein denaturation by) 141
塩基除去修復(base excision repair) 596, 597f
塩基性アミノ酸(basic amino acid) 112f, 114
塩基対(base pair, bp)
DNA —— 540, 541f
RNA —— 569
に影響する互変異性変換(tautomeric shift affecting) 544f, 545
塩基の積み重なり，DNA における(base stacking, in DNA) 542
塩基配列決定，DNA(sequencing, DNA) 565, 566f
塩橋(salt bridge) 66, 135
円鋸歯状形成(crenation) 74, 74f
塩基類似体(base analogue) 546
エンジオール(enediol) 188, 189f, 216
炎症(inflammation) 336
塩析(salting out) 141
を使うタンパク質精製(protein purification using) 157
塩素移動(chloride shift) 354
エンタルピー(enthalpy) 92
エンテロトキシン(enterotoxin) 519
エンドサイトーシス(endocytosis) 43, 44f
エンドサイトーシスサイクル(endocytic cycle) 46
エンドソーム(endosome) 43
エンドメンブレンシステム(endomembrane system) 37
エントロピー(entropy) 92, 96, 102
塩によるタンパク質変性(salt, protein denaturation by) 141
エンハンサー(enhancer) 559, 619, 621f
エンフビルチド(enfuvirtide) 578
エンベロープウイルス(enveloped virus) 574

【お】

黄色腫(xanthomas) 362
応答エレメント(response element) 11, 139, 253
大型低比重 LDL(large buoyant LDL) 351

オオテンジクネズミ(agouti mouse)　562
岡崎フラグメント(Okazaki fragment)　590, 590f, 591f, 593
オキサロ酢酸(oxaloacetate, OAA)　255
　C_4 植物における(in C_4 plant)　434
　リンゴ酸の酸化による——の生成(malate oxidation formation of)　294
　を生成するアミノ酸(amino acid forming)　453f, 456, 500
オキサロ酢酸/アスパラギン酸ペア(oxaloacetate/aspartate pair)　450
オキシアニオン(oxyanion)　193
オキシアニオンホール，キモトリプシンの(oxyanion hole, of chymotrypsin)　197, 198f
オキシコレステロール(oxycholesterol)　406
オキシトシンの構造と機能(oxytocin, structure and function of)　124t, 125
オキシドレダクターゼ(oxidoreductase)　171, 172t
オキシヘモグロビン(oxyhaemoglobin)　151, 152f
2-オキソグルタル酸(2-oxoglutarate)
　のアミノ化(amination of)　453
　の酸化(oxidation of)　292
　——を生成するアミノ酸(amino acid forming)　453f, 497, 498f
2-オキソグルタル酸/グルタミン酸ペア(2-oxoglutarate/glutamate pair)　450
2-オキソグルタル酸デヒドロゲナーゼ(2-oxoglutarate dehydrogenase)　295, 298
オキソニウムイオン〔oxonium (hydronium) ion〕　R21, 76, 76f
5-オキソプロリン(5-oxoproline)　465, 466f
オクテット則(octet rule)　R4, R7, R8
オスモライト(osmolyte)　→浸透圧調節物質を見よ
オセルタミビル(タミフル)〔oseltamivir (Tamiflu)〕　182
オートファゴソーム(autophagosome)　488
オートファジー(autophagy)　32, 41, 485, 487
オートファジーリソソーム系(autophagy-lysosomal system)　486f, 487
オートポイエーシス(autopoiesis)　11
オートラジオグラフィー(autoradiography)　58
オープンリーディングフレーム(open reading frame, ORF)　571, 612, 646
オペレーター(operator)　626
オペロン(operon)　556
オリゴ糖(oligosaccharide)
　N 結合型——(*N*-linked)　222, 223f, 664, 667f, 670
　O 結合型——(*O*-linked)　222, 223f
　アスパラギン結合——(asparagine-linked)　222, 223f, 228
　生物的認識における役割(role in biological recognition)　231f
　ポリペプチド結合——(polypeptide-linked)　222, 223f
オリゴヌクレオチド(oligonucleotide)　503
オリゴマー(oligomer)　46, 136
折りたたみ，タンパク質(folding, protein)　→タンパク質の折りたたみを見よ
オルニチン(ornithine)　115, 115f, 456
オルニチントランスカルバイモラーゼ(ornithine transcarbamoylase)　491
オレイル CoA(oleoyl-CoA)　381f
オレイン酸(oleic acid)　8f, 335t, 381
オレオマーガリン(oleomargarine)　339
オロト酸尿症(orotic aciduria)　477
温度(temperature)
　によるタンパク質変性(protein denaturation by)　141
　の触媒作用への効果(catalysis effect of)　195, 196f
　反応速度と(reaction rate and)　R14

【か】

外因性経路(exogenous pathway)　368
壊血病(scurvy)　668
開始 tRNA(initiator tRNA)　649
開始コドン〔initiating(start) codon〕　612, 645
開始シグナル(start signal)　670
外質(ectoplasm)　71, 71f
48S 開始複合体(48s initiation complex)　660f, 661
80S 開始複合体(80s initiation complex)　661f
カイゼル・フライシャー環(Kayser-Fleischer ring)　194
解糖(glycolysis)　14, 14f, 20, 238
　定義(defined)　17
　糖新生と(gluconeogenesis and)　256f
　における反応(reaction in)　239, 240f, 246f
　におけるピルビン酸の代謝過程(fate of pyruvate in)　247, 247f, 248f
　のアロステリック制御(allosteric regulation of)　261f
　のエネルギー学(energetics of)　249, 249f
　の制御(regulation of)　251
　の段階(stage of)　238
　ペントースリン酸経路と(pentose phosphate pathway and)　264f, 265
解糖系(glycolytic pathway)
　における反応(reaction in)　239, 240f, 246f
　反応式(equation)　239
開放系(open system)　93
外膜(adventitia)　394
外膜(outer membrane)　35
界面活性剤(surface active agent)　340
潰瘍，胃(ulcer, stomach)　232
化学結合(chemical bonding)　R7
化学工場としての細胞(chemical factory, cell as)　11
化学合成(chemosynthesis)　16
化学合成従属栄養生物(chemoheterotroph)　16
化学合成独立栄養生物(chemoautotroph)　16
化学合成無機栄養(chemolithotrophy)　92
化学合成有機栄養(chemoorganotrophy)　92
化学浸透圧(chemiosmosis)　304, 312
化学浸透圧共役説(chemiosmotic coupling theory)　311, 312f
科学捜査における DNA 解析(forensics, DNA analysis in)　568
化学的依存性 Na^+ チャネル〔chemically gated sodium (Na^+) channel〕　357
化学反応(chemical reaction)　R12
　測定(measuring)　R18
　反応速度論(reaction kinetics)　R13
　反応の種類(reaction type)　R16
　平衡定数(chemical constant)　R14
鍵と鍵穴モデル(lock-and-key model)　170
可逆阻害(reversible inhibition)　181
角運動量量子数 *l*(angular momentum quantum number *l*)　R3
核外膜(outer nuclear membrane, ONM)　47
核酸(nucleic acid)　537, 538f, 539f　→ウイルスも見よ
　DNA　→デオキシリボ核酸を見よ
　RNA　→リボ核酸を見よ
　の精製とキャラクタリゼーションに使われる方法(method used in purification and characterization of)　563, 564f, 565f, 566f
　の特性と種類(property and type of)　9
拡散律速(diffusion control limit)　178
核磁気共鳴分光法，タンパク質(NMR spectroscopy, protein)　161
核質(nucleoplasm)　46
核周囲腔(perinuclear space)　47
核小体(nucleolus)　48
核小体形成域(nucleolar organizer region)　48
核小体内低分子 RNA(small nucleolar RNA, snRNA)　11, 572
核，真核生物の(nucleus, eukaryotic)　46, 47f, 48f
核スピン(nuclear spin)　161
核内構造体(nuclear body)　48
核内低分子 RNA(small nuclear RNA, snRNA)　11, 572
核内膜(inner nuclear membrane, INM)　47
核膜(nuclear envelope, NE)　47
核膜孔(nuclear pore)　47, 47f
核膜孔複合体(nuclear pore complex, NPC)　47, 47f
核マトリックス(nuclear matrix)　49
核様体(nucleoid)　36, 36f, 551
核ラミナ(nuclear lamina)　48, 48f
隔離膜(isolation membrane)　488
過酸化水素(hydrogen peroxide, H_2O_2)　51
　呼吸バーストにおける(in respiratory burst)　324f
　スーパーオキシドジスムターゼと(superoxide dismutase and)　323, 324f
　の生成(production of)　321f, 322
過剰に巻かれた DNA 分子(overwound DNA molecule)　551
加水分解(hydrolysis)　12
　ATP の(of ATP)　12, 13f, 101, 102f, 103, 103t, 104f
　エステル(ester)　190, 191f
　グリコシド結合の(of glycosidic bond)　268, 271f
　定義(defined)　12
　トリアシルグリセロール(triacylglycerol)　371, 373f
　リン酸化生体分子の(of phosphorylated biomolecule)　103t
加水分解反応による DNA 損傷(hydrolytic reaction, DNA damage caused by)　545
ガス壊疽(gas gangrene)　343
ガス状伝達物質(gasotransmitter)　468
カゼインキナーゼ 1 (casein kinase 1, CK1)　273
仮足(pseudopodium)　71, 71f

家族性高コレステロール血症(familial hypercholesterolemia, FH)　362
家族性非ポリポーシス大腸がん(hereditary nonpolyposis colorectal cancer, HNPCC)　598
ガソリンの燃焼(petrol combustion)　96, 97f
カタラーゼ(catalase)　110f, 326
　の反応速度論(kinetics of)　178t
カタール(katal)　179
カチオン　→陽イオンを見よ
褐色細胞腫(pheochromocytoma)　299
褐色脂肪組織(brown adipose tissue)　304, 319
活性化エネルギー(activation energy)
　定義(defined)　169
　への触媒の効果(catalyst effect on)　168, 169f
活性化エネルギーへの触媒の効果(energy of activation, catalyst effect on)　168, 169f
活性化理論(activation theory)　R12
活性酸素種(reactive oxygen species, ROS)　278, 304
　過剰量の(excessive amount of)　327
　抗酸化酵素系(antioxidant enzyme system)　323, 325f
　呼吸バーストと(respiratory burst and)　321, 324f
　心筋梗塞と(myocardial infarct and)　329
　脱共役タンパク質と(uncoupler protein and)　320
　定義(defined)　320
　の生成(formation of)　321, 321f
　の特性と挙動(property and behavior of)　321
活性窒素種(reactive nitrogen species, RNS)　323
活性部位(active site)　169
滑面小胞体(smooth endoplasmic reticulum, sER)　40, 40f
活量係数(activity coefficient)　170
カテコール-*O*-メチルトランスフェラーゼ(catechol-*O*-methyltransferase, COMT)　R28, 501
カテコールアミン(catecholamine)　459
　の生合成(biosynthesis of)　467, 467f
　の特性と機能(property and function of)　467
　の不活性化(inactivation of)　501, 503f
価電子(valence electron)　R4, R8
可動性遺伝因子(mobile genetic element)　559
カドヘリン(cadherin)　230
カハール体(Cajal body)　49
カベオラ(caveolae)　46
カベオラエンドサイトーシス(caveolar endocytosis)　46
カベオリン(caveolin)　46
可変的置換(variable substitution)　129
可変ループ, tDNA の(variable loop, of tRNA)　569, 570f
カポジ肉腫(Kaposi's sarcoma)　578
鎌状赤血球貧血症(sickle-cell anaemia)　129, 130f, 361
鎌状赤血球保因者(sickle-cell trait)　130
可溶性 NSF 吸着タンパク質(soluble NSF attachment protein, α-SNAP)　364
ガラクトシルセラミド(galactosylceramide)　397f
ガラクトース(galactose)　220
　の代謝(metabolism of)　266f
ガラクトース血症(galactosemia)　220
ガラクトセレブロシド(galactocerebroside)　344, 345f, 396
カリニ肺炎(*Pneumocystis carinii* pneumonia)　578
カルシウム(calcium)
　クエン酸回路の調節と(citric acid cycle regulation and)　299
　ホスファチジルイノシトール回路と(phosphatidylinositol cycle and)　518
カルシウムイオン(calcium ion)　33
カルシウムシグナリング(calcium signaling)　51
カルジオリピン(cardiolipin)　→ジホスファチジルグリセロールを見よ
カルシソーム(calcisome)　519
カルナウバろう(carnauba wax)　340
カルニチン(carnitine)　194, 374, 375f, 463t
カルネキシン・カルレティキュリン回路(calnexin-calreticulin cycle)　666
カルバミン酸(carbamate)　491f
カルバモイル化ヘモグロビン(carbamoylated haemoglobin)　152
カルバモイルリン酸(carbamoyl phosphate)　103t, 489, 491
カルバモイルリン酸シンテターゼⅡ(carbamoyl phosphate synthetaseⅡ, CPSⅡ)　476, 476f
カルビン回路(Calvin cycle)　415, 428, 436
　還元過程(reduction phase)　430
　再生過程(regeneration phase)　430
　炭素固定過程(carbon fixation phase)　430, 431f
　定義(defined)　430
　の正味の反応式(net equation for)　430, 431f
　の図式(schematic of)　431f
カルボアニオン(carbanion)　R29, 187
カルボカチオン(carbocation)　R21, 187
2-カルボキシアラビニトール 1-リン酸(2-carboxyarabinitol-1-phosphate, CA1-P)　438, 439f
カルボキシ基(carboxyl group)　4, 5t, 6f
カルボキシル化(carboxylation)　669
カルボキシレート基(carboxylate group)　111
カルボニル基(carbonyl group)　R23, 5t
カルボン(carvone)　348
カルボン酸(carboxylic acid)　R24
カルモジュリン(calmodulin)　110f, 519
カロテノイド(carotenoid)　→β-カロテンを見よ
カロテン(carotene)　347
がん(cancer)　22, 55
　miRNA と(miRNA and)　631
　p53 と(p53 and)　139, 633, 636
　エピ変異と(epimutation and)　562, 637
　クエン酸回路と(citric acid cycle and)　299
　酸化的損傷と(oxidative damage and)　304, 321
　脱共役タンパク質と(uncoupling protein and)　320
　突然変異と(mutation and)　598
　におけるシグナル伝達と遺伝子発現(signal transduction and gene expression in)　633, 635f
　におけるテロメラーゼ(telomerase in)　595
　のためのアメトプテリン(amethopterin for)　464
　の予防(prevention of)　637
　発がんプロモーターと(tumour promoter and)　521
　プロテオスタシスネットワークと(proteostasis network and)　676
　への細胞の形質変換(cell transformation into)　636, 636t
がん遺伝子(oncogene)　636, 636t
環境, 遺伝子発現と(environment, gene expression and)　562
ガングリオシド(ganglioside)　344
還元(reduction)　16
　カルビン回路における(in Calvin cycle)　430
　単糖の(of monosaccharide)　216, 216f
がん原遺伝子(protooncogene)　633, 636, 636t
還元剤(reducing agent)　R6, R17, 16
　によるタンパク質変性(protein denaturation by)　141
還元主義(reductionism)　19
還元的ペントースリン酸回路〔reductive pentose phosphate (RPP) cycle)〕　430
還元電位(reduction potential)　280
還元糖(reducing sugar)　216, 216f
還元末端(reducing end)　223, 224f
がん腫(carcinoma)　636
緩衝液(buffer)
　生理的――(physiological)　84, 85f
　炭酸水素塩――(bicarbonate)　84
　タンパク質――(protein)　85
　の機能(function of)　79, 79f
　ヘンダーソン・ハッセルバルヒの式と(Henderson-Hasselbalch equation and)　80
　リン酸塩――(phosphate)　85, 85f
環状炭化水素(cyclic hydrocarbon)　R19, R21
緩衝能(buffering capacity)　80
関節炎(arthritis)　219, 337, 338, 464
乾癬(psoriasis)　464
肝臓の機能(liver function)　3f
官能基(functional group)　R22, 4, 5t
環ひずみ(ring strain)　R21
肝不全, DNP と(liver failure, DNP and)　313
がん抑制遺伝子(tumour suppressor gene)　633, 637

【き】

擬一次反応(pseudo-first-order kinetics)　175
偽遺伝子(pseudogene)　559
幾何異性体(geometric isomer)　R20
気管支収縮(bronchoconstriction)　338
機構(mechanism)　→反応機構を見よ
気孔(stomata)　434, 438
ギ酸(formate)　459, 460t
キサンチン(xanthine)　470, 471f
キサンチンオキシダーゼ(xanthine oxidase)　52
キサントシン一リン酸(xanthosine monophosphate)　→XMP を見よ
キサントフィル(xanthophyll)　347
基質(substrate)
　酵素(enzyme)　168, 179

多——(multiple) 179
糖新生の(of gluconeogenesis) 258
基質が促進する死(substrate-accelerated death) 254
基質サイクル(substrate cycle) 257
基質準位のリン酸化(substrate-level phosphorylation) 243, 293
キシルロース 5-リン酸(xylulose-5-phosphate) 430
奇数鎖脂肪酸(odd-chain fatty acid) 381, 382f
キチン(chitin) 8, 223
喫煙，がんと(smoking, cancer and) 637
拮抗阻害剤(competitive inhibitor) 181, 181f, 183, 184f
軌道(orbital) R3, R3f, R11f
軌道混成(orbital hybridization) R10
絹(silk)
カイコ(silkworm) 147, 147f, 155
クモ生糸(spider) 155, 156f
キネシン(kinesin) 154
機能ゲノミクス(functional genomics) 22, 607
ギブズの自由エネルギー式(Gibbs free energy equation) 98, 98f
基本転写因子(general transcription factor) 620
偽膜(pseudomembrane) 662
キモトリプシノーゲンの活性化(chymotrypsinogen, activation of) 200, 200f
キモトリプシン(chymotrypsin)
による触媒作用(catalysis by) 172t, 193, 196f, 197, 198f
の形状(shape of) 110f
の調節(regulation of) 200, 200f
逆位(inversion) 544
逆遺伝学(reverse genetics) 573
逆転写酵素(reverse transcriptase) 540
逆平行 β プリーツシート(antiparallel β-pleated sheet) 131, 132f
逆方向反復(inverted repeat) 549, 604, 605f
逆行性神経伝達物質(retrograde neurotransmitter) 468
逆行性輸送(retrograde transport) 43
キャッピング，mRNA の(capping, of mRNA) 622, 623f
キャップ結合複合体(cap-binding complex, CBC) 660
キャプシド(capsid) 573
吸エルゴン反応(endergonic process) 98
求核アシル置換反応(nucleophilic acyl substitution reaction) R24
求核剤(nucleophile) R21, 12, 187, 191
求核置換反応(nucleophilic substitution reaction) 12, 13f, 14f
求核付加反応，シッフ塩基の形成(nucleophilic addition reaction, Schiff base formation) 123
吸収後状態(postabsorptive state) 527, 530f
弓状核(arcuate nucleus, ARC) 531, 531f
球状タンパク質(globular protein) 127, 149, 149f, 150f, 151f, 152f, 153f
求電子剤(electrophile) R21, 12, 187
求電子付加反応(electrophilic addition reaction) R21
吸熱反応(endothermic reaction) R12, 94
強塩基(strong base) 77, 85f
強酸(strong acid) 77
強心配糖体(cardiac glycoside) 349, 349f
共生細菌(symbiotic bacterium) 444
鏡像異性体(enantiomer) 212
アミノ酸(amino acid) 116, 116f
定義(defined) 116
協奏モデル，アロステリック酵素の(concerted model, of allosteric enzyme) 200, 201f
共通配列(consensus sequence) 614
協同的結合，ヘモグロビンの(cooperative binding, of haemoglobin) 151
共鳴安定化(resonance stabilization) 103
共鳴エネルギー伝達(resonance energy transfer) 422
共鳴混成体(resonance hybrid) R9, R22, R26, 104, 104f
共役塩基(conjugate base) R16, 77
共役酸塩基対(conjugate acid-base pair) R16
共役酸化還元対(conjugate redox pair) 280
共役反応(coupled reaction) 99, 100f
共有結合(covalent bond) R7, 65, 66t
タンパク質の三次構造と(tertiary protein structure and) 134f, 135
共有結合修飾(covalent modification)
DNA とヒストンの(of DNA and histone) 561, 561f, 562f
酵素の(of enzyme) 200, 200f
共有結合的な架橋(covalent cross-link)
コラーゲンにおける(in collagen) 148, 148f
タンパク質における(in protein) 137, 137f
共有結合を介した触媒作用(covalent catalysis) 191
共輸送体(symporter) 316, 361
巨肝症(hepatomegaly) 273
極性アミノ酸(polar amino acid) 112f, 113
極性共有結合(polar covalent bond) R8
極性結合(polar bond) R7, 64
極性頭部基(polar head group) 72, 73f, 340
虚血，心筋(ischaemia, myocardial) 329
キラル炭素(chiral carbon) 116
ギリシャ・キーモチーフ(Greek key motif) 131, 132f
キロミクロン(chylomicron) 350, 368
キロミクロンレムナント(chylomicron remnant) 370, 527
筋アデニル酸デアミナーゼ欠損症(myoadenylate deaminase deficiency) 506
筋萎縮性側索硬化症〔amyotrophic lateral sclerosis, ALS (Lou Gehrig's disease)〕 321, 325
筋小胞体(sarcoplasmic reticulum, SR) 41
近接効果，酵素の(proximity effect, of enzyme) 190
金属(metal) R2
の触媒作用における役割(catalysis role of) 193
金属タンパク質(metalloprotein) 127
金属の活性化系列(activity series of metals) R16
緊張状態(taut state) →T 状態を見よ

【く】

グアニジノ酢酸(guanidinoacetate) 463t, 465
グアニル酸シクラーゼ受容体(guanylate cyclase receptor) 519
グアニン(guanine) 9, 10f, 470, 471f, 505
グアニン-シトシン塩基対〔guanine-cytosine (GC) pair〕 540, 541f, 542
に影響する互変異性変換(tautomeric shift affecting) 544f, 545
グアニンヌクレオチド交換因子(guanine nucleotide exchange factor, GEF) 516, 634, 655
グアノシン一リン酸(guanosine monophosphate) →GMP を見よ
グアノシン三リン酸(guanosine triphosphate) →GTP を見よ
空間充填モデル(space-filling model)
タンパク質——(protein) 128
水分子の(of water molecule) 65f
クエン酸(citrate)
脂肪酸合成における(in fatty acid synthesis) 529
第二級アルコールを生成する異性化(isomerization to form secondary alcohol) 291
の合成(synthesis of) 291f
の代謝(metabolism of) 297, 298f
クエン酸回路(citric acid cycle) 247, 252, 377, 450
グリオキシル酸回路と(glyoxylate cycle and) 299, 300f
疾患と(disease and) 299
定義(defined) 278
における炭素原子の運命(fate of carbon atom in) 377
の概要(overview of) 286, 287f
の図式(schematic of) 287f
の調節(regulation of) 295, 297f
の反応(reaction of) 290
ピルビン酸のアセチル CoA への変換(pyruvate-to-acetyl-CoA conversion) 287, 288t, 289f, 290f
両性代謝性——(amphibolic) 295, 296f
クエン酸シンターゼ(citrate synthase) 295, 296
区画化(compartmentation) 202
組換え，DNA(recombination, DNA) 560
原核生物の(prokaryote) 602, 603f
真核生物の(eukaryote) 603
定義(defined) 584
部位特異的——(site-specific) 599, 604, 604f, 605f, 606f
普遍的または相同的——(general or homologous) 599, 600f, 601f, 602f, 603f
組換え DNA 技術(recombinant DNA technology) 607, 607f
組換え DNA の精製(recombinant DNA, purification of) 158
クモの糸，バイオミメティクスと(spider silk, biomimetics and) 155, 156f
クモのしおり糸(dragline spider silk) 155, 156f
クライアントタンパク質(client protein) 144
グライコフォーム(glycoform) 232
グライコーム(glycome) 232
クラスリン(clathrin) 42, 362
クラスリン依存性エンドサイトーシス(clathrin-dependent endocytosis) 45, 45f
クラスリン非依存性カベオラエンドサイトーシ

ス(clathrin-independent caveolar endocytosis) 46
クラッベ病(Krabbe's disease) 345t
グラナ(granum) 52, 416
クラブツリー効果(Crabtree effect) 250, 250f
グラミシジン(gramicidin) 313
グラム陰性菌(gram-negative bacterium) 35
グラム陽性菌(gram-positive bacterium) 35
クランプローダー(clamp loader) 586, 594f, 595
グリオキシル酸回路(glyoxylate cycle) 238, 299, 300
グリカン(glycan) 222
の糖鎖付加反応(glycosylation reaction with) 218, 219f
ヘテログリカン(heteroglycan) 222, 226
ホモグリカン(homoglycan) 222
グリコゲニン(glycogenin) 268
グリコーゲン(glycogen) 222, 238
還元末端(reducing end) 223, 224f
の合成(synthesis of) 269f
の特性と構造(property and structure of) 225
の分解(degradation of) 270f, 271f, 272f, 515
非還元末端(nonreducing end) 224f, 225, 268, 270f
グリコーゲン合成(glycogenesis) 238, 267, 269f
グリコーゲンシンターゼ(glycogen synthase, GS) 273
グリコーゲンシンターゼキナーゼ3(glycogen synthase kinase 3, GSK3) 273
グリコーゲン代謝(glycogen metabolism) 267
グリコーゲン合成と(glycogenesis and) 267, 269f
グリコーゲン分解と(glycogenolysis and) 268, 271f, 272f
に影響する主要因子(major factor affecting) 274f
の制御(regulation of) 270, 274f
グリコーゲン分解(glycogenolysis) 238
アデニル酸シクラーゼセカンドメッセンジャー系と(adenylate cyclase second messenger system and) 517f
における反応(reaction in) 268, 271f, 272f
グリコーゲンホスホリラーゼ(glycogen phosphorylase) 273
グリコーゲンを標的とするタンパク質(protein targeting to glycogen) →PTGを見よ
グリコシド結合〔glycosidic bond (linkage)〕 217, 221, 221f, 268, 271f
グリコシラーゼ，DNA(glycosylase, DNA) 596
グリコシルホスファチジルイノシトールアンカー(glycosylphosphatidylinositol anchor) →GPIアンカーを見よ
グリコール酸2-リン酸(glycolate-2-phosphate) 433f
グリシン(glycine) 113, 114, 448t
pK_a値(pK_a value) 118t
構造とイオン化状態(structure and ionization state) 112f
コラーゲンにおける(in collagen) 148
の異化経路(catabolic pathway of) 495, 495f
の構造式(structural formula for) 6f
の生合成(biosynthesis of) 453f, 456, 457f
略式表記(abbreviation) 113t
クリステ(cristae) 50
グリセルアルデヒド(glyceraldehyde) 116, 116f, 210, 210f
の代謝(metabolism of) 266f
グリセルアルデヒド3-リン酸(glyceraldehyde-3-phosphate, G3-P) 239, 262
DHAPとの相互変換(interconversion from DHAP) 240f, 242, 242f
異性化反応と(isomerization reaction and) 15, 15f
カルビン回路における(in Calvin cycle) 430
の酸化(oxidation of) 240f, 242f, 243
グリセルアルデヒド-3-リン酸デヒドロゲナーゼ(glyceraldehyde-3-phosphate dehydrogenase, GAPD) 127, 183, 244f, 323, 485t
グリセロール(glycerol) 258, 529
グリセロール3-リン酸(glycerol-3-phosphate) 341, 371
グリセロール生合成(glyceroneogenesis) 371, 373f
グリセロールリン酸シャトル(glycerol phosphate shuttle) 317, 318f
グリピカン(glypican) 227
グルカゴン(glucagon) 253, 270
グルコキナーゼ(glucokinase, GK) 251
グルコサミノグリカン(glycosaminoglycan, GAG) 227
グルコシド(glucoside) 217
グルコシルセラミド(glucosylceramide) 397f
グルコース(glucose)
エネルギー源としての重要性(importance as energy source) 8
解糖と(glycolysis) →解糖を見よ
が誘導する遺伝子発現(gene expression induced by) 253
グリコーゲンの非還元末端からの——の除去(removal from glycogen nonreducing end) 268, 270f
グルコース6-リン酸からの——の生成(formation from glucose-6-phosphate) 257
——酸化によるATP合成(ATP synthesis from oxidation of) 317, 317t
とATPの反応(ATP reaction with) 12, 14f
糖新生と(gluconeogenesis and) →糖新生を見よ
とメタノールの反応(methanol reaction with) 217, 218f
のアノマー(anomer of) 213f
の異性化(isomerization of) 216, 216f
の完全酸化(complete oxidation of) 317
の構造(structure of) 8f
のコンホメーション構造式(conformational representation of) 214f
の酸化生成物(oxidation product of) 215, 215f
の特性と機能(property and function of) 219
のハース構造式(Haworth structure of) 213f
の平衡混合物(equilibrium mixture of) 214f
の変旋光(mutarotation of) 214, 214f
へのリン酸基転移(phosphoryl group transfer with) 104f
グルコース1-リン酸(glucose-1-phosphate) 267, 270
の加水分解の標準自由エネルギー(standard free energy of hydrolysis of) 103t
グルコース6-リン酸(glucose-6-phosphate) 100, 100f, 238
からのグルコースの生成(glucose formation from) 257
とリン酸基転移(phosphoryl group transfer with) 104f
の加水分解の標準自由エネルギー(standard free energy of hydrolysis of) 103t
の合成(synthesis of) 239, 240f
の生成(formation of) 12, 14f
フルクトース6-リン酸への変換(conversion to fructose-6-phosphate) 240f, 241
グルコース-6-リン酸デヒドロゲナーゼ欠乏症(glucose-6-phosphate dehydrogenase deficiency) 130
グルコース-アラニン回路(glucose-alanine cycle) 259, 260f, 450
グルコースセンサー(glucose sensor) 251
グルコース輸送体(glucose transporter) 358, 358f
グルコセレブロシド(glucocerebroside) 345f
グルコピラノース(glucopyranose) 214, 214f
グルタチオン(glutathione, GSH)
の機能(function of) 465
の構造と機能(structure and function of) 124, 124t
の生合成(biosynthesis of) 465, 466f
グルタチオンシステム(glutathione-centred system) 325, 325f
グルタチオンペルオキシダーゼ(glutathione peroxidase, GPx) 323, 325f, 465
グルタミン(glutamine) 113, 448t, 453
pK_a値(pK_a value) 118f
構造とイオン化状態(structure and ionization state) 112f
触媒作用における(in catalysis) 192
の異化経路(catabolic pathway of) 497, 498f
の構造式(structural formula for) 6f
の生成(formation of) 453, 453f
略式表記(abbreviation) 113t
グルタミン酸〔glutamate (glutamic acid)〕 114, 448t
pK_a値(pK_a value) 118t
5-オキソプロリンから——への変換(5-oxyproline conversion to) 465, 466f
からのプロリンとアルギニンの生合成(biosynthesis of proline and arginine from) 455f
構造とイオン化状態(structure and ionization state) 112f
触媒作用における(in catalysis) 190
の異化経路(catabolic pathway of) 497, 498f
の滴定(titration of) 117f, 118
略式表記(abbreviation) 113t
グルタミン酸オキサロ酢酸トランスアミナーゼ(glutamic oxaloacetic transaminase, GOT) 457
グルタミン酸デヒドロゲナーゼ(glutamate dehydrogenase) 451
グルタミン酸ファミリー(glutamate family)

【け】

【こ】
クレアチン(creatine)	463t, 464
クレブス尿素回路〔Krebs urea cycle(Krebs-Henseleit cycle)〕 489 →尿素回路も見よ	
クレブスの二輪回路(Krebs bicycle)	492, 493f
クレブス・ヘンゼライト回路(Krebs-Henseleit cycle) →クレブス尿素回路を見よ	
グレリン(ghrelin, Ghr)	527, 532, 533
クローニング(cloning)	
ショットガン――(shotgun)	610, 611f
分子――(molecular)	607, 608f, 609f
グロビン(globin)	150, 150f
グロビンフォールド(globin fold)	134
クロマチン(chromatin)	
定義(defined)	552
の構造(structure of)	554, 555f
クロマチン繊維(chromatin fiber)	46
クロマチンリモデリング複合体(chromatin-remodelling complex)	618, 618f
クロマトグラフィー(chromatography)	
核酸(nucleic acid)	563
タンパク質(protein)	157, 158f
クロム(chromium)	255
クロモプラスト(chromoplast)	52
クロロフィル(chlorophyll)	415, 422
クローン病(Crohn's disease)	464
クワシオルコル(kwashiorkor)	449

項目	ページ
系(system)	
開放――(open)	93
散逸――(dissipative)	105
閉鎖――(closed)	93
蛍光(fluorescence)	422
蛍光顕微鏡(fluorescence microscopy)	58
蛍光色素分子(fluorophore)	58
形質転換(transformation)	603, 636
形質導入(transduction)	575, 603
系統名，酵素(systematic name, enzyme)	171
ケタール(ketal)	217, 217f
血圧(blood pressure)	125
血液凝固(blood clotting)	22
結核(tuberculosis)	202
結核菌(Mycobacterium tuberculosis)	202
血管収縮(vasoconstriction)	338
結合強度，生物における(bond strength, in living organism)	66t
血小板由来成長因子(platelet-derived growth factor, PDGF)	56, 519, 522
血友病A(hemophilia A)	560
血友病B(hemophilia B)	560
ケトアシドーシス(ketoacidosis)	524
解毒(detoxification)	408
ケト原生アミノ酸(ketogenic amino acid)	488
ケトヘキソース(ketohexose)	8, 8f

項目	ページ
ケトペントース(ketopentose)	210
ケトン(ketone)	
の構造と特徴(structure and significance of)	5t
の特性(property of)	R24
ケトン体(ketone body)	379f, 380
ケトン体生成(ketogenesis)	380
ゲノミクス(genomics)	22
機能――(functional)	22, 607
定義(defined)	607
の技術(technology of)	607, 607f, 608f, 609f, 610f, 611f, 612f
ゲノム(genome)	
原核生物の(prokaryote)	556, 557f
真核生物の(eukaryote)	557, 557f
定義(defined)	9, 539
の構造(structure of)	556, 557f, 558f
ヒト――(human)	557f, 558, 558f
ゲノム計画(genome project)	583, 611
ゲノム散在性反復(interspersed genome-wide repeat)	559
ゲノム制御，真核生物(genomic control, eukaryote)	629
ゲノム全体のヌクレオチド除去(global genomic repair, GG-NER)	596
ゲノムライブラリー(genomic library)	610, 611f
ケラタン硫酸(keratan sulfate)	227
ケラチン(keratin)	145, 147f
ゲラニオール(geraniol)	346, 346t
ゲラニルゲラニル基(geranylgeranyl group)	347, 347f
ゲラニルピロリン酸(geranylpyrophosphate)	401, 402f
下痢(diarrhoea)	85, 221, 361, 519
ゲル(gel)	71
ケルセチン(quercitin)	328
ゲル電気泳動(gel electrophoresis)	159, 159f, 563
ゲル濾過クロマトグラフィー(gel-filtration chromatography)	157, 158f
けん化(saponification)	340
限界デキストリン(limit dextrin)	268
原核生物(prokaryote)	
細胞膜(plasma membrane)	35, 35f
線毛(pilus)	37
のDNA組換え(DNA recombination in)	602, 603f
のDNA合成(DNA synthesis in)	585, 587f, 588f, 588t
のmRNA(mRNA of)	571
の遺伝子発現(gene expression in)	626, 627f, 628f, 629f
のゲノム(genome of)	556, 557f
の構造(structure of)	34, 34f
の細胞質(cytoplasm of)	36, 36f
の細胞壁(cell wall of)	34
の染色体(chromosome of)	551, 552f
のタンパク質合成(protein synthesis in)	652, 654f, 655f
の転写(transcription in)	614, 615f, 616f, 617f
の特徴(characteristics of)	28
の複製過程(replication process in)	588, 589f, 590f, 591f, 592f
のリボソーム(ribosome of)	570, 570f

項目	ページ
鞭毛(flagella)	37
嫌気性生物(anaerobic organism)	238
嫌気的解糖(anaerobic glycolysis)	248f
嫌気的経路(anaerobic pathway)	203, 203f
兼業タンパク質(moonlighting protein)	127
原子価核(valence shell)	R4
原子価核電子対反発(valence shell electron repulsion, VSEPR)	R9
原子価結合理論(valence bond theory)	R10
原子構造(atomic structure)	R2
原始的な集塊(primordial pudding)	64
原子半径(atomic radius)	R5
原子番号(atomic number)	R2
原子論(atomic theory)	R3
減数分裂時の組換え(meiosis, recombination during)	599

項目	ページ
コアタンパク質(core protein)	227
コアプロモーター(core promoter)	619, 619f, 621f
コアプロモーターエレメント(core promoter element, CPE)	619, 619f
高アンモニア血症(hyperammonemia)	493
高インスリン血症(hyperinsulinemia)	524
高エネルギー結合(high-energy bond)	103
光化学系(photosystem)	414, 414f
光化学系Ⅰ(photosystemⅠ, PSⅠ)	
NADPH合成と(NADPH synthesis and)	426
光による損傷と(light damage and)	426
水の酸化と(water oxidation and)	425
光学異性体(optical isomer)	116, 212
高活性抗レトロウイルス療法(highly active antiretroviral therapy, HAART)	578
後期エンドソーム(late endosome)	45
好気性細胞(aerobic cell)	277f
好気的呼吸(aerobic respiration)	238
好気的代謝(aerobic metabolism)	49
→好気的呼吸，クエン酸回路，電子伝達，酸化還元反応，酸化的リン酸化も見よ	
の概要(overview of)	278, 279f, 304
の過程(process of)	285, 286f
ミトコンドリアにおける(in mitochondrion)	279f
高グリセリド血症(hypertriglyceridaemia)	389
高血圧症(hypertension)	321
高血糖症(hyperglycemia)	523
光合成(photosynthesis)	16, 52, 92, 238, 285
概要(overview)	414f
生物を模倣した(biomimetic)	440, 440f
定義(defined)	36, 415

で利用される色素分子(pigment molecule used in)　415f
における クロロフィル(chlorophyll in)　415, 422
における光(light in)　420
における光依存性反応(light-independent reaction in)　429
における明反応(light reaction in)　423, 424f
における葉緑体(chloroplast in)　→葉緑体を見よ
による糖質の生成(sugar formation during)　210
の作用単位(working unit of)　417f
の調節(regulation of)　437
の光調節(light control of)　437, 437f
光合成従属栄養生物(photoheterotroph)　17
光合成的炭素還元回路〔photosynthetic carbon reduction (PCR) cycle〕　430
光合成独立栄養生物(photoautotroph)　16
光呼吸(photorespiration)　433, 433f
交差(crossing over)　603
抗酸化剤(antioxidant)　263, 320, 327f, 349
がんと(cancer and)　638
酵素系(enzyme system)　323, 325f
食物中の(in diet)　327
としてのグルタチオン(glutathione as)　465
恒常性(homeostasis)　→ホメオスタシスを見よ
甲状腺ホルモン(thyroid hormone)　514, 514f, 525, 526f
恒常的なエキソサイトーシス(constitutive exocytosis)　42
高浸透圧性高血糖ノンケトーシス(hyperosmolar hyperglycaemic nonketosis, HHNK)　524
合成依存的単鎖対合モデル〔synthesis-dependent strand annealing (SDSA) model〕　602, 602f
構成原理(Aufbau principle)　R4
構成的遺伝子(constitutive gene)　626
構成的ヘテロクロマチン(constitutive heterochromatin)　46, 554
合成反応(synthetic reaction)　R16
校正部位(アミノアシル tRNA シンテターゼ)〔proofreading site (aminoacyl-tRNA synthetase)〕　649
抗生物質(antibiotics)　494, 658t
酵素阻害剤(enzyme inhibitor)　180
抗生物質耐性(antibiotic resistance)　37, 604
標識遺伝子と(marker gene with)　609
酵素(enzyme)
アロステリック——(allosteric)　185, 185f, 200, 200f, 201f
抗酸化材系(antioxidant system)　323, 325f
高分子クラウディングと(macromolecular crowding and)　170, 186
指標——(marker)　57
触媒としての(as catalyst)　2
制限——(restriction)　564, 565f, 566
遷移状態と(transition state and)　187
——阻害(inhibition of)　180, 181f, 182f, 184f
脱分枝——(debranching)　268, 271f
定義(defined)　2
糖タンパク質としての(as glycoprotein)　229t
による触媒作用(catalysis by)　125, 168, 168t, 169f, 171f
による触媒作用でのアミノ酸の役割(amino acid role in catalysis by)　192
による遷移状態の安定化(transition state stabilization by)　188, 189f
の活性化エネルギーへの効果(activation energy effect of)　168, 169f
の触媒機構(catalytic mechanism of)　190, 191f, 197, 198f, 199f
の触媒作用における補因子の役割(cofactor role in catalysis by)　194, 195t
の多基質反応(multisubstrate reaction of)　179
の調節(regulation of)　199, 200f, 201f
の特異性(specificity of)　170, 171f
の特性(property of)　168, 168t, 169f, 171f
の分類(classification of)　171, 172t
の命名法(nomenclature for)　171
反応平衡への——の効果(reaction equilibrium effect of)　169
への温度と pH の影響(temperature and pH effects on)　195, 196f
ユビキチン活性化——(ubiquitin-activating)　486
ユビキチン結合——(ubiquitin-conjugating)　486
構造化した水(structured water)　70, 70f
構造にかかわるタンパク質(structure, protein involved in)　126, 127, 145, 147f, 148f
構造をとらないタンパク質(unstructured protein)　139, 139f
酵素カスケード(enzyme cascade)　514, 515f
酵素結合免疫吸着検定法(enzyme-linked immunosorbent assay, ELISA)　515
酵素反応速度論(enzyme kinetics)　174, 175f
阻害解析(inhibition analysis)　183, 184f
代謝，高分子クラウディングと(metabolism, macromolecular crowding, and)　186
定義(defined)　174
二重置換反応(double-displacement reaction)　→二重置換反応を見よ
ミカエリス・メンテン(Michaelis-Menten)　→ミカエリス・メンテン型速度式を見よ
ラインウィーバー・バークプロット(Lineweaver-Burk plot)　179, 179f, 183, 184f
酵素誘導(enzyme induction)　199
高張液(hypertonic solution)　74, 74f
後転位段階(posttranslocation state)　656
後天性免疫不全症候群(acquired immune deficiency syndrome, AIDS)　575, 578
——治療における酵素阻害剤(enzyme inhibitor treating)　181
高熱症，悪性(hyperthermia, malignant)　258
高分子(macromolecule)　2
細胞のモル浸透圧濃度と(cellular osmolarity and)　75
における非共有結合的な相互作用(noncovalent interaction in)　65
高分子クラウディング(macromolecular crowding)　31, 32f, 170, 186
興奮性神経伝達物質(excitatory neurotransmitter)　466
酵母(yeast)　346
の ADH(ADH of)　203, 203f
酵母ツーハイブリッドスクリーニング法(yeast two-hybrid screening)　677
酵母人工染色体(yeast artificial chromosome, YAC)　608
高密度リポタンパク質(high-density lipoprotein, HDL)　351
抗利尿ホルモン(antidiuretic hormone)　→バソプレッシンを見よ
光リン酸化(photophosphorylation)　429
小型高比重 LDL(small dense LDL, sdLDL)　351
呼吸(respiration)　36
呼吸窮迫症候群(respiratory distress syndrome)　342
呼吸制御(respiratory control)　316
呼吸バースト(respiratory burst)　321, 324f, 501
国際単位(international unit, IU)　179
コケイン症候群(cockayne syndrome)　598
古細菌(archaea)　28
ゴーシェ病(Gaucher's disease)　345t
コスミド(cosmid)　608
固相の生化学(solid state biochemistry)　54
孤束核(nucleus tractus solitarius, NTS)　532
骨粗鬆症(osteoporosis)　407
固定状態モデル(ミトコンドアの電子伝達)〔solid state model (mitochondrial electron transport)〕　310
固定相(stationary phase)　157
固定台(stator)　313
古典的モータータンパク質(classical motor protein)　154
コード鎖(coding strand)　613, 614f
コドン(codon)　539f, 571
遺伝暗号の(of genetic code)　645t
開始——〔initiating (start)〕　612, 645
終止——(stop)　612, 645
同義——(synonymous)　646
コドン-アンチコドン相互作用(codon-anticodon interaction)　647, 647f
コドン使用頻度の偏り(codon usage bias)　646
コハク酸デヒドロゲナーゼ(succinate dehydrogenase)　181, 283
コハク酸デヒドロゲナーゼ複合体〔succinate dehydrogenase complex (complex Ⅱ)〕　305, 305f, 307f, 310, 310t
コハク酸の酸化(succinate oxidation)　293
コバラミン〔cobalamin (vitamin B_{12})〕　195t, 461
コヒーシン(cohesin)　619, 622f
互変異性(tautomerization)　245
互変異性体(tautomer)　245, 471f
互変異性変換(tautomeric shift)　544f, 545
ゴム(rubber)　346t
コラーゲン(collagen)
緩衝材としての(as shock absorber)　72
の形状(shape of)　110f
の構造と機能(structure and function of)　148, 148f
ラチリスムと(lathyrism and)　149
コリ回路(Cori cycle)　258, 259f
コリスミ酸(chorismate)　453f, 459, 459f
孤立電子対(lone pair)　R9, R10
コリ病(Cori's disease)　273
コリン(choline)　462

コール酸(cholic acid) 348f
ゴルジ装置(Golgi apparatus) 41, 43f
ゴルジ複合体(Goldi complex) →ゴルジ装置を見よ
ゴルジ膜(Golgi membrane) 670, 673f
コルチゾール(cortisol) 348f
コレステロール(cholesterol)
心臓疾患と(heart disease and) 407
の合成(synthesis of) 398, 403f
の特性と機能(property and function of) 348, 351f
の分解(degradation of) 401, 404f
ホメオスタシス(homeostasis) 404
コレステロールエステル(cholesteryl ester) 351, 351f
コレステロール生合成経路(cholesterol biosynthetic pathway) 407
コレステロールの代謝(cholesterol metabolism) 398
コレステロールの合成(cholesterol synthesis) 398, 403f
コレステロールの分解(cholesterol degradation) 401, 404f
コレステロールのホメオスタシス(cholesterol homeostasis) 404
コレラ(cholera) 344, 361
コレラ毒素(cholera toxin) 232, 521
コロニーハイブリッド形成技術(colony hybridization technique) 609, 609f
混合型非拮抗阻害(mixed noncompetitive inhibition) 182, 184f
混合機能オキシダーゼ(mixed function oxidase) 408
混合テルペノイド(mixed terpenoid) 347
混合無水物(mixed anhydride) 648
コンドロイチン硫酸(chondroitin sulfate) 227
コンホメーション構造式(conformational formula) 214
コンホメーションモデル，単糖の(conformational model, of monosaccharide) 214, 214f

【さ】

再灌流(reperfusion) 329
再灌流障害(reperfusion injury) 329
細菌(bacterium)
共生——(symbiotic) 444
グラム陰性または陽性——(gram-negative and -positive) 35
シアノバクテリア(cyano) 444
典型的な細胞の構造(structure of typical cell) 34f
有益または有害な(beneficial and harmful) 28
細菌人工染色体(bacterial artificial chromosome, BAC) 608
細菌毒素(bacterial toxin) 232
細菌の接合(bacterial conjugation) 604
サイクリック AMP(cyclic AMP, cAMP) 253, 270, 516, 521
サイクリック GMP(cyclic GMP, cGMP) 519
サイクリン(cyclin) 484
サイクリン依存性プロテインキナーゼ(cyclin-dependent protein kinase, Cdk) 633
サイクリン破壊ボックス(cyclin destruction box) 485
再生，DNA(renaturation, DNA) 564, 564f
再生，カルビン回路における(regeneration, in Calvin cycle) 430
最適 pH(pH optimum) 196
最適温度(optimum temperature) 195
サイトカイン(cytokine) 33, 522
再取り込み(reuptake) 501
再分極(repolarization) 358
細胞(cell)
エネルギーと(energy and) →エネルギーを見よ
化学工場としての(as chemical factory) 11
原核生物の(prokaryotic) →原核生物を見よ
研究に使われる技術(technology used in research) 57
好気性——(aerobic) 277f
酸素と——の機能(oxygen and function of) 320
植物——の構造(plant, structure of) 38f
真核生物の(eukaryotic) →真核生物を見よ
生物の基本単位としての(as basic unit of life) 3
糖と(sugar and) 209f
動物——の構造(animal, structure of) 38f
における高分子クラウディング(macromolecular crowding in) →高分子クラウディングを見よ
における細胞骨格の役割(cytoskeleton role in) 54
における自己集合(self-assembly in) 30, 31f
における生物学的秩序(biological order in) 18
における代謝(metabolism in) →代謝を見よ
におけるプロテオスタシス(proteostasis in) 31
における水の重要性(water importance in) 29
熱力学系としての(as thermodynamic system) 96f, 97
の運動(movement of) 18, 54
の生化学反応(biochemical reaction of) →生化学反応を見よ
分子機械としての(as molecular machine) 30, 31f
への酸化的損傷(oxidative damage to) 320
ホルモンと——間情報伝達(hormone and communication in) 513
——容積の制御(volume regulation of) 86, 86f
細胞外マトリックス(extracellular matrix, ECM) 39
細胞骨格(cytoskeleton) 18, 38
再構成モデル(reorganization model) 55f
により可能となった機能(function made possible by) 54
の構成要素(component of) 52, 53f
細胞質(cytoplasm) 36, 36f
のゲル特性(gel property of) 71
細胞質型グアニル酸シクラーゼ(soluble guanylate cyclase, sGC) 519
細胞周期，真核生物の(cell cycle, eukaryotic) 592, 592f
細胞周辺腔(periplasmic space) 35
細胞小器官(organelle) 28
細胞小器官の DNA(organelle DNA) 555, 568
細胞性免疫(cellular immunity) 506
細胞接着分子(cell adhesion molecule, CAM) 230
細胞分画(cell fractionation) 57, 57f
細胞分裂におけるシグナル伝達と遺伝子発現(cell division, signal transduction and gene expression in) 633, 635f
細胞壁，原核生物の(cell wall, of prokaryote) 34
細胞膜〔plasma (cell) membrane〕 673f
→膜も見よ
原核生物の(prokaryotic) 36
真核生物の(eukaryotic) 39
動物細胞(animal cell) 39f
細胞遊走性因子(chemotactic agent) 338
細胞容積の制御，代謝と(volume regulation of cell, metabolism and) 86, 86f
サイレンサー(silencer) 559, 619
サイレンシング，遺伝子(silencing, gene) 631, 632f
サイレント突然変異(silent mutation) 4, 544
サーカディアンリズム(circadian rhythm) 464
酢酸(acetic acid, CH_3COOH)
酸化還元反応と(oxidation-reduction reaction and) 16
の NaOH による滴定(titration of, with NaOH) 79, 79f
の解離定数と pK_a 値(dissociation constant and pK_a value for) 78t
酢酸塩緩衝液(acetate buffer) 79, 79f
酢酸メチル(methyl acetate) R25
サザンブロット法(Southern blotting) 563, 565f
サテライト DNA(satellite DNA) 559
サーファクタント(surfactant) 342
サブユニット，タンパク質(subunit, protein) 135, 136
サーモゲニン(thermogenin) 319
サリシン(salicin) 218, 218f
サルコメア(sarcomere) 30
酸(acid)
pH と(pH and) 77, 78f
一般——触媒(general catalysis by) 190, 191f
強——(strong) 77
弱——(weak) →弱酸を見よ
としてのアミノ酸(amino acid as) 111
によるタンパク質変性(protein denaturation by) 141
の解離係数と pK_a 値(dissociation constant and pK_a value for) 77, 78t
の構造と特徴(structure and significance of) 5t
散逸系(dissipative system) 105
酸塩基触媒(acid-base catalysis) 190, 190f
酸塩基反応(acid-base reaction) R16
酸塩基平衡(acid-base equilibria) R15
酸化(oxidation) 16
α —— 381, 382f
β —— →β 酸化を見よ
ω —— 374
NADH の(of NADH) 309f, 310

イソクエン酸の(of isocitrate) 291
2-オキソグルタミン酸(2-oxoglutarate) 292
グリセルアルデヒド3-リン酸(glyceraldehyde-3-phosphate) 240f, 242, 242f
グルコースの(of glucose) 317, 317t
コハク酸(succinate) 293
脂肪酸(fatty acid) 381, 389
単糖の(of monosaccharide) 215, 215f, 216f
不飽和脂肪酸の(of unsaturated fatty acid) 381, 381f
水の(water) 425
リンゴ酸の(of malate) 294
酸化還元制御(redox regulation) 320
酸化還元反応〔oxidation-reduction (redox) reaction〕 R17, 278, 280f
記述(described) 16
光合成と(photosynthesis and) 423
における補酵素(coenzyme in) 282, 282f, 283f
酸化還元補酵素(redox coenzyme) 282, 282f, 283f
三角錐構造(trigonal pyramidal geometry) R10
酸化剤(oxidizing agent) R17, 16
酸化状態(oxidation state) R4
酸加水分解酵素(acid hydrolase) 44
酸化ストレス(oxidative stress) 32, 278, 320
酸化的DNA損傷(oxidative DNA damage) 545, 547
酸化的損傷(oxidative damage) 320
酸化的脱アミノ(oxidative deamination) 488, 489
酸化的リン酸化(oxidative phosphorylation, OXPHOS) 50, 377
グルコースの完全酸化(complete oxidation of glucose) 317
定義(defined) 278, 304, 311
電子伝達の脱共役と(uncoupled electron transport and) 319
の概要(overview of) 321f
の化学浸透圧共役説(chemiosmotic coupling theory of) 311, 312f
の制御(control of) 316, 316f
三次構造，タンパク質(tertiary structure, protein) 128, 131, 133f, 134f, 136f
30 nm 繊維(30-nm fibre) 554, 555f
三重結合(triple bond) R12, R21
酸性アミノ酸(acidic amino acid) 112f, 114
酸素(oxygen)
一重項――(singlet) 323
光合成と(photosynthesis and) 414
細胞機能と(cell function and) 320
の逆説的な性質(paradoxical nature of) 304
の特性(property of) 304
水分子における(in water) 64, 64f, 65f
酸素解離曲線(oxygen dissociation curve)
ヘモグロビン(haemoglobin) 151, 151f
ミオグロビン(myoglobin) 150, 151f
酸素耐性嫌気性生物(aerotolerant anaerobe) 278
酸素発生型光合成(oxygenic photosynthesis) →光合成を見よ
酸素発生複合体(oxygen-evolving complex, OEC) 418, 425

【し】

ジアシルグリセロール(diacylglycerol, DAG) 518, 522
ジアステレオマー(diastereomer) 212
シアノコバラミン(cyanocobalamin) 463f
シアノバクテリア(cyanobacteria) 444
シアル酸(sialic acid) 221, 229
シアン化イオン，ヘモグロビン阻害〔cyanide (CN^-), haemoglobin inhibition〕 152
ジオーキシシフト(diauxic shift) 251
紫外線により引き起こされるDNA損傷(UV radiation, DNA damage caused by) 545, 546f
弛緩状態(relaxed state) →R状態を見よ
子癇前症(pre-eclampsia) 560
色素性乾皮症(xeroderma pigmentosum) 598
ジギタリス(digitalis) 349
ジギトキシン(digitoxin) 349
シキミ酸経路(shikimate pathway) 459
磁気量子数 m(magnetic quantum number m) R3
シグナル(signal) 32
シグナルカスケード(signalling cascade) 33
シグナル仮説(signal hypothesis) 670, 671f
シグナル伝達(signal transduction)
遺伝子発現と(gene expression and) 633, 635f
――経路(pathway) 18
代謝と(metabolism and) 33
定義(defined) 32
における高分子クラウディング(macromolecular crowding in) 31
における細胞骨格の役割(cytoskeleton role in) 54
における膜骨格(membrane skeleton in) 40
における水の役割(water role in) 64
の機構(mechanism of) 32, 515f
ホスホリパーゼと(phospholipase and) 343
シグナル認識粒子(signal recognition particle, SRP) 670, 671f
シグナルネットワーク(signalling network) 21
シグナルペプチド(signal peptide) 657
シクロヘキサン(cyclohexane) 5f
自己抗体(autoantibody) 338
自己集合，細胞における(self-assembly, in cell) 30, 31f
仕事をする能力としてのエネルギー(work, energy as capacity for) 92
自己分泌調節因子(autocrine regulator) 337
自己免疫疾患(autoimmune disease) 338, 464
脂質(lipid) →エイコサノイド，脂肪酸，複合糖質，イソプレノイド，リポタンパク質，ホスホリパーゼ，リン脂質，スフィンゴ脂質，トリアシルグリセロール，ろうエステルを見よ
定義(defined) 334
の機能(function of) 334
の特性(property of) 9, 9f
の分類(class of) 334
膜(membrane) 29, 30f, 352
脂質異常症(dyslipidemia) 523
脂質交換(lipid exchange) 51
事実上の非構造化タンパク質(intrinsically unstructured protein, IUP) 139
脂質生成(lipogenesis) 253, 371, 528
脂質代謝(lipid metabolism) 368
イソプレノイド代謝(isoprenoid metabolism) →イソプレノイド代謝を見よ
脂肪酸代謝の調節(fatty acid metabolism regulation) 390, 391f
脂肪酸の酸化(fatty acid oxidation) 378
脂肪酸の生合成(fatty acid biosynthesis) 383
脂肪酸の分解(fatty acid degradation) 374
食事性脂肪分解，吸収，輸送(dietary fat digestion, absorption, and transport) 368
トリアシルグリセロールの代謝(triacylglycerol metabolism) 370
におけるAMPKに制御された経路(AMPK-regulated pathway in) 392f
膜――(membrane) 393
リポタンパク質代謝(lipoprotein metabolism) 393
脂質二重層(lipid bilayer) 29, 30f, 352, 353f
脂質の付加(lipophilic modification) 668
脂質ラフト(lipid raft) 356, 356f
シスチン(cystine) 122, 123f
シスチン尿症(cystinuria) 123
システイニル $tRNA^{Cys}$(cysteinyl-$tRNA^{Cys}$) 647f
システイン(cysteine) 114, 119, 448
pK_a 値(pK_a value) 118t
構造とイオン化状態(structure and ionization state) 112f
触媒作用における(in catalysis) 190, 192
の異化経路(catabolic pathway of) 495, 495f
の酸化(oxidation of) 122, 123f
の生合成(biosynthesis of) 453f, 456, 458f
略式表記(abbreviation) 113t
システム(system) 20
システム生物学(systems biology) 19
ジストロフィン遺伝子(dystrophin gene) 623
シストロン(cistron) 571
ジスルフィド架橋(disulfide bridge) 122, 123f
免疫グロブリンの(of immunoglobulin) 137, 137f
ジスルフィド結合の形成(disulfide bond formation) 669
ジスルフィド交換(disulfide exchange) 669
疾患(disease)
アミノ酸異化(amino acid catabolism) 502
アメトプテリンと(amethopterin and) 464
一次繊毛と(primary cilia and) 56
クエン酸回路と(citric acid cycle and) 299
プロテオスタシスネットワークと(proteostasis network and) 676
分子――(molecular) →分子病を見よ
シッフ塩基(Schiff base) 123, 218, 450, 451f, 452f
質量作用の法則(mass action, law of) 186
質量数(mass number) R2
質量分析(mass spectrometry, MS) 677
タンパク質(protein) 159, 160f
質量保存(conservation of matter) R12
ジテルペン(diterpene) 346, 346t
シトクロム(cytochrome) 307
シトクロム b_6f 複合体(cytochrome b_6f complex) 414, 419, 419f
シトクロム bc_1 複合体〔cytochrome bc_1 complex

〔complex Ⅲ〕〕 306, 308f, 310, 310t, 322
シトクロム c (cytochrome c)
　進化と (evolution and) 129
　電子伝達と (electron transport and) 307, 310, 310t
　における不変残基 (invariant residue in) 129
　の形状 (shape of) 110f
　の構造 (structure of) 308f
　の半減期 (half-life of) 485t
シトクロム P-450 (cytochrome P-450) 374
シトクロム P-450 電子伝達系 (cytochrome P-450 electron transport system) 408, 409f
シトクロムオキシダーゼ〔cytochrome oxidase (complex Ⅳ)〕 309, 309f, 310, 310t
シトシン (cytosine) 9, 470, 471f
　の構造 (structure of) 10f
　のメチル化 (methylation of) 561, 561f
ジドブジン (zidovudine) →アジドチミジンを見よ
シトルリン (citrulline) 115, 115f, 491
シナプス可塑性 (synaptic plasticity) 470
シナプス小胞 (synaptic vesicle) 466
ジニトロゲナーゼレダクターゼ (dinitrogenase reductase) →Fe タンパク質を見よ
ジニトロフェノール (dinitrophenol, DNP) 312f, 313
自発的でない過程 (nonspontaneous process) 96
自発的変化 (spontaneous change) 96
ジパルミトイルホスファチジルコリン (dipalmitoylphosphatidylcholine) 342
ジヒドロキシアセトン (dihydroxyacetone) 210, 210f
ジヒドロキシアセトンリン酸 (dihydroxyacetone phosphate, DHAP) 15, 15f, 188, 189f, 242, 242f, 371
3,4-ジヒドロキシフェニルアラニン (3,4-dihydroxyphenylalanine) →L-DOPA を見よ
ジヒドロユビキノン (dihydroubiquinone) 306f
指標酵素 (marker enzyme) 57
ジフテリア (diphtheria) 662
ジペプチド (dipeptide) 121, 121f
脂肪 (fat) →脂質も見よ
　食事性―― (dietary) 368
　中性―― (neutral) 339
　の特性 (property of) 339
脂肪細胞 (adipocyte) 339
　定義 (defined) 46
　におけるグリセロール生合成 (glyceroneogenesis in) 373f
脂肪酸 (fatty acid) R24
　ω-3 ―― 336
　ω-6 ―― 336
　一価不飽和―― (monounsaturated) 336
　奇数鎖―― (odd-chain) 381, 382f

【す】

索引　751

ホスホリパーゼと(phospholipase and)　343
消化器系(digestive system)　3f
条件的ヘテロクロマチン(facultative heterochromatin)　47, 554
硝酸塩(nitrate)　444
常磁性原子(paramagnetic atom)　R3
ショウジョウバエ(Drosophila)　611, 669
ショウジョウバエの染色体(Drosophila melanogaster, chromosome of)　552
状態量(熱力学)〔state function (thermodynamics)〕　93, 97
冗長性(redundancy)　20
衝突理論(collision theory)　R12
ショウノウ(camphor)　348f
蒸発熱(heat of vaporization)　68
上皮細胞増殖因子(epidermal growth factor, EGF)　519, 522, 634, 635f
小胞(vesicle)　37
情報(information)　32
小胞体(endoplasmic reticulum, ER)　670, 673f
　移行型——(transitional)　41
　滑面——(smooth)　40, 40f
　粗面——(rough)　40, 40f
小胞体関連タンパク質分解〔ER (endoplasmic reticulum)-associated protein degradation〕　41
小胞体-ゴルジ中間区画(ER-Golgi intermediate compartment, ERGIC)　41
小胞体ストレス〔ER (endoplasmic reticulum) stress〕　41, 329, 488
小胞体ストレス応答(unfolded protein response, UPR)　32, 41, 329
初期miRNA(primary miRNA, pri-miRNA)　631, 632f
初期エンドソーム(early endosome)　43
初期応答遺伝子(early response gene)　633
除去修復(excision repair)　595, 596, 597f
食後状態(postprandial state)　527, 529f
食中毒(food poisoning)　604
触媒(catalyst)　2
　定義(defined)　R12, 168, 169f
　としての酵素(enzyme as)　125, 168, 168t, 169f, 171f
　の化学平衡への効果(reaction equilibrium effect of)　169
　の活性化エネルギーへの効果(activation energy effect of)　168, 169f
　反応速度と(reaction rate and)　R14
触媒作用(catalysis)
　共有結合を介した——(covalent)　191
　酸塩基——(acid-base)　190, 191f
　遷移状態の安定化(transition state stabilization)　188, 189f
　におけるアミノ酸の役割(amino acid role in)　192
　における近接効果(proximity effect in)　190
　における静電効果(electrostatic effect in)　190
　における配向効果(orientation effect in)　190
　における補因子(cofactor in)　193, 195t
　にかかわるタンパク質(protein involved in)

125, 168, 168t, 169f, 171f　→酵素も見よ
　の機構(mechanism of)　190, 191f, 197, 198f, 199f
　への温度とpHの影響(temperature and pH effect on)　195, 196f
　有機反応と遷移状態(organic reaction and transition state)　187
触媒残基(catalytic residue)　192
触媒の極致(catalytic perfection)　178
食品保存剤としてのBHT(preservative, BHT as)　328
植物細胞(plant cell)　→細胞を見よ
食物(diet)
　がんと(cancer and)　638
　——中のアミノ酸(amino acid in)　448
　——中の抗酸化剤(antioxidant in)　327
食欲の調節(appetite regulation)　531
除草剤(herbicide)　429
ショットガンクローニング(shotgun cloning)　610, 611f
進化(evolution)　19
　生命の(of life)　4
　タンパク質の一次構造, 分子病と(primary protein structure, molecular disease, and)　129, 129f
　における水の役割(water role in)　64
　非平衡熱力学と(nonequilibrium thermodynamics and)　105
真核生物(eukaryote)
　エンドサイトーシス経路(endocytic pathway)　43
　核(nucleus)　46, 47f, 48f
　ゴルジ装置(Golgi apparatus)　41, 43f
　細胞骨格(cytoskeleton)　→細胞骨格を見よ
　細胞膜(plasma membrane)　39
　小胞体(endoplasmic reticulum)　→小胞体を見よ
　のDNA組換え(DNA recombination in)　603
　のDNA合成(DNA synthesis in)　592, 593f
　のmRNA(mRNA of)　571
　の遺伝子発現(gene expression in)　628, 631f, 632f, 635f
　のゲノム(genome of)　556, 557f, 557f
　の構造(structure of)　37
　の染色体(chromosome of)　552
　のタンパク質合成(protein synthesis in)　657, 660f, 661f, 662f, 663f, 664f
　の転写(transcription in)　617, 618f, 619f, 620f, 621f, 622f, 623f, 624f, 625f
　の特徴(characteristics of)　28
　の複製過程(replication process in)　592, 593f, 594f, 595f
　の翻訳後修飾(posttranslational modification in)　664f, 666f, 667f, 668f
　のリボソーム(ribosome of)　570, 571f
　ペルオキシソーム(peroxisome)　51
　ミトコンドリア(mitochondrion)　49, 50f
　葉緑体(chloroplast)　→葉緑体を見よ
真核生物開始因子(eukaryotic initiation factor, eIF)　658
syn形コンホメーション(syn conformation)　471
シンガー・ニコルソンモデル(Singer-Nicholson

model)　351
心筋虚血(myocardial ischaemia)　329
心筋梗塞(myocardial infarction)　321, 329, 337
ジンクフィンガー(zinc finger)　584, 585f
神経疾患(neurological disease)　304
神経伝達物質(neurotransmitter)　33, 465
　アミノ酸とアミン(amino acid and amine)　466t
　逆行性——(retrograde)　468
　興奮性——(excitatory)　466
　定義(defined)　6
　として働くアミノ酸(amino acid acting as)　114, 115f
　の分解(degradation of)　501, 503f
　抑制性——(inhibitory)　466
神経ペプチドY(neuropeptide Y, NPY)　531, 531f
腎原発生尿崩症(nephrogenic diabetes insipidus)　358
シンシチウム(syncytia)　578
親水性分子(hydrophilic molecule)　R23, 6, 69
　構造化した水(structured water)　70, 70f
　ゾル-ゲル遷移(sol-gel transition)　71, 71f
　定義(defined)　29
新生ポリペプチド(nascent polypeptide)　127, 131
心臓疾患(heart disease)　304, 407, 500
伸長因子(elongation factor, eEF)　661, 662f
伸長期(elongation phase)　→タンパク質合成, 転写を見よ
シンデカン(syndecan)　227
シンテターゼ(synthetase)　173
浸透(osmosis)　72
浸透圧(osmotic pressure)　72, 73f, 86
浸透圧計(osmometer)　73, 73f
浸透圧調節物質(osmolyte)　86
浸透圧利尿(osmotic diuresis)　523
振動型熱産生(shivering thermogenesis)　320
侵入阻害剤(entry inhibitor)　578
心不全(heart failure)　349
心房性ナトリウム利尿因子(atrial natriuretic factor, ANF)　519
　の構造と機能(structure and function of)　124t, 125

水酸化物イオン触媒(hydroxide ion catalysis)　190, 191f
推奨名, 酵素(recommended name, enzyme)　171
水素化(hydrogenation)　R21
水素結合(hydrogen bond)　R23, 64, 65f, 66f
の特性(property of)　66, 66f
　氷中における水分子間の(between water molecules on ice)　68, 68f
　不凍性糖タンパク質との(with antifreeze glycoprotein)　229

水素，水分子における(hydrogen, in water) 64, 64f, 65f
水溶性ビタミン(water-soluble vitamin) 194, 195t
水溶性ホルモン(water-soluble hormone) 513
水和(hydration) R21, R21f, 14
DNA の(of DNA) 542
タンパク質の(protein) 135, 136f
定義(defined) 64
フマル酸の(fumarate) 15f, 294
水和圏(solvation sphere) 69, 70f
スクアレン(squalene) 346, 346t, 399, 401, 402f, 403f
スクシニル CoA(succinyl-CoA)
の分解(cleavage of) 293
プロピオニル CoA から――への変換(conversion of propionyl-CoA to) 381, 382f
を生成するアミノ酸(amino acid forming) 498, 499f
スクランブラーゼ(scramblase) 352
スクロース(sucrose) 8, 221, 222f
スタチン(statin) 407
ステアリン酸(stearic acid) 335t
ステアロイル CoA(stearoyl-CoA) 389f
ステロイド(steroid) 345
炎症と(inflammation and) 338
作用機構(mechanism of action) 525, 526f
の構造(structure of) 348f
の特性と種類(property and type of) 348
標的細胞内のモデル(model of within target cell) 526f
ステロール(sterol) 348
ステロールキャリヤータンパク質(sterol carrier protein) 401
ストレス応答にかかわるタンパク質(stress response, protein involved in) 126
ストレプトキナーゼ(streptokinase) 329
ストロマ(stroma) 52, 416
ストロマラメラ(stroma lamella) 52, 417
スーパーオキシド(superoxide) 322, 465
スーパーオキシドジスムターゼ(superoxide dismutase, SOD) 324, 545
スーパーファミリー，タンパク質(superfamily, protein) 127
スピン量子数(spin quantum number) R3
スフィンガニン(sphinganine) 396
スフィンゴ脂質(sphingolipid)
の構成要素(component of) 344f
の代謝(metabolism of) 396, 396f
の特性と種類(property and type of) 344
スフィンゴシン(sphingosine) 344f
スフィンゴ糖脂質(glycosphingolipid) 344, 396, 397f
スフィンゴミエリン(sphingomyelin) 340, 344, 396, 397f
スフィンゴリピドーシス(スフィンゴ脂質蓄積病)〔sphingolipidose (sphingolipid storage disease)〕 344
スプライシング(splicing)
RNA ―― 622, 624f, 625f
選択的――(alternative) 630, 630f
スプライソソーム(spliceosome) 572, 623, 625f
スペクトリン(spectrin) 40, 355
スペックル(speckle) 48
スベドベリ単位(Svedberg unit) 487
滑り鎖誤対合(slipped strand mispairing) 544
スペルミジン(spermidine) 552
スペルミン(spermine) 552
スライサー(slicer) 632
スルファチド(sulfatide) 344

【せ】

生化学経路(biochemical pathway) 2, 17f
エネルギー移動――(energy transfer) 18
シグナル伝達――(signal transduction) 18
代謝――(metabolic) 17, 17f
生化学反応(biochemical reaction) 12
異性化(isomerization) 14, 15f
求核置換(nucleophilic substitution) 12, 13f, 14f
酸化還元(oxidation-reduction) →酸化還元反応を見よ
脱離(elimination) R28, 14, 14f
における高分子クラウディング(macromolecular crowding in) 31
付加(addition) 14, 15f
制御(regulation)
遺伝子の(of gene) →遺伝子発現を見よ
酵素の(of enzyme) 199, 200f, 201f
にかかわるタンパク質(protein involved in) 126
制限酵素(restriction enzyme) 564, 565f, 566
制限断片長多型(restriction fragment polymorphism, RFLP) 568
生細胞(living cell) →細胞を見よ
正四面体構造，水の(tetrahedral structure, of water) 64, 64f, 66f
精製(purification)
核酸の(of nucleic acid) 563
タンパク質の(of protein) 157, 157f, 158f
生成物，反応の(product, reaction) R12
生体アミン(biogenic amine) 467
生体異物により引き起こされる DNA 損傷(xenobiotic, DNA damage caused by) 546
生体エネルギー学(bioenergetics) 92
生体内変換反応(biotransformation reaction) 41, 408
生体分子(biomolecule) 4
定義(defined) 2
における非共有結合的相互作用(noncovalent interaction in) 65
のおもな種類(major class of) 5, 5t
の官能基(functional group of) 4, 5t
の合成(synthesis of) 18
生体分子認識(biomolecular recognition) 64
生体膜(biological membrane) →膜を見よ
静電効果，酵素の(electrostatic effect, of enzyme) 190
静電的相互作用(electrostatic interaction) 65
DNA の(of DNA) 542
タンパク質の三次構造と(tertiary protein structure and) 134f, 135
成年型糖尿病(adult-onset dibetes) →2 型糖尿病を見よ
正の協同性(positive cooperativity) 200
正の窒素バランス(positive nitrogen balance) 449
正の超らせん構造をもつ DNA(positively supercoiled DNA) 551
正のフィードバック(positive feedback) 21f, 22
生物活性のあるアミノ酸(biologically active amino acid) 114, 115f
生命(life)
における生化学反応(biochemical reaction in) 12
の特徴(characteristics of) 2, 3f
精油(essential oil) 346
生理的緩衝液(physiological buffer) 84, 85f
整列群(contig) 611
セカンドメッセンジャー(second messenger) 514, 514f, 516f, 517f
セスキテルペン(sesquiterpene) 346, 346t
赤血球〔red blood cell (erythrocyte)〕
解糖の自由エネルギー変化(free energy change during glycolysis) 249, 249f
の内在性タンパク質(intrinsic protein of) 355f
バンド3陰イオン交換マクロ複合体(band 3 anion exchanger macrocomplex) 355, 355f
セッケン(soap) 340, 340f
接合(conjugation) 37, 604
絶食(fasting) →摂食-絶食サイクルを見よ
摂食-絶食サイクル(feeding-fasting cycle) 527
摂食期(feeding phase) 527
絶食期(fasting phase) 529, 530f
摂食行動(feeding behavior) 530, 531f
絶対嫌気性生物(obligate anaerobe) 278
絶対好気性生物(obligate aerobe) 278
セドヘプツロース 7-リン酸(sedoheptulose-7-phosphate) 432
セファリン(cephalin) →ホスファチジルエタノールアミンを見よ
セラミド(ceramide) 344, 344f, 396
セリアック病(coeliac disease) 461
セリン(serine) 113, 448t
pK_a 値(pK_a value) 118t
構造とイオン化状態(structure and ionization state) 112f
触媒作用における(in catalysis) 192
の異化経路(catabolic pathway of) 495, 495f
の構造式(structural formula for) 6f
の生合成(biosynthesis of) 453f, 456, 457f
略式表記(abbreviation) 113t
セリンデヒドラターゼ(serine dehydratase) 489
セリンファミリー(serine family) 453f, 456, 457f, 458f
セルロース(cellulose) 8, 221
の特性と構造(property and structure of) 225
の二糖繰返し単位(disaccharide repeating unit of) 225f
のミクロフィブリル(microfibril of) 225, 226f
セルロプラスミン(ceruloplasmin) 194
セレクチン(selectin) 230, 232
セレクチンリガンド(selectin ligand) 232
セレノシステイン(selenocysteine) 111, 665, 665f
セレノシステイン挿入配列(selenocysteine insertion sequence, SECIS) 665, 665f

【そ】

【た】

索引 753

セレブロシド（cerebroside） 344
セレン（selenium） 326
セレン化水素（hydrogen selenide）
　の融点と沸点（melting and boiling points of）
　　　　　　　　　　　　　　　67t
　融解熱と（heat of fusion and） 68t
セロチン酸（cerotic acid） 335t
セロトニン（serotonin） 114, 115f, 464
セロビオース（cellobiose） 221, 222f
繊維化形成（fibrilogenesis） 148
繊維芽細胞（fibroblast） 39
遷移金属，酵素触媒作用における（transition metal, in enzyme catalysis） 193
有機反応と（organic reaction and） 187
遷移状態アナログ（transition state analogue） 182
遷移状態の安定化（transition state stabilization） 188, 189f
遷移状態理論（transition state theory） 188
繊維状タンパク質（fibrous protein）
　　　　　　　　　127, 145, 147f, 148f
前開始複合体（preinitiation complex, PIC）
　　　　　　　　　620, 621f, 622f, 658
43S 前開始複合体（43S preinitiation complex） 660, 660f
染色体（chromosome） 36, 538
　DNA 組換え（DNA recombination）→組換えを見よ
　原核生物（prokaryote） 551, 552f
　——上のテロメア（telomere on）
染色体ジャンプ（chromosomal jumping） 610
染色体テリトリー（chromosome territory） 47
染色体歩行（chromosome walking） 610, 612f
センス鎖（sense strand） 573
選択的スプライシング（alternative splicing）
　　　　　　　　　230, 558, 630, 631f
選択的透過性をもつ膜（selectively permeable membrane） 74, 74f, 353
前転位段階（pretranslocation state） 656
先天性代謝異常（inborn error of metabolism） 502
セントロメア（centromere） 559
繊毛（cilia） 53, 53f, 56
線毛（pilus） 37
繊毛関連疾患（ciliopathy） 56

走化性（chemotaxis） 58, 657
双極子（dipole） R10, 64, 65f
双極子-双極子相互作用（dipole-dipole interaction） 67, 67f
双極子-誘起双極子相互作用（dipole-induced dipole interaction） 67, 67f
走査型電子顕微鏡（scanning electron microscopy, SEM） 58
増殖因子（growth factor） 514, 522, 634, 635f

相同性ポリペプチド（homologous polypeptide） 128
相同的組換え（homologous recombination）
　　　　　　　599, 600f, 601f, 602f, 603f
相同的モデリング，タンパク質の（homologous modelling, of protein） 161
挿入配列〔insertional（IS）element〕 604, 605f
創発（emergence） 20
創発特性（emergent property） 20
阻害/阻害剤（inhibition/inhibitor）
　可逆——（reversible） 181
　拮抗——（competitive） 181, 181f, 183, 184f
　非拮抗——（noncompetitive） 181, 182f, 184f
　不可逆——（irreversible） 181, 183
　不拮抗——（uncompetitive） 181, 183, 184f
酵素——（enzyme）→酵素反応速度論を見よ
組織適合抗原（histocompatibility antigen） 524
水と非極性物質との間の（between water and nonpolar substance） 29f
疎水性分子（hydrophobic molecule） R19, 4
　定義（defined） 29
　の特性（property of） 72, 73f
粗面小胞体（rough endoplasmic reticulum, rER） 40, 40f, 671f
ゾル-ゲル遷移（sol-gel transition） 71, 71f
ソルビトール（sorbitol） 216, 216f, 523
損傷乗り越えポリメラーゼ（translesion polymerase） 586

第Ⅰ相反応（phase Ⅰ reaction） 408
第Ⅱ相反応（phase Ⅱ reaction） 408
体液性免疫応答（humoral immune response） 506
対向輸送体（antiporter） 361
ダイサー（dicer） 632, 632f
代謝（metabolism）
　C_1 ——（one-carbon） 459, 460t
　C_4 —— 434, 435f
　アミノ酸——（amino acid） 447
　イソプレノイド——（isoprenoid）→イソプレノイド代謝を見よ
　栄養の（of nutrient） 528f
　クエン酸——（citrate） 297, 298f
　グリコーゲン——（glycogen）→グリコーゲン代謝を見よ
　好気的——（aerobic）→好気的代謝を見よ
　酵素反応速度論と（enzyme kinetics and） 186
　コレステロール——（cholesterol）→コレステロール代謝を見よ
　細胞容積の制御と（cell volume regulation and） 86, 86f
　シグナル伝達と（signal transduction and） 33
　脂質——（lipid）→脂質代謝を見よ
　脂肪酸——（fatty acid） 390, 391f
の概要（overview of） 17, 17f, 512, 513f
　フルクトース——（fructose） 265, 266f, 533
　ベンケイソウ型有機酸——（crassulacean acid） 436, 436f
　ホルモンの——制御（hormonal regulation of） 513
　膜脂質——（membrane lipid） 393
　リポタンパク質の（of lipoprotein） 393
　リン脂質——（phospholipid） 394, 395f
代謝回転（turnover）
　タンパク質（protein）→タンパク質代謝回転を見よ
　リン脂質（phospholipid） 396
代謝回転数（turnover number） 177, 178t
代謝経路（metabolic pathway） 17, 17f
代謝ネットワーク（metabolic network） 20
代謝の流れ（metabolic flux） 186
代謝流速（flux） 202
対称性モデル（symmetry model）→協奏モデルを見よ
大腸菌（Escherichia coli） 28, 31, 611
　酵素誘導と（enzyme induction in） 199
　食中毒と（food poisoning and） 604
　糖脂質による結合と（glycolipid binding and） 344
　におけるクエン酸シンターゼの阻害（citrate synthase inhibition in） 296
　におけるピルビン酸デヒドロゲナーゼ複合体（pyruvate dehydrogenase complex in） 288, 288t
　の熱ショック応答（heat shock response in） 675
　の ATP シンターゼ（ATP synthase from） 314, 314f
　の DNA 組換え（DNA recombination in） 599, 602, 603f, 604f
　の DNA 合成（DNA synthesis in） 585, 587f, 588f, 588t
　の DNA 修復（DNA repair in） 596, 597f
　の EF-Tu-EF-Ts サイクル（EF-Tu-EF-Ts cycle in） 655f
　の遺伝子発現（gene expression in） 626, 627f, 628f
　のゲノム（genome of） 556, 557f
　の染色体（chromosome of） 551, 552f
　のタンパク質合成（protein synthesis in） 644, 657
　の転写（transcription in） 613, 614f, 615f, 616f, 617f

の複製過程(replication process in) 588, 589f, 590f, 591f, 592f
のリボソーム(ribosome of) 571, 571f, 653f
バクテリオファージの――への感染(bacteriophage infection of) 574, 574f
旅行者の病気と(traveller's disease and) 519
耐糖能(glucose tolerance) 255
ダイナミン(dynamin) 45
ダイニン(dynein) 154
太陽光エネルギー(solar energy) 440
タウリン(taurine) 500
タウリンモノクロラミン(taurine monochloramine, Tau—Cl) 501
ダウンレギュレーション(downregulation) 515
多価不飽和脂肪酸(polyunsaturated fatty acid) 336
多基質反応(multisubstrate reaction) 179
タキソール(taxol) 55
多機能性タンパク質(multifunction protein) 127
ターゲッティング(targeting) 644, 652, 670
多細胞生物の階層的組織化(multicellular organism, hierarchical organization of) 3f
脱アミノ(deamination) 484, 488
脱感作(desensitization) 515
脱共役剤(uncoupler) 313
脱共役タンパク質(uncoupling protein) 319
脱炭酸(decarboxylation) 248
脱ピリミジン部位(apyrimidinic site) 596
脱プリン部位(apurinic site) 596
脱分極(depolarization) 357
脱分枝酵素(debranching enzyme) 268, 271f
脱離基(leaving group) 12
脱離反応(elimination reaction) R28, 14, 14f
多糖(polysaccharide) 8, 218, 222
タバコ，がんと(tobacco, cancer and) 637
タバコの煙，がんと(cigarette smoke, cancer and) 637
多発性嚢胞腎疾患(polycystic kidney disease) 56
多胞体(multivesicular body) 45
ターボ設計の危険性(turbo design danger) 254
タミフル(Tamiflu) →オセルタミビルを見よ
炭化水素(hydrocarbon) R19
環状――(cyclic) R19, R21
脂肪族――(aliphatic) 113
置換――(substituted) R19, R22
定義(defined) 4
の構造式の例(structural formula of selected) 5f
の燃焼(combustion of) 96, 97f
不飽和――(unsaturated) R19, R20
分枝鎖――(branched-chain) R19
芳香族――(aromatic) R19, R22, 113
飽和――(saturated) R19
炭酸(carbonic acid) 78t
炭酸水素塩(bicarbonate) 78t
炭酸水素塩緩衝液(bicarbonate buffer) 84
炭酸デヒドラターゼ(carbonic dehydratase)
による触媒作用(catalysis by) 193
の反応速度論(kinetics of) 178t
胆汁(bile) 403, 404f
胆汁酸塩(bile salt) 348, 368, 403, 403f, 404
単純拡散(simple diffusion) 357, 357f
単純タンパク質(simple protein) 127
淡色効果(hypochromic effect) 563
炭水化物(carbohydrate) 210
→二糖，複合糖質，単糖，多糖も見よ
の主要な機能(general function of) 5t
の特性と種類(property and type of) 7
胆石(gallstone) 404
炭素原子(carbon atom)
アノマー――(anomeric) 212
クエン酸回路における(in citric acid cycle) 294
の酸化状態(oxidation state of) 459
炭素骨格(carbon skeleton) →アミノ酸の炭素骨格を見よ
炭素固定(carbon fixation) 430, 431f
担体(carrier) 358
担体タンパク質(carrier protein) 30
タンデム質量分析(tandem mass spectrometry, MS/MS) 677
タンデムリピート(tandem repeat) 559
単糖(monosaccharide) 210, 210f
重要な(important) 8f, 219
の環状構造(cyclic structure of) 212, 213f
の特性と機能(property and function of) 8
の反応(reaction of) 214
の誘導体(derivative of) 220, 220f
の立体異性体(stereoisomer of) 211f, 212, 212f
胆嚢炎(cholecystitis) 404
タンパク質(protein) 109 →複合糖質も見よ
DNA 結合――(DNA-binding) 584, 585f, 590f
Fe ―― 445, 445f, 446
G ―― 515, 516f
SRP 受容体――(SRP receptor) 670
アクチン結合――(actin-binding) 71
アシル化――(acylated) 336
アシルキャリヤー――(acyl carrier) 385, 385f
球状――(globular) 127, 149, 149f, 150f, 151f, 152f, 153f
クライアント――(client) 144
クロマトグラフィー(chromatography) 157, 158f
コア――(core) 227
構造をとらない――(unstructured) 139, 139f
脂肪酸結合――(fatty acid-binding) 374
ステロールキャリヤー――(sterol carrier) 401
繊維状――(fibrous) 127, 145, 147f, 148f
多機能性――(multifunctional) 126
脱共役――(uncoupling) 319
単純――(simple) 127
担体――(carrier) 30
チャネル――(channel) 30
定義(defined) 6, 111
電気泳動(electrophoresis) 159, 159f
天然状態でほどかれた――(natively unfolded) 139
ドッキング――(docking) 670
における修飾アミノ酸(modified amino acid in) 115, 115f
による触媒作用(catalysis by) 125, 168, 168t, 169f, 171f →酵素も見よ
熱ショック――(heat shock) →熱ショックタンパク質を見よ
の X 線結晶構造解析(X-ray crystallography of) 161, 161f
のアミノ酸組成(amino acid composition of) 111
の一次構造(primary structure of) 127, 129f
の核磁気共鳴法(NMR spectroscopy of) 161
の機能(function of) 5t, 6, 125
の合成(synthesis of) →翻訳を見よ
の構造の損失(loss of structure by) 140, 140f
の構造モデル(structural model of) 127, 128f
の三次構造(tertiary structure of) 128, 131, 133f, 134f, 136f
の質量分析(mass spectrometry of) 159, 160f
の精製と解析に使われる技術(technology used in purification and analysis of) 157, 157f, 158f, 159f, 160f, 161f
の多様性(diversity of) 110, 110f
の二次構造(secondary structure of) 128, 130, 131f, 132f
の半減期(half-life of) 484, 485t
の分類(classification of) 127
の四次構造(quaternary structure of) 128, 136, 137f
――配列に基づいた機能予測(sequence-based function prediction) 161
微小管結合――(microtubule-associated) 53
非ヘム――(nonhaeme) 305
複合――(conjugated) 127
分子機械としての(as molecular machine) 153
ポリ(A)結合――〔poly(A)-binding〕 661
膜――(membrane) 354
膜内在性――(membrane intrinsic) 30, 30f, 354, 354f, 355f
膜表在性――(membrane extrinsic) 30, 30f, 354, 354f
マトリックス――(matrix) 672, 673f
モザイク――(mosaic) 134, 134f
モジュール――(modular) 134, 134f
モーター――(motor) 31, 31f, 154
タンパク質緩衝液(protein buffer) 85
タンパク質合成(protein synthesis) 649
開始期(initiation phase) 649, 653, 654f, 658, 660f, 661f
原核生物の(prokaryotic) 652, 654f, 655f
終結期(termination phase) 652, 656, 662, 663f
真核生物の(eukaryotic) 658, 660f, 661f, 662f, 663f, 664f
伸長期(elongation phase) 651, 654, 655f, 661, 662f
定義(defined) 644
の過程(process of) 650f
を阻害する抗生物質(antibiotic inhibitor of) 658t
タンパク質スーパーファミリー(protein superfamily) 127
タンパク質代謝回転(protein turnover) 484
オートファジーリソソーム系(autophagy-lysosomal system) 486f, 487
ユビキチンプロテアソーム系(ubiquitin-proteasomal system) 485, 486
タンパク質データバンク(Protein Data Bank)

161
タンパク質毒性ストレス(proteotoxic stress) 32
タンパク質の折りたたみ(protein folding) 32, 131, 135, 329, 664, 675
　疾患と(disease and) 676
　小胞体における(in endoplasmic reticulum) 41
　疎水性効果と(hydrophobic effect and) 72
　における高分子クラウディング(macromolecular crowding in) 31
　における分子シャペロン(molecular chaperone in) 144, 145f, 146f
　における水の役割(water role in) 64
　の過程(process of) 140f, 141, 142f, 143f
　を示すエネルギー地形図(energy landscape for) 142, 142f
タンパク質ファミリー(protein family) 127
タンパク質分解酵素(proteolytic enzyme) 32
タンパク質変性，糖質によるタンパク質の保護(denaturation of protein, protection of protein by carbohydrate) 229
タンパク質マイクロアレイ(protein microarray) 677
単分子反応(unimolecular reaction) 175
単輸送体(uniporter) 361

【ち】

チアミン〔thiamine (vitamin B_1)〕 195t, 264
チアミンピロリン酸(thiamine pyrophosphate, TPP) 194, 203t, 286t, 288
チェインターミネーション法(chain-terminating method) 566, 566f
遅延応答遺伝子(delayed response gene) 634, 635f
チオラーゼ(thiolase) 377
チオール(thiol)
　の構造と特徴(structure and significance of) 5t
　の特性(property of) R26
チオール開裂(thiolytic cleavage) 377
チオレドキシン(thioredoxin, TRX) 325
チオレドキシンシステム(thioredoxin-centred system) 325, 325f
置換炭化水素(substituted hydrocarbon) R19, R22
置換反応〔substitution (displacement) reaction〕 R16
　求核——(nucleophilic) 12, 13f, 14f
　求核アシル——(nucleophilic acyl) R24
　脂肪族——(aliphatic) R27
　芳香族求電子——(electrophilic aromatic) R22
逐次反応(sequential reaction) 180
逐次モデル，アロステリック酵素の(sequential model, of allosteric enzyme) 200, 201, 201f
窒素塩基(nitrogenous base) 9, 9f
窒素固定(nitrogen fixation) R14
　シアノバクテリアによる(by cyanobacteria) 444
　窒素同化(nitrogen assimilation) 447
　定義(defined) 444
　——反応(reaction) 445
窒素循環(nitrogen cycle) 444
窒素代謝(nitrogen metabolism) 444, 483
　→アミノ酸，神経伝達物質，窒素固定，タンパク質代謝回転も見よ
窒素同化(nitrogen assimilation) 447
窒素バランス(nitrogen balance) 449
地熱エネルギー(geothermal energy) 92
チミン(thymine) 9, 470, 471f, 506
　の構造(structure of) 10f
　の互変異性体(tautomer of) 471f
チミン二量体(thymine dimer) 545, 546f
　の修復(repair of) 596f, 597f
チモーゲン(zymogen) 200
チャネル(channel) 357
チャネルタンパク質(channel protein) 30
中間径フィラメント(intermediate filament) 54
中間体，反応(intermediate, reaction) 124, 187
中間密度リポタンパク質(intermediate-density lipoprotein, IDL) 350
中鎖アシル CoA デヒドロゲナーゼ欠損症〔medium-chain acyl-CoA dehydrogenase (MCAD) deficiency〕 378
中性脂肪(neutral fat) 339
中性水溶液(neutral solution) 77
中膜(media) 394
チューブリン(tubulin) 52
超遠心機(ultracentrifuge) 57
長鎖 ncRNA(long ncRNA, lncRNA) 572
超スプライソソーム(supraspliceosome) 624, 625f
調節ネットワーク(regulatory network) 21
超低密度リポタンパク質(very-low-density lipoprotein, VLDL) 350, 350f
超二次構造(supersecondary structure) 131, 132f
超分子構造の自己集合(supramolecular structures, assembly of) 30
　における水の役割(water role in) 64
超らせん化，DNA(supercoiling, DNA) 550, 550f, 588
直接 DNA 修復(direct DNA repair) 595, 596, 597f
直線状分子(linear molecule) R10
貯蔵にかかわるタンパク質(storage, protein involved in) 126
チラコイド内腔(thylakoid lumen) 52, 417
チラコイド膜(thylakoid membrane) 52, 416
チロキシン(thyroxine, T_4) 114, 115f, 513, 514f
チロシナーゼ(tyrosinase) 502
チロシン(tyrosine) 113, 119, 448t, 459, 502
　pK_a 値(pK_a value) 118t
　構造とイオン化状態(structure and ionization state) 112f
　触媒作用における(in catalysis) 192
　の異化経路(catabolic pathway of) 496, 496f
　の生合成(biosynthesis of) 453f
　フェニルアラニンから——への変換(phenylalanine conversion to) 497f
　略式表記(abbreviation) 113t
チロシンキナーゼ受容体(tyrosine kinase receptor) 33
チロシンヒドロキシラーゼ(tyrosine hydroxylase) 467

【つ】

通性嫌気性生物(facultative anaerobe) 250, 278
痛風(gout) 475, 506
ツーハイブリッドスクリーニング法(two-hybrid screening) 677
強いプロモーター(strong promoter) 614

【て】

低血糖症(hypoglycemia) 273
テイ・ナックス病(Tay-Sachs disease) 46, 228, 345f, 345t, 560
定常状態(steady state) 512
定常状態近似(steady state assumption) 177
定序型逐次機構(ordered sequential mechanism) 180
低張液(hypotonic solution) 74, 74f
低分子干渉 RNA(small interfering RNA, siRNA) 11, 572, 632, 632f
低分子リボヌクレオタンパク質(small nuclear ribonucleoprotein, snRNP) 572
低密度リポタンパク質(low-density lipoprotein, LDL) 351
低密度リポタンパク質受容体(low-density lipoprotein receptor) 362
デオキシウリジル酸(deoxyuridylate, dUMP) 477
デオキシ(接頭語)(deoxy prefix) 471
デオキシチミジル酸(deoxythymidylate, dTMP) 479
デオキシ糖(deoxy sugar) 221, 221f
デオキシヘモグロビン(deoxyhaemoglobin) 152f
デオキシリボ核酸(deoxyribonucleic acid, DNA) 230, 503
　A-—— 548, 548f, 548t
　B-—— 548, 548f, 548t
　Z-DNA 548, 548f, 548t
　エピジェネティクス(epigenetics) →エピジェネティクスを見よ
　科学捜査における(in forensic investigation) 568
　——結合タンパク質(protein binding to) 584, 585f
　ゲノム構造と(genome structure and) 556, 557f, 558f
　コーディング(coding) 10
　細胞小器官の(organelle) 555, 568
　サテライト——(satellite) 559
　ジャンク——(junk) 557
　染色体中の(in chromosome) 551, 552f, 553f, 554f, 555f
　超らせん(supercoiling) 550, 550f, 551f, 588
　における複製(replication in) →複製を見よ
　に使われる技術(technology using) 607, 607f, 608f, 609f, 610f, 611f, 612f
　の安定性(stability of) 542
　の塩基配列決定(sequencing of) 565, 566f
　の概念図(diagrammatic view of) 10f
　の機能(function of) 5t
　の組換え(recombination of) →組換えを見よ

【と】
9, 10f, 538, 538f, 540, 541f, 547, 548f, 548t
の二重らせん(double helix of)
　　9, 10f, 538, 538f, 540
の発見(discovery of) 538, 548
の変性(denaturation of) 543, 563, 564f
反復——(repetitive) 559
非コード——(noncoding) 9
への損傷(damage to) 544f, 545, 546f, 637
ミトコンドリア——(mitochondrial) 51
を介した遺伝情報の流れ(genetic information flow through) 539f, 540
デオキシリボース(deoxyribose) 8, 8f, 210, 471
2-デオキシリボース(2-deoxyribose) 8f, 221
適応(adaptation) →進化を見よ
滴定(titration)
　アミノ酸の(of amino acid) 83, 117, 117f, 118t
　酢酸のNaOHによる(of acetic acid with NaOH) 79
　リン酸二水素の(of dihydrogen phosphate) 85, 85f
　リン酸のNaOHによる(of phosphoric acid with NaOH) 83, 83f
デグロン(degron) 485
デコーディングセンター(decoding center) 652
テストステロン(testosterone) 348f
デスモシン(desmosine) 137, 137f
鉄-硫黄クラスター(iron-sulfur cluster)
　　305, 305f
テトラテルペン(tetraterpene) 346, 346t
テトラヒドロカンナビノール
　(tetrahydrocannabinol) 336
テトラヒドロビオプテリン
　(tetrahydrobiopterin, BH$_4$)
　　194, 195t, 467, 497f
テトラヒドロ葉酸(tetrahydrofolate, THF)
　　194, 195t, 456, 638
　の経路(pathway of) 464f
　の生合成(biosynthesis of) 460, 461f
　——補酵素の構造と酵素による変換
　　(structure and enzymatic interconversion of coenzyme) 462f
テトロース(tetrose) 210
デヒドロアスコルビン酸(dehydroascorbate) 465
デュシェンヌ型筋ジストロフィー(Duchenne muscular dystrophy) 623
テルペン(terpene)
　の特性と種類(property and type of) 346
　の例(example of) 346t

デルマタン硫酸(dermatan sulfate) 227
テルル化水素(hydrogen telluride) 67t
テロメア(telomere) 559, 595, 595f
テロメア反復配列結合因子(telomere repeat-binding factor, TRF) 595
テロメラーゼ(telomerase) 595, 595f
テロメラーゼ末端結合タンパク質(telomere end-binding protein, TEBP) 595
転移(metastasis) 636
転位(transposition)
　　559, 599, 604, 604f, 605f, 606f
電位依存性 K$^+$ チャネル(voltage gated K$^+$ channel) 358
電位依存性 Na$^+$ チャネル(voltage gated Na$^+$ channel) 357
転位因子(transposable element)
　　559, 599, 604, 604f, 605f, 606f
電解質(electrolyte) R7
電気陰性度(electronegativity) R5
電気泳動(electrophoresis) 159, 159f, 563
電子(electron)
　価——(valence) R4, R8
　原子内の配置(configuration in atom) R4
　酸化還元反応における(in oxidation-reduction reaction) 16
　の流れとエネルギー(flow and energy) 286f
　水分子における(in water) 64, 64f, 65f
電子基(electron group) R9
電子供与体(electron donor) 92
電子顕微鏡(electron microscopy, EM) 58
電子受容体(electron acceptor) 92, 283
電子親和性(electron affinity) R5
電子スプレーイオン化法(electrospray ionization) 160, 160f
電子伝達(electron transport)
　光化学系Ⅰの(in photosystem Ⅰ) 426, 427f
　光化学系Ⅱの(in photosystem Ⅱ) 425, 425f
　シトクロム b_6f 複合体を介した——(through cytochrome b_6f complex) 419, 419f
　循環的——(cyclic) 426, 428f
　脱共役(uncoupled) 319
　の構成成分(component in) 304
　の阻害剤(inhibitor of) 310, 311f
　非循環的——(noncyclic) 426, 427f
　流動および固定状態モデル(fluid and solid state models) 310
電子伝達系(electron transport system) 304
　シトクロム P-450 ——(cytochrome P-450) 408, 409f
　定義(defined) 247
電子伝達鎖[electron transport chain (pathway), ETC] 16, 278
　におけるエネルギーの関係(energy relationship in) 309f
　の超分子構成要素(supramolecular component of) 310t
　の特性と機能(property and structure of) 310t
　複合体Ⅰを介した電子伝達(electron transfer through complex Ⅰ) 306f
電磁波スペクトル(electromagnetic spectrum) 420, 421f
転写(transcription) 11, 539, 539f, 613, 614f, 644
　開始期(initiation phase) 614, 615f, 620

原核生物の(in prokaryote)
　　614, 615f, 616f, 617f
終結期(termination phase) 614, 616, 617f, 621
真核生物の(in eukaryote)
　　617, 618f, 619f, 620f, 621f, 622f, 623f, 624f, 625f
伸長期(elongation phase) 614, 620
転写因子(transcription factor) 11, 253, 392, 540
　真核生物の(eukaryote) 629
転写開始点(transcription start site, TSS) 619
転写局在(transcript localization) 669
転写後の遺伝子サイレンシング
　(posttranscriptional gene silencing)
　　631, 632f
転写後のプロセシング(posttranscriptional processing)
　原核生物の(prokaryote) 616, 617f
　真核生物の(eukaryote) 622, 623f, 624f, 625f
転写産物(transcript) 539
転写に共役したヌクレオチド除去
　(transcription coupled repair, TC-NER) 596
転写バブル(transcription bubble)
　　615f, 616, 621
転写ファクトリー(transcription factory) 48, 618
電池(electrochemical cell) 280, 280f
天然状態でほどかれたタンパク質(natively unfolded protein) 139
デンプン(starch) 8, 223, 224f
テンペレートファージ(temperate phage) 574
点変異(point mutation) 543, 646
電離放射線により引き起こされるDNA損傷
　(ionizing radiation, DNA damage caused by) 545, 546f

糖(sugar) →グリカンも見よ
　アミノ——(amino) 220, 220f
　還元——(reducing) 216, 216f
　細胞と(cell and) 209f
　デオキシ——(deoxy) 221, 221f
　の機能(function of) 5t, 7
糖暗号(sugar code) 210, 230
糖衣(glycocalyx) 35, 39, 39f, 229, 230f
同位体(isotope) R2
等温過程(isothermic process) 94
透過型電子顕微鏡(transmission electron microscopy, TEM) 58
同化経路(anabolic pathway) 17, 17f
糖化反応(glycation reaction) 218
同義コドン(synonymous codon) 646
糖結合タンパク質(carbohydrate-binding protein) 229t
銅欠乏症(copper deficiency) 194
糖原性アミノ酸(glucogenic amino acid) 259, 488
糖原病(glycogen storage disease) 273
銅,酵素の触媒作用における(copper, in enzyme catalysis) 194
糖鎖付加(glycosylation) 41, 231
　真核生物のタンパク質合成における(in eukaryotic protein synthesis) 664, 667f

――反応(reaction)　218, 219f
糖脂質(glycolipid)　8, 227, 344, 345f
糖質代謝(carbohydrate metabolism)
　238, 239f, 392f　→糖新生，グリコーゲン代謝，解糖，ペントースリン酸経路も見よ
糖新生(gluconeogenesis)　238
　解糖と(glycolysis and)　256f
　定義(defined)　255
　におけるグリオキシル酸回路(glyoxylate cycle in)　300f
　の基質(substrate of)　258
　の制御(regulation of)　260, 261f
　の反応(reaction in)　255
透析に使うタンパク質精製(dialysis, protein purification using)　157, 157f
透析膜(dialysing membrane)　73
糖タンパク質(glycoprotein)　8, 127, 228
　の機能(function of)　229
　の種類(type of)　229t
等張液(isotonic solution)　74
等電点(isoelectric point, p*I*)
　アミノ酸の(of amino acid)　117, 117f
　定義(defined)　117
糖尿(glucosuria)　523
糖尿病(diabetes mellitus)　219, 380, 515, 522
　１型(type 1)　523
　長期にわたる――の合併症(long-term complication of)　524
　２型(type 2)　32, 524, 676
　により引き起こされる障害の機構(mechanism of damage caused by)　523
糖尿病性神経障害(diabetic neuropathy)　525
動物細胞(animal cell)　→細胞も見よ
　の構造(structure of)　38f
　の細胞膜(plasma membrane of)　39f
トウモロコシ(*Zea mays*)　552, 557f
糖リン酸骨格(sugar-phosphate backbone)　542
特異性，酵素の(specificity, enzyme)　170, 171f
特異性定数(specificity constant)　178, 178t
特殊対(光合成)〔special pair (photosynthesis)〕　418
毒性ホスホリパーゼ(toxic phospholipase)　343
毒素(toxin)
　細菌――(bacterial)　232
　としてのタンパク質(protein as)　126
独立栄養生物(autotroph)　16
ドコサヘキサエン酸(docosahexaenoic acid, DHA)　336
ドコサペンタエン酸(docosapentaenoic acid, DPA)　336
ドッキングタンパク質(docking protein)　670
突然変異(mutation)
　がんにおける(in cancer)　598, 637
　サイレント(silent)　4, 544
　タンパク質の一次反応，病気と(primary protein structure, disease, and)　129, 129f
　定義(defined)　4, 502
　点――(point)　543, 646
　トランジション――(transition)　543, 544f
　トランスバージョン――(transversion)　544
　ナンセンス――(nonsense)　544
　の修復(repair of)　→修復を見よ
　の種類(type of)　543, 544f
　の要因(cause of)　544, 544f, 546f
　フレームシフト――(frameshift)　544, 646
　ミスセンス――(missense)　544
ドーパミン(dopamine)　459, 467
トポアイソマー(topoisomer)　588
トポイソメラーゼ(topoisomerase)　551, 588, 591f
ドメイン(domain)　133, 133f
トランジション変異(transition mutation)　543, 544f
トランスアミナーゼ(transaminase)　449
トランスアルドラーゼ(transaldolase)　264
トランスクリプトーム(transcriptome)　539
トランスケトラーゼ(transketolase)　264
トランスゴルジネットワーク(trans-Golgi network, TGN)　42
トランスバージョン変異(transversion mutation)　544
トランスファーRNA(transfer RNA, tRNA)　11, 539, 539f
　アミノアシル――(aminoacyl-)　→アミノアシルtRNAを見よ
　開始――(initiator)　649
　の構造と機能(structure and function of)　569, 570f
　ペプチジル――(peptidyl-)　→ペプチジルtRNAを見よ
トランスフェクション(transfection)　608
トランスフェラーゼ(transferase)　172, 172t
トランスポゾン(transposon)　559, 604, 604f, 605f, 606f
トランスロケーション(translocation)　544, 651, 654
トランスロコン(translocon)　670
トリアシルグリセロール(triacylglycerol)
　エネルギー源としての(as energy source)　368
　脂肪細胞での――の代謝(metabolism in adipocyte)　370
　セッケン製造における(in soapmaking)　340, 340f
　の加水分解(hydrolysis of)　371, 373f
　の構造(structure of)　9, 9f, 339f
　の消化と吸収(digestion and absorption of)　369f
　の生合成(biosynthesis of)　371, 372f
　の特性と種類(property and type of)　339
トリアシルグリセロール回路(triacylglycerol cycle)　370, 370f
トリオース(triose)　210
トリオースリン酸イソメラーゼ(triose phosphate isomerase, TPI)　188, 189f
　の反応速度論(kinetics of)　178t
トリガー因子(trigger factor, TF)　144, 657
ドリコール(dolichol)　346t, 347
トリスケリオン(triskelion)　45, 45f
トリテルペン(triterpene)　346, 346t
トリプトファン(tryptophan)　113, 114, 448t, 459
　pK_a値(pK_a value)　118t
　構造とイオン化状態(structure and ionization state)　112f
　の異化経路(catabolic pathway of)　496, 496f
　の生合成(biosynthesis of)　453f
　略式表記(abbreviation)　113t
トリヨードチロニン(triiodothyronine, T_3)　513, 514f
トルク(torque)　315
　DNA　550, 588, 591f
ドルトン(Dalton)　R2
トレオニン(threonine)　113, 448t
　pK_a値(pK_a value)　118t
　構造とイオン化状態(structure and ionization state)　112f
　触媒作用における(in catalysis)　192
　の異化経路(catabolic pathway of)　495f, 496
　の生合成(biosynthesis of)　453f, 458
　略式表記(abbreviation)　113t
トレオニンデヒドラターゼ(threonine dehydratase)　489
トレハロース6-リン酸(trehalose-6-phosphate, Tre6-P)　254
泥，生命の起源と(clay, life origin and)　64
トロポミオシン(tropomyosin)　630, 631f
トロンボキサン(thromboxane)　338
トロンボキサンA_2(thromboxane A_2)　337f, 338

【な】

内因子(intrinsic factor)　461
内因性アポトーシス(intrinsic apoptosis)　49
内因性カンナビノイド(endocannabinoid)　336
内因性経路(endogenous pathway)　368, 393
内因性終結(intrinsic termination)　616, 617f
内腔(lumen)　40, 52, 417
内在性タンパク質(intrinsic protein)　30, 30f, 354, 354f, 355f
内在性レトロウイルス(endogenous retrovirus)　560
内質(endoplasm)　71, 71f
内毒素(endotoxin)　35
内皮細胞(endothelial cell)　46
内分泌ホルモン(endocrine hormone)　513
内膜(intima)　394
長い散在性反復配列(long interspersed nuclear element, LINE)　560
鉛中毒(lead poisoning)　141, 184
ナンセンス変異(nonsense mutation)　544
ナンセンス変異依存性分解系(nonsense-mediated decay, NMD)　624

【に】

２型糖尿病(type 2 diabetes)　32, 524, 676
二基質反応(bisubstrate reaction)　179
肉腫(sarcoma)　636
ニコチンアミドアデニンジヌクレオチド(nicotinamide adenine dinucleotide, NAD^+)　16, 194, 195t, 282, 282f
ニコチンアミドアデニンジヌクレオチドリン酸(nicotinamide adenine dinucleotide phosphate, $NADP^+$)　194, 195t, 282
ニコチン酸(ナイアシン)〔nicotinic acid (niacin)〕　195t, 282
二酸化炭素(carbon dioxide, CO_2)
　イソクエン酸の酸化による生成(formation via isocitrate oxidation)　291
　2-オキソグルタル酸の酸化による生成(formation via 2-oxoglutarate oxidation)　292

光合成と(photosynthesis and) 414
光呼吸と(photorespiration and) 434
二次元ゲル電気泳動(two-dimensional gel electrophoresis) 677
二次構造, タンパク質(secondary structure, protein) 128, 130, 131f, 132f
二次能動輸送(secondary active transport) 358
二次反応(second-order kinetics) 175
二重結合(double bond) R11, R20, R22, 5t
二重置換反応(double-displacement reaction) R16, 180, 451
二重らせん, DNA(double helix, DNA) 9, 10f, 538, 538f, 540
二段階反応(two-step reaction) 188, 189f
二糖(disaccharide) 218, 221, 221f, 222f
ニトロゲナーゼ複合体(nitrogenase complex) 445, 445f, 447
二分子反応(bimolecular reaction) 175
二本鎖切断修復モデル〔double-strand break repair (DSBR) model〕 601, 602f
二本鎖切断の修復〔double-strand break (DSB), repair of〕 595, 598, 600f, 601f, 602f, 603f
ニーマン・ピック病(Niemann-Pick disease) 345t
乳化剤(emulsifying agent) 340, 340f
乳がん(breast cancer) 636
乳酸〔lactate (lactic acid)〕 78t, 247, 247f, 258
乳酸尿(lactic aciduria) 295
乳酸発酵(lactic acid fermentation) 248
尿酸(uric acid) 475, 484
の異化(catabolism of) 505, 505f
尿酸オキシダーゼ(urate oxidase) 506
尿酸排出生物(uricotelic organism) 484
尿素(urea) 484
尿素回路(urea cycle) 19, 450, 490f
におけるアミノ酸(amino acid in) 115
尿素合成(urea synthesis) 489
の調節(control of) 493
尿素排出生物(ureotelic organism) 484
尿道感染(urinary tract infection) 344
尿崩症(diabetes insipidus) 358
二量体(dimer) 136

【ぬ】

ヌクレアーゼ(nuclease) 503
ヌクレオキャプシド(nucleocapsid) 573
ヌクレオシダーゼ(nucleosidase) 503
ヌクレオシド(nucleoside) 471, 471f
ヌクレオシド型逆転写酵素阻害剤(nucleoside reverse transcriptase inhibitor) 578
ヌクレオシド除去修復(nucleotide excision repair, NER) 596, 597f
ヌクレオソーム(nucleosome) 552, 553f
ヌクレオチダーゼ(nucleotidase) 503
ヌクレオチド(nucleotide)
の異化(catabolism of) 504f
の機能(function of) 5t, 9, 470
の構造(structure of) 9, 9f
の分解(degradation of) 503
ピリミジン——の生合成(pyrimidine biosynthesis) 476, 476f
プリン——の生合成(purine biosynthesis) 473, 475f
補酵素としての(as coenzyme) 194
最も天然に見られる——(most naturally occurring) 472, 472f
ヌクレオポリン(nucleoporin) 47

【ね】

ネガティブセンスRNAゲノム(negative-sense RNA genome) 573
ネコのうっ血性心臓疾患(cat, congestive heart failure in) 500
ねじれ, DNA(twist, DNA) 550
ねじれが弱いDNA分子(underwound DNA molecule) 550, 551f
ねじれの重なり, DNA(writhe, DNA) 550
熱(heat) 93
熱産生(thermogenesis) 320
熱ショック因子(heat shock factor, HSF) 675
熱ショック応答(heat shock response, HSR) 675
熱ショックタンパク質(heat shock protein, Hsp) 126
Hsp60 145, 146f
Hsp70 144, 146f
Hsp90 144
熱水噴出孔(hydrothermal vent) 64
熱耐性エンテロトキシン(heat-stable enterotoxin) 519
熱帯性スプルー(tropical sprue) 461
熱的に有利な過程(kinetically favorable process) 93
ネットワーク(network) 20
熱容量(heat capacity) 68
熱力学(thermodynamics)
——第一法則(first law of) 93
——第二法則(second law of) 93, 96, 97f
——第三法則(third law of) 93
定義(defined) 92
における宇宙(universe of) 93, 93f
非平衡——(nonequilibrium) 105
熱力学系(thermodynamic system) 96f, 97
熱力学第一法則(first law of thermodynamics) 93
熱力学第二法則(second law of thermodynamics) 93, 96, 97f
熱力学的に有利な過程(thermodynamically favorable process) 93
熱力学の法則(laws of thermodynamics) →熱力学を見よ
燃焼(combustion) R17, R20, 96, 97f
粘着層(slime layer) 35

【の】

脳症(encephalopathy) 299
脳卒中(stroke) 323
能動輸送(active transport) 357, 357f
嚢内領域(cisternal space) 40
嚢胞性繊維症(cystic fibrosis, CF) 22, 359, 676
嚢胞性繊維症膜貫通型電気伝導調節因子(cystic fibrosis transmembrane conductance regulator, CFTR) 359, 360f
ノーベル化学賞(Nobel Prize in Chemistry) 122, 140, 359, 620
ノーベル生理学・医学賞(Nobel Prize in Physiology or Medicine) 351, 547, 586, 604
ノルエピネフリン(norepinephrine) 320, 459, 463t, 467, 470
ノンコーディングDNA(noncoding DNA, ncDNA) 9, 558
ノンコーディングRNA(noncoding RNA, ncRNA) 11, 540, 572, 572f
ノンストップmRNA分解(nonstop-mediated mRNA decay) 660

【は】

配位共有結合(coordinate covalent bond) R8
肺炎(pneumonia) 344
肺炎連鎖球菌(*Streptococcus pneumoniae*) 344
バイオインフォマティクス(bioinformatics) 22, 612
バイオフィルム(biofilm) 35
バイオミメティクス(biomimetics)
クモの糸と(spider silk and) 155, 156f
光合成と(photosynthesis and) 440, 440f
敗血症性ショック(septic shock) 323
配向効果, 酵素の(orientation effect, of enzyme) 190
排除体積(excluded volume) 31, 32f
ハイスループット技術(high-throughput technology) 613
配糖体の形成(glycoside formation) 217
ハイブリッド形成(hybridization) 564, 565f
肺胞(alveoli) 342
配列検査(sequence inspection) 612
配列情報依存的コドン再割り当て(context-dependent coding reassignment) 665, 665f
ハウスキーピング遺伝子(housekeeping gene) 619, 626
パウリの排他原理(Pauli exclusion principle) R3
パーキンソン病(Parkinson's disease) 32, 321, 323, 470, 676
バクテリオファージ(bacteriophage)
DNA組換えにおける(in DNA recombination) 604, 604f
T4 —— 574, 574f
ベクターとしての(as vector) 608
白皮症(albinism) 502
破骨細胞(osteoclast) 407
破傷風(tetanus) 344
ハズ(*Croton tiglium*) 522
ハース構造式(Haworth structure) 213, 213f
パスツール効果(Pasteur effect) 250, 255
バソプレッシン(vasopressin) 514, 518
の構造と機能(structure and function of) 124t, 125
発エルゴン反応(exergonic process) 98
発がん(carcinogenesis) 636, 636t
発がん性物質(carcinogen) 637
発がんプロモーター(tumour promoter) 521, 637
白血球ローリング(leucocyte rolling) 232
白血病(leukaemias) 464, 506, 636
発現プラットフォーム(expression platform) 628, 629f
発酵(fermentation)

203, 203f, 247, 247f, 250, 250f
発色団(chromophore)　422, 422f, 440
ハッチ・スラック回路(Hatch-Slack pathway)　434
ハッチンソン・ギルフォード・プロジェリア症候群(Hutchinson-Guilford progeria syndrome)　595
発熱反応(exothermic reaction)　R14, R17, 94
ハーバー法(Haber reaction)　R12, R17
ハーバー・ボッシュ法(Haber-Bosch reaction)　R14, 444
パラコート(paraquat)　429
ハーラー症候群(Hurler's syndrome)　227
バリン(valine)　112f, 448t, 458
　pK_a 値(pK_a value)　118t
　構造とイオン化状態(structure and ionization state)　112f
　の異化経路(catabolic pathway of)　499, 499f
　の構造式(structural formula for)　6f
　の生合成(biosynthesis of)　453f
　の分解(degradation of)　501f
　略式表記(abbreviation)　113t
パリンドローム(palindrome)　549, 604
パルスフィールドゲル電気泳動(pulsed-field electrophoresis, PFGE)　563
バルデー・ビードル症候群(Bardet-Biedl syndrome, BBS)　56
パルミチン酸(palmitic acid)　8f, 335t, 378, 383
パルミトイル CoA(palmitoyl-CoA)　377
パルミトイル化(palmitoylation)　336
パルミトレイン酸(palmitoleic acid)　335t
ハロゲン化反応(halogenation reaction)　R20
半金属(metalloid)　R2
半減期(half-life)　175, 484, 485t
反磁性原子(diamagnetic atom)　R3
ハンチントン病(Huntington's disease)　32, 145, 676
半電池(half-cell)　280
バンド3陰イオンチャネルタンパク質(band 3 anion exchanger protein)　354, 355f
バンド 4.1(band 4.1)　355
パントテン酸(pantothenic acid)　195t
反応機構(reaction mechanism)　187
反応次数(reaction order)　174, 175f
反応速度〔reaction velocity (rate)〕　R13, 174, 175f
反応速度論(reaction kinetics)　R13
反応中心(reaction center)　414
万能な溶媒としての水(universal solvent, water as)　70
反応の次数(order of reaction)　174, 175f
反応物(reactant)　R12, R13
反応平衡への触媒の効果(reaction equilibrium, catalyst effect on)　169
半反応(half-reaction)　280, 281t
反復 DNA(repetitive DNA)　559
反復発生(biogenesis)　49
半保存的複製(semiconservative replication)　585, 585f

【ひ】

非アルキル化剤(nonalkylating agent)　546
ヒアルロン酸(hyaluronic acid)　227
非インスリン依存性糖尿病(non-insulin-dependent diabetes)　→2型糖尿病を見よ
ビオチン(biotin)　194, 195t, 256
ビオプテリン(biopterin)　194, 195t
比活性(specific activity)　179
光(light)　420
　周波数(frequency)　420
　振幅(amplitude)　420
　による光合成の調節(photosynthesis control by)　437, 437f
　の波長(wavelength of)　420, 421f
光応答因子(light-responsive element, LRE)　634
光回復修復(photoreactivation repair)　596, 596f
光形態形成(photomorphogenesis)　634
光非依存性反応(light-independent reaction)　429
　C_4 代謝(C_4 metabolism)　434, 435f
　カルビン回路(Calvin cycle)　429, 431f
　光呼吸(photorespiration)　433, 433f
　ベンケイソウ有機酸代謝(crassulacean acid metabolism)　436, 436f
光誘導修復(light-induced repair)　596, 596f
非還元末端(nonreducing end)　224f, 225, 268, 270f
非拮抗阻害(noncompetitive inhibitor)　181, 182f, 184f
非共有結合(noncovalent bonding)　65, 66t
非極性アミノ酸(nonpolar amino acid)　111, 112f
非極性炭化水素尾部(nonpolar hydrocarbon tail)　72, 73f
非金属(nonmetal element)　R2
非循環的電子伝達経路(noncyclic electron transport pathway)　426, 427f
微小管(microtubule)　52, 53f
微小管結合タンパク質(microtubule-associated protein, MAP)　53
微小不均一性(microheterogeneity)　232
非触媒性残基(noncatalytic residue)　193
非振動型熱産生(nonshivering thermogenesis)　320
ヒスチジン(histidine)　114, 119, 448t
　pK_a 値(pK_a value)　118t
　構造とイオン化状態(structure and ionization state)　112f
　触媒における(in catalysis)　190
　の異化経路(catabolic pathway of)　498, 498f
　の生合成(biosynthesis of)　453f, 460f
　略式表記(abbreviation)　113t
ヒスチジンファミリー(histidine family)　453f, 459, 460f
ヒストン(histone)　46
　の修飾(modification of)　561, 562f
　の特性と構造(property and structure of)　552, 553f, 554f
ヒストンアセチルトランスフェラーゼ(histone acetyltransferase, HAT)　562
ヒストン暗号仮説(histone code hypothesis)　561
ヒストンデアセチラーゼ(histone deacetylase, HDAC)　562
ヒストンバリアント(histone variant)　554
ヒストンフォールド(histone fold)　553
1,3-ビスホスホグリセリン酸(glycerate-1,3-bisphosphate)　103t
2,3-ビスホスホグリセリン酸，ヘモグロビンへの効果〔2,3-bisphosphoglycerate (BPG), haemoglobin effect of〕　152, 153f
ビスホスホネート製剤(bisphosphonate)　407
非相同末端結合(nonhomologous end joining, NHEJ)　598
ビタミン A(vitamin A)　327, 403
ビタミン B_1(vitamin B_1)　→チアミンを見よ
ビタミン B_2(vitamin B_2)　→リボフラビンを見よ
ビタミン B_6(vitamin B_6)　→ピリドキシンを見よ
ビタミン B_{12}(vitamin B_{12})　→コバラミンを見よ
ビタミン C(vitamin C)　→アスコルビン酸を見よ
ビタミン D(vitamin D)　348, 403
ビタミン E〔vitamin E (α-tocopherol)〕　327, 347
　アスコルビン酸による再生(regeneration by ascorbate)　327, 328f
　の構造(structure of)　327f
　の特性と機能(property and function of)　327
ビタミン K(vitamin K)　347, 347f, 403, 669
ビタミン様分子(vitaminlike molecule)　194, 195t
ビタミン類(vitamins)　194, 195t
必須アミノ酸(essential amino acid, EAA)　447, 448t
必須脂肪酸(essential fatty acid, EFA)　336
ヒト(human)
　系の階層的組織化(hierarchical organization of systems)　3f
　――ゲノム(genome of)　557f, 558, 558f
　における摂食行動(feeding behavior in)　531f
　の ADH(ADH of)　203
ヒトゲノム計画(Human Genome Project)　22, 230, 583, 611
ヒト内在性レトロウイルス(human endogenous retrovirus, HERV)　560
ヒト免疫不全ウイルス(human immunodeficiency virus, HIV)　540, 574
　の感染(infection by)　575, 576f, 577f
　の構造(structure of)　575, 576f
ヒドロキシ化(hydroxylation)　667, 668f
ヒドロキシ基(hydroxyl group)　4, 5t
4-ヒドロキシプロリン(4-hydroxyproline)　115, 115f
5-ヒドロキシリシン(5-hydroxylysine)　115, 115f
ヒドロニウムイオン(hydronium ion)　→オキソニウムイオンを見よ
ヒドロラーゼ(hydrolase)　172, 172t
非ヌクレオシド型逆転写酵素阻害剤(nonnucleoside reverse transcriptase inhibitor, NNRTI)　578
非必須アミノ酸(nonessential amino acid, NAA)　447, 448t
非必須脂肪酸(nonessential fatty acid)　336
非被覆小胞(uncoated vesicle)　362
非標準アミノ酸(nonstandard amino acid)　111
ビピリジル系除草剤(bipyridylium herbicide)　429

被覆小孔(coated pit) 362
非複製型転位(nonreplicative transposition) 605, 606f
非平衡熱力学(nonequilibrium thermodynamics) 105
非ヘムタンパク質(nonhaeme protein) 305
ヒポキサンチン(hypoxanthine) 470, 471f, 505
ヒポキサンチン-グアニンホスホリボシルトランスフェラーゼ(hypoxanthine-guanine phosphoribosyltransferase, HGPRT) 474
肥満(obesity) 533
ヒュッケル則(Huckel's rule) R22
標識遺伝子(marker gene) 609
標準アミノ酸(standard amino acid) 111, 112f, 113t
標準還元電位(standard reduction potential) 281, 281t
標準状態(熱力学)〔standard state (thermodynamics)〕 98
氷中における水素結合(ice, hydrogen bond in) 68, 68f
標的細胞(target cell) 512, 526f
ピラノシド(pyranoside) 217
ピラノース(pyranose) 213f, 214
ピラン(pyran) 213f, 214
ピリドキサールリン酸(pyridoxal phosphate) 194, 195t
ピリドキサール 5′-リン酸(pyridoxal-5′-phosphate, PLP) 450, 452f
ピリドキシン〔pyridoxine (vitamin B_6)〕 195t, 450, 450f
ビリベルジン(biliverdin) 469
ピリミジン(pyrimidine) 9
——環の原子の由来(origin of ring atoms) 477f
天然に広く存在する——(most common naturally occurring) 470, 471f
の異化(catabolism of) 506
の構造(structure of) 10f
の生合成(biosynthesis of) 476, 476f, 477f
の分解(degradation of) 507f
ビール(beer) 203, 203f
ピルビン酸(pyruvate)
NADH による——の還元(NADH reduction of) 280, 280f
アセチル CoA への変換(conversion to acetyl-CoA) 287, 288t, 289f, 290f
アミノ酸生合成における(in amino acid biosynthesis) 453f
解糖と(glycolysis and) 238, 247, 247f, 248f
とリン酸基転移(phosphoryl group transfer with) 104f
の合成(synthesis of) 240f, 245
ピルビン酸/アラニンペア(pyruvate/alanine pair) 450
ピルビン酸カルボキシラーゼ(pyruvate carboxylase, PC) 255, 371
——欠損症(deficiency) 295
ピルビン酸カルボキシラーゼにより触媒される反応(pyruvate carboxylase, reaction catalyzed by) 172t
ピルビン酸キナーゼ(pyruvate kinase, PK) 249, 252
ピルビン酸デカルボキシラーゼにより触媒される反応(pyruvate decarboxylase, reaction catalyzed by) 172t
ピルビン酸デヒドロゲナーゼ複合体(pyruvate dehydrogenase complex, PDHC) 288, 288t, 289f
ピルビン酸デヒドロゲナーゼホスファアーゼ(pyruvate dehydrogenase phosphatase, PDP) 290
ピルビン酸ファミリー(pyruvate family) 453f, 458
ピロリシン(pyrrolysine) 665, 665f
ピロリシン挿入配列エレメント〔pyrrolysine insertion sequence (PYLIS) element〕 666
非ワトソン・クリック型塩基対(non-Watson-Crick base pair) 647
貧血(anaemia)
悪性——(pernicious) 461
鎌状赤血球——(sickle-cell) 129, 129f, 361
鉛中毒と(lead poisoning and) 184
におけるタンパク質変性(protein denaturation in) 141
ピンポン反応(ping-pong reaction) →二重置換反応を見よ

【ふ】

ファミリー，タンパク質(family, protein) 127
ファルネシル基(farnesyl group) 347, 347f
ファルネシルピロリン酸(farnesylpyrophosphate) 398f, 399, 401, 402f
ファルネセン(farnesene) 346, 346t
ファンデルワールス力(van der Waals force) 66, 66t, 72, 73f
ファントホッフの規則(van't Hoff's rule) 212
フィタン酸(phytanic acid) 381, 382f
フィタン酸蓄積症(phytanic acid storage syndrome) 383
フィッシャー投影式(Fischer projection) 210f, 211, 213f
部位特異的組換え(site-specific recombination) 599, 604, 604f, 605f, 606f
フィトクロム(phytochrome) 438
フィトスフィンゴシン(phytosphingosine) 344f
フィードバック制御(feedback control) 21, 21f
フィードバック阻害(feedback inhibition) 201, 201f, 514
フィトール(phytol) 346, 346t, 381
フィブロイン(fibroin) 147, 147f
フィブロネクチン(fibronectin) 134, 134f
フィロキノン(phylloquinone) 347f, 418, 426
フェオフィチン *a*(pheophytin *a*) 423, 425
フェニルアラニン(phenylalanine) 113, 448t, 459, 502
pK_a 値(pK_a value) 118t
構造とイオン化状態(structure and ionization state) 112f
チロシンへの変換(conversion to tyrosine) 497
の異化経路(catabolic pathway of) 496f, 497
の構造式(structural formula for) 6f
の生合成(biosynthesis of) 453f
略式表記(abbreviation) 113t
フェニルアラニンヒドロキシラーゼ(phenylalanine hydroxylase) 502
フェニルエタノールアミン-*N*-メチルトランスフェラーゼ(phenylethanolamine-*N*-methyltransferase, PNMT) 470
フェニルケトン尿症(phenylketonuria, PKU) 502
フェノール(phenol) 327
フェノール性抗酸化剤(phenolic antioxidant) 327
フェリチン(ferritin) 469
フェレドキシン(ferredoxin) 426
フェレドキシン-NADP$^+$ オキシドレダクターゼ(ferredoxin-NADP$^+$ oxidoreductase, FNR) 426
フェレドキシン-チオレドキシン系(ferredoxin-thioredoxin system) 437, 437f
フェロケラターゼ(ferrochelatase) 184
フォールド(fold) 134
フォンギールケ病(von Gierke's disease) 258
不可逆阻害(irreversible inhibition) 181, 183
付加反応(addition reaction) 14, 15f
付加物(adduct) 218
不拮抗阻害剤(uncompetitive inhibitor) 181, 183, 184f
副核が満たされる順(subshell-filling sequence) R4, R4f
複合体Ⅰ(complex Ⅰ) →NADH デヒドロゲナーゼ複合体を見よ
複合体Ⅱ →コハク酸デヒドロゲナーゼ複合体を見よ
複合体Ⅲ(complex Ⅲ) →シトクロム bc_1 複合体を見よ
複合体Ⅳ(complex Ⅳ) →シトクロムオキシダーゼを見よ
複合タンパク質(conjugated protein) 127
複合糖質(glycoconjugate) 210, 227
複合トランスポゾン(composite transposon) 604
複製(replication, DNA) 539
原核生物の(prokaryote) 585, 587f, 588f, 588t, 589f, 590f, 591f, 592f
真核生物の(eukaryote) 592, 593f, 594f, 595f
半保存的——(semiconservative) 585, 585f
複製依存性ヒストン(replication-dependent histone) 554
複製因子 C(replication factor C, RFC) 594f, 595
複製開始点複合体(origin of replication complex, ORC) 593, 593f, 594f
複製開始前複合体(preinitiation replication complex, preRC) 593, 593f, 594f
複製型転位(replicative transposition) 605, 606f
複製許可因子(replication licensing factor) 594
複製スリップ(replication slippage) 598
複製タンパク質 A(replication protein A, RPA) 594, 594f
複製非依存性ヒストン(replication-independent histone) 554
複製ファクトリー(replication factory) 585
複製フォーク(replication fork)
原核生物の(prokaryote) 589, 589f, 590f, 591f
真核生物の(eukaryote) 593, 594f
フコース(fucose) 221
不斉炭素(asymmetric carbon) 116
ブタノール(butanol) 249

索引		
付着部位〔attachment（att）site〕		604
ブチルヒドロキシトルエン（butylated hydroxytoluene, BHT）		328
物理的ストレスによるタンパク質変性（mechanical stress, protein denaturation by）		141
不凍性糖タンパク質（antifreeze glycoprotein）		229
負の協同性（negative cooperativity）		201
負の窒素バランス（negative nitrogen balance）		449
負の超らせん構造をもつ DNA（negatively supercoiled DNA）		550, 551f
負のフィードバック（negative feedback）		21, 21f
負の翻訳調節（negative translational control）		674
部分水素化法（partial hydrogenation）		339
不変残基（invariant residue）		129
普遍的組換え（general recombination）		599, 600f, 601f, 602f, 603f
不飽和脂肪酸（unsaturated fatty acid）		8, 8f, 334
の酸化（oxidation of）		381, 381f
の例（example of）		335t
不飽和炭化水素（unsaturated hydrocarbon）		R19, R20
不飽和分子の異性体（isomeric form of unsaturated molecule）		334, 335f
フマラーゼの反応速度論（fumarase, kinetics of）		178t
フマル酸（fumarate）		
コハク酸の酸化による——の生成（succinate oxidation to form）		293
の水和（hydration of）		15f, 294
プライマーゼ（primase）		586, 594, 594f
プライマーの合成（primer, synthesis of）		586, 591, 591f, 593, 594f
プライモソーム（primosome）		586
プラーク（plaque）		219, 329, 394
フラジリティ（fragility）		22
プラストキノン（plastoquinone, PQ）		347, 419, 426
プラストシアニン（plastocyanin, PC）		419, 675
プラスミド（plasmid）		36, 557
ベクターとしての（as vector）		608
プラダー・ウィリー症候群（Prader-Willi syndrome）		533
フラノシド（furanoside）		217
フラノース（furanose）		213, 213f
フラビンアデニンジヌクレオチド（flavin adenine dinucleotide, FAD）		16, 194, 195t, 283, 283f, 376
フラビン含有モノオキシゲナーゼ（flavin-containing monooxygenase）		408
フラビンタンパク質（flavoprotein）		283
フラビンモノヌクレオチド（flavin mononucleotide, FMN）		194, 195t, 283, 283f
フラボノイド（flavonoid）		328
フラン（furan）		213, 213f
プランク定数（Planck's constant）		422
プランピーナッツ（Plumpy'nut）		449
フーリエ変換イオンサイクロトロン共鳴質量分析（Fourier transform ion cyclotron resonance mass spectrometry, FTICR-MS）		161
プリスタン酸（pristanic acid）		382f
フリッパーゼ（flippase）		352
プリブナウボックス（Pribnow box）		614
プリマキン（primaquine）		130
フリーラジカル（free radical）		187
プリン（purine）		9
プリンヌクレオチド回路（purine nucleotide cycle）		504f, 505
プリンヌクレオチドホスホリラーゼ（purine nucleoside phosphorylase）		505
——欠損症（deficiency of）		506
フルクトシド（fructoside）		217
フルクトース（fructose）		7
高グリセリド血症と（hypertriglyceridaemia and）		389
のフィッシャー投影式とハース構造式（Fischer and Haworth representation of）		213f
の変旋光（mutarotation of）		214
肥満と（obesity and）		533
フルクトース 1,6-ビスリン酸（fructose-1,6-bisphosphate）		100, 100f, 252
カルビン回路における（in Calvin cycle）		430
糖新生における（in gluconeogenesis）		260
の開裂（cleavage of）		240f, 241
の生成（formation of）		240f, 241
フルクトース 6-リン酸への変換（conversion to fructose-6-phosphate）		257
フルクトース 2,6-ビスリン酸（fructose-2,6-bisphosphate）		252, 252f, 260
フルクトース 6-リン酸（fructose-6-phosphate）		100, 100f, 260
カルビン回路における（in Calvin cycle）		430
グルコース 6-リン酸の——への変換（glucose-6-phosphate conversion to）		240f, 241
の加水分解の標準自由エネルギー（standard free energy of hydrolysis of）		103t
のリン酸化（phosphorylation of）		240f, 241
フルクトース 1,6-ビスリン酸の——への変換（fructose-1,6-bisphosphate conversion to）		257
フルクトース含有シロップ（high-fructose corn syrup）		389
フルクトフラノース（fructofuranose）		213, 213f
プレ mRNA のプロセシング（pre-mRNA, processing of）		622, 623f, 624f, 625f, 630, 630f
プレドニゾン（prednisone）		338
プレニル化（prenylation）		347, 347f
プレニル基（prenyl group）		347
プレプロタンパク質（preprotein）		664
フレームシフト変異（frameshift mutation）		544, 646
ブレンステッド・ローリー理論（Bronsted-Lowry theory）		R16
プロオピオメラノコルチン（pro-opiomelanocortin, POMC）		531f, 532
プログレッション，発がんの（progression, of carcinogenesis）		637
プロゲステロン（progesterone）		348f
プロ酵素（proenzyme）		200
プロスタグランジン（prostaglandin）		337
プロスタグランジン E_2（prostaglandin E_2）		337f
プロタンパク質（proprotein）		664
ブロッキングエージェント（blocking agent）		638
フロッパーゼ（floppase）		352
プロテアーゼ阻害剤（protease inhibitor）		181, 578
プロテアーゼによる切断（proteolytic cleavage）		664, 666f
プロテアソーム（proteasome）		30, 485, 487f
プロテインキナーゼ A（protein kinase A, PKA）		253, 273
プロテインキナーゼ B（protein kinase B, PKB）		521
プロテインキナーゼ C（protein kinase C, PKC）		518
プロテインジスルフィドイソメラーゼ（protein disulfide isomerase, PDI）		669
プロテオグリカン（proteoglycan）		227, 228f
プロテオスタシス（proteostasis）		31
プロテオスタシスネットワーク（proteostasis network, PN）		32, 675, 676f
プロテオミクス（proteomics）		22, 644, 677
プロテオーム（proteome）		31, 540
プロトコル（protocol）		21
プロト十字形構造（protocruciform）		549
プロトマー（protomer）		136
プロトン駆動力（protonmotive force）		311
プロトンシャトル機構（proton shuttle mechanism）		653, 656f
プロピオニル CoA（propionyl-CoA）		381, 382f
プロファージ（prophage）		574
プロモーター（promoter）		
転写（transcription）		614, 619, 619f, 621f
複製（replication）		558
プロリン（proline）		111, 448t, 453
pK_a 値（pK_a value）		118t
グルタミン酸からの生合成（biosynthesis from glutamate）		453f, 455f, 456
構造とイオン化状態（structure
イソロイシンの（isoleucine）		501f
グリコーゲンの（glycogen）		270f, 271f, 272f
コレステロールの（cholesterol）		401, 404f
脂肪酸の（fatty acid）		374
神経伝達物質の（neurotransmitter）		501, 503f
タンパク質中の α-アミノ酸の（of α-amino acid found in protein）		494f
ヌクレオチドの（nucleotide）		503
バリンの（valine）		501f
ピリミジンの（pyrimidine）		507
分解反応（decomposition reaction）		R16
分画遠心分離（differential centrifugation）		57

分子機械(molecular machine)
　としての細胞(cell as) 30, 31f
　としてのタンパク質(protein as) 153
分子クローニング(molecular cloning) 607, 608f, 609f
分子構造(molecular structure) R9
分枝鎖アミノ酸(branched-chain amino acid, BCAA) 448, 455
分枝鎖ケト酸尿症(branched-chain ketoaciduria) 502
分枝鎖炭化水素(branched-chain hydrocarbon) R19
分子シャペロン(molecular chaperone) 30, 41, 143
　タンパク質の折りたたみにおける(in protein folding) 144, 145f, 146f
　プロテオスタシスネットワークにおける(in proteostasis network) 32
分子性(molecularity) 175
分子生物学(molecular biology) 538, 547
分子病(molecular disease)
　タンパク質の一次構造，進化と(primary protein structure, evolution, and) 129, 129f
　定義(defined) 129
分泌過程(secretory process) 42, 43f
分裂(fission) 49

【へ】

ヘアピンターン(hairpin turn) 131, 132f
平均原子質量単位(average atomic mass unit) R2
平衡定数(equilibrium constant) R14, 76
平衡，反応への，触媒の効果(equilibrium, reaction, catalyst effect on) 169
平行βプリーツシート(parallel β-pleated sheet) 131, 132f
閉鎖系(closed system) 93
平面三角形構造(trigonal planar geometry) R10
ヘキサン(hexane) 5f
ヘキソキナーゼ(hexokinase) 136f
　解糖の制御と(glycolysis regulation and) 251
　による触媒反応(reaction catalyzed by) 172t
　のATP結合ドメイン(ATP-binding domain of) 133f
　の特異性(specificity of) 170, 171f
ヘキソース(hexose) 210
ヘキソース一リン酸経路(hexose monophosphate shunt) 265 →ペントースリン酸経路も見よ
ベクター(vector) 607, 608f
ヘッジホッグ経路(hedgehog pathway) 56
ヘテロカリオン(heterokaryon) 352
ヘテログリカン(heteroglycan) 222, 226
ヘテロクロマチン(heterochromatin) 46, 554
ヘテロ接合体(heterozygote) 130, 362
ヘテロトロピック効果(heterotropic effect) 200
ベナール渦(Benard cell) 105
ペニシラミン(penicillamine) 123, 123f, 194
ベネディクト試薬(Benedict's reagent) 216, 216f, 217
ヘパラン硫酸(heparan sulfate) 227
ヘパリン(heparin) 227
ペプシン(pepsin) 196, 196f
ペプチジルtRNA(peptidyl-tRNA) 653
ペプチジルトランスフェラーゼセンター(peptidyl transferase center, PTC) 652
ペプチド(peptide)
　シグナル——(signal) 657
　定義(defined) 111
　の構造と機能(structure and function of) 6, 6f, 124, 124t
　リーダー——(leader) 657
ペプチドYY(peptide YY, PYY) 527, 532
ペプチドグリカン(peptidoglycan) 34
ペプチド結合(peptide bond)
　定義(defined) 6, 121
　の回転(rotation about) 122, 122f
　の形成(formation of) 121, 121f, 122f, 651, 651f, 654
ペプチド転移(transpeptidation) 651
ペプチドホルモン(peptide hormone) 514
ペプチドモチーフ(peptide motif) 485
ヘミアセタール(hemiacetal) R23, R24f, 212, 212f
ヘミケタール(hemiketal) 212, 212f
ヘム(haem)
　の構造と機能(structure and function of) 149, 149f, 150f
　の酸素結合部位(oxygen-binding site of) 150f
　の特性(property of) 479
ヘムタンパク質(haemoprotein) 127
ヘモグロビン(haemoglobin)
　pHと(pH and) 85
　鎌状赤血球(sickle-cell) 129, 130f
　の形状(shape of) 110f
　の構造と機能(structure and function of) 149, 151f, 152f, 153f
　の酸素解離曲線(oxygen dissociation curve of) 150, 151f
　の半減期(half-life of) 485t
　へのBPGの効果(BPG effect on) 152, 153f
ヘリカーゼ(helicase) 586, 589, 589f, 590f, 591f, 593
ヘリコバクターピロリ(*Helicobacter pylori*) 232, 562
ヘリックス(helix) →αヘリックスを見よ
ヘリックス・ターン・ヘリックス(helix-turn-helix) 584, 585f
ヘリックス・ループ・ヘリックス(helix-loop-helix) 584, 585f
ヘリックス・ループ・ヘリックス単位(helix-loop-helix unit) 131, 132f
ペリリピンA(perilipin A) 371
ペルオキシ亜硝酸アニオン(peroxynitrite anion) 465
ペルオキシソーム(peroxisome) 51, 379
ペルオキシソーム増殖因子活性化受容体(peroxisome proliferator-activated receptor, PPAR) 393
ペルオキシレドキシン(peroxiredoxin, PRX) 325
ペルオキシレドキシン/チオレドキシンレダクターゼ(peroxiredoxin/thioredoxin reductase) 325, 325f
ベンケイソウ型有機酸代謝(crassulacean acid metabolism, CAM) 436, 436f
編集，RNA(editing, RNA) 631
片頭痛(migraine headache) 323
変性(denaturation)
　DNAの(DNA) 543, 563, 564f
　タンパク質——(protein) 140f, 141
変性剤によるタンパク質変性(detergent, protein denaturation by) 141
ベンゼン(benzene) R22, R23f
変旋光(mutarotation) 214, 214f
ヘンダーソン・ハッセルバルヒの式(Henderson-Hasselbalch equation) 80
ペントース(pentose) 210
ペントースリン酸経路(pentose phosphate pathway) 238
　酸化的段階(oxidative phase) 262, 262f, 265
　非酸化的段階(nonoxidative phase) 262, 263f, 264
鞭毛(flagella)
　原核生物の——(prokaryotic) 37
　真核生物の——(eukaryotic) 53, 53f
鞭毛内輸送(intraflagellar transport, IFT) 53

【ほ】

ボーア効果(Bohr effect) 152, 355
補因子(cofactor) 171
　の触媒作用での役割(catalysis role of) 193, 195t
膨圧(turgor pressure) 76
防御にかかわるタンパク質(defence, protein involved in) 126
芳香族求電子置換反応(electrophilic aromatic substitution reaction) R22
芳香族炭化水素，アミノ酸における(aromatic hydrocarbon, in amino acid) R19, R22, 113
芳香族ファミリー(aromatic family) 453f, 459, 459f
抱合反応(conjugation reaction) 403
放射性崩壊(radioactive decay) R3
放射線(radiation)
　により引き起こされるDNA損傷(DNA damage caused by) 545, 546f, 637
　により引き起こされるがん(cancer caused by) 637
放射線による損傷(radiation damage) 326
放射能(radioactivity) R3
放射を伴わない減衰(radiationless decay) 423
紡錘体(mitotic spindle) 53
包接体(clathrate) 72
飽和脂肪酸(saturated fatty acid) 8, 8f, 334, 335t
飽和炭化水素(saturated hydrocarbon) R19
補欠分子族(prosthetic group) 127
歩行(walking) 104
補酵素(coenzyme) 16, 171, 194, 195t
　クエン酸回路における(in citric acid cycle) 288t
　酸化還元——(redox) 282f, 283, 283f
補酵素A(coenzyme A, CoASH) 13f, 194, 195t
　クエン酸回路における(in citric acid cycle) 286, 288, 288f
補酵素Q〔coenzyme Q, CoQ (ubiquinone, UQ)〕 194, 195t
　電子伝達と(electron transport and) 304, 305f, 307, 307f, 310

【ま】

索 引　　763

の構造と酸化状態（structure and oxidation state of）　306f
へのスタチンの阻害（statin interference with）　407
ポジティブセンスRNAゲノム（positive-sense RNA genome）　573
ホスファチジルイノシトール（phosphatidylinositol, PI）　341, 342t, 463t
ホスファチジルイノシトール-3-キナーゼ（phosphatidylinositol-3-kinase, PI3K）　520
ホスファチジルイノシトール 4,5-ビスリン酸（phosphatidylinositol-4,5-bisphosphate, PIP$_2$）　518
ホスファチジルイノシトール回路（phosphatidylinositol cycle）　341
ホスファチジルエタノールアミン（phosphatidylethanolamine, PE）　341, 342t
ホスファチジルグリセロール（phosphatidylglycerol）　342t
ホスファチジルコリン（phosphatidylcholine, PC）　9f, 341, 342t, 351f, 463t
ホスファチジルセリン（phosphatidylserine, PS）　341, 342t, 518, 518f
ホスファチジン酸（phosphatidic acid）　341, 342t, 371
3′-ホスホアデノシン 5′-ホスホ硫酸（3′-phosphoadenosine-5′-phosphosulfate, PAPS）　396, 396f
ホスホエノールピルビン酸（phosphoenolpyruvate, PEP）　240f, 244
　アミノ酸生合成における（in amino acid biosynthesis）　453f
　からのリン酸基の転移（phosphoryl group transfer with）　104f
　脱離反応（elimination reaction）　14f
　の加水分解における標準自由エネルギー（standard free energy of hydrolysis of）　103t
　の合成（synthesis of）　255
ホスホエノールピルビン酸カルボキシナーゼ（phosphoenolpyruvate carboxykinase, PEPCK-C）　255, 371
ホスホキャリヤータンパク質 HPr（phosphocarrier protein HPr）　110f
2-ホスホグリコール酸（2-phosphoglycolic acid, PGA）　189
ホスホグリセリド（phosphoglyceride）　9, 340, 342t
2-ホスホグリセリン酸（glycerate-2-phosphate）　240f, 245
3-ホスホグリセリン酸（glycerate-3-phosphate）　240f, 243, 453f, 456, 457f
2-ホスホグリセリン酸の脱離反応（2-phosphoglycerate elimination reaction）　14, 14f
ホスホグルコースイソメラーゼ（phosphoglucose isomerase, PGI）　241
ホスホクレアチン（phosphocreatine）　103t, 464
ホスホジエステラーゼ（phosphodiesterase）　503
ホスホジエステル結合（phosphodiester bond）　9
　DNA における（in DNA）　9, 540, 541f
　RNA における（in RNA）　11
ホスホフルクトキナーゼ（phosphofructokinase, PFK）　201

ホスホフルクトキナーゼ 1（phosphofructokinase-1, PFK-1）　241, 249, 252
ホスホフルクトキナーゼ 2（phosphofructokinase-2, PFK-2）　252
ホスホプロテインホスファターゼ 1（phosphoprotein phosphatase 1, PP1）　273
ホスホプロテインホスファターゼインヒビター 1（phosphoprotein phosphatase inhibitor 1, PPI-1）　404
ホスホメバロン酸（phosphomevalonate）　399
ホスホリパーゼ（phospholipase）
　毒性——（toxic）　343
　の構造（structure of）　343f
　の特性と種類（property and type of）　343
ホスホリパーゼ A$_2$（phospholipase A$_2$）　338
5-ホスホ-α-D-リボシル 1-ピロリン酸（5-phospho-α-D-ribosyl-1-pyrophosphate, PRPP）　473, 473f, 474, 475
保存的置換（conservative substitution）　129
勃起不全（impotence）　323
ボツリヌス中毒症（botulism）　363, 363f
ボツリヌス毒素（botulinum toxin）　126, 364
哺乳動物（mammal）
　における栄養代謝（nutrient metabolism in）　528f
　における脂肪酸代謝の調節（fatty acid metabolism regulation in）　390
　における摂食-絶食サイクル（feeding-fasting cycle in）　526
哺乳類ラパマイシン標的タンパク質（mammalian target of rapamycin）
　→ mTOR を見よ
ホメオスタシス（homeostasis）　125
　コレステロールの（cholesterol）　404
　定義（defined）　2
ホモグリカン（homoglycan）　222
ホモゲンチジン酸（homogentisate）　502
ホモシスチン尿症（homocystinuria）　676
ホモシステイン（homocysteine）　462
ホモ接合体（homozygote）　130, 362
ホモトロピック効果（homotropic effect）　200
ポリ（A）結合タンパク質〔poly（A）-binding protein, PABP〕　661
ポリ（A）シグナル〔poly（A）signal〕　622
ポリ（A）尾部〔poly（A）tail〕　622
ポリアミン（polyamine）　552
ポリイソプレノイドアルコール（polyisoprenoid alcohol）　347
ポリシストロン性 mRNA（polycistronic mRNA）　571
ポリソーム（polysome）　651, 664f
ホリデイモデル（Holliday model）　599, 600f
ポリテルペン（polyterpene）　346t, 347
ポリヌクレオチドホスホリラーゼ（polynucleotide phosphorylase）　657
ポリペプチド（polypeptide）
　相同性——（homologous）　128
　定義（defined）　111
　に結合したオリゴ糖（oligosaccharide linked to）　222, 223f
　の構造（structure of）　7f
　の特性と機能（property and function of）　6, 6f
ポリメラーゼ，DNA（polymerase, DNA）

　→ DNA ポリメラーゼを見よ
ポリメラーゼ連鎖反応（polymerase chain reaction, PCR）　568, 609, 610f
ポーリン（porin）　35, 110f, 251
ホルボールエステル（phorbol ester）　522
ホルムアルデヒド（formaldehyde）　459, 460t
ホルモン（hormone）　33
　解糖の制御と（glycolysis regulation and）　252
　甲状腺——（thyroid）　514, 514f
　細胞間情報伝達と（intercellular communication and）　513
　脂肪酸代謝と（fatty acid metabolism and）　390
　脂溶性——（lipid-soluble）　514
　水溶性——（water-soluble）　513
　糖新生の制御と（gluconeogenesis regulation and）　260
　糖タンパク質としての（as glycoprotein）　229t
　として働くアミノ酸（amino acid acting as）　114, 115f
　内分泌——（endocrine）　513
　ペプチド——（peptide）　514
ホルモン応答配列（hormone response element, HRE）　526
ホルモン感受性リパーゼ（hormone-sensitive lipase, HSL）　370, 374
ホロ酵素（holoenzyme）　171
ホロタンパク質（holoprotein）　127
翻訳（translation）　539, 539f, 644, 657
翻訳後修飾（posttranslational modification）　111, 230, 652
　原核生物の（in prokaryote）　657
　真核生物の（in eukaryote）　664, 666f, 667f, 668f
　定義（defined）　644
翻訳後のトランスロケーション（posttranslational translocation）　670
翻訳制御（translational control）　632, 657, 672
翻訳と共役した輸送（cotranslational transfer）　670, 671f, 672f

マイクロ RNA（microRNA, miRNA）　11, 572, 631, 632f
マイクロアレイ，DNA（microarray, DNA）　610
マイクロサテライト（microsatellite）　559
マイクロプロセッサー（microprocessor）　631
マイコプラズマ（mycoplasma）　556
マイトジェン（mitogen）　522
マイトジェン活性化プロテインキナーゼキナーゼ（mitogen-activated protein kinase kinase, MAPKK）　634, 635f
巻きもどし，DNA（unwinding, DNA）　585, 588, 589f, 590f, 591f
膜（membrane）　351
　塩素移動と（chloride shift and）　355
　外——（outer）　35
　隔離——（isolation）　488
　ゴルジ——（Golgi）　670, 673f
　自己修復能（self-sealing）　353
　——受容体（receptor）　30, 361
　選択的透過性をもつ——（selectively permeable）　74, 74f, 353

疎水性効果と(hydrophobic effect and) 72
チラコイド――(thylakoid) 52, 416
――内外への輸送(transport across) 18, 357, 357f, 358f
における側方拡散(lateral diffusion in) 352, 353f
の化学組成(chemical composition of) 352t
の機能(function of) 29, 356
の構造(structure of) 29, 30f, 333f, 352
の脂質(lipid of) 352
の重要性(importance of) 3
のタンパク質(protein of) 354, 354f, 355f
の非対称性(asymmetry of) 354
のミクロドメイン(microdomain of) 356, 356f
バンド3陰イオンチャネルタンパク質(band 3 anion exchanger protein) 354, 355f
ミトコンドリア接触部位(mitochondria-associated) 51
を隔てたイオン分布(ion distribution across) 75
膜間腔(intermembrane space) 50
膜骨格(membrane skeleton) 40
膜脂質の代謝(membrane lipid metabolism) 393
膜電位(membrane potential) 76
マグネシウム，光合成と(magnesium, photosynthesis and) 437
膜表在性タンパク質(membrane extrinsic protein) 30, 30f, 354, 354f
マグマ(magma) 92
膜融合(membrane fusion) 363, 363f
膜リモデリング(membrane remodeling) 343
膜流動性(membrane fluidity) 352, 353f
マクロオートファジー(macroautophagy) 487
マクロファージの呼吸バースト(macrophage, respiratory burst of) 321, 326
マダガスカルのクモの糸のタペストリー(Madagascar spider silk tapestry) 155
マトリックス支援レーザー脱離イオン化法(matrix-assisted laser desorption ionization, MALDI) 160
マトリックスタンパク質，ミトコンドリア(matrix protein, mitochondrial) 672, 673f
マトリックス，ミトコンドリア(matrix, mitochondrion) 50
マラビロク(maraviroc) 578
マラリア(malaria) 130
マルコフニコフ則(Markovnikov's rule) R21
マルトース(maltose) 221, 222f
マロニル CoA(malonyl-CoA) 385, 386f, 387, 529
マロニル CoA デカルボキシラーゼ(malonyl-CoA decarboxylase, MCD) 392
マロニル/アセチルトランスフェラーゼ(malonyl/acetyl transferase, MAT) 388
マロン酸(malonate) 182, 182f
マンノース(mannose) 212
の代謝(metabolism of) 266f

【み】

ミエロペルオキシダーゼ(myeloperoxidase) 501
ミオグロビン(myoglobin)
酸素解離曲線と(oxygen dissociation curve of) 150, 151f
の形状(shape of) 110f
の構造と機能(structure and function of) 149, 150f, 151f
ミオシン(myosin) 154
ミカエリス定数(Michaelis constant) 177, 178t
ミカエリス・メンテン型速度式(Michaelis-Menten kinetics) 176, 177f, 178t, 179f
アロステリック酵素と(allosteric enzyme and) 185, 185f
拮抗阻害(competitive inhibition) 181, 181f, 183, 184f
阻害解析(inhibition analysis) 183, 184f
非拮抗阻害(noncompetitive inhibition) 182, 182f, 184f
不拮抗阻害(uncompetitive inhibition) 183, 184f
ミカエリス・メンテン式(Michaelis-Menten equation) 177
ミクロオートファジー(microautophagy) 487
ミクロソーム(microsome) 57
ミクロフィブリル(microfibril) 225, 226f
ミクロフィラメント(microfilament) 53
短い散在性反復配列(short interspersed nuclear element, SINE) 560
短い縦列反復配列(short tandem repeat, STR) 568
水(water, H_2O) →水和も見よ
アクアポリンチャネルを介した――の移動(flow through aquaporin channel) 358, 359f
光合成系Ⅱと――の酸化(photosystem Ⅱ and oxidation of) 425
構造化した――(structured) 70, 70f
細胞での割合(as percentage of cell) 4
脱水(removal of) 14, 14f
における非共有結合(noncovalent bonding in) 65, 66t
のイオン化(ionization of) 76
のイオン積(ion product of) 76
の解離(disassociation of) 76
の正四面体構造(tetrahedral structure of) 64, 64f, 66f
の疎水性相互作用(hydrophobic interaction of) 29f
の特性と重要性(property and importance of) 29
の熱特性(thermal property of) 67, 67t, 68f, 68t
の分解(splitting of) 440, 440f
の分子構造(molecular structure of) 64, 64f, 65f
の融点と沸点(melting and boiling points of) 67, 67t
の溶媒特性(solvent property of) 69
水-酸化クロック(water-oxidizing clock) 425, 426f
ミスセンス変異(missense mutation) 544
水のイオン積(ion product of water) 76
水の解離(disassociation of water) 76
水の塊(bulk water state) 70
水の熱特性(thermal property of water) 67, 67t, 68f, 68t
水の溶媒特性(solvent property of water)
構造化した水(structured water) 70, 70f
親水性分子(hydrophilic molecule and) 69, 70f
浸透圧(osmotic pressure) 72, 73f
疎水性効果(hydrophobic effect) 72, 73f
ゾル-ゲル遷移(sol-gel transition) 71, 71f
両親媒性分子(amphipathic molecule) 72, 73f
水分解複合体(water-splitting complex) →酸素発生複合体を見よ
ミスマッチ修復(mismatch repair, MMR) 598
未成熟キロミクロン(nascent chylomicron) 368
ミセル(micelle) 72, 73f
密度勾配遠心分離(density-gradient centrifugation) 57, 58f, 563
蜜ろう(beeswax) 340
ミトコンドリア(mitochondrion)
真核生物の(eukaryotic) 49, 50f
における ROS 生成(ROS formation in) 321, 321f
における好気的代謝(aerobic metabolism in) 279f
への脂肪酸の輸送(fatty acid transport into) 375f
ミトコンドリア DNA(mitochondrial DNA, mtDNA) 51, 555, 568
ミトンドリア外膜(outer mitochondrial membrane) 50
ミトコンドリア外膜のトランスロカーゼ複合体〔translocase of the mitochondrial outer membrane (TOM) complex〕 672
ミトコンドリア呼吸鎖(mitochondrial respiratory chain, MRC) 50
ミトコンドリア接触部位(mitochondria-associated membrane, MAM) 51, 304
ミトコンドリア電子伝達鎖(mitochondrial electron transport chain) →電子伝達系を見よ
ミトコンドリア内膜(inner mitochondrial membrane) 50
ミトコンドリア内膜のトランスロカーゼ複合体〔translocase of the mitochondrial inner membrane (TIM) complex〕 672
ミトコンドリアの分裂(mitochondrial fission) 49, 50f
ミトコンドリアの融合(mitochondrial fusion) 49, 50f
ミニサテライト(minisatellite) 559
ミネラル化(mineralized) 444
ミリスチン酸(myristic acid) 335t
ミリストイル化(myristoylation) 336

【む】

ムコ多糖症(mucopolysaccharidosis) 227
無水物(anhydride) 12, 648
ムチン型糖質基(mucin-type carbohydrate unit) 228

【め】

迷走神経(vagus nerve) 532
明反応(light reaction) 423, 424f
光化学系ⅠとNADPH合成(photosystem Ⅰ

and NADPH synthesis) 426
光化学系 II と水の酸化(photosystem II and water oxidation) 425
光リン酸化(photophosphorylation) 429
命名法, 酵素(nomenclature, enzyme) 171
メイラード反応(Maillard reaction) 218, 219f
メセルソン-ラディングモデル(Meselson-Radding model) 600, 601f
メタノール(methanol) 4, 459, 460t
とグルコースの反応(glucose reaction with) 217, 218f
メタノール中毒(methanol poisoning) 185
メタボリックシンドローム(metabolic syndrome) 533
メタボローム(metabolome) 540
メタボロン(metabolon) 186
メタン(methane, CH_4) R11f, 4, 5f, 69
メチオニン(methionine) 113, 448t
pK_a 値(pK_a value) 118t
構造とイオン化状態(structure and ionization state) 112f
の異化経路(catabolic pathway of) 498, 499f
の生合成(biosynthesis of) 453f, 458
略式表記(abbreviation) 113t
メチル CpG 結合タンパク質(methyl-CPG-binding protein, MeCP) 561
メチル化(methylation) 668
DNA —— 461, 561, 561f, 637
メチル基転移の受容体と生成物(transmethylation acceptor and product) 463t
メチルグリコシド(methyl glucoside) 218f
メチルトランスフェラーゼ(methyltransferase) 561
メチルマロニル CoA ムターゼ(methylmalonyl-CoA mutase) 502
メチルマロン酸血症(methylmalonic acidaemia) 502
メッセンジャー RNA(messenger RNA, mRNA) 11, 539, 539f
真核生物における——のプロセシング(eukaryote processing of) 622, 623f, 624f, 625f, 630, 630f
——スキャニング(scanning) 658
の安定性(stability) 674
の構造と機能(structure and function of) 571
の二次構造(secondary structure of) 658
の輸送(transport of) 632, 674
メディエータータンパク質複合体(mediator protein complex) 620, 621f
メトエンケファリン(met-enkephalin) 7f
メトトレキサート(methotrexate) 464, 479
メトフォルミン(metformin) 524
メトヘモグロビン(methaemoglobin) 124
メナキノン(menaquinone) 347f
メバロン酸(mevalonate) 399
メープルシロップ尿症(maple syrup urine disease) 502
メラトニン(melatonin) 114, 115f, 464
メラニン(melanin) 502
メリシルセロチン酸(melissyl cerotate) 340f
メルカプツール酸(mercapturic acid) 465f
免疫グロブリン G(immunoglobulin G, IgG) 137f
免疫グロブリン M(immunoglobulin M, IgM) 630
免疫グロブリンの構造(immunoglobulin, structure of) 137, 137f
メンケス症候群(Menkes' syndrome) 194

【も】

毛細血管拡張性運動失調症(ataxia telangiectasia) 595
網膜芽細胞腫(retinoblastoma) 633
網膜色素変性(retinitis pigmentosa, RP) 56
モザイクタンパク質(mosaic protein) 134, 134f
モジュール(module) 21
モジュールタンパク質(modular protein) 134, 134f
モジュレーター(modulator) 138
モータータンパク質(motor protein) 31, 31f, 154
モチーフ(motif) 21, 21f, 131, 132f
モノアシルグリセロールリパーゼ(monoacylglycerol lipase, MGL) 374
モノアミンオキシダーゼ(monoamine oxidase, MAO) 501, 503f
モノシストロン性 mRNA(monocistronic mRNA) 571
モノテルペン(monoterpene) 346, 346t
モリブデン-鉄補因子〔molybdenum-iron cofactor (MoFe cofactor, M cluster)〕 445, 445f
モル浸透圧(osmolarity) 73, 75
モルテングロビュール, タンパク質の折りたたみ(molten globule, protein folding) 143, 143f
モル濃度(molarity) R18

【ゆ】

融解熱(heat of fusion) 68, 68t
有機化学(organic chemistry) R19
有機化学反応, 遷移状態と(organic reaction, transition state and) 187
誘起双極子-誘起双極子相互作用(induced dipole-induced dipole interaction) 67, 67f
有機窒素(organic nitrogen) 444
有機溶媒によるタンパク質変性(organic solvent, protein denaturation by) 141
融合(fusion) 49
融合阻害剤(fusion inhibitor) 578
有効濃度(effective concentration) 170
誘電率(dielectric constant) 69
誘導的遺伝子(inducible gene) 626
誘導適合モデル(induced-fit model) 170, 171f
ユークロマチン(euchromatin) 46, 554
油脂(oil)
精油(essential) 346
の特性(property of) 339
輸送(transport)
RNA —— 632
にかかわるタンパク質(protein involved in) 126
輸送停止シグナル(stop transfer signal) 670
ユビキチン(ubiquitin) 485
ユビキチン化(ubiquitination) 485, 486f
ユビキチン活性化酵素(ubiquitin-activating enzyme) 486
ユビキチン結合酵素(ubiquitin-conjugating enzyme) 486
ユビキチンプロテアソーム系(ubiquitin proteasomal system, UPS) 32, 485, 486f
ユビキチンリガーゼ(ubiquitin ligase) 486
ユビキノン(ubiquinone, UQ) →補酵素 Q を見よ
ユビセミキノン(ubisemiquinone) 306f
ゆらぎ仮説(wobble hypothesis) 647, 648f

【よ】

陽イオン(cation) R2, R7
溶菌サイクル(lytic cycle) 574
溶菌性ファージ(virulent phage) 574
溶菌ファージ(lytic phase) 575
溶血(haemolysis) 74, 74f
溶原性(lysogeny) 574
溶原性ファージ(lysogenic phage) 574
葉酸(folic acid) 195t, 460, 461f, 638
ヨウ素試験(iodine test) 223
葉緑体(chloroplast) 415, 422
の DNA(DNA of) 555
の機能(function of) 52
の構造(structure of) 52, 52f, 416, 416f
の明反応における膜の構成(membrane organization of light reaction in) 427f
抑制性神経伝達物質(inhibitory neurotransmitter) 466
抑制物質(suppressing agent) 638
四次構造, タンパク質の(quaternary structure, protein) 128, 136, 137f
ヨードアセトアミド(iodoacetamide) 185
ヨード酢酸(iodoacetate) 183
弱い非共有結合の相互作用(weak noncovalent interaction) 30, 31f
弱いプロモーター(weak promoter) 614
四量体(tetramer) 136

【ら】

ライセンシング, DNA 複製(licensing, DNA replication) 593
ライブラリー, ゲノム(library, genomic) 610, 611f
ラインウィーバー・バークプロット(Lineweaver-Burk plot) 179, 179f
を使う阻害解析(inhibition analysis using) 183, 184f
ラギング鎖, DNA(lagging strand, DNA) 590, 590f, 591f
ラクトース(lactose) 221, 221f
ラクトース不耐症(lactose intolerance) 221
ラクトン(lactone) 215
ラジカル(radical) 323 →フリーラジカルも見よ
ラジカル連鎖反応(radical chain reaction) 322f, 323
ラセミ化(racemization) 450
ラチリスム(lathyrism) 149
ラパマイシン(rapamycin) 488 →mTOR も見よ
ラリアット(lariat) 623, 624f

【り】

ラルテグラビル(raltegravir) 578
ランダム型逐次機構(random sequential mechanism) 180

リアーゼ(lyase) 172, 172t
リウマチ因子(rheumatoid factor, RF) 338
リウマチ関節炎(rheumatoid arthritis) 337, 338, 464
リガーゼ(ligase) 172, 172t
　DNA── 588, 591, 591f, 596
リガンド(ligand) 33, 135
リグノセリン酸(lignoceric acid) 335t
離散型コアプロモーター(dispersed core promoter) 619
リシノノルロイシン(lysinonorleucine) 137, 137f
リシルオキシダーゼ(lysyl oxidase) 148
リシン(lysine) 114, 119, 448t
略式表記(abbreviation) 113t
リスケFe-Sタンパク質(Rieske-Fe-S protein) 419
理想溶液, 酵素活性と(ideal solution, enzyme activity and) 170
リソソーム(lysosome) 44
リソソーム蓄積病(lysosomal storage disease) 32, 46
リゾチーム(lysozyme) 110f
リゾホスファチジルコリン (lysophosphatidylcholine) 351f
リゾホスファチジン酸(lysophosphatidic acid) 371
リゾリン脂質(lysophosphatide) 343
リーダーペプチド(leader peptide) 657
立体異性体(stereoisomer)
　アミノ酸(amino acid) 116, 116f
　単糖(monosaccharide) 211f, 212, 212f
　定義(defined) 116
立体障害(steric hindrance) R28
立体反発(steric repulsion) 31, 32f
リーディング鎖, DNA(leading strand, DNA) 590, 590f, 591f
リノール酸(linoleic acid) 335t
リノレン酸(linolenic acid) 335, 335t
リプレッサー(repressor) 626
リボ核酸(ribonucleic acid, RNA) 230, 503
　tm── 659f, 660
　核小体内低分子──(small nucleolar) →核小体内低分子RNAを見よ
　核内低分子──(small nuclear) →核内低分子RNAを見よ
　原核生物の──のプロセシング(prokaryote processing of) 617, 617f
　真核生物の──のプロセシング(eukaryote processing of)

622, 623f, 624f, 625f, 630, 630f
　低分子干渉──(small interfering) →低分子干渉RNAを見よ
　トランスファー──(transfer) →トランスファーRNAを見よ
　における転写(transcription in) →転写を見よ
の種類(type of) 10
　の精製とキャラクタリゼーション (purification and characterization of) 563, 564f, 565f
　の輸送(transport of) 632
　ノンコーディング──(noncoding) 540, 572, 572f
　マイクロ──(micro) →マイクロRNAを見よ
　メッセンジャー──(messenger) →メッセンジャーRNAを見よ
　リボソーム──(ribosomal) →リボソームRNAを見よ
　を介した遺伝情報の流れ(genetic information flow through) 539f, 540
リポカリン(lipocalin) 657
リボザイム(ribozyme) 569
リポ酸(lipoic acid) 194, 195t, 286t, 288, 290f
リボース(ribose) 8, 471
　ジアステレオマー(diastereomer) 212f
　の構造(structure of) 8f
リボース-1,5-ビスリン酸カルボキシラーゼ (ribulose-1,5-bisphosphate carboxylase) →RuBisCOを見よ
リボース5-リン酸(ribose-5-phosphate) 238, 262, 264, 432, 453f
リボスイッチ(riboswitch) 626, 628, 629f
リボソーム(ribosome) 570, 571f, 644
　機能中の(functional) 653f
　タンパク質合成における(in protein synthesis) 11
　定義(defined) 30, 37
　トラップされた──救出(trapped, rescue of) 659, 659f
　水と──の自己集合(water and self-assembly of) 64
リボソームRNA(ribosomal RNA, rRNA) 11, 539, 539f
　原核生物の──のプロセシング(prokaryote processing of) 616, 617f
　の構造と機能(structure and function of) 570, 571f
リボソーム関連シャペロン(ribosome-associated chaperone) 144
リボソーム再生因子(ribosome recycling factor) 656
リボタンパク質(lipoprotein) 127
　高密度──(high-density) 351
　中間密度──(intermediate-density) 350
　超低密度──(very-low-density) 350
　低密度──(low-density) 351, 362
リボヌクレアーゼ(ribonuclease) →RNアーゼを見よ
リボヌクレアーゼレダクターゼ(ribonuclease reductase) 477
リボヌクレオチド(ribonucleotide) 472f
リボヌクレオチドレダクターゼ(ribonucleotide reductase) 478f
リポフスチン顆粒(lipofuscin granule) 488
リボフラビン〔riboflavin (vitamin B$_2$)〕 195t, 282, 283f
リボンモデル, タンパク質(ribbon model, protein) 128f
硫化水素(hydrogen sulfide, H$_2$S) 468
　の生合成(biosynthesis of) 469f
　の特性(property of) 470
　の融点と沸点(melting and boiling points of) 67t
　融解熱と(heat of fusion and) 68t
流動状態モデル(fluid state model) 310
流動性(fluidity) 352
流動制御(flux control) 258
流動モザイクモデル(fluid mosaic model) 351
両逆数プロット(double-reciprocal plot) 179, 179f
　を使う阻害解析(inhibition analysis using) 183, 183f, 184f
量子論(quantum theory) R3
両親媒性分子(amphipathic molecule) 72, 73f, 141
両性イオン(zwitterion) 111
良性腫瘍(benign tumour) 636
両性代謝経路(amphibolic pathway) 247, 295, 296f
両性分子(amphoteric molecule) 111
旅行者の病気(traveller's disease) 519
リルピビリン(rilpivirine) 578
淋菌(Neisseria gonorrhoeae) 344
リンゴ酸(malate)
　OAAとNADHが生成する酸化(oxidation to form OAA and NADH) 294
　水和と(hydration and) 15f
　フマル酸の──への変換(fumarate conversion to) 294
リンゴ酸-アスパラギン酸シャトル(malate-aspartate shuttle) 317, 318f
リンゴ酸シャトル(malate shuttle) 257
リン酸(phosphoric acid)
リン酸化(phosphorylation) 668
　基質準位(substrate-level) 243, 293
　光──(photo) 429
　酸化的──(oxidative) →酸化的リン酸化を見よ
　フルクトース6-リン酸の(of fructose-6-phosphate) 240f, 241
リン酸緩衝液(phosphate buffer) 85, 85f
リン酸基転移ポテンシャル(phosphoryl group transfer potential) 103, 103t, 104f

リン酸基の転移(phosphoryl group transfer)　240f, 243
リン酸トランスロカーゼ(phosphate translocase)　316, 316f
リン酸二水素イオン(dihydrogen phosphate, $H_2PO_4^-$)
　強塩基による滴定(titration by strong base)　85, 85f
　の解離定数と pK_a 値(dissociation constant and pK_a value for)　78t
リン脂質(phospholipid)
　水溶液中の(in aqueous solution)　340, 341f
　の合成(synthesis of)　395f
　の重要な構造的特徴(important structural features of)　29
　の主要な種類(major class of)　342t
　の代謝(metabolism of)　394, 395f
　の特性と種類(property and type of)　340, 341f
　膜構造における(in membrane structure)　30f
リン脂質の代謝回転(phospholipid turnover)　396
リン脂質分子の水溶液(aqueous solution of phospholipid molecule)　340, 341f
リンタンパク質(phosphoprotein)　127
リンパ腫(lymphoma)　636
淋病(gonorrhea)　344

【る】

ルイス酸(Lewis acid)　193
ルイスの酸塩基理論(Lewis acid and base theory)　R16
ルイスの点電子表記法(Lewis dot notation)　R8, R9
ルー・ゲーリック病(Lou Gehrig's disease) →筋萎縮性側索硬化症を見よ
ルシャトリエの原理(Le Chatelier's principle)　R14, 79
ルビスコ(RuBisCO)　430, 434, 436
　カルバモイル化された活性部位(carbamoylated active site)　439f
　カルボキシル化の機構(carboxylation mechanism)　432f
　光呼吸と(photorespiration and)　434
　の調節(control of)　438
ルビスコのカルバモイル化活性部位(carbamoylated active site of RuBisCO)　438, 439f

【れ】

零次反応(zero-order kinetics)　175, 175f
レクチン(lectin)　229t, 231, 231f
レグヘモグロビン(leghaemoglobin)　447
レーザーキャプチャーダイセクション顕微鏡法(laser capture dissection microscopy, LCDM)　677
レシチン(lecithin)　341, 342t
レシチン-コレステロールアシルトランスフェラーゼ(lecithin: cholesterol acyltransferase, LCAT)　351, 351f
レスピラソーム(respirasome)　310
レッシュ・ナイハン症候群(Lesch-Nyhan syndrome)　475, 560
レドックス反応(redox reaction) →酸化還元反応を見よ
レトロウイルス(retrovirus)　574, 577f
　内在性——(endogenous)　560
レトロエレメント(retroelement)　605
レトロトランスポゾン(retrotransposon)　559
レトロポゾン(retroposon)　605
レニン(renin)　125
レフサム病(Refsum's disease)　383
レプチン(leptin)　390, 532, 533
レプリコン(replicon)　589, 593
レプリソーム(replisome)　586
レブロース(levulose)　219
連続移動性(processivity)　586

【ろ】

ロイコトリエン(leukotriene)　338
ロイコトリエン C_4(leukotriene C_4)　337f, 338
ロイシン(leucine)　113, 448t, 458
　pK_a 値(pK_a value)　118t
　構造とイオン化状態(structure and ionization state)　112f
　の異化経路(catabolic pathway of)　496f, 497
　の生合成(biosynthesis of)　453f
　略式表記(abbreviation)　113t
ロイシンジッパー(leucine zipper)　133f, 584, 585f
ろう(wax)　340
ろうエステル(wax ester)　340, 340f
老化, DNA の酸化的損傷と(ageing, oxidative DNA damage and)　547
老廃物の除去(waste removal)　18
ロスマンフォールド(Rossman fold)　134
ローター(rotor)　313
ロテノン(rotenone)　311f
ロバストネス(robustness)　20
ロピナビル(lopinavir)　578
ロンドンの拡散力(London dispersion force)　67

【わ】

ワイン(wine)　203, 203f
ワトソン・クリック型塩基対(Watson-Crick base pair)　647, 648f

英語キーワード索引

【A】

α-tocopherol(α-トコフェロール)　327
acetal(アセタール)　328
acid(酸)　77
acidosis(アシドーシス)　79
activation energy(活性化エネルギー)　169
active site(活性部位)　169
active transport(能動輸送)　357
activity coefficient(活量計数)　170
acyl carrier protein(アシルキャリヤータンパク質)　385
acyl group(アシル基)　336
addition reaction(付加反応)　14
adduct(付加物)　218
A-DNA　548
aerobic metabolism(好気的代謝)　49
aerobic respiration(好気的呼吸)　238
aerotolerant anaerobe(酸素耐性嫌気性生物)　278
affinity chromatography(アフィニティークロマトグラフィー)　158
aldaric acid(アルダル酸)　215
aldimine(アルジミン)　124
alditol(アルジトール)　216
aldol cleavage(アルドール開裂)　241
aldol condensation(アルドール縮合)　148
aldonic acid(アルドン酸)　215
aldose(アルドース)　210
aliphatic hydrocarbon(脂肪族炭化水素)　113
alkalosis(アルカローシス)　79
alkylating agent(アルキル化剤)　546
allosteric enzyme(アロステリック酵素)　185
allosteric transition(アロステリック転移)　137
allostery(アロステリー)　137
Alzheimer's disease(アルツハイマー病)　145
amino acid(アミノ酸)　6
amino acid pool(アミノ酸プール)　449
amino acid residue(アミノ酸残基)　111
amphibolic pathway(両性代謝経路)　247, 295
amphipathic molecule(両親媒性分子)　72, 141
amphoteric molecule(両性分子)　111
AMPK(5′-AMP-activated protein kinase)　391
amylopectin(アミロペクチン)　224
amylose(アミロース)　223
anabolic pathway(同化経路)　17
anaerobic organism(嫌気性生物)　238
anaplerotic(アナプレロティック)　295
anhydride(無水物)　12, 648
annotation(アノテーション)　611
anomer(アノマー)　212
antenna pigment(アンテナ色素)　418
anticodon(アンチコドン)　647
antioxidant(抗酸化剤)　263, 320
antisense strand(アンチセンス鎖)　573
apoenzyme(アポ酵素)　171
apoprotein(アポタンパク質)　127
apoptosis(アポトーシス)　49, 633
apurinic site(脱プリン部位)　596
apyrimidinic site(脱ピリミジン部位)　596
aquaporin(アクアポリン)　358
aromatic hydrocarbon(芳香族炭化水素)　113
asymmetric carbon(不斉炭素原子)　116
atherosclerosis(アテローム性動脈硬化症)　394
autocrine(自己分泌)　337
autoimmune disease(自己免疫疾患)　338
autophagy(オートファジー)　487
autopoiesis(オートポイエーシス)　11
autotroph(独立栄養生物)　16

【B】

β-carotene(β-カロテン)　327
β-oxidation(β 酸化)　374
B cell(B 細胞)　506
bacterial artificial chromosome(細菌人工染色体)　608
base(塩基)　77

base analogue(塩基類似体) 546
base excision repair(塩基除去修復) 596
B-DNA 548
bile salt(胆汁酸塩) 368
bioenergetics(生体エネルギー学) 92
biogenic amine(生体アミン) 467
bioinformatics(バイオインフォマティクス) 22, 612
biomolecule(生体分子) 2
biotransformation(生体内変換) 408
biotransformation reaction(生体内変換反応) 41
branched chain amino acid(分枝鎖アミノ酸) 448
buffer(緩衝液) 79

【C】

C_3 plant(C_3 植物) 430
C_4 metabolism(C_4 代謝) 434
C_4 plant(C_4 植物) 434
Calvin cycle(カルビン回路) 429
cap-binding complex(キャップ結合複合体) 660
carbanion(カルボアニオン) 187
carbocation(カルボカチオン) 187
carbon fixation(炭素固定) 430
carotenoid(カロテノイド) 347, 416
carrier protein(担体タンパク質) 30
catabolic pathway(異化経路) 17
catalyst(触媒) 168
catecholamine(カテコールアミン) 467
caveolae(カベオラ) 46
caveolar endocytosis(カベオラエンドサイトーシス) 46
cDNA library(cDNA ライブラリー) 610
cell fractionation(細胞分画) 57
cellobiose(セロビオース) 221
cellular immunity(細胞性免疫) 506
cellulose(セルロース) 225
centromere(セントロメア) 559
chain-terminating method(チェインターミネーション法) 566
channel protein(チャネルタンパク質) 30
chaperone-mediated autophagy(シャペロン介在性オートファジー) 487
chaperonin(シャペロニン) 144
Chargaff's rule(シャルガフ則) 547
chemiosmotic coupling theory(化学浸透圧共役説) 311
chemoautotroph(化学合成独立栄養生物) 16
chemoheterotroph(化学合成従属栄養生物) 16
chemolithotroph(化学合成無機栄養生物) 92
chemoorganotroph(化学合成有機栄養生物) 92
chemosynthesis(化学合成) 16
chiral carbon(キラルな炭素原子) 116
chitin(キチン) 223
chlorophyll(クロロフィル) 415
chloroplast(葉緑体) 52
chromatin(クロマチン) 552
chromatin fibre(クロマチン繊維) 46
chromatin remodeling complex(クロマチンリモデリング複合体) 618
chromophore(発色団) 422
chromosomal jumping(染色体ジャンプ) 610
chromosome(染色体) 36, 551
chylomicron(キロミクロン) 350
chylomicron remnant(キロミクロンレムナント) 370
cistron(シストロン) 571
citric acid cycle(クエン酸回路) 247
clamp loader(クランプローダー) 586
clathrin(クラスリン) 45
clathrin-dependent endocytosis(クラスリン依存性エンドサイトーシス) 45
coding strand(コード鎖) 613
codon(コドン) 645
coenzyme(補酵素) 171
coenzyme A(補酵素 A) 286
cofactor(補因子) 171
colony hybridization technique(コロニーハイブリッド形成技術) 609
competitive inhibition(拮抗阻害) 181
composite transposon(複合トランスポゾン) 604
conjugate base(共役塩基) 77
conjugate redox pair(共役酸化還元対) 280
conjugated protein(複合タンパク質) 127
conjugation(接合) 603
conjugation reaction(抱合反応) 403
consensus sequence(共通配列) 614
constitutive gene(構成的遺伝子) 626
contig(整列群) 610
cooperative binding(協同的結合) 151
Cori cycle(コリ回路) 258
cosmid(コスミド) 608
cotranslational transfer(翻訳と共役した輸送) 670
covalent bond(共有結合) 65
CpG 561
CpG island(CpG アイランド) 561
Crabtree effect(クラブツリー効果) 250
crassulacean acid metabolism(ベンケイソウ型有機酸代謝) 436
cystic fibrosis(嚢胞性繊維症) 359
cystic fibrosis transmembrane conductance regulator(嚢胞性繊維症膜貫通型電気伝導調節因子) 359
cytochrom P-450 system(シトクロム P-450 系) 408
cytokine(サイトカイン) 522
cytoskeleton(細胞骨格) 52

【D】

DAG(diacylglycerol) 518
decarboxylation(脱炭酸) 248
decoding center(デコーディングセンター) 652
degeneracy(縮重) 20
denaturation(変性) 140, 563
density-gradient centrifugation(密度勾配遠心分離) 57
desensitization(脱感作) 514
detoxication(解毒反応) 408
detoxification(解毒) 408
diastereomer(ジアステレオマー) 212
differential centrifugation(分画遠心分離) 57
dipole(双極子) 64
disaccharide(二糖) 221
dissipative structure(散逸構造) 105
disulfide bridge(ジスルフィド架橋) 122
disulfide exchange(ジスルフィド交換) 669
DNA fingerprinting(DNA フィンガープリント法) 568
DNA glycosylase(DNA グリコシラーゼ) 596
DNA ligase(DNA リガーゼ) 588
DNA microarray(DNA マイクロアレイ) 611
DNA profile(DNA プロフィール) 568
DNA transposable element(DNA 転位因子) 559
DNA typing(DNA タイピング) 568
double-strand break repair model(二本鎖切断修復モデル) 601
downregulation(ダウンレギュレーション) 515
dynein(ダイニン) 154
dyslipidemia(脂質異常症) 523

【E】

effector(エフェクター) 138
eicosanoid(エイコサノイド) 337
electron acceptor(電子受容体) 92
electron donor(電子供与体) 92
electron transport system(電子伝達系) 247
electrophile(求電子剤) 12
electrophoresis(電気泳動) 159
electroporation(エレクトロポレーション) 608
electrostatic interaction(静電的相互作用) 65
elimination reaction(脱離反応) 14
elongation(伸長) 651
emergent property(創発特性) 20
enantiomer(鏡像異性体) 116
endergonic reaction(吸エルゴン反応) 98
endocrine(内分泌) 513
endocytic cycle(エンドサイトーシスサイクル) 46
endocytosis(エンドサイトーシス) 43
endogenous retrovirus(内在性レトロウイルス) 560
endomembrane system(エンドメンブレンシステム) 37
endoplasmic reticulum(ER, 小胞体) 40
endothermic reaction(吸熱反応) 94
enediol(エンジオール) 216
energy(エネルギー) 16
enthalpy(エンタルピー) 92
entropy(エントロピー) 92
enzyme(酵素) 2, 168
enzyme induction(酵素誘導) 199
enzyme kinetics(酵素反応速度論) 174
epidermal growth factor(上皮細胞増殖因子) 522
epigenetics(エピジェネティクス) 561
epigenome(エピゲノム) 561
epimer(エピマー) 212
epimerization(エピマー化) 217
epimutation(エピ変異) 562
epinephrine(エピネフリン) 270
epoxide(エポキシド) 409
ER stress(小胞体ストレス) 41
ER-associated protein degradation(小胞体関連タンパク質分解) 41

essential amino acid（必須アミノ酸）　447
essential fatty acid（必須脂肪酸）　336
euchromatin（ユークロマチン）　554
exergonic reaction（発エルゴン反応）　98
exocytosis（エキソサイトーシス）　42
exon（エキソン）　558
exonuclease（エキソヌクレアーゼ）　586
exothermic reaction（発熱反応）　94
extracellular matrix（ECM，細胞外マトリックス）　39

【F】

facilitated diffusion（促進拡散）　357
facultative anaerobe（通性嫌気性生物）　278
fatty acid（脂肪酸）　8
fatty acid-binding protein（脂肪酸結合タンパク質）　374
feedback control（フィードバック制御）　21
fermentation（発酵）　247
fibrous protein（繊維状タンパク質）　127
flavin adenine dinucleotide（FAD，フラビンアデニンジヌクレオチド）　283
flavin mononucleotide（FMN，フラビンモノヌクレオチド）　283
flavincontaining monooxygenase（フラビン含有モノオキシゲナーゼ）　408
flavoprotein（フラビンタンパク質）　283
fluid mosaic model（流動モザイクモデル）　351
fluorescence（蛍光）　422
fold（フォールド）　134
free energy（自由エネルギー）　92
free radical（フリーラジカル）　187
functional genomics（機能ゲノミクス）　22, 607
functional group（官能基）　4

【G】

G protein（G タンパク質）　516
G protein-coupled receptor（G タンパク質共役型受容体）　515
gasotransmitter（ガス状伝達物質）　468
gel filtration chromatography（ゲル沪過クロマトグラフィー）　157
gene（遺伝子）　2, 539
gene duplication（遺伝子重複）　545
gene expression（遺伝子発現）　11, 540
gene silencing（遺伝子サイレンシング）　631
general recombination（普遍的組換え）　599
genetic code（遺伝暗号）　645
genetics（遺伝学）　538
genome（ゲノム）　539
genomics（ゲノミクス）　22, 607
ghrelin（グレリン）　527
globular protein（球状タンパク質）　127
glucagon（グルカゴン）　253
glucogenic（糖原性）　488
gluconeogenesis（糖新生）　238
glucosealanine cycle（グルコース-アラニン回路）　259
glucosuria（糖尿）　523
glycan（グリカン）　222
glycerol phosphate shuttle（グリセロールリン酸シャトル）　371
glyceroneogenesis（グリセロール生合成経路）　371
glycocalyx（糖衣）　39
glycoform（グライコフォーム）　232
glycogen（グリコーゲン）　225
glycogenesis（グリコーゲン合成）　238
glycogenolysis（グリコーゲン分解）　238
glycolipid（糖脂質）　344
glycolysis（解糖）　238
glycome（グライコーム）　232
glycoprotein（糖タンパク質）　127
glycosaminoglycan（グリコサミノグリカン）　227
glycoside（配糖体）　217
glycosidic linkage（グリコシド結合）　217
glyoxylate cycle（グリオキシル酸回路）　299
Golgi apparatus（ゴルジ装置）　41
Golgi complex（ゴルジ複合体）　41
GPI anchor（GPI アンカー）　341
granum（グラナ）　52, 416
growth factor（増殖因子）　522
GTPase associated region（GTP アーゼ関連領域）　653
GTPase-activating protein（GTP アーゼ活性化タンパク質）　634
guanine nucleotide exchange factor（グアニンヌクレオチド交換因子）　516, 634

【H】

heat shock protein（熱ショックタンパク質）　126
helicase（ヘリカーゼ）　585
hemiacetal（ヘミアセタール）　212
hemiketal（ヘミケタール）　212
hemoprotein（ヘムタンパク質）　127
heterochromatin（ヘテロクロマチン）　554
heteroglycan（ヘテログリカン）　222
heterotroph（従属栄養生物）　16
high-density lipoprotein（高密度リポタンパク質）　351
holoenzyme（ホロ酵素）　171
holoprotein（ホロタンパク質）　127
homeostasis（ホメオスタシス）　2
homoglycan（ホモグリカン）　222
homologous polypeptide（相同性のあるポリペプチド鎖）　128
hormone（ホルモン）　33, 114
hormone-response element（ホルモン応答配列）　525
Hsp70　144
Hsp90　144
humoral immune response（体液性免疫応答）　506
Huntington's disease（ハンチントン病）　145
hybridization（ハイブリッド形成）　564
hydration reaction（水和反応）　14
hydrocarbon（炭化水素）　4
hydrogen bond（水素結合）　64
hydrolase（ヒドロラーゼ）　172
hydrolysis（加水分解）　12
hydrophilic（親水性）　6, 29
hydrophobic（疎水性）　4, 29
hydrophobic interaction（疎水性相互作用）　65
hyperinsulinemia（高インスリン血症）　524
hyperammonemia（高アンモニア血症）　493
hyperglycemia（高血糖症）　523
hyperosmolar hyperglycemic nonketosis（高浸透圧性高血糖ノンケトーシス）　524
hypertonic solution（高張液）　74
hypochromic effect（淡色効果）　563
hypoglycemia（低血糖症）　273
hypotonic solution（低張液）　74

【I】

indel（インデル）　544
inhibitor（阻害剤）　180
initiation（開始）　649
48S initiation complex（48S 開始複合体）　661
inner mitochondrial membrane（ミトコンドリア内膜）　50
inner nuclear membrane（核内膜）　47
insertional sequence（挿入配列）　604
insulin（インスリン）　253
insulin resistance（インスリン抵抗性）　515
insulin-like growth factor（インスリン様増殖因子）　522
intercalating agent（インターカレーション剤）　546
interferon（インターフェロン）　522
interleukin-2（インターロイキン 2）　522
intermediate filament（中間径フィラメント）　52
intermediatedensity lipoprotein（中間密度リポタンパク質）　350
interspersed genome-wide repeat sequence（ゲノム散在性反復配列）　559
intrinsic termination（内因性終結）　616
intrinsically unstructured protein（実質上の非構造化タンパク質）　139
intron（イントロン）　558
inversion（逆位）　544
inverted repeat sequence（逆方向反復配列）　604
ion-exchange chromatography（イオン交換クロマトグラフィー）　157
ionophore（イオノホア）　313
IP_3（inositol-1,4,5-trisphosphate）　518
irreversible inhibition（不可逆阻害）　181
isoelectric point（等電点）　117
isomerase（イソメラーゼ）　172
isomerization（異性化）　14
isoprenoid（イソプレノイド）　345
isothermic process（等温過程）　94
isotonic solution（等張液）　74

【K】

ketal（ケタール）　217
ketoacidosis（ケトアシドーシス）　524
ketogenesis（ケトン体生成）　380
ketogenic（ケト原性）　488
ketone body（ケトン体）　380
ketosis（ケトーシス）　380, 524
kinesin（キネシン）　154
Krebs bicycle（クレブスの二環回路）　492
Krebs urea cycle（クレブス尿素回路）　489

【L】

lactone(ラクトン) 215
lactose(ラクトース) 221
Le Chatelier's principle(ルシャトリエの原理) 77
leaving group(脱離基) 12
lectin(レクチン) 231
leptin(レプチン) 531
leukotriene(ロイコトリエン) 338
ligand(リガンド) 33, 135
ligase(リガーゼ) 172
light reaction(明反応) 423
light-harvesting(集光) 416
light-harvesting antenna(集光性アンテナ) 414
light-independent reaction(光非依存性反応) 430
light-induced repair(光誘導修復) 596
LINE(long interspersed nuclear element) 560
lipid(脂質) 9, 334
lipid bilayer(脂質二重層) 352
lipogenesis(脂質生合成) 371
lipoic acid(リポ酸) 288
lipolysis(脂肪分解) 371
lipoprotein(リポタンパク質) 127
London dispersion force(ロンドンの分散力) 67
low-density lipoprotein(低密度リポタンパク質) 351
lyase(リアーゼ) 172
lysogeny(溶原性) 574
lysosome(リソソーム) 44
lytic cycle(溶菌サイクル) 574

【M】

macroautophagy(マクロオートファジー) 488
macromolecular crowding(高分子クラウディング) 186
macromolecule(高分子) 2
malate shuttle(リンゴ酸シャトル) 257
malate-aspartate shuttle(リンゴ酸-アスパラギン酸シャトル) 317
maltose(マルトース) 221
marker enzyme(指標酵素) 57
marker gene(標識遺伝子) 609
mass spectrometry(質量分析) 159, 677
MCM complex(MCM 複合体) 593
mediator(メディエーター) 620
membrane extrinsic protein(膜表在性タンパク質) 30, 354
membrane intrinsic protein(膜内在性タンパク質) 30, 354
membrane potential(膜電位) 76
membrane skeleton(膜骨格) 40
Meselson-Radding model(メセルソン-ラディングモデル) 600
messenger RNA(メッセンジャー RNA) 571
metabolic syndrome(メタボリックシンドローム) 533
metabolism(代謝) 2
metabolome(メタボローム) 540
metalloprotein(金属タンパク質) 127
micelle(ミセル) 72
micro RNA(マイクロ RNA) 572
microautophagy(ミクロオートファジー) 487
microfilament(ミクロフィラメント) 52
microheterogeneity(微小不均一性) 232
microsatellite(マイクロサテライト) 559
microsome(ミクロソーム) 57
microtubule(微小管) 52
minisatellite(ミニサテライト) 559
mismatch repair(ミスマッチ修復) 598
missense mutation(ミスセンス変異) 544
mitochondrion(ミトコンドリア) 49
mitogen(マイトジェン) 522
mixed anhydride(混合無水物) 648
mixed terpenoid(混合テルペノイド) 347
mobile genetic element(可動性遺伝因子) 559
mobile phase(移動相) 157
modular protein(モジュールタンパク質) 134
modulator(モジュレーター) 138
module(モジュール) 21
molecular biology(分子生物学) 538
molecular chaperone(分子シャペロン) 143
molecular disease(分子病) 129
molten globule(モルテングロビュール) 143
monosaccharide(単糖) 8, 210
monounsaturated(一価不飽和) 336
motif(モチーフ) 131
motor protein(モータータンパク質) 31, 154
multifunctional protein(多機能性タンパク質) 126
mutarotation(変旋光) 214
mutation(突然変異) 4, 502
myosin(ミオシン) 154

【N】

nascent(新生の) 656
natively unfolded protein(天然状態においてほどかれたタンパク質) 139
negative cooperativity(負の協同性) 201
negative feedback(負のフィードバック) 21
nephrogenic diabetes insipidis(腎原発性尿崩症) 358
neurotransmitter(神経伝達物質) 6, 33, 114, 465
neutral fat(中性脂肪) 339
N-glycan(*N*-グリカン) 226
nicotinamide adenine dinucleotide(NAD, ニコチンアミドアデニンジヌクレオチド) 282
nicotinamide adenine dinucleotide phosphate (NADP, ニコチンアミドアデニンジヌクレオチドリン酸) 282
nitrogen fixation(窒素固定) 444
nonalkylating agent(非アルキル化剤) 546
noncoding RNA(ノンコーディング RNA) 11, 572
noncompetitive inhibition(非拮抗阻害) 181
nonessential amino acid(非必須アミノ酸) 447
nonessential fatty acid(非必須脂肪酸) 336
nonsense mutation(ナンセンス変異) 544
nuclear envelope(核膜) 47
nuclear lamina(核ラミナ) 48
nuclear matrix(核マトリックス) 49
nuclear pore complex(核膜孔複合体) 47
nuclease(ヌクレアーゼ) 503
nucleic acid(核酸) 9
nucleoid(核様体) 36
nucleolus(核小体) 48
nucleophile(求核剤) 12
nucleophilic substitution(求核置換) 12
nucleoplasm(核質) 46
nucleoside(ヌクレオシド) 471
nucleosome(ヌクレオソーム) 522
nucleotide(ヌクレオチド) 9
nucleotide excision repair(ヌクレオチド除去修復) 596
nucleus(核) 46

【O】

ω-3 fatty acid(ω-3 脂肪酸) 336
ω-6 fatty acid(ω-6 脂肪酸) 336
obligate aerobe(絶対好気性生物) 278
obligate anaerobe(絶対嫌気性生物) 278
O-glycan(*O*-グリカン) 226
Okazaki fragment(岡崎フラグメント) 590
oligomer(オリゴマー) 136
oligonucleotide(オリゴヌクレオチド) 503
oligosaccharide(オリゴ糖) 222
oncogene(がん遺伝子) 636
one-carbon metabolism(C_1 代謝) 459
open reading frame(オープンリーディングフレーム) 571, 646
operator(オペレーター) 629
operon(オペロン) 556, 629
optical isomer(光学異性体) 116
organelle(細胞小器官) 28
origin of replication complex(複製開始点複合体) 593
osmolyte(オスモライト) 86
osmosis(浸透) 72
osmotic diuresis(浸透圧利尿) 523
osmotic pressure(浸透圧) 73
outer mitochondrial membrane(ミトコンドリア外膜) 50
outer nuclear membrane(核外膜) 47
oxidation-reduction(redox, 酸化還元) 16
oxidative phosphorylation(酸化的リン酸化) 311
oxidative stress(酸化ストレス) 321
oxidize(酸化) 16
oxidizing agent(酸化剤) 16
oxidoreductase(オキシドレダクターゼ) 171
oxyanion(オキシアニオン) 193

【P】

palindrome(パリンドローム) 604
passive transport(受動輸送) 357
Pasteur effect(パスツール効果) 250
pentose phosphate pathway(ペントースリン酸経路) 238
peptide(ペプチド) 6, 111
peptide bond(ペプチド結合) 6, 121
peptidyl transferase center(ペプチジルトランスフェラーゼセンター) 652
perinuclear space(核周囲腔) 47
peroxisome(ペルオキシソーム) 51
pH optimum(最適 pH) 196
pH scale(pH の尺度) 77

phase Ⅰ reaction（第一相反応） 408
phase Ⅱ reaction（第二相反応） 408
phosphate group transfer potential（リン酸基転移ポテンシャル） 103
3′-phosphoadenosine-5′-phosphosulfate（3′-ホスホアデノシン 5′-ホスホ硫酸） 396
phosphoglyceride（ホスホグリセリド） 340
phospholipid（リン脂質） 340
phosphoprotein（リンタンパク質） 127
photoautotroph（光合成独立栄養生物） 16
photoheterotroph（光合成従属栄養生物） 17
photophosphorylation（光リン酸化） 429
photoreactivation repair（光回復修復） 596
photorespiration（光呼吸） 433
photosynthesis（光合成） 16, 36
photosystem（光化学系） 414
plasma membrane（細胞膜） 36
plasmid（プラスミド） 36
platelet-derived growth factor（血小板由来増殖因子） 522
point mutation（点変異） 543
polar head group（極性頭部基） 340
poly A-binding protein〔ポリ（A）結合タンパク質〕 661
polymerase chain reaction（ポリメラーゼ連鎖反応） 609
polypeptide（ポリペプチド） 6, 111
polysaccharide（多糖） 8, 222
polysome（ポリソーム） 651
polyunsaturated（多価不飽和） 336
positive cooperativity（正の協同性） 201
positive feedback（正のフィードバック） 21
postabsorptive（吸収後） 527
postprandial（食後） 527
posttranslational modification（翻訳後修飾） 652
posttranslational translocation（翻訳後のトランスロケーション） 670
PPAR（peroxisome proliferator-activated receptor） 393
preinitiation complex（前開始複合体） 620
43S preinitiation complex（43S 前開始複合体） 660
preinitiation replication complex（複製開始前複合体） 593
prenylation（プレニル化） 347
preproprotein（プレプロタンパク質） 664
primary cilium（一次繊毛） 56
primary structure（一次構造） 137
primase（プライマーゼ） 586
primer（プライマー） 586
primosome（プライモソーム） 586
processivity（連続移動性） 586
proenzyme（プロ酵素） 200
promoter（プロモーター） 614
prophage（プロファージ） 574
proprotein（プロタンパク質） 664
prostaglandin（プロスタグランジン） 337
prosthetic group（補欠分子族） 127
proteasome（プロテアソーム） 485
protein（タンパク質） 6, 111
protein family（タンパク質ファミリー） 127
protein folding（タンパク質の折りたたみ） 131
protein superfamily（タンパク質スーパーファミリー） 127
protein turnover（タンパク質代謝回転） 484
proteoglycan（プロテオグリカン） 227
proteome（プロテオーム） 31, 540
proteomics（プロテオミクス） 22, 644
proteostasis（プロテオスタシス） 32
proteostasis network（プロテオスタシスネットワーク） 32, 675
protomer（プロトマー） 136
protonmotive force（プロトン駆動力） 311
protooncogene（がん原遺伝子） 633
purine（プリン） 9, 470
pyrimidine（ピリミジン） 9, 470

【Q】

Q cycle（Q サイクル） 307
quaternary structure（四次構造） 128

【R】

ρ-dependent termination（ρ 依存性終結） 616
ρ-independent termination（ρ 非依存性終結） 616
racemization（ラセミ化） 450
radical（ラジカル） 321
reacive nitrogen species（RNS，活性窒素種） 323
reaction center（反応中心） 414
reaction intermediate（反応中間体） 187
reaction mechanism（反応機構） 187
reaction velocity（反応速度） 174
reactive oxygen species（ROS，活性酸素種） 320
receptor（受容体） 30
receptor tyrosine kinase（受容体型チロシンキナーゼ） 519
recombinant DNA technology（組換え DNA 技術） 607
recombination（組換え） 584
reduce（還元） 16
reducing agent（還元剤） 16
reducing sugar（還元糖） 216
reduction potential（還元電位） 280
reductionism（還元主義） 19
release factor（終結因子） 656
replication（複製） 539
replication factor C（複製因子 C） 595
replication factory（複製ファクトリー） 585
replication fork（複製フォーク） 589
replication licensing factor（複製許可因子） 594
replication protein A（複製タンパク質 A） 594
replicon（レプリコン） 589
replisome（レプリソーム） 586
resonance energy transfer（共鳴エネルギー伝達） 422
resonance hybrid（共鳴混成体） 103
respirasome（レスピラソーム） 310
respiration（呼吸） 36
respiratory burst（呼吸バースト） 321
respiratory control（呼吸制御） 316
response element（応答エレメント） 11, 139, 253
retroelement（レトロエレメント） 605
retroposon（レトロポゾン） 605
retrotransposon（レトロトランスポゾン） 559
retrovirus（レトロウイルス） 574
reversible inhibition（可逆阻害） 181
ribosomal RNA（リボソーム RNA） 570
ribosome recycling factor（リボソーム再生因子） 656
riboswitch（リボスイッチ） 626
ribozyme（リボザイム） 569
RNA editing（RNA 編集） 631
RNA interference（RNA 干渉） 632
RNA splicing（RNA スプライシング） 622
RNA transposon（RNA トランスポゾン） 559
robust（ロバスト） 20
rough ER（rER，粗面小胞体） 40

【S】

S-adenosylmethionine（*S*-アデノシルメチオニン） 461
salt bridge（塩橋） 66, 135
salting out（塩析） 157
satellite DNA（サテライト DNA） 559
saturated（飽和） 8
Schiff base（シッフ塩基） 123
SDS-polyacrylamide gel electrophoresis（SDS-ポリアクリルアミドゲル電気泳動法） 159
SECIS element（SECIS エレメント） 665
second messenger（セカンドメッセンジャー） 514
secondary structure（二次構造） 128
semiconservative replication（半保存的複製） 585
sense strand（センス鎖） 573
Shine-Dalgarno sequence（シャイン・ダルガーノ配列） 653
short tandem repeat sequence（短い縦列反復配列） 568
shotgun cloning（ショットガンクローニング） 610
signal cascade（シグナルカスケード） 33
signal hypothesis（シグナル仮説） 670
signal peptide（シグナルペプチド） 657
signal recognition particle（シグナル認識粒子） 670
signal transduction（シグナル伝達） 18, 33
silent mutation（サイレント変異） 554
simple diffusion（単純拡散） 357
SINE（short interspersed nuclear element） 560
single nucleotide polymorphism（一塩基多型） 544
site-specific recombination（部位特異的組換え） 599
small interfering RNA（低分子干渉 RNA） 572
small nuclear ribonucleoprotein（低分子リボヌクレオタンパク質） 572
small nuclear RNA（核内低分子 RNA） 572
small nucleolar RNA（核小体内低分子 RNA） 572
smooth ER（sER，滑面小胞体） 40
solvation sphere（水和圏） 69
Southern blotting（サザンブロット法） 564
specificity constant（特異性定数） 178
sphingolipid（スフィンゴ脂質） 344

sphingomyelin(スフィンゴミエリン) 340
spliceosome(スプライソソーム) 572, 623
spontaneous change(自発的変化) 96
SREBP(sterol regulatory element binding protein) 392
SRP receptor protein(SRP受容体タンパク質) 670
standard reduction potential(標準還元電位) 281
stationary phase(固定相) 157
steady state(定常状態) 512
stereoisomer(立体異性体) 116
steroid(ステロイド) 348
sterol carrier protein(ステロールキャリヤータンパク質) 401
stroma(ストロマ) 52, 416
stromal lamella(ストロマラメラ) 417
substrate(基質) 168
substrate-level phosphorylation(基質準位のリン酸化) 243
subunit(サブユニット) 135
sucrose(スクロース) 221
sugar(糖) 7
supersecondary structure(超二次構造) 131
suprasplicesome(超スプライソソーム) 624
synthesis-dependent strand annealing model(合成依存的単鎖対合モデル) 602
systems biology(システム生物学) 19

【T】

T cell(T細胞) 506
tandem repeat sequence(縦列反復配列) 559
target cell(標的細胞) 512
targeting(ターゲッティング) 652
tautomer(互変異性体) 245
tautomerization(互変異性) 245
telomerase(テロメラーゼ) 595
telomere(テロメア) 559
telomere end-binding protein(テロメア末端結合タンパク質) 595
telomere repeat-binding factor(テロメア反復配列結合因子) 595
termination(終結) 652
terpene(テルペン) 346
tertiary structure(三次構造) 128
tetrahydrobiopterin(テトラヒドロビオプテリン) 467
tetrahydrofolate(テトラヒドロ葉酸) 460
thermodynamics(熱力学) 92
thiamine pyrophosphate(チアミンピロリン酸) 288
thiolytic cleavage(チオール開裂) 377
thromboxane(トロンボキサン) 338
thylakoid lumen(チラコイド内腔) 417
thylakoid membrane(チラコイド膜) 52, 416
transamination(アミノ基転移) 449
transcript(転写産物) 539
transcript localization(転写局在) 669
transcription(転写) 11, 539
transcription coupled repair(転写共役修復) 596
transcription factor(転写因子) 11, 253, 540
transcriptome(トランスクリプトーム) 539
transduction(形質導入) 575, 603
transfection(トランスフェクション) 608
transfer RNA(トランスファーRNA) 569
transferase(トランスフェラーゼ) 172
transformation(形質転換) 603
transition mutation(トランジション変異) 543
transition state(遷移状態) 168
translation(翻訳) 539
translocation(トランスロケーション) 544, 651
translocon(トランスロコン) 670
transposable element(転位因子) 599
transposition(転位) 559, 599
transposon(トランスポゾン) 559, 604
transsulfuration pathway(硫黄転移経路) 498
transversion mutation(トランスバージョン変異) 544
triacylglycerol cycle(トリアシルグリセロール回路) 370
tumor necrosis factor(腫瘍壊死因子) 525
tumor promoter(発がんプロモーター) 637
tumour suppressor gene(がん抑制遺伝子) 636
turnover(代謝回転) 396
turnover number(代謝回転数) 177
type 1 diabetes(1型糖尿病) 523
type 2 diabetes(2型糖尿病) 523

【U】

ubiquitin(ユビキチン) 485
ubiquitin proteasomal system(ユビキチンプロテアソーム系) 485
ubiquitination(ユビキチン化) 485
uncompetitive inhibition(不拮抗阻害) 181
uncoupler(脱共役剤) 313
uncoupling protein(脱共役タンパク質) 319
unfolded protein response(小胞体ストレス応答) 41
unsaturated(不飽和) 8
urea cycle(尿素回路) 489
uronic acid(ウロン酸) 215

【V】

van der Waals force(ファンデルワールス力) 66
vector(ベクター) 607
very low-density lipoprotein(超低密度リポタンパク質) 350
vesicle(小胞) 37
vitamin(ビタミン) 194
vitamin B_{12}(ビタミンB_{12}) 461

【W】

wax(ろう) 340
weak acid(弱酸) 77
weak base(弱塩基) 78
wobble hypothesis(ゆらぎ仮説) 79
work(仕事) 80

【Y】

yeast artificial chromosome(酵母人工染色体) 608

【Z】

Z scheme(Zスキーム) 424
Z-DNA 548
zwitterion(両性イオン) 111
zymogen(チモーゲン) 200

監修者略歴

市川　厚（いちかわ　あつし）

1940年　東京都に生まれる
1968年　東京大学化学系大学院薬学専攻修了
現　在　京都大学名誉教授
　　　　武庫川女子大学名誉教授
専　門　生化学
薬学博士

監訳者略歴

福岡　伸一（ふくおか　しんいち）

1959年　東京都に生まれる
1987年　京都大学大学院農学研究科博士課程修了
現　在　青山学院大学総合文化政策学部教授
　　　　米国ロックフェラー大学客員教授
専　門　分子生物学
農学博士

マッキー 生化学 ── 分子から解き明かす生命（第6版）

2003年10月10日　第3版第1刷　発行
2010年3月20日　第4版第1刷　発行
2018年3月20日　第6版第1刷　発行
2023年4月10日　第6版第7刷　発行

監修者　市川　厚
監訳者　福岡伸一
発行者　曽根良介
発行所　（株）化学同人

〒600-8074 京都市下京区仏光寺通柳馬場西入ル
編集部　TEL 075-352-3711　FAX 075-352-0371
営業部　TEL 075-352-3373　FAX 075-351-8301
振替　01010-7-5702
e-mail webmaster@kagakudojin.co.jp
URL https://www.kagakudojin.co.jp
印刷　創栄図書印刷（株）
製本　藤原製本（株）

検印廃止

ISBN 978-4-7598-1943-4

標準アミノ酸の名称と略式表記

アミノ酸	3 文字表記	1 文字表記
アラニン	Ala	A
アルギニン	Arg	R
アスパラギン	Asn	N
アスパラギン酸	Asp	D
システイン	Cys	C
グルタミン酸	Glu	E
グルタミン	Gln	Q
グリシン	Gly	G
ヒスチジン	His	H
イソロイシン	Ile	I
ロイシン	Leu	L
リシン	Lys	K
メチオニン	Met	M
フェニルアラニン	Phe	F
プロリン	Pro	P
セリン	Ser	S
トレオニン	Thr	T
トリプトファン	Trp	W
チロシン	Tyr	Y
バリン	Val	V